Spezielle Zoologie

Teil 1: Einzeller und Wirbellose Tiere

Spezielle Zoologie

Teil 1: Einzeller und Wirbellose Tiere

korrigierter und ergänzter Nachdruck

Herausgegeben von Wilfried Westheide und Reinhard Rieger

Mit Beiträgen von

Wolfgang Dohle
Peter Emschermann
Klaus-Jürgen Götting
Alfred Goldschmid
Hartmut Greven
Gerhard Haszprunar
Klaus Hausmann
Karl Herrmann
Norbert Hülsmann
Helga Kapp
Bernhard Klausnitzer
Sievert Lorenzen
Hannes Paulus

Günter Purschke
Reinhard Rieger
Hilke Ruhberg
August Ruthmann
Wolfgang Schäfer
Horst Kurt Schminke
Wolfgang Sterrer
J. McClintock Turbeville
Rob van Soest
Peter Weygoldt
Wilfried Westheide
Willi Xylander

1173 Abbildungen und 6 Tabellen

Spektrum Akademischer Verlag   Heidelberg · Berlin

Zuschriften und Kritik an:
Elsevier GmbH, Spektrum Akademischer Verlag, Verlagsbereich Biologie, Chemie und Geowissenschaften,
Dr. Ulrich Moltmann, Slevogtstraße 3–5, 69126 Heidelberg

Herausgeber

Prof. Dr. Wilfried Westheide
Spezielle Zoologie
FB Biologie/Chemie
Universität Osnabrück
Barbarastraße 11
D-49069 Osnabrück

Prof. Dr. Reinhard Rieger
Institut für Zoologie und Limnologie
Universität Innsbruck
Technikerstraße 25
A-6020 Innsbruck

Wichtiger Hinweis für den Benutzer

Der Verlag und der Autor haben alle Sorgfalt walten lassen, um vollständige und akkurate Informationen in diesem Buch zu publizieren. Der Verlag übernimmt weder Garantie noch die juristische Verantwortung oder irgendeine Haftung für die Nutzung dieser Informationen, für deren Wirtschaftlichkeit oder fehlerfreie Funktion für einen bestimmten Zweck. Der Verlag übernimmt keine Gewähr dafür, dass die beschriebenen Verfahren, Programme usw. frei von Schutzrechten Dritter sind.
Der Verlag hat sich bemüht, sämtliche Rechteinhaber von Abbildungen zu ermitteln. Sollte dem Verlag gegenüber dennoch der Nachweis der Rechtsinhaberschaft geführt werden, wird das branchenübliche Honorar gezahlt.

Rückseite: † *Onychodictyon ferox* (Länge etwa 5 cm), aus der Stammlinie Onychophora; frühes Kambrium, Südchina. Original: J. Bergström, Stockholm

Bibliografische Information Der Deutschen Bibliothek
Die Deutsche Bibliothek verzeichnet diese Publikation in der Deutschen Nationalbibliografie; detaillierte bibliografische Daten sind im Internet über http://dnb.ddb.de abrufbar.

Lektorat: Dr. Ulrich Moltmann, Martina Mechler
Herstellung: Detlef Mädje
Umschlaggestaltung: SpieszDesign, Neu-Ulm
Satz: Typomedia GmbH, Ostfildern
Druck und Bindung: Stürtz AG, Würzburg

Printed in Germany

ISBN 3-8274-1482-2

Aktuelle Informationen finden Sie im Internet unter www.elsevier.com und www.spektrum-verlag.de

Autoren

Prof. Dr. WOLFGANG DOHLE
(*Spiralia, Antennata, Chilopoda, Progoneata*)
Institut für Zoologie der FU Berlin,
Königin-Luise-Straße 1–3, 14195 Berlin

Dr. PETER EMSCHERMANN
(*Kamptozoa*)
Institut für Biologie I der Universität Freiburg,
Schänzlestraße 1, 79104 Freiburg

Prof. Dr. KLAUS-JÜRGEN GÖTTING
(*Mollusca*)
Institut für Allgemeine und Spezielle Zoologie
der Justus-Liebig-Universität Gießen,
Stephanstraße 24, 35390 Gießen

Prof. Dr. ALFRED GOLDSCHMID
(*Hemichordata, Echinodermata, Chordata,
Tunicata, Acrania*)
Zoologisches Institut der Universität Salzburg,
Hellbrunnerstraße 34, A-5020 Salzburg

Prof. Dr. HARTMUT GREVEN
(*Tardigrada*)
Institut für Zoologie der Universität Düsseldorf,
Universitätsstraße 1, 40225 Düsseldorf

Prof. Dr. GERHARD HASZPRUNAR
(*Mesozoa*)
Zoologische Staatssammlung München,
Münchhausenstraße 21, 81247 München

Prof. Dr. KLAUS HAUSMANN
(*Einzellige Eukaryota*)
Institut für Zoologie der Freien Universität Berlin,
Königin-Luise-Straße 1–3, 14195 Berlin

Priv.-Doz. Dr. KARL HERRMANN
(*Tentaculata*)
Institut für Zoologie I der Universität Erlangen,
Staudtstraße 5, 91058 Erlangen

Dr. NORBERT HÜLSMANN
(*Einzellige Eukaryota*)
Institut für Zoologie der Freien Universität Berlin,
Königin-Luise-Straße 3, 14195 Berlin

Dipl.-Biol. HELGA KAPP
(*Chaetognatha*)
Zoologisches Museum der Universität Hamburg,
Martin-Luther-King-Platz 3, 20146 Hamburg

Prof. Dr. BERNHARD KLAUSNITZER
(*Insecta*)
Lannerstraße 5, 80020 Dresden

Prof. Dr. SIEVERT LORENZEN
(*Nemathelminthes, Gastrotricha, Nematoda,
Nematomorpha, Rotatoria, Acantocephala,
Priapulida, Kinorhyncha, Loricifera*)
Zoologisches Institut der Universität Kiel,
Olshausenstraße 40, 24118 Kiel

Prof. Dr. HANNES PAULUS
(*Arthropoda, Euarthropoda*)
Institut für Zoologie der Universität Wien,
Althanstraße 14, A-1090 Wien

Prof. Dr. GÜNTER PURSCHKE
(*Sipuncula, Echiura, Pogonophora*)
Fachbereich Biologie/Chemie
der Universität Osnabrück,
Barbarastraße 11, 49069 Osnabrück

Prof. Dr. REINHARD RIEGER
(*Plathelminthes, „Turbellaria“, Parazoa, Metazoa,
Eumetazoa, Bilateria, Deuterostomia*)
Institut für Zoologie der Universität Innsbruck,
Technikerstraße 25, A-6020 Innsbruck

Priv.-Doz. Dr. HILKE RUHBERG
(*Onychophora*)
Zoologisches Institut der Universität Hamburg,
Martin-Luther-King-Platz 3, 20146 Hamburg

Prof. Dr. AUGUST RUTHMANN
(*Placozoa*)
Lehrstuhl für Zellmorphologie
der Ruhr-Universität-Bochum,
Postfach 102148, 44721 Bochum

Priv.-Doz. Dr. WOLFGANG SCHÄFER
(*„Coelenterata“, Cnidaria, Ctenophora*)
Danziger Straße 18, 71069 Sindelfingen

Prof. Dr. HORST KURT SCHMINKE
(*Mandibulata, Crustacea*)
Fachbereich Biologie der Universität Oldenburg,
Postfach 2503, 26111 Oldenburg

Dr. WOLFGANG STERRER
(*Gnathostomulida*)
Bermuda Aquarium. Natural History Museum
and Zoo,
P.O. Box FL145, Flatts FL BX,
Bermuda

Dr. J. McClintock Turbeville
(Nemertini)
Department of Biological Sciences, 632 Science
and Engineering Building,
University of Arkansas, Fayetteville, AR 72701
U.S.A.

Dr. Rob van Soest
(Porifera)
Instituut voor Systematiek en Populatiebiologie,
Universiteit van Amsterdam,
Postbus 94766, NL-1009 GT Amsterdam

Prof. Dr. Peter Weygoldt
(Chelicerata, Arthropoda)
Institut für Biologie I der Universität Freiburg,
Albertstraße 21a, 79104 Freiburg

Prof. Dr. Wilfried Westheide
*(Articulata, Annelida (ohne Pogonophora), Trilo-
bita, Deuterostomia)*
Fachbereich Biologie/Chemie
der Universität Osnabrück,
Barbarastraße 11, 49069 Osnabrück

Prof. Willi Xylander
(Neodermata)
Staatliches Museum für Naturkunde Görlitz,
Postfach 300154, 02806 Görlitz

Vorwort

Die Beschreibung der Vielfalt tierischer Organismen und ihrer Lebensformen, die Erkennung ihrer Baupläne und Funktionsmechanismen und die Zuordnung zu Organisationsstufen und natürlichen Einheiten in einem evolutiven System – moderne Dokumentation der lebendigen Mannigfaltigkeit, also, und übersichtliche Ordnung von 1,2 Millionen Arten zugleich – sind kein leichtes Unterfangen für ein Lehrbuch, das seinen Stoff einerseits umfassend, aber doch noch überschaubar, lesbar und zumindest teilweise auch lernbar darstellen möchte. Willkommenes strukturelles Vorbild war uns da der Systematikband von ROLF SIEWINGS Bearbeitung des WURMBACHSchen Lehrbuchs der Zoologie von 1985, das durch den frühen Tod seines Herausgebers keine Neuauflage erfahren konnte und nun durch unser Buch seine Nachfolge finden soll. So haben wir das charakteristische Konzept des SIEWINGS übernommen, die einzelnen Kapitel von kompetenten, vorwiegend deutschsprachigen Spezialisten schreiben zu lassen – sicher ein Wagnis für die Homogenität eines Lehrbuchs bei 25 verschiedenen Autoren. Völlige Verhältnismäßigkeit im Umfang der Einzelkapitel, gleiche Schwerpunktbildungen im Inhalt und Einheitlichkeit im Stil der Texte und Abbildungen konnten durch unsere Überarbeitungen daher auch nicht durchgängig erreicht werden; z.T. haben wir aber auch mit Bedacht die individuellen Eigenheiten einzelner Kapitel belassen, tragen sie doch – nach unserer Meinung – zum besonderen Stil dieses Buches bei. Zu den Inhomogenitäten gehört freilich auch die unterschiedlich starke Berücksichtigung funktionsmorphologischer Gesichtspunkte in der Darstellung der Baupläne und Lebensäußerungen der einzelnen Taxa – eigentlich eines der Grundkonzepte unserer Lehrbuchidee. Daß dies nicht konsequent genug gelang, mag, wie wir meinen, auch im unterschiedlichen Stand der Forschung begründet sein. Ausdrücklich beabsichtigt – wie im SIEWING – ist dagegen die unverhältnismäßig starke Berücksichtigung kleinerer Gruppen in Hinblick auf Seiten- und Abbildungszahl, ist doch ihre Bedeutung für das Verständnis des Systems meist nicht geringer als die der großen, artenreichen Taxa. Von letzteren, z.B. Ciliophora, Mollusca oder Insecta, konnte dagegen die Formenvielfalt nur im Überblick berücksichtigt und die ungeheure Informationsfülle über Morphologie und Biologie ihrer Arten nur in relativ geringem Maße vorgestellt werden. Wir halten dies bei der großen Zahl an wissenschaftlicher und populärer Spezialliteratur über diese Gruppen für gerechtfertigt.

Die formale Darstellung einer systematischen Gliederung nach konsequent phylogenetischen Gesichtspunkten ist wohl das schwierigste Problem, vor dem wir bei der Gestaltung dieses Buches standen – wahrscheinlich das Problem jedes systematischen Lehrbuches überhaupt. Mit der vollständigen Weglassung der klassischen Kategorien einer Linnéschen hierarchischen Ordnung haben wir einer schon lange erhobenen Forderung der Phylogenetischen Systematik entsprochen, deren Verwirklichung für die meisten Benutzer wahrscheinlich noch gewöhnungsbedürftig ist. Die wichtigsten Gründe dafür erscheinen uns jedoch überzeugend: (1) Die Belegung supraspezifischer Taxa mit Kategorie-Bezeichnungen ist willkürlich und unterliegt keiner Regel, so daß es in verschiedenen Systematisierungen eine Vielzahl sich z.T. weit unterscheidender Kategorien für dieselben Taxa gibt. (2) Gleiche Kategorien erzeugen den Anschein einer rangmäßigen Entsprechung, die zwischen den verschiedenen Gruppen aber nicht gegeben ist. (3) Die Zahl gängiger Kategorienamen würde nicht ausreichen, um selbst nur einen Teil der Organismen nach phylogenetischen Gesichtspunkten zu ordnen. Eine durchgängige Anwendung alternativer Darstellungsformen erwies sich jedoch als ebensowenig praktikabel. Dies gilt für die ausschließliche Benutzung eines numerischen Prinzips und auch für das Prinzip des „fortgesetzten Einrückens" ranggleicher Schwestergruppen: Eine ausschließliche numerische Kennzeichnung würde zu völlig unübersichtlichen, langen Zahlenreihen führen. Die Auszeichnung durch Einrücken ist zwar ein sehr anschauliches Prinzip und ermöglicht am einfachsten die konsequente, hierarchische Subordination. Übersichtlich anwendbar ist sie jedoch nur dann, wenn eine Gliederung nicht über das Bild einer Seite hinausgeht. Für ein Gesamtsystem oder für seine größeren Teile erscheint es uns ungeeignet. Auch läßt sich mit diesem Prinzip in den Überschriften innerhalb des Textes keine Gliederung sichtbar machen, und schließlich ist für seine konsequente Durchführung eine vollständige Aufgliederung der Organismen in Schwestertaxa notwendig, die bisher nicht in allen Bereichen des Systems erarbeitet werden konnte.

Diese Schwierigkeiten – zusammen mit der Tatsache, daß größere Teile des Systems im Augenblick noch kontrovers diskutiert werden – hat uns veranlaßt, die formale Gliederung nach unterschiedlichen Gesichtspunkten durchzuführen.

Für die Großgliederung haben wir die erkennbaren organisatorischen und funktionellen Stufen der Evolution zugrunde gelegt: (1) Einzellige Organisation („**Einzellige Eukaryota**") – Vielzellige Organisation (**Metazoa**); (2) innerhalb der Metazoa: **Parazoa** – Diploblastische Organisation („**Coelenterata**") – Triploblastische Organisation (**Bilateria**); (3) letztere wurden von uns in **Spiralia** – Nemathelminthes – Tentaculata – Deuterostomia unterteilt. Innerhalb dieser Großgruppen wurden Subtaxa mit charakteristischen und deutlich eigenständigen Bauplänen – die „Stämme" vieler traditioneller Systeme – hintereinander abgehandelt. Erst für ihre Aufgliederung verwenden wir eine numerische Kennzeichnung, die aber nicht über die 4. Ebene hinausgeht und nur teilweise ein phylogenetisches Subordinationsprinzip widerspiegelt. Dort, wo in größeren Taxa eine weitere Untergliederung erforderlich war, wurde dies durch unterschiedliche Schrifttypen und Positionen der Taxa-Überschriften verdeutlicht. Damit die vermuteten phylogenetischen Beziehungen dennoch klar werden, wurden sie durch graphische Stammbäume mit den wichtigsten Apomorphien dargestellt und z. T. auch im Text diskutiert.

Weder in die Stammbäume noch in die numerische Gliederung aufgenommen wurden fossile Taxa. Überhaupt stellen wir nur solche fossilen Gruppen vor, die sich in wesentlichen Merkmalen von den rezenten Taxa unterscheiden, wichtig für phylogenetische Fragestellungen erscheinen und zudem als relativ gut bearbeitet gelten können; diese Auswahl erhebt nicht den Anspruch auf Vollständigkeit. Im Text werden die fossilen Gruppen durch Unterlegung mit einem grauen Raster optisch von den rezenten abgehoben.

Völlig neu und bisher wohl ohne Beispiel für ein Lehrbuch der Speziellen Zoologie werden die Einzeller geordnet. Es ist uns nicht leicht gefallen, hier die vertrauten Gruppierungen, z. B. der „Flagellaten", „Amöben" oder „Rhizopoden" aufzugeben oder anderen Taxa eine völlig andere phylogenetische Position zuzuordnen. Die Fülle neuer morphologischer – vor allem ultrastruktureller – und molekularer Daten erfordert hier jedoch ein völlig neues systematisches Konzept, das in Einzelheiten vermutlich noch in Zukunft Änderungen erfahren wird, grundsätzlich jedoch Bestand haben sollte. Dieses Konzept gibt auch eine traditionelle Unterteilung in pflanzliche und tierische Organismen auf der Ebene der Einzelligkeit auf. Wir haben daher weitgehend die Gesamtheit der einzelligen Eukaryota aufgeführt – auch Taxa, die nur photoautotrophe Arten enthalten und traditionell auf Lehrbücher der Botanik beschränkt bleiben; letztere wurden aber deutlich kürzer abgehandelt oder nur erwähnt. Zu der wahrscheinlich konsequentesten Behandlung dieses Problems, einer völligen Ausgliederung der Einzeller und der Beschränkung des Begriffs „Tier" ausschließlich auf die Metazoa, d. h. einen Beginn des Lehrbuchs mit den Porifera, konnten wir uns jedoch aus vielerlei, auch aus Gründen enger traditioneller Zugehörigkeit der „Protozoologie" zur Speziellen Zoologie nicht entschließen.

Eine charakteristische Eigenheit des SIEWINGschen Lehrbuchs war die Zusammenführung aller Bilateria in einem Phylum „Coelomata" und seine Auf-teilung in die drei Subphyla Archicoelomata, Chordata und Spiralia. Die daraus sich ergebende Stellung der Chordaten mit den Wirbeltieren in einer mittleren Position des Systems (und auch des Lehrbuchs) hatte dabei wenig Zustimmung gefunden. Zweifellos gehört die phylogenetische Großgliederung der Bilateria zu den schwierigsten und am kontroversesten diskutierten Problemen der phylogenetischen Forschung, für die auch wir hier keine überzeugende Lösung vorschlagen können. Wir haben daher die Reihung ihrer Subtaxa wieder nach sehr traditionellen Gepflogenheiten vorgenommen, die ja auch teilweise von modernen, wenn auch noch häufig unvollkommenen molekularen Untersuchungen gestützt werden: Spiralia – Nemathelminthes – Tentaculata – Deuterostomia. Damit geraten die Vertebrata (Craniota) wieder an das Ende des Systems. Allerdings haben uns eine Reihe von Gründen bewogen, die Wirbeltiere von den „Einzellern" und „Wirbellosen" zu trennen, eine Trennung, die z. B. für Lehrbücher aus dem anglo-amerikanischen Raum selbstverständlich ist und sich in der Praxis der Lehre an deutschsprachigen Universitäten oft ebenso ergibt. Die Vertebrata werden also in einem 2. Band dieses Lehrbuchs zu einem späteren Zeitpunkt erscheinen. In einem Überblick sollen dort auch die Methoden der phylogenetischen Systematik dargestellt werden, für die gerade die Wirbeltiere besonders anschauliche Beispiele liefern können.

Seit jeher sind Monophylie und Stellung der Nemathelminthes im System problematisch. Abweichend von den meisten anderen Lehrbüchern ist die hier für sie gewählte Position hinter den Spiralia. Während sie traditionell bei den Bilateria in die Nähe von Plathelminthes und Nemertini eingeordnet werden, erscheint uns dies vor allem deshalb nicht angebracht, weil wir damit nahe legen würden, daß besonders zu diesen beiden Taxa eine engere Verwandtschaft besteht. Derartige Beziehungen sind jedoch gegenwärtig als völlig ungewiß anzusehen. Eine Ableitung der verschiedenen Furchungsmodi der Nemathelminthes von der Spiralfurchung erscheint uns ungelöst; auch für ein Schwestergruppen-Verhältnis einzelner Nemathelminthen-Taxa zu Spiraliern aufgrund morphologischer Merkmale gibt es keine starken Hinweise. Lediglich zwischen Gnathostomuliden und Rotatorien (S. 264) ist wegen Übereinstimmungen im Bau der Kauapparate eine engere Verwandtschaft nicht unwahrscheinlich. Die Herkunft von Spiralia und Nemathelminthes von einer nur ihnen gemeinsamen Stammart ist eine weitere in der Diskussion stehende Verwandtschaftshypothese.

Wie die Aufgliederung der Bilateria ist auch die Gruppierung der ursprünglicheren Metazoen (Porifera, Placozoa, „Mesozoa", Cnidaria und Ctenophora) nach streng phylogenetisch-systematischen Gesichtspunkten Gegenstand aktueller, kontroverser Diskussion. Ihre systematische Darstellung folgt hier besonders den Stufen ihrer organisatorischen und funktionellen Differenzierung. Letztere ergeben sich vor allem aus der Histologie und Cytologie ihrer Vertreter. Gerade die Forschung in Ultrastruktur und Molekularbiologie hat ja in den unmittelbar zurückliegenden Jahren eine Fülle von Daten geliefert, die uns ein immer realistischer werdendes Bild der Evolution tierischer Organismen von der Einzelligkeit über primitive Zellverbände, Organismen mit epithelartigen Strukturen bis hin zu Organisationsformen mit echten Epithelien und Organen vermitteln. Im Mittelpunkt dieser Überlegungen stehen die Bedeutung der extrazellulären Matrix und ihrer Strukturelemente sowie die Zell-Zell-Verbindungen für den Zellzusammenhalt und die Formenkonstanz vielzelliger Tiere.

Dort, wo die phylogenetische Systematik noch besonders kontrovers diskutiert wird und mehrere Hypothesen hinreichend begründbar erscheinen, wollen wir durch die Aufnahme von wenigstens zwei alternativen Stammbäumen dem interessierten studentischen Leser vor Augen führen, daß die phylogenetische Forschung in vielen Bereichen des Systems als offen gelten kann, und aufzeigen, wo besonderer Bedarf an modernen Untersuchungen besteht. Natürlich haben wir – wie unsere einzelnen Autorenkollegen auch – bestimmte Vorstellungen zu phylogenetischen Fragestellungen, die dieses Lehrbuch bzw. die einzelnen Kapitel prägen. Es ist uns jedoch ein Anliegen, für einige der großen Kontroversen der Zoologischen Systematik nicht apodiktisch und diskussionslos nur eine Hypothese zuzulassen. Morphologie und Systematik sollen nicht als abgeschlossene Disziplinen der Zoologie erscheinen, sondern als höchst lebendige, forschungsbedürftige Arbeitsgebiete. Welche überraschenden, aufregenden Entdeckungen die systematisch-morphologische Forschung immer noch bereit hält, zeigen z.B. die Funde der vielen neuen Arten aus den letzten Jahren bis hin zur kürzlich erfolgten Beschreibung von *Symbion pandora*, eine Art, die sich in keines der bestehenden höheren Taxa einordnen läßt und für die ihre Entdecker FUNCH und KRISTENSEN daher die **Cycliophora** errichtet haben (siehe Abbildung auf dem Einband). Ohnehin hatte uns der Verlag verpflichtet, kein „phylogenetisches Kampfbuch" zu verfassen und generell nur mäßige Veränderungen im traditionellen System aufzunehmen, u.a. auch um dem Studenten den Übergang von anderen Lehrbüchern der Zoologie ohne größere Schwierigkeiten zu ermöglichen. Aus diesem Grund haben wir auch darauf verzichtet, alle als Paraphyla erkannten Gruppierungen zu eliminieren. Vor allem dort, wo diese bisher nicht überzeugend aufgelöst werden können, wurden sie beibehalten und durch Anführungszeichen („") als solche gekennzeichnet. Nur innerhalb der

einzelligen Eukaryota war es notwendig, auch vermutlich polyphyletische Gruppierungen bestehen zu lassen; hierbei handelt es sich um traditionelle Gruppen, die man bisher noch nicht aufteilen kann; sie werden durch einen Stern (*) gekennzeichnet.

Wir wollen mit dieser zusammenfassenden Darstellung von anatomischen, histologischen, mikroanatomischen und cytologischen Merkmalen deutlich machen, daß Strukturanalysen auf den verschiedensten Größenebenen – bis hinunter zu den organischen Makromolekülen – Teilgebiete der Morphologie sind. Diese morphologischen Details stehen in der phylogenetischen Systematik den Sequenzanalysen von RNA und DNA gegenüber. Erst die ausreichende Kenntnis dieser beiden Datenkomplexe und ein Verständnis der Unterschiede ihres Informationsgehalts werden in Zukunft eine befriedigendere Erstellung von Stammbäumen ermöglichen.

Schon der Umfang des Buches hebt es über ein reines Lernkompendium hinaus – es wird, so hoffen wir, auch als Nachschlagewerk den Studenten und vielleicht auch manchen gereifteren Zoologen begleiten und den einen oder anderen auch vor und nach einer Prüfungsphase zum Lesen aus Interesse anregen. Dies soll die reichhaltige Ausstattung mit Zeichnungen und Photos – viele davon Originale – bewirken, die wir, ebenso wie es die Verfasser in der 33. Auflage des STRASBURGERS (Lehrbuch der Botanik, Gustav Fischer Verlag, Stuttgart, Jena, New York, 1991) ausdrücken, als Einladung zum „Schmökern" verstehen, „dieser oft unterschätzten Methode, sich einem komplexen Stoff auf spielerische Weise zu nähern." Gerade in die Auswahl und Erstellung des Bildteils haben wir mit unseren Autorenkollegen viel Zeit und Überlegung investiert – das Auge ist nun einmal das wichtigste Fenster, durch das der Morphologe und Systematiker seine Informationen erhält. Neben klassischen Bauplan-Schemata und traditionellen Habitusbildern wurden auch wichtige der in den letzten 25 Jahren durch elektronenmikroskopische Methoden erarbeitete Ergebnisse in Form entsprechender REM- und TEM-Ultrastrukturbilder aufgenommen.

Eine Spezielle Zoologie ist der Teil der wissenschaftlichen Zoologie, der sich besonders mit den „Spezies" beschäftigt. Ein entsprechendes Lehrbuch kann daher nicht nur den Bauplänen, der Stammesgeschichte und grundsätzlichen Phänomenen supraspezifischer Taxa gewidmet sein, sondern muß auch den Blick auf einzelne Arten lenken. Wir haben dem mit der exemplarischen Erwähnung einzelner Arten am Ende der Besprechung der Taxa Rechnung getragen und hierbei vor allem auch heimische Arten genannt und kurz charakterisiert. Sie wurden vor dem Gattungsnamen mit einem * gekennzeichnet.

Elf der Autoren des Lehrbuchs waren schon am WURMBACH/SIEWING beteiligt, vierzehn Autoren sind neu hinzugekommen. Allen Autorenkollegen gilt unser besonderer Dank, vor allem für ihre Bereitwilligkeit, mit der sie auf unsere Vorstellungen und Wünsche eingegangen sind. Eine außerordentlich große Zahl von Kollegen und Mitarbeitern haben sich bereitwillig und zum Teil mit großer Mühe am Zustandekommen dieses Lehrbuchs beteiligt, und wir danken ihnen hier sehr herzlich für entscheidende Beiträge vielfältigster Art. So wurden Teile des Buches kritisch gelesen von:

Prof. Dr. F.G. Barth, Wien; Prof. Dr. B. Darnhofer-Demar, Regensburg; Prof. Dr. W. Dohle, Berlin; Prof. Dr. A. Fischer, Mainz; Prof. Dr. H. Flügel, Kiel; Dr. H. Forstner, Innsbruck; Prof. Dr. S. Gelder, Presque Isle; Prof. Dr. A. Goldschmid, Salzburg; Prof. Dr. W. Haas, Bonn; Prof. Dr. G. Haszprunar, München; Prof. Dr. T. Holstein, Frankfurt/Main; Dr. P. Kestler, Osnabrück; Dr. W. Koste, Quakenbrück; Prof. Dr. O. Kraus, Hamburg; Mag. P. Ladurner, Innsbruck; Prof. Dr. S. Lorenzen, Kiel; Prof. Dr. K. Märkel, Bochum; UD Dr. E. Meyer, Innsbruck; UD Dr. H. Moser, Innsbruck; Prof. Dr. Mostler, Innsbruck; Dr. B. Neuhaus, Berlin; Dr. C. Noreña-Janssen, Madrid; Dr. G. Purschke, Osnabrück; Prof. Dr. K. Rohde, Armidale; Prof. Dr. Schedl, Innsbruck; Prof. Dr. M. Schlegel, Leipzig; Prof. Dr. H.K. Schminke, Oldenburg; Dr. P. Schwendinger, Innsbruck; Prof. Dr. V. Storch, Heidelberg; Dr. A. Svoboda, Bochum; Prof. Dr. K. Thaler, Innsbruck; Dr. H. Ulrich, Bonn; Prof. Dr. D. Waloßek, Ulm; Dr. S. Weyrer, Innsbruck.

Abbildungen, besonders Photos, wurden uns dankenswerterweise u.a. zur Verfügung gestellt von: Prof. Dr. G. Alberti, Heidelberg; Dr. A. Antonius, Wien; Dr. W. Arens, Bayreuth; Prof. Dr. B. Baccetti, Siena; Prof. Dr. Bardele, Tübingen; PD Dr. T. Bartolomaeus, Göttingen; Prof. Dr. B. Bengtson, Uppsala; Dr. W. Böckeler, Kiel; Prof. Dr. R. Buchsbaum, Pacific Grove; Dr. M. Byrne, Sydney; Prof. Dr. S. Conway Morris, Cambridge; Dr. W. Cool, Lawrence; Dr. D. Desbruyères, Brest; Dr. S. Dominik, Bochum; Dr. M. Duvert, Bordeaux; Prof. Dr. G. Eisenbeis, Mainz; Dr. P. Emschermann, Freiburg; Prof. Dr. M. Fedonkin, Moskau; Dr. K. Fedra, Wien; Dr. A. Fiala, Banyuls-sur-Mer; G. Fiedler, Leipzig; Dr. D. Fiege, Frankfurt/Main; Prof. Dr. H. Flügel, Kiel; Prof. Dr. W. Foissner, Salzburg; Dr. H.D. Franke, Helgoland; Prof. Dr. Å. Franzén, Stockholm; Dr. S. Gardiner, Bryn Mawr; Prof. Dr. T.H.J. Gilmour, Saskatoon; Prof. Dr. W. Gnatzy, Frankfurt/Main; Prof. Dr. C.J.P. Grimmelikhuijzen, Kopenhagen; Dr. W. Greve, Hamburg; Dr. J. Gutt, Bremerhaven; Prof. Dr. A.K. Harris, Chapel Hill; Dr. W. Heimler, Erlangen; Prof. Dr. C. Hemleben, Tübingen; Dipl.-Biol. A. Hirschfelder, Osnabrück; Dr. I. Illich, Salzburg; Dr. H.D. Jones, Manchester; Dr. M. Jones, Friday Harbor; Dr. M. Klages, Bremerhaven; Prof.

Dr. J. Klima, Innsbruck; Dr. B. Knoflach, Innsbruck; Dr. W. Koste, Quakenbrück; Prof. Dr. R.M. Kristensen, Kopenhagen; Dr. P. Ladurner, Innsbruck; Prof. Dr. H.A. Lowenstam, Pasadena; Mag. G. Mair, Belfast; Mag. O. Manylov, St. Petersburg; Prof. Dr. K. Märkel, Bochum; Prof. Dr. H. Mehlhorn, Düsseldorf; Dr. C.G. Messing, Fort Pierce; Dr. H. Moosleitner, Salzburg; Dr. B. Neuhaus, Berlin; Dr. C. Noreña-Janssen, Madrid; Prof. Dr. C. Nielsen, Kopenhagen; Prof. Dr. J. Ott, Wien; Prof. Dr. Dr. J. Patterson, Sydney; Dr. R. Patzner, Salzburg; Prof. Dr. H.M. Peters, Tübingen; Dr. H.-K. Pfau, Hünstetten-Wallbach; Prof. Dr. M. Reuter, Turku; Dr. A.L. Rice, Wormley; Dr. S. Ribgy, Leicester; Prof. Dr. R. Röttger, Kiel; Dr. K. Rützler, Washington; Prof. Dr. B. Runnegar, Los Angeles; W. Salvenmoser, Innsbruck; Dr. H. Schatz, Innsbruck; Dr. G.O. Schinner, Wien; A. Schrehardt, Erlangen; Prof. Dr. G. Slyusarev, St. Petersburg; Prof. Dr. H. Splechtna, Wien; Staatliches Museum für Naturkunde, Stuttgart; Dr. M. Stauber, Willich; Dr. G. Steiner, Wien; Dr. A. Svoboda, Bochum; Prof. Dr. H. Taraschewski, Karlsruhe; Prof. Dr. S. Tyler, Orono; Prof. Dr. U. Welsch, München; Prof. Dr. A. Wessing, Gießen; Dr. S. Weyrer, Innsbruck; Dr. K. Wittmann, Wien; Prof. Dr. D. Zissler, Freiburg.

Unabdingbar für das Zustandekommen des Buches war das stete Verständnis unserer Frauen, Alice Westheide und Dr. Gunde Rieger. Frau Rieger danken wir darüber hinaus für kritische Korrekturen und wertvolle Beiträge, die wesentlich die Gestaltung des Buches mitbestimmt haben.

Christiane Schöpfer-Sterrer, Wien, Anna Stein, Osnabrück, Giesbert Schmitz, Osnabrück und Dr. Manfred Klinkhardt, Rietberg, haben einen großen Teil der Abbildungen nach Vorlagen aus der Literatur oder nach Originalen neu gezeichnet, wofür wir ihnen, ebenso wie den Zeichnerinnen und Zeichnern einiger unserer Autoren, sehr danken. Besonderer Dank und Anerkennung gilt den Studenten und Mitarbeitern unserer beiden Arbeitsgruppen, ohne deren kritisches Interesse und persönlichen Einsatz wir diesen Band wohl nicht hätten fertigstellen können und von denen wir hier vor allem Andrea Noël, Osnabrück, Dietmar Reiter, Innsbruck, Monika C. Müller und Dr. G. Purschke, Osnabrück, Gertrud Matt, Elisabeth Pöder, Karl Schatz und Konrad Eller, Innsbruck, nennen.

Ein besonderes Anliegen ist es uns, dem Verlag und hier vor allem den Herren Dr. Wulf D. von Lucius und Bernd von Breitenbuch für stetes Interesse, Herrn Dr. Ulrich G. Moltmann und Frau Inga Eicken für sehr kompetente Unterstützung und die harmonische Atmosphäre der Zusammenarbeit zu danken.

Wilfried Westheide und Reinhard M. Rieger
Osnabrück und Innsbruck, Februar 1996

Inhaltsverzeichnis

Autoren V
Vorwort VII
Inhaltsverzeichnis XI
Wichtige Begriffe der phylogenetischen
Systematik XVII

Bedeutungen häufiger lateinischer und grie-
chischer Wortelemente in zoologischen Na-
men und Begriffen XXI

„EINZELLIGE EUKARYOTA", EINZELLER   3

1	**Microspora**	19
	1.1 Rudimicrosporea	20
	1.2 Microsporea	20
2	**Archamoebaea**	20
3	**Tetramastigota**	21
	3.1 Retortamonada	21
	3.1.1 Retortamonadea	21
	3.1.2 Diplomonadea	22
	3.1.2.1 Enteromonadida	23
	3.1.2.2 Diplomonadida	23
	3.2 Axostylata	23
	3.2.1 Oxymonadea	23
	3.2.2 Parabasalea	24
	3.2.2.1 Trichomonadida	25
	3.2.2.2 Polymonadida	25
	3.2.2.3 Hypermastigida	25
4	**Euglenozoa**	26
	4.1 Euglenata	26
	4.1.1 Euglenidea	26
	4.1.2 Hemimastigophorea	27
	4.2 Kinetoplasta	27
	4.2.1 Bodonea	28
	4.2.2 Trypanosomatidea	28
	4.3 Pseudociliata	30
5	**Heterolobosa**	30
	5.1 Schizopyrenidea	30
	5.2 Acrasea	31
6	**Dictyostela**	31
7	**Protostela**	32
8	**Myxogastra**	32
9	**Chromista**	33
	9.1 Prymnesiomonada	33
	9.2 Cryptomonada	34
	9.3 Heterokonta (Stramenopilata)	34
	9.3.1 Proteromonadea	35
	9.3.2 Opalinea	35
	9.3.3 Chrysomonadea	36
	9.3.3.1 Chrysomonadida	37
	9.3.3.2 Pedinellidida	37
	9.3.3.3 Silicoflagellida	37

	9.3.4 Heteromonadea	38
	9.3.5 Labyrinthulea	38
	9.3.6 Raphidomonadea	39
	9.3.7 Plasmodiophorea	39
	9.3.8 Bicosoecidea	39
10	**Alveolata**	39
	10.1 Dinoflagellata	40
	10.2 Apicomplexa	42
	10.2.1 Gregarinea	43
	10.2.2 Coccidea	44
	10.2.2.1 Coelotrophiida	44
	10.2.2.2 Adeleida	44
	10.2.2.3 Eimeriida	45
	10.2.3 Haematozoea	46
	10.2.3.1 Haemosporida	46
	10.2.3.2 Piroplasmida	48
	10.3 Ciliophora	49
	10.3.1 Postciliodesmatophora	51
	10.3.1.1 Karyorelictea	52
	10.3.1.2 Spirotrichea	52
	Heterotrichia	52
	Oligotrichia	52
	Stichotrichia	53
	Hypotrichia	53
	10.3.2 Rhabdophora	53
	10.3.2.1 Prostomatea	54
	10.3.2.2 Litostomatea	54
	Haptoria	54
	Trichostomatia	55
	10.3.3 Cyrtophora	55
	10.3.3.1 Phyllopharyngea	55
	Phyllopharyngia	55
	Chonotrichia	56
	Suctoria	56
	10.3.3.2 Nassophorea	56
	10.3.3.3 Oligohymenophorea	57
	Hymenostomatia	57
	Peritrichia	58
	Astomatia	59
	Apostomatia	59
	10.3.3.4 Colpodea	59
11	**Chlorophyta**	60
	11.1 Phytomonadea (Volvocida)	60
	11.2 Prasinomonadea	61
12	**Choanoflagellata**	61

Ein in Anführungszeichen gesetztes Taxon („...") ist
paraphyletisch. Ein mit einem Stern gekennzeichnetes
Taxon (*) ist polyphyletisch.

13 EINZELLIGE EUKARYOTA INCER-
TAE SEDIS, polyphyletische Gruppen
unbestimmter Zuordnung 62
13.1 Amoebozoa* 62
13.1.1 Lobosea* 62
13.1.1.1 Gymnamoebea* 62
13.1.1.2 Testacealobosea* 63
13.1.2 Acarpomyxea* 63
13.1.3 Filosea* 64
13.2 Granuloreticulosea* 64
13.2.1 Athalamea* 64
13.2.2 Monothalamea* 65

13.2.3 Foraminiferea 65
13.3 Actinopodea* 66
13.3.1 Acantharea 67
13.3.2 Polycistinea 68
13.3.3 Phaeodarea 69
13.3.4 Heliozoea* 69

14 Ascetospora 70
14.1 Haplosporea 70
14.2 Paramyxea 71

15 Myxozoa 71

METAZOA, TIERISCHE VIELZELLER 75

I PARAZOA 95

Porifera, Schwämme 98
1 Hexactinellida (Symplasma), Glasschwämme 115
2 Cellularia 115
2.1 Calcarea, Kalkschwämme 115
2.2 Demospongiae 116

II PLACOZOA 121

III „MESOZOA" 125

1 Rhombozoa 125
1.1 Dicyemidae 125
1.2 Heterocyemidae 126
2 Orthonectida 128
3 Salinella salve 129

IV DIPLOBLASTISCHE
EUMETAZOA 131

„COELENTERATA" 143

Cnidaria, Nesseltiere 145
1 Anthozoa, Blumentiere 155
1.1 Octocorallia 157
1.1.1 Stolonifera 158
1.1.2 Helioporida, Blaue Korallen 158
1.1.3 Alcyonaria, Lederkorallen 158
1.1.4 Gorgonaria, Hornkorallen 158
1.1.5 Pennatularia, Seefedern 158
1.2 Hexacorallia 159
1.2.1 Ceriantharia, Zylinderrosen 160
1.2.2 Madreporaria, Stein- oder Riff-
korallen 160
1.2.3 Actiniaria, Seeanemonen 162
1.2.4 Zoantharia, Krustenanemonen .. 163

1.2.5 Antipatharia, Dörnchenkorallen,
Schwarze Edelkorallen 163
2 Cubozoa, Würfelquallen 163
3 Scyphozoa, Scheibenquallen 166
† Conulata 168
3.1 Coronata, Kranzquallen 168
3.2 Stauromedusida (Lucernariida), Be-
cher- oder Stielquallen 168
3.3 Semaeostomea, Fahnenquallen ... 169
3.4 Rhizostomea, Wurzelmundquallen 170
4 Hydrozoa 171
4.1 Hydroida 174
4.1.1 Thecata/Leptomedusae 174
4.1.2 Athecata/Anthomedusae 175
4.1.3 Hydrina 177
4.1.4 Halammohydrina 177
4.1.5 Limnohydrina 177
4.1.6 Velellina, Segelquallen 177
4.2 Trachylida 179
4.2.1 Trachymedusae 179
4.2.2 Narcomedusae 179
4.3 Siphonophora, Staatsquallen 179
4.3.1 Cystonectida 180
4.3.2 Physophorida 180
4.3.3 Calycophorida 180

Ctenophora, Rippenquallen 182
1 Tentaculifera 185
2 Atentaculata (Beroida) 186

V TRIPLOBLASTISCHE
EUMETAZOA, BILATERIA 189

SPIRALIA 205

Plathelminthes, Plattwürmer 210
1 „Turbellaria", Strudelwürmer 222
1.1 „Turbellaria" – Acoelomorpha 223
1.1.1 Nemertodermatida 224
1.1.2 Acoela 224

1.2 „Turbellaria" – Catenulida 224
1.3 „Turbellaria" – Rhabditophora . . . 225
1.3.1 Macrostomorpha 226
1.3.2 Polycladida 227
1.3.3 „Lecithoepitheliata" 228
1.3.4 Prolecithophora 228
1.3.5 Seriata 228
1.3.6 Rhabdocoela 230
2 Neodermata 230
2.1 Trematoda, Saugwürmer i. e. S. . . . 233
2.1.1 Aspidobothrii 233
2.1.2 Digenea 234
2.2 Cercomeromorpha 243
2.2.1 Monogenea 243
2.2.2 Cestoda, Bandwürmer 247

Gnathostomulida, Kiefermäulchen 259
1 Filospermoida 264
2 Bursovaginoida 264

Nemertini, Schnurwürmer 265
1 Anopla 273
1.1 Palaeonemertini (Palaeonemertea) . 274
1.2 Heteronemertini (Heteronemertea) 274
2 Enopla 274
2.1 Hoplonemertini (Hoplonemertea) . 274
2.2 Bdellonemertini (Bdellonemertea) . 275

Mollusca, Weichtiere 276
1 Aculifera, Stachelweichtiere 284
1.1 Aplacophora, Wurmmollusken . . . 285
1.1.1 Caudofoveata, Schildfüßer 285
1.1.2 Solenogastres, Furchenfüßer 286
1.2 Polyplacophora (Placophora, Loricata), Käferschnecken 287
2 Conchifera, Schalenweichtiere 289
2.1 Cyrtosoma, Gekrümmtschaler . . . 290
2.1.1 Monoplacophora, Urmützen-
schnecken, Napfschaler 291
2.1.2 Gastropoda, Schnecken 292
2.1.2.1 Prosobranchia, Vorderkiemerschnecken 301
Archaeogastropoda, Altschnek-
ken 302
Mesogastropoda, Mittel-
schnecken 302
Neogastropoda, Neuschnecken 303
Allogastropoda 304
2.1.2.2 Pulmonata, Lungenschnecken . 305
Archaeopulmonata, Altlungen-
schnecken 305
Basommatophora, Wasserlun-
genschnecken 305
Stylommatophora, Landlun-
genschnecken 305
Gymnomorpha 307
2.1.2.3 Opisthobranchia, Hinterkiemerschnecken 307

Cephalaspidea (Bullomorpha),
Kopfschildschnecken 307
Acochlidiacea 307
Saccoglossa, Schlundsack-
schnecken 308
Thecosomata, Seeschmetter-
linge 308
Gymnosomata, Ruderschnek-
ken 308
Anaspidea, Seehasen 308
Umbraculomorpha, Schirm-
schnecken 309
Pleurobranchomorpha, Seiten-
kiemer 309
Nudibranchia, Nacktkiemer . . . 309
2.1.3 Cephalopoda, Kopffüßer, Tinten-
schnecken, Tintenfische 310
2.1.3.1 Nautiloida (Tetrabranchiata),
Perlbootartige, Vierkiemige
Kopffüßer 317
2.1.3.2 Coleoida (Dibranchiata), Zwei-
kiemige Kopffüßer 317
Decabrachia, Zehnarmige
Kopffüßer 317
Octobrachia (Octopodiformes,
Vampyromorphoida), Achtar-
mige Kopffüßer 318
2.2 Diasoma, Gestrecktschaler 319
2.2.1 Bivalvia (Acephala, Pelecypoda),
Muscheln 319
2.2.1.1 Protobranchia, Fiederkiemer . . 326
2.2.1.2 Pteriomorpha 326
2.2.1.3 Palaeoheterodonta 326
2.2.1.4 Heterodonta 327
2.2.1.5 Anomalodesmata 328
2.2.2 Scaphopoda, Kahn- oder Grabfü-
ßer 328

Sipuncula (Sipunculida), Spritzwürmer . 331

Kamptozoa (Entoprocta), Kelchwürmer 337

Echiura (Echiurida), Igelwürmer 345

ARTICULATA, GLIEDERTIERE 350

Annelida, Ringelwürmer 353
1 „Polychaeta", Borstenwürmer 366
1.1 „Polychaeta i. e. S." 378
1.2 Aeolosomatida 383
1.3 Potamodrilida 383
1.4 Myzostomida 383
1.5 Pogonophora, Bartwürmer 383
1.5.1 Perviata (Frenulata), Pogonophoren i. e. S. 394
1.5.2 Obturata (Vestimentifera) 395
1.6 Lobatocerebrida 396
2 Citellata, Gürtelwürmer 396
2.1 „Oligochaeta", Wenigborster 399
2.1.1 Haplotaxida 401

2.1.2 Enchytraeida 401
2.1.3 Lumbricida 401
2.1.4 Lumbriculida 403
2.1.5 Branchiobdellida 403
2.1.6 Tubificida 403
2.2 Hirudinea, Egel 404
2.2.1 Acanthobdellida, Borstenegel . . . 408
2.2.2 Euhirudinea, Borstenlose Egel . . 408

Arthropoda, Gliederfüßer 411
1 Onychophora, Stummelfüßer 420
2 Tardigrada, Bärtierchen 429
2.1 Heterotardigrada 433
2.2 Mesotardigrada 433
2.3 Eutardigrada 433

**EUARTHROPODA, GLIEDERFÜS-
SER i.e.S.** 435

† **Trilobita**, Dreilapper 445
3 Chelicerata, Spinnentiere 449
3.1 Xiphosura, Schwertschwänze 452
† Eurypterida (Gigantostraca), Seeskorpione 455
3.2 Arachnida, Spinnentiere i.e.S. 455
3.2.1 Scorpiones, Skorpione 462
3.2.2 Uropygi, Geißelskorpione 466
3.2.3 Amblypygi, Geißelspinnen 468
3.2.4 Araneae, Webspinnen 469
3.2.4.1 Mesothelae, Gliederspinnen . . 479
3.2.4.2 Opisthothelae 479
3.2.5 Palpigradi, Palpenläufer 482
3.2.6 Pseudoscorpiones (Chelonethi),
Pseudo-, Bücher- oder Afterskor-
pione 482
3.2.7 Solifugae (Solpugida), Walzen-
spinnen 484
3.2.8 Opiliones, Kanker, Weber-
knechte 485
3.2.8.1 Cyphopalpatores 487
3.2.8.2 Laniatores 488
3.2.9 Ricinulei, Kapuzenspinnen 488
3.2.10 Acari (Acarina), Milben 489
3.2.10.1 Anactinotrichida (Parasitiformes) 492
3.2.10.2 Actinotrichida (Acariformes) . 493
3.3 Pantopoda (Pycnogonida), Asselspinnen 495

MANDIBULATA 498
4 Crustacea, Krebse 501
4.1 Cephalocarida 513
4.2 Remipedia 514
4.3 Branchiopoda, Blattfußkrebse 516
4.3.1 Anostraca, Kiemenfüßer 516
4.3.2 Spinicaudata 518
4.3.3 Laevicaudata 519
4.3.4 Ctenopoda 520
4.3.5 Anomopoda 521
4.3.6 Onychopoda 526

4.3.7 Haplopoda 526
4.3.8 Notostraca 527
4.4 „Maxillopoda" 529
4.4.1 Ostracoda, Muschelkrebse 529
4.4.2 Branchiura, Karpfenläuse 531
4.4.3 Pentastomida, Zungenwürmer . . 531
4.4.4 Mystacocarida 534
4.4.5 Copepoda, Ruderfußkrebse 535
4.4.6 Tantulocarida 543
4.4.7 Ascothoracida 544
4.4.8 Cirripedia, Rankenfüßer 545
4.4.8.1 Thoracica 545
4.4.8.2 Acrothoracica 549
4.4.8.3 Rhizocephala, Wurzelkrebse . . 551
4.5 Malacostraca 552
4.5.1 Leptostraca (Phyllocarida)
Eumalacostraca 552
4.5.2 Stomatopoda (Hoplocarida),
Fangschreckenkrebse 553
4.5.3 Syncarida 555
4.5.3.1 Bathynellacea, Brunnenkrebse . 555
4.5.3.2 Anaspidacea 556
4.5.4 Eucarida 557
4.5.4.1 Euphausiacea, Leuchtkrebse . . 557
4.5.4.2 Amphionidacea 560
4.5.4.3 Decapoda, Zehnfüßer 561
Dendrobranchiata 567
Pleocyemata 567
4.5.5 Thermosbaenacea (Pancarida) . . 569
4.5.6 Peracarida 570
4.5.6.1 Mysidacea 570
4.5.6.2 Amphipoda, Flohkrebse 572
4.5.6.3 Cumacea 575
4.5.6.4 Mictacea 576
4.5.6.5 Spelaeogriphacea 576
4.5.6.6 Tanaidacea, Scherenasseln 576
4.5.6.7 Isopoda, Asseln 577

**ANTENNATA (TRACHEATA, MON-
ANTENNATA, ATELOCERATA)** 582
5 Chilopoda, Hundertfüßer 585
5.1 Notostigmophora (Scutigeromor-
pha) 590
5.2 Pleurostigmophora 590
5.2.1 Lithobiomorpha 590
5.2.2 Craterostigmomorpha 590
5.2.3 Epimorpha 590
5.2.3.1 Scolopendromorpha 590
5.2.3.2 Geophilomorpha 591
6 Progoneata 592
6.1 Symphyla, Zwergfüßer 592
6.2 Pauropoda, Wenigfüßer 593
6.3 Diplopoda, Doppelfüßer 595
6.3.1 Penicillata (Pselaphognatha) 600
6.3.2 Chilognatha 600
7 Insecta (Hexapoda), Insekten 601
† Palaeodictyoptera 619
Entognatha (Entotropha), Sackkiefler . . 620

7.1 Diplura, Doppelschwänze 620
7.2 Collembola, Springschwänze 621
7.3 Protura, Beintastler 624
Ectognatha (Ectotropha), Freikiefer . . . 625
7.4 Archaeognatha, Felsenspringer . . . 626
Dicondylia 626
7.5 Zygentoma, Fischchen 627
Pterygota, Fluginsekten 627
7.6 Ephemeroptera, Eintagsfliegen . . . 630
7.7 Odonata, Libellen 632
7.7.1 Zygoptera, Kleinlibellen 633
7.7.2 Anisoptera, Großlibellen 633
7.7.3 Anisozygoptera 634
7.8 Plecoptera, Steinfliegen 635
7.9 Embioptera, Tarsenspinner 636
7.10 Notoptera (Grylloblattodea),
        Grillenschaben 637
7.11 Dermaptera, Ohrwürmer 638
7.12 Mantodea, Fangheuschrecken . . . 639
7.13 Blattariae, Schaben 640
7.14 Isoptera, Termiten 641
7.15 Ensifera, Langfühlerschrecken . . . 643
7.15.1 Tettigonioida, Laubheuschrek-
         ken 643
7.15.2 Grylloida, Grillen 644
7.15.3 Gryllacridoida 644
7.16 Caelifera, Kurzfühlerschrecken . . 644
7.17 Phasmatodea, Gespenstheu-
        schrecken 645
7.18 Zoraptera, Bodenläuse 646
7.19 Psocoptera, Staubläuse 647
7.20 Phthiraptera, Tierläuse 648
7.20.1 Amblycera 648
7.20.2 Ischnocera 648
7.20.3 Rhynchophthirina 648
7.20.4 Anoplura, Läuse 648
7.21 Thysanoptera, Fransenflügler,
        Blasenfüße 649
7.22 Homoptera, Gleichflügler 650
7.22.1 Auchenorrhyncha, Zikaden . . . 651
7.22.2 Sternorrhyncha, Pflanzenläuse . 652
7.23 Heteroptera, Wanzen 656
7.24 Coleorrhyncha 658
7.25 Megaloptera, Schlammfliegen . . . 659
7.26 Planipennia, Netzflügler 660
7.27 Raphidioptera, Kamelhalsfliegen . 661
7.28 Coleoptera, Käfer 662
7.28.1 Archostemata 663
7.28.2 Adephaga 663
7.28.3 Myxophaga 664
7.28.4 Polyphaga 664
7.29 Strepsiptera, Fächerflügler 665
7.30 Hymenoptera, Hautflügler 666
7.30.1 „Symphyta", Pflanzenwespen . . 667
7.30.2 Apocrita 667
7.30.2.1 Terebrantes, Legewespen 667
7.30.2.2 Aculeata, Stechwespen 668
7.31 Trichoptera, Köcherfliegen 670
7.32 Lepidoptera, Schmetterlinge 671
7.32.1 Zeugloptera 672

7.32.2 Aglossata 672
7.32.3 Glossata 672
7.33 Mecoptera, Schnabelfliegen 675
7.34 Diptera, Zweiflügler 675
7.34.1 „Nematocera", Mücken 676
7.34.2 Brachycera, Fliegen 678
7.35 Siphonaptera, Flöhe 680

NEMATHELMINTHES (ASCHEL-
MINTHES) 682

Gastrotricha, Bauchhärlinge 685
1   Macrodasyida 691
2   Chaetonotida 691

Nematoda, Fadenwürmer 692
1   „Adenophorea" („Aphasmidia") 707
2   Secernentea (Phasmidia) 709

Nematomorpha, Saitenwürmer 711

„Rotatoria" („Rotifera"), Rädertiere . . . 714
1   Seisonida 721
2   Bdelloida 721
3   Monogononta 722

Acanthocephala, Kratzer 723

Kinorhyncha 729

Priapulida, Priapswürmer 733

Loricifera 736

TENTACULATA (LOPHOPHO-
RATA) 737

Phoronida, Hufeisenwürmer 740

Bryozoa (Ectoprocta), Moostierchen . . 743
1   Phylactolaemata (Lophopoda), Süß-
     wasserbryozoen 747
2   Stenolaemata (Cyclostomata) 747
3   Gymnolaemata 747
     3.1 Ctenostomata 748
     3.2 Cheilostomata 748

Brachiopoda, Armfüßer 750
1   Inarticulata (Ecardines) 753
2   Testicardines (Articulata) 753

DEUTEROSTOMIA 755

Chaetognatha, Pfeilwürmer 757

Hemichordata (Branchiotremata) 763
1   Enteropneusta, Eichelwürmer 764

2   Pterobranchia, Flügelkiemer 773

    † Graptolithina 777

    Xenoturbellida 777

Echinodermata, Stachelhäuter 778

1   Crinoida, Seelilien und Haarsterne 799

2   Asteroida, Seesterne 804

3   Concentricycloida 812

4   Ophiuroida, Schlangensterne 813

5   Echinoida, Seeigel 818

6   Holothuroida, Seegurken 827

Chordata, Chordatiere 835

1   Tunicata (Urochordata), Manteltiere . . 838

    1.1 Ascidiacea, Seescheiden 844

1.2 Thaliacea, Salpen 849

1.2.1 Pyrosomida, Feuerwalzen 849

1.2.2 Doliolida (Cyclomyaria) 850

1.2.3 Salpida (Desmomyaria) 851

1.3 Appendicularia (Larvacea) 853

2   **Acrania (Leptocardia, Cephalochordata),** Lanzettfischchen 855

3   **Craniota (Vertebrata),** Wirbeltiere . . . . Bd. 2

Ergänzungen 863

Literatur 873

Register 893

Wichtige Begriffe der phylogenetischen Systematik

Diese Zusammenstellung bezieht sich auf im Text erwähnte Begriffe. Sie erhebt nicht den Anspruch auf Vollständigkeit. Für eine umfassende Übersicht über die Terminologie phylogenetischer Forschung sollten die unten zitierten Werke eingesehen werden, die u.a. für diese Zusammenstellung herangezogen wurden.

Anagenese – Transformation von Merkmalseigenschaften in Evolutionslinien. Im Gegensatz zur Cladogenese, die den Prozeß der Entstehung neuer Merkmalseigenschaften oder neuer Merkmale in der Folge von Artspaltung bezeichnet.

Apomorphie – Abgeleitetes Merkmal (oder Merkmalsausprägung), d.h. evolutiv neue Eigenschaft oder Struktur. Auch ein sekundär fehlendes Merkmal kann eine Apomorphie sein.

Art – Reale, überindividuelle Einheit in der Natur. Eine Art umfaßt alle Individuen, die zusammen einen Genpool bilden und die von anderen Arten reproduktiv isoliert sind. Beliebig lange Folge von Generationen zwischen einem Artspaltungsvorgang und dem nächstfolgenden Artspaltungsvorgang oder Aussterben, deren Individuen von allen anderen gleichzeitig existierenden Evolutionslinien (= Generationsfolgen), reproduktiv, genetisch und ökologisch isoliert sind. Arten entstehen in der Regel durch Artspaltungsprozesse; sie erlöschen entweder durch weitere Artspaltungsprozesse oder durch Aussterben.

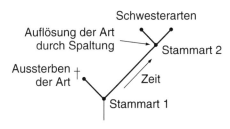

Außengruppe – Alle rezenten und fossilen Taxa außerhalb der betrachteten Gruppe. Bei der phylogenetischen Analyse wird zur Erkennung von Plesiomorphien meist die jeweilige Schwestergruppe als Außengruppe herangezogen.

Autapomorphie – Abgeleitetes Merkmal (oder Merkmalsausprägung), das auf ein Taxon beschränkt ist. Monophyla werden durch mindestens eine Autapomorphie begründet.
Zum Beispiel ist eine der Autapomorphien des Taxon Araneae der Besitz von Spinnwarzen, die aus umgewandelten Extremitäten der 4. und 5. Opisthosomasegmente

hervorgegangen sind (s. S. 472) – und die in keinem anderen Arachniden-Taxon vorkommen.

Bauplan – Ursprüngliches Organisations- und Konstruktionsschema eines höheren Taxon, das sich grundsätzlich von denen anderer Taxa unterscheidet.
Zum Beispiel spricht man vom Bauplan der Mollusca oder der Insecta.

Grundmuster – Gesamtheit der rekonstruierten Merkmale einer Stammart.

Homologie – Übereinstimmung in Merkmalen bei unterschiedlichen Taxa, die nicht zufällig sein kann, sondern sich auf die genetische Information in einer gemeinsamen Stammart zurückführen läßt. Homologe Merkmale müssen nicht vollständig ähnlich sein, sondern können sogar strukturell und funktionell stark voneinander differieren, z.B. die Hinterflügel der Hymenopteren und anderer Pterygota und die Schwingkölbchen (Halteren) der Dipteren.

Konvergenz – Übereinstimmungen in Merkmalen bei unterschiedlichen Taxa, die sich nicht auf die genetische Information in einer gemeinsamen Stammart zurückführen lassen, d.h. die unabhängig voneinander entstanden sind.
Zum Beispiel die Tracheen bei Onychophoren, Arachniden, Insekten und anderen Antennata (S. 424, 461, 583, 610).

Merkmal (Phän) – Jede Eigenschaft, die man an einem Lebewesen „bemerkt", wird bedingt durch das Erbgut oder/und die Wechselwirkung mit der Umwelt. In der Evolution entstehen Merkmale, werden verändert (transformiert) oder gehen verloren („Negativmerkmale").

Merkmalshierarchie – Enkaptisches (verschachteltes) Ordnungsmuster, dem alle Merkmale unterliegen.

Monophylum – Geschlossene Abstammungsgemeinschaft von beliebiger Größe und Rang, die sämtliche von einer Stammart abstammenden Arten enthält.

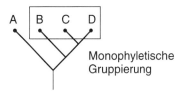

Paraphylum – Gruppe von eng verwandten Organismen, die aus einer Stammart entstanden sind, jedoch nicht – wie im Monophylum – sämtliche von einer Stammart abstammenden Arten, sondern nur eine Teilgruppe dieser Folgearten enthält. Die Stammart eines Paraphylums ist nicht ausschließlich Stammart aller seiner Arten, sondern gleichzeitig auch Stammart einer anderen Gruppe.

Zum Beispiel bilden die „Oligochaeta" ein Paraphylum, weil ihre Stammart auch Stammart der Hirudinea ist.

Im Text dieses Buches werden Paraphyla in Anführungszeichen gesetzt, z.B. „Turbellaria".

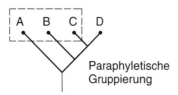

Paraphyletische Gruppierung

Plesiomorphie – Ursprüngliches („primitives") Merkmal (oder Merkmalsausprägung), d.h. evolutiv alte Eigenschaft oder Struktur, die nicht nur in dem zur Diskussion stehenden Taxon, sondern auch in anderen Taxa vorkommt.

Zum Beispiel ist die Chorda eine Plesiomorphie des Taxon Acrania, da sie schon in der Stammart der Chordata vorhanden gewesen sein muß (s.S. 835).

Polyphyletische Gruppe – Gruppierung von Arten oder anderen Taxa, die auf nicht näher miteinander verwandte Stammarten zurückgehen und aufgrund fälschlich für homolog gehaltener Merkmale vereint wurden. Eine derartige Gruppe bildet also keine monophyletische Einheit im System der Organismen. Als polyphyletisch erkannte Gruppierungen haben keine Berechtigung in der phylogenetischen Systematik.

Zum Beispiel sind die in älteren Systemen der einzelligen Tiere genannten „Amoeba" und „Sporozoa" Sammelgruppen verschiedener Taxa, die nicht näher verwandt sind.

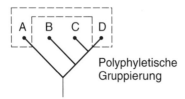

Polyphyletische Gruppierung

Radiation (adaptive) – Vielfache Abwandlung eines Grundmusters durch relativ schnell aufeinander folgende Artspaltungen und Anpassungen an verschiedenartige Nischen.

Schwestergruppe (auch: **Schwestertaxon** oder **Adelphotaxon**) – Zwei Taxa, die eine nur ihnen gemeinsame Stammart besitzen, sind Schwestergruppen.

Zum Beispiel sind Acanthobdellida und Euhirudinea Schwestergruppen (s.S. 399).

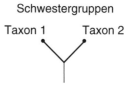

Schwestergruppen

Taxon 1   Taxon 2

Stammart – Art, die sich durch Speziation (Artspaltung) auflöst in zwei Folgearten (= Schwesterarten) und damit aufhört zu existieren. Aus den Folgearten können durch Spaltungen weitere Arten hervorgehen.

Stammbaum – Graphische Darstellung von Verwandtschaftshypothesen. Dabei symbolisiert eine Linie die Existenz einer Stammart in der Zeit, eine Gabelung die Aufspaltung einer Stammart in die beiden Folgearten.

Stammlinie (Stammgruppe) – Sämtliche fossilen Taxa entlang eines „Stammbaumzweiges" zwischen der gemeinsamen Stammart zweier Monophyla bis zur jeweiligen Stammart eines der beiden Monophyla.

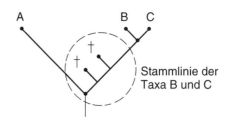

Stammlinie der Taxa B und C

Symplesiomorphie – Ursprüngliches („primitives"), homologes Merkmal (oder Merkmalsausprägung), das auch außerhalb eines Monophylums vorkommt.

Zum Beispiel ist die Chitin-Protein-Cuticula eine Symplesiomorphie der Crustacea und Antennata, da sie auch außerhalb der Mandibulata bei allen anderen Arthropoda vorkommt (s.S. 411).

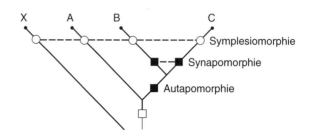

Synapomorphie – Abgeleitetes, homologes Merkmal (oder Merkmalsausprägung), das nur in den Teilgruppen eines Monophylums vorkommt. Synapomorphien begründen die Zugehörigkeit von Einzeltaxa zu einem Monophylum.
Zum Beispiel ist die Chitin-Protein-Cuticula ein synapomorphes Merkmal der Onychophora und Euarthropoda (s. S. 411).

Taxon, *pl.* **Taxa** – Gruppe von Organismen von beliebiger Größe und Rang, die sich von anderen Gruppen unterscheiden läßt und die eine auf Verwandtschaft beruhende Einheit und damit ein Element im System der Natur bildet. Jedes Taxon ist ein Monophylum.

Zum Beispiel bilden alle Individuen der Art *Fasciola hepatica*, alle Digenea, alle Plathelminthes, alle Bilateria und alle Eukaryota jeweils ein Taxon.

Literatur

Ax, P., Das Phylogenetische System. Systematisierung der lebenden Natur aufgrund ihrer Phylogenese. Gustav Fischer, Stuttgart – New York (1984).

Riedl, R., Die Ordnung des Lebendigen. Parey, Hamburg – Berlin (1975).

Sudhaus, W., Rehfeld, K., Einführung in die Phylogenetik und Systematik. Gustav Fischer, Stuttgart – Jena – New York (1992).

Bedeutungen häufiger lateinischer und griechischer Wortelemente in zoologischen Namen und Begriffen

(u.a. nach F.C. Werner, Die Benennung der Organismen und Organe nach Größe, Form und anderen Merkmalen, VEB Max Niemeyer Verlag, Halle, 1970).

ab+	von – weg
ad+	nahe, befindlich, neben
ante-	vor, vorder-(räumlich)
ana-	hinauf, wieder
apicalis, e	an der Spitze gelegen
apo-	von – weg
axo(n)	Achse
basalis, e	basal gelegen
brachy-	kurz
caudalis, e	zum Schwanz in Beziehung
centralis, e	zentral, in der Mitte gelegen
cephal-	Kopf, Spitze
cerc-	Schwanz
coel-	hohl, gewölbt
cycl-	Kreis, Bogen
cyto-	Zell-
de+	abwärts, nach unten, von-weg, ohne
desm-	Band
diplo	doppelt
distalis,e	entfernt gelegen
dorsalis, e	zum Rücken gehörig
ect(o)+	außer, außerhalb
en+	inner, inmitten von
end(o)+	innen, innerhalb
ep(i)+	darauf, darüber, auf, an, bei
eu+	normal, typisch
eury-	breit, geräumig, weit
ex	außen, nach außen gewendet
ex(o)+	außerhalb, oberflächlich gelegen
extra+	außerhalb
frontalis, e	zur Stirn gehörig
gnath-	Gebiß, Kiefer, Wange
gon	Erzeugung, Geburt, Nachkommenschaft
haplo-	einfach
heter(o)-	anders beschaffen
homo	gleich
hypo+	unter, unterhalb
infra+	unterhalb von
inter+	zwischen, inmitten von
internus,a,um	inner, im Inneren befindlich
intra+	innerhalb
lateralis,e	auf der Seite befindlich
lept-	dünn, zart, schmal
longi-	lang, weit
macro-	groß
medialis, medius, a,um, medianus, a,um	in der Mitte befindlich

mes-	Mitte, Mittelpunkt
meta+	mit, nach, hinter-
micro-	klein
morph-	Gestalt, Form, Erscheinung, Aussehen
my-	Muskel-
nem(at)	Faden, Garn
not-	(1) Rücken, Oberfläche, (2) Süden, (3) Zeichen, Merkmal
olig-	wenig
opisth-	hinten, hinterwärts
oralis, e	zum Mund gehörig
orth-	gerade, normal
par, paris	Paar, als Adj. = gleich
para+	neben, bei
paur-	klein, gering
per+	durch, hindurch
peri+	um-herum, über-hinaus
phago-	fremd
phyll-	Blatt, Kraut
phylo-	Gattung, Art
pleo	mehr
plesio-	nahe, ähnlich
pleur-	Seite des Körpers
pod-	Fuß, Bein
poly-	viel, häufig
post+	hinter, nach
prae+	vor, vorder
pro-	vor
pros-	vorher, nach-hin, bei, neben
proso-	nach vorn, weg, fern von
prot(er)	vorderer, früher, besser
proter-	vorderster
proximus,a,um	nahe der Körpermitte gelegen
pter(yg)	Feder, Flügel
pyg-, pyge	After, Steiß
retro	hinter-, rück-
rostralis,e	das Rostrum betreffend
som(at)	Körper, Person, Ding
sten(o)	eng, schmal
stom(at)	Mund
sub+	unter, unter der Oberfläche
supra+	über, oberhalb von
sym-, syn-	mit, zusammen
tel-	ein Ende betreffend oder an ihm befindlich
thrix, trich	Haar, Borste
transversus, a, um	quer (liegend)
troch-	Kreis, Rad
ur-	Schwanz
ventralis	zum Bauch gehörend

„EINZELLIGE EUKARYOTA", EINZELLER

Die Erde ist bevölkert von einer Vielzahl einzelliger Organismen. Ganz überwiegend sind es Prokaryota, aber auch die einzelligen Eukaroyta existieren in einer ungeheuren Arten- und Individuenzahl, die sich kaum abschätzen läßt. Hauptsächlich leben sie im Wasser, wobei ihre geringe Größe es ihnen erlaubt, auch kleinste Flüssigkeitsräume, z.B. im Boden zu besiedeln. Ihre geringe Größe ist auch ein wesentlicher Grund für die hohe Zahl parasitischer, besonders endoparasitischer Taxa unter ihnen.

Die kleinsten Einzeller sind nur wenige Mikrometer groß, z.B. die Sporozoiten der Apicomplexa. Die größten Formen erreichen Zentimetergröße: dies sind gehäusebauende Foraminiferen, die rezente *Cycloclypeus carpenteri* (Durchmesser bis zu 13 cm) und die fossilen *Nummulites*-Arten (mit 32 cm Durchmesser!). Dimensionsunterschiede innerhalb der Einzeller erreichen so das 10000fache (maximale Größenunterschiede innerhalb der Mammalia betragen dagegen nur das 750fache: Blauwal – Etruskische Zwergspitzmaus).

Eine Reihe von Einzellern übertrifft in ihrer Größe zahlreiche vielzellige Tiere (Abb. 1). Dies wird besonders deutlich, wenn man Organismen aus dem Sandlückensystem eines Meeresstrands isoliert und in einer Probe nebeneinander z.B. Ciliaten der Gattungen *Loxophyllum* oder *Tracheloraphis* (Länge bis 2 mm) und Polychaeten der Gattung *Diurodrilus* (Länge 250–450 µm) findet.

Noch 1838 vertrat EHRENBERG (1795–1876) in seinem immer noch bedeutenden Werk „Die Infusionsthierchen als vollkommene Organismen" die Ansicht, daß es sich bei den Einzellern um miniaturisierte, mikroskopisch kleine Tiere handele, die ihre Vorbilder in der mit dem unbewaffneten Auge

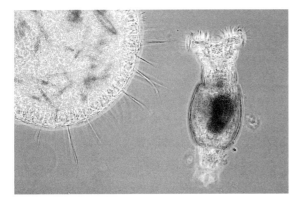

Abb. 1: Größenvergleich Einzeller (*Actinosphaerium* sp., Heliozoea) und Vielzeller (Rotatoria). Original: K. Hausmann, Berlin.

Klaus Hausmann und Norbert Hülsmann, Berlin

sichtbaren Fauna haben. So beschrieb er folgerichtig auch in diesen Einzellern einen Magen-Darmtrakt (Nahrungsvakuolen), Gefäßsysteme, Speicheldrüsen (besondere Vakuolen oder Zoochlorellen), Hoden (Makronucleus) mit Samenblasen (kontraktile Vakuolen) und Ovarien (Mikronuclei).

Erstmals 1845 definierte SIEBOLD die **Protozoen** als Tiere, „in welchen die verschiedensten Systeme der Organe nicht scharf ausgeschieden sind und deren unregelmäßige Form und einfache Organisation sich auf eine Zelle reduzieren lassen". Heute wissen wir, daß die einzellig organisierten Organismen fast alle Funktionen durchführen können, für die bei den Metazoen zahlreiche Zellen in verschieden differenzierten Geweben und Organen notwendig sind.

Innerhalb der Evolution der Einzeller hat sich die Zellorganisation herausdifferenziert, die wir als Eucyte kennen. Den ursprünglichen Eukaryota (Microspora, Archamoeba und Tetramastigota, auch als „Archezoa" bezeichnet) fehlen noch Mitochondrien. Erst die Stammart der Metakaryota hat diese durch Endosymbiose (S. 17) erworben. Die einzelligen Metakaryoten besitzen damit alle Kompartimente und Zellorganellen der typischen Eukaryoten-Zelle: mindestens 1 Nucleus, Mitochondrien, z.T. Plastiden, endoplasmatisches Reticulum (ER), Dictyosomen, Lysosomen, Peroxisomen, Acanthosomen (coated vesicles), Ribosomen, Mikrofilamente und Mikrotubuli. Wie alle Zellen sind die Einzeller von einer Plasmamembran umgeben. Ihr ist außen eine oft sehr umfangreiche Glykokalyx aufgelagert, die noch besondere strukturelle Differenzierungen aufweisen kann (Abb. 2). Darüber hinaus haben schon die „Archezoa", vor allem aber die metakaryotischen Einzeller eine Reihe von Organellen, die in einer jeweils spezifischen Ausgestaltung vorwiegend nur bei ihnen vorkommen, z.B. kontraktile Vakuolen (S. 12), Extrusomen (S. 11), Axostyle (S. 24) oder Parabasalapparate (S. 24). Bereits zur Ausstattung der einfachsten eukaryotischen Einzeller gehören Chromosomen und ein mitotischer Verteilungsapparat, so daß die Mitose als Voraussetzung für eine asexuelle (vegetative) Vermehrung vorhanden ist. Auch sexuelle Vorgänge – Bildung haploider Zellen durch Meiose und ihre Verschmelzung – sind ursprüngliche Merkmale der einzelligen Eukaryota und bereits für die Microspora nachgewiesen.

Bau

Die meisten Einzeller haben eine spezifische Form, die entweder durch intrazelluläre oder extrazelluläre Skelettelemente gewährleistet wird. Insbesondere Mikrotubuli übernehmen derartige Stützfunktionen. Dieses wird besonders dann deutlich,

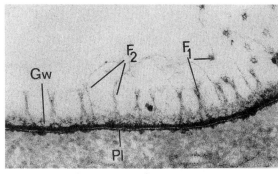

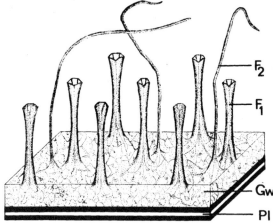

Abb. 2: Glykokalyx von *Vannella simplex* (Amoebozoa). Verschiedene Filamenttypen (F1, F2) auf einer wabigen Grundschicht (Gw); darunter die Plasmamembran (Pl). Aus Hausmann und Stockem (1972).

wenn sie zu Bündeln vereinigt sind und der Aufrechterhaltung komplizierter Strukturen dienen, wie z.B. Axopodien der Heliozoen, Axostyle der Axostylaten (Abb. 33, 34, 36, 37), oder Reusenapparate von Euglenen und Ciliaten (Abb. 3, 84); auch halten sie Organellsysteme wie z.B. die kontraktilen Vakuolen der Ciliaten (S. 12, Abb. 21) in bestimmten Positionen.

Zur Formstabilisierung dienen weiterhin die Pelliculastreifen der Euglenen oder das Epiplasma bestimmter Ciliaten (Abb. 71). Bei einigen Gruppen werden anorganische Elemente mit Skelettfunktion innerhalb der Zelle gebildet (z.B. Radiolarien-Skelette aus Silikat) (Abb. 110). Eine Besonderheit sind Strontiumsulfat-Skelette, die nur bei den Acantharea auftreten (Abb. 109). Häufig finden sich extrazelluläre, formgebende Schuppen, Hüllen oder Schalen aus organischem und anorganischem Ma-

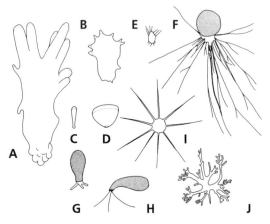

Abb. 3: Pseudopodienformen. A Lappenförmig, polypodial (*Amoeba*, Lobosea). B Konisch, polypodial (*Mayorella*, Lobosea). C Lappenförmig, monopodial (*Saccamoeba*, Lobosea). D Fächerförmig (*Vannella*, Lobosea). E Fadenförmig (*Nuclearia*, Filosea). F Netzartig (*Allogromia*, Foraminiferea). G Lappenförmig, Organismus beschalt (*Nebela*, Lobosea). H Fadenförmig, Organismus beschalt (*Cyphoderia*, Filosea). I Strahlige Anordnung (*Actinophrys*, Heliozoea). J Verzweigt (*Stereomyxa*, Acarpomyxea). Aus Hausmann (1985).

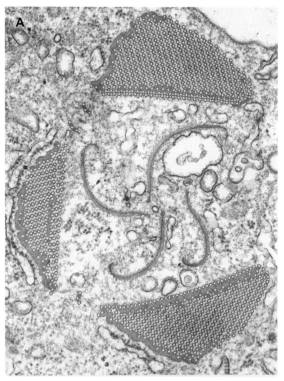

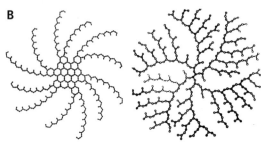

Abb. 4: Hochgeordnete Mikrotubuli-Aggregate. A *Entosiphon sulcatum* (Euglenozoa), Freßapparat. B Polycystinea, Mikrotubulianordnung in Axopodien. Vergr.: 50000 × A Original: D. J. Patterson, Sydney; B aus Cachon und Cachon (1975).

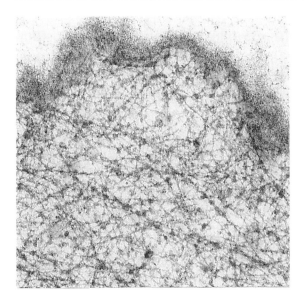

Abb. 5: Corticales Filamentnetz in *Amoeba proteus* (Amoebozoa); am oberen Rand die flachgeschnittene Plasmamembran. Vergr.: 120 000 ×. Aus Hauser (1978).

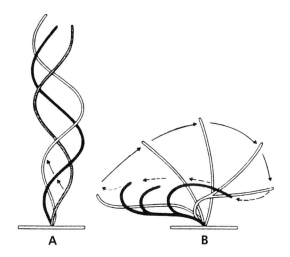

Abb. 6: Schlagmodus von (A) Flagellen (helicoidal, eine Schraubenbahn umschreibend) und (B) Cilien (vorwiegend uniplanar, in einer Ebene). Es gibt auch Flagellen, die einen planaren, und Cilien, die einen helicoidalen Schlag ausführen. Aus Hausmann (1985).

Die **Protoplasmabewegung** (Bewegung durch **Pseudopodien**), die bei amöboiden Zellen besonders deutlich wird, hat ihre Ursache in einem Kontraktionssystem, dessen molekulare Basis die Proteine Actin und Myosin bilden. Diese Proteine sind in amöboiden Einzellern zu einem dreidimensionalen Netzwerk im peripheren Zellbereich angeordnet (Abb. 5). Wenn sich dieses lokal und koordiniert kontrahiert, erfolgt daraus ein Strömen des Cytoplasmas (Abb. 97) und die Fortbewegung der Zelle. Verschiedene Pseudopodien-Typen (Scheinfüßchen) zeigt Abb. 4.

Der Grundvorgang der Kontraktion ist wahrscheinlich der gleiche wie für den quergestreiften Muskel der Säugetiere: Actin- und Myosinfilamente gleiten unter Energieverbrauch aufgrund der Aktivität der Myosinköpfe aneinander vorbei und verursachen dadurch eine Verkürzung bzw. Verkleinerung entsprechender Zellareale. Allerdings ist bei Einzellern überwiegend eine Myosinvariante (Myosin I) vorhanden, die sich hinsichtlich ihres molekularen Aufbaus und ihres Aggregationsverhaltens vom Myosin II des quergestreiften Muskels unterscheidet.

Flagellen (Geißeln) und **Cilien** (Wimpern) haben eine identische Ultrastruktur und arbeiten nach dem gleichen Funktionsschema, zeigen aber ein unterschiedliches Schlagverhalten (Abb. 6). Darüber hin-

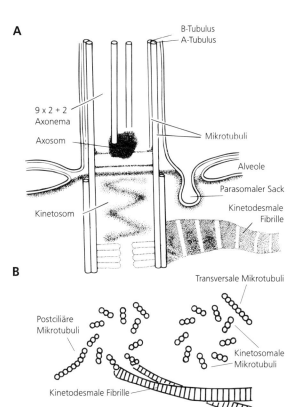

Abb. 7: Kinetide eines Ciliaten. A Längsschnitt. B Querschnitt. A Aus Margulis, McKann und Olendzenski (1993); B nach Lynn (1995).

terial; vorwiegend werden diese im ER oder in Dictyosomen gebildet und exocytotisch nach außen abgegeben.

Bewegungsorganellen und Lokomotion

Die meisten einzelligen Organismen können sich fortbewegen. Es sind bis heute zwei generell verbreitete Mechanismen zur Krafterzeugung für Motilität bekannt: (1) Protoplasmabewegung, (2) Flagellen- und Cilienbewegung.

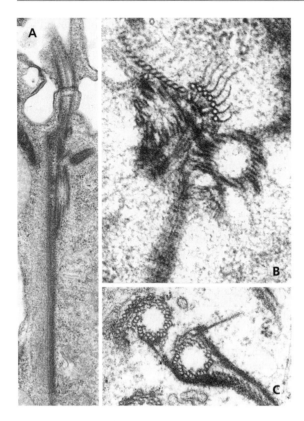

Abb. 8: Basalkörper (Kinetosomen) von Flagellen (A, B) und Cilien (C) mit assoziierten Wurzelstrukturen. A, B *Chilomonas paramecium* (Cryptomonada). C *Climacostomum virens* (Ciliophora). Vergr.: A 20 000 ×, B 70 000 ×, C 60 000 ×. A, B Originale: K. Hausmann, Berlin; C Original: D. Fischer-Defoy, Darmstadt.

aus sind Cilien meist kürzer als Flagellen und treten in der Regel in sehr großer Anzahl auf. Flagellen und Cilien können in einer Reihe von Taxa nur in bestimmten Phasen des Lebenszyklus ausgebildet sein (z. B. Abb. 43, 67).

Die Axoneme der Flagellen und Cilien, die im Querschnitt das bekannte 9 × 2+2-Muster aufweisen, entspringen einem Basalkörper (Kinetosom), der das typische Bild eines Centriols mit 9 kreisförmig angeordneten Mikrotubulitripletts aufweist (Abb. 7, 8). Nicht jeder Basalkörper trägt auch ein Axonem. Basalkörper sind oft der Ausgang mikrotubulärer oder mikrofilamentöser Wurzelstrukturen, die tief in die Zelle hineinziehen können. Sie haben bei den einzelnen Taxa unterschiedlichen Aufbau und Funktion. Von besonderer taxonomischer Bedeutung sind die Strukturen, die mit den Basalkörpern der Flagellen und Cilien verbunden sind (Abb. 7, 8). Wurzelstrukturen verankern die Basalkörper, die beim Schlag der Cilien bzw. Flagellen mechanisch beansprucht werden. Sie können aber auch in gewissen Grenzen für die Formgebung der Zelle verantwortlich sein. Weiterhin können Basalkörper (als Centriolen) bei der Zelltei-

lung Bildungszentren für die aus zahlreichen Mikrotubuli bestehenden mitotischen Spindelapparate sein.

Vielfach sind nicht alle Flagellen bzw. Cilien einer Zelle völlig identisch aufgebaut (Anisokontie bzw. Heterokontie). In *Ochromonas,* zum Beispiel, ist das eine Flagellum länger und zeigt nach vorne, wohingegen das andere umgebogen ist und nach hinten weist (Abb. 9); die kürzere Geißel hat eine basale Schwellung, die längere trägt haarartige, dreizeilig untergliederte Anhänge, die Mastigonemen (Abb. 10). Den beiden Flagellen kommen unterschiedliche Aufgaben zu: die längere dient der Fortbewegung und bei phagotrophen Arten dem Nahrungserwerb, während der kürzeren in bestimmten Fällen eine Funktion bei der Phototaxis zugeschrie-

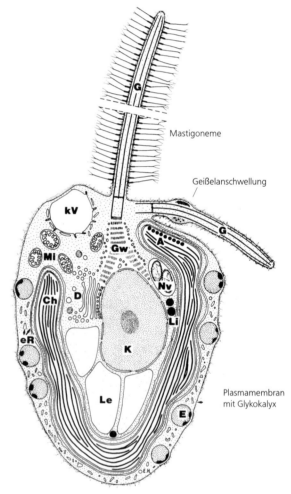

Abb. 9: Organisationsschema eines einzelligen photoautotrophen Eukaryoten, *Ochromonas tuberculatus* (Metakaryota, Chrysomonadea). A = Augenfleck (Stigma), Ch = Chloroplast, D = Dictyosom, E = Extrusom, eR = endoplasmatisches Reticulum, G = Geißel, Gw = Geißelwurzel, K = Kern, kV = kontraktile Vakuole, Le = Leucosinvakuole, Li = Lipidtropfen, Mi = Mitochondrium, Nv = Nahrungsvakuole. Länge (ohne Geißeln): ca. 12 µm. Nach verschiedenen Autoren.

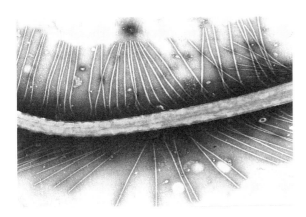

Abb. 10: Flagellum (Ausschnitt) mit Mastigonemen. Vergr.: 20000 ×. Aus Hausmann (1977).

ben wird. Die Art der Begeißelung kann für die Systematik herangezogen werden (Abb. 11).

Bei heterotrich bewimperten Ciliaten (S. 52) besteht die sog. somatische Ciliatur aus relativ kurzen Cilien, wohingegen die zum Mundapparat gehörenden Cilien deutlich länger sind. Die Cirren, borstenartige Bewegungsorganellen von Ciliaten (Abb. 79), und die flächig ausgedehnten, plättchenförmigen Membranellen, die zum Heranstrudeln von Nahrungspartikeln eingesetzt werden, bestehen jeweils aus mehreren Cilien (Abb. 12, 13).

Der metachrone Cilienschlag, der bei Ciliaten häufig beobachtet wird (Abb. 14), erfolgt auf Grund äußerer, hydrodynamischer Interaktionen zwischen den einzelnen in Reihen angeordneten Wimpern und nicht etwa infolge intrazellulärer Koordinierungsvorgänge.

Darüber hinaus gibt es weitere Motilitätserscheinungen bei den Einzellern, die man als Phänomene genau kennt, die sich aber kausal noch nicht vollständig erklären lassen. Hierzu gehören die Bewegungen der Axostyle, die aus Mikrotubulibändern bestehen (S. 24, Abb. 34, 35). Das nur äußerlich einem Flagellum ähnliche Haptonema der

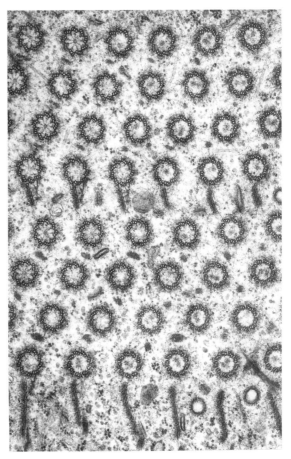

Abb. 12: *Paramecium putrinum* (Ciliophora, Nassophorea). Quergeschnittene Basalkörper von Cilien aus Membranellen. Vergr.: 35000 ×. Original: D. J. Patterson, Sydney.

Prymnesiiden (S. 33, Abb. 11, 49) führt charakteristische, sehr schnelle Aufroll- und Entrollbewegungen durch; die Triebkrafterzeugung hierfür ist unbekannt. Sog. metabolische Veränderungen der Zellgestalt verbunden mit Lokomotion, wie sie z.B. bei Euglenen zu beobachten sind, erfolgen wahrscheinlich durch ein Actomyosin-Sy-

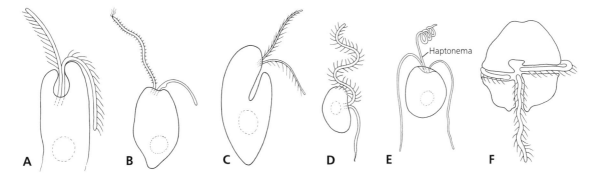

Abb. 11: Begeißelungstypen. A Euglenozoa. Biflagellat, isokont, mit Mastigonemen. B Chrysomonadea. Biflagellat, anisokont, heterodynamisch. Zuggeißel mit 2 Reihen Mastigonemen. C Cryptomonada. Biflagellat, anisokont, mit 2 bzw. 1 Reihe Mastigonemen. D Labyrinthulea. Heterokont begeißelter Schwärmer. E Prymnesiomonada. Biflagellat, isokont, mit Haptonema. F Dinoflagellata. Biflagellat, anisokont. Nach Margulis, McKhann und Olendzenski (1993).

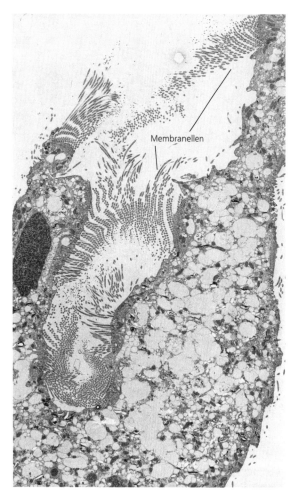

Abb. 13: Adorale Membranellenbänder bei *Eufolliculina* sp. (Ciliophora, Heterotrichia). Vergr.: 1600 ×. Original: M. Mulisch, Köln.

stem. Einige Ciliatenspezies sind in Grenzen zu metabolischen Bewegungen befähigt. Hier werden aus fädigen Elementen zusammengesetzte M y o n e m e als Ursache für die Gestaltsänderung angesehen. Der Partikeltransport entlang von Heliozoen-Axopodien (S. 69) und auch der vielbahnige, häufig mehrfach gegenläufige Strom von Partikeln in Reticulopodien (z.B. Foraminiferen) (S. 65) unterliegt wahrscheinlich anderen Prinzipien. In der Diskussion stehen mit Mikrotubuli vergesellschaftete Motorproteine wie Dynein und Kinesin. Selbst die Ursache für die schon lange bekannte Bewegung von Nahrungsvakuolen in Ciliaten (Cyclose) ist im Grunde ungeklärt; man vermutet, daß Mikrofilamente eine Rolle spielen. Schließlich beobachtet man blitzartige Kontraktionen von Spasmonemen (z.B. in den Stielen des sessilen, kolonialen Ciliaten *Zoothamnium*) (S. 59). Der Motor für diese Bewegung wird als eine sehr plötzlich verlaufende, in hohem Maße calciumsensitive, nicht ATP-abhängige Konformationsänderung von Filamenten beschrieben, die weder mit Actin noch mit Myosin vergleichbar sind.

Bemerkenswert ist ein System, das Konformationsänderungen von Filamenten und Gleitbewegungen von Mikrotubuli als Triebkräfte für Bewegungsphänomene miteinander kombiniert. Der Ciliat *Stentor* (S. 52), der zu schneller Kontraktion seines Zellkörpers befähigt ist, besitzt eine derartige Einrichtung: Die Kontraktion ist auf Filamente, die Streckung zur normalen Körperform auf Mikrotubuli zurückzuführen. Ob für das sog. Gleiten der Gregarinen die Längsfältelung der Körperoberfläche eine Rolle spielt (Abb. 66), ist nach wie vor ungeklärt.

Energiegewinnung

Die Organellen der Energiegewinnung sind die **Mitochondrien**. Sie bestehen aus zwei Membransystemen. Eine umhüllende Membran umgibt glatt das Organell, wohingegen von der inneren Membran zahlreiche Einstülpungen ausgehen. In Einzellern kennt man plattenförmige, schlauchförmige und bläschenförmige Einstülpungen (Cristae) (Abb. 15).

Manche Autoren versuchen, die unterschiedliche Feinstruktur der Mitochondrien zur Klärung phylogenetischer Zusammenhänge heranzuziehen. Bislang führten diese Bemühungen jedoch nicht zu schlüssigen Ergebnissen.

Die Anzahl der Mitochondrien variiert in den verschiedenen Einzellergruppen in weiten Grenzen. Ciliaten und große amöboide Zellen besitzen in der

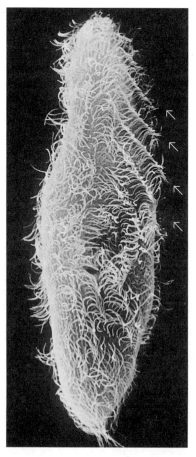

Abb. 14: Metachroner Cilienschlag (Pfeile) bei einem Ciliaten (*Paramecium caudatum*). Vergr.: 1000 ×. Aus Hausmann (1974).

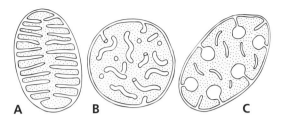

Abb. 15: Mitochondrientypen. A Plattenförmige Cristae. B Tubuläre Cristae. C Vesikuläre (diskoidale) Cristae. Aus Margulis, McKhann und Olendzenski (1993).

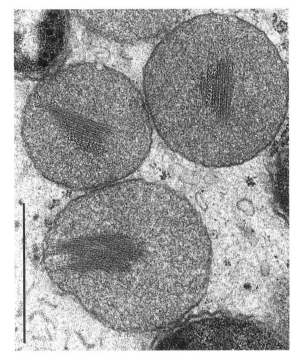

Abb. 16: Hydrogenosomen. *Placojoenia sinaica* (Parabasalea, Hypermastigida). Maßstab: 1 μm. Original: R. Radek, Berlin.

Regel mehrere hundert dieser Organellen, bestimmte flagellentragende Arten hingegen nur eines. In anaerob lebenden Einzellern findet man vielfach überhaupt keine, stattdessen aber H y d r o g e - n o s o m e n (Abb. 16). Bei diesen Strukturen handelt es sich um Organellen zur Energiegewinnung, die z. T. mehr oder minder stark modifizierte Mitochondrien sein könnten.

Mitochondrien können charakteristische Einschlüsse besitzen. Ein Beispiel hierfür ist der nach entsprechender Anfärbung mikroskopisch leicht sichtbare K i n e t o p l a s t , der eine geordnete Ansammlung von mitochondrialer DNA bei Bodoniden und Trypanosomen darstellt (Abb. 40, 41).

In den **Chloroplasten** (Plastiden) läuft die Photosynthese ab. Sie werden als unbegrenzt funktionstüchtige Organellen nur in Einzellern mit Flagellen gefunden. Treten sie frei im Plasma von Ciliaten oder amöboiden Formen auf, handelt es sich um Organellen, die von der Nahrung der entsprechenden Organismen stammen, über eine begrenzte Zeit Photosynthese betreiben, letztendlich aber abgebaut werden. Nur von einer Vakuole umgebene Algen, wie sie in amöboiden Arten und Ciliaten vorkommen, leben mit ihren Wirten in einer dauerhaften symbiontischen Gemeinschaft.

Die Plastiden bestehen, ganz ähnlich wie die Mitochondrien, aus zwei Membransystemen. Die jeweilige Ausgestaltung der inneren Membran (Thylakoide) ist charakteristisch für verschiedene Taxa (Abb. 17). Chloroplasten bestimmter Flagellatengruppen enthalten einen Augenfleck (S t i g m a) (Abb. 18), eine Ansammlung von Carotinoidtropfen, die oft in der Nähe der Flagellenbasis gefunden werden. Man nimmt an, daß der Augenfleck in Zusammenhang mit dem phototaktischen Verhalten der entsprechenden Einzeller steht, indem er auf bislang ungeklärte Weise den Flagellenschlag beeinflußt. Es gibt Arten, bei denen das Stigma außerhalb eines Chloroplasten im Cytoplasma liegt.

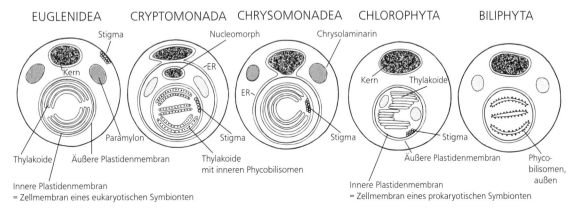

Abb. 17: Plastiden und Membransysteme in verschiedenen einzelligen, photoautotrophen Metakaryota. Nach Sleigh (1989).

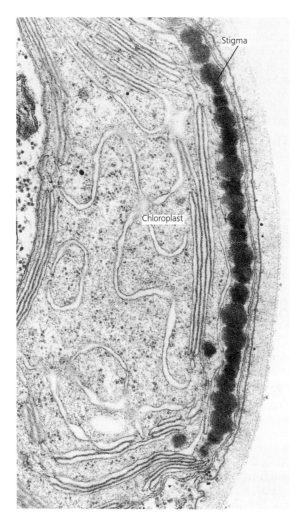

Abb. 18: Augenfleck (Stigma) im Chloroplasten. *Chlorogonium elongatum* (Chloromonadida). Vergr.: 45000 ×. Original: D. Fischer-Defoy, Darmstadt.

Transportsysteme

Im Zusammenhang mit cytotischen Vorgängen sind besondere Transportsysteme notwendig, welche die Bildung, die Abschnürung, die Fusion und den Weitertransport von Vakuolen ermöglichen. Wenngleich die grundlegenden Vorgänge von Endo-, Intra- und Exocytose bei Einzellern und Vielzellern identisch sein dürften, gibt es bei Einzellern einige Besonderheiten, vor allem dann, wenn es sich um Organismen handelt, die ein Corticalplasma aufweisen (z.B. bestimmte begeißelte Einzeller und Ciliaten). Damit in diesen Fällen ein ungehindertes Abschnüren von Nahrungsvakuolen (Abb. 19) bzw. Fusionieren von Exocytosevakuolen mit dem Plasmalemma möglich wird, sind Areale vorhanden, in denen das Corticalsystem unterbrochen ist, so daß vom Zellinneren her ein direkter Zugang zur Plasmamembran gegeben ist.

Die **Endocytose** flüssiger Substanzen wird als Pinocytose und die von partikulärer Nahrung als Phagocytose bezeichnet. Da bei der Pinocytose häufig auch partikuläre Elemente und bei der Phagocytose stets Flüssigkeitsanteile mit aufgenommen werden, ist keine scharfe Grenze zwischen beiden Vorgängen zu ziehen.

Verschiedene Entwicklungsstadien der Apicomplexa verfügen über Mikroporen, die zur Nahrungsaufnahme dienen (Abb. 62). Bereits in diesen Fällen spricht man von einem Cytostom (Zellmund), da es sich nicht um temporäre, sondern um dauerhafte Strukturen handelt. Auch bei phagotrophen Arten sind vielfach Mundapparate ausgebildet. Die typischen Formen mit gut ausgebildetem Oralapparat sind die Ciliaten. Hier trennt man je nach Art der Nahrungsaufnahme die Filtrierer von den Schlingern.

Die Filtrierer erzeugen mit Cilien oder Membranellen einen Wasserstrom, der Nahrungspartikeln herantransportiert. Die Mundapparate dieser Ciliaten bestehen häufig aus mehreren, strukturell sowie funktionell unterschiedlichen Abschnitten (Abb. 70). An ihrem Grund findet sich stets ein Bereich, in dem das corticale Cytoplasma so modifiziert ist, daß ein Abschnüren von Nahrungsvakuolen nicht behindert wird. Die Mechanismen, die der Vakuolenabschnürung zugrunde liegen, sind nicht aufgeklärt.

Die Schlinger, die in der Regel große Beuteorganismen fressen (z.B. andere Einzeller), verfügen über entsprechend groß dimensionierte, häufig sehr erweiterungsfähige Mundapparate. So ernährt sich der Ciliat *Didinium* vorzugsweise von relativ großen Paramecien. Der Modus, nach dem die Öffnung derartiger Mundapparate erfolgt, ist ebenso unbekannt wie die Natur der Kräfte, welche das Öffnen und Schließen ermöglichen.

Ciliaten-Arten, die auf die Endocytose von fädigen Blaualgen spezialisiert sind (z.B. *Pseudomicrothorax, Nassula*), benutzen zur Nahrungsaufnahme Reusenapparate. Diese bestehen aus zu einer Röhre angeordneten Bündeln, die wiederum jeweils aus zahlreichen, untereinander durch Querbrücken verbundenen Mikrotubuli aufgebaut sind (Abb. 88).

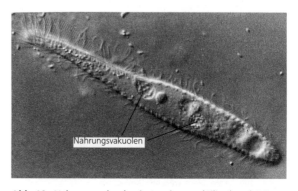

Abb. 19: Nahrungsvakuolen in *Lembus* sp. (Ciliophora). Länge: ca. 40 µm. Original: D.J. Patterson, Sydney.

Die Suctorien-Tentakel (Abb. 85) können aufgrund mannigfaltiger Übereinstimmungen in Struktur und Funktion als modifizierte Reusenapparate angesehen werden. Es gibt Hinweise dafür, daß ein Teil der Reusenmikrotubuli mit Actin vergesellschaftet ist.

Beim entgegengesetzten Prozeß, der **Exocytose**, müssen Vakuolen mit der Plasmamembran verschmelzen, um ihren Inhalt nach außen abzugeben, z.B. beim Abschuß von Extrusomen, bei der Entleerung der pulsierenden Vakuole und bei der Defäkation. In allen drei Fällen muß, sofern ein Pelliculasystem vorhanden ist, dieses so gestaltet sein, daß eine Fusion des Plasmalemmas mit den entsprechenden Vakuolen leicht vonstatten gehen kann. Man findet dann zur Entleerung der kontraktilen Vakuole einen präformierten Expulsionsporus und für die Defäkation einen Zellafter (Cytopyge, Cytoproct). Die notwendigen Membranfusionen erfolgen nur kurzfristig (Sekunden oder Sekundenbruchteile). Nach der Exocytose werden die Vakuolen wieder von der Plasmamembran abgeschnürt, ins Zellinnere zurücktransportiert und im Falle der Extrusom- und Defäktionsvakuole zu kleinen Vesikeln abgebaut, die dann der Zelle erneut zur Verfügung stehen.

Obgleich lichtmikroskopische Beobachtungen zeigen, daß der Entleerung der pulsierenden Vakuolen eine Kontraktion zugrunde liegt, ist bisher nicht überzeugend dargelegt worden, nach welchem Funktionsschema diese Kontraktion abläuft. Dagegen erscheint es sicher, daß die Entleerung von Defäkationsvakuolen durch den Innendruck der Zelle erfolgt.

Extrusomen sind typische Organellen von Einzellern. Sie sind als membranumgebene Strukturen im Ruhezustand hauptsächlich im corticalen Cytoplasma der Zellen anzutreffen (Abb. 20) und unterscheiden sich artspezifisch in Struktur und Funktion. Das gemeinsame Charakteristikum ist, daß sie auf mechanische, elektrische oder chemische Reize hin ihren Inhalt nach außen abgeben, wobei in jeweils typischer Weise Form und Struktur dieser Organellen verändert wird. Man kennt ca. 10 Extrusom-Typen, von denen 3 eine besonders weite Verbreitung haben: Spindeltrichocysten, Mucocysten und Toxicysten.

Spindeltrichocysten treten bei zahlreichen flagellentragenden Taxa und Ciliaten auf. *Paramecium caudatum* ist das am besten bekannte Beispiel für einen Einzeller, der mit diesen Extrusomen ausgerüstet ist. Die im ruhenden Zustand im Corticalsystem als spindelförmige Organellen vorliegenden Trichocysten schießen in Sekundenbruchteilen pfeilförmige Eiweißstrukturen in das umgebende Medium ab (Abb. 20).

Diese Pfeile bestehen aus einer besonders strukturierten Spitze und einem Schaft. Spitze und Schaft zeigen stets eine periodische Querstreifung, die aus einer regelmä-

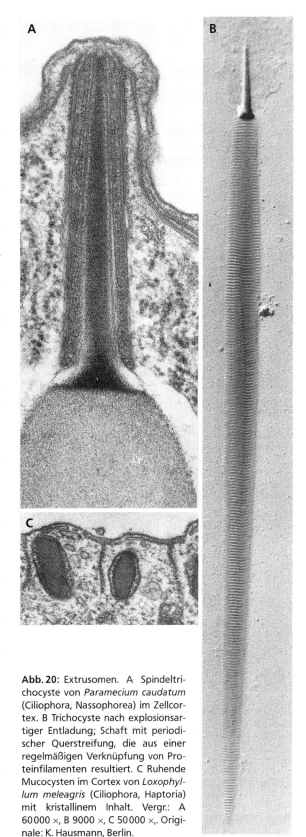

Abb. 20: Extrusomen. A Spindeltrichocyste von *Paramecium caudatum* (Ciliophora, Nassophorea) im Zellcortex. B Trichocyste nach explosionsartiger Entladung; Schaft mit periodischer Querstreifung, die aus einer regelmäßigen Verknüpfung von Proteinfilamenten resultiert. C Ruhende Mucocysten im Cortex von *Loxophyllum meleagris* (Ciliophora, Haptoria) mit kristallinem Inhalt. Vergr.: A 60000 ×, B 9000 ×, C 50000 ×,. Originale: K. Hausmann, Berlin.

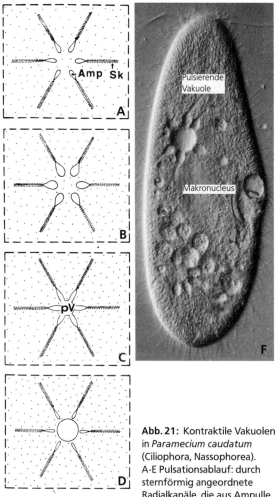

Abb. 21: Kontraktile Vakuolen in *Paramecium caudatum* (Ciliophora, Nassophorea). A–E Pulsationsablauf: durch sternförmig angeordnete Radialkanäle, die aus Ampulle (Amp) und Sammelkanal (Sk) bestehen, werden die Vakuolen (pV) in einem festen Zyklus gefüllt (Dauer ca. 8 s). F Interferenzkontrast-Aufnahme eines Individuums; eine der beiden Vakuolen deutlich gefüllt. Vergr.: 450 ×. Aus Hausmann (1977).

ßigen, dreidimensionalen Verknüpfung von Proteinfäden resultiert.

Der Trichocystenabschuß wird als die rapide Entfaltung eines im Ruhezustand bereits präformiert vorliegenden Proteinnetzwerkes verstanden. Die Art der Triebkraft für diese explosionsartige Entfaltung ist nicht bekannt. Die biologische Rolle der Trichocysten ist die Feindabwehr.

Mucocysten (Abb. 20) sind bei begeißelten Einzellern, Ciliaten und – etwas anders gestaltet – auch bei amöbenartigen Formen nachgewiesen. Im Ruhezustand hat der Inhalt dieser Organellen eine dichte, quaderförmige, regelmäßig gestreifte (parakristalline) Struktur.

Nach seiner Ausscheidung, die mehrere Sekunden beansprucht und am ehesten mit einer Quellung verglichen werden kann, liegen wiederum quaderförmige, festumrissene, regelmäßig strukturierte Gebilde vor, die aus fädigen, häufig zu Sechseckmustern verknüpften Grundelementen bestehen. Der Organellinhalt hat sich in Länge und Breite um ein Vielfaches der Ausgangsform vergrößert. Die Funktion der Mucocysten wird im Zusammenhang mit dem Bau von Cysten für Dauerstadien gesehen. Direkte Beweise für diese Annahme liegen jedoch nicht vor.

Die Funktion von Toxicysten (Abb. 82) steht außer Zweifel. Mit diesen Extrusomen werden Beuteorganismen gelähmt oder sogar getötet, so daß sie anschließend leichter phagocytiert werden können. So verfügen vorwiegend die Schlinger unter den Einzellern über diese Organellen.

Der Inhalt ruhender Toxicysten besteht aus einer Kapsel, in der im einfachsten Fall ein Schlauch von Kapsellänge eingestülpt ist. Bei Abschuß wird dieser Schlauch je nach Typ umgestülpt oder teleskopartig ausgefahren, dadurch nach außen gekehrt und wie eine Injektionsnadel in den Beuteorganismus getrieben. Gleichzeitig wird wahrscheinlich eine giftige Substanz abgegeben. In vielen Fällen sind die ausgestülpten Schläuche doppelt oder dreifach so lang wie die Kapseln.

Toxicysten zeigen in Struktur und Funktionsweise eine bemerkenswerte Übereinstimmung mit den Nesselkapseln der Cnidarier (S. 148). Der auffallendste Unterschied liegt in den Dimensionen: Bei den Cnidariern gibt es pro Nesselzelle eine Nesselkapsel, wohingegen die Einzeller jeweils Hunderte von Toxicysten besitzen, die gemessen an den Nesselkapseln sehr klein sind.

Die Haptocysten in den Tentakelköpfen der Suctorien (S. 56) sind wahrscheinlich modifizierte Toxicysten. Sie stellen den ersten Kontakt zwischen Räuber und Beute her.

Die **kontraktilen Vakuolen** sind für Einzeller typische Membranstrukturen, auch wenn sie noch bei einigen Metazoen vorkommen. Die Vakuole ist der lichtmikroskopisch sichtbare Teil eines komplexen Systems, das erst elektronenmikroskopisch erfaßt werden konnte. Sie ist ein osmoregulatorisches Organell: In der Vakuole wird die Flüssigkeit, die in einem schwammartigen Schlauch- und Lakunensystem (Spongiom) segregiert wird, gesammelt und in bestimmten Zeitabständen nach außen entleert (Abb. 21).

Das Cytoplasma hat bei Süßwasser-Einzellern eine höhere Ionen-Konzentration als das umgebende Milieu. Das hat zur Folge, daß durch die für Wasser permeable Zellmembran ständig Flüssigkeit osmotisch in die Zelle eindringt. Dadurch würde die Zelle platzen, wenn nicht ein gegenläufig arbeitendes System, die kontraktile Vakuole, für einen Ausgleich sorgt. Die Pulsationsfrequenz ist unterschiedlich: *Amoeba proteus* ca. 5 min., *Paramecium caudatum* 5–10 s., *Spirostomum* 30–40 min. Sie hängt von der Körper- und Vakuolengröße ab, wird aber auch durch externe Faktoren beeinflußt, z.B. durch das ionale Konzentrationsgefälle zwischen Plasma und Außenmedium und durch die Temperatur. Ob die pulsierenden Vakuolen auch in besonderem Maße der Ausscheidung wasserlöslicher Stoffwechselprodukte dienen, ist ungewiß. Bei Einzellern mit konstanter Form haben die pulsierenden Vakuolen eine bestimmte, artspezifische Lage in der Zelle.

Im einfachsten Fall einer Vakuolenentleerung bei einigen amöboiden Arten fusionieren zuvor kleinere Vesikel zu einer großen Vakuole, die schließlich mit dem Plasmalemma verschmilzt und dadurch ihren Inhalt ins umgebende Medium abgibt. Bei vielen Ciliaten, z.B. *Paramecium*-Arten, werden die hier in Zweizahl auftretenden pulsierenden Vakuolen über sternförmig angeordnete Radialkanäle gefüllt. Ein Radialkanal besteht aus einer Ampulle und einem Sammelkanal (Abb. 21). Der Sammelkanal wird vom Spongioplasma, einem System von Schläuchen und Vesikeln, umgeben. Es steht einerseits mit größeren, auf der cytoplasmatischen Seite dekorierten Röhren und andererseits mit dem Sammelkanal in direkter struktureller Kontinuität. Das Spongioplasma erscheint als Leitungssystem, während die dekorierten Röhren im peripheren Bereich vermutlich die eigentlichen flüssigkeitsausscheidenden Organellen sind.

Die Dekoration besteht aus spiralig angeordneten, pilzförmigen Gebilden. Einen vergleichbaren Membranbelag findet man bei allen flüssigkeitsausscheidenden Organellen von Einzellern. Nach neuesten Vorstellungen geht man davon aus, daß mit Protonenpumpen (pilzförmige Strukturen auf den dekorierten Röhren) der entgegen einem osmotischen Gefälle erfolgende Wassertransport in die kontraktile Vakuole betrieben wird.

Dinoflagellaten haben sogenannte Pusulen (Abb. 59), deren Funktion mit der von kontraktilen Vakuolen verglichen wird. Jedoch zeigen sie nur gelegentlich ein Anschwellen bzw. Schrumpfen, aber fast nie eine regelmäßige Pulsation. Es ist fraglich, ob sie tatsächlich etwas mit Osmoregulation zu tun haben.

Fortpflanzung und Lebenszyklus

Alle Protozoen besitzen mindestens einen Kern. Einige Einzeller weisen mehrere, gleichartige Zellkerne auf, wodurch unter Umständen erst ein größeres Zellvolumen ermöglicht wird (z.B. bei Amöben der Gattung *Chaos*). Je nach Taxon können die Kerne diploid oder haploid sein. Andere Einzeller, vor allem die Foraminiferen und Ciliaten, besitzen zwei Arten von Kernen, mindestens einen Mikronucleus und mindestens einen Makronucleus, eine Situation, die man Kerndualismus nennt.

Beide Kerntypen können auch in Mehrzahl vorliegen. Bei den Ciliaten sind die Mikronuclei diploid und fungieren als Träger der genetischen Information (generative Kerne); die Makronuclei (somatische Kerne) dagegen sind polyploid (bis zu 5 000-ploid) und steuern den Stoffwechsel. Ciliaten können ohne Mikronucleus leben, gehen aber ohne Makronucleus bald zugrunde.

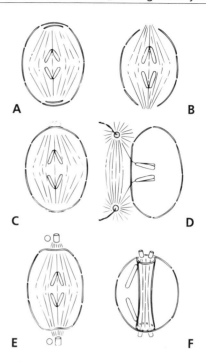

Abb. 22: Mitose-Typen, jeweils 2 Chromatiden gezeichnet. A *Nassula* (Ciliophora), Mikronucleus. B *Chlamydomonas* (Phytomonadea). C *Rotaliella* (Foraminiferea). D *Barbulanympha* (Parabasalea, Hypermastigida). E *Myxotheca* (Granuloreticulosea). F *Syndinium* (Dinoflagellata). Aus Grell (1980).

Nicht immer sind in den Makronuclei die Chromosomen in der entsprechenden Vielzahl vorhanden, es kann auch nur ein Teil des Genoms vielfach amplifiziert sein. In hypotrichen Ciliaten (S. 53), z.B., findet sich nur ca. 5% des Mikronucleus-Genoms im Makronucleus. Die DNA liegt hier in Millionen kurzer, linearer, gengroßer Stücke vor.

Unterschiede in den Kernen findet man nicht nur hinsichtlich der Zahl und Funktion, sondern auch bezüglich des Teilungsmodus: interne oder externe Spindeln, intakte oder fragmentierte Kernhüllen etc. (Abb. 22).

In der Regel teilen sich die Kerne mitotisch, wonach meistens auch eine Zellteilung erfolgt. Sie ist die Voraussetzung für **asexuelle Vermehrung** (Agamogonie). Hierbei dominiert die Zweiteilung (Abb. 23, 24, 25). Nackte amöboide Zellen, die keine Polarität erkennen lassen, durchschnüren sich an beliebiger Stelle (Abb. 23). Bei beschalten Formen muß während der Zellteilung auch das Gehäuse für das neu entstehende Individuum gebildet werden. In diesen Fällen weist die Zelle durch die Austrittsöffnung der Pseudopodien (Pseudostom) eine Polarität auf. Die neue Schale wird spiegelbildlich zum bestehenden Gehäuse aufgebaut (Abb. 23).

Flagellentragende Einzeller teilen sich in der Regel entlang ihrer Längsachse (Abb. 23, 25). Die Längsteilung ist allerdings in manchen Fällen nur zu

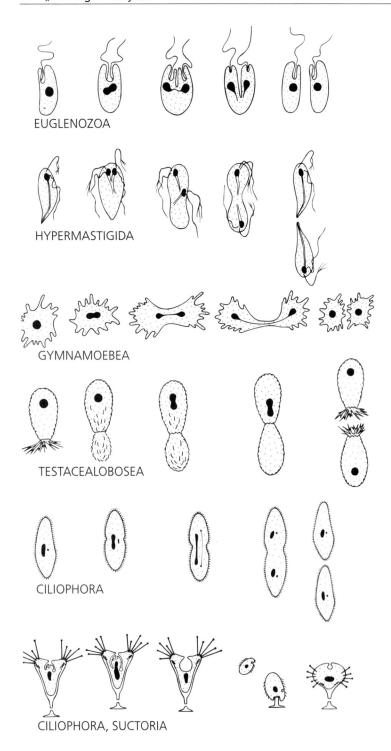

EUGLENOZOA

HYPERMASTIGIDA

GYMNAMOEBEA

TESTACEALOBOSEA

CILIOPHORA

CILIOPHORA, SUCTORIA

Abb. 23: Formen asexueller Fortpflanzung bei einzelligen Eukaryoten.

Anfang des Teilungsprozesses erkennbar. Im späteren Verlauf der Zellteilung wandern ganze Cytoplasmakomplexe (z.B. Geißeln mit dazugehörenden Wurzelstrukturen und Kern) zum entgegengesetzten Zellpol (Abb. 23).

Querteilung ist typisch für die Ciliaten (Abb. 23). Hierbei laufen recht komplexe morphogenetische Vorgänge ab, z.B. die Stomatogenese (Entstehung eines neuen Mundapparates), die Bildung einer zweiten Cytopyge, die Verdopplung der kontraktilen Vakuolen sowie die Vergrößerung des Corticalsystems.

Ein weiterer Modus der Zweiteilung ist – speziell bei sessilen Ciliaten – die Knospung (Abb. 23). Hiermit bezeichnet man die Entwicklung kleinerer Tochterindividuen, z.B. Schwärmer bei Suctorien, die als freilebende Organismen einen neuen Lebensraum aufsuchen können (Abb. 86). Da die Schwärmer in ihrem Bau meistens von der Mutterzelle erheblich abweichen, sie sich nach dem Festsetzen auf einer geeigneten Unterlage aber wieder zur Ausgangsform umwandeln, stellt der ganze Vorgang eine Art Metamorphose dar.

Die Vielteilung tritt besonders häufig bei parasitischen Einzellern auf, z.B. bei Apicomplexa während der Schizogonie (Abb. 25). Durch diesen Teilungsmodus, bei dem in speziellen Fällen aus einer Zelle Hunderte von Tochterindividuen entstehen können, wird eine wirkungsvolle Infektion neuer Wirte gewährleistet. Vielteilungen bei freilebenden Einzellern, wie z.B. bei *Noctiluca scintillans*, sind viel seltener und hinsichtlich ihrer biologischen Bedeutung unverstanden.

In vielen Taxa, z.B. bei den Phytomonaden, Foraminiferen, Apicomplexen und Ciliaten, beobachtet man auch **sexuelle Fortpflanzung**. Hierunter versteht man die Kopulation zweier haploider Gameten oder Gametenkerne. In der Zygote erfolgt die Verschmelzung der Kerne, die Karyogamie, zum Synkaryon. Vorher muß der diploide Chromosomensatz im Verlauf einer Meiose auf die Hälfte reduziert worden sein. Wann dies im Verlauf des Lebenszyklus eines sich sexuell vermehrenden Einzellers abläuft, ist bei den diversen Taxa verschieden.

Einzeller sind gute Beispiele dafür, daß Sexualprozesse nicht unbedingt mit Reproduktion verknüpft sein müssen. Ein Beispiel für Sexualprozesse ohne jede Vermehrung ist die Konjugation der Ciliaten (S. 50).

Man unterscheidet drei Arten sexueller Fortpflanzung: Gametogamie, Autogamie und Gamontogamie. Bei der Gametogamie kopulieren (verschmelzen) freischwimmende Gameten von zwei verschiedenen Gamonten (Gametenbildungszel

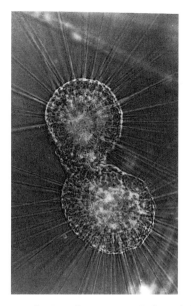

Abb. 24: Asexuelle Fortpflanzung. Zweiteilung bei *Actinosphaerium eichhorni* (Heliozoea). Original: P. Emschermann, Freiburg.

len). Wenn die Gameten morphologisch nicht zu unterscheiden sind, spricht man von Isogametie; dementsprechend liegt Anisogametie bei Gameten vor, die in Größe, Form oder Struktur verschieden sind. Die Oogametie schließlich ist eine Variante der Anisogametie: männliche bzw. weibliche Gameten erinnern auf Grund ihres Aussehens und ihrer Dimensionsunterschiede an die Spermien bzw. Eizellen der Metazoen.

Autogam sind Einzeller, bei denen vom selben Gamonten erzeugte Gameten (oder Gametenkerne) kopulieren (Selbstung). Diese Art der sexuellen Fortpflanzung ist bei einigen Heliozoen (S. 69) und Foraminiferen (S. 66) verwirklicht (z.B. *Actinophrys sol*; *Rotaliella heterocaryotica*). Aber auch von Hypermastigida (z.B. *Barbulanympha*) (S. 25) und Ciliaten (z.B. *Paramecium aurelia*, *Euplotes minuta*, *Tetrahymena rostrata*) kennt man dieses Phänomen. Der Effekt der Autogamie ist in einer Rekombination der Gene zu sehen.

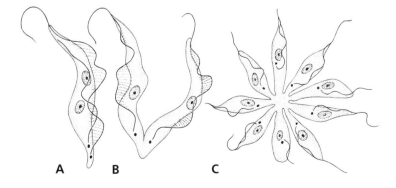

Abb. 25: Asexuelle Fortpflanzung. A, B Zweiteilung in Längsrichtung bei einer *Trypanosoma*-Art (Trypanosomatea). C Vielteilung bei einer *Trypanosoma*-Art. A-C Aus Grell (1964).

A   B   C

Gamontogamie liegt dann vor, wenn die Sexual-prozesse mit einer Vereinigung der Gamonten be-ginnen, wie zum Beispiel bei vielen polythalamen Foraminiferen (S. 65) und bei einigen Apicomplexa (Gregarinen und Adeleiden) (S. 44). Im weiteren Verlauf entstehen Gameten (oder zumindest Game-tenkerne), die miteinander verschmelzen.

Die Konjugation der Ciliaten ist eine besondere Art der Gamontogamie. Nachdem sich zwei Zellen, die beiden Gamonten (Konjuganten), aneinander-gelegt haben und lokal verschmelzen, differenzieren sich in einer Zwei-Schritt-Meiose in jeder der bei-den Zellen zwei sexuell unterschiedliche Gameten-kerne und führen eine wechselseitige Befruchtung durch. Hier hat sich also schon auf der Stufe der Einzeller eine zwittrige Organisation gebildet (Kon-jugationsverlauf Abb. 72 und S. 51).

Für viele Einzeller sind **Generationswechsel** charak-teristisch, z.B. für zahlreiche Foraminiferen (S. 66) und für die Apicomplexa (S. 43). Von einem Ge-nerationswechsel spricht man, wenn ein Organis-mus in aufeinanderfolgenden Generationen über verschiedene Fortpflanzungsarten verfügt. Ist die Abfolge der Fortpflanzungsarten streng festgelegt, nennt man den Generationswechsel obligatorisch; andernfalls ist er fakultativ.

Zu einer weitergehenden Charakterisierung des Generationswechsels bei den Einzellern dient der Zeitpunkt der Chromosomenreduktion (Meiose). Homophasisch ist ein Generationswechsel, wenn mit dem Wechsel der Fortpflanzungsarten keine Änderung des Chromosomenbestandes einher-geht; sonst nennt man ihn heterophasisch. Daraus ergeben sich 3 Typen von Generationswechsel:

1. Haplo-homophasisch: Nur die Zygote ist diploid; alle anderen Stadien des Generations-wechsels sind haploid, z.B. bei den Apicom-plexa.
2. Diplo-homophasisch: Nur die Gameten (oder Gametenkerne) sind haploid; alle anderen Stadien haben diploide Kerne, z.B. bei den Cilia-ten.
3. Heterophasisch: Auf eine (diploide oder ha-ploide) Generation mit ungeschlechtlicher Ver-mehrung folgt eine Generation mit geschlechtli-cher Fortpflanzung, z.B. bei den Foraminifera.

Beim Generationswechsel der Foraminiferen können beide Generationen in ihrem Bau identisch sein, aber auch derartig große morphologische Unterschiede aufweisen, daß man sie für getrennte Arten halten könnte.

Systematik

Bei der Rekonstruktion der Phylogenese von tieri-schen und pflanzlichen Organismen geht man von der Prämisse aus, daß sich alle eukaryotischen Lebe-wesen auf eine Stammart zurückführen lassen und daher das monophyletische Taxon **Eukaryota** bil-den. Eine Konsequenz dieser Prämisse ist die Er-kenntnis, daß die rezenten einzelligen Eukaryota lediglich ein Paraphylum darstellen, das nur durch ein plesiomorphes Merkmal, die Einzelligkeit, ge-kennzeichnet ist.

Nach phylogenetisch-systematischen Gesichts-punkten gibt es daher kein Taxon **Protista**. Auch bei den traditionellen Untergruppierungen einzelliger Organismen, den „tierischen Einzellern" oder **Pro-tozoa** und den „pflanzlichen Einzellern" oder **Proto-phyta** handelt es sich nicht um Monophyla, viel-mehr um polyphyletische Zusammenstellungen höchst unterschiedlicher Taxa sowie um paraphyle-tische Gruppierungen. Sie sollten daher in einem modernen System ebenfalls nicht mehr verwendet werden. Eine Aufteilung in tierische und pflanzliche Organismen auf der Ebene eukaryotischer Einzeller widerspricht dem Ablauf der Phylogenese, da die photoautotrophen, sog. pflanzlichen Einzeller sich wahrscheinlich mehrmals unabhängig – also sekun-där – aus heterotrophen, sog. tierischen Zellen ent-wickelt haben.

Die allen einzellig und mehrzellig-geweblich organi-sierten rezenten Organismen gemeinsame Stamm-art war eines jener einzelligen Lebewesen, die – den Daten der Mikropaläontologie zufolge – bereits vor etwa 2 Milliarden Jahren lebten und mit einem Durchmesser von etwa 5–20 μm die Größe von Prokaryoten deutlich übertrafen (Abb. 118 A). Zwi-schen diesem Zeitpunkt des Proterozoikums und dem ersten gesicherten Auftreten fossil überliefer-ter, vielzelliger Tiere und vielzelliger Pflanzen im Paläozoikum (vor etwa 700 Millionen Jahren) liegt somit ein langer Zeitabschnitt, in dem sich die Evo-lution der Baupläne der rezenten ein- und mehr-zelligen Organismen vollzogen haben muß. Da die fossilen Überlieferungen aus dem Proterozoikum meist sehr unsicher zu deuten sind, ist man bei der Rekonstruktion der Stammesgeschichte auf den Vergleich morphologischer, biochemischer und mo-lekularbiologischer Charakteristika rezenter Lebe-wesen und auf die Aufdeckung ihrer Homologien angewiesen. Hierbei leisten die Daten der Geobio-chemie eine wertvolle Hilfe: sie ermöglichen die Rekonstruktion der ökologischen Rahmenbedin-gungen des Erdaltertums.

Die Evolution der Urorganismen zu den rezenten und ausgestorbenen Taxa des Tier- und Pflanzen-reichs wird nämlich von einer radikalen Verände-rung der Atmo-, Hydro- und Geosphäre begleitet. Diese Veränderungen sind im wesentlichen bedingt durch die Lebenstätigkeit photoautotropher Pro-karyoten, vor allem Cyanobakterien, die als freile-bende Organismen (z.B. Stromatolithen) und später auch als endosymbiontische Partner eukaryotischer Lebewesen auftreten. Durch ihre photolytische H_2O-Spaltung stieg der O_2-Gehalt der Atmosphäre von nahe 0% bis auf den heutigen Wert, der sich vor etwa 400 Millionen Jahren stabilisierte. Als Folge der Sauerstoff-Anreicherung in der Hydro- und Atmosphäre fanden Oxidationsvorgänge statt, die u.a. die Erdoberfläche verwittern ließen und Nährsalze freisetzten. Eine weitere Folgeerscheinung der Photosynthese war die Verringerung des CO_2-Gehalts in den Ozeanen und in der Atmosphäre, in deren Folge unter anderem mächtige Silikat- und Kalksedimente entstanden.

Für die Rekonstruktion der Stammesgeschichte ist als wichtiges Faktum festzuhalten, daß freier Sauerstoff ein Zellgift darstellt. Von rezenten Zellen ist bekannt, daß sie nur dann einer Vergiftung durch Sauerstoff entgehen, wenn sie die sauerstoffzehrenden Prozesse beherrschen. Diese können entweder bestimmten Kompartimenten einer Zelle zugeordnet werden (Peroxisomen bzw. Glyoxisomen, Hydrogenosomen, Mitochondrien) oder unter Mithilfe bestimmter endosymbiontischer, atmungsaktiver Bakterien durchgeführt werden, die frei im Cytoplasma oder in einer Vakuole liegen. Es ist daher davon auszugehen, daß bei zunehmendem Sauerstoffgehalt der Atmosphäre auch frühe Eukaryoten, die mit aeroben Bakterien in enger Vergesellschaftung lebten oder Hydrogenosomen zur Verfügung hatten, einen evolutiven Vorteil besaßen.

Sehr wahrscheinlich hat sich die Entstehung der Mitochondrien aus einer derartigen Symbiose mit Prokaryoten ergeben. Der dieser Entwicklung zugrundeliegende Sachverhalt wird durch die **Endosymbiontentheorie** beschrieben. Hierbei favorisiert man zunehmend die Vorstellung, daß dieser Prozeß der Mitochondrienentstehung sich nur ein einziges Mal vollzogen hat, in den übrigen Fällen aber auf einer weniger perfekten Stufe der symbiontischen Vergesellschaftung arretiert wurde, z.B. bei den Parabasalea (S. 24).

Ob diejenigen Hydrogenosomen, die nur bei mitochondrienlosen Einzellern gefunden werden, aus einer Umwandlung von Mitochondrien oder mitochondrienähnlichen Symbionten entstanden sind oder auf eine schrittweise Entstehung innerhalb der Wirtszelle zurückgeführt werden müssen, ist derzeit noch nicht klar. Anzunehmen ist jedoch, daß die Hydrogenosomen der Pansenciliaten (S. 55) unabhängig von den Hydrogenosomen der Termitenflagellaten (Parabasalea) (S. 24) entstanden sind. In jedem Fall aber ist der Besitz von Mitochondrien oder von Hydrogenosomen ein abgeleitetes Merkmal, das für die Bewertung monophyletischer Taxa herangezogen werden kann (Parabasalea, Metakaryota).

Mit einer entsprechenden Endosymbiontentheorie wird auch der Erwerb von **Plastiden** erklärt. Dieser Schritt war jedoch an die Präsenz bereits etablierter Mitochondrien geknüpft und kann nur für Metakaryota angenommen werden. Auch hier gehen dem dauernden Betrieb typischer Plastiden zahlreiche Endosymbiosestadien zwischen einer metakaryotischen Wirtszelle und Prokaryoten voraus.

Die Plastiden-Endosymbionten sind mit rezenten Cyanobakterien verwandt. Offensichtlich haben sich in einer gemeinsamen Evolutionslinie zwei monophyletische Taxa mit echten Plastiden entfaltet: die Chlorophyta und die Biliphyta. Die beiden Taxa haben sich wahrscheinlich zunächst nur durch die Pigmente ihrer Symbionten voneinander unterschieden: Die Rotalgen besitzen neben anderen akzessorischen Pigmenten die Chlorophylle a und c, die Grünalgen und die aus ihnen hervorgegangenen höheren Pflanzen die Chlorophylle a und b. Andere Taxa haben die Fähigkeit zur Photoautotrophie durch Endosymbiose mit eukaryotischen Zellen erworben, die bereits Plastiden besaßen, z.B. manche Euglenozoa (S. 26) und Dinoflagellata (S. 40).

Es sei daher nochmals wiederholt: der Erwerb von Plastiden durch Endosymbiose mit pro- oder eukaryotischen Zellen hat sich mit hoher Wahrscheinlichkeit mehrmals vollzogen, wobei die Endobionten durchaus auf einen gemeinsamen Vorfahren zurückführbar sind. Pflanzen – einzellig oder mehrzellig – bilden daher weder eine monophyletische noch eine paraphyletische Einheit; der Begriff kennzeichnet nur verschiedene eukaryotische Organismen mit photoautropher Ernährung.

Bei der Rekonstruktion der Stammesgeschichte der eukaryotischen Wirtszellen wird dem Besitz von typischen **Geißeln** (sowie den zugehörigen Wurzelapparaten) ein hoher Aussagewert zugemessen. Auch wenn die Evolution dieses Bewegungsapparats noch kontrovers diskutiert wird (man geht entweder von einer anagenetischen Entwicklung aus einfacheren Mikrotubuli-Assoziationen oder aber von einem Erwerb durch Endosymbionten-Einverleibung aus), ist die Begeißelung innerhalb der einzelligen Eukaryota als ein abgeleitetes Merkmal anzusehen. Geißellosigkeit kann daher ein ursprüngliches Merkmal sein, wenn sie zusammen mit anderen ursprünglichen Merkmalen gekoppelt auftritt. Fehlende Geißeln müssen jedoch dann als abgeleitet gewertet werden, wenn diese Situation in Verbindung mit anderen, erst später erworbenen Merkmalen (z.B. Mitochondrien oder Plastiden) auftritt. Sekundärer Verlust von Geißeln ist z.B. für zahlreiche der bisher zu den „Sarcodina" gestellten Gruppen (S. 62) anzunehmen, die deshalb auch nicht mehr an die Basis des Systems der Einzeller gestellt werden können.

Entsprechend verfährt man bei der Beurteilung von fehlenden oder vorhandenen **Dictyosomen** (Golgi-Apparat). Es ist auffällig, daß dieses System von Membranzisternen nur in Zellen gefunden wird, die auch mit Hydrogenosomen oder mit Mitochondrien ausgestattet sind. Dabei vermutet man, daß die Funktionen des Golgi-Apparats zum Zeitpunkt seiner evolutiven Entwicklung wohl im wesentlichen von einem Wechsel in der Art des Nahrungserwerbs bedingt wurden: Osmotrophie und Phagocytose von organischen Partikeln wurden durch räu-

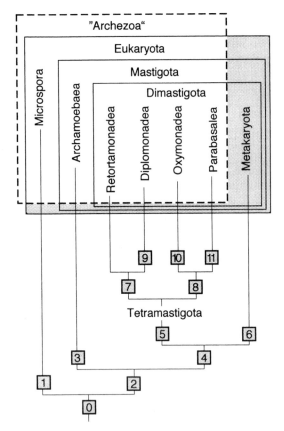

Abb. 26: Verwandtschaftsverhältnisse innerhalb der ursprünglichen Einzeller. Apomorphien: [0] Kernhülle; Mitose; Meiose; Mikrotubuli; Mikrofilamente; Phagocytose; amöboide Beweglichkeit. [1] Polfaden; Diplokaryotie (Auftreten gepaarter Zellkerne). [2] Flagellen mit 9 × 2+2-Muster; von singulären Kinetosomen ausgehende Mikrotubuli treten in Beziehung zum Zellkern; 80 S-Ribosomen; Endosymbiose mit Bakterien zur Vermeidung von Sauerstoff-Intoxikationen. [3] Korbartige Umhüllung der Zellkerne durch Mikrotubuli; Reduktion der Flagelle(n); Rückkehr zur amöboiden Bewegung (möglicherweise konvergent). [4] Flagellen primär in Zweizahl (Kinetosomen bzw. Centriolen treten stets gepaart auf); Ausbildung einer Bilateralsymmetrie durch mikrotubuläres Cytoskelett und Cytostom; Arbeitsteilung der Flagellen. [5] Primär 4 Flagellen in 3+1-Konfiguration. [6] Umwandlung endosymbiontischer Bakterien in Mitochondrien (Entstehung von 2-Genom-Organismen); Anagenese typischer Dictyosomen; Ausbildung von Schuppen und Mastigonemen. [7] Cytostom durch cytostomale Lippen überdacht. [8] Axostyl aus Mikrotubuli; Reduktion des Cytostoms. [9] Rotationssymmetrische Doppelorganismen mit den Merkmalen der Retortamonaden. [10] Schleppgeißel primär als undulierende Membran; Axostyl beweglich und der Lokomotion dienend. [11] Anagenese von Dictyosomen bzw. Parabasalstäben; Vermehrung (> 10000) oder Reduktion (0) der Flagellen; Hydrogenosomen.

berische Lebensweisen innerhalb der Einzeller abgelöst. Hierdurch wurde die Evolution des GERL-Komplexes (Golgi-ER-Lysosomen) begünstigt. Weitere Aufgaben erhielten die Dictyosomen durch die Synthesen von Schalen- und Cysten-Strukturen

sowie von Extrusomen in Einzellern, die mit derartigen Verteidigungs- und Angriffsstrukturen offensichtlich bessere Überlebensstrategien entwickeln konnten.

Die neuen ultrastrukturellen und molekularen Daten haben die Rekonstruktion eines Systems vorangebracht, das sich auf dem Niveau der Einzeller von den traditionellen Systemen deutlich unterscheidet. In vielen Details ist es allerdings noch vorläufig (Abb. 26). Für die **Stammart** der Eukaryota muß eine Organisation angenommen werden, bei der unter anderem ein bereits hoch differenziertes M e m b r a n s y s t e m vorhanden war, das neben dem r a u h e n und g l a t t e n ER vor allem die K e r n h ü l l e umfaßte. Auch C h r o m o s o m e n und ein mitotischer Verteilungsapparat aus M i k r o t u b u l i sind für diesen Organismus anzunehmen. Zum Inventar gehörten weiterhin M i k r o f i l a m e n t s y s t e m e (zur Durchführung von Zellteilungen und Zellbewegungen) sowie 70 S - R i b o s o m e n. Es fehlten noch Flagellen, Mitochondrien, Hydrogenosomen und typische Dictyosomen (mit 3 oder mehr Zisternen).

Diese erst im letzten Jahrzehnt ermittelten Erkenntnisse müssen nach den Vorstellungen einer konsequent phylogenetischen Systematik zur Auflösung vieler altbekannter Taxa führen. So sind z.B. die „Mastigophora" oder „Flagellata", die „Sarcomastigophora", „Zoomastigophora", „Phytomastigophora", „Sarcodina" und etliche ihrer Untergruppen (z.B. die „Heliozoa") polyphyletische bzw. paraphyletische Gruppierungen. Vom vertrauten System BÜTSCHLIS – **Sarcodina** – **Sporozoa** – **Mastigophora** – **Infusoria** – muß ebenso Abschied genommen werden wie von der Systematik aus dem Jahre 1980 (LEVINE et al.). Bezeichnungen wie „Flagellaten" oder „Amöben" sollten daher höchstens noch zur Charakterisierung einer Bewegungsorganisation, aber nicht mehr zur Kennzeichnung einer taxonomischen Zugehörigkeit benutzt werden. Gleichzeitig müssen bislang relativ unbekannte und kleine Taxa einen hohen Rang annehmen (z.B. die Microspora als Schwestergruppe aller übrigen Eukaryota). In vollem Umfang läßt sich das System allerdings noch nicht nach konsequent phylogenetischen Gesichtspunkten präsentieren: Viele der bislang z.B. als „Sarcodina" bezeichneten Teilgruppen müssen zunächst noch als „Metakaryota incertae sedis" geführt werden. Entsprechendes gilt für die Myxozoa, die Ascetospora und andere Gruppen der ehemaligen „Sporozoa", deren systematische Stellung offen ist. Vermutlich werden vor allem molekularbiologische Untersuchungen noch zu Veränderungen dieses Systems führen, seine hier vorgestellte Grundstruktur dürfte aber wohl Bestand haben.

1 Microspora

Die stets flagellenlosen und meist sehr kleinen, im Sporen-Stadium nur höchstens 20 μm messenden Microspora sind ausnahmslos intrazelluläre Parasiten, die in seltenen Fällen in einer parasitophoren Vakuole eingeschlossen sind, meist aber frei im Cytoplasma ihrer Wirtszelle vorkommen. Das Wirtsspektrum der etwa 900 bekannten Arten reicht von Einzellern (Apicomplexa, Myxozoa, Ciliophora) über Coelenteraten, Plathelminthen, Nematoden, Anneliden, Mollusken, Arthropoden und Bryozoen bis zu den Vertebraten. Der Schwerpunkt ihrer Verbreitung liegt offensichtlich bei den Arthropoden und innerhalb der Vertebraten bei den Knochenfischen. Unter den Mammalia treten vor allem Rodentia und Carnivora, daneben auch Primaten als Wirte auf. Pflanzliche Organismen werden nicht befallen.

Charakteristisch für die Microspora ist das Auftreten diplokaryotischer (gepaarter) Zellkerne, die innerhalb der Eukaryota auffällige Ausstattung mit ursprünglichen 70 S-Ribosomen (und einige damit verbundene typisch prokaryotische Merkmale), die Ausbildung chitinhaltiger Sporenhüllen, das primäre Fehlen von Mitochondrien und Geißeln sowie der Besitz eines besonders auffälligen Extrusionsapparates (Abb. 27). Dieser Apparat besteht in der ruhenden Spore aus einem aufgewundenen, tubulären und durch Proteinauflagerungen versteiften Polfaden sowie – bei den Microsporea – einem lamellierten Polaroplasten aus dicht gepackten oder vesikulären Membranstapeln. Morphologisch stellt dieses Organellsystem offenbar eine Einstülpung der Zellmembran dar. Die ein- oder zweikernige Zelle (Amöboidkeim, Amoebula oder Sporoplasma genannt) enthält daneben nur noch wenige Organellen, u.a. rauhes ER, freie Ribosomen, entfernt an Dictyosomen erinnernde flache Membranstapel und eine besondere Vakuole (Posterosom).

Der in seinen Einzelheiten noch nicht völlig aufgeklärte Infektionsvorgang läßt sich in Zellkulturen direkt beobachten. Er erfolgt in vivo normalerweise über Sporen, die mit der Nahrung vom Wirt aufgenommen werden. Im Verdauungstrakt ändert sich der Innendruck der Spore, wahrscheinlich durch das Anschwellen des Polaroplasten und des Posterosoms. Die osmotisch bedingte Turgeszenzerhöhung soll eine explosionsartig schnell ablaufende Ausstülpung des Polfadens hervorrufen (Abb. 27 C). Die kinetische Energie des Extrusionsvorgangs reicht aus, Zellmembranen, selbst ganze Zellen und sogar Cystenwände zu perforieren. Durch das Lumen des bis zu einige 100 μm Länge erreichenden Polfadens wird der Amöboidkeim in die Wirtszelle injiziert. Innerhalb dieser Zelle – es handelt sich zumeist um eine Epithelzelle – wandeln sich die Parasitenkeime zu einfach differenzierten Meronten

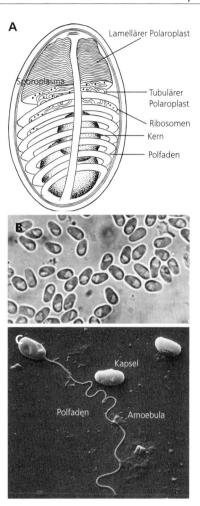

Abb. 27: Microspora. A Ruhende Spore, Schema. B *Pleistophora typicalis.* Sporen. C *Nosema tractabile.* Sporen, davon eine mit ausgeschleudertem Polfaden. Vergr.: B 3000 ×, C 2000 ×. A Nach Lali und Owen (1988); B aus Canning (1977); C aus Larsson (1981).

um und durchlaufen in der Regel mehrere asexuelle Schizogonie- (oder Merogonie-) Stadien.

Auffällig erscheint, daß manche der betroffenen Wirtszellen ihren Stoffwechsel an die veränderten Verhältnisse anpassen und ihrerseits beispielsweise die Zahl der Nucleoli erhöhen, um den Bedarf des Meronten an Proteinen zu decken, oder aber gar auf Kosten der sie umgebenden Zellen zu tumorartigen Gebilden (Xenomen) von der Größe einiger Millimeter hypertrophieren.

Die Kernteilungen erfolgen bei den Meronten als intranucleäre Mitosen. Im Verlaufe der Sporogonie entstehen Sporoblasten mit stärker strukturiertem Aufbau; bei einigen Arten wurden meiotische Kernteilungen beobachtet. Aus ihnen gehen schließlich wieder infektiöse Sporen hervor (Abb. 27), die über Kot, Urin oder die Verwesung ihres Wirts ins Freie gelangen oder aber mitsamt ihrem Wirtsorganismus vom Folgewirt gefressen werden. Heteromorphe Stadien weisen kompliziertere Entwicklungs-

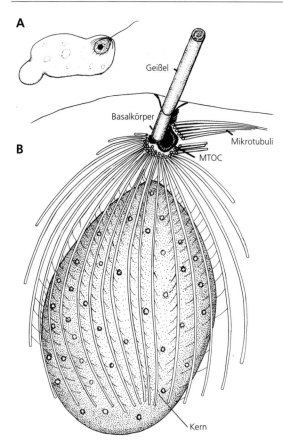

Abb. 28: *Mastigina* sp. (Archamoebaea). A Habitus. B Karyo-mastigont mit Kern, Basalkörper (Kinetosom), Mikrotubuli organisierendem Zentrum (MTOC) und den von dort ausgehenden Mikrotubuli. Aus Brugerolle (1991).

gänge auf und sind mit einem oder mehreren obligatorischen Wirtswechseln verbunden. Noch unbekannt ist, auf welche Weise sich die Parasiten innerhalb des befallenen Organismus ausbreiten.

Als Erreger der Seidenraupen-Krankheit (*Nosema bombycis*), der Bienenruhr (*Nosema apis*) und einiger Fischkrankeiten (verschiedene *Glugea*-Arten) haben *Microspora*-Arten eine erhebliche wirtschaftliche Bedeutung. Ob das Auftreten z.B. von *Encephalitozoon* spp. in AIDS-erkrankten Menschen lediglich ein opportunistisches Begleitsyndrom darstellt, kann derzeit noch nicht beurteilt werden. Bestimmte Arten versucht man, als Hyperparasiten einzusetzen, z.B. *Vairimorpha necatrix* gegen Schmetterlingsraupen oder *Nosema locustae* gegen die tropischen Heuschreckenplagen.

Die systematische Untergliederung der Microspora wird anhand der Differenzierung des Extrusionsapparates vorgenommen.

1.1 Rudimicrosporea

Mit rudimentärem, d.h. sekundär vereinfachtem Extrusionsapparat ohne Polaroblast und ohne

Posterosom. Vorkommen beschränkt sich zumeist auf Gregarinen (s. Apicomplexa, S. 42), die in Anneliden parasitieren.

Metchnikovella hovassei, Sporen ca. 2 µm, in Gregarinen von *Perinereis* (Polychaeta).

1.2 Microsporea

Komplexer Extrusionsapparat mit Polaroblast. Mehrschichtige Sporenwand mit Chitin.

*Vairimorpha necatrix, Sporen 2–6 µm, im Fettkörper von Schmetterlingen. – **Encephalitozoon cuniculi,* 2 µm, in Nieren und Bindegewebe verschiedener Säugetiere. – **Nosema bombycis,* 3–4 µm, in allen Geweben von Larven und Imagines des Seidenspinners *Bombyx mori*.

Alle anderen Eukaryota werden als **Mastigota** zusammengefaßt, da sie in ihrem Grundmuster einen Geißelapparat (Mastigot) besitzen – zu diesem Taxon gehören also nicht nur alle folgenden eukaryotischen Einzeller, sondern auch alle vielzelligen „Pilze", „Pflanzen" und „Tiere". Primär steht die Wurzelstruktur des Geißelapparates mit den in Ein- oder Mehrzahl vorhandenen Zellkernen in enger Verbindung. Die Geißeln (Flagellen) treten zunächst einzeln, später auch gepaart auf.

2 Archamoebaea

Die Archamöben repräsentieren noch den ursprünglichen Typus geißeltragender Einzeller, der durch ungepaarte Kinetosomen charakterisiert ist. Daß die Axonemata der Geißeln möglicherweise in Reduktion begriffen sind, könnte mit der sekundären Vervollkommnung einer amöboiden Bewegungsweise erklärt werden.

Die Synapomorphie der Vertreter dieser Gruppe ist der Besitz eines flagellar-cytoskelettalen Komplexes (Karyomastigot), der jeweils (1) das Kinetosom der Geißel, (2) die von einem Mikrotubuli organisierenden Zentrum (MTOC) ausgehenden Mikrotubuli sowie (3) einen Zellkern umfaßt. Im typischen Fall wird der Zellkern durch dieses System becherförmig oder konisch umhüllt (Abb. 28). Der Geißelapparat (Mastigot), der in Ein- oder Mehrzahl vorhanden sein kann, besteht jeweils nur aus einem einzigen Flagellum und einem einzigen Basalkörper.

Die Gruppe enthält einige weit verbreitete Arten, darunter *Pelomyxa palustris* (Abb. 29). Erst vor wenigen Jahren entdeckte man, daß das Hinterende der etwa 1–5 mm großen, sackförmigen Zellen einige Flagellen aufweist. Diese besitzen typische Strukturmerkmale der Eukaryotengeißel, sind aber offensichtlich nicht bewegungsfähig. Die Lokomotion erfolgt – wie bei typischen Amöben (S. 62) – substratgebunden und unter den Erscheinungen einer Endoplasmaströmung mit caudaler Ekto-Endo-plasma- und apikaler Endo-Ektoplasma-Transformation.

Den mit einigen 100 Zellkernen und etlichen einfach gebauten Karyomastigoten augestatteten Riesenzellen fehlen Mitochondrien und typische Dictyosomen (auch Hydrogenosomen). Das Cytoplasma enthält neben großen Glykogenkörpern zahlreiche endobiontische Bakterien, die zu drei verschiedenen – grampositiven, gramnegativen oder gramvariablen – Spezies gehören. Sie liegen häufig in Vakuolen, welche die Zellkerne umgeben.

Die Art weist einen komplexen jahreszeitlichen Zyklus auf, innerhalb dessen durch mehrfache Teilung (Plasmotomie) auch zweikernige Individuen und vierkernige Cysten gebildet werden können. Gleichzeitig ändern sich die Durchmesser der Zellkerne, die Proportionen der Bakterienpopulationen sowie die Toleranz bzw. Intoleranz gegenüber O_2. Ausgewachsene Exemplare finden sich vom Hochsommer bis zum Spätherbst im sauerstoffarmen Schlamm von pflanzenreichen Süßgewässern.

Eine anomale Axonema-Struktur mit irregulärer Mikrotubuli-Anordnung weist auch die Gattung *Mastigina* auf. Die einkernigen Arten der Gattungen *Mastigella*, *Mastigamoeba* und *Phreatamoeba* besitzen dagegen weitgehend normale, wenn auch funktionell abweichende Geißelapparate.

Pelomyxa palustris, 5 mm, meist im Schlamm eutrophierter Gewässer. – *Mastigella vitrea,* 150 µm, freilebend mit mehreren Pseudopodien. – *Mastigina hylae,* 140 µm, im Darm von Kaulquappen (Abb. 28).

Alle übrigen mastigoten Organismen zeigen eine Verdoppelung der Flagellarstrukturen, die sich bis hin zu den Metazoen und Landpflanzen verfolgen läßt. Sie lassen sich daher zu einem Taxon **Dimastigota** zusammenfassen. Die Kinetosomen der Flagellen treten – sofern nicht wieder gänzlich reduziert, wie bei den höheren Pilzen oder Blütenpflanzen – stets nur in Paaren auf („Diplosom", gepaarte Kinetosomen). Innerhalb der Einzeller lassen sich – bislang an nur wenigen Beispielen – Reduktionsvorgänge auf ein einziges (ungepaartes) Kinetosom aufzeigen (*Chlorarachnion*, einige Cercomonaden und azelluläre Schleimpilze). Andererseits kommt es zur Vervielfachung des Geißelapparats (z.B. 4 Kinetosomen mit 2 Geißeln oder 2 Kinetosomen mit 1 Geißel). Das Prinzip der Verdopplung begünstigt eine Heterokontie: die eine Geißel dient mehr der Fortbewegung, die andere mehr dem Nahrungserwerb. Mikrotubuli treten – außerhalb der Mitose-Stadien – nicht nur in Verbindung mit Karyomastigoten auf, sondern unterstützen auch als mikrotubuläres Cytoskelett die Zelloberfläche.

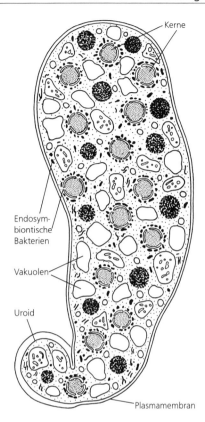

Abb. 29: *Pelomyxa palustris* (Archamoebaea). Organisationsschema. Geißeln nicht eingezeichnet. Größe bis 5 mm; mit einigen hundert Zellkernen. Nach Margulis, McKhann und Olendzenski (1993).

3 Tetramastigota

Die zu diesem Taxon gezählten flagellentragenden Einzeller weisen ein Grundmuster mit 4 Geißeln auf, die in 2 Zweiergruppen angeordnet sind und Übereinstimmungen in der Anordnung der Basalapparate aufweisen. Als Synapomorphie wird hierbei eine rückwärts schlagende Geißel mit den ihr assoziierten mikrotubulären Wurzelstrukturen angesehen. Die im folgenden aufgeführten Taxa weisen allerdings auch divergente Merkmale auf, so daß noch einige Zweifel an der Monophylie des Taxon bestehen bleiben müssen.

3.1 Retortamonada

Die rückwärtsschlagende Geißel verläuft innerhalb einer als Cytostom fungierenden Einstülpung der Körperoberfläche (Mundgrube).

3.1.1 Retortamonadea

Die kleinen, meist nur 5–20 µm messenden Zellen besitzen 2 Kinetosomen-Paare, die am Vorderende in der Nähe des Zellkerns sowie eines großen ventralen Cytostoms liegen (Abb. 30). Von jedem Paar geht mindestens 1 Geißel aus (*Retortamonas*); bei

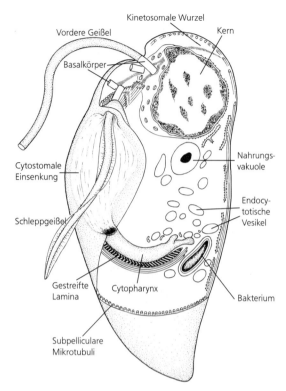

Abb. 30: *Retortamonas* sp. (Retortamonadea). Organismus teilweise aufgeschnitten. Länge: 7 μm. Verändert nach Margulis, McKhann und Olendzenski (1993).

Chilomastix sind es 2, so daß die Angehörigen dieser Gattung viergeißelig sind. Sie ist durch saumartige Auswüchse des Geißelschafts in ihrer Schlagwirkung optimiert und dient zum Herbeistrudeln von Nahrungspartikeln. Das Cytostom besteht aus einer longitudinal verlaufenden Körperfurche, die durch zwei Körperfalten (cytostomale Lippen) nach außen hin überdacht werden kann. Es ist – ebenso wie die übrige Zelloberfläche – durch pelliculäre Mikrotubuli versteift. Die übrigen Geißeln ragen nach vorn und dienen zum Schwimmen. Komplex gebaute Rhizoplasten kommen auch in dieser Gruppe vor. Mitochondrien und Dictyosomen fehlen allerdings.

Die parasitischen Retortamonaden durchlaufen ein Cystenstadium, das der Übertragung auf einen neuen Wirt dient. Die excystierten Freßformen (Trophozoiten) sind Darmbewohner von Evertebraten und Vertebraten und ernähren sich von Bakterien. Neben harmlosen Kommensalen wurden jedoch auch Arten beschrieben, die pathogen sein können (Diarrhöe): *Chilomastix mesnili* beim Menschen, *C. gallinarum* beim Haushuhn.

3.1.2 Diplomonadea

Diplomonaden leben als aerotolerante Anaerobier ebenfalls ohne Mitochondrien. Auch Dictyosomen fehlen ihnen. Die höchst entwickelten Arten lassen sich von ihrem Bauplan her am besten verstehen, wenn man sie als Doppelformen (diplozoische Formen) ihrer einfach gebauten (monozoischen) Verwandten begreift.

Allgemeines Kennzeichen der monozoischen Organisation ist eine Gruppe von maximal 4 Geißeln, von denen bis zu 3 frei schwingen, eine aber stets an der ventralen Körperseite entlang nach hinten geführt wird (Abb. 31). Diese Konstellation erinnert an den Bau der Retortamonaden. Die Mundgrube ist aber zunehmend rückgebildet, und die Nahrungsaufnahme erfolgt über die gesamte Körperoberfläche. Die Kinetosomen der monozoischen Diplomonaden sowie die Gesamtheit aller von ihnen ausgehenden Mikrotubuli- und Fibrillensysteme bilden jedoch zusammen mit dem Zellkern einen morphologisch fest umrissenen Komplex. Seine Merkmale sind unter anderem eine Einbuchtung des Zellkerns, in der die Kinetosomen liegen, sowie ausgedehnte Mikrotubulibänder, die vom Kinetosom der nach hinten orientierten Geißel ausgehen und ein stabförmiges Organell ausbilden können.

Bei der diplozoischen Organisation (Abb. 32) liegen zwei dieser karyomastigoten Systeme vor. Die Zellen weisen also nicht nur 2 Cytostome, sondern auch 2 Zellkerne und insgesamt 8 Geißeln auf. Die Anordnung der Systeme ist rotationssymmetrisch; sie entspricht einer Verschmelzung der Dorsalseiten zweier monozoischer Einheiten. Dieser – einer siamesischen Zwillingsbildung analoge – Typus könnte durch das Unterbleiben einer vollständigen Zellteilung und deren genetischer Fixierung entstanden sein. Wahrscheinlich wird diese Hypothese

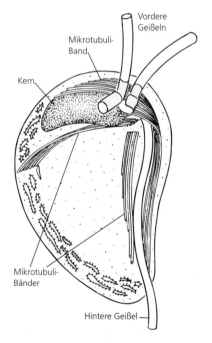

Abb. 31: *Enteromonas* sp. (Enteromonadida). Seitliche Ansicht. Nach Margulis, McKhann und Olendzenski (1993).

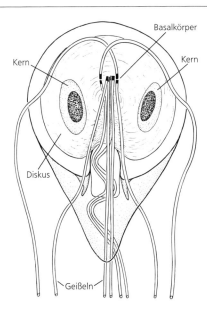

Abb. 32: *Giardia* sp. (Diplomonadida). Habitus, Ventralseite. Nach verschiedenen Autoren.

durch die wiederholte Beobachtung retardierter Teilungsabläufe bei monozoischen Arten. Ein weiteres Merkmal diplozoischer Formen ist der trichterförmige Bau der Cytostome, die bis zum Hinterende der Zelle reichen können. Im Verlauf der Evolution aber unterlagen die Cytostome offensichtlich einer weitgehenden Reduzierung (*Octomitus*, *Giardia*).

3.1.2.1 Enteromonadida

Etwa 15 Arten, monozoisch, als nichtpathogene Parasiten im Verdauungstrakt des Menschen (z.B. *Enteromonas hominis*, 4–10 µm) und anderer Wirbeltiere (Abb. 31). Cysten werden mit den Faeces ausgeschieden und auf andere Wirte übertragen. Innerhalb der Gruppe wurden die freien Geißeln weitgehend reduziert.

3.1.2.2 Diplomonadida

Etwa 100 Arten, ausschließlich diplozoisch organisierte Einzeller, frei in stark verschmutztem Süßwasser, endozoisch als Kommensalen oder ausschließlich parasitisch in Evertebraten und Vertebraten. Human- und tierpathogene Formen am Epithel bestimmter Darmabschnitte verankert. Blockieren hier die Nährstoffzufuhr des Wirts und können blutige Diarrhöen verursachen, wenn sie – z.B. durch Immundefizienz (AIDS) begünstigt – in Massen auftreten. Wichtigste Gattung *Giardia* (*Lamblia*) (Abb. 32), ca. 50 Arten. Axonemata verlaufen zu einem großen Teil im Zellkörper, bevor sie in einen Flagellenschaft einmünden; mit ventralem saugnapfartigen Diskus. Mit morphologischen Methoden kaum differenzierbar und offenbar nur durch ihre Wirtsspezifität zu charakterisieren. Übertragung erfolgt durch encystierte Stadien.

Hexamita intestinalis, 16 µm, im Darmtrakt von Fröschen. – *Giardia intestinalis* (= *G. lamblia*), 20 µm, im Darmtrakt des Menschen.

3.2 Axostylata

Autapomorphie dieses aus den Oxymonadea und Parabasalia bestehenden Taxon ist das Axostyl (Abb. 33), ein aus einer großen Zahl von quervernetzten Mikrotubuli bestehendes Organell (Abb. 34). Die Mikrotubuli entspringen Kinetosomen. Axostyle sind primär motile Strukturen, welche die Bewegung der Zellen unterstützten; sekundär dienen sie – bei den Parabasalia – wahrscheinlich nur noch als Skelettstruktur.

3.2.1 Oxymonadea

Die hierher gezählten Einzeller weisen im allgemeinen 4 Geißeln auf, die am Vorderende der länglichen, teilweise schraubig gedrehten und bis zu 50 µm großen Zellen entspringen (Abb. 35). Die Geißeln können mit der Zelloberfläche punktuell verbunden sein und so undulierende Membranen bilden. Ein mit den Flagellen assoziiertes Cytostom fehlt. Das bewegliche, stabförmige Axostyl durchzieht den Zellkörper in Längsrichtung und bildet mit Kinetosomen und Zellkern eine morphologische Einheit (karyomastigotes System). Daß

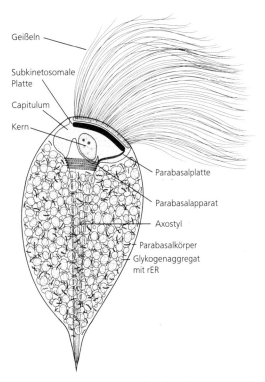

Abb. 33: *Placojoenia sinaica* (Parabasalea, Hypermastigida). Länge: 200 µm. Original: R. Radek, Berlin.

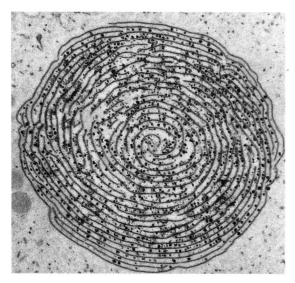

Abb. 34: Axostyl. *Placojoenia sinaica* (Parabasalea, Hypermastigida). Vergr.: 10 000 ×. Original: R. Radek, Berlin.

auch enge funktionelle Beziehungen zwischen diesen Strukturen bestehen, zeigt sich während der Zygotenbildung, wenn nicht nur die Zellkerne, sondern auch die Axostyle der Gameten miteinander fusionieren. Über die Axostyle verlaufen von hinten nach vorn wellenförmige Formveränderungen, die zu einer schlängelnden Bewegung der Zelle führen.

Oxymonaden leben als obligate Anaerobier ausschließlich in Darmdivertikeln holzfressender Insekten (Schaben, Termiten). Sie treten häufig in großer Zahl auf und sind Teil einer typischen intestinalen Lebensgemeinschaft, die außer ihnen noch Parabasalea, Pilze und Bakterien umfaßt. Dictyosomen, Mitochondrien und wahrscheinlich auch Hydrogenosomen fehlen. Die Zellen phagocytieren mit dem Hinterende Cellulose-Partikeln. Ob sie selber die Cellulose abbauen können oder ob hierfür intrazelluläre oder der Zelloberfläche außen anhaftende

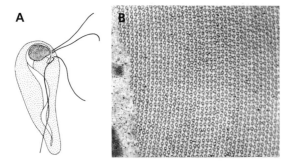

Abb. 35: A Oxymonade (Oxymonadea) mit 4 Flagellen und einem motilen Axostyl. B *Saccinobacculus* sp. (Oxymonadea). Ausschnitt aus Axostyl mit Mikrotubuli. Vergr.: 28000 ×. A Nach verschiedenen Autoren; B Original: R.A. Bloodgood, Charlottesville.

Bakterien verantwortlich sind, ist derzeit noch unbekannt.

Oxymonas grandis, 180 µm, im Verdauungstrakt der Termite *Neotermes.* – *Pyrsonympha vertens,* 100–150 µm, mit weiteren Arten der Gattung im Darm von *Reticulotermes*-Termiten (Abb. 905).

3.2.2 Parabasalea

Das Taxon der überwiegend einkernigen Parabasalea erscheint heterogen, wenn man lediglich die Zahl der Geißeln berücksichtigt: sie können vollständig fehlen oder bis zu mehreren 10 000 pro Zelle vorhanden sein. Als ursprünglich angesehen wird eine Grundausrüstung mit 4 Geißeln, von denen – wie bei den Oxymonaden – drei nach vorne und eine nach hinten schlagen (*Monocercomonas*-Typ). Im Verlauf der Evolution hat sich die Zahl der Flagellen teils vergrößert, teils verringert. Synapomorphien aller Vertreter sind sog. Parabasalapparate oder Parabasalstränge, die Aggregate von z. T. sehr großen Dictyosomen mit kinetosom-assoziierten Fibrillensystemen darstellen (Abb. 36). Die morphologischen Besonderheiten hinsichtlich der Dictyosomen, insbesonders die äußerst hohe Zahl von bis zu etwa 30 Zisternen, werden als Ergebnis einer eigenständigen Entwicklung angesehen. Typisch ist ebenfalls ein – hier allerdings nichtbewegliches – Axostyl, das bei den weiter evolvierten Gruppen teils in Mehrzahl auftritt, teils reduziert oder degeneriert ist. Mitochondrien fehlen immer; einfach strukturierte Hydrogenosomen (Abb. 16) sind dagegen in einigen Gruppen nachzuweisen oder sehr wahrscheinlich vorhanden. Ein Cytostom fehlt; Phagocytose-Prozesse sind jedoch an fast je-

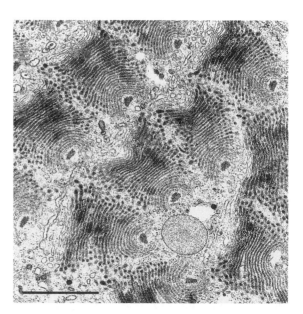

Abb. 36: Parabasalapparat. *Joenia annectens* (Parabasalea, Hypermastigida). Maßstab: 1 µm. Original: R. Radek, Berlin.

der Stelle des Zellkörpers möglich. Die ausschließlich endozoisch vorkommenden Parabasalea ernähren sich vorwiegend von Bakterien und partikulären Darminhaltsstoffen. Einige sind wichtige Parasiten; die Art ihrer pathogenen Wirkung ist allerdings noch häufig unbekannt.

3.2.2.1 Trichomonadida

Relativ klein, meist nur 5–25 µm, typisch sind 4–6 Geißeln; wenige mit nur noch 2 oder völlig ohne Geißeln und daher mit amöboider Bewegung (*Histomonas* sp., 10–14 µm, Verursacher einer Enterohepatitis des Geflügels; *Dientamoeba* sp., 5–12 µm, in Colon und Blinddarm des Menschen). Axostyl läuft häufig in einem caudalen Zellfortsatz aus, welcher der Verankerung dient. Mehrgeißelige Formen mit kontraktilem, die Bewegung der Zellen unterstützenden Stab (Costa) sowie einer undulierenden Membran, die von der rückwärts schlagenden Flagelle und der Zelloberfläche gebildet wird (Abb. 37).

Trichomonas vaginalis, 10–30 µm, im Urogenitalsystem des Menschen, kann Entzündungen mit schleimigem Ausfluß hervorrufen. – *T. hominis*, 5–20 µm, verursacht als wahrscheinlich einzige intestinale Art des Menschen anhaltende Diarrhöen. – *T. (Tritrichomonas) foetus*, 10–15 µm, Erreger der Deckseuche bei Rindern. – *Mixotricha paradoxa*, bis 350 µm, in Termiten; Zelloberfläche mit Prokaryoten, darunter zahlreiche Spirochaeten, die – als „Rudersklaven" – für die Vorwärtsbegung der Zelle sorgen, welche selber mit ihren 4 Geißeln nur noch Steuerungsfunktionen übernimmt.

3.2.2.2 Polymonadida

Ausschließlich im Verdauungstrakt von Termiten. Organismen mit vervielfachten Zellorganellen, vielkernig; jeder der Zellkerne mit den für *Monocercomonas* typischen assoziierten Organellen; daher mehrere Geißelgruppen, Axostyle und Parabasalapparate.

Coronympha clevelandi, 25–55 µm. – *Calonympha grassi*, 70–90 µm.

3.2.2.3 Hypermastigida

Mit sehr vielen Geißeln, die am Vorderende oder entlang der Peripherie der einkernigen Zellen entspringen und gewöhnlich in undulierender Wellenbewegung begriffen sind. Geißeln in grubenartig vertieften Platten oder in longitudinalen bzw. spiraligen Reihen. Auch Parabasalapparate in Vielzahl oder buschig verzweigt. Axostyle hingegen häufig nur noch in Einzahl oder miteinander verschmolzen. Dictyosomen sind in der Regel groß und bereits lichtmikroskopisch als längliche Körper erkennbar. Mitosespindel extranucleär.

Ausschließlich im Intestinum von holzfressenden Insekten (Schaben, Termiten) und dort zumeist in speziellen Gärkammern. Intrazellulär und extrazellulär mit zahlreichen Bakterien (u.a. Spirochaeten)

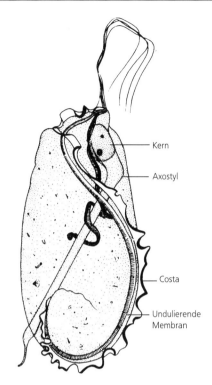

Abb. 37: *Trichomonas termopsidis* (Trichomonadida). Länge: 150 µm. Aus Grell (1980).

ausgestattet, die wahrscheinlich primär für die Verdauung der aufgenommenen Cellulose- und Holzpartikeln verantwortlich sind.

Joenia annectens, bis 250 µm. – *Barbulanympha ufalula*, bis 350 µm.

Die Zellen aller Organismen, die nicht zu den vorhergehenden Taxa gehören, zeigen das Bild einer typischen Eucyte. Dieses große Taxon wird in der neueren Literatur **Metakaryota** genannt. Seine autapomorphen Merkmale sind Mitochondrien (oder sekundär: Hydrogenosomen) und typische Dictyosomen. Der Besitz von Mitochondrien wird als das Ergebnis einer Endobiose angesehen (S. 17). Die Entstehung der Dictyosomen aus einfachen Elementen des Endomembransystems wird dagegen als anagenetischer Prozeß betrachtet, der sich in ihrer Stammlinie nur einmal und konvergent zu den entsprechenden Bildungen der Parabasalea vollzogen hat. Die Zellen sind primär zweigeißelig (dimastigot). Die Flagellen sind verschieden (heterokont) und besitzen ursprünglich Mastigonemata (haarähnliche Anhänge) (Abb. 10).

Innerhalb dieses Taxon vollzog sich eine außerordentlich breite Radiation, die zu den artenreichen Gruppen einzelliger Organismen und zu den mehrzelligen „Pflanzen", „Tieren" und „Pilzen" geführt

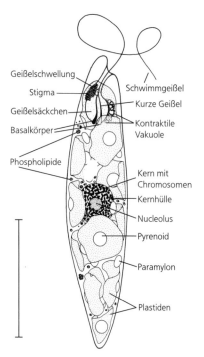

Abb. 38: *Euglena gracilis* (Euglenozoa). Ansicht von der Seite. Streifung der Pellicula wurde weggelassen. Maßstab: 20 µm. Aus Leedale (1967).

hat. Schwestergruppenverhältnisse für die einzelnen Untergruppen lassen sich noch nicht in jedem Fall mit größerer Wahrscheinlichkeit begründen, doch geben molekularbiologische Daten (u.a. RNA-Sequenzierungen) erste Hinweise auf die zeitliche Abfolge ihrer Entstehung.

Die folgenden Taxa 4–15 enthalten alle einzelligen Metakaryota. Ausführlich behandelt werden jedoch, abgesehen von den Chlorophyta, nur die vorwiegend heterotrophen, also in diesem Sinne „tierischen" Einzeller. Hinsichtlich der auch einzellige Vertreter umfassenden Biliphyta (= Rhodophyta und Glaucocystophyta), von denen Evolutionslinien zu vielzelligen Pflanzen führen, sei auf Lehrbücher der Botanik verwiesen (z.B. Strasburger, Lehrbuch der Botanik, 35. Aufl., Spektrum Akademischer Verlag, Heidelberg). Die tierischen, vielzelligen Metakaryota (Metazoa) sind Gegenstand des zweiten Teils dieses Buches.

4 Euglenozoa

Die Mitochondrien der Euglenozoa weisen Cristae auf, die dem diskoidalen Typ (S. 9) entsprechen oder aus ihm hergeleitet werden können. Es sind corticale Mikrotubuli-Bänder vorhanden, welche die Zellperipherie versteifen und den Zellen eine konstante Form verleihen. Die axonemalen Mikrotubuli der Flagellen werden gewöhnlich von Proteinkomplexen (Paraxialstäben, Abb. 39) begleitet, so daß der Durchmesser der Geißeln auf ein Mehr-

faches anwächst. Bei der Mitose bleibt der Nucleolus erhalten.

4.1 Euglenata

Die mit etwa 1000 Arten vertretenen Euglenaten weisen im Grundbauplan 2 heterokonte Geißeln auf, von denen eine jedoch meist so stark reduziert ist, daß ihr Nachweis nur mit Hilfe des Elektronenmikroskops gelingt. Sie entspringen einer apikalen Einbuchtung, dem Geißelsäckchen (Ampulle, Reservoir) (Abb. 38). Das längere und schwimmaktive Flagellum ist gewöhnlich durch einen Paraxialstab (Abb. 39) stark verdickt, ein Merkmal, an dem sich die Zellen im Lichtmikroskop relativ leicht erkennen lassen. Diese Geißel trägt eine Reihe von zarten, haarähnlichen Anhängen (Mastigonemen) und besitzt bei den photoautotrophen Formen eine basale Anschwellung (Paraflagellarkörper), der im Zusammenhang mit dem extraplastidalen Stigma eine funktionelle Rolle bei der photosensorischen Orientierung zugesprochen wird (S. 9). Das andere Flagellum wird, sofern es aus dem Geißelsäckchen herausragt, meist als Schleppgeißel eingesetzt und dient zum Beutefang oder zur Anheftung an das Substrat.

4.1.1 Euglenidea

Die Zellmembran ist in der Regel unterlagert von streifenförmigen, sich dachziegelartig überdeckenden und schraubig angeordneten Proteinkomplexen. Sie können sich, offensichtlich unter der Beteiligung von Mikrotubuli und Actomyosinen, gegeneinander verschieben und sind verantwortlich für die sog. euglenoide (metabole) Bewegung der Zellen. Derartige Kriechbewegungen zeigen vor allem Formen, die ihre Geißeln abwerfen, in das Substrat einwandern oder als Räuber oder Parasiten leben können. Einige Gattungen sind jedoch völlig starr (*Phacus*) oder bilden extrazelluläre Zellwände

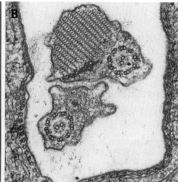

Abb. 39: *Entosiphon sulcatum* (Euglenozoa). A Lebendphoto, Reusenapparat. B Querschnitt der beiden Flagellen, davon eine mit Paraxialstäben. Vergr.: A 1000 ×, B 45000 ×. Original: D.J. Patterson, Sydney.

(*Trachelomonas*), andere leben sessil und bilden Stiele (*Colacium*). Bei zellwandlosen Arten ist eine kontraktile Vakuole vorhanden, die sich in das Lumen der Ampulle öffnet.

Die Zellkerne zeigen auch in der Interphase kondensierte Chromosomen. Die Kernhülle bleibt während der Mitose erhalten, und die Chromatiden ordnen sich während der Metaphase parallel zur intranucleären Spindel an.

Als Reservestoffe werden im Cytoplasma neben Lipiden besondere Glucane (Paramylon) gespeichert, die körnchen- oder scheibchenweise gelagert sind. Nur rund ein Drittel der Euglenen weist Plastiden auf. Diese sind von 3 M e m b r a n e n umgrenzt und zeigen keinen Zusammenhang mit dem endoplasmatischen Reticulum und der Kernhülle (Abb. 17). Sie enthalten unter anderem die Chlorophylle a und b und stimmen insoweit mit den Chloroplasten der Chlorophyta überein. Man vermutet, daß das Plastidom das Relikt eines verkümmerten, symbiontischen Eukaryoten, möglicherweise einer Grünalge, ist. Eine derartige Endosymbiose zwischen zwei Eukaryoten konnte sich natürlich erst nach Etablierung der Grünalgen entwickeln. Die restlichen zwei Drittel des Taxon leben auschließlich saprotroph oder heterotroph von Bakterien oder eukaryotischen Einzellern. Die „tierische" Ernährungsweise (Phagotrophie) wird als ursprünglich angesehen; gleichwohl gibt es auch Hinweise dafür, daß von den Formen, die im Laufe ihrer Evolution Chloroplasten erworben hatten und photoautotroph leben konnten, einige wieder sekundär zur heterotrophen Lebensweise zurückgekehrt sind.

Das Vorkommen der autotrophen Euglenen beschränkt sich auf Süßwasser- und Brackwasserbiotope. Eine besonders hohe Artenzahl weist der Neusiedlersee (ein Soda-See in Österreich) auf. Massenvermehrung photoautotropher Formen beobachtet man häufig in organisch überdüngten Kleintümpeln.

Photoautotroph: *Euglena viridis*, 65 µm. – *Phacus testa*, 100 µm, mit verdrilltem Zellkörper. Heterotroph: *Anisonema truncatum*, 60 µm, mit schlitzartiger ventraler Furche. – *Peranema trichophorum*, 70 µm, räuberisch.

4.1.2 Hemimastigophorea

Die bisher nur wenigen Arten sind rund 20 µm lange, farblose Organismen mit 2 lateralen Reihen von Flagellen. Die Anordnung der Corticalstrukturen erinnert stark an den Euglenen-Cortex, ist aber im Querschnitt durch eine auffällige Diagonalsymmetrie gekennzeichnet. Auch die für einige Euglenen typische metabolische Bewegung wurde für eine Art belegt. Die mit den Kinetosomen vergesellschafteten Wurzelstrukturen erinnern dagegen eher an Opaliniden (S. 36). Weitere Strukturen machen

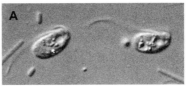

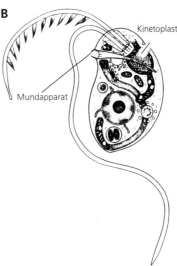

Abb. 40: Kinetoplasta, Bodonea. A *Bodo saltans*, Lebendaufnahme. B Organisationsschema. Länge: 15 µm. A Original: K. Hausmann, Berlin; B aus Vickerman (1976).

wahrscheinlich, daß sich die Hemimastigophoren relativ früh von den Euglenoida getrennt haben.

Hemimastix amphikineta, 15–20 µm, in australischen Böden. – *Spironema terricola*, 15–20 µm, mit fein ausgezogenem Schwanzende, aus einer Bodenprobe vom Rande des Grand Canyon, USA.

4.2 Kinetoplasta

Die etwa 600 Arten der Kinetoplasta kommen als freilebende Bakterienfresser, als endobiontische Kommensalen oder als Parasiten vor. Das charakteristische und namengebende Merkmal der Gruppe ist der K i n e t o p l a s t, ein ungewöhnlich DNA-reicher Abschnitt des einzigen, meist körperlangen Mitochondriums (Abb. 40, 41). Er läßt sich mit der Feulgenfärbung auch lichtmikroskopisch nachweisen – meist in der Nähe der Kinetosomen; daher rührt der etwas irreführende Name des Taxon. Die einkernigen Zellen besitzen ein apikales Geißelsäckchen mit primär 2 Geißeln, von denen 1 jedoch häufig reduziert ist. Im Regelfall sind beide Flagellen durch ein Paraxialbündel versteift und bilden häufig eine u n d u l i e r e n d e M e m b r a n. Hierdurch vor allem wird eine Schwimmbewegung in viskösen Medien (Blut, Milchsaft) stark begünstigt. Trotz dieser Übereinstimmungen sind die Flagellen – sofern noch in Zweizahl vorhanden – heterokont und heterodynamisch: Die aktive Vordergeißel der freilebenden Bodonea trägt einreihig angeordnete

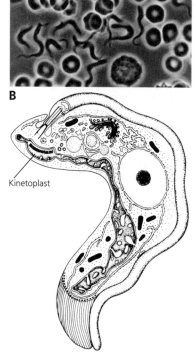

Abb. 41: Trypanosomatidea. A Trypanosomen (Länge: 20 μm) zwischen Säugetier-Erythrocyten. Lebendphoto. B Struktur von *Trypanosoma congolense*. A Original: K. Hausmann, Berlin; B aus Vickerman (1969).

Flimmerhaare (Abb. 40), die rückwärts gerichtete und manchmal mit dem Zellkörper verklebte oder verwachsene Geißel ist hingegen meistens glatt (Abb. 41, 42).

Die Pellicula des meist länglichen Zellkörpers ist durch ein mikrotubuläres Cytoskelett verfestigt. Auch die Ränder des Oralapparats (Cytostom) enthalten Mikrotubuli. Die aus den Aminosäuresequenzen der Cytochrome b und c sowie die aus den Nucleotidsequenzen der 18S RNA-Untereinheiten ermittelten Daten weisen aus, daß die Kinetoplasta bereits mehr als 1 Milliarde Jahre von den Euglenata getrennt sein müssen.

4.2.1 Bodonea

Bodonea sind weit verbreitet, vor allem in nährstoffreichen und verunreinigten Gewässern (Bakterienfresser). Mit ursprünglicher, heterokonter Begeißelung, beide Geißeln entspringen einer Geißeltasche (Abb. 40).

Bodo saltans, nur ca. 15 μm, leicht an der tanzend-springenden Bewegungsweise zu identifizieren. – *Rhynchomonas nasuta*, 6 μm, mit einem rüsselähnlichen Zellfortsatz. – Histophage Ekto- und Endoparasiten von Fischen: *Ichthyobodo*- und *Cryptobia*-Arten.

4.2.2 Trypanosomatidea

Ausschließlich endoparasitisch. Nur noch 1 glatte Geißel, die der beflimmerten Vordergeißel der Bodonea homolog ist, schwingt entweder frei oder steht über mehrere Haftpunkte mit der Zelloberfläche in Kontakt, die dadurch zu einer undulierenden Membran ausgezogen wird (Abb. 41, 42). Extrem polymorphe Arten: Je nach Form der Zelle sowie nach der relativen Position und Ausbildung des Kinetoplast-Kinetosomen-Geißeltaschen-Komplexes unterscheidet man zwischen verschiedenen Modifikationsformen. Von diesen als Entwicklungsstadien auftretenden bzw. für bestimmte Gattungen typischen Modifikationen werden hier folgende vorgestellt (Abb. 42, 43):

- amastigot (kryptomastigot, *Leishmania*-Form): das am Zellapex inserierende Flagellum tritt nicht aus dem Geißelsäckchen der abgerundeten Zellen hervor und bleibt lichtmikroskopisch unsichtbar;
- promastigot (*Leptomonas*-Form): das Flagellum entspringt am Vorderende einer schlanken Zelle;
- epimastigot (*Crithidia*-Form): das Flagellum inseriert in der Zellmitte einer schlanken Zelle;
- trypomastigot (*Trypanosoma*-Form): das Flagellum inseriert am Hinterende einer schlanken Zelle.

Trypanosomen, verbreitet vor allem in den subtropischen und tropischen Regionen der Alten und Neuen Welt, befallen warm- und kaltblütige Ver-

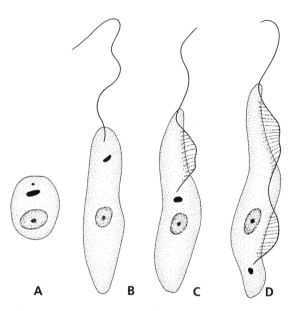

Abb. 42: Polymorphismus bei den Trypanosomatidea. Amastigote (A), promastigote (B), epimastigote (C) und trypomastigote Zelle (D). Nach verschiedenen Autoren.

Tabelle 1:   Wichtige Krankheitserreger in den Gattungen *Trypanosoma* und *Leishmania*. Nach Mehlhorn und Piekarski (1995).

Spezies	Wirte	Krankheit	Symptome	Überträger
T. brucei brucei	Equiden, Schweine, Nager, Ruminantia	Nagana	Fieber, Meningoencephalitis, Lähme	*Glossina*-Species (Tsetsefliegen, Muscidae, Echte Fliegen)
T. brucei gambiense	Mensch, Affen	Schlafkrankheit (schwach)	Nackenlymphdrüsenschwellungen, Ödeme	*Glossina*-Species
T. brucei rhodesiense	Mensch; Ratten, unter experimentellen Bedingungen	Schlafkrankheit (akut)	Meningoencephalitis, Fieber, Schlafsucht	*Glossina*-Species
T. congolense	Ruminantia, Raubtiere	Nagana	Anämie	*Glossina*-Species
T. cruzi	Mensch, Haustiere	Chagas	Ödeme, Myocarditis, ZNS-Schädigungen	*Triatoma*- und *Rhodnius*-Species (Reduviidae, Raubwanzen)
T. equinum	Equiden, Rinder, Wasserschweine	Mal de Caderas, Lähme	Fieber, Blutarmut	*Tabanus*-Species (Tabanidae, Bremsen)
T. equiperdum	Equiden	Beschälseuche, Dourine	Genitalschwellungen, Lähmungen	Mechanisch beim Coitus
T. evansi	Equiden, Ruminantia, Hunde	Surra	Fieber, Ödeme, Blutarmut	*Tabanus*- und *Stomyxus*-Species
T. braziliensis	Mensch	Schleimhautleishmaniasis	Haut-, Schleimhaut-, Knorpelläsionen	*Phlebotomus*-Species (Psychodidae, Schmetterlingsmücken)
L. donovani	Mensch; Hamster unter experimentellen Bedingungen	Kala Azar, viscerale Leishmaniasis	Milz-, Leberschwellungen, Leukopenie	*Phlebotomus*-Species
L. tropica	Mensch	Hautleishmaniasis, Orientbeule	Begrenzte Hautläsionen	*Phlebotomus*-Species

tebraten, Evertebraten, Einzeller und Pflanzen und rufen bei ihnen zum Teil gefährliche Erkrankungen hervor (Tabelle 1). Neben monoxenischen Formen, die einen einzigen Wirt befallen, gibt es auch heteroxenische Arten mit Wirtswechsel. Überträger und Zwischenwirte (Vektoren) der human- und veterinärmedizinisch wichtigen *Trypanosoma*- und *Leishmania*-Arten sind blutsaugende Insekten, aber auch blutleckende Vampire (Desmodontidae). Einige Arten (wie z.B. *Trypanosoma brucei*) durchlaufen innerhalb der Vektoren besondere Stadien mit tiefgreifenden morphologischen Veränderungen (Verlagerung der Geißelinsertion, Umwandlung der mitochondrialen Cristae vom tubulären zum diskoidalen Typ) und radikalen Umschaltungen der Stoffwechselwege. Darüber hinaus gibt es Hinweise für in ihrer Ausprägung noch nicht verstandene Formen von Sexualität. Die Übertragung der Parasiten und die Infektion der Wirte erfolgt durch kontaminierten Speichel, erbrochenen Darminhalt während des Saugakts, orale Aufnahme von (teilweise encystierten) Stadien, die mit den Faeces abgegeben werden, durch Kontakt lädierter Hautpartien mit Faeces, durch geschlechtlichen Kontakt oder durch Bluttransfusion.

Die Zellmembran der meisten Trypanosomen besitzt eine ca. 15 nm dicke Glykokalyx (glycoprotein surface coat), deren chemische Zusammensetzung und Antigeneigenschaften nicht nur örtlich, sondern auch zeitlich variieren können. Diese Variation wird durch einige hundert, möglicherweise mehr als tausend Gene gesteuert, die bis zu 40% des Gesamtgenoms ausmachen können und durch Sexualprozesse neu kombiniert werden. Die Exprimierung einiger dieser Gene verläuft fest programmiert innerhalb des Entwicklungszyklus, so daß nach der Infektion und den ersten Teilungsschüben die Parasiten zunächst in einem relativ einheitlichen Antigen-Typ vorliegen. Sie werden daher durch das Immunsystem des Wirts mit einigem Erfolg bekämpft; da aber immer wieder andere Antigen-Varianten in den Teilpopulationen entstehen, verursachen diese einen neuerlichen Krankheitsschub (chronische Trypanosomiasis). Die Antikörper des Wirtes erlangen somit keine vollständige Kontrolle über die Parasiten und üben lediglich eine selektive Wirkung auf die Zusammensetzung ihrer Populationen aus.

Die pathogene Wirkung der Trypanosomen beruht nicht auf einem Entzug von Nährstoffen, sondern auf einer Vergiftung durch Stoffwechselprodukte (bei Blutparasiten) oder auf Zell- und Gewebeläsionen (bei intrazellulären Parasiten). Bei der besonders für Kinder oft tödlich verlaufenden Kala

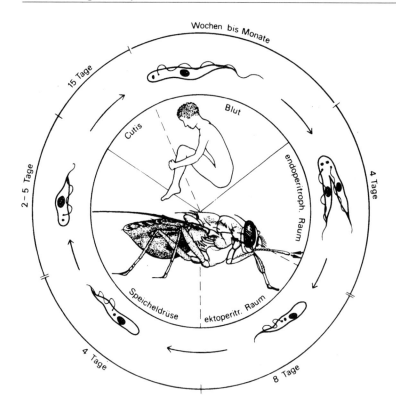

Abb. 43: *Trypanosoma brucei gambiense* (Trypanosomatidea). Länge: 15–30 µm. Erreger der afrikanischen Schlafkrankheit. Lebenszyklus. Aus Dönges (1980).

Azar befällt *Leishmania donovani* vor allem die Makrophagen in Leber, Gehirn und Knochenmark mit dem Ergebnis einer fatalen Anämie. Einige pflanzenparasitische (und auch phytophage Hemipteren attackierende) Arten der Gattung *Phytomonas* haben ökonomische Bedeutung durch pathogene Wirkung auf Kokospalmen und Kaffeepflanzen. Wichtige Arten: s. Tabelle 1.

4.3 Pseudociliata

Aufgrund äußerlicher Merkmale lange für Ciliaten gehalten und wegen Fehlens eines Kerndualismus als deren ursprünglichste Formen („Protociliata") angesehen. Die Ultrastruktur macht eine Einordnung bei den Euglenozoa notwendig. Wichtigste Charakteristika der Ciliophora (Alveolen, Infraciliatur, Kerndualismus; S. 49) nicht nachweisbar, lediglich Lage des Zellmunds und Form der Begeißelung erinnern an die Verhältnisse bei holotrich bewimperten Ciliaten. Dagegen Corticalsystem ähnlich dem Cortex der Kinetoplasta und Euglenata: Zellmembran wird von zahlreichen, längsverlaufenden Mikrotubuli unterlagert. Unbeflimmerte, glatte Geißeln entspringen trichterförmigen Vertiefungen der Zelloberfläche, die durch radiär verlaufende Mikrotubuli versteift sind (Abb. 44); 2–16 gleichartige (homokaryotische) Zellkerne. Zellteilung erfolgt während des Cystenstadiums. Sexuelle Vorgänge unbekannt.

Stephanopogon apogon, 20–50 µm, Benthos mariner Habitate. Nahrung besteht aus Diatomeen, Flagellaten und Bakterien. Nur 3 weitere Arten.

5 Heterolobosa

In diesem Taxon geht ein Teil der ehemaligen „Amöben" („Sarcodina") und der „azellulären Schleimpilze" auf, die vor allem durch den zeitweiligen Besitz unbeflimmerter Geißeln gekennzeichnet sind.

5.1 Schizopyrenidea

Etwa 30 Arten. Nur vorübergehend begeißelt, bewegen sich im übrigen amöboid. Da wesentliche Aktivitäten innerhalb des Zellzyklus wie Teilung und Nahrungsaufnahme sowohl im amöboiden Stadium als auch während der begeißelten Lebensphase ablaufen können, war die systematische Zuordnung bislang umstritten. Heute wird eine Verwandtschaft mit den Acrasea (S. 31) favorisiert, mit denen die Schizopyreniden die eruptive Bildungsweise der Pseudopodien und die Befähigung zur Flagellen- und Cystenbildung teilen. Spezielle cytostomähnliche Mundstrukturen in der flagellären Phase, z.B. bei *Tetramitus*, sprechen für die Berechtigung einer eigenständigen Gruppe.

Typischerweise im Boden, aber auch in marinen Sedimenten oder im Süßwasser. Monopodial orga-

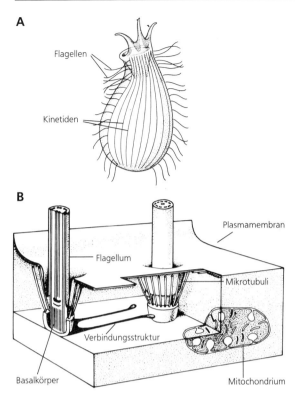

Abb. 44: *Stephanopogon colpoda* (Pseudociliata), Länge: ca. 60 µm. A Habitus. B Struktur des Cortex. A Aus Corliss (1979); B aus Lipscomb und Corliss (1982).

nisiert, mit nur einem Zellkern (Abb. 45). Bildung der 2 oder 4 unbeflimmerten Geißeln erfolgt bei plötzlichen Milieuänderungen wie Temperatursenkung oder Elektrolytmangel innerhalb kurzer Zeit. Bei Trockenheit und Nahrungsmangel Dauercysten.

Harmlose Bakterienfresser oder Endobionten (z.B. *Vahlkampfia ustiana*, 30–65 µm, bislang keine Geißeln beobachtet; *V. gruberi*, 15–40 µm, mit 2 Geißeln, oder *Tetramitus rostratus*, 16–30 µm, mit 4 Geißeln). Auch fakultativ pathogene Formen: *Naegleria fowleri*, 12–25 µm, und mit Einschränkungen *N. australensis*, 14–30 µm, beide mit 2 Geißeln; als thermophile Organismen in natürlich oder künstlich erwärmten Gewässern (Badeanstalten); Temperaturoptimum bei etwa 40 °C. Gelangen maligne Formen – etwa beim Baden in verseuchtem Wasser – über die Nasenhöhle und das olfaktorische System in das Gehirn des Menschen, setzt dort eine Massenvermehrung ein, die innerhalb weniger Tage zum Tode des Betroffenen führt (Primäre Amöben-Meningo-Encephalitis = PAME).

5.2 Acrasea

Diese Organismen bilden Fruchtkörper (Sorokarpe), die aus Pseudoplasmodien hervorgehen (Abb. 46). Im Stiel aufgehende Zellen bleiben überlebens- und keimfähig; Sorokarpe stellen somit lediglich eine besondere Vergesellschaftungsform von Einzelcysten dar. Trophische Zellen zeigen aufgrund ihrer eruptiven Lobopodien (Bruchsackpseu-

dopodien) und wegen diverser Charakteristika im Lebenskreislauf (z.B. teilweise Ausbildung zweigeißeliger Stadien) Übereinstimmungen mit den Schizopyrenida, die als Homologien betrachtet werden.

Nur 6 Arten, z.B. *Guttulina (Pocheina) flagellata* und *Acrasis rosea*, 25–65 µm, mehrkernig, in Gartenerde, Dung oder auf toten Pflanzenteilen.

6 Dictyostela

Die Angehörigen dieses früher zu den „Schleimpilzen" (Eumycetozoa) gezählten Taxon besitzen keine Flagellen mehr. Sie weisen einen komplexen Entwicklungszyklus mit kurzer Generationszeit auf (Abb. 47). Als nackte, filopodiale Zellen („Myxamöben") leben sie von Bakterien in humösen Böden oder in der Laubstreu. Im Anschluß an eine Massenvermehrung bilden sich Zellaggregate, die einen beachtlichen Differenzierungsgrad erreichen. Unter der Einwirkung von sog. Acrasinen (verschiedene organische Verbindungen, z.B. cAMP), die von den Zellen produziert werden, entsteht ein migrationsfähiges, mit bloßem Auge sichtbares Pseudoplasmodium aus einigen 1000 amöboiden Zellen. Es wandelt sich am Ende dieser Phase in einen vielzelligen, mehr oder weniger stark verzweigten und cellulosehaltigen Fruchtkörper (Sorocarp, Sporangium) um. Bei seiner Bildung sterben die den Fuß und Stiel ausbildenden Zellen ab; die übrigen encystieren sich und bilden Sporen. Unter

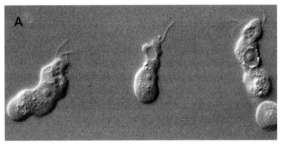

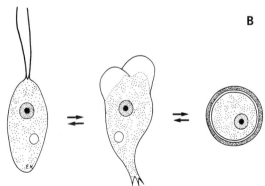

Abb. 45: *Naegleria* sp. (Acrasea). A Flagellatenform. Größe: 25 µm. B Flagellatenform kann in Amöbenform übergehen oder Cyste bilden. A Original: K. Hausmann, Berlin; B nach verschiedenen Autoren.

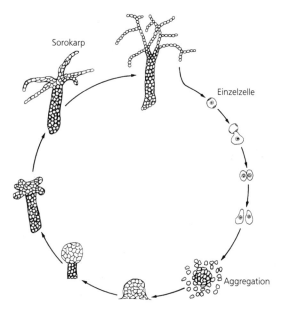

Abb. 46: *Acrasis rosea* (Acrasea). Entwicklungszyklus. Aus Olive et al. (1961).

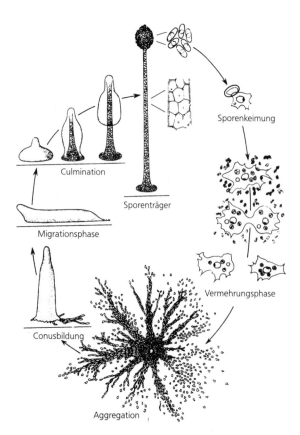

Abb. 47: *Dictyostelium discoideum* (Dictyostela). Entwicklungszyklus. Nach Gerisch (1964) aus Grell (1964).

besonderen Umweltbedingungen entstehen unbegeißelte Gameten, die sich zu Zygoten vereinigen, durch Kannibalismus (Phagocytose von angelockten Myxamöben) zu Riesenzellen heranwachsen und sich encystieren. Die meiotischen Teilungen erfolgen innerhalb dieser Makrocysten, aus denen dann haploide Zellen auskeimen.

Etwa 20 Arten. *Dictyostelium discoideum* (Abb. 47), Pseudoplasmodien bis etwa 2 mm. – *Polysphondylium violaceum*, mit violetten, im Durchmesser bis 300 µm messenden Sorokarpen, lassen sich auf Nähragar züchten. Einige Arten dienen als Modellorganismen für zellbiologische Forschungen.

7 Protostela

Während der trophischen Phase treten – wie bei den Dictyostela – amöboide Zellen mit Filopodien auf, die aber im Unterschied zu diesen auch 1–2 Geißeln tragen und zu netzförmigen echten Plasmodien verschmelzen können. Die Fruchtkörper bleiben relativ klein; sie entstehen aus Einzelamöben oder Plasmodien-Bruchstücken und weisen nur eine oder wenige Sporen auf.

Etwa 20 Arten. *Cavostelium bisporum,* Einzelzellen etwa 10 µm. – *Protostelium mycophaga,* unbegeißelt und mit orangefarbigen Einzelzellen sowie Sporen bis 15 µm Durchmesser, in Moosen, Humus, Dung oder auf verrottenden Pflanzen.

8 Myxogastra

Die echten (azellulären) Plasmodien der in diesem Taxon zusammengefaßten Arten leben meistens im Humus oder auf totem Holz; sie sind gewöhnlich makroskopisch sichtbar und häufig leuchtend gelb oder rot gefärbt. Unter günstigen, meist anthropogen beeinflußten Umständen erreichen sie Durchmesser von mehreren Dezimetern. Die zu einem Netzwerk vereinigten Protoplasma-Adern (Abb. 48), aus denen die Plasmodien bestehen, zeigen in ihrem Innern eine besondere Form der Plasmaströmung, die sog. Pendelströmung. Häufig werden sie für generelle Studien über amöboide Bewegung herangezogen.

Die diploiden Plasmodien entstehen durch die Verschmelzung haploider Zellen, die entweder begeißelt sind oder sich amöboid bewegen. Unter fortlaufenden synchronen Kernteilungen wachsen sie zu plasmodialen Netzwerken heran. Bei Eintritt ungünstiger Lebensbedingungen werden gestielte Sporangien gebildet, in denen unter Meiose die Sporenbildung erfolgt. Da sich sowohl die diploiden Plasmodien (durch Plasmotomie) als auch die haploiden Einzelzellen (durch Mitose) teilen können, liegt ein heterophasischer Generationswechsel vor.

Didymium nigripes, bis zu 5 cm große graue Plasmodien, regelmäßig auf Schoten und Blättern der Pferdebohne *Vicia faba.* – *Physarum polycephalum,* Plasmodien im

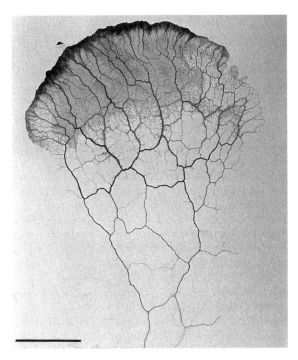

Abb. 48: *Physarum confertum* (Myxogastra). Plasmodium. Maßstab: 1 cm. Aus Stiemerling (1970).

Labor gelegentlich mehrere Quadratmeter (!) groß, mit gelben Adern und grauen Sporangien.

9 Chromista

Die Chromista sind eine morphologisch sehr differenzierte Gruppe von Organismen, bei denen die ursprünglichen, heterokonten Flagellen mit komplexen Mastigonemata versehen sind. Ihre Vertreter lebten wohl ursprünglich als heterotrophe Räuber, doch die meisten der rezenten Formen sind durch eine vermutlich konvergent erfolgte endosymbiontische Aufnahme von wahrscheinlich einzelligen Rotalgen (Rhodophyceen) zur Photosynthese befähigt und weisen eine bunte Pigmentierung auf. Wegen der Präsenz eines hochevolvierten eukaryotischen Endosymbionten sind die gefärbten Untertaxa stammesgeschichtlich jung. Die verwandtschaftlichen Beziehungen zwischen ihnen sind noch umstritten.

9.1 Prymnesiomonada

Die etwa 500 vorwiegend marinen Vertreter sind in systematischer, paläontologischer und ökologischer Hinsicht von außerordentlicher Bedeutung.

Die Zellen tragen an ihrem Vorderpol 2 (selten 4) teils heterokonte, teils eher isokonte Flagellen, die meistens – wie die restliche Oberfläche – mit Zellulose- und teilweise auch zusätzlich mit calcifizierten Schuppen (Coccolithen) bedeckt sind. Die art-

spezifisch geformten Schuppen werden im ER gebildet. Flimmerhaare sind nicht vorhanden.

Zwischen den beiden Geißeln inseriert ein drittes fadenförmiges Organell, das Haptonema (Abb. 49). Bei manchen Arten übertrifft es mit etwa 100 µm die Länge der Geißeln um ein Vielfaches, bei anderen ist es zu einem Stummel verkürzt oder mehr oder weniger vollständig reduziert. In seinem strukturellen Aufbau unterscheidet es sich deutlich von einem Flagellum. Es besitzt 6–8 einzelne Mikrotubuli, die von einer gefensterten Zisterne des endoplasmatischen Reticulums umhüllt werden. Das Haptonema kann sich langsam biegen, vor allem aber blitzschnell schraubig aufrollen. Die funktionelle Bedeutung ist nur teilweise bekannt, einige Spezies vermögen sich mit dem Haptonem am Substrat festzuheften oder aktiv über das Substrat zu gleiten, andere setzen es zum Nahrungserwerb ein.

Die meist in Ein- oder Zweizahl vorliegenden Plastiden werden – wie bei den Chrysomonaden – von einer ER-Membran umhüllt. Eine Gürtellamelle fehlt. Chlorophylle a und c sind vorhanden, zusätzlich einige akzessorische Pigmente wie Fucoxanthin oder Diatoxanthin, welche für die gelbbraune Färbung verantwortlich sind. Als Reservestoffe fungieren die Polysaccharide Paramylon

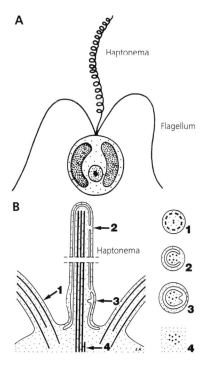

Abb. 49: Prymnesiomonada. A Habitus. Größe: ca 8 µm. B Schema von Haptonema- und Flagellenanordnung mit Querschnitten. (1) Flagellum mit 9 × 2+2-Mikrotubuli-Muster, (2–4) Haptonema mit abweichender Mikrotubuli-Anordnung. Nach verschiedenen Autoren.

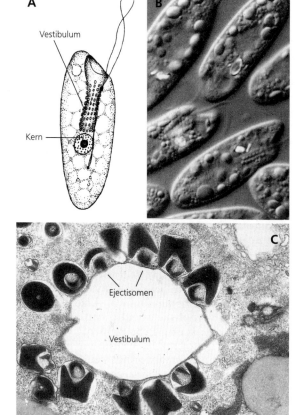

Abb. 50: *Chilomonas paramecium* (Cryptomonada). A Habitus. Länge einer Zelle: ca. 30 μm. B Lebendphoto. C Ultrastrukturquerschnitt durch das Vestibulum, um das Ejectisomen angeordnet sind. Vergr.: 10 000 ×. A Aus Grell (1980); B Original: K. Hausmann, Berlin; C Original: D.J. Patterson, Sydney.

und Chrysolaminarin, die außerhalb der Chloroplasten in Vakuolen gebildet werden. Einige wenige Vertreter sind farblos und ernähren sich phagotroph.

Phaeocystis pouchetii, Kolonien bis 8 mm, Zellen 8 μm, im Frühsommer häufig vor den Kanalküsten sowie in der Nordsee, erzeugen schleimig-schaumige Abfallprodukte, die für Fische toxisch sein können. – *Chrysochromulina polylepis* („Killeralge") wird häufig für Fisch-, Muschel- und Robbensterben verantwortlich gemacht – wie zuletzt im Frühsommer 1988 an den deutschen, dänischen und schwedischen Küsten. Verheerend wirken vor allem die nach außen abgegebenen Exotoxine und Schleimsubstanzen. Durch ihre hohe Präsenz im Nanoplankton der Weltmeere spielen vor allem die Coccolithophoriden eine wichtige Rolle in der Kohlenstoffixierung, sowie – mindestens seit dem Jura – in der Sedimentbildung.

9.2 Cryptomonada

Cryptomonaden (Abb. 9, 50) besitzen 2 Geißeln, die sich in ihrer Länge und in ihrem Aufbau etwas voneinander unterscheiden: die längere trägt 2 Rei-

hen von etwa 1,5 μm langen Mastigonemen mit je 1 Terminalfilament, die kürzere Geißel weist 1 Reihe von Flimmerhaaren mit jeweils 2 Terminalfilamenten auf (Abb. 10). Beide Geißeln entspringen der Flanke einer apikal gelegenen, tiefen Einbuchtung des Zellkörpers (Vestibulum). Die einkernigen Zellen sind mehr oder weniger ei- oder bohnenförmig mit einer leicht schrägen Abflachung in der Mündungsregion des Vestibulums. Die Starrheit des Zellkörpers rührt von einer nahezu lückenlosen Schicht aus proteinhaltigen Platten (Periplast), die der Zellmembran unter- und teilweise auch aufgelagert sind und die der Zelloberfläche eine hexagonale oder rechteckige Musterung verleihen. Als Extrusomen treten zwei weitgehend identische Ejectisom-Typen auf – kleinere an den Stoßstellen der Periplasten-Platten, größere im Bereich des Vestibulums (Abb. 50). Süßwasser-Arten besitzen eine kontraktile Vakuole, die sich ins Vestibulum entleert.

Die Chromatophoren der Cryptomonaden enthalten die Chlorophylle a und c sowie als akzessorische Pigmente u.a. verschiedene Carotinoide, Alloxanthin, Phycocyanin und Phycoerythrin. Sie liegen in jeweils verschieden hohen Anteilen vor, so daß die Färbung der Zellen von olivgrünen zu braunroten oder gar bläulichen Nuancen reicht. Farblose Formen mit degenerierten Plastiden und heterotropher Lebensweise kommen ebenfalls vor. Die Plastiden liegen nicht – wie bei den Chloroplasten der Chlorophyta – frei im Cytoplasma, sondern sind zusammen mit anderen Organellen, wie Pyrenoiden, Vakuolen und dem Nucleomorph, von 2 weiteren Membranhüllen, dem sog. Plastiden-ER, also insgesamt 4 Membranen umgeben (Abb. 17). Der Komplex aus Chloroplast (mit 2 Hüllmembranen), extraplastidalem Pyrenoid, Vakuolen und Nucleomorph mitsamt der inneren, sie umhüllenden dritten Membran wird als Relikt eines stark reduzierten eukaryotischen Endosymbionten gedeutet. Das Nucleomorph läßt sich hierbei als ehemals autarker Zellkern, die dritte Membran als Zellmembran einer ehemals autarken Rotalge interpretieren. Die vierte (äußere) Membran ist demgemäß als ER-Membran (Vakuolenmembran) der Wirtszelle anzusehen.

Cryptomonas ovata, 16–20 μm, mit 2 Chloroplasten, – *Chilomonas paramecium,* 30–40 μm, farblos. Beide Arten im Süßwasser häufig.

9.3 Heterokonta (Stramenopilata)

Die in diesem Taxon zusammengefaßten Arten spiegeln äußerst verschiedene Entwicklungstendenzen wider: (1) „pflanzlich" organisierte Vertreter wie die vielzelligen Braunalgen oder die einzelligen Diatomeen, (2) „pilzartige" Organismen (z.B. Oomyceten), (3) rhizopodiale Formen, die eindeutig „tierische" Verhaltens- und Ernährungsweisen zeigen. Der auf den ersten Blick sehr hohe Differenzierungsgrad erfährt eine Relativierung in der feinstrukturellen Uniformität, durch die sich die monadial (flagellat) organisierten Einzeller sowie die Zoosporen und Gameten der mehrzellig und teilweise geweblich organisierten Formen auszeichnen.

Herausragende, nicht-plastidengebundene Merkmale der hierher gezählten Subtaxa sind:

- bilateral-symmetrischer Bau der motilen einzelligen Formen und Entwicklungsstadien,
- heterokonte Begeißelung (Spiralkörper am Übergang Kinetosom – Geißelschaft; Mastigonemen bei der längeren, Basalschwellung bei der kürzeren Geißel)
- Bildung der Mastigonemen in Golgi-Vesikeln,
- ER-gebundene Lokalisation der Plastiden,
- gleichbleibende Lagebeziehungen zwischen Zellkern, Golgi-System und Geißelwurzeln.

Bei der Besprechung der einzelnen Subtaxa werden nur die jeweiligen einzelligen Vertreter berücksichtigt. Hinsichtlich der Braunalgen, Diatomeen (Kieselalgen) und Oomyceten (Niedere Pilze) sei auf entsprechende botanische Lehrbücher verwiesen, z.B. Strasburger, Lehrbuch der Botanik, 33. Aufl. – Gustav Fischer Verlag, Stuttgart (1991).

Innerhalb der einzelligen Heterokonta treten Organismen mit extrazellulären, dreiteiligen Mastigonemen auf, die mit Mikrotubuli unter der Zellmembran in Verbindung stehen. An der Vordergeißel nehmen diese ihren Ursprung an zwei gegenüberliegenden Mikrotubuli-Dupletts des Axonems und bilden somit zwei Reihen. Sie entstehen in Zisternen des ER oder Golgi-Apparats, werden exocytiert und gelangen auf der Außenseite der Zellmembran an ihren Bestimmungsort. Der gleichartige Aufbau dieser „Stramenopili" und ihre identische ontogenetische Entstehung wird als synapomorphes Merkmal gewertet, das die unterschiedlichen Taxa vereint. Als weiteres gemeinsames Merkmal treten sog. „transitionale Helices" (Spiralkörper) auf, die als osmiophile Proteinkomplexe den Übergang vom Kinetosom zum Geißelschaft markieren.

Den Ausgangspunkt der Radiation bildeten heterotrophe, flagellentragende Einzeller, die ihre Stramenopili nicht auf einer Geißel, sondern im hinteren Teil des Zelleibs ausbilden (Somatonemata). Von diesen lassen sich heterotrophe wie autotrophe Taxa ableiten.

9.3.1 Proteromonadea

Kosmopolitisch, als Endobionten im Verdauungstrakt von Amphibien, Reptilien und Mammalia. Übertragung erfolgt über Cysten, die mit den Faeces ausgeschieden werden. Keine pathogenen Wirkungen bekannt. 2 Gattungen mit 1 (*Proteromonas*) oder 2 Paaren (*Keratomorpha*) heterodynamischer Geißeln (Abb. 51); entspringen am Vorderende der etwa 10–30 µm langen einkernigen Zellen. Die verdickte Basis der langen Vordergeißel von *Protero-*

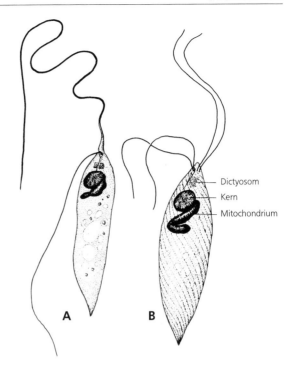

Abb. 51: Proteromonadea. A *Proteromonas lacertae-viridis*, mit dicker vorderer Geißel und dünner Schleppgeißel. Länge: ca. 20 µm. B *Karatomorpha bufonius*, mit 2 Paar ungleichen Geißeln. Aus Brugerolle und Mignot in Margulis et al. (1990).

monas enthält neben dem Axonem ein Bündel locker gefügter Mikrofibrillen unbekannter chemischer Natur, die mit dem Basalabschnitt der Schleppgeißel über einen besonderen gap-junction-Komplex verknüpft sind. Mastigoneme fehlen. Kinetosomen wie bei den Chrysomonaden (S. 36) in der Übergangsregion zum Geißelschaft mit transitionaler Helix, über einen bandförmigen Rhizoplasten aus mikrotubulären und filamentösen Elementen mit der Oberfläche des einzigen Mitochondriums verbunden. In seinem Verlauf durchquert der Rhizoplast das ringförmige Dictyosom und durchtunnelt ebenfalls den Zellkern. Weitere Bestandteile des Cytoskeletts sind Mikrotubuli, die – einzeln oder in Gruppen – die Zelloberfläche unterlagern und ihr eine typische Längs- oder Schrägstreifung verleihen. Hinterer Abschnitt des Zellkörpers von *Proteromonas* trägt haarförmige Anhänge (Somatonemata). Die deutliche Ausprägung des pelliculären Cytoskeletts aus Mikrotubuli-Reihen, das beispielsweise den Chrysomonaden fehlt, wird als ursprünglich angesehen.

Proteromonas lacertae-viridis, 10–30 µm, im Darmtrakt von Eidechsen.

9.3.2 Opalinea

Vorkommen in kaltblütigen Vertebraten, vor allem Anuren, auch in Schwanzlurchen und Fischen, sehr selten in Reptilien, ausschließlich als nichtpatho-

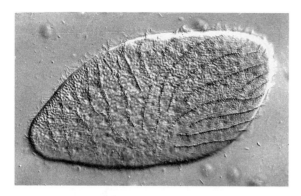

Abb. 52: *Opalina ranarum* (Opalinea). In Reihe stehende Flagellen mit metachronem Schlagmuster. Länge: ca. 600 μm. Original: D.J. Patterson, Sydney.

gene Endokommensalen in den Endabschnitten des Verdauungstrakts. Übertragung durch Cysten.

Etwa 400 Arten in nur 4 Gattungen. Mehr- bis vielkernig, z. T. abgeflacht (*Opalina, Zelleria*), teilweise bis etwa 3 mm. Früher zu den Ciliaten gerechnet, da auf der gesamten Oberfläche von tausenden, relativ kurzen, wimperartigen Flagellen bedeckt (Abb. 52); jedoch ohne Kerndualismus, Alveolen und typische Infraciliatur. Ähnlichkeiten im Aufbau des Cortex machen vielmehr eine enge Verwandtschaft mit den Proteromonaden wahrscheinlich, auch wenn an den Flagellen – vermutlich sekundär – Mastigonemen fehlen.

Flagellen in dicht stehenden, schraubig verlaufenden Reihen angeordnet und in metachronen Wellen schlagend. Zwischen den einzelnen Reihen mehrere Falten, die von zahlreichen Mikrotubuli gestützt werden. Kein Cytopharynx zur Aufnahme geformter Nahrung, nur Mikropinocytose. Teilungsebene verläuft zwischen den Flagellenreihen (interkinetal),

also schräg zur Längsachse der Zelle; im Unterschied zu den Ciliaten, die sich vorwiegend quer zum Verlauf der Cilienreihen teilen.

Lebenszyklus relativ komplex (Abb. 53). Trophische Formen fast ständig in adulten Wirten zu finden.

*Opalina ranarum vermehrt sich zur Paarungszeit der Frösche durch eine schnelle Folge von Teilungen – ohne eingeschobene Wachstumsphasen. Die daraus resultierenden kleinen Zellen besitzen somit nur noch wenige Kerne und nur geringe Reste der ursprünglich vorhandenen Flagellenreihen. Rapide Vermehrungsphase vermutlich durch Hormone des Wirtes induziert und kontrolliert. Mikroformen mit nur noch 3–6 Zellkernen encystieren sich und werden vom Wirt mit dem Darminhalt ausgeschieden. Cysten können einige Wochen im Wasser überdauern, werden von Kaulquappen mit der Nahrung aufgenommen und schlüpfen in deren Darm. Danach Folge von Teilungen, mit meiotischen Kernteilungen verknüpft, führt zu schlanken Mikrogameten und größeren Makrogameten. Diploide Zygote encystiert sich und wird ins Wasser ausgeschieden. Erneute Magen-Darm-Passage in einer Kaulquappe oder in einem ausgewachsenen Wirt, dann Bildung einer neuen Generation von Gameten oder Entwicklung zu den großen trophischen Formen. Eine Generation von Cysten kann auch asexuell entstehen. Die verschiedenen Entwicklungsmöglichkeiten zu diesem Zeitpunkt des Lebenszyklus gewährleisten eine sehr effektive Infektion der Kaulquappen. – **Protoopalina intestinalis*, 330 μm, in *Bombina*-Arten. – *Cepedea obovoidea*, 310 μm, in *Bufo*-Arten.

9.3.3 Chrysomonadea

Etwa 1000, meist im Süßwasser vorkommende, photoautotrophe oder heterotrophe Arten. Geringe Körpergröße (5–20 μm). Im typischen Fall 2 anisokonte, heterodynamische Flagellen am Vorderende des Zellkörpers, längere Geißel nach vorn gerichtet als Zuggeißel und mit zwei Reihen steifer, dreifach untergliederter Mastigonemen (pleuronematische Geißel) (Abb. 11 B). Zweites Flagellum – soweit vorhanden – deutlich kürzer, weitgehend glatt; verläuft am Zellkörper entlang nach hinten und trägt eine basale Anschwellung, die einer schwach konkaven Einwölbung des vorderen Zellkörpers gegenüberliegt. Hier, innerhalb eines Chloroplasten, gewöhnlich ein roter Augenfleck aus Lipidgranula (Abb. 9).

Nur 1 Zellkern; über eine quergestreifte Wurzelstruktur (Rhizoplast) mit Basalkörper der pleuronematischen Geißel verbunden. Seitlich vom Kern 1 oder 2 pulsierende Vakuolen sowie ein oder mehrere Dictyosomen, u.a. Bildungsorte für die Mastigonemen. Zellkörper normalerweise nackt; bei manchen Gattungen (*Synura, Mallomonas, Paraphysomonas*) auch anmutig geformte Kieselschuppen auf der Zelloberfläche (Differenzierung in Vakuolen seitlich der Chloroplasten). Manche Formen wie *Dinobryon* (Abb. 54) in Gehäusen (Loricae). Als Extrusome sind Discobolocysten bekannt. Bei einigen Gattungen (z.B. *Dinobryon*) sexuelle Vorgänge

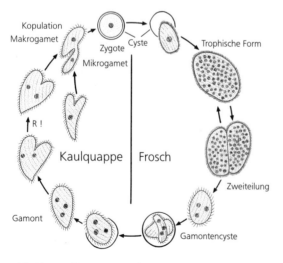

Abb. 53: *Opalina ranarum* (Opalinea). Lebenszyklus. Verändert aus Grell (1980).

(Isogamie); hierbei verschmelzen jeweils zwei Einzelzellen ohne Gametenbildung zu einer Zygote, die sich innerhalb des Protoplasten (endogen) mit einer verkieselten Cystenhülle umgibt und zum Dauerstadium wird. Bildung endogener Dauercysten auch auf ungeschlechtlichem Wege.

Chloroplasten der photosynthetisch aktiven Vertreter in Ein- oder Zweizahl, charakteristisch goldgelb bis goldbraun durch Fucoxanthin, das Chlorophylle a und c überlagert. Polysaccharid Chrysolaminarin sowie Lipide als Reservestoffe in Vakuolen außerhalb der Chloroplasten; umgeben Zellkern und sind morphologisch mit ihm durch eine gemeinsame ER-Hüllmembran verbunden. Chloroplasten somit von insgesamt 3 Membransystemen umhüllt: Im Bereich der Kontaktzone mit dem Zellkern werden sie von der inneren Kernhülle, ansonsten von der äußeren Kernmembran begrenzt, daher vermutlich verkümmerte eukaryotische Zellen. Innerhalb der Chloroplasten Stapel aus je 3 Thylakoiden, peripher von einer Gürtellamelle aus ebenfalls 3 Thylakoiden umgeben (Abb. 17).

Neben dem monadialen Typus (Einzelzellen oder koloniale Verbände) zahlreiche Übergänge zu höheren Organisationsstufen. Unverkennbar ist ein Trend zur Ausbildung rhizopodialer Baupläne, der von der Reduktion der Plastiden und Geißeln sowie von der Ausformung verschiedener Pseudopodientypen begleitet wird und somit sekundär wieder zu „tierischen" Lebensweisen führt; neben Einzelzellen wie *Chrysamoeba* auch millimetergroße plasmodiale Verbände (*Chrysarachnion*).

Chrysomonaden sind ein wichtiger Teil des Nanoplanktons. Die Bedeutung der photoautotrophen Vertreter ergibt sich aus ihrer Funktion als Primärproduzenten. Massenauftreten während der kalten Jahreshälfte und hierdurch in der Fischzucht gelegentlich Probleme durch Stoffwechselprodukte (Ketone und Aldehyde). Absterben zu Beginn der wärmeren Jahreszeit, gefährden Trinkwasserreservoirs häufig durch übelriechende Abbauprodukte.

9.3.3.1 Chrysomonadida

Monadiale Formen, freischwimmend oder sessil (*Ochromonas* (Abb. 9), *Dinobryon, Mallomonas, Synura*) sowie rhizopodial organisierte Typen (*Chrysamoeba, Chrysarachnion*).

9.3.3.2 Pedinellidida

Sessil, meist mit Chloroplasten, am Vorderpol neben der nur andeutungsweise vorhandenen rückwärts verlaufenden Geißel ein langes Flagellum, das kragenförmig von steifen Zellausläufern umgeben ist (Abb. 54). Aufbau von *Pedinella* spp. erinnert stark an die Verhältnisse bei den Choanoflagellaten; vermutlich Konvergenz.

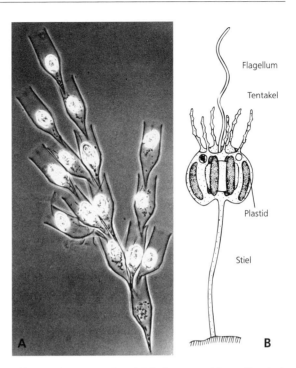

Abb. 54: Chrysomonadea. A *Dinobryon* sp.. Länge: Einzelzellen ca. 30 µm. B *Pedinella* sp.; Länge: ca. 10 µm. A Original: W. Herth, Heidelberg; B nach Swale (1969).

9.3.3.3 Silicoflagellida

Artenarmes Taxon; wegen der Kieselsäureskelette von paläontologischer Bedeutung, fossile Überreste seit der Kreidezeit; Zeitpunkt größter Entfaltung im Tertiär. Rezente Formen nur mit einer einzigen Geißel und zahlreichen schlanken Pseudopodien (Abb. 55). Skelettelemente vorwiegend extrazellulär, sternförmig. Zuordnung zu Chrysomonaden erfolgt – abgesehen vom Silicium – aufgrund übereinstimmender Details beim Bau der Chloroplasten, ist aber heftig umstritten. Nur 1 rezente Gattung mit 2 Arten.

Dictyocha (Distephanus) fibula, mit Pseudopodien über 100 µm, in kälteren Meeren bis 20°C.

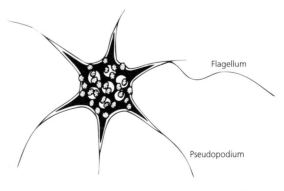

Abb. 55: *Distephanus speculum* (Silicoflagellida). Durchmesser 40 µm. Nach verschiedenen Autoren.

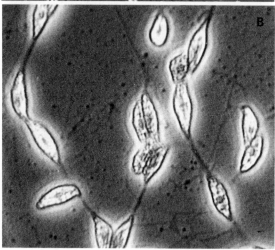

Abb. 56: *Labyrinthula coenocystis* (Labyrinthulea). A Schlauch-werk. B Ausschnitt aus dem netzförmigen Schlauchwerk mit „Zellkörpern". Länge eines Zellkörpers: ca. 10 µm. Aus Stey (1969).

9.3.4 Heteromonadea

Bilateralsymmetrisch; den Chrysomonaden inso-weit ähnlich, als sie ebenfalls heterokont begeißelt sind und weitgehend gleiche ultrastrukturelle Merkmale aufweisen. Neben der langen pleurone-matischen Zuggeißel eine stummelige Schleppgei-ßel, jedoch vollkommen nackt und in einem Termi-nalfilament endend. Sie wird als akronematisches Flagellum bezeichnet und weist – in enger Lagebe-ziehung zu einem plastidialen Stigma – eine basale Schwellung auf. Unterschiede zu den Chrysomo-

naden bestehen vor allem im völligen Fehlen von Fucoxanthin (daher und wegen der Anwesenheit von ß-Carotin und Xanthophyllen eine mehr gelb-grünliche Färbung) sowie in der Morphologie der endogenen Cysten.

Neben bekannten Fadenalgen (*Tribonema, Vaucheria*) fin-den sich wenige flagellentragende Formen (*Chlorome-son*). Derzeit am besten untersucht sind die rhizopodialen Vertreter (*Reticulosphaera*). Ökologische Bedeutung er-scheint angesichts der beschränkten Verbreitung gering.

9.3.5 Labyrinthulea

Wenig untersuchtes Taxon mit wenigen Arten. Zu-meist in marinen Habitaten, seltener im Süßwasser an verrottendem Pflanzenmaterial.

Leben in ihrer trophischen Phase als wandernde Plasmodien (Abb. 56): Spindelförmige „Zellkör-per", die starr oder formveränderlich sein können, gleiten innerhalb eines plasmatischen und formver-änderlichen Schlauchwerks, das von einer Zell-membran begrenzt wird. „Zellkörper" von einer doppelten Membranhülle umgeben, kommunizie-ren über besondere Öffnungen (Bothrosomen, Sa-genogenetosomen) mit dem Plasma der Schläuche. Es handelt es sich bei ihnen daher nicht um echte Zellen, sondern um eine besondere Form indivi-dueller, kernhaltiger Cytoplasma-Portionen inner-halb eines gemeinsamen plasmatischen Schlauch-systems.

Mechanismus der Bewegung unbekannt, wahr-scheinlich Actin-Filamente innerhalb des Schlauch-plasmas vorhanden. Vermehrung durch Zweitei-lung der Zellkörper im Schlauchwerk sowie durch Plasmotomie (Zerfall) des Schlauchwerks (Abb. 57). Bei einigen Arten mehrzellige Cysten sowie hetero-kont begeißelte Schwärmer (Zoosporen) (Abb. 11 D). Bemerkenswert an den Zoosporen – und

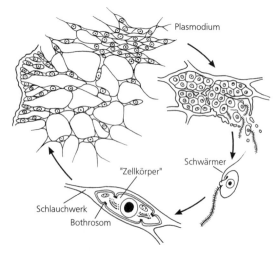

Abb. 57: *Labyrinthula* sp. (Labyrinthulea). Lebenszyklus. Nach Margulis, McKhann und Olendzenski (1993).

mitentscheidend für die Anführung an dieser Stelle – ist das Auftreten von Augenflecken (Stigmata).

Artenreichste der vier Gattungen ist *Labyrinthula*, in Atlantik und Ostsee z.B. mit *L. coenocystis* und im Süßwasser mit *L. cienkowskii* vertreten. *Thraustochytrium*-Arten bilden keine Netzwerke aus, besitzen jedoch Bothrosome.

9.3.6 Raphidomonadea

Nur 10 photoautotrophe, ausschließlich monadial organisierte Arten, häufig dorsoventral abgeplattet. Die schalen- und wandlosen Zellen erreichen die ungewöhnliche Größe von bis zu 90 μm. Zellform relativ konstant durch steife Pellicula (Abb. 58). Mucocysten sowie Varianten von Spindeltrichocysten mit unklarer funktioneller Bedeutung. Heterokonte Geißeln in einer ventralen Grube am Vorderende verankert; Kinetosomen mit der Kernoberfläche verknüpft. Die nach hinten weisende, längere und meist inaktive Geißel glatt und ohne basale Schwellung. Kürzere und äußerst schnell schlagende Zuggeißel mit steifen tubulären Mastigonemen. Augenflecke fehlen. Charakteristischerweise umgibt eine Scheibe aus Golgi-Elementen den apikalen Bereich des großen Zellkerns. Zumindest bei der Süßwassergattung *Vacuolaria* bilden sich kontinuierlich große Golgi-Vesikel zu einer kontraktilen Vakuole um.

Plastiden zahlreich, hellgrün, mit Chlorophyllen a und c sowie verschiedenen akzessorischen Pigmenten (Carotin, Xanthophyll oder Fucoxanthin). Dreierstapel von Thylakoiden und in der Regel eine Gürtellamelle. Lipidtröpfchen als Reservestoffe.

9.3.7 Plasmodiophorea

Obligatorische, intrazelluläre Parasiten in Wurzeln von Pflanzen, in denen sie Plasmodien ausbilden. Fruchtkörper und die in ihnen gebildeten Sporen gelangen nach dem Zerfall der Pflanze ins Freie. Plasmodien der nächsten Generation entstehen durch die sexuelle Verschmelzung von freilebenden Zoosporen, diese heterokont begeißelt und ohne Mastigonemen. Bei der Invasion der pflanzlichen Zellwände treten besondere Organellen in Aktion („Stachel" und „Rohr" als spezielle Differenzierungen des ER). Sowohl die Einzelzellen als auch die Plasmodien während der Kernteilungen mit charakteristischem intranucleären Kreuz, das durch den polwärts auseinandergezogenen Nucleolus und die in der Metaphase angeordneten Chromatiden gebildet wird.

Plasmodiophora brassicae, Erreger der Kohlhernie bei verschiedenen Kohlsorten. – *Spongospora*-Arten erzeugen Erkrankungen bei Kartoffeln.

9.3.8 Bicosoecidea

Etwa 40 Arten als Einzelzellen (ca. 5 μm) oder in Kolonien, an verschiedenen Substraten (*Bicosoeca*)

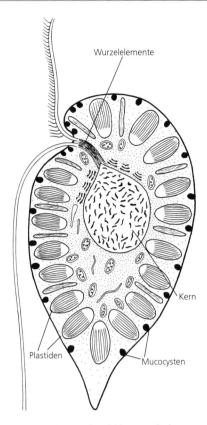

Abb. 58: *Chattonella* sp. (Raphidomonadea). Länge: 50 μm. Organisationsschema. Nach Margulis, McKhann und Olendzenski (1993).

oder freischwimmend im Plankton von Meer- und Süßwasser. Wichtiger Teil des heterotrophen Nanoplanktons und bedeutende Konsumenten wasserlebender Bakterien. Leben in vasenförmigen Loricae, die – anders als bei manchen Choanoflagellaten oder Chrysomonaden – aus Chitin bestehen. Einkernig, heterokont begeißelt. Mit einem in einer Körperrinne nach hinten verlaufenden, glatten Flagellum Anheftung innerhalb des Gehäuses. Die zweite, längere Geißel weist nach vorn; mit 1 oder 2 Reihen steifer Mastigonemen zum Herbeistrudeln von Bakterien und ähnlichen Nahrungspartikeln.

Bicosoeca (Bicoeca) socialis, 10 μm; häufig Kolonien bildend.

10 Alveolata

Verschiedene rRNA-Sequenzierungen weisen aus, daß drei sehr unterschiedliche Großgruppen der traditionellen Systeme (**Dinoflagellata, Apicomplexa** und **Ciliophora**) ein monophyletisches Taxon bilden. Im Licht dieser molekularbiologischen Erkenntnisse präsentieren sich bislang eher als unabhängig voneinander entstanden gedachte Strukturkomplexe als offensichtlich homolog: die A m p h i e s m a t a der begeißelten Dinoflagellaten, die i n n e r e n M e m b r a n k o m p l e x e der geißellosen

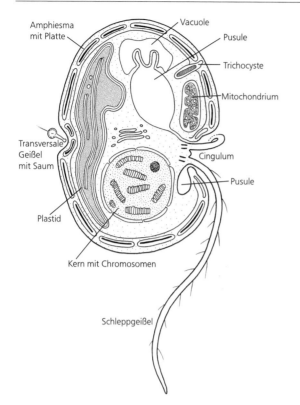

Abb. 59: Dinoflagellata. Organisationsschema. Nach Margulis, McKhann und Olendzenski (1993).

Apicomplexa sowie die Alveolen der bewimperten Ciliophora. Auch die parasomalen Säcke der Ciliophora, die Pusulen der Dinoflagellaten und die Mikroporen der Apicomplexa könnten homologe Strukturen mit der Funktion des Stoffaustauschs sein. Die Stammart dieser drei Taxa war vermutlich ein zweigeißeliger Einzeller, der vor etwa 900 Millionen Jahren gelebt hat und ein pelliculäres Vakuolensystem besaß. Die Geißeln dieser Stammart waren wahrscheinlich heterokont und teilweise beflimmert. Dieser Zustand blieb nur bei den Dinoflagellata erhalten.

10.1 Dinoflagellata

Dinoflagellaten besitzen gewöhnlich 2 heteromorphe Geißeln mit unterschiedlicher Bewegungsdynamik. Bei ursprünglichen Formen inserieren sie apikal, bei höher evolvierten ventral; die eine verläuft in einer äquatorialen Rinne (Cingulum, Gürtel), die andere in einer longitudinalen Furche des Cortex (Sulcus) (Abb. 59). Die transversal schlagende Geißel ist mit einem Saum (paraxiales Band) versehen und trägt eine Reihe von feinen Flimmerhaaren. Die gewöhnlich über das Hinterende der Zellen hinaus verlängerte Schleppgeißel ist entweder nackt oder mit 2 Reihen steifer Flimmerhaare versehen. Die Anordnung der Geißeln führt zu einer schraubigen Schwimmbahn. Dieser sog. dino-

konte Begeißelungstyp wird auch in mehrkernigen und vielgeißeligen Formen gefunden.

Die rund 4000 Arten der Dinoflagellaten sind ungewöhnlich divers. Das Spektrum reicht von rundlichen bis zu stab- oder sternförmigen, einzelligen oder zylindrischen mehrkernigen Organismen und von nackten bis zu gepanzerten Zellkörpern. Die Panzerung besteht aus einzelnen oder miteinander verwachsenen Celluloseplatten, die unmittelbar unter der Zellmembran in abgeflachten Vakuolen (Alveolen, Amphiesmata) lagern (Abb. 60). Häufig bilden diese intrazellulären Wandplatten Halbschalen (Thecae), die im Bereich des Cingulums aneinanderstoßen. Die rückwärtige Halbschale wird als Hypotheca, die vordere als Epitheca bezeichnet. Amphiesmata finden sich auch in ungepanzerten nackten Zellen. Der Cortex der Dinoflagellaten hat dementsprechend einen einheitlichen Bauplan.

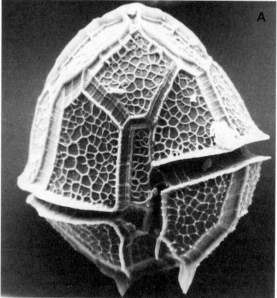

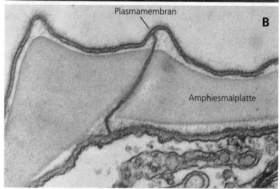

Abb. 60: Dinoflagellata. A *Peridinium bipes*, Größe: ca. 50 × 70 μm. B *Ceratium hirundinella*, Ultrastruktur der Oberfläche mit Amphiesmalplatten in flachen Vakuolen der Plasmamembran. Länge: 95–700 μm. A Original: R.M. Crawford, Bristol; B aus Dodge und Crawford (1970).

Der immer haploide Zellkern (Dinokaryon) weist einige Besonderheiten auf, die in ihrer Gesamtheit früher als ursprünglich angesehen wurden, heute jedoch eher als stark abgeleitet gedeutet werden: (1) Die Chromosomen sind auch während der Interphase kondensiert und treten lichtmikroskopisch deutlich in Erscheinung. Ultrastrukturell zeigen sie einen fibrillären Aufbau. (2) Die Chromosomen enthalten zumeist – im Gegensatz zu den übrigen Eukaryota – keine oder nur sehr wenige akzessorische Proteine (Histone). (3) Während der Kernteilung treten sie nicht in direkten Kontakt mit Spindelmikrotubuli, sondern bleiben mit der persistierenden Kernhülle verbunden (Abb. 22).

Die meisten Dinoflagellaten leben photoautotroph. Die Chloroplasten sind von 3 Hüllmembranen umgeben, stehen nicht mit dem ER in Verbindung und besitzen dreifach gestapelte Thylakoide. Sie werden als extrem reduzierte Reste eines eukaryotischen Endosymbionten gedeutet. Neben den Chlorophyllen a und c enthalten sie vor allem akzessorische Pigmente wie ß-Carotin und Xanthophylle (Peridinin), denen die autotrophen Dinoflagellaten ihre meist gelbbraune oder braunrote Färbung verdanken. Reservestoffe – außerhalb der Plastiden lokalisiert – sind Stärke und Öl. Einige photosynthetisch aktive Formen leben als symbiontische, sog. Zooxanthellen intrazellulär in Radiolarien, Foraminiferen, Mollusken (S. 328) und vor allem in Cnidariern (z.B. *Symbiodinium microadriaticum*, S. 160) und sind für die bräunliche Färbung ihrer Wirte verantwortlich. Daneben existieren zahlreiche heterotrophe Formen, die entweder räuberisch leben, z.B. *Noctiluca scintillans* oder in Einzellern, grünen Fadenalgen, Copepoden und Fischeiern parasitieren. Kontraktile Vakuolen fehlen, aber Invaginationen (Pusulen) von zum Teil außerordentlicher Größe, die in der Nähe der Geißelbasis mit der Außenwelt in Verbindung stehen, besitzen möglicherweise osmoregulatorische Funktion. An Extrusomtypen kommen Trichocysten vor, sowie bei einigen Vertretern sog. Nematocysten (nicht zu verwechseln mit den gleichnamigen Strukturen in Cnidaria, S. 148).

Die ökologische Bedeutung der Dinoflagellaten kann kaum überschätzt werden. Sie sind im Süßwasser, vor allem aber im Meer neben den Diatomeen die häufigsten Phytoplanktonorganismen und gehören daher als Ausgangsglieder aquatischer Nahrungsketten zu den wichtigsten Primärproduzenten. Naturphänomene wie die kilometerlangen Bahnen sog. roter Tiden, die vornehmlich im afrikanischen Bereich des Atlantiks und vor den Küsten Amerikas und Japans regelmäßig vorkommen und im Sommer manchmal auch an europäischen Küsten beobachtet werden, beruhen häufig auf einer immensen Massenvermehrung einzelner Dinoflagellaten-Arten. Mit einem solchen Massenauftreten können fatale Folgen verknüpft sein: Manche Arten (z.B. *Protogonyaulax tamarensis, P. catenella, Gym-*

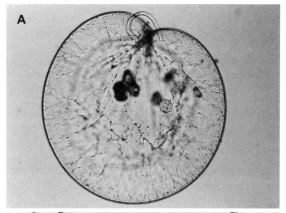

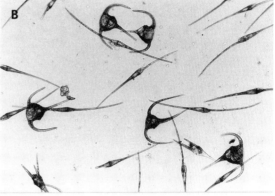

Abb. 61: Dinoflagellata. A *Noctiluca scintillans* (= *miliaris*). Durchmesser bis 1 mm. B *Ceratium*-Arten aus dem Plankton des Tyrrhenischen Meeres. Länge der Einzelindividuen: ca. 150 µm. Originale: W. Westheide, Osnabrück.

nodinium veneficum) erzeugen Alkaloide (Saxitoxin- oder Brevetoxin-Komplexe), die sich in Fischen, Muscheln und Krebstieren anreichern können und gelegentlich auf diese Organismen und deren Konsumenten tödlich wirken. Nach dem Verzehr von Miesmuscheln oder Austern, die in Gebieten des Massenauftretens große Mengen der Toxine gespeichert haben, kommt es beim Menschen häufig zu von irreversiblen Atemlähmungen begleiteten paralytischen Muschelvergiftungen. Nicht alle roten Tiden sind totbringend; das Massenvorkommen der heterotrophen *Noctiluca scintillans* ruft z.B. nur ein in den Sommermonaten häufiges Meeresleuchten in der Nordsee hervor. Dieses beruht auf einem Luciferin-Luciferase-System.

Ungünstige Umweltbedingungen können zahlreiche Dinoflagellaten durch die Bildung von Dauercysten überstehen; sie sind mindestens seit dem Silur (400 Mio. Jahre) als Mikrofossilien überliefert.

*Ceratium hirundinella, 700 µm, mit 1 apikalen und 2 antapikalen Hörnern, im Süßwasser und Meer. Zahlreiche weitere *Ceratium*-Arten (Abb. 61B) im limnischen und marinen Plankton. – *Noctiluca scintillans* (= *miliaris*), 1 mm, Epitheka zu Tentakel reduziert; räuberisch, marin, Meeresleuchten (Abb. 61A).

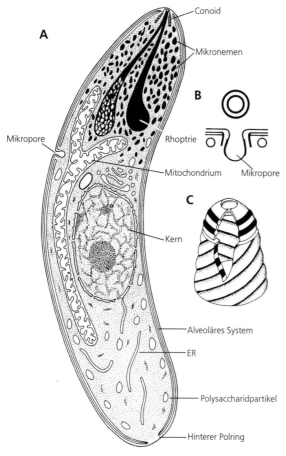

Abb. 62: Apicomplexa. A Organisationsschema eines Sporozoiten (Länge: 10 μm) mit dem am Vorderende liegenden Apikalkomplex. B Mikropore. C Conoid mit den conoidalen Ringen. Nach Scholtysek und Mehlhorn (1970).

10.2 Apicomplexa

Die haploiden Apicomplexa sind wie alle Vertreter der ehemaligen **Sporozoa** obligatorische Endoparasiten und durchlaufen ein Sporenstadium (Abb. 68). Sie umfassen zur Zeit mindestens 2 500 Arten, von denen viele pathogen sind und größte medizinische Bedeutung haben. Gekennzeichnet sind sie durch einen zwei- oder dreiphasigen Generationswechsel mit jeweils gattungstypischen Infektions-, Wachstums-, Vermehrungs- und Sexualstadien (Abb. 64). Die Infektion erfolgt in der Regel durch die 2–20 μm langen, spindelförmigen Sporozoiten (Abb. 62), die innerhalb einer Sporocyste oder Oocyste auf den neuen Wirt übertragen werden. Sie besitzen am Vorderende – ebenso wie die aus ihnen hervorgehenden Merozoiten – ein typisch angeordnetes und strukturiertes Organell, den sog. Apikalkomplex.

Der Apikalkomplex der Sporozoiten und Merozoiten (Abb. 62) besteht im typischen Fall aus 3 Komponenten, (1) dem konusförmigen Conoid aus schraubig verlaufenden Mikrotubuli mit zwei vorgelagerten conoidalen Ringen, (2) dem räumlich nachfolgenden und als Mikrotubuli organisierendes Zentrum (MTOC) gedeuteten Polringkomplex mit den aus ihm hervorgehenden subpelliculären, längs nach hinten verlaufenden Mikrotubuli sowie gewöhnlich (3) 2 flaschenförmigen Sekretionsorganellen, den Rhoptrien, deren Ausführgänge durch Polring und Conoid hindurch zum Vorderende führen. Neben diesen Elementen lassen sich am Vorderende vermehrt auch Mikronemen nachweisen, die als enzymgefüllte Derivate des Golgi-Systems angesehen werden. Insgesamt wird dieses komplexe System als Penetrationapparat zur Erleichterung des Eindringens in die Wirtszellen gedeutet (Abb. 63).

Diese Strukturen treten jedoch nicht bei allen Apicomplexa gleichzeitig auf (das Conoid kann z.B. fehlen), und einige urtümliche Apicomplexa, die als extrazelluläre Parasiten leben, setzen den Apikalkomplex lediglich zur Anheftung an Gewebeoberflächen ein. In typischer Ausgestaltung tritt er nur während der Sporogonie und der Merogonie, also nur bei Sporozoiten und Merozoiten auf.

Allen Apicomplexa gemeinsam ist der übereinstimmende Aufbau des Cortex. Er umfaßt neben dem längsverlaufenden Mikrotubulisystem des Polringkomplexes insgesamt 3 Membranen: die periphere Zellmembran sowie 2 unterlagerte Membranen, die

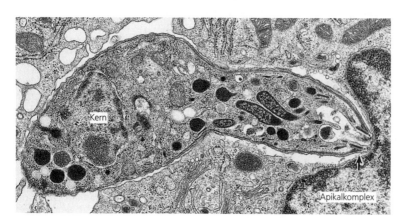

Abb. 63: *Toxoplasma gondii* (Apicomplexa, Coccidea). Sporozoit bei der Invasion einer Wirtszelle. Länge: ca. 6 μm. Aus Nichols und O'Connor (1981).

als innerer Membrankomplex bezeichnet werden und offensichtlich ein sehr flaches alveoläres System darstellen. Dieser Vakuolenkomplex, homolog den Amphiesmata der Dinoflagellata und den Alveolen der Ciliophora, ist lediglich am Vorder- und Hinterende der Zellen für exocytotische und seitlich für endocytotische Vorgänge unterbrochen. Die lateral sichtbaren, in Ein- oder Mehrzahl vorhandenen Invaginationen der Zelloberfläche (Mikroporen) dienen der Aufnahme von Nährstoffen. Der jüngst erfolgte Nachweis von Photosynthese-Pigmenten in sog. Hohlzylindern der Sporozoiten (Vesikel mit doppelter Membran) läßt sich als Hinweis auf Plastiden in den Vorfahren der Apicomplexa deuten.

Die Lebenszyklen der Apicomplexa sind relativ komplex. Der generalisierte und vereinfachte Entwicklungsgang kann folgendermaßen umrissen werden (Abb. 64): Die den Infektionsvorgang auslösenden einkernigen Sporozoiten entstehen im Verlaufe einer mit meiotischen Reduktionsteilungen verknüpften Vermehrungsphase (Sporogonie); sie werden ins Freie entlassen. Im neuen Wirt schlüpfen sie aus den Sporocysten, dringen in Zellen ein und wachsen hier heran. Im einfachsten Fall entwickeln sie sich zu Gamonten, die sich mehrfach teilen, zu Gameten umdifferenzieren und sich schließlich zu Zygoten vereinigen (Gamogonie). Im Verlaufe dieses zweiphasigen Generationswechsels entstehen aus den Zygoten wieder zahlreiche Sporozoiten.

Bei den höher evolvierten Formen sind zwischen Sporogonie und Gamogonie eine oder mehrere weitere asexuelle Vermehrungsphasen geschaltet. Eingeleitet wird diese Phase durch die Umbildung von Sporozoiten zu Trophonten (Freßzellen), die in ihren Wirtsorganismen zu großen vielkernigen Plasmodien heranwachsen. Sie haben den Apikalkomplex gewöhnlich stark rückgebildet und sind durch zusätzliche Mikroporen für die Nahrungsaufnahme umstrukturiert. Aus ihnen entstehen am Ende der Wachstumsphase Schizonten (Meronten), die im Rahmen einer Zerfallsteilung (Schizogonie = Merogonie, Abb. 68) schließlich die Merozoiten freisetzen. Diese weisen wiederum einen Apikalkomplex auf, können andere Zellen befallen, sich zu Trophonten differenzieren und so zu einer Überschwemmung des Wirtes mit Parasiten führen. Die Merozoiten sind aber auch befähigt – teilweise verbunden mit einem Wirtswechsel – die Gamogoniephase einzuleiten. Diese verläuft dann meist als Oogamie, wobei der Makrogamont sich direkt in einen Makrogameten umwandelt, die Mikrogamonten jedoch bis zur Bildung der Mikrogameten noch eine Reihe weiterer Teilungen durchführen. Die im Zuge dieser Entwicklung entstehenden Einzelstadien sind jeweils durch besondere cytologische Merkmale gekennzeichnet.

Die Sporogonie dient der Wiederherstellung der haploiden Kernphase sowie – mit weiteren mitotischen Zelltei-

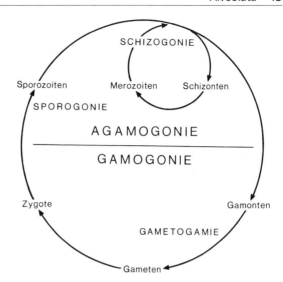

Abb. 64: Schema der Generationswechsel der Apicomplexa. Nach verschiedenen Autoren.

lungen – zur effektiveren Etablierung innerhalb eines potentiellen neuen Wirts: Durch die Teilungen während der Schizogonie und Gamogonie wird die Zahl der Gameten und Zygoten und die Menge der Sporo- oder Oocysten erhöht und damit eine Neuinfektion wahrscheinlicher gemacht. Hierdurch sind die Apicomplexa zu den gefährlichsten Parasiten des Menschen und vieler Tiere geworden.

Die systematische Untergliederung der Apicomplexa ist derzeit noch umstritten. Gewöhnlich erfolgt eine Aufteilung in 3 Subtaxa.

10.2.1 Gregarinea

Charakteristisches Merkmal dieser etwa 500 Arten umfassenden Gruppe (Abb. 65) ist der Befund, daß weibliche und männliche Gamonten noch Vielfach-

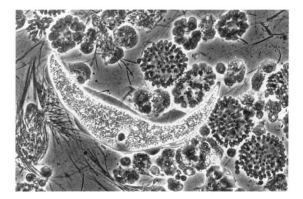

Abb. 65: *Monocystis* sp. (Apicomplexa, Gregarinea). Gamont in der Samenblasenflüssigkeit eines Regenwurms. Länge: ca. 200 µm. Die fädigen Strukturen sind fast reife Spermien, die verschiedenen Kugeln sind Spermatogenese-Stadien des Wirts, die an der Peripherie einer zentralen, kernlosen Cytoplasmamasse (Cytophor) heranreifen. Original: W. Westheide, Osnabrück.

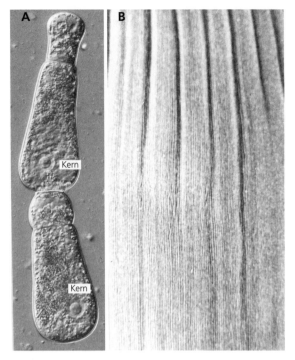

Abb. 66: *Gregarina* sp. (Gregarinea). A Zwei Gamonten bilden eine Syzygie. Länge des Einzelindividuums: 500 μm. B *Gregarina garnhami*. Fältelung der Pellicula. A Original: K. Hausmann, Berlin; B aus Walker et al. (1979).

teilungen durchführen und somit beide eine ähnlich hohe Anzahl von Gameten erzeugen. Die beiden Gametentypen können verschieden (anisogam) oder weitgehend gleich gebaut sein (isogam). Ursprünglich erfolgt die Entwicklung der Gameten separat und unabhängig voneinander; die Gamonten der höher evolvierten Taxa jedoch bilden bereits vor Beendigung ihrer Wachstumsphase Paare (Syzygien) (Abb. 66) und encystieren sich später unter Ausscheidung einer gemeinsam gebildeten Gamontencyste, in der dann die Gameten- und Zygotenbildung örtlich und zeitlich koordiniert ablaufen (Gamontogamie). Aus den Zygoten entwickeln sich direkt Sporocysten, die meist 4–16 haploide Sporozoiten enthalten.

Die aus den Sporozoiten hervorgehenden trophischen Stadien wachsen zu großen, mitunter bis zu 10 mm langen Gamonten heran. Viele von ihnen sind zu einer typischen Gleitbewegung befähigt, die unter Mitwirkung zahlreicher, durch Mikrofilamente versteifter Längsfalten erfolgt (Abb. 66B).

Die Gamonten sind gewöhnlich in zwei Abschnitte aufgegliedert, in einen vorderen Protomerit und einen hinteren, größeren und kernhaltigen Deutomerit, die durch eine ringförmige Furche voneinander getrennt sind (Abb. 66A). Protomeriten weisen gewöhnlich am Vorderende einen besonderen, vom Conoid gebildeten, artspezifi-

schen Fortsatz (Epimerit) auf, welcher der Verankerung in den Epithelzellen der Wirtsorganismen dient. Epimerite werden vor der Syzygienbildung, bei der sich der Protomerit der hinteren Zelle (Satellit) an den Deutomerit der Vorderzelle (Primit) heftet, abgeworfen.

Gregarinen leben – abgesehen von frühen Entwicklungsstadien – vorwiegend als extrazelluläre Parasiten im Darmtrakt oder in Körperhöhlen vor allem von Articulaten, Mollusken, Echinodermen und Tunicaten. Ihre größte Verbreitung haben sie bei Arthropoden. Pathogen sind allerdings nur wenige Arten. Ein Wirtswechsel fehlt.

In den Samenblasen mehrerer Regenwurm-Arten regelmäßig Schizonten von *Monocystis lumbrici*, ca. 200 μm (Abb. 65). – *Gregarina polymorpha*, 350 μm, im Darm der Larve des Mehlkäfers (Abb. 66). – *Mattesia dispora*, 3–12 μm, im Fettgewebe der Mehlmotte *Ephestia kühniella*, mit eingeschalteten Schizogonie-Stadien.

10.2.2 Coccidea

Der Entwicklungsgang der Coccidien läßt sich von dem der Gregarinen klar abgrenzen. Die Makrogamonten durchlaufen – im Gegensatz zu den Mikrogamonten – keine Teilungsphase mehr, sondern entwickeln sich direkt zu je einer Oocyte. Aus den Mikrogamonten gehen typischerweise dreigeißelige Mikrogameten hervor (Abb. 67). Die Zygote bildet eine Zygotocyste (Oocyste) und teilt sich während der Sporogonie in 4–32 (oder mehr) Sporoblasten, die sich gewöhnlich mit einer eigenen Hülle umgeben (Sporocyste) und durch mitotische Zellteilungen jeweils 2–8 (oder mehr) Sporozoiten hervorbringen können.

Bis auf einige Ausnahmen (Coelotrophiida) leben Coccidien in ihren Wirten intrazellulär. Die Unterscheidung der verschiedenen Taxa erfolgt aufgrund der Lebenszyklen. Hierbei wird – vor allem in den höher evolvierten Gruppen – die Zahl der Sporozoiten pro Sporocyste als systematisches Merkmal berücksichtigt.

10.2.2.1 Coelotrophiida

Ohne Schizogonie. Trophonten wie Gamonten extrazellulär. Parasiten im Verdauungstrakt oder in Körperhöhlen vor allem mariner Anneliden.

Grellia dinophili, mit bis zu 170 μm langen Makrogameten und zweigeißeligen Mikrogameten, in Dorvilleiden (Polychaeten) (S. 380).

10.2.2.2 Adeleida

Entwicklung der Gamonten verläuft – ähnlich wie bei den Gregarinen – noch großteils in enger räumlicher Assoziation (Syzygien-Bildung). Gamonten jedoch von unterschiedlicher Größe und deutlich als Makro- und Mikrogamonten voneinander unterscheidbar. Mikrogamonten, die sich den Makrogamonten seitlich anlegen, bilden meistens nur 2–4

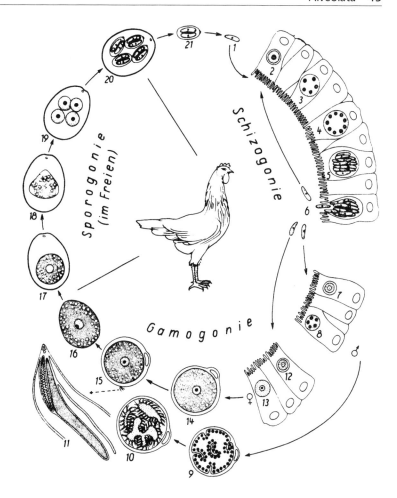

Abb. 67: *Eimeria maxima* (Coccidea). Lebenszyklus. 1–6 (Schizogonie) und 7–15 (Gamogonie) im Darmepithel des Huhns, 9–11 Mikrogametenbildung, 14 Makrogametenbildung, 15 Eindringen eines Mikrogameten in einen Makrogameten, 16 Zygote (Oocyste), 17–20 Sporogonie in der Oocystenhülle führt zur Bildung von Sporen (21) mit zwei Sporozoiten. Aus Grell (1980).

Mikrogameten. Vor ihrer Differenzierung durchlaufen sie eine oder mehrere Schizogonien.

Adeleiden parasitieren vor allem Darmepithel-, Drüsen- und Fettzellen von Evertebraten (Nematoda, Annelida, Arthropoda, Mollusca, Sipuncula). – *Klossia*-Arten in den Nieren von Lungenschnecken (*K. helicina*). – *Haemogregarina stepanovi* mit Schizogonie-Stadien in der europäischen Sumpfschildkröte (*Emys orbicularis*) und Gamogonie-Stadien in Blutegeln (*Placobdella catinigera*). Einige *Haemogregarina*-Arten in Blutzellen von Fischen und Echsen, verursachen wirtschaftliche Schäden. Übertragung durch blutsaugende Vektoren (Blutegel, Milben); mit Wirtswechsel zwischen Eidechsen und Milben: *Karyolysus lacertarum*.

10.2.2.3 Eimeriida

Entwicklungsgang gekennzeichnet durch Schizogonie einer getrennt voneinander ablaufendenden Differenzierung der Makro- und Mikrogamonten (Abb. 67, 68). Mikrogamonten bilden stets hohe Anzahl von Mikrogameten. Sporogonie in 2 Phasen: (1) Oocysten-Bildung mit Entstehung von Sporoblasten und (2) Sporocysten-Bildung mit Diffe-

renzierung von Sporozoiten. Formen mit und ohne Wirtswechsel.

Die knapp 1 000 Arten der Gattungen *Eimeria* (4 Sporen mit je 2 Sporozoiten, Abb. 67) und *Isospora* (2 Sporen mit je 4 Sporozoiten) entwickeln sich innerhalb eines Wirtes (monoxener Zyklus) in der Regel streng wirtsspezifisch. Sie werden mit den Faeces übertragen und vom Folgewirt oral aufgenommen. Die doppelte Umhüllung durch Oocysten- und Sporocystenwand erlaubt nicht nur eine Sporogonie außerhalb des Wirts, sie stellt auch eine wirksame Schutzvorrichtung dar, so daß Oocysten über Monate hinweg infektiös bleiben können. Dies gilt auch für heteroxene Gattungen mit fakultativem oder obligatorischem Wirtswechsel (*Toxoplasma, Sarcocystis, Frenkelia*).

Bei *Toxoplasma gondii* (2 Sporocysten mit je 4 Sporozoiten) sind Katzen die Endwirte, in deren Darmepithel alle drei Entwicklungsphasen ablaufen können. Durch orale Aufnahme von Oocysten ist Infektion nicht nur weiterer Katzen, sondern auch omni- oder herbivorer Säuger (Beutetiere der Feliden, Mensch) möglich.

In diesen Zwischenwirten durchdringen Sporozoiten die Darmwand und befallen zunächst vor allem Zellen des lymphatischen Systems (Abb. 63). Hier eine Reihe fortgesetzter Zweiteilungen (Endodyogenie) und Bildung zahlreicher Parasitenzellen; in einer parasitophoren Vakuole

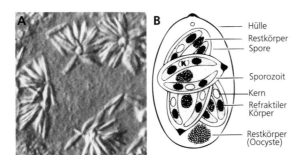

Abb. 68: Stadien aus den Lebenszyklen von *Eimeria*-Arten (Coccidea). A Schizontenbildung bei *Eimeria canadensis*. B Oocyste von *Eimeria maxima* (Stadium 20 in Abb. 67) mit 4 Sporen, die je 2 Sporozoiten enthalten. A Aus Müller et al. (1973); B nach Mehlhorn und Piekarski (1981).

(Pseudocyste) im Gewebe eingeschlossen. Im späteren Verlauf der Infektion im Gehirn oder im Muskelgewebe sog. Gewebecysten mit verdickter Wandung der parasitophoren Vakuole; enthalten zahlreiche sichelförmige Cystenmerozoiten (Metrozoiten, Bradyzoiten) als Ruhe- oder Wartestadien. Wird mit Gewebecysten infizierte Muskulatur von einem Zwischenwirt aufgenommen, beginnt ein neuer Zyklus von Zweiteilungen. Erst wenn Gewebecysten in den Endwirt Katze gelangen, vollendet sich der Entwicklungskreislauf durch Schizogonie und Gamogonie.

Im Zwischenwirt Mensch (= Fehlwirt), der sich als Kind oder Erwachsener sowohl über Katzenkot (Oocysten) als auch über rohes Fleisch von Schlachttieren (Gewebecysten) infizieren kann (Infektionswahrscheinlichkeit im fortgeschrittenen Alter etwa 75%), werden mit Ausnahme von Lymphknoten-Erkrankungen nur selten diagnostizierbare pathologische Veränderungen beobachtet (Erwachsenen-Toxoplasmose). Die Infektion über einen potentiellen dritten Weg, bei dem *Toxoplasma* über die Plazenta auf den Foetus übertragen wird, ruft beim Säugling ernsthafte Erkrankungen hervor: Diese sog. congenitale oder Säuglings-Toxoplasmose (mit Hydrocephalus, Gehirnverkalkung, Choriorenitis) tritt jedoch nur auf, wenn sich Schwangere im letzten Drittel der Prägnanz erstmalig infiziert haben.

Obligatorischer Wirtswechsel liegt auch bei *Sarcocystis*-, *Aggregata*- und *Frenkelia*-Arten vor. Schizogonie in Beute- oder Schlachttieren (Zwischenwirte), häufig mit schweren oder tödlich verlaufenden Erkrankungen. Stadien der Gamogonie und Sporogonie ausschließlich in Fleischfressern (Mensch, Raubtiere, Raubvögel, Schlangen, Cephalopoden) und gewöhnlich nur mit leichteren pathologischen Begleiterscheinungen verbunden. Das jeweils zugrundeliegende Beute-Räuber-Verhältnis beziehungsweise die Zwischenwirt-Endwirt-Konstellation wird für die Bildung von Artnamen benutzt (z.B. *Sarcocystis suihominis* (Schwein-Mensch), *S. equicanis* (Pferd-Hund) oder *S. bovifelis* (Rind-Katze). Während der Schizogonie entstehen durch die Zerfallsteilung von Trophonten mit jeweils einem einzigen, zuvor offenbar polyploid gewordenen Riesenzellkern normale Merozoiten, die zunächst eine weitere Schizogonie einleiten. Die aus der zweiten Generation entstehenden Merozoiten werden Metrocyten genannt; sie wandern in die Muskulatur ein und bilden hier

innerhalb der Wirtszelle – durch Endodyogonie – vielzellige, makroskopisch deutlich erkennbare Gewebecysten.

Eimeria-Arten, z.B. **E. stiedae*, Erreger der Kaninchen-Coccidiose und **E. tenella*, Erreger der Geflügel-Coccidiose (Abb. 67). – *Isospora hominis*, ohne Wirtswechsel.

10.2.3 Haematozoea

Der Apikalkomplex der Sporozoiten und Merozoiten von Haematozoen ist reduziert; Conoid und manchmal auch conoidales Ringsystem fehlen. Aus den beweglichen Zygoten (Wanderzygoten, Kineten oder Ookineten) gehen keine Sporocysten, sondern direkt Sporozoiten hervor. Die encystierte Phase ist somit unterdrückt, und die Infektionsstadien können nur noch in einem flüssigen Milieu (z.B. Speichel) auf den Zwischenwirt übertragen werden. Die Hämatozoen sind Blutparasiten und unterliegen einem obligatorischen Wirtswechsel zwischen Wirbeltieren (Zwischenwirt) und Arthropoden (Endwirt). Bei der Klassifizierung in die Haemosporida und Piroplasmida wird vor allem der unterschiedlichen systematischen Stellung von End- und Zwischenwirten Rechnung getragen.

10.2.3.1 Haemosporida

Übertragung der Sporozoiten durch blutsaugende Dipteren, mit dem Speichel in den Zwischenwirt injiziert. Bei Malaria-Parasiten (*Plasmodium*) Reptilien, Vögel und Säugetiere (vor allem Nagetiere und Primaten) als Zwischenwirte; Mücken (*Anopheles, Aedes, Culex*) als Endwirte und Vektoren, in denen Gamogonie und Sporogonie zur Vollendung kommen.

Sporozoiten von *Plasmodium vivax* attackieren zunächst Leberparenchymzellen (Abb. 69) und entwickeln sich in ihnen zu bis 1 mm großen Schizonten, die mehrere tausend Merozoiten bilden können (primäre oder praeerythrocytäre Schizogonie). Merozoiten dringen in einer zweiten Phase der Erkrankung in Erythrocyten ein und vermehren sich auch hier durch Schizogonien, bei denen jedoch weniger Merozoiten freigesetzt werden (sekundäre oder erythrocytäre Schizogonie). Teilungsprozesse in den Blutzellen nach einigen Tagen synchron, so daß die Zwischenwirte von periodischen Parasitenschüben attackiert werden. Merozoiten, die sich in den roten Blutkörperchen jeweils innerhalb einer parasitophoren Vakuole finden, decken ihren Proteinbedarf durch Hämoglobin, das mit Hilfe von Mikroporen phagocytiert wird. Beim Zerfall der Erythrocyten treten Zellfragmente und unverdaute Restkörper (sog. Pigmente oder Hämozoine) auf, die für die charakteristischen Fieberanfälle (Wechselfieber) verantwortlich sind. Aus Merozoiten gehen nach ungefähr 10 Tagen erstmals männlich und weiblich determinierte Gamonten hervor, Weiterentwicklung erst im Darm einer Mücke bis zur Gameten-Freisetzung (8 begeißelte Mikrogameten bzw. 1 Makrogamet pro Gamont). Die befruchteten, amöboid

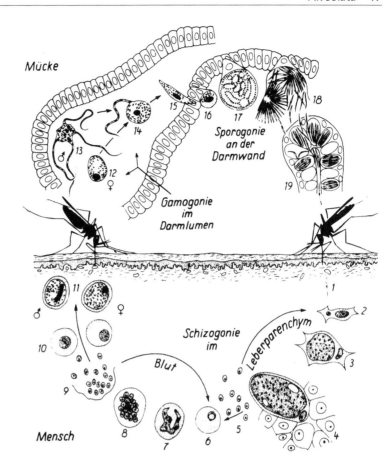

Abb. 69: *Plasmodium vivax* (Haematozoea). Lebenszyklus. 1 Infektion durch Mückenstich, 2–5 Exoerythrocytäre Schizogonie in Leberparenchymzellen, 6–9 Intraerythrocytäre Schizogonie in Roten Blutkörperchen, 10–11 Bildung der Gamonten noch im Blut des Menschen, 12–13 Bildung der Gameten aus den Gamonten, die die Mücke mit Blut aufgenommen hat, 14 Befruchtung und Zygotenbildung, 15 Wanderzygote (Ookinet), 16–18 Sporogonie = Bildung der Sporozoiten im Epithel des Mückendarms, 19 Eindringen der Sporozoiten in die Speicheldrüse der Mücke. Aus Grell (1980).

beweglichen Eizellen (Ookineten) setzen sich in der äußeren Darmwandung fest und werden durch eine von den Wirtszellen abgesonderte Hülle eingekapselt. Im Inneren einer solchen Quasi-Oocyste vollzieht sich die Entwicklung zahlreicher Sporozoiten, die nach dem Aufplatzen der Hülle über die Hämolymphe in die Speicheldrüsen gelangen und infektiös werden. Da Gamogonie und Sporogonie innerhalb der *Anopheles*-Mücken nur bei Temperaturen ab 16° C zum Abschluß gelangen können, treten Malaria-Erkrankungen bevorzugt in wärmeren Regionen auf.

Von den rund 160 bekannten *Plasmodium*-Arten sind nur etwa 11 human- oder veterinärmedizinisch bedeutsam. Die 4 für den Menschen gefährlichen Spezies sind in Tabelle 2 zusammengefaßt.

Die Malaria (nach dem alt-italienischen *mala aria* = schlechte Luft) ist nicht nur eine tropische, subtropische oder mediterrane Seuche, sondern erfaßt auch die Bevölkerung gemäßigter Klimazonen. Die deutschen Bezeichnungen „Kaltes Fieber, Wechselfieber, Sumpffieber, Marschenfieber oder Butjadinger Seuche" legen hiervon Zeugnis ab. Besonders betroffen waren in Mitteleuropa die holländischen und ostfriesisch-oldenburgischen Marschen- und Küstenregionen. Die wahrscheinlich vor allem durch *P. vivax* verursachten Erkrankungen verliefen häufig epidemisch, so z.B. zwischen 1858 und 1869, als während der Erbauung Wilhelmshavens fast 18 000 Personen betroffen wurden. Erst in diesem Jahrhundert konnte der Krankheit in unseren Breitengraden sowie im mediter-

Tabelle 2: Charakteristika der humanpathogenen *Plasmodium*-Arten.

Plasmodium-Art	Mortalität	Krankheits-bezeichnung	Inkubationszeit	Fieberanfälle	andere Symptome
P. vivax	–	Malaria tertiana	8–16 Tage	alle 48 Stunden	Schüttelfrost, Mattigkeit, Leber- und Milzschwellungen
P. ovale	+/–	Malaria tertiana	ca. 15 Tage	alle 48 Stunden	
P. malariae	+/–	Malaria quartana	20–35 Tage	alle 72 Stunden	Nierenschädigungen
P. falciparum	+	Malaria tropica	7–12 Tage	unregelmäßig	Kapillarverstopfungen, vor allem im Gehirn

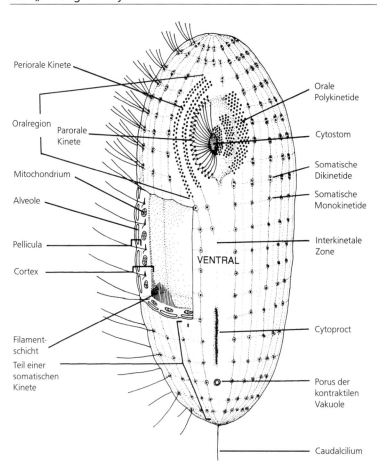

Periorale Kinete

Oralregion

Parorale Kinete

Mitochondrium

Alveole

Pellicula

Cortex

Filamentschicht

Teil einer somatischen Kinete

Orale Polykinetide

Cytostom

Somatische Dikinetide

Somatische Monokinetide

Interkinetale Zone

VENTRAL

Cytoproct

Porus der kontraktilen Vakuole

Caudalcilium

Abb. 70: Schema der Oberflächenstrukturen von Ciliophora. Nach Lee, Hutner und Bovee (1985).

ranen Raum Einhalt geboten werden, vor allem durch Trockenlegung von Sümpfen. Doch flammten immer wieder endemische Malariaherde auf, die vermutlich durch die Rückkehr infizierter Personen aus typischen Malariagebieten ausgelöst wurden. Gegenwärtig werden nur vereinzelt Fälle registriert, die offenbar im Zusammenhang mit dem durch starken Luftverkehr bedingten Import von infizierten *Anopheles*-Mücken stehen. In den tropischen Küstenregionen spielt die Malaria tropica – begünstigt durch die Entstehung therapieresistenter Stämme von *P. falciparum* sowie die mangelnde Widerstandskraft der einheimischen Bevölkerung – nach wie vor eine verheerende Rolle. Man vermutet, daß derzeit noch immer mehr als ein Drittel der Erdbevölkerung an Malaria leidet. Nach neuesten Schätzungen der Weltgesundheitsorganisation (WHO) erkranken weltweit jährlich 250 Millionen Menschen; 2,3 Millionen dieser Erkrankungen verlaufen tödlich. Allein in Afrika sterben jährlich über 500 000 Kinder aufgrund von Malaria-Infektionen.

10.2.3.2 Piroplasmida

Weltweit verbreitete Parasiten in Lymphocyten, Erythrocyten und anderen Blut- und Blutbildungszellen von kalt- und warmblütigen Wirbeltieren. Conoid und teilweise auch Polringe, subpelliculäre

Mikrotubuli, Mikronemen oder Rhoptrien nur rudimentär vorhanden, bzw. fehlend. Neben Vielfachteilungen (Schizogonien) auch Zweiteilungen. Hinterlassen bei Teilungen kaum Pigmente. Während der Gamogonie nur noch geißellose Mikrogameten; an die Stelle der Flagellen treten axopodienähnliche Fortsätze.

Entwicklungsgang wie bei Haemosporida. Übertragung auf die Zwischenwirte jedoch – soweit bekannt – durch den Speichel von Zecken (Ixodidae) (S. 493), in deren Darmepithelien und Speicheldrüsen die Gamogonie- und Sporogonie-Stadien zum Abschluß gelangen.

Zygoten einiger *Babesia*-Arten können nicht nur in die Speicheldrüse, sondern auch in andere Organe von Zecken einwandern. Bei Invasion von Ovarien und Eiern eröffnet sich ein neuer, transovarieller Übertragungsweg auf die Nachkommenschaft. Somit können selbst junge Zecken-Nymphen, die nie zuvor an einem Wirbeltier Blut gesaugt haben, als Vektoren fungieren. Das sich hierdurch ergebende hohe Gefährdungspotential durch Zecken spiegelt sich in einer Vielzahl von veterinär- oder humanmedizinisch bedeutsamen Seuchen wider. Das durch *Babesia bigemina* bei Rindern verursachte Texas-Fieber geht beispielsweise mit einer Mortalitätsrate von bis zu

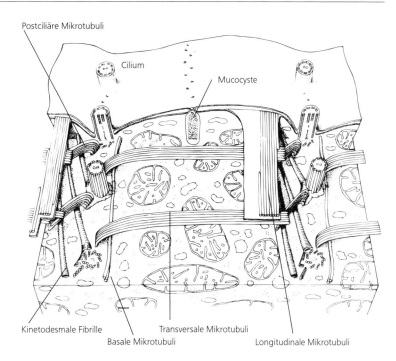

Postciliäre Mikrotubuli

Cilium

Mucocyste

Abb. 71: *Tetrahymena* sp. Wurzelstrukturen an den Basalkörpern (Kinetosomen).
Nach Allen (1969).

Kinetodesmale Fibrille

Basale Mikrotubuli

Transversale Mikrotubuli

Longitudinale Mikrotubuli

50% einher. *Babesia bovis, B. divergens* und *B. microti*
können neben Rindern und Nagetieren auch Menschen
befallen und nicht nur bei Personen mit entfernter Milz
oder erworbener Immundefizienz letal verlaufende Erkrankungen auslösen.

Man nimmt an, daß einige Piroplasmida bei Wiederkäuern, die von *Plasmodium* nicht befallen werden, die ökologische Nische der Malaria einnehmen. Dies gilt besonders für *Theileria*-Arten, die bei Rindern, Schafen und
Ziegen gefürchtete und häufig letal verlaufende Erkrankungen auslösen (Theileriose, afrikanisches Ostküsten-
und Mittelmeerküstenfieber).

10.3 Ciliophora

Wimpertiere sind die bekanntesten heterotrophen
Einzeller. Von ihnen wurden etwa 8 000 Arten mit
z. T. sehr heterogenen Morphen beschrieben, die
aber alle in einem gemeinsamen Bauprinzip und
einer identischen Fortpflanzung übereinstimmen:
(1) der Besitz meist zahlreicher, kurzer Cilien
(Abb. 14), (2) die spezifische Struktur des Cortex,
(3) das Auftreten von Kerndualismus, sowie (4) die
besondere Gamontogamie (Konjugation) bei der
sexuellen Fortpflanzung. Es muß deutlich darauf
hingewiesen werden, daß die Ciliophora erst in dieser Merkmalskombination als Taxon definierbar
sind.

Bau

Der Cortex (Rindenschicht, Corticalplasma)
(Abb. 70, 71) ist für die relativ hoch ausgebildete
Formkonstanz der einzelnen Arten verantwortlich.
Er besteht bei einer Gesamtdicke von etwa 1–4 µm
im wesentlichen aus zwei Komponenten: der Pelli-

cula und den Wurzelstrukturen der Cilien, die in
ihrer Gesamtheit die sog. Infraciliatur bilden. Weitere Elemente können hinzutreten. (Abb. 71)

Zur Pellicula gehört die Zellmembran mit dem ihr
in einigen Fällen aufgelagerten Perilemma. In unmittelbarer Nähe zu den Cilien finden sich Einsenkungen (parasomale Säcke), die Orte der Pinocytose sind. Unter dem Plasmalemma liegt ein System von abgeflachten Vakuolen (Alveolen). Sie
sind mosaikartig aneinandergefügt und bilden häufig ein artcharakteristisches Muster.

In manchen Fällen sind Protein- (*Euplotes*) oder
verkalkte Polysaccharidplatten (*Coleps*) innerhalb
der Alveolen nachgewiesen worden, wodurch dem
Corticalplasma eine zusätzliche Stabilität verliehen
wird. Daneben gibt es Hinweise, daß die Alveolen
eine Rolle als Calcium-Depot spielen. Zur Pellicula
zählen auch eine proteinöse Schicht, das unmittelbar unter den Alveolen gelegene Epiplasma, sowie longitudinale Mikrotubuli-Bänder, die oberhalb
oder unterhalb des Epiplasmas verlaufen (Abb. 71).
Beiden Komponenten wird eine Stabilisierungs-
funktion sowie eine Rolle bei der Morphogenese
des Cortex zugeschrieben.

Die Kinetiden sind Basalkörper (Kinetosomen),
die in Einzahl, Zweizahl oder Vielzahl mit einer
Reihe assoziierter Wurzelelemente zu einem Struk-
turkomplex vereinigt sind. Demzufolge sowie nach
ihrer Lage spricht man von somatischen Mono-
oder Dikinetiden bzw. von oralen Polykinetiden.

Für die typische Ausbildung einer Kinetide spielt es keine
Rolle, ob jedes Kinetosom auch tatsächlich einen eigenen
Cilienschaft trägt. Die assoziierten Wurzelstrukturen

umfassen folgende Komponenten: 1 meist zum Vorderpol der Zelle hinweisende, kinetodesmale Fibrille, die aus filamentösen Untereinheiten besteht, sowie 2 Mikrotubuli-Bänder, die als sog. transversale Mikrotubuli zur Seite oder als postciliäre Mikrotubuli schräg nach hinten hin verlaufen. Die relative Größe, Ausformung und Orientierung der Einzelstrukturen der somatischen Kinetiden ist von hoher systematischer Bedeutung: die einzelnen Taxa (siehe dort) weisen jeweils typische Konfigurationen auf.

Die Kinetosomen sind in einigen Fällen untereinander durch basale (subkinetale) Mikrotubuli-Bänder verknüpft, die wie die postciliären und kinetodesmalen Fibrillen für eine longitudinale Ausrichtung verantwortlich sind (Abb. 71). Die somatischen, der Fortbewegung dienenden Cilien stehen dementsprechend in Längsreihen (Kineten). Lediglich im Bereich der Mundregion wird dieses regelmäßige Muster durch sog. periorale Kineten unterbrochen. In Sonderfällen stehen die Cilien sehr dicht neben- oder beieinander, ohne jedoch miteinander verschmolzen zu sein: sie können dann zu Büscheln (Cirren) (Abb. 79, 80) oder zu flächigen Einheiten (Membranellen) (Abb. 12, 13) zusammentreten. Cirren dienen vornehmlich zum „Laufen", Membranellen zum Herbeistrudeln von Nahrungspartikeln.

Im Cortex finden sich als weitere Organellen vor allem Extrusomen und kontraktile Fibrillen (Myoneme) sowie Mitochondrien, ER-Zisternen und verschiedene Vesikel. Zwischen Cortex und Endoplasma erstreckt sich häufig eine Filamentschicht, die flächig oder netzförmig ausgebildet ist und quergestreifte Filamentbündel enthalten kann.

Die festgefügte, feinmaschige Strukturierung des corticalen Plasmas erschwert zwar nicht dessen Kontraktilität, beeinträchtigt aber den Stoffaustausch mit der Umwelt. Daher findet sich bei vielen Ciliaten auf derjenigen Körperseite, die deshalb vereinbarungsgemäß als Ventralseite festgelegt ist, eine längere Aussparung innerhalb des corticalen Gefüges, die Sutur. Hier liegt ein oft sehr tief nach innen reichender Mundtrichter, an dessen Grund Phagocytose-Prozesse ablaufen und Nahrungsvakuolen gebildet werden. Für exocytotische Vorgänge stehen ebenfalls besondere Strukturkomplexe zur Verfügung, die eine Fusion der Exocytose-Vakuolen mit der Zellmembran ermöglichen: ein Zellafter (Cytopyge) für die Ausscheidung geformter Nahrungsreste sowie Poren für die Eliminierung wäßriger Bestandteile durch die kontraktilen Vakuolen.

Die besondere Architektur des Cortex bedingt zugleich auch, daß sich Ciliaten bei der mitotischen Zweiteilung gewöhnlich quer zum Verlauf der Kineten teilen.

Einen gewissen Eindruck von der Komplexität des Ciliatencortex kann man mit Hilfe von verschiedenen Silberimprägnationstechniken bereits lichtmikroskopisch erhalten (Abb. 93 B). Obgleich z. T. nicht ganz klar ist, welche pelliculären oder kinetidalen Strukturelemente mit dieser Färbung tatsächlich kontrastiert werden, ist das Ergebnis bei den jeweiligen Organismen sehr konstant und spezifisch. Für Artbestimmungen und morphogenetische Untersuchungen sowie für die Aufdeckung von systematischen Zusammenhängen ist die Analyse von Silberlinien-Systemen nach wie vor unverzichtbar. Die volle Komplexität des Cortex läßt sich jedoch nur durch die elektronenmikroskopische Untersuchung von Serienschnitten erfassen. Mittlerweile liegen für zahlreiche Arten sehr genaue Rekonstruktionen des Corticalgefüges vor (Abb. 71).

Ciliaten besitzen unterschiedliche Zellkerne (Kerndualismus): (1) ein bis mehrere „somatische" Makronuclei und (2) ein bis mehrere „generative" Mikronuclei. Die Mikronuclei sind diploid und bleiben mit einem Durchmesser von etwa 2–5 μm relativ klein. Die Makronuclei – entsprechend ihres hochamplifizierten Genbestands – haben eine an das Zellvolumen gekoppelte, meist vielfach größere Dimension. Makronuclei sind die Orte der RNA-Synthese, sie übernehmen die Aufgaben des normalen Zellmetabolismus. Die Funktion der Mikronuclei liegt hingegen primär in der Speicherung und Neukombination der genetischen Information. Die Form der Makronuclei ist äußerst variabel und umfaßt rundliche, verzweigte, perlschnurförmige und fragmentierte Bautypen. Von den beiden Kernarten führt lediglich der Mikronucleus geordnete mitotische oder meiotische Teilungen durch. Für die Karyokinese der Makronuclei ist hingegen ein in seinen Details noch nicht aufgeklärter Aufteilungsmechanismus verantwortlich, bei dem keine Spindeln auftreten. Während der sexuellen Fortpflanzung (bei den meisten Karyorelictea auch während der gewöhnlichen Zellteilung) gehen Makronuclei normalerweise zugrunde. Ihre Neubildung erfolgt aus sich umdifferenzierenden Mikronuclei.

Fortpflanzung

Der wesentliche Effekt der Konjugation ist im Austausch von Genmaterial zu sehen. Dieser Austausch läuft nach einem festgelegten Muster ab (Abb. 72 A). Nachdem sich die Zellen aneinandergelegt haben (Abb. 80) und im Bereich der Mundapparate miteinander verschmolzen sind, vergrößern sich die Mikronuclei. Durch eine meiotische Teilungsfolge entstehen dann 4 haploide Kerne, von denen 3 zugrunde gehen. Der verbleibende Kern teilt sich nochmals. Nun liegen 2 sexuell unterschiedlich differenzierte Gametenkerne vor; die Konjuganten erhalten dadurch eine zwittrige Organisation. Einer der Kerne, der Stationärkern, verbleibt im Konjuganten; der andere, der Migrationskern (Wanderkern), wandert in den Konjugationspartner. Hier verschmelzen Stationär- und Migrationskern miteinander zum Synkaryon. Danach trennen sich die Konjuganten. Der Makronucleus hat sich während der Konjugation aufgelöst.

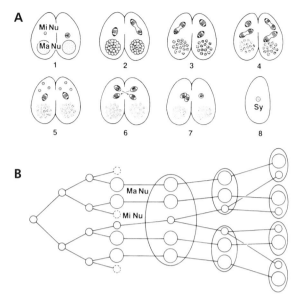

Abb. 72: Ciliophora. Konjugation bei *Paramecium caudatum*. A Ablauf der Konjugationsvorgänge. Der diploide Mikronucleus (MiNu) führt die beiden Reifeteilungen durch (1–4), so daß 4 haploide Kerne vorliegen, von denen 3 zugrunde gehen (5). Der in jedem Konjuganten übrigbleibende Kern teilt sich nochmals in einen Wanderkern und in einen stationären Kern (6). Jeder der beiden Wanderkerne gelangt über die Cytoplasmaverbindung in den Konjugationspartner (6) und fusioniert mit dem dort verbliebenen stationären Kern zum Synkaryon (8). Der Makronucleus (MaNu) hat sich während dieser Vorgänge aufgelöst. B Metagame Kern- und Zellteilungen, in denen der Ausgangszustand mit 1 Mikronucleus und 1 Makronucleus wieder hergestellt wird. Aus Hausmann (1985) nach Grell.

Um wieder die Situation zu erreichen, die vor der Konjugation vorlag, muß ein neuer Makronucleus entstehen. Im einfachsten Fall teilt sich das Synkaryon, und aus dem Produkt dieser Teilung entstehen direkt Mikro- und Makronucleus. Jedoch liegt dieser einfache Modus relativ selten vor. Viel häufiger sind mehrere metagame Kern- und Zellteilungen notwendig, um den Ausgangszustand wiederherzustellen (Abb. 72 B).

Es können natürlich nur artgleiche Individuen miteinander konjugieren, und hierbei muß es sich um komplementäre, sog. Paarungstypen handeln. Die Anzahl der Paarungstypen ist bei den diversen Ciliophora-Morphospezies (Syngens) unterschiedlich und variiert zwischen einigen wenigen bis hin zu über 40 pro Morphospezies. Das Paarungssystem kann bipolar oder multipolar sein. Liegt ein bipolares System vor, gibt es bei den verschiedenen Paarungstypen immer nur zwei einander komplementäre Organismentypen, die miteinander konjugieren können. Dementsprechend kann bei einem multipolaren Paarungssystem eine Zelle mit den Zellen aller Paarungstypen – ausgenommen den Zellen des eigenen Typs – konjugieren. Die komplementären Paarungstypen erkennen sich mit Hilfe von Gamonen, die je nach Art ins Medium abgegeben werden oder oberflächengebunden sind.

Systematik

Die systematische Untergliederung der Ciliophora war seit den Zeiten BÜTSCHLIS (1887/1889) und KAHLS (1930/1935) vielfach grundlegenden Änderungen unterworfen. Zunächst war die Art der Bewimperung ein entscheidendes Kriterium, aus dem sich Großgruppen wie Holotricha, Chonotricha, Peritricha, Spirotricha und Suctoria relativ einfach herleiten ließen. Ab etwa 1970 wurden zunehmend morphogenetische Parameter, die vor allem die Ausbildung und die Genese der Mundapparate betrafen, herangezogen. Das 1980 aktualisierte System sah 3 Klassen vor: **Kinetofragminophorea** (Mundbewimperung von der Körperciliatur hergeleitet), **Oligohymenophorea** (Mundapparat mit wenigen Membranellen) und **Polyhymenophorea** (Mundapparat mit zahlreichen Membranellen).

Derzeit wird eine Untergliederung nach den Merkmalen der Infraciliatur favorisiert. Sie beruht auf feinstrukturellen Charakteristika des Cortex, berücksichtigt die Stomatogenese und andere morphogenetische Details, Entwicklungskreisläufe und – soweit vorhanden – molekularbiologische Daten. Da die zeitraubenden ultrastrukturellen und molekulargenetischen Untersuchungen bisher erst an einem Bruchteil der bekannten Taxa durchgeführt werden konnten, sind noch Veränderungen des Systems zu erwarten. Nach dem gegenwärtigen Wissensstand zeichnet sich jedoch bereits deutlich ab, daß Organismen mit somatischen Dikinetiden und schwach ausgeprägtem Kerndualismus den Ausgangspunkt der Radiation darstellen. Aus ihnen haben sich 8 Taxa deutlich differenziert, die nach dem derzeitigen Stand des Wissens in 3 Gruppen zusammengefaßt werden: **Postciliodesmatophora**, **Rhabdophora** und **Cyrtophora**.

10.3.1 Postciliodesmatophora

Die Subtaxa der Postciliodesmatophora sind durch einen weitgehend gleichen Bau ihrer somatischen Dikinetiden gekennzeichnet. Die kinetodesmalen Fibrillen, die jeweils nur vom hinteren Kinetosom ausgehen, sind zumeist deutlich entwickelt und ziehen als Einzelstränge schräg nach vorn, aber teilweise auch nach hinten. Die postciliären Mikrotubuli ragen nach hinten und überlagern sich mit ihren Pendants, die von weiter vorn liegenden Kinetosomen der gleichen Kinete entspringen. Die miteinander vereinigten Mirotubulibündel (Postciliodesmata), die eine bereits lichtmikroskopisch sichtbare Fiber bilden, gelten als wichtigste Autapomorphie. Neben Kineten mit Dikinetiden können auch Felder mit monokinetidalen Cilienreihen auftreten. Parasomale Säcke und auch Alveolen sind wahrscheinlich mitunter nur gering entwickelt. Als Extrusomtypen treten Mucocysten und Rhabdocysten auf (Abb. 73–80).

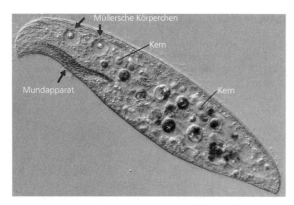

Abb. 73: *Loxodes rostrum* (Ciliophora, Karyorelictea). Länge: bis 250 µm. Bei den Müllerschen Körperchen handelt es sich möglicherweise um Schweresinnesorgane. Original: D.J. Patterson, Sydney.

10.3.1.1 Karyorelictea

Früher zu den Holotricha gezählt. Größtenteils gleichmäßig bewimpert und zumeist mit langgestrecktem Zellkörper. Die Mehrzahl im Sandlükkensystem mariner Küsten.

Kernverhältnisse ursprünglich, Mikro- und Makronuclei in etwa noch mit gleichem diploiden DNA-Gehalt. Makronuclei, in der Regel in Zweizahl, nicht teilungsfähig, werden daher bei jeder Zellteilung durch eine zusätzliche Teilung der Tochtermikronuclei gebildet. Lediglich bei *Protocruzia* entstehen die Makronuclei durch Teilung aus ihresgleichen, wobei besonders bemerkenswert ist, daß es sich hierbei um eine echte mitotische Teilung handelt.

*Tracheloraphis phoenicopterus, 450 µm; in marinen Sandstränden, weit verbreitet. – **Loxodes rostrum*, 250 µm, mit sog. Müllerschen Körperchen; Süßwasser, Algen- und Bakterienfresser (Abb. 73).

10.3.1.2 Spirotrichea

Somatische Bewimperung in zwei Ausprägungen: (1) Kineten als linear angeordnete Di- oder Polykinetiden, deren Kinetosomen entweder alle bewimpert sind oder von denen nur das vordere ein

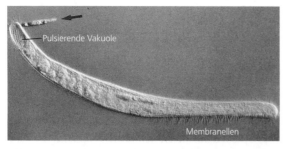

Abb. 74: *Spirostomum ambiguum* (Ciliophora, Heterotrichia). Länge: 1,5–3 mm; mit einer *Astasia* (Euglenidea) (Länge: 50 µm), zum Größenvergleich (Pfeil). Orignal: D.J. Patterson, Sydney.

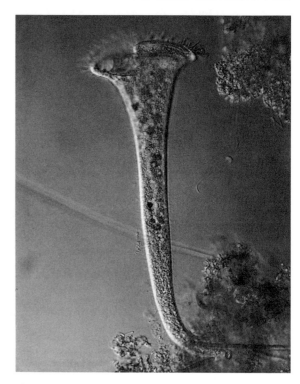

Abb. 75: *Stentor roeseli* (Ciliophora, Heterotrichia), Trompetentierchen. Original: K. Emschermann, Freiburg.

Axonem trägt; (2) Cirren an der Ventralseite. Die Postciliodesmata, die in der älteren Literatur als sog. Km-Fibern geführt werden, sind zumeist deutlich entwickelt. Im Mundbereich serial angeordnete Polykinetiden, die im Uhrzeigersinn zum Cytostom ziehen (adorales Membranellenband); an diesem Merkmal kann die Gruppenzugehörigkeit bereits lichtmikroskopisch leicht erkannt werden.

Heterotrichia

Durch somatische Dikinetiden oder Polykinetiden und adorale, rechtsgewundene Membranellenbänder gekennzeichnet (Abb. 74, 75, 76); typische heterotriche Bewimperung. Orale Polykinetiden besonders auf der vorderen linken Körperseite. Aus den insgesamt 7 Subtaxa hier nur wenige Beispiele:

*Stentor coeruleus (Heterotrichida), 900–2000 µm, mit blauen Pigmenten, äußerst kontraktil (Abb. 75). – **Folliculina uhligi* (Heterotrichida) (Abb. 76), mit 300 µm großer Lorica, marin. – **Spirostomum ambiguum* (Heterotrichida) (Abb. 74), wurmförmig lang, 1–3 mm. – **Saprodinium dentatum* (Odontostomatida), 50–80 µm, abgeflacht und mit dornartigen Fortsätzen, im Faulschlamm.

Oligotrichia

Membranellen gut ausgebildet, umkränzen die apikale Mundöffnung mehr oder weniger vollständig; nicht nur zum Herbeistrudeln von Nahrungspartikeln, sondern auch zum Schwimmen eingesetzt.

Somatische Cilien, die sonst die Lokomotionsfunktion innehaben, weitgehend oder völlig reduziert. Zellafter (Cytopyge) fehlt, häufig wohl deshalb, weil viele oligotriche Ciliaten isolierte, aus erbeuteten „Algen" stammende Chloroplasten für eine geraume Zeit in Vakuolen kultivieren und somit eine partiell autotrophe (mixotrophe) Lebensweise führen können.

Tintinnidium fluviatile (Choreotrichida), mit 100–300 µm großer Lorica, im marinen Plankton (Abb. 77). – *Halteria grandinella* (Oligotrichida), 20–40 µm, mit cirrusähnlichen Cilienbüscheln und ruckartiger Bewegungsweise (Abb. 78).

Stichotrichia

Zumeist dorsoventral abgeflacht, mit zahlreichen Cirren (Abb. 79), im Bereich der ventralen somatischen Region in längsverlaufenden geraden oder zickzackförmigen Reihen. Auf der Rückenseite Dikinetiden mit Postciliodesmata, deren kinetodesmale Fibrillen – wie gelegentlich auch bei den Oligotrichia, aber im Gegensatz zu den übrigen Spirotricha – nicht nach vorn ziehen, sondern im Bogen nach hinten. Oralapparat auf der linken Seite des vorderen Zellkörpers. Mit zahlreichen Gattungen und Arten im Meer- und Süßwasser sowie in terrestrischen Habitaten.

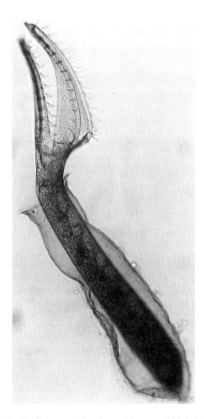

Abb. 76: *Folliculina* sp. (Ciliophora, Heterotrichia). Länge: ca. 700 µm. Original: W. Westheide, Osnabrück.

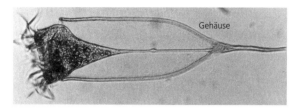

Abb. 77: *Favella ehrenbergii* (Ciliophora, Oligotrichia). Länge des Tieres: bis 300 µm. Aus dem marinen Plankton. Aus Laval-Peuto (1981).

Urostyla viridis, 100–200 µm, mit Zoochlorellen, im Faulschlamm von Tümpeln. – *Stylonychia mytilus,* 100–300 µm, Bakterienfresser und Algenräuber (Abb. 79).

Hypotrichia

Einzige Gruppe der Spirotrichea mit postciliären Mikrotubulibändern und rudimentären Desmos-Bildungen zwischen den Basalkörpern der Kinetiden; letztere ähneln daher denen der Nassophorea, mit denen sie auch bereits vorübergehend systematisch vereinigt wurden. Der übrige Bau gleicht weitgehend dem der Stichotrichia: durch ventral zu Gruppen angeordnete Cirren, dorsale Dikinetiden und mächtiges adorales Membranellenband des Mundapparats. An diesen Organismen wurden grundlegende Untersuchungen zur Konjugation (Abb. 80) durchgeführt. In älteren Systemen Stichotrichia und Hypotrichia als Oligotrichia miteinander vereinigt. Vorwiegend Bakterienfresser, in Abwasserreinigungsanlagen in oft hoher Abundanz.

Euplotes patella, 80–150 µm, mit 9 Frontalcirren, häufig zwischen Wasserpflanzen. – *Aspidisca lynceus*, 30–55 µm, mit 7 Frontalcirren.

10.3.2 Rhabdophora

Freilebende und endobiontische Ciliaten, deren somatische Bewimperung aus Monokinetiden hervorgeht. Nur im Bereich der Mundöffnung finden sich

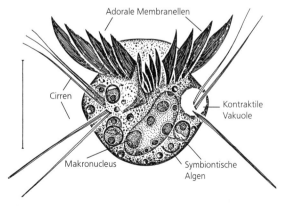

Abb. 78: *Pelagohalteria viridis* (Ciliophora, Oligotrichia). Ventralansicht. Maßstab: 20 µm. Aus Foissner et al. (1988).

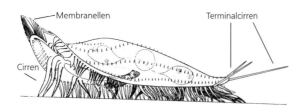

Abb. 79: *Stylonychia mytilus* (Stichotrichia). Länge: bis 300 µm. Nach Machemer aus Grell (1964).

Dikinetiden, von denen besonders auffällige, transversale Mikrotubulibänder ausstrahlen. Die hier als Nematodesmata oder als nematodesmale Fibrillen bezeichneten Mikrotubuli verstärken das Cytostom und bilden teilweise einen Reusenapparat (Rhabdos) aus. Bei der Zellteilung gehen die Mundstrukturen mehr oder weniger unverändert auf die vorderen Bereiche der Zelle über. An Extrusomen treten vor allem Toxicysten auf, mit denen die Beute immobilisiert oder getötet werden kann.

10.3.2.1 Prostomatea

Mundöffnung am Vorderende der Zelle. Monokinetiden der somatischen Ciliatur mit transversalen Mikrotubulibändern, deren Basalabschnitte radial zum Kinetosom orientiert sind.

Prorodon teres, 80–200 µm, in Süß- und Brackwasser. – *Coleps hirtus*, 55–65 µm, mit Panzerung aus verkalkten Polysaccharidplatten.

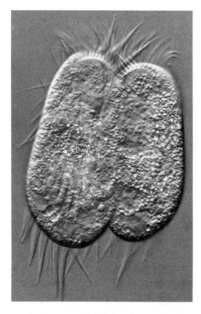

Abb. 80: *Euplotes vannus* (Ciliophora, Hypotrichia). Länge: ca. 90 µm. Mit Cirren. Konjugationspärchen. Original: H. Mikoleit, Osnabrück.

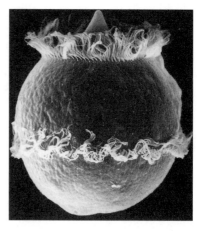

Abb. 81: *Didinium nasutum* (Ciliophora, Haptoria). Länge: ca. 150 µm. Original: E. Small, College Park.

10.3.2.2 Litostomatea

Mit transversalen Mikrotubulibändern, die in tangentialer Lagebeziehung zum Kinetosom stehen, sowie seitlich gerichteten, kinetodesmalen Fibrillen und konvergierenden, postciliären Mikrotubulibändern.

Haptoria

Freilebend, räuberisch (mit Toxicysten). Cytostom mit seitlicher, ventraler oder endständiger Lage. Mundregion ohne auffällige Zusatzsstrukturen, direkt an der Zelloberfläche.

Loxophyllum meleagris, 300–400 (700) µm, erbeutet v.a. Rotatorien (Abb. 20C). – *Dileptus anser*, 250–600 µm, Cytostom ventral. – *Didinium nasutum*, 80–150 µm

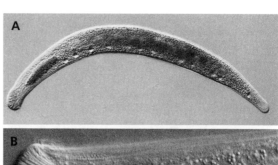
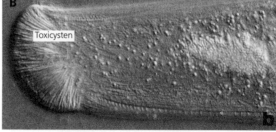

Abb. 82: *Homalozoon vermiculare* (Ciliophora, Gymnostomatida). Länge: 600 µm. A Habitus. B Oralbereich mit Toxicysten. Originale: K. Hausmann, Berlin.

(Abb. 81) und *Homalozoon vermiculare*, bis 800 μm (Abb. 82), beide Paramecien-Räuber. – *Mesodinium rubrum*, marin, gelegentlich Verursacher roter Tiden, mit Hilfe endosymbiontischer Dinoflagellaten zur photoautotrophen Lebensweise übergegangen.

Trichostomatia

Dicht bewimperte Oralregion charakteristisch. Körperciliatur in der Regel auf einzelne Zonen beschränkt und vielfach in Bändern oder Büscheln angeordnet. Ausgeprägte Schicht von Mikrofilamenten stabilisiert die häufig bizarren Körperformen (Abb. 83).

Als Endobionten im Verdauungstrakt zahlreicher Tiergruppen; regelmäßig im Pansen der Wiederkäuer. Ernährung durch Bakterien, Cellulosestückchen und andere Ciliaten, auch parasitisch (Histophagie). Degradation der Cellulose erfolgt (wie bei den Hypermastigida, S. 25) durch endobiontische Bakterien. Ciliatenfauna des Pansens wird durch Regurgieren des Mageninhalts und Verfütterung an die Nachkommenschaft der Wiederkäuer weitergegeben. Den anoxischen Bedingungen entsprechend weisen die Trichostomatia keine Mitochondrien auf. An ihrer Stelle finden sich Hydrogenosomen, die vermutlich aus Mitochondrien hervorgegangen sind.

Entodinium caudatum, 50–80 μm (Abb. 83 A), und *Ophryoscolex bicoronatus*, 40–60 μm, in Rinder- und Schafmägen (Abb. 83 B). – *Balantidium coli,* 40–80 (150) μm, im End- und Blinddarm von Schweinen und Primaten, Verursacher von chronischen Darmgeschwüren beim Menschen.

10.3.3 Cyrtophora

Die restlichen 4 größeren Taxa der Ciliophora zeichnet aus, daß bei der Teilung der Zellen der Mundapparat des entstehenden Vordertieres einer weitgehenden Reduzierung unterliegt, bevor sich zwei neue Mundapparate entwickeln. Die postciliären Mikrotubulibänder der oralen Dikinetiden sind zum Cytostom hin ausgerichtet. Die somatischen Kinetiden treten als Monokinetiden bei den Phyllopharyngea und als Dikinetiden bei den Nassophorea, Oligohymenophorea und Colpodea auf. Häufig ist ein besonderer Mundapparat (Reuse, Cyrtos) vorhanden.

10.3.3.1 Phyllopharyngea

Gewöhnlich mit somatischen Monokinetiden. Transversale Mikrotubulibänder – soweit überhaupt noch erkennbar – in stark rudimentärer Form. Die deutlich ausgebildeten, kinetodesmalen Fibrillen strahlen zur Seite hin ab. Für die Ausbildung longitudinal verlaufender Kineten sind subkinetale Mikrotubulibänder verantwortlich, die nach vorn oder nach hinten ziehen und benachbarte Kinetosomen miteinander verbinden. Im Bereich des Cytopharynx finden sich blattähnlich geformte mikrotubuläre Bänder. Bei manchen Gruppen werden diese von Nematodesmata umgeben, die von Kinetosomen ausgehen und das Gerüst eines korbähnlichen Reusenapparats (Cyrtos) darstellen.

Phyllopharyngia

Freischwimmende, sessile (und endobiontische) Organismen, hauptsächlich auf Ventralseite bewimpert, mit echtem Cytostom. Häufig dorsoventral abgeflacht.

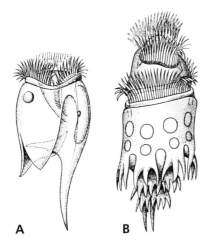

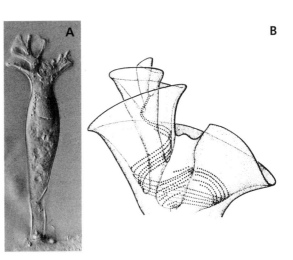

Abb. 83: Trichostomatia (Ciliophora). A *Entodinium caudatum.* Länge: bis 70 μm. B *Ophryoscolex purkinjei.* Länge: bis 190 μm. Im Pansen von Wiederkäuern. Nach Schuberg und Bütschli aus Grell (1964).

Abb. 84: *Spirochona gemmipara* (Ciliophora, Chonotrichia). Länge: 100 μm, auf Kiemen von Süßwasseramphipoden. A Habitus. B Kragen mit den Basalkörpern der Cilien. A Original: H.J. Fahrni, Genf; B nach Gullcher aus Grell (1964).

Chilodonella cucullulus, 100–150 µm, Brackwasser, im Aufwuchs. – *C. uncinata*, 50–90 µm, im Moos.

Chonotrichia

Die adulten, sessilen Individuen weisen keine Körperciliatur auf. Nur die Verbreitungsformen (Schwärmer), die durch Knospung aus der Mutterzelle hervorgehen, sind vorübergehend vollständig bewimpert. Mit schraubig gewundenem, apikalen Kragen oder Trichter, der auf der Innenseite von einigen Cilienreihen ausgekleidet ist, die einen Wasserstrom erzeugen und so Nahrungspartikeln zur Mundöffnung führen.

Spirochona gemmipara, 80–120 µm, auf Kiemenplättchen von Süßwasser-Gammariden (Abb. 84).

Suctoria

Suktorien sind stark abgewandelte Wimpertiere. Ihre Zugehörigkeit zu den Ciliophora wurde zunächst nur aus ihren kurzzeitig bewimperten Entwicklungsstadien geschlossen. Diese werden von den sessilen Mutterzellen durch endogene oder exogene Knospung freigesetzt (Abb. 23, 86), schwärmen kurze Zeit im freien Wasser und setzen sich dann auf neuen, artspezifischen Substraten fest. Die charakteristischen cytologischen Ciliophora-Merkmale, wie Infraciliatur (Kinetosomen und assoziierte Strukturen), Alveolen und Kerndualismus sind jedoch ebenfalls vorhanden.

Die adulten festsitzenden Stadien sind vornehmlich auf Ciliaten, auch auf andere Suktorien spezialisierte Räuber. Sie zeichnen sich durch den Besitz von Fang- und Freßtentakeln aus. Die zur Nahrungsaufnahme eingesetzten Tentakel sind an der Spitze häufig verdickt und besitzen hier Haptocysten, die den Kontakt zur Beute vermitteln und diese immobilisieren. In den Tentakeln finden sich rohrartige Anordnungen von Mikrotubuli, die mit den nematodesmalen Fibern von Reusenapparaten homologisiert werden. Mit ihrer Hilfe wird ein Nah-

Abb. 86: *Ephelota gemmipara* (Suctoria): Bildung bewimperter Schwärmer durch Knospung, die sich loslösen und an anderer Stelle festsetzen. Länge des Zellkörpers: 40 µm. Original: P. Emschermann, Freiburg.

rungstransport realisiert, der – oberflächlich betrachtet – an einen Saugakt erinnert. Druckdifferenzen zwischen Räuber und Beute, die die Transportphänomene erklären könnten, sind jedoch angesichts der geringen Durchmesser der Tentakel auszuschließen; die Triebkraft muß vielmehr in den Tentakeln selbst erzeugt werden. Die Mehrzahl der Arten findet sich im Süßwasser; 2 Arten besiedeln den Verdauungstrakt von Warmblütern.

Acineta tuberosa, in 50–100 µm hoher Lorica. – *Dendrocometes paradoxus*, bis 100 µm, auf Süßwasser-Gammariden (Abb. 85). – *Ephelota gemmipara*, bis 250 µm, marin, auf Bryozoen etc. (Abb. 86).

10.3.3.2 Nassophorea

Körperciliatur aus Mono- oder Dikinetiden. Typisches Vorkommen von transversalen Mikrotubulibändern, die tangential zu den Kinetosomen hin orientiert sind; bei Dikinetiden jedoch nur in Verbindung mit dem jeweils vorderen Kinetosom. Kinetodesmale Fibrillen gewöhnlich gut entwickelt, überlagern sich parallel zum Verlauf der Kineten. Im Bereich des Mundapparates nematodesmale Fibrillen, die von den Kinetosomen des Mundfeldes ausgehen und den Cytopharynx umziehen. Nemato-

Abb. 85: *Dendrocometes paradoxa* (Suctoria), auf Kiemen von Süßwasseramphipoden. REM. Maßstab: 20 µm. Original: C. Bardele, Tübingen.

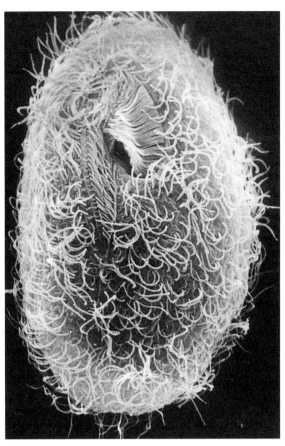

Abb. 87: *Frontonia acuminata* (Ciliophora, Nassophorea). Cilien verdecken die Buccalhöhle und das Cytostom. Länge des Tieres: 130 µm. Original: K. Hausmann, Berlin.

desmata können einen korbähnlichen Reusenapparat bilden. Trichocysten vorhanden.

* Frontonia acuminata, 120 µm, Diatomeen- und Ciliatenfresser (Abb. 87). – **Nassula ornata*, 250 µm, mit deutlich entwickeltem Reusenapparat, Blaualgenfresser. – **Microthorax simulans*, 30–35 µm, mit wenigen Kineten, lebt unter faulenden Pflanzenteilen. – **Pseudomicrothorax dubius*, 50–60 µm, mit mächtigem Reusenapparat (Abb. 88) in der Vorderhälfte der Zelle. – **Paramecium caudatum*, 180–300 µm, ohne Reusenapparat, aber mit nematodesmalen Fibrillen, die den Mundapparat und die Mundbucht stützen. Bakterienfresser (Abb. 14, 21).

10.3.3.3 Oligohymenophorea

Die wissenschaftliche Bezeichnung dieses artenreichsten und weitestverbreiteten Ciliophora-Taxon geht auf das Vorhandensein von wenigen (höchstens 3) oralen Polykinetiden zurück, die auf der linken Seite des Mundapparats ausgebildet sind und dort als häutige Segel einer undulierenden Membran gegenüberstehen (Abb. 88). Das Cytostom findet sich meist am Grunde einer mehr oder minder tiefen ventralen Einbuchtung der Zelloberfläche. Die somatischen Cilien stehen vorwiegend in Längsreihen; sie sind monokinetidalen oder dikine-

tidalen Ursprungs. Im Gegensatz zu den Verhältnissen bei den Nassophorea verlaufen die transversalen Mikrotubulibänder nicht tangential, sondern radial zum Kinetosom. Die kinetodesmalen Fibrillen sind nach vorn gerichtet, die divergierenden postciliären Bänder weisen nach hinten. Vielfach findet sich ein Entwicklungsgang, der durch polymorphe Stadien gekennzeichnet ist. In zeitlicher Aufeinanderfolge treten beispielsweise folgende Stadien auf: Trophonten (Freßzellen), Tomonten (cystenbildende Teilungsstadien), Tomiten (nichtfressende Teilungsprodukte) und Theronten (excystierte, vagile Verbreitungsformen, die wieder zu den Trophonten überleiten).

Hymenostomatia

Ciliatur des Mundapparates mit gewöhnlich 3 schräggestellten Membranellen, von einer ein- bis dreiteiligen oralen Dikinetide (undulierende Membran, endorale Membran oder parorale Kinete) halb umrahmt. Membranellen strudeln Nahrungspartikeln heran, die von der undulierenden Membran in die Cytostomregion geleitet werden. Die Körperbewimperung ist vollständig.

Zwei Subtaxa (Hymenostomatida und Scuticociliatida). Charakteristische Merkmale der Hymenostomatida sind einsegmentige orale Dikinetiden sowie eine vorwiegend monokinetidale Körperciliatur. Körperciliatur der Scuticociliatida vorwiegend aus

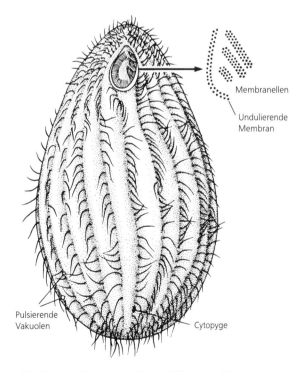

Abb. 88: *Tetrahymena pyriformis* (Ciliophora, Hymenostomatia). Rechts oben: Ciliatur des Mundfeldes mit 3 Membranellen und einer undulierenden Membran. Länge: 65 µm. Nach Grell (1980).

Abb. 89: Reusenapparat (Querschnitt) von *Pseudomicrotho-rax dubius* (Ciliophora, Spirotrichea), mit dem fädige Cyano-bakterien gefressen werden. Vergr.: 7000 × Original: K. Haus-mann, Berlin.

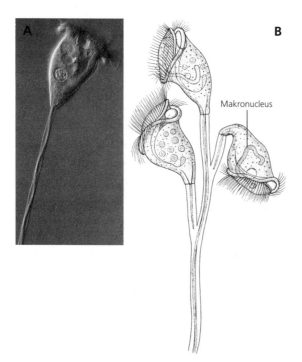

Abb. 90: Peritrichia (Ciliophora). A *Vorticella* sp. B *Carchesium polypinum*. Länge ohne Stiel: ca. 100 µm. A Original: D.J. Pat-terson, Sydney. B Aus Grell (1968).

Dikinetiden und die undulierende Membran aus drei Segmenten bestehend.

Tetrahymena pyriformis (Hymenostomatida) (Abb. 88), 25–90 µm. – *Colpidium colpoda* (Hymenostomatida), 90–150 µm, Bakterienfresser. – *Ophryoglena atra* (Hy-menostomatida), 300–500 µm, histophager Räuber mit zeitlich aufeinanderfolgenden Morphen (Trophonten, Protomonten, Tomonten, Tomiten). – *Ichthyophthirius multifiliis* (Hymenostomatida), 100–1 000 µm, gefährli-cher Ektoparasit bei Fischen. – *Pleuronema crassum* (Scu-ticociliatida), 70–120 µm, verbreitet in Tümpeln.

Peritrichia

Die rund 1 000 Arten der peritrichen Ciliaten be-sitzen einen adoralen Wimpernkranz, der in Form einer Polykinete ausgebildet ist. Er verläuft auf einer linksdrehenden Schraubenbahn vom Rande des Mundfeldes (Peristom) zum Cytostom und spaltet sich innerhalb des Mundtrichters in 3 Membranel-len auf. Die Körperciliatur ist weitgehend reduziert und findet sich, wenn überhaupt, nur noch in Form eines aboralen Gürtels.

Sessilida – Die mit der Nahrungsaufnahme befaß-ten Zellen (Trophonten) sind gewöhnlich sessil und leben auf verschiedenen Substraten, unter anderem auch epizoisch auf Kleinkrebsen, Wasserschnecken, Wasserkäfern. In vielen Fällen, wie bei *Vorticella* und *Carchesium* (Abb. 90, 91), werden kontraktile Stiele ausgebildet, mit denen sich diese Ciliaten blitz-schnell ungünstigen Situationen entziehen können. Daneben existiert eine Anzahl von Formen mit star-ren Stielen, bei denen nur der Zellkörper kontraktil ist (*Epistylis*). Die Stiele entstehen an einem be-sonderen Organell, der Scopula.

Eine Reihe von sessilen Peritrichen lebt in Gehäusen (*Vaginicola, Cothurnia*) oder innerhalb einer gelati-nösen Matrix (*Ophrydium*). Weit verbreitet ist das Auftreten von kolonialen Verbänden (Abb. 92). Unter ungünstigen Bedingungen sowie bei der Zell-teilung oder der Konjugation wird ein basaler Wimpernkranz ausgebildet, der den Zellen nach Ablösung vom Stiel ein Umherschwimmen und die Besiedlung neuer Habitate ermöglicht. Die Ver-mehrung erfolgt durch eine modifizierte Zelltei-lung, die in der Längsachse verläuft, oder durch Knospung.

Dank ihrer Neigung zu Massenvorkommen und ihres wirkungsvollen Freßapparats, mit dem Bakte-rien und Kleinstalgen aus dem Medium gefiltert werden, leisten die Sessilida einen wesentlich Beitag zur Gewässerreinigung.

Vorticella campanula, 60–90 µm, solitär.- *Carchesium polypinum*, 80–140 µm, Spasmonemen an den Verzwei-gungen unterbrochen (Abb. 91). – *Epistylis chrysemydis*, 140–220 µm, mit zwei wulstigen Peristomkragen. – *Ophrydium versatile*, Einzeltiere 300–400 µm, mit Zoo-chlorellen, in bis zu kindskopfgroßen Kolonien lebend. – *Vaginicola tincta*, 85–105 µm, mit Hinterende in Lorica befestigt.

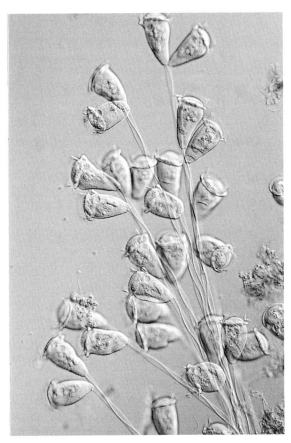

Abb. 91: *Carchesium polypinum* (Peritrichia). Länge eines Einzelindividuums: ca. 100 µm. Teil einer Kolonie. Original: P. Emschermann, Freiburg.

Mobilida – Die mobilen, aber nur selten freischwimmenden Vertreter der Peritrichia besitzen permanent einen basalen Wimpernkranz, der in Verbindung mit einem kompliziert gebauten, intrazellulären Haftapparat steht. Er ermöglicht den Zellen ein kurzzeitiges Anheften während der Wanderungen auf ihren jeweiligen Wirtsorganismen.

Trichodina pediculus, 60–100 µm, auf Hydrozoen, Bryozoen, Amphibienlarven und Fischen, lebt von Bakterien und verursacht Fischkrankheiten (Trichodiniasen). – *Urceolaria mitra*, 80–140 µm, auf Planarien (Plathelminthes).

Astomatia

Mundlose Endobionten, als harmlose Kommensalen vornehmlich im Verdauungstrakt von Land- und Wassertieren (Anneliden, Turbellarien, Gastropoden und Amphibien). Nährstoffe werden – in gelöster Form – über die gesamte Zelloberfläche aufgenommen. Einige mit komplexen Festhaltevorrichtungen. Teilung vielfach über eine Knospung, wobei es zur Kettenbildung von noch aneinanderhängenden Ciliaten kommen kann.

Haptophrya michiganensis, 1100–1600 µm, in Salamandern.

Apostomatia

Epi- und Endobionten von Crustaceen, Anneliden und Cnidariern. Cytostom-Cytopharynx-Apparat sehr stark reduziert, bei den Tomiten noch drei Polykinetiden. Mit „Rosette", einem ultrastrukturell komplexen Organell unbekannter Funktion. Körperciliatur verläuft in Schraubenbahnen.

Im komplizierten Entwicklungsgang lösen sich endobiontisch lebende Trophonten, mehrere Tomonten- und Tomiten-Stadien mit epibiontisch lebenden Phoronten ab.

Foettingeria actiniarum, bis 1 mm, abwechselnd auf Crustaceen und Actinien.

10.3.3.4 Colpodea

Ungefähr 150 Arten, nur aufgrund feinstruktureller Merkmale zu einem Taxon zusammengefaßt. Körperciliatur in spiralig verlaufenden Wimperreihen (Kineten), die aus Dikinetiden bestehen, sowie transversale Mikrotubuli, die vom hinteren Kinetosom der Dikinetiden aus nach hinten ziehen und sich zu einer sogenannten LKm-Fibrille (oder transversodesmalen Fibrille) vereinigen. Bei der Stomatogenese gehen die Wimpern der Oralapparate aus somatischen Cilien der Mutterzelle hervor. Zellteilung häufig innerhalb von Cysten.

Habitus meist nierenförmig und relativ gleichförmig (Abb. 93); dagegen Mundapparat äußerst heterogen. Einige Gattungen ähneln daher Vertretern anderer Ciliophora-Taxa, mit denen sie leicht verwechselt werden können, z.B. die bis zu 2 mm großen Riesenzellen von *Bursaria truncatella*, die lange Zeit als typischer Verteter der Spirotrichea angesehen wurden.

Meist terrestrisch oder im Süßwasser. Als Nahrung

Abb. 92: *Zoothamnium niveum* (Peritrichia). Federförmige Kolonien auf Mangrovetorf, Karibik. Die weiße Farbe stammt von einem dichten Überzug chemoautotropher, sulfidoxidierender Bakterien-Symbionten. Original: J. Ott, Wien.

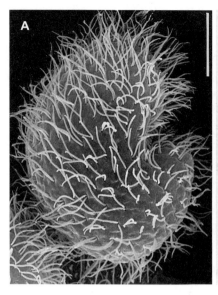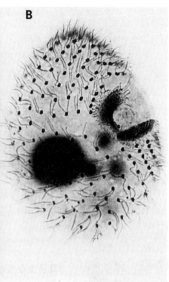

Abb. 93: *Colpoda inflata* (Ciliophora, Colpodea), häufige Bodenart. Maßstab: 10 μm. A REM-Aufnahme. B Silberimprägnation; paarige Cilien und Oralfelder. Originale: W. Foissner, Salzburg.

dienen, je nach Körpergröße, entweder Bakterien, Sporen, Einzeller oder Rotatorien.

Colpoda cucullus, 50–120 m, Bakterienfresser. – *Hausmanniella quinquecirrata*, 125 μm, rotierend-schraubende, blitzschnelle Bewegung – *Bursaria truncatella*, 2 mm, mit vom Vorder- bis fast zum Hinterende reichendem Peristomtrichter; Ciliaten- und Rotatorien-Räuber.

11 Chlorophyta

Das Taxon umfaßt die Gesamtheit der Grünalgen und leitet zu den Embryophyten über. Hier werden nur die einzelligen, vorwiegend begeißelt auftretenden Formen erwähnt. Sie unterscheiden sich von den übrigen „pflanzlichen", flagellentragenden Einzellern durch die sekundär isokonte und weitge-

hend flimmerlose Begeißelung sowie durch den Besitz von Chloroplasten, welche die Merkmale jener von höheren Landpflanzen aufweisen: 2 Hüllmembranen, Chlorophyll a und b, Thylakoide oder Thylakoid-Stapel (Grana) und Pyrenoide. Das Stigma liegt – wenn vorhanden – im Chloroplasten (Abb. 18). Soweit echte Zellwände gebildet werden, bestehen sie im wesentlichen aus Cellulose-Fibrillen, die in eine als Pectin bezeichnete Polysaccharid-Matrix eingelagert sind. Zellwandlose Süßwasser-Formen besitzen kontraktile Vakuolen. Sexuelle Fortpflanzung ist weit verbreitet (s. Lehrbücher der Botanik).

11.1 Phytomonadea (Volvocida)

Die einzige begeißelte Gruppe innerhalb dieses Taxon sind die Phytomonadea. Typisch sind 2, 4 oder (selten) 8 unbeflimmerte Geißeln, die stets am Vorderpol der Zellen entspringen. Der zumeist becherförmige Chloroplast weist fast immer eine parietale Lage auf; er verleiht den Zellen eine charakteristische grasgrüne Färbung. Innerhalb der Ordnung gibt es neben einzelligen Vertretern (*Chlamydomonas*, *Chlorogonium*) deutliche Tendenzen zur Vielzelligkeit, wobei unterschiedliche Formen kolonialer Verbände mit steigender Zellzahl beobachtet werden können (z.B. *Gonium*, *Eudorina*, *Pleodorina*, *Volvox*, Abb. 94), die häufig als Modell zur Entstehung der mehrzelligen Organismen herangezogen werden. Die einzelnen Zellen befinden sich innerhalb einer gemeinsamen Gallerte und sind untereinander durch Zellausläufer (Plasmodesmen) verbunden. Die Mehrzahl der Arten, die vor allem im Süßwasser vorkommen, neigt zur Massenentwicklung. Einige Arten sind sekundär farblos geworden und leben heterotroph (z.B. *Polytoma*- und *Hyalogonium*-Arten).

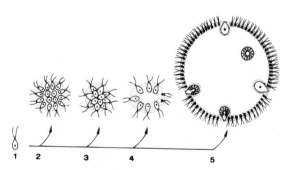

Abb. 94: Koloniebildung bei Volvocida. Ausgehend von einer *Chlamydomonas*-Zelle (1) bilden sich zunächst Kolonien steigender Individuenzahlen, in denen die Zellen alle gleichwertig sind: *Gonium* (2), *Pandorina* (3). Bei *Eudorina* (4) sind schon einige Zellen rein somatisch (schwarz). Bei *Volvox* (5) gibt es neben zahlreichen somatischen Zellen (schwarz) Mikro- und Makrogameten. Nach Pickett-Heaps (1975).

11.2 Prasinomonadea

Im Gegensatz zu den Phytomonadea entspringen die 1 bis 8, meistens 4 isokonten Geißeln der Prasinomonadinen einer apikalen Einbuchtung des Zellkörpers. Die Geißeln sind charakteristischerweise zusätzlich von kleinen und fein skulpturierten Schuppen und Haaren (keine Mastigonemata) aus organischem Material bedeckt. Auch die übrige Zelloberfläche trägt derartige Schuppen in ein bis mehreren Schichten, die in Dictyosomen erzeugt werden und nur im Elektronenmikroskop darstellbar sind. In einigen Fällen (z.B. bei *Tetraselmis*) verschmelzen diese Strukturen zu einer kompakten Hülle (Theca). Manche Arten besitzen Extrusomen, die mit den Ejektisomen der Cryptomonaden vergleichbar sind. Der Schwerpunkt der Verbreitung der Prasinomonadinen liegt im marinen Bereich, nur wenige Arten kommen im Süßwasser vor. *Tetraselmis convolutae* ist ein Symbiont im Körpergewebe des marinen Plathelminthen *Convoluta roscoffensis* (S. 224), der im Verlauf seiner frühen Entwicklung die Zellen aufnimmt und von ihnen stoffwechselphysiologisch abhängig wird.

12 Choanoflagellata

Die kleinen, einkernigen, nur selten mehr als 10 µm messenden, flagellentragenden Einzeller kommen sowohl sessil als auch in flottierenden kolonialen Verbänden im Meer- oder Süßwasser vor. Ihr hervorstechendes Charakteristikum ist eine am Vorderpol der Zelle liegende Reuse (Kragen) aus Mikrovilli (Abb. 95). Es ist nur eine einzige Geißel vorhanden; auf eine völlig reduzierte zweite Geißel deutet ein weiteres Kinetosom hin. Die weit über den Rand des Kragens hinausragende Geißel erzeugt durch ihre Schlagtätigkeit einen Wasserstrom, durch den mitgeführte Nahrungspartikeln an die Außenseite des Kragens herangeführt und festgehalten werden. Die Phagocytose findet an der Basis der Mikrovilli statt. Wegen ihrer hohen Zellteilungsaktivität und dem damit verbundenen hohen Nahrungsbedarf werden Choanoflagellaten als wichtiges Glied primärer Nahrungsketten betrachtet.

Viele sessile Arten leben solitär (*Monosiga*), andere in kolonialen Systemen (*Codonocladium*). Manche sind Bewohner von Gehäusen (Loricae) (*Salpingoeca*). Bei marinen Formen kann die Lorica aus miteinander verflochtenen Siliciumstäbchen (Costae) bestehen.

Durch die Ähnlichkeiten in Bau und Funktion des Kragens zwischen den Zellen der Choanoflagellaten und den Choanocyten der Schwämme (S. 100, Abb. 137 B, C) steht das Taxon im Mittelpunkt der Diskussion um die Herkunft der Metazoa. Unterstützt wird die Hypothese einer engen Verwandt-

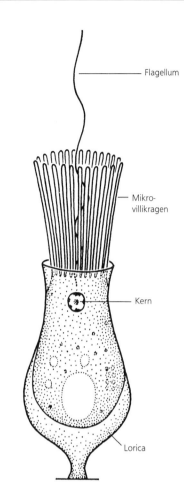

Abb. 95: *Salpingoeca amphoroideum* (Choanoflagellata). Größe: 15 µm. Aus Grell (1980).

schaft zwischen Choanoflagellaten und Schwämmen auch durch die in beiden Tiergruppen vorhandene Fähigkeit, Kieselsäure metabolisieren und osmotisch eingedrungenes Wasser mit Hilfe von kontraktilen Vakuolen entfernen zu können. Ein weiteres Argument ist das Vorkommen sphärischer Kolonien (*Sphaeroeca volvox* [Durchmesser etwa 300–500 µm], *Proterospongia haeckeli*, Abb. 96). Sie können als erste Stufe bei der Entstehung der Mehrzelligkeit angesehen werden (S. 76). Hinsichtlich der Lesrichtung einer möglichen phylogenetischen Beziehung zu den Schwämmen sei jedoch darauf verwiesen, daß längerlebige Bruchstücke (Reduktien) von Schwämmen als Choanoflagellata beschrieben wurden und somit eine Herleitung rezenter Kragengeißler aus stark reduzierten Schwämmen ebenso möglich erscheint. Auch eine konvergente Entwicklung des Kragens in Zusammenhang mit Sessilität und Filtrationsernährung kann nicht ausgeschlossen werden.

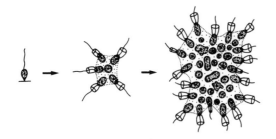

Abb. 96: *Proterospongia haeckeli* (Choanoflagellata). Ausgehend von einer einzelnen sessilen Zelle bilden sich Kolonien mit unterschiedlich differenzierten Individuen. Nach Ettl (1981).

Codosiga utriculus, etwa 10 μm, an Wasserpflanzen. – *Salpingoeca fusiformis*, mit 16 μm langer Lorica. – *Proterospongia haeckeli*, Einzelzellen 8 μm, in Kolonien von bis zu 60 Zellen (Abb. 96).

13 Einzellige Eukaryota incertae sedis, polyphyletische Gruppen unbestimmter Zuordnung

Die im folgenden dargestellten Organismengruppen lassen sich bislang keinem der bisher genannten Taxa mit Sicherheit zuordnen. Einige könnten möglicherweise – wie bereits mit einigen Taxa der „Sarcodina" geschehen – wegen des Geißelbesitzes von Schwärmstadien direkt an flagellentragende Einzeller angeschlossen werden, z.B. die Foraminifera und die Heliozoea. Die verschiedenen Pseudopodientypen, die das System der „Sarcodina" bisher kennzeichneten (Abb. 3), werden heute dagegen weitgehend als konvergente Entwicklungen oder ursprüngliche Merkmale aufgefaßt und gelten daher für die Zwecke einer Verwandtschaftsanalyse als ungeeignet.

Für eine Reihe der nachfolgenden Taxa gibt es keine Autapomorphien, sie gelten als polyphyletische Zusammenstellungen und werden deshalb mit einem * gekennzeichnet.

13.1 Amoebozoa*

Die in dieser polyphyletischen Gruppe vereinten heterotrophen Einzeller weisen Pseudopodien auf, die – nach dem derzeitigen Kenntnisstand – in keinem Fall Mikrotubuli als stabilisierende und bewegungsaktive Elemente enthalten. Geißeln und Centriolen fehlen ebenfalls vollständig. Auch cytoplasmatische Mikrotubuli treten – soweit bekannt – offensichtlich nur im Zusammenhang mit der Mitose auf. Die Pseudopodien werden relativ schnell (innerhalb von Sekunden oder Minuten) gebildet.

Die Fortbewegung erfolgt durch abwechselnde Neubildung und Retraktion von Pseudopodien oder durch die fortlaufende Verlängerung eines einzigen Pseudopodiums. Sexuelle Fortpflanzung ist bislang nur in Ausnahmefällen nachgewiesen. Die Vermehrung erfolgt durch Zweiteilung oder Vielfachteilung. Trotz ausgeprägter Formveränderlichkeit lassen sich morphologische Typen unterscheiden.

13.1.1 Lobosea*

Loboseen haben lappenförmige (Lobopodien), röhrenförmige oder mitunter auch zugespitzte Pseudopodien, die in Einzahl (monopodial) oder in Mehrzahl (polypodial) auftreten. Mit oder ohne Gehäuse. Bei machen Formen wurden Cystenstadien nachgewiesen.

13.1.1.1 Gymnamoebea*

Nackte Formen ohne besondere extrazelluläre Struktur (Schalen), besiedeln alle aquatischen und terrestrischen Lebensräume; auch endoparasitisch (Abb. 97).

Fortbewegung der Nacktamöben erfolgt durch eine gerichtete Plasmaströmung oder über eine Rollbewegung. Größe der ein- bis vielkernigen Zellen reicht von wenigen Mikrometern (zum Beispiel bei kleinen Arten von *Vannella*) bis zu 5 mm (*Chaos carolinense*).

Einige freilebende oder obligatorisch parasitische Formen können – mangelnde Hygiene vorausgesetzt – dem Menschen gefährlich werden. Dies gilt für die Gattung *Acanthamoeba*, deren pathogene Vertreter normalerweise als Bakterienfresser im Süßwasser oder in feuchtem Erdreich leben, unter Umständen aber auch als opportunistische (d.h. andere Erkrankungen oder ein defektes Immunsystem ausnutzende) Parasiten in Erscheinung treten und Hirnhautentzündungen auslösen (Granulomatöse Amöben-Encephalitis oder Acanthamoebiasis). – *Entamoeba histolytica* (Abb. 98), Erreger der Amöbenruhr, ist bei einem großen Teil der Bewohner und Besucher vorwiegend tropischer Regionen nachzuweisen; lebt als harmlose Minuta-Form im Dickdarm des Menschen, kann sich aber auch in die maligne Magna-Form umwandeln, die in das Darmgewebe eindringt und dort Geschwüre verursacht; Krankheitssymptome sind Durchfall, verbunden mit Fieber und extremer Mattigkeit; Infektion erfolgt über Cysten, die mit verunreinigter Nahrung aufgenommen werden. (Einige Autoren halten *Entamoeba* nicht für einen metakaryotischen Organismus, sondern für einen sehr basal stehenden ursprünglichen Eukaryoten). – *E. coli*, nicht-pathogener Darmbewohner in 30% der Weltbevölkerung. – *E. gingivalis*, häufiger Bewohner des Mundes, besonders zwischen den Zähnen; Pathogenität umstritten. – *Amoeba proteus*, bis 600 μm, bekannteste und besonders gut untersuchte Art (Abb. 97). – *Mayorella viridis*, 100 μm, mit Zoochlorellen. – *Vannella simplex*, 60 μm, monopodial und mit zellulärer Rollbewegung. – *Acanthamoeba castellanii*, mit zugespitzten Pseudopodien.

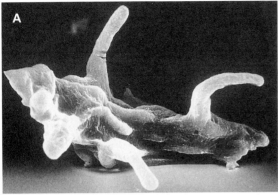

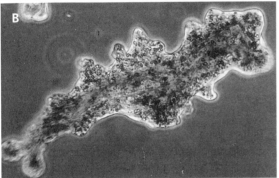

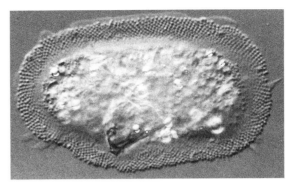

Abb. 99: *Cochliopodium* sp. (Amoebozoea, Testacealobosea), Aufsicht. Durchmesser: 45 μm. Original: D. J. Patterson, Sydney.

Abb. 97: *Amoeba proteus* (Amoebozoa, Gymnamoebea). A REM-Photo, das die dreidimensionale Ausdehnung der Pseudopodien demonstriert. Durchmesser eines Pseudopodiums: ca. 30 μm. B Phasenkontrast-Photo; durch das schnelle Strömen des Plasmas erscheinen einige Zellbereiche unscharf. Länge: bis 600 μm. Originale: K. Hausmann, Berlin.

dostom), aus dem ein einziges oder mehrere lappenförmige Pseudopodien austreten (Abb. 100 B, 101). Zahlreiche Arten in feuchten Böden; hier gewährleistet Schale Schutz vor Austrocknung und mechanischer Verletzung.

Arcella vulgaris, 130 μm, organische Schale. – *Difflugia acuminata,* 150–400 μm, Schale aus Quarzstücken.

13.1.2 Acarpomyxea*

Die teils plasmodial organisierten Zellen erinnern durch ihre Gestalt an Schleimpilze. Sie sind stets stark verzweigt und dadurch äußerst vielgestaltig (Abb. 102). Die Bildung der Pseudopodien erfolgt sehr langsam, so daß nur über stundenlange Beobachtung Veränderungen der Körperform wahrgenommen werden können. Man hat weder Schalen

13.1.1.2 Testacealobosea*

Lobopodiale Amöben aus dem Süß- und Meerwasser, deren Zellkörper partiell von einer Schale oder zumindest von einem komplexen Hüllmaterial, z. B. Belag aus Schuppen (Abb. 99), umgeben ist. Schale oder Hülle aus organischem und oft auch zusätzlich aus anorganischem Material oder durch Fremdkörper (Sandkörnchen, Diatomeenschalen) (Abb. 100 A) maskiert, mit nur einer Öffnung (Pseu-

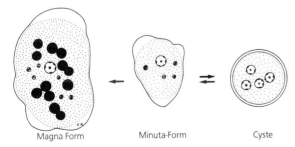

Magna Form   Minuta-Form   Cyste

Abb. 98: *Entamoeba histolytica* (Amoebozoa), verschiedene Formen. Nach verschiedenen Autoren.

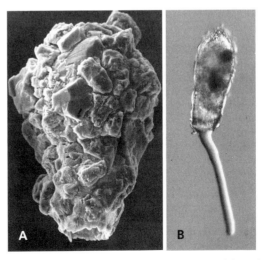

Abb. 100: *Difflugia* sp. (Amoebozoa, Testacealobosea). A Schale aus Quarzstücken, REM. B Aus der Schale austretendes Lobopodium, Lebendaufnahme. Länge der Schale: ca. 200 μm. A Aus Hausmann (1973); B Original: W. Foissner, Salzburg.

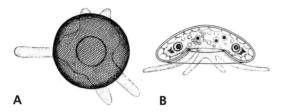

Abb. 101: *Arcella vulgaris* (Amoebozoa, Testacealobosea), in Aufsicht (A) und Seitenansicht (B). Durchmesser des Gehäuses: 65 µm. Aus Grell (1980).

noch Fruchtkörper beobachtet. Die Kenntnis ihrer Biologie ist äußerst lückenhaft.

Leptomyxa reticulata, bis 1 mm, terrestrisch. – *Corallomyxa mutabilis*, bis 3 mm und *Stereomyxa angulosa*, bis 1 mm, beide marin (Korallenriffe).

13.1.3 Filosea*

Dieser Gruppe werden sowohl unbeschalte wie beschalte Formen zugeordnet, die jeweils in eigenen Subtaxa als Aconchulinida bzw. Gromiida geführt werden. Gemeinsam ist der Besitz von fadenförmigen Filopodien (Abb. 103). Diese unterscheiden sich von den Pseudopodien der Lobosea und Acarpomyxea durch ihre geringe Dicke und eine filamentöse Achse aus 7 nm-Filamenten, vermutlich Actin. Filopodien werden in der Regel sehr schnell (teilweise innerhalb von Sekunden) gebildet und ebenso schnell wieder retrahiert. Durch ihre Aktivität ziehen sie den Zellkörper vorwärts. Eine andere Er-

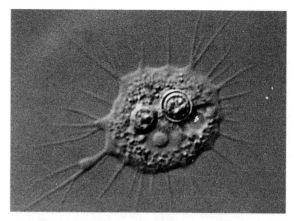

Abb. 103: *Nuclearia* sp. (Filosea). Länge: bis 60 µm. Original. D.J. Patterson, Sydney.

scheinungsform der fadenförmigen Pseudopodien ist eine flächige und dünne Ausbreitung im Frontbereich der Zellen. Diese sog. Lamellipodien können (als glockenförmige Ausstülpungen) bei der Nahrungsaufnahme eingesetzt werden oder dienen zur Vorwärtsbewegung. In diesem Falle ähneln sie auf frappierende Weise den Fibroblasten höherer Metazoa. Bei einigen Gruppen kommen regelmäßig Cystenbildungen vor. Filosea leben marin, limnisch und terrestrisch.

Nuclearia delicatula (Aconchulinida), radiärsymmetrisch, bis 60 µm (Abb. 103). – *Vampyrella lateritia* (Aconchulinida), rötlicher Algenparasit, bis 600 µm, Süßwasser; Cysten. – *Euglypha acanthophora* (Gromiida), 80 µm lange Schale aus sezernierten Schuppen, Süßwasser; Cysten. – *Gromia oviformis* (Gromiida), 3 mm, marin.

13.2 Granuloreticulosea*

Die hier eingeordneten Arten bilden ein stark verzweigtes, anastomosierendes Netzwerk von Pseudopodien (Reticulopodien), deren Durchmesser zur Peripherie hin bis auf unter 1 µm abnimmt (Abb. 104). Versteifende Strukturen sind Mikrotubuli, die entweder einzeln oder in ungeordneten Gruppen vorliegen. Charakteristisch ist eine simultan ablaufende, vielbahnige Strömung des Cytoplasmas in verschiedene Richtungen (Mehrbahnströmung), der in der Regel alle Zellorganellen mit Ausnahme der Zellkerne unterworfen sind. Die Zellen besitzen ein bis zahlreiche Kerne, die entweder in dickere zentral gelegene Plasmastränge integriert sind oder in einem Gehäuse liegen. Die systematische Gliederung orientiert sich am Vorhandensein und Aufbau von Schalen.

13.2.1 Athalamea

Ohne Gehäuse, teilweise jedoch Hüllstrukturen, die als Reste von Gehäusen deutbar sind. Mitunter große Formen, z.B. die über 50 mm messende marine *Pontomyxa flava* oder die 10 cm erreichende

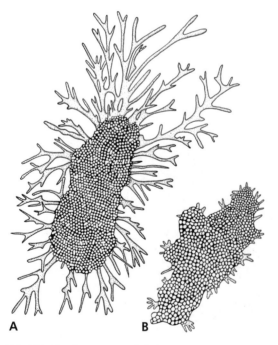

Abb. 102: *Corallomyxa mutabilis* (Acarpomyxea). A Aktiver Zustand, ausgebreitet. B Inaktiv, kontrahiert, Länge: ca. 200 µm. Nach Grell (1966).

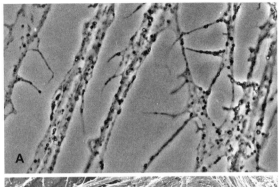

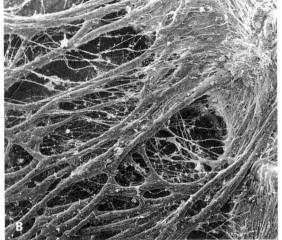

Abb. 104: Ausschnitt aus dem reticulopodialen Netzwerk einer Foraminifere (A) und von *Reticulomyxa filosa* (Athalamea) (B). Vergr.: A 1000 ×, B 70 ×. Originale: A N. Hülsmann, Berlin; B K. Hausmann, Berlin.

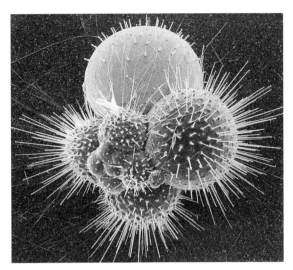

Abb. 105: *Globigerina bulloides* (Foraminiferea), im marinen Pelagial. Durchmesser: 300 µm. Original: C. Hemleben, Tübingen.

Süßwasser-Art *Reticulomyxa filosa* (Abb. 104 B). Pseudopodien reich verzweigt. Als Nahrungsquelle dienen vor allem Bakterien sowie organischer Detritus.

13.2.2 Monothalamea

Stets einkammerige Gehäuse aus organischem und oft zusätzlich verkalktem Material, bisweilen mit integrierten Fremdkörpern. Im Meer- und Süßwasser, wenige auch terrestrisch.

Lieberkühnia wagneri, mit bis zu 150 µm großer Schale, in Torfmoosrasen.

13.2.3 Foraminiferea

Zahlenmäßig größte Gruppe der Granuloreticulosea: 4000 rezente marine Arten. Da die oft verkalkten Gehäuse leicht erhalten bleiben (Abb. 105), auch etwa 30 000 fossile Spezies bekannt, die zuverlässige Indikatoren bei stratigraphischen Untersuchungen, z. B. bei der Erdölsuche sind; daher der außergewöhnliche taxonomische Kenntnisstand. Vor allem benthisch, wenige Formen im Plankton.

Abb. 106: *Heterostegina depressa* (Foraminiferea). Großforaminifere (4 mm) aus warmen Flachmeeren, mit endosymbiontischen Diatomeen. Gehäuse planspiral: die Kammern bilden eine in einer Ebene liegende Spirale; jede ist durch radiär ausgerichtete Wände in Kämmerchen unterteilt. Alle Kämmerchen untereinander verbunden und von einem Protoplasmakörper mit 1 Zellkern erfüllt. Original: R. Röttger, Kiel.

Einzelne Individuen können ein für Einzeller außergewöhnlich hohes Alter von mehreren Monaten oder gar Jahren erreichen. Dieses trifft insbesondere für die einige Millimeter bis Zentimeter messenden Großforaminiferen zu (Abb. 106).

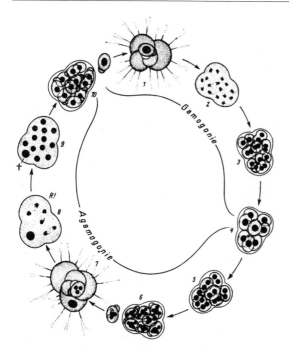

Abb. 107: *Rotaliella heterokaryotica* (Foraminiferea). Lebenszyklus mit heterophasischem Generationswechsel. 1 Erwachsener Gamont, 2 letzte Gamogoniemitose, 3 autogame Kopulation der Gameten, 4 Zygoten, 5 zweikernige Agamonten, 6 vierkernige Agamonten, 7 erwachsener Agamont, 8 erste meiotische Teilung, 9 Ende der zweiten meiotischen Teilung, 10 Agameten (junge Gamonten). – † Degenerierender Somakern. Nach Grell (1954).

Meist feinperforierte Gehäuse, ein- oder vielkammerig; durch Poren und durch große Hauptöffnung treten die Pseudopodien aus. Die Schalen sind oft außerordentlich komplex gekammert, wobei zusätzlich noch die Wandungen von einem Labyrinth von Kanälen durchzogen sein können. Kammern und Kanäle sind von Protoplasma erfüllt.

Gliederung nach der Gehäusestruktur. Folgende Konstruktionsmerkmale lassen sich unterscheiden: (1) Organische, oft einkammerige Gehäuse (*Allogromia*); (2) Gehäuse aus verschiedenen anorganischen und organischen Partikeln (z.B. Skelettnadeln von Schwämmen), die in eine organische Matrix eingelagert werden (*Textularia*). Hier auch besonders große Formen, z.B. *Xenophyophoria* (wenig bekanntes Taxon bis zu faustgroßer Organismen der Tiefsee); (3) Kalkgehäuse aus feingranulärem, porzellanartigem oder glasig-hyalinem Calcit, meist vielkammerig (*Fusulina, Miliolina, Rotalia*).

Die große Verschiedenheit der Foraminiferenschalen beruht hauptsächlich auf der unterschiedlichen Anordnung der Kammern, die untereinander durch ein Foramen verbunden bleiben. Beim *Nodosira*-Typ sind sie in Längsreihen angeordnet. In einer Spirale aufgewunden sind sie beim *Rotalia*-Typ (Abb. 107). Ist die Spirale in einer Ebene ausge-

bildet, handelt es sich um planspirale Gehäuse; bei einer helikalen Anordnung spricht man vom trochospiralen Aufbau. Beim *Textularia*-Typ sind die Kammern in 2 oder 3 Reihen zopfartig arrangiert. Der *Planorbula*-Typ zeigt Kammern, die von innen nach außen in mehr oder minder konzentrischen Kreisen aneinandergefügt sind.

In vielen Fällen kommen symbiontische Zoochlorellen oder Zooxanthellen sowohl in den Pseudopodien als auch im zentralen Plasma vor (Abb. 106). Die Gehäuse sind dann in der Regel transparent, und die Organismen leben oberflächennah in lichtdurchfluteten Arealen. Symbiontenfreie Foraminiferen ernähren sich von Detritus, Einzellern oder kleinen Metazoen.

Sexuelle und asexuelle Generationen kennzeichnen den Lebenszyklus einiger genauer untersuchter Arten. Obgleich der Einzelnachweis vielfach noch aussteht, wird vermutet, daß der heterophasische Generationswechsel (Abb. 107) ein allgemeines Merkmal der Foraminiferen darstellt. Die Gameten sind in der Regel begeißelt. In bestimmten Phasen der Entwicklung kann Kerndualismus auftreten.

Amphicoryna scalaris, 700 µm, gezahnte Apertur. – *Globigerina bulloides*, 300 µm im Durchmesser, Schale bestachelt (Abb. 105). – *Lagena sulcata*, 300 µm, kugelige, kräftig längsgerippte Schale.

13.3 Actinopodea*

Die Pseudopodien dieser Arten sind von hochgeordneten Mikrotubuli-Bündeln ausgesteift; sie werden Axopodien genannt. Die Anordnungsweise der Mikrotubuli, die von einfachen bis zu geometrisch komplizierten Musterbildungen reicht, ist spezifisch für die einzelnen Teilgruppen (Abb. 108). Da die Genese der axopodialen Mikrotubuli von speziellen Zonen des Cytoplasmas, den Axoplasten, ausgeht, spricht man auch von einem Axopodien-Axoplasten-Komplex. Diese Struktur wird vielfach als Synapomorphie der Actinopodeen-Taxa gedeutet, eine konvergent entstandene Ausbildung ist jedoch wahrscheinlicher. Die Axopodien, die im Vergleich zu den Pseudopodien anderer Einzeller und entsprechend der Komplexität ihres inneren Aufbaus nur relativ langsam gebildet werden können, sind vorwiegend radiärsymmetrisch angeordnet und tragen Extrusomen (u.a. Kinetocysten). Sie dienen als Lokomotionsorganellen, als Schwebefortsätze oder als Fangvorrichtungen beim Beuteerwerb.

Bis auf die Heliozoen, die auch im Süßwasser, z.B. zwischen Torfmoosen, vorkommen können, leben die Actinopodeen marin. Ein wichtiges Charakteristikum und Bestimmungsmerkmal sind die häufig ausgebildeten anorganischen Schalen, Skelette und Nadeln.

Früher wurde das Taxon in „**Heliozoa**" und „**Radiolaria**" unterteilt. Neuere Untersuchungen zur

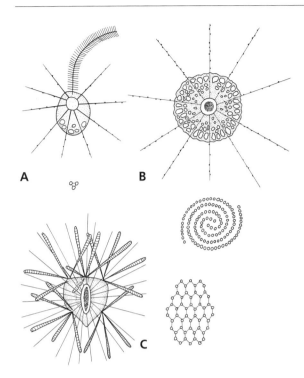

Abb. 108: Habitus verschiedener Heliozoen und Anordnung der Mikrotubuli in den Axopodien. A Ciliophryida. B Actinophryida. C Taxopodida. Nach einem Original von C. Bardele, Tübingen.

Feinstruktur und Entwicklung sowie zur chemischen Zusammensetzung der Skelettelemente der Radiolarien haben jedoch eine Diversität gezeigt, die eine Monophylie dieser Gruppierung unwahrscheinlich macht. Der Name lebt noch fort in der Bezeichnung des Minerals Radiolarit, ein Silikat, das seit dem Präkambrium durch die Lebenstätigkeit vor allem der Polycystinea (Abb. 110) erzeugt wurde und heute in diagenetisch veränderter Form als kristalliner Quarz vorliegt.

Auch die Heliozoen werden aufgrund von Feinstrukturuntersuchungen neuerdings nicht mehr als Monophylum geführt, sondern in 5 Einzeltaxa unterteilt, deren Verwandtschaft zu anderen Einzellern noch nicht näher bekannt ist.

13.3.1 Acantharea

Die zwischen 50 µm und 1 mm großen Acantharea (Abb. 109) besitzen 10 oder 20 diametral angeordnete Stacheln (Spicula), die aus Celestit (Strontiumsulfat!) bestehen. Dieses Mineral ist in Meerwasser sehr leicht löslich, so daß es keine Fossilien aus diesem Taxon gibt. Ein zentrales Endoplasma beherbergt die gewöhnlich zahlreichen Kerne und den größten Teil der Organellen. Eine perforierte extrazelluläre Kapsel aus vorwiegend fibrillärem Material umgibt das Endoplasma und die basalen Abschnitte der Spicula; durch Kapselporen ragen

die Axopodien sowie einige Plasmastränge nach außen. Diese Plasmastränge stellen die Verbindung mit dem stark lakunisierten Ektoplasma her, das seinerseits von einem (zum Durchtritt der Axopodien ebenfalls perforierten) periplasmatischen Cortex umgeben ist. Über kontraktile Myophrisken (Myoneme) ist der extrazelluläre Cortex mit den von Cytoplasma umgebenen Bereichen der Spicula verknüpft. Die Axopodien sind durch ein hexagonales Verknüpfungsmuster der Mikrotubuli gekennzeichnet. Häufig ist das Endoplasma von Zooxanthellen besiedelt.

Cysten und begeißelte Schwärmer sind 2 Stadien des im übrigen nur unvollständig bekannten Lebenszyklus.

Acanthocolla cruciata, mit 10 Spicula. – *Acantholithium dicopum*, mit 20 Spicula, beide im Hochseeplankton der Ozeane.

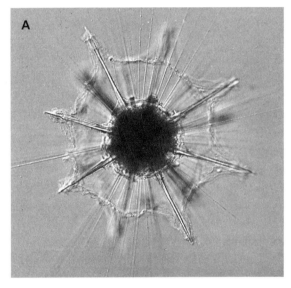

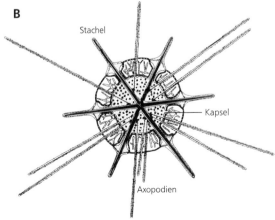

Abb. 109: Acantharea. A Lebendphoto. Durchmesser: bis 400 µm. B Organisationsschema. A Original: M. Kage, Weißenstein; B nach verschiedenen Autoren.

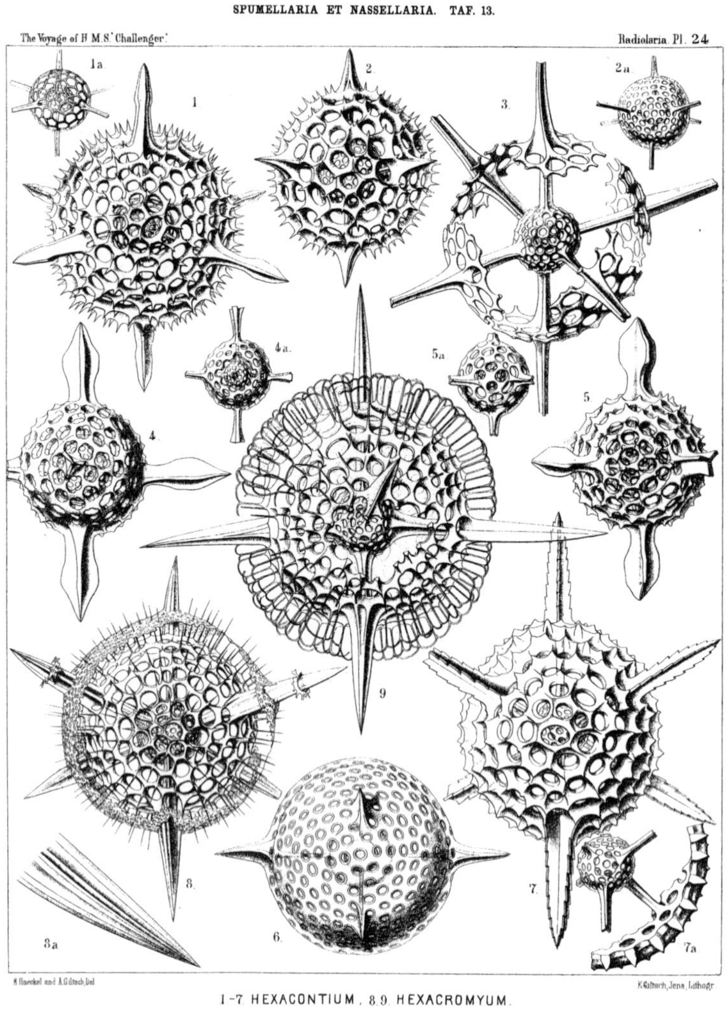

SPUMELLARIA ET NASSELLARIA. TAF. 13.

The Voyage of H.M.S.'Challenger'.

Radiolaria. Pl. 24

E.Haeckel and A.Giltsch del.

K.Giltsch,Jena, Lithogr.

1 -7 HEXACONTIUM. 8.9 HEXACROMYUM.

Abb. 110: Polycystinea-Skelette. Aus E. Haeckel: „Die Radiolarien (Rhizopoda, Radiolaria)", 2. Theil, Berlin (1887).

13.3.2 Polycystinea

Die von etwa 30 µm bis zu 2 mm messenden solitären Vertreter sowie die metergroßen Kolonien besitzen überaus „kunstvoll" (HAECKEL) (Abb. 110) gebaute Silicatskelette aus Nadeln und regelmäßig perforierten Schalen, die als Fossilien überdauern. Die beiden Plasmabereiche, das kernhaltige und optisch dichte Endo- sowie das periphere, stark vakuolisierte und häufig mit endosymbiontischen Algen durchsetzte Ektoplasma, sind mehr oder weniger deutlich voneinander durch eine intrazelluläre Zentralkapsel aus Mucoproteinen getrennt. Sie besteht aus polygonalen Einzelplatten, die durch plasmatische Fissuren voneinander getrennt sind, über die wiederum Endo- und Ektoplasma miteinander kommunizieren. Die Platten der Zentralkapsel weisen kompliziert gebaute Öffnungen (Fusulen) auf, in denen die Axoplasten liegen oder durch die die Mikrotubulibündel der Axopodien vom Endo-

plasma zum Ektoplasma ziehen. Die axopodialen Mikrotubuli sind X-förmig oder schaufelradartig arrangiert bzw. hexagonal in Sechser- und Zwölfergruppen angeordnet; sie reichen oft tief in das Endoplasma, sogar bis in die invaginierte Kernhülle hinein. Neben den Axopodien treten Filopodien ohne Mikrotubuli auf. Die Elemente der Silicatskelette können mehrfach ineinander verschachtelt vorliegen (Abb. 110).

Cysten und zweigeißelige Schwärmer treten im Entwicklungsgang genauer untersuchter Arten auf; unbekannt ist hingegen, ob sexuelle Fortpflanzung vorkommt.

Die meisten Abbildungen zeigen die filigranen Skelette, deren Architektur früher als ausschließliche Grundlage für die Systematik diente. Lebende Exemplare, bei denen diese Skelette durch das Cytoplasma verdeckt sind, lassen dagegen nur wenig von der inneren Organisation erkennen.

Arachnosphaera oligacantha, mit mehreren corticalen Hüllen. – *Thalassolampe margarodes,* 15 mm, mit endosymbiontischen Grünalgen; ozeanisch.

13.3.3 Phaeodarea

Die größtenteils hohlen Skelettnadeln und Gehäuse dieser Organismen bestehen aus amorphem Silicium mit Beimengungen von organischen Substanzen und Spuren von Magnesium, Calcium und Kupfer. Sie weisen ebenfalls eine Zentralkapsel auf, die bei den Arten, in denen eine Schale fehlt, durch eine Hülle aus Fremdmaterial ersetzt ist. Die Biologie dieser Formen, die im Tiefseebereich leben, ist wenig erforscht.

Die Zentralkapsel zeigt 3 Öffnungen: eine als Cytostom fungierende Astropyle sowie 2 ihr gegenüberliegende Parapylen, aus denen die Axopodien austreten. Vor der Astropyle liegt eine gelb-braune Pigmentmasse, das Phaeodium, das vermutlich beim Silicatstoffwechsel eine Rolle spielt.

Aulacantha scolymantha, Challengeron wyvillei, 400 µm; ozeanisch.

13.3.4 Heliozoea*

Die in ihrem Aussehen Sonnenbildnissen gleichenden Einzeller (Abb. 1, 24, 108) lassen sich in mindestens 5 Subtaxa gliedern, die wahrscheinlich nicht näher miteinander verwandt sind. Sie können durch den spezifischen Aufbau der axopodialen Mikrotubulibündel (Abb. 108) sowie die Anzahl und Lage der Mikrotubuli organisierenden Zentren (MTOC) charakterisiert werden.

13.3.4.1 Actinophryida

Axopodiale Mikrotubuli in Form von 2 ineinandergreifenden Spiralen angeordnet (Abb. 108). Insertionsort der Mikrotubuli stets die Kernhülle (Abb. 111). *Actinophrys sol* (einkernig) und *Actinosphaerium eichhorni* (mehrkernig) (Abb. 24) können sich encystieren. In der Cyste der Ausgangszelle Bildung von 2 Gameten, die wieder miteinander verschmelzen. Diese Form der Autogamie wird als Pädogamie bezeichnet. Marin oder im Süßwasser; in Torfmooren; auch terrestrische Formen.

13.3.4.2 Desmothoracida

Sessil, von perforierter Kapsel umgeben (60–90 µm), die aus organischem Material oder Silicium besteht und in den meisten Fällen über einen hohlen oder massiven Stiel mit dem Substrat verbunden ist. Bei *Clathrulina elegans* aus dem Süßwasser bilden axopodiale Mikrotubuli ein unregelmäßiges Bündel, neben Axopodien auch Filopodien. Bei asexueller Fortpflanzung ein- oder zweigeißelige Schwärmer, die sich amöboid bewegen und ein neues Gehäuse ausbilden. Sekretion des Stielmaterials erfolgt entlang eines besonders großen Pseudopodiums, das Hunderte von Mikrotubuli enthält.

13.3.4.3 Ciliophryida

Zellkörper nackt. Axopodien mit nur sehr wenigen Mikrotubuli. *Ciliophrys infusionum,* 30 µm, ein- bis vier-

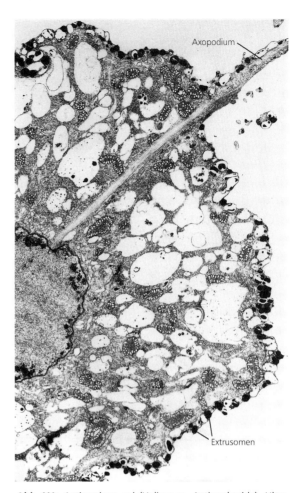

Axopodium

Extrusomen

Abb. 111: *Actinophrys sol* (Heliozoea, Actinophryida). Ultrastrukturbild mit dem Ausgang der axopodialen Mikrotubuli-Bündel von der Kernhülle. Durchmesser: ca. 50 µm. Aus Patterson (1979).

geißelige Schwärmerstadien, auch Heliozoen-Stadium begeißelt. Süßwasser.

13.3.4.4 Taxopodida

Nur 1 Art: *Sticholonche zanklea,* 200 µm, bilateralsymmetrisch, mit mächtigen Silikatstacheln, die in Rosetten über die Körperoberfläche verteilt sind (Abb. 108). Mikrotubuli der massiven Axopodien in hexagonalem Muster angeordnet. Pseudopodien können Ruderbewegungen ausführen. Marin.

13.3.4.5 Centrohelida

Mikrotubuli der zarten und langen Axopodien gehen von einem einzigen MTOC aus, dem Centroplasten (Abb. 112) oder einem Axoplasten. Zellkern meist exzentrisch, er kann auch den Axoplasten beherbergen. Kinetocysten und Mucocysten zum Beutefang. Axopodiale Mikrotubuli bilden meist hexagonale oder dreieckige Muster. Oft extrazelluläre silikathaltige Stacheln oder Schuppen. – *Acanthocystis aculeata,* 35–40 µm. – *Raphidiophrys pallida,* 50–60 µm, im Süßwasser.

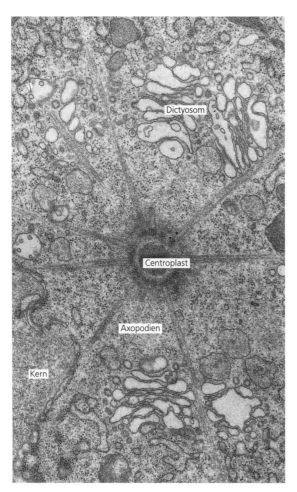

Abb. 112: *Heterophrys marina* (Heliozoea, Centrohelida). Zellzentrum. Vergr.: 60000 ×. Aus Bardele (1975).

14 Ascetospora

Die systematische Stellung der Ascetospora, die früher zu den Apicomplexa gestellt wurden (allerdings keine Apikalkomplexe aufweisen), ist unsicher. Die beiden als Subtaxa geführten Gruppen werden teilweise auch für nicht näher verwandt gehalten. Als verbindende Merkmale lassen sich lediglich zwei charakteristische Strukturkomplexe anführen: das Auftreten von sog. Haplosporosomen oder haplosporosom-ähnlichen Organellen sowie das Vorliegen eigenartiger Zell-in-Zell-Formationen (Abb. 113), die allerdings ontogenetisch auf verschiedene Weise entstehen. Der Name des Taxon bezieht sich auf die Zartheit der komplexen Ornamentierung der Sporen.

14.1 Haplosporea

Haplosporea finden sich als Parasiten z.B. in Polychaeten, Crustaceen, Echinodermen und vor allem

in Mollusken. In Austernkulturen können *Haplosporidium*-Arten beträchtlichen Schaden anrichten.

Sie besitzen einzellige Sporen, die mit den Faeces ins Freie gelangen und von Evertebraten mit der Nahrung aufgenommen werden. In deren Verdauungstrakt schlüpfen kleine amöboide Keime, die in das Bindegewebe oder Epithelgewebe einwandern, zu mehrkernigen, umwandeten Plasmodien (Sporonten) heranwachsen und sich später in einkernige Sporoblasten aufteilen. Je zwei dieser Sporoblasten fusionieren miteinander zu einer Zygote, die eine sanduhrförmige Gestalt annimmt. Die kernlose Hälfte (Episporoplasma) umwächst anschließend die kernhaltige Hälfte (Sporoplasma) und schnürt sich von ihr ab. Dieser Prozeß einer „Autophagocytose" führt dazu, daß zwei ineinander verschachtelte Zellen vorliegen: die kernhaltige Zelle befindet sich innerhalb einer Vakuole der zellkernfreien

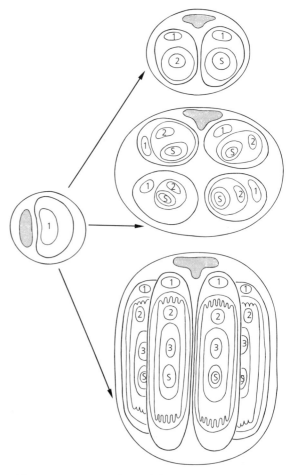

Abb. 113: Paramyxea. Schematische Darstellung der Teilungsfolgen in den 3 Gattungen. Die Numerierung bezeichnet das Schicksal der primären Sporenzelle, deren Kern mit „1" gekennzeichnet ist, „2", „3" und „S" sind die Kerne der sekundären und tertiären Sporenzellen bzw. des Sporoplasmas. Der Zellkern des Sporonten ist punktiert. Größe: 20 µm. Nach Desportes (1984).

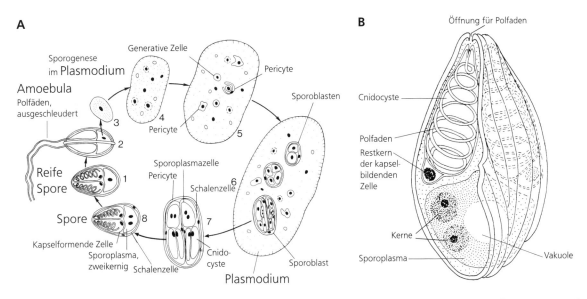

A

Sporogenese
im Plasmodium

Amoebula
Polfäden,
ausgeschleudert

Generative Zelle

Pericyte

Sporoblasten

Pericyte

3

4

2

5

Reife
Spore

1

Sporoplasmazelle
Pericyte

Schalenzelle

6

Spore

8

7

Kapselformende Zelle
Sporoplasma,
zweikernig   Schalenzelle

Cnido-
cyste

Sporoblast

Plasmodium

B

Öffnung für Polfaden

Cnidocyste

Polfaden
Restkern
der kapsel-
bildenden
Zelle

Kerne

Sporoplasma

Vakuole

Abb. 114: Myxozoa. A Generalisierter Entwicklungszyklus. Erklärung siehe Text, S. 72. B Fast reife Spore. Größe: 10 μm. A Nach einem Original von L.G. Mitchell, Ames; B aus Margulis, McKhann und Olendzenski (1993).

Zelle. Von der Epispore wird vor ihrer Degeneration nach innen, das heißt, zur Vakuole hin, eine Sporenwand abgeschieden; dabei kommt es an der späteren Austrittsöffnung zur Bildung einer lidförmigen Falte sowie von artcharakteristischen Wandfortsätzen und Ornamentierungen. Weitere Details des Entwicklungsgangs sind nicht mit Sicherheit bekannt. Man vermutet jedoch eine Einschaltung von Zwischenwirten.

Im Cytoplasma von Sporonten und Sporoblasten finden sich die Haplosporosomen. Bei ihnen handelt es sich um sphärische, elektronendichte und membranumgrenzte Vesikel mit einem Durchmesser von etwa 70–250 nm, die im Innern eine membranöse Substruktur aufweisen und im übrigen wohl hauptsächlich Glykoproteine enthalten.

14.2 Paramyxea

Die wenigen Arten der Paramyxea (*Paramyxa paradoxa*, *Paramarteilia orchestiae*, und 4 *Marteilia*-Spezies) kennt man als Zell- und Gewebeparasiten aus Polychaeten, Crustaceen und kommerziell wichtigen Muscheln. An der französischen Atlantikküste kann es unter den Austern-Populationen durch *Marteilia*-Arten zu beträchtlichen Verlusten kommen.

Die Sporen sind stets mehrzellig. Sie entstehen innerhalb einer Stammzelle durch einen endogenen Knospungsprozess, der zu mehreren Generationen ineinander verschachtelter Zellen führt. Die Verschachtelung beruht auf dem Phänomen, daß nach der Kernteilung der kleinere der beiden entstandenen Tochterzellkerne durch Vesikulation von ER-Zisternen vom Cytoplasma der weiterbestehenden

Stammzelle abgetrennt wird und sich mitsamt eines Teils des Plasmas als intrazelluläre (intravakuoläre) Tochterzelle etabliert. Dieser Vorgang wird auch als interne Furchung bezeichnet. Eine so entstandene Tochter- oder Sekundärzelle kann sich bis zu zweimal identisch reduplizieren und somit bis zu vier, jeweils in einer eigenen Vakuole liegende Sekundärzellen erzeugen. In weiteren Teilungsprozessen wird dann wiederum nach dem Schema der internen Furchung und unter weiter fortlaufendem Wachstum der Stammzelle – in den sekundären Zellen auch jeweils eine tertiäre Zelle angelegt, die sich wiederum identisch in zwei primäre (äußere) Sporenzellen teilt. Aus jeder Sporenzelle entsteht danach – wiederum intrazellulär – die eigentliche Fortpflanzungseinheit, die innere Sporenzelle (Sporoplasma). Der für *Paramarteilia orchestiae* geschilderte Sachverhalt gibt nur die einfachste Situation wieder; bei den anderen Gattungen liegen noch kompliziertere Verschachtelungen – zum Teil verbunden mit meiotischen Teilungen – vor. Auffälliges cytologisches Merkmal ist das Vorkommen von Centriolen mit 9 singulären Mikrotubuli.

15 Myxozoa

Die etwa 1 200 Arten sind ausschließlich Gewebe- oder Zellparasiten. In der Fischzucht können sie erhebliche Verluste verursachen. Früher wurden sie wegen der Ausbildung von Polfäden mit den Microspora (S. 19) zu den „Cnidospora" vereinigt. Diese bildeten in älteren Systemen mit den heutigen Apicomplexa (S. 42) die traditionellen „Sporozoa". Alle diese Gruppen sind durch sog. S p o r e n charakterisiert, deren völlige Verschiedenheit erst mit den Methoden der Elektronenmikroskopie aufgedeckt werden konnte.

Obgleich die Entwicklung der Myxozoa zahlreiche Variationen aufweist und erst in ihren Grundzügen erforscht ist, zeigt der hier dargestellte Zyklus einige generalisierbare Merkmale (Abb. 114): Die mit der Nahrung vom zukünftigen Wirt aufgenommenen, kompliziert gebauten S p o r e n enthalten jeweils entweder 1 zweikernigen oder 2 einkernige Amöboidkeime (Sporoplasma). Der haploide Keim entwickelt sich nach einer Zell- bzw. Kernverschmelzung (Autogamie), die bereits innerhalb der Spore, aber auch noch nach dem Schlüpfen stattfinden kann, zu einem vielkernigen, diploiden oder polyploiden Plasmodium. Diese Stadien, die sich vegetativ durch Plasmotomie sowie äußere und innere Knospung vermehren können, sind vor allem in der Gallenblase, aber auch im Knorpelgewebe oder in der Muskulatur von Evertebraten und kaltblütigen Vertebraten, besonders Fischen, nachzuweisen. Innerhalb der anfangs beweglichen Plasmodien sondern sich generative Zellkerne durch interne Furchung zu selbständigen, einkernigen Zellen ab. Je zwei derartiger Zellen aggregieren so, daß eine Zelle die andere umwächst („endocytiert") (Abb. 114). Bei dem entstehenden Zwei-Zell-Stadium (Pansporoblast) wird die Hüllzelle als Pericyte, die innere Zelle als sporogenische Zelle bezeichnet. Während die Pericyte im Zuge der weiteren Entwicklung zu einer Hüllschicht degeneriert, durchläuft die sporogenische Zelle eine Reihe von Zellteilungen, aus denen zumeist 2 valvogene (schalenbildende) und 2 capsulogene (polkapselbildende) Zellen sowie 1 bis 2 Sporoblasten hervorgehen. Die Sporoblasten durchlaufen eine Reifeteilung, und es entstehen wiederum infektiöse haploide Amöboidkeime. Die valvogenen Zellen bilden eine zweiklappige Schale, die den Innenkeim dauerhaft schützt. Im Innern der capsulogenen Zellen differenziert sich jeweils eine Polkapsel mit einem aufgerollten oder gestreckten P o l f a d e n, der ausgeschleudert werden kann und mit dem die Zelle sich im Gewebe des Wirtes verankert.

Ergänzungen: S. 863.

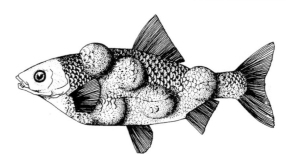

Abb. 115: Plötze mit *Myxobolus pfeifferi*-Infektion (Myxozoa). Aus Grell (1980).

Es ist zu vermuten, daß – zumindest in einigen Fällen – die reife Spore in einem anderen Wirt einen vergleichbaren vegetativen und sexuellen Zyklus durchläuft, bevor schließlich wieder anders gestaltete Sporen entstehen, mit denen sich der Ausgangswirt infizieren kann. Für das Wirtepaar Forelle (Parasit: *Myxobolus cerebralis*) und Tubificidae (Parasit: *Triactinomyxon*) konnte ein entsprechender Wirtswechsel wahrscheinlich gemacht werden.

Der hohe Grad der Zelldifferenzierung mit 1 generativen und 3 somatischen Zelltypen, das Auftreten von desmosomenartigen Zellkontakten sowie die verblüffenden Übereinstimmungen in Bau und Morphogenese von Polkapseln und den Nematocysten von Cnidariern ließ die Frage aufkommen, ob Myxozoa überhaupt Einzeller sind oder ob es sich bei ihnen nicht eher um außerordentlich stark reduzierte Metazoen handelt. Diskutiert wurde eine Zugehörigkeit zu den Cnidariern, bei denen in manchen Arten der Narcomedusae (S. 179) ebenfalls parasitisch-intrazelluläre Entwicklungsprozesse auftreten. Molekularbiologische Untersuchungen machen wahrscheinlich, daß die Myxozoa tatsächlich zu den Metazoa gehören.

Myxobolus pfeifferi, Erreger der Beulenkrankheit bei Barben (Abb. 115), erzeugt Geschwülste mit einem Durchmesser von 7 cm. – *M. cerebralis* verursacht bei Forellen die Drehkrankheit (*"whirling disease"*).

METAZOA,
TIERISCHE VIELZELLER

Artenzahlen, Organisationsstufen

Von tierischen Vielzellern sind heute etwa 1,2 Millionen verschiedene Arten bekannt; man schätzt, daß tatsächlich 10–20 Millionen vorkommen. Die Verteilung der Arten auf die einzelnen Taxa ist sehr ungleichmäßig (Abb. 116). Die Gliedertiere oder Arthropoda machen allein 80% aus, innerhalb dieser stellen die Käfer und Schmetterlinge fast die Hälfte. Arthropoda und Weichtiere zusammen umfassen nahezu 90% aller beschriebenen Arten, die Wirbeltiere andrerseits knapp 5%. Die verschiedenen Baupläne (Abb. 116) werden also in sehr unterschiedlichen Artenzahlen – die Placozoa sogar nur mit 1 sicheren Art! – in unserer heutigen Fauna repräsentiert.

Die Paläontologie macht deutlich, daß sich die Artenzahlen in den einzelnen Gruppen geändert haben. Ein gutes Beispiel dafür sind die Cephalopoda, heute mit etwa 800 Vertretern, von Devon bis

Reinhard Rieger, Innsbruck

Kreide aber mit etwa 12 000 Arten bekannt. Viele, zu anderen Erdzeitaltern weit verbreitete und artenreiche Gruppen, z.B. die schwammähnlichen †Archeocyatha, die †Trilobita, verschiedene Echinodermentaxa (†Helicoplacoida, †Cystoida, †Blastoida) oder die Wirbeltiertaxa der †Ostracodermi und †Placodermi, sind schon lange ausgestorben.

Aufgrund cytologischer, histologischer und anatomischer Merkmale lassen sich die Metazoa gut in 3 zunehmend komplexere Organisationsstufen einordnen (Abb. 116, s.u.): die der **Parazoa** (die Schwämme), der „**Coelenterata**" (die Nesseltiere und Rippenquallen) und der **Bilateria** (alle übrigen vielzelligen Tiere). Nach neueren Daten kann man annehmen, daß die Trennung der „Coelenterata" (diploblastischer Bau, s.u.) und der Bilateria (triploblastischer Bau) vor etwa 800 Millionen Jahren vor sich ging (Abb. 119). Diese beiden Organisationsstufen werden auch heute von der Mehrzahl der Autoren übereinstimmend verwendet, trotz der vielfältigen Modelle für die phylogenetische Gliede-

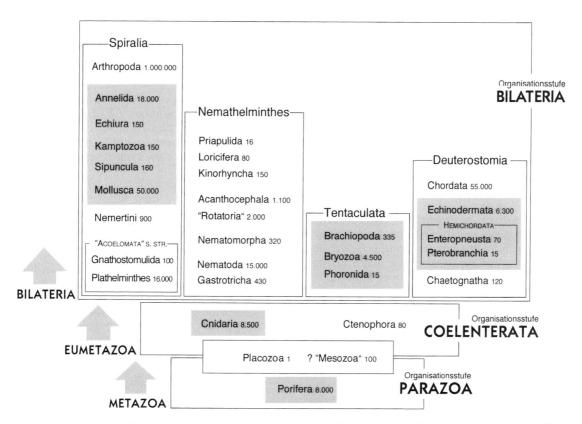

Abb. 116: Stufen histologischer, embryologischer und mikroanatomischer Organisation der Metazoa. Die mit Grauton markierten Taxa zeigen ursprünglich einen biphasischen Lebenszyklus mit Wimpernlarve. Zahlen geben rezente Arten in jedem Taxon an. Original: R. Rieger, D. Reiter, Innsbruck.

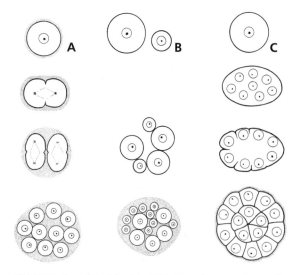

Abb. 117: Grundsätzliche Möglichkeiten der Entstehung tierischer Vielzeller aus einzelligen Eukaryoten. A Zellteilungskolonien, (z.B. Choanoflagellata, ursprüngliche Volvocida). B Aggregationskolonien, (z.B. Acrasea). C Zellbildung in vielkernigen Einzellern (z.B. Entwicklung des Insekteneies). Original: R. Rieger, Innsbruck und W. Westheide, Osnabrück.

rung der Metazoa. Allerdings deuten einige 28S-rRNA-Daten auf eine möglicherweise getrennte Entwicklung der „Coelenterata" und Bilateria aus Einzellern.

Für nahezu alle rezenten Metazoa ist ein dreischichtiger Bau mit zellhaltiger Mittelschicht zwischen zwei zelligen Begrenzungsschichten typisch. Dies gilt für das von Pinacoderm und Choanoderm umschlossene Mesohyl der Parazoa, für die von oberem und unterem „Epithel" umgebenen Faserzellen der Placozoa, für die von Epidermis und Gastrodermis umgrenzte Mesogloea verschiedener „Coelenterata" wie für das zwischen Epithelien gelegene Bindegewebe der Bilateria. Die ontogenetische Herkunft der Mittelschicht ist allerdings unterschiedlich und teilweise noch ungeklärt. Bei den Cnidaria z.B. führen Zelleinwanderungen aus dem Ektoderm (Ektomesenchym) zur zelligen Mesogloea. Erst am Organisationsniveau der Bilateria ist an der Bildung der Mittelschicht immer mesodermales Gewebe beteiligt, das in verschiedener Weise durch ektomesenchymales Material ergänzt werden kann.

Einer der ursprünglichsten Vielzeller ist sicherlich *Trichoplax adhaerens* (**Placozoa**). Diese Art nimmt in einigen wichtigen Merkmalen eine Zwischenstellung zwischen Parazoa und „Coelenterata" ein. Durch das Fehlen echter Muskel-und Nervenzellen steht sie den Porifera nahe, durch andere cytologische Merkmale vermittelt sie zu den Eumetazoa. Eine bessere Kenntnis der extrazellulären Matrix dieser Art wird zur Klärung der Verwandtschaftsverhältnisse aufschlußreich sein, aber noch sind keine der für die Metazoa typischen Makromoleküle nachgewiesen.

Die Stellung der rein parasitischen „**Mesozoa**" zwischen den Parazoa und den Coelenterata ist ungewiß, da nicht ausgeschlossen werden kann, daß diese Tiere von Bilateriern abstammen (vielleicht Plathelminthes) und durch die parasitische Lebensweise stark vereinfacht wurden.

Grundsätzliche Möglichkeiten der Entstehung der Vielzelligkeit

Für die Frage nach dem Ursprung der Metazoa stehen zwei Gesichtspunkte im Vordergrund:

1. Von welchem eukaryoten Einzellertaxon stammen die Metazoa ab? Sehr wahrscheinlich war die Stammart ein flagellentragender Organismus.
2. Auf welche Weise sind die ersten Metazoen-Zellkolonien entstanden? Obwohl es zahlreiche Modelle für die ersten Schritte der Metazoenevolution gibt, diskutiert man eigentlich nur 3 grundsätzliche Möglichkeiten (Abb. 117):

a) Zellteilungskolonien (Zellklone) (Abb. 117 A), in denen die sich teilenden Zellen mittels einer extrazellulären Matrix einen ersten vielzelligen „Organismus" bilden (Volvocida, Choanoflagellata). Von einer derartigen Entstehung vollständig getrennter Einzelzellen sind Zellkolonien, in denen die Zellteilung unvollständig abläuft (Entstehung syncytialer Gewebe der Hexactinnelida, S. 95), zu unterscheiden.

b) Aggregationskolonien (Abb. 117 B), in denen einzelne Zellen einer Art durch gerichtetes Zusammenwandern eine erste Vielzellerkolonie bilden (s. Schleimpilze, Abb. 46). „Erkennen" und die physiologische Abstimmung zwischen den Einzelzellen wird bei Schleimpilzen durch Chemotaxis (z.B. durch cAMP, Folsäure oder Pterinderivate) über spezielle Zellmembranrezeptoren ermöglicht. Derartige Mechanismen entwickelten sich jedoch wahrscheinlich parallel zu jenen der Metazoa.
   Nur wenige Autoren sind der Meinung, daß die Metazoa auf diese Weise entstanden sind. Aggregationen von Zellen verschiedener Arten waren aber möglicherweise ein wichtiger Mechanismus bei der Entstehung symbiontischer Assoziationen von prokaryoten und eukaryoten Einzellern mit ursprünglichen Metazoen (z.B. mit Schwämmen und mit Nesseltieren, S. 103, S. 160).

c) Zellbildung in einem vielkernigen Einzeller (Abb. 117 C). Ein ontogenetisches Modell hierfür ist die superfizielle Frühentwicklung der Arthropodeneier. Dieser theoretisch mögliche Weg konnte durch neuere ultrastrukturelle Daten nicht untermauert werden. Die vielkernige Struktur der Hexactinelliden-Gewebe zeigt aber, daß vielkernige, syncytiale Gewebedifferenzierungen möglicherweise durch unvollständige Zellteilung früh in den Metazoa entstanden sind (s.o.).

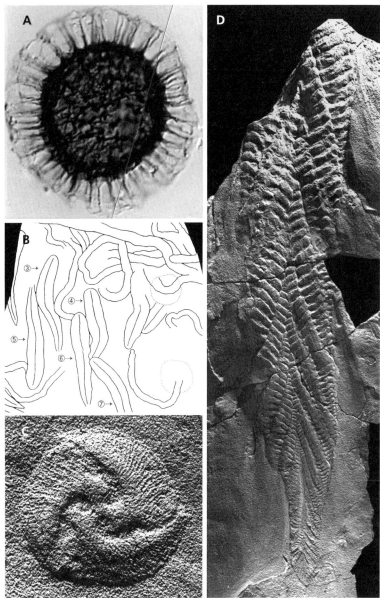

Abb. 118: Beispiele fossiler Eukaryota aus dem Präkambrium: A Acritarch (Endocyste eukaryotischer Phytoplankter) aus Nordgrönland, Größe: 50 μm, Unterkambrium; Acritarche treten auch schon in 2 Milliarden Jahre alten Ablagerungen auf, und auch koloniale bzw. multizelluläre Eukaryota erscheinen so frühzeitig. B Zeichnung der Oberfläche eines Sandsteinstücks der Ediacara-Fauna; mit zahlreichen Abdrücken von † *Phyllozoon hanseni*, nicht identifizierten tubulären „body fossils" und durch punktierte Linien nachgezeichneten Individuen von † *Dickinsonia costata*. Stücklänge: 0,6 m; Australien. C † *Tribrachidium heraldicum*, eine triradiate medusoide Art. Durchmesser: 1 cm. D † *Charnia masoni*, fächerförmige, bis einige dm lange Art, Bruchstücklänge: 6 cm; C und D aus der Ust-Pinega-Formation, Weißes Meer; B und D sind Vertreter der „Vendobionta", deren großsystematische Stellung ungeklärt ist. Einige (z. B. die aktinienähnliche † *Inaria* oder Formen mit Ähnlichkeiten zu heutigen Steinkorallen) werden zu den Metazoa gezählt. A Nach Vidal in Bengtson (1994); B aus Runnegar in Bengtson (1994); C, D aus Fedonkin in Bengtson (1994).

Heute wird allgemein angenommen, daß die Metazoa aus Kolonien sich teilender Zellen (Zellklone) hervorgegangen sind (Abb. 117 A). Diese Annahme wurde in letzter Zeit durch die Aufdeckung der einheitlichen molekularen Struktur der extrazellulären Matrix bei allen Metazoa erhärtet (s. u.).

In jedem Falle war eine frühzeitige Trennung von somatischen Zellen zum Aufbau des vielzelligen Organismus, der abstirbt (Auftreten des individuellen Todes), und generativen Zellen zur Vermehrung notwendig. Diese generativen Zellen, seit WEISMANN (1891, 1904) als Zellen der Keimbahn bekannt, sind potentiell unsterblich (Keimbahn-Theorie). Besonders bei vielen ursprünglichen Metazoa gibt es neben den weiblichen und männlichen Geschlechtszellen aber auch asexuelle Stammzellen, die vegetative Vermehrung durch Teilung oder Knospung ermöglichen und so zur Bildung von Klonen führen können.

Aussehen der ursprünglichsten rezenten und ältesten fossilen Vielzeller

Die ursprünglichsten heute lebenden Metazoen sind die Porifera, die Placozoa und die „Coelenterata". Mit Ausnahme der nur 2–3 mm großen, scheibenförmigen Placozoa dominiert in diesen Gruppen eine makroskopische, sich meist nicht aktiv fortbewegende Adultform, die besonders bei den Cnidariern eine klonale (sich auch durch verschiedene Modi der vegetativen Vermehrung fort-

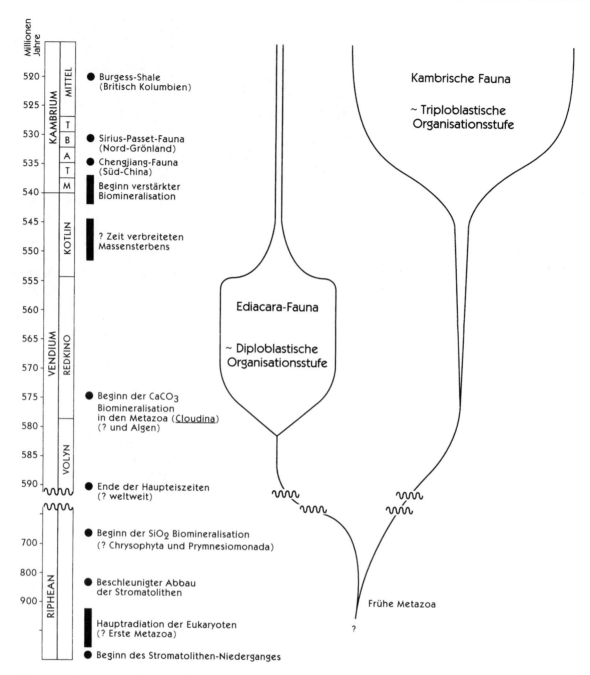

Abb. 119: Erste adaptive Radiationen der Vielzeller. Porifera und Placozoa mit „Coelenterata" hier als Diploblastische Organisationstufe zusammengefaßt. Vereinfacht nach Conway Morris (1993).

pflanzende) oder koloniale Organisation aufweist. Diese Adultform entsteht gewöhnlich aus einer kurzlebigen, mikroskopischen, freischwimmenden Larve (z.B. Amphiblastula, Parenchymula, Planula).

Als älteste Vorfahren der Metazoa wurden bis vor kurzem die Fossilien der weltweit verbreiteten Ediacara-Fauna (560–600 Mill. Jahre, Abb. 119) angesehen. Zum Teil werden diese Fossilien nunmehr aber als ausgestorbene Zweige einer möglicher-weise mit den Metazoen nicht näher verwandten Organismengruppe oder als Vertreter einer Cnidaria ähnlichen Schwestergruppe der Metazoa (Vendobionta) interpretiert. Auffallend ist aber, daß es sich bei den Ediacara-Fossilien um makroskopische, sich nicht aktiv fortbewegende Organismen handelt. In diesen Charakteristika zeigt sich also eine Parallele zur Lebensform vieler ursprünglicher, rezenter Metazoa.

Lebensspuren möglicher Vielzeller aus der Zeit der Ediacara-Fauna und davor (zwischen 600 Mill. und 1 Milliarde Jahre) deuten darauf hin, daß bereits auch andere Lebensformen (an der Oberfläche und in Sedimenten grabend) vorhanden waren. Wie erwähnt, ist in diesem Zeitraum die Entstehung der diploblastischen und triploblastischen Vorfahren rezenter Eumetazoa zu suchen (Abb. 119, s.u.). Eine so frühzeitige Aufspaltung ist auch nach rRNA-Sequenzanalysen wahrscheinlich.

Ursprüngliche Körpersymmetrien

Bei den ursprünglichsten Formen (z.B. Porifera, Cnidaria) sind die Larven mehr oder weniger deutlich radiärsymmetrisch gebaut, d. h., man kann durch sie eine zentrale Hauptachse legen, die bei den Cnidaria-Larven durch Mund und apikalen Scheitel bestimmt wird. Die Placozoa sind 1 mm oder wenige Millimeter große, stark abgeplattete Scheiben ohne Symmetrie, jedoch mit Polarisierung der Ober- und Unterseite. Adulte Porifera sind zum Teil (z.B. Vasenwuchsform) radiärsymmetrisch oder (viele krustenbildende Arten) asymmetrisch gebaut. Bei den adulten Coelenteraten (medusoide oder polypoide Formen) herrschen wieder Radiärsymmetrie (Nesseltiere) oder Disymmetrie (Rippenquallen) (siehe aber S. 156) vor. Von einigen Fossilien aus der Ediacara-Fauna kennt man auch eine dreistrahlige Rotationssymmetrie (Abb. 118 C).

Größenspektrum adulter Tiere

Die Körperlänge rezenter vielzelliger Tiere kann unter 0,1 mm (z.B. einige Gastrotricha) bis über 30 m (Blauwal) betragen, erstreckt sich also über 5 Zehnerpotenzen. Terrestrische Tiere variieren in ihrer Körpergröße zwischen 0,1 mm (einzelne Milben) bis zu 10 m (Elephanten). Im marinen Benthos trifft man auf eine zweigipfelige Kurve der Körpergrößen.

Zu den kleinsten Vielzellern gehören die erst 1983 entdeckten Loricifera (S. 736), bei denen die adulten Tiere etwa 250 µm, die Larven nur etwa 150 µm lang sind. Die wahrscheinlich kleinsten Vielzeller überhaupt (unter 100 µm) sind z.B. Orthonectida („Mesozoa"), das Zwergmännchen von *Dinophilus gyrociliatus* („Polychaeta", Abb. 520 A), Gastrotricha und „Rotatoria".

Millimetergroße Einzeltiere (Zooide) kommen auch bei vielen makroskopischen Tierstöcken (z.B. Hydroidkolonien, Korallen, Bryozoen, Synascidien) vor. Dieser Weg zur Vergrößerung eines „Organismus" ist eine Alternative zum Heranwachsen eines einzelnen Individuums zur selben Größe. Sowohl in der Evolution der Landpflanzen, als auch in der der Korallen zeigt die Fossilgeschichte, daß in phylogenetisch älteren Faunen klonale (Arten mit ausgeprägter vegetativer Vermehrung) bzw. koloniale Organisation häufig waren. In etlichen Gruppen der

einfacher gebauten Metazoa (z.B. Cnidaria) gibt es zudem Beispiele, wie – durch Spezialisierung und Integrierung der Einzelzooide – Organismen höherer Komplexität entstanden sind (z.B. Siphonophora, S. 179).

Die größten rezenten Arten kennt man von den aquatischen Wirbeltieren (Walhai bis 18 m, Blauwal bis 30 m) und den Kopffüßern (*Architheutis*-Arten etwa 18 m). In der Erdgeschichte wurden diese Größen nur von einigen Dinosaurierarten erreicht. Besonders lange Formen findet man bei den Nemertinen (millimeterdünn, bis zu 30 m lang).

Innerhalb der höheren Taxa ist das Größenspektrum sehr unterschiedlich. Während bei „Rotatoria", Gastrotricha, Kinorhyncha und Gnathostomulida alle Arten klein (selten größer als 1 mm) sind, weisen viele andere Taxa Größen von wenigen Millimetern bis mehreren Dezimetern oder Metern auf (z.B. Mollusca: *Architeutis princeps* mit 18 m bis *Ammonicera minortalis* mit nur 0,4 mm).

Größenspektrum von Larvenformen

Etwa 70% der marinen Metazoa zeigen einen biphasischen Lebenszyklus (Abb. 134, 272), in dem zuerst eine meist nur millimetergroße Larve gebildet wird. Aus der Larve entwickelt sich durch eine mehr oder weniger deutliche Metamorphose das vielfach makroskopische Adulttier. Die meisten Larven sind zwischen 100 µm und wenigen Millimetern groß, ihre Lebensdauer ist gewöhnlich kurz (Tage bis wenige Wochen), kann aber in einigen Fällen auch über ein Jahr betragen.

Zahl der Zellen und Zelltypen

Angaben über die Anzahl somatischer Zellen in den Metazoa sind – mit wenigen Ausnahmen (Zellkonstanz!) – selten; leider gibt es auch nur wenige gute Schätzungen. Sie reichen von wenigen hundert Zellen bei Mesozoa, 10^3 Zellen des Nematoden *Caenorhabditis elegans*, 10^4 Zellen des Mikroturbellars *Macrostomum hystricinum*, 10^5 Zellen bei *Hydra*, 10^6 Zellen in dem Makroturbellar *Dugesia mediterranea*, bis zu 10^{12} Zellen beim Menschen. Es ist bemerkenswert, daß einfache Kolonien mit 10^3 Zellen (Arten von *Volvox*) bzw. 10^4 Zellen (Arten von *Proterospongia*) gleiche oder höhere Zellzahlen wie kleine Bilateria erreichen.

Kleine Metazoa müssen nicht immer sehr wenige Zellen aufweisen, für Loricifera z.B. ist die Zellzahl adulter Tiere auf 10^4 geschätzt worden. *Haplognathia* (Gnathostomulida, etwa 2 mm lang) besitzt allein mehr als 10^3 epidermale Zellen (Abb. 132 B). Demgegenüber gibt es bei „Turbellarien" 1,5 mm lange Arten mit weniger als 10 Zellkernen in der wahrscheinlich syncytialen Epidermis.

Die hohe Zahl bei *Haplognathia* erklärt sich daraus, daß bei diesen Tieren ausschließlich monociliäre Epidermiszellen vorkommen. Um die Ciliendichte für die Fortbewe-

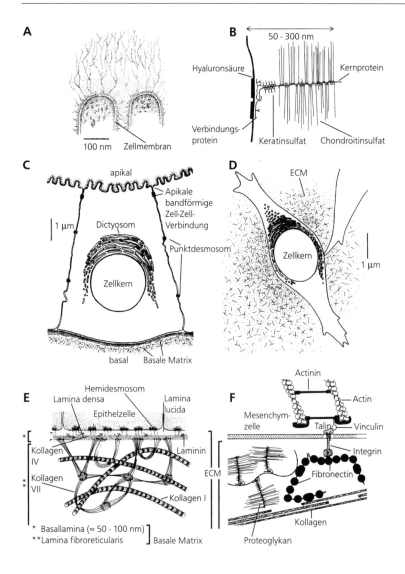

Abb. 120: Charakteristika der extrazellulären Matrix (ECM) in der epithelialen und mesenchymatischen (bindegewebigen) Organisation tierischer Gewebe. A Elektronenmikroskopisch sichtbare Makromolekularstruktur der ECM an der Apikalseite von Epithelzellen mit Glykokalyx (s. Cuticula-Evolution, S. 140). B Molekülstruktur eines Proteoglykans in der ECM von Knorpelgewebe bei Wirbeltieren. Proteoglykane bilden besonders große Makromoleküle (2×10^8 DA!), da mehrere von ihnen durch ein Molekül Hyaluronsäure verbunden sind. C, D Epithelialer bzw. mesenchymatischer Zelltyp mit unterschiedlicher Lagebeziehung zur ECM. Erklärung im Text, S. 83. E Elektronenoptisch erkennbare, makromolekulare Struktur der basalen Matrix unterhalb echter Epithelien. F Makromolekulares Schema des Zusammenhangs von Cytoskelett und ECM einer mesenchymatischen Zelle. A Nach Bennett (1969); B nach Darell et al. (1990); C,D nach Hay (1981) aus Edelmann (1989); E aus Fawcett (1994); F aus Morris (1993).

gung zu erhöhen, müssen die Zellen sehr dicht angeordnet sein. Alle Gruppen, die nur monociliäre Zellen aufweisen (s. u.), haben daher relativ hohe Zellzahlen, ein möglicherweise ursprüngliches Merkmal der ersten Metazoa.

Die Anzahl verschiedener Zelltypen nahm im Laufe der Evolution offensichtlich zu: von *Trichoplax adhaerens* mit 6 Zelltypen zu den Primaten mit über 200. Der Nematode *Caenorhabditis elegans* besitzt 15–20, einige adulte Porifera und ein adultes Mikroturbellar der Gattung *Macrostomum* können über 30, höhere Evertebraten bis über 50 Zelltypen aufweisen.

Molekulare Grundstruktur der Extrazellulären Matrix

Für die Evolutionsforschung war eine der wichtigsten Erkenntnisse der letzten Jahrzehnte die Entschlüsselung des molekularen Aufbaus der **extra**zellulären **Matrix** (**ECM**) der Metazoa. Sie wird von einzelnen Zellen sezerniert und gewährleistet Zusammenhalt und Kommunikation in den Vielzellern. Heute kann diese komplexe Matrix als mögliche Autapomorphie der Metazoa angesehen werden (Abb. 188).

Die Matrix enthält fibrilläre Bestandteile (hauptsächlich verschiedene Faserkollagene, Elastine, Chitin und selten auch Cellulosederivate), sowie eine Grundsubstanz aus Proteoglykanen (Verbindungen von Proteinen mit Glykosaminglykanen) und Glykoproteinen (Proteine mit Oligosaccharidketten, z.B. Fibronectin, Laminin). Dazu kommen noch eine Reihe spezieller Matrix-Rezeptormoleküle in den Zellmembranen (z.B. die Integrine), die den Zusammenhang der extrazellulären Matrix z.B. mit dem Cytoskelett (Abb. 120) herstellen.

Auch der Besitz von Kollagen wird heute als Autapomorphie der Metazoa aufgefaßt (Abb. 120 E, F,

121). Etwa 15 verschiedene Kollagene kennt man von Wirbeltieren, ihre Zahl bei Evertebraten ist möglicherweise noch größer. Kollagenmoleküle bestehen aus 3 α-Helices. Sie sind unterschiedlich glykolysierte und hydroxylierte Polypeptide mit besonders hohen Anteilen an Glycin, Prolin, Hydroxyprolin. In der chemischen Zusammensetzung liegt ein guter Teil der Erklärung vieler biologisch wichtiger Eigenschaften dieser Strukturproteine. Sie können ihrer Länge nach mit ihresgleichen zu supramolekularen Fibrillen (z.B. Spongin, fibrilläre Kollagene I, II, III, V und andere Kollagene der Wirbeltiere) oder zu Netzen (z.B. Kollagen IV, häufig eine Komponente der basalen Matrix echter Epithelien) aggregieren.

Nach ihren unterschiedlichen Funktionen werden sie in 4 Gruppen eingeteilt: fibrilläre (z.B. Kollagen I, II), fibrillen-assoziierte (Kollagen III), vernetzte (z.B. Kollagen IV in der basalen Matrix, Abb. 120 E) und verschiedene kleine Kollagene (z.B. Minikollagene in der Kapselwand von Cniden).

Fibrilläre Kollagene zählen zu den wichtigsten Strukturelementen sehr vieler Skelettsysteme. Ihre Bildung ist besonders bei Wirbeltieren gut bekannt (Abb. 121). Ein Hinweis auf die offenbar ähnliche Entstehungsweise dieser Makromoleküle bei allen Metazoa ist z.B., daß das erste clonierte Kollagen-Gen der Porifera mit einem entsprechenden Gen der Echinodermen und Wirbeltiere nahe verwandt zu sein scheint. Kollagenfasern übertreffen in ihrer Zugfestigkeit sogar Stahl (beim Menschen bis zu 6 kg m^{-2}, maximale Dehnung 5%).

Glykosaminglykane (GAG) sind Ketten aus Disacchariden mit jeweils einem Aminozucker, der auch Schwefelgruppen (z.B. -SO$_3^{-2}$) tragen kann (Abb. 120 B, F). Daher sind Proteoglykane mit vielen Ladungen auf den einzelnen Glykosaminglykanen versehen, d. h. sie sind hydrophil und bilden hydratisierte Gele. Proteoglykane sind ein wichtiger Bestandteil verschiedener Bindegewebe, z.B. knorpelartiger Gewebe. GAGs sind auch schon von Schwämmen bekannt und ähneln dort jenen bei Wirbeltieren.

Proteoglykane sind Makromoleküle mit einem länglichen Kernprotein, an dem zahlreiche gleiche oder unterschiedliche GAGs mit speziellen Trisacchariden befestigt sind. Häufig entsteht dadurch ein katzenschwanzförmiges Molekül. Proteoglykane können als Membranproteine Bestandteil der Glykokalyx der Zelloberfläche sein, oder sie treten direkt in der ECM auf. Dort sind sie häufig in großer Zahl an ein Molekül Hyaluronsäure gekoppelt (Abb. 120 F).

Glykoproteine sind meist globuläre Proteine, die Oligosaccharide kovalent gebunden mit sich führen (Abb. 120 B, F). Das Glykoprotein Fibronektin in der extrazellulären Matrix der Porifera scheint mit jenem der Wirbeltiere homolog zu sein. Indirekte

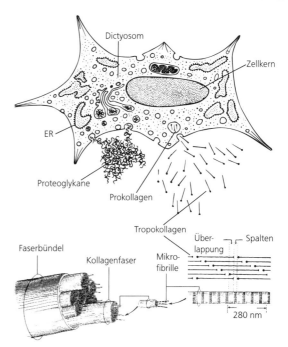

Abb. 121: Bau einer Bindegewebszelle. Sekretion von Faserkollagen (rechts) und Grundsubstanz (Proteoglykane, Glykoproteine, links) in der extrazellulären Matrix (ECM). Die aus 3 Helices bestehenden, polaren Prokollagenmoleküle werden im ER und im Golgiapparat erzeugt und durch Exocytose in die extrazelluläre Matrix sezerniert. Dort werden die nicht helicalen Endabschnitte der Prokollagenmoleküle größtenteils durch Peptidasen entfernt und damit in unlösliche Tropokollagenmoleküle umgewandelt, durch deren Aggregation schließlich die Mikrofibrillen entstehen (beim Menschen 20–200 nm dick). Mikrofibrillen können zu übergeordneten Fasersystemen zusammengefaßt sein, diese wiederum zu Kollagenfasern (mit 1–20 μm Durchmesser beim Menschen) bzw. zu Faserbündeln. Die Mikrofibrillen sind dabei durch amorphe Schichten aus Mucopolysacchariden verbunden. Original: W. Maier, Tübingen, ergänzt aus Junqueira und Carneiro (1984).

Hinweise gibt es, daß auch Integrine schon bei Porifera vorkommen. Bis jetzt fehlen aber bei Schwämmen Angaben über Laminin, das in der Basallamina echter Epithelgewebe vorkommt (s. u.).

Biologische Bedeutung der ECM

Die extrazelluläre Matrix war für den Zellzusammenschluß, für die Entstehung des Informationstransfers zwischen den Einzelzellen und für die Energieverteilung bei der Entstehung der ersten Metazoen-Zellkolonien entscheidend.

Bei den Metazoa läßt die extrazelluläre Matrix drei räumlich getrennte Typen erkennen: (1) Cuticula-Abscheidungen an der apikalen Oberfläche der Epidermis, (2) die basale Matrix an der basalen Seite echter Epithelien und (3) die interzelluläre Substanz von „Bindegeweben". Die basale Matrix ist meist deutlich zweischichtig (Abb. 120 E): Unmittel-

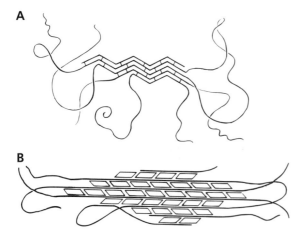

Abb. 122: Schematische Darstellung einiger mechanischer Eigenschaften der ECM-Polymere, die von gallertigen bzw. mukösen bis zu sehr steifen, reißfesten Strukturen wie Chitin oder Knochensubstanz reichen. Diese Materialien entstanden in der Evolution stufenweise und graduell. A Vernetzungen von Einzelmolekülen können kristallisierbare Polymerstrukturen, d.h. sehr reguläre dreidimensionale Gebilde erzeugen. Neben der Querverbindung spielt dabei auch die parallele Orientierung der Moleküle eine wichtige Rolle. Viele Fasersysteme zeigen derartige kristalline Grundstrukturen (z.B. Kollagen, Chitin, Seidenfasern). Sie sind äußerst reißfest und steif. B Polymere fungieren auch als „Schablonen" zur Einlagerung anorganischer Skeletteile in die ECM. Alle aus Wainwright (1988).

sern leicht biegbar, aber praktisch nicht dehnbar sind, können sie je nach Anordnung unterschiedliche Skelettfunktion ausüben. Im Tierreich wird außerdem das aus Aminozuckern aufgebaute Polysaccharid Chitin häufig für Stützfunktionen verwendet. Für die biomechanische Funktion sind auch die molekularen Querverbindungen zwischen den Fasermolekülen wichtig. Derartige Makromoleküle können auch bei der Bildung von anorganischen $CaCO_3$-Kristallen als Grundlage bzw. Templets für die Ablagerung von Kalkskeletten dienen (Abb. 122). Als eine besondere Art einer temporären extrazellulären Matrix kann Schleim aufgefasst werden. Er wird bei sehr vielen Tiergruppen bei der Fortbewegung, bei der Encystierung, beim Festheften und als Schutz gegen Austrocknung, gegen Feinde und gegen Bakterien-Infektionen verwendet.

Die extrazelluläre Matrix hat aber nicht nur Skelettfunktion, sondern ist auch ein äußerst wichtiges **Kommunikationssystem** im Körper von Vielzellern. Mit Hilfe von verschiedenen Transmembranproteinen (z.B. Integrine) können auf diese Weise physiologische Prozesse und das Verhalten der Zelle gesteuert werden. Besonders wichtig sind derartige Interaktionen während der Embryonalentwicklung, wenn die artspezifischen Muster der Organisation des Körpers aufgebaut werden müssen.

Gewebetypen

In Geweben der adulten Metazoa kennt man ganz allgemein 2 Zelltypen, die sich auch in ihrem Verhalten zur extrazellulären Matrix grundsätzlich unterscheiden lassen, die sich aber dennoch ineinander umwandeln können (Abb. 120, 124). Obwohl sie erst innerhalb der Eumetazoa ihre vollständige Charakterisierung erfahren, sollen sie hier besprochen werden, da man bei den Porifera und Placozoa bereits Vorstufen zu diesen beiden Zelltypen finden kann (S. 131):

bar unter dem Epithel liegt die Basallamina (mit den Glykoproteinen Laminin, Fibronektin und Kollagen IV), darunter eine Schicht mit fibrillären Kollagenen (Lamina fibroreticularis). Letztere verbindet die basale Matrix mit den fibrillären Systemen der extrazellulären Matrix des Bindegewebes.

Biomechanische Eigenschaften (Stützfunktion, Zusammenspiel von intra- und extrazellulären Fasersystemen mit den intra- und interzellulären Flüssigkeitsräumen) gehen in erster Linie von Kollagenen und diversen Proteoglykanen aus. Da Kollagenfa-

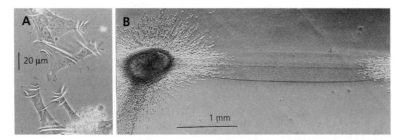

Abb. 123: Lebende Bindegewebszellen kultiviert auf dünnen Kollagen- bzw. Silikonschichten (Phasenkontrastaufnahme). A Sich bewegende Einzelzelle verfaltet durch lokales Anheften auf der Silikonschicht und durch Kontraktionen in der Zelle das Substrat. B Zugkräfte von Zellgruppen auf einem Gel mit Kollagenfibrillen (Analogon zur ECM) können die Fibrillen um die Zellgruppen radiär ausrichten oder zwischen 2 Zellgruppen parallel zueinander anordnen. Derartig erzeugte Falten spielen, zusätzlich zu morphogenetischen Gradienten in der ECM, eine Rolle in der Entwicklung von Bindegeweben: Einzelzellen verwenden die Muster der gespannten Faserzüge als „Schienen" zur Fortbewegung. Im Experiment stimmt die Längsachse sich differenzierender Röhrenknochen mit der Spannungsrichtung von Fasern der ECM überein. Original: A.K. Harris, Chapel Hill.

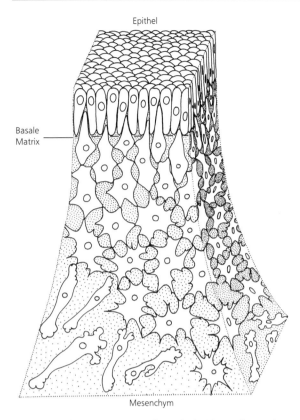

Epithel

Basale
Matrix

Mesenchym

Abb. 124: Schematische Darstellung der beiden embryonalen, grundlegenden Gewebetypen (s. auch Abb. 120). Verändert nach Lehman (1977).

1. **Schichtenbildende Epithelzellen,** die am apikalen Teil ihrer Zellmembran die Glykokalyx bzw. die Cuticula (S. 140), am basalen Teil der Zellmembran eine sog. basale Matrix abscheiden. Die basale Matrix besteht aus der Basallamina (Lamina lucida und Lamina densa) unmittelbar unter dem Epithel und einer daruntergelegenen Faserschicht (Lamina fibroreticularis). Bandförmige Zell-Zell-Verbindungen nahe der Epitheloberfläche bewirken den Zusammenschluß der Einzelzellen (Abb. 125–127). Sie dienen der mechanischen Stabilität der Zellschicht und der Kontrolle des Stoffaustausches („paracellular pathway"). Epithelzellen zeigen eine identische Polarität, die sich in der Lage der Zellorganellen ausdrückt und sich auch bis in die molekulare Struktur der apikalen bzw. basolateralen Zellmembranen verfolgen läßt. Sie bewirkt die unterschiedliche Abscheidung extrazellulärer Matrix sowie die Gradienten für die Stofftransporte durch die Zelle (z.B. Vesikelsysteme, „intracellular transport").
2. **Einzelzellen,** die sich **in der extrazellulären Matrix** befinden und bewegen, unterschiedliche Polarität aufweisen und untereinander nur punktförmige Verbindungen, einerseits kommunikative Nexus (gap junctions, Abb. 191),

andererseits mechanische Punktdesmosomen (Abb. 128) ausbilden. Bei Wirbeltieren produzieren sie faserbildende Kollagene (z.B. Kollagen I), Glykoproteine (z.B. Fibronektin) und andere ECM-Moleküle.

Die grundsätzlichen Unterschiede der aus dem einen oder anderen Zelltyp resultierenden Epithelgewebe und Bindegewebe wurden bereits 1882 von Oskar und Richard HERTWIG erkannt, dann aber weitgehend vergessen. Erst durch die elektronenmikroskopischen Untersuchungen an embryonalen und adulten Geweben sind die beiden grundlegenden Bauprinzipien tierischer Gewebe wiedererkannt worden.

Sie werden hier als Epithelgewebe und Bindegewebe im adulten bzw. als Epithelgewebe und Mesenchym im embryonalen Organismus gegenübergestellt. Aus ihnen differenzierte sich im Laufe der Evolution die Fülle der tierischen Gewebe. Diese werden gewöhnlich nach der Funktion ihrer Zellen in Epithel-, Binde-, Muskel-, Nerven- und Drüsengewebe eingeteilt. Besonders die Entstehung von Muskel- und Nervenzellen aus Vorläufern von Epithel- bzw. Bindegewebszellen ist eine für das Verständis der Evolution der Eumetazoa (Histozoa) zentrale Frage (s.u.).

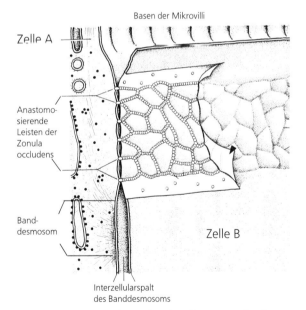

Basen der Mikrovilli

Zelle A

Anastomosierende Leisten der Zonula occludens

Banddesmosom

Zelle B

Interzellularspalt des Banddesmosoms

Abb. 125: Apikaler Haftkomplex, bandförmige Zell-Zell-Verbindung, am Beispiel eines Wirbeltierepithels; Längsschnitt-Schema des Zellmembranverlaufs zwischen 2 Epithelzellen nahe der Epitheloberfläche, kombiniert mit Seitenansicht; nach TEM- und Gefrierbruchverfahren. In dem Komplex liegt außerhalb die Zonula occludens (Regulation des parazellulären Stofftransports), unterhalb davon die Zonula adhaerens (mechanische Stabilisierung des apikalen Epithelverbandes). Aus Krstic (1976).

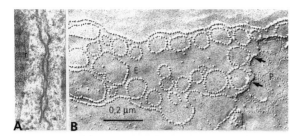

Abb. 126: Apikale, bandförmige Zell-Zell-Verbindung in der Epidermis von Ctenophora. A TEM-Querschnitt; B Gefrierbruchpräparat. Maßstab: 0,2 µm. Bei diesen ursprünglichen Metazoen erinnern die Zell-Zell-Verbindungen an die Zonulae occludentes von Wirbeltieren; bei Cnidariern schließen diese Verbindungen meist nur mit septierten Desmosomen nach außen ab. Aus Hernandez-Nicaise (1991).

Zell-Zell-Kontakte in Vielzellern

Zusammenhalt und Kommunikation ermöglichen das aufeinander abgestimmte Verhalten der Einzelzellen in einer Zellkolonie und sind so entscheidend für Funktion und Entwicklung. Neben mechanischen Orientierungshilfen, die von Zellen auf ihre extrazelluläre Matrix ausgeübt werden können (Abb. 123, Zell-Matrix-Verbindungen s. S. 120 E, F) sind u.a. folgende Strukturen in den Metazoen zu erkennen: (1) Zell-Zell-Verbindungen und (2) plasmatische Brücken in plasmodialen oder syncytialen Geweben.

1. **Zell-Zell-Verbindungen** sind einerseits apikale bandförmige Strukturen um die Zellen herum, andererseits punktförmige Kontakte zwischen den Zellen. Erstere gibt es nur bei Epithelzellen, punktförmige gibt es sowohl im Epithel als auch im Bindegewebe oder im embryonalen Mesenchym.
Der **apikale Zell-Zell-Verbindungskomplex** dient (a) zur Kontrolle des Stofftransports zwischen den Zellen, (b) zur mechanischen Festigung der Epithelschichten und (c) als Grenzstelle zwischen apikalen und basolateralen Zellmembran-Abschnitten.
Bei Wirbeltieren, wo diese apikalen Zell-Zell-Verbindungskomplexe zuerst genauer identifiziert wurden, bestehen sie aus der äußeren Zonula occludens und dem darunterliegenden Banddesmosom (sog. Zonula adhaerens, Abb. 125). Letzteres ist mit Mikrofilamenten assoziiert, die sich von denen typischer Punktdesmosomen unterscheiden, die innerhalb dieser beiden bandförmigen Zell-Zell-Verbindungen liegen können. Bei fast allen übrigen Eumetazoen sind diese apikalen Zell-Zell-Verbindungen aus einer äußeren Zonula adhaerens und einem darunter anschließenden septierten Desmosom aufgebaut (Abb. 127).

Bei vielen Cnidariern fehlt die äußere Zonula adhaerens. Eine weitere strukturelle Ausnahme sind die Epi-

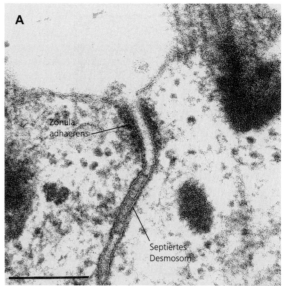

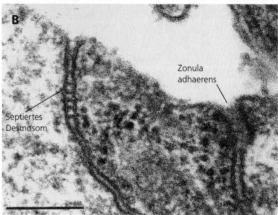

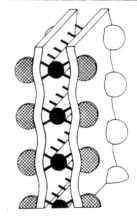

Abb. 127: TEM-Aufnahmen und Rekonstruktion des apikalen Haftkomplexes bei Wirbellosen. Hier liegt apikal fast immer (Ausnahme: „Coelenterata") ein Banddesmosom (Zonula adhaerens oder intermediäre Zell-Zell-Verbindung), innerhalb davon gewöhnlich ein bandförmiges, septiertes Desmosom. A Apikalseite von Epidermiszellen mit deutlicher Zonula adhaerens. B Apikalseite von Epidermiszellen mit undeutlicher Zonula adhaerens, aber deutlichem septierten Desmosom. Maßstäbe: 0,2 µm. C Rekonstruktion des septierten Desmosoms bei Cnidariern. A,B Originale: G. Purschke, Osnabrück; C nach Holley (1985).

thelien der Ctenophoren mit anders gestalteten bandförmigen Zell-Zell-Verbindungen zwischen den Epithelzellen (Abb. 126).

Die **punktförmigen Zell-Zell-Kontakte** sind entweder die mechanisch wirksamen Punktdesmosomen oder die der Zellkommunikation
dienenden Nexus (gap junctions) (Abb. 191 B).
Als Hemidesmosomen bezeichnet man
punktförmige Kontakte zwischen Zellen und ihrer extrazellulären Matrix (Abb. 129). Ähnliche
Strukturen können auch zur Verankerung der
Cuticula an der apikalen Seite der Epithelzellen
ausgebildet sein. Sie stehen einerseits mit den
intrazellulären Mikrofilament-Systemen, andererseits mit dem Fibrillensystem der extrazellulären Matrix in Verbindung und können so die
Kräfte zwischen Zellen (z.B. Myocyten) und extrazellulärer Matrix übertragen.

Adhäsion zwischen Zellen und dem makromolekularen Maschenwerk der extrazellulären Matrix
spielt eine fundamentale Rolle in der Embryonalentwicklung sowie bei der Regulation der Genexpression im adulten Tier.

2. **Plasmabrücken in syncytialen Geweben:** Solange Zellen in Vielzellern durch cytoplasmatische Brücken verbunden sind, kann die Erregungsleitung auch über diese Brücken erfolgen
(z.B. Kieselschwämme). In den syncytial gebauten Hexactinellida kann über eine derartige Erregungsleitung die Flagellenbewegung der Choanocyten in 2,6 mm s^{-1} blockiert werden (d.h.
ein Schwamm kann seine Pumptätigkeit innerhalb weniger Sekunden einstellen).

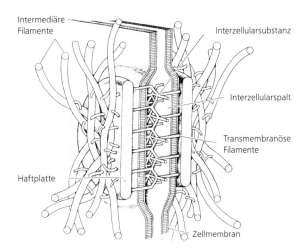

Abb. 128: Graphische Rekonstruktion von Punktdesmosomen (Wirbeltierepidermis). Intermediäre Mikrofilamente (10 nm dick) und interzelluläre bzw. Transmembran-Mikrofilamente (1 nm dick) der beiden Haftscheiben sind aneinander verankert. Aus Junqueira und Carneiro (1984).

neuerung oder der vegetativen Fortpflanzung dienen können.

Unter den **somatischen Zellen** stellt wahrscheinlich
die monociliäre Zelle (Abb. 130, 131) eine der ursprünglichsten Zellformen der Metazoa dar. Sie besitzt nur ein Cilium, das gewöhnlich in einer Einsenkung der Zelloberfläche inseriert und von unterschiedlich vielen Mikrovilli umstellt sein kann. Die
Zahl der Mikrovilli schwankt zwischen 30–40

Zell-Zell-Verbindungen und basale Matrix bei Parazoa und Placozoa

Zell-Zell-Verbindungen bei Schwämmen können
nur teilweise mit den oben beschriebenen der Eumetazoa verglichen werden. Bei den adulten Tieren
zelliger Porifera (Cellularia) sind in der epitheloiden
Deckschicht (Pinacoderm) die Pinacocyten häufig
mit sog. „parallel-membrane junctions" verbunden.
Bei einer Larve der Cellularia gibt es zwischen den
monociliären Zellen bandförmige, apikale Zell-
Zell-Verbindungen, die etwas an Zonulae adhaerentes erinnern. In beiden Fällen fehlt eine typische
basale Matrix. Bei Placozoa ist noch gar keine extrazelluläre Matrix nachgewiesen worden; allerdings
hat man hier Zonulae adhaerentes gefunden (s. S.
122).

Organisation der ursprünglichen Metazoenzelltypen

Grundsätzlich lassen sich bei Vielzellern somatische
Zellen von männlichen und weiblichen Gameten
(generative Zellen) unterscheiden sowie von asexuellen Stammzellen, die entweder der Gewebser-

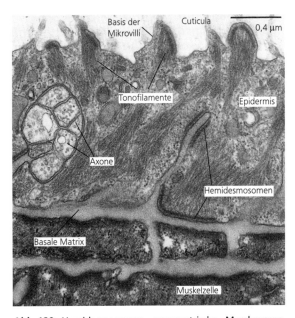

Abb. 129: Hemidesmosomen, asymmetrische Membranspe-
zialisationen zur Anheftung des Cytoskeletts an der ECM (hier
aus der Epidermis der muskulösen Zunge eines Polychaeten).
Original: G. Purschke, Osnabrück.

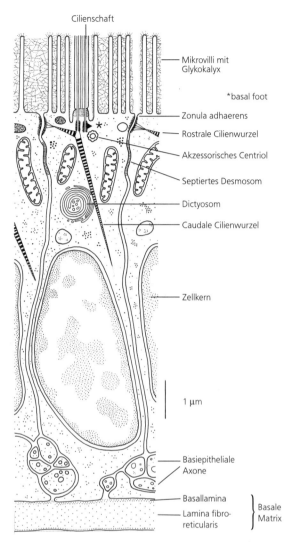

Cilienschaft

Mikrovilli mit
Glykokalyx

*basal foot

Zonula adhaerens

Rostrale Cilienwurzel

Akzessorisches Centriol

Septiertes Desmosom

Dictyosom

Caudale Cilienwurzel

Zellkern

1 µm

Basiepitheliale
Axone

Basallamina
Lamina fibro-
reticularis
} Basale
Matrix

Abb. 130: Feinbau einer monociliären Zelle am Beispiel einer Epidermiszelle des Polychaeten *Owenia fusiformis*. Längsschnittschema. Nach Gardiner (1978).

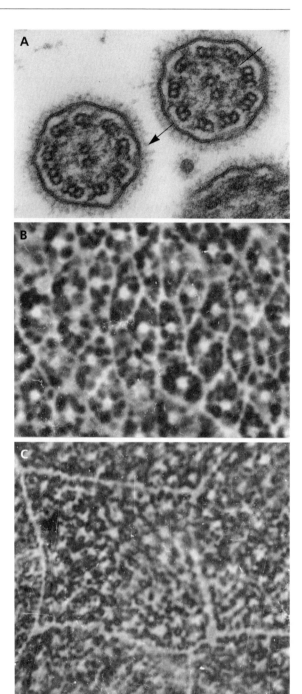

Abb. 131: Mono- und multiciliäre Epithelien. A TEM-Flächenschnitt durch Cilien einer multiciliären Epidermiszelle eines Polychaeten. Pfeil gibt Richtung des Cilienschlags an. B Aufsicht auf die monociliäre Epidermis des Gnathostomuliden *Haplognathia* sp.. C Aufsicht auf die multiciliäre Epidermis des Turbellars *Retronectes* sp. Die Ciliendichte monociliärer Epithelien ist geringer (gewöhnlich <1 Cilie µm⁻², selten 4 Cilien µm⁻² wie bei *Branchiostoma*-Larven) als die multiciliärer (bis 6 Cilien µm⁻²). A Original: W. Westheide, Osnabrück; B,C Original: W. Sterrer, Bermuda.

(Choanocyten der Schwämme) und etwa 8 (z. B. bei Gnathostomulida). Neben dem Basalkörper liegt ein akzessorisches Centriol, dessen Lage und Orientierung charakteristisch ist.

Bei Eumetazoa und bei *Trichoplax* (Placozoa, Abb. 132) liegt das Centriol auf der Seite, in der der Ruderschlag des Ciliums erfolgt, meist deutlich rechtwinkelig zur Ebene des Ruderschlags. Eine quergestreifte Cilienwurzel, oft in eine unter der Zellmembran annähernd horizontale und eine in die Zelle absinkende caudale Komponente geteilt, ist am Vorderrand des Basalkörpers befestigt. Wahrscheinlich reichte ursprünglich die Cilienwurzel bis zum Zellkern. Zwischen diesem und der Cilienbasis liegt der Golgi-Apparat. Am Basalkörper inseriert der „basal foot" (Abb. 130), und zwar an der Seite, die in Richtung des Ruderschlags weist. Die Orientierung der Cilien zueinander läßt sich anhand ihrer Querschnitte meist leicht feststellen (Abb. 131 A). In gewissen Sinneszellen (sog. Collarrezeptoren) (Abb. 196 A) und in den Terminalzellen

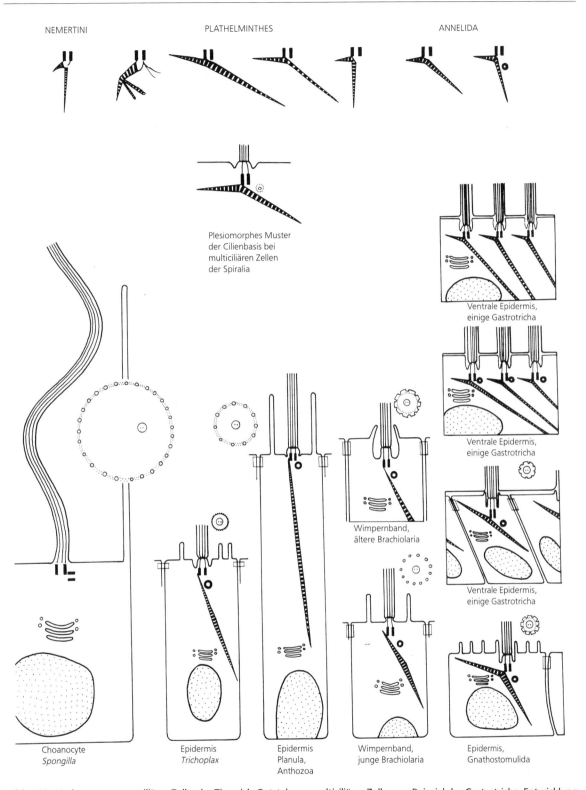

NEMERTINI   PLATHELMINTHES   ANNELIDA

Plesiomorphes Muster
der Cilienbasis bei
multiciliären Zellen
der Spiralia

Ventrale Epidermis,
einige Gastrotricha

Ventrale Epidermis,
einige Gastrotricha

Wimpernband,
ältere Brachiolaria

Ventrale Epidermis,
einige Gastrotricha

Choanocyte
Spongilla

Epidermis
Trichoplax

Epidermis
Planula,
Anthozoa

Wimpernband,
junge Brachiolaria

Epidermis,
Gnathostomulida

Abb. 132: Vorkommen monociliärer Zellen im Tierreich. Entstehung multiciliärer Zellen am Beispiel der Gastrotricha, Entwicklung der quergestreiften Cilienwurzelfaser in verschiedenen Gruppen mit bewimperter Epidermis. Die monociliären Zellen der Porifera sind meist durch fehlende oder speziell gebaute Cilienwurzeln gekennzeichnet sowie durch eine um 90° gedrehte Stellung des akzessorischen Centriols. Die Anzahl der das Cilium umgebenden Mikrovilli nimmt in monociliären Zellen deutlich von Porifera zu Cnidaria und zu Bilateria ab. Die Tafel zeigt auch die ursprüngliche Lage des Golgi-Apparats über dem Zellkern. Original: R. Rieger, Innsbruck.

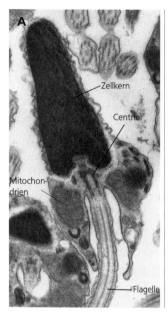
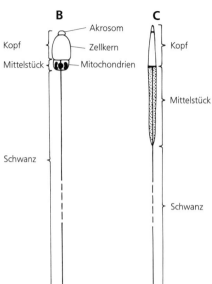

Abb. 133: Grundtypen der Metazoenspermien. A TEM-Aufnahme eines Spermiums von *Alcyonium palmatum* (Octocorallia). B Ursprünglicher Spermientyp der Metazoa mit kugeligem Kopfabschnitt, anschließendem Mittelstück mit Mitochondrien und freiem Flagellum als Spermienschwanz. C Häufige Modifizierung des Metazoenspermiums durch Streckung des Kopf- und Mittelstückabschnittes. A Original: H. Schmidt und D. Zissler, Freiburg; B,C aus Wirth (1981).

der Protonephridien (Cyrtocyten) (Abb. 280) können die Merkmale abgewandelt sein (z.B. keine Cilienwurzel, Verlust des akzessorischen Centriols).

Bei den zellulären Porifera (Cellularia) fehlen in den Larven spezielle Mikrovillikränze um die Cilien; diese sind hingegen bei den Choanocyten der Adulti in besonderer Länge ausdifferenziert. Das akzessorische Centriol liegt hier – im Vergleich mit Eumetazoa und *Trichoplax* – um 90° gedreht (Abb. 132), oder es fehlt. Die quergestreifte Wurzelfaser kann fehlen oder auch durch entsprechende Mikrotubuli-Verankerungen ersetzt sein.

Innerhalb der Metazoa findet man mehrmals Übergänge von einem monociliären zu einem multiciliären Epithel (Abb. 131, 132). Dabei ist zu bemerken, daß im gesamten Tierreich bewimperte Zellen nur selten biciliär, hingegen fast immer entweder monociliär oder aber multiciliär mit immer 10 oder mehr Cilien ausgebildet sind. Ausnahmen gibt es nur bei Sinneszellen, in denen 1 bis wenige Cilien pro Rezeptorzelle auftreten können. In fast allen multiciliären Epithelzellen sind auch die akzessorischen Centriolen an den Basalkörpern verloren gegangen (Ausnahmen: z.B. bei Cnidaria, Gastrotricha, Anneliden-Larven).

Nur mit monociliären Zellen ausgestattet sind die Placozoa, die Porifera (erst kürzlich wurde die erste multiciliäre Zelle in einer Larve der Hexactinelliden entdeckt), die Gnathostomulida sowie sehr wahrscheinlich alle Phoronida, Brachiopoda, Pterobranchia, Echinodermata und Acrania. Überwiegend monociliär sind die Cnidarier; mono- und multiciliäre Epithelien sind bei verschiedenen Arten der Gastrotricha und in dem Polychaetentaxon Oweniida (s. S. 381) bekannt. Mono- und multiciliäre Zellen in Wimperepithelien ein und der selben Art sind selten, z.B. bei *Renilla* (Anthozoa) oder Tornaria-Larven (Enteropneusta).

In der Embryonalentwicklung der Eumetazoa läßt sich auch zeigen, daß der monociliäre Grundtypus

das Ausgangsstadium für die Bildung von Bindegewebszellen, Myocyten und Neuronen ist.

Metazoa sind diploide Organismen, bei denen Meiose bei der Bildung der Gameten auftritt. Charakteristisch ist, daß in der Meiose der männlichen Keimzellen 4 Spermatozoen entstehen, bei den weiblichen hingegen nur eine Eizelle und 3 Polkörper. Von den **Gameten** entstehen bei Porifera die weiblichen aus Choanocyten oder Archaeocyten (S. 111), die männlichen wahrscheinlich nur aus Choanocyten. Die Geschlechtszellen der Eumetazoa entstehen primär im Entoderm bzw. in dem sich davon ableitenden Entomesoderm; nur bei einigen Hydrozoa scheinen sie ektodermaler Herkunft zu sein. Bei anderen Hydrozoa konnte gezeigt werden, daß die Eizellen in der Gastrodermis gebildet und später in die Epidermis verlagert werden.

Ursprünglich sind Keimzellen im Mesohyl (Porifera) oder frei im Epithelgewebe abgelagert und besitzen keine Hüll- bzw. akzessorischen Zellen. Assoziationen mit somatischen Zellen (oder während der Oogenese unterdrückten generativen Zellen), die die Ernährung und Trennung der Keimzellen von den somatischen Geweben unterstützen oder herstellen, sind aber bereits von Porifera und ursprünglichen Bilateriern (z.B. Plathelminthes) bekannt. Derartige Zellen gewinnen bei höherentwickelten Formen immer mehr Bedeutung für die Determination der Körperachsen (s. z.B. Insektenentwicklung).

Die männlichen Gameten (Spermien) der Metazoa lassen sich auf einen ursprünglichen Typus zurückführen (Abb. 133). Für diesen ist ein kugeliger Kopfabschnitt mit dem Zellkern und einem davor gelegenen Akrosom charakteristisch. Dahinter befindet sich ein kleines Mittelstück mit den Mitochondrien. Zwischen Zellkern und Mitochondrien liegt der Basalkörper eines den Schwanzabschnitt erfüllenden Ciliums (Axonem). Ursprünglich ist neben dem Basalkörper – entsprechend der monociliären Bauweise – ein akzessorisches Centriol vorhanden.

Dieser Grundtypus ist in sehr mannigfaltiger Weise abgewandelt, insbesondere dort, wo innere Befruchtung vorliegt (Abb. 133 C). Die männlichen Gameten sind der am stärksten diversifizierte Zelltyp der Metazoa. Zur Übertragung auf den Partner werden Spermien oft bündelweise in extrazelluläre Hüllen verpackt (Spermatophoren).

Die weiblichen Gameten (Eizellen) bestimmen durch unterschiedlichen Dottergehalt (und Dotterverteilung) sowie durch ihre Polarität die Frühentwicklung bei den Metazoa. Dotter kann in der Eizelle selbst abgelagert werden (endolecithale Eier). Dieser Typus ist weitverbreitet. Bei verschiedenen Eizelltypen wird jedoch kein oder kaum mehr Dotter in der Oocyte selbst, sondern in eigenen Dotterzellen (Vitellocyten) gespeichert (ektolecithale Eier, z.B. bei Plathelminthes). Die Produktion des Dotters kann ganz auf die Eizelle beschränkt sein (autosynthetisch) oder ganz oder teilweise außerhalb der Eizelle erfolgen (heterosynthetisch).

Die Größe schwankt bei endolecithalen Eiern zwischen 50 μm (bei einigen Porifera, Cnidaria, Tentaculata, etlichen Spiralia und Nemathelminthes) bis zu 10 cm (einige Knorpelfische, *Latimeria*) oder einige dm (Vögel). Eizellen, die mit verschieden vielen Dotterzellen eingeschlossen sind (z.B. Plathelminthen), sind wesentlich kleiner (10–20 μm). Der Dottergehalt ist mit der Ernährungsweise der aus dem Ei schlüpfenden Larven oder Jugendstadien gekoppelt (lecithotrophe Ernährung bei dotterreichen, planktotrophe bei dotterarmen Eiern).

Skelettstrukturen

Um die vielfältigen Gestalten und Größen tierischer Vielzeller als ein Produkt variationserzeugender Mutationen und deren Auslese durch Zwänge der Entwicklungmechanik und der Umwelt verstehen zu können, ist auch die **Biomechanik** zu berücksichtigen. Die Einbeziehung funktionsanalytischer Überlegungen in die Methodik der Systematik verbessert außerdem die Abschätzung der Wahrscheinlichkeit von als apomorph oder plesiomorph anzusehenden Merkmalen. Voraussetzung für biomechanische Betrachtungen ist die Kenntnis der wichtigsten Kräfte, die auf Organismen in Wasser, Land und Luft einwirken.

Nicht nur auf der Ebene der Organismen, sondern auch auf der von Geweben und Zellen kann die Kenntnis der Biomechanik wichtige Gesichtspunkte zur phylogenetischen und funktionellen Analyse beisteuern. Dabei sind Kräfte, die zwischen den einzelnen Zellen wirken (Abb. 123), von jenen in Geweben und Organen zu unterscheiden.

Gewöhnlich werden bei Stützelementen anorganische und organische Hartteile in oder um Organismen (**starre Skelette**) von Strukturen mit Skelettfunktion im Weichkörper (**biegsame Skelette**) unterschieden. Letztere sind die ursprünglicheren Skelette, sind aber auch heute bei fast allen Metazoa zur Erhaltung von Form und Gestalt unabdingbar. Ein wichtiger Vorteil der biegsamen Skelette ist, daß Muskelenergie, die zur Bewegung oder Formveränderung eingesetzt wird, wenigstens teilweise in den Fasersystemen gespeichert wird. In der Phase der Wiederherstellung der Ausgangssituation kann sie teilweise zurückgewonnen werden.

Entsprechende biomechanisch wirksame Konstruktionselemente in einem Weichkörper oder in Weichkörperteilen sind: (1) die fibrillären Anteile (fibrilläre Kollagene, Chitin oder Tunicin) in einer weichhäutigen Cuticula (z.B. Annelida); (2) fibrilläre Anteile der extrazellulären Matrix des Bindegewebes (z.B. fibrilläre Kollagene, Elastinfasern); (3) das intrazelluläre Mikrofilamentsystem, das sog. Cytoskelett (Actin, intermediäre Mikrofilamente, „cell web", das über Membranproteine mit der extrazellulären Matrix und Cuticula gekoppelt ist; (4) Muskelzellen, die Skelett- und Bewegungsfunktionen vereinen (gut zu sehen an den Chordazellen der Acrania); (5) intrazelluläre (bes. Parenchym, Abb. 299 c, Gastrodermiszellen, Abb. 299 a) bzw. extrazelluläre Flüssigkeitsräume (z.B. Hohlräume zwischen Körperwand und Darm, wie die primäre oder sekundäre Leibeshöhle, Abb. 299 b).

Der Druck in flüßigkeitsgefüllten Hohlraumsystemen kann durch Muskulatur lokal verändert werden, die daraus resultierenden Formveränderungen werden durch intrazelluläre und extrazelluläre Fibrillensysteme eingeschränkt. Derartige „Skelette" nennt man **hydrostatische Skelette**. Innerhalb der durch Fibrillensysteme gesetzten Grenzen sind solche Skelettstrukturen sehr vielgestaltig.

Beispiele **organischer Exoskelette** sind die Cuticularbildungen, z.B. schon bei ursprünglichen Metazoa das Periderm vieler Hydrozoa und einiger Octocorallia. **Organische Endoskelett-Elemente** sind z.B. das Sponginskelett im Mesohyl der Porifera oder hornähnliche Substanzen (Gorgonin bei Octocorallia).

Anorganische Skeletteile können entweder aus einzelnen, kleinen Skleriten (z.B. in der extrazellulären Matrix eingelagerte Kieselspicula bei Porifera, Kalkspicula der Octocorallia, Spicula im Mantel der Tunicata) oder aus mehr oder weniger soliden Abscheidungen (z.B. Kalkablagerungen einzelner Porifera, Panzerbildungen der Seeigel, Knochengewebe der Wirbeltiere) bestehen. Auch Einzelspicula kön-

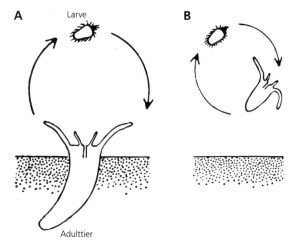

Abb. 134: Schema des biphasischen Lebenszyklus. A Pelagobenthisch. B Holopelagisch. Nach Jägersten (1972).

nen miteinander zu mehr oder weniger soliden Hartteilen verbunden sein (z. B. Hexactinellida)

Spiculäre Skelette sind gleich mit dem ersten, gehäuften Auftreten tierischer Hartteile vor etwa 550 Millionen Jahren häufig zu finden (z. B. Porifera, †Halkieriida, Abb. 487 C).

Ein Spezialfall ist *Trichoplax adhaerens*, für den keine der typischen fibrillären, extrazellulären Matrixkomponenten nachgewiesen ist. Ähnliches gilt auch für die acoelen Turbellarien, bei denen mit Ausnahme der Statocystenwand eine extrazelluläre Matrix fehlt. Die Kraftübertragung von den Muskelzellen ist hier über Desmosomen auf intrazelluläre Filamentsysteme (intermediäre Filamente) oder Cilienwurzelsysteme beschränkt.

Vermehrung und Entwicklung

Die Metazoa sind diploide Organismen, das heißt Meiose tritt nur in der Keimbahn auf, unmittelbar vor der Bildung der männlichen und weiblichen Gameten. In Metazoenlebenszyklen können sich asexuelle Vermehrungsmodi (wie Knospung, Teilung, Bildung von asexuellen Schwärmern, Architomie, Paratomie) mit der sexuellen Vermehrung abwechseln. Die Fähigkeit zur asexuellen Vermehrung tritt gerade bei ursprünglichen Metazoa häufig auf. Bei einem derartigen Wechsel von einer oder mehreren Generationen, die sich ungeschlechtlich fortpflanzen, mit einer sich geschlechtlich fortpflanzenden Generation, spricht man von Metagenese (z. B. Cnidaria, S. 146).

Auch die Produktion von Nachkommen aus unbefruchteten Eizellen, die sog. Parthenogenese (Jungfernzeugung) ist im Tierreich sehr weit verbreitet und kommt gelegentlich noch bei Wirbeltieren vor (Knochenfische, Reptilien). Eine Vielzahl von unterschiedlichen Mechanismen zur Abänderung bzw. zum gänzlichen Verlust der Meiose sind dabei bekannt. Apomixis ist eine Parthenogenese, in der die Meiose in der Gametenentwicklung gänz-

lich unterdrückt wird. Einen Generationswechsel mit bisexuellen und parthenogenetischen Generationen bezeichnet man als Heterogonie (z. B. bei „Rotatoria", Anomopoda, Aphidina).

Koloniale Organisation und asexuelle Vermehrung nehmen bei höherentwickelten Formen an Häufigkeit ab. Die im Zusammenhang mit der sexuellen Vermehrung entstehende genetische Individualisierung der Einzeltiere in den Populationen nimmt hingegen bei höherentwickelten Metazoa zu. Die Parthenogenese stellt eine Alternative zur asexuellen Fortpflanzung durch Sprossung und Knospung dar. Durch sie können Populationen bei günstigen Umweltbedingungen eine rasche Zunahme gleicher oder sehr ähnlicher Genotypen erreichen.

Vielfach treten in Lebenszyklen auch morphologisch und in ihren Lebensformen distinkte Jugendstadien (Larven) auf, die sich mit einer deutlichen Gestaltveränderung (Metamorphose) in das adulte Tier umwandeln. Dieser Typus ist als indirekte Entwicklung der direkten, mit sich morphologisch nur graduell von den Adulten unterscheidenden Jugendstadien gegenübergestellt. Nahezu 70% aller marinen Evertebraten zeigen einen Lebenszyklus mit einer planktischen, mikroskopischen Larve und einem makroskopischen, häufig benthischen Adulttier (biphasischer, häufig bentho-pelagischer Lebenszyklus, Abb. 134). Von einigen Autoren wird heute eine indirekte Entwicklung für die Metazoa als ursprünglich angesehen; überwiegend wird jedoch die direkte Entwicklung als ursprünglicher erachtet.

Besonders bei Arthropoden führt die Häutung der Cuticula zu unterschiedlichen postembryonalen Entwicklungsstadien, die ebenfalls als Larven oder Jugendstadien bezeichnet werden (z. B. Naupliusoder Zoëa-Larve der Crustacea, Larven der Insekten). Die Anzahl der Segmente kann sich dabei nach dem Schlüpfen aus dem Ei graduell der des Adulttiers (Imago) nähern (Anamorphose, z. B. Lithobiomorpha) oder ist schon zum Zeitpunkt des Schlüpfens gleich wie beim Adulttier (Epimorphose, z. B. Scolopendromorpha).

Evolutionsbiologisch interessant ist die Entstehung neuer Arten durch Vorverlegung der Geschlechtsreife auf Jugend- oder Larvenstadien, was man heute als Progenesis bezeichnet. Dieses Prinzip scheint für die Evolution einer Reihe kleiner Organismen, z. B. der mesopsammalen, im Interstitialraum zwischen den Sandkörnern lebenden Fauna besonders typisch zu sein. Das Phänomen der Progenesis wird auch mit dem allgemeineren Begriff Heterochronie bezeichnet, der sowohl Beschleunigung als auch Verzögerung einzelner Entwicklungsabläufe in einem Organismus gegenüber einem anderen bedeutet. Dieses Prinzip tritt sehr häufig in der Entwicklung von Metazoen auf und hat für deren Evolution einen besonders wichtigen Stellenwert. (Die Retardierung juveniler oder larvaler

Merkmale, daß heißt deren Vorkommen in späteren, subadulten und adulten Stadien, nennt man heute Neotenie).

Äußere Befruchtung und **Getrenntgeschlechtlichkeit** werden meist als ursprüngliche Merkmale angesehen. Mit diesen Merkmalen gekoppelt sind gewöhnlich hohe Gametenproduktion und verschiedene Mechanismen, die das Ausstoßen der Gameten der beiden Geschlechter zeitlich und örtlich korrelieren (s. Annelida). Aber schon bei den Porifera werden – mit wenigen Ausnahmen – Eizellen erst nach innerer Befruchtung entlassen.

Zwittrigkeit (**Hermaphroditismus**) wird hingegen häufig als sekundäre Anpassung an niedrige Populationsgrößen, sessile Lebensweise und geringe Körpergröße gedeutet. Man unterscheidet zwischen simultan zwittrigen Organismen, bei denen männliche und weibliche Organe mehr oder weniger gleichzeitig innerhalb eines Individuums auftreten (z.B. Plathelminthes, viele Gastropoda, Hirudinea, Tunicata) und sukzedan zwittrigen Tieren. Bei letzteren wechseln die Individuen das Geschlecht, enthalten aber zu einem bestimmten Zeitpunkt immer nur Organe und Keimzellen eines Geschlechts (z.B. einige Gastropoden, der Polychaet *Ophryotrocha puerilis*, viele Fische). Bei den meisten Hermaphroditen eilt die Entwicklung der männlichen Geschlechtszellen derjenigen der weiblichen voraus (Protandrie). Bei einigen Tunicaten, z.B., ist es jedoch umgekehrt (Protogynie).

Am häufigsten findet die **Befruchtung** bei Eumetazoen an der heranwachsenden primären Oocyte (vor der ersten Reifeteilung) statt. Häufig markieren die Polkörper den animalen Pol der Zygote. Die Befruchtung kann zu einer radikalen Änderung der Verteilung des Ooplasmas führen. Die cytoplasmatischen Verlagerungen sind wichtig für die weitere Entwicklung, da die Neuverteilung der von der Eizelle gebildeten morphogenetischen Determinanten deren Aufteilung in unterschiedliche Blastomeren während der Furchung bedingt.

Die befruchtete Eizelle (**Zygote**) der Metazoa ist in ihrem cytologischen Aufbau (Verteilung der verschiedenen Zellorganellen) eine deutlich polare Zelle mit einem animalen und einem vegetativen Pol. Die Zellteilungen während der Furchung beginnen gewöhnlich am animalen Pol und schreiten zum vegetativen Pol fort, der oft durch Dotteranreicherung gekennzeichnet ist.

Die ersten 3 **Furchungsteilungen** laufen gewöhnlich nach einem einheitlichen Muster ab: Die ersten beiden Teilungen (zum 2- bzw. 4-Zellstadium) sind meridional (vom animalen zum vegetativen Pol), die dritte ist äquatorial (senkrecht zur Eiachse). Ausnahmen davon kennt man von verschiedensten Gruppen.

Furchungen können total oder partiell ablaufen. In letzterem Fall werden die Blastomeren wegen des großen Dottergehalts der Zygote nicht vollständig voneinander getrennt. Bei totaler Furchung können wieder gleich große (durch äquale Teilung), bzw. ungleichgroße Blastomeren (Makromeren, Mikromeren, durch inäquale Teilung) entstehen. Die partiellen Furchungen treten als diskoidale (z.B. Cephalopoda, Sauropsida, einige Teleostei) oder superfizielle Furchungen (Arthropoda) auf.

Im Bezug auf die Rate der Mitosen während der Furchung unterscheidet man eine erste synchrone (alle Mitosen laufen gleichzeitig ab) von einer späteren asynchronen Phase. Die Zahl der synchron verlaufenden Teilungen variiert zwischen den einzelnen Taxa.

Die Eizelle wächst während der Furchung gewöhnlich nicht, die Zellen werden in diesem Ablauf zunehmend kleiner, die Furchung führt zu einer starken Vermehrung des Kernmaterials und schließlich zur Ausbildung des **Blastulastadiums**. Letzteres kann je nach Ausbildung des Blastocoels (primäre Leibeshöhle) eine Coeloblastula oder eine Sterroblastula sein. Spezialfälle sind die nur am animalen Pol bewimperten Amphiblastulae der Kalkschwämme (S. 111), die nach diskoidaler und superfizieller Furchung entstehenden Disko- bzw. Periblastulae oder die Blastocysten der Eutheria.

Nach Stellung der Spindelachsen in dem sich furchenden Embryo unterscheidet man die rädiäre Furchung (Spindelachsen parallel und senkrecht zur Eiachse) von der Spiralfurchung (Spindelachse wechselnd nach links oder rechts zur Eiachse gekippt). Nach der Symmetrie des sich entwickelnden Embryos werden eine disymmetrische (Ctenophora) und eine bilateralsymmetrische (ursprüngliche Chordata) Furchung unterschieden. Besondere Furchungstypen kennzeichnen die Nemathelminthes. Abänderungen der ursprünglichen Furchungsmuster treten im Zusammenhang mit unterschiedlichem Dottergehalt bei vielen Tiergruppen auf (z.B. Mollusca, Arthropoda, etc.)

Je nachdem, ob die während der Furchung entstehenden Blastomeren bereits sehr frühzeitig oder erst sehr spät als Zellen von verschiedenen Organen festgelegt sind, wird in vielen Lehrbüchern ein determinierter (Mosaik-) und ein regulativer (Regulations-) Entwicklungsmodus unterschieden. Ersterer ist besonders von der disymmetrischen Furchung, von der Spiral- und der Bilateralfurchung bekannt. Von Keimen mit Spiralfurchung (z.B. Plathelminthes, Mollusca, Annelida, Abb. 288), mit Bilateralfurchung (Tunicata) und mit abgewandelter Bilateralfurchung (Nematoda) sind die Zellstammbäume der einzelnen Blastomeren verfolgt und beschrieben worden. Der Regulationstyp tritt häufig bei Radiärfurchung von Cnidaria, Tentaculata und Echinodermata auf.

Dabei ist aber zu beachten, daß frühzeitige Festlegung, sog. „Determination", nur experimentell erkennbar ist.

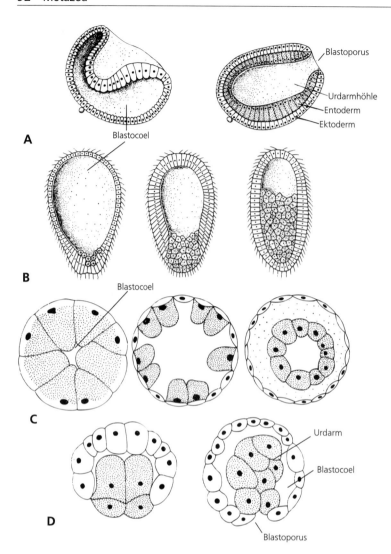

Abb. 135: Gastrulationstypen, Schnittbilder. A Invagination (Embolie). B Immigration. C Delamination. D Epibolie (Überwachsung) kombiniert mit Embolie. Leicht verändert nach Siewing aus Gruner (1980).

Der Begriff „Mosaikkeim" soll nicht den Eindruck erwecken, daß sich im frühdeterminierten Keim spätere Organe direkt auf bestimmten Arealen in der unbefruchteten Eizelle lokalisieren ließen. Die Festlegung des Entwicklungsschicksals im Raum erfolgt auch bei diesen Keimen erst während der Frühentwicklung, und zwar kaskadenartig komplizierter werdend.

Bemerkenswert ist, daß schon bei einigen ursprünglichen Metazoa (einige Kalkschwämme, verschiedene Cnidaria-Hydrozoa) abgeänderte Entwicklungsabläufe bekannt sind. Im ersten Fall ist die Entstehung einer Stomoblastula mit nach innen gerichteten Cilien und deren Umstülpung (Inversion) zur Amphiblastula besonders auffallend, da ein derartiges Verhalten bei Metazoa nicht , dafür aber bei der kolonialen Grünalge *Volvox* auftritt (s. u.). Das oft als „Blastomeren-Anarchie" bei Hydrozoen beschriebene unregelmäßige Verteilungsmuster der ersten Blastomeren wird gewöhnlich als durch ungünstige Außenbedingungen induzierte Furchungsanomalie dargestellt. Dieses Phänomen könnte jedoch auch eine allgemeine Labilität der Blastomerenanordnung (andere Cnidaria zeigen „Pseudospiralfurchung") bedeuten.

Der für die Entwicklung der Eumetazoen entscheidende Abschnitt in der Embryonalentwicklung ist die **Gastrulation,** durch die die Bildung der beiden primären Keimblätter (Ektoderm, Entoderm) erreicht wird (Abb. 135). Hierbei spielen morphogenetische Bewegungen (von Einzelzellen oder von ganzen Zellschichten) eine zentrale Rolle. Man unterscheidet durch Epibolie (Umwachsung) oder Embolie (Einstülpung) gebildete Invaginationsgastrulae, von durch Einzelzellbewegungen gebildete Immigrationsgastrulae, in denen das Urdarmepithel sekundär aus einzelnen Zellen aufgebaut wird. Dabei kann die Einwanderung von einer Stelle oder von mehreren Orten der Blastula ausgehen.

Jene Zellbewegungen (z.B. Parenchymula) oder Zellschichtwanderungen (z.B. Amphiblastula) bei den Porifera (Abb. 138, 158), die erst mit dem Festsetzen der Larve beginnen, und durch die die äußeren, monociliären Zellen nach innen und andere innere Zellen nach außen gelangen (Keimblattumkehr), werden mit den Gastrulationsabläufen bei den Eumetazoa verglichen (Abb. 135). Allerdings geht bei der Amphiblastula-Metamorphose die Einstülpung (Umwachsung) der monociliären Zellen vom Pol der Anheftung an das Substrat aus, d. h. also von der gegenüberliegenden Seite, verglichen mit der Gastrulation der Cnidaria. Die Homologisierung der Gastrulationsvorgänge bei Eumetazoa mit morphogenetischen Bewegungen bei den Porifera ist ein noch ungelöstes Problem.

Enggekoppelt mit diesem eigentlichen Vorgang der Gastrulation ist auch die Ausbildung des dritten Keimblatts, des echten **Mesoderms** (Entomesoderm) der Bilateria, sowie die Einwanderung von Zellen aus dem Ektoderm (ektomesenchymale Zellen) zwischen die beiden primären Keimblätter oder in die extrazelluläre Matrix des Blastocoels. Ektodermalen Ursprungs sind auch Zellen, die bei verschiedenen Cnidariern in die Mesogloea einwandern. Bei den Ctenophora bilden Mikromeren am vegetativen Pol unter anderem die in die Mesogloea versenkte Muskulatur.

Ganz allgemein leitet also die Gastrulation jenen Vorgang ein, der die Ausbildung von sehr konservativen Entwicklungsstadien (phylotypische Stadien, Zootypen) bewirkt. Diese Stadien sind für taxonomische Großgruppen allgemein charakteristisch (z.B. Pharyngula-Stadium der Wirbeltiere).

Symbiose mit Prokaryoten und einzelligen Eukaryoten

Ein weitverbreitetes Prinzip der Evolution der Metazoa ist die Symbiose mit prokaryoten bzw. eukaryoten Einzellern oder fadenförmigen Vielzellern. Beispiele dafür sind Schwämme und ihre Symbiosen mit Bakterien und Blaualgen, Aktinien und Korallen mit Dinoflagellaten, Nematoden und Oligochaeten in anoxischen und hypoxischen Sandböden mit chemoautotrophen Bakterien. Bakterien finden sich auch in den Leuchtorganen der Cephalopoden und Pyrosomiden, chemoautotrophe Bakterien in Pogonophoren und anderen Tiefseeorganismen und im Verdauungskanal höherer Tiere einschließlich des Menschen. Bei derartigen obligatorischen Symbiosen werden die Symbionten entweder bereits mit der Eizelle oder erst durch spätere Aufnahme (Nahrung etc.) in die nächste Generation übertragen.

Die Bedeutung von symbiontischen Beziehungen ist besonders von der Entstehung der eukaryoten Zelle gut bekannt (Entstehung der Mitochondrien, Plastiden). Die Vielfältigkeit der Symbiosen zwischen Metazoa, Prokaryota und Einzellern unterstreicht einmal mehr die Bedeutung dieses Phänomens in der organismischen Evolution.

Systematik

18 S-rRNA-Sequenzen und die ultrastrukturellen Merkmale der monociliären Zelle (S. 87) sprechen für die Monophylie aller Metazoa, ebenso wie Entwicklung und Struktur der Gameten sowie der Lebenszyklus als Diplonten (Abb. 188). Vor allem ist die Monophylie der Metazoa aber wegen der großen Übereinstimmung in der molekularen Zusammensetzung der extrazellulären Matrix bei Porifera und Eumetazoa (s. S. 80) sehr wahrscheinlich.

Daß die einzelligen Choanoflagellata die Schwestergruppe der Metazoa darstellen, wird zwar häufig angenommen, ist aber mit den vorliegenden Daten nicht eindeutig zu klären. Die Feinstruktur der Choanocyte der Porifera mit den beiden fahnenartigen Anhängen am Flagellum (Abb. 137 B) ähnelt zwar den entsprechenden Bildungen bei den Choanoflagellata (S. 61), eine Homologie der speziellen Struktur ist jedoch nicht gesichert.

Wegen des Fehlens von Nerven- und Muskelgewebe bzw. der unvollständigen Ausbildung des Epithelgewebes (s. S. 85) werden Parazoa und Placozoa heute als die ursprünglichsten rezenten Metazoa betrachtet (Abb. 188).

Die Anatomie des adulten Schwammkörpers (S. 99) und die Entwicklungsvorgänge (S. 111) setzen die **Porifera** deutlich von den anderen Metazoa ab. Die Sonderstellung wird auch durch ultrastrukturelle Merkmale betont: Das Cilium der monociliären Zelle der Schwämme ist meist durch speziell angeordnete Mikrotubuli verankert, quergestreifte Cilienwurzeln sind bisher nur bei Larven von Kalkschwämmen nachgewiesen. Zusätzlich ist das akzessorische Centriol meist anders gelagert oder fehlt (Abb. 132).

Das Auftreten apikaler Zell-Zell-Verbindungen, strukturell ähnlich den Banddesmosomen im „Epithel" der **Placozoa** (s. S. 121), legt ein Schwestergruppenverhältnis von *Trichoplax adhaerens* zu allen übrigen Eumetazoa nahe. Die Eingliederung der Placozoa in die Eumetazoa ist aber nicht möglich, solange weder ein typische extrazelluläre Matrix, noch Muskel- und Nervenzellen nachgewiesen sind. Für die Ursprünglichkeit der Placozoa spricht auch, daß man hier den niedrigsten nuclearen DNA-Gehalt innerhalb der gesamten Metazoa festgestellt hat.

Die „**Mesozoa**" sind wohl kein monophyletisches Taxon. Was die recht unterschiedlichen Orthonectida und Dicyemida zusammenbringt, ist nur der übereinstimmende Aufbau aus multiciliären Deckzellen um einen zellulären Innenraum, in dem Geschlechtszellen produziert werden. Die Stellung dieser „Mesozoa" innerhalb der Metazoa ist nach wie vor umstritten. Häufig werden sie als durch Parasitismus sekundär vereinfachte Plathelminthes aufgefaßt. Die myocytenähnlichen Zellen der Orthonectida sind ein Merkmal (S. 128), das diese Vorstellung stützt; molekularbiologische und ultrastrukturelle Daten von den Dicyemida (S. 125) sind damit hingegen schwieriger in Einklang zu bringen. Starke Vereinfachungen eines Bauplans durch Parasitismus lassen sich allerdings mit vielen Beispielen belegen (Myxozoa, S. 71).

Die Monophylie der **Eumetazoa** ist histologisch durch die echten Epithelgewebe und durch Nerven- und Muskelzellen gegeben (S. 131); sie wird durch das Vorhandensein eines als homolog betrachteten Verdauungshohlraums bekräftigt. Schließlich wird sie durch den Vorgang der Gastrulation und die Ausbildung der Keimblätter Ektoderm und Entoderm weiter gesichert. Es ist daher überraschend, daß 28 S-rRNA Untersuchungen diese Monophylie offenbar nicht verdeutlichen können. Sie deuten vielmehr auf eine Abspaltung der Bilateria vor der Aufspaltung der übrigen Metazoa in Placozoa, Porifera und „Coelenterata" hin.

I PARAZOA

Die Schwämme, die einzige rezente Gruppe dieser Organisationsstufe, werden auch als „Beinahe-Metazoa" bezeichnet. Aufgrund ihres sehr unterschiedlichen histologischen Baus werden sie von einigen Autoren in zwei Subtaxa aufgeteilt – die vornehmlich zellig gebauten **Cellularia** und die offensichtlich vielkernig organisierten **Symplasma** (Abb. 144). Auch die unabhängige Entstehung dieser beiden Taxa aus einzelligen Vorfahren, d.h. die Polyphylie der Porifera, ist diskutiert worden.

Obwohl vermutet wird, daß die vielkernige Gewebestruktur dieser Porifera überwiegend durch unvollständige Zellteilungen entsteht, also als „plasmodial" zu bezeichnen wäre, hat sich in der Literatur der Terminus „syncytial" (auf Zellverschmelzungen zurückgehend) eingebürgert.

Bei den Porifera ist das interne Milieu ihres Körpers vom äußeren wäßrigen Medium und vom Wasser ihres inneren Kanalsystems noch nicht so „abge-

dichtet" wie bei den Eumetazoa, da bei ihnen apikale, bandförmige Zell-Zell-Verbindungssysteme echter Epithelien nicht vollständig ausgebildet sind (S. 85).

Allerdings besitzen einige Cellularia schon Muskelzellen-Vorläufer mit dicken und dünnen Filamenten als Oscularsphinkteren. Die Kontraktion kann sich hier aber nur mit geringen Geschwindigkeiten ausbreiten (maximal mit 1 mm min^{-1} über Distanzen von nur wenigen Zentimetern). Diese „Myocyten" können daher als „unabhängige Effektorzellen" (Reizaufnahme und Erregungsleitung sowie Effektorreaktion in ein und derselben Zelle) angesehen werden. Die Übertragung von einer auf die nächste Zelle könnte durch desmosomenähnliche Zell-Zell-Kontakte bewerkstelligt werden, indem diese durch Zug an der Membran der nächsten Zelle zugsensible Ionenkanäle öffnen und damit einen Ionenstrom in der Zelle erzeugen. Jedenfalls kann dieser Vorgang nicht mit den Vorgängen in Nervensystemen ursprünglicher Eumetazoa (Cnidaria, Ctenophora) in Übereinstimmung gebracht werden.

Reinhard Rieger, Innsbruck

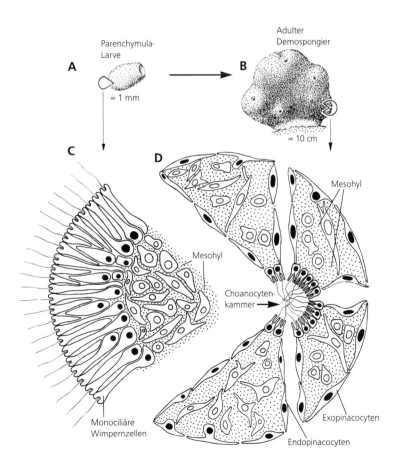

Abb. 136: Larvaler (A) und adulter Habitus (B) eines Schwamms mit Schemata ihres histologischen Baus: C larval, D adult (nur mit einer Choanocytenkammer dargestellt); Modell für die Organisation der Demospongiae. Zellkerne der epithelartig angeordneten Zellen schwarz. A, B Aus Riedl (1970); C Original: S. Weyrer, Innsbruck; D nach Bergquist (1978).

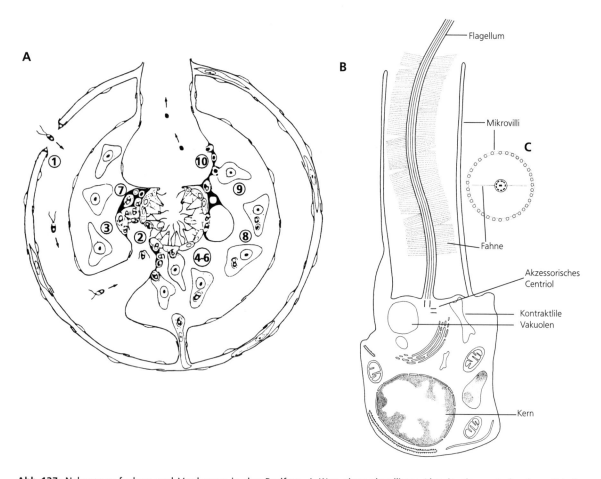

Abb. 137: Nahrungsaufnahme und Verdauung in den Porifera. A Weg einer einzelligen Alge in einem stark schematisierten Schwamm (nur eine Choanocytenkammer dargestellt; der Schnitt liegt parallel zur Schwammbasis; das Osculum ist in die Schnittebene projiziert). (1) Eintritt der Alge mit dem Wasserstrom über ein Ostium im Pinacoderm in den Subdermalraum und über einen zuführenden Kanal (Prosodus) zur Geißelkammer. (2) Einstrudeln der Zelle über die Prosopyle in die Geißelkammer und Phagocytose durch eine Choanocyte oder (3) Phagocytose durch eine Prosendopinacocyte. (4–6) Weitergabe der Zelle an eine Archaeocyte. (7) Verdauung in einer Prosendopinacocyte oder (8) Verdauung und Transport in einer Archaeocyte. (9) Weitergabe der Nahrungsreste an eine Apendopinacocyte. (10) Ausstoßen der Nahrungsreste in den Ausführkanal, aus dem sie mit dem Wasserstrom über das Osculum nach außen gelangen. B Struktur einer Choanocyte. C Querschnitt durch die Kragenregion einer Choanocyte. A Nach Imsiecke (1993); B, C nach Brill (1973) und anderen Autoren.

Auch der Nachweis von Acetylcholinesterase, Catecholamin oder Serotonin bei Schwämmen, z.T. in besonderen Zellen, spricht noch nicht für die Existenz eines echten Nervensystems, da keine Hinweise auf deren Verwendung in der Leitung neuronaler Signale vorhanden sind.

Ein Charakteristikum der Parazoa sind die monociliären Choanocyten (Abb. 137). Sie bewirken gerichtete Wasserströmungen durch den Schwammkörper. Die Flagellen der Choanocyten tragen seitlich z.T. Fahnen (vanes), die durch Fixierung leicht zerstört werden. Ihre Funktion ist ungewiß, und es ist noch nicht zufriedenstellend geklärt, ob sie ähnlichen Anhängen an den Flagellen der Choanoflagellata homolog sind.

Besonders unterscheiden sich die Parazoa von den Eumetazoa (mit Ausnahme der zu den Eumetazoen überleitenden Placozoa, S. 121) in der Nahrungsauf-

nahme. Ihre Organisation als „Durchfluß-Kolonie" (Abb. 136, 137) steht in scharfem Gegensatz zur Organisation ursprünglicher Metazoa (Cnidaria, Ctenophora, Plathelminthes) mit epithelialem Gastrovaskularsystem mit Mund-After bzw. zum Ein-Weg-Darm der übrigen Eumetazoa. Bei den Schwämmen erfolgt die Nahrungsaufnahme durch zelluläre Mechanismen, also noch gänzlich auf dem Niveau der einzelligen Eukaryota durch Membrantransporte, Pinocytose und Phagocytose. Die Verteilung der Nahrung wird überwiegend durch wandernde Einzelzellen vorgenommen, die Nahrungsteilchen aufnehmen und sie von Zelle zu Zelle weitergeben.

Der für die Parazoa typische filtrierende Apparat (Choanoderm) kann aber bei entsprechendem Selektionsdruck

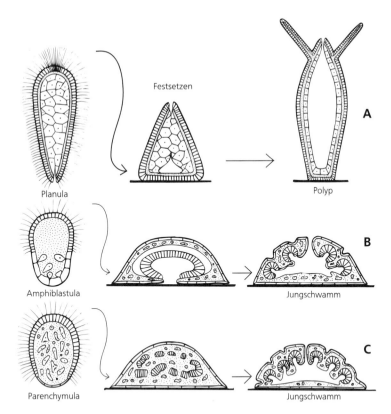

Abb. 138: Festsetzen und Metamorphose ursprünglicher Metazoenlarven. A Planula-Larve (Cnidaria); B Amphiblastula-Larve (Porifera); C Parenchymula-Larve (Porifera). Nach Gruner (1980).

schon zu Strukturen für makrophage Ernährungsweise umgebaut werden. Kürzlich wurde aus seichten Höhlen im Mittelmeer (nährstoffarmes Wasser!) eine neue Art der Demospongiae bekannt, die mit hakenförmigen Spicula Kleinkrebse fangen kann. Durchflußsystem und Choanocyten fehlen dieser Art.

Schließlich gibt es noch Besonderheiten in der Frühentwicklung der Schwämme, die sich nur schwer mit der typischen Entwicklung der Eumetazoen vergleichen lassen (s. S. 92). So ist es z.B. nicht gesichert, welche Zellbewegungen bei Schwämmen mit den Gastrulationsvorgängen der Eumetazoa

übereinstimmen. Speziell bei den Kalkschwämmen kennt man zusätzliche Stadien in der Frühentwicklung, z.B. die Stomoblastula, deren Ähnlichkeit mit Stadien der Bildung von Tochterkolonien bei *Volvox* (Volvocida, Abb. 94) bis heute keine wirkliche Erklärung gefunden hat.

Auch ist die Anheftung der Primärlarven der Porifera (Parenchymula, Amphiblastula) im Vergleich mit den ursprünglichen Eumetazoen-Larven (z.B. der Planula) anders (Abb. 138).

Porifera, Schwämme

Die Porifera gehören zu den ältesten mehrzelligen Organismen. Man kennt Spicula-Reste mit einem Alter von ungefähr 600 Millionen Jahren. Heute sind die Schwämme in allen aquatischen Lebensräumen verbreitet, von marinen Seichtwassergebieten bis in die tiefsten Ozeangräben, sowie im Süßwasser aller Kontinente außer der Antarktis. Es gibt keine zuverlässige Schätzung der Artenzahlen bei Schwämmen: beschrieben sind etwa 8000 rezente Arten. Sie sind auf drei gut erkennbare Gruppen verteilt: die **Hexactinellida** oder Glasschwämme, deren Spicula dreiachsig und sechsstrahlig sind, die **Calcarea** oder Kalkschwämme mit kalkhaltigen Spicula und die **Demospongiae** mit ein- oder vierachsigen Kieselspicula. Neueste Befunde machen deutlich, daß die Hexactinelliden sich von den beiden anderen Gruppen deutlich unterscheiden (S. 101). Die Vertreter eines noch in vielen Lehrbüchern angeführten Taxon „Sclerospongia" erwiesen sich als innerhalb der Demospongiae vielfach entstandene Formen mit basalem Kalkskelett.

Schwämme (Abb. 139) sind s e s s i l e, ausschließlich im Wasser lebende Metazoa, die durch ein System zahlreicher mikroskopisch kleiner Öffnungen (O s t i e n) Wasser aufnehmen und über K a n ä l e und G e i ß e l k a m m e r n abfiltern. Im Lebenszyklus dieser Tiere wechselt eine derartige Adultorganisation mit einer mikroskopischen Wimpernlarve ab. Der gesamte adulte Schwammkörper wird durch die

Rob van Soest, Amsterdam

Filtrieraktivität bestimmt und ist darauf eingerichtet, Wasser in die Nähe der Schwammzellen zu bringen. Das Wasser verläßt den Schwamm schließlich durch eine oder mehrere größere Öffnungen (O s c u l a) (Abb. 141). Es gibt epithelartige Lagen von Kragengeißelzellen (C h o a n o c y t e n), die die Geißelkammern auskleiden, und auch eine äußere, epithelartige Schicht aus P i n a c o c y t e n, die sich in die Kanäle fortsetzt, aber keine echten Epithelien, keine Organe wie Gastralräume, Gonaden, kein Nervensystem und keine Blutgefäße. Das innere (C h o a n o d e r m) und das äußere „Epithel" (P i n a c o d e r m) ähneln funktionell zwar der Gastrodermis und Epidermis der Eumetazoa, es gibt jedoch keine Hinweise, daß sie diesen homolog sind. Eher handelt es sich hier um funktionelle Vorstufen der echten Epithelgewebe (S. 85). Ein wichtiger Unterschied zu den Epithelien der Eumetazoa sind die andersartigen Zell-Zell-Verbindungen und auch der weitgehende Mangel einer basalen Matrix.

Die Filtrieraktivität liefert dem Schwamm Sauerstoff sowie Nahrung in Form kleinster Zellen (Pico- und Nanoplankton) und organischer kolloidaler Makromoleküle.

Zwischen Pinacoderm und Choanoderm liegt die mehr oder weniger stark entwickelte Grundsubstanz der extrazellulären Matrix, in der sich zahlreiche Zellen ganz unterschiedlicher Morphologie und Funktion sowie Kollagenfasern und das Stützskelett befinden (Abb. 147). Dieses sog. M e s o h y l entspricht funktionell der Mesogloea der Coelente-

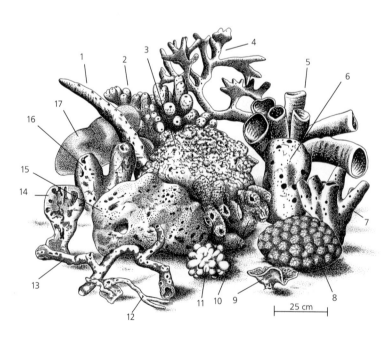

Abb. 139: Habitus-Bilder und Wuchsform-Diversität tropischer Riffschwämme der Demospongiae. 1 *Agelas sceptrum*. 2 *A. conifera*. 3 *A. clathrodes*. 4 *A. cervicornis*. 5 *A. sp.* (röhrenförmig). 6 *A. dispar*. 7 *A. schmidti*. 8 *Ceratoporella nicholsoni*. 9 *Goreauiella auriculata*. 10 *Agelas nakamurai*. 11 *Stromatospongia noorae*. 12 *Agelas ceylonica*. 13 *A. mauritiana*, kriechende Form. 14 *A. axifera*. 15 *A. mauritiana*, massive Form. 16 *A. oroides*. 17 *A. flabelliformis*. Maßstab: 25 cm. Originale: Nach dem Leben gezeichnet und zusammengestellt von F. Hiemstra, Amsterdam.

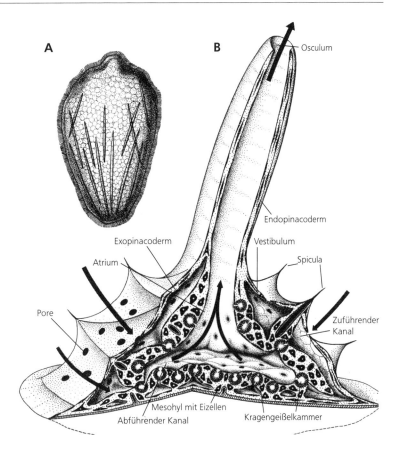

Abb. 140: A Parenchymula-Larve von *Corvospongilla thysi*. Durchmesser: 300 µm. B Schnitt durch einen Jungschwamm, Schema eines Leucon-Typs der Demospongiae, mit Wasserleitungssystem. Verändert nach Weissenfels (1989) von F. Hiemstra, Amsterdam.

raten bzw. dem Bindegewebe der Bilateria. Die einzelnen Zellen sorgen für bestimmte Körperfunktionen, wie Nahrungstransport zu allen Teilen des Körpers, Kollagen- und Skelettabscheidung, Hormonproduktion. Das kollagene oder mineralische Stützskelett ermöglicht das Wachstum des Schwammes vom Substrat nach oben ins freie Wasser. Das mineralische Skelett besteht meist aus diskreten Kiesel- oder Kalkelementen (Spicula, auch Skleren oder Nadeln genannt), es kann aber auch zu massiven Kalkbildungen kommen.

Ein Schwamm-Individuum, als solches eigentlich nur am kontinuierlichen Pinacoderm erkennbar, ist außerordentlich plastisch. Der Schwamm wächst im Lauf seines Lebens durch die Vervielfältigung seiner basalen funktionellen Einheiten, die aus „Ostien – zuführenden Kanälen – Choanocytenkammern – abführenden Kanälen – Osculum" bestehen und zusammen als **Modul** bezeichnet werden; die endgültige Form wird in hohem Maß vom Außenmedium bestimmt. Schwämme bilden zwar keine richtigen Kolonien, es gibt jedoch viele funktionelle Parallelen mit kolonialen Organismen wie Korallen und Bryozoen: ein Schwamm-Individuum kann sich z.B. in einzelne Einheiten aufteilen, oder

es können mehrere Schwamm-Individuen miteinander verschmelzen.

Die sexuelle Fortpflanzung beginnt bei den meisten Schwämmen mit der Umbildung von Körperzellen zu Gameten (Eizellen und Spermatozoen). Von diesen gelangen entweder beide ins Außenmedium, wo Befruchtung und Larvenbildung stattfinden, oder aber nur die Spermatozoen, wobei die Befruchtung innerhalb des Schwammkörpers erfolgt und die Larven dort verbleiben. Die völlig bewimperten, lecithotrophen Schwammlarven (Abb. 140, 157, 158) sind für eine kurze Dispersionsphase von etwa 1–3 Tagen eingerichtet.

Die asexuelle Fortpflanzung ist nur bei Süßwasserschwämmen die Regel, dabei werden spezielle, trockenresistente Gemmulae gebildet. Viele Schwämme bilden Knospen, funktionsfähige Jungschwämme, die ins freie Wasser gelangen oder durch stolonähnliche Auswüchse auf dem umgebenden Substrat wachsen.

Schwämme sind in beschränktem Ausmaß auch lokomotionsfähig. Die „Bewegung" resultiert aus der koordinierten, gerichteten Kriechbewegung vieler einzelner Zellen. Vor Räubern schützen sich viele Schwammarten durch mechanische (Spicula), noch

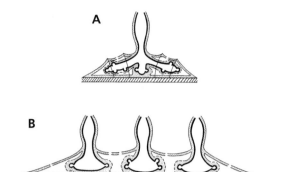

Abb. 141: Funktionseinheiten des ausführenden Kanalsystems beim Leucon-Typ. A Junges Individuum mit einfachen Kanälen. B Individuum mit 3 getrennten Kanalsystemen in einem Flachschwamm. Verändert nach Ankel, Wintermann-Kilian und Kilian (1954).

häufiger aber durch chemische Verteidigungsmittel. Letztere sind sehr verschiedene, komplexe organische, oft toxische Moleküle. Im allgemeinen sind Schwämme weitgehend photonegativ, rheophil, euryhalin und eurytherm und sicherlich auch eurybath. Günstige Habitate für Schwämme sind mäßig bis stark durchströmte, eutrophe, dämmrige und oft etwas trübe Bereiche.

Bau

Außenseiten sowie Wände der größeren Kanäle der Calcarea und Demospongiae sind mit einer sehr dünnen (ca. 1 μm) Schicht von Pinacocyten, dem **Pinacoderm**, ausgekleidet (Abb. 147). Je nach Lage im Schwammkörper werden 3 Typen von Pinacocyten unterschieden: Exopinacocyten am Außenmedium, Basopinacocyten am Untergrund (sie verankern den Schwamm am Substrat), und Endopinacocyten als Auskleidung der Kanäle. Letztere werden weiter unterteilt in Prosendopinacocyten (in zuführenden Kanälen) und Apendopinacocyten (in abführenden Kanälen). Bei einigen, wahrscheinlich nicht nahe verwandten Demospongiae sind die Exopinacocyten mit einer Geißel versehen. Bei Kalkschwämmen, Jungschwämmen von Süßwasserschwämmen und einigen Demospongien findet man die Ostien in speziellen, perforierten Zellen (Porocyten), die zwischen den Exopinacocyten liegen. Bei den meisten Demospongien liegen die Ostien hingegen zwischen, also außerhalb der Exopinacocyten. Nicht selten sind die Ostien nicht regelmäßig über die Oberfläche verstreut, sondern in kreisförmigen Gruppen (Porensiebe) bzw. in Papillen konzentriert, die über die Schwammoberfläche ragen. Die Ostien messen meist 20 μm im Querschnitt.

Bei Hexactinelliden ist das Außenepithel ein Syncytium. Seine Besonderheit sind offene Zell-Zell-Verbindungen mit perforierten Septen. Bei Hexactinelliden spricht man daher nicht von einem Pinacoderm, obwohl dieses Syncytium die gleiche Funktion hat. An der Innenseite des Pinacoderms befindet sich manchmal ein Subdermalraum (Vestibulum), in dem das Wasser für die zuführenden Kanäle (Prosodi) gesammelt wird. Ein Prosodus führt das Wasser vom Vestibulum durch eine runde Öffnung (Prosopyle) in die Geißelkammer.

Die **Kragengeißelkammern** sind von 20–1 400 (normalerweise 50–100) runden, ovalen oder länglichen Kragengeißelzellen (Choanocyten) mit je einer langen Geißel ausgekleidet (Abb. 143). Die Geißeln tragen zwei flügelartige Anhängsel („vanes") (Abb. 137 B) und sind von einem Kragen aus Mikrovilli (meist 30–40) umgeben. Die koordinierten Schläge aller Geißeln bewirken eine gerichtete Wasserströmung von der Prosopyle zur Ausströmöffnung (Apopyle). Gleichzeitig werden Nahrungspartikeln am Choanocytenkörper festgehalten und der Gasaustausch ermöglicht. Außerdem kann die Zellpopulation der Kragengeißelkammern auch noch einzelne nicht begeißelte Zellen enthalten, z.B. Zentralzellen, die vermutlich eine Funktion

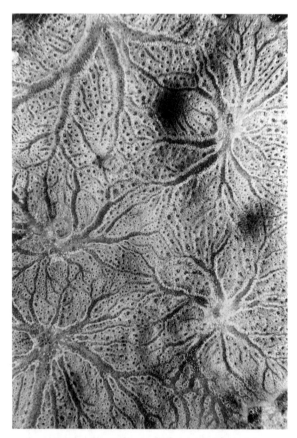

Abb. 142: Oberfläche des karibischen Flachschwamms *Clathria venosa* (Poecilosclerida). Funktionseinheiten. Die größeren Kanäle führen strahlenförmig zu den Oscula, dazwischen gibt es Hunderte von Ostien. Durchmesser der Oscula: ca. 2 mm. Original: G. van Moorsel, Amsterdam.

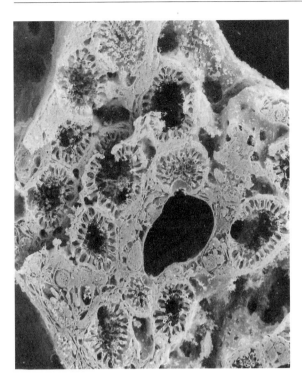

Abb. 143: Mesohyl und Kragengeißelkammern eines Schwamms vom Leucon-Typ. REM. Original: K. Rützler, Washington, aus De Vos et al. (1991).

beim Regulieren des Wasserstroms innerhalb der Kragengeißelkammer haben.

Das filtrierte Wasser wird durch einen bei den einzelnen Arten verschieden langen (vereinzelt fehlenden) Aphodus abgeführt. Mehrere Aphodi münden dann in einen Zentralraum (Atrium) mit (oft) größerer Öffnung nach außen (Osculum) (Abb. 141).

Bei den Hexactinellida (Abb. 144) ist das **Choanoderm** ein kompliziertes netzförmiges Syncytium mit kernlosen geißeltragenden Einheiten (*collar bodies*), die sich aus einem kernhaltigen Choanoblasten entwickeln. Ein zweites, nicht begeißeltes, syncytiales Netzwerk befindet sich innerhalb der Geißelkammern auf dem Niveau der Mikrovilli. Die Geißelkammern sind möglicherweise jenen der Demospongiae und Calcarea nicht homolog, haben jedoch die entsprechenden Funktionen.

Bei einigen Kalkschwämmen ist das zu- und abführende Kanalsystem in Zusammenhang mit einer Vergrößerung der Kragengeißelkammern reduziert. Beim Ascon-Typ (Abb. 145), der nur von zwei Gattungen bekannt ist (*Leucosolenia, Clathrina*), ist der Schwamm aus einem Rohr oder einem verzweigten Röhrensystem aufgebaut, in dem die Innenauskleidung des gesamten Rohres nur aus Choanocyten besteht und die Ostien direkt in diese Riesen-Choanocytenkammern münden. Beim Sycon-Typ (Abb. 145), der ebenfalls nur bei wenigen Arten vorkommt (z.B. *Scypha, Grantia*) sind die Rohre dickwandig und die länglichen Kragengeißelkammern senkrecht zwischen dem Außenmedium und einer wasserabführenden Zentralhöhle arrangiert.

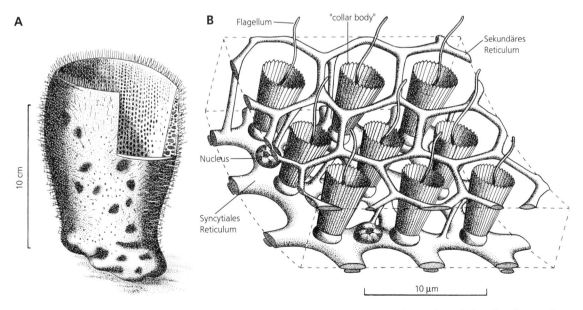

Abb. 144: Kanalsystem-Organisation bei Hexactinelliden. A Habitus von *Rhabdocalyptus dawsoni*; Anschnitt zeigt die Anordnung des Choanoderms. B Detail des syncytialen Choanoderms. A Verändert nach Schulze (1887); B nach Reiswig und Mackie (1983).

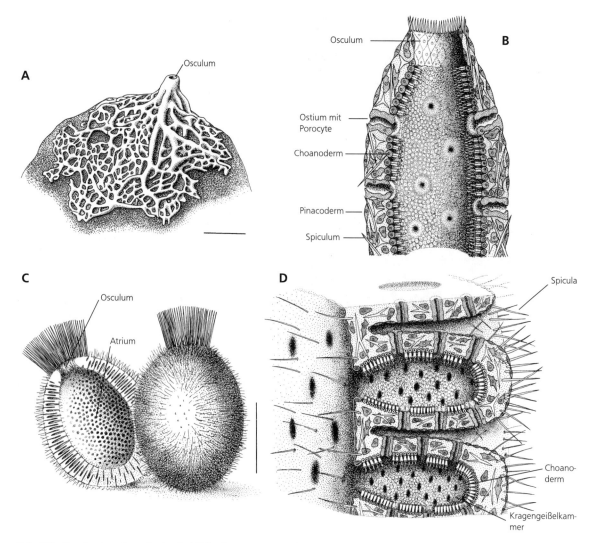

Abb. 145: Kanalsystem-Organisation bei Kalkschwämmen. A Habitus von *Clathrina coriacea* (Ascon-Typ). Maßstab: 5 cm. B Detail des röhrenförmigen Kanalsystems vom Ascon-Typ. C Habitus von *Sycon raphanus* mit Anschnitt, um die Anordnung der Kragengeißelkammern zu zeigen. Maßstab: 1 cm. D Detail eines Kanalsystems vom Sycon-Typ. Nach Zenkevitsch (1968).

Das Kanalsystem aller übrigen Schwämme wird als Leucon-Typ (Abb. 140) bezeichnet, obschon es große Unterschiede innerhalb dieses Typs gibt.

In früheren Lehrbüchern wurden, zurückgehend auf Haeckel, die Ascon-, Sycon- und Leucon-Organisation als Stufen in der Evolution vom „Urschwamm" bis zum Badeschwamm angeführt. Hierfür gibt es jedoch heute keine Basis mehr.

Die Aktivität der Kragengeißelzellen ist für den Transport des Wassers durch den Schwammkörper von großer Bedeutung. Daneben gibt es aber weitere wasserstromgenerierende Kräfte. So ist der mechanische Strömungsdruck des Außenmediums ganz wichtig für den inneren Wassertransport. Viele Wuchsformen der Schwämme, wie die tubulären oder fahnenförmigen, zeigen in ihrem Kanalsystem eine Anpassung an die herrschende Strömung, wobei Ostien und Osculi entsprechend angeordnet sind.

Wie die Aufnahme von partikulären, kolloidalen oder gelösten Stoffen genau abläuft, ist noch immer nicht ausreichend geklärt. Es gibt gute Hinweise, daß mehrere Zelltypen an mehreren Stellen des Schwammkörpers damit befaßt sind. Von Süßwasserschwämmen weiß man, daß außer Choanocyten auch Exopinacocyten Nahrung direkt aus dem Wasser aufnehmen können, das heißt aus Wasser, das noch nicht die Ostien passiert hat. Möglicherweise können außerdem Archaeocyten Nahrung direkt von Wasser aufnehmen, das ins Mesohyl hineingezogen wurde. In allen Fällen geschieht die **Nahrungsaufnahme** durch Endocytose (Abb. 146). Die Nahrungssubstanzen werden in Nahrungsvakuolen gelagert und oft auch durch Exocytose an umliegende, bewegliche Zellen weitergegeben. Bei Schwämmen ist die Verdauung nur intrazellulär.

Welche Zellen daran beteiligt sind, ist ebenfalls umstritten. Sicherlich haben Archaeocyten eine wichtige Verdauungsfunktion, wahrscheinlich sind jedoch auch viele andere, z.B. Choanocyten, möglicherweise sogar alle Zellen, verdauungsfähig. Die Defäkation verläuft durch Exocytose an den Kanalwänden.

Als Strudler feinster Partikeln haben Schwämme eine wichtige Stellung in vielen aquatischen Ökosystemen. Wie keine andere Tiergruppe sind sie fähig, auch Makromoleküle und Kolloide aufzunehmen. Die Zusammensetzung der Nahrung ergibt sich nur aus dem Ostiendurchmesser, obwohl theoretisch auch größere Partikeln von Exopinacocyten phagocytiert werden könnten.

Experimentelle Unterschungen haben gezeigt, daß Süßwasserschwämme auf Monokulturen von einzelligen Grünalgen, Bäckerhefe oder Bakterien langfristig zu halten sind. Die Effizienz, mit der Partikeln filtriert werden (d.h. der prozentuale Unterschied zwischen dem bei den Ostien eintretenden und beim Osculum austretenden Wasser) kann sehr groß sein: 30–98% je nach Nahrungsangebot, Sedimentgehalt des Wassers und der Jahreszeit. Die Respiration (O_2-Verbrauch) eines Schwamm-Individuums ist natürlich von dessen Größe abhängig, ist jedoch, ausgedrückt in Milliliter pro Milliliter Schwamm-Naßvolumen, überraschend variabel: $0{,}7–12 \times 10^{-3}$. Zwischen 1–50% des O_2 wird aufgenommen. Die Filtrationskapazität, ausgedrückt in Milliliter Wasser pro Sekunde pro Milliliter Schwammgewebe, ist ebenso variabel : $0{,}2–80 \times 10^{-2}$. Ein durchschnittlicher Schwamm von etwa 1000 cm^3 Volumen ist also fähig, einen Eimer Wasser in 10 s abzufiltrieren! Dies bedeutet eine Wasserstromgeschwindigkeit von 0,5–22 cm s^{-1} (0,018–0,8 km h^{-1}) im Schwammkörper. Insgesamt sind Schwämme effizienter als bekannte Strudler wie Tunicaten oder Muscheln. Schwämme in großer Populationsdichte, wie man sie an gewissen Stellen findet, können durch ihre Filtrieraktivität nahezu alle Primärproduzenten des freien Wassers konsumieren und durch langfristiges Festhalten dieser organischen Masse den Energiehaushalt eines Ökosystems nachhaltig beeinflussen.

Die Pumpaktivität zeigt periodische und aperiodische Schwankungen. Wasseraufnahme kann durch Kontraktion der Ostien oder/und der Oscula (nicht bei Hexactinellida) unterbrochen werden. Auch die Kragengeißelkammern und die zu- und abführenden Kanäle sind kontraktionsfähig. Periodische Herabsetzung der Pumpaktivität wird durch Wachstumsvorgänge bewirkt, die eine regelmäßige Reorganisation des Kanalsystems erfordern, sowie durch die Fortpflanzung, die ebenfalls die Kragengeißelkammern benötigt (s.u.). Aperiodische Schwankungen werden veranlaßt von äußeren Umständen wie Stürmen, die große Mengen Sedimentpartikeln im einströmenden Wasser verursachen. Um große oder unerwünschte Partikeln abzuwehren, kann im Kanalsystem durch Umkehr des koordinierten Schlags der Flagellen der Choanocyten ein Gegenstrom erzeugt werden.

In letzter Zeit ist klar geworden, daß viele Schwämme sich nicht allein durch Filtrieren ernähren, sondern auch im Schwammkörper lebende Mikrosymbionten (Bakterien, Cyanobakterien, vereinzelt einzellige Grünalgen) zur Ernährung beitra-

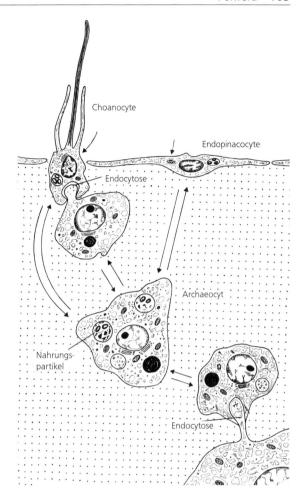

Abb. 146: Nahrungsaufnahme. Intrazelluläre Verdauung, zellulärer Transport von Nahrungspartikeln durch das Mesohyl und Endocytose. Pfeile zeigen den Weg der gelösten oder partikulären Nahrung. Verändert nach Diaz (1979) von F. Hiemstra, Amsterdam.

gen (Abb. 148). Es gibt Schwämme, deren Biomasse zu mehr als 50% aus Mikrosymbionten besteht (sog. „Bacteriospongien"). Sie sind für die Ernährung in zweifacher Weise wichtig. Einmal nehmen Bakterien hauptsächlich gelöste Stoffe auf, während die Schwammzellen partikuläres Material phagocytieren können. Zweitens gibt es unter ihnen photoautotrophe Cyanobacterien und vereinzelt auch Grünalgen, die – ähnlich wie die Zooxanthellen der Korallen (S. 160) – ihrem Wirt organische Stoffe liefern.

Im Great Barrier Reef tragen die Symbionten-Populationen bestimmter Schwämme so viel zum Kohlenstoff-Budget ihrer Wirte bei, daß diese tatsächlich als „autotroph" betrachtet werden können. Derartige Schwämme haben durch ihre Abhängigkeit vom Licht eine ganz bestimmte Verbreitung in sedimentarmen Seichtwasserzonen und

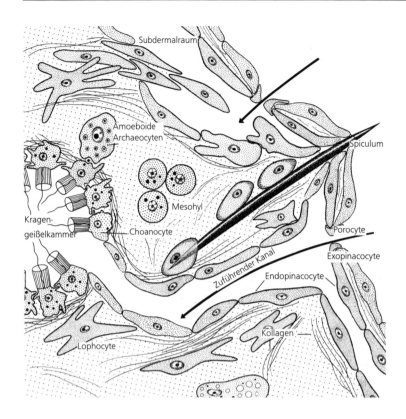

Abb. 147: Zelltypen im Schwammkörper. Pfeile zeigen die Wasserströmung. Verändert nach Koecke (1964) von F. Hiemstra, Amsterdam.

zeigen oft auch eine zur Lichtaufnahme angepaßte Morphologie.

Viele Schwämme in tieferen Regionen beherbergen in ihrem Gewebe eine beträchtliche Masse Bakterien, die vermutlich an der Speicherung organischer Moleküle und vielleicht auch an der Produktion sekundärer Metabolite beteiligt sind.

Zwischen den beiden epithelartigen Gewebsschichten befindet sich das mehr oder weniger stark entwickelte **Mesohyl** mit Einzelzellen, extrazellulärer Matrix und meist mit einem anorganischen Stützskelett (Abb. 147). Die Einzelzellen sind in Form und Funktion sehr verschieden (Tabelle 3); viele Einzelheiten sind hierzu noch unbekannt. Die folgende, vereinfachte Zusammenfassung basiert vornehmlich auf Untersuchungen an Süßwasserschwämmen: Die Larve enthält eine Masse undifferenzierter, ziemlich großer Zellen, die Archaeocyten. Für diese sind ein großer Nucleus mit Nucleolus, ein gut entwickeltes endoplasmatisches Reticulum und Golgi-Apparate typisch; nur bei Kalkschwämmen sind sie oft morphologisch modifiziert. Sie können sich bewegen (nur bei Hexactinelliden fast unbeweglich) und sind zur Phagocytose befähigt. Man nimmt an, daß sie mehrere Funktionen ausüben können – sie sind totipotent. Erwachsene Schwämme besitzen immer eine große Population derartiger Zellen. Sie können sich in verschieden spezialisierte Zellen verwandeln, einschließlich der oben erwähnten Pinacocyten und

Choanocyten. Neben Archaeocyten und von ihnen direkt abgeleiteten Zellformen, wie „Amoebocyten", kann man dreierlei Gruppen von Zellen unterscheiden:(1) Zellen, die das Stützskelett produzieren, (2) kontraktile Zellen (nicht bei Hexactinellida) und (3) Zellen mit Einschlüssen.

Das **Skelett** umfaßt organische und anorganische Komponenten. Zu ersteren gehören fibrilläres Kollagen, produziert von Spongioblasten (Mikrofibrillen) oder von Lophocyten (dicke Fibrillen); die anorganischen Skelettelemente bestehen aus mineralischem Siliciumoxid (SiO_2) oder Calciumcarbonat ($CaCO_3$), sezerniert von Skleroblasten, erstere intrazellulär, letztere extrazellulär gebildet.

Kontraktile Zellen sind wie die reizbaren (neuroiden) Zellen oft nicht zweifelsfrei als solche zu erkennen, sie führen häufig auch andere Funktionen aus; bei Hexactinelliden sind überhaupt keine kontraktilen Zellen bekannt. Zellen mit Einschlüssen sind in Struktur – und wohl auch Funktion – durchaus unterschiedlich, auch hier ist jedoch nur wenig bekannt. Möglicherweise synthetisieren diese Zellen die komplexen organischen, oft toxischen Moleküle (Terpene, Sterole, Carotene, Pyrrhol-Derivate usw.), die als sekundäre Metabolite bezeichnet werden und z.B. der Abwehr von Räubern und auch der Arterkennung dienen.

Jeder Schwamm hat wahrscheinlich seine eigene Substanz, aber verwandte Schwämme produzieren wohl ver-

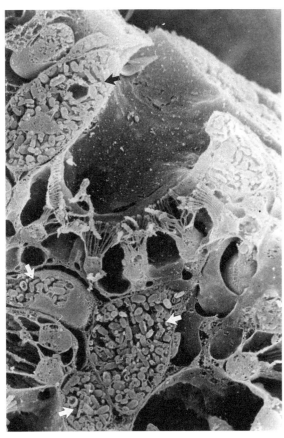

Abb. 148: Bakterielle Symbionten (Pfeile) im Mesohyl des Badewannenschwamms *Xestospongia muta*. Die Höhe der Abbildung entspricht in Wirklichkeit 30 µm. Original: K. Rützler, Washington, aus De Vos et al. (1991).

Tabelle 3: Schwammzellen und ihre Funktionen.

I. Pinacoderm:
Exopinacocyten (an der Schwamm-Peripherie)
    Basopinacocyten (am Substrat)
    Porocyten (perforierte Exopinacocyten)
Endopinacocyten (Kanalwandbekleidung)
    Prosendopinacocyten (in einführenden Kanälen)
    Apendopinacocyten (in abführenden Kanälen)

II. Choanoderm:
Choanocyten (Choanocytenkammerbekleidung)
    Zentralzellen (Wasserstromregelung innerhalb der Kragengeißelkammer)
    Apopylarzellen (am Eingang der Kragengeißelkammer, nur bei wenigen Gruppen)

III. Mesohyl:
Archaeocyten (Stammform aller Schwammzellen, viele Funktionen, beweglich)
Trophocyten (Nahrungsspeicherung für Fortpflanzung)
Thesocyten (Dottergefüllte Zellen der Gemmulae)
Zellen des Stützskeletts
    Spongioblasten (dünne Kollagenfibrillen)
    Lophocyten (dicke Kollagenfibrillen)
    Skleroblasten (Spiculabildung)
Kontraktile Zellen
    Collencyten bzw. „Myocyten" (kontrahieren das Mesohyl)
    Neuroid-Zellen (reizbare Zellen)
Zellen mit Einschlüssen (ca. 8 verschiedene Typen, Funktion meist unbekannt, wahrscheinlich beteiligt bei Speicherung der Nahrung, Verdauung und Hormonsekretion)

IV. Keimzellen:
Oogonien
Spermatogonien

wandte Moleküle. Sie werden vom Schwamm-Individuum ständig ins Außenmedium abgegeben; ihre Konzentration nimmt zu, wenn man den Schwamm beschädigt.

Die extrazellulären Komponenten des Mesohyls sind Produkte seiner zellulären Komponenten: es sind dies die undifferenzierte Grundsubstanz aus organischen Molekülen (z. B. Glykoproteine), Nahrungspartikeln und Sekrete, freies fibrilläres Kollagen und das zusammenhängende organische und mineralische Stützskelett. Freies Kollagen findet man bei allen Schwämmen als wenig organisierte allgemeine Festigkeitsubstanz. Innerhalb der Demospongiae gibt es zwei Formen dieses Kollagens: glatte und rauhe Fibrillen, beide quergestreift, mit einem Durchmesser von 20–400 nm. Kollagen tritt aber auch in Form eines diskreten Skelettelements auf, dem Spongin, einer jodreichen Sonderform dieses Proteins, das nur bei den Porifera vorkommt. Spongin-Mikrofilamente sind ca. 8 nm dick und werden von Spongioblasten gebildet (Tabelle 3). Bei manchen Gruppen der Demospongiae findet man sie zu dicken Songinfasern gebündelt, die ein rein organisches, reticuläres Skelett bilden, oder

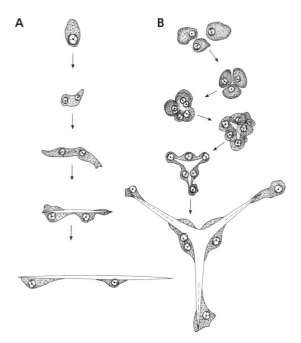

Abb. 149: Spicula-Bildung bei Kalkschwämmen, extrazellulär. A Monaxone, gebildet von zwei Skleroblasten. B Triaxone, gebildet von sechs Skleroblasten. Unterschiedliche Maßstäbe; Länge der Spicula zwischen 0,01–2 mm. Verändert nach Woodland (1906) von F. Hiemstra, Amsterdam.

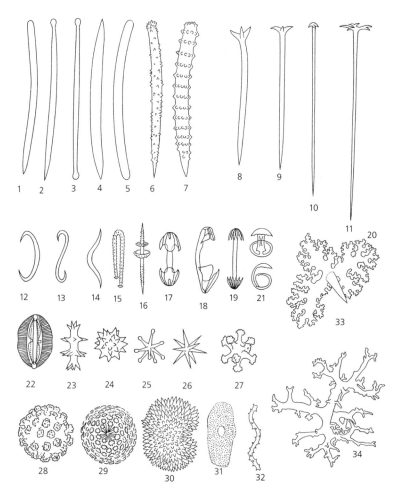

Abb. 150: Spicula-Typen der Demospongiae (Kieselspicula). 1–11, 33–34: Megaskleren. 1 Styl. 2 Tylostyl. 3 Tylot. 4 Oxea. 5 Strongyl. 6 Acanthostyl. 7 Verticillates Acanthostyl. 8 Plagiotriaen. 9 Orthotriaen. 10 Anatriaen. 11 Dichotriaen. 12–32 Mikroskleren. 12 C-Sigma. 13 S-Sigma. 14 Toxon. 15 Forceps. 16 Oxydiscorhabd. 17 Arcuates Isochela, Ansicht von vorn. 18 Palmates Anisochela, Seitenansicht. 19 Birotulate. 20 Bipocilla, Ansicht von vorn. 21 Bipocilla, Seitenansicht. 22 Sphaerancora. 23 Verticillates Discorhabd. 24 Oxyspheraster. 25 Tylaster. 26 Oxyaster. 27 Anthaster. 28 Anthospheraster. 29 Sterraster. 30 Selenaster. 31 Aspidaster. 32 Bedornter Spiraster. 33–34: Lithistide Spicula. 33 Phyllotriaen. 34 Desma. Höhe der Spicula in 1–7: 0,1–0,3 mm; 8–11: 0,5–1 mm; 12–32: 0,01–0,05 mm; 33–34: 0,15–0,3 mm. Verändert nach Wiedenmayer (1977) von F. Hiemstra, Amsterdam.

aber als verbindende Substanz eines Netzwerks von mineralischen Skelettelementen. Auch in den Gemmulae-Schalen der Süßwasserschwämme (Abb. 159) ist Spongin eingebaut. Es fehlt den Calcarea und Hexactinellida.

Die meisten Schwämme besitzen neben einem mehr oder weniger gut entwickelten Kollagenskelett noch ein mineralisches Stützskelett: Kieselspicula (Hexactinellida und Demospongiae) (Abb. 150, 152), Kalkspicula (Calcarea) (Abb. 153), und/oder massive kalkige Basalskelette (Calcarea und Demospongiae) (Abb. 154 A, B). Die Kieselspicula werden intrazellulär von individuellen Skleroblasten gebildet, die Kalkspicula (Abb. 149) dagegen extrazellulär von einer Gruppe von 2–7 Skleroblasten, deren Anzahl

die Zahl der Strahlen des Spiculums bestimmt. Kalkige Basalskelette werden wahrscheinlich extrazellulär abgelagert, dies ist jedoch nicht gesichert. Kieselspicula werden außerdem auf einem intrazellulären organischen Filament (Axialfilament) gebildet.

Im Querschnitt ist das Axialfilament der Demospongiae drei- oder sechseckig, das der Hexactinellida viereckig. Es ist von einer Membran (Silicalemma) umschlossen, innerhalb welcher der Silicifikationsprozeß stattfindet. Das Spiculum besteht zu 90% aus SiO_2, zu 10% aus anderen Stoffen. Der Zuwachs eines Süßwasserschwamm-Spiculums beträgt 5 µm h^{-1}; ein fertiges Spiculum wird in ungefähr 40 h gebildet. Es gibt große Unterschiede in Form, Dicke und Länge der Spicula bei den ver-

Abb. 151: Skelett-Architektur der Demospongiae. A Radiärer Bau bei *Geodia barretti*. Habitus und Querschnitt. B Details des ▷ periphären Skeletts. C Reticulater Bau bei *Agelas dispar*. Habitus und Querschnitt. D Detail. E Dendritischer Bau bei *Aplysilla violacea*. Habitus. F Detail. A Verändert nach Bowerbank (1875); B-F verändert nach von Lendenfeld (1889) von F. Hiemstra, Amsterdam.

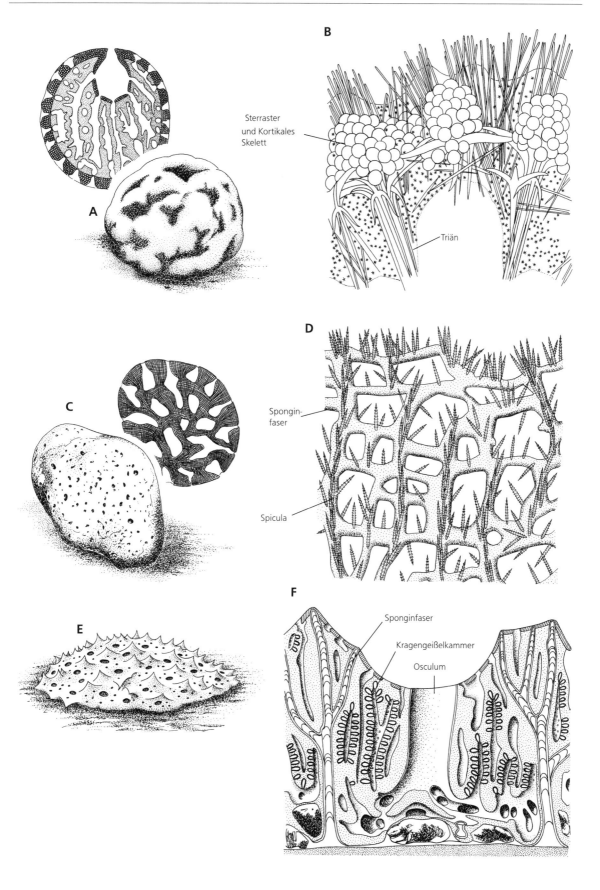

Sterraster
und Kortikales
Skelett

Triän

Spongin-
faser

Spicula

Sponginfaser

Kragengeißelkammer

Osculum

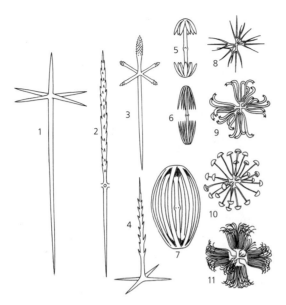

Abb. 152: Spicula-Typen der Hexactinellida (Kieselspicula): 1–4, Megaskleren. 1 Hexactine. 2 Uncinate. 3 Pinnula. 4 Pentactine. 5–11 Mikroskleren. 5–6 Amphidiscen. 7 Stark modifizierte Amphidisce. 8 Oxyhexaster. 9 Floricoma. 10 Discohexaster. 11 Aspidoplumocoma. Verändert nach Schulze (1887) von F. Hiemstra, Amsterdam.

schiedenen Gruppen. Mit Begleitzellen wird das fertige Spiculum zu einer bestimmten Stelle im Gerüst des Stützskeletts transportiert. Bei Hexactinelliden werden Spicula in vielkernigen Skleroblasten gebildet.

Nach Größe, Funktion und Lage im Schwammkörper werden die Spicula in Megaskleren und Mikroskleren eingeteilt. Diese Einteilung ist relativ: Mikroskleren einer Gruppe können ebenso groß wie oder größer als Megaskleren einer anderen Gruppe sein. Viele Mikroskleren werden von speziellen kleinen Skleroblasten (Mikroskleroblasten) gebildet.

Nach ihrer Form unterscheidet man eine Vielfalt von Spiculatypen (Abb. 150, 152, 153) basierend auf der Anzahl von Achsen (mon-, tri-, tetra- oder polyaxon), der Anzahl von Strahlen (mon-, di-,tri-, tetra-, oder polyactin), den Enden dieser Strahlen (scharf, stumpf, mit Knopf), der Form (gerade, gekrümmt, C-förmig, sternförmig, spiralförmig, usw.) und der Ornamentierung (glatt, granuliert, bedornt, stachelig, usw). Diese Spicula-Typen haben oft ein bestimmtes Verbreitungsmuster in den verschiedenen Gruppen und sind so taxonomisch wichtig.

Die einzelnen **Kieselspicula** werden bei den Demospongiae derart vereint, daß sie ein bestimmtes Skelettgerüst formen, das zumeist von Spongin zusammengehalten wird. Demospongiae ohne Kieselspicula (z.B. Dictyoceratida) sind fast ohne Ausnahme mit einem stark entwickelten Sponginskelett ausgerüstet. Eine große Mannigfaltigkeit von Skelettstrukturen und -formen ist bekannt, die dem

Schwamm oft die charakteristische Gestalt geben. Dennoch kann man 3 Haupt-Bauarten unterscheiden: den radiären, den retikulaten und den dendritischen Bau (Abb. 151).

Die Vielfalt der Bauweisen stimmt mit den recht unterschiedlichen Wuchsformen bei Schwämmen überein: von dünnen Krusten bis zu Bechern von mehr als 1 m Durchmesser, von kleinen Strauchformen bis zu trompetenförmigen Gruppen. Dennoch ist kürzlich mit Computersimulationen gezeigt worden, daß diese Formdiversität auf einer einfachen Grundform und einem einfachen Wachstumsvorgang basiert. Relativ kleine Änderungen in der Grundform und Schwankungen im Außenmedium sind für die relativ große Formvariation verantwortlich.

Neben einem Hauptskelett (Choanosomalskelett) im Inneren haben viele Schwämme auch noch eine Art Hautskelett (Ektosomalskelett) als äußeren Schutz gegen Konkurrenten und Räuber. Die Ausbildung dieses Hautskeletts ist ebenfalls variabel: man findet tangentiale Anordnungen der Kieselspicula, die einzeln oder in Bündeln parallel zur Oberfläche liegen, oder senkrechte Anordnungen, wobei die Kieselspicula Palisaden oder Büschel formen. Bei vielen Schwämmen gibt es außerdem eine Kruste von dichtgepackten Mikroskleren an der Oberfläche. In Zusammenhang mit einem Hautskelett tritt bei vielen Schwämmen auch eine mehr oder weniger ausgedehnte periphere Zone ohne Kragengeißelkammern auf, z.T. auch mit spe-

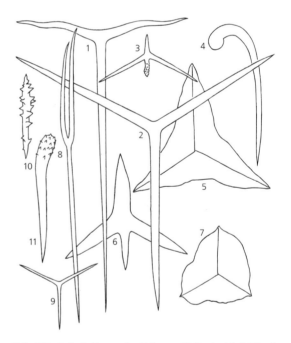

Abb. 153: Spicula-Typen der Calcarea (Kalkspicula). 1 Triactine mit ungleicheckigen Strahlen. 2 Gleicheckige Triactine. 3 Mikrotetractine. 4 Mikrodiactine. 5 Triactines „Ecaille". 6 Tetractine. 7 „Ecaille". 8 Stimmgabel. 9 Mikrotriactine. 10 Bedornte Mikrodiactine. 11 Apikal-bedornte Mikrodiactine. Verändert nach Haeckel (1872) und Vacelet (1961) von F. Hiemstra, Amsterdam.

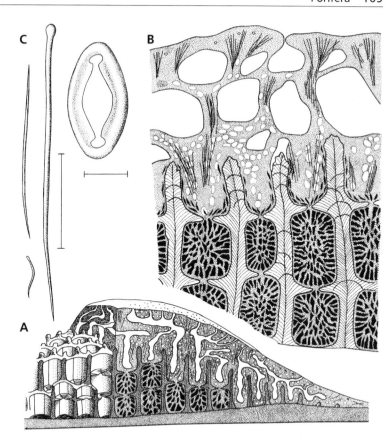

Abb. 154: *Merlia normani* (Demospongiae, Poecilosclerida), mit basalem Kalkkammer-Skelett. A Querschnitt; in der linken Hälfte ein totes Kalkskelett, in der rechten Hälfte ein lebender Schwamm. B Detail des Schwamms mit lebendem Gewebe in der oberen Hälfte und Kalkkammer-Skelett in der unteren Hälfte. C Kieselspicula: Tylostyl, Clavidisc, Raphide und Komma. Maßstäbe: A, B: 3 mm, C: 25 µm. Verändert nach Kirkpatrick (1908) und Van Soest (1984) von F. Hiemstra, Amsterdam.

ziellen Spicula und Kollagen-Fibrillen verstärkt: dieser **Cortex** ist auch makroskopisch beim Durchschneiden des Schwammes erkennbar.

Hexactinelliden-Gerüste sind nicht durch Spongin verkittet; in einigen Gruppen sind die Enden von benachbarten Spicula jedoch zu einem festen Gerüst verschmolzen. Durch den regelmäßigen sechsstrahligen Bau der Hexactinelliden-Spicula sind auch ihre Skelettformen regelmäßig und relativ einheitlich (Abb. 152).

Kieselspicula abgestorbener Hexactinelliden und Demospongien können auf dem Meeresboden dichte **Schwammnadelfilze** von bis zu 2 m Mächtigkeit bilden.

Kalkspicula sind auf die Calcarea beschränkt. Kalkspicula und Kieselspicula sind nicht homolog, weil ein entsprechendes organisches Axialfilament bei ersteren nicht gefunden wurde und weil sie unterschiedlich gebildet werden (S. 106). Die Skleroblasten-Anzahl für die Bildung eines Spiculums hängt von dessen Strahlenanzahl ab: 2 Skleroblasten bilden ein einachsiges Spiculum, 6 ein dreiachsiges und 7 ein vierachsiges. Der Zuwachs von $CaCO_3$ (immer in Form von Calcit) erfolgt extrazellulär und beträgt etwa 2 µm h^{-1}. Kalkspicula (Abb. 153) sind weniger formvariabel als Kieselspicula.

Am häufigsten ist als Grundform ein Triactin zu finden. Dazu gibt es Tetractine und Diactine. Obwohl eine gewisse Größenvariation vorhanden ist, werden keine Mega- und Mikroskleren unterschieden. Spezielle Formen sind z.B. „Stimmgabel"- und „Schalen"-Spicula. Kalkschwämme haben kein verkittendes Spongin, dies schränkt wahrscheinlich ihre Formvariation ein. Nur wenige Arten sind größer als 10 cm. Die häufigste Form ist ein Rohr, es kommen aber auch Krusten vor.

Kalkige Basalskelette werden in rezenten Schwämmen nur selten gebildet, waren jedoch in der Stammesgeschichte sehr weit verbreitet. Ein wichtiger Unterschied zu den oben erwähnten Kalkspicula ist ihr kristalliner Aufbau aus radiär – nicht parallel – angeordneten nadelförmigen Kristallen. Die Kalkmasse ist in Etagen kleiner, mehr oder weniger regelmäßig angeordneter Kammern organisiert, wobei das Schwammgewebe über oder innerhalb der Kammern drapiert ist. Vereinzelt sind die gesamten Weichteile von der Kalkmasse eingeschlossen.

Basalskelette (Abb. 154) im Zusammenhang mit lockeren Kalkspicula sind schon lange von Kreide-Fossilien (sog. Pharetroniden) bekannt und wurden kürzlich in Arten aus submarinen Höhlen auch lebend gefunden. Sowohl die basale Kalkmasse als auch die lockeren diskreten Spicula sind calcitisch;

Abb. 155: *Neofibularia nolitangere.* „Rauchender" Schwamm (Breite: ca. 50 cm); massiver Ausstoß von Spermien in einem karibischen Riff. Original: M. Reichert, Amsterdam.

es gab also keinen Grund, Kalkschwämme und Pharetroniden nicht in einer Gruppe zu vereinen. Schwieriger wurde es, als auch Schwämme mit kalkigen Basalskeletten und diskreten SiO_2-Spicula lebend gefunden wurden. Noch vor einigen Jahren betrachtete man diese Schwämme als separates Taxon, die Sclerospongiae, weil der Kalk einiger dieser Formen als Aragonit bestimmt wurde. Jedoch ist seitdem mehrfach klar gezeigt worden, daß die einzelnen Sclerospongiae-Arten hinsichtlich ihrer Weichteile und Kieselspicula ganz nahe mit verschiedenen Demospongiae verwandt sind, daß neben Aragonitskeletten auch Calcitskelette auftreten und schließlich, daß es viele fossile „Sclerospongiae" in fast allen Ordnungen der Demospongiae gibt. Heute wird allgemein akzeptiert, daß die basalen Kalkskelette in der Schwammevolution mehrmals entstandene, wahrscheinlich vor allem ökologisch bestimmte Strukturen sind.

Fortpflanzung und Entwicklung

Die Fortpflanzung verläuft normalerweise **sexuell**. Sie ist durchaus vergleichbar mit jener der übrigen Metazoen. Gonaden als echte Organe fehlen jedoch; die sich differenzierenden Geschlechtszellen liegen vielmehr einzeln oder in Gruppen im Mesohyl. Viele Arten sind hermaphroditisch (protandrisch oder protogyn); Getrenntgeschlechtlichkeit ist bei Süßwasserschwämmen die Regel. In einem Fall wurde sogar Geschlechtswechsel im Verlauf eines Jahres festgestellt. Spermatozoen (Abb. 156) entstehen durch Umwandlung von Cho-

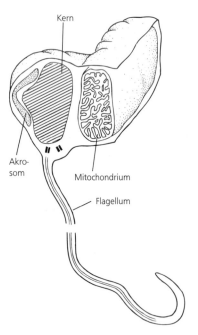

Abb. 156: Spermium von *Oscarella lobularis.* Nach Baccetti et al. (1986).

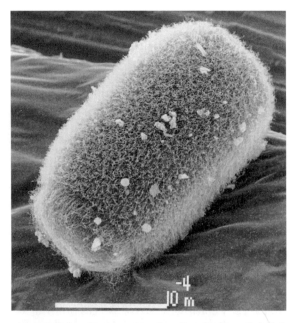

Abb. 157: Parenchymula-Larve des Geweihschwamms *Haliclona oculata* (Demospongiae). Original: M. Wapstra, Amsterdam.

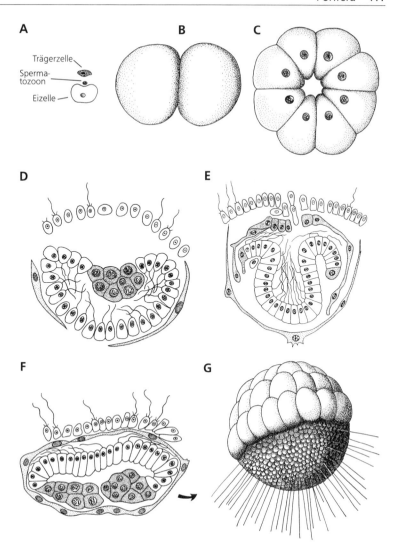

Abb. 158: Bildung der Amphiblastula-Larve des Kalkschwamms *Sycon raphanus*. A Befruchtung. B Zweizell-Stadium. C Achtzell-Stadium, polare Aufsicht. D Stomoblastula mit differenzierten Makromeren und nach innen begeißelten Mikromeren. E, F Eversion der Stomoblastula. G Amphiblastula. Verändert nach Dusbosq und Tuzet (1935) von F. Hiemstra, Amsterdam.

anocyten in zu Spermatocysten veränderten Kragengeißelkammern. Von den Calcarea weiß man, daß Spermatozoen unbeweglich sind und von Trägerzellen zu den Oocyten geleitet werden. Der Ursprung der weiblichen Geschlechtszellen ist nicht klar. Süßwasserschwämme besitzen unzweifelhaft aus Archaeocyten entstandene Eizellen. Genaue Untersuchungen am Meeresschwamm *Suberites massa* haben hingegen einen Ursprung aus Choanocyten wahrscheinlich gemacht. Auf jeden Fall bilden umgewandelte Archaeocyten in der Folge ein Follikelepithel um die Eizelle herum. Diese wächst durch Aufnahme von Nahrung, z. T. auch durch Phagocytose von Nachbarzellen verschiedener Herkunft, den Trophocyten. Bei vielen marinen Schwämmen wird sie in eine Gruppe von nicht phagocytierten Trophocyten, die eine Art Dotter formen, eingebettet. Die reifen Eizell-Trophocyten-Paketchen gelangen entweder ins freie Wasser oder werden in peripheren Regionen innerhalb des Schwammkörpers gehalten und hier befruchtet. Im ersteren Fall gibt es oft eine imposante Synchronisation des Gameten-Ausstoßes, das sog. „Rauchen" oder „Überkochen" von Schwämmen: ganze Populationen von Individuen stoßen gleichzeitig ihre Spermatozoen („blasser Rauch") und Eizell-Trophocyten-Paketchen („dichter Rauch" oder eine schleimige Flüssigkeit) aus, um einen maximalen Erfolg bei der Befruchtung zu erreichen.

Die Synchronisation geht im Fall des tropisches Riff-Schwammes *Neofibularia nolitangere* so weit, daß der einmal jährlich stattfindende, drei Tage dauernde „Rauch"-Vorgang (Abb. 155) genau vorausgesagt werden kann. Bei innerer Befruchtung gibt es meist keine eng beschränkte Fortpflanzungszeit, in tropischen Gebieten kann sie sogar ganzjährig stattfinden.

Die Embryonen werden im Fall der inneren Befruchtung bis zur ausgereiften Larve im Schwammkörper gehalten, weshalb sehr viel über die Fortpflanzung viviparer Schwämme bekannt ist. Die

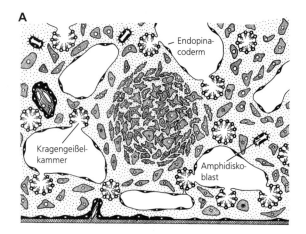

A

Endopina-coderm

Kragengeißel-kammer

Amphidisko-blast

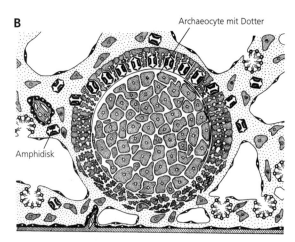

B

Archaeocyte mit Dotter

Amphidisk

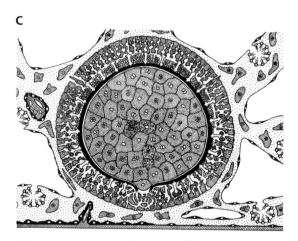

C

Furchung der Zygote ist total (Abb. 158 B, C), die gebildeten Blastomeren sind im allgemeinen gleich groß. Es entsteht entweder eine solide Sterroblastula, (bei den meisten Demospongiae und Hexactinellida), oder eine hohle Coeloblastula (bei Calcarea und einigen Demospongiae) (Abb. 158 D). Bei Süßwasserschwämmen umfaßt die Sterroblastula ungefähr 2000 dotterreiche Zellen, die sich während der Bildung der Larve in bewimperte Zellen in der Außenschicht und Skleroblasten im Inneren differenzieren; viele der dotterreichen Zellen bleiben undifferenziert. Reifende **Larven** haben oft bereits Spicula und Kollagenfibrillen. Die solide Parenchymula-Larve (Abb. 140, 157) ist ungefähr 300–700 µm groß, frei beweglich, teilweise kriechend, häufiger jedoch schwimmfähig und negativ-geotrop.

Eine charakteristische Bewegung vieler Larven ist das Korkenzieher-Schwimmen. Bewegungsdetails sind wahrscheinlich auch von der Bewimperung abhängig, da es eine große Vielfalt von Bewimperungsmustern und Länge der Wimpern bei den verschiedenen Gruppen gibt. Auch kommt es vor, z.B. bei Süßwasserschwämmen, daß Larven sekundär einen Hohlraum formen, was unzweifelhaft auch das Verhalten beeinflußt.

Bei Calcarea und einigen Demospongiae bleiben die Larven hohl. Bei einer bestimmten Gruppe, den Calcaronea, entwickelt sich die Coeloblastula zu einer Amphiblastula (Abb. 158), einem Larventyp mit ungleich großen Zellen, unbewimperten an der posterioren Seite und vier speziellen Kreuzzellen im äquatorialen Teil. Die Bildung dieser Larve ist ein komplizierter Vorgang. Sie entwickelt sich aus einem Stomoblastula-Stadium, indem die Zellen anfänglich ihre Cilien nach innen tragen, um sie nach einem Eversionsprozeß an die Außenseite zu verlagern. Eine derartige Larvenbildung ist einzigartig im Tierreich. Nach einigen Stunden bis drei Tagen setzt die Larve sich auf hartem Substrat durch Bildung kollagener Abscheidungen fest. Unmittelbar danach wird das Pinacoderm gebildet und erst dann die Kragengeißelkammern (Festheftung und Metamorphose, S. 97, 111; Abb. 138).

Asexuelle Fortpflanzung kann durch Fragmentierung erfolgen oder durch Bildung spezieller Dauerknospen. In einigen Fällen schnüren Schwämme fast fertige Jungschwämme an ihrer Außenseite ab; vereinzelt wurden derartige, vegetativ

Abb. 159: Gemmula-Entwicklung des Süßwasserschwamms *Ephydatia fluviatilis*. Dauer etwa 12 Tage. A Ansammlung von Archaeocyten, Trophocyten und von aus Exopinacocyten abgeleiteten Spongioblasten. Die Archaeocyten werden durch Phagocytose von Trophocyten angereichert, bis sich eine Masse von nährstoffreichen, zweikernigen Thesocyten (C) geformt hat. B 4 Tage alte Anlage. Beginn der Bildung des Spongioblasten-Epithels, das die Spongin-Schale formt und einer Anzahl von zu speziellen Skleroblasten umgewandelten Archaeocyten, welche die Gemmula-Spicula anfertigen und zu einem bestimmten Platz in der Spongin-Schale transportieren. C 7 Tage alte Gemmula-Anlage mit geschlossener Mikropyle und Vakuolenschicht; Archaeocyten zweikernig. In der ungünstigen Jahreszeit gebildete Gemmulae können in ihrem Muttergewebe nicht wieder auskeimen, sondern müssen warten, bis nach dem Absterben wieder günstige Außenfaktoren auftreten. Ungefähr 40 Stunden nach Einsetzen derartiger Außenfaktoren (z.B. Temperatur über 10°C) schlüpfen einkernige pinacocytenähnliche Zellen (Histoblasten) aus der Gemmula und formen ein Pinacoderm. Zunächst schlüpfen einkernige, dotterarme Archaeocyten in den Zwischenraum zwischen Gemmulaschale und Pinacoderm, danach setzt die Bildung eines neuen Jungschwamms ein. Nach Langenbruch (1981).

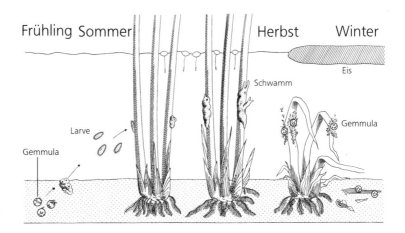

Frühling Sommer   Herbst   Winter

Eis

Schwamm

Gemmula

Larve

Gemmula

Abb. 160: Der Lebenszyklus eines Süß-
wasserschwamms im gemäßigten Klima.
Verändert nach Koecke (1984) von F.
Hiemstra, Amsterdam.

entstandene Jugendstadien auch im Plankton gefunden. Diese Abschnürungen enthalten alle Zelltypen, oft auch vollständige Skelette, jedoch keine
Kragengeißelkammern. Nach dem Festsetzen entwickeln sich letztere aus Archaeocyten.

Die am weitesten verbreiteten asexuellen Strukturen sind die kapselförmigen, 0,3–1 mm großen
G e m m u l a e (Abb. 159), die bei den meisten Süßwasserschwämmen und einigen Meeresschwäm-
men vorkommen. Sie sind durch eine dicke Spon-
gin-Außenschicht – verstärkt mit speziellen Spicula
(G e m m o s k l e r e n) – charakterisiert und enthalten
nur einen Zelltyp, die dotterreichen T h e s o c y t e n.
Im Gegensatz zu den oben erwähnten Abschnürungen dienen Gemmulae nicht ausschließlich der Verbreitung, sondern sind vor allem Dauerstadien. Der
Schwammkörper (Abb. 160) stirbt bis auf die Gemmulae periodisch vollständig ab. Bei wieder günstigen Bedingungen wächst dann aus ihnen ein
neuer Schwamm. Aus Larven sowie aus Gemmulae
entstandene Jungschwämme können mit konspezi-
fischen Jungschwämmen fusionieren. Hieraus resultiert ein einziges, voll funktionsfähiges Schwamm-
Individuum.

Schwämme übertreffen in ihrer **Regenerationsfähigkeit** fast alle übrigen Metazoengruppen.

Diese Eigenschaft wurde schon früh bei der Bade-
schwamm-Kultur verwendet. Man schneidet kleine
Stückchen vom Schwamm-Individuum, befestigt diese an
einem Seil und hängt sie ins Wasser. Nach einigen Monaten bis anderthalb Jahren hat sich eine große Anzahl von
Schwamm-Individuen gebildet. Auch für die Untersuchung der Schwammphysiologie nutzt man diese Eigenschaft: man bringt ein kleines Stück Schwammkörper auf
ein Deckglas auf, wo der Schwamm auswächst. Bedeckt
man das Schwammfragment mit einem zweiten Deckglas,
so entsteht ein sehr dünnes, lebendes Gewebe (Sandwich-
Kultur) für Durchlichtuntersuchungen. Zum Studium des
Verhaltens individueller Zellen kann Schwammgewebe
chemisch oder mechanisch (man preßt den Schwamm
einfach durch Gaze) in Einzelzellen zerlegt werden. Sam-

melt man sie auf einem Medium, bildet sich wieder ein
Jungschwamm. Diese große Regenerationskapazität beruht nicht nur auf dem modulartigen Bau des Schwammkörpers, sondern auch, wie das letzte Beispiel zeigt, auf
der Omnipotenz der Archaeocyten: Wenn irgendwo im
Schwammkörper Schaden entsteht, werden durch Umwandlung einer großen Ansammlung von Archaeocyten
zu Pinacocyten und Choanocyten Pinacoderm und Choanoderm schnell repariert, was meist nicht länger als einige Tage dauert.

Wachstum und Alter sind sehr variabel und hängen
von inneren bzw. äußeren Faktoren ab (ökologische
Strategien bzw. Temperaturschwankungen im Verlauf des Jahres, Trockenperioden). Die Spanne
reicht von einjährigen Schwämmen (z.B. viele Kalt-
wasser-Kalkschwämme) bis zu 500-jährigen Formen, (z.B. tropische Riffschwämme oder Tiefsee-
Schwämme).

Wachstumsgeschwindigkeiten schwanken von einigen Millimetern bis einigen Dezimetern pro Jahr.
Innerhalb einer bestimmten Art verläuft das Wachstum relativ schnell, wenn der Schwamm noch jung
ist, und nimmt asymptotisch mit zunehmendem
Körperumfang ab. Weil Schwämme moduläre Organismen sind, kann auch eine Größeabnahme
vorkommen. Schließlich wird vermutet, daß bei einigen Riff-Arten auch Fragmentierung als ökologische Strategie auftritt.

Systematik

Neue paläontologische, cytologische und molekularbiologische Befunde sowie eine verstärkt phylogenetische Betrachtung der klassischen Merkmale
haben zu größeren Veränderungen des traditionellen Systems der Porifera geführt. So konnte z.B. das
noch in vielen älteren Systemen aufgeführte Taxon
Sclerospongiae als eine Gruppe mehrfach konvergent entstandener Demospongiae-Arten mit basalem Kalkskelett erkannt werden. Drei Taxa werden
heute allgemein als monophyletische Einheiten im
System der Schwämme akzeptiert – D e m o s p o n -

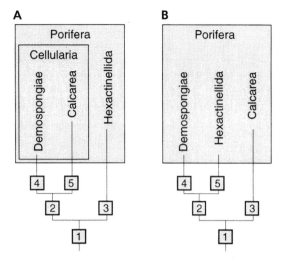

A

Porifera

Cellularia | Hexactinellida

Demospongiae | Calcarea | Hexactinellida

[4] [5]

[2]   [3]

[1]

B

Porifera

Demospongiae | Hexactinellida | Calcarea

[4] [5]

[2]   [3]

[1]

Abb. 161: Alternative phylogenetische Systeme der Porifera. A System nach Mehl und Reiswig (1991). Apomorphien: [1] Choanocyten; filtrierende Ernährung mit Flagellen; Archaeocyten. [2] Pinacoderm mit Porocyten; kugelige Kragengeißel-Kammern. [3] Syncytiale Organisation; sekundäres Reticulum; intrazellulär gebildete, triaxone Kieselspicula; Parenchymula-Larve der Hexactinelliden mit Stauractinen. [4] Parenchymula-Larve der Demospongiae; intrazellulär gebildete, tetraxone Kieselspicula. [5] Kalkspicula; Verlust der Kieselspicula; Verlust der Parenchymula-Larve. B System nach Böger (1988). Apomorphien: [1] Choanocyten; filtrierende Ernährung mit Flagellen; Archaeocyten; kugelige Kragengeißel-Kammern. [2] Parenchymula-Larve; intrazellulär gebildete Kieselspicula. [3] Extrazellulär gebildete Kalkspicula. [4] Parenchymula-Larve der Demospongiae; tetraxone Kieselspicula. [5] Syncytiale Organisation; sekundäres Reticulum; triaxone Kieselspicula; Parenchymula-Larve der Hexactinelliden mit Stauractinen; Verlust der Porocyten; Verlust der kugeligen Kragengeißel-Kammern.

giae, Calcarea und Hexactinellida. Ihre phylogenetische Stellung zueinander wird aber kontrovers gesehen. Eine Gruppe von Autoren betrachtet Hexactinelliden und Demospongien als Schwestergruppen (Abb. 161 B). Die Stammart der beiden Taxa müßte danach die Ausbildung von SiO$_2$-Spicula, die sowohl Hexactinelliden als auch Demospongien auszeichnen, erworben haben. Als weiteres synapomorphes Merkmal werden Übereinstimmungen in der Larvenmorphologie (Parenchymula) beider Gruppen angesehen, deren Homologie allerdings noch weitgehend unklar ist.

Die zweite Verwandtschaftshypothese (Abb. 161 A) sieht Demospongien und Calcareen als Schwestergruppe und stellt sie den Hexactinelliden gegenüber. Hierfür sprechen die großen cytologisch-histologischen Unterschiede, die auch bei der Diskussion um ein einheitliches Taxon Porifera die entscheidende Rolle spielen: (1) Calcarea und Demospongiae besitzen diskrete Zellen und werden deshalb zum Taxon Cellularia zusammengefaßt – Hexactinelliden sind syncytial organisiert (Symplasma); (2) Kanalsysteme vom Leucon-Typ kommen nur bei Calcareen und Demospongien vor – Hexactinelliden besitzen völlig andere Kragengeißelkammern; in den Hexactinelliden fehlen (3) ein ausgedehntes Mesohyl und (4) die Porocyten, die bei allen Kalkschwämmen und einigen Demospongien auftreten. Die Stammart der Calcarea muß nach dieser Vorstellung die Kieselspicula verloren haben. Die folgende Gruppierung beruht auf dieser zweiten Verwandtschaftshypothese und stützt sich in der weiteren Klassifikation auf HARTMANN

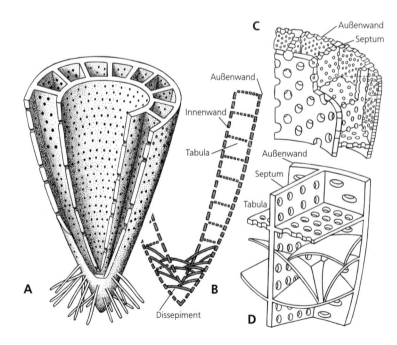

Abb. 162: †Archaeocyatha. A Habitus von †*Ajacicyathus* sp. B-D Details des Kalkskeletts. Original: F. Hiemstra, Amsterdam.

C — Außenwand, Septum

Außenwand

Innenwand

Tabula — Außenwand

Septum

Tabula

Dissepiment

A   B   D

(1982), dessen System das Skelett und die Spicula-Strukturen als Hauptmerkmale heranzieht. Problematische und einige kleinere Untertaxa wurden nicht berücksichtigt.

Die nur durch fossile Vertreter aus dem Kambrium bekannten † **Archaeocyatha** werden von einigen Autoren zu den Porifera gestellt. Hierfür spricht allerdings nur die Perforierung ihrer Kalkwände. Die meist becherförmigen Archaeocyatha haben eine doppelte Wand (Abb. 162), dazwischen befindet sich ein Lumen, das durch regelmäßige Schotten zwischen den beiden Wänden unterteilt ist.

1 Hexactinellida (Symplasma), Glasschwämme

Porifera mit triaxonen und meist hexactinen kieseligen, intrazellulär gebildeten Spicula; Gewebe mit syncytialer Organisation; im Choanosom findet sich ein sekundäres organisches Netzwerk zur Unterstützung der Kragengeißelkammern. Larven vom soliden Parenchymula-Typus, Embryonalskelett jedoch aus stauractinen Spicula. Nur marin. Rezente Artenzahl nur etwa 400, ein Schwerpunkt des Vorkommens liegt in der Tiefsee, aber auch im Seichtwasser bestimmter Gebiete, wie Antarktis und British Columbia. Die weite fossile Verbreitung der Hexactinelliden im Gegensatz zur heutigen Verbreitung macht es wahrscheinlich, daß diese Gruppe von modernen Demospongiae zurückgedrängt wurde. Viele Arten besitzen einen Basalstiel aus riesigen monaxonen Spicula mit dem die Schwämme im Schlammboden verankert sind.

Monorhaphis chuni, Indischer Ozean, 1 600 m tief (Abb. 164), hat nur ein einziges Basalspiculum, mit einer Länge von 3 m und eine Dicke von 1 cm. Soweit bekannt, wird dieser große Silizium-Monolith von einem Syncytium von Megasklerocyten angefertigt. – *Euplectella aspergillum* (Gießkannenschwamm oder „Venus-flower-basket"), ca. 30 cm (Abb. 163), war in Japan früher als Heiratsgeschenk beliebt, da häufig ein Paar symbiontischer Garnelen im röhrenförmigen Inneren lebt (Symbol vom „Gefängnis der Ehe"): Einmal als Larve in den Schwamm gekommen, können sie ihn nach dem schnellen Wachstum zwischen den nächsten Häutungen nicht mehr verlassen. – *Scolymastra joubini* ist ein Riesenschwamm der Antarktis mit becherförmiger Wuchsform von 2 m Höhe und 1,5 m Durchmesser. – *Hyalonema* spp., mehr als 75 Arten.

2 Cellularia

Als Cellularia faßt man alle Schwämme zusammen, die aus distinkten Zellen bestehen. Die Grundform der Spicula ist entweder tetraxon oder monaxon,

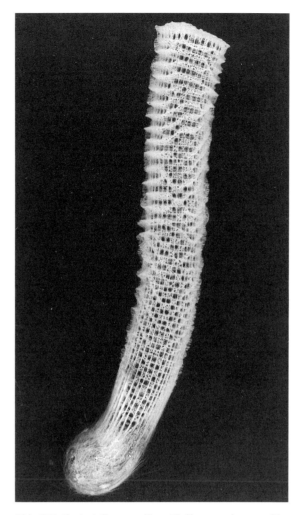

Abb. 163: *Euplectella aspergillum*, Gießkannenschwamm (Hexactinellida). Höhe ca. 40 cm. Original: W. Mangerich, Osnabrück.

jedenfalls nicht triaxon. Die Larven gehen wahrscheinlich ursprünglich aus einer Coeloblastula hervor; bei vielen Vertretern ist jedoch eine solide Parenchymella entwickelt.

2.1 Calcarea, Kalkschwämme

Cellularia mit distinkten calcitischen Kalkspicula, entweder ganz frei oder – vereinzelt – zu massiven Strukturen verkittet. Spicula von mehreren Skleroblasten extrazellulär gebildet. Grundform wahrscheinlich triaktin (oder triradiat), aber auch Tetractinen und Diactinen bei fast allen Vertretern bekannt. Daneben auch kalkige Basalskelette, vor allem bei fossilen, wenige bei rezenten Vertretern. Larve hohl (Coeloblastula und Amphiblastula), verbleibt im Muttertier. Etwa 500 marine Arten im Seichtwasser gemäßigter und wärmerer Regionen.

Clathrina spp., bilden ein Netzwerk dünner Röhrchen, kosmopolitisch; ähnlich die in Oberflächengewässern

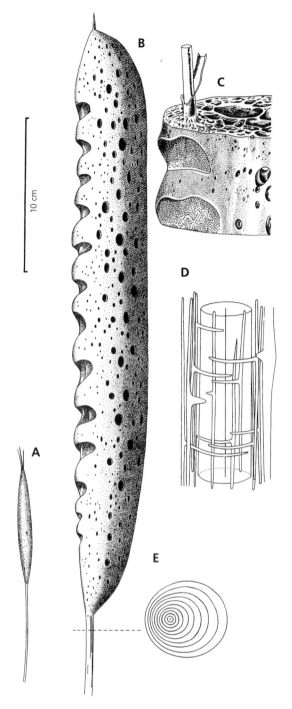

Abb. 164: *Monorhaphis chuni*, Riesennadelschwamm (Hexactinellida), A Jungschwamm. B Erwachsener Schwamm. C Querschnittdetail des Schwamms. D Detail der Einbettung der Riesennadel innerhalb des Schwamms. E Querschnitt der Riesennadel mit konzentrischen Wachstumsringen. Originale: F. Hiemstra, Amsterdam.

zwischen Algen im Mittelmeer häufige *Leucosolenia variabilis*. – *Sycon (= Scypha) ciliatum*, 15–50 mm, ist ein rohrförmiger Schwamm mit charakteristichem Kragen rings um die Öffnung (Sycon-Typ), Meere der nördlichen Hemisphäre.

2.2 Demospongiae

Cellularia mit kieseligen, intrazellulär gebildeten, tetraxonen oder monaxonen Megaskleren (die aber auch fehlen können) und einer Vielfalt verschiedener Mikroskleren (die ebenfalls fehlen können). Meist auch mit Spongin, das eine mehr oder weniger große Rolle als Stützelement spielt. Kalkige Basalskelette in verschiedenen Subtaxa als Reliktskelett. Larven entweder vom Coeloblastula-, Amphiblastula- oder häufiger vom Parenchymella-Typ. Mit etwa 80–90 % der Schwammarten und einer entsprechenden Formenvielfalt weitaus größte und wichtigste rezente Gruppe der Porifera. In allen aquatischen Habitaten einschließlich Süßwasser und Tiefsee verbreitet.

Klassifikation der Subtaxa der Demospongiae unsicher, daher hier nur Erwähnung einiger Gruppen.

2.2.1 Astrophorida (Choristida)

Mit monaxonen (meist Oxen) und tetraxonen (meist Triaenen) Megaskleren und Aster-Mikroskleren. Megaskleren in peripheren Teilen im allgemeinen streng radiär angeordnet, Mikroskleren oft in einer distinkten Außenschicht. Unterhalb dieses Ektosomalskeletts meist ein organischer Cortex, der von einer bestimmten Spicula-Anordnung gestützt wird.

Wichtige Gattungen sind *Geodia*, *Erylus*, *Stelletta* und *Pachastrella*, mit vielen Arten in allen marinen Gewässern verbreitet (Abb. 165, 166).

Abb. 165: Spicula (Aspidaster und Mikroxea) von *Erylus trisphaerus* (Demospongiae, Astrophorida), Karibik. Original: R. van Soest, Amsterdam.

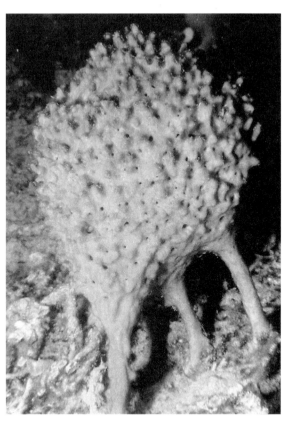

Abb. 166: *Melophlus sarassinorum* (Demospongiae, Astrophorida). Original: R. Roozendaal, Amsterdam.

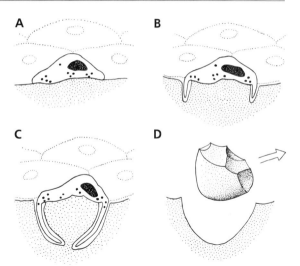

Abb. 167: Bohraktivität von *Cliona* sp. (Demospongiae, Hadromerida). A Ätzende Schwammzellen auf dem Kalksubstrat. B Ätzzelle bildet Fortsätze aus. C Chip wird herausgeätzt. D Abführung des Chips durch das Kanalsystem des Bohrschwamms. Verändert nach Pomponi (1987) von F. Hiemstra, Amsterdam.

2.2.2 Hadromerida

Nur mit monactinen Megaskleren (normalerweise Tylostylen, aber vereinzelt Stylen oder Oxen), an der Peripherie radiär, im Inneren oft ungeordnet oder reticulär orientiert. Mikrosklere sind Aster (fehlen vereinzelt). Larventyp eine Coeloblastula.

Cliona spp., Bohrschwämme, endolithisch, bohren Höhlen und Gänge in kalkigen Substraten (tote und lebende Molluskenschalen, Korallen, Kalk- und Sandsteinfelsen) und formen zu- und abführende Papillen an der Außenseite des Substrats, z.B. *Cliona celata* (Abb. 168). Das Bohren wird von speziellen Ätzzellen durchgeführt, die durch extrazelluläre Sekretion einer Säure viele flache, runde Stückchen Kalk („chips") mit ungefähr 50 μm Durchmesser vom Substrat ätzen. Die freigeätzten Chips werden durch das abführende Kanalsystem nach außen transportiert. So wird beim Bohren nur ein kleiner Teil (2–3%) des Substrats wirklich aufgelöst, das meiste wird nur abgeführt (Abb. 167, 168). Die Aktivität von Bohrschwämmen ist ein ökologisch wichtiger Vorgang in Carbonat-Habitaten wie Korallenriffen, wo sie entscheidend zum Abbau des Riffkalks beitragen. Bei zwei *Cliona*-Arten ist ein Umsatz von durchschnittlich 700 mg $CaCO_3$ pro cm^2 Schwammgewebe pro Jahr festgestellt worden. Bei der bekannten Dichte dieser Schwämme bedeutet dies, daß ungefähr 250 g $CaCO_3$ pro m^2 Substrat pro Jahr entfernt wird. Durch bestimmte Bohrungen in verzweig-

ten Korallenarten verursachen Bohrschwämme auch eine erhebliche Schwächung ganzer Riffzonen gegenüber Brandung und Stürmen. Einige *Cliona*-Arten „fressen" ihr Substrat völlig weg und bilden danach ganz normal aussehende massive Schwämme, als *Cliona* nur noch erkennbar an ihren charakteristischen Papillen. – *Suberites ficus*, Feigenschwamm, häufig auf Molluskenschalen, oft mit Einsiedlerkrebsen. – *Polymastia mammillaris*, Papillenschwamm (Abb. 169 A). – *Tethya aurantium*, Apfelsinenschwamm.

2.2.3 Agelasida

Demospongiae mit charakteristischen Megaskleren in Form von Stylen, verziert mit Kränzchen von Dornen. Zwei ganz verschiedene Gruppen werden hier aufgrund dieser Synapomorphie in einem

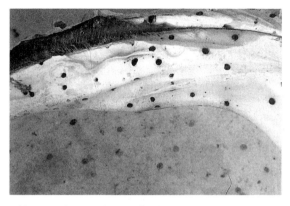

Abb. 168: *Cliona celata*, Bohrschwamm in einer Muschelschale. Original: W. Westheide, Osnabrück.

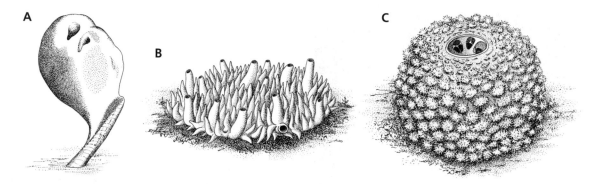

Abb. 169: Demospongiae (Hadromerida), häufige Arten. A *Suberites ficus* auf *Dentalium*. B *Polymastia mammillaris*. C *Tethya aurantium*. Originale: F. Hiemstra, Amsterdam.

Taxon vereint: Agelasidae mit Skelett aus Sponginfasern und Ceratoporellidae mit kalkigem Basalskelett. In früheren Systemen wurden letztere als eigene Unterklasse der Sclerospongiae geführt und neben die Demospongiae gestellt.

Agelas spp. (Agelasidae), besonders häufig in den Korallenriffen der Karibik, verästelte oder massive Arten z.B. *Agelas clathrodes*. – *Ceratoporella nicholsoni* (Ceratoporellidae), in Tiefwasserhöhlen, sieht aus wie eine Koralle.

Abb. 170: *Xestospongia testudinaria*, Badewannenschwamm (Demospongiae, Haplosclerida). Korallenriff, Indonesien. Original: R. Roozendaal, Amsterdam.

2.2.4 Halichondrida

Schwämme ohne typische Mikroskleren, monaxone Megaskleren sind Oxen und Stylen, oft in ungeordnetem Muster.

Halichondria panicea, Brotkrumenschwamm (Abb. 171), bis 15 cm, viele papilläre Wuchsformen. Meist Besiedler von Steinen, Felsen und Molluskenschalen oder (im Fall kleinerer Schwämme) von Objekten wie Wasserpflanzen, Holzstämmen, toten Blättern und fossilem Torf. – *Ciocalypta* spp., auf weiche Böden spezialisiert (endopsammale Lebensweise).

2.2.5 Poecilosclerida

Größtes Taxon der Demospongiae. Mit monaxonen Megaskleren (meist Stylen, die oft spinös sind) und sigmiformen Mikroskleren. Mikroskleren hinsichtlich Form und Ornamentierung sehr unterschiedlich: glatte und bedornte Sigmata, glatte und bedornte Toxen, Iso- und Anisochelae.

Myxilla incrustans, Esperiopsis fucorum, Mycale mit über 150 Arten. – *Clathria*, mit über 200 Arten. – *Neofibularia nolitangere*, „Do-not-touch-me-sponge", Karibik (Abb. 155). – *Tedania ignis*, Feuerschwamm. Irritation der Haut durch oft sehr komplexe Moleküle verursacht, die dauernd vom Schwamm abgegeben werden, zur Verteidigung gegen Räuber oder als Abwehrmittel gegen Raumkonkurrenten (Korallen, Algen).

2.2.6 Haplosclerida

Mit streng retikulärem Skelett, aufgebaut aus kurzen Oxen. Meist außerdem ein ektosomales Netzwerk aus individuellen Spicula. Mikroskleren, wenn vorhanden, sigmiform (Sigmata und Toxen, keine Chelae). Larven vom Parenchymella-Typ, klein, mit kahlem posteriorem Pol wie bei den Poecilosclerida; nur gibt es hier auch noch ein „Röckchen" aus längeren Geißeln.

Haliclona oculata (Abb. 173), Geweihschwamm, bis 30 cm hoch. – *Callyspongia*, tropische Gattung mit vielen Arten. – *Xestospongia muta,* becherförmig (Durchmesser über 1 m). – Süßwasserschwämme, Spongillidae, werden

Abb. 171: *Halichondria panicea,* Brotkrumenschwamm (Demospongiae, Halichondrida). Größe: ca. 15 cm. Original: R. van Soest, Amsterdam.

zu den Haplosclerida gerechnet, obwohl sie keine sigmiformen Mikroskleren und kein Ektosomalskelett haben: *Spongilla lacustris,* Stinkschwamm, kosmopolitisch in Binnen- und Brackgewässern bis 16% Salzgehalt. – *Ephydatia fluviatilis,* Großer Süßwasserschwamm, bildet rasenartige Schwammkörper von bis zu 50 cm Durchmesser; im Flachwasser stehender und langsam fließender Binnengewässer (Abb. 160).

Besondere Formen von Symbiose, durch Assoziationen mit Makroalgen und Coelenteraten. In extremen Fällen, z.B. bei der indopazifischen Schwamm-Alge *Haliclona cymaeformis* mit *Ceratodictyon spongiosum* ist die Verflechtung so eng, daß ein neuer Organismus ohne Ähnlichkeiten mit Schwamm oder Alge entstanden ist. Wie der Organismus ontogenetisch entsteht, ist noch unbekannt. Vermutlich haben beide Partner Vorteile – der Schwamm erhält Festigkeit, die Alge biochemischen Schutz.

2.2.7 Keratosa

Schwämme ohne Spicula, die in einige, wahrscheinlich nicht immer nahe verwandte Taxa (Dictyoceratida, Dendroceratida, Halisarcida, Verongida) unterteilt werden. Die Dictyoceratiden haben statt Spicula ein anisotropes retikuläres Skelett aus Sponginfasern. Nach Orientierung, Dicke und oft auch nach Gehalt an Fremdkörpern wie Sandkörnchen oder Spicula-Fragmenten unterscheidet man primäre Hauptfasern und sekundäre Querfasern.

Spongia officinalis und *Hippospongia equina,* Badeschwämme, mit weichem, biegsamen Skelett, daher Verwendung im Badezimmer. Gute Badeschwämme können das 25-fache ihres Gewichts an Wasser aufnehmen. Schon früh auch als Putzmittel, Toiletten-„Papier" oder als medizinisches Hilfsmittel verwendet. Im Mittelalter war ein Badeschwamm ein wichtiger liturgischer Gegenstand. Badeschwammfischerei und -zucht heute auf einige Orte im Mittelmeer (Griechenland, Türkei, Tunesien) und in Fernost (Philippinen) beschränkt. Wiederholte Ausbrüche von Schwammkrankheiten (zuletzt 1988–89 im Mittelmeer) machen diese Unternehmen unsicher.

Abb. 172: *Aplysina fistularis,* Neptunsschwamm (Demospongiae, Verongida). Original: E. Westinga, Amsterdam.

Verongida mit Skelett aus anastomosierenden hohlen Sponginfasern und einem charakterischen Mark aus Kollagenfasern, die im Durchlicht dunkel erscheinen. Fast alle Arten zeigen starke Farbänderung bei Luftkontakt: sie werden tiefschwarz – sog. aerophobe Reaktion. – *Aplysina* (= *Verongia*) *aerophoba,* Mittelmeer. Andere Arten in der Karibik, wo sie mit charakterischen 1 m hohen gelben und violetten Röhren die Seichtwasserriffe dominieren (Abb. 172).

Abb. 173: *Haliclona oculata,* Geweihschwamm. Maßstab: 3 cm. Original: W.H. de Weerdt, Amsterdam.

II PLACOZOA

Das Taxon Placozoa besteht nur aus einer einzigen gesicherten Art, *Trichoplax adhaerens*. Sie wurde – ebenso wie die seit der Erstbeschreibung verschollene *Treptoplax reptans* – schon Ende des 19. Jahrhunderts aus Meeresaquarien beschrieben. Seither sind die abgeflachten, 2–3 mm großen, allseits begeißelten Organismen auch im Litoral warmer Meere nachgewiesen worden. Fast alle publizierten Studien stammen aber von Populationen aus Meeresaquarien in Europa, Rußland und den USA. Organe und Symmetrieachsen fehlen, doch besteht eine ausgesprochene Polarität zwischen Ober- und Unterseite. Stets sucht der Organismus mit der Unterseite in Kontakt mit dem Substrat zu kommen. Dort zeigt *Trichoplax* zwei Bewegungsformen, ein langsames Gleiten mit Hilfe der Geißeln und rasche Veränderungen des äußeren Umrisses (Abb. 174), die an Bewegungen von Amöben erinnern.

Bau

Mit nur 4 somatischen Zelltypen in 3 Schichten (oberes und unteres „Epithel", sowie das dazwischenliegende Bindegewebe, Abb. 175) steht *Trichoplax* unter den Metazoen mit den Parazoa auf der untersten Stufe der somatischen Differenzierung. Das hochprismatische „Epithel" der Unterseite und das flache „Epithel" der Oberseite umschließen einen flüssigkeitserfüllten Zwischenraum mit mesenchymartigen Zellen (Faserzellen) sowie Zellen, die in der Literatur Geschlechtszellen genannt wurden.

Die „Epithelien" der Ober- und Unterseite ähneln histologisch wegen der Banddesmosomen und Zell-Zell-Verbindungen, die septierten Desmosomen ähneln, echten Epithelien der Eumetazoa mehr als die Deckgewebe der Schwämme (siehe Eumetazoa S. 131). Dementsprechend werden sie hier als „Epithelien" der Ober- bzw. Unterseite bezeichnet. Eine extrazelluläre Matrix ist allerdings nicht vorhanden.

Das „Epithel" der Unterseite besteht aus schmalen, begeißelten („monociliären") Zellen, zwischen denen vereinzelt unbegeißelte Drüsenzellen eingestreut sind (Abb. 175). Die feste Haftung auf der Unterlage (Artname!) beruht auf leistenartigen Fortsätzen, die im Querschnitt Mikrovilli vortäuschen. Das „Epithel" dient der Ernährung und kann funktionell mit der Gastrodermis höherer Tiere verglichen werden. Die zur Verdauung abgeschiedenen Enzyme stammen vermutlich aus den mit Prosekret

August Ruthmann, Bochum

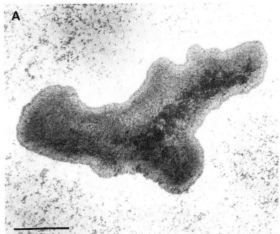

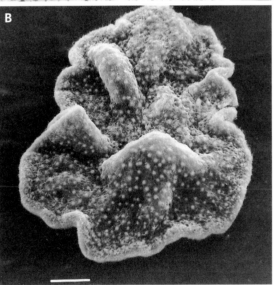

Abb. 174: *Trichoplax adhaerens*. A. Lebendaufnahme, auf einem Rasen mit einzelligen Cryptomonaden, von denen sich zahlreiche in der Schleimschicht auf der Dorsalseite angesammelt haben. Maßstab: 0,5 mm. B REM-Aufnahme. Faltenartige Hochwölbungen von der Unterlage. Die Glanzkugeln erscheinen als helle Punkte. Maßstab: 50 μm. A Original: A. Ruthmann, Bochum; B aus Rassat und Ruthmann (1979).

beladenen Drüsenzellen. Für die Resorption der Verdauungsprodukte kommen die begeißelten Zellen in Frage, die Stoffe endocytotisch über „coated vesicles" aufnehmen (Abb. 176 A). Durch Hochwölben von der Unterlage kann sich ein abgeschlossener Raum bilden, in welchem sich die Verdauungsvorgänge abspielen können (Abb. 174 B). Dies kann als „temporäre Gastrulation" angesehen werden, wobei das Epithel der Unterseite der Gastrodermis der Coelenteraten funktionell entsprechen würde. Nur die begeißelten Epithelzellen sind tei-

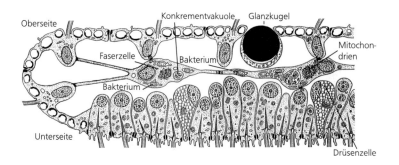

Abb. 175: *Trichoplax adhaerens*. Schema der histologischen Organisation. Original: A. Ruthmann, Bochum, nach Grell und Benwitz (1971).

lungsfähig (2 n = 12 Chromosomen), die Drüsenzellen leiten sich von ihnen ab.

Im Gegensatz zu den hohen keulenförmigen Zellen des „Epithels" der Unterseite ist das Epithel der Oberseite ein dünnes Häutchen aus abgeflachten, an den Rändern miteinander verzahnten Zellen, deren kernhaltige Bereiche in die Tiefe ragen. Aus zahlreichen Vesikeln wird dorsal ein Schleimstoff abgegeben (Abb. 175). Bei den als G l a n z k u g e l n bezeichneten lichtbrechenden Einschlüssen (Abb. 174 B, 175) handelt es sich um lipidhaltige Reste degenerierter Zellen, vermutlich der Faserzellen, die in das „Epithel" einwandern. Da in beiden Epithelien jede Zelle nur eine Geißel trägt, die aus einer besonders strukturierten Vertiefung (Abb. 176) entspringt, ist das aus schmalen, hohen Zellen bestehende „Epithel" der Unterseite viel dichter begeißelt als das der Oberseite. Vom Basalkörper jeder Geißel ziehen Mikrotubuli und Bündel quergestreifter Wurzelfibrillen ins Cytoplasma (Abb. 176), deren vermutlich tonische Kontraktion als Widerlager für die Geißelbewegung dient.

Beide „Epithelien" sind ohne basale Matrix. Den terminalen Abschluß (Abb. 175, 176) bilden Banddesmosomen (Zonulae adhaerentes), die innen mit einem dichten Geflecht aus Mikrofilamenten (F-Actin) in Verbindung stehen, und septierten Desmosomen ähnelnde Zell-Zell-Verbindungen.

Vermutlich ist es die koordinierte Kontraktion dieser Terminalbereiche, welche das Hochwölben bei der extrazellulären Verdauung bewirkt. Diese terminalen Zellverbindungen sind eine weniger wirksame Abdichtung nach außen als bei den übrigen niederen Eumetazoen, so daß die Zusammensetzung der die Faserzellen umspülenden interstitiellen Flüssigkeit der des Seewassers ähneln mag. Eine weitere Eigenschaft der epithelialen Zellverbindungen ist ihre Gleitfähigkeit, die nicht nur die stetigen Gestaltänderungen des Organismus, sondern auch die Resorption des langen Gewebefadens erlaubt, der bei der Teilung auftritt (Abb. 178 A).

Die Faserzellen der Zwischenschicht, deutlich größer als die „Epithelzellen" und im Gegensatz zu diesen tetraploid, bilden mit ihren sternförmig vom Zellkörper abstrahlenden, oft verzweigten Fortsätzen (Abb. 177 A) ein dreidimensionales, mesenchymartiges Maschenwerk. Die Fortsätze sind durch Mikrotubuli gestützt und von langen Actinbündeln durchzogen. Nach Beobachtungen an isolierten Faserzellen können sie langsam ausgestreckt und schnell retrahiert werden. Ihre Kontraktilität ist die Basis für die raschen Veränderungen des äußeren Umrisses, die aber eine gewisse Koordination voraussetzen. Vermutlich kombinieren die Faserzellen auf primitiver Stufe die Funktionen von Muskel- und Nervenzellen. Alle Mitochondrien der Zelle sind zusammen mit Vesikeln unbekannter Funktion in einem großen, in Nähe des Zellkerns gelegenen Komplex (Abb. 177) vereinigt. Eine weitere Besonderheit sind endosymbiontische Bakterien, die innerhalb von Vesikeln des rauhen endoplasmatischen Reticulums liegen. Im Gegensatz zu den „Epithelzellen" sind die Faserzellen zur Phagocytose befähigt.

Ihre sog. Konkrement-Vakuole, ein lysosomales Kompartiment, enthält Reste der Futteralgen, gelegentlich sogar ganze Zellen in allen Stadien der Verdauung. Die Faserzellen reichen möglicherweise durch das „Epithel" der Oberseite hindurch, um Futterorganismen oder Partikeln phagocytieren zu können. Auch „unnatürliches" Futter (abgetötete Hefezellen) erscheint alsbald nach Zugabe in den Faserzellen.

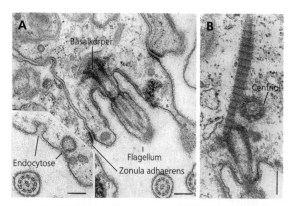

Abb. 176: *Trichoplax adhaerens*. „Epithel" der Unterseite. A. Zellapex mit Flagellum und Banddesmosomen. Einsatz: Bildung von „coated vesicles". B Basalkörper mit Wurzelfibrillen. Maßstäbe: 0,25 µm. A Aus Ruthmann et al. (1986); B Original: A. Ruthmann, Bochum aus Mehlhorn (1989).

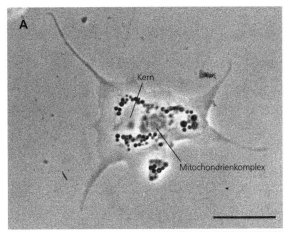

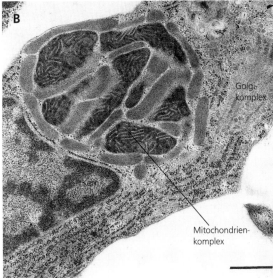

Abb. 177: *Trichoplax adhaerens*. A Isolierte, lebende Faserzelle mit 4 Ausläufern. Maßstab: 10 μm. B Teil einer Faserzelle; mit Mitochondrienkomplex, Golgisystem und Kern. Maßstab: 0,5 μm. Aus Thiemann und Ruthmann (1989).

Beim flächigen Wachstum finden Mitosen in allen 3 Zellschichten statt, d. h. jeder Zelltyp geht (mit Ausnahme der Drüsenzellen) aus seinesgleichen hervor. Pluripotente Zellen, wie die interstitiellen Zellen der Cnidaria, aus denen sich die verschiedenen Zelltypen ableiten, fehlen. Regenerations- und Transplantationsversuche zeigen ein Differenzierungsmuster, das der histologischen Differenzierung überlagert ist. Die etwas kleineren Zellen eines etwa 20 μm breiten Randstückes sind alleine ebenso unfähig zur Regeneration wie isolierte Mittelbereiche. Ein Kombinat beider Anteile stößt überschüssiges Material der einen oder anderen Sorte ab, was auf Wahrung eines ausgewogenen Rand/Mitte-Verhältnisses hinweist. Seine Verschiebung im Laufe des Wachstums mag für die Auslösung der Teilung (Abb. 178) eine Rolle spielen. Störungen des koordinierten Wachstums in den Epithelien führen zu charakteristischen morphogenetischen Fehlleistungen. Fehlt das „Epithel" der Oberseite fast oder ganz, so entstehen große Hohlkugeln aus pinocytierenden „Epithelzellen" der Unterseite, denen innen Faserzellen anliegen. Bei feh-

lendem „Epithel" der Unterseite entstehen solide Zellkugeln, die vom „Epithel" der Oberseite begrenzt und von Faserzellen ausgefüllt sind.

Fortpflanzung und Entwicklung

Die vorherrschende Form der **ungeschlechtlichen** Fortpflanzung ist (1) eine Zweiteilung, bei welcher die Tochtertiere noch über Stunden durch einen dünnen, vielzelligen Strang verbunden bleiben (Abb. 178 A). Wenn er schließlich durchreißt, werden die freien Enden rasch eingezogen. (2) Eine zweite Form der ungeschlechtlichen Fortpflanzung ist die Bildung hohler, kugeliger Schwärmer (40–60 μm).

Die erste Anlage der Schwärmer entsteht zwischen den Epithelien, ist umsäumt von Zellen, die vom Epithel sowohl der Ober- als auch Unterseite beigesteuert werden (Abb. 178 B). Diese Zellen bilden das künftige Epithel der Unterseite. Ihre Geißeln werden bei der Ablösung von den Epithelien eingeschmolzen. Noch vor Ablösung der Knospe bilden sich neue, ins Innere des Hohlraums gerichtete Geißeln, so daß die Zellen eine vollständige Umkehr ihrer Polarität durchmachen. Mit wachsender Größe wölbt sich die Knospe nach oben vor und wird schließlich, vom Epithel der Oberseite umschlossen, abgeschnürt. Fa-

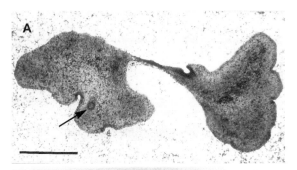

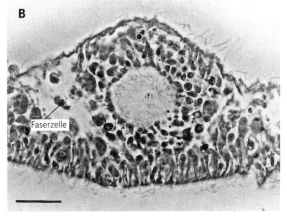

Abb. 178: *Trichoplax adhaerens*. A In Teilung mit gleichzeitiger Schwärmerbildung (Pfeil). Lebendaufnahme. Maßstab: 1 mm. B Querschnitt durch ein Stadium der Schwärmerbildung. Im Hohlraum der Knospe schon Geißeln des künftigen Ventralepithels. Maßstab: 20 μm. Aus Thiemann und Ruthmann (1991).

serzellen werden dabei passiv mitgenommen. Die Schwärmer, deren Bildung etwa 24 h in Anspruch nimmt, treiben etwa 1 Woche mit steif ausgestreckten Geißeln im Seewasser und sinken dann zu Boden. Die Kugelform geht durch Öffnung an der dem Boden zugewendeten Seite verloren und über tassenförmige Zwischenstufen gelangt das Epithel der Unterseite durch allmähliche Abflachung in Kontakt mit dem Substrat. Während die hohlen Schwärmer offenbar der Verbreitung der Art dienen, kann *Trichoplax* auch durch Zerfall vom Rand her kleine Kugeln von 18–50 µm abschnüren, die nicht schwebefähig sind. Sie sind je zur Hälfte vom Epithel der Ober- und Unterseite umkleidet, innen vollständig von Faserzellen erfüllt und erhalten durch allmähliche Abflachung die typische *Trichoplax*-Form.

Geschlechtliche Fortpflanzung tritt in den Kulturen sporadisch bei einer bestimmten Populationsdichte auf. Unbegeißelte „Spermien" und „Oocyten" können im gleichen Individuum vorkommen. Meiosis wurde nicht beobachtet. Die als Oocyten angesehenen Zellen stammen aus begeißelten Epithelzellen der Unterseite, die sich aus dem Gewebeverband lösen und in der Zwischenschicht heranwachsen. Die Faserzellen dienen als Nährzellen. Teile ihrer Ausläufer werden zusammen mit den endosymbiontischen Bakterien phagocytotisch in die Eizelle aufgenommen. Nach der Ansammlung von Dotter und der Ausbildung einer „Befruchtungsmembran" setzen totale, äquale Furchungen ein. Die Embryonalentwicklung konnte nicht verfolgt werden, da der Eikern unter Laborbedingungen aus unbekannten Gründen zerfällt.

Systematik

Der Name **Placozoa** wurde in Würdigung der Placula-Hypothese von BÜTSCHLI (1884) gewählt, der zu seiner Vorstellung über den Ursprung der Metazoen durch die kurz zuvor erfolgte Erstbeschreibung von *Trichoplax* angeregt wurde. Bei einer primär benthischen, zunächst einschichtigen, dann durch Delamination zweischichtigen Zellkolonie könnte sich die untere Zellschicht zum Entoderm mit Ernährungsfunktion, die obere zum schützenden Ektoderm differenziert haben. Durch Hochwölben vom Substrat wäre dann eine auf der Stufe einer Gastrula stehende Stammform weiterer Metazoen denkbar. Die Ernährungsfunktion des Epithels der Unterseite von *Trichoplax* steht im Einklang mit dieser Vorstellung. Anderseits ist aber die überraschende Fähigkeit der mesenchymartigen Faserzellen zur transepithelialen Phagocytose mit der hypothetischen Phagocytella in Einklang zu bringen, die METSCHNIKOFF als Stammform der Metazoa postulierte. In neuerer russischer Literatur wird *Trichoplax* in Anlehnung an diese Hypothese als einzige Art eines Stammes **Phagocytellozoa** geführt.

Mit 0,08 pg haben die diploiden Epithelzellen den niedrigsten DNA-Gehalt, der je bei Metazoen gemessen wurde. Schwämme enthalten mindestens 0,11 pg, stehen aber auch hinsichtlich der Zahl verschiedener Zelltypen insbesondere im Mesohyl (Tabelle 3) auf einer deutlich höheren histologischen Differenzierungsstufe. Nicht auszuschließen ist, daß *Trichoplax* die progenetische Larve eines nicht mehr existierenden Taxon darstellt.

III „MESOZOA"

Als Mesozoa werden in neueren Übersichten meist zwei „enigmatische" Gruppen zusammengefaßt: die Rhombozoa (Dicyemidae und Heterocyemidae) und die Orthonectida. Das Taxon war lange Zeit auch ein „Topf" für viele einfach gebaute Vielzeller bzw. multizelluläre Protisten, wobei letztere (z.B. *Haplozoon, Amoebophrya, Neresheimeria*) heute meist den Dinoflagellata (S. 40) zugeordnet werden. Eine Ausnahme ist die im Anhang besprochene *Salinella salve*.

Rhombozoen und Orthonectiden gemeinsam ist eine geringe Körpergröße (max 1–2 mm) und eine außerordentlich einfache Organisation aus einer einschichtigen somatischen Hülle sowie einer generativen Kernzone mit einer oder mehreren Zellen. Bei beiden Gruppen ist die Körperoberfläche vielzellig; echte Banddesmosomen sind ausgeprägt. Demgegenüber ist ihr Lebenszyklus verschieden und sehr komplex und verläuft in Form einer Metagenese (geschlechtliche und ungeschlechtliche Generationen). Bis heute sind knapp 100 Arten beschrieben worden, deren taxonomischer Status allerdings häufig ungeklärt ist.

Systematik

Seit jeher wurde die phylogenetische Stellung der „Mesozoa" kontrovers interpretiert. Während die einen ihnen eine Zwischenstellung zwischen Einzellern und Metazoen zubilligen (Name!), nehmen andere Autoren eine Degeneration aufgrund der endosymbiontischen Lebensweise als gegeben an und leiten die Tiere von parasitischen Plathelminthen ab.

Die Spermien mit Akrosom, die quergestreiften Cilienwurzeln, die Banddesmosomen der Epithelzellen sowie die Existenz einer extrazellulären Matrix weisen die „Mesozoa" als Eumetazoa aus, d.h. sie stehen über dem Organisationsniveau der Porifera. Die Ausprägung des Cilienwurzelsystems sowie die spiralartige Furchung deuten auf Beziehungen innerhalb der Spiralier oder der Nemathelminthes hin. Andererseits lassen die speziellen Strukturen des Cilienhalses sowie molekulare Daten (nur 23% GC-Gehalt der DNA, Ergebnisse der rRNA-Sequenzanalysen) die Vermutung zu, daß zumindest die Rhombozoa (Dicyemidae) sich schon unterhalb des Bilateria-Niveaus abgespalten haben. Entsprechende Befunde für die Orthonectida stehen noch aus. Alle Autoren sind sich einig, daß die „Mesozoa" eine lange und eigenständige Entwicklung durchgemacht haben.

Gerhard Haszprunar, München

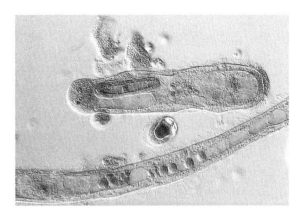

Abb. 179: *Dicyema* sp. (Rhombozoa). Aus *Sepia officinalis* oder *Octopus vulgaris*. Nematogen mit Jungtieren. Original: G. Haszprunar, München.

1 Rhombozoa

1.1 Dicyemidae

Die etwa 70 Arten der Dicyemidae leben als Adulte in sehr großer Individuendichte ausschließlich in den Exkretionsorganen benthischer Cephalopoden. Die „Befallsrate" der Wirte liegt häufig nahe 100%. Dicyemidae fördern durch Ansäuerung des Milieus die Exkretion von Ammonium beim Wirt, daher sind sie als Symbionten und nicht als Parasiten anzusehen.

Bau

Die bis zu 2mm langen, vermiformen Stadien (Nematogene) (Abb. 179, 181) besitzen eine einschichtige, multiciliäre Epidermis, die durch eine basale Matrix abgegrenzt ist. Die Epithelzellen sind durch Banddesmosomen (Zonulae adhaerentes) verbunden und tragen mäanderförmige Fortsätze sowie wenige Cilien mit 2 quergestreiften Wurzeln. Die Cilienbasis zeigt im Gegensatz zu allen anderen Metazoen nur zwei Membranpartikel-Ringe. Im Inneren befindet sich eine Axialzelle, in der in Einsenkungen ein oder viele sog. Axoblasten, Gonaden, Jungtiere oder Larven liegen. Letztere sind Ausgangspunkte der Folgegeneration. Der Kopf („Kalotte") zeigt meist eine biradialsymmetrische Anordnung der Polzellen, die gattungs- und artspezifisch ist.

Fortpflanzung und Entwicklung

Die asexuelle Vermehrung im Nematogen findet durch Axoblasten statt, die aus der Axialzelle entstehen (Abb. 179–181) (daher der Name: „di"

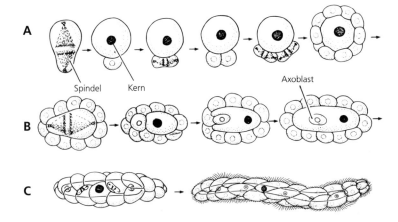

Spindel   Kern

Axoblast

Abb. 180: Dicyemidae. Asexuelle Fortpflanzung (Nematogen): A Axoblast teilt sich inäqual, die kleinere Zelle teilt sich weiter und formt eine Hülle. B Axoblast teilt sich wieder inäqual, die kleinere Zelle dringt in den Axoblast (jetzt Axialzelle) ein und ist der zukünftige Axoblast. C Neuer Axoblast teilt sich mehrfach, der Kreislauf beginnt von neuem im Inneren der Axialzelle. Verändert nach Lapan und Morowitz (1972).

(griech.) = zwei, „*cyema*" (griech.) = Keim; wörtlich: „Die mit den zwei Keimen"). Das Jungtier verläßt das Muttertier durch Ruptur der Körperwand. Überhöhte Populationsdichte (ein unbekannter chemischer Faktor) in den Exkretionsorganen des Wirtes löst bei Individuen in der Nematogen-Phase innerhalb weniger Stunden die Bildung von R h o m b o g e n e n (Abb. 180) mit Zwittergonaden aus, worin die Befruchtung stattfindet. Aus den Zygoten entwickeln sich über eine spiralartige Furchung I n f u s o r i f o r m - Larven (Abb. 182); sie sind bilateralsymmetrisch, bestehen aus 37 (teilweise 39) Zellen und sind komplizierter als das Muttertier gebaut. Neben 2 großen, stark lichtbrechenden

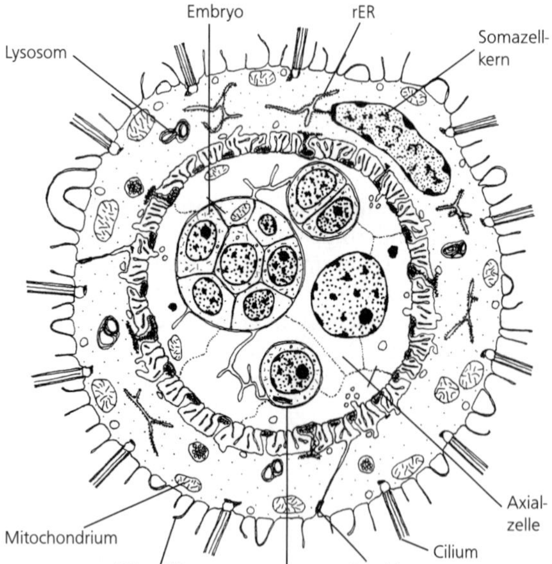

Speicherzellen mit Inositol-6-Phosphat zeigen sich im Inneren sog. Urnenzellen sowie ein bewimperter Hohlraum mit medianem Porus. Die Larven verlassen den Cephalopoden-Wirt über die Exkretionsöffnungen und den Mantelraum.

Eine Neuinfektion erfolgt direkt durch die infusiformen Larven. Diese finden sich im Wirt zunächst im Mantelraum an den Kiemenanhängen, dann in der Mitteldarmdrüse. Später treten in den Exkretionsorganen kleine S t a m m - N e m a t o g e n e mit 3 Axialzellen auf.

Dicyema typus, D. clausilianum, in den Nieren der Cephalopoden *Octopus vulgaris, Eledone moschata* und *Sepia officinalis.* – *Kantharella antarctica,* in den Nieren von *Paraeledone turqueti,* wird von einer Microspora-Art parasitiert. Mit variabler Zellzahl im Soma und unterschiedlichen Fortpflanzungszellen.

1.2 Heterocyemidae

Das Taxon basiert auf nur 2 Arten (*Conocyema polymorpha* und *Microcyema vespa*). Sie leben ebenfalls (selten) in den Exkretionsorganen von coleoiden Cephalopoden (*Sepia, Octopus*). Verglichen mit den Dicyemiden zeigen sich einige markante Unterschiede (daher der Name: „*conos*" (griech.) = Kegel, „*heteros*" (griech.) = unterschiedlich, anders; „*cyema*" (griech.) = Keim; wörtlich: „Die mit den konischen bzw. anderen Keimen"). Die Nematogene und Rhombogene sind unbewimpert, das Außenepithel ist sehr flach und möglicherweise syncytial. *Conocyema* bildet W i m p e r l a r v e n, die sich direkt in neue Individuen umwandeln. *Microcyema* vermehrt sich asexuell über zellige Embryonen oder über freiwerdende Larven, deren Metamorphose unbekannt ist. Die infusiformen Larven gleichen denen der Dicyemiden, das S t a m m - N e m a t o g e n besitzt ebenfalls drei Axialzellen.

Embryo   rER

Lysosom

Somazellkern

Mitochondrium

Mikrovilli-Leiste   Axoblast   Banddesmosom

Cilium

Axialzelle

Abb. 181: Dicyemidae. Halbschematischer Querschnitt eines Nematogens. Nach Storch und Welsch (1990), verändert nach mehreren Autoren.

A

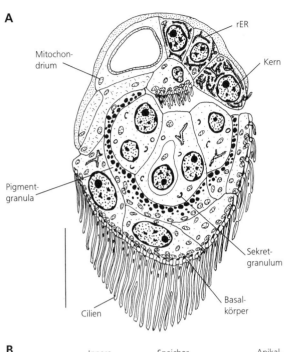

Mitochon-
drium

rER

Kern

Pigment-
granula

Sekret-
granulum

Cilien

Basal-
körper

B

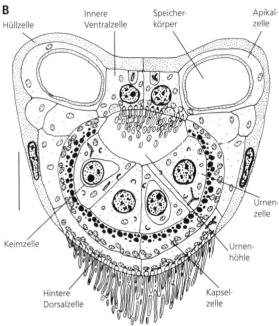

Hüllzelle

Innere
Ventralzelle

Speicher-
körper

Apikal-
zelle

Keimzelle

Hintere
Dorsalzelle

Kapsel-
zelle

Urnen-
höhle

Urnen-
zelle

Abb. 182: Halbschematische Darstellungen der infusoriformen Larven (Dicyemidae). A Längsschnitt (leicht parasagittal) von *Dicyema*. Maßstab: 10 µm. B Horizontalschnitt von *Dicyemenella californica*. Maßstab: 10 µm. A Verändert nach Bresciani und Fenchel (1967); B verändert nach Matsubara und Dudley (1976).

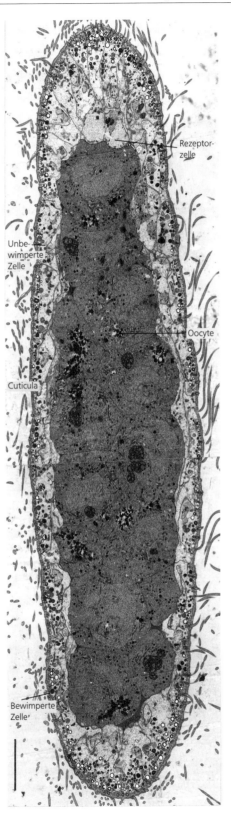

Rezeptor-
zelle

Unbe-
wimperte
Zelle

Oocyte

Cuticula

Bewimperte
Zelle

Abb. 183: *Intoshia variabili* (Orthonectida); aus dem Turbellar *Macrorhynchus crocae* (Kalyptorhynchia) vom Weißen Meer. Längsschnitt durch ein Weibchen. Maßstab: 5 µm. Original: G.S. Slyusarev, St. Petersburg.

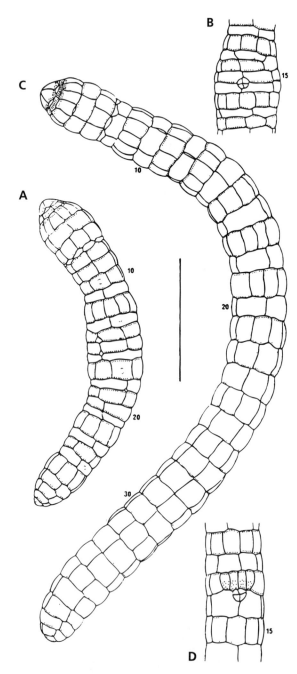

Abb. 184: *Ciliocincta sabellariae* (Orthonectida). Cilien weggelassen, nur Cilienbasen als Punktreihen sichtbar; Ziffern bezeichnen Zellreihen. A Männchen. B Region des männlichen Genitalporus. C Weibchen. D Region des weiblichen Genitalporus. Maßstab: 50 µm. Nach Kozloff (1971).

2 Orthonectida

Die Orthonectiden – etwa 30 Arten – parasitieren in den Körperhöhlen der verschiedendsten Evertebraten (z.B. Turbellaria, Nemertini, Mollusca, Polychaeta, Echinodermata), wo sie teilweise beträchtlichen Schaden verursachen (z.B. Gonadenzerstö-

rung). Sie sind von außerordentlich geringer Größe, z.B. sind die Weibchen von *Intoshia variabili*, 75 µm lang, 20 µm breit und bestehen aus 240–260 Zellen. Die dominierende Erscheinungsform der Orthonectiden ist ein aus hypertrophierten Wirtszellen hervorgehendes Plasmodium, das sich durch Fragmentierung vermehrt. Innerhalb des Plasmodiums akkumulieren einige Kerne (sog. Agamonten) des Parasiten und bilden über Teilungsstadien die zellulären, sexuellen Individuen. Je nach Art kann ein Plasmodium entweder Männchen oder Weibchen oder aber beide Geschlechter hervorbringen.

Bau

Männchen wie Weibchen haben eine äußere Hülle, welche die Gameten umschließt. Sie besteht aus ringförmig angeordneten multiciliären und nichtciliären Zellen, die sehr unterschiedlich groß sein können. Die spezielle Anordnung der Ringe ist artspezifisch (Abb. 184). Nach außen liegt der Hülle eine dünne (0,35 µm) mehrschichtige Cuticula auf, durch die die Cilien hindurchgehen. Die Hüllzellen sind durch Desmosomen und Fibrillenringe verbunden. Sog. kontraktile Zellen (Muskelzellen?) liegen zwischen Hülle und Gameten (Abb. 185). Diese langgestreckten Zellen sind in längsverlaufenden und ringförmigen Bündeln um die Gameten herum angeordnet; sie enthalten dicke und dünne Filamente. Bei *Intoshia variabili* bilden „vorn" zwischen Hülle und erster Oocyte 3 bewimperte Zellen ein becherförmiges Sinnesorgan; ihre Cilien dringen nicht nach außen durch die Hülle. Die Sexualstadien verlassen das Plasmodium und den Wirt und gelangen ins freie Wasser, wo sie sich mittels ihrer Wimpern fortbewegen (daher der Name: „orthos" (griech.) = gerade, „nécterin" (griech.) = schwimmen; wörtlich: „Die gerade Schwimmenden"); tatsächlich schwimmen sie in schraubenförmigen Bahnen.

Fortpflanzung und Entwicklung

Das Männchen hängt sich an das wesentlich größere Weibchen, und seine kleinen Spermien gelangen über eine Genitalpore in deren Inneres. Manchmal dringt das gesamte Männchen zur Befruchtung in das Weibchen ein, wobei die Eizelle 2 Polkörper ausstößt.

Die Zygote entwickelt sich zu einer bewimperten Schwärmerlarve, welche wiederum eine multiciliäre Außenhülle und freie Innenzellen besitzt. Die Larve verläßt das Weibchen durch Ruptur und befällt erneut einen Wirt. Dort verliert die Larve ihre Außenhülle, und jede Innenzelle induziert ein Plasmodium.

Intoshia variabili, 75 µm; in *Macrorhynchus crocea* (Plathelminthes, Kalyptorhynchia), bis zu 30 in einem Wirtstier (Abb. 183, 185 A). – *Rhopalura ophiocomae*, in der Leibeshöhle des Schlangensterns *Amphipholis squamata*

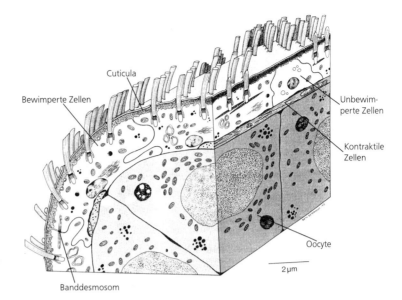

Abb. 185: *Intoshia variabili* (Orthonectida), Weibchen, Blockdiagramm aus dem Mittelkörper. Aus Slyusarev (1994).

(subtropischer Ostatlantik). – *R. granulosa*, in der Gonade der Sattelauster *Heteranomia squamula* (Westatlantik).

3 *Salinella salve*

Salinella salve (Abb. 186) wurde 1889 aus Erdkulturen einer Saline in Argentinien beschrieben. Der detritovore Organismus ist ca. 0,2 mm lang und soll aus einer einzigen, zweiseitig multiciliären Zellschicht bestehen, welche sowohl als Körper- als auch als Darmwand fungiert. Die Dorsalseite ist durch steife Cirren gekennzeichnet; auch Mund und Anus werden von langen Cirren umgeben. Die Vermehrung erfolgt meist durch Querteilung; nach Konjugation zweier Individuen werden Cysten gebildet (Abb. 186 C), auch treten einzellige Larven mit dorsoventraler Differenzierung auf (Abb. 186 D).

Obwohl sich die lichtoptischen Befunde auf reiches Kulturmaterial stützten und sehr detailliert sind, erfordern sie dringend ultrastrukturelle Bestätigung. Ein zweiseitig bewimpertes Epithel wäre im gesamten Organismenreich einmalig und ist cytologisch kaum erklärbar (beidseitige Banddesmosomen, Cilienwurzeln, Zellpolaritäten?). Daher kann derzeit auch über die phylogenetische Stellung von *Salinella* nichts ausgesagt werden.

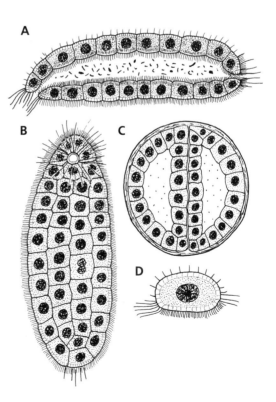

Abb. 186: *Salinella salve*. A Medianer Längsschnitt; Länge: ca. 200 μm. B Ventralansicht. C Cystenbildung nach Konjugation zweier Individuen; Durchmesser: ca. 120 μm. D Einzellige Jugendform, Länge: 23 μm. Verändert nach Frenzel (1892).

IV DIPLOBLASTISCHE EUMETAZOA

Alle folgenden Tiergruppen unterscheiden sich von den Porifera und Placozoa durch den Besitz echten Epithelgewebes (Abb. 187, 206). Dies bedeutet, daß diese Organismen über besondere Möglichkeiten verfügen, flüssigkeitserfüllte Hohlräume (Darm, Coelom, Ausleitungsgänge der Gonaden und der Nephridien) und Gewebeflüssigkeiten (Blut, Hämolymphe) in ihrer chemischen Zusammensetzung gezielter zu kontrollieren und entsprechend den Gegebenheiten zu verändern.

Echtes Epithelgewebe

Wie auf S. 83 definiert, versteht man unter echtem Epithelgewebe einen schichtenförmigen Zellverband, der über apikale, **bandförmige Zell-Zell-Verbindungen** und eine **basale Matrix** verfügt. Die molekularbiologischen und histologischen Grundlagen sind in Abb. 120 zusammengefaßt. Durch diese Strukturen kann die Kontrolle des Stoffaustausches zwischen Gewebsflüssigkeit, inneren Hohlraumsystemen und Außenwelt um Größenordnungen genauer sein. Je nach Ausgestaltung der bandförmigen Zell-Zell-Verbindungen und der basalen Matrix spricht man von schwach bis stärker durchlässigen Epithelien.

Der dichtere Abschluß vom Außenmilieu und die immer genauere Kontrolle des interzellulären Milieus waren die entscheidenden Voraussetzungen

Reinhard Rieger, Innsbruck

für die Evolution der Nerven- und Muskelgewebe. Die Evolution der Zelltypen „Neuron" und „Myocyte" wiederum bildet die Grundlage für die weitere Entwicklung der vielzelligen Tiere. Sie ermöglichen erst die vielfachen Lebensäußerungen, die uns als für Tiere charakteristisch bekannt sind.

Der größte Teil an Informationen für das Verständnis des Epithelgewebes stammt aus Untersuchungen an Wirbeltieren (Abb. 120). Besonders für viele ursprüngliche Eumetazoa (z.B. „Coelenterata", Plathelminthes, Tentaculata) fehlen entsprechende molekularbiologische Studien. Dies trifft auch für die spezielle Struktur der apikalen bandförmigen Zell-Zell-Verbindungen (Abb. 125) und der basalen Matrix (Abb. 120E) zu.

Körpergestalt und -symmetrie ursprünglicher Eumetazoa

Frei im Wasser treibende oder schwimmende bzw. festsitzende Tiere sind vornehmlich radiärsymmetrisch bzw. disymmetrisch organisiert. Bilateralsymmetrische Wuchsformen (mit nur einer Symmetrieebene, S. 189) sind aber schon bei Anthozoen-Polypen bekannt und dann für alle Bilateria vorherrschend.

Diploblastischer Bau, Entstehung des Darmsystems

Das echte Darmsystem entwickelt sich durch den Gastrulationsvorgang (in Form von Invagination, Immigration oder Delamination, S. 92). Dadurch

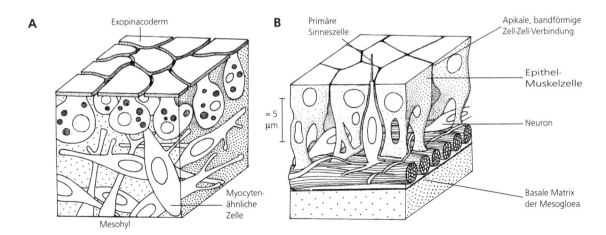

Abb. 187: Gegenüberstellung der histologischen Grundstruktur der Parazoa (A) und ursprünglicher Eumetazoa (B). Wichtig ist der Verschluß durch apikale Zell-Zell-Verbindungskomplexe im Epithel der Eumetazoa. Außerdem gestattet das Pinacoderm bei einigen Porifera (z.B. Süßwasserschwämmen) das Einströmen von Seewasser direkt in das Mesohyl. Nur bei einigen wenigen Schwammlarven wurden bisher Zell-Zell-Verbindungen, die Zonulae adhaerentes ähneln, zwischen den begeißelten äußeren Zellen nachgewiesen. Außerdem unterscheiden sich die in der ECM eingebetteten myocytenähnlichen Zellen der Porifera von den Epithelmuskelzellen auf der basalen Matrix (Teil der Mesogloea) der Cnidaria. Verändert nach Bergquist (1978).

entsteht ein zunächst zweischichtiger Keim (die Gastrula) mit den primären Keimblättern – äußeres Ektoderm und inneres Entoderm. Aus diesen beiden Schichten leiten sich alle Zelltypen der „Coelenterata" ab. Das Ektoderm liefert die Epidermis, das Schlundrohr, die in die Mesogloea einwandernden Zellen und möglicherweise auch das Nervensystem. Aus dem Entoderm gehen alle Strukturen der Gastrodermis hervor. Eumetazoa auf diesem zweischichtigen Organisationsniveau werden diploblastisch genannt. Der Hohlraum zwischen den beiden Keimblättern ist das Blastocoel, aus dem die primäre Leibeshöhle der Eumetazoa hervorgeht. Die extrazelluäre Mesogloea der Larve und des Adulttieres entspricht lagemäßig dem Blastocoel der sich entwickelnden Blastula bzw. Gastrula. Die in sie einwandernden Zellen werden als Ektomesenchym bezeichnet, weil sie aus dem äußeren, primären Keimblatt hervorgehen.

Die Entstehung des dritten Keimblattes, des Mesoderms, als Derivat des Entoderms tritt erst bei den Bilateria auf, die man deswegen auch als triploblastische Eumetazoa bezeichnet (S. 189). Auch bei den Ctenophora wird seit langem die Herkunft der sekundären Mikromeren (S. 185) als mesodermal bezeichnet, da sie die in die Mesogloea versenkte Muskulatur und Bindegewebe liefern; eine endgültige Wertung dieses Sachverhalts steht aber noch aus.

In den ursprünglichsten, heute lebenden Eumetazoa („Coelenterata") stellt zusätzlich zur epithelial organisierten Epidermis der epitheliale Darm (der von der Gastrodermis umkleidete Gastrovaskularraum) (Abb. 189) mit Mund-After-Öffnung eine wichtige, neue Struktur dar. Dieser Verdauungstrakt bildet die Basis für die Differenzierung des fast immer mit getrennten Mund- und Afteröffnungen versehenen Darmsystems der Bilateria.

Es ist interessant, daß beide Gruppen rezenter Coelenteraten (Cnidaria und Ctenophora) konvergent komplexe Zellen (Nematocyten der Cnidaria (Abb. 208, 210), bzw. Colloblasten der Ctenophora (Abb. 260)) zum Beutefang entwickelten. Damit wurde es ihnen möglich, mindestens um eine Größenordung größere Beuteobjekte (z.B. Einzeller, Mikrocrustacea, Larven ursprünglicher Metazoa) zu fangen als die Porifera, die mit ihren Choanocyten

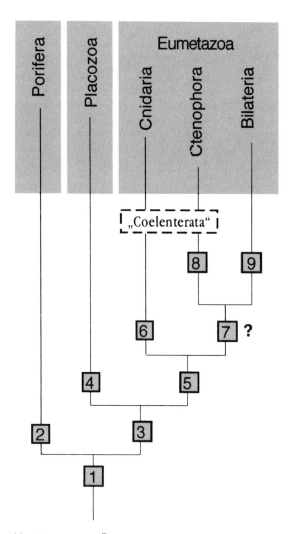

Abb. 188: Metazoa. Übersichtsstammbaum. Apomorphien: [1] Diplonten mit Meiose zur Gametenbildung: Oocyten mit Polkörpern, bzw. Spermatozoen mit Kopfregion (Akrosom und Kern), Mittelstück (Cilienbasis, distale Centriole, Mitochondrien) und Schwanzregion (Axonema des Ciliums). Extrazelluläre Matrix mit verschiedenen fibrillären und vernetzten Proteinen, vor allem Kollagenen. [2] Pinacoderm (äußere und innere Deckschicht); Choanoderm aus Choanocyten und dazwischenliegendem Bindegewebe (Mesohyl). Durchströmungszellkolonien mit Einströmöffnungen (Ostia) mit zuführenden und abführenden Kanälen von den Choanocytenkammern und mit Ausströmöffnungen. [3] Apikale, bandförmige Zell-Zell-Verbindungen im Deckgewebe. Drüsenzellen. [4] Deckschicht in monociliäre Ober- und Unterseite differenziert, letztere zur Nahrungsaufnahme spezialisiert. Sternförmige Faserzellen zwischen Ober- und Unterseite, die miteinander zu einem Netz verknüpft sind. [5] Zwei Keimblätter (Ektoderm und Entoderm), aus denen die echten Epithelien einer äußeren Epidermis bzw. einer den inneren Verdauungsraum auskleidenden Gastrodermis hervorgehen. Als Mund und After fungierende Körperöffnung. Sinneszellen und Neuronen, die ein meist basiepitheliales Nervennetz bilden. „Gap junctions" aus Proteinen (Connexine). Muskelzellen in Form von Epithelmuskelzellen oder Myoepithelzellen. Gonaden in der Gastrodermis. [6] Cniden (Nesselkapseln) in Cnidocyten. Sich asexuell vermehrende Polypen. [7] ? Akrosom mit einem akrosomalen Vesikel und darunterliegenden subakrosomalen Strukturen. [8] Tentakelpaar und Colloblasten. Biradiale Symmetrie. Komplex gebauter apikaler Scheitel mit Statocyste. [9] Triploblastischer Bau mit Entomesoderm (3. Keimblatt). Bilateralsymmetrie mit Vorne-Hinten-Polarität. Gehirnbildung in einem Vorderende. Spezielle Exkretionsorgane in Form von Filtrationsnieren (Proto- bzw. Metanephridien). Meist werden nur Protonephridien in der Stammart der Bilateria angenommen; es könnten aber auch Proto- und Metanephridien in der Stammart vorhanden gewesen sein – die einen in mm-großen, pseudocoelomaten Larven, die anderen in coelomaten Adulttieren.

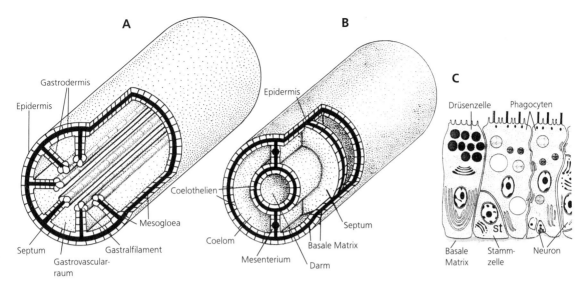

Abb. 189: Entstehung eines der extrazellulären Verdauung dienenden Darmsystems. A Anthozoa. B Bilateria. C Schema der Zelltypen in diesem Darmsystem. A, B Nach Ruppert und Carle (1983); C nach Palmberg und Reuter (1987).

überwiegend nur organische Partikeln und Bakterien in der Größenordnung von wenigen Mikrometern aufnehmen. Die meisten „Coelenterata" bedienen sich noch eines weitgehend passiven Beutemachens, in dem sie Wasserbewegungen ausnützen, um mit ihren Fangtentakeln vorbeidriftende Nahrungsobjekte „herauszufiltern" und dann die Beute als Ganzes zu verschlingen.

Der geschlossene Verdauungsraum des Gastrovaskularsystems ermöglichte auch, zusätzlich zur intrazellulären Stoffaufnahme durch Einzelzellen (wie bei Porifera), die Entwicklung extrazellulärer Verdauungsvorgänge durch das Freisetzen von Enzymen in den Darmhohlraum. Extrazelluläre Vorverdauung ist auch von den Placozoa bekannt (S. 121).

Evolution von Nerven- und Muskelgewebe

Zelltypen wie Muskel- oder Nervenzellen sind wahrscheinlich über innerorganismische Selektion in verschiedenen Zellinien graduell entstanden. Innerhalb der Prokaryoten und eukaryoten Einzeller findet man jedenfalls schon eine Vielzahl von membrangebundenen (z. B. Rezeptorproteine für Acetylcholin, Catecholamine und andere neuroaktive Substanzen, Ionenkanäle) oder cytoplasmatischen (z. B. Actin, Myosine, Calmodulin) Proteinen, die wichtige Voraussetzungen für den Funktionsablauf von Nerven- und Muskelzellen der Eumetazoa darstellen.

Bei den Eumetazoa können Rezeptoren für neuroaktive Substanzen sowie Actin und Myosin nicht nur in Nerven- und Muskelzellen, sondern auch in anderen Zelltypen vorkommen.

Weitverbreitet ist die Annahme, daß sowohl Myocyten als auch Neuronen ursprünglich innerhalb echter Epithelien entstanden sind (Neuroepithel,

Myoepithel), da derartige Lagecharakteristika bei den Cnidariern vorherrschen (Abb. 187 B).

Porifera haben keine echten Myocyten. Es gibt jedoch kontraktile Zellen im Mesohyl, die einfache Funktionen von Nerven- und Muskelzellen vereinen und wahrscheinlich parallele Entwicklungen zu den echten Muskel- und Nervenzellen darstellen (Abb. 187 A).

Solche Befunde lassen sich auch dahingehend interpretieren, daß Muskel- und Nervenzellen nicht nur in epithelialer Lage, sondern auch im Bindegewebe, subepithelial, entstanden sein könnten. Auf eine derartige mehrfache Entstehung der Muskulatur deutet auch die larvale Muskulatur der Spiralia-Larven hin. Letztere stammt – wie auch Teile der Muskulatur von Plathelminthen – vom Ektomesenchym und ist nicht entomesodermaler Herkunft.

Nervensystem

Interaktion mit der Umgebung läßt sich schon bei Einzellern (z. B. *Paramecium*) an Veränderungen des Membranpotentials nachweisen. Chemische, elektrische oder mechanische Reize aktivieren die entsprechenden Ionenkanäle und rufen Reaktionen hervor (z. B. Umkehr des Cilienschlags bei *Paramecium*). Ca^{2+}-und K^+-Kanäle finden sich bereits bei Prokaryoten, Na^+-Kanäle hingegen erst in den Metazoa und hier erstmals in den Cnidariern.

Weitgehend übereinstimmend wird angenommen, daß sich Nervenzellen der Metazoa aus dem Ektoderm entwickeln. Sie treten mit anderen Zellen (z. B. Sinneszellen, Nervenzellen, Muskelzellen) an S y n a p s e n zur Informationsweitergabe in Kontakt. Die Weitergabe erfolgt auf elektrischem oder chemischem Weg, dementsprechend unterschiedlich

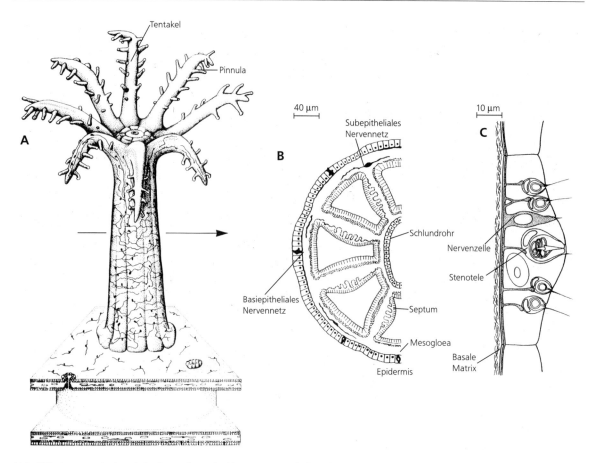

Abb. 190: Immuncytochemische Darstellung des Nervensystems bei Cnidaria. A, B *Renilla koellikeri* (Pennatularia). A Serotonerges Nervennetz in einem Polypen. B Querschnittsschema des Polypen, Region des Schlundes. C *Hydra magnipapillata*, intraepitheliales Neuron, das Nematocyten verbindet. A,B Verändert nach Umbriaco et al. (1990); C verändert nach Hobmayer et al. (1990).

sind die daran beteiligten Strukturen. Ein Weg, der Evolution von Nervensystemen nachzugehen, ist die Untersuchung, ob elektrische (über den Nexus) oder chemische Erregungsleitung (Ausschüttung von Neurotransmittern in die extrazelluläre Matrix in der Umgebung von Zielzellen) ursprünglicher ist.

Die elektronenoptische Untersuchung an Cnidariern zeigt, daß Epithelmuskelzellen der Epidermis über gap junctions (Nexus), bzw. offene Cytoplasmabrücken (z.B. Riesenfasern der Medusen) elektrische Erregungsleitungen für gewisse Koordinationen verwenden. Daneben enthalten Neuronen in der Epidermisbasis neurosekretorische Vesikeln und tragen darüber hinaus am dendritischen Fortsatz ein Sinnescilium. Beides sind Hinweise für eine parallele Entwicklung (Koevolution) von elektrischen und chemischen Mechanismen der Erregungsleitung in ein- und demselben „Protoneuron".

Teilweise war man der Meinung, daß Erregungsleitung, bei der sich ausbreitende elektrische Potentiale mit der Entfernung vom Auslösungsort an Intensität abnehmen (Dekrement) ursprünglicher ist als Erregungsleitung mittels regenerativer, wandernder Aktionspotentiale. Beide Arten sind jedoch schon bei Einzellern nachgewiesen. Für die Metazoa kann man erwarten, daß die innerorganismische Selektion für Erregungsleitungssysteme über größere Distanzen proportional zur Größe und Zellzahl der Zellkolonie in der Evolution zugenommen hat. Um die Leitung elektrischer Signale über weite Strecken zu ermöglichen, wurden Neuronen mit großem Durchmesser, hohem Membranpotential und/oder elektrischer Isolierung gegenüber der extrazellulären Matrix durch Gliazellen notwendig.

In radiärsymmetrischen Tieren erfolgte die ursprüngliche Erregungsleitung mit hoher Wahrscheinlichkeit in einem Nervennetz und nicht, wie früher angenommen, in einem äußeren leitenden Epithel. In den Coelenteraten (Abb. 190), Tentaculaten und den Deuterostomiern haben Nervenzellen überwiegend eine basiepitheliale (in der Basis

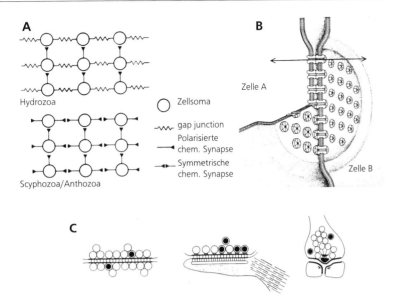

Abb. 191: Synaptische Verbindungen. A Verschaltungsschemata bei ursprünglichen Eumetazoa (Cnidaria). In den räumlich getrennten Nervennetzen der Hydrozoa treten nur elektrische Synapsen auf, chemische Synapsen nur zwischen den Nervennetzen. B Strukturen elektrischer Synapsen (Nexus, gap junction) bei Säugern. C Chemische Synapsen: Symmetrische Synapse von *Cyanea* (Scyphozoa); Erregungsleitung ist hier in beiden Richtungen möglich. Neuromuskuläre Synapse auf einem Muskelzellfortsatz bei *Metridium* (Anthozoa). Dyade auf zwei postsynaptischen Neuriten, mit „electron lucent" und „dense core" Vesikeln in der praesynaptischen Faser. A Aus Spencer und Satterlie (1987); B aus Junqueira und Quarneiro (1991); C aus Westfall (1987).

des Epithels, außerhalb der basalen Matrix) oder/und subepitheliale Lage (unter der basalen Matrix). Die basiepitheliale Lage ist besonders für die Evolutionslinie der Deuterostomia charakteristisch.

Die Nervennetze der Cnidaria zählen zu den ursprünglichsten Formen des Nervensystems bei Eumetazoa (Abb. 211). Aber schon innerhalb dieser Gruppe zeigen sich recht grundlegende Unterschiede. So erweisen sich in den Nervennetzen der Hydrozoa die gap junctions (Nexus, elektrische Synapsen) als besonders wichtige Kommunikationsstrukturen, während bei Anthozoa und Scyphozoa die chemischen Synapsen überwiegen (Abb. 191). Letztere zeigen strukturell bereits hier eine beachtliche Diversität. Die Komplexität der synaptischen Verbindungen ist auch bei ursprünglichen Bilateria sehr mannigfaltig. Bei Anthozoa können gleichzeitig basiepitheliale (hauptsächlich sensorisch) sowie subepitheliale (hauptsächlich motorisch) Nervennetze ausgebildet sein (Abb. 190B).

Schon innerhalb der „Coelenterata" kann es zu lokalen Verdichtungen der Nervennetze und damit zu ersten Ansätzen einer Trennung von peripheren und zentralen Abschnitten des Nervensystems kommen (z.B. „Ringnerv" der Medusen, Nervenverdichtungen unter den Rippen der Ctenophoren). Doch entsteht hier noch nicht ein über das gesamte Nervensystem dominierendes Zentrum, ein Gehirn, wie dies für die Bilateria kennzeichnend ist (S. 189).

Muskulatur

Grundsätzlich kann man bei echten Muskelzellen (Myocyten) zwei extreme Ausbildungen unterscheiden (Abb. 192, 193): (1) Die Epithelmuskelzelle, bei der der kernhaltige Abschnitt mit apika-

len, bandförmigen Zell-Zell-Verbindungen ganz in den Epithelverband integriert ist, und deren basale Fortsätze oberhalb der basalen Matrix die Actin- und Myosin-Filamente enthalten. (2) Die typische spindelförmige, längsgestreckte Fasermuskelzelle, die nun entweder außerhalb der basalen Matrix im epithelialen Verband liegt (dann als Myoepithelzelle bezeichnet), oder in subepithelialer Lage vorkommt.

Die Elektronenmikroskopie konnte bei Coelenteraten (Abb. 192) und coelomaten Bilateriern (Abb. 193–195)

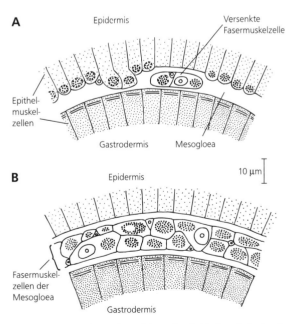

Abb 192: Versenkung der epidermalen Epithelmuskelzellen in die Mesogloea bei Polypen der Cubozoa. Aus Werner (1984).

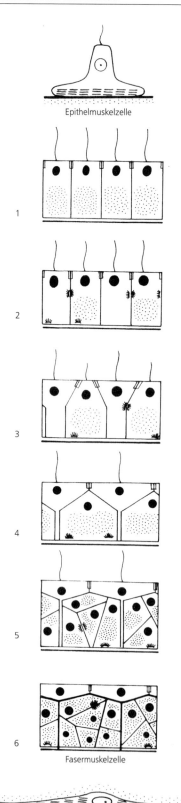

Epithelmuskelzelle

Fasermuskelzelle

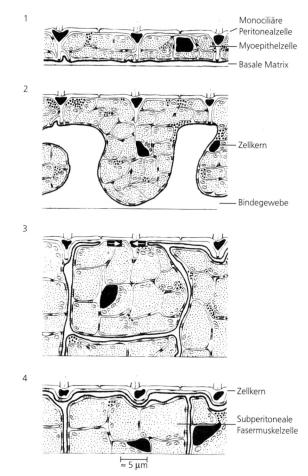

wahrscheinlich machen, daß es mehrfach in der Evolution der Muskulatur zu einer Verlagerung von ursprünglich epithelialer Muskulatur in eine subepitheliale Lage gekommen ist.

Monociliäre Peritonealzelle
Myoepithelzelle
Basale Matrix

Zellkern

Bindegewebe

Zellkern

Subperitoneale Fasermuskelzelle

≈ 5 μm

Abb. 194: Übergang von Myoepithelzellen zu subperitonealen Fasermuskelzellen durch Versenkung des Epithels in das Bindegewebe (bei Echinodermata). Stadien 1–3: Myoepithel mit Peritonealzellen und Myoepithelzellen. Stadium 2 und 3: Myoepithelzellen werden stark vermehrt und in das Bindegewebe (weiß unter basaler Matrix) versenkt. Stadium 4: Versenkung der Myoepithelzellen abgeschlossen; unmittelbare Verbindung zum Epithel ist verloren, Muskelzellen werden jetzt als subperitoneale Fasermuskelzellen bezeichnet. Aus Stauber (1993).

◁ **Abb. 193:** Umbildung von Epithelmuskelzellen zu subperitonealen Fasermuskelzellen bei coelomaten Bilateria, dargestellt in Querschnittsbildern. Stadium 1 mit Epithelmuskelzellen, Stadium 2 und 3 mit alternierenden Epithelmuskelzellen und Peritoneocyten, Stadium 4 und 5 mit Myoepithelzellen, d.h. die Myocyten liegen oberhalb der basalen Matrix, können faserförmig sein, reichen aber apikal nicht mehr bis zur Oberfläche des Epithels. Stadium 6 mit subperitonealen Fasermuskelzellen, die unterhalb der basalen Matrix des nicht muskulösen Peritoneums liegen. Aus Rieger und Lombardi (1987).

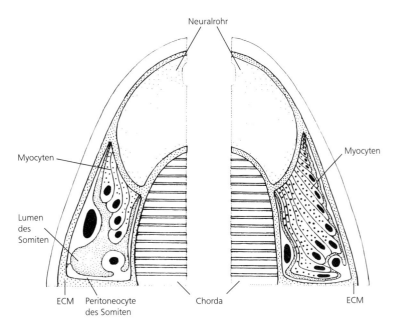

Abb. 195: Myoepithelialer Ursprung der somatischen Muskulatur durch Streckung der Myoepithelzellen in die Somitenhöhle (Larve von *Branchiostoma caribaeum*). Linke Querschnitthälfte frühes Stadium. Rechte Querschnitthälfte späteres Stadium. Die Muskelzellen entstehen aus Myoepithelzellen, die im Laufe ihrer Entwicklung den coelomatischen Hohlraum der Somiten durch Zellvergrößerung ganz verdrängen. Diese Ergebnisse sind für das Verstehen der Entstehung der somatischen Muskulatur der Wirbeltiere von besonderem Interesse. Nach Ruppert (1992).

Eine Vielfalt von Myocytenformen wurde bereits bei den Coelenteraten erreicht (Abb. 192): Bei Hydrozoa und Anthozoa liegt die Muskulatur ausschließlich in Form von Epithelmuskelzellen vor, die Epithelien bestehen weitgehend aus derartigen Zellen. Bei Anthozoa und Hydroidpolypen sind es ausschließlich glatte Epithelmuskelzellen. Auch die Muskulatur sämtlicher Medusen besteht ausschließlich aus Epithelmuskelzellen. Spindelförmige subepitheliale Fasermuskelzellen ohne Querstreifung gibt es als Längsmuskelstränge bei den Polypen der Scyphozoa und Cubozoa (Abb. 192). In beiden Fällen treten dort aber in Tentakeln sowie fallweise in der Körperwand (*Tripedalia*) auch typische Epithelmuskelzellen auf. Diese Fälle zeigen Übergänge zwischen epithelialer und subepithelialer Organisation. Die Muskulatur der Hydroidmedusen setzt sich aus quergestreiften bzw. glatten, die subumbrellare, epidermale Muskulatur der Scyphomedusen nur aus quergestreiften Epithelmuskelzellen zusammen. Die ausschließlich glatte Muskulatur der Ctenophora besteht zum Teil aus großen, subepithelialen (d. h. in der Mesogloea gelegenen), mehrkernigen Myocyten, zum Teil aus myoepithelialen Fasermuskel-Zellen in der Epidermis und Gastrodermis (parietale Muskulatur).

Lediglich die schräggestreifte Muskulatur, deren Kontraktion eine besonders effiziente Verkürzung der Sarkomeren ermöglicht (S. 357, Abb. 495), ist von Coelenteraten nicht bekannt. In den Bilateriern tritt diese besonders bei den Spiralia und Nemathelminthes mit hydrostatischem Skelett auf (S. 694). In einigen Bilateriagruppen können glatte, quergestreifte und schräggestreifte Myocyten ne-

beneinander vorkommen (z. B. Gastrotricha). Erstaunlicherweise legen neuere molekularbiologische Ergebnisse nahe, daß einkernige, quergestreifte Muskelfasern als ursprünglich und schräggestreifte und glatte Fasern als abgeleitet gelten können.

Erste Sinneszellen und Sinnesorgane

Mit dem ersten Auftreten von Nerven- und Muskelzellen bei Eumetazoa ist auch die Differenzierung von Sinneszellen (Rezeptoren) korreliert, die dann, entsprechend ihren unterschiedlichen Funktionen, eine enorme Diversifikation erfahren. Durch die Elektronenmikroskopie kennt man heute besonders viele primäre (mit eigenem Axon versehene) Sinneszellen (Abb. 196). Sekundäre Sinneszellen (ohne eigenes, ableitendes Axon) sind bei weitem weniger häufig, treten aber auch schon bei recht ursprünglichen Formen auf (z. B. Larven freilebender Plathelminthes). Leider ist unsere Kenntnis des Verhaltens von ursprünglichen Metazoa noch sehr lückenhaft, und nur für wenige Rezeptortypen kennt man Rezeptormodalität und Funktion. Einige Generalisierungen seien hier dennoch hervorgehoben:

1. **Photorezeptoren:** Sie sind wahrscheinlich durch Einlagerungen von photosensitiven Pigmenten (z. B. Rhodopsin) in der apikalen Zellmembran epidermaler Zellen entstanden (Abb. 197). Charakteristisch ist stets eine Vergrößerung dieser Membranbereiche, um die Reaktion von Photonen mit den Farbstoffmolekülen – der Primärprozess des Sehens – zu erhöhen. Zwei Typen lassen sich unterscheiden: (a) Die Lichtwahrnehmung erfolgt an einer mehr oder weniger stark

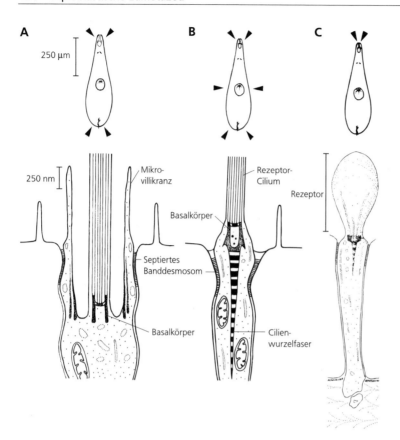

Abb. 196: Primäre Sinneszellen von *Gyratrix hermaphroditus* (Plathelminthes). A Monociliärer Collarrezeptor (Tastsinn und Rheotaxis). B Monociliärer Rezeptor ohne Mikrovillikranz. C Monociliärer Chemorezeptor. Alle drei zeigen unterschiedliche Verteilung auf der Körperoberfläche. Nach Reuter (1977).

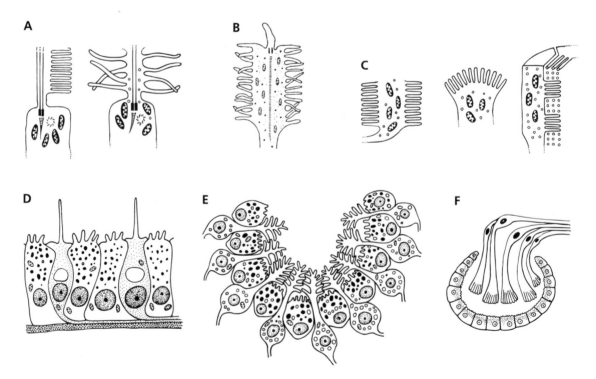

Abb. 197: Photorezeptoren und einfache Augenbildungen. A Ciliärer Photorezeptor. B Intermediärer Photorezeptor. C Rhabdomerer Photorezeptor. D Pigmentaugenfleck. E Everser Pigmentbecherocellus. F Inverser Pigmentbecher-Ocellus. A,C,D,E,F Nach Ruppert und Barnes (1993); B nach Vanfleteren (1982).

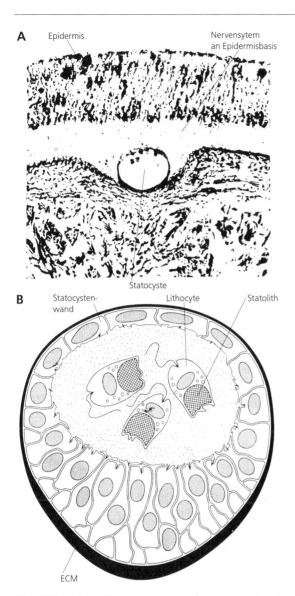

Abb. 198: Statische Sinnesorgane. A Statocyste von *Xenoturbella bocki* im basiepithelialen Nervensystem. B Schema dieser Statocyste. A aus Westblad (1949); B aus Ehlers (1991).

Bei als ursprünglich angesehenen Augen der Cnidaria können an bestimmten Stellen monociliäre Photorezeptoren und monociliäre Pigmentzellen in der Epidermis abwechseln (Abb. 197 D). Die Pigmentbecher-Ocellen mit inversen oder eversen Photorezeptoranordnungen sind eine Weiterentwicklung dieses epidermalen Typs, beide erlauben eine bessere Wahrnehmung der Lichtrichtung (Abb. 197 E, F).

2. **Collarrezeptoren.** Dies sind Rezeptoren, in denen ein Cilium an seiner Basis von einem Kranz spezialisierter Mikrovilli (oft Stereocilien genannt) umstellt ist (Abb. 196 A). Meist sind diese Sinneszellen monociliär, doch gibt es auch solche mit mehreren Cilien (z. B. bei einigen Turbellarien). Die Cilien sind in ihrer Feinstruktur gewöhnlich nicht oder nur wenig abgeändert. Häufig werden derartige Sinneszellen zur Bewegungs-, Vibrations- und geotaktischen Wahrnehmung verwendet.

3. **Statische Sinnesorgane** treten erstmals bei „Coelenterata" auf (Abb. 243). Einfache Bilateria haben auch sehr häufig Statocysten ausgebildet (z. B. die bemerkenswerte *Xenoturbella bocki*, Abb. 198 A, B). Besonders die feinstrukturellen Untersuchungen an statischen Sinnesorganen der freilebenden Plathelminthes haben gezeigt, daß wahrscheinlich schon in dieser Gruppe solche Organe mehrfach entstanden sein könnten.

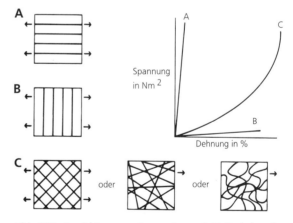

Abb. 199: Ausrichtung von Fasersystemen in Cuticula bzw. basaler Matrix und biomechanische Konsequenzen, ausgedrückt in Stress/Strain-Kurven. A Sehnen haben wie pflanzliche Zellwände nahezu perfekt parallel ausgerichtete Fasern in Richtung der Zugkräfte; sie liefern die steilsten Stress/Strain-Kurven biologischer Polymere. B Die gleiche Faseranordnung um 90° zur Zugrichtung gedreht weist nahezu keine Resistenz auf. C Im Tierreich häufigste und für weiche Körper besonders geeignete Anordnungen führen zu einer J-förmigen Stress/Strain-Kurve, d. h. die Faserschichten versteifen sich bei Dehnung. Die Haut des Handrückens läßt sich z. B. zunächst leicht hochziehen, bei Erhöhung der Zugkraft wird das Bindegewebe jedoch immer weniger dehnbar, da sich die Bindegewebsfasern immer mehr parallel zur Zugkraft ausrichten. Nach Wainwright (1988).

veränderten Cilienmembran (ciliäre Rezeptoren). Die Oberflächenvergrößerung geschieht hier meist durch Faltenbildungen an der Cilienmembran einer monociliären Zelle. (b) Die Lichtwahrnehmung erfolgt an Mikrovillimembranen (rhabdomere Rezeptoren). In diesem Fall ist die Dichte der Mikrovilli meist sehr stark erhöht.

Bei ursprünglichen Eumetazoa gibt es aber auch Lichtwahrnehmung an der morphologisch undifferenzierten Zelloberfläche von tiefliegenden Rezeptoren (z. B. bei acoelen Turbellarien). Ciliäre und rhabdomere Rezeptoren können innerhalb eines Organismus vorkommen (cerebrale bzw. epidermale Augen der Müllerschen Larve der polycladen Plathelminthes).

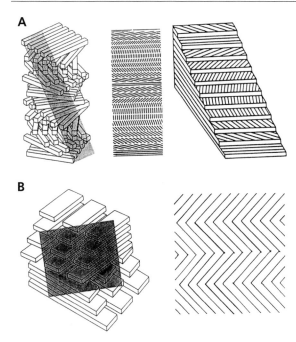

Abb. 200: Helicoidale (A) und orthogonale (B) Ausrichtung von Fasern in „composite materials" treten extrazellulär (z.B. Chitin, Faserkollagene) und intrazellulär (z.B. Actin, intermediäre Mikrofilamente, Keratinfilamente) auf. Im helicoidalen System schwenken die Faserrichtungen von Ebene zu Ebene um 10–20°, im orthogonalen stehen sie jeweils senkrecht zueinander. Schräg angeschnitten ergeben erstere ein Springbrunnenmuster, letztere ein Fischgrätmuster. Beide Anordnungsmuster treten häufig in der Cuticula oder der basalen Matrix auf und sind die formerhaltenden Komponenten zur Begrenzung von intrazellulären wie extrazellulären flüssigkeitserfüllten Hydroskeletten. Aus Neville (1992).

Auf jeden Fall sind diese Sinnesorgane nur sehr schwer auf die Statocysten der „Coelenterata" rückführbar, da fast allen Cilien als charakteristische Rezeptorstrukturen fehlen.

4. **Monociliäre Rezeptoren ohne Mikrovillikranz** (Abb. 196B,C), aber mit normal entwickelten Cilienwurzeln, treten auch auf. Ihre Funktion ist wie bei den meisten Rezeptoren ursprünglicher Evertebraten ungewiß.

5. **Rezeptoren mit stark abgewandelter Struktur des Axonems:** Sie sind ebenfalls häufig monociliär, besitzen aber eine von der 9 × 2+2-Struktur stark abweichende Mikrotubulianordnung (z.B. mit peripheren Singlets oder fehlenden Zentraltubuli). Die Cilien sind hinsichtlich Form und Länge deutlich verändert (Abb. 196C), es fehlt ihnen in der Regel eine Wurzelstruktur. Derartige Sinneszellen werden oft als Chemorezeptoren gedeutet.

6. **Multiciliäre Rezeptoren** sind auch schon von ursprünglichen Metazoen bekannt (z.B. Sinneszellen im Pharynx ursprünglicher Plathelminthes).

Weiterentwicklung der Strukturen mit mechanischer Stützfunktion

Mit der Entstehung echten Epithelgewebes kommt es zur Bildung von extrazellulären, geschichteten Fasersystemen: An der Apikalseite entsteht die **Cuticula**, an der Epithelbasis die **basale Matrix** (früher „Basalmembran" oder „Basallamina"). In beiden Schichten können Kollagenfasern mit speziellen Orientierungsmustern gegenüber der Körperachse der Tiere (Abb. 199) abgelagert werden. In der Cuticula treten ferner Faserstrukturen (Mikrofilamente) aus Chitin (Arthropodencuticula) oder aus Cellulose (Tunicaten) auf. Orthogonale und helicoidale Anordnung der Fasern sind am häufigsten. Das heißt, Fasern sind in übereinanderliegenden Schichten im rechten Winkel zueinander angeordnet (Abb. 200B), bzw. sind in übereinanderliegenden Faserlagen jeweils um einen Winkel von 10–20° gegeneinander versetzt (Abb. 200A).

Bei den „Coelenteraten" gibt es Cuticularbildungen besonders in Form des Periderms bei den Hydrozoa (S. 174); die basale Matrix (Basallamina und Lamina fibroreticularis) dieser Formen ist nicht immer deutlich von der Mesogloea getrennt. Die Trennung dieser Faserlage ist hingegen bei den meisten Bilateria vorhanden, häufig jedoch nicht genauer untersucht.

Cuticula und basale Matrix in extrazellulären Faserschichten wurden in der Evolution besonders bei Tieren ohne Hartteile wichtige Gegenspieler intra-

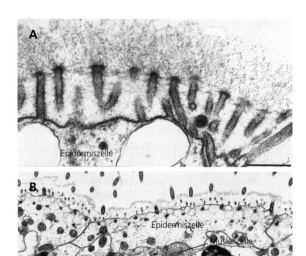

Abb. 201: A Ursprüngliche „Cuticula", eine besonders stark entwickelte Glykokalyx, am Beispiel von *Phoronis* (Tentaculata). Deutlich zu erkennen ist die unterschiedliche räumliche Anordnung. Maßstab: 0,5 µm. B Ähnliche Cuticularstrukturen, eher als Filtermembranen an der Grenzschicht zwischen Epidermiszellen und Außenwelt fungierend, gibt es auch bei gänzlich bewimperten Tieren, wie z.B. einer neuen Art der Turbellarien-Gattung *Solenophilomorpha* in Sanden der Gezeitenzone auf Sylt. Maßstab: 4 µm. A Original: S.L. Gardiner, Bryn Mawr; B Original: G. Rieger, Innsbruck.

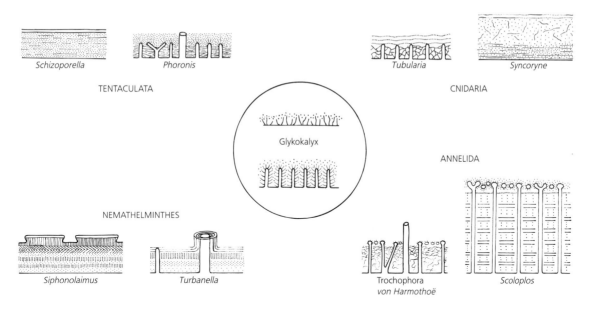

Abb. 202: Mehrfache Entstehung mechanisch wirksamer Cuticularstrukturen bei Eumetazoa. Ausgangspunkt ist eine Glykokalyx auf einer epidermalen Zellmembran oder zwischen epidermalen Mikrovilli. Die Einlagerung stärkerer Fasersysteme in die Cuticula sowie die Rückbildung der Mikrovilli sind mehrfach zu finden. Vereinfacht nach Rieger (1984).

zellulärer bzw. extrazellulärer flüssigkeitserfüllter Hohlräume (Hydrostate). Biomechanisch spielen bei den rezenten ursprünglichsten Eumetazoa, den „Coelenterata", sowohl intrazelluläre Hydrostate (z. B. die turgeszenten Zellen der Gastrodermis in bestimmten Hydrozoententakeln) wie auch interzelluläre Hydrostate (z. B. der Gastrovaskularraum bei der Elongation und Kontraktion der Seeanemonen) eine Rolle. Beide Arten der Hydrostate sind dann auch besonders bei den Bilateriern vertreten und sollen dort besprochen werden (S. 198).

Bei der Diversifikation der Cuticula sind folgende Entwicklungen erkennbar:

An der Außenseite von Zellen lassen sich ganz allgemein an Membranproteine oder Membranlipide gebundene Oligosaccharide, Glykoproteine oder Proteoglykane feststellen; diesen makromolekularen Belag aus Zuckerverbindungen und Proteinen nennt man Glykokalyx. In dem faserigen Belag können noch weitere Moleküle (z. B. Enzyme) eingeschlossen sein (Abb. 201, 202). Man spricht daher von einem an die Zellmembran gebundenen und einem freien Anteil der Glykokalyx.

Die Glykokalyx kann sehr unterschiedlich in Art und Umfang auftreten. Besonders gut ist sie zwischen den Mikrovilli von Epithelzellen ausgebildet. Derartige Glykokalyxbildungen mit Mikrovilli sind sehr wahrscheinlich die ursprünglichste Form tierischer Cuticularstrukturen. Sie können auch bei bewimperten Epithelien auftreten (Abb. 201), was besonders in der Cuticularevolution der Spiralia gut belegbar ist. Einmalig in den Metazoa ist die vollkommene Umkleidung der lokomotorischen Cilien mit den äußersten Schichten der Cuticula bei den Gastrotrichen.

Derartige einfache Cuticuladifferenzierungen stehen wahrscheinlich ursprünglich im Zusammenhang mit der Stabilisierung der Epidermisoberfläche bei gleichzeitiger Ausnützung der verschiedenen geladenen Zucker und Proteine als Filtermembran. Dadurch wird ein spezifisches Mikroklima unmittelbar an der Grenzschicht zwischen Membran und Cuticulainnenseite aufgebaut. Verschiedene Evolutionslinien zeigen nun, daß mit der Einlagerung von Faserproteinen (Kollagenen) und/oder Mikrofibrillen (Chitin, Cellulosen) die mechanischen Funktionen immer mehr betont werden (Abb. 203). Bei dieser extrazellulären Abscheidung kommt es häufig zu Spezialisationen der Mikrovilli, die bei vielen aquatischen Gruppen oft die gesamte Schicht durchdringen können (Abb. 203 B). In der weiteren Entwicklung werden die Mikrovilli reduziert, und es kommt dann zur Entstehung dicker Cuticularschichten, die durch Sklerotisierungsprozesse zu den harten Exoskelettstrukturen der Euarthropoden geführt haben (Abb. 567).

Die Differenzierung der Cuticula als mechanisches Exoskelett bei Arthropoden machte schließlich Unterschiede in ihrer Festigkeit (z. B. Gelenkshäute und Gelenkköpfe) sowie spezielle kraftübertragende Strukturen (Mikrofilamente oder Mikrotubuli) von Muskeln auf die Cuticula notwendig.

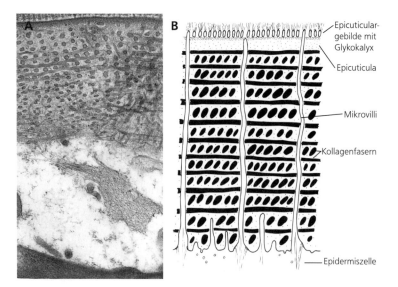

Abb. 203: Typische „Orthogonalfaser"-Cuticula höherer Spiralia (Annelida). Gezeigt sind Kollagenfasern, die schräg zur Körperlängsachse orientiert sind. Die beiden Faserrichtungen sind etwa senkrecht zueinander geschnitten, der Schnitt muß also schräg zur Körperlängsachse erfolgt sein. A *Stygocapitella subterranea* (Körperlänge 1,5 mm). B *Lumbricus terrestris*. A Original: G. Purschke, Osnabrück; B nach Rieger und Rieger (1976).

Systematik

Die ursprünglichen Eumetazoa, die **Cnidaria** und **Ctenophora**, werden traditionell als „**Coelenterata**" zusammengefaßt. Allerdings läßt sich heute die Monophylie dieser Gruppierung nicht zweifelsfrei begründen. Vielmehr wird ein Schwestergruppenverhältnis zwischen Ctenophora und Bilateria jetzt wieder aufgrund der Struktur des Akrosoms diskutiert (s. Abb. 188 und S. 144).

Hingegen unterstützen morphologische und jetzt auch molekulare Daten die Monophylie der **Bilateria**. Das Auftreten eines Entomesoderms, die Filtrationsnephridien und ein dem peripheren Nervensystem übergeordnetes, bilateralsymmetrisches Gehirn sind sehr wahrscheinlich autapomorphe Merkmale dieses Taxon.

Als Stammart der Bilateria wird heute meist ein millimetergroßer, bewimperter Organismus mit di-rekter Entwicklung angenommen. Andere Autoren deuten jedoch das häufige Auftreten biphasischer Lebenszyklen bei marinen Bilateria als Hinweis auf die Ursprünglichkeit in direkter Entwicklung.

Bei Annahme einer Stammart der Bilateria mit monophasischem Lebenszyklus werden überwiegend die Plathelminthes (oft auch gemeinsam mit den Gnathostomuliden, s. aber dazu S. 263) als ursprünglichste Bilateria ausgewiesen. Dies deckt sich mit neuen molekularen Daten. Die Plathelminthes können aber auch als ursprünglichste rezente Bilateria verstanden werden, wenn man einen biphasischen Lebenszyklus als ursprünglich annimmt. Sie wären dann durch Progenesis aus Larven oder juvenilen Tieren hervorgegangen.

„COELENTERATA", HOHLTIERE

Als „Coelenterata" werden traditionell zwei Taxa zusammengefaßt, die **Cnidaria** (Nesseltiere) und **Ctenophora** (Rippenquallen). Sämtliche Strukturen, Gewebe oder Organe ihres Körpers lassen sich auf nur 2 Epithelien (Epidermis und Gastrodermis) und die dazwischenliegende, azelluläre oder mit wenigen Zellen versehene extrazelluläre Matrix (Mesogloea) zurückführen, die sich von den beiden Keimblättern, Ekto- und Entoderm, ableiten (diploblastische Eumetazoa).

Die für echtes Epithelgewebe charakteristische Ausbildung von apikalen, bandförmigen Zell-Zell-Verbindungen und einer basalen Matrix sind bei Cnidariern und Ctenophoren teilweise anders als bei den Vertretern der Organisationsstufe der Bilateria. So fehlen meist bei den Cnidariern apikale Zonulae adhaerentes (S. 84). Bei Ctenophora sind die apikalen Zell-Zell-Verbindungen, so weit man weiß, andersartig (Abb. 126). Zumindest für die Cnidaria gibt es erste Hinweise, daß die für die basale Matrix der Bilateria charakteristischen Proteine wie Laminin, Collagen IV und Fibronectin bereits vorhanden sind. So meinen daher auch etliche Autoren, daß hier die ursprünglichsten Stadien der basalen Matrix innerhalb der Vielzeller vorliegen.

Eine Cephalisation hat noch nicht stattgefunden. Die Grundgestalt eines Coelenteraten ist in erster Linie durch eine zentrale Hauptachse (oral-aboral) ausgezeichnet. Die Körperstrukturen sind symmetrisch – radiär, biradial (disymmetrisch) oder bilateral – zu ihr orientiert. Der Epidermis können unterschiedliche Zell- und Gewebetypen sowie einfache Organe schon einen hohen Differenzierungsgrad verleihen (S. 147).

Cnidaria und Ctenophora zeichnen sich durch eine auffällige Gemeinsamkeit aus, die Existenz einer mit Tentakeln ausgestatteten Schwimmform (**Meduse**, Qualle). Formgebendes Merkmal ihrer Grundgestalt ist die gallertige Mesogloea. Sie wird von einem größtenteils entodermalen, meist röhrenförmigen Verdauungstrakt (Gastrovaskularsystem, Coelenteron) durchzogen, das nur eine äußere, gleichzeitig als Mund und After dienende Öffnung besitzt. Die Nahrung wird mit Tentakeln zugeführt. Bei den Cnidaria sind diese aus Ektoderm, Mesogloea und Entoderm aufgebaut und massiv mit Nesselzellen (Nematocyten) besetzt. Sie enthalten Nesselkapseln (Nematocysten, Cniden) mit einem mehr oder weniger differenzierten Schlauch, der zum Beuteerwerb ausgeschleudert werden kann. Die Ctenophora haben komplexe, aus Haupt- und Nebenfäden bestehende Tentakel ohne Entoderm. Vor allem die Nebenfäden sind mit Klebzellen (Collocyten) bestückt, die mit klebrigen Sekretkörnchen ausgestattet sind. Die Collocy-

ten der Ctenophora und die Nematocyten der Cnidaria sind keine homologen Strukturen.

Es ist interessant, daß beide Gruppen rezenter Coelenteraten (Cnidaria und Ctenophora) konvergent komplexe Fangzellen (Nematocyten, (Nesselzellen) bei den Cnidaria, bzw. Collocyten (Klebzellen) bei den Ctenophora) zum Beutefang entwickelten. Damit können diese Tiere wesentlich größere Beuteobjekte (z.B. größere Einzeller, kleine Crustacea, Larven ursprünglicher Metazoa) fangen als die Porifera, die mit ihren Choanocyten überwiegend Bakterien und organische Partikeln in der Größenordnung von wenigen Mikrometern aufnehmen. Die meisten Coelenteraten bedienen sich noch eines weitgehend passiven Beutemachens, in dem sie Wasserbewegungen ausnützen und mit ihren Fangtentakeln vorbeidriftende Nahrungsobjekte „herausfiltern" und dann die Beute als Ganzes verschlingen.

Ein weiteres gemeinsames Merkmal könnte in der vierstrahligen Radiärsymmetrie (Tetramerie) gesehen werden, die bei den Ctenophora allerdings nur in bestimmte Stadien der Ontogenese interpretiert werden kann (Abb. 262 H). Tetramerie ist bei den Cnidaria-Taxa Cubozoa und Scyphozoa die Regel und kann bei den Hydromedusen durch die Anordnung der 4 Radiärkanäle noch vermutet werden.

Die andere adulte Erscheinungsform, der meist sessile oder halbsessile, selten aktiv oder passiv schwimmende **Polyp**, kommt nur bei den Cnidaria vor. Polyp und Meduse sind zwanglos voneinander abzuleiten (Abb. 204). Die gallertartige Mesogloea der Medusen wird beim Polyp zu einer Stützlamelle zwischen Epidermis und Gastrodermis reduziert. Das Gastrovaskularsystem ist ein einfacher, allenfalls durch Scheidewände (Septen) aufgeteilter Darmsack, der in kolonialen Formen durch Kanäle verbunden sein kann. Das artenreichste Taxon der „Coelenterata", die Anthozoa (Blumen- oder Korallentiere) weisen ausschließlich die Organisationsform des Polypen auf, der somit zwangsläufig auch die Geschlechtszellen bildet. Bei allen anderen Coelenteraten wird die Fortpflanzung stets von schwimmenden Medusen bzw. sekundär von festsitzenden, stark reduzierten Medusoiden übernommen.

Wie bei allen Eumetazoa schirmt die Epidermis als echtes Epithel (S. 147) den subepidermalen Raum gegenüber dem umgebenden Medium ab, so daß sich dort, wie im vorherigen Kapitel genauer dargestellt, z.B. durch elektrische Isolation, ein **Nervensystem** entwickeln konnte. Grundelement ist ein diffuser Plexus. Dieser kann in unmittelbarer Nähe von Organen (z.B. Statocysten) oder anderen funktionellen Einheiten (z.B. die Wimperplattenreihen der Ctenophora, S. 183) lokale Konzentrationen und einen höheren Differenzierungsgrad erfahren. Nervenzellen sind untereinander und mit Ausläufern von Rezeptorzellen verschaltet, Synapsen sind

Wolfgang Schäfer, Sindelfingen

nachgewiesen. Neurosekrete, die als Transmittersubstanz oder Hormone bestimmte Funktionen (z.B. Steuerung der Morphogenese) erfüllen, sind ebenso bekannt wie Mechano-, Chemo-, Thermo- und Photorezeptoren. **Exkretion** und **Atmung** erfolgen an den Epithelien, die unmittelbaren Kontakt zum umgebenden Medium (Epidermis) oder zur Gastralflüssigkeit (Gastrodermis) haben. Spezialisierte Zellen (z.B. Rosettenzellen bei Ctenophora, S. 184) können unterstützend osmoregulatorisch fungieren. Die **Zirkulation** gewährleisten Cilien, überwiegend monociliär angeordnet, die in bestimmten Körperregionen (z.B. Schlundrinnen, Filamente bei Anthozoa, S. 155) in großer Zahl vorhanden sind.

„Filamente" ist ein Sammelbegriff für komplexe funktionelle Einheiten bei Coelenteraten, die vorwiegend der Zirkulation, aber auch als Hilfsstrukturen bei der Verdauung innerhalb und außerhalb des Gastrovaskularsystems (S. 155, 156) dienen. Gelegentlich beteiligen sie sich an der Festheftung der Nahrungspartikel. So sind beispielsweise die Gastralfilamente einiger Medusen zipfelige, drüsenreiche Anhänge der Magenwand (Abb. 234). Bei manchen polypoiden Formen sind es tatsächlich „filamentöse" Gebilde am freien Rand der Septen (Abb. 218, 221). Sie sind in 1-, 2- oder 3-Zahl vorhanden und können unterschiedliche Funktionen ausüben. Ciliarstreifen der Anthozoa (Abb. 218) dienen vorwiegend der Zirkulation; turgeszente Zellen halten sie straff, Cilien gewährleisten eine bestimmte Strömungsrichtung der Gastralflüssigkeit. Cnidoglandularstreifen mit Nesselkapseln und Drüsen unterstützen die Verdauung und das Festheften der Nahrungsteile. Bei Ctenophora ohne Tentakel (Atentaculata, S. 186) helfen möglicherweise Hakenwimpern beim Nahrungserwerb. Jedoch sind die Filamente der Cnidaria und Hakenwimpern der Ctenophora keine homologen Strukturen, auch wenn Cilien an deren Aufbau in der Regel maßgeblich beteiligt sind.

Die **Gonaden** sind entodermal. Nur bei den Hydrozoa liegen sie im Ektoderm, ein einmaliges Phänomen im Tierreich (Abb. 241, 242). Während die Ctenophora zwittrig sind und selten Brutpflege betreiben, kennzeichnet die Cnidaria eine außergewöhnliche Vielfalt an Fortpflanzungsmodi (Oviparie, Ovoviviparie, Larviparie). Neben der verbreiteten zweigeschlechtlichen Fortpflanzung ist auch Parthenogenese nachgewiesen. Simultane, protandrische oder protogyne Zwitter sind ebenso bekannt wie gynodiözische Populationen, die nur aus weiblichen Tieren und Zwittern bestehen. Asexuelle Vermehrung tritt bei Cnidaria häufig auf, während sie bei Ctenophora eher selten ist. Innerhalb der Coelenterata kommen viele Grundtypen der Embryonalentwicklung vor; die typische, phylogenetisch ursprüngliche Gastrulation durch Invagination (Embolie) weisen viele Cnidaria-Arten aus den Scyphozoa und Anthozoa auf.

Die kontrovers diskutierte Frage, ob Cnidaria und Ctenophora überhaupt in einem monophyletischen Taxon Coelenterata zusammenzufassen sind, wird heute meist verneint. Die in beiden Gruppen auftretende Medusengestalt (bei Ctenophora am deutlichsten bei der Tiefsee-Rippenqualle *Thalassocalyce inconstans*; S. 186) mit der formgebenden, mächtig entwickelten Mesogloea stellt eine nicht zu ignorierende Gemeinsamkeit dar. Auch die diploblastische Organisation, d.h. das Fehlen eines dritten Keimblatts (Mesoderm), gibt ihnen große Ähnlichkeit, ist aber mit hoher Wahrscheinlichkeit als Symplesiomorphie zu betrachten. Völlig unterschiedlich sind jedoch die Organisation der Gonaden, die Ultrastruktur der Spermien, die Ontogenese, die Larvalstrukturen und die Metamorphose. Darüber hinaus fehlt den Ctenophora der metagenetische Generationswechsel. Auch können Ctenophora keine Cniden bilden; bei den Nesselkapseln der Gattung *Haeckelia* handelt es sich um sog. Kleptocniden von gefressenen Hydromedusen (S. 185). Selbst Sinnesorgane mit prinzipiell ähnlicher Funktion (z.B. Statocysten) sind bei den beiden Taxa sehr unterschiedlich gebaut. Entsprechendes gilt für die Fangtentakel und den Bewegungsapparat. Diese z.T. tiefgreifenden Unterschiede veranlassen viele Autoren dazu, Cnidaria und Ctenophora ein gemeinsames Organisationsniveau, allenfalls eine paraphyletische Verwandtschaftsbeziehung, aber kein Schwestergruppenverhältnis einzuräumen. In den Übereinstimmungen des medusoiden Baus muß dann eher eine Anpassung an die pelagische Lebensweise gesehen werden. Neuerdings wird ein Schwestergruppenverhältnis von Ctenophora und Bilateria postuliert, vor allem aufgrund der Tatsache, daß die Spermien beider Taxa einen einzigen großen Akrosomvesikel mit zugehörendem Perforatorium besitzen, der dann als Synapomorphie beider Gruppen angesehen wird; der plesiomorphe Zustand soll dann eine Reihe kleinerer Akrosombläschen sein, wie sie bei Cnidaria-Spermien vorkommen.

Cnidaria, Nesseltiere

Von den Nesseltieren sind ca. 8500 Arten bekannt. Unvollständig aufgeklärte Entwicklungszyklen und die alle anderen Eumetazoa übertreffende Vielgestaltigkeit von Individuen ein und derselben Art (Polymorphismus) führen allerdings oft zu unterschiedlichen Angaben über die Artenzahl. Cnidaria sind vorwiegend marine Organismen (alle Anthozoa, Cubozoa und Scyphozoa). Dies gilt auch für die Mehrzahl der Hydrozoa, von denen aber einige Arten (*Hydra, Craspedacusta*) individuenreich im Süßwasser leben oder über brackige Gewässer limnische Lebensräume erobert haben (*Cordylophora*). In der Antarktis erreichen Quallen (*Cyanea*) einen Schirmdurchmesser von über 2 m; im Sandlückensystem leben die kleinsten Cnidaria mit einer Größe von unter 1 mm (*Halammohydra*).

Die Cnidaria sind eine ungewöhnlich erfolgreiche Tiergruppe, was in erster Linie auf den Besitz von Nesselkapseln zurückzuführen ist. Sie ermöglichen ihnen einerseits die optimale Nutzung eines reichhaltigen Nahrungsangebots, andererseits beschränken sie die natürlichen Feinde auf wenige Spezialisten, hauptsächlich Gastropoda (Nudibranchia), Pantopoda sowie einige Fische und Seesterne. Die hohe Regenerationsfähigkeit, oftmals verbunden mit erstaunlichen Anpassungen der Fortpflanzungsmodi an bestimmte ökologische Gegebenheiten und die häufige Symbiose mit einzelligen Algen sind wahrscheinlich weitere Gründe, die die Cnidaria zu einer der verbreitetsten aquatischen Tiergruppen werden ließen.

Für 3 der 4 Untergruppen (Hydrozoa, Cubozoa, Scyphozoa) ist im Lebenszyklus der Wechsel von

Wolfgang Schäfer, Sindelfingen

asexueller zu sexueller Vermehrung (Metagenese) zwischen Polyp und Meduse charakteristisch. Eine mit einer ursprünglich monociliären Epidermis ausgestattete Larve (Planula) ist bei allen vier Untergruppen nachgewiesen.

Bau

Die Körperstrukturen der Cnidaria können in Teilen bilateralsymmetrisch sein, grundsätzlich sind sie vier- bis n-strahlig radiärsymmetrisch um eine zentrale Hauptachse (monaxon-heteropolare Körperachse) angeordnet. Diese verläuft vom proximalen Pol (Fußscheibe, animaler Pol, larvale Scheitelplatte, Abb. 204) zum distalen Pol (Mundfeld, vegetativer Pol, embryonale Urmundregion). Das Grundmuster eines Cnidariers repräsentiert am anschaulichsten der **Polyp**: ein schlauch- oder sackförmiger Organismus (Abb. 218, 236, 250), der bei allen 4 Cnidaria-Gruppen vertreten ist. Polypen sitzen im allgemeinen mit ihrer Fußscheibe am Substrat fest. Die einzige Körperöffnung, die von den ins freie Wasser hängenden Tentakeln umgeben wird, fungiert gleichermaßen als Mund und After. Der Polyp entspricht dem Lebensformtypus des sessilen Tentakelfängers (Schlingers), der die unverdauten Nahrungsreste durch den Mund-After wieder herauswürgt. Vom Polypen ist die ursprünglich pelagische **Meduse** (**Qualle**) abzuleiten (s.u.), deren glockenförmiger Bau sie zum Rückstoßschwimmen befähigt. Sie ist bei den metagenetischen Cnidaria (Cubozoa, Scyphozoa, Hydrozoa) Träger der Keimzellen und sorgt für die Verbreitung der Art.

Die Meduse entsteht in der Regel aus dem Polypen: bei den Cubozoa durch direkte Umwandlung (Metamorphose) (Abb. 233), bei den Scyphozoa durch

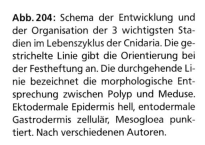

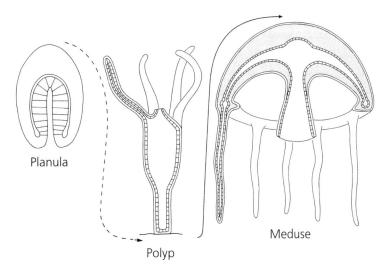

Abb. 204: Schema der Entwicklung und der Organisation der 3 wichtigsten Stadien im Lebenszyklus der Cnidaria. Die gestrichelte Linie gibt die Orientierung bei der Festheftung an. Die durchgehende Linie bezeichnet die morphologische Entsprechung zwischen Polyp und Meduse. Ektodermale Epidermis hell, entodermale Gastrodermis zellulär, Mesogloea punktiert. Nach verschiedenen Autoren.

Planula

Polyp

Meduse

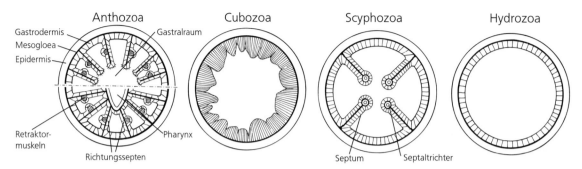

Abb. 205: Querschnittsschemata der Polypen von Anthozoa, Cubozoa, Scyphozoa und Hydrozoa. Anthozoen-Querschnitt oben durch Zentralmagen, unten durch die Schlundregion. Epidermis weiß, Mesogloea schwarz, Gastrodermis zellig. Nach verschiedenen Autoren.

spezielle Querteilung (Abb. 236) und terminale Abschnürung (Strobilation) und bei den Hydrozoa durch Knospung (Abb. 250). Der Polyp geht aus der geschlechtlichen Fortpflanzung der Medusen über eine Larve (Planula) (Abb. 206, 215) hervor. Der hier vorliegende pelago-benthische Lebenszyklus ist also ein metagenetischer Generationswechsel. Tierstockbildung, vielfach mit Arbeitsteilung und mit der Rückbildung pelagischer Medusen zu den am Polypen verbleibenden Medusoiden (sessile Gonophoren) (Abb. 242, 246, 249) verbunden, führt zu großer Formenmannigfaltigkeit. Den Anthozoa fehlt die Medusengeneration völlig, auch die geschlechtliche Fortpflanzung findet hier durch den Polypen statt (Abb. 219).

Die Gewebe der Cnidaria umfassen vor allem Epithelien. Die Epidermis bildet die Körperdecke, die Gastrodermis kleidet den Darmsack (Gastralraum, Gastrovaskularsystem) aus; Mesoderm fehlt (Abb. 208). Die Epithelzellen können überwiegend auf das monociliäre Grundmuster zurückgeführt werden. Die ontogenetisch spät gebildete Zwischenschicht (Mesogloea) verbindet Epidermis und Gastrodermis und bildet auch die basale Matrix. Sie ist aus Kollagen, Glykoproteinen (z.B. Laminin, Fibronectin) und Glykosaminglykanen (z.B. Heparansulfat) aufgebaut und besteht bis zu 98% aus Wasser. Bei Anthozoen sowie Cubo- und Scyphomedusen enthält sie aus dem Ektoderm eingewanderte Zellen, bei manchen Polypen Kalksklerite (z.B. Octocorallia, S. 157). Sie ist bei Hydropolypen und vielen anderen kleinen Formen sehr dünn und zellfrei und wird dort Stützlamelle genannt.

Der in der Regel auf Substrat festsitzende, sack- oder schlauchförmige Polyp ist einfach organisiert. Er gliedert sich in 3 Hauptabschnitte: (1) das proximale (aborale) Körperende, meist als Haft-(Fuß-)scheibe ausgebildet, (2) das zylindrische Mauerblatt (Scapus), (3) das distale Mundfeld (Peristom) mit der einzigen Körperöffnung (Mund-After) im Zentrum und den Fangtentakeln an der Peripherie. Die Polypen der 4 Cnidaria-Gruppen weisen charakteristische Unterschiede auf (Abb. 205). Die Anthozoen-Polypen haben ein ektodermal ausgekleidetes Schlundrohr (Pharynx) mit 1 oder 2 kräftig bewimperten Schlundrinnen (Siphonoglyphen) (Abb. 218, 221). Der Gastralraum wird durch 8, 6 bzw. ein Vielfaches von 6, manchmal durch viele Hunderte von Septen in eine entsprechende Zahl von Gastraltaschen aufgeteilt. Die Septen tragen Längsmuskulatur (Sarkosepten), Keimzellen und am freien Ende Gastralfilamente, die mit Nesselzellen, Drüsen und Cilien ausgestattet sind. Die Scyphopolypen haben dagegen konstant nur 4 Septen (Taeniolen) und 4 Gastraltaschen. Im Inneren dieser Septen verlaufen Septaltrichter, das sind mit Epidermis und Muskulatur ausgekleidete Einsenkungen der Mundscheibe. Vergleichsweise einfach sind die sackförmigen Polypen der Cubozoa und Hydrozoa gebaut, denen Septen und Gastraltaschen fehlen (Abb. 205).

Die Organisation der schirm- oder glockenförmigen Meduse läßt sich zwanglos von der des Polypen ableiten (Abb. 204). Fußscheibe und Mauerblatt werden zur Oberseite (Exumbrella), das Mundfeld wird zur Unterseite (Subumbrella). Die Mesogloea ist vor allem im Bereich der Exumbrella als formgebendes und -erhaltendes Element mächtig angeschwollen. Hierdurch verkleinert sich der Anteil des Gastrovaskularsystems am Gesamtvolumen des Organismus, wenn man Meduse und Polyp miteinander vergleicht. Am Rand der Umbrella tragen Medusen Fangtentakel und Sinnesorgane (sog. Randorgane). Im Zentrum der Subumbrella liegt der Mund-After auf einem zum Magenstiel (Manubrium) ausgezogenen Rohr, das in den Zentralmagen führt. Von hier gehen Radiärkanäle aus. Sie sind am Glockenrand durch einen Ringkanal verbunden (Abb. 231, 234, 241).

Scypho- und Hydromedusen unterscheiden sich durch die Art ihrer vegetativen Entstehung am Polypen (S. 167-171) sowie im Bauplan. Bei Hydromedusen wird die Öffnung des subumbrellaren Raumes irisblendenartig durch ein

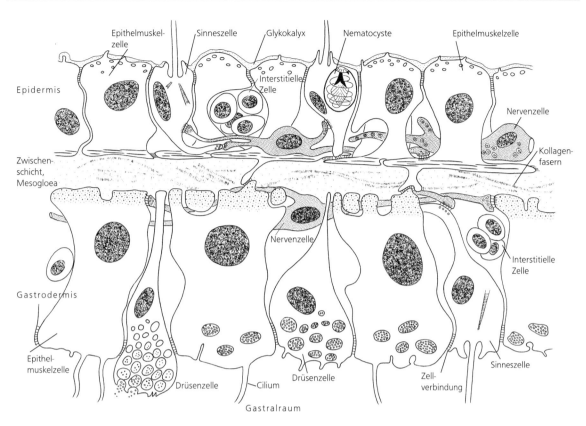

Abb. 206: Zellulärer Aufbau eines Cnidaria-Gewebes, schematisiert. Nach Koecke (1982).

Velum (Abb. 241), bei Cubomedusen durch ein Vela-rium (Abb. 231) eingeengt. Während das Velum aus-schließlich aus Epidermis und Mesogloea gebildet wird, ist das Velarium z. T. auch von Gastrodermis durchzogen und geht wahrscheinlich auf verwachsene Randlappen zurück. Bei den Cubo-, Scypho- und manchmal auch bei den Hydromedusen ist die Mund-/Darmöffnung kreuz- bis karoförmig. Man bezeichnet die durch die 4 Ecken des Mundkreuzes gelegten Achsen als Perradien, mit denen 4 Interradien alternieren. Bei Cubo- und Scyphomedu-sen liegen Gastralfilamente und Gonaden meist inter-radial, Gastraltaschen perradial. Randorgane (Rhopa-lien) sind bei Scyphomedusen per- und interradial an-geordnet, bei Cubomedusen nur perradial, interradial sit-zen die Tentakel. Zwischen diesen 8 Hauptradien wiederum liegen 8 Adradien.

Der meist sessile Polyp ist bei allen 4 Cnidaria-Taxa ver-treten. Einige Polypen haben Techniken zur Ortsbewe-gung entwickelt: Kriechen auf der Fußscheibe (*Actinia, Metridium*), wurmartig peristaltische Kontraktionswellen des Mauerblatts (*Aiptasia*), Graben (*Edwardsia*), spanner-raupenartige Fortbewegung (*Craterolophus, Hydra*), Flot-tieren mittels einer Gasblase (*Hydra*) oder Schwimmen (*Stomphia*).

Koloniebildung (Tierstockbildung) tritt im Ge-folge der vegetativen Vermehrung auf, wobei sich die Tochterorganismen nicht vollständig trennen. Im einfachsten Fall stehen die Individuen eines Stok-kes durch schlauchartige Stolonen in Verbindung,

die ein umfangreiches Geflecht (Hydrorhiza) bei vielen Hydrozoa bilden (Abb. 246, 249). Sie ver-ankern einen Stock am Substrat. Eine vom Ek-toderm abgeschiedene Hülle (Periderm) kann dem Stock soviel Festigkeit verleihen, daß er in die Höhe wachsen kann: Hydrocaulus (Abb. 244). – Das kalkige Exoskelett der Madreporaria wird von den Epidermiszellen der Fußscheibe nach unten ausgeschieden (Abb. 228). – Bei den meisten Octo-corallia-Kolonien sind die Polypen durch ein ge-meinsames Gewebe (Coenenchym, Coeno-sark) untereinander verbunden; die Gastralräume der Polypen stehen durch Gastrodermiskanäle (So-lenia) untereinander in Verbindung. In der dazwi-schen liegenden Mesogloea bilden eingewanderte Ektodermzellen intrazellulär Kalkkörper (Skle-rite). Sie können miteinander verschmelzen und ein kompaktes Achsenskelett bilden (z. B. Edelko-ralle *Corallium rubrum* und andere Gorgonaria, Abb. 226). Der Stock bildet die Voraussetzung für Arbeitsteilung durch Vielgestaltigkeit von Indivi-duen einer Art (Polymorphismus). Nicht zur selbständigen Ernährung fähige Zooide werden vom Stock miternährt.

Im einfachsten Fall (Dimorphismus) treten bei den Octo-corallia neben gewöhnlichen Nährpolypen (Autozooide,

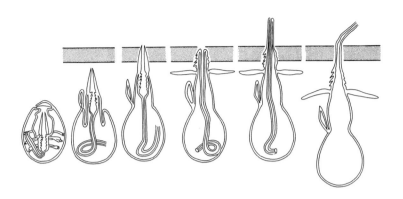

Abb. 207: Entladung einer Nesselkapsel (Stenotele) und Penetration der Körperwand eines Beutetieres. Nach Tardent, Honegger und Baenninger (1980).

Trophozooide) auch Schlauchpolypen (Siphonozooide) ohne Tentakel und Filamente, aber mit kräftigem Pharynx und Siphonoglyphe auf. Sie regeln den Wasserhaushalt. Besonders polymorph sind einige Hydrozoenkolonien (z.B. *Hydractinia*, Abb. 246). Zur funktionell begründeten Vielfalt der Polypen tritt bei ihnen vor allem die der nicht abgelösten, zu Gonozooiden abgewandelten Medusen (Medusoide). Einen außergewöhnlichen Grad der individuellen Spezialisierung erreichen im Wasser treibende Hydrozoenkolonien (Hydroida: Velellina; Siphonophora). Unterschiedliche Individuen, oft in Gemeinschaft mit hochspezialisierten Medusoiden, erfahren hier eine so hohe Integration, daß in der Tat ein neuer Organismus entstanden zu sein scheint (Abb. 256, 257).

Von den beiden Epithelien werden fast alle Funktionen des Körpers ausgeführt; daher existieren zahlreiche Zelltypen. Eine Besonderheit – möglicherweise von hoher phylogenetischer Bedeutung – sind fast zylindrische Epithelmuskelzellen; sie haben an der Basis (Abb. 187B) Fortsätze, deren Myofilamente in der Epidermis zu einer Längs-, in der Gastrodermis zu einer Ringmuskelschicht angeordnet sein können und die eine Fülle von Bewegungsformen ermöglichen. In einigen Fällen sind die Myocyten als Fasermuskelzellen in die Mesogloea eingesenkt (z.B. Polypen der Cubozoa, Abb. 192). Darüber hinaus gibt es zahlreiche andere Zellelemente (Abb. 206).

Hauptorgane des Beuteerwerbs sind die Tentakel bei Polypen und Medusen. Hier finden sich in der Epidermis in großer Dichte die Nesselzellen (Cnidocyten, Nematocyten) (Abb. 206, 210), die den Cnidaria den Namen gegeben haben. Sie enthalten die Nesselkapseln (Cniden, Cnidocysten, Nematocysten); es sind Derivate des Golgi-Apparates, die als komplexeste Sekretionsprodukte einer Metazoen-Zelle anzusehen sind. Spezielle Klebkapseln (Spirocysten, Abb. 210A) kommen zusätzlich innerhalb der Anthozoen bei Hexacorallia vor. Alle Cniden besitzen zwei Grundstrukturen: die zweischichtige, elastische Kapselwand und den mehr oder weniger differenzierten Schlauch im Innern (Abb. 208, 209, 210). Bei den Anthozoa sind Nesselzellen mit einer normalen Ci-

lie ausgestattet, die von Mikrovilli umstellt ist. Hydrozoa, Cubozoa und Scyphozoa besitzen dagegen ein steifes Cnidocil; es besteht aus einem modifizierten Kinocilium, das von einem Mikrovillisaum (Stereocilien) umgeben ist. Auf Reizung des Cnidocils wird der Nesselschlauch in etwa 3 ms mit einer Beschleunigung von 40 000 g wie ein Handschuhfinger ausgestülpt (Abb. 207). Der noch nicht in allen Einzelheiten aufgeklärte Entladungsprozeß der Kapsel unterliegt wahrscheinlich einer nervösen Kontrolle, wobei der hohe Binnendruck (ca. 14 MPa) für das blitzartige Ausschleudern und die Durchschlagskraft des Schlauches sicher eine wichtige Rolle spielen dürfte. Eine explodierte Nesselkapsel geht mit der Nesselzelle definitiv zugrunde.

Für den Ersatz von Nesselkapseln sorgen Zellen bestimmter Bildungsgewebe (Gastralregion bei Polypen, Tentakelbasis bei Polypen und Medusen). Bei *Hydra* erfolgt die Differenzierung zu Nesselkapsel-Bildungszellen (Nematoblasten) von einer Stammzelle (interstitielle Zelle) aus, die sich zu Gruppen von 2, 4, 8, 16 oder 32 Zellen teilt (Abb. 206); sie bilden alle denselben Kapseltyp. In den Nematoblasten ist das endoplasmatische Reticulum besonders reich entwickelt. Aus verschmelzenden Golgi-Vesikeln entsteht ein keulenförmiges Gebilde, unterteilbar in Kapselanlage und Außenschlauch (Abb. 208B, C). Letzterer gelangt durch Invagination ins Innere der Kapsel und entwickelt sich zum Hohlfaden. Dann differenzieren sich Dornen und Stilettapparat, der intrakapsuläre Druck wird aufgebaut, und die Nesselzellen wandern zu ihrem Einsatzort (Abb. 208).

Die meisten Arten besitzen mehrere Nesselkapseltypen, deren Gesamtheit (Cnidom) von großer taxonomischer Wichtigkeit ist. Insgesamt unterscheidet man nach morphologischen und funktionellen Gesichtspunkten etwa 27 verschiedene Formen, die sich nochmals unterteilen lassen, so daß 50–60 Kapseltypen beschrieben sind (Abb. 210).

Traditionell werden 3 Typen unterschieden: Penetranten (Durchschlagskapseln), Glutinanten (Klebkapseln) und Volventen (Wickelkapseln). Neuerdings unterteilt man die Nematocysten in solche mit terminal geschlossenem Schlauch (Astomo-

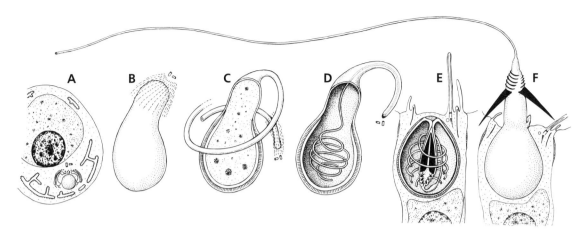

Abb. 208: Morphogenese einer Nematocyste. A Nematoblast. B Mikrotubuli umgeben Wachstumspol des sich differenzierenden „Außenschlauches". C Schlauchdifferenzierung. D Invagination des Schlauchs in die Kapsel. E Fertige Nematocyste mit Cnidocil im apikalen Bereich einer Nematocyte (Epidermis). F Explodierte Nematocyste. Aus Holstein (1981).

cniden) und solche mit terminaler Öffnung (Stomocniden).

Beispiele für Astomocniden sind Rhopalonemen mit keulenförmigem Schlauch (Abb. 210 B) und Desmonemen mit spiralig gewundenem Schlauch (Abb. 210 C). Desmonemen umwickeln z. B. Borsten von Beutetieren (früher Volventen).

Die Stomocniden unterteilen sich in Haplonemen mit einheitlichem Schlauch und Heteronemen, deren Schlauch in Schaft (meist bewaffnet) und Faden (meist mit Dornen) untergliedert werden kann (Abb. 210 F–I). Nach der Form des Schlauchs werden isorhize (Schlauch isodiametrisch) und anisorhize (Schlauch anisodiametrisch) Haplonemen (Abb. 210 E) unterschieden. Isorhizen unterstützen als Haftkapseln die Fortbewegung von Polypen auf dem Substrat. Die vielgestaltigen Heteronemen (Abb. 210 F–I) haben stets einen deutlich abgesetzten Schaft (Rhabdoide: Schaft isodiametrisch; Eurytele: Schaft keulenförmig distal erweitert; Stenotele: Schaft keulenförmig basal erweitert, mit 3 Dornen als Stilettapparat; Birhopaloide: Schaft hantelförmig).

Die am höchsten differenzierten Heteronemen, die Stenotelen, durchschlagen mit ihrem Stilettapparat die Körperwand eines Beutetieres, wodurch der Faden in das Opfer eindringt (Abb. 207). Aus der distalen Öffnung des Nesselschlauches tritt der giftige Kapselinhalt aus. Er lähmt die Beute und tötet sie schließlich. Das Herz einer von *Hydra* gefangenen *Daphnia* schlägt nur noch wenige Sekunden.

Die Nesselgifte der Cnidaria wirken hauptsächlich auf das Nervensystem (Neurotoxine). Sie unterbinden die Bildung von Aktionspotentialen, indem sie die Depolarisation der Zellmembran durch Blockade des Na^+-Einstroms verhindern. Dies verursacht allgemeine Lähmungserscheinungen. Eine besondere Situation kann in Herzmuskelzellen (auch des Menschen) eintreten: Statt der Na^+-Ionen, deren Einstrom verhindert wird, werden Ca^{2+}-Ionen freigesetzt. In unphysiologisch hoher Konzentration sind Krämpfe, Herzstillstand bzw. Herz-Kreislaufversagen die Folge (Cardiotoxine). Da Ca^{2+}-Ionen zur Kontraktion der Muskulatur unbedingt erforderlich sind, wird z. Zt. untersucht, ob Cnidaria-Toxine als Pharmaka genutzt werden können. Insbesondere bei Menschen, die an einer Pumpschwäche des Herzens (Herzinsuffizienz) leiden, könnten diese Toxine eventuell für die Bereitstellung von Ca^{2+} sorgen und die Kontraktionskraft des Herzens erhöhen (positiv inotrope Wirkung). Cnidaria-Toxine haben darüber hinaus oftmals auch proteo- und hämolytische Eigenschaften. Sie verätzen beim Menschen

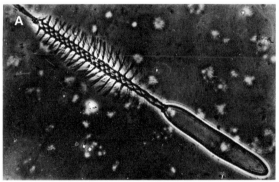

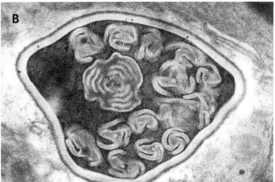

Abb. 209: Nesselkapseln. A Entladene Rhabdoide einer Steinkoralle. B Querschnitt durch eine Rhabdoide während der Differenzierung von Faden, Dornen und Schaft (elektronenoptisch). A Original: H. Jordan; B W. Schäfer, Sindelfingen.

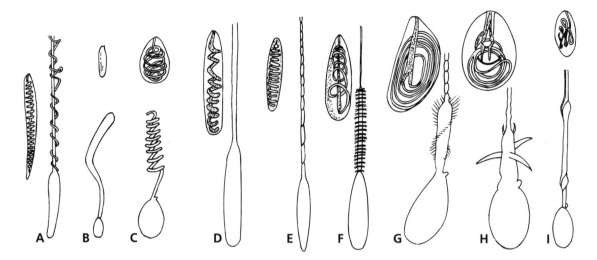

Abb. 210: Nesselkapseltypen. A Spirocyste. B-I Nematocysten. B Rhopalonemen. C Desmonemen. D Haplonemen (Isorhizen). E Haplonemen (Anisorhizen). F Heteronemen (Rhabdoiden). G Heteronemen (eurytele Rhopaloiden). H Heteronemen (stenotele Rhopaloiden). I Heteronemen (Birhopaloiden). Nach verschiedenen Autoren aus Siewing (1985).

die Haut, verursachen schwer heilende Wunden und Nekrosen, wobei in der Regel tiefe Narben zurückbleiben.

Im allgemeinen suchen Cnidaria nicht nach ihrer Nahrung, sondern fangen Organismen, die eher zufällig an ihre Tentakel gelangen und die sie dann unzerkleinert in den Darmsack schlingen. Gefressen werden z. B. Copepoda, Annelida, Nematoda, Mollusca, viele Larven, gelegentlich sogar Fische. In diesem Zusammenhang sind der Mund-After und das Mauerblatt der Polypen äußerst dehnbar, so daß selbst unverhältnismäßig große Beute verschlungen werden kann. Die Tentakel führen die Nahrung der Körperöffnung zu. Bei Medusen kann sich ein Teil des Glockenrandes hieran beteiligen, das Manubrium der Beute entgegenstrecken; Partikeln werden am Mund abgestreift, verschlungen und gelangen so ins Gastrovaskularsystem, was durch Cilien unterstützt werden kann.

Die Freßreaktion wird u. a. durch Peptide und Aminosäuren (Prolin, Glutathion) ausgelöst, die aus dem verletzten Beutetier stammen. Bei einigen Anthozoen (z. B. Steinkorallen) findet extraintestinale Verdauung statt, indem die mit Nesselkapseln und Drüsenzellen bestückten Septalfilamente durch den Pharynx ausgestülpt werden und außerhalb des Körpers große Beutestücke einhüllen können. Meist erfolgt die Verdauung im Gastrovaskularsystem, wobei insbesondere Drüsenzellen, die eiweißspaltende Enzyme absondern, mitwirken. Sie können in den Gastral- bzw. Septalfilamenten bei den Cubozoa, Scyphozoa und Anthozoa besonders angehäuft sein. Die Beute wird zu einem Nahrungsbrei verarbeitet und bei Medusen durch die Kontraktionsbewegungen der Glocke während des Schwimmens bewegt sowie im Gastrovaskularsystem verteilt.

Die Resorption erfolgt durch spezialisierte Epithelmuskelzellen (Nährmuskelzellen) (Abb. 206).

Speicherstoffe sind Fett, Eiweiß und Glykogen. Unverwertbare Nahrungsreste werden durch den Mund-After ausgeschieden. Wie bei anderen Wirbellosen können Cnidarier im Wasser gelöste organische Substanzen (Glucose, Aminosäuren) durch die Epidermis resorbieren. Eine Reihe von Arten lebt in Symbiose mit Zooxanthellen (S. 160).

Atmung und **Exkretion** erfolgen an den Körperepithelien. Kontraktionsbewegungen des Körpers und durch Wimpern erzeugte Strömungen unterstützen den ständigen Austausch des Wassers. Bei einigen kolonialen Anthozoen erfolgt die Aufnahme und Abgabe des Wassers durch spezialisierte Polypen (Siphonozooide), die ein besonders kräftiges bzw. muskulöses Schlundrohr und eine besonders stark bewimperte Schlundrinne (Siphonoglyphe) aufweisen.

Das **Nervensystem** der Cnidaria besteht grundsätzlich aus (1) einzelnen Rezeptorzellen, die bis zur Epheloberfläche reichen, und (2) Nervenzellen im engeren Sinne, die unterhalb der Epithelien liegen, lange Fortsätze aufweisen und netzartige Systeme, gelegentlich mit lokalen Konzentrationen (z. B. im Mundfeld) bilden (Abb. 206, 211).

Möglicherweise haben sich Nervenzellen aus speziellen, polaren Sekretzellen entwickelt, die einerseits Rezeptorfunktion haben und andererseits Sekrete abscheiden. Bei *Hydra* wurde nachgewiesen, daß Rezeptorzellen mit sensorischem Cilium basal mit Neuriten ausgestattet sind, die mit Effektorzellen (z. B. Muskulatur, Nesselzellen) oder anderen Nervenzellen synaptische Kontakte bilden und Neurosekrete enthalten.

Nicht selten sind 2 oder mehrere subepitheliale Nervennetze vorhanden. Eines besteht dann gewöhnlich aus multipolaren Neuronen, in dem die

Erregung langsam und mit Dekrement fortschreitet, so daß nur lokale Reaktionen auftreten. Ein anderes Nervennetz setzt sich aus bipolaren Neuronen mit langen Fortsätzen zusammen, wodurch vergleichsweise schnelle Reaktionen ausgelöst werden (schnelle Kontraktion eines Polypen).

Prinzipiell können Nervenzellen über Synapsen, Cytoplasmabrücken oder gap junctions verbunden sein. Letztere sind bei Hydrozoen nachgewiesen. Nervenzellen sind an verschiedenen Stellen, nicht nur an den Enden wie bei den meisten Eumetazoa, durch Synapsen verbunden. Je nach Beschaffenheit der Synapse (Abb. 191) kann die Erregung in eine oder in beide Richtungen fließen. Synapsen treten ultrastrukturell als plattenförmige Kontaktzone in Erscheinung, wo beide Membranen verdichtet und parallel zueinander orientiert sind. Synaptische Vesikel liegen entweder auf beiden Seiten (unpolarisierte Synapse) oder nur auf einer Seite (polarisierte Synapse) des Spaltraumes zwischen den beiden Membranen.

Die Nervennetze kommunizieren untereinander meist durch polarisierte Synapsen. Dagegen stehen die Neurone eines Nervennetzes bei Anthozoen und Scyphomedusen über unpolarisierte Synapsen in Verbindung, während bei Hydrozoen oft gap junctions diesen Kontakt herstellen (Abb. 191).

Das Nervensystem setzt sich bei koloniebildenden Formen in die Stolonen fort und verbindet die Einzeltiere untereinander. Reizt man einen Polypen von *Hydractinia* (Abb. 246), so kontrahieren sich auch die benachbarten Zooide. Die Erregung kann in beide Richtungen fließen. Nervenfortsätze können an Effektorzellen (Muskeln) enden, oder Rezeptor und Effektor sind in einer Zelle vereint. So liegen Photorezeptorstrukturen der Seenelke *Metridium senile* in Muskelzellen, die, wenn man sie isoliert, sich bei Lichteinfall kontrahieren. In den Nesselzellen sind spezifische Sinnescilien für die Reizaufnahme verantwortlich.

Das Nervensystem der Medusen ist wesentlich komplexer als das der Polypen. Dies äußert sich in einer Zentralisierung am Glockenrand, wo Nervenringe (fehlen den meisten Scyphomedusen) sowie Sinnesorgane liegen. Bei den Hydromedusen verlaufen die Nervenringe in unmittelbarer Nähe der Ansatzstelle des Velums. Dort sind bei einigen Arten auch Schrittmacherneurone anzutreffen. Sie können unterschiedliche Impulse zur Muskulatur senden, wodurch wiederum verschiedene Verhaltensweisen beim Schwimmen hervorgerufen werden: langsames Schwimmen während der Nahrungsaufnahme und schnelles Schwimmen als Fluchtreaktion. Auch übergeordnete Systeme existieren. Sie stimulieren beispielsweise die Schrittmacherneurone oder sind für lokale Reaktionen mitverantwortlich (Krümmung des Manubriums oder des Velums, Biegen der Tentakeln).

Die Meduse schwimmt durch Rückstoß, indem sie durch Kontraktion einer ausgeprägten, in der Regel quergestreiften Ringmuskulatur, die peripher an der Umbrella verläuft, Wasser aus dem Subumbrellarraum auspreßt. Somit wird die Meduse mit dem aboralen Pol, also der Exumbrella, vorangetrieben, wobei Velum (Hydromedusen) oder Velarium (Cubomedusen) zusätzlich wie eine Düse

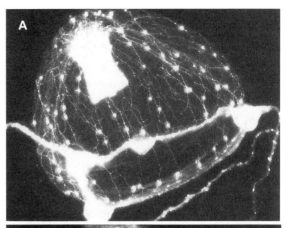

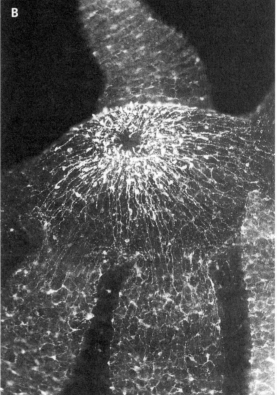

Abb. 211: Nervennetze der Cnidaria. A Junge Meduse von *Eirene* sp. (Hydrozoa, Leptomedusae). B Hypostom und Tentakel von *Hydra vulgaris* (Hydrozoa, Hydroida). Darstellung mit FMRFamid-Antiserum durch indirekte Immunfluoreszenz. Originale: C.J.P.G. Grimmelikhuijzen, Kopenhagen.

verstärkend und steuernd wirken können. Die elastische Mesogloea wirkt als Antagonist der Ringmuskulatur. Zur Orientierung beim Schwimmen dienen Sinnesorgane, in erster Linie Augen und Statocysten (Abb. 197D, 232, 243). Sie liegen am Glockenrand, bei Hydromedusen meist in unmittelbarer Nähe der Tentakelbasen. Die Sinneskolben (Randkörper, Rhopalien) der Scyphomedusen liegen peripher am Schirm zwischen den Randlappen, sind mit Statolithen und unterschiedlichen (Schwere-, Licht-) Rezeptorzellen ausgestattet; sie fungieren als komplexe

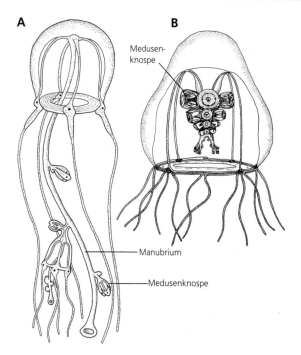

A **B**

Medusen-
knospe

Manubrium

Medusenknospe

Abb. 212: Asexuelle Reproduktion bei Hydromedusen. A *Sarsia* sp. (Hydroida, Athecata). Bildung von Tochtermedusen am Manubrium, die bereits ebenfalls knospen. B *Rathkea octopunctata* (Hydroida, Athecata). Knospung am Manubrium. A Nach Chun; B nach Werner (1984).

Sinnesorgane. Vergleichbare Strukturen fehlen dem Polypen, dessen Sinnesleben durch einzelne Rezeptorzellen charakterisiert wird, die chemische, optische oder mechanische Reize aufnehmen können.

Fortpflanzung und Entwicklung

Die meisten Cnidaria sind getrenntgeschlechtlich. Einige können ihr Geschlecht wechseln. Echte Zwitter sind selten bei den Hydrozoa (*Eleutheria dichotoma*) und Scyphozoa (*Stephanoscyphus eumedusoides*, *Chrysaora hysoscella*), bei den Anthozoen häufiger (wahrscheinlich alle Ceriantharia, viele Actiniaria). Zweigeschlechtliche Fortpflanzung mit äußerer oder innerer (im Gastrovaskularsystem) Befruchtung ist die Regel. Parthenogenese kommt bei *Margelopsis haeckeli* (Hydrozoa, Athecata), *Thecoscyphus zibrowii* (Scyphozoa, Coronata), *Cereus pedunculatus* und *Actinia equina* (Anthozoa, Actiniaria) vor. Die meisten Cnidaria sind ovipar. – Brutpflege im Gastrovaskularsystem (vivipare Anthozoa), in Taschen der Manubrialarme (Scyphozoa, Semaeostomeae) oder in Medusoiden (Hydrozoa) ist verbreitet (S. 172).

Die Keimzellen der Anthozoa, Cubozoa und Scyphozoa entstehen typischerweise im Entoderm und wandern in die Mesogloea ein, wo sich der größte Teil ihrer Differenzierung vollzieht. Schließlich liegen, je nach Geschlecht, Eizellen oder Cysten, die

zahlreiche Spermien enthalten, bisweilen dicht gepackt in der Mesogloea.

Die Oocyten einiger Anthozoa weisen als kuriose Besonderheit eine bestachelte Oberfläche auf (Abb. 222) – Bündel langer Zellfortsätze (Makrovilli der Eimembran). Da diese Oocyten keine Hüllen haben, übernimmt möglicherweise der Stachelsaum Schutzfunktion.

Bei den Hydrozoa lassen sich die Gameten auf interstitielle Zellen (Stammzellen) (Abb. 206) zurückführen. Die reifen Geschlechtszellen finden sich jeweils in bestimmten Regionen in der Epidermis bzw. zwischen Epidermis und Mesogloea. Die Freisetzung der Gameten erfolgt durch Ruptur der Epithelien.

Bei der **asexuellen Vermehrung** unterscheidet man prinzipiell (1) die Bildung von Medusen an Polypen bei metagenetischen Cnidariern (Generationswechsel, S. 146) (Abb. 234, 236, 244, 252), (2) mehrere Modi der Bildung neuer Polypen (Abb. 250) an bzw. aus Polypen, (3) die seltene Entstehung neuer Medusen an bzw. aus Medusen (Abb. 212). Vegetative Vermehrung führt entweder zur klonalen Vermehrung einzelner Individuen oder hat, wenn sich die Tochterindividuen nicht trennen, Stockbildung und -wachstum zur Folge. Knospung ist bei den Polypen aller Cnidaria-Taxa verbreitet. Die Tochterindividuen entstehen vorzugsweise am Scapus oder an den Stolonen. Besonders mannigfaltig sind die Modi der vegetativen Vermehrung bei Anthozoa: Längsteilung ist häufig (Madreporaria, Abb. 228, die Aktinien *Haliplanella luciae*, *Anemonia sulcata*). Längsteilung ohne vollständige Trennung der Tochterindividuen (intratentakuläre Knospung) ist bei stockbildenden Madreporaria verbreitet (Abb. 229 D). Querteilung ist seltener (*Gonactinia prolifera*, *Anthopleura stellula*). Die Seenelke *Metridium senile* und die Glasrose *Aiptasia diaphana* schnüren von der peripheren Fußscheibe kleinste Teile ab, die zu einem neuen Polypen regenerieren (Laceration). An der Basis von Scyphopolypen (z.B. *Aurelia aurita*, *Chrysaora hysoscella*) kann eine mit zunächst undifferenzierten Zellen gefüllte, cuticuläre Kapsel entstehen (Podocystenbildung), aus der – nach Fortkriechen des Polypen – ein planulaähnliches Gebilde (Planuloid) schlüpft, das zu einem neuen Polypen metamorphosiert. Bei Hydropolypen (z.B. *Craspedacusta sowerbyi*, Abb. 252) entwickelt sich am Scapus eine Frustel (spezieller Typ eines Planuloids), trennt sich ab, kriecht umher und metamorphosiert zum Polypen (Frustulation).

Die interne Bildung von Planuloiden bei einigen *Actinia*-Arten ist ein Kuriosum. Sie entstehen im Gastrovaskularsystem – insbesondere auch von männlichen Tieren – wahrscheinlich asexuell und wachsen zu Jungtieren heran.

Für Medusen ist vegetative Vermehrung nur bei Hydromedusen bekannt. Sie sprossen am Manubrium (*Sarsia gemmifera*, *Rathkea octopunctata*,

Abb. 212), an der Subumbrella in unmittelbarer Nähe der Gonaden (*Phialidium mccradyi*) oder an Tentakelbasen (*Sarsia prolifera, Niobia dendrotentacula*). Längsteilung beginnt bei *Cladonema radiatum* am Manubrium und greift auf die Umbrella über.

Die **Furchung** ist radiär, kann jedoch – vor allem bei den Hydrozoa – stark modifiziert sein bis hin zu superfizieller Furchung bei dotterreichen Eiern. Verbreitet entsteht eine Coeloblastula. Die Ablösung des Entoderms ist mannigfaltig und reicht von der Invagination bis zur uni- und multipolaren Immigration bzw. Delamination. Bemerkenswerterweise können auch dotterreiche Keime eine Invaginationsgastrula aufweisen. Wie elektronenmikroskopisch erstmals am *Anemonia*-Keim verfolgt wurde, gelangen dotterhaltige Zellfragmente während der Invagination durch temporäre Lücken im Entoderm vom Blastocoel ins Gastrovaskularsystem. Dort findet die sukzessive Verwertung des Nährmaterials statt, das nicht ins umgebende Medium entweichen kann. Um den Blastoporus wird ein Reusenapparat aus Mikrovilli gebildet, der größere Partikeln zurückhält.

Aus der Gastrula geht die für Cnidaria typische Planula (Abb. 213, 219) hervor, eine zweischichtige, an der Oberfläche bewimperte Larve, deren Grundgestalt von birnenförmig, länglich oval bis keulenförmig reicht. Sie schwimmt mit dem aboralen Pol voran. Je nach dem Verlauf der Entodermablösung ist entweder ein Gastrocoel vorhanden oder die Entodermzellen bilden im Inneren der Larve eine kompakte Zellmasse, die sich spätestens während der Metamorphose epithelial anordnet.

Die Mehrzahl der Cnidaria-Larven hat keinen äußerlich sichtbaren Blastoporus. Selbst wenn, wie bei vielen Scyphozoa, eine Invaginationsgastrula mit ausgeprägtem Blastoporus vorliegt, verwächst dieser schnell. Dagegen weisen einige Anthozoenlarven, besonders der Madreporaria und Actiniaria, einen persistierenden Blastoporus auf. Zusätzlich können viele Actiniaria-Planulae am aboralen Pol palisadenförmig angeordnete Sinneszellen tragen, deren überdimensionale Cilien einen Wimpernschopf bilden (Abb. 214), der wahrscheinlich Bedeutung für den Nahrungserwerb hat. Planulae mit Wimpernschopf sind räuberisch (planktotroph), während Planulae ohne Blastoporus und ohne Wimpernschopf von Dottervorräten (lecithotroph) leben. Ferner wird diskutiert, ob der Wimpernschopf zum Prüfen des Substrates dient, bevor sich die Larve festsetzt und metamorphosiert. In der Regel heften sich Planulae zu Beginn der Metamorphose mit dem aboralen Pol am Substrat unter Absonderung eines klebrigen Sekrets fest (Abb. 138 A). Falls der Blastoporus fehlt, bricht die definitive Mund-/Darmöffnung (Mund-After) jetzt durch; es entstehen die Tentakel, und der wichtigste Schritt hin zum Jungpolypen ist vollzogen. Weit entwickelte pelagische Larven mit polypenähnlichem Habitus sind die Actinula (Abb. 215, 249) (*Tubularia larynx*, Trachylida, Hydrozoa) oder die Arachnactis (Abb. 216) (viele Cerianthария, Anthozoa), deren Meta-

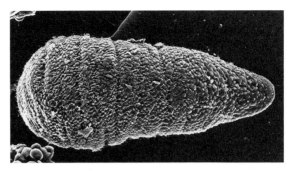

Abb. 213: Planula-Larve von *Hydractinia echinata* (Hydrozoa, Hydroida). Original: W. Schäfer, Sindelfingen.

morphose – Bildung erster Tentakel – schon weitgehend während der pelagischen Phase abläuft.

Systematik

Die HAECKELsche Gastraea-Hypothese ist auch heute noch eine Basis für Überlegungen zum Ursprung der Cnidaria sowie der Metazoa überhaupt. Sie postuliert die Existenz eines freischwimmenden, zweischichtigen Becherkeims (Gastraeade) als hypothetische Stammart aller Metazoa. Der Bauplan eines einfachen Cnidaria-Polypen, der Fuß-

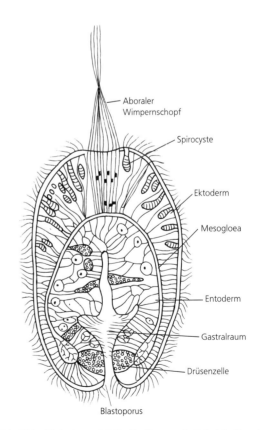

Aboraler Wimpernschopf

Spirocyste

Ektoderm

Mesogloea

Entoderm

Gastralraum

Drüsenzelle

Blastoporus

Abb. 214: *Aiptasia mutabilis* (Anthozoa, Actiniaria). Planula, Längsschnitt. Bewegung mit dem aboralen Wimpernschopf voran. Nach Widersten (1968)

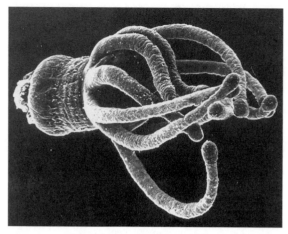

Abb. 215: Polypenähnliche Actinula-Larve einer *Tubularia*-Art (Hydrozoa, Athecata), die direkt aus den Eiern hervorgeht und sich nach kurzer pelagischer Phase am Boden festsetzt (s. Abb. 249). Original: W. Schäfer, Sindelfingen.

scheibe und Tentakel beim Übergang zum Leben am Substrat erworben hat, läßt sich nach dieser Hypothese von der einfachen Organisation einer Gastraea ableiten.

Die Diskussion der Cnidaria-Phylogenie konzentriert sich vorwiegend auf die Suche nach dem ursprünglichsten Taxon der rezenten Cnidaria-Taxa, wobei sowohl Hydrozoa (Abb. 217A), Scyphozoa und Anthozoa (Abb. 217B) genannt worden sind. Für die Hydrozoa als basale Cnidaria sprach lange Zeit der einfache Bau der Polypen sowie die Tatsache, daß bestimmte Hydrozoen-Planulae für großsystematische Überlegungen bedeutsam waren, z.B. für die Ableitung dieser Larven aus Ciliaten. Jedoch weist die Komplexität beispielsweise

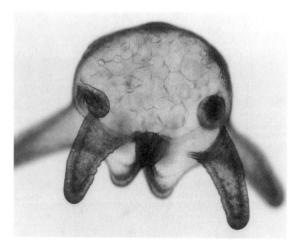

Abb. 216: Arachnactis-Larve (Anthozoa, Hexacorallia, Ceriantharia). Schwimmt aktiv durch Vor- und Zurückschlagen der 4 Tentakel. Häufig im Nordseeplankton. Original: W. Westheide, Osnabrück.

der Cniden, der Sinnesorgane, des Nervensystems oder der Entwicklungszyklen sowie die ektodermalen Gonaden (selten im Tierreich) die Hydrozoa eher als abgeleitete Organismen aus. Ihre Polypen müssen dann sekundär vereinfacht sein.

Für die basale Stellung der Scyphozoa spricht vor allem der tetraradiale Bau, den auch die fossilen †Conulata (Abb. 235) aufweisen. Deren möglicherweise direkte „Nachfahren" könnten Coronata der Gattung *Stephanoscyphus* sein (zu ihrer Struktur vgl. Abb. 237). Das einfache Cnidom, die im Vergleich zu Hydrozoa einfache Strukturierung von Geweben und Organen sowie der ursprüngliche Modus der Entodermablösung durch Invagination sprechen ebenfalls für eine eher basale Stellung der Scyphozoa.

Relativ einfache Organe und ursprüngliche Modi der Embryogenese haben jedoch auch die Anthozoa. Dies wird z.B. deutlich an den Rezeptorstrukturen der Cnidocyten, bei denen noch ein normales Cilium ausgebildet ist. Die Ableitung ihrer Achtstrahligkeit (Octocorallia) von tetrameren Vorfahren erscheint unproblematisch. Im Gegensatz zu allen anderen Cnidaria haben die Anthozoa keine medusoiden Stadien und daher keinen Generati-

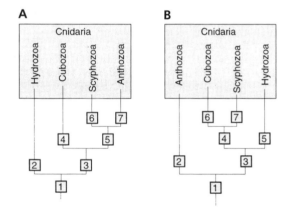

Abb. 217: Verwandtschaftsbeziehungen innerhalb der Cnidaria. Apomorphien in A: [1] Nesselkapseln, Polypen- und Medusengeneration (Metagenese); lineare mtDNA. [2] Ektodermale Gonaden. [3] Medusen mit Rhopalien. [4] Medusen mit Pedalia und Velarium; Medusenbildung durch Metamorphose des Polypen. [5] Polypen mit septiertem Gastralraum. [6] Bildung der Medusen durch terminale Knospung (Strobilation) [7] Verlust der Medusengeneration; Ausbildung von ringförmiger mtDNA; Anklänge an die Bilateralsymmetrie. Apomorphien in B: [1] Nesselkapseln; Nesselzellen mit Flagellum; Planula-Larve; Polypenstadium. [2] Achtstrahliger Gastralraum; Anklänge an die Bilateralsymmetrie. [3] Nesselzellen mit modifiziertem Flagellum (Cnidocil); mikrobasische Eurytelen; Podocysten; lineare mtDNA. [4] Polypententakel ohne entodermalen Hohlraum; Meduse mit Rhopalien. [5] Höchstentwickeltes Cnidom; ektodermale Gonaden. [6] Medusenbildung durch Metamorphose des Polypen; Meduse mit Pedalia und Velarium. [7] Bildung der Medusen durch terminale Knospung (Strobilation). B Verändert nach Schuchert (1993).

onswechsel („Ametagenetica"), vermutlich ein ursprüngliches Merkmal. Ob bei den Anthozoa die Radiärsymmetrie von einer Bilateralsymmetrie nur überlagert wird oder ob die Bilateralsymmetrie der Anthozoa ursprünglich ist, ist Gegenstand kontroverser Diskussionen. Die Bilateralsymmetrie bei Anthozoa zeigt sich äußerlich nur durch die schlitzförmige Mund-/Darmöffnung (Abb. 218), an die sich ein Schlundrohr anschließt, das in einem oder beiden gegenüberliegenden Winkeln mit Siphonoglyphen (Abb. 220, 221) versehen ist. Durch sie verläuft die Symmetrieebene (Richtungsebene, „Sagittalebene"). Die Sarkosepten, welche die in der Richtungsebene liegenden Gastraltaschen begrenzen, weichen in ihrem Aufbau oft von den übrigen Septen ab. Dies kann sich u. a. im Fehlen von Gonaden, in der Anordnung der Retraktoren oder im Auftreten höher differenzierter Filamente äußern.

In diesem Kapitel wird hinsichtlich der Cnidaria-Systematik einer Reihung Anthozoa – Cubozoa – Scyphozoa – Hydrozoa gefolgt (Abb. 217B), in der sich die zunehmende Komplikation der Entwicklungszyklen und des Cnidoms widerspiegelt. Cubozoen, Scyphozoen und Hydrozoen lassen sich als Monophylum durch den Besitz eines Cnidocils und der linearen Struktur der mtDNA charakterisieren. Ursprüngliche metagenetische Cnidaria wären demnach die Cubozoa, wo aus einem einzigen Polypen eine einzige Meduse entsteht (Abb. 233). Gegenüber dieser direkten Umwandlung des Polypen in die Meduse erscheint die terminale Knospung (Strobilation) der Scyphozoa (Abb. 236) und die laterale Knospung der Hydrozoa (Abb. 244) (oftmals verbunden mit Stockbildung, Polymorphismus oder Bildung sessiler Gonophoren, Abb. 249) abgeleitet.

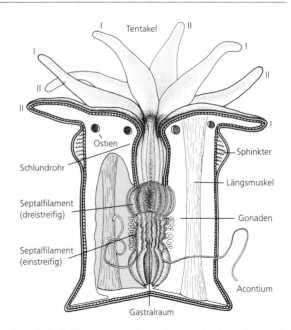

Abb. 218: Anthopolyp (Anthozoa). Organisationsschema einer Actinie in ausgestrecktem Zustand. Links Schnitt vor einem unvollständigen Septum, rechts vor einem vollständigen Septum. Epidermis weiß, Gastrodermis zellig dargestellt. Nach verschiedenen Autoren.

1 Anthozoa, Blumentiere

Die rein marinen, solitären oder stockbildenden Anthozoa sind mit 5 600 Spezies das artenreichste und möglicherweise ursprünglichste Cnidaria-Taxon. Die Medusengeneration fehlt vollständig, der Polyp bildet die Keimzellen (Abb. 219).

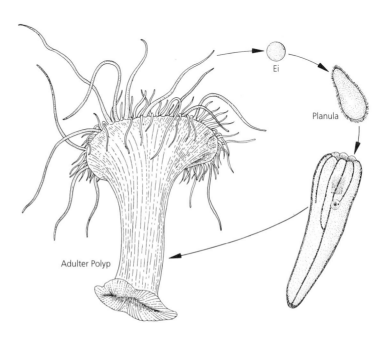

Abb. 219: Anthozoa (Actiniaria). Lebenszyklus. Nach Hedgepeth (1954) aus Bayer und Owre (1965)

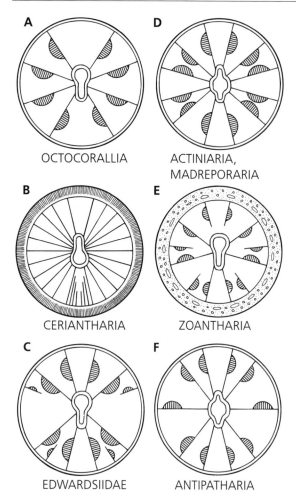

A OCTOCORALLIA
D ACTINIARIA, MADREPORARIA
B CERIANTHARIA
E ZOANTHARIA
C EDWARDSIIDAE
F ANTIPATHARIA

Abb. 220: Anordnung der Septen bei verschiedenen Anthozoa-Gruppen. Aus Hennig (1980), nach verschiedenen Autoren.

Bau

Der in erster Linie durch den Tentakelkranz bedingten äußeren Radiärsymmetrie des Körpers stehen bilateralsymmetrische Strukturen im Inneren des Anthozoen-Polypen entgegen. So hat er eine schlitzförmige Mund-Afteröffnung, an die sich ein ektodermal ausgekleidetes Schlundrohr (Pharynx) anschließt. In einem oder beiden gegenüberliegenden Winkeln des Schlundrohrs liegen bewimperte Schlundrinnen (Siphonoglyphen) (Abb. 218, 221). Sie erleichtern das Verschlingen der Nahrung und die Defäkation. Ferner dienen sie dem Wasseraustausch, regulieren den Druck der Gastralflüssigkeit auf den Darmsack und sorgen so für die Aufrechterhaltung eines hydrostatischen Skeletts. In der Regel sind bei den Octocorallia 8, bei den Hexacorallia 6 bzw. meist eine Vielzahl von 6 Sarkosepten und eine entsprechende Anzahl an Gastraltaschen vorhanden (Abb. 220).

Jeweils ein Tentakelhohlraum und eine Gastraltasche stehen miteinander in Verbindung. Die Symmetrieachse ver-

läuft durch die mit den Siphonoglyphen (s. o.) kommunizierenden Gastraltaschen (Richtungsfächer). Die zugehörigen Tentakel (Richtungstentakel) sind manchmal bei Hexacorallia größer und abweichend gefärbt. Der bilaterale Bau äußert sich insbesondere in der Anordnung der Retraktormuskeln an den Sarkosepten (Abb. 221): ein Richtungsseptenpaar hat bei vielen Hexacorallia voneinander abgewandte Muskelfahnen. Letztere setzen sich aus mesogloealen Lamellen zusammen, an denen die kontraktilen Filamente der Epithelmuskelzellen angebracht sind. Unter der Mundscheibe liegt ein ringförmiger Schließmuskel (Sphinkter) (Abb. 218), der auf lokal modifizierte entodermale Epithelringmuskulatur zurückzuführen ist.

Die Sarkosepten tragen an ihrem freien Ende längsverlaufende Wülste (Septal- oder Gastralfilamente), die mit Nessel- und Drüsenzellen sowie Cilien ausgestattet sein können. Vor allem größere, dem Gastralraum zugeführte Nahrungsteile werden durch explodierte Nesselkapseln festgehalten und von den aus Drüsen abgeschiedenen Enzymen durch den unmittelbaren Kontakt wirkungsvoller verdaut. Die Cilien sorgen für eine ständige Zirkulation der nährstoffreichen Gastralflüssigkeit. Bei extraintestinaler Verdauung, die bei skelettbildenden Arten besonders bedeutsam ist, werden die Gastralfilamente durch den Pharynx ausgestülpt und hüllen erbeutete Nahrung ein. Bei den Scleractinia (S. 160) werden von der Fußscheibe aus zwischen den Sarkosepten radiär verlaufende Kalkleisten (Sklerosepten, Abb. 228, 229 B, C) abgeschieden. Das Anthozoengewebe und die Skelettelemente sind oft durch Einlagerung von Farbstoffen (meist Carotinoide) intensiv gefärbt. Die Nesselzellen besitzen noch ein normales Cilium und kein Cnidocil.

Systematik

Die **Octocorallia** sind ursprünglicher und mit 8 Tentakeln, 8 Septen und 8 Gastraltaschen sehr einheitlich gebaut. Im Gegensatz zu den abgeleiteten **Hexacorallia** weisen sie nur einen Nesselkapseltyp (Rhabdoiden) auf (Abb. 210 F). Die Stammesgeschichte der Octocorallia läßt sich anhand der Skelettentwicklung nachvollziehen. Das ursprüngliche

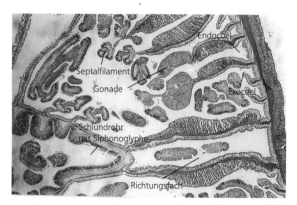

Abb. 221: Actiniaria (Anthozoa). Querschnitt durch Polyp, Richtungssepten. Original: W. Schäfer, Sindelfingen.

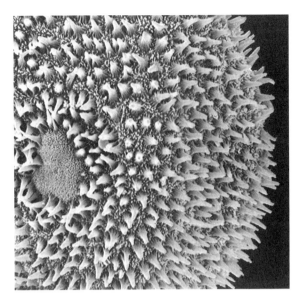

Abb. 222: Actiniaria (Anthozoa). Oocyt; Oberfläche mit stachelförmigen Strukturen. Original: W. Schäfer, Sindelfingen.

1.1 Octocorallia

Octocorallia bilden stets Tierstöcke (Kolonien), die entweder durch ein ausgeprägtes Stolonengeflecht oder ein Coenenchym verbunden sind. Die Einzelpolypen sind mit 8 Septen und Gastraltaschen sowie 8 gefiederten Tentakeln ausgestattet, der Pharynx mit einer Siphonoglyphe (Abb. 220 A). Nur die Filamente der beiden der Siphonoglyphe gegenüberliegenden Septen tragen in der Regel Ci-

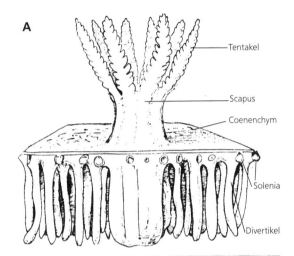

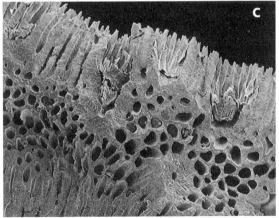

Stolonennetz der Stolonifera verdichtet sich bei den Helioporida zu einer Platte, die basal ein kalkiges Außenskelett abscheidet (Abb. 228). Im Laufe der weiteren Entwicklung entsteht ein massiges Coenenchym, in das zunächst nur Sklerite (Alcyonaria) eingelagert werden, bis schließlich ein kompaktes, zentrales Achsenskelett ausgebildet wird (Gorgonaria) (Abb. 226). Ein solches ist bei vielen Pennatularia im Zentrum des mächtig angeschwollenen Primärpolypen vorhanden. Alternativ zu diesem Konzept werden die Helioporida mit ihrem madreporaria-artigen Kalkskelett oft aus der o. g. Reihung isoliert, während die Stolonifera in die Alcyonaria eingereiht werden. In der Tat existieren Octocorallia (*Rolandia*), die einen fließenden Übergang beider Taxa vermuten lassen. Die Octocorallia müssen aufgrund ultrastruktureller Untersuchungen an bestimmten Organen als die ursprünglichsten Anthozoa angesehen werden. Hexacorallia durchlaufen in ihrer Entwicklung eine Octocorallia-ähnliche Phase und haben im juvenilen Stadium einen durch 8 Septen untergliederten Gastralraum.

Die Evolution innerhalb der Hexacorallia läßt sich anhand des Cnidoms, dem Bau bestimmter Septalfilamente und anhand der Ultrastruktur der Gameten verfolgen. Hiernach haben die Ceriantharia die meisten Gemeinsamkeiten mit den Octocorallia und sind die ursprünglichsten Hexacorallia. Von den Ceriantharia sind auf Grund der oben genannten Merkmale die Madreporaria und die Actiniaria abzuleiten. Durch Reduktion bestimmter Septen geht bei den Zoantharia und Antipatharia der biradiale Aufbau wieder verloren (Abb. 220).

Abb. 223: *Heliopora coerulea* (Octocorallia, Helioporida). A Polyp mit Ausschnitt des plattenartigen Stolonengeflechtes; basale Ausläufer verkalkt. B Blick von oben auf das verkalkte Skelett. C Schnitt durch das Skelett. A Nach verschiedenen Autoren; B, C Originale: W. Schäfer, Sindelfingen.

Abb. 224: *Tubipora* sp., Orgelkorallen (Octocorallia, Alcyonaria). Rotgefärbtes Innenskelett; Röhren bis 20 cm, durch horizontale Querböden verbunden. Original: W. Schäfer, Sindelfingen.

lien. Octocorallia haben nur rhabdoide Nesselkapseln. Die Gonaden an der Basis der Gastrodermis hängen traubenförmig, weit proximal am freien Rand derjenigen 6 Septen, die nicht mit der Siphonoglyphe kommunizieren. Getrenntgeschlechtlichkeit und Oviparie sind die Regel. – Die Eier sind meist dotterreich, eine anfänglich total äquale Furchung kann durch eine partiell-superfizielle abgelöst werden; Entodermablösung durch Delamination ist verbreitet.

1.1.1 Stolonifera

Von einer chitinigen Hülle umgebene Polypen, durch strangförmige oder flächige Stolonen in Verbindung.

Abb. 225: *Heteroxenia fuscescens* (Octocorallia, Alcyonaria). Stöcke mit fleischigem Stamm, der nur auf der scheibenartigen Oberfläche Polypen trägt. Polypen krümmen rhythmisch im Abstand von wenigen Sekunden die Tentakel zur Mundscheibe. Mit Zooxanthellen, photoautotroph. Original: A. Svoboda, Bochum.

Clavularia crassa (Clavulariidae) und *Cornularia cornucopiae* (Cornulariidae), oft rasenartige Kolonien (Einzelpolypen 0,5–1 cm), Mittelmeer. – *Rolandia rosea* (Clavulariidae), mit flächigen Stolonen; erinnern an das Coenenchym der Alcyonaria, weshalb die Stolonifera bisweilen in diese Gruppe eingereiht werden.

1.1.2 Helioporida, Blaue Korallen

Einzige Art *Heliopora coerulea*, Indopazifik. Stolonennetz der nur wenige Millimeter hohen, braunen Polypen (Durchmesser ca. 1 mm) zu einer Platte verdichtet. Basal fingerförmige Ausläufer (Divertikel) (Abb. 223), deren Epidermis ein kalkiges Außenskelett abscheidet, das zu massiven, verzweigten Blöcken (bis 50 cm) heranwachsen kann. Blaue Färbung durch Einlagerung von Eisensalzen. Poliert als Schmuck.

1.1.3 Alcyonaria, Lederkorallen

Stöcke mit fleischigem Coenenchym in der Größe von Zentimetern und Dezimetern; Sklerite in die aufgetriebene Mesogloea eingelagert. An- und Abschwellen der Kolonien durch Wasseraufnahme bzw. -abgabe mittels spezialisierter Polypen (Siphonozooide).

**Alcyonium digitatum*, Tote Mannshand (Alcyoniidae), in großen Mengen als Beifang der Nordseefischer, früher auf Grund ihres N-, K- und P-Gehalts getrocknet als Dünger („Meerhand-Guano"). *Alcyonium*-Stöcke können im Weichsubstrat stecken, mit basaler Platte auf Hartsubstraten siedeln oder flächig wachsen. – *Parerythropodium corralloides*, Falsche Edelkoralle (Alcyoniidae), überwächst z.B. Hornkorallen der Gattung *Eunicella*, deren Polypen dann absterben; Mittelmeer. – *Tubipora purpurea*, Orgelkorallen (Tubiporidae) (Abb. 224), Sklerite verwachsen zu Kalkröhren; tropisch. – *Heteroxenia fuscescens* (Xeniidae), völlig autotroph durch symbiontische Zooxanthellen; Freßschutz durch Terpenoide. Indopazifik (Abb. 225).

1.1.4 Gorgonaria, Hornkorallen

Stöcke bis 3 m, baumartig verzweigt mit kalkigem oder hornigem (Gorgonin) Achsenskelett (Abb. 226B), das Halogene (Jod, Brom) speichern kann.

Paragorgia arborea (Paragorgiidae), bis 2 m hoch, bildet zusammen mit Steinkorallen und kalkabscheidenden Hydrozoa im Nordatlantik (norwegische Fjorde) massive Korallenbänke. – *Corallium rubrum*, Edelkoralle (Coralliidae), rotes, manchmal auch rosa oder weißes Achsenskelett wird von Coenenchym befreit und poliert zu Schmuck verarbeitet; vivipar. – *Rhipidogorgia flabellum*, Venusfächer (Gorgoniidae), Äste verschmelzen zu einem flächigen, bis 2 m hohen Netzwerk; tropisch (Abb. 226A).

1.1.5 Pennatularia, Seefedern

Stamm des Stockes geht aus dem – aus der Planula entstandenen und mächtig herangewachsenen – Gründungs-Primär-Polypen hervor. Dieser trägt an der oft gefiederten Rhachis Sekundärpolypen und steckt mit dem grabenden Pedunculus im Substrat. Sarkosepten in den Sekundärpolypen normal achtstrahlig angeordnet, Gastralraum des großen Primärpolypen durch Scheidewände in 4 Längskanäle gegliedert, die ein horniges Achsenskelett umhüllen können. Im Coenenchym Kalkspicula. Nachts Wasseraufnahme durch Siphonozooide, wodurch Stock mächtig anschwillt. Viele Seefedern leuchten nach me-

A

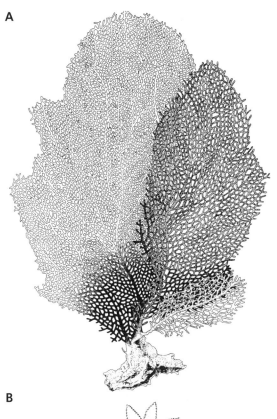

B

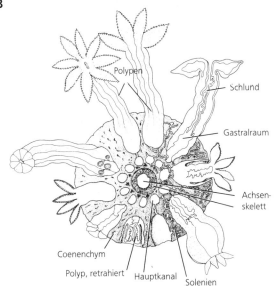

Abb. 226: Gorgonaria (Octocorallia). A. Stock von *Gorgonia* sp. (Venusfächer), bis 1,8 m hoch; bildet Maschennetz in der Strömung. B Querschnitt eines Stockzweigs mit innerem Achsenskelett, das vom Polypen-Coenenchym umgeben wird. Aus Bayer und Owre (1968).

chanischen oder chemischen Reizen (Luciferin-Luciferase-System).

Veretillum cynomorium, Gelbe Seefeder (Veretillidae), 30 cm, expandierte Sekundärpolypen bis 4 cm; Mittelmeer, Atlantik. Achsenskelett rudimentär, Stock unge-

fiedert. – Mit Achsenskelett und typisch gefiedert im Mittelmeer und Atlantik: *Pennatula rubra* (Pennatulidae), 40 cm (Abb. 227) und *Pteroëides spinosum* (Pteroëidae), 55 cm, mit Stacheln am Rand der Fiederblätter. – Langgestreckte Stöcke: *Funiculina quadrangularis,* Seepeitsche (Funiculinidae), bis 1,5 m lang, Mittelmeer, Atlantik und *Umbellula antarctica* (Umbellulidae), über 2 m, in der Antarktis bis 5 000 m Tiefe.

1.2 Hexacorallia

Oftmals große Polypen, die solitär oder in Stöcken leben. Meist sind die Tentakel in Sechs-Zahl oder – häufiger – in einem Vielfachen von 6 vorhanden (Abb. 220), ungefiedert und mit Spirocysten (Abb. 210 A) ausgestattet. Die Keimzellen liegen in den Septen zwischen Retraktor (wenn vorhanden) und Gastralfilament; die Richtungssepten können steril sein. Die am besten bei Actiniaria und Cerantharia untersuchte Embryonalentwicklung zeichnet sich in der Regel durch eine bisweilen als „Pseudospiralfurchung" bezeichnete Radiärfurchung aus; die Entodermablösung erfolgt durch Embolie oder Immigration. Viele Hexacorallia durchlaufen in ihrer Postembryonalentwicklung ein „Octocorallia-Stadium" mit 8 Septen und 8 Tentakeln.

Abb. 227: *Pennatula rubra* (Octocorallia, Pennatularia). Tierstock mit großer Hauptachse aus Primärpolyp und seitlichen Sekundärpolypen; polypenfreier Stiel steckt im Sediment. Original: A. Svoboda, Bochum.

1.2.1 Ceriantharia, Zylinderrosen

Solitäre Polypen in einem Wohnzylinder, fast ausschließlich aus abgeschossenen Nesselfäden aufgebaut. Septen ohne Retraktoren, dafür umfangreiche Längsmuskulatur in der Epidermis. Neue Septen entstehen in einem der Siphonoglyphe gegenüberliegenden Bildungsfach (Abb. 220 B). Tentakeldimorphismus: am Mundfeldrand lange Rand-, am Pharynx kleine Labialtentakel. Zwitter, die ihr Geschlecht jährlich wechseln. Die im Nordseeplankton häufigen Arachnactis-Larven (Abb. 216) haben bereits in der pelagischen Phase einen Mund-After sowie mehrere Marginal- und wenige Labialtentakel.

Cerianthus membranaceus (Cerianthidae), bis 40 cm, Wohnröhre z. T. bis 1 m tief im Weichsubstrat, Mittelmeer. – *Cerianthus lloydii*, bis 20 cm Länge, 60–70 Rand- und ebenso viele Labialtentakel, Nordsee.

1.2.2 Madreporaria, Stein- oder Riffkorallen

Zarte Polypen (Septierung vgl. Actiniaria, Abb. 220, 221), schwach entwickelte Muskulatur, als skelettlose **Corallimorpharia**, z.B. *Corynactis viridis* (Mittelmeer, Atlantik) und als kalkabscheidende **Scleractinia**, die vor allem die tropischen Riffe aufbauen. Die Epidermis der Fußscheibe scheidet ein Außenskelett aus Calciumcarbonat ab, das dem im Meerwasser gelösten Calciumhydrogencarbonat,

$Ca(HCO_3)_2$, entstammt, das sich mit Calciumcarbonat $(CaCO_3)$ und Kohlensäure (H_2CO_3) im Gleichgewicht befindet:

$$(1)\ Ca^{2+} + 2\,HCO_3^- \rightleftarrows CaCO_3 \downarrow + H_2CO_3$$

Die Spaltung der Kohlensäure in Kohlendioxid und Wasser

$$(2)\ H_2CO_3 \rightleftarrows H_2O + CO_2$$

wird durch das Enzym Carboanhydrase des Polypen herbeigeführt. Da die symbiontischen Algen (Zooxanthellen: Dinoflagellat *Symbiodinium microadriaticum*) bei ihrer Assimilation ständig CO_2 aufnehmen, verringert sich die Konzentration an Kohlensäure entsprechend. Diese wird gemäß Formel (1) aus dem Hydrogencarbonat/Carbonat-Gleichgewicht nachgeliefert, es fällt $CaCO_3$ aus und steht für den Skelettbau zur Verfügung (Abb. 228, 229).

Zunächst wird eine Basalplatte abgesondert, dann bilden sich durch ungleichmäßige Kalkabscheidung radiär verlaufende Leisten, die Sklerosepten, durch deren fortschreitendes Wachstum das über ihnen liegende Gewebe der Fußscheibe nach oben gedrängt wird. Sie verlaufen zwischen den fleischigen Sarkosepten. Meist wird unter dem Polypen peripher noch ein die Sklerosepten verbindender Ringwall (T h e c a) und eine zentrale Säule (C o l u m e l l a) (Abb. 228) abgeschieden. Da all diese Kalkbildungen in die Höhe wachsen, wird der vom Polypen bewohnte Kelch immer tiefer. Von Zeit zu Zeit werden Querböden (T a b u l a e) gebildet. Der so abgetrennte untere Abschnitt des Polypen stirbt ab.

Tierstockbildung erfolgt durch zwei Modi ungeschlechtlicher Vermehrung. Bei e x t r a t e n t a k u l ä - rer Knospung sprossen an der Basis der aus der Planula hervorgegangenen Primärpolypen Tochterpolypen 1. Ordnung. Diese wachsen heran; an ihrer Basis entstehen Tochterpolypen 2. Ordnung usw. Hierher gehören schnell wachsende Arten mit hoher Stoffwechselaktivität: Baumkorallen. Die i n t r a - t e n t a k u l ä r e Knospung entspricht eher einer Längsteilung (z.B. Sternkorallen, Abb. 229 A, B), wobei aus einem Polypen zwei neue hervorgehen. Das Skelett folgt dem Wachstum der beiden auseinanderstrebenden Polypen und kann sich so verzweigen. Bleiben solche Teilungen unvollständig, so werden keine getrennten Mundfelder gebildet und es entsteht durch weitere unvollständige Teilungen nach und nach eine große mäanderartig gewundene Kolonie mit einem entsprechenden Skelett; z.B. Hirn- und Mäanderkorallen (Abb. 229 D).

In den Tropen und Subtropen bilden die Scleractinia umfangreiche Riffe, die zu den produktivsten Lebensgemeinschaften der Erde zählen. Essentielle Faktoren für Entstehung und Wachstum tropischer Riffe sind: (1) relativ hohe Temperaturen, im Durchschnitt auch im Winter nicht unter 20 °C. Daher finden sich Korallenriffe vorwiegend an den Ostseiten der Kontinente (warme Meeresströmungen!). (2) Licht; es wird für die symbiontischen photoautotrophen Zooxanthellen (s.o.) benötigt, die die Kalkbildung unterstützen (s.o.) und verschiedene Assimilate an die Epithelien abgeben. Dies verdeutlicht ihre Bedeutung für das Gedeihen der Korallen, deren Wachstum

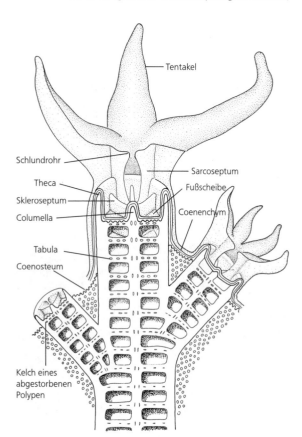

Tentakel

Schlundrohr

Theca

Sarcoseptum

Fußscheibe

Skleroseptum

Columella

Coenenchym

Tabula

Coenosteum

Kelch eines abgestorbenen Polypen

Abb. 228: Organisation, asexuelle Fortpflanzung und Skelettbau der Madreporaria (Hexacorallia). Nach verschiedenen Autoren.

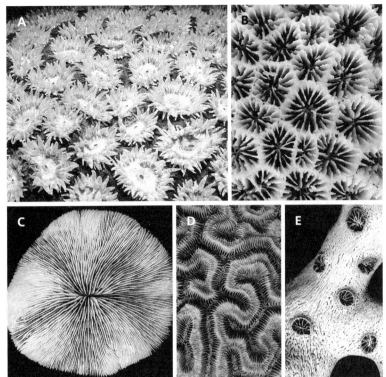

Abb. 229: Madreporaria (Hexacorallia). A *Favia* sp. (Faviidae). Polypen eines Stockes mit tagsüber eingezogenen Tentakeln. Durchmesser ca. 10 mm. B Skelett einer verwandten Art. Sklerosepten deutlich. C *Fungia* sp., Pilzkoralle, Skelett einzeln und nicht festgewachsen (ca. 20 cm Durchmesser). D *Diploria* sp., Neptunsgehirn (Faviidae), Skelettoberfläche, platten- oder blockförmige Stöcke, Polypen in mäanderartigen Furchen durch intratentakuläre unvollständige Knospung, bei der die Mundscheibe in ein langes Band mit zahlreichen Mundöffnungen ausgezogen wird. Tentakel stehen auf den seitlichen Graten. E *Lophelia* sp., Teil eines Skeletts. A Original: A. Svoboda, Bochum; B-E Originale: W. Schäfer, Sindelfingen.

zunächst ab 40 m Tiefe erheblich zurückgeht. Planktonreiches, trübes Wasser, Aussüßung oder hohe Sedimentation in unmittelbarer Nähe von Flußmündungen (z.B. Amazonas) sind begrenzende Faktoren. (3) Ausreichendes O_2- und Nahrungsangebot; günstige Bedingungen daher in Richtung offenes Meer. Deshalb wachsen Riffe meerwärts, ein in Küstennähe entstandener Korallengürtel erweitert sich zum Riffdach. An der dem Meer zugewandten, meist steil ins tiefe Wasser abfallenden Riffkante, herrscht besonders üppiges Wachstum. Dagegen stirbt das Riffdach zur Küste hin ab (O_2-Mangel, durch Brandung aufgewirbelte Sedimente). Abgestorbene Korallenbruchstücke zerfallen zu Korallensand. Wirtschaftlich wird der Korallenkalk als Baumaterial (Beimengung für Zement, Kalkbrennen) sowie zur Düngung im indopazifischen Raum genutzt.

Vorwiegend im Hinblick auf ihre Lage zum Festland werden 4 Rifftypen unterschieden: (1) Saumriffe entstehen und verlaufen parallel und nahe der Küste. (2) Barriereriffe liegen weitab; das Festland ist abgesunken und der Wasserspiegel gestiegen, die Korallen mitgewachsen, (z.B. Great Barrier Reef vor der australischen Küste, 2000 km Länge). (3) Atolle entstehen, wie Darwin bereits erkannt hat, durch das Absinken von Vulkaninseln, deren ringförmige Saumriffe im Endzustand zentrale Lagunen umschließen, aber auch durch Regenerosion von Plattformriffen während eiszeitlicher Seespiegelsenkungen (Malediven). (4) Plattformriffe bilden sich typischerweise inmitten der Ozeane, teilweise weit vom Festland entfernt, wenn der Meeresgrund in Form einer „Plattform" soweit zur Meeresoberfläche hochragt, daß die ökologischen Voraussetzungen (vgl. oben) für Korallenwachstum erfüllt sind. Rezente Riffe können eine Mächtigkeit von 500 m, fossile Riffe von 2 km (Dachstein) haben.

Je intensiver der Stoffwechsel einer Koralle, um so erfolgreicher ist sie in der Besiedlung eines Riffs oder in der Verdrängung anderer Arten. So vergrößern Baumkorallen (*Acropora*) durch vielfache Verzweigung ihre stoffwechselaktive Oberfläche und wachsen durch extratentakuläre Knospung 10–25 cm pro Jahr.

Acropora palmata, Elchhornkoralle (Acroporidae), mit meterlangen Ästen. – *Platygyra*-Arten, Hirn- oder Neptunskorallen; bilden massive Blöcke von 1–2 m Durchmesser. – *Favia* spp., Sternkorallen (Faviidae) (Abb. 229 A), Durchmesser um 0,5 cm, vermehrt sich durch intratentakuläre Knospung, flächige Stöcke oder massive Blöcke. – *Fungia* spp., Pilzkorallen (Fungiidae) (Abb. 229 C), solitär. Nachdem Polyp bestimmte Höhe erreicht hat, wächst er waagerecht zu einer pilzförmigen Scheibe aus, die sich vom proximalen Kelch abtrennt (Querteilung, Strobilation), von Strömung weggetragen, beginnt Eigenleben und entwickelt Geschlechtsprodukte; zurückgebliebner Polyp kann neue Scheiben bilden. – *Lophelia pertusa* (Caryophylliidae) (Abb. 229 E), kosmopolitisch, bildet zusammen mit der Hornkoralle *Paragorgia* (S. 158) und hydroiden Korallen (S. 176) Korallenbänke vor den skandinavischen (!) Küsten. – *Caryophyllia smithii*, Kreiselkoralle (Caryophylliidae), 3,5 cm, solitär. – *Balanophyllia europaea*, Warzenkoralle (Dendrophylliidae), und *Leptopsammia pruvoti* (Dendrophylliidae), die mit der Edelkoralle *Corallium rubrum* vergesellschaftete gelbe Nelkenkoralle sind häufige solitäre, nicht riffbildende Scleractinia des Mittelmeeres. – *Cladocora caespitosa*, Rasenkoralle (Faviidae), und *Astroides calycularis*, Kelchkoralle (Dendrophylliidae), bilden im Mittelmeer Stöcke von über 30 cm Höhe.

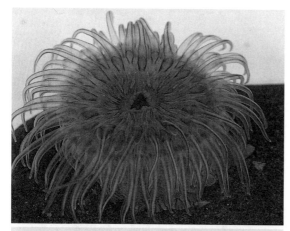

Abb. 230: Kontraktion einer Aktinie (*Sagartiogeton undatus*), mit zahlreichen Acontien (Fäden, die mit Drüsen- und Nesselzellen besetzt sind). Originale: W. Westheide, Osnabrück

1.2.3 Actiniaria, Seeanemonen

Solitäre Hexacorallia ohne Skelett, meist mit Siphonoglyphen und paarigen Sarkosepten (Abb. 218). Muskelfahnen (Retraktoren) sind einander zugekehrt, nur die mit den 2 Siphonoglyphen kommunizierenden Richtungsseptenpaare haben einander abgewandte Retraktoren (Abb. 220). Außer den kräftigen Retraktoren können die Septen parallel zur Fußscheibe Basilarmuskeln aufweisen,

ferner bisweilen Parieto-Basilarmuskulatur, die proximal zunächst schräg von der Mitte der Fußscheibe und weiter distal parallel zum Scapus verläuft. Alle diese Muskeln bauen sich aus Epithelmuskelzellen auf. Gastraltaschen abwechselnd als Binnenfach (Endocoel, Tasche zwischen den Septen eines Paares) und Zwischenfach (Exocoel, Tasche zwischen 2 Septenpaaren) (Abb. 221); Bildung neuer Septenpaare erfolgt in den Zwischenfächern (bei regelmäßigen Formen in Zyklen, z.B. der 1. Zyklus 6, der 2. Zyklus 6, der 3. Zyklus 12, der 4. Zyklus 24, der 5. Zyklus 48 Septenpaare usw.). Meist bestehen nur die ersten Zyklen aus vollständigen, d.h. bis zum Schlundrohr reichenden Septen (Makrosepten), im Gegensatz zu den unvollständigen Mikrosepten, die nicht bis zur Pharynxwand reichen. Manche Arten haben Nesselfäden (Acontien, Abb. 218), die im proximalen Abschnitt des Polypen vom freien Rand der Septen entspringen und durch die Mundöffnung oder Poren im Scapus (Cincliden) ausgeschleudert werden (Abb. 230). Nesselsäcke (Acrorhagen) liegen ringförmig zwischen Tentakelkranz und Scapus angeordnet. Die Vielfalt an Fortpflanzungsmodi ist außergewöhnlich. Getrenntgeschlechtliche ovipare, aber auch zwittrige vivipare Arten und vivipare parthenogenetische Arten sind bekannt.

Actinia equina, Purpurrose, Pferdeaktinie (Actiniidae), Fußscheibendurchmesser bis 7 cm; in vielen Farbvariationen in der Gezeitenzone der europäischen Meere. – *Tealia felina,* Seedahlie (Actiniidae). – *Metridium senile,* Seenelke (Metridiidae), extrem gelappte Mundscheibe und viele kleine Tentakel. – *Anemonia sulcata (= viridis),* Wachsrose (Actiniidae), im Mittelmeer und Atlantik häufig direkt unterhalb der Wasseroberfläche, Mundscheibendurchmesser 12 cm, leuchtend grüne, 20 cm lange Tentakel mit violetten Spitzen, für den Menschen spürbar nesselnd. – *Edwardsia callimorpha* (Edwardsiidae), 10 cm, zeitlebens nur 8 vollständige Septen, ein Stadium, das auch von anderen Actiniaria während der Individualentwicklung durchlaufen wird; im Weichboden, Ärmelkanal, Atlantik. – Einige Actiniaria leben mit Einsiedlerkrebsen in Symbiose: *Adamsia palliata,* Mantelaktinie (Hormathiidae), bis 2 cm; nach 2 Seiten ausgestreckte Fußscheibe 6 cm lang und 2,5 cm breit; lebt auf von *Eupagurus prideauxii* bewohnten Schneckenschalen (*Natica, Nassa, Gibbula*), geht ohne Krebs zugrunde. – *Calliactis parasitica,* Einsiedlerrose (Hormathiidae), 5 cm hoch. Meist zu mehreren Individuen auf größeren Schneckenschalen (*Murex, Dolium*), die von *Pagurites oculatus* oder *Dardanus arrosor* bewohnt sind. – *Stomphia coccinea* (Actinostolidae), 6 cm; schwimmt durch rhythmisches Kontrahieren und Biegen des Mauerblattes abwechselnd nach links und rechts und flieht so vor ihren Feinden, Nacktschnecken oder Seesternen, welche die Muscheln fressen, auf deren Schalen sie siedelt. – *Stoichactis kenti,* tropische Riesenaktinie, Mundscheibendurchmesser bis 1,5 m; Symbiose mit Anemonenfischen, die nicht genesselt werden, da sie von Jugend an einen Schutzstoff/Schleim von den Tentakeln der Aktinien übernehmen, der die Entladung der Nesselkapseln verhindert. So finden Anemonenfische zwischen den Tentakeln der Aktinien Schutz vor Feinden. Während ihrer kurzen Ausflüge weg von der

Aktinie machen sie potentielle Futtertiere für die Aktinie auf sich aufmerksam. Letztere verfolgen sie und werden dann von der Aktinie mit ihren Tentakeln erfaßt und gefressen, während der Anemonenfisch unbehelligt bleibt.

1.2.4 Zoantharia, Krustenanemonen

Meist koloniebildend überwachsen sie krustenartig andere Organismen, z.B. Schwämme, Tunicaten oder incrustierte Algen. Nur eine Siphonoglyphe kommuniziert mit dem vollständigen Richtungsseptenpaar. Das gegenüberliegende Paar ist unvollständig, in den beiden nebenliegenden Gastraltaschen findet die Bildung neuer Septen statt (Abb. 220E). Von der Epidermis abgeschiedener Schleim verklebt Sklerite von Schwämmen, Sand, Diatomeenschalen u.ä., die von der Epidermis überwuchert werden und schließlich in die Mesogloea gelangen, was den Polypen wie dem Coenenchym Zähigkeit verleiht.

Parazoanthus axinellae (Parazoanthidae), die leuchtend gelb-orangefarbenen Kolonien überwachsen im Mittelmeer häufig Schwämme der Gattung *Axinella*.

1.2.5 Antipatharia, Dörnchenkorallen, Schwarze Edelkorallen

Koloniebildende, manchmal wie Hornkorallen verzweigte Hexacorallia, die ein dunkles, mit Dörnchen besetztes, chitiniges Skelett bilden. Die Dornen werden als stark reduzierte Kurzzweige angesehen. Das Skelett wird von der Epidermis abgeschieden und vom Coenenchym überwuchert. Septen (6, 10, 12) sind vorhanden, deren Muskulatur stark rudimentär ist. Die Epidermis trägt Cilien, die Nahrungsteilchen in Richtung Mundfeld strudeln. Das dunkelbraune bis schwarze Skelett wird im indopazifischen Raum, dem Hauptverbreitungsgebiet der Antipatharia, zu Schmuckgegenständen verarbeitet.

Antipathes subpinnata (Antipathidae), bis 1 m hohe Stöcke; im Mittelmeer noch an wenigen Stellen, meist nur in größeren Tiefen (ab 35 m).

2 Cubozoa, Würfelquallen

Mit etwa 20 Arten sind die Cubozoa ein kleines Taxon; früher wurden sie zu den Scyphozoa gerechnet. Ihr Polyp und ihr Lebenszyklus waren lange unbekannt. Erst in jüngster Zeit gelang die Zucht von Cubopolypen aus Planulae der lebendgebärenden Medusen von *Tripedalia*. Polypen und Medusen weisen gegenüber den Scyphozoa tiefgreifende Unterschiede auf. Cubomedusen bewohnen tropische, inselreiche Meere mit ausgedehnten Schelfgebieten, z.B. die Ostküste Australiens und die Karibik. Besonders häufig sind diese gefürchteten, oft tödlich nesselnden Quallen in Häfen, Fluß-

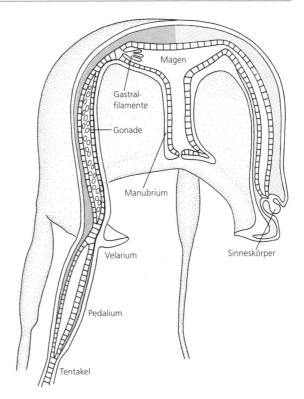

Abb. 231: Cubomeduse. Organisationsschema. Schnitt links durch Interradius, rechts durch Perradius geführt. Epidermis weiß, Gastrodermis zellig, Mesogloea punktiert. Vereinfacht nach Werner (1984).

mündungen oder zwischen Mangrove-Inseln im flachen, bisweilen nährstoffreichen Wasser.

Bau

Der Polyp von *Tripedalia* lebt solitär, der proximale Abschnitt steckt in einem von den basalen Epidermiszellen abgeschiedenen **Peridermbecher** (Abb. 233). Distal erhebt sich über den Tentakelkranz hinaus ein muskulöser Mundkegel, an dessen Basis ein ektodermaler und ein entodermaler Nervenring verläuft. Ihn umstellen die Tentakel, die im Endknopf viele (*Tripedalia*) oder nur eine große Nesselkapsel (*Chironex, Charybdea*) tragen. Der stumpfkegelige bis flaschenförmige Cubopolyp hat nicht die radiärsymmetrisch-tetrameren Strukturen der Scyphopolypen (Abb. 205), Gastralsepten und -taschen sowie Septalmuskeln fehlen, die Gastrodermis weist lediglich unregelmäßige Längsfalten auf. – Bei den adulten Cubomedusen ist der Schirm mehr oder weniger würfelförmig (Abb. 231), distal sitzt an jeder der 4 Ecken entweder 1 Tentakel oder ein ganzes Bündel. Die Tentakelbasen sind zu **Pedalia** verdickt. – Der Subumbrellarraum ist tief ausgehöhlt, seine Öffnung wird durch ein **Velarium** irisblendenartig eingeengt. In der Epidermis der Subumbrella liegt zwischen Velarium und Schirmrand

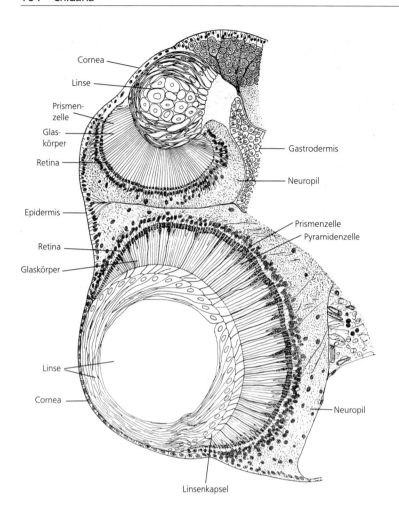

Cornea
Linse
Prismen-
zelle
Glas-
körper
Retina
Epidermis
Retina
Glaskörper
Linse
Cornea
Linsenkapsel

Gastrodermis
Neuropil
Prismenzelle
Pyramidenzelle
Neuropil

Abb. 232: Linsenaugen im Sinneskörper von *Charybdea marsupialis* (Cubozoa). Oben kleines Auge, unten komplizierteres Auge. Nach Berger (1900) aus Werner (1984).

ein Nervenring. In unmittelbarer Nähe ist, teilweise in die Mesogloea eingebettet, eine breite Ringmuskulatur entwickelt. – Viele Cubomedusen sind äußerst schnelle und gewandte Schwimmer.

Der durch Kontraktion der Ringmuskulatur aus dem Subumbrellarraum herausschießende Wasserstrahl kann durch asymmetrische Kontraktion des Velariums abgelenkt werden, was eine sofortige Änderung der Schwimmrichtung zur Folge hat. Zusätzlich wirken die Pedalia, die sich beim Schwimmen krümmen, als Steuer. Einige Arten können bis zu 150 Kontraktionsbewegungen min^{-1} ausführen und über 5 m min^{-1} zurücklegen.

Die 4 Randsinnesorgane liegen perradial in Vertiefungen der Exumbrella (Sinnesnischen), die von einer lidartigen Falte überdacht werden. Ein Randsinnesorgan enthält distal einen Konkrementkörper und trägt, der Schirmhöhle zugewandt, Becheraugen oder hochkomplizierte Linsenaugen (Abb. 232).

Allgemein zeigen Cubomedusen eine positive Phototaxis. Sie nehmen ein in 1,5 m Abstand entzündetes Streichholz wahr und schwimmen darauf zu. Möglicherweise erbeuten sie nachts leuchtende oder Licht (Mondschein) reflektierende Tiere.

Cubomedusen ernähren sich hauptsächlich von Krebsen, Fischen und Polychaeten, die mit den Tentakeln gefangen und, indem sich die Pedalia nach innen wölben, von dem kurzen Manubrium ergriffen und dem Gastrovaskularsystem zugeführt werden. Septen (4) unterteilen den Gastralraum in 4 Gastraltaschen. Ob es sich bei den in Richtung der Septen aufgewölbten zipfeligen Einsenkungen um Septaltrichter handelt, wird neuerdings bestritten (fehlende Septalmuskulatur!). Die Gastraltaschen sind durch je eine Öffnung mit dem Zentralmagen verbunden. Durch eine parallel zur Körperwand verlaufende Wandung (eine der zahlreichen Stützstrukturen der Cubomedusen), wird jede Gastraltasche nochmals in eine innere und eine äußere Tasche unterteilt. In den äußeren Taschen liegen an der Basis der Epidermis die Geschlechtsprodukte.

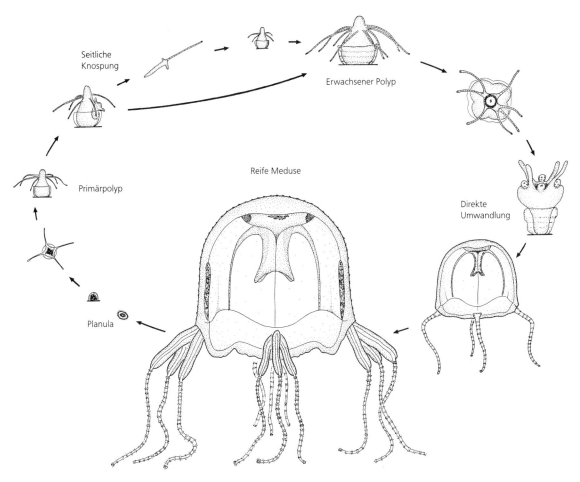

Seitliche
Knospung

Erwachsener Polyp

Primärpolyp

Reife Meduse

Direkte
Umwandlung

Planula

Abb. 233: *Tripedalia cystophora* (Cubozoa). Lebenszyklus mit Knospung, direkter Umwandlung von Polyp in Meduse und sexueller Fortpflanzung der Meduse. Nach Werner (1973), vereinfacht.

Fortpflanzung und Entwicklung

Die Cubozoa sind getrenntgeschlechtlich. Die Befruchtung bei *Chironex* und *Chiropsalmus* erfolgt außerhalb des Körpers, bei *Tripedalia* und *Charybdea* dagegen im Gastrovaskularsystem. Adulte Cubopolypen pflanzen sich ungeschlechtlich durch K n o s p u n g fort. Die Knospe schnürt sich ab und wird nach einer Periode des Umherkriechens sessil. Die E m b r y o n a l e n t w i c k l u n g der Cubozoa ist nur lückenhaft bekannt, die Zygoten von *Charybdea* furchen sich total-äqual, die Ablösung des Entoderms erfolgt durch multipolare Immigration. Die birnenförmigen Planulae sind stark bewimpert und metamorphosieren nach einigen Tagen zu Polypen.

Die adulten Cubopolypen wandeln sich vollständig (!) in eine Meduse um; die Medusen entstehen daher nicht durch asexuelle Fortpflanzung (Abb. 233).

Zu Beginn der Metamorphose wird der ursprünglich radiärsymmetrische Körper des Polypen durch Ausbildung von 4 Längsfalten tetramer. Die Tentakel werden zu 4 Gruppen zusammengefaßt und anschließend bis auf die Basalteile, die sich in die Randsinnesorgane (perradial) umwandeln, reduziert. Zwischen den Sinnesorganen entstehen interradial die Tentakel der Meduse. Im Umkreis des Mundkegels senkt sich die Epidermis ein, was zur Bildung des Subumbrellarraumes führt. Nach der Metamorphose hinterläßt die junge Meduse nur den Peridermbecher.

Systematik

Bevor der Entwicklungszyklus der Cubozoa aufgeklärt war, wurden sie als „Cubomedusae" in die Scyphozoa eingereiht. Hier werden sie an die Basis der metagenetischen Cnidaria gestellt, da die Bildung der Meduse durch direkte Metamorphose aus einem einzigen Polypen sehr ursprünglich erscheint. Im übrigen ist die Einordnung der Cubozoa in das System der Cnidaria problematisch. Sie lassen sich aber durch den Bau des Darmsacks, der Sinnesorgane, insbesondere der Augen, und durch das Cnidom (Haplonemen, Rhabdoide, Eurytelen und Stenotelen) von den Scyphozoa abgrenzen, die ein-

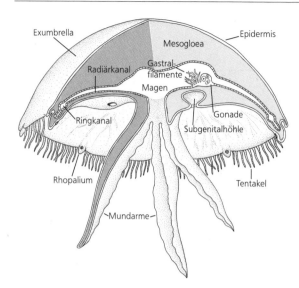

Abb. 234: Scyphomeduse (Scyphozoa). Organisationsschema. Epidermis weiß, Gastrodermis zellig, Mesogloea punktiert. Nach verschiedenen Autoren.

heitlich nur Haplonemen und Eurytelen aufweisen. Da es sich bei dem Velarium der Cubozoa und dem Velum der Hydrozoa um konvergente Bildungen handelt und sich beide Taxa auch durch die innere Gliederung der Medusen stark unterscheiden, erscheint eine nähere Verwandtschaft zwischen Hydrozoa und Cubozoa unwahrscheinlich. Die beiden Subtaxa der Cubozoa, die Charybdeida und die Chirodropida, unterscheiden sich vor allem in der Anatomie der Pedalia, im Bau des Gastrovaskularsystems und im Cnidom. Diese Strukturen sind bei den Chirodropida komplexer.

2.1 Charybdeida

4 Pedalia mit je 1 oder 3 Tentakeln, Gastrovaskularsystem ohne Blindsäcke; Cnidom aus Haplonemen, Eurytelen und Stenotelen.

Charybdea marsupialis (Charybdeidae), Schirmhöhe 8 cm; stark nesselnd; Mittelmeer. – *Tripedalia cystophora* (Charybdeidae), 1 cm hoch (Abb. 233); Nesselwirkung gering; Charybden übertragen nach einem für Medusen höchst außergewöhnlichen Paarungsspiel kugelige Spermatozoenpakete auf das Weibchen, dessen befruchtete Eier sich im Gastralraum zu Planulae entwickeln; Westindien.

2.2 Chirodropida

Medusen mit 4 handförmigen Pedalia, an deren fingerförmigen Fortsätzen je 1 Tentakel inseriert. Jede Gastraltasche mit 2 Blindsäcken, die in die Subumbrellarhöhle hängen. Cnidom aus Haplonemen, Rhabdoiden, Eurytelen und Stenotelen.

Chironex fleckeri, Seewespen (Chirodropidae) und *Chiropsalmus quadrigatus;* 10 cm; gehören zu den gefährlich-

sten Meerestieren, massenhaftes Auftreten erfordert Sperrung weiter Badestrände. Nesselgift, ein Cardiotoxin (Protein mit Molekulargewicht um 150000), bewirkt schmerzhafte Hautreaktionen, Krämpfe, Fieber, in schweren Fällen Lähmungen des Atemzentrums und Tod durch Herz- und Kreislaufversagen. Durch Einreiben der Haut mit Alkohol (notfalls Parfüm, Rasierwasser etc.) denaturiert ein Teil des Nesselgifts und wird unwirksam. An manchen Badestränden im Indopazifik werden Behälter mit Methylalkohol bereitgestellt, was als sofortiges Hilfsmittel bei Badeunfällen bisweilen die schlimmsten Folgen mildert.

3 Scyphozoa, Scheibenquallen

Die etwa 200 Arten dieser Gruppe gehören vor allem wegen der großen scheibenförmigen Medusen („Quallen") (Schirmdurchmesser 20–60 cm, selten 2 m) zu den bekanntesten Vertretern der Cnidaria. Die nur wenige Millimeter großen S c y p h o p o l y p e n bleiben demgegenüber recht unscheinbar.

Bau

Am Mundfeld der Polypen sitzt peripher eine nicht konstante Zahl Tentakel – meist 8–20, die mit nicht epithelial angeordneten Gastrodermiszellen ausgefüllt sind. Der Gastralraum ist durch 4 S e p t e n in 4 Gastraltaschen untergliedert. Die Epidermis der Mundscheibe senkt sich trichterartig in die Septen (T a e n i o l e n) und bildet so die 4 S e p t a l t r i c h t e r (Abb. 205). Unterhalb setzen die ektodermalen Septalmuskeln an, die bis zur Fußscheibe reichen. Scyphopolypen siedeln bevorzugt auf steinigem Untergrund, an Hafenmauern oder Holzpfählen, auf Muschelschalen oder Tang. Sie leben solitär; Koloniebildung existiert nur bei Coronata (S. 168).

Bei den glocken-, helm- oder scheibenförmigen **Scyphomedusen** sind Gastralsepten und -taschen in der Regel rückgebildet (Abb. 234). Der Zentralmagen setzt sich in zahlreiche Radiärkanäle fort, die ontogenetisch durch Verwachsen der oberen und unteren Wandung des einheitlichen Gastralraumes entstanden sind. Die Radiärkanäle können sich vielfach verzweigen. Ein Ringkanal kann vorhanden sein (z.B. *Aurelia*, Abb. 236) oder fehlen (z.B. *Cyanea*). Die G a s t r a l f i l a m e n t e liegen oberhalb der aus den Septaltrichtern des Polypen hervorgegangenen ektodermalen Einsenkungen (S u b g e n i t a l h ö h l e n). – Der Glockenrand, der an der Subumbrella eine mächtige Ringmuskulatur trägt, ist durch Einkerbungen in Randlappen untergliedert. Nervenringe kommen nur bei den Coronata vor, für die Rhythmik der Kontraktion beim Schwimmen sind bei den anderen Scyphomedusen Nervenkomplexe nahe den Rhopalien (s. unten) verantwortlich. Das Schlagen der Randlappen charakterisiert die Schwimmbewegung.

Da eine irisblendenartige Verengung der Öffnung des Subumbrellarraumes, wie das Velarium der Cubomedusen oder das Velum der Hydromedusen (S. 172) fehlt,

Abbildungsbeschriftungen (Abb. 234): Exumbrella · Mesogloea · Epidermis · Radiärkanal · Gastralfilamente · Magen · Gonade · Ringkanal · Subgenitalhöhle · Rhopalium · Tentakel · Mundarme

entfällt die damit verbundene Möglichkeit, den aus dem Subumbrellarraum ausgepreßten Wasserstrahl zu lenken. Eine Richtungsänderung wird durch ungleichartiges Schlagen der Randlappen und asymmetrische Kontraktion der Glocke bewerkstelligt, wodurch das Schwimmen der Scyphomedusen im Vergleich zu Cubo- und Hydrozoa unbeholfener wirkt.

Die Randsinnesorgane (Rhopalien) (Abb. 234) liegen zwischen den Randlappen und haben die Form eines vom Glockenrand abstehenden Kolbens. Dieser ist entodermal ausgekleidet und von einer aus Epidermis und Mesogloea aufgebauten Haube abgedeckt. Durch Mineraleinlagerungen sind die distalen Gastrodermiszellen umgebildet: die Spitze des Kolbenkanals birgt zahlreiche Kristalle, deren Gesamtheit als Statolith fungiert. Dabei werden die Pendelbewegungen des Kolbens von Sinneszellen wahrgenommen. Bei *Aurelia* ist außerdem je ein Flächen- und ein Becherauge vorhanden. Sinnesgruben, die in unmittelbarer Nähe des Randkörpers liegen, werden chemorezeptorische Funktionen zugeschrieben, womit das Rhopalium ein komplexes Licht-, Schwere- und Geschmackssinnesorgan darstellen würde. Trotz ihrer Komplexität sind die Rhopalien relativ ursprüngliche Sinnesorgane, da alle Sinneszellen nach außen gewandt sind.

Scyphomedusen ernähren sich hauptsächlich von Krebsen und kleineren Fischen, die von den Tentakeln erfaßt werden. Durch die Schwimmbewegungen kann das Wasser mit Hilfe der Tentakel filtriert werden (bei *Aurelia aurita* 1 Liter in 7 $\frac{1}{2}$ min). Die bei Partikelfressern (Rhizostomeae, S. 171, *Aurelia*, S. 168) in Schleim gehüllte, durch Wimpernströme dem Gastralraum zugeführte Nahrung wird durch Enzyme abscheidende Zellen der Gastralfilamente aufgeschlossen und durch die Kontraktionsbewegungen gleichmäßig im Gastralraum verteilt.

Fortpflanzung und Entwicklung

Die Scyphozoa sind fast alle getrenntgeschlechtlich. Die **Keimzellen** entstehen aus Entodermzellen, die über den Subgenitalhöhlen in die Mesogloea einwandern. Die Spermatozoen werden stets ins freie Wasser abgegeben, die Oocyten können im Gastrovaskularsystem befruchtet werden. Dort, in den Gonaden oder in Taschen der Mundarme erfolgt Brutpflege. Die Scyphozoa sind das Cnidaria-Taxon mit der einheitlichsten Embryonalentwicklung. Die total-radiäre **Furchung** führt über eine Coeloblastula zur Invaginationsgastrula, wobei die Embolie mit polarer Immigration gekoppelt sein kann. Der Blastoporus wird meist wieder verschlossen; die mundlose Planula ist gleichmäßig bewimpert und metamorphosiert nach einer pelagischen Phase zum Polypen. Scyphopolypen vermehren sich asexuell durch laterale Knospung oder Podocystenbildung (S. 177).

Dagegen führt eine spezielle Querteilung (terminale Abschnürung, Strobilation) zur Bildung von Medusen. Während des Überganges in das Teilungsstadium (Strobila) (Abb. 236) wird der Scyphopolyp durch Ringfurchen in kleine Scheibchen zerlegt. Durch Metamorphose werden die oralen Organe des Polypen, z.B. Tentakeln, in die Organanlagen der Medusenlarve umgewandelt. Eine monodiske Strobila liegt vor, wenn nur eine Medusenanlage entsteht, in der Mehrzahl werden mehrere gleichzeitig gebildet (polydiske Strobila, Abb. 236). Die jeweils terminale Knospe löst sich ab und wird zur freischwimmenden Ephyra (Abb. 236).

Die erste Ephyra übernimmt den Mundkegel des Scyphopolypen, der das Manubrium bildet. Die folgenden Ephyren bilden ihr Manubrium aus dem Verbindungsrohr, durch das die Knospen vor der Ablösung in Verbindung standen. Nach Ablösung aller Ephyren regeneriert der Restpolyp nach kurzer Zeit wieder ein Mundfeld mit Tentakelkranz und Septaltrichtern. Im Gegensatz zu den Cubozoa, bei denen sich der Polyp vollständig in eine Meduse umwandelt, bleibt vom Scyphopolypen stets ein Restkörper übrig, der wieder vollständig regeneriert. Junge Ephyren schwimmen durch rhythmisches Schlagen der Stammlappen. In der Weiterentwicklung wachsen zwischen den Stammlappen die Velarlappen aus, die sich stark verbreitern, bis ein geschlossener Schirm entstanden ist. Der typische Generationswechsel kann sowohl durch Verlust der Polypen- wie der Medusengeneration Abwandlungen erfahren.

Systematik

Die Coronata werden als Scyphozoengruppe mit den ursprünglichen Merkmalen angesehen, (1) da das Peridermgehäuse ihrer Polypen (Abb. 237 A) den fossilen †Conulata ähnelt (Abb. 235) und (2) da der Coronata-Polyp sowohl polypoide (Habitus, innere Gliederung) als auch medusoide (Besitz des Kanalsystems einer Meduse) Merkmale in sich vereint. Umstritten ist die Stellung der Stauromedusida: stark abgeleitet sind die Ultrastruktur ihrer Spermien, ihre wimpernlosen Planulae und das Fehlen freischwimmender Medusen; das Vorhandensein des Claustrums (eines Ringwalls, den auch die Cubozoa – weniger ausgeprägt – aufweisen) sowie die Ultrastruktur ihrer Oocyten, die ähnliche Speicherstoffe wie die der Octocorallia enthalten, sind dagegen ursprüngliche Merkmale. Da es sich jedoch um Symplesiomorphien handelt, können diese Merkmale wenig zur Klärung der Stellung dieser Gruppe beitragen. Unbestritten abgeleitet sind demgegenüber die oft als „Discomedusae" zusammengefaßten Schwestergruppen Semaeostomea und Rhizostomea, deren Differenzierungsgrad bei den Rhizostomea u.a. im Bau des Gastrovaskularsystems einen Höhepunkt erreicht.

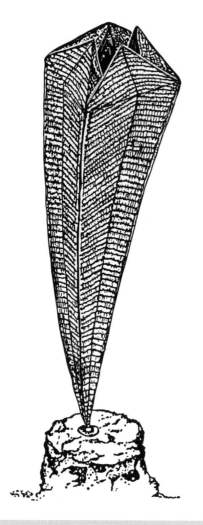

Abb. 235: †Conulata. Gehäuse-Rekonstruktion einer †*Conularia*-Art, der obere Faltklappenverschluß teilweise geöffnet. Länge ca. 6 cm. Nach Werner (1971).

† Conulata

Fossile Cnidaria (Kambrium bis Trias) mit oft tetramerem Peridermgehäuse und Deckelapparat, bei viereckigen Formen aus 4 Verschlußklappen (Abb. 235); meist festsitzend; Außenseite des Periderms mit Längs- und Querstreifen, Innenwand glatt. Die festsitzende †*Archaeoconularia fecunda* (Conulariidae), Ordovizium, 8–9 cm hoch, in Ostdeutschland und Tschechien verbreitet.

3.1 Coronata, Kranzquallen

Die solitären oder koloniebildenden Polypen leben in einer Peridermröhre (Abb. 237 A), deren Struktur an die der fossilen † Conulata erinnert, allerdings im Querschnitt rund ist. Polypen wie z. B. *Stephanoscyphus* haben distal das Kanalsystem einer Meduse: 4 Radiärkanäle, 1 Ringkanal. Die Exumbrella der kuppel- bis kegelförmigen Medusen ist durch eine Ringfurche (Corona) (Abb. 237 C) untergliedert. Die Randlappen sind in gleichen Abständen angeordnet.

Nausithoë punctata (Nausithoidae), Meduse mit einem Schirmdurchmesser von 1–2 cm; Mittelmeer (Abb. 237 C). – *Stephanoscyphus racemosus* (Nausithoidae), koloniebildender Polyp, Westpazifik. Die Lebenszyklen vieler Arten waren lange unbekannt, daher wurden Polypen und dazugehörige Medusen oft mit unterschiedlichen Gattungsnamen belegt: Polypen der Gattung *Stephanoscyphus* (Abb. 237 B) erzeugen Medusen der Gattung *Nausithoë*. – *Stephanoscyphus eumedusoides*, in mediterranen Höhlen, Medusengeneration reduziert: Zwar strobiliert der Polyp, freie Ephyren werden jedoch nicht gebildet, sie bleiben als sessile Medusoide am Polypen und bilden reife Geschlechtsprodukte; zwittrig, Selbstbefruchtung möglich. Die befruchteten Eier entwickeln sich im Gastrovaskularsystem zu Planulae, die – nach einer pelagischen Phase – zu sessilen Polypen werden. – *Thecoscyphus zibrowii* (Abb. 237 A), galt als „Urpolyp", da Meduse fehlt; es wurde jedoch eine rudimentäre Strobilation nachgewiesen. Parthenogenese. Mittelmeer.

3.2 Stauromedusida (Lucernariida), Becher- oder Stielquallen

Diese halbsessilen, aberranten Scyphozoen mit polypoidem Habitus (Abb. 238) besitzen einen Stiel, der durch 4 Septen und die darin verlaufenden Septalmuskeln an einen Scyphopolypen erinnert. Er endet in einer verbreiterten Fußscheibe, mit der das Tier am Untergrund (meist Makroalgen) haftet. Der distale Kelch trägt (wie eine Meduse) Gastralfilamente und Gonaden. Den Gastralraum unterteilen 4 Septen mit ausgeprägten Septaltrichtern den Gastralraum. Jede der 4 Gastraltaschen kann durch ein Claustrum in eine äußere (exogone) und innere (mesogone) Tasche untergliedert werden. – Am Schirmrand können perradial und interradial Haftorgane (Randanker, Rhopaloide) liegen, die eine Klebsubstanz abscheiden. Sie werden auf in der Ontogenese umgewandelte polypoide Tentakel zurückgeführt. – Die subumbrellare Ringmuskulatur ist schwach entwickelt. Sinnesorgane fehlen, wie bei einem Polypen sind zerstreut Rezeptorzellen vorhanden. Adradial entspringen am Schirmrand büschelartig verzweigte Arme (Abb. 238), die jeweils in kugeligen Nesselkapselbatterien enden. Diese ergreifen die Nahrung, hauptsächlich kleine Krebse, Muscheln, Schnecken und Larven, die dem Mundrohr zugeführt werden. Die Tentakelbüschel dienen auch der Lokomotion, indem sich das Tier abwechselnd mit ihnen und der Fußscheibe festheftet und so spannerraupenartig kriechen und radschlagen kann.

Becherquallen werden auf eine monodiske Strobila zurückgeführt, d. h. auf eine ungeschlechtlich ent-

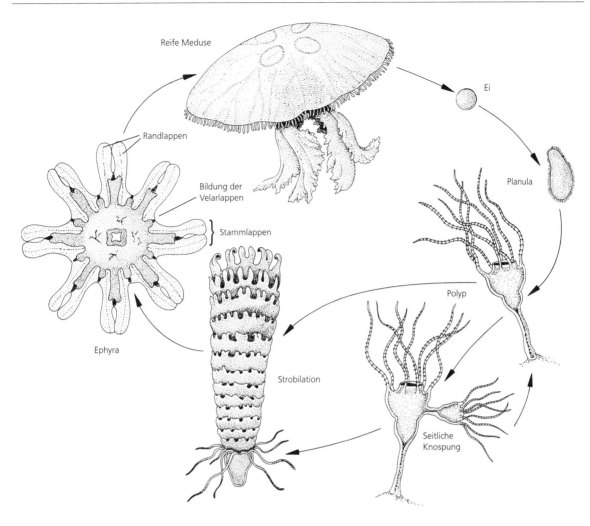

Abb. 236: *Aurelia aurita* (Scyphozoa), Ohrenqualle. Metagenetischer Lebenszyklus. Meduse: Durchmesser bis 40 cm; Polyp: ca. 2 mm. Häufig in Nord- und Ostsee. Aus Bayer und Owre (1968).

standene Meduse, die sich nicht vom Mundfeld eines Polypen ablöst. Da sie Keimzellen trägt, kann sie als Medusoid (Gonophor) betrachtet werden.

Die Gonaden treten adradial als 8 bandförmige Streifen an der Innenwand der Subumbrella in Erscheinung. Die Tiere sind ovipar. In der **Entwicklung** furchen sich die dotterarmen Eier radiär. Die Gastrulation führt durch unipolare Immigration zu einer cilienlosen Planula, die sich festheftet und bis zu 4 Planuloide bilden kann, die, wie die Mutterplanula, zu Becherquallen metamorphosieren.

Craterolophus tethys, 4 cm hoch, Schirmdurchmesser 2,5 cm, sehr farbvariabel, da über die Fußscheibe Pigmente der Algen, auf denen sie siedelt, aufgenommen werden. Nordsee. – *Lucernaria quadricornis,* bis 6 cm hoch; Arme deutlicher ausgezogen und paarweise angenähert. – *Haliclystus octoradiatus,* 3 cm hoch, mit eiförmigen Randankern. Nordsee (Abb. 238).

Bau und Funktion der Organe der nahe verwandten, bisweilen als **Discomedusae** zusammengefaß-

ten Semaeostomea und Rhizostomea entsprechen den im allgemeinen Teil (S. 166) Scyphozoa beschriebenen Gegebenheiten, weshalb bei der Besprechung beider Gruppen jeweils nur auf deren Besonderheiten hingewiesen wird.

3.3 Semaeostomea, Fahnenquallen

Dies sind die häufigsten Scheibenquallen unserer Meere. Die Kanten ihres Manubriums sind in 4 lange, faltige Lappen (Mundfahnen, Manubrialtentakel) ausgezogen (Abb. 234, 236). Der Schirmrand ist gelappt und trägt manchmal meterlange Tentakel.

Cyanea capillata und *C. lamarcki,* gelbe und blaue Feuerqualle (Cyaneidae), mit feinen, leicht abreißenden, meterlangen, stechend nesselnden Tentakeln, beeinträchtigen durch ihr zeitweilig massenhaftes Auftreten den Badebetrieb an der Nord- und Ostseeküste. Schirmdurchmesser bis 30 cm, in der Antarktis über 2 m(!). – *Pelagia noctiluca,* Leuchtqualle (Pelagiidae), Schirmdurchmesser

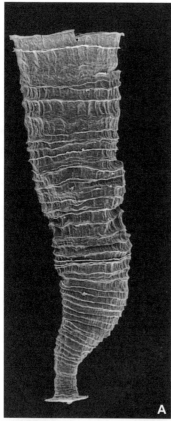

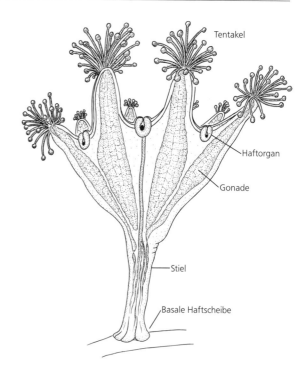

Abb. 238: *Haliclystus octoradiatus* (Scyphozoa, Stauromedusida). Seitenansicht. Polypenähnliche, festsitzende Meduse, die je nach Untergrund gelb, braun, grün oder rötlich gefärbt ist. Durchmesser 20–30 mm. Nach Clark (1878).

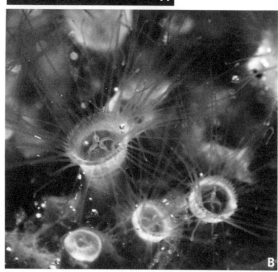

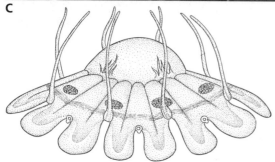

bis 8 cm in den letzten Jahren in der Adria immer häufiger, nesselt stark und verursacht großflächige Nekrosen; auf mechanische oder elektrische Reize emittiert sie bläuliches Licht (475 nm Wellenlänge). Ohne Planulae; Polypen wandeln sich direkt in Ephyren um. – *Chrysaora hysoscella,* Kompaßqualle (Pelagiidae), 30 cm Schirmdurchmesser, bis 50 cm lange, faltige Mundarme; an eine Kompaßrose erinnernde Zeichnung der Exumbrella (Abb. 239), die auch fehlen kann. Meduse ist zunächst männlich, dann zwittrig, schließlich weiblich und beherbergt in den Gonaden unterschiedlich weit entwickelte Embryonen. – *Aurelia aurita,* Ohrenqualle (Ulmariidae), 40 cm Schirmdurchmesser; erkennbar an den violett durchschimmernden, hufeisenförmigen Gonaden („Ohren", Abb. 236). Nesselwirkung für Menschen harmlos, Partikelfresser; Kosmopolit, häufigste Qualle der Nord- und Ostsee.

3.4 Rhizostomea, Wurzelmundquallen

Als Mikrophagen ist der Bauplan entsprechend abgewandelt: Fangtentakel am Schirmrand fehlen, die ursprüngliche Mundöffnung verwächst früh. So besteht das Manubrium aus einem Röhrensystem, das in den zentralen Teil des Gastrovaskularsystems

◁ **Abb. 237:** Coronata (Scyphozoa). Polypen A. *Thecoscyphus zibrowii*. Peridermröhre aus Chitin des Polypen, 15 mm lang. B. *Nausithoë punctata*. Polypenkolonien in Schwämmen, Mundscheibendurchmesser der Polypen ca. 1 mm. Adria. C *Nausithoë* sp., Meduse, Seitenansicht. A Original: W. Schäfer, Sindelfingen; B Original: A. Svoboda, Bochum; C nach Werner (1984).

den Manubrialkrausen kleinste Nahrungspartikeln fängt, geht sie zum sessilen „Polypendasein" über, kann sich aber jederzeit vom Standort lösen und davonschwimmen.

4 Hydrozoa

Die Hydrozoa sind mit 2 600 Arten (einige auch im Süßwasser) die Cnidaria-Gruppe mit der auffälligsten Formenvielfalt. Durch laterale Knospung entstehen polypoide oder medusoide Zooide, nur bei etwa einem Drittel der Arten werden noch freie Medusen gebildet. Mit der sekundären Rückbildung der Medusen bei Hydrozoa kann Brutpflege, die die Arterhaltung besser sichert, verbunden sein.

Bau

Die **Polypen** sind klein (meist 0,2–1 cm hoch). Ihnen fehlen Gastralsepten und der eingestülpte Pharynx (Abb. 205), was als phylogenetisch sekundäre Vereinfachung im Gefolge der Stockbildung und der geringen Körpergröße verstanden wird. Demgegenüber erfährt der Polymorphismus seine größte Diversität. Der Scapus kann bei koloniebildenden Formen distal kelchförmig zum Hydranthen erweitert sein und setzt sich proximal in den die einzelnen Hydranthen tragenden Hydrocau-

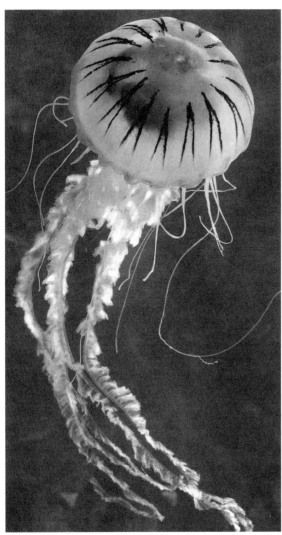

Abb. 239: *Chrysaora hysoscella* (Scyphozoa, Semaeostomea), Kompaßqualle. Mit brauner oder rötlicher Zeichnung. Vor allem im Spätsommer in der Nordsee. Durchmesser: 30 cm. Original: F. Schensky, Helgoland.

mündet und durch Poren mit der Außenwelt in Verbindung steht (Abb. 240). Wimpern befördern kleinste Nahrungspartikeln zu den Poren, die so in das weitverzweigte Magensystem aufgenommen werden. In diesem Bereich des Manubriums sind zierliche Fransen, Falten und Krausen ausgebildet (Name!). Das Nesselgift der Rhizostomeae ist für den Menschen meist harmlos.

Rhizostoma octopus, Blumenkohlqualle (Rhizostomidae), Schirmdurchmesser 60 cm, „Mundarmkrausen" mit 8 Endzapfen und „Schulterkrausen" an der Basis der Arme; Nordsee (Abb. 240). – *Rhopilema esculenta* (Rhizostomidae), wird in Ostasien – wie auch andere Quallen – getrocknet oder nach Einlegen in Salz und Gewürzen gegessen. – *Cassiopeia xamachana,* Mangrovenqualle (Cassiopeidae), Schirmdurchmesser bis 15 cm; indem sie sich mit der Exumbrella am Substrat festsaugt und mit

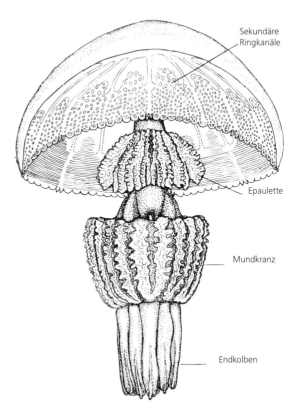

Abb. 240: *Rhizostoma octopus* (Scyphozoa, Rhizostomea), Wurzelmundquallen. Bläulich-milchig-weiß, Mundarme blau. In der Nordsee häufig in Massen. Schirmbreite: 60 cm. Nach Russel (1979) aus Werner (1984).

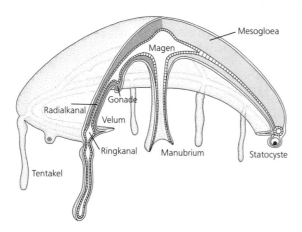

Abb. 241: Hydromeduse (Hydrozoa). Organisationsschema. Schnitt links durch Radialkanal, rechts durch Interradius geführt. Epidermis weiß, Gastrodermis zellig, Mesogloea punktiert. Vereinfacht nach verschiedenen Autoren.

lus fort bzw. steht mit kriechenden Stolonen in Verbindung, die ein umfangreiches Geflecht (Hydrorhiza) bilden können (Abb. 244, 246). Hydrozoenkolonien werden meist von einer chitinösen Hülle (Periderm) umgeben, die ihnen Stabilität und Schutz verleiht.

Die Stockbildung erfolgt entweder durch Knospung neuer Polypen an den Stolonen der Hydrorhiza oder am Hydrocaulus. Bei monopodialer Verzweigung entstehen lateral an der Hauptachse neue Hydrocauli (1. Ordnung), die ihrerseits lateral weitere Zweige (2. Ordnung) bilden usw.. Bei sympodialer Verzweigung (Abb. 244) erlischt das Wachstum des Gründungspolypen, die Sprossungszone liegt unterhalb seines Hydranthen, wo lateral die nächste Polypenknospe entsteht.

Hydromedusen erreichen im Gegensatz zu Scyphomedusen (S. 166) einen Schirmdurchmesser von maximal nur wenigen Zentimetern, haben eine zellfreie Mesogloea und Gonaden unter der Epidermis am Manubrium oder an den Radiärkanälen (Abb. 241., 245). Das Velum, ein nach innen vorspringenden Saum aus 2 Ektodermlamellen und Mesogloea, verengt den Subumbrellarraum. Es wirkt – entsprechend dem analogen Velarium bei den Cubozoa (S. 163) – beim Auspressen des Wassers aus der Glockenhöhle durch Kontraktion der Ringmuskulatur wie eine Düse, wodurch beim Schwimmen ein schnelleres Vorwärtskommen und rasche Richtungsänderungen erreicht werden. Nahe der Ansatzstelle des Velums verlaufen 2 Nervenringe (Abb. 211); 1 größerer liegt in der Exumbrella, 1 kleinerer in der Subumbrella. In einigen Fällen wurden Ganglien nachgewiesen.

Große multipolare Nervenzellen werden als Schrittmacher-Neurone angesehen, welche für die Rhythmik der Kontraktion der Ringmuskulatur beim Schwimmen verantwortlich sind.

Sinnesorgane, meist Ocellen und Statocysten (Abb. 243), liegen am Glockenrand oft auf einer

rundlichen Anschwellung an der Tentakelbasis. – Die Nahrung wird mit den Tentakeln erbeutet und, indem sich der Glockenrand und das oft lange Manubrium aufeinander zubiegen, dem Gastrovaskularsystem zugeführt und verdaut; Gastralfilamente fehlen. Vom Zentralmagen gehen meist 4 Radiärkanäle aus, die in einen Ringkanal münden.

Fortpflanzung und Entwicklung

Ca. 700 Arten bilden noch freischwimmende Medusen. Bei den anderen Arten verbleiben die Medusenanlagen verschieden weit rückgebildet als sessile Gonophoren (Medusoide) am Stock (Abb. 242, 249). Dabei bleiben die keimzellentra-

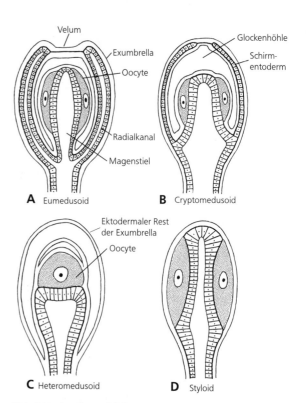

Abb. 242: Sessile, weibliche Gonophoren (Medusoide) der Hydroida, Rückbildungsreihe. Längsschnitte; Ektoderm weiß; Entoderm zellig; dazwischen Mesogloea als dicke schwarze Linie; Geschlechtszellen punktiert. A Bei Eumedusoiden Schirm noch erhalten, Radiärkanäle, Glockenhöhle und Manubrium (mit Keimzellen) erkennbar. Velum bricht nicht durch, so daß Nahrungsaufnahme von außen nicht möglich ist. Eumedusoide werden nur in Ausnahmefällen frei. B Bei Cryptomedusoiden fehlen Radiärkanäle; Schirmentoderm nur als einschichtige Lamelle erhalten; Glockenhöhle und Manubrium noch vorhanden. C Bei Heteromedusoiden fehlt Schirmentoderm vollständig. Glockenhöhle wird durch einen kleinen, sekundär entstandenen Raum ersetzt. D Bei Styloiden sind keine Medusenstrukturen mehr vorhanden: sackförmige Gebilde mit hohler entodermaler Achse und ektodermaler Hülle, dazwischen entwickeln sich die Keimzellen. Vielfach werden nicht die Geschlechtszellen aus den Gonophoren entlassen, sondern Planula-Larven. Nach Kühn (1913).

genden Strukturen (Manubrium, Radiärkanäle) meistens noch erhalten. – Die Gameten sind ektodermaler (!) Herkunft und sammeln sich in Form kugeliger (an den Radiärkanälen) (Abb. 244) oder flächiger (am Manubrium) Anhäufungen zwischen Epidermis und Mesogloea.

Die **Ontogenese** ist sehr unterschiedlich. Es gibt meist stark abgewandelte radiäre bis partiell-superfizielle Furchungen. Neben der Coeloblastula ist auch die mit einer kompakten Zellmasse ausgefüllte Sterroblastula verbreitet. Die Entodermablösung erfolgt durch uni- oder multipolare Immigration oder Delamination. Die birnen- oder keulenförmige, bewimperte Planula (Abb. 213) hat während der pelagischen Phase keinen Blastoporus und ist meist lecithotroph. Die Mund-/Darmöffnung bricht erst während der Metamorphose durch. Die Bewimperung der Larve ist am aboralen Pol oft ausgeprägter (sensorische Cilien?), ein Wimpernschopf aber fehlt. Brutpflege ist bei Arten mit sessilen Gonophoren verbreitet; die Keime entwickeln sich vorwiegend im Subumbrellarraum des Medusoids. Bei pelagischen Medusen kann das Gastrovaskularsystem als Brutraum dienen.

Systematik

Mehr und mehr setzt sich die Anschauung durch, daß die Hydrozoa stark abgeleitete Cnidaria sind, u.a. aufgrund ihrer Formenmannigfaltigkeit, ihrer Sinnesorgane (mit ins Innere verlagerten Sinnes-

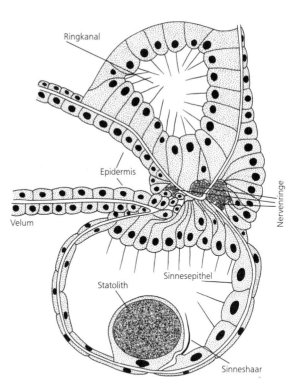

Abb. 243: Geschlossene Statocyste einer thecaten Hydromeduse. Statolith ektodermaler Herkunft. Nach Singla (1975) aus Werner (1984).

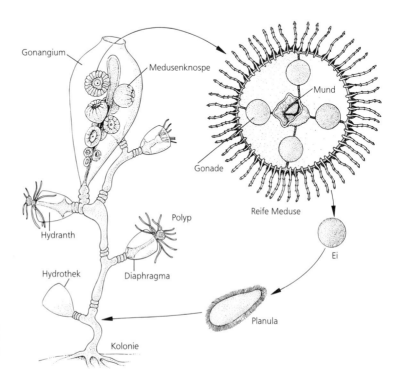

Abb. 244: *Laomedea (Obelia) geniculata* (Hydroida, Thecata). Lebenszyklus einer metagenetischen Art. Nach Naumov (1960) aus Bayer und Owre (1968).

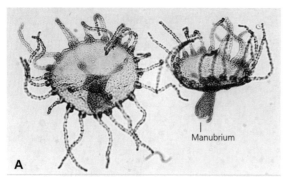

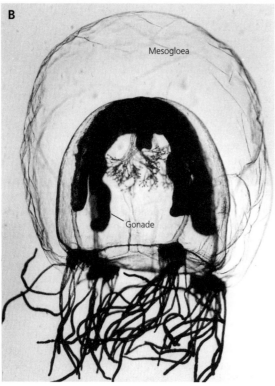

Abb. 245: Hydromedusen, Hydroida. A *Obelia geniculata* (Thecata-Leptomedusae). B *Bougainvillia britannica* (Athecata-Anthomedusae). A, B Originale: W. Schäfer, Sindelfingen.

4.1 Hydroida

In diesem artenreichsten Taxon der Hydrozoa (ca. 2300 Spezies) sind die Polypen meist stockbildend, selten solitär. Die Medusen sind mehrheitlich zu sessilen Gonophoren reduziert. Die Hydroida werden in 2 große (Thecata und Athecata) und 4 artenärmere Subtaxa unterteilt. Die Thecata haben gegenüber den Athecata das einfachere Cnidom.

Von vielen Arten war oder ist der Entwicklungszyklus nur unvollständig bekannt, deshalb haben Polypen und ihre Medusen noch oft unterschiedliche wissenschaftliche Namen.

4.1.1 Thecata/Leptomedusae

An den Polypen kelchförmige Hüllen (Thecae) des Periderms. Sessile Gonophoren (Abb. 249) oder Medusenknospen (Abb. 244) gruppenweise an speziellen Polypen (Blastostyle), die von einer flaschenförmigen Gonothek umhüllt sind. Meist flache Medusen mit Gonaden an den Radiärkanälen; Statocysten.

Sertularia cupressina, Zypressenmoos (Sertulariidae), bis 50 cm hohe Stöckchen, kommt getrocknet als Seemoos in den Handel (Kunstgewerbe, Laichsubstrat für Aquarien). – *Plumularia pinnata* (Plumulariidae), 8 cm hohe, gefiederte Stöcke; auf Algen, an Pfählen, beschatteten Felswänden. – *Laomedea geniculata,* Glockenpolyp (Campanulariidae), bildet 4 cm hohe, aufrechte Stöcke, die gradlinig kriechenden Stolonen entspringen. Häufig in Nord- und Ostsee, Mittelmeer, Atlantik. Der Meduse (*Obelia geniculata*) fehlt das Velum; wenige Millimeter (Abb. 244, 245 A). – *Phialidium hemisphaericum* (Campanulariidae), (Polyp: *Clytia johnstoni*), Schirm halbkugelig bis 2,5 cm Durchmesser, fast ganzjährig im Nordseeplankton. – Mit einem Durchmesser bis 17 cm ist *Aequorea aequorea* (Campanulinidae), (Polyp: *Campanulina paracuminata*), eine der größten Hydromedusen,

zellen, Abb. 243) oder ihres komplexen Cnidoms. Jedoch existiert keine einheitliche Vorstellung über die Verwandtschaftsbeziehungen ihrer Subtaxa. Die Zuordnung einiger Gattungen und Familien zu übergeordneten Taxa ist oft unmöglich, da die Entwicklungszyklen unaufgeklärt sind. Derzeit wird versucht, einige Familien der Trachylida und Siphonophora in die **Hydroida** einzugliedern. Gegenüber den Hydroida sind die **Trachylida** möglicherweise als abgeleitete Formen aufzufassen, da sie keine Polypengeneration mehr aufweisen. Als stark abgeleitet gelten die hochdifferenzierten, polymorphen **Siphonophora**.

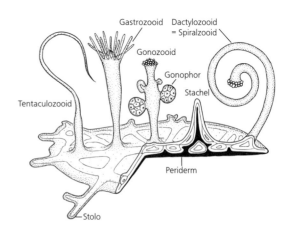

Abb. 246: *Hydractinia echinata* (Hydroida, Athecata). Ausschnitt aus einem jungen Tierstock mit polymorphen Polypen und stolonialer Anlage der später plattenförmigen Hydrorhiza. Periderm schwarz. Stöcke auf Schneckenhäusern, die von Einsiedlerkrebsen bewohnt werden. Nach Müller (1974).

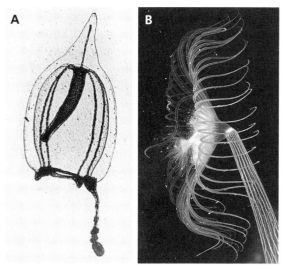

Abb. 248: *Corymorpha* sp. (Hydroida, Athecata) A Meduse, ca. 5 mm. B Polyp, 15 cm, solitär, mit reduziertem Periderm, in weichem Sediment verankert; mit oralem und aboralem Tentakelkranz. Originale: A. Svoboda, Bochum.

Abb. 247: *Eudendrium* sp. (Hydroida, Athecata). Monopodialer Polypen-Stock, ohne freie Medusen. Original: A. Svoboda, Bochum.

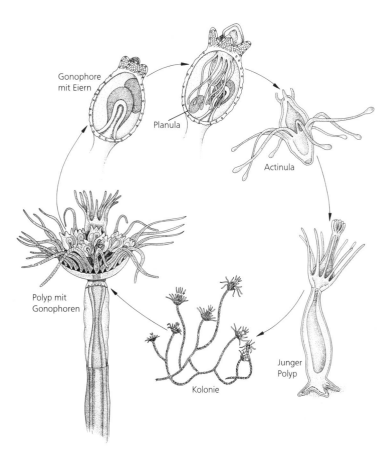

Abb. 249: *Tubularia* sp. (Hydroidea, Athecata). Lebenszyklus einer Art mit fehlender Medusengeneration und sessilen Gonophoren. Nach Allman (1872) aus Bayer und Owre (1968).

Gonophore mit Eiern

Planula

Actinula

Polyp mit Gonophoren

Junger Polyp

Kolonie

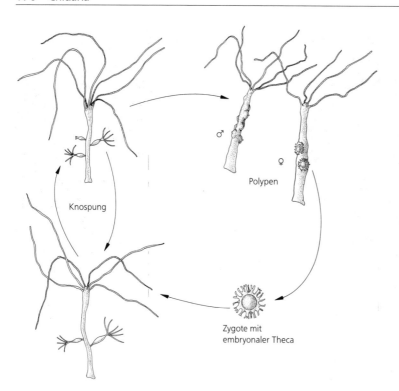

Knospung

Polypen

♂

♀

Zygote mit
embryonaler Theca

Abb. 250: *Hydra* sp. (Hydrozoa, Hydro-ida). Lebenszyklus. Nach Naumov (1960) aus Bayer und Owre (1968).

60–100 Radiärkanäle (!) und Tentakel; Biolumineszenz (Photoprotein Aequorin aus Entodermzellen). Atlantik, Mittelmeer, selten Nordsee.

4.1.2 Athecata/Anthomedusae

An den Polypen umgibt das Periderm höchstens den Hydrocaulus, bildet keine Theca um den Hydranthen. Sessile Gonophoren oder Medusenknospen meist einzeln an den Stolonen. Medusen häufig hochgewölbt mit Gonaden am Manubrium; Ocellen vorhanden.

Nach der Struktur ihrer Tentakel werden Filifera (faden-förmige Tentakel mit ungleichmäßig verteilten Nessel-

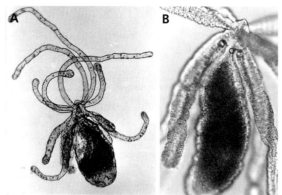

Abb. 251: *Halammohydra* sp. (Hydrozoa, Halammohydrina), ca. 400 μm, aus dem Sandlückensystem. A Habitus. B Aboraler Teil mit apikalem Haftorgan und Statocysten. Originale: R.M. Rieger, Innsbruck, B W. Westheide, Osnabrück.

kapselbatterien) und Capitata (Tentakel mit Endknöpfen, wo die Nesselkapseln konzentriert liegen) unterschieden.

Filifera – *Hydractinia echinata* (Hydractiniidae), dichte polymorphe Stöcke, deren Stolonennetz von einer mit Stacheln besetzten Peridermschicht bedeckt wird (Abb. 246). Oft auf Schneckenhäusern; wenn von Einsiedlerkrebs bewohnt, bilden sie spiralig einrollbare Wehrpolypen (Spiralzooide), die rückgebildet werden, falls der Krebs entfernt wird. – *Clava multicornis* Keulenpolyp (Clavidae), 2,5 cm; Tentakel über den länglich ovalen Hydranthen zerstreut; Nord- und Ostsee. – *Eudendrium rameum,* Bäumchenpolyp (Eudendriidae), bis 15 cm hohe, verzweigte Stöcke; Nordsee, Mittelmeer, Atlantik (Abb. 247). – *Cordylophora caspia* (Clavidae), monopodial verzweigte Kolonien bis 8 cm; Nord-Ostseekanal und Ostsee bis ins Brack- und Süßwasser (Umgebung von Berlin, Main-Donau-Kanal). – *Corymorpha nutans,* 15 cm hoch (Abb. 248). – *Bougainvillia britannica* (Bougainvilliidae), mit fast 1,2 cm hohem Schirm und am Manubrium entspringenden Mundtentakeln (Abb. 245 B). Nordsee. – *Tubularia larynx,* Röhrenpolyp (Tubulariidae), 7 cm, mit endständigen Polypen; bildet Gonophoren, in deren Subumbrellarräumen die Eier besamt werden und sich unter Umgehung der freischwimmenden Planula zu Actinulae (Abb. 249) entwickeln; Nordsee, Atlantik. – *Stylaster* spp. (Stylasteridae), koloniale Hydrozoa mit Kalkskelett, das von der Epidermis der Stolonen ausgeschieden wird (Riffbildung), violett, orange oder rötlich gefärbt. Aus dem Coenosark knospen stark reduzierte Medusen, die Keimzellen bilden. Ein Freßpolyp (Gastrozooid) und mehrere Wehrpolypen (Dactylozooide) sitzen in einer gemeinsamen Vertiefung (Unterschied zu *Millepora,* s.u.).

Capitata – *Coryne sarsi,* Kölbchenpolyp (Corynidae), (Meduse: *Sarsia,* Durchmesser 1 cm), 2,5 cm hoch; mit

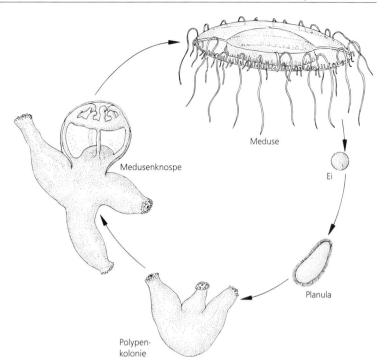

Abb. 252: *Craspedacusta sowerbyi* (Hydrozoa, Limnohydrina). Lebenszyklus. Süßwasserart mit Polypen- und Medusengeneration. Aus Bayer und Owre (1968).

geknöpften, über den länglichen Hydranthen zerstreut liegenden Tentakeln; Nord- und Ostsee (Abb. 212 A). – Häufig in Seewasseraquarien eingeschleppt: *Cladonema radiatum* (Cladonemidae), bis 2,5 cm hoch; mit verzweigten Tentakeln, die z. T. als Lauftentakel fungieren. – *Margelopsis haeckeli* (Margelopsidae), pflanzt sich im Frühjahr parthenogenetisch durch Subitaneier fort, die sich zu einem pelagischen Polypen entwickeln, der durch Knospung wieder Medusen erzeugt. Im Hochsommer werden größere Dauereier gebildet, die sich parthenogenetisch zu Sterroblastulae entwickeln, die sich am Boden festheften und mit Periderm umgeben: Dauerstadien. Über eine Actinula entsteht aus der Sterroblastula wieder der Medusen erzeugende, pelagische Polyp. – *Pelagohydra mirabilis* (Margelopsidae), pelagischer Polyp, aboral mit kugeligem, tentakelbesetztem Floß (Durchmesser 2,5 cm). Bisher nur wenige Exemplare vor Neuseeland, Entwicklungszyklus unbekannt, Medusenbildung an der Oberfläche des Schwimmfloßes. – *Millepora*-Arten, Feuerkorallen (Milleporidae), die von einem dichten Stolonengeflecht (Coenosark) abgeschiedenen Kalkrinden verschmelzen zu einer einheitlichen, von Epidermis überzogenen Kruste (Coenosteum), wobei Freßpolypen (Gastrozooide) und Wehrpolypen (Dactylozooide) jeweils aus einem eigenen Porus (Unterschied zu *Stylaster,* s.o.) hervorragen. Gonocyten wandern von den Stolonen in einen Polypen, der sich in eine kurzlebige Meduse umwandelt; Coenosark mit Zooxanthellen, Kolonien in tropischen Riffs, stark nesselnd. *Millepora* und *Stylaster* wurden irrtümlich als „Hydrocorallina" in einem Taxon vereint.

4.1.3 Hydrina

Hydra vulgaris (Hydridae) und die durch Einlagerung von symbiontischen Algen (Zoochlorellen) grün gefärbte *Hydra viridissima* (Hydridae), in Deutschland weit verbreitet an Wasserpflanzen im Süßwasser. Hydren vermeh-

ren sich bei guter Ernährung durch Knospung. Bei Hunger bilden sie Geschlechtszellen, im Extremfall ein einziges, von einer Hülle (Oothek) (Abb. 250) umgebenes Ei, junge Eizellen haben benachbarte junge Eizellen phagocytiert und sind schließlich zu einer einzigen Oocyte verschmolzen. Entwicklung in der Oothek, bis ein kleiner Polyp schlüpft. Hydren als Labortiere von großer Bedeutung, vor allem für morphogenetische, befruchtungsphysiologische und funktionsmorphologische Experimente. – *Protohydra leuckarti* (Protohydridae), ohne Tentakel; vermehrt sich auch ungeschlechtlich durch Querteilung; marin, interstitiell, im Brackwasser, auch im Watt.

4.1.4 Halammohydrina

Stark abgewandelte, wahrscheinlich progenetische Medusen im marinen Sandlückensystem ohne Polypengeneration (Abb. 251).

Halammohydra octopodides (Halammohydridae), ohne Tentakel 0,3–0,4 mm, am ganzen Körper bewimpert. Manubrium, an dem sich die Gonaden bilden, und Tentakel machen den Hauptteil des Körpers aus; zwischen Sandkörnern. Sylt, Helgoland, Kieler Bucht.

4.1.5 Limnohydrina

Metagenetische Hydroida. Im Süß- und Brackwasser sowie marin in Schelfgebieten. Polyp (soweit bekannt) klein, vermehrt sich asexuell durch Frustelbildung.

Craspedacusta sowerbyi, Süßwassermeduse (Trachynemidae), in Wassergräben, Teichen, Gewächshausbecken, im Frühsommer oft massenhaft, auch in Mitteleuropa, eingeschleppt aus Südamerika (Abb. 252); Medusen knospen lateral an dem 0,5–2 mm hohen, tentakellosen Poly-

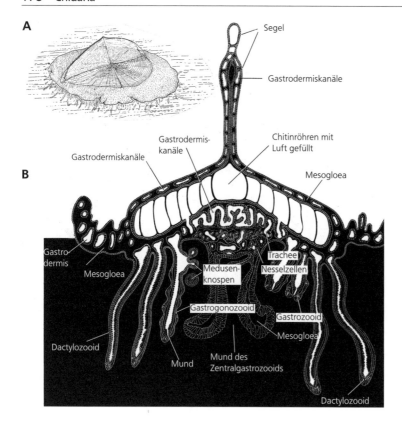

A

Segel

Gastrodermiskanäle

B

Gastrodermis-
kanäle

Gastrodermiskanäle

Chitinröhren mit
Luft gefüllt

Mesogloea

Gastro-
dermis

Mesogloea

Trachee

Nesselzellen

Medusen-
knospen

Dactylozooid

Gastrogonozooid

Gastrozooid

Mesogloea

Mund

Mund des
Zentralgastrozooids

Dactylozooid

Abb. 253: *Velella velella* (Hydrozoa, Hydroida), Segelqualle. A. Floßförmiger Tierstock an der Meeresoberfläche. B Schematischer Schnitt durch den Stock.
Schwimmfloß aus luftgefüllten Chitinringen geht aus Polyp hervor; andere Polypen auf der Unterseite des Floßes. Meduse freischwimmend. Aus Bayer und
Owre (1968).

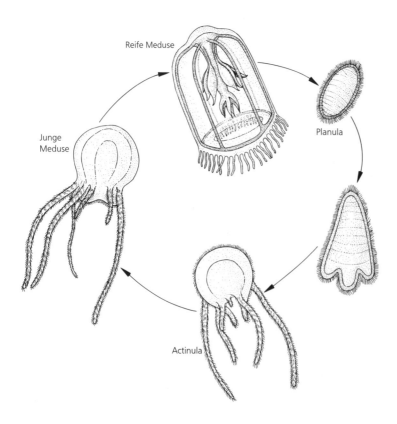

Reife Meduse

Planula

Junge
Meduse

Actinula

Abb. 254: *Aglaura* sp. (Hydrozoa, Trachylida). Lebenszyklus einer Hochseeart mit
fehlender Polypengeneration. Nach verschiedenen Autoren aus Bayer und Owre
(1968).

pen (*Microhydra ryderi*), einzige Art mit Generationswechsel und freischwimmender Meduse im Süßwasser.

4.1.6 Velellina, Segelquallen

Polymorphe, metagenetische (mit frei schwimmender Meduse), pelagischen Hydroiden-Stock; etwa scheibenförmig, bestehen aus 2 Etagen: (1) Unterseite (oraler Pol, im Wasser) mit Zooiden (1 zentrales Gastrozooid, umgeben von Kränzen aus Gastrogonozooiden und Tentaculozooiden); (2) Oberseite (aboraler Pol) mit Schwimmfloß, das zahlreiche, mit Luft gefüllte, konzentrisch ringförmig angeordnete, chitinös ausgekleidete Röhren enthält; sie stehen untereinander und mit der Atmosphäre über Poren in Verbindung und entsenden tracheenartige Fortsätze in die Nähe der Zooide (O$_2$-Versorgung?). Velellina-Stöcke können sich nicht aktiv bewegen oder tauchen, sondern treiben an der Wasseroberfläche (Pleuston-Organismen); tiefblaue Färbung als Sichtschutz gegen Vögel(?).

Porpita porpita (Porpitidae), Durchmesser bis 5 cm, mit 100 Luftringen und vielen, in 9 Kreisen angeordneten Tentaculozooiden, die sich regelmäßig krümmen und das Wasser nach Beute durchkämmen; Indopazifik, Atlantik, selten Mittelmeer. – *Velella velella* (Velellidae), bis 8 cm Durchmesser, hat nur einen Kranz mit Tentaculozooiden und ein in Seitenansicht dreieckiges „Segel" als Windfang (Abb. 253). Bisweilen im Mittelmeer, häufiger im Atlantik, wo ein Schwarm von 160 km Länge beobachtet worden sein soll. – Größere Velellina-Schwärme werden oft von Meeresschildkröten, Albatrossen und Veilchenschnecken (*Janthina*, Abb. 423), die sich von ihnen ernähren, begleitet und verfolgt.

4.2 Trachylida

Alle derzeit noch in die Trachylida eingereihten Arten sind rein medusoide Hydrozoa. Die Polypengeneration fehlt, die Entwicklung erfolgt über ein actinulaähnliches Stadium (Abb. 254). Ocellen fehlen; an der Bildung der Statocysten sind nicht nur Ektoderm und Mesogloea, sondern auch das Entoderm beteiligt, möglicherweise handelt es sich um hochspezialisierte Tentakel.

4.2.1 Trachymedusae

Aglantha digitalis (Rhopalonematidae), Glocke fingerhutartig, 4 cm hoch; als Leitform für nordatlantisches Wasser, auch Nordsee. – *Aglaura hemistoma*, Durchmesser 4 mm (Abb. 254).

4.2.2 Narcomedusae

Cunina octonaria (Cuninidae), Zahl der Magentaschen entspricht der Zahl der Tentakel (bis 14), zwischen 2 Tentakeln 1 Randlappen mit bis zu 4 Randsinnesorganen. Aus Eiern entwickeln sich Actinulae, die an anderen Hydromedusen parasitieren, indem sie ihr Mundrohr in das ihres Wirts schieben, aboral vegetativ Medusen erzeugen und schließlich selbst zur Meduse metamorphosieren. – *Polypodium hydriforme*, Entwicklung bis zur Planula bzw. Stolo parasitisch in den Oocyten verschiedener Störe

Abb. 255: *Physalia physalis* (Siphonophora, Cystonectida), Portugiesische Galeere. Floß an der Wasseroberfläche aus einem Pneumatophor mit Gas; richtet sich bei Wind auf und wird dann unter einem Winkel von 40° zur Windrichtung vorangetrieben. Unter dem Floß zahlreiche Stämme mit Cormidien. Tentakel mit Nesselkapseln bis 50 m (!) lang. Nach Totton (1960) aus Werner (1984).

(Chondrostei); nach dem Ablaichen der Fischeier entwickeln sich freie polypoide Stadien, die sich geschlechtlich fortpflanzen. Da wahrscheinlich auch die intrazellulär lebenden Myxozoa (S. 71) Cnidarier sind, könnten sie sich aus derartigen Formen entwickelt haben.

4.3 Siphonophora, Staatsquallen

Pelagische Hydrozoenstöcke ohne freischwimmende Medusen mit dem ausgeprägtesten Polymorphismus unter den Cnidaria überhaupt (Abb. 255, 256, 257). Polypoide und medusoide Zooide sind so hochspezialisiert, daß sie als „Organe" einer überindividuellen Einheit aufzufassen sind. Der Tierstock ist also einem neu entstandenen Organismus gleichzusetzen; sein Grundelement ist der unverzweigte, schlauchförmige Stamm, homolog dem Coenosark eines Hydrozoenstöckchens; die Polarität entspricht derjenigen der Planula-Achse. Von aboral nach oral können folgende „Organe" unterschieden werden: das Pneumatophor (Schwimmboje, bisweilen Gasflasche mit Gasdrüse als Differenzierung des aboralen Stammpols); Nec-

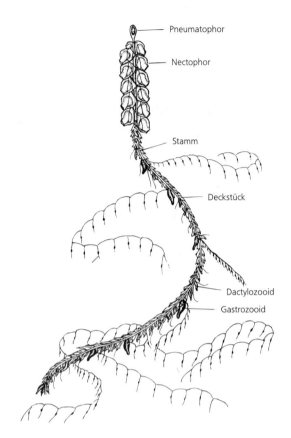

Abb. 256: *Nanomia cara* (Siphonophora, Physophorida). Im Wasser schwebende Kolonie mit Gasflasche (Pneumatophor) und Schwimmglocken (Nectophoren). Nach Mackie (1964) aus Werner (1984).

tophoren (medusoide Schwimmglocken, deren Gallerte den Auftrieb vergrößert); Phyllozooide (Deckstücke mit Schutzfunktion für die unterhalb von ihnen ansetzenden Zooide); Dactylozooide (zu „Verdauungsorganen" umgestaltete Wehrpolypen mit Nesselfäden, bisweilen mit „Exkretionsporus"); Gastrozooide/Autozooide (Freßpolypen), an deren Basis Tentakel ansetzen, die manchmal mit Nesselkapseln bestückte Seitenzweige (Tentillen) aufweisen; Gonozooide (Geschlechtspolypen, mit knospenden, medusoiden Gonophoren). Die Tierstöcke sind meist zwittrig, männliche und weibliche Gonophoren treten in einer spezifischen Anordnung auf. Siphonophora sind ovipar, die Befruchtung erfolgt im freien Wasser, die Entwicklung führt über eine Sterrogastrula zu Planulae, an denen, je nach Taxon, spezifische Knospungsvorgänge ablaufen, wodurch die Siphonophora durch eine besondere Vielfalt an Larvenformen gekennzeichnet sind (exemplarisch: Calyconula, s. u.).

Die Siphonophoren sind möglicherweise mit den athecaten Margelopsidae (S. 176), die auch ein Schwimmfloß bilden können, näher verwandt. Die Cystonectida ohne Schwimmglocken und Deckstücke gelten gegenüber den Physophorida und Calycophorida als ursprünglich.

4.3.1 Cystonectida

Siphonophoren ohne Nectophoren und Phyllozooide, aber z. T. mit hochdifferenziertem Pneumatophor mit Porus.

Physalia physalis, Portugiesische Galeere (Abb. 255) (Physaliidae), das über die Wasseroberfläche hinausragende Pneumatophor ist besonders groß (Länge 30 cm) und trägt einen als Segel dienenden Längskamm. Tentakel bis 50 m lang. Nesselgift für den Menschen gefährlich, Badeunfälle mit tödlichem Ausgang sind bekannt, wobei die eigentliche Todesursache (Ertrinken, Krämpfe, Schmerzen, Panik oder aber das Nesselgift per se) nicht immer geklärt ist. Beim Beuteerwerb verkürzen sich die Fangfäden spiralig und führen die Nahrung in den Bereich der Freßpolypen. Es sind Fische und Krebse bekannt, die in enger Assoziation mit *Physalia* leben und an der Kolonie fressen, bisweilen aber auch selbst gefressen werden. Sie locken wahrscheinlich Beuteorganismen in die Nähe der Fangtentakel.

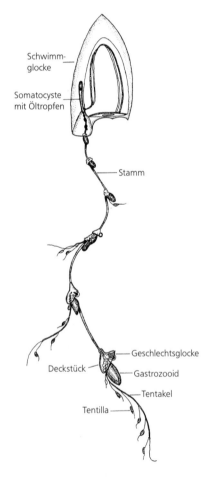

Abb. 257: *Muggiaea kochii* (Siphonophora, Calycophorida). Im Wasser schwebende Schwimmglocke mit Stamm, von dem gleichartige Cormidien abzweigen. Aus Werner (1984).

4.3.2 Physophorida

Siphonophora mit Pneumatophor, Nectophoren fehlen nur bei Tiefseeformen, weibliche Gonophoren mit nur 1 Ei (Abb. 256).

Physophora hydrostatica (Physophoridae), trägt an der Spitze des 6 cm langen Stammpolypen ein kleines Pneumatophor und seitlich 2 Reihen mit Schwimmglocken. Gastro- und Gonozooide können sich synchron kontrahieren und im Zusammenspiel mit Dactylozooiden einen Rückstoß erzeugen, der die Nectophoren beim Schwimmen unterstützt; Atlantik, Mittelmeer, Nordsee (selten). – *Nanomia cara* (Forskaliidae) (Abb. 256).

4.3.3 Calycophorida

Siphonophora ohne Pneumatophor, aber stets mit Gonaden bildenden Schwimmglocken; unterhalb knospen Gruppen von Zooiden gleicher Zusammensetzung (Cormidien)(Abb. 257).

Die für viele Vertreter dieser Gruppe charakteristische Calyconula-Larve ist eine fortentwickelte Planula, an der lateral die unterschiedlichen Zooide knospen. Sie bildet sich aus der Planula, an der lateral eine Medusenknospe (primäre Schwimmglocke ohne Tentakel und Manubrium) sowie unterhalb von ihr ein Fangfaden entstehen. Im Hauptteil der Planula bildet sich ein Gastralraum. Durch Längenwachstum entwickelt sich der Stamm der Kolonie. Die primäre Schwimmglocke wird durch eine neue ersetzt. Die danach lateral am Stamm knospenden Seitenzweige erzeugen jeweils eine Gruppe von Zooiden artspezifischer Zusammensetzung (Cormidien, Abb. 257); schließlich sitzen mehrere Cormidien am Stamm. Das jeweils älteste Cormidium kann sich ablösen (Eudoxie) und wächst zu einer neuen Staatsqualle heran.

Sphaeronectes köllikeri (Sphaeronectidae), 8 cm Glockendurchmesser, im Mittelmeer, auch in Küstengewässern, bisweilen häufig. – *Chelophyes appendiculata* (Diphyidae), hat 2 Schwimmglocken (3 mm), zählt zu den am schnellsten schwimmenden Siphonophoren; Mittelmeer (Abb. 257). Viele Calycophora sind aufgrund ihres zarten Baus sehr empfindlich, sie zerfallen beim Fang oft in Stücke oder stoßen Gruppen von Zooiden ab (Autotomie). – *Muggiaea kochii* (Sphaeronectidae), Lebenszyklus mit Bodenstadium, das aus einem kleinen Stammstück mit Cormidium besteht, Dactylozooid und Gastrozooid vorhanden, Schwimmglocke wird erst später gebildet.

Ctenophora, Rippenquallen

Mit ca. 80 Arten sind die Ctenophora eine kleine, ausschließlich marine Gruppe. Sie weisen bei klar erkennbar einheitlicher Grundorganisation dennoch eine bemerkenswerte Formenmannigfaltigkeit auf. Die Tiere sind stets skelettlos und solitär. Einige Arten treten massenhaft im Pelagial auf (z.B. die heimische *Pleurobrachia pileus*) und behindern als unerwünschter Beifang die Küstenfischerei durch Verstopfen der Netze.

Bau

Die Körpergrundgestalt wird durch eine Achse bestimmt, die vom oralen (Mund embryonal: vege-

Wolfgang Schäfer, Sindelfingen

tativer Pol) zum aboralen Pol (Statocyste, embryonal: animaler Pol) verläuft. Die auffälligsten Körperstrukturen sind um diese Hauptachse meist in 8-Zahl angeordnet (Abb. 258). In der Körperachse stehen 2 Symmetrieebenen senkrecht aufeinander, die jeweils spiegelbildlich gleiche Hälften trennen (Disymmetrie, biradialer Bau). Eine Ebene verläuft durch die beiden Tentakel („Tentakelebene"), die andere durch den größten Durchmesser der im Querschnitt elliptisch bis schlitzförmigen Mund-/ Darmöffnung („Schlundebene", „Sagittalebene") (Abb. 259).

Die Darstellung der Grundorganisation erfolgt am Beispiel von *Pleurobrachia* (Abb. 258). Auch bei Eidonomie und Anatomie stark abweichenden Ctenophoren wird postembryonal eine dieser Organi-

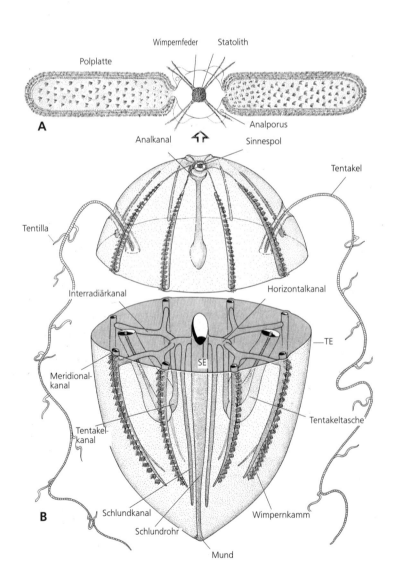

Abb. 258: Schema der Ctenophora *(Pleurobrachia)*. Organisation. A Sinnespol. B Anatomie. Tier in der Mitte aufgeschnitten. SE Schlundebene, TE Tentakelebene. Aus Bayer und Owre (1968).

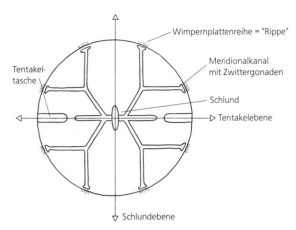

Abb. 259: Symmetrieverhältnisse der Ctenophora. Blick auf die Oralseite. Verändert nach Brusca und Brusca (1990).

sation sehr ähnliche Phase („Cydippe"-Stadium) durchlaufen. Der Bewegungsapparat besteht aus 8 meridional angeordneten Reihen („Rippen") von Wimpernplatten (Membranellen). Jede Wimpernplatte besteht aus vielen miteinander verkitteten, in einer Zeile angeordneten und somit kammartig nebeneinander liegenden Cilien. Durch metachronen Schlag wird das Tier mit dem oralen Pol voran getrieben. Zum aboralen Pol hin vereinen sich je 2 Wimpernplattenreihen zu einer Wimpernschnur.

In der Statocyste endet jede Wimpernschnur als aufgerichteter Cirrus. Ein Konkrementkörper (Statolith) ist mit den 4 Cirren fest verbunden und federnd auf ihnen gelagert. Zu den Bauelementen dieser Statocyste gehört ferner eine durchsichtige Kuppel, die ebenfalls ein Derivat von Wimpern darstellt. Als Polfelder werden 2 in der Sagittalebene an die Statocyste anschließende stark bewimperte

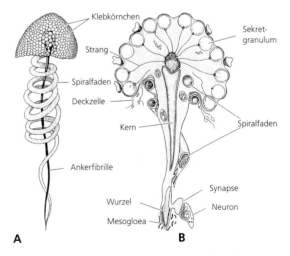

Abb. 260: Ctenophora. Colloblasten. A Übersichtsbild. B Längsschnitt nach Ultrastrukturaufnahmen. Nach verschiedenen Autoren aus Brusca und Brusca (1990).

Flecken unbekannter Funktion bezeichnet (Abb. 258 A).

Die Statocyste dient vor allem zur Wahrnehmung der Schwerkraft, wobei die Tiere eine Gleichgewichtslage mit vertikaler Ausrichtung ihrer Körperachse anstreben. Bei ungleicher mechanischer Einwirkung des Statolithen (Zug oder Druck) auf die 4 mit ihm verbundenen Cirren, z.B., wenn sich das Tier außerhalb der Gleichgewichtslage befindet, kann diese Information (wahrscheinlich von Zelle zu Zelle durch elektrische Depolarisation) bis zu den Wimpernplattenreihen weitergeleitet werden. Gegebenenfalls schlagen dann manche Wimpernplattenreihen schneller, die anderen langsamer, wodurch das Einbalancieren in die augenblicklich bevorzugte Haltung möglich wird.

Weiterhin gibt es Chemo- und Thermorezeptoren, die über die gesamte Körperfläche zerstreut und um die Mundöffnung konzentriert sind. Das **Nervensystem** ist ein unterhalb der Epidermis liegender diffuser Plexus. Unter jeder der 8 Wimpernplattenreihen liegen 2 durch Querbrücken verbundene Stränge. Nervenfasern und die Zellen der Wimpernplatten kommunizieren über Synapsen. Die Bewegung der Wimpernplatten stoppt schlagartig, wenn ein starker äußerer Reiz auf das Tier einwirkt.

Dem Nahrungserwerb dienen 2 äußerst dehn- bzw. kontrahierbare Tentakel, die vollständig in Tentakeltaschen (Abb. 258) zurückgezogen werden können. Die Tentakel bestehen aus Epidermis, Mesogloea sowie Muskel- und Nervenfasern. Beim Abfischen des umgebenden Wassers werden sie ausgefahren, ihre zahlreichen Nebenfäden (Tentillen) ordnen sich zu einem netzähnlich schwebenden Gebilde (Abb. 263). Die Tentillen sind mit Klebzellen (Colloblasten) besetzt, die ein klebriges Sekret, aber kein für Beutetiere tödliches Gift enthalten. Ein Colloblast (Abb. 260) ist eine umgebildete Epidermiszelle.

Er besteht aus: (1) dem mehr oder weniger halbkugeligen Kopf, bestückt mit Klebkörnchen an der Oberfläche, im Zellinnern liegen weitere Sekretgrana, die über radial verlaufende Stränge mit einem zentralen „Sternkörper" verbunden sind; (2) der stielförmigen Ankerfibrille, deren Oberteil den Zellkern birgt und basal in der Mesogloea der Tentillen verankert ist; (3) einem Spiralfaden, der an der Basis der Ankerfibrille entspringt, sich spiralig um sie windet und wieder in den Kopf einmündet. Ein Beutetier wird von Klebkörnchen festgehalten, Befreiungsversuche führen zum Herauslösen der Colloblastenköpfe aus dem Zellverband. Hierbei wird die Ankerfibrille gestreckt, und der Spiralfaden weist weniger Windungen auf. Wenn die Beute ermüdet – Extremitäten oder andere äußere Körperstrukturen sind mittlerweile verklebt – zieht sich der Spiralfaden wieder zusammen. Die Beute wird vom Tentakel zum Mund geführt und verschlungen.

Ctenophoren besitzen keine eigenen Cniden. *Haeckelia rubra* hat einfach gebaute Tentakel ohne Tentillen und ohne Colloblasten. Sie frißt Hydrozoenmedusen und baut deren Cniden in ihre Tentakel ein („Kleptocniden", vgl. Nudibranchia S. 279 Plathelminthes S. 227), wo sie funk-

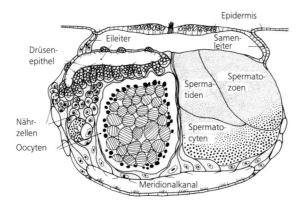

Abb. 261: Ctenophora. Zwittergonaden in einem Meridional-kanal. Aus Siewing (1985).

Die Geschlechtsprodukte gelangen durch Ruptur der Gastrodermis meist über das Gastrovaskularsystem nach außen, Ausführgänge werden selten angelegt (benthische Formen, z.B. *Coeloplana*). Oviparie ist verbreitet, Larviparie und Brutpflege (z.B. *Tjalfiella*, Entwicklung der Eier in Bruttaschen) sind eher selten.

Vegetative Vermehrung ist ebenfalls die Ausnahme und kommt bei benthischen, kriechenden Formen (*Ctenoplana, Coeloplana*) vor. Teile der basalen Körperregionen lösen sich ab und regenerieren zu einem vollständigen Tier. Körperteile mit Statocyste regenerieren schneller als Körperteile ohne dieses Organ.

tionsfähig in 2 Reihen geordnet zum Nahrungserwerb benutzt werden.

Die in der Sagittal-(„Schlund"-)ebene gestreckte Körperöffnung führt über ein ektodermales Schlundrohr in das bewimperte **Gastrovaskularsystem** (Abb. 258, 259). Es besteht aus Meridional-(„Rippen"-), Tentakel- und Schlundkanälen, die über den zentralen Magen miteinander verbunden sind. Vom Magen führt ein weiterer Kanal zum apikalen Pol, wo er in 4 Röhren ausläuft, von denen 2 nach außen münden (Ausscheidung unverdaulicher Rückstände). Zwischen Gastrovaskularsystem und der Mesogloea finden sich „Rosettenzellen", die – bewimpert und in der Mitte durchbrochen – möglicherweise der **Exkretion** und dem Flüssigkeitsaustauch zwischen beiden Systemen dienen.

Die meist transparente Mesogloea ist in erster Linie ein Stützapparat zwischen den inneren Systemen und der Körperoberfläche. Ihre Grundsubstanz (Matrix) besteht bis zu 99% aus Wasser sowie aus feinsten filamentösen Elementen. Sie enthält bindegewebige Fasern (Kollagen), freie Einzelzellen und glatte syncytiale Muskelzellen.

Fortpflanzung und Entwicklung

Die Ctenophora sind in der Regel Z w i t t e r, Selbstbefruchtung ist möglich. Die Keimzellen sind entodermal und entstehen in der Wand der 8 Meridionalkanäle des Gastrovaskularsystems. Meist hat jeder Kanal, voneinander separiert, männliche und weibliche Gameten (Abb. 261). Zwei benachbarte Kanäle weisen auf den einander zugewandten Seiten Gonaden des gleichen Geschlechts auf. In weiblichen Gonaden ist bisweilen ein Komplex aus Nährzellen und Oocyten anzutreffen.

Einige Ctenophora zeigen das Phänomen der D i s o g o n i e: im Individualzyklus werden die Tiere zweimal geschlechtsreif, (1) in der juvenilen Phase (z.B. auf dem Cydippe-Stadium) und (2) als Adultus, der meist doppelt so große Oocyten entwickelt.

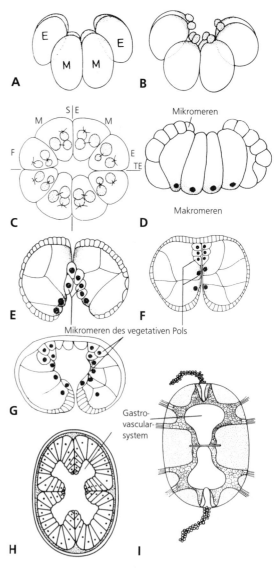

Abb. 262: Ctenophora. Disymmetrische Furchung. A-C Inäquale Furchung; von der Seite (A-B), Blick auf den animalen Pol (C). D Sterroblastula. E-G Gastrulation durch Epibolie; von der Seite. H, J Entstehung des Gastrovaskularsystems. SE = Schlundebene, TE = Tentakelebene. Nach Metschnikoff und anderen Autoren, aus Siewing (1985).

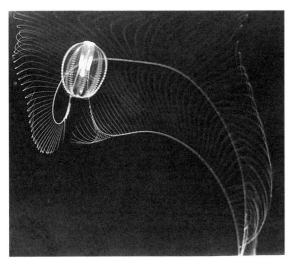

Abb. 263: *Pleurobrachia pileus* (Ctenophora) mit ausgefahrenem Tentakelnetz. Mund oben. Original: W. Greve, Hamburg.

In den Zygoten liegt der Dotter zentral (Endoplasma), weniger dotterreiches Plasma mit Kern peripher (Ektoplasma). Die ersten drei totalen Furchungen führen zu einem Stadium mit 8 Zellen, wobei bereits Tentakel- und Schlundebene festliegen (Abb. 262 A). Diese hochdeterminative, **disymmetrische Furchung** ist einmalig im Tierreich. Die weitere Entwicklung führt über eine Sterroblastula (Abb. 262 D) zur epibolischen Gastrula (Abb. 262 E–G). In letzterer treten spät und am vegetativen Pol nochmals Mikromeren auf. Sie gelangen über den Urdarm ins Blastocoel und liefern Bindegewebs- und Muskelzellen in der Mesogloea. Aus dem sich allmählich erweiternden Urdarm geht das Gastrovaskularsystem hervor. Ctenophora haben vorübergehend in der frühen juvenilen Phase 4 Gastraltaschen. Eine typische Larve mit Metamorphose fehlt. Die Cydippe-Phase ist eher als Juvenilstadium (Abb. 264) aufzufassen; sie wird auch von Organisationstypen durchlaufen, die als Adultus stark abgewandelt sind (Platyctenida).

Systematik

Die Organisation der Ctenophora und der Cnidaria-Medusen steht auf etwa gleichem Niveau (Eumetazoa ohne Mesoderm, keine Cephalisation, Gastrovaskularsystem, kein After, Sinnesorgane vorhanden (z. B. sehr unterschiedlich aufgebaute Statocysten), gallertige Mesogloea als Hauptmasse des Körpers, Lebensformtypus „Tentakelfänger"). Das Für und Wider, die Ctenophora und die Cnidaria in einem übergeordneten Taxon „Coelenterata" zusammenzufassen, wurde schon besprochen (S. 144). Erneut wird heute ein Schwestergruppenverhältnis Ctenophora-Bilateria diskutiert. Hierfür spricht das Auftreten nur eines großen akrosomalen Vesikels und einer subakrosomalen Struktur (Perfo-

ratorium) im Spermium, während Cnidaria-Spermien nur mehrere kleine Vesikel an der Spitze besitzen. Der Tatsache, daß bei den Ctenophoren keine Epithelmuskelzellen auftreten, sondern die Muskelzellen myoepitheliale oder syncytiale Fasermuskelzellen in der Mesogloa sind, sollte allerdings für ein engeres Verhältnis zu den Bilateria keine große Bedeutung zugemessen werden: Die Versenkung von Epithelmuskelzellen ist bereits bei Cubozoa und Scyphozoa verwirklicht (Abb. 192). Die Vorstellung, daß auf Substrat kriechende Ctenophora, wie z. B. *Coeloplana* (Abb. 265 D), ein Bindeglied zwischen diploblastischen Eumetazoa und ursprünglichen Bilateria, vor allem Plathelminthes, darstellen könnten, hat nur noch historische Bedeutung („Coeloplana-Theorie"): Die habituelle Ähnlichkeit zwischen *Coeloplana* und Plathelminthes ist auf die Anpassung einiger Ctenophoren an eine sicherlich sekundär benthische Lebensweise zurückzuführen. Hinsichtlich der systematischen Gliederung der Ctenophora stehen zwei Konzepte zur Diskussion: (1) das Fehlen oder Vorhandensein von Tentakeln, (2) die Streckung der Tiere in der Schlundebene oder in der Tentakelebene. Hier wird einem System gefolgt, das versucht, beide Merkmalskomplexe zu berücksichtigen. Das Fehlen von Tentakeln wird hier als sekundär angenommen; andere Verwandtschaftshypothesen postulieren eine tentakellose räuberische Stammart der Ctenophora.

1 Tentaculifera

Ctenophora mit 2 Tentakeln und relativ engem Schlundrohr. Querschnitt annähernd kreisförmig bzw. in der Schlundebene (*Cestus*) oder in der Tentakelebene (benthische Taxa Platyctenida und Tjalfiellida) extrem gestreckt.

1.1 Cydippida

Pelagisch lebende Tentaculifera mit annähernd kreisrundem Querschnitt, die sich mit Wimpernplattenreihen fortbewegen und am ehesten dem Grundmuster der Ctenophora (Abb. 258) entsprechen.

*Pleurobrachia pileus, Meeresstachelbeere (Pleurobrachiidae), 3 cm hoch, 1 cm Durchmesser, mit sich netzartig entfaltenden Tentakeln (über 70 cm lang); Biolumineszenz, insbesondere an den Meridionalkanälen; kosmopolitisch, Massenauftreten in der Deutschen Bucht (Nordsee) im Frühjahr und Sommer (Abb. 263). – *Haeckelia rubra* (Euchloridae), bis 10 cm hoch, Körperepithelien grünlich, Tentakeltaschen rot/orange (Name!), Tentakel ohne Tentillen und Colloblasten, aber mit Kleptocniden (S. 183); Mittelmeer, japanische Ostküste.

1.2 Thalassocalycida

Pelagisch lebende Tentaculifera mit medusoidem Habitus, allerdings mit der „Schirmöffnung" voran schwimmend, ohne Tentakeltaschen, mit einem

Mundkonus, der dem Manubrium der Hydromedusen ähnelt.

Einzige Art: *Thalassocalyce inconstans* (Thalassocalycidae). 1978 in der Sargassosee entdeckt, bis 15 cm Durchmesser, wahrscheinlich vorwiegend in tieferen Gewässern.

1.3 Lobata

Pelagisch lebende Tentaculifera mit muskulösen Mundlappen, die längsseitig parallel zur Schlundebene orientiert sind; bewegliche, mehr oder weniger gelappte Körperanhänge (Aurikeln) sitzen an den Mundwinkeln, unterstützen die Nahrungsaufnahme; Tentakel nur bei juvenilen Individuen gut ausgebildet, bei adulten verkürzt, bisweilen ohne Hauptstamm oder fehlend.

Bolinopsis infundibulum, 15 cm (Abb. 265 B); kann sich – außer mit den Wimpernplattenreihen – auch durch Rückstoß (Schlagen der Mundlappen) voranbewegen; Planktonfresser, adult mit kurzen Tentakeln und wenig erweiterungsfähigem Mund; Statocyste tief versenkt; Dissogonie (erste Fortpflanzungsperiode bei Tieren von 1 mm); Nordsee, westliche Ostsee.

1.4 Cestida

Pelagische Tentaculifera, die bandartig extrem in der Schlundebene gestreckt sind; der „Mund" nimmt die gesamte Länge des Bandes ein, entsprechend sind 4 Wimpernplattenreihen extrem lang, die übrigen 4 sehr kurz, die Kanäle des Gastrovaskularsystems sind entsprechend angepaßt.

Cestus veneris, Venusgürtel (Cestidae) (Abb. 265 C), in Ruhestellung steif und wie ein senkrecht stehendes Lineal aufgerichtet im freien Wasser, die Tentakeltaschen sind beidseitig zu langen Rinnen aufgezogen, die Tentillen hängen aus diesen Rinnen je nach Kontraktionszustand als mehr oder weniger lange Fangfäden heraus; Lokomotion durch Schlängelbewegung; pseudometamer angeordnete Gonaden; Biolumineszenz; bis 1,5 m lang; tropisch und subtropisch, bisweilen auch im Mittelmeer.

1.5 Platyctenida

Benthische, auf der Mundseite kriechende und leicht in der Tentakelebene gestreckte Tentaculifera (in Aufsicht oval); an der Oberseite befinden sich Papillen, in die Ausläufer des Gastrovaskularsystems ziehen. Die Meridionalkanäle anastomosieren stark und bilden ein den Körper durchziehendes System. Platyctenida betreiben Brutpflege, indem in Schleim gehüllte Eier von der Kriechsohle abgedeckt und geschützt werden.

Ctenoplana kowalevskii (Ctenoplanidae), kann durch flossenartige Bewegung des Körperrandes langsam schwimmen, bis 8 mm lang; Schelfmeerbewohner, Neuguinea. – *Coeloplana*-Arten sitzen oft auf Korallen und behindern Expansion der Polypen (Abb. 265 C), *Coeloplana bocki* (Coeloplanidae), 6 cm; Ostküste Japans (Coeloplana-Theorie, S. 185).

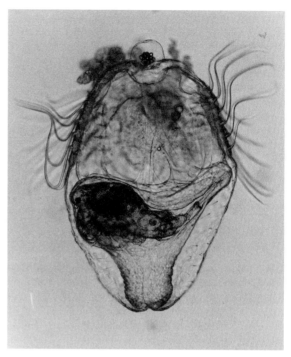

Abb. 264: Cydippe-Stadium von *Pleurobrachia pileus* mit einem Copepoden im Zentralmagen. Original: W. Westheide, Osnabrück.

1.6 Tjalfiellida

Benthische – im Gegensatz zu den Platyctenida – sessile (Oralseite zu Haftscheibe umgebildet) Tentaculifera, die ebenfalls in der Tentakelebene gestreckt sind. Oberseite mit 2 sekundär entstandenen Öffnungen auf schornsteinartigen Röhren, die mit dem Mund in Verbindung stehen und aus denen die Tentakel herausgestreckt werden.

Tjalfiella tristoma (Tjalfiellidae), Tiefseeform (500 m), mit Brutpflege (Eier entwickeln sich in Bruttaschen), 7 mm, auf *Umbellula* (Pennatularia, S. 158), Nordmeer/Westgrönland.

2 Atentaculata (Beroida)

Artenarme Gruppe tentakelloser Ctenophora, die stets pelagisch leben. Ein stark erweiterungsfähiger Schlund führt in ein komplexes, reich verzweigtes Gastrovaskularsystem mit vielen blind endenden Kanälen. Ohne Tentakel und Colloblasten; Schlundrohr nimmt den größten Teil des Körpers ein und hat „Hakenwimpern" nahe der Mundöffnung (Widerhakenprinzip zum Festhalten der Beute?). Der dehnbare, muskulöse Körper ist einem Sack vergleichbar, der beim Schwimmen mit der Mundöffnung voran Beutetiere verschlingt, die die eigene Körpergröße erreichen, manchmal sogar übertreffen. Bevorzugt wird Makroplankton, be-

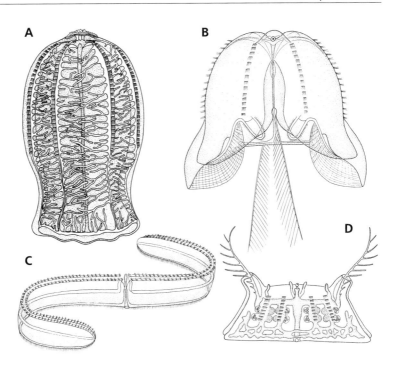

Abb. 265: Ctenophora. Habitus-Bilder. A *Beroe* sp. B *Bolinopsis* sp., Jungtier. C *Cestus veneris*. D *Coeloplana* sp. Nach verschiedenen Autoren.

sonders Organismen mit Gallerte (Salpen, Hydromedusen, tentakeltragende Ctenophoren) gefressen.

Weltweit verbreitet sind die *Beroe*-Arten (Melonenquallen) (Abb. 265 A). – *Beroe cucumis* (Beroidae), 16 cm, kosmopolitisch. – *Beroe gracilis* (Beroidea), 3,5 cm, in der Deutschen Bucht endemisch. Bemerkenswerte Räuber-Beute-Beziehungen zu anderen Ctenophoren: *B. gracilis* frißt *Pleurobrachia pileus*, während *B. cucumis* sich vorwiegend von *Bolinopsis infundibulum* ernährt.

V TRIPLOBLASTISCHE EUMETAZOA, BILATERIA

Lebensweise und Cephalisation, Fortbewegung und Symmetrie

Die rezenten Bilateria sind adult überwiegend solitäre, freibewegliche Tiere, die aktiv Nahrung suchen. Dabei spielt die Entwicklung eines eigenen Kopfabschnittes mit einem übergeordneten Abschnitt des Nervensystems (Cerebralganglion, Gehirn) eine besondere Rolle. Diese Entwicklung wird als Cephalisation beschrieben und ist in verschiedenen Linien zu verfolgen.

Tierstöcke bzw. klonale Organisation sind auf einige wenige Gruppen sessiler Bilateria beschränkt (z.B. Kamptozoa, Bryozoa, Pterobranchia, Ascidiacea). Sie ist mit mikrophager, filtrierender Lebensweise assoziiert.

Die Bilateria zeigen zumindest in ihren Larven- bzw. Jugendformen Bilateralsymmetrie, d. h. außer der linken und rechten sind keine weiteren Körperhälften spiegelbildlich zueinander (Abb. 266). Die Körperhauptebene (Median-Sagittalebene) verläuft durch Vorder- und Hinterende von dorsal nach ventral. Sie liegt meist (Ausnahme z.B. bewimperte

_____

Reinhard Rieger, Innsbruck

Larven, sessile Organismen) in der Fortbewegungsrichtung der Tiere. Bei der Bewegung ist außerdem meist eine bestimmte Körperseite zur Unterlage hin gerichtet, die als Bauch- oder Ventralseite bezeichnet wird und sehr häufig durch Lokomotionsstrukturen (Kriechsohle, Extremitäten) ausgezeichnet ist. Die Rücken- oder Dorsalseite ist der Ventralseite entgegengesetzt. Insgesamt sind bei den Bilateria also drei senkrecht zueinanderstehende Körperebenen zu erkennen: Die Sagittalebene trennt zwischen rechts und links, die Transversalebene (Querschnittsebene) in vorn und hinten, die Horizontalebene in dorsal und ventral.

In einigen Gruppen wird diese ursprüngliche Bilateralsymmetrie der adulten Tiere abgewandelt (So schwimmen z.B. Tintenfische in der morphologischen Dorsoventral Achse nach hinten oder nach vorne (S. 310), adulte Stachelhäuter sind sekundär radiärsymmetrisch gebaut (S. 778)

Protostomie und Deuterostomie

Interessanterweise entsteht in der Ontogenie die Mundöffnung der Bilateria auf unterschiedliche Weise. Bereits 1908 hat GROBBEN formuliert, daß der Blastoporus (Urmund) der Gastrula einmal zum

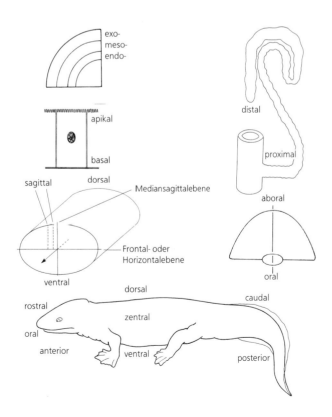

Abb. 266: Begriffe zu den Lagebeziehungen in bilateralsymmetrischen Organismen und deren Strukturen.

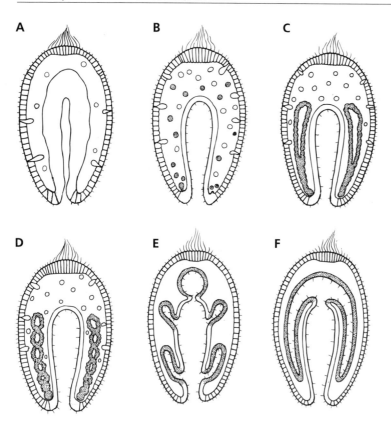

Abb. 267: Schemata der unterschiedlichen Entstehung des 3. Keimblatts (Entomesoderm) im Stadium der Gastrula. A Diploblastisches Ausgangsstadium mit multipolarer Einwanderung ektodermaler Zellen in die primäre Leibeshöhle (Ektomesenchym, weiße Zellen). B-F Triploblastische Organisation, B-D mit Ektomesenchym (z. B. Spiralia), E, F ohne Ektomesenchym (Deuterostomia). B Unipolare Einwanderung des Entomesoderms (gepunktete Zellen); von einigen Autoren bei Plathelminthes, Nemertini und Mollusca als ursprünglich angesehen. C, D Bildung paariger Entomesodermstreifen und der sekundären Leibeshöhle (Coelom) durch Auseinanderweichen von Zellen (Schizocoelie) in den Mesodermstreifen, C bei Echiura und Sipuncula, D bei Annelida; E, F Entomesodermstehung durch Abfaltung vom Urdarm (Enterocoelie), E bei einigen Hemichordata, F bei einigen Hemichordata und Echinodermata. Verändert nach Salvini-Plawen und Splechtna (1979).

definitiven Mund wird (Protostomie), ein andermal aber zum endgültigen After (Deuterostomie). Dieser Sachverhalt hat zur Gliederung der Bilateria in Protostomia und Deuterostomia geführt.

Die tatsächlichen Vorgänge der Mund- und Afterbildung sind allerdings vielfältiger und komplexer als gewöhnlich in einführenden Lehrbüchern dargestellt. Bei Protostomiern können Mund und After z.B. durch medianen Verschluß aus dem schlitzförmigen Urmund als vordere und hintere Öffnung hervorgehen (Abb. 1039 C, D). Dies tritt z.B. bei *Polygordius* (Annelida) auf. Bei *Turbanella* (Gastrotricha) schließt sich der schlitzförmige Blastoporus von hinten nach vorne, wodurch die Mundöffnung nach vorne verlagert wird. Ähnliche Vorgänge kennt man von Phoroniden, einigen Polychaeten und Nemertinen. Ebenso kann ein kreisförmiger Urmund einfach nach vorne verlagert werden und sich dort zum definitiven Mund differenzieren, während der Anus etwa an jener Stelle durchbricht, wo der Urmund ursprünglich gelegen hatte.

Im Gegensatz dazu entstehen Mund und After bei den Deuterostomia einheitlicher. Der Urmund wird an der hinteren Ventralseite der Gastrula zum Anus, der Mund bricht meist sekundär an der vorderen Ventralseite des Embryos durch. Sowohl bei Protostomie wie bei Deuterostomie kann es in der Ent-

wicklung zum kurzfristigen Verschluß des Blastoporus, an derselben Stelle aber später zum Durchbruch von Mund- oder Afteröffnung kommen. Gelegentlich tritt Deuterostomie auch bei einigen Formen auf, die den Protostomia zuzurechnen sind (z.B. bei Decapoda-Penaeidae, bei der Gastropoden-Gattung *Viviparus*). Für die Deuterostomier gibt es eine Reihe weiterer charakteristischer Merkmale, die ihre Monophylie unterstreichen.

Die ursprünglich als Protostomia zusammengefaßten Tiergruppen kann man in 3 größere Taxa untergliedern (Abb. 116): (1) Die **Spiralia**, gekennzeichnet durch Spiralfurchung und Mesodermstreifen, (2) die **Tentaculata**, gekennzeichnet durch den coelomaten Tentakelapparat des Lophophors, (3) die **Nemathelminthes**, eine heterogene Gruppe kleiner, acoelomat oder pseudocoelomat gebauter vornehmlich wurmförmiger Bilateria, deren Verwandtschaftsbeziehungen zu den Spiralia noch ungeklärt ist.

Triploblastischer Bau

Für alle Bilateria charakteristisch ist der triploblastische Bau. Bei ihnen wird beim Gastrulationsvorgang ein drittes Keimblatt (Mesoderm, „echtes" Mesoderm oder Entomesoderm) angelegt, daß sich zwischen die beiden primären Keimblätter Ekto-

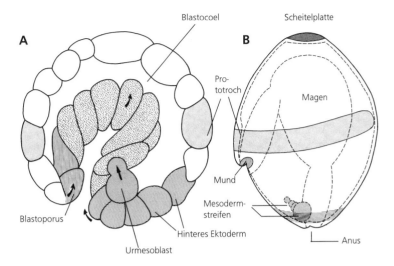

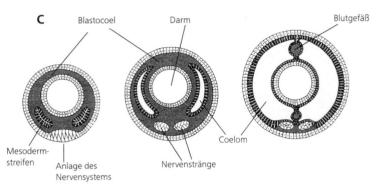

Abb. 268: Entstehung des Mesoderms und des Coeloms wurmförmiger, coelomater Annelida. A Längsschnitt durch eine Gastrula von *Eupomatus* (Serpulidae) mit Mesentoblast. B Schema einer Trochophora von *Podarke* (Hesionidae). C Diagramme von Querschnitten durch den jungen Wurmkörper, die die Verdrängung der primären Leibeshöhle (dunkel punktiert) durch die schizocoel entstehende sekundäre Leibeshöhle (hell punktiert) in der Polychaeten-Entwicklung darstellen. Von ersterer leiten sich im adulten Tier die Bindegewebsflüssigkeit, das Blutgefäßsystem und die basale Matrix der Epithelien ab. A,B Nach Anderson (1973) aus Siewing (1985); C nach Gruner et al. (1980).

derm und Entoderm schiebt (Abb. 267). Es ist in der Regel mesentodermal, bildet sich also aus dem Entoderm. Zumindest teilweise ersetzt es ein schon bei Coelenteraten vorkommendes Ektomesenchym (S. 132), das durch Einwanderung von Zellen aus dem Ektoderm entsteht. Dabei kann das Blastocoel stark eingeengt oder ganz verdrängt werden (Abb. 268). Eine Homologisierung des Ektomesenchyms vieler Bilateria mit jenem der „Coelenterata" ist zur Zeit nicht möglich.

Das Mesoderm bildet bei Bilateria ausschließlich – oder unter Beteiligung des Ektomesenchyms – die Muskulatur, das Bindegewebe und das Epithel um die sekundäre Leibeshöhle. Im engen Zusammenhang mit dem Mesoderm entwickeln sich die Nephridialorgane sowie die Gonaden.

In den Spiraliern läßt sich das Mesoderm auf zwei Urmesodermzellen zurückverfolgen, die aus dem Urmesoblasten (4d) hervorgehen (Abb. 268 A, B, S. 207). Sonst entsteht es durch Immigration im Zusammenhang mit der Urdarmbildung oder durch Abfaltung aus der Urdarmwand. Besonders bei Spiraliern kann Ektomesenchym auch größere Gewebsabschnitte zwischen Epidermis und Gastrodermis liefern (so soll z.B. die pharyngeale Musku-

latur bei Polycladen oder die Ringmuskulatur der Sipuncula ektomesenchymaler Herkunft sein). Jedenfalls ist die Bildung von Ektomesenchym aus den 2. und 3. Mikromerenquartetten hier weit verbreitet und auch insbesondere bei der Bildung larvaler Myocyten beteiligt. Neuere Untersuchungen an Nematoden bestätigen ebenfalls, daß auch hier ein Teil der Muskelzellen ektomesenchymaler Herkunft ist.

Diese Beobachtungen und der Umstand, daß die Grenzen zwischen ektomesenchymalem und entomesodermalem Ursprung vielfach nicht geklärt sind, haben in der Literatur erneut zu einer rein topographischen Definition des Mesoderms geführt, bei der alle Zellen und Gewebe zwischen Epidermis und Gastrodermis als mesodermal bezeichnet werden. Eine derartige Definition wurde bereits zur Jahrhundertwende von Entwicklungsbiologen (KORSCHELT, HEIDER) vorgeschlagen. Man kann heute sicherlich nicht, wie dies früher oft üblich war, an einer starren Keimblattableitung der verschiedenen Gewebe der Bilateria festhalten. Solange aber in den ursprünglichen Embryonalentwicklungen der einzelnen Bilateria-Taxa immer zumindest ein Teil des Gewebes zwischen Epidermis

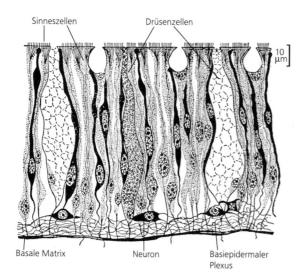

Sinneszellen   Drüsenzellen

10 µm

Basale Matrix   Neuron   Basiepidermaler Plexus

Abb. 269: Basiepitheliales Nervensystem von *Saccoglossus* (Hemichordata). Nach Bullock und Horridge (1965).

und Gastrodermis auf das Entomesoderm zurückgeführt werden kann, sollte auf die Verwendung eines rein topologisch definierten Mesoderms verzichtet werden, da damit für phylogenetische Fragestellungen wichtige ontogenetische Unterschiede übersehen werden könnten.

Das Entomesoderm kann sich durch unterschiedliche Vorgänge weiter differenzieren. Die embryonalen Mesodermzellen entwickeln sich als Einzelzellen oder Zellhaufen, die die primäre Leibeshöhle mehr oder weniger ausfüllen bzw. umgeben (acoelomate und pseudocoelomate Organismen, Abb. 267 B). Bei coelomaten Organismen, die Wimpernlarven ausbilden, treten hauptsächlich 2 Wege der Mesodermentwicklung auf: (1) Die embryonalen Mesodermzellen entwickeln sich zu links und rechts des Urdarms gelegenen Gewebesträngen, den sog. Mesodermstreifen (Abb. 267 C, D, 268 C). Die späteren sekundären Körperhöhlen (s. u.) entstehen durch Spaltbildungen in diesen Mesodermstreifen. Diese als S c h i z o c o e l i e bezeichnete Differenzierung tritt besonders bei Mollusken und Articulaten auf (Abb. 267 D, 268 C). Bei den Mollusca

lösen sich die Mesodermstreifen frühzeitig in ein mesenchymatisches Gewebe auf. (2) Das Mesoderm wird als Blase vom Urdarm abgefaltet. Bei dieser sog. E n t e r o c o e l i e führt die Entwicklung des epithelialen Sacks direkt zur sekundären Leibeshöhle. Dieser Modus ist häufig in den Deuterostomiern anzutreffen (Abb. 267 E, F, 1060, 1096). Besonders bei Formen mit direkter Entwicklung kommt es zu vielfältigen Veränderungen und Kombinationen dieser beiden Mechanismen (z.B. bei Wirbeltieren). Aber auch für Typen mit Entwicklung über Wimperlarven ist die Mesodermentstehung im Detail vielfach noch unklar.

Grundformen des Nervensystems

Wie eingangs erwähnt, ist die Differenzierung eines übergeordneten Teils des Nervensystems mit einem Gehirn wohl entscheidend für die Evolution der Bilateria. Das Gehirn entsteht als Konzentration von Nervenzellen am Vorderende. Zusätzlich entstehen aus den ursprünglich einheitlichen peripheren Nervennetzen (Nervenplexus) durch Zusammenziehen des Verlaufs von Nervenfasern und deren Zellkörpern längsorientierte Hauptstränge (sog. Markstränge) mit häufigen Querverbindungen. Derartige Konzentrationen sind bei nicht-bilateralen Metazoen nur ansatzweise bekannt.

Das Grundmuster des Bilateria-Nervensystems ist durch die basiepitheliale Lage des gesamten Nervensystems einschließlich des Gehirns gekennzeichnet. Das periphere Nervensystem könnte sich aus mehreren Nervennetzen entwickelt haben (sensorisch und motorisch, basiepithelial und subepithelial). Teilweise kann es schon bei ursprünglichen Bilateria zur räumlichen Trennung von Nervenzellkörpern und dichteren Fasergeflechten kommen. Derartige basiepitheliale Nervensysteme mit unscheinbarem Gehirn und unregelmäßigen, peripheren Nervennetzen sind in verschiedenen Larvenformen und einigen adulten acoelomorphen Turbellarien, bei Tentaculaten, Pterobranchiern und bei *Xenoturbella bocki* (Enteropneusta, Abb. 1069) realisiert.

Ausgehend von diesem Grundmuster kann man zwei unterschiedliche, wenn auch nicht scharf ge-

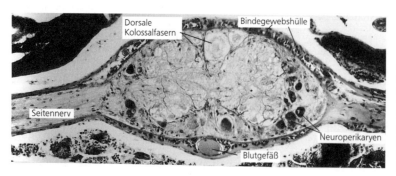

Dorsale Kolossalfasern   Bindegewebshülle

Seitennerv

Neuroperikaryen

Blutgefäß

Abb. 270: Querschnitt durch das versenkte Bauchmark mit Seitennerven von *Lumbricus* (Annelida). Die beiden Konnektive des ursprünglich paarigen Strickleiternervensystems sind weitgehend miteinander verschmolzen, die Versenkung ins Körperinnere erfolgte nicht durch Abfaltung. Original: W. Westheide, Osnabrück.

trennte, Wege der Evolution dieses Nervensystems aufzeigen:

1. Das sich entwickelnde Nervensystem der Deuterostomia ist dadurch charakterisiert, daß es in seiner basiepithelialen Lage verbleibt (Abb. 269) und häufig durch Abfaltung ganzer Epidermisabschnitte rohrförmig in die Tiefe verlagert wird. Besonders deutlich ist dieser Vorgang bei den Chordaten (S. 835). Analoges gilt auch für Echinodermata (S. 778) und Hemichordata (S. 763).

2. Demgegenüber ist bei Spiraliern – zusätzlich zum Gehirn – aus dem peripheren Nervensystem ein eingesenkter Teil des Zentralnervensystems aus Nervenlängsstämmen und Kommissuren entstanden, der „Orthogon" genannt wird (Abb. 270, 271). Es bildet sich durch Einwanderung einzelner Blastemzellen oder Zellgruppen unter die Epidermis (blastemale Versenkung), wo weiteres Wachstum und Ausdifferenzierung stattfinden. Der funktionelle Hintergrund für diese Entwicklung wird im orthogonalen Muster der Muskulatur der wurmformigen Spiralia gesehen.

Bei Nemathelminthes sind häufig die vom ringförmig um den Vorderdarm gelegenen Gehirn ausgehenden Längsstämme ebenfalls orthogonal angeordnet. Doch verbleiben hier meist die Nervenlängsstämme – wie auch das Gehirn – in basiepithelialer Lage.

Während in typisch orthogonalen Zentralnervensystemen der Spiralia die meisten Zellsomata (Perikaryen) der Neuronen als Rinde um das zentrale Nervenfasergeflecht (Neuropil) angeordnet sind, finden sich Zellen und Faseranteile bei den Deuterostomiern meist viel stärker durchmischt.

Die Immuncytochemie und die Elektronenmikroskopie haben gezeigt, daß die meisten Neuronen durch polarisierte, chemische Synapsen untereinander bzw. mit Effektororganen (z.B. Muskulatur, Drüsen) verbunden sind. Häufig findet man schon in ursprünglichen Nervensystemen (z.B. der „Turbellaria") mehrere Neurotransmitter oder Neuromodulatoren in einem Neuron, und sogar in einem neurosekretorischen Vesikel. Neben direkter synaptischer Verbindung von Neuronen und ihren Effektorstrukturen gibt es auch zahlreiche Fälle sogenannter parakriner Sekretion. Hier werden Transmittersubstanzen nicht unmittelbar an die Effektorzellmembran herangebracht, sondern in die extrazelluläre Matrix in der Nähe der Effektorzellen freigesetzt. Solche Vorgänge könnten evolutive Vorstufen in der Differenzierung von Neuronen, neurosekretorischen und möglicherweise auch endokrinen Zellen sein.

Bisher konnte man mit immuncytochemischen Methoden viele von Wirbeltieren bekannte neuroaktive Substanzen (Neurotransmitter, Neuromodulatoren u. a.) bei ursprünglichen Bilateria nachweisen. Von solchen, wie den „Turbellaria", kann man heute annehmen, daß neuroaktive Substanzen z.B.

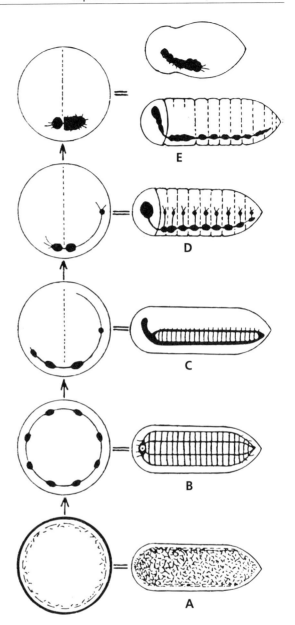

Abb. 271: Entstehung des Orthogons der Spiralia aus einem basiepithelialen Plexus der Coelenteratenorganisation in Querschnittschemata bzw. Seitenansichten. A Basiepithelialer Plexus der Coelenteraten. B Verdichtung des Plexus zu Längsnervensträngen und Ausbildung eines Orthogons mit Gehirn. C Verlagerung des Nervensystems nach innen bzw. Konzentration der Längsnervenstämme des Orthogons an der Ventralseite zum tetraneuralen Nervenstrangsystem der ursprünglichen Mollusca. D Konzentration zum segmentierten, tetraneuralen Nervensystem der Annelida. E Weitere Konzentration des Orthogons an der Ventralseite bei bestimmten Euarthropoda. Vereinfacht nach Reisinger (1972).

bedeutend für die Regulation von Zellteilung und Zelldifferenzierung in der Embryonalentwicklung und für das postembryonale Wachstum sind.

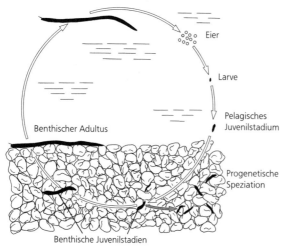

Pelagischer Adultus bei der Abgabe der Geschlechtszellen

Eier

Larve

Pelagisches
Juvenilstadium

Benthischer Adultus

Progenetische
Speziation

Benthische Juvenilstadien

Abb. 272: Der biphasische Lebenszyklus am Beispiel wurmförmiger Spiralia und die Etablierung neuer Taxa durch Progenesis der ursprünglich temporär im Sediment lebenden Juvenilstadien. Nach Westheide (1987).

Larventypen

Weit verbreitet unter marinen Bilateria ist ein biphasischer Lebenszyklus mit mikroskopisch kleiner Larve und makroskopischem Adulttier (Abb. 134, 272). Zwei Organisationstypen von Larvenstadien sind besonders häufig, wobei Fortbewegung und Nahrungsaufnahme wichtige Unterscheidungskriterien sind (Abb. 273): trochophoraähnliche Larven der Spiralia und die tornaria- oder dipleurulaähnlichen Larven der Deuterostomia.

1. Der **Trochophora-Larventyp** ist durch 2 Wimpernkränze von multiciliären Zellen etwa in der Körpermitte (Prototroch und Metatroch, Abb. 273A, s. auch Abb. 521) gekennzeichnet. Die Cilien in diesen beiden Wimpernkränzen schlagen gegeneinander und sammeln so Nahrungspartikeln, die zusätzlich von bewimperten Zellen zwischen den Wimpernbändern zur Mundöffnung weitergeleitet werden („downstream collecting system", Abb. 273B). Ventrocaudal am Mundrand beginnt ein ebenfalls aus multiciliären Zellen bestehendes Wimpernband (Neurotroch), das bis zum terminal gelegenen Anus ziehen kann und dort mit einem transversalen, multiciliären Wimpernkranz (Telotroch) in Verbindung steht.

2. Der **Tornaria**- und **Dipleurula-Larventyp** (Abb. 1061, 1093) besitzt ein geschlossenes, um die Mundöffnung meandrierendes Band aus monociliären Zellen, mit dessen Hilfe neben der Fortbewegung auch Nahrungspartikeln aus dem Wasser sortiert werden. Letzteres geschieht aber durch Cilienschlagumkehr, wenn entsprechende Nahrungspartikeln die Cilien berühren („up-

stream collecting system", Abb. 273 C,D). Die Tornaria-Larve trägt zusätzlich einen dem Telotroch der Trochophora ähnlichen Wimpernkranz aus multiciliären Zellen. Ein solcher fehlt den Larven des Dipleurula-Typs. Bei ihnen kann das um das Mundfeld ziehende Wimpernband vielfältig gestaltet sein. Auch getrennte monociliäre Wimpernringe kommen vor.

Verdaungssystem und Ernährungstypen

Mit der freien Beweglichkeit der Bilateria geht eine entscheidende Diversifikation der Ernährungsweisen und damit des Verdauungstrakts einher. So treten in mehreren Evolutionslinien im Mundraum und im ektodermalen Vorderdarm Strukturen zum Nahrungserwerb auf. Dazu gehören z.B. muskulöse Zungen oder Saugpumpen mit oder ohne Stilette (bei vielen Nemathelminthes, bei Anneliden, und höheren Plathelminthes), sklerotisierte Hartteile

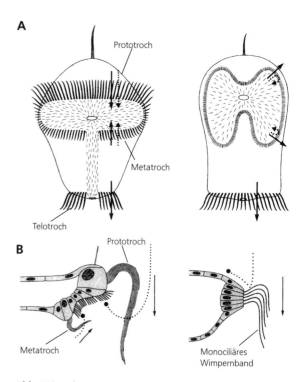

A

Prototroch

Metatroch

Telotroch

B

Prototroch

Metatroch

Monociliäres
Wimpernband

Abb. 273: Schema zweier häufiger Larventypen der Bilateria. A Trochophora (Spiralia). B Dipleurula (Deuterostomia). Die Schnittbildschemata der Wimpernbänder zeigen unterschiedlichen Bau: Die bewimperten Zellen der Trochophora-Larven sind bis auf wenige Ausnahmen (einige Mitraria-Larven, S. 378) multiciliär. Bei Dipleurula-Larven herrschen monociliäre Zellen vor (Ausnahme: Telotroch der Tornaria-Larven von Enteropneusta). Bei der Trochophora werden Nahrungspartikeln in der Schlagrichtung der Cilien zwischen den beiden Wimpernbändern Proto- und Metatroch gesammelt und zur Mundöffnung transportiert. Bei Dipleurula-Larven werden durch Umkehr der Schlagrichtung der Cilien Nahrungspartikeln in zur Fortbewegung entgegengesetzter Richtung aufgesammelt. Nach Nielsen (1987).

(Radula der Mollusca, Mastax der Rotatoria, Kieferbildungen der Annelida oder Gnathostomulida) sowie die Kieferbildungen der gnathostomen Wirbeltiere.

Viele aquatische Bilateria ernähren sich durch das Herausfiltrieren von Nahrungspartikeln aus dem Wasser, so wie dies auch viele „Coelenterata" tun. Sie alle müssen einer Wasserströmung ausgesetzt sein, die Nahrungspartikeln herbei- und Abfälle fortschafft. Die Bilateria fangen Nahrungspartikeln aus dem Wasser durch Wimpernbewegung, Schleimbildung oder durch Muskelkraft. Die wasserstromerzeugenden Wimpern sitzen lateral entweder auf Tentakeln (z.B. Tentaculata, einige sessile Polychaeten) oder auf Kiemen (z.B. Muscheln, Ascidien). Bei Muskelkraft werden stets Seiapparate eingesetzt (z.B. aus Beinen gebildet bei Cirripediern, Kiemenkorb der Fische).

Wenn die Tiere dabei einen Wasserstrom selbst erzeugen, spricht man von aktiven Suspensionsfressern (z.B. Polychaeten, viele Crustacea). Wenn sie nur die umgebenden Wasserstömungen ausnützen, indem sie Tentakelapparate in die Strömung halten, nennt man sie passive Filtrierer (z.B. viele sessile Polychaeten). Passives und aktives Freßverhalten tritt aber häufig kombiniert auf (z.B. viele Cirripedia). Andere Tiere ernähren sich von den mobilen Substraten (Schlamm und Sand), auf denen sie leben; man bezeichnet sie als Detritusfresser.

Mit wenigen Ausnahmen (Plathelminthes, Gnathostomulida) ist der Verdauungstrakt der Bilateria nicht nur mit einer Mundöffnung – wie bei den „Coelenterata" – sondern auch mit einem After (Anus) versehen. Damit wurde ein gerichteter Nahrungstransport im Darm und die Abgabe unverdaulicher Nahrungsreste getrennt von der Mundöffnung möglich. Typisch ist die funktionelle Spezialisierung hintereinanderliegender Abschnitte in diesem Einwegdarm.

Bei Plathelminthes und Gnathostomulida wird das Fehlen einer Analöffnung meist als ursprüngliches Merkmal, Analporen bei einigen wenigen Vertretern der Plathelminthes einhellig als sekundäre Bildungen gewertet. Bei vielen – möglicherweise allen – Gnathostomulida ist jedoch eine Gewebsverbindung des Darmendes mit der dorsalen Epidermis vorhanden, die unterschiedlich interpretiert wird. Verlust der Analöffnung ist in anderen Bilateriagruppen nachgewiesen (z.B. bei verschiedenen Vertretern der Echinodermata).

Darmanhangsdrüsen, die der Erleichterung der extrazellulären (z.B. Pankreas und Leber der Vertebraten), bzw. intrazellulären (z.B. Mitteldarmdrüse der Mollusken) Weiterverarbeitung dienen, gehören zum Bauplan verschiedener Taxa.

Grundtypen der Körperhöhlen

Bei Bilateria können zwischen Darm und Epidermis zwei flüssigkeitserfüllte Hohlraumsysteme auftreten: (1) die primäre Leibeshöhle, (das Pseudocoel),

die in der Art ihrer Begrenzung dem embryonalen Blastocoel entspricht und aus der das Blutgefäßsystem hervorgeht, (2) die sekundäre Leibeshöhle, das sog. Coelom (Abb. 274).

In der primären Leibeshöhle sind die flüssigkeits- oder gallerterfüllten Hohlräume samt enthaltener Zellen ursprünglich immer von der Basis eines Epithels und seiner basalen Matrix umgeben, bei der sekundären Leibeshöhle (Coelom) die Coelomflüssigkeit und Coelomocyten dagegen immer von der apikalen Seite eines Epithels (Abb. 274). Da apikale und basolaterale Zellmembranabschnitte in Epithelzellen von unterschiedlichen Membranproteinen und Ionenpumpen besetzt sind, hat dieser Unterschied funktionelle Konsequenzen (s. S. 81).

Nach dem Fehlen oder Vorhandensein einer sekundären Leibeshöhle unterscheidet man bei den Bilateria drei Typen, die als acoelomate, pseudocoelomate (ähnlich die mixocoele oder hämocoele Leibeshöhle, s.u.) und coelomate Konstruktionsformen bekannt sind.

Pseudocoelomate und acoelomate Bauweise lassen sich aufgrund ihrer Histologie mit dem Bau des embryonalen Blastocoels vergleichen (Abb. 275 A, B, 276 A). Der Unterschied zwischen ihnen liegt im Fehlen oder Vorhandensein eines größeren flüssigkeitserfüllten Raums in der extrazellulären Matrix zwischen Darm und Körperwand. In Lage und histologischer Organisation entsprechen sie der Mesogloea der „Coelenterata" und dem Mesohyl der Porifera. Die coelomate Bauweise geht dagegen auf die mesodermale Anlage der sekundären Leibeshöhle (des Coeloms, s.u.) zurück (Abb. 274, 275 C,D, 276 B).

Das Coelom (sekundäre Leibeshöhle) ist daher ursprünglich vollständig von mesodermalem (teilweise auch ektomesenchymalem) Epithel umgrenzt (Abb. 274, 275 C,D). Es verdrängt in der Entwicklung das Blastocoel (Abb. 268 C). Von dieser bleiben – bei ursprünglichen Coelomaten – nur mehr die Blutgefäße und die Gewebsflüssigkeit in der extrazellulären Matrix des Bindegewebes zwischen den Epithelien der Epidermis, der Gastrodermis und der Coelomauskleidung (Coelothel) erhalten (Abb. 274 C, 276 B).

Die Larven der Bilateria sind pseudocoelomat und/oder acoelomat gebaut. Coelomate Organisation ist bei ihnen meist nur als mesodermale Anlage vorhanden; Coelomräume können bereits differenziert sein (z.B. ältere Larvenstadien der Polychaeta, der Phoronida, Hemichordata, Echinodermata). Das heißt, auch die coelomat gebauten Adulttiere durchlaufen in ihren Larven pseudocoelomate oder acoelomate Stadien mit primärer Leibeshöhle, in der sich dann die Coelomanlage entwickelt.

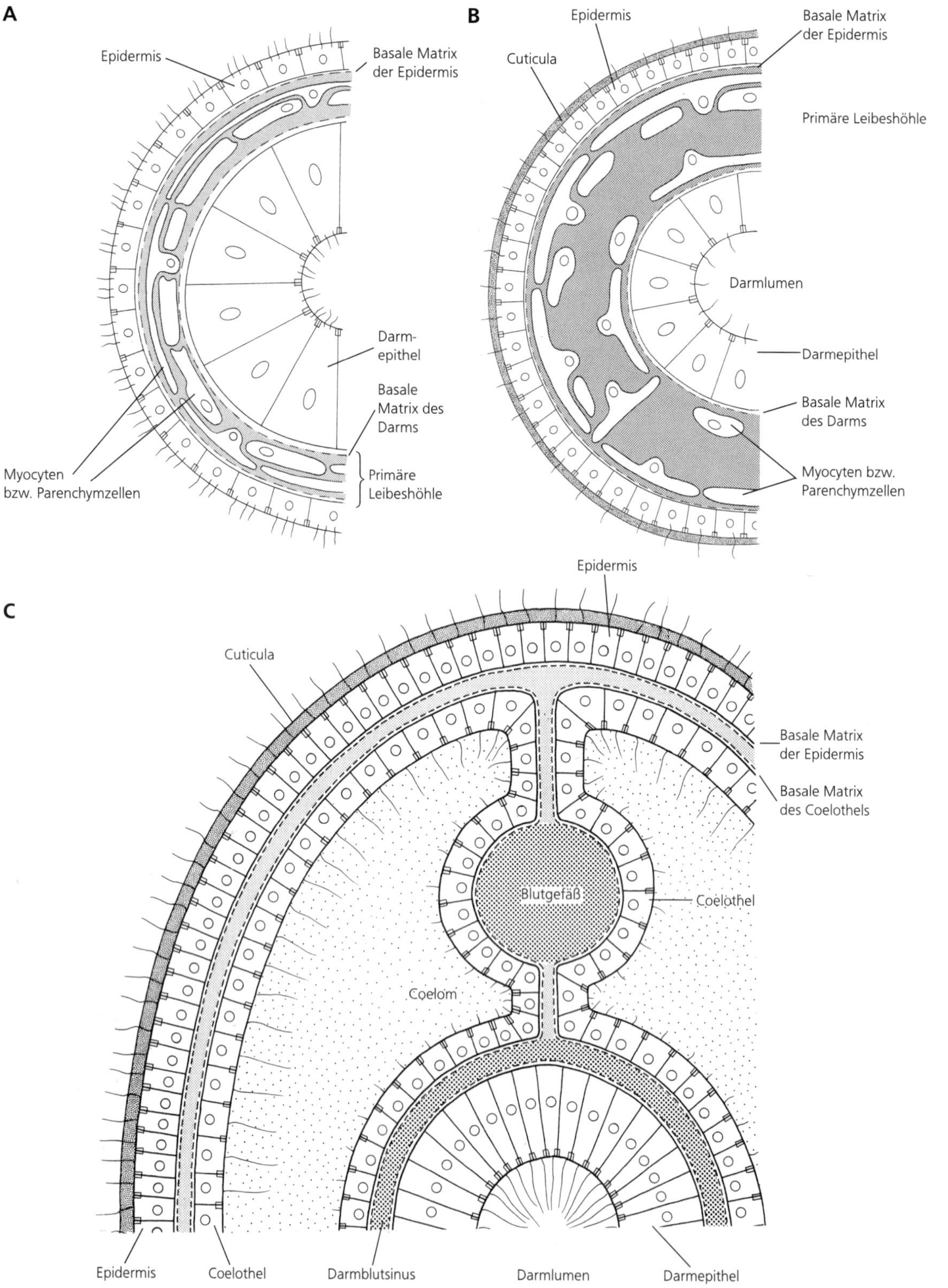

Abb. 274: Grundmuster der histologischen Organisation wurmförmiger Bilateria: A Acoelomat. B Pseudocoelomat. C Coelomat. Teile von Querschnittsschemata – Die primäre Leibeshöhle (Raum zwischen der basalen Matrix der Epidermis und jener der Gastrodermis) ist im acoelomaten Bau (A) auf die extrazelluläre Matrix (ECM) zwischen den mesodermalen – und bei Spiralia auch ektomesenchymalen – Zellen beschränkt. Bei den coelomaten Organismen (C) wird die primäre Leibeshöhle durch die sekundäre Leibeshöhle auf den Raum zwischen den Coelothelien bzw. zwischen Coelothelien und Körper- oder Darmwand eingeengt. Die

Histologisch unterscheiden sich acoelomater, pseudocoelomater und coelomater Bau durch folgende Merkmale:

1. Im **acoelomaten** Bau gibt es, wie der Name sagt, eigentlich keinen einheitlichen extrazellulären, flüßigkeitsgefüllten Hohlraum außer dem Darmkanal. Zwischen der basalen Matrix der Epidermis und jener des Darmes und der inneren Organe ist der Körper hier mit Bindegewebe und bindegewebiger Muskulatur (s.u.) ausgefüllt (Abb. 274 A, 275 A,B). Dieses Gewebe entsteht aus in der Embryonalentwicklung frühzeitig mesenchymatisch angelegtem Entomesoderm, das sich in den Spiraliern außerdem mit dem Ektomesenchym vermischt (Abb. 267 B,C). Extrazelluläre flüssigkeitserfüllte Spalträume können im Bindegewebe auftreten.

2. Im **pseudocoelomaten** Bau ist – zusätzlich zum flüssigkeitserfüllten Darm – ein flüssigkeitserfüllter Hohlraum zwischen Epidermis und Darm vorhanden, der nicht von einem eigenen Epithel begrenzt ist (Abb. 274 B, 275 B, 299). Er leitet sich entweder von der primären Leibeshöhle ab (etliche Nemathelminthes) oder entsteht durch Vereinigung der primären und sekundären Leibeshöhle während der Embryonalentwicklung (Arthropoden). In letzterem Fall wird der Hohlraum auch als Mixocoel oder Hämocoel bezeichnet. Die Entstehung pseudocoelomater Konstruktionen ist daher höchst unterschiedlich. Histologisch können Pseudocoel und Mixocoel in Adultstadien allerdings nicht unterschieden werden: in beiden wird der flüssigkeitserfüllte Hohlraum von der basalen Matrix der Epidermis, des Darmes und verschiedener Organe (z.B. Metanephridien, Gonaden und Gonodukte) begrenzt. Beim Hämo- oder Mixocoel sind aber meist noch Rudimente des Coeloms erhalten (z.B. der Sacculus der Nephridien bei Arthropoden).

3. Im **coelomaten** Bau ist das Coelom geschlossen von einem echten Epithel, dem Coelothel umgrenzt (Abb. 274, 275 C,D, 276 B). Ursprünglich war dieses möglicherweise ein Myoepithel aus monociliären Epithelmuskelzellen, wie sie schon bei den Cnidariern auftreten. Wie schon dargestellt zeigen neuere Untersuchungen, daß solche einfachen Myoepithelien der Ausgangspunkt für die Entwicklung von mehrschichtigen Myoepithelien sind (Abb. 193). Ein weiterer evolutiver Schritt ist die Trennung in nicht-muskulöse Peritonealzellen und Fasermuskelzellen und schließ-

lich – durch Versenkung der Muskulatur unter das Coelothel – die Ausbildung eines myofibrillenfreien Coelothels (Peritoneum, Abb. 193 C, 194).

Diese Entwicklung ist besonders deutlich in den Deuterostomia zu verfolgen (Abb. 193, 194). In den coelomaten Spiralia sind solche evolutiven Entwicklungen bei den Anneliden an der Längsmuskulatur gut zu demonstrieren. Bei den Mollusken ist dagegen wahrscheinlich die Entwicklung des als Coelomraum gebauten Gonopericardialkomplexes nicht mit der Entwicklung der Muskulatur gekoppelt.

In einzelnen Coelomaten-Taxa kann das Coelothel teilweise seine epithelialen Merkmale verlieren (z.B. Verlust der apikalen, bandförmigen Zell-Zell-Verbindungen) und damit sekundär zu einem acoelomaten oder pseudocoelomaten Zustand übergehen (z.B. bei kleinen im Sandlückenraum lebenden Anneliden). Umbau und Reduktion der Coelomräume sind auch von Egeln gut bekannt (S. 405). In allen diesen Taxa kennt man Übergänge vom rein coelomaten zum pseudocoelomaten/acoelomaten histologischen Bau.

Die Coelomanlagen sind entweder Mesenchym oder aber Zellstränge bzw. epitheliale Mesodermsäcke (S. 192). Sie liefern in adulten Tieren das Coelothel, die darin gelegene epitheliale oder die darunter liegende, subepitheliale Muskulatur und das Bindegewebe. Außerdem entwickeln sich aus ihnen die der Darmaufhängung und -versorgung dienenden Mesenterien (meist ein dorsales und ein ventrales) und die Dissepimente (Septen) mit den eingeschlossenen Blutgefäßen oder Blutlakunen (Abb. 274, 277). Vom Coelothel können Zellen aus dem Epithelverband apikal auswandern und zu im Coelom flottierenden Coelomocyten werden oder aber basal aus dem Epithelverband in die Blutgefäße als Blutzellen einwandern. Bei höherentwickelten Formen, wie z.B. den Vertebraten, können die Blutgefäße auch von sekundär eingewanderten Zellen mit einem sekundären Epithel (Endothel) umgeben werden (Abb. 277 B).

Coelomräume sind bei Bilateria unterschiedlich angeordnet, es können 1–3 Paare hintereinander beiderseits des Darmtrakts auftreten (oligomer: Echiura, S. 345, Sipuncula, S. 331, Tentaculata, S. 737, Chaetognatha, S. 757, Echinodermata, S. 778); der vorderste dieser Abschnitte kann unpaar sein (Hemichordata, S. 763). Bei echter Segmentierung liegen dagegen viele Coelomsackpaare

---

Blutgefäße entwickeln sich ursprünglich in der coelomaten Organisation in der ECM als Hohlraumsysteme. Bei pseudocoelomater Organisation ist die primäre Leibeshöhle als flüßigkeitsgefüllter Raum zwischen Körperwand und Darm ausgedehnt. Ursprünglich sind Zellen in der primären Leibeshöhle bei Acoelomaten und Pseudocoelomaten überwiegend Myocyten. Insbesondere in der acoelomaten Organisation können Bindegewebszellen auch ein umfangreiches Parenchym ausbilden (s. Abb. 299C); in einigen wenigen Fällen ist die gesamte ECM zugunsten eines rein zellulären Bindegewebes verdrängt („Turbellaria"-Acoelomorpha). A und B Originale: O. Manylov und R. Rieger, Innsbruck, C Original: W. Westheide und R. Rieger, Osnabrück und Innsbruck.

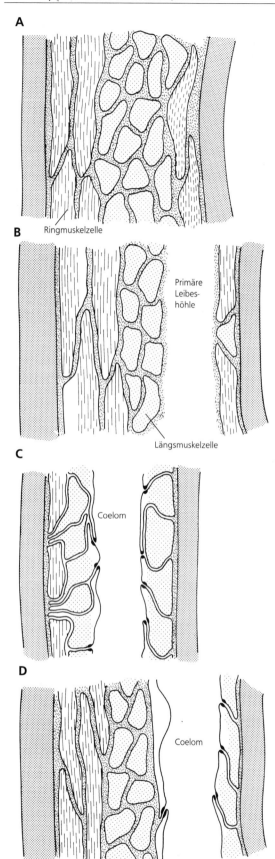

A

Ringmuskelzelle

B

Primäre
Leibes-
höhle

Längsmuskelzelle

C

Coelom

D

Coelom

hintereinander (p o l y m e r: Articulata, S. 350, Acrania, S. 855, Craniota).

Bei Nemertini tritt zusätzlich zum Blutgefäßsystem (das neuerdings als möglicher Abkömmling eines paarigen Körpercoeloms angesehen wird, S. 270) ein dorsaler, unpaarer Coelomraum um den Rüsselapparat auf. Bei Mollusca ist das Coelom auf die Gonaden- und Herzregion beschränkt (Gonocoel und Perikard, S. 277). Die Morphogenese dieser Räume unterscheidet sich von jener der paarigen Coelomsäcke (s. o.), so daß viele Autoren eine unabhängige, mehrfache Entwicklung coelomatischer Räume annehmen.

Die Coelomräume sind bei coelomaten Bilateria auch mit dem Nephridialsystem (Metanephridien) und dem Genitalsystem offen verbunden (Abb. 280, 285).

Weiterentwicklung des Stützapparates

Im Kapitel Eumetazoa (S. 140) wurde bereits auf die Skelettfunktionen von extrazellulärer Matrix, Muskulatur sowie von intrazellulären bzw. interzellulären Hohlraumsystemen eingegangen. Da für die Bilateria allgemein kleine, wurmförmige Organismen als Ausgangsformen angenommen werden, soll hier gezeigt werden, wie Schichten der extrazellulären Matrix (in der Cuticula und der basalen Matrix) mit Muskulatur und Hydrostat in wurmförmigen Organismen eine Funktionseinheit bilden (s. auch Nemathelminthes, S. 695).

Eine zentrale Rolle spielt dabei die spezifische Anordnung von nichtelastischen Fasern in Schichten, die den ganzen Körper oder einzelne Organe einhüllen, z.B. der extrazellulären Kollagenfasern oder der intrazellulären Mikrofilamente des Cytoskeletts. Die Faseranordnung führt zu unterschiedlicher mechanischer Beanspruchbarkeit (Abb. 278).

Orthogonale bzw. helicoidale Faseranordnungen (Erklärung in Abb. 200) sind als Verbundwerkstoffe in Matrixschichten am häufigsten. Flüssigkeitserfüllte Hohlräume allein – gewöhnlich intrazellulär

Abb. 275: Schema des histologischen Grundmusters der mesodermalen Muskulatur bei wurmförmigen Bilateria. A Bei acoelomater, B bei pseudocoelomater, C,D bei coelomater Leibeshöhlenorganisation. Im acoelomaten Bau kann der Anteil an extrazellulärer Matrix zwischen den Muskelzellen stark variieren. Rein zelliger Bau ist selten, kommt aber bei acoelomorphen „Turbellaria" vor. Zusätzlich können nichtmuskuläre Parenchymzellen auftreten. Das Zellwachstum erfolgte ursprünglich durch Stammzellen (Neoblasten). Bei anderen ursprünglichen Bilateria kann die extrazelluläre Matrix auf die basale Matrix der Epidermis und des Darmes beschränkt sein. Die sekundäre Leibeshöhle (Coelom) kann von unterschiedlichen Typen von Myoepithelien (C) oder von einem Plattenepithel aus Nicht-Muskelzellen (Peritoneum, D) ausgekleidet sein (s. auch Eumetazoa, S. 135). Nach Bartolomaeus (1994).

Abb. 276: Gegensätzliche histologische Konstruktionstypen adulter, triploblastischer Metazoa. A Acoelomater Bau. (EM-Längsschnitt im Vorderdarmbereich von *Paromalostomum* sp., „Turbellaria"-Rhabditophora. Hier liegen zwischen den beiden bewimperten Epithelien von Vorderdarm (unten) und Epidermis (oben), durch eine basale Matrix (BM) getrennt, versenkte epidermale Drüsenzellen (1,2,3) und Fasermuskelzellen (4). Stammzellen, Geschlechtszellen und das Protonephridialsystem finden sich ebenfalls in dieser Lage. Der pseudocoelomate Bau entspricht im histologischen Aufbau der acoelomaten Organisation. B Im coelomaten Bau (Teil eines lichthistologischen Querschnittes von *Lumbriculus variegatus* (Annelida) liegt zwischen cuticularisierter Epidermis (oben) und teilweise bewimpertem Darmepithel (unten) eine von mesodermalem Epithel (2) ausgekleidete, sekundäre Leibeshöhle (Coelom). Längsmuskulatur (1), Blutgefäßsystem (3). Eine eigene epitheliale Auskleidung des Blutgefäßsystems – charakteristisch z.B. für Wirbeltiere – ist nicht vorhanden. A Original: D. Doe, Westfield, USA; B Original: J. Klima und W. Salvenmoser, Innsbruck.

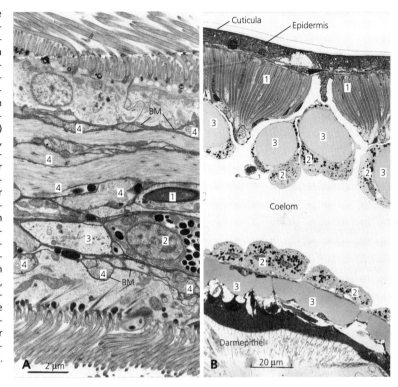

in acoelomat, interzellulär in pseudodocoelomat und coelomat gebauten Tieren – können kein hydrostatisches Skelett bilden. Da Flüssigkeiten inkompressibel sind, führen die durch Muskulatur (z.B. in einem wurmförmigen Körper durch Ring- und Längsmuskulatur) erzeugten Druckveränderungen im Körper zu Formveränderungen, die durch die Fasersysteme vorgegeben sind (Nemathelminthes, S. 695). Dies geschieht durch die spezielle Anordnung der biegbaren, jedoch nicht dehnbaren Fasern (z.B. Kollagen) (Abb. 121, 199).

Für einen wurmförmigen Organismus sind besonders Verlängerung, Verkürzung und Biegbarkeit des Körpers wichtig. Die Fasernetze in der Cuticula oder der basalen Matrix müssen dafür schräg zur Körperlängsachse angeordnet sein (Abb. 278). Theoretisch läßt sich sogar zeigen, daß bei derartig angeordneten Fasernetzen eine Verlängerung bzw. Verkürzung des Wurmkörpers nur bei einem Faserwinkel, der größer oder kleiner als 55° ist, möglich ist (Abb. 970).

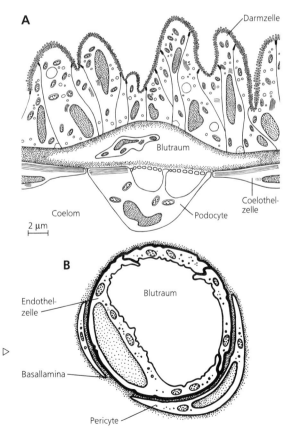

Abb. 277: Bau der Blutgefäße von Bilateria. A Ursprünglicher ▷ Bau eines Blutgefäßes am Beispiel der Enteropneusta, ohne endotheliale Auskleidung, mit Blutzellen und mit Podocyten des metanephridialen Exkretionssystems. B Querschnitt durch eine mit Endothel ausgekleidete Blutkapillare bei Wirbeltieren. A Nach Benito et al. (1993); B nach Ruppert und Barnes (1993).

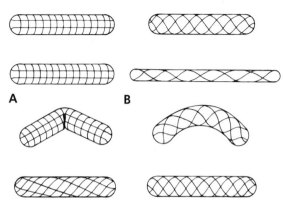

Abb. 278: Modelle der Anordnung nicht dehnbarer Fasern in zylindrischen Körpern, die unter Druck sind. A Fasern zirkulär- und längsorientiert. B Fasern schräg zur Längsachse angeordnet. Schräger Faserverlauf ermöglicht Streckung und Kontraktion des Körpers sowie Biegung ohne Knickbildung. Beide Anordnungen erlauben Torsion des Körpers um die Längsachse. Nach Wainwright (1988).

Elastische Fasersysteme und kontraktile Muskelzellen können den hydrostatischen Druck in Zellen oder zwischen Zellen verändern. Sie führen dadurch – im von den spiralig (helicoidal) verlaufenden nichtelastischen Fasersystemen gestatteten Rahmen – zur Verlängerung (Kontraktion der Ringmuskulatur), Verkürzung (Kontraktion der Längsmuskulatur) oder Verbiegung (einseitige, abwechselnde Kontraktion der Längsmuskulatur) des Wurmkörpers.

Diese biomechanischen Überlegungen gelten nicht nur für gänzlich wurmförmig gebaute Organismen, sondern auch für mehr oder weniger zylindrische Körperteile (Tentakel, Blutgefäße, Chorda, Ambulacralfüßchen). Sie sind grundsätzlich auch für das Verständnis der Funktion von kompliziert gestalteten, acoelomaten Körperteilen gültig (z.B. Molluskenfuß). Hier ist jedoch die Anordnung der nichtelastischen Fasern und der Muskulatur meist nicht nur als geschichtetes, sondern auch als dreidimensionales Geflecht zu sehen.

Zirkulationssysteme

Bei den adulten „Coelenterata" ist nur der Darm, das sog. Gastrovaskularsystem, als flüssigkeitsgefülltes Transport- und Hydrostatsystem ausgebildet (Abb. 218, 241). Dies trifft auch noch für große Plathelminthen zu. Bei Bilateria treten zusätzlich 3 weitere Systeme auf: Die durch Herkunft und Histologie eng verwandten Kompartimente von (1) Blutgefäßsystem und (2) Pseudocoel sowie (3) das Coelom. Blutgefäße und Pseudocoel sind „flüssigkeitserfüllte Kompartimente" in der extrazellulären Matrix und dienen besonders der Verteilung der Nährstoffe, dem Gastranport und dem Transport von Exkretstoffen. Ihre Rolle als hydrostatische Skelette wurde bereits erwähnt. Das Coelom unter-

scheidet sich im prinzipiellen histologischen Aufbau (Umgrenzung durch echtes Epithelgewebe) nicht vom Gastrovaskularsystem. Es dient der Speicherung von Exkretstoffen, der Differenzierung und Speicherung von Gameten, teilweise auch dem Gastransport und hat besonders Hydrostatfunktionen.

Jene Bilateria, denen man eine ursprünglich acoelomate oder pseudocoelomate Bauweise zuschreibt (Plathelminthes, Gnathostomulida, Nemathelminthes und Kamptozoa) haben entweder keines der drei Systeme oder nur ein mehr (z.B. Rotatoria, Acanthocephala) oder weniger (z.B. die meisten freilebenden Nematoden) großräumiges Pseudocoel entwickelt. Eine Ausnahme bilden einige parasitische Plathelminthes, bei denen ein flüssigkeitserfülltes, teilweise mit Zellen ausgekleidetes Kanalsystem entwickelt sein kann. Das Blutgefäßsystem und die Coelomräume entwickelten sich in der Evolution miteinander.

Das Blutgefäßsystem leitet sich histologisch von der primären Leibeshöhle ab und kann im Lauf der Evolution räumlich sehr komplexe Kanalsysteme bilden. Vom Pseudocoel unterscheidet es sich topographisch. Während das Pseudocoel als einheitlicher, flüssigkeitserfüllter, extrazellulärer Raum zwischen Körperwand und Darm liegt, ist das Blutgefäßsystem auf extrazelluläre Lakunen, Sinus und Gefäße beschränkt. Je nach Ausdifferenzierung spricht man von offenen oder geschlossenen Blutgefäßsystemen. In geschlossenen fließt die Blutflüssigkeit in deutlich erkennbaren zuführenden und abführenden, durch Kapillaren verbundenen Gefäßen. In offenen sind die zuführenden oder abführenden Gefäße durch schwer abgrenzbare Lakunensysteme in der extrazellulären Matrix des Bindegewebes verbunden.

Blutgefäßsystem und Coelom in Form von Kanälen haben in den verschiedenen Gruppen der coelomaten Bilateria unterschiedliche Ausdehnungen. So kennt man besonders von den Stachelhäutern umfangreiche coelomatische Kanalsysteme, die den Organismus parallel zu den Blutgefäßen durchziehen. Bei Euhirudinea hingegen ist die sekundäre Leibeshöhle sekundär auf ein Kanalsystem reduziert worden und ersetzt bei Gnathobdelliformes und Pharyngobdelliformes das Blutgefäßsystem gänzlich (S. 405). Bei den meisten Coelomaten dagegen sind beide Systeme nebeneinander gut ausgebildet und besonders in ihrer Gastransportfunktion aufeinander abgestimmt.

In jenen Tiergruppen (z.B. Arthropoden), in denen frühzeitig in der Entwicklung primäre und sekundäre Leibeshöhle verschmelzen, kommt es auch zur teilweisen Vereinigung von Blutgefäßsystem und Leibeshöhle. Wie schon erwähnt, spricht man daher in solchen Fällen häufig von einem Hämocoel (Mixocoel).

Respirationsorgane

Die Respirationsorgane der Bilateria dienen mit ihren Atembewegungen dem Gastransport (O_2 und CO_2) des Außenmediums (Wasser/Luft) zu möglichst dünnen Membranen, die ihrerseits dem Gasaustausch mit der Blutflüssigkeit dienen. Auch bei der Weitergabe der Atemgase zwischen Respirationsorgan und der Gewebeatmung durch das Zirkulationssystem findet sich das gleiche physikalische Prinzip: Der Gastransport erfolgt durch Bewegung des Mediums, der Gasaustausch findet durch Membranen statt, die durch ihre Großflächigkeit und geringe Dicke die Diffusion begünstigen.

Bei größeren Bilateria muß mit zunehmendem Volumen dieses Verhältnis der Gasaustauschfläche zusätzlich vergrößert werden, da die Oberfläche nur mit der zweiten Potenz und der Diffusionsweg nur mit der ersten Potenz wachsen. Bei größeren Metazoa sind daher vielfach spezielle Respirationsorgane entstanden. Oft sind Gastransportfunktion (z.B. Kiemendeckel, Lungenventilation, tracheale Luftsäcke) und Gasaustauschfunktion (z.B. Kiemenblätter (Abb. 279), Alveolarmembran, Tracheolen) strukturell distinkt getrennt.

Umgekehrt wird dieses Oberflächen/Dicke-Verhältnisses der Gasaustauschfläche bei kleinen Bilateria zum Vorteil und ermöglicht einfachere Respirationsorgane für den Austausch von O_2 und CO_2. Allerdings wirkt sich dieses Verhältnis belastend für die Osmoregulation kleiner wasserlebender und für die Transpiration kleiner terrestrischer Bilateria aus.

Durch extreme Abflachung und/oder ein verzweigtes Darmsystem kann z.B. bei Plathelminthen die Diffusionsstrecke kurz gehalten werden; durch aktive Fortbewegung (z.B. Schlängeln des Körpers) werden zusätzlich Außen- und Innenmedium gleichzeitig bewegt und damit der Austausch weiter begünstigt.

Grundform der Exkretionsorgane

Die Ausbildung der Exkretions- und Osmoregulationsorgane steht bei den Bilateria in engem Zusammenhang mit der Organisation der Körperhöhle und mit der Körpergröße. Zur Regulation des Wasserhaushaltes, der Ionenzusammensetzung der Körperflüssigkeiten und des Abtransports verschiedener Stoffwechselendprodukte sind derartige Organe für alle Bilateria notwendig.

Die einfachste Form des Abtransports von Stoffwechselendprodukten ist wahrscheinlich die Speicherung von Stoffen in einzelnen Zellen (z.B. Konkrementablagerungen bei acoelomorphen „Turbellaria") oder ganzen Gewebsabschnitten (z.B. bei Spinnen). Möglicherweise sind auch die seit kurzem bekannten Dermonephridien von *Paratomella rubra* (Acoelomorpha) ein ursprünglicher Typ von Exkretionszellen.

Grundsätzlich lassen sich zwei Typen von Exkretionsorganen unterscheiden: (1) Filtrationsnieren,

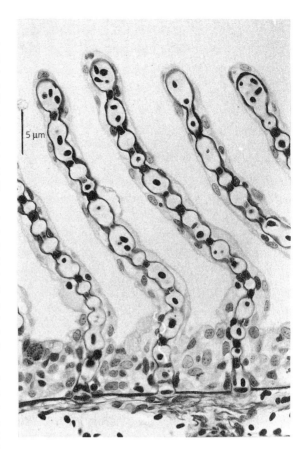

5 µm

Abb. 279: Histologischer Längsschnitt durch ein Kiemenfilament mit seitlichen Kiemenlamellen bei einer Forelle. Die Epidermis ist extrem dünn, gestattet besseren Gasaustausch. Original: W. Salvenmoser, Innsbruck.

die in zwei Bau- und Funktionstypen vorkommen, als Protonephridialsysteme und als Metanephridialsysteme (Abb. 280, 282, 283); (2) Sekretionsnieren wie die Malpighischen Schläuche (Malpighische Gefäße) der Arachniden und Antennaten, die Anhänge des Verdauungstrakts sind (Abb. 281).

Filtrationsnieren benötigen gewöhnlich größere Flüssigkeitsmengen. In ihnen wird ein Primärharn in einem ausleitenden Kanalsystem durch Reabsorption und Sekretion vor der endgültigen Ausscheidung verändert.

Die Primärharnbildung erfolgt hier durch Druckfiltration. Diese kann über die extrazelluläre Matrix spezialisierter Zellen (Podocyten) der Coelomwand (Abb. 277A, 280C,D), vom Blutgefäßsystem in das Coelom verlaufen (Metanephridialsystem). Ein Überdruck entsteht in diesem Fall in entsprechenden Abschnitten des Blutgefäßsystems, z.B. durch Kontraktion der Muskulatur der Blutgefäße. Die Filtration kann aber auch an der extrazellulären Matrix spezieller Zellen des ableitenden Kanalsystems direkt von der Gewebs- oder Leibeshöhlenflüssigkeit in den Ableitungskanal ablaufen (Protonephridialsystem, Abb. 280A,B, 282). Hierbei nimmt man an, daß

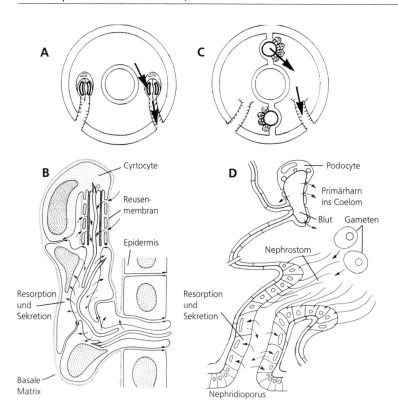

Abb. 280: Organisation der Nephridialorgane. A, B Protonephridialsystem. C, D Metanephridialsystem. Ultrafiltration bei Protonephriphidien durch die ECM der Cyrtocytenreuse in das protonephridiale Kanalsystem, bei Metanephridien vom Blutgefäßsystem durch die Reusenspalten der Podocyten des Coelomepithels in das Coelom. Resorption und Sekretion erfolgen einerseits im Protonephridium, andererseits im ausleitenden Kanalsystem des Metanephridiums. A, C verändert nach Ruppert und Smith (1988); B, D verändert nach Bartolomaeus und Ax (1992).

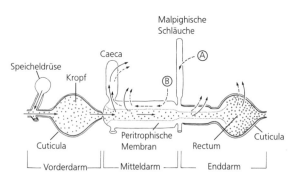

Abb. 281: Darstellung der beiden Zyklen von Flüssigkeitsbewegungen (unterbrochene Pfeile) zwischen Darm und Mixocoel bei Insekten. Rechts (Beginn bei A) Exkretionsfunktion der Malpighischen Schläuche, links (Beginn bei B) Aufnahme gelöster Nährstoffe in das Mixocoel. Volle Pfeile zeigen Flüssigkeitsaufnahme mit Nahrung und deren Absorption ins Mixocoel. Im Nährstoffzyklus gelangt Flüssigkeit aus dem Mixocoel zuerst in den caudalen Teil des Mitteldarms und von dort außerhalb der peritrophischen Membran nach vorne. Zusammen mit Nährstoffen gelangt sie vor allem in den Caeca wieder in das Mixocoel zurück. Auch Flüssigkeit mit Nährstoffen aus dem Nahrungsbrei wird hier in das Mixocoel aufgenommen. Der Exkretionszyklus beginnt mit der Sekretion des Primärharns in die Malpighischen Schläuche. Dies geschieht durch aktiven Membrantransport. Die Rückresorption von Flüssigkeit in diesem Zyklus findet im Enddarm statt. Nach Berridge in Neville (1970).

der Unterdruck im Kanalsystem durch den Cilienschlag der terminalen Reusengeißelzelle (Cyrtocyte) entsteht. Man unterscheidet Solenocyten (mit nur einem Cilium) von multiciliären Cyrtocyten.

Der Ort der Ultrafiltration des Primärharnes liegt also beim Metanephridialsystem ursprünglich getrennt von den Ausleitungsorganen (Abb. 280 C, D). Der Primärharn wird dabei zunächst direkt in die Flüssigkeit des Coeloms abgegeben. Das Metanephridium nimmt durch seinen ins Coelom offenen Wimperntrichter die Coelomflüssigkeit als Primärharn auf und verändert diese Flüssigkeit vor der Abgabe durch Resorption und Sekretion in seinem Ausleitungskanal. Meist ist daher der Metanephridialkanal von Blutgefäßen umgeben.

In den von Metanephridien abgeleiteten Nephronen der Wirbeltiere und in den aus segmentalen Nephridien hervorgegangenen Nierenorganen der meisten Arthropoden liegen der Ort der Ultrafiltration und die Öffnung des Metanephridiums in das Coelom nahe beieinander. So beginnen die Wimperntrichter der Metanephridien der Onychophora und der Antennen-, Maxillen-, oder Coxaldrüsen vieler Euarthropoda in einem stark verkleinerten Coelomraum (Sacculus, S. 417), dessen Wand vollständig aus Podocyten besteht.

Metanephridien sind also für coelomat gebaute oder sich von solchen ableitenden, makroskopischen Bilateria mit Blutgefäßsystem charakteristisch. Protonephridien treten hingegen vorwiegend in Larven und in acoelomaten oder pseudocoelomaten adulten Bilateria auf, die überwiegend millimetergroße Organismen sind.

Ausnahmen hiervon sind z.B. die großen Priapuliden und einige Anneliden, die als makroskopische Tiere Protonephridien besitzen. Bei adulten Anneliden mit Protonephridien handelt es sich – mit einer Ausnahme – um Formen, in denen ein Blutgefäßsystem fehlt.

Allgemein werden Protonephridien für die ursprünglichste Form der Nephridialorgane gehalten (Abb. 283). Sie können jedoch möglicherweise auch sekundär entstehen, wie jüngste Untersuchungen bei kleinen Anneliden und beim Zwergmännchen von *Bonellia* zeigen. Schließlich ist (von einem Anneliden) auch die Umwandlung der Cyrtocyten der larvalen Protonephridien in Podocyten der Metanephridien im adulten Körper bekannt. Bei coelomaten Spiraliern ist es also wahrscheinlich, daß die Metanephridien des Adultus und die Protonephridien der Larve aus ein und derselben Anlage hervorgegangen sind.

Sekretionsnieren sind die Malpighischen Schläuche, z.B. der Insekten (Abb. 857). Die Flüssigkeitsbewegungen im Darm, grundlegend für ihre Funktion, sind in Abb. 281 dargestellt.

Gonaden und Gametenausleitung

Selten sind bei den Bilateria die Geschlechtszellen (wie bei vielen „Coelenterata") in der Gastrodermis eingelagert (Abb. 284 A). Sie gelangen ursprünglich – im weiblichen Geschlecht durch die Ruptur der Körperwand, im männlichen Geschlecht häufig mit Hilfe eines drüsigen Organs – nach außen („Turbellaria" – Nemertodermatida). Meist werden besondere Hohlräume für die Differenzierung der Geschlechtszellen, Gonaden, in mesodermalen Geweben angelegt (Abb. 284 B, C).

Bei jenen Bilateria, die als adulte Tiere einen coelomaten Bau aufweisen, liegen die Geschlechtszellen zunächst meist retroperitoneal (unmittelbar unter dem Coelothel, Abb. 285). Die Gameten werden hier – in unterschiedlichen Phasen ihrer Reife – durch Ruptur des Coelothels in das Coelom entlassen, wo sie ihre Entwicklung fortsetzen und durch eigene Ausleitungskanäle (Gonodukte) nach außen gelangen. Ursprünglich ist wohl äußere Besamung und Befruchtung; hierbei werden große Mengen männlicher und weiblicher Keimzellen in das freie Wasser entlassen. Bei innerer Besamung und Befruchtung sind im männlichen Geschlecht Kopulationsorgane, im weiblichen Geschlecht unterschiedliche Strukturen (Vaginalorgane, Bursalorgane, Receptacula, etc.) zur Aufnahme, Kontrolle und Weiterleitung des Fremdspermas ausgebildet.

Hingegen treten bei acoelomat oder pseudocoelomat gebauten Bilateria die Gonaden meist als sog.

Sackgonaden auf (Abb. 284 B, C). Hier entwickeln sich um die Keimzellen aus dem Mesoderm stammende Hüllzellen. Sie können durch Kanäle ausgeleitet werden, die zumindest teilweise dem Ektoderm entstammen.

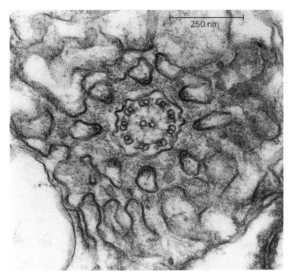

Abb. 282: TEM-Querschnitt durch die Reusenregion der Solenocyte von *Turbanella ocellata* als Beispiel des ursprünglichen Zustands der Reusenkonstruktion bei Gastrotricha. Original: G.E. Rieger, Innsbruck.

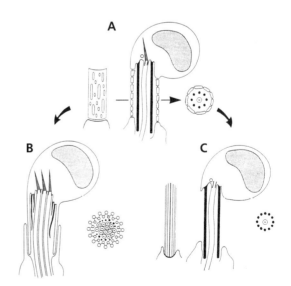

Abb. 283: Evolution der Cyrtocyten. A Ursprüngliche Form einer Terminalzelle mit Reusenstruktur im rohrförmigen Abschnitt der Cyrtocyte. B Terminalzelle mit Reusenstruktur aus fingerförmigen Fortsätzen der Terminalzelle und der ersten Kanalzelle. C Monociliäre Cyrtocyte (Solenocyte), bei verschiedenen adulten Anneliden am Nephridialkanal angeschlossen. Aus Bartolomaeus (1994).

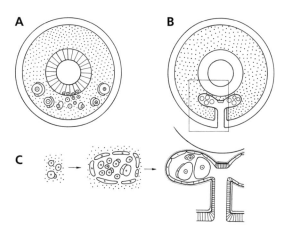

Abb. 284: Schematische Darstellung der Gonaden und der Ausleitung der Geschlechtszellen am Beispiel der weiblichen Wege der acoelomaten Organisation. Prinzipiell gilt dasselbe für männliche Organe. A Geschlechtszellen reifen an der Basis der Gastrodermis (einige Nemertodermatida, Plathelminthes) oder im mesodermalen Bindegewebe (z.B. Acoela, einige Prolecithophora). Ursprünglich wurden die weiblichen Geschlechtszellen wahrscheinlich durch Ruptur der Körperwand ausgeleitet; auch Ausleitung über den Darmkanal ist möglich. B Die Geschlechtszellen liegen in Sackgonaden, deren Auskleidung sich aus mesodermalen Zellen (im Zuge der postembryonalen Entwicklung) bildet und die dann Anschluß an die ektodermalen Abschnitte der Ausleitungsorgane nehmen. Die Genitalöffnung ist überwiegend unpaar, ventromedian gelegen. Original: R. Rieger, Innsbruck.

Systematik

Auf eine Stammbaum-Darstellung der Großgliederung der Bilateria wird hier verzichtet (siehe aber Gruppierung in Abb. 116). Sie ist zur Zeit mit Merkmalen der Morphologie nicht überzeugend möglich und erscheint daher auch bei den zahlreichen im Augenblick unternommenen molekularen Untersuchungen nicht opportun.

Allgemein wird die Monophylie eines Taxon **Spiralia** mit dem sehr spezifischen Muster der Spiralfurchung als Autapomorphie und eines Taxon **Deuterostomia** mit der Autapomorphie einer Afterbildung aus dem Blastoporus (Deuterostomie) (S. 755) anerkannt. Die traditionelle Gruppierung der Phoronida, Bryozoa und Brachiopoda als **Tentaculata** läßt sich durch eine überzeugende Autapomorphie nicht untermauern (S. 739); außerdem sprechen neueste molekulare Untersuchungen z.B. für eine völlig andere Stellung der Brachiopoda. Für die ebenfalls traditionelle Positionierung dieser Tentaculaten in die Nähe der Deuterostomia gibt es zwar eine Reihe guter Hinweise, ob sie jedoch tatsächlich Schwestergruppen sind und ein gemeinsames

Taxon – häufig in der letzten Zeit „**Radialia**" genannt – bilden, erscheint nicht völlig überzeugend begründbar.

Vor allem die **Nemathelminthes** in ihrer traditionellen Zusammenstellung (so wie sie hier besprochen werden, S. 682) sind schwer als eindeutiges Monophylum zu begründen, noch läßt sich zur Zeit erkennen, mit welchem Bilateria-Taxon sie in näherer Verwandtschaft stehen. Auch hier ist die Diskussion im Fluß (z.B. S. 684) und wird vermutlich sowohl von der morphologischen als auch von der molekularen Forschung in nächster Zeit zusätzliche Argumente erhalten.

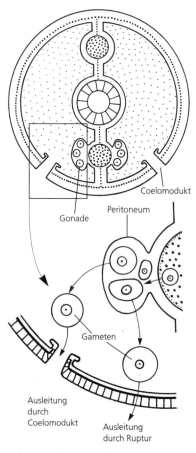

Abb. 285: Schematische Darstellung der Gonaden und der Ausleitung der Geschlechtszellen am Beispiel der weiblichen Wege in der coelomaten Organisation. Prinzipiell gilt dasselbe auch für männliche Organe. Geschlechtszellen liegen ursprünglich retroperitoneal, häufig an Blutgefäßen der Mesenterien. Sie durchbrechen in unterschiedlichen Entwicklungsstadien das Coelothel und entwickeln sich im Coelom zu reifen Gameten. Ausleitung erfolgt gewöhnlich durch Coelomodukte bzw. die metanephridialen Ausleitungskanäle, seltener durch Ruptur der Körperwand. Original: R. Rieger, Innsbruck.

SPIRALIA

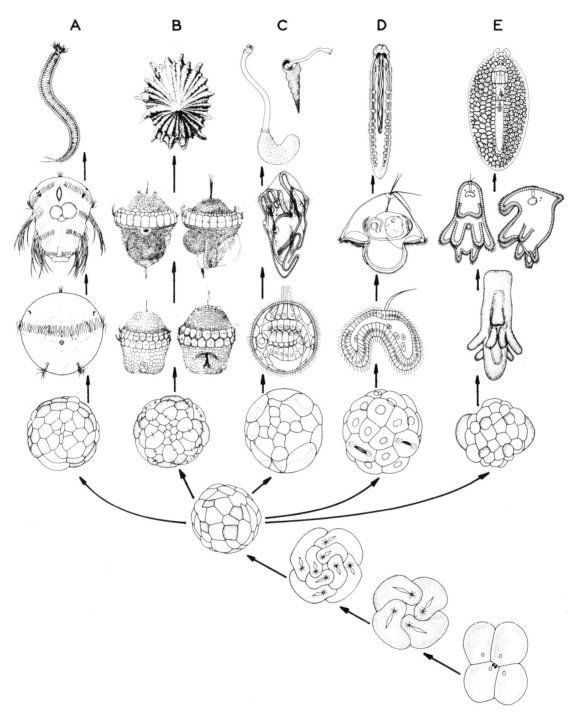

Abb. 286: Zusammenstellung einiger Tiergruppen, die in ihrer Frühentwicklung Spiralfurchung aufweisen. A Articulata (Poly-chaeta). B Mollusca (Gastropoda). C Sipuncula. D Nemertini (Heteronemertini). E Plathelminthes (Polycladida). Die Pfeile verknüpfen die Ontogenese-Stadien. Aus Siewing (1985).

Wolfgang Dohle, Berlin

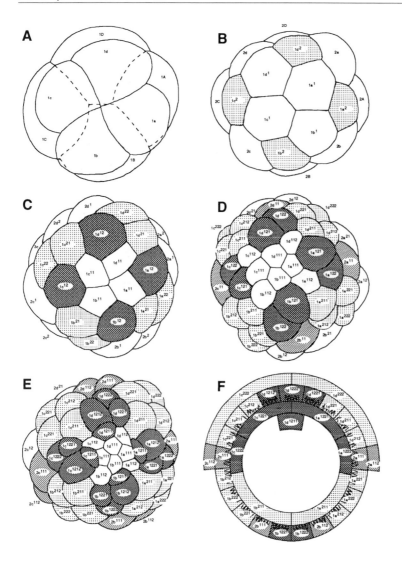

Abb. 287: Frühentwicklung von *Patella vulgata*. Blick jeweils auf den animalen Pol des Keims. Trochoblasten besonders hervorgehoben: primäre Trochoblasten punktiert, sekundäre Trochoblasten schraffiert, akzessorische Trochoblasten gerastert. A 8-Zellen-Stadium. Die kleineren Mikromeren (1a–1d) gegenüber den größeren Makromeren (1A–1D) nach rechts (dexiotrop) versetzt. B 16-Zellen-Stadium. Die Stammzellen der primären Trochoblasten ($1a^2$–$1d^2$, punktiert) sind gebildet. C 32-Zellen-Stadium. Vom 3. Mikromerenquartett ist nur 3c zu sehen. D 64-Zellen-Stadium. E 88-Zellen-Stadium. Alle Trochoblasten sind gebildet und teilen sich nicht mehr. F Prototroch der Larve. Die Trochoblasten haben sich zu 2 Ringen und einem Halbring arrangiert. Nur ein Ring behält die Bewimperung. Die Zellen der Episphäre sind nicht eingezeichnet. Nach Damen und Dictus (1994).

Als Spiralia werden eine Reihe von Bilateria-Gruppen zusammengefaßt, die eine ihnen eigentümliche Form der Furchung, die Spiralfurchung, aufweisen. Die spezifischen Merkmale dieses Furchungsmodus, nämlich die Bildung von Zellquartetten, welche durch schräge Spindelstellungen gegeneinander versetzt sind, die Ausbildung eines Paares von Urmesodermzellen und ein festgelegtes Schicksal der meisten Blastomeren, sind um die Jahrhundertwende in minutiöser Weise besonders an Mollusken und Anneliden erarbeitet worden. Bei vielen anderen Tiergruppen ist ebenfalls Spiralfurchung beschrieben worden, so z. B. bei Plathelminthes, Nemertini, Sipuncula und Echiura, bei weiteren hat man Anklänge an die Spiralfurchung vermutet.

Zuerst soll die Spiralfurchung am Beispiel der Napfschnecke *Patella vulgata* (S. 302) exemplarisch dargestellt werden. Sie entspricht weitgehend der ursprünglichen Furchung der Mollusken (Abb. 287).

Die befruchtete Eizelle teilt sich – dem Grundmuster der Metazoenentwicklung entsprechend (S. 91) – zweimal meridional, d. h. mit Teilungsfurchen, die vom animalen zum vegetativen Pol verlaufen. Die daraus resultierenden, in einer Ebene liegenden 4 Zellen werden mit den Großbuchstaben A, B, C und D bezeichnet. Die 3. Teilung ist äquatorial, nach der Teilung bilden die insgesamt 8 Zellen 2 Ebenen, die je 4 Zellen, die Quartette, umfassen (Abb. 287 A). Vegetativ liegen 4 größere Zellen, die Makromeren, die mit 1 A, 1 B, 1 C und 1 D bezeichnet werden. Animal liegen 4 kleinere Zellen, die Mikromeren 1a, 1b, 1c und 1d. Wenn man auf den animalen Pol sieht, sind die Mikromeren gegenüber den Makromeren um etwa 45° nach rechts (dexiotrop) verschoben, und sie liegen in den Furchen zwischen den Makromeren. Danach teilt sich das Makromerenquartett wieder äquatorial und leicht inäqual, so daß ein 2. Mikromerenquartett (Zellen 2a–2d) gebildet wird, das nun um 45° nach links (läotrop) gegenüber den Makromeren (2A-2D) verschoben ist. Das 1. Mikromerenquartett teilt sich in ähnlicher Weise in 2 Quartette. Hier erhalten die Zellen, die am animalen Pol liegen, jeweils den Index 1 (1a^1-1d^1), die Zellen die näher zum vegetativen Pol liegen, den Index 2 (1a^2-1d^2) (Abb. 287B). Die letzteren sind bemerkenswert, weil aus ihnen die primären Trochoblasten, das sind bewimperte Zellen des Prototrochs, des Wimpernrings der Larve, entstehen. Nach der 4. Teilung sind 16 Blastomeren vorhanden.

Alternierend dexiotrop und läotrop werden 2 weitere Mikromerenquartette abgegeben, und zwar in der 5. Teilung 3a-3d und in der 6. Teilung 4a-4d. Die 6. Teilung läuft nicht mehr synchron ab, als erste Zellen teilen sich die Trochoblastenmutterzellen, als letzte teilt sich 3D in 4D und 4d. Danach besteht der Keim aus 64 Zellen. Die Zellen sind in Hinblick auf ihr späteres Schicksal bereits eindeutig charakterisierbar (Abb. 288). Die bekannteste und formativ vielleicht wichtigste Zelle ist die Zelle 4d, der Urmesoblast, aus dem fast das gesamte Mesoderm entsteht: 4d teilt sich äqual in eine rechte und linke Urmesodermzelle (4d^1 und 4d^2), von denen durch intensive Teilungen die paarigen Mesodermstreifen der Larve gebildet werden. Eine ähnlich bedeutende Zelle ist 2d, aus der ein erheblicher Teil des Rumpfektoderms der Larve entsteht. Genau zu verfolgen ist das Schicksal der Trochoblasten; zu den primären Trochoblasten kommen akzessorische und sekundäre Trochoblasten hinzu (Abb. 287F). Einige verlieren ihre Bewimperung wieder und werden zu Stützzellen des Prototrochs.

Bei *Patella* und vielen anderen Mollusken sind alle 4 Makromeren anfangs gleich groß, die Teilungen sind synchron und die Quadranten sind nicht zu unterscheiden (homoquadrantisch). Experimentell wurde gezeigt, daß die Quadranten auch äquipotent sind; erst nach der Abgabe des 3. Mikromerenquartetts wird eine Makromere zur Zelle 3D determiniert. Es ist diejenige Zelle, die als erste mit der Mikromerenkappe in Zellkontakt kommt. Die Determination erfolgt also durch Zell-Zell-Interaktion. Demgegenüber gibt es unter den Mollusken und besonders unter den Polychaeten Arten, bei denen bereits die ersten 2 Teilungen inäqual sind. Der Keim ist heteroquadrantisch. Fast immer ist die D-Zelle die größte Makromere. Sie wird dadurch determiniert, daß cytoplasmatische Bestandteile, welche für die Bildung der 2d- und der 4d-Zelle von Bedeutung sind, vorrangig in die D-Zelle gelangen.

Eine weitgehende Übereinstimmung in verschiedenen Merkmalen der Spiralfurchung bei unterschiedlichen Taxa kann ein Indiz für ihre nahe phylogenetische Verwandtschaft sein. Diese Schlußfolgerung kann jedoch im konkreten Fall zu Schwierigkeiten führen, die genau abgewogen werden müssen.
- Einerseits läßt sich eine nahe Verwandtschaft mancher Tiergruppen, etwa zwischen den Mollusken und Anneliden, Nemertinen und Plathelminthen, ausschließlich auf dem gemeinsamen Auftreten der Spiralfurchung begründen; bei der Untersuchung der Anatomie und Feinstruktur ergeben sich keine spezifischen Übereinstimmungen.
- Andererseits ist in Tiergruppen, die offensichtlich über sehr lange Zeiträume die Spiralfurchung konserviert haben, später in Teilgruppen der Furchungsmodus radikal verändert worden, innerhalb der Plathelminthes bei den Neoophora und innerhalb der Mollusca bei den Cephalopoda. Es läßt sich daher nicht ausschließen, daß es manche Tiergruppen ohne Anzeichen von Spiralfurchung gibt, die eigentlich den Spiralia zugeordnet werden müßten. Zum Teil wird sogar vermutet, daß die Stammart der Bilateria Spiralfurchung hatte.
- Außerdem gibt es viele Tiergruppen, bei denen man „Anklänge" an die Spiralfurchung erkannt haben will, bei denen aber nicht auszuschließen ist, daß in ihrer Entwicklung einzelne Merkmale der Spiralfurchung, wie z.B. schräg gestellte Spindelrichtungen, konvergent erworben wurden.
- Schließlich sind keinesfalls alle Beschreibungen in der Literatur in gleichem Maße zuverlässig. In neuerer Zeit hat die Spiralfurchung wieder Interesse im Rahmen von Fragen der Zelldifferenzierung bekommen, und es werden zur Nachuntersuchung Methoden wie Zellmarkierungen durch Injektion von Farbstoffen oder immuncytologische Charakterisierungen durch Antikörper eingesetzt. Dadurch wird zukünftig die Vergleichsbasis breiter und sicherer werden.

Für die folgenden Gruppen wird eine Zugehörigkeit zu den Spiralia angenommen:

Annelida und Arthropoda werden aufgrund der coelomatischen Segmentierung, der praeanalen Sprossungszone und der ventralen Bauchganglienkette (Strickleiternervensystem) als monophyletische Einheit Articulata zusammengefaßt (S. 350). Die meisten Annelida, besonders die Polychaeta, zeigen eine eindeutige Spiralfurchung (Abb. 286). Auch die Stammart der Articulaten muß Spiralfurchung gehabt haben. Bei der Entstehung der Arthropoden ist die Spiralfurchung durch superfizielle Furchung abgelöst worden; totale Furchungen mit schrägen Spindelstellungen, wie sie bei einigen Krebsen („Cladocera", Cirripedia, Euphausiacea) vorkommen, sind als sekundär zu betrachten. Auch bei Teilgruppen der „Oligochaeta" und Hirudinea (Clitellata) ist die Spiralfurchung stark abgewandelt worden.

Die Echiura (S. 345), die möglicherweise die Schwestergruppe der Articulata bilden, haben eine typische Spiralfurchung.

Die Mollusca könnten die Nächstverwandten einer Gruppierung Articulata-Echiura sein (S. 348). Diese Annahme ergibt sich aus der weitgehenden Übereinstimmung in der prospektiven Bedeutung

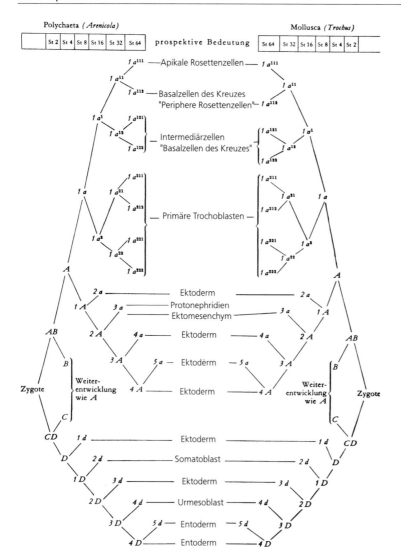

Abb. 288: Übereinstimmungen in der prospektiven Bedeutung von Zellen bei der Spiralfurchung eines Polychaeten (*Arenicola*) und eines Gastropoden (*Trochus*). Aus Siewing (1969).

der einzelnen Blastomeren (Abb. 288). Dabei ist besonders zu erwähnen die Rolle der Zelle 4d als Urmesoblast, die Bildung eines Großteils des Rumpfektoderms aus der Zelle 2d und die Bildung und Differenzierung der Trochoblasten. Ein weiterer Hinweis ist die Ähnlichkeit zwischen der Trochophora der Polychaeten und der Larve vieler Mollusken. Innerhalb der Mollusken haben sich viele Abwandlungen ergeben. Am extremsten sind sie bei den dotterreichen Eiern der Cephalopoden (S. 316), die eine diskoidale, partielle Furchung auf einer von Beginn an bilateralsymmetrischen Keimscheibe haben; sämtliche Merkmale der Spiralfurchung sind bei ihnen verschwunden.

Für die Sipuncula (S. 331) ist eine typische Spiral-Quartett-4d-Furchung beschrieben worden.

Die Furchung der Nemertini (S. 265) ist eine Spiralfurchung, soweit dies die Bildung von schräg gegeneinander versetzten Quartetten betrifft. Allerdings sind meistens die animal liegenden Zellen größer als die vegetativ liegenden und teilen sich auch schneller. Die Bildung zweier Urmesodermzellen aus der Zelle 4d ist nicht gesichert.

Die Plathelminthes (S. 210) bilden eine weitere Gruppe, die stets im Zusammenhang mit Spiralfurchung genannt wird. Hier weisen nur die Gruppen mit ursprünglicher, endolecithaler Eibildung („Archoophora") deutliche Spiralfurchung auf, und genauere Untersuchungen gibt es nur über die Polycladida. Die Angaben sind widersprüchlich. Nach manchen Autoren soll sich 4d in die beiden Urmesodermzellen teilen, nach einer anderen Ansicht geht aber aus 4d außer Mesoderm auch das gesamte Entoderm hervor. Die Acoela haben eine Furchung, bei der schon die 2. Teilung äquatorial ist, so daß statt Quartetten Duette entstehen.

Für die Gnathostomulida (S. 259) gibt es in der Literatur eine kurze Notiz, daß sie Spiralfurchung haben sollen. Die Entwicklung der Kamptozoa wird ebenfalls als Spiralfurchung angesehen (S. 337)

Für mehrere Tiergruppen sind „Anklänge" an Spiralfurchung behauptet worden. Beispielsweise findet man bei Phoronida (S. 740) und auch bei Pogonophora (S. 384) die Bildung von Quartetten, die aber nicht eindeutig gegeneinander versetzt sind. Auch läßt sich die prospektive Bedeutung der Blastomeren nicht mit der bei Anneliden und Mollusken vergleichen.

Insgesamt ist festzuhalten, daß es einige Gruppen mit eindeutiger Spiralfurchung gibt (Annelida, Echiura, Mollusca, Sipuncula), daß bei anderen Gruppen (Nemertini, Plathelminthes, Gnathostomulida, Kamptozoa) offenbar eine Spiralfurchung vorkommt, von der aber noch untermauert werden muß, wieweit sie mit der Furchung von Anneliden und Mollusken homologisiert werden kann. Es gibt zusätzlich eine Reihe von Tiergruppen, bei denen es eher wahrscheinlich ist, daß schrägstehende Spindeln (z.B. einige Crustacea) oder Quartette (z.B. Phoronida und Pogonophora) konvergent zu der typischen Spiralfurchung entwickelt worden sind. Die Zugehörigkeit von Crustaceen und Pogonophoren zu den Spiraliern ergibt sich nicht auf der Grundlage der Furchung, sondern durch andere apomorphe Merkmale.

Plathelminthes, Plattwürmer

Von den nahezu 13 000 rezenten Arten der Plathelminthes (im englischen Sprachraum: Platyhelminthes) sind nur etwa ein Viertel freilebend (Strudelwürmer, „Turbellaria"). Letztere leben vorwiegend benthisch in Meer- und Süßwasserhabitaten (Sande, Schlamm, Algenaufwuchs); einige besiedeln terrestrische Biotope als kleine bzw. – besonders in den Tropen und Subtropen – auch als größere Bodenbewohner. Bekannt ist die Gruppe vor allem durch die große Zahl parasitischer Formen. Besonders Saugwürmer (Trematoden wie der Große Leberegel, *Fasciola hepatica*, und der Pärchenegel, *Schistosoma mansoni*) und Bandwürmer (Cestoden wie Hunde-, Schweine- und Fuchsbandwurm), haben auch den Menschen oder dessen Haustiere als End- bzw. Zwischenwirt. Allgemein überwiegen als Endwirte Wirbeltiere; als Zwischenwirte dienen meist Everterbraten, besonders Mollusken und Arthropoden. Parasitische bzw. kommensalische Arten gibt es aber auch innerhalb der Turbellarien. Die Beziehungen reichen vom einfachen Kommensalismus bis zu reinem Endoparasitismus. Sie sind daher für das Verständnis der Evolution des Parasitismus in den Plathelminthen wichtig.

Larvenstadien sind bei freilebenden Plathelminthes nur vereinzelt bekannt, bei Parasiten jedoch die Regel (z.B. Miracidium, Cercarie, Oncosphaera, Oncomiracidium). Direkte Entwicklung wird als ursprünglich für die Gruppe angesehen.

Reinhard Rieger, Innsbruck

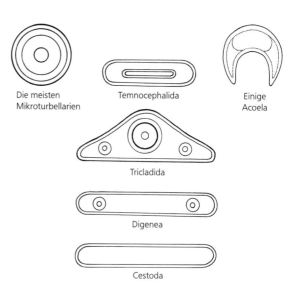

Abb. 289: Querschnittschemata verschiedener Plathelminthes. Original: R. Rieger, Innsbruck.

Die freilebenden Plathelminthes stehen als möglicherweise ursprünglichste Bilateria seit über hundert Jahren an zentraler Stelle in Diskussionen um deren Ursprung. Sie sind unsegmentierte (amere), meist acoelomate, wurmförmige Organismen. Körperlängen von etwa 1 mm (z.B. bodenbewohnende Mikroturbellarien oder Formen im Sandlückensystem, Abb. 311 A, 313 C) bis 0,5 m sind bekannt (z.B. Süßwasserplanarien des Baikalsees oder die Landtriclade *Bipalium kewense*, als „Doko" in

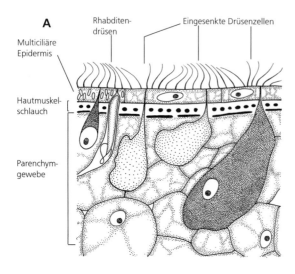

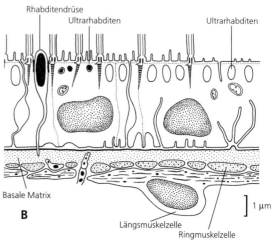

Abb. 290: A Lichtoptischer Querschnitt durch die Körperdecke (Epidermis, Hautmuskelschlauch und das darunterliegende Parenchym) von *Mesostoma ehrenbergi*. B Körperdecke mit Hautmuskelschlauch bei neoophoren Plathelminthes; meist sehr gut entwickelte basale Matrix. Die Epidermis zellulär (links) oder syncytial (rechts). Häufig bei syncytialer Epidermis sind die Zellkörper mit Kernen unter der basalen Matrix gelagert. A Verändert nach Göltenboth und Heitkamp (1977); B Original: S. Tyler, Orono.

China schon im 9. Jhdt. erwähnt). Parasitische Formen, z.B. der Große Leberegel *Fasciola hepatica* (Abb. 329) werden einige Zentimeter, die größten 25 m lang (der Fischbandwurm *Diphyllobothrium latum*, Abb. 355).

Bei Turbellarien sind nur in zwei Untergruppen größere Formen („Makroturbellarien") häufig – die überwiegend im Süßwasser lebenden Tricladida (Planarien) (Abb. 292, 296 A, 297 D, 306 A, 313 B) und die marinen Polycladen (Abb. 297 E, 313 A). Letztere sind oft auffällig gefärbt und werden deshalb häufig mit Nudibranchiern (S. 309) oder bodenlebenden Ctenophoren (S. 182) verwechselt.

Große Formen sind durchwegs stark abgeplattet (Name!, Abb. 289), in einer Körperachse ist so die Diffusionsstrecke zur O_2-Aufnahme auf einen oder wenige mm reduziert. Kleine freilebende Formen sind dagegen im Querschnitt (50–500 µm) häufig rund. Respirationsorgane bzw. Zirkulationsorgane fehlen. Nur bei einigen Saugwürmern tritt ein endothelial ausgekleidetes Kanalsystem zwischen Darm und Protonephridialkanälchen auf (sog. lymphatische Gefäße), vermutlich zur weiteren Verteilung der Nahrung.

Heute unterscheidet man in den Plathelminthes drei monophyletische Gruppen – die beiden in vielen Merkmalen sehr ursprünglichen, kleineren Gruppen der fast ausschließlich marinen (1) **Acoelomorpha** (Abb. 311) bzw. die überwiegend in Süßwasserbiotopen lebenden (2) **Catenulida** (Abb. 312) und die (3) **Rhabditophora** (Abb. 313), die Hauptmasse der Plathelminthes, die auch die parasitischen Vertreter einschließen.

Bau

Die **Epidermis** der Plathelminthes (Abb. 290, 324, 342) ist ursprünglich multiciliär, sie ist einschichtig oder (selten) mehrreihig und immer drüsenreich. Die Zellkörper der Drüsenzellen sind überwiegend unter die basale Matrix versenkt; die dünnen Ausfuhrkanäle der Drüsenzellen durchstoßen letztere oder münden zwischen ihnen aus.

Unter der Epidermis liegt der **Hautmuskelschlauch** aus äußerer Ringmuskulatur, innerer Längsmuskulatur und gewöhnlich dazwischen zwei Lagen sich kreuzender Diagonalmuskelfasern (Abb. 291). Bei Polycladen findet sich oft eine Längsmuskellage unmittelbar unter der Epidermis. Bei Trematoden liegen die Diagonalmuskel innerhalb der Längsmuskulatur. Die Muskelfasern sind ursprünglich einkernig und vom glatten Evertebraten-Typ. Der Hautmuskelschlauch ist in die basale Matrix eingebettet oder mit dieser eng verbunden. Häufig liegen die zellkernhaltigen Teile der Epidermiszellen tief unter der basalen Matrix. Zumindest bei den Neodermata entsteht diese „eingesenkte Epidermis" durch Verbleib der Perikarya der nach außen wandernden Stammzellen unterhalb des Hautmuskelschlauches (Abb. 311 B, 317). Bei parasitischen Formen kann das Integument gemeinsam mit der dar-

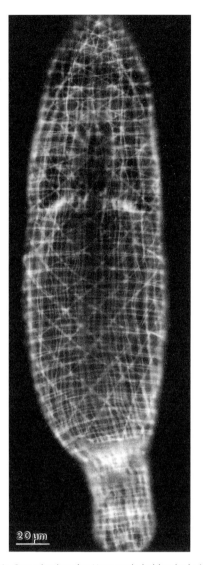

20 µm

Abb. 291: Organisation des Hautmuskelschlauchs bei Plathelminthes mit äußerer Ring-, innerer Längs- und dazwischenliegender Diagonalmuskulatur; Fluoreszenzfärbung von F-Actin mit Phalloidin/Rhodamin. Totalpräparat eines frischgeschlüpften *Macrostomum hystricinum marinum*. Original: W. Salvenmoser, Innsbruck.

unterliegenden **parenchymalen Muskulatur** Saugnäpfe bilden.

Zur Fortbewegung dient bei Mikroturbellarien (und einigen Larvenstadien der parasitischen Gruppen) ausschließlich die multiciliär bewimperte Epidermis (Abb. 290 A). Solche Tiere schwimmen frei im Wasser – meist unter Rotieren des Körpers – oder gleiten auf einer selbst produzierten Schleimspur auf dem Substrat. Schleim wird nicht nur von zahlreichen einzelligen Drüsen produziert, auch Epidermiszellen lagern zwischen „cell web" und apikaler Zellmembran kleine Vesikel („Ultrarhabditen") ab, die nach außen ein mucusähnliches Produkt abscheiden. Die Bewegungsgeschwindigkeit hängt wahrscheinlich mit der Ciliendichte (etwa 2–6 pro µm², meistens 4 pro µm²),

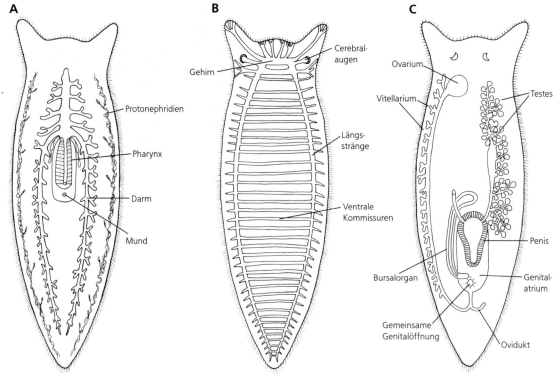

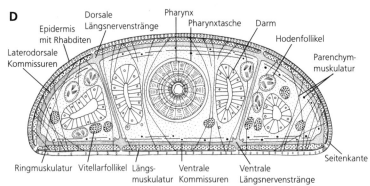

Abb. 292: Bauplan eines makroskopischen, freilebenden, rhabditophoren Plathelminthen. A Verdauungskanal und Protonephridien. B Zentralnervensystem. C Genitalsystem. D Querschnitt durch die mittlere Körperregion. Die dorsoventralen Nervenbrücken sind nur von einigen marinen Tricladen bekannt. Verändert nach Siewing (1985) und Grzimek (1980).

sowie deren Länge (5–10 µm) zusammen. Die Muskulatur dient hier der Kontraktion oder Streckung bzw. den Verformungen des Körpers zur Änderung der Bewegungsrichtung. Außerdem unterstützt sie das wichtigste formgebende Element, die extrazelluläre Matrix, vor allem die basale Matrix unter der Epidermis. Diese bildet – analog der echten Cuticula – einen das Tier umhüllenden Stützstrumpf, meist in mehreren Lagen aus spiralig zur Längsachse ausgerichteten kollagenartigen Fasern.

Besonders bei Makroturbellarien kommt es als Ergänzung des Ciliengleitens bei vielen Formen zu wellenförmigen Muskelkontraktionen, besonders an den Körperrändern (Abb. 313 A). Fortbewegung ausschließlich mit Muskeln ist bei parasitischen Formen häufig. Bewegung mit einem muskulösen Schwanz bei den Schwimmlarven (Cercarien) der Trematoden ist ein einmaliger Fortbewegungsmodus innerhalb der Plathelminthes.

Die Zellvermehrung in der Epidermis (auch der Drüsenzellen) erfolgt wie in allen anderen Geweben durch undifferenzierte, sog. Stammzellen (Neoblasten). Diese liegen fast immer im Parenchym und wandern in die Epidermis ein. Außer von den Acoelomorpha sind Neoblasten von allen Gruppen gut bekannt. Dieser Mechanismus der Zellvermehrung ist auch grundlegend für die Bildung einer neuen Körperdecke (Neodermis) nach dem Verlust der ursprünglichen Epidermis in der Entwicklung der parasitischen Plathelminthes. Für letztere wurde daher der Name Neodermata geschaffen.

Bemerkenswert ist ferner, daß in den Plathelminthes echte, harte Cuticularbildungen sehr selten sind (z. B. Temnocephaliden). Sklerotisierte Hartteile tre-

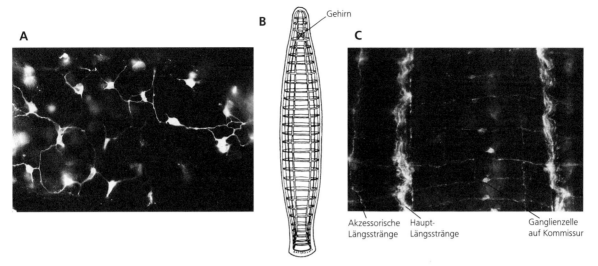

Abb. 293: Bau des Nervensystems. A Peripherer sensorischer Plexus bei *Macrostomum pusillum* als Beispiel eines ursprünglichen, netzartig gebauten Plexus, wie er auch bei „Coelenterata" auftritt. B Orthogonales Nervensystem bei Proseriaten. C Ausschnitt eines „Orthogons" auf der Ventralseite von *Bothriomolus balticus*. A, C Immuncytochemische Färbung der serotonergen Nervenzellen. A Original: W. Salvenmoser und P. Ladurner, Innsbruck; B nach Reisinger (1972); C nach Joffe and Reuter (1993).

ten aber sowohl in der Epidermis als auch in den Reproduktionsorganen häufig auf. Sie sind dann entweder intrazelluläre Bildungen („falsche Cuticula", siehe auch Lorica der Rotatorien, S. 714, bzw. Rüsselhaken der Acanthocephala, S. 723) oder Versteifungen der basalen Matrix.

Das **Nervensystem** besteht – außer bei einigen Acoelomorpha – aus einem unter den Hautmuskelschlauch versenkten G e h i r n (Abb. 292 B, 293 B, 294), von dem eine wechselnde Anzahl markhaltiger Längsstränge ausgeht. Letztere sind häufig durch K o m m i s s u r e n so verbunden, daß ein charakteristisches, orthogonales (regelmäßiges, rechtwinkelig verbundenes) Muster entsteht (Abb. 293 B, C). Dieses O r t h o g o n ist ein lokal ver-

dichteter Teil des sub- bzw. intermuskulären Plexus. Häufig treten zusätzlich ein epidermaler und ein subepidermaler Plexus auf. Diese Plexusbildungen sind netz- oder filzartige Anordnungen von Nervenfasern, die von einer unterschiedlichen Anzahl von Neuronen ausgehen (Abb. 293 A). Sie bilden das p e r i p h e r e   N e r v e n s y s t e m und stehen über verschiedene Nervenfasern mit dem Gehirn und den Längssträngen bzw. dem Orthogon (z e n t r a l e s N e r v e n s y s t e m) in Verbindung.

Die meisten Plathelminthes, erstaunlicherweise auch parasitische, zeigen eine Vielzahl von **Sinnesorganen** und C i l i e n r e z e p t o r e n (Collarrezeptoren, Tasthaare) unterschiedlichster Feinstruktur (Abb. 196). Mehrere Typen von P i g m e n t b e c h e r -

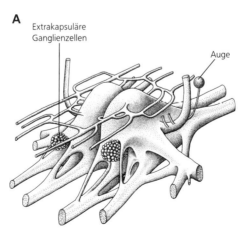
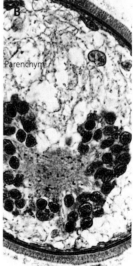

Abb. 294: A Rekonstruktion des Gehirns und der ventralen (dick) und dorsalen (dünner) Längsnervenstränge von *Notoplana*. Gehirn einige Millimeter groß. B Querschnitt durch das Gehirn von *Kythorhynchus* sp., periphere Lage der Zellkörper der Neuronen im Gehirn. A nach Chien und Koopowitz (1972); B Original: G. Rieger, Innsbruck.

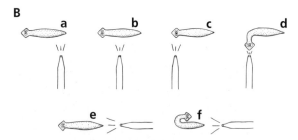

Abb. 295: Verhalten von Planarien gegenüber Strömungsreizen (Wasserstrahl aus einer Pipette) (a) Reizung des Hinterendes, (b) der Körpermitte: bei (a) und (b) bleibt Reizung erfolglos; (c) Reizung der Aurikel („Ohren"), (d) Reaktion auf (c); (e) Reizung von hinten in der Längsachse des Tieres, (f) Reaktion auf (e), da Strömung die „Ohren" erreicht. Nach Doflein (1925) aus Bresslau (1927-33).

ocellen (Abb. 296) und Statocysten (Abb. 311 A) sind weit verbreitet.

Bei einigen parasitischen Gruppen ist das gesamte **Darmsystem** reduziert (z. B. Cestoda; Fecampiida S. 230); die Nahrung wird hier über eine spezialisierte Körperoberfläche, also „parenteral" aufgenommen. Besondere Ernährungsformen zeigen auch Arten mit symbiontischen Einzellern. Normalerweise gelangt die Nahrung jedoch mit Hilfe eines muskulösen und drüsenreichen Pharynx in den Darm. Ein After fehlt fast immer. Neben dem Verzweigungsmuster des Darms liefern die verschiedenen Typen des ektodermalen Pharynx (ein - fache Mundöffnung, Pharynx simplex, Pharynx plicatus, Pharynx bulbosus, Abb. 298) wichtige diagnostische Merkmale. Ein Pharynx bul-

bosus tritt auch bei parasitischen Formen auf, sofern nicht Mundöffnung und Darmkanal überhaupt fehlen. Bei der Verdauung spielen intrazelluläre und extrazelluläre Vorgänge eine Rolle. Phagocytose-Zellen wechseln sich mit exokrinen Drüsen ab (Abb. 189 C). Der Darm ist – ähnlich dem Gastrovaskularraum der Coelenteraten – auch für die Verteilung der Nahrung wichtig (Abb. 297). Ein besonderes Darmsystem ist den acoelen Turbellarien eigen (Abb. 298 A, S. 224).

Die Mehrzahl der freilebenden Formen lebt räuberisch, viele Mikroturbellarien und einige Polycladen sind auf das Abweiden von Algen (vor allem Diatomeen) spezialisiert.

Einige Arten mit symbiontischen Grünalgen, Diatomeen oder Dinoflagellaten fressen anscheinend als adulte Tiere nicht mehr. Die meisten dieser in Symbiose mit autotrophen Einzellern lebenden Formen dürften aber mixotrophisch leben. Weit verbreitet ist die Fähigkeit, lange Hungerperioden durch zum Teil extreme Körperverkleinerung („degrowth") zu überleben.

In histologischer Hinsicht läßt sich der Raum zwischen Darm und Integument von der primären Leibeshöhle ableiten. Bei Mikroturbellarien, zu denen wahrscheinlich auch die ursprünglichsten Vertreter der Plathelminthes gehören, kann die **Leibeshöhle** fast ganz durch den Darm verdrängt sein (Abb. 299 A), oder es kann vereinzelt sogar ein geräumiges Pseudocoel auftreten (bei einigen Catenulida, Abb. 299 B).

Fast alle Plathelminthes sind jedoch **acoelomat** organisiert, d. h. zwischen der basalen Matrix der Gastrodermis und jener der Epidermis sind die Exkretions- bzw. Osmoregulationsorgane und die Repro-

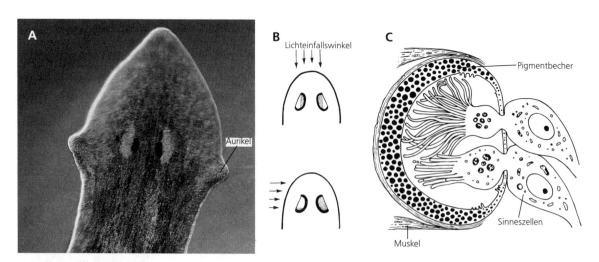

Abb. 296: A Vorderende von *Dugesia tigrina*. Stellung der Augen schräg zur Körperachse; paarige Anlage des Gehirns (helle Abschnitte). Die chemosensorischen Aurikel können wie „Ohren" bewegt werden. B Ausleuchtung der Augenbecher bei unterschiedlichem Lichteinfall: Wahrnehmung der Lichtrichtung möglich. C Ultrastruktureller Aufbau eines inversen Pigmentbecherocellus von *Notoplana acticola* (Polycladida), des rhabdomeren Grundtyps. Pigmentbecher durch Muskeln beweglich. Bei Helligkeit Mikrovilli der Sinneszelle geordnet (unten), bei Dunkelheit ungeordnet (oben). A Original: R. Buchsbaum, Pacific Grove; B nach Pearse et al. (1987); C nach MacRae (1967).

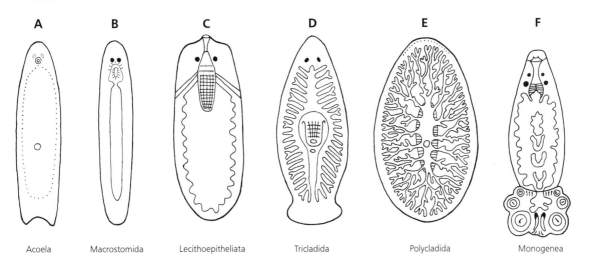

Abb. 297: Darmformen bei Plathelminthes. A Acoela. B Macrostomida. C Lecithoepitheliata. D Tricladida (*Bdellura*). E Polycladida. F Monogenea (*Polystoma*). Nach verschiedenen Autoren.

duktionsorgane in bindegewebigem Parenchym eingebettet (Abb. 299 C). Das Bindegewebe besteht meist aus extrazellulärer Matrix und verschiedenen Zelltypen (Neoblasten, Muskelzellen, Parenchymzellen). Auch versenkte Zellsomata der Epidermis bzw. Neodermis können den Raum zwischen Epidermis und Gastrodermis erfüllen.

Mit Ausnahme der regenerativen Neoblasten (Abb. 299 A) dient das Cytoplasma aller dieser Zelltypen auch als intrazelluläres hydrostatisches Skelett. Gemeinsam mit dem Darmsystem und der extrazellulären Matrix (insbesondere der basalen Matrix der Epidermis) wirken die Zellen als Antagonist zur Muskulatur (Hautmuskelschlauch und parenchymale Muskulatur) und machen die arttypische Körperform und deren Veränderung erst möglich.

Als osmoregulatorisches bzw. **Exkretionssystem** fungieren Protonephridien und Paranephrocyten (Abb. 300 A,B, 343 C, 345). Nur bei den Acoelomorpha fehlen diese Organe. Cyrtocyten und Kanalzellen der Protonephridien sind mannigfaltig gebaut. Besonders häufig wird die Reuse durch fingerförmiges Ineinandergreifen von Zellausläufern der Cyrtocyte und der ersten Kanalzelle gebildet (Abb. 300 C). Aber auch feine Schlitze nur in der Cyrtocyte treten als Reuse auf. Paranephrocyten sind nur von wenigen Taxa bekannt. Sie sind

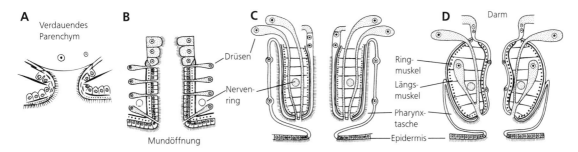

Abb. 298: Längsschnittschemata. Einfache Mundöffnung (A) und die 3 Organisationstypen des muskulösen Pharynx (B,C,D) bei Plathelminthes. Nicht alle Typen lassen sich auf eine Grundform zurückführen; Homologie selbst der komplexesten Form (Pharynx bulbosus) umstritten. A Verbindung der Epidermis mit dem syncytialen Darmgewebe, bei einigen Acoela. B Pharynx simplex (einfaches Rohr mit Ring-, Längs- und Radiärmuskulatur) der Acoelomorpha, Catenulida und ursprünglichen Rhabditophora. C Falten- oder Krausenpharynx (Pharynx plicatus), z.B. bei Tricladida und Polycladida. Finger- oder krausenförmiges, vorstülpbares muskulöses Rohr, das zurückgezogen in einer Pharynxtasche getragen wird; ausgestoßen beweglich und als Pharynxpumpe funktionierend durch Kontraktion der radialen Muskulatur. Beutetiere, z.B. kleine Crustaceen, werden ausgesaugt, ohne ganz verschlungen zu werden. D Pharynx bulbosus, z.B. bei Rhabdocoela und Neodermata. Vom Parenchym durch ein Septum getrennter Muskelapparat, erzeugt mit seinen Radiärmuskeln ebenfalls Saugwirkung. A Original: R. Rieger, Innsbruck; B-D nach Ax (1961).

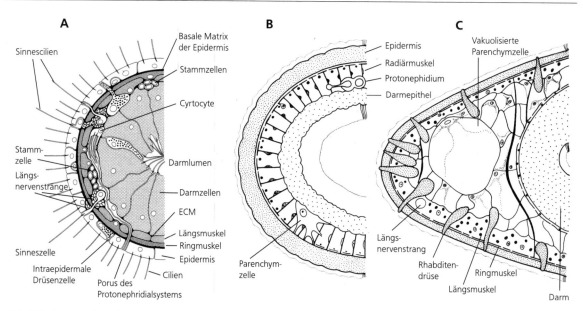

Abb. 299: Querschnittsschemata von Mikroturbellarien. A Hypothetische Stammform der Plathelminthes. B, C Catenulida und Rhabditophora. In *Stenostomum sthenum* (B) erfüllt mit extrazellulärer Flüssigkeit des von Radiärmuskeln durchzogenen Pseudocoels. *Myozonaria bistylifera* (C) mit sog. chordoidem Gewebe aus Parenchymzellen erfüllt. Als flüssigkeitserfüllter Teil des hydrostatischen Skeletts funktioniert also im ersten Fall die extrazelluläre Flüssigkeit zwischen Darm und Hautmuskelschlauch, im zweiten Fall die intrazelluläre Flüssigkeit der vakuolisierten Parenchymzellen. A Aus Ehlers (1995); B nach Borkott (1970); C nach Rieger (1971).

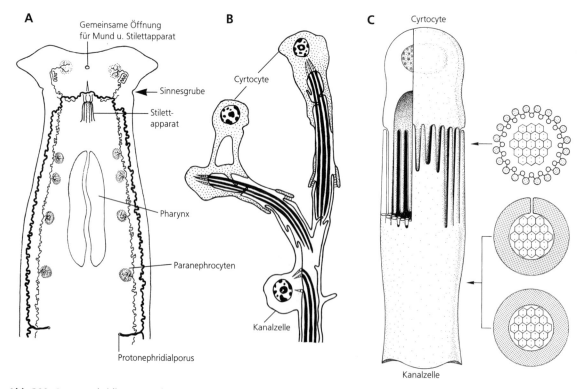

Abb. 300: Protonephridien. A Paariges Protonephridialsystem im Vorderkörper von *Xenoprorhynchus* sp. (Rhabditophora). B *Monocelis* sp. Multiciliäre Terminalorgane (Cyrtocyten) und Treibwimperflammen, die den Flüssigkeitsstrom in den Protonephridialkanälen verstärken. C Aufbau der Terminalzelle und Reusenstruktur bei den Neodermata. Links: Rekonstruktion der Terminalzelle und der Filterreuse, die aus Ausläufern der Terminalzelle (innerer Kranz) und der ersten Kanalzelle (äußerer Kranz) gebildet wird. Rechts oben: Querschnitt durch die Filterregion. Darunter: Distale Bereiche der ersten Kanalzelle; oberhalb mit Zellspalt und Desmosom (bei freilebenden Plathelminthes, Digenea, Aspidobothrii und Monogenea), unterhalb ohne Zellspalt (bei Cestoda). A nach Reisinger (1968); B nach Rohde und Watson (1991); C nach Ehlers (1985), ergänzt.

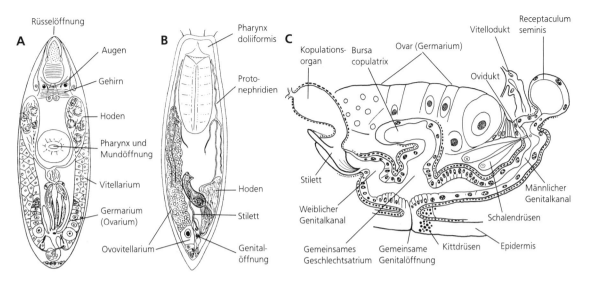

Abb. 301: Reproduktionsorgane und Pharynxbau bei kleinen Rhabdocoela. A *Nannorhynchus herdlensis* (Kalyptorhynchia), B *Haplovejdovskya subterranea* ("Dalyellioida"). C Typischer Bau der Genitalausleitungssysteme und der weiblichen Gonade bei rhabditophoren Turbellarien am Beispiel einer Art der "Dalyellioida" (Rhabdocoela), rostral = links. Die Hartteile des Penisstiletts sind bei allen Plathelminthes – im Gegensatz zu den meisten anderen Bilateria – keine echten Cuticularstrukturen, sondern intrazelluläre Hartgebilde. Bis auf ganz wenige Ausnahmen (Temnocephalida: *Themnocephalus* sp., Polycladida: *Enantia spinosa*) fehlen echte Cuticularbildungen. A Nach Karling (1956); B nach Ax in Luther (1962); C nach Luther (1955).

Zellen mit ausgedehnten Lakunensystemen, die an Protonephridialkanäle angeschlossen sein können.

Plathelminthes sind meist protandrische Z w i t t e r. Ihre **Reproduktionsorgane** zeigen räumlich wie strukturell eine erstaunliche Variabilität (Abb. 301, 323 A, 335, 350). Bei parasitischen wie bei freilebenden Formen kann die Komplexität dieses Organsystems äußerst hoch sein. In allen Fällen erfolgt innere Befruchtung. Ein Penis zur Übertragung der Spermien (selten von Spermatophoren) ist immer vorhanden, im einfachsten Fall in Form eines von speziellen Muskeln umstellten Porus in der Epidermis. Die Geschlechtsöffnungen können getrennt sein oder in ein gemeinsames Atrium münden. Geschlechtszellen liegen entweder frei im Parenchym bzw. an der Darmbasis oder befinden sich in durch Hüllzellen gebildeten Sackgonaden (Abb. 284). Besonders bei größeren Formen und Parasiten sind Sackgonaden meist in viele kleine Abschnitte unterteilt (follikulär) (Abb. 350).

Nach Genitalstrukturen lassen sich zwei Organisationsniveaus unterscheiden:

(1) Ursprünglich ist der Zustand (Acoelomorpha und Catenulida), bei dem die Gonaden Ansammlungen von Geschlechtszellen an der Basis der Gastrodermis oder im Parenchym sind. Bei der Süßwassercatenulide *Rhynchoscolex simplex* sollen die Geschlechtszellen sogar aus Stammzellen der Epidermis in das Parenchym einwandern. Der Dotter wird hier immer in den Eizellen angereichert (e n t o - l e c i t h a l) (Abb. 311 A); die befruchteten Eier werden durch Ruptur der Körperwand bzw. durch die Mundöffnung ausgeleitet. Spezielle weibliche Ausleitungskanäle fehlen; dagegen ist häufig (Acoelomorpha) ein Bursalorgan zur Aufnahme der Fremdspermien und deren Weiterleitung zum Ovar ausgebildet. Zwischen männlicher Gonade und Penis fehlt meist (Acoelomorpha) ein Vas deferens, und die Spermien wandern durch das Parenchym zum männlichen Kopulationsorgan.

(2) Abgeleitet (fast alle Rhabditophora – Ausnahme z. B. einige Prolecithophora, S. 228) sind die sackförmigen männlichen und weiblichen Gonaden. Primär sind sie dabei mit einer eigenen zellulären Hülle (Tunica) versehen, die sich in die Gonodukte (Ovidukt oder Eileiter, Vas deferens oder Samenleiter) fortsetzt (Abb. 302). Sie stehen mit ektodermalen Ausleitungsabschnitten (gemeinsamer Oviduct, Vagina, Uterus im weiblichen Geschlecht; Penisbildungen und akzessorische männliche Drüsenorgane) in Verbindung. In etlichen Fällen fehlen (sekundär) aber weibliche Ausleitungskanäle. Verbindungen mit dem Darmkanal (Abtransport überschüssigen Spermas) oder der Neodermis (Laurerscher Kanal, S. 218) treten auf.

Der D o t t e r kann – wie im ursprünglichen Zustand – in den Eizellen selbst angereichert werden. Bei der Mehrzahl der freilebenden und bei allen parasitischen Formen wird er jedoch in speziellen Zellen der weiblichen Gonade (in den V i t e l l o c y t e n) gebildet. Dotterzellen und eigentliche Keimzellen (Oocyten, Germocyten) werden in räumlich getrennten Abschnitten der weiblichen Gonade erzeugt (Abb. 301, 323, 352), im sog. D o t t e r s t o c k

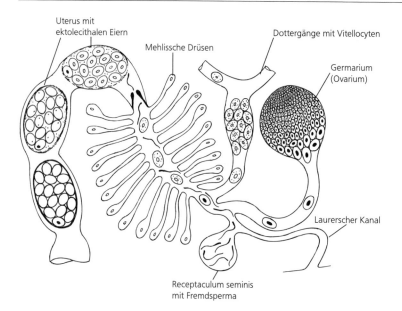

Uterus mit
ektolecithalen Eiern

Mehlissche Drüsen

Dottergänge mit Vitellocyten

Germarium
(Ovarium)

Laurerscher Kanal

Receptaculum seminis
mit Fremdsperma

Abb. 302: Aufbau der sog. Befruchtungskammer (Ootyp) und Bildung ektolecithaler Eier bei Neodermata, am Beispiel digenetischer Trematoden. Der Ootyp ist die Region des weiblichen Genitalkanales unmittelbar nach der Mündung des eigentlichen Ovidukts (auch Germodukt genannt) in den gemeinsamen Abschnitt der Dottergänge (Vitellodukte). In oder vor dieser Region mündet auch ein Receptaculum seminis, das Fremdsperma speichert. Nach der Befruchtung einer Oocyte (schwarzer Zellkern) wird diese zusammen mit einer artspezifischen Zahl von Vitellocyten in einer Eischale eingeschlossen. Die Eischale wird durch Zusammenwirken von Sekret der Mehlisschen Drüse und speziellen Schalenvesikeln aus den Vitellocyten erzeugt. Bei endolecithaler Eibildung werden Schalen- und Dottervesikel in der Oocyte selbst abgelagert. Nach Mehlhorn (1977).

(Vitellarium) und im eigentlichen Keimstock (Ovarium, Germarium). Eine verschieden große Zahl von Dotterzellen wird bei der Eiablage einer Oocyte als Ernährungsgrundlage für den sich entwickelnden Embryo in der Eihülle mit eingeschlossen. Solche Eier werden als ektolecithal bezeichnet (Abb. 309 A). Vitellarium und Germarium sind meist getrennt und mit eigenen Ausleitungskanälen (Vitellodukten, Ovidukten) versehen. Bei Mikroturbellarien (z.B. vielen Prolecithophora, Lecithoepitheliata, etlichen Rhabdocoela) ist aber die Gonade nur in zwei Bereiche gegliedert (Ovovitellarium). Die Ovidukte übernehmen dann die Ausleitung von Eizelle und Vitellocyten.

Formen mit derartigem Aufbau der weiblichen Gonade sind im Tierreich selten. Innerhalb der Plathelminthes werden sie als Neoophora (alle Rhabdithophora mit Ausnahme der Macrostomorpha und Polycladida) den plesiomorphen „Archoophora" (Acoelomorpha, Catenulida, Macrostomida und Polycladida), bei denen diese Arbeitsteilung fehlt, gegenübergestellt.

Die Dottersubstanz ist in Schalendotter und Nährdotter gegliedert. Ersterer bildet zusammen mit den Schalendrüsensekreten die Eischale. Zusätzlich zu den Schalendrüsen münden in die ektodermalen Endabschnitte der weiblichen Ausleitungswege häufig noch Kittdrüsen mit Sekreten zum Festheften der Eier (Abb. 301 C).

Bei den parasitischen Formen laufen Vitellodukte, Ovidukt, Receptaculum seminis und Schalendrüsen (Mehlissche Drüsen) im sog. Ootyp zusammen (Abb. 302); hier werden die Spermien mit Eizelle und Vitellocyten von der Eischale eingeschlossen. Hinter dem Ootyp beginnt der Uterus.

Spermien der Plathelminthes haben – in Anpassung an die innere Befruchtung – eine abgeleitete Form: Sie sind entweder aflagellär oder modifiziert biflagellär. Nur bei den Nemertodermatida gibt es monoflagelläre Spermien, die bis auf ihre langgestreckte Form dem Grundtyp der Metazoenspermien ähneln.

Die beiden Flagellen können entweder frei oder im Cytoplasma des Spermiums inkorporiert sein, ein Flagellum ist manchmal reduziert (Abb. 303). Bei allen Rhabditophora (Ausnahme: Macrostomorpha) zeigt zudem das Axonem der Spermienflagellen nicht das übliche 9 × 2+2-Muster, sondern ein 9 × 2+1-Muster (Abb. 303, 338). Bei den Acoelen gibt es auch biflagelläre Spermien mit einem 9 × 2+1 oder 9 × 2+0-Muster (also ohne zentrale Mikrotubuli) (Abb. 303 D).

Eine Besonderheit ist ferner das Fehlen eines typischen Akrosoms bei allen Plathelminthes außer einigen Nemertodermatida. Bei vielen freilebenden Plathelminten finden sich sog. acrosinoide Grana (möglicherweise mit Akrosom-Funktion) in der Region der Axonemata.

Bursalorgane sind besonders mannigfaltig und werden vielfach uneinheitlich bezeichnet (Abb. 301). Sie können der Aufnahme und Speicherung des Fremdspermas (Receptaculum seminis), der Verdauung überschüssigen Spermas (Bursa resorbiens) oder der Aufnahme des Kopulationsorgans während der Copula (Bursa copulatrix) dienen. Mehrere dieser Funktionen werden oft auch von einem Organ übernommen. Sie sind an unterschiedlichen Stellen an das weibliche Ausleitungssystem angeschlossen, bei einigen Rhabdocoelen sogar an den männlichen Ausleitungskanal. Möglicherweise erlauben viele der Bursalorgane eine Aussortierung von Fremdspermien.

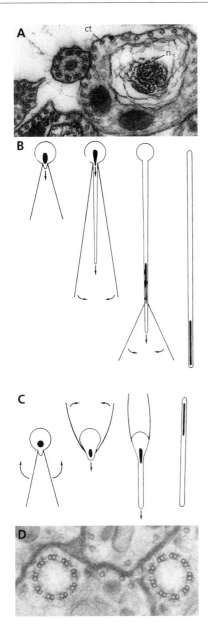

als Vagina postuliert. Neue Untersuchungen bestätigen jedoch diese Funktion nicht eindeutig.

Fortpflanzung und Entwicklung

Plathelmithen zeigen vor allem bei den Acoelomorphen, Catenuliden, Macrostomiden, Tricladiden sowie bei den verschiedenen Generationen (z. B. Sporocysten, Redien) der parasitischen Neodermata besonders hohe Fähigkeiten zur Regeneration und **asexuellen** Vermehrung. Bei den freilebenden Plathelminthes herrschen entweder einfacher Zerfall

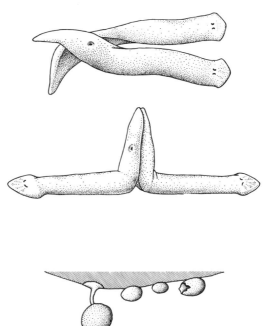

Abb. 304: Kopulationsstellungen (oben: *Planaria torva*, unten: *Dugesia polychroa*) und abgelegte, gestielte Eier bei Tricladen. Ball and Reynoldson (1981).

Abb. 303: Spermien bei Plathelminthes. A Querschnitt durch eines der beiden 9 × 2+1-Axoneme von *Mesostoma lingua*. Corticale Mikrotubuli sehr regelmäßig angeordnet (ct), Zellkern noch unvollständig kondensiert (n). B, C Längsschnittschemata von Spermatogenesestadien; bei Neodermata (B) werden die beiden Geißeln des Spermiums in proximo-distaler Richtung seitlich in den Zellkörper inkorporiert; bei den meisten „Turbellaria" (C) verläuft die Inkorporation in entgegengesetzter Richtung. D Querschnitt durch 9 × 2+0-Axoneme von *Polychoerus* sp., das in die Spermienzelle inkorporiert ist. A Original: J. Klima, Innsbruck; B, C nach Justine (1991); D Original: D. P. Costello, Chapel Hill.

Die Verdauung überschüssigen Fremdspermas scheint auch über einen Verbindungskanal zwischen Darm und weiblichen Geschlechtswegen (Ductus genito-intestinalis) möglich zu sein. Für einen bei Saugwürmern ausgebildeten ektodermalen Gang, der den Ovidukt mit der Dorsalseite verbindet (Laurerscher Kanal), wurde eine Funktion

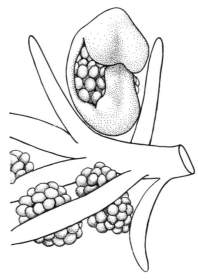

Abb. 305: Eiablage von *Archaphanostoma agile* (Acoela). Nach Apelt (1969).

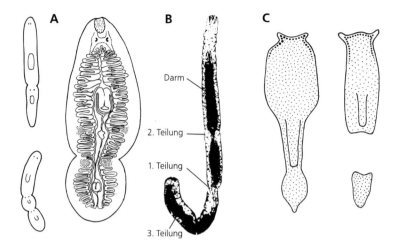

Abb. 306: Beispiele asexueller Vermehrung. A, B Paratomie. A *Planaria fissipara* (Tricladida). B *Myomacrostomum* sp. (Macrostomida). C Architomie. *Polycelis cornuta* (Tricladida). A Nach Marcus (1948); B Original: R. Rieger, Innsbruck; C nach Vandel (1922).

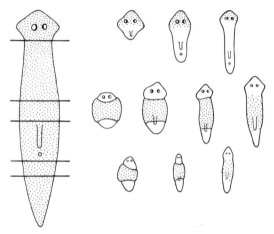

Abb. 307: Regenerationsexperimente an Bachtricladen. Bei Querteilung von Planarien regeneriert jedes Stück das Kopfende bzw. das Hinterende entsprechend der anterior-posterioren Hauptachse. Derartige Versuche wurden von T. H. MORGAN schon um die Jahrhundertwende durchgeführt. Nach Morgan in Bresslau (1927–33).

durch Querteilung (Architomie) oder Paratomie (Querteilung nach Differenzierung der neuen Organsysteme) vor (Abb. 306). Paratomie führt sehr häufig zu Kettenbildungen mit bis zu mehreren hundert Zooiden, die dann eine Gesamtlänge von 15 cm erreichen können (*Africatenula riuruae*). Vereinzelt (die acoele Turbellarie *Convolutriloba retrogemma*) gibt es bei freilebenden Formen auch Knospung am Hinterende des Körpers. Eine Art Knospung ist für einige Cestoden sehr charakteristisch. Als einen anderen Spezialfall der asexuellen Vermehrung kann man die multiple Entstehung von neuen Generationen, wahrscheinlich aus Neoblasten, innerhalb des Körpers der Vorgängergeneration bei Digenea ansehen (S. 237).

Wechselseitige **Begattung** ist bei diesen hermaphroditischen Tieren häufig; in etlichen Fällen kommt es jedoch nur zu einseitiger Begattung. Selbstbefruchtung und Parthenogenese treten auch im Wechsel mit bisexueller und asexueller Vermehrung auf, was besonders bei parasitischen Gruppen zu komplizierten Lebenszyklen führen kann. Die innere Befruchtung findet häufig im Ovar bzw. beim Austritt reifer Eizellen aus dem Ovidukt statt.

Acoelomorpha, Catenulida und die archoophoren Rhabditophora (Macrostomorpha, Polycladida) zeigen in der Entwicklung **Spiralfurchung** (meistens im Quartett–, bei Acoela im Duett-Muster)

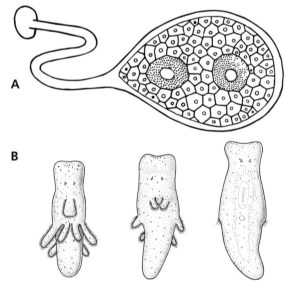

Abb. 308: A Gestieltes, ektolecithales Ei von *Polycelis crocea* (Rhabdocoela), in dem zwei germative Zellen (eigentliche Eizellen) und mehrere Dotterzellen (Vitellocyten) in einer Eikapsel eingeschlossen sind. B Müllersche Larve und Jungtier von *Thysanozoon* sp. A Aus Korschelt und Heider (1936); B nach Ruppert (1978).

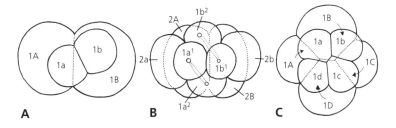

Abb. 309: Frühe Furchungsstadien. A,B Acoela (Spiral-Duett-Furchung). C Polycladida (Spiral-Quartett-Furchung). Von den in der Spiralfurchung entstehenden Blastomeren werden die Makromeren mit Großbuchstaben, die am animalen Pol gelegenen Mikromeren mit Kleinbuchstaben nummeriert. Die Neigung zwischen Eiachse und Spindelachse ist abwechselnd nach links (laeotrope Furchung) und nach rechts (dextiotrope Furchung) gerichtet. Aus Korschelt und Heider (1936).

(Abb. 309). Letztere ist besonders durch den Wegfall der zweiten meridianen Furchung deutlich unterschieden. In der Frühentwicklung der meisten Gruppen der Neoophora treten starke Abweichungen im Furchungsmuster auf, nur bei einigen ursprünglichen Formen mit ektolecithalen Eiern sind hier noch Anklänge an die Spiralfurchung vorhanden.

Bis auf ganz wenige Ausnahmen fehlen bei freilebenden Formen Larven, die Entwicklung verläuft direkt. Die Müllersche Larve (Abb. 308 C) und die Goettesche Larve der Polycladen bzw. die Luthersche Larve einer einzigen Gattung der Catenuliden werden meistens als sekundäre Entwicklungen (die der Stammart der Plathelminthes noch fehlen) aufgefaßt.

Bei Neodermata sind Larvenstadien die Regel (Miracidium, Cercarie, Oncomiracidium, Lycophora, Oncosphaera). In der Entwicklung der digenetischen Saugwürmer können dem Miracidium eine Reihe weiterer Generationen folgen (Sporocyste, Redie, Cercarie), die aus Neoblasten (vielleicht auch aus parthenogenetischen Geschlechtszellen) hervorgehen und zu einer erheblichen Steigerung der Reproduktionsleistung pro Zygote führen können. Im Lebenszyklus der Cestoden kommt es manchmal zur asexuellen Vervielfältigung durch Knospung.

Systematik

Aufgrund embryologischer Daten kann als weitgehend gesichert angesehen werden, daß die Plathel-

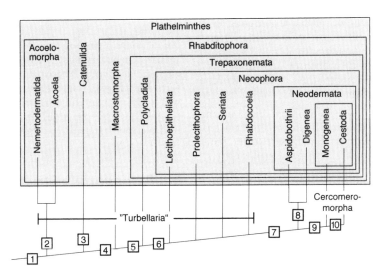

Abb. 310: A Phylogenetischer Stammbaum der Plathelminthes. Apomorphien: [1] Ersatz von Geweben während Entwicklung, Wachstum und Regeneration durch Stammzellen (Neoblasten), die im Parenchym liegen. [2] Komplexes Cilienwurzelsystem mit speziellen Cilienspitzen; starke Reduktion der extrazellulären Matrix; fast immer lumenloses Darmsystem. [3] Dorsales, unpaares Protonephridialsystem, bestehend aus einem am Hinterende beginnenden und dort ausmündenden Protonephridialkanal, der bis über das Gehirn nach vorne reicht und seitlich Terminalorgane mit einer zweigeißeligen Cyrtocyte und einer Kanalzelle trägt. [4] Echte Rhabditen (Abb. 314) und ein Zweidrüsen-Kleborgan (Abb. 314A,B). [5] Flagellen-Axonem in den zweigeißeligen Spermien mit einem 9×2+1-Muster (Abb. 303A). [6] Ektolecithale Eier und heterozelluläre weibliche Gonade (Germarium, Vitellarium oder Ovovitellarium). [7] Abwurf der larvalen, bewimperten Epidermis beim Eindringen in den ersten Wirt. Aufbau einer sekundären Neodermis durch Neoblasten aus dem Parenchym. Axonemata der Spermatozoen intrazellulär, mit proximo-distal fortschreitender Inkorporation (Abb. 303B). Reuse der Protonephridien aus Terminalzelle und 1. Kanalzelle aufgebaut. [8] Mollusk als 1. Wirt. Andere überzeugende Apomorphien sind nicht bekannt. [9] Mit sichelförmigen Häkchen an Hinterende. [10] Darm fehlt in allen Entwicklungsstadien. Verändert nach Ehlers (1984).

minthes, wie die Gnathostomulida (S. 259) und möglicherweise auch die Nemertini, ursprüngliche Gruppen innerhalb der Spiralia sind. Allgemein wird auch angenommen, daß damit der acoelomate/pseudocoelomate Bau adulter Bilateria als Plesiomorphie zu deuten ist. Es ist aber ebenso möglich anzunehmen, daß die heutigen Plathelminthes durch Progenesis aus acoelomaten/pseudocoelomaten Larven und Jugendstadien ancestraler Bilateria mit einem biphasischen Lebenszyklus entstanden sind.

Meist werden die Plathelminthes heute als Schwestergruppe der Gnathostomulida aufgefaßt und diese beiden Gruppen als Plathelminthomorpha allen übrigen Bilateriern (Eubilateria) gegenübergestellt. Synapomorphien, die diese Gruppierung wahrscheinlicher als andere machen, sind allerdings nicht bekannt. Vielmehr zeigen Gnathostomuliden (S. 260) im Bau des Kieferapparates, in den quergestreiften, einzelligen Muskelfasern sowie in den strikt serial angeordneten Paaren getrennt ausmündender Protonephridien mit Solenocyten deutlich engere Beziehungen zu einigen Nemathelminthen (bes. Rotatoria, S. 714, und Gastrotricha, S. 685).

Früher galten die Nemertinen als Schwestergruppe der Plathelminthes. Besonders das epithelial ausgekleidete Blutgefäßsystem sowie Unterschiede in den 18 S-rRNA-Sequenzen rücken diese Gruppen jedoch voneinander ab.

Die Plathelminthes werden heute in die drei monophyletischen Taxa **Acoelomorpha**, **Catenulida** und **Rhabditophora** gegliedert. Die parasitischen **Neodermata** sind eine Gruppe innerhalb der Rhabditophora. Das alte Taxon „Turbellaria", das ursprünglich für freilebende Plathelminthen errichtet wurde, ist daher ein Paraphylum (Abb. 310).

Gut begründbare Autapomorphien des Taxon Rhabditophora sind die stäbchenförmigen Drüsensekrete (Rhabditen) mit charakteristischer Feinstruktur (Abb. 314), das Zwei-Drüsen-Kleborgan sowie an das Gehirn angeschlossene rhabdomere Pigmentbecherocellen. Außerdem sind bei dieser Gruppe die Gonaden fast immer von einer epithelialen Tunica umkleidet, die sich in die Ausleitungsgänge fortsetzt (s.o.).

Die phylogenetische Abgrenzung der Neodermata stützt sich besonders auf Ultrastrukturuntersuchungen, die bestätigten, daß diese Tiere ihre ursprüngliche Epidermis verlieren und eine neue Neodermis aus Stammzellen (Neoblasten) aus dem Parenchym bilden (Abb. 317).

Autapomorphien mit hohem Wahrscheinlichkeitsgrad, die die Acoelomorpha kennzeichnen, sind das retikuläre Cilienwurzelsystem, die gestuften Cilienspitzen, die Tendenz zur Umwandlung der Gastrodermis in ein parenchymatöses oder syncytiales, verdauendes Zentralparenchym. Autapomorphien der Catenulida umfassen ein unpaa-

res dorsales Protonephridium mit biciliären Cyrtocyten, die Lage der männlichen Geschlechtsöffnung dorsal knapp hinter oder vor dem Mund und Hauptvermehrungsmodi durch Paratomie oder Parthenogenese aus weiblichen (vielleicht auch männlichen) Geschlechtszellen.

Während heute die Monophylie der drei Untergruppen anerkannt ist, besteht teilweise noch Unklarheit darüber, wie das Verwandtschaftsverhältnis zwischen ihnen zu werten ist. Allgemein wird angenommen, daß die Acoelomorpha und Catenulida die ursprünglicheren Gruppen gegenüber den Rhabditophora darstellen. Eine der drei zur Zeit diskutierten Hypothesen ist in Abb. 310 dargestellt.

Eine Synapomorphie für alle drei Monophyla soll unter anderem das Wachstum der Epidermis durch Einwanderung von Stammzellen aus dem Parenchym sein. Noch ist die Stammzellenbildung jedoch nicht genauer bekannt und daher mit der anderer Bilateriern nicht genügend vergleichbar. Ebenso ist es noch immer schwierig, die acoelomate Organisation der drei Untergruppen zwingend auf eine Grundform zurückzuführen.

Auch heute gibt es noch unterschiedliche Annahmen über die Stellung der Neodermata im System der Plathelminthes. Die Auffassung, die Neodermata stellten einen Seitenzweig der rhabdocoelen Turbellarien dar, wurde einmal wegen des unterschiedlichen Feinbaues der Cyrtocytenreuse bei den Rhabdocoela und den Neodermata in Frage gestellt. Außerdem soll der Pharynx bulbosus der Neodermata mit jenem der Rhabdocoela-„Dalyellioida" nicht homolog sein. Nun treten jedoch parasitische Turbellariengruppen gerade in den Rhabdocoela-„Dalyellioida" besonders häufig auf. Aus diesem Blickwinkel ist die traditionelle Auffassung wahrscheinlicher. Die ultrastrukturellen Ähnlichkeiten im Reusenapparat der Cyrtocyte von Proseriata und Neodermata müssen dann als Konvergenz gesehen werden.

1 „Turbellaria", Strudelwürmer

Als „Turbellaria" werden traditionell alle freilebenden Plathelminthen zusammengefaßt. Sie wurden als paraphyletische Gruppierung erkannt, aus der sich – mehr als einmal – parasitische Gruppen, wie die Neodermata, entwickelt haben.

Die freilebenden Turbellarien zeigen ökologisch wie geographisch eine weite Verbreitung. Bodenlebende Landtricladen wurden bis in 4000 m Höhe in einer Geröllhalde des Himalayas gefunden; sonst sind sie besonders in den Tropen weit verbreitet. Nur wenig bekannt sind die in unseren heimischen Wäldern und Almböden bodenlebenden Kleinturbellarien. Tricladen kommen in den Flußsystemen

Reinhard Rieger, Innsbruck

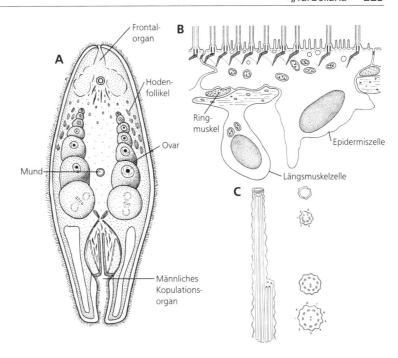

Abb. 311: Acoelomorpha. A Dorsalansicht von *Pseudaphanostoma brevicaudatum*, 0,6–0,9 mm lang. B Epidermis der Acoela. Organisationsschema; eine basale Matrix fehlt völlig. C Cilienspitzen. A Nach Dörjes (1968); B, C aus Rieger et al. (1991).

und Seen Mitteleuropas überall unter Steinen vor. Einige sind Anzeiger guter (z. B. *Crenobia alpina*) oder schlechter (z. B. *Dendrocoelum lacteum*) Wasserqualität.

Besonders überraschend ist die große Zahl von Mikroturbellarien, sowohl im marinen Benthal wie im Süßwasser auf Wasserpflanzen, Moosen und Algen. Im marinen Benthal, z. B. an Stränden der Nordseeinsel Sylt, sind etwa 250 verschiedene Arten beschrieben, einzelne davon, wie die kleine Macrostomide *Paromalostomum fusculum* oder das acoele Turbellar *Pseudohaplogonaria syltensi*, können Besiedlungsdichten von bis zu 1 000 Individuen pro 10 cm^3 Sand erreichen. Gattungen wie *Alaurina* oder *Haplodiscus* besiedeln aber auch das Pelagial und können in Planktonproben häufig sein. Noch heute gibt es Biotope, deren Artbestand weitgehend unbeschrieben ist.

Neben der artenreichsten parasitischen Gruppe, den Neodermata (siehe unten) kennt man über 100 weitere parasitische oder kommensalische Arten aus 35 verschiedenen Familien. Die Assoziationen können ektoparasitisch (z. B. Temnocephalida, *Bdellura* von den Tricladida, Monogenea) oder kommensalisch bzw. endoparasitisch (verschiedene Rhabdocoela-„Dalyellioida", wie die Umagillidae; die Cestoda und die Digenea) sein.

1.1 „Turbellaria"-Acoelomorpha

Die Formen der beiden monophyletische Gruppen der Acoelomorpha sind überwiegend Mikroturbellarien aus unterschiedlichsten marinen Biotopen.

Einmalig für Bilateria ist das fast völlige Fehlen einer extrazellulären Matrix.

In der **Epidermis** der Acoelomorpha haben **Cilien** stufenförmig abgesetzte Spitzen und ein komplexes Wurzelsystem mit zweigeteilter Haupt- und diese Teile verbindender Nebenwurzel (augenfällige Autapomorphie, Abb. 311 B). Bei Acoela liegen Zellkerne der Epidermiszellen – ähnlich wie bei den Neodermata – häufig unter dem sehr engmaschigen Netz aus Ring-, Diagonal- und Längsmuskelfasern versenkt. Wahrscheinlich übernehmen retikuläres Cilienwurzelsystem und Hautmuskelschlauch die Funktion der fehlenden extrazellulären Matrix. Es fehlen aber bisher Hinweise, die eine solche Hypothese stützen könnten.

Kleine Formen sind sehr gute Ciliengleiter. Sie können in Kulturschalen ihre Fortbewegungsrichtung durch seitliches Abbiegen des Vorderkörpers schlagartig um 180° ändern und den vorher zurückgelegten Weg sehr genau zurückverfolgen.

Lichtmikroskopisch sind viele Arten dieser Gruppe durch die tröpfchenförmige Gestalt und die knapp hinter dem Vorderende gelegene Statocyste von anderen Taxa zu unterscheiden (Abb. 311 A).

Das **Nervensystem** besteht bei ursprünglichen Formen aus einem basiepithelialen Nervennetz, das an der Vorderseite kalottenförmig verdickt ist und auch längsverlaufende Verdichtungen aufweisen kann. Viele Arten haben jedoch ein mehr oder weniger deutlich unter den Hautmuskelschlauch versenktes Nervensystem.

Das **Frontalorgan**, ein in einem speziellen Porus an der Vorderspitze ausmündendes Drüsen- und

Sinnesorgan, ist möglicherweise eine weitere Autapomorphie dieser Gruppe (Abb. 311 A).

Ciliäre Sinneszellen sind hier ausschließlich monociliär gebaut; bis zu 9 verschiedene Sinneszellentypen wurden bei einzelnen Arten entdeckt. Dies deutet auf eine überraschend detaillierte Wahrnehmung der Umwelt hin.

Charakteristisch ist – mit ganz wenigen Ausnahmen – eine Mundöffnung ohne Pharynxbildung (Abb. 298 A) und statt eines epithelialen Darms ein **zentrales, verdauendes Parenchym**. Bei den meisten Acoela fehlen Zellgrenzen in diesem Parenchym. Ein vielkerniges Gewebe, das durch Verschmelzung einzelner Zellen entsteht (echtes Syncytium), füllt hier die Körpermitte. Einzellige Algen oder kleine Copepoden werden von diesem Syncytium zur Gänze phagocytiert. Nur bei den Nemertodermatida findet sich ein epithelialer Darm mit sehr schmalem Lumen.

Viele Arten beherbergen Symbionten im peripheren Parenchym (Grünalgen, Diatomeen).

Protonephridien fehlen, modifizierte Drüsenzellen in einer Art sind möglicherweise ein neuer Typus eines Osmoregulations- bzw. Exkretionsorganes.

Männliche und weibliche **Gonaden** liegen entweder direkt an der Basis der Gastrodermis (Nemertodermatida) oder im peripheren Parenchym zusammen mit den regenerativen Neoblasten. Nur bei wenigen Vertretern gibt es **asexuelle** Vermehrung durch Paratomie oder durch Knospung am Hinterende.

Die männlichen **Genitalöffnung** und die Öffnung des Bursalorgans (Vaginalporus) liegen meist ventromedian am Hinterkörper. Letztere kann aber auch vorne nahe der fast terminalen Mundöffnung oder an der Dorsalseite der Hinterspitze liegen. Der Vaginalporus befindet sich meist vor dem männlichen Kopulationsorgan, gelegentlich dahinter, oft vereint.

Die entolecithalen **Eier**, die sich in einigen Merkmalen von jenen der Rhabditophoren unterscheiden, furchen sich nach dem in den Bilateria einzigartigen Spiral-Duett-Muster (Abb. 309 A,B). Larvenstadien sind nicht bekannt, doch gibt es Hinweise, daß Jugendstadien der Nemertodermatiden im Plankton leben.

1.1.1 Nemertodermatida

Weniger als 10 Arten. Wegen der monociliären, langgestreckten Spermien gelten sie als die ursprünglichste Gruppe der Plathelminthes. Zwei oder mehr Statolithen in der Statocyste sind eine Autapomorphie. Ein gut entwickeltes Parenchymgewebe fehlt, die Gastrodermis stößt direkt an den Hautmuskelschlauch.

Nemertoderma bathycola und *N. westbladi*, besonders klein (um 0,5 mm), auf tiefen Schlammböden (200–1 000 m), Nordatlantik, Adria. – *Flagellophora apelti*, 0,5–1 mm lang, in sublitoralen Sandböden, Nordatlantik, Adria. Mit auffallendem drüsigem, ausstülpbarem Rüsselorgan, unterhalb des Porus des Frontalorgans ausmündend. – *Meara stichopi*, mehrere Millimeter, im Vorderdarm von Holothurien, skandinavische Westküste.

Die Ähnlichkeit von Cilienspitzen und -basis bei Nemertodermatiden und bei jener der den „Turbellaria" immer wieder angeschlossenen *Xenoturbella bocki* wird sowohl als Konvergenz als auch als Homologie interprätiert (s. S. 777).

1.1.2 Acoela

Einige 100 Arten. In vielen Merkmalen abgeleitete Schwestergruppe der Nemertodermatida; durch Statocyste mit nur 1 Statolithen sehr gut gekennzeichnet. Meist nur millimetergroß, bis auf ganz wenige Arten marin; benthisch, vereinzelt pelagisch.

Haplogonaria syltensis, 1 mm, ganzjährig geschlechtsreif, im Quellhorizont von Sandstränden, oft in großer Dichte (4000 Individuen/10 cm^3). – *Paratomella rubra*, 1 mm, asexuelle Vermehrung durch Paratomie, häufig im Eulitoral oder seichten Sublitoral des nördlichen Atlantiks und des Mittelmeeres. Artname wegen roter Färbung durch Häm-Verbindung; derartige Farbstoffe sind bei meiobenthischen Tieren (auch Nematoden, Gastrotrichen) aus sulfidreichen Sanden häufig. – *Convoluta convoluta*, bis über 5 mm, weit verbreitet, Nordsee u. Atlantik. – *C. roscoffensis*, 4 mm, mit einzelligen Grünalgensymbionten (*Tetraselmis*), Tiere deshalb bei Niedrigwasser in den obersten Sandschichten. Erzeugen damit am Strand grüngefärbte Flächen, die bei Erschütterungen durch Abwandern der Tiere in die Tiefe wieder schlagartig verschwinden. – *Convolutriloba retrogemma*, 4–5 mm, benthisch, mit autotrophen einzelligen Symbionten, in Meeresaquarien oft massenhaft. Ähnliche Symbiosen aber auch bei planktonischen Formen häufig. – *Polychoerus carmelensis*, 3–4 mm, abgeflacht, mit dünnen, tentakelartigen Anhängen am Hinterende, nordamerikanische Pazifikküste.

1.2 „Turbellaria" – Catenulida

Catenuliden besitzen eine spärlich bewimperte, multiciliäre Epidermis mit sehr schwach ausgeprägter extrazellulärer Matrix (oft nur in Form einer unter 100 nm dünnen basalen Matrix). Alle Süßwasserformen zeigen ausgeprägte asexuelle Vermehrung durch Paratomie, nicht so die einzige marine Familie Retronectidae. Die sexuelle Fortpflanzung, meist Parthenogenese, ist kaum untersucht; in einigen Merkmalen (z.B. mögliche Trennung der weiblichen und männlichen Gameten erst nach der ersten meiotischen Teilung) weicht sie vielleicht von anderen Metazoa ab.

Das **Nervensystem** ist großteils eingesenkt mit deutlich differenziertem Gehirn (Abb. 312 B), an dessen Rückseite oft eine Statocyste mit meist einem oder mehreren Statolithen liegt. Die Kopfränder können komplexe Sinnesgruben aufweisen, ciliäre Sinneszellen sind immer monociliär. Rhabdomere Pigmentbecherocellen fehlen auch hier.

Der zarte **Hautmuskelschlauch** nur aus Ring- und Längsfasern und die parenchymale Muskulatur (insbesondere Radiärfasern zwischen Darmtrakt und Hautmuskelschlauch) können extrazelluläre, flüssigkeitsgefüllte Hohlräume einschließen, einem **Pseudocoel** entsprechend (Abb. 299 B).

Auch intrazelluläre Flüssigkeiten in Parenchymzellen können Hohlräume (Vakuolen) füllen.

Einmalig innerhalb der Metazoa ist das **Protonephridialsystem**: biciliäre Cyrtocyten sind an einen unpaaren, dorsalen Nephridialkanal angeschlossen (Abb. 312). Der Kanal zieht vom Hinterende bis vor das Gehirn und wieder caudal zur Ausmündung.

Der **Darmkanal** ist bewimpert, mit muskulösem Pharynx simplex. Viele Arten sind räuberisch, Kannibalismus ist von einigen bekannt.

Männliche Geschlechtsöffnung immer dorsal im Vorderkörper (Abb. 312 B). Weibliche und männliche **Gonaden** zumindest in der Germativzone nicht vollständig durch Hüllzellen von mesodermalen Geweben (Muskulatur, Parenchym) getrennt. Spermatozoen aflagellär, meist klein und rundlich, Gestalt des Kerns ist ein wichtiges taxonomisches Merkmal.

Die **Entwicklung** läuft über eine Spiral-Quartett-Furchung.

Stenostomum leucops, im Süßwasser, Tierketten mit bis zu 8 Zooiden, 1–4 mm. In Nord- und Zentraleuropa eine der häufigsten Süßwasserturbellarien. – *Catenula lemnae*, Süßwasser, bis zu 8 Zooide, 1–5 mm, in Europa weit verbreitet. Massenauftreten gemeinsam mit Ciliaten in verunreinigten Wasserstellen. Auch mit freiem Auge als weiße, sich periodisch kontrahierende Striche im Wasser zu sehen (Unterschied zu Ciliaten). – *Retronectes sterreri*, 1 mm, marin, mesopsammal. Gattung weltweit in anoxischen Sanden unterhalb der Redoxdiskontinuität häufig, gemeinsam mit Gnathostomuliden.

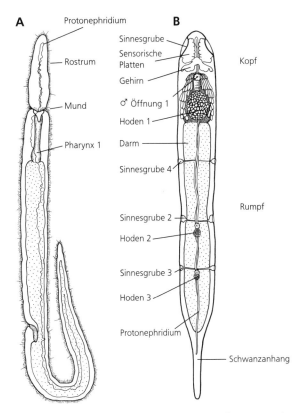

Abb. 312: Catenulida. A Habitusbild einer Süßwasserart der Gattung *Dasyhormus*, etwa 1 mm lang, mit zwei Zooiden. B Organisationsschema von *Stenostomum sthenum*, etwa 1 mm lang, mit 4 in Bildung begriffenen Zooiden. A Nach Schwank (1978); B nach Borkott (1970).

1.3 „Turbellaria" – Rhabditophora

Diese Gruppe umfaßt alle restlichen Taxa der Plathelminthes.

Die **Körperwand** zeigt überwiegend eine bis zu mehreren Mikrometern dicke, meist zweischichtige basale Matrix, an der die darunterliegenden Muskeln des meist dreischichtigen Hautmuskelschlauchs ansetzen. In vielen Untergruppen tendiert die Epidermis zur Syncytialisierung; zumindest in ursprünglichen Gruppen mit echten Rhabditen und Zwei-Drüsen-Kleborganen (Abb. 314).

Im **Nervensystem** sind besonders bei größeren Formen die 3 Plexus (epidermal, subepidermal, inter- bzw. submuskulär) und Konzentrationen zu Gehirn und Längsstämmen deutlich. Teilweise kommt es zu sehr starker Konzentration der Neuronen in und um das bilateralsymmetrische Gehirn.

Fast immer sind rhabdomere Pigmentbecherocellen vorhanden (Abb. 296). Sinneszellen sind entweder mono- oder multiciliär.

Mit wenigen Ausnahmen (z.B. einige Macrostomida) sind **Parenchymzellen** als Füllgewebe zwischen Darm und Hautmuskelschlauch gut ausge-

bildet, dementsprechend bei Makroturbellarien auch die parenchymale Muskulatur (dorsoventral, longitudinal). Der Aufbau der Körperhöhle entspricht also hier der in Lehrbüchern zumeist dargestellten acoelomaten Organisation.

Im **Protonephridialsystem** wird der Reusenapparat der Cyrtocyte entweder durch ineinandergreifende fingerförmige Zellfortsätze der Cyrtocyte bzw. der ersten Kanalzelle gebildet (Abb. 300 C) oder durch schlitzförmige Öffnungen in den Seitenwänden des distalen Abschnitts der Cyrtocyte. In einigen Fällen formt eine Cyrtocytenzelle viele Filtrations- bzw. Wimpernflammen. Auch Zellen mit innerem Lakunensystem (Paranephrocyten) können an das Kanalsystem angeschlossen sein (Abb. 300 A).

Der ursprünglich zellige (resorbierende Zellen, bewimperte Zellen mit intrazellulärer Verdauung, Drüsenzellen zur extrazellulären Verdauung und Ersatzzellen), sackförmige **Darm** kann syncytial organisiert sein. Immer verbindet ein ektodermaler Pharynx Darm und Mundöffnung. Viele Formen sind hochspezialisierte Räuber; bei ihnen liegt zum Beutefang an der Vorderspitze zusätzlich ein muskulöses Rüsselorgan (Abb. 301 A), oft mit intrazellulär

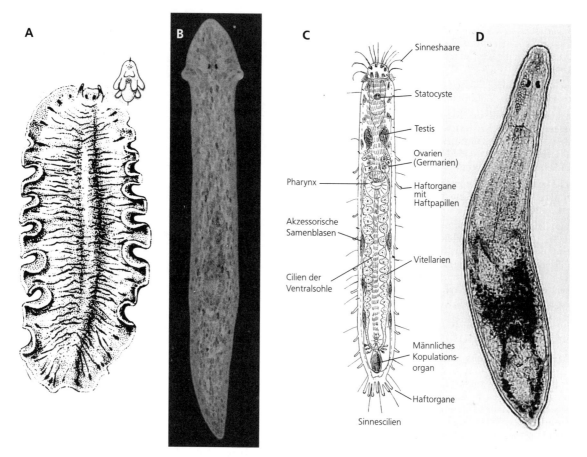

Abb. 313: Habitusbilder rhabditophorer Turbellarien. A *Pseudoceros crozier*, 4 cm. Diese Gattung gehört zu den Polycladida-Cotylea, bei welchen Larvenformen auftreten (z.B. Müllersche Larve der verwandten Gattung *Tysanozoon*). Das Ciliengleiten dieser großen adulten Turbellarien wird durch Muskelbewegung unterstützt (gewellter Körperrand). B *Dugesia tigrina* (Tricladida), etwa 1 cm. C *Philosyrtis eumeca* (Proseriata, Otoplanidae), etwa 1 mm. Wie bei Tricladen kann bei diesen Tieren die Bewimperung auf eine ventrale Kriechsohle beschränkt sein. Die Otoplanidae leben in der Gezeitenzone und im Sublittoral der Sandstrände, weltweit. D *Provortex*, sp. („Dalyellioida"), 1 mm. A Aus Sterrer (1986); B Original: R. Buchsbaum, Pacific Grove; C nach Marcus (1950); D Original: W. Westheide, Osnabrück.

gebildeten Haken. Kleine Organismen (z.B. Nematoden) werden damit gefangen und durch Krümmen in der dorsoventralen Achse an die oft weit hinten gelegene Mundöffnung gebracht. Spezielle **Pharynxbildungen** sind typisch für Untergruppen.

Die beiden Gruppen von Makroturbellarien, Tricladida und Polycladida, haben das Darmsystem in ein verzweigtes Hohlraumsystem (Abb. 296 D,E, 306 A) umgebildet, sicherlich im Zusammenhang mit der Größenzunahme der Tiere. Verzweigte Darmsysteme findet man bereits in verschiedenen Mikroturbellarien-Gruppen (z.B. Macrostomida, Proseriata, Lecithoepitheliata).

Mit wenigen Ausnahmen sind die **Gonaden** sackförmig und vom umgebenden Parenchym vollständig abgesetzt. Männliche und weibliche Gonodukte sind direkt an die Gonaden angeschlossen, gehen jedoch aus Mesoderm und Ektoderm hervor.

Mit Ausnahme der aflagellären **Spermien** der Macrostomorpha sind – zumindest ursprünglich in den

anderen Taxa der Rhabditophora – biflagelläre Spermien mit einem charakteristischen $9 \times 2 + 1$-Axonem als Autapomorphie der Trepaxonemata bekannt (Abb. 303 A, 319).

Die **Entwicklung** verläuft in den ursprünglichen Gruppen (Macrostomida, Polycladida) mit entolecithalen Eiern nach der Spiral-Quartett-Furchung (Abb. 309 C). Von Formen mit ektolecithalen Eiern, bei denen 20–40 Eizellen mit bis zu 1000 Vitellocyten in einem Kokon eingeschlossen sein können (Tricladida), zeigen besonders einzelne Lecithoepitheliata ursprüngliche Spiralfurchungsmuster.

1.3.1 Macrostomorpha

Kleine Gruppe mit Pharynx simplex und meist sackförmigem, bewimpertem Darm. Eiausleitungskanal mündet getrennt aus oder von vorn in das männliche Genitalatrium, fungiert teils auch als

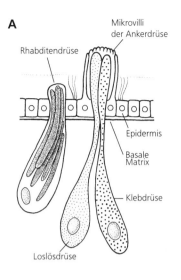
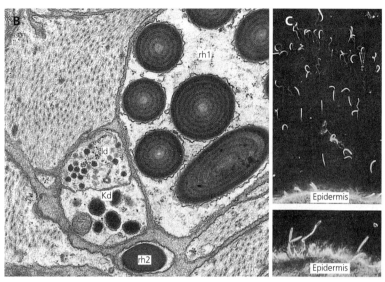

Abb. 314: Bau der Rhabditendrüsenzelle und des Zwei-Drüsen-Kleborgans. A Lichtoptisches Schema; 3 Zelltypen bauen das Zwei-Drüsen-Kleborgan der Rhabditophora auf: (1) Ankerzelle mit verlängerten Mikrovilli (hier absichtlich hervorgehoben!) rund um die über die Epidermis hinausragenden, schlanken Kanäle der (2) Loslösdrüsen-Zelle und der (3) Klebdrüsen-Zelle. Häufig münden Rhabditendrüsen-Zellen (links im Schema) nahe der Ankerzelle (modifizierte Epidermiszellen). Letztere übertragen die Spannung zwischen Haftorganspitze und basaler Matrix. Nach Anordnung und Anzahl der beiden Drüsenzellen sind mehrere Typen unterscheidbar. B Flächenschnitt knapp unter der Epidermisoberfläche. Profile der Ausführgänge von Kleb- und Loslösdrüsen-Zellen (kd, ld) und von 2 Rhabditendrüsen-Zellen (rh$_1$, rh$_2$) samt umgebenden Muskelzellen sind sichtbar. – Echte Rhabditen sind stäbchenförmige Sekretvesikel (Rhabdoide) unterschiedlicher Länge (bis über 50 μm) und etwa 1 μm Durchmesser, sie werden meist von im Parenchym liegenden Drüsenzellen gebildet. Die Stäbchen sind acidophil, deutlich lichtbrechend und membrangebunden. Ihre äußere Schicht besteht aus einer oder mehreren Lamellen, die sich bis ins Zentrum fortsetzen oder einen zentralen Medullarraum umschließen. Nur in ihrer Bildungsphase sind sie von einem Mantel aus längsgerichteten Mikrotubuli umgeben. C Phasenkontrastbild abgeschleuderter Rhabditen von *Promacrostomum paradoxum*. A Original: R. Rieger, Innsbruck; B Original: S. Tyler, Orono; C aus Reisinger und Kelbetz (1964).

Bursalorgan und Zuleitungsweg der Fremdspermien zur Eizelle.

Microstomum lineare, 0,8 mm, mit asexueller Vermehrung durch Paratomie: Ketten der Zooide erreichen Größen von Chironomidenlarven (8 mm), die sie neben Rotatorien und anderen Kleintieren auch fressen. Euryök innerhalb Eurasiens weit verbreitet, in der Vegetationszone von oligotrophen Seen und in Flüssen, auch auf Schlammböden; hypoxisch tolerant. Modellorganismus für Studium asexueller Vermehrung durch pluripotente Stammzellen, deren Teilungsaktivität offensichtlich von verschiedenen Neuropeptiden gesteuert wird. Marine Arten der Gattung weiden an Cnidariakolonien, deren nicht abgeschossene Nematocysten vom Darm des Wurms ins Parenchym und von dort in die Epidermis gelangen („Kleptocniden"). – *Macrostomum hystricinum*, 1 mm, in der nördlichen Hemisphäre weit verbreitet, marine Art bzw. Artengruppe; nahe verwandte Arten auch im Süßwasser, leicht züchtbar. – *Paromalostomum fusculum*, 1 mm, kann an Sandstränden der Nordsee in großen Zahlen auftreten. – *Haplopharynx rostratus*, über 5 mm, langgestreckt, mit Afteröffnung, aber ohne Enddarm, Nordatlantik und Nebenmeere, psammobiont, selten.

1.3.2 Polycladida

Marine (bis auf eine Gattung aus Assam und Borneo), überwiegend benthische Makroturbellarien.

Vielschichtiger Hautmuskelschlauch (vielfach mit äußerer Längsmuskelschicht), stark verzweigtes Darmsystem mit Pharynx plicatus. Häufig mit drüsigen Reizorganen (Adenodactylen) zusätzlich zum Kopulationsorgan; entolecithale Eier. Bei vielen größeren Formen sind die Gonaden follikulär, sackförmig.

Entwicklung direkt oder indirekt über Müllersche Larve (Abb. 308 B) oder Göttesche Larve. Über 100 000 Eier pro Gelege bekannt (Mikroturbellarien dagegen mit meist nur wenigen oder 1 Ei pro Gelege). Gelegentlich mit Vorverlagerung der Anlage der männlichen Geschlechtsorgane in die Larve (z. B. *Graffizoon*); werden in der postembryonalen Entwicklung wieder abgebaut, im adulten Tier erneut aufgebaut (Dissogonie, auch bei Ctenophora bekannt). Nach Vorhandensein oder Fehlen eines Haftorgans in Form einer Vertiefung, eines Stempels oder eines Saugnapfes hinter der weiblichen Genitalöffnung in die Subtaxa Cotylea und Acotylea eingeteilt.

Hoploplana inquilina, 5–10 mm, kommensalisch in der Mantelhöhle von *Busycon*, ein bis mehrere Tiere pro Wirt. Solche Assoziationen sind von etlichen Polycladen bekannt, häufige Wirtstiere sind Schnecken, Muscheln,

Einsiedlerkrebse (hier teils Ernährung von Eiern des Wirtes). – *Stylochoplana maculata*, 12 mm, Nord- und Ostsee, in Seegraswiesen und Algenaufwuchs. – *Thysanozoon brocchii*, 50 mm, Gattung in warmen Meeren häufig, oft mit (unterschiedlichen) Rückenanhängen. Einzelne Arten über 10 cm lang. – *Eurylepta cornuta*, 25 mm, Nordsee, in Algen, Geröll und Austernbänken.

1.3.3 „Lecithoepitheliata"

Arten bis 1 cm lang; mit ektolecithalen Eiern; reifende Oocyte mit einschichtiger Hülle von Follikelzellen (Vitellocyten). Mit speziellem Pharynx bulbosus.

Prorhynchus stagnalis, bis über 5 mm, im Schlamm von Seen, häufig. Systematische Stellung der Prorhynchida in den Rhabdithophora ungewiß. – *Gnosonesima arctica*, 1 mm, erstmals in sublittoralen Schlammen vor Grönland gefunden. Andere Arten dieser phylogenetisch wichtigen Gattung in marinen sublittoralen Sandböden. Der einzellige Bau der epidermalen Augen ist für die Evolution der Photorezeptoren interessant. Die seltene Gattung wird oft mit weltweit verbreiteten Eukalyptorhynchia verwechselt, da der tonnenförmige Pharynx dem zapfenförmigen Rüsselorgan der Eukalyptorhynchia ähnelt.

1.3.4 Prolecithophora

Überwiegend marine Mikroturbellarien mit ektolecithalen Eiern, häufig in Phytal- und Seegrasbeständen. Geschlechtszellen zum Teil frei im Parenchym, meist aber mit typischer Sackgonade. Genitalöffnung separat oder mit der Mundöffnung gemeinsam ausmündend. Darm sackförmig, teilweise syncytial mit Pharynx plicatus oder Pharynx bulbosus.

Plagiostomum girardi, 1 mm. Mundöffnung subterminal am Vorderende. Zusammen mit anderen Vertretern dieser Gruppe besonders häufig im marinen Phytal. – *P. lemani*, 15 mm, Süßwasser. – *Allostoma pallidum*, 15 mm lang. Mundöffnung mit Genitalöffnung gemeinsam am Hinterkörper, Phytal, Nordatlantik, Adria.

1.3.5 Seriata

Durch deutlich serialen Bau der Gonaden gekennzeichnet. Taxon umschließt **Tricladida** und **Proseriata**. Proseriata werden gewöhnlich als die Schwestergruppe der Tricladida mit den ursprünglicheren Merkmalen aufgefaßt; die Verwandtschaftsverhältnisse sind jedoch nicht gänzlich geklärt.

1.3.5.1 Proseriata

Fast rein marine Gruppe, besonders häufig in Sandböden (Abb. 313 C). Die artenreichen Otoplanidae sind charakteristisch für die Brandungszone vieler Sandstrände. Bemerkenswert ist die hohe Variabilität der komplexen Genitalgänge, deren evolutionsbiologische und funktionelle Erklärung noch aussteht.

Parotoplanina geminoducta, 15 mm; in der „Otoplanenzone", Nordsee, Kieler Bucht. – *Monocelis lineata*, 1,5 mm, mit 1 quergestelltem Auge, ohne Stilett am

männlichen Kopulationsapparat; häufig im Bewuchs der Gezeitenlinie. – *Boreocelis filicauda*, 1,5 mm, Kopf und Schwanz abgesetzt und mit Rhabditenpaketen, augenlos; marin, auf tieferen Schlammböden. – *Nematoplana coelogynoporoides*, 10 mm, häufige marine psammobionte Art.

1.3.5.2 Tricladida

Charakterisiert durch dreischenkligen Darmkanal mit 1 rostralem und 2 caudolateralen Ästen. Überwiegend Makroturbellarien (endemische Arten des Baikalsees bis zu 0,5 m lang). Drei Untergruppen: Maricola, mit überwiegend marinen Vertretern, Paludicola (Süßwasserplanarien), Terricola (Landtricladen). Wie Polycladen werden Tricladen wegen ihrer Größe für sinnesphysiologische und neurobiologische Untersuchungen herangezogen (Abb. 295 A).

Der Bau der Reproduktionsorgane variiert stark bei Maricola und Terricola, kaum bei den meisten Paludicola (Abb. 292 C). Komplexe Bewegungsmuster sind typisch für das Kopulationsverhalten, Spermien werden meist reziprok in das Bursalorgan abgegeben. Eier werden im Ovidukt befruchtet und gemeinsam mit Vitellocyten in mehrere Millimeter großen Kokons abgelegt (2–8 Embryonen/Kokon). Letztere können mit Kittdrüsensekret am Substrat angeheftet sein (Abb. 308 A). Jungtiere schlüpfen mit 2–4 mm.

Polycelis tenuis lebt wahrscheinlich 2–3 Jahre. *Dendrocoelum lacteum* ist einjährig mit einer Reproduktionsphase. Viele Arten vermehren sich auch asexuell durch Architomie, im Zusammenhang mit ausgeprägtem Regenerationsvermögen. Gewebewachstum, asexuelle Vermehrung und Regeneration fußen auf Differenzierung pluripotenter Stammzellen (Neoblasten, Abb. 299 A). Dabei ist eine anterior-posteriore Polarität auch bei sehr kleinen Querschnittsregionen gegeben. Solche Regenerate können in 1–2 Wochen zur normalen Adult-

Abb. 315: *Rhynchodesmus sylvaticus* (Terricola), terrestrische Triclade, 1 cm, England. Vorderende links; von einem zweiten Tier gefolgt. Am Schatten des vorderen Tieres wellenförmige Kontraktionen der Muskulatur zu erkennen. Andere terricole Turbellarien, wie *Bipalium* oder *Artioposthia* werden einige Dezimeter lang. *Artioposthia triangulata* aus Neuseeland wurde in den 60er Jahren in Nord-Irland eingeschleppt und hat dort gebietsweise zu einer verheerenden Dezimierung der Regenwurmpopulationen beigetragen. Original: H.D. Jones, Manchester.

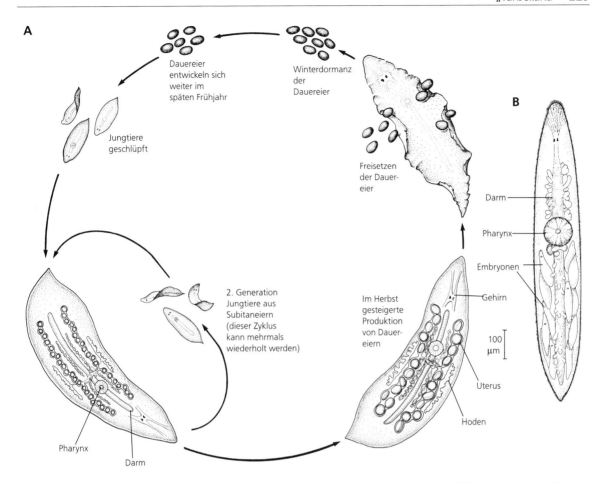

Abb. 316: A Lebenszyklus von *Mesostoma ehrenbergi*. Adulte Tiere werden 10–12 mm lang. Ein ähnlicher Entwicklungszyklus tritt bei verschiedenen Süßwasserformen und einigen marinen Arten auf. Durch Selbstbefruchtung produzieren nicht voll ausgewachsene Tiere (4–6 mm) Subitaneier. Diese Art der Fortpflanzung erlaubt bei günstigen Umweltbedingungen ein rasches Anwachsen der Population, jedoch mit sehr ähnlichen Genotypen. Adulte Tiere produzieren eine Substanz, die die Bildung von Subitaneiern hemmt. Temperatur und andere Umweltfaktoren bestimmen die Bildung der Eitypen. Die Produktion von Dauereiern mit festen Eischalen dient dem Überdauern schlechter Umweltbedingungen; auch im Sommer werden hin und wieder Dauereier produziert (sog. Sommerdormanz). Dauereier entwickeln sich sowohl nach Selbstbefruchtung als auch nach Fremdbefruchtung nach komplexem Begattungsspiel. B Bei anderen Arten (z.B. *Mesostoma appinum*) schlüpfen die Embryonen im Muttertier. A Nach Domenici und Gremigni (1977), Gölthenboth und Heitkamp (1977) und Siewing (1985) kombiniert; B aus Norena-Janssen (1991).

größe heranwachsen. Homeobox-Gene, die eine wichtige Rolle in der Formation embryonaler Zellmuster spielen, wurden auch bei Planarien entdeckt.

Die embryologische Entwicklung ist durch frühzeitige Verteilung der einzelnen Blastomeren zwischen den Vitellocyten (Blastomerenanarchie) und durch Ausbildung eines transitorischen Embryonalpharynx (zur Dotterverarbeitung) stark modifiziert.

Procerodes lobata, 7 mm, mediterran, frißt z.B. tote Kleinkrebse im Strandanwurf. – *Bdellura candida*, 15 mm lang, mit caudalem Saugnapf, lebt ektokommensalisch auf Kiemenblättern von *Limulus*. – *Bdellasimilis congruenta*, auf Oligochaeten; extrazelluläre Verdauung findet vor allem im ektodermalen Pharynx statt. – *Dendrocoelum lac-*

teum, 2,5 cm, mit abgestutztem Vorderende und einem Paar Augen knapp dahinter; in Europa weit verbreitete Süßwasserform. Fortbewegung durch Muskulatur unterstützt. – *Polycelis tenuis*, über 1 cm, mit zahlreichen Pigmentbecherocellen entlang des Vorderrands; in Europa in Seen, Flüssen und warmen Bächen häufig. – *Crenobia alpina*, dunkelgrau bis schwarz, bis über 15 mm lang. Stenotherm (6°-8°) in Quellgebieten mitteleuropäischer Bäche. – *Planaria torva*, bis 13 mm, dunkelbraun; Bauchseite heller als Rückenseite. In stehenden oder langsam fließenden Gewässern, auch im Brackwasser der Ostsee. – *Dugesia tigrina*, fast 2 cm, mit 2 Augen und dreieckigem Kopfabschnitt, der während des Gleitkriechens auffällig hin und her bewegt wird; nordamerikanische Art, die nach Europa eingeschleppt wurde. Normalerweise asexuelle Vermehrung, häufig mit sexueller Vermehrung alternierend. Zur Gattung *Dugesia* zählt auch die häufig in Praktika gezeigte *D. gonocephala*. – *Microplana termitica*, 15 cm, terricole Planarie, auf das Erbeuten von Termiten spezialisiert. Tiere hängen tief in den Lüftungsschächten der Termitenhügel. Mit einem Adhäsionsorgan an der Vorderspitze fangen sie bevorzugt Arbeiter. Nach sekundenschnellem Rückziehen wird die Beute umwickelt und zu dem weit im Hinterkörper gelegenen Pharynx gebracht. – *Atrioposthia triangulata*, 15 cm, Landtriclade; in den 60er Jahren von Neuseeland nach Nordirland eingeschleppt. Beute vor allem Regenwürmer, daher echte Gefahr für bestimmte Regenwurmpopulationen.

1.3.6 Rhabdocoela

Artenreichste Gruppe der Mikroturbellarien, mit ektolecithalen Eiern, sackförmigem Darm und Pharynx bulbosus. Letzterer entweder in der dorsoventralen Achse senkrecht orientiert (Pharynx rosulatus) oder tönnchenförmig, meist schräg zur Längsachse ventral gerichtet (Pharynx doliiformis). Fast immer mit einer gemeinsamen, meist im Hinterkörper gelegenen Genitalöffnung. Unterschiedliche Bursalorgane, die mit dem gemeinsamen Genitalatrium, dem weiblichen oder dem männlichen Ausleitungskanal assoziiert sein können (Abb. 301 C). Ovarien und Hoden ursprünglich in einem Paar, bei kommensalischen und parasitischen Formen oft stark vergrößert.

Fünf Untergruppen sind hier unterschieden: „**Typhloplanoida**", **Kalyptorhynchia** mit Pharynx rosulatus, „**Dalyellioida**", **Temnocephalida** mit Pharynx doliiformis, **Fecampiida** ohne Pharynx; die beiden ersteren wahrscheinlich Paraphyla. Innerhalb der sowohl im Süßwasser wie in marinen Biotopen häufigen „Typhloplanoida" entwickelte sich mehrfach an der Vorderspitze ein Rüsselorgan. Für die überwiegend in marinen Sanden lebenden Kalyptorhynchia ist ein terminales, muskulöses und drüsiges Rüsselorgan ein autapomorphes Merkmal, entweder als zapfenförmiges Muskelorgan (Eukalyptorhynchia) (Abb. 301 A) oder als zweiklappiges, muskulöses Greiforgan (Schizorhynchia).

Mesostoma ehrenbergi („Typhloplanoida"), 1 cm, in der Vegetationszone von Süßwassertümpeln, in ganz Eurasien häufig. Lebenszyklus s. Abb. 316. – *Gyratrix hermaphroditus* (Kalyptorhynchia), bis 2 mm, transparent. Weltweit im Süß- und Meerwasser verbreitet. In der Vegetation und in Sanden vorkommend. – *Dalyellia viridis* („Dallyellioida"), bis 5 mm lang. Grün durch symbiontische Zoochlorellen, auf Wasserpflanzen in stehenden Gewässern. Die im Süßwasser häufigen „Dalyellioida" umschließen neben rein freilebenden auch kommensalische bzw. parasitische Formen in Echinodermen (Umagillidae) und Mollusken (Graffilidae).

Temnocephalida sind Ektokommensalen in Kiementaschen decapoder Krebse, ernähren sich von Zooplankton. Dafür können lange Kopfanhänge ausgebildet sein.

Notodactylus handschini (Temnocephalida), auf der dorsalen Körperseite mit 100 µm langen Stacheln, gebaut nach demselben Prinzip wie Borsten bei Annelida, Echiurida, Pogonophora, Brachiopoden und Cephalopoda: einzige echte Cuticularbildungen bei Plathelminthen.

Fecampiida leben parasitisch im Mixocoel von peracariden und decapoden Krebsen sowie in Anneliden (Myzostomida). Gleichen als Jungtiere rhabdocoelen Turbellarien (z.B. *Fecampia erythrocephala*), verlieren aber rasch nach dem Eindringen in die Körperhöhle des Wirts Mundöffnung und Pharynx. Darm bleibt als geschlossener Sack erhalten, Tiere müssen jedoch die Nahrung durch die bewimperte Epidermis aufnehmen. Wirtstiere zeigen meist keine Schädigungen, was auf eine sehr alte parasitische Beziehung schließen läßt. Bei anderen Arten (*Kronborgia amphipodicola*) ist der gesamte Verdauungstrakt schon bei Jungtieren reduziert und Dichte und Länge der Mikrovilli der Körperoberfläche sind erhöht.

Acholades asteris (Acholadidae, ungesicherte Stellung im System), im Bindegewebe von Ambulacralfüßchen eines Seesternes. Ebenfalls totale Reduktion des Verdauungstrakts. Als Parasit von der Gregarinengattung *Monocystella* parasitiert (sonst als typischer Darmparasit bei Turbellarien bekannt). Tasmanien.

2 Neodermata

Alle parasitisch lebenden Plathelminthen, die beim Übergang zur parasitischen Lebensweise ihre Epidermis verlieren und eine neue, syncytiale Körperbedeckung, die Neodermis, ausbilden, werden in der modernen Systematik als Neodermata zusammengefaßt. Zu den Neodermata zählen Digenea, Aspidobothrii, Monogenea und Cestoda. In vielen Lehrbüchern werden die ersten 3 Gruppen noch als Saugwürmer (**Trematoda**) den Bandwürmern (**Cestoda**) gegenübergestellt; nach der hier benutzten Systematik werden nur Digenea und Aspidobothrii als Trematoda bezeichnet.

Bei oder unmittelbar nach der Infektion des ersten Wirts wirft die Erstlarve der Neodermata ihre bewimperte Epidermis ab (Abb. 317). Anschließend wird eine stets unbewimperte „sekundäre Körperbedeckung" (Neodermis) gebildet, deren Anlagen in der Larve bereits vorhanden waren. Sie entsteht aus Zellen mesodermalen Ursprungs, deren Zellkörper mit dem Kern unterhalb der basalen Matrix liegen bleiben und die mehrere Ausläufer zur Körperoberfläche entsenden. Die Ausläufer verschmelzen oberhalb der basalen Matrix miteinander zu einem Syncytium (Abb. 317). Nach dem Abwurf der Epidermis kann es mehrere Stunden bis Tage dauern, bis sich eine die ganze Körperoberfläche bedeckende Neodermis gebildet hat.

Die Neodermis der parasitischen Plathelminthen hat verschiedene Aufgaben, u.a. Nahrungsaufnahme, Exkretion und Osmoregulation, Schutz vor der Immunabwehr bzw. den Verdauungsenzymen des Wirts. Durch die Ausläufer zwischen Zellkörpern und Körperbedeckung werden z.B. Nährstoffe, die an der Körperoberfläche resorbiert worden sind, ins Innere bzw. Stoffwechselprodukte nach außen transportiert. Die Struktur der Neodermis (z.B. Dicke, Ausbildung und Form der Mikrovilli) variiert stark in den einzelnen Gruppen, Stadien und Körperabschnitten (Abb. 322, 324, 325, 336, 342, 347, 350).

Willi Xylander, Görlitz

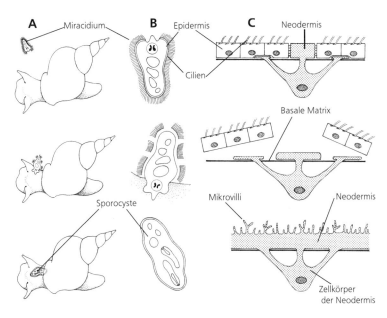

Abb. 317: Ausbildung der Neodermis beim Übergang zur parasitischen Lebensweise am Beispiel von *Fasciola hepatica*. A Eindringen des Miracidiums in den Zwischenwirt. B Umwandlung des Miracidiums in die Sporocyste. C Veränderungen der Epidermis während dieses Vorgangs. Obere Reihe: Das freischwimmende Miracidium nähert sich seinem Zwischenwirt, einer Schnecke der Gattung *Galba*. Seine Körperbedeckung besteht aus Platten bewimperter Epidermiszellen mit schmalen Streifen von Neodermis, die die Epidermisbereiche voneinander abgrenzen. Mittlere Reihe: Während des Eindringvorgangs in die Schnecke (unmittelbar nach der Kontaktaufnahme) lösen sich die Epidermiszellen ab und schwimmen durch die weiterhin aktiv schlagenden Cilien fort. Die Neodermisbereiche breiten sich langsam an der Körperoberfläche aus; der größte Teil der Körperoberfläche ist allerdings in diesem Stadium nur von der basalen Matrix bedeckt. Untere Reihe: Nach ca. 48 h hat sich die Sporocyste ausdifferenziert (B), die in der Nähe der Eindringstelle liegen geblieben ist. Sie besitzt eine die gesamte Körperoberfläche bedeckende Neodermis mit unregelmäßig geformten Mikrovilli (C). Originale: W. Xylander, Görlitz.

Das **Nervensystem** der Neodermata ist im Grundmuster so aufgebaut wie das der freilebenden Plathelminthen (S. 213); allerdings treten Umbildungen in verschiedenen Taxa auf. So gibt es z. B. im Bereich der Anheftungsstrukturen besondere Nervenzentren und Rezeptoren. Die Sinneszellen weisen elektronendichte Ringe an der Peripherie ihrer distalen Abschnitte auf (Abb. 318), die vermutlich zur Versteifung der Rezeptoren dienen.

Das **Protonephridialsystem** ist meist bilateralsymmetrisch organisiert und besteht aus mehreren bewimperten Terminalzellen und einer Anzahl ableitender Kanäle. Die Cilien der Terminalzellen sind durch eine interciliäre Substanz miteinander verbunden (Abb. 300, 344). Die Terminalzelle und die erste Kanalzelle eines Protonephridiums bilden gemeinsam den Reusenapparat, indem beide Fortsätze aussenden, die „auf Lücke stehen". Zwischen den Fortsätzen ist die einer Basallamina ähnelnde Filtermembran gespannt. (Ähnliche Filterreusen bei einigen freilebenden Plathelminthen sind offenbar konvergent entstanden) (S. 216).

Die ableitenden Nephridialkanäle enthalten meistens umfangreiche Cilienbündel, die das Filtrat weitertransportieren. Die Kanäle vereinigen sich distal und münden in zwei Nephropori aus, in abgeleiteten Fällen auch in einem Porus. Das Protonephridialsystem ist bei Larven weniger umfangreich als bei adulten Stadien, denn im Verlauf der

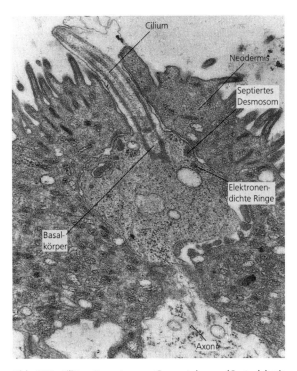

Abb. 318: Ciliärer Rezeptor von *Gyrocotyle urna* (Cestoda) mit einem elektronendichten Doppelring unter den septierten Desmosomen, mit dem der Rezeptor in der Neodermis verankert ist. Original: W. Xylander, Görlitz.

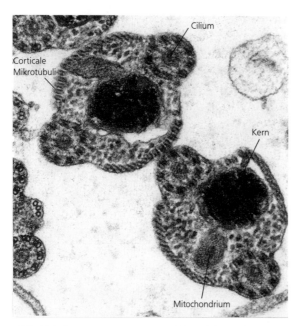

Abb. 319: Spermatozoen von *Amphilina foliacea* (Cestoda). Man erkennt die beiden Axonemata vom 9 × 2+1 Typ, die in den Körper des Spermatozoons einbezogen sind, den Kern, das Mitochondrium und die zwischen den Axonemata gelegenen Reihen von „corticalen" Mikrotubuli. Original: W. Xylander, Görlitz.

Entwicklung treten weitere Terminalzellen und Kanalabschnitte hinzu.

Das **Verdauungssystem** ist sehr unterschiedlich ausgebildet: es kann stabförmig, gegabelt, verzweigt oder – meist bei sehr großen Formen – stark verästelt sein; Enddarm und After fehlen. Bei den Cestoda und den Miracidien und Sporocysten der Digenea ist der Darmkanal völlig reduziert.

Die Neodermata sind fast durchwegs zwittrig (Ausnahme u. a. *Schistosoma*); fast immer werden die männlichen **Gonaden** zuerst ausgebildet (protandrische Zwitter). Der Aufbau des Genitalsystems sowie die Lage und Größe der Organe sind oft gruppen- oder artspezifisch und dienen als Bestimmungsmerkmal.

Die weibliche Gonade ist – wie bei allen Neoophora – in ein Germarium und ein Vitellarium untergliedert. Die Neodermata besitzen meist 2 Hoden, in denen simultan unterschiedliche Stadien der Spermatogenese vorhanden sind; allerdings tritt eine Vervielfachung der Hoden (z. B. Cestoda) oder nur 1 Hoden (z. B. viele Aspidobothrii) auf.

Die **Spermatozoen** haben ursprünglich 2 Axonemata vom 9 × 2+1-Typ (biflagellär). Sie zeigen zwei Besonderheiten im Vergleich zu denen der meisten freilebenden Plathelminthen: Die beiden Flagellen sind in den Spermienkörper inkorporiert und nicht frei (Abb. 319, 338, 351). Außerdem fehlen die sog. acrosinoiden Grana. Zwischen den Axonemata lie-

gen unmittelbar unter der Zellmembran zwei Reihen von Mikrotubuli. Innerhalb der Neodermata wurde dieses Grundmuster mehrfach unabhängig voneinander modifiziert.

Spermien werden nach der direkten Spermaübertragung (häufig über eine „Vagina") im Receptaculum seminis gespeichert. Sie werden bei Bedarf in kleinen Mengen von dort freigesetzt und im **Ootyp** oder distal davon zusammen mit Eizelle und Vitellocyten von einer Eischale eingeschlossen (es entstehen zusammengesetzte ektolecithale Eier). Vorher erfolgte im Ootyp oder im Uterus die Befruchtung (Abb. 302). Ein fadenförmiges Spermium mit seinem langen Kern wickelt sich vor dem Befruchtungsvorgang mehrfach um die Eizelle und verschmilzt mit seiner gesamten Oberfläche mit der Germocyte. Die Embryonalentwicklung kann – artweise verschieden – entweder im Uterus oder außerhalb des elterlichen Körpers erfolgen.

An der Bildung der sklerotisierten Eischale vieler Neodermata sind sowohl bestimmte Grana aus den Vitellocyten als auch Drüsensekrete aus der Umgebung des Ootyps (aus den Mehlisschen Drüsen) beteiligt (Abb. 302). Die Eiform entsteht als „Abdruck" der Form des Ootyps; im Bereich von mikrovilliartigen Ausläufern der Eizelle wird oft eine dünne Schale angelegt: Es entsteht ein Eideckel (Operculum).

Aus den Eiern schlüpfen gewöhnlich bewimperte **Larven:** Miracidien (Digenea), Cotylocidien (Aspidobothrii), Oncomiracidien (Monogenea), Lycophoralarven (Gyrocotylidea, Amphilinidea), Coracidien (viele Cestoida). Sie finden und infizieren entweder innerhalb von ca. 24–48 h einen Wirt oder sterben ab.

Die bewimperte Epidermis der Erstlarven der Neodermata besitzt im Gegensatz zu der der freilebenden Plathelminthen nur rostrad gerichtete Cilienwurzeln (Abb. 320). Zwischen die Epidermiszellen können schon Neodermisbereiche geschoben sein (z. B. bei den Miracidien, den Cotylocidien oder den Oncomiracidien), oder die Neodermisanlage liegt unter der Epidermis und erreicht die Körperoberfläche im Larvenstadium noch nicht (bei den Lycophoralarven und den Coracidien).

Die Larven besitzen meist ein Gehirn und verschiedene Sinnesorgane bzw. Sinneszellen (Photo-, Tango- und Rheorezeptoren); ein komplexeres Nervensystem fehlt den Erstlarven der Cestoida (Coracidien, Oncosphaeren).

Die weitere Entwicklung ist stets an den Übergang auf einen Wirt, häufig auch an einen Wirtswechsel gebunden. Die postlarvalen Stadien können bei einigen Taxa schon auf dem ersten Wirt zur Geschlechtsreife heranreifen (z. B. die meisten Monogenea und Aspidobothrii). Bei der Mehrzahl der Neodermata erfolgt jedoch (mindestens) ein Wirtswechsel; die Stadien, die einen weiteren Wirt befallen, haben oft besondere Strukturen ausgebildet (z. B. Penetrationsstacheln, Drüsen), die das Eindringen ermöglichen. Die Gonaden der Neodermata

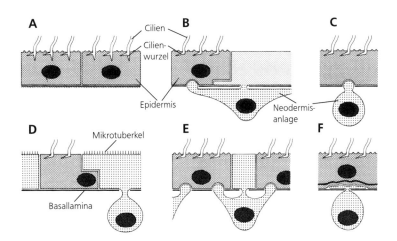

Abb. 320: Anordnung der Epidermis und Neodermis in den Erstlarven der verschiedenen Gruppen der Neodermata und einem freilebenden Plathelminthen, Schema. A „Dalyellioidea" (freilebend). B Monogenea. C Gyrocotylidea (Cestoda). D Aspidobothrii. E Digenea. F Cestoida (Cestoda). Verändert nach Xylander (1987).

entwickeln sich – von wenigen Ausnahmen abgesehen – erst im Endwirt.

Bei den Neodermata treten also häufig freilebende Larvenstadien auf. Zwischen den Larven und den adulten Stadien können zusätzlich durch **ungeschlechtliche** Vermehrung (in Einzelfällen möglicherweise auch durch Heterogonie) weitere **Generationen** eingeschoben sein, z.B. bei den Digenea Tochtersporocysten oder Redien, oder weitere Scolices in der Hydatide von *Echinococcus granulosus* (Abb. 354F, G). In diesen Fällen liegt ein Generationswechsel vor (Metagenese bei einem Wechsel zwischen geschlechtlicher und ungeschlechtlicher Vermehrung, Heterogonie bei Parthenogenese).

2.1 Trematoda, Saugwürmer i.e.S.

Die Saugwürmer sind endoparasitische Neodermata, die in der Regel als ersten Wirt einen Gastropoden – seltener eine Muschel – befallen. Die Anheftungsorgane besitzen keine Hartstrukturen (Häkchen). Zu ihnen gehören die Aspidobothrii und Digenea.

2.1.1 Aspidobothrii

Die meist kleinen Aspidobothrii (selten über 5 mm) sind in der Mehrzahl Endoparasiten in marinen oder limnischen Schnecken, Muscheln, Krebsen, Fischen und Schildkröten (nur ca. 30 Arten). Ein Generationswechsel ist nicht vorhanden, bei wenigen Arten gibt es fakultativen Wirtswechsel.

Bau

Das auffälligste Merkmal der adulten Aspidobothrii ist ihr großes, ventrocaudales Saugorgan (Saugscheibe, Baersche Scheibe; Abb. 321A). Es dehnt sich im Verlauf der postlarvalen Entwicklung vom Hinterende auf die Ventralseite aus (bei einigen Arten fast bis zum Vorderende) und ist in zahlreiche, in

Längsreihen angeordnete Sauggrübchen (Alveoli, Loculi) unterteilt. Im lateralen Bereich des Saugnapfes liegen bei vielen Aspidobothrii die sog. Randorgane, stark muskulöse Einstülpungen der Körperoberfläche, in die verschiedene Drüsen münden.

Die **Neodermis** der Adulten (Abb. 322) trägt im Unterschied zu der der Monogenea und Digenea auf der Außenseite kleine, charakteristische mikro-

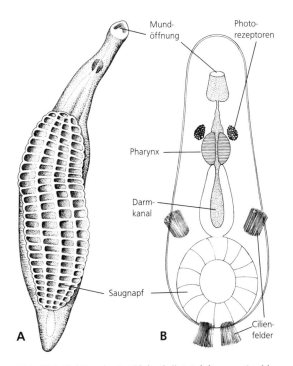

Abb. 321: Habitus der Aspidobothrii. A Adultus von *Aspidogaster conchicola* mit ausgeprägtem, unterteiltem Saugnapf. B Cotylocidium-Larve von *Multicotyle purvisi*. A Aus Odening (1984); B nach Rohde (1973).

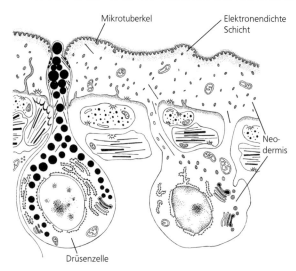

Mikrotuberkel

Elektronendichte Schicht

Neodermis

Drüsenzelle

Abb. 322: Neodermis von *Aspidogaster conchicola* (Aspidobothrii). Verändert nach Smyth und Halton (1983).

villiartige Fortsätze, sog. Mikrotuberkeln (Länge: 0,08 µm). Unmittelbar unter der apikalen Neodermismembran liegt eine elektronendichtere Schicht.

Das **Nervensystem** soll im Vergleich zu den Monogenea und Digenea gut entwickelt sein. Besonders ausgeprägt sind die Ventralnerven, die die Saugnäpfe und ihre Muskulatur innervieren. Das **Exkretionssystem** der Adulten besteht aus einer großen Zahl von Terminalzellen (über 400) und einem sich anschließenden bilateral angeordneten Kanalsystem, das über eine kleine Harnblase (bei Larven 2 Blasen) in der Nähe des Hinterendes und einen meist unpaaren dorso-caudalen Nephroporus ausmündet. Die Nephridialkanäle besitzen zum Lumen Mikrovilli bzw. Lamellen, und vereinzelt treten Treibwimpernflammen auf. Der **Verdauungstrakt** beginnt mit einer Mundhöhle oder einem Mundsaugnapf. Darauf folgt ein Pharynx bulbosus. Der Darmkanal ist bei fast allen Arten ungegabelt und sackförmig (nur bei den Rugogastridae tritt ein zweischenkliger Darm auf).

Das **Reproduktionssystem** zeigt große Ähnlichkeit mit dem der Digenea. Die Germarien sind sehr häufig kompakt, selten gelappt; sie entlassen die Eier über einen Ovidukt, der durch Septen untergliedert ist (Autapomorphie der Aspidobothrii). Der Ovidukt vereinigt sich etwa auf halbem Weg zwischen Germarium und Ootyp mit dem Laurerschen Kanal, der sich auf der Dorsalseite nach außen öffnen, funktionslos blind im Parenchym enden oder mit dem Exkretionssystem in Verbindung stehen kann. Der Vitellodukt mündet unmittelbar vor dem Ootyp ein. Die zusammengesetzten Eier werden über den oft kurzen Uterus und ein Genitalatrium ausgeleitet; der Genitalporus liegt meist vor der Haftscheibe. Im männlichen Geschlechtssystem ist häufig nur ein Hoden vorhanden; bei einigen Arten treten mehrere Hodenfollikel auf. Der Vas deferens erweitert sich terminal zur Vesicula seminalis, der männliche Genitaltrakt mündet ebenfalls im Genitalatrium. Die Spermatozoen ähneln denen der meisten anderen Neodermata (vgl. Abb. 319).

Fortpflanzung und Entwicklung

Die bedeckelten Eier werden ins freie Wasser abgegeben. Die Entwicklung bis zum Schlüpfen der **Larven** dauert je nach Art und Umweltbedingungen wenige Stunden bis mehrere Wochen. Die 0,1–0,2 mm großen Larven (Abb. 321 B) besitzen einen einfachen ventro-caudalen Saugnapf. Die Larven bestimmter Arten, die sog. Aspidocidien, sind völlig unbewimpert; die Larven der meisten Arten (Cotylocidium-Larven) tragen jedoch bewimperte Epidermiszellen in abgegrenzten Bereichen der Körperoberfläche: in der Körpermitte und am Hinterende.

Larven mit vollständiger oder nahezu vollständiger Bewimperung gibt es bei den Aspidobothrii – wie auch bei den Monogenea – nicht. Der Rest der Körperoberfläche der Larven (zwischen den bewimperten Epidermiszellen) ist von Neodermis bedeckt (Abb. 321 B). Sie trägt Mikrotuberkeln mit fadenförmigen Anhängen (Mikrofila) auf ihrer Außenseite. Der Darmkanal der Larven ist unverzweigt. Ihr Protonephridialsystem besteht aus 3 Paar Terminalzellen sowie 2 getrennten Harnblasen und Nephropori.

Die **Entwicklung** verläuft teilweise ohne Wirts- und stets ohne Generationswechsel. Die Wirtsspezifität ist meist gering; so werden z. B. von *Aspidogaster conchicola* Muscheln der Familien Unionidae, Mutelidae, Sphaeriidae und Corbiculidae, aber auch prosobranche Schnecken befallen.

Die bewimperten Larven sind recht gute Schwimmer, die unbewimperten kriechen egelartig. Die Larven der Aspidobothrii gelangen passiv (oral bei der Nahrungsaufnahme oder mit dem Atemwasser) in ihre ersten Wirte, bei denen es sich, von wenigen Ausnahmen abgesehen, stets um Muscheln oder Schnecken handelt. Sie parasitieren dort u. a. im Perikard, in der Niere, der Mantelhöhle oder im Pallialkomplex.

Stichocotyle nephropis parasitiert nicht in Mollusken, sondern im Darmkanal der decapoden Krebse *Nephrops norvegicus* oder *Homarus americanus* als erstem Wirt.

Viele Arten können im ersten Wirt geschlechtsreif werden, andere benötigen obligatorisch ein Wirbeltier als Endwirt, z. B. muß *Lobatostoma manteri* zur Erlangung der Geschlechtsreife in einen Schnecken fressenden Fisch der Gattung *Trachinotus* gelangen.

Die fakultative Einbeziehung eines 2. Wirts (Fische und Schildkröten) ist für eine ganze Anzahl von Aspidobothrii nachgewiesen. Werden die parasitierten Mollusken vom Wirbeltierwirt gefressen, können sich die Aspidobothrii in diesem zweiten Wirt etablieren und nehmen ihn als zweiten Wirt. Sie leben hier in Darmtrakt, Gallengang, Gallenblase oder Rektaldrüsen. Eine direkter Befall eines Wirbeltiers durch eine Larve (ohne Einschaltung eines Stadiums in einem Zwischenwirt) ist offenbar nicht möglich.

2.1.2 Digenea

Die digenen Trematoden sind das artenreichste (ca. 7200 Arten) Taxon der parasitischen Plathelminthes. Sie sind stets Endoparasiten mit obligatorischem Wirts- und Generationswechsel. Gastropoden dienen meist als erste Zwischenwirte, gnathostome Wirbeltiere (häufig auch der Mensch und seine Nutztiere) als Endwirte; weitere Zwischenwirte (oft Arthropoden) können auftreten. Nur selten fehlt das Stadium des Wirbeltierparasiten. In den Mollusken-Zwischenwirten findet eine rege Vermehrung statt. Adulte Stadien (und Cercarien) besitzen häufig 2 Saugnäpfe (Mund- und Bauchsaugnapf). Die Körpergröße ist sehr unterschiedlich; die größte Art ist 12 cm lang. Das System der Digenea ist stark umstritten.

Die Stadien eines **Entwicklungszyklus** (freischwimmendes Miracidium, Sporocyste, Redie, meist freischwimmende Cercarie, Metacercarie und Adultus) unterscheiden sich sehr stark bezüglich ihrer Morphologie, Physiologie und Lebensweise. Ei, Miracidium, Sporocyste, Cercarie und adulte „Egel" treten bei nahezu allen Digenea auf; ob Mutter- und Tochtersporocysten oder Redien bzw. Mutter- und Tochterredien sowie Metacercarien vorhanden sind, hängt von der jeweiligen Art bzw. vom supraspezifischen Taxon ab. Vermutlich handelt es sich bei dem Generationswechsel nicht um Heterogonie (also einer parthenogenetischen Entstehung der Tochtersporocysten, Redien und Cercarien aus Eizellen), sondern um Metagenese (Entstehung dieser Stadien aus undifferenzierten, somatischen „Neoblasten"). Mit Ausnahme des Miracidiums besitzen alle Stadien zum Zeitpunkt der Freisetzung aus dem Körper des vorherigen Stadiums eine Neodermis. Allerdings kann in der Entwicklung der neodermen Stadien eine äußere unbewimperte Zellage angelegt werden, die wahrscheinlich der bewimperten Epidermis des Miracidiums homolog ist; diese „Epidermisanlage" geht vor Abschluß der Entwicklung verloren.

Bau

Adultus („eigentlicher" Saugwurm): Der Körper ist im Querschnitt meist abgeflacht und in der Aufsicht blattförmig; gelegentlich ist das Vorderende etwas vom übrigen Körper abgesetzt. Meist sind je ein muskulöser Mund- und ein Bauchsaugnapf vorhanden (Abb. 323 A); man spricht dann von „distomen" Digenea. Der Bauchsaugnapf liegt oft in der Körpermitte, selten am Hinterende. Er kann auch völlig fehlen („monostome" Digenea).

Die **Neodermis** der adulten Digenea (Abb. 324) besitzt an der Außenseite, die von einer auffälligen Glykokalyx bedeckt ist, kurze, häufig unregelmäßig geformte Mikrovilli, aber auch andere Strukturen zur Oberflächenvergrößerung. Die verschiedenen Bereiche des Körpers weisen eine unterschiedlich dicke Neodermis auf, und so entstehen artspezifische Muster von Falten und Kanälen auf der Körperoberfläche.

Eine Besonderheit der Neodermis vieler adulter Digenea sind die Neodermis-Dornen. Sie sind vollkommen von Cytoplasma umgeben, scheinbar an der basalen Matrix verankert und wölben die Körperoberfläche distal vor (Abb. 324, 325); sie fehlen bei einigen Arten (z.B. *Dicrocoelium dendriticum*). Die Zellkörper des Neodermis-Syncytiums sind besonders stoffwechselaktiv und enthalten viele Mitochondrien, ER und Dictyosome.

Das **Nervensystem** besteht aus einem großen Cerebralganglion und oktogonal angeordneten peripheren Nerven. Sensorische Strukturen findet man auf der gesamten Körperoberfläche, konzentriert jedoch am Vorderende in der Umgebung des Mundes und des Bauchsaugnapfs.

Der **Darmkanal** beginnt mit der Mundöffnung, die fast immer am Vorderende, selten auf der Ventralseite lokalisiert ist; die Mundöffnung wird oft von einem Mundsaugnapf umgeben, der bei den echinostomen Digenea mit Stacheln bewehrt sein kann; es folgt häufig ein Praepharynx. Der Praepharynx geht in einen muskulösen Pharynx mit anschließendem Oesophagus über. Der Darmkanal ist bei den meisten Arten zweischenklig, bei einigen größeren Formen (Abb. 323 A, D) kann er auch stark verästelt sein; bei den gasterostomen Digenea ist der Darm unverzweigt und sackförmig. Als Nahrung werden u.a. Blut, Schleim, Darminhalt und Wirtsgewebe aufgenommen.

Das **Protonephridialsystem** besteht oftmals aus einer artspezifischen Zahl von Terminalzellen. Es ist bilateralsymmetrisch angeordnet und mündet in einem unpaaren Nephroporus am Hinterende (Abb. 323 C), der durch den Abwurf des Cercarienschwanzes (s.u.) aus den ursprünglich paarigen Nephropori hervorgegangen ist; dem Nephroporus proximal vorgelagert ist meist eine Harnblase.

Bei einigen Taxa sind weitere Kanalsysteme ausgebildet, das sogenannte „Lymphsystem" und der „paranephridiale Plexus". Das Lymphsystem ist meist nicht epithelial begrenzt und dient vermutlich dem Transport von Nährstoffen vom Darm zu den Geweben, der paranephridiale Plexus dem Metabolismus oder der Exkretion.

Die Lage der **Gonaden** im Körper ist taxonspezifisch und sehr variabel (Abb. 323 A). Die weitaus meisten Digenea sind zwittrig. Eine Ausnahme sind die Pärchenegel (*Schistosoma, Bilharzia*), bei denen es zur Differenzierung von Männchen und Weibchen kommt (Abb. 332). Die Männchen zeigen jedoch noch Anlagen weiblicher Geschlechtsorgane (Vitellarien).

Die männlichen Keimdrüsen entwickeln sich meist etwas früher als die weiblichen und bestehen in der Regel aus paarigen Hoden (Abb. 323 A); seltener können ein einziger Hoden oder viele Hodenfollikel (oft bei den größeren Arten) auftreten. Die Spermien werden über die Vasa efferentia und einen Vas deferens abgeleitet und in einer Vesicula seminalis gesammelt. Das Sperma wird mit einem Cirrus (in einem Cirrusbeutel) oder mittels einer Genitalpapille auf den Geschlechtspartner übertragen.

Die weiblichen Geschlechtsorgane entsprechen meist dem Grundmuster der Neodermata (Abb. 323 A). Es treten bei vielen Arten zahlreiche, lateral gelegene Dotterfollikel auf. Das Germarium ist meist rundlich und be-

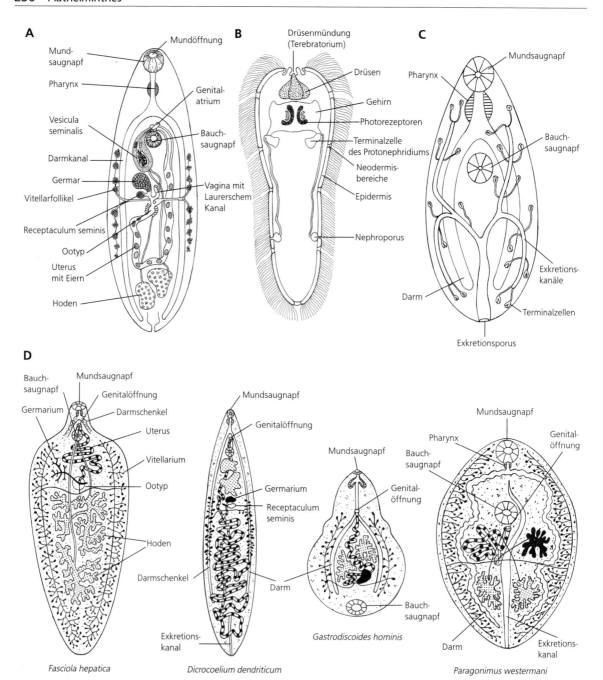

A

Mund-saugnapf
Pharynx
Vesicula seminalis
Darmkanal
Germar
Vitellarfollikel
Receptaculum seminis
Ootyp
Uterus mit Eiern
Hoden

Mundöffnung
Genital-atrium
Bauch-saugnapf
Vagina mit Laurerschem Kanal

B

Drüsenmündung (Terebratorium)
Drüsen
Gehirn
Photorezeptoren
Terminalzelle des Protonephridiums
Neodermis-bereiche
Epidermis
Nephroporus

C

Pharynx
Mundsaugnapf
Bauch-saugnapf
Exkretions-kanäle
Terminalzellen
Darm
Exkretionsporus

D

Bauch-saugnapf
Germarium
Mundsaugnapf
Genitalöffnung
Darmschenkel
Uterus
Vitellarium
Ootyp
Hoden
Exkretions-kanal

Fasciola hepatica

Mundsaugnapf
Genitalöffnung
Germarium
Receptaculum seminis
Darmschenkel
Darm

Dicrocoelium dendriticum

Mundsaugnapf
Genital-öffnung
Bauch-saugnapf

Gastrodiscoides hominis

Mundsaugnapf
Pharynx
Bauch-saugnapf
Genital-öffnung
Darm
Exkretions-kanal

Paragonimus westermani

Abb. 323: Habitus der Digenea. A. Schematischer Bau eines Adultus. B. Miracidium von *Fasciola hepatica*. C Darm und Exkretions-system. D Verschiedene Digenea. A Verändert nach Smyth und Halton (1983); B nach Odening (1984); C aus Siewing (1985); D nach verschiedenen Autoren.

grenzt, nur selten (z.B. *Fasciola*) ist es verästelt. Die ek-tolecithalen Eier werden im Ootyp gebildet und über einen oft artspezifisch geformten bzw. gewundenen Ute-rus ausgeleitet. Der Uterus mündet nahe des Körpervor-derendes aus – häufig mit den männlichen Begattungs-strukturen in einem gemeinsamen Genitalatrium. Die Be-gattung erfolgt durch Einführung des Cirrus in die Öff-nung des Laurerschen Kanals oder in die Uterusöffnung;

das Fremdsperma wird im Receptaculum seminis gesam-melt und den Eiern im Ootyp zugefügt.

In der Eischale entwickelt sich der Embryo während der Passage durch den Uterus. Je nach Art werden teilembryonierte oder voll embryonierte Eier, in de-nen die Miracidien schon sehr weit entwickelt sind (sehr selten auch ausdifferenzierte Miracidien) über die Uterusöffnung freigesetzt. Sie verlassen den Endwirt (je nach dem Lebensraum des adulten Parasiten) mit dem Kot, Urin oder Speichel und müssen bei den meisten Arten ins Wasser gelangen, wo die Miracidien ihre Entwicklung in den Eiern beenden.

Miracidium: Bis auf einige Ausnahmen ist das Miracidium der Digenea ein freischwimmendes bewimpertes Larvenstadium (Abb. 323 B). Die Körperoberfläche ist meist von Platten cilienbesetzter Epidermiszellen bedeckt, zwischen die schmale Neodermisausläufer eingeschoben sind (Abb. 320). Bei Miracidien, die vom 1. Zwischenwirt oral aufgenommen werden, können die Wimpern weitgehend fehlen (z. B. *Dicrocoelium*).

Die Miracidien besitzen ein gut ausgebildetes Nervensystem mit einem Cerebralganglion und verschiedene Typen von Mechano- und Chemorezeptoren. Viele haben auch rhabdomerische Photorezeptoren, die dorsal vom Gehirn liegen (Abb. 323 B); daneben treten ciliäre Photorezeptoren auf. Im ersten Körperdrittel liegen Drüsenzellen, die ihre Produkte durch Ausläufer nach vorn transportieren, wo sie im sogenannten Terebratorium, dem mit Mechano- und Chemorezeptoren gut ausgestatteten Vorderende, ausmünden; hier können auch Hartstrukturen (Stacheln, Sklerite) zur Penetration des 1. Wirtes ausgebildet sein.

Die Larven besitzen ein Protonephridialsystem mit 1 bis 2 Paar Terminalzellen; die ableitenden Kanäle münden in einem Nephroporus im hinteren Körperdrittel aus.

In der caudalen Körperhälfte liegen größere Mengen undifferenzierter Zellen, die sich nach der Infektion des Molluskenzwischenwirts zu den verschiedenen Körpergeweben bzw. der nächsten Generation (Tochtersporocysten bzw. Redien) entwickeln. Ob es sich bei diesen Zellen um Neoblasten oder Keimzellen handelt, ist unklar. Ein Darmkanal existiert nicht. Das Miracidium der meisten Arten schwimmt, nachdem es das Ei verlassen hat, frei im Wasser, dringt aktiv in die Schnecken ein und wirft während des Eindringens (in seltenen Fällen auch kurz danach) die bewimperte Epidermis ab (Abb. 317).

Sporocyste und Redie: Aus dem Miracidium entsteht durch den Abwurf der Epidermis und der Ausbildung der Neodermis die **Sporocyste**, die oft in der Nähe der Eindringstelle im Wirt verbleibt (Abb. 317). Muttersporocyste und Miracidium sind also ein und dasselbe Individuum.

Die **Neodermis** der Sporocysten besitzt relativ kleine, unregelmäßig geformte mikrovilliartige Ausläufer, die teilweise an der Spitze verzweigt sind (Abb. 317). Das Nervensystem einschließlich der Rezeptoren unterliegt einer auffälligen Modifikation, so verschwinden z. B. die Photorezeptoren. Das Protonephridialsystem ist gut entwickelt. Einen Darmkanal besitzt auch die Sporocyste nicht, so daß die Nahrungsaufnahme über die Neodermis erfolgt. Als Nahrung dienen Gewebe des Wirts, die durch von der Sporocyste ausgeschiedene Substanzen angedaut oder aufgelöst werden.

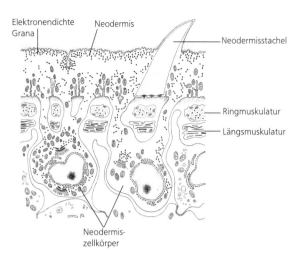

Abb. 324: Neodermis der Digenea (Längsschnitt; Schema). Verändert nach Smyth und Halton (1983).

Im Inneren der Sporocyste entstehen – wahrscheinlich aus somatischen Neoblasten – neue Tochterindividuen. Ein Darmkanal kann artabhängig bei diesen Individuen vorhanden sein oder fehlen. Besitzen sie keinen Darmkanal, spricht man bei dieser „2. Generation" von Tochtersporocysten (z. B. *Dicrocoelium, Schistosoma*, Abb. 329, 331). Sind ein Darm und eventuell andere spezifische Strukturen (z. B. Stummelfüßchen, Abb. 326) ausgebildet, nennt man diese Generation Redie.

Diese Generationen dienen – wie die Muttersporocyste – der Vermehrung des Parasiten im Mollusken-Zwischenwirt. Mutter- und Tochtersporocysten sind bei den meisten Digenea morphologisch (Protonephridialsystem, Größe) und durch ihre Lage im Wirt unterscheidbar. Das Protonephridialsystem bei den Tochtersporocysten und Redien ist gut ausgebildet, es gibt paarige Nephropori. Beide Generationen weisen bei vielen Arten Körperöffnungen auf, durch die die nachfolgenden Stadien den Körper verlassen können (Geburtsöffnungen). Erst diese

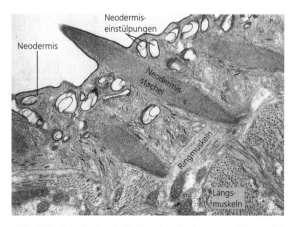

Abb. 325: Schnitt durch die Neodermis einer männlichen *Schistosoma mansoni* (Digenea). Original: H. Mehlhorn, Düsseldorf.

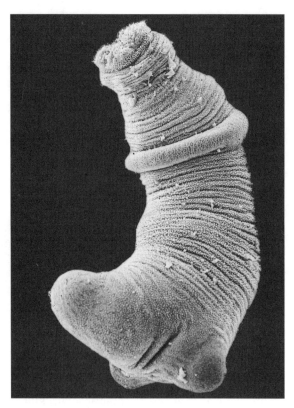

Abb. 326: Redie von *Mesorchis denticulatus* mit dem charakteristischen „Kragen". REM. Aus Køie (1987).

besteht aus sehr vielen Terminalzellen, die sich fast immer zu einem großen Gang vereinigen, der sich häufig im Schwanz in zwei Kanäle aufspaltet und so ausmündet. Die Nephropori sind paarig und können an verschiedenen Stellen des meist kräftigen Ruderschwanzes liegen, z.B. an seiner Basis oder an den Schwanzspitzen (Schistosomatidae). Wird der Schwanz beim Übergang zum nächsten Stadium abgeworfen, entsteht an der Schwanzwurzel sekundär ein neuer unpaarer Nephroporus, wie man ihn bei den adulten Stadien findet.

Der Ruderschwanz ermöglicht eine aktive Suche nach einem Wirt bzw. einem zur Encystierung geeigneten Substrat. Er besitzt meist eine sehr kräftige, quergestreifte Muskulatur (nur sehr wenige Plathelminthen-Taxa weisen quergestreifte Muskulatur auf).

Cercarienschwänze können sehr unterschiedlich ausgebildet sein, mit einfacher (z.B. *Fasciola*, Abb. 329) oder gegabelter Spitze (Gabelschwanzcercarie, z.B. *Schistosoma*, Abb. 334), sehr kurz (kaum erkennbar, z.B. *Paragonimus westermani*) oder sehr groß (mehrfache Länge des eigentlichen Cercarienkörpers, z.B. *Clonorchis sinensis*). Außerdem können Membranen oder fadenförmige Ausläufer zur Verbreiterung der Ruderfläche auftreten.

Die Cercarien verlassen in den meisten Fällen aktiv den Molluskenwirt. Der weitere Entwicklungsweg (z.B. direkter Befall des Endwirts, zunächst Befall eines weiteren Zwischenwirts bzw. Encystierung außerhalb eines Wirts) ist artabhängig. Die *Schistosoma*-Cercarie sucht ihren Endwirt auf, dessen Haut sie penetriert, um in die Blutbahn zu gelangen (Abb. 331). Andere Arten schieben ein – entweder

„2. Generation" wandert im Körper der Schnecke umher und siedelt sich meist in der Mitteldarmdrüse an, da hier die Ernährungsbedingungen besonders gut sind.

In den Tochtersporocysten bzw. den Redien entstehen entweder Individuen mit gleicher Morphologie (also eine weitere Generation von Sporocysten oder Redien: Tochtersporocysten II. Ordnung bzw. Tochterredien) oder Larven mit einem mehr oder weniger stark ausgebildeten Ruderschwanz, die Cercarien (Schwanzlarven).

Cercarien: Sie sind durch einen Ruderschwanz charakterisiert, der bei einigen Arten jedoch stark reduziert sein kann (Abb. 327, 328). Bei der Encystierung (im Freien) bzw. beim Eindringen in den nächsten Wirt geht er verloren.

Die Neodermis der Cercarien besitzt bereits große Ähnlichkeit mit der der Adulten. Das Nervensystem ist relativ gut ausgebildet. Häufig sind von pigmenthaltigen Zellen umgebene rhabdomerische Photorezeptoren vorhanden (Abb. 327). Am Vorderende sitzen häufig Rezeptoren mit langen sensorischen Cilien. Dort ist auch ein Penetrationsapparat ausgebildet, der bei den meisten Arten aus einer Vielzahl verschiedener Drüsen mit vermutlich proteolytischer Funktion besteht; in einigen Fällen sind auch intrazelluläre Hartstrukturen (Stacheln) vorhanden (Abb. 327).

Der meist zweischenklige Darmkanal beginnt gewöhnlich mit einem Mundsaugnapf. Ein Bauchsaugnapf ist meist vorhanden (Abb. 327, 328). Das Protonephridialsystem

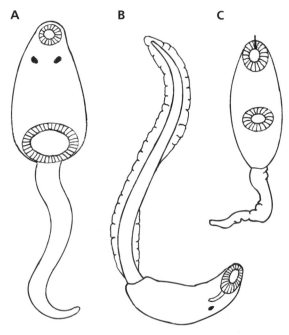

Abb. 327: Cercarien-Typen. A Echinostomatidae. B Pleurolophocere Opisthorchiidae, Heterophyidae. C Xiphidio-Cercarie (mit Bohrstachel). Verändert nach Dönges (1980).

freies oder in einem zweiten Zwischenwirt parasitierendes – Ruhestadium ein, die Metacercarie (Abb. 329, 330).

Die meisten Arten der Digenea, z.B. der Kleine Leberegel (*Dicrocoelium dendriticum*) und der Leberegel des Menschen (*Clonorchis sinensis*) benötigen 2. Zwischenwirte, in denen sie als Metacercarien leben und die für die Weiterentwicklung und die Erlangung der Geschlechtsreife vom Wirbeltierendwirt gefressen werden müssen. Arten wie *Fasciola hepatica* oder *Fasciolopsis buski* encystieren sich als Metacercarien im Freien (z.B. an bestimmten Pflanzen) und werden vom Endwirt ebenfalls mit der Nahrung aufgenommen.

Ausgewählte Taxa der Digenea

Echinostomatida

Digenea mit flachem, distomem Adultus mit paranephridialem Plexus, bei einigen Arten mit einem Hakenkranz um die Mundöffnung; Metacercarie vorhanden; Cercarien mit ungeteiltem Schwanz, Redien mit Kragen, Miracidien mit 1 Paar Protonephridien. 2–3-Wirte-Zyklus.

Fasciola hepatica, Großer Leberegel, 3 cm (Abb. 323 D, 329). Adultus in den Gallengängen der Leber verschiedener Wiederkäuer, seltener bei anderen Säugetieren, einschließlich Mensch. Eier werden mit der Gallenflüssigkeit über den Gallengang in den Darm befördert und gelangen von dort mit den Faeces ins Freie. In den Eiern entwickeln sich die Miracidien, wenn die Weiden ihrer Wirte – z.B. bei Überschwemmungen – unter Wasser stehen. Miracidien schwimmen im Wasser und suchen aktiv nach ihren Zwischenwirten, pulmonaten Wasserschnecken der Gattungen *Galba* oder *Fossaria*, bohren sich ein und verlieren dabei ihre Epidermis: das Miracidium wird so zur Sporocyste (Abb. 329). In der Sporocyste entwickeln sich zahlreiche Redien (2. Generation), die weitere Rediengenerationen hervorbringen können. Im Inneren der letzten Rediengeneration entstehen Cercarien (3. oder weitere Generation), die sich durch den Schneckenkörper entlang eines Sauerstoffgradienten in Richtung Atemhöhle der Schnecke bohren und dort den Schneckenkörper verlassen. Schwimmen aktiv im Wasser, kriechen an Pflanzen empor, encystieren sich an deren Spitze oberhalb des Wasserspiegels und werden zu Metacercarien. Wird die Cyste durch einen potentiellen Endwirt aufgenommen, wird ihre Wand von der Metacercarie selbst aufgelöst. Der subadulte Saugwurm durchdringt die Darmwand und wandert von der Bauchhöhle aus durch das Leberparenchym in die Gallengänge ein. Gelegentlich subadulte Stadien auch in anderen Geweben. Seltener Befall des Menschen durch den Genuß ungekochter Wasserpflanzen (z.B. Wasserkresse).

Fasciolopsis buski, 7 cm, Darmegel im Dünndarm des

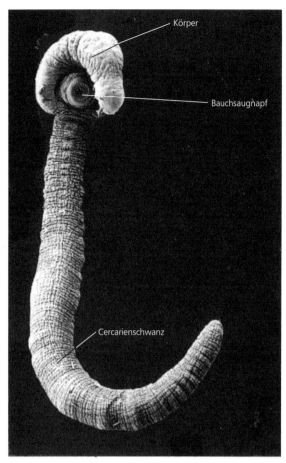

Abb. 328: Cercarie von *Mesorchis denticulatus* mit langem Schwanz und Bauchsaugnapf. REM. Aus Køie (1987).

Menschen. Häufige humanparasitische Art in Südostasien. Miracidien befallen Schnecken u.a. der Gattungen *Planorbis* und *Gyraulus*. Entwicklung über Sporocysten, Mutter- und Tochterredien und Cercarien, die sich an Wasserpflanzen (*Trapa natans, Eleocharis*) als Metacercarien encystieren. Infektion des Menschen durch Abschälen der Pflanzen mit den Zähnen.

Plagiorchiida

Adultus distom; Metacercarie vorhanden; Cercarien ohne Exkretionssystem im Schwanz, häufig mit Stilett am Mundsaugnapf; Miracidien mit 1 Paar Protonephridien.

Dicrocoelium dendriticum, Kleiner Leberegel, 1 cm (Abb. 330). Leberparasit, der vornehmlich bei Wiederkäuern in trockeneren Gebieten vorkommt (Schafe, Ziegen). Adultus ebenfalls in Gallengängen, Eier werden wie für *Fasciola* beschrieben freigesetzt, aber von Landschnecken (*Zebrina, Cionella, Helicella*) gefressen. Hier schlüpfen die nur am Vorderende bewimperten Miracidien, durchdringen das Darmepithel und werden zu Muttersporocysten. In diesen entwickeln sich Tochtersporo-

Abb. 329: Lebenszyklus von *Fasciola hepatica*. Erläuterungen s. Text. Original: W. Ehlert, Gießen.

Abb. 330: Lebenszyklus von *Dicrocoelium dendriticum*. Erläuterungen s. Text. Original: W. Ehlert, Gießen.

Abb. 331: Lebenszyklus von *Schistosoma mansoni*. Erläuterungen s. Text. Original: W. Ehlert, Gießen.

cysten (2. Generation; ohne Einschaltung von Redien), die Cercarien (3. Generation) hervorbringen. Cercarien suchen die Atemhöhle der Schnecke auf und penetrieren sie. Reizung des Lungenepithels der Schnecke sorgt für Bildung von Schleimballen, die ausgeschieden werden und in deren Feuchtigkeit die Cercarien einige Zeit lebensfähig bleiben. Diese Schleimballen werden von Ameisen (z. B. *Formica fusca*) gefressen, die der Kleine Leberegel als 2. Zwischenwirt nutzt. Die meisten Cercarien durchdringen das Darmepithel der Ameise und encystieren sich im Mixocoel zu Metacercarien; eine jedoch wandert ins Vorderende und dringt in das Unterschlundganglion ein. Dieses Individuum, der sog. „Hirnwurm", bewirkt Verhaltensanomalien bei Wirtsameisen: Anstatt bei Einbruch der Dunkelheit in ihren Bau zurückzukehren, verbeißen sich infizierte Ameisen nachts bei niedrigen Temperaturen mit ihren Mandibeln an Pflanzen und werden von den weidenden Schafen gefressen. Die Wirtsameise wird im Darmtrakt des Wiederkäuers verdaut, und Metacercarien werden freigesetzt, die über den Gallengang in die Leber einwandern und sich dort in ca. 50 Tagen zum geschlechtsreifen Tier entwickeln.

Paragonimus westermani, Lungenegel, 3 cm (Abb. 323D) (und zwei verwandte Arten), vornehmlich in der Lunge des Menschen in Ostasien, Afrika und Südamerika. Eier gelangen über das Sputum ins Freie. Entwicklung des Miracidiums in ca. 3 Wochen, dringt aktiv in Schnecken ein. Aus der Sporocyste entstehen mehrere Rediengenerationen, daraus Cercarien mit charakteristischem Stummelschwanz. Cercarien suchen aktiv Krebse (z. B. Wollhandkrabbe) als 2. Zwischenwirt auf, penetrieren die Cuticula mit Bohrstachel und setzen sich in Muskulatur (oder Herzregion) fest. Befall der Krebse durch orale Aufnahme der Cercarien möglich. Ißt der Mensch infizierte, ungekochte Krebse, wird die Metacercarie freigesetzt und durchbohrt die Dünndarmwand, das Diaphragma und die Lunge, wo der Wurm in einer vom Wirt gebildeten Bindegewebscyste lebt und geschlechtsreif wird.

Opisthorchiida

Clonorchis sinensis, Chinesischer Leberegel, 3,5 cm, verbreiteter Humanparasit in Südostasien. Aus der Leber gelangen Eier mit Gallenflüssigkeit und Kot ins Freie; Schnecken (*Bulimus* u. a.) fressen die Eier. Aus dem Miracidium wird die Sporocyste, hieraus werden Redien freigesetzt. In diesen bilden sich Cercarien, die die Schnecke verlassen, sich in die Haut von Süßwasserfischen einbohren und sich in der Muskulatur als Metacercarien encystieren. Mensch infiziert sich durch Genuß von rohem Fisch.

Schistosomatida

Adultus ohne oder mit schwach entwickelten Saugnäpfen, oft getrenntgeschlechtlich mit ausgeprägtem Sexualdimorphismus. Keine Metacercarien; Cercarien gabelschwänzig, mit Bohrdrüsen (Abb.

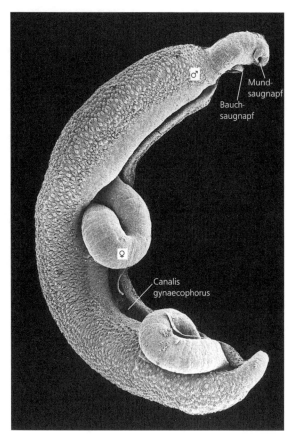

Abb. 332: *Schistosoma mansoni*, Pärchen. Das Männchen hält das Weibchen in seiner Bauchfalte. REM. Original: H. Mehlhorn, Düsseldorf.

331, 334); Miracidien mit 2 Paar Protonephridien.

Schistosoma mansoni, 6–10 mm, Pärchenegel, Erreger der Darm- und Leber-Bilharziose; lebt im Pfortadersystem und in den Mesenterialvenen des Menschen in Zentral- und Südost-Afrika sowie im östlichen und zentralen Südamerika; ernährt sich ausschließlich von Blut. Die etwas längeren, abgeflachten Männchen bilden durch ventrale Einkrümmung ihrer Körperseiten eine Bauchtasche (Canalis gynaecophorus), in der die längeren, fast drehrunden Weibchen liegen (Abb. 331, 332). Eier mit subterminalem scharfen Stachel (Abb. 333) dehnen Endothel der Blutgefäße – insbesondere im Dickdarmbereich – und ritzen es an; darüber hinaus sondern die bereits entwickelten Miracidien Substanzen ab, die die Eischale durch feine Poren durchdringen und die Gefäßwand schwächen. So gelangen Eier in den Enddarm und werden mit Kot ausgeschieden. Gelangen Eier mit Kot ins Wasser, schlüpft nach nur wenigen Minuten bis Stunden das Miracidium, befällt Wasserschnecken (*Biomphalaria*), in denen über Mutter- und Tochtersporocysten Gabelschwanzcercarien heranwachsen. Sie verlassen Schnecken durch Atemhöhle und suchen direkt Endwirt auf; chemische und auch Lichtreize spielen bei der Wirtsfindung eine Rolle. Penetrieren der Haut, Schwanz wird dabei abgeworfen. Subadulte Würmer dringen in subcutane Blutgefäße ein, durchlaufen Wachstumsphasen in Haut und Lunge und finden sich im Pfortadersystem zu Paaren zusammen. Weibchen erreichen erst nach der Paarbildung ihre Geschlechtsreife.

Schistosoma haematobium, Erreger der Blasen-Bilharziose, in Blutgefäßen der Blasenwand und des Urogenitalsystems des Menschen im tropischen Afrika und in einigen arabischen Ländern. Entwicklung ähnlich wie bei *S. mansoni* über Schnecken (*Biomphalaria* und *Bulinus*) als Zwischenwirte und den Menschen als Endwirt. Mischinfektionen mit *S. mansoni* in Gebieten möglich, in denen beide Arten vorkommen.

Andere Pärchenegel treten in Blutgefäßen des Darms auf (*Schistosoma japonicum* – in Südostasien, *S. intercalatum* – in Zentralafrika). Auch ihre Eier gelangen durch eine Gefäßruptur in das Lumen des Darms und verlassen Körper des Endwirts mit dem Kot.

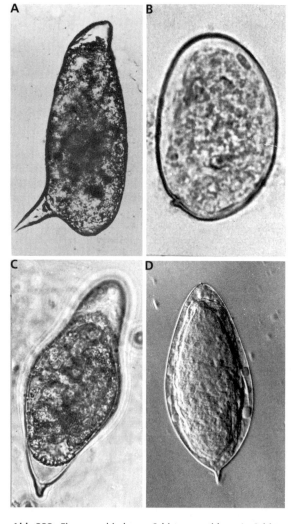

Abb. 333: Eier verschiedener Schistosomatiden. A *Schistosoma mansoni*. B *S. japonicum*. C *S. intercalatum*. D *S. haematobium*. A Original: W. Ehlert, Gießen; B, C, D Originale: H. Mehlhorn, Düsseldorf.

2.2 Cercomeromorpha

Als Cercomeromorpha faßt man alle Neodermata zusammen, deren Larven am Hinterende einen differenzierten Abschnitt mit einer größeren Zahl typisch geformter Larvalhäkchen (Cercomer) besitzen. Zu ihnen gehören die **Monogenea** und die **Cestoda**.

2.2.1 Monogenea

Ektoparasiten auf Fischen, Amphibien und anderen aquatischen Vertebraten, selten auf Wirbellosen, gelegentlich als Parasiten in nach außen offenen Körperhöhlen (z. B. Mundhöhle, Pharynx, Harnblase, Augenhöhlen) oder ausnahmsweise echte Endoparasiten (z. B. in der Leber). Ohne Generationswechsel, sehr selten mit Wirtswechsel. Adulti mit meist sehr auffälligem Saugnapf am Hinterende (Opisthaptor), in dem sehr oft Anheftungssklerite unterschiedlicher Größe und Form auftreten, und 1–3 vorderen Saugnäpfen (Prohaptor), die den Mund umgeben. Ca. 2000 Arten.

Bau

Die meisten Monogenea sind leicht abgeflacht. Form und Ausstattung des Opisthaptors (Abb. 335)

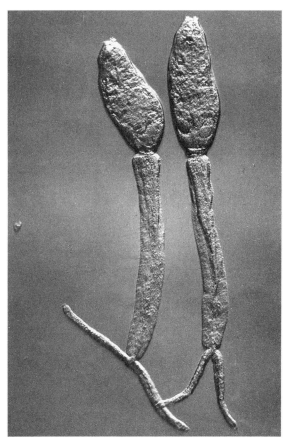

Abb. 334: Gabelschwanzcercarie von *Schistosoma mansoni*. Original: H. Mehlhorn, Düsseldorf.

Abb. 335: A *Dactylogyrus* sp. B *Gyrodactylus* sp. C Oncomiracidium von *Polystoma*. A,B Verändert nach Odening (1984); C nach Hyman (1951).
▽

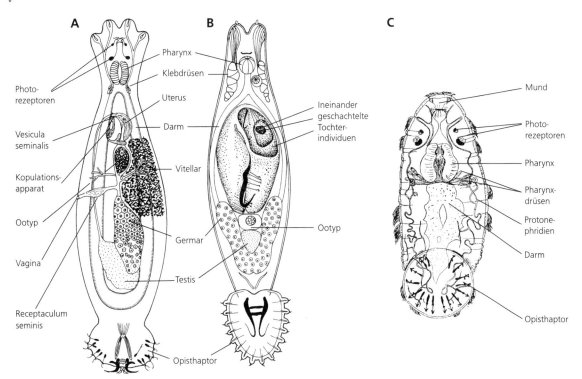

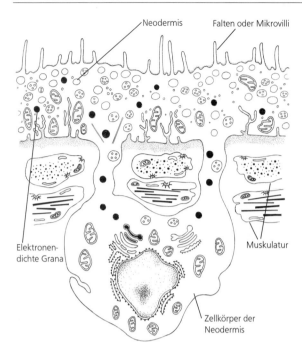

Abb. 336: Neodermis der Monogenea (Schema). Verändert nach Smyth und Halton (1983).

mit Skleriten und Saugnäpfen sind an die Wirte angepaßt und grenzen das Wirtspektrum auf wenige bis eine Art ein, teilweise sogar auf bestimmte Körperteile einer Wirtsart. Bei Monogeneen, die an Wirten mit sehr harter Haut parasitieren, können Klebdrüsen zur Anheftung ausgebildet sein. Die Muskulatur im Opisthaptor ist sehr stark ausgebildet und bildet ein Geflecht mit der übrigen Körpermuskulatur.

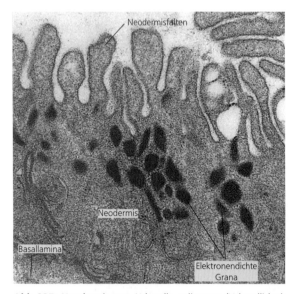

Abb. 337: Neodermis von *Udonella caligorum* (Udonellidae). TEM. Aus Xylander (1988).

Die **Neodermis** der Monogenea weist an der Oberfläche unregelmäßig geformte Mikrovilli (die in ihrer Ultrastruktur nicht mit denen der Cestoda übereinstimmen) oder Falten auf, die die Körperoberfläche vergrößern (Abb. 336, 337); das Vorkommen beider Strukturen kann auf bestimmte Körperabschnitte beschränkt sein. Die Neodermis dient wie bei anderen Neodermata u.a. der Nahrungsaufnahme (z.B. freie Aminosäuren), der Exkretion und Osmoregulation und – bei den ektoparasitischen Formen – der Sauerstoffaufnahme. Das **Nervensystem** besteht aus einem paarigen Cerebralganglion und meist 6 Hauptnervensträngen, die durch eine große Anzahl von Kommissuren miteinander verbunden sind und von denen die ventralen am besten ausgebildet sind. Weitere Nervenzentren liegen im Bereich des Haptors und der Mundöffnung. In die Neodermis hinein reichen viele ciliäre Rezeptoren, die vor allem am Vorderende in sehr großer Zahl auftreten können. Auch bei den adulten Formen sind häufig 2 Paar rhabdomerische Photorezeptoren mit Pigmentkappen ausgebildet.

Die Mundöffnung liegt bei den Monogenea fast immer unmittelbar am Vorderende oder subterminal auf der Ventralseite. In diesem Bereich münden bei vielen Arten eine große Anzahl von Drüsen aus, die u.a. der temporären Anheftung am Wirtsorganismus dienen. Der Pharynx bulbosus geht oft in einen Oesophagus über. Der **Darmkanal** ist meist zweischenklig (Abb. 335), vor allem bei größeren Formen auch stärker verästelt (z.B. bei *Diplozoon* oder *Polystoma*) (Abb. 297, 340); bei einigen Arten vereinigen sich die beiden Schenkel des Darms caudal (Abb. 335 A).

Das Darmepithel besteht bei den Monopisthocotylea aus nur einem Zelltyp (Säulenzellen mit sehr vielen Nahrungsvakuolen), bei den Polyopisthocotylea hingegen vielfach aus pigmentierten Verdauungszellen und einem sie umgebenden Syncytium. Adulte Monogenea ernähren sich von Schleim, Zellen oder vom Blut ihrer Wirtstiere. *Entobdella soleae*, ein gut untersuchter Hautparasit der Seezunge, heftet sich dazu mit seinem Pharynx an der Haut seines Wirtes fest, löst durch Sekrete seiner Pharynx- und Oesophagus-Drüsen auf und saugt sie ein. Diese Form der extraintestinalen (Vor-)Verdauung findet man auch bei anderen Monogenea, während einige Arten ganze Zellen aus dem Epithelverbund herausreißen und aufnehmen. Bei diesen Arten erfolgt die Nahrungsaufschlüsselung ausschließlich im Darmkanal.

Das **Protonephridialsystem** der adulten Formen weist eine große Zahl von Terminalzellen auf. Die ableitenden Kanäle vereinigen sich zu größeren Sammelkanälen, die Treibwimpernflammen besitzen; die luminale Seite des Kanalepithels ist durch starke Auffaltung vergrößert. Die Exkrete werden in 2 Harnblasen gesammelt und durch 2 lateral im vorderen Körperdrittel gelegene Nephropori ausgeschieden.

Die männliche **Gonade** besteht bei den meisten Monogenea aus 1 Hoden (seltener 2 oder mehr als 2), meist in der hinteren Körperregion (Abb. 335). Die Spermatozoen werden über einen Vas deferens abgeleitet, in einer Samenblase gesammelt und über das Kopulationsorgan, das im gemeinsamen Genitalatrium mündet, übertragen. Die Spermatozoen der Monopisthocotylea und der Polyopisthocotylea zeigen jeweils spezifische Abwandlungen vom Grundmuster der Neodermata: bei den Monopisthocoty-

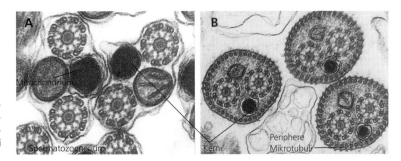

Abb. 338: Spermatozoen von Monogenea. A *Dionchus remorae* (Monopisthocotylea). B *Pseudomazocraes* sp. (Polyopisthocotylea). Aus Justine und Mattei (1985, 1987).

lea fehlen die corticalen Mikrotubuli (Abb. 338 A), bei den Polyopisthocotylea schließen sie neben Kern und Mitochondrien auch die Axonemata ein (Abb. 338 B). Als männliche Begattungsstrukturen treten je nach Taxon ein – oft mit Stacheln bewaffneter – Cirrus oder ein Stilett auf.

Die weibliche Gonade besteht aus vorwiegend paarigen, in der Nähe des Darms gelegenen Vitellarien (nur bei *Gyrodactylus* fehlen Vitellarien), die oft in sehr viele Follikel zerfallen, und aus dem unpaaren Germarium. Das Germarium liegt meist vor den Hoden. Die zusammengesetzten Eier werden im Ootyp unter Einbeziehung von Sekreten der Mehlisschen Drüsen gebildet und über den Uterus ausgeleitet. Bei den meisten Polyopisthocotylea gibt es einen Verbindungsgang zwischen dem Ootyp und einem (meist dem rechts liegenden) Darmschenkel, den Genito-Intestinal-Kanal; die Funktion dieses Gangs ist unklar, möglicherweise dient er dem „Recycling" von überschüssigem Schalen- und Dottermaterial über den Darm. Der übrige Aufbau (ableitende Kanäle, Ootyp, Drüsen, bei vielen Arten auch der Uterus) entspricht weitgehend dem Grundmuster der Neodermata; bei bestimmten Taxa fehlt die Vagina bzw. ein echter Uterus. Die männliche Geschlechtsöffnung und der Uterus münden meist in ein gemeinsames Atrium (Abb. 335).

Die Besamung erfolgt entweder über die Vagina, das Genitalatrium oder percutan. Bei einigen Arten (z.B. *Entobdella diadema, E. soleae*) werden Spermatophoren gebildet. Eine Ausnahme in der Reproduktionsbiologie stellt die Gattung *Diplozoon* dar, bei der zwei Tiere miteinander verwachsen, die Vaginae jeweils in den Körper des Partners einwachsen und mit dem Vas deferens verschmelzen (s. u.).

Die weitaus meisten Monogenea sind ovipar; die Gyrodactyliden sind vivipar. Die **Eier** der Monogenea besitzen häufig einen Deckel; ihre Form ist sehr variabel. Die Eischale kann glatt sein oder eine skulpturierte Oberfläche aufweisen (Abb. 339).

Oncomiracidium: Das bewimperte Larvenstadium der Monogenea, die Oncomiracidien („Miracidien mit Häkchen"), sind 100–300 µm lang und 30–100 µm breit. Ihre Körperoberfläche besteht aus bewimperten Epidermiszellen und dazwischenliegenden Neodermisbereichen (Abb. 335 C). Es lassen sich häufig drei bewimperte Epidermisbereiche am Vorderkörper, in der Körpermitte und am Hinterende unterscheiden. Ein gut ausgeprägtes Cerebralganglion liegt im ersten Körperdrittel. Dorsal über diesem Gehirn sitzen 2 Paar rhabdomerische Photorezeptoren, die von pigmenthaltigen Zellen

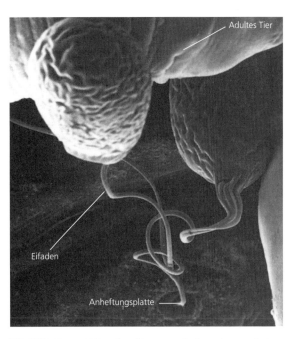

Abb. 339: Ei von *Udonella caligorum* mit einem langen Faden (mit Haftplatte). REM. Aus Xylander (1988).

umgeben sein können und das Rhabdomer tassenförmig umschließen.

Die Pigmentbecher des vorderen Paares öffnen sich in vielen Fällen nach vorn, die des hinteren nach hinten, so daß Licht, das aus unterschiedlichen Richtungen einfällt, differenziert werden kann (Lichtreaktionen spielen eine wichtige Rolle beim Schlüpfen und bei der Wirtsfindung). Auch ciliäre Photorezeptoren kommen bei Oncomiracidien vor. Am Vorderende sitzt eine Vielzahl unterschiedlicher Rezeptorzellen mit oder ohne sensorische Cilien, die als Tango-, Chemo- oder Rheorezeptoren wirken sollen.

Der drüsige Darmkanal ist meist ungegabelt und sackförmig (Abb. 335 C). Die Mundöffnung liegt im vorderen Körperdrittel. Das Protonephridialsystem besteht aus 3 Paar oder mehr Terminalzellen und den ableitenden Kanälen, die in Harnblasen münden können; die Nephropori liegen in der vorderen Körperhälfte.

Am Hinterende der Oncomiracidien liegen die Anheftungsorgane der Larven. Sie enthalten 10–16 typische **Larvalhäkchen** sowie häufig zusätzlich Sklerite und Saugnapfstrukturen (Abb. 335 C).

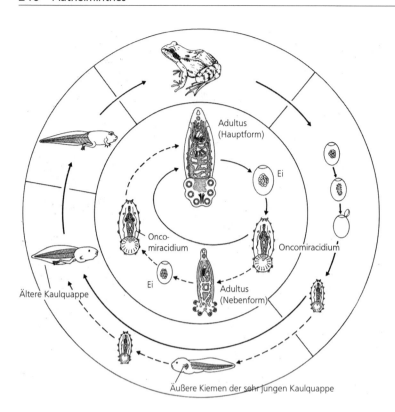

Abb. 340: Zyklus von *Polystoma integerrimum*. Verändert nach Mehlhorn und Piekarski (1994).

Monopisthocotylea

Monogeneen, deren Opisthaptor aus einem ungegliederten Saugnapf besteht; mit 1–2, selten 3 Paar großen Anheftungsskleriten (Hamuli), die durch Querstreben miteinander verbunden sein können, und z.T. 12–16 randständigen Häkchen. Hamuli und Randhäkchen dienen der Verankerung in der Haut des Wirts. Ohne Ductus genito-intestinalis. Spermatozoen in der Kernregion ohne submembranöse (sog. corticale) Mikrotubuli.

Gyrodactylus sp. (Abb. 335 B); ca. 1 mm, Parasiten auf der Haut, gelegentlich auch auf Kiemen und in Nasenhöhlen von Fischen, mit zwei auffälligen, mit Rezeptoren besetzten Zipfeln am Vorderende. Im Unterschied zu den anderen Monogenea lebendgebärend. Im Uterus liegt eine „Larve" vor, die in sich weitere Larven enthält. Wird die große Larve, die unbewimpert ist, freigesetzt, heftet sie sich am selben Wirt fest; eine Eizelle rückt daraufhin im Uterus des Muttertiers nach und entwickelt sich zu einer großen Larve mit eingeschachtelten kleineren Larven.

Dactylogyrus sp. (Abb. 335 A). Häufige Kiemenparasiten unterschiedlicher Fischarten, 0,5–2 mm. Mit vierzipfeligem Vorderende und auch als Adultus mit 4 gut sichtbaren Pigmentbecherocellen. Opisthaptor mit 14 randständigen Häkchen und 2 großen miteinander verbundenen Skleriten. Tiere heften sich mit dem Opisthaptor an Kiemen (häufig an deren Spitzen) fest. Eier werden frei abgegeben und fallen auf den Gewässerboden. Nach der Eiablage sterben Adulti. Oncomiracidien befallen direkt ihre Fischwirte.

Polyopisthocotylea

Monogeneen, deren Opisthaptor aus mehreren kleineren Saugnäpfen aufgebaut ist, die jeweils zusätzlich mit Häkchen bewehrt sein können. Häufig mit Ductus genito-intestinalis.

Polystoma integerrimum (Abb. 340). 10 mm, Endoparasit in der Harnblase von Fröschen; enge Anpassung an Lebenszyklus des Wirts: Eiablage während der Laichzeit der Frösche im Frühjahr, Eier gelangen über Kloake des Wirts ins Freie, wo Oncomiracidien nach 4–6 Wochen weitgehend zeitgleich mit den Kaulquappen der Wirte schlüpfen. Eibildung und -ablage des Parasiten wird durch Sexualhormone der Frösche initiiert; so erfolgt die Koordination der Entwicklungszyklen der Wirte und Parasiten. Die geschlüpften Oncomiracidien dringen in die Kiemenkammern der Kaulquappen ein und setzen sich an den inneren Kiemen fest. Wenn sich im Frühsommer während der Metamorphose der Kaulquappen die Kiemen zurückbilden, wandern die jungen Würmer nachts über die Bauchseite in die Kloake und schließlich in die Harnblase. Entwicklung bis zum Adultus 3 Jahre (genauso lang wie die Erlangung der Geschlechtsreife der Frösche). Eiablagephase der adulten *Polystoma* streng korreliert mit dem Aufenthalt des Frosches im Wasser während der Laichzeit. – Neben diesem „normalen" Entwicklungsmodus kann bei *Polystoma* ein verkürzter Zyklus auftreten. Trifft ein früh geschlüpftes Oncomiracidium auf eine sehr junge Kaulquappe (noch mit äußeren Kiemen), entwickeln sich aus diesen Oncomiracidien in 3–4 Wochen neotene Zwergadulti, die ca. 400 Eier produzieren und bei der Metamorphose der Kaulquappen sterben. Die Oncomiracidien aus diesen Eiern infizieren die inneren Kiemen älterer Kaulquappen derselben Generation (kurz vor der Metamorphose); ihre Entwicklung verläuft wie oben beschrieben.

Diplozoon paradoxum (Abb. 341). Häufiger Kiemenparasit bei karpfenartigen Fischen, 6–10 mm. Jeweils 2 Individuen kreuzweise verwachsen. Adulti setzen im Frühjahr Eier ab, die sich in ca. 10 Tagen zu schlüpfbereiten Oncomiracidien (mit 2 Saugscheiben und dazwischen 2 großen Larvalhaken) entwickeln. Larven befallen Kiemen meist jüngerer Karpfenfische, verlieren zu Beginn der Infektion ihr Wimpernkleid und wandeln sich in ein subadultes Stadium um, die Diporpa. Diese besitzt einen neugebildeten Saugnapf am Bauch und einen Zapfen am Rücken. Treffen zwei Diporpa-Stadien zusammen, biegen sie ihren Körper so, daß jeweils der Saugnapf den Rückenzapfen des Partners erreicht; die beiden Tiere verschmelzen miteinander. Nach Aufnahme von Wirtsblut und einer Wachstumsphase, in der die Opisthaptoren sich so ausformen und gegeneinander versetzen, daß sie die Kiemenblättchen des Wirts optimal greifen können, entwickeln sich die Gonaden. Der Samenleiter wächst aus, so daß er mit der Vagina des Partners lebenslang verschmilzt. Besamung erfolgt gegenseitig. Eiablage im darauffolgenden Frühjahr.

2.2.2 Cestoda, Bandwürmer

Bandwürmer sind extrem an eine endoparasitische Lebensweise angepaßte Cercomeromorpha. Die Entwicklung verläuft fast immer mit Wirtswechsel, sehr selten mit Generationswechsel. In allen Stadien fehlt ihnen stets ein Darm, die Resorption der Nahrung erfolgt ausschließlich über die Körperoberfläche. Geschlechtsreife Tiere sind stark abgeplattet (Name!) und leben in der Regel im Darmtrakt, selten in der Leibeshöhle von Wirbeltieren (Endwirt). Halteapparate sind am Vorderende, selten am Hinterende (Gyrocotylidea), ausgebildet. Es sind etwa 3 500 Arten bekannt, von denen die größten etwa 20 m (*Diphyllobothrium latum*) lang werden können.

Die z. T. sehr dicke **Neodermis** besitzt bei den postlarvalen Stadien spezifische Mikrovilli (mit elektronendichtem Hohlzylinder und häufig elektronen-

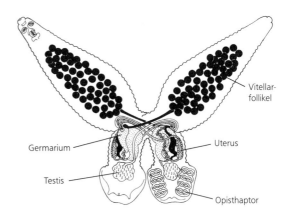

Abb. 341: Habitus von *Diplozoon paradoxum*. Aus Odening (1984).

dichter Spitze, Abb. 342). Bei diesen darmlosen Organismen ist die Neodermis u. a. verantwortlich für die Aufnahme von Nahrung sowie für den Schutz vor dem Immunsystem (bei den präadulten Formen) bzw. vor Verdauungsenzymen der Wirte (bei adulten Formen).

Das **Protonephridialsystem** ist netzförmig (Abb. 343). Die ersten Kanalzellen des Protonephridialsystems sind nicht manschettenförmig (wie bei den anderen Plathelminthen), sondern bilden einen soliden Hohlzylinder (Abb. 300 C, 344). Die Zellkörper mit den Kernen des Syncytiums, das die Nephridialkanäle auskleidet, sind versenkt. Nichtterminale Treibwimpernflammen fehlen meist (Ausnahme: Gyrocotylidea).

Die meisten Cestoden sind zwittrig und besitzen als besonderes Charakteristikum eine große Zahl gleichartiger **Geschlechtsorgane**. Jeweils ein Satz dieser zwittrigen Geschlechtsorgane (seltener 2 Sätze) liegt in einem abgesetzten Körperabschnitt, einer Proglottis, so daß der Körper gegliedert erscheint. Nach der Befruchtung bzw. nach der Eirei-

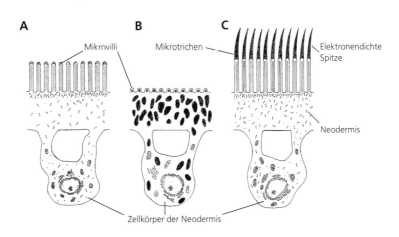

Abb. 342: Neodermis der Cestoda (Schema). A Gyrocotylidea. B Amphilinidea. C Cestoida. Original: W. Xylander, Görlitz.

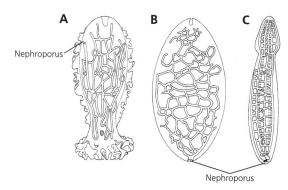

Abb. 343: Bau des Protonephridialsystems und Lage der Ne-phropori bei den Cestoden. A *Gyrocotyle urna*. B *Amphilina foliacea*. C Plerocercoid von *Diphyllobothrium dendriticum*. Nach Xylander (1992).

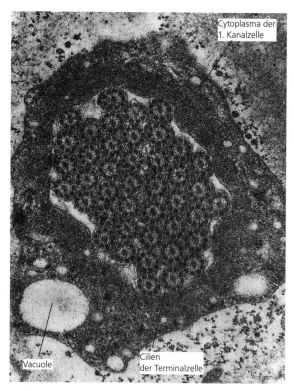

Abb. 344: Protonephridium. Erste Kanalzelle von *Gyrocotyle urna* (Cestoda) ohne Zellspalt und Desmosom. Aus Xylander (1992).

fung werden die Proglottiden einzeln oder in Gruppen abgeschnürt und vom Wirt ausgeschieden.

Nur bei einigen Gruppen, z.B. den Spathebothriidae und Ligulidae, sind zwar mehrere Sätze von Geschlechtsorganen in einem Körper vorhanden, aber eine Untergliederung des Körpers in Proglottiden bzw. eine Abschnürung dieser Teile erfolgt nicht. Cestoden mit Proglottiden-Bildung sind fast immer protandrisch. Wenige Gruppen der Cestoda besitzen nur einen einzigen Satz Geschlechtsorgane (sog. monozoische Bandwürmer: Gyrocotylidea, Amphilinidea, Caryophyllida; Abb. 346); bei diesen Formen bilden sich Spermien und weibliche Geschlechtsprodukte gleichzeitig. Sie sind als relativ ursprünglich anzusehen.

Die ersten **Larvenstadien** der Cestoden (Coracidien, Lycophora-Larven; Abb. 345) besitzen eine syncytiale Epidermis; in einigen abgeleiteten Taxa (z.B. den Cyclophyllidea) treten unbewim-

perte Larven auf, die Oncosphaeren (Abb. 345 D). Auch den Larven fehlt ein Darmkanal. Sie weisen (ursprünglich) 10 Larvalhäkchen und im Höchstfall 6 Terminalzellen im Protonephridialsystem auf. Die Zahl der Larvalhäkchen ist bei dem Subtaxon Cestoida auf 6, die der Terminalzellen auf maximal 2 reduziert.

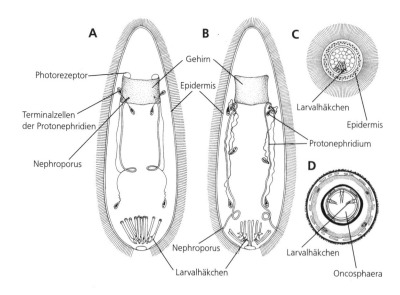

Abb. 345: Erstlarven der Cestoda. A Ly-cophora-Larve von *Gyrocotyle urna*. B Lycophora-Larven von *Austramphilina elongata*. C Coracidium. D Oncosphaera in den Eihüllen. A Verändert nach Malm-berg (1974) und nach Xylander (1990); B verändert nach Rohde (1990); C, D nach Hyman (1951).

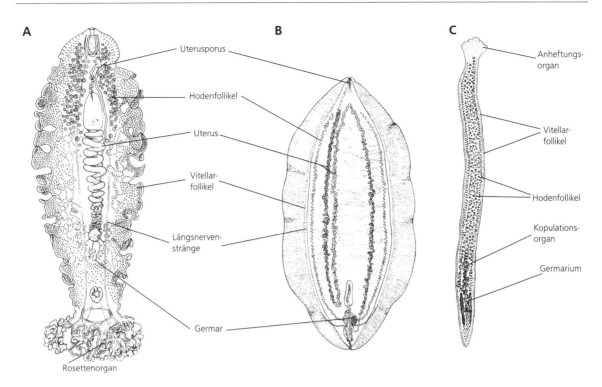

A **B** **C**

Uterusporus

Hodenfollikel

Uterus

Vitellar-
follikel

Längsnerven-
stränge

Germar

Rosettenorgan

Anheftungs-
organ

Vitellar-
follikel

Hodenfollikel

Kopulations-
organ

Germarium

Abb. 346: Habitus monozoischer Cestoden. A *Gyrocotyle fimbriata.* B *Nesolecithus africanus.* C Caryophyllida. A Nach Lynch (1945); B verändert nach Dönges und Harder (1966); C nach Hyman (1951).

Gyrocotylidea

Monozoische Bandwürmer von 2–20 cm Länge mit einem gut ausgebildeten caudalen Festheftungsorgan (Rosettenorgan). Adulti sind Darmparasiten von Chimaeren (Holocephali). Lycophora-Larven. Lebenszyklus ungeklärt, vermutlich sind Crustaceen als Zwischenwirte eingeschaltet. Ca. 10 Arten.

Am Vorderende liegt eine Einsenkung, die vollständig von Neodermis ausgekleidet ist. Die Körperseiten der Gyrocotyliden sind auffällig geschwungene Säume (Abb. 346 A). Am Hinterende sitzt ein kräftiger, rosettenförmiger Saugnapf, mit dessen Falten sie die Mikrovilli im Spiraldarm ihrer Wirte umfassen und sich so fixieren.

Die **Neodermis** der Gyrocotylidea trägt typische Cestoden-Mikrovilli, die zwar eine Kappe, aber keine ausgezogene, elektronendichte Spitze wie bei den Cestoida besitzen (Abb. 347). Die Mikrovilliform variiert in Abhängigkeit vom Körperabschnitt. In der Neodermis liegen sog. „Stacheln" (Abb. 346 A), die weit unter die Neodermis reichen und meist eine artspezifische Form besitzen; ihre Funktion ist unbekannt.

Das **Zentralnervensystem** besteht aus 2 Zentren, dem Gehirn und einem größeren Ganglion, das das Rosettenorgan innerviert, sowie 2 Hauptnerven. Es treten zahlreiche ciliäre und nichtciliäre Rezeptoren insbesondere am Vorderende und im Anheftungsorgan auf. Das **Proto-**

nephridialsystem besitzt nichtterminale Treibwimpernflammen, die bei den Amphilinidea und Cestoida fehlen. Die Nephropori sind paarig und liegen im vorderen Körperdrittel (Abb. 343 A).

Das männliche **Reproduktionssystem** besteht aus einer größeren Anzahl von Hodenfollikeln, die im vorderen Körperdrittel lokalisiert sind. Die sehr zahlreichen Vitellarfollikel liegen an den Körperseiten (Abb. 346 A). Die Vitellocyten werden durch bewimperte Vitellodukte zum Ootyp transportiert. Das Germarium befindet sich im hinteren Körperviertel. Die befruchteten Eier gelangen in einen sackförmigen Uterus in der vorderen Körperhälfte. Hier können mehrere Tausend Eier gespeichert werden, die im Darm des Wirts freigesetzt werden und mit dem Kot ins Wasser gelangen.

Die Lycophora-Larve der Gyrocotylidea (Abb. 345 A) ist ca. 100 μm lang; sie besitzt 10 gleichförmige Haken, 3 Paar Terminalzellen und 4 Paar Drüsen. Der bewimperten Epidermis fehlen Kerne bei der freischwimmenden Larve. Das Nervensystem ist gut ausgebildet; es treten verschiedene Rezeptortypen auf (u. a. ein ciliärer Photorezeptor).

Nephroposticophora

Cestoden mit nur unpaarem caudalen Nephroporus bei den Adulti (Abb. 343 B, C); Bewimperung der Nephridiodukte reduziert; Larven ohne ciliäre Photorezeptoren; paarige, larvale Nephropori im hinteren Körperdrittel. Das Taxon Nephroposticophora umfaßt die **Amphilinidea** und die **Cestoida**.

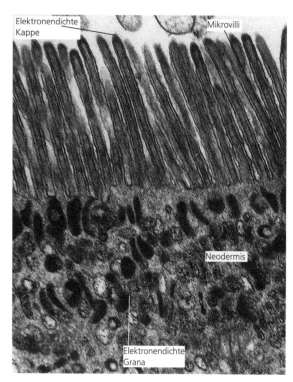

Abb. 347: Neodermis von *Gyrocotyle urna*. Original: W. Xylander, Görlitz.

Amphilinida

Monozoische Bandwürmer mit 1 bis 20 cm Länge, die in der Leibeshöhle ursprünglicher Fische (in einem Fall in einer Schildkröte) parasitieren. Blattförmiger Habitus, ohne auffälliges Anheftungsorgan; dreiästiger Uterus mit Mündung am Vorderende, Hoden- und Vitellarfollikel in lateralen Längsreihen. Lycophora-Larve mit 2 unterschiedlichen Larvalhäkchen-Typen. 2-Wirte-Zyklus mit malacostraken Krebsen (Amphipoden, Decapoden) als Zwischenwirten. Ca. 10 Arten.

Der Körper der Amphiliniden ist blattförmig bis langgestreckt (Abb. 346 B). Am Vorderende liegt eine Einstülpung, die von Muskelwülsten umgeben ist und die vorgestreckt und retrahiert werden kann. In diese Einsenkung münden eine Vielzahl von Drüsen. Ein Festheftungsorgan am Hinterende (ähnlich dem Rosettenorgan der Gyrocotylidea) wird angelegt, ist aber nicht mehr funktionsfähig (Abb. 348); dies hängt vermutlich mit der Lebensweise als Coelomparasiten zusammen: Die Amphiliniden sind nicht der Gefahr ausgesetzt, durch die Darmperistaltik aus ihrem Lebensraum entfernt zu werden.

Die **Neodermis** der Körperoberfläche besitzt sehr kurze Mikrovilli ohne elektronendichte Spitzen (Abb. 342); nur am Vorderende treten typische Mikrovilli auf. Das netzförmige **Protonephridialsystem** besitzt keine Treibwimpernflammen mehr und endet (bei den Adulten) in einem unpaaren Nephroporus am Hinterende (Abb. 343 B) (beide Merkmale stimmen mit den Verhältnissen bei den Cestoida überein). Das Nervensystem besteht aus einem

Zentralganglion am Vorderende; Rezeptoren sind offenbar im Vergleich zu anderen postlarvalen Neodermata nur in geringer Zahl vorhanden.

Die Hodenfollikel liegen in zwei Reihen seitlich des Uterus, das Vitellar lateral der Reihe der Hodenfollikel. Die beiden Hauptvitellodukte vereinigen sich vor dem Beginn des Ootyp. Das Germarium ist stark gelappt und kann sogar in Follikel aufgegliedert sein. In den Bereich des Ovidukts unmittelbar vor dem Ootyp mündet auch der ableitende Gang des Receptaculum seminis ein, das mit der Kopulationsöffnung (Vagina; selten treten 2 Vaginae auf) in Verbindung steht. Die Eier werden in dem dreischenkligen Uterus nach vorn transportiert und über die Uterusöffnung, die am Vorderende in der Nähe der Einsenkung liegt, ins freie Wasser abgesetzt; dazu wird das Vorderende entweder über die Abdominalporen des Wirtsfisches herausgestreckt oder seine Körperdecke wird von dem Parasiten mit Hilfe von Drüsen am Vorderende penetriert.

Die Lycophoralarve der Amphilinidea trägt zwei unterschiedliche Larvalhäkchentypen: 6 sind geformt wie die typischen Cercomeromorphen-Häkchen, 4 sind stark abgewandelt (Abb. 345 B). Die syncytiale Epidermis enthält Kerne. Das Nervensystem mit einem Cerebralganglion ist gut ausgebildet, es treten viele unterschiedliche Rezeptoren auf. Das Protonephridialsystem weist 6 Terminalzellen auf, und die beiden Nephropori liegen im caudalen Körperdrittel.

Amphilina foliacea, bis 10 mm. Eier werden oral von Amphipoden (seltener von Mysidaceen) aufgenommen, Larven schlüpfen im Wirt. Die Krebse werden vom Endwirt, dem Sterlet (*Acipenser ruthenus*, Chondrostei) gefressen. – *Austramphilina elongata*, 12 cm. Lycophora-Larven suchen ihren Wirt, den decapoden Krebs *Cherax destructor*, aktiv auf und penetrieren seine Cuticula im Bereich der Intersegmentalhäute. Endwirt ist die Schildkröte *Chelodina longicollis*; hier penetriert der Parasit die Speiseröhre und gelangt so in die Leibeshöhle. – *Nesolecithus africa-*

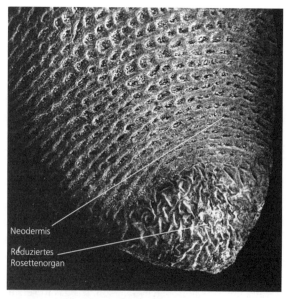

Abb. 348: Reduziertes, funktionsloses Rosettenorgan am Hinterende von *Amphilina foliacea*. REM. Original: W. Xylander, Görlitz.

nus, 30 mm, befällt als Zwischenwirt die Süßwassergarnele *Desmocaris trispinosa*; Endwirt ist der Nilhecht *Gymnarchus niloticus*.

Cestoida

Artenreichste Gruppe der Cestoda. Anheftungsorgane am Vorderende; fast alle Arten mit einer Vervielfachung der Geschlechtsorgane; Neodermis der adulten Stadien mit Mikrotrichen (spezielle Mikrovilli mit großen elektronendichten Spitzen); Spermien ohne Mitochondrien. Erste Larvenstadien mit nur 6 Larvalhäkchen, maximal 2 Paar Drüsen und 1 Paar Terminalzellen, ohne Zentralnervensystem und differenzierte Sinneszellen.

Bau

Die meisten Cestoida zeigen eine **Körpergliederung** (Abb. 349) in einen kleinen Kopfabschnitt (S c o l e x, meist nur 1 mm lang) mit Anheftungsorganen, einen mehr oder weniger undifferenzierten Halsabschnitt, die S p r o s s u n g s z o n e (Collum, Strobilationszone), und eine gegliederte, meist sehr lange S t r o b i l a aus P r o g l o t t i d e n (oft mehrere Meter). Eine Ausnahme sind die Caryophyllida, eine Gruppe der Cestoida, die nur 1 Satz Geschlechtsorgane aufweisen (Abb. 346 C).

Die Anheftungsorgane am Scolex sind art- bzw. gruppenspezifisch sehr unterschiedlich ausgebildet. Es können u.a. längliche Sauggruben oder -lappen (B o t h r i e n, B o t h r i d i e n, z.B. bei den Pseudophyllidea), rundliche, stark muskulöse Saugnäpfe (A c e t a b u l a, bei den Cyclophyllidea) in unterschiedlicher Zahl und Hakenkränze (R o s t e l l u m, bei einigen Cyclophyllidea) auftreten.

Die Abschnitte der Strobila, die einzelnen **Proglottiden**, sind nicht durch Epithelien oder Trennwände voneinander getrennt; durch Einschnürungen bzw. durch Verbreiterungen oder Falten, die die nachfolgende Proglottis seitlich überragen, entsteht aber der falsche Eindruck von isolierten Gliedern oder Segmenten.

Es können je nach Art unterschiedlich viele Proglottiden vorkommen – nur wenige (z.B. 3 bei *Echinococcus granulosus*) oder sehr viele (z.B. bis 4000 bei *Diphyllobothrium latum*). In jeder Proglottis befindet sich meist 1 Satz zwittriger Geschlechtsorgane (Abb. 352). In seltenen Fällen treten auch rein männliche bzw. weibliche Proglottiden auf; häufiger sind 2 komplette Sätze von Geschlechtsorganen je Proglottis (*Moniezia, Dipylidium*).

Die Proglottiden reifen von vorn nach hinten: Es werden in den meisten Arten zunächst die männlichen Geschlechtsorgane ausgebildet (Protandrie); später werden die weiblichen angelegt; es erfolgen Befruchtung und Eibildung, dann werden die Proglottiden einzeln oder in Gruppen abgestoßen (Apolyse). Dieser Vorgang erfolgt durch Einschnürung bzw. Abreißen der caudalen Proglottiden, z.B. im Bereich der großen, querverlaufenden Nephri-

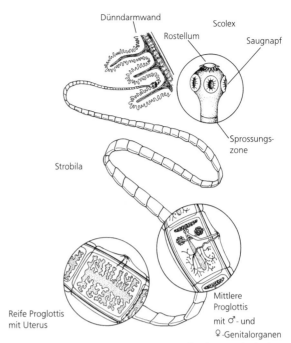

Abb. 349: Cestoida. Organisation verschiedener Abschnitte bei Eucestoden. Nach Barnes (1982).

dialkanäle unter Beteiligung der Ring- und Transversalmuskeln.

Die **Neodermis** weist neben einfachen Mikrovilli, wie sie bereits bei den Gyrocotyliden vorkommen, spezialisierte Mikrovilli mit elektronendichten Spitzen auf, sog. Mikrotrichen (Abb. 342 C, 350). Die Form der Mikrotrichen kann bei verschiedenen Arten, Stadien bzw. Körperabschnitten stark variieren.

Das **Nervensystem** besteht aus paarigen Cerebralganglien und 6 caudal ziehenden Längsnerven. Ciliäre und aciliäre Rezeptoren treten an der gesamten Körperoberfläche auf.

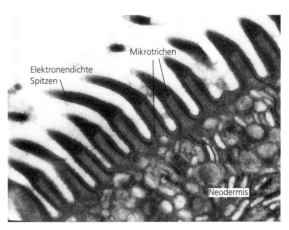

Abb. 350: Neodermis (Cestoida) mit typischen Mikrotrichen. Original: W.H. Coil, Lawrence.

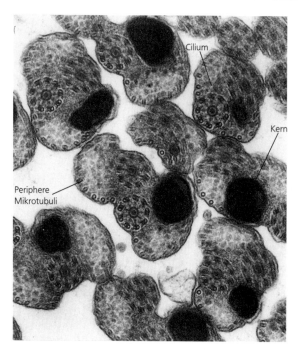

Abb. 351: Spermatozoon von *Duthiersia fimbriata* (Pseudophyllidea, Cestoida). TEM. Aus Justine (1986).

Das **Protonephridialsystem** besteht aus sehr vielen Terminalzellen, unbewimperten ableitenden Nephridialkanälen und ursprünglich einem unpaaren Nephroporus. Im Bereich des Scolex und der Sprossungszone ist das Kanalsystem noch netzartig ausgebildet. Mit der Bildung der Proglottiden entstehen meist 2 Paar lateral liegende Hauptkanäle, die durch Querkanäle in Verbindung stehen. Das Kanalsystem der Proglottis wird somit sekundär mehr oder weniger bilateralsymmetrisch. Der unpaare Nephroporus, der ursprünglich auch bei den Cestoida vorhanden ist (Abb. 343), geht bei den Formen, die Proglottiden abschnüren, mit der ersten Proglottis verloren. Es entstehen bei diesen Formen sekundär paarige funktionelle „Nephropori" an den Bruchstellen der Proglottiden aus den Mündungsabschnitten der Nephridialkanäle.

In jeder Proglottis liegt eine größere Zahl (bis zu 800) **Hodenfollikel** (bzw. 3 kompakte Hoden bei *Hymenolepis*). Die reifen Spermatozoen (generell ohne Mitochondrien, Abb. 351, bei einigen Tetraphyllidea und den Cyclophyllidea nur mit einem Axonem) werden über Vasa efferentia und einen großen Vas deferens abgeleitet, in einer Vesicula seminalis gespeichert und über einen häufig mit Dornen (modifizierte Mikrotrichen) bewehrten Cirrus übertragen, der in ein Atrium genitale ausgestülpt werden kann.

Die **weiblichen Geschlechtsorgane** entsprechen bei den ursprünglichen Arten weitgehend dem Grundmuster der Neodermata (Abb. 352). Das Germa-

rium ist unpaar, häufig jedoch zweilappig. Ursprünglich treten 2 follikuläre Dotterstöcke auf (z. B. bei den Pseudophyllidea); bei den Taeniiden ist nur 1 mehr oder weniger kompaktes Vitellar vorhanden (Abb. 352 B), und bei einigen Taxa (*Stilesia, Avitellina*) fehlen sekundär Vitellarien völlig. Der Ootyp liegt meist caudal vom Germarium. In den Ootyp mündet auch die Vagina, die vom Genitalatrium ins Innere zieht und sich bei vielen Arten in der Nähe des Ootyps zu einem Receptaculum seminis erweitert.

Die Lage des Atriums ist variabel: Bei vielen Gruppen (z. B. *Taenia, Echinococcus, Hymenolepis*) liegt das Atrium lateral, und die Körperseite der Ausmündung bei aufeinanderfolgenden Proglottiden wechselt regelmäßig oder unregelmäßig oder ist stets gleich (*Vampirolepis nana*). Bei Arten mit zwei Sätzen von Geschlechtsorganen liegen die Atrien spiegelbildlich zueinander. Bei *Diphyllobothrium* liegt das Atrium ventral in der Mitte der Proglottis.

Fortpflanzung und Entwicklung

Die Übertragung von Spermien kann in die Vagina der gleichen Proglottis, in die einer entfernteren (älteren) Proglottis desselben, in mehreren Schlingen gefalteten Individuums oder in die Geschlechts-

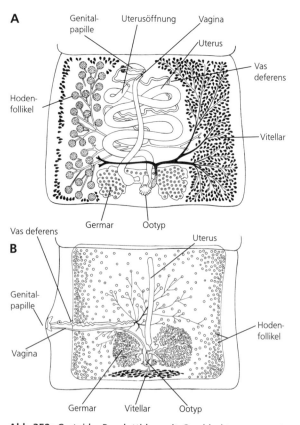

Abb. 352: Cestoida. Proglottiden mit Geschlechtsorganen. A *Diphyllobothrium latum*. B *Taenia saginata*. A Nach Fuhrmann (1930); B nach Lumsden und Hildreth (1983).

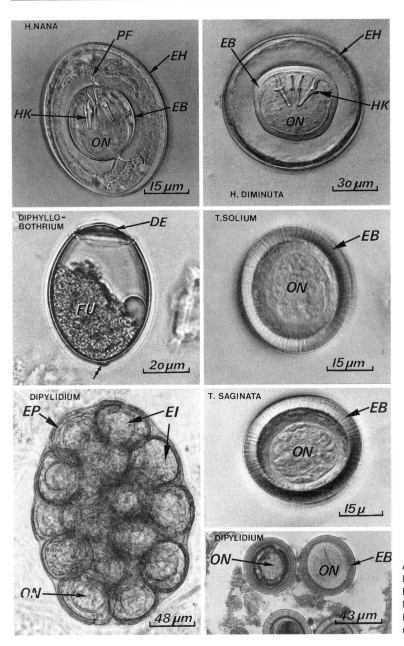

Abb. 353: Eier verschiedener Cestoida. DE – Deckel, EB – Embryophore, EH – Eihülle, EI – Eiballen, EP – Eipaket, FU – Furchungsstadium, HK – Larvalhäkchen, PF – Polfäden, ON – Oncosphaera. Original: H. Mehlhorn, Düsseldorf.

öffnung eines anderen Cestoden derselben Art im gleichen Wirt übertragen werden.

Autoradiographische Untersuchungen zeigen jedoch, daß Selbstbefruchtung die Ausnahme ist, wenn mehrere Cestoden in einem Wirt vorkommen.

Die Spermatozoen werden im Receptaculum seminis gespeichert und über einen Sphinkter gezielt zur Eizelle gegeben. Die Eizellen werden im Ootyp befruchtet. Die Eier verbleiben nach der Ausbildung der Eischalen im Uterus. Bei den Pseudophyllidea werden viele Vitellocyten (ca. 20) in einem zusammengesetzten Ei mit einer befruchteten Eizelle vereinigt; bei stärker abgeleiteten Formen ist nur noch 1 Vitellocyte je Ei vorhanden (Cyclo-phyllidea, Proteocephalidea), bei wenigen Formen fehlen die Vitellocyten völlig (*Avitellina*). Die Eier werden entweder über einen Uterusporus (z. B. bei den Pseudophyllidea) oder beim Zerfallen der Proglottiden im Freien (bei vielen Cyclophyllidea) freigesetzt; bei den letztgenannten Formen fehlen daher normalerweise die Uterusporen (Abb. 352 B).

Der Uterus ist bei den jüngeren, weiter vorn gelegenen Proglottiden schlauchförmig; erst wenn sich der Uterus mit Eiern füllt, verzweigt er sich bei vielen Arten, und es entsteht seine artspezifische Form. Der Uterus der terminalen graviden Proglottiden ist prall mit Eiern angefüllt; ihre Zahl variiert (zwischen 200 je Proglottis bei *Echinococcus* und ca. 100 000 bei *Taenia saginata*).

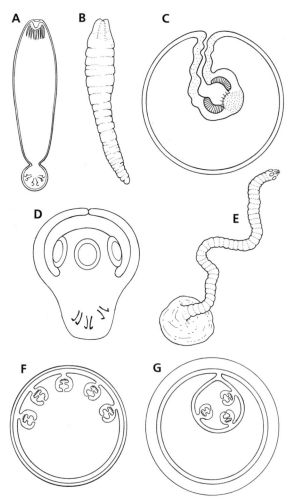

Abb. 354: Verschiedene Formen der Metacestoden bei den Cestoida. A Procercoid von *Diphyllobothrium latum*. B Plerocercoid von *Diphyllobothrium latum*. C Cysticercus. D Cysticercoid. E Strobilocercus von *Taenia taeniaeformis*. F Coenurus von *Multiceps (Taenia) multiceps*. G Hydatide von *Echinococcus granulosus*. A-G Verändert nach Siewing (1985).

Die **Eier** (eigentlich Eikapseln), die sich im Uterus entwickeln, können zwei Formen zugeordnet werden. Erstere sind stark sklerotisiert, entstehen als Gemeinschaftsprodukt von Vitellocyten und Mehlisscher Drüse und sind mit einer Sollbruchstelle und einem Deckel versehen (z.B. Pseudophyllidea, Abb. 353); dies ist der ursprüngliche Zustand wie bei den anderen Neodermata. Aus Eiern dieses Typs entstehen normalerweise Coracidien, die im Wasser schlüpfen und einige Stunden frei leben können. Die Hülle des anderen Eityps ist zwar dick, aber nur schwach bis gar nicht sklerotisiert (z.B. Cyclophyllidea, Abb. 353); die daraus entstehenden Larven (Oncosphaeren) sind unbewimpert, haben sich im Uterus schon weit entwickelt und werden erst nach der oralen Aufnahme durch den Zwischenwirt frei.

Die **Larven** (Coracidien und Oncosphaeren) sind deutlich kleiner als die Lycophoralarven und kugelig (Abb. 345 C, D). Sie besitzen eine bewimperte syncytiale Epidermis mit Kernen (nur die Coracidien), ein Protonephridialsystem mit maximal 1 Paar Terminalzellen (die bei marinen Formen häufig fehlen), maximal 1 Paar Larvaldrüsen und 6 Larvalhäkchen. Gehirn und Rezeptoren fehlen; es treten nur wenige Nervenzellen auf.

Diese Retardation des Nervensystems ist darauf zurückzuführen, daß die Larven der Cestoida ihren Wirt nicht aktiv aufsuchen, sondern von ihm gefressen werden („passive" Larven). Sie benötigen daher keine komplexen neuronalen Strukturen für die Wirtsfindung.

Nach der Aufnahme in den Zwischenwirt entwikkeln sich aus den beiden ursprünglichen Larventypen (Coracidium und Oncosphaera) taxonspezifische präadulte (postlarvale) Stadien, sog. Metacestoden (Abb. 354); der Prozeß dieser morphologischen Veränderungen wird gelegentlich als Metamorphose bezeichnet.

Das Coracidium wird vom Zwischenwirt, einem Krebs, gefressen. Es penetriert mit Hilfe seiner Larvalhäkchen und Drüsen das Darmepithel des Krebses und wirft dabei seine bewimperte Epidermis ab. Die so entstandene Oncosphaera (hier: Coracidium ohne Epidermis) wandelt sich in der Leibeshöhle in eine langgestreckte Postlarve um (Procercoid), die an ihrem abgesetzten Hinterende (Cercomer) noch die 6 Larvalhäkchen trägt (Abb. 354 A); aus den Procercoiden werden z.B. bei *Diphyllobothrium* im nächsten Wirt (Fisch) Plerocercoide, die bereits Anlagen von (noch unreifen) Proglottiden und einem Scolex besitzen können (Abb. 354 B).

Aus den Oncosphaeren (z.B. der Cyclophylliden) entwickelt sich im Zwischenwirt eine andere Metacestoden-Form (Cysticercoid, Cysticercus, Strobilocercus, Polycercus, Hydatide, alveoläre Cyste).

Ein Cysticercoid (Abb. 354 D) tritt bei Cestoida (*Hymenolepis diminuta*, *Dipylidium caninum*) auf, die terrestrische Arthropoden (Mehlkäfer, Hundefloh) als Zwischenwirte haben. Es besitzt einen Scolex, der durch eine nach vorn offene Blase geschützt ist, und einen Schwanzanhang, der blasig sein kann.

Ein Cysticercus (Abb. 354 C) (auch Blasenwurm oder Finne genannt) findet man nur bei Bandwürmern, die Wirbeltiere als 1. Zwischenwirte haben (*Taenia solium*). Zumindest 1 Scolex liegt handschuhfingerartig eingestülpt in einer großen, oft mit Flüssigkeit gefüllten Blase.

Bei einigen Cestoida (*Taenia taeniaeformis*) ähnelt das Metacestodenstadium einem kleinen, gegliederten Bandwurm mit bereits sehr vielen Proglottiden und einer Blase am Hinterende: Strobilocercus (Abb. 354 E).

Bei Cestoden kann es zu ungeschlechtlicher Vermehrung und Generationswechsel durch Metacestoden kommen. Aus omnipotenten Zellen bilden sich zusätzliche Scolices, die beim Übergang zum Endwirt zu eigenständigen Individuen auswachsen können. So ist die Hydatide

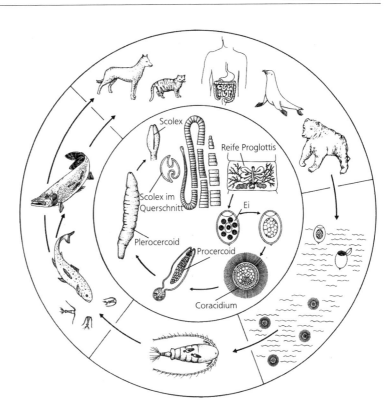

Abb. 355: Zyklus von *Diphyllobothrium latum*. Original: W. Ehlert, Gießen.

(Abb. 354 G) des Hundebandwurms (*Echinococcus granulosus*) eine prall mit Flüssigkeit gefüllte Blase, in der Tochterblasen entstehen; sie wird vom Zwischen- bzw. Fehlwirt (z.B. Mensch) bindegewebig eingekapselt. In den Brutkapseln werden sehr kleine Scolices (Protoscolices) gebildet, die vom Endwirt (Hunde oder andere canide Carnivoren) aufgenommen werden müssen, um zu einem adulten Bandwurm zu werden. Es handelt sich somit um einen Wechsel zwischen sich geschlechtlich und ungeschlechtlich fortpflanzenden Generationen (Metagenese).

Die alveoläre (multiloculäre) Cyste ist das Zwischenwirtstadium des Kleinen Fuchsbandwurms (*Echinococcus multilocularis*). Sie ist nicht glatt wie bei *E. granulosus*, sondern wächst wie ein Schlauchgeflecht in das Zielgewebe ein (z.B. Leber, in sehr seltenen Fällen auch im Hirn des Menschen). In die inneren Hohlräume der Schläuche sprossen Protoscolices.

Caryophyllida

Einzige Gruppe monozoischer Bandwürmer innerhalb der Cestoida; Darmparasiten vorwiegend bei Fischen. Einfaches Anheftungsorgan mit Drüsen am Vorderende (Abb. 346 C, 356 B). Ei wird vom Zwischenwirt oral aufgenommen. Zwischenwirte sind aquatische Oligochaeten, in deren Leibeshöhle sich der Parasit gelegentlich bereits bis zur Geschlechtsreife entwickeln kann. Larve unbewimpert, durchdringt die Darmwand des Zwischenwirtes und entwickelt sich im Coelom weiter. Wird der Zwischenwirt vom Endwirt gefressen, wächst der Parasit zum adulten Tier heran.

Pseudophyllida

Bandwürmer ohne komplizierte Anheftungsstrukturen am Scolex. Zur Verankerung im Darm des Endwirts ein Saugorgan mit meist 2 lateralen Sauggruben (Bothrien oder Bothridien). Hartschalige, bedeckelte Eier, die den Uterus über einen Porus noch im Endwirt verlassen und erst im Freien embryonieren. Larven (Coracidien) freischwimmend, bewimpert. Erste Zwischenwirte oft Arthropoden (Krebse), zweite häufig Fische; weitere Zwischenwirte (Raubfische) können fakultativ eingeschoben sein; Endwirte Fische, Vögel oder Säuger.

Die Ligulidae (z.B. *Ligula*) besitzen zwar eine ganze Anzahl von Geschlechtsorganen, aber es tritt keine echte Proglottidenbildung auf. Die Coracidien befallen Copepoden, die von Fischen als 2. Zwischenwirten gefressen werden; in diesen wachsen die Metacestoden zu beachtlicher Größe heran und legen bereits die Geschlechtsorgane an. Werden die 2. Zwischenwirte von Wasservögeln gefressen, werden Eier gebildet. Der Wurm verläßt den Endwirt bereits nach wenigen Tagen und setzt die Eier im freien Wasser ab.

Diphyllobothrium latum, Fischbandwurm, bis 20 m lang (Abb. 355). Im Darm des Menschen und fischfressender Säugetiere. Eier werden über den Uterus freigesetzt, gelangen mit Kot nach außen; zeitgleich werden meist die weitgehend eifreien Proglottiden ausgeschieden. Bewimpertes Coracidium schlüpft nach einigen Tagen; wird vom 1. Zwischenwirt, einem Copepoden, gefressen. Penetriert mit Larvalhäkchen und Drüsen den Darmkanal des Zwischenwirts, verliert dabei Wimpernkleid, gelangt ins Mixocoel und wird so zum neodermen Procercoid.

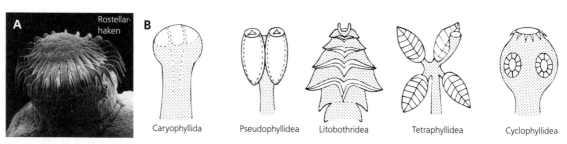

Abb. 356: A Scolex mit Rostellarhaken von *Schistotaenia* sp. B Verschiedene Scolex-Formen. A Aus Coil (1991); B aus Siewing (1985).

Dieses Larvenstadium noch mit einem Anhang (Cercomer) mit 6 Larvalhäkchen. Wird Copepode von Fisch (z.B. Cyprinide) gefressen, durchdringt der Parasit vermutlich mit Drüsen am Vorderende den Darmkanal dieses 2. Zwischenwirts und entwickelt sich in Muskulatur oder Leber zum Plerocercoid. Weitere Wirte (z.B. räuberische Fische) können als Stapelwirte (paratenische Wirte) in den Zyklus einbezogen sein; auch hier durchdringt der Bandwurm den Darm und parasitiert in Wirtsgeweben (Muskulatur). Wird befallener Fisch roh von einem Säuger verzehrt, entwickelt sich im Dünndarm dieses Endwirts der geschlechtsreife Wurm.

Cyclophyllida

Mit kräftigen Anheftungsstrukturen am Scolex, häufig Saugnäpfe (Acetabula), z.T. zusätzlich auch Rostellarhaken; bei *Taenia solium, Echinococcus granulosus, E. multilocularis, Dipylidium caninum, Multiceps multiceps*, gelegentlich doppelte Hakenkränze. Bei einigen Arten fehlen Hakenkränze, z.B. bei *Taenia saginata* (Abb. 356), *Hymenolepis diminuta, Mesocestoides* sp.. Mehrere Proglottiden (3 bis mehrere Hundert). Uterus ohne Porus. Entwicklung der Eier wird im Uterus nahezu vollendet, und sie werden durch Ruptur der Körperoberfläche der ausgeschiedenen Proglottiden freigesetzt. Als Zwischenwirte Arthropoden oder Säuger. Endwirte stets Amniota. Spermatozoa mit nur 1 Axonem vom $9 \times 2+1$-Typ.

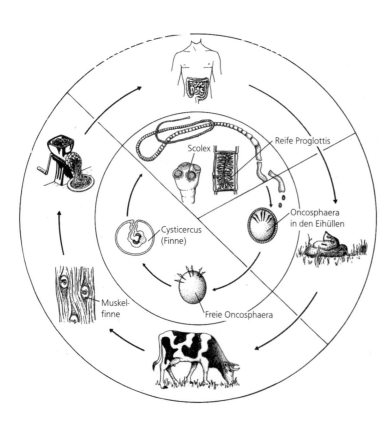

Abb. 357: Zyklus von *Taenia saginata*. Original: W. Ehlert, Gießen.

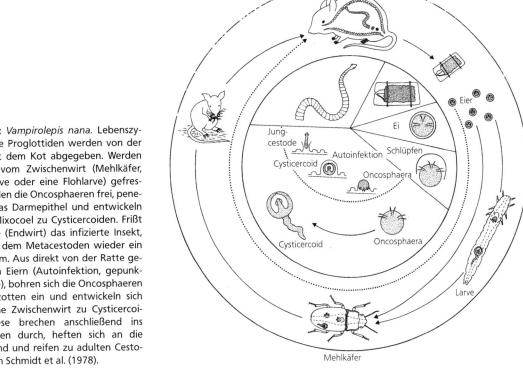

Abb. 358: *Vampirolepis nana.* Lebenszyklus. Reife Proglottiden werden von der Ratte mit dem Kot abgegeben. Werden die Eier vom Zwischenwirt (Mehlkäfer, seine Larve oder eine Flohlarve) gefressen, werden die Oncosphaeren frei, penetrieren das Darmepithel und entwickeln sich im Mixocoel zu Cysticercoiden. Frißt die Ratte (Endwirt) das infizierte Insekt, wird aus dem Metacestoden wieder ein Bandwurm. Aus direkt von der Ratte gefressenen Eiern (Autoinfektion, gepunktete Linie), bohren sich die Oncosphaeren in Darmzotten ein und entwickeln sich dort ohne Zwischenwirt zu Cysticercoiden; diese brechen anschließend ins Darmlumen durch, heften sich an die Darmwand und reifen zu adulten Cestoden. Nach Schmidt et al. (1978).

Erste Larvenstadien unbewimpert (Oncosphaeren); verbleiben nach dem Freisetzen in den sklerotisierten Embryophoren (s. u.) und werden von den Zwischenwirten oral aufgenommen; schlüpfen erst in deren Darmkanal.

Taenia saginata, Rinderbandwurm, 4 bis 6 m lang (Abb. 356), im Darm des Menschen und fleischfressender Säugetiere. Proglottiden werden mit Kot ausgeschieden und sind durch Kontraktionen der Muskulatur eigenbeweglich. Durch ihre Bewegungsfähigkeit können sie auch den Anussphinkter überwinden und aktiv den Darm verlassen. Sie können selbst „laufen" und so z. B. auf nahegelegene Rinderweiden gelangen; ein Fernhalten von menschlichen Fäkalien von den Weiden unterbindet den Kreislauf also nicht zwangsläufig. Bei längerer Exposition an der Luft trocknen Proglottiden ein oder mazerieren, Eier werden frei und vom Rind (seltener auch anderen Wiederkäuern) aufgenommen. Unbewimperte Oncosphaera schlüpft im Dünndarm, penetriert das Darmepithel und gelangt in die Blutbahn, von wo aus sie sich in der Muskulatur festsetzt und zur Finne (Cysticercus bovis) entwickelt. Nachweis der Finnen durch Untersuchung der Kau- bzw. Zungenmuskulatur. Wird das Fleisch eines infizierten Zwischenwirts roh oder unzureichend gegart durch den Endwirt gefressen, stülpt in dessen Dünndarm der Cysticercus seinen Scolex um. Bandwurm setzt sich mit seinem Scolex am Darmepithel fest, während die Halsregion anfängt, Proglottiden auszubilden. Adulter Bandwurm beginnt nach 2–3 Monaten gravide Proglottiden abzuschnüren. – Einen sehr ähnlichen Entwicklungs-zyklus zeigt der Schweinebandwurm (*Taenia solium*), dessen Proglottiden nach der Freisetzung allerdings nicht eigenbeweglich sind und der als Zwischenwirt das Schwein befällt. Auch der Mensch und andere Säuger können Zwischenwirte sein; da die Finne sich auch gern in Nervengewebe etabliert, ist ein Befall für den Menschen gefährlich: Cysticercose. Der Schweinebandwurm besitzt im Gegensatz zum Rinderbandwurm ein Rostellum.

Echinococcus granulosus, Hundebandwurm, geschlechtsreifes Tier im Darmkanal des Hundes (und anderer canider Säugetiere), ca. 3,5 mm, nur 3–4 Proglottiden, Scolex mit 4 Saugnäpfen und doppeltem Hakenkranz. Oft in sehr großen Zahlen im Endwirt. Zwischenwirte verschiedene Huftiere, Nager und Hasenartige, aber auch der Mensch. Über Proglottiden im Kot oder über larvenhaltige Eier gelangen die Oncosphaeren in den Zwischenwirt. Sie schlüpfen im Duodenum, durchdringen Darmwand, gelangen über Pfortadersystem in die Leber und entwickeln sich dort im Gewebe in den meisten Fällen zur typischen blasigen Finne (Hydatide, Abb. 354G); seltener gelangen sie über das Blutgefäßsystem in andere Organe (Lunge, Gehirn), in denen sie bindegewebig eingekapselt werden. Finne bildet in ihrem Zentrum einen flüssigkeitsgefüllten Hohlraum, dessen Volumen ständig zunimmt und die Größe eines Handballs erreichen kann. Aus dem Lumen zugewandten Gewebe entwickeln sich Tochter- oder Sekundärblasen („kleine Hydatiden"), in denen Anlagen der späteren Scolices (Protoscolices) entstehen, die zunächst noch mit der Wand der Tochterblasen verbunden sind. Die glatte Oberfläche der

Hydatide ermöglicht eine operative Entfernung; allerdings wachsen Brutkapseln, die z. B. durch versehentliches Anritzen während eines chirurgischen Eingriffs aus der Blase freigesetzt werden, zu neuen großen Hydatiden aus. Dies überlebt ein Patient normalerweise nicht. Frißt ein potentieller Endwirt hydatidenhaltiges Fleisch, entwickeln sich aus den im Dünndarm freigesetzten Protoscolices neue Bandwürmer. – *Echinococcus multilocularis,* Fuchsbandwurm. Kann wie *E. granulosus* ein relativ breites Spektrum carnivorer Endwirte befallen (auch Katzen). Kleiner, mit 4–5 Proglottiden, Entwicklung und potentielle Zwischenwirte (vor allem Wühlmäuse, aber auch der Mensch) prinzipiell ähnlich wie bei *E. granulosus*; der Mensch infiziert sich z.B. bei der Fuchsjagd (Ausnehmen oder Abhäuten des Fuchses) oder durch den Verzehr von Waldfrüchten mit Fuchskot. Aus Oncosphaera entsteht als Finne in der Leber keine Hydatide, sondern ein krebsartig-infiltrativ wachsendes Stadium („alveoläre Cyste") mit einem schwammigen Labyrinth aus Lakunen, aus

deren Wänden Protoscolices sprossen. Da die Flüssigkeit auch bei der alveolären Cyste Brutkapseln enthält, die beim Eröffnen der Cyste freiwerden und heranwachsen, und wegen des unregelmäßigen Wachstums der Cyste ist sie praktisch nicht operabel. Auch eine Chemotherapie ist sehr schwierig (neue Medikamente sind in der Erprobung). Daher endet eine Infektion mit *E. multilocularis* für den Menschen häufig tödlich. Der Fuchs als Hauptwirt infiziert sich vorwiegend über den Verzehr von Wühlmäusen.

Hymenolepis diminuta, Zwergbandwurm, 2–4 cm. Wichtiges Labortier der Bandwurmforschung. Endwirt sind verschiedene Nager, insbesondere die Ratte; der Mensch wird selten befallen. Als Zwischenwirte dienen verschiedene Insekten, z.B. Flöhe, Haarläuse oder Käfer (*Tenebrio*). – *Vampirolepis nana,* 5 cm, weltweit verbreiteter Dünndarmparasit im Menschen, auch in Nagern (Abb. 358).

Ergänzungen: S. 863.

Gnathostomulida, Kiefermäulchen

Mit bisher weniger als 100 Arten gehört diese ausschließlich marine Gruppe freilebender, mikroskopisch kleiner Würmer zu den kleineren Tierstämmen. Durch ihre weltweite Verbreitung, Massenauftreten in sulfidreichen Sanden und Besonderheiten der Organisation sind sie jedoch eine tiergeographisch, ökologisch und phylogenetisch viel diskutierte Gruppe. Die beiden Subtaxa **Filospermoida** und **Bursovaginoida** sind aufgrund von Körperform, Sinnesorganen und Geschlechtsorganen gut zu unterscheiden. Alle Vertreter haben eine direkte Entwicklung ohne Larve.

Die meisten Arten sind aus dem Eulitoral und Sublitoral (bis zu 25 m) bekannt, aber vereinzelte Funde stammen aus bis zu 400 m Tiefe.

Gnathostomuliden finden sich fast ausschließlich, oft massenhaft und als dominierende Komponente der Meio-

Wolfgang Sterrer, Flatts/Bermuda

fauna in detritusreichen Sanden. Solche von starker Wasserbewegung abgeschirmten Biotope existieren in Sandwatten, Lagunen und Strandteichen, im Schutz tropischer Korallenriffe, in Mangrovebeständen und in submarinen Salzlaken. Die hier sehr dünne oxische Sedimentoberfläche ist vom darunterliegenden mikro- oder anoxischen Bereich durch eine Chemokline, die sog. Redoxpotential-Diskontinuität (RPD), getrennt. Das Mikroklima dieses Sulfidsystems (Thiobios) ist durch niedrige Sauerstoffwerte und hohe Konzentrationen von H_2S gekennzeichnet. Die hier lebende Meiofauna (neben Gnathostomuliden sind es „Turbellaria" – Solenophilomorfidae und Retronectidae, Gastrotricha, Nematoda u.a.) scheint nicht nur extrem niedrige Respirationsraten zu haben, sondern vermutlich auch Mechanismen zur Sulfid-Detoxifizierung. Die Vorteile dieses Extrembiotops dürften in seinem hohen Nahrungsangebot (Bakterien) und der relativen Armut an Konkurrenten liegen.

Bau

Die drehrunden Tiere sind gewöhnlich nur etwa 1 mm (seltener bis 4 mm) lang und messen 40–100 µm im Durchmesser. Die meisten Arten

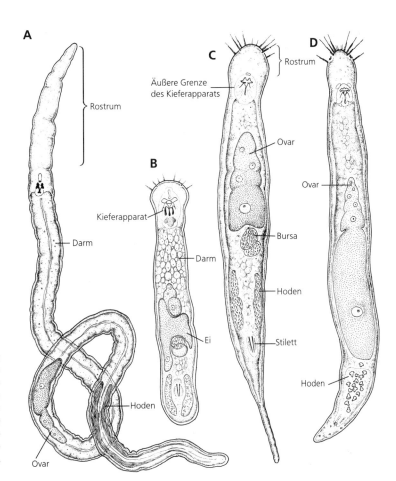

Abb. 359: Gnathostomulida. Habitus von Arten unterschiedlicher Taxa, schematisiert. A *Haplognathia rosea* (Filospermoida), Länge: 2 mm. B *Problognathia minima*, Länge: 0,3 mm und C *Gnathostomula peregrina*, Länge: 0,6 mm, beide Bursovaginoida, Scleroperalia). D *Austrognatharia microconulifera* (Bursovaginoida, Conophoralia), Länge: 0,7 mm. Nach Sterrer (1986).

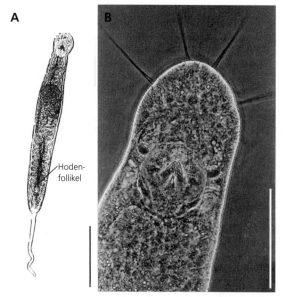

Abb. 360: A *Gnathostomula axi.* Körpergliederung: Rostrum, Körper, Schwanzanhang. Männliche Gonade im hinteren Drittel des Körpers mit hintereinanderliegenden paarigen Follikeln. Hellfeldaufnahme. Maßstab: 200 μm. B Rostrum und Kieferapparat von *Gnathostomula jenneri.* Kiefer in Ruheposition geschlossen, zu beiden Seiten Drüsen im sonst vornehmlich muskulösen Kieferbulbus. Vom Sensorium des Rostrums sind (von hinten nach vorne) die Lateralia, Frontalia (beides aus mehreren Cilien monociliärer Zellen zusammengesetzte Tastcirren) und die monociliären Apicalia gut zu erkennen. Maßstab: 50 μm. Originale: G. und R. Rieger, Innsbruck.

sind farblos-durchscheinend oder gelblich-opak; einige Filospermoida sind durch Hautpigment auffallend rot gefärbt. Die praeorale Körperregion (Rostrum) erscheint bei den Filospermoida spitz-

fadenförmig, bei den Bursovaginoida hingegen abgerundet-köpfchenförmig (Abb. 359). Der Körper nimmt postoral meist etwas an Umfang zu und endet entweder abgerundet oder in einem mehr oder weniger distinkten Schwanzfaden.

Die einschichtige **Epidermis** ist rundum bewimpert und ausnahmslos m o n o c i l i ä r, d. h. jede Zelle trägt nur ein (!), allerdings bis zu 25 μm langes Cilium (Abb. 363, 365). Mit Hilfe ihrer Bewimperung gleiten die Tiere träge durch die Interstitialräume der Sedimente.

Jedes Cilium entspringt in einer Grube, die von 8 Mikrovilli umringt ist. Der diplosomale Basalapparat besteht aus einem Basalkörper, einem dazu rechtwinklig stehenden Centriol und besitzt eine kurze rostrale und eine längere caudale, in die Tiefe der Zelle ziehende Wurzel.

Die basale Matrix ist dünn und homogen. Epidermale Drüsenzellen fehlen in den Filospermoida. In höheren Bursovaginoida (Onychognathiidae und Gnathostomulidae) gibt es sowohl streifenartig angeordnete Schleimdrüsen wie auch einzeln über die Ventralseite verstreute Drüsenzellen, die vermutlich eine Haftfunktion ausüben.

An **Sinnesorganen** sind Tastcilien und -cirren, Ciliengruben, Spiralcilium-Organe, Puschel- und Kolbencilien und diverse Rezeptoren der Mund- und Genitalepidermis beschrieben worden. Alle Rezeptoren sind bilateralsymmetrisch angeordnet.

Am Rostrum der Bursovaginoida (Abb. 359 B, C, D, 362) stehen im typischen Fall 1–2 Paar steife Tastcilien (Apicalia), eine dorsomediane Reihe von steifen Tastcilien (Occipitalia) und 4 Paar Tastcirren (Frontalia, Ventralia, Dorsalia und Lateralia). Tastcirren setzen sich aus etwa 16, bis zu 75 μm langen (!) Cilien zusammen; sie werden meist abgespreizt getragen, können sich aber auch am lokomotorischen Cilienschlag beteiligen. In Filospermoida

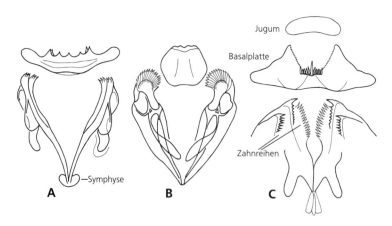

Abb. 361: Cuticularteile des Kieferapparates von A *Pterognathia swedmarki* (Filospermoida), B *Mesognatharia remanei* (Scleroperalia) und C *Gnathostomula mediterranea* (Scleroperalia). Zähne von unterschiedlicher Anordnung und Größe. Welche Bedeutung den verschiedenen Zahnstellungen zukommt ist ungeklärt. Möglicherweise zeigen diese Merkmale – ähnlich wie bei den in ostafrikanischen Seen weitverbreiteten Cichliden (Knochenfischen) – spezielle Anpassungen an unterschiedliche Nahrungsaufnahmen. Diese Gebilde dienen wahrscheinlich nicht als räuberische Greifwerkzeuge, sondern – bei der Größe von nur wenigen Mikrometern – dem Abstreifen von Pilzen oder Bakterien von Sandkörnern. Basalplatte in B 10 μm. Nach Sterrer (1972).

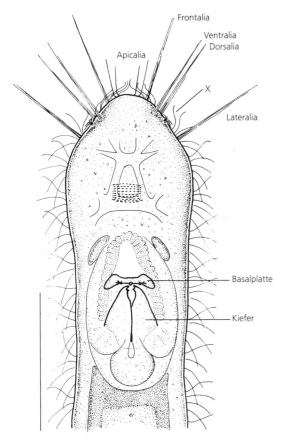

Abb. 362: Rostrum und Kieferapparat von *Austrognatharia kirsteueri*. Die Basalplatte wird in Ruhestellung so gehalten, daß die Zähne an ihrem Hinterrand senkrecht zur Bildebene stehen. X: bezeichnet jene Stelle, an der sich die paarigen Spiralcilien-Organe öffnen. Maßstab: 50 µm. Aus Sterrer (1970).

(Abb. 359 A) fehlen zusammengesetzte Tastcirren; hier dürfte das langgestreckte, mit Rezeptoren besetzte Rostrum als taktiles Organ fungieren. Spiralcilium-Organe – hantelförmige Zellen mit einem Lumen, in dem ein überlanges Cilium spiralig eingerollt liegt – finden sich paarig an der Spitze des Rostrums; sie werden als Licht- oder Schweresinnesorgane gedeutet.

Das **Nervensystem** besteht aus einem unpaaren Gehirn (Frontalganglion), einem unpaaren Buccalganglion und paarigen Buccal- und Längsnerven, die letzteren mit je einer Querverbindung am Vorderrand des Penis und im kaudalen Bereich (Abb. 366). Während in Filospermoida nur 1 Paar von ventrolateral verlaufenden Längsnerven vorhanden ist, sind es deren 2–3 in den bisher untersuchten Bursovaginoida. Das Nervensystem verläuft zum größten Teil basiepithelial (d.h. es liegt außerhalb der epidermalen basalen Matrix) und ist nur stellenweise eingesenkt; so ist das sehr langgestreckte Gehirn der Filospermoida röhrenartig von einer basalen Matrix umgeben, während das kurzkappenförmige

Gehirn der Bursovaginoida außen der basalen Matrix aufliegt.

Die **Körpermuskulatur** besteht aus einer schwachen äußeren Ring- und einer etwas kräftigeren, in etwa 3 paarige Stränge gegliederten inneren Längsfaserschicht (Abb. 363, 365). Eine Dorsoventralmuskulatur fehlt. Alle Muskulatur ist quergestreift und subepithelial, d.h. gegen die Epithelien der Epidermis und der Mundhöhle durch eine basale Matrix abgegrenzt, nicht jedoch gegen das Darmepithel.

Paarige Gruppen von **Protonephridien** finden sich, unmittelbar unter der epidermalen basalen Matrix, in 3 Körperregionen: hinter dem Pharynx und lateral der weiblichen und männlichen Organe (Abb. 365).

Jedes Protonephridium besteht aus 3 ektodermalen Zellen: einer Terminalzelle mit einem Cilium, das von 8 Mikrovilli umstellt ist; einer langgestreckten Kanalzelle, in die Cilium und Mikrovilli hineinragen, und einer Ausleitungszelle. Ein ableitender Fortsatz der Kanalzelle perforiert die Basallamina und ist von der epidermal liegenden Ausleitungszelle umgeben. Ein permanenter Nephroporus fehlt.

Respirations- und Kreislauforgane sind nicht vorhanden.

Mit seinem bilateralen, cuticular bewehrten Pharynx liefert der **Verdauungstrakt** einen für die Definition des Taxon und seiner Arten wesentlichen Merkmalskomplex. Die subterminal-ventrale

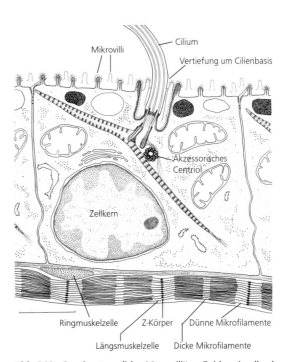

Abb. 363: Gnathostomulida. Monociliäre Epidermiszelle, basale Matrix und Körperwandmuskulatur. Kombiniert aus verschiedenen Arten. Maßstab: 1 µm. Nach Rieger und Mainitz (1976).

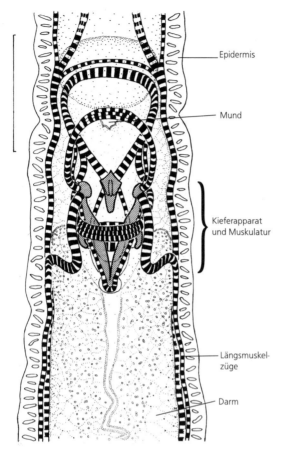

Abb. 364: Muskulatur des Kieferapparates von *Haplognathia simplex*. Dorsalansicht, nach einer histologischen Querschnittserie. Maßstab: 30 µm. Aus Sterrer (1969).

Mundöffnung erweitert sich zu einer spaltförmigen Mundhöhle, an die ventrocaudal ein muskulöser Pharynxbulbus anschließt (Abb. 362, 364, 366). Der einschichtige Darm durchzieht den ganzen Körper und endet ohne permanenten Anus; eine an vielen Arten nachgewiesene dorsomediane Perforierung der basalen Matrix und „Verzahnung" der epidermalen und gastrodermalen Zellen wurde allerdings als funktioneller Anus gedeutet. Artspezifisch sind mit wenigen Ausnahmen in allen Gnathostomuliden zu finden: eine unpaare, der Unterlippe innen aufliegende Basalplatte und paarige, vom Pharynxbulbus in die Mundhöhle hineinragende Kiefer (Abb. 361, 362, 364). Die Familie Gnathostomulidae zeichnet sich zusätzlich durch ein die Oberlippe jochartig versteifendes Jugum aus. Alle Mundwerkzeuge sind cuticulare Bildungen der Mundhöhlenepidermis, die in situ von spezialisierten, zu Schablonen gefalteten Zellen abgeschieden werden.

Die Basalplatte ist äußerst vielfältig in Gestalt und Bezahnung: flachschildförmig und dorsal oder rostral mit Dörnchen besetzt (in einigen Arten von *Haplognathia* und den meisten niederen Scleroperalia); quer balkenförmig, mit

einer Reihe von rostralen Zähnen (*Pterognathia*); hufeisenförmig, mit flügelförmigen Lateralfortsätzen (*Gnathostomula, Semaeognathia*); oder querhantelförmig, mit einer regelmäßigen dorsocaudalen Zahnreihe (*Austrognathia*). Die Kiefer sind im einfachsten Fall (Filospermoida und niedere Bursovaginoida) solid-pinzettenförmig, mit einer caudalen Symphyse im Pharynxbulbus verankert und mit flügelförmigen rostralen Apophysen versehen, an denen die meisten Pharynxmuskeln inserieren. Rostral sind die Kiefer meist mit Dörnchen oder Zähnen besetzt, die im einfachsten Fall (z.B. *Haplognathia rosea*) ein Nadelpolster bilden, in komplizierten Kiefern aber (*Gnathostomula, Triplignathia*) in bis zu drei Längsreihen angeordnet sind. Komplizierte Kiefer erscheinen konisch und hohl, und die Kiefermuskulatur inseriert, von hinten her kommend, an der Innenseite des Konus. Der Feinstruktur aller Kiefer ist gemeinsam, daß die medianen Kanten durch vertical übereinandergetürmte parallele Längsröhren mit einem elektronendichten Zentralstab versteift sind. Einigen Genera der Scleroperalia fehlt die Basalplatte; einem Genus (*Agnathiella*) fehlen auch die Kiefer. Die Ernährungsweise der Gnathostomuliden ist noch kaum bekannt. Man nimmt an, daß sie mit Hilfe der Kiefer den auf Sandkörnern wachsenden Bakterien- und Pilzrasen abschaben, wobei der Basalplatte die Funktion der Kieferreinigung zukommen dürfte.

Gnathostomulida sind ausnahmslos Hermaphroditen. Die schlauchförmigen oder follikulären Hoden liegen im caudalen Körperbereich (Abb. 359, 366); sie sind paarig in *Haplognathia* und allen Scleroperalia; in Conophoralia (und wahrscheinlich *Pterognathia*) ist nur ein dorsocaudal gelegener Hoden ausgebildet, der aus paarigen Anlagen hervorgeht. Drei Typen von Spermien werden unterschieden (Abb. 367): (1) filiforme (Filospermoida), (2) runde bis tropfenförmige, aflagellate Zwergspermien und (3) sog. Conuli (Conophoralia), kegelförmige aflagellate Spermien. Während die filiformen Spermien sich korkenzieherartig fortbewegen, sind die beiden

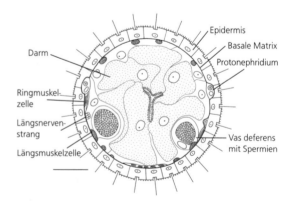

Abb. 365: Querschnittsschema in der Region des hinteren Darmbereichs von *Haplognathia rosea*. Der mit einem zentralen Lumen versehene Darm wird von einer Lage von Zellen (Parenchymzellen?, spezialisierte Darmzellen?) umgeben. Das weitgehende Fehlen von echten Parenchymzellen ist auch in der rezenten Literatur immer wieder betont worden. Maßstab: 10 µm. Original: Nach TEM-Bild von E.B. Knauss, R. Rieger, Innsbruck.

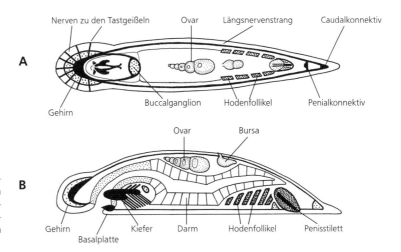

A

Nerven zu den Tastgeißeln — Ovar — Längsnervenstrang — Caudalkonnektiv

Gehirn — Buccalganglion — Hodenfollikel — Penialkonnektiv

B

Ovar — Bursa

Gehirn — Basalplatte — Kiefer — Darm — Hodenfollikel — Penisstilett

Abb. 366: *Gnathostomula paradoxa* (Gnathostomulida, Bursovaginoida). A Schema des Nervensystems und der Genitalorgane. Dorsalansicht. B Organisationsschema, Lateralansicht. Verändert nach Lammert (1986).

anderen Spermientypen unbeweglich. Filospermoida (und wahrscheinlich auch Conophoralia) besitzen einen einfach rosettenförmigen Penis, der subterminal-ventral durch ein Fenster in der basalen Matrix mündet. Ein muskulöser Penisbulbus, der ein tubuläres, aus 8–10 stabförmigen Zellfortsätzen gebildetes Penisstilett umschließt, kennzeichnet hingegen die Scleroperalia (Abb. 359, 366). Männliche Kopulationsorgane sind wahrscheinlich spezialisierte Derivate der Körperwand.

Das unpaare, birnförmige O v a r (Abb. 359, 366) erstreckt sich dorsal, ohne eigene Tunica, zwischen epidermaler basaler Matrix und Darm von der Pharynxregion bis hinter die halbe Körperlänge. Die Eizellen reifen einzeln posterior; in kleinen Arten erreicht das jeweils reifste Ei bis zu einem Viertel der Körperlänge.

Fortpflanzung und Entwicklung

Die Spermienübertragung erfolgt durch Kopulation. Filospermoida besitzen weder Vagina noch Bursa; Spermien werden anscheinend in den Partner injiziert und dann im ganzen Körper zwischen Haut und Darm aufbewahrt. Die Conophoralia haben eine mehr oder minder permanente, dorsal hinter dem Ovar gelegene Vagina, die in eine beutelartige Bursa führt. Für Scleroperalia hingegen ist ein B u r s a s y s t e m kennzeichnend (Abb. 359 C, D, 366), das typisch aus einer mehr oder minder runden caudalen Praebursa und einer davor anschließenden, meist konischen Bursa besteht; als Vagina wird eine dorsale Perforation der basalen Matrix gedeutet. Die Bursawand, die intra- und extrazellulär versteift ist, besteht aus laminierten Zellen, die sich in longitudinalen Kammern (Cristae) treffen und vorne zu einem Mundstück verlängern, durch dessen zentralen Kanal die gespeicherten Spermien zum unmittelbar davorliegenden reifen Ei gelangen. Weibliche Ausleitungskanäle fehlen durchwegs; zu-

mindest in Scleroperalia erfolgt die Eiablage durch Ruptur der dorsalen Epidermis, an etwa derselben Stelle, die auch als temporäre Vagina gedeutet wird.

Die noch ungenügend bekannte **Entwicklung** ist direkt und folgt dem Spiraltyp. Sie erfolgt in einer Eihülle, die bei der Eiablage an einem Sandkorn festklebt. Das schlüpfende Jungtier ist bewimpert; von seiner inneren Organisation ist wahrscheinlich nur die Bezahnung der Mundwerkzeuge voll ausgebildet. Ungeschlechtliche Fortpflanzung wurde nicht beobachtet.

Systematik

Der erste Vertreter der Gruppe (*Gnathostomula paradoxa*) wurde 1928 von REMANE, dem Entdecker der interstitiellen Sandfauna, gefunden und 1956 von AX als Vertreter des neuen, provisorisch bei den Turbellarien eingereihten Taxon Gnathostomulida beschrieben. Eine Fülle neuer Artbeschreibungen von STERRER und RIEDL erbrachte für die Gruppe den Status als eigenes höheres Taxon.

Seit ihrer Entdeckung werden die Gnathostomulida sowohl mit Plathelminthes wie mit Nemathelminthes in Verbindung gebracht. Sie gehören zu den wenigen wurmförmigen Bilateria mit monociliärer Epidermis im adulten Organismus. Die bisher einzigen Beobachtungen zur Embryonalentwicklung bei *Gnathostomula jenneri* sprechen dafür, daß die Gruppe zu den Spiraliern gehört.

Ein echtes Parenchymgewebe zwischen Darm und Körperwand fehlt offensichtlich bei den meisten Vertretern dieser Gruppe. Vielmehr erstreckt sich die Gastrodermis meist bis zum Hautmuskelschlauch – ein Merkmal, das heute allgemein als ursprünglich angesehen wird.

Die Gnathostomuliden werden als sehr ursprüngliche Bilateria ausgewiesen. Nach AX sind die

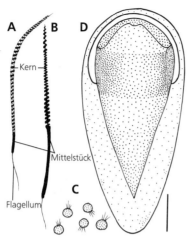

Abb. 367: Gnathostomulida, Spermatozoen. A *Haplognathia simplex*. B *Pterognathia swedmarki* (Filospermoida). C *Gnathostomula jenneri* (Scleroperalia). D *Austrognathia riedli* (Conophoralia). Maßstab (10 µm) gilt für alle Abbildungen. Nach Sterrer (1972).

Schwestergruppe der Gnathostomulida die Plathelminthes; beide faßt er in dem Taxon Plathelminthomorpha zusammen. Eine andere Auffassung wird von RIEGER vertreten, weil: (1) Kieferbildungen aus echter Cuticula bisher im Vorderdarm der Plathelminthes nicht bekannt sind, wohl aber innerhalb der Nemathelminthes (Rotatoria) und anderen, höheren Spiraliern (Mollusca, Annelida); (2) Protonephridien, die in mehreren serial angeordneten, paarigen Gruppen auftreten und ausmünden, ebenfalls bei Plathelminthes unbekannt sind, jedoch in sehr ähnlichen Strukturen bei Gastrotrichen nachgewiesen wurden (S. 688).

Ergänzungen: S. 863.

1 Filospermoida

Körper fadenförmig, mit spitzem Rostrum. Paarige Tastcirren fehlen. Spermien filiform, mit einem Flagellum. Bursasystem und Vagina fehlen (Abb. 359 A).

Haplognathia simplex, 2,5 mm, besitzt einfach-pinzettenförmige, zahnlose Kiefer, die in älteren Tieren oft körnig-degeneriert erscheinen. Nordsee. – *Pterognathia swedmarki*, 3 mm. Sowohl Kiefer wie Basalplatte kräftig bezahnt. Nordsee.

2 Bursovaginoida

Körper mehr oder weniger gedrungen, meist mit rundköpfchenartigem Rostrum mit paarigen Tastcirren. Spermien nicht filiform, aflagellat. Bursasystem meist, Vagina manchmal vorhanden (Abb. 359 B, C, D).

2.1 Scleroperalia

Spermien klein (3–8 µm), rund oder tropfenförmig. Bursasystem und Penis meist mit verhärteten Strukturen. Hierher gehören einige Genera, denen eine Basalplatte obligat fehlt (*Clausognathia*, *Tenuignathia* und *Rastrognathia*) und *Agnathiella*, der sowohl Kiefer wie Basalplatte fehlen. – *Gnathostomula paradoxa*, 0,8 mm, relativ eurytop, sowohl in reinem Sand wie auf Schlammböden. Nordsee- und Ostseeküste (Abb. 360). – *Gnathostomaria lutheri*, 1 mm, bisher einzige Art aus dem brackigen Küstengrundwasser. Französische Mittelmeerküste.

2.2 Conophoralia

Spermien groß (8–70 µm), konisch („Conuli"). Bursasystem und Penis ohne verhärtete Strukturen. Manche Arten können sich encystieren. – *Austrognathia riedli*, 1 mm; in heterogenen, detritusreichen Sanden. Mittelmeer (Abb. 359 D).

Nemertini, Schnurwürmer

Die Nemertini umfassen etwa 900 Arten schnur- oder bandförmiger Würmer (Abb. 368). Die meisten sind einige Millimeter bis wenige Zentimeter lang, einige erreichen jedoch bei nur geringer Breite von wenigen Millimetern außerordentliche Längen (*Lineus longissimus* über 30 m). Nur pelagische und kommensalische Arten haben diesen schnurförmigen Habitus verloren und sind breit und kurz (Abb. 385). Viele Nemertinen sind lebhaft gefärbt, manche besitzen auffallende Farbmuster. Der Körper ist unsegmentiert, bei wenigen Arten (*Lineus socialis*, die interstitiellen *Annulonemertes*) treten jedoch regelmäßige Einschnürungen auf. Körperanhänge fehlen bis auf Tentakel und Penisbildungen bei einigen pelagischen Formen. Die Kopfregion kann durch schräggestellte Dellen oder durch Gruben abgesetzt sein (manche Hoplonemertinen); seitliche Schlitze in der Kopfregion sind von einigen Heteronemertinen bekannt. Das auffälligste Merkmal dieser fast ausschließlich räuberischen Tiere ist der ausstülpbare Rüssel, mit dem sie ihre Beute festhalten (Abb. 375).

Nemertinen leben als Teil der Epi- und Endofauna vornehmlich in litoralen und sublitoralen marinen Böden, darunter einige im Sandlückensystem. Arten der Epifauna finden sich meist unter Steinen und Muschelschalen oder zwischen Algen; *Tubulanus* baut pergamentartige Röhren. Wenige Arten

J. McClintock Turbeville, Fayetteville, AR, USA

gehören zum Plankton der Tiefsee (Bathypelagial). Auch im Süßwasser gibt es Nemertinen (*Prostoma*); in den Tropen findet man sogar terrestrische Formen. Es gibt auch mehrere kommensalische Nemertinen – *Malacobdella* im Mantelraum großer Muscheln, *Gononemertes* im Atrium von Tunicaten, *Cryptonemertes* auf Pedalscheiben von Seeanemonen. *Carcinonemertes* lebt auf Kiemen von Decapoda und frißt deren Eier („Eiparasit").

Der Lebenszyklus ist bei den Heteronemertinen zweiphasisch (Pilidium-Larve); zumeist ist die Entwicklung direkt.

Bau

Die **Epidermis** besteht aus zylindrischen oder kuboiden, multiciliären Zellen, Sinneszellen, verschiedenen Drüsenzellen, Pigmentzellen und granulierten „Basalzellen" (Abb. 373). Sie liegen auf einer extrazellulären Matrix, die meist in eine basale Matrix und eine Faserschicht mit Zellen gegliedert ist. Bei einigen Arten ist eine pseudo-stratifizierte Epidermis ausgebildet. *Zygonemertes* besitzt Drüsenzellen mit hakenförmig strukturierten Sekreten, die den Rhabditen der Turbellarien ähnlich, aber wahrscheinlich nicht homolog sind. Bei Heteronemertinen reichen die Zellkörper verschiedener Drüsenzellen bis unter die basale Matrix und formen – zusammen mit Bindegewebe und manchmal auch mit Ausläufern der Körperlängsmuskulatur – die sog. Cutis (Abb. 371, 372). In dieser Cutis kann das Bindegewebe auch fehlen; es ist dann durch Muskulatur ersetzt.

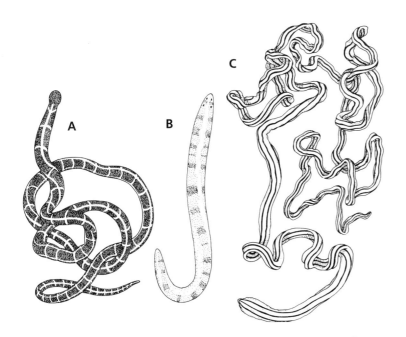

Abb. 368: Nemertini. Habitusformen. A *Tubulanus capistratus* (Palaeonemertini), schnurförmig. B *Oerstedia dorsalis* (Hoplonemertini), plathelminthenförmig. C *Baseodiscus quinquelineatus* (Heteronemertini), bandförmig. Aus Gibson in Palmer (1982).

Abb. 369: Nemertinen findet man am Meeresstrand als lange, dünne fadenförmige Organismen, die leicht zerreißen. Original: W. Westheide, Osnabrück.

Die **Körpermuskulatur** ist bei Nemertinen auffallend kräftig entwickelt. Sie besteht hauptsächlich aus Längs- und Ringsmuskellagen; Diagonalmuskeln kommen bei vielen Arten dazu. Bei Palaeo- und Hoplonemertinen liegen die Ringmuskeln außen, die Längsmuskeln innen (Abb. 374 A,B,D); bei einigen Palaeonemertinen ist eine zusätzliche innere Ringmuskelschicht entwickelt. Heteronemertinen besitzen meist eine dünne – manchmal unvollständige – äußere Ringmuskellage, darunter äußere Längs-, mittlere Ring- und innere Längsmuskeln (Abb. 374 C). Bei mehreren *Lineus*-Arten folgt auf eine zarte äußere Ringmuskelschicht unmittelbar die äußere starke Längsmuskellage mit eingebetteten Drüsenzellkörpern (Cutis, Abb. 372 A); bei anderen Heteronemertinen trennt die Cutis die äußere Ringmuskulatur und eine dünne Lage Längsmuskeln von der äußeren Längsmuskulatur (Abb. 372 B). Auch Dorsoventralmuskeln, bzw. radiär angeordnete Muskeln treten manchmal auf. Bei einigen Palaeonemertinen (*Carinoma*) dringen Muskelfasern durch die basale Matrix nach außen, verzweigen sich in der Epidermis und bilden eine intraepidermale Muskellage. Auch bei Heteronemertinen reichen Muskelfasern manchmal bis in die Epidermis (*Lineus*), ohne jedoch eine deutliche Muskellage zu formen. Intraepidermale Muskeln werden als Synapomorphie der *Carinoma*-Arten und der Heteronemertinen angesehen.

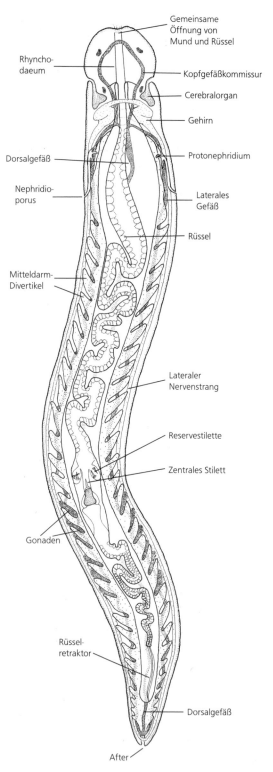

Abb. 370: Anatomie von *Tetrastemma* sp. (Hoplonemertini). Nach Bürger (1897–1907).

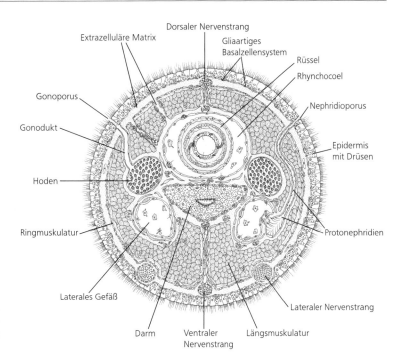

Extrazelluläre Matrix

Dorsaler Nervenstrang

Gliaartiges Basalzellensystem

Rüssel

Rhynchocoel

Nephridioporus

Epidermis mit Drüsen

Protonephridien

Lateraler Nervenstrang

Längsmuskulatur

Ventraler Nervenstrang

Darm

Laterales Gefäß

Ringmuskulatur

Hoden

Gonodukt

Gonoporus

Abb. 371: Querschnitt durch einen Vertreter der Palaeonemertini, nach elektronenmikroskopischen Aufnahmen. Aus Turbeville und Ruppert (1985).

Meist ist die Muskulatur aus den für Evertebraten typischen glatten Muskelfasern aufgebaut, eine Variante von schräggestreifter Muskulatur kennt man von 3 Palaeonemertinen-Arten.

Das **Bindegewebe** besteht aus der Faserschicht der extrazellulären Matrix (siehe oben) und verschiedenartigen Zellen, darunter „Fibroblasten" und vakuolisierte Zellen mit unbekannter Funktion (Abb. 371). Die Proteinfasern in der extrazellulären Matrix sind oft gekreuzt-spiralig angeordnet. Die Matrix ist zwischen Darm und Körpermuskulatur bei einigen Arten sehr dick. Daneben gibt es ein System granulierter Zellen, das mit der extrazellulären Matrix und dem Nervensystem in Verbindung steht – es ist möglicherweise dem gl?ointerstitiellen System der Anneliden und Mollusken homolog. Grundsätzlich ist das Bindegewebe mit dem Parenchym der Plathelminthen vergleichbar (S. 215).

Kleine Arten und Jungtiere gleiten üblicherweise mittels Cilienschlag auf einer Schleimspur. Werden die Tiere dabei gestört, setzt rasch eine – schnellere – Kontraktionsbewegung ein; dies wird als Fluchtreaktion angesehen. Größere Epifauna-Arten bewegen sich vornehmlich durch eine derartige Peristaltik, bei der Ring- und Längsmuskulatur alternierende Kontraktionswellen bilden. Viele Nemertinen können sehr wirksam im Sediment bohren, manchmal mit Hilfe des Rüssels (*Cerebratulus*), oft jedoch ausschließlich durch nach hinten verlaufende peristaltische Wellen. Bei *Carinoma* ist die Peristaltik hauptsächlich auf den Vorderkörper beschränkt, also den Bereich, in dem der Durchmesser des Rhynchocoels am größten (Abb. 370) und die Kör-

A   B

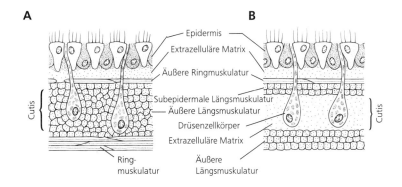

Epidermis

Extrazelluläre Matrix

Äußere Ringmuskulatur

Subepidermale Längsmuskulatur

Äußere Längsmuskulatur

Drüsenzellkörper

Extrazelluläre Matrix

Äußere Längsmuskulatur

Ringmuskulatur

Cutis

Cutis

Abb. 372: Aufbau der Körperwand bei Heteronemertinen. A *Lineus*-Arten. B Andere Taxa. Original: J.M. Turbeville, Fayetteville.

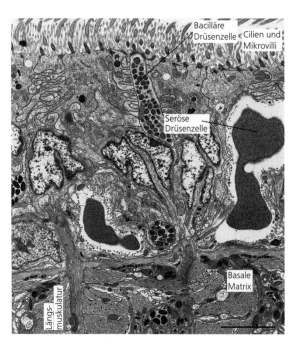

Abb. 373: Epidermis von *Lineus socialis*. TEM. Maßstab: 4 µm. Aus Turbeville (1991).

permuskulatur am stärksten ausgebildet ist. Das Rhynchocoel (s. u.) fungiert bei der Bohrtätigkeit als wichtiges hydrostatisches Skelett.

Bestimmte bathypelagische Arten und *Cerebratulus* können mit undulierenden Bewegungen schwimmen. Diese Arten besitzen starke Dorsoventralmuskeln, deren Kontraktion die hintere Körperhälfte dafür stark abflacht.

Der **Verdauungstrakt** besteht aus dem subterminalen Mund, Vorderdarm, Mitteldarm und terminalem Anus (Abb. 370). Mund und Rüssel können getrennt ausmünden oder besitzen eine gemeinsame äußere Öffnung (Abb. 370, 384). Oft ist der Vorderdarm in Mundhöhle, Oesophagus und Magen gegliedert; der Mitteldarm trägt – außer bei einigen anoplen Arten (s. u.) – laterale Divertikel. Ähnlich wie die Epidermis (beide stammen vom Ektoderm) wird der Vorderdarm von bewimperten Zellen und Drüsenzellen aufgebaut. Auch der Mitteldarm besteht aus diesen beiden Zelltypen; die Zahl der Cilien auf den bewimperten Zellen ist hier jedoch geringer. Die Drüsenzellen im Vorderdarm produzieren sowohl Schleim zur Erleichterung des Transports als auch Säure zur Immobilisierung der Beute. Im Darm wird die Nahrung durch Peristaltik der Körpermuskulatur transportiert.

Die extrazelluläre Verdauung geht sehr rasch vor sich. Die intrazelluläre Verdauung wird dadurch eingeleitet, daß Darmzellfortsätze die partikuläre Nahrung zunächst umschließen.

Der ausstülpbare **Rüssel**, der das Taxon charakterisiert, ist eine zylindrische Invagination der Kör-

perwand (Abb. 370, 375, 376, 384), nur bei einer einzigen Art ist er verzweigt. Er erstreckt sich von einem epithelialen Rohr am Körpervorderende (**Rhynchodaeum**) bis an die Hinterwand der Coelomhöhle für den Rüssel (**Rhynchocoel**). Die Länge des Rüssels schwankt beträchtlich, er kann kürzer oder länger als der Wurmkörper sein. Meist verankert ihn ein Retraktormuskel an der Hinterwand des Rhynchocoels (Abb. 370, 375). Aufgebaut wird er zumeist von einem äußeren kuboiden oder zylindrischen Drüsenepithel, mit darunterliegender basaler Matrix, Muskellagen, Nervensträngen und -netzen einer weiteren extrazellulären Matrixschicht, subperitonealer Ringmuskulatur und schließlich einem schwammigen Epithel (Peritoneum) auf der Seite der Rhynchocoel-Flüssigkeit (Abb. 371). Die Anordnung der Muskelschichten und die Lage der Nervenstränge und -netze variiert.

Das äußere Drüsenepithel – es liegt bei ausgestülptem Rüssel an der Außenseite – besteht aus monociliären Sinneszellen, Zellen mit apikalen cytoplasmatischen Fortsätzen und verschiedenen Drüsenzellen, die auch Gifte zur Immobilisierung der Beute produzieren. Bei einigen Palaeo- und Heteronemertinen formen Drüsenzellen Stäbchen mit komplexer Substruktur (Kapseln mit eingeschlossenem Stift). Diese „Pseudocniden" oder „Rhabdoide" haben wahrscheinlich eine Funktion beim Beutefang, sind aber den Rhabditen der Turbellarien oder den Cniden der Cnidaria wohl nicht homolog.

Den enoplen Hoplonemertinen hilft ein **Stilettapparat** in der mittleren Rüsselregion (Abb. 370, 376) bei der Immobilisierung der Beute. In diesem Apparat sind zentral an einer sog. Basis ein nagelförmiges Stilett (Monostylifera) oder mehrere derartige Bildungen (Polystylifera) befestigt; außerdem sind zwei oder mehrere Reservesäcke mit sich bildenden Stiletten als Ersatz für verlorene oder beschädigte zentrale Stilette vorhanden. Das Stilett wird vornehmlich zur Verletzung der Beute verwendet, so daß Toxine aus den Drüsenzellen des Rüsselepithels in die Beute eindringen können und sie betäuben.

Die meisten Nemertinen sind **Räuber**. Sie ernähren sich von verschiedenen Evertebraten (z. B. Polychaeten, Mollusken, Crustaceen). Während einige Nemertinen (z. B. *Lineus ruber*) ihre Beute im ganzen schlucken, betäuben andere (z. B. die monostyliferen Hoplonemertinen *Amphiporus lactifloreus* und *Oerstedia dorsalis*) Amphipoden mit dem Stilett, dringen mit dem Kopf durch deren Exoskelett, stülpen ihren Magen in das Hämocoel und saugen Hämolymphe und Organe auf.

Malacobdella-Arten leben als Kommensalen in der Mantelhöhle von Muscheln (Abb. 385 B) und filtern Plankton mit bewimperten Papillen des Vorderdarms aus dem Atemwasserstrom ihrer Wirte. Räuberische Nemertinen der Endofauna beeinflussen die Zusammensetzung von Biozönosen oft entscheidend, wie z. B. *Lineus viridis* als Polychaeten-Räuber in Wattenmeer-Ökosystemen.

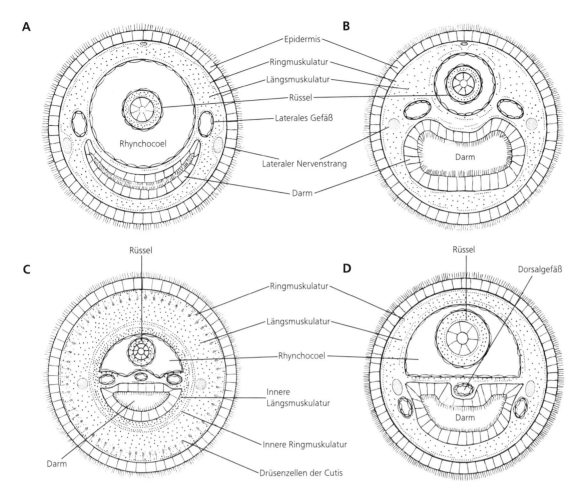

Abb. 374: Schematische Querschnitte durch verschiedene Nemertinen. A, B Palaeonemertini. C Heteronemertini. D Hoplonemertini und Bdellonemertini. Nach verschiedenen Autoren.

Nicht ausgestülpt liegt der Rüssel im **Rhynchocoel**. Es ist dies ein mesodermal ausgekleideter, flüssigkeitsgefüllter Hohlraum dorsal des Darms (Abb. 370, 371, 375). Seine Auskleidung ist ein Plattenepithel auf einer basalen Matrix. Bei *Carinoma tremaphoros* sind die Zellen an Stellen, an denen Blutgefäße zum Rhynchocoel vordringen, zu Podocyten verändert. Durch diese „durchlöcherten" Epithelbereiche könnte ein Zu- oder Abtransport von Stoffen gegenüber dem Rhynchocoel erfolgen; sie könnten aber auch die Wiederauffüllung des Rhynchocoels nach Flüssigkeitsverlust beim Ausstülpen oder Graben gewährleisten. Die Rhynchocoel-Muskulatur aus Ring- und Längsmuskelzellen liegt um-

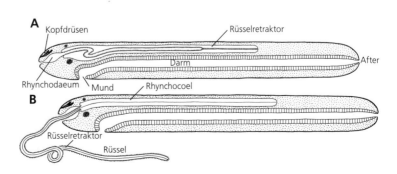

Abb. 375: Nemertine (Anopla) mit ruhendem (A) und ausgestoßenem Rüssel (B). Nach verschiedenen Autoren.

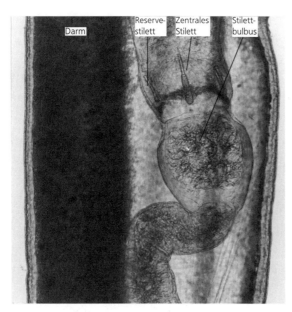

Abb. 376: Stilettbulbus einer Hoplonemertine. Original: W. Westheide, Osnabrück.

geben von extrazellulärer Matrix unterhalb des Epithels.

Das Ausstülpen des Rüssels erfolgt durch Zunahme des Flüssigkeitsdrucks im Rhynchocoel, was durch Kontraktion der Ringmuskeln in der Rhynchocoel- und in der Körperwand hervorgerufen wird. Zurückgezogen wird der Rüssel durch einen Retraktormuskel (Abb. 375). Das Rhynchocoel bildet also den flüssigkeitserfüllten Teil eines hydrostatischen Organs für das Ausstülpen des Rüssels und beim Bohren. Daneben könnte es auch bei der Verteilung von Metaboliten und Abfallprodukten eine Rolle spielen. Seine Flüssigkeit enthält auch zirkulierende Zellen.

Da das Rhynchocoel anatomisch einem Coelom ähnelt und ähnlich diesem sich aus einem Spalt in einer mesodermalen Zellmasse entwickelt, wird es als modifiziertes Coelom-Homologon angesehen.

Nemertinen besitzen ein besonderes **Blutgefäßsystem**. Im einfachsten Fall besteht es aus 2 lateralen Gefäßen, die vorn und hinten verbunden sind (Abb. 377). Zusätzlich können ein dorsales Längsgefäß (Abb. 370), das oft mit den lateralen Gefäßen Verbindungen hat (bei Hoplo- und einigen Hete-

ronemertinen), und weitere laterale Längsgefäße auftreten (z. B. das Rhynchocoelgefäß bei manchen Palaeonemertinen). Abweichend von Blutgefäßen anderer wirbelloser Tiere – aber ähnlich dem sekundären, coelomatischen Blutgefäßsystem vieler Hirudineen – besitzen sie eine vollständige Epithelauskleidung (Abb. 378). Diese Endothelzellen sind durch bandförmige Zell-Zellkontakte verbunden und liegen auf einer basalen Matrix. Bei Palaeonemertinen können sie je ein Cilium tragen; bei einer Art sind möglicherweise Myofilamente in diesen Zellen vorhanden. Außen sind die Gefäße vornehmlich von Ringmuskulatur umgeben.

Dieses Blutgefäßsystem entsteht durch Spaltbildung (Schizocoelie) in einem mesodermalen Zellband. Darin, wie auch in Lage, Histologie und Cytologie stimmt es mit Coelomräumen überein (S. 197). Wie das Rhynchocoel ist es diesen also wahrscheinlich homolog.

Die Blutflüssigkeit führt Zellen. Ihre Zirkulation wird durch Kontraktion von Muskeln der Körperwand und der Gefäßwände bewirkt. Hämoglobin findet sich bei manchen Arten (z. B. *Amphiporus cruentatus*) in den Blutzellen, bei der Süßwasserform *Prostoma* im Plasma.

Zwei oder mehrere **Protonephridien** sind für Nemertinen charakteristisch. Sie bestehen aus multiciliären Terminalzellen, einem Ausfuhrkanal und einem Nephroporus in der Epidermis (Abb. 370). Sie finden sich in der Oesophagialregion, in der Hirnregion, oder sie sind über den ganzen Körper verteilt. Die Terminalzellen (Abb. 379) liegen in der extrazellulären Matrix der Körperwand, in der Körpermuskulatur oder nahe der extrazellulären Matrix der Blutgefäße. In letzterem Fall sind sie vom Gefäßlumen durch extrazelluläre Matrix und Gefäßwandzellen, zumindest jedoch durch die Matrix getrennt (s. o. Podocyten). Direkte Kontakte zwischen Terminalzellen und Gefäßen, die bei einigen Palaeonemertinen früher beschrieben worden sind, existieren nicht.

Das **Nervensystem** besteht aus einem Cerebralganglion (Gehirn), Längssträngen, die durch Kommissuren verbunden sind, und einem peripheren Plexus (Abb. 370, 371, 377). Das Gehirn zeigt 2 dorsale und 2 ventrale Lappen, verbunden jeweils durch eine dorsale bzw. ventrale Kommissur. Gehirn und Kommissuren umgeben das Rhynchocoel und Kanäle des Blutgefäßsystems. Die Hauptlängsnervenstränge entspringen den ventralen Gehirnlap-

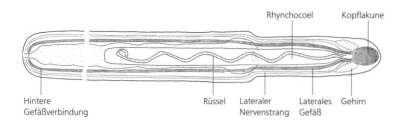

Rhynchocoel   Kopflakune

Hintere Gefäßverbindung   Rüssel   Lateraler Nervenstrang   Laterales Gefäß   Gehirn

Abb. 377: Schema des Blutgefäß- und Nervensystems von *Cephalotrix* sp. (Palaeonemertini). Original: J. M. Turbeville, Fayetteville.

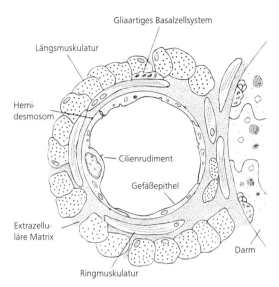

Abb. 378: Palaeonemertini. Blutgefäß, Querschnitt. Aus Turbeville (1991).

pen, sie erstrecken sich durch den gesamten Körper und sind am Körperhinterende durch eine anale Kommissur verbunden. Die relative Lage der Längsstränge zur Körperwand ist ein Kriterium für die systematische Gliederung des Taxon (Abb. 374). Zusätzlich können Längsnervenpaare auftreten, außerdem gehen vom Gehirn manchmal besondere Nerven aus: Rüsselnerven von den ventralen Lappen, dorsale und ventrale Längsnerven von den entsprechenden Kommissuren.

Sinnesorgane der Nemertinen sind Cerebralorgane, Frontalorgane, verschieden geformte Gruben in der Kopfregion, Pigmentbecherocellen, Statocysten und einige andere Strukturen, die für Sinnesorgane gehalten werden. Die Cerebralorgane (Abb. 380) der Hetero- und Hoplonemertinen sind gut untersucht; sie bestehen aus bewimperten Stützzellen, Sinneszellen und zahlreichen Drüsenzellen. Diese Zellen bilden einen blinden Kanal mit einer Öffnung nach außen. Die Organe liegen entweder direkt am Hinterrand des Gehirns (Heteronemertinen) oder davor und sind dann mit den Ganglien durch einen eigenen Nerv verbunden (Hoplonemertinen) (Abb. 380B). Es sind chemorezeptorische, neuroendokrine Strukturen, die dem Auffinden von Beute und der Volumenregulation dienen.

Die Frontalorgane sind stark innervierte, bewimperte, ausstülpbare Gruben an der Körperspitze. Eine Gruppe von Drüsenzellen (Kopfdrüsen) mündet in oder neben ihnen nach außen (Abb. 384). Wahrscheinlich sind sie chemorezeptorisch tätig, wie auch andere grubenförmige Organe in der Kopfregion.

Nemertinen besitzen häufig 2 oder mehrere einfache Pigmentbecherocellen mit rhabdomerischen Rezeptoren (Abb. 370). Ein cerebraler Photo-

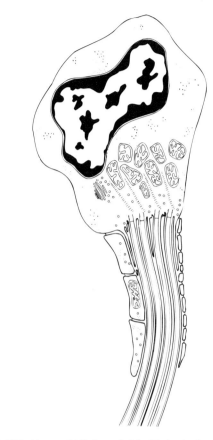

Abb. 379: *Lineus viridis*, juvenil. Schnitt durch die multiciliäre Terminalzelle eines Protonephridiums. Aus Bartolomaeus (1985).

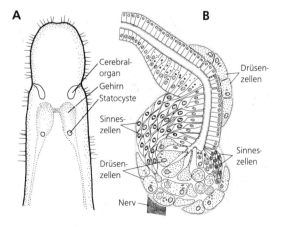

Abb. 380: Cerebralorgane. A *Ototyphlonemertes erneba*. Vorderende mit Cerebralorganen, Gehirn und Statocysten. B Schnitt durch das Cerebralorgan einer Hoplonemertine. A Nach Kirsteuer (1977); B nach Amerongen und Chia (1987) aus Turbeville (1991).

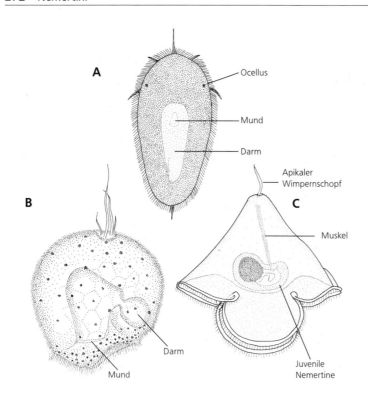

Abb. 381: Larven der Nemertinen. A Juveniles Stadium einer Art mit direkter Entwicklung (*Procephalotrix simulus*). Breite: 200 µm. B Frühe Pilidium-Larve (*Micrura caeca*), Praemetamorphose. Breite: 100 µm. C Späte Pilidium-Larve mit juvenilem Individuum, Postmetamorphose. Breite: 1,5 mm. A Aus Iwata (1960) und Friedrich (1979); B nach Coe (1899); C nach Bürger (1897–1907).

rezeptor mit Cilien wurde von *Lineus ruber* beschrieben.

Statocysten treten nur bei den interstitiellen *Otonemertes-* und *Ototyphlonemertes*-Arten auf (Abb. 380 A).

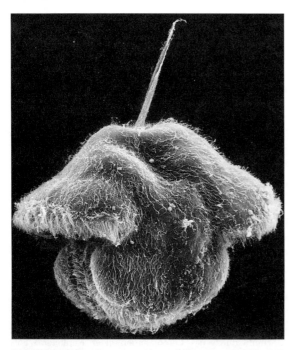

Abb. 382: Pilidium-Larve von *Lineus bilineatus*. Original: C.-E. Cantell, A. Franzén and T. Sensenbaugh, Stockholm.

Die **Reproduktionsorgane** sind außerordentlich einfach und besitzen keine besonderen Einrichtungen für Aufbewahrung und Übertragung der Gameten. Nur bei den pelagischen *Phallonemertes* und *Nectonemertes* sind Penes ausgebildet. Die **Gonaden** sind sackförmig; oft sind sie serial beiderseits des Darms angeordnet (Abb. 370, 371).

Die Zellauskleidung der Säcke besteht aus Keimzellen, somatischen Zellen und – zumindest bei Hoplonemertinen – aus Muskelzellen; reife Gameten liegen im Sacklumen. Bei reifen Gonaden ist ein Ausleitungskanal ausgebildet, der mit einem Gonoporus nach außen mündet (Abb. 371).

Fortpflanzung und Entwicklung

Die meisten Nemertinen sind getrenntgeschlechtlich. Wenige sind vivipare Hermaphroditen, z.B. *Geonemertes*. Mehrere Arten können sich auch asexuell – durch Fragmentierung und anschließende Regeneration – vermehren, z.B. *Lineus*-Arten.

Äußere Befruchtung ist die Regel; dabei werden die Gameten entweder in das umgebende Wasser ausgestoßen oder gelangen in eine Schleimhülle, die zwei aneinanderliegende Tiere umschließt (Pseudokopulation). Auch vivipare Arten sind bekannt (*Prosorhochmus, Geonemertes*).

Nemertinen sind typische Spiralia. Die Gastrulation kann sowohl durch Invagination als auch durch Epibolie oder Einwanderung erfolgen. Bei Palaeo-, Hoplo- und Bdellonemertinen ist die Entwicklung direkt, bei Heteronemertinen indirekt. Juvenile Tiere (auch „Larven" genannt) von sich direkt entwickelnden Formen (Abb. 381 A) können zuerst lecithotroph, später planktotroph (die Palaeonemertinen *Cephalothrix, Tubulanus*) oder aber gänzlich lecithotroph sein (die Hoplonemertinen *Amphiporus, Carcinonemertes*). Von den meisten marinen Arten leben derartige juvenile Stadien pelagisch; nicht pelagisch hingegen sind z.B. die Entwicklungsstadien der limnischen *Prostoma* und der viviparen Formen.

Bei den Heteronemertinen tritt eine sehr ausgeprägte **Larve** auf (Pilidium– Larve), von der es mehrere Typen gibt. Die Larve der meisten Genera lebt pelagisch und planktotroph (Abb. 381 B, C, 382); ihr fehlen Protonephridien, der Darm ist ohne Anus ausgebildet. „Iwatas Larve" ist die pelagische, lecithotrophe Larve von *Mikrura akkeshiensis*. Die „Schmidtsche Larve" von *Lineus ruber* ist nicht pelagisch, entwickelt sich in einer Eikapsel und ernährt sich von abortiven Oocyten. Auch die „Desorsche Larve" von *Lineus viridis* entwickelt sich lecithotroph in einer Eikapsel.

Alle Larventypen durchlaufen eine komplizierte Metamorphose, während der sich larvales Ektoderm mehrfach einstülpt und zu Imaginalscheiben abschnürt (Abb. 383). Sie wachsen zusammen und bilden die endgültige Epidermis und andere ektodermale Organe. Die mesodermalen Zellen vermehren sich und organisieren sich zu verschiedenen mesodermalen Strukturen; der larvale Darm wird zum endgültigen Darm. Schließlich verläßt das fertige Jungtier die larvale Epidermis, die als Embryonalhülle zurückbleibt.

Systematik

Die Beziehung der Nemertinen zu anderen Taxa der Bilateria ist unsicher. Traditionell stellte man sie in die Nähe der Plathelminthes. Diese Hypothese gründet sich auf mehrere gemeinsame Charaktere (multiciliäre Epidermis, Rhabditen, Frontalorgane, Protonephridien, acoelomater „parenchymatischer" Körperbau). Protonephridien und eine multiciliäre Epidermis treten jedoch auch bei anderen Taxa auf und müssen als Symplesiomorphien interpretiert werden. Die Homologie der Frontalorgane ist zweifelhaft, und die stäbchenförmigen Sekrete in Epidermiszellen und Drüsenzellen des Rüssels sind den Rhabditen der Turbellarien wahrscheinlich nicht homolog. Auch die Organisation des Raums zwischen Darm und Epidermis von Nemertinen und Plathelminthen ähnelt einander nicht (S. 216). Systematisch von besonderer Bedeutung wurden die anatomischen und ontogenetischen Hinweise, daß das Rhynchocoel und das Blutgefäßsystem der Nemertinen Coelomderivate sind (S. 270). Diese Fakten sprechen dafür, die Nemertinen nicht als Schwestergruppe der Plathelminthen, sondern als näher verwandt mit Mollusken und Anneliden zu sehen. Das

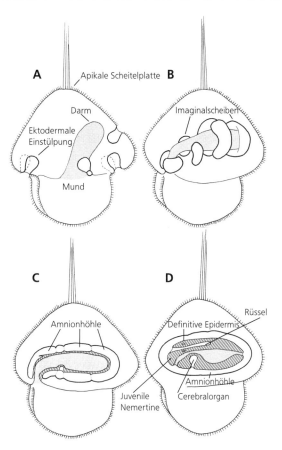

Abb. 383: Metamorphose bei Heteronemertini. A Beginn der Metamorphose durch 7 hohle Einstülpungen der larvalen Epidermis in das Blastocoel. B Eingestülpte Vesikel (Imaginalscheiben) legen sich um den larvalen Darm. C Verschmelzung der Vesikel und Bildung einer kontinuierlichen doppelwandigen Hülle um den larvalen Darm (Amnionhöhle); innere Wand dieser Höhle wird zur definitiven Epidermis des Adultus. D Juvenile Nemertine mit Anlagen von Rüssel und Cerebralorganen, die das Amnion und den Larvenkörper durchbrechen wird; die larvale Epidermis bleibt zurück. Verändert aus Barnes und Ruppert (1993) nach Iwata (1985).

Vorhandensein eines Gliointerstitialsystems sowie erste Ergebnisse von vergleichenden DNA-Sequenzanalysen unterstützen diese Hypothese.

Die stammesgeschichtlichen Beziehungen innerhalb der Nemertinen sind umstritten. Die folgende, traditionelle Klassifikation beruht nicht auf einer streng phylogenetisch-systematischen Analyse.

1 Anopla

Rüssel ohne Stilett; Öffnung des Rüssels getrennt von der Mundöffnung, letztere hinter oder ventral des Gehirnganglions gelegen (Abb. 384 A).

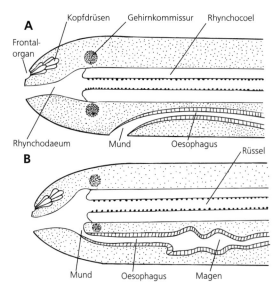

A

Frontal-organ — Kopfdrüsen — Gehirnkommissur — Rhynchocoel

Rhynchodaeum — Mund — Oesophagus

B

Rüssel

Mund — Oesophagus — Magen

Abb. 384: Nemertini. Vorderenden schematisiert. A Anopla. Mundöffnung von Rüsselöffnung getrennt. B Enopla mit gemeinsamer äußerer Öffnung von Mund und Rüssel. Nach verschiedenen Autoren.

1.1 Palaeonemertini (Palaeonemertea)

Körpermuskulatur in 2 oder 3 Lagen; äußere Ring- und innere Längsmuskulatur, manchmal zusätzlich innere Ringmuskulatur. Nervenlängsstränge innerhalb oder außerhalb der Muskulatur gelegen. Nur marin und benthisch (Abb. 368 A, 371, 374 A, B).

Cephalothrix rufifrons (Cephalothricidae), 40 mm, im Bereich des Nordatlantiks. – *Carinoma armandi* (Carinomidae), 200 mm, Europa, ohne Augen und Cerebralorgane. – *Tubulanus annulatus* (Tubulanidae), 80 mm-1 m, Europa, Südafrika, Grönland, Alaska; mit durch schräge Furchen abgesetzter Kopfregion. Körper rot, mit 1 dorsalen und 2 lateralen weißen Längsstreifen und mehreren weißen Ringen.

1.2 Heteronemertini (Heteronemertea)

Körpermuskulatur in 3 Lagen: äußere Längs-, mittlere Ring- und innere Längsmuskulatur, unter der Epidermis jedoch dünne Ringmuskelschicht (Abb. 372, 374 C). Nervenlängsstränge zwischen äußerer Längs- und mittlerer Ringmuskulatur. Indirekte Entwicklung, Pilidium-Larve. Meist marin und benthisch.

Micrura fasciolata (Lineidae), Kopf mit gelber Querbinde, 15 mm. – *Lineus viridis* (Lineidae), 20 cm, grün. Kopf mit seitlichen Schlitzen und 4–6 Ocellen. – *L. ruber,* 1,5 m, rot. Häufige Art in den Wattenmeergebieten. – *L. longissimus,* 30 m und länger.

2 Enopla

Mit wenigen Ausnahmen Öffnung des Rüssels mit der Mundöffnung vor dem Gehirn gelegen (Abb. 384 B). Körpermuskulatur in 2 Lagen: äußere Ring- und innere Längsmuskeln. Längsnervenstämme innerhalb der Muskulatur. Marin, benthisch oder pelagisch; auch im Süßwasser und terrestrisch.

2.1 Hoplonemertini (Hoplonemertea)

Rüssel bewaffnet (1 oder mehrere Stilette) (Abb. 370, 374 D, 376).

Amphiporus lactifloreus (Amphiporidae), 12 cm, weit verbreitet in der nördlichen Hemisphäre; im Litoral, auch in größeren Tiefen. – *Carcinonemertes carcinophila* (Carcinonemertidae), 15–40 mm; auf 8 Krabben-Arten, Europa und US-Atlantikküste. – *Ototyphlonemertes*-Arten (Ototyphlonemertidae), 3–50 mm, im Sandlückensystem von Brandungssträenden, weltweit. Mit 2 Statocysten (Abb. 380 A). – *Prosorhochmus claparedi* (Prosorhochmidae), 40 mm, Mittelmeer, Britische Inseln, im Litoral; ungeschlechtliche Vermehrung. – *Leptonemertes chalicophora* (Prosorhochmidae), 3–15 mm, Azoren, Kanarische Inseln, Madeira, terrestrisch, auch in europäischen Gewächshäusern. – *Geonemertes pelaensis* (Prosorhochmidae), 25–75 mm, Indopazifische Inseln, Westindische Inseln, terrestrisch. – *Oerstedia dorsalis* (Prosorhochmidae), 10 mm, weitverbreitet in der nördlichen Hemisphäre, Gezeitenbereich und tiefer, variable Färbung, meist mit dorsalen Streifen, gedrungener Kopf mit 4 Ocellen (Abb. 368 A). – *Tetrastemma candidum* (Tetrastemmatidae), 10 mm, circumpolar in der nördlichen Hemisphäre.

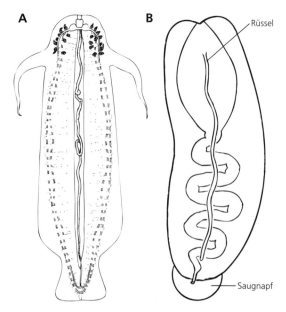

A — **B** — Rüssel — Saugnapf

Abb. 385: Habitusformen. A Pelagische Nemertine *Nectonemertis mirabilis* (Hoplonemertini). B Kommensalische Art *Malacobdella grossa* (Bdellonemertini), die im Mantelraum großer Muscheln lebt; mit hinterer Saugscheibe. Aus Gibson in Palmer (1982).

– *Prostoma graecense* (Tetrastemmatidae), 20 mm, im Süßwasser. – *Nectonemertes mirabilis* (Nectonemertidae), 30 mm, eine der häufigsten pelagischen Arten; in 500–4000 m Tiefe, Atlantik und Pazifik. Breiter abgeflachter Körper, Männchen mit 1 Paar seitlicher vorderer Tentakel (Abb. 385 A).

2.2 Bdellonemertini (Bdellonemertea)

Rüssel ohne Stilett. Egelförmiger Körper mit Saugnapf am Hinterende (Abb. 385 B). Vorderdarm mit bewimperten Papillen.

Malacobdella grossa, 40 mm, nördliche Hemisphäre (Abb. 385 B) in der Mantelhöhle mariner Muscheln z.B. *Artica islandica, Modiolus modiolus*, fast immer nur 1 Individuum; mikrophag, daher Nahrungsparasit der Muschelwirte.

Mollusca, Weichtiere

Die Weichtiere sind eine besonders arten- und formenreiche, primär marine Tiergruppe, die schon aus dem Präkambrium bekannt ist. Die etwa 50 000 rezenten Arten gehören überwiegend zu den Schnecken und Muscheln; die höchstorganisierten und physiologisch leistungsfähigsten sind die Kopffüßer. Weitere kleinere Gruppen haben einen zum Teil stark abweichenden Bau. Es gibt Riesen unter den Weichtieren: Cephalopoden der Gattung *Architeuthis* mit 6,6 m Rumpf- und 18 m Gesamtlänge sind die größten rezenten wirbellosen Tiere. Die meisten Arten sind jedoch von ihrer Größe her eher unauffällige Tiere. Die kleinsten Arten mit weniger als 1 mm Länge finden sich unter den Aplacophora; auch einige Muscheln und Schnecken werden nur wenig über 1 mm lang, z.B. im marinen Sandlückensystem weit verbreitete Ophisthobranchia der Familie Microhedylidae.

Mollusken besiedeln die unterschiedlichsten Lebensräume und fehlen nur in den vom Dauereis bedeckten Hochgebirgs- und Polarregionen. Die Mehrzahl lebt im Meer, und einige Gruppen sind ausschließlich marin (Aplacophora, Polyplacophora, Monoplacophora, Scaphopoda, Cephalopoda). Muscheln finden sich auch im Süßwasser, wenige Arten in feuchter Erde (z.B. *Pisidium*-Arten). Gastropoden haben auch den terrestrischen Bereich erobert, einige Lungenschnecken können sogar in Wüstengebieten existieren. Das Meer wird bis in große Tiefen besiedelt, wobei der Anteil der carnivoren Arten mit der Tiefe zunimmt. Besonders artenreiche marine Lebensräume sind Korallenriffe und Gezeitenzonen sowie die unmittelbar land- und seewärts anschließenden Bereiche. Dort finden sich besonders solche Prosobranchia, die extreme Schwankungen der Lebensbedingungen tolerieren. Überraschend war die Entdeckung von Mollusken als wesentliche Faunenelemente in der Gemeinschaft der submarinen Hydrothermalschlote (S. 387).

Als Nahrung dienen die Mollusken zahlreichen anderen Tieren, wie Stachelhäutern, Fischen, Vögeln und Säugetieren. Die in großen Massen im Meer schwimmenden Gymno- und Thecosomata (S. 308) werden von seihenden Walen verzehrt (Whalaat). Eine wichtige Rolle spielen Mollusken auch als Überträger von Parasiten (z.B. als Zwischenwirte digener Trematoden, S. 234). Der Mensch schätzt die Weichkörper von *Haliotis* („Abalone"), von Weinbergschnecken (*Helix* und Verwandte), von Austern und zahlreichen anderen Muscheln und Schnecken; Tintenschnecken sind begehrte „Meeresfrüchte", z.B. im gesamten mediterranen Raum. Besonders die Küstenbevölkerungen in aller Welt decken in steigendem Maße einen Teil ihres Eiweißbedarfs durch marine Mollusken. Muschelzuchten (z.B. Austern, Miesmuscheln) gehören zu den ältesten Marikulturen; sie ersetzen zunehmend die dezimierten natürlichen Bestände.

Die Schalen vieler, vor allem großer und bunter oder bizarrer Mollusken sind seit altersher Objekte menschlicher Sammelleidenschaft und werden unter Liebhabern gehandelt. Großen Handelswert haben die Perlen, wobei der Anteil der Zuchtperlen zunimmt, deren Entstehung vom Menschen induziert wird. Schwerpunkt der Perlenzucht ist Japan, das alljährlich Perlen im Wert von mehreren Hundert Millionen Dollar exportiert. Perlenzuchten gibt es auch an anderen tropischen Küsten. Aus der Perlmutterschicht von Muschelschalen werden Knöpfe, Löffel, Schalen, Schmuck- und Kultgegenstände fabriziert. Der im Altertum aus dem Sekret der Hypobranchialdrüse der Purpurschnecken (Muricidae) gewonnene Farbstoff hat keine praktische Bedeutung mehr, da er durch synthetische Farbstoffe abgelöst wurde.

Bau

Der Körper der Mollusca besteht im Grundbauplan (Abb. 386) aus zwei funktionell verschiedenen Anteilen: dem Cephalopodium (Kopffuß) und dem Visceropallium (Eingeweidesack mit Mantel). Das Cephalopodium entwickelt sich in der Längsachse des Körpers und ist zuständig für die Lokomotion und den Kontakt zur Umwelt. Das Visceropallium übernimmt die inneren Aufgaben (im Bereich Eingeweidesack) und (mit dem Mantel oder Pallium) den Schutz des Körpers, insbesondere der Dorsalseite.

Die Formenfülle der Mollusca geht vor allem auf das unterschiedliche Verhältnis von Cephalopodium und Visceropallium zurück. Trotz aller Verschiedenheiten gibt es aber so viele charakteristische Gemeinsamkeiten, daß sich die Mollusca als Gruppe deutlich von allen anderen Tieren abheben. Im Prinzip handelt es sich um bilateralsymmetrische Organismen, doch zeigen sie eine ausgeprägte Tendenz zur Asymmetrie, die bei den Gastropoda den gesamten Körper umfaßt, während sie sich bei anderen auf die innere Organisation beschränkt. Bei den Conchifera kommt ein Trend zur Spiralisierung des Körpers oder einzelner Teile hinzu.

Im typischen Falle – die meisten marinen Mollusca außer Cephalopoda – verläuft die Entwicklung über eine Spiralfurchung und die Bildung einer Larve (Praeveliger, Abb. 387B, Hüllglockenlarve, Abb. 387A, oder meist typischer Veliger).

Der **Kopf** (Abb. 386) enthält zentrale Teile des Nervensystems, von denen aus die Rezeptoren am Körpervorderende direkt innerviert werden. Neben Mechano- und Chemorezeptoren verfügen viele Mollusken über Lichtsinnesorgane. Am Kopf liegt

Klaus-Jürgen Götting, Gießen

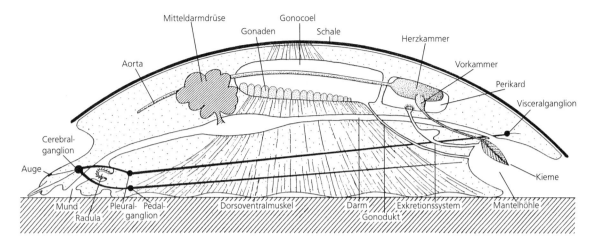

Abb. 386: Organisationsschema eines beschalten Mollusken. Verändert nach Götting (1974).

stets der Mund, während seine übrigen Teile weitgehend reduziert sein können (Muscheln, parasitische Schnecken).

Der **Fuß** besteht entsprechend seiner Hauptfunktion vor allem aus Muskulatur und flüssigkeitserfüllten Lakunen, die bei der Bewegung antagonistisch zueinander wirken. Sein Aufbau wird durch

Bindegewebe, Nerven, Drüsen und das nach außen abschließende Epithel vervollständigt. Die Muskelfasern sind dreidimensional miteinander verflochten und ermöglichen vielseitige Lokomotion. Bei den gutbeweglichen Mollusken ist die Funktion des Fußes dadurch begünstigt, daß die Masse der inneren Organe in den sich dorsal vorwölbenden Eingeweidesack verlagert ist.

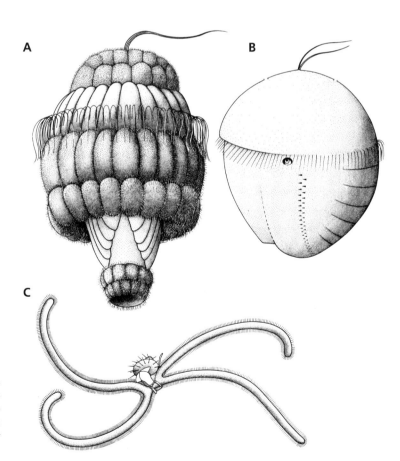

Abb. 387: Grundtypen planktischer Larven der Mollusca. A Hüllglockenlarve, Solenogastres. B Praeveliger, Polyplacophora. C Pelagischer Veliger, Gastropoda (Prosobranchia). Verändert nach verschiedenen Autoren aus Götting (1974).

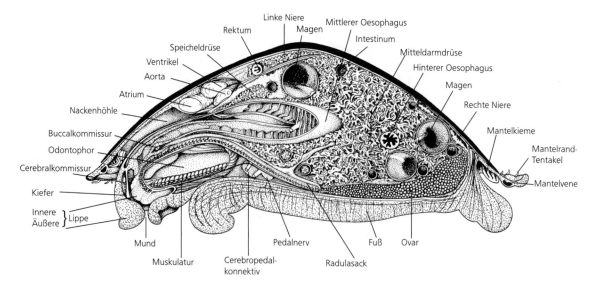

Abb. 388: Gastropoda. *Patella* sp. Innere Organisation. Sagittalschnitt. Verändert nach Fretter und Graham (1962).

Der Fuß ermöglicht Kriechen, Graben oder Schwimmen mit den unterschiedlichsten Methoden. Kleine und leichte Arten gleiten auf dem Wimpernbesatz ihrer Fußsohle (z.B. die Wasserlungenschnecke *Lymnaea peregra* mit einer Geschwindigkeit von ca. 17,5 cm min^{-1}). Schwerere Mollusken kriechen mit Hilfe von Muskelkontraktionswellen, die über die Fußsohle von hinten nach vorn (direkte Wellen) oder von vorn nach hinten verlaufen (retrograde Wellen). Die in vielen Gruppen ausgebildeten lateralen, lappigen Fußverbreiterungen („Parapodien") dienen zum Schwimmen (Abb. 431), wobei ihre wellenförmigen Bewegungen oft durch Einkrümmen des ganzen Körpers unterstützt werden (z.B.Seeschmetterlinge, Seehasen). Bei grabenden Arten ist der Fuß abgeflacht (Gastropoda) oder zungenartig umgeformt, mit einer anschwellbaren Spitze, die das Tier im Substrat verankern kann (Bivalvia) (Abb. 452). Die stärkste Umgestaltung erfährt der Fuß bei den Cephalopoda, wo er bei vielen nicht nur als effektives Antriebsorgan, sondern auch zum Ergreifen der Beute dient (Abb. 441). In stark bewegtem Wasser lebende Käferschnecken und Schnecken halten sich mit ihrer breiten Fußsohle am felsigen Substrat durch Adhäsion (Schleim) und durch die Saugwirkung einzelner, angehobener Sohlenbereiche fest.

Das dorsale Epithel bildet mit dem daruntergelegenen Bindegewebe, den Muskeln und den zugehörigen Sinneszellen, Drüsen und Nerven als **Mantel** (**Pallium**) eine funktionelle Einheit. Es bildet die schützende Körperdecke und kann Stacheln, Schuppen, Platten und Schalen abscheiden. Der Mantel ist fest mit dem Eingeweidesack verbunden und hat dessen Form. Daher bestimmt der Eingeweidesack letztlich auch die Gestalt der Schale. Lateral springt der Mantel mit dem „Mantelrand" über den Eingeweidesack vor und bildet die Mantelrinne, die sich bei den meisten Mollusken zu einer ursprünglich hinten gelegenen Mantelhöhle (Pallialhöhle) erweitert. In diese münden Verdau-

ungs-, Exkretions- und Genitalsystem ein; in ihr liegen die Kiemen sowie chemische Sinnesorgane (Osphradien) und Drüsen.

Die typischen Kiemen der Mollusca sind Ctenidien. Sie bestehen aus einer stützenden Achse mit auf beiden Seiten ansitzenden Kiemenblättchen, über die der Gasaustausch erfolgt. Die Achse enthält die afferenten und efferenten Blutbahnen. Die Ausstattung mit nur einem Paar Ctenidien in der Mantelrinne oder -höhle ist wohl als ursprünglich zu werten. Diese Situation findet sich rezent bei Caudofoveata, Gastropoda, Protobranchia und Coleoida (Abb. 386). Mehrfach und unabhängig voneinander sind die Kiemen abgewandelt, vervielfacht, reduziert oder durch sekundäre Kiemen ersetzt worden.

Bei den wasserlebenden Arten erzeugt die Bewimperung der Mantelhöhle und der Kiemen einen Wasserstrom, der zunächst der Respiration dient. Die pallialen Drüsen haben primär reinigende Funktion: von ihnen gebildete Schleimnetze fangen eingespülte Partikeln ab und befördern sie aus der Mantelhöhle. Bei vielen aquatischen Mollusken kommt als weitere Hauptaufgabe der Kiemen hinzu, Nahrung aus dem Atemwasserstrom abzufangen.

Das einschichtige Epithel außerhalb des Mantelbereichs ist meist bewimpert, vor allem bei wasserlebenden Arten, und immer drüsenreich. Neben einzelligen Drüsen gibt es vielzellige Komplexe, die zahlreiche, auch bei einem Individuum verschiedene Sekrete erzeugen können. Diese machen die Körperoberfläche gleitfähig oder schützen (bei terrestrischen Arten) vor Austrocknung. Oft enthalten sie abstoßende oder toxische Substanzen. In das Epithel sind Sinneszellen eingelagert, die sich im Mundbereich und an den Tentakeln konzentrieren. Die apikale Seite der Epithelzellen zeigt oft einen Mikrovilli-Besatz, der den Schleimfilm auf der Körperoberfläche festhält. Pigmente, wie sie besonders bei den Nudibranchia auffällig sind, liegen meist in subepithelialen Bindegewebszellen, wo sie durch Strukturfarben ergänzt werden. In einigen Fällen leben dort auch symbiontische Algen, die das Farbmuster beeinflussen, oder Leuchtbakterien.

Der **Eingeweidesack** stellt eine bruchsackartige, dorsale Erweiterung des Körpers dar, in der die meisten inneren Organe liegen (Abb. 386). Er fehlt bei den Aplacophora (Abb. 393, 397), während bei Poly- und Monoplacophora die inneren Organe bereits deutlich aus dem Kriechfuß dorsad verlagert sind. Besonders ausgeprägt ist der Eingeweidesack bei den Gastropoda, Cephalopoda und Scaphopoda. Bei „Nacktschnecken" (einige Pulmonata und Opisthobranchia) wird er sekundär wieder in den Fußbereich integriert.

Das **Coelom** ist auf geringe Raumanteile beschränkt (Ausnahme: Cephalopoda) – auf das P e r i k a r d, die G o n a d e n h ö h l e n und Teile des E x k r e t i o n s s y - s t e m s. Diese Bereiche können miteinander durch Gonoperikardial- und Renoperikardialgänge verbunden sein (Beispiel: Abb. 386). Bei altertümlichen Mollusken gelangen die Keimzellen über das Perikard und/oder die Exkretionsgänge aus dem Körper. Im Perikard entspringen mit einem Wimpertrichter paarige Metanephridien, die bei höherentwickelten Arten durch drüsige Exkretionsorgane funktionell ersetzt werden.

Die inneren Organe sind eingebettet in Bindegewebe, Muskelstränge und bluterfüllte Lakunen und werden so stabilisiert. Da innere, harte Stützelemente fehlen, ist der Körper insgesamt durch partielle Druckveränderungen beweglich und verformbar (daher Mollusca = Weichtiere von lat. *mollis* = weich, geschmeidig, beweglich). Die Druckdifferenzen werden durch die antagonistische Wirkung Muskel – Muskel und/oder Muskel – Körperflüssigkeit erzeugt.

Der **Verdauungtrakt** (Abb. 389) der Mollusca ist relativ einfach und besteht aus M u n d ö f f n u n g, B u c c a l h ö h l e, P h a r y n x, O e s o p h a g u s, M a g e n, M i t t e l d a r m und E n d d a r m mit A n u s (Abb. 386). Der Darm verläuft entweder nahezu gestreckt durch den Körper (Aplacophora), in Schlingen mit terminalem Anus (Polyplacophora, Monoplacophora), oder er bildet eine haarnadelförmige Schlinge, so daß der Anus nach vorn in die Nähe des Kopfes verlagert wird (Gastropoda, Cephalopoda, Scaphopoda). Die Mollusca haben sich die verschiedensten Nahrungsquellen erschlossen und verdanken dieser Anpassung wohl vor allem ihre weite Verbreitung und hohe Artenzahl. Wichtigste Spezialeinrichtung zum Erwerb, zum Verschlingen und oft auch zum Zerkleinern der Nahrung ist die Reibzunge (**Radula**), die in einer Radulatasche am Grunde des Pharynx gebildet wird (Abb. 386). Meist besteht sie aus einer Membran, in der wenige bis zahlreiche, aus Chitin, Conchin und härtenden Mineralsalzen aufgebaute „Zähne" verankert sind, streng geordnet in Längs- und Querreihen. Die Ra-

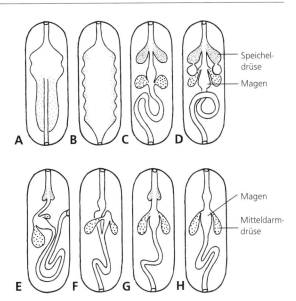

Abb. 389: Schema des Darmtrakts bei verschiedenen Mollusken-Taxa, Aufsicht. A Caudofoveata. B Solenogastres. C Polyplacophora. D Monoplacophora. E Gastropoda. F Cephalopoda. G Scaphopoda. H Bivalvia. Verändert nach Salvini-Plawen (1988).

dula kann über oft gut entwickelte Radulapolster oder mit diesen zusammen so bewegt werden, daß bei gleichzeitigem Vordrücken aus der Mundöffnung Bewuchs vom Substrat abgeweidet werden kann. Während die Radula bei Herbivoren ziemlich gleichförmig gebaut ist, ist sie bei Carnivoren sehr vielfältig abgewandelt. In dem Maße, in dem die Zähne vorn abgenutzt werden, wachsen neue Zahnreihen von hinten nach (z. B. bei *Lymnaea stagnalis* 2,8 Querreihen pro Tag). Die Muscheln haben keine Radula und gewinnen ihre Nahrung meist durch Filtration. Auch manchen Solenogastres und Schnecken, die sich saugend ernähren, fehlt eine Reibzunge.

Die Mollusken kontrollieren über spezifische Neurone in den Kopfganglien und anschließende motorische Bahnen und Netzwerke die Aktivitätsrhythmen und die Freßbewegungen. Die Nahrungsaufnahme wird durch Rezeptoren ausgelöst, die durch spezifische Proteide stimuliert werden. Carnivore Gastropoden folgen oft der Schleimspur ihrer Beute, doch können auch Herbivore verschiedene Futterpflanzen chemorezeptorisch unterscheiden.

Die aufgenommene Nahrung wird bereits in der Buccalhöhle mit dem Sekret der Speicheldrüsen vermischt. Hauptzentren der Verdauung und der Resorption sind die Mitteldarmdrüsen, die vom Magen ausgehen und oft einen großen Teil des Eingeweidesackes beanspruchen.

Einige Schnecken und Muscheln beherbergen symbiontische Algen oder Chloroplasten, deren Assimilationsprodukte sie nutzen (z. B. *Elysia viridis*). So können sich Arten tropischer Meere mit geringem Angebot an C und N zusätzliche Kohlenhydrat- und Aminosäurequellen erschließen. Die Schiffsbohrer (Teredinidae) ernähren sich von aminosäurearmem Holz dank symbiontischer Bakterien, die diesen Mangel ausgleichen. An Hydrothermalschloten und in Faulschlämmen können einige Muschel- und Schneckenarten existieren, die in speziellen Bacteriocyten ihrer Kiemen Bakterien enthalten. Diese nutzen die Energie der Sulfide dieser Lebensräume mittels oxidativer Reaktionen.

Das **Zirkulationssystem** der Mollusca ist prinzipiell zwar ein offenes, doch gibt es in mehreren Gruppen eine ausgeprägte Tendenz zu einem geschlossenen System, in dem dann ein vergleichsweise hoher Blutdruck aufgebaut werden kann. Höhepunkte dieser Entwicklung finden sich bei einigen Stylommatophora (*Helix, Arion, Achatina*) und den Cephalopoda. Demgegenüber spielt der Kreislauf für die O_2-Verteilung im Körper bei vielen Muscheln nur eine geringe Rolle (bei *Placopecten* wird nur etwa 1/3 des Sauerstoffbedarfs über das Blut gedeckt).

Das Herz liegt ursprünglich posterodorsal über dem Rektum; es besteht aus einem Ventrikel und 1–4 Atrien (Aurikeln), deren Anzahl sich nach der der Kiemen richtet. Aus dem Ventrikel entspringen eine Aorta anterior in Richtung Kopf und eine Aorta posterior zum Eingeweidesack. Die anschließenden Arterien öffnen sich in Lakunen; das Blut sammelt sich dann in Sinus, fließt wenigstens teilweise durch die Kiemen und gelangt über die Atrien in die Kammer.

Das Blut ist eine Hämolymphe, die oft Atmungspigmente (Hämocyanin, seltener Hämoglobin) und verschiedene Typen von Blutzellen enthält. Es macht etwa 60–80% des Weichkörper-Naßgewichtes bei Gastropoda und 50–60% bei Bivalvia aus. Der Blutdruck ist im Ventrikel am höchsten (bei *Anodonta* 5, bei *Helix* 25 cm Wassersäule), in den Atrien und besonders im Perikard am geringsten. Er wird durch Körperbewegungen beeinflußt: Ausstrecken des Körpers aus der Schale, Bewegungen von Fuß, Radularapparat und Siphonen und die Ausstülpung des Penis führen zu lokalen Druckschwankungen, deren Ausbreitung im Körper durch Ventile begrenzt wird.

Das Herz liegt in der Regel in einem Herzbeutel (Perikard). Aufgrund des Druckgefälles erfolgt Ultrafiltration der Exkrete vom Herzen (besonders aus den Atrien) in das Perikard. Das ursprüngliche **Exkretionssystem** beginnt mit paarigen Metanephridien, die aus dem Perikard entspringen und deren Ausfuhrgänge zur Mantelhöhle ziehen. Auf diesem Wege wird durch Reabsorption und Sekretion der Sekundärharn gebildet. Bei den meisten Mollusken haben sich an den Exkretionsgängen drüsige Nieren entwickelt, denen der Primärharn in vielen Gruppen durch die Renoperikardialgänge zwischen Nieren und Perikard zugeleitet wird. Diese Gänge weisen auch auf die stammesgeschichtliche Ausgangssituation hin. Bei vielen Mollusken gibt es exkretorisch tätige Gewebe, die, in engem Kontakt mit dem Blutkreislauf stehend, diesem Endprodukte des Stoffwechsels entnehmen und vorübergehend oder auf Dauer speichern. Ihre spezialisierten Zellen (Athrocyten) erinnern an die Chloragogzellen der Annelida. Außerdem durchwandern Phagocyten ständig den Körper und sammeln Abfälle.

Die Larvalstadien der Mollusca exzernieren mittels Protonephridien, deren Cyrtocyten in den Adulti durch die Nephrostome abgelöst werden. Die ausführenden Gänge bleiben jedoch erhalten und werden zu einem Teil der Nephridialsäcke. Insgesamt ist die stammesgeschichtliche Entwicklung der Exkretionsorgane jedoch unklar; sie werden bei den Adulten daher am besten neutral als Nieren oder Renalorgane bezeichnet.

Das **Nervensystem** (Abb. 390) weist innerhalb der Mollusken alle Stadien einer zunehmenden strukturellen wie funktionellen Höherdifferenzierung auf und wird entsprechend komplexer. Markstränge gibt es bei den Aplacophora, Polyplacophora und Monoplacophora, und sie liegen in den Pedalsträngen der Archaeogastropoda sowie in den Pedal- und Visceralkonnektiven von *Nautilus* vor. Bei allen Mollusken gibt es zumindest in bestimmten Bereichen des Körpers Ganglien. Bei den Aplacophora liegt ein paariges Cerebralganglion vor, bei den Polyplacophora und Monoplacophora ein Schlundring mit Ganglien sowie paarige Lateral- und Ventralkonnektive. Die Lateralkonnektive vereinigen sich durch eine Suprarektalkommissur über dem Darm, während sie bei den Conchifera unterhalb des Enddarms (subrektal) verbunden sind. Conchifera haben auch paarige Cerebral-, Pedal-, Pleural- und oft auch Visceralganglien. Die Cerebralganglien koordinieren komplexe Reaktionen; die anderen Ganglien haben einen bestimmten Wirkungsbereich und können durch sekundäre Ganglien ergänzt werden, die als lokale Reflexzentren fungieren (z.B. die Buccalganglien im Mundhöhlenbereich).

Neben den meist uni-, seltener bi- oder multipolaren Nervenzellen gibt es auch Riesenzellen, z.B. im Abdominalganglion von *Aplysia* (1 mm Durchmesser). Die Axone sind bis 40 µm dick, die Riesenfasern der Cephalopoda sogar über 700 µm. Die Axone können von mehreren Schichten von Gliazellen umschlossen werden, große Fasern sind tief längsgefaltet. Die Synapsen sind axo-axonisch und cholinerg. Neurosekretorische Zellen sind vor allem in den Cerebral-, Pleural- und Visceralganglien lokalisiert.

Ein Haut-Lichtsinn ist allgemein verbreitet. Spezielle Photorezeptoren fehlen den Aplacophora, Monoplacophora und Scaphopoda. Einzigartig sind Sinnesorgane der Polyplacophora, die in das Tegmentum der Schalen eingesenkt sind: die Ästheten (Abb. 402). Gastropoda und Cephalopoda haben Kopfaugen (Abb. 412, 413, 442) in den unterschiedlichsten Entwicklungsstufen; manche Muscheln (*Pecten*) tragen am Mantelrand Augen.

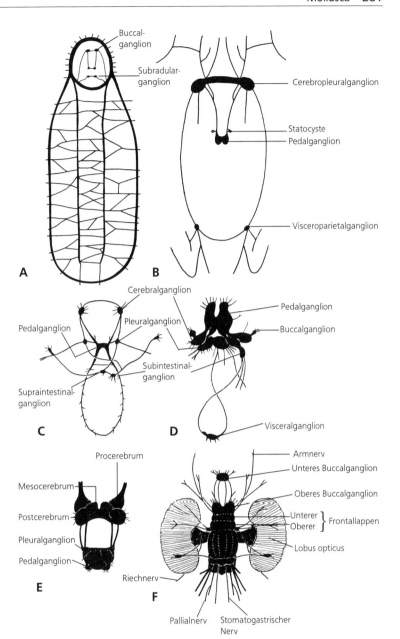

Abb. 390: Nervensysteme von Mollusken unterschiedlicher Entwicklungsstufen. A Polyplacophora (*Chiton*). B Bivalvia (*Nucula*). C Archaeogastropoda (*Patella*). D Neogastropoda (*Buccinum*). E Pulmonata (*Helix*). F Cephalopoda (*Octopus*). Verändert nach verschiedenen Autoren aus Götting (1974).

Innerhalb der Archaeogastropoda lassen sich die verschiedenen Augentypen zu einer Entwicklungsreihe ordnen, die modellhaft die Entwicklung der Sehorgane repräsentiert. Polyplacophora und Conchifera können Änderungen der Lichtintensität wahrnehmen und auf schnelle Veränderungen mit einem Schattenreflex reagieren. Die leistungsfähigsten Sinnesorgane gibt es innerhalb der Mollusken bei den Kopffüßern. Die Fähigkeit, Formen zu erkennen, ist nur für einige Coleoida nachgewiesen, muß aber auch für einige Wasserschnecken vermutet werden.

Paarige S t a t o c y s t e n entstehen bei den Conchifera als Ektoderm-Invaginationen, die sich zu Bläschen schließen. Sie werden von den Cerebralganglien innervicrt, obwohl sie nahe an den Pedalganglien liegen. Innen tragen sie ein Rezeptorepithel, im flüssigkeitserfüllten Lumen liegen kalkige Statolithen oder zahlreiche, kleine Statoconien. Mechanorezeptoren sind bei Mollusken allgemein verbreitet; auch Druck- und Temperaturveränderungen sowie magnetische und elektrostatische Felder können von vielen Mollusken wahrgenommen werden.

M e c h a n o r e z e p t o r e n finden sich besonders häufig an den Kopftentakeln und Rhinophoren der Gastropoda, an der mittleren Mantelrandfalte der Bivalvia und an den Saugnäpfen der Cephalopoda.

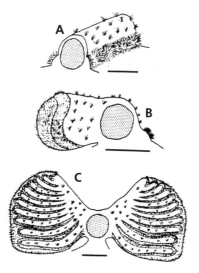

Abb. 391: Verschiedene Osphradien-Typen bei Gastropoda. A Einfach leistenförmig bei einem Weidegänger (*Littorina littorea*). Maßstab: 0,1 mm. B Ausbildung eines lateralen Blättchens bei einem Filtrierer (*Crepidula fornicata*). Maßstab: 0,1 mm. C Doppelfiedriges Osphradium-Blättchen bei einem Carnivoren (*Conus striatus*). Maßstab: 0,3 mm. Die (ursprünglich paarigen) Osphradien sind chemische und wahrscheinlich auch mechanische Sinnesorgane in der Mantelhöhle vieler wasserlebender Mollusken. Bei Schnecken wird das rechte Osphradium fortschreitend reduziert; das bei den Neogastropoda einzige verbleibende ist durch Ausbildung beidseitig der Achse angeordneter Blättchen vergrößert (C). Verändert nach Taylor und Miller (1989). Zur Lage des Osphradium in der Mantelhöhle vgl. Abb. 409B.

Über Propriorezeptoren ist wenig bekannt, doch können die Mollusca zumindest Dehnungs- und Scherungskräfte im Körper kontrollieren.

Chemorezeptoren treten an denselben Stellen im Körper auf wie die Mechanorezeptoren. Sie bestehen aus freien Nervenendigungen oder aus bewimperten Sinneszellen. Als Chemorezeptor ist wahrscheinlich auch das Subradularorgan der Poly- und Monoplacophora sowie der altertümlichen Gastropoda und der Scaphopoda einzustufen. Chemorezeptorische Streifen in der Mantelrinne der Polyplacophora sind wahrscheinlich den Osphradien der aquatischen Gastropoda homolog (Abb. 391). Sie liegen bei diesen zwischen den Kiemen und dem Mantelrand in der Mantelhöhle und werden von den Intestinalganglien innerviert. Mit der rechten Kieme wird auch das rechte Osphradium reduziert. Unter den Cephalopoda hat nur *Nautilus* Osphradien. Chemorezeption ist wichtig für das Auffinden der Nahrung, die Ortung von Feinden, bei der Suche nach dem Geschlechtspartner, beim Festsetzen von Jungtieren an das Substrat und für Kommensalen zum Auffinden der Wirtstiere (z. B. Tunicata, Echinodermata).

Die **Genitalorgane** liegen zum großen Teil im Eingeweidesack. Mollusken pflanzen sich ausschließ-

lich geschlechtlich fort. Caudofoveata, Poly- und Monoplacophora sowie Scaphopoda und Cephalopoda sind getrenntgeschlechtlich, während es in den anderen Gruppen auch oder nur Hermaphroditen, zum Teil mit Zwittergonaden, gibt.

Soweit bisher bekannt, entstehen die Urkeimzellen aus der Blastomere 4d. Sie differenzieren sich schrittweise unter dem Einfluß eines Neurohormons, des „androgenen Faktors".

Fortpflanzung und Entwicklung

Bei der ursprünglichen, äußeren Befruchtung werden zahlreiche Keimzellen ins Wasser entleert (Aplacophora, Polyplacophora, viele Archaeogastropoda und Bivalvia, ein Teil der Cephalopoda). Die Anzahl der erzeugten Oocyten hängt von deren Dottergehalt ab. Meist wird die Eizelle noch im Keimlager von Follikelzellen eingeschlossen, die sie ernähren und sekundäre Hüllen bilden können. Während des Wachstums schiebt sie sich in das Ovarlumen vor, bleibt zunächst noch durch einen stielartigen Gewebsstrang mit der Ovarwand verbunden und platzt schließlich als reife Oocyte aus dem Follikel heraus. Der Abschluß der Reifung erfolgt im Ovarlumen. Bei einigen Neogastropoda wird ein Teil der Eizellen zu Nähreiern. Bei ihnen sowie bei einigen Mesogastropoda und Opisthobranchia treten oft auch neben den typischen, haploiden Spermatozoen atypische Samenzellen mit abweichendem Chromatingehalt auf (Spermatozoenpolymorphismus). Innere Befruchtung ist bei höher evolvierten Mollusken die Regel. Das Ei wird dann bei der Passage durch die ausleitenden Gonodukte (Abb. 386) mit weiteren (tertiären) Hüllschichten umkleidet.

Kopulationsvorspiele sind von Gastropoda und Cephalopoda bekannt. Bei den terrestrischen Pulmonata kann das gesamte Liebesspiel über 2 Stunden dauern, bei Opisthobranchia 5 Tage. Zwittrige Gastropoda bilden manchmal Fortpflanzungsketten, in denen jedes Tier als Männchen für das daruntersitzende fungiert (*Aplysia, Lymnaea*). Besonders komplex sind die Paarungsspiele der Cephalopoda (Abb. 444). Paarungsbereitschaft, Partnererkennung und Erregungsgrad spiegeln sich bei ihnen in unterschiedlicher und schnell wechselnder Färbung und Musterung der Haut wider.

Fortpflanzungs- und Laichzeit werden durch Hormone und Neurosekrete, aber auch durch äußere Faktoren (insbesondere die Temperatur) gesteuert. Dadurch können in verschiedenen geographischen Arealen physiologisch unterschiedliche Gruppen leben, deren Fortpflanzungsrhythmen gegeneinander verschoben sind. Einfache Formen von Brutpflege gibt es in mehreren Klassen der Mollusken.

Die frühe **Ontogenese** ist durch ein regelmäßiges, konstantes und spiraliges Furchungsmuster gekennzeichnet. Eine Ausnahme machen nur die Cephalopoda, deren dotterreiche Eier sich diskoidal furchen.

A

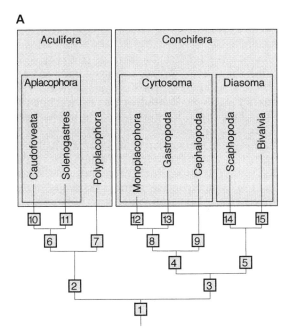

B

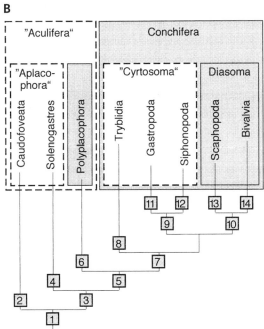

◁ **Abb. 392:** Mögliche phylogenetische Zusammenhänge innerhalb der Gruppe Mollusca. A Die hier zugrundegelegte Auffassung. Apomorphien: [1] Unsegmentierte Spiralia mit einem aus Cephalopodium und Visceropallium aufgebauten Körper; Radula; Hypobranchialdrüsen; tetraneures Nervensystem; Larven vom Veligertyp. [2] Cuticula mit Stacheln, Schuppen oder Platten; Anus subterminal; suprarektale Kommissur. [3] Einteilig angelegte Schale; paarige Statocysten; subrektale Kommissur; keine umfassende Cuticula; Kiefer. [4] Ausgeprägte Tendenz zur spiraligen Einrollung von Eingeweidesack mit Mantel (und Schale); Darm mit U-förmiger Schlinge (Anus daher in Kopfnähe). [5] Körper gestreckt; Schale primär vorn und hinten offen; Darm ohne ausgeprägt U-förmige Schlinge; in der Schale prismatische und gekreuzt-lamelläre Kalkschichten. [6] Körper wurmförmig; Cuticula mit Stacheln und Schuppen; Fuß reduziert; Mantelhöhle posterior; Gonoperikardial- und Renoperikardialgang zur Ausleitung der Geschlechtszellen. [7] Acht dorsale Schalenplatten; Aestheten; Gonodukte; umlaufende Mantelrinne. [8] Mantelrand- und Schalenstruktur weitgehend identisch. [9] Dominanz der dorsovisceralen Achse; Umgestaltung des Cephalopodiums; Chromatophor-Organe; große Leibeshöhle; Schale gekammert (oder reduziert); diskoidale Furchung. [10] Fußschild; terminaler Pallialraum; 1 Paar Kiemen; getrenntgeschlechtlich; unpaare Gonade; äußere Befruchtung. [11] Ventralfurche mit Fußrudiment; subterminaler Pallialraum; keine Kiemen; zwittrig; paarige Gonaden; innere Befruchtung. [12] Mehrfach-paarige Organe, insbesondere der Exkretion; Perikard paarig. [13] Asymmetrie: Torsion (mit Chiasto- oder Euthyneurie); Spiralwindung des Visceropallium (mit Mantel und Schale); Gonade unpaar. [14] Mantel (und Schale) konisch-röhrenförmig; Captacula; getrenntgeschlechtlich. [15] Mantel zweilappig (Schale daher zweiklappig); Kopf einschließlich Radula und Speicheldrüsen völlig reduziert. B Nach Salvini-Plawen (1990): [1] Unsegmentierte Leibeshöhle; Mantel mit Mantelhöhle; Radula. [2] Wurmförmige Gestalt; Radularmembran über jedem Zahnpaar verstärkt. [3] Mantelhöhle praeoral verbunden; Lokomotion auf Fuß beschränkt; mediodorsale Mantelkörper in 7 Querreihen. [4] Vereinfachung des Körperbaus im Zusammenhang mit der Nahrung (Cnidaria). [5] Verschmelzung der mediodorsalen Mantelkörper zu Platten oder Schalen unter Einbeziehung von Mantelpapillen; mit Subradularorgan. [6] Vervielfachung der Kiemen; Radula mit 17 Zähnen pro Querreihe; Aestheten; larvale Ocelli. [7] Schalendrüse; freier Kopf mit Anhängen; Kiefer; Magen mit Protostyl; Statocysten. [8] Kiemen und Atrien mehrfach-paarig. [9] Kopf mit cerebral innervierten Photorezeptoren; Mantel (und Schale) auf den Bereich des Eingeweidesacks reduziert. [10] Laterale Vergrößerung von Mantel und Schale; Fuß vorn verlängert. [11] Torsion des Eingeweidekomplexes mit Chiastoneurie; Reduktion der ursprünglich rechten Gonade; 1 Paar dorsoventrale Muskeln. [12] Gekammerte Schale; Siphunculus; Kopfanhänge zu Armen; Trichter (aus dem Fuß hervorgegangen). [13] Ventrale Verschmelzung der Mantellappen; Reduktion der Kiemen; Captacula. [14] Keine Verkalkung im mediodorsalen Schalenbereich; Suspensionsfresser mit Reduktion der Buccalregion.

Bei der Spiralfurchung (Abb. 286–288) folgen die ersten 5 Furchungsschritte regelmäßig und relativ schnell aufeinander; dann tritt eine etwas längere Pause ein, und die folgenden Teilungen verlaufen nicht mehr synchron. Das künftige Schicksal der Blastomeren wird früh, jedoch nicht unabänderlich festgelegt. In allen Mollusken-Eiern ist eine animal-vegetative Achse ausgebildet, deren Lage schon durch die Position der Oocyte im Ovar beeinflußt

wird. Die Symmetrieebene wird durch die erste Furchungsebene bestimmt. Während der 1. Furchung stülpt sich bei vielen Mollusken ein „Pollappen" aus (nicht bei Polyplacophora, Archaeogastropoda, Pulmonata und Opisthobranchia), der später wieder mit der Blastomere CD verschmilzt. Diese bildet in der 2. Furchung erneut einen Pollappen, der in der Makromere D aufgeht. In den Pollappen werden morphogenetische Determinanten gebildet, die auch am vegetativen Pol nachweisbar sind und eine der Blastomeren zum D-Quadranten des künftigen Embryos bestimmen. Der einmal determinierte D-Quadrant fungiert bei allen Mollusken als Organisator, der durch zelluläre Interaktionen die Entwicklung der anderen Quadranten kontrolliert. Das Mesoderm der Mollusken besteht aus zwei Anteilen: dem Ektomesoderm aus dem 2. oder 3. Mikromerenquartett und dem Endomesoderm aus der Mikromere 4d.

Furchungshöhlen zwischen den Blastomeren treten oft mehrfach nacheinander auf und führen zur Entstehung einer Coeloblastula (Polyplacophora, die meisten Bivalvia, Archaeogastropoda, Scaphopoda). Bei den meisten Gastropoda wird die Höhlung zu einem Schlitz reduziert, und die Blastula ähnelt einer Placula. Bei dotterreichen Eiern entwickelt sich eine Sterroblastula (ohne Blastocoel): der Dotter bleibt in den Makromeren, denen die sehr kleinen Mikromeren kappenförmig aufliegen (einige marine Gastropoda und Bivalvia). Die Gastrulae entstehen durch Invagination aus der Coeloblastula oder durch Epibolie aus der Sterroblastula.

Im Ergebnis führt die Entwicklung im typischen Falle zu einer **Larve**: Praeveliger (Abb. 387 B), Hüllglockenlarve (Abb. 387 A) oder meist typischer Veliger. Der Veliger ist durch das Auftreten bewimperter Zellen im Bereich der Kopfanlage oder bewimperter „Segellappen" (Vela) gekennzeichnet. Er unterscheidet sich schon sehr früh durch die Anlage der Schalendrüse und anschließend der Primärschale (Protoconch), den Schalenretraktormuskel, bald auch durch charakteristische Fuß- und Kopfanlage und weitere Merkmale, von der Trochophora der Annelida (S. 377). Häufig wird die Entwicklung jedoch abgewandelt und verkürzt, insbesondere bei Arten mit Eikapseln, aus denen bereits adultähnliche Stadien schlüpfen.

Systematik

Die Mollusca sind eine phylogenetisch alte Gruppe, deren Konstruktionstypen präkambrisch entstanden sind.

In der aktuellen Diskussion werden insbesondere die Beziehungen zu Plathelminthes (S. 210), Sipuncula (S. 331) und Annelida (S. 353) erörtert. Zur Zeit gibt es mehr Argumente für eine nähere Verwandtschaft der Mollusca mit den Annelida als mit den Plathelminthes. Dies ergibt sich unter anderem aus der Coelomnatur bestimmter Leibeshöhlen, dem Ablauf der Furchungsteilungen, aus dem metanephridialen Exkretionssystem der Adulten (mehrfach-paarig bei *Neopilina*) sowie besonderen physiologischen und biochemischen Übereinstimmungen mit den Annelida. Auch für enge verwandtschaftliche Beziehungen zu den Sipuncula gibt es einige gute Hinweise (S. 335).

Die Stammart der Mollusca war vermutlich ein abgeflachtes, kriechendes Tier mit dorsaler, schützender Conchinschicht, in die seit der Wende Präkambrium/ Kambrium $CaCO_3$ eingelagert wurde. Wie sich die Stammesgeschichte vollzogen hat, wird dagegen kontrovers gesehen. Als wahrscheinlich vermutet man, daß die **Caudofoveata** und **Solenogastres** mit ihrer den Körper weitgehend umschließenden dicken Cuticula mit Schuppen und Stacheln sich früh von den anderen Weichtieren getrennt haben. (Fossil sind sie nicht nachgewiesen, die †**Halkieriida** aus dem Unterkambrium stehen ihnen – und vielleicht auch der Stammart der Anneliden – möglicherweise aber sehr nahe). Nach der hier favorisierten Vorstellung (Abb. 392 A) bilden sie ein Monophylum (**Aplacophora**) und lassen sich mit den **Polyplacophora**, die durch eine auf den Gürtelbereich beschränkte dickere Cuticula und 8 dorsale Schalenplatten ausgezeichnet sind, zum Taxon **Aculifera** („Stachelträger") vereinigen. Andere Autoren erkennen dagegen keine Synapomorphien für ein derartiges Schwestergruppenverhältnis (Abb. 392 B).

Grundsätzlich werden alle höheren Mollusken aufgrund einer ursprünglich einheitlichen Schale als Monophylum **Conchifera** angesehen; sie zeigen darüber hinaus (zumindest in ihren als basal beurteilten Taxa) zahlreiche Gemeinsamkeiten, wie Bau des Mantelrandes, der Schale und der Statocysten. Auch das Schwestergruppenverhältnis von **Bivalvia** und **Scaphopoda** steht außer Zweifel; bei ihnen dominiert (wie bei den Aculifera) die Körperlängsachse (**Diasoma**), sie stimmen in Mantelanlage und -transformation überein. Sehr unterschiedlich wird die Stellung der (nicht spiraligen) **Monoplacophora** beurteilt. Nach Meinung einiger Autoren zeigen sie mit den Gastropoden so viele Übereinstimmungen, daß sie in diese eingeordnet werden sollten. Hier werden sie als Schwestergruppe der Gastropoden aufgefaßt (Abb. 392 A), im Alternativ-Stammbaum der Abb. 393 erhalten sie eine noch basalere Position (**Tryblidia**). Die enge Verwandtschaft von **Gastropoda** und **Cephalopoda** wird – im Gegensatz zu früheren Systemen – heute grundsätzlich anerkannt (**Cyrtosoma**). Bei ihnen ist eine ausgeprägte Tendenz zur Spiralisierung erkennbar. Bei den Gastropoden kommt die Torsion (S. 292) hinzu. Bei den Cephalopoden ist die Körperlängsachse stark verkürzt, so daß die Spiralisierung nur bei wenigen rezenten (z.B. *Nautilus*) (Abb. 439), aber zahlreichen fossilen Arten (z.B. Ammoniten) (Abb. 446) noch ausgeprägt ist.

1 Aculifera, Stachelweichtiere

Marine Mollusken mit ausgeprägter Längsachse, denen eine Schale entweder völlig fehlt oder deren Dorsalseite 8 Schalenplatten trägt. Der Anus liegt subterminal; Kopfaugen, Fühler, Statocysten und Kristallstiel fehlen.

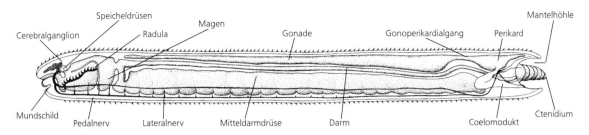

Cerebralganglion — Speicheldrüsen — Radula — Magen — Gonade — Gonoperikardialgang — Perikard — Mantelhöhle

Mundschild — Pedalnerv — Lateralnerv — Mitteldarmdrüse — Darm — Coelomodukt — Ctenidium

Abb. 393: Caudofoveata. Innere Organisation, Lateralansicht. Kombiniert nach Salvini-Plawen (1969) und anderen Autoren.

1.1 Aplacophora, Wurmmollusken

Etwa 250 Arten mariner, wurmförmiger, bilateralsymmetrischer Mollusken mit reduziertem Fuß. Die Cuticula enthält Kalkspicula oder wird von Kalkschuppen bedeckt. Gonodukte münden über das Perikard nach außen.

1.1.1 Caudofoveata, Schildfüßer

Die meist unter 3 cm (ausnahmsweise 14 cm) langen Tiere (ca. 60 Arten) leben in der oberen Schicht mariner Weichböden vom Sublitoral bis in etwa 2200 m Tiefe (Abb. 393, 394). Sie liegen schräg kopfabwärts im Sediment, dem sie ihre Nahrung mit der Radula entnehmen (Detritus, Diatomeen, Foraminiferen). Ihr Hinterende mit dem glockenförmigen Pallialraum erreicht in Ruhestellung gerade die Sedimentoberfläche. Die beiden Kiemen werden ins Wasser gestreckt und ständig rhythmisch bewegt. Sie bestehen aus bis zu 30 bewimperten Lamellen und sind durch lange, endständige Spicula geschützt. Der Fußschild stellt eine Grab- und Sinnesplatte der peri- oder postoralen Region dar. Das Epithel bildet mit meist drei daruntergelegenen Muskelschichten einen Hautmuskelschlauch, durch dessen peristaltische Kontraktionen sich die Tiere grabend bewegen.

Das **Nervensystem** besteht aus 2 Paar Marksträngen, die im vorderen Körperdrittel durch Kommissuren und hinten durch eine über den Enddarm führende Suprarektalkommissur verbunden sind. Über dem Vorderdarm liegt ein aus zwei Anteilen verschmolzenes Cerebralganglion. Weitere, kleinere Ganglien innervieren bestimmte Organe, vor allem im Vorderdarm- und Pallialraumbereich. Um den Schlund verläuft auch ein Paar von Buccalkonnektiven. Sinneszellen finden sich am Grabschild und in einem dorsoterminalen Sinnesorgan am Dach des Pallialraumes.

Der **Verdauungstrakt** ist einfach gebaut (Abb. 393, 389 A). In den Vorderdarmbereich münden mehrere Paare von Drüsen ein. Die Radula besteht oft nur aus einer Zahnquerreihe. Vom kurzen Mitteldarm entspringt ventrad ein relativ großer Mitteldarmsack (Mitteldarmdrüse, Verdauungssack), dessen Wände enzymsezernierende und resorbierende Zellen enthalten, so daß er wahrscheinlich das Zentrum der Verdauung darstellt. Der Enddarm mündet ventral in den Pallialraum.

Das **Zirkulationssystem** ist offen. Das Herz wird von einer dorsalen Einfaltung in das Perikard ge-

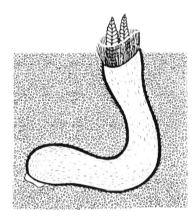

Abb. 394: Caudofoveata. Das Tier steckt kopfüber im marinen Weich-Sediment und streckt das Hinterende mit den Kiemen hervor. Aus Edlinger (1991).

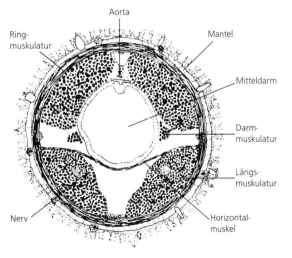

Aorta — Ring-muskulatur — Mantel — Mitteldarm — Darm-muskulatur — Längs-muskulatur — Nerv — Horizontal-muskel

Abb. 395: Caudofoveata. Querschnitt durch die vordere Körperregion von *Chaetoderma nitidulum* (entkalkt). Aus Salvini-Plawen (1988).

Abb. 396: Solenogastres. Während viele Vertreter dieser Gruppe frei auf oder im Sediment kriechen, wird hier eine epizoisch auf und von Hydropolypen, Alcyonarien und Korallen lebende Art gezeigt. Aus Edlinger (1991).

bildet und besteht aus dem Ventrikel und meist einem Atrium. Die Hämolymphe wird durch eine Aorta kopfwärts gepumpt und fließt durch Lakunen ventrad großenteils zu den Kiemen und von da zum Herzen zurück. Spezielle Exkretionsorgane sind nicht bekannt; vermutlich erfolgt die **Exkretion** im Perikard und in den von dort ausgehenden Coelomodukten (Gonodukten).

Die Caudofoveata sind getrenntgeschlechtlich. Aus der dorsalen, unpaaren Gonade gelangen die

Gameten durch zwei bewimperte Gonoperikardialgänge in das Perikard und von da durch die erwähnten Gonodukte und die anschließenden Laichgänge in den Pallialraum. Die Keimzellen werden ins freie Wasser entleert, wo die Befruchtung stattfindet. Die anschließende Entwicklung ist unbekannt.

Chaetoderma nitidulum, 8 cm. Körper aus drei Abschnitten; vor der schwedischen W-Küste in 20–40 m Tiefe im Schlamm.

1.1.2 Solenogastres, Furchenfüßer

Die Solenogastres (ca. 180 Arten) sind langsam auf ihrer Schleimspur gleitende oder sich durch das Sediment grabende Formen; viele leben epizoisch auf Anthozoen und Hydrozoen (Abb. 396). Sie kommen vom Sublitoral bis über 4000 m Tiefe vor; über die geographische Verbreitung ist wenig bekannt.

Der **Körper** der wenige Millimeter, ausnahmsweise bis 30 cm langen, wurmförmigen Mollusken (Abb. 398) ist im Querschnitt rund bis auf eine medioventrale Eintiefung, die Bauchfurche, in der bei manchen Gattungen eine Längsfalte als Fußrudiment erhalten ist. Der Pallialraum liegt subterminal und enthält keine Kiemen (Abb. 397), aber bei einigen Arten Falten, die vermutlich die respiratorische Funktion unterstützen. In die Cuticula sind Kalkstacheln und -schuppen eingelagert. Darunter liegt ein schwacher Hautmuskelschlauch, der ventral oft völlig reduziert ist. Die Tiere produzieren mit zahlreichen, in die Bauchfurche mündenden Drüsenzellen Schleim, auf dem sie mit Hilfe der Bewimperung der Furche gleiten. Zahlreiche Drüsen finden sich auch im Vorderdarmbereich (Abb. 389 B). Er ist bei einigen Arten zu einem Pumpsystem umgestaltet und saugt Hydroidpolypen aus oder nimmt Objekte vom Substrat auf. Die **Radula** ist bei vielen Arten zweizeilig, so daß die Zähne wie Greifhaken die Beute fassen können. Bei etwa 1/3 der bekannten Spezies ist die Radula völlig reduziert. Die Nahrung wird im Mitteldarm resorbiert; weder Mitteldarmdrüse noch Exkretionsorgane sind vorhanden. In den Faeces wurden Zellen (Nephrocyten) nachgewiesen, die Harnsäure und Pigmentgrana aus dem Körper ausführen. Das Zir-

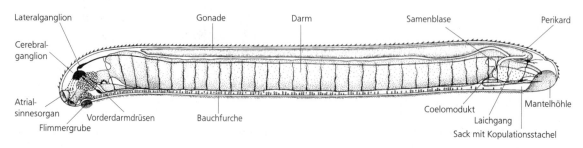

Abb. 397: Solenogastres. Innere Organisation, Lateralansicht. Kombiniert nach Salvini-Plawen (1969) und anderen Autoren.

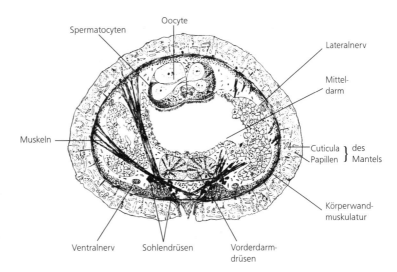

Abb. 398: Solenogastres. Querschnitt durch die Körpermitte von *Anamenia gorgonophila.* Aus Salvini-Plawen (1988).

kulationssystem entspricht weitgehend dem der Caudofoveata.

Die Furchenfüßer sind Zwitter mit paarigen, dorsomedianen Gonaden. Die Keimzellen gelangen (über eine wohl sekundär entstandene Verbindung) in das Perikard und von da über Laichgänge in den Pallialraum. Protandrie ist verbreitet; die jungen Tiere (funktionelle Männchen) können die Laichgänge ausstülpen und als Penes benutzen. In der seitlichen Pallialraumwand gebildete Stilette sollen bei der Kopulation ähnlich wie die Liebespfeile einiger Lungenschnecken stimulierend wirken. Die Befruchtung ist wohl immer eine innere. Auf die inäquale **Spiralfurchung** folgt die Gastrulation durch Immigration. Der Embryo wird in eine Hülle aus großen Deckzellen eingeschlossen und entwickelt sich zu einer Hüllglockenlarve (wie bei Protobranchia und einigen Scaphopoda) (Abb. 387 A). Bei anderen Arten tritt eine trochophora-ähnliche Larve auf, bei Furchenfüßern mit Brutpflege im Mantelraum eine vereinfachte Hüllglockenlarve. Während der Metamorphose streckt sich die Larve entlang der Hauptachse, wobei Mund und After in ihre subterminalen Positionen gelangen.

Neomenia carinata, 8–20 mm. Rücken gekielt, auf sandigem Boden und Schlamm in Nordsee, N-Atlantik und Mittelmeer.

1.2 Polyplacophora (Placophora, Loricata), Käferschnecken

Die ausschließlich marinen Käferschnecken leben vor allem im Flachwasser felsiger Küsten; einige kommen auch in großen Tiefen vor (bis 4400 m). Die größte Mannigfaltigkeit der etwa 900 rezenten Arten findet man im Australischen Raum. Tagsüber sitzen die Tiere an ihren Ruheplätzen (Abb. 399) und werden erst in der Dämmerung aktiv. Das Kriechen mittels retrograder Kontraktionswellen auf der breiten Fußsohle wird durch Schleimabsonderung erleichtert.

Bau

Die in Aufsicht ovalen bis gestreckt-ovalen Weichtiere (Körperlänge 0,45–43 cm) haben 8 **Schalenplatten** (Abb. 399) auf dem Rücken, die sich meist dachziegelartig überdecken und die durch nicht verkalkte Integumentschichten beweglich miteinander verbunden sind. Die Platten sind charakteristisch gefeldert und strukturiert, oft auch intensiv pigmentiert. Sie werden außen vom Gürtel (Perinotum) eingefaßt, bei manchen Arten auch teilweise oder völlig bedeckt. Mit ihrem großen Kriechfuß halten sich die Placophora auf felsigem Substrat so fest, daß sie auch starker Brandung widerstehen. Der **Kopf** ist auf der Ventralseite durch eine Furche

Abb. 399: *Lepidochitona cinerea,* Käferschnecke (Polyplacophora), 2,5 cm, häufig auf Hartböden des Eulitorals der Nordseeküsten. Original: W. Westheide, Osnabrück.

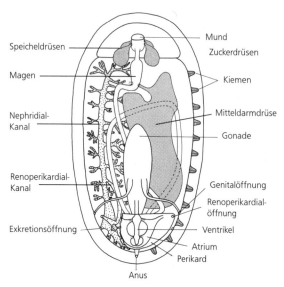

Speicheldrüsen

Magen

Nephridial-Kanal

Renoperikardial-Kanal

Exkretionsöffnung

Mund
Zuckerdrüsen

Kiemen

Mitteldarmdrüse

Gonade

Genitalöffnung
Renoperikardial-öffnung

Ventrikel

Atrium
Perikard

Anus

Abb. 400: Polyplacophora. Innere Organisation, Aufsicht. Herz und Perikard links unvollständig, Exkretionssystem nur links, Kiemen nur rechts eingezeichnet, linke Mitteldarmdrüse weggelassen. Nach Götting (1974), verändert.

vom **Fuß** abgesetzt. Ventrolateral umzieht die Mantelrinne Kopf und Fuß; sie enthält bis zu 88 doppelfiedrige Kiemen. Die größten liegen in der Nähe der Exkretionsöffnungen, nach vorn und hinten werden sie kleiner. Die Anzahl der Kiemen kann rechts und links verschieden sein und ist auch vom Alter abhängig.

Die Platten bestehen bei den rezenten Arten aus mehreren, verkalkten Schichten: dem Tegmentum und dem Articulamentum sowie – an den Ansatzstellen der Retraktormuskeln – dem Hypostracum. Das Tegmentum wird von Ausläufern des Mantelepithels durchzogen, von denen einige am äußeren Ende Sinnesorgane tragen: die Ästheten. In kleinen Schalenporen sind dies einzelne Sinneszellen (Micrästheten), in größeren bestehen sie aus mehreren Rezeptorzellen (Macrästheten) oder einer Kombination beider Typen. Die Macrästheten sind vor allem bei tropischen Arten zu Schalen-

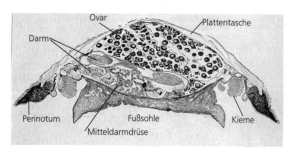

Ovar

Darm

Plattentasche

Perinotum

Fußsohle

Mitteldarmdrüse

Kieme

Abb. 401: *Lepidochitona cinerea* (Polyplacophora). Querschnitt durch das hintere Körperdrittel. Original: K.J. Götting, Gießen.

augen mit Linse und Retina differenziert und können in regelmäßigen Mustern und großer Anzahl auftreten.

Das Articulamentum bildet an den Platten II-VIII unter anderem die flügelartig vorspringenden, unter die davorliegende Platte greifenden „Apophysen". Seitlich sind die Platten im Gürtel verankert. Die Cuticula des Gürtels ist nur an den Plattenrändern durch Chinoneinlagerung gegerbt. Sie wird von Kalkstacheln oder -schuppen durchdrungen, die aus $CaCO_3$-Kristallen und Pigmentgrana bestehen. Einige Gattungen bilden chitinöse, gebogene „Haare" aus (*Mopalia*). Alle diese Bildungen werden von Gruppen spezialisierter Epidermiszellen erzeugt. Die Haare stehen durch Dendriten mit Hautnerven in Verbindung.

Die 8 Schalenplatten werden durch je 2 dorsoventrale Muskelpaare im Fuß verankert, deren Kontraktionen insbesondere für die Ansaugfähigkeit der Kriechsohle wichtig sind. Starke Längsmuskeln im Gürtel geben vielen Käferschnecken die Fähigkeit, sich asselartig einzurollen. Von dieser Fähigkeit machen sie Gebrauch, wenn sie vom Substrat abgelöst werden.

Die Placophora ernähren sich vorwiegend von pflanzlichem, zusätzlich auch von tierischem Aufwuchs (Hydrozoen, Bryozoen, Balaniden). Die Mundöffnung liegt im Mundfeld vor der Kriechsohle; in die Mundhöhle münden Buccaldrüsen (Speicheldrüsen) (Abb. 389 C); in einer Aussackung liegt das Subradularorgan, das wahrscheinlich chemorezeptorisch arbeitet. Die **Radula** ist groß: sie erreicht etwa 1/3 der Körperlänge. In ihrer basalen Matrix sind 17 Längsreihen von Zähnen verankert, die vor allem im Spitzenbereich durch eingelagerten Magnetit gehärtet sind. Oft sind mehr als 40 Querreihen von Zähnen ausgebildet, mit denen die Nahrung abgeschabt und in den Schlund befördert wird. In den anschließenden Vorderdarmbereich münden die großen „Zuckerdrüsen" (Abb. 400), die mehrere Typen von Enzymen abgeben. Die Nahrung gelangt dann in den schlauch- oder birnenförmigen Magen, von dem die ungleich großen Mitteldarmdrüsen ausgehen, in denen auch Nährstoffe gespeichert werden. Mittel- und Enddarm sind lang und in Schlingen gelegt und münden auf einer Papille hinter dem Fußende in die Mantelrinne.

Das **Nervensystem** besteht im wesentlichen aus einem Schlundring sowie paarigen Lateral- und Ventralkonnektiven mit Markstrangcharakter (Abb. 390 A). Zahlreiche Kommissuren verbinden die kontralateralen Konnektive. Bei einigen Arten sind Cerebralganglien ausgebildet. Weitere Ganglien treten im Buccal- und Subradularbereich auf. Einfache chemische und Tastsinnesorgane finden sich am gesamten Körper verteilt. Konzentriert sind sie in den Osphradien im hinteren Teil der Mantelrinne, in vorn gelegenen Riechorganen, an Sinnestentakeln, in den Subradularorganen und vor allem den im Tierreich einmaligen Ästheten, die von den Lateralsträngen innerviert werden (s. o.).

Das **Zirkulationssystem** ist offen. Das Herz liegt unter den Platten VII und VIII im abgeflachten Perikard (Abb. 400). Es besteht aus dem röhrenförmigen, medianen Ventrikel und 2 Atrien. Die Kammer öffnet sich nach vorn in eine Aorta, an die sich kleinere Arterien anschließen. Die Hämolymphe fließt dann weiter durch Lakunen und Sinus zu den Kiemen und von da zu den Atrien zurück. Die Hämolymphe macht etwa 40% des Weichkörpergewichtes aus; in ihr ist Hämocyanin gelöst, und sie enthält Pigmente in freien Grana und in Amöbocyten.

Die doppelfiedrigen **Kiemen** inserieren am Dach der Mantelrinne (Abb. 401); sie sind bewimpert und erzeugen einen kräftigen Wasserstrom. Dieser tritt vorn unter dem leicht angehobenen Gürtel in die Mantelrinne ein und verläßt sie hinten wieder.

Die **Exkretion** erfolgt über die Atrienwand (mittels Podocyten) in das Perikard, aus dessen anterolateralen Taschen die kurzen, bewimperten Renoperikardialgänge zu den langgestreckten, seitlichen Nierensäcken führen. Diese münden jederseits hinten in die Mantelrinne (Abb. 400).

Fortpflanzung und Entwicklung

Das **Genitalsystem** ist einfach. Bisher sind nur wenige zwittrige Arten bekannt, die meisten sind getrenntgeschlechtlich. Die ursprünglich paarigen Gonaden verschmelzen miteinander (Ausnahme: *Nuttallochiton*) und liegen dorsal, etwa unterhalb der Platten III bis VI. Paarige Gonodukte leiten die Gameten zur Genitalöffnung in der Mantelrinne. Während die Spermatozoen meist einfach gebaut sind („primitiver" Typ), werden die Oocyten von drei, zum Teil kompliziert gefalteten Hüllschichten umgeben. Meist erfolgt eine äußere Befruchtung, selten tritt Ovoviviparie auf. Wenige Arten treiben eine einfache Brutpflege in der Mantelrinne. In der Regel entwickeln sich die Eier im freien Wasser zu einer Schwimmlarve vom Trochophora-Typ. Nach zunächst total-äqualer, dann inäqualer Teilung schließt sich vom 8-Zell-Stadium eine Spiralfurchung an.

Lepidopleurus asellus (Lepidopleurida), bis 20 mm, im Sublitoral der Nordsee meist auf Muschelschalen. – *Lepidochitona cinerea* (Ischnochitonida) (Abb. 399), 22 mm, häufigste Käferschnecke der Nordseeküsten, im Eulitoral z.B. an Muschelschalen, auf Helgoländer Buntsandstein. Abanale Kiemen und Osphradium vorhanden. Geht auch tagsüber auf Nahrungssuche. Weibchen bei 6 mm legereif, ca. 1300 Eier. Geschlechterverhältnis 1:1. – Zahlreiche *Chiton*-Arten in tropischen und subtropischen Meeren. – *Cryptochiton stelleri* (Acanthochitonida), mit 40 cm die größte Käferschnecke. Platten völlig vom lederartigen Perinotum überwachsen. N-Pazifik. Objekt für physiologische Versuche.

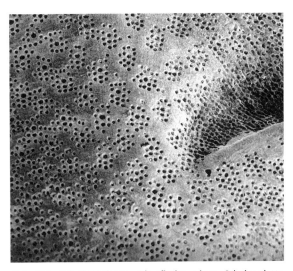

Abb. 402: Polyplacophora. Oberfläche einer Schalenplatte (Tegmentum) mit den Porenkanälen für die Aestheten (Sinneszellen). Original: K. Märkel, Bochum.

2 Conchifera, Schalenweichtiere

Diese Gruppe enthält alle Mollusken mit einer einheitlich angelegten **Schale**, die in einigen Taxa während der frühen Ontogenese zu 2 Klappen geknickt (Bivalvia, Abb. 453, wenige Saccoglossa, Abb. 430), nach Verwachsung der Mantelränder röhrenförmig (Scaphopoda, Abb. 464), ins Körperinnere verlagert und/oder reduziert wird (einige Gastropoda, Coleoida). Die Schale schützt den Weichkörper, dient als Ansatzstelle für Muskulatur, wird bei manchen Bivalvia zu einem Bohrwerkzeug und bei vielen Cephalopoda zu einem hydrostatischen Organ. Cuticula-Bereiche mit Spicula fehlen.

Die Schale entsteht generell im Bereich der Schalendrüse der Larve aus verdickten Ektodermzellen, die eine Schicht Ca-bindender Glykoproteide (Conchin) sezernieren. Deren Muster bestimmt die Lage der Kristallisationszentren bei der anschließenden Abscheidung von $CaCO_3$ unter die organische Schicht. Es entsteht zunächst simultan eine Embryonalschale (Protoconch I), die sich strukturell von der durch Randzuwachs gebildeten Larvalschale (Protoconch II) und von der Adultschale (Teloconch) unterscheidet. Bei einigen Arten wird der Protoconch später abgestoßen und die Öffnung durch eine verkalkende Platte verschlossen. Das Flächen- und das primäre Dickenwachstum der Adultschale gehen vom Mantelrand aus (Abb. 403). An der Basis der äußeren Mantelrandfalte liegen drüsig modifizierte Epithelzellen, die Conchin abscheiden, das die schützende Oberfläche der Schale bildet (Schalenhäutchen oder Periostracum). Darunter werden von den äußeren Mantelrandzellen Kalksalze abgelagert. Im einzelnen ist die Struktur verschieden; als ursprünglich gilt ein Kon-

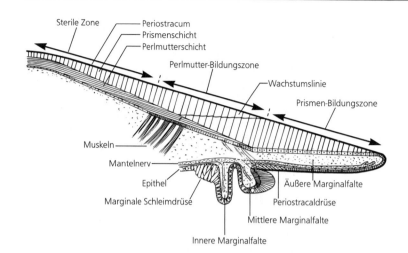

Abb. 403: Conchifera. Mantelrand und Schalenschichten in typischer Anordnung (*Neopilina galatheae*). Nach Lemche und Wingstrand (1959) aus Götting (1974).

struktionstyp mit äußerer Prismenschicht und innerer Perlmutterschicht.

Die Kristalle werden in der Regel in Conchintaschen gebildet: in der Perlmutterschicht meist als Aragonit in rhombisch-pseudohexagonalen Plättchen, die in vielen Schichten etwa parallel zur Körperoberfläche liegen und aufgrund ihrer Struktur den irisierenden Glanz erzeugen. Der Bau der Perlmutterschicht stimmt bei den Monoplacophora, Gastropoda, Bivalvia und Nautiloida weitgehend überein, während die Coleoida einen abweichenden Strukturtyp haben. Der zwischen Mantelepithel und Schale gelegene extrapalliale Raum wird nach außen auch dann durch ein Sekretband verschlossen, wenn der Mantelrand nicht gerade Zuwachsmaterial am Schalenrand ablagert. Gelegentlich dringen dennoch Parasiten wie Milben und Trematodenlarven in den extrapallialen Raum und in das Mantelgewebe ein, was Perlbildung induzieren kann. Diese Abwehrreaktion wird bei bestimmten Muscheln vom Menschen ausgenutzt, um „Zuchtperlen" zu erzeugen (S. 326).

Die Größenzunahme der Schale erfolgt am Rand und meist periodisch, wodurch Wachstumsstreifen entstehen. Schalenbeschädigungen können nur dann repariert werden, wenn das daruntergelegene Mantelepithel unverletzt geblieben ist oder schnell regenerieren kann.

Die Formen der Conchiferenschalen sind äußerst vielfältig, aber nicht beliebig, sondern stehen in zahlreichen Fällen nachweisbar in einem Zusammenhang mit der Lebensweise. So ermöglicht die Napfform vieler Schneckenhäuser die Ausbildung eines breiten Fußes und damit effektiveres Anheften am Substrat, was auch die Besiedlung der Brandungszone ermöglicht. Schlanke, turmförmige, grabende Schnecken haben oft kantige (getreppte) Umgänge; diese verhindern, daß das Gehäuse beim Vorwärtsstrecken des Fußes zurückgleitet. Grabende Gastropoda mit kugeligem Gehäuse bedecken dieses mit großen Fußlappen, die hydrostatisch so geformt und stabilisiert werden, daß die Schnecken sich durch das Sediment bewegen können. Stacheln schützen gegen Freßfeinde (Fische), vor allem auch die Siphonen (röhrenartige Fortsätze des Mantelrandes). Leisten, Stacheln, Höcker und Knoten verhindern ein Rollen des Tieres bei Wasserbewegung. Die typische Form der Muschelschalen

mit stumpferem, verdicktem Vorderende erleichtert das Graben im Sediment, da das Vorderende als Drehpunkt dient, um den die Bewegung durch wechselweise Kontraktion der vorderen und hinteren Fußretraktormuskeln erfolgt. Rippen auf den Klappen und lamelläre Oberflächenstrukturen erschweren dabei das Zurückgleiten. Schnellkriechende oder schwimmende Muscheln haben meist leichte Schalen, die durch Faltung stabilisiert werden.

Die Schalen vieler Conchifera sind farbig und gemustert. Die Pigmente liegen in einer „Musterkalkschicht" unter dem Periostracum und werden daher im Leben oft von diesem überdeckt. Die Musterkalkschicht wird von einem schmalen Epithelstreifen am Mantelrand erzeugt. Arbeiten diese Epithelzellen kontinuierlich, so entstehen einheitlich gefärbte Flächen oder radiale Linien und Bänder. Periodische Sekretion erzeugt radiale Punkte, unterbrochene oder zusammenhängende, konzentrische Bänder. Auf derselben Schale können mehrere Farbmuster übereinander oder nacheinander kombiniert sein. Manchmal sind auch die Individuen einer Population unterschiedlich gefärbt und gemustert (Prosobranchia; Farbpolymorphismus bei *Cepaea*).

Der **Kopf**, der nur bei den Bivalvia sekundär vereinfacht ist, trägt oft Fühler, Augen oder Mundlappen; im **Fuß** liegt 1 Paar Statocysten. Die ventralen Konnektive bilden eine subrektale Kommissur. In allen Gruppen der Conchifera gibt es einen Trend zur Ausbildung von Ganglien und – bei gutbeweglichen Arten – zur Konzentration der Hauptganglien im Kopf.

2.1 Cyrtosoma, Gekrümmtschaler

Als Cyrtosoma bezeichnet man Conchiferen mit mehr oder weniger konischer, einheitlicher Schale und der Tendenz zur Spiralisierung des Körpers. Der Darmtrakt bildet eine U-förmige Schlinge, so daß der Anus vorn, in der Nähe des Mundes, zu liegen kommt. Die Monoplacophora stimmen mit dieser Charakterisierung nicht voll überein und werden deshalb von einigen Autoren nicht zu den Cyrtosoma gezählt.

2.1.1 Monoplacophora,
Urmützenschnecken, Napfschaler

Die nur 20 rezenten Arten leben auf Weich- und Hartböden im Atlantik, Pazifik und Indik in Tiefen von etwa 170–6 500 m.

Fossil kennt man sie aus dem Kambrium bis Devon und dem Pleistozän.

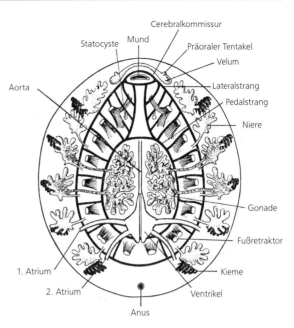

Abb. 405: Monoplacophora (*Neopilina galatheae*). Schema der inneren Organisation. Verdauungssystem weggelassen. Verändert nach Lemche und Wingstrand (1959) und Salvini-Plawen (1981).

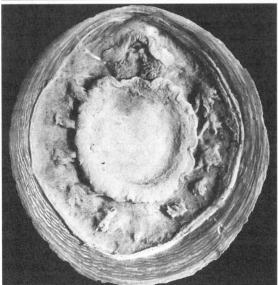

Abb. 404: *Neopilina galatheae* (Monoplacophora). A Aufsicht, Vorderende oben. B Ventralansicht mit Mundfeld, Fuß und Mantelrinne mit Kiemen. Aus Lemche und Wingstrand (1959).

Bau

Die 0,9–40 mm lange **Schale** ist napfförmig mit einer nach vorn gewandten Spitze (Abb. 404 A). Sie ist durch 8 Paar dorsoventrale Muskeln mit dem breiten, flachen **Kriechfuß** verbunden. Dieser wird von der Mantelrinne umgeben (Abb. 404 B), in der 3–6 Paar Kiemen (Ctenidien) inserieren, deren Blättchen auf der Dorsalseite rudimentär sind. Vor dem Fuß liegt die von „Lippen" umgebene Mundöffnung, die auf beiden Seiten verlängerte Fortsätze (Tentakel) trägt. Der Buccalapparat samt **Radula** ähnelt dem der Polyplacophora, letztere auch dem docoglossen Typ der Prosobranchia. Der mit großen Taschen versehene Oesophagus (Abb. 389 D) öffnet sich in den Magen, der jederseits einen Gang der paarigen, verzweigten Mitteldarmdrüse aufnimmt und einen enzymtragenden Kristallstiel enthält (wie bei Bivalvia, S. 324, einigen Gastropoda und *Nautilus*). Der anschließende Darm bildet mehrere Schlingen und mündet mit dem Anus auf einer kleinen, terminalen Papille in der Mantelrinne.

Das **Nervensystem** ist im wesentlichen aus einem zirkumoralen Ring mit Cerebral-, Buccal- und Subradularganglien sowie je 1 Paar lateraler und ventraler Markstränge aufgebaut (Abb. 405).

Die Monoplacophoren sind besonders wegen ihrer mehrfach paarigen Organe kontrovers diskutiert worden (S. 284): Das Perikard ist paarig. Jeder Herzbeutel schließt einen Ventrikel und 2 Atrien ein. Die Ventrikel liegen dem Rektum seitlich an und verlängern sich nach vorn in je eine Aorten-

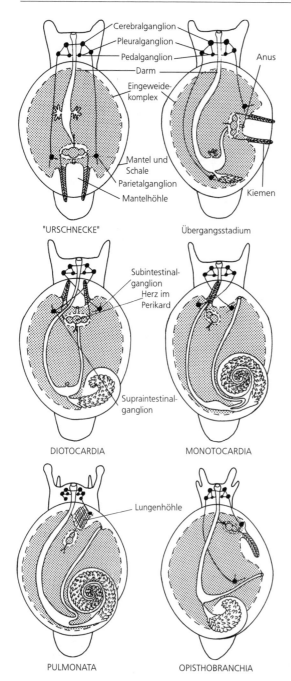

Abb. 406: Phylogenetische Entstehung der asymmetrischen Organisation der rezenten Gastropoda durch die Torsion des Eingeweidesacks und die Spiralisierung. Die bilateralsymmetrische „Urschnecke" wurde nach fossilen Resten rekonstruiert, das Übergangsstadium ist ebenfalls hypothetisch. Aus Götting (1974).

wurzel, die sich mit der anderen zu einer Aorta vereinigt. Über Sinus und afferente Kiemengefäße gelangt das Blut über die Kiemen und zu den Atrien zurück. Der **Exkretion** dienen mehrere (bei *Neopilina* 5, *Vema* 6, *Micropilina* mindestens 3) Paare von Nephridialsäcken, die sich in die Mantelrinne öffnen, die hinteren Paare jeweils an einer Kiemenbasis (Abb. 405). Die mittleren Paare dienen auch der Ausleitung der Gameten (daher „Mixonephridien"), die über Gonodukte aus den 2–4 Paar ventral des Mitteldarms gelegenen Gonaden ausgeführt werden.

Fortpflanzung und Entwicklung

Die Tiere sind meist getrenntgeschlechtlich. Die Entwicklung ist lecithotroph. Die nur 0,9 mm lange *Micropilina arntzi* ist zwittrig und betreibt B r u t - p f l e g e: Embryonen entwickeln sich in ihrem Mantelraum.

Neopilina galatheae (Abb. 404), 37 mm, 1952 vor der W-Küste Mittelamerikas in 3 590 m Tiefe gefunden und 1957 als erste rezente Art der Monoplacophora erkannt; wahrscheinlich weitgehend ortstreu.

2.1.2 Gastropoda, Schnecken

Mit etwa 38 000 Arten sind die Schnecken die umfangreichste Gruppe der Mollusken. Fossil kennt man sie seit dem frühen Kambrium. Sie besiedeln die unterschiedlichsten Lebensräume in zum Teil großer Formenmannigfaltigkeit.

Bau

Der auffälligste Unterschied gegenüber allen anderen Weichtieren besteht in der grundsätzlichen A s y m m e t r i e des Körpers. Cephalopodium und Visceropallium sind etwa gleichgewichtig ausgebildet; das letztere ist meist spiralig gerollt (Abb. 408). Die vom Mantel erzeugte Schale ist ein entsprechend spiralig gewundenes, häufig aber auch napf- oder hornförmiges Gehäuse. Eine Tendenz zur Reduktion des Gehäuses zeigt sich in vielen Gruppen unabhängig voneinander („Nacktschnecken").

Die S p i r a l i s i e r u n g des **Eingeweidesack-Mantel-Komplexes** ist schon bei fossilen (Ahnen ?-) Formen nachweisbar, die noch bilateralsymmetrisch waren. Die Asymmetrie ist vermutlich dadurch entstanden, daß sich das Visceropallium im Gegenuhrzeigersinn gegen die Längsachse des Kopf-Fuß-Bereichs gedreht hat. Diese T o r s i o n hat dazu geführt, daß die ursprünglich hinten gelegene Mantelhöhle nach vorn verlagert worden ist und mit ihr die pallialen Organe (Abb. 406).

Die Spiralisierung ermöglichte eine Verlängerung des Eingeweidesacks und damit der Mitteldarmdrüse, dem Verdauungszentrum. Bei einem planspiral gewundenen, symmetrischen Gehäuse verjüngen sich die innen gelegenen Windungen sehr stark. Wenn diese inneren Windungen seitlich herausgeschoben werden und eine „Spitze" (Apex) bilden, bleibt dadurch zwar das Schneckengehäuse im Prinzip ein konisches, gewundenes Rohr, doch kann der Durchmesser der Umgänge an der Spitze vergrößert werden und damit mehr Raum bieten. Die Torsion ist wahrscheinlich eine Folge der asymmetrischen Spiralisierung, um die hydrostatische Balance zwischen Kopf-Fuß

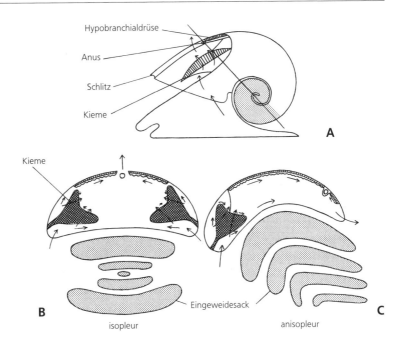

Abb. 407: Die Lagebeziehungen von Mantelhöhle und Eingeweidesack bei den (rekonstruierten) bilateralsymmetrischen Ahnenformen der Gastropoda (A, B) und den rezenten, asymmetrischen Gastropoda (C). B und C sind Schnitte entlang der in A eingezeichneten Linie durch Mantelhöhle und Eingeweidesack. Mit der Reduktion der rechten Kieme (in C) verändert sich die Wasserströmung (Pfeile) in der Mantelhöhle. Ein Vergleich der Schnitte durch den Eingeweidesack in B und C zeigt, daß die asymmetrische Verlagerung dieses Körperteils eine Vergrößerung seines Volumens ermöglicht, so daß entsprechend mehr Raum für die Unterbringung der Mitteldarmdrüse und anderer Organe verfügbar wird. Verändert nach Wilbur und Yonge (1964) aus Götting (1974).

und Visceropallium zu gewährleisten. Sie ist bei einigen Prosobranchia in der frühen Ontogenese zu beobachten: die Kontraktion der asymmetrisch ausgebildeten Retraktormuskeln der Veligerlarve dreht den Eingeweidesack mit Mantel um ca. 90° linksherum. Die weitere Drehung bis zu etwa 180° erfolgt durch allometrisches Wachstum. Ursachen und Vorteile der Torsion beim Veliger bleiben umstritten. Ein Vorteil für die Adulten ist darin zu sehen, daß durch die Torsion wichtige Mechano- und Chemorezeptoren aus der ursprünglich hinteren Position nach vorn, in Kopfnähe gelangen und einen direkteren Umweltkontakt ermöglichen. Ebenso werden die Einfuhrströmungen des Wassers in der Mantelhöhle nach vorn verlagert. Diese Prozesse erlauben – zum Teil mit Hilfe röhrenartiger Fortsätze des Mantelrandes (Siphonen) – frisches Wasser aus der Umgebung aufzunehmen und den Wahrnehmungshorizont der Schnecken wesentlich zu erweitern (die Netzreusenschnecke *Nassarius reticulatus* wittert mit der Strömung über eine Entfernung von etwa 0,5 cm, gegen die Strömung 30 cm weit). Die altertümlichsten Schnecken haben das Problem, daß mit der Mantelhöhle auch der Anus nach vorn verlagert wird und sich die eigenen Exkremente über den Kopf ergießen. Dieser Zustand wird dadurch behoben, daß der Anus in einem Mantelschlitz nach hinten verschoben wird oder daß – bei den höherevolvierten Formen – die Mantelhöhle etwas nach rechts rückgedreht und das Gehäuse so nach rechts gekippt wird, daß der Anus Abstand vom Kopf bekommt.

Folgen der Torsion sind: (1) Durch die Drehung der Mantelhöhle nach vorn liegen zunächst die Respirationsorgane vor dem Herzen (Vorderkiemerschnecken oder Prosobranchia, Lungenschnecken oder Pulmonata); eine sekundäre Rückdrehung der Mantelhöhle verlagert die Kiemen hinter das Herz (Hinterkiemerschnecken oder Opisthobranchia).

(2) Die Konnektive zwischen Pleuralganglien und Intestinalganglien überkreuzen sich bei den Prosobranchia (Chiastoneurie, Streptoneurie); durch die Rückdrehung der Mantelhöhle (Opisthobranchia) oder durch eine Verkürzung der Konnektive (Pulmonata) wird die Überkreuzung aufgehoben (Euthyneurie) (Abb. 406). (3) Die ursprünglich linken der paarigen Organe werden räumlich einge-

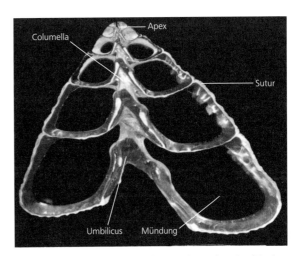

Abb. 408: Schliff durch das Gehäuse einer Schnecke (*Trochus stellatus*, Archaeogastropoda). Mit zunehmender Größe des Weichkörpers der Schnecke dienen ihr nur noch die jüngeren, weiteren Umgänge als Wohnraum, während sie das Ende des Eingeweidesackes aus der Gehäusespitze, dem Apex, herauszieht. Die dann unbewohnten, ältesten Teile des Gehäuses im Apex-Bereich werden innen mit CaCO₃ völlig ausgefüllt. Original: K.J. Götting, Gießen.

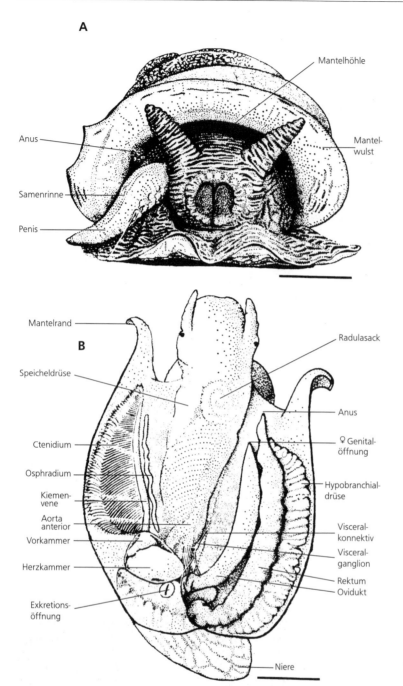

Abb. 409: Strandschnecke (*Littorina littorea*). A Männchen von vorn gesehen, mit Blick in den geöffneten Mund. Maßstab: 4 mm. B Aufpräparierte Mantelhöhle eines Weibchens, von dorsal gesehen, mit den Pallialorganen und dem Perikard. Maßstab: 3 mm. Verändert nach Fretter und Graham (1962).

schränkt. Bei den altertümlichsten Schnecken (Archaeogastropoda) sind sie meist kleiner. Die posttorsional rechte Kieme mit der zugehörigen Herzvorkammer verschwindet in der weiteren Entwicklung völlig, ebenso Osphradium und Hypobranchialdrüse. Der Verlust der rechten Kieme führt zu einer veränderten Führung des Wasserstromes durch die Mantelhöhle: die Bewimperung der linken, zunächst noch doppelfiedrigen (bipectinaten) Kieme erzeugt einen links in die Mantelhöhle ein-

tretenden Wasserstrom, der rechts austritt und dabei auch Faeces, Exkrete und oft auch die Keimzellen mit sich nimmt.

Die **Schale** der Gastropoda ist in der Regel ein einteiliges Gehäuse. Nur wenige Vertreter der Saccoglossa haben eine zweiklappige, muschelähnliche Schale (*Berthelinia*) (Abb. 430). In vielen Gruppen zeigt sich eine Tendenz zur Reduktion des Gehäuses. Diese ermöglicht eine bessere Beweglichkeit

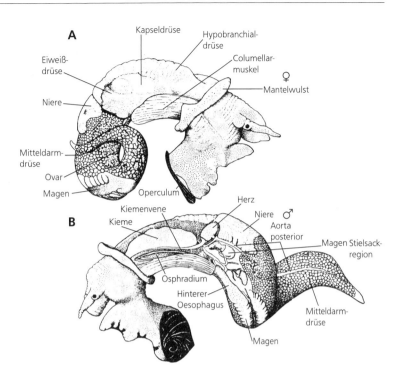

A

Kapseldrüse
Hypobranchial-
drüse
Columellar-
muskel
♀
Mantelwulst
Eiweiß-
drüse
Niere
Mitteldarm-
drüse
Ovar
Magen
Operculum
Kiemenvene
Herz
Niere ♂
Aorta
posterior
Magen Stielsack-
region
B
Kieme
Osphradium
Hinterer
Oesophagus
Mitteldarm-
drüse
Magen

Abb. 410: Strandschnecke (*Littorina littorea*). A Weibchen von rechts. B Männchen von links. Mantelgewebe durchscheinend, so daß die Anordnung der inneren Organe sichtbar wird. Verändert nach Fretter und Graham (1962).

des Tieres, erlaubt z.B. Herbivoren, größere Wegstrecken in kürzeren Zeiten zurückzulegen (Futtersuche bei terrestrischen Nacktschnecken) und erleichtert Carnivoren das Verfolgen und Überwältigen der Beute.

Die meisten Gehäuse sind rechtsgewunden (Ausnahmen: Triphoridae, Clausiliidae, *Physa*, *Ancylus*, *Planorbarius*). Die Windungsrichtung ist durch den Genotyp der Mutter prädeterminiert. Bei den wenigen untersuchten Arten ist „rechtsgewunden" dominant über „linksgewunden". Bei der Kreuzung eines (homozygot) rechtsmit einem (homozygot) linksgewundenen Elter sind die heterozygoten Kinder nur dann rechtsgewunden, wenn sie das dominante Allel über die Eizelle, also von der Mutter, bekommen haben. In der F_2-Generation sind alle (auch die homozygot-rezessiven) rechtsgewunden. Erst in der F_3-Generation sind die Nachkommen der rechtsgewundenen, homozygot-rezessiven Schnecken wieder linksgewunden. Die Umkehr der Windungsrichtung führt zu spiegelbildlicher Anordnung der inneren Organe (Situs inversus: „Schneckenkönig" bei *Helix pomatia*).

Die meisten Prosobranchia sowie die ursprünglichen Pulmonata und Opisthobranchia bilden auf dem Hinterfuß ein aus Conchin und Kalk bestehendes Operculum (Abb. 420), das wie ein Deckel die Gehäusemündung verschließt, wenn der Weichkörper zurückgezogen worden ist. Es schützt gegen Feinde und Austrocknung.

Der **Weichkörper** ist nur durch den Spindel– oder Columellarmuskel fest mit dem Gehäuse verbunden. Die Ansatzstelle dieses Muskels an der Spindelwand des Gehäuses wird mit fortschreiten-

dem Wachstum in Richtung Gehäusemündung verlagert. Der größerwerdende Körper vieler Schnekken zieht sich aus den ältesten (engsten) Umgängen zurück. Diese unbewohnten Bereiche können zum Teil durch Einlagern von $CaCO_3$ verengt oder verschlossen werden (Abb. 408). Einige Arten stoßen den Apex komplett ab und verschließen die offene Stelle mit einer Kalkschicht (*Caecum, Rumina*).

Kleine Arten gleiten mit Hilfe der Bewimperung; größere Arten kriechen meist auf der muskulösen Fußsohle. Der **Fuß** ist ein flexibles, vielseitiges Organ (Abb. 411). Es ist nicht nur zum Anheften und Kriechen, oft auch zum Schwimmen, sondern auch bei der Abwehr von Angreifern, zum Schutz und zur Reinigung des Gehäuses, zum Ergreifen und Festhalten der Beute, zur Formung und Ablage von Eikapseln und für den Kontakt der Partner vor und während der Kopulation geeignet. Die notwendige Beweglichkeit erhält der Fuß dadurch, daß in ihm flüssigkeitserfüllte Lakunen und dreidimensional verflochtene Muskulatur antagonistisch arbeiten. Durch diese Art der Konstruktion kommt der Fuß ohne feste Stützelemente aus. Längsmuskeln der Fußsohle können die adhäsive Wirkung des Sohlenschleimes durch Bildung saugnapfartiger Hohlräume im Mittelteil der Fußsohle wesentlich verstärken. Die Feinarbeit wird dabei durch Gruppen von Muskeln erbracht, die – ähnlich wie der Columellarmuskel – vom Rücken her in den Fuß einstrahlen und sich dabei immer feiner aufzwei-

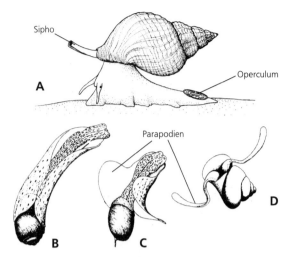

Sipho

A

Operculum

Parapodien

B   C   D

Abb. 411: Gastropoda. Ausbildung des Fußes. A Typischer Kriechfuß, über dessen Sohle wellenförmige Muskelkontraktionen verlaufen, so daß die Schnecke gleichmäßig „gleitend" vorangetrieben wird; Wellhornschnecke (*Buccinum undatum*). B, C Vielseitig einsetzbarer Fuß mit ausladenden, seitlichen Lappen, die beim Kriechen (B) dem Körper lateral angelegt, zum Schwimmen (C) wellenförmig auf- und abgeschwungen werden; Kleiner Seehase (*Akera bullata*). D Fuß auf lappenförmige Schwimmorgane (Parapodien) reduziert, die ein taumelndes Schwimmen ermöglichen, gleichzeitig aber durch Wimpernfelder Phytoplanktonten zum Mund befördern; Seeschmetterling (*Spiratella retroversa*). Verändert nach Yonge und Thompson (1976).

gen. Diese Fußretraktoren bewirken wesentlich die Kontraktionswellen, die über die Fußsohle laufen.

Direkte und retrograde Wellen wurden bereits erwähnt (S. 278). Besonders verbreitet sind folgende Typen: (1) Bei monotaxisch-direkten Bewegungen laufen die Kontraktionswellen über die ganze Fußbreite von hinten nach vorn; (2) bei monotaxisch-retrograden Wellen laufen sie über die ganze Fußbreite von vorn nach hinten; (3) bei ditaxisch-direkten Bewegungen laufen die Wellen von hinten nach vorn, aber rechts und links alternierend, sog. bipedes „Schrittgehen" (*Pomatias*). Neben zahlreichen anderen Bewegungsmodi ist (4) auch der Zweiphasen-Typ verbreitet, bei dem die Schnecke zunächst nur den Kopf-Fuß-Bereich vorschiebt und dann das Gehäuse ruckartig nachzieht (z.B. *Conus*, *Cerithium*).

Das Kriechen wird durch die Sekrete zahlreicher Drüsen erleichtert. Die physikalischen Eigenschaften des Schleims wechseln in kürzester Zeit (ca. 0,15 s) von viskös zu flüssig. Die Kontraktionswellen gleiten über die flüssige Schleimphase, wo der Widerstand geringer ist als bei dem zähen Schleim der Anheftungsstellen am Substrat. Außerdem ermöglicht der Schleim das Festheften am Untergrund, wird oft als Nahrungsfilter benutzt, ist an Bildung und Ankleben von Eikapseln beteiligt und kann zur Umhüllung von Luftblasen gebraucht werden, aus denen ein „Schaumfloß" entsteht (*Janthina*) (Abb. 423).

Der **Kopf** ist in der Regel deutlich vom übrigen Körper abgesetzt. Während er nach hinten in ganzer Breite in den Fuß übergeht, ist er mit dem

Eingeweidesack durch eine Engstelle, den „Hals", verbunden. Dieser Engpaß wird von den inneren Organen sowie von Columellar- und Retraktormuskeln durchzogen und stellt die Region dar, in welcher der Eingeweidesack mit Mantel und Schale gegen das Cephalopodium gedreht wird (Abb. 406). Der Kopf trägt ein oder zwei Paar Fühler (Tentakel), die als Ausstülpungen der Körperwand entstehen, durch Längsmuskeln oft handschuhfingerförmig eingezogen und durch Erhöhung des Binnendrucks wieder ausgefahren werden können. An oder neben der Fühlerbasis oder an der Spitze des vorderen Fühlerpaares sitzen Augen (Abb. 412).

Das **Nervensystem** (Abb. 390 C–E) ist sehr vielfältig gebaut. Zur Grundausstattung gehören die paarigen Cerebral-, Pleural-, Pedal-, Buccal- und Subradularganglien sowie ein unpaares Visceralganglion. Dazu kommen bei den Prosobranchia 1 Paar Intestinal-, bei den Pulmonata und Opisthobranchia stattdessen 1 Paar Parietalganglien und weitere, periphere Ganglien (Abb. 406). Durch die Torsion haben die Intestinalganglien der Prosobranchia die Seiten vertauscht: das ursprünglich rechte ist zum linken Supraintestinalganglion, das linke zum rechten Subintestinalganglion geworden. Die Verkürzung der Pleurointestinalkonnektive bei den Pulmonata führt die Intestinalganglien wieder auf ihre ursprüngliche Körperseite zurück; die Chiastoneurie (S. 292) wird dadurch aufgehoben, während die Kreuzung bei den Opisthobranchia durch eine teilweise Rückdrehung des Eingeweidesackes beseitigt wird (Abb. 406). Generell ist eine Tendenz zur Konzentration der Hauptganglien in einem Schlundring ausgeprägt. Die Cerebralganglien steuern allgemein die Fuß-, Herz- und Atmungsaktivität; die Pedalganglien regeln Bewegungsvorgänge und innervieren den Penis, die Visceralganglien versorgen Darmkanal und Kiemen.

Ursprüngliche Merkmale finden sich vor allem im Nervensystem der Archaeogastropoda, aber auch noch bei einigen Mesogastropoda, bei denen bestimmte Nervenbahnen Markstrangcharakter haben. Diese Formen sowie einige altertümliche Pulmonata und Opisthobranchia zeigen eine deutliche Chiastoneurie (Abb. 406), doch wird diese in vielen Gruppen modifiziert. So rücken durch Verkürzung der Pleurointestinalkonnektive bei manchen Neogastropoda die Intestinalganglien wieder auf ihre ursprüngliche Körperseite. Besonders carnivore Arten, die ein leistungsfähiges Nervensystem brauchen, aber auch die höheren Pulmonata zeigen die Tendenz zur Konzentration der Hauptganglien im Kopf. Dagegen fehlen endoparasitischen Schnecken ausgeprägte Ganglien, die in der Embryogenese noch angelegt werden.

Die **Sinnesorgane** der Gastropoda erreichen unterschiedliche Entwicklungsstufen. Sinneszellen, ein-

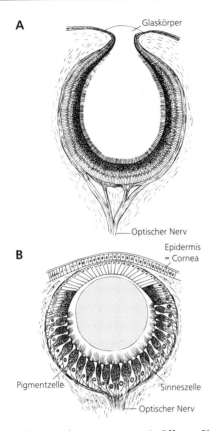

Abb. 412: Gastropoda. Augentypen. A Offenes Blasenauge mit Glaskörper (*Haliotis* sp.). B Geschlossenes Blasenauge mit Linse, Glaskörper und Cornea (*Helix pomatia*). Nach Hesse (1908) aus Bullock und Horridge (1965).

benaugen (*Patella*) über offene Blasenaugen mit Glaskörper (*Haliotis*) (Abb. 412) oder mit linsenähnlichem Körper (*Cantharidus*) bis zu geschlossenen Blasenaugen mit Glaskörper und Cornea (*Trochus*) oder mit Glaskörper, Linse und Cornea (*Fissurella graeca*) finden sich die verschiedensten Konstruktionstypen schon bei den Prosobranchia. Ähnliches gilt für die Pulmonata. *Helix* hat Linsenaugen (Abb. 412) mit einer Trennschärfe von 4,5°, womit die optische wohl die nervöse Leistungsfähigkeit übertrifft. Da die Augenblasen als Ektoderm-Einstülpung entstehen, sind die kopfständigen Schneckenaugen evers.

Die Verhaltensmuster der Gastropoda werden von den Cerebralganglien gesteuert. Das gilt für die Bewegung, besonders die Koordination von Angriffs- und Fluchtreaktionen, für das Heimfindevermögen, das Aufsuchen eines Überwinterungsplatzes und die Beuteerkennung. Schnecken lernen und ändern ihr Verhalten aufgrund von Erfahrungen, die sie über längere Zeit im Gedächtnis speichern (*Achatina fulica* bis 4 Monate).

Der **Verdauungstrakt** (Abb. 389 E) ist durch die Torsion so umgestaltet, daß der Darm rechts vorn hinter dem Kopf am Ausgang der Mantelhöhle mündet. An die Mundöffnung schließt die Buccalhöhle an, die ektodermal ausgekleidet, oft cuticularisiert und mit einem oder zwei Kiefern ausgestattet ist. Die Mitteldarmdrüse bildet in ihren zahlreichen, verzweigten und blind endenden Tubuli die Verdauungsenzyme und resorbiert die Nährstoffe. Kalkzellen enthalten eine Calcium-Reserve für Schalenwachstum und -reparatur und regulieren den pH-Wert im Darm.

zeln oder in Gruppen, liegen im Epithel oder im subepithelialen Gewebe, besonders des Kopfes und seiner Anhänge (Fühler). Unter den überwiegend chemorezeptorischen Organen sind die Osphradien (Spengelsche Organe) der wasserlebenden Schnecken hervorzuheben, die in der Mantelhöhle zwischen Kiemen und Mantelrand liegen und den Atemwasserstrom überprüfen. Ursprünglich paarig, bestehen sie aus kleinen Gruppen modifizierter Zellen und werden von den Intestinalganglien innerviert. Mit der rechten Kieme wird auch das rechte Osphradium reduziert. Das erhalten bleibende wird größer und besteht bei den Neogastropoda aus einer Achse, an der beidseitig Blättchen mit Cilienbändern inserieren. Osphradien finden sich auch bei vielen Opisthobranchia, während sie den höheren Pulmonata fehlen.

Statocysten sind allgemein vorhanden und liegen im Fuß in der Nähe der Pedalganglien. Sie werden von den Cerebralganglien innerviert. Licht wird über die gesamte Körperoberfläche wahrgenommen; die meisten Schnecken haben darüberhinaus spezifische Photorezeptoren in sehr unterschiedlichen Entwicklungshöhen. Von einfachen Gru-

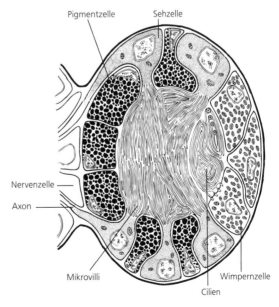

Abb. 413: Feinstruktur eines Schneckenauges (*Fartulum orcutti*, Caecidae, Mesogastropoda). Aus Howard und Martin (1984).

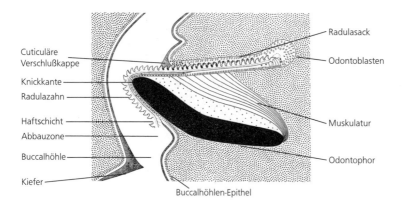

Cuticuläre Verschlußkappe

Knickkante

Radulazahn

Haftschicht

Abbauzone

Buccalhöhle

Kiefer

Buccalhöhlen-Epithel

Radulasack

Odontoblasten

Muskulatur

Odontophor

Abb. 414: Radula. Sagittalschnitt durch den Mundhöhlenbereich der Spitzhorn-Schlammschnecke (*Lymnaea stagnalis*). Die Radula wird unter wesentlicher Beteiligung der *Odontoblasten* Querreihe für Querreihe im Radulasack gebildet und schiebt sich durch ihr Wachstum mundwärts vor. Über dem stützenden *Odontophor* bildet sie eine beim „Biß" wichtige Knickkante; angrenzende Muskeln bewegen Radula und Odontophor. Nach Mackenstedt und Märkel (1987).

Die Vielfalt der von Gastropoden besiedelten Lebensräume geht wohl ganz wesentlich auf die vielseitige Ausgestaltung ihres Radularapparates (Abb. 414) zurück, mit dem sie sich sehr unterschiedliche Nahrungsquellen erschließen konnten. Das gilt insbesondere für die Prosobranchia.

Die wichtigsten Radulatypen sind: (1) Balkenzunge (docoglosser Typ) (Abb. 415 B): neben dem Mittelzahn stehen in jeder Hälfte der Querreihe einige (oft 3) Zwischen- und einige (oft 3) Seitenplatten. Besonders die Mittel- und Zwischenplatten sind gehärtet durch die Einlagerung von Opal ($SiO_2 \cdot nH_2O$) und Goethit ($\alpha\ FeO \cdot OH$); bei Herbivoren, die oft spezialisiert sind, z.B. auf Diatomeen oder Kalkalgen. Die Zähne sind selbstschärfend, doch auch spröde und brechen daher oft ab. (2) Fächerzunge (rhipidoglosser Typ) (Abb. 415 A): ein kräftiger Mittelzahn (Mittelplatte) wird jederseits von 1–10 Zwischenplatten und mehreren Seitenplatten umgeben; bei Weidegängern an Algen und Aufwuchsverzehrern (*Gibbula, Monodonta*). (3) Bandzunge (taenioglosser Typ) (Abb. 415 C): auf jeder Seite der Mittelplatte stehen eine Zwischenplatte und 2 Seitenzähne; es ist der verbreitetste Typ, bei fast allen Mesogastropoda ausgebildet und verschieden spezialisiert bei Mikrophagen, Filtrierern und Carnivoren. (4) Schmal-

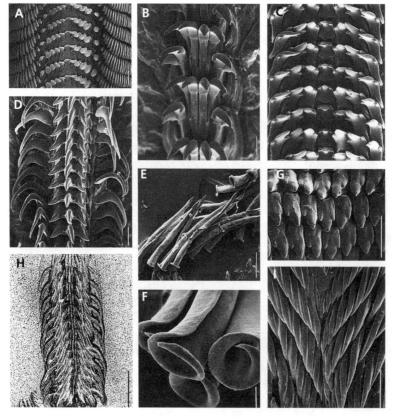

Abb. 415: Radulatypen und Bißspur von Gastropoden. A *Diloma subrostrata* (Archaeogastropoda, Trochidae), rhipidogloss. Maßstab: 0,1 mm. B *Patella vulgata* (Archaeogastropoda, Patellidae), docogloss. Maßstab: 0,1 mm. C *Cypraea caputdraconis* (Mesogastropoda, Cypraeidae), taeniogloss. Maßstab: 0,2 mm. D *Concholepas concholepas* (Neogastropoda, Muricidae), steno-(rhachi-)gloss. Maßstab: 0,1 mm. E, F *Acuminia venosa* (Neogastropoda, Terebridae), toxogloss. E Einzelzähne aus dem Schlundsackbereich, Spitzen mundwärts gerichtet. Maßstab: 0,1 mm. F Basis der hohlen Einzelzähne, die durch Einrollen entstehen. Maßstab: 20 μm. G *Aegopis verticillus* (Pulmonata, Zonitidae), isodont. Zentraler Ausschnitt aus der typischen Radula eines terrestrischen Herbivoren. Maßstab: 0,1 mm. H *Littorina littorea* (Mesogastropoda, Littorinidae), taeniogloss. Bißspur. Maßstab: 0,4 mm. J *Daudebardia rufa* (Pulmonata, Daudebardiidae), isodont. Zentraler Ausschnitt aus der typischen Radula eines terrestrischen Carnivoren mit sichelförmigen Zähnen. A-G, J Originale: K. J. Götting, Gießen. H Original: K. Märkel, Bochum.

zunge (rhachi- oder stenoglosser Typ) (Abb. 415 D): meist nur 1 Mittel- und jederseits 1 Seitenplatte; bei den carnivoren Neogastropoda. (5) Pfeil- oder Giftzunge (toxoglosser Typ) (Abb. 415 E,F): Radulamembran reduziert, wenige Einzelzähne von Pfeilform, die wie Kanülen giftige Sekrete in das Opfer injizieren können. Der benutzte Zahn kann in wenigen Sekunden durch einen neuen aus einem Reservesack ersetzt werden. Bei den Giften handelt es sich um Peptide, welche die Ionenkanäle in den Axonmembranen des Opfers (Polychaeta, Mollusca, Fische) unterbrechen und damit Lähmung, Atem- und Herzstillstand bewirken. Dieser Typ ist bei den Kegelschnecken (*Conus*) und Verwandten ausgebildet, von denen mindestens 3 Arten auch dem Menschen lebensgefährlich werden können. Die Radulae der Pulmonata und Opisthobranchia sind wesentlich einförmiger und umfassen oft sehr viele (bis 100 000) gleichartige Zähne. Es bedarf bei ihnen einer genauen (rasterelektronenmikroskopischen) Analyse der Radulastrukturen, um Differenzen zu erkennen.

Der unterschiedlichen Konstruktion der Radula entsprechend ist auch die Funktionsweise sehr verschieden. Grundsätzlich kann die Radula über den Stützapparat (Odontophor) (Abb. 414) vor- und zurückgezogen und mit ihm seitlich bewegt sowie aus der Mundöffnung herausgedrückt und gegen eine Unterlage gepreßt werden, von der Material abgeraspelt wird. Dabei nutzen sich die vorderen Zähne ab. Die Radula wächst aus einem Radulasack heraus nach vorn, so daß die abgenutzten Zähne durch neue ersetzt werden.

Das **Herz** liegt vorn hinter der Mantelhöhle und besteht aus der Kammer (Ventrikel) und bei den Archaeogastropoda 2 Vorkammern (Atrien, Aurikeln), von denen in der weiteren Entwicklung die rechte reduziert wird. Die Aorta anterior versorgt den Kopf, die vorderen Abschnitte des Verdauungstraktes und den Mantel, die Aorta posterior den Eingeweidesack, insbesondere Magen, Mitteldarmdrüsen und Gonaden. Ein großer Teil des Blutes fließt durch Lakunen und passiert die Niere, bevor er zur Kieme gelangt. Das Herz der Prosobranchia und Opisthobranchia führt Mischblut, das der Pulmonata arterielles, da das Zirkulationssystem bei diesen geschlossener ist.

Der Blutdruck ist im Ventrikel am höchsten (bei *Helix* systolisch 25 cm H_2O gegen 6,5 cm im Vorhof); Klappen verhindern das Rückströmen in die Vorkammer. Im Perikard ist der Druck stets geringer. Dieses Druckgefälle ermöglicht bei den wasserlebenden Gastropoda Ultrafiltration der Exkrete aus dem Herzen in das Perikard. Der Renoperikardialgang führt zu 1 Paar Nierensäcke, deren rechter bei den höherentwickelten Schnecken reduziert wird. Der erhalten bleibende Nierensack mündet direkt oder über einen Ureter in die Mantelhöhle. Bei einigen Pulmonata übernimmt er auch die Ultrafiltration (*Helix*). Die N-haltigen Exkrete werden als Harnsäure je nach Verfügbarkeit von Wasser entweder schnell abgegeben oder gespeichert (Speichernieren). Da die Lebenserwartung der meisten Schnecken gering ist, bleiben die Exkrete oft zeitlebens in den Speichernieren. Geringe Mengen Stickstoff werden als Ammoniak direkt an die

Luft abgegeben. Das pro Minute und g Körpergewicht gebildete Harnvolumen ist sehr unterschiedlich: *Haliotis* 0,2 µl, *Helix pomatia* 4,7 µl.

Respirationsorgane sind ursprünglich ein Paar doppelfiedrige (bipectinate) Ctenidien in der Mantelhöhle. Daneben erfolgt bei vielen Arten Gasaustausch über die Körperoberfläche; kleine Schnecken kommen völlig ohne Kiemen aus. Bei den höheren Gastropoden wird die rechte Kieme reduziert; an der verbleibenden wird nur noch eine Reihe von Kiemenblättchen ausgebildet (monopectinat), so daß dann die Kiemenachse mit der Mantelhöhlen-

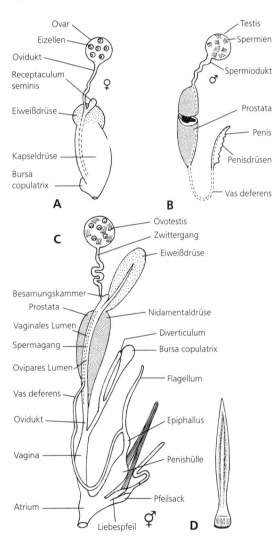

Abb. 416: Gastropoda. Genitalsysteme. A, B Männliche und weibliche Organe einer getrenntgeschlechtlichen Art (*Littorina littorea*, Prosobranchia). C Zwittrige Art (Stylommatophora). Die Genitalsysteme sind außergewöhnlich vielfältig ausgebildet und liefern wichtige taxonomische und systematische Merkmale. Hier nur Grundtypen dargestellt. D Liebespfeil (*Cepaea nemoralis*, Stylommatophora), ca. 9 mm lang; charakteristisch für die Helicidae, bei denen er während des Kopulationsvorspiels in den Fuß des Partners gestoßen wird. Verändert nach verschiedenen Autoren.

wand verwachsen kann. Bei amphibisch lebenden Prosobranchia erfolgt die Atmung über die Kieme und über die an Blutbahnen reiche Wand der Mantelhöhle; bei terrestrischen Prosobranchia und den Pulmonata ist die Kieme völlig rückgebildet und wird funktionell durch die gefäßreichen Wände der Mantelhöhle (Lunge) ersetzt.

Vom ursprünglichen **Gonadenpaar** bleibt nur die posttorsional rechte Anlage erhalten, eingebettet in die Mitteldarmdrüse. Die Reste der (posttorsional) rechten Niere und zusätzliche palliale und cephalopedale Gänge leiten die Gameten aus. Die Prosobranchia sind meist getrenntgeschlechtlich, die Pulmonata und Opisthobranchia zwittrig. Bei den Männchen der Prosobranchia ist der Testis aus schlauchförmigen Acini zusammengesetzt. Einige ursprüngliche Archaeogastropoda entleeren das Sperma über die noch vorhandene rechte Niere ins Wasser; die Befruchtung ist eine äußere. Bei den höheren Vorderkiemern ist der anschließende Gonodukt (Vas deferens) oft zu speichernden Samenblasen erweitert, mit Drüsen ausgerüstet und endet bei vielen in einem Penis. Dieser sitzt der rechten Kopfseite an und wird vom Pedalganglion innerviert, ist also wohl aus dem Fuß hervorgegangen. Bei einigen (*Viviparus*) ist das Kopulationsorgan aus einem Kopftentakel entstanden. Das Sperma wird in Spermatophoren übertragen; die Befruchtung ist bei diesen Formen eine innere. Neben den haploiden (typischen, eupyrenen) Spermien gibt es bei vielen Prosobranchia atypische mit einer abweichenden DNA-Menge, die nicht befruchtungsfähig sind. Ihre Funktion ist unklar.

Das weibliche Genitalsystem der Archaeogastropoda ähnelt dem der Männchen, während es bei den höherentwickelten Prosobranchia im Zusammenhang mit der inneren Befruchtung sehr viel komplizierter ist. Häufiger als bei den Männchen tritt eine Gonoperikardialverbindung auf. Die weiblichen Genitalwege sind mit Zusatzdrüsen ausgestattet: Eiweißdrüse zur Nährstoffversorgung der Eizelle, Kapseldrüsen zur Bildung der Eikapselwand. Die Spermatophore des Partners wird zunächst in eine Kopulationstasche (Bursa copulatrix) geschoben, ihre Wand dort aufgelöst, so daß die Spermatozoen freigesetzt werden. Dazu kommen Spermataschen (Receptacula seminis) zur Aufbewahrung des Fremdspermas, bis die eigenen Oocyten befruchtungsbereit sind. Der Ovidukt setzt sich aus mehreren Abschnitten zusammen, die von der Gonadenwand, von der reduzierten Niere und vom Mantel stammen. Vor allem ist der Ovidukt distal in mehrere, parallelverlaufende Gänge oder Rinnen differenziert: einen vaginalen Gang zur Aufnahme des Penis und einen eiausleitenden. Besonders bei den Neogastropoda gibt es neben den fertilen Eizellen auch sterile, die quantitativ überwiegen und der Ernährung der sich entwickelnden Eier dienen (Nähreier).

Fortpflanzung und Entwicklung

Zwittertum und parthenogenetische Fortpflanzung sind unter den Prosobranchia selten. Gelegentlich tritt Brutpflege auf: Eier und Jungtiere entwickeln sich vorübergehend in der Mantelhöhle, unter dem Fuß, am Gehäuse-Nabel, in Spiralfurchen des Gehäuses oder an einem selbstgebauten Floß.

Bei den zwittrigen Pulmonata und Opisthobranchia ist das Genitalsystem durch die Kombination von männlichem und weiblichem Anteil in einem Individuum zum Teil sehr komplex (Abb. 416 C). Die Gameten werden in Acini der Zwitterdrüse (Ovotestis) erzeugt. Da Protandrie sehr häufig ist, wird Selbstbefruchtung in der Regel vermieden. Formen ohne Penis (Arionidae) pressen bei der Kopulation die Genitalatrien aneinander. Obwohl zwittrig, fungiert bei vielen Arten jeweils nur einer der Partner als Männchen, der andere als Weibchen, doch gibt es auch gleichzeitig-wechselseitige Begattungen (*Helix*). In mehreren Familien der Stylommatophora wird im distalen Genitalbereich ein „Liebespfeil" aus Kalk (*Helix*) (Abb. 416 D) gebildet, der während der Praecopula in den Fuß des Partners gestoßen wird und diesen stimulieren soll, das Liebesspiel fortzusetzen.

Die kleinsten Eier sind etwa 0,6 mm lang und 10 µm dick (*Vallonia*), die größten erreichen 51 mm Länge bei 35 mm Durchmesser (*Strophocheilus*).

Der Dottergehalt der Oocyten wirkt sich auf den Verlauf der **Embryogenese** aus. Bei marinen Arten entwickelt sich zunächst eine trochophora-ähnliche Praeveligerlarve (Abb. 417 A), die sich durch die frühe Anlage von Statocysten, Radulatasche, Fuß und Schalenanlage von Anneliden-Trochophorae unterscheidet. Der Praeveliger verläßt bei manchen Archaeogastropoda die Eihüllen. Bei den meisten anderen Gastropoda bleibt er in der Eikapsel, wo er ein Verschlingstadium durchläuft, in dem er sich von Eiklar, Nähreiern oder in der Entwicklung zurückgebliebenen Embryonen ernährt. Aus dem Praeveliger oder dem Verschlingstadium geht der Veliger (Abb. 417 B–E) hervor, charakterisiert durch lappenartige, bewimperte Fortsätze (Vela), mit deren Hilfe er schwimmt. Er entwickelt sich zur Veliconcha mit einem Protoconch und schließlich, wenn der Fuß zunehmend dominiert, zum Pediveliger (Abb. 417 F–H). Dieser geht, bedingt auch durch die zunehmende Körpermasse, vom Schwimmen zum Kriechen auf dem Substrat über und wird so zum adultähnlichen Kriechstadium. Viele Prosobranchia, die nährstoffreiche Eier haben, und fast alle Pulmonata entwickeln sich intrakapsulär bis zum Kriechstadium.

Systematik

Das System der Gastropoda ist zur Zeit im Umbruch. Bis zu einer ausreichenden Klärung der phylogenetischen Zusammenhänge werden hier nur

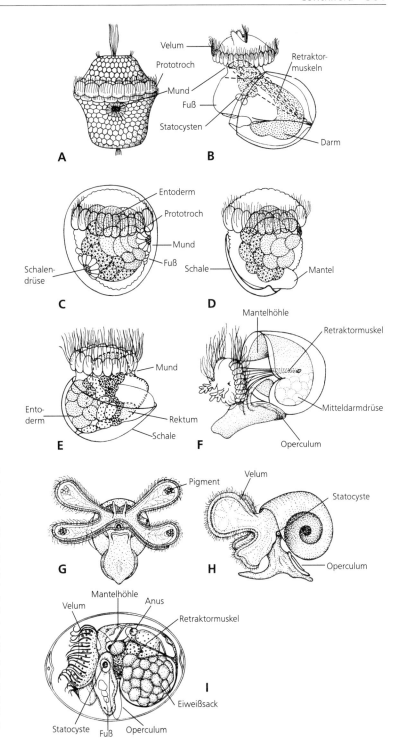

Abb. 417: Gastropoda. Larventypen. A Praeveliger. B Veliger mit scheibenförmigem Velarapparat. *Patella vulgata* (Archaeogastropoda). C-F *Haliotis tuberculata* (Archaeogastropoda): Veliger vor dem Schlüpfen (Durchmesser 0,13 mm) (C); etwas älterer Veliger, ca. 16 h nach Befruchtung (D); Veliger ca. 19 h nach Befruchtung (Durchmesser 0,17 mm) (E); Pediveliger beim Übergang zum Bodenleben (4,5 d alt, Durchmesser 0,3 mm), Mantelhöhle um etwa 90° auf die rechte Seite gedreht (F); Pediveliger mit vollentwickelten Velarlappen (1,6 mm breit), *Nassarius incrassatus* (Neogastropoda) (G); Pediveliger (Durchmesser 1,4 mm), *Nassarius reticulatus* (H); Schlüpfreife Larve in der Eikapsel, *Siphonaria japonica* (Basommatophora) (I). A Nach Smith (1935), B-F nach Crofts (1929, 1955); G-H nach Fretter und Graham (1962); I nach Abe (1940).

geringfügige Umstellungen der traditionellen Gruppierungen vorgenommen.

2.1.2.1 Prosobranchia, Vorderkiemerschnecken

Die Mantelhöhle liegt vorn und enthält zunächst 2 Kiemen, von denen eine reduziert wird; das Nervensystem ist chiastoneur. Gehäuse und Operculum sind bei den meisten Arten vorhanden. Die Gruppe umfaßt etwa 20 000 rezente Spezies, die überwiegend marin leben, doch auch im Süßwasser und auf dem Land vertreten sind. Verbreitungsschwerpunkt ist die Gezeitenzone; manche graben sich in Sand- und Weichböden ein. Die Mehrzahl ist

Abb. 418: *Mikadotrochus beyrichi* (Pleurotomariidae), mit Schalenschlitz. Gehäuse etwa 8 cm hoch; in größeren Meerestiefen bei Japan. Original: National Science Museum, Tokio.

freibeweglich, doch haben sich in mehreren Familien sessile Arten entwickelt, die sich filtrierend ernähren. Den vagilen Arten erschließt die Radula durch ihre unterschiedlichen Konstruktionstypen die verschiedensten Nahrungsquellen. Wenige Vorderkiemer sind Parasiten, vor allem an Echinodermata und Bivalvia.

Abb. 419: *Patella*-Individuen (Patellidae), Napfschnecken im Felslitoral der Gezeitenzone, zusammen mit Seepocken (Balaniden) und *Littorina*-Arten (Prosobranchia). Die Napfschnecken haben Ruheplätze, deren Relief der Gehäuserand angepaßt ist; als Weidegänger verlassen sie den Ruheplatz zur Nahrungsaufnahme, kehren aber immer wieder zu ihm zurück (Heimfindevermögen!). Original: W. Westheide, Osnabrück.

Archaeogastropoda, Altschnecken

Herz oft mit 2 Atrien (diotocard); 2 Nieren und 2 bipectinate Kiemen, die rechte kann mit dem zugehörigen Atrium reduziert sein; Nervensystem mit pedalen Marksträngen; Herbivore mit meist rhipido- oder docoglosser Radula. Gehäuse napf- oder kegelförmig und innen mit einer Perlmutterschicht.

Haliotis spp., Seeohr, Abalone (Haliotidae), bis 30 cm, Gehäuse flachspiral, auf dem letzten Umgang eine Lochreihe, kein Operculum; 2 Kiemen, 2 Atrien, 2 Nieren; marin, weltweit. Geschätzte Speiseschnecke. – *Gibbula cineraria*, Aschfarbene Kreiselschnecke (Trochidae); 1 Kieme, aber 2 Atrien, 2 ungleiche Nieren; rhipidogloss; im Felswatt von Helgoland. – *Mikadotrochus* spp., Millionärsschnecken (weil früher so selten und daher unter Liebhabern wertvoll)(Pleurotomariidae) (Abb. 418); kegeliges Gehäuse mit Schalenschlitz; paarige, doppelfiedrige Kiemen, die rechte kleiner; mit conchinigem Operculum; in Tiefen unter 400 m vor der japanischen Küste. – *Patella* spp., Napfschnecke (Patellidae) (Abb. 419); Gehäuse napfförmig, ohne Operculum; sekundäre Kiemen; docogloss; linke Niere klein, rechte groß; nur 1 Atrium; weltweit in der Brandungszone der Felsküsten; ortstreue Weidegänger mit einem Aktivitätsradius von etwa 1 m; Schalenmaterial wird am Gehäuserand so angelagert, daß dieser genau in die Unebenheiten des Ruheplatzes eingefügt ist. – *Theodoxus fluviatilis*, Flußnixenschnecke (Neritidae); kugelig gerundetes Gehäuse von etwa 1 cm Durchmesser mit kalkigem Operculum; 1 bipectinate Kieme, nur linke Niere; lebt von Algenaufwuchs und Schwämmen in Flüssen und Seen; legt etwa 1 mm große Eikapseln mit bis zu 90 Eiern, von denen sich nur eins entwickelt, die übrigen dienen als Nähreier. – Zahlreiche Konvergenzen zu den Pulmonata zeigen die verwandten, terrestrischen Helicinidae (tropisch).

Mesogastropoda, Mittelschnecken

Meist mit spiralig rechtsgewundenem, seltener mützenförmigem, bei einigen völlig reduziertem Gehäuse; mit Operculum, das manchmal verkalkt. Bei den höherentwickelten Gruppen Mündungsrand mit Siphonalrinne. Kopf mit Rüssel (Proboscis) und Fühlern, an deren Basis Augen liegen. Mantelhöhle asymmetrisch mit einer monopectinaten Kieme, deren Bewimperung das Atemwasser von links nach rechts durch die Mantelhöhle treibt, wobei es das Osphradium passiert. Meist herbivore, taenioglosse Schnecken mit 1 Atrium und 1 Niere, Männchen mit nichtretraktilem Penis. Meist im Meer und im Süßwasser, selten terrestrisch.

Viviparus spp., Sumpfdeckelschnecken (Viviparidae); rechter Fühler des Männchens fungiert als Penis; lebendgebärend; in ruhigem oder wenig bewegtem Süßwasser Mittel- und Osteuropas. – *Littorina* spp., Strandschnecken (Littorinidae); 4 Arten auch an der deutschen Küste; Augen auf Fortsätzen neben den Fühlern; Kiemen teilweise reduziert; Penis groß, hinter dem rechten Fühler: *L. littorea*, Gemeine Strandschnecke (Abb. 419), Gehäuse bis 3 cm hoch, häufigste Art im Eulitoral der südlichen Nordseeküste; lebt von Algen und *Balanus*-Arten; Eier in hutförmigen Gallertmassen im Plankton. – *L.*

saxatilis, Felsstrandschnecke, Gehäuse bis 12 mm, im Supralitoral bis 2 m über Hochwasserlinie, ovovivipar. – **L. mariae,* Stumpfe Strandschnecke, kugeliges Gehäuse bis 10 mm Durchmesser, Apex völlig flach; Penis mit langer Spitze und einer Reihe von Drüsen; an Tangen im oberen Eulitoral. – Ganz ähnlich **L. obtusata,* 17 mm Durchmesser mit niedrigem Apex, Penis mit kurzer Spitze und 2–3 Reihen von Drüsen; im unteren Eulitoral. Beide Arten kleben gallertige Gelege an Tange. – **Hydrobia ulvae,* Wattschnecke (Hydrobiidae), bis 6 mm hohes, eikegelförmiges Gehäuse; in dichten Populationen auf Sand- und Schlickböden der Meeresküsten, lebt von Kleinalgen. – **Turritella communis,* Turmschnecke (Turritellidae) (Abb. 420); schlank turmförmig; gräbt sich so tief in den Schlamm, daß nur der Apex herausragt; ernährt sich strudelnd. Deutsche Bucht, O-Atlantik, Mittelmeer. – *Vermetus* spp., Wurmschnecken (Vermetidae); unregelmäßig gewundenes, am Substrat festgeheftetes Gehäuse, dessen letzte Umgänge sich nicht berühren; Strudler und Schleimnetzfänger in warmen Meeren. – **Aporrhais pespelecani,* Pelikansfuß (Aporrhaidae) (Abb. 421); Mündungsrand der Adulten mit bis zu 5 fingerförmigen Fortsätzen; nahezu ortsfest; ernährt sich strudelnd; Nordsee, Atlantik. – *Strombus gigas,* Große Fechterschnecke (Strombidae); bis 35 cm hohe, schwere Gehäuse mit flügelartig erweitertem Mündungsrand; das lange, spitze Operculum wird als Waffe benutzt (deutscher Name !); ernährt sich von Pflanzen und Detritus; erzeugt Laichschnüre von 2 m Länge mit 460 000 Eiern; auf Korallensand der Karibik. – **Crepidula fornicata,* Pantoffelschnecke (Crepidulidae); pantoffelähnliches Gehäuse bis 5 cm Durchmesser; mit Austernbrut von der O-Küste Nordamerikas eingeschleppt; als Planktonfiltrierer Nahrungskonkurrent der Austern; zwittrig, Geschlecht größenabhängig: große Tiere sind weiblich. – *Cypraea* spp., Kaurischnecken (Cypraeidae); zahlreiche Arten mit eiförmigem Gehäuse, dessen Endwindung die älteren Umgänge völlig oder überwiegend umschließt; die Schale umfassende Mantellappen überziehen sie mit einer glatten Schmelzschicht; Mündung schlitzförmig, die Ränder gefältelt oder gezähnelt; einige Arten wurden früher als Zahlungsmittel benutzt; verbreitet vor allem in Korallenriffen des Indo-Westpazifik. – *Atlanta* spp. (Atlantidae); pelagische Schnecken mit zartem, spiralig gewundenem Gehäuse bis zu 13 mm Durchmesser; vorderer Teil des Fußes mit großem Saugnapf zum Festhalten an Pflanzen und Tieren; schwimmen in warmen Meeren mit dem Fuß nach oben. – *Pterotrachea* spp. (Pterotracheidae) (Abb. 422); Gehäuse völlig reduziert, Körper bis 30 cm lang, Fuß zu einer Ruderflosse umgestaltet; im Plankton warmer Meere. – **Lunatia nitida,* Glänzende Nabelschnecke, Bohrschnecke (Naticidae); lebt in Weichböden, die sie mit pflugschararartigem Vorderfuß durchpflügt auf der Suche nach kleinen Muscheln, deren Schale sie mit der Radula und mittels eines Sekrets des am Rüssel gelegenen Bohrorgans durchbohrt; frißt die Opfer mit dem Rüssel durch das kreisrunde Bohrloch aus; die Weibchen erzeugen pro Jahr etwa 19 Laichringe aus Sand und Sekret mit je 8000 Eiern. – *Tonna galea,* Tonnenschnecke (Tonnidae); bis 25 cm hohes, dünnwandiges Gehäuse mit kurzem Gewinde, ohne Operculum; carnivor, Mundöffnung am Ende eines weit ausstreckbaren Rüssels; der Speichel ist sauer (enthält u. a. 4% H_2SO_4) und dient der Zersetzung der Kalkteile von Muscheln und Stachelhäutern und der Lähmung der Opfer; Indopazifik, Atlantik, westl. Mittelmeer. – *Janthina janthina,* Veilchenschnecke (Jan-

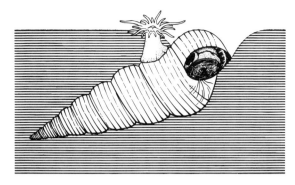

Abb. 420: *Turritella communis,* Turmschnecke (Mesogastropoda). In typischer Lage im Schlamm eingegraben, beim Filtrieren; mit Aktinie. Länge des Gehäuses etwa 4 cm. Aus Ankel (1971).

thinidae) (Abb. 423); purpurn; baut Floß aus Luftblasen, die von erhärtendem Fußschleim gebildet werden; treibt am Floß und legt ihre Eikapseln daran ab; Jungtiere weiden an *Velella* (S. 177). Adulte ernähren sich auch von anderen Planktonten; in warmen Meeren. – *Entoconcha* spp., Eingeweideschnecken; stark umgestaltete, schlauchförmige Parasiten in Holothurien; Gehäuse und ein großer Teil der inneren Organe völlig rückgebildet; die Zwerg-Männchen leben in einer Scheinmantelhöhle der Weibchen, in die sie als bewimperte Larven aus dem Oesophagus des Wirtes durch einen Gang gelangen, der nur bei jungen Weibchen offen ist; Mittelmeer, Atlantik, Pazifik.

Neogastropoda, Neuschnecken

Höchstentwickelte Prosobranchia mit konzentriertem Nervensystem. Gehäuse am Mündungsrand mit Siphonalrinne, die den Einstromsipho aufnimmt, und unverkalktem Operculum (Abb. 424, 425). Keine Perlmutterschicht. Die asymmetrische Mantelhöhle enthält ein bipectinates Osphradium und eine monopectinate Kieme. Radula steno- oder toxogloss; carnivor. Herz mit 1 Atrium. Männchen mit großem, retraktilem Penis. Aus dem Sekret eines Fußdrüsenkomplexes formt Weibchen Eikapseln mit Eiern und Näheiern.

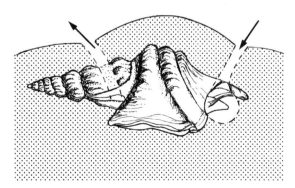

Abb. 421: *Aporrhais pespelecani,* Pelikansfuß (Mesogastropoda). Eingegraben, Pfeile geben Wasserströmung an. Verändert nach Yonge und Thompson (1976).

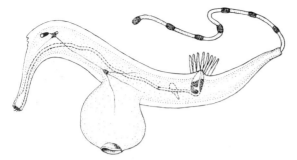

Abb. 422: *Pterotrachea* sp. (Mesogastropoda). Pelagische, bis 30 cm lange Schnecke mit völlig reduziertem Mantel und Gehäuse. Der lang-walzenförmige Körper ist transparent; ventral ist eine blattförmige Flosse ausgebildet, an der beim Männchen ein Saugnapf sitzt. Diese „Kielfüßer" treiben mit nach oben gewandter Flosse in den oberen 100 m wärmerer Meere; sie ernähren sich von Rippenquallen, Salpen, Flohkrebsen und kleinen pelagischen Schnecken. Verändert nach Ankel (1962).

Murex brandaris, Herkuleskeule, Brandhorn (Muricidae); eine Purpurschnecke; mit Stacheln und Höckern, die während der Wachstumspausen gebildet werden und daher die früheren Positionen des Mündungsrandes anzeigen; das Sekret der Hypobranchialdrüsen färbt sich unter dem Einfluß von UV-Strahlen über Zwischenstufen schließlich purpurn; die Art wurde, neben anderen, bis ins Mittelalter zur Herstellung des Purpurs benutzt; im Mittelmeer bis in etwa 80 m Tiefe. – *Nucella lapillus*, Nordische Purpurschnecke (Muricidae); mit kurzem Siphonalkanal; an Felsküsten des N-Atlantik und der Nordsee, Helgoland; ernährt sich von Seepocken und Miesmuscheln, die sie anbohrt; Sekret wird ebenfalls purpurn; in ihren gestielten Eikapseln entwickeln sich etwa 25 von 500 Eiern. – *Buccinum undatum*, Wellhornschnecke (Buccinidae), 12 cm (Abb. 411 A; Mantelhöhle mit bipectinatem Osphradium und monopectinater Kieme; Fleisch- und Aasfresser auf

Weich- und Hartböden des Sublitoral; Weibchen erzeugen Ballen mit bis zu 2 000 Eikapseln (Eier und Nähreier), häufig im Angespül; N-Atlantik und Nordsee. – *Nassarius reticulatus*, Netzreusenschnecke (Nassariidae); gräbt sich so tief in Weichböden ein, daß nur der Sipho ins freie Wasser ragt; mit ihm ortet sie ihre Beute: Polychaeta, Mollusca, Aas; europäische Küsten. – *Conus* spp., Kegelschnecken (Conidae) (Abb. 425); zahlreiche, z. T. prächtig gezeichnete Arten; toxogloss; viele Arten injizieren mit einem einmal verwendbaren, dolchartigen Einzelzahn giftige Sekrete in die Beute (Polychaeta, Mollusca, Fische), bei der es zu Lähmung und Atemstillstand kommt; in warmen und gemäßigten Meeren; wenige Arten auch für den Menschen lebensgefährlich.

Allogastropoda

Gehäuse von sehr unterschiedlicher Form; Radula modifiziert taeniogloss oder fehlend; Mantelhöhle mit ventralem und dorsalem Cilienband, häufig mit sekundären Kiemenblättchen. Diese Gruppe repräsentiert den Übergang von basalen Prosobranchia zu Pulmonata und Opisthobranchia.

Architectonica spp., Sonnenuhrschnecken (Architectonicidae); Jungtiere männlich, Adulte zwittrig; in warmen Meeren. – *Odostomia* spp. (Pyramidellidae); turmförmiges Gehäuse, dessen Protoconch links-, dessen Teloconch

Abb. 424: *Busycon perversum* (Neogastropoda). Besonders dickschalige Art mit Siphonalrinne und Operculum im Eulitoral der US-Ostküste, Gehäuse 45 cm. Original: W. Westheide, Osnabrück.

Abb. 423: *Janthina janthina*, Veilchenschnecke (Mesogastropoda). Gehäuse 4 cm Durchmesser. Baut an der Meeresoberfläche ein Floß aus erhärtenden Sekretblasen und treibt zeitlebens als Teil des Pleustons an diesem Floß, an das sie auch ihre Eikapseln heftet. Kosmopolit in allen wärmeren Meeren, der sich vor allem von Segelquallen ernährt, mit denen dieser Lebensraum geteilt wird. Der Name „Veilchenschnecke" geht auf das violette Sekret der Hypobranchialdrüse zurück. Nach Yonge und Thompson (1976).

Abb. 425: *Conus textile*, Kegelschnecke (Neogastropoda). Kriechend, mit aufwärts gerichtetem Sipho; Rüssel kann in dem umstrichelten Umfang vorgeschnellt werden; Gehäusehöhe 8 cm. Diese und verwandte Kegelschnecken gehen nachts auf Fischfang im Korallenriff; sie packen die Beute mit dem Rüssel und injizieren ihr mit Hilfe der pfeilartigen Radulazähne Toxine, die das Opfer lähmen. Nach Yonge und Thompson (1976).

rechtsgewunden ist; saugen mit langem Rüssel an Schnek-ken, Muscheln und Polychaeten; nördlicher Atlantik.

2.1.2.2 Pulmonata, Lungenschnecken

Meist mit Gehäuse und euthyneurem Nervensystem (Abb. 406). Respiration allgemein durch die zur Lungenhöhle umgewandelte Mantelhöhle (Name!): die Wand dieser Höhle trägt blutbahnführende Leisten (Trabekeln); wasserlebende Pulmonata mit sekundären Kiemen. Pharynx mit Kiefer und Radula; diese trägt zahlreiche Zähne (*Helix pomatia*: etwa 27 000); der Mittelzahn ist klein, Seiten- und Randzähne sind größer und meist gleichförmig (Abb. 415 G), bei Carnivoren sichelförmig (Abb. 415 J). Nervensystem tendiert zur Konzentration der Ganglien im Schlundring; Chiastoneurie nur bei einigen altertümlichen Formen erhalten. Atrium vor dem Ventrikel. Das zwittrige Genitalsystem ist komplex gebaut; der Penis wird rückgebildet und funktionell durch die Penishülle ersetzt. Entwicklung in den von mehreren Hüllschichten umgebenen Eiern bis zum Kriechstadium. Pulmonata sind überwiegend terrestrische Tiere, wenige (Archaeopulmonata) leben an felsigen Meeresküsten, die Basommatophora besiedeln das Süßwasser; die Stylommatophora bevorzugen feuchte Kleinhabitate, doch gibt es auch xerophile Arten, die sogar in Wüstengebiete vordringen und durch kalkig-weiße, dicke Gehäuse und Ruhephasen während des Tages der Hitze standhalten.

Ruheperioden treten auch bei mitteleuropäischen Landschnecken im Sommer und Winter auf. Da im typischen Falle kein Operculum vorhanden ist, wird in solchen Ruhephasen die Gehäusemündung bis auf eine Atemöffnung durch ein Schleimhäutchen verschlossen. Durch Einlagerung von Kalk entsteht daraus bei manchen Arten das feste Epiphragma (Helicidae). Bei länger anhaltenden Trockenperioden verliert der Weichkörper an Volumen, zieht sich dadurch tiefer ins Gehäuse zurück und kann weitere Epiphragmen erzeugen. Der saure Schleim der Körperoberfläche schützt auch die gehäuselosen Wegschnecken vor ihren Feinden, zumal im Schleim oft schwefelhaltige Verbindungen vorkommen, die abstoßende Wirkung haben.

Die etwa 16 000 rezenten Arten werden auf 3 Subtaxa verteilt. Die Archaeopulmonata lassen sich an die Allogastropoda anschließen; aus ihnen sind wahrscheinlich Basommatophora und Stylommatophora hervorgegangen. Unsicher ist die Stellung eines 4. Taxon mit wenigen Arten. Basommatophora sind seit dem Oberen Malm (140 Mill. Jahre), Stylommatophora seit der Kreidezeit (100 Mill. Jahre) fossil nachgewiesen.

Archaeopulmonata, Altlungenschnecken

Schnecken, die von den Prosobranchia-Allogastropoda zu den höheren Pulmonata überleiten: einige Arten sind noch chiastoneur, bei anderen sind die Pleurointestinalkonnektive verkürzt oder die Über-kreuzung ist schließlich aufgehoben. Überwiegend Bewohner des Meeresstrandes.

Ovatella myosotis, Mausohrschnecke (Ellobiidae); erträgt auf Außendeichswiesen starke Schwankungen des Salzgehalts; ernährt sich von Diatomeen und Detritus; zwittrig, doch nur einseitige Begattung; mediterran-atlantisch. – *Carychium* spp., Zwergschnecken (Ellobiidae); im Binnenland der nördlichen Hemisphäre unter Laub und Holz und zwischen Moos; Moderfresser.

Basommatophora, Wasserlungenschnecken

Lungenschnecken mit turm-, napf- oder tellerförmigem Gehäuse, sekundär im Süß- oder Brackwasser, einige am Küstensaum der Meere. Augen an der Fühlerbasis. Bei einigen Arten tritt in der Larvalentwicklung noch ein Operculum auf, das den Adulten gewöhnlich fehlt. In der Lungenhöhle bei vielen Arten eine sekundäre Kieme. Nervensystem bei einigen chiastoneur, bei den meisten euthyneur.

Acroloxus lacustris, Teichnapfschnecke (Acroloxidae); mützenförmig, Scheinkieme hinten rechts am Körper; Zwitter, an Wasserpflanzen ruhiger Gewässer; Mitteleuropa. – *Lymnaea stagnalis*, Spitzhorn-Schlammschnecke (Lymnaeidae), 6 cm; Form von ökologischen Bedingungen abhängig; bevorzugt pflanzenreiche, ruhige Gewässer; in manchen Populationen scheint Selbstbefruchtung üblich zu sein; Zwischenwirt von Trematoden; holarktisch. – *Galba truncatula*, Kleine Schlammschnecke (Lymnaeidae), 1 cm hohes, länglich-eiförmiges Gehäuse; lebt in kleinsten Gewässern Mitteleuropas, Zwischenwirt des Großen Leberegels (S. 239). – *Planorbarius corneus*, Große Posthornschnecke (Planorbidae); scheibenförmiges, linksgewundenes Gehäuse von 33 mm Durchmesser; in ruhigen, pflanzenreichen Gewässern Eurasiens. – *Biomphalaria* spp., Nabel-Tellerschnecken (Planorbidae); auch in kleinsten Süßgewässern Afrikas und Südamerikas; übertragen die Bilharziose (S. 242), werden daher chemisch und biologisch bekämpft. – *Ancylus fluviatilis*, Flußmützenschnecke (Ancylidae); napfförmig; Mantelhöhle rückgebildet, Atmung über die Haut; nahezu ortsfeste Tiere an Steinen in fließenden Gewässern Europas.

Stylommatophora, Landlungenschnecken

Terrestrisch lebende Pulmonata, deren Augen an den Enden des vorderen der beiden einstülpbaren Fühlerpaare liegen. Atmung über die gefäßreiche Wand der Lungenhöhle. Gegen übermäßige Verdunstung durch Schleimabgabe und das Gehäuse geschützt; Arten mit reduziertem Gehäuse ("Nacktschnecken") vermeiden intensive Sonnenexposition. *Helix*-Arten können bis 50%, Nacktschnecken bis 80% Wasserverlust für einige Tage überleben. Bei Gefahr wird der Körper in das Gehäuse zurückgezogen und dieses, da ein Dauerdeckel fehlt, durch den Mantelwulst verschlossen; in längerdauernden Kälte- oder Trockenperioden wird ein Epiphragma gebildet. Bei Nacktschnecken Eingeweidesack reduziert, die inneren Organe sind sekundär wieder in den dorsalen Teil des Cephalopodium einbezogen worden; diese Tiere sind daher äußerlich schein-

Abb. 426: *Succinea putris,* Bernsteinschnecke (Pulmonata, Stylommatophora). Gehäusehöhe 2 cm; parasitiert von *Leucochloridium*-Sporocyste (Plathelminthes, Digenea), die in die Fühler eingedrungen ist. Original: K. J. Götting, Gießen.

Abb. 428: *Helix pomatia,* Weinbergschnecke (Pulmonata, Stylommatophora). Gehäusehöhe bis 5 cm. Original: K. J. Götting, Gießen.

symmetrisch, doch liegen Atem- und Genitalöffnung nur rechts.

Granaria frumentum, Wulstige Kornschnecke (Pupillidae); wärme- und kalkliebende Art in S-Deutschland und Südeuropa; Zwischenwirt des Kleinen Leberegels (S. 239). – *Succinea putris,* Bernsteinschnecke (Succineidae) (Abb. 426), 22 mm; amphibisch; bei der Paarung der zwittrigen Tiere fungiert jeweils ein Partner nur als Männchen, der andere nur als Weibchen; Zwischenwirt von *Leucochloridium macrostomum* (Digenea); N- und Mitteleuropa. – *Clausilia* spp., Schließmundschnecken (Clausiliidae); mit spindelförmigem, linksgewundenem Gehäuse; Mündung fast immer mit komplizierter Armatur und einer Schließplatte (Clausilium); in Mitteleuropa zahlreiche, bis 18 mm hohe Arten an Felsen, Mauern und Bäumen; sapro- und mykophag. – *Achatina fulica,* Große Achatschnecke (Achatinidae); im tropischen Afrika beheimatet, doch weltweit verschleppt, gefürchteter Schädling in Bananen- und anderen Pflanzungen. – *Arion ater,* Große Wegschnecke (Arionidae) (Abb. 427); bis 20 cm lange Nacktschnecke, deren Gehäuse bis auf Kalkkörner unter dem Mantelschild zurückgebildet ist; Atemöffnung

vor der Mitte des Schildes; Farbe variabel: schwarz, rot, orange oder grau. Penis und Penishülle reduziert, Kopulation durch Aneinanderpressen der Genitalatrien; im Tiefland W- und Mitteleuropas bis 1 800 m Höhe weitverbreiteter Allesfresser. Die *Arion*-Spezies und die folgenden 3 Arten können bei Massenvermehrung in Pflanzenkulturen schädlich werden. – *Limax maximus,* Großer Schnegel (Limacidae), bis 20 cm, Schalenrest als Kalkplättchen unter dem Mantelschild; Atemöffnung hinter der Mitte des Schildes; blaßbraun bis grau, 1–3 Längsbinden oder Fleckenreihen; bei der Kopulation hängen die Partner an einem Schleimfaden und umschlingen sich spiralig; auch in Kellern und Gewächshäusern; S- und W-Europa. – *Deroceras reticulatum,* Ackernetzschnecke (Agriolimacidae); blaßbräunlich mit netzartiger Zeichnung, Schleim weiß; Allesfresser in Wäldern, Gärten und auf feuchten Wiesen Europas. – *Tandonia budapestensis,* Boden-Kielschnegel (Milacidae); bräunlich-grau mit gelblichem Rückenkiel, sehr schlank, dunkel gepunktet, Schleim farblos; Kulturfolger in Parks und Gärten Europas. – *Helicella itala,* Westliche Heideschnecke (Helicellidae); Gehäuse mit braunen Spiralbändern; an trockenen, grasigen Hängen; Zwischenwirt des Kleinen Leberegels (S. 239); W-Europa. – *Cepaea* spp., Schnirkel- oder Bänderschnecken (Helicidae); Proportionen, Farb- und Bänderungsmuster variabel; ernähren sich von Blättern; Europa. – *Helix pomatia,* Weinbergschnecke (Helicidae) (Abb. 428), bis 5 cm hohes, kugeliges, gelblich-braunes Gehäuse mit bis zu 5 oft verschmolzenen Spiralbändern; kalk- und wärmeliebend, in Gebüschen, Hecken, lichten Wäldern und Weingärten. Kopulation meist mit wechselseitiger Begattung; etwa 50–60 Eier von 5–6 mm Durchmesser, mit Kalkschale, werden in eine selbstgegrabene Erdhöhle gelegt. Während sommerlicher Trockenperioden und im Winter wird die Mündung durch ein Epiphragma verschlossen. Als Delikatesse geschätzt, daher während der Fortpflanzungszeit (31.3. bis 31.7.) unter Schutz gestellt; mit Lizenz außerhalb dieser Zeit gesammelte Tiere müssen mindestens 3 cm Gehäuse-Durchmesser haben; in Schneckenfarmen gemästet, als „Deckel-" oder „Kriecherschnecke" im Handel. In den letzten Jahren werden zur Deckung des Bedarfs zunehmend süd- und südosteuropäische Arten importiert, vor allem die große *H. lucorum.*

Abb. 427: *Arion ater,* Große Schwarze Wegschnecke (Pulmonata, Stylommatophora), bis 13 cm lang; eine der häufigsten Nacktschnecken in Nordwesteuropa. Original: K. J. Götting, Gießen.

Gymnomorpha

Gehäuselose Schnecken, bei denen der Mantel den Kopf und die Körperseiten überdeckt. Atemöffnung und Anus hinten; männliche Genitalöffnung vorn rechts am Kopf, weibliche in der Mitte der rechten Seite oder hinten. Von unsicherer systematischer Stellung; knapp 200 Arten.

Onchidella celtica (Onchidiidae, Systellommatophora); amphibische Tiere der Gezeitenzone; Ärmelkanal, Küsten W-Europas und N-Afrikas. – *Veronicella* spp. (Veronicellidae, Soleolifera); 2 Paar nicht einstülpbare Fühler, obere mit Augen; Mantelhöhle völlig rückgebildet; Landschnecken vor allem im tropischen Südamerika.

2.1.2.3 Opisthobranchia, Hinterkiemerschnecken

Opisthobranchia sind meist marine Schnecken des Litorals, seltener pelagisch. Die Mantelhöhle ist durch Rückdrehung nach rechts, die Kieme hinter das Herz verlagert worden. Ausgeprägte Tendenz zur Rückbildung von Gehäuse, Kieme und Mantelhöhle. Ursprüngliche Arten haben ein spiralig gewundenes **Gehäuse** mit Operculum. Gehäuse wird in mehreren Gruppen konvergent reduziert: erst verschwindet das Operculum, dann das Gehäuse. Das Ctenidium kann durch adaptive Kiemen ersetzt sein, die zweireihig gefiederte Kiemenblättchen tragen oder die einfach leisten- oder lamellenförmig sind. Viele Nacktkiemer (Nudibranchia) tragen auffällig gefärbte, symmetrisch angeordnete und meist kolbenförmige Rückenanhänge (Cerata), denen respiratorische Funktion zugeschrieben wird und in die oft Ausläufer der Mitteldarmdrüsen hineinziehen. Aeolidiidae, die sich von Hydroidpolypen ernähren, können Nesselkapseln der Beutetiere durch die Mitteldarmdrüse in die Cerata hineinverlagern, dort speichern und sich im Falle der Gefahr damit wehren (Kleptocniden).

Die **Radula** ist vielgestaltiger als bei den Pulmonata. Benthische Arten ernähren sich teils herbivor, teils carnivor, die pelagischen sind Planktonstrudler. Einige leben, oft nur als Juvenile, parasitisch.

Das Atrium des Herzens ist meist, wie die Kieme, nach hinten gewandt (Ausnahme z. B. *Acteon*). **Zirkulationssystem** mit vielen Abweichungen vom Grundbauplan, Herz und Perikard können ganz fehlen. Fast immer zwittrig. Chiastoneurie findet sich nur bei einigen ursprünglichen Vertretern (Cephalaspidea), sonst führt die Rückdrehung des Eingeweidesackes zum euthyneuren Nervensystem, das zunächst noch asymmetrisch und schließlich bei den höchstentwickelten Gruppen der Nudibranchia symmetrisch ist. Die Hauptganglien werden im Schlundring konzentriert (Konvergenz zu Neogastropoda und Pulmonata). Unter den Sinnesorganen kommt dem Geruchs-, Geschmacks- und Tastrezeptoren enthaltenden Hancockschen Organ der Cephalaspidea eine wichtige Funktion zu. Es liegt in der Furche zwischen Kopfschild und Fuß. Auffällig sind bei vielen Hinterkiemern, vor allem den Nudibranchia, die R h i n o p h o r e n , tentakelartige Anhänge, die der Chemorezeption, aber vor allem der Strömungswahrnehmung dienen. Augen sind meist einfache, everse Linsenaugen. – Die Entwicklung verläuft entweder über einen planktischen Veliger oder intrakapsulär zum Kriechstadium.

Abb. 429: *Hydatina physis* (Cephalaspidea), Opisthobranchier mit Gehäuse und Operculum. Aus Gosliner (1987).

Die zahlreichen Subtaxa, deren Abgrenzung zum Teil noch unsicher ist, lassen sich auf die in vielen Merkmalen ursprünglichen Acteonidae zurückführen. Fossil seit dem Unteren Karbon erhalten; etwa 2 000 rezente Arten.

Cephalaspidea (Bullomorpha), Kopfschildschnecken

Meist mit äußerem Gehäuse, das bei einigen vom Mantel eingeschlossen wird (Abb. 429). Mit Mantelhöhle und Kieme. Kopf meist schildartig verbreitert.

Acteon tornatilis (Acteonidae); 25 mm hoch; der Weichkörper vereinigt in sich Merkmale der Prosobranchia und der Opisthobranchia (Mantelhöhle vorn, ihre Öffnung nach rechts gedreht; chiastoneur; mit Operculum, Kieme, Osphradium); pflügt sich durch sandiges Sediment, sucht vor allem Polychaeta; W-Küsten Europas. – **Retusa obtusa* (Retusidae), 7 mm; walziges Gehäuse ohne Operculum; ernährt sich von Foraminiferen, Aas und *Hydrobia*; Mittelmeer, O-Atlantik, Nord- und Ostsee. – **Philinoglossa* spp. (Philinoglossidae); wurmförmig; im Interstitial von Mittelmeer, O-Atlantik und Nordsee.

Acochlidiacea

Ohne oder mit rudimentärem Gehäuse; ohne Kopfschild, Mantelhöhle, Kieme und Fühler; Kopf mit einfachen Rhinophoren; leben in Ästuarien und im Sandlückensystem.

*Microhedyle lactea (Microhedylidae), 2 mm; wurmförmig; im Interstitial von Mittelmeer, Marmara-Meer, O-Atlantik und Nordsee.

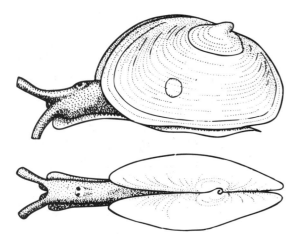

Abb. 430: *Berthelinia* sp. (Opisthobranchia, Saccoglossa). Gastropoda mit 2 (!), ca. 1 cm langen Schalenklappen. Aus Kawaguti und Baba (1959).

Saccoglossa, Schlundsackschnecken

Gehäuse äußerlich oder reduziert, Weichkörper in das Gehäuse rückziehbar; selten mit zweiklappiger, muschelähnlicher Schale; Vorderende der Radula in einem frontalen Blindsack. Mantelhöhle nach rechts geöffnet. Eingeweidesack vom Fuß abgesetzt.

Berthelinia spp. (Abb. 430), *Midorigai* spp.: mit zweiklappiger, 1 cm langer Schale; nur die linke Klappe, die an ihrem Apex den Protoconch trägt, ist dem Gehäuse homolog, während die rechte als akzessorische Schale zu werten ist. Weitere Konvergenzen zu Bivalvia. Leben an Grünalgen, die sie mit der Radula anritzen und aussaugen; Indopazifik, Atlantik, Karibik.

Thecosomata, Seeschmetterlinge

Pelagisch, mit reduziertem oder sekundärem Gehäuse (Pseudoconcha); in großen Schwärmen; leben von Mikroplanktonten; tägliche Vertikalwanderungen; sie selbst dienen Fischen und seihenden Walen als Nahrung („Whalaat"). (Früher mit den Gymnosomata als „Pteropoda", Flügelschnecken, zusammengefaßt.) (Abb. 411 I).

Creseis acicula (Cavolinidae), 5 mm, Schale schlank konisch; schwimmt durch flügelartiges Schlagen der parapodialen Lappen; Mittelmeer.

Gymnosomata, Ruderschnecken

Pelagisch, ohne Schale und Mantelhöhle, Körper in Kopf und Rumpf gegliedert. Fuß dreilappig, mit 2 Flossen. Schlund oft rüsselartig vorstreckbar, mit Saugarmen und Hakensäcken (Abb. 431). Carnivor; oberflächennah in allen Weltmeeren. Nahrung sind vor allem Thecosomata.

Clione limacina (Clionidae); 2 cm, weltweit.

Anaspidea, Seehasen

Zum Teil große Arten mit kleiner, vom Mantel nahezu bedeckter Schale; Fuß lateral zu Lappen („Parapodien") verbreitert, die nach oben geschlagen werden können (Abb. 411 B, C).

Aplysia spp., Seehasen (Aplysiidae) (Abb. 432); mit ohrförmigen Tentakeln (Name !); der Fuß bildet breite Parapodien, die auf dem Rücken zu einem Rohr zusammengelegt werden können, aus dem durch fortschreitende Kontraktion Wasser ausgestoßen und damit das Tier vorangetrieben wird. Bei Belästigung wird farbiges Sekret (Tinte) ausgestoßen. Im Frühjahr oft massenhaft in litoralen Pflanzenbeständen, von denen sich die Tiere ernähren; weltweit in warmen Meeren. Wegen ihrer Riesenaxone im Nervensystem bevorzugt zu neurophysiologischen Unter-

Abb. 431: *Pneumodermopsis paucidens* (Opisthobranchia, Gymnosomata). Pelagische, sog. Flügelschnecke. Fuß dreigeteilt in 1 mediane und 2 laterale flügelartige Flossen, mit denen die Bewegung im Wasser erfolgt. Ohne Schale und Mantelhöhle. Mit Saugnäpfen wird die Beute (thecosomate, pelagische Schnecken) festgehalten, Rüssel und Kiefer dringen durch die Schale und schließlich wird der Weichkörper verschlungen. Mittelmeer und Nordatlantik, gelegentlich Indik und SW-Pazifik. Maßstab: 0,5 mm. Original: D. Fiege, Frankfurt/Main.

suchungen benutzt. *A. vaccaria* ist mit 75 cm Länge und 16 kg Gewicht die größte rezente Schnecke; Kalifornien.

Umbraculomorpha, Schirmschnecken

Napfförmige Schale mit zentralem Apex; bipectinate Kieme rechts zwischen Mantelrand und Fuß; Fuß groß, lang und eiförmig, ohne verbreiterte Parapodien. Kopf mit seitlich geschlitzten Rhinophoren, zwischen diesen die Augen.

Umbraculum sinicum (Umbraculidae); in der Laminarienzone warmer Meere; ernährt sich von Schwämmen.

Pleurobranchomorpha, Seitenkiemer

Mantel bedeckt die dünne, längliche, oft reduzierte Schale. Kopf mit Mundsegel und -tentakeln sowie einrollbaren, blättrigen Rhinophoren; bipectinate Kieme rechts. Eine Säuredrüse öffnet sich in die Schlundhöhle; im Mantel gelegene Schleimdrüsen produzieren schweflige Säure (pH 1), die bei Verletzung frei wird und gegen angreifende Fische schützt.

Pleurobranchus californicus (Pleurobranchidae); mit weißer, dünner, gerundet-eckiger Schale; schwimmt gelegentlich; nimmt große Mengen Wasser auf, die er bei Belästigung ausstößt; ernährt sich vorwiegend von Ascidien und Poriferen; kalifornische Küste.

Nudibranchia, Nacktkiemer

Gehäuse und Operculum völlig reduziert (Larvalschale und Operculum werden während der Metamorphose abgestoßen), keine Kieme an der rechten Körperseite; äußerlich symmetrisch; echte Kiemen und Osphradien fehlen, doch oft hochdifferenzierte Anhänge als sekundäre respiratorische Strukturen; Kopf mit Rhinophoren. Sehr vielgestaltig und oft farbenprächtig; vorwiegend im küstennahen Flachwasser; hochspezialisierte Carnivore. Verteidigung mit Hilfe von Kleptocniden, Kalkspicula und sauren Sekreten.

*Archidoris pseudoargus, Meerzitrone (Archidorididae), 12 cm; Rücken mit dichtstehenden Papillen; 9 dreifach gefiederte Kiemenblätter; ernährt sich von Schwämmen; Mittelmeer, W-Küsten Europas, Helgoland. – **Dendronotus frondosus*, Bäumchenschnecke (Dendronotidae); auf dem Rücken 2 Reihen von verzweigten Anhängen; Jungtiere ernähren sich von *Sertularia* und *Hydrallmania*, Adulte vorwiegend von *Tubularia*; Küsten des nördlichen Atlantiks, Helgoland. – *Phylliroe bucephala* (Phylliroidae); seitlich abgeflacht, transparent; Fuß, Augen und Radula reduziert; Juvenile heften sich an die innere Glockenwand von *Zanclea costata*, von der sie sich ernähren; die Adulten treiben pelagisch und verzehren Hydrozoa und Staatsquallen; bei Beunruhigung wird ein leuchtendes Sekret sezerniert; mediterran-atlantisch. – **Facelina auriculata*, Fadenschnecke (Facelinidae) (Abb. 433); auf dem Rücken zahlreiche Cerata mit Ausläufern der Mitteldarmdrüse; Nahrung vor allem Hydroidpolypen; Mittelmeer, Nordsee. – **Aeolidia papillosa*, Breitwarzige Fadenschnecke (Aeolidiidae) (Abb. 434), 12 cm; Cerata länglich-abgeflacht, mit weißen Spitzen, in mindestens 25 Querreihen

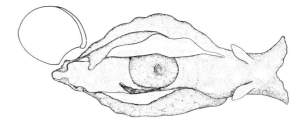

Abb. 432: *Aplysia fasciata*, Seehase (Opisthobranchia, Anaspidea), 30 cm, mit stark reduzierter, innerer Schale. Aus Riedl (1970).

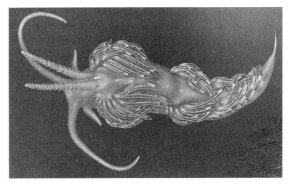

Abb. 433: *Facelina auriculata* (Opisthobranchia, Nudibranchia), 9 mm. Aus Schmekel und Portmann (1982).

Abb. 434: *Aeolidia papillosa*, Breitwarzige Fadenschnecke (Opisthobranchia, Nudibranchia), 12 cm. Auf Hartböden der Nordsee, u.a. Helgoland. Original: W. Westheide, Osnabrück.

angeordnet; ernährt sich von Seerosen, aus denen sie Stücke herausbeißt; weltweit. – *Glaucus atlanticus* (Glaucidae); pelagisch, transparent, an der nach oben gewandten Bauchseite blauschimmernd; jederseits mit 2 großen, stielartigen Verbreiterungen, auf denen büschelige Papillen sitzen; Gasblasen oder schwimmende Algen werden als Transportmittel benutzt; ernährt sich von *Porpita* und *Velella* (S. 177), deren Nematocysten in die Endabschnitte der Mitteldarmdrüsen eingelagert werden; in warmen Meeren.

2.1.3 Cephalopoda, Kopffüßer, Tintenschnecken, Tintenfische

Die Cephalopoden sind eine relativ kleine, aber besonders hoch organisierte Gruppe von Conchiferen. Sie sind ausschließlich marin und aus Tiefen bis zu 5 500 m bekannt (*Chiroteuthis lacertosa*), dringen wahrscheinlich aber in weitaus größere Tiefen vor. Neben benthischen Arten gibt es zahlreiche pelagische, die meist gute Schwimmer sind und daher Konvergenzen zu schnellen Schwimmern aus anderen Tiergruppen zeigen. Manche pelagische Arten scheinen Kosmopoliten zu sein; viele machen tägliche Vertikal- und saisonbedingte, oft weite Laich- und Nahrungswanderungen.

Die rezent mit etwa 750 Arten vertretenen Cephalopoda sind fossil seit dem Unteren Kambrium erhalten. Schalen fossiler Nautiloida gleichen denen rezenter *Nautilus* so sehr, daß für die Weichkörper entsprechende Übereinstimmungen angenommen werden.

Bau

Kopffüßer sind bilateralsymmetrisch und wachsen vor allem entlang der dorsoventralen Achse, die um etwa 90° in die Horizontale gekippt wird, so daß die morphologische Vorderseite zur Oberseite wird. Das **Cephalopodium** (Kopf-Arm-Komplex) bildet eine Funktionseinheit zur Lokomotion und zum Beutefang. Es ist vom übrigen Körper deutlich abgesetzt. Eine mit den Verhältnissen bei Arthropoda und Vertebrata vergleichbare Tendenz zur Cephalisation und Cerebralisation ist ausgeprägt.

Um die Mundöffnung sind 1 oder 2 Kränze muskulöser Arme angeordnet , und aus dem Fuß ist der Trichter hervorgegangen. Die Arme sind oft stark differenziert und haben verschiedene Funktionen. Bei *Nautilus* stehen etwa 90 Arme um die Mundöffnung, deren jeder in seine scheidenförmige Basis rückziehbar ist. Die Coleoida haben 8 bzw. 10 Arme. Auf der Mundseite der Arme inserieren Saugnäpfe in 1, 2 oder 4 Reihen, die bei den Octopoda mit breiter Basis dem Arm aufsitzen; bei den Decabrachia sind sie gestielt und am Rande mit gezähnten Chitinringen bewehrt, die bei einigen zu Greifhaken geworden sind. Die Octopoda können auf ihren 8 Armen kriechen. Die Decabrachia haben 10 Arme, von denen 2 als Fangarme fungieren. Ein umgestalteter Arm des Männchens, der Hectocotylus, überträgt Spermatophoren auf das Weibchen (manchmal sind 2 Hectocotyli ausgebildet).

Der Trichter bildet hinter dem Armkranz eine rohrförmige, bewegliche Verbindung zwischen der geräumigen Mantelhöhle und dem Außenmedium. Kräftige Kontraktion des Muskelmantels (s.u.) preßt Wasser aus der Mantelhöhle und bewegt den Körper nach dem Rückstoßprinzip bei kopfwärts gerichtetem Trichter mit dem physiologischen Hinterende (Eingeweidesack) voran durch das Wasser.

Der Trichter kann gebogen werden und ermöglicht zusammen mit den Armen ein vielseitiges Manövrieren. Der Mantelspalt ist oft durch einen druckknopfartigen Verschlußmechanismus abzudichten, bei einigen Arten sind seine Ränder verwachsen.

Der **Eingeweidesack** ist im Verhältnis zum Körper sehr groß. Bei *Nautilus* und *Spirula* verlängert er sich am Ende zu einem dünnen, rohrartigen Fortsatz, dem Siphunculus, der in die Schalenkammern hineinzieht. Nur *Nautilus* hat ein äußeres Gehäuse, bei den Coleoida ist die Schale reduziert und ins Körperinnere verlagert oder völlig verschwunden.

Der **Mantel** ist bei *Nautilus* als dünner „Hautmantel" ausgebildet, bei den Coleoida dagegen funktionell verschieden differenziert. Bei den guten Schwimmern der Hochsee ist der kräftige „Muskelmantel" ein komplexes, vielschichtiges Organ. Die Körperdecke wird von einem einschichtigen Epithel ektodermaler Herkunft gebildet, das aus Säulen-, Drüsen- und Sinneszellen zusammengesetzt ist. Eine basale Matrix trennt das Epithel von der darunterliegenden, mesodermalen Cutis. In diese sind oft mehrere Schichten von Chromatophororganen und darunter liegenden Iridocyten (Flitterzellen) eingebettet.

Jedes Chromatophororgan setzt sich aus dem elastischen, pigmenthaltigen Sacculus und radiär daran ansetzenden Muskelfasern zusammen, die das Pigment bei Kontraktion ausbreiten. Das Organ wird zentralnervös gesteuert. Die Iridocyten enthalten Stapel von Guaninplättchen, die das Licht reflektieren. Färbung und Muster auf der Haut und ihr schneller Wechsel entstehen durch das Zusammenspiel von Chromatophoren-Expansion und -Neigung sowie Reflexion der Iridocyten. Im Farb- und Musterwechsel drücken sich „Stimmungen" des Tieres aus: kopulationsbereite Männchen von *Sepia* zeigen ein Zebramuster aus dunkelpurpurnen und weißen Streifen, das sich beim Anblick von Artgenossen intensiviert.

In die Haut vieler Cephalopoda sind Leuchtorgane von verschiedenem Bau eingelassen, die unterschiedliche Farben aussenden (Wellenlänge meist um 496 nm). Anordnung und Farbe der Leuchtorgane sind artcharakteristisch. Da insbesondere Tiefsee-Kopffüßer zahlreiche Leuchtorgane aufweisen, spielen diese wahrscheinlich eine Rolle bei der Geschlechtererkennung und beim Anlocken größerer Beutetiere.

Die einfachsten Leuchtorgane haben die Form offener Taschen, die mit Leuchtbakterien gefüllt sind. Kompliziertere Leuchtorgane sind geschlossen, zum Körper hin durch einen Reflektor aus Iridocyten abgeschirmt und nach außen mit einer Linse ausgestattet. Bei den Uniductia ist das Innere der am Rektum gelegenen, paarigen Leuchtorgane mit permanent leuchtenden Bakterien gefüllt. Tiefseeformen (wie *Heteroteuthis*) produzieren ein durch Bakterien leuchtendes Sekret, das bei Belästigung

Abb. 435: *Nautilus* sp. (Cephalopoda, Nautiloida). Lebendphoto. Aus Siewing (1985).

ausgestoßen wird. Das komplexe Leuchtorgan der Oegopsida enthält in seinem Zentrum photogene Zellen, in denen das Licht nach dem Luciferin-Luciferase-Prinzip erzeugt wird; Reflektor und Linse erhöhen die Ausbeute an Licht und richten es. Bei einigen Arten kann die Farbe durch als Filter wirkende Schichten modifiziert werden (*Lycoteuthis diadema*).

Unter der Cutis der inneren und äußeren Mantelseiten folgen Schichten von Bindegewebsfasern mit Kollagenbündeln, die eine dicke Lage zirkulärer Muskelfasern zwischen sich einschließen. Diese Lage wird von radiären Muskeln ziemlich regelmäßig durchzogen. Die Bindegewebsschichten machen den Mantel volumen- und längenkonstant, die Kollagenfasern, die sich unter bestimmten Winkeln kreuzen, sorgen für die nötige Elastizität. Die Ringmuskeln können sich auf etwa 30% ihrer Ruhelänge kontrahieren; dabei wird der Durchmesser des Mantels verringert, die Mantelwand gleichzeitig verdickt, und in der Mantelhöhle entstehen Drucke von ca. 50 kPa für 150–200 ms Dauer. Dadurch wird das Wasser kraftvoll aus der Mantelhöhle ausgestoßen und treibt den Körper nach dem Rückstoßprinzip voran. Die folgende Kontraktion der radiären Muskelfasern macht die Mantelwand dünner, dehnt die zirkulären Muskelfasern und erweitert die Mantelhöhle, in die Wasser einströmen kann. Der Wasserausstoß aus dem Trichter kann so heftig sein, daß gute Schwimmer wie die Kalmare (*Loligo*) Geschwindigkeiten von 2 m s^{-1} erreichen, einige Arten sogar aus dem Wasser heraus- und durch die Luft fliegen (Fliegende Kalmare, *Onychoteuthis* und *Dosidicus*: 7 m s^{-1}). Der Stabilisierung des Körpers und zum langsamen Schwimmen dienen laterale, muskulöse Hautsäume, die „Flossen".

Bei *Nautilus* verhindert das äußere, spiralig gewundene **Gehäuse** (Abb. 435) schnelles Schwimmen. Es ist nach dorsal gewunden (exogastrisch) und im Inneren gekammert. Das Tier lebt in der zuletzt gebildeten Wohnkammer, während die älteren Kammern mit Gas gefüllt werden. Die Schale dient hier als hydrostatisches Organ: der schwerere Weichkörper hängt an den gasgefüllten Kammern wie an einer Boje. Im Trichter entstehen nur Drucke von ca. 4 kPa; Wasserausstoß aus dem Trichter

führt zu einer wippenden Bewegung mit einer Geschwindigkeit von etwa 0,12–0,2 m s^{-1}.

Spirula hat eine innere, noch gekammerte und spiralige, aber nach hinten eingerollte (endogastrische) Schale (Abb. 447). Bei *Sepia* wird in einem aus einer Mantelduplikatur hervorgegangenen Sack im Innern der Schulp gebildet, der aus zahlreichen, schräg übereinanderliegenden Kammern besteht (Abb. 436). Durch kurzfristig mögliche Umverteilung von Gas und Flüssigkeit in den Kammern wird das Tier ausbalanciert; der Flüssigkeitstransport erfolgt über die Siphuncularmembran, die auch das Gas (90% N$_2$) abscheidet. Bei den Teuthida (*Loligo*) ist die Schale reduziert bis auf eine conchinös-chitinige, schwertförmige Lamelle, den Gladius (Abb. 437E), der als Stützorgan fungiert.

Der Muskelmantel der Coleoida setzt sich in die Arme fort, die durch die Übereinanderlagerung von Muskelschichten mit verschiedener Orientierung der Fasern in sich stabil und nach allen Richtungen bewegbar sind.

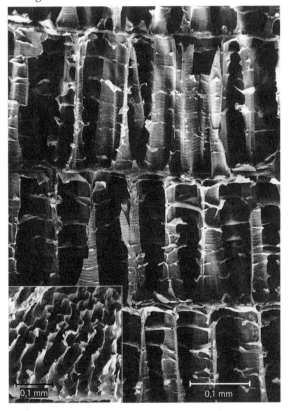

0,1 mm

0,1 mm

Abb. 436: Schulp von *Sepia officinalis*. Querbruch, der den Aufbau des Schulps aus Kammern zeigt, die in horizontalen Etagen (bezogen auf Lebendstellung) angeordnet und durch mäanderförmige Zwischenwände voneinander getrennt sind. Die Kammern werden durch die daruntergelegene Siphuncularmembran mit Flüssigkeit oder Gas gefüllt, deren Verteilung in den Kammern den Tierkörper ausbalanciert und den Auftrieb regelt. Einsatzbild links unten stellt den Aufblick auf die Kammerwände bei abgehobener Etagendecke dar. Original: K.J. Götting, Gießen.

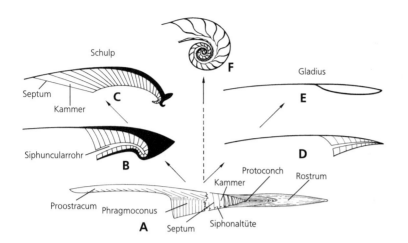

Abb. 437: Coleoida. Reduktionsreihen der Schalen. A Schale eines Belemniten (fossil) im Längsschnitt; das Rostrum ist als „Donnerkeil" häufig erhalten. B, C Entwicklung zum Schulp der Sepiidae. B †*Belosepia* (Eozän). C *Sepia*. D, E Entwicklung zum Gladius der Loliginidae. D †*Conoteuthis* (Kreide). E *Loligo*. F *Spirula*. Nach Spaeth aus Lehmann und Hillmer (1980); B-F nach Morton und Yonge (1964).

Abb. 438: Schale der †Belemnitida, schematischer Längsschnitt. Rostrum als „Donnerkeil" häufig fossil erhalten. Von Trias bis Kreide häufig. Arme mit Haken, daher wohl zur Stammlinie der Coleoida gehörend. Nach Spaeth aus Lehmann und Hillmer (1980).

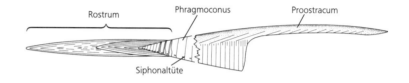

In der geräumigen Mantelhöhle liegen die Ctenidien: bei den Nautiloida 2 Paar, die frei in die Mantelhöhle ragen (Abb. 439), bei den Coleoida 1 Paar, das durch je ein Aufhängeband an der Wand des Eingeweidesackes befestigt ist (Abb. 440). Die Kiemen sind mehrfach gefaltet. Über der Basis der unteren Kiemen von *Nautilus* liegen die Osphradien, die den Coleoida fehlen.

Das **Nervensystem** (Abb. 390F) ist das leistungsfähigste innerhalb der Mollusca. Da sich die Coleoida nicht in ein schützendes Gehäuse zurückziehen können und da sie oft von gutbeweglicher Beute leben, müssen sie schnell reagieren. Ihre Hauptganglien sind zu einem komplexen „Gehirn" verschmolzen (Höhepunkt bei den Octopoda) und von einer knorpeligen Kapsel ge-

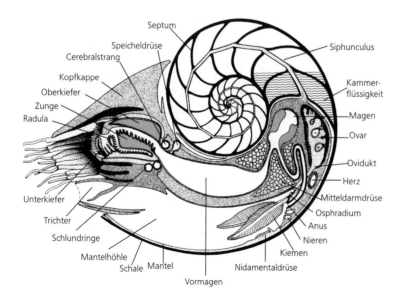

Abb. 439: Nautiloida. Schema der inneren Organisation. Der Mantel bildet ein spiralig gewundenes, äußeres Gehäuse. Das Tier bewohnt den jüngsten Teil (Wohnkammer), die nicht mehr bewohnten Abschnitte werden durch Septen verschlossen. Der Sipho durchzieht die älteren Kammern, gleicht durch wechselnde Abgabe von Gas oder Flüssigkeit den hydrostatischen Druck aus und regelt den Auftrieb. Dadurch wird das Gehäuse zum hydrostatischen Organ. Verändert nach Ward und Greenwald (1980).

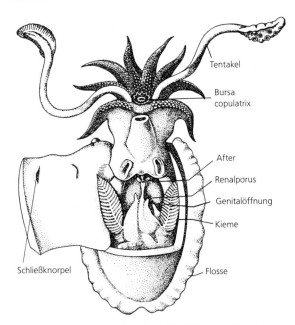

Abb. 440: Coleoida (*Sepia officinalis*), Weibchen. Von der physiologischen Unterseite, Mantelhöhle geöffnet. Aus Kaestner (1969).

Labels: Tentakel, Bursa copulatrix, After, Renalporus, Genitalöffnung, Kieme, Flosse, Schließknorpel

senfasersystem zur schnellen Erregungsleitung. Es ermöglicht die bilateralsymmetrischen Kontraktionen des Muskelmantels.

Auch die **Sinnesorgane** sind zum Teil hochentwickelt, bei den Schwimmern vor allem die optischen, bei den am Boden lebenden Kopffüßern die mechanischen. Besonders auffällig sind die Augen. *Nautilus* hat einfache Lochkamera-Augen (Abb. 442 A), während die Linsenaugen der Coleoida neben denen der Wirbeltiere die höchstentwickelten im Tierreich sind und auch beachtliche Größe erreichen können (40 cm Durchmesser) (Abb. 442 B–D). Sie sind jedoch – anders als bei den Wirbeltieren – evers, da sie als Hauteinstülpungen entstehen.

Bei den Coleoida wird embryonal ein einfaches Blasenaugenstadium rekapituliert. Es schließt sich zur Augenkammer, im Zentrum der Pupille entsteht eine Linse. Durch eine ringartige Hautfalte wird der Raum vor der Linse zu einer zusätzlichen „vorderen" Augenkammer verengt (*Illex*). Diese Kammer wird fast völlig geschlossen (*Loligo*) und bei dem höchstentwickelten (myopsiden) Augentyp mit einer weiteren Hautfalte als „Sekundärlid" ausgestattet (*Sepia, Octopus*). Hell-Dunkel-Adaptation kann durch Pigmentverschiebung und Verlängerung (im Dunkeln) oder Verkürzung der Rhabdome erfolgen. Die Pupille ist bei pelagischen Arten rund (*Loligo, Argonauta*), bei *Sepia* W-förmig und bei anderen (*Octopus, Ozaena*) rechteckig. Größe und Entfernung der Beute können abgeschätzt werden. Farbensehen ist nicht gesichert.

Weitere Photorezeptoren sind zur Prüfung der Lichtintensität über die Körperoberfläche verteilt. Statocysten sind in die Kopfkapsel eingebettet. In der Haut liegen Mechano- und Chemorezeptoren, besonders konzentriert an den Rändern der Saugnäpfe. *Octopus* kann Chininsulfat noch in einer Lösung von $3 \times 10^{-7}\%$ wahrnehmen. Er hört keine Geräusche, registriert aber Vibrationen niedriger Frequenz. Er lernt, Figuren anhand ihrer horizontalen und vertikalen Ausdehnung zu unterscheiden und behält das Gelernte etwa 4 Wochen.

schützt (Abb. 441). Nur bei *Nautilus* haben die Nervenzentren des Kopfes noch Markstrangcharakter. Das Gehirn der Coleoida besteht aus Loben, die sich entsprechend ihrer Funktion in der relativen Größe und der internen Struktur unterscheiden. Oft sind die optischen Loben besonders groß, vor allem bei den pelagischen Kalmaren. Vom pedalen Bereich des Gehirns werden über Brachialganglien und Axialstränge die Arme besonders reich versorgt; zu jedem Saugnapf gehört ein eigenes Ganglion. Im peripheren Bereich ist das Stellarganglion als Schaltzentrum für die Mantelmuskulatur besonders wichtig. Die Decabrachia haben ein Riesen-

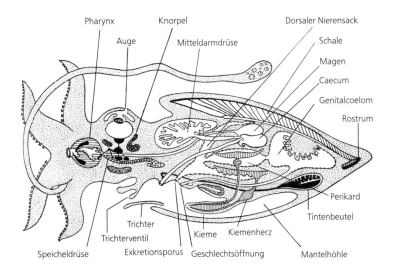

Abb. 441: Coleoida (*Sepia officinalis*). Schema der Organisation im Längsschnitt. Das linke Auge ist um ca. 90° nach oben gedreht; wichtigste Blutbahnen schraffiert, Coelom und Nieren weiß mit schematisiertem Wandepithel. Nach Stempell (1929) aus Kaestner (1969).

Labels: Pharynx, Auge, Knorpel, Mitteldarmdrüse, Dorsaler Nierensack, Schale, Magen, Caecum, Genitalcoelom, Rostrum, Perikard, Tintenbeutel, Mantelhöhle, Geschlechtsöffnung, Exkretionsporus, Kiemenherz, Kieme, Trichterventil, Trichter, Speicheldrüse

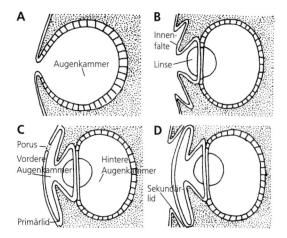

Abb. 442: Cephalopoda. Augentypen. A Lochkamera-Auge von *Nautilus*. B Oegopsides Auge (vordere Augenkammer offen) von *Illex*. C Myopsides Auge (vordere Augenkammer bis auf einen Porus oder ganz geschlossen) von *Loligo*. D Myopsides Auge mit Sekundärlid von *Sepia* oder *Octopus*. Nach Mangold-Wirz und Fioroni (1970).

Der **Eingeweidesack** enthält eine große Leibeshöhle, deren primäre oder sekundäre Natur umstritten ist. Coelom-Anteile sind Perikard, Nierensäcke und Genitalhöhle.

Die Cephalopoda sind carnivore Makrophagen, die ihre Beute mit den Armen packen und zum Mund führen. *Nautilus* lebt vor allem von Paguridae und deren Exuvien. Die Coleoida können auch schnellbewegliche Beute (Crustacea, kleinere Cephalopoda, Fische) erjagen. Der **Darmtrakt** (Abb. 389 F) verläuft U-förmig. An die Buccalhöhle schließen Oesophagus, Vormagen, Magen (mit anschließenden Mitteldarmdrüsen),

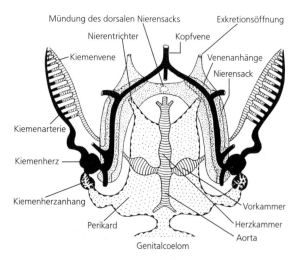

Abb. 443: Coleoida (*Sepia*). Schema der Blut-, Exkretions- und Atmungsorgane. Von der physiologischen Oberseite gesehen. Coelomräume weit, Nierenräume eng punktiert. Nach Stempell aus Kaestner (1969).

Caecum, Intestinum, Rektum und Anus an. Die Buccalmasse, in einem Blutsinus drehbar gelagert, enthält papageienschnabelähnliche Kiefer. Kleine Nahrung wird ganz verschlungen, von größerer wird mit den Kiefern abgebissen. Die wohlentwickelte Radula transportiert die Nahrungsstücke in den Oesophagus (Abb. 441).

Der Schlunddurchgang oberhalb der Radula wird durch Laterallappen eingeengt. Diese sind bei *Nautilus* drüsig, bei den Coleoida mit einer Chitinmembran ausgekleidet, die unregelmäßig mit Zähnchen besetzt ist. Sie erschweren das Zurückgleiten schlüpfriger Beute. *Octopus*-Arten haben zusätzliche Zähnchen unter der Radula und im hinteren Speicheldrüsengang, mit denen Löcher in Molluskenschalen gebohrt werden können. Dabei gelangt giftiges Sekret der hinteren Speicheldrüsen in das Opfer. Die toxische Wirkung entsteht durch die Kombination von Aminen, Enzymen und dem Cephalotoxin (Glykoproteid), das die Synapsen blockiert. Das Tetrodotoxin der Blauringelkrake (*Hapalochlaena maculosa,* Australien) ist auch für den Menschen letal.

Viele Kopffüßer können große Beute extraintestinal vorverdauen. Allgemein beginnt der Verdauungsprozeß im Vormagen und Magen und wird im Caecum vollendet, einem vom Magen ausgehenden, spiralig gewundenen Blindsack. Die Verdauung erfolgt extrazellulär mit Enzymen der Mitteldarmdrüse. Diese besteht bei den Coleoida aus zwei anatomisch, histologisch und funktionell verschiedenen Abschnitten, die „Leber" und „Pankreas" genannt werden, aber nichts mit den entsprechenden Organen der Vertebrata zu tun haben. In der „Leber" werden, wie in Caecum und Intestinum, Nährstoffe resorbiert.

Der Anus liegt bei *Nautilus* am Ende der Mantelhöhle, bei den Coleoida direkt hinter dem Trichter. Bei diesen mündet in das Rektum der Ausführgang der Tintendrüse (Abb. 441), deren Sekret (Tinte, Sepia) in einer farblosen Flüssigkeit Melaningrana enthält. Bei Gefahr wird das Sekret über Enddarm und Anus entleert und bildet bei manchen Arten im Wasser ein „Phantom", das den Angreifer ablenkt, während der Angegriffene das Weite sucht. Bei einigen Arten enthält das Sekret Stoffe, die den Angreifer vorübergehend lähmen oder seine Sinnesorgane blockieren.

Das **Zirkulationssystem** ist das leistungsfähigste innerhalb der Mollusca und nahezu oder völlig geschlossen. Sein arterieller Anteil ist sehr einheitlich gebaut, der venöse variiert in den Gruppen. Entsprechend der Kiemenzahl haben die Nautiloida 4, die Coleoida 2 Atrien. Von diesen ist der Ventrikel durch Klappen getrennt, die ein Zurückströmen des Blutes verhindern. Die 3 Hauptarterien versorgen den Kopf- und Trichterbereich, den Mantel mit Siphunculus und Darm und schließlich die Gonade. Das arterielle Herz wird in seiner Tätigkeit von Kiemenherzen (an den Kiemenbasen) und kontraktilen Gefäßen (in den Armen und im Mantel) unterstützt. Das Blut sammelt sich schließlich in der Vena cava und gelangt über diese zu den Kiemen.

Das Hämocyanin ist in der Hämolymphe gelöst, Kapillaren brauchen daher keine Minimaldurchmesser zu

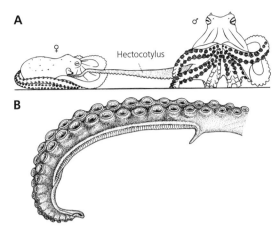

Abb. 444: Octopoda. A Paarung von *Octopus vulgaris*. Hectocotylus des Männchens greift in die Mantelhöhle des Weibchens und überträgt Spermatophore. B *Octopus* sp.. Hectocotylus. A Nach Racovitza (1894) aus Meisenheimer (1921); B nach Jatta aus Meisenheimer (1921).

haben. Die Transportkapazität des Hämocyanins für O_2 ist gering: 2 (Vol.-)% bei *Nautilus*, 4,5% bei *Loligo*. Da das Blut nicht gerinnen kann, werden kleine Verletzungen durch Muskelkontraktionen geschlossen. Anschließend verstopfen Hämocyten, später Fibrocyten die Wunde.

Das **Exkretionssystem** weist zahlreiche Besonderheiten auf: an der Exkretspeicherung und -abgabe sind mehrere Organe beteiligt, die damit gleichzeitig die osmotischen Verhältnisse im Körper regulieren. Alle Cephalopoda sind ammonotelisch; ihre Körperflüssigkeiten sind annähernd isosmotisch zum Seewasser, enthalten aber im Unterschied zu diesem mehr Ca^{2+} und K^+ und weniger Mg^{2+} und SO^{2-}. Bei *Nautilus* erfolgt die Ultrafiltration in Anhängen der afferenten Kiemengefäße, und das Filtrat gelangt von dort direkt in die Mantelhöhle. In die bei *Nautilus* ausgebildeten 2 Paar Nierensäcke ziehen verzweigte Venen. Die von ihnen herantransportierten Exkretstoffe werden in den Nierensäcken als (vorwiegend Calcium- und Magnesiumphosphat-) Konkremente gespeichert und als Reserve für die Bildung neuer Kammerwände der Schale genutzt oder durch die Nephridioporen in die Mantelhöhle entleert. Die Coleoida haben nur 1 Paar Nierensäcke, die durch bewimperte Renoperikardialgänge mit dem Herzbeutel verbunden sind. Der Primärharn wird in Anhängen der Kiemenherzen gebildet, doch sind an der Exkretion (und Osmoregulation) auch die Epithelien der Nierensäcke, der Kiemen, der Renoperikardialgänge und weiterer Coelomräume beteiligt.

Die Cephalopoda sind getrenntgeschlechtlich, oft mit deutlichem Sexualdimorphismus, der sich in verschiedener Körpergröße, abweichenden Körperproportionen sowie Umwandlung von 1 oder 2 Armen zu je einem Hectocotylus

(Abb. 444) und unterschiedlichem Verhalten ausdrückt. Das ursprünglich bilaterale Genitalsystem ist sekundär asymmetrisch geworden; die Gonaden sind unpaar.

Das Männchen von *Nautilus* hat einen terminal gelegenen Hoden, der durch Ligamente an den anderen Organen befestigt ist. Er öffnet sich zwar durch Schlitze direkt ins Coelom, doch gelangen die Spermien nicht dorthin, sondern in ein akzessorisches Organ, in dem sie in Spermatophoren eingeschlossen werden. Diese werden in einem dickwandigen Speichersack aufbewahrt (Needhams Sack) und gelangen von diesem in den medianen Penis, werden durch den Trichter aus der Mantelhöhle herausbefördert, im Van der Hoevenschen Organ aufbewahrt und schließlich durch den Spadix zum Weibchen übertragen. Bei diesem öffnet sich das Ovar durch einen kurzen, dickwandigen Gang in den ebenfalls kurzen, dünnwandigen Ovidukt. Dieser verbreitert sich und öffnet sich durch einen Spalt in die Mantelhöhle und über den Trichter nach außen. Im Ovidukt passieren die Oocyten drüsiges Gewebe und insbesondere die Nidamentaldrüsen, die den Raum zwischen den Kiemen ausfüllen. Die birnförmigen Eier von *Nautilus* werden einzeln oder zu mehreren am Boden festgeheftet.

Das Genitalsystem der Coleoida stimmt bis auf relativ geringe Abweichungen mit dem der Nautiloida überein. Die Männchen haben anstelle des Spadix 1 oder 2 hectocotylisierte Arme, mit kleineren oder ohne Saugnäpfe, oder ein Arm bildet während der Fortpflanzungszeit eine Rinne, in der die Spermatophore bei der Übertragung gleitet. Ocgopsida und Octopoda haben paarige Ovidukte.

Fortpflanzung und Entwicklung

Die Kopulation ist in 2 Positionen möglich: (1) Kopf gegen Kopf; dabei werden die Spermatophoren in die Receptacula seminis des Weibchens übertragen; (2) Seite an Seite; die Partner schwimmen parallel zueinander, das Männchen umgreift mit einigen Armen den Mantel des Weibchens, holt mit dem Hectocotylus aus seiner Mantelhöhle einige Spermatophoren, führt ihn schnell in die Mantelhöhle des Weibchens ein und heftet die Spermatophoren dort an (Abb. 444).

Der dünnere Endabschnitt der Spermatophore enthält einen „ejakulatorischen Apparat", der im Verlaufe der nun einsetzenden „Spermatophoren-Reaktion" die Spermien aus der Spermatophore herausdrückt. Bei einigen Arten dringen die Spermatophoren in den Ovidukt und sogar ins Ovar vor. Sie werden bei manchen Arten etwa 1 m lang (Spermien 0,5 mm).

Brutpflege ist bei den Cephalopoda selten. Bei den Octopoda bewacht das Weibchen sein Gelege und versorgt es mit frischem Wasser. Die Lebenserwartung der Coleoida beträgt selten mehr als 3 Jahre, die meisten sterben nach Kopulation und Eiablage.

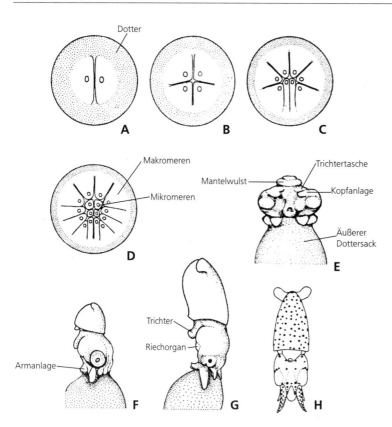

Abb. 445: Cephalopoda (*Loligo vulgaris*). Frühe Ontogenese durch diskoidale Furchung und Bildung der Körpergrundgestalt. A 2-Zell-Stadium. B 4-Zell-Stadium. C 8-Zell-Stadium. D 16-Zell-Stadium (Mikromerenbildung). E Beginnendes Abheben des Embryos vom äußeren Dottersack (Mundseite). F-G Weitere Differenzierungsschritte, von rechts gesehen. H Schlüpfzustand. Nach Fioroni und Meister (1974).

Die Entwicklung ist bisher nur für die Coleoida bekannt (Abb. 445). Die dotterreichen Eier furchen sich partiell-diskoidal (ähnlich Teleostei). Die erste, mediane Furche entspricht der prospektiven Mund-After-Achse. Das zentrale Plasma der Furchungszone umschließt seitlich den sich nicht furchenden Dotter. Die 2. Teilung führt zu 4 Blastomeren, die paarweise verschieden groß sind. Im 16-Zellstadium sondern sich Mikro- und Makromeren. Der Embryo umwächst die Dottermasse weiter, die schließlich in einen inneren und (oft) einen äußeren Dottersack eingeschlossen wird. Die epitheliale Auskleidung des Dottersackes (transitorisches Dotter-Entoderm) vermittelt den Übertritt der Nährstoffe in das Blastoderm, später übernimmt ein transitorischer Dotterkreislauf den Transport. Entlang der animal-vegetativen Achse werden die zentral gelegene Schalendrüse, die Augen-, Ganglien-, Trichter- und Anus-Anlagen differenziert (Abb. 445 F–G). Die Augen gelangen an die Seitenwand, Anus und Trichter an die Hinterfläche. Die auf dem Dotter verbleibende Mundregion bildet u. a. die Arme. Der Mantelwulst schiebt sich als Duplikatur über den Körper, hinten entsteht dadurch die Mantelhöhle.

Der Dottergehalt der Eier bestimmt die 2 Haupttypen der Entwicklung: (1) Aus relativ dotterarmen Eiern geht ein planktisches Larvenstadium hervor (z.B. *Loligo*, *Argonauta*, *Octopus*). (2) Aus dotterreichen Eiern entsteht ein benthisch lebendes Jugendstadium (z.B. *Sepia*, diverse *Octopus*-Arten) mit einem „Schlüpfkleid", in dem die Chromatophoren artcharakteristisch angeordnet sind. Das Schlüpfen wird durch ein Schlüpforgan (Hoylesches Organ) erleichtert, dessen Sekrete die Eihüllen lokal auflösen.

Systematik

Die ältesten fossilen Cephalopoden (†*Plectronoceras*, †Ellesmerocerida) hatten bereits eine gekammerte Schale, doch fehlten den kleinen, dicht gekammerten Gehäusen Auftrieb und Schwebfähigkeit; die Tiere haben vermutlich als benthische Kriecher gelebt. Die weitere Entwicklung ist wahrscheinlich in 2 Hauptlinien erfolgt: Linie †**Palcephalopoda**: über die †Ellesmerocerida zu den Nautiloida, †Endo- und Actinoceratoida. Linie **Neocephalopoda**: über die †Bactritoida sowohl zu den †Ammonoida als auch über die †Belemnitida zu den Coleoida. In beiden Linien gab es eine Tendenz, die ursprünglich geradegestreckte (orthocone) Schale (Abb. 437, 438) einzurollen; die unbewohnten Kammern (Phragmoconus) blieben durch den Siphunculus mit dem Körper in der

Wohnkammer verbunden. Die dadurch mögliche Gasabscheidung und Flüssigkeitsverlagerung machte den Phragmoconus zu einer Schwebvorrichtung. Der Fuß verlor damit seine Kriechfunktion und wurde frei für einen Umbau auf die Lokomotion im freien Wasser und zum Nahrungserwerb. Die Kammerwände wurden dünner (weniger Gewicht) und dafür aus Gründen der Stabilität kompliziert gefaltet, ihr Ansatz an der Gehäusewand zeichnet sich als Lobenlinie ab (z.B. †Ammonoida). Um den Siphunculus bildet sich eine teilweise verkalkende Hülle, die Siphonaltüte. In der Kreidezeit hatten die Ammoniten (Gehäuse-Durchmesser bis über 2,5 m) (Abb. 446) die Nautiloida weitgehend verdrängt und eine Fülle von Formen hervorgebracht; sie starben in der Oberen Kreide jedoch weitgehend aus. Die seit dem Lias nachgewiesenen Belemniten überlebten noch für einige Zeit. Zu den Gründen, die zum Aussterben der Vielfalt führte, gehört sicher die stärker werdende Konkurrenz durch Teleostei und Saurier, die im frühen Mesozoikum einsetzte: die altertümlichen Cephalopoda wurden aus den Oberflächen- und Küstenbereichen verdrängt, in die dann erst später wieder die „modernen" Uniductia und Octopoda eingedrungen sind.

2.1.3.1 Nautiloida (Tetrabranchiata), Perlbootartige, Vierkiemige Kopffüßer

Äußere, gekammerte, gerade oder leicht gekrümmte oder spiralig-exogastrische Schale. Seit dem Unteren Devon; mit den Merkmalen der einzigen rezenten Gattung.

Nautilus spp., Perlboote (Nautilidae)(Abb. 435); 5 Arten mit äußerer, exogastrischer Schale von bis zu 27 cm Durchmesser. Gehäuse durch einfache Wände gekammert. Kopf mit Lochkamera-Augen und etwa 90, in 2 Kränzen geordneten Cirren mit Scheiden, die dorsalen zu einer Kopfkappe verschmolzen, mit der die Gehäusemündung verschlossen werden kann. Je 2 Paar Ctenidien, Atrien und Nieren; Trichter aus 2 nichtverwachsenen Lappen. Lebt in Tiefen zwischen 50–650 m nachtaktiv; ernährt sich von Crustaceen, deren Exuvien und wohl auch von Aas. Indopazifik.

2.1.3.2 Coleoida (Dibranchiata), Zweikiemige Kopffüßer

Schale ins Körperinnere verlagert, selten spiralig gewunden (*Spirula*), meist reduziert. Hochentwickelte Linsenaugen. Die 8 oder 10 Arme mit Saugnäpfen oder Fanghaken bewehrt. 2 Ctenidien, 2 Atrien. Die Reduktion der Schale erlaubt die Ausbildung eines meist kräftigen Muskelmantels; da die Trichterlappen zu einem Rohr verwachsen sind, können die Coleoida durch das Zusammenwirken von Muskelmantel und Trichter effektiv schwimmen. Haut mit Chromatophororganen, Iridocyten und oft Leuchtorganen. Ein hochentwickeltes Nervensystem ermöglicht schnelle Reaktionen.

Abb. 446: †*Stephanoceras* sp. (Ammonoida). Braunjura, Ipf bei Bopfingen. Durchmesser: 10 cm. Die Ammoniten waren marine Cephalopoden mit Gehäusedurchmessern von über 2,5 m. Ab Devon; in der Kreidezeit (vor ca. 70 Mill. Jahren) ausgestorben. Diese häufig zu findenden Schalen sind Leitfossilien, auf denen die erdgeschichtliche Gliederung der Jura- und z.T. Kreidezeit beruht. Weichteile sind weitgehend unbekannt. Neben den Formen mit in einer Ebene aufgerolltem Gehäuse gab es sog. heteromorphe Formen, die „entrollt" sind und ein teilweise oder vollständig gestrecktes Gehäuse besaßen. Original: H. Lumpe, Staatl. Museum für Naturkunde, Stuttgart.

Decabrachia, Zehnarmige Kopffüßer

Mit 5 Armpaaren, viertes zum Beutefang verlängert; Saugnäpfe gestielt und mit gezahntem Ring; rechte und linke Nervenanlage verschmolzen. Nervensystem mit Riesenfasern.

Uniductia – Rechte Gonade reduziert; Weibchen mit akzessorischen Nidamentaldrüsen; Fangarme in Taschen rückziehbar.

Spirula spirula, Posthörnchen (Spirulidae) (Abb. 447), 6 cm; Gehäuse bis 35 mm Durchmesser, im hinteren Teil des Körpers, endogastrisch gewunden; keine Radula; hinten ein gelbgrünes Leuchtorgan; bathypelagische Tiere tropischer Meere, oft in größeren Schwärmen. – *Sepia officinalis*, Gemeine Tintenschnecke (Sepiidae), bis 65 cm lang, davon entfallen 30 cm auf die Fangarme; Schale zum kalkigen Schulp reduziert; Arme mit 4 Reihen von Saugnäpfen; Oberseite graubraun, je nach Stimmungslage schnell veränderlich; lauert, oberflächlich in Sand eingegraben, vor allem auf Krebse, die mit den Kiefern aufgebissen werden; bei Belästigung (Fische, Vögel, Meeressäuger) stößt sie den Inhalt ihres großen Tintenbeutels aus. Die Partner leben oft längere Zeit zusammen; das Weibchen setzt im Frühjahr etwa 550 Eier in einer traubigen Laichmasse ab; weitverbreitet in O-Atlantik, Mittelmeer und Nordsee; als Nahrung vom Menschen geschätzt.

Loligo forbesi, Nordischer Kalmar (Loliginidae) (Abb. 448), bis 75 cm lang; Schale zum elastischen, fe-

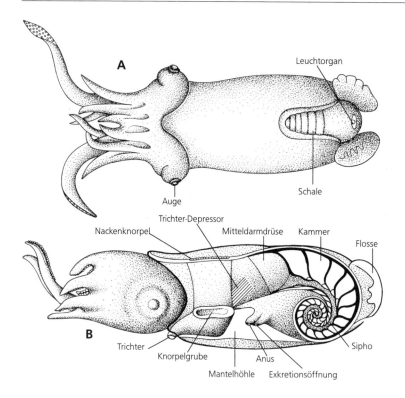

Abb. 447: *Spirula spirula* (Decabrachia), Posthörnchen. A Weibchen von oben, etwa 5 cm lang. B Schema der Organisation. Lebt in Schwärmen im Mesopelagial des tropischen Atlantik und Indopazifik, Lebenserwartung 1–1,5 Jahre. A Nach Chun (1915) aus Nesis (1987); B nach verschiedenen Autoren kombiniert aus Götting (1974), verändert.

derförmigen Gladius reduziert (Abb. 437); Körper pfriemförmig mit großen, dreieckigen, endständigen Flossen; guter Schwimmer der Hochsee; jagt in Schwärmen mit koordinierten Bewegungen Fische; dringt aus dem O-Atlantik im Spätsommer und Herbst in Nord- und westliche Ostsee ein. Als Nahrung vom Menschen geschätzt.

Oegopsida – Vordere Augenkammer weit offen; oft mit Leuchtorganen. Schalenrest als dünner Gladius erhalten; Stellarganglien durch Kommissuren verbunden.

Architeuthis princeps, Riesenkalmar (Architeuthidae); mit Kopf und Armen 7 m, mit Tentakeln bis etwa 18 m lang, Gewicht bis knapp 1 t und damit größtes wirbelloses Tier; schlank mit endständigen Flossen; Arme mit 2, Endkeule der Tentakel mit 4 Reihen von Saugnäpfen; im N-Atlantik in größeren Tiefen; Reste wurden mehrfach in Mägen von Pottwalen gefunden, auf deren Haut sich manchmal die Narben der Saugnäpfe finden. – *Lycoteuthis diadema*, Wunderlampe (Lycoteuthidae), 8 cm Rumpflänge; bisher nur Weibchen bekannt; am Körper 22 Leuchtorgane von

Abb. 448: *Loligo* sp. (Decabrachia). Lebendphoto eines schwimmenden Tieres. Original: K.J. Götting, Gießen.

10 verschiedenen Typen verteilt, die 4 Lichtfarben erzeugen; in südlichen Meeren bis zu 3 000 m Tiefe.

Octobrachia (Octopodiformes, Vampyromorphoida) Achtarmige Kopffüßer

Mit 4 Armpaaren, zwischen diesen eine Schwimmhaut; keine Nidamentaldrüsen; Statocysten zweikammrig.

Vampyromorpha – Mantel weit offen, ohne Schließapparat, 8 Arme mit 1 Reihe von Saugnäpfen ohne Verstärkungsringe; kein Tintenbeutel. Mit 1 Paar hochentwickelter Leuchtorgane.

Vampyroteuthis infernalis (Vampyroteuthidae), bis 25 cm; bathypelagisch in tropischen und subtropischen Meeren.

Octopoda, Kraken – Körper gedrungen-sackförmig, mit oder ohne Flossen. Integument des Kopfes setzt sich in die Velarhaut zwischen den Armen fort. 8 Arme mit 2 Reihen von Saugnäpfen, die ungestielt und nicht durch Ringe verstärkt sind. Ohne Leuchtorgane. Überwiegend benthische Tiere.

*Octopus vulgaris, Gemeiner Krake (Octopodidae); in der Nordsee bis 1 m, im Mittelmeer bis 3 m. Ohne Flossen; bevorzugt felsigen Grund, wo er in Höhlen oder innerhalb selbstgebauter Steinwälle lebt; ernährt sich vorwiegend von Muscheln und Krebsen; vom Menschen als Nahrung geschätzt. – *Hapalochlaena* spp., Blauringelkraken (Octopodidae); durch giftiges Sekret auch für den Menschen lebensgefährlich; an australischen Küsten. – *Argonauta argo*, Papierboot (Argonautidae) (Abb. 450); Weibchen leben in einer bis 20 cm langen Sekundärschale, die von den oberen Armen gebildet wird und auch als Eibehälter dient; das Zwerg-Männchen wird etwa 1 cm lang, sein

Abb. 449: *Eledone* sp. (Octopoda). Paarung. Original: P. Emschermann, Freiburg.

Hectocotylus löst sich bei der Copula (ursprünglich als in der Mantelhöhle des Weibchens parasitierender Nematode beschrieben).

2.2 Diasoma, Gestrecktschaler

Ursprünglich benthisch-grabende, bilateralsymmetrische Conchifera mit gestrecktem Körper, an dessen entgegengesetzten Enden Mund und After liegen; Schale primär am Vorder- und Hinterende offen. Frühontogenetisch wird eine einheitliche Schale angelegt, aus der während der Larvalentwicklung bei den **Bivalvia** durch Abknicken in der Mediane die zweiklappige Schale, bei den **Scaphopoda** nach vorhergehender Verwachsung der Mantellappenränder die typische Schalenröhre hervorgeht.

2.2.1 Bivalvia (Acephala, Pelecypoda), Muscheln

Die Muscheln sind aquatische, kiemenatmende Conchifera mit weitgehend reduziertem Kopf und zweiklappiger Schale. Sie leben im Meer, Brack- und Süßwasser. Der Schwerpunkt ihrer Verbreitung liegt in Flachwassergebieten, einige kommen auch in großen Tiefen vor (*Yoldiella hadalis*: 10 000 m).

Bau

Die etwa 7 500 rezenten Arten haben sich aus grabenden Formen entwickelt, die in Anpassung an das Leben im Sediment den Kopf bis auf die Mundöffnung und deren Anhänge zurückgebildet hatten. Die Umstellung auf Ernährung durch Filtration führte zu einer vollständigen Reduzierung der Radula. Aus grabenden Formen sind mehrmals unabhängig voneinander bohrende Arten entstanden, die sich durch dünne Schalen mit aufsitzenden scharfen Strukturen auszeichnen. Der ursprünglich kompresse, beilförmige Fuß wird entsprechend um-

gestaltet (Abb. 452): er bekommt eine Kriechsohle (Protobranchia, *Tellina*, *Venus*) oder wird (bei Teredinidae) saugnapfartig. Oft bleibt der Fuß im Wachstum zurück, so daß er bei den aktiven Juvenilen relativ groß, bei den hemisessilen und sessilen Adulten klein ist. Bei völlig sessilen Arten (*Ostrea*)

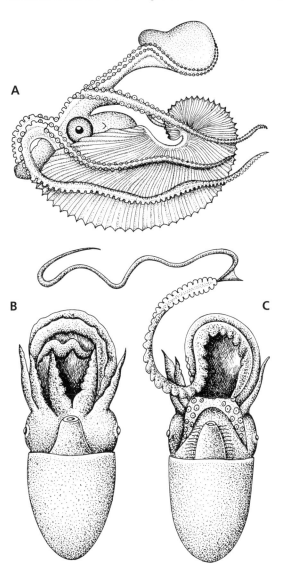

Abb. 450: *Argonauta argo* (Octopoda), Papierboot. A Weibchen von links, bis 45 cm lang, in seiner Sekundärschale. Diese einkammerige Schale wird von den lappenartig verbreiterten Enden des 1. Armpaares sezerniert und geformt. Das Weibchen sitzt in der Kammer, die von den übrigen Armen von innen gehalten wird, während die Endlappen der Vorderarme die Schale von außen bedecken. Innerhalb der Schale entwickeln sich auch die Eier bis zum Ausschlüpfen der Larven. B, C Männchen von unten, etwa 2 cm lang, mit eingerolltem (B) bzw. ausgestrecktem 3. linken Arm (C), der hectocotylisiert ist; er trennt sich bei der Kopulation von seinem Träger und dringt in die Mantelhöhle des Weibchens ein, wobei er die einzige gebildete Spermatophore überträgt. A Nach Voss und Williamson (1972); B nach Naef (1927); C nach Sowerby in Reeve (1861); alle verändert aus Nesis (1987).

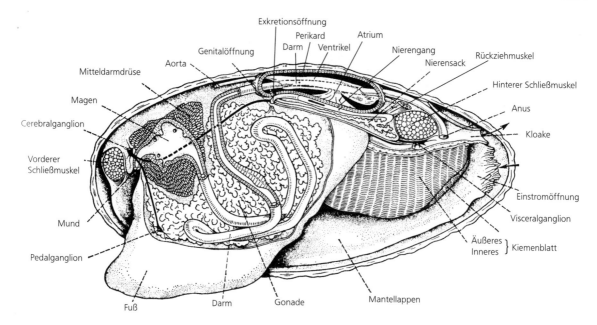

Abb. 451: Bivalvia. Schema der inneren Organisation (*Anodonta cygnea*). Linke Klappe und linker Mantellappen entfernt; Weichkörper median durchschnitten. Verändert nach Kükenthal, Matthes und Renner (1967).

wird der Fuß stark reduziert. Einen großen Teil des Fußes nehmen Drüsen ein, unter denen die Byssusdrüsen besondere Bedeutung haben.

Die Byssusdrüsen sind aus mehreren Abschnitten zusammengesetzt, die unterschiedliche Sekrete produzieren: phenolische Proteide mit hohem Glycin-

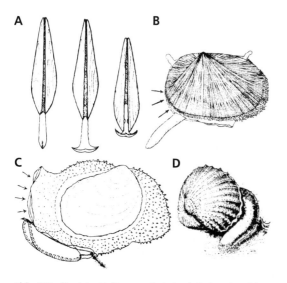

Abb. 452: Bivalvia. Fußtypen. A Ankerfuß (*Portlandia*), in 3 Phasen der Bewegung. B Kriechfuß (*Galeomma turtoni*). C Saugfuß (*Devonia perrieri*). D Stempelfuß (*Acanthocardia echinata*), mit dem sich die Muschel kraftvoll abstoßen kann. Sehr häufig ist ein Beilfuß ausgebildet, s. *Anodonta* (Abb. 451). Verändert nach Yonge und Thompson (1976).

Gehalt, Polyphenoloxidase u. a., die zusammen ein erhärtendes Sekret bilden, das einen Ausguß der Byssushöhle darstellt. Haftfäden werden von der Fußspitze an die Unterlage gepreßt; die Fäden enthalten bis 75 (Gew.-)% Kollagen, die Haftscheiben auf dem Substrat bis 26%. Die Fähigkeit zur Byssusbildung ist oft auf die Jungmuscheln beschränkt. Mit dem Byssus heften sich die Tiere an die Unterlage, die etwas elastischen Fäden federn den Wellenschlag ab.

Dem Fuß kommt bei der Lokomotion eine Hauptfunktion zu. Beim Graben wird er pfriemförmig zugespitzt vorgetrieben, schwillt an und verankert damit die Muschel, die den übrigen Körper durch Kontraktion der Fußretraktoren nachzieht. Muskulatur und Verlagerung von Körperflüssigkeit wirken dabei zusammen. Gleichzeitiges Ausstoßen von Wasser aus der Mantelhöhle erleichtert das Graben, da mit dem Wasserstrahl Sediment gelockert oder weggespült werden kann. Einige Muscheln können mit ihrem Fuß auf der Flucht vor Seesternen springen (*Cerastoderma*).

Die muskulöse Innenfalte des Mantelrandes ermöglicht den Wasserausstoß aus der Mantelhöhle; dabei werden Fremdkörper und die Pseudofaeces (s.u.) mit ausgespült. Bei den Pectinidae und Limidae ist die Mantelrand-Innenfalte so kräftig, daß sie im Zusammenwirken mit dem Schließmuskel schwimmende Fortbewegung der Muschel nach dem Rückstoßprinzip erlaubt. Die Innenfalte kontrolliert dabei die Ausstoßrichtung des Wassers. *Pecten* schwimmt horizontal, mit der flachen linken Klappe oben. Die obere Mantelfalte übergreift die untere so, daß beim Wasserausstoß ein Aufwärtsvektor erzeugt wird.

Der **Mantel** bildet zwei laterale Lappen, die den gesamten Weichkörper umschließen (Abb. 451).

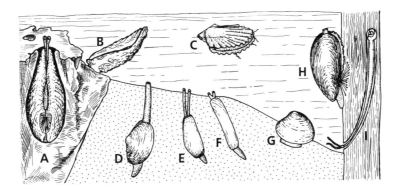

Abb. 453: Bivalvia. Marine Lebensformtypen. A Bohrmuscheln (*Pholas*). Oberfläche der Schalen konzentrisch und radiär gerippt, durch Muskeln verbunden, Ligament und Scharnier rückgebildet. Dorsaler vorderer Klappenrand umgeschlagen, dient als Ansatzstelle für den nach außen verlagerten, vorderen Schließmuskel, der dorsal durch 4 zusätzliche Schalenstücke bedeckt wird. Bohren in Hartsubstraten durch (geringfügiges) Spreizen der Schalen und Drehungen des ganzen Körpers um die Längsachse. B Epibenthische Hartbodenbewohner (*Ostrea*). Larven setzen sich auf festem Untergrund fest, indem sie die linke Klappe mit einem Sekret der Fußdrüsen auf dem Untergrund ankitten; sie sind damit ortsfest. C Vagile epibenthische Formen. Kammuscheln (*Pecten*). Mantelränder nicht verwachsen. Durch Auf- und Zuklappen der Schalen und Auspressen von Wasser aus der Mantelhöhle ist Schwimmen über kürzere Strecken (Flucht!) möglich. D–F Sessile endobenthische Weichbodenbewohner. Mantelränder verwachsen bis auf die zu Röhren ausgezogenen Ein- und Ausströmöffnungen (Siphonen); Länge der Siphonen und Eingrabtiefe der Arten in das Substrat bedingen einander. D Klaffmuscheln (*Mya*), Siphonen in einer gemeinsamen langgestreckten Hülle; Tiere in 20 cm Tiefe. E Sägezahnmuscheln (*Donax*), mit 2 getrennten Siphonen. F Scheidenmuscheln (*Ensis*), Schalenklappen messerscheidenförmig, mit kurzen Siphonen, daher Hinterende dicht unter der Oberfläche. G Epibenthische Weichbodenbewohner, graben sich nur oberflächlich oder teilweise ein. Venusmuscheln (*Chamelea, Venus*). H Sessile epibenthische Hartbodenbewohner (*Mytilus*). Mit Byssusfäden festgeheftet auf Hartsubstraten oder auf Muschelschalen (Muschel-„Bänke"). I Schiffsbohrer (*Teredo*). Schalenklappen klein, zum Bohrapparat umgewandelt. Körper wurmähnlich, von röhrenförmigem Mantel umgeben; bohren in Holz, kleiden die Gänge mit Kalk aus. Nach Storer, Usinger, Stebbins und Nybakken (1972).

Sein Rand weist meistens 3 Falten auf: neben der bereits erwähnten Innenfalte hat er eine Mittelfalte, an der besonders Sinneszellen lokalisiert sind, und eine Außenfalte, welche die Schale erzeugt. Ursprünglich sind die Mantelränder frei; sie verwachsen jedoch bei vielen Muscheln, die im Sediment leben. Dabei bleiben am Hinterende 2 Öffnungen erhalten: eine ventral gelegene Ingestionsöffnung, durch die das Wasser in die Mantelhöhle einströmt, und eine dorsale Egestionsöffnung,

durch die das Wasser abfließt. Außerdem bleibt ventral noch mindestens eine Öffnung für den Durchtritt des Fußes erhalten. Oft bilden die Mantellappen am Hinterende röhrenförmige Fortsätze, Siphonen, an deren Spitzen dann die In- und Egestionsöffnungen verlagert werden (Abb. 460).

Die Siphonen können miteinander verwachsen (*Mya*). Antagonistisch arbeitende zirkuläre und longitudinale Muskeln ermöglichen, sie zu bewegen, insbesondere vorzustrecken und zurückzuziehen. Die Länge der expandier-

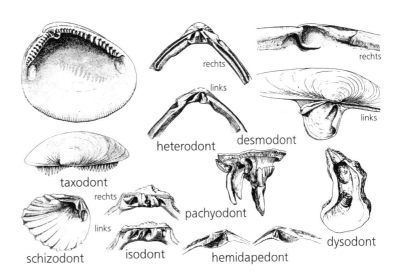

Abb. 454: Bivalvia. Die wichtigsten Scharnier-Typen. Aus Götting (1974).

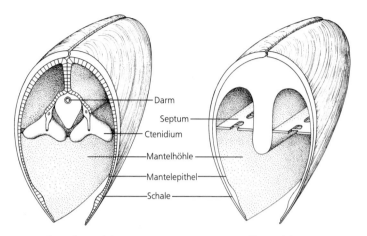

A Protobranchien   **B** Septibranchien

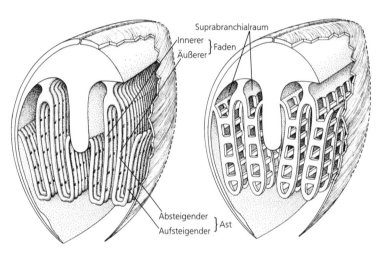

C Filibranchien   **D** Eulamellibranchien

Abb. 455: Bivalvia. Kiemen-Typen. A Protobranchien: 1 Paar Ctenidien, die so in der Mantelhöhle angeordnet sind, daß das durch die Bewimperung hereingetriebene Wasser die Kiemen passieren muß, um in den oberen Teil der Mantelhöhle und von da zur Austrittsöffnung zu gelangen. B Septibranchien: ein horizontales Septum unterteilt die Mantelhöhle; durch Öffnungen im Septum strömt das Wasser in den dorsalen Teil der Mantelhöhle und wieder nach außen. C Filibranchien: zahlreiche Kiemenfäden hängen vom Dach der Mantelhöhle und wenden haarnadelartig auf der ventralen Seite; untereinander zumindest durch Ciliengruppen verbunden und stabilisiert. D Eulamellibranchien: Fäden sind durch Gewebsbrücken zu jederseits 2 Kiemenblättern verschmolzen, aktive Oberfläche der Kieme ist so stark vergrößert. Nach verschiedenen Autoren, verändert.

ten Siphonen bestimmt bei den im Sediment eingegraben lebenden Muscheln die mögliche Eingrabtiefe und damit ihren Schutz vor Feinden, da über sie die Verbindung zum freien Wasser aufrechterhalten wird.

Der Mantel sezerniert die typischen **Schalenschichten** (S. 290). Dorsomedian bleibt zwischen den beiden Klappen eine Gewebsbrücke erhalten, der Mantelisthmus. Dieser scheidet ein die Klappen verbindendes Ligament (Scharnierband) ab. Es besteht aus nicht verkalkendem Conchin und bleibt daher elastisch. Die Schalenklappen sind dorsomedian durch zahn- und leistenartige Vorsprünge ineinandergelenkt. Die Gesamtheit dieser Bildungen, die ein paralleles Versetzen der Klappen verhindern, wird als Scharnier bezeichnet (früher unzutreffend „Schloß").

Wichtige Scharniertypen sind (Abb. 454): (1) taxodont: viele kleine, gleichartige Zähne (*Nucula*, *Arca*); (2) heterodont: geringe Anzahl unterschiedlich geformter Zähne (*Cerastoderma*, *Venus*); (3) desmodont: 2 Zähne einer Klappe sind löffelartig verschmolzen (*Mya*); (4) dysodont: ohne Zähne (*Ostrea*); (5) isodont: wenige, symmetrische Zähne (*Spondylus*); (6) hemidapedont: wenig ausgeprägte Zähne (*Tellina*). – Zusätzliche Hartteile sind mehrfach nachgewiesen: akzessorische Schalenstücke schützen den dorsad verlagerten Schließmuskel von Bohrmuscheln; Siphonen werden von manchen Muscheln in Kalkröhren eingeschlossen (Pholadidae); bei Schiffsbohrern (*Teredo*) können die Öffnungen der Siphonen durch Schutzplättchen (Paletten) verschlossen werden, der Bohrgang wird mit einer Kalkschicht ausgekleidet; andere Muscheln bauen kalkige Wohnröhren (*Gastrochaena*).

Die beiden Schalenklappen werden durch 2 quer durch den Körper ziehende Schließmuskeln (Adduktoren) verbunden. Diese wirken antagonistisch gegen die Spannung des elastischen Ligaments. Die Innenschichten des Ligaments ziehen oft in den Scharnierbereich hinein und sind dort zu einem Resilium (Schließknorpel) verdickt, das durch elastischen Druck die Zugkraft des Ligaments unterstützt. Der vordere Schließmuskel wird in einigen Gruppen rückgebildet (*Lima*, *Ostrea*). Die Schließmuskeln enthalten zwei Anteile: träge Sperrmuskeln, welche die Schale mit geringem Energieaufwand lange geschlossen halten können (Sperrtonus), und schnellarbeitende Schließer mit phasischer Kontraktion. Die Ansatzstellen der Adduktoren sind auf der Innenfläche der Schale deutlich erkennbar, da in ihrem Bereich die Kristallstruktur abgewandelt ist. Auch die Haftstellen der Mantelrandmuskulatur heben sich als „Mantellinie" ab; diese verläuft bei vielen Muscheln etwa parallel zum Schalenrand; Muscheln mit rückziehbaren Siphonen haben eine oft weit eingebuchtete Mantellinie.

Die geräumige **Mantelhöhle** erstreckt sich beiderseits zwischen Fuß und innerer Oberfläche des Mantellappens; in ihr dominieren die Kiemen. Bei ursprünglichen Muscheln ist ein Paar von Ctenidien oder Protobranchien ausgebildet (Abb. 455 A). Diese sind, wie die Mantelhöhle insgesamt, bewimpert und erzeugen einen Atemwasserstrom, mit dem auch als Nahrung brauchbare Partikeln einströmen, die als Zusatznahrung verwertet werden. Die meisten höheren Muscheln haben sich völlig auf das Abfiltrieren dieser Nahrungspartikeln umgestellt, so daß der primär nur der Respiration dienende Wasserstrom bei ihnen eine Doppelfunktion bekommen hat (er dient außerdem der Reinigung der Mantelhöhle, dem Abtransport von Exkreten, Exkrementen und Gameten).

Die Kiemenflächen sind bei diesen höheren Muscheln vergrößert (Abb. 455 C). Bei Fadenkiemen (Filibranchien) ziehen von der Kiemenbasis jeweils 2 Fäden ventrad, biegen haarnadelförmig um und verlaufen dorsad zur Körper- bzw. zur Mantelwand. Ciliäre Brücken zwischen den hintereinanderliegenden Fäden sowie Gewebsbrücken zwischen den ab- und aufsteigenden Ästen stabilisieren die Filibranchie. Sagittale Ciliengruppen können die hintereinanderliegenden Fäden zu einem „Scheinblatt" (Pseudolamellibranchie) vereinigen. Diese Tendenz zur Bildung von Kiemenblättern führt schließlich zur Entstehung der echten Blattkiemen (Eulamellibranchien). Bei ihnen machen quer- und längsverlaufende Gewebsbrücken die Kiemen zu doppelwandigen Lamellen; in den Brücken verlaufen Blutbahnen. Das durch den Mantelspalt oder die Ingestionsöffnung in die Mantelhöhle gelangte Atemwasser passiert die Kiemenblätter und gelangt in die Suprabranchialräume oberhalb der Kiemenblätter, unter dem Mantelhöhlendach. Von dort fließt es zur Egestionsöffnung und wieder nach außen ab. – Völlig abweichend sind die Kiemen der Septibranchia: die Mantelhöhle ist bei ihnen durch ein horizontales, muskulöses Querband (Septum) jederseits des Fußes in eine

obere und untere Kammer unterteilt, die durch Schlitze verbunden sind, durch welche das Wasser hindurchtritt (Abb. 455 B).

Das **Nervensystem** (Abb. 390 B) entspricht dem einfachen Verhaltensmuster der Muscheln. Es sind 3 Paar Hauptganglien ausgebildet: Cerebropleuralganglien (auch mit koordinierender Funktion), Pedal- und Visceralganglien, die weitgehend autonom sind. Die Cerebropleuralganglien innervieren die vorderen Körperabschnitte (vorderer Teil des Mantels, vorderer Adduktor, Mundlappen, Statocysten), die Pedalganglien den Fuß und gegebenenfalls den Byssusretraktor und die Visceralganglien die hinteren Körperteile mit Kiemen, Gonaden, Osphradien, Herz und Darm. Eine Tendenz zur Konzentration der Ganglien ist ausgeprägt.

Über den Weichkörper sind zahlreiche, meist einzellige Rezeptoren verteilt, die an manchen Stellen zu Feldern zusammengefaßt sind. Statocysten im Fuß, Osphradien in der Mantelhöhle in der Nähe des hinteren Adduktors und bei manchen Arten auch Augen sind nachgewiesen. Kopfaugen sind äußerst selten, doch finden sich am Mantelrand Augen gelegentlich in großer Anzahl.

Bei *Arca* können dort über 200 Augen liegen, von denen jedes aus bis zu 250 Einzelaugen zusammengesetzt ist. *Pecten maximus* hat etwa 60 Mantelrandaugen mit Öffnungswinkeln zwischen 90° und 130° und einer doppelten Retina, die durch die Argentea (Tapetum) von der Pigmentschicht getrennt ist. Diese Augen werden durch die Visceralganglien innerviert.

Der **Verdauungstrakt** (Abb. 389 H) ist im Vergleich zu anderen Mollusken stark umgestaltet, Radula und Speicheldrüsen fehlen völlig. Die Nuculidae sammeln mit Hilfe großer Labialpalpen Diatomeen und Foraminiferen aus ihrer Umgebung, während die meisten höheren Muscheln Nahrung durch Filtrieren des Atemwasserstroms gewinnen.

An den Kiemen sitzen verschiedene Gruppen von Cilien, die Wasserströmung und Partikeltransport bewirken. Unbrauchbare Teilchen werden mit Schleim der zahlreichen Drüsenzellen in der Mantelhöhle zu wurstförmigen Strängen gerollt und als „Pseudofaeces" aus der Mantelhöhle ausgeschwemmt. Die Muscheln haben einen beachtlichen Wasserdurchsatz und leisten einen wichtigen Beitrag zur Klärung des Wassers und zur Ablagerung von Schwebstoffen. Die Filterleistung hängt von Alter und Nahrungsangebot und von äußeren Faktoren ab (Temperatur, Salzgehalt). Die Auster *Crassostrea virginica* pumpt 4–15 l, *Mytilus edulis* 0,16–1,9 l h^{-1}. Abfiltrierte Partikeln werden schon an den Kiemen vorsortiert, Mundlappen nehmen die endgültige Trennung vor. Die Kiemencilien sind meist zu Cirren zusammengefaßt, die einen Abstand von ca. 3 μm haben und die größeren Partikeln abfangen; Schleimnetze halten Teilchen bis zu ca. 1 μm Durchmesser zurück.

Muscheln spielen als Filtrierer eine wichtige Rolle bei der Reinigung von Gewässern. Mit der Nahrung aufgenommene Schadstoffe akkumulieren um ein Vielfaches in den Mitteldarmdivertikeln und den Gonaden und können, wenn diese gegessen werden, schwere Erkrankungen her-

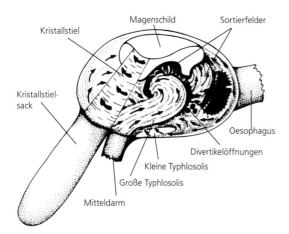

Abb. 456: Bivalvia (*Galeomma takii*). Magen mit Sortierfeldern, Magenschild und dem enzymhaltigen Kristallstiel. Die aus dem Oesophagus (rechts) in den Magen eintretenden Nahrungspartikeln werden durch bewimperte Felder sortiert. Cilienfelder versetzen den Kristallstiel in Rotation; er wird dabei an die gegenüberliegende Magenwand gedrückt, die durch den Magenschild mechanisch geschützt ist. Durch die Drehbewegung wird der Kristallstiel am Magenschild abgerieben, die Enzyme werden freigesetzt und dem Nahrungsbrei zugemischt, der dann in die Mitteldarmdivertikel weitergeleitet wird. Gegenläufige Strömungen am Magengrund sortieren unverdauliche Partikeln aus und transportieren sie zum Mittel- (links unten) und Enddarm weiter, über den sie schließlich als Faeces ausgeschieden werden. Dünne Pfeile: Verlauf der Wimpernströmungen; dicke Pfeile: Rotationsrichtung des Kristallstiels. Verändert nach Morton (1973).

vorrufen (Minamata-Krankheit in Japan durch Hg-Verseuchung, Dinoflagellaten-Toxine bei „red tides", S. 41). Auch infektiöses Material (Cholera-Erreger) wird von den Muscheln gesammelt und auf den Menschen übertragen. Dieses Akkumulationsvermögen bietet aber auch die Möglichkeit, Bivalvia zur Überwachung und eventuellen Verbesserung der Wasserqualität einzusetzen: Muscheln können (wie Schnecken) aufgrund ihrer definierten Umweltansprüche als Indikatoren verwendet werden.

Von der einfachen Mundöffnung führt ein kurzer Oesophagus in den Magen, der mit Sortierfeldern ausgestattet ist. Aus ihm entspringen Verbindungsgänge zu den Mitteldarmdivertikeln (Abb. 451). Die Nuculidae sezernieren aus einem posteroventral einmündenden Sack des Magens Enzyme, die bei den übrigen Muscheln in einem „Kristallstiel" lokalisiert sind und aus diesem durch Abrieb freiwerden (Abb. 456). Dazu rotiert der Kristallstiel im Stielsack, angetrieben durch Cilien; die Magenwand vor seinem freien Ende ist durch einen cuticulären Magenschild geschützt. Die freiwerdenden Enzyme lösen das Schleimband mit der Nahrung auf; die verdaulichen Anteile werden in die Mitteldarmdivertikeln weitergeleitet, Unverdauliches gelangt direkt in den posterior aus dem Magen entspringenden Mitteldarm. Die Protobranchia verdauen extrazellulär im Magen, die anderen Muscheln extra- und intrazellulär in den Mit-

teldarmdivertikeln, die als verzweigte Gänge zwischen Bindegewebe, Magen, Muskulatur und Gonaden eingeschoben sind. Magenschild und Kristallstiel arbeiten wie Mörser und Pistill zusammen und können größere Partikeln aufbrechen. Der Mitteldarm bildet mehrere Schlingen, durchzieht bei vielen Arten das Herz und endet mit dem auf einer Papille in der Mantelhöhle gelegenen Anus.

Die meisten Muscheln ernähren sich als Filtrierer von den im Wasser suspendierten Teilchen. Daneben gibt es die Pipettierer (z.B. *Scrobicularia*), die mit ihrem langen Inhalationssipho die benachbarte Sedimentoberfläche abpipettieren und dabei Detritus, Diatomeen, Foraminiferen und Objekte ähnlicher Größe aufsaugen. Einige Muscheln können beide Methoden kombinieren (z.B. *Macoma balthica*) und daher viele unterschiedliche Sedimenttypen besiedeln. Daneben gibt es Arten mit speziellen Anpassungen: (1) Holzverwerter (*Teredo*) (S. 328); (2) Algenzüchter (*Tridacna*) (S. 461); (3) Carnivore und Aasverzehrer in großen Wassertiefen ohne ausreichende Phytoplanktonversorgung; sie fangen ihre Beute mit dem langen Inhalationssipho (einige Anomalodesmata) oder durch kräftiges Senken des Kiemenseptums und den dadurch erzeugten, heftigen Wassereinstrom, der kleine Crustaceen mitreißt (Septibranchia). (4) Muscheln an Hydrothermalschloten nutzen die Energie des aus dem Erdinnern stammenden Sulfids mittels oxidativer Reaktionen in symbiontischen Bakterien, die in speziellen Bacteriocyten in den Kiemen leben (s. Pogonophora, S. 388); ähnlich gewinnen Muscheln in reduzierenden Sedimenten ihre Energie. (5) Darmlose Muscheln gewinnen Nährstoffe durch Absorption über die Kiemen und durch Endosymbionten (*Solemya*).

Das **Zirkulationssystem** besteht aus dem Herzen mit 2 lateralen Atrien und dem Ventrikel, der den Enddarm – sekundär – umschließt. Aus der Kammer entspringen eine anteriore und eine posteriore Aorta, in denen Klappen die Richtung des Blutstromes steuern. Ein Teil des Blutes umgeht die Kiemen und wird im Mantel oxigeniert. Es fließt dann zu den Nieren, wo es mit deoxigeniertem Blut aus den Eingeweiden gemischt wird, und gelangt schließlich durch Lakunen und Sinus zu den Vorhöfen zurück.

Der O_2-Transport des Blutes spielt eine geringe Rolle: bei *Placopecten* wird nur 1/3 des Bedarfs über das Blut gedeckt. Dennoch macht der Anteil der Hämolymphe bis zu 63% des Weichkörper-Naßgewichtes aus. Die Hauptfunktion des Blutes ist die antagonistische Wirkung zur Muskulatur und die dadurch mögliche Bewegung insbesondere des Fußes und der Siphonen. Ventile sorgen dafür, daß lokale Druckveränderungen nicht zu starke Rückwirkungen auf die zentralen Teile des Kreislaufs haben. Ein am Grund ruhender *Placopecten magellanicus* hat ein Schlagvolumen von 0,153 ml bei einer Frequenz von 7 Schlägen min^{-1}; unmittelbar nach dem Schwimmen erhöhen sich diese Werte auf 0,39 ml und 14 Schläge min^{-1}.

Das **Exkretionssystem** übernimmt die aus dem Herzen in das Perikard durch Ultrafiltration abgeschiedenen Exkrete durch Wimperntrichter in die paarigen Renoperikardialgänge. Diese führen zu Nephridialsäcken (Bojanussche Organe) und weiter zu zwei Nephroporen, die sich in die Mantelhöhle öffnen. Ursprüngliche Muscheln haben G o - n o p e r i k a r d i a l g ä n g e zwischen Gonade und Perikard; bei ihnen gelangen auch die Gameten über die Exkretionsgänge in die Mantelhöhle. Höhere Bivalvia bilden eigene Gonodukte und Gonoporen. Exkretorisch tätig sind auch die P e r i k a r d i a l d r ü - s e n (Kebersche Organe), die Konkremente speichern und ins Perikard transportieren.

Fortpflanzung und Entwicklung

Die Bivalvia sind überwiegend g e t r e n n t g e - s c h l e c h t l i c h. Beide Genitalsysteme sind einander sehr ähnlich. Die Gonaden sind paarig und in die Mitteldarmdivertikel eingebettet (Abb. 451). Kurze Gonodukte führen in den Suprabranchialraum. Kopulationsorgane sind nicht vorhanden.

Gonochoristen und Hermaphroditen kommen in engen Verwandtschaftsgruppen nebeneinander vor. Zwitter erzeugen die Gameten meist in Zwittergonaden, seltener sind Ovarien und Testes getrennt.

Ein Wechsel des Geschlechts ist häufig; dabei gibt es verschiedene Möglichkeiten:
1. K o n s e k u t i v e r   H e r m a p h r o d i t i s m u s: das Geschlecht wird einmal im Leben gewechselt, meist von männlich zu weiblich (Protandrie); Protogynie ist selten.
2. R h y t h m i s c h - k o n s e k u t i v e r   H e r m a p h r o d i t i s - m u s: mehrfacher Wechsel des Geschlechts (juvenile *Ostrea* werden als Männchen geschlechtsreif, in der nächsten Fortpflanzungsperiode fungieren sie als Weibchen, in der übernächsten wieder als Männchen etc.).
3. A l t e r n a t i v e   S e x u a l i t ä t: in Populationen mit normalerweise getrenntgeschlechtlichen Individuen tritt bei einzelnen Geschlechtsumkehr ein, die nicht vorhersagbar ist (Austern ohne Brutpflege wie *Crassostrea virginica*: 70% der Juvenilen werden zunächst funktionelle Männchen, in der 2. Laichperiode sind etwa gleichviele Männchen wie Weibchen vorhanden).

Die Reifung der Keimzellen wird exogen beeinflußt (vor allem durch die Temperatur) und durch Neurosekrete gesteuert. Intensiver Parasitenbefall kann zu Sterilität führen. Die Gameten werden meist ins freie Wasser ausgestoßen, wo die Befruchtung stattfindet. Bei zahlreichen Arten erfolgt diese in der Mantelhöhle und erlaubt anschließende B r u t - p f l e g e, entweder im Lumen der Mantelhöhle (larvipare Austern) oder in zu Brutsäcken (Marsupien) umgestalteten Teilen der Kiemenblätter.

Im Verlauf der **Ontogenese** entsteht eine P r a e v e l i - g e r l a r v e, die eine einheitliche Larvalschale (Prodissoconcha) anlegt, aus der dann beim Veliger durch medianes Abknicken die zweiklappige Schale wird. Diese vergrößert sich bei der Veliconcha; bevorzugter Zuwachs am Fuß führt dann über den P e d i - v e l i g e r zur bodenlebenden Jungmuschel. Bei einigen Süßwassermuscheln gibt es sekundäre, parasiti-

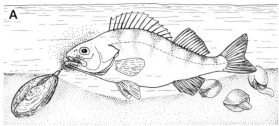

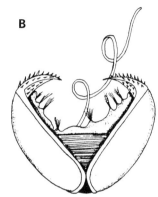

Abb. 457: Entwicklung einer Süßwassermuschel. A Lebenszyklus. Larven (Glochidien) zunächst in den äußeren Kiemen der weiblichen Muscheln, die als Brutsack dienen. Glochidien gelangen über die Ausstromöffnung in das freie Wasser und setzen sich dann bevorzugt in den Epithelien der Kiemenblätter (*Unio, Margaritifera*) oder der Flossen (*Anodonta*) eines Fisches fest (juvenilparasitische Phase); nach Freiwerden fallen sie auf den Gewässergrund und wachsen innerhalb mehrerer Jahre zu adulten Muscheln heran. B Glochidium. A Verändert aus Storer, Usinger, Stebbins und Nybakken (1972); B nach verschiedenen Autoren.

sche Larvenphasen: Haustorien (Mutelidae), G l o - c h i d i e n (*Anodonta, Unio*) (Abb. 457) und Lasidien (*Anodontites*).

Systematik

Die Bivalvia sind fossil seit dem Unteren Kambrium erhalten. Die ältesten Formen zeigen neben den Ansatzstellen der Schließmuskeln weitere Muskel-„Eindrücke", die darauf hinweisen, daß die Gruppe sich von einer Ahnenform mit napfförmiger, einheitlicher Schale und mit mehreren Paaren dorsoventraler Fußretraktoren herleitet. Unter Umgruppierung der Muskeln, medianer Abknickung der Schale und seitlicher Abflachung des Körpers ist der charakteristische Bauplan entstanden.

Die systematische Gliederung wurde im wesentlichen nach der Konstruktion der Kiemen vorgenommen, weiter nach dem Bau des Scharniers und den Schließmuskeln. Auch die neuere Einteilung ist nur zum Teil phylogenetisch begründet. Die Protobranchia weisen besonders viele altertümliche Merkmale auf und gehören zu den ältesten fossil er-

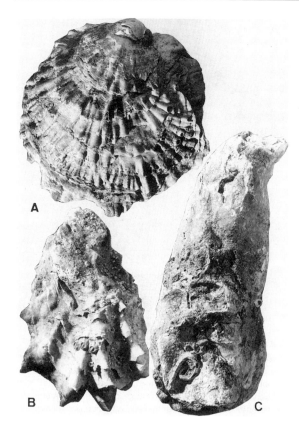

Abb. 458: Europäische und nach Europa importierte Austern. A *Ostrea edulis* (Gemeine Auster). B *Crassostrea virginica* (Portugiesische Auster). C *C. gigas* (Japanische Auster). Original: K. J. Götting, Gießen.

haltenen Formen. Die Stammart der übrigen Muscheln hat sich vermutlich aus ihnen entwickelt.

2.2.1.1 Protobranchia, Fiederkiemer

Ein Paar Ctenidien mit 2 Reihen kurzer Blättchen; Schale mit ungezähntem oder taxodontem Scharnier, ihre Innenseite mit Perlmutter- oder Porzellanschicht.

Nucula spp., Nußmuscheln (Nuculidae); gut beweglicher Fuß mit Kriechsohle; große Mundlappen, die Nahrung auftupfen; wichtige Beute für Plattfische; verbreitet, auch in der Nordsee. – *Portlandia* (früher: *Yoldia*) *arctica* (Nuculanidae); wichtige Kaltwasser-Tiefen-Leitform; kennzeichnet ein Stadium der erdgeschichtlichen Entwicklung der Ostsee. – *Solemya* spp. (Solemyidae); Darmtrakt vereinfacht oder fehlend, mit endosymbiontischen Bakterien; in Schlick und Sand; Pazifik, Atlantik, Mittelmeer.

2.2.1.2 Pteriomorpha

Schale vielgestalig, oft ungleiche Klappen, die durch ein erhärtendes Sekret oder Byssus festgeheftet werden. Zum Teil ungleiche Schließmuskeln. Mantelränder selten verschmolzen, ohne Siphonen;

Filibranchien in verschiedenen Typen. Meist epifaunische Arten.

Arca spp., Archenmuscheln (Arcidae); im Mittelmeer und Atlantik; taxodont; einige Arten heften sich mit Byssus an Steinen und Schalen an; wird roh gegessen. – *Mytilus edulis*, Miesmuschel (Mytilidae) (Abb. 453 H), bis 9, selten 16 cm; Schale innen teilweise perlmuttrig; vorderer Schließmuskel klein; lebt auf Bänken im Bereich der Niedrigwasserlinie; spinnt sich mit Byssus auf Hartsubstrat, auch an Artgenossen, an; spielt wegen der hohen Filtrationsleistung (bei Helgoland $1–2\,l\,h^{-1}$) eine wichtige Rolle als Wasserreiniger und beim Erhöhen der Wattfläche; wichtige Speisemuschel (1982 kamen 420 000 t in den Handel); Parasiten (*Mytilicola*: Copepoda) können den Handelswert herabsetzen oder (Metacercarien von Trematoden) durch Induktion von Perlbildung den Genuß beeinträchtigen; kosmopolitisch. Auch verwandte Arten sind als Speisemuscheln geschätzt, werden gehegt und gezüchtet. – *Lithophaga lithophaga*, See- oder Steindattel (Mytilidae); bohrt chemisch und mechanisch in Kalk des oberen Litorals; mediterran. – *Pinctada* spp., Perlmuscheln (Pteriidae); mit geradem Scharnierrand; ein mittelständiger Schließmuskel; gefaltete Kiemenblätter; Fuß mit Byssus; in warmen Meeren. Eingedrungene Fremdkörper werden in konzentrische Aragonitlagen eingeschlossen, so daß eine Naturperle von oft hohem Handelswert entsteht. Zur Erzeugung von Zuchtperlen werden (meist aus Schalen anderer Muscheln gefertigte) kugelige Kerne in das die Gonade umgebende Bindegewebe eingepflanzt; die Perlmuschel umgibt den Fremdkörper im Verlaufe eines bis mehrerer Jahre mit Perlmutterschichten (ca. 0,3 mm Auflagerung pro Jahr). Zucht- sind von Naturperlen äußerlich nicht zu unterscheiden, nur anhand ihres parallelgeschichteten Kerns. Wichtiger Wirtschaftszweig, vor allem in Japan (1979 wurden Perlen im Wert von 430 Mill. $ exportiert), in Australien, Sri Lanka und der Südsee. – *Pinna nobilis*, Steckmuschel (Pinnidae), bis 80 cm lang; steckt mit dem stark zugespitzten Vorderende im Sand; wird gegessen; mediterran. – *Ostrea* spp., *Crassostrea* spp., Austern (Ostreidae); Pediveliger pressen beim Ansetzen (Abb. 453 B) ein erhärtendes Sekret aus den Fußdrüsen und kitten damit ihre linke Klappe an das Substrat; in warmen und gemäßigten Meeren; geschätzte Delikatesse, die auf Bänken gehegt wird: den Pediveligern werden Ansatzmöglichkeiten (Rutenbündel, Dachziegel, Schalen) geboten, die Juvenilen werden in Aufzuchtgestelle, später auf Bänke oder in Mastteiche überführt, wo sie vor Nahrungskonkurrenten (*Crepidula*) und Feinden (Seesterne, Brachyura, Neogastropoda) geschützt werden; marktfähig nach etwa 4 Jahren (5–6 cm lang). – *Pecten* spp., Kammuscheln (Pectinidae); mit dünnen, rechts und links verschiedenen Klappen; Mantelränder mit Augen und Tentakeln; einige Arten können schwimmen (Abb. 453 C); N-Atlantik und -Pazifik. In der Nordsee die verwandte *Chlamys varia*, häufig, 65 mm hoch.

2.2.1.3 Palaeoheterodonta

Meist gleichartige, dicht verschließbare Klappen; Schale oft mit Perlmutterstrukturen; 2 Adduktoren; Mantelränder nicht verwachsen, formen aber hinten Ein- und Ausströmöffnungen; meist echte Blattkiemen.

Margaritifera margaritifera, Flußperlmuschel (Margaritiferidae), 14 cm; in kalkarmen Bächen mit reinem Wasser;

Abb. 459: Teichmuscheln (*Anodonta cygnea*). 20 cm; mit dem Hinterende aus dem Substrat ragend. Original: K.J. Götting, Gießen.

Brutpflege in Kiemenblättern, aus denen hakenlose Glochidien mit gezähntem Schalenrand entlassen werden, die sich in den Kiemen von Fischen (z.B. Bachforelle) einnisten; Schale mit mittlerer und innerer Perlmutterschicht; bildet langsam wachsende Perlen von hohem Handelswert; holarktisch, vom Aussterben bedroht, daher geschützt. – *Unio* spp., Flußmuscheln (Unionidae); die 3 mitteleuropäischen Arten mit zahlreichen Rassen bis 10 cm; Brutpflege in Taschen der äußeren Kiemenblätter; die Glochidien entwickeln sich an Fischkiemen (Abb. 457); geschützt. – *Anodonta cygnea*, Gemeine Teichmuschel (Unionidae) (Abb. 459), bis 20 cm; mehrere Rassen in Mitteleuropa, in ruhigem Wasser; Glochidien entwickeln sich in der Flossenhaut von Fischen (Abb. 457); geschützt. – *Anodontites* (in Südamerika) und andere afrikanische Mutelidae entwickeln sich ebenfalls über parasitische Larven (Lasidien, Haustorien) an Fischen.

2.2.1.4 Heterodonta

Schalen sehr verschieden, ohne Perlmutter; kleine bis sehr große (> 1 m) Muscheln; Scharnierzähne sehr unterschiedlich, teilweise oder völlig reduziert; Mantelränder zumindest hinten verwachsen, mit Ein- und Ausströmöffnungen, oft mit Siphonen; Blattkiemen.

Cerastoderma edule, Eßbare Herzmuschel (Cardiidae) (Abb. 460), 5 cm; Größe und Rippung der Schalen milieuabhängig; Siphonen kurz, Tiere oberflächlich in Sand und Weichboden eingegraben; mit dem Fuß gut beweglich; N-Atlantik und Nebenmeere; wird in W- und S-Europa gegessen. – *Tridacna gigas*, Riesenmuschel (Tridacnidae) (Abb. 461), bis 1,2 m lang und 200 kg schwer; dickschalig; der Weichkörper ist innerhalb der Schale um etwa 180° gedreht, so daß dorsales Gewebe mit Zooxanthellen dem Licht zugewandt wird. – *Ensis siliqua*, Große Schwertmuschel (Cultellidae) (Abb. 453 F); schmal und langgestreckt mit fast parallelen Dorsal- und Ventralrändern; gräbt sich in Sand ein; mit dem Fuß und durch Ausstoßen von Wasser aus der Mantelhöhle gut beweg-

lich. – *Macoma balthica*, Baltische Plattmuschel (Tellinidae); gerundet-dreieckig mit zugespitztem Hinterende; Leitform einer Zönose auf sandigem bis schlicksandigem Boden bis 15 m Wassertiefe; wichtige Nahrung für Plattfische; leere Schalen zeigen oft die kreisrunden Bohrlöcher von Bohrschnecken (S. 303). – *Scrobicularia plana*, Große Pfeffermuschel (Semelidae); häufig im Schlickwatt, wo sie sich etwa 10 cm tief eingräbt; Pipettierer. – *Dreissena polymorpha*, Wandermuschel (Dreissenidae), 30 mm; in Süß- und Brackwasser, mit dem Byssus angesponnen; getrenntgeschlechtlich mit freischwimmender Larve; im Schwarzmeergebiet beheimatet, doch seit Beginn des 19. Jh. weit verschleppt; wird durch Verstopfen von Wasserrohren, Kühlleitungen etc. schädlich. – *Pisidium* spp., Erbsenmuscheln (Pisidiidae); etwa 17 Arten unter 15 mm Länge, in Bächen, Flüssen, Seen Europas, weitere in der übrigen Holarktis, zum Teil in extremen Biotopen; Brutpflege in Taschen an den inneren Kiemenblättern. – *Petricola pholadiformis*, Amerikanische Bohrmuschel (Petricolidae), 65 mm; bohrt in weichen Substraten; von der amerikanischen NO-Küste nach Europa eingeschleppt. – *Mya arenaria*, Sandklaffmuschel (Myidae), 12 cm; linke Klappe mit löffelartiger Platte; kräftige, verwachsene Siphonen; in sandigen und schlicksandigen Sedimenten tief eingegraben. – *Pholas dactylus*, Dattelmuschel (Pholadidae) (Abb. 453 A), 10 cm; bohrt nur in submariner Kreide; O-Atlantik, Mittelmeer, bei Helgo-

Abb. 460: Herzmuscheln (*Cerastoderma edule*). A Im natürlichen Substrat, zum Teil mit ausgestreckten Siphonen (Bildmitte); bis 4 cm. B Hinterende mit den kurzen Siphonen. A Originale: K.J. Götting, Gießen; B W. Westheide, Osnabrück.

Abb. 461: *Tridacna crocea*. Blick auf den leicht geöffneten Schalenspalt. In dieser Stellung werden die Zooxanthellen des Mantelrandgewebes dem Licht ausgesetzt, so daß sie assimilieren können. Original: K. J. Götting, Gießen.

land. – *Barnea candida*, Engelsflügel (Pholadidae); in submarinem Torf, Ton und Holz; O-Atlantik bis Ostsee. – *Zirfaea crispata*, Rauhe Bohrmuschel (Pholadidae); bohrt in Torf, Holz und Kreide; Atlantik, Nord- und Ostsee. – *Teredo* spp., Schiffsbohrmuscheln (Teredinidae); weltweit, gefürchtete Schädlinge an hölzernen Unterwasserbauten (Abb. 453 I, 462); Juvenile haben den typischen Muschelhabitus; durch starkes Längenwachstum entsteht ein wurmförmiger Körper, dessen Mantel zu einem lan-

Abb. 462: Durchschnittener Baumstamm, der am Strand angespült wurde, mit Bohrgängen von *Teredo* sp., Schiffsbohrer. Original: W. Westheide, Osnabrück.

gen Rohr verwächst; die kleine Schale, am Vorderende gelegen, dient als Bohrwerkzeug (8 mm hoch bei 20 cm Körperlänge); der Bohrgang wird vom Mantel mit Kalk ausgekleidet; die Bohrgangöffnung kann so dicht verschlossen werden, daß auch mehrwöchiger Aufenthalt im Süßwasser überlebt wird. In den Mitteldarmdivertikeln werden Cellulase und Glucosidasen produziert, so daß ca. 80% der aufgenommenen Zellulose und 15–56% der Hemizellulosen verdaut werden können. Diese Nahrung ist arm an Stickstoff und essentiellen Aminosäuren, doch wird der Mangel durch symbiontische Bakterien ausgeglichen, die an der Kiemenbasis leben.

2.2.1.5 Anomalodesmata

Meist kleine, ausnahmsweise bis 1 m lange Muscheln mit verschiedengestalteten Schalen; Mantelränder verschmolzen bis auf Öffnungen für Fuß, Ein- und Ausströmöffnungen oder -siphonen. Die Kiemen sind als Eulamellibranchien oder Septibranchien ausgebildet. Marin, meist Zwitter.

Penicillus spp., Gießkannenmuscheln (Clavagellidae); sehr kleine Klappen, die ganz in eine Kalkröhre (20 cm) eingebaut werden, deren Vorderende siebartig durchbrochen und von einem Kragen feiner Röhrchen umgeben ist; in Sand und Schlick an der Niedrigwasserlinie; Entwicklung über planktische Larven, sonst unbekannt; Rotes Meer, Indopazifik. – *Cuspidaria cuspidata* (Cuspidariidae), 15 mm; dünne Schalen, hinten zugespitzt; auf Schlammböden; Atlantik und Mittelmeer.

2.2.2 Scaphopoda, Kahn- oder Grabfüßer

Die Scaphopoda sind ausschließlich marine, langgestreckte, bilateralsymmetrische Conchifera, die in allen Weltmeeren vom Eulitoral bis in 7000 m Tiefe verbreitet sind. Sie sind seit dem Unteren Ordovizium fossil erhalten und rezent mit etwa 350 Arten vertreten. Mantel und Schale sind röhrenförmig verwachsen, die Schale meist leicht gekrümmt und konisch, an beiden Enden offen (Abb. 463). Durch die größere Öffnung, in welcher der Hauptteil der Mantelhöhle liegt, kann der Fuß mit seinen Anhängen herausgestreckt werden. Die kleinere Öffnung ermöglicht den im Sediment lebenden Kahnfüßern den Kontakt zur Sedimentoberfläche, von der Wasser durch die Mantelhöhle hindurchgezogen wird.

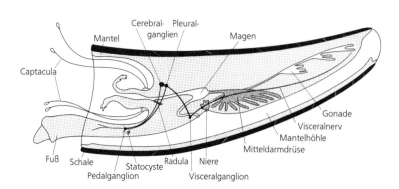

Abb. 463: Scaphopoda. Innere Organisation, Seitenansicht. Verändert aus Götting (1974).

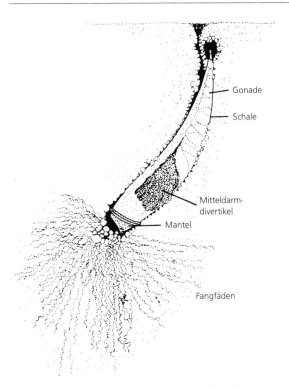

Abb. 464: Scaphopoda (*Cadulus tolmiei*) in Lebendstellung im Substrat. Aus Poon (1987).

Drüsen an der Endkeule festgeklebt und durch Kontraktion der longitudinalen Captaculum-Retraktoren in die Mantelhöhle zur Mundöffnung gezogen.

Der **Fuß** ist zylindrisch, am Ende kegelig zugespitzt oder scheibenförmig abgeflacht mit randständigen Papillen. Er dient als Grabfuß und wird durch Muskelkontraktion verschmälert und zugespitzt, die seitlichen, epipodialen Lappen werden dabei angelegt.

Durch Einpressen von Hämolymphe streckt er sich tiefer ins sandige oder schlick-sandige Sediment. Dann verdickt er sich durch Einpressen von Hämolymphe bei gleichzeitiger Erschlaffung der zirkulären Muskulatur, die epipodialen Lappen breiten sich aus und verankern ihn. Durch Kontraktion der beiden Fuß-Retraktoren wird der übrige Körper mit der Schale nachgezogen. Der Fuß bewirkt von Zeit zu Zeit auch einen kräftigen Wasserausstoß aus der Mantelhöhle, während der normale Durchstrom durch Cilienfelder des Mantelepithels erzeugt wird.

Der **Mantel** wird zunächst zweilappig angelegt, verwächst dann aber zu einer Röhre, die an beiden Enden sphinkterartig verschlossen werden kann. Die Mantelhöhle zieht sich durch die ganze Länge der Schale hindurch. Die **Schale** ist aus prismatischen und gekreuzt-lamellären $CaCO_3$-Schichten aufgebaut, deren Mikrostruktur mit der der Muscheln übereinstimmt.

Das **Nervensystem** ist bilateralsymmetrisch mit paarigen Cerebral-, Pleural-, Pedal- und Visceralganglien. Dazu kommen kleinere Subradularganglien und periphere Ganglien in den Captacula. Im Fuß liegt 1 Paar Statocysten mit zahlreichen, sehr kleinen Statolithen. Sinneszellen sind vor allem in den Captacula lokalisiert. Die Existenz von Osphradien ist umstritten; Augen fehlen. Das **Subradularorgan** ist wahrscheinlich ein Chemorezeptor.

Der **Kopf** besteht im wesentlichen aus einem Mundkegel mit der Mundöffnung und rosettenartig angeordneten Hautlappen. Am Grunde des Mundkegels entspringen Büschel der lang ausstreckbaren Captacula (Fangfäden), die an den Enden verdickt und ausgehöhlt sind (Abb. 464). Diese Endkolben ziehen mit Hilfe ihrer Bewimperung die Captacula durch das benachbarte Sediment, auf der Suche nach Foraminiferen und interstitiellen Organismen. Die Beute wird durch die Sekrete zweier

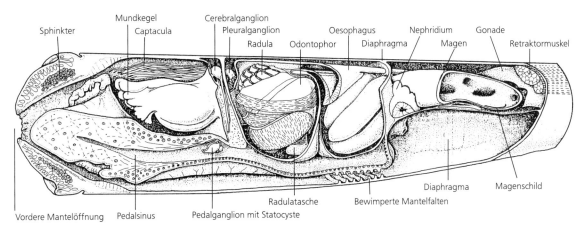

Abb. 465: Scaphopoda (*Fissidentalium megathyrsis*). Anatomie. Schale, Mantel und Muskulatur teilweise entfernt; Fuß längsgeschnitten. Original: G. Steiner, Wien.

Kiemen fehlen, die Atmung erfolgt wahrscheinlich über das gesamte Mantelepithel. Das **Verdauungssystem** (Abb. 389 G) ist einfach gebaut. Seine Konstruktion nimmt eine Mittelstellung zwischen dem der Bivalvia mit Mund und Anus an entgegengesetzten Körperenden und dem U-förmigen System der Cyrtosoma ein: im Magenbereich wendet der Darmtrakt, und der anschließende Mitteldarm verläuft zunächst mundwärts und mündet schließlich mit dem Anus median in die Mantelhöhle (s. Abb. 465). Die in die Mundhöhle aufgenommene Nahrung wird dort zerdrückt und durch die relativ große R a d u l a (mit 5 Zähnen pro Querreihe) weiterbefördert. Im Magen wird extrazellulär verdaut, in der angrenzenden Mitteldarmdrüse resorbiert. Der anschließende Mitteldarm bildet – meist 3 – Schlingen. Das **Zirkulationssystem** ist sehr einfach und besteht im wesentlichen aus Lakunen. Frühere Autoren haben ein pulsierendes Gefäß („Herz") in einem Perikard beschrieben, doch steht ein überzeugender Nachweis aus.

Das **Exkretionssystem** weist altertümliche Merkmale auf. Ein Paar gelappter N i e r e n s ä c k e hat weder miteinander noch mit dem Perikard eine Verbindung und mündet über kurze Gänge neben dem Anus in die Mantelhöhle. Der rechte Nierensack verwächst mit der Gonade und leitet auch die Gameten aus.

Die Scaphopoda sind g e t r e n n t g e s c h l e c h t l i c h, ihre Gonade liegt im oberen Teil des Eingeweidesackes. Nach der Befruchtung im freien Wasser verläuft die **Entwicklung** in der Eihülle zu einer Gastrula, die nach dem Schlüpfen im Plankton von ihrem Dottervorrat lebt. An der L a r v e entstehen postoral 2 Mantelfalten, die miteinander verwachsen. Entsprechend vereinigen sich die zweiteiligen Schalenanlagen zu einer Röhre.

Dentalium entale (Dentaliida), 4 cm; Schale gebogen kegelförmig. Größter Schalendurchmesser auf der Fußseite; Fuß mit Epipodiallappen und nicht einstülpbarer Spitze; Captacula mit 10 Retraktormuskeln; N-Atlantik, Nordsee. – *Siphonodentalium lofotense* (Gadilida), 6 mm; gekrümmte, elefantenzahnähnliche Schale, glatt, ihr Querschnitt rund; Fuß mit Endscheibe, ohne Epipodiallappen, Spitze einstülpbar; N-Atlantik, Mittelmeer.

Sipuncula (Sipunculida), Spritzwürmer

Die Sipuncula sind eine kleine Gruppe (ca. 160 Arten) ausschließlich mariner Organismen. Sie kommen von den Polarregionen bis in die Tropen und von den Gezeitenbereichen bis in die Tiefsee vor. Die hemisessilen („sedentären") Organismen besiedeln von schlickigen bis zu steinigen Sedimenten alle Substrate; in den Tropen graben Sipunculiden ihre Wohngänge auch zwischen Korallen. Einige Arten bewohnen leere Gastropoden- oder Scaphopodenschalen (z.B. *Phascolion strombus*). Die Arten unterscheiden sich erheblich in ihrer Größe; die Rumpflänge von *Onchnesoma steenstrupii* beträgt etwa 3 mm, die von *Siphonomecus multicinctus* über 50 cm. In den tropischen Regionen des Pazifiks und in Südostasien werden einige der größeren Arten auch gegessen. Sipuncula sind Spiralia; die Entwicklung verläuft entweder über Larvenstadien oder ist direkt.

Bau

Am Körper der unsegmentierten, schlauchförmigen Tiere lassen sich ein zylindrischer Rumpf und ein dünnerer vorderer Abschnitt, Introvert, unterscheiden (Abb. 466 A, 472 A–C). Der Introvert kann vollständig in den Rumpf eingezogen werden und endet in der Regel in einer Gruppe von Tentakeln, die um die Mundöffnung oder dorsal von ihr angeordnet sind (Abb. 466 A, 467, 471, 472 A–C).

Die **Epidermis** ist mit Ausnahme der Tentakel von einer relativ dicken, elastischen Cuticula bedeckt, die einen ähnlichen Aufbau wie die der Anneliden (Abb. 203) zeigt: In einer feinfibrillären Matrix liegen rechtwinklig angeordnete Schichten von parallelen Kollagenfasern, die einen Winkel von ungefähr 45° zur Körperlängsachse bilden und spiralig um den Körper verlaufen. Die Cuticula ist häufig zu papillen-, warzen- oder dornförmigen Strukturen differenziert und bildet bei manchen Arten Anal- und Caudalschilder (Abb. 472 C). Auf der konkaven Oralseite der Tentakel, die als Organe der Nahrungsaufnahme und Respiration angesehen werden, befindet sich ein dichtes Band beweglicher Cilien. Unterhalb der Epidermis liegt eine mehr oder weniger dicke extrazelluläre Matrix, auch Bindegewebe, Dermis oder Cutis genannt, die Kollagenfasern enthält und in die Nerven-, Bindegewebs- und Muskelzellen eingebettet sind. Daran schließt sich der aus Ring-, Diagonal- und Längsmuskulatur bestehende **Hautmuskelschlauch** an (Abb. 468 A). Die Muskulatur kann in einzelne Bündel aufgelöst sein, die äußerlich das charakteristische Streifen- oder Gittermuster des Rumpfes bestimmter Arten hervorrufen (Abb. 466 A).

Günter Purschke, Osnabrück

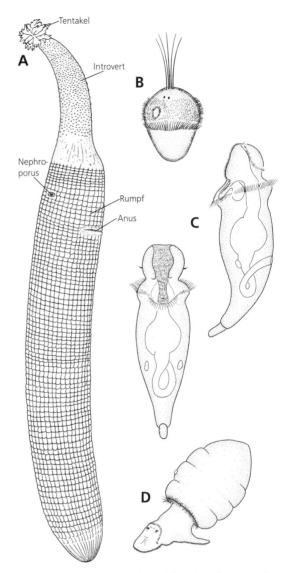

Abb. 466: A *Sipunculus nudus*. Adultes Tier mit ausgestülptem Introvert und entfalteten Tentakeln. B-D Aufeinanderfolgende Entwicklungsstadien. B Trochophora von *Golfingia vulgaris*. C Lateral- und Ventralansicht einer Pelagosphaera von *Phascolosoma perlucens*. Von den inneren Organen sind der Darmkanal und die Nephridien eingezeichnet. D Am Boden kriechende Pelagosphaera einer nicht bekannten Sipunculiden-Art. A Nach Stephen und Edmonds (1972); B nach Gerould (1907); C nach Rice (1975); D nach Jägersten (1963).

Die Muskelzellen sind oft als glatte Fasern bezeichnet worden. Tatsächlich ist in kontrahierten Fasern keine regelmäßige Anordnung dicker und dünner Filamente sowie der Z-Elemente erkennbar. In gestrecktem Zustand ist das kontraktile Material jedoch wie bei typischen schräggestreiften Fasern (z.B. bei Nematoden, S. 694, und Anneliden, S. 357) angeordnet: Querschnitte zeigen dann deutliche A- und I-Banden, allerdings mit dem Unter-

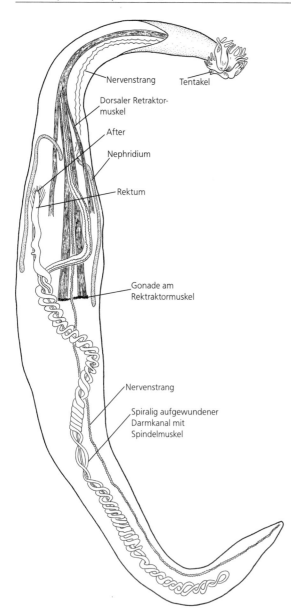

Abb. 467: *Phascolopsis gouldii.* Innere Organisation. Nach Andrews (1890).

Labels in figure:
Nervenstrang
Tentakel
Dorsaler Retraktormuskel
After
Nephridium
Rektum
Gonade am Rektraktormuskel
Nervenstrang
Spiralig aufgewundener Darmkanal mit Spindelmuskel

schied, daß die Z-Elemente nicht stabförmig, sondern isolierte spindelförmige Strukturen sind.

Der größte Teil des Introverts und der Rumpf werden von einem einheitlichen **Coelom** ausgefüllt, lediglich durchzogen von den Retraktormuskeln des Introverts und von unvollständigen Mesenterien und einigen kleinen Muskelsträngen (Spindelmuskel, Anheftungsmuskeln, Flügelmuskel), die an den inneren Organen inserieren. Anzahl und Position der Retraktormuskeln (maximal 4) sind wichtige taxonomische Merkmale. Ein teilweise bewimpertes Peritoneum, das am Darmkanal zu **Chloragocyten** differenziert sein kann, umhüllt die inneren

Organe und begrenzt den Hautmuskelschlauch. Der flüssigkeitserfüllte Coelomraum bildet ein hydrostatisches Skelett und dient als Widerlager der Muskulatur.

Peristaltische Wellen, hervorgerufen durch abwechselnde Kontraktionen der Ring- und Längsmuskulatur, laufen beim Graben über den Körper. Der Introvert lockert dabei zunächst durch Streckung das Sediment auf, seine anschließende Verdickung im vorderen Bereich verankert das Tier und erlaubt das Nachziehen des Rumpfes. Einpressen der Coelomflüssigkeit ins Vorderende führt zum Ausstülpen des Introverts; die kräftigen Retraktormuskeln, die in der Nähe der Mundöffnung und am Rumpf inserieren, ziehen den Introvert zurück (Abb. 467).

Neben diesem einheitlichen Coelom gibt es ein davon getrenntes T e n t a k e l c o e l o m, bestehend aus einem Ringkanal, Tentakelkanälen und 1 oder 2 Kompensationssäcken (Polische Schläuche). Einige Arten besitzen C o e l o m k a n ä l e innerhalb der Epidermis (Abb. 468 A,B). Kontraktion der Kompensationssäcke bei ausgestülptem Introvert treibt Coelomflüssigkeit in die Tentakelkanäle und führt so zur Entfaltung der Tentakel.

In der Coelomflüssigkeit flottieren verschiedene Zellen: Granulocyten, Hyalocyten und Erythrocyten. Letztere machen etwa 90% der Coelomocyten aus und enthalten das eisenhaltige, respiratorische Pigment H ä m e r y t h r i n. Die Granulocyten und Hyalocyten entstehen vermutlich aus denselben peritonealen Stammzellen und sind an zellulären Abwehrmechanismen beteiligt. Eigenartige Organe sind die freibeweglichen mehrzelligen W i m p e r u r n e n, die unter anderem der Sammlung und Speicherung von Konkrementen aus der Coelomflüssigkeit dienen sollen (Abb. 469 A).

Die Urnen gehen aus bestimmten Arealen des Peritoneums hervor und lösen sich dann ab. Der Verbleib der durch die Urnen akkumulierten Stoffe ist unbekannt, ihre Abgabe über die Nephridien wird vermutet.

Meist sind 1 Paar sackförmige **Metanephridien** vorhanden, die etwa in Höhe des Afters ausmünden (Abb. 467, 469 B). Sie dienen auch der Ausleitung der Gameten, die eine Zeitlang in den Nephridien gespeichert werden können.

Der **Darmkanal** besteht aus den drei nur undeutlich voneinander getrennten Abschnitten Oesophagus, Mitteldarm und Rektum (Abb. 467). Der O e s o p h a g u s ist etwa so lang wie der Introvert, der M i t t e l d a r m besteht aus einem absteigenden und einem aufsteigenden Ast, die zumeist spiralig um einen Spindelmuskel gewunden sind. Der Mitteldarm erreicht etwa die doppelte Körperlänge. Der aufsteigende Ast geht in das mit 1 oder 2 Blindsäcken (C a e c a) versehene kurze R e k t u m über, das dorsal am Vorderende des Rumpfes nach außen mündet. Drüsenzellen treten erst im Mitteldarm auf, dessen vorderster Abschnitt auch als Magen bezeichnet wird.

Sipunculiden sind wohl meist Detritusfresser, dane-

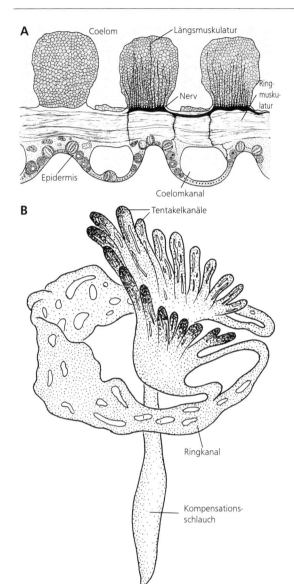

Abb. 468: Coelombildungen. A Coelomkanäle im Hautmuskelschlauch von *Sipunculus nudus*; Querschnitt durch den Rumpf. B Tentakelcoelom von *Phascolosoma granulatum*: Von einem die Mundöffnung umfassenden Ringkanal zweigt ein dorsal gelegener kleinerer Ring ab, der die Tentakelkanäle trägt; caudad entspringt der Kompensationsschlauch (Polischer Schlauch). A Nach Metalnikoff (1900); B nach Selenka et al. aus Tetry (1959).

Das **Nervensystem** besteht aus einem zweiteiligen Gehirn (Oberschlundganglion), das dorsal hinter dem Mund liegt, und einem unpaaren ventralen Nervenstrang; die Verbindung bildet 1 Paar Schlundkonnektive. Von diesem Nervenstrang zweigen zahlreiche, meist nicht paarig angeordnete Lateralnerven ab (Abb. 467, 470 A). Segmentale Ganglien kommen nicht vor; die Perikarien liegen auf ganzer Länge ventral und das Neuropil dorsal. Hinweise auf eine ursprünglich paarige Ausbildung des ventralen Nervenstrangs gibt seine ontogenetische Entstehung aus einer paarigen Anlage bei *Phascolosoma agassizii*. Die Mehrzahl der Tentakelnerven und die pharyngealen Nerven entstammen den Schlundkonnektiven.

Epidermale Rezeptoren sind auf dem Rumpf und besonders den Tentakeln weit verbreitet; neuere Untersuchungen gibt es jedoch kaum. Von den **Sinnesorganen** sind am auffallendsten die Nuchalorgane (Abb. 470 C,D, 471), dicht bewimperte Areale dorsal zwischen den Tentakeln, die direkt vom Gehirn innerviert werden. Analog zu den entsprechend bezeichneten Sinnesorganen der Polychaeten (S. 359) wird ihnen eine chemosensorische Funktion zugeschrieben. Darüber hinaus können Pigmentbecherocellen sowie sog. Cerebralorgane (Frontalorgane) vorkommen – paarige oder unpaare Epidermiseinstülpungen sensorischer Funktion, die von der Dorsalseite der Tentakelregion nach innen ziehen und sich zu einer schüsselförmigen Höhle über dem Gehirn erweitern (Abb. 470 B).

Den besonders bei *Sipunculus*-Arten bekannten papillenförmigen Auswüchsen des Gehirns wird neurosekretorische oder ebenfalls Sinnesfunktion zugesprochen (Abb. 470 B).

Die **Gonaden** befinden sich an oder in der Nähe der ventralen Retraktormuskeln, wo sie sich als schma-

ben dienen auch Meiofauna-Organismen, Bakterien und Diatomeen der **Ernährung**. Die Weichböden bewohnenden Arten nehmen dabei mehr oder weniger unselektiv Sediment auf; bei *Sipunculus nudus* kann die im Darm enthaltene Sandmenge 50% des Körpergewichtes ausmachen. Die Hartsubstrate besiedelnden Arten filtrieren mit Hilfe der Tentakel überwiegend Nahrungspartikeln aus dem freien Wasser. Übergänge zwischen diesen beiden Typen mikrophager Ernährung kommen vor.

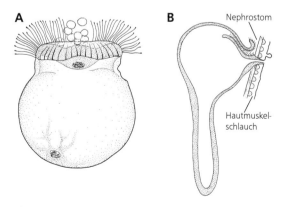

Abb. 469: A Frei schwimmende Wimperurne aus der Coelomflüssigkeit von *Sipunculus nudus*; an der Wimperscheibe hängt Material aus der Coelomflüssigkeit. B Längsschnitt durch ein Nephridium von *Phascolosoma nigrescens*. A Nach Selensky (1908); B nach Shipley aus Hyman (1959).

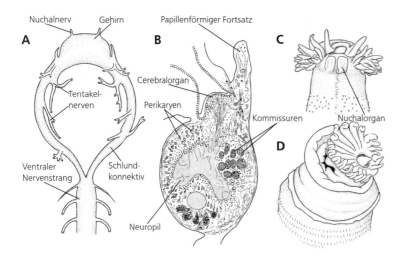

Abb. 470: Sipuncula. Nervensystem und Sinnesorgane. A Rekonstruktion des Zentralnervensystems von *Golfingia vulgaris*. B Längsschnitt durch das Gehirn von *Sipunculus nudus* mit Cerebralorgan und papillenförmigem Fortsatz. C *Golfingia vulgaris*. Tentakel und Nuchalorgan. D Von Tentakeln umgebenes Nuchalorgan von *Phascolosoma granulatum*. A Nach Duenot aus Hyman (1959); B nach Metalnikoff (1900); C nach Theel aus Stephen und Edmonds (1972); D nach Selenka et al. aus Stephen und Edmonds (1972).

les Querband vom einen bis zum anderen Muskel erstrecken (Abb. 467). Oocyten und Spermatocyten fallen in zusammenhängenden Gruppen ins Coelom, wo sie die Gametogenese durchlaufen.

Fortpflanzung und Entwicklung

Bis auf den protandrischen Zwitter *Nephasoma minutum* sind alle Sipunculiden **getrenntgeschlechtlich**. Sexuelle Fortpflanzung wurde lange für den einzigen Fortpflanzungsmodus gehalten. Bei *Aspidosiphon elegans* und *Sipunculus robustus* ist jedoch asexuelle Fortpflanzung durch Querteilung oder Knospung im Rumpfbereich beobachtet worden.

Zumindest bei *A. elegans* ist sie ein natürliches Ereignis; etwa 15% der Individuen einer untersuchten Population befanden sich in Stadien asexueller Reproduktion. Obwohl bei dieser Art Gonaden vorhanden sind, ist sexuelle Fortpflanzung bisher unbekannt. Vor der Ablösung der Tochterindividuen sind alle Organe mit Ausnahme des Introverts, der Tentakel und des Anus bereits ausdifferenziert.

Ungeschlechtliche Fortpflanzung steht mit der bekannt großen Regenerationsfähigkeit vieler Sipunculiden in Zusammenhang, die zu einer Neubildung der Tentakel, des Introverts oder gar des gesamten vorderen Teils des Körpers führen kann. Ektodermale Anteile entstehen offenbar aus einem Strang von Regenerationszellen im Bauchmark, mesodermale aus Coelomocyten.

Männchen und Weibchen sind äußerlich nicht zu unterscheiden. Bei einigen Arten ist das Zahlenverhältnis stark zugunsten der Weibchen verschoben · Bei *Themiste lageniformis* ist fakultative Parthenogenese beobachtet worden.

Die Furchung ist eine typische **Spiralfurchung** (S. 208). Die relative Größe der Mikro- und Makromeren sowie die weitere Entwicklung variiert zwischen den verschiedenen Arten und ist vom Dottergehalt der Eier abhängig. Das Mesoderm entsteht durch Schizocoelie aus zwei Bändern, die von den beiden aus der 4d-Zelle hervorgehenden Urmesodermzellen gebildet werden. Die **Entwicklung** kann direkt (z.B. *Nephasoma minutum*) oder indirekt über 1 oder 2 Larvenstadien verlaufen. Am Beginn der indirekten Entwicklung steht immer eine lecithotrophe Trochophora (Abb. 466B). Der weitere Ablauf kann 3 unterschiedliche Wege nehmen: (1) Metamorphose der Trochophora zum juvenilen Tier (z.B. *Phascolion strombii*), (2) Umwandlung der Trochophora zu einer als lecithotrophe Pelagosphaera bezeichneten Sekundärlarve (z.B. *Golfingia elongata*) und (3) ebenfalls Übergang zu einer Sekundärlarve, die jedoch hier eine planktotrophe Pelagosphaera darstellt (z.B. *Sipunculus nudus*) (Abb. 466C,D). Die meisten bekannten Entwicklungszyklen enthalten eine Pelagosphaera.

Die planktotrophen Larven bleiben oft lange in diesem Stadium und können wahrscheinlich auch über die gro-

Abb. 471: Nuchalorgan und Tentakelkranz von *Phascolosoma* sp. Maßstab: 0,5 mm. Original: F. Wolfrath, Osnabrück

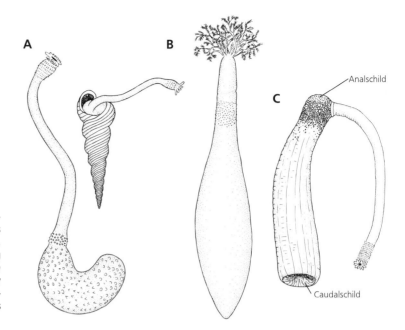

Abb. 472: Habitus verschiedener Sipunculiden. A *Phascolion strombus,* isoliertes Tier und Tier in der Schale einer *Turitella.* B *Themiste pyroides,* mit baumförmig verzweigten Tentakeln. C *Aspidosiphon steenstrupii.* A Nach Cuenot aus Tetry (1959); B nach Fisher (1952); C nach Selenka et al. aus Stephen und Edmonds (1972).

Analschild

Caudalschild

ßen Meeresströmungen zwischen den Kontinenten verdriftet werden. Sie stellen demnach das wichtigste Verbreitungsstadium dar, und nur so läßt sich auch die weltweite Verbreitung vieler Arten erklären. Verschiedene Typen von Sinneszellen im Terminalorgan von Pelagosphaera-Larven weisen auf eine Doppelfunktion dieses Organs als Anheftungs- und Sinnesorgan hin, das eine wichtige Rolle bei der Substratwahl in der Übergangsphase zur benthischen Lebensweise spielen könnte.

Systematik

Die Verwandtschaftsbeziehungen der Sipunculiden sind bis heute ungeklärt und werden kontrovers diskutiert. Die von Quatrefages (1847) vorgeschlagene Gruppierung „Gephyrea" mit Sipunculiden, Echiuriden und Priapuliden als „Brückentiere" zwischen Anneliden und Echinodermen stehend, wurde als künstlich erkannt und aufgelöst. Deutliche Übereinstimmungen gibt es jedoch zu den Annelida, Echiura und Mollusca: Spiralfurchung, trochophoraähnliche Primärlarve (aber ohne Protonephridien) und Mesodermbildung aus der 4d-Zelle mit Schizocoelie. Weitere Gemeinsamkeiten mit den Anneliden und Echiuriden bestehen in der Ultrastruktur der Cuticula und im annelidenähnlichen, allerdings unsegmentierten Zentralnervensystem. Darüber hinaus zeigt das Hämerythrin der Sipunculiden hochgradige Kongruenz zu einem bei Polychaeten vorkommenden metallbindenden Protein (MP II). Auch die Nuchalorgane wurden als mögliche Synapomorphie von Sipunculiden und Polychaeten diskutiert; nach neuen Untersuchungen ist dies aber eher unwahrscheinlich.

Die während der Furchung zu beobachtende Kreuzstruktur der Mikromeren entspricht jedoch der der Mollusken wie auch verschiedene andere larvale Merkmale. Sequenzanalysen der 18 S rRNA könnten ebenfalls für eine nahe Verwandtschaft von Sipunculiden und Mollusken sprechen, erlauben zur Zeit aber noch keine endgültigen Schlüsse, da sie auch enge verwandtschaftliche Beziehungen zu Anneliden belegen. So bleibt weiterhin abzuwarten, für welche der beiden Hypothesen sich weitere Belege finden lassen. Aufgrund der Coelomentstehung aus der 4d-Zelle ist eine engere Verwandtschaftsbeziehung zu den trimeren Taxa (z.B. S. 737), wie sie auch diskutiert worden ist, auf jeden Fall auszuschließen. Sipunculidenähnliche Fossilien sind aus dem Mittleren Kambrium (Burgess Shale, British Columbia) bekannt, die jedoch die Phylogenese nicht weiter erhellen können. Die hier verwendete systematische Gliederung folgt einem Vorschlag von Gibbs und Cutler (1987).

1 Sipunculida

Tentakel umgeben die zentral auf der Mundscheibe liegende Mundöffnung, Introverthaken einfach und meist unregelmäßig verteilt, Spindelmuskel in der Regel posterior nicht befestigt.

Phascolion strombus (Phascolionidae), 50 mm, meist in leeren Molluskenschalen, oft in *Dentalium;* eine der häufigsten Arten europäischer Gewässer, schlickige und sandige Böden von 4–3 800 m Tiefe (Abb. 472 A). – *Nephasoma minutum* (= *Golfingia minuta*) (Golfingiidae), 15 mm, einzige bekannte zwittrige Art; in europäischen Gewässern weit verbreitet. – *Sipunculus nudus* (Sipunculidae), 35 cm; Längsmuskulatur in Bündeln; Rumpf mit Coelomkanälen im Hautmuskelschlauch; vorwiegend in Sandböden bis etwa 700 m Tiefe; weltweit verbreitet in gemäßigten und tropischen Meeren, auch südliche Nordsee (Abb. 466 A, 468 A, 469 A, 470 B).

2 Phascolosomida

Tentakelbasen in einem Bogen angeordnet, der das Nuchalorgan einschließt; die peripheren (oralen) Tentakel fehlen; Introverthaken komplex (recurv) geformt und in deutlichen Reihen angeordnet.

Aspidosiphon muelleri (Aspidosiphonidae), 80 cm; mit cuticulärem Anal- und Caudalschild und exzentrisch am Rumpf ansitzendem Introvert; in der Nordsee meist in Molluskenschalen oder Serpulidenröhren, sonst auch in Spalten von Hartböden, zwischen Kalkalgen und Korallen; die Wohnröhre wird mit dem Analschild verschlossen; bis in etwa 1000 m Tiefe, weit verbreitet, in Ost- und Westatlantik sowie Mittelmeer. – *Phascolosoma granulatum* (Phascolosomatidae), 10 cm; Tentakel umschließen das Nuchalorgan dorsal der Mundöffnung; von Norwegen bis Azoren, schlickige Sande und Grobsande, aber auch unter Steinen, in Spalten und zwischen krustenförmigen Rotalgen (*Lithothamnion*) (Abb. 468 B, 470 D).

Kamptozoa (**Entoprocta**), Kelchwürmer

Die Kamptozoa sind eine morphologisch einheitliche Gruppe stets festsitzender und nahezu ausschließlich im Meer lebender kleiner Strudler. Bisher sind etwa 150 meist schwer abgrenzbare Arten beschrieben, zu einem Drittel stockbildende Formen. Der Name Kelchwürmer beschreibt treffend die Gestalt der Einzeltiere: die Form etwa eines schlankstieligen Weinglases, meist unpigmentiert und glasklar durchsichtig, am freien Rand des becherförmigen Körpers (Kalyx, Kelch) ein einfacher Kranz bewimperter Tentakel. Ein Einzeltier (Zooid) ist kaum je länger als 1 mm (kleinste Art: *Loxomespilon perezi* ca. 0,1 mm; größte Art: *Barentsia robusta* mit ca. 7 mm langen Zooiden bei einer Kelchlänge von 0,8 mm). Ihre typische Schwimmlarve ist eine trochophora-ähnliche Wimpernlarve.

Peter Emschermann, Freiburg

Die einzelnen Zooide mag man auf den ersten Blick leicht mit Hydroidpolypen verwechseln; sie unterscheiden sich aber deutlich von jenen durch ihre starren, nicht rückziehbaren, sondern nur über dem Kelch einrollbaren Tentakel, durch heftige Nick- und Pendelbewegungen ihres beweglichen Stiels (Name: griech. *kamptestai* – sich verbeugen, nicken, „Nicktiere") und ihren bilateralsymmetrischen Körperbau.

Ursprüngliche Kamptozoenarten leben als Einzeltiere, allerdings mit einer ausgeprägten Fähigkeit zu asexueller Vermehrung durch Knospenbildung

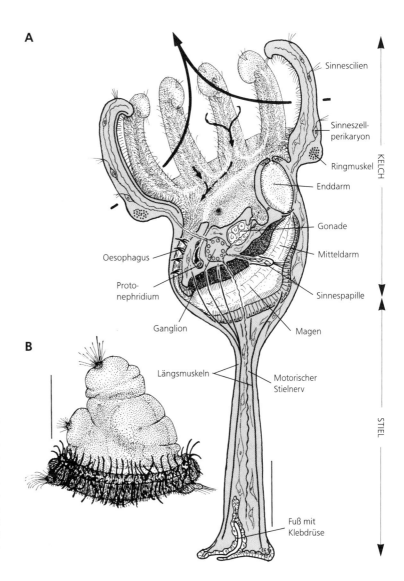

Abb. 473: A Kamptozoa. Längsschnitt, halbschematisch. Primäre Leibeshöhle gerastert, Magendach dunkel hervorgehoben. Pfeile zeigen die Richtung des Filtrationsstroms und den Transport der Nahrungspartikeln zum Mund an. Gonade, Protonephridien und laterale Sinnespapille sind in die Mediane projiziert. Maßstab: 500 µm. B Planktotrophe Larve von *Barentsia matsushimana*. Maßstab: 50 µm. Originale: P. Emschermann, Freiburg.

Sinnescilien

Sinneszellperikaryon

Ringmuskel

Enddarm

Gonade

Mitteldarm

Oesophagus

Sinnespapille

Protonephridium

Ganglion

Magen

Längsmuskeln

Motorischer Stielnerv

Fuß mit Klebdrüse

KELCH

STIEL

oralseitig an der Kelchwand. Bei den höher entwickelten stockbildenden Kamptozoen erfolgt die Knospung am Stiel ebenso nur oralseitig, und die Verbindung zwischen Mutter und Knospe bleibt zeitlebens als Stolo erhalten (Abb. 479). So entstehen entweder flächige Tierstöcke mit Hunderten von Zooiden, die sich von den am Boden haftenden und ausschließlich an den einzelnen Zooidbasen verzweigten Stolonen erheben, oder es bilden sich aufrecht verzweigte Bäumchen von zuweilen beträchtlicher Größe (*Pedicellinopsis fruticosa*, mit bis zu 25 cm hohen, reich verzweigten Stämmchen, an denen in spiraliger Anordnung Tausende von Zooiden sitzen).

Kamptozoen sind weltweit namentlich in Küstengewässern anzutreffen. Solitäre Arten leben meist epizoisch auf anderen Wirbellosen (Schwämmen, Polychaeten (Abb. 480), Sipunculiden, Echinodermen, Bryozoen, zuweilen auch Echiuriden und Crustaceen). Sie werden jedoch wegen ihrer Kleinheit meist übersehen. Die auffälligeren stockbildenden Formen kann man auf jeglichen, vor allem strömungsexponierten Substraten finden, z.B. auf Hydroidenstöcken und Muschelschalen.

Bau

Der **Kelch** birgt alle inneren Organe (Abb. 473). Er ist fast ausgefüllt vom U-förmigen Darmtrakt, der je nach aufgenommener Nahrung kräftig rot oder grün gefärbt sein kann. Mund und After sowie ein Protonephridienpaar und beidseits die einfachen sackförmigen Gonaden öffnen sich in den tentakelumgebenen Raum, das Atrium (Abb. 475). In der Darmkrümmung liegt ein der sessilen Lebensweise entsprechend einfach gebautes Ganglion.

Auf die Lage des Afters innerhalb der Tentakelkrone weist der vornehmlich im englischen Sprachbereich übliche Name **Entoprocta** („Innenafterer") hin, ein wesentlicher Unterschied zu den Bryozoen (**Ectoprocta**), mit denen die Kamptozoen auf Grund einer Reihe mehr äußerlicher Ähnlichkeiten zuweilen vereint wurden, deren After aber dorsal außerhalb des Tentakelkranzes mündet (S. 743).

An seinem Grunde geht der Kelch in den muskulösen Stiel über, welcher am Unterende zu einer Haftscheibe (Fuß) verbreitert und namentlich bei primitiveren Formen mit einer Klebdrüse ausgestattet ist.

Die Körperwand besteht aus einer einschichtigen, zellulären Epidermis mit zäher Cuticula; im Atrium und an den bewimperten Atrialseiten der Tentakel geht diese in eine weiche Gallertschicht über.

Im Elektronenmikroskop erweist sich die Cuticula wie bei Anneliden als räumliches Geflecht aus Proteinfibrillen (kein Kollagen!), eingebettet in eine Polysaccharidmatrix mit geringem Gehalt an Chitin (5%). Mikrovilli der Epithelzellen durchziehen dicht an dicht das Maschenwerk der Cuticula und enden frei an deren Oberfläche (Gasaustausch?) (Abb. 203).

Unter der Epidermis folgt nach einer basalen Matrix eine Lage schräggestreifter **Muskulatur**, die im Stiel einen geschlossenen Längsmuskelschlauch bilden kann (Abb. 475 B), sich im Kelch aber gewöhnlich in einzelne Stränge auffiedert.

Bis auf wenige Schlundschnür-Muskeln, Darmsphinkteren und den Tentakelmembran-Muskel handelt es sich ausschließlich um Längsmuskulatur. Bei solitären Formen strahlt diese vom Stiel ohne Unterbrechung in den Kelch aus und verleiht den Tieren eine begrenzte Kontraktilität.

Mit Hilfe dieser Längsmuskulatur können sich die Tiere kontrahieren oder Nick-, Pendel- und Drehbewegungen ausführen und so z.B. die Tentakelkrone in die günstigste Position äußeren Wasserströmungen entgegen stellen. Starre Stiele koloniebildender Arten (statischer Vorteil bei kontinuierlichem Längenwachstum der Barentsiiden, Abb. 479 A) erhalten eine gewisse Beweglichkeit durch eingefügte Muskelgelenke (Segmentierung).

Bei den höheren, koloniebildenden Formen sind Stiel- und Kelchmuskulatur durch eine ringförmige Einschnürung zwischen Kelch und Stiel voneinander getrennt. Dieser „Stielhals" stellt eine prospektive Bruchstelle dar (Kelchregenerations- und Zuwachszone, S. 341). Der Engpass behindert allerdings auch den Stoffaustausch zwischen Kelch und Stiel. Dies wird jedoch kompensiert durch ein muskulöses Pumporgan („Sternzellapparat"), welches in rhythmischen Kontraktionen eine Pendelströmung zwischen Kelch und Stiel unterhält. Das Sternzellorgan ist hervorgegangen aus der Längsmuskulatur des Stielhalses und allen koloniebildenden Kamptozoen als Synapomorphie gemein (Ausnahme: *Loxokalypus*).

Die Muskelzellen entsprechen in ihrer Ultrastruktur dem bei Nematoden und einigen anderen Invertebraten verbreiteten Typus der „Fahnenmuskeln". Sie gliedern sich in einen spindelförmigen, kontraktilen Anteil (helicoidal angeordnete Myofilamente mit Z-Stäben, S. 339) und einen plasmareichen, seitlich weit vorgebuckelten Zellkörper, welcher lange Plasmaausläufer (myoneurale Verbindungen) zu motorischen Nerven entsenden kann.

Die **Leibeshöhle** durchzieht als einheitlicher Raum ohne Anzeichen einer epithelialen Auskleidung Kelch, Stiel, Tentakel und gegebenenfalls die Stolone, nur erfüllt von einem lockeren Schwammwerk von Mesenchymzellen (Pseudocoel, S. 197). Freie Amoebocyten, sog. Athrocyten, wie oft beschrieben, gibt es nicht. Ein Gefäßsystem fehlt.

Wie der Kelch so ist auch die **Tentakelkrone** bilateralsymmetrisch gebaut. Von der Mundöffnung ausgehend umgreift sie das Atrium hufeisenförmig in zwei Armen, die einander hinter dem Enddarm in einer Zuwachszone berühren (Abb. 474, 475).

Die einzelnen Tentakel sind hohle Ausstülpungen der Körperwand von etwa dreieckigem Querschnitt (Abb. 474). Zum Atrium hin besitzt jeder Tentakel 5 Längsreihen von Flimmerepithelzellen, die lateralen mit längeren, die medianen mit kürzeren Cilien.

Die Tentakelmuskulatur besteht jeweils aus zwei exzentrisch angeordneten Längsmuskelsystemen: (1) Eingebettet zwischen die lateralen Flimmerzellreihen verläuft beidseits je ein Strang schräggestreifter Muskelzellen; (2) zusätzlich haben die beiden paramedianen Flimmerzellreihen Myoepithelcharakter; sie sind von Längsbündeln

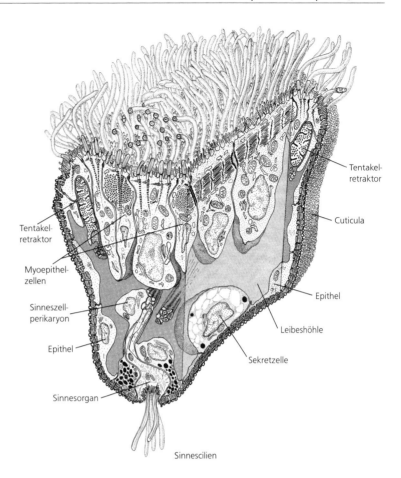

Tentakel-
retraktor

Cuticula

Tentakel-
retraktor

Myoepithel-
zellen

Sinneszell-
perikaryon

Epithel

Epithel

Leibeshöhle

Sekretzelle

Sinnesorgan

Sinnescilien

Abb. 474: Blockdiagramm eines Kampto-
zoententakels in kombiniertem Quer-
und Längsschnitt, nach elektronenmikroskopischen Aufnahmen. Original: P. Emschermann, Freiburg.

quergestreifter Myofibrillen durchzogen. Bei dieser Muskelanordnung sind die Tentakel nicht rückziehbar, sondern können nur aktiv einwärts gekrümmt werden. Die
Kontraktion jedes dieser beiden Muskelsysteme verkürzt
zwar den Tentakel geringfügig, rollt ihn aber vor allem
entgegen dem Binnenturgor und der elastischen Spannung der äußeren Cuticula atrialwärts ein, anders als bei
den Bryozoen, bei denen der Lophophor insgesamt mit
gestreckten Tentakeln eingezogen wird.

Eine Epithelfalte umzieht rundum die Tentakelbasen; in
ihr verläuft ein Ringmuskel. So kann sich diese Tentakelmembran wie ein Tabaksbeutelverschluß über den völlig
eingerollten Tentakeln zuziehen und den Atrialraum nach
außen abschließen. Dies wird durch Fasern der Kelchmuskulatur unterstützt, die am Atrialboden ansetzen und
diesen einwärts wölben.

In der Epidermis der Tentakelmembran findet man – vornehmlich bei solitären Kamptozoen – auffällige Schleimdrüsen meist noch unbekannter Funktion. In der Tentakelmembran der antarktischen *Loxosomella brochobola*
liegen beidseits des Mundes eigenartige Klebkapseln, die
ähnlich den Volventen der Cnidaria einen langen gewundenen Klebfaden ausstoßen (Abb. 476) und wohl dem
Beutefang dienen.

Die Tentakelkrone dient dem Nahrungserwerb
durch Filtration von Kleinplankton. Die seitlichen
Cilienreihen jedes Tentakels erzeugen in synchro-
nem Schlag einen tentakeleinwärts (atrialwärts) gerichteten Wasserstrom (vgl. dagegen Bryozoen,
S. 738). Darin enthaltene Partikeln (Bakterien, Flagellaten, Diatomeen) werden um den einzelnen
Tentakel herumgewirbelt und atrialseitig von den
kürzeren Cilien der medianen Zellreihen erfaßt.
Diese schlagen in metachronen Längswellen und
strudeln die gefangenen Nahrungspartikel tentakel-
abwärts zum Atriumrand, wo sie in zwei Schleim-
bändern entlang je einer adoralen Wimpernrinne
von beiden Seiten zur exzentrischen Mundöffnung
befördert werden. Größere Nahrungsteilchen werden aufgrund ihrer Trägheit von den medianen Cilienreihen nicht erfaßt, sondern mit dem Haupt-
wasserstrom wieder ausgestoßen.

Bei den im gleichen Lebensraum ebenfalls als Planktonfiltrierer lebenden Bryozoen ist die Richtung des Filtrations-
stromes genau umgekehrt, tentakelauswärts; gerade größere Nahrungspartikel werden so angesogen und in die
zentrale Mundöffnung geschleudert, während Kleinst-
partikel dem Wasserstrom folgend wieder nach außen
gelangen. Auf diese Weise ist die Nahrungskonkurrenz
beider Gruppen verringert.

Durch eine schlitzförmige Mundöffnung gelangt
die Nahrung in den U-förmigen **Darmtrakt**
(Abb. 473), der frei in der primären Leibeshöhle

A

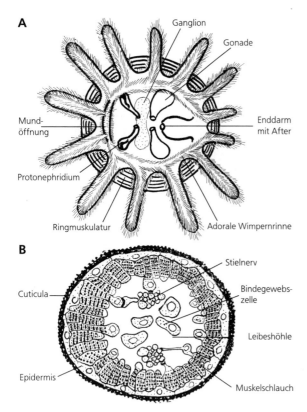

Ganglion
Gonade
Mundöffnung
Enddarm mit After
Protonephridium
Ringmuskulatur
Adorale Wimpernrinne

B

Stielnerv
Bindegewebszelle
Cuticula
Leibeshöhle
Epidermis
Muskelschlauch

Abb. 475: Kamptozoa. A Aufsicht auf Tentakelkranz und Atrium. After mündet innerhalb des Tentakelkranzes. B Querschnitt durch den Stiel von *Pedicellina cernua*. Originale: P. Emschermann, Freiburg.

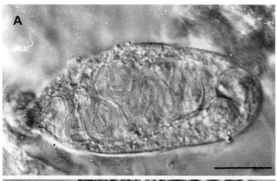

A

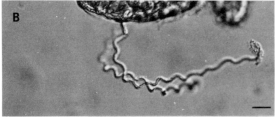

B

Abb. 476 : Klebkapsel aus der Tentakelmembran von *Loxosomella brochobola*. A Mit eingerolltem Klebfaden. B Ausgestoßener Klebfaden. Maßstab: 10 μm. Aus Emschermann (1993).

liegt; er entbehrt – bis auf Schlundschnürmuskeln und Sphinkteren zwischen den einzelnen Darmabschnitten – einer eigenen Muskulatur und ist in seiner ganzen Länge mit Cilien besetzt. Die Resorption findet in den Zellen des Magendachs statt. Diese fungieren gleichzeitig als Hauptstoffwechselorgan („Leber") und Exkretionsorgan; dabei wechseln Resorptions- und Exkretionsphasen einander ab.

Unverdaute Nahrungsreste werden zusammen mit exocytierten Exkreten zu Kotballen gepreßt, durch den schornsteinförmig aus dem Atrium hervorragenden Enddarm ausgestoßen und mit dem Nahrungswasserstrom entfernt.

Osmo- und Ionenregulation, in geringerem Maße vielleicht auch eine Exkretion, erfolgen im typischen Fall durch 2 **Protonephridien**, die im Kelch unmittelbar vor dem Ganglion liegen und getrennt ins Atrium münden (Abb. 473).

Nur die einzige Süßwasserart, *Urnatella gracilis*, besitzt ein komplexeres System aus zahlreichen Terminalorganen und hochdifferenzierten Ausleitungskanälen im Kelch sowie zusätzlich eigene Stielprotonephridien in den einzelnen Gliedern des segmentierten Stiels. In den Stielen vornehmlich vieler stockbildender, mariner Arten findet man stattdessen über die ganze Stiellänge verteilte, vermutlich der Ionenexkretion dienende Porenorgane („Chloridzellen"), dies sind spezialisierte Epithelzellen unter feinen Cuticulaporen. Ihrer Ultrastruktur nach – sie enthalten Cilienrudimente – können sie als rudimentäre Protonephridien und somit eventuell als Hinweise auf eine Süßwasserherkunft der Kamptozoen gedeutet werden.

Das **Nervensystem** ist einfach gebaut: Ein etwa hantelförmiges, vermutlich aus einer paarigen Anlage hervorgegangenes Ganglion liegt in der U-Krümmung des Darms (Postoralganglion = Unterschlundganglion?). Von diesem Ganglion ausgehend innervieren motorische Nerven ohne zwischengeschaltete Tentakelganglien die Muskulatur der einzelnen Tentakel, und paarige Lateralnerven aus je etwa 50 Axonen verlaufen beidseits zum Stiel und innervieren dessen Muskulatur.

Ein subepithelialer Nervenplexus, wie häufig beschrieben, existiert ebensowenig wie nervöse Verbindungen anderer Art zwischen Stammtieren und Knospe oder den Zooiden einer Kolonie (Gegensatz zum kolonialen Plexus bei Bryozoen).

Sinnesorgane, wohl überwiegend Mechanorezeptoren, finden sich auf der ganzen Kelchoberfläche, vor allem an den Tentakelaußenseiten und -spitzen, vornehmlich in Form von Büscheln steifer Sinnescilien, welche von intraepithelialen Rezeptorfortsätzen primärer Sinneszellen ausgehen (Abb. 474).

Die Perikaryen der intraepithelialen Rezeptorfortsätze (Abb. 473) liegen einzeln oder in Gruppen in der Körperhöhle und entsenden je ein Axon zum Zentralganglion.

Zusätzlich besitzen manche, vor allem ursprüngliche Formen beidseits am Kelch zwei größere, ebenfalls mit Sinnescilien ausgestattete Sinnespapillen, Chemo- oder Mechanorezeptoren, und zuweilen an beiden Stielseiten je eine Reihe serial angeordneter Sinnesborsten.

Spezielle Lichtsinnesorgane fehlen bei adulten Tieren generell (vgl. Larven s.u.), wenngleich manche Litoralarten intensiv auf Licht- (Wärme-?) reize reagieren (*Barentsia benedeni*).

Die einfachen sackförmigen **Gonaden** liegen hinter dem Ganglion beiderseits dem Magen auf und münden über je einen kurzen Gonodukt ins Atrium.

Fortpflanzung und Entwicklung

Loxosomatiden sind wahrscheinlich allgemein protandrische Zwitter, die Pedicelliniden simultan zwittrig, während bei den Barentsiiden das Geschlecht des einzelnen Kelchs phänotypisch irreversibel festgelegt wird.

Bei *Barentsia discreta* erfolgt die Gonadenausbildung temperaturgesteuert auf die Überschreitung einer Schwellentemperatur hin. Erste reifende Kelche eines Tierstockes entwickeln in jedem Fall Hoden, während weiblich differenzierte Kelche nur unter dem Einfluß reifer Männchen entstehen. Nach jeder Kelchregeneration wird das Geschlecht des Kelches neu festgelegt. In einzelnen Fällen wurden Halbseitenzwitter beobachtet.

Kamptozoen betreiben Brutpflege. Die dotterreichen Eier werden bereits im Ovar befruchtet und entwickeln sich bis zur schlupfreifen Larve im mütterlichen Atrium, und zwar in paarigen Bruttaschen zu beiden Seiten des Enddarms. Mit Hilfe einer in den Ovidukten sezernierten Schleimhülle werden die Embryonen am Bruttaschenepithel festgeheftet.

Die **vegetative Vermehrung** verläuft als ektodermale Knospung oralseitig an der Kelchwand bzw. der Stielbasis ohne Beteiligung des Entoderms. Eingewanderte mütterliche Mesenchymzellen liefern Bindegewebe und Muskulatur.

Die Knospenbildung beginnt als lokale Epithelvorwölbung. In diese stülpt sich von außen her eine Blase ein, das primäre Atrium, vom sich die Darmanlage abschnürt. Am Invaginationsrand differenzieren sich die Tentakel, und gleichzeitig bricht die Atrialöffnung nach außen durch. Ganglion, Protonephridien und später die Gonaden falten sich vom Atrialbodenepithel ab.

Die Stolonen der stockbildenden Arten entstehen – anders als z.B. bei Hydroiden – durch nachträgliches Streckungswachstum der Verbindung zwischen Stammtier und auswachsender Knospe, grenzen sich schließlich durch Septen von den Zooiden ab und vermögen – ebenfalls anders als bei jenen – selbst keine weiteren Knospen zu bilden. Verzweigungen erfolgen also nur im Zuge der Zooidknospung oralseitig an der Basis der Zooidstiele (Abb. 479).

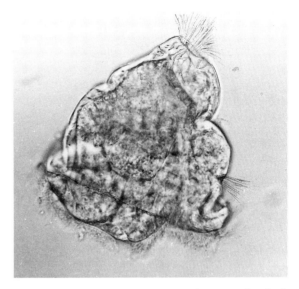

Abb. 477: Larve von *Barentsia matsushimana*. Lebendaufnahme. Wimperschöpfe des Apikal- und Praeoralorgans deutlich erkennbar. Größe 100 μm. Original: P. Emschermann, Freiburg.

Die Regenerationsfähigkeit von Kamptozoenkelchen ist überraschenderweise auf das Nachwachsen verletzter Tentakel beschränkt.

In Kultur erreichen solitäre Kamptozoen ebenso wie die Kelche stockbildender Arten ein Alter von etwa 6 Wochen. Letztere können aber aus dem Blastem des oberen Stielendes regeneriert werden. Der Fähigkeit des Stiels zur Regeneration entspricht es, daß Stiele stockbildender Formen die Funktion von Überdauerungsorganen übernehmen können (Nährstoffspeicherung im Mesenchym, besonders bei Barentsiiden, Abb. 479 A). Zusätzlich bilden manche Arten an Kurzstolonen besonders retardierte Knospen aus, speicherstofferfüllte, ruhende Überwinterungsknospen, die erst nach Absterben des Stockes bzw. nach ihrer Abtrennung von diesen auskeimen. Die Keimung wird gewöhnlich durch eine vorausgehende Kältephase begünstigt (Vernalisation).

Im Verlauf einer **Spiralfurchung**, bei der die Makromeren kaum größer sind als die Mikromeren, entstehen 2 Telomesoblasten (4d-Zellen). Aus ihnen gehen kurze Sprossungsketten hervor, die sich dann zu Mesenchym auflösen (sekundärer Verlust des Coeloms ?). Der Embryo entwickelt sich zu einer freilebenden, sehr eigentümlichen Larve vom Trochophoratyp mit Scheitelplatte (Apikalorgan), U-förmigem Darm, Protonephridien und als Fortbewegungsorgan einem Wimpernkranz (Prototroch) am freien Unterrand der helmartigen Episphäre (Abb. 473, 477, 478).

Die Hyposphäre ist tief in die Episphäre eingestülpt. Ein Teil der Hyposphäre kann als Kriechfuß aus der Episphäre hervorragen; an seinem zweizehigen und zuweilen mit Klebdrüsen besetzten Hinterende mündet der After. Am Vorderpol der Larve ist ein auffälliges Sinnesorgan ausge-

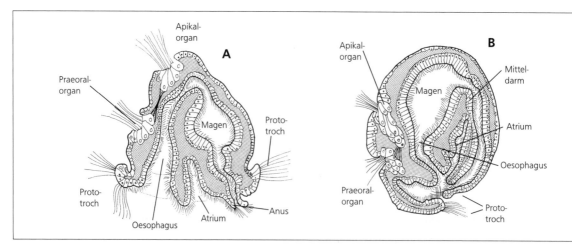

Abb. 478: Larve und Metamorphose von *Barentsia matsushimana*. A Schematischer Längsschnitt durch die expandierte Larve. B-E Längsschnitte in verschiedenen Metamorphosestadien: B Zwei Tage nach dem Ablösen und etwa 2 h nach dem Festsetzen, C etwa 24 h, D etwa 33 h und E etwa 48 h nach Festsetzen. Originale: P. Emschermann, Freiburg.

bildet (Abb. 477); bei solitären Formen ist dieses Prae-oralorgan paarig und mit zwei Ocellen ausgestattet, bei koloniebildenden Formen unpaar und ohne Ocellen.

Nach Verlassen des mütterlichen Kelchs und einem nur wenige Tage oder gar Stunden dauernden planktischen oder benthischen Leben setzt sich die Larve mit dem vorderen Prototrochrand auf einem passenden Untergrund fest und beginnt die 1–2 Tage dauernde Metamorphose (Abb. 478): Der Episphärenrand kontrahiert sich über der völlig eingezogenen Hyposphäre, und Atrium und Darmtrakt drehen sich durch allometrisches Streckungswachstum der Festheftungszone am Episphärenvorderpol um ca 120° nach oben. Die Haftzone wächst zum Stiel aus, und am Atriumrand differenzieren sich Tentakel.

Aus sekretorischen Zellen des Episphärenvorderpols entsteht wahrscheinlich die spätere Fußdrüse der ursprünglicheren, solitären Formen; somit müßte das untere Stielende des erwachsenen Tieres dessen ursprünglichem Vorderpol, seine Längsachse der larvalen Mund-After-Achse entsprechen. Ob das larvale Atrium während der Metamorphose völlig verschlossen wird und später im Zuge der Tentakeldifferenzierung eine neue Atrialöffnung durchbricht – wie in den meisten Darstellungen angegeben – oder ob der Prototrochrand sich nur zu einem Schlitz zusammenzieht und im Verlaufe der Längsstreckung nur teilweise verwächst (Abb. 478), Reste des ursprünglichen Episphärenrandes (larvaler Atriumrand) aber an der Fußdrüsenöffnung und am adulten Atriumrand (Tentakelkranz) erhalten bleiben, ist ungewiß. Apikal- und Praeoralorgan degenerieren; alle anderen Organe der Larve werden in den Adultus übernommen. Ob das Ganglion als Neubildung entsteht oder einem übernommenen, bisher übersehenen larvalen Ganglion entspricht, ist noch nicht sicher bekannt.

Systematik

Eine Verwandtschaft mit den Bryozoen (**Bryozoa entoprocta – Bryozoa ectoprocta** NITSCHE, 1870, S. 743) wird heute angesichts der tiefgreifenden Unterschiede zwischen beiden Taxa von den meisten Autoren abgelehnt. NIELSEN allerdings diskutiert diese Hypothese erneut. Er stützt sich dabei vor allem auf die Ontogenese: So durchlaufen die Larven einiger spezialisierter Loxosomatiden nicht mehr die übliche Metamorphose, sondern erzeugen die ersten Adultindividuen durch vorgezogene, neotene Knospung, während der Larvenkörper degeneriert. Dieser Entwicklungsmodus ist bei Bryozoen die Regel. In der abgewandelten Radiärfurchung einer Reihe von Bryozoen sieht dieser Autor eher eine Spiralfurchung und bezweifelt den Coelomcharakter der Leibeshöhle bei den letzteren; zudem weist er auf eine in beiden Gruppen sehr ähnliche Art der Knospung hin (keine Entodermbeteiligung) und vermutet in den Kamptozoen eine Basalgruppe der Bryozoen. Dieser Anschauung stehen jedoch die nicht vergleichbare Larvenorganisation, der reguläre Metamorphoseablauf der Kamptozoen und deren Adultbauplan entgegen. Eine Annäherung an die Mollusken und Sipunculiden aufgrund einiger funktioneller larvaler Ähnlichkeiten (Kriechfuß, S. 331), wie von JÄGERSTEN vorgeschlagen, ist hingegen vorerst noch zu wenig belegt.

Als coelomlose, ungegliederte Spiralia gehen die Kamptozoen wahrscheinlich auf progenetische Trochophorae zurück, eventuell auf annelidenähnliche Vorfahren. Neueste molekularbiologische Verwandtschaftsanalysen (Sequenzvergleiche der 18 S rRNA von Kamptozoen, Bryozoen, Polychaeten, Sipunculiden und Mollusken) von MACKEY et al. scheinen das zu bestätigen: Sie geben keinerlei Hinweise auf eine Verbindung zu den Bryozoen, Mol-

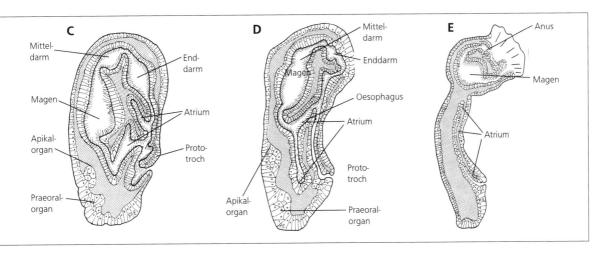

lusken oder Sipunculiden, sprechen aber deutlich für eine nahe Verwandtschaft zwischen Kamptozoen und Polychaeten.

Die ersten fossilen Kamptozoen fand man in jüngster Zeit in spätjurassischen Ablagerungen Mittelenglands.

1 Solitaria

Solitär; mit durchgehender Längsmuskulatur ohne deutliche Trennung von Kelch und Stiel, Knospung am Kelch. Einzeltiere meist unter 1 mm (Abb. 479 B). 1 Familie: Loxosomatidae.

Loxosomella claviformis (Loxosomatidae), häufig in den Falten der Ventralseite von Polychaeten, z.B. *Aphrodite aculeata* (Abb. 479, 480); in ebenso typischer Einnischung: *L. atkinsae* auf Parapodien und Elytren sowie *L. obesa* auf der Dorsalseite; auch auf anderen sog. Schuppenwürmern..

2 Coloniales

Stockbildend. Kelch und Stiel durch Einschnürung deutlich getrennt; mit Zirkulationsorgan (Sternzellen) im Stielhals (Ausnahme: Loxokalypodidae); Knospung am Stiel; Fähigkeit zur Kelchregeneration (Abb. 479 A). 3 Familien: Loxokalypodidae, Pedicellinidae, Barentsiidae.

Pedicellina cernua (Pedicellinidae), Zooide 1 mm; euryhalin, häufig auf Rotalgen. – *Barentsia matsushimana* und *B. benedeni* (Barentsiidae), Zooide 0,5–5 mm, kriechend stolonale Kolonien häufig auf Muschelschalen; Dauerknospen; Nord- und Ostsee, euryhalin (Abb. 479 B). – *Urnatella gracilis* (Barentsiidae). Einzige Süßwasserart; wahrscheinlich aus Nordamerika in europäische Flußsysteme eingeschleppt, Dauerpopulationen nur in Südeuropa.

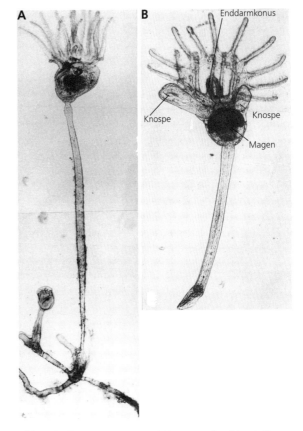

Abb. 479: Kamptozoentypen. A *Loxosomella vivipara* (Loxosomatidae). Solitäre Form mit 2 Knospen. Größe etwa 1 mm. B *Barentsia matsushimana* (Barentsiidae). Zooid mit Stolonen und älterer Knospe. Größe etwa 2 mm. Lebendaufnahmen. Originale: P. Emschermann, Freiburg.

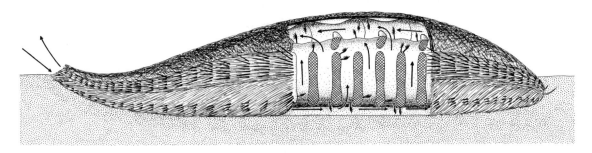

Abb. 480: *Aphrodite aculeata* („Polychaeta", S. 378; Länge: 20 cm) mit *Loxosomella*-Arten auf Ventralseite, Parapodien und Elytren. Vorderende rechts. Aus Nielsen (1964).

Echiura (Echiurida), Igelwürmer

Die Echiuriden sind ein Taxon von nur ungefähr 150 Arten ausschließlich mariner, benthischer Organismen. Sie sind weltweit verbreitet und kommen vom Gezeitenbereich bis in die Tiefsee (10 000 m) vor. Die hemisessilen Tiere besiedeln vorwiegend Weichböden, aber auch Spalten und Höhlen in Hartsubstraten. Die Entwicklung verläuft über eine typische Spiralfurchung und eine Trochophora-Larve (Abb. 481 B).

In Japan und Korea wird *Urechis unicinctus* verbreitet als Fischköder verwendet; in Chile (Chiloé Insel) und Korea werden Echiuriden auch als Nahrung genutzt.

Bau

An den unsegmentierten Tieren lassen sich ein vorderer, praeoraler Abschnitt, das Prostomium (Proboscis, Rüssel), und ein hinterer Abschnitt, der Rumpf, unterscheiden (Abb. 481 A). Das Prostomium kann den zylindrischen bis sackförmigen Rumpf um ein Vielfaches an Länge übertreffen: die größte Art, *Ikeda taenioides*, mißt bis zu 2 m, wovon nur etwa 40 cm auf den Rumpf entfallen. Das Prostomium ist sehr beweglich und muskulös, kann aber nicht in den Rumpf eingezogen werden.

Die **Epidermis** ist bis auf die Ventralseite des Prostomiums unbewimpert und von einer Cuticula bedeckt. Charakteristische Epidermisstrukturen sind 1 durch Muskeln bewegliches Paar Borsten vorne auf der Ventralseite des Rumpfes. Manche Arten besitzen darüber hinaus 1 oder 2 Ringe von Analborsten (Abb. 481 A). Die Feinstruktur der Cuticula und der Borsten (ß-Chitin) ist mit der der Anneliden identisch (S. 356, Abb. 203, 494). In der Rumpfregion bildet die Epidermis zahlreiche Papillen, die den Tieren z.T. ein pseudometamer geringeltes Aussehen verleihen (Abb. 481 A). Auf der gesamten Körperoberfläche münden zahlreiche seröse und mucöse Drüsenzellen. Unterhalb der Epidermis befindet sich eine mächtige extrazelluläre Matrix, in die unter anderem Kollagenfasern, Nervenzellen, Pigmentzellen und die Zellkörper von Drüsenzellen eingebettet sind. Dieses **Bindegewebe** (Cutis) füllt das Prostomium nahezu vollständig aus und enthält auch dessen komplexe Muskulatur. Die **Rumpfmuskulatur** liegt unter der Matrix und besteht aus 8 Schichten von Ring-, Längs- und Diagonalmuskulatur.

Günter Purschke, Osnabrück

Abb. 481: A *Echiurus echiurus*. A Habitus; von den inneren Organen ist nur der Darmkanal sichtbar. Länge: 15 cm. B Trochophora von *Echiurus abyssalis*, Ventralansicht. A Nach Greeff aus Stephen und Edmonds (1972); B vereinfacht nach Hatschek (1880). ▷

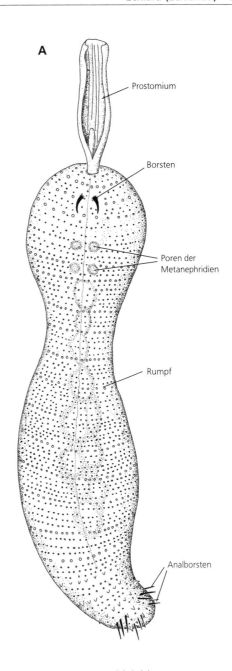

A — Prostomium, Borsten, Poren der Metanephridien, Rumpf, Analborsten

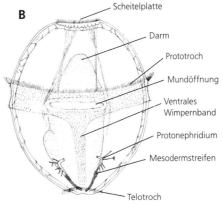

B — Scheitelplatte, Darm, Prototroch, Mundöffnung, Ventrales Wimpernband, Protonephridium, Mesodermstreifen, Telotroch

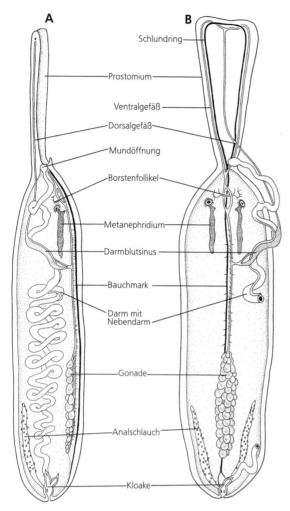

A

Schlundring

Prostomium

Ventralgefäß

Dorsalgefäß

Mundöffnung

Borstenfollikel

Metanephridium

Darmblutsinus

Bauchmark

Darm mit
Nebendarm

Gonade

Analschlauch

Kloake

B

Abb. 482: Echiura. Schema der inneren Organisation. A Lateralansicht. B Dorsalansicht. Nach Délage und Hérouard (1897).

Bei *Bonellia* enthalten Pigmentzellen das grüne Bonellin, ein Chlorin. Untypisch für porphinoide Naturstoffe (wie z.B. Chlorophyll) enthält es kein Metallzentralatom. Das Pigment kann nach außen abgegeben werden, wirkt toxisch auf eu- und prokaryotische Organismen und dient neben der Tarnung auch als Abwehrstoff. Daß es darüber hinaus auch den „Maskulinisierungsfaktor" (s. u.) bei der phänotypischen Geschlechtsbestimmung der Larven darstellt, wird heute angezweifelt.

Der Rumpf enthält eine einheitliche **Coelomhöhle** (Abb. 482), die von einem Peritoneum begrenzt ist und nur durch unvollständige Mesenterien unterteilt wird. Vor den Borsten befindet sich bei vielen Arten ein unvollständiges **Diaphragma**. Von dem kleinen, davor liegenden Raum ziehen Kanäle in das Prostomium, die von einigen Autoren nicht als Coelomderivate, sondern als Reste der primären Leibeshöhle gedeutet werden. Die Coelomflüssigkeit enthält verschiedene Typen von Coelomocyten. Das geschlossene **Blutgefäßsystem** ist einfach und besteht aus einem Ventralgefäß, einem Darm-

blutsinus, einem nur vorn ausgebildeten Dorsalgefäß und drei prostomialen Gefäßen (Abb. 482). Das Blut ist farblos. Die Atmung erfolgt über die gesamte Körperoberfläche; bei bestimmten Arten dient auch der Enddarm dem Gasaustausch, in den ständig Wasser eingepumpt und wieder ausgestoßen wird.

Im vorderen Rumpfbereich sind meistens 1–2 Paar **Metanephridien** vorhanden, die die reifen Gameten aus der Coelomflüssigkeit aufnehmen und in ihrem sackförmigen Abschnitt speichern (Abb. 482). Bei den Arten mit Sexualdimorphismus halten sich die Männchen in einem als Androecium bezeichneten Abschnitt der Nephridien auf (Abb. 485). Der **Exkretion** dienen die mit zahlreichen Wimperntrichtern besetzten **Analschläuche**, die in den Enddarm münden.

Der **Darmkanal** besteht aus Vorder-, Mittel- und Enddarm (Abb. 482). Vor der an der Basis des Prostomiums gelegenen Mundöffnung führt der Vorderdarm über Pharynx, Oesophagus und evtl. einen Kropf in den stark aufgewundenen Mitteldarm. Dieser ist mit einer Wimpernrinne ausgestattet und besitzt im mittleren Abschnitt einen Nebendarm.

Alle Echiuriden sind mikrophag. Zur Nahrungsaufnahme wird nur das Prostomium aus dem Wohngang herausgestreckt und mit der unbewimperten Dorsalseite über das Substrat geführt (Abb. 483 A). Die Nahrungspartikeln (Detritus, Mikroorganismen etc.) werden mit Hilfe der Cilien oder Muskulatur auf die bewimperte, dem Substrat abgewandte Seite gebracht, sortiert und in der medianen Wimpernrinne zur Mundöffnung transportiert oder seitlich wieder abgegeben. So entstehen charakteristische sternförmige Fraßspuren auf der Sedimentoberfläche. – *Urechis caupo* baut mit Hilfe der prostomialen Drüsen ein Schleimnetz in seinem Wohngang; durch Pumpbewegungen hinter diesem Netz werden aus dem Wasser, das den Gang durchströmt, die Nahrungspartikeln herausgefiltert. Von Zeit zu Zeit frißt das Tier das Schleimnetz mit der darin befindlichen Nahrung (Abb. 483 B).

Das **Nervensystem** besteht aus einem Schlundring, der sich bis in die Spitze des Prostomiums erstreckt, und einem unpaaren Bauchmark (Abb. 482). Ganglien oder ein abgegrenztes Gehirn kommen nicht vor. Vom Bauchmark zweigen ringförmige Nerven ab; im Prostomium sind auch die beiden Äste des Schlundrings durch querverlaufende Nerven verbunden. Komplexe **Sinnesorgane** fehlen. Die zahlreichen epidermalen Sinneszellen sind jedoch oft zu Sinnespapillen zusammengefaßt; besonders dicht stehen sie auf dem Prostomium.

Alle Echiuridenarten sind getrenntgeschlechtlich. Es ist nur sexuelle Fortpflanzung bekannt. Mit Ausnahme der dimorphen Bonelliidae (s. u.) sind die Geschlechter äußerlich gleich. Die unpaaren **Gonaden** liegen am ventralen Mesenterium im hinteren Rumpfbereich (Abb. 482). Die Gametogenese läuft weitgehend im Coelom ab. Die reifen Spermien und Oocyten werden in den sackförmigen Abschnitten der Nephridien gespeichert.

Fortpflanzung und Entwicklung

In der Regel erfolgt die Befruchtung im freien Wasser. Die anschließende Spiralfurchung führt zu einer freischwimmenden, typischen Trochophora-Larve. Sie besteht aus Epi- und Hyposphäre, die durch den Prototroch getrennt sind (Abb. 481 B). Darüber hinaus sind weitere Cilienbänder, Ocellen, Darmkanal, 1 Paar Protonephridien und die aus den Mesoteloblasten entstandenen Mesodermstreifen charakteristisch. Das Bauchmark entsteht aus einer paarigen Anlage mit serial angeordneten Zellgruppen. Nach dieser planktischen Phase von maximal 3 Monaten sinken die Larven zu Boden und durchlaufen eine graduelle Metamorphose; dabei wird die Episphäre zum Prostomium und die Hyposphäre zum Rumpf.

Alle Bonellidae zeigen einen ausgeprägten Sexualdimorphismus, der durch Zwergmännchen und phänotypische Geschlechtsbestimmung gekennzeichnet ist.

Bei *Bonelliia viridis* sind die Weibchen bis zu 1,5 m lang, bei 15–18 cm Rumpflänge (Abb. 484 A). Die Männchen werden dagegen nur 1–3 mm (!) groß; sie weichen in ihrem Bau so stark ab, daß sie zuerst für parasitische Plathelminthen gehalten wurden (Abb. 484 D). Der Körper der Männchen ist schlauch- bis sackförmig, ungegliedert, dicht bewimpert, und bei vielen Arten fehlen die Borsten. Der Darmkanal ist blind geschlossen. Es sind 2 Paar Protonephridien vorhanden. Die Spermien entwikkeln sich im Coelom, werden in einem Samenschlauch gespeichert und über dessen Porus nach außen abgegeben. Die Männchen leben auf oder in den Weibchen (Rumpf, Prostomium, Vorderdarm, zuletzt in den Nephridien; Abb. 484, 485) und werden höchstwahrscheinlich auch von ihnen ernährt („Männchen-Parasitismus"). Die Besamung der Eier erfolgt in den Nephridien der Weibchen. Aus den Eiern entwickeln sich lecithotrophe Larven (Abb. 484 B). *Bonellia viridis* ist das klassische Beispiel für phänotypische (modifikatorische) Geschlechtsbestimmung. Der Mechanismus ist auch heute noch nicht vollständig geklärt und enthält in jedem Fall auch eine genetische Komponente: Larven, die in einer kritischen Phase ohne Kontakt zu Weibchen bleiben, entwickeln sich überwiegend zu Weibchen (ca. 78% Weibchen, 1,5–3% Männchen, der Rest wird zu Intersexen oder stirbt ab). Können die Larven sich jedoch in dieser kritischen Phase auf dem Prostomium eines Weibchens für mindestens 4 Tage festsetzen, entstehen überwiegend Männchen (ca. 75% Männchen, 15% Weibchen, die übrigen werden zu Intersexen oder sterben). Die Ursache dieser dramatischen Veränderung des Geschlechtsverhältnisses liegt in einem von den Weibchen abgegebenen „Maskulinisierungsfaktor", dessen Natur noch unbekannt ist. Das jeweilige Auftreten von Männchen und Weibchen, unabhängig von der Anwesenheit dieses Faktors, wird als das Ergebnis genetisch bedingter Geschlechtsbestimmung gedeutet.

Systematik

Schon lange wurde auf gemeinsame Merkmale von Anneliden und Echiuriden hingewiesen. Viele Au-

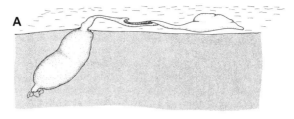
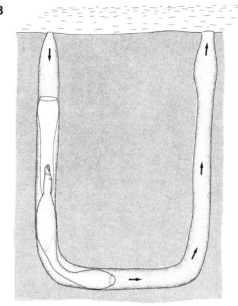

Abb. 483: Nahrungsaufnahme von Echiuriden. A *Tatjanellia grandis.* Typisches Nahrungsaufnahmeverhalten durch „Abweiden" des Substrats mit dem Prostomium. B *Urechis caupo* in seiner U-förmigen Wohnröhre mit sezerniertem Schleimnetz; die Pfeile deuten den durch peristaltische Rumpfbewegungen erzeugten Wasserstrom an. A Nach Zenkevitch aus Barnes (1980); B nach Fisher und MacGinitie kombiniert aus Newby (1932) und Pearse et al. (1987).

toren fassen dementsprechend die Echiuriden als Teilgruppe der Anneliden auf, während andere sie für ein separates Taxon halten. Die Übereinstimmungen mit den Anneliden sind allerdings unbestritten: (1) in der Spiralfurchung und in der Trochophora, (2) in der Feinstruktur der Cuticula, (3) in der Ultrastruktur der Borsten, (4) in der Entstehung des Mesoderms, (5) in der paarigen Anlage des Nervensystems und (6) in der Struktur und in der Lage des Blutgefäßsystems. Ein Darmkanal mit ventraler Wimpernrinne und ein davon getrennter Nebendarm sind auch von verschiedenen Polychaeten bekannt. Die Umbildung des Prostomiums zu einem Organ der Nahrungsaufnahme ist dagegen sicher eine Autapomorphie der Echiura. Auch zwischen den Echiuriden und Sipunculiden gibt es Übereinstimmungen (Spiralfurchung, Trochophora – aber ohne Protonephridien bei Sipunculiden –, große ungegliederte Coelomhöhle, Cuticula), mit

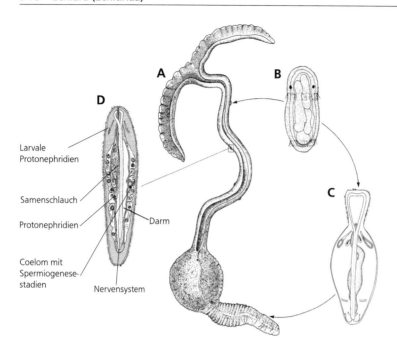

Larvale
Protonephridien

Samenschlauch

Protonephridien

Darm

Coelom mit
Spermiogenese-
stadien

Nervensystem

Abb. 484: Sexualdimorphismus, Geschlechtsbestimmung und Entwicklungszyklus von *Bonellia viridis*. A Adultes Weibchen. B Indifferente lecithotrophe Larve. C Juveniles Weibchen. D Adultes Männchen. Kombiniert nach Dawydoff (1959); Lacaze-Duthiers aus Stephen und Edmonds (1972); Baltzer (1974).

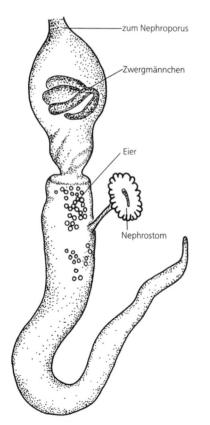

zum Nephroporus

Zwergmännchen

Eier

Nephrostom

Abb. 485: Metanephridium eines geschlechtsreifen Weibchens von *Acanthobonellia rollandoe* mit Zwergmännchen und Eiern. Nach Menon et al. aus Stephen und Edmonds (1972).

denen sich ein Schwestergruppenverhältnis dieser beiden Taxa jedoch nicht begründen läßt.

Ob die Echiuriden primär unsegmentierte Organismen und damit eventuell eine Schwestergruppe der Articulaten darstellen oder ob sie sekundär unsegmentierte Formen sind, deren Schwestergruppe innerhalb der Anneliden zu suchen ist, bleibt noch zu klären. Das Entstehen einer unsegmentierten Organisation aus einer metamer gegliederten ist prinzipiell auf zwei Wegen vorstellbar: (1) Reduktion der Dissepimente und Mesenterien und damit Verschmelzung der Coelomräume oder (2) Ausbildung nur eines einzigen Segmentes, das dann eine für Anneliden ungewöhnliche Größe hätte. Für letzteres spräche, daß es in der Ontogenie der Echiuriden keine Spuren einer echten Metamerie gibt und daß das Coelom wie die sog. Larvalsegmente (Deutometamere) vieler Polychaeten (S. 350) entsteht.

Ein phylogenetisches System der Echiura liegt bisher nicht vor. Die hier vorgestellte Gliederung folgt der von STEPHEN und EDMONDS (1972).

1 Echiuroinea

Hautmuskelschlauch mit innerer Diagonalmuskulatur, 1 bis wenige Paare von Metanephridien; Blutgefäßsystem vorhanden.

Echiurus echiurus (Echiuridae), Quappe, 10–15 mm Durchmesser, 30 cm lang, davon Prostomium 4 cm, 1 Paar vordere Borsten und 2 Borstenkränze am Hinterende, Weichböden, Nordhalbkugel circumpolar bis zum 50. Breitengrad, auch Nordsee, flache Küstengewässer bis ins Eulitoral (Abb. 481 A). – *Bonellia viridis* (Bonelliidae), ausgeprägter Sexualdimorphismus: Weibchen bis zu

150 cm, Männchen 1–3 mm; phänotypische Geschlechtsbestimmung. Weibchen in Höhlen und Spalten von Hartsubstraten, Männchen nie freilebend, sondern auf oder in Weibchen. Mittelmeer bis Norwegen, bis 100 m Tiefe (Abb. 484).

2 Xenopneusta

Hautmuskelschlauch mit innerer Diagonalmuskulatur, Blutgefäßsystem fehlt, Prostomium relativ klein, Enddarm als Atmungsorgan fungierend.

Ergänzungen: S. 863.

Urechis caupo (Urechidae), 15–18 cm, Filtrierer, in Weichböden des Flachwassers. Kalifornien (Abb. 483 B).

3 Heteromyota

Hautmuskelschlauch mit innerer Längsmuskulatur, zahlreiche Nephridien.

Nur *Ikeda taenioides*, größter Echiuride, bis 2 m lang; Japan.

ARTICULATA, GLIEDERTIERE

Die Articulata sind primär marine Spiralia (S. 207) mit Coeloblastula, biphasischem Lebenszyklus und Trochophora-Larve. Synapomorphien ihrer Subtaxa (**Annelida** und **Arthropoda**) sind (1) die übereinstimmende Gliederung des Körpers in ursprünglich gleichartige (homonome) Segmente (Metamere), (2) die identische Anatomie dieser Segmente und (3) das Strickleiternervensystem. Der außerordentliche evolutive Erfolg dieses Articulaten-Bauplans hat innerhalb der Metazoen eine Parallele nur noch bei den Wirbeltieren – ebenfalls gegliederte Organismen mit einer allerdings völlig anderen Bildung und Struktur der Segmente.

Die Homologie der **Articulaten-Metamerie** bei Anneliden und Arthropoden wird durch die ontogenetische Bildung der Segmente in einer praeanalen Wachstums– oder Sprossungszone begründet. Zwischen Prototrochregion und Telotroch der Trochophora-Larve der Anneliden liegt ein Ring von Ektodermzellen in Höhe der beiden M-Zellen (Mesoteloblasten, Urmesodermzellen). Mit der Zellteilungsaktivierung in dieser Wachstumszone beginnt die weitere Differenzierung der Trochophora: Durch intensive Zellproliferation in der Richtung von hinten nach vorn entstehen aus den M-Zellen zwei Mesodermbänder zu beiden Seiten des Darmkanals. Aus ihnen bilden sich häufig schnell hintereinander oder fast gleichzeitig 3 Paar (oder mehr) Mesodermsäckchen – zusammen mit einer Segmentierung des Ektoderms und einschließlich der Bildung segmentaler Borsten (Abb. 521B). Auf die Differenzierung dieser sog. Larvalsegmente folgt eine Pause bis zum Beginn der eigentlichen Metamorphose. Alle weiteren sog. Sprossungssegmente entwickeln sich dann langsamer und eines nach dem anderen.

Diese Heteronomie wurde für ein grundlegendes Merkmal in der Entwicklung der Articulaten gehalten und spielte in der phylogenetischen Diskussion lange Zeit eine entscheidende Rolle. So stellte man die meist drei simultan entstehenden Larvalsegmente als Deutometameren den sukzedan entstehenden Tritometameren gegenüber. Erstere sollten dem Somatocoel der Tentaculata (S. 737) und Deuterostomia (S. 763) entsprechen, letztere eine spezifische Neubildung der Articulata sein. Diese Bedeutung kommt dieser Heteronomie vermutlich aber nicht zu. Schon innerhalb der Polychaeta tritt sie nur bei einem Teil der – allerdings wenigen untersuchten – Arten auf. Innerhalb der Arthropoden ist sie bei allen Onychophora und Antennata nicht vorhanden; nur bei einigen Crustaceen kennt man sog. naupliare Larvalsegmente in der Entwicklung dotterreicher Embryonen; eine Reihe von Autoren hält dies aber für ein sekundäres Phänomen.

Wilfried Westheide, Osnabrück

Die evolutive Entstehung der Articulaten-Metamerie ist ein altes, kontrovers diskutiertes Thema der morphologischen und stammesgeschichtlichen Forschung. Vor allem unter dem Einfluß der funktionsmorphologischen Ideen von R.B. CLARK (1964) ist eine Hypothese in den Vordergrund gerückt, die mit grabender Lebensweise die Metamerie funktionell begründet. Die entscheidende Voraussetzung für Metamerie ist danach, daß ein segmentales Coelom – also ein in Kompartimente aufgeteiltes Hydroskelett – eine größere Effizienz beim peristaltischen Vortrieb im Substrat entwickelt als eine ungegliederte einheitliche Leibeshöhle. Herbeigeführt wurde die Aufgliederung des Körpers nach dieser Hypothese durch die Ausbildung von Septen (Dissepimenten), die primär stark muskulöse, quer durch den Körper gespannte Diaphragmen waren. Da sie an der subepidermalen Matrix befestigt wurden, erfolgte die Aufteilung des Hautmuskelschlauches in segmentale Einheiten, was wiederum die Gliederung des Nervensystems nach sich zog. Einem derart regenwurmartigen, sich peristaltisch bewegenden Organismus müßten jegliche Körperanhänge beim Graben hinderlich sein und deshalb primär fehlen; allein kurze, stiftförmige Borsten zur Verankerung einzelner Körperabschnitte beim Vorschub waren vorhanden.

Gegen diese Metamerie-Hypothese – und gegen die weitreichenden, daraus resultierenden Konsequenzen für die Lesrichtung der Anneliden-Stammesgeschichte (S. 365) – sprechen aber morphologische, funktionelle und ökologische Argumente. So gibt es in marinen Sedimenten zahlreiche erfolgreich grabende Polychaeten, die in keiner Weise dem Regenwurmtyp entsprechen. Andererseits existieren grabende Formen, die eine weitgehend einheitliche Leibeshöhle durch Reduktion der Septen besitzen, z.B. *Arenicola* (S. 369). Dies legt den Gedanken nahe, daß die mit starker und komplexer Muskulatur versehenen Septen der Lumbriciden, die dieser Hypothese als Vorbild dienen, eine besondere Anpassung nur an das Graben in festen, also terrestrischen Böden darstellen. Eine Herkunft der Articulaten-Stammart aus dem terrestrischen Bereich ist aber auszuschließen (weitere Argumente, siehe Annelida, S. 365), so daß diese Hypothese als unwahrscheinlich anzusehen ist.

Nachdem die Ultrastrukturforschung in den letzten Jahren eine Reihe grundsätzlicher Konstruktionsprinzipien wirbelloser Tiere aufdecken konnte, bietet sich zur Erklärung der Metamerieentstehung eine völlig andere Hypothese an: So ist deutlich geworden, daß in allen Metazoen Coelothelien die strukturellen Voraussetzungen für primäre Blutgefäße sind (S. 200). Die Bildung eines dorsalen und eines ventralen Längsgefäßes kommt nur dann zu-

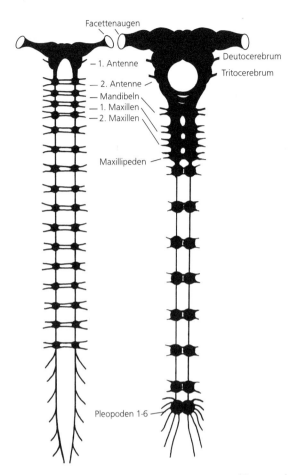

für die Ausbildung segmentaler Körperanhänge (Extremitäten) gewesen sein. Da es sehr wahrscheinlich ist, daß Articulaten-Vorfahren schon Borsten (S. 356) besaßen und vielleicht dorsal und seit-

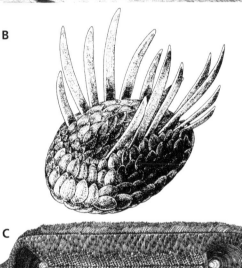

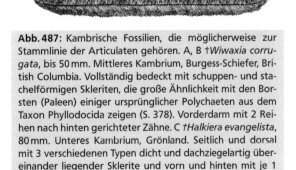

Abb. 486: Strickleiternervensysteme. A Anostraca (Crustacea). Tritocerebrum mit den Nerven der 2. Antennen noch hinter dem Oesophagus. Paarige Ganglien der einzelnen Segmente noch deutlich durch Kommissuren getrennt. B Isopoda (Crustacea). Verschmelzung der Ganglien der Mundextremitäten zum Unterschlundganglion und Verschmelzung der Ganglien des Pleons. Nach Chaudonneret (1978) aus Gruner (1993).

stande, wenn oberhalb und unterhalb des Darmkanals zwei Coelothelien in Längsrichtung aneinandergrenzen (dorsale und ventrale Mesenterien) und lokal zwischen sich einen Spaltraum in der extrazellulären Matrix freilassen (Abb. 274). In derselben Weise sind aneinanderliegende Coelothelien mit dazwischen liegenden Spalten Voraussetzung auch für die Ausbildung querverlaufender Blutbahnen. Sie können sich bilden, wenn die zunächst in Längsrichtung ungeteilten Coelomräume durch querstehende Septen (Dissepimente) aus je zwei Coelothelien untergliedert werden.

Der Bedarf für die Differenzierung derartiger Quergefäße steht möglicherweise in Zusammenhang mit der Ausbildung von seitlichen Körperanhängen und der Notwendigkeit ihrer Versorgung durch Blutgefäße. Folgt man diesem Gedanken, muß die Metamerie die unmittelbare Folge oder Voraussetzung

Abb. 487: Kambrische Fossilien, die möglicherweise zur Stammlinie der Articulaten gehören. A, B †*Wiwaxia corrugata*, bis 50 mm. Mittleres Kambrium, Burgess-Schiefer, British Columbia. Vollständig bedeckt mit schuppen- und stachelförmigen Skleriten, die große Ähnlichkeit mit den Borsten (Paleen) einiger ursprünglicher Polychaeten aus dem Taxon Phyllodocida zeigen (S. 378). Vorderdarm mit 2 Reihen nach hinten gerichteter Zähne. C †*Halkiera evangelista*, 80 mm. Unteres Kambrium, Grönland. Seitlich und dorsal mit 3 verschiedenen Typen dicht und dachziegelartig übereinander liegender Sklerite und vorn und hinten mit je 1 radial gemusterten Schale; beide Strukturen wahrscheinlich aus Calciumcarbonat. Ventral mit weicher, vielleicht muskulöser Sohle. Rekonstruktion; Dorsalansicht. A Original: S. Conway Morris, Cambridge; B aus Gould (1989) nach Conway Morris (1985); C aus Conway Morris und Peel (1995).

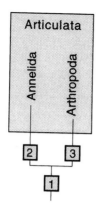

Abb. 488: Schwestergruppenverhältnis von Annelida und Arthropoda. Apomorphien: [1] Homonome Segmente mit parapodienartigen Anhängen, Strickleiternervensystem (S. 351). [2] Prostomium mit Anhängen (Antennen, Palpen) und Nuchalorganen (S. 359). [3] Cuticula aus α-Chitin und Protein, die gehäutet wird; Verlust äußerer Bewegungscilien; Cephalisation und Syncerebrum; Mixocoel und offenes Blutgefäßsystem; Nephridien mit Sacculus (S. 417).

lich dicht von ihnen bedeckt waren, wie es z.B. die fossile *Wiwaxia* nahelegt (Abb. 487 A,B), könnten dann durch lokale Beschränkung dieser zunächst ausschließlich dem Schutz dienenden Cuticularstrukturen auf die segmentalen Körperanhänge Vorläufer der Parapodien entstanden sein.

Die primär gleichartigen (homonomen) **Segmente (Metamere)** werden äußerlich (1) durch die Segmentgrenzen deutlich, die durch lokale Veränderungen im Hautmuskelschlauch entstehen, und (2) durch paarige, primär gleichartige, sich wiederholende Körperanhänge (Parapodien, Extremitäten). Die innere Organisation jedes Segments ist ebenfalls primär gleichartig: Die wichtigsten segmentalen, anatomischen Strukturen sind (1) 1 Paar Coelomsäckchen, (2) 1 Paar Metanephridien, (3) 1 Paar Ganglien. Einzelheiten dieser Organe werden bei den Anneliden (S. 357–363) besprochen, da sie nur in dieser Gruppe noch in ihrem ursprünglichen Zustand gefunden werden. Bei den Arthropoden ist

es nicht nur zu einer mehrfach unabhängigen Entstehung ungleichartiger (heteronomer) Segmente gekommen, sondern auch zu einer Auflösung der Coelomsäckchen in der Embryonalphase und zu Reduktion oder Verlust der Nephridien.

Neben der Körpergliederung bildet der Bauplan des **Strickleiternervensystems** die wichtigste Übereinstimmung aller Articulaten. Es ist eine an eine Strickleiter erinnernde Konstruktion, die aus ventral liegenden, paarigen Längssträngen (Konnektiven) mit segmentalen Ganglienpaaren und Kommissuren besteht (Abb. 486). Am Vorderende gehen die Kommissuren des Oberschlundganglions in einen Schlundring (Schlundkonnektive) über; er stellt die Verbindung mit einer primär im Prostomium liegenden Ganglienmasse (Gehirn, Oberschlundganglion) her (Abb. 486). Weitere, vielleicht homologe Übereinstimmungen sind die zumeist 3 Paar Seitennerven pro Segment (Abb. 486) und die histologische Struktur der Ganglien aus zentralem Neuropil und peripher angeordneten Zellkörpern der Neurone. Dieses Grundmuster bleibt bei vielen Arthropoda deutlicher bestehen als bei den meisten Anneliden. Konzentrationen und Verschmelzungen sind jedoch in beiden Taxa häufig. Hierzu gehört vor allem die Verschmelzung der vorderen Ganglienpaare zu einem Syncerebrum (Komplexgehirn) bei den Arthropoda (S. 413) und die Entstehung von Unterschlundganglienmassen bei Arthropoden (Abb. 271) und Anneliden (Abb. 496) in Zusammenhang mit einer Kopfbildung aus vorderen Segmenten (Cephalisation).

Ein monophyletisches Taxon Articulata ist allerdings nicht unumstritten. Es gibt Vorstellungen (neuerdings möglicherweise durch 18S rRNA-Daten unterstützt), die Annelida und Mollusca als Schwestergruppen ansehen und die Trochophora-Larve als deren Synapomorphie; die Arthropoda sollen danach ein früher Zweig der zu ihnen führenden Stammlinie sein. Von anderer Seite wird an der Homologie der Segmentbildung bei Anneliden und Arthropoden gezweifelt. Die Belege für beide Vorstellungen haben aber bisher keine hohe Wahrscheinlichkeit, so daß zunächst kein Grund besteht, das traditionelle Taxon Articulata ernsthaft in Frage zu stellen.

Ergänzungen: S. 863.

Annelida, Ringelwürmer

Nichtzoologen, die unbestimmt von „Würmern" sprechen, haben zumeist jene langgestreckten, sich schlängelnden und windenden Tiere vor Augen, deren Vorbilder am ehesten unter den Anneliden als Regenwürmer im Erdboden oder als Wattwürmer am Meer zu finden sind. Neben marinen und terrestrischen Lebensräumen besiedeln Anneliden auch alle limnischen Bereiche. An ihrer marinen Herkunft besteht aber kein Zweifel, und im Meer liegt auch heute noch ihr Verbreitungsschwerpunkt. Ihr Lebenszyklus ist primär zweiphasisch; viele marine Arten besitzen eine Trochophora-Larve.

Ihre große Artenzahl – etwa 18 000 – und häufig hohe Individuendichten (z.B. mehrere hunderttausend Enchytraeiden unter 1 m² Waldboden) machen sie ebenso zu einer bedeutenden Tiergruppe wie ihr charakteristischer Bauplan, der Ausgangspunkt für eine vielfältige adaptive Radiation war. Ihr stammesgeschichtliches Alter muß hoch sein; tatsächlich kennt man typische Polychaeten-Fossilien (z.B. †Canadia spinosa) schon aus den kambrischen Schiefern von Burgess.

Die überwiegende Zahl der Anneliden ist von mäßiger Größe – um wenige Zentimeter lang. Die größte Art ist wohl ein Polychaet mit etwa 3 m Länge und über 1 000 Segmenten (Eunice aphroditois) (Abb. 490). Besonders groß werden auch einige im Boden lebende Oligochaeten (Lumbricida) mit über 1 m, vielleicht sogar 3 m Länge. Zahlreiche Arten – vor allem Polychaeten – gehören zur permanenten Meiofauna und haben eine Länge von unter 2 mm. Die kleinsten Anneliden sind Polychaeten der Gattung Diurodrilus (ca. 300 µm) und das Zwergmännchen von Dinophilus gyrociliatus (50 µm; ca. 330 Zellen!, Abb. 520 A).

Bau

Das Grundmuster der Annelida ergibt sich aus der teloblastischen Bildung (S. 350) ursprünglich gleichförmiger Körperabschnitte (Segmente, Metamere) zwischen einem Vorderende, dem Prostomium, und einem Körperhinterende, dem Pygidium. Die Segmente werden nacheinander in der praeanalen Sprossungszone (Wachstumszone) vor dem Pygidium gebildet.

Taxonspezifisch schwankt die Zahl der Segmente um einen bestimmten Wert, oder sie ist konstant, z.B. bei Nerilla antennata (9) und Maldane sarsi (19) unter den „Polychaeta", bei den Branchiobdellida (15), Acanthobdellida (29) und Euhirudinea (32) unter den Clitellata. Jedes Segment besitzt primär je 1 Paar lateraler, zweiteiliger, beweglicher Anhänge (Parapodien) – Ausstülpungen der Körperwand,

Wilfried Westheide, Osnabrück

in die sich die Leibeshöhle ausdehnt, Muskeln hineinziehen und in denen Borsten befestigt sind (Abb. 508 B).

Das Prostomium entsteht aus dem frontalen Abschnitt der Trochophora-Larve. Es ist mit Licht- und Chemorezeptororganen ausgerüstet und besitzt bewegliche Anhänge (Palpen und Antennen), auf denen ein- und mehrzellige Rezeptoren verteilt sind. Ursprünglich liegt das Oberschlundganglion (Gehirn) im Prostomium.

Der folgende Abschnitt bildet sich aus jenem Bereich der Larve, der Prototroch und Mund umfaßt (Abb. 489); er umschließt auch im Adultus ventral die Mundöffnung. Diese Buccalregion (Peristomium) besitzt seitliche Anhänge (Peristomial– oder Tentakelcirren) (Abb. 506, 523), die sekundär fehlen können, z.B. immer bei den Clitellata.

Ob das Peristomium aus einem 1. Segment hervorgegangen ist, also einem „echten" parapodien- und borstentragenden Metamer entspricht, wird immer noch kontrovers beantwortet. Dafür spricht u.a., daß bei Nerillidae (Abb. 526 C) der unmittelbar auf das Prostomium folgende Abschnitt immer Parapodien und Borsten trägt. Auch entwicklungsgeschichtliche Experimente bei Nereididen zeigen, daß dieser Abschnitt dieselben Potenzen – z.B. zur Verdopplung von Anhängen – besitzt wie die nachfolgenden Segmente. Dagegen spricht vor allem, daß

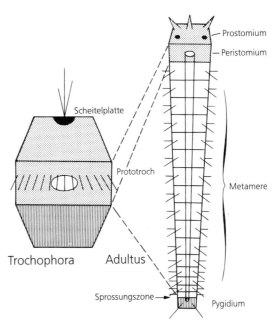

Abb. 489: Annelidenorganisation: Trochophora und Adultus. Herkunft von Prostomium, Buccalregion (Peristomium) und Pygidium. Teloblastische Bildung der Metamere aus der Sprossungszone vor dem Pygidium. Nach Schroeder und Hermans (1975).

Abb. 490: *Eunice sebastiani* („Polychaeta", Eunicidae). Gezeitenzone von Südbrasilien. Länge: ca. 2 m, ca. 450 Segmente, Körperbreite 2 cm. Original: W. Westheide, Osnabrück.

die Buccalregion nicht wie die nachfolgenden Segmente entsteht und auch kein Bauchganglienpaar besitzt.

Nachfolgende Segmente können mit der Buccalregion verschmelzen (Cephalisation). Auch dann wird diese Region als „Peristomium" bezeichnet. Zum Beispiel schließt sich das 1. Borstensegment bei den Nereididen während der Juvenilentwicklung der Buccalregion an, verliert seine Borsten und bildet seine Parapodien zu 2 Paar Cirren um. Von den insgesamt 4 Paar Cirren des *Nereis*-Peristomiums stammen also nur die beiden vorderen von der eigentlichen Buccalregion, die hinteren 2 Paar dagegen von einem umgewandelten Segment (Abb. 506).

Das Pygidium geht aus dem caudalen Bereich der Larve hervor. Ursprünglich ist es ebenfalls mit Anhängen (Analcirren) versehen, auf denen sich zahlreiche Rezeptoren befinden.

Diese klare Gliederung des Annelidenkörpers in K o p f r e g i o n (Prostomium und Peristomium), R u m p f (gleichartige Segmente) und H i n t e r e n d e (Pygidium) wird bei stark abgeleiteten Taxa verwischt: Bei vielen Polychaeten gestalten sich einzelne Abschnitte des Rumpfs völlig unterschiedlich (Heteronomie der Segmente) und bilden ausgeprägte Tagmata (Abb. 509 B, 513); bei den Hirudinea (S. 404) lassen sich ein Prostomium und ein Pygidium nicht mehr eindeutig vom Rumpf abgrenzen.

Anneliden sind weichhäutige Tiere. Ihre **Epidermis** enthält zahlreiche Drüsen, die z.B. Schleime, Sekrete zum Bau von Röhren, zur Auskleidung von Wohngängen und zum Schutz von Eigelegen oder Leuchtsekrete abscheiden. Außen besitzt die Epidermis eine Cuticula, die einen elastischen Mantel um den Körper bildet und nur bei den Hirudineen gelegentlich gehäutet wird. Sie enthält zumeist ein

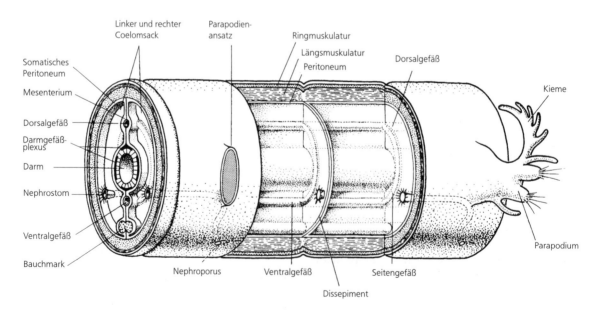

Abb. 491: Schema der Annelidensegmente. Mittlerer Bereich seitlich aufgeschnitten und hier Nephridialkanäle entfernt. Nach verschiedenen Autoren.

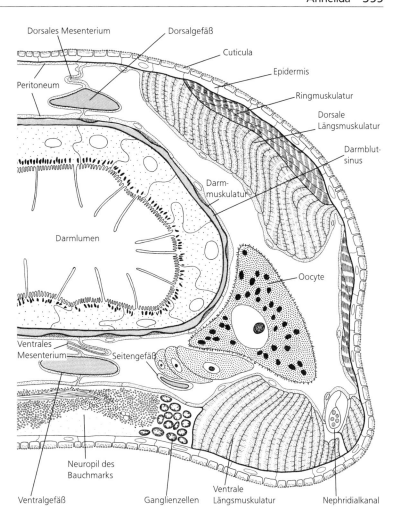

Dorsales Mesenterium

Dorsalgefäß

Cuticula

Epidermis

Ringmuskulatur

Dorsale Längsmuskulatur

Darmblutsinus

Peritoneum

Darmmuskulatur

Darmlumen

Oocyte

Ventrales Mesenterium

Seitengefäß

Neuropil des Bauchmarks

Ventralgefäß

Ganglienzellen

Ventrale Längsmuskulatur

Nephridialkanal

Abb. 492: Innere Organisation der Polychaeten. Leicht schematisierter Querschnitt einer langgestreckten, kriechenden Art der Phyllodocida. Dicke, schwarze Linien = extrazelluläre Matrix. Original: W. Westheide, Osnabrück.

charakteristisches vielschichtiges Gitter gekreuzter Kollagenfasern in einer feinfibrillären Matrix (Abb. 203). Mikrovilli der Epidermiszellen mit peripher angelagerter Glykokalyx ragen zumeist nach außen über die Epicuticula hinaus – wahrscheinlich sind sie bevorzugte Orte für die Aufnahme gelöster organischer Substanzen bei den im Meer lebenden Arten. Häufig treten in bestimmten Bereichen epidermale Kinocilien auf. Sie dienen bei Larven und kleinen Arten der Fortbewegung; bei strudelnden Organismen stehen sie im Dienst der Nahrungsaufnahme, oder sie erzeugen einen Atemwasserstrom über der Körperoberfläche. Da Gase leicht durch die Cuticula diffundieren können, sind spezielle Kiemen nur bei größeren Arten in Form von Filamenten, Lappen oder Büscheln, meist an den Parapodien ausgebildet (Abb. 509 A, 513 A, 525); auch die Tentakelapparate („Kiemenkronen") mancher Polychaeten haben Respirationsfunktion (Abb. 512).

Epidermale Abscheidungen sind auch die für die meisten Anneliden so charakteristischen Borsten

(Abb. 493). Sie sind immer segmental angeordnet und stehen in tiefen Epidermistaschen (Borstenfollikeln); durch Muskelantagonisten können sie an ihrer Basis bewegt werden.

Jeweils eine Borstenbildungszelle (Chaetoblast) differenziert auf kreisförmiger Fläche eine größere Zahl paralleler Mikrovilli; um sie herum kommt es zur Abscheidung und extrazellulären Polymerisierung feinfibrillären Materials aus ß-Chitin, chinongegerbten Proteinen und anorganischen Komponenten. Die Borste setzt sich somit aus feinen parallelen Röhren zusammen und sieht auf Querschnitten siebförmig aus (Abb. 494). Nur wenige Arten besitzen Borsten mit großen, zentralen, durch Querwände gekammerten Röhren. Häufig ist das Röhrenbündel außen von einem dichten Cortex umgeben.

Zahl und Form der Borsten sind artspezifisch sehr konstant. Da sie bei den Polychaeten darüberhinaus zwischen den Arten mehr oder weniger deutliche Unterschiede zeigen, gehören sie in dieser Gruppe zu den taxonomisch wichtigsten Merkmalen. Von den sog. einfachen Borsten unterscheidet man zusammengesetzte, bei denen eine lokale Verdünnung eine Art Gelenk für einen beweglichen distalen Teil bildet (Abb. 493 C, 507 B). Uncini sind kurze, hakenförmige, meist in Querreihen angeordnete

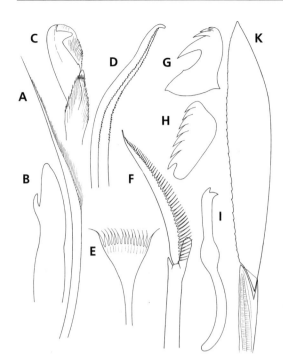

Abb. 493: Borstentypen bei Annelida. A Haarborste von *Synelmis albini* (Hesionidae). B Hakenborste aus dem 5. Borstensegment von *Polydora ciliata* (Spionidae). C Zusammengesetzte Borste von *Eunice* sp. (Eunicidae). D Penialborste von *Stuhlmannia variabilis* (Lumbricida). F Zusammengesetzte Borste von *Pisione galapagoensis* (Pisionidae). G Thorax-Uncinus (Hakenborste) von *Lanice conchilega* (Terebellidae). H Thorax-Uncinus von *Hydroides norvegica* (Serpulidae). I Sigmoide Borste von *Aktedrilus monospermathecus* (Tubificidae). K Epitoke Schwimmborste von *Ceratonereis monronis* (Nereididae). Nach verschiedenen Autoren.

Borsten, die z. B. in Terebellida, Sabellida und auch Pogonophora vorkommen (Abb. 493 G, H und Abb. 533).

Obwohl namengebend (gr. *chaet-* = langes Haar, Borste oder gr. *acanth-* = Dorn, Borste) für einzelne Subtaxa (Polychaeta, Oligochaeta, Acanthobdellida) sind Borsten nicht auf die Annelida beschränkt. Wahrscheinlich repräsentieren sie ein sehr altes Merkmal, da Strukturen mit identischer Feinstruktur und Genese auch bei Echiura (S. 345), Cephalopoda (Köllikersche Organe) und Brachiopoda (Mantelrandstacheln, S. 751) vorkommen.

Ursprünglich waren die Borsten vielleicht Schutz- und Abwehrstrukturen epibenthischer Organismen und bedeckten deren gesamte Dorsalseite (†*Wiwaxia corrugata*, Abb. 487). Die ventrolateral stehenden wurden dann zu Hilfsorganen bei der Fortbewegung. Diese funktionelle Zweiteilung ist bei vielen rezenten Polychaeten noch in der zweiästigen (biramen) Ausbildung der **Parapodien** zu beobachten: Notopodium (dorsaler Ast) und Neuropodium (ventraler Ast) umfassen jeweils nach außen ragende Bündel von Borsten. Gestützt werden

beide Äste durch kräftige, nicht aus ihren Follikeln heraustretende Borsten, die man Aciculae nennt (Abb. 508 B).

Innerhalb der Clitellaten besitzen die „Oligochaeta" primär je 1 Paar dorsolateraler und ventrolateraler Borstenbündel in den Körperflanken, in denen man die Reste von Noto- und Neuropodien vermuten kann (Abb. 500 B). Bei den Hirudinea (Ausnahme: *Acanthobdella peledina,* Abb. 563) sind auch sie verlorengegangen.

Bei Polychaeten gibt es ebenfalls zahlreiche Taxa mit fehlenden Parapodialästen und nur wenigen Borsten, oder sie fehlen vollständig (z. B. *Dinophilus gyrociliatus,* Abb. 520; *Histriobdella homari,* Abb. 520; *Protodrilus*-Arten,

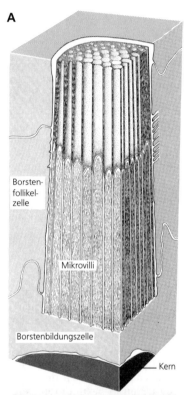

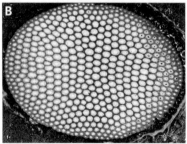

Abb. 494: Borstenstruktur der Annelida. A Blockdiagramm eines aufgeschnittenen Borstenfollikels. B TEM-Querschnittsbild einer Polychaeten-Borste (*Pisione remota*). A Verändert nach Bouligand (1967) und anderen Autoren; B Original: W. Westheide, Osnabrück.

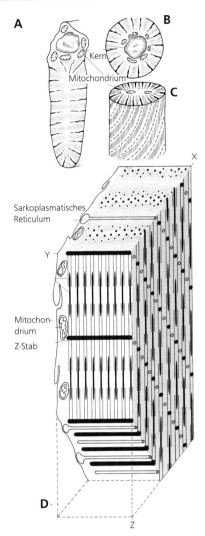

Sarkoplasmatisches
Reticulum

Mitochon-
drium

Z-Stab

Abb. 495: Schräggestreifte Muskulatur der Annelida. A Querschnitt durch eine typische, abgeflacht circomyarische Muskelzelle eines Polychaeten oder Oligochaeten. B, C Querschnitt und räumliche Darstellung der typischen, runden und circomyarischen Muskelzelle eines Egels (Hirudinea). Die kontraktilen Filamente bilden einen geschlossenen peripheren Mantel um Kern und Mitochondrien. D Blockausschnitt einer Muskelzelle. In der xy-Ebene sind dicke und dünne Filamente quergeschnitten. Die yz-Ebene zeigt 2 übereinanderliegende Sarcomere. Die xz-Ebene verläuft senkrecht zu den Z-Stäben und den Kanälen des sarcoplasmatischen Reticulums. Der Winkel der Schrägstreifung ist übertrieben dargestellt. A-C Nach Lanzavecchia und Camatini (1979); D nach Mill und Knapp (1970).

Abb. 524 C); dies wird als konvergent entstandene Reduktion oder als progenetisches Merkmal gedeutet.

Unter der Epidermis liegt ein kräftiger **Hautmuskelschlauch** aus einer äußeren Ring- und einer inneren Längsmuskelschicht (Abb. 492), dazwischen können noch diagonale Fasern verlaufen (Hirudinea, Abb. 557). Dazu kommen Parapodialmuskeln, Borstentraktoren, von ventromedian zu den Körperflanken ziehende Schrägmuskeln (Abb. 508 B) (möglicherweise nur bei Polychaeten), Dissepimentmuskeln und Dorsoventralmuskeln.

Struktur und Anordnung der Hautmuskelschichten sind sehr unterschiedlich und bestimmen – zusammen mit den anderen Muskeln – das anatomische Bild und die Bewegungsmöglichkeiten der einzelnen Taxa. Zum Beispiel besitzen die kriechenden und schwimmenden Nereididae eine dünne Ringmuskelschicht, die Längsmuskulatur besteht dagegen aus 2 mächtigen dorsalen und 2 ventralen Bündeln. In den röhrenbewohnenden und stark kontraktionsfähigen Serpulidae und Sabellidae dominieren die 4 Längsmuskelbündel derart, daß bei einzelnen Arten nur noch ein enger Raum für Darmkanal, Bauchmark und Blutgefäße verbleibt. In den grabenden Arenicolidae sind die Längsmuskelbündel dorsal und ventral in zahlreiche das Coelom fast gleichmäßig umgebende Einzelbündel aufgelöst (Abb. 509). Nephtyidae, stämmschlängelnde Polygordiidae und Opheliidae besitzen keine oder nur wenig Ringmuskulatur (Konvergenz zu Nematoda!).

Erforderliche Kräfte zur antagonistischen Dehnung von Ring- und Längsmuskelfasern werden durch Flüssigkeitspolster der Coelomräume (s. u.) übertragen, die als Widerlager dienen und zusammen mit den gekreuzten Kollagenfasern der Cuticula als hydrostatisches Skelett fungieren.

Die einkernigen Muskelzellen gehören überwiegend zum Typ der schräggestreiften Muskulatur, die charakteristisch für Organismen mit Hydroskelett ist (Nemathelminthes, S. 694). In ihnen sind die Z-Elemente stabförmig und die Sarkomere in einer Richtung schräg zur Längsachse des Myofilamentverlaufs versetzt (Abb. 495). Dies ermöglicht bei Kontraktion eine effektive Arbeitsleistung auch noch über große Längenbereiche hinweg und eine besonders starke Verkürzung der Zellen, wie sie bei peristaltischen Bewegungen erforderlich ist.

Isolierte Längsmuskeln von *Lumbricus terrestris* kontrahieren sich auf 25% ihrer Ausgangslänge; dies entspricht der Verkürzung eines Segments bei der peristaltischen Vorwärtsbewegung (S. 401). (Quergestreifte Muskeln kontrahieren dagegen nur auf 70%!)

Innerhalb der Anneliden treten verschiedene Typen schräggestreifter Muskelzellen auf. Die besonders langen circomyarischen Zellen mit zentralem, myofilamentfreiem Sarkoplasma (Abb. 495 A) sind ein autapomorphes Merkmal der Hirudinea (S. 405).

Den **Nervensystemen** aller Annelida liegt das Strickleitermuster zugrunde (Abb. 486, 496): (1) Paarige Oberschlundganglien (Gehirn), (2) Schlundkonnektive, (3) 2 ventrale, primär getrennte Nervenstränge mit segmentalen Kommissuren und Ganglien, und (4) meist 3 oder 4 Seitennervenpaare, die in jedem Segment zur Körperperipherie ziehen (Abb. 508 B). Letztere enthalten sensorische und motorische Axone. Ein stomatogastrisches System versorgt den Darmkanal.

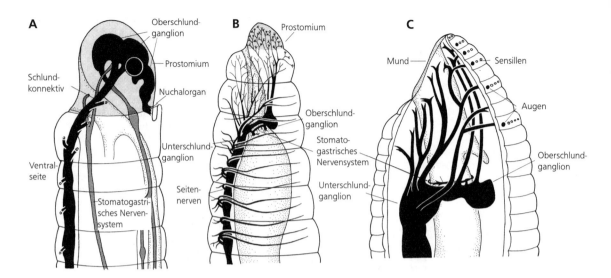

Abb. 496: Nervensytem im Vorderende verschiedener Anneliden. Seitenansichten. Region des Prostomiums gerastert. A *Eunice* sp. („Polychaeta", Eunicidae). Oberschlundganglion im Prostomium. Vordere Region mit Assoziationszentren, Palpennerven und stomatogastrischen Nerven; mittlere Region mit Augennerven, Antennennerven und Abgängen der Schlundkonnektive zur Bauchganglienkette; hintere Region mit Nerven zu den Nuchalorganen. B *Lumbricus* sp. (Clitellata, Lumbricidae). Oberschlundganglion im 2. Borstensegment. C *Haemopis sanguisuga* (Clitellata, Hirudinea). Oberschlundganglion noch weiter nach hinten verlagert; Unterschlundganglion besteht aus den Ganglien von 4 Segmenten. Bauchmark liegt in einer Coelomlakune. A Nach Heider (1925); B nach Hess (1925); C nach Mann (1955).

Das Gehirn liegt primär im Prostomium („Polychaeta"); Verkleinerung bzw. Verlust des Prostomiums bei den Clitellata erfordern eine Verlagerung des Gehirns in nachfolgende Segmente (Abb. 496 B, C). Es zeigt bei einigen Polychaeten bereits eine hohe Komplexität durch Dreigliederung und den Besitz u.a. von optischen Ganglien und Corpora pedunculata (hochentwickelte Assoziationszentren).

Die Schlundkonnektive gehen aus 2 Wurzeln hervor, die mit je einer ventralen und einer dorsalen Kommissur das Gehirn durchziehen (Abb. 508 A). Von hier aus werden die Prostomialanhänge der Polychaeten in einem bestimmten Muster innerviert, was ihre Homologisierung als Antennen oder Palpen ermöglicht.

In der Struktur der ventralen Nervenstränge findet man im einzelnen viele Abweichungen: Sehr häufig sind sie zu einem einheitlichen Strang verschmolzen. Ganglien sind entweder klar gegen die Konnektive abgegrenzt, oder die Nervenzellkörper verteilen sich weitgehend über deren gesamte Länge, so daß ein Markstrang entsteht (z.B. viele Oligochaeten, einige Polychaeten), an dem ganglionäre Anschwellungen kaum mehr deutlich werden. Das typische Strickleiterbild ist dann verwischt (Abb. 270). Ganglien der ersten Metamere sind häufig zu einem umfangreichen Unterschlundganglion vereinigt (einige Polychaeten, alle Clitellata) (Abb. 496). Bei den Hirudinea verschmelzen auch die caudalen Ganglien im Bereich des hinteren Saugnapfes (Abb. 556 B). Besonders extrem ist die Verschmelzung des gesamten Bauchmarks zu einer einheitlichen Masse bei den Myzostomida (Abb. 528). Einige Polychaeta (Amphinomidae, Nereididae) besitzen an der Basis der Parapodien periphere Ganglien (Podial-

ganglien), die mit dem Bauchmark durch Quer- und z.T. untereinander durch Längsstränge verbunden sind, so daß sich das Bild eines tetraneuren Nervensystems ergibt (Abb. 271).

Bei vielen Arten gehören zum Bauchmark Neurone, deren Axone einen besonders großen Durchmesser haben und unizelluläre oder multizelluläre Riesen– oder Kolossalfasern bilden. Sie ermöglichen durch hohe Leitungsgeschwindigkeit wirkungsvolle Fluchtreaktionen (S. 369). Neurohormone spielen bei den Anneliden eine wichtige Rolle, z.B. bei der Fortpflanzung (S. 374) und Regeneration (S. 363).

Neben zahlreichen primären, epidermalen Sinneszellen (S. 137) gibt es auch eine Vielzahl von **Sinnesorganen**. Wie auch das Gehirn haben sie eine gewisse Komplexität nur innerhalb der Polychaeten: Statocysten als epidermale Einsenkungen eines Sinnesepithels, Augen und Nuchalorgane.

Augen treten als winzige zweizellige Ocellen bis hin zu komplexen Linsenaugen mit Tausenden von Sinnes- und Stützzellen in einer Retina auf (bei pelagischen Arten). Am häufigsten liegen sie im Prostomium, kommen aber auch auf den Segmenten, dem Pygidium oder der Kiemenkrone röhrenbewohnender Arten vor. Die Photorezeptoren können rhabdomer oder ciliär sein (S. 139).

Nuchalorgane (Abb. 497) sind innerhalb der Anneliden auf die Polychaeten beschränkt. Es sind paarige, stark bewimperte Strukturen am Hinterrand des Prostomiums, die vorwiegend Chemorezeptoren enthalten.

Die Nuchalorgane der Sipuncula (S. 333) sind ihnen wahrscheinlich nicht homolog.

Nur bei den Anneliden innerhalb der Articulata gehören zum Bauplan des Adultus 1 Paar **Coelomsäcke** pro Segment. Diese mit Flüssigkeit gefüllten Kompartimente werden von mesodermalen Epithelien (Mesothel, Coelothel) umgrenzt. Sie sind entweder epithelial organisierte Muskelzellen (Myoepithel) oder bilden ein Plattenepithel (mit darunter liegenden Muskelzellen), das Peritoneum genannt wird (S. 197).

Die innenliegenden Wände des Coelothels (viscerales, splanchnisches Blatt) umschließen den Darmkanal und bilden dorsal und ventral davon dessen Aufhängung, die dorsalen und ventralen Mesenterien. Die äußeren Coelothelien (somatisches Blatt) liegen dem Hautmuskelschlauch an, bzw. sind Teil der Längsmuskulatur. Aus den vorne und hinten aneinanderstoßenden Coelomwänden benachbarter Segmente entstehen die Dissepimente (Septen), die primär den Körperstamm im Inneren in ganzer Länge aufteilen (Abb. 491). Im einzelnen erfährt dieses Grundmuster der coelomatischen Gliederung innerhalb der Anneliden zahlreiche Veränderungen bis hin zu seiner vollständigen Auflösung (Abb. 500).

Dissepimente und Mesenterien werden oft zu Bändern reduziert oder völlig rückgebildet; es entstehen dann großräumige Leibeshöhlenabschnitte, z.B. im Thorax-Abdomen von *Arenicola* (Abb. 509). – Besonders in kleineren Polychaeten, bei denen die funktionelle Rolle der Coelomräume als Hydroskelett verloren geht, vergrößern sich die peritonealen Zellen sehr stark zu sog. Coelenchymzellen, verdrängen vollständig das Coelom und verleihen den Tieren eine sekundär acoelomate Organisation. Bei den Euhirudinea bilden die zunächst segmentalen Coelomräume postembryonal ein den gesamten Körper durchziehendes Netz aus Quer- und Längskanälen mit zahlreichen kapillaren Verzweigungen (Abb. 500 D, E).

Aus Teilen der peritonealen Auskleidung geht das stoffwechselaktive Chloragoggewebe hervor. Es hat Speicher- und Exkretionsfunktion (Glykogen, Fette, N-Verbindungen) und kann als eine Art „Leber" betrachtet werden. Bei *Arenicola* und *Lumbricus* umgibt es in Form dichter, gelbbrauner oder grünlicher Beläge aus keulenförmigen Zellen Darmkanal und Gefäße (Abb. 498). Bei den Hirudinea wird es Botryoidgewebe (S. 405) genannt und liegt in und an den engen Kanälchen des Coelomsystems.

Ähnliche Gewebe mit vielleicht hämatopoetischer Funktion, der sog. Herzkörper, dringen bei vielen Arten besonders in das dorsale Längsgefäß ein. Ebenfalls peritonealer Herkunft sind verschiedene Typen frei in der Coelomflüssigkeit flottierender Zellen (Coelomocyten), die vielfältige Aufgaben haben, z.B. Phagocytose von Mikroorganismen, Wundverschluß, Immunoreaktionen, Einschluß von Fremdkörpern, Dottersynthese für die Oogenese, Transport von Hämoglobin (u.a. bei Capitellidae, denen ein Gefäßsystem fehlt).

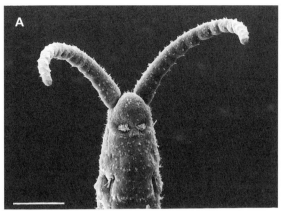

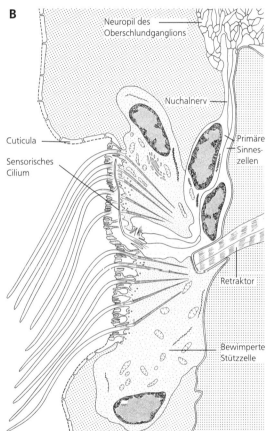

Abb. 497: Nuchalorgane, „Polychaeta". A Lage der Nuchalorgane dorsal auf dem Prostomium von *Saccocirrus* sp. (Protodrilida). Maßstab: 100 µm. B Bau eines kleinen Nuchalorgans von *Protodrilus adhaerens*; schematisiert. Originale: G. Purschke, Osnabrück.

Das geschlossene **Blutgefäßsystem** der Anneliden ist das typische Spaltraumsystem in der extrazellulären Matrix zwischen aneinandergrenzenden Coelothelien (Abb. 274 C) und gehört somit zur primären Leibeshöhle; es besitzt kein Endothel (Abb. 274, 499). Die wichtigsten Elemente des Blutgefäßsystems sind (1) ein ventrales, sog. Bauchge-

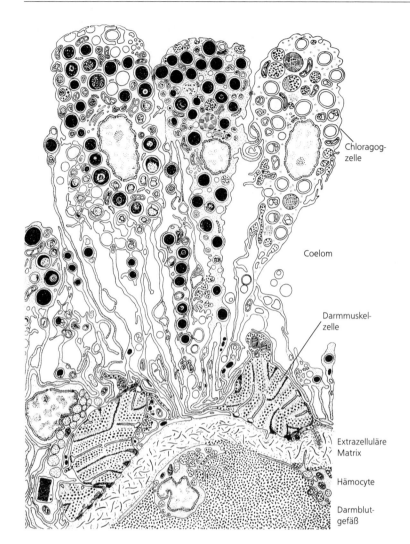

Chloragog-
zelle

Coelom

Darmmuskel-
zelle

Extrazelluläre
Matrix

Hämocyte

Darmblut-
gefäß

Abb. 498: Darmblutlakune mit basaler Matrix und Hämocyten; darüber Muskelzellen und ein zu Chloragogzellen (Chloragocyten) differenziertes Coelothel bei *Lumbricus* sp. (Clitellata). Nach Lindner (1965).

fäß innerhalb des ventralen Mesenteriums, das den gesamten Körper durchzieht und das Blut von vorne nach hinten führt. (2) Das dorsale, sog. Rükkengefäß oberhalb des Darms im dorsalen Mesenterium ist das größte Längsgefäß; bei Formen mit Darmblutsinus beginnt es vor diesem und ist dann auf den Vorderkörper beschränkt. In einigen Fällen ist das Rückengefäß ganz oder teilweise verdoppelt. Meist ist es kontraktil und treibt das Blut von hinten nach vorne. Das Dorsalgefäß gabelt sich nach vorn in 2 Äste, die um den Oesophagus herumlaufen und sich auf der Ventralseite im Bauchgefäß vereinigen. Bei den meisten Arten werden die Längsgefäße zusätzlich durch (3) segmentale, dorsoventral in den Dissepimenten verlaufende Seitengefäße verbunden. Wo Kiemen vorkommen, ziehen die Seitengefäße in diese hinein. (4) Spalten in der extrazellulären Matrix zwischen Darmepithel und Darmmuskulatur bzw. visceralem Coelothel bilden ein netzförmiges Kanalsystem (Darmgefäßplexus),

das in verschiedenen Taxa zu einem Darmblutsinus aufgelöst sein kann.

Dazu kommen bei einzelnen Taxa noch verschiedene Spezialgefäße, z. B. das Subintestinal- und das Subneuralgefäß (Abb. 499 B). Verschiedene Kapillarsysteme liegen in Hautmuskelschlauch, Parapodien, Kiemen und Nephridien (Abb. 499 A). Charakteristisch für Polychaeten sind viele blind endende Gefäße. Ein Blutgefäßsystem kann auch vollständig fehlen, z. B. bei den Polychaetenfamilien Glyceridae, Capitellidae und einigen sehr kleinen Arten. Verschiedene Abschnitte des Blutgefäßsystems können kontraktil sein, vor allem das Dorsalgefäß oder einige Seitenschlingen, z. B. die 5 Paar „Lateralherzen" bei *Lumbricus* oder die beiden zweiteiligen Herzen zwischen Darmplexus und Ventralgefäß bei *Arenicola*. Der Blutfluß wird darüber hinaus häufig durch die Körperperistaltik unterstützt.

Als Atmungspigmente wurden Hämoglobine, Chlorocruorin (grünes Blut!, z. B. Sabellidae, Serpulidae) und Hämerythrin nachgewiesen; sie sind an

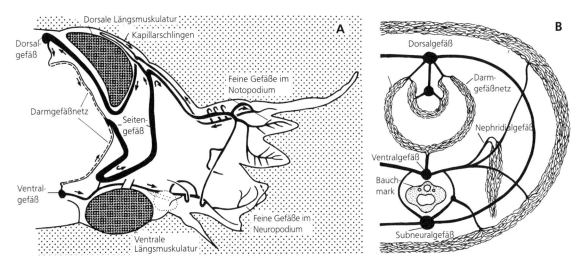

Abb. 499: Blutgefäßsystem. A Rechte Segmenthälfte von *Platynereis dumerilii* („Polychaeta", Nereididae) (Querschnitt). Pfeile geben die Strömungsrichtungen an. Dorsal fließt das Blut nach vorn, ventral nach hinten. Parapodialgefäße zumeist blind endend und rhythmisch pulsierend. B Schema des Gefäßsystems eines Regenwurms (Clitellata, Lumbricidae) (Querschnitt). Kontraktiles Dorsalgefäß pumpt Blut in die segmentalen Gefäße; das Integument wird von Kapillaren unterlagert (Hautatmung!); von hier aus direkte Versorgung der Bauchganglienkette mit O_2-reichem Blut. A Nach Hauenschild und Fischer (1969); B nach Meglitsch (1972).

Blutkörperchen (Hämocyten in den Gefäßen, Erythrocyten im Coelom) und Gewebezellen gebunden bzw. im Plasma der Blut- und Coelomflüssigkeit gelöst. Ihr Vorkommen läßt keine Beziehung zur systematischen Stellung der Träger erkennen.

Der **Darmtrakt** der Anneliden ist primär ein einfaches, gerades, in 3 Abschnitte gegliedertes Rohr mit einschichtigem Epithel, das mit einer ventral auf dem Peristomium liegenden Mundöffnung beginnt und mit einem After auf dem Pygidium endet. Vorder- und Hinterdarm sind ektodermal. Der entodermale Mitteldarm ist zwischen den Mesenterien und Dissepimenten des Rumpfs aufgehängt und von Muskulatur umgeben. Ursprünglich war der Vorderdarm vielleicht eine einfache bewimperte Höhle, die bei den einzelnen Taxa dann eine außerordentlich unterschiedliche Gestaltung erfahren hat (Abb. 501). Dies erklärt die Vielfalt der Lebens- und Ernährungsweisen („Polychaeta": S. 366, „Oligochaeta": S. 396, Hirudinea: S. 404). Vor allem kam es mehrmals unabhängig zur Ausbildung muskulöser, z. T. ausstülpbarer Abschnitte, die Pharynx genannt werden (Abb. 501 B, C, E, 506).

Als **Exkretions-** und **Osmoregulationsorgane** arbeiten vor allem segmental angeordnete Nephridien. Ursprünglich leitet je 1 Paar derartiger Organe aus jedem Segment aus (Abb. 491). Die Mehrzahl der Anneliden besitzt Metanephridien (Abb. 280D), die bei Polychaeten in der Regel einfacher sind als bei Clitellaten. Bei Polychaeten sind auch Protonephridien verbreitet (Abb. 502). Das Vorkommen der einen oder der anderen dieser beiden homologen Strukturen (S. 202) ist funktionell bedingt:

Protonephridien treten in der Regel bei kleineren Arten ohne Blutgefäßsystem auf oder bei Arten, an deren Blutgefäßen die Podocyten als Filtrationsstrukturen fehlen. Auch die Exkretionsorgane der Trochophora-Larven sind immer Protonephridien. Wimperntrichter (Nephrostome) der Metanephridien und Terminalzellen (Cyrtocyten, Reusengeißelzellen) der Protonephridien befinden sich jeweils im Coelomraum eines vorhergehenden, der Nephroporus in dem anschließenden Metamer; dazwischen liegt ein mehr oder weniger langer und gewundener Kanal, z. T. mit Harnblase.

Je nach Größe der Tiere besitzt das einzelne Protonephridium 1 bis über 100 terminale Reusenzellen. Sie enthalten entweder nur 1 Flagellum („monociliär", Solenocyten) (Abb. 502D) oder mehrere („multiciliär"), die dann zumeist eine Wimperflamme bilden.

Bei Riesenregenwürmern (z.B. Megascolecidae), die in heißen, trockenen Böden leben, münden Nephridialkanäle auch in den Darmtrakt und verhindern so die Wasserabgabe; jedes Segment kann eine große Zahl von Wimperntrichtern besitzen, die einzeln oder in einem gemeinsamen Kanal ausleiten. – Bei einigen röhrenbewohnenden Polychaeten (Terebellidae, Sabellidae) sind nur wenige, besonders große funktionsfähige Metanephridien im Vorderkörper vorhanden. – Charakteristisch für Hirudinea sind Nephrostome mit rundlicher Kapsel, die keine offene Verbindung mehr zu den eigentlichen Exkretionskanälen besitzen (S. 406).

Nach der bisher grundsätzlich akzeptierten Vorstellung von GOODRICH soll ursprünglich jedes Segment zusätzlich zu dem einen Paar ektodermaler Nephridien noch ein weiteres Paar Segmentalorgane in Form mesodermaler **Gonodukte** besessen

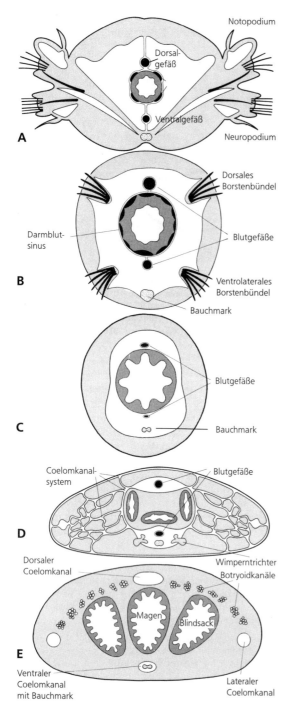

Abb. 500: Coelom und seine Umbildung bei Anneliden. A Polychaeta (Phyllodocida) und B „Oligochaeta" (Tubificidae), mit weiter sekundärer Leibeshöhle und gut ausgebildetem primärem Blutgefäßsystem. C Hirudinea (Acanthobdellida), beginnende Einengung der sekundären Leibeshöhle durch Muskulatur und Bindegewebe; primäres Blutgefäßsystem noch vorhanden. D Hirudinea (Rhynchobdelliformes), Auflösung der paarigen segmentalen Coelomhöhlen zu einem System aus längs- und querverlaufenden Kanälen. E Hirudinea (Gnathobdelliformes). Das Coelomkanalsystem aus großen, z.T. kontraktilen Lakunen und feinen Botryoidkanälchen ist zu einem sekundären Blutgefäßsystem geworden.

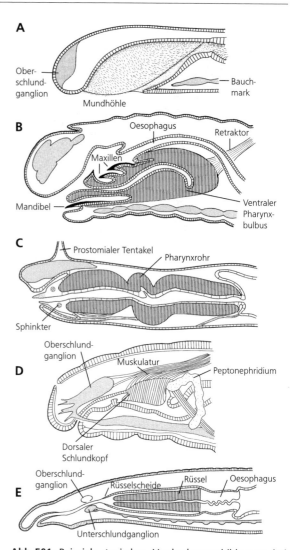

Abb. 501: Beispiele typischer Vorderdarmausbildungen bei Anneliden. Schematisierte Sagittalschnitte. A Einfacher bewimperter Vorderdarm ohne Muskelverstärkung. Feinpartikelaufnahme durch Cilien, z.B. einige Protodrilida, Aeolosomatida. B Vorstreckbarer, ventraler Pharynxbulbus mit cuticularen Kieferelementen (1 Paar sog. Mandibeln und zahlreiche komplexe sog. Maxillen) bei Eunicidae („Polychaeta"): vorwiegend carnivor, teilweise auch herbivor (Rotalgen usw.). C Axiales Pharynxrohr, mit vor allem radiär zum Lumen angeordneter Muskulatur; kann teilweise aus der Mundöffnung vorgestreckt werden; bei Hesionidae („Polychaeta"): je nach Körpergröße werden Einzeller oder kleinere Wirbellose eingesaugt. (Axialer Pharynx mit Kiefer, Abb. 506). D Dorsaler „Schlundkopf" mit hohem Epithel und zahlreichen Drüsenöffnungen, der aus der Mundöffnung ausgestülpt und wie ein Kissen auf Nahrungspartikeln gedrückt und mit ihnen wieder eingezogen wird; bei Enchytraeidae („Oligochaeta"): Aufnahme von totem organischem Material, Pilzen und Bakterien vorwiegend unselektiv. E Axiales Pharynxrohr („Rüssel"), in einer tiefen Rüsselscheide; bei Rhynchobdelliformes (Hirudinea): ektoparasitisch oder räuberisch, Pharynx wird stilettartig durch die Haut der Beute gestoßen und dient zum Aufsaugen von Gewebe und Körperflüssigkeiten. Original: W. Westheide, Osnabrück, nach Heider, Purschke u.a. Autoren.

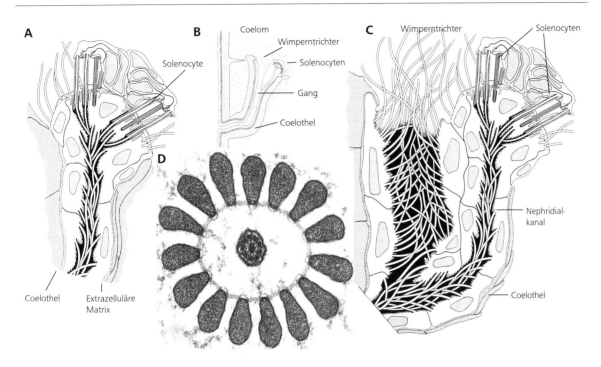

Abb. 502: Protonephridien und Gonodukte des Polychaeten *Anaitides mucosa* (Phyllodocidae). A Protonephridium mit mehreren monocilären Terminalzellen (Solenocyten). B Schema eines umgewandelten Protonephridiums (= Protonephromixium) in einem geschlechtsreifen Individuum mit neu gebildetem Wimperntrichter und Ovidukt zur Ausleitung der Geschlechtszellen. C Terminaler Abschnitt eines derartigen Protonephromixiums. D Querschnitt durch eine Solenocytenreuse. TEM-Bild. A-C Originale: T. Bartolomaeus, Göttingen; D Original: K. Hausmann, Berlin.

haben. Diese Situation findet man unter den Polychaeten nur bei den Capitellidae. Innerhalb der Clitellaten ist sie bei Oligochaeten verbreitet, bei denen in der Regel von Nephridialkanälen getrennte Ovidukte und Spermiodukte die Geschlechtszellen von den Ovar- bzw. Hodensegmenten ausleiten (Abb. 548, 553). Die in anderen Polychaeten mit besonderen Wimperntrichtern für die Ausleitung der Gameten ausgerüsteten Nephridien sollen nach dieser Vorstellung Urogenitalorgane (Mixonephridien, Nephromixien) sein und aus der Verschmelzung der Nephridien mit mehr oder weniger reduzierten Gonodukten hervorgehen.

Neuere Ultrastrukturuntersuchungen konnten jedoch bei zwei Arten nachweisen, daß der Genitaltrichter sich zur Zeit der Geschlechtsreife aus der Wand des Nephridialkanals ohne irgendeine Beteiligung des Coelothels bilden kann (Abb. 502B). Zumindest in diesen Fällen sind die Gonodukte daher nur für die Ausleitung der Gameten umgewandelte Nephridien.

Fortpflanzung und Entwicklung

Reparative **Regeneration** ist bei Anneliden hoch entwickelt. Nach Segmentamputation bildet sich bei vielen Arten sofort eine neue Sprossungszone, in der neue Segmente, z. T. entsprechend der Zahl der verlorenen Segmente, gebildet werden.

Bei dem Polychaeten *Clymenella torquata*, der eine konstante Zahl von 22 Segmenten besitzt, ergänzen Teilstücke aus 13 Segmenten, die aber aus verschiedenen Regionen der Körpermitte geschnitten wurden, die unterschiedlichen fehlenden Segmente am Vorder- und Hinterende jeweils genau entsprechend ihrer ursprünglichen Lage. Noch ein einziges Segment von *Chaetopterus variopedatus* („Polychaeta") vermag nach vorne und hinten die fehlenden Teile zu einem vollständigen Tier zu ergänzen. Dagegen regeneriert eine *Sabella* („Polychaeta") nie mehr als 3 vordere Segmente; sind mehr als 3 verlorengegangen, werden hintere Segmente in vordere Thoraxsegmente umgewandelt. Hierdurch wird eine besonders schnelle Regeneration der komplexen Tentakelkrone gewährleistet, die häufig von Fischen abgebissen wird, aber zur Nahrungsfiltration unerläßlich ist.

Bei Regenwürmern (S. 402) wird die Regeneration wahrscheinlich von Neurosekreten vorderer Ganglien kontrolliert. So kann ein Vorderende nur dann neugebildet werden, wenn einige dieser Ganglien noch vorhanden sind. Hinterenden werden generell regeneriert, allerdings zumeist ohne die Wiederherstellung der ursprünglichen Zahl der Segmente. Regenerierende Tiere fallen in eine Art Körperstarre; Maulwürfe sollen sich dieses Verhalten zunutze machen: sie beißen in die vordersten Segmente und lagern die dann unbeweglichen Regenwürmer in Kammern ihres Gangsystems ein.

Die hohe Fähigkeit des Annelidenkörpers zur reparativen Regeneration wird in vielfältiger Weise für die **ungeschlechtliche Fortpflanzung** herangezogen. Caudale Autotomie und nachfolgende Regenera-

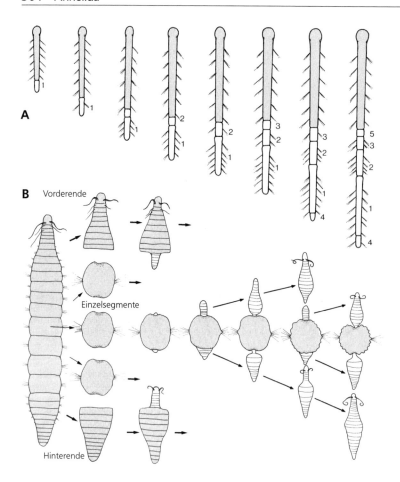

A

B Vorderende

Einzelsegmente

Hinterende

Abb. 503: Ungeschlechtliche Fortpflanzung bei Anneliden. A *Aeolosoma hemprichi* (Aeolosomatida). Typische Bildung von Tierketten, aus denen sich vollständig differenzierte Individuen ablösen (Paratomie). Die Zahlen geben die Reihenfolge der Entstehung der einzelnen Individuen an. B *Dodecaceria concharum* (Cirratulidae). Schema der Fragmentierung und Regeneration. Tiere mit mehr als 40 Segmenten teilen sich, und vom hinteren Körperabschnitt schnüren sich nacheinander 14-18 einzelne Segmente ab. Vorderende und Hinterende regenerieren zu vollständigen Individuen. Wenn die Einzelsegmente an beiden Seiten etwa 7 neue Segmente angelegt haben, lösen sich die Regenerate und ergänzen jeweils ein Hinterende bzw. einen Vorderkörper. Das ursprüngliche Einzelsegment bildet in der Folge in gleicher Weise 2 weitere Individuen aus. Regenerate hell; alle Teile des primären Individuums gepunktet. Die Art vermehrt sich auch auf geschlechtlichem Wege. A Nach Herlant-Meewis (1945); B nach Dehorne (1933) und Gibson und Clark (1976).

tion gehört zum Lebenszyklus einiger Regenwürmer. Fragmentierung in mehr oder weniger große Körperabschnitte mit nachfolgender Regeneration (Architomie) findet man als ausschließlichen Fortpflanzungsmodus z.B. bei dem Oligochaeten *Enchytraeus fragmentosus*. Aber selbst Einzelsegmente können sich ablösen und sich aus ihnen neue Individuen differenzieren, z.B. bei *Dodecaceria concharum* („Polychaeta") (Abb. 503 B). Verbreitet ist auch Paratomie: Hierbei bilden sich – meist am Hinterende – verschieden lange Tierketten (Stolonen, Zooide), von denen sich dann die schon fertig differenzierten Individuen ablösen, z.B. bei den Ctenodrilidae, Aeolosomatidae (S. 383), Naididae (S. 403) (Abb. 503 A, 554). Derartig entstandene Tiere werden bei Syllidae (Polychaeten) zu den Trägern der Geschlechtszellen; ungeschlechtliche und geschlechtliche Fortpflanzung sind bei diesen Arten daher obligat miteinander verbunden (S. 374).

Bei der **geschlechtlichen Fortpflanzung** der Anneliden werden primär die Gameten in das freie Wasser abgegeben und außerhalb des Körpers befruchtet, z.B. noch bei den meisten Polychaeten (S. 373). Mehrmals unabhängig sind schon innerhalb der Po-

lychaeten und dann bei allen Clitellaten (S. 397) Mechanismen einer direkten Übertragung der Spermien auf den Geschlechtspartner entstanden. Einige Arten besitzen äußere Geschlechtsorgane, z.B. Penisorgane bei den Pisionidae („Polychaeta") (S. 375).

Aus der typischen Spiralfurchung (Abb. 286, 288) geht ursprünglich eine Trochophora– Larve hervor (Abb. 268 A, B, 521); eine Reihe von Polychaeten und alle Clitellaten (S. 397) entwickeln sich jedoch direkt.

Systematik

Die Monophylie der Annelida wird meist nicht in Frage gestellt. Sichere Synapomorphien für ihre beiden Subtaxa „**Polychaeta**" und **Clitellata** sind jedoch nicht bekannt (Abb. 504). Viele ihrer gemeinsamen charakteristischen Merkmale sind stammesgeschichtlich alte, ursprüngliche Strukturen (Symplesiomorphien). Sie müssen entweder schon in der Stammart aller Articulata vorhanden gewesen sein (z.B. die metamere Körpergliederung, die Strickleiterform des Nervensystems, die spezifische schräg gestreifte Muskulatur (S. 357), die Ausgestaltung der Segmente mit paarigen Coelomsäcken und Nephridien) oder kommen auch außerhalb der Articulata schon vor (z.B. die cuticulären, sich aus feinen Röhrchen zusammensetzenden Borsten, Abb. 494, die Trochophora-Larve, Abb. 521). Geht man davon aus, daß die Metamerie in der Stammlinie der Articulata in Zusammenhang mit der Ausbildung seitlicher, segmentaler Anhänge entstand (S. 351), so können auch die Parapodien nicht als eine Autapomorphie der Annelida betrachtet werden.

Als Autapomorphien eines Taxon Annelida stehen damit lediglich Merkmale zur Diskussion, die nur in Teilgruppen der Anneliden zu finden sind. Läßt sich wahrscheinlich machen, daß diese Merkmale bei der Stammart der Anneliden vorhanden waren und im Laufe der Evolution in anderen Teilgruppen reduziert wurden, so können sie eventuell die Monophylie eines Taxon Annelida begründen. Dieser Nachweis ist an die Diskussion der Lesrichtung bestimmter Merkmalsausprägungen geknüpft und hängt unmittelbar mit den Vorstellungen über die phylogenetische Reihung der Anneliden-Subtaxa zusammen.

1. Die der traditionellen Systematik folgende Vorstellung hält die primär limnisch-terrestrischen Clitellata für abgeleitet und stellt sie allen anderen Anneliden (= „Polychaeta") gegenüber.
2. Eine entgegengesetzte Hypothese betrachtet einen grabenden, regenwurmähnlichen Organismus als die Stammart der Anneliden; aus diesem sollen sich alle polychaetenartigen Formen erst sekundär entwickelt haben. Die grabende Lebensweise dient in dieser Hypothese als funktionelle Begründung sowohl für die Herausbildung der Articulaten-Metamerie (S. 350) als auch für einen oligochaetenartigen Habitus der Articulaten- bzw. der Anneliden-Stammart.

Einige gegen diese Hypothese der Metamerie-Entstehung und gegen die aus ihr folgende Lesrichtung der Anneliden-Stammesgeschichte sprechende Argumente wurden bereits genannt (S. 350). Ein weiteres, besonders wichtiges Gegenargument ist, daß alle Clitellaten durch eine außerordentliche Fülle von Merkmalen ausgezeichnet sind, die sich nur als hochabgeleitet deuten lassen und die wahrscheinlich erst im limnisch-terrestrischen Bereich entstanden sind: Dies sind das weit hinter dem Prostomium liegende Gehirn (Oberschlundganglion), das Clitellum und die Kokonbildung, die zwittrige Organisation und die direkte Übertragung der Spermien, die Beschränkung der Gonaden auf wenige Segmente, der besondere Modus der Embryonalentwicklung und das Fehlen einer primären Larve (S. 349).

Auch ist das Fehlen von prostomialen Anhängen und Parapodien wahrscheinlich eine Voraussetzung für die spezifische Fortpflanzungsbiologie der Clitellaten: Die Vorgänge der Bildung und des Abstrei-

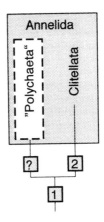

Abb. 504: Verwandtschaftsbeziehungen innerhalb der Annelida. Apomorphien: [1] Prostomium mit Anhängen (Antennen, Palpen) (S. 365); Nuchalorgane (?); Autapomorphien der „Polychaeta" sind nicht bekannt, wahrscheinlich bilden diese nicht-clitellaten Anneliden ein Paraphylum (S. 365); [2] Clitellum und Kokonbildung, Besonderheiten der Ontogenese, Verlagerung des Gehirns aus dem Prostomium, Hermaphroditismus, Beschränkung der Gonaden auf wenige Segmente etc. (S. 397).

fens eines dem Körper dicht anliegenden, mit Flüssigkeit gefüllten Kokons (einschließlich Eiablage und Befruchtung) erfordern eine möglichst glatte Körperoberfläche ohne Anhänge (S. 397, Abb. 549).

Es ist daher zu vermuten, daß keine oligochaetenartige, sondern eine polychaetenartige Form mit borstenreichen, stark strukturierten Parapodien und mit einem mit Anhängen versehenen Prostomium die Stammart derjenigen Articulaten war, die nicht zu den Arthropoden gehören. Ein Prostomium mit Anhängen könnte daher eine Autapomorphie eines Taxon Annelida sein. Diese Vorstellung setzt voraus, daß die Stammart der Arthropoda ein anhangloses Prostomium (Acron) besaß (Abb. 568). Zumindest aus den rezenten Formen gibt es dagegen keinen Widerspruch. Auch die Nuchalorgane (Abb. 498) sind vielleicht eine Autapomorphie der Annelida; sie fehlen – wahrscheinlich sekundär – bei den Clitellata.

Wieder offen wäre die Frage jedoch, wenn die Arthropoda nicht die Schwestergruppe aller Anneliden, sondern lediglich eines ihrer Subtaxa sind. Eine Gruppe, die dafür in Frage käme, ist bisher noch nicht erkannt worden. Die Annelida werden daher – trotz vieler Zweifel – zunächst weiterhin als Monophylum geführt.

Während die hochspezialisierten Clitellaten durch eine Fülle von Synapomorphien (s.o.) als Monophylum ausgewiesen sind, läßt sich dagegen kein allen Polychaeten zukommendes, abgeleitetes Merkmal finden: Die „Polychaeta" sind daher wahrscheinlich ein Paraphylum, das alle Anneliden umfaßt, die nicht eindeutig als Clitellata zu erkennen sind („Polychaeta" = Nicht-Clitellata); die Clitellata könnten dann die Schwestergruppe einer

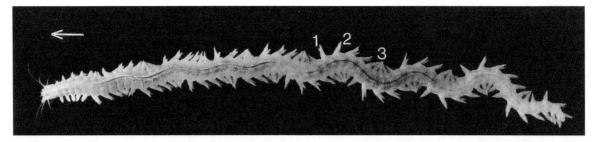

Abb. 505: *Nereis diversicolor* (Nereididae). Bewegung. Übergang zwischen langsamem und schnellem Schlängelkriechen. Im hinteren Körperbereich kontrahieren sich die Längsmuskelbündel alternativ auf der linken und rechten Seite und legen den Körper so in horizontale Wellen. Diese verlaufen in Richtung der Fortbewegung (Pfeil!) – direkt – von hinten nach vorn. Auf der Vorderseite eines Wellenkamms werden die Parapodien auf das Substrat gesetzt und beim Abrollen der Welle nach hinten geschlagen, so daß sie den Körper nach vorn drücken. Im nachfolgenden Wellental ist die Längsmuskulatur maximal kontrahiert; die entsprechenden Parapodien werden stark verkürzt, vom Boden abgehoben und wieder nach vorn geführt. Die dunkle Linie auf dem Rücken des Tieres ist das Dorsalgefäß. Original: W. Westheide, Osnabrück.

– noch nicht erkannten – Teilgruppe dieser „Polychaeta" sein. Diese Definition läßt auch zu, die traditionell als eigenes Taxon betrachteten Pogonophora (S. 384) den „Polychaeta" zuzuordnen.

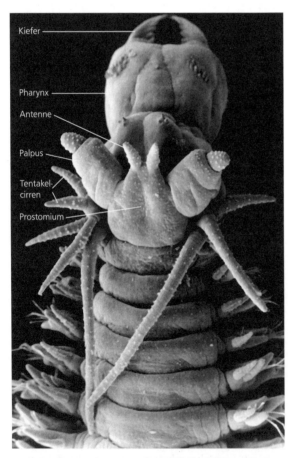

Abb. 506: *Nereis diversicolor* (Nereididae). Vorderende dorsal mit ausgestülptem Pharynx und Kiefer; Augen nicht zu erkennen; zahlreiche Rezeptoren besonders auf Palpen und Antennen. REM. Original: G. Purschke, Osnabrück.

1 „Polychaeta", Borstenwürmer

Zu den ca. 10 000 traditionell Polychaeten genannten Arten gehören außerordentlich verschieden gebaute Anneliden, deren wichtigste Übereinstimmung nur im Fehlen eines Clitellums liegt. Im Meer besiedeln sie alle Lebensräume. Sie dominieren in vielen Meeresböden und bilden die Nahrung für zahlreiche Organismen, vor allem auch für Fische. Einige Arten sind erfolgreich im Brackwasser, wenige sind Süßwasserorganismen oder Bewohner der Bodenlösung. In den Tropen gibt es in feuchter Erde lebende, luftatmende Nereididae. Eine Reihe von Polychaeten sind obligatorische Kommensalen, Ekto- oder Endoparasiten.

Bei grundsätzlicher Bewahrung des Annelidengrundmusters ist ihre Formenvielfalt durch eine weitreichende adaptive Radiation entstanden, die vor allem auf der Umkonstruktion von Prostomium und Peristomium, der Parapodien und des Vorderdarms beruht. So entstand eine Vielzahl von Ernährungs- und Bewegungstypen, deren Bau so differenziert ist, daß er im folgenden nur an einigen charakteristischen Familien-Taxa aus den „traditionellen" Polychaeten einzeln vorgestellt wird. Den Aeolosomatida, Potammodrilida, Myzostomida, Pogonophora und Lobatocerebrida sind eigene Abschnitte gewidmet. Myzostomida und Pogonophora sind stark abweichend organisiert, aber dennoch als Anneliden erkennbar; die Zugehörigkeit der nicht-segmentierten Lobatocerebrida zu den Anneliden läßt sich nur aus ihrer Ultrastruktur vermuten.

Bau

Die wahrscheinlich ursprünglichsten Polychaeten sind langgestreckte, meist räuberische Formen mit zahlreichen, weitgehend gleichartigen (homonomen) Segmenten. Bei den **Nereididae** (Abb. 505) trägt das gut entwickelte Prostomium mit dem Gehirn 1 Paar A n t e n n e n und 1 Paar zweigliedriger P a l p e n mit zahlreichen Rezeptoren, (Abb. 506), 4

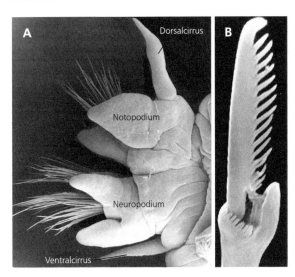

Abb. 507: *Nereis diversicolor* (Nereididae). REM. A Parapodium. B Zusammengesetzte, heterogomphe Borste. Originale: G. Purschke, Osnabrück.

Augen und 2 Nuchalorgane. Das anschließende Peristomium mit 4 Paar langen, nach vorn gerichteten Tentakel- (Peristomial-) cirren setzt sich aus der Buccalregion und 1 nachfolgenden Segment zusammen (S. 354).

Ein Teil des Vorderdarms ist als axiales, stark muskulöses Rohr (Pharynx) differenziert und mit 2 cuticularen, nicht chitinigen Kiefern bewaffnet (Abb. 506 A). Durch Protraktormuskeln und durch Druck der Hautmuskulatur auf das Flüssigkeitsskelett wird sein vorderer Abschnitt rüsselförmig ausgestülpt. Viele Arten dieser Familie sind omnivor.

Nereis diversicolor, z. B., lebt in Schleimgespinstgängen im Wattboden, die von parapodialen Spinndrüsen gebildet werden (Abb. 508 B). Je nach Nahrungsangebot weiden die Tiere die Substratoberfläche ab oder schlingen kleine Wirbellose, Aas und Algenstücke, die sie mit den Kieferzangen ergreifen. Sie filtrieren zusätzlich Feinmaterial: hierzu scheiden sie einen Schleimtrichter im oberen Gangabschnitt ab, ziehen mit Irrigationsbewegungen (Schlängeln auf der Stelle durch abwechselnde Kontraktion der ventralen und dorsalen Längsmuskulatur) einen Wasserstrom hindurch und verschlingen nach einiger Zeit den Schleimfilter mitsamt anhaftenden Partikeln.

Bei den Nereididae ist im Bereich der Segmentflanken die Ringmuskulatur ausgespart für je 1 Paar viellappiger Parapodien: biram bei *Nereis diversicolor*, d. h. Noto- und Neuropodium mit je 1 Stütz-(Führungs-)borste (Acicula), zahlreichen zusammengesetzten Borsten sowie Dorsal- und Ventralcirrus (Abb. 507, 508 B). Jedes Segment enthält ein vielteiliges System segmentaler Muskeln: Schrägmuskeln vom Bauchmark zur vorderen und hinteren Parapodienbasis, diagonalverlaufende Muskeln vor der Parapodienöffnung, verschiedene Muskeln im Innern der Parapodien, Pro- und Retraktoren der Aciculae und Borstensäcke (Abb. 508 B). Diese Muskeln drücken die Parapodien bei der Fortbewegung – mit vorgezogenen Borsten – wie Hebel kräftig und schnell auf das Substrat

und führen sie dann langsam – mit eingezogenen Borsten – vom Boden abgehoben wieder nach vorn. Dieses koordinierte, langsame Schreiten führt zu einem Muster metachronaler Wellen, die vom Hinterende zum Kopf in Richtung der Fortbewegung direkt an den Seiten des Körpers vorbeiziehen. – Beim schnellen Kriechen unduliert der Körper zusätzlich durch abwechselnde Kontraktion der mächtigen linken und rechten Längsmuskelstränge (Abb. 505). Peristaltik spielt hierbei kaum eine Rolle – die Ringmuskulatur ist nur gering ausgebildet. – Auch beim Schwimmen schwingt der Körper schnell in der horizontalen Ebene; durch Rückschlag der nun als Ruder wirkenden Parapodien erfolgt dabei die Vorwärtsbewegung. – Dauerschwimmen während der Fortpflanzung wird durch umfangreiche cytologische und anatomische Veränderungen der Muskulatur ermöglicht (S. 372).

Die meisten Polychaeten sind Mikrophagen. Ein Substratfresser ist z. B. *Arenicola marina* (**Arenicolidae**) (Abb. 509, 510), der die an Detritus, Bakterien, Mikrofauna und Diatomeen reichen Oberflächensedimente des Wattenmeeres nutzt. Der Pierwurm besitzt ein sehr kleines Prostomium, dem Antennen und Palpen fehlen. Das Gehirn ist winzig; Augen, Nuchalorgane und 2 Statocysten sind vorhanden – letztere als sackförmige, offene Einstülpungen der Epidermis in der Nähe der Schlundkonnektive, mit Sandkörnchen als Statolithen. Der schlauchförmige, geringelte („drilomorphe") Körper hat unterschiedlich – heteronom – differenzierte Segmente, die 3 Regionen (Tagmata) bilden: 6 vordere Borstensegmente ohne Kiemen (Thorax), 13 Segmente mit paarigen mehrästigen Kiemenbüscheln (Abdomen) und ein deutlich schlankeres, parapodien- und borstenloses Hinterende (Schwanzabschnitt). Die Notopodien sind höckerförmig mit 2 Reihen langer Haarborsten ohne Aciculae, die Neuropodien wulstartig mit kurzen Haken in Reihe; ihre Muskulatur ist stark vereinfacht (Abb. 509 A).

Die hemisessilen Tiere liegen in einem mit Schleim austapezierten L-förmigen Bau in etwa 20–40 cm Tiefe (Abb. 510). Der Vorderdarm wird zu einem ballonförmigen, papillenbesetzten Rüssel ausgestülpt und mit anhaftenden Sand- und Nahrungspartikeln wieder eingezogen. Beim Graben eines neuen Baus ist der Rüssel ebenfalls beteiligt; er lockert das vor dem Kopf liegende Substrat. Den Vortrieb besorgt dann die antagonistische Kontraktion der Ring- und Längsmuskulatur. Da Thorax und Abdomen bis auf 3 vordere Dissepimente alle Unterteilungen des Flüssigkeitsskeletts fehlen, kann dieser Körperabschnitt als einheitlicher, elastischer Zylinder arbeiten, der sich abwechselnd verkürzt und verlängert. Peristaltische Wellen, die über den Körper hinweglaufen, sind auch Irrigationsbewegungen, sie pumpen Wasser in den Gang. Gelegentlich verläßt *Arenicola* seinen Bau und schwimmt mit schwerfälligen, schraubenförmigen Verwindungen des gesamten Körpers.

Bei vielen Polychaeten führen tentakelförmige Anhänge am Vorderende zu verfeinerten Mechanismen der Aufnahme von Detritus und Kleinorganismen. Sie selektionieren Nahrungspartikeln aus dem Sediment, filtrieren oder strudeln sie aus dem freien Wasser. Derartige Tentakel sind unvereinbar mit

A

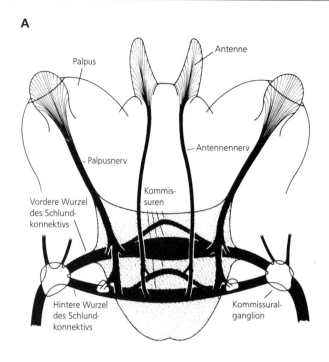

Palpus

Antenne

Antennennerv

Palpusnerv

Kommis-
suren

Vordere Wurzel
des Schlund-
konnektivs

Hintere Wurzel
des Schlund-
konnektivs

Kommissural-
ganglion

B

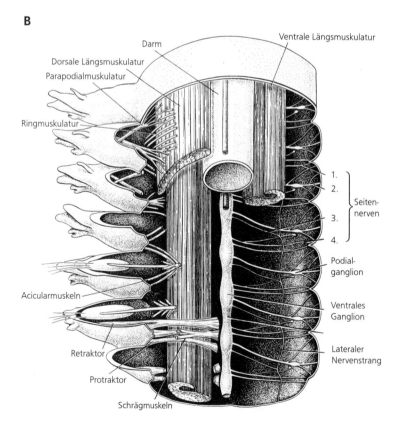

Darm

Ventrale Längsmuskulatur

Dorsale Längsmuskulatur

Parapodialmuskulatur

Ringmuskulatur

1.
2.   Seiten-
        nerven
3.
4.

Podial-
ganglion

Acicularmuskeln

Ventrales
Ganglion

Retraktor

Lateraler
Nervenstrang

Protraktor

Schrägmuskeln

Abb. 508: Nervensystem der Nereididae.
A Gehirn mit den 4 für Polychaeten cha-
rakteristischen Kommissuren, Palpen- und
Antennennerven. Stark schematisiert,
verschiedene Einzelheiten weggelassen.
B Einige Segmente von oben aufgeschnit-
ten. Muskulatur des Rumpfes und der
Parapodien, Bauchmark und segmentale
Nerven. A Verändert nach Orrhage
(1966); B nach Smith (1957).

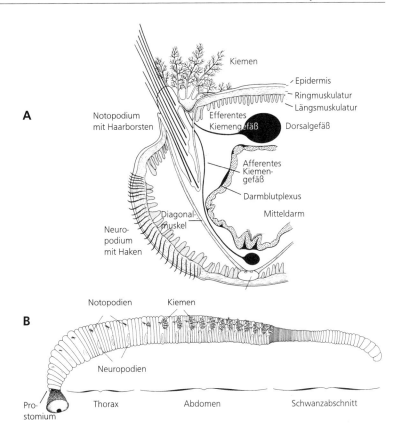

Abb. 509: *Arenicola marina* (Arenicolidae). A Querschnitt durch ein Abdominalsegment. Leicht schematisiert. B Habitus mit ausgestülptem Vorderdarm, ein nichtmuskulöser, axialer Pharynx. Nach Ashworth (1904).

schneller kriechender oder schwimmender Fortbewegung; sie bedürfen gleichzeitig eines verstärkten Schutzes. Die meisten Tentakelträger halten sich daher in selbstgebauten Röhren auf.

Alle festen **Röhren** enthalten Proteinfibrillen, z. T. in einer Matrix aus phosphorylierten Kohlenhydraten; einige sind zusätzlich durch Kalk (vorwiegend Aragonit) verfestigt; sehr häufig werden Fremdmaterialien – Sand, Schill, Kotpartikeln, Schlick – mit eingebaut oder durch Zement in kunstvoller, für die einzelnen Taxa charakteristischer Weise verklebt. Die Sekrete stammen vor allem aus Drüsenkomplexen der Ventralseite vorderer Segmente. Unterschiedliche lappen- oder lippenförmige Bildungen am Vorderende übernehmen die Ausformung der Röhrenwand; Tentakel transportieren das Fremdmaterial heran (Abb. 513 B).

Röhren können vergänglich sein und regelmäßig oder bei Zerstörung neugebaut werden; nur relativ wenige sessile Arten sind nicht in der Lage, eine zweite Röhre zu konstruieren (z.B. einige Serpulidae). Einige Arten schleppen sie wie Köcher mit sich herum (z.B. *Hyalinoecia tubicola*, S. 380; *Pectinaria koreni*, Abb. 511); an den Ort gebunden sind z.B. Terebellidae und Sabellidae, deren Röhren tief senkrecht im Substrat stehen oder Serpulidae und Spirorbidae, die sehr feste Röhren an das Substrat

kleben. Sabellariidae (Abb. 513) bilden Riffe aus großen Blöcken Tausender Individuen, die mit ihren Sandröhren verkittet sind („Sandkorallen") (Abb. 514).

Bei der Nahrungsaufnahme wird das Vorderende mit den Anhängen vorgestreckt, auf bestimmte Reize hin aber blitzschnell in die Röhre zurückgezogen. Dieser Rückzugreflex beruht auf Riesennervenfasern (Kolossalfasern) des Bauchmarks.

Bei *Myxicola infundibulum* (Sabellidae, S. 382) ermöglicht ein derartiges Axon (Durchmesser ca. 1 mm) durch Erregungsleitung von 21 m s^{-1} und durch direkte Innervierung eine fast synchrone, sehr schnelle Kontraktion der gesamten Längsmuskulatur, die hier sehr stark ausgebildet ist.

Kranzförmig am Vorderende liegende Tentakel können die Nahrung erfolgreich aus jeder Richtung herantransportieren. Viele tentakeltragende Formen besitzen daher eine fast radiär erscheinende Symmetrie (Abb. 512).

Die Noto- und Neuropodialäste ihrer Parapodien sind stark umgestaltet zu (1) schmalen Höckern mit Haarborsten, die für Raum zwischen Körper- und Röhrenwand sorgen (Abb. 513 A) und den Körper in der Röhre verankern helfen, wenn Peristaltikwellen Atemwasser hindurchpumpen, und (2) zu gürtelförmigen Wülsten mit kurzen, sehr beweglichen Hakenborsten (Uncini)

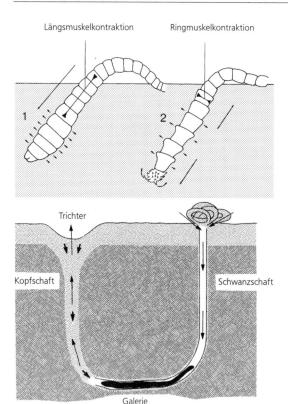

Abb. 510: *Arenicola marina* (Arenicolidae). A Eingraben in das Substrat: (1) verkürzter Vorderkörper angeschwollen (Kontraktion der Längsmuskulatur und Einpressen von Coelomflüssigkeit aus der Körpermitte), dient so als Verankerung, wenn das Hinterende in das Substrat gezogen wird. (2) Der ausgestülpte Pharynx lockert den Sand vor dem Kopf; der nun gestreckte Vorderkörper ist dabei durch ringförmige Flanschen der vorderen Segmente verankert. Danach wird der Pharynx zurückgezogen und dabei Sand nach hinten gedrückt. In die so entstandene Höhlung dringt Wasser ein. Durch Streckung des gesamten Körpers (Kontraktion der Ringmuskulatur) stößt das Tier nun in das derart aufgelockerte Sediment vor. B Schnitt durch den Bau. Das Tier liegt im horizontalen Abschnitt (Galerie) eines L-förmigen, mit wenig Schleim verfestigten Ganges. Verdickungswellen, die von hinten nach vorn über den Körper laufen, erzeugen einen Wasserstrom, der durch die Öffnung des Schwanzschachts in den Bau gepumpt wird (ca. 190 ml h⁻¹). Das Wasser verläßt den Bau durch einen senkrechten, mit Sand gefüllten Schacht (dünne Pfeile!) über dem Kopf des Tieres. An seiner Basis frißt der Wurm kontinuierlich Substrat, das von oben her nachrutscht (dicke Pfeile!). Auf der Wattoberfläche bildet sich so ein Einsturztrichter, in dem sich besonders viel organisches Material sammelt und nach und nach in die Tiefe gelangt. Gleichzeitig wird suspendiertes Material aus dem Atemwasserstrom im Sand vor dem Tier abfiltriert und steht so ebenfalls als Nahrung zur Verfügung. In Abständen (etwa alle 40 min) steigt das Tier rückwärts an die Oberfläche und scheidet unverdauten Sand als Kotschnur ab. Sauerstoff wird durch bäumchenförmige Kiemen aufgenommen, die über den dorsalen Borstenbündeln in der Körpermitte stehen (Abb. 509). A Nach Trueman (1966); B nach verschiedenen Autoren.

(Abb. 493 H, 513 A), die dem Drehen oder dem Auf- und Absteigen in der Röhre dienen. Diese Bewegungen werden vor allem von Parapodien des Vorderkörpers ausgeführt, die deshalb meist größer sind als die der hinteren Segmente. Auch Tentakel, Kiemen und Exkretionsorgane konzentrieren sich am Vorderende. Röhrenbewohnende Polychaeten sind daher in der Regel ebenfalls heteronom gegliedert (Abb. 511, 513, 525).

Bei den **Pectinariidae** (Abb. 511) ist das undeutliche Prostomium mit dem Peristomium verschmolzen. Der „Thorax" besteht aus einem Segment mit besonders großen kammförmig nach vorn gerichteten Borsten, den Paleen (zum Graben im Substrat und zum Verschluß der Röhre), aus borstenlosen Kiemensegmenten und einigen Borstensegmenten ohne ventrale Haken; das „Abdomen" hat nur Segmente mit Haarborsten tragenden Notopodien und Neuropodien mit Haken; die „Schwanzregion" ist zu einer schaufelförmigen, parapodienlosen Scaphe spezialisiert, an der wenige Haken zum Festhalten in der Sandröhre dienen.

Lanice conchilega (**Terebellidae**, S. 381, Abb. 527) lebt in 30–40 cm langen Sandröhren mit bäumchenförmiger Krone, die senkrecht im Boden stehen. Das mit dem Peristomium verschmolzene Prostomium hat einen Schopf langer Tentakel, die von einem einheitlichen Coelomraum durchzogen werden und Drüsen und Chemorezeptoren besitzen; mit Cilien vermögen sie über das Substrat zu „kriechen". Nahrungspartikeln oder Baumaterial für die Röhre werden dabei auf dem rinnenförmig eingefalteten Wimpernband befördert oder durch Kontraktion der Tentakel zum Vorderende gebracht (Ernährungstyp des Tasters). Beim Röhrenbau ergreift eine besondere, kapuzenförmige Oberlippe ein Sandkörnchen und setzt es auf den oberen Rand der Röhre. Dann steigt das Tier etwas aus der Röhre heraus, streicht mit den drüsigen Bauchschildern an dem Sandkorn entlang und kittet es dabei mit sofort erhärtendem Sekret in die Röhrenwandung ein.

Sabellidae (S. 382) und **Serpulidae** (S. 382, Abb. 512) haben eine zweiteilige Tentakel-(Kiemen)krone, die sie in der Regel trichterförmig aus der Röhre herausstrecken; die beiden Tentakelträger sind Palpen homolog. Jeder federförmige Tentakel (Radiolus) hat 2 Reihen stark bewimperter Pinnulae, die einen kontinuierlichen Wasserstrom durch die Tentakelkrone hindurchtreiben, aus dem Feinpartikel abgefangen und an der Basis der Tentakel in komplizierter Weise sortiert werden (Abb. 512 C) (Filtrierleistung z.B. 1,4 ml h⁻¹ mg⁻¹ Feuchtgewicht bei *Pomatoceros triqueter*). Bei den Serpulidae sind 1 oder 2 Tentakel zu gestielten, häufig verkalkten Opercula zum Verschluß der Röhre umgewandelt. Im Thorax stehen lange Borsten im Notopodium und Haken im Neuropodium, im Abdomen umgekehrt („Inversion der Borsten"); diese Anordnung erleichtert möglicherweise das schnelle Drehen in der Röhre. Eine andere Anpassung an die

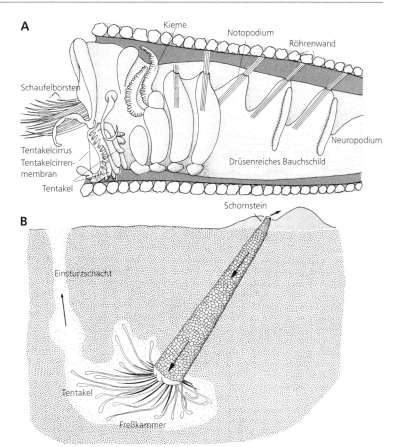

Abb. 511: *Pectinaria koreni* (Pectinariidae). A Vorderende. B Gangsystem. Das Tier bewegt sich kopfabwärts im Substrat. Röhre aus äußerer einschichtiger Lage verkitteter, regelmäßiger Sandkörner, unterlagert von mehreren dünnen Mucinschichten. Am Hinterende kurzer Schornstein aus Detritus, der aus der Oberfläche herausragt; spitze, messingfarbene Borsten (Paleen) bilden vor dem Kopf 2 große Schaufeln zum Verschluß der Röhre, zur Fortbewegung und zur Auflockerung des Sandes; in das gelockerte Substrat schieben sich die Tentakel, die Detritus und kleinste Organismen zum Mund transportieren. Ein von Zeit zu Zeit erzeugter Wasserstrom treibt Sandkörner und andere nicht verwertbare Partikeln aus der Röhre, sie werden um den Schornstein herum abgelagert. Hierdurch entsteht vor dem Vorderende der Röhre eine Art Freßkammer. Sie wird durch die Tentakel ständig vergrößert, bis es zur Bildung eines Einsturzschachtes kommt, durch den weiteres Nahrungsmaterial an die Tentakel gelangt. Peristaltische Bewegungen erzeugen einen Atemwasserstrom, der an der engen Öffnung in die Röhre eintritt (lange Pfeile!) und durch den Schacht das Gangsystem verläßt. A Nach Fretter und Graham (1966); B nach Wilcke (1952).

sessile Lebensweise ist eine bewimperte Kotrinne, die auf dem Abdomen ventral verläuft, am Thorax auf die mundabgewandte Dorsalseite zieht und die Faeces aus der Röhre herausbefördert.

Fortpflanzung und Entwicklung

Die Fortpflanzung bei den Polychaeta ist vielfältig. Die Geschlechter sind in der Regel getrennt. Zwittrigkeit in sehr verschiedener Ausprägung hat sich aber unabhängig in mindestens 18 Familien herausgebildet.

Die kleine *Ophryotrocha puerilis* (Dorvilleidae) ist ein konsekutiver Zwitter. Zuerst durchlaufen die Tiere eine männliche Phase, um dann mit zunehmender Länge und Segmentzahl weiblich zu werden und nur Oocyten zu produzieren. Hungerbedingungen oder Amputation der hinteren Segmente läßt sie wieder Spermien bilden. Hält man „Weibchen" in Paaren, so wandelt sich eines von ihnen in ein funktionelles Männchen um („Paar-Kultur-Effekt"). – Simultaner Hermaphroditismus kommt z. B. bei allen *Microphthalmus*-Arten (Hesionidae) vor – männliche Kopulationsorgane und Spermien befinden sich bei ihnen immer in der vorderen Körperhälfte, weibliche Gameten in den hinteren Segmenten.

Polychaeten lassen sich unterteilen (1) in Arten, die nur einmal zu einem bestimmten Zeitpunkt während ihres Lebens geschlechtsreif werden (z. B. Nereididae), (2) Arten, die mehrmals in deutlichen Abständen Geschlechtszellen ausbilden (z. B. Eunicidae), und (3) Arten, die über einen längeren Zeitraum Gameten produzieren (z. B. einige kleine Meiofauna-Polychaeten).

Ursprünglich ist wohl eine Differenzierung von Geschlechtszellen in fast allen Metameren. Innerhalb der Polychaeten gibt es alle Übergänge zwischen völlig fehlenden, abgegrenzten **Gonaden** bis hin zu diskreten, sackförmigen, von Coelothelien umkleideten Hoden und Ovarien. Auch der Ablauf der Gametogenese zeigt große Unterschiede: Die Differenzierung der Spermatozoen erfolgt im Coelom häufig an der Peripherie großer kugeliger, kernloser Cytoplasmamassen (Cytophoren) (Abb. 65); in anderen Taxa reifen sie in der Coelomflüssigkeit als einzelne Zellen oder in Gruppen aus 4 Zellen heran – sehr selten innerhalb von Cysten. Alle Phasen der Gametogenese können unter der Kontrolle von Hormonen und äußeren Faktoren stehen.

In Nereididen bewirkt die Abnahme des Titers eines Gehirnhormons (Nereidin) den Eintritt der Keimzellen in

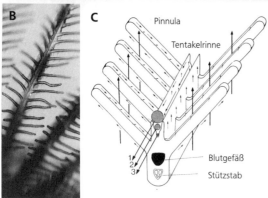

Abb. 512: Sessile, filtrierende Polychaeten. A, B *Hydroides norvegica* (Serpulidae). A Tentakelkrone aus 2 Stämmen, jeder mit mehreren halbkreisförmig angeordneten Tentakeln (Radioli); Kalkröhre. B Radioli mit 2 Reihen bewimperter Filamente (Pinnulae). C *Sabella penicillus* (Sabellidae). Teil eines Radiolus. Schema der Wasserströmung und des Transports von Partikeln. Große Pfeile = Strömung des Wassers an den Pinnulae vorbei; kleine Pfeile = Richtung des Transports der Partikeln durch die Cilien auf den Pinnulae und in der Rinne des Radiolus. Der unterschiedliche Rinnendurchmesser führt zur Sortierung in 3 Fraktionen: Die groben Teile (1) gelangen durch eine Wasserströmung am Grund der Tentakelkrone aus dem Trichter hinaus; Partikeln mittlerer Größe (2) werden in Taschen am Vorderende des Tieres als Baumaterial zurückgehalten; nur das feine Filtrat (3) gelangt als Nahrung zum Mund. Die Tentakelkrone dient auch dem Gasaustausch. A, B Originale: W. Westheide, Osnabrück; C nach Nicol (1979).

die Meiose. Bei Sylliden hat der Proventriculus (s. Abb. 523) endokrine, die Geschlechtsreife beeinflussende Funktionen. Bei *Harmothoë imbricata* (Polynoidae) wird die Ausschüttung eines gonadotropen Hormons des Gehirns durch Kurztagsbedingungen induziert: Oocyten kommen nur dann erfolgreich zur Ausdifferenzierung, wenn die Individuen 42–55 Tage lang weniger als 13 h Tageslicht ausgesetzt waren; andernfalls werden die Keimzellen rückgebildet. Auch höhere Temperaturen können Dotterbildungsprozesse positiv, z. T. synergistisch mit anderen Faktoren beeinflussen oder sie sogar erst ermöglichen (s. auch Kontrolle der Gametenabgabe, S. 374).

Die Keimzellen werden meistens durch normale oder umgewandelte Nephridialorgane abgegeben (S. 363, Abb. 502 B). Seltener gelangen sie durch besondere Gonodukte, über Enddarm und Anus, durch Abstoßen von Segmenten oder durch Aufbrechen der Körperwand nach außen. Häufig ist äußere Besamung im freien Wasser. Bodenlebende Arten sammeln sich dazu an der Meeresoberfläche zu Paaren oder in Schwärmen. Hierzu notwendige Umstellungen in der Bewegung (schnelles Dauerschwimmen) und Veränderung des Verhaltens (positive Phototaxis; Reaktionen auf Sexualpheromone; Einstellung der Nahrungsaufnahme) beruhen auf charakteristischen Umwandlungen in der Organisation der geschlechtsreifen Tiere, die **Epitokie** genannt werden.

Viele geschlechtsreife Nereididae, z. B., bilden ihre Parapodien zu großflächigen Rudern um; die Borsten fallen aus und werden durch breitere ersetzt (Abb. 493 K), die – fächerförmig angeordnet – eine zusätzliche Ruderfläche bilden (Abb. 515 C); einzelne Parapodialcirren vergrößern sich und erhalten spezifische Chemorezeptoren; die Augen hypertrophieren durch Vergrößerung ihrer Zellen; der Darm wird teilweise rückgebildet, die Muskulatur weitreichend umgestaltet durch Histolyse vor allem der Längsstränge, während die Schrägmuskeln im Bereich der Parapodien verstärkt werden und die Feinstruktur der Muskelzellen sich verändert (Zunahme der Mitochondrien); das Netz der Gefäße wird besonders in den Parapodien erweitert; Männchen bilden z. T. am Pygidium zusätzliche Papillen zur Ausleitung der Spermien. Die Geschlechtstiere sind so sehr verändert, daß sie zuerst aus Unkenntnis der Zusammenhänge als besondere Gattung beschrieben wurden: *Heteronereis*.

Derartige Umwandlungen können Teile oder den gesamten Körper erfassen (Abb. 516). Nimmt das vollständige, epitok gewordene Tier an der Fortpflanzung teil, spricht man von **Epigamie**. (Bei vielen Arten geht es in der Regel nach Abgabe der Geschlechtszellen zugrunde, z. B. bei Nereididae. Epitokie kann jedoch auch reversibel sein.). Bei einigen Eunicidae wird nur der hintere Körperteil mit mehreren 100 Segmenten epitok; er trennt sich vom atoken sterilen Vorderende und schwärmt selbständig im freien Wasser (**Schizogamie**). Der vordere Abschnitt der Tiere bleibt am Boden, beteiligt sich nicht an der Fortpflanzung und regeneriert bis zum nächsten Schwärmen ein neues epitokes, fertiles Hinterende (z. B. der Palolo-Wurm *Eunice viridis*, Abb. 518).

Schizogame Fortpflanzung ist besonders charakteristisch für viele Syllidae (Abb. 516, 517). Durch Teilung – Architomie oder Paratomie – entstehen meist mehrere Individuen (Stolonen, Zooide) an einem Muttertier (Amme), die sich ablösen, umherschwimmen und die Ablage der Geschlechtszellen übernehmen. Ein echter Generationswechsel – Metagenese – liegt jedoch nicht in jedem Fall vor, da die weiblichen Geschlechtszellen viel-

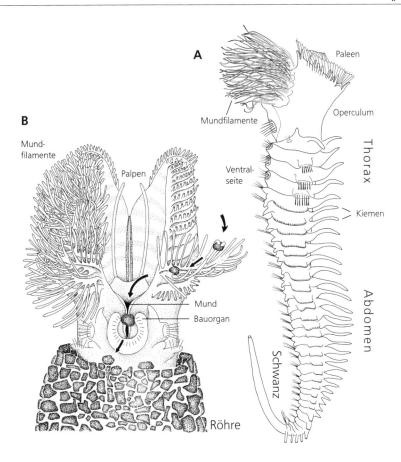

Abb. 513: *Sabellaria* sp. (Sabellariidae). A Totalansicht von der Seite (Länge: 2–5 cm) mit Gliederung in 3 Tagmata: (1) Thorax: 2 Segmente (mit Operculum) und 3 Parathoraxsegmente mit paddelartigen Borsten zur Bewegung in der Röhre. Die beiden muskulösen Opercularlappen tragen am Ende je 1 halbmondförmige, dicht mit dicken Borsten (Paleen) besetzte Scheibe, mit denen die Röhrenöffnung stopfenartig gegen Feinde und Austrocknung verschlossen wird. Die Paleen entsprechen den Notopodien der beiden ersten Segmente, die durch je 1 Paar neuropodiale Haarborstenbündel zu erkennen sind. Mundfilamente auf der Ventralseite. Prostomium nicht abgesetzt. (2) Abdomen: etwa 30 Segmente, davon die ersten 15–20 mit Kiemen. (3) Schwanzregion: röhrenförmiger, nach vorn gerichteter Abschnitt, After am Ende. Wachstumszone zwischen Abdomen und Schwanzregion. B Vorderende (ventral) eines Tieres beim Bau seiner Röhre. Mundfilamente teilweise abgeschnitten. Partikeln werden aus dem Wasser mit den Filamenten abgefangen, auf Cilienbänder zum Mund transportiert und hier sortiert: (1) Nahrungspartikeln, die in den Darmtrakt aufgenommen werden, (2) Partikeln, die abgestoßen werden, und (3) Baupartikeln (Sandkörner und Molluskenschalen-Bruchstücke bestimmter Größe); letztere gelangen zum Bauorgan, ein lippenförmiges Gebilde, das jeden einzelnen Partikel mit Zement bestreicht und ihn auf dem Röhrenrand festmauert. Nach verschiedenen Autoren.

fach noch im Muttertier gebildet werden und erst vor der Abschnürung in den Stolo gelangen.

Bei der äußeren Besamung im freien Wasser werden von den einzelnen Tieren große Mengen Spermien und Eier gleichzeitig abgegeben – bei großen Arten mehrere 100 000 Eizellen und eine noch wesentlich größere Zahl von Spermien. Ihre synchrone Reife wird hormonell gesteuert (s. u.). Eine gleichzeitige Gametendifferenzierung im einzelnen Individuum reicht für den Befruchtungserfolg einer Art, die ihre Geschlechtsprodukte ins freie Wasser entläßt, jedoch nicht aus. Epitokie, Reifung der Gameten und Schwärmen müssen in der gesamten Population synchron verlaufen, so daß viele Männchen und Weibchen gleichzeitig ablaichen können, um die

Abb. 514: „Sandkorallen"-Riffe von *Phragmatopoma lapidosa* (Sabellariidae). In der Brandungszone an der Ostküste von Florida. Original: W. Westheide, Osnabrück.

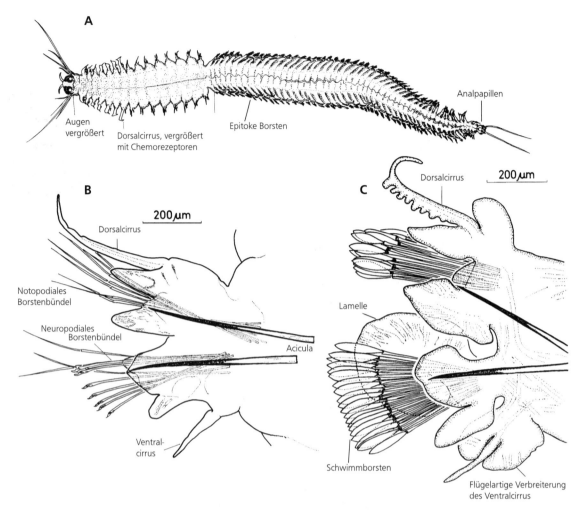

Abb. 515: Epitokie bei *Platynereis dumerilii* (Nereididae). A Geschlechtsreifes epitokes Männchen mit u.a. vergrößerten Augen, vergrößerten Dorsalcirren in den vorderen Segmenten, die Chemorezeptoren tragen, epitoken Schwimmborsten im hinteren Körperabschnitt und Analpapillen zur Ausleitung der Spermien. B Parapodium des 30. Segments eines atoken Tieres. C Parapodium des 30. Segments eines epitoken Männchens mit zusätzlicher Lamelle, veränderten Dorsal- und Ventralcirren und anderen Borsten (Schwimmborsten). Originale: A. Fischer, Mainz.

besten Voraussetzungen für eine hohe Befruchtungsrate zu schaffen. Dies geschieht durch Kopplung eines endokrinen Systems an eine innere Uhr (endogener Rhythmus), die durch exogene Faktoren („Zeitgeber", z.B. Belichtung oder Wassertemperatur) synchronisiert wird. Bei *Platynereis dumerilii* (Abb. 515) werden durch die abnehmende Lichtintensität nach Vollmond Eireifung und Epitokie in Gang gesetzt, so daß jeweils bei Neumond – 16-20 Tage später – zahlreiche geschlechtsreife Heteronereis-Individuen einer Population gemeinsam schwärmen und ablaichen.

Eine derartige lunarperiodisch beeinflußte Fortpflanzung ist z.B. für *Typosyllis prolifera* (Abb. 519) nachgewiesen: Die Bildung der Stolonen wird hier durch den Antagonismus zweier Hormone kontrolliert, (1) einem Hormon aus dem Prostomium, das die Stolonisation fördert, und (2) einem Hormon aus dem Proventriculus, das diesen Vorgang hemmt. Lange Photoperioden und auch höhere Temperaturen im Sommer stimulieren die endokrine Aktivität des Prostomiums. Die rhythmische Reproduktion während der Fortpflanzungssaison wird durch einen endogenen circalunaren Oszillator determiniert, der über den Mondlichtzyklus als Zeitgeber mit dem Mondmonat synchronisiert wird: Die ablösebereiten, reifen Stolonen entstehen jeweils wenige Tage vor Vollmond. Das eigentliche Ablösen und nachfolgende Schwärmen der Geschlechtstiere wird dann durch die einsetzende morgendliche Belichtung bei Sonnenaufgang ausgelöst.

Der „Pazifische Palolo" *Eunice viridis* (S. 380, Abb. 518) ist das bekannteste Beispiel für eine durch den Faktor Mondlicht synchronisierte Fortpflanzung, die außerdem wahrscheinlich noch einer Jahres- und Tagesperiodik unterliegt. Die Art schwärmt vor Inseln im Südpazifik nur einmal im Jahr, immer innerhalb weniger Stunden in 1, 2

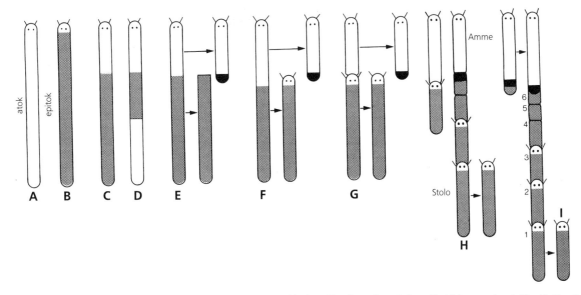

Abb. 516: Epigamie und Schizogamie bei Polychaeten. A Geschlechtsreife Tiere ohne äußere Umbildungen (= atok), z.B. *Nereis diversicolor.* B-D Epigamie, (S. 374). Geschlechtsreife Tiere mit äußeren Umbildungen (= Epitokie). B Äußere Veränderungen erfassen den gesamten Rumpf. C Umbildungen vor allem im hinteren Rumpfbereich, z.B. *Platynereis dumerilii.* D Umbildungen vor allem in der Rumpfmitte, z.B. *Perinereis marioni.* E-J Schizogamie. (S. 376). Indirekte Fortpflanzung durch Abtrennung von Körperregionen, die die Geschlechtszellen tragen und abgeben. E Nur das Hinterende schwärmt; das Vorderende regeneriert ein neues Hinterende, z.B. *Eunice viridis* (Pazifischer Palolo, S. 376). F Das Hinterende bildet nach der Abtrennung einen Kopf, z.B. *Syllis gracilis.* G Der Kopf bildet sich bereits vor der Abtrennung, z.B. *Syllis amica.* H Ausbildung eines neuen Individuums mit Kopf, zusätzlich Sprossung neuer Geschlechtsindividuen zunächst ohne Kopf am Hinterende der Amme, z.B. *Autolytus* sp. J Sprossung von Zooiden (Stolonen) am Hinterende der Amme. Ältestes Geschlechtstier am Ende der Tierkette, z.B. *Myrianida fasciata.* – Gerastert = umgebildete (epitoke) oder sich ablösende Körperbereiche mit Geschlechtszellen. Nach Schiedges (1979) und anderen Autoren.

oder 3 Nächten während des letzten Mondviertels, das zwischen Mitte Oktober und Mitte November liegt. Die Inselbewohner kennen diesen Zeitpunkt seit altersher, schöpfen die schwärmenden Hinterenden von der Meeresoberfläche und verzehren sie roh oder gedünstet als Leckerbissen.

Innerhalb des Schwarms finden sich die Geschlechter bei vielen Arten durch Pheromone, die auch die unmittelbare Ausstoßung der Geschlechtszellen auslösen können. Bei mehreren Nereididen konnte eines dieser Pheromone als 5-Methyl-3-heptanon identifiziert werden, dessen Geschlechtsspezifität dadurch gewährleistet wird, daß es von den Männchen als S(+)Isomer, von den Weibchen als S(-)Isomer produziert wird: Männchen bzw. Weibchen reagieren nur jeweils auf das Isomer des anderen Geschlechts. Artspezifität wird durch die sehr unterschiedlichen Mengen aufrechterhalten, in denen einzelne Arten das Pheromon abgeben.

Polychaeten, die das Sediment nicht verlassen – darunter viele Sandlückenbewohner aus den Pisionidae, Hesionidae, Dinophilidae u.a. – besitzen in der Regel Kopulationsorgane für eine direkte Übertragung der Spermien: Diese innere Besamung erlaubt den Tieren, mit relativ wenigen weiblichen Gameten auszukommen (Abb. 520), eine entscheidende Voraussetzung für die Existenz dieser nur millimetergroßen Organismen. Viele, auch größere Arten legen die Eier nicht frei ab,

sondern umhüllen sie mit Schleimkokons oder treiben Brutpflege (Abb. 526 C); auch in diesem Fall ist die Produktion weiblicher Geschlechtszellen wesentlich geringer.

Ungeschlechtliche Fortpflanzung ist häufig und steht in Zusammenhang mit der Fähigkeit vieler Polychaeten zu reparativer Regeneration (S. 363, Abb. 503 B).

Ursprünglich ist die **Embryonalentwicklung** indirekt und führt über die freischwimmende Trochophora-Larve zum Adultus. Die Furchung ist eine Spiralfurchung. Nach 6 Schritten entsteht die Blastula mit 64 Blastomeren. An ihr läßt sich ein Muster präsumptiver Keimblatt- und Organareale feststellen, deren relative Lage zueinander bei allen Arten weitgehend gleich ist. – Die Gastrulation erfolgt z.T. durch Invagination (Abb. 268 A), meist aber, bei großem Dotterreichtum, durch Epibolie. Aus dem vorderen Blastoporusschlitz geht der Mund, aus dem hinteren der Anus hervor, oder letzterer bildet sich an dieser Stelle neu.

Diese meist kugelförmige Protrochophora wird durch einen Wimpernring (Prototroch) bewegt; er unterteilt sie in eine obere Episphäre und eine untere Hyposphäre. Die weitere Differenzierung führt in den einzelnen Taxa zu sehr unterschiedlich ge-

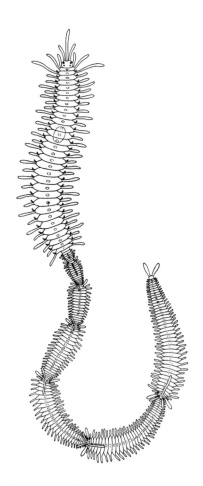

Abb. 517: Schizogamie. Bildung von Stolonen (Zooiden) bei *Autolytus purpureomaculatus* (Syllidae). Aus Grassé (1959) nach Okada (1933).

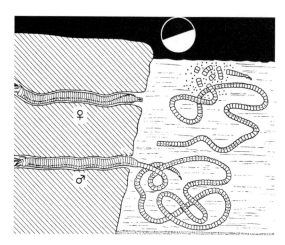

Abb. 518: Fortpflanzung von *Eunice viridis* (Pazifischer Palolo). Das mit Geschlechtszellen gefüllte epitoke Hinterende der Männchen und Weibchen löst sich vom Vorderende und schwimmt an die Meeresoberfläche, wo es nach kurzem Schwärmen unter Freisetzung der Eier bzw. Spermien zerfällt. Das Vorderende verbleibt im Korallenriff und regeneriert ein neues Hinterende für eine weitere Fortpflanzung. Dieser Vorgang vollzieht sich gleichzeitig bei allen geschlechtsreifen Tieren einer Population einmal im Jahr (s. Text). Aus Hauenschild (1975).

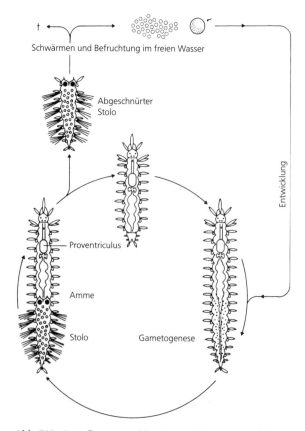

Abb. 519: Fortpflanzungszyklus eines schizogamen Polychaeten (*Typosyllis prolifera*, Syllidae), siehe Text. Original: H.-D. Franke, Helgoland.

stalteten Trochophorae; sie besitzen zumeist eine apikale, bewimperte Scheitelplatte, Augen und zusätzliche Cilienstrukturen, dazu gehört ein Metatroch zum Sammeln von kleinsten Nahrungspartikeln (Abb. 521 A, 522 A).

Die gesamte Entwicklung ist hochdeterminiert; die Blastomeren können einzeln homologisiert werden (Abb. 288, S. 208). Die Blastomere 4d des 4. Quartetts liefert die beiden Mesoteloblasten, aus denen nun zu beiden Seiten des Darms paarige mesodermale Zellbänder und dann durch Schizocoelie die ersten Coelomsäckchen hervorgehen. Die Hyposphäre streckt sich, Larvalborsten und Anlagen der Kopfanhänge können erscheinen; Schlundkonnektive und Bauchmark differenzieren sich. Anschließend erfolgt die **Metamorphose**, die durch die Tätigkeit einer praeanalen Sprossungszone (Wachstumszone) gekennzeichnet ist. Dies ist die Region, in der das caudale Ende der Mesodermstreifen liegt. Dabei wird zwischen Mundregion und analer Region der Larve, dem Pygidium, der metamer gegliederte Rumpf gebildet: Metatrochophora (Abb. 522E).

Nur die aus dotterarmen Eiern entstehenden Trochophorae sind planktotroph, d.h. sie ernähren sich von Beginn an von kleinsten Planktonorganismen. Aus dotterreichen Eiern gehen lecithotrophe Larven hervor, die von ihrem Dottervorrat leben. Bei dotterreichen Eiern kann die Entwicklung auch direkt ohne Ausbildung einer Larve verlaufen.

Larven, die sich besonders lange im freien Wasser aufhalten, sind häufig durch zusätzliche Larvalstrukturen ausgezeichnet: Nectochaeta-Larven mit Parapodien, die zum Schwimmen benutzt werden (Abb. 522D); Nectosoma-Larven, die vor allem durch undulatorische Bewegungen schwimmen (Abb. 522C), Aulophora-Larven der Terebellidae, die in einer larvalen Röhre treiben (Abb. 522F).

Systematik

Die Polychaeten sind eine sehr alte Gruppe. Fossilien mit typischem Polychaeten-Habitus kennt man bereits aus dem Kambrium. Die sog. Scolecodonten, die vor allem aus dem Ordovizium und Silur in hoher Zahl und Formenvielfalt vorliegen, sind Kieferelemente von Eunicida, die sich eindeutig mit entsprechenden Strukturen rezenter Arten homologisieren lassen.

Innerhalb der traditionellen Polychaeten („Polychaeta i.e.S.") werden ca. 80 rezente Familien unterschieden – davon kommen etwa 45 in der heimischen Fauna der Nord- und Ostsee und 66 im Mittelmeer vor. Ihre traditionelle Gruppierung in „Errantia" (vorwiegend schwimmend und kriechend, homonome Segmentierung), „Sedentaria" (vorwiegend grabend und festsitzend, Körper in Tagmata unterteilt) und „Archiannelida" (kleine Formen mit z.T. larvalen Charakteren: Polygordiidae, Saccocirridae (Abb. 498A), Protodrilidae, Nerillidae (Abb. 526C), Dinophilidae (Abb. 520A), Diurodrilidae) ist künstlich und wurde aufgegeben.

Wahrscheinlich sind nicht alle folgenden Subtaxa

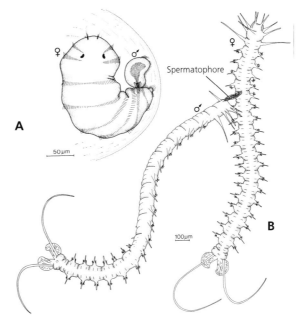

Abb. 520: Innere Besamung bei Polychaeten. A *Dinophilus gyrociliatus* (Dinophilidae). Hypodermale Injektion des Spermas durch das Zwergmännchen in das juvenile Weibchen noch innerhalb des Eikokons. Weitere Kopulationen können außerhalb des Kokons erfolgen. B *Hesionides arenaria* (Hesionidae). Übertragung des Spermas mit Hilfe einer Doppelspermatophore, die vom Männchen aus paarigen Geschlechtsöffnungen am Prostomium herausgepreßt und an beliebiger Stelle auf die Körperoberfläche des Weibchens geklebt wird. Von hier aus gelangen die Spermien dann durch die Haut in die Leibeshöhle. Aus Westheide (1984).

Monophyla. Ihre hier vorgenommene Reihung erfolgt unter der Annahme, daß die Anneliden-Stammart bereits homonom segmentiert war, gut ausgebildete Parapodien mit Borsten und prostomiale Anhänge besaß (s. Diskussion S. 365). Formen mit zweiästigen Parapodien, zahlreichen großen Borsten, verschiedenen prostomialen Anhängen und gleichartigen Segmenten werden daher vor den Taxa mit heteronomen Segmenten, reduzierten

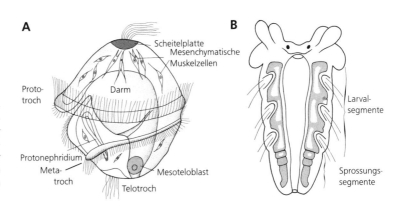

Abb. 521: Entwicklungsgeschichte („Polychaeta"). A Trochophora von *Polygordius* sp. (Polygordiidae). B Schema einer Larve mit 3 simultan entstandenen, primären Segmenten und teloblastischer sukzedaner Bildung weiterer Segmente in der praeanalen Sprossungszone. A Nach Siewing (1969); B nach Anderson (1973).

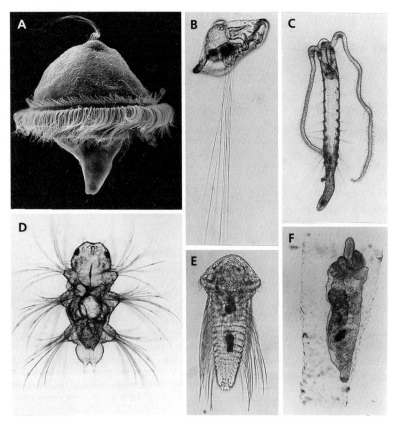

Abb. 522: Larventypen von Polychaeten. A *Serpula vermicularis* (Serpulidae), Trochophora, 3 Tage alt. REM. B *Owenia fusiformis* (Oweniidae). Mitraria, eine Trochophora mit besonders langen larvalen Schwebborsten. C *Magelona mirabilis* (Magelonidae), ältere Larve mit langen kapillaren Larvalborsten am Vorderende (sog. Nectosoma), schwimmt durch undulatorische Bewegungen. D *Nereis pelagica* (Nereididae). Nectochaeta mit 3 Segmenten. E Weit entwickelte Metatrochophora einer unbekannten Art aus dem Plankton vor Helgoland. F *Lanice conchilega* (Terebellidae). Aulophora in konischer Larvalröhre, die als Schwimmorgan dient. Häufig im Nordseeplankton. A Original: C. Nielsen, Kopenhagen; B-F Originale: W. Westheide, Osnabrück.

Parapodien, wenigen oder fehlenden Borsten und fehlenden oder stark abgeleiteten prostomialen Anhängen genannt. Die phylogenetischen Beziehungen der Taxa untereinander sind bisher nicht oder nicht befriedigend geklärt. Die großen strukturellen Unterschiede sprechen für eine lange, unabhängige stammesgeschichtliche Entwicklung vieler dieser Taxa.

1.1 „Polychaeta i.e.S."

1.1.1 Amphinomida

Eurythoe complanata (Amphinomidae), „fire-worms", 140 mm. Verursachen Hautentzündungen durch die zahlreichen pfeil- oder harpunenförmigen Borsten, die von den Tieren ausgestoßen werden können und Gift enthalten. Vollständige, birame Parapodien mit Kiemen, Dorsal- und Ventralcirren. Nuchalorgan (Karunkel) als auffälliger Wulst auf und hinter dem Prostomium. Ungeschlechtliche Vermehrung häufig. Vorwiegend im flachen Wasser warmer Meere. – *Hermodice carunculata* (Amphinomidae), 300 mm.

1.1.2 Spintherida

Spinther arcticus (Spintheridae), 8 mm. Dorsalseite von Notopodien bedeckt. Auf Schwämmen.

1.1.3 Phyllodocida

Aphrodita aculeata (Aphroditidae), Seemaus, 200 mm lang, bis 60 mm breit; mit sich überlappenden, schuppenförmigen Dorsalcirren der Parapodien (Elytren), darüber Borstenfilz; stark irisierende Borsten. Kopfwärts im Schlammboden des Sublitorals eingegraben; Atmung durch Heben und Senken der Elytren. Räuber (Abb. 480). – *Lepidonotus squamatus* (Polynoidae), Schuppenwurm, 50 mm. Ebenfalls mit Elytren. – *Harmothoë impar* (Polynoidae), 25 mm; z. T. in Gängen und Röhren anderer Polychaeta lebend. Räuber (Abb. 524 A). – *Pisione remota* (Pisionidae), 25 mm. Typische vagile Art grober Sand- und Schillsedimente. Männchen mit segmentalen komplexen Kopulationsorganen, Weibchen mit Receptacula; direkte Spermaübertragung. – *Anaitides mucosa* (Phyllodocidae), 150 mm, 200 Segmente. Langgestreckte kriechende Art. Blattförmige Dorsalcirren; langer ausstülpbarer, unbewaffneter Pharynx. Räuber und Aasfresser. – *Vanadis formosa* (Alciopidae); 180 mm, 200 Segmente. Holopelagischer Räuber im küstenfernen Wasser warmer Meere, der seine Beute aktiv jagt; mit hochentwickelten Linsenaugen (Abb. 520 B). – *Hesionides arenaria* (Hesionidae), 2 mm. Weitverbreitete Art der Sandlückenfauna. Direkte Spermatophorenübertragung (Abb. 520 B). – *Microphthalmus listensis* (Hesionidae), 2,1 mm. Simultanzwitter mit direkter Spermaübertragung. – *Ophiodromus flexuosus* (Hesionidae), 70 mm. Häufig auf der Oralseite von Seesternen.

Exogone naidina (Syllidae), 4 mm. Betreibt Brutpflege. – Zahlreiche weitere Sylliden mit vielseitigen Fortpflan-

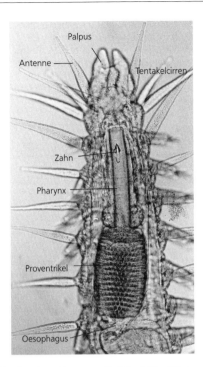

Abb. 523: *Brania subterranea* (Syllidae). Vorstülpbarer axialer Vorderdarm aus Saugpharynx und muskulösem Proventrikel. Original: W. Westheide, Osnabrück.

zungsweisen (S. 375): *Brania subterranea,* 2,5 mm; weitverbreitete Sandlückenform (Abb. 523). – *Odontosyllis enopla,* 20 mm, mit tages- und lunarperiodischem Fortpflanzungsrhythmus: schwärmt vor Bermuda 55 min nach Sonnenuntergang vor allem an Abenden nach Vollmond; geschlechtsspezifische blau-grüne Lichtsignale von hoher Intensität dienen zum Finden der Geschlechter. – *Autolytus prolifer,* 20 mm. Mit für die Familie typischem, mehrteiligen axialen Vorderdarm (Abb. 523), mit dem Hydroidpolypen angestochen und ausgesaugt werden. Schizogamie (Abb. 517); weibliche Stolonen (Sacconereis) mit großem ventralen Eisack und männliche Stolonen (Polybostrichus) mit großen gegabelten Palpen, unterscheiden sich auch äußerlich von den Ammentieren; charakteristische Formen des Meroplanktons.

Nereis diversicolor (Nereididae), 150 mm. Häufige Art des Wattenmeeres; auch im Brackwasser und stark salzhaltigen Bereichen (Abb. 505–507). Omnivor, auch mikrophag (S. 367). Zahlreiche weitere große und häufige Nereididen, darunter Süßwasser- und Landformen: *N. virens,* bis 80 cm, 200 Segmente; größter Annelide der Fauna Deutschlands. In sandigen Sedimenten des Litorals. – *N. fucata,* 200 mm. Mietet sich in Schneckenhäusern ein, die vom Einsiedler *Eupagurus bernhardus* bewohnt werden und frißt von dessen Beute. – *Platynereis dumerilii,* 50 mm. Ausgeprägte Epitokie (Abb. 515). Lunarperiodisches Schwärmen (S. 374). Als Labortier zu züchten. – *Nephtys hombergi* (Nephtyidae), 200 mm. Gräbt schnell im Substrat mit Hilfe des ausstülpbaren Rüssels. Räuber und guter Schwimmer. – *Tomopteris helgolandica* (Tomopteridae) (Abb. 524B), 15 mm. Holopelagischer Dauerschwimmer. Glasklar, durchsichtig; Parapodien mit flossenförmigen Anhängen; Borsten nur in den langen Tentakelcirren; Augen mit Linse. Räuber mit röh-

Abb. 524: Verschiedene Habitusformen der Polychaeten. A *Harmothoë* sp. (Polynoidae), epibenthischer „Schuppenwurm", bei dem Dorsalcirren der Parapodien zu plattenförmigen Strukturen (Elytren) umgewandelt sind. Länge: ca. 40 mm. B *Tomopteris* sp. (Tomopteridae), holopelagische, völlig durchsichtige Form aus dem Plankton, mit flossenförmigen Parapodialästen, Borsten nur noch in den Tentakelcirren. Länge: ca. 80 mm. C *Protodrilus adhaerens* (Protodrilidae), Sandlückenbewohner; ohne Parapodien und Borsten. Länge: ca. 3 mm. D *Polydora* sp. (Spionidae), hemisessile Form, die mit Hakenborsten des 5. Borstensegments in Hartsubstraten bohren kann. Länge: ca. 25 mm. Nach verschiedenen Autoren.

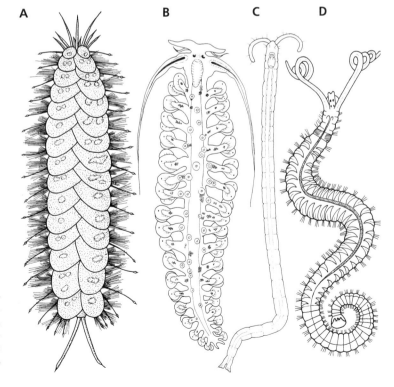

renförmigem, ausstülpbaren Pharynx. – *Glycera capitata* (Glyceridae), 150 mm. Mit besonders langem, zylindrischen, ausstülpbaren Pharynx.

1.1.4 Eunicida

Eunice viridis (Eunicidae), Pazifischer Palolo, 50 cm; atokes Vorderende mit ca. 500, epitokes Hinterende mit über 700 Segmenten. Exakte Jahres-, Lunar- und Tagesperiodik des Schwärmens in Polynesien (S. 374); Schizogamie (Abb. 518). Komplizierter ventraler Muskelapparat des Vorderdarms mit cuticularen, stark calcifizierten Kieferelementen („Maxillen" und „Mandibeln"), (Abb. 501 B); Nahrung meist Algen. – Zahlreiche weitere, sehr große Euniciden, besonders in wärmeren Meeren. – *Hyalinoecia tubicola* (Onuphidae), 10 mm. Mit durchsichtiger Röhre, die herumgeschleppt wird; Ventilklappen an beiden Enden, die Feinde am Eindringen hindern. – *Ophryotrocha puerilis* (Dorvilleidae), 10 mm. Konsekutiver Zwitter mit phänotypischer Geschlechtsbestimmung (S. 371; Abb. 526 B). – *Histriobdella homari* (Histriobdellidae) (Abb. 526 A), 1,5 mm. Ohne Borsten. Parasitiert auf den Kiemen des Hummers. – *Dinophilus gyrociliatus* (Dinophilidae); extremer Geschlechtsdimorphismus: Weibchen 1,2 mm, Männchen 60 µm, kleinster Annelide (ca. 300 Zellen). Vorderdarm des Weibchens mit ventral liegendem Muskelbulbus, der als Zunge Sedimentaufwuchs abschabt, den Cilien des Mundraums in den Darmkanal strudeln. Ohne Parapodien und Borsten; gleitendes Kriechen mit ventraler Wimpernsohle (Abb. 520 A).

1.1.5 Diurodrilida

Diurodrilus minimus (Diurodrilidae), 250–450 µm. Im Lückensystem sandiger Substrate; Ostsee bis Mittelmeer. Körper ohne Anhänge und Borsten, nur 5 Segmente.

1.1.6 Nerillida (Abb. 526 C)

Troglochaetus beranecki (Nerillidae), 0,7 mm. Prostomium mit 2 löffelförmigen Palpen. Buccalregion und 7 Segmente mit stummelförmigen Parapodien; lange Haarborsten. Ventrale Wimpernsohle. Süßwasserart im Lückensystem kontinentaler Grundwasserbereiche. – *Nerilla antennata* (Nerillidae), 1,5 mm, 9 Segmente. Weit verbreitet im Lückensystem mariner Sedimente, zwischen Algen; häufig in Seewasseraquarien.

1.1.7 Spionida

Polydora ciliata (Spionidae) (Abb. 524 D), 30 mm. Mit 2 langen bewimperten Palpen am Vorderende zum selektiven Nahrungssammeln (Taster). Bohrt Vertiefungen in Molluskenschalen und andere feste Substrate – wahrscheinlich mit Hakenborsten des 5. Segments – und baut darin U-förmige Röhren aus Mucoproteinen und Sandkörnern. – *Pygospio elegans* (Spionidae), 25 mm, in mit Detritus umkleideten Röhren; bis zu 100 000 Individuen m⁻² Wattfläche. – *Marenzelleria viridis* (Spionidae), 40 mm. Nordamerikanische Brackwasserart, die sich innerhalb der letzten 10 Jahre an der Nordseeküste und in der Ostsee bis Finnland ausgebreitet hat. Siedelt auf feinsandigen Sedimenten mit bis zu 130 000 Ind. m⁻² und bildet dort bereits bis 20% des Mageninhalts von Plattfischen. – *Chaetopterus variopedatus* (Chaetopteridae), 250 mm. Mit extrem unterschiedlich gestalteten Parapodien; in U-förmigen Sekretröhren. Besonderer Filtrations-

mechanismus mit kontinuierlich gebildetem Schleimbeutel, der mit dem ausflitrierten Plankton von Zeit zu Zeit verschluckt wird (Netzfänger). Intensive Biolumineszenz: leuchtender Schleim auf verschiedenen Körperregionen. – *Magelona mirabilis* (Magelonidae), 60 mm. Dominante Art in Feinsanden der Deutschen Bucht (7 000 Ind. m⁻²) (Abb. 522 C).

1.1.8 Protodrilida

Protodrilus spp. (Protodrilidae). Überall im Sandlückensystem; nur wenige Millimeter lang. Ohne Parapodien und Borsten; Vorderende mit 2 langen Palpen (Abb. 524 C).

1.1.9 Cirratulida

Tharyx marioni (Cirratulidae), 35 mm. Langgestreckter Körper mit zahlreichen Segmenten. Deutliches Prostomium ohne Anhänge; 1 Paar lange Tentakel an einem der vorderen und zahlreiche lange fadenförmige Kiemen an den folgenden Segmenten. – *Dodecaceria caulleryi* (Cirratulidae), 60 mm. Besondere ungeschlechtliche Fortpflanzung (Abb. 503 B), Generationswechsel. – *Ctenodrilus serratus* (Ctenodrilidae), 8 mm, zwittrig; ungeschlechtliche Vermehrung durch Paratomie. – *Parergodrilus heideri* (Parergodrilidae), 1 mm. In Waldböden.

1.1.10 Cossurida

* *Cossura longocirrata* (Cossuridae), 15 mm; Nordatlantik, nördliche Nordsee. Mit zahlreichen homonomen Segmenten und unpaarem langen Cirrus auf einem der vorderen Segmente.

1.1.11 Polygordiida

Polygordius appendiculatus (Polygordiidae), 50 mm. Fadenförmig, ohne Parapodien und Borsten, mit 2 kurzen prostomialen Tentakeln. Bewegung durch Schlängelkriechen, nur Längsmuskulatur, dicke Cuticula. Lückenbewohner sublitoraler Schill- und Grobsedimente.

1.1.12 Flabelligerida

Flabelligera affinis (Flabelligeridae), 60 mm. Körper in transparenter Hülle. Häufig auf der Oberfläche von Seeigeln.

1.1.13 Poeobiida

Einzige Art: *Poeobius meseres* (Poeobiidae), 15 mm. Pelagisch, Nordpazifik von Alaska bis Kalifornien. Lang-oval; ohne äußere Segmentierung und Borsten, aber mit 11 Paar Ganglien. Einziehbarer Kopf mit 1 Paar Tentakel, Nuchalorganen und Kiemen. Systematische Position umstritten.

1.1.14 Orbiniida

Scoloplos armiger (Orbiniidae), 120 mm, 200 Segmente. Zugespitztes Prostomium ohne Anhänge. Charakteristischer Substratfresser in Sedimenten des Wattenmeeres und sublitoraler Regionen. Rötliche Schleimkokons mit bis zu 5 000 Eiern auf der Sedimentoberfläche.

1.1.15 Questida

Novaquesta trifurcata (Questidae), 9 mm, 33 Segmente. Atlantikküste USA. Mit Habitus und Fortpflanzungsstrukturen (Spermatheken, Clitellum, Kokons), die denen von Oligochaeten ähneln.

1.1.16 Opheliida

*Ophelia rathkei (Opheliidae), 8 mm, 22–25 Segmente. Spindelförmiger Körper; Prostomium klein, ohne Anhänge. Birame, stark reduzierte Parapodien mit Haarborsten. In Sandstränden.

1.1.17 Capitellida

*Capitella capitata (Capitellidae), 120 mm. Komplex aus zahlreichen sehr ähnlichen Arten. Regenwurmartiger Habitus mit kleinem, anhanglosen Prostomium und stark reduzierten Parapodien. Kopulationsorgane im 8. und 9. Segment mit Genitalborsten. Grabend, Substratfresser in nährstoffreichen Sedimenten. – **Heteromastus filiformis* (Capitellidae), 180 mm. Charakteristischer Wattbewohner. – **Arenicola marina* (Arenicolidae), Watt- oder Pierwurm (S. 367; Abb. 509, 510), 200 mm. Typischer Bewohner des Sandwatts in U-förmigen Bauten. Substratfresser. Häufig als Köder für Fischfang. – **Maldane sarsi* (Maldanidae), 110 mm. Zylindrischer Körper mit wenigen (19) gleichartigen, grasknotenförmig verdickten Segmenten („Bambuswurm") und stark reduzierten Parapodien. Ohne Kopfanhänge. In mit Sand und Schlick verklebter Röhre.

1.1.18 Psammodrilida

*Psammodrilus balanoglossoides (Psammodrilidae), 6 mm; in sandigen Wattgebieten. Mit 3 Körperabschnitten; Hakenborsten.

1.1.19 Sternaspida

*Sternaspis scutata (Sternaspidae), 30 mm. Vorderkörper mit ringförmigen Segmenten und in Reihen angeordneten Borsten; am Hinterende plattenförmige Strukturen und fadenförmige Kiemen.

1.1.20 Oweniida

*Owenia fusiformis (Oweniidae), 100 mm. Zylindrischer Körper mit bis zu 30 undeutlich abgesetzten Segmenten. In membranöser Röhre mit ziegelförmig geschichteten Sand- und Schillpartikeln, die beim Standortwechsel wie ein Köcher mitgeschleppt wird. Prostomium mit dichotom verzweigten, bewimperten Lappen zum Strudeln von Feinmaterial. Besondere Metatrochophora (Mitraria) mit langen Schwebborsten und monociliären Epidermiszellen (Abb. 522 B). Auch alle Epithelien adulter Tiere sind m o - nociliär (Abb. 130) – ein ursprüngliches Merkmal, das innerhalb der gesamten Spiralia nur noch bei den kleindimensionierten Gnathostomulida vorkommt (S. 260); für makroskopische Formen ist es nach augenblicklichem Wissensstand einzigartig. Diese Besonderheit hat einige Autoren veranlaßt, die Oweniidae als ein Taxon anzusehen, das der Annelidenstammart besonders nahe steht. In der russischen Literatur werden die Oweniiden schon seit längerem aufgrund der mikroanatomischen und hi-

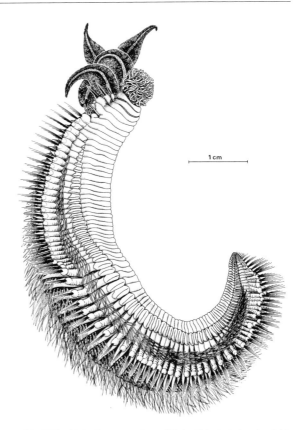

Abb. 525: *Alvinella pompejana* (Alvinellidae). Lateralansicht; mit ausgestreckten Oraltentakeln und 4 Paar federförmigen Kiemen am 1. Segment. Charakteristische Art in der Nähe von Hydrothermalquellen im Ostpazifik, 2500 m Tiefe (Abb. 531). Aus Desbruyères und Laubier (1980).

stologischen Struktur des Nervensystems als ursprüngliche Anneliden angesehen.

1.1.21 Terebellida

*Pectinaria koreni (Pectinariidae) (Abb. 511), 50 mm. Körper mit 3 Tagmata: Thorax, Abdomen und Scaphe. Große Grabborsten am Vorderende; regelmäßig geformte konische Sandröhre. – *Alvinella pompejana* (Alvinellidae), 100 mm, ca. 200 Segmente, 2 Tagmata. Mit zahlreichen Mundtentakeln und 4 Paar großen federförmigen Kiemen. In pergamentartigen Proteinröhren unmittelbar neben hydrothermalen Quellen (s. Abb. 525), Tiefsee, Pazifik. Massen von coccoiden und fadenförmigen Bakterien, deren Bedeutung diskutiert wird, auf der Körperoberfläche. – **Lanice conchilega* (Terebellidae), Bäumchenröhrenwurm, 300 mm. Vorderende mit Schopf aus langen Tentakeln (s. Abb. 527). Im Eu- und Sublitoral in senkrecht stehenden, bis 40 cm langen Röhren mit fransenförmigem Gerüst aus Sandkörnern, das einen Stellfächer in der Strömung bildet. Larven (Aulophora) zeitweilig mit konischer Larvalröhre, die als Schwimmorgan dient (Rückstoßprinzip!) (Abb. 522 F). – **Sabellaria spinulosa* (Sabellariidae) Pümpwurm, Sandkoralle, 30 mm; in miteinander verkitteten Sandröhren auch im Wattenmeer, Nordsee. – *S. alveolata*, franz. „hermelle" (Abb. 513). Bildet Riffe an der Nordwestküste Frankreichs, bis zu 4 km²,

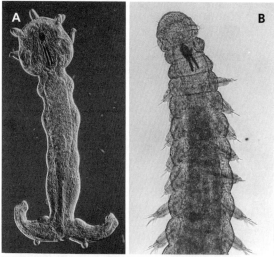

Abb. 526: Habitustypen von Meiofauna-Polychaeten. A *Histriobdella homari* (Histriobdellidae). Parasit auf den Kiemen des Hummers, mit Kieferapparat, Borsten fehlen, am Hinterende stark modifizierte Parapodien mit Haftdrüsen. Länge: 1,5 mm. B *Ophryotrocha gracilis* (Dorvilleidae), Vorderende. Sandlückenbewohner, mit Kieferapparat. Gesamtlänge: ca. 4 mm. C *Mesonerilla intermedia* (Nerillidae), Weibchen, Sandlückenbewohner; treibt Brutpflege: Eier und Embryonen am Hinterende unter einer Hautfalte befestigt. Länge: 1,2 mm. Originale: W. Westheide, Osnabrück.

Alter 4–5 Jahre. 3 Tagmata, davon Schwanzabschnitt borstenlos. Dorsaler Bereich der beiden ersten Segmente mit zahlreichen starken messingfarbenen Borsten (Paleen) zu einem zweiteiligen, kronenförmigen Verschlußapparat (Operculum) für die Röhre umgewandelt; auf der Ventralseite des Vorderendes zahlreiche Tentakel zur Nahrungsaufnahme (orale Filamente der Oberlippe des Mundes). – *Phragmatopoma lapidosa* (Sabellariidae), 40 mm. Kolonien bilden feste, bis 1 m hohe Barrieren in der Brandungszone der Ostküste Floridas auf einer Länge von über 300 km.

1.1.22 Sabellida

*Sabella penicillus (Sabellidae), 250 mm, 600 Segmente. In nicht kalkiger, membranöser Röhre, die nicht verlassen wird. Mit großer zweiteiliger trichterförmiger Tentakelkrone als Sieb- und Kiemenapparat; Tentakelträger sind Palpen homolog. Nephridien mit gemeinsamem dorsalen Porus. – *Spirographis spallanzani* (Sabellidae), 300 mm. Einer der Tentakelträger lang und spiralig gewunden. – *Fabricia sabella*, 4 mm. Kriecht mit dem Hinterende voran; Peristomium und Pygidium mit je 2 Augen. Röhre mit Detritus belegt. – *Pomatoceros triqueter, Dreikantwurm (Serpulidae), 30 mm. In dreikantiger, blindgeschlossener, tütenförmiger Röhre, die zumeist in ganzer Länge auf Hartsubstraten – auch lebenden Mollusken – befestigt ist und nicht verlassen wird. Schleimsekrete und Kalkabscheidungen aus 2 Drüsenkomplexen werden von einer kragenartigen Falte des Peristomiums zur Röhrenwand ausgeformt (Zuwachsrate bis 11,4 mm pro Monat). Große zweiteilige, prachtvoll farbige Krone aus federartigen Tentakeln; ein Tentakel zu einem gestielten Operculum mit Kalkplatte und Kalkdornen umgewandelt. – *Mercierella enigmatica* (Serpulidae), 25 mm, häufig, kolonienbildende Brackwasserart warmer Meere, in Europa eingeschleppt. – *Hydroides norvegica (Serpulidae) (Abb. 512), 30 mm. – Verschiedene Serpuliden sind wichtige Fouling-Organismen auf Schiffswänden und Hafenanlagen. – *Spirorbis spirorbis, Posthörnchenwurm (Spirorbidae), 6,5 mm. Mit kalkiger, linksgewundener Röhre häufig auf

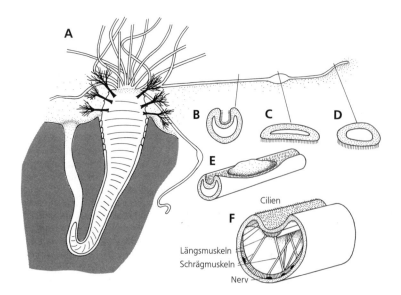

Abb. 527: Nahrungssuche und Tentakelstruktur bei *Terebella lapidaria* (Terebellidae). A Tier in normaler Lage unter einem Stein. Die prostomialen Tentakel wandern mit Hilfe ihrer Ciliensohle über das Substrat. B-D Tentakelquerschnitte durch verschiedene Regionen. E Transport eines Nahrungsbrockens auf der ciliären Rinne. F Blick in das Innere eines Tentakels. Nach Dales (1963).

Großalgen. Tentakelkrone und Operculum. Brutpflege: Eischnüre werden in die Röhre abgelaicht; hier 20–40 Embryonen; lunarperiodische Entlassung der Larven nach 3–14 Tagen.

1.2 Aeolosomatida

Kleine limnische (Phytal, Bodensedimente von Gewässern) oder terrestrische (feuchte Laubstreu in Wäldern) Anneliden; auch 1 marine Art. Ohne Parapodien, aber mit einfachen Borsten. Auffällige, gefärbte Epidermiseinschlüsse. Prostomium ventral bewimpert, dient zur Fortbewegung. Die meisten Arten vermehren sich ausschließlich ungeschlechtlich durch Paratomie: Tierkettenbildung (Abb. 503). Zwittrige Genitalorgane nur in wenigen Arten beobachtet; Gonaden können in nahezu allen Segmenten auftreten; Metanephridien dienen als Gonodukte. „Clitellare" Epidermisdrüsen und paarige Receptacula nicht homolog zu entsprechenden Organen der „Oligochaeta", zu denen das Taxon früher gerechnet wurde.

Aeolosoma hemprichi (Aeolosomatidae), Kette aus bis zu 6 Zooiden, 2 mm; rote Hautdrüsen. Weltweit verbreitet. – *Rheomorpha neizvestnovae* (Aeolosomatidae), 1,2 mm, ohne Borsten. In sandigen Sedimenten von Flüssen und Seen.

1.3 Potamodrilida

Einzige Art: *Potamodrilus fluviatilis* (Potamodrilidae) 1,3 mm, 6 Borstensegmente mit je 2 Paar Haarborstenbündel; kurzer Schwanzanhang zum Festheften. Im Sandlückensystem am Boden von Flüssen. Äußere Ähnlichkeit mit Aeolosomatida konnte durch ultrastrukturelle Untersuchungen nicht bestätigt werden.

1.4 Myzostomida

Die etwa 140 Arten leben ausschließlich kommensalisch oder parasitisch auf Echinodermen, die meisten auf Crinoiden (S. 799), wenige auf Asteriden und Ophiuroiden, vor allem auf Arten, die tiefer als 200 m vorkommen. Parasitische Myzostomiden deformieren entweder die Skelettelemente ihrer Wirte in der Weise, daß sich gallenartige Strukturen bilden, oder sie induzieren die Bildung kleiner Skelettplatten, die zu cystenartigen Schutzstrukturen auswachsen. Entsprechende Spuren sind bereits von Stachelhäutern des Devons bekannt. Myzostomiden sind durch scheibenförmige Körperform, starke Dorsoventralmuskulatur und hakenförmige Borsten zum Festhalten an diese Lebensweise angepaßt.

Segmente nur durch Parapodien und segmental angeordnete Nephridien zu erkennen. Lappenförmige Körperduplikaturen umwachsen Vorderende mit Prostomium; dieses ist nicht abgegliedert und wird mit dem stark muskulösen Pharynx vorgestülpt (Abb. 1100B). Pygidium mit dem letzten Segment verschmolzen. Coelom nicht gegliedert. Kleines Oberschlundganglion; Bauchmark bildet umfangreiche einheitliche Masse in der Mitte des Körpers. Darm mit Blindsäcken. Simultanzwitter. Spiralfurchung; kugelförmige Trochophora mit Prototroch, dann Nectochaeta mit Schwanzanhang, larvalen Borsten, strickleiterartigem Nervensystem und massiven Mesodermstreifen.

Myzostoma cirriferum (Myzostomidae), 2,4 mm (Abb. 412). Häufigste Art in europäischen Meeren. Läuft mit Hilfe der 5 Paar lateroventralen Parapodien auf den Armen von *Antedon*-Arten (Crinoida, Abb. 1100) und frißt vom Nahrungsstrom in den Ambulacralfurchen (Abb. 1100B). Je Parapodium 1 kräftige Hakenborste und 1 Acicula. 10 Paar nach unten hängende Cirren und 4 Paar einziehbare, bewimperte Lateralorgane (Mechanorezeptoren?, Haftorgane?) zwischen den Parapodien. 6 Paar Protonephridien. Bildung und Lagerung der weiblichen Geschlechtszellen in der verzweigten Leibeshöhle. Männliche Organe paarig: 2 Hoden auf jeder Körperseite, 2 Vesiculae seminales, 2 Penes in Höhe der 3. Parapodien. In den Vesiculae Bildung komplexer Spermatophoren aus 5 verschiedenen Zelltypen, die nach ihrer Übertragung auf den Partner in einzigartiger Weise als wurzelartig verzweigtes Syncytium den Körper durchdringen und die Spermien zu den Oocyten transportieren.

1.5 Pogonophora, Bartwürmer

Die ausschließlich marinen Pogonophora gehören zu den erst relativ spät entdeckten Tiergruppen. Obwohl schon 1914 beschrieben, begann ihre intensivere Erforschung erst mit den Arbeiten IVANOVs ab 1950; heute sind ca. 150 Arten bekannt. Von den fadenförmigen Tieren sind die meisten dünner als 1 mm (0,1–3 mm) bei einer Länge von 5–75 cm (!). *Riftia pachyptila* erreicht die außergewöhnliche Größe von 1,5 m bei 4 cm Durchmesser. Alle Pogonophoren sind Röhrenbewohner (Abb. 530). Die Mehrzahl der Arten siedelt in größeren Meerestiefen; Pogonophoren sind von 25 m bis über 10 000 m Tiefe nachgewiesen worden. Die verhältnismäßig großen Obturata („tube worms") sind charakteristische Vertreter der erst Ende der 70er Jahre entdeckten, spektakulären Lebensgemeinschaft um unterseeische Thermalquellen („hydrothermal vents") (Abb. 531) in ozeanischen Spaltungszonen – einem Ökosystem, das unabhängig von der Nahrungskette existiert, die von den photoautotrophen Primärproduzenten der Meeresoberfläche ausgeht. Die adulten Pogonophoren besitzen weder Mund noch After, und der Darmkanal ist auf bestimmte Körperregionen beschränkt und zu einem Trophosom umgebildet. Höchstwahrscheinlich leben alle Arten in Symbiose mit chemolithoautotrophen oder methylotrophen Bakterien.

Günter Purschke, Osnabrück

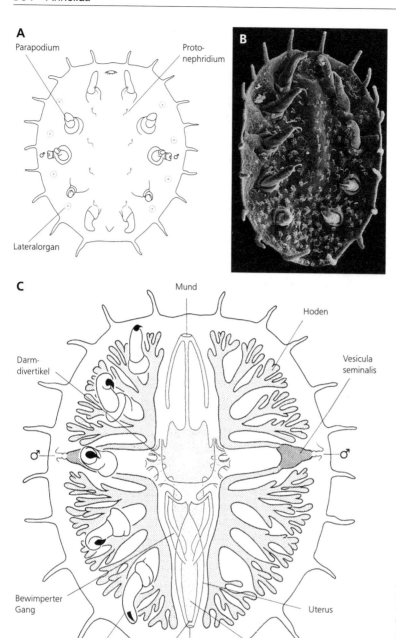

A

Parapodium

Proto-
nephridium

Lateralorgan

B

C

Mund

Hoden

Vesicula
seminalis

Darm-
divertikel

♂   ♂

Bewimperter
Gang

Uterus

Parapodium
mit Borste

Enddarm

After ♀

Abb. 528: *Myzostoma cirriferum* (Myzostomida). A Strukturen der Ventralseite
und Lage der Protonephridien; ein weiteres Paar existiert im Vorderende. B
REM-Bild der Ventralseite. C Darmtrakt
und Geschlechtsorgane. A Nach Pietsch
und Westheide (1987); B Original: A.
Pietsch, Osnabrück; C verändert nach Jägersten (1940) und anderen Autoren.

Abb. 529: Pogonophora. A–C Perviata. A Körpergliederung von *Siboglinum fiordicum*, stark verkürzt, schematisiert. B *Lamellisa-* ▷
bella johanssoni, Vorderende und Kopflappen mit Tentakeln eines Weibchens. Maßstab: 2 mm. C Erstes benthisches Stadium von
Siboglinum fiordicum. Maßstab: 0,2 mm. D–F Obturata. D Körpergliederung von *Riftia pachyptila*, stark verkürzt, schematisiert.
E *Lamellibrachia columna*, Längsschnitt durch vordere Körperregion. Maßstab: 5 mm. F Erstes benthisches Stadium von *Ridgeia*
sp. Maßstab: 0,05 mm. G Späteres Stadium von *Ridgeia* sp. mit zahlreichen Larvaltentakeln, Vestimentum und ventralem Wimpern-
feld. Maßstab: 0,5 mm. A Kombiniert nach Southward (1980) und Southward und Southward (1987); B nach Ivanov (1963); C nach
Bakke (1974); D nach Southward (1982); E nach Southward (1991); F nach Southward (1988); G Original: M.L. Jones und S.L.
Gardiner, Friday Harbor bzw. Bryn Mawr.

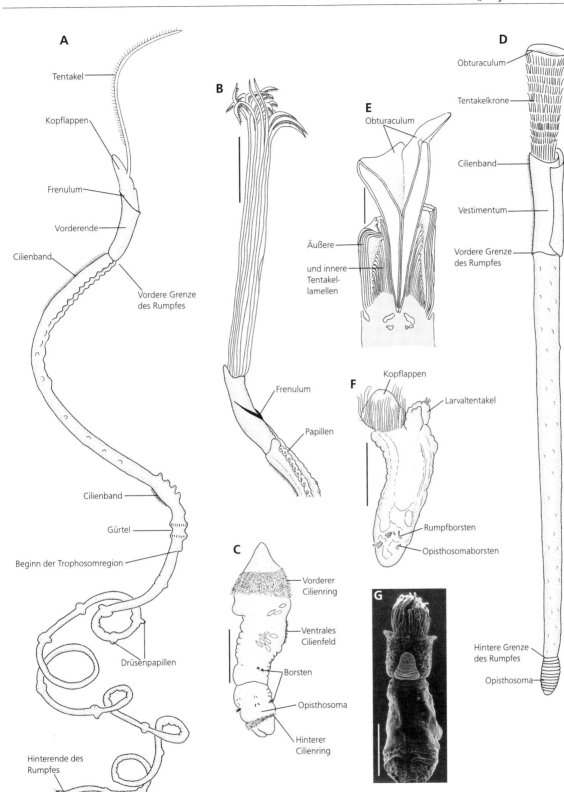

A

Tentakel

Kopflappen

Frenulum

Vorderende

Cilienband

Vordere Grenze des Rumpfes

Cilienband

Gürtel

Beginn der Trophosomregion

Drüsenpapillen

Hinterende des Rumpfes

Opisthosoma

B

Frenulum

Papillen

E

Obturaculum

Äußere

und innere Tentakellamellen

F

Kopflappen

Larvaltentakel

Rumpfborsten

Opisthosomaborsten

C

Vorderer Cilienring

Ventrales Cilienfeld

Borsten

Opisthosoma

Hinterer Cilienring

G

D

Obturaculum

Tentakelkrone

Cilienband

Vestimentum

Vordere Grenze des Rumpfes

Hintere Grenze des Rumpfes

Opisthosoma

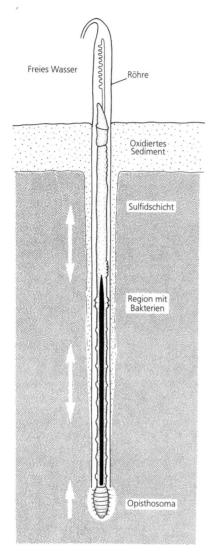

Abb. 530: Schematische Darstellung eines Pogonophoren (Perviata) im Sediment. Pfeile deuten auf Wachstumszonen der Tiere. Nach Southward et al. (1986).

Bau

Die Frage der morphologischen Orientierung war lange umstritten, nach neueren Befunden liegt das Nervensystem ventral. Die beiden ranghöchsten Untergruppen, **Perviata** und **Obturata** (**Vestimentifera**), zeigen eine etwas unterschiedliche Körpergliederung (Abb. 529 A,D). Die Perviata bestehen aus dem Kopflappen, der einen oder mehr als 200 dorsale Tentakel trägt, dem Vorderende mit schrägverlaufender Leiste (Frenulum), dem Rumpf mit zahlreichen Papillen, Annuli mit Hakenborsten und Cilienbändern sowie dem segmentierten, borstentragenden Opisthosoma. Bei den Obturata lassen sich folgende Abschnitte unterscheiden: das Obturaculum, die Tentakelregion (auch als kiementragende Region bezeichnet) mit bis zu meh-

reren tausend Tentakeln, das Vestimentum (ein Abschnitt mit flügelartigen Verbreiterungen), der Rumpf und das segmentierte Opisthosoma mit Borsten. In beiden Taxa bildet der Rumpf den weitaus größten Abschnitt. Die Tentakel können ein- oder mehrzellige Pinnulae tragen, wodurch ihre Oberfläche stark vergrößert wird.

Die **Röhren** der Pogonophora bestehen aus β-Chitin und sklerotisierten Proteinen und werden von epidermalen Drüsenzellen sezerniert. Bei adulten Tieren sind sie oft mit Verdickungen, Flanschen, farbigen Ringen oder ähnlichen Strukturen versehen (Abb. 532 A–C, 545 B). Die Röhren der Perviata ragen nur wenig aus dem Sediment ins freie Wasser. Bei *Siboglinum poseidoni* sind die Röhren vollständig im Sediment verborgen. Beim Wachstum wird an beiden Enden der Röhren Material angelagert (Abb. 530). Sie sind für viele im Wasser gelöste Substanzen wie Gase, Salze, Zucker und Aminosäuren durchlässig.

Die Röhren der Obturata sind dagegen auf Hartsubstraten befestigt. Sie stellen höchstwahrscheinlich eine Diffusionsbarriere für im Wasser gelöste Stoffe dar, so daß der Stoffaustausch mit den aus der Röhre ragenden Abschnitten erfolgen muß.

Die **Epidermis** ist vollständig von einer **Cuticula** bedeckt, die wie bei den übrigen Anneliden gebaut ist (Abb. 203, S. 355). Sie besteht aus Schichten paralleler Kollagenfasern in einer Matrix, die von Mikrovilli durchzogen wird und mit epicuticulären Fortsätzen bedeckt ist.

Die Dicke der Cuticula variiert; am dünnsten ist sie im Bereich der Tentakel (bzw. Pinnulae) und im postannulären Rumpfabschnitt – also den Regionen, für die Stoffaufnahme vermutet wird. Die Epidermis besteht überwiegend aus kubischen bis säulenförmigen Stützzellen. Einige Epidermiszellen werden aufgrund zahlreicher pinocytotischer Vesikel für Absorptionszellen gehalten. Bewimperte Zellen kommen in einem ventralen Längsband im vorderen Rumpfbereich, am Vestimentum oder bei multitentakulären Formen auch auf den Tentakeln vor (Abb. 529 A,B,D, 534 A). Zur Ventilation der Röhren leisten die Cilien allerdings nur einen geringen Beitrag. Weiterhin gibt es zahlreiche Drüsenzellen; hinter dem Frenulum, in Papillen und dem Vestimentum treten sie zu mehrzelligen, birnenförmigen Komplexen zusammen, die Chitin für die Röhren sezernieren (Abb. 534 A).

Die **Borsten** bestehen ebenfalls aus Chitin und stimmen in ihrer Feinstruktur bis in Einzelheiten mit denen der übrigen Anneliden, Echiuriden und Brachiopoden überein (Abb. 494, S. 356). Mit Ausnahme der stiftförmigen Opisthosomaborsten der Perviata sind es Hakenborsten, die eine unterschiedliche Zahl von Zähnchen aufweisen (Abb. 533 A–D). Ähnlich den Uncini sedentärer Polychaeten (Abb. 493, S. 356) dienen sie der Verankerung der Tiere in den Röhren.

Die Obturata strecken ihre Tentakelkrone ins freie Wasser, können sich jedoch sehr schnell in die Röhre zurückziehen und sie mit dem Obturaculum verschließen. Eine solche

Abb. 531: Schema einer Tiefseehydro-
thermalquelle: Auf etwa 350°C erwärm-
tes und mit gelösten Mineralien angerei-
chertes Wasser tritt unter hohem Druck
aus. Bei Kontakt mit 2°C warmen Tiefen-
wasser fallen viele Stoffe aus und bilden
„Schornsteine", sogenannte „black smokers" und – hier nicht dargestellte –
„white smokers". In der näheren Umgebung betragen die Wassertemperaturen
um 20°C, und reiches Wachstum chemoautotropher Bakterien bildet die Ernährungsgrundlage für diese Tiefseeoasen.
Die wichtigsten Tiere sind unmittelbar an
den Schornsteinen siedelnde Polychaeten
(z.B. *Alvinella pompejana,* Abb. 525), umgeben von *Riftia pachyptila,* die schließlich von in den Spalten der Kissenlava
siedelnden Bivalviern (*Calyptogena magnifica, Bathymodiolus thermophilus*) abgelöst werden. Dazwischen finden sich
verschiedene decapode Krebsarten. Nach
Ballard und Grassle (1979).

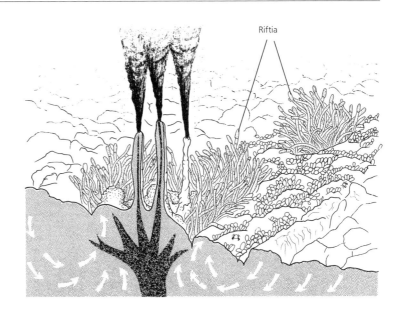

Bewegungsweise erfordert eine wirksame Verankerung,
hier in Gestalt des Opisthosomas mit seinen Hakenborsten.

Das **Nervensystem** liegt basiepithelial, das heißt, die
extrazelluläre Matrix unterhalb der Epidermiszellen
schließt auch das Nervensystem mit ein (Abb.
534 A,B). Es besteht aus einem Gehirn, dicht an den
Tentakelbasen gelegen, und einem größtenteils unpaaren, ventralen Nervenstrang. Im Bereich der serialen Papillen der Perviata und im Vestimentum der
Obturata ist der Nervenstrang paarig. Distinkte
Ganglien kommen außerhalb des Gehirns nur im
Opisthosoma der Perviata vor. Vom Gehirn ziehen
weitere Nervenstränge in die Tentakel und in das
Obturaculum. Den Körper umgibt ein gut ausge-
bildeter Nervenplexus. Eigentliche Sinnesorgane
sind nicht beschrieben worden. Im Kopflappen von
Siboglinum fiordicum und *Oligobrachia gracilis* sind
Phaosomen, einzellige, photorezeptorähnliche
Strukturen, gefunden worden. Verschiedene epider-
male Rezeptoren sind vom Opisthosoma bekannt;
ihre Existenz wird auch in anderen Körperregionen,
insbesondere den Tentakeln, vermutet.

Der **Hautmuskelschlauch** besteht aus Ring- und
Längsmuskulatur, wobei die Längsmuskulatur we-
sentlich kräftiger ausgebildet ist. In der vorderen
Region kann die Muskulatur große Bereiche des
Körpers ausfüllen, während sie im hinteren Teil des
Rumpfes schwächer ausgebildet ist (Abb. 534 A–B).
Im Opisthosoma ist die Längsmuskulatur in vier
Bündel aufgelöst.

Lange war als sicher angenommen worden, daß bei
adulten Pogonophoren der Darmkanal vollständig
fehlt. Dies führte zu verschiedenen Spekulationen
über ihre **Ernährungsweise**. Das sog. T r o p h o s o m,

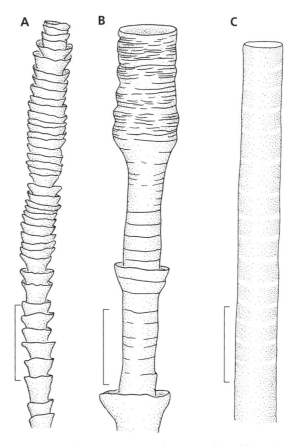

Abb. 532: Röhren von Pogonophora. A *Polybrachia gorbu-
novi.* B *Lamellisabella johanssoni.* C *Diplobrachia southwardae.*
Maßstab A-C: 2 mm. Nach Ivanov (1963).

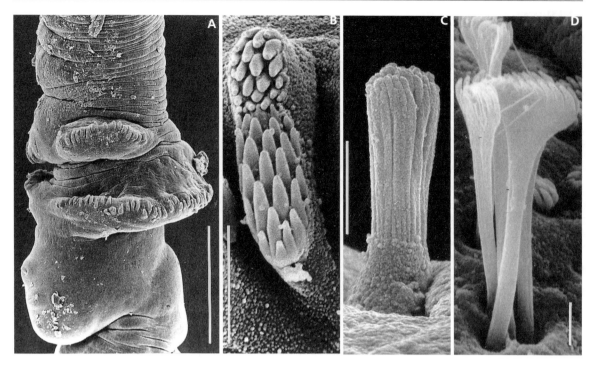

Abb. 533: Borsten. A-C *Siboglinum poseidoni.* A Gürtel mit Hakenborsten. Maßstab: 100 µm. B Hakenborste aus A, vergrößert. C Borste des Opisthosomas. D *Riftia pachyptila.* Herausgestreckte Opisthosomaborsten. Maßstab B-D: 5 µm. Originale: A-C H. J. Flügel, Kiel; D M. L. Jones, Friday Harbor.

ein bei allen Pogonophoren vorhandenes, fragiles, hochspezialisiertes Gewebe ist jedoch entodermalen Ursprungs und geht aus dem in den frühen Entwicklungsstadien noch vorhandenen Darmkanal hervor (Abb. 538). Bei den Obturata ist es sehr umfangreich, in einzelne Lappen aufgelöst, eng mit den Gonaden verbunden und füllt mit diesen das Innere des Rumpfes (Abb. 529 D, 536 C). Bei den Perviata ist es zylindrisch und auf die postannuläre Region des Rumpfes beschränkt. Bei manchen Arten sind Lumen und Cilien vorhanden – ein deutlicher Hinweis auf die Herkunft des Trophosoms aus dem Darmkanal (Abb. 529 A, 530, 536 A,B,D). Nachdem lebende Bakterien im Trophosom gefunden wurden, konnte schließlich nachgewiesen werden, daß diese chemolithoautotrophen Bakterien die wichtigste oder einzige Nahrungsquelle wahrscheinlich aller Pogonophoren darstellen (Abb. 535). Das Gewebe des Trophosoms wird von zahlreichen Blutgefäßen durchzogen und entsprechend gut mit O_2, CO_2 und H_2S, die von den Symbionten benötigt werden, versorgt. Welche Rolle daneben die Aufnahme gelöster organischer Substanzen aus dem umgebenden Wasser für die Ernährung spielt, ist noch nicht abschließend geklärt.

Ein für Tiefseetiere ungewöhnliches Verhältnis der Kohlenstoffisotope ^{13}C und ^{12}C ($\delta^{13}C$) im Körper der Pogonophoren und die nur im Trophosom nachweisbaren Enzyme des Calvin-Benson-Zyklus gaben die entschei-

den Hinweise, daß es sich bei diesen Bakterien um chemolithoautotrophe Symbionten handelt (Abb. 537): Da bei der CO_2-Assimilation durch Pflanzen oder autotrophe Bakterien das häufigere Kohlenstoffisotop ^{12}C bevorzugt eingebaut wird, werden die $\delta^{13}C$-Werte negativer als im Medium. (Ein negativer $\delta^{13}C$-Wert bedeutet eine Anreicherung von ^{12}C bezogen auf den Standard, ein positiver eine Anreicherung von ^{13}C.) Tiere spiegeln die $\delta^{13}C$-Werte ihrer Nahrung wider, so daß man z. B. erkennen kann, ob sie sich von autotrophen oder heterotrophen Organismen ernähren. Die δ^{13}-Werte von Pogonophoren betragen etwa −35 bis −45 ‰, aber die in der Nähe der Habitate der Pogonophoren vorkommenden potentiellen organischen und anorganischen Kohlenstoffquellen weisen alle positivere $\delta^{13}C$-Werte auf als die Tiere selbst: Somit können diese nicht direkt als Nahrung in Frage kommen, und es muß eine autotrophe CO_2-Fixierung in den Pogonophoren stattfinden. Eine Ausnahme ist der $\delta^{13}C$-Wert (ca. −10 ‰) von *Riftia pachyptila,* der deutlich positiver ist als bei vielen anderen Tieren mit chemolithoautotrophen Symbionten aus Hydrothermalquellen und auch positiver als in den potentiellen anorganischen Kohlenstoffquellen. Dies wird als Indiz für einen Mangel an Kohlenstoff angesehen, so daß unter diesen Bedingungen keines der Kohlenstoffisotope bevorzugt in organische Körpersubstanz eingebaut wird.

Das Trophosom macht bei *Riftia pachyptila* bis zu 50% des Frischgewichtes aus, 15–30% des Trophosomvolumens nehmen die Bakterien ein ($3,7$–10×10^9 Bakterien g^{-1} Trophosomgewebe). Das Bakterienvolumen der Perviata wird auf weniger als 1% der Tiere geschätzt. Daß jedoch auch bei ihnen die Bakterien von entscheidender Bedeutung sind, geht beispielsweise daraus hervor, daß

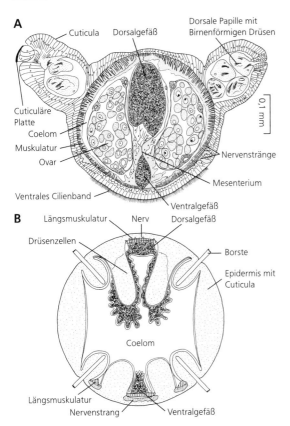

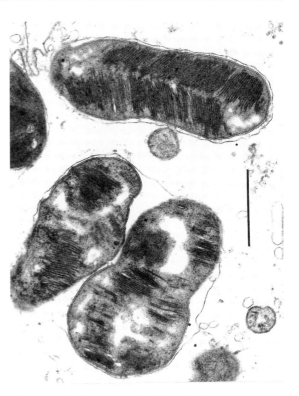

Abb. 535: *Siboglinum poseidoni.* Symbiontische – hier methanoxidierende – Bakterien im Trophosom. Maßstab: 1 µm. Original: H.J. Flügel, Kiel.

Abb. 534: A *Polybrachia annulata.* Querschnitt durch die Gonadenregion eines Weibchens. B *Siboglinum fiordicum.* Schematischer Querschnitt durch das Opisthosoma. A Nach Ivanov (1963); B nach Southward (1975).

bei juvenilen Tieren der postannuläre Abschnitt des Rumpfes im Wachstum den übrigen Körperregionen vorauseilt (Abb. 544F–H). Das Trophosom besteht aus 2 Zelltypen: zentral liegende Bakteriocyten sind von bakterienfreien Zellen (der Trophotheca oder äußeres Epithel) umgeben (Abb. 536D). Letztere dienen möglicherweise als Speicherorgan, da sie Glykogen und Lipide (bei Perviata) enthalten. In Lage und Funktion ist dieses Gewebe somit dem Chloragog (S. 359) vergleichbar.

In der Regel ist die von den Symbionten genutzte Energiequelle für die CO_2-Fixierung Sulfid, bei *Siboglinum poseidoni* jedoch Methan (Abb. 535). Schwefelwasserstoff (H_2S) geothermischen Ursprungs ist in der Nähe der Hydrothermalquellen im Wasser in geringer Konzentration vorhanden. Die nicht an schwefelhaltige Quellen gebundenen Pogonophoren machen sich für ihre Symbionten das in der Reduktionsschicht vorhandene Sulfid zu Nutze.

Abb. 536: A-C Anordnung des Trophosomgewebes in schematisierten Rumpf-Querschnitten. A *Siboglinum fiordicum.* B *Siboglinum angustum.* C *Riftia pachyptila.* D Teil eines Querschnittes durch die postannuläre Region von *S. fiordicum,* Bakteriocytenepithel durch Blutsinus vom äußeren Epithel getrennt. Maßstab: 10 µm. A,B,D Nach Southward (1982); C nach Southward und Southward (1987).

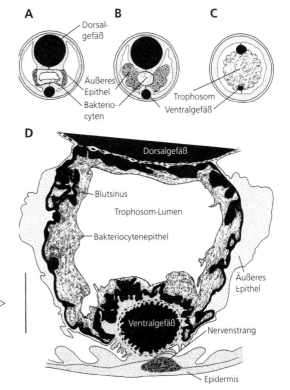

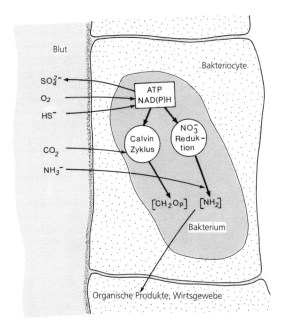

Abb. 537: Schematische Darstellung der metabolischen Prozesse in den prokaryotischen Symbionten. Die Enzyme des Calvin-Zyklus sowie ATP-Sulfurylase und Nitrat-Reduktase sind in verschiedenen Pogonophoren nachgewiesen worden. Umgezeichnet für Trophosomgewebe in Anlehnung an Jannasch (1985) und Felbeck et al. (1984).

Da H_2S toxisch ist und in Gegenwart von Sauerstoff sofort oxidiert wird, ist die Versorgung der Symbionten komplex: Das Hämoglobin bindet Sulfid und Sauerstoff mit hoher Affinität und reversibel. Interessanterweise hat Schwefelwasserstoff bei *Riftia pachyptila* (und anderen Pogonophoren?) keinen Effekt auf die O_2-Affinität des Hämoglobins – ein Hinweis auf das Fehlen einer Interaktion von Sulfid mit den Hämgruppen. Im Blut wird Sulfid etwa 10-fach konzentriert, so daß eine sehr hohe Rate chemoautotropher CO_2-Fixierung möglich ist. Der Transfer der organischen Substanz aus den Bakterien ist nicht vollständig geklärt, sie wird entweder von den Zellen abgegeben oder die Bakterien werden intrazellulär verdaut.

Die Übertragung der Symbionten auf die nächste Generation bedarf noch weiterer Untersuchungen. Bakterien sind vermutlich noch nicht in den Eiern oder frühen Furchungsstadien vorhanden. Da die juvenilen Obturata jedoch noch einen funktionierenden Darmkanal mit Mund und After besitzen, wird eine Aufnahme über den Darmkanal vermutet. Bei den Jugendstadien der Perviata gibt es eine temporäre Mundöffnung, durch die sehr wahrscheinlich die Aufnahme der Symbionten erfolgt. Morphologische Untersuchungen und 16S rRNA-Analysen zeigen, daß die Symbiosen sehr spezifisch sind und eine nicht selektive Aufnahme von Bakterien aus der Umgebung eher unwahrscheinlich ist.

Alle Körperabschnitte enthalten mehr oder weniger umfangreiche **Coelomsäcke,** die entweder von einem Coelothel oder Muskelzellen begrenzt

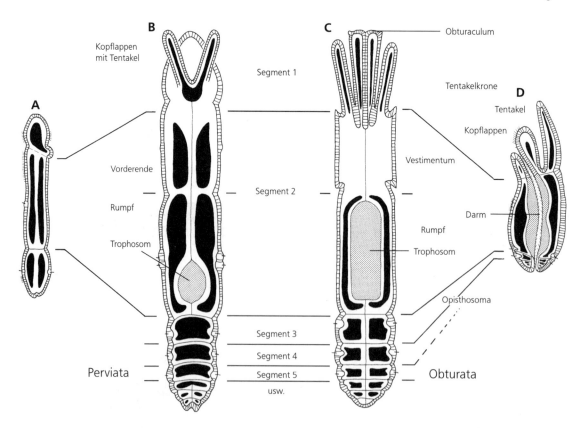

Abb. 538: Vergleichende schematische Darstellung der Coelomräume (schwarz) und der Körpergliederung der frühen juvenilen Stadien sowie der adulten Tiere bei Perviata (A,B) und Obturata (C,D). Nach Southward (1988) und Webb (1969).

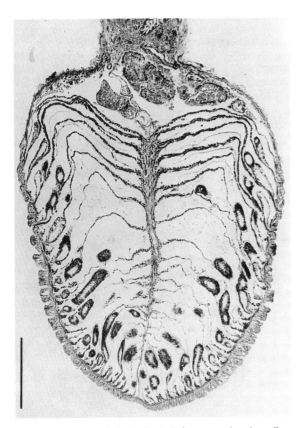

Abb. 539: Horizontalschnitt des Opisthosomas einer juvenilen *Riftia pachyptila*. Segmentale Coelomräume, durch Dissepimente und Mesenterium getrennt. Maßstab: 250 µm. Original: M.L. Jones, Friday Harbor.

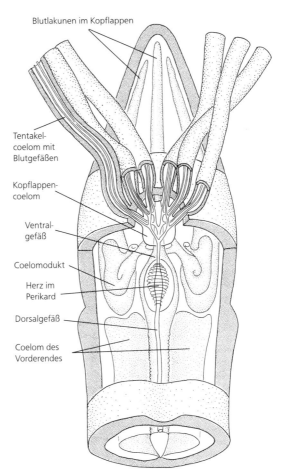

Abb. 541: *Oligobrachia dogieli*. Coelom und Blutgefäße des Kopflappens. Nach Ivanov (1963).

werden. Im Kopflappen der Perviata befindet sich ein unpaarer Coelomraum, der sich in die Tentakel fortsetzt und wahrscheinlich mit 1 Paar Coelomodukte nach außen mündet. Vorderende und Rumpf enthalten jeweils 1 Paar Coelomräume, die median ein Mesenterium bilden. Im segmentierten Opisthosoma ist dagegen in jedem Segment 1 unpaarer Coelomraum ausgebildet. Das Vorhandensein eines sog. Perikards ist umstritten (Abb. 538 C, 541). Bei den Obturata ist das Coelom ähnlich gegliedert:

Die Tentakel enthalten je 1 Coelomraum, das Obturaculum besitzt 1 Paar; das Coelom der Vestimentum-Region ist nahezu reduziert, der Rumpf enthält 1 Paar Coelomräume ebenso jedes Opisthosomasegment (Abb. 538 B, 539).

Die Deutung der Körpergliederung, der Coelomräume und ihrer Ontogenese ist nur im Zusammenhang zu sehen; sie wird kontrovers diskutiert (Abb. 538 A–D). Nach SOUTHWARD entsprechen bei

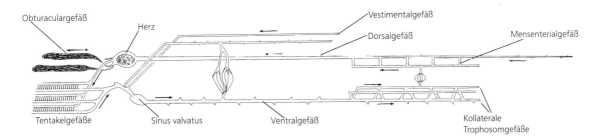

Abb. 540: *Lamellibrachia luymesi*. Schema des Blutkreislaufs. Nach Van der Land und Nørrevang (1977).

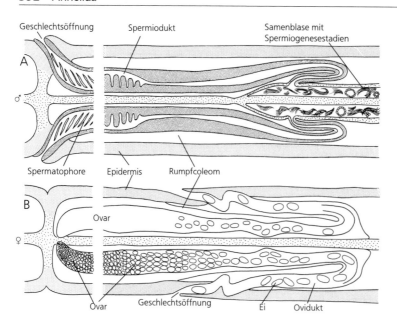

Geschlechtsöffnung   Spermiodukt   Samenblase mit
Spermiogenesestadien

A   ♂

Spermatophore   Epidermis   Rumpfcoleom

B   ♀

Ovar

Ovar   Geschlechtsöffnung   Ei   Ovidukt

Abb. 542: *Lamellisabella* sp. A Schema des männlichen Reproduktionssystems. B Schema des weiblichen Reproduktionssystems. Nach Ivanov (1963).

beiden Untergruppen die Tentakelregion (mit Kopflappen) einem 1. Segment, Vorderende und Rumpf bzw. Obturaculum, Vestimentum und Rumpf einem sehr langen, sekundär geteilten 2. Segment sowie das Opisthosoma dem 3. und folgenden Segmenten. Aus der Ontogenie ist tatsächlich ersichtlich, daß das Obturaculum eine vordere Verlängerung des 2. Segmentes ist und kein eigenes Segment darstellt.

Das **Blutgefäßsystem** ist geschlossen und gut entwickelt. Dorsale und ventrale Hauptgefäße liegen in den Mesenterien und durchziehen den ganzen Körper. Im Kopflappen und Vestimentum ist das Dorsalgefäß muskulös und dient als Herz. Blutkapillaren ziehen bis in die Pinnulae der Tentakel, von dort fließt das Blut in das Ventralgefäß und zu den inneren Organen (Abb. 540, 541). Das Blut enthält verschiedene Zellen und freies Hämoglobin in relativ hoher Konzentration. Dieses hat die Fähigkeit, O_2 und HS^- zu binden sowie Sulfid vor spontaner Oxidation zu schützen (s. o.). Die Affinität des Hämoglobins gegenüber Sauerstoff ist bei den Obturata über einen breiten Temperaturbereich nahezu konstant – eine offensichtliche Anpassung an das besondere Habitat dieser Organismen, in dem die Temperaturen über einen Bereich von 20°C schwanken können.

Über **Exkretionsorgane** und Osmoregulation ist wenig bekannt. Die im Vorderende liegenden Coelomodukte wurden als Metanephridien gedeutet. In neueren Arbeiten werden sie bei den Perviata jedoch für Protonephridien gehalten; eine Klärung bleibt abzuwarten.

Pogonophoren sind generell getrenntgeschlechtlich (Ausnahme: *Siboglinum poseidoni*). Die paarigen

Gonaden liegen im Rumpf und münden über paarige Gonodukte in der Rumpfregion, dicht an der Grenze zum Vorderende bzw. Vestimentum, nach außen. Bei den Perviata sind die sog. H o d e n lange, sich bis in die postannuläre Region erstreckende Schläuche; bei den Obturata sind diese zu kleinen Säckchen aufgelöst und in Hodenbläschen und Seminalvesikel getrennt. In den Seminalvesikeln vollzieht sich – wie bei vielen Anneliden – die Spermatogenese über sog. Cytophoren: die Spermatiden entwickeln sich an einer gemeinsamen zentralen Plasmamasse. Die fadenförmigen Spermien werden entweder in Spermatophoren verpackt und im distalen Abschnitt der Spermiodukte gespeichert (Perviata, Abb. 542 A, 543) oder legen sich zu Bündeln (Spermatozeugmata) zusammen. Die O v a r i e n sind ebenfalls lange Schläuche. Die reifen Eier liegen im hinteren Teil der Schläuche; dort beginnen die O v i d u k t e und ziehen in einer Schleife nach vorne (Abb. 542B). Sie münden bei den Perviata viel weiter hinten als die Spermiodukte. Bei den Obturata werden die Öffnungen vom hinteren Teil des Vestimentums bedeckt. Zumindest bei *Lamellibrachia* ist nur ein Ovar funktionstüchtig.

Fortpflanzung und Entwicklung

Aufgrund der extremen Lebensräume sind die Beobachtungen über Spermaübertragung und Ontogenese noch unvollständig. Die Befruchtung findet wahrscheinlich in den Röhren der Weibchen oder bereits in den Ovidukten statt, wofür auch die abgeleitete Struktur der Spermien spricht. Die Spermatophoren oder Spermienbündel sollen entweder mit Hilfe der Tentakel in die Röhren der Weibchen gebracht werden oder passiv verdriften.

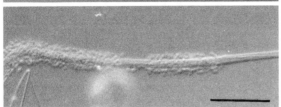

Abb. 543: *Siboglinum brevicephalum*. Spermatophore. A Vorderer spindelförmiger Abschnitt mit Spermien. B Ausschnitt aus Spermatophorenfilament mit Anheftungszonen. Maßstab A, B: 1,5 µm. Originale: H.J. Flügel, Kiel.

Da die Obturata meist in dichten Kolonien siedeln, wurde bisher eine direkte Übertragung angenommen. *Riftia pachyptila* gibt Spermienbündel und Eier ins freie Wasser ab, die sich über die Kolonie verteilen und langsam absinken. Die Spermienbündel gelangen aktiv oder passiv zu den Weibchen, die Befruchtung ist entweder eine innere oder erfolgt in dem vom Vestimentum gebildeten Raum während der Freisetzung der Eier. Die abgegebenen Eier sinken zunächst innerhalb der Kolonie zu Boden, können dann aber durch Strömungen verbreitet werden.

Bei den Obturata sind Ort (freies Wasser ?) und Ablauf der **Furchung** und Entwicklung bis zu den ersten bodenlebenden Stadien unbekannt. Bei den Perviata verläuft die Entwicklung bis zu einem bewimperten Stadium in den Röhren, und die pelagische Phase ist kurz. Die Furchung der meist langgestreckten Eier beginnt in der Regel wie eine Spiralfurchung mit Mikro- und Makromeren (Abb. 544 A–E). Sie wird im weiteren Verlauf asynchron und bilateral. Die Gastrulation erfolgt durch Epibolie und Delamination. Der Modus der Mesodermbildung ist umstritten: Nach IVANOV liegt Enterocoelie aus dem Urdarm vor, was auf Deuterostomia-Verwandtschaft deuten würde. NØRREVANG beschreibt dagegen die Mesodermbildung als Schizocoelie aus Zellen zwischen Ento- und Ektoderm am hinteren Ende des Embryos und schließt entsprechend auf Annelidenverwandtschaft. Eine Nachuntersuchung ist wünschenswert.

Das Coelom differenziert sich zu 3 Abschnitten: (1) der vordere (zunächst paarig ?) bildet das unpaare Coelom des Kopflappens und der Tentakel (sowie das Perikard?), (2) der mittlere paarige wird erst später durch ein sekundäres Septum in Vorderenden- und Rumpfcoelom gegliedert, und (3) das letzte Paar verschmilzt zum Coelom des 1. Opisthosomasegments. In diesem Stadium gehen die Tiere zum Bodenleben über; neben Cilienbändern und Tentakelknospen sind die ersten Rumpf- und Opisthosomaborsten vorhanden (Abb. 529 C, F, 544 F–M). Weitere Opisthosomasegmente entstehen aus hinteren, bogenförmig angeordneten Zellgruppen. Nach den Septen werden zunächst kleine paarige Coelomräume gebildet, die sich später vergrößern und verschmelzen (Abb. 538 A–D). Die jüngsten bekannten Stadien der Obturata entsprechen dem ersten bodenlebenden Stadium der Perviata (Abb. 529 C, F); sie besitzen jedoch noch einen funktionierenden Darmkanal mit Mund und After, während bei den Perviata-Jugendstadien nur eine temporäre Mundöffnung gefunden wurde.

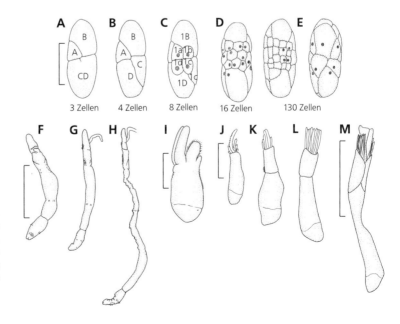

Abb. 544: A-E Furchungsstadien von *Siboglinum fiordicum*. F-H Aufeinanderfolgende juvenile Stadien von *S. fiordicum*. I-M Juvenile Stadien von *Ridgeia* sp.. Maßstäbe: A-E: 0,2 mm; F-H: 0,5 mm; I: 0,1 mm; J-L: 0,5 mm; M: 5 mm. A-E nach Bakke (1976), F-H nach Bakke (1977), I-M nach Southward (1988).

Dieses bewimperte Stadium der Obturata besteht aus dem Kopflappen (später Sipho) mit 2 dorsalen Tentakeln, dem Rumpf mit Borsten sowie einem Opisthosomasegment mit Borsten. Das Vestimentum wird erst in einem späteren Stadium sichtbar, und schließlich entwickelt sich aus einer Knospe zwischen den Tentakelbasen und dem Sipho das Obturaculum (Abb. 544 K–M). Dieses enthält 2 zunächst solide Mesodermstreifen, die mit dem Mesoderm der Vestimentum-Region verbunden sind. Später werden der Sipho und die Rumpfborsten völlig reduziert. Der Darmkanal mit Mund bleibt noch lange offen, auch nachdem bereits Symbionten vorhanden sind und der Darm sich zum Trophosom differenziert hat.

Systematik

Seit ihrer Entdeckung und Erstbeschreibung durch CAULLERY (1914) haben die anatomischen Besonderheiten der Pogonophora die Zoologen zu widersprüchlichen Deutungen der Verwandtschaft geführt. Hierzu hat vor allem beigetragen, daß lange Zeit nur unvollständige Tiere ohne Opisthosoma bekannt waren, den adulten Pogonophoren Mund und After fehlen, die Herkunft des Trophosoms aus dem Darmkanal unbekannt und der Modus der Mesodermbildung umstritten war. Da also lediglich drei, teilweise paarige Coelomräume bekannt waren und die Mesodermbildung als Enterocoelie gedeutet wurde, sind die Pogonophoren zunächst aufgrund der zahlreichen Arbeiten IVANOVs aus den 50er und 60er Jahren als trimere (archimere) Organismen in die Echinodermen-Chordaten-Verwandtschaft (Deuterostomia) eingeordnet worden. In diesen älteren Arbeiten wurden die Tiere so orientiert, daß das Nervensystem dorsal und die Tentakel ventral lagen (Pogonophora = Bartträger!). Erst die Entdeckung und Beschreibung der segmentierten Hinterenden durch WEBB (1963) machte die Übereinstimmungen mit den Anneliden offensichtlich. Die Entdeckung der spektakulären *Riftia pachyptila* hat dann noch einmal einen bis heute andauernden Anstoß zu weiteren Untersuchungen gegeben. Aus der Larvalentwicklung von *Ridgeia* sp. (Obturata) und zweier *Siboglinum*-Arten (Perviata) ist jetzt ein Darmkanal mit Mund und After bekannt. Der Mund befindet sich auf der gleichen Seite wie das Nervensystem, so daß die Frage der Ventralseite damit endgültig als geklärt zu betrachten ist. Lediglich die Ontogenie, die nur unvollkommen bekannt ist, gibt bisher keine eindeutigen Belege für die Annelidenverwandtschaft. Zwar läßt sich die Frühentwicklung als Spiralfurchung deuten, weist aber nicht den für Anneliden typischen Verlauf auf. Als wesentlicher Streitpunkt bleibt die von IVANOV und Mitarbeitern behauptete Entstehung des Coeloms durch Enterocoelie, die in der Tat gegen eine Verwandtschaft mit den Anneliden spräche. Andere Autoren halten die beschriebene Enterocoelie jedoch für eine Fehlinterpretation. In jedem Fall läßt sich eine Zuordnung zu den Deuterostomia aufgrund einer ventralen Lage des Nervensystems nicht mehr aufrechterhalten. Auch die Tentakel und

ihr Coelom entstammen dem ersten Coelomabschnitt und nicht einem mesosomalen Coelom wie beispielsweise bei den Tentaculata (S. 738). Neben zahlreichen morphologischen Übereinstimmungen (z.B. Cuticula, Borsten, Segmente) gibt es neuerdings auch biochemische Daten, die eine Verwandtschaft mit den Anneliden sehr wahrscheinlich machen: So stimmen z.B. die Hämoglobine ausgewählter Arten der Obturata mit denen von Anneliden in Molekulargewicht, Aminosäurezusammensetzung und -sequenz auffallend überein. Die einzige untersuchte Art der Perviata, *Siboglinum fiordicum*, weicht aber in ihrer Aminosäurezusammensetzung des Hämoglobins stärker ab.

Die Unterschiede zwischen den beiden Gruppen der Pogonophora, Perviata und Obturata, insbesondere im Coelom und der Körpergliederung, aber auch in anderen Merkmalen (s.u. Diagnosen) veranlaßten JONES (1985) dazu, beide Taxa unter den Namen Pogonophora und Vestimentifera als eigene „Stämme" zu betrachten, die unabhängig voneinander der Stammlinie der Anneliden entspringen sollen. Während sich in der amerikanischen Literatur diese Ansicht schnell durchsetzte, wurden von SOUTHWARD (1988) diese Unterschiede als zu gering erachtet, um die Errichtung hochrangiger Taxa zu rechtfertigen. Insbesondere nach neueren Untersuchungen über die Entwicklung von *Ridgeia* sp. (Obturata) können die Unterschiede in der Adultorganisation (Coelom, Körpergliederung) durch divergierende Entwicklungen aus homologen Strukturen der Jugendstadien erklärt werden (Abb. 538 A–D, 544 F–M). So sind einerseits die Unterschiede geringer als nach Befunden aus der Organisation der Adulten angenommen wurde, andererseits müßten die zahlreichen Übereinstimmungen zwischen Perviata und Obturata als Konvergenzen interpretiert werden.

Wahrscheinlich lassen sich Perviata und Obturata auf eine nur ihnen gemeinsame Stammart zurückführen. Auch ohne eine Nachuntersuchung der Embryonalentwicklung ist es bereits nach heutigem Kenntnisstand berechtigt, die Pogonophora in die Annelida zu stellen, wobei ihre Schwestergruppe – hierauf deutet u.a. die verblüffend ähnliche Struktur der Hakenborsten (Uncini) hin (Abb. 493 H, 533) – vermutlich sogar in röhrenbewohnenden und tentakeltragenden sessilen „Polychaeta" (Sabellida?) (S. 382) zu suchen ist.

1.5.1 Perviata (Frenulata), Pogonophoren i.e.S.

Körper besteht (Nomenklatur nach SOUTHWARD) aus Vorderende, Rumpf und segmentiertem Opisthosoma. Kopflappen mit 1 bis zahlreichen dorsalen Tentakeln und Frenulum (Bändchen). Einschnürung markiert die Grenze zwischen Vorderende und Rumpf. Rumpf mit zahlreichen Papillen; Gürtel mit zwei oder mehr Reihen von Hakenborsten (Uncini) teilt Rumpf in prae- und postannuläre Region. Trophosom meist auf postannuläre Region beschränkt. Opisthosoma als Graborgan aus durchschnittlich 20 Segmenten mit 4 Borstenreihen, 3 Nervensträngen mit gangliösen Anschwellungen und ohne Mesenterien. Tentakel mit einzelligen Pinnulae. Meist Spermatophoren. Komplexes Coelom- und Blutgefäßsystem. Röhren an beiden Enden offen, über das Substrat hinausragend oder vollständig verborgen. In der Regel in reduzierenden (H$_2$S-reichen) Weichsubstraten (Ausnahme: einige *Sclerolinum* Arten in sich zersetzendem Holz). Weltweit: Fjorde, Kontinentalschelf und Tiefsee von 25–10700 m Tiefe; meist in kalten Tiefenwassern, in Küstennähe auch bis zu 18°C; ein Vertreter von Hydrothermalquellen: *Siphonobrachia lauensis*. Mehr als 100 Arten. Pogonophorenähnliche Röhren fossil aus dem unteren Kambrium.

1.5.1.1 Athecanephria

Coelomodukte des vorderen sackförmigen Coelomraums lateral und weit voneinander entfernt.

Siboglinum ekmani (Siboglinidae), 40–100 mm; wie alle Arten der Gattung nur 1 Tentakel, spiralig aufgerollt, mit 2 Reihen Pinnulae; Skagerrak, Nordatlantik, 300–1250 m Tiefe. - *S. fiordicum,* ca. 80 mm; Skagerrak, Norwegen, 25–560 m Tiefe (Abb. 529 A). – *S. poseidoni,* 64 mm, zwittrig, methylotroph; Skagerrak, 300 m Tiefe. – *Nereilinum murmanicum*, 105 mm; 2 Tentakel; Barentssee, Nordatlantik, 170–1300 m Tiefe (Abb. 545 A).

1.5.1.2 Thecanephria

Coelomodukte des vorderen U-förmigen Coeloms nahe der Medianlinie, Perikard fehlt.

Sclerolinum brattstroemi (Sclerolinidae), ca. 100 mm, 2 Tentakel ohne Pinnulae; Norwegen, 90–1300 m Tiefe. – *Lamellisabella zachsi* (Lamellisabellidae), 18 cm; 29–31 Tentakel mit Pinnulae, basal verwachsen; 220 mm; Ochotskisches Meer, Beringsee, 2.900–3500 m Tiefe, zunächst für Art der Polychaetenfamilie(!) Sabellidae gehalten (Abb. 529 B). – *Spirobrachia grandis* (Spirobrachiidae), Fragmente bis 80 mm; bis zu 225 Tentakel mit Pinnulae auf spiraligem Tentakelträger; Beringsee, 3250 m Tiefe.

1.5.2 Obturata (Vestimentifera)

Körper aus Obturaculum, Tentakel- bzw. Kiemenlamellen, Vestimentum, Rumpf und Opisthosoma. Obturaculum becherförmig erweitert, verschließt bei Gefahr die Röhre. Vestimentum – seitliche Falten – umhüllt zweiten Körperabschnitt und bildet meist Kragen um die Basis der Tentakellamellen. Rumpf mit voluminösem Trophosom, ohne Borsten. Opisthosoma dient zum Verankern in den Röhren, Opisthosoma abgesetzt aus bis zu 100 Segmenten, diese mit paarigen Coelomsäckchen, Mesenterien vorhanden; 2 Borstenreihen, unpaarer Nervenstrang vermutlich ohne Ganglien. Kiemenfilamente mit multizellulären Pinnulae. Coelom und Blutgefäßsystem komplex. Röhren basal geschlossen, auf Hartsubstraten. Keine Spermatophoren. Mit Ausnahme der Gattungen *Lamellibrachia* und

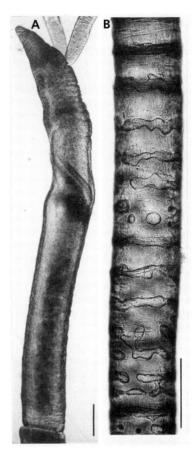

Abb. 545: A *Nereilinum murmanicum*. Seitenansicht des Vorderendes und Kopflappens mit Tentakelbasen. Lebendaufnahme. B *Siboglinum brevicephalum*. Hauptteil der Röhre. Maßstab: 200 µm. Originale: H.J. Flügel, Kiel.

Escarpia an Thermalquellen ozeanischer Spaltungszonen gebunden. Etwa 10 Arten.

1.5.2.1 Axonobranchia

Kiemenlamellen in aufsteigenden Reihen an den Seiten des Obturaculums und von ihm abstehend, im Vorderende axial angeordnetes Dorsalgefäß.

Nur *Riftia pachyptila*, 1,5 m lang, 4 cm Durchmesser; Pazifik: Galapagos Graben, East Pacific Rise, 2500 m Tiefe; maximal 334 Paar Kiemenlamellen mit jeweils bis zu 340 Tentakeln; größte Pogonophorenart und größte Art der Tiefsee-Thermalquellen-Fauna (Abb. 529 D).

1.5.2.2 Basibranchia

Kiemenlamellen in auswärts gerichteten Reihen um die Basis des Obturaculums und parallel dazu ausgerichtet; im Vorderende basal liegendes Dorsalgefäß.

Lamellibrachia barhami (Lamellibrachiidae), 48 cm lang und 5 mm Durchmesser; an kalten sulfid- und kohlenwasserstoffhaltigen Sickerquellen am Kontinentalsockel; Ostpazifik, 1100–2000 m Tiefe; 25 Paar Kiemenlamellen und 2–4 Paar periphere Hüllamellen. – *L. luymesi*, 55 cm; Atlantik. – *Ridgeia piscesae* (Ridgeiidae), 65 cm; Pazifik.

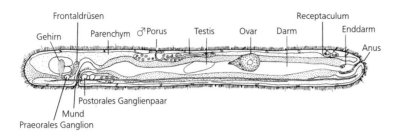

Abb. 546: Lobatocerebrida. Seitenansicht von *Lobatocerebrum psammicola*. Länge: 3 mm. Aus Rieger (1980).

1.6 Lobatocerebrida

Kleine Tiere aus marinen, sandigen oder schlickigen Weichböden. Mit turbellariomorphem Aussehen (gänzlich bewimpert, acoelomater Bau) (Abb. 546). Mit großem, gelappten Gehirn (Name!). Hermaphroditen. Nach der phylogenetischen Merkmalsanalyse handelt es sich hier möglicherweise um aus Jungtieren eines Anneliden durch Progenesis entstandene Sandlückenbewohner: männlicher Genitalkanal coelomoduktähnlich und mit Wimperntrichter in eine Sackgonade mündend; Protonephridien in paarigen Gruppen, getrennt mündend; mit Enddarm und After; Reste eines Blutgefäßsystems; mit Cuticula, wie sie bei Anneliden und anderen coelomaten Spialiern auftritt. Die Ultrastruktur der Spermien weist auf mögliche Beziehungen zu den Oligochaeten hin.

Nur 1 Art beschrieben: *Lobatocerebrum psammicola* (Lobatocerebridae), 4 mm; die Tiere gleiten langsam auf Cilien, ähnlich kleinen interstitiellen Schnecken (S. 307). Im seichten Sublitoral (1–3 m) vor der Marinbiologischen Station in Elat, Israel, wurde eine nahe verwandte, weitere Art gefunden.

2 Clitellata, Gürtelwürmer

Die clitellaten Anneliden – mehr als 8 000 Arten – sind vorwiegend limnische und terrestrische Organismen; marine Arten leben vor allem im litoralen Bereich. Mit den Regenwürmern enthält die Gruppe die bekanntesten wurmförmigen Evertebraten überhaupt. Neben den meist kleinen, aquatischen Arten in Millimeter-Größe gibt es zahlreiche terrestrische von mittlerer Größe und wenige Arten von über 1 Meter Länge. Primäre Ektoparasiten sind die Hirudinea; zu ihnen gehören die sog. Blutegel, die auch am Menschen Blut saugen und von denen *Hirudo medicinalis* zeitweilig in Europa für die vorwissenschaftliche Medizin von außerordentlicher Bedeutung war.

Wilfried Westheide, Osnabrück

Namengebende Struktur ist das Clitellum (Gürtel), eine durch zahlreiche Drüsen deutlich erhöhte Epidermisregion (Abb. 547, 550, 553 A). Sie umgibt den Körper sattel- oder gürtelförmig in wenigen, hintereinander liegenden Segmenten in der vorderen Körperhälfte. Das Clitellum ist ohne Ausnahme bei allen Clitellaten vorhanden. Seine Funktionen (s. u.) bestimmen die einzigartige Fortpflanzungsbiologie, die Organisation der Geschlechtsorgane und die äußere Gestalt dieser Anneliden.

Bau

Die Körperform der Clitellaten ist relativ einheitlich und wird durch eine deutliche, homonome Segmentierung geprägt. Parapodien fehlen; die Borsten sind einfach – meist kurze Stiftchen oder Haarborsten (Abb. 500 B); einzelne Taxa sind borstenlos, z. B. die *Achaeta*-Arten (Enchytraeidae), die Branchiobdellida und alle Euhirudinea.

Das Prostomium ist meist zu einem kleinen Lappen ohne Anhänge reduziert, oder es fehlt (Branchiobdellida, Acanthobdellida). Das Gehirn ist aus Raummangel aus dem Prostomium nach hinten in das Peristomium und nachfolgende Segmente verlagert. Ganglien aus vorderen Metameren bilden ein ventrales Unterschlundganglion (Abb. 496 B). Bei den Oligochaeten schließt sich daran ein Markstrang ohne deutliche Ganglien an; dagegen sind die Zellkörper der Neurone bei den Hirudineen zu je 6 Paketen zusammengefaßt und bilden eine auffällige Ganglienkette (Abb. 496 C, 556 B, 557). Nuchalorgane fehlen. Die einfachen Augen sind Pigmentbecher-Ocellen; sie können nicht mit denen der Polychaeten homologisiert werden und liegen nur selten auf dem Prostomium. Häufig sind einzelne Photorezeptoren in der Epidermis, die – ebenso wie die entsprechenden Zellen in den Augen – eine zentrale, mikrovilliumsäumte Vakuole besitzen (Phaosom) (Abb. 559).

Oligochaeten haben ein kleines Pygidium, meist ohne Anhänge, das den After trägt. Bei Hirudineen läßt sich ein Pygidium nicht mehr erkennen, da es in den caudalen Saugnapf mit einbezogen ist.

Als **Exkretionsorgane** fungieren Metanephridien, die bei den Hirudineen stark umgestaltet sind.

Alle Clitellaten sind Simultanzwitter. Ihre **Geschlechtsorgane** sind auf wenige Segmente beschränkt. Als ursprünglich gilt eine Ausstattung mit 2 Hoden- und 2 darauffolgenden Ovariensegmenten, die je 1 Paar Gonaden enthalten (octogonade Situation, z.B. bei Haplotaxidae).

Die bei den Hirudinea in mehreren Segmenten liegenden paarigen Hodenbläschen (Abb. 558 B) werden als sekundäre Umbildung eines vom 10. Segment ausgehenden, einheitlichen Hodensackpaares gedeutet, das in dieser Form noch bei *Acanthobdella* auftritt (Abb. 558 A).

Bei den „Oligochaeta" gelangen die Gameten durch jeweils paarige Wimperntrichter und anschließende Gonodukte (Spermiodukte bzw. Ovidukte) nach außen. Die unterschiedliche Lage dieser äußeren Geschlechtsöffnungen hat hohe taxonomische Bedeutung. Bei den Tubificida (Abb. 547) und Haplotaxida liegen die männlichen Poren (bei Tubificidae z.T. mit Penisbildungen) im auf das Hodensegment folgenden Metamer (plesiopore Situation). Bei den Lumbriculida münden Spermiodukte noch innerhalb der Hodensegmente (prosopore Situation). Für die Lumbricida sind Samenleiter charakteristisch, deren äußere Öffnungen weit nach hinten verlagert sind (opisthopore Situation) (Abb. 551). Bei den Hirudineen vereinigen sich die beiden männlichen Gangsysteme vor der Ausmündung zu einem unpaaren männlichen Porus, der meist auf der Ventralseite des 9. Segments liegt; die ebenfalls unpaare weibliche Geschlechtsöffnung befindet sich auf dem 10. Segment. Nur bei den Hirudineen haben die Hoden eine sekundäre Verlagerung hinter die Ovarien erfahren (Abb. 558). Zu den weiblichen Organen gehören bei den Oligochaeten 1 oder mehrere Paare von Spermathecae (Receptacula seminis) (Abb. 547, 551); dies sind Epidermistaschen zur Aufnahme des Fremdspermas, die primär zum Körperinneren geschlossen sind. Nur bei kleinen Oligochaeten kann überschüssiges Sperma über einen Gang heraus in den Darm gelangen.

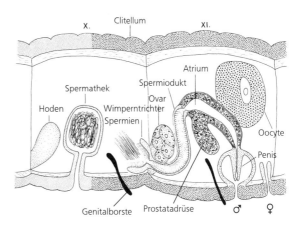

Abb. 547: Genitalorgane der „Oligochaeta". Plesiopore Anordnung bei Tubificidae; die Organe liegen nur in 2 Segmenten. Seitenansicht. Verändert nach Erséus (1980).

Fortpflanzung und Entwicklung

Bei den Oligochaeten legen sich 2 Individuen während der Kopulation gegenseitig so nebeneinander, daß das Clitellum jeweils eines Tieres den Spermatheken des anderen gegenüberliegt. Wechselseitig werden dann die Spermatheken mit Fremdspermien gefüllt (Abb. 551).

Bei den Hirudinea fehlen derartige Speicherorgane: Spermien werden direkt durch Spermatophoren (Abb. 562) in den Partner injiziert oder durch einen Penis (Abb. 556 A) über den weiblichen Porus übertragen, es erfolgt also innere Besamung.

Die spezifische Funktion des Clitellums erfordert, daß die Spermathekenöffnungen ebenso wie die weiblichen Geschlechtsmündungen (die Öffnungen der Ovidukte) vor oder auf dem Clitellum liegen. Bei der Fortpflanzung scheidet das Clitellum eine Flüssigkeit unter einem erhärtenden Sekretmantel ab, aus dem die Tiere ihr Vorderende herausziehen und in den sie ihre Eier abgeben (Abb. 548). Bei den Oligochaeten erfolgt in diesem Kokon auch die

Abb. 548: Kokonablage der Clitellata. *Erpobdella octoculata* (Hirudinea). A Clitellum mit glattem Sekretmantel (dunkle Region); darunter bereits Nährflüssigkeit und Eier. B-E Egel zieht Clitellum und Vorderende aus den Sekreten heraus, die nun als Kokon am Boden festgeklebt sind. F Zusätzliche Formung des Kokons mit dem Mundsaugnapf. G Fertiger Kokon, Länge: 3–6 mm; die flache Unterseite ist festgeklebt, die Oberseite ist flachgewölbt. Mit dotterarmen Eiern, die in der Nährflüssigkeit flottieren. Entwicklung über eine besondere, sekundäre Larve (Abb. 549H). Nach Westheide (1980).

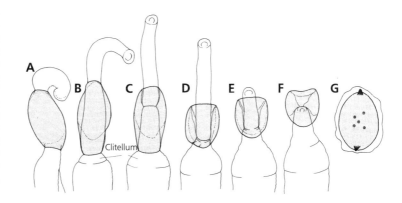

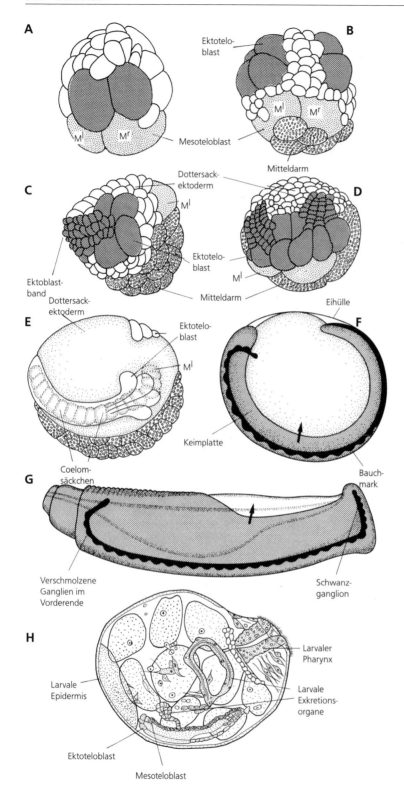

Abb. 549: Embryonalentwicklung der Clitellata. A, B *Tubifex* sp. (Tubificidae). Bildung der Ekto- und Mesoteloblasten (M^l, M^r) (schräg von oben). C Bildung der 4 Ektodermbänder (linke Seite des Keims). D *Glossiphonia* sp. (Rhynchobdelliformes). Ektodermbänder auf beiden Seiten (schräg von oben). E *Tubifex* sp., Embryo mit Coelomsäcken, die unter den 4 Ektodermbändern liegen (linke Seite). F *Helobdella triserialis* (Rhynchobdelliformes). Ektodermbänder zur künftigen Bauchseite gewandert und zur Keimplatte verschmolzen. G Streckung des Keims und Segmentbildung; die Ränder der Keimplatte sind über die Flanken des Embryos zum Rücken gewachsen und schließen dort die Körperwand (Pfeil!). H *Erpobdella* sp. (Pharyngobdelliformes). Sekundärlarve, mit embryonalem Pharynx zum Schlucken der Nährflüssigkeit im Kokon. Nach Anderson (1973) und Stent und Weisblat (1982).

äußere Befruchtung, und immer läuft hier die gesamte Embryonalentwicklung ab.

Das Clitellum ist z.B. bei den Lumbriciden 3–4 mal höher als die normale Epidermis. Es enthält (1) neben den normalen Stützzellen noch besonders viele und große Drüsenzellen: (2) Schleimdrüsenzellen, die eine dünne Matrix für den Kokon abscheiden, (3) Zellen, von denen die Kokonwand produziert wird, und (4) meist mehrere Typen von Drüsenzellen, aus deren Sekreten sich die Flüssigkeit zusammensetzt, in der die Eier flottieren. In Arten mit dotterarmen Eiern sind diese Sekrete reich an Proteinen und Lipiden. An der Basis des Clitellums liegt ein stark entwickelter Nervenplexus.

Der Ablauf der Entwicklung ist eine charakteristische Autapomorphie des Taxon Clitellata. Die Frühentwicklung der primär dotterreichen Eier ist eine stark abgewandelte Spiralfurchung. Bei *Tubifex* („Oligochaeta") und *Glossiphonia* (Euhirudinea) gelangen die mit Dotter beladenen, prospektiven Mitteldarmzellen durch Epibolie der animalen Mikromeren in das Innere des Embryos (Abb. 549). Aus der Blastomere 2 d gehen 8 große Ektoteloblasten hervor, von denen je 4 an jeder Seite des Keims ein aus 4 Zellreihen bestehendes Band bilden (Abb. 549 C). Zusammen mit der Mikromerenkappe (provisorisches oder Dottersack-Ektoderm) bilden diese Zellbänder zunächst die ektodermale Umhüllung des Keims. Sie wachsen im weiteren Verlauf aufeinander zu und vereinigen sich zu einer ventral schüsselförmigen Keimplatte, die schließlich den gesamten Embryo außen umwächst (Abb. 549 F). Unter zunehmender Streckung des Keims differenzieren sich hieraus u.a. die Ganglien des Nervensystems, das Epithel der Körperoberfläche und die Borstensäcke. Aus der 4d-Zelle sind die Mesoteloblasten (M^l, M^r) entstanden; sie bilden 2 mesodermale Zellbänder im Inneren des Keimes, in denen sich – wie bei Polychaeten – typische, paarig angeordnete Coelomhöhlen differenzieren. Das junge Tier verläßt den Kokon mit dem Habitus des Adultus.

Bei Taxa mit sekundär dotterärmeren Eiern, z.B. *Lumbricus* („Oligochaeta"), *Piscicola* (Euhirudinea) entwickelt sich innerhalb des Kokons eine Larve (nicht homolog zur Trochophora!), die mit einem embryonalen Pharynx die Nährflüssigkeit schluckt (Abb. 549 H).

Systematik

Die Monophylie der Clitellata ist durch zahlreiche abgeleitete Merkmale (u.a. Clitellum und Kokonbildung, spezifische Ontogenese, Verlagerung des Gehirns aus dem Prostomium, Hermaphroditismus, Beschränkung der Gonaden auf wenige Segmente) fest begründet (Abb. 504, 547). Die gängige Untergliederung in **„Oligochaeta"** und **Hirudinea** wird hier beibehalten. Für die Taxa der „Oligochaeta" sind jedoch keine Synapomorphien bekannt, sie bilden daher nur eine paraphyletische Gruppierung. Welche Oligochaeten die Schwester-

gruppe der Hirudinea darstellen, ist offen – häufig wurden die Lumbriculida dafür gehalten.

2.1 „Oligochaeta", Wenigborster

Die Oligochaeten sind überwiegend limnische und terrestrische Substratbewohner. Marine Arten gibt es nur in Taxa mit kleinen („mikrodrilen") Formen, vor allem in den Enchytraeidae und Tubificidae, die

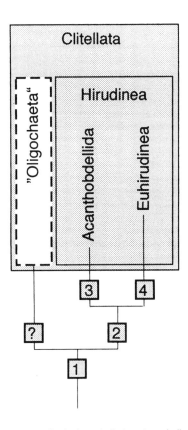

Abb. 550: Verwandtschaftsverhältnisse innerhalb der Clitellata. Apomorphien: [1] Clitellum und Kokonbildung, Besonderheiten der Ontogenese, Verlagerung des Gehirns aus dem Prostomium, Hermaphroditismus, Beschränkung der Gonaden auf wenige Segmente etc.. [?] Autapomorphien der „Oligochaeta" sind nicht bekannt, wahrscheinlich ist die Gruppe ein Paraphylum (S. 400). [2] Zahl der Segmente konstant (32, dazu Prostomium und Peristomium), Borsten nur noch in 5 vorderen Segmenten, hinterer Saugnapf aus 7 Segmenten, Verlust des Pygidiums, besondere Muskelzellen, parenchymatisches Bindegewebe, Reduktion von Mesenterien und Coelomräumen, besondere Struktur der Nephridien, Verschmelzung der männlichen und weiblichen Geschlechtsöffnungen zu jeweils einem Porus, Verlust der Spermatheken und innere Befruchtung etc.. [3] Konstante Zahl von nur 29 sichtbaren Segmenten, hinterer Saugnapf aus nur 4 Segmenten etc.. [4] Verlust aller Borsten, zusätzlich vorderer Saugnapf aus 4 Segmenten, Coelom auf Kanalsystem reduziert, Hodensäcke in besonderer Weise aufgeteilt etc. Nach Purschke, Westheide, Rohde und Brinkhurst (1993).

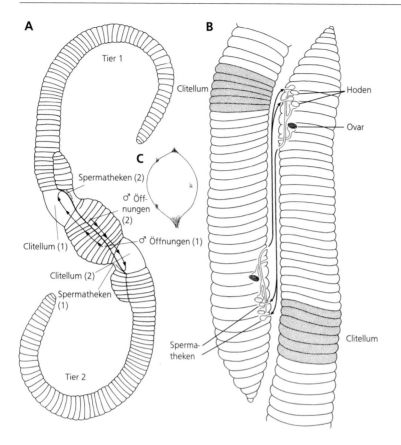

Abb. 551: Fortpflanzung der Lumbricidae („Oligochaeta"). A Geschlechtspartner während der Kopulation; Pfeile geben den Weg des Spermas von den männlichen Geschlechtsöffnungen in die Spermathecae des Partners an. B Schema der Lage der Geschlechtsorgane und Weg des Spermas bei der Kopulation. C Kokon von *Lumbricus terrestris*. A Verändert nach Grove und Cowley (1926); B verändert nach Schaller (1962); C nach Sims und Gerard (1985).

vorwiegend litorale Sedimente besiedeln. Während diese Taxa weltweit verbreitet sind, haben viele terrestrische Oligochaetengruppen mit größeren („megadrilen") Arten geographisch beschränkte Vorkommen oder sind erst durch den Menschen weit verbreitet worden.

Die Mehrzahl der limnisch-terrestrischen Arten lebt von Substraten, die reich an organischem Detritus, Pilzen, Diatomeen, Bakterien und anderen Mikroorganismen sind. Viele fressen zusätzlich oder ausschließlich Pflanzenteile, häufig allerdings erst in einem gewissen Grad der Zersetzung (Saprobionten), so daß sie entscheidend zur Streuzersetzung beitragen. Nur wenige Arten sind Filtrierer, z.B. *Ripistes parasita* (Naididae), Räuber, z.B. *Chaetogaster*-Arten (Naididae), Aasfresser, z.B. wenige Enchytraeidae, oder Ektoparasiten, z.B. wenige Branchiobdellida.

Bau

Charakteristisch für Oligochaeten ist der weitgehend gleichförmige Habitus mit gleichartigen, deutlich gegeneinander abgesetzten, ringförmigen Segmenten ohne Anhänge. Die Zahl der Borsten ist meist gering (Name!) (z.B. *Lumbricus terrestris* 8 pro Segment); ihre Form ist einfach – vorwiegend lange kapillare Haarborsten oder einfache Stiftborsten (Abb. 500 B), die nur wenig über den Körper hinausragen.

Ursprünglich ist eine Anordung in je 1 Paar laterodorsaler und -ventraler Borstensäcke pro Segment (Abb. 500 B), die durch Muskeln bewegt werden. Bei vielen Megascoleciden ist dagegen jedes Segment von einem fast vollständigen Ring aus 50 bis über 100 Borsten umgeben. Genitalborsten finden sich in verschiedenen Familien (Abb. 493 D). Borsten fehlen z.B. bei *Achaeta*-Arten (Enchytraeidae) und bei den Branchiobdellida.

Auch die innere Segmentierung ist deutlich und regelmäßig. Muskulöse und weitgehend vollständige Dissepimente gelten als Voraussetzung für die grabende Lebensweise vor allem der terrestrischen Formen, ebenso wie das muskulöse, spitz zulaufende, anhanglose Vorderende und der mächtig ausgebildete Hautmuskelschlauch (Abb. 500 B).

Bei der Fortbewegung der Lumbricidae kontrahiert sich zunächst die Ringmuskulatur (Abb. 552). Der dabei auf

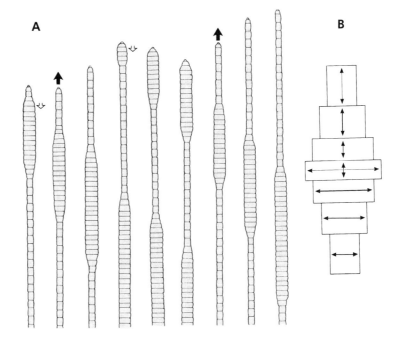

Abb. 552: Peristaltische Bewegung bei Regenwürmern („Oligochaeta", Lumbricidae). A Stadien in der Vorwärtsbewegung. Schwarzer Pfeil: Bewegungsrichtung; unterbrochener Pfeil: Richtung der peristaltischen Kontraktionswellen. B Schema der peristaltischen Bewegung. Vertikale Pfeile in den Segmenten geben Richtung und Ausmaß der Längsmuskelkontraktion an, horizontale Pfeile bezeichnen Richtung und Ausmaß der nachfolgenden Kontraktion der Ringmuskulatur. Das mittlere kürzeste Segment dient zur Verankerung im Substrat. A Verändert nach Gray und Lissman (1938); B verändert nach Clark (1964).

die Coelomflüssigkeit ausgeübte hohe Druck streckt und versteift nun den Körper und schiebt ihn mit eingezogenen Borsten nach vorn. Hinter diesem Abschnitt wird durch Kontraktion der Längsmuskeln eine kurze, stark verdickte Zone gebildet. Mit den jetzt nach außen gespreizten, kurzen Borsten dient sie als Widerlager. Die langen Zonen mit kontrahierter Ringmuskulatur und die kurzen Bereiche mit kontrahierten Längsmuskeln laufen in peristaltischen Wellen von vorn nach hinten („retrograd") über das Tier hinweg. Jedes Segment dient so in einem bestimmten Rhythmus als Verankerung für den sich nach vorn streckenden Körperabschnitt. Durch die völlig schließenden Dissepimente arbeiten die Coelomräume jedes Metamers dabei als weitgehend unabhängige, hydraulische Kompartimente. Das spitze Vorderende wird beim Bohren zunächst in Erdlücken geschoben, die dann durch Aufblähung der ersten Segmente erweitert werden.

Das System der paraphyletischen „Oligochaeta" ist umstritten; die hier genannten Subtaxa enthalten die weitaus größte Zahl der bekannten Arten.

2.1.1 Haplotaxida

Kleinere Arten; häufig im Grundwasser, in alten Seen und Eiszeitrefugien. Diskontinuierliche geographische Verbreitung; viele endemische Arten. Prosopor; meist mit je 2 Hoden- und Ovariensegmenten (octogonad). Vielleicht paraphyletisch.

Haplotaxis gordioides (Haplotaxidae), 180–400 mm, fadenförmig dünn. Vor allem in kontinentalen Grundwasserbiotopen.

2.1.2 Enchytraeida

Artenreiches Taxon millimetergroßer, vorwiegend terrestrischer, aber auch limnischer und mariner Formen, häufigste heimische Oligochaeten; gehören mit zahlreichen Individuen zu Zersetzerlebensgemeinschaften in Wald-, Acker- und Wiesenböden. Spermatheken im 4. Borstensegment; Hoden im 10., Ovarien im 11. Borstensegment; plesiopor.

Enchytraeus albidus (Enchytraeidae), 35 mm; häufig in der Litoralzone des Meeres, in Düngerhaufen und limnischen Sedimenten. – *Cognettia sphagnetorum* (Enchytraeidae), 25 mm; bis zu ca 750 000 Ind. unter 1 m² saurem Waldboden, vorwiegend Fortpflanzung durch Fragmentierung. – *Achaeta*- und *Fridericia*-Arten, häufig in der Bodenlösung von u.a. Waldböden. – *Lumbricillus lineatus*, 15 mm; im marinen Eulitoral.

2.1.3 Lumbricida, Regenwürmer

Zahlreiche, terrestrische, vorwiegend größere Arten („Megadrili") aus 18 Familien-Taxa. Kleinste Arten (*Dichogaster* spp.) weniger als 20 mm, tropische *Glossoscolex*-Arten bis 1,2 m lang; für den australischen Riesenregenwurm *Megascolides australis* (Megascolicidae) werden 3 m angegeben – Funde aus den letzten Jahren waren 75 cm lang. Auf allen

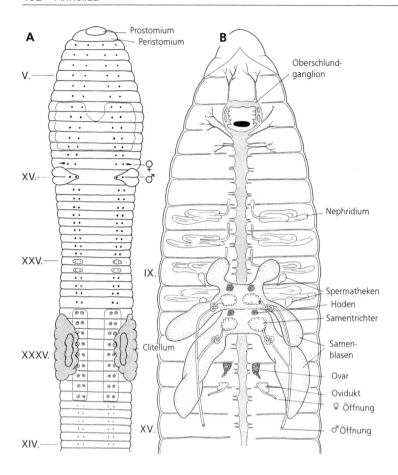

Abb. 553: *Lumbricus terrestris* (Lumbricidae). A Äußere Organisation. Vorderende, Ventralseite mit Lage der Geschlechtsöffnungen und des Clitellums. B Innere Organisation. Vorderende von dorsal, leicht schematisiert, Darmtrakt weggelassen; Nephridien nur in 4 Segmenten eingezeichnet. Römische Ziffern entsprechen der Segmentzählung der Taxonomen, die das Peristomium als erstes Segment (I) zählen. A Nach Sims und Gerard (1985); B verändert nach Sedgewick und Wilson (1913).

Kontinenten mit Ausnahme der Antarktis; nur wenige mit ursprünglich weiter geographischer Verbreitung, aber viele anthropochore, also vom Menschen weit verschleppte Arten.

Opisthopor: männliche Gonodukte durchziehen mehr als 1 Segment, männliche Öffnungen daher entsprechend weit von den Hodensegmenten entfernt.

Pheretima hupiensis (Megascolecidae), 22 cm. – Herkunft der Familie aus der indo-malayischen Region, jetzt auf der gesamten südlichen Erdhalbkugel und in südlichen Bereichen der nördlichen Halbkugel verbreitet. Teilweise mit schlangenartiger Bewegung und glänzend-schillernden orangen, grünen oder blauen Farben. Einige Arten auch außerhalb des Bodens, kriechen auf Bäumen und Sträuchern.

*Lumbricus terrestris (Lumbricidae), Tauwurm (Abb. 550, 553), 30 cm. Häufige Art dieser vor allem in gemäßigten und kälteren Regionen verbreiteten, ökologisch außerordentlich bedeutenden Familie, über die DARWIN (1881) sein letztes Buch schrieb: „The formation of vegetable mould through the action of worms". Wichtiger Boden-

verbesserer: frißt Erde, Kot von Streuzersetzern und Pflanzenreste, die von der Oberfläche in Gänge gezogen werden; letztere können mehrere Meter tief bis zum Grundwasserhorizont führen; Kälte und Trockenheit werden aufgerollt, in Art einer Körperstarre überwunden. Bildung von Ton-Humus-Komplexen im Darm. Kot wird als Auskleidung der Gänge, in den oberen Schichten des Bodens (A-Horizont) und in großer Menge an der Oberfläche abgelagert; daher von hoher Bedeutung für Streuzersetzung, Humusbildung, Struktur, Durchmischung, Durchlüftung und Durchfeuchtung der Böden. Durch große Biomasse (bis 1000 kg ha^{-1}) und hohe Produktion zusammen mit anderen Lumbriciden wichtige Nahrungsquelle für eine Vielzahl von Amphibien, Echsen, Vögeln und Säugetieren. – Der **Darmtrakt** besteht aus Mundhöhle, Pharynx, Oesophagus mit Kropf und Muskelmagen, Mitteldarm und Enddarm. Der Pharynx ist dorsal stark verdickt und wird kissenartig nach außen auf Nahrungsteile gedrückt. Durch eine Serie von Kontraktionen pumpt er sie nach innen, unterstützt durch die Saugwirkung der Mundhöhlenwand. Charakteristische Kalkdrüsen – durch Falten

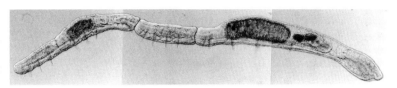

Abb. 554: *Chaetogaster diastrophus* (Naididae), Tierkette. Seitenansicht; Vorderende rechts. Länge: ca. 5 mm. Original: R. Schmelz, Osnabrück.

gekammerte und von Gefäßen reich versorgte Divertikel des Oesophagus – scheiden kristallines Calcit ab bei Überschuß von Ca^{2+} in der Nahrung. Speicheldrüsen sezernieren eine Protease und Schleim, der die Passage der Nahrung in den Magen erleichtert; dort wird sie mit Hilfe von Sand zerrieben. – Charakteristische **Fortpflanzung**: Äußere männliche Öffnungen an der Ventralseite des 15. Segments (Abb. 550, 553). Die Spermiodukte beginnen im 10. und 11. Segment mit je 2 Wimperntrichter (S a m e n t r i c h t e r); hier liegen auch die paarigen Hoden. Entwicklung und Reifung der Spermien erfolgen in großen Coelomaussackungen (Hodensäcke), von denen ausgedehnte S a m e n b l a s e n als Spermienspeicher in die umliegenden Segmente eindringen. Die beiden O v a r i e n im 13. Segment; zugehörige Ovidukte münden im folgenden Segment. 2 Paar Receptacula seminis (S p e r m a t h e c a e) sind epidermale Taschen des 9. und 10. Segments. Das C l i t e l l u m (32. – 37. Segment) jedes Tieres bildet bei der Spermaübertragung einen sie gemeinsam umschließenden Schleimmantel (Abb. 550 A); zusätzlich verhaken die Geschlechtspartner sich gegenseitig mit einigen Borsten. Das Sperma gelangt wechselseitig in äußeren Samenrinnen durch Kontraktion der unterliegenden Muskeln in die Receptacula des Partners. Die Besamung erfolgt erst beim Abstreifen eines Eikokons außerhalb des Körpers. – Regeneration (S. 363).

Weitere in Kulturböden dominante Arten: *Allolobophora chlorotica*, *Aporrectodea caliginosa* und *A. longa*. – *Eisenia fetida*, Mistwurm, 130 mm, leicht züchtbar; wird als Testorganismus in der Ökotoxikologie und zur Kompostierung eingesetzt.

2.1.4 Lumbriculida

Kleinere, vorwiegend aquatische, holarktische Formen; die Hälfte der Arten ist auf den Baikalsee beschränkt. Prosopor; mit 2 Hoden- und 1 bis 2 Ovariensegmenten.

Lumbriculus variegatus (Lumbriculidae), 80 mm. Undurchsichtig, dunkelrot-grünlich irisierend. Im Schlamm oder zwischen Pflanzen stehender Gewässer. Regelmäßig ungeschlechtliche Fortpflanzung durch Querteilung ohne Kettenbildung (Architomie). – *Stylodrilus heringianus* (Lumbriculidae), 40 mm; in sandigen Fließgewässer-Sedimenten. Mit paarigen, nicht-retraktilen Penes.

2.1.5 Branchiobdellida

Etwa 150 Arten spezialisierter Oligochaeten (0,3–10 mm), die auf der Körperoberfläche und den Kiemen von Süßwasserdekapoden leben; in Europa, Asien, Nord- und Mittelamerika. Nur wenige Arten parasitisch, die meisten ernähren sich wahrscheinlich von Mikroalgen und kleinen Tieren, die sie auf der Oberfläche ihrer Wirte finden. Konstante Zahl von Segmenten (15), von denen die 4 vorderen einen Kopf und das letzte Segment eine Scheibe zum Festhalten („Saugnapf") bilden (Abb. 555); Festheftung durch Drüsensekrete auch mit einer ventralen Region am Vorderende möglich. Segmente 1–10 in 2 Annuli unterteilt; Borsten fehlen. Muskulöser Pharynx mit 2 kräftigen, dorsal und ventral liegenden Kiefern. Zwittrige Geschlechtsorgane u. a. mit 2 Paar Hoden, 1 Penis und 1 Spermathek.

Branchiobdella parasita (Branchiobdellidae), 10 mm; auf Flußkrebsen.

2.1.6 Tubificida

Meist sehr kleine, limnische und marine Formen. Weltweit verbreitet. Plesiopor (Abb. 547).

Stylaria lacustris (Naididae), 10 mm. Völlig durchsichtig; Prostomium mit langem, unpaaren Tentakel. Vor allem in der Vegetationszone von Seen und Teichen, weidet den Algenaufwuchs von Wasserpflanzen ab. Ungeschlechtliche Vermehrung durch Paratomie, Tierkettenbildung. – *Chaetogaster limnaei limnaei* (Naididae), 5 mm. Auf Süßwasserlungenschnecken, auch in der Mantelhöhle; frißt u. a. Cladoceren, Rotatorien, Trematoden-Cercarien.- *C. diastrophus*, 5 mm, in allen Gewässertypen (Abb. 554). – *Nais elinguis* (Naididae), 10 mm. – *Tubifex tubifex* (Tubificidae; artenreiche Familie limnischer und mariner Formen), 80 mm; im Boden auch stark verunreinigter, O_2-armer Gewässer in senkrechten Gängen, aus denen das hin- und herschwingende Hinterende herausgestreckt wird; Sedimentfresser. – *Limnodrilus hoffmeisteri* (Tubificidae), 50 mm; dominant in detritusreichen Sedimenten. – *Tubificoides benedeni* (Tubificidae), 50 mm; in schlickigen Se-

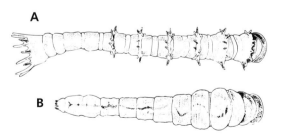

A

B

Abb. 555: Branchiobdellida. *Cirrodrilus megalodentatus* (A) in der Kiemenkammer und *C. cirratus* (B) auf der Oberfläche des Süßwasser-Decapoden *Cambaroides japonicus* (Japan); Länge: 2–3 mm. Nach Yamaguchi (1934) aus Grassé (1959).

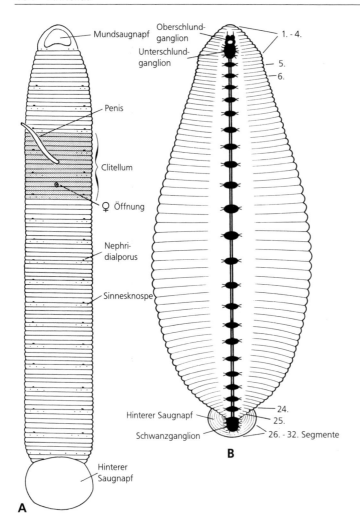

Abb. 556: Organisation der Hirudinea. A *Haemopis sanguisuga* (Gnathobdelliformes). Ventralseite, mit ausgestülptem Penis. B *Haementeria ghilianii* (Rhynchobdelliformes). Nervensystem. Zahlen bezeichnen die Segmente. Klammer umfaßt 3 Annuli, die zu 1 Segment gehören. A Nach Mann (1954); B nach Stent und Weisblat (1982).

dimenten der Nordseeküste. – *Inanidrilus leukodermatus* (Tubificidae), 20 mm; in sulfidischen Sedimenten („Thiobios") des marinen Litorals; Bermuda. Mund- und darmlos in Symbiose mit chemoautotrophen Bakterien.

2.2 Hirudinea, Egel

Die primär ektoparasitischen Egel sind vorwiegend Süßwassertiere. Nur etwa ein Fünftel der etwa 300 Arten lebt im Brackwasser und im Meer. Landegel findet man vor allem in tropischen Wäldern (Abb. 565). *Haementeria ghilianii* ist mit 50 cm Länge die größte Art. Am bekanntesten ist der Medizinische Blutegel *Hirudo medicinalis*.

Bau

Äußere Form und Anatomie der Egel stehen in engem Zusammenhang mit der Bewegung der Tiere und der dabei notwendigen hohen Kontraktionsfähigkeit ihres Körpers und lassen sich aus der ektoparasitischen Lebensweise erklären. Die Zahl

der Segmente ist konstant 32; *Acanthobdella* hat nur 29. Diese Segmentkonstanz beruht wohl auf der Existenz eines aus mehreren Segmenten bestehenden hinteren Saugnapfs (s. u.), der die Ausbildung neuer Segmente in einer caudalen Sprossungszone nicht mehr zuläßt. Die Segmentierung ist in der Anatomie deutlich, äußerlich dagegen verwischt. Schmale Annuli (2–14 pro Segment) zerlegen die Körperoberfläche in ein ziehharmonikaartiges Faltensystem, das von Art zu Art variabel, bei ein und derselben Art aber konstant ist: sekundäre Ringelung. Das Clitellum am 10.–12. Segment ist nur während der Fortpflanzung erkennbar.

Die Annuli tragen in einer Reihe angeordnete Sensillen, die auf einem der mittleren Ringe meist besonders groß ausgebildet sind (Photo- und Chemorezeptoren). Über den Körper verstreut sind einzelne Photorezeptorzellen (Phaosomen); paarige Pigmentbecher-Ocellen finden sich auf vorderen Annuli (Abb. 556, 558).

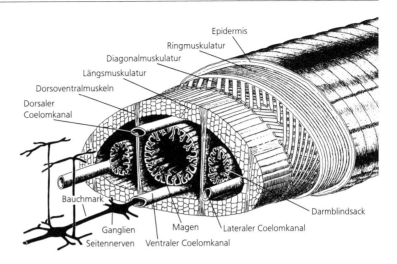

Epidermis
Ringmuskulatur
Diagonalmuskulatur
Längsmuskulatur
Dorsoventralmuskeln
Dorsaler Coelomkanal
Bauchmark
Darmblindsack
Ganglien
Seitennerven
Magen
Ventraler Coelomkanal
Lateraler Coelomkanal

Abb. 557: *Hirudo medicinalis* (Euhirudinea). Lage und Ausdehnung von Hautmuskelschlauch, Coelomkanälen, Darmtrakt und Nervensystem; das zwischen diesen Organen liegende Parenchym mit Botryoidgewebe hier nicht eingezeichnet. Nach Nicholls und Van Essen (1974).

Borsten sind noch bei *Acanthobdella* an 5 vorderen Segmenten ausgebildet (Abb. 563); alle anderen Egel sind borstenlos.

Die Egel besitzen je einen vorderen (Ausnahme: *Acanthobdella*) und einen hinteren stark muskulösen Saugnapf mit drüsenreicher Haftscheibe. Der vordere besteht aus den Resten von Prostomium, Peristomium und 4 Segmenten, die ventral grubenförmig die Mundöffnung umschließen; die letzten 7 Segmente formen den hinteren Saugnapf. Beide Organe ermöglichen die Festheftung auf den Wirtstieren und das charakteristische egelartige Schreiten.

Vorder- und Hintersaugnapf werden hierbei abwechselnd abgehoben und aufgesetzt, während sich der gesamte Rumpf durch Kontraktion der Ringmuskulatur lang ausstreckt und anschließend durch Kontraktion der Längsmuskulatur verkürzt (Abb. 560).

Zwischen den äußeren, vorwiegend ringförmig verlaufenden **Muskeln** und der mächtigen inneren Längsmuskulatur liegt eine doppelte Schicht Diagonalmuskeln, deren Fibrillen sich etwa rechtwinklig kreuzen (Abb. 557).

Sie unterstützen Streckung und Kontraktion des Körpers. Außerdem bewirken sie durch Druck auf das Flüssigkeitspolster in den Coelomkanälen (s. u.) eine gewisse Versteifung, die es einigen Egeln ermöglicht, aufrecht auf dem hinteren Saugnapf zu stehen oder schwingende Suchbewegungen mit dem versteiften Vorderkörper durchzuführen (Abb. 560B).

Ein gut entwickeltes System von Dorsoventralmuskeln kann den Körper bandartig abflachen.

Wenn sich gleichzeitig abschnittsweise die dorsale Längsmuskulatur rhythmisch kontrahiert und die ventrale Längsmuskulatur erschlafft – und umgekehrt –, laufen vertikale Sinusschwingungen von vorn nach hinten über den Körper und ermöglichen ein schnelles Schwimmen (Abb. 560C,D). Derartige Körperundulationen bei fest-

gehefetem Hinter- oder Vordersaugnapf dienen als Atembewegungen in O_2-armem Wasser.

Durch diese besondere Lokomotion der Hirudinea wird die annelidentypische Leibeshöhlen-Organisation offenbar funktionslos. Die **Coelomsäckchen** werden embryonal noch segmental angelegt (S. 398), nach Auflösung der Dissepimente jedoch zu einem durchgängigen weitverzweigten System von Längs- und Querkanälen eingeengt. Chloragogzellen, hier Botryoidzellen genannt (Exkretion, Speicherung), ein ausgedehntes Bindegewebe und besonders die Muskulatur umgeben diese Kanäle parenchymartig (Abb. 500 D,E). Nur bei *Acanthobdella* (Abb. 558 A) ist das Coelom noch ausgedehnt und durch unvollständige Dissepimente gekammert. Bei den Rhynchobdelliden (S. 408) wird der Körper in Längsrichtung von 2 coelomatischen Seitenkanälen, je 1 Ventral- und Dorsalkanal, dazwischen liegenden Resten von Coelomhöhlen und querverlaufenden Verbindungskanälen durchzogen, die in ihrer Gesamtheit als sekundäres Blutgefäßsystem dienen. Daneben ist bei *Acanthobdella* und den Rhynchobdelliden ein primäres Blutgefäßsystem noch vorhanden (Abb. 500 C,D); es besteht im wesentlichen aus einem dorsalen und einem ventralen Längsgefäß mit Querverbindungen an den Körperenden. – Bei Gnathobdelliformes und Pharyngobdelliformes erfolgt eine noch stärkere Aufteilung des sekundären Gefäßsystems bis hin zu feinen Kapillaren, die unter die Körperoberfläche ziehen (Atmung!). Das primäre Blutgefäßsystem wird damit überflüssig und geht vollständig verloren, seine Aufgaben werden vom sekundären (coelomatischen) Blutgefäßsystem übernommen. Einzelne Abschnitte – vor allem die Seitenkanäle – sind durch eine Muskelmanschette kontraktil und sorgen für einen Kreislauf der Coelomflüssigkeit. Sie enthält gelöstes Hämoglobin als Respirationspigment.

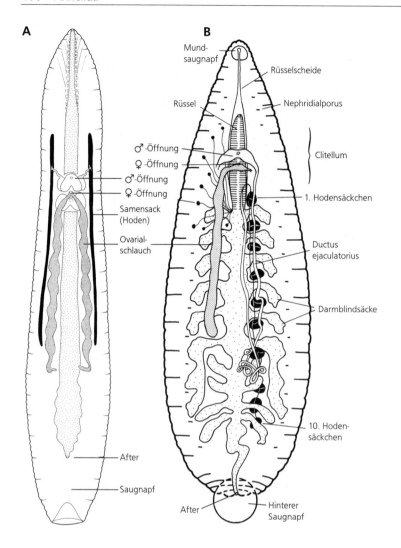

A

♂-Öffnung
♀-Öffnung
♂-Öffnung
♀-Öffnung
Samensack (Hoden)
Ovarial-schlauch
After
Saugnapf

B

Mund-saugnapf
Rüsselscheide
Rüssel
Nephridialporus
Clitellum
1. Hodensäckchen
Ductus ejaculatorius
Darmblindsäcke
10. Hoden-säckchen
After
Hinterer Saugnapf

Abb. 558: Organisation der Hirudinea. A *Acanthobdella peledina* (Acanthobdellida). Darmtrakt und Geschlechtsorgane. B *Glossiphonia complanata* (Euhirudinea, Rhynchobdelliformes). Darmtrakt und Geschlechtsorgane. A Nach Purschke, Westheide, Rohde und Brinkhurst (1993); B nach Harding und Moore (1927).

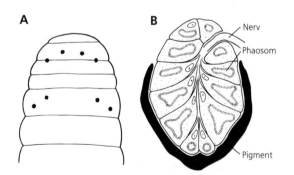

A **B**

Nerv
Phaosom
Pigment

Abb. 559: *Erpobdella octoculata* (Euhirudinea). Augen. A Vorderende mit Lage der 4 Augenpaare. B Längsschnitt durch ein Auge mit nach vorn geöffnetem Pigmentbecher und 24–35 Photorezeptorzellen mit Phaosom (rhabdomere Membran nach innen eingestülpt). Nach Moore (1927) und Hansen (1962) aus Sawyer (1986).

Die **Exkretionsorgane** sind Metanephridien, die segmental (10–17 Paare) angeordnet sind und in den Coelomräumen mit einem oder zahlreichen Wimperntrichtern beginnen.

Letztere stehen bei den meisten Arten nicht mit dem mehrfach gewundenen Nephridialkanal in offener Verbindung, sondern sitzen einer kugelförmigen Nephridialkapsel auf, in der Coelomocyten gesammelt und abgebaut (?) werden; der Trichter kann auch fehlen.

Nur wenige Egel besitzen spezifische **Respirationsorgane:** dünnwandige Aussackungen von Coelomkanälen (z.B. *Piscicola geometra*) oder segmentale Kiemenanhänge (z.B. *Branchellion torpedinis*).

Unterschiedliche Ernährung prägt die Organisation des **Darmsystems;** die Struktur des Vorderdarms liefert wichtige Merkmale für die Systematik. Acanthobdellida und Rhynchobdelliformes sind Ektoparasiten; ihr Vorderdarm ist ein muskulöses Rohr (Abb. 501 E). Bei den Rhynchobdelliden wird es wie ein Stilett in die Haut eines Wirtstieres gebohrt. Pharyngobdelliformes leben räuberisch von kleinen Wirbellosen; sie besitzen einen langen, nicht ausstülpbaren, muskulösen Pharynx, der die Beuteorganismen verschlingt und zerdrückt. Gnathobdelliformes – hierunter auch viele tropische Landegel – saugen Blut. Ihr kurzer kräftiger Saugpharynx trägt in der Mundhöhle 3 halblinsenförmige, muskulöse Kiefer (Abb. 561) mit distal 1 oder 2 Reihen von Cuticularzähnchen. Mit ihnen wird die Haut der Wirbeltiere durchsägt und Speichelsekrete in die dreistrahlige Wunde gebracht (s. u.).

Alle parasitischen Arten besitzen Magenblindsäcke (Abb. 561 A), in denen die flüssige Nahrung (bei *Hirudo medicinalis* bis zum 10-fachen Körpergewicht) über einen langen Zeitraum gespeichert werden kann, da Antibiotica symbiontischer Bakterien ihre Zersetzung verhindern. Auch nach Erschöpfung der Vorräte können diese Egel noch lange hungern, *Glossiphonia complanata* über 10 Monate, *Hirudo medicinalis* etwa 24 Monate.

Der After mündet wegen des hinteren Saugnapfs dorsal vor dem Körperende.

Systematik

Die Monophylie der Hirudinea ist eindeutig und durch zahlreiche Autapomorphien zu belegen, u.a.

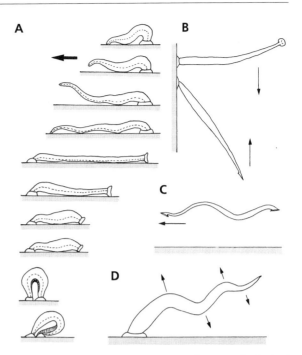

Abb. 560: Bewegungsweisen der Hirudinea. A „Egelartige" Kriechbewegung (*Hirudo medicinalis*) (S. 405). B Ruhestellung und Suchbewegung mit ausgestrecktem Körper (*Piscicola geometra*). C Schwimmbewegung (*Piscicola geometra*). D Wellenförmige Atembewegung (*Erpobdella octoculata*). Nach Herter (1968).

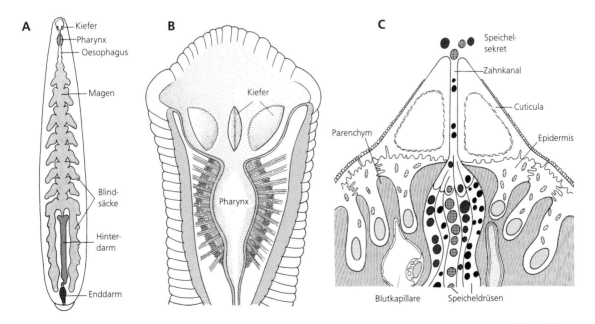

Abb. 561: *Hirudo medicinalis*. A Darmtrakt. B Vorderende, geöffnet mit vorderem Saugnapf, Mundhöhle, Kiefer und Saugpharynx. C Schema der Feinstruktur des äußeren Kieferbereichs mit Ausleitungskanal der Speicheldrüsen innerhalb eines Kieferzahns. A, B Nach verschiedenen Autoren; C nach Damas (1972).

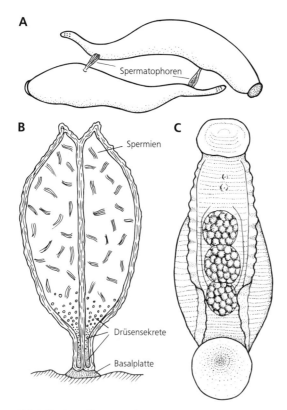

Abb. 562: Fortpflanzung der Hirudinea. A, B *Glossiphonia complanata*. A Kopulation mit gegenseitiger Injektion von Doppelspermatophoren. B Schematischer Längsschnitt durch eine Doppelspermatophore auf der Körperoberfläche eines Geschlechtspartners. Lytische Drüsensekrete im basalen Bereich der Spermatophore öffnen die Körperwand, so daß Spermien einwandern können. C *Theromyzon tessulatum*. Blick auf die Ventralseite mit 3 Eikokons. A Nach Brumpt (1900); B nach Damas (1968); C nach Herter (1968).

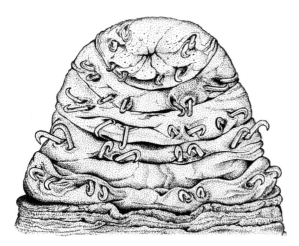

Abb. 563: *Acanthobdella peledina* (Acanthobdellida). Vorderende, ventral, mit Borsten in den vordersten 5 Segmenten. Original: Nach einer REM-Aufnahme von B. Rohde, Osnabrück.

durch das fehlende Pygidium, die spezifische circomyarische Form der Muskelzellen (Abb. 495), die starke Ausbildung der Diagonalfasern im Hautmuskelschlauch (Abb. 557), das parenchymatische Bindegewebe, die kapselförmigen Bauchganglien, die Umbildung des Coeloms, die Struktur der Nephridien, die Unpaarigkeit der Geschlechtsöffnungen, der Verlust der Spermatheken, die innere Besamung und die besondere Bewegungsweise (Abb. 547).

Auch die beiden Subtaxa sind Monophyla. Durch eine Reihe ursprünglicher Merkmale (s.u.) stehen die **Acanthobdellida** der Stammart der Hirudinea am nächsten. Innerhalb der borstenlosen Egel (**Euhirudinea**) bilden die Rhynchobdelliformes die Schwestergruppe der rüssellosen Egel (Gnathobdelliformes und Pharyngobdelliformes). Jedes dieser 3 letztgenannten Taxa läßt sich durch die Struktur des Vorderdarms charakterisieren.

2.2.1 Acanthobdellida, Borstenegel

Haftscheibe aus 4 Segmenten nur am Hinterende. Haftstrukturen am Vorderende sind insgesamt 40 Hakenborsten an den 5 vorderen Segmenten, die ventral um die Mundöffnung herumstehen (Abb. 563). Coelom noch weiträumig (Abb. 558 A), Dissepimente vorhanden, aber unvollständig; Mesenterien fehlen weitgehend; gut differenziertes p r i m ä r e s B l u t g e f ä ß s y s t e m. Je 1 Paar ungegliederte, durch zahlreiche Segmente ziehende Ovarien- und Hodenschläuche; 1 Paar Samentrichter mit anschließendem Gang und Vesicula seminalis leiten die Spermien in ein Atrium und von dort über 1 unpaaren Porus auf dem 10. Segment nach außen (Abb. 558 A). Unpaare weibliche Geschlechtsöffnung auf dem 11. Segment.

Wahrscheinlich einzige Art: *Acanthobdella peledina*, 15 mm. Drehrund, 29 Segmente mit je 4 Annuli. Parasitiert im Süßwasser vor allem auf Salmoniden (Nordskandinavien, Rußland, Alaska).

2.2.2 Euhirudinea, Borstenlose Egel

Mit vorderem und hinterem Saugnapf. Borsten fehlen. Coelom bildet durchgehendes Kanalsystem. Geschlechtsöffnungen im 9. (männlich) und 10. Segment (weiblich).

Rhynchobdelliformes, Rüsselegel

Primäre Blutgefäße noch vorhanden. Vorderdarm mit langem, ausstoßbarem muskulösen Rüssel.

**Glossiphonia complanata*, Schneckenegel (Glossiphoniidae), 30 mm. Mit 10 Paar segmental angeordneten Hodenblasen. Von ihnen führen kurze Gänge zu den Vasa deferentia, die sich zunächst zu je einer Samenblase und dann zu einem muskulösen und drüsenreichen Gangabschnitt (D u c t u s e j a c u l a t o r i u s) erweitern. Hier werden Doppelspermatophoren gebildet, die sich die Geschlechtspartner gegenseitig in die Haut injizieren: d i r e k t e S p e r m a t o p h o r e n ü b e r t r a g u n g (Abb. 558, 562 A,B). Die weiblichen Gonaden liegen in 1 Paar breiter

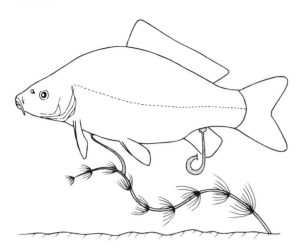

Abb. 564: *Piscicola geometra* (Rhynchobdelliformes). Fischegel auf Wasserpflanzen lauernd; die Parasiten werden durch den Schatten des Fisches oder durch seine Bewegungen alarmiert und heften sich mit dem vorderen Saugnapf an beliebiger Stelle auf dem Fisch fest. Nach Herter (1937).

Ovarialschläuche. Nach der Eiablage bedeckt *Glossiphonia* zunächst die Kokons mit der Bauchseite (Abb. 562 C); später heften sich die Jungtiere mit dem Hintersaugnapf am Mutteregel fest und lassen sich herumtragen: Brutpflege. Räuberisch oder parasitisch vor allem an Süßwasserschnecken und -muscheln. Kein Schwimmvermögen. – *Theromyzon tessulatum* (Glossiphoniidae), Entenegel, 50 mm. Temporärer Parasit in Nase, Mundraum, Pharynx und Trachea von Wasservögeln; 3 Blutmahlzeiten bis zur Fortpflanzung mit jeweils darauffolgender deutlicher Größenzunahme. – *Haementeria ghilianii* (Glossiphoniidae) (Abb. 556 B), mit ca. 50 cm und 80 g größter Egel, Amazonasregion. Saugt Blut an Wirbeltieren, wenige Tiere können z.B. ein Rind töten. Blutgerinnung wird durch Protease Hementin verhindert, die direkt Fibrinogen und Fibrin abbaut (Vergleiche: *Hirudo medicinalis!*) – *Piscicola geometra*, Fischegel (Piscicolidae) (Abb. 564), 70 mm. Drehrund, mit deutlich abgesetzten Saugnäpfen. Temporär auf Süßwasserfischen; gelegentlich in der Ostsee. Nimmt in 48 h ca. 150 mm³ Blut auf; starker Befall führt zum Tod die Fische, daher von wirtschaftlicher Bedeutung. Die Spermatophore wird auf eine bestimmte Körperregion, die Area copulatrix, gesetzt, von der aus die Spermien über ein bindegewebiges Leitgewebe die Ovarien erreichen. Physiologischer Farbwechsel durch 4 Typen von Chromatophoren mit weißen, gelblichen, braunen und schwarzen Pigmenten. – *Branchellion torpedinis* (Piscicolidae), 50 mm. Auf Meeresrochen; Nordatlantik, Mittelmeer, Nordsee; selten. Mit blattförmigen Kiemenanhängen.

Gnathobdelliformes, Kieferegel

Primäres Blutgefäßsystem fehlt. Vorderdarm mit muskulösen Kiefern, die Cuticularzähnchen tragen. Direkte Spermaübertragung mit Penis.

Hirudo medicinalis, Medizinischer Blutegel (Hirudinidae) (Abb. 561), 150 mm; saugt Blut vor allem von Säugetieren. In der Medizin zum Blutschröpfen verwendeter

Egel, der besonders im 19. Jahrhundert in Europa in großen Mengen gefangen, gezüchtet und appliziert wurde: 44,6 Millionen allein in Frankreich eingeführte Blutegel im Jahr 1829. Die Hirudotherapie (gerinnungshemmend, antithrombotisch, blutreinigend, blutdrucksenkend, entzündungshemmend) beruht auf der Blutentziehung (ca. 15 cm³ Blut nimmt der Egel auf, ca. 50 cm³ fließen zusätzlich aus der Wunde) und auf den Eigenschaften der Speicheldrüsensekrete, die auf der Spitze der 3 Kiefer in die Bißwunde sezerniert werden. Dazu gehören Substanzen, die lokal betäuben, die Gefäße erweitern, die Durchlässigkeit der Haut erhöhen (Hyaluronidase) und besonders die Blutgerinnung verhindern. Für letzteres ist Hirudin verantwortlich, ein nichtenzymatisches Polypeptid, das spezifisch Thrombin durch die Blockierung seiner substratbindenden Gruppen hemmt. Anwendungen von *Hirudo* noch heute, z.B. in der plastischen Chirurgie. Art in Deutschland fast ausgestorben. – *Haemopis sanguisuga*, Vielfraßegel (Hirudinidae), 100 mm. Räuber; schlingt Amphibien- und Fischlaich, Schnecken, Arthropoden und vor allem Regenwürmer; auch in feuchten Uferzonen außerhalb des Wassers. Spermaübertragung mit einem langen, ausstülpbaren Penis (Abb. 556 A) direkt in den weiblichen Porus. – *Haemadipsa zeylanica* (Haemadipsidae), mehrere Zentimeter (Abb. 565); weit verbreiteter Landegel im tropischen Asien, Australien und Ozeanien. Lebt auf feuchten Waldböden; berüchtigt, da er häufig in Massen auf Haustiere und Menschen übergeht und Sekundärinfektionen der Bißwunden zu Verkrüppelungen und Todesfällen führen können. Vektor für Trypanosomen. – *Xerobdella*

Abb. 565: *Haemadipsa* sp. (Gnathobdelliformes). Tropischer Landegel, auf Pflanzen lauernd, mit hinterem Saugnapf festgeheftet. Original: W. Mangerich, Osnabrück.

lecomtei (Xerobdellidae), 40 mm. Einziger Landegel Mitteleuropas (Alpenregion); räuberisch.

Pharyngobdelliformes, Schlundegel

Primäres Blutgefäßsystem fehlt. Langer, nicht ausstülpbarer, muskulöser Pharynx.

*Erpobdella octoculata, Hundeegel (Erpobdellidae), 60 mm. Häufigster einheimischer Egel, da auch in verschmutzten Gewässern (Abb. 548). Räuber, schlingt Insektenlarven, Tubificiden, kleinere Artgenossen. Gegenseitige Injektion von Spermatophoren an beliebigen Körperregionen.

Ergänzungen: S. 863.

Arthropoda, Gliederfüßer

Die Arthropoda sind innerhalb der Articulata wahrscheinlich die stark abgeleitete Schwestergruppe der Annelida. Sie bilden das artenreichste Taxon überhaupt: Mit über 1 Million stellen die Arthropoda 3/4 aller Tierarten. Nach neueren Hochrechnungen könnten allein die Insekten bis zu 30 Millionen Arten umfassen (S. 601)! Arthropoden kommen in allen Lebensräumen einschließlich der Luft vor. Zu ihnen gehören so unterschiedliche Formen wie Milben, die nur Bruchteile von Millimetern messen, und Riesengestalten wie der Hummer (*Homarus gammarus*), der fast 60 cm Länge erreicht, oder die japanische Riesenkrabbe (*Macrocheira kaempferi*) mit 45 cm Körperlänge und einer Beinspannweite von fast 4 m. Fossile Formen hatten gar eine Körperlänge von 1,80 m (†Eurypterida). Mit den staatenbildenden Insekten (Isoptera und Hymenoptera, S. 641 und 666) erreichen sie einen Höhepunkt in der Evolution wirbelloser Tiere.

Das Taxon läßt sich durch eine Reihe gut begründbarer, abgeleiteter Merkmale (Autapomorphien) charakterisieren:

(1) Die wichtigste und für die Evolution des Taxon entscheidende Neuerwerbung ist eine aus α-**Chitin** und **Proteinen** bestehende **Cuticula**, die durch regelmäßige **Häutungen** erneuert wird. Die Aminosäuren-Zusammensetzung dieser Proteine ist bei allen Arthropodengruppen sehr ähnlich und verschieden von der bei den Annelida, deren Cuticula – mit Ausnahme der Borsten – kein Chitin enthält. Die Protein-Chitin-Cuticula ist im ursprünglichen Fall eine dünne (wenige µm), relativ weiche, geschlossene Decke wie bei den Onychophora oder ein Plattenskelett mit harten, dicken Skleriten und biegsamen Zwischenabschnitten bei den Euarthropoden („Ritterrüstung") (S. 435).

Chitin ist ein lineares, stickstoffhaltiges Polysaccharid (N-Acetylglucosamin in 1,4-ß-glykosidischer Bindung; Summenformel: $(C_8H_{13}O_5N)_x$ (Abb. 566), das der Cellulose sehr ähnlich und ebenfalls schwer abbaubar ist.

Chitin kommt nicht nur bei allen Arthropoden als extrazelluläre Gerüstsubstanz vor, sondern findet sich in meist geringem Maße u.a. bei Cnidaria, Mollusca, Annelida, Tentaculata sowie bei Pilzen und einigen Algen.

In der Arthropoden-Cuticula bilden die Kettenmoleküle des Chitins Mikrofibrillen, die zu „Balken" gebündelt sind. In Teilen der Cuticula sind diese in eine Matrix aus Proteinen eingebettet. Hier nehmen die Fibrillen in übereinander liegenden „Schichten" eine hoch geordnete Vorzugsrichtung ein, die sich schichtweise ändert, so daß spiralig gegeneinander versetzte Fibrillenlamellen aufeinanderliegen

(„Sperrholzprinzip" oder sog. helicoidale Fibrillenanordnung) (Abb. 200). Diese Proteine der Matrix („Arthropodin") sind primär wasserlöslich, werden aber durch o-Chinone irreversibel zu dem wasserunlöslichen, gelbbraunen Sklerotin vernetzt („gegerbt", „sklerotisiert"). Hieraus resultiert die bei geringem spezifischen Gewicht hohe Stabilität (zug- und druckfest) und Widerstandsfähigkeit dieser Cuticula gegen chemische und mechanische Einwirkungen, die sie zu einer idealen Schutz- und Skelettstruktur macht. Der Chitin-Protein-Cuticula kommt so auch die entscheidende Bedeutung für die Eroberung des Landes durch die Arthropoden zu.

Die Cuticula wird von der unterliegenden Epidermis (fälschlich „Hypodermis") abgeschieden und ist mit ihr über Hemidesmosomen fest verbunden (Abb. 567). Sie überzieht daher den gesamten Körper und auch alle ektodermalen Einstülpungen wie Vorderdarm (Stomodaeum), Enddarm (Proctodaeum), Atmungsorgane (Tracheen, Fächerlungen), Ausleitungen von Drüsen oder ektodermal ausgekleidete Geschlechtsorgane (z.B. Receptacula der Webspinnen, S. 476).

Grundsätzlich ist die Cuticula aus sehr unterschiedlich dicken Schichten aufgebaut: Der bei Euarthropoden immer mächtigen (100 µm und mehr) Procuticula (spätere Endo- und Exocuticula) liegt außen eine sehr dünne (1–2 µm) Epicuticula auf (Abb. 567).

Die Epicuticula ist frei von Chitin. Sie setzt sich aus mehreren Lagen zusammen: (1) Eine äußere Zementschicht aus gegerbten Proteinen und Lipiden wird von Dermaldrüsenzellen über einen bis zur Oberfläche reichenden Ausführungsgang abgeschieden; sie bedeckt und schützt (2) die Wachsschicht (hochmolekulare Alkohole, Paraffine, Fettsäuren). Darunter liegen im Normalfall bei Euarthropoden (3) die Cuticulinschicht (aus Lipiden, gegerbten Proteinen („Cuticulin") und Polypheno-

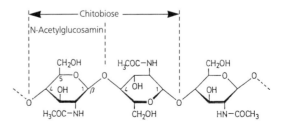

Abb. 566: Chitin. Chemische Struktur. Das Polymer setzt sich aus Ketten 1,4-β-glykosidisch verknüpfter N-Acetylglucosamin-Einheiten zusammen, bis zu 8000 Monomere in den Makromolekülen, die die Chitin-Mikrofibrillen aufbauen. Aus Müller und Löffler (1977).

Hannes Paulus, Wien und Peter Weygoldt, Freiburg

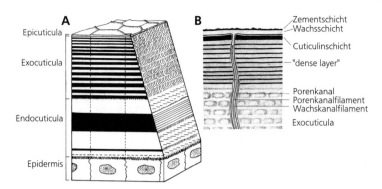

Abb. 567: Cuticula der Arthropoda. A Blockdiagramm von Epidermis und Cuticula von *Tenebrio* sp. (Insecta, Coleoptera). B Bau der Epicuticula von *Pyrrhocoris* sp. (Insecta, Heteroptera). Nach Gluud (1968).

len) und (4) die sog. dichte Schicht („dense layer").

Während die gegerbten Proteine in der Epicuticula besonders die mechanische Abnutzung verhindern, erniedrigen die Lipide die Wasserdurchlässigkeit der Cuticula. Vor allem die Wachsschicht setzt die Verdunstung stark herab, so daß einige Arthropoden auch in sehr trockene Lebensräume vordringen konnten. Wüstenskorpione, Schaben (*Periplaneta*) und Tenebrionidae besitzen die Cuticula mit der geringsten Wasserdurchlässigkeit. Bei Crustaceen, Chilopoden, Progoneaten und wohl auch bei den Onychophoren fehlt eine Wachsschicht; sie leben daher vorwiegend in Biotopen mit hoher Luftfeuchtigkeit.

Die Cuticula der Euarthropoda kann – je nach Funktion – hart, biegsam oder gummiartig elastisch sein. Harte Bereiche entstehen durch Sklerotisierung in der äußeren Procuticula und werden Exocuticula genannt. Sie liegen der inneren, mächtigeren, biegsam bleibenden Schicht der alten Procuticula auf, der Endocuticula (Abb. 567). Die Exocuticula besteht also aus Chitin und gegerbter Proteinmatrix (s.o.), die Endocuticula aus Chitin und ungegerbten Proteinen. Außerdem können bei Crustaceen, chilognathen Diplopoden und einigen Insekten Mineralien, besonders $CaCO_3$ und $Ca_3(PO_4)_2$ für eine zusätzliche Härtung des cuticulären Exoskeletts eingelagert werden. Cuticularschichten, in denen der Sklerotisierungsprozeß nicht abgeschlossen ist, werden Mesocuticula genannt.

Endo-, Exo- und Mesocuticula werden von zahlreichen Porenkanälen durchzogen, die von der Epidermis zur Oberfläche ziehen. Sie leiten Komponenten der Wachsschicht an die Oberfläche.

Die Sklerotisierung im Bereich der Exocuticula erlaubt eine im Tierreich einmalige Skulpturierung der Körperoberfläche. Meist entstehen gekörnte oder schuppige Strukturen oder Felderungen, die dem darunterliegenden Muster der Epidermiszellen entsprechen. Dazu können unechte Haare, sog. Trichome (Microtrichia), kommen.

Echte Haare (Borsten, Macrotrichia) oder die von ihnen abgeleiteten Schuppen (Abb. 891, 943) werden von je einer epidermalen Zelle, der trichogenen Zelle, gebildet. Sie sitzt meist beweglich in einem Balg, der von einer weiteren Zelle, der tormogenen oder Balgzelle, gebildet wird. Derartige Cuticularstrukturen stehen mit Nervenendigungen oder Sinneszellen in Verbindung und fungieren dann als Sinnesborsten (Sensillen) (Abb. 605).

Neben Trichomen und Borsten gibt es Ausstülpungen des gesamten Integuments (Apophysen), die Haken oder Dornen bilden und zusätzlich Haare oder Borsten tragen können.

Der Charakter der Cuticula als Exoskelett wird erst bei den Euarthropoden deutlich. An den Extremitäten sind Gelenke mit Gelenkköpfen und Gelenkpfannen ausgebildet, die die Bewegungsrichtungen ihrer Glieder bestimmen. Muskelansatzstellen sind durch Muskelansatzfasern verstärkt. Die unterliegende Epidermis bildet kräftige Bündel von Tonofilamenten, die über Desmosomen mit den Muskelzellen verbunden sind. Dort, wo besonders viele oder kräftige Muskeln ansetzen, stülpen sich Epidermis und Cuticula zu hohlen Entapophysen oder soliden Apodemen ein, die darüberhinaus noch Leisten oder tiefere Grate (Phragmata) differenzieren können. Schließlich können Apophysen ein regelrechtes Endoskelett bilden, z. B. das Tentorium im Insektenkopf (Abb. 847). (Das Endoskelett der Chelicerata ist dagegen eine mesodermale Bildung, S. 452).

Da die einmal abgeschiedene Cuticula nicht vergrößert werden kann, müssen sich Arthropoden, solange sie noch wachsen, regelmäßig häuten. Vor der Häutung (Ecdysis) löst sich die Epidermis von der alten Cuticula (Apolyse), es bildet sich die dünne Häutungsmembran und der Häutungsspalt, in den die Epidermiszellen ein enzymreiches Gel hineingeben. Die Epidermiszellen produzieren zuvor eine schützende Cuticulinschicht, also eine Schicht der neuen Epicuticula. In ihr treten feinste Porenkanäle auf, durch die Substanzen in die Ecdysial-

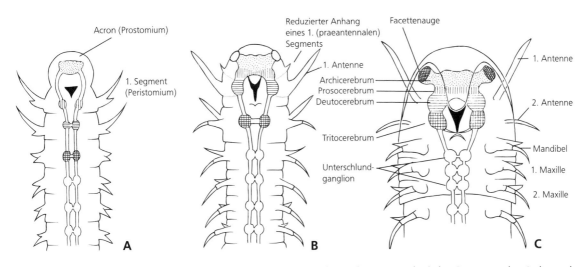

Abb. 568: Schema der Entstehung von Kopf und Gehirn der Euarthropoda. A Hypothetische Stammart der Arthropoda. B Hypothetische Zwischenform mit primärem Syncerebrum (Archicerebrum, Prosocerebrum und Deutocerebrum). Anhänge eines 1. (praeantennalen) Segments reduziert; Anhänge des folgenden Segments werden zu den 1. Antennen. C Euarthropodenkopf mit dem Anschluß von 4 weiteren Rumpfsegmenten an den primären Kopf. Das sekundäre Syncerebrum (Oberschlundganglion) besteht aus Archicerebrum, Prosocerebrum, Deutocerebrum und Tritocerebrum (Ganglienpaar eines 2. Antennensegments); die 3 Ganglienpaare der folgenden Segmente bilden ein Unterschlundganglion. Nach verschiedenen Autoren.

flüssigkeit gelangen und deren Enzyme (u. a. Proteinasen, Chitinasen) aktivieren. Sie lösen dann die Endocuticulaschicht der alten Cuticula auf; deren Abbauprodukte werden von den Epidermiszellen resorbiert. Danach kommt es zur Abscheidung der neuen Procuticula. Teile der neuen Epicuticula (Zement-, eventuell auch Wachsschicht) werden nachträglich durch Dermaldrüsen bzw. Porenkanäle außen auf die neuen Schichten aufgelagert. Die mehr oder weniger sklerotisierten Teile der alten Cuticula (Exo- oder Mesocuticula) können nicht aufgelöst werden; sie reißen an vorgebildeten, nicht sklerotisierten Häutungsnähten auf und werden abgestreift. Diese Reste der alten Cuticula werden Exuvie („Häutungshemd") genannt; einige Arten fressen sie auf.

Die Häutung steht unter hormoneller Kontrolle. Sie wird ausgelöst durch Steroidhormone, Ecdysteroide, die in ektodermalen Drüsen gebildet werden. Bei Insekten ensteht Ecdyson in den Prothoraxdrüsen, bei Crustacea-Malacostraca Crustecdyson in den Y-Organen an der Carapax-Innenwand. Auch bei Cheliceraten löst Injektion von Ecdyson Häutungen aus, doch ist unbekannt, wo bei ihnen das Häutungshormon entsteht.

Die Prothoraxdrüsen bei Insekten (Abb. 877) und die Y-Organe bei Crustacea (Abb. 696) stehen unter der Kontrolle von Neurohormonen. Bei Crustaceen erfolgt eine Häutung, wenn die Abgabe des häutungshemmenden Hormons (MIH = Moult Inhibiting Hormone) aussetzt und das Y-Organ Crustecdyson freisetzt. Bei den Insekten wird in den hinter dem Oberschlundganglion gelegenen Corpora allata (Abb. 877) das Juvenilhormon Neotenin gebildet, das Larvalhäutungen fördert und Adulthäutungen hemmt.

(2) Sehr wahrscheinlich wegen der festen Cuticula **fehlen** den Arthropoden stets **äußere Bewegungscilien.** Abgewandelte Cilien (ohne die beiden Zentraltubuli) finden sich jedoch noch in Sinneszellen. Auch im Inneren des Arthropodenkörpers sind Cilien selten und treten nur noch an den Nephridien der Onychophoren und allgemein in Spermien auf.

(3) Der Articulaten-Körper erfährt bei den Arthropoden eine deutliche Gliederung in Kopf und Rumpf. Die Kopfbildung (**Cephalisation**) und die damit einhergehende Bildung eines aus mehreren Abschnitten zusammengesetzten Komplexgehirns (**Syncerebrum**) ist ein weiteres wichtiges autapomorphes Merkmal des Taxon Arthropoda.

In der Stammesgeschichte der Arthropoden verlief die Cephalisation in mehreren Schritten (Abb. 568). Man vermutet, daß dem coelom- und anhangslosen Prostomium (bei Arthropoden A c r o n genannt) der Arthropodenstammart zunächst 2 Rumpfsegmente angegliedert wurden. Davon ist das erste, das sog. P r a e a n t e n n a l s e g m e n t, weitgehend hypothetisch; seine Existenz ist ebenso ungewiß wie seine mögliche Homologisierung mit dem Peristomium der Anneliden (S. 353) (Abb. 568). Der so entstandene Kopf (Cephalon) trug vielleicht eine Oberlippe (L a b r u m) und 1 Paar Antennen. Vom Labrum wird bisweilen vermutet, daß es aus Extremitäten des 1. Segments hervorgegangen ist. Das zugehörige Gehirn (p r i m ä r e s S y n c e r e b r u m) bestand aus dem Archicerebrum (Gehirn der Anneliden), dem Prosocerebrum (Ganglien des 1. Segments) und dem D e u t o c e r e b r u m (Ganglien des 2. Segments). Archi- und Prosocerebrum lassen sich bei

Tabelle 4: Homologisierung der Kopfteile mit den entsprechenden Extremitäten und Gehirnteilen der Euarthropoda.

Kopf-abschnitte	Gehirnteile	Extremitäten				
	Oberschlundgan-glion	† TRILOBITA	CHELICERATA	CRUSTACEA	„MYRIA-PODA"	INSECTA
Acron	Archicerebrum ⎤ Protoce-rebrum					
1. Praeantennal-segment?	Prosocerebrum ⎦	Labrum?	Labrum?	Labrum?	Labrum?	Labrum?
2. Kopfsegment	Deutocerebrum	(1.) Antennen	––––	1. Antennen	1. Antennen	1. Antennen
3. Kopfsegment	Tritocerebrum	1. Laufbeine	Cheliceren	2. Antennen	––––	––––
4. Kopfsegment	⎱ Unterschlund-ganglien	2. Laufbeine	Pedipalpen	Mandibeln	Mandibeln	Mandibeln
5. Kopfsegment		3. Laufbeine	1. Laufbeine	1. Maxillen	1. Maxillen	(1.) Maxillen
6. Kopfsegment	⎰	4. Laufbeine	2. Laufbeine	2. Maxillen	2. Maxillen	Labium

rezenten Arten kaum trennen und werden als Pro-tocerebrum zusammengefaßt (Tabelle 4).

In weiteren Phasen der Cephalisation wurden dann wohl zunächst 1 und schließlich 3 weitere Rumpf-segmente dem primären Kopf angeschlossen. Die-ses erste weitere Segment trug 1 Extremitätenpaar, aus dem die 2. Antennen (bzw. die Cheliceren) her-vorgingen; seine Ganglien bilden das Tritocere-brum, das sich mit dem davor liegenden Gehirn zum sekundären Syncerebrum vereinigte. Die Extremitäten der 3 folgenden Segmente wurden bei den Mandibulaten zu Mundwerkzeugen (S. 498); ihre Ganglien bilden ein kompaktes Unter-schlundganglion (Abb. 569, 570).

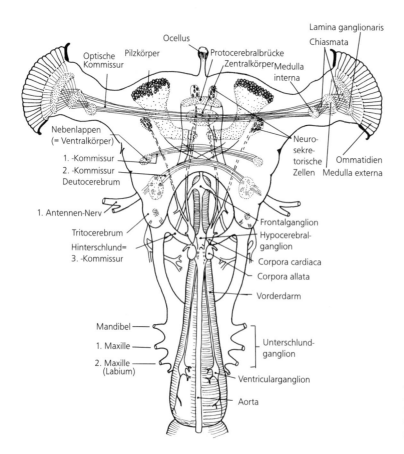

Abb. 569: Zentralnervensystem der In-sekten mit Facettenaugen. Dorsalansicht mit den wichtigsten Verschaltungszen-tren der Gehirnabschnitte. Nach Weber (1933).

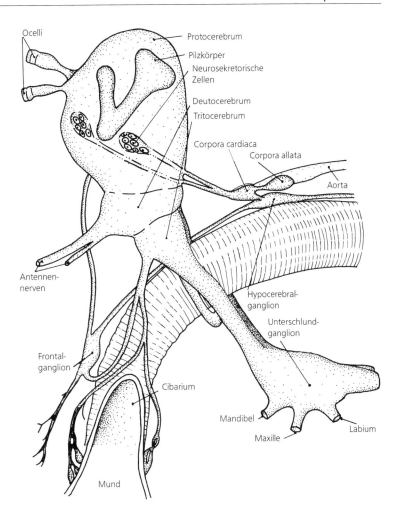

Ocelli
Protocerebrum
Pilzkörper
Neurosekretorische Zellen
Deutocerebrum
Tritocerebrum
Corpora cardiaca
Corpora allata
Aorta
Antennen-nerven
Hypocerebral-ganglion
Unterschlund-ganglion
Frontal-ganglion
Cibarium
Mandibel
Maxille
Labium
Mund

Abb. 570: Zentralnervensystem der Insekten. Seitenansicht mit Stirnocellen. Nach Weber (1933).

Bei vielen Euarthropoden fusionieren im Zuge der fortschreitenden Cephalisation weitere Rumpfganglien mit dem Unterschlundganglion. Bei den Krabben (Brachyura) ist nur noch ein kompaktes Oberschlundganglion und ein ebenso kompaktes Unterschlundganglion mit allen Rumpfganglien ausgebildet. Bei den Webspinnen ist schließlich das gesamte Zentralnervensystem eine massive, vom Oesophagus durchzogene Nervenmasse (Abb. 621, 622). Das gesamte Zentralnervensystem entsteht also aus paarigen Ganglien. An ihnen entspringen jeweils mehrere Nerven, die Extremitäten, Muskeln und innere Organe innervieren und zusammen das periphere Nervensystem bilden.

Im Gehirn liegen Assoziationszentren. Das Protocerebrum innerviert die Augen. Es besteht aus zwei mächtigen Hemisphären. Sie laufen seitlich jeweils in einen Lobus opticus aus, der bei Crustaceen mit gestielten Augen in die Augenstiele verlagert ist. Die optischen Loben enthalten (bei Chelicerata, Crustacea, Chilopoda, Progoneata) 2 Sehzentren. Bei Eumalacostraca und Insecta gibt es jedoch 3 Sehmassen: Lamina ganglionaris, Medulla

externa und Medulla interna (Lobula). Von der Medulla interna ziehen die optischen Fasern bei höheren Malacostraca zur Medulla terminalis, sonst direkt (wenn vorhanden) zu den Pilzkörpern (Corpora pedunculata). Das sind langgestreckte, aus dichtem Neuropil bestehende Assoziationszentren, die mit den oben aufsitzenden, dicht gepackten, kleinen, stark färbbaren Nervenzellkörpern im histologischen Bild an Pilze erinnern. Die unteren Enden der Pilzkörper bilden eine Querverbindung, den Balken. Corpora pedunculata gibt es (homolog?) auch bei den Anneliden. Weitere Assoziationszentren im Protocerebrum sind der Zentralkörper, die Protocerebralbrücke und die Sehmassen der Medianaugen. Alle diese Verschaltungszentren sind wahrscheinlich Strukturen des Archicerebrums.

Das Protocerebrum enthält außerdem die Nebenlappen (Crustacea) bzw. die Ventralkörper (Insecta) und ihre Kommissur, die als Rest des Prosocerebrum (1. Kommissur) gedeutet werden. Daran schließt sich das Deutocerebrum mit der Deutocerebral-Kommissur (2. Kommissur) an. Es innerviert die 1. Antennen. Dort, wo sie die wichtigsten Sinnesorgane sind, bildet das Deutocerebrum als Assoziationszentren umfangreiche Antennenglomeruli, in denen die sensorischen Nerven der Antennen-Sinnesorgane verschaltet sind. Das Tritocerebrum innerviert die 2. Antennen. Bilden sie die wichtigsten Sinnesorgane (z.B. bei manchen Asseln und Amphipoda), können hier entsprechende Antennalglomeruli auftreten. Das bedeutet, derartige Assoziationszentren sind Funktionsstrukturen, die sich nicht immer homologisieren lassen: Ähnliche Glomeruli entstehen z.B. bei den Amblypygi im Ganglion der Fühlerbeine und bei den antennenlosen Protura (S. 624) im Ganglion des 1. Beinpaares.

Bei den Chelicerata, denen die 1. Antennen fehlen, ist das Deutocerebrum nicht nachweisbar. Die Cheliceren, ihre ersten vorhandenen Extremitäten, werden vom Tritocerebrum innerviert und als den 2. Antennen homolog betrachtet (s.u.).

Das Eingeweide- oder viscerale Nervensystem besteht (1) aus einem caudalen Anteil, der von der Bauchganglienkette ausgeht und bei den verschiedenen Taxa unterschiedlich ist, und (2) einem stomatogastrischen Nervensystem, das dem Tritocerebrum entspringt (Abb. 570). Da die zentralen Teile dieses stomatogastrischen Nervensystems, Frontalganglion mit Nervus procurrens und N. recurrens, bei allen Arthropoden eine ähnliche Lage besitzen, liefern sie das entscheidende Kriterium für die Homologisierung des Tritocerebrums und damit auch des 2. Antennensegments der Mandibulata mit dem Chelicerensegment der Chelicerata.

(4) Möglicherweise als Folge der Exoskelettbildung (aus dünner Cuticula und mächtiger basaler Matrix bei den Onychophora bzw. aus der Plattencuticula bei den Euarthropoda) konnte das den Körper der ursprünglichen Articulaten stabilisierende Hydroskelett in Form paariger, segmentaler Coelomräume überflüssig werden. Primäre und sekundäre Leibeshöhle vereinigen sich miteinander; die so entstandene „tertiäre" Leibeshöhle wird **Mixocoel** (Hämocoel) genannt (Abb. 571). Sie ist ohne Ausnahme ein Merkmal aller Arthropoden, ebenso wie das damit funktionell gekoppelte **offene Blutgefäßsystem**.

In der Embryonalentwicklung werden noch Mesodermstreifen bzw. Coelomhöhlen angelegt. Sie lösen sich jedoch früh auf unter Bildung der Körper- und Darmmuskulatur, der Blutgefäße mit dem muskulösen Herzschlauch, der Fettkörper und des Perikardialseptums; als coelomatische Reste bleiben nur die Gonaden mit ihren Ausfuhrgängen und die Sacculi der Nephridien (s.u.) übrig.

Tatsächlich ist die Bildung der Arthropoden-Leibeshöhle keineswegs einheitlich. Bei einigen Crustaceen, z.B., lösen sich die Coelomhöhlen nicht auf, sondern werden zusammengepreßt und kollabieren, bevor aus ihnen die genannten Strukturen entstehen.

Durch die Auflösung des Coeloms vereinigen sich Blut und Coelomflüssigkeit und bilden die Hämolymphe. Sie zirkuliert im Gefäßsystem und in der Leibeshöhle, wo sie in Lakunen fließt.

Vom dorsomedian liegenden Herzen geht ein Arteriensystem aus, das bei ursprünglichen, vor allem aber bei den meisten großen Formen umfangreich

ist. Es besteht (1) aus paarigen, segmentalen Seitengefäßen, die intersegmental in Dissepimentanlagen entstehen, (2) aus vorderen und hinteren Aorten und (3) oft aus einem Ventralgefäß, das die Bauchganglienkette dorsal oder ventral begleitet. Das Herz, das sich ursprünglich durch den ganzen Rumpf erstreckt, wird zunehmend auf die Region des Körpers konzentriert, in der die Atmungsorgane liegen. In der Regel wird bei der Kontraktion (Systole) seiner Ringmuskulatur die Hämolymphe über Aorten und Arterien in den Körper gedrückt. Die Diastole erfolgt durch die Kontraktion der Flügelmuskeln, die intersegmental im Perikardialseptum vom Herzen zur Körperwand verspannt sind. Ventilklappen an den vom Herzen ausgehenden Gefäßen verhindern, daß die Hämolymphe ins Herz zurückfließt. Die in den Körper gepumpte Hämolymphe wird durch Lakunen und Septen zu den Organen geleitet und gelangt (eventuell nach Durchfließen von Atmungsorganen) durch seitliche Durchtritte wieder in den Perikardialsinus und von hier durch segmentale Spalten, die Ostien, ins Herz zurück. Venen fehlen also. Die Ostien haben Lippenventile, die sich bei der Systole schließen und bei der Diastole öffnen. Die Hämolymphe kann 7 verschiedene Typen von Zellen (Hämocyten) enthalten, die jedoch nicht bei allen Taxa vorhanden sind.

Die respiratorischen Farbstoffe sind nicht an Blutzellen gebunden: Es sind Hämocyanin, selten Hämoglobin (z.B. rote *Chironomus*-Larven, einige *Daphnia*-Arten).

Mit dem Auftreten von Tracheen (s.u.) verliert die Hämolymphe ihre Aufgabe zum Transport von Gasen (Ausnahme: Notostigmophora, S. 590); die Arterien werden dann ebenfalls stark reduziert (z.B. Antennata, S. 582). Auch unabhängig davon kann das Arteriensystem bis auf ein sackförmiges Herz mit einem oder wenigen Ostienpaaren reduziert sein. Viele Kleinformen, z.B. Copepoden, Ostracoden, Milben besitzen nicht einmal ein Herz. Die Zirkulation der Hämolymphe wird durch Darm und Körperbewegungen bewirkt. Um die Durchblutung auch der Körperanhänge zu gewährleisten, treten verschiedentlich akzessorische Kreislauforgane in Form von Antennenherzen, Flügelherzen, Cercusherzen (Plecoptera) und gelegentlich Beindiaphragmen auf.

(5) Das Mixocoel ist durch horizontale Diaphragmen in 2 oder 3 (übereinanderliegende) Etagen unterteilt (Abb. 571): Die oberste ist der Perikardialsinus. Er entsteht (ontogenetisch) dadurch, daß die Wände der Coelomhöhlen zunächst wie bei den Anneliden (S. 196) zwischen sich das Dorsalgefäß (Herz) bilden, während sich dann die Coelomsäcke selbst auflösen oder kollabieren. Aus ihren somatischen und visceralen Wänden entsteht so unterhalb des Herzens ein waagerecht ausgespanntes, teilweise muskulöses Diaphragma, das **Perikardialseptum**. Perikardialseptum und Perikardialsinus sind stets auf die Region des Herzens beschränkt. Sie fehlen lediglich bei Arten ohne Herz.

Der unter dem Perikardialseptum gelegene Peri-visceralsinus ist größer und umgibt die Mehrzahl der inneren Organe. Ein ventrales Septum (Diaphragma) grenzt bei Insekten die unterste Etage, den Perineuralsinus, als eine weitere Lakune ab, in der sich das Bauchmark befindet.

Die segmentalen Exkretionsorgane der Arthropoda sind primär Metanephridien. In ursprünglicher Form und in den meisten Segmenten finden sie sich noch bei Onychophoren (S. 420), bei den Euarthropoda sind sie dagegen auf wenige Segmente beschränkt: 4 bei *Limulus* (Xiphosura) (S. 454), 2 bei Arachnida und Crustaceen (S. 507); davon wird häufig noch eines reduziert. Bei den Chelicerata werden sie als Coxaldrüsen, bei den Crustacea nach ihrer Ausmündung als Antennen- bzw. Maxillennephridien oder -drüsen bezeichnet. Ursprüngliche Antennata (Symphyla, Chilopoda) besitzen wahrscheinlich 2 Paar Maxillendrüsen, Diplopoda 1 Paar im 1. Maxillensegment und ursprüngliche Insecta nur 1 Paar sog. Labialdrüsen (im 2. Maxillensegment). Aus ihnen entstanden wahrscheinlich die Speicheldrüsen der übrigen Insecta.

(6) Die **Nephridien** sind mit einem kleinen Coelomsack, dem **Sacculus**, verbunden. Nur bei den Onychophora beginnen sie mit einem Wimperntrichter (Abb. 574); bei den Euarthropoda fehlen die Cilien. Die Wand des Sacculus besteht aus Podocyten, zwischen denen Ultrafiltration und die Bildung des Primärharns stattfinden. Der Nephridialkanal ist meist lang und unterschiedlich spezialisiert. An ihm werden Exkretstoffe sezerniert. Der Primärharn wird durch Rückresorption wichtiger Salze und Wasser zum Sekundärharn, der in einer als Harnblase dienenden Erweiterung gesammelt und schließlich nach außen abgegeben wird.

Bei Crustaceen findet ein großer Teil der Exkretion und Osmoregulation über die Kiemen und die Carapax-Innenwand statt. Bei vielen Arthropoden treten außerdem Nephrocyten auf, die Exkrete speichern. Schließlich können Endprodukte des Stickstoffwechsels auch als Guanin o. ä. zur Farbgebung in der Cuticula oder im Mitteldarmepithel (bei Spinnen) abgelagert werden.

Bei terrestrischen Arthropoden (Arachnida, Antennata) können in Anpassung an die Notwendigkeit, Wasser sparen zu müssen, Teile des Darms die Bildung von Exkretkristallen, meist Guanin u. ä. übernehmen, die dann über den After abgegeben werden. Bei Antennaten und manchen Arachniden sind daraus konvergent Malpighische Schläuche hervorgegangen, bei ersteren als Ausstülpungen des ektodermalen Enddarms (Abb. 281), bei letzteren vom entodermalen Mitteldarm aus.

(7) Im Gegensatz zu den Annelida (S. 363) besitzen die Arthropoda keine Fähigkeit zur Segmentregeneration, und offenbar **fehlt ungeschlechtliche Vermehrung** bei ihnen vollständig, wenn man von der

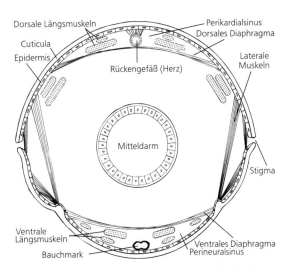

Abb. 571: Stark schematisierter Querschnitt durch einen Arthropodenrumpf (Insekten-Abdomen) mit den horizontal verlaufenden Septen, die das Mixocoel unterteilen. Fettkörper weggelassen. Nach verschiedenen Autoren.

gelegentlich auftretenden Polyembryonie (z. B. Hymenoptera) absieht.

Die Entfaltung der Arthropoda fand zunächst im Wasser statt; von hier aus wurde mehrfach unabhängig das Land erobert. Hieraus resultierte die **konvergente** Entstehung einer Reihe von **Strukturen**, die Anpassungen an die terrestrische Lebensweise darstellen und das anatomische Bild des Taxon ebenfalls deutlich mitbestimmen. Hierzu gehören die oben erwähnten Malpighischen Schläuche (bei Arachnida, Antennata) und Luftatmungsorgane.

Während die Respiration der wasserlebenden Formen über die gesamte Körperoberfläche erfolgt oder auf besondere Bereiche mit dünner Cuticula beschränkt wird (Kiemen, Carapaxinnenwand), haben terrestrische Arthropoden folgende Luftatmungsorgane entwickelt: (1) Aus nach innen verlagerten Kiemenanhängen (S. 460) mariner Vorfahren wurden bei terrestrischen Chelicerata Fächerlungen (Abb. 625, 626). (2) Bei einigen terrestrischen Decapoda (S. 566) ist die Carapaxhöhle zu einer Art Lunge geworden. (3) Bei vielen Landasseln (Crustacea) dienen Einstülpungen in den Exopoditen der Pleopoden (S. 579, Abb. 802) als Pleopodenlungen (Pseudotracheen). (4) Mehrfach unabhängig wurden Tracheen, röhrenförmige Einstülpungen der Körperoberfläche, entwickelt: Bei den Onychophora sind es unregelmäßig über den Körper verteilte Einzel- oder Büscheltracheen ohne Verschlußeinrichtungen (S. 424, Abb. 577). Bei Arachniden entstehen Tracheen aus Fächerlungen oder Entapophysen (S. 460) und können segmental (Araneae, Solifugae) oder nichtsegmental (Opiliones, Acari) angeordnet sein. Charakteristisch sind die

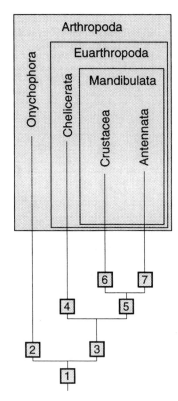

Abb. 572: Verwandtschaftsbeziehungen innerhalb der Arthropoda (außer Tardigrada, s. S. 432). Apomorphien: [1] Cuticula aus α-Chitin und Protein, die gehäutet wird; Verlust äußerer Bewegungscilien; Cephalisation und Syncerebrum; Mixocoel und offenes Blutgefäßsystem; Perikardialseptum; Nephridien mit Sacculus. [2] Stummelbeine ohne Gelenke; unregelmäßig verteilte Büscheltracheen; zahlreiche Kommissuren des Nervensystems pro Segment; Wehrdrüsen mit Oralpapillen. [3] Plattenskelett; Cephalon aus Acron und wahrscheinlich 5 Segmenten – mit 1 Paar praeoraler Gliederantennen und 3 weiteren Extremitäten; 1 Paar lateraler Facettenaugen und 4 Medianaugen; Nephridien in 4 Kopf- und 2 Rumpfsegmenten. [4] Gliederung des Körpers in Prosoma (wahrscheinlich 7 Segmente) mit 6 Extremitätenpaaren und dem Opisthosoma (12 Segmente); Segment der 2. Antennen mit Cheliceren als 1. Extremitätenpaar. [5] Kopf aus Acron und wahrscheinlich 6 Segmenten, mit 5 Paar Extremitäten (1. und 2. Antennen, Mandibeln, 1. und 2. Maxillen); spezifischer Bau der Ommatidien in den Facettenaugen; Häutungsdrüse etc. (S. 500). [6] Naupliusauge; 2 Paar Nephridien im Segment der 2. Antennen bzw. der 2. Maxillen; Nauplius als erstes Postembryonalstadium; weitere Autapomorphien der Crustacea (S. 512). [7] Segment der 2. Antennen (Interkalarsegment) ohne Extremitäten; weitere Apomorphien s. Diskussion (S. 528).

primär segmental und paarig angelegten, in Stigmen ausmündenden Tracheen für die Antennata (Tracheata !), die bei den meisten Arten zum Zweck der Wasserretention mit Verschlußmechanismen versehen sind.

Bei wasserlebenden Insekten treten sekundäre Tracheenkiemen oder Blutkiemen auf, gebildet entweder aus umgewandelten Abdominalextremitäten (z.B. Megaloptera,

Coleoptera: Gyrinidae, Ephemeroptera) oder aus einfachen Hautausstülpungen (Plecoptera, Trichoptera).

Auch die typische frühe **Embryonalentwicklung** der Arthropoda ist möglicherweise konvergent, allerdings unabhängig vom Übergang zur terrestrischen Lebensweise entstanden. In der Regel ist sie meroblastisch: Die centrolecithalen, dotterreichen Eier furchen sich superfiziell, ein Furchungsmodus, der in allen Arthropodengruppen vorkommt (Abb. 870). Schon bei Onychophora gibt es aber zahlreiche Übergänge zwischen total aequalen und superfiziellen Furchungen. Auch bei den Crustacea (Anostraca, Phyllopoda, Ostracoda, Copepoda, Cirripedia und manche Decapoda) kommen dotterarme Eier und totale Furchungen (holoblastische Entwicklung) vor sowie alle Übergänge zur superfiziellen Furchung. Diese totalen, determinativen Furchungen zeigen unterschiedliche Zell-Genealogien, die an die Spiralfurchung erinnern (S. 205). Ob eine dieser totalen Furchungen den ursprünglichen Furchungsmodus der Arthropoden darstellt, läßt sich nicht entscheiden – wenn, dann wären superfizielle Furchungen mehrfach konvergent entstanden. Auch bei wenigen Insekten (parasitische Hymenopteren) und Arachniden (vivipare Skorpione, Pseudoskorpione) kommen totale Furchungen vor. Diese sind aber mit hoher Wahrscheinlichkeit von einer superfiziellen Furchung abgeleitet; die Eier dieser Organismen wurden in Anpassung an die speziellen Entwicklungsbedingungen sekundär dotterarm.

Systematik

Die Frage nach der Monophylie oder Polyphylie der hier als Arthropoda zusammengefaßten Taxa wird kontrovers diskutiert. Traditionell wird in der deutschen Literatur und auch in diesem Lehrbuch ihre Monophylie vertreten, und die oben angeführten Merkmale werden als gut begründete, nur jeweils einmal in der Stammlinie der Arthropoda entstandene Autapomorphien betrachtet (Abb. 572). Sie machen daher die Abstammung aller Arthropoden von einer nur ihnen gemeinsamen Stammart wahrscheinlich.

Eine polyphyletische Entstehung von Arthropodentaxa wird dagegen vor allem in der angelsächsischen Literatur propagiert (MANTON, TIEGS, ANDERSON). Danach sind Arthropoden mehrmals unabhängig aus annelidenartigen Vorfahren entstanden. Eine Linie soll über die Onychophora und „Myriapoda" zu den Insecta geführt haben, die als „Uniramia" zusammengefaßt werden. Hierbei habe eine Entwicklung stattgefunden, bei der zunehmend Extremitäten zu Mundwerkzeugen wurden – von einer Monognathie bei den Onychophoren (nur 1 Paar Kiefer), über Dignathie bei Diplopoden und Pauropoden (Mandibeln und Gnathochilarium) zur Trignathie bei Chilopoden und Insekten (Mandibeln, 1. und 2. Maxillen). Als wichtige Übereinstimmungen zwischen diesen Gruppen werden u.a. die „uniramen" (einästigen) Extremitäten und die sog. Ganzbein – Mandibeln angesehen. So werden Mandibeln genannt, die einer gesamten modifizierten Extremität entsprechen und bei denen mit der Beinspitze zugebissen wird. Nach diesen Vorstellungen sollen die Crustacea eine unabhängige Evolution durchlaufen haben, da ihre Mandibeln aus basalen Bereichen der Beine hervorgehen (S. 438, Abb. 598).

Die „Kiefer" der Onychophora sind tatsächlich „Ganzbein-Mandibeln", nicht jedoch die Mandibeln der Chilopoden und Insekten wie der Vergleich der coxalen Muskelzüge gezeigt hat, so daß dieser Argumentation der Boden entzogen ist. Im übrigen liegen die genannten Extremitäten bei Onychophora und Antennata an verschiedenen Kopfsegmenten, so daß sie nicht einmal homolog sind. Die „Dignathie" der Diplopoda beruht auf der Reduktion der 2. Maxillen; sie ist also sekundär entstanden.

Andere unabhängige Linien sollen zu den Chelicerata und † Trilobita geführt haben. In keinem Fall konnte jedoch anhand von Synapomorphien gezeigt werden, daß die genannten „Linien" mit irgendwelchen Anneliden- oder sogar Nicht-Articulaten-Teilgruppen näher verwandt sind als mit Teilgruppen der Arthropoda. Schließlich bedeutet die Hypothese einer unabhängigen stammesgeschichtlichen Entwicklung dieser Arthropodentaxa, daß die Chitin-Protein-Cuticula ohne Cilien und ihre spezifische Häutung, das Mixocoel mit Perikardialseptum, dorsalem Herz und offenem Blutgefäßsystem, die Nephridien mit Sacculus und das Komplexgehirn nicht homolog sind, sondern mehrfach

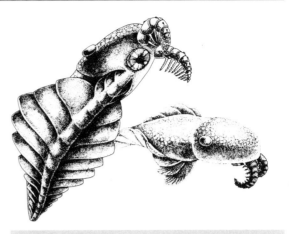

Abb. 573: Rekonstruktion von †*Anomalocaris*-Individuen aus dem Burgess-Schiefer von British Columbia (530 Mill. Jahre). Rätselhafte fossile Organismen, die zu einer ausgestorbenen Arthropoden-Gruppe gehören oder den Arthropoden zumindest nahestehen. Inzwischen auch Funde aus Australien und China. Die recht großen (60 cm) Tiere konnten wahrscheinlich schwimmen. Die kreisförmige Struktur auf der Unterseite wird als Mundöffnung gedeutet; die großen vorderen Anhänge dienten vielleicht zur Nahrungsbeschaffung. Aus Gould (1989).

unabhängig entstanden sein müßten. Hierfür gibt es keine oder keine überzeugenden Hinweise. Auch die Facettenaugen (S. 439) verschiedener Euarthropoden-Taxa müßten danach konvergente Bildungen sein: Tatsächlich lassen sich ihre Bauelemente auf der Ebene der Ultrastruktur eindeutig homologisieren (Abb. 600). Die „Uniramia-Hypothese" muß daher als sehr unwahrscheinlich betrachtet werden.

Ergänzungen: S. 863.

1 Onychophora, Stummelfüßer

Die Onychophoren repräsentieren mit ca. 160 rezenten, äußerlich sehr ähnlichen Arten eine zahlenmäßig zwar kleine, phylogenetisch und zoogeographisch aber sehr bedeutende Gruppe. Als stammesgeschichtlich alte Formen haben sie eine Schlüsselstellung zum Verständnis des Übergangsfeldes zwischen Anneliden und Euarthropoden. Letzteren werden sie auch als Prot- oder Parathropoden gegenübergestellt. Ihre Organisation ist durch eine mosaikartige Verteilung von Anneliden- und Arthropoden-Merkmalen gekennzeichnet, weist aber auch einen hohen Grad von Eigendifferenzierung auf. Wie bei anderen landbewohnenden Arthropoden finden wir bei ihnen eine direkte Entwicklung mit Häutungen der Entwicklungsstadien.

Onychophoren-ähnliche Fossilien sind aus dem Früh-Kambrium von überwiegend marinen Lagerstätten bekannt (S. 428); rezente Onychophora sind dagegen ausnahmslos terrestrisch. Da sie nur über einen mangelhaften Verdunstungsschutz verfügen – die „Stigmen" ihrer Tracheen sind nicht verschließbar und die Cuticula besitzt keine Wachsschicht – sind sie streng an Biotope gebunden, in denen ständig hohe Luftfeuchtigkeit (ca. 95%) und gleichbleibende Temperaturen (vorzugsweise 18°C) herrschen. Sie leben nachtaktiv und verborgen im Mull und Moder tropischer, subtropischer und gemäßigter Gebiete, vor allem auf der Südhalbkugel (Abb. 585), in und unter morschen Baumstämmen, seltener auch unter flachen Steinen sowie im Falllaub, Moos oder im Erdreich von Uferböschungen.

Bau

Der homonom gegliederte, wurmförmige Körper ist dorsal hochgewölbt und ventral abgeflacht (Abb. 574). Der Kopf ist nicht deutlich abgesetzt. Er trägt 1 Paar kleiner Augen und 3 Paar modifizierter

Hilke Ruhberg, Hamburg

Extremitäten: (1) Antennen, (2) Mundhaken, Kiefer („Mandibeln") als einzige Mundwerkzeuge („Monognatha") und (3) laterale Oralpapillen, auf denen die mächtigen, fast körperlangen Wehr- oder Schleimdrüsen münden. Darauf folgen in regelmäßigen Abständen die übrigen segmentalen Extremitäten: 13–43 Paar Laufbeine (Stummelfüße, Oncopodien).

Die ventrolateral am Körper ansetzenden **Beine** haben einen kegelförmigen Basisteil und einen schmaleren Fußabschnitt (Abb. 576, 578). Letzter besteht aus ringförmigen, stacheligen Sohlenwülsten und je 1 Paar beweglicher Krallen oder Klauen (Name!). An der Beinbasis befinden sich ventral die ausstülpbaren Coxalsäckchen und die Mündungsporen der meisten Nephridien. Bei den Männchen liegen dort noch zusätzlich Cruralpapillen.

Die Körperdecke ist vielfach geringelt; die Segmentierung wird äußerlich nur durch die Abfolge der Extremitäten angezeigt. Der Anus liegt terminal, die Geschlechtsöffnung praeanal.

Die weiche, samtartige dehnungsfähige **Cuticula** der Onychophora (englisch daher: „velvet worms") wird zeitlebens alle 2–3 Wochen gehäutet. Sie besteht aus einer dünnen (1–3 μm) Procuticula mit einem α-Chitin-Protein-Komplex und einer darüber liegenden, vierschichtigen Epicuticula.

Subepidermal liegt eine außergewöhnlich mächtige (bis zu 30 μm!) basale Matrix mit Kollagenfasern; sie ist ein entscheidender Bestandteil des hochentwickelten Hautmuskelschlauchs und bewirkt im wesentlichen äußere Form und Festigkeit der Tiere. Während bei den Euarthropoda die starke Sklerotisierung der Exocuticula Veränderungen der Körperdimensionen stark einschränkt, erlauben die dünne Cuticula zusammen mit der elastischen basalen Matrix dagegen eine starke Verformung des Körpers.

So wird ein in Ruhe 3 cm langer *Peripatopsis* beim Laufen mühelos doppelt so lang und dementsprechend schmäler;

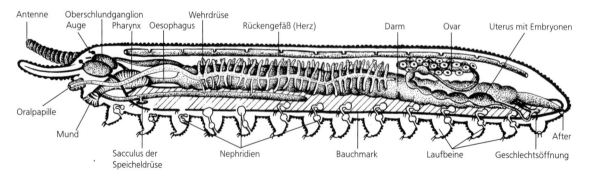

Abb. 574: Anatomie eines weiblichen Onychophoren. Lateralansicht. Verändert nach Pearse und Buchsbaum (1987).

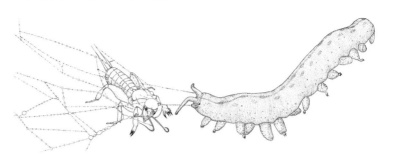

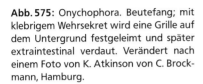

Abb. 575: Onychophora. Beutefang; mit klebrigem Wehrsekret wird eine Grille auf dem Untergrund festgeleimt und später extraintestinal verdaut. Verändert nach einem Foto von K. Atkinson von C. Brockmann, Hamburg.

stellenweise kann der Körper bis auf 1/9 seines ursprünglichen Durchmessers eingeschnürt werden.

Die gesamte Körperoberfläche der Stummelfüßer ist dicht mit beschuppten Papillen besetzt, die in Färbung, Form und Größe unterschiedlich sind. Die meisten dieser Papillen sind mit Sinnesstiften ausgestattet und dienen als Mechano- bzw. Chemorezeptoren (Abb. 577).

Die **Muskulatur** ist nicht, wie primär bei den Anneliden, segmental gegliedert. Sie besteht aus einer äußeren Ringmuskelschicht und darauf folgend aus Diagonal- und kräftiger Längsmuskulatur. In die Laufbeine erstrecken sich sowohl Dorsoventral- als auch Transversalmuskeln (Abb. 576).

Nach neueren elektronenmikroskopischen Befunden unterscheiden sich die Muskelfasern der Onychophoren-Körperdecke deutlich von den quergestreiften der Euarthropoden und von den schräggestreiften der Anneliden: Sie lassen eine spezifische Form von Querstreifung erkennen, die eine größere Längenänderung als quergestreifte Zellen erlaubt.

Die **Leibeshöhle** ist ein Mixocoel (Hämocoel), das beim Embryo als sekundäre Leibeshöhle (Coelom) angelegt, im Verlaufe der Ontogenese aber umgewandelt bzw. rückgebildet und mit der primären Leibeshöhle vereinigt wird. Als Coelomreste bleiben nur die Sacculi der Nephridien und der Speicheldrüsen sowie die Gonadenräume erhalten. Im Körperquerschnitt ist eine typische Unterteilung zu erkennen: Der Onychophorenkörper ist durch seine seitliche Dorsoventralmuskulatur in einen größeren Medianraum und paarige kleinere Seitenkammern (Lateralsinus) gegliedert (Abb. 576). Dorsal trennt das Perikardialseptum (dorsales Diaphragma) den Perikardialsinus vom Visceralsinus.

Das **Nervensystem** besteht aus einem großen, paarigen, über dem Pharynx liegenden Oberschlundganglion und dem Bauchmark (Abb. 574). Die beiden ventralen Längsstränge sind auffällig weit voneinander getrennt und werden in jedem Metamer durch etwa 9–10 dünne Kommissuren verbunden. Die Längsstränge geben ihrerseits aber nur 8 Segmentalnerven einschließlich der 2 Fußnerven ab. Die Zahl der Kommissuren entspricht also nicht derjenigen der Segmentalnerven. Auch fehlt jede

Andeutung von lateralen oder dorsalen Längsnerven.

Nur im Herzen der Onychophoren liegt je ein dorsaler Nerv (Peripatidae) oder deren drei (Peripatopsidae).

Die Nervenperikaryen sind ventral mehr oder weniger regelmäßig über die Längsstämme verteilt; darüber liegen Fasersysteme, dazwischen Kolossalfasern. Ganglien sind daher nicht deutlich erkennbar. Dennoch besteht das Nervensystem nicht aus Marksträngen, sondern ist in Neuromere gegliedert.

Ontogenetisch bildet sich das Nervensystem aus paarigen, segmentalen ektodermalen Wucherungen. Diese sind auch im adulten Tier ventral noch deutlich mittig zwischen den Laufbeinen zu sehen (sog. „Ventralorgane"). Als Infracerebralorgan (Hypocerebralkörper) bleiben sie unter dem Gehirn erhalten und haben u. a. neurosekretorische Funktion. Das G e h i r n (Oberschlundganglion) besteht aus 3 Abschnitten: Proto-, Deuto- und Tritocerebrum (S. 413). Ein unpaarer Zentralkörper, drei Globuli der Pilzkörper (als arthropodentypische Assoziationszentren) und eine Protocerebralbrücke sind vorhanden. Das mächtige Deutocerebrum bildet den zweiten Hirnabschnitt; es empfängt die Nerven der Antennen, welche ontogenetisch postoral angelegt werden. Dahinter liegt das wesentlich kleinere Tritocerebrum. Von hier aus ziehen Nerven zum Mund und zum vorderen Darmbereich; sie bilden das stomatogastrische Nervensystem. Unterhalb des Schlundes verlaufen die Tritocerebralkommissuren.

Die beiden B l a s e n a u g e n mit Linse (Durchmesser 0,2–0,3 mm) liegen dorsal an der Antennenbasis (Abb. 581 A). Sie werden vom Archicerebrum innerviert. Ontogenetisch entstehen sie durch Einstülpung und Abschnürung aus dem Ektoderm.

Onychophorenaugen dienen im wesentlichen der Wahrnehmung von Richtung und Intensität des Lichtes, das von den nachtaktiven Tieren gemieden wird. *Typhloperipatus williamsoni* und *Tasmanipatus anophthalmus* sind, wie auch die in Höhlen lebenden Arten (*Peripatus alba, Speleoperipatus spelaeus*), blind.

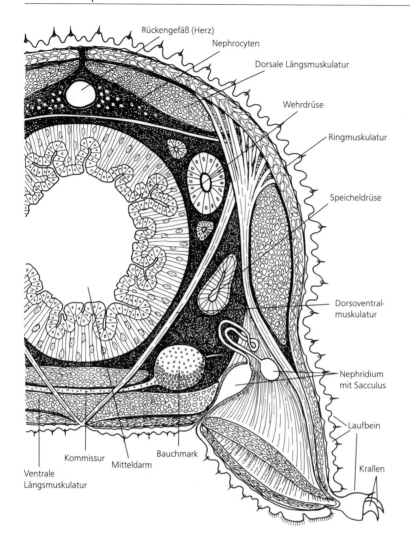

Rückengefäß (Herz)

Nephrocyten

Dorsale Längsmuskulatur

Wehrdrüse

Ringmuskulatur

Speicheldrüse

Dorsoventral-
muskulatur

Nephridium
mit Sacculus

Laufbein

Krallen

Ventrale
Längsmuskulatur

Kommissur

Mitteldarm

Bauchmark

Abb. 576: Onychophora. Schematischer Querschnitt durch einen mittleren Körperabschnitt. Verändert nach Snodgrass (1938) und anderen Autoren.

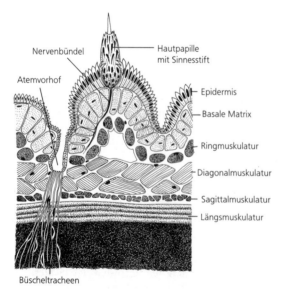

Nervenbündel

Atemvorhof

Hautpapille
mit Sinnesstift

Epidermis

Basale Matrix

Ringmuskulatur

Diagonalmuskulatur

Sagittalmuskulatur

Längsmuskulatur

Büscheltracheen

Abb. 577: Onychophora. Längsschnitt durch die Körperdecke mit Hautpapille (Mechanorezeptor) und Büscheltracheen. Nach Gaffron (1883) und Pflugfelder (1968).

Das Integument ist reich mit zum Teil komplex gebauten **Rezeptoren** ausgestattet, besonders auf den Antennen (Abb. 581 B), im Mundvorraum und auf den Sohlenwülsten. Ihr Feinbau zeigt Übereinstimmung mit denen der Euarthropoden. Der häufigste Sensillentyp findet sich in der Rückenhaut. Diese sog. Hautpapillen sind mit Sinnesstiften ausgestattet, die wohl berührungsempfindlich sind. An den Ringfurchen der Antennenspitzen kommen Kolbensensillen vor, die von einer zarten, uhrglasförmig gewölbten Cuticula begrenzt werden. Auf den wulstigen Lippen des Mundvorraumes sitzen konische Sinnesknospen mit distal abgewandter Cuticula, dies sind wahrscheinlich Chemorezeptoren. Darüber hinaus vermutet man Hygro- und Thermorezeptoren. Onychophoren sind auch sehr empfindlich gegen Luftbewegungen.

Das **Verdauungssystem** ist einfach strukturiert. Der frei in der Leibeshöhle liegende Darmkanal durchzieht den Körper geradlinig. Der ventral liegende

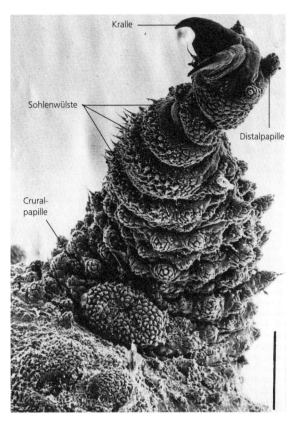

Abb. 578: Stummelfuß von *Opisthopatus cinctipes,* mit Cruralpapille. REM. Maßstab: 100 μm. Original: H. Ruhberg, Hamburg.

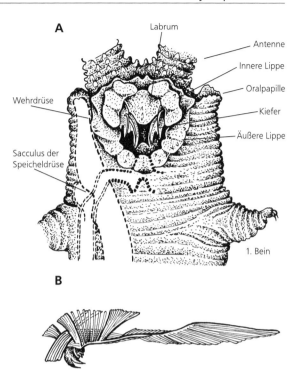

Abb. 579: Gestalt der *Peripatopsidae.* A *Peripatopsis capensis.* Kopf von ventral. B „Mandibel" (Kiefer) mit Apodem und Muskulatur. Verändert nach Balfour (1883) und Purcell (1900).

Mund führt in einen mit Chitin ausgekleideten muskulösen Pharynx. Darauf folgen Oesophagus, entodermaler Mitteldarm (Verdauungs- und Resorptionsorgan) und ektodermaler Enddarm. Im Mundvorraum sitzen die paarigen, sichelförmigen Mundhaken (oft auch Mandibeln oder Kiefer genannt) (Abb. 579 A, B) auf je einem kurzen Sockel. Sie stellen – anders als die Mandibeln der Krebse – umgebildete Extremitätenspitzen dar. Auch die Arbeitsweise ist anders: Sie arbeiten in der Körperlängsachse und werden von hinten nach vorne bewegt. Röhrenförmige Epidermiseinstülpungen (Apodeme) verankern die Mundhaken bis zum 2. Laufbeinsegment. In die Mundhöhle münden paarige Speicheldrüsen, die beiderseits des Bauchmarks liegen und sich weit in den Körper erstrekken. Sie entstehen aus den Nephridialanlagen des Oralpapillensegments. Als Coelomrest besitzen auch sie einen geräumigen Sacculus aus Podocyten und ein bewimpertes Nephrostom. In den Drüsen werden Schleim und Enzyme für die extraintestinale Verdauung gebildet. Zugleich haben sie exkretorische Funktion.

Die Ernährungsbiologie der Onychophora ist durch mehrere Besonderheiten gekennzeichnet. Sich bewegende,

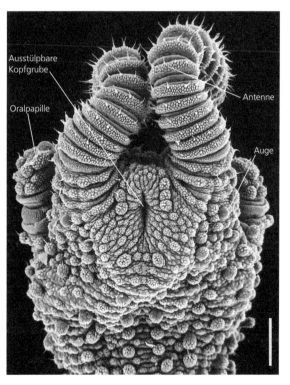

Abb. 580: *Cephalofovea tomahmontis.* Aufsicht (dorsal) auf das Kopforgan eines Männchens. REM. Maßstab: 30 μm. Original: H. Ruhberg, Hamburg.

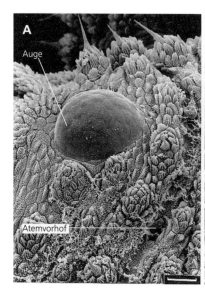
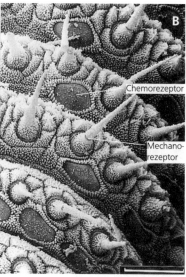

Abb. 581: Onychophora. Sinnesorgane. A Auge einer australischen Art. B Ausschnitt der Antennenspitze mit Rezeptoren (Peripatopsidae). REM. Maßstäbe: 30 µm. Originale: H. Ruhberg, Hamburg.

bodenlebende Arthropoden (z.B. Asseln, Grillen, Schaben, Termiten, Spinnen, Käferlarven) werden zunächst mit dem klebrigen Wehrsekret der Schleimdrüsen am Untergrund fixiert (s.u.) (Abb. 575). Das Sekret kann bis zu 50 cm weit aus den Oralpapillen herausgeschleudert werden. Je nach Größe des Beutetieres wird unterschiedlich viel Sekret abgespritzt. Eine Auffüllung des Sekretbestandes (dies sind in einem wässrigen Glycin-Glutaminsäure-Puffer gespeicherte Proteine, die unter Lufteinfluß nach etwa 10 min ihre „Klebrigkeit" verlieren und brüchig werden) erfolgt innerhalb von 24 h. Die Beute wird mit einem umfangreichen Repertoire von Sensillen (z.B. auf den Antennen) geortet. Die mit Chemorezeptoren besetzten wulstigen Mundraumlippen werden fest an den Beute-Arthropoden angepreßt (Abb. 582), die Mundhaken zertrennen dessen Cuticula, und in diese Wunde fließen dann die Enzyme der Speicheldrüse für die extraintestinale Verdauung. Der Nahrungsbrei – das Innere des Beutetieres – wird in den Darmkanal gepumpt und im Mitteldarm resorbiert bzw. gespeichert. Offensichtlich kann auch feste Nahrung aufgenommen werden, da vollständige Spinnenexuvien und angedaute Körperteile anderer Onychophoren im Darm gefunden wurden.

Das Epithel des Mitteldarms erfüllt Funktionen, die bei Euarthropoden auf verschiedene Organe verteilt sind: Sekretion, Resorption, Speicherung und Exkretion. Sie werden von nur 2 Zelltypen wahrgenommen.

Onychophoren vermögen 3 Monate zu hungern, nehmen aber bei ausreichendem Angebot große Nahrungsmengen auf. Unverdauliche Reste werden in einer peritrophischen Membran ausgeschieden.

Die inneren Organe werden über zahlreiche **Tracheen** direkt mit Sauerstoff versorgt (Aerovaskularsystem). So kann das **Blutgefäßsystem** entsprechend einfach strukturiert sein. Arterien und Venen fehlen, mit Ausnahme eines größeren Gefäßes, das die Antennen versorgt. Die Hämolymphe („Blut") durchströmt die Leibeshöhle. Das Herz ist ein fast körperlanges, muskulöses Rohr, das dorsal am Hautmuskelschlauch aufgehängt und ventral über Muskelfasern mit dem Perikardialseptum verbunden ist. Der Perikardialsinus ist perforiert und steht so mit dem restlichen Leibeshöhlenraum in Verbindung. In jedem Metamer besitzt das Herz ein Paar spaltförmiger Ostien.

Die Hämolymphe enthält verschiedene, mindestens jedoch 5 Hämocytentypen (Prohämocyten, Hyalocyten, Makrophagen, Spherulocyten, Granulocyten). Sie unterscheiden sich vor allem durch ihre Größe und die stark variierende Granulierung.

Im Gegensatz zu den Antennata liegen die Tracheenöffnungen (Abb. 577) der Onychophoren unregelmäßig über den Körper verteilt, pro Segment 19–75. Bei einigen Arten findet man Kopftracheen in Augennähe.

Die Tracheen der Stummelfüßer entstehen meistens postembryonal. Ihre Öffnungen befinden sich bei juvenilen

Abb. 582: Fressender Onychophor. Nach Manton (1977).

Tieren noch an der Körperoberfläche und werden später eingestülpt, so daß Tracheentaschen entstehen, deren Vorhöfe fälschlich als Stigmen bezeichnet werden. Vom Grund der Tracheentaschen gehen dann die zahlreichen, dünnen Atmungsröhren als charakteristische Büschel ab. Sie sind unverzweigt und können körperlang sein. Neben den Büscheltracheen gibt es auch eine große Zahl einzelner Tracheen, wobei jede Röhre eine Endzelle aufweist. Da die Tracheen der Onychophoren nicht aktiv verschließbar sind – dies ist nur passiv durch die Verformung der Körpergestalt möglich – ist der Wasserverlust bei relativ niedriger Luftfeuchtigkeit groß, und die Tiere sind ständig auf Feuchtluftbiotope angewiesen.

Wie bei den Anneliden werden in jedem Segment 1 Paar **Nephridien** (Segmentalorgane; Abb. 574, 576) angelegt. Diese besitzen – wie bei den Euarthropoden – einen coelomatischen Sacculus, dessen Podocyten – wie bei den Coelomräumen der Anneliden – als Blutfilter fungieren. Ein bewimperter Nephridienkanal führt vom Sacculus über eine kontraktile Harnblase in einen mit dünner Chitincuticula ausgekleideten Ausführgang, der meist ventral an der Beinbasis ausmündet.

Als zusätzliche Exkretionsorgane fungieren die Nephrocyten, die an bestimmten Stellen der Leibeshöhle liegen, z.B. gehäuft in der Herzgegend. Auch über die Darmwand werden Stickstoffverbindungen ausgeschieden.

Die Nephridien der ersten 3 Laufbeinsegmente sind kleiner und ohne Nephrostom (exokrine Drüsen?). Stark vergrößert, mit geräumigem Sacculus, langem Nephridienkanal und einem auf den Sohlenwulst verlagerten Mündungsporus sind dagegen die Exkretionsorgane des 4. und 5. Beinsegments. Vom 6. Laufbeinsegment bis zum Praegenitalsegment finden sich die sog. „typischen" Onychophoren-Nephridien. Einige Nephridien werden abgewandelt, z.B. diejenigen des Oralpapillensegments zu mächtigen Speicheldrüsen (Abb. 574). Im Genitalsegment dienen modifizierte Nephridien der Ausleitung der Geschlechtsprodukte. Im letzten Segment der Männchen wurden aus den Nephridialorganen Analdrüsen mit noch unbekannter Funktion.

Umfangreiche W e h r - oder S c h l e i m d r ü s e n gehören zu den auffälligen Besonderheiten der Onychophoren (Abb. 574). Reich verzweigt durchziehen sie den zentralen Rumpfbereich oberhalb des Darms. Entwicklungsgeschichtlich sind es ektodermale Einstülpungen. Der sekretproduzierende Teil liegt in der hinteren Körperhälfte und besteht aus einem langen, röhrenförmigen Teil mit büschelförmigen Verästelungen. Er setzt sich nach vorn in einen verzweigten, muskulösen Kanal fort, der als Sekretspeicher fungiert. Die Mündung der paarigen Wehrdrüsen liegt auf den O r a l p a p i l l e n . Dies sind kurze, modifizierte Beinstummel ohne Krallen, die neben dem Munde stehen.

Onychophoren sind g e t r e n n t g e s c h l e c h t l i c h . Es gibt aber eine parthenogenetische Population von *Epiperipatus imthurni* auf Trinidad. Weibchen sind größer, breiter und schwerer als gleichartige Männ-

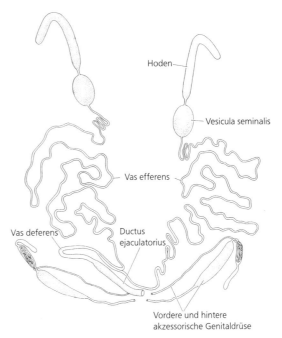

Abb. 583: *Opisthopatus cinctipes.* Männlicher Geschlechtstrakt. Verändert nach Purcell (1900).

chen; häufig besitzen sie auch mehr Laufbeine. Die **Gonaden** entstehen durch Verschmelzung dorsaler, paariger Coelomabschnitte mehrerer Segmente zu einem einheitlichen Gonadensack. Der weibliche Genitaltrakt (Abb. 574) besteht ursprünglich aus paarigen O v a r i e n , die ganz oder teilweise verwachsen sein können. Sie sind über ein Ligament am Perikardialseptum aufgehängt. Die Eier im Ovar können über einen Follikelstiel traubig in die Körperhöhle ragen („exogen") oder im Ovar verbleiben („endogen"). Vom Eierstock ausgehend durchziehen lange paarige Ovidukte in einer Schlinge einen Großteil des weiblichen Körpers. Sie bilden in Ovarnähe meist ein bewimpertes Receptaculum seminis, bisweilen auch einen Eiersack (Receptaculum ovorum). Im hinteren Bereich fungieren die Ovidukte bei viviparen Arten als Uteri, die dann in knotenförmigen Anschwellungen unterschiedlich weit entwickelte Embryonalstadien enthalten. Sie münden unpaar in einer muskulösen, ektodermalen Vagina ventral und praeanal aus.

Ovipare Formen (z.B. *Ooperipatus, Ooperipatellus*), aber auch eine ovovivipare Art (*Austroperipatus eridelos*) besitzen einen beinlangen Ovipositor.

Bei den Männchen liegen die stets paarigen, schlauchförmigen H o d e n im vorderen Rumpfbereich (Abb. 583). Caudad folgen die Vesiculae seminalis, in denen die Spermiogenese stattfindet. Es folgen schlauchförmige Abschnitte für die Spermatophorenbildung: dünne aufgeknäuelte Vasa efferentia und ein unpaares Vas deferens. Der dick-

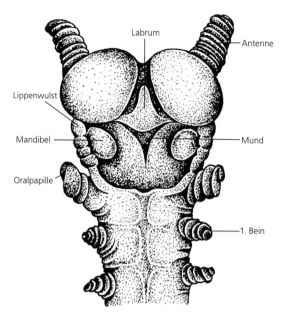

Abb. 584: *Peripatus edwardsii*. Vorderende eines Embryos, von ventral. Verändert nach Manton (1977).

wandige Endteil bildet oft einen muskulösen Ductus ejaculatorius.

Onychophoren-Männchen besitzen durchweg je 1 Paar ektodermaler und coelomatischer akzessorischer Geschlechtsdrüsen im Genitalbereich sowie oft ektodermale Cruraldrüsen in vielen Körpersegmenten, die dann ventral am Bein in charakteristischen Poren ausmünden. Über die Funktion dieser wichtigen Drüsen ist noch wenig bekannt. Denkbar ist, daß Lockstoffe (Pheromone) sowie Gleitsubstanzen bei der Spermatophoren-Übergabe abgegeben werden.

Fortpflanzung und Entwicklung

Die Begattung kennt man nur von wenigen Arten genau. So werden z.B. von *Peripatopsis*-Männchen Spermatophoren wahllos auf die Körperoberfläche der Weibchen geheftet.

Durch offensichtlich chemotaktisch an die Anheftungsstellen geleitete Hämocyten wird die Haut im Verlauf von 10 Tagen perforiert, und die aus den Spermatophoren herausgelösten Spermatozoen gelangen bündelweise durch die Leibeshöhle zu den Ovarien, wo sie die Eier befruchten.

Für neotropische Arten wird dagegen eine Übertragung von Spermatophoren oder Spermien in die Geschlechtsöffnung angegeben. So findet die Begattung von *Peripatus acacioi*-Weibchen im Alter von 5–9 Monaten, die von *Macroperipatus torquatus* schon im 3. Lebensmonat statt. Im letzten Falle produzieren die Männchen eine große, komplexe, ovale Spermatophore, die an der weiblichen Geschlechtsöffnung appliziert wird. Zu diesem Zeitpunkt beträgt die Länge des weiblichen, noch juvenilen Geschlechtstraktes nur 4–5 mm. Über den kurzen Uterus erreichen die Spermien aus der Spermatophore die Receptacula semines, wo sie vielleicht lebenslang gespeichert

werden, um zur Befruchtung der reifen Eier im Ovar zur Verfügung zu stehen.

In Australien wurden kürzlich zahlreiche neue Onychophorenarten gefunden, deren Männchen durch eigenartige Organe auf dem Kopf gekennzeichnet sind (Abb. 580). Hierbei kann es sich um Papillenfelder, um ausstülpbare Gruben oder um komplexe Organe handeln, bei denen Haken oder Kanülen aus einer Kopfgrube herausgeklappt werden können. Nach ersten Beobachtungen soll es sich bei diesen Kopforganen um Spermabehälter handeln. Wie es dabei aber zur Spermaübergabe vom Männchen zum Weibchen kommt, ist noch unklar, denn zu den entsprechenden Geschlechtsorganen besteht keine direkte Verbindung, und die Geschlechtsöffnungen liegen in beiden Geschlechtern ventral zwischen dem letzten Beinpaar vor dem Anus. Da nur einige wenige Weibchen Kopforgane aufweisen und diese dann sehr einfach strukturiert sind (z.B. in Form einfacher Dellen), sind diese Strukturen deutlicher Ausdruck eines Sexualdimorphismus. Dieser ist darüberhinaus noch ausgeprägt durch die Präsenz von männlichen sekundären Genitaldrüsen und -papillen (Crural- und Analdrüsen).

So gering die Artenzahl und so uniform der Habitus der Onychophoren auch ist, so überraschend vielfältig sind ihre Entwicklungen. Der Dottergehalt beeinflußt hierbei das Furchungsgeschehen ganz entscheidend. So verlaufen die einzelnen **Furchungen** total äqual (*Epiperipatus trinidadensis*) bis superfiziell (*Peripatoides novaezealandiae*). Zwischen diesen beiden Furchungstypen gibt es Übergänge. Die weitere Entwicklung weist eine große Variationsbreite auf. Während bei *Paraperipatus amboinensis* kein Blastoporus, aber eine Primitivgrube entsteht, streckt sich bei *Peripatopsis balfouri* ein deutlicher Blastoporus nach und nach in die Länge. Hieraus entstehen dann durch mediane Verschmelzung die Mund- und die Afteröffnung. Wichtige Hinweise auf die Stammesgeschichte gibt die Entwicklung der Coelomsäcke im Kopfbereich. Das zuvorderst angelegte und besonders große Coelomsackpaar gehört zum Antennensegment, daran schließen sich die beiden Coelomsäcke des Mundhaken- und des Oralpapillensegments an. Darauf folgen die Coelomsäcke der Laufbeinsegmente. Eine Besonderheit der Onychophoren gegenüber anderen Articulaten ist die Lage der Mesoderm-Immigrationszone hinter dem After: Hier bildet eine ektodermale Sprossungszone – nicht früh versenkte Teloblasten – das Mesoderm. Eine Unterscheidung in Larval- und Sprossungssegmente ist nicht bekannt, stattdessen zerlegen sich die Mesodermstreifen von vorne nach hinten in Segmente. Während alle bisher untersuchten Stummelfüßer ihren Körper aus einem Kurzkeim durch Sprossungsvorgänge entwickeln (wie z.B. Malacostraca) kommt es bei *Opisthopatus cinctipes* zur Anlage des Körpers in mehr oder weniger definitiver Länge (Langkeim!), wobei die Phase des Kurzkeims offensichtlich übersprungen wird.

Die Ernährung der intrauterinen Entwicklungsstadien (Abb. 584) kann über trophische Vesikeln

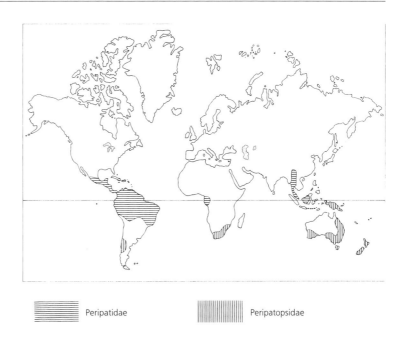

Abb. 585: Verbreitung der Onychophora. Funde auch auf den Galapagos-Inseln und auf den Großen und Kleinen Antillen. Original: H. Ruhberg, Hamburg.

Peripatidae

Peripatopsidae

(bei *Paraperipatus*), Nackenblasen des Embryos (bei *Peripatopsis*) oder aber über eine Placenta (bei neotropischen Peripatidae) erfolgen. Diese Ernährungsorgane versorgen aber jeweils nur Embryonen in frühen Entwicklungsstadien, später erfolgt die intrauterine Ernährung über spezielle Embryonalhäute und/oder fransenförmige Anhänge der Extremitäten. Ovipare Weibchen (z. B. *Ooperipatus*) legen ihre derbschaligen Eier im Substrat ab, wo die Jungen bis zu 17 Monate benötigen sollen, um zu schlüpfen. Die Entwicklung bei viviparen und ovoviviparen Arten dauert etwa 6–13 Monate. Je nach Art kommen 4–96 Junge zur Welt. Geburten erfolgen entweder innerhalb einer kurzen Zeitspanne zu bestimmten Jahreszeiten oder über das ganze Jahr verteilt. Die Jungen werden mit voller Segmentzahl geboren (Epimorphose).

Bei der Geburt gleichen sie dem Muttertier, sind aber zarter und heller pigmentiert. Einige Weibchen tragen ihre Neugeborenen mehrere Tage auf dem Rücken herum.

Systematik

Als rezente Vertreter eines in der Vorzeit wohl artenreichen Taxon, das sich über 500 Millionen Jahre nur wenig verändert hat, gelten die Onychophoren als „lebende Fossilien". Dafür spricht auch, daß ihre heutige räumliche Verbreitung reliktär ist (Abb. 585).

Seit ihrer Entdeckung ist die systematische Position der Onychophora meist kontrovers diskutiert worden. In der Originalbeschreibung von GUILDING (1826) wurde die zuerst beschriebene Art *Peripatus*

juliformis den Mollusken zugeordnet. Im Laufe der Jahre sind Onychophoren dann entweder als Anneliden oder Arthropoden, aber auch als Schmetterlingsraupen oder Plathelminthen angesehen worden.

Als „Malacopoda", „Oncopoda" oder „Pararthropoda" wurden die Onychophoren häufig mit den Tardigrada und den Pentastomida zusammengefaßt. Heute ist dieses Konzept insofern zerbrochen, als die Pentastomiden zu den Euarthropoden gezählt werden (S. 531). Für ein Schwestergruppenverhältnis von Onychophoren und Tardigraden fehlen gut begründete Synapomorphien. MANTON schuf für die Onychophoren, die Myriapoden und die Insekten ein Taxon „Uniramia". Auch hierfür fehlen eindeutige Synapomorphien, so daß eine derartige systematische Gruppierung nicht zu begründen ist (s. Diskussion der „Uniramia-Hypothese" S. 418 und 499).

Der Bauplan der Onychophora vereinigt eine Reihe von Merkmalen der Anneliden und Arthropoden. Symplesiomorphien mit den Anneliden sind vor allem die homonome Körpergliederung, ein mehrschichtiger Hautmuskelschlauch und die segmentalen Nephridien. Mit den Gliederfüßern haben sie folgende Merkmalsausprägungen gemeinsam (Synapomorphien): den Besitz einer häutungsfähigen α-Chitin-Protein-Cuticula und ein Hämocoel mit Perikardialseptum und dorsalem Herzschlauch. Auch die Entwicklung verläuft arthropodenartig. Auffallende Autapomorphien sind u.a. die körperlangen Wehrdrüsen mit Oralpapillen, die Mundhaken, die unregelmäßigen Büscheltracheen, die zahlreichen Kommissuren des Nervensystems

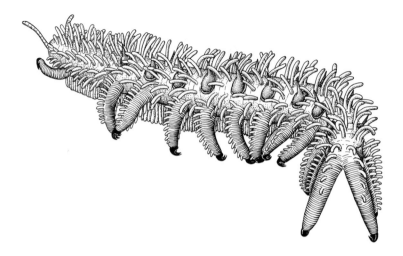

Abb. 586: †*Onychodictyon ferox.* Chengjiang (Südchina). Frühes Kambrium. Original: J. Bergström, Stockholm.

pro Segment und die unterschiedlich differenzierten Nephridialorgane. Die Onychophora verkörpern die erste Etappe der Arthropodisierung.

Innerhalb der Onychophoren werden zwei Taxa unterschieden – die Peripatidae und die Peripatopsidae (Abb. 585).

Peripatidae. – Überwiegend braun oder rötlich; 19–43 Beinpaare, Anzahl variiert intraspezifisch stark. Geschlechtsöffnung ventral zwischen dem vorletzten Beinpaar. Sämtliche Weibchen lebendgebärend (vivipar); Embryonen der neotropischen Vertreter werden über eine Placenta ernährt. Die Verbreitungszone liegt lückenhaft innerhalb eines Gürtels rund um den Äquator, vorwiegend in der Neotropis: Mittel- und Südamerika, Westafrika, Assam, Malaysia, Borneo.

Peripatus juliformis, ca. 10 cm. – *Typhloperipatus williamsoni,* ca. 7 cm. – *Macroperipatus torquatus,* ca. 15 cm.

Peripatopsidae. – Auffällig bunt, mit blauen, grünen, gelben, roten und schwarzen Pigmenten, oftmals mit komplexen Mustern. Anzahl der Beine 13–29. Bis zu 17 Beinpaaren scheint diese Zahl intraspezifisch konstant zu sein, darüber variiert sie geringfügig. Geschlechtsöffnung ventral zwischen oder hinter dem letzten Beinpaar. Vivipar (mit Nackenblase oder trophischem Vesikel), aber auch ovovivipare und ovipare Arten. Die Verbreitungszone dieser Familie liegt ausschließlich in der Südhemisphäre und dort überwiegend auf den Spitzen der Kontinente (Gondwana-Verbreitung): Chile, Südafrika, Australien und Tasmanien, Neuseeland und Neuguinea.

Peripatopsis moseleyi, ca. 5 cm. – *Paraperipatus amboinensis, ca. 5 cm.* – *Peripatoides novaezealandiae,* ca. 6 cm.

†Xenusia

Es gibt mehrere aus dem Frühen (570 Mill. Jahre) und Mittleren Kambrium stammende Fossilien, die den Onychophoren nahestehen. Sie werden als Formen aus ihrer Stammlinie diskutiert und als Plesion †Xenusia zusammengefaßt: z.B. †*Aysheaia pedunculata* (Burgess-Schiefer, British Columbia), †*Hallucigenia sparsa* (Burgess-Schiefer, B.C.) (Abb. 587), †*H. fortis* (Südchina), †*Xenusion auerswaldae* (Diluvialgeschiebe, Mark Brandenburg und Hiddensee), †*Luolishania longicruris* und †*Onychodictyon ferox* (Abb. 586) (Chengjiang, Südchina).

Diese Arten stammen sämtlich aus marinen Sedimenten. Dagegen ist der Fundort der besonders onychophorenähnlichen †*Helenodora inopinata* aus dem sog. produktiven Karbon (ca. 350 Mio. Jahre; Mazon Creek-Fauna, Chicago) vermutlich ein Süßwassersediment.

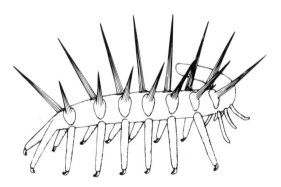

Abb. 587: †*Hallucigenia sparsa.* Neue Rekonstruktion. Burgess-Schiefer, British Columbia (Canada). Kambrium. Aus Ramsköld (1992).

2 Tardigrada, Bärtierchen

Tardigraden sind kleine, meist nicht über 1 mm lange aquatische Metazoen mit direkter Entwicklung. Sie besiedeln dauerfeuchte (im Meer, im Brack- und Süßwasser) sowie temporär wasserhaltige Lückensysteme in oft beträchtlichen Zahlen. Marine Tardigraden leben auf oder in Sedimenten von Sandstränden (Mesopsammon) bis in die Tiefsee, auf Algen, auf anderen Wirbellosen, manchmal sogar als Parasiten (z.B. *Tetrakentron synaptae*). Süßwassertardigraden findet man in der Strandzone von Seen, auf verrottendem Laub, an Pflanzenstengeln und in untergetauchten Moospolstern. „Terrestrische" Tardigraden sind charakteristisch für feuchte Moospolster, Flechten und Böden, die periodisch austrocknen und gut belüftet sind. Die Populationsdichten, z.B. in Moosen, schwanken zwischen 5–200 Ind. cm^{-2} und sind mit klimatischen Bedingungen, vor allem mit der Feuchtigkeit, der Temperatur und dem Nahrungsangebot zu korrelieren. Bisher sind weltweit etwa 600 Arten bekannt, von denen viele der euryöken Arten wohl Kosmopoliten sind, die z.B. von Vögeln und Insekten als Eier und Dauerstadien über weite Distanzen verschleppt werden.

Bau

Den walzenförmigen Körper, der aus einem meist nicht deutlich abgesetzten Kopf und 4 Rumpfsegmenten besteht (Abb. 588), bedeckt eine **Cuticula** (Abb. 591), die bei jeder Häutung von der einschichtigen Epidermis abgeschieden wird. Sie ist manchmal zonenweise verdickt, oft artspezifisch stark skulpturiert und mit faden- oder flügelförmigen Anhängen und Stacheln versehen (Abb. 589, 590 C). Die für Wasser permeable Cuticula besteht

Hartmut Greven, Düsseldorf

aus z.T. gegerbten Proteinen und Lipiden und ist in eine Epicuticula, eine Intracuticula sowie eine chitinhaltige Procuticula gegliedert (Abb. 591). Bei den Gattungen *Florarctus* und *Wingstrandarctus* bildet die Epicuticula am Kopf taschenförmige Einsenkungen, die (symbiontische?) Bakterien enthalten.

Die 8 paarigen **Laufbeine** lassen äußerlich meist keine Gliederung erkennen. Sie tragen an ihren Enden Zehen mit Krallen (Abb. 588) oder Haftplättchen (Abb. 588, 589 C) oder fast unmittelbar am Extremitätenstamm ansetzende, gleich- oder verschiedenartig gestaltete Krallen (Abb. 589 B), die von epidermalen Verdickungen (Krallendrüsen) gebildet werden. Bei der Fortbewegung kontrahieren sich zuerst die Extremitätenmuskeln; die Beine werden anschließend durch den hohen Binnendruck des Körpers wieder gestreckt.

Bei *Hexapodius*-Arten (Macrobiotidae) sind die Hinterbeine zu kleinen, z.T. noch mit winzigen Krallen versehenen Stummeln reduziert, oder sie fehlen vollständig.

Metamer in Gruppen angeordnete Muskelfasern vereinigen Merkmale glatter und schräggestreifter **Muskulatur**. Die Stilettmuskeln (s.u.) und manche Längs- und Extremitätenmuskeln der Heterotardigraden sind quergestreift; die entlang des Mitteldarms verlaufenden Eingeweidemuskeln der Eutardigraden sind jedoch glatt.

Der **Darmtrakt** beginnt mit einer terminalen oder subterminalen, häufig von cuticularen Lamellen umgebenen Mundöffnung. In die sich anschließende Mundröhre münden jederseits eine große Drüse und ein von diesen gebildetes kalkhaltiges Stilett (Abb. 588, 592). Beide Stilette dienen dem Anstechen pflanzlicher (z.B. Algen, Moosblättchen) und tierischer Nahrung (z.B. Rotatorien, Nematoden, Artgenossen, Enchytraeiden). Ihre Beweglichkeit gewährleistet eine Reihe spezialisierter Muskeln (Abb. 592). Die Ableitung der Munddrü-

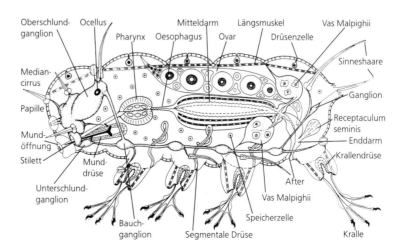

Abb. 588: Organisation eines Tardigraden. Schema mit Merkmalen mehrerer Taxa. Original: R.M. Kristensen, Kopenhagen.

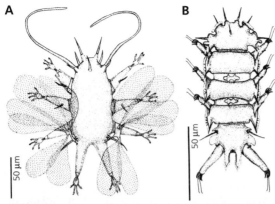

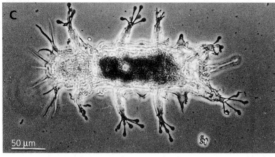

Abb. 589: Heterotardigrada. A *Tanarctus velatus*, Mesopsammon, Galapagos. B *Stygarctus abornatus,* Mesopsammon, häufig. C *Batillipes* sp., Mesopsammon, US-Ostküste. Dorsalansichten. Maßstäbe: 50 µm. A, B Nach verschiedenen Autoren aus Greven (1980); C Original: R.M. Rieger, Innsbruck.

sen von Krallendrüsen und der Stilette von Krallen einer rückgebildeten Extremität wird diskutiert, ist bisher aber unbewiesen.

Ein muskulöser Pharynx, der mit cuticularen Leisten oder Verdickungen (Placoide) versehen sein kann, dient als Saugpumpe. Der dünne ebenfalls mit einer Cuticula ausgekleidete Oesophagus leitet zum Mitteldarm über. An seinem Übergang zum Enddarm münden bei den Meso- und Eutardigraden zwei laterale und eine dorsale „Drüse" mit transportaktiven Zellen (zahlreiche Mitochondrien, vergrößerte Oberflächen), die als Vasa Malpighii (Malpighische Schläuche) bezeichnet werden und wahrscheinlich der Osmoregulation und Exkretion dienen. Das mit einer Cuticula bedeckte Enddarmepithel ist stellenweise verdickt und bildet Rektalpapillen. Bei Heterotardigraden ist der Enddarm nur während der Defäkation durchgängig. Diese ist stets mit einer Häutung gekoppelt.

Die Tiere sind durchsichtig farblos, gelb, braun, ziegelrot oder auch grün. Die Färbung wird im wesentlichen durch den gefüllten Darm und Pigmente, u.a. Carotinoide, bestimmt.

Das **Nervensystem** besteht aus einem je nach Subtaxon unterschiedlich differenzierten Oberschlundganglion und einem Unterschlundganglion, dem sich eine strickleiterförmige Bauchkette mit 4 Gan-

glienpaaren anschließt (Abb. 588). Oberschlundganglion, Unterschlundganglion und Schlundring vereinen die nervösen Elemente von 4 Segmenten. Von jedem Bauchganglienpaar gehen jederseits mindestens 3 Nerven ab. Der caudale bildet an der zugehörigen Extremität ein Nebenganglion, der mittlere innerviert ventrale, der rostrale dorsale Muskelgruppen. Die Konnektive der Bauchkette enden jenseits des 4. Bauchganglienpaares in 2 nahe des Afters gelegenen Nebenganglien.

Bei den Heterotardigraden finden sich vom Oberschlundganglion innervierte „Kopfanhänge" – meist beidseitig vorhandene Cirren, Papillen und keulenförmige Gebilde (Abb. 589, 590 C). Die Eutardigraden besitzen mindestens 4 Sinnesfelder am Kopf (Chemo- und Mechanorezeptoren?). Letztere

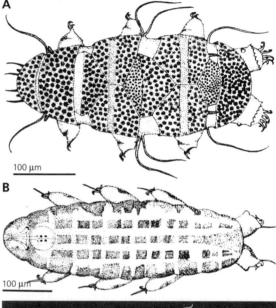

Abb. 590: A *Echiniscus trisetosus* (Heterotardigrada). In Moosen und Flechten häufig. Maßstab: 100 µm. B *Ramazzottius oberhaeuseri* (Eutardigrada). Moose, Flechten, häufig. Maßstab: 100 µm. C *Echiniscus testudo* (Heterotardigrada). In Moospolstern und Flechten häufig; xerophil. REM. Maßstab: 50 µm. A, B Nach verschiedenen Autoren aus Greven (1980); C Original: H. Greven, Düsseldorf.

weisen Tubularkörper auf, wie sie bisher nur von Euarthropoden bekannt sind. Im Oberschlundganglion liegt jederseits häufig ein einfacher, eine Sehzelle enthaltender Pigmentbecher-Ocellus.

Frei in der Leibeshöhle flottierende Zellen (Hämocyten) dienen der Reservestoffspeicherung (Lipide, Glykogen), vielleicht auch der Abwehr eingedrungener Fremdstoffe. Zirkulations- und Atmungsorgane fehlen.

Die Männchen sind meist kleiner als die Weibchen, besitzen an den Vorderbeinen besonders gestaltete Krallen (*Pseudobiotus megalonyx*, *Milnesium tardigradum*) zum Festklammern am Weibchen, haben einen rosettenförmigen Gonoporus (Heterotardigrada) und stets paarige Gonodukte. Bei manchen (*Hypsibius*-, *Macrobiotus*-)Arten sowie bei vielen marinen Heterotardigraden sind Receptacula seminis vorhanden.

Die **Gonaden**, dorsal gelegene unpaare Säcke (Reste der sekundären Leibeshöhle?), münden vor dem After in einen Gonoporus (Heterotardigrada) oder in den Enddarm (Eutardigrada).

Das Ovar ist im Aufbau dem meroistisch-polytrophen Typ der Insekten (S. 615) ähnlich. Die Eier werden während einer Häutung in die abgestreifte Cuticula oder frei abgelegt – sie sind dann meist mit besonderen, taxonomisch wichtigen Chorionfortsätzen ausgestattet (Abb. 593). Die Befruchtung der Eier erfolgt fast immer schon im Ovar, seltener nach der Ablage.

Fortpflanzung und Entwicklung

Die Geschlechter sind getrennt – ausgenommen einige Eutardigraden (z.B. *Isohypsibius*-Arten mit simultanem Hermaphroditismus). Meiotische, vor allem aber ameiotische mit Polyploidie assoziierte, thelytoke Parthenogenese ist bei Süßwasserbewohnern und „terrestrischen" Arten verbreitet.

So können sowohl bisexuell-diploide, als auch parthenogenetisch-triploide oder -polyploide Populationen nebeneinander auftreten. Derartige sich morphologisch weitgehend ähnelnde Cytotypen finden sich z.B. innerhalb der Gattungen *Ramazzottius* und *Macrobiotus*. Von vielen Echiniscidae sind Männchen nicht bekannt. Das Vorkommen von Parthenogenese scheint eng mit der Fähigkeit zur Anhydrobiose (s.u.) gekoppelt zu sein.

Die holoblastischen Eier **furchen** sich total-äqual. Nach älteren Untersuchungen erfolgt die Ablösung des Mesoderms durch Abfaltung vom Darm (Enterocoelie). Fünf Paar Divertikel, 1 Paar im Kopf und 4 Paare im Rumpfbereich, entstehen aus der Darmanlage und werden als Coelomsäcke gedeutet. Das hintere Paar verschmilzt und wird zur unpaaren Gonadenanlage. Eine neuere Arbeit bestätigt zwar das Vorhandensein solcher Säcke, ob diese aber eine Verbindung zum Urdarm haben, ist fraglich. Zudem scheinen sich präsumtive Mesodermzellen bereits zu einem früheren Zeitpunkt zu entwickeln.

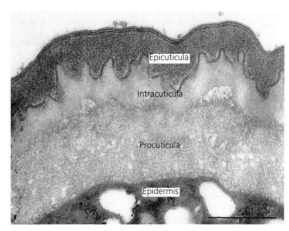

Abb. 591: Dorsale Cuticula von *Macrobiotus hufelandi*. TEM. Maßstab: 0,5 μm. Orignal: H. Greven, Düsseldorf.

Die Dauer der Embryonalentwicklung hängt von Temperatur und Austrocknungsperioden (s.u.) ab. Für Heterotardigraden sind sog. Larvenstadien beschrieben worden, denen jedoch echte Larvalorgane fehlen. Das Wachstum der weitgehend zellkonstanten (eutelen) Tiere erfolgt im wesentlichen durch Vergrößerung von Zellen. Mitosen in verschiedenen somatischen Geweben sprechen für physiologische Regeneration der ansonsten regenerationsunfähigen Tiere. Häutungen erfolgen periodisch während des ganzen Lebens.

Bei der mehr oder weniger periodischen Austrocknung von Kleinstgewässern kontrahieren sich die

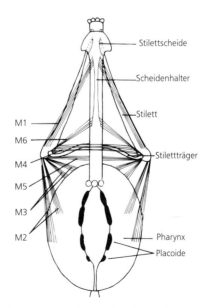

Abb. 592: Buccalapparat von *Macrobiotus hufelandi*. M1-M6 Muskulatur. M1 zieht das Stilett vor, M2 und M3 sind Stilettretraktoren, M4-M6 verhindern ein Abrutschen des Stiletts. Ventralansicht. Aus Greven (1980) nach Marcus (1929).

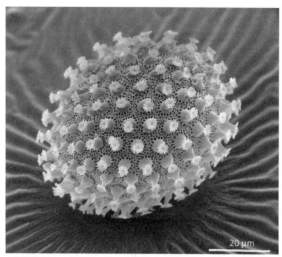

Abb. 593: Ei von *Macrobiotus hufelandi* mit Chorionfortsätzen. REM. Maßstab: 20 μm. Original: D. Nelson, Johnson City.

Tiere und bilden ein Tönnchen (Abb. 594), wodurch die Oberfläche beträchtlich verkleinert wird. In diesem Zustand der Anhydrobiose werden extreme Umwelteinflüsse ertragen, z.B. 30 min Aufenthalt bei +96°C, 21 Monate in flüssiger Luft (−190° bis −200°C, 7 Monate bei −272°C, hohe Röntgendosen (D50 bei etwa 570 000 Röntgen). Tönnchen von *Macrobiotus hufelandi* veratmen bei 25% relativer Luftfeuchtigkeit etwa $0,4 \mu l \times 10^{-6}$ O_2, aktive Tiere etwa $1130 \mu l \times 10^{-6}$.

Vermutlich ist unter diesen Bedingungen sowie bei einem Wasserentzug bis auf 2% und weniger ein enzymgesteuerter Stoffwechsel nicht mehr möglich. Das Austrocknen muß jedoch langsam vonstatten gehen, da die Tiere dabei auf Kosten der im Körper vorhandenen freien Glucose und der gespeicherten Lipide freies Glyzerin (wirkt als Antioxidans) und Trehalose (stabilisiert u.a. Biomembra-

nen) bilden. Die Geschwindigkeit, mit der Tardigraden aus der Anhydrobiose zum aktiven Leben zurückkehren, ist je nach Art von der Dauer der Trockenruhe − *Macrobiotus*-Arten sind über 6 Jahre lebensfähig −, dem O_2-Gehalt des Wassers und der körperlichen Verfassung der Tiere abhängig.

Die marinen Arthrotardigraden sowie die obligaten Süßwasserbewohner sind nicht zur Anhydrobiose befähigt; letztere und manche boden- und moosbewohnenden Tardigraden überdauern ungünstige Perioden in Cysten. Bei Cystenbildung wird nach einer Häutung die alte Cuticula nicht verlassen; die neugebildete ist relativ widerstandsfähig, und unter ihr wird eine weitere Cuticula gebildet, mit der die Tiere später die Cyste verlassen. Cysten sind bei weitem nicht so widerstandsfähig wie Tönnchen.

Über das Einfrieren ist weniger bekannt. Tardigraden überwintern als kälteresistente Tönnchen, also anhydrobiotisch, oder in gefrorenem Zustand (Cryobiose), wobei sie entweder mit geeigneten Substanzen (Zuckern) den Gefrierpunkt ihrer Körperflüssigkeit erniedrigen und/oder extrazelluläre Eisbildung ertragen.

Systematik

Die verwandtschaftlichen Beziehungen der Tardigraden zu anderen Taxa − favorisiert werden nur noch die Arthropoden und gelegentlich die Nemathelminthes − sind umstritten. Segmente, Strickleiternervensystem, paarige Extremitäten und paarige embryonale Coelomsäcke (?) weisen sie jedoch klar als Articulaten aus (S. 350). Als Arthropodenmerkmale werden meist angesehen: heteronome Metamerie, chitinfreie Epicuticula, chitinhaltige Procuticula, Häutungen mit völliger Neubildung der Cuticula, Lage und z.T. Feinbau der Vasa Malpighii, Rektalpapillen und Muskelansatzstellen.

Die insgesamt nur wenigen Argumente, die für eine Verwandtschaft mit den Nemathelminthes, hier vor

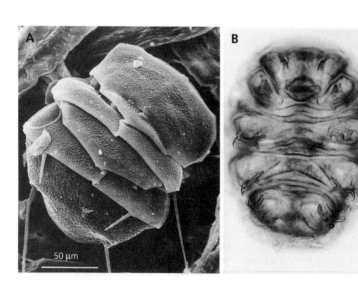

Abb. 594: Tönnchen. A. *Echiniscus testudo* auf Filterpapier eingetrocknet. Maßstab: 50 μm. B *Macrobiotus* sp. Länge ca. 200 μm. A Original: H. Greven, Düsseldorf; B Original: W. Westheide, Osnabrück.

allem die Nematoden und Loricifera (S. 736), herangezogen werden (Übereinstimmungen im Bau des myoepithelialen Pharynx, Vorkommen von Stiletten, oberflächliche Ähnlichkeit mancher Cuticulae, Eutelie) sind nicht sehr überzeugend. Aufgrund ähnlicher Lebensweise und eines oft identischen Lebensraumes sind Konvergenzbildungen bei Tardigraden und Nematoden wahrscheinlich.

Die Ausbildung von Kopfanhängen, vor allem das Fehlen oder Vorhandensein eines unpaaren Cirrus medianus in der Mitte des Kopfes, unterschiedlich gebaute Extremitätenendigungen und der Besitz von Vasa Malpighii erlauben die Unterscheidung von Hetero-, Meso- und Eutardigraden. Zur Gattungs- und Artdiagnose werden Merkmale des Buccalapparates (Mundöffnung, Mundhöhle, Mundröhre und Schlundkopf), die Skulpturierung der Cuticula und der Bau der Krallen herangezogen.

2.1 Heterotardigrada

Sehr vielgestaltig (Abb. 589, 590 A, C); unterschiedliche Zahl von Kopfanhängen (bis 11); Schlundkopf mit oder ohne Leisten; Beine mit Zehen oder mehr oder weniger unmittelbar am Bein ansetzende, bis zur Basis getrennte Krallen; distaler Beinabschnitt einziehbar; keine Vasa Malpighii; Gonoporus vor dem Anus.

2.1.1 Arthrotardigrada

Unpaarer Cirrus medianus vorhanden. Beine mit oder ohne Zehen, dann aber mit Krallen, die direkt am Bein ansetzen. Mit einer Ausnahme, *Styraconyx hallasi* (Stygarctidae), marin.

Tetrakentron synaptae (Halechiniscidae), 230 µm; Ektoparasit; nur an der bretonischen Küste in hoher Individuenzahl (> 300) auf der Seewalze *Leptosynapta galliennei*, deren Zellen mit Hilfe der Stilette angestochen und ausgesaugt werden. In Anpassung an die epizoische Lebensweise abgeflachter Körper mit lateralen Beinen; lange Krallenhaken, fast auf dem Rücken liegender After, klebrige, vergrößerte Cuticula; Weibchen und Zwergmännchen weitgehend sessil; daneben auch größere, vagile Männchen mit eng anliegender Cuticula. – *Batillipes mirus* (Batillipedidae) (Abb. 589 C), 720 µm; zwischen Sandkörnchen im Litoral (Mesopsammal), 6 Zehen mit schaufelförmigen Enden. *Batillipes* ist die artenreichste und weitverbreitetste Arthrotardigraden-Gattung. Salzgehalt des Wassers und Sandkorngröße bestimmen die Verbreitung der Arten. Oft werden je nach Art ganz bestimmte Areale besiedelt, so daß horizontal entlang der Oberfläche, aber auch vertikal im Sand bis zu einer Tiefe von 1,50 m ein spezifisches Verteilungsmuster der verschiedenen Arten entsteht. – *Stygarctus bradypus* (Stygarctidae), bis 150 µm; Mesopsammon; Beine mit unmittelbar am Extremitätenstamm ansetzenden Krallen. Unterteilung der Cuticula in dorsale Platten; abgesetzter Kopf (Abb. 589 B).

2.1.2 Echiniscoidea

Ohne Cirrus medianus; meist 10 kurze Kopfanhänge; Krallen inserieren auf kleinen Aussackungen der Extremitäten.

Echiniscoides sigismundi (Echiniscoididae), 340 µm; Kosmopolit; zahlreiche Unterarten. In der Gezeitenzone auf Balaniden oder in Polstern der Grünalge *Enteromorpha*; bis zu 11 Krallen pro Bein; verträgt Aussüßung des Biotops durch Regenwasser (Osmobiose) und ist bedingt zur Anhydrobiose befähigt. – *Echiniscus testudo* (Echiniscidae), 360 µm; Kosmopolit; „terrestrische" Form in Moosen und Flechten (Abb. 590 C). *Echiniscus*-Arten sind mit auffälligen, dorsalen, gelegentlich auch ventralen, cuticularen Platten versehen (Abb. 590 A, C) und meist durch Carotinoide rot gefärbt. Länge und Anzahl der Lateralcirren variieren je nach Alter und Population. Die cuticularen Platten besitzen ein ausgeprägtes Hohlraumsystem (Flüssigkeitsreservoir zur Verzögerung einer Verdunstung?).

2.2 Mesotardigrada

Mit seitlichen kopfständigen Cirren und Papillen um die Mundöffnung; Schlundkopf mit Placoiden; Krallen untereinander gleich; Vasa Malpighii vorhanden.

Thermozodium esakii (Thermozodiidae), 490 µm; in Algenpolstern am Rande heißer (ca. 40°C) Quellen in Japan. Seit seiner Endeckung im Jahre 1937 nicht mehr wiedergefunden: die Typuslokalität wurde durch ein Erdbeben zerstört. Steht morphologisch zwischen Hetero- und Eutardigraden.

2.3 Eutardigrada

Ziemlich einheitlich; überwiegend ohne Kopfanhänge; Vasa Malpighii vorhanden; Kloake; an jedem Bein zwei Doppelkrallen aus Haupt- und Nebenast; Schlundkopf meist mit Placoiden.

2.3.1 Parachela

Ohne Kopfanhänge; Haupt- und Nebenast der Krallen verbunden.

Macrobiotus hufelandi (Macrobiotidae), 1,2 mm; euryöker Kosmopolit; zu Ehren des Arztes HUFELAND benannt, der ein Standardwerk der Makrobiotik mit dem Titel „Die Kunst das menschliche Leben zu verlängern" (1797) verfaßte. Männchen tragen an der Außenseite des 4. Beinpaares einen abgeplatteten Zipfel. Wie bei der Mehrzahl der *Macrobiotus*-Arten stark skulpturierte, einzeln abgelegte Eier (Abb. 593). – *Pseudobiotus megalonyx* (Hypsibiidae), 900 µm; weit verbreiteter obligater Süßwasserbewohner; in großer Individuenzahl im Frühjahr und Herbst; legt bis zu 60 Eier in die abgestreifte Exuvie, die längere Zeit mitgeschleppt wird (Brutpflege?) – *Ramazzottius oberhaeuseri* (Hypsibiidae), 500 µm; sehr häufig in Dachmoosen; auffällig durch neun braune Querbinden; Männchen tragen an der Außenseite des 4. Beinpaares abgeplattete Zipfel (Abb. 590 B). – *Halobiotus crispae* (Hypsibiidae), 665 µm; marin (!) auf Braunalgen in der Gezeitenzone der Insel Disko (Grönland); ausgeprägte Zyclomorphose der Individuen in Abhängigkeit von der Jahreszeit. Diese sekundär ins Meer gewanderten

Eutardigraden zeichnen sich durch extrem vergrößerte Vasa Malpighii aus.

Fossiler Vertreter: †*Beorn leggi* (Beornidae), 300 µm; einzige gut erhaltene vor 60 Millionen Jahren in Kanadischem Bernstein eingeschlossene Tardigradenart; ähnelt weitgehend rezenten *Hypsibius*-Arten.

2.3.2 Apochela

Innervierte Papillen um die Mundöffnung; Schlundkopf ohne Placoide; Haupt- und Nebenast der Krallen getrennt.

Milnesium tardigradum (Milnesiidae), 1 mm; euryöker Kosmopolit; lebt überwiegend von animalischer Kost.

EUARTHROPODA, GLIEDERFÜßER i. e. S.

Mit Ausnahme der wenigen Onychophora (S. 420) und – wahrscheinlich – auch der durch ihre Verzwergung phylogenetisch schwer zu beurteilenden Tardigrada (S. 429) gehören alle weiteren Gliederfüßer zu den Euarthropoda, den „eigentlichen" Arthropoden. Ihr Organisationsniveau („Zweite Stufe der Arthropodisation") hatten sie wahrscheinlich spätestens im Kambrium erreicht. Dies läßt sich aus gemeinsamen Merkmalen und aus der Organisation von als ursprünglich angesehenen Formen erschließen. Danach sind die Euarthropoden primär gekennzeichnet durch

1. ein Plattenskelett und die damit korrelierte Auflösung des Hautmuskelschlauchs,
2. ein Cephalon aus Acron und primär wahrscheinlich 5 Segmenten, an das später ein 6. angeschmolzen wird; davon trägt das erste, sog. praeantennale Segment keine paarigen Anhänge (möglicherweise sind seine Extremitätenreste zum Labrum (Oberlippe) verschmolzen); darauf folgen 1 Paar praeoraler Gliederantennen und 3 (4) weitere Extremitätenpaare (Abb. 568, 607),
3. Gliederextremitäten in Form von Spaltbeinen (Abb. 596),
4. 1 Paar lateraler Facettenaugen (Abb. 599, 602) und primär 4 Medianaugen und
5. Nephridien in möglicherweise 4 Kopfsegmenten und den beiden folgenden Rumpfsegmenten.

Die Cuticula setzt sich aus stark, wenig oder gar nicht sklerotisierten Bereichen zusammen, so daß ein **Plattenskelett** entsteht. Jedes Segment besitzt spätestens bei den Mandibulata je eine stark sklerotisierte dorsale Platte (Tergum, Tergit), eine ventrale Platte (Sternum, Sternit) und an den Seiten meist wenig sklerotisierte, weiche Pleura, in die feste Pleurite eingelagert sein können (deutlich z.B. bei vielen Insekten). Zwischen den Segmenten befinden sich weiche, cuticuläre Membranen (Intersegmentalhäute), die die Beweglichkeit ermöglichen oder die Ausdehnung des Körpers bei Nahrungsaufnahme oder Bildung vieler Geschlechtszellen erlauben. Diese Membranen markieren in der Regel nicht mehr die primären Segmentgrenzen, sondern liegen vor oder hinter diesen. Wo Elastizität erforderlich ist, z.B. an den Flügelgelenken oder an Sprunggelenken (Flöhe), kann Resilin, ein gummiartiges Protein, eingelagert sein.

Eine Folge der Ausbildung eines cuticulären Plattenskeletts war die **Auflösung** des **Hautmuskelschlauchs** in einzelne Züge quergestreifter Muskulatur (Abb. 595).

Hannes Paulus, Wien

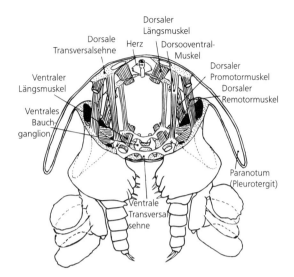

Abb. 595: Auflösung des Hautmuskelschlauchs bei den Euarthropoden in einzelne Muskelstränge. Schematische Darstellung eines Segments mit Extremitäten. Nach verschiedenen Autoren.

Primär bestand der Rumpf aus untereinander gleichartigen (homonomen) Segmenten. Man findet diesen Zustand mehr oder weniger deutlich noch bei vielen der fossilen Trilobita, den Progoneata, den Chilopoda und unter den Crustacea bei den Remipedia und Cephalocarida. Bei der Mehrzahl der Euarthropoda ist der Körper dagegen heteronom gegliedert: Segmente sind zu funktionellen Einheiten, zu **Tagmata**, zusammengefaßt. Immer ist am Vorderende ein aus dem Acron und mehreren (5?) Segmenten verschmolzener Kopf (Cephalon) ausgebildet, der wahrscheinlich ein allen Euarthropoda homologer Abschnitt ist (S. 413), der aber im ausgebildeten Zustand die ursprüngliche Gliederung nicht mehr erkennen läßt. Meist ist auch der Rumpf in weitere Tagmata untergliedert, die jedoch bei den verschiedenen Gruppen unabhängig entstanden sind und unterschiedliche Segmentzahlen umfassen.

Die Cheliceraten haben nur 2 Tagmata, (1) das aus dem Kopf und 2 Rumpfsegmenten entstandene Prosoma und (2) das Opisthosoma (s. S. 449). Bei den meisten Crustaceen und den Insekten besteht der Rumpf aus Thorax und Abdomen. Tagmata können miteinander verschmelzen und neue Funktionseinheiten bilden, z.B. bei den Milben innerhalb der Chelicerata und als Cephalothorax bei vielen Crustacea. Das Körperende bildet ein den After tragendes Telson, homolog dem Anneliden-Pygidium. Es kann ebenfalls mit davorliegenden Segmenten verschmelzen, und z.B. das Pleotelson der Isopoda oder das sog. „Pygidium" der Trilobita (Abb. 607) bilden.

Das kompakte Tagma des **Euarthropodenkopfes** trägt die wichtigsten Sinnesorgane, den Mund mit den Mundwerkzeugen und das Gehirn als wichtigstes Koordinationszentrum. Der Kopf besitzt mehrere Paare abgewandelter Extremitäten (Labrum nicht mitgezählt!) (Abb. 568): Vor dem Mund inserieren die 1. Antennen, dahinter folgen (bei den Trilobita, S. 445) 3 Paare nicht oder wenig modifizierter Bewegungsextremitäten oder (bei den Mandibulata, S. 498) 1 Paar 2. Antennen, 1 Paar Mandibeln und 2 Paar Maxillen, wobei das 6. Segment, dessen Extremitäten zu den 2. Maxillen umgewandelt werden, offenbar unabhängig bei Crustacea und Antennata angeschmolzen wurde.

Das Oberschlundganglion ist ein Komplexgehirn (Syncerebrum), an dem man mehrere Abschnitte unterscheiden kann (Abb. 568): (1) Das Protocerebrum empfängt die Sehnerven (Facettenaugen bzw. Lateralaugen und Medianaugen), (2) das Deutocerebrum versorgt die 1. Antennen, und (3) das Tritocerebrum versorgt primär die 2. Antennen. Mandibeln und Maxillen werden bei den Mandibulata von dem aus 3 Ganglienpaaren verschmolzenen (4) Unterschlundganglion versorgt (Einzelheiten S. 413).

Die Herkunft der Kopfstrukturen läßt sich am einfachsten bei den Mandibulata darstellen: Nach der Hypothese von WEBER, die mit Vorgängen bei der Embryonalentwicklung begründet wird, entstehen die 1. Antennen, ihre Ganglien und dazugehörige Mesodermsomiten in serialer Reihenfolge zusammen mit den folgenden Extremitätenanlagen. Dies legt eine Homonomie (Gleichartigkeit) dieser segmentalen Strukturen nahe. Die 1. Antennen und ihre Ganglienanlagen liegen in frühen Stadien hinter dem sich weit vorn einstülpenden Mund. Im Laufe der weiteren Entwicklung verschieben sich Mund und Oberlippe einerseits und die Anlagen der 1. Antennen und des zugehörigen Ganglienpaares andererseits gegeneinander – der Mund wird nach unten-hinten verlagert. Die Deutocerebralkommissur entsteht erst, wenn die Ganglienanlagen der 1. Antennen vor den Mund gewandert sind. Daraus ergibt sich zwingend, daß die 1. Antennen echte segmentale Extremitäten sind.

In noch früheren Stadien tritt gelegentlich vor den Anlagen der 1. Antennen ein weiteres Somitenpaar auf, das – vor allem bei Crustaceen – noch Coelomhöhlen besitzen kann. Dieses Mesoderm versorgt die Oberlippe und das Stomodaeum mit Muskulatur und bildet die Aorta anterior im Kopfbereich. Es wird als Indiz für ein weiteres, sog. praeantennales Segment gedeutet. Seine Extremitäten fehlen; möglicherweise ist aus ihnen die Oberlippe (Labrum) hervorgegangen, die vielfach aus paarigen oder zweilappigen Anlagen entsteht. Wenn diese Deutung richtig ist, muß auch das Protocerebrum aus zwei Anteilen hervorgegangen sein, aus dem Gehirnabschnitt des Acron, dem Archicerebrum, und dem Ganglienpaar des Praeantennensegments, dem Prosocerebrum. Allerdings ist bei rezenten Euarthropoden eine eindeutige Abgren-

zung dieser beiden Abschnitte im Protocerebrum nicht möglich. Sie bilden eine komplette Funktionseinheit; denkbar ist, daß die Nebenlappen mit ihrer Kommissur Reste des Prosocerebrums sind.

Nach dieser Vorstellung, die auch bei der Beschreibung des Komplexgehirns (S. 413) zugrunde gelegt wurde, ist der Mandibulatenkopf aus dem Acron und wahrscheinlich 6 echten, ursprünglich hinter dem Mund liegenden Segmenten entstanden, die zumeist nahtlos miteinander verschmolzen sind (Abb. 568, Tabelle 4).

Die Stammart der Euarthropoden besaß mit hoher Wahrscheinlichkeit zahlreiche, untereinander gleiche (homonome) Segmente mit ebenfalls gleichartigen Extremitäten. Sie waren ursprünglich multifunktionell und standen im Dienst der Fortbewegung, des Nahrungserwerbs und der Atmung. Möglicherweise war aber das Extremitätenpaar des 2. Segments schon früh als Tastorgan spezialisiert (1. Antennen): Alle †Trilobiten besitzen jedenfalls diese praeoralen (vor dem Mund liegenden) Antennen (Abb. 607). Bei den meisten rezenten Euarthropoden ist der Körper in mannigfaltiger Weise zu Abschnitten mit unterschiedlichen Funktionen (Tagmata) aufgeteilt. Auch die Extremitäten sind daher unterschiedlich gestaltet: Sie sind Lauf-, Schwimm-, Sprung-, Kletter-, Greif-, Raub- oder Grabbeine (Abb. 846). Andere Extremitäten sind Träger von Sinnesorganen, Kauwerkzeuge, Haft- und Putzapparate. Im Dienst der Fortpflanzung stehen Gonopoden, Eiträger etc..

Strukturvielfalt und Konstruktion der Euarthropoden-Extremitäten resultieren aus der Plattenbauweise der Cuticula. Es sind **Gliederextremitäten** (Arthropodien), deren Glieder aus festen Röhren (Exocuticula) gebildet werden. Diese besitzen an ihren Enden als Ansatz zum Körper Gelenke und sind miteinander durch weiche, nichtsklerotisierte Bereiche der Cuticula verbunden. Die Glieder werden durch Muskeln bewegt: Beuger und Strecker, die im Körper oder in den proximalen Teilen der Extremitätenglieder beginnen und deren Sehnen direkt hinter dem jeweiligen Gelenk ansetzen.

Die Zahl der Extremitätenglieder kann sekundär durch die Bildung unechter Gelenke vermehrt werden. Sie besitzen keine eigenen Muskelansätze; die Sehnen ziehen (ohne Insertion) durch diese Gelenke bis zum nächsten echten Gelenk. Die Tarsen der Insecta und mancher Arachnida sowie vielfach die Exopodite der Crustacea werden daher häufig sekundär untergliedert. Bei einigen Chelicerata und Chilopoda fehlen Strecker in bestimmten Beingliedern; bei diesen Extremitäten erfolgt die Streckung durch Erhöhung des Hämolymphdrucks. Das letzte Endopodit-Glied (Praetarsus) endet ursprünglich in einer einfachen Spitze (Dactylus). Bei Insekten, Arachniden und Symphylen ist sie weitgehend reduziert und trägt statt dessen 2 Krallen (bei Diplopoden eine), häufig auch Haftlappen (Arolium, Pulvillus) (Abb. 844).

Die Aufgliederung der Arthropodien bei den einzelnen Subtaxa der Euarthropoda ist nicht einheitlich.

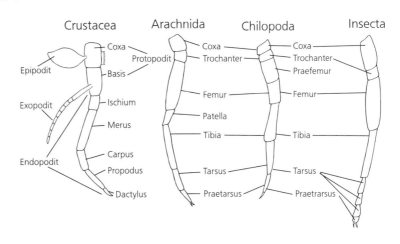

Abb. 596: Schematisierte Extremitäten und ihre Untergliederung bei den wichtigsten Euarthropoden-Taxa.

Traditionell werden die einzelnen Glieder unterschiedlich bezeichnet (Abb. 596).

Die Homologie dieser Glieder ist nicht gesichert – es ist z.B. nicht bekannt, welches Glied bei Crustaceen und Insekten im Vergleich zu Arachnida oder „Myriapoda" fehlt (Patella?). Das Grundmuster des Arthropodiums der Euarthropoda ist daher umstritten und seine phylogenetische Entstehung Gegenstand verschiedener Hypothesen.

Ausgangspunkt der Überlegungen ist zunächst die Frage, ob der letzte gemeinsame Vorfahre von Annelida und Arthropoda bereits Extremitäten hatte oder nicht: (1) Bei der Annahme einer extremitätenlosen Stammart wären die Arthropoden-Extremitäten einerseits und die Parapodien der Annelida-Polychaeta andererseits konvergente Bildun-

gen (also unabhängig entstanden). (2) Wenn jedoch diese Articulaten-Stammart schon Extremitäten in parapodienähnlicher Form besaß, dann können davon die ursprünglichen Parapodien der Annelida und die primären Arthropodien als homologe Bildungen abgeleitet werden.

Hier wird für wahrscheinlich gehalten, daß die Articulaten-Stammart bereits parapodienartige Extremitäten besessen hat (s. Diskussion, S. 351). Daraus wurden bei den Annelida-Polychaeta die typischen lateralen Parapodien, die dann bei den Clitellata modifiziert und reduziert worden sind. Diese Parapodien dienen bei den erranten Polychaeten dem Laufen, Schwimmen und der Atmung. Bei der Arthropoden-Stammart wurden daraus Extremitäten, die unter den Körper gestellt wurden und aus denen

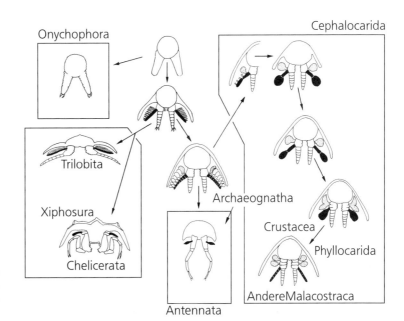

Abb. 597: Schema einer Hypothese über die Evolution der Arthropodenextremitäten nach den Vorstellungen von Lauterbach (S. 438). Original: H. Paulus, Wien.

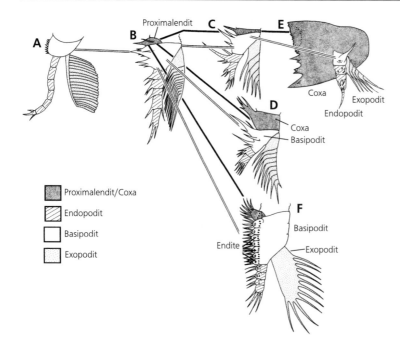

Abb. 598: Hypothetische Evolution der Arthropoden-Spaltbeine nach Waloßek. A Grundmuster der Spaltbeine der Trilobita, mit Basipodit (früher „Coxa"), Endopodit und Exopodit (früher „Praeepipodit"). B Extremität eines Vertreters der Stammlinie der Crustacea aus dem Oberkambrium († *Martinssonia elongata*), mit Basipodit, Endo- und Exopodit und zusätzlichen, kleinen „Proximalenditen" an der Innenseite des Basipoditen. C, D 2. Antenne und Mandibel der Nauplius-Larve einer Seepocke (Cirripedia). Beide Extremitäten weitgehend gleich in Form und Größe von Coxa und Basipodit. E Adult-Mandibel als Beispiel einer Extremität, bei der der Proximalendit ladenartig ausgezogen und zu einem selbständigen Glied, der Coxa, entwickelt ist. Basipodit, Endo- und Exopodit z.B. bei adulten Branchiopoda reduziert, bei Malacostraca als dreigliedrige Struktur erhalten. F Blattbein der Branchiopoda, mit stark verlängertem Basipodit, aber wie im Grundmuster mit kleinem Proximalendit. Original: D. Waloßek, Ulm.

sich dann die Oncopodien der Onychophoren und die Arthropodien der Euarthropoda entwickelt haben. Derartige Arthropodien waren vermutlich zunächst zwar untergliedert, aber so weichhäutig, daß als Antagonist zu den Muskeln nur der Hämolymphdruck notwendig war („Turgorextremität"). Primär hat sich diese Evolution im Meer vollzogen, so daß zu vermuten ist, daß die Arthropodien zunächst dieselben Funktionen wie die Parapodien beibehielten: Fortbewegung und Atmung – letztere u.a. durch an der Beinbasis ansetzende Kiemenstrukturen, wie sie sich bei † Trilobita, Xiphosura und verschiedenen Crustacea erkennen lassen. Mit dem Einsatz einiger dieser Extremitäten auch für die Nahrungsaufnahme differenzierten sich Kauladen (Enditen) an ihrer Basis.

A) Ältere Vorstellungen gehen davon aus, daß der Protopodit des Arthropodiums von Anfang an dreigliedrig war und innen Enditen sowie außen Exiten getragen hat. Diese Exiten werden – nach der Terminologie der Extremitäten der Malacostraca – als Prae-Epipodit (Anhang am basalen Glied, der Praecoxa), als Epipodit (Anhang der Coxa) und als Exopodit (Anhang der Basis) bezeichnet.

B) Nach der Vorstellung von LAUTERBACH u.a. ist das Arthropodium ein Spaltbein mit einem primär ungegliederten Protopoditen, dessen einziges Glied der Coxa entsprechen soll (Abb. 597). An diesem Grundglied setzen der als Schreitast dienende Endopodit (Telopodit) und der als Schwimmast dienende Exopodit an. Da derartige Beine nach diesen Vorstellungen einen komplexen Apparat des Nahrungserwerbs und des Nahrungstransports bildeten, wird eine ursprüngliche Untergliederung der Protopoditen für funktionell widersinnig gehalten. Auf den Exopoditen sollen ursprünglich die Kiemen gesessen haben, von denen bei den Crustaceen ein Teil als Epipodite auf basale Abschnitte des Protopoditen verlagert worden sein sollen. Zur Stützung dieser Hypothese wird die Gestalt der Beine der mußmaßlich ursprünglichsten rezenten Crustacea, der Cephalocarida, angeführt, von denen sich dann die übrigen Beintypen der Crustaceen ableiten lassen müßten.

C) Eine weitere Variante der Beininterpretation resultiert aus den Untersuchungen von MÜLLER und WALOSSEK an fossil außerordentlich gut erhaltenen Kleinarthropoden aus dem Kambrium (Abb. 598). Ausgangspunkt ist auch in diesem Fall ein Spaltbein mit einem zunächst ungegliederten Protopoditen. Da an ihm Endo- und Exopodit ansetzen, wird dieses Grundglied mit der Basis der Crustacea homologisiert. In der Stammlinie der Crustacea differenziert sich dann proximal dieses Grundglieds ein Endit, der „proximale Endit", der je nach funktioneller Notwendigkeit im weiteren eine erhebliche Modifizierung erfährt. Insbesondere bei den Extremitäten der Nauplius-Larven wird dieser Endit stark vergrößert und bildet die Coxa unterhalb der Basis. Aus ihm entsteht durch starke Vergrößerung die Mandibel. Aber auch an den postmandibularen Extremitäten kann dieser Endit als Gnathobasis kräftig entwickelt sein.

Die Euarthropoden besitzen als Lichtsinnesorgane primär 1 Paar laterale Komplexaugen (**Facettenaugen**) und 4 mediane **Einzelaugen**. Sie gelten als besonders wichtige Autapomorphien des Taxon; der Nachweis ihrer Homologie in den verschiedenen Subtaxa ist ein entscheidendes Argument gegen die „Uniramia-Hypothese" (S. 418).

Facettenaugen sind aus dicht stehenden Einzelaugen (Ommatidien) zusammengesetzt. Deren Zahl reicht von wenigen bis vielen Tausend (z.B. 20 000 bei Libellen) (Abb. 897). Sie sind für die † Trilobita (Abb. 607, 610), †Eurypterida und Xiphosura (Abb. 614 A) ebenso charakteristisch wie für Crustacea (Abb. 702) und Insecta (Abb. 602). Bei den Arachnida, Chilopoda und Diplopoda wurden sie zu Gruppen modifizierter Ommatidien aufgelöst. Bei den Notostigmophora (Chilopoda, *Scutigera*; S. 585) entstanden daraus neue, anders gebaute, sog. Pseudofacettenaugen.

Die Ommatidien der Mandibulata sind in allen Einzelheiten grundsätzlich gleich gebaut (Abb. 600): Die cuticuläre Linse (C o r n e a) wird von zwei Zellen sezerniert – bei Crustacea C o r n e a g e n z e l l e n, bei Insecta H a u p t p i g m e n t z e l l e n genannt. Nur den Mandibulata kommt ein zweiter lichtsammelnder Apparat zu, der K r i s t a l l k e g e l. Dieser wird ursprünglich stets von 4 Zellen (Semperzellen) (Abb. 600) gebildet.

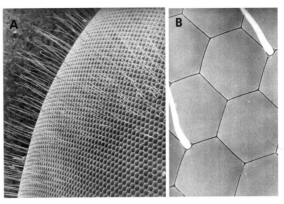

Abb. 599: Facettenauge einer Syrphide (Insecta, Diptera). A, B Ausschnitte. Zwischen den Corneae der Ommatidien stehen feine Borsten. Original: H. Paulus, Wien.

Bei den Insekten bezeichnet man den Kristallkegel je nach Ausbildung als eukon (lichtbrechende Kegelsubstanz innerhalb der Zellen), pseudokon (Substanz außerhalb der Zellen) oder akon (die 4 Zellen bilden keine eigene lichtbrechende Substanz, das Ommatidium hat also keinen Kristallkegel) (Abb. 600, 602). Gelegentlich übernimmt eine cuticuläre, zapfenförmige Verlängerung der Cornea nach innen die Kristallkegelfunktion (exokon, bei einigen Käfern).

Nach innen schließt sich ein Kranz von meist 8 Sinneszellen (R e t i n u l a z e l l e n) an, die in ihrem

Abb. 600: Schematisierte Ommatidien, Längsschnitte mit Querschnitten aus verschiedenen Ebenen. A Crustacea. B Insecta. Beide Typen lassen sich Zelle für Zelle homologisieren: 2 Corneagenzellen (Kerne schwarz) bei Crustaceen entsprechen 2 Hauptpigmentzellen bei den Insekten; Kristallkegel aus 4 Semperzellen und primär 8 Retinulazellen bei beiden Taxa, die bei Crustaceen ein sog. geschichtetes Rhabdom bilden. Letzteres findet sich auch bei einigen Insekten. Original: H. Paulus, Wien.

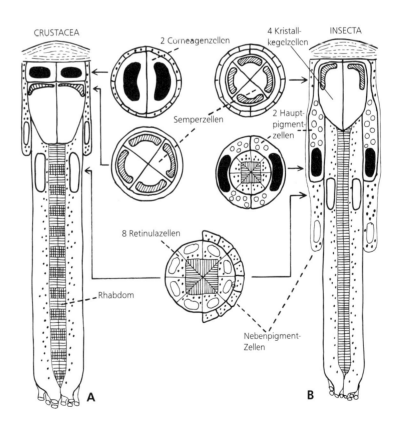

CRUSTACEA

2 Corneagenzellen

4 Kristallkegelzellen

INSECTA

Semperzellen

2 Hauptpigmentzellen

8 Retinulazellen

Rhabdom

Nebenpigment-Zellen

A

B

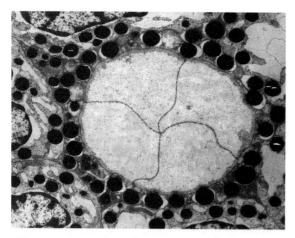

Abb. 601: Querschnitt durch den Kristallkegel eines Ommatidiums aus dem Facettenauge von *Machilis* sp. (Insecta, Archaeognatha). Kristallkegel mit 4 Sektoren, umgeben von Pigmentgranula der beiden Hauptpigmentzellen. Original: H. Paulus, Wien.

Zentrum einen stabförmigen Lichtleiter bilden; das Rhabdom. Dieses wird aus sehr regelmäßig gepackten, senkrecht zum Lichteinfall verlaufenden Mikrovillisäumen gebildet. Der Saum einer Retinulazelle heißt Rhabdomer.

Alle Rhabdomeren bilden normalerweise ein geschlossenes Rhabdom; bei einigen Insekten (z. B. Heteroptera, Diptera) gibt es auch offene Rhabdome – alle oder einige Rhabdomere stehen isoliert.

Die Ommatidien sind durch Pigmente in den Retinulazellen und durch eigene sog. Nebenpigment-

zellen, die kranzförmig um jedes Ommatidium gelagert sind, optisch voneinander isoliert (Abb. 602).

Einige der Sinneszellen (meist 6 der 8 eines Ommatidiums) münden mit ihren Axonen in die erste Sehmasse des Lobus opticus, der Lamina ganglionaris des Protocerebrums. Von dort ziehen die Axone der Interneurone über ein Chiasma zum 2. Verschaltungszentrum, der Medulla externa und z. T. schließlich über ein weiteres Chiasma zum 3. Zentrum, der Medulla interna (bei höheren Insekten auch Lobula genannt) (Abb. 569). Die 2 restlichen Retinula-Axone verschalten sich erst in der Medulla externa.

Das Facettenauge der Xiphosura ist insofern einfacher gebaut, als den Ommatidien ein Kristallkegel fehlt und die Zahl der Retinulazellen individuell variabel ist (zwischen 4–20) (Abb. 623 B).

Facettenaugen werden in einigen Gruppen der Mandibulata z. T. stark abgeändert, (1) durch Zerfall in wenige Einzelommatidien (Collembola, Asseln, Schmetterlingsraupen, Trichopterenlarven) (Abb. 604, linke Hälfte), (2) durch Fusionierung aller Cornea-Linsen zu einer gemeinsamen großen Linse über den ursprünglichen Retinulae als „unicorneales Facettenauge" (Hymenoptera-Larven) oder mehrere solcher Linsen (Scorpiones) (Abb. 604, rechte Hälfte), (3) durch Zerfall in Gruppen von Ommatidien mit anschließender Fusionierung (Arachnida, Diplopoda, Chilopoda, die meisten Larvalaugen der holometabolen Insekten) (Abb. 604).

Derartig entstandene Gruppen lateraler Einzelaugen nennt man bei Insektenlarven Stemmata; bei holometabolen Insekten werden sie in der Puppenphase stets abgebaut und durch die imaginalen Facettenaugen ersetzt. Nur

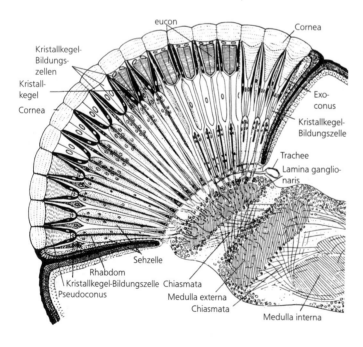

Abb. 602: Facettenauge der Insekten. Längsschnitt. In den verschiedenen Augenregionen sind die verbreiteten Kristallkegeltypen eingezeichnet. Obere Ommatidienreihe zeigt Superpositionsaugen, die untere Appositionsaugen. Verändert nach Weber (1933).

bei einigen hemimetabolen Insekten (Blattläuse) bestehen beide Augentypen auch im Adultus nebeneinander.

Facettenaugen und manche der Linsenaugen sind sehr leistungsfähige Sinnesorgane. Ihr Auflösungsvermögen hängt unter anderem von der Zahl der Ommatidien und deren Öffnungswinkel ab. Gegenüber den Linsenaugen der Cephalopoden und der Wirbeltiere bleibt ihr Leistungsvermögen allerdings weit zurück. Durch die starren Cuticula-Linsen fehlt ihnen auch die Fähigkeit zur Akkomodation. Einige Arten können jedoch ihre Retinulae verschieben – muskuläre Retinomotorik (Salticidae (Araneae) und Phyllopoda). Eine besondere Leistung des Arthropoden-Rhabdoms liegt in der Fähigkeit, polarisiertes Licht wahrzunehmen. Einige hochentwickelte Arthropoden (viele Insekten) haben ein ausgeprägtes Farbensehen, das oft weit in den UV-Bereich geht.

Zur Erhöhung der Lichtausbeute haben besonders nachtaktive Crustaceen und pterygote Insekten, sog. Superpositionsaugen entwickelt (Abb. 602). Gegenüber den ursprünglichen Appositionsaugen, bei denen jedes Ommatidium durch Pigmente gegenüber seinen Nachbarn abgeschirmt ist, fehlt Superpositionsaugen diese Lichtabschirmung. Bei ihnen treten Lichtstrahlen auch in benachbarte Ommatidien über. Viele malacostrake Krebse haben einen anderen „Trick" zur Erhöhung der Lichtausbeute entwickelt: Ihre Kristallkegel sind viereckige Hohlzylinder mit Spiegelinnenflächen (Spiegellinsen-Optik). Derartige Facettenaugen setzen sich aus quadratischen, nicht hexagonalen Corneae zusammen.

Den zweiten Augentyp der Arthropoden stellen die Medianaugen dar. Sie werden vom zentralen Teil des Protocerebrums (Naupliusaugen- bzw. Ocellar-Zentrum) innerviert. Primär finden sich 4 Einzelaugen (Pantopoda, ursprüngliche Crustacea und Insecta/Collembola), die mehrfach konvergent auf 3 oder weniger verringert wurden. Diese Medianaugen werden bei den Araneae Hauptaugen, bei den Crustacea Naupliusaugen und bei den Insekten Stirnocellen genannt. Sie haben mit oft ähnlich gebauten, lateralen Einzelaugen (s. o.) nichts zu tun.

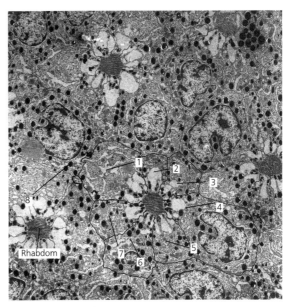

Abb. 603: Querschnitt durch mehrere Ommatidien im Facettenauge von *Machilis* sp. (Insecta, Archaeognatha). Rhabdom setzt sich in dieser Ebene aus dem Mikrovillisäumen (Rhabdomeren) von 7 Retinulazellen zusammen. In Zellen 4 und 6 sind die Kerne getroffen. Rhabdomer der Zelle 8 befindet sich distal über der Schnittebene, lediglich sein Nervenfortsatz ist quergeschnitten. Original: H. Paulus, Wien.

Den Chilopoda und Progoneata fehlen sie. Bei einigen adulten Arachnida (Opiliones) und Pantopoda sowie bei den Nauplius-Larven (Abb. 706) der Crustacea sind sie die einzigen Sehorgane.

Ihre Funktion wird bis heute nicht verstanden. Möglicherweise dienen sie neben einer allgemeinen photoperiodischen Steuerung auch als Photometer, das über die Hellig-

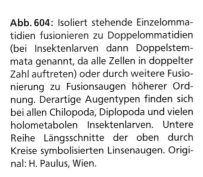

Abb. 604: Isoliert stehende Einzelommatidien fusionieren zu Doppelommatidien (bei Insektenlarven dann Doppelstemmata genannt, da alle Zellen in doppelter Zahl auftreten) oder durch weitere Fusionierung zu Fusionsaugen höherer Ordnung. Derartige Augentypen finden sich bei allen Chilopoda, Diplopoda und vielen holometabolen Insektenlarven. Untere Reihe Längsschnitte der oben durch Kreise symbolisierten Linsenaugen. Original: H. Paulus, Wien.

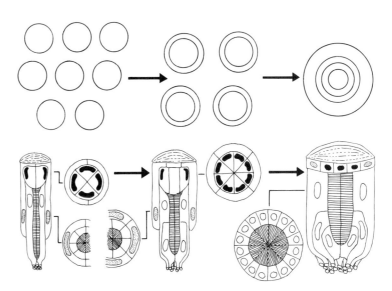

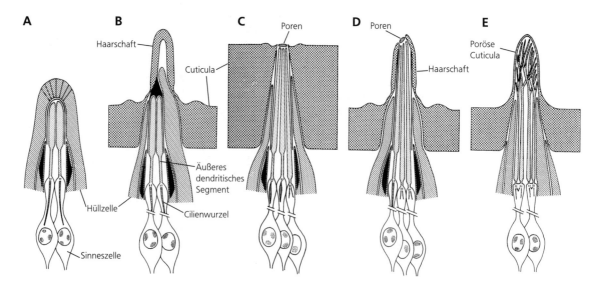

Abb. 605: Epitheliale Sensillen-Typen bei Crustacea. Primäre (bipolare) Sinneszellen mit ciliären Rezeptoren. Stark schematisiert. Cuticula dicht punktiert, äußere dendritische Segmente wenig punktiert, Hüllzellen schräg schraffiert. Entsprechende Sinnesorgane kommen auch bei Arachniden und Antennaten vor. **A** Scolopidium, in die Tiefe versenkte Haarsensille. **B** Haarsensille mit beweglichem Haarschaft und mechanorezeptorischen Sinneszellen. **C** Trichterkanal-Sensille innerhalb der Cuticula; bimodal, mit mechano- und chemorezeptorischen Sinneszellen. **D** Bimodale Haarsensille mit beweglichem Haarschaft, mechano- und chemorezeptorischen Sinneszellen und terminalen Poren. **E** Aesthetask, Haarsensille mit poröser Cuticula; Schaft unbeweglich; äußere, dendritische, chemorezeptorische Segmente verzweigt. Originale: M. Schmidt und W. Gnatzy, Frankfurt.

keitsmessung des umgebenden Lichtes die Empfindlichkeit der Retinulazellen in den Ommatidien regelt.

Daneben finden sich noch weitere photosensitive Organe, die häufig als Frontalorgane bezeichnet werden. Bei Crustacea (z.B. Notostraca, S. 527) treten oberhalb (dorsales Frontalorgan) oder unterhalb der Naupliusaugen (ventrales Frontalorgan) je 1 Paar Lichtsinneszellgruppen auf; sie haben keine cuticuläre Linse. Sie finden sich auch noch bei ursprünglichen Insekten (Collembola) und vermutlich bei den Xiphosura (*Limulus*, sog. Ventralauge) (nicht zu verwechseln mit der nicht homologen Sinusdrüse oder dem X-Organ der Crustacea oder der Cerebraldrüse der Chilopoda, die auch als Frontalorgane bezeichnet werden).

Weit verbreitete andere Sinnesorgane sind über den ganzen Körper verteilte Sensillen (Abb. 605); häufig enden sie in cuticulären Borsten. Typisch für Euarthropoda (Autapomorphie!) ist, daß der terminale dendritische Fortsatz ihrer Sinneszellen eine modifizierte Cilie (Stereocilie) ist, in der stets die beiden zentralen Tubuli fehlen (9 × 2+0-Muster). Diese Sensillen erfüllen unterschiedliche Funktionen als Mechano- und Chemorezeptoren.

Chemorezeptorische Sensillen besitzen eine besonders dünne, häufig von feinen Poren durchbrochene Wand, unter der die Cilienfortsätze der Sinneszellcilien als feine dendritische Schläuche verlaufen (Abb. 605). Mechanorezeptoren sind meist einfache Borsten. Durch Umformung ensteht vor allem bei den Insekten daraus eine Fülle von Sensillentypen. Besondere Mechanorezeptor-Organe, die Trichobothrien, besitzen feine, sehr

leicht bewegliche Borsten, die in becherförmigen Cuticularstrukturen stehen (Abb. 606A, 624E–G). Sie sind bei terrestrischen Arthropoden verbreitet, aber wohl mehrfach unabhängig entstanden (viele Arachnida, Symphyla, Diplopoda und Insecta); ihre Funktion liegt in der Wahrnehmung feinster Luftbewegungen.

Eine weitere Umbildung stellen die sog. stiftführenden Sinnesorgane dar, die Scolopidien (Abb. 605A). Die Rezeptorzellen stehen hier in Verbindung mit versenkten Epidermiszellen; ihr apikaler Teil wird von der cuticulären Abscheidung einer Stiftzelle umgeben (Stift = Scolops). Sie sind in dieser spezifischen Form nur bei Crustacea und Insecta, nicht jedoch bei Chelicerata und wahrscheinlich auch nicht bei „Myriapoda" verbreitet. Scolopidien liegen oft in Körperregionen mit beweglichen Teilen (Extremitäten, Fühlerglieder, zwischen Rumpfsegmenten). Gelegentlich treten sie zu komplexen Chordotonalorganen zusammen (Abb. 909), die Druck-Zug-Spannungen der Cuticula und Vibrationen perzipieren. Ein besonderes Chordotonalorgan ist das Johnstonsche Organ im 2. Fühlerglied (Pedicellus) der ectognathen Insekten (Abb. 864B). Stiftsinneszellen sind auch bei den Gehörorganen der Insekten (Tympanalorgane) vertreten, wo die an einem Trommelfell (Tympanum) anliegenden Stifte Vibrationen wahrnehmen können. Tympanalorgane gibt es nur bei Insekten (an verschiedenen Körperstellen) (Abb. 909). Auf die Arachnida beschränkt sind die Spaltsinnesorgane, in die Cuticula versenkte längliche Spalten mit Sinneszellbesatz (Abb. 624A). Zu Organen der Registrierung von Eigenbewegungen gehören auch Statocysten (nur bei einigen Malacostraca).

Schallerzeugung ist durchaus verbreitet und dient der Geschlechtspartnerfindung, der Revierverteidigung oder der Abschreckung. Die häufigste Art der Tonerzeugung bei Eurarthropoden ist die Stridulation. Stridulationsorgane sind cuticulare Bildungen, bei denen eine geriefte oder gezähnte Region (Pars stridens) und eine scharfe Kante oder ein Zapfen (Plectrum) gegeneinander gerieben werden. Sie können sich an verschiedenen Körperpartien befinden, die sich für Bewegungen gegeneinander eignen – bei Skorpionen, Opilionen (*Histricostoma*), vielen Webspinnen, decapoden Krebsen, einigen Asseln und vor allem in vielfältiger Weise bei Insekten (u.a. Orthoptera, Hemiptera, Coleoptera). – Zikaden und einige Bärenspinner erzeugen Töne mit Hilfe von Trommelmuskeln. Echte Stimmerzeugung durch Luftpressen in zu Schwingungen zu bringende Teilen gibt es z.B. innerhalb der Insekten beim Totenkopfschwärmer (*Acherontia*) (segelförmiger Epipharynx wird durch Luftauspressen aus dem Mundvorraum ins Schwingen versetzt) oder bei einigen Schaben (Auspressen von Luft aus den Stigmen).

Der **Darmtrakt** besteht aus 3 Abschnitten, die alle weiter untergliedert sein können. Er beginnt mit dem ektodermalen Vorderdarm (Stomodaeum), der mit Cuticula ausgekleidet ist und bei wachsenden Tieren mitgehäutet wird. Der Vorderdarm besteht aus der Mundhöhle und setzt sich in den Oesophagus fort. Dieser kann sich vor seiner Vereinigung mit dem Mitteldarm erweitern und einen Kropf (Insecta), einen Kaumagen (Xiphosura, Crustacea-Malacostraca, Insecta) oder einen Saugmagen (Araneae) bilden. Die Cuticula kann an solchen Stellen zu komplexen Leisten, Zähnchen, Kauplatten oder Reusenapparaten ausgestaltet sein (Abb. 855).

An das Stomodaeum schließt sich der entodermale Mitteldarm an. Er verläuft bis zum Enddarm. Bei vielen Arten ist er gewunden und endet hinten in einer Rektalblase, die als Speicher für Kot und Exkrete dient. Vorn münden Mitteldarmdrüsen, die bei großen Arten ein System reich verzweigter, sezernierender, resorbierender und z.T. speichernder Blindsäcke bilden. Sie sind auch bei Trilobiten nachgewiesen worden.

Bei manchen Crustaceen ist der entodermale Teil des Darms nahezu vollständig in die Mitteldarmdrüsen verlagert, so daß Vorderdarm und Enddarm fast direkt aneinander stoßen (Isopoda, Tanaidacea, Cumacea, manche Decapoda). Bei Kleinformen sind Mitteldarmdrüsen oft zu einem oder wenigen Paaren unverzweigter Schläuche reduziert. Bei Antennata entsprechen ihnen nur die kleinen Caeca.

Wie das Stomodaeum ist auch der Enddarm (Proctodaeum) mit Cuticula ausgekleidet. In der Regel bildet er nur ein kurzes, muskulöses Endstück des Darms und den After. Bei Insekten trägt er die Rektalpapillen als stark durchblutete Orte der Wasserrückresorption (Abb. 281). Bei den Crustaceen-

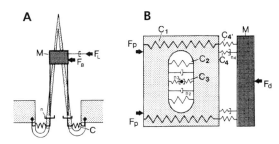

Abb. 606: Grundtypen mechanosensitiver Cuticularsensillen von Arthropoden. A Haarsensillum. Die mechanische Empfindlichkeit bestimmt sich weitgehend aus der Masse und der Länge (M) des Haarschafts, aus der Steifigkeit seiner Aufhängung (C, symbolisiert durch die Feder) und einem Dämpfungsglied n. Bei einem Berührungsrezeptor wirkt die Kraft F_b direkt ein. Bei Haarsensillen ist die Beziehung zwischen Medienbewegung und Haarauslenkung wesentlich komplizierter und erfordert die Berücksichtigung strömungsmechanischer Gesetzmäßigkeiten wie der Ausbildung von Grenzschichten über Oberflächen. Die Frequenzabhängigkeit der dabei wirksamen Reibungskräfte ist auf der Abbildung durch F_l (Viskosität) symbolisiert. B Lochsensillum, z.B. campaniforme Sensillen der Insekten und Spaltsensillen der Arachniden. Ihre Verformung durch die Einwirkung der adäquaten Kräfte in der sie umgebenden Cuticula und damit ihre mechanische Empfindlichkeit wird durch folgende Größen bestimmt: Steifigkeit der umgebenden Cuticula (C_1), Steifigkeit des Lochs im Exoskelett (C_2) und Steifigkeit der das Loch bedeckenden cuticularen Membran (C_3). Zudem spielen Dämpfungsglieder eine wichtige Rolle: Sie finden sich in Form der Spaltfüllung (n_2) und in der Deckmembran (n_3). Da der adäquate Reiz bei den Lochsensillen häufig über ein Gelenk eingeleitet wird, sind auch dessen mechanische Eigenschaften zu berücksichtigen: Steifigkeit des Gelenks (C_4), Dämpfung durch das Gelenk (n_4). Die von distal bzw. proximal einwirkenden Kräfte sind mit F_d bzw. F_p bezeichnet. M steht für die Masse des distal zum Sensillum liegenden Beinsegments. A Nach Tautz (1979), Humphrey et al. (1993) und Barth et al. (1993); B nach Blickhan und Barth (1985).

gruppen Isopoda, Tanaidacea und Cumacea ist der Enddarm jedoch stark verlängert und reicht nach vorn bis fast an den Vorderdarm.

Onychophora, manche Crustacea, die Chilopoda, Progoneata und Insecta umgeben den Nahrungsbrei mit einer Peritrophischen Membran. Sie besteht aus Proteinen und einem Netz feinster darin eingelagerter Chitinfibrillen. Sie wird entweder vom gesamten Mitteldarmepithel, vom vorderen Darmabschnitt oder von spezialisierten Zellen am Beginn des Mitteldarms (Valvula cardiaca) erzeugt.

Systematik

Die Euarthropoda enthalten 3 große, als monophyletisch angesehene, rezente Subtaxa (Abb. 572): **Chelicerata**, **Crustacea** und **Antennata**. Crustaceen und Antennaten werden als **Mandibulata** (S. 498) zusammengefaßt. Die Cheliceraten sind die Schwestergruppe der Mandibulaten. Daneben gibt es eine durch ständige Neufunde wachsende Zahl fossiler

Euarthropoden. Die meisten von ihnen lassen sich rezenten Taxa oder ihren Stammlinien zuordnen (Abb. 573, 611, 614). Andere gehören zu völlig ausgestorbenen Gruppen, von denen hier nur die zahlenmäßig große und besonders gut untersuchte Gruppe der †Trilobita vorgestellt wird (S. 445). (Zur Begründung der Monophylie der Euarthropoda siehe Diskussion der „Uniramia-Hypothese", S. 418).

Ergänzungen: S. 893.

†Trilobita, Dreilapper

Trilobiten gehören zu den ältesten bekannten Euarthropoden. Sie bevölkerten verschiedene Regionen der Meere des Paläozoikums in einem Zeitraum von etwa 350 Mill. Jahren. Besonders zahlreich waren sie im Kambrium (vor 570–500 Mill. Jahren), am Ende des Perms (vor 250 Mill. Jahren) starben ihre letzten Vertreter aus. Die Paläontologen haben mehrere Tausend Arten beschrieben; zahlreiche Trilobitentaxa dienen als Leitfossilien. Bemerkenswert ist die relativ große Formkonstanz über den langen Zeitraum ihrer Existenz. Die Körperlänge betrug in der Regel zwischen 3–6 cm, daneben gab es millimetergroße Formen und Riesen mit bis zu 75 cm Länge. Die meisten Arten lebten wohl als Räuber und Aasfresser auf dem Meeresboden; für zahlreiche Trilobiten wird aktives Schwimmvermögen vermutet. Vor allem Analogien zu rezenten Planktoncrustaceen (z.B. sehr große Augen) und geologische Hinweise aus den Lagerstätten bezeugen, daß Arten auch im Pelagial gelebt haben müssen.

Bau

Die typische Gliederung des Körpers in Kopf (Cephalon), Rumpf (Thorax) und Schwanz (Pygidium) bildete sich erst im Laufe der Stammesgeschichte heraus (Abb. 607). Sie wird besonders deutlich auf der Dorsalseite, die durch eine mit Kalk (in Form von Calcit) verstärkte Cuticula stark gepanzert war, dagegen blieb die Ventralseite unverkalkt. Charakteristisch für den dorsalen Panzer waren eine mittlere, axiale Aufwölbung und breite laterale Pleurotergite, so daß vor allem die Thoraxsegmente dreiteilig oder „dreilappig" (Name!) erscheinen (Abb. 609).

Der Kopf wurde dorsal von einer vorn abgerundeten Platte (Kopfschild) bedeckt. Sie war im Axialbereich zu einer Glabella aufgewölbt, auf der Furchen bzw. Muskeleindrücke auf die im Kopf verschmolzenen Segmente und ihre Extremitäten hinweisen. Seitlich lagen die Wangen, die meist von Gesichtsnähten (Suturen) (Abb. 607) von der Glabella abgesetzt waren. Mehrmalige Häutungen des Panzers gelten als gesichert; vermutlich haben die Nähte die Häutungsvorgänge erleichtert. Bei den frühesten Vertretern, den Redlichien, fehlten Nähte, wahrscheinlich auch Augen. Hinter der Glabella lag ein Nackenring, dessen Breite dem Axialbereich des ersten Thoraxsegments entspricht. Der Kopfschild konnte dornenartige Fortsätze im Axialbereich besitzen, häufig waren auch die Wangen zu langen, nach hinten verlaufenden Stacheln ausgezogen (Abb. 607 A).

Zum Grundmuster der Trilobiten gehören ferner 2 große, seitlich gerichtete, halbmondförmige **Facettenaugen** auf der Dorsalseite des Schildes (Abb. 607 C), die wahrscheinlich den Komplexaugen rezenter Euarthropoden homolog sind.

Ursprünglich ist der holochroale Augentyp. Seine Oberfläche war aus zahlreichen runden oder polygonalen Linsen zusammengesetzt, die dicht nebeneinander lagen und von einer gemeinsamen Corneamembran überdeckt wurden. Die Linsen hatten einen Durchmesser von 30–200 µm, waren dünn und bikonvex in kambrischen, lang und prismatisch in ordovizischen Formen. Jede Linse bestand aus einem Calcitkristall. Um die Augen herum lief eine Okularnaht.

Einen anderen Bautyp repräsentieren die schizochroalen Augen (Abb. 610) in den *Phacops*-Arten (Ordovizium bis Devon). Ihre Linsen waren wesentlich größer (120–750 µm) und standen weit auseinander, getrennt durch normale Cuticula (Sclera); sie hatten eine hohe strukturelle Komplexität und bestanden ebenfalls aus Calcit. Häufig fehlten Augen sekundär, z.B. bei den Agnostida.

Auf der Ventralseite des Cephalons inserierten 4 Paar **Extremitäten**. Die vordersten waren einästige

Wilfried Westheide, Osnabrück

Abb. 607: †Trilobita. A *Paradoxides gracilis* (Redlichiida). Länge: ca. 50 mm. Mittleres Kambrium, Böhmen. Vertreter eines wahrscheinlich ursprünglichen, schon sehr früh ausgestorbenen Taxon. B *Triarthrus eatoni* (Ptychopariida). Vorderende, Ventralansicht; Extremitäten der linken Körperseite weggelassen, 1–4 Ansatzstellen der Cephalonanhänge. Gesamtlänge: ca. 18 mm. C *Proetus bohemicus* (Proetida). Dorsalansicht. Länge: ca. 30 mm. Unteres Devon, Böhmen. Vertreter des Trilobiten-Taxon, das zuletzt ausstarb. A Nach Levi-Setti (1975); B nach Whittington und Almond, (1987); C nach verschiedenen Autoren.

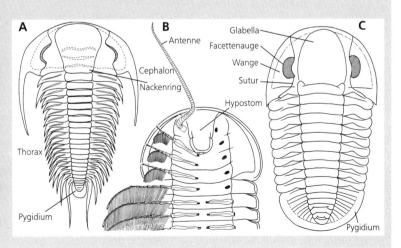

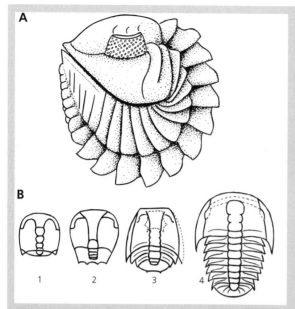

Abb. 608: †Trilobita. A †*Acaste downingiae* (Phacopida). Silur, England. Seitenansicht eines eingerollten Exemplars. B †*Sao hirsuta*. Entwicklungsstadien: 1–3 Protaspis, 4 Meraspis. A Nach Clarkson (1993); B nach Barrande (1959).

Antennen, die aus einem längeren Anfangsstück und vielen mehr oder weniger gleichartigen Gliedern bestanden. Sie entsprangen neben dem Hypostom, einer großen stark sklerotisierten, in den einzelnen Taxa recht unterschiedlich geformten Platte vor dem Mund unter dem Kopfschild. Die 3 folgenden Extremitätenpaare waren mehr oder weniger einheitlich und wie die des Thorax und des Pygidiums geformt.

Der Thorax setzte sich aus meist 10–15, maximal 40 freien Segmenten zusammen. Ihre Pleurotergite konnten makropleural sein, d.h. in lange Stacheln auslaufen (Abb. 607 A). Sekundäre Verschmelzung von Segmenten kam vor. Bei *Naraoia* (nicht von allen Bearbeitern als Trilobiten angesehen) bildete der gesamte Rumpf einen einheitlichen Schild. Das Pygidium war, wenn entwickelt, eine flache Platte, die aus einigen bis zahlreichen (ca. 30) nicht vollständig abgegliederten Segmenten hervorging. Auch die Segmente unter dem pygidialen Schild konnten je 1 Extremitätenpaar tragen. Verschiedene Arten, z.B. die Phacopiden konnten sich einrollen und so die Ventralseite schützen (Abb. 608 A).

Nur von etwa 20 Arten sind die postantennalen Extremitäten bekannt (Abb. 609). Sie waren grundsätzlich zweiästig. Beide Äste gingen von einem

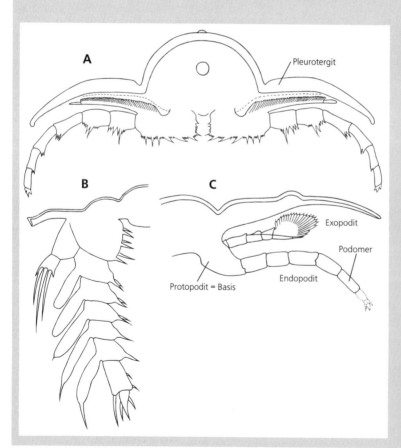

Abb. 609: †Trilobita. Thoraxextremitäten. A †*Olenoides serratus* (Corynexochida). 1. Thoraxsegment. Blick von hinten. B †*Agnostus pisiformis* (Agnostida). C *Ceraurus pleurexanthemus* (Phacopida). Nach Müller und Waloßek (1987).

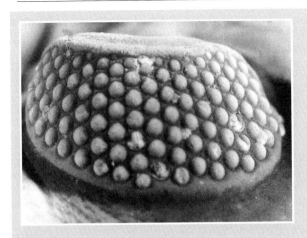

Abb. 610: †Trilobita. †*Eophacops trapeziceps*. Schizochroales Facettenauge. Original: E.N.K. Clarkson, Edingburgh.

großen Grundglied aus, das wahrscheinlich dem Basipoditen der Crustaceen-Spaltbeine homolog ist (S. 438).

Bei *Olenoides serratus* sind die Grundglieder innenseitig bedornt, wie die Gnathobasen der Xiphosuren (S. 452), und dienten wohl zum Ergreifen, Zerdrücken und Transportieren von Beuteorganismen.

Der äußere Ast (Exopodit) war zwei- bis dreiteilig bei *Olenoides serratus* (Abb. 609 A), fünfgliedrig bei *Ceraurus pleurexanthemus* (Abb. 609 C) und mehrgliedrig bei *Triarthrus eatoni* (Abb. 609 B). Bei *Olenoides* und *Triarthrus* trug er zahlreiche feine, parallele, stachlige oder borstenförmige Strukturen, bei *Ceraurus* am 5. Glied einen paddelartigen Lappen mit dünnen Filamenten und bei *Agnostus pisiformis* wenige borstenförmige Anhänge (Abb. 609 B).

Diese Formenvielfalt läßt unterschiedliche Funktionen vermuten. Zumeist wird aber Kiemenfunktion angenommen. Die relativ festen Strukturen der Filamente könnten jedoch daraufhinweisen, daß es sich eher um Strukturen des Wasseraustausches handelte; als Ort des Gasaustausches käme dann die dünne Ventralseite der Tiere in Frage.

Der innere Ast (Endopodit) bestand aus 7 Abschnitten (Podomeren) und diente wahrscheinlich als Laufbein. Das distale Glied war meist als Klaue ausgebildet.

Entwicklung

Von zahlreichen Arten sind Serien von Entwicklungsstadien gefunden worden. Das früheste ist die Protaspis, eine abgeflachte bis ovoide Larve von unter 1 mm Durchmesser, mit segmentierter dorsaler Aufwölbung, aus der die Glabella hervorging, häufig mit stachelförmigen Fortsätzen und winzigen Augen (Abb. 608 B). Mit 4 Extremitätenpaaren hatte sie den Segmentbestand des Kopfes adulter Trilobiten und unterscheidet sich damit deutlich von der Nauplius-Larve der Crustaceen (nur 3 Segmente) (Abb. 706).

Systematik

Weitgehend homonome Segmentierung gibt den Trilobiten ein innerhalb der Arthropoden sehr ursprüngliches Aussehen, auch wenn das Pygidium schon zu einer Tagmata-Bildung geführt hat. Mit 1 Paar praeoraler Antennnen und 3 Paar Kopfextremitäten, von denen keine zu Mundwerkzeugen umgewandelt, sondern meist mit den Thoraxextremitäten identisch waren, ist der Funktionswechsel ihrer vorderen Extremitäten sogar geringer als bei den Onychophora. Die massive Plattenskelett-Cuticula, die als feste Exuvie hinterlassen wurde, die beiden Facettenaugen, die als Spaltbeine differenzierten Gliederextremitäten und die Bildung eines durch den einheitlichen Kopfschild deutlichen Cephalons weisen sie jedoch als typische Euarthropoden aus. Traditionell – aber wenig überzeugend – werden sie in die Stammlinie der Cheliceraten gestellt – vor allem wegen äußerer Übereinstimmungen zu den Xiphosuren (S. 452), z. B. in der starken Erweiterung des Vorderkörpers. Ihre nähere Zuordnung entweder zu den Chelicerata oder den Mandibulata muß aber offen bleiben.

Auch die zeitweilig als mit den Cheliceraten besonders eng verwandt betrachteten Olenellida (Abb. 609 A) lassen keine eindeutigen Synapomorphien mit diesen erkennen; fehlende Suturen auf dem Kopfschild, Strukturen der Augen, zahlreiche Segmente u.a. Merkmale sprechen eher für ihre basale Stellung innerhalb der Trilobita. Die Monophylie des Taxon im engeren Sinne ergibt sich aus zumindest einem Merkmal – der calcifizierten dorsalen Cuticula; eine andere mögliche Apomorphie ist das Pygidium. Einzig die Agnostida könnten außerhalb des Taxon stehen; hierauf deutet z.B. die stark abgeleitete Struktur ihrer Extremitäten hin (Abb. 609 B), die mit ihren borstenförmigen Anhängen gewisse Anklänge an Bildungen aus der Evolutionslinie zu den Crustaceen aufweisen. Außerdem sind ihre Kopfextremitäten relativ stark differenziert.

†*Olenellus thompsoni* (Redlichiida), 10 cm; Unterkambrium, z.B. Schottland. Großes halbkreisförmiges Cephalon mit langen Wangenstacheln, Glabella deutlich segmentiert, keine dorsalen Gesichtsnähte. Stachlige Pleurotergite; 15. Thoraxsegment mit langem axialen Stachel. Sehr kleines Pygidium ohne Beine. – *Olenoides serratus* (Corynexochida), 10 cm, Mittelkambrium, Burgess-Schiefer, Kanada. – †*Acaste downingiae* (Phacopida), 3 cm; Silur, Wales. Mit zahlreichen stark abgeleiteten Merkmalen. Cephalon mit vorn stark aufgeblähter Glabella; schizochroale Augen mit je etwa 100 Linsen, deutliche dorsale Gesichtsnähte. Thorax mit 11 Segmenten; Pygidium aus mehreren Segmenten. Einrollvermögen zu einer Kugel, wobei der Cephalon und der pygidiale Bereich aufeinander gepreßt wurden. – †*Triarthrus eatoni* (Ptychopariida), 3 cm; Unteres Ordovizium. Mit großem Thorax

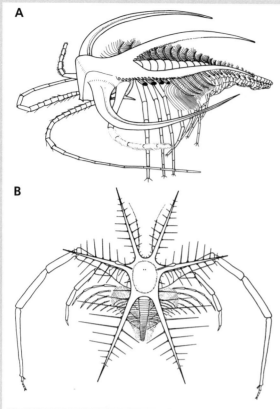

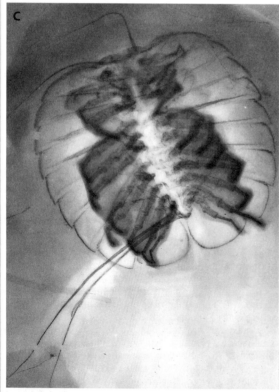

und kleinem Pygidium. – †*Agnostus pisiformis* (Agnostida), ca. 1,5 mm; Oberkambrium, Schweden. Cephalon und Pygidium von nahezu gleicher Form und Größe. Augen fehlten, ohne dorsale Gesichtsnähte; Mund hinter Hypostom. Nur 2 Thoraxsegmente. Pygidium mit 4 (?) Extremitätenpaaren. 1. Antennen keine Sinnesorgane, sondern zum Einsammeln von Nahrung geeignet. Äußerer Ast der Schwimmbeine kurz, zweigliedrig und mit borstenförmigen Anhängen (Abb. 609 B).

Abb. 611: Aus dem Palaeozoikum existieren zahlreiche fossile Arthropoden mit unbekannter phylogenetischer Position. Die 3 hier gezeigten Arten werden zumeist in die Nähe der †Trilobita gestellt. – A †*Marrella splendens*. Rekonstruktion in Seitenansicht, Kiemenäste 1–4 und 10–26 abgeschnitten. Keilförmiger Kopfschild mit 4 langen, nach hinten gerichteten Dornen. Ventral mit zweispitzigem Labrum neben 2 Paar vielgliedrigen Antennen. Rumpf mit 25 Segmenten, jedes mit 1 Paar zweiästiger Anhänge (Laufbein und Kiemenast). Länge: 2,5–19 mm. Burgess-Schiefer, British Columbia, Mittleres Kambrium, ca. 550 Mill. Jahre. – B †*Mimetaster hexagonalis*. Rekonstruktion, Dorsalansicht. Kopfschild mit langen Dornen; 2 Stielaugen und 2 Ocellen; 1 Paar Antennen, 2 Paar große Beine und mehr als 30 paarige zweiästige Anhänge. Länge: ca. 2,5 cm. Hunsrückschiefer, Unteres Devon, ca. 400 Mill. Jahre. – C †*Cheloniellon calmani*. Aufnahme mit weicher Röntgenstrahlung. Dorsalseite mit 10 plattenförmigen Tergiten mit breiten Pleuren, von denen die beiden vorderen dem Kopf zugerechnet werden; ein 11. Tergit ist klein und zylindrisch mit 2 langen Anhängen; den Abschluß bildet ein anhangloses Telson. Ventral 1 Paar Antennen und 1 weiteres Paar praeoraler Extremitäten; 4 wahrscheinlich einfache Beine mit Gnathobasen; 8 Paar zweiästige Extremitäten, der äußere Ast mit lamellären Anhängen. Länge: 6,5–11 cm. Hunsrückschiefer, Unteres Devon, ca. 400 Mill. Jahre. A Nach Whittington (1971); B nach Stürmer und Bergström (1976); C Original: W. Stürmer, Erlangen.

3 Chelicerata, Spinnentiere

Die Chelicerata umfassen ca. 60 000 rezente Arten, die sich auf 12 Subtaxa verteilen. Darüberhinaus sind mehrere fossile Gruppen bekannt. Ihr Ursprung liegt im Meer, doch zeigen nur die Xiphosura und die Pantopoda noch die ursprüngliche aquatische Lebensweise; die Arachnida haben ihre Evolution auf dem Land durchgemacht. Der größte fossile Chelicerat war der Eurypteride *Pterygotus rhenaniae* (1,80 m Länge); die größten rezenten Formen sind Xiphosuren (*Limulus polyphemus,* 60 cm) und Skorpione (*Hadogenes troglodytes,* 21 cm). Die kleinsten Arten findet man unter den Milben, von denen einige kaum 0,1 mm erreichen. Cheliceraten sind generell Räuber, nur unter den Milben findet man auch Zersetzer sowie Tier- und Pflanzenparasiten.

Bau

Der Cheliceraten-Körper ist gegliedert in den Vorderkörper (Prosoma) aus wahrscheinlich 7 Segmenten (Deutocerebrum nicht nachweisbar) mit 6 Extremitätenpaaren und den Hinterkörper (Opisthosoma) aus ursprünglich 12 Segmenten (Abb. 619, 637).

Das Prosoma trägt zahlreiche Sinnesorgane, die Mundwerkzeuge und die Laufbeine. Seine Segmente sind miteinander verschmolzen und meist von einer einheitlichen Platte (Scutum, Carapax, Peltidium) bedeckt. Nur bei den Schizomida, Palpigradi, Solifugae und manchen Acari ist das Scutum in Pro-, Meso- und Metapeltidium untergliedert. Das Propeltidium reicht bis in die Region des 4. Extremitätenpaares und markiert so die hintere Begrenzung des ursprünglichen Arthropodenkopfes.

Das Opisthosoma enthält die Verdauungs-, Kreislauf-, Respirations- und Geschlechtsorgane. An seine maximal 12 Segmente schließt sich bei Xiphosuren und Skorpionen ein Schwanzstachel (Abb. 614, 628), bei den Uropygi und Palpigradi ein Schwanzfaden an (Abb. 632, 664). Schwanzstachel und -faden wurden früher mit einem Telson homologisiert, doch entsprechen sie wohl eher einem Tergaldorn eines reduzierten 13. Segments.

Die vordersten **Extremitäten** des Prosomas sind die Cheliceren, ursprünglich dreigliedrig und mit Scheren versehen (Abb. 627 B). Sie werden postoral angelegt, inserieren im fertigen Zustand jedoch vor dem Mund. Ihre Innervation vom Tritocerebrum zeigt, daß sie den 2. Antennen der Mandibulata homolog sind (S. 414). Bei vielen Arachniden werden sie zu zweigliedrigen Scheren (Pseudoscorpiones, Solifugae) oder zu klappmesserartigen Subchelae mit einem Basalglied und einer nach ventral einschlagbaren Klaue (Uropygi, Amblypygi, Ara-

neae). Die 2. Extremitäten sind bei den Xiphosuren Laufbeine. Bei den Arachniden übernehmen sie als Pedipalpen andere Aufgaben: Sie tragen Sinnesorgane, können als Greif- oder Fangapparate bei der Nahrungsaufnahme mitwirken oder als Gonopoden dienen. Die 4 darauffolgenden Extremitätenpaare sind ursprünglich Laufbeine.

Pedipalpen und Laufbeine sind in Coxa, Trochanter, Femur, Patella, Tibia, Tarsus und Praetarsus gegliedert (Abb. 596, 637). Häufig ist die Zahl der Glieder sekundär erhöht. Ursprünglich sind die Extremitäten wohl Spaltfüße; rezent ist dies nur noch bei den Xiphosuren erkennbar.

Die Extremitäten des Opisthosomas haben andere Funktionen. Die des 1. Segments begrenzen bei den Xiphosuren als Chilaria den Mundvorraum nach hinten; bei den Arachniden fehlen sie, vielleicht ist aus ihnen das Metasternum hervorgegangen. Extremitäten des 2. Opisthosomasegments bilden das Genitaloperculum. Die darauf folgenden sind ursprünglich Schwimmbeine mit Buchkiemen (Xiphosura). Ihre Homologa bilden bei den Arachniden Lungen, Tracheen, Spinnwarzen, oder sie fehlen vollständig.

Cheliceraten besitzen (Ausnahme Solifugae) ein mesodermales Endoskelett. Es bildet eine V-förmige Platte im Prosoma, deren beide Schenkel vorn neben dem Oberschlundganglion beginnen und hinter dem Gehirn konvergieren. Es ist durch dorsale und ventrale Muskeln (Suspensoren) verankert, die den Dorsoventralmuskeln des Hinterkörpers entsprechen. Das Endoskelett dient einer Reihe von Extremitätenmuskeln als Ansatz. Reste segmentaler Endoskelettspangen gibt es im Opisthosoma von Xiphosuren und Skorpionen.

Der Orientierung dienen Lateral- und Medianaugen sowie zahlreiche Mechano- und Chemorezeptoren. Die Lateralaugen sind ursprünglich und noch bei den Xiphosuren Komplexaugen, ähnlich denen der fossilen Trilobiten. Bei den Arachniden sind sie in mehrere, maximal 5 Paar Einzelaugen zerfallen.

Für die Stammart der Cheliceraten werden 4 Medianaugen angenommen (s. Pantopoda, S. 495), Arachniden besitzen nur 2 funktionsfähige Medianaugen.

Cheliceraten ernähren sich (mit Ausnahme vieler Milben) räuberisch.

Der **Exkretion** dienen Coxaldrüsen (umgewandelte Nephridien, die im Prosoma liegen und an den Coxen der Laufbeine münden), Nephrocyten, der hintere Mitteldarmabschnitt und Malpighische Schläuche.

Der **Kreislauf** ist offen. Die Atmung erfolgt bei den primär wasserlebenden Xiphosuren durch dicht stehende Kiemenblättchen (Buchkiemen) an den Außenästen der Opisthosomaextremitäten; bei den

Peter Weygoldt, Freiburg

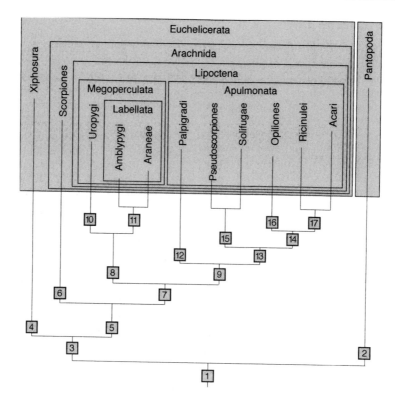

Abb. 612: Verwandtschaftsverhältnisse innerhalb der Chelicerata nach Weygoldt und Paulus (1979), denen hier gefolgt wird. Apomorphien: [1] 1. Extremitäten (= Extremitäten des 1. Antennensegments) reduziert; Extremitäten des 2. Antennensegments zu Cheliceren gestaltet. Körpergliederung in Prosoma und Opisthosoma. [2] Proboscis; Opisthosoma reduziert. [3] Opisthosomaextremitäten plattenartig (?) [4] Ungegliedertes, verwachsenes Mesosoma; Chilaria. [5] Zerfall der Facettenaugen in maximal 5 Paar seitliche Einzelaugen; extraintestinale Verdauung; Spaltsinnesorgane; entodermale Malpighische Schläuche (?) [6] Pectines etc.. [7] Netzförmige Anordnung der Rhabdomeren in den Seitenaugen; aufgerollte Spermatozoen. [8] Cheliceren taschenmesserartig (subchelat); Spermatozoen mit 9 × 2+3 Tubuli-Anordnung. [9] Verlust der Fächerlungen; Reduktion der Seitenaugen auf 3 oder 2 Paar. [10] Camarostom (Mundvorraum mit verwachsenen Pedipalpencoxen); Praenymphen und 4 Nymphenstadien; bei Paarung klammert sich das Weibchen an den männlichen Hinterleib. [11] Petiolus; postcerebrale Saugpumpe gut entwickelt. [12] Vereinfachung der Coxosternalregion. [13] Röhrentracheen; Reduktion der Schwanzgeißel. [14] Tiere tasten mit dem 2. Beinpaar; Spermatozoen geißellos, eingedellt, Acrosom an der konkaven Seite. [15] Zweigliedrige, scherenartige Cheliceren. [16] Penis bzw. Ovipositor; nur Medianaugen. [17] Sechsbeinige Larve und 3 Nymphenstadien.

terrestrischen Arachniden werden daraus Fächerlungen oder Tracheen.

Die **Gonaden** sind primär paarig und münden im 2. Opisthosomasegment aus. Die bei den Xiphosuren noch paarigen, sonst unpaaren Geschlechtsöffnungen werden von einem Genitaloperculum, den umgewandelten Extremitäten dieses Genitalsegments bedeckt. Wie noch bei den marinen Xiphosuren hatten die primär wasserlebenden Cheliceraten eine äußere Besamung.

Systematik

Die Chelicerata sind möglicherweise die Schwestergruppe der †Trilobita (s. aber S. 447). (1) Verlust der ersten Antennen, (2) Umwandlung des 1. Kopfbeinpaares zu den Cheliceren, (3) Verschmelzen der beiden ersten Thorakalsegmente mit dem Kopf zum Prosoma und (4) Reduktion des letzten Opis-

thosomasegments, von dem zunächst noch ein Tergaldorn als Schwanzstachel erhalten bleibt (der nach dieser Vorstellung von LAUTERBACH also kein Telson ist), sind die wichtigsten Ereignisse in der frühen Evolution der Chelicerata. Die ersten, noch trilobitenähnlichen Cheliceraten traten im späten Kambrium auf. Ihre Evolution ist gekennzeichnet durch die Entstehung effizienter Räuber. Die Entfaltung erfolgte zunächst im Meer, wo heute noch die **Xiphosura** leben, dann im Brack- und Süßwasser mit den skorpionähnlichen †Eurypterida (Abb. 618). (Beide Gruppen wurden aufgrund zahlreicher Plesiomorphien auch als „Merostomata" zusammengefaßt). Die **Arachnida** sind die Schwestergruppe der Xiphosura, sie haben ihre Evolution auf dem Land durchgemacht. Milben und Skorpione, existierten schon im Silur und Devon; im Karbon waren alle rezenten Subtaxa der Arachnida bereits in ihrer heutigen Gestalt ausgebildet. Neben den

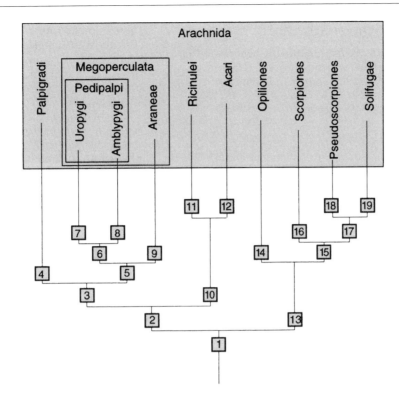

Abb. 613: Alternative Vorstellung über die Verwandtschaftsverhältnisse innerhalb der Arachnida nach Shultz (1990). Apomorphien: [1] Pleurotergite reduziert; Mund nach vorn verlagert; Depressor des Tarsus erstreckt sich bis in die Tibia oder Patella; Extremitäten fehlen am 1. Opisthosomasegment; Flagellum der Spermatozoen um den Kern gerollt oder reduziert. [2] Tritosternum vorhanden; postgenitale Extremitätenreste (Lungen, Spinnwarzen, Ventralsäckchen); verengte letzte 3 Opisthosomasegmente; Spermienkern umgeben von Manschette von Mikrotubuli; ein 2. Paar von Coxaldrüsen mit Mündung am 1. Beinpaar. [3] Großes Genitaloperculum; dorsaler Endosternit-Suspensor, der hinten-median am Carapax ansetzt; ungeteilte Femora; Petiolus. [4] Paariges, anteromediales Sinnesorgan; Trochanter-Femur-Gelenk in den Laufbeinen gebildet aus dorsalem Scharniergelenk. [5] Buchlungen im 2. und 3. Opisthosomasegment: großer postcerebraler Saugmagen; klappmesserartige (subchelate) Cheliceren; Spermatozoen mit 9 × 2+3 Tubulianordnung. [6] Pedipalpen als Raubwerkzeuge; verlängertes 1. Beinpaar (Tastbeine); gestielte Spermatophoren; Brutsack. [7] Camarostom; vielgliedriges Flagellum; Wehrdrüsen am Hinterende; spezifisches Paarungsverhalten. [8] Geteilte Tibiae; unbewegliches, als Bruchstelle für Autotomie dienendes Patella-Tibia-Gelenk. [9] Kopulationsorgan an männlichen Pedipalpen; Giftdrüsen in den Cheliceren; Spinndrüsen; Spinnwarzen. [10] Camarostom; bewegliches Subcapitulum; Tracheen; sechsbeinige Larven. [11] Beweglicher Cucullus; Kopulationsorgan am 3. Beinpaar. [12] Aflagellate Spermatozoen; gestielte Spermatophoren; Ovipositor. [13] Extensormuskeln und spezialisierte Artikulation am Femur-Patella-Gelenk; Querfurchen auf dem Carapax; Mundvorraum gebildet aus Enditen der Palpen und der Beine. [14] Penis bzw. Ovipositor. [15] Patella-Tibia-Gelenk erlaubt Flexion-Extension statt Pro- und Remotion (neues Knie); Scheren an den Pedipalpen; unbewegliche Coxae; gestielte Spermatophoren. [16] Pectines etc.. [17] Cheliceren zweigliedrige Scheren; anteriolaterale Cheliceren-Carapax-Gelenkung; Tracheen mit Stigmen im 3. und 4. Opisthosomasegment. [18] Chelicerale Spinndrüsen; Giftdrüsen in den Pedipalpen; Brutsack. [19] Gegliederter Carapax; Fehlen des Endosternits; Femur-Patella-Gelenk monocondyl; Malleoli.

rezenten Gruppen sind 5 größere fossile Taxa bekannt. Arachnida und Xiphosura werden als **Euchelicerata** den **Pantopoda** als Schwestergruppe gegenübergestellt.

Das System der Arachnida wird noch kontrovers diskutiert. Nach dem hier favorisierten Stammbaum werden sie als Monophylum betrachtet. Danach sind die **Scorpiones** mit ihren 4 Paar Lungen, anderen ursprünglichen Merkmalen, den so charakteristischen Kämmen und ihrer Ähnlichkeit mit den †Eurypterida die Schwestergruppe der kammlosen Arachnida (**Lipoctena**). Diese spalten sich auf in die **Megoperculata** (Araneae, Amblypygi und Uropygi) mit 2 Paar Lungen und zahlreichen anderen Synapomorphien und in die lungenlosen **Apulmonata**, denen so unterschiedliche Taxa angehören wie die Pseudoscorpiones, Solifugae, Opiliones, Acari u.a. (Abb. 612). Nach SHULTZ (1990), der weitere Merkmale in einer computergestützten Analyse benutzte, spalten sich die Arachnida in eine Gruppe mit den Palpigradi, Megoperculata, Acari und Ricinulei und in die Scorpiones, Pseudoscorpiones, Opiliones und Solifugae auf (Abb. 613).

3.1 Xiphosura, Schwertschwänze

Von diesen großen (bis 60 cm), marinen Cheliceraten haben nur 4 Arten als „lebende Fossilien" überlebt; fast identische Formen kennt man bereits aus dem Tertiär.

Bau

Der Habitus der Xiphosuren wird beherrscht durch das mit einer breiten Duplikatur versehene, hufeisenförmige Prosoma und das kleinere Opisthosoma (Abb. 614). Dieses ist untergliedert in das Mesosoma aus 7 verschmolzenen, mit Pleurotergiten versehenen Segmenten und das Metasoma aus nur 3 Segmenten mit dem namengebenden, beweglichen Schwanzstachel. Das Gelenk zwischen Vorder- und Hinterkörper entspricht nicht der Grenze zwischen Pro- und Opisthosoma wie bei den Arachniden, denn das 1. und Teile des 2. Opisthosomasegments sind in den Vorderkörper inkorporiert worden.

Die dicke, feste, dunkel-rotbraun bis schwarzbraun gefärbte Cuticula ist frei von Kalkeinlagerungen. Im Inneren befindet sich ein umfangreiches mesodermales Endoskelett. Lokomotionsorgane sind 5 Paar Prosomabeine, die unter der Prosomaduplikatur verborgen sind. Die ersten 4 tragen an ihren Enden kleine Scheren, das 5. Paar flache Borsten, die sich beim Laufen auf weichem Sediment skistocktellerartig ausbreiten (Abb. 615). Nur dieses letzte Paar besitzt noch einen kleinen Außenast, das Flabellum (Abb. 615 B), das den Kiemenraum am Hinterleib vorn abdichtet.

Beim Laufen werden die Beine eines Paares alternierend bewegt; beim schwerfälligen Schwimmen mit der Ventralseite nach oben schlagen sie und auch die Opisthosomaextremitäten synchron. Bei der Fortbewegung unter der Sand- oder Sedimentoberfläche wirkt der scharfe Vorderrand der Prosomaduplikatur wie eine Pflugschar. Der bewegliche Schwanzstachel dient als Steuer und hilft beim Umdrehen, wenn das Tier auf den Rücken gefallen ist.

Die **Facettenaugen** sind einfacher gebaut als die der Mandibulata; die Kristallkegel fehlen. Die Cornea-

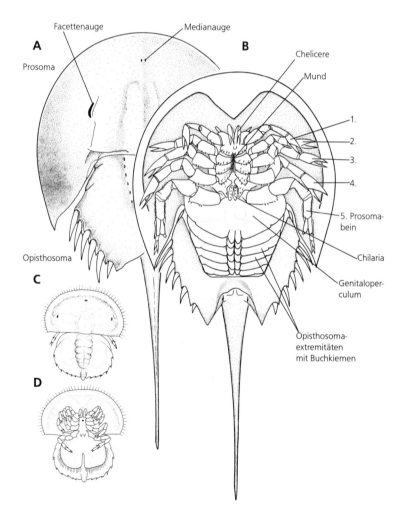

Abb. 614: *Limulus polyphemus* (Xiphosura). A Dorsalansicht. B Ventralansicht. C Larve von dorsal. D Larve von ventral. Nach verschiedenen Autoren.

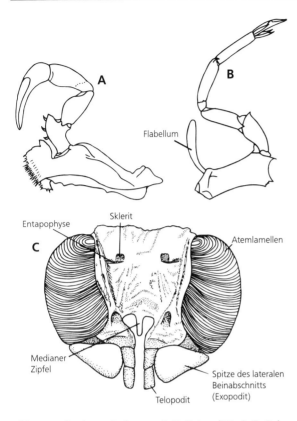

Abb. 615: *Limulus polyphemus.* A 2. Extremität. B 5. Bein. C Rückseite eines Opisthosoma-Beinpaares mit den Buchkiemen. Nach Ray-Lankester und Hansen aus Fage (1949) und Kaestner (1968).

Unterhalb der Medianaugen, von außen nicht sichtbar, liegt das Endoparietalauge, ein reduziertes zweites Medianaugenpaar. Ein drittes, ventrales Medianaugenpaar liegt an der Basis der Oberlippe, dicht vor dem Gehirn. Bei Larven und Jungtieren ist es gut entwickelt; später verschmilzt es mit dem als Chemorezeptor gedeuteten Frontalorgan.

Cuticulare Sinnesorgane, Tastborsten und in Gruben versenkte Borsten unbekannter Funktion stehen auf dem ganzen Körper, besonders dicht an den Seitenrändern der Prosomaduplikatur sowie auf dem Schwanzstachel.

Das **Gehirn**, das vor, nicht über dem Oesophagus liegt, besitzt große Corpora pedunculata (fast 80% der Gehirnmasse) und einen kräftigen Zentralkörper. Das Tritocerebrum ist ihm eng angeschlossen und hat seine suboesophageale Kommissur verloren. Das Unterschlundganglion enthält auch die Neuromeren vom 1. und 2. Opisthosomasegment.

Der Mund liegt in der Mitte der Ventralseite des Vorderkörpers, umgeben von den kräftigen Coxalladen der Laufbeine.

Die **Nahrung** (Kleinkrebse, Würmer, Muscheln und Aas) wird mit Mechano- und Chemorezeptoren auf den Extremitäten wahrgenommen und mit den dreigliedrigen Cheliceren oder den scherentragenden Laufbeinen in den Mund gebracht. Der Mundvorraum, ein Rest der ursprünglichen ventralen Nahrungsrinne, wird vorn von der Oberlippe, hinten von den Chilaria, modifizierten Extremitäten des 1. Opisthosomasegments, begrenzt

linsen bilden innen einen tiefen Zapfen und sind wie beim schizochroalen Trilobitenauge (Abb. 610, 623) kreisrund. Das im Querschnitt sternförmige Rhabdom wird von 8–20 Retinulazellen gebildet (Abb. 616).

In das Zentrum des Rhabdoms schiebt sich der Fortsatz einer bipolaren, exzentrischen Sinneszelle (Abb. 623). Die Axone der Sinneszellen eines Ommatidiums sind gleich unterhalb des Auges durch quer verlaufende Axone mit benachbarten Ommatidien verschaltet. Einige dieser Axone wirken inhibierend auf benachbarte Ommatidien; sie sind so für die laterale Inhibition und damit für die Kontrastverstärkung verantwortlich. Am caudalen Rand jedes Komplexauges befindet sich ein von außen nicht sichtbares, rudimentäres Auge, das vielleicht neurosekretorische Funktion hat.

Die beiden mitten auf dem Prosoma liegenden, dorsalen Medianaugen (Abb. 614) bestehen aus je einer Linse, an die sich eine wenig geordnete Retina anschließt. Guanophoren und Gliazellen schirmen die Sinneszellgruppen voneinander ab.

Die Medianaugen entstehen an der Spitze einer Invagination, die sich von ventral her einstülpt und bis an die Dorsalseite emporwächst. Ihre Spitze bildet die Retina mit eversen Sinneszellen, die Epidermis die Linse.

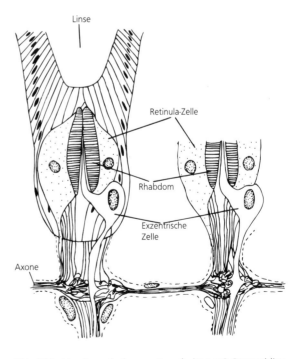

Abb. 616: *Limulus polyphemus.* Ausschnitt aus 2 Ommatidien der Facettenaugen. Nach MacNichol aus Barnes (1974).

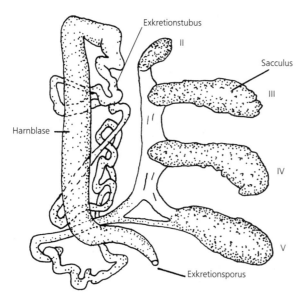

Abb. 617: *Limulus polyphemus*. Coxaldrüse, II-V: die vier Sacculi, die in den gemeinsamen Exkretionstubus münden. Nach Patten und Hazen aus Barnes (1974).

(Abb. 614B). Die Nahrung wird im Kaumagen weiter zerkleinert. Harte Teile werden über den Mund ausgeschieden. Ein Ventil führt in den Mitteldarm, der vorn zum Magen erweitert ist und die Mündungen von 2 Paar umfangreichen, verzweigten Mitteldarmdrüsen empfängt. In ihnen finden Sekretion von Enzymen und Resorption statt. Die Verdauung ist nicht völlig extrazellulär; Dipeptide werden intrazellulär gespalten. Der Mitteldarm mündet hinten in das kurze Proctodaeum, der After liegt unter der Basis des Schwanzstachels.

Respirationsorgane sind die Buchkiemen, bis zu 150 dicht übereinanderliegende Lamellen an den plattenartigen Außenästen der Extremitäten der Opisthosomasegmente 3–7 (Abb. 615 C). Die kleinen, dreigliedrigen Telopoditen dieser Extremitäten dienen zum Reinigen der Kiemen.

An der Ventilation der Kiemen ist auch das Flabellum, der Außenast des 5. Prosomabeines beteiligt. Es dichtet den Kiemenraum vorn ab, verhindert beim vergrabenen Tier das Eindringen von Sand und erzeugt einen schwachen Wasserstrom.

Exkretionsorgane sind 1 Paar Coxaldrüsen im Prosoma, an deren Bau die coelomatischen Sacculi der 2.–5. Segmente beteiligt sind (Abb. 617). Sie mün-

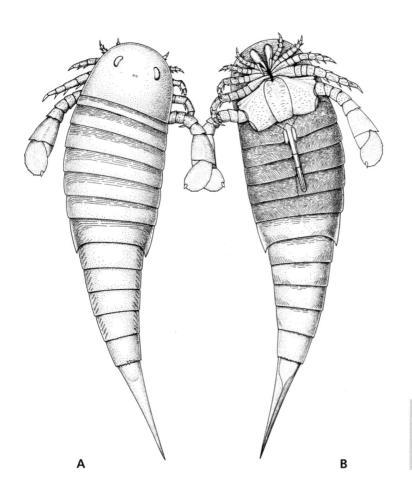

A　　　　　　　　　　　　**B**

Abb. 618: † *Parahughmilleria hefteri (Eurypterida)*. Unteres Devon, Westdeutschland. A Dorsalansicht. B Ventralansicht mit Genitalanhang. Nach Størmer (1973) aus Müller (1994).

den zwischen dem 5. und 6. Beinpaar aus. Sacculi des 1. und 6. Segments werden embryonal angelegt, verschwinden aber später. Vom langgestreckten Herz mit 8 Ostienpaaren gehen 3 vordere Aorten und 4 laterale Arterien aus.

Die **Gonaden** liegen im Prosoma und münden paarig an der Hinterseite des Genitaloperculums, der Extremität des 2. Opisthosomasegments.

Fortpflanzung und Entwicklung

Im Frühsommer sammeln sich die sonst in 10–40 m Tiefe lebenden Tiere in der Gezeitenzone flacher Küsten. Die Männchen halten sich auf den Weibchen mit dem modifizierten 1. Beinpaar fest; 200–1000 Eier werden in flache Mulden gelegt, anschließend besamt und mit Sand überdeckt.

Die **Furchung** der 2–4 mm großen Eier ist total. Es folgt eine Immigrationsgastrulation. Das erste freilebende Stadium, die Trilobitenlarve, lebt vom Dottervorrat. Sie hat schon alle Segmente, aber nur 9 Extremitätenpaare (Abb. 614 C,D). Die volle Extremitätengarnitur und der lange Schwanzstachel erscheinen nach der ersten postembryonalen Häutung. Nach 9–12 Jahren sind die Tiere geschlechtsreif.

Systematik

Die Xiphosura besiedelten bereits im Silur die frühpaläozoischen Meere in großer Formenfülle. Sowohl die ursprünglichen †Synxiphosura als auch die Limulina, zu denen die rezenten Limulidae gehören, hatten zunächst einen segmentierten Hinterleib. Die Limulidae sind seit dem Tertiär unverändert. Mit 3 Gattungen und 4 Arten bewohnen sie heute ein diskontinuierliches Verbreitungsgebiet: *Limulus* an der amerikanischen Atlantikküste, *Carcinoscorpius* und *Tachypleus* in Südostasien.

Limulus polyphemus, bis 60 cm, häufig an der amerikanischen Atlantikküste von New York bis Florida in 5–40 m Tiefe. Im Frühsommer zur Fortpflanzung in Massen im Gezeitenbereich, hier Paarung und Eiablage. Intensiv genutzte Art für sinnes- und stoffwechselphysiologische Forschung. – Die südostasiatischen Arten werden auch gegessen.

†Eurypterida (Gigantostraca), Seeskorpione

Diese fossilen Cheliceraten sind mit einer Körperlänge von bis zu 1,80 m die größten bekannten Arthropoden. In ihrer Körpergliederung erinnern sie sehr an Skorpione (Abb. 618). Ihr Opisthosoma ist wie bei diesen untergliedert in ein Mesosoma aus 7 und ein Metasoma aus 5 Segmenten und besitzt einen Schwanzstachel. Die Prosomabeine sind mit Dornen bewehrte Schreitbeine, die vorderen bei manchen Arten zu

Fangbeinen spezialisiert. Das letzte Beinpaar ist meist paddelartig verbreitert.

Lichtsinnesorgane sind je 1 Paar Facettenaugen und Medianaugen. Atmungsorgane waren wohl Buchkiemen an den plattenartigen Opisthosomaextremitäten oder weichhäutige Stellen, die von diesen Extremitäten überdeckt wurden.

Das Genitaloperculum, zuweilen auch die folgende Extremitäten, trugen zu Gonopoden verlängerte Telopoditen. Die frühesten bekannten Stadien sind 2–3 mm lange Larven mit unvollständiger Segmentzahl.

Seeskorpione traten seit dem Ordovizium (520 Mill. Jahre) mit ca. 200 Arten im küstennahen Brackwasser und vor allem im Süßwasser auf. Einige konnten wohl kurzfristig über Land wandern. Fundstellen liegen in Europa, Nordamerika und Australien. Im Perm verschwanden sie.

†Hughmilleria norvegica, 30 cm, im Niederen Devon Norwegens, wahrscheinlich guter Schwimmer, mit zum Steuern abgeplattetem Schwanzstachel. – *†Mixopterus kiaeri,* 1 m, aus dem Niederen Devon Norwegens.

3.2 Arachnida, Spinnentiere i.e.S.

Die überwiegende Zahl der fast 60 000 Chelicraten gehört zu den landlebenden Arachniden. Darunter sind so unterschiedliche Formen wie die relativ großen Skorpione und winzige Milben. Die terrestrische Lebensweise hat zu tiefgreifenden Veränderungen geführt: Reduktion und Verlust der Opisthosomaextremitäten, Umbau der Buchkiemen zu Fächerlungen, extraintestinale Verdauung und die dazugehörigen Strukturen, Ausbildung von entodermalen Malpighischen Schläuchen zur Exkretion von Guanin u.ä. wassersparenden Exkreten, Auflösung der Facettenaugen zu Einzelaugen, Ausbildung cuticularer Sinnesorgane wie Trichobothrien und Spaltsinnesorgane und die Entwicklung einer meist indirekten, inneren Besamung. Nur relativ wenige Arten (die Wasserspinne *Argyroneta aquatica* und verschiedene Milben-Taxa) sind erneut zum Wasserleben übergegangen.

Bau

Der langgestreckte Habitus der Skorpione erinnert noch am meisten an ursprüngliche wasserlebende Chelicratenformen; bei den anderen Arachnida wird der Körper in unterschiedlicher Weise zunehmend verändert (Abb. 619): (1) Durch Reduktion hinterer Opisthosomasegmente und zunehmende Verwachsungen wird der Körper verkürzt und kompakt – am extremsten bei Opiliones und Acari. (2) Das 1. Opisthosomasegment wird zunehmend reduziert. Ein Tergit besitzt es noch bei den meisten

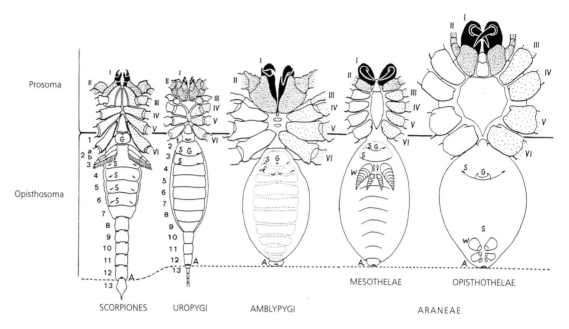

Abb. 619: Arachnida. Schematische Ventralansichten verschiedener Taxa. Vergleich der Segmente und ihrer Anhänge. Römische Ziffern kennzeichnen die Prosoma-Extremitäten, arabische Nummern die Opisthosoma-Segmente. A = After, G = Genitaloperculum, S = Stigmen, Lungen- oder Tracheenöffnungen, W = Spinnwarzen. Original: W. Marinelli, Wien, ergänzt nach Kaestner (1965). Zeichnung: M. Mizzaro-Wimmer, Wien.

Gruppen, ein Sternit nur noch bei den Uropygi. Bei Amblypygi, Araneae und Ricinulei wird das 1. Opisthosomasegment zu einem stielartigen Abschnitt (Petiolus) verengt, was dem gesamten Hinterkörper eine erhöhte Beweglichkeit verleiht und z.B. auch eine wesentliche Voraussetzung für die wirkungsvolle Arbeitsweise der Spinnwarzen bei den Webspinnen ist.

Der Petiolus hat weiterhin die gleiche Funktion wie das Diaphragma bei den Scorpiones (S. 464) und den Solifugae (S. 485). Es verhindert einen raschen Hämolymph-Druckausgleich zwischen Pro- und Opisthosoma, was für die Lokomotion wichtig ist. Die Beine besitzen nicht in allen Gelenken Beuger: die Streckung erfolgt durch Hämolymphdruck. Bei der Lokomotion kann dann im Prosoma ein hoher Hämolymphdruck erzeugt werden, ohne daß das Opisthosoma anschwillt.

Der Lokomotion dienen ursprünglich die 4 **Laufbeinpaare** (Abb. 619), doch kann das 1. (Uropygi, Amblypygi und Solifugae) oder das 2. (bei manchen Opiliones und Ricinulei) als Fühlerbeinpaar spezialisiert sein, so daß diese Arachniden nur auf 3 Beinpaaren laufen. Die ungünstige Gewichtsverteilung, die sich aus der Insertion der Lokomotionsorgane am Vorderkörper ergibt, wird dadurch gemindert, daß bei vielen Gruppen das Opisthosoma kompakt und kurz und der Schwerpunkt dadurch nach vorn verlagert wird. So konnten Amblypygi, Araneae und Solifugae zu raschen, wendigen Läufern werden.

Große Veränderungen hat die Ventralseite des Prosomas erfahren. Der Mund ist nach vorn verlagert. Die Coxen der Laufbeine und Pedipalpen sind kaum beweglich und können nicht mehr als Beißwerkzeuge eingesetzt werden. Sie bedecken die Ventralseite des Prosomas oder lassen Platz frei für ein oder mehrere Sternite (Abb. 619). Coxalendite (Gnathocoxen) der Pedipalpen oder der beiden ersten Beinpaare bilden einen kahnförmigen Mundvorraum. Nur bei den Palpigradi und Solifugen liegt der Mund terminal frei zwischen Ober- und Unterlippe. Er ist bei allen Arachniden so eng, daß nur flüssige Nahrung aufgenommen werden kann: Die Arachniden verdauen extraintestinal. Der Vorderdarm bildet hinter dem Mund eine Saugpumpe (Pharynx). Ein Kaumagen fehlt, oder es ist (bei Amblypygi und Araneae) ein postcerebraler Saugmagen ausgebildet.

Bei der **Nahrungsaufnahme** wird die Beute vor den Mundvorraum gehalten. Die Cheliceren reißen ein Loch, in das sich regurgitierte Verdauungsenzyme aus den Mitteldarmdrüsen ergießen und die Nahrung extraintestinal verdauen. Beim Aufsaugen filtrieren mundständige Haare gröbere, feine Rinnen zwischen Oberlippe und Unterlippe kleine Partikeln ab. Die Beute wird völlig mazeriert oder, bei Arten mit sehr kleinen Cheliceren (manche Pseudoskorpione, Spinnen und Milben), ausgesogen.

Die Nahrung wird in den Mitteldarm und in die Mitteldarmdrüsen gepumpt und resorbiert. Diese Drüsen münden in den vorderen Teil des Mitteldarms. Sie enthalten Sekretzellen, die Verdau-

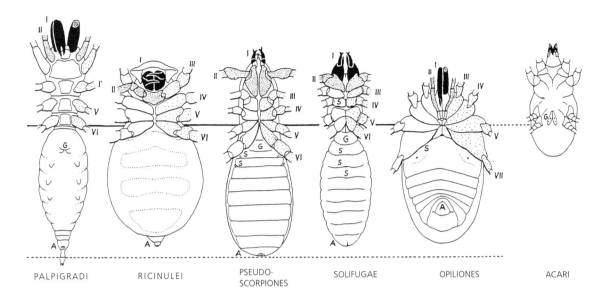

PALPIGRADI RICINULEI PSEUDO-SCORPIONES SOLIFUGAE OPILIONES ACARI

ungsenzyme sezernieren, Resorptionszellen, die die verdaute Nahrung in große Vakuolen aufnehmen, und Guanocyten, die Guaninkristalle bilden, speichern oder in das Lumen abgeben. Die verdaute Nahrung wird in den Mitteldarmdrüsen gespeichert oder an den mesodermalen Fettkörper weitergegeben. Viele Arachniden können nach einer reichen Mahlzeit monatelang ohne Nahrung leben. – Der hintere Mitteldarmabschnitt nimmt die Malpighischen Schläuche auf, erweitert sich am Ende zur Rektalblase und vereinigt sich dann mit dem muskulösen Enddarm, der am letzten Körpersegment mündet (Abb. 638). Die Malpighischen Schläuche der Arachnida sind, im Gegensatz zu denjenigen der Insekten, entodermal. Ihre Zellen können, wie die des hinteren Mitteldarms und der Rektalblase, Guanin, Adenin, Hypoxanthin und Harnsäure bilden, die in kristalliner Form an das Lumen abgegeben und in der Rektalblase vorübergehend gespeichert werden.

Als segmentale **Exkretionsorgane** sind nur 1 oder 2 Paar Coxaldrüsen erhalten, die im 1. und/oder 3. Laufbeinsegment liegen. Nephrocyten sind große Exkretspeicherzellen, die sich während der Embryonalentwicklung von den Coelomwänden der vorderen Prosomasegmente lösen.

Das **Zentralnervensystem** ist stark konzentriert. In Zusammenhang mit der Vorverlagerung des Mundes sind die Vorderkopfstrukturen auf- und sogar nach hinten umgeklappt worden. Infolgedessen liegt das Oberschlundganglion über dem Unterschlundganglion (Abb. 620). Letzteres bildet eine kompakte Masse aus den Ganglien des Prosomas, an der intersegmentale Blutgefäße die segmentale Natur der Neuromeren noch zeigen. Stets sind hier

auch einige, in vielen Taxa alle opisthosomalen Ganglien angeschlossen. Das Oberschlundganglion läßt keine Gliederung erkennen. Es besteht aus dem Protocerebrum (ein Deutocerebrum, das Neuromer der 1. Antennen, ist nicht nachweisbar) und dem weitgehend inkorporierten Tritocere-

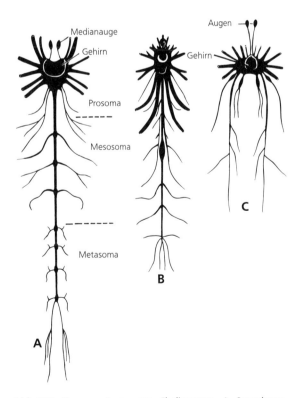

Abb. 620: Nervensysteme von Cheliceraten. A Scorpiones. B Solifugae. C Opiliones. Aus Millot (1949).

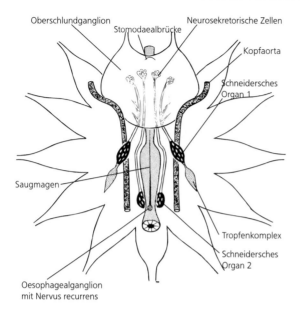

Abb. 621: Araneae. Schema von Ober- und Unterschlundganglion mit den wichtigsten Teilen des neuroendokrinen Systems. Dorsalansicht. Neurosekrete werden im Ober- und Unterschlundganglion produziert und in retrocerebralen Neurohämalorganen, den 1. Schneiderschen Organen und dem Tropfenkomplex gespeichert und an die Hämolymphe abgegeben. Die 2. Schneiderschen Organe sind kleine Ganglien neben dem Saugmagen, die zum stomatogastrischen Nervensystem gehören und ebenfalls sekretorisch tätig sind. Verändert nach Foelix (1979).

brum. Das Gehirn empfängt die Nerven der Median- und Lateralaugen (Abb. 622), die sich zu je 2 Sehmassen erweitern. Assoziationszentren sind die Corpora pedunculata (pilzhutförmige Körper), deren untere Enden eine Querbrücke (Balken) bilden. Sie empfangen Nervenbahnen von den Seitenaugen und sind besonders stark entwickelt bei sich optisch orientierenden und bei gut beweglichen Arten (z.B. Amblypygi, Jagdspinnen), dagegen fehlen

sie bei Netzspinnen, Pseudoskorpionen und vielen Milben. Ein weiteres Assoziationszentrum, der Zentralkörper, liegt nicht wie bei Insekten zentral im Gehirn sondern an seinem Hinterrand. Er empfängt Fasern von den Median- und Seitenaugen und ist, z.B. bei Netzspinnen, stärker entwickelt als bei Jagdspinnen. Das Tritocerebrum ist das Cheliceren-Neuromer. Ihm entspringt die Stomodaealbrücke, die – homolog dem Frontalganglion der Mandibulata – Mund, Oberlippe und Vorderdarm innerviert. Bei einer Reihe von Arachniden ist auch die Tritocerebralkommissur in das Oberschlundganglion inkorporiert.

Das Zentralnervensystem bildet Neurosekrete, die sich in retrocerebralen Neurohämalorganen hinter dem Gehirn sammeln. Am besten untersucht sind die Schneiderschen Organe und der Tropfenkomplex bei den Araneae (Abb. 621). Über ihre genaue Funktion wie überhaupt über die hormonelle Steuerung bei Chelicerata ist noch kaum etwas bekannt.

Wichtige **Sinnesorgane** der meist nachtaktiven Arachniden sind Mechano- und Chemorezeptoren. Charakteristisch sind Trichobothrien und Spaltsinnesorgane (Abb. 624).

Trichobothrien (Becherhaare) sind lange, in einer tiefen Einsenkung der Cuticula leicht beweglich eingelenkte Borsten, die durch schwache Luftbewegungen abgelenkt werden (Abb. 624 G). Sie stehen auf Extremitäten oder anderen Körperstellen. Da nur Ablenkungen in eine oder wenige Richtungen gemeldet werden, kann durch die Anordnung von Trichobothrien mit unterschiedlichen Richtcharakteristiken die Richtung und Entfernung eines sich bewegenden Objektes präzise festgestellt werden. – Spaltsinnesorgane (Abb. 624 A, D) perzipieren Kräfte, die durch Eigenbewegungen des Tieres, durch die Schwerkraft oder durch Vibrationen des Untergrundes auf die Cuticula wirken. Ein Organ besteht aus einem Spalt in der Cuticula von 8–200 μm Länge, der von verdickten Lippen umgeben und nach außen durch eine dünne Membran abgeschlossen ist. An ihr endet der Den-

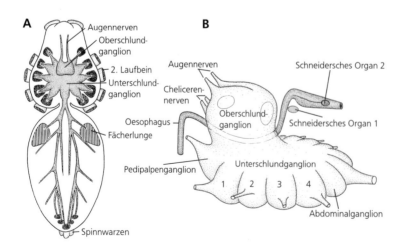

Abb. 622: Schema des Zentralnervensystems von *Tegenaria* sp. (Araneae). A Dorsalansicht. Alle Ganglien sind im Vorderkörper konzentriert und senden Nervenbündel in die Extremitäten und die Organe des Opisthosomas. B Seitenansicht von Ober- und Unterschlundganglion, mit Vorderdarm. Verändert nach Foelix (1979).

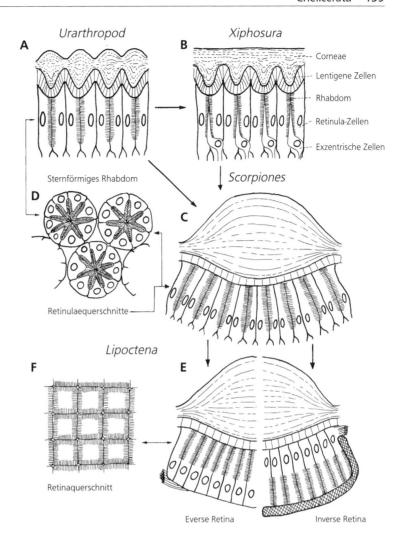

Abb. 623: Arachnida. Augen, schematisch. A Längsschnitt (hypothetisch) durch das Facettenauge der Arthropoden-Stammart. B *Limulus* (Xiphosura). C Längsschnitt durch das Seitenauge eines Skorpions. In allen drei Fällen liefern Querschnitte (dünne Pfeile) sternförmige Retinulae (D). E Längsschnitt durch das Auge eines epectinaten Arachniden (Lipoctena), links evers, rechts invers. F Querschnitt mit netzförmiger Rhabdomeren-Anordnung. Aus Weygoldt und Paulus (1979).

drit einer Sinneszelle. Jede Verengung des Spalts erzeugt Nervenimpulse. Mehrere Einzelspalten können zu Gruppen zusammentreten. Besondere Gruppen sind die Lyraförmigen Organe, bei denen Spalten zunehmender Länge in gleicher Richtung gruppiert sind (Abb. 624B). Ursprünglich sind die Spaltsinnesorgane wohl Propriorezeptoren. Spinnen können damit aber auch feinste Schwingungen der Unterlage, sogar akustische Reize perzipieren, z.B. eine summende Fliege. Sie verlieren die Fähigkeit zur kinästhetischen Orientierung, wenn bestimmte Lyraförmige Organe zerstört werden. Weitere Propriorezeptoren sind die Gelenksinnesorgane, Gruppen von Sinneszellen in den Gelenken von Beinen und Pedipalpen, deren Dendrite in die Epidermis unter der Gelenkmembran ziehen.

Die Seitenaugen (Lateralaugen) der Arachniden sind Linsenaugen, die durch Zerfall der Facettenaugen in mehrere Teile entstanden, wobei deren Ommatidien miteinander verschmolzen und eine gemeinsame Cornea bildeten (Abb. 623). Ein Auge entspricht daher mehreren Ommatidien. Bei einigen Scorpiones und Uropygi gibt es noch 5, bei Amblypygi und Araneae 3 Paar Lateralaugen. Bei anderen Arachniden ist die Zahl noch weiter reduziert, oder sie fehlen völlig.

Die Seitenaugen der Skorpione zeigen diese Herkunft noch. Ein Flachschnitt durch die Retina ähnelt einem Schnitt durch ein Facettenauge von *Limulus* (Abb. 623B,D). Die Retina setzt sich aus geschlossenen Retinulae mit sternförmigem Rhabdom zusammen. Bei anderen Arachniden hat eine Reorganisation der Retina stattgefunden. Die Rhabdome bilden ein gleichmäßiges, durchgehendes Netz, in dem jede Sinneszelle mindestens an zwei gegenüber liegenden Seiten, oft an allen vier Seiten, Mikrovillisäume ausbildet (Abb. 623F). Die Retinae können evers oder invers sein (Abb. 623E). Invers sind sie bei Augen mit einem Tapetum.

Von den Medianaugen ist nur das dorsale Paar erhalten. Bei manchen tagaktiven Spinnen (z.B. Salticidae) sind sie sehr groß (sog. Hauptaugen), leistungsfähig und komplex (Abb. 649, 650). Sie sind stets evers und ohne Tapetum.

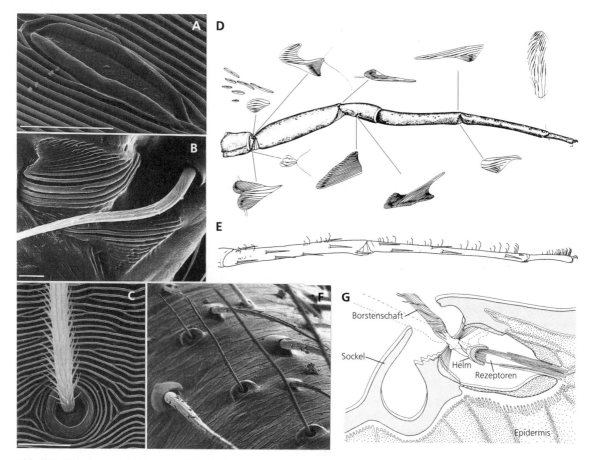

Abb. 624: Sinnesorgane bei Araneae. A Spaltsinnesorgan von *Amaurobius fenestralis*. B Lyraförmige Organe und Tasthaar von *Zygiella x-notata*. C Tasthaar von *A. fenestralis*. D Verteilung der Spaltsinnesorgane auf einem Laufbein von *Cupiennius salei*. E Anordnung der Trichobothrien auf dem 2. Schreitbein von *Cupiennius salei*. Lateralansicht. Länge der Trichobothrien 100-1400 µm; insgesamt etwa 100 auf einem Bein. Zum Teil in Gruppen zusammengefaßt. Komplexe Wahrnehmungen über den Luftstrom in der Grenzschicht um das Bein, die sich auch mit Veränderungen der Beinstellung beim Laufen ändern. F Tasthaare und Trichobothrien auf einem Laufbein von *Zygiella x-notata*. G Längsschnitt durch ein Trichobothrium von *Tegenaria* sp. Auslenkung des Haares drückt den Helm auf die dendritischen Endigungen und löst dadurch Erregung aus. Auslenkungen des Haares werden von 3 Sinneszellen beantwortet, die jeweils auf eine Auslenkungsrichtung reagieren. Maßstäbe für A-C, F: 10 µm. A, C Originale: G. Purschke, Osnabrück; B, F Originale: M.C. Müller, Osnabrück; D aus Barth und Libera (1970); E aus Barth et al. (1993); G nach Christian (1971).

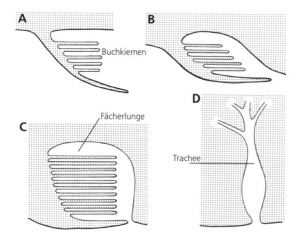

An der Spitze einer Epidermis-Einstülpung bildet sich die Retina; die darüber liegende Epidermis scheidet einen kugeligen Glaskörper und eine flache Cornea ab. Das unter der Einstülpung liegende Epithel bildet die Postretinalmembran (Abb. 648).

Atmungsorgane sind Fächerlungen oder Tracheen. Fächerlungen sind direkt von Buchkiemen abzuleiten. Indem die opisthosomalen Extremitäten median und seitlich miteinander und mit der Ven-

◁ **Abb. 625:** Chelicerata. Atmungsorgane, stark schematisiert. Umwandlung von Buchkiemen an einer Opisthosoma-Extremität bei Xiphosura (A) über ein hypothetisches Zwischenstadium (B) in eine Fächerlunge (C) und in eine Trachee (D). Nach verschiedenen Autoren.

tralseite des Körpers verwachsen, entstehen aus ihnen Lungendeckel (Abb. 625). Dabei werden die Atemlamellen in eine Lungenhöhle verlagert und verwachsen mit deren Seitenwänden. Luftatmungsorgane werden sie durch die Ausbildung kleiner Pfeiler (Trabeculae), die die Zwischenräume zwischen den Lamellen offen halten (Abb. 626). Jede Lunge beginnt mit einem schlitzförmigen Stigma; es führt in einen Atemvorhof, von dem aus die Luft zwischen die Lamellen gelangen kann. Atembewegungen werden nicht durchgeführt.

Tracheen sind auf verchiedene Art entstanden: (1) durch Reduktion von Atemlamellen und Auswachsen vom Lungenvorhof aus. Sie entstehen embryonal in Zusammenhang mit rudimentären Extremitätenknospen und sind den Lungen homolog; (2) durch Auswachsen von Apodemen, eingestülpten Muskelansatzstellen, die sich ins Körperinnere verlängern. Tracheen sind entweder als Sieb- bzw. Büscheltracheen (von einem Tracheenstamm gehen am Ende zahlreiche unverzweigte Tracheolen aus), oder als verzweigte Röhrentracheen ausgebildet. Sieb- und Röhrentracheen können bei der gleichen Art nebeneinander vorkommen.

Innerhalb eines Arachniden-Taxon gibt es entweder Lungen oder Tracheen. Nur die Araneae zeigen den sukzessiven Ersatz von Lungen durch Tracheen. Tracheen sind vor allem bei Kleinformen leistungsfähiger als Lungen. Die Tracheen der Arachniden geben den Sauerstoff an das Blut ab, nicht direkt an die Verbrauchsorgane. Bei sehr kleinen Milben können Kreislauf- und Atmungsorgane vollständig fehlen.

Lungentragende Arachniden haben ein gut ausgebildetes **Kreislaufsystem**. Vom Herzen, das sich vom Opisthosoma bis ins Prosoma erstrecken kann, zieht eine Aorta nach vorn und gabelt sich in zwei Arteriae crassae.

Diese geben Gefäße für Gehirn und Cheliceren ab und ergießen sich in den paarigen Blutsinus, der dem Unterschlundganglion aufliegt. Von ihm gehen Gefäße zu den Extremitäten und zum Unterschlundganglion aus sowie die dem Bauchmark aufliegende Caudalarterie. Innere Organe werden von Lateralarterien versorgt. Das Blut sammelt sich schließlich in großen Lungenblutsinus, die das Blut durch die Atemlamellen zum Perikardialsinus und ins Herz leiten.

Von den primär paarigen **Gonaden** gehen paarige Uteri oder Vasa deferentia aus, die unpaar im Genitalatrium münden.

Die Spermatozoen der Arachniden werden zunehmend unbeweglicher, indem das Flagellum vereinfacht ($9 \times 2+2$, $9 \times 2+1$, $9 \times 2+0$ bei einigen Scorpiones, $9 \times 2+3$ bei den Megoperculata), im Inneren des Zellkörpers aufgerollt (Megoperculata, Pseudoscorpiones, Cyphophthalmi unter den Opiliones) und schließlich ganz reduziert wird. So entstehen völlig abweichend gestaltete Spermatozoen bei den Opiliones, Palpigradi, Solifugae und Acari.

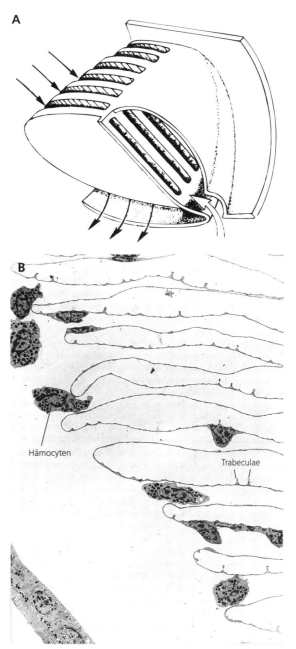

Abb. 626: Fächerlungen einer Spinne. A Blockdiagramm; Lungenstigma, durch das (weißer Pfeil) Luft in den Atemvorhof gelangt. Links Atemlamellen, die (schwarzer Pfeil) von Hämolymphe umströmt werden. B Schnitt durch eine Fächerlunge. Links der Lungen-Sinus mit Hämocyten, von denen einige in die Atemlamellen eindringen. Kleine Cuticula-Pfeiler (Trabeculae) auf den Lamellen verhindern das Kollabieren der Zwischenräume. Aus Foelix (1979).

Fortpflanzung und Entwicklung

Die terrestrische Lebensweise bedingt innere Besamung. Die Übertragung der Spermatozoen erfolgt in den einzelnen Taxa auf sehr unterschiedliche, z. T. indirekte Weise. Direkte Übertragung von

Geschlechtsöffnung zu Geschlechtsöffnung oder mit Kopulationsorganen gibt es bei den Opiliones, einigen Solifugae und vielen Milben. Parthenogenese kommt bei wenigen Araneae, Amblypygi, Palpigradi, Pseudoscorpiones und Acari vor.

Die **Furchung** ist generell superfiziell, beginnt aber bei manchen Arten total. Nach der Blastodermbildung entsteht am vegetativen Pol ein Kurzkeim; das Material für die Opisthosomasegmente wird in einer caudalen Sprossungszone gebildet. Im Vorderkörper werden 7 Paar Coelomhöhlen angelegt; das vorderste entspricht dem Praeantennalsegment der Mandibulata (S. 436), die folgenden gehören zu den extremitätentragenden Segmenten. Im Opisthosoma entstehen ursprünglich 12 Coelomsackpaare.

Die meisten Arachniden treiben Brutpflege. Dem Ei entschlüpft eine Praenymphe mit allen Segmenten und Extremitäten; sie ist meist noch nicht vollständig ausdifferenziert, lebt vom Dottervorrat und bleibt häufig bis zur ersten Häutung auf der Mutter oder im Kokon (bei Webspinnen). Nach der 1. oder 2. Häutung entstehen freilebende Nymphenstadien, deren Zahl bei den verschiedenen Taxa unterschiedlich ist. Mit Ausnahme von Amblypygi und den Weibchen orthognather Webspinnen häuten sich die geschlechtsreifen Tiere in der Regel nicht mehr. Nur bei den Ricinulei und Acari (Abb. 681 A) hat das erste Stadium nur 3 Beinpaare und wird als Larve bezeichnet. Ein Teil der Skorpione (Scorpionidae) ist ovovivipar oder sogar vivipar. Die Embryonen der Pseudoskorpione wachsen in einem sezernierten Brutsack heran und werden dort mit Nährflüssigkeit versorgt (Abb. 668).

Systematik

Die Vorfahren der Arachniden sind wahrscheinlich im Silur an Land gegangen und haben dort eine umfangreiche adaptive Radiation durchgemacht. Im Karbon waren die rezenten – neben einer Reihe ausgestorbener – Taxa schon in ihrer heutigen Gestalt vorhanden.

Weder die Verwandtschaft der Arachnida mit den wasserlebenden Xiphosura noch ihre Beziehungen untereinander sind hinreichend geklärt. Mögliche Synapomorphien der Arachniden-Taxa sind: die extraintestinale Verdauung, die entodermalen Malpighischen Schläuche, der Zerfall der Facettenaugen in maximal 5 Paar Einzelaugen und die Spaltsinnesorgane. Wenn jedoch die Annahme der Paläontologen richtig ist, daß die frühpaläozoischen Skorpione noch aquatisch waren (siehe auch †Eurypterida, S. 455), dann sind wahrscheinlich diese gemeinsamen Merkmale Konvergenzen, und es wird fraglich, ob die terrestrischen Arachnida eine monophyletische Gruppe bilden.

Die **Scorpiones** mit 4 Paar Lungen, einem langen Hinterleib, Schwanzstachel und einer noch langen Kette freier opisthosomaler Ganglien sind sicher das Taxon mit den meisten ursprünglichen Merkmalen, dem alle anderen als **Lipoctena** („ohne Kämme") gegenüber gestellt werden können. Ihre Synapomorphien sind: aufgerollte, encystierte oder noch stärker abgewandelte Spermatozoen, netzförmige Rhabdomerenanordnung in den Seitenaugen (Abb. 623), oft Lyraförmige Spaltsinnesorgane (Abb. 624). Innerhalb der Lipoctena sind die **Megoperculata** eine gut abgrenzbare Gruppe, deren Monophylie nicht bezweifelt wird.

Als Megoperculata werden die Uropygi, Amblypygi und Araneae zusammengefaßt. Namengebend ist das große Genitaloperculum mit seitlichen Fächerlungen. Ihre Synapomorphien sind: zweigliedrige Cheliceren mit einschlagbarer Klaue; aufgerollte, encystierte Spermatozoen mit $9 \times 2+3$ Axonema. Ursprünglich sind 2 Paar Fächerlungen im 2. und 3. Opisthosomasegment, 3–5 Paar Seitenaugen (5 nur bei einigen Thelyphonida) und 1 Paar Medianaugen. Die Verwandtschaft innerhalb der Gruppe wird unterschiedlich diskutiert. Ältere Autoren und SHULTZ (1990) fassen Uropygi und Amblypygi aufgrund zahlreicher gemeinsamer Merkmale (Plesiomorphien?, Konvergenzen?) als Pedipalpi zusammen; ihre Schwestergruppe sind dann die Araneae. Nach der hier vertretenen Auffassung sind dagegen Amblypygi und Araneae Schwestergruppen; eine eindeutige Entscheidung für die eine oder andere Auffassung ist zur Zeit nicht möglich. Auch die Verwandtschaftsverhältnisse der **Apulmonata** sind noch ungenügend charakterisiert. Abb. 612, 613 zeigen zwei alternative Systeme der Arachnida.

3.2.1 Scorpiones, Skorpione

Von den ungefähr 1400 meist großen Arten mit sehr einheitlichem Habitus sind *Pandinus imperator* (18–20 cm) und die Weibchen von *Hadogenes troglodytes* (21 cm) die größten, *Typhlochactas mitchelli* (9 mm) die kleinsten Formen. Skorpione sind weltweit in den Tropen und Subtropen verbreitet. Wenige dringen in gemäßigte Breiten vor, so die europäischen *Euscorpius*-Arten.

Euscorpius flavicaudis ist nach Südengland verschleppt worden und bildet dort eine stabile Population. Viele Arten leben in Regenwäldern und anderen feuchten Lebensräumen, doch besiedeln auch zahlreiche Arten trockene Gebiete bis hin zu Halbwüsten und Wüsten. Sie sind dazu befähigt (1) durch eine große Toleranz unterschiedlichen Temperaturen gegenüber, bis hin zur Fähigkeit zur Superkühlung – ihre Körperflüssigkeit gefriert auch bei Temperaturen unter 0°C nicht – und zur geregelten Eisbildung, z.B. im Darmkanal, (2) durch eine Cuticula, die dank eingebauter Lipide weniger wasserdurchlässig ist als die anderer Arthropoden. Wüstenskorpione können zudem gut graben und verbringen einen großen Teil des Lebens unterirdisch.

Bau

Der Habitus (Abb. 627) ist gekennzeichnet durch das lange, segmentierte Opisthosoma, das mit breiter Fläche am Prosoma ansetzt, in ein Mesosoma aus 7 und ein Metasoma (Schwanz) aus 5 Segmenten untergliedert ist und am Hinterende einen Giftstachel trägt. Das schmale Metasoma besitzt ringförmige Sklerite wie die Extremitäten; es wird also bei der Nahrungsaufnahme nicht dicker, kann aber wie ein Gliederbein bewegt werden. Charakteristisch sind ferner mächtige Pedipalpen mit Scheren. Die ventralen Teile des 2. Opisthosomasegments (Extremitätenreste) sind in einen Genital- und einen Kammabschnitt differenziert; die Kämme (Pectines) sind ein besonderes Charakteristikum der Scorpiones.

Diese Vorstellung der Segmentierung ergibt sich aus der Lage der segmentalen Muskeln. Nach einer anderen Vorstellung besitzt das Mesosoma 8 Segmente: Das erste hat sein Tergit verloren, das zweite trägt die Geschlechtsöffnung, das dritte die Pectines und die 4.–7. die Lungen.

Die nachtaktiven Tiere sind meist dunkel-schwarzbraun, sandbewohnende Arten auch graubraun bis gelblich gefärbt. In ultraviolettem Licht fluoreszieren sie.

Der **Lokomotion** dienen die 4 Laufbeinpaare. Die Coxen des letzten Paares lassen median Raum für ein 3- oder 5-eckiges Sternum, homolog dem Metastoma der †Eurypterida. Beim Laufen wird das Opisthosoma zur Verlagerung des Schwerpunktes nach dorsal abgebogen und das Metasoma über dem Mesosoma getragen. Sand- und wüstenbewohnende Arten können graben, wobei sie sich mit den Pedipalpen und dem letzten Beinpaar aufstützen und mit den anderen scharren. Beim Laufen werden die Pedipalpen tastend vorgestreckt, und die Pectines kontrollieren das Substrat.

Die Beute – z.B. Arthropoden, kleine Wirbeltiere – wird mit den Pedipalpen gepackt und mit den dreigliedrigen Cheliceren zerrissen und zerkaut. Der Mund liegt in einem tiefen Vorraum, dessen Boden von Coxalenditen der beiden vorderen Laufbeinpaare gebildet wird. Große Beutetiere werden durch einen Stich mit dem Giftstachel getötet. Paarige Giftdrüsen, die durch Muskeln entleert werden können, liegen in der verdickten Basis des Stachels. Er wird auch zur Verteidigung eingesetzt.

Manche Arten der Buthidae sind auch für den Menschen gefährlich, besonders Arten der Gattungen *Tityus* (Südamerika), *Centruroides* (Mexiko), *Androctonus, Leiurus, Buthacus, Buthus* (Mittelmeerraum, Nordafrika) und *Parabuthus* (Südafrika). Die Gifte sind komplexe Mischungen und enthalten verschiedene basische Proteine mit niedrigem Molekulargewicht, die als Neurotoxine wirken, sowie Schleim, Oligopeptide, Nucleotide und andere organische Bestandteile. Die Toxizität ist sehr verschieden. Bei Skorpionen von medizinischer Bedeutung (s.o.) liegt sie zwischen 0,25 und 4,25 (LD_{50} ausgedrückt in mg kg^{-1} Maus), bei solchen ohne medizinische Bedeutung zwi-

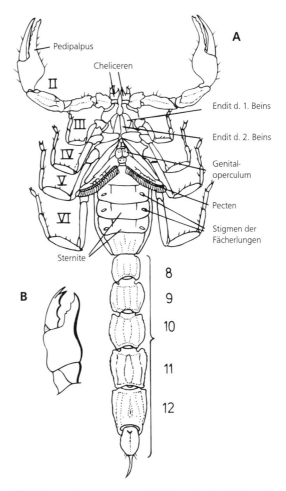

Abb. 627: *Androctonus australis* (Scorpiones). A Ventralansicht. B Chelicere. Römische Ziffern: Prosoma-Extremitäten. Arabische Ziffern: Opisthosomasegmente im Bereich des Metasomas. Nach Ray-Lankester (1885) und Vachon und Millot (1949).

schen 40 (*Pandinus exitialis*) und bis zu 2667 (*Hadogenes* sp.). Der Stich der gefährlichen Arten ist sehr schmerzhaft. Bei tödlicher Dosis tritt der Tod nach 5–20 Stunden durch Lähmung der Atemmuskulatur ein, wenn kein Antiserum gegeben wird. Die Zahl der Todesfälle pro Jahr liegt bei ca. 1000, die Mehrzahl davon in Mexiko.

Skorpione sind gegen ihr eigenes Gift immun. Bei starker Erregung schlagen sie mit Mesosoma und Stachel um sich und können sich dabei verletzen. Daß sie auf diese Weise, wenn man sie z.B. zwischen glühende Kohlen setzt, Selbstmord begehen, ist also Aberglaube.

Skorpione sind nicht aggressiv. Zu Unfällen kommt es, wenn man auf ein Tier tritt oder wenn es sich in abgelegter Kleidung oder im Schuh verbirgt. In die Enge getriebene Skorpione drohen mit vorgestreckten, geöffneten Pedipalpen und hoch über dem Körper erhobenem Opisthosoma. Einige Arten stridulieren in dieser Situation: *Opisthophthalmus* durch Aneinanderreiben der Cheliceren, *Heterometrus* und *Pandinus* durch Reiben der Palpencoxen an den Coxen des 1. Beinpaares. Zur inner-

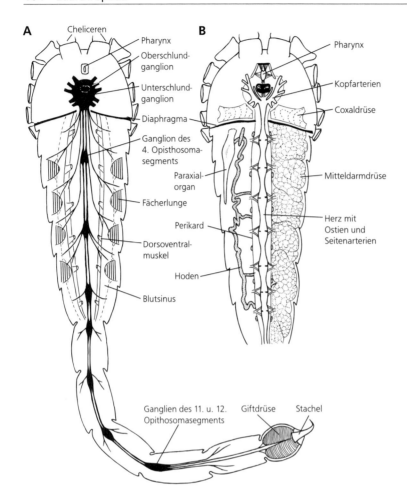

A

- Cheliceren
- Pharynx
- Oberschlund-ganglion
- Unterschlund-ganglion
- Diaphragma
- Ganglion des 4. Opisthosoma-segments
- Paraxial-organ
- Fächerlunge
- Perikard
- Dorsoventral-muskel
- Hoden
- Blutsinus

B

- Pharynx
- Kopfarterien
- Coxaldrüse
- Mitteldarmdrüse
- Herz mit Ostien und Seitenarterien

Ganglien des 11. u. 12. Opithosomasegments — Giftdrüse — Stachel

Abb. 628: Organisationsschema eines Skorpions. A Nervensystem, Fächerlungen. B Männchen. Blutgefäßsystem, Nephridien, Mitteldarmdrüse, Geschlechtsorgane. Nach Wakelin aus Dales (1970).

artlichen Kommunikation wird Stridulation nicht eingesetzt.

Wichtigste Sinne beim Beutefang sind der Tastsinn, auch Ferntastsinn durch Trichobothrien, und der Vibrationssinn durch spezielle Haare an den Beinen und Spaltsinnesorgane. Weitere **Sinnesorgane** sind tactile und chemotactile Borsten, Gelenkrezeptoren, die Pectines und die Augen. Vielfach wird auf Beute erst bei Berührung reagiert. *Paruroctonus masaensis* kann jedoch vergrabene, sich bewegende Beute durch Substratvibrationen aus 50 cm Entfernung oder in 50 cm Tiefe wahrnehmen.

Trichobothrien stehen in artcharakteristischer Anordnung auf den Pedipalpen (66–68 auf einem Pedipalpus bei *Euscorpius*). Schon Ablenkungen von 0°30' rufen Nervenimpulse hervor. Tastborsten und wahrscheinlich Chemorezeptoren stehen auf den Extremitäten, am Körper und im Bereich des Schwanzstachels. Spaltsinnesorgane (keine Lyraförmigen Organe!) sind auf dem Körper und den Extremitäten verbreitet.

Charakteristische Träger von Sinnesorganen sind die Pectines, deren genaue Funktion aber immer noch unklar ist. An ihren Zinken stehen zahlreiche Cuticularröhrchen, in

denen Fortsätze von Sinneszellen enden, mit denen der Untergrund geprüft wird.

Lateralaugen (2–5 Paar) liegen vorn an den Seitenrändern des Prosomas, 1 Paar große Medianaugen (Hauptaugen) mitten auf dem Scutum. Höhlenbewohnende Skorpione sind blind.

Die Seitenaugen von *Androctonus australis* perzipieren sehr geringe Helligkeitsunterschiede, wie sie in den Verstecken der Skorpione auftreten. Sie synchronisieren damit die Nachtaktivität, der ein circadianer Rhythmus zugrunde liegt, mit dem täglichen Hell-Dunkel-Wechsel. Mit diesem Rhythmus verändert sich auch die Sensitivität der Medianaugen, die nachts viel empfindlicher sind als am Tage.

Atmungsorgane sind 4 Paar Lungen in den 3.–6. Opisthosomasegmenten. Ihre Stigmen sind auf die Fläche der Sternite verlagert. Das **Kreislaufsystem** ist, entsprechend der Lungenatmung, gut ausgebildet. Das Herz hat 7 Paar Ostien und 9 Paar Seitenarterien. Die Leibeshöhlen von Pro- und Opisthosoma sind durch ein muskulöses Diaphragma voneinander getrennt (Abb. 628) (sonst nur bei Solifugae, siehe aber Petiolus bei Araneae, S. 470).

Die **Exkretion** erfolgt durch 2 Paar Malpighischer Schläuche, die dem hinteren Mitteldarmabschnitt entspringen. Sie und der hintere Mitteldarm sezernieren Guanin, Harnsäure, Xanthin u.a. Exkrete, die fast ohne Wasser abgegeben werden können, und ermöglichen damit die Besiedlung trockener Lebensräume. Weitere Exkretionsorgane sind Nephrocyten und ein Paar Coxaldrüsen, die am 3. Beinpaar münden.

Die Männchen sind schlanker als die Weibchen. Bei vielen Arten haben sie längere Pectines mit mehr Zinken. Weitere sekundäre Geschlechtsmerkmale können unterschiedlich gestaltete Pedipalpenscheren und Giftblasen sein. Die **Geschlechtsorgane** bestehen aus einem paarigen oder unpaaren medianen und 2 lateralen Schläuchen, die durch Queranastomosen verbunden sind. Beim Männchen gehen die Vasa deferentia in die Paraxialorgane über; in jedem wird eine halbe (Hemi-) Spermatophore gebildet.

Fortpflanzung und Entwicklung

Die Übertragung der Spermatophore erfolgt indirekt. Nach einem Vorspiel, bei dem die Partner einander an den Palpenscheren fassen und umher-, sowie vor- und zurückgehen – bei vielen Arten sticht das Männchen das Weibchen während dieser „promenade à deux" ein- oder mehrfach in die weiche Gelenkhaut des Pedipalpus – setzt das Männchen eine Spermatophore ab und zieht das Weibchen darüber. Die Spermatophoren der meisten Arten sind komplex gebaut; sie bestehen aus einem Stiel, einem Samenreservoir und einem Hebel, der, wenn er heruntergedrückt wird, die Samenmasse herauspreßt (Abb. 630).

Die meisten Skorpione sind ovovivipar. Ihre dotterreichen Eier mit diskoidaler **Furchung** entwickeln sich in Ovarialfollikeln und werden abgelegt, wenn die Praenymphen schlüpfreif sind.

Die Mutter fängt die Jungtiere mit einem Beinpaar auf und leitet sie auf den Rücken, wo sie sich von ihrem Dottervorrat ernähren (Abb. 629). Die Scorpionidae sind vivipar; ihre Eier sind dotterarm und furchen sich total. Die Embryonen bilden eine dorsale Placenta und früh einen funktionierenden Embryonalpharynx. Mit merkwürdig gestalteten Cheliceren halten sie einen von der Spitze des Follikels proliferierenden Nährstrang, dessen Zellen sich am Ende auflösen und aufgesogen werden (Abb. 631).

Die wenig beweglichen Praenymphen sind auf die mütterliche Brutpflege angewiesen. Wenn sie herunterfallen, werden sie vom Weibchen wieder aufgenommen. Heruntergenommene Praenymphen vertrocknen bald oder fallen anderen Tieren zur Beute. Nach der 1. oder 2. Häutung steigen die jungen Skorpione vom mütterlichen Körper. Sie können jetzt allein Beute machen und verteilen sich rasch. Bei manchen Arten ist Kannibalismus häufig und einer der wichtigsten Faktoren zur Regelung

Abb. 629: *Pandinus imperator* (Scorpiones). Weibchen trägt frisch geschlüpfte Praenymphen auf der Dorsalseite. Original: P. Weygoldt, Freiburg.

der Populationsgröße. Bei einigen Arten, besonders beim semisozialen *Pandinus imperator,* bleiben die Jungen jedoch bei der Mutter, die für sie Futter fängt.

Nach meist 5–6 Häutungen (Extreme: 4 bei den Männchen der Buthidae, 9 beim Weibchen von *Didymocentrus trinitarius*) und, je nach Art, zwischen 6 Monaten und bis zu 3 Jahren werden die Tiere geschlechtsreif und häuten sich nicht mehr. Skor-

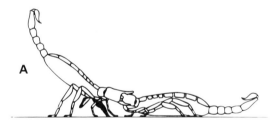

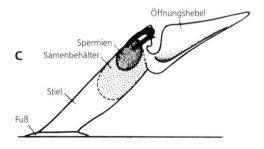

Abb. 630: *Euscorpius italicus* (Scorpiones). Paarung. A Männchen (links) setzt Spermatophore ab. B Männchen zieht das Weibchen über die Spermatophore. C Spermatophore. Nach Angermann (1957) aus Schaller (1962).

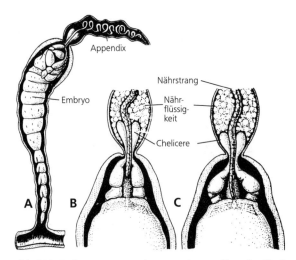

Abb. 631: Embryonen von *Ischnurus ochropus* (Scorpionidae). A Uterusfollikel mit einem Embryo und dem Appendix, in dem das Nährmaterial – zerfallende Zellen – bereitgestellt wird. B, C Schematische Frontalschnitte durch das Ende eines Follikels; in C hat der Embryo den mit den Cheliceren gehaltenen Nährstrang angezogen und saugt daran. Aus Vachon (1953).

pione erreichen ein Alter zwischen 2 (manche Buthidae) und 8 Jahren (manche Scorpionidae).

Systematik

Skorpione oder skorpionähnliche Arachniden sind seit dem Silur bekannt. Viele von ihnen sollen noch eine aquatische Lebensweise geführt haben, und einige besaßen Strukturen, die als Komplexaugen gedeutet werden. Die Atemorgane dieser und der karbonischen Skorpione (†Lobosterni) waren einfacher als die der rezenten Skorpione. Breite, plattenartige, median verwachsene Opisthosomaextremitäten verbargen die Atemlamellen; die Eingänge in die Atemkammern lagen am Hinterrand dieser Platten. Erst später traten Arten auf mit fest verwachsenen und zu Sterniten mit Stigmen gewordenen Opisthosomasegmenten wie bei den rezen-

Abb. 632: *Mastigoproctus brasilianus* (Uropygi, Thelyphonida), Männchen. Länge ca. 5 cm. Aus Weygoldt (1972).

ten Skorpionen. Letztere sind alle relativ eng miteinander verwandt.

Buthus occitanus (Buthidae), 10 cm, blaßgelblich mit schlanken Pedipalpen und kräftigem Metasoma; Südfrankreich, Spanien, Nordafrika. Nachtaktiv, tagsüber unter Steinen; die Giftigkeit verschiedener Populationen ist unterschiedlich: nordafrikanische Tiere sind gefährlich, südfranzösische nicht. – *Pandinus imperator* (Scorpionidae), 20 cm, größte rezente Art, schwarz, in Alkohol grünlich schillernd, mit mächtigen Pedipalpen, die bei Gefährdung wie Schutzschilde vor das Prosoma gehalten werden. Aequatorialafrika. Halbsozial und wie alle Scorpionidae vivipar; Jungtiere werden von der Mutter versorgt, die ihnen getötete Beute am ausgestreckten Palpus hinhält. – *Euscorpius italicus* (Chactidae), 5 cm, dunkelrotbraun bis schwarz. Nachtaktiv, in Kellern, Scheunen, Häusern, unter Steinen. Balkanländer, Italien, Nordgrenze des Vorkommens Südschweiz und Südtirol. In Österreich: *E. germanus*. – *E. carpathicus,* 4 cm, kleiner und heller als vorige Art. Österreich, Balkanländer. – *E. flavicaudis,* 5 cm, Südfrankreich, Südengland. – *Paruroctonus mesaensis* (Vaejovidae), 8 cm, hell graubraun, kalifornischer Wüstenskorpion. In selbst gegrabenen Löchern, von denen er sich auch nachts nicht weit entfernt; Beute wird aufgrund von Substratvibrationen aus 50 cm Entfernung bemerkt.

3.2.2 Uropygi, Geißelskorpione

Die etwa 180 subtropisch und tropisch lebenden Arten gehören zwei sehr unterschiedlichen Subtaxa an: den großen (bis 75 mm ohne Flagellum) **Thelyphonida** mit ungeteiltem Prosomarücken und den kleinen (bis 18 mm) **Schizomida** mit dreigeteiltem Prosomarücken.

Im Habitus (Abb. 632, 633) erinnern die Uropygi an Skorpione, doch besteht ihr Metasoma nur aus 3 Segmenten (unglücklich „Pygidium" genannt) und trägt eine vielgliedrige Schwanzgeißel (Flagellum), die als hinterer Fühler dient. Die Pedipalpen sind mächtige Fangwerkzeuge, die am Ende eine kleine Schere tragen. Das erste Beinpaar bildet Tastorgane mit vermehrter Zahl der Tarsenglieder. Sie laufen daher wie Insekten auf 3 Beinpaaren.

Die Nahrung wird mit den kräftigen Pedipalpen gepackt, zerdrückt und mit den zweigliedrigen, nach vorn gestreckten Cheliceren zerrissen. Der Mundvorraum wird von Coxalenditen der Pedipalpen gebildet, die median zum Camarostom verwachsen sind. Der Vorderdarm hat einen praecerebralen Pharynx, bei den Thelyphonida auch eine schwache postcerebrale Saugpumpe. Exkretionsorgane sind 2 Paar Coxaldrüsen, die gemeinsam am 1. Beinpaar münden; Malpighische Schläuche (1 Paar) und Nephrocyten sind vorhanden. Atemorgane sind 2 oder 1 Paar (Schizomida) Fächerlungen. Das Herz reicht bis ins Prosoma und hat 9 (Thelyphonida) oder 5 (Schizomida) Ostienpaare.

Große Wehrdrüsen münden beiderseits der Basis des Flagellums. Dank der Beweglichkeit von Meso- und Metasoma kann das Sekret einem Angreifer direkt entgegengesprüht werden, bei *Mastigoproctus* bis zu 80 cm weit. Bei *M. giganteus* besteht es aus Essigsäure (84%), Capryl-

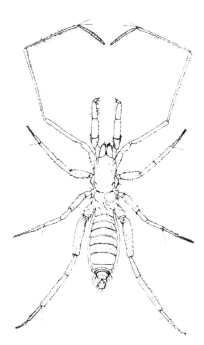

Abb. 633: *Schizomus sawadai* (Uropygi, Schizomida), Männchen. Länge ca. 4 mm. Nach Schiguchi und Yamasaki (1972) aus Barnes (1987).

säure (5 %) und Wasser (11 %). Es verursacht Schmerzen in den Augen und Schleimhäuten und leichtes Brennen auf der Haut.

Fortpflanzung und Entwicklung

Die Männchen vieler Thelyphonida haben längere oder modifizierte Pedipalpen, die der Schizomida ein kurzes, knopfartiges Flagellum. Nach dem Paarungsvorspiel (Abb. 634) dreht sich das Männchen um, und das Weibchen umfaßt mit den Pedipalpen das männliche Opisthosoma (Thelyphonida) oder das knopfartige Flagellum (Schizomida). Dann wird eine Spermatophore (Abb. 635) abgesetzt und das Weibchen darüber gezogen. Bei vielen Thelyphonida hilft das Männchen bei der Samenaufnahme, in dem es mit den Pedipalpen das Opisthosoma des Weibchens von vorn umgreift und mit den Scheren die Samenpakete in die weibliche Geschlechtsöffnung drückt (Abb. 634 C) und entleert.

In einer unterirdischen Brutkammer legt das Weibchen Eier (bei *Mastigoproctus giganteus* bis zu 50 von 4–5 mm), die in einem sezernierten Brutsack an der Geschlechtsöffnung getragen werden. Die Praenymphen halten sich mit spezialisierten Haftlappen an den Preatarsen auf dem Opisthosoma der Mutter fest. Es folgen 4 Nymphenstadien; nach der 5. und letzten Häutung (nach 2–4 Jahren bei *Mastigoproctus*) sind die Tiere geschlechtsreif, sie leben dann noch 2–4 Jahre. Für jede Häutung werden, wie zur Eiablage, unterirdische Kammern gegraben, in denen die Tiere monatelang bleiben.

3.2.2.1 Thelyphonida (Holopeltidia)

Mit einheitlicher Prosomadecke (Abb. 632), 5 Paar Lateralaugen (davon 2 sehr klein) und 1 Paar Medianaugen, große dornenbewehrte Pedipalpen mit terminaler Schere. Schwanzgeißel vielgliedrig, neben der Geißelbasis und ventral an den Geißelgliedern sog. „Ommatidien“, ovale, helle Stellen mit dünnerer Cuticula und darunter Transportepithel, Funktion unbekannt. Tropen und Subtropen in der indopazifischen und neotropischen Region; 1 Art in Afrika. Meist Bewohner von Regenwäldern.

Abb. 634: Paarung und Spermatophorenübertragung bei *Mastigoproctus giganteus* (Uropygi, Thelyphonida). A Männchen (links) hat die Fühlerbeine des Weibchens ergriffen. B Weibchen hat den Hinterleib des Männchens umfaßt, Männchen hat Spermatophore abgesetzt (sichtbar unter dem Vorderende des Weibchens) und zieht das Weibchen darüber. C Männchen hat den Hinterleib des Weibchens umfaßt und stopft die Spermatophore in die weibliche Geschlechtsöffnung. Aus Weygoldt (1972).

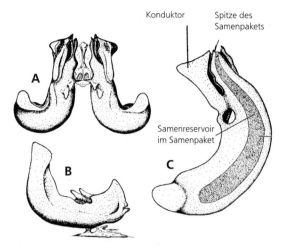

Konduktor   Spitze des
            Samenpakets

Samenreservoir
im Samenpaket

Abb. 635: Spermatophore von *Mastigoproctus brasilianus* (Uropygi, Thelyphonida). A Ansicht von oben. B Seitenansicht. C Eines der beiden Samenpakete. Aus Weygoldt (1972).

Mastigoproctus giganteus (Thelyphonidae), Essig- oder Geißelskorpion, 75 mm; Florida, Arizona, New Mexiko, Californien. Nachtaktiv, tagsüber unter Steinen oder Holz; im Winter oder während der Trockenzeit tief vergraben im Boden.

3.2.2.2 Schizomida (Schizopeltidia), Zwerggeißelskorpione

Im Lückensystem des Bodens oder in Höhlen. Augenlose Arten mit einem Pro-, Meso- und Metapeltidium untergliedertem Prosomarücken (Abb. 633); Pedipalpen schlank, ohne Scheren; Schwanzgeißel beim Weibchen nur mit 3 Gliedern, bei Männchen knopfartig verdickt (Paarung, s. o.); zirkumtropisch, meist in Regenwäldern.

Schizomus (*Trithyreus*) *sturmi* (Schizomidae), 6 mm, in der Laubstreu des tropischen Regenwaldes in Kolumbien.

3.2.3 Amblypygi, Geißelspinnen

Dieses Taxon umfaßt ca. 100 ähnliche, mittelgroße (10–45 mm) subtropische und tropische Arten, davon viele in Regenwäldern.

Bau

Ihr Habitus (Abb. 619, 636) wird beherrscht durch den flachen Körper, den Stiel (Petiolus) zwischen Pro- und Opisthosoma, die als mächtige Fangapparate ausgebildeten Pedipalpen und das extrem verlängerte (bis zu 30 cm lang bei dem nur 39 mm langen *Heterophrynus longicornis*), zu Fühlerbeinen gewordene 1. Beinpaar mit stark erhöhter Gliederzahl (z. B. 33–36 Tibia- und 75–77 Tarsenglieder bei *Trichodamon froesi*).

Der flache Körperbau ermöglicht den Tieren, sich in Spalten, unter Baumrinden oder Steinen zu verbergen. Sie laufen auf 3 Beinpaaren langsam vorwärts oder seitwärts, ständig mit den langen Fühlerbeinen die Umgebung prüfend. Auf der Flucht rennen sie pfeilschnell seitwärts da-

von. Die Beine erinnern an Insektenbeine, weil die Patella sehr kurz und das Patella-Tibia-Gelenk fast unbeweglich ist; es bildet eine vorgebildete Stelle für die Autotomie.

Die Beute (Grillen, Nachtschmetterlinge u. a. Arthropoden) wird mit Hilfe langer Trichobothrien auf den Laufbeintibien sowie Tast- und Chemorezeptoren auf den Fühlerbeinen lokalisiert, in raschem Zugriff gepackt und an die Cheliceren gerissen. Weitere Sinnesorgane sind 3 Lateral- und 1 Medianaugenpaar, Spaltsinnesorgane und Lyraförmige Organe.

Exkretionsorgane sind Coxaldrüsen im 3. und 5. Segment (das 2. Paar meist nur embryonal), 1 Paar Malpighische Schläuche und Nephrocyten. Als Atmungsorgane dienen 2 Paar Lungen. Das Herz hat 6 Ostien- und Seitenarterienpaare. Das Zentralnervensystem ist ganz im Prosoma konzentriert. Wehr- oder Giftdrüsen fehlen. Viele Arten haben 1 Paar vorstülpbarer Ventralsäckchen hinter dem Sternit des 3. Opisthosomasegments (unter dem sich auch das 2. Lungenpaar befindet); Teile des Sternits können als Opercula dafür abgegliedert sein. Es ist unbekannt, ob sie als zusätzliche Atemorgane oder, wahrscheinlicher, als Strukturen zur Wasseraufnahme dienen.

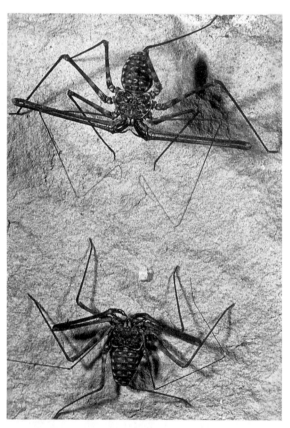

Abb. 636: Paarung bei *Trichodamon froesi* (Amblypygi). Männchen (oben) lockt das Weibchen über die Spermatophore, die dicht vor dem Weibchen erkennbar ist. Aus Weygoldt (1977).

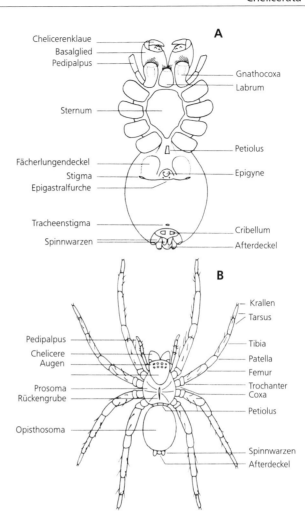

A

Chelicerenklaue
Basalglied
Pedipalpus
Gnathocoxa
Labrum
Sternum
Petiolus
Fächerlungendeckel
Stigma
Epigastralfurche
Epigyne
Tracheenstigma
Spinnwarzen
Cribellum
Afterdeckel

B

Krallen
Tarsus
Pedipalpus
Chelicere
Augen
Tibia
Patella
Femur
Prosoma
Rückengrube
Trochanter
Coxa
Petiolus
Opisthosoma
Spinnwarzen
Afterdeckel

Abb. 637: Äußere Organisation einer labidognathen Spinne. Aus Heimer (1988).

Fortpflanzung und Entwicklung

Die verlängerten Pedipalpen der Männchen mancher Arten werden bei formalisierten Kämpfen eingesetzt. Bei der Paarung wird das Weibchen nicht festgehalten. Nach langer Balz setzt das Männchen, abgewandt vom Weibchen, eine Spermatophore ab, wendet sich dem Weibchen wieder zu und lockt es über die Spermatophore (Abb. 636). Die Eier werden 3–4 Monate in einem sezernierten, fest an der Bauchseite des Weibchens haftenden Brutsack getragen. Die Praenymphen bleiben bis zur 1. Häutung auf der Mutter. Die Nymphen häuten sich 3–5 mal im Jahr, spätere Stadien ca. 1 mal pro Jahr. Nach etwa 1 Jahr sind die Tiere geschlechtsreif. Sie wachsen danach noch weiter und leben noch viele (in Gefangenschaft bis 9) Jahre.

Charinus brasilianus (Charontidae), 10 mm; mit einfachen, bedornten, beim Männchen verlängerten Pedipalpen; Regenwälder Südostbrasiliens; tagsüber unter Steinen. – *C. ioanniticus,* 10 mm; einzige europäische Art, auf Rhodos, Kos, Israel; in alten Kellern und Höhlen. – *Trichodamon froesi* (Damonidae), 25 mm, Männchen mit stark verlängerten Pedipalpen; Bedornung so, daß terminal eine kleine Greifhand entsteht; brasilianisches

Hochland, in Höhlen. – *Heterophrynus longicornis* (Phrynidae = Tarantulidae), 39 mm; Bedornung der Pedipalpen bildet einen Fangkorb , Fühlerbeine spannen bis 60 cm; im östlichen amazonischen Regenwald; paarweise in Bäumen, tagsüber in Baumhöhlen, nachts in 1–2 m Höhe außen am Baum.

3.2.4 Araneae, Webspinnen

Neben den Milben sind die Webspinnen das erfolg- und artenreichste Taxon der Arachnida mit fast 34 000 Arten. Sie kommen in allen terrestrischen Lebensräumen vor; nur *Argyroneta aquatica* lebt unter Wasser. Bei recht einheitlichem Körperbau reichen die Körperlängen von kaum 1 mm (*Anapistula caecula*) bis zu 90 mm (*Theraphosa leblondi,* größte Art, die mit ihren Beinen 25 cm spannt).

Bau

Charakteristisch sind die gleichartigen Laufbeine, die bein- oder tasterartigen Pedipalpen und vor allem das kurze, meist sackartige Opisthosoma, das

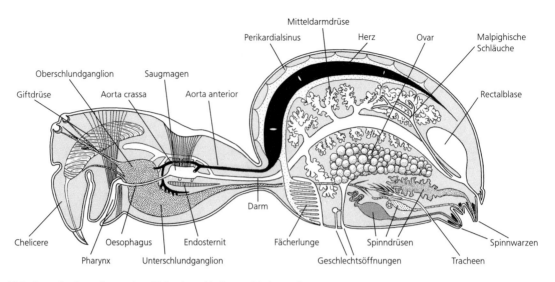

Abb. 638: Organisationsschema einer Webspinne. Nach verschiedenen Autoren.

mit einem dünnen Stiel (Petiolus) beweglich am ungegliederten Prosoma ansetzt (Abb. 637).

Segmentale Tergite und Sternite auf dem Opisthosoma gibt es nur noch bei den Mesothelae (Abb. 656); bei allen Opisthothelae ist eine Segmentierung äußerlich nicht mehr deutlich. Im Inneren bleiben jedoch segmentale Dorsoventralmus-

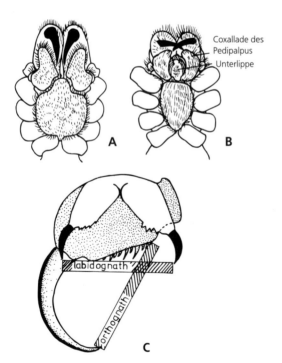

Abb. 639: Vergleich der Chelicerenstellung bei einer orthognathen (A) und einer labidognathen (B) Spinne. C Vergleich der Spannweiten beider Chelicerentypen. Verändert nach Bristowe (1958) und Kaestner (1953).

keln, Ostien und Seitenarterien erhalten. Die Cuticula des Opisthosomas vieler Arten ist weich und dehnbar.

Der Körper vieler Spinnen ist dicht beborstet. Nachtaktive Arten sind dunkel schwarzbraun, graubraun oder gelbbraun gefärbt, viele tagaktive dagegen bunt, mit roten, grünen und gelben Farbtönen und weißen Zeichnungen, die durch durchscheinende Guanocyten der Mitteldarmdrüsen (z.B. Kreuzspinnen) oder durch luftgefüllte Borsten (Wolfsspinnen) hervorgerufen werden.

Spinnen laufen auf 4, einige auf 3 Beinpaaren (ameisenimitierende Arten, die mit dem 1. Beinpaar tasten). Die Beine zeigen je nach Lebensweise unterschiedliche Spezialisierungen, z.B. eine unpaare und paarige, kammförmige Krallen bei Netzspinnen (Abb. 646); Skopula-Haare (dicht stehende Borsten mit terminalen Verdickungen, ähnlich den Gekkos) zum Laufen an glatten Flächen bei Laufspinnen (Theraphosidae, manche Lycosidae).

In den Beinen sind Beuger vorhanden, Strecker dagegen fehlen in den Femur-Patella- und Tibia-Metatarsus-Gelenken. Gestreckt werden sie durch den Hämolymphdruck, der durch Prosomamuskeln erhöht werden kann. Viele Spinnen können Beine autotomieren; Bruchstelle ist das Gelenk zwischen Coxa und Trochanter. Die Coxen der Beine stehen seitlich und lassen ventral einen breiten Raum für ein Sternum frei.

Neben dem Spinnvermögen ist die wichtigste Voraussetzung für den evolutiven Erfolg der Webspinnen wohl der Besitz von Giftdrüsen in den Cheliceren. Die Nahrung wird bei Laufspinnen in raschem Zugriff oder Sprung ergriffen, durch einen Giftbiß getötet und bei vielen Netzspinnen vorher eingesponnen oder mit Spinnsekret bedeckt. Die Giftdrüsen (sie fehlen bei Uloboridae) münden kurz vor den Spitzen der Cheliceren-Endglieder (Abb.

640 B). Meist sind sie vergrößert und liegen im Prosoma, spiralig umgeben von Muskulatur. Das Gift, Neurotoxine oder cytotoxisch und hämolytisch wirkende Substanzen, kann auch dem Menschen gefährlich werden.

Die meisten Arten haben so kleine und schwache Cheliceren, daß sie damit in die menschliche Haut nicht eindringen können. Die Bisse einiger Arten sind jedoch gefährlich. Das gilt für wenige Mygalomorphae, für *Phoneutria fera* (Ctenidae), *Latrodectes mactans* (Theridiidae), *Loxosceles reclusa* (Loxoscelidae) und *Cheiracanthium punctorium* (Clubionidae). Einige Theraphosidae haben Brennhaare auf dem Hinterleib (S. 479).

Die Cheliceren sind bei den Mygalomorphae nach vorn gerichtet, und ihre Endglieder schließen parallel ventral (o r t h o g n a t h e Stellung) (Abb. 639). Bei der Mehrzahl der Spinnen sind die Grundglieder ventrad gerichtet, und ihre Endglieder oder Klauen arbeiten mediad gegeneinander (l a b i d o g n a t h e Stellung). Bei den Mesothelae stehen die Cheliceren-Grundglieder nicht parallel; sie scheinen seitlich auseinandergespreizt (p l a g i o g n a t h e Stellung); dies könnte die ursprüngliche Chelicerenstellung sein, von der sich die Orthognathie und Labidognathie ableiten. Dagegen spricht, daß fast alle anderen Arachniden einschließlich der Schwestergruppe der Araneae (Amblypygi oder Pedipalpi, s. Abb. 612, 613) orthognathe Cheliceren besitzen; die Plagiognathie ist also vielleicht ein abgeleitetes Merkmal der Mesothelae. Labidognathe Cheliceren können doppelt so große Beute packen wie orthognathe; viele labidognathe Spinnen sind Zwergformen. Ein Mundvorraum aus beweglichen Coxalenditen der Pedipalpen mit ihren Borsten und der Unterlippe ist nur bei labidognathen Spinnen ausgebildet. Viele Spinnen mazerieren ihre Beute, wobei Cheliceren und Pedipalpencoxen gemeinsam arbeiten. Arten mit kleinen Cheliceren dagegen beißen nur ein Loch in die Beute und saugen sie aus. Der Mund ist so eng, daß nur flüssige Nahrung und Partikel von ca. 1 µm Durchmesser aufgenommen werden können. Größere Partikeln werden durch mundständige Borsten an Ober- und Unterlippe und durch enge Rillen an der Ventralseite der Oberlippe (Gaumenplatte) zurückgehalten.

Der Vorderdarm bildet einen muskulösen P h a r y n x und einen kräftigen p o s t c e r e b r a l e n S a u g m a g e n mit 4-kantigem Lumen (Abb. 638). Der Mitteldarm hat schon im Prosoma Blindsäcke, die bis in die Laufbeincoxen ziehen; weitere, stark verzweigte Divertikel umgeben alle Organe im Opisthosoma. Sie und das mesodermale Zwischengewebe, der F e t t - k ö r p e r, sind die wichtigsten Organe der Nahrungsaufbereitung und -speicherung. Dem hinteren Mitteldarm entspringen die Malpighischen Schläuche; er erweitert sich vor seiner Vereinigung mit dem kurzen Enddarm zur Rektalblase. Der After liegt am Körperende auf einem kleinen Kegel.

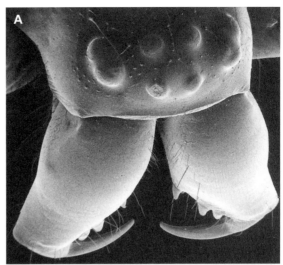

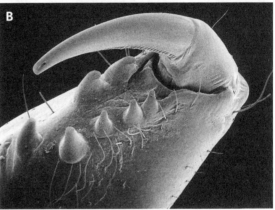

Abb. 640: *Meta menardi* (Araneidae). A Vorderende mit Augen und Cheliceren. B Einzelne Chelicere stärker vergrößert, von unten; Öffnung der Giftdrüse an der Spitze. Originale: G. Eisenbeis, Mainz.

Bei vielen Spinnen ist das **Netz** das wichtigste Hilfsmittel beim Beutefang. Es entstammt den Spinndrüsen im Opisthosoma, die in Spinnspulen (S p i n n d ü s e n) auf den S p i n n w a r z e n münden (Abb. 642). Die Drüsen sind sackförmig und von einem einschichtigen Zylinderepithel gebildet. Sie haben keine eigene Muskulatur; die Entleerung erfolgt durch Erhöhung des Hämolymphdrucks und durch aktives Herausziehen. Man unterscheidet mehrere Drüsentypen, bis zu 4 bei Laufspinnen und bis zu 8 bei Radnetzspinnen. Jeder Typ sezerniert ein spezifisches Sekret: Spinnseide, Klebtropfen u. a. Die Spinnseide besteht aus Fibroinen (Proteine).

Die Spinnspulen (Spinndüsen) sind feine Röhrchen mit einem Ventil nahe ihrer Basis. Der Übergang vom flüssigen Sekret zum Spinnfaden geschieht durch Umorientierung der Fibroinmoleküle beim Durchtritt durch das Ventil und durch Zugspannung. Wahrscheinlich werden die Moleküle dabei geordnet und bilden stabile Vernetzungen untereinander. Spinnseide ist fast so fest wie Nylon.

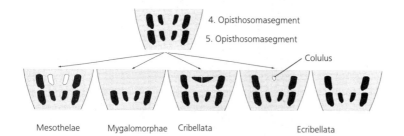

Hypothetische Urform

4. Opisthosomasegment

5. Opisthosomasegment

Colulus

Mesothelae   Mygalomorphae   Cribellata   Ecribellata

Abb. 641: Schema der Spinnwarzen-Anordnungen in verschiedenen Spinnen-taxa. Schwarze Strukturen: funktionsfähige Spinnwarzen; weiße Strukturen: vorhandene, funktionslose Spinnwarzen. Nach Marples (1967) und Foelix (1992) verändert.

Paracribellum

Mittlere Spinnwarze

Hintere Spinnwarze

400 µm

Tubuliforme Spinndüse

Aciniforme Spinndüse

Abb. 642: Spinnwarzen und Spinnspulen (Spinndüsen) von *Deinopis subrufus* (Deinopidae). A Spinnwarzenkomplex von hinten. Maßstab: 400 µm. B Hintere Spinnwarze mit Spinndüsen (Spinnspulen) (Pfeile!). Maßstab: 80 µm. C Einzelne Spinndüsen: aciniforme (Fäden u.a. zum Einspinnen der Beute) und tubuliforme Düsen (Fäden für den Bau der Kokons). Maßstab: 20 µm. Aus Peters (1992).

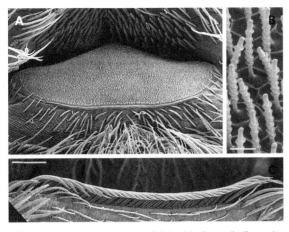

Abb. 643: *Hyptiotes paradoxus* (Uloboridae). A Cribellum; einheitliche Platte. Durchmesser: 0,55 mm. B Spinndüsen (Spinnspulen) aus der Cribellumplatte. Maßstab: 2,5 µm. C Calamistrum, Borstenkamm zum Auskämmen der Spinnseide aus den Spinndüsen, auf der Außenseite des Metarsus eines 4. Laufbeines. Maßstab: 100 µm. Aus Möllenstedt und Peters (1986).

Die Spinnwarzen sind gegliederte Anhänge, die aus Extremitätenknospen des 4. und 5. Opisthosomasegments hervorgehen (Abb. 641). Bei den Mesothelae liegen sie weit vorn (Abb. 656), bei den Opisthotelae wandern sie während der Embryonalentwicklung ans Körperende. Durch Teilung (vielleicht Spaltung in Innen- und Außenast) werden aus 2 Paaren 4. Nur bei juvenilen Mesothelae sind alle 8 Spinnwarzen funktionsfähig, bei den adulten Tieren dagegen die mittleren vorderen und mittleren hinteren klein und ohne Funktion. Bei den meisten Opisthothelae fehlen die vorderen mittleren Spinnwarzen, und hier steht nur ein kleiner Hügel, der Colulus (Abb. 641); bei Arten der Mygalomorphae können auch noch die vorderen seitlichen und sogar die hinteren mittleren reduziert sein. Innerhalb der Araneomorphae liegt häufig an der Stelle der vorderen mittleren Spinnwarzen das C r i b e l l u m, eine breite Siebplatte mit besonders zahlreichen und feinen Spinnspulen, z.B. 23 500 bei *Deinopis* (Abb. 642); das Cribellum kann durch eine Furche in zwei Hälften getrennt sein. Die Cribellumspulen erzeugen eine feine Wolle aus Fäden von nur 10–15 nm Dicke (Abb. 644), die mit dem C a l a m i s t r u m, einem Borstenkamm an den Metatarsen des 4. Beinpaares (Abb. 643 C), durch quer zur Achse des Hauptfadens geführte Bewegungen locker auf den Faden gelegt wird. Die Netze cribellater Spinnen sind ohne Klebsubstanzen fängig, weil die feine Cribellumwolle sich um die kleinsten Unebenheiten eines Insekts legt und adhäsive Eigenschaften hat.

Ursprünglich diente die Spinnseide wohl nur zur Herstellung des Eikokons. Darauf deutet noch die Lage der Spinnwarzen nahe der Geschlechtsöffnung bei den Mesothelae hin. Dazu kamen die Auskleidung von Wohnröhren und Häutungsgespinste. Einfachste Fangnetze sind von Wohnröhren ausgehende Stolperfäden, die ein Insekt

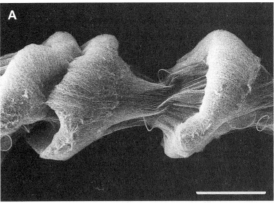

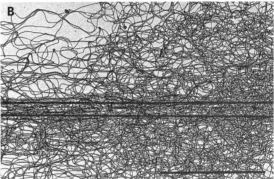

Abb. 644: Fangfäden von Netzen cribellater Spinnen. A Fangfaden von *Deinopis subrufus* mit drei Loben (Puffs). Maßstab: 100 µm. B Rand eines einzelnen Puffs (beginnt rechts). *Uloborus walckenaerius*. Maßstab: 500 µm. A Aus Peters (1992); B aus Peters (1984).

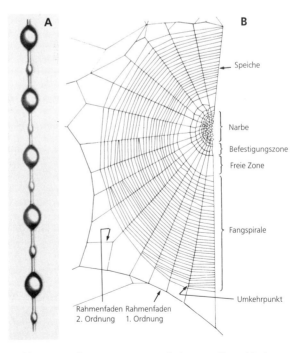

Abb. 645: Radnetz von *Araneus diadematus* (Araneidae), Kreuzspinne. A Klebfaden. B Struktur des Netzes. A Original: M.C. Müller, Osnabrück; B aus Foelix (1979).

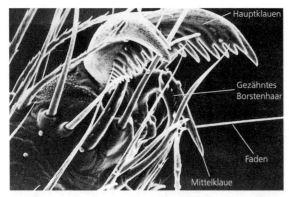

Abb. 646: Tarsus von *Araneus diadematus*. Nur die unpaare Mittelklaue greift den Faden, gezähnte Borsten dienen als Hilfsklauen bei der Fadenführung. Original: R.F. Foelix, Aarau.

nicht festhalten, höchstens verlangsamen, aber die lauernde Spinne alarmieren (bei Mesothelae: *Liphistius*; bei Labidognatha: *Segestria*; bei Cribellatae: *Filistata*). Effektiver sind die Deckennetze der Linyphiidae und Agelenidae, die dank zahlreicher Fäden einem Insekt das Entkommen schwer machen. Die komplexesten Netze sind die R a d n e t z e (Abb. 645), die in einer komplizierten, streng festgelegten Sequenz von Bewegungen hergestellt werden (Abb. 647). Sie werden unter den Cribellaten von den Uloboridae konstruiert und mit dauerhafter Cribellumwolle belegt, und unter den Ecribellaten von den Araneidae und Tetragnathidae, die ihre Fangfäden mit Klebtröpfchen versehen (Abb. 645). Derartige Netze werden alle 1–4 Tage abgerissen, aufgefressen – wobei die Seidenproteine schon nach kurzer Zeit wieder in den Spinndrüsen nachzuweisen sind – und durch neue ersetzt.

Das Radnetz ist mehrfach reduziert worden, im Extrem auf einen einzigen Faden bei den Bolaspinnen (*Mastophora* in Amerika, *Dicrostichus* in Australien). Dieser Faden trägt am Ende einen Leimtropfen mit einer Substanz, die den Sexuallockstoffen mancher Noctuidae ähnelt und die Männchen derartiger Falter anlockt. Laufspinnen, Krabbenspinnen, Springspinnen, Wolfsspinnen spinnen keine Fangnetze, wohl aber Eikokons, Wohn- und Häutungskammern und vor allem Sicherheitsfäden, an denen sie sich festhalten. Schließlich wird Spinnseide zur Ausbreitung eingesetzt, meist von Jungspinnen, die sich auf langen Fäden vom Wind forttragen lassen („Altweibersommer"). Dank dieser Fähigkeit zum „Fliegen" gehören Spinnen mit Insekten zu den ersten Tieren, die z.B. neuentstandene Inseln besiedeln.

Wichtigste **Sinnesorgane** sind bei Netzspinnen und nachtaktiven Arten Tastborsten, chemorezeptorische Borsten, Tarsalorgane (kleine, napfförmige Einsenkungen auf den Tarsen, wahrscheinlich auch chemorezeptorisch), Trichobothrien und Lyraförmige Organe. Tagaktive Spinnen (manche Lycosidae, Salticidae, Oxyopidae) orientieren sich optisch. Ursprünglich sind 8 A u g e n – 3 Paar Lateral- und 1 Paar Medianaugen. Alle liegen nahe beieinander, bei vielen Arten in 2 Reihen (Abb. 637).

Entsprechend unterscheidet man vordere Mittelaugen, vordere Seitenaugen, hintere Mittelaugen und hintere Seitenaugen. Die vorderen Mittelaugen sind die Medianaugen oder Hauptaugen mit everser Retina. Alle anderen Augen, die Nebenaugen, sind invers. Viele haben ein reflektierendes Tapetum; nach seiner Anordnung unterscheidet man 3 Typen: (1) Ursprünglich (bei den Mesothelae, Mygalomorphae und Haplogynae) füllt das Tapetum den gesamten Augenhintergrund aus und hat Durchtrittsöffnungen für die Sehzellen. (2) Beim kahnförmigen

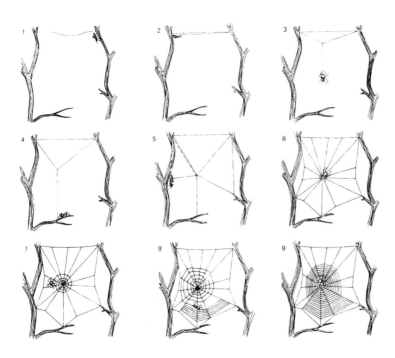

Abb. 647: Die Entstehung des Radnetzes einer Kreuzspinne. (1) Zuerst gibt die Spinne einen Faden ab, der von Wind oder auch schwacher Luftbewegung ergriffen wird und schließlich an einem nahen, festen Punkt haftet. Dann läuft die Spinne entlang dieses Fadens und ersetzt ihn durch einen kräftigeren. (2) Jetzt wird ein weiterer Faden gezogen und (3) in der Mitte dieses Fadens ein neuer Faden befestigt, an dem sich die Spinne herabläßt und den sie unten befestigt. (4) Dann läuft die Spinne entlang dieser ersten Radiärfäden und der Umgebung und befestigt so weitere Radiärfäden und den äußeren Rahmen des Netzes (5,6). Wenn genügend Radiärfäden vorhanden sind, wird eine Hilfsspirale eingezogen (7). Die Spinne läuft an dieser Hilfsspirale entlang, wenn sie die mit Klebtröpfchen belegte (Abb. 645), viel engere Fangspirale einzieht (8, 9). Aus Levi (1978).

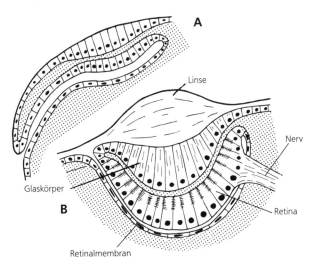

Abb. 648: Entstehung eines Medianauges durch epidermale Einstülpung. A Frühembryonale Anlage. B Medianauge, Bildung fast abgeschlossen. Nach verschiedenen Autoren.

Typ besteht das Tapetum aus 2 schrägen Wänden, durch deren medianen Schlitz die Sehzellen hindurchtreten (z.B. bei Theridiidae, Agelenidae, Amaurobiidae, Araneidae). (3) Beim rostförmigen Typ bildet das Tapetum Streifen, und die Sehzellen sind in Reihen angeordnet (bei frei jagenden Spinnen wie Lycosidae, Oxyopidae).

Häufig ist Arbeitsteilung: Bei Springspinnen (Salticidae) sind die vorderen Seiten- und Mittelaugen nach vorn, die hinteren Augen seitwärts gerichtet (Abb. 649, 650). Sie dienen dem Bewegungssehen, die vorderen Mittelaugen dem Formensehen. Diese Hauptaugen haben große Linsen und einen langen Glaskörper, dessen hinterer Teil wie die Vergrößerungslinse in einem Teleobjektiv wirkt. Im Zentrum der Retina bilden besonders dicht stehende Sinneszellen eine Fovea. Der Augenhintergrund kann durch Bewegungen das Blickfeld abtasten. Springspinnen reagieren auf sich bewegende Objekte sofort mit Zuwendung und Fixierung. Die Leistungsfähigkeit ihrer Augen ist der der Komplexaugen von Insekten vergleichbar, ihr Auflösungsvermögen ist sogar größer.

Wichtigste **Exkretionsorgane** sind die verzweigten Malpighischen Schläuche, der hintere Mitteldarm und die Rektalblase, die Guanin, Adenin, Hypoxanthin und Harnsäure bilden. Guanocyten der Mitteldarmdrüsen können außerdem zur Farbmusterbildung beitragen (z.B. bei der Kreuzspinne) (Abb. 661). Zwei Paar Coxaldrüsen (am 1. und 3. Laufbeinsegment) sind noch bei den Mesothelae und Mygalomorphae vorhanden. Bei den Araneomorphae bleibt nur das vordere Paar erhalten, das bei netzbauenden Spinnen, die mit der Spinnseide stickstoffhaltige Abbauprodukte abgeben können, weiter reduziert ist. Exkrete können außerdem in Nephrocyten im Prosoma sowie in der Cuticula (zur Farbgebung) gespeichert werden.

Atmungsorgane sind ursprünglich 2 Lungenpaare im 2. und 3. Opisthosomasegment (noch bei den Mesothelae, Mygalomorphae und Palaeocribel-

latae). Die Neocribellatae haben das hintere, einige auch das vordere Paar durch Tracheen ersetzt (Abb. 651).

Lungenatmende Spinnen haben das für Arachniden mit Lungen typische Arteriensystem. Das Herz hat bei den Mesothelae 5, bei den Araneomorphae maximal 3 Ostien- und Seitenarterienpaare. Bei lungenlosen Spinnen ist das **Kreislaufsystem** wie bei anderen lungenlosen Arachniden stärker reduziert. Das hämocyaninhaltige Blut enthält verschiedene Typen von Hämocyten: Granulocyten mit granulärem Plasma, Speicherhämocyten und Phagocyten. Sie werden von der inneren Schicht der Herzwand gebildet.

Geschlechtsdimorphismus ist verbreitet (Abb. 654). Unterschiede in der Färbung gibt es bei tagaktiven Spinnen mit optischer Orientierung (Sal-

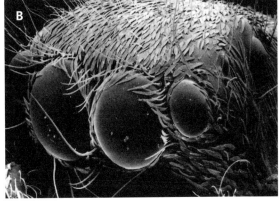

Abb. 649: Springspinnen (Salticidae). A Balzendes Männchen von *Saites barbipes*. B Große Hauptaugen (vordere Mittelaugen) und Seitenaugen von *Salticus scenicus*; mit Schuppenhaaren. Orignale: A C. Gack, Freiburg; B G. Purschke, Osnabrück.

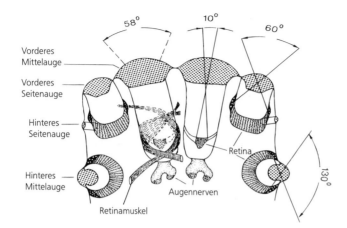

Abb. 650: Araneae. Augen. Schematischer Frontalschnitt durch das vordere Prosoma einer Springspinne mit Gesichtsfeldern der einzelnen Augen für die Horizontalebene. Der Öffnungswinkel von 58° bei dem linken Hauptauge wird nach seitlicher Verschiebung des Augenhintergrundes durch Retinamuskeln erreicht. Nach Homann und Land aus Foelix (1979).

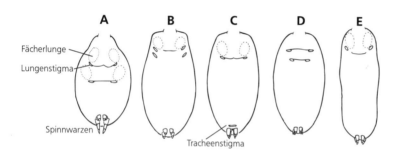

Abb. 651: Verteilung der Atemöffnungen bei verschiedenen Spinnen. A Orthognathe Art: 2 Paar Lungenstigmen. B-E Labidognathe Arten. B *Dysdera* sp.: 1 Paar Lungenstigmen, 1 Paar Tracheenstigmen. C Mehrzahl der einheimischen Webspinnen: 1 Paar Lungenstigmen, 1 unpaares Tracheenstigma. D *Nops* sp.: 2 Paar Tracheenstigmen. E *Pholcus* sp.: 1 Paar Lungenstigmen, Tracheen rückgebildet. Nach Millot aus Hennig (1972).

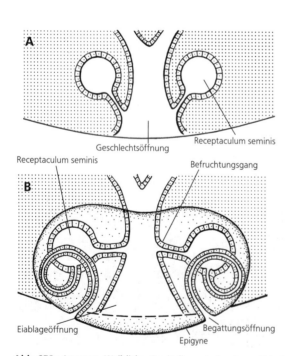

Abb. 652: Araneae. Weibliche Genitalien, stark schematisiert. A Bei haplogynen Spinnen gibt es nur eine Geschlechtsöffnung. B Bei entelegynen Spinnen gibt es zusätzlich zur Eiablageöffnung noch zwei Begattungsöffnungen auf der Epigyne. Nach verschiedenen Autoren.

ticidae, viele Lycosidae), Größenunterschiede bei vielen Netzspinnen, bei denen die Weibchen z. T. wesentlich größer als die Männchen sind (Abb. 654), weil sie erst nach zusätzlichen Häutungen geschlechtsreif werden.

Die ventral gelegenen **Geschlechtsorgane** sind paarig. Vasa deferentia bzw. Ovidukte vereinigen sich vor ihrer Mündung ins Genitalatrium (Uterus externus). Die Samenübertragung erfolgt mit Hilfe von Kopulationsorganen an den männlichen Pedipalpen, die einer Injektionsspritze vergleichbar sind (Abb. 653, 655). Die äußeren Genitalien sind sehr unterschiedlich differenziert.

Die männlichen Palpusanhänge sind einfach bei den Mygalomorphae und Haplogynae. Der Palpentarsus trägt hier einen birnförmigen Bulbus mit spitzem Ausführgang (Embolus), durch den ein im Inneren spiralig aufgerolltes Samenreservoir ausmündet. Bei den Entelegynae ist die Bulbuswand in hart sklerotisierte und weichhäutige Abschnitte (Hämatodochae) untergliedert und so durch Blutdruckänderungen beweglich. Verschiedene Fortsätze, die Apophysen, ermöglichen eine sichere Verankerung an den weiblichen Genitalien (Abb. 653).

Die Bezeichnungen haplogyn und entelegyn beziehen sich auf die weiblichen Genitalien (Abb. 652). Bei den Haplogynae gibt es nur eine Ge-

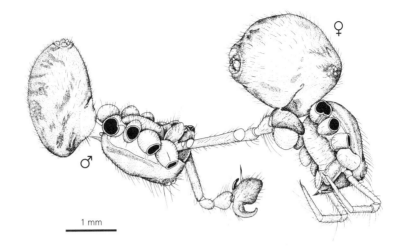

Abb. 653: *Nesticus cellulanus* (Nesticidae). Paarung. Beide Tiere hängen mit den – hier abgeschnittenen – Beinen im Netz; Männchen (links) hat den Embolus des linken Tasters in eine Begattungsöffnung des Weibchens eingeführt; die Hämatodocha ist aufgebläht. Maßstab: 1 mm. Aus Huber (1994).

1 mm

schlechtsöffnung. Sie liegt in der Epigastralfurche oder Interpulmonarfurche, die seitlich in das vordere Lungen- oder Tracheenpaar führt und median in das Genitalatrium. Diese Öffnung ist gleichzeitig Eiablage- und Begattungsöffnung (Abb. 652A). Der Uterus, d.i. der äußere Ausleitungskanal nach Vereinigung der Ovidukte, öffnet sich in das Uterus externus genannte Genitalatrium, in das auch die Receptacula seminis münden. Die Entelegynae besitzen zusätzlich eine hart sklerotisierte Platte, die Epigyne, die die Receptacula seminis und ihre Kanäle enthält. Die Begattungsöffnungen sind von der primären Geschlechtsöffnung, der Eiablageöffnung, getrennt, die weiter in der Epigastralfurche verbleibt (Abb. 652B). Von den Begattungsöffnungen führen meist gewundene Kanäle in die Receptacula, die ihrerseits durch Befruchtungsgänge mit der Eiablageöffnung verbunden sind.

Fortpflanzung und Entwicklung

Männliche und weibliche Genitalien sind oft kompliziert und passen zueinander wie Schloß und Schlüssel. Bei der Samenübertragung wird der Embolus in eine Begattungsöffnung eingeführt und das Sperma in das Receptaculum entleert (Abb. 653, 655). Der Embolus der anderen Seite wird meist anschließend in die andere Begattungsöffnung gebracht. Die Spermatozoen können in den Receptacula Wochen und Monate gespeichert werden. Bei der Eiablage gelangen sie durch die Befruchtungsgänge in den Uterus externus, wo die Eier besamt werden.

Die männlichen Kopulationsorgane haben keine Verbindung zu den Hoden und müssen vor der Paarung mit Sperma gefüllt werden. Das Männchen spinnt ein dreieckiges Spermanetz, auf den es einen Tropfen Samenflüssigkeit abgibt. Die Emboli der beiden Kopulationsorgane werden alternierend in den Tropfen getaucht und das Sperma (kapillar?) aufgesogen.

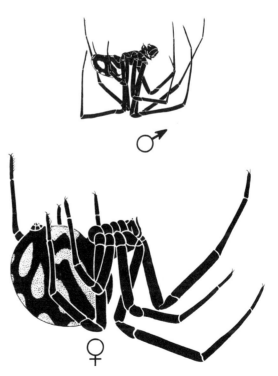

Abb. 654: Geschlechtsdimorphismus. *Latrodectus tredecimguttatus* (Theridiidae), Schwarze Witwe. Weibchen, ca 15 mm. Aus Maretic (1965).

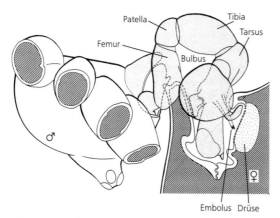

Abb. 655: *Pholcus phalangioides* (Pholcidae) bei der Paarung. Vereinigung der Genitalien, schematisiert. Tiere hängen kopfüber im Netz, Männchen führt beide Kopulationsapparate gleichzeitig ein. Diese Art besitzt einen hart sklerotisierten Fortsatz, den Procursor, am Palpentarsus. Dieser wird zusammen mit dem Embolus in die einzige weibliche Geschlechtsöffnung eingeführt. Das weibliche Genitalatrium ist dorsal mit einer umfangreichen Drüse ausgerüstet; in die Nähe dieser Drüse werden die Spermatozoen überführt. Aus Uhl, Huber und Rose (1995).

Bei der Balz trommeln Netzspinnen auf das Netz (z.B. *Tegenaria*, Agelenidae) oder zupfen an bestimmten Fäden (z.B. Kreuzspinnen, Araneidae), viele stridulieren zusätzlich. Salticidae und viele Lycosidae benutzen optische Signale (Winken mit Pedipalpen oder Beinen) oder setzen vibratorische Signale ein durch Trommeln auf den Untergrund (z.B. *Pardosa*, *Hygrolycosa*, Lycosidae). Die adulten oder subadulten Männchen vieler Netzspinnen bauen keine Fangnetze mehr, sondern sammeln sich in den Netzen der Weibchen, angelockt (bei *Araneus*) durch flüchtige Sexuallockstoffe, und die Männchen mancher Lycosidae folgen den Sicherheitsfäden rezeptiver Weibchen.

Die Eier sind dotterreich und **furchen** sich superfiziell. Sie werden stets in einem Kokon eingesponnen, der aufgehängt, versteckt, bewacht (z.B. Pholcidae) oder umhergetragen wird (Lycosidae, Pisauridae). Er dient den ersten Stadien, Praenymphe I und Praenymphe II (manchmal „Larven" genannt), als Schutz. Bei Lycosiden bleiben die ersten Nymphen auf dem Körper der Mutter, und bei einigen Arten von *Theridion* (Theridiidae), *Stegodyphus* (Eresidae) und *Coelotes* (Agelenidae) bleiben auch spätere Nymphenstadien noch im mütterlichen Netz und werden durch regurgitierten Futtersaft oder mit von der Mutter getöteter Beute gefüttert.

Die Zahl der Häutungen variiert. Nur die Weibchen der Mygalomorphae häuten sich auch nach dem Erreichen der Geschlechtsreife regelmäßig. Sie leben lange (mehr als 10 Jahre in Gefangenschaft). Lebensdauer und Generationszyklen vieler Labidognatha sind dem Jahreslauf angepaßt. Je nach Art überwintern Eier, Nymphen oder Adulte; letztere sterben nach einer oder wenigen Eiablagen.

Systematik

Spinnen sind schon aus dem Devon, moderne Radnetzspinnen aus der Kreide und dem Jura überliefert. Die ca. 34 000 rezenten Arten gehören zu 105 Familien. Innerhalb der Araneae liegt ein Mosaik von Strukturen in plesiomorpher bzw. apomorpher Ausbildung vor; danach hat man versucht, die Spinnen einzuteilen:

(1) Nach Lage der Spinnwarzen unterscheidet man Mesothelae und Opisthothelae, (2) nach der Stellung der Cheliceren Orthognathae und Labidognathae, (3) nach dem Bau der Genitalien Haplogynae und Entelegynae und (4) nach dem Vorhandensein oder Fehlen eines Cribellums Cribellatae und Ecribellatae.

Da orthognathe und labidognathe Cheliceren sowie haplogyne und entelegyne Genitalien sowohl bei cribellaten als auch bei ecribellaten Spinnen vorkommen, müssen einige dieser Strukturen konvergent entwickelt worden sein. Zudem findet man mehrere Familien-Paare und Unterfamilien, bei denen eine oder wenige Familien cribellat, die anderen ecribellat sind. Man nimmt heute an, daß das Cribellum die Autapomorphie der Stammart der Araneomorphae ist und daß es mehrfach konvergent reduziert wurde. Das hier vereinfacht dargestellte phylogenetische System folgt CODDINGTON und LEVI (1991) (Abb. 662).

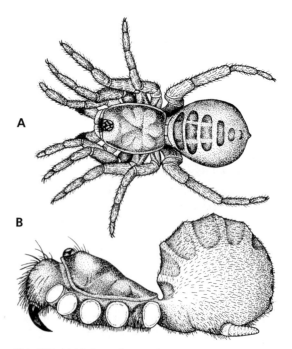

Abb. 656: *Liphistius malayanus* (Mesothelae). A Dorsalansicht. B Seitenansicht, Prosomaextremitäten bis auf Cheliceren weggelassen. Mit segmentalen Tergiten auf dem Opisthosoma und weit vorn liegenden Spinnwarzen. Nach Millot (1949).

3.2.4.1 Mesothelae, Gliederspinnen

Segmentiert, mit Tergiten und Sterniten, vorn gelegenen, vielgliedrigen Spinnwarzen und plagiognathen Cheliceren. Ca. 40 Arten.

Liphistius spp. (Abb. 656), in Südostasien (Burma bis Sumatra), leben in mit Falltüren verschlossenen Erdröhren, von denen Stolperfäden ausgehen. – *Heptathela* spp., 20 mm, in China und Japan bis Vietnam; Wohnröhren ohne Stolperfäden.

3.2.4.2 Opisthothelae

Spinnwarzen an das Körperende verlagert. Verlust der Tergite und Sternite.

Mygalomorphae (Orthognatha)

Autapomorphien sind das vollständige Fehlen der vorderen mittleren und die Reduktion oder das Fehlen auch der vorderen seitlichen Spinnwarzen; ca. 2 200 Arten in 15 Familien.

Cteniza sauvagei, Falltürspinne (Ctenizidae), 25 mm. Weibchen in Röhren, die durch einen der Umgebung gleichenden Deckel geschlossen werden können. Italien; andere Arten in Südfrankreich, Spanien. – *Atrax robustus* (Dipluridae). Eine der giftigsten Spinnen Australiens; Biß kann bei Kindern und auch bei Erwachsenen zum Tode führen. – *Theraphosa leblondi*, Vogelspinne (Theraphosidae = Aviculariidae) (Abb. 657), mit 90 mm größte Spinnenart, amazonischer Regenwald, frißt auch kleine Wirbeltiere. Biß der meisten Theraphosidae ist ungefährlich. Körper stark behaart, z.T. Brennhaare mit vorgebildeter Bruchstelle und Widerhaken an beiden Enden, die mit dem letzten Beinpaar abgebürstet werden und Brennen auf der Haut und schwere Reizungen hervorrufen, wenn sie eingeatmet werden. – *Atypus affinis* (Atypidae), 14 mm, eine der 3 einheimischen mygalomorphen Spinnen. Weibchen bauen strumpfartige, an beiden Seiten geschlossene Röhren, deren oberes Drittel flach auf dem Boden liegt. Insekten, die darüber laufen, werden durch das Gewebe hereingezogen. In gut drainierten Böden, meist an Hängen, Mittel- und Südeuropa.

Araneomorphae

32 000 Arten in 90 Familien. Wichtigste Autapomorphie ist das Cribellum.

Palaeocribellatae

9 Arten. Cribellate Spinnen mit ursprünglichen Merkmalen: Orthognathe Cheliceren, 5 Tergite auf dem Opisthosoma, 2 Lungenpaare.

Hypochilus thorelli (Hypochilidae), 15 mm; bauen Raumnetze unter Felsvorsprüngen über Flüssen und Bächen und erinnern mit ihren langen Beinen an Zitterspinnen (*Pholcus*), schwingen wie diese bei Störungen im Netz. Nordamerika.

Neocribellatae (Labidognatha)

Hier alle übrigen Spinnen. Mit labidognathen Cheliceren.

Haplogynae – 17 Familien. Obwohl nach einem plesiomorphen Merkmal benannt, besitzen sie doch eine Reihe von Synapomorphien, deren wichtigste der sekundär vereinfachte Bulbus des männlichen Kopulationsorgans und

Abb. 657: *Theraphosa leblondi* (Mygalomorphae), Vogelspinne. Männchen. Original: P. Weygoldt, Freiburg.

die basal verwachsenen Cheliceren sind. Die cribellaten Filistatidae gelten als Schwestergruppe aller übrigen 16 Familien, die alle ecribellat sind.

*Dysdera crocata (Dysderidae), Sechsaugenspinne, 15 mm, länglich, rötlich gefärbt, nachtaktiv, mit langen Cheliceren zum Fressen von Landasseln, ohne Netz, aber mit gesponnener Wohnkammer unter Steinen. Nördliche Hemisphäre. – **Pholcus phalangioides* (Pholcidae) Zitterspinne, 10 mm. Erinnert mit ihren langen Beinen an Weberknechte. Hängt in wenig geordneten Netzen, in Deutschland meist in Häusern; versetzt sich bei Störungen in kreisende Schwingungen. Beute wird mit klebrigem Sekret überworfen. Kosmopolitisch. – *Sicarius* sp. (Sicariidae) Sandspinne. – *Loxosceles rufescens* (Loxoscelidae), 9 mm; unscheinbar, braun, mit 6 Augen und wenig geordnetem, flachen Netz, Südeuropa. Biß der amerikanischen *L. reclusa* ruft durch ihr cytotoxisches Gift gefährliche Hautnekrosen hervor, die wochenlang weiterwachsen und auch zu Leber- und Nierenschädigungen führen können. – **Scytodes thoracica* (Scytodidae) Speispinne, 6 mm (Abb. 658). Zart, mit auffällig dickem Prosoma und 6 Augen. Die Hälfte der Cheliceren(Gift-)drüse produziert

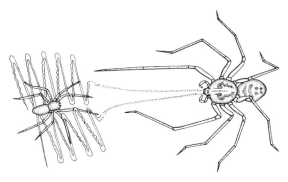

Abb. 658: Beutefang bei der Speispinne *Scytodes thoracica* (Scytodidae), Länge ca. 6 mm. Giftdrüsen bei dieser Art zweigeteilt; nur der eine Abschnitt produziert Gift, der andere ein Klebsekret, das mit den Cheliceren auf ein Beutetier gespritzt wird und dieses an den Untergrund heftet. Nach Foelix (1979).

Abb. 659: *Dolomedes fimbriatus* (Pisauridae), ca. 22 mm, mit Eikokon. Original: R. F. Foelix, Aarau.

ein Klebsekret, das einem laufenden Insekt entgegenge-spritzt werden kann und es am Untergrund festklebt. Europa.

Entelegynae – Enthält alle weiteren, ca. 70 Familien. Wichtigste Autapomorphie sind entelegyne Genitalien: eine Epigyne und von der Eiablage getrennte, paarige Kopulationsöffnungen.

Eresus niger (Eresidae), Röhrenspinnen, Männchen 14 mm, schwarz, leuchtend roter Hinterleib mit 4 schwar-

Abb. 660: *Alopecosa inquilina* (Lycosidae), Weibchen. Nord-tirol, 1600 m. Original: B. Knoflach, Innsbruck.

zen Flecken; Weibchen 20 mm, tiefschwarz, zeitlebens in Röhren unter Steinen, von denen mit Cribellumwolle be-legte Stolperfäden ausgehen. Brutpflege, Jungtiere werden durch Regurgitation gefüttert. Süddeutschland selten, Mittelmeerraum. Einige Arten von *Stegodyphus* in den Tropen und Subtropen der alten Welt sozial; zahlreiche Individuen bewohnen riesige Gespinste mit Cribellumfä-den und überwältigen große Beute gemeinsam. – *Argy-roneta aquatica* (Argyronetidae), Wasserspinne, 17 mm, ohne Cribellum, einzige wirklich aquatische Spinne, baut ein mit Luft gefülltes glockenförmiges Netz unter Wasser. Biß sehr schmerzhaft. Eurasien. – *Cheiracanthium punc-torium* (Clubionidae), Dornfinger, 14 mm, ohne Cribel-lum. Grünlich, tagsüber in einem Gespinstsack an der Spitze von Gräsern u. a. Wiesenpflanzen. Biß mit den sehr kräftigen Cheliceren erzeugt einen starken, mehrere Tage andauernden Schmerz und kann auch zu Übelkeit, Er-brechen und Kreislaufkollaps führen. – *Salticus scenicus* (Salticidae) Springspinne, 7 mm. Dunkel mit hellen Quer-binden. Wie alle Springspinnen tagaktiver Räuber, der seine Beute im Sprung fängt. Medianaugen stark vergrö-ßert und spezialisiert. Zahlreiche Gattungen mit z. T. sehr bunten Arten, weltweit. – *Myrmarachne formicaria,* imi-tiert Ameisen.

Clubionidae, Thomisidae und Salticidae gehören zu den **Dionycha** (nur 2 Krallen an den Beinen).

Misumena vatia (Thomisidae), Krabbenspinne, 11 mm. Die vorderen beiden Beinpaare, die Fangbeine, sind viel stärker als die hinteren. Lauern auf Blumen, an deren Farbe sie sich durch langsamen Farbwechsel anpassen können, z. B. weiß oder schwach violett. Erbeuten mit ihrem starken Gift auch große Insekten wie Bienen, Schmetterlinge. – *Amaurobius fenestralis* (Amaurobii-dae), Finsterspinne, 9 mm. Dunkle Spinnen, die in Mau-erritzen (z. B. an Fenstern) oder unter Steinen durch Cri-bellumwolle bläulich schillernde Netze spinnen. Europa. – *Agelena labyrinthica* (Agelenidae), Trichterspinne, 12 mm. Flache Netze mit trichterförmigem Versteck in einer Spalte. – *Agelena consociata* ist permanent sozial; bildet riesige gemeinsame Netze und kooperiert bei der Überwältigung der Beute; Afrika. – *Tegenaria domestica,* Hauswinkelspinne, 12 mm, in Häusern, Kellern und Scheunen. Kosmopolitisch. – *Coelotes atropos*, 13 mm, halbsozial, die Mutter kommuniziert mit ihren Jungtieren und läßt sie an der Mahlzeit teilnehmen; in Wäldern unter Steinen. – *Phoneutria fera* (Ctenidae), 40 mm. Agressiv, an eine Wolfsspinne erinnernd, eine der giftigsten Spinnen Südamerikas, Neurotoxin wirkt auf das zentrale und das periphere Nervensystem. Tod kann durch Atemlähmung nach 2–3 Stunden eintreten. Wurde zuweilen mit Ba-nanen eingeschleppt. – *Pisaura mirabilis* (Pisauridae), Jagdspinne, 15 mm, elegante Spinnen mit eichblattartiger Zeichnung auf dem Opisthosoma, auf Wiesen und Bü-schen. Weibchen tragen, wie auch *Dolomedes fimbriatus,* Listspinne (Abb. 659), den Eikokon mit den Cheliceren. An Waldrändern am Ufer von Gewässern, fangen aufs Wasser gefallene Insekten, tauchen bei Gefahr. Amerika-nische Arten fangen auch Beute, z. B. kleine Fische, im Wasser. – *Pardosa lugubris* (Lycosidae), Wolfsspinne, 6 mm. Auf Laubstreu an Waldrändern, frei jagend, Weib-chen tragen wie andere Lycosiden ihren Eikokon an den Spinnwarzen. – *Lycosa narbonensis,* Tarantel, 27 mm, in Südfrankreich, Italien in Erdröhren. – *Aulonia albimana*, 4,5 mm, baut Fangnetz dicht am Boden. – *Pirata pirati-cus,* am Rand von Gewässern, taucht bei Gefahr unter.

Die folgenden Arten gehören zu den **Orbiculariae**, die ein Drittel aller Spinnenarten umfassen. Ihre Synapomorphien sind das Radnetz, das allerdings mehrfach konvergent abgewandelt oder reduziert wurde.

Deinopis spinosus (Deinopidae), 20 mm. Langgestreckt, tagsüber wie Streckerspinnen an Zweigen ruhend. Abends bauen sie ein kleines, vier- bis sechseckiges Netz,

Abb. 661: *Araneus diadematus* (Araneidae), Kreuzspinne. Original: R. F. Foelix, Aarau.

dessen Fangfäden mit Cribellumwolle belegt sind, das sie zwischen ihren langen vorderen 2–3 Beinpaaren ausspannen und anfliegenden Insekten entgegenhalten, während sie am 4. Beinpaar hängen. – *Uloborus walckenaerius* (Uloboridae), 8 mm. Waagerechte Radnetze, Fangfäden mit Cribellumwolle. Europa. In den Tropen auch soziale Arten. – *Araneus diadematus* (Araneidae) (Abb. 661), Kreuzspinne, 18 mm, erzeugt die bekannten senkrechten Radnetze mit Klebtropfen an den Fangfäden, die nach 1–4 Tagen abgebaut und aufgefressen werden. Araneidae sind auch die Zebraspinnen (*Argiope bruenichi*) und Bolaspinnen. – *Linyphia triangularis* (Linyphiidae), Deckennetzspinnen, 6 mm. Flache Deckennetze mit einem Gewirr von Stolperfäden darüber, in der Vegetation. Zu den Linyphiidae gehören auch die Zwergspinnen (Micryphantinae) mit vielen kleinen Arten (1–2,5 mm), Männchen mancher Arten mit merkwürdigen Kopffortsätzen mit Drüsen, in die die Weibchen bei der Paarung beißen. – *Theridion sisyphium* (Theridiidae), Kugelspinnen, 5 mm. Meist unter Blättern ein wenig geordnetes Netz mit Klebfäden und einem kleinen Baldachin, unter dem die Spinne lauert. Halbsozial; füttert Jungtiere durch Regurgitation. – *Latrodectus mactans*, Schwarze Witwe (Abb. 654), 15 mm, schwarz mit rotem Uhrglas-Fleck am Bau und bei manchen Unterarten weiteren roten Flecken. Biß kann durch starke Neurotoxine zu schweren, manchmal fatalen Vergiftungen führen. Mittelmeerländer, Nord- und Süd-

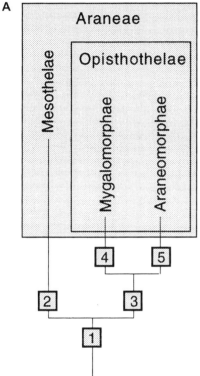

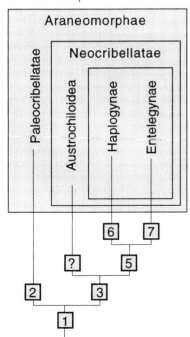

◁ **Abb. 662:** Verwandtschaftsbeziehungen innerhalb der Araneae. A Verwandtschaftsbeziehungen der 3 großen Subtaxa. Apomorphien: [1] Spinndrüsen im Opisthosoma; Extremitätenhomologa des 4. und 5. Opisthosomasegments bilden Spinnwarzen; Giftdrüsen in den Cheliceren; Kopulationsorgan an den männlichen Pedipalpen. [2] Coxae des 4. Laufbeinpaares mit posteromedianer Grube; dorsale Trichobothrien der distalen Beinglieder mit opponierbaren Platten um die Grubenöffnung; laterale Spinnwarzen mit sekundärer Gliederung. [3] Spinnwarzen ans Körperende verlagert. [4] Vordere mittlere Spinnwarzen fehlen völlig; vordere seitliche Spinnwarzen klein oder auch reduziert. [5] Vordere mittlere Spinnwarzen als Cribellum ausgebildet. B Die Untergliederung der Araneomorphae. Apomorphien: [1] Umwandlung der vorderen Spinnwarzen zum Cribellum. [2] Darmdivertikel reichen in die Cheliceronbasen; Einbuchtungen auf der Oberfläche der medianen Cheliceren. [3] Labidognathe Stellung der Cheliceren. [4] ?. [5] Umwandlung der hinteren Fächerlungen zu Tracheen. [6] Cheliceren basal verwachsen. [7] Entelegyne weibliche Genitalien. Vereinfacht nach Coddington und Levi (1991)

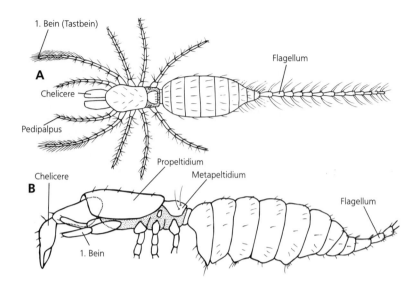

1. Bein (Tastbein)

A

Chelicere

Pedipalpus

Chelicere

B

Propeltidium

Metapeltidium

1. Bein

Flagellum

Flagellum

Abb. 663: Palpigradi. *Eukoenenia mirabilis*. A Dorsalansicht. B Seitenansicht. Nach verschiedenen Autoren.

amerika. Unter Brettern, Treibholz in den Dünen, in Schuppen und Scheunen. – *Tetragnatha extensa* (Tertragnathidae), Streckerspinne, 15 mm. Tagsüber an Pflanzenstengeln, 2 Beinpaare nach vorn, 2 nach hinten gestreckt. Baut abends, meist in Gewässernähe, hinfällige Radnetze, die oft schon am nächsten Morgen aufgefressen werden. Zu den Tetragnathidae gehören wahrscheinlich auch die großen Seidenspinnen (*Nephila*) der Tropen, die extrem reißfeste Spinnenseide produzieren (auf Salomon-Inseln zum Fischfang genutzt).

3.2.5 Palpigradi, Palpenläufer

Die ca. 60 winzigen (2–3 mm), pigment- und augenlosen Arten erinnern im Habitus an Geißelskorpione. Sie besitzen wie diese eine Schwanzgeißel (Abb. 663, 664). Die Prosomadecke ist unterteilt in Pro-, Meso- und Metapeltidium. Die Pedipalpen sind beinartig und werden beim Laufen miteingesetzt. Das 1. Beinpaar ist verlängert und dient zum Tasten. Die Beute (kleine Collembolen) wird mit

Abb. 664: Palpigradi. *Eukoenenia* sp., Länge 2 mm. Aus Weygoldt (1972).

den großen, dreigliedrigen Cheliceren gepackt und direkt an den Mund gehalten. Ein Mundvorraum fehlt.

Lungen und Tracheen fehlen. Ausstülpbare Ventralsäckchen an den Opisthosomasegmenten 4–6 werden als Atemorgane gedeutet, denkbar ist aber auch eine Funktion zur Aufnahme von Wasser. Das Herz hat 4 Paar Ostien. Coxaldrüsen liegen im 3. Prosomasegment. Die Spermatozoen sind geißellos und stark modifiziert. Fortpflanzung, Entwicklung und Zahl der Nymphenstadien sind unbekannt; aus dem seltenen Auftreten von Männchen bei manchen Arten wird auf Parthenogenese geschlossen.

Systematik

Ursprüngliche Merkmale wie dreigliedrige Cheliceren und der Schwanzfaden deuten darauf hin, daß die lungenlosen Palpigradi von der gemeinsamen Stammgruppe der Lipoctena vor der Abspaltung der Megoperculata abgezweigt sind. Die Palpigradi sind nach dieser Auffassung die Schwestergruppe aller anderen lungenlosen Arachnida (alternative Auffassung s. Abb. 613).

Eukoenenia mirabilis (Eukoeneniidae), 2 mm. Im Lückensystem des Bodens und unter Steinen. Südeuropa bis Österreich. Andere Arten in den Tropen und Subtropen, in Mitteleuropa in Gewächshäusern, einige Arten im Sandlückensystem an Meeresküsten.

3.2.6 Pseudoscorpiones (Chelonethi), Pseudo-, Bücher- oder Afterskorpione

Die mehr als 3000 kleinen (1–7 mm) Arten mit den großen, scherentragenden Pedipalpen haben skorpionähnlichen Habitus (Abb. 665). Das Opisthosoma ist jedoch einheitlich, nicht in Meso- und Metasoma untergliedert. Die Pedipalpen werden beim Laufen tastend nach vorn gestreckt. Sie tragen

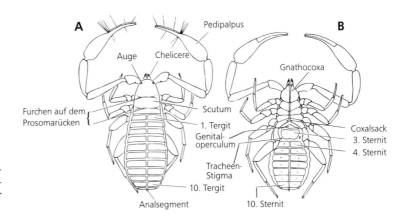

Abb. 665: *Chelifer cancroides* (Pseudoscorpiones). Äußere Organisation. A Dorsalansicht. B Ventralansicht. Nach Beier aus Weygoldt (1969).

als wichtigste Sinnesorgane 12 Trichobothrien in artspezifischer Anordnung. Weitere Sinnesorgane sind mechano- und chemorezeptorische Borsten, Spaltsinnesorgane, wenige Lyraförmige Organe und 1–2 Paar einfache Lateralaugen.

Pseudoskorpione leben im Fallaub am Boden, unter Rinde und in anderen engen Spalten in allen terrestrischen Lebensräumen einschließlich des marinen Supralitorals. Die Ausbreitung erfolgt bei einigen Arten durch Phoresie an Fliegen, Käfern u. a. Insekten und Kleinsäugern. Manche Arten sind mit tropischen Käferarten assoziiert, unter deren Flügeldecken sie sich nicht nur tragen lassen, sondern auch paaren.

Die Beute, kleine Arthropoden, wird mit den Pedipalpenscheren gepackt und getötet. Auf der Spitze eines oder beider Scherenfinger münden Giftdrüsen (Abb. 666). Arten mit großen Cheliceren (Chthoniidae, Neobisiidae) mazerieren die Nahrung, andere Arten mit kleinen Cheliceren (Chernetidae, Cheliferidae) beißen nur ein Loch und saugen die Beute aus. Der Mundvorraum wird von Coxalenditen der Pedipalpen gebildet. Der enge Mund führt in den Saugpharynx mit X-förmigem Querschnitt und anschließend in den engen Oesophagus. In den vorderen Mitteldarm münden umfangreiche Mitteldarmdrüsen. Der hintere Mitteldarm bildet eine Schlinge mit 3 parallel laufenden Schenkeln, erweitert sich zur Rektalblase und mündet über den kurzen Enddarm am Körperende aus. Exkretionsorgane sind der hintere Mitteldarm, die Rektalblase und Coxaldrüsen im 5. Prosomasegment. Als Atmungsorgane dienen 2 Paar einfache Büschel- oder Siebtracheen mit Stigmen lateroventral am 3. und 4. Opisthosomasegment. Das Herz hat maximal 4 Ostienpaare; der Blutkreislauf ist vereinfacht wie für lungenlose Arachniden charakteristisch.

Die Übertragung der aufgerollten und encystierten Spermatozoen erfolgt mit Hilfe gestielter Spermatophoren, die auf dem Substrat abgesetzt werden. Die Männchen einiger Taxa produzieren einfache Spermatophoren unabhängig von der Anwesenheit von Weibchen. Andere Arten balzen mit Bewegungen, die an die Paarungsvorspiele der Skorpione erinnern (Abb. 667). Die Cheliferidae setzen dabei Duftorgane ein. Diese liegen auf „widderhornartigen Organen“, die aus dem Genitalatrium vorgestreckt werden. Die sehr unterschiedlich gestalteten Spermatophoren werden durch Quellungsvorgänge oder Hebelwirkungen entleert.

Zur Eiablage spinnen die Weibchen der meisten Arten eine Brutkammer (Brutkokon). Spinndrüsen münden auf den Galeae, Fortsätze auf den beweglichen Chelicerenfingern. Die dotterarmen Eier werden in einem sezernierten Brutsack an der Geschlechtsöffnung getragen. Das Weibchen gibt eine im Ovar gebildete Nährflüssigkeit ab, die die Embryonen mit einem komplizierten Embryonalpharynx aufnehmen (Abb. 668), bei manchen Arten innerhalb weniger Sekunden.

Nach 3 freilebenden Nymphenstadien sind die Tiere geschlechtsreif. Zur Häutung spinnen sich die

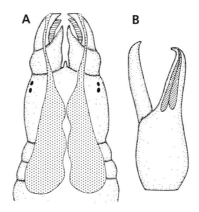

Abb. 666: Pseudoscorpiones. Drüsen. A Bei *Neobisium simoni* erstrecken sich auf den Cheliceren mündende Spinndrüsen bis in das Opisthosoma. B Bei *Neobisium flexifemoratum* liegen Giftdrüsen in den unbeweglichen Pedipalpenfingern. Verändert nach Vachon (1949).

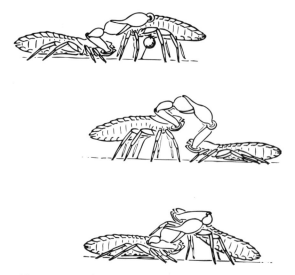

Abb. 667: Pseudoscorpiones. Paarung bei *Chernes cimicoides*. A Männchen (rechts) setzt die Spermatophore ab. B Männchen zieht Weibchen über die Spermatophore. C Weibchen reibt Ventralseite am Untergrund, um das leere Samenpaket zu entfernen. Aus Weygoldt (1966).

Nymphen z. T. Häutungskammern (Spinndrüsen in den Cheliceren, s. o.) und fallen in eine Häutungsstarre. Viele Arten leben wenig länger als 1 Jahr; *Chelifer cancroides* kann 3 Jahre alt werden.

Systematik

Die Pseudoscorpiones sind die Schwestergruppe der Solifugae. Ihre scherenartigen Pedipalpen und ihre Beingliederung gleichen bis in Einzelheiten denen der echten Skorpione. Gegen eine enge Verwandtschaft von Pseudoscorpiones und Scorpiones sprechen jedoch die völlig andersartige, innere Anatomie u. a. Merkmale.

Chthonius tetrachelatus (Chthoniidae): 2,5 mm; gelbbraun mit dünnen Pedipalpen und großen Cheliceren, Prosomarücken vorn verbreitert; 2 Paar Augen. Laufen bei Störungen sehr schnell rückwärts. Protonymphen bleiben in der Brutkammer und saugen von der Mutter gelieferte Nährflüssigkeit. In der Laubstreu warmer Wälder und unter Steinen. – *Neobisium muscorum* (Neobisiidae), Moosskorpion, 4 mm; glänzend braun-schwarz, in der Laubstreu unserer Wälder; Cheliceren groß, Seitenränder des Prosomas parallel; 2 Paar Augen. – *N. maritimum* im marinen Litoral. – *Garypus beauvoisi* (Garypidae), mit 7 mm größte Art; mit kleinen Cheliceren, Supralitoral des Mittelmeeres. – *Cheiridium museorum* (Cheiridiidae), 1 mm; 1 Paar Augen; in Scheunen und Spatzennestern. – *Lasiochernes pilosus* (Chernetidae), 4 mm; ohne Augen. In den Nestern von Maulwürfen und Wühlmäusen; Ausbreitung durch Phoresie, halten sich an den Haaren der Wirte fest. – *Chernes cimicoides* 3 mm. Unter Baumrinde. – *Chelifer cancroides* (Cheliferidae), Bücherskorpion, 4–5 mm. Kosmopolitisch, in menschlichen Gebäuden, Bienenstöcken und unter Rinde.

3.2.7 Solifugae (Solpugida), Walzenspinnen

Von den über 900 Arten zwischen 10–70 mm Länge leben die meisten in Trockengebieten, Wüsten und Steppen. Der Habitus dieser Spinnentiere wird beherrscht von sehr großen, zweigliedrigen Cheliceren, einem beweglichen Prosoma mit Propeltidium und 2–3 spangenförmigen Skleriten und dem walzenförmigen, weichhäutigen Opisthosoma mit 11 kleinen Tergiten (Abb. 669).

Solifugen laufen schnell und ausdauernd auf den hinteren 3 Beinpaaren; das 1. ist schwach und dient als Taster. An senkrechten, glatten Flächen werden die Pedipalpen eingesetzt, die terminal ein Kleborgan tragen, mit dem sich die Tiere hochhangeln können. Alle Arten graben gut, wobei auch die kräftigen Cheliceren helfen.

Sinnesorgane sind Medianaugen auf dem Propeltidium und 1–2 Paar reduzierte Lateralaugen, ferner lange Tastborsten auf den Pedipalpen und Beinen,

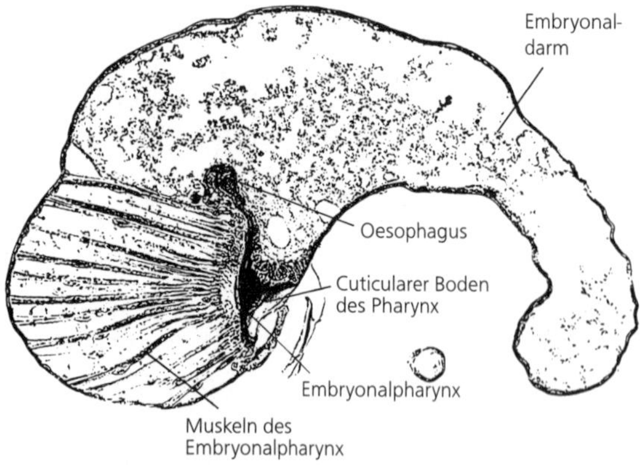

Abb. 668: Pseudoscorpiones. Längsschnitt durch einen Embryo von *Dactylochelifer latreillei* mit Embryonalpharynx; Oesophagus führt in den Embryonaldarm, der den Embryo vollständig ausfüllt. Aus Weygoldt (1969).

Embryonaldarm

Oesophagus

Cuticularer Boden des Pharynx

Embryonalpharynx

Muskeln des Embryonalpharynx

Abb. 669: *Galeodes* sp. (Solifugae), Länge ca. 40 mm. Original: P. Weygoldt, Freiburg.

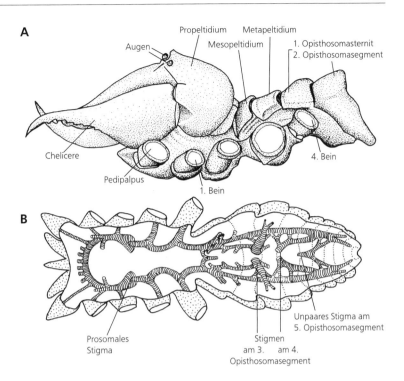

Abb. 670: Solifugae. A Seitenansicht des Vorderendes von *Galeodes graecus*. Pedipalpen und Beine weggelassen. B Schema des Tracheensystems. Nach Kaestner (1932).

versenkte Sinnesborsten (Sensilla ampullacea) und je 5 große hammerförmige Organe (Malleoli) an der Ventralseite der proximalen Glieder des letzten Beinpaares mit zahlreichen (bis zu 72 000) Sinneszellendigungen; wahrscheinlich sind es Chemorezeptoren.

Bei Gefahr hebt eine Solifuge den vorderen Teil des Prosomas und droht mit den großen Cheliceren; manche Arten stridulieren dabei, indem sie die Cheliceren aneinander reiben.

Viele Arten sind große schnelle, z. T. tagaktive Räuber (große Arthropoden und kleine Wirbeltiere). Die Nahrung wird mit den Pedipalpen rasch an die Cheliceren gerissen und mazeriert, Giftdrüsen fehlen. Der Mund liegt auf einem Rostrum zwischen Ober- und Unterlippe; ein Mundvorraum fehlt. Exkretionsorgane sind 1 Paar Malpighische Schläuche, Nephrocyten und Coxaldrüsen, die hinter den Pedipalpencoxen ausmünden. Der Atmung dient ein für Arachniden einzigartiges Tracheensystem, ähnlich dem der Insekten (Abb. 670). Paarige Stigmen am Prosoma zwischen dem 3. und 4. Beinpaar und, wie bei Pseudoskorpionen, am 3. und 4., sowie ein unpaares am 5. Opisthosomasegment führen in große, untereinander verbundene, paarige Längsstämme, von denen Seitenäste zu den Organen und in die Extremitäten ziehen. Solifugen können als einzige Arachniden Atembewegungen durchführen. Der Kreislauf ist vereinfacht, das Herz hat 8 Ostienpaare. Die Leibeshöhlen von Pro- und Opisthosoma sind durch ein Diaphragma (wie bei Scorpio-

nes) getrennt. Ein mesodermales Endoskelett fehlt; seine Aufgabe wird von einem ektodermalen, aus Apodemen entstandenen Analogon übernommen. Das Zentralnervensystem ist nur z. T. im Prosoma konzentriert; ein opisthosomales Ganglion versorgt die letzten 6 Opisthosomasegmente.

Die Männchen vieler Arten besitzen eine große, merkwürdig gestaltete Borste auf den Cheliceren, das Flagellum. Nach kurzer heftiger Balz, bei der das Männchen das Weibchen mit den Cheliceren packt und seine Genitalregion bearbeitet, werden die atypischen, geißellosen Spermatozoen in Ballen verpackt und entweder mit den Cheliceren (*Othoes saharae*) oder direkt von der männlichen in die weibliche Geschlechtsöffnung übertragen (*Eremobates durangonus*). Die Eiablage erfolgt in einer selbstgegrabenen, unterirdischen Brutkammer; die Eier werden vom Weibchen bewacht. Die Zahl der Nymphenstadien ist hoch und variiert bei den verschiedenen Arten.

Gluvia dorsalis (Dacsiidae), 18 mm; in Spanien. – *Galeodes arabs* (Galeodidae), 51 mm; mit sehr langen Beinen, schnell, tagaktiv. Afrika. – *Mossamedessa abnormis* (Hexisopodidae), 10 mm; mit kurzen zum Graben spezialisierten Beinen, leben weitgehend unterirdisch, Afrika. – *Eremobates durangonus* (Eremobatidae), 20 mm, in den Südstaaten Nordamerikas.

3.2.8 Opiliones, Kanker, Weberknechte

Neben den bekannten, langbeinigen Weberknechten (Abb. 671, 673) enthält das Taxon kleine (2 mm), milbenartige Gestalten (Sironidae) (Abb. 674) und flache, kurzbeinige Arten (Trogulidae) (Abb. 675); insgesamt sind es ca. 4000 Arten.

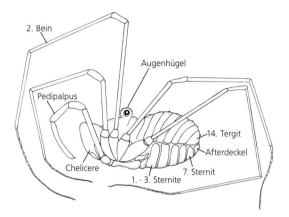

Abb. 671: Opiliones, Cyphopalpatores. Seitenansicht. Nach Roewer (1923).

Die größten Formen sind *Trogulus torosus* (22 mm) und *Mitobates stygnoides* (6 mm Länge, 160 mm lange Beine).

Bau

Die äußere Organisation wird beherrscht von der Verschmelzung von Pro- und Opisthosoma zu einem einheitlichen, vielfach kugeligen Körper und, bei vielen Arten, durch die stark verlängerten Beine. Der Prosomarücken kann 2 Querfurchen aufweisen. Das Opisthosoma besitzt ursprünglich 10 Tergite; die vorderen 5 können mit dem Prosomarücken zu einem einheitlichen Scutum (Abb. 671) verschmolzen sein, die beiden letzten sind bei vielen Arten reduziert.

Die **Lokomotion** der kurzbeinigen Kanker (Trogulidae) ist langsam. Manche der langbeinigen Arten dagegen kön-

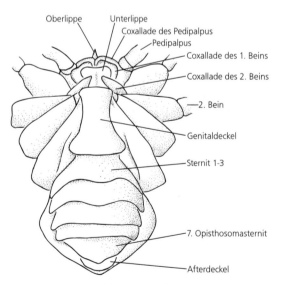

Abb. 672: Ventralansicht von *Phalangium opilio* (Opiliones, Cyphopalpatores). Aus Kaestner (1968).

nen schnell laufen. Ihre Tarsen sind in bis zu 50 (bei *Phalangium* und *Opilio*) und bis zu 100 (bei einigen tropischen Arten) Glieder unterteilt. Die Krautschicht bewohnende Arten können beim Klettern die Grashalme mit ihren verlängerten Tarsen spiralig umgreifen. Bei manchen Arten ist das 2. Beinpaar am längsten und wird dann zum Tasten eingesetzt; die Tiere laufen also auf 3 Beinpaaren.

Sinnesorgane sind verschiedene Sinnesborsten, Spaltsinnesorgane und 1 Paar gut entwickelter Medianaugen auf einem Augenhügel (Abb. 671). Bei Gefahr autotomieren viele Arten leicht Beine, die sich noch bis zu 30 min bewegen können; die Bruchstelle liegt zwischen Coxa und Trochanter. Der Abwehr dienen außerdem Wehrdrüsen, die vorn am Prosoma münden; ihr chinonhaltiges und antibiotisch wirkendes Sekret tritt als Tropfen oder Sprühnebel aus.

Die Ernährung ist unterschiedlich. Viele Arten sind Nahrungsspezialisten, andere fressen kleine Arthropoden, Aas, faulende Früchte und (in Gefangenschaft) gekochte Kartoffeln und Brot.

Die Pedipalpen vieler Weberknechte sind beinartig, bei den Laniatores bilden sie einschlagbare Fangapparate. Die Cheliceren sind dreigliedrig und bei den Ischyropsalidae und anderen Arten sehr groß. Der Mund ist relativ weit, so daß Weberknechte auch kleine Partikeln aufnehmen können. Er liegt in einem Mundvorraum, der von weichen, z.T. sogar gegliederten Coxalenditen der Pedipalpen und des 1., bei den Phalangioidea auch des 2. Beinpaares gebildet wird. **Exkretionsorgane** sind 1 Paar Coxaldrüsen, die an den Coxen des 3. Beinpaares münden. Embryonal wird ein zweites Paar im 1. Beinsegment angelegt. Ferner gibt es Nephrocyten und Perineuralorgane, knotenförmige Ansammlungen exkretspeichernder Zellen an den Nerven und Konnektiven, die ins Opisthosoma ziehen. **Atmungsorgane** sind 1 Paar Tracheen, deren Stigmen nahe dem Sternit des 3. Opisthosomasegments oder, bei den Phalangiidae, hinter den letzten Coxen verborgen liegen. Von hier ziehen große, verzweigte Tracheen ins Prosoma. Die Phalangiidae haben zusätzlich kleine (200–400 μm Durchmesser) Stigmen an den Enden der Laufbeintibien. Das kurze Herz hat 2 Paar Ostien.

Bei vielen Gonyleptiden (Laniatores) sind die Männchen stärker sklerotisiert und skulpturiert als die Weibchen und haben stark bestachelte Hinterbeine. Die paarigen **Gonaden** sind hinten U-förmig miteinander verbunden, die distalen Genitalien stark modifiziert. Vom Hinterrand der Geschlechtsöffnung wächst ein Deckel (nicht homolog dem Genitaloperculum anderer Arachniden) craniad und verlagert die Geschlechtsöffnung zwischen die Coxen des 4. oder 3. Beinpaares, bei den Phalangioidea nach vorn, sogar direkt hinter die Unterlippe. Im Inneren des Genitalatriums liegt ein langes, durch Blutdrucksteigerung teleskopartig nach vorn vorstreckbares und z.T. durch Muskeln bewegliches

Rohr, das beim Weibchen als Ovipositor (Abb. 673), beim Männchen als Penis dient. Die Spermatozoen sind atypisch, geißellos, nur bei den Sironoidea existiert noch ein transitorisches Flagellum.

Fortpflanzung und Entwicklung

Die Übertragung ist direkt durch eine echte Kopula. Bei der Paarung stehen die Partner Kopf an Kopf einander gegenüber, und das Männchen führt seinen Penis zwischen den Cheliceren des Weibchens hindurch in die weibliche Geschlechtsöffnung. Die Eier werden mit dem Ovipositor in Bodenlöcher und Spalten gelegt. Von einigen südamerikanischen Gonyleptidae ist Brutpflege, Bewachen von Eiern und Nymphen bekannt. Die Zahl der Nymphenstadien variiert: *Trogulus* hat 6, *Nemastoma* 7; Adulte häuten sich nicht mehr. Viele Arten leben 1 Jahr, einige länger (*T. nepaeformis* bis 3, *Siro rubens* bis 9 Jahre).

Systematik

Die kleinen Sironiden und der gedrungene Körper anderer Weberknechte erinnern an Milben. Die Beurteilung der verwandtschaftlichen Stellung innerhalb der Arachnida ist schwierig, da die Opiliones neben typisch ursprünglichen (z.B. dreigliedrige Cheliceren) auch eine Reihe eindeutig abgeleiteter Merkmale (atypische Spermien, Penis, Ovipositor) besitzen. Wie bei den Ricinulei ist das 2. Beinpaar vielfach Tastbein. SHULTZ (Abb. 613) hält die Opiliones für die Schwestergruppe der Scorpiones und Haplocnemata (Pseudoscorpiones und Solifugae), eine Auffassung, der hier nicht gefolgt wird (Abb. 612).

3.2.8.1 Cyphopalpatores

(Die Arten dieses Taxon wurden früher den Cyphophthalmi und Palpatores zugeteilt; letztere sind jedoch paraphyletisch.)

Siro rubens (Sironidae = Cyphophthalmi), 1,7 mm; milbenartig (Abb. 674), mit kurzen Beinen; Prosomarücken und die ersten 8 Tergite zu einem harten Scutum verwachsen; Pedipalpen tasterförmig; Geschlechtsöffnung unbedeckt. Südfrankreich, Spanien; meist unter Steinen und in der Bodenstreu. Ernähren sich von Collembolen u.a. Bei der Abwehr wird ein Tropfen Wehrsekret mit einem Bein auf den Gegner geschmiert. Lebensdauer bis 9 Jahre. Ca. 25 ähnliche Arten in Südeuropa und Nordamerika.

Trogulus nepaeformis (Trogulidae, „Palpatores"), Brettkanker, 10 mm (Abb. 675). Hart sklerotisiert, flach. Vorderende des Prosomas bildet eine die Mundwerkzeuge überdeckende Kapuze; Prosomadecke mit 5 Tergiten zum Scutum verwachsen. Bodentiere, nachtaktiv, tasten mit dem 2. Beinpaar. Bei Gefahr charakteristisches Totstellen. Ernähren sich von Schnecken (bis 8 mm Gehäusedurchmesser). Eier werden in leere Schneckenhäuser gelegt, die anschließend durch ein Sekret verschlossen und in ein Versteck getragen werden. – *Paranemastoma quadripunctatum* (Nemastomatidae, „Palpatores"), 4,5 mm. Schwarz, bodenlebend, mit mäßig verlängerten Beinen. Ernähren sich von Collembolen, die an den ein Klebsekret

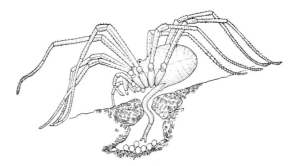

Abb. 673: *Oligolophus tridens* (Opiliones). Weibchen mit Ovipositor, bei der Ablage der Eier in eine Bodenhöhle. Körperlänge ca. 6 mm. Nach Silhavy aus Kaestner (1968).

tragenden Kugelborsten der beinartigen Pedipalpen haften. Eier werden in Gallertmasse an die Unterseite von Steinen geheftet. – *Ischyropsalis hellwigi* (Ischyropsalidae, „Palpatores") , Schneckenkanker, 7 mm. Prosomarücken nicht mit Tergiten zu einem Scutum verwachsen; Beine verlängert; Cheliceren sehr groß. Ernähren sich ausschließlich von Schnecken, die mit den Cheliceren aus ihrer Schale gezogen werden. Männchen besitzt Drüsenfelder an den Cheliceren, deren Sekret dem Weibchen bei der Paarung dargeboten wird. Am Boden von mäßig feuchten, kühlen Wäldern; weitere Arten in Südeuropa. – *Phalangium opilio* (Phalangiidae, „Palpatores"), Männchen bis 7 mm, Weibchen bis 9 mm; 2. Bein beim Männchen bis 54 mm, beim Weibchen bis 38 mm; Männchen mit dorsad gerichtetem Fortsatz an den Cheliceren. Gärten, Wiesen, Wälder; am Boden, aber auch im Gebüsch und auf Bäumen, z.T. tagaktiv an trockneren Stellen. – *Opilio parietinus,* 7,5 mm. Meist in der Nähe menschlicher Gebäude, auch in Städten. Eier entwickeln sich im Frühjahr nur, wenn sie vorher der Kälte ausgesetzt waren. Ca. 1000 weitere Arten, z.T. kosmopolitisch.

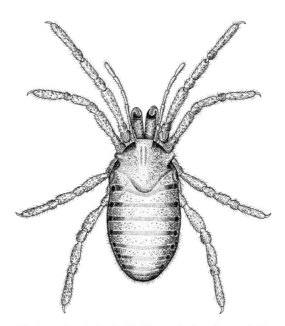

Abb. 674: *Siro duricorius* (Opiliones, Cyphopalpatores), Länge ca. 1,7 mm. Nach Martens (1978).

Abb. 675: *Trogulus* sp. (Opiliones, Cyphopalpatores). Brettkanker, ernährt sich von Schnecken. Original: B. Knoflach, Innsbruck.

3.2.8.2 Laniatores

Discocyrtus prospicus (Gonyleptidae), 7 mm; Pedipalpen raubbeinartig, 2. Beinpaar stark verlängerte Tastbeine; auffälliger Sexualdimorphismus: Männchen stark gepanzert, mit vergrößerten Coxen und Dornen am letzten Beinpaar; Weibchen erinnern oberflächlich an Phalangiidae. Geschlechtsöffnung bedeckt, zwischen den Coxen des 4. Beinpaares. Tropische Wälder Südamerikas. Zahl-

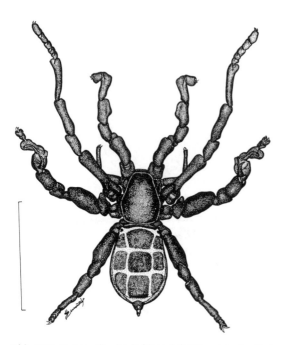

Abb. 676: *Cryptocellus becki* (Ricinulei). Männchen. Im Boden von Regenwäldern des Amazonasgebietes. Maßstab: 5 mm. Aus Adis et al. (1989).

reiche, weitere, z. T. absonderlich skulpturierte und bestachelte Arten im tropischen Amerika, manche mit Brutpflege.

3.2.9 Ricinulei, Kapuzenspinnen

Etwa 40 kleine (bis 10 mm), untereinander sehr ähnliche Arten, die die Laubstreu tropischer Wälder in Afrika und im tropischen Amerika bewohnen. Charakteristisch für ihren Habitus ist die starke Sklerotisierung und der Cucullus, ein vorderer, beweglicher Anhang des Prosomarückens, der in Ruhe wie eine Kapuze (Name!) die Mundwerkzeuge überdeckt (Abb. 676). Am kurzen Opisthosoma sind nur 4, bei vielen Arten durch 2 laterale Längsfurchen geteilte Tergite und Sternite sichtbar, die den Opisthosomasegmenten 4–7 angehören. Die 3 letzten Segmente bilden ein kleines, teleskopartig eingezogenes Metasoma. Das reduzierte 1., sowie das 2. und Teile des 3. Opisthosomasegments sind verschmälert und durch ein – schwer erkennbares – Scharniergelenk zwischen Pro- und Opisthosoma miteinander verbunden. Der Hinterrand des Prosomarückens rastet dabei in eine Querfurche des 1. Tergits (des 4. Opisthosomasegments) ein. Außerdem sind Zipfel der Coxen des 4. Beinpaares in taschenförmigen Bildungen des 1. Sternits verankert.

Ricinulei laufen langsam auf 3 Beinpaaren. Das 2. Beinpaar ist verlängert und dient zum Tasten und zum Beutefang. Sinnesorgane sind verschiedene Sinnesborsten und Spaltsinnesorgane; Trichobothrien fehlen, Augen sind nicht zu erkennen. Dennoch reagieren die nachtaktiven Tiere auf Belichtung mit Totstellreflex, bei dem die Beine angezogen werden.

Die Nahrung (Collembolen u.a. Kleinarthropoden) wird mit dem 2. Beinpaar gefangen, indem sie zwischen Tibia und Metatarsus eingeklemmt und dann an die kleinen, scherentragenden Pedipalpen übergeben wird, die sie an die kleinen, zweigliedrigen, scherenförmigen Cheliceren führen. Auch die Aufnahme von Kot und Aas als Nahrung wurde beobachtet. Die den Mundvorraum bildenden Pedipalpencoxen sind median zu einem Trog, dem Camarostom, verwachsen. Exkretionsorgane sind 1 Paar Malpighische Schläuche und 1 Paar Coxaldrüsen im 5. Prosomasegment. Die Stigmen von 1 Paar Siebtracheen liegen an der Hinterwand des Prosomas über den Coxen des 4. Beinpaares. Das kurze Herz hat nur 1 Ostienpaar.

Das Männchen besitzt Kopulationsorgane in Form spangenartiger Strukturen an den Metatarsen und Tarsen des 3. Beinpaares. Bei der Paarung steigt es auf den Rücken des Weibchens, ergreift mit dem Kopulationsorgan eines 3. Beins einen Spermaballen und führt ihn in die weibliche Geschlechtsöffnung ein. Eier werden einzeln in größeren zeitlichen Abständen gelegt. Das Weibchen trägt das relativ große (1–2 mm) Ei unter dem Cucullus (Abb. 677) in ein Versteck.

Die Embryonalentwicklung ist unbekannt. Dem Ei entschlüpft eine Larve mit 3 Beinpaaren. Darauf folgen 3 Nymphenstadien, die den Erwachsenen ähneln. Die Postembryonalentwicklung dauert lange; die Adulten leben möglicherweise mehrere Jahre.

Systematik

Ricinulei sind seit dem Karbon bekannt. Ihre Stellung im System ist umstritten. Mit manchen Opiliones teilen sie das Tasten mit dem 2. Beinpaar, mit dem Acari die Entwicklung über ein sechsbeiniges Larvenstadium und 3 Nymphenstadien.

Cryptocellus pelaezi, ca. 5 mm; samtartig violett (die Jungendstadien sind gelb), in mexikanischen Höhlen in großer Individuenzahl. Nahrung kleine Arthropoden, die auf Fledermauskot leben; nimmt in Gefangenschaft Collembolen und *Drosophila*. – Weitere Arten der Gattung bewohnen süd- und mittelamerikanische Regenwälder in der Laubstreu, selten; viele euedaphische Arten stark behaart und somit überflutungsgeschützt. – *Ricinoides karschi*, in Regenwäldern Gabuns; weitere Arten der Gattung in Afrika.

3.2.10 Acari (Acarina), Milben

Die Milben sind mit 35000 beschriebenen, wahrscheinlich aber 100000 existierenden Arten das mannigfaltigste und ökologisch erfolgreichste Arachnidentaxon. Ihre wirtschaftliche und medizinische Bedeutung ist groß. Milben leben in allen Lebensräumen, zahlreiche auch im Süßwasser und Meer bis in die Tiefsee. Viele sind Tierparasiten, auch des Menschen, die ihre Wirte direkt oder durch Übertragung von Infektionskrankheiten schädigen, andere Pflanzen- oder Vorratsschädlinge. Dieser evolutive Erfolg wurde wohl ermöglicht durch (1) eine extreme Reduktion der Körpergröße

Abb. 677: *Cryptocellus pelaezi* (Ricinulei). Weibchen mit Ei, das mit dem Cucullus und den Pedipalpen gehalten und in ein Versteck getragen wird. Original: R.W. Mitchell, Lubbok, Texas.

auf wenige Millimeter (nur manche Zecken erreichen im vollgesogenen Zustand 10 mm) bis auf Mikrometerwerte (eine der kleinsten Arthropodenarten ist die Gallmilbe *Eriophyes parvulus* mit 80 μm), (2) eine Vereinfachung des Körperbaus, (3) die schnelle Entwicklung und (4) die kurze Generationsdauer. Hinzu kommt die Erschließung unterschiedlichster Nahrungsquellen bei verschiedenen Entwicklungsstadien, (z.B. parasitisch – räuberisch). Die Entwicklung verläuft über eine 6-beinige Larve und bis zu 3 Nymphenstadien.

Wegen der großen Mannigfaltigkeit und Bedeutung der Milben hat sich eine „Acarologie" als eigenständiges Forschungsgebiet entwickelt. Für die Beschreibung haben die „Acarologen" eine Terminologie entwickelt, die von der anderer Arachnologen abweicht und den Vergleich oft erschwert; sie wird hier nicht benutzt.

Bau

Der Habitus wird durch den einheitlichen, vielfach rundlichen Körper beherrscht, an dem Pro- und Opisthosoma nahtlos miteinander verwachsen sind. Bei den Opilioacarida werden noch alle 18 Körpersegmente angelegt, und die **Gliederung** in Pro- und Opisthosoma bleibt erkennbar. Bei der

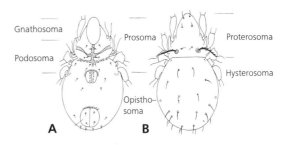

Abb. 678: Acari, Oribatei. Körpergliederung. A Ventralansicht. B Dorsalansicht.

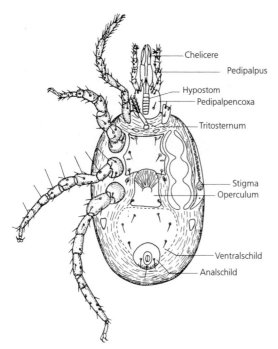

Abb. 679: Acari. Ventralseite des Weibchens einer freilebenden Raubmilbe im Boden (Gamasida). Aus Eisenbeis und Wichard (1955).

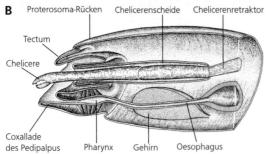

Abb. 680: Acari. Gnathosoma. A Frontalansicht von *Pergamasus* sp. B Schematisierter Längsschnitt durch der Capitulum einer parasitiformen Milbe. A Aus Eisenbeis und Wichard (1985); B nach Karg und Krantz (1978) aus Eisenbeis und Wichard (1985).

Mehrzahl der Milben ist die ursprüngliche Gliederung dagegen nicht mehr deutlich und die Zahl der Segmente reduziert. Charakteristisch ist eine neue Körpergliederung (Abb. 678): Das Mundgebiet mit dem Acron, den Cheliceren und den median zum Camarostom verwachsenen Pedipalpencoxen ist als Capitulum (Gnathosoma) vom Rest des Körpers (Idiosoma) abgegliedert, zuweilen sogar in dieses zurückziehbar. An der Bildung des Capitulums nimmt ein vom Prosomarücken abgetrenntes Sklerit teil, das Rostrum (Tectum), das seitlich mit den hochgezogenen Pedipalpencoxen verwachsen ist und mit diesen einen rings geschlossenen Mundvorraum bildet (Abb. 680). Eine weitere Grenze tritt bei den Actinotrichida zwischen den Segmenten des 2. und 3. Laufbeinpaares auf. Diese auch bei anderen Arachniden (Schizomidae, Palpigradi, Solifugae) ausgebildete Grenze teilt das Idiosoma in ein Propodosoma mit den beiden vorderen und ein Hysterosoma mit den beiden letzten Beinpaaren und dem Opisthosoma.

Die Gestalt ist mannigfaltig. Neben weichhäutigen Arten gibt es solche mit einem oder mehreren Scuta und gegliederten Sterniten. Stärkere Sklerotisierung als Verdunstungsschutz besitzen nur die Holothyrida, einige Parasitiformes und die Oribatei. Langgestreckte, fast wurmartige Milben gibt es bei den Tetrapodili (Gallmilben), den Demodicidae (Haarbalgmilben) und bei einigen Bewohnern des Sandlückensystems. Auch die Färbung ist mannigfaltig. Viele Arten sind bräunlich bis schwarz (z.B. Moosmilben); leuchtende Farben sind bei den Trombidiidae und Hydrachnellae verbreitet. Vorratsschädlinge sind meist unpigmentiert.

Viele Milben laufen auf 3 Beinpaaren und benutzen das 1. Beinpaar zum Tasten. Hydrachnellae des stillen Wassers können mit den beborsteten, letzten beiden Beinpaaren schwimmen. Andere jedoch, auch alle Meeresmilben (Halacaridae), klammern sich am Substrat fest. Bei manchen parasitischen Milben sind die Beine rückgebildet.

Sinnesorgane sind Borsten (Abb. 687), Trichobothrien, Spaltsinnesorgane und 1–2 Paar (bei *Paracarus hexophthalmus* (Opilioacarida) 3 Paar) Seitenaugen oder – selten – 1 Paar Medianaugen. Auch augenlose Milben können lichtempfindlich sein; bei der Schlangenmilbe *Ophionyssus natricis* liegen z.B. Photorezeptoren auf den Pulvilli des 1. Beinpaares. Der Chemorezeption dient z.B. das Hallersche Organ der Zecken, eine Grube mit Sinnesborsten an den Tarsen des 1. Beinpaares (Abb. 681).

Die **Nahrung** besteht vorwiegend aus kleinen Arthropoden, Nematoden, Aas, verrottenden Pflanzenteilen, Pilzen. Die Anoetidae (Schleimmilben) sind Bakterienfresser. Konvergent sind die Tetranychidae und Tetrapodili zu Pflanzenschädlingen geworden, die mit stilettartigen Cheliceren Pflanzenzellen anstechen. Viele Milben leben auf Vögeln, Säugern oder Insekten von Hautsekreten, Hautteilen, Haaren oder Federteilen (z.B. *Demodex folliculorum*, die Haarbalgmilbe) (Abb. 688). Parasiten entstanden mehrfach konvergent; viele sind nur während eines oder weniger Stadien parasitisch. Die ursprünglich dreigliedrigen, scherenförmigen Cheliceren können durch Blutdrucksteigerung vorgestreckt werden. Bei räuberischen Arten sind sie groß, bei vielen Parasiten dünn, stilettartig. Die Pedipalpen sind meist tasterartig, bei einigen Arten sehr kleine, bei anderen große Fangapparate. Ihre median verwachsenen Coxen bilden den Mundvorraum des Gnathosomas, in den Speicheldrüsen oder Spinndrüsen (Tetranychidae) münden. Der Mund führt über einen Saugpharynx (Abb. 680) in den Mitteldarm mit 1–7 Paar Blindsäcken. Bei den Actinedida endet der Mitteldarm blind; der Enddarm dient als Exkretionsorgan. Weitere **Exkretionsorgane** sind 1 Paar Coxaldrüsen im 1. Laufbeinsegment (Holothyridae, Ixodidae), 1–2 Paar Malpighische Schläuche und Mitteldarmzellen.

Atmungsorgane sind bei den Anactinotrichida ursprünglich 4 Paar Tracheen mit seitlichen Stigmen (bei den Opilioacarida an den Segmenten 9–12), bei der Mehrzahl ist jedoch nur 1 Paar ausgebildet. Den Actinotrichida fehlen Tracheen (viele Sarcoptiformes), oder es sind sekundäre ausgebildet, die im Bereich der Cheliceren, der Geschlechtsöffnung oder Laufbeincoxen (Apodeme bei den Oribatei) beginnen. Die meisten terrestrischen Milben benötigen hohe Luftfeuchtigkeit; manche können der Luft Wasser entziehen. Ein kleines Herz mit 2 Ostienpaaren gibt es noch bei vielen Anactinotrichida.

Die **Gonaden**, ursprünglich paarige Schläuche, sind vielfach hinten U-förmig verwachsen, im Extrem zu einer unpaaren Gonade geworden. Spermatophorenbildende Arten haben komplizierte Genitalatrien, bei anderen gibt es Penisbildungen. Die Geschlechtsöffnung liegt ursprünglich ventral in der Körpermitte; sie kann nach vorn oder hinten verlagert sein, sogar um das Hinterende herum auf die Dorsalseite bis dicht hinter das Gnathosoma bei den Männchen der Podapolipidae. Aflagellate Spermien.

Fortpflanzung und Entwicklung

Die Samenübertragung erfolgt bei den Anactinotrichida durch ungestielte Spermatophoren, die mit den – bei den Gamasiden entsprechend modifizierten – Cheliceren in die weibliche Geschlechtsöffnung eingeführt werden.

Besonders komplizierte Spermatophoren haben die Zekken, bei denen durch enzymatisch freigesetztes Gas Spermatozoen und symbiontische Bakterien auf das Weibchen übertragen werden. Die Männchen vieler Actinotrichida setzen gestielte Spermatophoren ab, manche ohne, andere mit Paarung. Das Männchen der Wassermilbe *Arrenurus* klebt das Weibchen auf seinen Rückenfortsatz, setzt dann die Spermatophore ab und bringt die weibliche Geschlechtsöffnung darüber. Kopulationen mit Hilfe penisartiger Bildungen sind mehrfach entwickelt worden, wobei, je nach Lage der Geschlechtsöffnung, verschiedene Stellungen eingenommen werden (Abb. 682). Bei

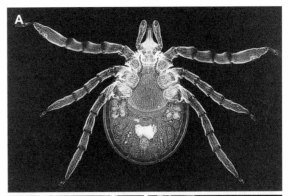
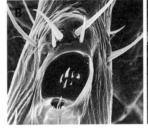

Abb. 681: *Ixodes ricinus*, Holzbock. A Larve mit nur 3 Beinpaaren. Ventralansicht. B Hallersches Organ: chemorezeptorisches Organ an den Tarsen des 1. Beinpaares. C Clava mit Widerhaken (Coxalladen der Pedipalpen) und messerartige Cheliceren, die die Clava in die Haut hineinziehen. A Nach einer Aufnahme der Fa. Lieder, Ludwigsburg; B, C Originale: G. Alberti, Heidelberg.

ventralen Geschlechtsöffnungen erfolgt die Paarung Bauch an Bauch; bei hinten liegenden reitet das Männchen von hinten auf oder die Partner stehen voneinander abgewandt. Bei den Podapolipidae und Cheyletidae schiebt sich das Männchen von hinten unter das Weibchen und erreicht so mit seiner dorsal gelegenen Geschlechtsöffnung die des Weibchens. Bei manchen Milben trägt das Männchen in einer Praecopula das noch unreife Weibchen, bei den Tarsonemini das weibliche Larvenstadium, bei den Sarcoptiformes die Deutonymphe. Ein Vorstadium zeigen die Tetranychidae, bei denen die Männchen schneller reifen als die Weibchen und neben den weiblichen Deutonymphen auf deren Häutung warten. Die Männchen der Pyemotidae schließlich warten am physogastrischen Weibchen (meist ihre eigene Mutter, an

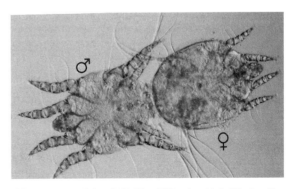

Abb. 682: *Caparinia tripilis* (Acaridida, Acaridei), Räudemilbe des Igels. In Paarung. Original: H. Mehlhorn, Bochum.

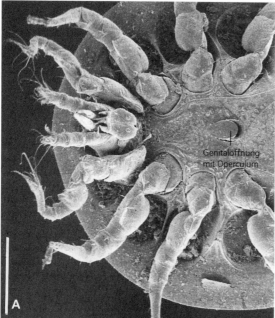

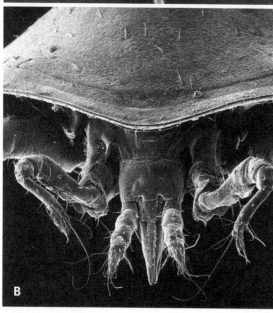

Genitalöffnung mit Operculum

Abb. 683: *Urodiaspis* sp. (Mesostigmata, Uropodina), Schildkrötenmilbe. A Männchen, Ventralseite. Maßstab: 150 µm. B Blick von vorn auf Gnathosoma. Originale: G. Eisenbeis, Mainz.

der sie auch parasitieren) auf die Geburt der Weibchen (meist Schwestern), die sie sofort begatten.

Verbreitet ist Parthenogenese. Bei vielen Arten kommt arrhenotoke Parthenogenese vor (unbefruchtete, haploide Eier werden zu Männchen); dies scheint überhaupt die häufigste Art der Geschlechtsbestimmung zu sein. Thelytoke Parthenogenese (unbefruchtete Eier werden nach unterschiedlicher Aufregulierung zur Diploidie zu Weibchen) ist als geographische Variante verbreitet. Bei man-

chen Gamasina und Oribatida scheinen Männchen zu fehlen.

Die Eier werden einzeln oder in Gruppen abgelegt. Ursprünglich schlüpft eine Larve mit nur 3 Beinpaaren (Abb. 681) (die Anlage des 4. Beinpaares ist schon beim Embryo zu erkennen). Bei Holothyridae, Oribatei und einigen Acaridia folgen darauf 3 Stadien: Proto-, Deuto- und Tritonymphe. Vielen Anactinotrichida fehlen die Tritonymphen, bei Trombidiidae und Hydrachnellae die Proto- und Tritonymphe, und bei den viviparen Pyemotidae fehlen alle Jugendstadien.

Die Deutonymphen sind bei vielen Arten das wichtigste Ausbreitungsstadium. Bei den Uropodidae besitzen diese Nymphen spezifische Haftstrukturen und sind phoretisch; die Mundwerkzeuge sind reduziert; diese Stadien nehmen keine Nahrung auf. Häufig überleben sie bei geringerer Luftfeuchtigkeit als andere Stadien, z.B. die Wandernymphen vieler Vorratsmilben (Acaridae).

Systematik

Fossile Milben sind aus dem Devon überliefert. Acarologen unterscheiden zwei große Gruppen, die **Anactinotrichida** und die **Actinotrichida**. Manche Autoren halten diese beiden Gruppen allerdings für nicht miteinander verwandt, die Milben also für polyphyletisch oder diphyletisch. Alle Milben besitzen jedoch als wahrscheinliche Synapomorphien das Gnathosoma und atypische, geißellose Spermatozoen. Mit den Ricinulei teilen sie die Entwicklung über sechsbeinige Larven- und 3 Nymphenstadien; vielleicht sind auch Tectum und Cucullus homolog. Das noch weitgehend typologische System wird hier stark vereinfacht wiedergegeben.

3.2.10.1 Anactinotrichida (Parasitiformes)

Borstencuticula nicht doppelbrechend; opisthosomale, ursprünglich segmentale Tracheenstigmen. Viele Arten mit Herz, Coxaldrüsen und Malpighischen Schläuchen. Trichobothrien fehlen.

Opilioacarida (Notostigmata)

4 Paar dorsale Tracheenstigmen, voll segmentiertes Opisthosoma. – *Paracarus hexophthalmus* (Opilioacaridae), 2,2 mm; an kurzbeinige Weberknechte (Cyphophthalmi) erinnernd, einzige Milbenart mit 3 Paar Seitenaugen; blau, gelb und grün gefleckt; ernähren sich von anderen Arthropoden; in dürrem Gestrüpp unter Steinen; Kasachstan. – *Opilioacarus italicus*, 1–2 mm, und ähnliche Arten in den Mittelmeerländern, Nord- und Südamerika, nur mit 2 Augenpaaren.

Holothyrida (Tetrastigmata)

2 Paar Stigmen. – *Holothyrus grandjeani* (Holothyridae), 5 mm; stark gepanzerte, unsegmentierte, dunkel rotbraun bis schwarzbraun. Z.B. Regenwälder Neu-Guineas, in Moosen und Farnen.

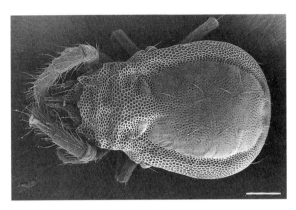

Abb. 684: *Labidostoma luteum* (Prostigmata). Räuberisch, in der Laubstreu. Maßstab: 100 μm. Original: G. Alberti, Heidelberg.

Gamasida (Mesostigmata)

Nur 1 Stigmenpaar über den Coxen des 2., 3. oder 4. Beinpaares. Zahlreiche Arten in vielen Familien.

Mesostigmata – *Parasitus* (*Gamasus*) *coleoptratorum* (Parasitidae), Käfermilbe, 2 mm; räuberisch auf Kothaufen; Deutonymphen phoretisch an Mistkäfern (Geotrupidae). – *P. fucorum*, Hummelmilbe, in Hummelnestern, fressen Kot; Deutonymphen auf Hummeln. – *Dermanyssus gallinae* (Laelaptidae = Dermanyssidae), Vogelmilbe, bis 0,75 mm, vollgesogen größer, saugt mit stilettartigen Cheliceren nachts an Hühnern u.a. Vögeln, gelegentlich am Menschen; überträgt Encephalitis, Rikettsien und Viren. – *Halarachne halichoeri*, 1–3 mm; wurmartig langgestreckt; in der Nasenhöhle von Kegelrobben. – *Varroa jacobsoni*, Varroamilbe, Weibchen ca. 1 mm lang und 1,5 mm breit; zuerst in Asien an der Biene *Apis cerana* entdeckt, hat sich über weite Teile der Welt ausgebreitet (in Deutschland seit 1971) (Varroatose). Mit dem flachen Körper und Haftapparaten an den Tarsen hält sich das Tier an Bienen, Larven und Puppen fest, bei Adulten meist ventral zwischen den Abdominalskleriten, und saugt Hämolymphe. Besonders stark geschädigt werden ältere Larven, in deren Zellen die Milbe kurz vor dem Verdeckeln eindringt und wo sie 2–6 Eier legt. Die Entwicklung dauert beim Männchen 6–7, beim Weibchen 8–10 Tage. – *Dicrocheles phalaenodectes*, im Gehörorgan von Noctuiden; das zuerst ankommende Weibchen legt eine Fährte zu einem der beiden Gehörorgane, alle weiteren folgen. So wird nur ein Ohr zerstört, und der parasitierte Falter kann weiterhin den Rufen von Fledermäusen ausweichen. – *Uropoda tarsale* (Uropodidae), Schildkrötenmilbe, 0,7–0,9 mm; glatter, fester Panzer mit Nischen zum Zurückziehen der Beine (Name!); im Bodenlaub der Wälder; frißt in Gefangenschaft tote Insekten. Deutonymphen phoretisch an Käfern mit einem aus dem After sezernierten Stiel festgeheftet.

Ixodides (Metastigmata), Zecken – *Ixodes ricinus* (Ixodidae, Schildzecken), Holzbock (Abb. 681). Weibchen vollgesogen bis 11 mm; großes Scutum; wartet auf Sträuchern und Gräsern auf Wirte, deren Anwesenheit mit dem Hallerschen Organ (Abb. 681 B) perzipiert wird (Buttersäure im Schweiß). Temporäre Blutsauger mit spezialisierten Mundwerkzeugen: Coxalladen der Pedipalpen sind zur Clava mit Widerhaken ausgezogen, Cheliceren messerartig, beweglicher Finger arbeitet seitlich und zieht so die Clava in die Haut des Wirtes. Können ca. 1 Jahr hungern. Larve an kleinem Wirt (Eidechse, Vogel), Nymphe an 2. Wirt, Adultus an Endwirt (Säugetier, Mensch). Jedes Stadium, mit Ausnahme des noch unbegatteten Weibchens, saugt nur einmal, danach Häutung bzw. Eiablage. Überträgt Zecken-Encephalitis und Lyme-Borreliose. – *Dermacentor marginatus*, 3 mm; in Süddeutschland, besonders an Schafen, überträgt *Rickettsia burnetii* (Erreger des Q-Fiebers). – Viele andere tropische Arten übertragen Fleckfieber, Rückfallfieber, Texasfieber (Babesien) u.a. Krankheiten. – *Argas reflexus* (Argasidae, Lederzecken), Taubenzecke, bis 4 mm, ohne Scutum; saugt täglich nachts an Vögeln, selten am Menschen; erzeugt Fieber u.a. Krankheitssymptome. – *Ornithodorus moubata*, in Afrika, überträgt Spirochaeten (Zeckenrückfallfieber).

3.2.10.2 Actinotrichida (Acariformes)

Borstencuticula doppelbrechend, enthält Actinochitin; Herz und Malpighische Schläuche fehlen, Trichobothrien vorhanden; Tracheen, wenn vorhanden, sekundäre Bildungen an verschiedenen Körperstellen.

Actinedida (Trombidiformes)

Tracheen, wenn vorhanden, im Bereich des Gnathosomas. Darmkanal hinten geschlossen. Ein großes dorsales Exkretionsorgan, vielleicht dem Enddarm homolog, mündet hinten durch den wahrscheinlich ehemaligen After.

Tarsonemini (Heterostigmata, Tracheostigmata)

Männchen und Larven ohne Tracheen, Cheliceren an der Basis verwachsen, stilettartig. – *Pyemotes herfsi* (Pyemotidae); junge Weibchen 0,32 mm; parasitieren Insekten, dabei schwillt Opisthosoma kugelförmig an (Physogastrie). Lebendgebärend, Larven- und Nymphenstadien

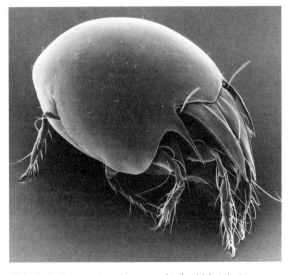

Abb. 685: *Achipteria coleoptrata* (Oribatida). Mit Pteromorphen, seitlichen Flügeln, die die Beinbasen bedecken. Aus der Laubstreu. Original: G. Alberti, Heidelberg.

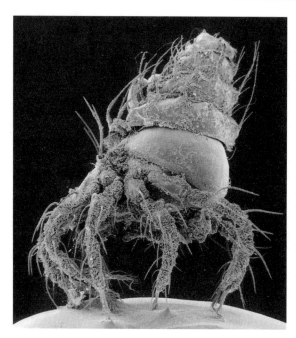

Abb. 686: *Porobelba spinosa* (Oribatei). Seitenansicht. Boden-milbe. Mit vierstufiger Calyptra aus den Larval- und 3 Nym-phenhäuten. Länge ca. 500 μm. Aus Eisenbeis und Wichard (1985).

fehlen. – *Acarapis woodi* (Pyemotidae), Bienenmilbe, 0,1–0,18 mm; saugt mit stilettartigen Mundwerkzeugen Hämolymphe, meist im Tracheensystem, seltener auf den Intersegmentalhäuten von Bienen; erzeugt eine heute weitgehend eingedämmt Milbenseuche.

Prostigmata

Chelicerenstigmen an oder über der Chelicerenbasis – bei *Demodex* fehlt ein Tracheensystem. – *Tetranychus ur-ticae* (Tetranychidae, Spinnmilbe), „Rote Spinne", 0,5 mm; alle Stadien sind Schädlinge an vielen Pflanzen; stilettartige Cheliceren; produzieren mit umgewandelten Speicheldrüsen Spinnfäden, die schließlich dichte Decken an der Unterseite von Blättern bilden; große wirtschaft-liche Bedeutung. – *Cheyletus eruditus* (Cheyletidae), bis 0,8 mm; in Getreidevorräten, fängt mit raubbeinartigen Pedipalpen Mehlmilben und saugt sie aus. – *Demodex*

folliculorum (Demodicidae), Haarbalgmilbe, 0,4 mm (Abb. 688); wurmartig, mit sekundärer Ringelung; Beine sehr kurz. Leben ohne zu schädigen in den Haarfollikeln des Menschen. – *Halacarellus basteri* (Halacaridae), Mee-resmilben, 1 mm; leben träge an Algen und am Boden im Meer; können nicht schwimmen, räuberisch. – *Lobohala-lacarus weberi* (Limnohalacaridae), 0,36 mm, im Sand-lückensystem des Süßwassers. – *Trombidium holoseri-ceum* (Trombidiidae), Samtmilbe, 4 mm; samtartig rot, räuberisch; Larven parasitisch an Insekten. – *Trombicula autumnalis* (Trombiculidae), Erntemilbe, Herbstmilbe, 2 mm; leben im und (bei warmem, feuchten Wetter), auf dem Boden, räuberisch; im Spätsommer schlüpfen die Larven (0,25 mm) und parasitieren an Säugern einschließ-lich des Menschen. Mit dem Speichel lösen sie um die Einstichstelle die Epidermis auf, die einen Kanal bildet, an dessen Enden immer neue Zellen aufgelöst werden. Bleibt einige Tage und erzeugt heftigen Juckreiz, der lange an-hält.

Hydrachnellae, Süßwassermilben

Wahrscheinlich polyphyletische Gruppe zahlreicher Fami-lien aquatischer Milben. Adulte meist räuberisch, Larven parasitisch an Insekten oder Muscheln. Gemeinsame Merkmale: Fortfall der Beborstung der Rumpfcuticula, Umbildung einiger Beine zu Schwimmbeinen mit langen Schwimmborsten. – *Hydrachna geographica* (Hydrachni-dae), 8 mm; kugelförmig, rot-schwarz, langsam schwim-mend in der Pflanzenzone von Teichen. – *Unionicola aculeata* (Unionicolidae), 1,2 mm; pelagischer Räuber im offenen Wasser; Weibchen legen Eier an die Ingestions-öffnungen von Muscheln (*Unio, Anodonta*). Larven ver-lassen nach dem Schlüpfen die Muschel, kehren aber spä-ter zurück und wandeln sich zwischen den Kiemen in Deutonymphen um. Diese verlassen sofort den Wirt und leben als pelagische Räuber, suchen aber später wieder eine Muschel auf, um zwischen den Kiemen zur Imago heranzuwachsen. – *Arrenurus globator* (Arrenuridae), bis 1,7 mm; Männchen an einem Rückenfortsatz erkennbar (Paarung, S. 491), in vegetationsreichen Teichen.

Eriophyoidea (Tetrapodili)

Hierzu gehören die kleinsten Arthropoden. Winzige Pflanzenparasiten mit wurmförmigem, sekundär geringel-tem Körper, 80–270 μm; 3. und 4. Beinpaar fehlen, Cheli-ceren stylettartig. Darm mit Enddarm und After. – *Eri-ophyes betuli* (Eriophyidae), Gallmilbe. Über 400 ähnliche Arten erzeugen Pflanzengallen und übertragen Mosaik-u. a. Viren (Abb. 689)

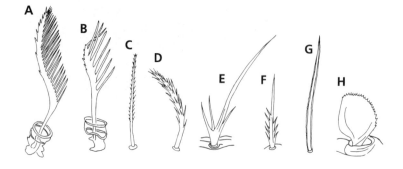

Abb. 687: Sensillen und Cuticularhaare von Oribatida. A, B Sensillen. C Rostral-seta. D Lateralseta. E-H Posteromarginal-setae. Nach Schatz (1994).

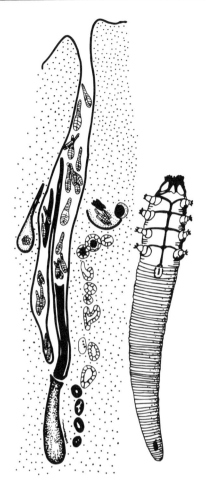

Abb. 688: *Demodex folliculorum* (Prostigmata), Haarbalgmilbe. Länge etwa 4 mm. Links zahlreiche Milben in einem Haarbalg der menschlichen Haut, rechts einzelnes Tier stärker vergrößert. Nach Martin (1941) aus Osche (1966).

Acaridida (Sarcoptiformes)

Tracheen fehlen, oder es sind (bei den Oribatei) apodemale Tracheen an den Laufbeinen vorhanden. Darmkanal durchgehend, mit After. Exkretionsorgane fehlen oder (bei den Acaridae) kurze Darmblindsäcke fungieren als solche.

Acaridei – *Acarus siro* (*Tyroglyphus farinae*) (Acaridae, Tyroglyphidae), Mehlmilbe, bis 0,6 mm; Vorratsschädlinge auf Mehl und Getreide, entwickeln sich sehr schnell, Generationsdauer bei 20°C 17 Tage. Deutonymphen sind Dauerstadien, die bis zu 2 Jahren unbeweglich auf günstige Lebensbedingungen warten. – *Tyrophages casei*, Käsemilbe, 0,7 mm; oft bis zu 2000 Ind. cm^{-2} · - *Sarcoptes scabiei* (Sarcoptidae), Krätzmilbe, 0,4 mm; Parasiten des Menschen, die waagerechte Tunnel in die Haut graben und Epidermiszellen und Lymphflüssigkeit fressen. – *S. canis*, erzeugt die Hunderäude. – *Knemidocoptes mutans*, 0,45 mm; verursacht Kalkbeinigkeit bei Hühnern. – Zahlreiche Milben können Allergien (Asthma, Dermatitis, Rhinitis u.a.) erzeugen: *Dermatophagoides pteronyssinus* (Pyroglyphidae), 0,33 mm, ist die häufigste Hausstaubmilbe Europas. Weltweit verbreitet in Schlafräumen und Federbetten, ernährt sich u.a. von menschlichen Hautschuppen; löst Allergien aus.

Oribatida, Moosmilben (Abb. 685). – Mit sekundären Tracheen aus Apodemen an den Beinen. Hart gepanzerte Bodenmilben, die sich von Pilzen, verrottenden Pflanzenteilen u.ä. ernähren. – *Hypochthonius rufulus* (Hypochthoniidae); kurzbeinige Art, im Moos, besonders in Gebirgswäldern; Rumpf nicht zusammenklappbar. – *Steganacarus applicatus* (Phthiracaridae), unter morschem Holz, häufig; können Rumpf zusammenklappen und die Ventralseite und Beine vollständig verbergen.

3.3 Pantopoda (Pycnogonida), Asselspinnen

Asselspinnen sind bizarre, marine Tiere, die nur aus Beinen zu bestehen scheinen. Von den etwa 1 000 Arten sind die meisten klein (1–10 mm); Tiefseearten können größer werden (*Dodecolopoda mawsoni* erreicht eine Länge von mehr als 6 cm und eine Spannweite der Beine von fast 75 cm). Pantopoden entwickeln sich über eine Protonymphon genannte Larve mit 3 Extremitätenpaaren (Cheliceren, Pedipalpen und 1. Beinpaar, ein 2. Beinpaar angelegt). Alle Arten leben im Meer, von der Gezeitenzone bis in fast 7 000 m Tiefe; einzelne findet man im Brackwasser. Die größte Artenvielfalt gibt es in kälteren Meeren.

Bau

Der Körper der Asselspinnen ist zugunsten der Extremitäten stark reduziert (Abb. 692). Er besteht aus einem gegliederten Prosoma und einem winzigen Opisthosoma. Der vordere Abschnitt des Prosomas

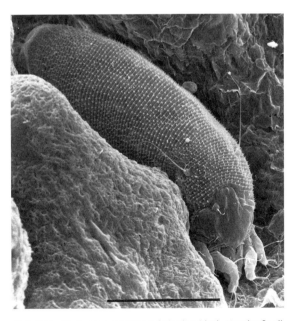

Abb. 689: *Phytoptus avellanae* (Eriophyoidea), Haselnußgallmilbe, verursacht Rundknospen an Haselsträuchern. Maßstab: 50 µm. Original: G. Alberti, Heidelberg.

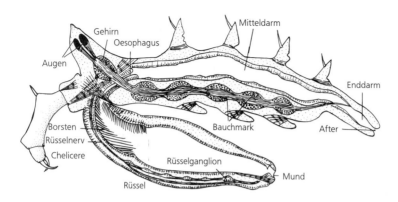

Abb. 690: Pantopoda. Schematischer Längsschnitt durch *Ascorhynchus castelli*. Nach Dohrn aus Kaestner (1968).

ist ungegliedert. Er trägt vorn einen bei vielen Arten großen Rüssel (Proboscis) und dorsal einen Augenhügel mit 4 Medianaugen, außerdem 4 Extremitätenpaare: (1) 1 Paar dreigliedriger Cheliceren mit Scheren (Cheliforen), (2) schlanke, beinartige Pedipalpen ohne Endite, (3) beinartige Eiträger (Ovigera), (4) das 1. Laufbeinpaar. Ovigera und Laufbeine entspringen an seitlichen Körperfortsätzen. Die meisten Arten haben 4 Laufbeinpaare und damit insgesamt 7 Extremitätenpaare. Die Laufbeine bestehen meist aus 9 Gliedern, von denen das letzte „hakenförmig" ist und gegen das vorletzte eingeschlagen werden kann. Zusätzlich können 1–2 weitere Extremitätenpaare vorhanden sein.

Bei adulten Pantopoda sind nicht immer alle Extremitäten ausgebildet. Den Weibchen vieler Arten fehlen die Ovi-

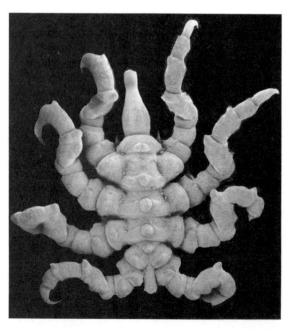

Abb. 691: *Pycnogonum litorale* (Pantopoda). Mit kurzen Beinen, ohne Cheliceren, Pedipalpen und Ovigera. Original: R. Siewing, Erlangen.

gera. Manche Arten reduzieren die Cheliceren, andere die Pedipalpen; den Pycnogonidae fehlen beide.

Die Bewegungen sind langsam. Viele Arten klettern auf Hydrozoenkolonien, wo sie sich mit den einschlagbaren Endgliedern der Beine festhalten. Manche Arten können unbeholfen schwimmen, indem sie die Extremitäten synchron nach unten schlagen. Die Ovigera, die beim Männchen als Eiträger dienen, werden auch als Putzbeine benutzt.

Die **Nahrung** besteht aus Hydrozoen u. a. Cnidariern, Bryozoen, Mollusken, seltener Holothurien; einige kleine Arten weiden wohl Aufwuchs von Hydrozoenstöcken und Algen ab oder fressen Algen. Andere reißen Polypenköpfchen mit den Cheliceren ab und führen sie an den Mund; Pycnogonidae pressen den Rüssel gegen die Körperwand von Actinien und anderen Anthozoen und saugen Gewebe ein. Ähnlich machen es einige Arten mit Bryozoen.

Der Rüssel ist eine Besonderheit der Pantopoden. Er beginnt vorn mit 3 Zähnchen und führt dann in einen Saugpharynx mit dreikantigem Lumen, das durch radiär zur Außenwand ziehende Muskeln erweitert werden kann. Hinten geht das Lumen in eine Filterkammer mit Borsten über, die über den kurzen Oesophagus in den Mitteldarm führt. Der Rüssel ist in der Ruhe nach vorn gestreckt oder, bei anderen Arten, ventrad abgebogen (Abb. 690). Vom dünnen, kurzen Mitteldarm gehen seitliche Blindsäcke bis weit in die Laufbeine, z. T. auch in die anderen Extremitäten hinein. Hinten schließt sich ein kurzer Enddarm an, der am Ende des Opisthosomas mündet.

Sinnesorgane sind 4 einfache, invertierte Linsenaugen auf dem Augenhügel, sowie zahlreiche Sinnesborsten auf Körper und Extremitäten. Der **Exkretion** dienen Exkretzellen des Mitteldarms, die sich aus dem Epithelverband lösen und mit dem Kot abgeschieden werden. Respirationsorgane fehlen. Ein Herz mit 2 Ostienpaaren erstreckt sich fast über die gesamte Körperlänge; bei den Pycnogonidae ist es rudimentär. Das **Zentralnervensystem** ist segmentiert und besteht aus dem Gehirn, dem das Neuromer des Chelicerensegments angeschlossen ist und von dem ein kräftiger Nerv zum Rüssel zieht, einem Unterschlundganglion für die Pedipalpen und die Ovigera sowie einer Kette von 4 oder 5 Ganglienpaaren.

Paarige **Gonaden** liegen neben dem Herzen und senden Blindsäcke weit in die Laufbeine. Geschlechtsöffnungen liegen ventral am 2. Glied jedes Beines.

Fortpflanzung und Entwicklung

Bei der Paarung, die nur bei sehr wenigen Arten beobachtet wurde, fängt das Männchen die aus den Geschlechtsöffnungen des Weibchens austretenden Eier mit seinen Ovigera auf und klebt sie mit dem Sekret zahlreicher, dorsal auf den Femora gelegener Drüsen zusammen. Bis zu 1000 Eier können von einem Männchen getragen werden.

Arten mit dotterarmen Eiern haben eine totaläquale, solche mit dotterreichen Eiern eine totalinäquale **Furchung**. Daran schließt sich eine epibolische Gastrulation an. Bei den meisten Arten schlüpft eine Protonymphon-Larve, die den Rüssel, 3 Extremitätenpaare (Cheliceren, Pedipalpen, Ovigera) und die Anlagen des 1. Laufbeinpaares besitzt (Abb. 693). Die Protonymphon-Larven von Arten mit dotterarmen Eiern verlassen das Männchen und leben parasitisch an Hydroiden und anderen Cnidariern, wo sie sich mit den Cheliceren festhalten und manchmal Gallbildungen erzeugen (Larvalparasitismus). Einige Larven parasitieren an Mollusken. Bei Arten mit dotterreichen Eiern bleiben die Larven bis nach der Metamorphose auf dem Männchen. Im Verlauf der Entwicklung können die 2. und 3. Extremitäten vorübergehend verschwinden und später wieder auftreten.

Systematik

Einige Autoren bestreiten eine engere Verwandtschaft der Pantopoden mit den übrigen Chelicerata. Cheliceren und Pedipalpen sind jedoch wahrscheinlich synapomorphe Merkmale und können ein Schwestergruppenverhältnis der Pantopoda und aller anderen rezenten Taxa der Chelicerata begründen. Der einzigartige Rüssel ist vielleicht aus der Verwachsung von Laden der Pedipalpencoxen mit der Oberlippe hervorgegangen. Fossile Arten sind seit dem Devon bekannt; †*Palaeoisopus* besaß noch ein langgestrecktes, segmentiertes Opisthosoma.

Ergänzungen: S. 863.

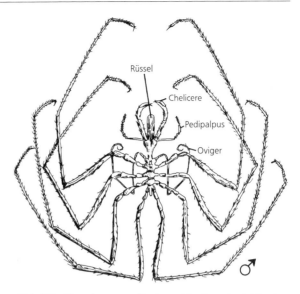

Abb. 692: *Nymphon* sp. (Pantopoda). Dorsalansicht eines Männchens. Nach Möbius aus Kaestner (1968).

Nymphon grossipes (Nymphonidae), 9 mm; mit sehr langen dünnen Beinen; vordere 3 Extremitätenpaare vorhanden, 4 Laufbeinpaare; Rüssel kurz und breit. Ca. 150 weitere *Nymphon*-Arten im Atlantik. – *Phoxichilidium femoratum* (Phoxichilidae), 3 mm; Beine lang, Pedipalpen stummelförmig oder fehlend; Nordsee und Atlantik. – *Collossendeis proboscidea* (Collossendeidae), 50 mm, Beine bis 200 mm. – *Pycnogonum litorale* (Pycnogonidae), 18 mm; Beine kurz und gedrungen, die vorderen 3 Extremitätenpaare fehlen (Abb. 691); parasitisch an Actinien.

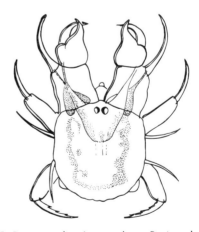

Abb. 693: Protonymphon-Larve eines Pantopoden. Nach Dohrn aus Kaestner (1968).

MANDIBULATA

Der Kopf bildet bei den Mandibulaten (Crustacea und Antennata) ein einheitliches Tagma (S. 436), bei dem das Acron wahrscheinlich mit 6 Segmenten verschmolzen ist. Bis auf das Praeantennalsegment – dessen Existenz umstritten ist – tragen alle diese Segmente Extremitäten. Auf die 1. und 2. Antennen folgen die Mandibeln als vorderste Mundwerkzeuge bei adulten Mandibulaten. Bei den Larven können auch die 2. Antennen bei der Nahrungsaufnahme mitwirken. Hinter den Mandibeln liegen als weitere Mundwerkzeuge die 1. und 2. Maxillen (letztere bei den Antennata als Labium bezeichnet).

Das namengebende Merkmal der Gruppe sind die **Mandibeln** (Abb. 694). Ihr auffälligster Bestandteil ist ventral an der Mundöffnung eine große K a u - l a d e, an der lateral ein Palpus inseriert. Dieser kann zwei- oder einästig sein oder auch ganz fehlen. Ganz selten wird wie z.B. bei *Agnathobathynella ecclesi*, einem Grundwasserkrebs aus Afrika, auch die Kaulade reduziert, während der Palpus erhalten bleibt. Die Mandibeln haben die Aufgabe, Nahrung zu zerkleinern. Das geschieht entweder durch Schneiden oder durch Mahlen bzw. Quetschen.

Dafür besitzen die Laden an ihren medialen Kanten starre Zähne und eine mit Höckern oder Riefen und Leisten ausgestattete Mahlfläche (Abb. 694). Der schneidende Abschnitt mit den Zähnen (bei Crustacea: P a r s i n c i s i v a, bei Insecta: Incisivi) befindet sich distal, der dem Kauen dienende mit der Mahlfläche (bei Crustacea: P a r s m o l a - r i s, bei Insecta: Mola) proximal. Häufig ragt dieser proximale Abschnitt durch die Mundöffnung in den Vorderdarm hinein. Zwischen diesen beiden Abschnitten können weitere Funktionselemente vorhanden sein: diverse Borsten, Zähne, die im Gegensatz zu denen der Schneidekante beweglich sind (bei Crustacea als L a c i n i a m o b i l i s

Horst Kurt Schminke, Oldenburg

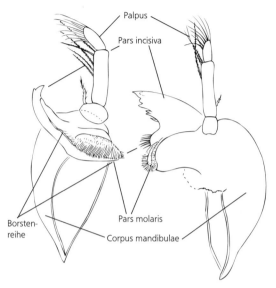

Abb. 694: Mandibeln von *Paranaspides lacustris* (Crustacea, Syncarida) in 2 verschiedenen Ansichten. Nach Gordon (1961).

Palpus
Pars incisiva
Borstenreihe
Pars molaris
Corpus mandibulae

bezeichnet), und zusätzliche Vorsprünge. Je nach Funktion kann der Bau der Mandibeln in vielfältigster Weise abgewandelt sein. Es kann nur der gezähnte Abschnitt übrigbleiben oder nur die Mahlfläche, oder die Kaulade kann insgesamt stilettartig verlängert sein, was in unterschiedlicher Ausprägung bei Stechapparaten pflanzensaft- bzw. blutsaugender Mandibulaten der Fall ist.

Die Bearbeitung der Nahrung durch die mediale Kauschneide der Mandibeln findet nicht ungeschützt statt, sondern in einem umschlossenen Raum. Wäre dies nicht so, könnte viel feines Nahrungsmaterial verlorengehen. Vorne und teilweise ventral wird dieser Raum vom Labrum begrenzt, seitlich von den Mandibelkörpern und hinten von

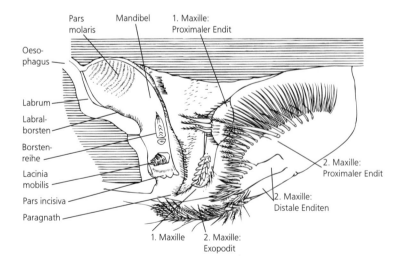

Pars molaris
Mandibel
1. Maxille: Proximaler Endit
Oesophagus
Labrum
Labralborsten
Borstenreihe
Lacinia mobilis
Pars incisiva
Paragnath
1. Maxille
2. Maxille: Exopodit
2. Maxille: Distale Enditen
2. Maxille: Proximaler Endit

Abb. 695: Mediananansicht des Mundwerkzeugkomplexes von *Hemimysis lamornae* (Labrum-Mandibel-Paragnath – 1. Maxille – 2. Maxille) (Crustacea, Mysidacea). Nach Cannon und Manton (1927) aus Manton (1977).

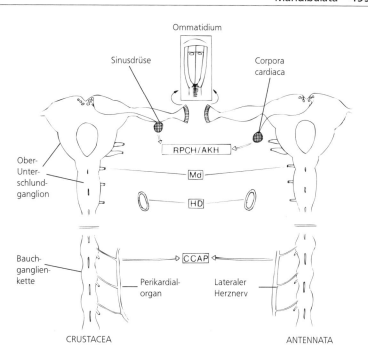

Abb. 696: Schema wichtiger Synapomorphien der Mandibulata. AKH = Adipokinetisches Hormon aus den Corpora cardiaca, CCAP = Herzaktivierendes Peptid der Crustaceen, HD = Häutungsdrüse (Y-Organ bzw. Prothoraxdrüse), Md = Mandibel, RPCH = Rotes Pigment konzentrierendes Hormon aus der Sinusdrüse. Verändert nach Wägele (1993).

weichhäutigen, lippenartigen Vorstülpungen des Sternits des Mandibelsegments, die als Paragnathen (Crustacea) oder Hypopharynx (Insecta) bezeichnet werden (Abb. 695).

Entsprechend ihrer Zerkleinerungsfunktion sind die Mandibeln mit kräftiger Muskulatur ausgestattet, die stets vom 1. Ganglienpaar des Unterschlundganglienkomplexes innerviert wird. Zu diesem Komplex gehören auch die Ganglien der Segmente der beiden Maxillenpaare, deren Bewegungen mit denen der Mandibeln koordiniert sind, so daß alle Mundwerkzeuge zusammen eine komplexe Funktionseinheit bilden.

Diese Funktionseinheit gibt es bei Crustacea und Insecta sowie einigen „Myriapoda". Dennoch wird von den Verfechtern der „**Uniramia-Hypothese**" (MANTON, S. 418) die Meinung vertreten, die Mandibeln der Crustacea und Antennata seien analoge Bildungen, die sich unabhängig voneinander entwickelt hätten. Während sich die Mandibeln der Crustacea von Enditen, inneren Vorsprüngen der Beinbasis herleiten sollen, handele es sich bei den Mandibeln der Antennata wie auch beim Kiefer der Onychophoren um die Spitze einer Extremität („Ganzbein-Mandibel"). Als Indiz für diese Interpretation gilt die Tatsache, daß die Mandibeln einiger Myriapoden gegliedert sind und ihnen bei den Antennata insgesamt (auch embryonal) ein Palpus fehlt, der bei den Crustacea die distalen Teile des Beines repräsentiert.

Aber auch bei vielen Crustacea (wenn auch nicht embryonal) ist der Palpus verschwunden (z.B. bei Cephalocarida,

Remipedia, Branchiopoda und einigen Malacostraca), und die 2 oder 3 Glieder der Myriapoden-Mandibeln sehen völlig anders aus als die zylindrischen Glieder einer typischen Arthropodenextremität. Auch ist es unwahrscheinlich, daß z.B. bei den Insekten die Mandibeln die Spitze von Extremitäten repräsentieren sollen, während die direkt folgenden Mundwerkzeuge (Maxillen und Labium) wie die Mundwerkzeuge der Crustaceen aus basalen Enditen (Galea und Lacinia bei den Maxillen, Paraglossa und Glossa beim Labium) mit anhängenden Palpen bestehen. Mit genetischen Markern gelang inzwischen der Nachweis, daß den Insekten-Mandibeln die distalen Abschnitte fehlen, sie also die Extremitätenbasis repräsentieren. Die Kiefer der Onychophoren sind überdies Bildungen des 2., die Mandibeln der Antennata solche des 3. extremitätentragenden Segments.

Unterstützung könnte die „**Mandibulaten-Hypothese**" aus Befunden neuerer Untersuchungen an fossilen Kleinarthropoden aus dem Oberkambrium erhalten (S. 501). Diese Untersuchungen bestätigen, daß die Extremitäten der Euarthropoden ursprünglich Spaltbeine gewesen sind, deren Äste allerdings an einem Stamm inserierten, der nur aus einem einzigen Glied bestand, das mit der Basis der Crustacea homologisiert werden kann (Abb. 598). Bei den Crustacea tritt zu der Basis ein 2. Glied, die Coxa, hinzu. Diese entsteht, so vermutet man im Augenblick, als evolutive Neuheit in der Stammlinie der Crustacea, indem sie proximal der Basis zunächst als kleiner Endit auftaucht. Im Mandibelsegment geht aus diesem Enditen die Kaulade der Mandibel hervor (S. 438). Die Frage ist nun: Hat sich auch die Antennaten-Mandibel aus diesem „proximalen Enditen" entwickelt? Wenn sich dies nachweisen ließe, hätte die „Mandibulaten-Hypothese" eine weitere Stärkung erfahren. Doch dazu bedürfte es der Entdeckung gut erhaltener Fossilien aus der Stammlinie der Antennata. Solange das nicht der Fall ist, kann die „Mandibulaten-Hypothese" nur durch weitere

Merkmale gestützt werden, die sich an rezentem Material nachweisen lassen.

Solche Merkmale der Mandibulata sind neben dem Bau des Kopfes und dem Vorhandensein der Mandibeln:

- der bereits erwähnte (S. 439) spezifische Bau der Ommatidien mit 2 Corneagenzellen, einem Kristallkegel, 4 Semperzellen und meist 8 Retinulazellen;
- Zellmuster im Nervensystem von Crustacea und Insecta zeigen weitgehende Übereinstimmungen. In jedem Neuromer gibt es verschiedene Zelltypen, die sich bei beiden Gruppen in Identität und relativer Lage auffällig gleichen;
- die Häutungsdrüse (Y-Organ bei Crustacea, Prothoraxdrüse bei Antennata) (Abb. 696), die ein bei Crustacea und Antennata fast identisches Häutungshormon produziert. Während bei den Chelicerata diese Produktion verstreut in der Epidermis stattfindet, ist sie bei den Mandibulaten auf die Zellen eines zusammenhängenden Epidermisabschnittes beschränkt, der sich während der Embryonalentwicklung im Segment der 2. Maxillen nach innen zu einer Drüse einstülpt, die sich bei den Insekten von dort in den Prothorax verlagert;
- das Vorhandensein spezifischer Neuropeptide (Abb. 696), die außerhalb der Mandibulaten nicht vorzukommen scheinen. Das Rote Pigment konzentrierende Hormon (RPCH = red pigment concentrating hormone) aus der Sinusdrüse der Crustaceen ist fast identisch mit dem adipokinetischen Hormon (AKH = adipokinetic hormone) aus den Corpora cardiaca der Insekten. Das herzaktivierende Peptid der Crustaceen (CCAP = crustacean cardioactive peptide) gibt es auch in Insekten, wenn auch vermutlich mit anderer Funktion.

Biochemische Gemeinsamkeiten reichen weiter als früher angenommen wurde. Man war lange der Meinung, daß aquatische und terrestrische Tiere chemisch unterschiedliche Kommunikationssysteme haben müßten. Man ging daher von einer „chemischen Blindheit" der pheromonalen Kommunikationssysteme beim Übergang zum Landleben aus und sah darin u. a. auch ein Argument gegen die Abstammung der Insekten von aquatischen Vorfahren. Inzwischen ist diese Annahme widerlegt. Die Insekten nutzen ähnliche oder sogar die gleichen Botenstoffe, die im aquatischen Milieu schon lange vorher eingeführt waren.

Ergänzungen: S. 863.

4 Crustacea, Krebse

Krebse leben überwiegend aquatisch. Im Meer sind sie neben wenigen Cheliceraten, Tardigraden und Insekten die vorherrschenden Arthropoden. In Binnengewässern dominieren sie ebenfalls, wenngleich der Anteil anderer Arthropodengruppen (Insekten incl. ihrer Larven, Wassermilben) dort deutlich höher ist. Dafür sind sie an Land nur spärlich vertreten; völlig unabhängig von offenem Wasser während aller Phasen ihres Entwicklungszyklus sind nur die Landasseln.

Mehrmals unabhängig ist innerhalb der Crustacea der Übergang zu einer parasitischen Lebensweise vollzogen worden. Dabei kam es zu Anpassungen, die im gesamten Tierreich ihresgleichen suchen. Der Körperbau kann so spektakulär abgewandelt sein, daß es völlig unmöglich ist, diese Parasiten als Crustaceen oder überhaupt als Arthropoden anzusprechen (z.B. Abb. 750 A, 762). Nur dank der Larven ist ihre systematische Zugehörigkeit eindeutig feststellbar. Was geschieht, wenn dieses Indiz versagt, zeigt der Fall der parasitischen Pentastomida. Bisher galten sie als hochrangige Gruppe unklarer Zuordnung innerhalb der Arthropoden. Die hochspezifische Form ihrer Spermien und Verwandt-

Horst Kurt Schminke, Oldenburg

schaftsanalysen mit molekularbiologischen Methoden haben inzwischen jedoch den Schluß nahegelegt, daß es sich bei ihnen um Crustaceen handelt.

Folgt man dieser Meinung und zählt man die aufsehenerregenden Neuentdeckungen der letzten Zeit hinzu, so kommt man zu einer größeren Zahl höherer Crustaceentaxa als bisher. In mit dem Meer verbundenen Höhlen stieß man auf die Remipedia (S. 514). Teilweise schon länger bekannte mikroskopisch kleine Parasiten auf anderen Krebsen wurden als Vertreter eines eigenständigen Taxon Tantulocarida erkannt (S. 543). Glückliche Fossilfunde aus dem Kambrium, die so überraschend gut erhalten sind, daß man sie bis in winzige Details mit dem Rasterelektronenmikroskop studieren kann, ergaben ebenfalls noch unbekannte Crustaceengruppen (†Skaracarida, †Orstenocarida, Abb. 697 A). Einige rätselhafte Larven, die von ihrem Entdecker als Y-Larven bezeichnet worden sind, werden neuerdings als eigenes Taxon „Facetotecta" zusammengefaßt. Doch wird erst die noch ausstehende Entdeckung der Adultstadien erweisen, ob sie ein eigenständiges Taxon repräsentieren.

Bau

Anders als bei Cheliceraten und Insekten mit ihren normierten Körperabschnitten ist der Bauplan der

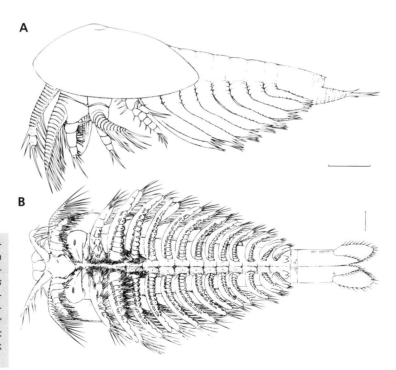

Abb. 697: Rekonstruktion fossiler mariner Meiofauna-Crustaceen aus dem oberkambrischen „Orsten" von Südschweden. A †*Bredocaris admirabilis* („Maxillopoda"). B †*Rehbachiella kinnekullensis* (Branchiopoda). Mandibelpalpen und der größte Teil der Beborstung weggelassen. Maßstäbe: 100 µm. A Aus Müller und Waloßek (1988); B aus Waloßek (1993).

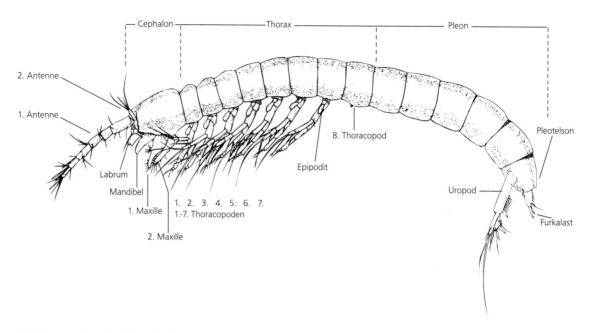

Abb. 698: Lateralansicht des Weibchens von *Notobathynella williamsi* (Bathynellacea). Pleopoden bis auf Uropoden reduziert. Nach Schminke (1986).

Crustacea sehr plastisch durch die Spezialisierung der einzelnen Segmente und ihrer Anhänge sowie deren funktionelle Zusammenfassung zu **Tagmata**. Auf das Cephalon aus Acron und wahrscheinlich 6 Segmenten folgt der Rumpf mit einer von Gruppe zu Gruppe sehr unterschiedlichen Segmentzahl. Er ist meist in zwei Tagmata unterteilt: Thorax und Abdomen (bei Malacostraca: Pleon) (Abb. 698). Als Thorax werden die Segmente (Thoracomeren) zusammengefaßt, die Extremitäten tragen, als Abdomen die folgenden Segmente (bei Malacostraca: Pleomeren), denen Extremitäten entweder fehlen oder die wie bei den Malacostraca Extremitäten aufweisen, die sich in ihrer Gestalt von denen des Thorax auffällig unterscheiden. Da die Zahl der Segmente pro Thorax bzw. Abdomen von Gruppe zu Gruppe verschieden ist, handelt es sich nicht um homologe Einheiten. Durch Angliederung von Segmenten an Kopf und Telson kann es zu einer Überformung dieser ursprünglichen Gliederung kommen. Verschmelzen Thoracomeren mit dem Cephalon, so entsteht ein neues Tagma, der Cephalothorax (Abb. 699). Die verbliebenen freien Thoracomeren bilden dann ebenfalls ein neues

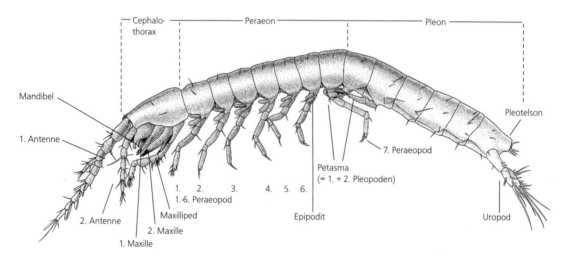

Abb. 699: Lateralansicht des Männchens von *Stygocarella pleotelson* (Anaspidacea). Nach Schminke (1980).

Tagma, das als Peraeon (falsch auch „Pereion") bezeichnet wird. Von den Pleomeren der Malacostraca kann das letzte oder im Extremfall können alle mit dem Telson verwachsen sein und ein Pleotelson bilden (Abb. 699). Es gibt also Crustaceengruppen, deren Körper aus Cephalon, Thorax und Abdomen (Pleon) besteht, aber auch solche, bei denen eine Gliederung in Cephalothorax, Peraeon, Pleon und Pleotelson vorliegt.

Abgesehen von diesen generellen Tagmata-Bezeichnungen sind in bestimmten Teilgruppen der Crustacea weitere üblich, z.B. Cephalosom, Urosom.

Bei der Bildung eines Cephalothorax kann es zu einer direkten Verschmelzung vorderer Thoracomeren mit dem Cephalon kommen, es kann aber auch der Carapax beteiligt sein. Darunter verstand man früher eine Duplikatur des Kopfhinterrandes, die sich vom Segment der 2. Maxille verschieden weit nach hinten über den Thorax wölben sollte. In Wirklichkeit handelt es sich dabei um den Kopf- oder Rückenschild, der schon die Dorsalseite der Nauplius-Larve bedeckt (Abb. 753). Er kann auf den Kopf beschränkt bleiben oder sich nach hinten ausdehnen, so daß er dachartig mehrere oder alle Thoracomeren überdeckt, im Extremfall sogar als zweiklappige Schale den gesamten Körper umhüllt (Abb. 733). Durch Verschmelzung dieses Carapax mit dem Tergit eines Thoracomers oder den Tergiten mehrerer bis aller Thoracomeren (bei einem Teil der Malacostraca) kann ein besonders ausgedehnter Cephalothorax entstehen (Abb. 776, 777).

Der Carapax hat Schutzfunktion, er dient der Atmung, wobei zur Begünstigung des Gasaustausches seine Innenfläche ganz oder teilweise dünn sklerotisiert bleibt, er bietet Raum für Brutpflege, kann bei filtrierenden Arten die seitliche Begrenzung der Filterkammern und für Kiemen Schutzkammern bilden.

Neben diesem primären (Kopfschild-) Carapax gibt es bei „Conchostraca" und „Cladocera" einen sekundären Carapax (Abb. 718, 723), der als Duplikatur des Segments der 2. Maxillen oder des 1. Thoracomers (wo genau, ist noch unklar) entsteht und als zweiklappige Schale den Körper umgibt. Er entsteht im Verlauf der Larvalentwicklung als Neubildung unter dem primären Carapax, der ganz verschwindet oder als Kopfschild zusätzlich beim Adultus erhalten bleibt.

Der Körper wird hinten vom Telson abgeschlossen. Dieses tritt in zwei Formen in Erscheinung. Bei Gruppen ohne Extremitäten am letzten oder allen Abdominalsegmenten gleicht es diesen in Höhe und Form und trägt ein Paar ein- bis vielgliedriger Anhänge, die als Furkaläste (zusammen als „Furka") bezeichnet werden (Abb. 709). Bei Malacostraca mit Extremitäten am letzten Pleomer ist es ein halbkreisförmiger bis dreieckiger Anhang ohne Furka, der an der oberen Hälfte des letzten Pleomers ansetzt und zusammen mit dessen Extre-

mitäten, den Uropoden, einen Schwanzfächer (s.u.) bildet (Abb. 776).

Mit den Bezeichnungen der einzelnen Tagmata korrelieren die der **Extremitäten**. Am Cephalon gibt es 5 Paar Anhänge. Von vorne nach hinten sind dies die 1. Antennen, die 2. Antennen, die Mandibeln (Abb. 694), die 1. Maxillen und die 2. Maxillen (Abb. 698). Die 1. Antennen haben Sinnesfunktion, die 2. Antennen ebenfalls, sie können aber auch bei der Fortbewegung, der Nahrungsaufnahme und beim Graben eine Rolle spielen. Die 3 übrigen Extremitätenpaare des Cephalon sind Mundwerkzeuge (Abb. 568), von denen Teile auch Funktionen bei der Atmung und beim Putzen übernehmen können. Die Extremitäten des Thorax werden als Thoracopoden, die des Pleon der Malacostraca als Pleopoden bezeichnet. Die Thoracopoden haben primär die Aufgabe der Fortbewegung (Laufen und Schwimmen) (Abb. 698), können aber auch der Nahrungsaufnahme, Verteidigung, dem Graben und Putzen sowie der Atmung dienen. Die Pleopoden werden zum Schwimmen, bei Isopoda (Abb. 802) auch zur Atmung und Osmoregulation eingesetzt, können bei den Männchen aber auch zu Gonopoden werden, die der Spermaübertragung dienen. Dabei können Teile zweier aufeinanderfolgender Pleopoden als Funktionseinheit (Petasma) zusammenwirken (Abb. 699). Weibchen können Eier an den Pleopoden tragen. Das letzte Pleopodenpaar unterscheidet sich von den übrigen im Bau und wird als Uropoden bezeichnet.

Diese können flache, plattenartige Äste haben, die gespreizt zusammen mit dem Telson einen Schwanzfächer bilden, der bei Gefahr durch rhythmische ventrale Pleonschläge so kräftig nach vorn bewegt wird, daß der Krebs nach hinten katapultiert wird und mit großer Geschwindigkeit entkommen kann.

Kommt es zur Bildung eines Cephalothorax, dann können die Extremitäten der mit dem Cephalon verschmolzenen Thoracomeren in den Dienst der Nahrungsaufnahme treten und im Bau den Mundwerkzeugen ähnlich werden. Man bezeichnet sie dann als Maxillipeden (Abb. 699). Die Extremitäten der freibleibenden Thoracomeren, also des Peraeon, werden Peraeopoden (falsch „Pereiopoden") genannt.

Mit der Vielfalt an Funktionen korreliert bei den Crustaceen-Extremitäten eine Vielfalt und Komplexität im Bau, die von keiner anderen Arthropodengruppe erreicht wird. Ihr liegt aber ein einheitlicher Bauplan zugrunde: Crustaceen-Extremitäten sind primär Spaltbeine, d.h. sie bestehen aus einem Stamm (Protopodit) und zwei Ästen, dem Innenast (Endopodit) und dem Außenast (Exopodit) (Abb. 700). Der Protopodit setzt sich aus 2 Gliedern (Coxa und Basis) zusammen. (Proximal kann noch ein drittes Glied, die Praecoxa, vorhanden sein). Diese Grundglieder können innen und außen Anhänge tragen. Die Anhänge außen (Exite) dienen

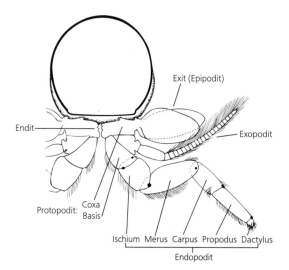

Abb. 700: Schematisierte Darstellung des Spaltbeins (6. Thoracopod) von *Anaspides tasmaniae* (Syncarida) mit Andeutung der Gelenke am Endopoditen (schwarze Punkte). Nach Manton (1977).

meist der Atmung und werden dann **Epipodite** genannt. Die inneren Anhänge heißen **Endite**. Sie treten meist in Form von Kauladen auf und dienen der Nahrungsaufnahme. Solche Enditen sind bei Mundgliedmaßen und Maxillipeden am deutlichsten ausgeprägt, kommen aber auch an anderen Extremitäten vor. Die proximalen Enditen werden häufig als **Gnathobasen** bezeichnet. Die Exopodi-

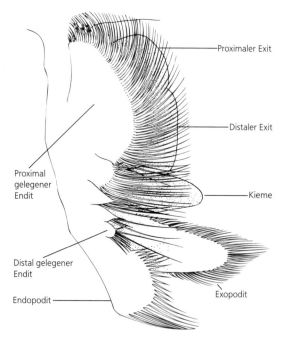

Abb. 701: Medianansicht eines Blattbeins von *Chirocephalus diaphanus* (Anostraca) in natürlicher Lage mit nach hinten gerichteten Exiten und Enditen. Nach Cannon (1928) aus Fretter und Graham (1976).

ten dienen dem Schwimmen oder der Erregung eines Atemwasserstromes, der an den Epipoditen vorbeistreicht.

Exopoditen können geißelartig und vielgliedrig sein, aber auch zusammen mit den Endopoditen spezifische Schwimmbeine bilden, bei denen beide Äste gleichgroß, flach und umsäumt von randständigen Borsten sind. Dies trifft für die Peraeopoden vieler Copepoda (Abb. 742) und die Pleopoden vieler Malacostraca sowie für die Rumpfextremitäten der Remipedia zu.

Die Endopoditen dienen dem Laufen und Graben und können z.B. bei den Thoracopoden der Malacostraca (Abb. 700) zum dominierenden Element werden. Ihre beiden letzten Glieder bilden häufig eine Schere (Abb. 776), indem das letzte Glied gegen einen Vorsprung des vorletzten beweglich ist (Euchela) oder das letzte taschenmesserartig gegen das verdickte vorletzte geklappt wird (Subchela) (Abb. 794, 795).

Von diesem Grundtypus eines Spaltbeines gibt es außerordentlich viele Abwandlungen, nicht nur bei Vertretern verschiedener Taxa, sondern auch bei Extremitäten ein und desselben Individuums. Im Extremfall kann jedes Beinpaar eines Tieres von allen anderen verschieden sein. Hinzu kommt, daß der Bau der Extremitäten auch im Verlauf der Ontogenese einem Wandel unterworfen sein kann, so daß er bei Erwachsenen und den dazugehörigen Larven völlig verschieden ist. Die Abwandlungen können so erheblich sein, daß es Schwierigkeiten bereitet, die einzelnen Komponenten zu homologisieren.

Ein Beispiel hierfür sind die Mundwerkzeuge, bei denen es zu einer Betonung der proximalen Teile (des Protopoditen) kommt, und die distalen Teile (Exo- und Endopodit) entweder ganz reduziert sind oder nur als kleine Taster (Palpen) erhalten bleiben. Der Übergang ist beispielhaft an den Maxillipeden vieler Decapoda zu verfolgen, die von hinten nach vorn ihren typischen Spaltbeincharakter immer mehr verlieren und den Mundwerkzeugen ähnlicher werden.

Das Spaltbein der Crustaceen tritt in 2 Extremformen in Erscheinung, zwischen denen es vielfältige Übergänge gibt. Die eine Form bezeichnet man als **Stabbein** (Stenopodium) (Abb. 700), bei dem in der Regel eine Betonung des Endopoditen vorliegt und die Glieder einen runden Querschnitt haben. Die andere Form ist das **Blattbein** (Phyllopodium) (Abb. 701), weil es blattartig verbreitert und abgeflacht ist. Bei Blattbeinen hat der Protopodit die größte Ausdehnung. Dadurch, daß ihre distalen Teile sowie Enditen und Exiten nach hinten gebogen sind, haben die Blattbeine ein trogartiges Aussehen. Ihre Cuticula ist dünn, und sie werden durch Druck auf die Leibeshöhlenflüssigkeit gestreckt. Man spricht deshalb auch von Turgorextremitäten.

Crustacea haben 2 verschiedene Typen von **Augen**: 2 seitliche **Facettenaugen** (Abb. 702) und 1 Medianauge (Abb. 722, 733). Letzteres besteht aus 3 oder 4 Pigmentbecherocellen, die median so eng

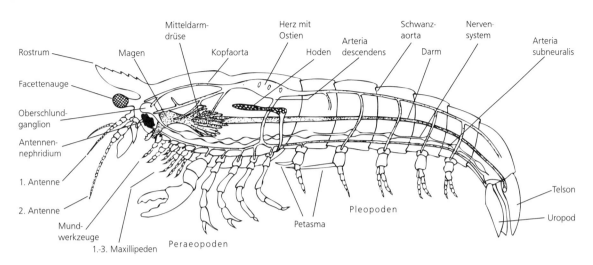

Abb. 702: Schematischer Bauplan eines Krebses am Beispiel eines Männchens der Decapoda (Malacostraca) in Lateralansicht. Verändert nach Siewing aus Remane (1957).

beieinanderliegen, daß sie bei oberflächlicher Betrachtung als ein einheitliches Organ erscheinen. Es wird Naupliusauge genannt, weil es das einzige Sehorgan der Nauplius-Larven repräsentiert. Mit diesem Auge kann erkannt werden, aus welcher Richtung das Licht einfällt. Das Naupliusauge kann im Adultzustand als alleiniges Sehorgan persistieren (z. B. Copepoda, Cirripedia) oder zusätzlich zu den Facettenaugen vorhanden sein. Diese treten ontogenetisch erst nach den Metanauplius-Stadien auf. Ihre ursprüngliche Lage ist seitlich und sitzend. Sie können aber auch median zusammenrucken und dort sogar zu einem einheitlichen Cyclopenauge verschmelzen (bei den „Cladocera"). Die seitlichen Facettenaugen können auf Stiele erhoben werden, in denen die Sehzentren und Hormondrüsen (S. 500) liegen (Abb. 703). Als weitere Sinnesorgane sind spezifische Borsten als Mechano- und Chemorezeptoren, besondere „Riechschläuche" (Aesthetasken) (Abb. 605 E) und – vereinzelt – Statocysten vorhanden.

Das **Nervensystem** der Crustacea besteht ursprünglich aus dem Oberschlundganglion und einer durch den ganzen Körper ziehenden Strickleiter mit segmentalen Ganglienpaaren (Abb. 486, 702). Die Ganglien der die Mundwerkzeuge tragenden Segmente (gegebenenfalls einschließlich derjenigen der Segmente mit Maxillipeden) können zu einem Unterschlundganglion verschmelzen. An dieses können sich Ganglien weiterer Segmente anschließen, so daß im Extremfall ein einheitliches Bauchganglion entstehen kann, das die Ganglien aller postoralen Segmente umfaßt (z. B. Branchiura, Brachyura, Abb. 703). Das Oberschlundganglion besteht aus 3 Abschnitten: (1) dem Protocerebrum mit den Sehzentren und den beiden Assoziationsorganen, dem unpaaren Zentralkörper und den

paarigen Globuli; bei Arten mit Stielaugen können die Sehzentren (Eumalacostraca haben 3, sonst sind nur 2 vorhanden) und der sich mediad an sie anschließende Abschnitt des Protocerebrum, die Medulla terminalis, nach außen vorgebuchtet sein und in die Augenstiele ragen; (2) dem Deutocerebrum mit den Glomeruli („Riechzentren") und (3) dem Tritocerebrum, das bei einigen Teiltaxa (z. B. Anostraca, Mystacocarida) auch separat liegen kann. Das Protocerebrum ist mit keinem Extremitätenpaar verbunden, während Deuto- und Tritocerebrum die Ganglien der Segmente der 1. und 2. Antenne repräsentieren. Das Nervensystem der Crustacea spielt auch eine wichtige Rolle als Produzent von Hormonen (Abb. 703). Die weitaus meisten Crustaceenhormone sind Neurohormone. Bildungsorte und Wirkungsweise sind nur bei Malacostraca gut untersucht (S. 510). Neurohormone greifen ein bei Häutung, Farbwechsel, Fortpflanzung, Osmoregulation, Herzschlagstimulierung und Regulierung des Blutzuckerspiegels.

Der Vielfalt im Bau der Mundwerkzeuge und in den Methoden des Nahrungserwerbs steht ein vergleichsweise einheitlicher Bau des **Darmtrakts** gegenüber (Abb. 702). Er erstreckt sich als gerades Rohr durch den ganzen Körper. Zwischen einem vorderen Abschnitt (Stomodaeum) und einem hinteren (Proctodaeum), die beide cuticular ausgekleidet sind und mit gehäutet werden, liegt der entodermale Mitteldarm, der Verdauungsenzyme produziert, Nahrung resorbiert und der Speicherung von Reservestoffen und Calcium dient. Eine Oberflächenvergrößerung tritt durch Bildung von Divertikeln ein, die meist Ausstülpungen des Mitteldarms sind. Neben den bei den Malacostraca besonders großen und vielfach verzweigten lateralen Mitteldarmdrüsen (Abb. 702) kommen vordere und

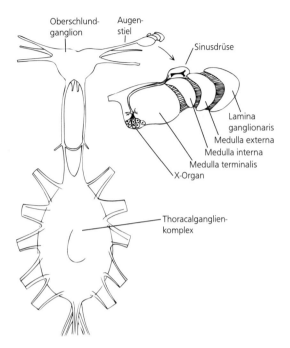

Abb. 703: Schematische Darstellung des Nervensystems von *Carcinus maenas* (Decapoda). Nervenmasse im Augenstiel herausvergrößert. Nach Keller, Jaros und Kegel (1985).

vorspringen. Bei den Malacostraca führt das zur Entstehung eines kompliziert gebauten Kau- und Filtermagens (Abb. 704). Ausgangspunkt war wohl ein Oesophagus mit 4 Falten, 2 lateralen und je 1 dorsalen und ventralen, der sich nach hinten zu einer Höhle, dem Magen (Proventriculus), erweiterte. Dieser unterteilte sich in 2 Abschnitte, die vordere Cardia und den hinteren Pylorus.

Durch Verlagerung der lateralen Falten nach unten kommt es in beiden Abschnitten zur Entstehung einer geräumigen dorsalen und einer kleinen ventralen Kammer, die durch die ventrale Falte in 2 ventrolaterale Kanäle unterteilt wird. Deren Verbindung zur dorsalen Kammer besteht in einem Schlitz, der von Filterborsten überdeckt wird. Im Pylorus kann es entlang der ventralen Falte zur Bildung sekundärer Rinnen kommen, die ebenfalls von Borsten abgedeckt werden. Die Kanäle oder, wenn vorhanden, die sekundären Rinnen führen zu den Öffnungen der paarigen Mitteldarmdrüsen, deren Gänge immer direkt hinter dem Magen in den Mitteldarm münden. Der Magen ist nicht nur von eigener Muskulatur überzogen, an ihm setzen auch Muskeln an, die zur Körperwand ziehen.

Nach der Bearbeitung durch die Mundwerkzeuge wird die Nahrung in der Cardia gespeichert und dort von Zähnen, die als lokale Verdickungen der Cuticula in ihr Lumen vorragen, weiter zerkleinert. Gleichzeitig werden ihr Verdauungsenzyme beigemischt, die von der Mitteldarmdrüse produziert und entlang der ventrolateralen Kanäle in die Cardia gesogen werden, wenn sich diese erweitert. Am Ende des Verdauungsprozesses wird alles, was durch die Borstengitter paßt, in die ventrolateralen Kanäle oder sekundären Rinnen gepreßt, von wo es in die Mitteldarmdrüsen gelangt. Durch diesen Filtrationsprozeß wird sichergestellt, daß der Zutritt zu den Mitteldarmdrüsen gröberen Partikeln verwehrt wird, die deren Gänge verstopfen könnten. Nach mehrmaligem Auspressen des Mageninhalts in den dorsalen Kammern werden die unverdaulichen Reste direkt in den hinteren Teil des Darms befördert.

hintere dorsale Divertikel (Caeca) meist unklarer Funktion vor. Bei einigen Crustaceengruppen ist bekannt, daß in einem vorderen Divertikel eine peritrophische Membran gebildet wird, die den Darminhalt umhüllt. Der Transport dieses Inhalts geschieht durch peristaltische Bewegungen.

Im cuticular ausgekleideten Oesophagus kann es zur Bildung von Falten kommen, die nach innen

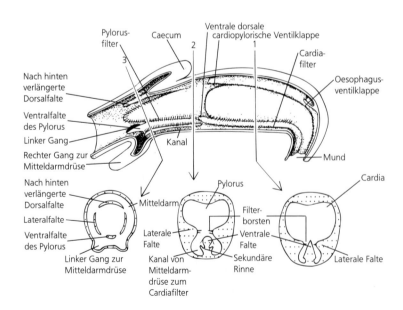

Abb. 704: Malacostraca. Vereinfachtes Schema von Proventriculus und angrenzendem Mitteldarm. Pfeile geben Lage der Querschnitte durch (1) Cardia, (2) Pylorus und (3) Mitteldarm auf Höhe der Pylorusfalten an. Nach Fretter und Graham (1976).

Der **Exkretion**, Osmo- und Ionenregulation dienen 2 Paar Nephridien: die Antennendrüsen, die an der Basis der 2. Antennen (Abb. 702), und die Maxillardrüsen, die an der Basis der 2. Maxillen münden. Beide treten ursprünglich gemeinsam auf (einige Cephalocarida und Ostracoda, sowie Leptostraca und Lophogastrida), häufig aber auch im Verlauf der Postembryonalentwicklung nacheinander. In solchen Fällen (z. B. Anostraca, Copepoda) sind entweder bei den Larven die Antennendrüsen aktiv und bei den erwachsenen Tieren die Maxillardrüsen oder umgekehrt. Am häufigsten ist nur 1 Nephridienpaar vorhanden. Antennennephridien kommen z. B. bei erwachsenen Syncarida, Decapoda, Euphausiacea, Mysidacea und Amphipoda vor, Maxillarnephridien bei Hoplocarida, Cumacea, Tanaidacea und Isopoda und bei Nicht-Malakostraken.

Jedes Nephridium besteht aus einem Sacculus (Endsäckchen), das in einen engen Exkretionskanal übergeht, der vor seiner Ausmündung zu einer Harnblase erweitert sein kann. Der Sacculus ist ein Coelomrest, der Kanal ekto- oder mesodermal. Die Länge des Kanals kann sehr unterschiedlich ausfallen, bei Süßwasserbewohnern ist er meist erheblich länger als bei nahverwandten Meeresbewohnern. Bei höheren Malakostraken entwickelt er sich zumindest abschnittsweise in ein drüsiges Organ. Sein Anfangsteil erscheint als schwammartige Masse, die von feinen Kanälen durchzogen ist. Dieser Abschnitt wird als Labyrinth bezeichnet und bildet zusammen mit dem einfachen oder unterteilten Endsäckchen den Drüsenteil. Die Blase kann einfach bleiben oder Aussackungen aufweisen, die bis ins Pleon reichen können, und ist von Kapillaren eines Gefäßes umsponnen, das direkt vom Herzen gespeist wird. Ein vermutlich mit dem Blut isotonisches Filtrat gelangt in den Sacculus. Während der Passage durch den Exkretionskanal werden Salze rückresorbiert, so daß ein hyposmotischer Urin übrigbleibt. Verlust von Wasser und Salzen wird durch aktive Aufnahme von Wasser und Ionen über die Kiemen ausgeglichen. Diese spielen auch die Hauptrolle bei der Ausscheidung stickstoffhaltiger Stoffwechselendprodukte wie Ammoniak und Harnstoff, die über sie an das umgebende Wasser abgegeben werden.

Hauptfunktion der **Kiemen** ist die Atmung. Wegen der festen Cuticula, die die Crustaceen umgibt, ist es erforderlich, daß für den Gasaustausch dünnwandige Bezirke ausgespart bleiben oder zarte Auswüchse die nötige Oberfläche bereitstellen. Nur millimeterkleine Krebse (z. B. Copepoda) können darauf verzichten und die ganze Körperoberfläche entsprechend nutzen. Bei vielen Crustaceen beschränkt sich die Atemfläche auf die dünnwandige Innenseite des Carapax. An ihr streicht der Atemwasserstrom vorbei, der entweder von allen Thoracopoden oder nur einem Exiten eines einzigen Extremitätenpaares (z. B. 1. oder 2. Maxillen bei Ostracoda, 1. Thoracopoden bei Tanaidacea) erregt wird. Kiemen treten als laterale Auswüchse (Epipodite) der Protopoditenglieder der Thoracopoden (Abb. 699) oder – als Ausnahme – der Pleopodenexopoditen (Hoplocarida) (Abb. 766) auf. Meist

sind sie einfache, ganzrandig-blattförmige Anhänge. Bei großen Tieren wird ihre Oberfläche dadurch vergrößert, daß entlang einer Achse beiderseits eine Vielzahl übereinanderliegender schlauchförmiger oder plattenartiger Ausbuchtungen entstehen (Abb. 783 B–D). In der Achse liegen das zu- und das abführende Gefäß, die durch Lakunen in den lateralen Plättchen oder Schläuchen verbunden sind. Zum Schutz können die zarten Kiemen vom Carapax überdacht sein, der lateral bis über die Beinbasen herunterreicht (Abb. 705, 784). Dadurch entsteht eine Kiemenhöhle, für deren Ventilation ein Wasserstrom erzeugt werden muß (Decapoda).

Schlagfrequenz und Amplitude der Anhänge, die den Wasserstrom bewirken, hängen von äußeren Faktoren wie Temperatur, O_2-Partialdruck und CO_2-Konzentration ab. Die Wassermenge, die durch die Kiemenhöhle gepumpt wird, kann entsprechend erheblich variieren. Ein Hummer bringt es bei 5 °C auf eine Stundenleistung von 4 l, bei 21 °C auf ca. 12 l. Der Zutritt zu den Kiemenhöhlen wird im Wasser suspendierten Partikeln, die die Kiemen verschmutzen könnten, durch Borsten verwehrt, die die Einstromöffnungen überdecken. Zusätzlich ragen in die Kiemenhöhlen diverse Putzanhänge (Flabella), die durch Wischbewegungen die Kiemen reinigen.

Wo die **Atemorgane** liegen, pflegt auch das Herz zu sein. Ursprünglich reicht es als muskulöses Rohr durch den ganzen Rumpf und weist pro Segment 1 Ostienpaar auf. Meist bleibt aber die Muskulatur nur in dem Abschnitt des Herzens in voller Stärke erhalten, der in der Nähe der Atemorgane liegt. In den Abschnitten davor und dahinter wird die Muskulatur verringert, und entsprechend ihrem Gefäßcharakter bezeichnet man diese Abschnitte jetzt als Kopfaorta (Aorta anterior) und Schwanzaorta (Aorta posterior) (Abb. 702). Bei den Nicht-Malakostraken bleibt höchstens die erstere erhalten, meist fehlt auch sie. Bei den Malakostraken ist die Aorta anterior immer vorhanden, teilweise aufgespalten in mehrere Äste, während die Schwanzaorta häufig fehlt. Zusätzlich treten paarige Seitenarterien auf (Abb. 702).

Die Crustaceen haben also ein offenes Gefäßsystem mit Ausnahme der Cirripedia, bei denen es sekundär geschlossen wurde. Die Hämolymphe verläßt das sich kontrahierende Herz über Kopfaorta und Seitenarterien. Im Kopf ergießt sie sich meist in der Nähe des Gehirns in Lakunen, wird in Sinus gesammelt, durchströmt schließlich die Atemorgane, von wo sie über Branchioperikardialsinus ins Perikard gesogen wird (Abb. 705). Das Perikard ist eine dorsale Kammer, die von einem bindegewebigen Septum, dem Perikardialseptum, von der übrigen Leibeshöhle (Hämocoel) abgetrennt ist.

Der Sog kommt dadurch zustande, daß durch Kontraktion des Herzens im Perikard ein Unterdruck entsteht. Sofern in das Perikardialseptum Muskulatur hineinreicht, kann dieser Sog dadurch verstärkt werden, daß durch Muskelkontraktion das in Ruhe konvexe Septum abge-

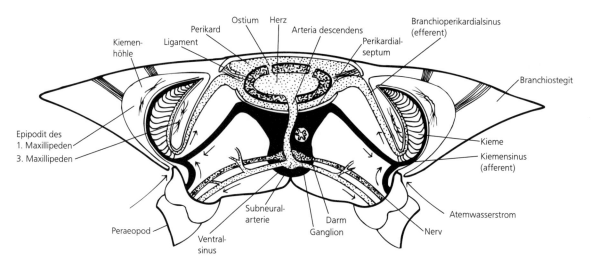

Abb. 705: Decapoda. Schematischer Querschnitt durch den Thorax einer Krabbe zur Veranschaulichung des Gefäßsystems. Pfeile geben Strömungsrichtung der Hämolymphe an. Nach Fretter und Graham (1976).

flacht wird. Dadurch wird die Perikardialkammer erweitert und Hämolymphe angesogen. Die Verengung (Systole) des Herzlumens wird durch Kontraktion der Herzmuskulatur bewirkt. Dadurch werden gleichzeitig elastische Ligamente gespannt, die zum Außenskelett ziehen und zusammen mit den Arterien das Herz im Perikard aufhängen. Erschlafft die Herzmuskulatur, schnappen die Ligamente zurück, erweitern das Herz (Diastole) und öffnen die Ostien, so daß die Hämolymphe aus dem Perikard ins Herz gesogen wird. Frequenz und Amplitude des Herzschlags werden von Neurohormonen gesteuert, die von im Perikard gelegenen Neurohämalorganen, den Perikardialorganen (Abb. 696), freigesetzt werden. Diese Organe bestehen aus Endigungen von Nerven, die von den Thoracalganglien dorsal ins Perikard ziehen. Die Hämolymphe transportiert nicht nur Nähr- und Abfallstoffe sondern auch Sauerstoff. Als respiratorische Pigmente können Hämocyanin und Hämoglobin vorhanden sein.

Die Geschlechter sind bei den Crustaceen in der Regel getrennt. Hermaphroditismus gibt es bei Remipedia, Cephalocarida und Cirripedia sowie sporadisch in einigen weiteren Gruppen. Die **Gonaden** entstehen aus Coelomsäckchen und sind primär paarig, können aber teilweise oder ganz miteinander verschmelzen. Sie erstrecken sich über mehrere Segmente oder durch den ganzen Rumpf und liegen auf gleicher Höhe wie der Darm, meist aber darüber (Abb. 702). An den Ausführgängen können Anhangsorgane auftreten, die bei den Männchen z.B. das Material für die Spermatophorenbildung, bei den Weibchen Kittsubstanz für die Eiballenbildung oder für die Befestigung der Eier an Körperstrukturen bereitstellen. Ursprünglich liegen die Geschlechtsöffnungen bei Männchen und Weibchen auf demselben Segment (z.B. Cephalocarida, Branchiopoda, Copepoda) (Abb. 713). In 3 Linien münden sie auf verschiedenen Segmenten, die weiblichen immer weiter vorne als die männlichen: bei den Remipedia die weiblichen auf dem 8. Rumpf-

segment, die männlichen auf dem 15.; bei den Tantulocarida-Ascothoracida-Cirripedia die weiblichen auf dem 1. und die männlichen auf dem 7. Rumpfsegment (Abb. 752, 755); bei den Malacostraca die weiblichen auf dem 6. und die männlichen auf dem 8. Rumpfsegment (Abb. 702, 775). In der Regel sind diese Öffnungen bei den Weibchen gleichzeitig Begattungs- und Eilegeöffnungen. Es kann aber auch getrennte Öffnungen für beide Funktionen geben (z.B. Copepoda).

Fortpflanzung und Entwicklung

Bei den Crustacea ist das Bild der Fortpflanzungsbiologie besonders bunt, weshalb zusätzlich zu dem folgenden auf weitere Informationen in den Abschnitten über die einzelnen Teilgruppen verwiesen werden muß. Sekundäre Geschlechtsmerkmale, die vornehmlich im Zusammenhang mit Kopula und Brutpflege stehen, können zu einem ausgeprägten Geschlechtsdimorphismus führen. In besonders extremer Form tritt dieser bei sessilen und parasitischen Cirripedia (Abb. 763) sowie parasitischen Copepoda und Isopoda auf (Abb. 804), bei denen die Männchen im Verhältnis zum Weibchen so klein sind, daß sie als Zwergmännchen bezeichnet werden. Zum Ergreifen und Festhalten der Weibchen sind bei den Männchen von Gruppe zu Gruppe verschiedene Anhänge modifiziert (z.B. 1. oder 2. Antenne, 1. Thoracopoden). Dasselbe gilt für Extremitäten in der Nähe der männlichen Geschlechtsöffnung, die Modifikationen im Dienste der Spermaübertragung aufweisen können.

Die Geschlechtsbestimmung und Ausbildung der sekundären Geschlechtsmerkmale der Männchen wird bei den Malacostraca hormonell gesteuert. Die wichtigste Rolle dabei spielt eine epithelial-endokrine Drüse, die androgene Drüse, die subterminal dem Vas deferens aufsitzt.

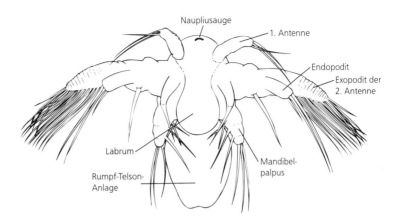

Abb. 706: Ventralansicht des 1. Nauplius von *Branchinecta ferox* (Anostraca). Nach Fryer (1983).

Degeneration der androgenen Drüse kann zur Geschlechtsumwandlung führen (z.B. Tanaidacea). Bei den Weibchen unterliegt die Differenzierung der Gonade selbst keiner hormonellen Steuerung, wohl aber gilt dies für das Auftreten gewisser sekundärer Geschlechtsmerkmale wie z.B. der Oostegite, die bei den Peracarida zur Fortpflanzungszeit unterhalb der Bauchseite eine Brutkammer (Marsupium) bilden (Abb. 790, 801). Vom Ovar produzierte Hormone sind für ihre normale Entwicklung verantwortlich. Außer durch hormonelle Steuerung kann die Geschlechtsbestimmung auch durch äußere Faktoren beeinflußt werden. Bei den Wasserflöhen („Cladocera") können Nahrungsknappheit, Übervölkerung eines Gewässers oder Temperaturabfall bewirken, daß die parthenogenetischen Weibchen damit beginnen, Männchen hervorzubringen (Heterogonie, S. 525).

Die Spermien sehr vieler Crustaceen sind unbegeißelt und unbeweglich. Neben amöboiden Spermien gibt es solche mit teils bizarren Modifikationen, darunter heftzweckenartige, zweigeteilte und vielstachelige. Die befruchteten Eier werden frei abgelegt oder am Körper getragen. Unter den freiabgelegten gibt es solche mit dicker Schale, die lange Perioden der Trockenheit und Kälte überdauern können (S. 518, 529). Der häufigere Fall ist, daß Brutkammern ausgebildet oder die Eier mit Sekreten an Extremitäten angeheftet sind und so lange herumgetragen werden, bis Larven oder Juvenile schlüpfen.

Die **Postembryonalentwicklung** ist bei den Crustacea ursprünglich ein kontinuierlicher Prozeß, bei dem durch teloblastische Sprossung regelmäßig neue Segmente und die dazugehörigen Extremitäten angelegt werden. Abrupte Änderungen zwischen aufeinanderfolgenden Häutungen, durch die es zur Herausbildung distinkter Phasen in der Larvalentwicklung kommt, sind Reaktionen entweder auf Änderungen in der Lebensweise der Larven oder auf Unterschiede in der Lebensweise zwischen Larve und Adultus. Sind diese Unterschiede besonders groß, wie etwa zwischen pelagischer Larve und benthischem Adultus, kommt es beim Übergang zwischen beiden zu einer echten Metamorphose.

Alle Crustacea durchlaufen in ihrer Entwicklung eine Nauplius-Phase (Abb. 706). Bei Arten mit kleinen Eiern markiert das Schlüpfen der Nauplius-Larve das Ende der Embryonalentwicklung. Die Nauplius-Phase kann aber auch – meist bei Arten mit großen Eiern – in diesen durchlaufen, und es können einige oder alle postnauplialen Segmente dort gebildet werden, bis das Tier auf einem fortgeschrittenen Stadium der Entwicklung schlüpft. Der Nauplius hat nur 3 Extremitätenpaare, die 1. und 2. Antennen sowie die Mandibeln (Abb. 706). Mit ihnen muß er sich fortbewegen und seine Nahrung herbeischaffen. Die Mundöffnung wird von einem meist großen Labrum überdacht (Abb. 717). Dem Mandibelsegment schließt sich die Rumpf-Telson-Knospe an, die die Sprossungszone für die noch fehlenden Segmente enthält. An ihrem Ende befindet sich der After, der von der Furka-Anlage eingefaßt wird. Ein meist kreisförmiger Rückenschild bedeckt den Körper und trägt maßgeblich zu seinem meist abgeflacht linsenförmigen Aussehen bei.

Bei Anostraca und Cephalocarida gibt es z.B. keine Metamorphose. Durch regelmäßige Anamerie, d.h. durch eine Serie aufeinanderfolgender Häutungen, nach denen jeweils neue Segmente und Extremitäten hinzugefügt werden, wächst der Nauplius ohne abrupte Veränderungen zum Adultus heran. Erste Ansätze zu einer Metamorphose zeigen sich etwa bei den Copepoda: die 6 Nauplius-Stadien unterscheiden sich kaum voneinander, die weitere Entwicklung führt dann sprunghaft in die Copepodid-Phase, deren 1. Stadium dem Adultus schon weitgehend gleicht, so daß im Verlauf von 5 weiteren Häutungen graduell der Adultzustand erreicht wird.

Bei den Decapoda tritt normalerweise eine Metamorphose auf (Abb. 785). Ihre Entwicklung ist auch dadurch modifiziert, daß frühzeitig Strukturen auf-

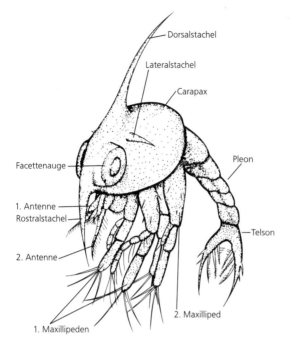

Abb. 707: Decapoda, Brachyura. Zoëa in Laterofrontalansicht. Nach Ho (1987).

treten, die eigentlich zu einem späteren Entwicklungsstadium gehören. Dadurch kommt es zu einer unregelmäßigen Anamerie, bei der später angelegte Segmente gegenüber früher angelegten einen Entwicklungsvorsprung haben. So ist bei der Zoëa (Abb. 707), der typischen Larve der Decapoda, das Pleon in der Entwicklung voraus, indem es sehr lang und gegliedert, der Thorax hingegen kurz und nur teilweise segmentiert ist. Rücken und Carapax der Zoëa sind in ganzer Länge verwachsen. Die späteren Maxillipeden (1.–2. oder 1.–3. Thoracopoden) dienen der Fortbewegung und dem Nahrungserwerb. Der Zoëa gehen keine freien Larvenstadien voraus; sie entwickelt sich im Ei.

Bei etlichen Gruppen der Crustacea, insbesondere solchen, die Brutpflege betreiben (z.B. „Cladocera", Ostracoda, Leptostraca, Decapoda, Peracarida), ist die Entwicklung ganz ins Ei verlegt, so daß nach dem Schlüpfen nur noch Größenwachstum und Ausbildung der Geschlechtsorgane stattfinden (Epimerie).

Als Arthropoden müssen sich die Crustaceen periodisch häuten, um wachsen zu können. Die Häutung wird hormonell gesteuert. Die Häutungshormone sind Ecdysteroide, die im Y-Organ gebildet werden (Abb. 696). Bei diesem Organ handelt es sich um eine paarige, epithelial-endokrine Drüse, die im Segment der 2. Maxille liegt. Ihre Zellen absorbieren Cholesterol aus der Hämolymphe und wandeln es in Ecdyson, das Häutungshormon, um. Dem Ecdyson entgegen wirkt das häutungshemmende Hormon (MIH = moult-inhibiting-hormone), das die Sekretion, vielleicht sogar die Produktion von Häutungshormon hemmt und die Empfindlichkeit reguliert, mit der Epidermiszellen auf das Häutungsshormon reagieren. Das MIH ist ein Neurohormon, das im X-Organ gebildet und in der Sinusdrüse, einem Neurohämalorgan, gespeichert und von ihm freigesetzt wird. Der X-Organ-Sinusdrüsen-Komplex liegt in den Augenstielen (Abb. 703), sofern solche vorhanden sind. Anderenfalls liegt er im Kopf unmittelbar am Gehirn. Bei Nicht-Malakostraken sollen die Sinusdrüsen fehlen.

Systematik

Trotz einer Fülle diagnostischer Merkmale, die es erlauben, Crustacea in der rezenten Fauna von anderen Arthropodengruppen zu unterscheiden (z.B. 2 Antennenpaare, Spaltbeine, Kiemen), gab es Schwierigkeiten, konstitutive Merkmale zu erkennen, die sie als monophyletische Gruppe ausweisen. Nach strenger Prüfung blieben nur zwei Merkmale übrig: (1) das Naupliusauge als mehrteiliges Medianauge und (2) der Besitz von 2 Paar Nephridien, von denen eines im Segment der 2. Antennen und eines in dem der 2. Maxillen nach außen mündet.

Erst die Entdeckung einer reichen marinen Kleinarthropodenfauna aus dem Oberkambrium, die dank außergewöhnlich günstiger Fossilisationsbedingungen so gut dreidimensional erhalten ist, daß selbst kleinste morphologische Details erkennbar sind, hat zusätzliche Synapomorphien erbracht, die sich aus dem Studium der lebenden Crustaceen nicht hätten begründen lassen. Neben Vertretern rezenter Crustaceentaxa umfassen diese Fossilien auch Stammlinienvertreter, so daß eine breite Vergleichsbasis gegeben ist. Danach gibt es drei Synapomorphien, die für die rezenten Crustacea einschließlich ihrer Stammlinienvertreter nachweisbar sind:

- ein eigenständiger proximaler Endit an der Innenkante aller Extremitäten (außer den 1. Antennen), der als Coxa homologisiert werden kann (Abb. 598),
- nicht geißelförmige 1. Antennen, die an Fortbewegung und Nahrungsaufnahme beteiligt sind und eine speziell dafür geeignete Beborstung aufweisen,
- vielgliedrige Exopoditen mit Borsten nur am Innenrand, zumindest an 2. Antennen und Mandibeln.

Für alle rezenten Crustaceentaxa einschließlich ihrer fossilen Vertreter (aber ohne die Stammlinienvertreter) kommen noch folgende Synapomorphien hinzu:

- Unterteilung der ventralen Extremitätenreihe, die sowohl der Fortbewegung als auch der Nahrungsaufnahme dient, in 2 Abschnitte: vorne den sog. nauplialen Apparat bis zur Mandibel und dahinter den postnauplialen, dessen Extremitäten für das Schwimmen und die gleichzeitige Aufnahme suspendierter Partikeln spezialisiert sind;
- Auftreten einer Nauplius-Larve als 1. Postembryonalstadium mit 3 Paar Kopfextremitäten (die

frühesten Larven der übrigen Arthropoden haben 4 Extremitätenpaare, z.B. Protaspis (Abb. 608), Protonymphon (4. Beinpaar angelegt) (Abb. 693);

- Mundregion mit Mundvorraum, der von einem fleischigen Labrum überdacht und caudal von Paragnathen als Bildungen des Mandibelsegments begrenzt wird;
- Telson mit terminalem After und 1 Paar abgegliederter, paddelartiger Furkaläste.

Die Verwandtschaftsbeziehungen innerhalb der Crustacea sind unklar. Im Augenblick werden 5 Subtaxa unterschieden: **Malacostraca, Cephalocarida, Branchiopoda, „Maxillopoda"** und **Remipedia**. Am umstrittensten ist das Taxon „Maxillopoda", das von einigen als Monophylum betrachtet, von anderen aber als polyphyletisch abgelehnt wird. Der Status der neuentdeckten Remipedia entzieht sich vorerst einer eindeutigen Beurteilung, weil noch zu wenig über diese Gruppe bekannt ist.

Am besten begründet sind die M a l a c o s t r a c a, die durch folgende autapomorphe Merkmale gekennzeichnet sind: (1) Konstanz der Zahl der Rumpfsegmente (8 Thoracomeren und 7 Pleomeren); (2) Pleomeren 1–6 mit einheitlich gebauten Pleopoden, (3) Pleopoden mit Appendix interna (alternativ wird diskutiert, daß Malacostraca 14 beintragende Thoracomeren und ein beinloses Pleomer haben, wobei die 14 Thoracopodenpaare in 2 Funktionseinheiten differenziert sind: 8 Peraeopodenpaare zum Schreiten und 6 Pleopodenpaare zum Schwimmen); (4) zweigeißelige 1. Antennen, die nicht an der Fortbewegung beteiligt sind; (5) Mandibeln mit dreigliedrigem Palpus, der als völlige Neubildung nach kompletter Reduktion des nauplialen Palpus entsteht; (6) weibliche Geschlechtsöffnungen auf dem 6., männliche auf dem 8. Thoracomer; (7) Chiasmata zwischen den Sehzentren; (8) Endabschnitt des Vorderdarms zu Kau- und Filtermagen differenziert.

An den Vorstellungen über das System der Malacostraca hat sich trotz bewegter Diskussion in den letzten Jahren wenig geändert. Die **Phyllocarida** (Leptostraca) mit erhalten gebliebenem 7. Pleomer und einer Furka am Telson sowie gut segmentiertem Nerven- und Blutgefäßsystem, aber mit spezialisiertem, postnauplialem Filterapparat gelten als der früheste Seitenzweig. Ihnen stehen die **Eumalacostraca** gegenüber, bei denen das 7. Pleomer mit dem 6. verschmolzen ist, bei denen die 6. Pleopoden zu flachen Uropoden werden, die zusammen mit dem Telson einen Schwanzfächer bilden, und bei denen der Exopodit der 2. Antenne Schuppenform erhält. Die **Hoplocarida** (Stomatopoda) mit viergliedrigen Endopoditen der Thoracopoden, mit dreigeißeligen 1. Antennen und cephaler Kinesis stehen an der Basis. Die **Syncarida** (mit Bathynellacea und Anaspidacea) mit reduziertem Carapax scheinen mit den **Eucarida** (mit Euphausiacea und

Decapoda) nächstverwandt, bei denen der Carapax mit dem Rücken sämtlicher Thoracomeren verwachsen ist. Ihnen stehen die **Peracarida** (mit Mysidacea, Amphipoda, Cumacea, Mictacea, Spelaeogriphacea, Tanaidacea und Isopoda) gegenüber, die durch die Brutkammer (Marsupium) aus medial gerichteten Epipoditen (Oostegiten), durch die spezifische Gelenkung der Peraeopoden zwischen Coxa und Basis, durch charakteristische Maxillipeden und die Feinstruktur des Spermienschwanzfadens gekennzeichnet sind. Schwestergruppe der Peracarida sind die **Pancarida** (Thermosbaenacea), die Brutpflege in einer dorsalen Carapaxhöhle betreiben.

Die B r a n c h i o p o d a (Anostraca, Spinicaudata, Laevicaudata, Ctenopoda, Anomopoda, Onychopoda, Haplopoda und Notostraca) haben einen Nauplius, der sich von dem aller anderen Crustacea unterscheidet (1. Antennen ungegliedert, Borsten der 2. Antennen mit Gelenkzone, Mandibeln einästig, Labrum verlängert). Ihre Spermien sind ebenfalls unverwechselbar in ihrer amöbenähnlichen Form. Die Zahl der Retinulazellen pro Ommatidium ist konstant 5. Vor allem aber haben die Branchiopoda einen komplexen Filterapparat, der in seiner Form einmalig bei den Crustaceen ist. Dazu gehört eine tiefe Nahrungsrinne als Einbuchtung der Thoracalsternite, an deren Rand die Filterbeine so stehen, daß die Borsten ihres proximalen Enditen in die Nahrungsrinne reichen. Die Filterbeine haben einen nach hinten konkaven Stamm mit vielen nach hinten gerichteten Enditen, an denen 3 Borstengruppen inserieren, von denen die hintere die Filterborsten umfaßt. Der Wasserstrom wird durch Saugkammern hervorgerufen, die beim metachronen Beinschlag vorübergehend zwischen den Beinen entstehen.

Das System der Branchiopoda ist durch den Nachweis völlig in Frage gestellt worden, daß altvertraute Taxa wie „Conchostraca" und „Cladocera" para- bzw. polyphyletisch sind. Neuere Untersuchungen haben so viele grundlegende Unterschiede zwischen Laevicaudata und Spinicaudata aufgedeckt, daß für ihre Zusammenfassung als „Conchostraca" nur oberflächliche Ähnlichkeiten wie der zweiklappige Carapax und Übereinstimmungen im Bau der Rumpfextremitäten übriggeblieben sind. Dasselbe gilt für die „Cladocera", bei denen es sich um eine so heterogene Gruppe handelt, daß es verwundert, wie sie so lange als einheitliches Taxon betrachtet werden konnte. Die Merkmale, die ihre enge Verwandtschaft belegen sollen, sind entweder weit bei den Crustacea verbreitet oder treffen nicht einmal auf alle „Cladocera" zu. Beides gilt z.B. für den zweiklappigen Carapax. Auch die Merkmale „zweiästige Schwimmantenne" und „direkte Entwicklung" treten häufig innerhalb der Crustacea auf und sagen wenig über enge Verwandtschaft aus. „Klauenartige Furkaläste" gibt es nicht bei allen

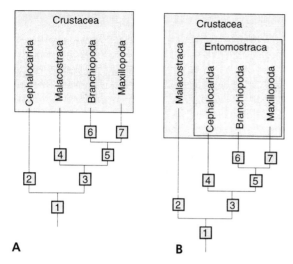

Abb. 708: Verwandtschaftsbeziehungen innerhalb der Crustacea. Die Vorstellungen über die phylogenetische Gliederung der Krebse sind völlig im Fluß. Zu den beiden hier präsentierten Schemata gibt es in der Literatur viele Alternativen. Die Remipedia werden weggelassen, weil der Kenntnisstand über dieses Taxon noch unzureichend ist. Apomorphien in A: [1] Form des Naupliusauges; Nephridien im Segment der 2. Antennen und 2. Maxillen; Unterteilung der ventralen Extremitätenreihe in 2 Abschnitte (weitere Merkmale S. 510). [2] Spezielle Form von Kopfschild und Labrum; Augenlosigkeit; 9. Thoracopoden als Eiträger; spezielles Nervensystem. [3] 2. Maxillen nicht rumpfbeinartig. [4] Konstante Zahl der Rumpfsegmente; dreigliedriger Mandibelpalpus als völlige Neubildung; Lage der Geschlechtsöffnungen auf konstant denselben Segmenten; 1. Antennen mit 2 Geißeln. [5] Dorsalorgan wird zu Organ der Osmoregulation. [6] Hochspezialisierter Filterapparat mit sternaler Filtergasse. [7] Rumpf mit 7 extremitätentragenden Thorax- und 4 extremitätenlosen Abdominalsegmenten; Mandibelpalpus als Larvalrelikt. Apomorphien in B: [1] = [1] in Schema A; [2] = [4] in Schema A. [3] Mandibeln ohne Palpus (sekundär bei „Maxillopoda" als Larvalrelikt); beinloses Abdomen; 1. Maxillen mit 4 Enditen. [4] = [2] in Schema A; [5]-[7] = [5]-[7] in Schema A. Begründungen in Anlehnung an Waloßek (1993). Schema B: Original D. Waloßek, Ulm.

„Cladocera", dafür bei anderen Branchiopoda. Selbst das Verschmelzen der paarigen Komplexaugen zu einem medianen Cyclopenauge tritt auch bei anderen Branchiopoda auf, bei *Artemia* (Anostraca) als gelegentliche Mutation. Mehrfach unabhängiges Entstehen ist deshalb nicht ausgeschlossen.

Solange keine neuen Begründungen vorliegen, besteht die beste Zwischenlösung darin, alle Teiltaxa der Branchiopoda gleichrangig nebeneinander zu behandeln und von der Zusammenfassung einiger zu höheren Einheiten Abstand zu nehmen.

Als „Maxillopoda" wurden ursprünglich die Mystacocarida, Copepoda, Branchiura und Cirripedia zusammengefaßt. Später wurden auch die Ostracoda einbezogen. Die neuentdeckten Tantulocarida paßten ebenso dazu wie die als „Facetotecta" zu-

sammengefaßten rätselhaften Nauplius- und Cypris-Larven. Ihnen allen gemeinsam ist ein Rumpf aus ursprünglich 11 (Tantulocarida 12) Segmenten, von denen der Thorax 7 umfaßt. Alle Thoracomeren bis auf das 7. tragen zweiästige Extremitäten ohne Enditen und Epipoditen. Das 7. Thoracomer trägt die Geschlechtsöffnung und, wenn überhaupt, dann Extremitäten nur in zu Fortpflanzungszwecken erheblich abgewandelter Form. Zu den „Maxillopoda" kamen schließlich noch die Pentastomida hinzu, obwohl keines der genannten Merkmale an ihnen nachweisbar ist. Untersuchungen der Ultrastruktur ihrer Spermien hatten jedoch ergeben, daß sie kaum von den ebenfalls sehr kompliziert gebauten der Branchiura zu unterscheiden sind. Das legte den Schluß nahe, daß sie, was vorher niemand erkannt hatte, nicht nur zu den Crustacea, sondern wegen ihrer spezifischen Gemeinsamkeit mit den Branchiura zu den „Maxillopoda" gehören. Dies ist inzwischen durch Nucleotidsequenzanalysen der 18 S rRNA gestützt worden. Pentastomida haben sich also als extrem modifizierte Crustacea mit engen Verwandtschaftsbeziehungen zu den Branchiura entpuppt. Aus der grundsätzlich anamorphen, aber frühzeitig endenden Ontogenese der „Maxillopoda" wird geschlossen, daß bei ihrer phylogenetischen Entstehung Progenese im Spiel gewesen sein könnte.

Die Vorstellungen über die Verwandtschaftsbeziehungen innerhalb der „Maxillopoda" sind widersprüchlich. Zumeist stimmt man jedoch darin überein, daß Ascothoracida, „Facetotecta" und Cirripedia nächstverwandt sind. Letztere stehen in den meisten Verwandtschaftsanalysen den Copepoda am nächsten. Erste Nucleotidsequenzanalysen von 18 S rRNA und von DNA (bei denen noch nicht Vertreter aller Grupen der Crustacea einbezogen worden sind), deuten an, daß die „Maxillopoda" kein monophyletisches Taxon sind, sondern aus zwei unabhängigen Gruppen bestehen: Pentastomida/Branchiura/Ostracoda bilden die eine, Remipedia/Copepoda/Cirripedia die andere Gruppe. Zwischen Copepoda und Remipedia gibt es auch morphologische Gemeinsamkeiten: einen auf den Kopf beschränkten Carapax, Verschmelzung des 1. Thoracomers mit dem Kopf und Umbildung seiner Extremitäten zu Maxillipeden, Ähnlichkeit im Bau der Mundwerkzeuge und Schwimmbeine. Dem steht die hohe Zahl der Rumpfsegmente bei den Remipedia entgegen, die nicht zu den „Maxillopoda" paßt, es sei denn, es ließe sich nachweisen, diese sei auf sekundäre Segmentvermehrung zurückzuführen.

Der Ursprung der Crustacea liegt im Dunkeln. Sie haben eine lange Evolutionsgeschichte, die zurück ins Kambrium, wenn nicht bis ins Präkambrium reicht. Die Stammart der Crustacea muß also vor etwa 570 Millionen Jahren oder früher gelebt haben. Hinweise auf ihr Aussehen lassen sich durch Vergleich mit anderen Arthropodengruppen und aus dem Bau relativ urtümlicher Vertreter der lebenden Crustacea erschließen. Welche davon dem Ursprung am nächsten geblieben sind, ist umstritten. Am häufigsten werden die Cephalocarida (in letzter

Zeit auch wieder die Branchiopoda) genannt. Cephalocarida haben einen postnauplialen Fortbewegungs- und Nahrungsaufnahmeapparat, der nicht zum Filtrieren geeignet ist, von dem man sich aber vorstellen kann, daß er aus einer Vorstufe entstanden ist, die gleichzeitig Ausgangspunkt für die Evolution des hochspezifischen Filterapparates der Branchiopoda gewesen sein könnte. Diese sollen mit den „Maxillopoda" nächstverwandt sein. Für diese Annahme wird das Vorhandensein eines ausgeprägten Nackenorgans im Kopfschild der frühen Larven beider Gruppen als Argument angeführt. Dabei handelt es sich um einen uhrglasförmigen, von einem Cuticularring eingefaßten Bezirk in der Mitte des Kopfes zwischen 2. Antennen und Mandibeln. Als Funktion wird Osmoregulation angegeben. Die Argumente für eine mögliche enge Verwandtschaft zwischen Copepoda und Remipedia wurden bereits genannt. Für die phylogenetische Stellung der Malacostraca mangelt es an überzeugenden Argumenten. Die in Abb. 708 wiedergegebenen Stammbaum-Schemata stellen zwei Möglichkeiten der phylogenetischen Gliederung der Crustacea dar. Sie stehen unter dem Vorbehalt, daß eine Paraphylie für die Crustacea nicht ganz ausgeschlossen werden kann, weil eines ihrer Teiltaxa möglicherweise die Schwestergruppe der Antennata ist. Erste Fossilien der Progoneata, Chilopoda bzw. Insecta datieren aus dem Silur bzw. Devon. Einige Teilgruppen der Crustacea sind sehr viel älter (s.u.).

Wertvolle Hinweise auf das Aussehen urtümlicher Crustaceen liefern natürlich auch Fossilien. Auf den Glücksfall der Entdeckung ausgezeichnet erhaltener Kleinfossilien aus dem Oberkambrium wurde schon wiederholt hingewiesen. Diese Fossilien („Orsten") sind 0,1 bis etwas unter 2 mm groß und verdanken ihren Erhaltungszustand einer Phosphatisierung, d.h. dem Ersatz von ursprünglich organischer Substanz durch Phosphat. Sie können bis in kleine Details unter dem Rasterelektronenmikroskop studiert werden. Unter ihnen gibt es Arten, die sich sogar Teilgruppen der rezenten Crustacea zuordnen lassen: †*Bredocaris admirabilis* (Orstenocarida) (Abb. 697A) und die †*Skara*-Arten (Skaracarida) werden als Vertreter der „Maxillopoda" interpretiert, †*Rehbachiella kinnekullensis* (Abb. 697B) als Vertreter der Branchiopoda. Wenn diese Interpretation richtig ist, heißt das, daß sich alle Teiltaxa der Crustacea bereits tief im Altpaläozoikum differenziert hatten.

4.1 Cephalocarida

Diese seltenen Kleinkrebse (9 Arten) leben überwiegend im Meer in der Übergangszone zwischen freiem Wasser und Schlamm, wo sich feine Partikeln und flockiger Detritus zwar nicht mehr in freier Suspension befinden, aber auch noch nicht fest sedimentiert sind. Derartige Bereiche gibt es im flachen Wasser (bis 177 Ind. m^{-2}) bis hinunter in die Tiefsee. Entsprechend ausgedehnt ist die Vertikalverteilung der Cephalocariden-Funde. Die Länge

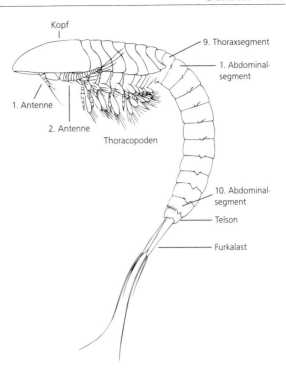

Abb. 709: Lateralansicht einer erwachsenen *Hutchinsoniella macracantha* (Cephalocarida). Nach Hessler und Newman (1975).

der Tiere beträgt um die 3 mm. Sie sind erst in den 50er Jahren dieses Jahrhunderts entdeckt worden und gelten als die relativ ursprünglichsten rezenten Krebse.

Bau

Der langgestreckte, homonom segmentierte Körper gliedert sich in Kopf, Thorax (9 Segmente), Pleon (10 Segmente) und Telson mit Furka (Abb. 709). Der hufeisenförmige Kopf ist von einer geschlossenen Duplikatur (Kopfschild) umrandet,

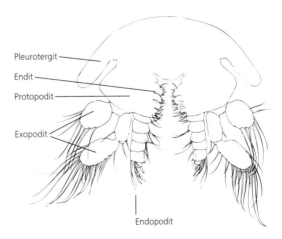

Abb. 710: Thoracopodenpaar von *Hutchinsoniella macracantha* (Cephalocarida). Nach Sanders (1963).

die die Basen der Kopfextremitäten überdacht. Auf der Ventralseite befindet sich ein großes Labrum. Vorn entspringen die einästigen 1. Antennen, die 2. Antennen sind zweiästig und liegen paroral. Die Mandibeln haben bei erwachsenen Tieren keinen Palpus. Bemerkenswert ist, daß die 2. Maxillen wie die Thoracopoden gebaut sind.

Die Thoraxsegmente sind beidseitig in ventrolaterad gebogene Duplikaturen, die Pleurotergite, verlängert. Die 1.–7. Thoracopoden sind flache, konkave Blattbeine (Abb. 710), die aus einem breiten, unsegmentierten Protopoditen mit 5–6 Enditen, einem sechsgliedrigen Endopoditen und einem breitflächigen, zweiteiligen Exopoditen bestehen. Die 8. Thoracopoden haben keinen Endopoditen und nur schwach ausgebildete Enditen, die 9. sind winzig und tragen die Eier. Die Thoracopoden dienen der Fortbewegung und dem Nahrungserwerb. Sie schlagen metachron, wobei die 8. Thoracopoden beginnen. Beim Schwimmen ist die Rückenseite nach oben gekehrt.

Bei *Hutchinsoniella macracantha* sind zwei Schlagmodi beobachtet worden. Ist das Tier in Bewegung, beteiligen sich Kopf- und Thoraxextremitäten, und der metachrone Schlag ist rasch und kräftig. Ist das Tier in Ruhe, sind nur Thoracopoden und 2. Maxille aktiv, und der Schlag ist langsam und schwach. Der metachrone Schlag bewirkt, daß aufeinanderfolgende Beine auseinanderweichen und zwischen ihnen eine Kammer entsteht. Diese ist vorn und hinten durch die flächigen Protopoditen begrenzt, lateral durch das Pleurotergit sowie durch laterale und distale Teile der Exopoditen, die nach hinten klappen. Der Unterdruck in der sich öffnenden Kammer bewirkt, daß Wasser in sie hineingesogen wird. Wegen der Begrenzung der Kammer kann Wasser nur von der Medianseite in sie eintreten. Dabei muß es gefiederte, nach hinten gerichtete Borsten der Enditen und proximalen Endopoditenglieder passieren. Von diesen Borsten wird Geschwebe abgefangen, das sich im Wasser befindet und von Endopoditen und 2. Antennen aufgewirbelt worden war. Nach vorne gerichtete Borsten der Enditen und proximalen Endopoditenglieder des nächstfolgenden Beinpaares bürsten das Geschwebe in den Medianraum zwischen den Beinen, von wo es bei der nächsten Sogphase nach dorsal gewaschen wird. Dadurch gelangt es in den Bereich paariger Dornen an den proximalen Enditen, die den Transport nach vorn zur Mundöffnung besorgen. Bewegen sich die Beine wieder aufeinander zu, verkleinern sich die Kammern zwischen ihnen und das darin befindliche Wasser drückt laterale und distale Teile des Exopoditen zur Seite, so daß es lateral und ventral nach hinten entweichen kann. Dabei entsteht ein Schub, der das Tier nach vorne bewegt. Dieser Mechanismus der mit Nahrungserwerb kombinierten Fortbewegung ähnelt dem bei Vertretern der Branchiopoda.

Die innere Anatomie ist nur bruchstückhaft bekannt. Das Nervensystem hat Strickleiterform. Am Gehirn fällt die geringe Entwicklung des Protocerebrum auf. Die Ganglien der Mundwerkzeuge sind zu einem Unterschlundganglion verschmolzen. Die drei letzten Abdominalsegmente sind ohne Ganglien. Augen sind nicht vorhanden. Der Darm

ist ein einfaches Rohr. Die larvalen Antennennephridien werden durch Maxillennephridien ersetzt, können bei den Erwachsenen aber auch erhalten bleiben.

Cephalocarida sind simultane Zwitter. Die paarigen Ovarien liegen im Kopf. Der Ovidukt erstreckt sich durch die ganze Länge des Tieres, biegt nach vorne um und vereinigt sich mit dem gleichseitigen Vas deferens zu einem gemeinsamen Ausführgang, der auf dem Protopoditen des 6. Thoracopoden mündet. Die paarigen Hoden liegen bei *Hutchinsoniella* im 7.–12. Rumpfsegment und sind vorne miteinander verwachsen. Von dieser Brücke entspringen die Vasa deferentia, die nach vorn ins 6. Rumpfsegment zu ihrer Vereinigung mit den Ovidukten ziehen. Es werden maximal 2 große, dotterreiche Eier gleichzeitig hervorgebracht. Aus ihnen schlüpft ein Metanauplius. Die Postembryonalentwicklung umfaßt 12 (*Lightiella*) bzw. 18 (*Hutchinsoniella*) praeadulte Stadien.

Hutchinsoniella macracantha, 3 mm. Atlantikküste Nordamerikas und Brasiliens. Zwei große Eier, in 2 Eisäckchen am Körper des Weibchens getragen. Pflanzt sich nur in den Sommermonaten fort. – *Lightiella incisa*, 2,5 mm. Küste von Puerto Rico und Barbados in Wohnröhren decapoder Krebse und im Sediment zwischen *Thalassia*-Beständen. Mit 1 Paar dorsaler Stacheln auf dem Telson. Fortpflanzung vermutlich ganzjährig.

4.2 Remipedia

Die Entdeckung der Remipedia Anfang der 80er Jahre – nach derjenigen der Cephalocarida Mitte der 50er Jahre der aufsehenerregendste Neufund einer Crustaceen-Gruppe des 20. Jahrhunderts – erfolgte bei aufwendigen Tauchgängen in überfluteten Kalksteinhöhlen (Bahamas und Yucatan-Halbinsel) und Lavatunneln (Lanzarote). Es handelt sich um sogenannte anchialine Höhlen, die von Land aus zugänglich sind, aber eine unterirdische Verbindung zum Meer haben. In ihnen wird das Meerwasser von einer Schicht aus Süß- und Brackwasser überlagert. Remipedia leben stets unterhalb der Schichtgrenze in sauerstoffarmem Meerwasser (weniger als 2 mg/l). Zur Zeit sind 9 Arten bekannt.

Bau

Remipedia erreichen Längen von 9–45 mm (Abb. 711). Sie bestehen aus 2 Körperabschnitten, dem Kopf (mit 1 Rumpfsegment verschmolzen) und dem Rumpf aus vielen einheitlichen, schwimmbeintragenden Segmenten (maximale Zahl je nach Art 16–38). Das Telson besitzt 2 Furkaläste

Als Höhlentieren fehlen den Remipedia Augen und Körperpigment. Der kurze Kopf ist mit einem Kopfschild bedeckt. Vor den Antennen liegt 1 Paar Frontalanhänge unbekannter Funktion. Die 1. Antennen sind zweigeißelig und tragen am vergrößerten Grundglied mehrere Reihen von Rezeptoren

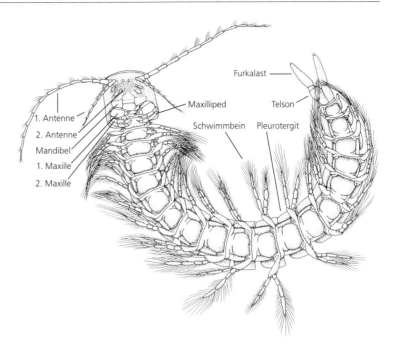

Abb. 711: *Speleonectes ondinae* (Remipedia) beim Schwimmen mit dem Rücken nach unten. Nach Schram, Yager und Emerson (1986).

(Aesthetasken). Die 2. Antennen sind zweiästig. Ihr blattförmiger Exopodit ist während des Schwimmens in ständiger Bewegung, wodurch ein Wasserstrom über die Aesthetasken geleitet wird. Die Mandibeln sind ohne Palpus, haben aber eine Lacinia mobilis. 1. und 2. Maxillen (Abb. 712 B, C) sowie die Maxillipeden sind einästige Greifextremitäten. Die Terminalklaue der 1. Maxille trägt subterminal eine Öffnung, die zu einer großen Drüse im Kopf gehört. Die Maxillen haben große Enditen, die Maxillipeden (Abb. 712 D) einen kleinen.

Es wurde beobachtet, wie mit diesen Greifextremitäten eine Garnele erfaßt und gegen den Mund gedrückt wurde. Übrig blieb schließlich eine leere Cuticula. Vermutlich injizieren die 1. Maxillen Verdauungssekrete in die Beute.

Jedes der vielen homonomen Rumpfsegmente trägt 1 Paar Schwimmbeine, die seitlich verschoben am Körper ansetzen. Der Bau ist bei allen gleich, nur sind das erste und letzte Beinpaar kleiner als die übrigen. Am großen Protopoditen (Abb. 712 A) sitzen ein 3-gliedriger Exo- und ein 4-gliedriger Endopodit. Die Beine schlagen metachron, wobei regelmäßige Wellen von hinten nach vorne laufen (Abb. 711). Bei der Flucht kann dieser Schlag in eine Bewegung übergehen, bei der alle Beine auf einmal durch gleichzeitigen Schlag einen kräftigen Schub erzeugen.

Das Nervensystem besteht aus einem Oberschlundganglion und einem Strickleiternervensystem mit 1 Paar Ganglien in jedem Segment. Der cuticular ausgekleidete Vorderdarm reicht bis ins Maxillipedensegment. An ihn schließt sich der Mitteldarm an, der in jedem Segment 1 Paar Lateraldivertikel aufweist. Der Exkretion dienen Maxillardrüsen im

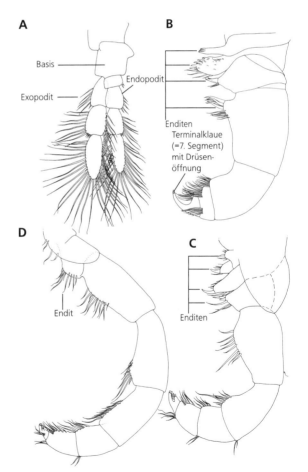

Abb. 712: A. *Speleonectes ondinae* (Remipedia). A Schwimmbein. B Linke 1. Maxille. C Linke 2. Maxille. D Linker Maxilliped. Nach Schram, Yager und Emerson (1986).

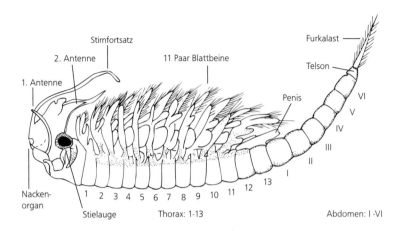

Abb. 713: Lateralansicht des Männchens von *Branchipus schaefferi* (Anostraca) in natürlicher Schwimmlage. Nach Nourisson und Thiery (1988).

Kopf. Vom Zirkulationssystem ist bisher nur das dünnwandige Dorsalgefäß bekannt, das sich durch den ganzen Körper erstreckt. Kiemen sind nicht vorhanden. Hämocyanin ist nachgewiesen. Remipedia sind simultane Zwitter. Das Ovar liegt im Kopf über dem Darm. Die paarigen Ovidukte ziehen bis ins 8. Rumpfsegment (incl. Maxillipedensegment) und münden auf dem Protopoditen der 7. Schwimmbeine auf einer Papille. Die paarigen Hoden reichen vom 7.–10. Rumpfsegment. Die paarigen Vasa deferentia münden an der Basis der 14. Schwimmbeine. Die Spermien sind geschwänzt und bis zu sechst in eine Spermatophore eingeschlossen.

Speleonectes lucayensis, 24 mm. Aus einer Höhle der Insel Grand Bahama. – *S. ondinae,* 16 mm (Abb. 711). In der Tiefe der Höhle Jameos del Agua auf Lanzarote (Kanarische Inseln).

4.3 Branchiopoda, Blattfußkrebse

Aus marinen Vorfahren hat sich diese Gruppe typischer Süßwasserbewohner entwickelt, von der nur wenige Vertreter sekundär ins Meer zurückgekehrt sind. Die übriggebliebenen rezenten Teilgruppen haben in Extrembiotopen (Temporär- und Binnensalzgewässern) überlebt, die von Konkurrenten gemieden werden. Sie sind untereinander sehr verschieden. Dennoch besteht an der Monophylie der Gruppe aufgrund des speziellen Filterapparates, des Baus der Nauplius-Larven und des spezifischen Spermienbaus kein Zweifel.

Früher faßte man die Spinicaudata und Laevicaudata als „**Conchostraca**" zusammen. Die Gruppe ist paraphyletisch. Auch die „**Cladocera**" (Ctenopoda, Anomopoda, Onychopoda und Haplopoda) sind nicht aufrechtzuerhalten, da sie polyphyletisch sind. Beide („Conchostraca" und „Cladocera") zusammen bilden aber höchstwahrscheinlich als **Onychura** eine monophyletische Einheit. Dafür spricht der sekundäre Carapax, der ihren Körper umhüllt und dazu führt, daß der primäre Kopfschild-Cara-

pax auf den Bereich des Kopfes beschränkt bleibt. Dafür spricht auch die Krallennatur der Furkaläste. Diese Onychura lassen sich mit den **Notostraca** als **Phyllopoda** zusammenfassen. Für deren Monophylie läßt sich die Internalisierung der Komplexaugen anführen, d. h. ihre Verlagerung in eine Tasche, die über einen Porus mit dem Außenmedium in Verbindung steht. Die Phyllopoda sind auch die einzige Krebsgruppe, deren Naupliusauge aus 4 Bechern besteht. Alle anderen Crustacea haben 3 Becher. Es ist umstritten, welches der ursprüngliche Zustand ist.

Trotz dieser Hinweise bleibt die Aufgliederung der Branchiopoda in monophyletische Verwandtschaftsgruppen vorläufig Stückwerk, weshalb im folgenden darauf verzichtet wird.

4.3.1 Anostraca, Kiemenfüßer

Anostraca leben in ephemeren Binnengewässern, in polaren Regionen in permanenten Wasseransammlungen, die arm an potentiellen Feinden sind, oder in hypersalinen Gewässern. Die Gruppe ist weltweit mit 185 Arten vertreten. Die langgestreckten Krebse haben eine Länge von 15–30 mm, maximal bis zu 10 cm.

Bau

Der Kopf ist kurz, und sein Kopfschildrand ist so reduziert, daß er schildlos wirkt (Abb. 713). Der Thorax hat 13 (aber auch 6–8 zusätzliche) Segmente, das Abdomen 6. Es folgt ein Telson mit flachen Furkalästen. Die 1. Antennen sind röhrenförmig und nicht gegliedert. Die wesentlich größeren 2. Antennen sind ebenfalls ungegliedert, auffallend geschlechtsdimorph und dienen nicht der Fortbewegung. Bei den Männchen sind sie oft zangenartig. An ihrer Basis entspringt ein gefiederter oder geweihartig verzweigter Stirnfortsatz unbekannter Funktion (Abb. 714). Bei der Kopula schwimmt das Männchen unter das Weibchen und umgreift es mit den 2. Antennen.

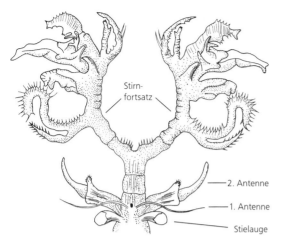

Abb. 714: Kopfpartie des Männchens von *Dendrocephalus cervicornis* (Anostraca). Nach Daday de Dees aus Meisenheimer (1921).

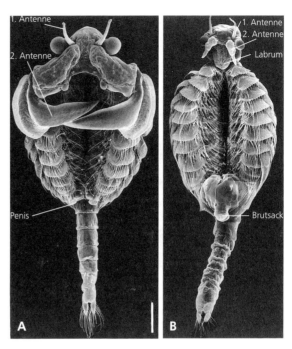

Abb. 715: *Artemia* sp. (Anostraca). Ventralansichten. A Männchen. B Weibchen. REM. Maßstab: 500 μm. Originale: A. Schrehardt, Erlangen.

Es sind gewöhnlich 11 Beinpaare (aber auch 17 oder 19) in Gestalt von Blattbeinen (Abb. 701) vorhanden. Am Protopoditen befinden sich innen mehrere nach hinten gerichtete Enditen, die mit Borstenkämmen ausgestattet sind. Außen sitzen 2 Exiten, von denen der distale eine Kieme ist. Auf diese folgt der Exopodit. Der Endopodit ist mit dem Protopoditen verschmolzen. Beide Beinreihen sparen zwischen sich eine Gasse aus (Abb. 715), deren Boden von einer tiefen, engen Bauchrinne gebildet wird. Die Gasse wird beidseits von den nach hinten gerichteten Enditen mit ihren Borstenreihen gesäumt, die als Filter für den Nahrungserwerb fungieren.

Wie Untersuchungen mit Hochgeschwindigkeitskameras ergeben haben, weicht der tatsächliche Ablauf der Beinbewegungen von bisherigen Lehrbuchdarstellungen in wichtigen Details ab. Das liegt vor allem an der Vernachlässigung einer Eigenschaft der Beine in diesen Darstellungen: ihrer beachtlichen Flexibilität. Das Fehlen von Gelenken (nur der Exopodit ist am Protopoditen eingelenkt) eröffnet Möglichkeiten der Präzision und Feinregulierung, die anderen Crustaceen (außer den „Cladoceren") verschlossen sind.

Die Bewegung der Beine ist metachron (Abb. 716), wobei das hinterste (11.) Beinpaar mit der Vorwärtsbewegung beginnt. Trifft es auf das vor ihm liegende 10. Beinpaar, beginnt auch dieses sich nach vorn zu bewegen. Beide zusammen treffen dann auf das 9. Beinpaar, das sich der Vorwärtsbewegung anschließt usw. So entsteht eine Welle der Vorwärtsbewegung, an der 6 Beinpaare mit etwa gleicher Geschwindigkeit beteiligt sind. Diese liegen nicht nur dicht beieinander, sondern ihre distalen Abschnitte sind weit nach hinten gebogen. Ihre Länge beträgt jetzt nur 65% der Länge des vollständig gestreckten Beins. Zusätzlich werden die Beine so gedreht, daß ihre Fläche nicht im rechten Winkel zur Körperlängsachse liegt, sondern schräg dazu mit der Innenkante nach vorn. Dies zusammen bewirkt, daß dem Wasser möglichst wenig Widerstand geboten wird. Etwa zu dem Zeitpunkt des

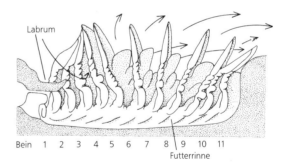

Abb. 716: Idealisierte Darstellung der in Bewegung befindlichen Beine eines Anostraken zu einem bestimmten Zeitpunkt des Bewegungszyklus. Das Tier ist sagittal geschnitten, so daß der Blick frei wird auf die Medianseite der Beine. Die nach hinten gerichteten Borstengitter an den Enditen sind weggelassen. Das Tier schwimmt nach links mit dem Rücken nach unten. Die Pfeile geben Strömungen an. Das 4. Bein streckt sich. Das 5. Bein ist voll ausgestreckt und kurz vor dem Rückwärtsschlag. Das 6. Bein hat damit begonnen, das 7. und 8. Bein sind (mit höherer Geschwindigkeit) auch dabei. Der distale Teil des 9. Beins ist noch beim Rückwärtsschlag, während sein proximaler Teil schon damit fertig ist und sich dem Vorwärtsschlag des 10. und 11. Beins anschließt. Das 1.–3. Bein sind noch beim gemeinsamen Vorwärtsschlag. Zwischen 3. und 4. Bein bildet sich eine Saugkammer, da das 4. Bein mit dem Vorwärtsschlag fertig ist, das 3. noch nicht, so daß sie sich voneinander entfernen. Die Kammer wird noch größer, sobald das 4. Bein mit dem Rückwärtsschlag beginnt. Verändert nach Cannon (1933).

Abb. 717: *Artemia* sp. (Anostraca). Ventralansicht eines Metanauplius (6. Larvenstadium). Ballonförmige Oberlippe (Labrum) überdeckt Mundöffnung und Mandibeln. REM. Maßstab: 200 μm. Original: A. Schrehardt, Erlangen.

Einbeziehens des 5. Beinpaares in die Vorwärtswelle ist das 11. Beinpaar am Ende der Vorwärtsbewegung angelangt und beginnt mit dem Schlag in die Gegenrichtung. Dadurch entsteht zwischen ihm und dem 10. Bein eine Lücke oder Kammer, in die Wasser aus der Umgebung einströmt. Da der entstehende Unterdruck dazu führt, daß die Exite des 10. Beines nach hinten geklappt werden und so die Kammer abdichten, während sie oben von dem nach hinten geklappten distalen Teil des 10. Beines abgedeckt ist, kann Wasser nur an der Innenseite aus der Gasse in die Kammer eintreten. Dabei muß es die Enditenborsten passieren, die den sich auftuenden Spalt zwischen den Beinen überdecken. Im Wasser mitgeführtes Geschwebe bleibt auf den Borstengittern hängen und wird anschließend von anderen Borsten in die ventrale Futterrinne gebürstet. Dort sorgen die Borsten der Gnathobasen für den Weitertransport in Richtung Mundöffnung. Es ist unklar, ob daran auch eine Wasserströmung in der Futterrinne beteiligt ist. In der Nähe des Labrums angekommen, werden die Nahrungspartikeln durch Schleim aus Drüsen des Labrums miteinander verklebt und von den 1. Maxillen den Mandibeln zugeschoben.

Vor Beginn des Rückwärtsschlages werden die Beine zurückgedreht, so daß sie jetzt im rechten Winkel zur Körperlängsachse stehen und dem Wasser die volle Breitseite bieten (Abb. 716). Dies hat auch den Effekt, daß sich die Kammer zwischen den Beinen an der Innenseite schneller öffnet als außen und Wasser vornehmlich aus der medianen Gasse angesogen wird. Dieser Sog ist entlang der Beinreihe immer dort am größten, wo sich gerade eine Lücke zwischen den Beinen auftut. Da dies sukzessive von hinten nach vorn geschieht, wandert auch die Zone maximalen Sogs beständig von hinten nach vorn entlang der Beinreihe und führt zu einem kontinuierlichen Wasserstrom.

Wenn auch das 10. Beinpaar und die übrigen Paare mit dem Rückwärtsschlag beginnen, werden die Kammern zwischen ihnen allmählich zusammengequetscht. Durch den Gegendruck des Wassers sowie durch Muskelzug

werden die Beine gestreckt und die Exiten klappen auf. Das Wasser entweicht nach oben sowie seitwärts nach hinten und dient dabei der Fortbewegung. Anostraken sind also ausdauernde Schwimmer, die dies mit dem Rükken nach unten tun, wobei Fortbewegung und Nahrungsaufnahme miteinander kombiniert sind. Es können Nahrungspartikeln filtriert werden, die im Wasser suspendiert sind, es können aber auch Partikeln vor der Filtration vom Boden aufgewirbelt werden. Einige sehr große Arten verlieren, wenn sie zur vollen Größe herangewachsen sind, die Fähigkeit zu filtrieren und werden Räuber, die andere Crustaceen, auch andere Anostraken, jagen.

Das Nervensystem ist sehr ursprünglich. Das Tritocerebrum liegt hinter dem Mund, also weit vom Oberschlundganglion entfernt. Die übrigen Ganglien sind Bestandteile eines typischen Strickleitersystems. Das Naupliusauge besteht aus 3 Bechern. Die lateralen Komplexaugen sind gestielt und beweglich. Adulti haben Maxillardrüsen. Kiemen an den Blattbeinen dienen auch der Osmoregulation. Das Herz reicht vom Segment der 2. Maxillen bis ins letzte Körpersegment und hat wenigstens 18 Ostienpaare. Die Ovarien sind paarig. Die Ovidukte münden in einen blasenförmigen Eisack, der von den angeschwollenen Sterniten der beiden letzten Thoraxsegmente gebildet wird. Von den paarigen Hoden führen die Vasa deferentia zu paarigen Penes auf dem vorletzten Thoraxsegment. Die Eier sind trockenresistent (von *Artemia salina* im Aquarienhandel). Aus ihnen schlüpfen Nauplien (Abb. 717). Die Postembryonalentwicklung ist anamorph mit graduellem Übergang von den larvalen zu den adulten Mechanismen der Nahrungsaufnahme und Fortbewegung.

Artemia salina (Artemiidae), 1,5 cm. In salzigen Binnengewässern (erträgt einen Salzgehalt von 4 bis 20%), Aquarianern als Fischfutter bekannt. Fortpflanzung in Deutschland nur parthenogenetisch. Die Art galt früher als kosmopolitisch; elektrophoretische Untersuchungen und Chromosomenstudien haben einen Komplex von mehr als 6 Arten erbracht. – *Branchipus stagnalis* (Branchipodidae), 2,3 cm. Von April bis September in Tümpeln und Gräben im offenen Gelände. – *Siphonophanes grubei* (Chirocephalidae), 2,9 cm. Frühjahrsform in Wasseransammlungen, die sich nach der Schneeschmelze bilden.

4.3.2 Spinicaudata

Vertreter dieser Gruppe findet man am Boden oder eingewühlt im Schlamm periodisch austrocknender Gewässer. Nur *Cyclestheria hislopi* kommt auch im Litoral großer tropischer Seen vor. Die Länge der Tiere beträgt meist mehr als 10 mm. Die Verbreitung der Gruppe mit ihren etwa 180 Arten erstreckt sich auf das Süßwasser aller Kontinente mit Ausnahme der Antarktis und der nördlichen Polarregionen.

Bau

Der Körper ist in einem zweiklappigen, sekundären Carapax versteckt, aus dem nur die 2. Antennen

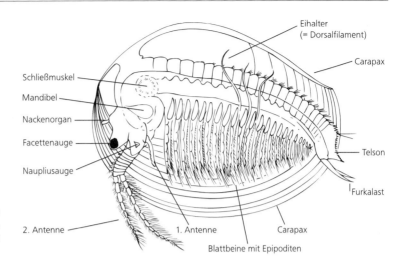

Abb. 718: Lateralansicht des Weibchens von *Limnadia lenticularis* (Spinicaudata), linke Carapaxhälfte entfernt. Nach Sars (1896) aus Herbst (1962).

und Teile des Telsons hervorragen können (Abb. 718). Konzentrische Streifen, die dadurch entstehen, daß der Carapax nicht mitgehäutet wird, sondern mit dem neugebildeten größeren verhaftet bleibt, machen es leicht, die Spinicaudata von Laevicaudata zu unterscheiden, bei denen der glatte Carapax ebenfalls den Körper verhüllt. Ein Schließmuskel führt die klaffenden Carapaxhälften zusammen. Der Körper ist nur am Hinterkopf mit dem Carapax verwachsen. Der kleine Kopf kann nicht aus dem Carapax hervorgestreckt werden. Der Körper ist kurz, besteht aber aus bis zu 32 Segmenten, an die sich ein Telson anschließt. Das Telson ist dorsal mit Sinnesborsten und terminal 1 Paar kräftiger Klauen versehen.

Die ein- oder zweigliedrigen 1. Antennen sind fingerförmig und beweglich, die 2. Antennen sind groß und zweiästig, mit zahlreichen Schwimmborsten an jedem Glied von Exo- und Endopodit, so daß sie der Fortbewegung dienen. Jedes Segment des Körpers trägt 1 Extremitätenpaar vom Blattbeintyp, wenigstens 16, maximal 32 sind vorhanden. Die Extremitäten nehmen von vorn nach hinten an Größe ab. Wenn auch alle generell sehr ähnlich gebaut sind, so unterscheiden sich doch die vordersten und hintersten Paare beträchtlich in den Details. Insbesondere an den Gnathobasen ändert sich die Bewehrung von vorn nach hinten. Von den Beinen wird ein Nahrungs-Atemwasserstrom erzeugt, der dadurch zustandekommt, daß die Beine – ähnlich wie bei den Anostraca – bei ihrer Bewegung Saugkammern bilden. Das einströmende Wasser wird mit Borsten filtriert.

Ein Paar Facettenaugen sind vorhanden, die bei *Cyclestheria hislopi* median zu einem einheitlichen Auge verschmolzen sind. Das relativ große Naupliusauge hat 4 Becher.

Fortpflanzung und Entwicklung

Die Fortpflanzung ist überwiegend bisexuell, gelegentlich auch parthenogenetisch. In beiden Fällen werden trockenresistente Dauereier produziert. Das Männchen ergreift das Weibchen mit den zu Greiforganen umgewandelten ersten beiden Beinpaaren. Die Eier sind klein und werden in großer Zahl (in einigen Fällen mehr als 2 000) hervorgebracht und in Klumpen an Dorsalfilamenten des 9., 10., oder 11. Beinpaares befestigt. Bei der nächsten Häutung werden die Eier frei. Aus ihnen schlüpfen Nauplien mit zurückgebildeten 1. Antennen. Der sekundäre Carapax tritt in Form einer paarigen Hautduplikatur erst auf einem späteren Stadium auf. Bei *Cyclestheria hislopi* sind die Fortpflanzungsverhältnisse völlig anders (s. u.).

Limnadia lenticularis (Limnadiidae), 17 mm (Abb. 718). Liegt seitlich auf dem Gewässerboden und filtriert Plankton oder Detritusteilchen, die durch den von den Blattbeinen erzeugten Sog von Pflanzen oder der Sedimentenoberfläche gerissen werden. Schwimmt mit dem Rücken nach oben mit Hilfe der 2. Antennen; parthenogenetisch. – *Cyclestheria hislopi* (Cyclestheriidae). Verschmolzenes Facettenauge, 1. Antenne eingliedrig. 2. Antenne auf den meisten Segmenten nur mit 2 langen Schwimmborsten. Bei den Männchen nur das 1. Thoracopodenpaar zum Festhalten des Weibchens umgewandelt. Überwiegend parthenogenetisch. Eier größer als bei anderen Arten und geringer an Zahl, werden in einem dorsalen Brutraum unter Carapax bis zum Schlupf getragen. Entwicklung direkt. Lebt auch in permanenten Gewässern.

4.3.3 Laevicaudata

Diese artenarme Gruppe (ca. 40) lebt in temporären Wasseransammlungen, wo sich ihre Arten meist am Boden aufhalten, häufig aber auch für kurze Zeit im Wasser umherschwimmen. Die Länge der Tiere beträgt wenigstens 6 mm bei den Weibchen. Männchen sind kleiner. Die Arten verteilen sich auf alle Kontinente mit Ausnahme der Antarktis und der nördlichen Polarregionen.

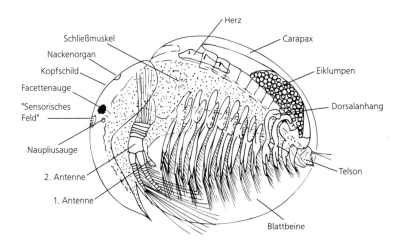

Abb. 719: Lateralansicht des Weibchens von *Lynceus brachyurus* (Laevicaudata), linke Carapaxhälfte entfernt. Nach Sars (1896) aus Herbst (1962).

Bau

Der Körper besteht aus Cephalon, Rumpf mit konstant 12 Segmenten bei den Weibchen (Abb. 719) und 10 bei den Männchen. Das Telson ist nur mit kleinen Stacheln besetzt und ohne kräftige Klauen. Das große Cephalon ist mit einem Kopfschild bedeckt und kann aufgrund einer gelenkigen Verbindung mit dem Rumpf aus dem sekundären Carapax vorgestreckt werden, der ansonsten den ganzen Körper umschließt. Er ist kugelig, mit glatter Oberfläche, ohne eine größere Zahl von Wachstumsstreifen. Seine beiden Klappen haben ein dorsales Scharnier und einen Schließmuskel zur Regulierung der Spaltbreite zwischen ihnen.

Die 2. Antennen sind groß und zweiästig. Endo- und Exopodit haben stets mehr als 10 Glieder, und jedes davon hat nur eine einzige lange Schwimmborste. Am Schwimmen sind auch die Blattbeine des Rumpfes beteiligt, von denen jedes Rumpfsegment 1 Paar trägt (Weibchen 12, Männchen 10). Sie stehen eng beieinander und sind in Größe und Form von vorn nach hinten etwas verschieden, wobei sich insbesondere die Bewehrung der Gnathobasen ändert. Nicht alle Beine haben Filter, wohl aber einen Epipoditen und gut ausgebildeten Exopoditen. Der Funktionsmechanismus der Beine ähnelt dem der Spinicaudata.

Facettenaugen sind vorhanden und können einander berühren. Das Naupliusauge ist groß und hat 4 Becher.

Die paarigen Gonaden sind gestreckt. Ovidukte und Vasa deferentia münden auf dem 11. Extremitätenpaar des Rumpfes. Bei den Männchen ist das 1., manchmal auch das 2. Beinpaar zum Ergreifen des Weibchens modifiziert. Trockenresistente Dauereier werden in großer Menge produziert und in Klumpen von Dorsalanhängen an den Exopoditen der 9. und 10. Beinpaare gehalten. Sie gelangen ins Freie, wenn das Weibchen sich wieder häutet. Aus ihnen schlüpfen späte Entwicklungsstadien mit Kopfschild und auffälligen lateralen Zipfeln am Vorderende.

Lynceus brachyurus, 6,5 mm (Abb. 719). Meist am Boden des Gewässers, schwimmt aber auch für kurze Zeit rückenabwärts umher, wobei neben 2. Antennen auch Blattbeine mitwirken. Während des Schwimmens wird Nahrung (Plankton) aufgenommen.

4.3.4 Ctenopoda

Ctenopoda sind ausschließlich mikrophage Filtrierer, die im freien Wasser, aber auch benthisch bzw. im Phytal leben. Es gibt ein marines Taxon (*Penilia*), sonst handelt es sich um limnische Tiere, die holarktisch und zirkumtropisch verbreitet sind. Sie werden nicht größer als 4 mm.

Bau

Der Körper hat nur wenige Segmente mit undeutlichen Grenzen und endet in einem Telson mit Gabelfurka (Abb. 720). Der Kopf hat kein Kopfschild. Der Rumpf und seine Extremitäten sind von einem funktionell zweiklappigen, unverkalkten, sekundären Carapax ohne Schloß umhüllt. Die 1. Antennen sind klein und beim Weibchen röhrenförmig, die 2. Antennen groß, zweiästig und dienen zum Schwimmen. Exo- und Endopodit sind zwei- oder dreigliedrig und mit Schwimmborsten ausgestattet. Der Rumpf trägt Extremitätenpaare, die bis auf das sechste alle sehr ähnlich sind. Die ersten 5 Beinpaare haben eine Gnathobasis, und die Borsten der distal folgenden Enditen bilden jeweils einen durchgehenden Filterkamm.

Die Beine schlagen metachron und führen in der Minute bis zu 500 Bewegungen aus. Dabei wird Wasser angesogen und das darin enthaltene Geschwebe von den Filterborsten zurückgehalten. Borsten der Gnathobasen sorgen für den Vorwärtstransport der Nahrung in einer schmalen tiefen Futterrinne, die zwischen den Beinbasen eingesenkt ist.

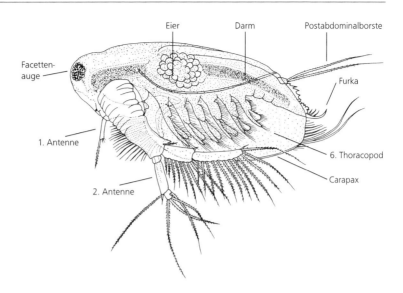

Abb. 720: Lateralansicht eines Weibchens von *Latonopsis serricauda* (Ctenopoda). Nach Sars (1901) aus Martin (1992).

Ein Naupliusauge ist vorhanden, ebenso ein in der Mitte verschmolzenes Facettenauge mit relativ vielen Ommatidien. Die paarigen Ovarien münden in einen dorsalen Brutraum zwischen Carapax und Rumpfrücken. Die dort abgelegten Eier sind groß oder bei *Penilia* kleiner, wobei sie über einen Nährboden zusätzlich mit Stoffen versorgt werden. Die Männchen sind kleiner als die Weibchen. Ihre 1. Antennen und 1. Beinpaare sind zum Festhalten des Weibchens abgewandelt. Die Vasa deferentia münden direkt hinter den Beinen auf paarigen Penes und nie auf dem Telson.

Fortpflanzung und Entwicklung

Die Fortpflanzung ist parthenogenetisch, wobei sich die Eier im Brutraum direkt zu kleinen Nachbildungen der Erwachsenen entwickeln. Häufig wird im Jahreszyklus eine bisexuelle Generation eingeschaltet (Heterogonie). Die befruchteten Eier werden zu Dauereiern mit einer festen Hülle aus Oviduktsekreten. Sie werden frei abgelegt und entwickeln sich ebenfalls direkt ohne Nauplius.

Sida crystallina (Sididae), 4 mm. Mit Saugnapf in Nackenregion zum Anheften an Vegetation. 1. Antennen der Männchen groß und beweglich. – *Penilia avirostris* (Sididae). Nur kleine Augen. Im Oberflächenplankton des Mittelmeeres teils massenhaft. – *Holopedium gibberum* (Hoplopediidae), 2,5 mm. Von einem dicken Gallertmantel umgeben, der sich um den Carapax legt und dem Tier ein kugeliges Aussehen verleiht; Gallerte wird nach 1 Woche abgestoßen; ihre Neubildung dauert etwa 12 Stunden. 1. Antennen der Weibchen klein und unbeweglich. Planktischer Filtrierer, schwimmt mit der Bauchseite nach oben.

4.3.5 Anomopoda

Was im Meer die Copepoden, sind im Süßwasser die Anomopoden. Sie sind ausschließlich auf Bin-

nengewässer beschränkt und kommen dort fast überall vor: im Benthal, im Phytal, im Pelagial, im Interstitial, in feuchtem Moos und im Fallaub von Regenwäldern. Einige wenige haben sich an das Leben in Binnensalzgewässern angepaßt. Eine Art ist Parasit auf *Hydra*.

Die urtümlichsten Formen leben im Benthal, wo mehr Einnischungsmöglichkeiten bestehen als im freien Wasser. Die Artendiversität ist deshalb dort auch größer als im Pelagial. Die planktischen Arten haben allerdings eine größere ökologische Bedeutung, denn sie sind das zentrale Bindeglied in der Nahrungskette zwischen Seston und Nekton (Fische). Als wichtigste Primärkonsumenten kontrollieren sie die Biomasse des Phytoplanktons und können durch selektive Bevorzugung bestimmter Algenarten die Ökosystemstruktur stark verändern. Auch Bakterienpopulationen unterliegen ihrem regulierenden Einfluß. Anomopoden spielen als Fischnahrung eine wichtige Rolle. Das gilt nicht nur für Plankter, sondern auch für die Benthalbewohner, die ebenfalls in riesigen Individuenzahlen auftreten können. Von *Chydorus sphaericus* als einem der kleinsten Vertreter sind auf 1 m^2 Boden und in der Vegetation in dem m^3 Wasser darüber 1,4 Mill. Individuen gezählt worden, von *Peracantha truncata* (Länge: 0,65 mm) in demselben Volumen 950000.

Die Größe der Anomopoden liegt zwischen 0,26–6 mm. Die Gruppe ist mit ihren über 300 Arten weltweit verbreitet. Etliche Arten, die früher als morphologisch variabel und kosmopolitisch galten, haben sich als Komplexe zweier oder mehrerer Arten mit begrenzter Verbreitung entpuppt.

Bau

Der Körper ist kurz. Er besteht aus dem Kopf, einem Thorax mit 5–6 Beinpaaren, einem anhang-

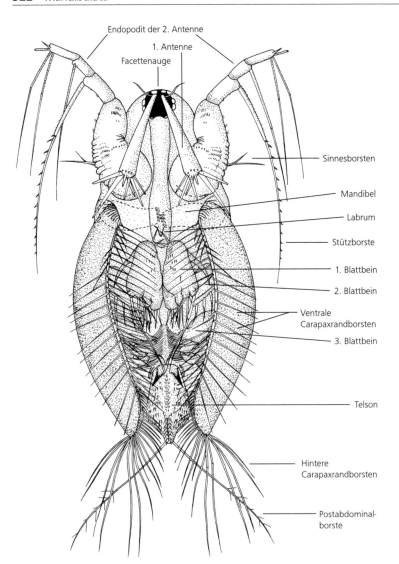

Endopodit der 2. Antenne

1. Antenne

Facettenauge

Sinnesborsten

Mandibel

Labrum

Stützborste

1. Blattbein

2. Blattbein

Ventrale
Carapaxrandborsten

3. Blattbein

Telson

Hintere
Carapaxrandborsten

Postabdominal-
borste

Abb. 721: Ventralansicht eines Weib-chens von *Acantholeberis curvirostris* (Anomopoda), einer Vertreterin der ben-thisch lebenden Macrothricidae. Der Exo-podit der 2. Antenne steht vertikal nach oben und ist deshalb in dieser Ansicht nicht zu sehen. Mit den ventralen Cara-paxborsten läßt sich das Tier auf dem Substrat nieder und stützt sich zusätzlich mit den Stützborsten der 2. Antenne ab. Die hinteren Carapaxborsten haben Schutzfunktion. Nach Fryer (1974).

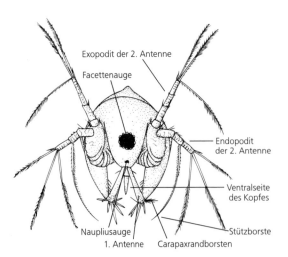

Exopodit der 2. Antenne

Facettenauge

Endopodit
der 2. Antenne

Ventralseite
des Kopfes

Naupliusauge

Stützborste

1. Antenne   Carapaxrandborsten

Abb. 722: Vorderansicht von *Acantholeberis curvirostris* (An-omopoda). Die Carapaxrandborsten der rechten Seite (hier links) sind weggelassen. Nach Fryer (1974).

losen Abdomen und einem Telson, das nach vorne umgebogen ist, so daß seine Dorsalseite ventral liegt (Abb. 721). Das Telson trägt 1 Paar terminaler Klauen und wird zum Schieben beim Kriechen und Graben benutzt. Die Klauen entfernen überschüs-sige Nahrung aus der Futterrinne. Mit Ausnahme des Kopfes ist der gesamte Körper mit seinen Extre-mitäten von einem einheitlichen, aber funktionell zweiklappigen, unverkalkten s e k u n d ä r e n C a r a -p a x, der kein Scharnier hat, umhüllt. Da sich ben-thische Formen auf den ventralen Carapaxrändern niederlassen, sind diese in vielfältiger Weise abge-wandelt, um etwa eine Balance oder ein Festsetzen während der Nahrungsaufnahme und Fortbewe-gung zu ermöglichen. Der kurze Kopf ist gewöhn-lich mit einem Kopfschild ausgestattet (Abb. 723). Die 1. Antennen sind meist klein und eingliedrig, die 2. Antennen dagegen groß und zweiästig (Abb. 722). Der Exopodit hat 3–4 Segmente, der Endopodit 3. Beide sind mit langen Schwimmbor-

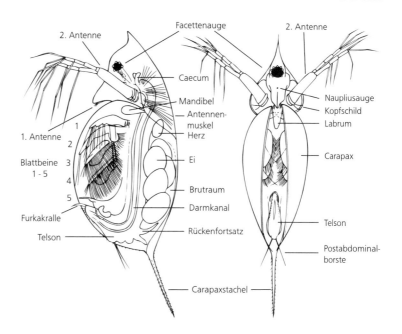

Abb. 723: Lateral- und Ventralansicht eines Weibchens von *Daphnia galeata* (Anomopoda). Die Lateralansicht gibt nur die generelle Anordnung der Blattbeine wieder, wie sie durch den Carapax zu sehen sind. Nach Fryer (1991).

sten ausgestattet und machen die 2. Antennen zu den alleinigen Fortbewegungsorganen bei den Planktern. Bei benthischen Formen werden sie zusätzlich zum Kriechen, Klettern und Graben eingesetzt. Die 1. Maxillen haben nur wenige Dornen, die 2. Maxillen sind rudimentär oder fehlen ganz.

Die 5–6 Beinpaare sind sehr unterschiedlich gebaut (Abb. 724), da fast jedes eine andere Funktion, manchmal sogar mehrere Funktionen gleichzeitig ausübt. Bei urtümlichen Formen dient das 1. Beinpaar dem Kriechen über das Substrat und hat keine Gnathobasis. Das 2. Paar besorgt das Abkratzen und Aufwirbeln von Nahrungspartikeln und hilft beim Vorwärtstransport der Nahrung zum Mund. Das 3. Beinpaar unterstützt das 2. beim Abkratzen und Aufwirbeln, ist aber stärker an der weiteren Manipulation der Nahrung beteiligt. Das 4. und 5. Paar bilden mit ihren Filtergittern die Seitenwände der medianen Gasse zwischen den Beinen, in die die aufgewirbelten Nahrungspartikeln gesogen werden, und erregen mit ihren Exopoditen den Wasserstrom, der dies bewirkt. Ferner unterstützen sie den Vorwärtstransport der Nahrung in der schmalen medianen Futterrinne, die in die Ventralseite zwischen den Beinbasen eingesenkt ist. Die 6. Beine sind nur lappenartige Anhänge zum caudalen Abschluß der Gasse zwischen den Beinen. Bei den planktischen Formen sind die Verhältnisse etwas anders, weil sie zu reinen Filtrierern geworden sind. Wegen ihrer großen ökologischen Bedeutung soll auf den Mechanismus des Nahrungserwerbs bei ihnen am Beispiel der Gattung *Daphnia* gesondert eingegangen werden.

Bei *Daphnia* sind nur 5 Beinpaare vorhanden. Wie Abb. 724 zeigt, tragen nur das 3. und 4. Beinpaar große

Filterkämme. Um Nahrung anzusaugen, muß zunächst ein Wasserstrom erregt werden. Wie neuere Untersuchungen mit Hochgeschwindigkeitskameras gezeigt haben, ergeben sich in der Carapaxhöhle zwei Wasserströmungen, die als medianer Filterfluß und als Subcarapaxfluß

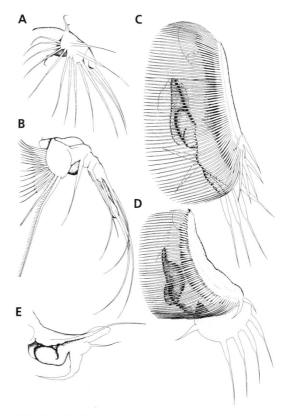

Abb. 724: Medianansicht der rechten 1.(A)-5.(E) Rumpfgliedmaßen von *Daphnia magna*. Der Ansatz am Körper liegt links. Nach Cannon (1933) aus Manton (1977).

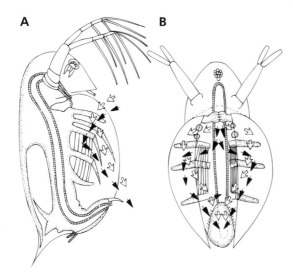

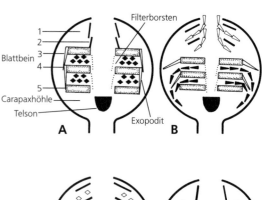

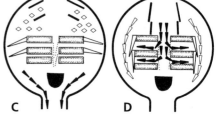

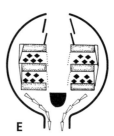

paare 4 und 3 am Ende ihres Rückwärtsschlages eng aneinander liegen, doch wird er beim anschließenden Vorwärtsschlag dieser Beinpaare sofort wieder verkleinert und das aus ihm verdrängte Wasser fließt über die die Kammern zwischen den Beinpaaren 3 und 4 sowie 4 und

Abb. 725: Schematische Darstellung der Wasserströmung durch die Carapaxhöhle einer *Daphnia*-Art in Lateral-(A) und Ventralansicht (B). Dunkle Pfeile zeigen den medianen Filterfluß, helle Pfeile den Subcarapaxfluß. Nach Kohlhage (1993).

bezeichnet werden (Abb. 725). Bei ersterem wird Wasser weiter ventral am vorderen Carapaxspalt angesaugt, beim Subcarapaxfluß weiter cephal. Hinten verlassen beide ebenfalls getrennt die Carapaxhöhle.

Der mediane Filterfluß kommt dadurch zustande, daß sich im Zwischenraum zwischen den Beinpaaren 4 und 5 sowie 3 und 4 ein Unterdruck bildet, wenn sich beim metachronen Schlag diese Beine voneinander entfernen (Abb. 726 A). Dadurch entstehen zwischen ihnen Filterkammern, die median durch die großen Filterkämme begrenzt werden, die den Spalt zwischen den sich voneinander entfernenden Beinen abdecken. Die laterale Wand der Kammern bildet der Carapax. Für ihren ventralen Abschluß sorgen die Exopoditen, die nach hinten klappen, wenn sich die Filterkammern vergrößern. Der Unterdruck in ihnen führt dazu, daß Wasser in sie einströmt. Aufgrund der Begrenzung ist dies nur von median durch die Filterkämme möglich.

Die einzelnen Borsten dieser Filterkämme haben einen Abstand von 10 µm voneinander. Sie haben Fiedern, die in einem Winkel von 40° von ihnen abstehen. Die Fiedern benachbarter Borsten sind mit ihren hakenförmigen Spitzen miteinander verbunden. Die Öffnung zwischen den Fiedern bestimmt die „Maschenweite" des Filters, die zwischen 0,2 und 1,0 µm betragen kann. Geschwebe, das sich im Wasser befindet, wird von diesen Filtern zurückgehalten.

Wenn sich beim Rückwärtsschlag die Beine wieder einander nähern, verkleinern sich die Filterkammern mehr und mehr, und das von ihnen eingeschlossene Wasser drückt die Exopoditen zurück nach vorn, so daß es durch den entstehenden Spalt ventrocaudad abfließen kann (Abb. 726 B).

Der Subcarapaxfluß setzt ein, wenn die Beinpaare 3 und 4 nach hinten klappen. Dadurch entsteht in der Carapaxhöhle vor ihnen ein großer Raum (Abb. 726 C), in den das Wasser einströmt, weil sich gleichzeitig Spalten zwischen den Beinpaaren 2 und 3 sowie 1 und 2 öffnen. Dieser Raum ist vollständig mit Wasser gefüllt, wenn die Bein-

Abb. 726: Schematische zweidimensionale Darstellung des Pumpmechanismus bei *Daphnia* (Anomopoda). Die punktierten Balken entsprechen der Ventralansicht der Blattbeine 3–5, die äußeren spitzen Dreiecke der Lateralansicht. Der Subcarapaxfluß ist mit weißen, der mediane Filterfluß mit schwarzen Symbolen dargestellt. Pfeile zeigen, daß sich das Wasser bewegt, Rauten, daß es für kurze Zeit ruht. – A Der Raum zwischen den voneinander entfernten Beinpaaren 3, 4 und 5 ist mit Wasser gefüllt. – B Das Wasser wird aus den Beinzwischenräumen herausgedrückt. Durch Verengen der medianen Gasse zwischen den Beinpaaren wird ein Rückströmen dorthin verhindert. Wasser des Subcarapaxflusses strömt durch die sich öffnenden Spalten zwischen den Beinen 1, 2 und 3 in den Subcarapaxraum. – C Die Beinpaare 3, 4 und 5 haben sich völlig einander genähert, so daß sich zwischen ihnen kein Wasser mehr befindet. Der Subcarapaxraum ist vollständig mit Wasser gefüllt. – D Die Beinpaare 3, 4 und 5 entfernen sich voneinander. Der mediane Filterfluß wird in die Gasse zwischen ihnen gesogen und von dort durch die Filterborsten in die Beinzwischenräume, weil sich die Exopoditen angelegt haben. Der Subcarapaxraum wird verkleinert und das von dort verdrängte Wasser fließt über die Exopoditen nach hinten aus der Carapaxhöhle. – E Die Räume zwischen den Beinen 3, 4 und 5 sind wieder voller Wasser. Zustand A ist wieder erreicht. Nach Kohlhage (1993).

5 abdeckenden Exopoditen nach ventrocaudal ab (Abb. 726 D). Die Beinpaare 1 und 2 haben keine Filterkämme (Abb. 724 A,B), wohl aber Borsten, an denen grobe Partikeln aus dem Subcarapaxstrom hängenbleiben. Diese Partikeln werden freigespült und alsdann vom medianen Filterfluß erfaßt, wenn beim Schließen der Zwischenräume zwischen den Beinen 1, 2 und 3 etwas Wasser durch diesen Grobfilter nach median zurückgedrückt wird. Der mediane Filterfluß bringt sie zu den großen Filterkämmen, von denen sie endgültig zurückgehalten werden. Im Gegensatz zu anderen planktischen Crustaceen sind *Daphnia*-Arten wenig selektiv in Bezug auf die Größe der Nahrungspartikeln. Große Bakterien werden mit der gleichen Effektivität filtriert wie Diatomeen.

Fiedern an der Spitze der Filterborsten des 3. Beinpaares bürsten die Nahrungspartikeln von den Filterkämmen des 4. Beinpaares, während spezielle Kehrborsten von der Gnathobasis des 2. Beinpaares (Abb. 724 B) nach hinten über das Filtergitter des 3. Beinpaares reichen und die Partikeln von dort in die Nahrungsrinne schieben. Andere Gnathobasisborsten sorgen für den Vorwärtstransport der Nahrung in der medianen Futterrinne zur Mundöffnung.

Der Pump- und Filtrationsapparat in der Höhle zwischen den Schalenklappen planktischer Anomopoda bedarf zu seinem Betreiben eines größeren Energieaufwandes als der entsprechende Funktionsmechanismus bei planktischen Copepoden (s.u.). Dies ist einer der Gründe, weshalb filtrierende Anomopoda im Meer fehlen. Man hat berechnet, daß ein Copepode im Meer einer Algenzelle etwa alle 4 Sekunden begegnet, während für *Daphnia* in einem Binnensee von 20 Zellen pro Sekunde auszugehen ist.

Ein Naupliusauge ist meist vorhanden, ebenso ein Facettenauge, das aus einer paarigen Anlage entstanden und in der Mitte zu einem meist großen, beweglichen, aber nicht gestielten Einzelauge verschmolzen ist (Abb. 721, 723). Der Darmkanal kann gestreckt sein mit 1 Paar vorderer, dorsal gelegener Blindsäcke; er kann aber auch stark gewunden sein, mit vorderen Blindsäcken oder ohne sie oder mit einem unpaaren Caecum im hinteren Abschnitt oder ohne ein solches. Als Exkretionsorgane fungiert ein Maxillennephridienpaar, dessen Gänge in den Carapaxklappen aufgewunden sind. Das kurze, tonnenförmige Herz hat 1 Ostienpaar (Abb. 723). Gefäße sind nicht vorhanden. Die paarigen Gonaden erstrecken sich lateral vom Darm. Die Ovidukte münden in einen dorsalen Brutraum zwischen Schale und Rumpfrücken, die Vasa deferentia in der Nähe des Afters auf dem Telson. Die Männchen sind kleiner als die Weibchen und haben abgewandelte 1. Antennen sowie 1. Beinpaare zum Festhalten der Weibchen bei der Kopula.

Fortpflanzung und Entwicklung

Fortpflanzung findet entweder als diploide Parthenogenese statt, wobei dotterreiche Eier in den dorsalen Brutraum abgegeben werden (Abb. 723), wo sie sich direkt entwickeln, oder die Fortpflanzung ist bisexuell, wobei die befruchteten Eier zu Dauereiern werden, aus denen nach einigen Tagen oder

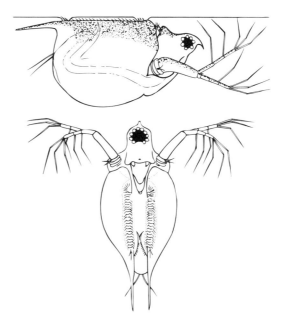

Abb. 727: *Scapholeberis mucronata* (Anomopoda) in normaler Schwimmposition mit speziellen Borsten des geraden ventralen Carapaxrandes am Oberflächenhäutchen des Wassers aufgehängt und in Ventralansicht, um die Anordnung der speziellen (hier vereinfacht dargestellten) Bewehrung der Carapaxränder zu demonstrieren. In der Lateralansicht sieht man die dunkle Pigmentierung auf der Unterseite von Kopf, Carapax und 2. Antenne, wodurch der Effekt der Gegenschattierung auftritt. Nach Fryer (1991).

meist erst nach einer Überwinterung kleine, fertige Wasserflöhe schlüpfen. Die Dauereier sind in eine Hülle eingeschlossen, die aus dem gesamten gehäuteten Carapax besteht oder nur dem Teil, der den Brutraum umgibt (Ephippium). Obligate Parthenogenese kommt vor, meist wechseln aber parthenogenetische und bisexuelle Generationen miteinander (Heterogonie). Aus den Dauereiern schlüpfen ausschließlich parthenogenetische Weibchen. Bei einigen planktischen Arten tritt Zyklomorphose auf, bei der es sich um eine Temporalvariation der aufeinanderfolgenden, parthenogenetischen Generationen in der Körperform, der durchschnittlichen Körperlänge und der Eizahl pro Gelege handelt.

Acantholeberis curvirostris (Macrothricidae), 2 mm (Abb. 721). Lebt in sauren Moorgewässern, besonders in solchen, in denen auch *Sphagnum* wächst. – *Ilyocryptus sordidus* (Macrothricidae), 1 mm. Eingegraben im Schlamm, rot durch Hämoglobin in der Hämolymphe. Filtriert Partikeln aus der Wasserströmung, die durch die Exopoditen der hinteren Beinpaare erregt wird. Exuvien der alten Schalen werden nicht abgeworfen, sondern bleiben auf den neuen sitzen. – *Chydorus sphaericus* (Chydoridae), 0,4 mm. Kugelform des Carapax schützt gegen Feinde (z.B. Cyclopoida, Copepoda). In kleinen Wasseransammlungen und im Litoral von Seen. Ernährt sich von Diatomeen und Detritus. – *Daphnia magna* (Daphniidae), 6 mm. Kommt im Wasser nicht weit vom Boden vor.

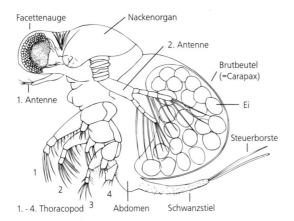

Abb. 728: Lateralansicht des Weibchens von *Polyphemus pediculus* (Onychopoda). Nach Pennak (1978).

Schwimmt häufig in flockige Ablagerungen am Boden, bringt sie dadurch in Suspension und ernährt sich davon. Kann mit einer Kratzborste des 2. Thoracopoden auch loses Material zusammenkehren und anheben, so daß es zum Filterapparat gesogen wird. Die leichteren Jugendstadien halten sich überwiegend im freien Wasser auf. Auch Adulte bleiben bei gutem Nahrungsangebot über längere Zeit in der freien Wassersäule. Nicht in Moorgewässern. – *Simocephalus vetulus* (Daphniidae), 4 mm. Zwischen Vegetation in Teichen, Sümpfen und im Litoral von Seen sowie in langsam fließenden Gewässern. Fehlt in Moorgewässern. Ohne Carapaxstachel. Kann mit nach oben gekehrter Ventralseite schwimmen, meist sedentär. Verhakt sich mit der äußeren Borste des distalen Gliedes der 2. Antenne an geeigneten Gegenständen. – *Scapholeberis mucronata* (Daphniidae), 1,5 mm (Abb. 727). Mit den Borsten des geraden Carapaxrandes am Oberflächenhäutchen aufgehängt. Bewegt sich dann mit dem Rücken nach unten voran, mit kräftigen Antennenschlägen erfolgt Lösung vom Oberflächenhäutchen. – *Bosmina longirostris* (Bosminidae), 0,6 mm. Im freien Wasser. 1. Antennen lang und rüsselartig, nach ventral gebogen („Rüsselkrebs"); 2. Antennen klein, werden schnell geschlagen und verursachen schwirrende Fortbewegung.

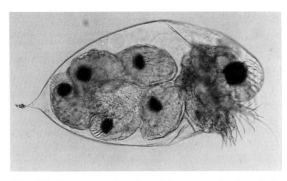

Abb. 729: *Evadne* sp. (Onychopoda) aus dem Nordseeplankton, mit Embryonen. Original: W. Westheide, Osnabrück.

4.3.6 Onychopoda

Diese räuberischen Tiere sind rasche Schwimmer, die sowohl in Binnengewässern als auch im Meer vorkommen. Die Meeresformen sind weltweit verbreitet, die Süßwasserformen sind auf die gemäßigten Breiten der Holarktis beschränkt mit einem Radiationsschwerpunkt in der pontokaspischen Region. Die Länge kann bis zu 12 mm betragen, doch macht ein Caudalanhang den größten Teil dieser Länge aus.

Bau

Kopf und Thorax sind kurz. Das Abdomen kann entweder kurz und unsegmentiert mit einer einfachen Furka sein, oder es ist gestreckt mit Andeutungen von Segmentierung und geht in einen langen Caudalanhang über, der vermutlich aus den verschmolzenen Furkalästen hervorgegangen ist (Abb. 728). Der sekundäre Carapax ist nur als kugelige dorsale Brutkammer erhalten. Die 1. Antennen sind kurz und röhrenförmig, die 2. Antennen groß und zweiästig. Ihre Endopoditen sind dreigliedrig, die Exopoditen viergliedrig. Beide Äste zusammen haben lange Schwimmborsten. Die 1. Maxillen sind reduziert, die 2. Maxillen fehlen ganz.

Mit den 4 Beinpaaren wird Beute ergriffen und zum Mund geführt. Die Beine sind gewöhnlich zweiästig mit Gnathobasen, aber ohne Epipodite.

Fortpflanzung und Entwicklung

Die Fortpflanzung ist parthenogenetisch, wobei sich die Jungen in der Brutkammer entwickeln, und – meist als Teil des Jahreszyklus – auch bisexuell, wobei 2 (in Einzelfällen auch mehr) Dauereier entstehen, die frei abgelegt werden, nachdem sie eine Weile in der Brutkammer herumgetragen worden sind. Die parthenogenetischen Eier sind klein und enthalten wenig Dotter. Als Kompensation scheiden die Weibchen über ein spezielles Gewebe im Boden der Brutkammer („Nährboden") eine Nährflüssigkeit ab.

Polyphemus pediculus, 2 mm (Abb. 728). Im Litoral größerer, auch saurer Binnengewässer häufig. Räuberisch. – *Podon leuckartii*, 1 mm und *Evadne nordmanni*, 1 mm (Abb. 729); im Pelagial von Nord- und Ostsee häufig.

4.3.7 Haplopoda

Dieses Taxon ist monotypisch: *Leptodora kindti* ist ein völlig durchsichtiger, räuberischer Plankter (7–18 mm) mit holarktischer Verbreitung (Abb. 730).

Der Körper besteht aus einem zylindrischen, gestreckten Kopf, einem kurzen Thorax, dessen Segmentierung durch Fusion verwischt ist, und einem gestreckten Abdomen, das aus 3 Segmenten und Telson mit einfacher Gabelfurka besteht. Der Carapax des Weibchens ist zu einem dorsalen Brutsack

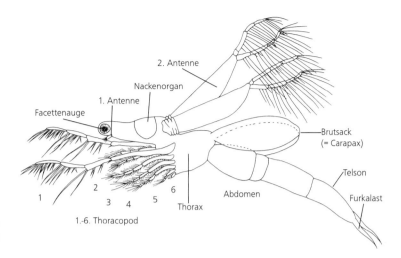

Abb. 730: Lateralansicht des Weibchens von *Leptodora kindti* (Haplopoda). Nach Pennak (1978).

umgebildet, der am Hinterrand des Thorax entspringt.

Die 1. Antennen sind einästig, beim Weibchen kurz, beim Männchen länger. Die 2. Antennen sind große, kräftige Ruderorgane; Endo- und Exopodit sind viergliedrig und mit zahlreichen Schwimmborsten ausgestattet. Die griffelförmigen Mandibeln sind in ihrer Form einzigartig innerhalb der Branchiopoda; 1. und 2. Maxillen fehlen. Die Ventralseite des Thorax ist senkrecht zum Kopf abgeknickt, so daß die Beine nach vorne gerichtet sind; sie besitzen keine Epi- und Exopoditen. Das 1. Beinpaar ist viel länger als die übrigen und das einzige mit Gnathobasis.

Am Vorderende des Kopfes liegt das unpaare Facettenauge mit etwa 500 Ommatidien. Erwachsene haben kein Naupliusauge.

Die Fortpflanzung ist monozyklisch mit nur einer Geschlechtsgeneration im Herbst. Die Männchen sind kleiner (maximal 9 mm) als die Weibchen und haben die verlängerten 1. Antennen und das 1. Beinpaar zum Ergreifen des Weibchens abgewandelt. Die befruchteten Eier werden als Dauereier frei abgelegt. Nach der Diapause im Winter schlüpft aus ihnen ein Metanauplius mit langen 1. Antennen und riesigen 2. Antennen, der sich in den Adultus umwandelt. Die Fortpflanzung im Sommer ist parthenogenetisch mit direkter Entwicklung der Jungen im Brutsack.

4.3.8 Notostraca

Diese Krebse sind Bewohner temporärer, stehender Gewässer, kommen aber in arktischen Breiten auch in Seen vor, sofern der Feinddruck dort gering ist. Sie halten sich dicht über dem Boden auf oder graben sich auf der Suche nach Nahrung in weiches Substrat und ernähren sich omnivor von Detritus, kleinen Benthostieren (z.B. Chironomidenlarven) und Pflanzenteilen. In Reisfeldern können sie zur Plage werden, weil sie Reissämlinge abfressen. Sie schwimmen mit der Ventralseite nach unten über den Boden. Auch wenn sie sich auf der Flucht vor Feinden (etwa Dytiscidenlarven) ins freie Wasser erheben oder dort Beute machen (z.B. Daphnien), behalten sie diese Lage bei, obgleich sie auch umgekehrt schwimmen können. Notostraca leben überwiegend im Süßwasser, kommen aber auch in leicht brackigem Milieu vor. Die rezenten 11 Arten sind über alle Kontinente verteilt, mit Ausnahme der Antarktis.

Bau

Viele Baueigentümlichkeiten haben mit der benthischen Lebensweise zu tun. Der vordere Teil des Körpers wird vom (Kopfschild-)Carapax überwölbt (Abb. 731). Er schützt die Extremitäten, und sein Vorderrand dient als Pflug beim Eingraben. Der Rumpf besteht aus 25–44 Segmenten, von denen die letzten 4–14 keine Extremitäten tragen.

Die 1. Antennen und (wenn vorhanden) 2. Antennen sind kurz und einästig. Die massigen Mandibeln und zweigliedrigen 1. Maxillen können echte Beißbewegungen ausführen. Die 2. Maxillen sind zu einfachen Loben reduziert. Es sind 35–71 Paar Rumpfextremitäten vorhanden, die ab dem 12. Beinpaar zunehmend blattbeinartig werden (Abb. 731). Die vorderen 11 Segmente tragen je 1 Extremitätenpaar. Dahinter können es pro Segment bis zu 6 Extremitätenpaare sein (Polypodie).

Jedes Bein trägt am Protopoditen eine Gnathobasis mit kurzen kräftigen und mit langen schlanken, nach vorne gerichteten Borsten sowie 4 weitere, deutlich getrennte Enditen, die am 1. Beinpaar verlängert sind (Abb. 732) und die Antennen funktionell ersetzen. Endo- und Exopoditen sind eingliedrig und plattenartig. Die Form der Exopoditen ändert sich von Bein zu Bein, da jeder einen anderen

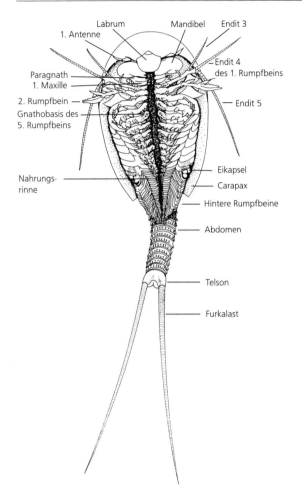

Abb. 731: Ventralansicht des Weibchens von *Triops cancriformis* (Notostraca). Nach Fretter und Graham (1976).

Abschnitt der Carapaxunterseite beim Schlagen der Beine bürstet und sauber hält. Die hinteren Beine folgen dichter aufeinander als die vorderen und werden nach hinten immer kleiner. Ihr Endopodit ist paddelartig; ihm fehlt die innen gezähnte Terminalklaue der vorderen Beine, und die Enditen nehmen im Verhältnis zum Exopoditen so an Größe ab, daß der Exopodit an den hintersten Beinpaaren das auffälligste Element ist.

Nur die vorderen Beine haben beim Schreiten, Graben oder Schwimmen über dem Boden mit diesem Kontakt, die hinteren werden über ihn erhoben, um unbehindert einen Atemwasserstrom erzeugen zu können. Bei einem ruhenden Tier, das sich mit den Endopoditen der 2.–6. Beinpaare abstützt, strömt das Wasser von anterolateral in den Raum zwischen den gegenüberliegenden Beinen und posterolateral wieder nach draußen. Hauptmotor sind an den hinteren Beinen die Exopoditen, die mit großer Geschwindigkeit und geringer Amplitude schlagen. Unterstützung erhalten sie von den 5.–11. Beinpaaren. Die Beine davor beteiligen sich nicht. Zwischen gegenüberliegenden Beinen ist eine Gasse ausgespart, die vorne weit ist, nach hinten schmaler wird und sich hinter dem 11. Beinpaar zu einem dünnen Schlitz verengt. Die Seitenwände der Gasse werden von einem Netzwerk von Enditenborsten gebildet, die im Bereich der vorderen Beine nur grobe Partikeln zurückhalten, wenn ein Wasserstrom durch sie hindurchzieht. Im hinteren Bereich ist das Netzwerk enger, weil dort die Beine dicht gepackt aufeinander folgen, so daß hier feineres Material zurückgehalten werden kann.

Diese Zweiteilung des Fangapparates ermöglicht es den Notostraca, sich sowohl von kleinen Organismen als auch von feinem Detritus zu ernähren, der durch die Grabaktivität der vorderen Beine aufgewirbelt wird. Kleinere Tiere werden von den Endopoditen und distalen Enditen umschlossen, die durch hydrostatischen Druck gestreckt und durch Flexoren gebeugt werden. Die Beute wird dann

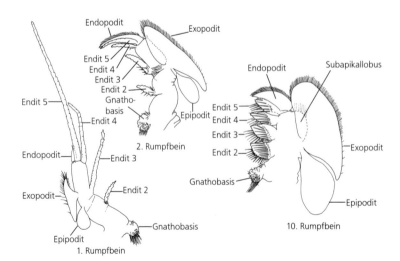

Abb. 732: Rumpfbeine von *Lepidurus apus* (Notostraca). Caudalansicht des rechten 1. Rumpfbeins, ansonsten linke Beine. Nach Fryer (1988).

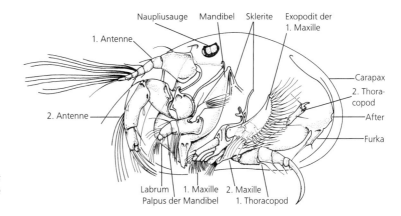

Abb. 733: Lateralansicht von *Cypridopsis vidua* (Ostracoda, Podocopa). Linke Schale abpräpariert. Nach Kesling (1951).

gegen die Gnathobasen gedrückt, die sich unabhängig vom Rest des Beines bewegen können. Von den Gnathobasen wird die Beute nicht nur zerdrückt und zerzupft, sondern auch von einer zur nächsten nach vorne weitergereicht, wo 1. Maxillen und Mandibeln die Zerkleinerung vollenden.

An der Aufnahme feinen Materials sind vor allem die hinteren Beine beteiligt. Durch Abkratzen mit den vorderen Beinen von Steinen und Pflanzen oder Aufwirbeln vom Boden wird feines Material in Suspension gebracht und durch rhythmisches Schlagen der Beine in die Gasse zwischen den hinteren Beinen gesogen. Dort sind die Borstenwände engmaschiger und halten feine Partikeln zurück, die nach oben in eine flache mediane Bauchrinne, die Nahrungsrinne, gebürstet werden. Dort sorgen die langen schlanken Borsten der Gnathobasen dafür, daß das sich ansammelnde Material Richtung Mund geschoben wird.

Die Facettenaugen befinden sich median dicht beieinander nahe dem Vorderrand des Kopfes. Das Naupliusauge besteht aus 4 Bechern.

Fortpflanzung und Entwicklung

Bei einigen Arten kommt bisexuelle Fortpflanzung vor, bei anderen haben die „Weibchen" Zwittergonaden und können sich bei Fehlen von Männchen als selbstbefruchtende Hermaphroditen fortpflanzen. Die Eier werden von Weibchen und Hermaphroditen vorübergehend in einem Eibehälter am 11. Beinpaar getragen. Der uhrglasförmige Deckel des Eibehälters ist der Exopodit, der ebenfalls uhrglasförmige Boden entsteht aus dem Subapikallobus (Abb. 732), einem Anhang am distalen Außenrand des Protopoditen. In die Eibehälter werden vermutlich Sekrete abgegeben, während die Eier darin verweilen. Aus den Behältern fallen die Eier entweder zu Boden, oder sie werden an Vegetation oder festes Substrat angeklebt. Sie sind resistent gegen Austrocknung. Es schlüpfen Nauplien, die in kurzer Zeit unter vielen Häutungen (bei *Triops* bis zu 40) heranwachsen.

Lepidurus arcticus, 45 mm. Nur in kalten Regionen, beschränkt auf arktische und subarktische Bereiche. Lebt auch in permanenten Gewässern und nicht nur in temporären. Gräbt sich manchmal in weichen Schlamm ein. Große, rosa gefärbte Eier, die mit einer klebrigen Schicht umgeben sind und an Vegetation angeheftet werden. – *Triops cancriformis*, 75 mm (Abb. 731). Braucht mehr Wärme als die vorige Art, deshalb Sommerform. Erscheint erst im April und bringt bis September mehrere Generationen hervor. Toleriert niedrige Sauerstoffspannungen. Hämoglobin.

4.4 „Maxillopoda"

Von den 5 Subtaxa der Crustacea läßt sich für 4 der Nachweis erbringen, daß sie monophyletisch sind. Was übrigbleibt, sind die „Maxillopoda", 8 Gruppen kleiner Crustaceen mit geringer Zahl der Körpersegmente. Die ursprüngliche Segmentzahl soll 7 Thorax- und 4 Abdominalsegmente zuzüglich Telson betragen. Es gibt aber Indizien, daß diese Zahl von 11 Rumpfsegmenten das Ergebnis nichthomologer Entwicklungsprozesse bei verschiedenen Gruppen der „Maxillopoda" ist. Nicht nur der monophyletische Status der „Maxillopoda" insgesamt, sondern auch die Verwandtschaftsbeziehungen ihrer Teilgruppen untereinander sind sehr umstritten (S. 512).

Eine Besonderheit der „Maxillopoda" ist, daß zu ihnen – mit Ausnahme der Isopoda (Malacostraca) – alle Parasiten mit auffällig abgewandeltem Körperbau gehören.

4.4.1 Ostracoda, Muschelkrebse

Diese außerordentlich erfolgreichen Kleinkrebse (ca. 5 000 rezente und ca. 40 000 fossile Arten!) haben äußerlich Ähnlichkeit mit kleinen Muscheln. Ihr ungegliederter Körper (mit ursprünglich zehnsegmentigem Rumpf) trägt entweder nur die Kopf- oder zusätzlich noch 2 Rumpfextremitäten, also maximal 7 Extremitäten – einzigartig unter den Krebstieren! Ostracoden sind meist etwa 1 mm lang (zwischen 0,1- 23 mm).

Man findet sie überall im Meer: sie krabbeln am Boden über das Substrat oder graben sich darin ein, klettern im Phytal und sind in geringer Zahl auch zu einer vollständig planktischen Lebensweise übergegangen. Für viele Fische und benthische Invertebraten sind sie als Nahrung wichtig. Auch im Brack- und Süßwasser sind sie verbreitet, einige führen sogar ein semiterrestrisches Dasein in Falllaub und Moos. Ostracoden dienen parasitischen Copepoden, Tantulocariden, Isopoden und Nematoden als Wirte. Einige sind ihrerseits Parasiten und Kommensalen anderer Crustaceen. Im Süßwasser sind einige von ihnen Zwischenwirte von Cestoden und Acanthocephalen.

Bau

Der Körper ist vollständig von einem zweiklappigen (Kopfschild-)Carapax umschlossen (Abb. 733). Seine beiden Klappen sind dorsal durch flexible Cuticula miteinander verbunden und durch scharnierartige Vorsprünge und Vertiefungen miteinander verzahnt. Jede Schale ist doppelwandig, wobei die äußere Wand durch Kalkeinlagerung verhärtet sein kann, während die innere dünnwandig bleibt. Die Außenwand kann alle Formen zwischen glatter und stark skulpturierter Oberfläche aufweisen. Bei planktischen, interstitiellen und süßwasserbewohnenden Arten ist die Oberfläche glatter als bei marin-benthischen Formen, deren Carapaxklappen je nach Strömungsverhältnissen und Substrattyp unterschiedlich skulpturiert sind.

Die beiden Klappen können durch einen zentralen Schließmuskel geschlossen werden. Der kurze Körper besteht aus Kopf und ungegliedertem Rumpf, der bei urtümlichen Arten erkennen läßt, daß er ursprünglich in 11 Segmente einschließlich Telson gegliedert war. Von den Extremitäten dieser Segmente sind die beiden vorderen erhalten geblieben, aber auch sie können fehlen. Die Kopfgliedmaßen sind sehr unterschiedlich gebaut, da ihnen alle Aufgaben in Zusammenhang mit Fortbewegung, Nahrungserwerb und Fortpflanzung zufallen.

Die einästigen 1. Antennen können neben ihrer Sinnesfunktion eine Rolle beim Graben, Klettern, Schwimmen und Festhalten am Weibchen spielen. Die zweiästigen 2. Antennen sind die wichtigsten Fortbewegungsorgane. Speziell bei schwimmenden Formen ist der Exopodit besonders ausgeprägt und trägt lange Schwimmborsten. Die Mandibeln sind im Bau am konstantesten mit Abwandlungen je nach Art der Nahrung. Ostracoden ernähren sich von Detritus und pflanzlichem Material. Es gibt Filtrierer, Räuber und Aasfresser. Die 1. und 2. Maxillen zeigen eine große Formenvielfalt. Bei beiden (wenn auch nicht gleichzeitig) kann der Exopodit als große halbrunde Platte mit randständigen Fiederborsten in Erscheinung treten. Vibrationen dieser Platte erzeugen einen Atemwasserstrom von vorn nach hinten durch die Höhle zwischen den Carapaxklappen, den Filtrierer auch für die Nahrungsaufnahme nutzen. Die Form der 1. Thoracopoden reicht je nach Funktion von maxillenähnlich bis zu beinartig. Die 2. Thoracopoden sind als Beine oder wurmförmige Anhänge mit terminalen Borsten ausgebildet. Am Körperende befindet sich in der Regel eine kräftige Furka.

Das Nervensystem ist kompakt. In einem Ring um den Oesophagus sind Gehirn und Unterschlundganglion vereinigt. Die Ganglien der Thoracopoden sind von diesem Ring abgesetzt. Ein Naupliusauge aus 3 Bechern ist meist vorhanden, seltener paarige Facettenaugen. Der Vorderdarm kann mit Falten, Dornen und Borsten kaumagenähnlich gestaltet, der Mitteldarm mit vorderen Divertikeln ausgestattet sein, die sich zwischen den Wänden des Carapax ausbreiten. Als Exkretionsorgane können sowohl Antennen- als auch Maxillendrüsen oder nur erstere auftreten. Ein Herz mit 1 Ostienpaar ist nur bei den Myodocopa vorhanden. Neben 1 Kopfarterie tritt bei großen Formen zusätzlich ein Paar Seitenarterien auf. Der Atmung dienen die zarten Innenwände des Carapax oder in speziellen Fällen plattenartige, dorsale Ausstülpungen des Hinterleibs.

Die meisten Ostracoden sind getrenntgeschlechtlich. Die gewöhnlich paarigen Gonaden reichen teils bis in die Carapaxklappen. Die Ovidukte münden ventral vor der Furka. Receptacula seminis sind vorhanden; ihre Öffnungen liegen vor denen der Ovidukte. Auch die Vasa deferentia münden vor der Furka. Meist paarige Penes, die Bildungen des 6. oder 7. Rumpfsegmentes sind, dienen der Spermaübertragung. Einige Arten besitzen die längsten Spermien des Tierreiches – bei 0,7 mm Körperlänge hat eine Art Spermien von 6 mm Länge. Einige Süßwasserostracoden sind ganz oder teilweise parthenogenetisch.

Fortpflanzung und Entwicklung

Die Eier entwickeln sich entweder in der Carapaxhöhle dorsal des Rumpfes oder sie werden ins Wasser abgelegt und teilweise auch an Pflanzen und anderem Substrat befestigt.

Aus dem Ei schlüpft ein atypischer Nauplius mit Kopfschild und drei einästigen Stabbeinen. Er durchläuft weitere 3–8 Stadien, bevor er erwachsen wird. Der Adultus häutet sich nicht mehr.

Gigantocypris agassizi (Myodocopida), 23 mm. Größter Ostracode, lebt bathypelagisch, schwimmt langsam und ergreift Copepoden, Chaetognathen und kleine Fische. Facettenaugen klein, Naupliusauge riesig. – *Cypridina castanea* (Myodocopida), 6,5 mm. Lebt räuberisch von Vertretern der Mysidae und von Heteropteren. Kann aus Drüsen im Labrum Leuchtsekret ausstoßen, in dem Luciferin und Luciferase nachgewiesen sind. – *Candona candida* (Podocopida), 1,2 mm. Lebt in ober- und unterirdischem Süßwasser, ernährt sich von abgestorbenen Blättern und von Detritus. – *Notodromas monacha* (Podocopida), 1,2 mm. Gleitet in Teichen rückenabwärts unter dem Oberflächenhäutchen entlang und filtriert die Kahmhaut. – *Cypridopsis vidua* (Podocopida), 0,65 mm (Abb. 733). In der Holarktis weit verbreitet in Seen, Teichen und Flüssen; auch im Brackwasser. Pflanzt sich parthogenetisch fort. Ernährt sich von Algen. – Palaeocopida: Nur von leeren Schalen aus dem Südpazifik bekannt.

4.4.2 Branchiura, Karpfenläuse

Branchiura sind temporäre Ektoparasiten an Meeres- und Süßwasserfischen. Gelegentlich werden auch Amphibien aufgesucht. Sie ernähren sich von Blut und Mucus. Befall von Karpfenläusen schwächt die Vitalität des Wirtes, was in niedrigeren Wachstumsraten und erhöhter Mortalität zum Ausdruck kommt. Branchiura findet man weltweit; es gibt etwa 125 Arten. Die Länge beträgt gewöhnlich weniger als 2 cm.

Bau

Der Körper ist stark dorsoventral abgeflacht (Abb. 734 B). Dazu trägt der flach ausgebreitete und seitlich weit abstehende Carapax bei, der den Thorax ganz oder teilweise bedeckt. Facettenaugen vorhanden, die beweglich sein können. Die Kopfgliedmaßen sind in Anpassung an die parasitische Lebensweise stark umgebildet. Die gesägten Mandibeln liegen in einem Rüssel. Die 1. Maxillen sind in kompliziert gebaute Saugnäpfe verwandelt. Die 4 Segmente des Thorax tragen zweiästige Schwimmbeine. Das Abdomen ist ein flacher, unsegmentierter, zweilappiger Anhang, in dessen terminaler Einkerbung winzige Furkaläste sitzen (Abb. 734 A).

Der Darm ist durch stark verästelte Divertikel gekennzeichnet, die sich in der Carapaxduplikatur ausbreiten. Dadurch können große Nahrungsmengen aufgenommen werden, die 3 Wochen vorhalten können. Maxillennephridien sind vorhanden. Das Herz mit 1 Ostium liegt im 4. Thoracomer. Dem Gasaustausch dienen 4 erkennbare Felder mit dünner Cuticula auf der Unterseite des Carapax. Das unpaare Ovar geht in paarige Ovidukte über, von denen jeweils nur eines zur Zeit funktionstüchtig ist und die hinter dem letzten Schwimmbeinpaar nach außen münden. Hier münden auch die Receptacula seminis, die im Abdomen liegen. Ebenfalls dort befinden sich beim Männchen die Hoden. Der Endteil der Vasa deferentia ist unpaar und mündet zwischen den letzten Schwimmbeinen nach außen. Die Spermaübertragung ist direkt oder in Spermatophoren.

Fortpflanzung und Entwicklung

Zur Eiablage verlassen die Weibchen den Wirt, um ihre Eier (untypisch für Crustaceen) in Klumpen oder flachen Reihen an Wasserpflanzen oder Steinen anzuheften. Ein 9 mm langes Weibchen von *Argulus foliaceus* produzierte in 15 Tagen 4 Gelege mit insgesamt über 1000 Eiern. Aus den Eiern schlüpfen abgewandelte Nauplien oder direkt Jugendstadien, die fast ganz den Adulten gleichen.

Argulus foliaceus (Karpfenlaus), 10 mm (Abb. 734 A). Paläarktisch verbreitet, akzeptiert als Wirt jede Süßwasser-

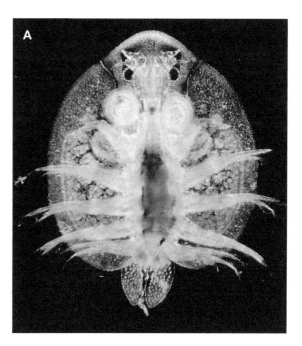

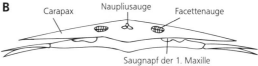

Abb. 734: *Argulus* sp. (Branchiura). A Ventralansicht, B Frontalansicht. A Original: K. Hausmann, Berlin; B nach Siewing aus Remane (1957).

fischart. Mandibeln in einem nach hinten gerichteten Rüssel versteckt, vor dem ein nach vorn weisender Stachel liegt; auf ihm mündet apikal der Ausführgang einer großen Drüse. Obgleich an jeder beliebigen Stelle der Körperoberfläche des Wirtes einschließlich der Mundinnenseite zu finden, werden bei beschuppten Fischen die Flossen und deren Ansatzstellen bevorzugt. In Fischteichen kann Befallsrate sehr hoch sein: Von einer 28 cm langen Schleie wurden einmal 4250 Ind. abgesammelt. – *Dolops ranarum*, 6 mm; als einzige afrikanische Art der Gattung von allen dort vorkommenden Branchiuren am weitesten verbreitet. Hat Hämoglobin und kann deshalb auch in Bereiche vordringen, die anderen Arten verschlossen sind. 2. Maxille als Haken, nicht als Saugnapf. Männchen haben Spermatophoren, die Vertretern der anderen Gattungen (*Chonopeltis, Dipteropeltis, Argulus*) fehlen.

4.4.3 Pentastomida, Zungenwürmer

Die Ansicht, daß es sich bei den Zungenwürmern um Crustaceen handelt, gewinnt immer mehr Anhänger, wenn auch die Gegenmeinung noch hartnäckig vertreten wird. Die parasitische Lebensweise der Pentastomida hat so tiefgreifende Veränderungen im Körperbau mit sich gebracht, daß kaum noch Hinweise auf ihre eigentliche Herkunft übriggeblieben sind. Das ist bei parasitischen Crustacea nichts Ungewöhnliches. Auch andere Krebse (Co-

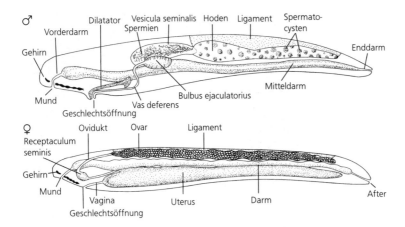

Abb. 735: Pentastomida. Organisationsschema beider Geschlechter eines Vertreters der Cephalobaenida. Nach Storch (1993).

pepoda, Cirripedia, Isopoda) sind als Erwachsene bis zur Unkenntlichkeit abgewandelt, doch verraten bei ihnen wenigstens die Larven, wohin sie gehören. Bei den Pentastomida versagt auch dieses Indiz. Alle Arten parasitieren als Erwachsene in den Atemorganen (Lungen), Atemwegen (Nasengänge) und deren Nebenräumen (Stirnhöhlen, Luftsäcke) fleischfressender Landwirbeltiere (einzige Ausnahme bisher das Ren als Pflanzenfresser). Wirte sind zu 90% Reptilien, ansonsten hundeartige Raubtiere und Vögel. Die Entwicklungsstadien kommen in den unterschiedlichsten Organen von Vertretern aller Wirbeltiergruppen und vereinzelt in Insekten (Schaben, Nashornkäfer) vor. Auch der Mensch kann als Fehlwirt von adulten Hundeparasiten (*Linguatula*) und häufiger von Larven verschiedener Arten befallen werden. Der wurmförmige Körper ist 2–16 cm lang. Über 100 Arten sind bekannt, die überwiegend in tropischen Regionen beheimatet sind. Doch gibt es Arten auch in Europa, Nordamerika und selbst in der Arktis (in Vögeln).

Bau

Die Bezeichnung „Zungenwürmer" verdanken die Pentastomida den dorsoventral abgeflachten Nasenhöhlenbewohnern. Die Lungenbewohner (Abb. 735) dagegen sind im Querschnitt trapezförmig bis rund. Die wissenschaftliche Bezeichnung („Fünfmünder") ist eine Fehlleistung und hat damit zu tun, daß bei abgeleiteten Formen neben der Mundöffnung 4 Hauttaschen liegen, aus denen Klammerhaken hervorgestreckt werden können. Bei urtümlichen Formen liegen diese Haken an der Spitze von 4 stummelartigen Auswüchsen, von denen auf jeder Körperseite 2 hintereinanderliegende vorhanden sind (Abb. 737 A). Sie können durch Flüssigkeitsdruck gestreckt und durch Muskelzug verkürzt werden. Sie entsprechen 2 Extremitätenpaaren, die den Mandibeln und 1. Maxillen homolog sein könnten. Die Haken dienen der Befesti-

gung im Wirtsgewebe bei Fortbewegung und permanenter Verankerung.

An das Vorderende, das Mund und Extremitäten trägt, schließt sich ein längerer Rumpf an, der gewöhnlich geringelt ist. Beide können durch eine Einschnürung voneinander abgesetzt sein, meist aber gehen sie ohne Abgrenzung ineinander über. Die Zahl der Rumpfringe liegt zwischen 16–230. Der äußeren Ringelung entspricht eine Gliederung der Längsmuskulatur in Einzelabschnitte; je 1 Paar vorderer und hinterer schräg verlaufender Dorsoventralmuskeln sind pro Körperring vorhanden. Dies könnte ein Hinweis auf echte Metamerie sein.

Auf die Cuticula, auf der die Poren vieler epidermaler Hautdrüsen liegen, folgt ein Hautmuskelschlauch mit dünner Ring- und stärkerer Längsmuskelschicht. Alle Muskeln einschließlich derjenigen von Darm und Geschlechtsorganen sind quergestreift. Den Körper durchzieht eine einheitliche Leibeshöhle (Mixocoel), in der Darm und Geschlechtsorgane durch bindegewebige Bänder aufgehängt sind. Atem- und Kreislauforgane fehlen. Die Zirkulation der Hämolymphe wird durch peristaltische Körperbewegungen in Gang gehalten. Auch spezifische Exkretionsorgane sind nicht vorhanden. Exkretabgabe könnte über Haut und Mitteldarm erfolgen oder durch Drüsen, von denen viele in der Haut liegen oder die sich wie die Kopfdrüsen weit nach hinten in den Rumpf erstrecken.

Das **Nervensystem** (Abb. 736) besteht aus höchstens 17 Ganglienpaaren, die in der Medianen aneinanderstoßen. Das vorderste Paar hat eine circumpharyngeale Kommissur und ist bei *Reighardia sternae* mit den beiden folgenden Ganglien zu einem suboesophagealen Ganglion verschmolzen. Das 2. Ganglion dieses Komplexes entsendet Nerven zu vorstülpbaren Sinnespapillen, den Frontalpapillen. Das nächste Ganglion innerviert das 1. Hakenpaar, das dann folgende das 2. Hakenpaar. Die restlichen Ganglien stehen nicht mit weiteren

Strukturen in Beziehung, die Extremitäten entsprechen könnten. Die Ganglienkette endet in 2 parallelen Terminalsträngen, die fast den gesamten Rumpf versorgen. Augen fehlen. Als Sinnesorgane sind Chemo- und Mechanorezeptoren in Gestalt von Apikal-, Frontal- und paarigen metameren Lateralpapillen vorhanden.

Der Darmtrakt ist ein relativ einfaches, gerades Rohr ohne Divertikel mit cuticular ausgekleidetem Vorder- und Enddarm (Abb. 735). Sein Vorderende ist modifiziert, um flüssige Nahrung in den Pharynx zu pumpen. Pentastomida saugen Blut oder nehmen Nasenschleim, darin schwimmende, abgestoßene Epithelzellen sowie auch Lymphe auf. Der Darm ist durch Lateralmesenterien so in der Leibeshöhle aufgehängt, daß 2 Stockwerke entstehen: ventral ein Darmsinus und dorsal ein Gonadensinus. Letzterer heißt so, weil in ihm, durch ein bindegewebiges Band in der Mittellinie des Rückens befestigt, die **Gonaden** hängen. Die Geschlechter sind getrennt. Die Hoden sind paarig oder unpaar und führen über Vasa efferentia in eine unpaare Samenblase. Von dort gelangen die Spermien bei den Porocephalida in 2 Blindschläuche, deren kräftige Muskulatur sie über meist kurze Vasa deferentia in chitinige, spiralig aufgerollte Begattungsorgane, die Cirren, preßt und diese dadurch nach außen vorstreckt. Die männliche Geschlechtsöffnung liegt auf dem 2.–3. Rumpfsegment. Über paarige Ovidukte (bei den Porocephalida) gelangen die Eier aus dem unpaaren Ovar in einen langen, chitinig ausgekleideten unpaaren Uterus und über eine muskulöse Vagina nach außen. Der Geschlechtsporus befindet sich wie bei den Männchen vorn oder nahe dem Körperhinterende. Am Übergang von den Eileitern zum Uterus liegen paarige, ebenfalls chitinig ausgekleidete Receptacula seminis. Die Weibchen werden nur einmal begattet, wenn beide Geschlechter ungefähr gleiche Körpergröße haben.

Fortpflanzung und Entwicklung

In den kleinen, nährstoffarmen Eiern entwickelt sich ein Embryo mit 4 Segmenten und einer Rumpftelsonknospe. Die Extremitätenknospen der 4 Segmente entsprechen vermutlich den 1. und 2. Antennen, den Mandibeln und den 1. Maxillen. Als besonderes Organ ist dorsal eine Epidermisdrüse, das Dorsalorgan, ausgebildet, das eine Schleimhülle zum Schutz von Embryo und schlüpfreifer Larve sezerniert. Die beiden „Antennenknospenpaare" wandeln sich bei der aus dem Embryo entstehenden Primärlarve zu je 1 Paar Sinnesorganen um: den Apikal- und Frontalpapillen. „Mandibeln" und „Maxillen" werden zu den beiden Hakenpaaren. Die Rumpftelsonknospe endet in einer Furka (Terminalanhänge) und weist 4 extremitätenlose Segmente auf. Am Vorderende vor dem Mund liegt ein Bohrapparat aus ursprünglich 3 Chitinstachelpaaren, mit deren Hilfe die Primärlarve durch die

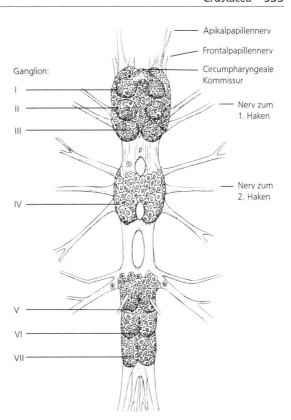

Abb. 736: Pentastomida. Schematische Darstellung des Nervensystems von *Reighardia sternae*. Nur Nerven beschriftet, die zu möglichen Homologa von Extremitäten ziehen. Nach Böckeler (1984) aus Storch (1993).

Darmwand des Zwischenwirtes oder (bei Autoreinfektion) des Elternwirtes hindurchdringt. Sie macht dann unter mehrmaliger Häutung eine Wanderung durch den Körper des Wirts. Dabei kann die für den Endwirt infektiöse und dem Adultus schon weitgehend gleichende Terminal- oder Wanderlarve schrittweise direkt oder auf dem Umweg über eine madenartige Zweitlarve (Abb. 737 E) erreicht werden. Wird der Zwischen- vom Endwirt gefressen, gelangt die Terminallarve in dessen Lunge oder Nasengang.

*Reighardia sternae (Cephalobaenida), Männchen 1 cm, Weibchen 7,5 cm (Abb. 737 C). In den Luftsäcken vornehmlich junger Möwen; infektiöse Eier gelangen mit ausgebrochenem Schleim ins Freie. Der Brechreiz wird von den reifen Weibchen verursacht, die zur Eiablage aus dem Clavicularluftsack über Lunge und Trachea in den Rachen der Möwe wandern. Durch Aufnahme des ausgebrochenen Schleims infizieren sich andere Möwen. Auch Autoreinfektion ist möglich. Nach Durchbohren der Darmwand wachsen die Larven im Körper des Wirtes heran und erreichen als Erwachsene über die Leibeshöhle die Luftsäcke, von denen sie gezielt den Clavicularluftsack aufsuchen. – *Raillietella gigliolii* (Cephalobaenida) (Abb. 737 B). In der Lunge der südamerikanischen Ringelechse *Amphisbaena alba*, die ein fakultativer Mitbewohner in Blattschneiderameisennestern ist. Als Zwischenwirt

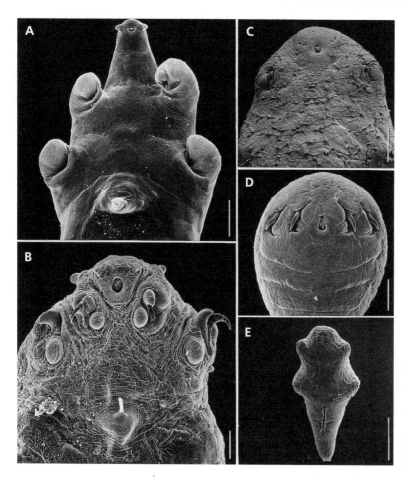

Abb. 737: Pentastomida. REM-Habitusbilder. A *Cephalobaena tetrapoda*, Männchen. Kopf, ventral. Maßstab: 400 μm. B *Raillietiella boulengeri*, Männchen. Vorderende, ventral. C *Reighardia sternae*, Vorderende, ventral. D *Leiricephalus coarctus*, Kopf ventral. E *Reighardia sternae*. 2. Larve. B-E Maßstäbe: 200 μm. Originale: W. Böckeler, Kiel.

infiziert sie Larven des Nashornkäfers *Coelosis biloba*, der ebenfalls als Mitbewohner in Ameisennestern lebt. Bei der Übertragung spielen wahrscheinlich die Ameisen eine aktive Rolle, indem sie die infektiösen Eier direkt zu den Käferlarven tragen. – *Kiricephalus coarctatus* (Porocephalida). In der Lunge einer schlangenfressenden südamerikanischen Schlangenart. Lebenszyklus mit 2 Wirbeltierarten als Zwischenwirten: Amphibien sind die 1., Schlangen die 2. Zwischenwirte. In den Amphibien Larven in einer Gewebekapsel eingeschlossen, in den Schlangenzwischenwirten bewegen sie sich frei in der Leibeshöhle. – *Linguatula serrata* (Porocephalida), Männchen 2 cm, Weibchen 13 cm. Kosmopolitisch, in Nasengängen oder Stirnhöhlen von Wölfen, Füchsen und Hunden einschließlich Haushunden. Eier gelangen durch Niesen oder Nasenschleim nach außen und bleiben an Pflanzen haften. Rinder, Schafe, Ziegen und Kaninchen infizieren sich mit ihnen bei der Nahrungsaufnahme. Primärlarve schlüpft aus dem Ei, durchbohrt die Darmwand und läßt sich entweder mit dem Lymphstrom davontragen und erreicht schließlich die Lunge, oder gelangt über die Blutbahn in die Leber. Einschluß in eine bindegewebige Kapsel, Häutung zur madenartigen Zweit- oder Ruhelarve. Diese ernährt sich von Gewebsflüssigkeit, häutet sich wiederholt und wandelt sich schließlich in die infektiöse Terminallarve um, die die Gewebskapsel durchbricht und in Brust- und Bauchhöhle umherkriecht. Gelangt mit dem gefressenen Zwischen- in den Endwirt, Aufstieg vom Magen oder schon von weiter oben zur Nasenhöhle. Häutung in der Nase zum Adultus.

4.4.4 Mystacocarida

Mystacocarida sind vorwiegend Bewohner des Lückensystems mariner Sandstrände, kommen aber auch in sublitoralen Sandböden des Flachwassers vor. Unter günstigen Bedingungen können bis zu 15 Mill. Tiere 1 m³ Sand besiedeln. Die Mystacocariden sind mit 11 Arten zu beiden Seiten des Atlantiks und im Mittelmeer entlang der Küsten verbreitet und kommen an der Pazifikküste Chiles und Australiens sowie in Küstenabschnitten Südafrikas (Indischer Ozean) vor.

Bau

Allein ein Drittel der mikroskopisch kleinen Krebse (0,5–1 mm) wird vom Kopf eingenommen, der durch eine Querfurche in zwei Abschnitte geteilt ist (Abb. 738). Der vordere trägt die 1. Antennen und 4 getrennte Ocellen; der hintere Abschnitt die übrigen Kopfextremitäten. 2. Antenne und Mandibeln sind zweiästig und werden fast unverändert vom Nauplius übernommen. Das zungenförmige Labrum ist besonders lang und reicht bis zum 2. Thoracomer. Als Thorax gelten die nächsten 7 Segmente. Das erste trägt die Maxillipeden und ist nicht mit dem Kopf verschmolzen; die nächsten 4 sind mit ungegliederten Stummelfüßen ausgestattet. Die beiden letzten Segmente des Thorax haben nur noch Rudimente von Extremitätenmuskulatur. Das Abdomen besteht aus 3 Segmenten und dem Telson mit zangenförmiger Furka. Alle Segmente hinter den 2. Maxillen weisen je 1 Paar dorsolateraler Spalten unbekannter Funktion auf.

Die Fortbewegung von *Derocheilocaris typica* ist allein Sache der 2. Antennen und der Mandibeln. Die Stummelfüße des Thorax dienen nur zum Abstützen und Halten der Balance. Die Expoditen der 2. Antennen und der Mandibeln sind dorsolateral gebogen und stemmen sich gegen das Sandkorn im Rücken des Tieres (Abb. 738). Dadurch werden die Endopoditen nach unten auf das gegenüberliegende Sandkorn gedrückt und bekommen so optimalen Kontakt für eine kriechende Fortbewegung. Auf flachen Substraten sind Mystacocarida hilflos, weil ihnen die dorsale Abstützung fehlt. Sie erreichen eine maximale Geschwindigkeit von $420\,\mu\text{m s}^{-1}$ (etwa eine Körperlänge pro Sekunde). Mit der Fortbewegung ist die Nahrungsaufnahme verknüpft, indem die Borsten an der Innenseite der 1. und 2 Maxille und der Maxillipeden während der Vorwärtsbewegung Diatomeen und andere einzellige Algen sowie Bakterien vom Substrat abkratzen.

Die Eier werden einzeln frei abgelegt. Genauere Beobachtungen gibt es nur für *Derocheilocaris remanei*. Die Ablage dauert 10 Minuten. Bis zur Ablage des nächsten Eies können 2 Stunden vergehen. Nach der Ablage werden die Eier vom Männchen besamt. Es findet äußere Befruchtung statt. Die Postembryonalentwicklung beginnt mit einem späten Nauplius und umfaßt bis zum Erreichen des Adultzustandes 11 Stadien. Bis zur Geschlechtsreife vergehen 55 Tage bei 13,5 °C. Die Lebensdauer beträgt bis zu 90 Tage.

Derocheilocaris remanei, 0,5 mm. Marine Sandstrände im westlichen Mittelmeer und entlang der Atlantikküste von Südfrankreich bis Westafrika, bevorzugt gemischte Sande mit Korngrößen zwischen 0,1–1 mm Durchmesser. Für eine ungestörte Entwicklung werden Temperaturen von 15°-20°C, ein Salzgehalt von 30‰ und gute Versorgung mit Sauerstoff gebraucht. Im Sommer sind diese Bedingungen nur in der 1,5 m schmalen Spülsaumzone gegeben. Der Abfall der Temperaturen und Zunahme der Brandung führen im Herbst und Winter zu einer Ausdehnung des bewohnbaren Areals bis 16 m landeinwärts.

4.4.5 Copepoda, Ruderfußkrebse

Mit über 10 000 bekannten Arten gehören die Copepoda zu den besonders artenreichen Taxa der Crustaceen. Man schätzt, daß dies aber erst ein Siebtel der tatsächlich existierenden Arten ist. Copepoda kommen in allen aquatischen Lebensräumen vor, von der Tiefsee bis ins Hochgebirge (in Schmelzwasserpfützen auf einem Gletscher). Die meisten Copepoden findet man im Meer, wo sie im Pelagial, am Meeresboden und im Phytal ein wichtiges Glied in der Nahrungskette sind.

Insbesondere sind sie Teil aller pelagischen Nah-

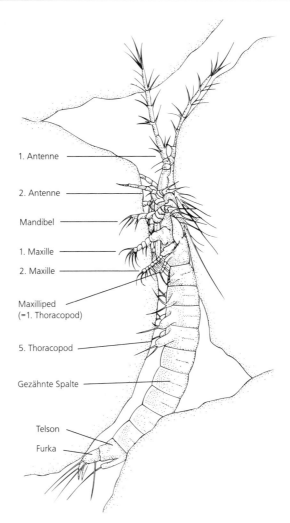

1. Antenne
2. Antenne
Mandibel
1. Maxille
2. Maxille
Maxilliped (=1. Thoracopod)
5. Thoracopod
Gezähnte Spalte
Telson
Furka

Abb. 738: Lateralansicht von *Derocheilocaris typica* (Mystacocarida) im Lückensystem zwischen Sandkörnern. Nach Lombardi und Ruppert (1982).

rungsketten: Als Mikroherbivoren ernähren sie sich von Flagellaten, Diatomeen und anderen einzelligen Algen des Phytoplanktons, deren jährliche Produktion die der Landvegetation einschließlich der menschlichen Landwirtschaft um das Fünffache übertrifft. Die Individuenzahlen einiger Copepoden-Arten sind dementsprechend gigantisch und übertreffen vermutlich sogar die der zahlenmäßig dominierenden Landinsektenarten. Die marinen Copepoden stellen die größte Quelle tierischen Eiweißes auf der Erde dar und bilden den Hauptteil der Nahrung etwa des Riesenhais und – neben den Euphausiaceen – der Bartenwale. Auch ein Großteil der kommerziell genutzten Fische ernährt sich zumindest als Larven direkt von Copepoden. Einige wie etwa Hering, Sprotte, Sardine, Makrele sind auch als Erwachsene auf sie als Nahrung angewiesen. Durch ihre enorme Kotballenproduktion (bis zu 200 pro Individuum und Tag) leisten sie einen wichtigen Beitrag zum Stofftransfer von der

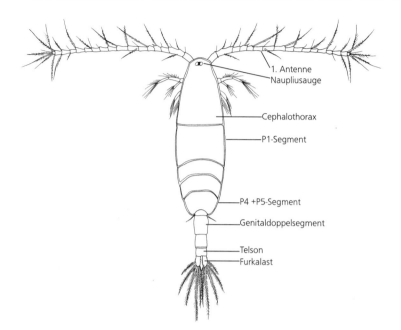

Abb. 739: Dorsalansicht eines Weibchens von *Acartia clausi* (Calanoida). P1-Segment = Segment, das die 1. Peraeopoden trägt. Nach Sars (1903).

Wassersäule zum Meeresboden, wo Detritusfresser von ihnen profitieren. Dieser Transfer ist besonders für die abyssalen Lebensgemeinschaften wichtig, deren Überleben vom „marinen Schnee" abhängig ist. Im marinen Benthos sind Copepoda unter den Vertretern der Meiofauna nach den Nematoden die arten- und individuenreichste Faunenkomponente. Für Plattfische und Lachsartige sind sie eine wichtige Nahrungsquelle.

Im Süßwasser sind die Copepoden in geringerer Artenvielfalt vertreten, haben aber eine ähnlich wichtige ökologische Bedeutung wie im Meer. In oberirdischen Gewässern spielen die Vertreter dreier Taxa die Hauptrolle: Diaptomidae (Calanoida), Canthocamptidae (Harpacticoida) und Cyclopidae (Cyclopoida). Die beiden letzteren findet man in allen erdenklichen Lebensräumen: Seen, Teiche, Flüsse, hypersaline Gewässer, feuchtes Moos und Fallaub, Blattachselwasser, heiße Quellen (bis zu 58 °C). Im Grundwasser dominieren die Parastenocarididae (Harpacticoida).

Etliche Vertreter der limnischen Cyclopoida sind Zwischenwirte menschlicher Parasiten (*Dracunculus medinensis, Diphyllobothrium latum,* S. 255, 704). Andere Cyclopoiden sind Zwischenwirte von Pilzen und Apicomplexa, die Mücken und deren Larven befallen, wodurch sie sich möglicherweise zur biologischen Malariabekämpfung eignen.

Fast die Hälfte aller bekannten Copepoden-Arten lebt in Assoziation mit anderen Tieren, wobei das Verhältnis zwischen den Partnern häufig unbekannt ist. Es gibt kaum Tierstämme ohne mit Copepoden assoziierten Arten. Die an Fischen vorkommenden Copepoden sind sämtlich Parasiten (Abb. 745, 750).

Meist sind es Ektoparasiten, die an der Körperoberfläche, an Kiemen, in Mund und Nasenlöchern sowie in den Kanälen des Seitenliniensystems zu finden sind. Einige Arten sind Endoparasiten in der Muskulatur. Der Marktwert der von ihnen befallenen Fische wird dadurch reduziert, daß durch sie beim Filetieren viel Abfall entsteht. Einige der Ektoparasiten sind von noch größerer wirtschaftlicher Bedeutung, da sie in Fischzuchtanlagen verheerende Verluste hervorrufen können oder im Freiland Nutzfische immerhin so schwächen, daß es bei ihnen zu erheblichen Gewichtsverlusten und somit für die Fischer zu Ertragseinbußen kommt.

Bau

Entsprechend dieser vielfältigen Lebensweisen sind Copepoden auch im Körperbau so unterschiedlich, daß kein Vertreter als typisch herausgestellt werden kann. Parasiten sind teilweise so extrem abgewandelt, daß sie als Erwachsene gar nicht als Copepoden oder auch als Crustaceen erkannt werden könnten (Abb. 749, 750), gäbe es da nicht die Larven, die ihre systematische Zugehörigkeit verraten.

Bei den freilebenden Copepoden (Abb. 739) handelt es sich in der Regel um kleinere Tiere mit Körperlängen von 0,5–5 mm. Doch gibt es unter den Planktern auch größere Arten von bis zu 28 mm Länge. Unter den Parasiten erreicht *Kroyeria caseyi* 6,5 cm Länge.

Der Körper der freilebenden Copepoden besteht aus dem Cephalothorax und 10 freien Körpersegmenten. Der Cephalothorax setzt sich aus dem typischen Kopf und einem mit ihm verschmolzenen

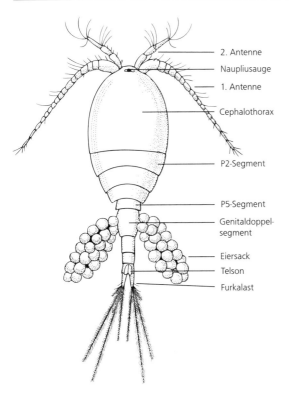

Abb. 740: Dorsalansicht des Weibchens von *Macrocyclops albidus* (Cyclopoida). P2-Segment = Segment, das die 2. Peraeopoden trägt. Nach Matthes aus Kaestner (1959).

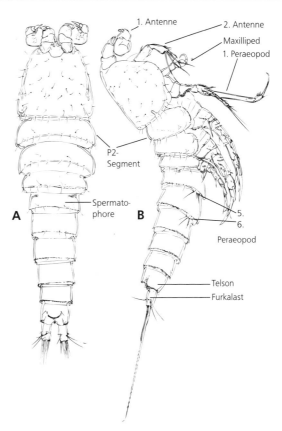

Abb. 741: *Heterolaophonte minuta* (Harpacticoida). A Dorsalansicht eines Männchens. Beborstung der 1. Antenne weggelassen. P2-Segment = Segment, das die 2. Peraeopoden trägt. B Lateralansicht. Nach Willen (1992).

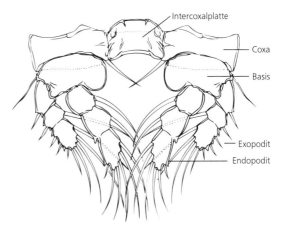

Abb. 742: Typisches Schwimmbein eines freilebenden Copepoden (Cyclopoida). Fiedern der Schwimmborsten weggelassen. Nach Manton (1977).

Thoracomer zusammen, das die Maxillipeden trägt. Das 2. Thoracomer kann zusätzlich mit dem Cephalothorax verschmelzen, so daß dann nur 9 freie Körpersegmente vorliegen (Abb. 741). Ein Carapax ist nur als cephalothoracaler Schild vorhanden. Die 2.–6. Thoracomeren tragen in der Regel je 1 Schwimmbeinpaar. Jedes Bein (Abb. 742) besteht aus einem bis zu dreigliedrigen Protopoditen sowie dreigliedrigen Endo- und Exopoditen. Das letzte dieser Beinpaare ist häufig verkleinert oder fehlt ganz. Die beiden Spaltbeine eines Segmentes sind durch eine mediane Intercoxalplatte zu einer funktionellen Einheit verbunden, die sonst bei Crustaceen nicht vorkommt. Das 7. Thoracomer ist das Genitalsegment und trägt die Geschlechtsöffnung(en). Die letzten 4 als Abdomen bezeichneten Körpersegmente haben keine Anhänge mit Ausnahme des letzten, des Telsons, das Furkaläste trägt. Das Genitalsegment kann bei Weibchen mit dem 1. Abdominalsegment zu einem Genitaldoppelsegment (Abb. 740) verschmolzen sein. Als weitere Geschlechtsmerkmale können bei den Männchen die 1. Antennen zu Greifantennen zum Erfassen der Weibchen und das letzte Beinpaar zu Kopulationsfüßen umgebildet sein.

Der Nahrungsaufnahme dienen allein die Extremitäten des Cephalothorax (Abb. 744). Der Mechanismus des Nahrungserwerbs ist bei den planktischen Calanoiden wegen ihrer großen ökologischen Bedeutung gut untersucht und galt seit langem als geklärt. Er sollte im Filtrieren eines Wasserstroms bestehen, den andere Mundwerkzeuge beständig durch die passiven 2. Maxillen als Sieb hindurchpumpen. Neuere Untersuchungen mit

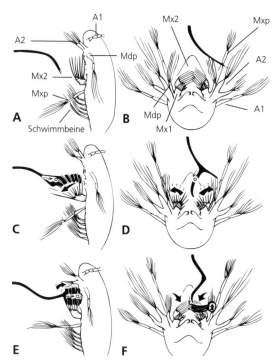

Abb. 743: Nahrungserwerbsmechanismus von *Eucalanus pileatus* (Calanoida) in schematischer Darstellung. Schwarze Bänder bezeichnen Farblösung aus einer Mikropipette. Schwarze Pfeile markieren Bewegungen der 2. Maxille und in F zusätzlich der 1. Maxille. Kreise geben die Lage und einfache Pfeile die Bewegungsrichtung einer Algenzelle an. A, C, E Lateralansicht (1. Maxille weggelassen); B, D, F Frontalansicht. A–B Nahrungssuchstrom umgeht die 2. Maxillen, bis sich eine Algenzelle nähert. C–D Algenzelle wird durch Auswärtsklappen der 2. Maxille zwischen diese gesogen. E–F Algenzelle wird durch Zurückklappen der 2. Maxillen eingefangen. Abkürzungen: A1 = 1. Antenne, A2 = 2. Antenne, Mdp = Mandibelpalpus, Mx1 = 1. Maxille, Mx2 = 2. Maxille, Mxp = Maxilliped. Nach Koehl und Strickler (1981).

Hochgeschwindigkeitskameras haben unter Berücksichtigung der Tatsache, daß die Welt aller aquatischen Tiere im Größenbereich der Copepoden besonderen physikalischen Bedingungen unterliegt, ein anderes Bild ergeben (Abb. 743).

Copepoden sind klein. Viskosität und nicht Trägheit ist der bestimmende Faktor, wenn sie sich im Wasser bewegen. Dies bedeutet, daß Strömungen laminar und nicht turbulent sind, daß sich Körperanhänge mit Borstenreihen wie Paddel und nicht wie durchlässige Kämme verhalten, daß Wasser- und Partikelbewegungen sofort aufhören, sobald die Extremitäten als Motor zum Stillstand kommen, daß Partikeln nicht wie bei einem Schöpfvorgang erfaßt oder einfach zurückgelassen werden können, denn die Körperanhänge sind von einer dichten Grenzschicht anhaftender Wassermoleküle überzogen.

Durch Klappbewegungen der Maxillipeden und der Endopoditen der 2. Antennen voneinander weg und wieder aufeinander zu einerseits sowie der Exopoditen von 2. Maxillen und 2. Antennen andererseits wird ein pulsierender Wasserstrom zum Tier geleitet, der nach Nahrungs-

partikeln abgesucht wird (Abb. 743 A,B). Nähert sich eine geeignete Algenzelle, wird der Schlag der Extremitäten asymmetrisch und die Strömung so abgelenkt, daß sich die Zelle auf die 2. Maxillen zubewegt. Die Zelle kommt nie in Kontakt mit den Extremitäten, sondern wird von der an ihnen haftenden Wasserschicht gezogen und geschoben. In der Nähe der 2. Maxillen angekommen, klappen diese mit einem Ruck auseinander (Ab. 743 C,D), so daß Wasser in den Raum zwischen ihnen gesogen wird. Um die mitgeführte Algenzelle schließt sich rasch der Borstenkorb der 2. Maxillen, wobei das die Zelle umgebende Wasser durch die Borsten gedrückt wird (Abb. 743 E,F).

Manchmal müssen die 2. Maxillen mehr als einmal ruckartig auseinanderweichen, um die Algenzelle einzufangen. Borsten auf den Enditen der 1. Maxillen kämmen durch die Fangborsten der 2. Maxillen und schieben die Alge zwischen die geöffneten Mandibeln, von denen sie zerdrückt wird. Bei allen Arten wird in Abständen die Erregung des Suchwasserstroms unterbrochen, um die Mundwerkzeuge zu reinigen. In dieser Zeit sinken die Tiere mit einer Geschwindigkeit von $1–2~\text{mm}~\text{s}^{-1}$ ab.

Die Calanoiden gleiten normalerweise angetrieben von Bewegungen der Kopfextremitäten durch das Wasser. Sie können aber bei Gefahr (wie andere Copepoden auch) einen mächtigen Satz nach vorne machen, wobei alle

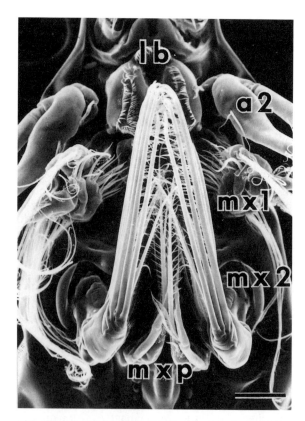

Abb. 744: Ventralansicht der Mundwerkzeuge des Weibchens von *Labidocera japonica* (Calanoida). 2. Maxillen geschlossen. Die Art ernährt sich überwiegend von Copepoden-Nauplien. REM. lb = Labrum, a2 = 2. Antenne, mx1 = 1. Maxille, mx2 = 2. Maxille, mxp = Maxilliped. Maßstab: 100 µm. Aus Ohtsuka und Onbé (1991).

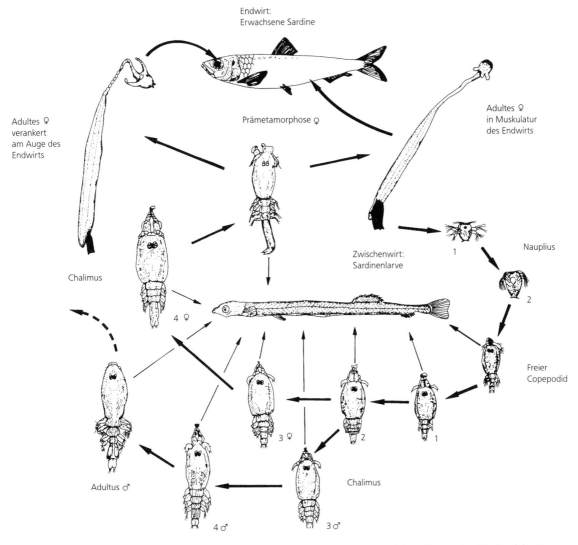

Abb. 745: Entwicklungszyklus von *Lernaeenicus sprattae* (Copepoda, Siphonostomatoida). Auf 2 Nauplius-Stadien folgt Copepodid, der sich auf Sardinenlarve festsetzt. Jeweils 4 Chalimus-Stadien führen zu adulten Männchen und Praemetamorphose-Weibchen. Letzteres verläßt nach Begattung den Zwischenwirt und fixiert sich entweder am Auge oder in der Körpermuskulatur des Endwirts, wo jeweils Umwandlung in adultes Weibchen stattfindet. Männchen sterben nach Begattung. Nach Raibaut (1985).

Schwimmbeine beginnend mit dem letzten nach vorne bewegt und dann schlagartig nacheinander mit nur 2 ms Abstand zurückgeklappt werden. Der Sprung kommt also durch eine extreme Kondensierung einer im Grunde metachronen Sequenz zustande. Die Intercoxalplatten sorgen dafür, daß jedes Beinpaar als funktionelle Einheit agiert. Ein komplexes Skleritsystem erlaubt einen Schwenk von 110°. Das ist fast doppelt so viel wie die 50°-60° bei den Beinbewegungen der übrigen Crustaceen. Diese Besonderheit wird verständlich, wenn man bedenkt, daß die Kleinheit der Tiere sie den Bedingungen des „klebrigen" Wassers (s.o.) aussetzt.

Das Nervensystem besteht aus einem Oberschlundganglion, dicken Schlundkonnektiven und einem undeutlich gegliederten Ganglienstrang, der nur bis zum Ende des Thorax reicht. Der Oesophagus ist kurz und reich mit Muskulatur versorgt. Der Mitteldarm kann vorn einen unpaaren, medianen Divertikel haben. Auch laterale Divertikelpaare kommen vor. Ein Ölsack als Lipidreserve und Auftriebsorgan (bei Calanoiden) kommt in der Nähe des Darms bei vielen Arten vor. Der Exkretion dient in der Regel 1 Paar Maxillennephridien. Ein Herz ist bei ursprünglichen Vertretern oberhalb der Eingeweide im Perikardialraum vorhanden, hat 3 Ostien und geht nach vorn in eine bis in den Kopf reichende Aorta über.

Die Geschlechter sind getrennt. Die Gonaden sind paarig oder unpaar und liegen dorsal. Ovidukte und Vasa deferentia münden auf dem Genitalsegment. Die Weibchen haben ein Receptaculum seminis, das mit einer von außen eingestülpten Tasche, dem

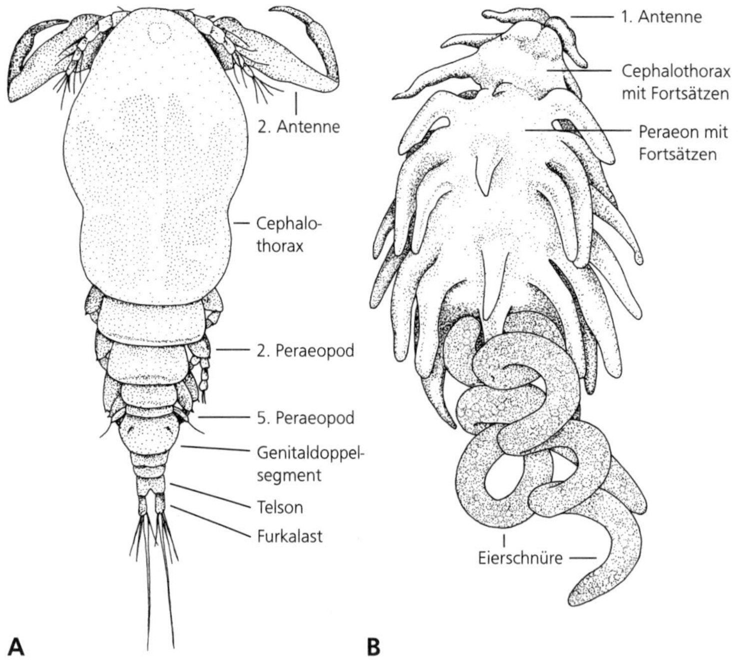
2. Antenne
Cephalo-
thorax
2. Peraeopod
5. Peraeopod
Genitaldoppel-
segment
Telson
Furkalast
A
1. Antenne
Cephalothorax
mit Fortsätzen
Peraeon mit
Fortsätzen
Eierschnüre
B

Abb. 746: Poecilostomatoida (Copepoda). A Dorsalansicht des Weibchens von *Ergasilus sieboldi*. B. Dorsalansicht des Weibchens von *Chondracanthus neali*. Nach Kabata (1979).

Antrum, durch einen Gang verbunden ist. Im Antrum endet auch der Ovidukt.

Fortpflanzung und Entwicklung

Die Männchen übertragen die Spermien in einer Spermatophore. Die Weibchen tragen in der Regel 1 oder 2 Eisäckchen (Abb. 740), die bei den Parasiten zu langen Eischnüren ausgezogen sein können (Abb. 746B, 748B). Aus den Eiern schlüpfen Nauplien, die 6 Stadien durchlaufen, bevor sie sich zu Copepodiden umwandeln. Es gibt ebenfalls 6 Copepodid-Stadien, von denen das letzte der Adultus ist.

Dieser einfache Entwicklungsgang wird bei den Parasiten in vielfältiger Weise abgewandelt, wobei die Zahl der Nauplius- und Copepodid-Stadien sowie die der freibeweglichen Stadien reduziert werden und eine besondere Copepodid-Form, die Chalimus-Larve, auftreten kann; sie hat ein Frontalfilament zur Festheftung am Wirt. Abb. 745 zeigt als Beispiel den Entwicklungsgang von *Lernaeenicus sprattae*, der wie die meisten anderen Arten der Pennellidae einen obligatorischen Zwischenwirt hat und sich als Adultus am Auge der Sprotte verankert.

Es werden 10 Teilgruppen unterschieden, von denen 5 nur wenige Arten umfassen und hier nicht genannt werden.

Calanoida

Planktische Copepoden im Meer und im Süßwasser (s. o.), Partikelfresser und Räuber (Abb. 739).

**Calanus finmarchicus*, 5,5 mm. Hauptsächlich im Nordatlantik, auch im Mittelmeer, Südatlantik, Pazifik und (selten) im Indischen Ozean. Mehr kälteliebend, Südverbreitung in warmen Sommern deshalb eingeschränkt. Auftreten im Norden massenhaft, riesige Schwärme, in den obersten 300 m, aber auch bis 4000 m Tiefe; Fortpflanzung im Winter/Frühjahr; maximale Lebensdauer etwas über 1 Jahr. Partikelfresser. – **Eudiaptomus gracilis*, 1,7 mm. Wahrscheinlich der häufigste Vertreter der Diaptomidae in Europa. In Seen, Teichen und Weihern, in vielen davon ein dominierender Planktonbestandteil. Perennierende Art, Dauereier noch nicht bekannt.

Harpacticoida

Typisch benthische Gruppe im Meer und im Süßwasser (einschließlich Grundwasser). Einige wenige im marinen Plankton oder mit Decapoden vergesellschaftet (Abb. 741).

**Canthocamptus staphylinus*, 1 mm. Zwischen Pflanzen in Teichen und Gräben, auch am Gewässerboden zwischen verrottenden Blättern. In Europa weit verbreitet. Monozyklisch, kaltstenotherm. Fortpflanzung hauptsächlich im Dezember -Januar. Den Sommer verbringen Adulti in einer Cyste am Boden der Gewässer. In Skandinavien geographische Parthenogenese. – **Epactophanes richardi*, 0,5 mm. Weltweit verbreitet; moosbewohnend. Heterogonie; parthenogenetische Weibchen unterscheiden sich von den bisexuellen durch weniger stark chitinisiertes Geschlechtsfeld und legen nur 2 Eier auf einmal, ohne Eisack. – **Stenhelia palustris*, 0,9 mm. Unterhalb der Hochwasserlinie im Watt. Baut Wohnröhren aus zusammengekitteten Substratteilchen. Röhre 10–20 mal so lang wie Bewohner, wird an einem Ende ständig weitergebaut, während sie am anderen Ende allmählich verfällt. Nauplien bauen eigene Röhren, die von der mütterlichen abzweigen oder isoliert davon angelegt werden. Nauplien breiter als lang, bewegen sich seitlich fort, so daß sie in den Röhren keine Kehrtwendung wie Adulti machen müssen. Kittsubstanz wird von den Tieren produziert. – *Tachidius discipes*, 0,6 mm. Euryök, im schlickigen Sandwatt extreme Massenentwicklung. Eine der häufigsten Arten auch in Salzwiesentümpeln.

Poecilostomatoida

Überwiegend Parasiten (Abb. 746, 747) oder assoziiert mit anderen Tieren lebend. Einige (Corycaeidae, Sapphirinidae) sind Plankter mit komplexen Naupliusaugen für die Jagd nach Beute.

Ergasilus sieboldi, 2 mm (Abb. 746 A, 747). Kiemenparasit einer großen Zahl von Süßwasserfischen. In der nördlichen Paläarktis weit verbreitet. Männchen nie parasitisch; Weibchen können hohe Infektionsraten verursachen. Eine 34 cm lange Schleie war von 5 400 Exemplaren befallen und wog nur 355 g; normalerweise würde eine Schleie dieser Länge 750 g wiegen.

Siphonostomatoida

Assoziiert mit anderen Tieren. Zwei Drittel sind Fischparasiten (Abb. 748–750) überwiegend im Meer.

Salmincola salmoneus, 8 mm. Kiemenparasit des Lachses (*Salmo salar*). Naupliusphase wird im Ei durchlaufen. Copepodid einziges freischwimmendes Stadium. Befällt den Wirt, wenn er ins Süßwasser kommt. Es folgen 4 Chalimus-Stadien, von denen sich das letzte in den Adultus umwandelt. Das Weibchen ist stationär, während das Männchen auf Partnersuche am Wirt umherwandert. Fortpflanzung nur, wenn Wirt im Süßwasser. – *Lernaeocera branchialis*, bis 40 mm (Abb. 750 A). Parasitiert

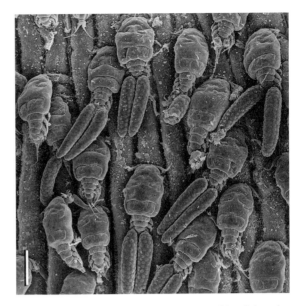

Abb. 747: *Ergasilus sieboldi* (Poecilostomatoida) auf den Kiemenblättchen eines Fisches. REM. Maßstab: 500 μm. Original: A. Schrehardt, Erlangen.

marine Fische. Auf ein Naupliusstadium folgt ein freier Copepodid, der sich an Plattfischen (Pleuronectiformes) als Zwischenwirten festsetzt, an denen die Chalimus-Stadien durchlaufen werden. Adulti sind Kiemenparasiten an verschiedenen Gadiden, z.B. Kabeljau.

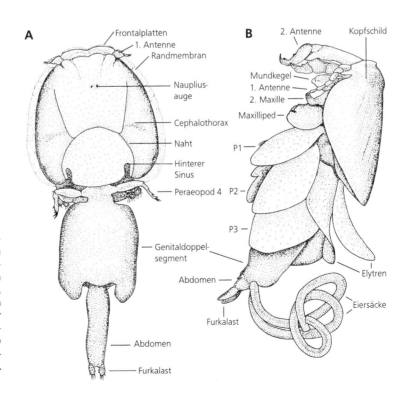

Abb. 748: Siphonostomatoida (Copepoda). A Dorsalansicht des Weibchens von *Lepeophtheirus salmonis*. In dem hinteren Sinus erlaubt eine Membran einen Wasserstrom von ventral nach außen, aber nicht zurück. Die Randmembran dient dem wasserdichten Abschluß der Unterseite des Cephalothorax. B Lateralansicht des Weibchens von *Anthosoma crassum*. Elytren sind dorsolaterale Auswüchse des P2-Segments; P1-P3 = 1.–3. Peraeopod. Nach Kabata (1979).

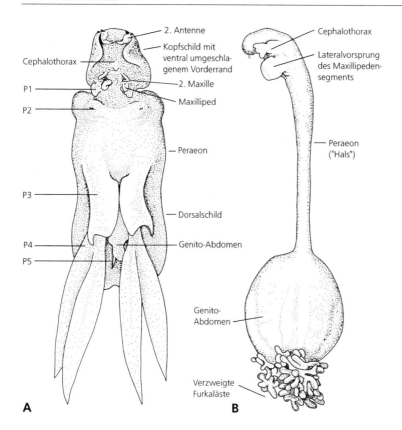

Abb. 749: Siphonostomatoida (Copepoda). A Ventralansicht des Weibchens von *Lernanthropus kroyeri*. Dorsalschild ist Auswuchs des P4-Segmentes; P1-P5 = 1.–5. Peraeopod. B Junges Weibchen von *Sphyrion lumpi*. Cephalothorax in Lateralansicht, übriger Körper in Dorsalansicht. Nach Kabata (1979).

Cyclopoida

Überall in Süßwasser (auch Grundwasser) verbreitet, auch im marinen Benthal und Pelagial. Viele Parasiten.

Macrocyclops albidus, 2,5 mm (Abb. 740). In klaren Binnengewässern weltweit. Pflanzt sich das ganze Jahr über fort. Ist häufiger im Sommer, ernährt sich räuberisch von kleinen Oligochaeten und Chironomiden-Larven. – *Cyclops strenuus*, 2,3 mm. In kleineren Binnengewässern aller Art in der gesamten Paläarktis. In periodischen Gewässern wird Trockenheit mit Copepodid 4 als Dormanz-

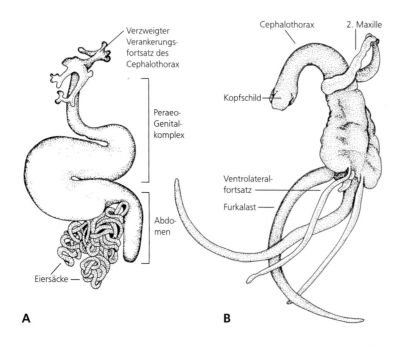

Abb. 750: Siphonostomatoida (Copepoda). A Weibchen von *Lernaeocera branchialis*. Die Verankerungsfortsätze sind Auswüchse des Maxillipedensegments. B Ventrolateralansicht des Weibchens von *Brachiella thynni*. Nach Kabata (1979).

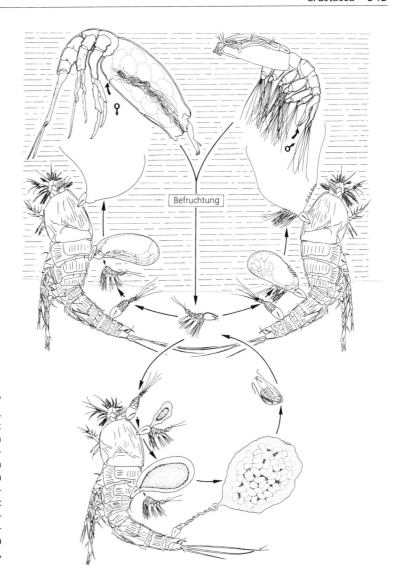

Abb. 751: Der vermutete „doppelte" Fortpflanzungszyklus der Tantulocarida. Oben bisexuell: Tantulus-Larve befällt Wirt und entwickelt sich zu Männchen (rechts) oder Weibchen (links); beide dürften freischwimmend sein. Pfeile weisen auf die Geschlechtsöffnungen. Aus den befruchteten Eiern entwickeln sich Tantulus-Larven. Unten parthenogenetisch: Tantulus-Larve befällt Wirt und entwikkelt sich zu parthenogenetischem, sackförmigem Weibchen, aus dessen Eiern Tantulus-Larven schlüpfen. Nach Huys, Boxshall und Lincoln (1993).

stadium überdauert. Tritt wieder Wasser auf, entsteht in kurzer Zeit Herbstgeneration, deren Nachkommen Frühjahrsgeneration bilden; die nächste Generation geht als Copepodid 4 wieder in Diapause. – *Oithona plumifera*. In oberflächennahen Schichten des offenen Meeres häufig. Mit langen Schwebefortsätzen. – *Lernaea cyprinacea*, 20 mm. Ektoparasitisch auf Süßwasserfischen, an jeder beliebigen Körperstelle. Auf 3 Naupliusstadien folgen 5 Copepodide. Nauplien freischwimmend, Copepodide parasitisch auf den Kiemen. Letzter Copepodid verwandelt sich in einen freischwimmenden Adultus. Während das Männchen nie Parasit wird, wandelt sich das Weibchen in eine sedentäre, parasitische Form um; dabei strecken sich die Thoracomeren und bilden Vorsprünge zur Verankerung.

4.4.6 Tantulocarida

Obgleich Vertreter der Tantulocarida schon seit Anfang des 20. Jahrhunderts bekannt sind, ist ihr Status als eigenständiges Taxon erst zu Beginn der 80er Jahre erkannt worden. Die etwa 25 Arten sind ausnahmslos Ektoparasiten anderer Crustaceen mit einem ungewöhnlichen Lebenszyklus. Wirte sind Vertreter der Copepoda, Ostracoda, Cumacea, Tanaidacea und Isopoda. Sie sind inzwischen aus allen Weltmeeren bekannt.

Bau und Entwicklung

Tantulocarida sind mikroskopisch klein: Männchen und sexuelle Weibchen unter 0,5 mm, parthenogenetische Weibchen unter 1 mm Länge. Beide Weibchenformen unterscheiden sich auffällig im Bau (Abb. 751). Die sexuellen Weibchen bestehen aus einem großen Cephalothorax, in den vermutlich 2 Thoraxsegmente einbezogen sind, aus 2 beintragenden und 2 beinlosen Segmenten sowie dem

Telson mit Furka, zwischen deren Ästen kein After mündet. Das Weibchen nimmt keine Nahrung auf. Die 1. Antennen sind eingliedrig und basal miteinander verwachsen. Die beiden Beinpaare haben jeweils eingliedrige Exo- und Endopoditen, die terminal nur 1 einzige kräftige, gezähnte Borste tragen. Zum Schwimmen sind diese Beine nicht geeignet. Es wird vermutet, daß das Männchen damit während der Paarung gehalten wird, da es selbst keine Vorrichtungen zum Festhalten am Weibchen besitzt. Eine unpaare Geschlechtsöffnung liegt ventral in der Mitte des hinteren Cephalothoraxbereiches. Im Inneren des Cephalothorax sind Eier zu erkennen. Das parthenogenetische Weibchen ist mit einer Mundscheibe permanent am Wirt befestigt (Abb. 751). Es besteht aus einem Kopf und einem großen sackartigen Rumpf, der unsegmentiert ist und keine Extremitäten trägt. Der vordere Rumpf kann in einen Hals ausgezogen sein. Direkt hinter dem Kopf findet sich auf seiner Ventralseite eine kreisförmige Narbe, die nach dem Abfallen des larvalen Rumpfes zurückbleibt.

Das Männchen nimmt keine Nahrung auf. Es schwimmt auf der Suche nach Weibchen frei umher, die es vermutlich mit Hilfe seiner Aesthetasken lokalisiert, von denen zwei Büschel als Reste der 1. Antennen am Vorderrand seines Kopfes stehen. Der Körper der Männchen gliedert sich in Prosoma und Urosoma. Das Prosoma wird vom Cephalothorax, bei dem 2 Thoraxsegmente mit dem Kopf verschmolzen sind, und 4 freien Thoraxsegmenten gebildet; das Urosoma besteht aus dem Genitalsegment (7. Thoraxsegment) und dem Telson, zwischen die freie Abdominalsegmente eingeschoben sein können. Das Telson trägt Furkaläste oder nur deren Borsten. Die 1.–6. Thoraxsegmente weisen je 1 Paar Schwimmbeine auf. Das Genitalsegment ist mit einem langen Penis ausgestattet, der durch Verschmelzung der Extremitäten dieses Segments entsteht.

Die innere Anatomie beider Geschlechter ist noch unbekannt. Männchen und Weibchen entwickeln sich aus der zunächst freibeweglichen Tantulus-Larve, die neue Wirtstiere befällt (Abb. 751). Sie besteht aus Kopf, 6 beintragenden Thoraxsegmenten, und einem Urosoma aus 2–6 Segmenten. Sie haftet am Wirt mit einer Mundscheibe, in deren Mitte durch eine Öffnung ein im Kopf befindliches Stilett hervorgeschoben werden kann, das zum Anstechen des Wirtes dient. Die Larve hat so Zugang zu dessen Körperflüssigkeit. Sofort nach erfolgreicher Festheftung an einen neuen Wirt setzt eine Degeneration der Körper- und Beinmuskulatur ein.

Die Männchen entstehen durch eine eigentümliche Metamorphose in einem Sack der Tantulus-Larve, der sich hinter dem 5. oder 6. Tergit des Thorax vorzuwölben beginnt.

Der Sack ist mit einer Masse dedifferenzierter Larven-Zellen angefüllt, die sich so reorganisieren, daß daraus das erwachsene Männchen entsteht. Während dieser Metamorphose treten keine Häutungen auf, und das Männchen wird über einen Gewebsstrang („Nabelschnur") ernährt, der bis in den Wirt hineinreicht. Nach Abschluß der Umwandlung verläßt das Männchen den Sack.

Die Entwicklung der sexuellen Weibchen ist noch nicht beobachtet worden. Im fertigen Zustand liegen sie wie die Männchen in einem Sack der Tantulus-Larve und werden über einen Gewebsstrang ernährt. Dieser Sack entsteht anders als beim Männchen direkt hinter dem Kopf der Larve. Beim Größerwerden des Sackes knickt der Rumpf der Larve ventral ab, bis er schließlich ganz abfällt.

Auch die Bildung der parthogenetischen Weibchen beginnt mit der Sackbildung direkt hinter dem Kopf der Larve. Dieser Sack schwillt enorm an, indem sich das runzelige Integument streckt oder neues Integument in einer Wachstumszone hinter dem Kopf gebildet wird. Der Inhalt des Sackes formiert sich zu Eiern, von denen jedes in eine eigene Eihülle eingeschlossen ist und sich ohne Häutungen zu einer Tantulus-Larve entwickelt. Vorausgesetzt aus den Eiern der sexuellen Weibchen schlüpfen Tantulus-Larven, was noch nicht beobachtet worden ist, dann gibt es bei den Tantulocarida sowohl bisexuelle als auch parthenogenetische Fortpflanzung, wobei die Tantulus-Larve das Bindeglied zwischen beiden Fortpflanzungsmodi ist (Abb. 751).

Deoterthron harrisoni, parthenogenetisches Weibchen bis 730 μm, Männchen 460 μm. Auf *Macrostylis magnifica* (Isopoda, Asellota) in 2000–3000 m Tiefe vor der Westküste Schottlands. – *Microdajus langi*, parthenogenetische Weibchen über 1 mm, Männchen 200 μm. Auf Tanaidacea in 20–120 m Tiefe vor der schottischen und norwegischen Küste. Früher zu den Epicaridea (Isopoda) gestellt.

4.4.7 Ascothoracida

Ascothoracida (etwa 70 Arten) sind Ekto- und Endoparasiten von Echinodermen und Anthozoen und wie diese rein marin und weltweit verbreitet.

Bau

Bei freibeweglichen und ektoparasitischen Arten ist die Körpergliederung deutlich ausgeprägt, während sie sich bei den Endoparasiten verliert. Der langgestreckte Körper besteht aus Kopf, 6 Thoracomeren und 4 Abdominalsegmenten, an die sich das Telson mit kräftiger Furka anschließt (Abb. 752). Bei den Weibchen ist der gesamte Körper von einem zweiklappigen Carapax (Mantel) eingeschlossen, bei den Männchen nur Thorax und vorderes Abdomen. Beide Carapaxhälften können durch einen Schließmuskel fest aneinander gedrückt werden. Die 1. Antennen sind kräftig und tragen terminal eine auffällige Schere zum Verankern am Wirt. Die 2. Antennen treten nur bei Nauplien auf und verschwinden danach. Ein Mundkegel ist vorhanden, bei dem das Labrum die stechenden Mundwerkzeuge umschließt. Die Thoracopoden sind bei den Weibchen bis auf die ersten zweiästig, während bei den Männchen Reduktionen auftreten.

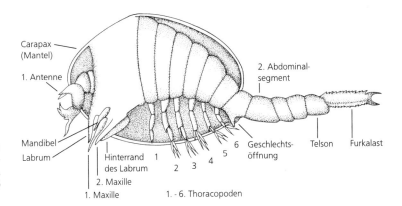

Abb. 752: Lateralansicht des Männchens von *Ascothorax ophioctenis* (Ascothoracida). Linke Carapaxhälfte abpräpariert. Nach Wagin (1946) aus Kaestner (1959) verändert.

Die Ascothoracida sind getrenntgeschlechtlich mit Ausnahme der Petrarcidae (simultane Zwitter). Die paarigen Hoden und Ovarien dehnen sich in die Mantelfalten aus. Die Vasa deferentia münden auf einem Penis von z. T. beträchtlicher Länge auf dem 1. Abdominalsegment; die Ovidukte münden an der Basis der 1. Thoracopoden, während die 2.–5. Thoracopoden dort Öffnungen von Receptacula seminis haben. Bei den Männchen gibt es alle Übergänge von völliger Unabhängigkeit bis zur engen Gebundenheit an das Weibchen, etwa wenn die stark abgewandelten Männchen im Carapax der Weibchen parasitieren. Dieser Raum dient auch der Brutpflege. Aus den Eiern schlüpfen entweder Nauplien oder Cyprislarven.

Ascothorax ophioctenis (Ascothoracidae), 3,5 mm (Abb. 752). Parasitiert in den Bursen von Schlangensternen. – *Synagoga mira* (Synagogidae) und *S. normani* sind die einzigen Arten, die auch als Adulti frei umherschwimmen können. Ektoparasiten auf Anthozoa. – *Myriocladus murmanensis* (Dendrogasteridae), Mantellappen spannen 45 mm. Im Coelom von Seesternen. Stark verzweigter Mantel, Thorax und Pleon verschmolzen, unsegmentiert und ohne Extremitäten.

4.4.8 Cirripedia, Rankenfüßer

Cirripedia sind unter den Arthropoden einzigartig durch die ausschließlich sessile Lebensweise der Adulten. Sie sind entweder freilebende Filtrierer oder hochspezialisierte Parasiten.

Die freilebenden Cirripedia hatten das Privileg, daß DARWIN sich acht Jahre (1846–1854) mit ihnen beschäftigt und vier Monographien über System und Zoogeographie dieser Teilgruppe verfaßt hat. Sein System hat die Zeiten – abgesehen von Verfeinerungen und Ergänzungen – überdauert.

Ihr Körperbau ist je nach Lebensweise völlig verschieden, doch läßt sich ihre Zusammengehörigkeit an den Larven erkennen. Die Nauplien haben typische Laterofrontalhörner (Abb. 753, 754), und die Cypris-Larven haben 1. Antennen, auf denen eine Zementdrüse mündet. Cypris-Larven haben einen zweiklappigen Carapax, Nauplius- und laterale Facettenaugen und 6 Schwimmbeinpaare. Sie nehmen keine Nahrung auf.

Cirripedia sind überall in den Meeren zu finden und in Ästuarien auch im Brackwasser. Es gibt etwa 1300 rezente und fossile Arten. Der fossile Nachweis reicht bis in das Silur zurück.

4.4.8.1 Thoracica

Die artenreichste Teilgruppe (ca. 1100) sind die Thoracica, die in zwei Erscheinungsformen auftreten: gestielt (lepadomorph) (Abb. 756) und ungestielt (balanomorph und verrucomorph) (Abb. 755, 760). Die gestielten werden „Entenmuscheln", die ungestielten „Seepocken" genannt. Seepocken sind fast überall auf der Erde ein dominierendes Element in bestimmten Zonen des Felslitorals und können in enormen Individuenzahlen auftreten. Sie sind ebenso wie Entenmuscheln von erheblicher wirtschaftlicher Bedeutung, weil sie sich gern auf

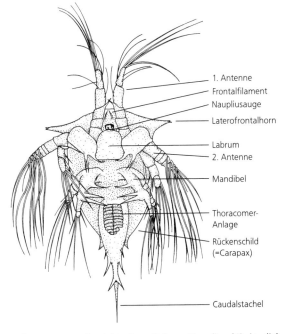

Abb. 753: Ventralansicht eines *Balanus*-Nauplius (Cirripedia). Nach Ho (1987).

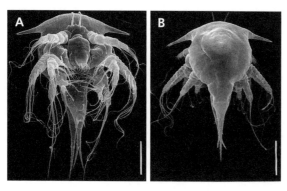

Abb. 754: Nauplius von *Balanus* sp. (Cirripedia). A Ventralansicht. B Dorsalansicht. REM. Maßstäbe: 50 μm. Originale: A. Schrehardt, Erlangen.

Schiffswänden ansiedeln und dabei die Reibung so erhöhen, daß z. B. ein normaler Frachter 35% seiner Geschwindigkeit einbüßt oder 15% mehr Treibstoff verbraucht. Thoracica sind weltweit überall im Meer und in Ästuarien verbreitet.

Bau

Die Festheftung am Substrat geschieht mit Hilfe der 1. Antennen der Larven, und der Kopfabschnitt vor den Mundwerkzeugen wird zur Haftfläche. Streckt sich dieser Kopfabschnitt zu einem Stiel, so entsteht

die Form der Entenmuscheln (Abb. 757); plattet er sich ab, kommt die Seepockenform zustande (Abb. 760). Der Rest des Körpers ist gegen diesen Kopfabschnitt abgeknickt und hängt mit dem Rükken nach unten zwischen den beiden Klappen des Carapax (Mantel). In die Cuticula des Mantels wird Kalk eingelagert, wodurch es zur Entstehung von 5 Platten mit charakteristischer Anordnung kommt: 1 unpaare Carina und paarige Terga und Scuta. Zu diesen können noch 1 unpaares Rostrum und verschiedene paarige Lateralplatten kommen, die sich phylogenetisch als verlagerte Platten des Stieles erweisen. Bei den Seepocken verwachsen Scutum und Tergum auf jeder Körperseite miteinander zu je einer Klappe (Abb. 755).

Die Klappen begrenzen den ventralen Mantelspalt und können durch Druck der Leibeshöhlenflüssigkeit geöffnet sowie durch einen transversalen Schließmuskel, der vor der Mundöffnung liegt, geschlossen werden.

Der übrige Körper besteht aus Hinterkopf und Thorax. Das Abdomen ist rudimentär und kann kleine Caudalanhänge tragen. Die 1. Antennen sind nach der Metamorphose kaum noch zu erkennen, 2. Antennen fehlen. Das Labrum ist groß und mit den Palpen der Mandibeln verwachsen, die sich bei der Metamorphose von den zugehörigen Kauschneiden trennen. Der Thorax trägt 6 Beinpaare, die wegen der vielen kleinen, reich beborsteten

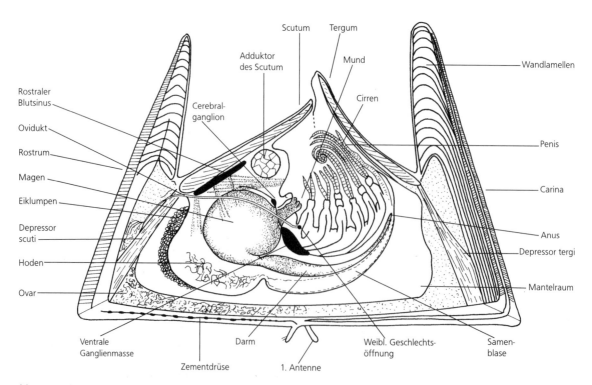

Abb. 755: Schematischer Vertikalschnitt durch eine Seepocke (*Balanus*) (Cirripedia). Nach Gruvel (1905) aus Barnes (1980).

Glieder auch als Rankenfüße (Cirren) (Abb. 756) bezeichnet werden.

Diese dienen bei allen Thoracica ausschließlich zum Nahrungsfang. Die vorderen 1–3 Paare sind anders gebaut als die hinteren und werden auch als Maxillipeden bezeichnet. Sie werden nie aus dem Mantelraum vorgestreckt. Dies geschieht nur mit den hinteren, die im Ruhezustand eingerollt im Mantelraum liegen. Die Entfaltung der Cirren geht relativ langsam vor sich, weil dabei auf hydraulischem Wege Leibeshöhlenflüssigkeit in sie hineingepumpt wird. Das Einrollen und Zurückziehen in den Mantelraum dagegen erfolgt rasch mit Hilfe von Muskeln.

Die Nahrungsaufnahme ist besonders gut bei *Semibalanus balanoides* untersucht, der seine 3 hinteren längeren Cirrenpaare entweder als aktiven oder passiven Filter benutzt (Abb. 758). Die Strömungsgeschwindigkeit entscheidet über die Art des Einsatzes. Bei langsamer Strömung (unter 1,84 cm s^{-1}) werden starke, schnelle, rhythmische Schlagbewegungen der Rankenfüße für den Nahrungserwerb ausgeführt. Bei einer Geschwindigkeit im Bereich 1,84–4,83 cm s^{-1} erfolgt ein Verhaltensumschlag, der dazu führt, daß die Cirren bei voller Entfaltung starr als konkaves Fangnetz in die Strömung gehalten werden. Dieses Verhalten ist bei langsamer Strömung sinnlos, da Wasser und in ihm suspendierte Nahrungspartikeln hauptsächlich um die Fangarme herum statt durch ihre Borsten hindurchfließen. Dies hängt mit Grenzschicht-Effekten zusammen, die bei langsamer Strömung dazu führen, daß sich um die Elemente des Fangapparates, eine visköse Grenzschicht bildet, die den Wasserdurchfluß behindert. Bei schnellerer Strömung wird die Grenzschicht dünner, und der Durchfluß des Wassers nimmt zu. Bei langsamer Strömung wird die Verringerung der Grenzschicht dadurch erreicht, daß der Fangkorb die rhythmischen Schlagbewegungen ausführt. Dies geschieht beim Vorwärtsschlag mit einer Geschwindigkeit von 2,3 cm s^{-1}, wodurch Wasser durch das Fangnetz gepreßt wird.

Bei aktiver Filtration laufen die Fangbewegungen stereotyp in folgenden Phasen ab: Entrollen der Cirren, Vorwärtsschlag bei gleichzeitigem Einrollen, Reinigen der Cirren durch die Maxillipeden. Mit einer Frequenz von durchschnittlich 1,98 Hz folgt ein Schlag auf den anderen. Bei jedem wird unfiltriertes Wasser näher an den Fangkorb herangezogen, und ein Wirbel, der sich an der Spitze der sich entrollenden Cirren bildet, führt dazu, daß im Wasser enthaltene Partikeln in die Fangzone des nächsten Vorwärtsschlages geraten und dabei erfaßt werden (Abb. 759).

Bei passiver Filtration lassen sich bei den Fangbewegungen folgende Phasen unterscheiden: Entfalten der Cirren, Drehen des Fangnetzes in die Strömung, Verweilen darin in ausgestrecktem Zustand, Zurückdrehen, Einrollen und Reinigen. Bei Wechsel der Strömungsrichtung drehen die Tiere rasch ihr Fangnetz herum. Einrollen und Reinigen des Fangnetzes geschehen immer dann, wenn sich die Strömung vor ihrer Umkehr verlangsamt; Entfaltung erfolgt, wenn die Strömung wieder Spitzengeschwindigkeit erreicht hat.

Viele Seepocken besitzen einen zweiten Mechanismus des Nahrungserwerbs. Pumpbewegungen des Thorax bewirken, daß Wasser an der rostralen Seite des Tieres in den

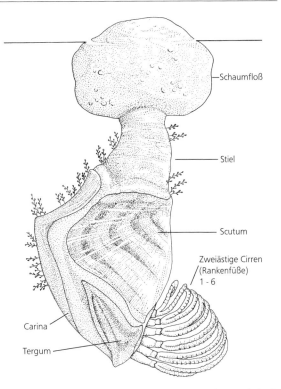

Abb. 756: Lateralansicht von *Lepas fascicularis* (Cirripedia) mit Schaumfloß an der Wasseroberfläche treibend. Aufwuchs von *Obelia*-Polypen. Nach Ankel (1966).

Mantelraum gesogen und an der gegenüberliegenden carinalen Seite wieder ausgestoßen wird. Dieser Wasserstrom wird von den Maxillipeden abgefiltert, die enger stehende Borsten haben als die hinteren Cirren. Auf diese Weise werden Bakterien und Flagellaten abgefangen.

Bei großen Formen wie den Lepadomorphen können die Cirren auch wie Polypenarme um größere Beuteobjekte wie etwa Planktoncopepoden geschlungen werden. Die Zerkleinerung der Nahrung besorgen die 1. Maxillen und die Mandibeln. Die Maxillipeden haben neben der Mikrofiltration die Funktion, die hinteren Rankenfüße auszukämmen und die Nahrung an die Mundwerkzeuge weiterzureichen, ungenießbare Objekte inklusive Kotballen

Abb. 757: *Lepas anatifera* (Cirripedia), auf Flaschen festsitzend, die am Strand angespült wurden. Original: W. Westheide, Osnabrück.

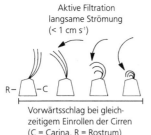

Aktive Filtration
langsame Strömung
(< 1 cm s⁻¹)

Passive Filtration
schnelle Strömung
(> 3 cm s⁻¹)

R — C

Vorwärtsschlag bei gleichzeitigem Einrollen der Cirren
(C = Carina, R = Rostrum)

Entrollen
der Cirren

Drehen des
Fangnetzes

Abb. 758: Schematische Darstellung der Cirren-Bewegungen von *Semibalanus balanoides* (Thoracica) beim Nahrungserwerb. Nach Trager, Hwang und Strickler (1990).

auszusondern und zu entfernen und bei einigen Arten die eingerollten Cirren durch eine Klammervorrichtung zu blockieren.

Das Nervensystem besteht aus einem zweilappigen Oberschlundganglion vor dem Pharynx, das durch lange Konnektive mit einer einheitlichen Ganglienmasse (bei den Balanomorpha) verbunden ist (Abb. 755). Ein medianer Ocellus und paarige laterale Ocelli spielen beim Schattenreflex eine Rolle, bei dem sich das Tier rasch in den sich schließenden Mantelraum zurückzieht. Der Darm ist U-förmig gebogen mit paarigen Divertikeln am Anfang des Mitteldarms. Es sind Maxillardrüsen vorhanden. Der Gasaustausch findet an der dünnen Medialwand des Mantels statt, dem durch Pumpbewegungen des Thorax frisches Wasser zugeführt wird. Das Gefäßsystem ist einzigartig unter den Crustacea. Es ist sehr kompliziert, fast geschlossen und hat Gefäße, deren Wände aus dichtem Bindegewebe mit Intima bestehen. Das Herz ist zu einem Sinus geworden. Die Pumpbewegungen hat die Körpermuskulatur mit übernommen. Man spricht von einem „geschlossenen Hämocoel". Es hat die Funktion eines hydrostatischen Skeletts für den Stiel und

sorgt für die nötige Hydraulik beim Entrollen von Cirren und Penis.

Thoracica sind entweder Zwitter, Zwitter mit Komplementärmännchen oder getrenntgeschlechtlich mit Zwergmännchen. Die männlichen Gonaden liegen bei den Hermaphroditen im Rumpf zwischen den übrigen Organen und münden auf einem Penis hinter den Rankenfüßen. Die Ovarien liegen im Vorderkopf, und die Ovidukte münden in den Mantelraum an der Basis der 1. Thoracopoden.

Fortpflanzung und Entwicklung

Die Zwitter sind protandrisch und suchen mit lang ausgestrecktem Penis in ihrer Nachbarschaft nach funktionellen Weibchen, in deren Mantelraum die Spermien abgegeben werden. Ist der Spermienvorrat erschöpft, bildet sich der Penis zurück und wird im nächsten Jahr neu gebildet. Die Männchen sind alle im Bau reduziert und lassen sich am Mantel des (funktionellen) Weibchens nieder. Die Postembryonalentwicklung führt über 6 Nauplius-Stadien und 1 Cypris-Stadium bis zur Metamorphose.

Lepas anatifera (Lepadomorpha), 30 cm mit Stiel (Abb. 757). Mit stielförmigem Vorderkopf und Platten umschlossenem Restkörper (Capitulum). Festsitzend auf Treibholz, Schiffen, Tonnen usw. Die deutsche Bezeichnung „Entenmuscheln" geht auf naive Vorstellungen zurück, denen zufolge gestrandete Exemplare, die rhythmisch ihre Cirren (Federn) hervorstrecken, an Küken erinnern, die aus dem Ei schlüpfen wollen. Man folgerte, daß die Ringelgänse (*Branta bernicla*) aus diesen Eiern schlüpfen müßten, da sie an unseren Küsten (im Herbst und Winter) häufig sind, aber noch niemand sie hatte brüten sehen (sie tun das an der Eismeergrenze). Für Ringelgänse und Entenmuscheln gibt es im Englischen nur ein Wort: barnacle. Wegen ihrer „pflanzlichen" Herkunft erklärten viele Klöster die Ringelgänse im frühen Mittelalter zur zulässigen Fastenspeise, bis Papst Innozenz III. dies 1215 verbot. – *Verruca stroemia* (Verrucomorpha), 1 cm. Mit asymmetrischem Verschluß der Schale, da Deckel nur von

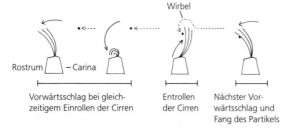

Wirbel

Rostrum — Carina

Vorwärtsschlag bei gleichzeitigem Einrollen der Cirren

Entrollen
der Cirren

Nächster Vor-
wärtsschlag und
Fang des Partikels

Abb. 759: Fang von Partikeln durch Wirbelbildung beim aktiven Filtrieren von *Semibalanus balanoides* (Cirripedia) bei langsamer Wasserströmung (0,5 cm s⁻¹). Die Strömung ist carino-rostral von rechts nach links. Der von ihr mitgeführte Partikel wird bei dem durch das rasche Entfalten der Cirren hervorgerufenen Wirbel vor diese Cirren gespült und von ihnen beim nächsten Vorwärtsschlag, der in die entgegengesetzte Richtung zu der beim Entrollen führt, eingefangen. Nach Trager, Hwang und Strickler (1990).

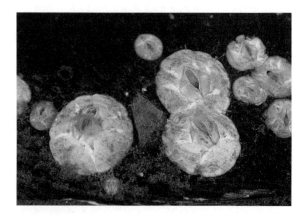

Abb. 760: *Balanus crenatus* (Cirripedia) auf einer Muschelschale. Original: W. Westheide, Osnabrück.

einem Scutum und einem Tergum gebildet wird. – *Chthamalus stellatus* (Balanomorpha), 16 mm Durchmesser. Auf Steinen, Fels, Molluskenschalen von der Gezeiten- bis in die Spritzwasserzone, meist oberhalb von *Semibalanus balanoides* angesiedelt. – *Balanus crenatus*, 20 mm Durchmesser (Abb. 760). Meist im Sublitoral von 10–60 m Tiefe; auf Steinen, Mollusken, Schiffen usw.; euryhalin und eurytherm. – *Semibalanus balanoides*, 18 mm Durchmesser. Typische Art der oberen Gezeitenzone, kann lange trockenfallen; auf Fels, Steinen, auch auf *Mytilus*; eurytherm. Lebensdauer 2–3 Jahre. – *Elminius modestus*, 12 mm Durchmesser. Von Neuseeland in die Nordsee eingeschleppt. Erstes Auftreten in England 1944, an der deutschen Nordseeküste 1953 bei Cuxhaven; ästuarine Art im mittleren Abschnitt der Gezeitenzone; auf Fels, Steinen, Pfählen usw.; toleriert niedrige Salinitäten; eurytherm; eine Plage in Austernkulturen. – *Coronula reginae*, 65 mm Durchmesser. Vorwiegend auf Buckelwalen, aber auch auf Blau- und Finwal; Zapfen der Walepidermis greifen in Vertiefungen der Platten des Krebses und beteiligen sich so an dessen Verankerung.

4.4.8.2 Acrothoracica

Alle Arten dieser kleinen Gruppe (ca. 40 Arten) leben eingebohrt in Kalksubstrat – in Schalen von Chitonen, Schnecken, Muscheln, Seepocken, Bryozoen sowie in Korallen und Kalkstein. Sie sind weltweit verbreitet, hauptsächlich im Flachwasser tropischer und gemäßigter Breiten. Aber auch Tiefseearten sind bekannt, und eine Art lebt im Südpolarmeer.

Bau

Die kleinen Höhlen, in denen die zentimetergroßen Adulten leben, haben einen engen Schlitz von der Größe und Form eines gedruckten Apostrophs. Der Carapax ist ein weicher Mantel ohne Platten und umgibt den Körper. Am Schlitz trägt er Borsten, Haken und Dornen, die den Eingang schützen. Die Mundwerkzeuge liegen nahe der Öffnung. Zu ihnen gehört 1 Paar Mundcirren, sog. Maxillipeden. Die übrigen 3–5 Cirrenpaare stehen weit entfernt am Thoraxende (Abb. 761), was Darwin zu der falschen Annahme verleitete, sie gehörten zum Abdomen. Ein solches ist aber gar nicht vorhanden. Die Cirren werden zum Nahrungsfang hervorgestreckt. Bei Arten mit kurzen Cirren wird durch Bewegungen des Thorax ein Wasserstrom durch die Höhle getrieben, aus dem vermutlich mit den Cirren kleine Partikeln abfiltriert werden.

Die verzwergten Männchen besitzen gut entwickelte 1. Antennen, mit denen sie sich am Weibchen oder der Höhlenwand anheften. Sie haben weder Darm noch Mundwerkzeuge. Zur Spermaübertragung kann ein Penis ausgebildet sein. Eier und Nauplien, die keine Nahrung aufnehmen, bleiben in der Mantelhöhle. Erst die Cypris-Larven schwimmen umher. Nach dem Festsetzen wandeln sie sich zu einer Art Puppe um, in der sich die Metamorphose zum Adultus vollzieht.

Trypetesa lampas (Apygophora), Weibchen bis 15 mm. Bohrt sich in die Schalen von *Buccinum* und *Neptunea* ein, entweder an der Mündung oder an der Spindel, sofern die Schalen von Einsiedlerkrebsen bewohnt werden. Cirren reduziert, After fehlt.

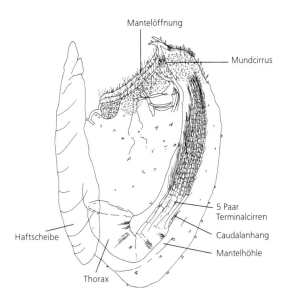

Abb. 761: Lateralansicht eines Weibchens von *Weltneria spinosa* (Acrothoracica) aus der Schale von *Haliotis midae* (Gastropoda). Nach Tomlinson (1987).

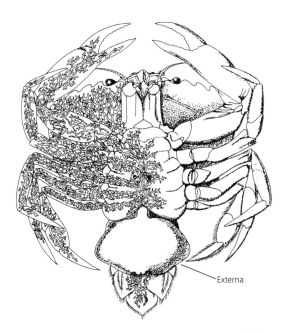

Abb. 762: Ventralansicht einer von *Sacculina carcini* (Rhizocephala) befallenen Strandkrabbe *Carcinus maenas*. „Wurzelgeflecht" (Interna) im Inneren der Krabbe, Externa nach außen durchgebrochen. Nach Delage (1884) aus Kaestner (1959).

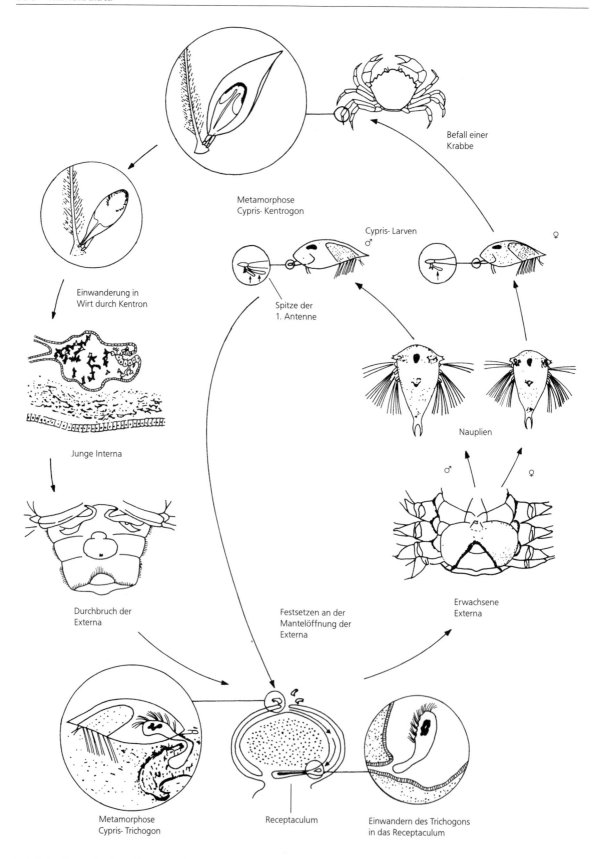

Metamorphose
Cypris- Kentrogon

Befall einer
Krabbe

Cypris- Larven

♂

♀

Einwanderung in
Wirt durch Kentron

Spitze der
1. Antenne

Junge Interna

Nauplien

♂   ♀

Durchbruch der
Externa

Festsetzen an der
Mantelöffnung der
Externa

Erwachsene
Externa

Metamorphose
Cypris- Trichogon

Receptaculum

Einwandern des Trichogons
in das Receptaculum

Abb. 763: Bisexueller Fortpflanzungszyklus von *Sacculina carcini* (Rhizocephala). Nach Hoeg (1991).

4.4.8.3 Rhizocephala, Wurzelkrebse

Die rund 230 Arten leben ausschließlich endoparasitisch und befallen größtenteils Decapoda, aber auch Stomatopoda, Isopoda und Thoracica sind als Wirte bekannt. Rhizocephala sind weltweit verbreitet und bis auf wenige Ausnahmen marin.

Bau

Der Körper der Weibchen besteht aus 2 Abschnitten (Abb. 762), einem Geflecht sich verzweigender Schläuche, das im Inneren des Wirtes alle Organe umspinnt (Interna) und einem knollenförmigen äußeren Vorwuchs gewöhnlich ventral am Pleon des Wirtes (Externa). Beide sind miteinander durch einen Stiel verbunden. Das „Wurzelgeflecht", dessen Ausdehnung sehr unterschiedlich sein kann, ist der nahrungsbeschaffende Teil. Der äußere Sack dient als Brutraum, ist 3–10 mm breit (in Ausnahmefällen bis zu 10 cm) und enthält ein Ganglion sowie paarige Ovarien, die in einen Mantelraum vorgewölbt sind. Hier besteht ein Zugang über eine schmale Öffnung von außen (s.u.). In den Mantelraum werden außerdem die Eier abgelegt, die durch ein Sekret miteinander verklumpt und durch Häckchen an den Innenwänden des Mantelraumes verankert sind. Aus den Eiern schlüpfen Nauplien mit den für Cirripedia charakteristischen, fronto-lateralen Hörnern oder ein späteres Larvenstadium, die Cypris, ohne deren Vorhandensein es unmöglich gewesen wäre, die Rhizocephalen als Crustacea anzusprechen, geschweige denn ihre Verwandtschaft mit den übrigen Cirripedia zu erkennen.

Parasitenbefall hat Auswirkungen auf die Wirte. Ihre Körperform kann sich verändern (z.B. Feminisierung des Pleons männlicher Krabben), und die Fortpflanzungsfähigkeit wird beeinträchtigt (im Extremfall Kastration). Entgegen früheren Annahmen sind alle Rhizocephala getrenntgeschlechtlich. Sie haben komplizierte Lebenszyklen.

Fortpflanzung und Entwicklung

Aus dem Mantelraum der Externa von *Sacculina carcini* (in verschiedenen Krabben) werden Nauplien entlassen, die sich nach etwa 8 Tagen in Cypris-Larven umwandeln (Abb. 763). Diese schwimmen etwa 3–4 Tage umher und heften sich schließlich mit den 1. Antennen an der Basis einer Borste vornehmlich der Extremitäten einer jungen Krabbe fest. Danach zieht sich die Epidermis überall in der Cypris von der Cuticula zurück und schrumpft zu einem kleinen Sack um die 1. Antennen zusammen, der einen Haufen undifferenzierter Zellen umschließt. Der Sack (Kentrogon) bildet eine neue Cuticula, und die leere Cypris-Hülle fällt ab. Das Kentrogon bildet in seinem Inneren einen hohlen Stachel (Kentron). Er wird in die Borstenbasis der Krabbe hineingestochen, und die undifferenzierten Zellen wandern durch ihn in den Wirt ein, wo sie mit der Hämolymphe in den Thorax transportiert werden. Sie liegen dort hinter dem Filtermagen auf der Mitteldarmdrüse und bilden Fortsätze, die zur Interna

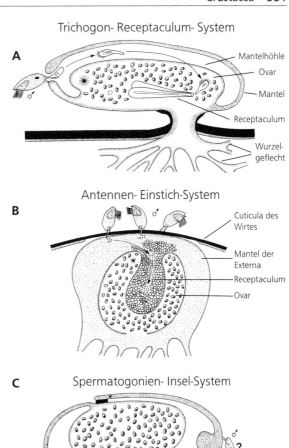

Abb. 764: Die drei Sexualsysteme der Rhizocephala (Cirripedia). A Männliche Cypris-Larven setzen sich an der Mantelöffnung einer jungen Externa fest, wandeln sich jeweils in ein Trichogon um, das in ein Receptaculum einwandert (Beispiel: *Sacculina carcini*). B Männliche Cypris-Larven injizieren durch die 1. Antenne Spermatogonien in die noch nicht durchbrochene Externa. Die Spermatogonien wandern durch das Mantelgewebe in das unpaare Receptaculum (Pfeile) (Beispiel: *Clistosaccus paguri*). C Mantelöffnung verschlossen. Es wird angenommen, daß die Cypris Spermatogonien injiziert, die von Mantelepithel umgeben als Inseln in der Mantelhöhle flottieren (Beispiel: Chthamalophilidae). Nach Hoeg (1992).

auswachsen. Nach etwa 7 Monaten hat sich als Erweiterung eines ins Pleon gewachsenen Schlauches die junge Externa gebildet, unter der sich Gewebe und Cuticula des Wirtes auflösen. Durch das entstehende Loch bricht die junge Externa nach außen durch. In ihrem Inneren befinden sich die Ovarien nebst paarigen Receptacula. Die junge Externa entwickelt sich nicht weiter und atrophiert, wenn sich nicht wenigstens ein Männchen bei ihr einnistet.

Die Männchen durchlaufen einen anderen Entwicklungszyklus (Abb. 763). Schon die männlichen Cypris-Larven

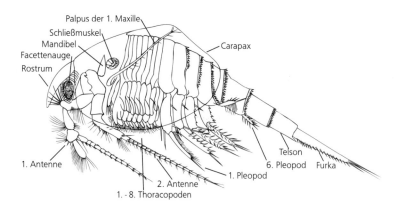

Abb. 765: Lateralansicht eines Weibchens von *Nebalia geoffroyi* (Leptostraca). Der Carapax ist durchsichtig gedacht. Nach Claus (1888) aus Cannon (1960), verändert.

sehen anders aus, sind größer, haben mehr Aesthetasken, eine präformierte Bruchstelle an den 1. Antennen und zusätzliche Drüsen. Die Cuticula des nächsten Stadiums ist schon unter ihrem Carapax angelegt, und es beteiligen sich andere Zellen an der Metamorphose zum nächsten Stadium. Diese findet statt, nachdem sich die Larven an der Mantelöffnung der Externa festgesetzt haben. Innerhalb weniger Minuten schlüpft aus ihnen durch die 1. Antennen eine extreme Form von Zwergmännchen, die als Trichogon bezeichnet wird (Abb. 764A). Sie besitzt 3–4 Zelltypen, die von einer sehr dünnen Cuticula umhüllt sind, auf der im hinteren Körperabschnitt Cuticularstacheln sitzen. Das Trichogon (220 µm lang) verformt sich amöboid, um durch die enge Mantelöffnung der Externa zu gelangen. Peristaltische Bewegungen des Mantels transportieren es zum Eingang eines der zwei Receptacula, die früher als Hoden gedeutet wurden. Bevor es in den engen Kanal des Receptaculum eindringt, wirft es seine Cuticula ab und macht damit gleichzeitig den Eingang für später ankommende Männchen unpassierbar. Es wandert den Kanal entlang, der nur am Anfang cuticular ausgekleidet ist, so daß die Zellen des Trichogons schließlich in direkten Kontakt mit den Zellen des Weibchens gelangen. Fünf bis zehn Tage nach der Implantation beginnen die Trichogonzellen mit der Spermiogenese. Eine Externa beherbergt maximal 2 dieser Zwergmännchen, mit denen sie zeit ihres Lebens zusammenbleibt. Dieses Sexualsystem wird als „Trichogon-Receptaculum-System" bezeichnet. Es gibt bei Rhizocephalen noch zwei andere (Abb. 764B, C).

*Sacculina carcini (Sacculinidae), 6 mm (Abb. 762). Parasitiert auf den europäischen Arten der Krabbenfamilien Portunidae (*Carcinus, Portunus, Liocarcinus, Bathynectes*) und Pirimelidae (*Pirimela*). – **Peltogaster paguri* (Peltogastridae), reife Externae 26 mm. Parasitiert verschiedene Arten von Einsiedlerkrebsen.

4.5 Malacostraca

In den Malacostraca erreichen die Crustaceen ihre höchste Organisationsform. Sie zeichnen sich durch bemerkenswerte Sinnesleistungen und komplexe Verhaltensweisen aus. Ihre innere Organisation hat relativ ursprüngliche Züge bewahrt. Das zeigt sich

vor allem im Bau des Nerven- und Blutgefäßsystems. Einmalig unter den Crustaceen dagegen ist der kompliziert gebaute Magen mit seiner Unterteilung in Kau- und Filtermagen (Abb. 704). Die Monophylie der Malacostraca ist gut begründet, und die Vorstellungen über die Verwandtschaftsbeziehungen innerhalb der Gruppe sind abgeklärter als bei den übrigen Subtaxa der Crustacea (S. 511). Zu den Malacostraca gehören – mit Ausnahme einiger Cirripedia – alle vom Menschen genutzten Speisekrebse.

4.5.1 Leptostraca (Phyllocarida)

Die 13 rezenten Leptostraca-Arten sind ausschließlich Meeresbewohner. Die meisten kommen vom Litoral bis in die Tiefsee als Filtrierer auf weichen Schlammböden vor. *Nebaliopsis typica* ist als einzige pelagisch und hält sich bis in 3 500 m Tiefe auf; mit 4 cm Länge ist sie die größte Art. *Dahlella caldariensis* ist erst kürzlich im Bereich untermeerischer Hydrothermalquellen entdeckt worden.

Bau

Die Organisation ist für Malacostraca relativ ursprünglich mit 8 Thoracomeren und 7 (!) Pleomeren (Abb. 765). Ein großer Carapax ragt über den Thorax und Teile des Pleons hinweg. Seine 2 Klappen haben dorsal kein Scharnier, sind aber durch einen Schließmuskel miteinander verbunden. Vorn median ist der Carapax in ein gelenkig abgegliedertes Rostrum verlängert.

Die 1. Antennen haben 2 ungleiche Geißeln; die innere ist vielgliedrig, die äußere eine kleine bewegliche Schuppe. Die 2. Antennen haben keinen Exopoditen. Die 8 Thoracopodenpaare sind annähernd gleich gebaute Turgorextremitäten vom Blattbeintyp.

Mit den Thoracopoden wird ein Wasserstrom erzeugt, indem sie ähnlich wie bei den Branchiopoden hintereinander liegende Saugkammern bilden.

Die vorderen 6 Pleomeren tragen Extremitäten, von denen die ersten 4 Paare zweiästige, reich beborstete Schwimmbeine sind, während die beiden hinteren kurz und einästig sind. Das 7. Pleomer ist ohne Extremitäten. Das Telson trägt 1 Paar bewegliche, lange Furkaläste.

Die Fortbewegung erfolgt durch metachronen Pleopodenschlag oder bei Gefahr durch zusätzlichen kräftigen Schlag des Pleons. Der Pleonschlag wird anders als bei anderen Malakostraken mit gespreizter Furka aus dorsaler Krümmung in die horizontale Ruhelage geführt. Gleichzeitig werden alle Pleopoden nach hinten geschlagen.

Das Nervensystem besteht aus dem Gehirn und 17 Ganglienknoten, die im Thorax durch kurze und im Pleon durch längere Konnektive verbunden sind. Die beiden Ganglien eines Segmentes sind verschmolzen. Das Ganglienpaar des 7. Pleomers ist nur embryonal nachweisbar. Stielaugen sind vorhanden. Der Kaumagen ist nicht so kompliziert wie bei anderen Malakostraken. Am Übergang zwischen ihm und dem Mitteldarm entspringen je 1 Paar dorsaler und ventraler Caeca sowie die paarige Mitteldarmdrüse, die auf jeder Seite aus 3 bis zum Enddarm reichenden Schläuchen besteht. Am Vorderende des Enddarms erhebt sich ein unpaares Dorsalcaecum. Als Exkretionsorgane sind sowohl Antennen- als auch Maxillennephridien in Funktion. Das Kreislaufsystem besteht aus einem sehr langen Herzen, der Aorta anterior, der Aorta posterior und 12 Paar Seitenarterien. Das Herz erstreckt sich von der Cephalonregion bis ins 4. Pleonsegment und besitzt 7 Ostienpaare. Als Atemorgane fungieren Epi- und Exopodite der Thoracopoden sowie die große Innenfläche des Carapax.

Hoden und Ovarien sind langgestreckte, ungegliederte, paarige Schläuche oberhalb des Darms, die vom Bereich des Kaumagens bis weit in das Pleon reichen. Das Vas deferens mündet auf einer Coxalpapille der 8. Thoracopoden, der Ovidukt medial an der Basis der 6. Thoracopoden. Die Eier werden vom Weibchen in einem Brutraum abgelegt, der von den Borsten der Thoracopoden-Endopoditen gebildet wird; hier entwickeln sie sich direkt. Nach dem Schlüpfen werden die ersten Stadien der weiteren Embryonalentwicklung im Brutraum durchlaufen.

Nebalia bipes, 1,1 cm. Auf Schlamm vom Flachwasser bis in wenige 100 m Tiefe, u.a. in der Nordsee, aber nicht in der Deutschen Bucht. – *Nebaliopsis typica*, 4 cm. Bathypelagisch, vermutlich Dauerschwimmer. Thoracopoden kurz, nicht zum Filtrieren geeignet, Darm mit enorm dehnbarem Mitteldarmsack mit einheitlicher, orangeroter Masse, die Eidotter ähnelt; daraus resultiert Vermutung, daß sich die Tiere von im Wasser schwebenden Eiern ernähren.

Eumalacostraca

Das besondere Kennzeichen der Eumalacostraca ist der Schwanzfächer. Er entsteht durch Verschmelzung des 6. und 7. Pleomers und durch die Umgestaltung der nach hinten verlagerten 6. Pleopoden zu Uropoden, die dann mit dem Telson eine Funktionseinheit bilden (Abb. 776). Durch ventralen Pleonschlag wird eine rückwärts gerichtete Fluchtbewegung hervorgerufen. Voraussetzung dafür ist eine Verstärkung der Pleonmuskulatur. Da diese besonders kräftig ist, kommt es zu einer Verlagerung der Eingeweide in den Thorax. Wie wichtig der Schwanzfächer ist, zeigt sich auch bei der Entwicklung anamerer Eumalacostraca, bei denen die Uropoden vor den Pleopoden erscheinen, so daß Larven auftreten, die zwar einen Schwanzfächer, aber noch keine funktionstüchtigen Pleopoden haben (Abb. 785). Reduziert oder abgewandelt wird der Schwanzfächer bei Eumalacostraca, die benthisch leben (z.B. Abb. 796) und nur selten ins freie Wasser gelangen.

Eine zweite Synapomorphie aller Eumalacostraca ist die Umwandlung des Exopoditen der 2. Antenne zu einer Schuppe (Scaphocerit), die als Steuer beim Schwimmen dient.

4.5.2 Stomatopoda (Hoplocarida), Fangschreckenkrebse

Diese rein marinen Krebse leben in selbstgegrabenen oder von anderen Tieren übernommenen Substrathöhlen und Spalten harter Substrate. Sie sind Räuber und ernähren sich ausschließlich von lebender Beute. Einige gehen auf Jagd, die meisten lauern am Höhleneingang auf vorüberziehende Tiere, die sie mit kräftigen Raubbeinen blitzschnell schlagen. *Squilla*-Arten treten als Wilderer in kommerziellen Garnelenkulturen auf. Die etwa 350 Arten sind überwiegend Warmwasserformen, vor allem in tropischen Flachwasserzonen. Einige sind auch in kühleren Gewässern vertreten, fehlen aber in polaren Breiten. Die Adulten sind 15–340 mm lang.

Bau

Vom Kopf geht ein flacher Carapax aus, der dachartig nur den vorderen Teil des Thorax überdeckt; wenigstens 4 Segmente bleiben frei (Abb. 766). Vom Carapax ist vorn ein bewegliches Rostrum abgegliedert. Auch ist der die Augen und 1. Antennen tragende vordere Kopfabschnitt beweglich („cephale Kinesis"). Die vorderen 5 Thoracomeren sind sehr kurz, die 3 hinteren länger. Die 6 Pleomeren sind auffällig groß. Die Skulpturierung auf ihrer Rückenseite dient während des Aufenthalts in der Höhle der Leitung des Frischwassers zu den Kiemen an den Pleopoden. Das Telson bildet mit den Uropoden einen breiten Schwanzfächer, der anders als bei anderen Malakostraken nach unten gebogen wird, um stelzenartig das Pleon abzustützen, damit die Pleopoden Freiheit für ihre Ventilationsbewegungen haben. Das Telson dient mit sei-

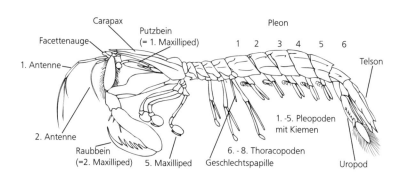

Abb. 766: Schematisierte Lateralansicht des Männchens eines typischen Squilliden (Stomatopoda). Nach Dingle, Caldwell und Manning (1977).

nen Stacheln und Höckern neben den Raubbeinen auch dem Verschluß des Höhleneingangs.

Die 1. Antennen haben 3 Geißeln, die 2. Antennen als Exopoditen eine breite Schuppe (Scaphocerit) (Abb. 766). Die Mandibeln sind meist ohne Palpen, ihre Mahlfläche ragt in den Vormagen. Die 1. Maxillen haben 2 spitz bedornte Enditen, mit denen Nahrung zwischen die Mandibeln geschoben wird. Die 2. Maxillen haben 4 Glieder, mit denen sie den Mundvorraum abdecken und verhindern, daß Nahrungsteile verlorengehen. Auch spielen sie eine Rolle bei der Beseitigung unverdaulicher Hartteile, die aus dem Vormagen regurgitiert werden.

Von den vorderen 5 Thoracopodenpaaren („Maxillipeden") ist das erste ein Putzbein. Diese Thoracopoden haben keinen Exopoditen, wohl aber kleine, als Kiemen fungierende Epipoditen. Jedes dieser Beine besteht aus 6 Segmenten statt der für Malakostraken üblichen sieben. Ischium und Merus sind zum Ischiomerus verschmolzen. Propodus und Dactylus bilden eine Subchela. Die 2. „Maxillipeden" sind mächtige Raubbeine, bei denen besonders der kräftige Propodus und der mit spitzen Dornen und Zähnen bewaffnete Dactylus auffallen (Abb. 766).

Diese Raubbeine können mit einer Geschwindigkeit von 10 m s^{-1} zuschlagen. Das Zupacken dauert bei 15 °C nur 4–8 ms und ist damit eine der schnellsten Bewegungen im Tierreich. Es werden 2 Fangmethoden praktiziert: Das „Aufspießen" geschieht mit den Zähnen des Dactylus oder durch Einklemmen zwischen den Zähnen von Propodus und Dactylus. Auf diese Weise werden Fische, Cephalopoden, Garnelen und Polychaeten erbeutet. Beim „Zertrümmern" werden hartschalige Tiere (Schnecken, Muscheln, Krabben) mit einem Schlag des keulenförmig verdickten und stark calcifizierten „Ellenbogens" zwischen Propodus und Dactylus immobilisiert oder zerstückelt. Danach wird die Beute von den 3.–5. „Maxillipeden" ergriffen, die sie mit ihren Subchelen zerzupfen und stückweise den Maxillen überantworten.

Die hinteren 3 Thoracopodenpaare dienen der Fortbewegung. Sie haben je einen zwei- und einen eingliedrigen Ast, wobei umstritten ist, welcher Ast der Endo- und welcher der Exopodit ist. Epipoditen fehlen. Die 5 Paar Pleopoden sind zweiästig und blattförmig und werden zum Schwimmen eingesetzt. Ihre Endopoditen tragen innen einen dornenbewehrten Anhang (Appendix interna), der beide Beine eines Pleomers miteinander verhakt, so daß sie als Einheit bewegt werden. Am Seitenrand der Exopoditen befinden sich stark verästelte Schlauchkiemen. Die Uropoden bilden breite Platten; ihr Exopodit ist zwei-, ihr Endopodit eingliedrig.

Das **Nervensystem** besteht aus dem Oberschlundganglion, einem Unterschlundganglion aus allen Ganglien der Segmente der Mundwerkzeuge und der „Maxillipeden" und einer sich anschließenden Kette, bei der die Ganglien der übrigen Segmente miteinander verschmolzen sind. Ein Naupliusauge aus 3 Ocellen ist vorhanden. Die Facettenaugen sind gestielt und durch eine Einbuchtung in einen oberen und unteren Abschnitt geteilt, in dem die Ommatidien schräg nach unten bzw. nach oben gerichtet sind. Dies soll einer Perfektion des binokularen Sehens auf beiden Seiten des Tieres dienen.

Der **Darmkanal** hat keinen Oesophagus. Der Mund öffnet sich vielmehr direkt in den Vormagen (Proventriculus), der den gesamten Kopf einnimmt und unter den Malakostraken einzigartig ist. Er ist in eine geräumige Cardia und einen kleinen Pylorus unterteilt. Die Cardia ist ein dünnwandiger Sack, der durch schmale Cuticularspangen gestützt wird. Die Nahrung wird nicht durch Zähne des Magens, sondern durch die in ihn hineinragenden Mandibeln bearbeitet. Der Pylorus besteht aus einem ventralen Kanalsystem (Ampullen), das von Borstenfiltern abgedeckt wird, und einer dorsalen „Filterpresse."

Im Gegensatz zum Pylorus der Decapoden, der als Filter bei der Passage vorverdauter Nahrung in die Mitteldarmdrüsen fungiert, hat der Pylorus der Stomatopoden die Aufgabe, Verdauungssäfte aus den Mitteldarmdrüsen in die Cardia zu pumpen. Cardia und Pylorus sind durch ein komplexes System von Kanälen und Borstenfiltern miteinander verbunden, die verhindern, daß grobe Partikeln in den Mitteldarm gelangen. Folglich müssen unverdauliche Hartteile durch den Mund zurück nach außen gepreßt werden.

An den Pylorus schließen sich der Mitteldarm und die beiden schlauchförmigen Mitteldarmdrüsen an. In ihnen wird die Nahrung verdaut. Für die Exkretion sind Maxillardrüsen vorhanden. Das Gefäßsystem ist sehr ursprünglich. Das Herz reicht fast durch den ganzen Körper und hat 13 Paar Ostien.

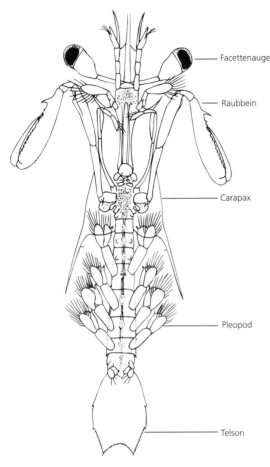

Abb. 767: Ventralansicht der Pseudozoëa von *Squilla mantis* (Stomatopoda). Nach Gurney (1942).

Neben Kopf- und Schwanzaorta existieren 15 Paar Seitenarterien. Unter dem Nervensystem verläuft eine Subneuralarterie, die von Zweigen einiger Seitenarterien gespeist wird. Die paarigen Ovarien liegen oberhalb der Mitteldarmdrüsen und erstrecken sich durch Thorax und Pleon. Die Ovidukte münden in eine ektodermale Tasche (Receptaculum seminis), die sich auf dem 6. Thoracomer nach außen öffnet. Die geschlängelten Hodenschläuche reichen vom 3. Pleomer bis ins Telson. Die Vasa deferentia münden am Ende langer Geschlechtspapillen an der Coxa der 8. Thoracopoden nach außen.

Fortpflanzung und Entwicklung

Bei der Kopula führt das Männchen die Geschlechtspapillen in das Receptaculum seminis ein. Die Eier werden zu einer Masse geformt, vom Weibchen herumgetragen oder an die Höhlenwandung geklebt. Aus den Eiern schlüpfen Larven, entweder eine Pseudozoëa (Abb. 767) oder eine Antizoëa. Erstere hat beim Schlüpfen nur 2 Thoracopoden ohne Exopodite, von denen das zweite schon ein

Raubbein ist. Das Pleon ist vollständig segmentiert und hat funktionstüchtige Pleopoden. Die Antizoëa (Abb. 768) schlüpft mit zweiästigen Extremitäten an den ersten 5 Thoracomeren und hat keine Raubbeine. Das Pleon ist nicht oder nur teilweise segmentiert und hat allenfalls Pleopodenknospen.

Squilla mantis, bis 25 cm. In 20–100 m Tiefe, vorwiegend auf seegrasbewachsenen, sandigen Schlammböden. Gräbt dicht unter dem Meeresboden wenig haltbare Gänge. Laichzeit im Mittelmeer Mai/Juni. Larven von Juni bis Oktober im Plankton. Erbeutet vornehmlich andere Krebse. Wird im Mittelmeer teils in großen Mengen gefangen und auf lokalen Märkten angeboten. – *Harpiosquilla raphidea*, bis 34 cm. In Südostasien auf Märkten sehr gefragt.

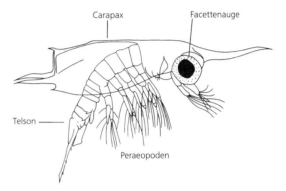

Abb. 768: Lateralansicht der Antizoëa von *Lysiosquilla eusebia* (Stomatopoda). Nach Gurney (1942).

4.5.3 Syncarida

Die einzige Synapomorphie der Syncarida ist der auf den Kopf beschränkte Carapax. Es handelt sich bei ihnen um eine urtümliche Gruppe von Süßwasserbewohnern, deren Vertreter entweder ausgestorben oder nur dort erhalten geblieben sind, wo sie nicht erfolgreicheren Konkurrenten ausgesetzt waren. Bei den **Anaspidacea** war das in der geographischen Isolation Australiens und Tasmaniens der Fall. Andererseits haben die Syncarida mit den **Bathynellacea** sehr erfolgreiche Kleinstformen hervorgebracht, die im Grundwasser aller Kontinente mit Ausnahme Antarktikas anzutreffen sind.

4.5.3.1 Bathynellacea, Brunnenkrebse

Brunnenkrebse leben im Lückensystem grundwasserführender Schotter und Sande. Nur 2 Arten kommen oberirdisch in größeren Tiefen des Baikalsees vor. Einige Arten von *Hexabathynella* dringen in marinen Sandstränden in oligo- bis polyhalines Wasser vor. Bathynellacea sind klein (0,5–3,4 mm) und wurmförmig schlank. Rund 160 Arten sind bekannt. Bathynellacea ähneln im Bau den Larven anderer Malakostraken. Dies und ihre Entwicklung deuten darauf hin, daß sie durch Progenesis, also

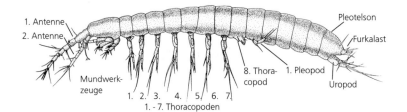

Abb. 769: Lateralansicht des Männchens von *Bathynella* sp. (Bathynellidae). Nach Schminke (1986).

durch Geschlechtsreifwerden larvaler Stadien der Vorfahren entstanden sind.

Bau

Auf das Cephalon folgen 8 freie Thoracomeren und 5 Pleomeren (Abb. 698, 769). Das 6. Pleomer bildet mit dem Telson ein Pleotelson, das kurze eingliedrige Furkaläste trägt. Die 1. Antennen haben 2 Geißeln. Die Mandibeln sind symmetrisch. Als Nahrung werden Detritus, Bakterien und Würmer verzehrt. Die 1.–7. Thoracopoden sind zweiästig. Bathynellaceen bewegen sich am Boden durch eine Kombination von Schwimm- und Schreitbewegungen fort. Einige können auch frei schwimmen. Die 8. Thoracopoden der Männchen sind zu einem Kopulationsorgan umgebildet, bei den Weibchen sind sie mehr oder weniger reduziert. Von den Pleopoden sind maximal die beiden ersten Paare und die griffelförmigen Uropoden vorhanden, die mit dem Pleotelson keinen Schwanzfächer bilden.

Die Eier werden frei abgelegt. Das Nauplius-Stadium wird im Ei verbracht. Die Postembryonalentwicklung ist in eine Larven- (Parazoëa) und eine Juvenilphase (Bathynellid) unterteilt. Auch die Parazoëa-Phase kann im Ei durchlaufen werden.

Antrobathynella stammeri (Bathynellidae), 1 mm. Im Grundwasser Europas von Irland bis Rumänien. Aus dem Ei schlüpft eine Parazoëa; Entwicklung bis zur Geschlechtsreife ca. 9 Monate. – *Baicalobathynella magna* (Bathynellidae), 3,4 mm. Größte Art der Bathynellacea, im Baikalsee auf sandigem Substrat bis in 1 440 m. – *Thermobathynella adami* (Parabathynellidae), 2,7 mm. Bei Temperaturen bis zu 55 °C in Thermalquellen von Zaire. – *Hexabathynella halophila* (Parabathynellidae), 1 mm. Einziger Vertreter der Bathynellacea im polyhalinen Bereich eines Sandstrandes bei Sydney (27 ‰).

4.5.3.2 Anaspidacea

Die etwa 20 Arten dieser Reliktgruppe sind in ober- und unterirdischen Gewässern Australiens und nur unterirdisch in Neuseeland und im südlichen Südamerika zu finden. Die Größe der oberirdischen Vertreter reicht von 7–50 mm, die der unterirdischen von 1,4–14 mm.

Bau

Das 1. Thoracomer ist mit dem Cephalon verschmolzen (Abb. 699, 770). Die 2.–8. Thoracomeren sind frei. Das Pleon hat 6 Segmente mit anhängendem Telson. Der Exopodit der 2. Antennen hat, wenn vorhanden, Schuppenform. Die 1. Thoracopoden können als Maxillipeden (Abb. 699) ausgebildet sein. Ihre Exopoditen, wenn vorhanden, sind schlauchförmig. Die 2.–7. Thoracopoden sind einheitlich im Bau (Abb. 700). Ihre Exopoditen, soweit vorhanden, sind vielgliedrig und tragen viele Borsten, die der 7. Thoracopoden sind schlauchförmig. Die 8. Thoracopoden haben weder Exopodite noch Epipodite. Sie stehen den anderen Thoracopoden entgegen; ihr Dactylus weist nach vorn. Die Pleopoden, soweit vorhanden, haben vielgliedrige Exopoditen und, wenn vorhanden, Endopoditen, die zu kleinen, kiemenartigen Anhängen reduziert sind (Abb. 770). Bei den Männchen sind sie an den 1. und 2. Pleopodenpaaren größer, zweigliedrig und bilden ein Petasma (Abb. 699), wobei die Endopoditen der 2. Pleopoden als Ganzes in der Rinne der 1. Pleopoden bewegt werden. Die Uropoden bilden mit dem Telson einen Schwanzfächer (nicht bei den Stygocarididae).

Zumindest an den 2.–7. Thoracopoden befinden sich 1 oder 2 Kiemen, von denen die proximale der Osmoregulation, die distale der Atmung dient.

Die Eier werden frei abgelegt. Die Männchen produzieren eine Spermatophore. Die Entwicklung ist direkt.

Anaspides tasmaniae (Anaspididae), 6 cm (Abb. 770). Weit verbreitet in Tasmanien in kleinen Hochlandbächen und moorigen Tümpeln besonders zwischen 900–1 000 m ü. M.; auch in Höhlen. Omnivor: Algen, Detritus, Kaulquappen, Würmer, Insektenlarven. Bis zur Geschlechtsreife 15 Monate; 3 Jahre und älter. Beliebte Beutetiere eingeführter Forellen. – *Paranaspides lacustris* (Anaspididae) bis 5 cm. Im Great Lake in Tasmanien, ernährt sich als Filtrierer sowie durch Abkratzen mit Hilfe der Maxillipeden von Detritus und Diatomeen von den Stielen von Wasserpflanzen. Schwimmt mit den Pleopoden. – *Parastygocaris andina* (Stygocarididae), bis 4 mm. Grundwasserführender Schotter eines Hochtales in den argentinischen Anden in ca. 2 000 m Höhe.

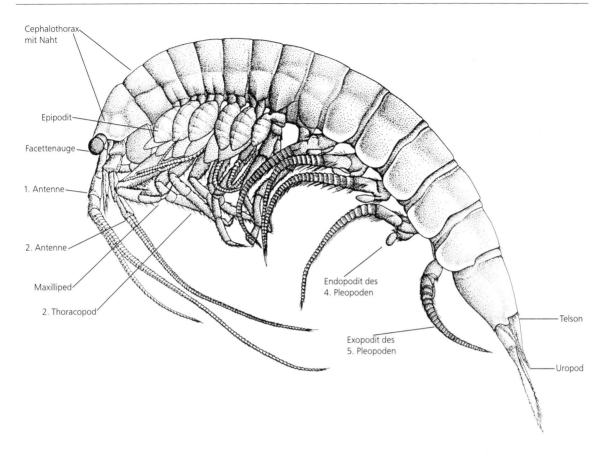

Cephalothorax mit Naht

Epipodit

Facettenauge

1. Antenne

2. Antenne

Maxilliped

2. Thoracopod

Endopodit des 4. Pleopoden

Exopodit des 5. Pleopoden

Telson

Uropod

Abb. 770: Lateralansicht des Weibchens von *Anaspides tasmaniae* (Anaspidacea). Maßstab: 10 mm. Nach Schminke (1978).

4.5.4 Eucarida

Die Zusammenfassung von **Euphausiacea, Amphionidacea** und **Decapoda** basiert auf der Tatsache, daß der Carapax dorsal mit mindestens 7 Thoracomeren verwachsen ist. Das Herz ist kurz und liegt im Thorax. Neuere Untersuchungen stellen die Monophylie der Eucarida infrage und schließen wegen Übereinstimmungen im Ommatidienbau der Facettenaugen auf eine engere Verwandtschaft der Euphausiacea mit Peracarida + Panacarida und Syncarida. Ihnen sollen als Schwestergruppe die Decapoda gegenüberstehen.

4.5.4.1 Euphausiacea, Leuchtkrebse

Leuchtkrebse sind marine Holoplanktonorganismen. Nur wenige Arten kommen in flachen Küstengewässern vor, und auch das Bathypelagial wird von nur wenigen besiedelt. Die große Mehrzahl lebt hochozeanisch im Epi- und im Mesopelagial. Viele Arten zählen mit ihrer Körperlänge von 5–7 cm zum Makroplankton oder sogar zum Mikronekton. Von den 85 bekannten Arten kommen 50 in allen Ozeanen vor, der Rest ist jeweils auf einen Ozean beschränkt.

Die ökologische Bedeutung der Euphausiaceen liegt in ihrem Massenvorkommen. Einige Arten bilden riesige Schwärme, die einen bedeutenden Anteil der Biomasse in den Weltmeeren repräsentieren und diese Arten zur Hauptnahrungsquelle für viele marine Tiere machen. Schwärme, z.B. von *Euphausia superba* im Südpolarmeer, können bei einer Dicke von 10 m mehrere Kilometer breit sein. In ihnen drängen sich bis zu 30 000 Individuen in 1 m^{-3} Meerwasser. Ein Schwarm kann insgesamt eine Lebendmasse von mehreren Millionen Tonnen Gewicht umfassen.

Neben *Euphausia superba* im Südpolarmeer und *Meganyctiphanes norvegica* in nördlichen Meeren sind noch 4 andere Arten wegen ihrer Schwarmgrößen besonders für die Bartenwale interessant; nur diese 6 Arten werden von norwegischen Walfängern „Krill" genannt.

Der Blauwal z.B., das größte Tier aller Zeiten, ernährt sich ausschließlich von Euphausiaceen. In seinem Magen haben 1200 l Krill Platz, was einem Gewicht von über 1 t entspricht. Seine tägliche Ration kann 4 t Krill betragen. Außer Walen stellen Robben, Fische (Hering, Dorsch, Schellfisch, Makrele usw.) und Seevögel den Leuchtkrebsen nach.

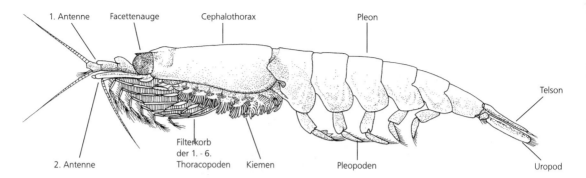

Abb. 771: Lateralansicht des Männchens von *Euphausia superba* (Euphausiacea). Nach Dzik und Jazdzewski (1978).

Neuerdings interessiert sich auch der Mensch für den wegen der Ausrottung der Wale im Südpolarmeer errechneten „Überschuß" an Krill. 1982 wurden mehr als 500 000 t Krill gefangen. Seitdem sind die Quoten eher rückläufig wegen folgender Eigenarten von *Euphausia superba*: hoher Fluoridgehalt, Löslichkeit von mehr als der Hälfte der Körperproteine in Wasser, große Menge hochaktiver, autolytischer Enzyme usw. Aber neue Verarbeitungstechnologien und das wachsende Interesse an Chitin als Rohstoff beleben die Nachfrage.

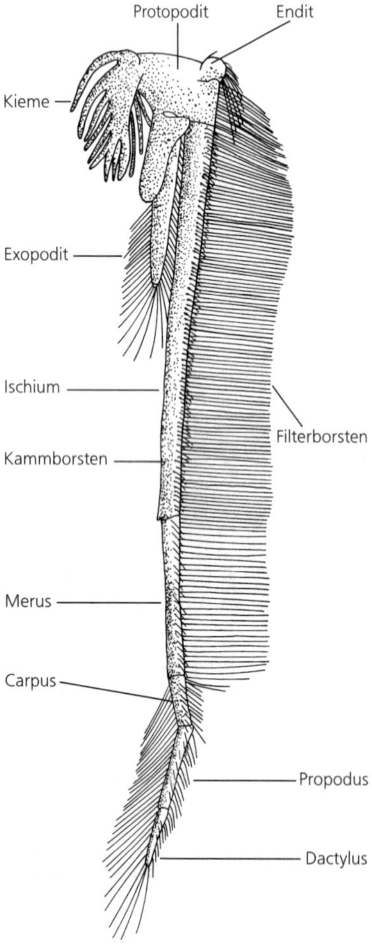

Bau

Der garnelenartige Körper der Euphausiaceen gliedert sich in einen Cephalothorax, bei dem alle Thoracomeren dorsal mit dem Carapax verwachsen sind, und ein Pleon, das zumindest doppelt so lang wie der Cephalothorax ist (Abb. 771). Der Carapax reicht seitlich nicht weit herab, so daß die Kiemen an den Beinansätzen frei sichtbar bleiben. Das schlanke, zugespitzte Telson trägt im hinteren Drittel beidseits je einen spitzen Fortsatz, den Subapikalanhang, der den Telsonhinterrand überragt.

Mit Ausnahme der Antennen dienen alle Extremitäten des Cephalothorax dem Erwerb der Nahrung und ihrer Bearbeitung. Man unterscheidet Filtrierer und Räuber. Letztere sind Einzelgänger, erstere neigen zur Schwarmbildung. Die Thoracopoden sind ursprünglich alle im Bau gleichartig mit zweigliedrigem Protopoditen, fünfgliedrigem Endopoditen und zweigliedrigem Exopoditen (Abb. 772). Die letzten beiden Thoracopodenpaare können weitgehend rückgebildet sein. Bei Räubern (*Nematoscelis, Stylocheiron*) sind 2. bzw. 3. Thoraxbeine (oder beide) verlängerte Raubbeine mit endständiger Schere oder anderen Umbildungen.

Bei den Filtrierern bilden die Thoracopoden einen komplizierten Fangkorb, der bei *Euphausia superba* besonders gut untersucht ist. Die 3 gestreckten basalen Glieder der vorderen 6 Thoracopodenpaare tragen an ihrer anterioren Seite einen durchgehenden Kamm langer Filterborsten, von denen jede auf einer Kammborste des Thoracopoden davor liegt (Abb. 773). Die Kammborsten stehen im rechten Winkel zu den Filterborsten an der Innenseite der Thoracopodenglieder. Die Filterborsten tragen auf beiden Seiten Fiedern 1. Grades, die distal mit denjenigen benachbarter Filterborsten Kontakt haben. In die Lücken zwischen diesen Fiedern ragen Fiedern 2. Grades, die halb so lang sind wie der Abstand zwischen den Fiedern 1. Grades. Die Kammborsten ähneln den Filterborsten, sind aber distal einseitig ausgezackt. Jede dieser beiden Bor-

Abb. 772: Medianansicht des 5. Thoracopoden von *Euphausia superba*. Nach Barkley (1940) aus Kaestner (1959).

stentypen bildet ein eigenes Netz, die beide im rechten Winkel zueinander stehen. Die Filterborsten bilden ein großflächiges Netz mit feinen Maschen (1–4 µm), die basalen Teile der Kammborsten ein kleinflächiges mit groben Maschen (25–40 µm). Diese Netze bilden die Seitenwände des Fangkorbes, der dorsal von der Bauchseite des Körpers und distal von den abgeknickten 3 Endgliedern der Thoracopoden begrenzt wird. Vorn sorgen median gerichtete Borsten des 1., hinten solche des 6. Thoracopodenpaares für seinen Abschluß.

Der Filtrationsvorgang ist eine „Pump- oder Kompressionsfiltration", wobei der Fangkorb rhythmisch erweitert und verengt wird. Zur Erweiterung werden die Thoracopoden nach vorn und außen bewegt, bei der Verengung zur Mitte unter gleichzeitigem Anpressen an den Körper. Bei der Erweiterung gleiten die Spitzen der Kammborsten zwischen den Filterborsten hindurch und erfassen dabei alle Partikeln, die bei der vorausgegangenen Verengung von den Filterborsten zurückgehalten worden sind und schieben sie dem Mund ein Stückchen näher. Da die Kammborsten im rechten Winkel zur Richtung der Gleitbewegung stehen, strömt Wasser durch ihre Basen in den Fangkorb hinein. Mit dem Wasser gelangen Partikeln bis zu einer Größe von 30 µm ins Innere. Am Beginn der anschließenden Verengung rutschen die Filterborsten zur Basis der Kammborsten und bleiben auf der Innenseite des vorangehenden Thoracopoden liegen. Der Zustrom weiteren Wassers durch den Grobfilter der Kammborsten wird damit unterbunden.

Durch die Verengung des Fangkorbes gerät das Wasser in ihm unter Druck und entweicht teilweise nach hinten durch die Kammborsten des 6. Thoracopodenpaares, teilweise seitlich durch die feinen Maschen des Filterborstennetzes. Die im Wasser enthaltenen Partikeln können nicht passieren und bleiben auf den Filterborsten liegen, wo sie bei der nächsten Erweiterung des Fangkorbes von den Kammborsten erfaßt und sukzessive zu den Mundwerkzeugen geschoben werden.

Diese „Pump-Filtration" wird bei normalem Nahrungsangebot im Wasser durchgeführt. Bei niedrigerer Nahrungskonzentration schwimmt der Krill mit geöffnetem Fangkorb umher und seiht alles aus dem Wasser, was er bekommen kann, auch Partikeln größer als 30 µm. – Mit speziellen Kratzborsten am Dactylus kann der Krill auch Diatomeen und andere Algen von der Unterseite des Eises abkratzen. Wie erst kürzlich bestätigt wurde, übersteht er so den antarktischen Winter, ohne hungern zu müssen, wie man früher annahm.

Zur Fortbewegung benutzen die Euphausiaceen ihre 5 Pleopodenpaare, die am Hinterrand der Segmente ansetzen und in gestrecktem Zustand ein Viertel der Körperlänge erreichen können. An den zweigliedrigen Protopoditen inserieren die flachen, eingliedrigen, beborsteten Endo- und Exopoditen.

Die Pleopoden erlauben ein ausdauerndes Schwimmen. *Euphausia superba* z.B. kann bei einer Geschwindigkeit von 13 cm s^{-1} (11 km/Tag) lange Wanderungen durchstehen und gegen Strömungen anschwimmen. Es ist deshalb nicht ungerechtfertigt, sie als Nektonorganismus zu betrachten. Da die Schwimmgeschwindigkeit körpergrößenabhängig ist, kann es keine Mischschwärme mit großen und kleinen Tieren geben. Das könnte eine Erklärung dafür sein, daß Schwärme immer nur aus Individuen gleicher Altersklasse bestehen. Die minimale Schlagfrequenz

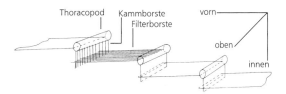

Abb. 773: Schematische Darstellung eines Ausschnitts des Filterkorbes von *Euphausia superba* (Euphausiacea), bei der nur 2 Bereiche des Borstengitters im Detail ausgeführt sind. Nach Kils (1983).

beträgt 2,4 Schläge s^{-1}. Die Höchstgeschwindigkeit ist 40 cm s^{-1} (9 Körperlängen s^{-1}), wobei die Schlagfrequenz auf 10 Schläge s^{-1} hochschnellt. Der Krill ist damit kaum langsamer als schnell schwimmende Fische vergleichbarer Größe.

Das **Nervensystem** zeigt im Bereich des Cephalothorax Verschmelzungen von Ganglien und Verkürzungen von Konnektiven. Im Pleon sind die Konnektive dagegen sehr lang, aber median zu einem einheitlichen Strang verschmolzen. Die gestielten Facettenaugen sind auffällig groß. Es gibt einfache (sphärische) und geteilte, sog. Doppelaugen. Diese sind durch eine Einschnürung in ein dorsal gerichtetes Front- und ein lateral gerichtetes Seitenauge unterteilt. Das Frontauge hat größere Kristallkegel als das Seitenauge. Im Einfachauge haben alle Kristallkegel gleiche Größe. Doppelaugen kommen bei Arten mit Raubbeinen vor.

Ihren Namen verdanken die Leuchtkrebse Leuchtorganen (Abb. 774), von denen meist 10 vorhanden sind: in jedem Augenstiel eines, je eines in den Coxen der 2. und 7. Thoracopoden und je eines in der Mitte der vorderen 4 Pleosternite. Die Organe bestehen aus einem zentralen Streifenkörper, in den große Drüsenzellen Leuchtsubstanzen abgeben. Die Drüsenzellen werden umfaßt von einem mehrschichtigen Reflektor und einem roten Pigmentmantel. Vor dem Streifenkörper liegt eine Linse, die irisblendenartig von einem Lamellenring umschlossen ist. Das Ausstrahlen der Lichtblitze wird nervös gesteuert.

Der kurze Oesophagus des **Darmtrakts** mündet in einen Kaumagen, der im Gegensatz zu dem anderer Malakostraken keinen Sekundärfilter hat. In der Cardia räuberischer Arten sind Zähne ausgebildet. Am Übergang von Kaumagen zu Mitteldarm entspringen dorsale Caeca und die paarigen Mitteldarmdrüsen. Antennennephridien dienen der Exkretion. Vom sackförmigen Herzen mit 2 Paar Ostien hinten im Cephalothorax gehen 1 Kopfaorta, 3 Paar Seitenarterien und 1 unpaare Seitenarterie aus, die die Subneuralarterie unter der Ganglienkette speist. Die Abdominalarterie ist paarig oder unpaar und hat metamere Seitenzweige. Die Atmung geschieht über die auffälligen Epipodialkiemen, die an den 1. Thoracopoden unverzweigt sind und an den

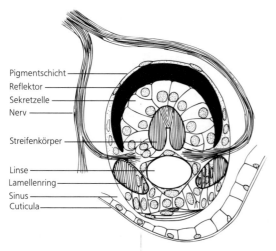

Pigmentschicht
Reflektor
Sekretzelle
Nerv

Streifenkörper

Linse
Lamellenring
Sinus
Cuticula

Abb. 774: Schematischer Schnitt durch das Leuchtorgan von *Nematoscelis tenella* (Euphausiacea). Nach Gruner (1969).

folgenden Beinen an Größe und Zahl der Verzweigungen zunehmen.

Die Hoden sind entweder paarige Schläuche oder ein hufeisenförmiges Organ mit lateralen Divertikeln. Die geschlängelten Vasa deferentia können zu einer Samenblase erweitert sein und münden auf den Coxen der 8. Thoracopoden oder dem Sternit des letzten Thoracomers. Die Spermien werden in einer Spermatophore übertragen. Bei ihrem Transfer spielen vermutlich die beiden ersten Pleopoden eine Rolle, die beim Männchen ein kompliziertes Petasma bilden. Das Ovar ist ebenfalls hufeisenförmig. Der Ovidukt mündet auf der Coxa der 6. Thoracopoden oder auf einer von der Coxa abgegliederten Platte, die zusammen mit einer Duplikatur des 6. Thoracalsternits eine Höhlung, das Thelycum, bildet.

Fortpflanzung und Entwicklung

Die Eier werden frei abgelegt oder als Masse an den hinteren Thoracopoden getragen. Sie haben eine größere Dichte als Meerwasser und sinken deshalb schnell in größere Tiefen (bis 1 500 m) ab. Dort schlüpfen Nauplien, die mit dem Aufstieg beginnen. Sie haben keine funktionstüchtigen Mundwerkzeuge. Die Nahrungsaufnahme setzt mit der nächsten Larvenphase ein, der Calyptopis. An sie schließen sich die Furcilia- und schließlich die Postlarvalphase (Cyrtopia) an.

Thysanopoda cornuta (Euphausiidae), 10 cm. Größter Leuchtkrebs. Bathypelagisch im Atlantik, Pazifik und Indischen Ozean, erwachsene Individuen leben unter 2 000 m, Jugendstadien etwas darüber. – *Meganyctiphanes norvegica* („Nördlicher Krill") (Euphausiidae), 4 cm; im Nordatlantik und Mittelmeer, tagsüber in 100–500 m Tiefe, führt tägliche Vertikalwanderungen durch; Fortpflanzungszentren sind der Golf von Maine, der St. Lorenz-Golf, die Gewässer südlich von Island und das Nordmeer bis 70°N, bildet riesige Schwärme, die Finnwale u. a. anlocken. – *Euphausia superba* („Südlicher Krill") (Euphausiidae), 6,5 cm (Abb. 771). Beschränkt auf das Südpolarmeer, bildet riesige Schwärme, Gesamtbestand geschätzt auf über 300 Trillionen (10^{18}) Individuen. Mit Gewicht von über 1 g zu schwer, um im Wasser zu schweben; muß deshalb ständig schwimmen; würde in 3 h bis 500 m absinken; Dauerschwimmen verursacht sehr hohen O_2-Verbrauch, der nur in den oberen Wasserschichten gedeckt werden kann; erwachsener Krill deshalb nur in den oberen 250 m zu finden; Metabolismus für einen Leuchtkrebs dieser Größe und bei den niedrigen Wassertemperaturen enorm hoch, deshalb hoher Nahrungsbedarf; zu seiner Deckung müssen täglich 50–100 l Meerwasser filtriert und rund 35 mg Phytoplankton (Naßgewicht) konsumiert werden.

4.5.4.2 Amphionidacea

Die einzige Art, *Amphionides reynaudi* (Abb. 775), kommt weltweit pelagisch im Meer zwischen 35° N und 35° S in Tiefen von 700–2 000 m vor. Ihre

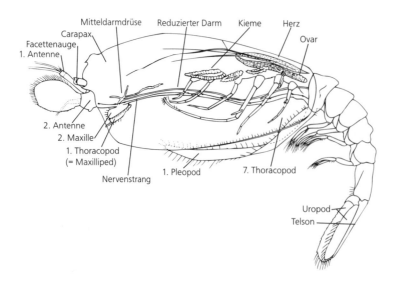

Mitteldarmdrüse   Reduzierter Darm   Kieme   Herz

Carapax
Facettenauge
1. Antenne

Ovar

2. Antenne
2. Maxille
1. Thoracopod
(= Maxilliped)

Nervenstrang

1. Pleopod   7. Thoracopod

Uropod
Telson

Abb. 775: Lateralansicht eines Weibchens von *Amphionides reynaudii* (Amphionidacea). Nach Williamson (1973) aus Abele und Felgenhauer (1982).

Larven finden sich in den oberen 100 Metern. Die Weibchen messen 25 mm. Die Art wurde früher bei den Decapoda eingeordnet.

Der Carapax ist sehr dünn und aufgeblasen und reicht bei den Weibchen seitlich so weit herunter, daß er alle Extremitäten des Cephalothorax bedeckt. Letzterer nimmt zwei Drittel der Körperlänge ein. Die 1. Antennen haben keine Statocyste. Die Mundwerkzeuge sind rudimentär bis auf die Scaphognathiten der 2. Maxillen. Die 1. Thoracopoden sind Maxillipeden und liegen weit vor den 2. Thoracopoden, die wie die restlichen nur einen sehr kurzen Exopoditen haben. Bei den Weibchen fehlen die 8. Thoracopoden. Das Pleon besteht aus 6 Segmenten, die alle Pleopoden tragen. Bei den Männchen sind sie zweiästige Schwimmbeine. Bei den Weibchen ist das 1. Paar einästig und so lang, daß es nach vorn bis fast zu den Maxillipeden reicht. Es bildet vermutlich zusammen mit dem Carapax eine Brutkammer. Stielaugen sind vorhanden. Der Darmtrakt der Weibchen ist rudimentär, vermutlich nehmen sie keine Nahrung mehr auf.

4.5.4.3 Decapoda, Zehnfüßer

Die Zehnfüßer sind mit ihren rund 10 000 Arten eine der artenreichsten Crustaceengruppen. Auch wenn bereits mehr Ostracoden, Copepoden und Isopoden beschrieben wurden, werden sie in einem noch lange unübertroffen bleiben: man weiß besser und über mehr Arten bei ihnen Bescheid als bei allen anderen Gruppen, gehören doch zu ihnen so bekannte Vertreter wie Hummer, Languste, Garnelen, Einsiedler und Krabben, bei denen es sich meist nicht nur um große, auffällig sichtbare Tiere handelt, sondern von denen die meisten auch für den Menschen von z.T. großer wirtschaftlicher Bedeutung sind.

Die kleinste Art (ca. 1 mm) ist eine Garnele (Palaemonidae), die größte eine Languste (*Jasus huegeli*) von 60 cm Länge. Auch die Art mit der größten Extremitätenspannbreite aller Arthropoden überhaupt gehört zu den Decapoda: *Macrocheira kaempferi*, die japanische Riesenseespinne, hat Scherenbeine, die seitlich ausgestreckt 3–4 m überspannen.

Decapoda sind in allen Weltmeeren verbreitet, allerdings in polaren Gewässern nur in geringer Artenzahl. Sie sind überwiegend Bodenbewohner und kommen vom Meeresstrand bis in die Tiefsee vor. Besonders artenreich treten sie im Litoral von der obersten Spritzwasserzone bis zur Schelfkante auf. Rein pelagische Arten sind selten, obgleich etwa Garnelen über gutes Schwimmvermögen verfügen. In mehreren unabhängigen Linien ist der Vorstoß ins Süßwasser gelungen, und mehrfach ist auch der Übergang zum Landleben vollzogen worden. Die ursprüngliche Heimat der Decapoda aber ist das Meer, und dorthin müssen auch heute noch ihre landlebenden Vertreter zurück, wenn sie sich fortpflanzen wollen.

Krebsfleisch ist für den Menschen eine Delikatesse und deshalb ökonomisch ein gewinnträchtiges Fischereiprodukt. Im Mittelalter und im 19. Jahrhundert war das in

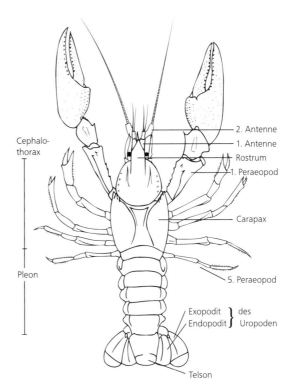

Abb. 776: Dorsalansicht von *Orconectes limosus* (Decapoda). Nach Gledhill, Sutcliffe und Williams (1993).

Deutschland teilweise anders. Da galten z.B. Flußkrebse als Volksnahrungsmittel, und es mußte verboten werden, Dienstboten mittags mehr als einmal die Woche damit zu behelligen. Etwa 3 Mill. t decapode Speisekrebse werden gegenwärtig im Jahr angelandet, davon 73% Garnelen, 20% Krabben (Brachyura) und 7% Langusten, Hummer und Flußkrebse. Obgleich z.B. Garnelen nur etwa 1 bis 2% des jährlichen Weltfischereiertrags ausmachen, sind sie am Wert dieses Ertrags mit 5% beteiligt. Das Einzelgewicht der auf den Markt kommenden Garnelen reicht von wenigen Gramm bis zu 100 g und mehr. Fische dieser Größenklasse wären schwierig zu verarbeiten. Das ist bei Garnelen anders, da ihr Pleon außer Muskulatur kaum Eingeweide enthält und vom Rest des Körpers leicht zu trennen ist. Bei Penaeiden macht das Pleon 60% des Gesamtkörpergewichts aus. Garnelenfleisch läßt sich überdies ohne Geschmackseinbußen tieffrieren, und die Cuticula verhindert Beschädigungen während des Verarbeitungsprozesses. „Shrimps" sind Garnelen, von denen mehr als 200 Stück auf ein Kilo kommen. Es sind meist Kaltwasserarten, die zudem überwiegend aus der Tiefsee stammen. „Prawns" (meist Penaeida) sind größer und Warmwassergarnelen. In Indien, Ostasien und den U.S.A. werden sie in großem Maßstab in Aquakulturen gezüchtet.

Wie bei den Garnelen kommt es bei Langusten, Hummern und Flußkrebsen für den Verzehr vor allem auf das Pleon an, bei Hummern und Flußkrebsen zusätzlich auf das zarte Fleisch der großen Scheren. Das Fleisch dieser Krebse ist noch teurer als das der Garnelen, da wegen der relativ langen Entwicklungszyklen und teilweise strengen Schutzvorschriften zur Verhinderung von Überfischung der Ertrag drastisch geringer ist. Bei Krabben wird vor

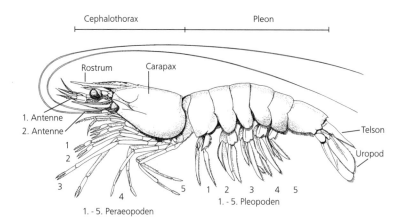

Abb. 777: Lateralansicht eines Weibchens von *Penaeus setiferus* (Decapoda, Dendrobranchiata). Nach Abele und Felgenhauer (1982).

allem das Fleisch der Beine, Scheren und des Cephalothorax gegessen sowie Mitteldarmdrüse und Eierstöcke. Einige Arten (z.B. die Blaukrabbe *Callinectes sapidus*) werden auch vollständig verzehrt, wenn sie direkt nach der Häutung ganz weich sind (Butterkrebsstadium).

Abb. 778: *Galathea squamifera* (Decapoda, Reptantia), Furchenkrebs; aus dem Felslitoral von Helgoland. Original: W. Westheide, Osnabrück.

Bau

Die Decapoda haben eine Fülle unterschiedlicher Körperformen hervorgebracht, doch das Grundmuster ist bei allen noch erkennbar. Der Körper gliedert sich in nur 2 **Tagmata**: Cephalothorax und Pleon (Abb. 776). In ersteren sind alle 8 Thoracomeren einbezogen. Dies geschieht durch Vermittlung des Carapax, der nach hinten über den gesamten Thorax reicht und dorsal mit allen Thoracomeren verschmolzen ist. Lateral reicht er bis zu den Beinbasen herab und läßt zwischen sich und der Körperwand je eine Höhle frei, in die die Kiemen hineinragen (Abb. 705). Durch diese Kiemenhöhlen wird ein Wasserstrom gepumpt, wobei der große Exopodit der 2. Maxillen (Scaphognathit) als Motor dient. Die 3 vordersten Thoracopoden sind zu Maxillipeden geworden, die sich im Bau von hinten nach vorn graduell den Mundwerkzeugen annähern und in den Dienst der Nahrungsaufnahme treten. Sie haben noch Spaltbeincharakter im Gegensatz zu den 5 nach hinten auf sie folgenden, äußerlich deutlich sichtbaren Peraeopodenpaaren (Name!), deren Exopodit reduziert ist. Alle Thoracopoden tragen Kiemen, deren Zahl allerdings variiert. Nur bei den 1. Maxillipeden sind sie stets rudimentär oder fehlen ganz. Die Pleopoden sind Spaltbeine mit wenigliedrigen Ästen. Teile der beiden vordersten Paare wirken bei den meisten Männchen als Petasma (Abb. 702) im Dienste der Spermaübertragung zusammen. Die Uropoden bilden mit dem Telson einen Schwanzfächer.

Die **Körperform** zeigt 2 Extreme: den garnelenartigen (caridoiden) (Abb. 777) und den krabbenartigen (cancroiden) Habitus (Abb. 779). Garnelen haben meist einen zylindrischen, seitlich leicht zusammengedrückten Körper, dessen Carapax vorn zwischen den Augen in einen kielartigen, meist gesägten Vorsprung, das Rostrum, ausläuft. Ihre Antennen sind geißelförmig. Die ersten 2–3 Paar Peraeopoden tragen endständige Scheren. Das Pleon

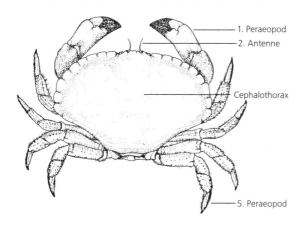

Abb. 779: Dorsalansicht von *Cancer pagurus* (Decapoda, Brachyura). Nach Christiansen (1969) aus Abele und Felgenhauer (1982).

Abb. 780: Frontalansicht der Winkerkrabbe *Uca crassipes* (Decapoda, Brachyura) aus dem Litoral von Hainan (Südchina). Orignal: W. Westheide, Osnabrück.

ist wohlgegliedert, trägt Schwimmbeine und endet in einem Schwanzfächer.

Dieser Körperbau erlaubt 3 Arten der Fortbewegung: Schreiten mit Hilfe der letzten 4–3 Peraeopodenpaare, Vorwärtsschwimmen mit Hilfe der Pleopoden und blitzartiges rückwärts gerichtetes Davonschießen mit Hilfe des Schwanzfächers. Garnelen haben meist eine dünne, schwach verkalkte Cuticula, sind dadurch leicht und zum freien Schwimmen prädestiniert. Dennoch sind auch sie in der Regel Bodenbewohner, die nur gelegentlich kurze Entfernungen schwimmen.

In völligem Kontrast dazu steht der Krabbenhabitus. Der Cephalothorax ist stark verbreitert und abgeflacht (Abb. 705, 779–781). Der Carapax ist gewöhnlich breiter als lang und seitwärts stark ausgebuchtet, so daß die Kiemenhöhle im Querschnitt dreieckig wird. Ein auffälliges Rostrum ist nicht vorhanden. Die beiden Antennen sind kurz. Vor den Peraeopoden liegt ein Mundfeld, das ganz von den 3. Maxillipeden abgedeckt wird, so daß von den übrigen Mundwerkzeugen nichts zu sehen ist. Die 1. Peraeopoden haben kräftige Scheren, die auf beiden Körperseiten sehr unterschiedlich groß sein können (Heterochelie). Die größere Schere („Knackschere") ist kräftiger und wird zum Zerquetschen von Beute (z.B. Mollusken) eingesetzt, die kleinere arbeitet schneller und wird zum Schneiden benutzt. Das Pleon ist ein unscheinbarer, kurzer und schmaler Anhang, der nach vorn geklappt unter dem Cephalothorax getragen wird. Die Pleopoden werden nie zum Schwimmen benutzt. Bei den Weibchen dienen sie der Befestigung der Eier; bei den Männchen existiert nur ein Petasma aus den ersten beiden Pleopoden. Ein Schwanzfächer ist nicht vorhanden und somit kein Rückwärtsschwimmen durch rasche Pleonkrümmung möglich.

Durch die Reduktion des Pleons wurde der Schwerpunkt unter den Cephalothorax verlagert und damit zwischen die Peraeopoden. Diese Veränderung ist vorteilhaft für das Laufen, da kein Hinterleib mehr nachgeschleppt zu werden braucht. Krabben können sich vor-, rück- und seitwärts bewegen. An der Anordnung der Sternite kann man erkennen, welche Krabben sich in alle Richtungen und welche sich vornehmlich seitwärts bewegen. Bei ersteren sind die Sternite radial, bei letzteren im rechten Winkel zur Längsachse angeordnet. Wenn Krabben schnell laufen müssen, geschieht dies immer seitwärts („Dwarslöper"). Dabei wirken die Beine beider Körperseiten so zusammen, daß die in Fortbewegungsrichtung liegenden Zug ausüben, indem sie sich mediad krümmen, und die gegenüberliegenden drücken, indem sie sich strecken. Auf diese Weise können beachtliche Geschwindigkeiten erreicht werden. In der Gezeitenzone tropischer Strände lebende Reiterkrabben (*Ocypode*) bringen es auf mehr als 1,6 m s^{-1}. Krabben sind also typische Bodenbewohner, von denen einige auch geschickt auf Bäume klettern und andere tiefe und weitläufige Gangsysteme graben können. Einige wenige haben sekundär die Schwimmfähigkeit durch Umwandlung der beiden Endglieder der 5. Peraeopoden zu breiten Rudern wiedererlangt (Schwimmkrabben).

Die Einsiedlerkrebse repräsentieren einen eigenen, etwas aberranten Habitustyp (Abb. 782). Ihr Pleon ist asymmetrisch gebaut und wurstförmig geschwollen, da es innere Organe (Mitteldarm-

Abb. 781: Sexualdimorphismus beim Muschelwächter *Pinnotheres pisum* (Decapoda, Brachyura). Links Männchen, rechts Weibchen (Durchmesser 13 mm); beide zusammen in der Mantelhöhle größerer Bivalvia. Original: W. Westheide, Osnabrück.

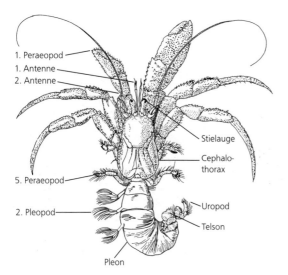

1. Peraeopod
1. Antenne
2. Antenne
Stielauge
Cephalo-
thorax
5. Peraeopod
2. Pleopod
Uropod
Telson
Pleon

Abb. 782: Dorsalansicht des Einsiedlerkrebses *Eupagurus bernhardus* (Decapoda). Schneckenschale entfernt. Nach Calman (1911) aus Kaestner (1959).

drüse, Gonaden, Teile des Nephridiums) enthält, die sonst bei den Decapoda im Thorax lokalisiert sind. Es wird zum Schutz in meist rechts gewundenen Schneckenschalen untergebracht und ist deshalb selbst so gebogen. Nur die Pleomeren 1 und 6 haben eine verkalkte Cuticula, die ansonsten biegsam und dünn ist. Meist sind bis auf die Uropoden alle rechten Pleopoden reduziert. Auf der linken Seite sind sie erhalten, um einen Atemwasserstrom am dünnhäutigen Pleon entlangzutreiben. Bei den Weibchen dienen sie zusätzlich dem Anheften der Eier. Der „Schwanzfächer" ist zu einer asymmetrischen Haltevorrichtung geworden, die in der Größe den oberen Gehäusewindungen angepaßt ist. Die linken Uropoden sind größer als die rechten. Beide weisen raspelartige Flächen auf, die Versuche erschweren, das Tier aus dem Gehäuse zu ziehen.

Der Carapax ist nur dorsal schwach verkalkt. Die 1. Peraeopoden haben stets große Scheren, von denen die größere als Deckel zum Verschließen des Gehäuseeingangs dienen kann. Um diesen Deckel der Mündung genau anzupassen, ziehen sich viele Arten gleich nach der Häutung in die Schneckenschale zurück und pressen die Schere so fest gegen die Mündung, daß sich deren Form der erhärtenden Schere aufprägt. Die beiden folgenden Peraeopoden dienen der Fortbewegung, während die 4. und 5. Peraeopodenpaare verkürzt sind und gegen den Mündungsrand der Schale gestemmt werden, um sie in Position zu halten. An ihrer Spitze haben beide raspelartige Flächen wie die Uropoden.

Decapoda können sehr farbenprächtig sein. Die Farbstoffe befinden sich in der äußeren Cuticula oder in Chromatophoren des Unterhautbindegewebes. Die Ausbreitung bzw. Konzentration des Farbstoffes in letzteren wird durch Hormone gesteuert. Die Färbung in der Cuticula beruht auf

einem Astaxanthin-Protein-Komplex, der bei Denaturierung (etwa Kochen) rote Farbe ergibt.

Das **Nervensystem** besteht aus einem Oberschlund- und einem großen Unterschlundganglion, in dem die Ganglien der Mundwerkzeuge und Maxillipeden vereinigt sind. Die Ganglien der sich anschließenden Segmente zeigen je nach Habitustyp ein unterschiedliches Maß an Konzentration. Beim Garnelentypus (Abb. 702) folgt je 1 Ganglienpaar pro Segment (insgesamt also 11). Jedes Einzelganglion entsendet 3 Nerven. Beim Krabbentyp (Abb. 703) sind alle Pleonganglien nach vorn in den Cephalothorax verlagert und mit den übrigen postantennalen Ganglien zu einer einheitlichen Masse verschmolzen. Riesenaxone lösen den rhythmischen Schwanzfächerschlag des Pleons aus.

Als **Sinnesorgane** treten unterschiedliche Typen von Sinnensborsten, Statocysten und Augen auf. Die Statocysten sind chitinig ausgekleidete Einstülpungen der Oberfläche im Grundglied der 1. Antennen. In ihnen befindet sich ein Statolith, der entweder von den Krebsen selbst abgeschieden wird oder ein Fremdkörper (Sandkörnchen) ist, der mit den Scheren in die Statocyste gestopft wird. Da die Statocysten mitgehäutet werden, sind jeweils neue Statolithen erforderlich. Naupliusaugen bleiben bei Adulten gelegentlich erhalten. Die Facettenaugen sind gestielt und sehr beweglich.

Der **Darmtrakt** ist ein gerades Rohr und besteht bis auf ein kurzes Stück Mitteldarm fast ganz aus Stomodaeum und Proctodaeum. Ersteres unterteilt sich in einen kurzen Oesophagus und einen großen Magen mit einer vorderen Kammer (Cardia oder Kaumagen) und einer hinteren Kammer (Pylorus oder Filtermagen) (Abb. 704).

Die Mundwerkzeuge reißen nur Brocken von der Nahrung ab, zerkleinern sie aber nicht. Die mit der Schere ergriffene Nahrung wird von den 3. Maxillipeden zwischen die vorderen Mundwerkzeuge gestopft, die von ihr ein Stück abreißen, während sie zwischen den Mandibeln festgeklemmt ist. Die meisten Decapoda sind Räuber oder Aasfresser. Auch Kannibalismus ist weitverbreitet. Die limnischen und terrestrischen Arten ernähren sich überwiegend von Pflanzen, nehmen aber auch Aas. Detritusfresser sortieren mit den Maxillipeden organisches Material aus dem Sediment, indem sie sich einer Flotationsmethode bedienen. Auch Filtrierer sind unter Decapoda nicht selten, wobei Borsten an den 2. Antennen, den Maxillipeden oder den vorderen Peraeopoden als Filter dienen. Funktion des Kaumagens siehe S. 506.

Die Antennennephridien (Abb. 702) bestehen aus einem Sacculus, dessen Oberfläche durch Einfaltungen stark vergrößert ist, einem gewundenen Exkretionskanal, der den Sacculus umschlingen kann, und einer Harnblase, die nach außen mündet.

Decapoda aus Lebensräumen mit ständig wechselndem Salzgehalt können aktiv osmoregulieren. Sie halten den Salzgehalt ihrer Hämolymphe dadurch weitgehend konstant, daß über das Nephridium nur wenig Salze abge-

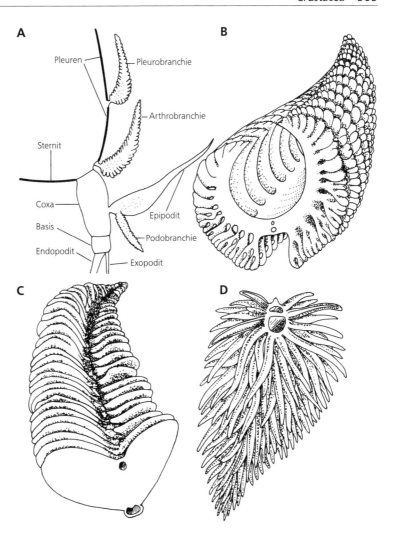

Abb. 783: Kiemen der Decapoda. A. Kiemenbezeichnungen nach ihrer Lage am Körper. B-D. Typen. B. Dendrobranchie. C. Phyllobranchie. D. Trichobranchie. A Nach Hong (1988) aus Taylor und Taylor (1992), B-D nach Felgenhauer (1992) und Gruner (1993).

schieden und bei Bedarf über die Kiemen Salze aufgenommen werden.

Das **Herz** liegt im hinteren Cephalothorax und hat maximal 5, meist aber nur 3 Ostienpaare (Abb. 702). Von ihm nach vorne ziehen 2 Paar Arterien: einerseits die Kopfarterie, die die 1. Antennen, Oberschlundganglion und Augen mit frischer Hämolymphe versorgt und an ihrer Basis einen Seitenzweig abgibt, der zur Muskulatur von Mandibeln und Magen zieht; andererseits die „Leberarterie", die sich an der Mitteldarmdrüse aufzweigt. Am hinteren Ende des Herzens entspringen ebenfalls 2 Arterien: die Schwanzarterie, die mit segmentalen Seitenarterien die Pleopoden 2–5 und teilweise die Pleonmuskulatur versorgt, und die senkrecht nach unten ziehende Sternalarterie (Arteria descendens), die unter dem Nervensystem in die Subneuralarterie mündet, von der im Cephalothorax alle Extremitäten außer den Antennen und im Pleon die 1. Pleopoden sowie teilweise die dortige Muskulatur mit

Hämolymphe beliefert werden. (Funktion des Kreislaufsystems, S. 507).

Geatmet wird mit **Kiemen**, von denen bis zu 4 am Übergang zwischen einem Thoracopoden und dem Körper ausgebildet sein können (Abb. 783). Eine erhebt sich auf der Coxa (Podobranchie), 1–2 stehen auf der Gelenkhaut zwischen Coxa und Sternum (Arthrobranchie) und eine weitere darüber als Ausstülpung der Rumpfhaut (Pleurobranchie). Ein lamellenförmiger Anhang mit der Bezeichnung Epipodit kann neben ihnen auch noch ausgebildet sein, der der Kanalisierung des Atemwasserstroms dient. Die Kieme besteht aus einem Schaft, in dem zu- und abführende Gefäße verlaufen und von dem sich seitlich Vorstülpungen zwecks Oberflächenvergrößerung erheben. Je nach Art dieser Ausstülpungen werden 3 taxonomisch wichtige Kiementypen unterschieden (Abb. 783 B–D): (1) Dendrobranchien mit fiederartig verzweigten, (2) Trichobranchien mit schlauchförmigen und

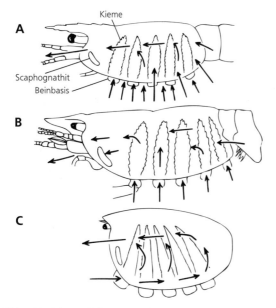

Abb. 784: Schematische Darstellung der Wasserströmung (Pfeile) durch die Kiemenhöhle dreier Vertreter der Decapoda bei zunehmender Beschränkung der Einstrommöglichkeiten. A Garnele: Zutritt des Wassers überall entlang des hinteren und ventralen Carapaxrandes. B Langschwänzige Reptantia: Zutritt des Wassers an den Beinbasen und am Carapaxhinterrand. C Brachyura: Zutritt des Wassers nur an der Basis des Scherenbeines (1. Peraeopod). Nach Barnes (1980).

(3) Phyllobranchien mit blattförmigen Anhängen.

Die Kiemen ragen in eine Höhle, die innen von der Körperwand und außen von den Seitenwänden des Carapax (Branchiostegite) (Abb. 705) begrenzt wird. Durch diese Höhle wird ein Atemwasserstrom getrieben. Pumpstation ist eine kleine vordere Kammer (Praebranchialkammer), in der der Scaphognathit der 2. Maxille durch komplexe schaufelnde Bewegungen einen Vorwärtsstrom erregt, der die Kammer durch eine Öffnung an der Basis der 2. Antenne verläßt. Der Einstrom ist unterschiedlich geregelt (Abb. 784).

Bei Garnelen legt sich der Carapax nur locker den Beinbasen an, so daß Wasser überall entlang seines hinteren und ventralen Randes in die Kiemenhöhlen eintreten kann, bei den langschwänzigen Reptantia geht das nur noch am hinteren Rand und direkt an den Beinbasen. Bei den Krabben schließlich liegt der Carapax den Beinbasen so eng an, daß jederseits nur noch eine einzige Einströmöffnung an der Basis des Scherenbeines übrigbleibt. In den Kiemenhöhlen fließt das Wasser normalerweise von ventral nach dorsal, wobei es von der rinnenartig gewölbten Epipodialanhängen (Epipodite) kanalisiert wird, und oberhalb der Kieme fließt es nach vorn und durch die Praebranchialkammern nach außen. Bei den Krabben führt die vordere Lage der Einströmöffnung dazu, daß das Wasser zunächst am Boden der Kiemenhöhlen nach hinten strömt, bevor es durch die Kiemen nach dorsal und von dort nach vorn gesogen wird (Abb. 784 C).

Der enge Verschluß der Atemhöhlen bei den Krabben begünstigt ihren Übergang zum Landleben, da so die geringste Gefahr besteht, daß die Kiemen austrocknen, die zumeist auch an Land als Atemorgane beibehalten werden. Für das Feuchthalten der Kiemen sind bei den amphibisch oder völlig an Land lebenden Krabben unterschiedliche Mechanismen ausgebildet. Bei einigen Grapsidae und den Landkrabben (Gecarcinidae) sind die Kiemenhöhlen stark erweitert und ihre Innenflächen reich mit Kapillaren versorgt, so daß zusätzlich eine Art Lunge entsteht. Beim Palmendieb, *Birgus latro*, ragen von den Wänden traubig verzweigte Vorsprünge hervor, die die Lungenoberfläche enorm vergrößern. Nicht Wasser, sondern Luft wird von den Scaphognathiten bei ihm durch die Atemhöhlen gepumpt. Die Kiemen sind rudimentär. Trotz dieser weitgehenden Anpassungen an das Landleben muß auch er zur Eiablage zurück zum Meer.

Die **Geschlechter** sind getrennt (Abb. 781). Nur bei einigen Garnelengattungen kommt protandrischer Hermaphroditismus vor; die Geschlechtsumwandlung hängt mit der Degeneration der androgenen Drüse zusammen. Die Hoden sind paarige, durch Querbrücken verbundene Schläuche, die im Cephalothorax zwischen Herz und Darm liegen und über paarige Vasa deferentia nach außen münden. Die Geschlechtsöffnung kann (z.B. bei Brachyura) in einen Penisanhang verlängert sein. Zusätzlich haben die Männchen ein Petasma (Abb. 702). Die Ovarien haben gleiche Lage und etwa ähnliches Aussehen wie die Hoden. Die Ovidukte entspringen seitlich und führen zu Geschlechtsöffnungen auf dem 3. Peraeomer. Bei den Brachyuren münden die Ovidukte in je ein chitinig ausgekleidetes Receptaculum seminis, und erst dieses führt nach außen. Bei anderen Decapoda können Samenbehälter (Thelycum) als Einstülpungen des letzten Thoracalsternits vorhanden sein. Da sie nicht mit den Ovidukten in Verbindung stehen, ist bei ihnen die Befruchtung eine äußere, während es bei den Brachyura eine innere ist.

Fortpflanzung und Entwicklung

Bei der Geschlechterfindung spielen Pheromone eine wichtige Rolle, bei landlebenden Formen optische Signale. Der Kopula geht häufig eine komplizierte Balz voraus. Besonders bekannt ist diejenige der Winkerkrabben, die an tropischen Stränden weitverbreitet sind. Bei ihnen ist eine Schere der Männchen besonders riesig im Verhältnis zur anderen, und häufig ist sie auch farblich deutlich betont (Abb. 780). Durch Winken mit dieser Schere locken die Männchen ein Weibchen herbei. Jede Art hat dabei ihre besondere Bewegungsweise und -abfolge. Der Begattung geht bei den Decapoda meist eine Häutung des Weibchens voraus. Außer bei den Penaeidae, die ihre Eier frei im Wasser ablegen, findet intensive Brutpflege statt, indem die Weibchen die Eier bis zum Schlüpfen der Larven an den Pleopoden mit sich herumtragen.

Die **Postembryonalentwicklung** der Decapoda gliedert sich ursprünglich in mehrere Phasen, die wiederum durch Häutungen in unterschiedliche Stadien unterteilt sind. Die ursprünglichsten Verhältnisse herrschen bei den Penaeidae, bei denen aus

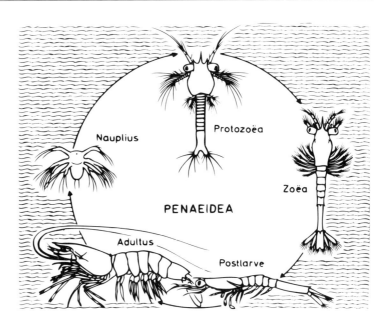

Abb. 785: Entwicklungszyklus der Penaeidea (Dendrobranchiata). Nauplius, Protozoëa und Zoëa planktisch, Postlarve und Adultus benthisch. Nach Schminke (1981).

dem Ei noch ein Nauplius schlüpft, der von Restdotter lebt und selbst keine Nahrung aufnimmt. Auf die Nauplius- folgen die Protozoëa–, die Mysis-(Zoëa-) und die Postlarvalphase (Abb. 785). Diese Larven unterscheiden sich im Bau und in der Art, wie sie sich fortbewegen. Protozoëen haben alle Thoraxsegmente ausgebildet und besitzen ein ungegliedertes Pleon mit gegabeltem Telson. Von den Thoracopoden sind 2 Paar ausdifferenziert und eines in Anlage vorhanden. Bei den Zoëen (Mysis) ist die Körpergliederung abgeschlossen, und es sind alle Thoracopoden vorhanden. Bei den Postlarven werden auch die Pleopoden funktionstüchtig, und Mundwerkzeuge und Thoracopoden nehmen ihre endgültige Form an.

Die Nauplien bewegen sich mit den 2. Antennen fort unter geringer Unterstützung durch den Exopoditen der Mandibeln. Die Protozoëen benutzen für das Schwimmen die 2. Antennen und die einsatzfähigen Thoracopoden, Die Zoëen (Mysis) setzen dafür alle Thoracopoden ein. Die 2. Antennen haben bei ihnen damit nichts mehr zu tun. Die Postlarven schließlich schwimmen mit den Pleopoden und schreiten mit den Thoracopoden wie die Adulten. Bei den übrigen Decapoda wird die Larvalentwicklung dadurch verkürzt, daß Nauplius- und Protozoëaphase im Ei durchlaufen werden. Daraus schlüpft erst eine Zoëa, bei der das Pleon einen Entwicklungsvorsprung vor dem Cephalothorax hat (S. 510). Die Zoëa (Abb. 707) lebt planktisch und wandelt sich zur benthisch lebenden Postlarve um.

Systematik

Es werden 2 monophyletische Teilgruppen unterschieden: **Dendrobranchiata** und **Pleocyemata**; die Pleocyemata umfassen die **Caridea, Stenopodidea** und **Reptantia.** Letztere werden traditionell in Pali-

nura, Astacura, Anomura und Brachyura unterteilt; nur die Brachyura bilden nach neueren Untersuchungen ein Monophylum.

Die hier zunächst genannten Arten sind sämtlich Speisekrebse.

Dendrobranchiata

Penaeus setiferus (Penaeidae), 18 cm (Abb. 777). Entlang der Ostküste Nordamerikas von North Carolina bis zum Golf von Mexico („White" oder „Lake Shrimp"). Laichzeit von März bis September; Gelege enthält 500000–1 Mill. Eier, werden frei abgelegt und sinken zu Boden. Die planktischen Larven bleiben 3 Wochen in den Küstengewässern und wandern dann in ein Ästuar ein; nur Postlarven, die dort ankommen, entwickeln sich weiter und leben benthisch. Als Adulte kehren sie zurück ins Meer. Zyklus etwa 12 Monate. – *Penaeus monodon* (Penaeidae), 33 cm, wichtigste Speisegarnele, im gesamten Indopazifik von Ostafrika bis Südostasien, kommt mehrere Seemeilen von der Küste entfernt bis in 110 m Tiefe vor („Bären- oder Schiffskielgarnele"). – *Penaeus japonicus* (Penaeidae), 22 cm. Von Japan bis zum Roten Meer („Radgarnele"), von dort Ausbreitung über den Suezkanal bis ins östliche Mittelmeer. – *Penaeus chinensis* (Penaeidae), 18 cm, bis 80 m tief in den Küstengewässern zwischen Korea und China („Hauptmannsgarnele"). Winterwanderungen von mehreren 100 km nach Süden.

Pleocyemata

Caridea. – *Pandalus borealis* (Pandalidae), 16 cm. Im europäischen Nordmeer und an der nördlichen Westküste Nordamerikas sowie der Küste Alaskas („Tiefseegarnele"). In Tiefen zwischen 100 und mehr als 200 m. Weibchen produziert im Herbst etwa 2000 Eier, die 5–6 Monate an den Pleopoden getragen werden. Im Frühjahr schlüpfen die Zoëen, 2–3 Monate im Plankton. Werden dann zu Männchen, die sich nach 3–4 Jahren in Weibchen verwandeln. Hauptfangzeiten März – Oktober. – **Palae-*

mon adspersus (Palaemonidae), 6 cm. In Nord-, aber hauptsächlich Ostsee („Ostseegarnele"). Zwischen *Zostera* und Algen. Eiablage Mai/Juni. Wenn Larven nach 4–6 Wochen schlüpfen, ziehen sich Weibchen in tieferes Wasser (bis zu 60 m) zurück. Larven etwa 1 Monat im Plankton. Postlarven kehren zur Küstennähe zurück. Adulti fressen Algen, Detritus und kleine Tiere (Mollusken, Polychaeten, Crustaceen). Wurden früher an der deutschen Ostseeküste gefangen und kommerziell verarbeitet. – *Macrobrachium rosenbergii* (Palaemonidae), 20 cm. In Binnengewässern im indopazifischen Raum weit verbreitet („Rosenberg-Garnele"). Bei Verzehr roher Tiere Gefahr der Infektion mit *Paragonimus westermani* (Ostasiatischer Lungenegel) (S. 241). Wird in Aquakulturen in Singapur und Israel gezüchtet, in Europa als „Hummerkrabben" verkauft. – *Crangon crangon* (Crangonidae), Weibchen 7 cm, Männchen etwa ein Drittel kleiner. Vom Weißen Meer über Ostatlantik (mit Nord- und Ostsee) und Mittelmeer bis ins Schwarze Meer verbreitet. Im Wattenmeer der Nordsee in riesigen Mengen („Nordseegarnele", „Granat"). Treibt mit Ebbe seewärts, kehrt mit Flut zurück. Gräbt sich am Tage im Sand ein und nimmt entsprechende Färbung an, nachts Nahrungssuche, frißt Würmer, Kleinkrebse, kleine Mollusken, Algen und Detritus. Im Jahr 2–5 Bruten. Im Winter (Oktober-Februar) sind die Eier größer und geringer an Zahl als in der sommerlichen Fortpflanzungsperiode (März-September). Ein Weibchen kann in seinem Leben von 3 Jahren bis 18 000 Eier produzieren. Larven werden in tieferem Wasser entlassen, 5 Wochen im Plankton, wandern als Postlarven ins Watt ein. Geschlechtsreife nach 1 Jahr. Feinde insbesondere Fische; ihr Anteil an der Reduktion der *Crangon*-Bestände in der Nordsee übersteigt den des Menschen um ein Vielfaches. Kommerzieller Fang im Sommer und Herbst.

Reptantia – „Palinura". – *Palinurus elephas* (Palinuridae), 45 cm, von Norwegen über Schottland bis zum Mittelmeer („Europäische Languste", „Stachelhummer"), auch entlang der nordamerikanischen Atlantikküste; in Tiefen zwischen 40–70 m auf felsigem Grund. Erkenntlich an einem Paar weißer Flecken auf jedem Pleonsegment. Tagsüber versteckt in Höhlen und Spalten. Nachts Nahrungssuche. Frißt Muscheln und Schnecken, auch Aas. – *Panulirus argus* (Palinuridae), 45 cm, bis 4 kg. Von North Carolina bis Rio de Janeiro entlang der gesamten Westatlantikküste (incl. Karibik) („Amerikanische Languste"). 12 Jahre und älter. Führt besonders bei den Bahamas auffällige Wanderungen durch; bis zu 60 Exemplare marschieren Tag und Nacht hintereinander bis zu 100 km; Wanderungsverhalten mit stürmischem Wetter korreliert.

Reptantia – „Astacura". – *Homarus gammarus* (Homaridae), 60 cm, 5–6 kg. Von Norwegen entlang der Ostatlantikküste bis nach Frankreich und entlang der iberischen Küste bis ins Mittelmeer („Europäischer Hummer"). Nördliche Grenze dort, wo Wassertemperaturen unter 5°C. Große Scheren. Helgoländer Exemplare im Sommer auf dem Felssockel der Insel; im Winter Wanderung in die Tiefe Rinne. Tagsüber in Höhle, nachts auf Nahrungssuche (Muscheln, Aas). Geschlechtsreife mit 6 Jahren. Eiablage bei Helgoland Juli-September. Bis zu 30 000 Eier bei alten Weibchen. Schlüpfen der Mysislarven etwa nach 1 Jahr, Larven 3–4 Wochen im Plankton, Postlarve am Boden. Adulte häuten sich nur alle 2 Jahre, bei Helgoland im Hochsommer. Fortpflanzung ebenfalls nur alle 2 Jahre. – *Nephrops norvegicus* (Homaridae), Männchen bis 24 cm, Weibchen kürzer. Vom Nordkap bis Ma-

rokko sowie im Mittelmeer bis zur Adria („Kaisergranat"), auf Weichboden in 50–800 m Tiefe. Tagsüber in selbstgegrabenen Höhlen im Schlamm, nachts Nahrungssuche (Aas). Geschlechtsreife mit 3–5 Jahren, eine Brut alle 2 Jahre. Larven schlüpfen nach 8–9 Monaten, das Fleisch von „Kaltwassertieren" ist delikater als das von „Warmwasserformen". – *Astacus astacus* (Astacidae), Männchen 15 cm, 140 g Gewicht, Weibchen kleiner. Früher in ganz Europa von England bis Westrußland und von Südskandinavien bis zum Balkan. Unter überhängenden Ufern langsam fließender Flüsse, Bäche und Gräben („Edelkrebs"). Bevorzugt sauberes, sauerstoffreiches, kalkhaltiges Wasser, tagsüber in Höhlen in Uferböschungen ; bei Anbruch der Dunkelheit Nahrungssuche (Pflanzen, kleinere Tiere, Aas). Geschlechtsreife nach 3–4 Jahren, Eiablage November/Dezember. Ein Weibchen produziert 70–240 Eier, Jungtiere schlüpfen nach 6 Monaten. Tiere können 20 Jahre alt werden. Europäische Bestände wurden durch Krebspest (Pilz: *Aphanomyces astaci*) dezimiert, ab 1878 in Europa. Vorkommen in Deutschland heute auf Bäche des Mittelgebirges beschränkt. Ersatz durch Einführung amerikanischer Flußkrebsarten. – *Orconectes limosus* (Astacidae), 7–10 cm (Abb. 776). In Nordamerika, östlich der Rocky Mountains von Kanada bis Florida („Amerikanischer Flußkrebs"). In Deutschland 1890 ausgesetzt, da gegen die Krebspest immun. Genügsamer als Edelkrebs, auch in verschmutzten Gewässern. Gräbt keine Höhle, auch auf Schlammboden. Geht auch tags auf Nahrungssuche (Wasserpflanzen, Tiere). Eiablage April/Mai, pro Weibchen 200–400 Eier. Schlüpfen der Larven nach 5–8 Wochen, am Ende des ersten Sommers bereits geschlechtsreif. – *Astacopsis gouldi* (Parastacidae), 50 cm. In Flüssen Tasmaniens. Größter Süßwasserkrebs, bis zu 6 kg.

Reptantia – „Anomura". – *Paralithodes camtschatica* (Lithodidae), 20 cm breit. Mit 15 Jahren 12 kg. In Tiefen von mehreren 100 m im Nordpazifik entlang der Küsten Nordamerikas, Rußlands und Japans („Königskrabbe"). –

Reptantia – Brachyura. – *Cancer pagurus* (Cancridae), 30 cm breit, 6 kg (Abb. 779). Von den Lofoten bis Marokko entlang der Ostatlantikküste („Taschenkrebs"). Bevorzugt steinig-felsigen Boden, frißt Muscheln, Fische, Echinodermaten und Krebse. Geschlechtsreife nach 5 Jahren, Begattung 12–14 Monate vor Eiablage zwischen Oktober und Januar. Weibchen wandern dafür in tieferes Wasser, pro Weibchen bis 3 Mill. Eier. Schlüpfen der Zoëen 8 Monate später im flachen Küstenwasser, Larven 2 Monate im Plankton. – *Callinectes sapidus* (Portunidae), 10–20 cm breit. An der amerikanischen Atlantikküste von Nova Scotia bis nach Nordargentinien mit Schwerpunkt Florida/Bahamas/Golf von Mexiko, auch ins Mittelmeer verschleppt („Blaukrabbe"). Geschlechtsreife nach 1 Jahr. Frischgehäutete Tiere kommen als „softshell crabs" auf den Markt.

Weitere bekannte einheimische Decapoda:

Reptantia – „Anomura". – *Eupagurus bernhardus* (Paguridae), Carapax bis 3,5 cm (Abb. 782). Adulti meist in Gehäusen von *Buccinum*. Ernährt sich von Würmern, Mollusken, Echinodermen und Krebsen. Kann mit den 1. Antennen auch filtrieren. Bei Kopula kommen Einsiedler aus Schale. Pro Weibchen 12 000–15 000 Eier. Wenn Zoëen schlüpfen, verläßt Weibchen ebenfalls die Schale. Symbiose mit *Calliactis parasitica* (S. 162) verbreitet; *Nereis* *fucata* als Kommensale im Gehäuse; häufig Bewuchs der Schale mit Kolonien von *Hydractinia echinata* (S. 174).

Reptantia – Brachyura. – **Maja squinado* (Majidae), 18 cm. Entlang der westeuropäischen Atlantikküste und im Mittelmeer („Große Seespinne"). Im Gegensatz zu anderen Seespinnenarten Verzicht auf Maskierung. Frißt Algen, Hydrozoen und Bryozoen. Häutet sich nach Erreichen der Geschlechtsreife nicht mehr. Begattung 6 Monate vor Eiablage. Schlüpfen der Zoëen nach 9 Monaten. – **Carcinus maenas* (Cancridae), Männchen 6 cm breit. Häufigste Krabbe der Nordsee („Strandkrabbe"), vom Nordkap bis zur spanischen Atlantikküste. Im Watt ernähren sich Männchen mehr von Mollusken, die sie mit der größeren Schere knacken, Weibchen bevorzugen kleine Würmer. Überwintern vergraben im Sande, bei Ebbe Wanderung seewärts, Rückkehr mit Flut. – **Eriocheir sinensis* (Grapsidae), 7,5 cm breit. In den großen Flußsystemen in der Tiefebene Chinas, vermutlich mit Ballastwasser eingeschleppt, seit 1912 in ganz Europa verbreitet, vor allem in Elbe und Weser. Männchen mit einem dichten Pelz feinster Cuticular„haare" an der Schere („Chinesische Wollhandkrabbe"). Geschlechtsreife mit 5 Jahren. Zur Fortpflanzung Rückwanderung ins Meer, dabei wird täglich eine Strecke von 8–12 km zurückgelegt. Männchen warten an Flußmündung auf Weibchen, die dort später eintreffen. Nach Kopula im Oktober Eiablage im November. Schlüpfen der Larven im Watt Mai/Juni. Danach Absterben der Weibchen. Mai–Juli Larven im Plankton. September/Oktober Megalopa in Unterelbe. Jungkrabben weitere 1,5 Jahre in Unterelbe, dann Wanderung flußaufwärts, 1. Jahr bis Havelmündung, 2. Jahr bis Saalemündung, 3. Jahr einige wenige noch bis Dresden. Zwischendurch jeweils Überwinterung in tieferem Wasser der Elbe, Lebensdauer 4–5 Jahre. Häufig Massenvermehrung. – **Liocarcinus holsatus* (Schwimmkrabbe), 40 mm breit. Nord-Norwegen bis Portugal. Dactylus an den 5. Laufbeinen flach und breit, als Schwimmpaddel.

4.5.5 Thermosbaenacea (Pancarida)

Die wenigen – etwa 20 – Vertreter führen eine unterirdische Lebensweise im Lückensystem mariner Sandstrände, im kontinentalen Grundwasser und in Höhlen. Dementsprechend handelt es sich um kleine Tiere von nie mehr als 5 mm Länge. Sie kommen in der Nordhemisphäre zwischen 48° N und dem Äquator vor. In der Südhemisphäre gibt es einen Fund in Westaustralien.

Bau

Ein kurzer Carapax, der mit dem 1. Thoracomer verschmolzen ist, ragt über die folgenden 1–3 Segmente frei hinaus (Abb. 786). Das 1. Thoracomer ist mit dem Kopf verwachsen und trägt ein Maxillipedenpaar. Die übrigen 7 Thoracomeren sind frei. Untersuchungen an *Monodella argentarii* haben ergeben, daß an der Nahrungsaufnahme nur die Mundwerkzeuge beteiligt sind.

Alle freien Thoracomeren (Peraeomeren) tragen zweiästige Extremitäten ohne Epipoditen, bei *Thermosbaena* sind sie auf die 1.–5. Peraeomeren beschränkt (Abb. 787). Die Peraeopoden dienen dem Schreiten und Schwimmen (meist mit dem Rücken

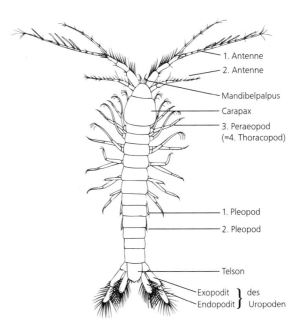

Abb. 786: Dorsalansicht von *Monodella argentarii* (Thermosbaenacea). Nach dem lebenden Tier gezeichnet. Nach Fryer (1964).

nach unten), wobei beide Äste, nicht nur die Exopoditen eingesetzt werden. Bei *Thermosbaena* sind Telson und 6. Pleomer zu einem Pleotelson verschmolzen; bei den übrigen Arten sind die 6 Pleomeren frei. Pleopoden tragen nur die 1. und 2. Pleomeren. Außerdem existieren Uropoden mit eingliedrigem Endo- und zweigliedrigem Exopoditen.

Das Nervensystem hat Strickleiterform. Augen fehlen. Der Magen ist zweiteilig. An ihn schließen sich der Mitteldarm und ein Paar Blindschläuche an. Das Herz ist sackförmig, mit einem Ostienpaar ausgestattet und liegt im hinteren Abschnitt des Cephalothorax. Von ihm gehen je eine Aorta anterior und posterior aus. Der Atmung dienen die Exopoditen der Peraeopoden und die Innenseite des Carapax. Die kurzen paarigen Hoden liegen in der Nähe des Herzens und gehen in lange Vasa deferentia über, die bis ins 6. Pleomer reichen, dort umbiegen, um auf einer Genitalpapille an der Basis der 7. Peraeopoden (8. Thoracopoden) zu münden. Die paarigen Ovarien erstrecken sich vom 1.–8. Thoracomer. Im letzten Thoracomer gehen sie in die Ovidukte über, die lateral nach vorne ziehen und auf der Frontalseite der 6. Thoracopoden (5. Peraeopoden) münden. Die abgelegten Eier gelangen in die dorsale Carapaxhöhle, die sich beim Weibchen zu einem **Brutbeutel** aufbläht. Der Weg dorthin ist nicht ganz klar. Allerdings soll sich das Weibchen bei der Eiablage auf den Rücken legen, so daß die Eier nach unten fallen und in die Carapaxhöhle gelangen können.

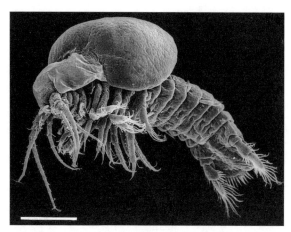

Abb. 787: *Thermosbaena mirabilis* (Thermosbaenacea). REM. Maßstab: 500 µm. Original: A. Schrehardt, Erlangen.

Thermosbaena mirabilis, 3,5 mm (Abb. 787). In heißen Quellen (bis 47°C) in Tunesien, stirbt bei Wassertemperatur unter 30°C. – *Monodella argentarii*, 4 mm (Abb. 786). In einer Höhle in der Toskana (Italien), benthisch, kann aber auch, meist mit dem Rücken nach unten, langsam schwimmen. – *Halosbaena tulki*, 2 mm. Bisher einzige Art der Südhemisphäre. In einer Höhle Westaustraliens.

4.5.6 Peracarida

Die wichtigste Autapomorphie der Peracarida ist das Marsupium im weiblichen Geschlecht (Abb. 790, 801, 804). Dabei handelt es sich um eine Brutkammer auf der Ventralseite des Thorax geschlechtsreifer Weibchen. Das Dach dieser Kammer wird von den Sterniten und sein Boden von flachen, breiten Lamellen (Oostegite) gebildet, die an der Coxa der Thoracopoden entspringen, nach innen gerichtet sind und sich dachziegelartig überlappen. Die Oostegite werden als Epipodite interpretiert, die nach innen verlagert worden sind. Diese Verlagerung wurde erreicht durch eine besondere Gelenkung der Thoracapoden zwischen Coxa und Basis, die ebenfalls eine Autapomorphie der Peracarida ist. In dieses Marsupium werden die Eier abgelegt und machen dort eine direkte Entwicklung durch. Die

Häutung vor der Eiablage wird als Reifehäutung (Parturialhäutung) bezeichnet. Bei ihr erscheinen die Oostegite gleichzeitig und voll funktionsfähig, oder sie werden vorher angelegt und wachsen von Häutung zu Häutung aus kleinen Anlagen zu voller Größe heran. Das Marsupium war die Voraussetzung dafür, daß sich unter den Peracarida die einzigen Vertreter der Crustacea befinden, die von offenem Wasser völlig unabhängig geworden und zu rein terrestrischer Lebensweise übergegangen sind.

4.5.6.1 Mysidacea

Diese garnelenartigen Krebse (etwa 780 Arten) kommen vornehmlich in den Küstenregionen überall auf der Erde vor. Man findet sie entweder in der Wassersäule direkt über dem Sediment oder eingegraben. Die pelagischen Arten sind sowohl neritisch als auch ozeanisch, einige wenige (insbesondere die relativ ursprünglichen Arten) bathypelagisch. Etwa 25 Arten leben im Süßwasser, wo sie teilweise beachtliche Schwärme bilden. In Höhlengewässern sind weitere rund 20 Arten zu finden. Mysidaceen sind zwischen 3–300 mm, die meisten um 30 mm lang. Die meisten dienen Fischen und marinen Säugern als Nahrung.

Bau

Vom Kopf geht ein Carapax aus, der den größten Teil des Thorax überdeckt, aber mit nicht mehr als den ersten 4 seiner Segmente verschmolzen ist (Abb. 789). Auf der Dorsalseite ist der Carapax tief eingebuchtet, so daß er lateral weiter nach hinten reicht als dorsal. Die 1. Antennen haben 2 Geißeln, die 2. Antennen einen als Schuppe ausgebildeten Exopoditen (Scaphocerit). Die Mandibeln sind asymmetrisch. Die Lacinia mobilis der rechten Mandibel ist reduziert oder fehlt ganz.

Die 1. Thoracopoden sind als Maxillipeden ausgebildet mit Enditen an den proximalen Gliedern. Sie tragen einen Epipoditen, der unter den Carapax reicht und Atemwasser an dessen Innenseite vorbeitreibt. Die übrigen Thoracopoden besitzen lange Exopoditen mit kräftigem Grundglied und vielgliedriger Geißel (Abb. 788, 789). Die Mysida schwimmen mit den Exopoditen. Frühere Beobach-

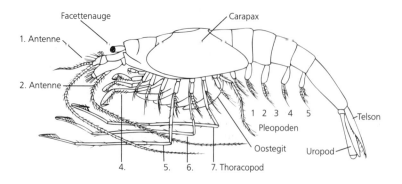

Abb. 788: *Eucopia australis* (Mysidacea, Lophogastrida), Weibchen. Lateralansicht. Nach Wittmann (1990).

tungen, daß sie auch bei der Nahrungsaufnahme eine Rolle spielen, haben sich als falsch erwiesen. Die Pleopoden sind bei den Lophogastrida zwei-ästig (Abb. 788) und dienen dem Schwimmen; bei den Mysida sind sie bei den Weibchen zu Plättchen reduziert (Abb. 790), bei den Männchen teilweise zu Kopulationszwecken abgewandelt. Die Uropoden haben bei den Mysida (mit Ausnahme der Petal-ophthalmidae) im Endopoditen eine Statocyste (Abb. 789) aus CaF$_2$ und bilden mit dem Pleon einen Schwanzfächer (Abb. 788).

Das Nervensystem zeigt im Bereich von Kopf und Thorax je nach Gruppe unterschiedliche Verschmelzungen, im Pleon hat es Strickleiterform. Bis auf wenige Ausnahmen sind die Facettenaugen gestielt. An den Oesophagus und Kaumagen schließen sich Mitteldarm und Mitteldarmdrüse an. Letztere besteht aus zwei Gruppen fingerförmiger Schläuche, die über einen gemeinsamen Gang ventral in den Mitteldarm direkt hinter dem Pylorus münden. Dorsal sitzt auf gleicher Höhe dem Mitteldarm ein unpaares oder paariges Diverticulum auf, das die peritrophische Membran produziert. Als Exkretionsorgane dienen Antennendrüsen, die Lophogastrida haben zusätzlich noch Maxillardrüsen. Das Gefäßsystem ist besonders bei den Lophogastrida sehr urtümlich. Das Herz reicht vom 2. bis 8. Thoracomer und hat 3 Ostienpaare. Neben einer Kopf- und Schwanzaorta sind 8 Paar Seitenarterien vorhanden, die von der Ventralseite des Herzens entspringen. Das 8. Paar speist die ventrale Subneuralarterie, die die Thoracopoden versorgt; 6 Paar Seitenarterien gehen von der Schwanzaorta aus. Bei den Mysida sind die Verhältnisse einfacher. Der Atmung dienen bei den Lophogastrida die Epipoditen der Thoracopoden, bei den Mysida die Innenfläche des Carapax. Die paarigen Ovarien sind langgestreckte Schläuche oberhalb des Darms. Die Ovidukte münden beim geschlechtsreifen Tier in ein Marsupium, das aus den Oostegiten der 2.–8. Thoracopoden (Abb. 788) oder nur der letzten 3–2

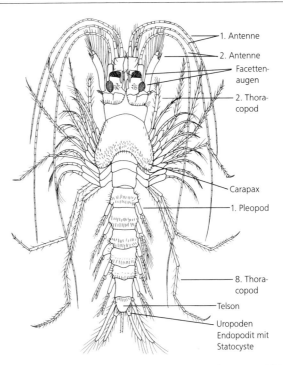

Abb. 789: *Euchaetomera zurstrasseni* (Mysidacea, Mysida), Männchen. Dorsalansicht. Nach Wittmann (1990).

Thoracopodenpaare gebildet wird. Die paarigen Hoden bestehen aus 2 Schläuchen, die durch eine Serie von Säckchen miteinander verbunden sind. Die Vasa deferentia münden auf Genitalpapillen an den 8. Thoracopoden. Die Befruchtung geschieht im Marsupium. Da die Spermien bei der Kopula vor den Eiern in das Marsupium abgegeben werden, kann von einer Sonderform der äußeren Befruchtung gesprochen werden.

Lophogastrida – *Gnathophausia ingens,* 18 cm, längste Art. – *Eucopia unguiculata,* bis 5 cm. Mit stark verlängerten Endopoditen des 7. Thoracopoden, im Mittelmeer als bathypelagischer Räuber.

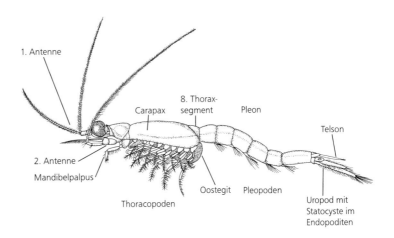

Abb. 790: *Antarctomysis* sp. (Mysidacea, Mysida). Weibchen mit Marsupium, Vorderkörper. Original: K. Wittmann, Wien.

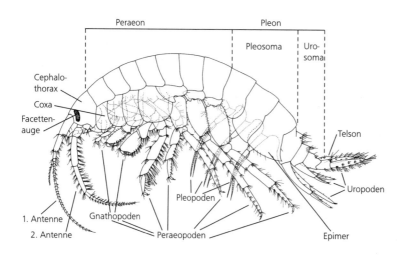

Abb. 791: Lateralansicht eines typischen Vertreters der Gammaridea (Amphipoda). Nach Bousfield (1973).

Mysida – *Praunus flexuosus*, 2,5 cm. In deutschen Küstengewässern verbreitete Flachwasserform, die in Ästuare vordringt und auch in der Ostsee eine weite Verbreitung hat. – *Neomysis integer*, 1,7 cm. Schwärme können mehrere Kilometer lang sein und einen Durchmesser von 1 bis mehreren Metern haben. In der Nordsee 3, in der Ostsee 2 Generationen/Jahr. – *Mysis oculata relicta*, 2,5 cm. Eiszeitrelikt in Binnenseen Nordeuropas und Nordamerikas. Im Sommer in der Tiefe der Seen an kalten Stellen, steigt im Winter in flachere Bereiche auf und pflanzt sich dort fort.

4.5.6.2 Amphipoda, Flohkrebse

Flohkrebse besiedeln vom Tidenbereich bis in die Tiefsee alle Lebensräume des Meeres. Sie dominieren in flachen Küstenzonen gemäßigter und polarer Breiten; nur im Flachwasser der Tropen sind Decapoda, in der Tiefsee Tanaidacea und Isopoda häufiger als sie. In ober- und unterirdischen Binnengewässern sind sie ebenfalls nicht zu übersehen. Ein berühmtes Beispiel ist der Artenschwarm von rund 300 nahverwandten Gammariden im Baikalsee, in dem sie vom Benthos bis ins Pelagial alle Lebensräume besiedeln. In warmgemäßigten und tropischen Gebieten kommen Amphipoda selbst in feuchtem Fallaub bis in die höchsten alpinen Regenwälder hinauf vor. Parasiten gibt es unter ihnen auch, doch fehlen diesen die spektakulären Abwandlungen im Körperbau, die andere parasitische Krebse auszeichnen.

Die Körpergröße erwachsener Amphipoda reicht von 1 mm-28 cm, meist liegt ihre Größe im Zentimeterbereich. Von den etwa 6 000 Arten gehören 85% zu den Gammaridea. Ihr Bauplan ist deshalb Gegenstand der folgenden Darstellung.

Bau

Der **Körper** ist seitlich zusammengedrückt und daher in Dorsalansicht relativ schmal. Er gliedert sich in einen Cephalothorax, bei dem das 1. Thoracomer mit dem Cephalon verschmolzen ist, in ein Peraeon (auch Mesosoma genannt) mit 7 Segmenten und ein Pleon mit 6 Segmenten (Abb. 791). Hinten sitzt ein meist kleines Telson, das gekerbt oder völlig in 2 Hälften gespalten sein kann. Am Pleon werden infolge der unterschiedlichen Gliedmaßen 2 Abschnitte unterschieden: die ersten 3 Segmente als Pleosoma, die letzten 3 als Urosoma. Ein Carapax fehlt.

Von den beiden Antennen ist meist die erste die längere. Die **Mundwerkzeuge** variieren im Bau je nach Art der Nahrung. Es gibt Räuber und Aasfresser, Arten, die sich von Makroalgen und Detritusbrocken ernähren sowie mikrophage Sandlekker, Sedimentfresser und Filtrierer. Zu den Mundwerkzeugen gehören als Maxillipeden die Gliedmaßen des 1. Thoracomers. Sie sind an den Grundgliedern miteinander verwachsen und beide mit breiten Laden ausgestattet.

Die Bezeichnung Amphipoda leitet sich von der gegensätzlichen Stellung der **Peraeopoden** her (Abb. 791). Die vorderen 4 Paar sind nach vorn, die hinteren 3 Paar nach hinten abgewinkelt. Die beiden vordersten sind gewöhnlich subchelat (Gnathopoden) und werden beim Nahrungserwerb, Graben, Röhrenbau und zur Lautproduktion eingesetzt. Bei den Männchen können sie besonders kräftig sein und zum Festhalten der Weibchen während der Praecopula dienen. Die Peraeopoden sind einästig und bestehen aus 7 Gliedern. Ihre Coxen bilden ventrad gerichtete, plattenartige Vorwölbungen, die Coxalplatten, die mehr oder weniger fest am Körper ansetzen. An den Coxen der 2.–7. Peraeopoden sitzt jeweils eine nach innen verschobene Kieme, die an den 7. Peraeopoden und manchmal auch den 2. fehlen kann. Außerdem tragen die Coxen der 2.–5. Peraeopoden bei den Weibchen löffelartige, randständig beborstete Oostegite.

Analog zu den Coxalplatten der Peraeopoden haben auch die Segmente des Pleosomas laterale, ventrad gerichtete Auswüchse. Diese Epimeren oder Epimeralplatten (Abb. 791) sind Vorwölbungen der Segmente selbst und keine Bildungen ihrer Extremitäten. Die 3 Pleopodenpaare haben kräftige Grundglieder und vielgliedrige Innen- und Außenäste mit dichten Borstensäumen. Von den 3 Paar Uropoden sind die beiden vorderen starr am Körper befestigt, während das hintere Paar beweglicher ist. Die Uropoden spielen eine Rolle beim Hüpfen, Schwimmen und Graben.

Die 1.–5. Coxalplatten, die verbreiterten Basipoditen der 6.–7. Peraeopoden und die Epimeren des Pleosomas stellen die Außenwände einer tiefen ventralen Gasse dar, die von der Basis der Maxillipeden bis zum 1. Uropodenpaar reicht. In dieser Gasse sorgen die Pleopoden für einen kontinuierlichen Wasserstrom. In Ruhestellung liegen die Tiere auf der Seite, und das Pleon ist halbkreisförmig nach vorn gebogen. Dadurch reichen die Pleopoden beim Vorwärtsschlag bis auf Höhe der 2. Gnathopoden und beim Rückwärtsschlag bis zwischen die beiden vordersten Uropodenpaare. Der Pleopodenschlag bewirkt, daß von vorn Wasser angesogen wird, das über die Antennen und Mundwerkzeuge streicht, bevor es in die ventrale Gasse eintritt. Auf der Höhe der 5. Peraeopoden vermischt sich dieses Wasser mit dem eines zweiten Stromes, der von ventro-lateral durch die Lücke zwischen 4. Coxalplatte und Basipodit der 5. Peraeopoden eingesogen wird. Der kombinierte Wasserstrom wird nach hinten über die Uropoden nach außen geleitet.

Dieser Funktionsmechanismus liefert den Schlüssel für das Verständnis des Bauplans der Gammaridea. Es wird verständlich, weshalb die Kiemen nach innen verlagert sind und häufig an den 7. Peraeopoden fehlen, wo sie das Grundglied der 1. Pleopoden beim Vorwärtsschlag behindern könnten. Es wird weiterhin verständlich, weshalb Gammaridea kein geschlossenes Marsupium haben. Zwischen den Oostegiten gibt es breite Lücken, die von randständigen Borsten der Oostegite überbrückt werden und durch die ständig frisches Wasser ins Marsupium eintreten kann. Verständlich werden auch die Haltung der Antennen und die Lage der Chemorezeptoren auf ihnen. Sobald das Tier beginnt, sich aus der zusammengekauerten Ruhestellung zu strecken, bewirkt der Pleopodenschlag eine Vorwärtsbewegung, die umso schneller wird, je gerader sich das Tier streckt. In der gestreckten Schwimmhaltung reichen die Pleopoden beim Vorwärtsschlag nur noch bis zu den 5. Peraeopoden.

Beim **Nervensystem** sind die Ganglien der Mundwerkzeuge und der Maxillipeden zu einem einheitlichen Unterschlundganglion verschmolzen. Dasselbe gilt für die Ganglien des Urosomas, die einen einheitlichen Komplex im 1. Urosomasegment bilden. Die Ganglien der übrigen Segmente sind durch Konnektive verbunden. Sitzende Komplexaugen sind vorhanden, über denen die Cuticula nicht in Facetten geteilt ist. Die Antennen tragen Aesthetasken und bei einigen Gammaridea Calceoli unbekannter Funktion (Vibrationsperzeption?). Statocysten können im Cephalon vorhanden sein. Der vordere **Darmtrakt** bildet einen Kaumagen, der je nach Nahrung sehr unterschiedlich gebaut sein kann. Der Mitteldarm entsendet nach hinten 2 oder 4 lange laterale Blindschläuche und dorsal 1 oder 2 Blindsäcke nach vorn. Der **Exkretion** dienen Antennennephridien und paarige Blindschläuche, die vom

Abb. 792: *Epimeria rubrieques* (Amphipoda), Länge 4 cm. Wedellmeer-Schelf, 300–600 m Tiefe. Original: M. Klages, Bremerhaven.

hinteren Ende des Mitteldarms weit nach vorn reichen und von der paarigen Aorta posterior eingeschlossen werden. Das **Herz** befindet sich entsprechend der Lage der Kiemen im Peraeon. Es hat bis zu 3 Ostienpaare und geht in eine Kopf- und eine Schwanzaorta über. Bis zu 3 Paar Seitenarterien können vorhanden sein. Eine Subneuralarterie fehlt. Die Geschlechtsorgane sind einfache, kurze, paarige Schläuche, die im Peraeon neben dem Darm liegen. Die Hoden reichen vom 3.–6. Peraeomer. Die Vasa deferentia münden in 2 langen Penispapillen auf der Ventralseite des 7. Peraeomers. Die Ovidukte enden im 5. Peraeomer in ektodermalen Vaginae, die sich ins Marsupium öffnen.

Fortpflanzung und Entwicklung

Die Geschlechter sind getrennt. Die Männchen sind häufig größer als die Weibchen. Eine Praecopula ist verbreitet, bei der ein Männchen ein unreifes Weibchen ergreift und rittlings auf ihm verankert die Reife-(Parturial-)häutung erwartet. Bei dieser entfalten sich die beborsteten Oostegite und bilden das Marsupium, in das das Männchen sein Sperma überträgt. Die Eier werden im Marsupium befruchtet. Die Entwicklung ist direkt.

Gammaridea (Abb. 791, 792)

Rivulogammarus pulex (Gammaridae), 2,4 cm. Bachflohkrebs, in Fließgewässern nördlich der Donau verbreitet. Marsupialphase (Embryonal- und ein Teil der Postembryonalentwicklung) dauert 3 Wochen, Juvenilphase (vom Verlassen des Marsupiums bis Geschlechtsreife) ca. 3 Monate. Häutet sich einmal alle 2–3 Wochen. Im Sommer 1 Gelege pro Monat, 6–9 Bruten hintereinander, 40–60 Eier pro Gelege. Lebensdauer 1–2 Jahre. – *Niphargus virei* (Gammaridae), 3 cm. In Höhlen und im Grundwasser. Ohne Pigment und Augen. Marsupialphase: 4 Monate; Juvenilphase: 2,5 Jahre. Häutet sich als juveniles Tier 5–6 Mal, als Adultus 1–2 Mal im Jahr. Ein Gelege (oder weniger) pro Jahr. Pro Gelege 20–30 Eier. Lebensdauer mehr als 10 Jahre. – *Talitrus saltator* (Talitridae), 1,5 cm, Strandfloh. Lebt in der Strandanwurfzone am Spülsaum des Meeres entlang der europäischen Küsten des Mittel-

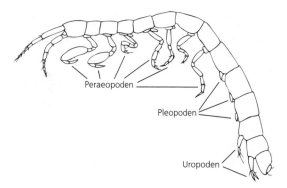

Abb. 793: Lateralansicht eines Vertreters der Gattung *Ingolfiella* (Amphipoda, Ingolfiellidea). Nach Lincoln (1979).

meeres und des Atlantischen Ozeans einschließlich der deutschen Nord- und Ostseeküste. Hat Sonnenkompaßorientierung, vermittels derer er bei Verfrachtung landeinoder seewärts auf kürzestem Wege zurück zu seiner schmalen Lebenszone findet, an deren spezifische Bedingungen er angepaßt ist. Kann seinen Orientierungswinkel mit der Sonne allmählich ändern, also die Azimutwanderung der Sonne richtig kompensieren. Im Schatten kann er sich auch am Polarisationsmuster des blauen Himmels orientieren. Als überwiegend nachtaktives Tier verfügt er außerdem über eine Mondorientierung mit zeitlicher Korrektur der Azimutwanderung. Auch in völliger Dunkelheit wurde bei Vertretern an der Nordmeerküste eine schwache, aber ökologisch richtige Orientierung festgestellt, die als magnetisch identifiziert werden konnte. – *Bathyporeia pilosa* (Haustoriidae), 8 mm. Eingegraben im Sand der Gezeitenzone oder am Boden des Flachwassers. Beim Eingraben scharren die 2.–4. Peraeopoden, während die 5.–7. Peraeopoden das Tier nach vorne schieben. Die 4. und 5. Pleopoden befördern den Sand hinten heraus. Schwimmt nachts. – *Corophium volutator* (Corophiidae), 1 cm, Wattkrebs. In riesigen Mengen im Watt zu finden, Nahrungsgrundlage für viele Grundfische und *Crangon crangon*. Baut U-förmige Röhren, die 4–8 cm tief reichen. Harkt mit den 2. Antennen die Oberfläche des Wattbodens ab und ernährt sich hauptsächlich von Diatomeen. – *Chelura terebrans* (Cheluridae), 6 mm,

Holz-Flohkrebs. Bohrt in untergetauchtem Holz, weltweit verbreitet. Vergesellschaftet mit der Bohrassel *Limnoria lignorum*. Ernährt sich nur teilweise unmittelbar vom Holz. Frißt eigenen Kot direkt nach Abgabe wieder auf. Frißt auch Kot der Bohrassel. Ohne *Limnoria* kann *Chelura* nicht mehrere Generationen lang überleben. Junge Tiere sind mehr auf Bohrasseln angewiesen als adulte. *Chelura* hält den Bohrasseln die Gänge von Kot frei und fördert dadurch die Wasserbewegung im Holz. Hat selbst höhere Ansprüche an den Sauerstoffgehalt des Wassers als die Bohrassel. Bevorzugt Holz geringerer Härte. Kann aufgrund seiner Lebensweise als sekundärer Holzschädling bezeichnet werden.

Ingolfiellidea (Abb. 793)

Ingolfiella leleupi, 14 mm. In Karsthöhlen Zaires und Zimbabwes.

Laemodipodea (Abb. 794, 795)

Caprella linearis (Caprellidae), 3,2 cm. Gespenstkrebs, mit Thoracopoden 6–8 angeklammert an Pflanzen im Meer, Thoracopoden 4 und 5 zurückgebildet, ihre Epipodite erhalten. Pleon sehr kurz. Fangen mit den Gnathopoden Copepoden, Krebslarven und Würmer. Bewegen sich spannerraupenartig auf Algen fort. – *Cyamus boopis* (Cyamidae), 1,3 cm, Wal-Laus. Parasitiert auf der Haut von Buckelwalen (*Megaptera boops*). Körper dorsoventral abgeflacht, Thoracopoden 4 und 5 fehlen, nicht aber deren langgestreckte Kiemen. Übrige Thoracopoden mit starken Subchelae zum Anklammern.

Hyperiidea (Abb. 796)

Hyperia galba (Hyperiidae), 2 cm. Ist mit abnehmender Frequenz auf folgenden Scyphomedusen gefunden worden: *Rhizostoma pulmo*, *Aurelia aurita*, *Cyanea capillata*,

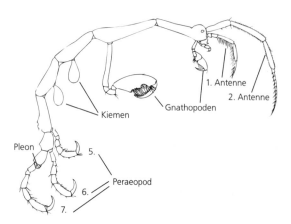

Abb. 794: Lateralansicht eines Vertreters der Gattung *Caprella* (Amphipoda, Laemodipodea). Nach Lincoln (1979).

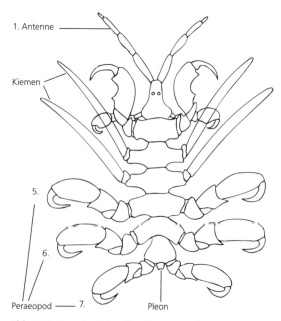

Abb. 795: Dorsalansicht eines Vertreters der Gattung *Cyamus* (Wal-Laus) (Amphipoda, Laemodipodea). Tier dorsoventral abgeflacht. Nach Lincoln (1979).

Chrysaora hyoscella und *Pelagia noctiluca*. Hängt sich mit dem Rücken zur Meduse am Rand der Exumbrella auf, wobei sie sich mit den rückwärts gebogenen letzten 3 Peraeopodenpaaren an der Meduse verankert. Partizipiert an der Nahrung der Meduse. Wenn das nicht reicht, wird die Meduse selbst angefressen. Anamere Larven, die noch nicht voll gegliedert sind (Protopleon-Larven); sind diese im Marsupium des Weibchens geschlüpft, schwimmt dieses von Meduse zu Meduse, um die Larven in ihnen abzusetzen.

4.5.6.3 Cumacea

Sämtliche Cumaceen sind Weichbodenbewohner, die sich im Sand oder Schlamm eingraben. Viele kommen nachts hervor und schwimmen im freien Wasser umher. Bis auf wenige Ausnahmen sind sie reine Meeresbewohner, die vom Litoral bis in die Tiefsee vorkommen. Der Anteil der tiefseebewohnenden Arten ist besonders hoch. Im Durchschnitt sind Cumaceen 5–10 mm lang. Die etwa 1 000 Arten sind weltweit zu finden.

Bau

Vorder- und Hinterkörper sind deutlich gegeneinander abgesetzt (Abb. 797). Vorne dominiert der Carapax, der wie aufgeblasen wirkt und den Kopf sowie die vorderen 3–4 (selten 5–6) Thoracomeren so umhüllt, daß seitlich geräumige Atemhöhlen entstehen. Das Peraeon besteht je nach Ausdehnung des Carapax aus 4–5 (selten 2–3) Segmenten. Dahinter schließt sich das dünne, lange und biegsame Pleon an, das 6 Segmente hat, wobei das letzte mit dem Telson verschmolzen sein kann.

Die 1. Antennen sind stets kurz, die 2. Antennen auch, können allerdings bei den Männchen Körperlänge erreichen. Die Mundwerkzeuge sind zum Abkratzen von Sandkörnern oder zum Filtrieren ausgebildet. Die vorderen 3 Thoracopoden sind zu Maxillipeden umgewandelt. Die 1. Maxillipeden tragen einen großen zweiteiligen Epipoditen, der in die Atemhöhle ragt und an seinem hinteren Fortsatz eine Anzahl fingerförmiger Kiemen trägt. Die Peraeopoden sind ohne Epipodite, haben aber alle (manchmal mit Ausnahme der letzten) Exopodite. Die Endopodite dienen dem Eingraben, nicht dem Laufen, die Exopodite dem Schwimmen. Dabei erhalten sie bei den Männchen Unterstützung von

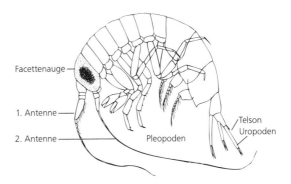

Abb. 796: Lateralansicht eines Vertreters der Hyperiidae (Amphipoda, Hyperiidea). Nach Lincoln (1979).

den 1.–5. Pleopodenpaaren. Weibchen haben keine Pleopoden. Die Uropoden sind lang und griffelförmig. Mit ihnen wird der Cephalothorax gereinigt.

Die Facettenaugen sind sitzend und meist in der Medianen zu einem unpaaren Organ verschmolzen. Als Atmungsorgane fungieren die Epipoditen der 1. Maxillipeden und die Innenfläche des Carapax. Der Atemwasserstrom, der an den Beinbasen in die Carapaxhöhle eintritt und sie vorne dorsomedian verläßt, wird von dem Epipoditen erzeugt.

Fortpflanzung und Entwicklung

Die Eier werden in das Marsupium abgelegt, das aus Oostegiten der 3.–6. Thoracopoden gebildet wird. Dort schlüpfen die Jungen und machen drei Häutungen durch, bis sie das Manca-Stadium erreichen (Stadium ohne die 8. Thoracopoden). Dieses verläßt das Marsupium und erreicht nach einigen Häutungen das Vorbereitungsstadium, in dem trotz Vorhandenseins reifer Geschlechtsprodukte noch keine Begattung stattfindet. Diese erfolgt erst nach der nächsten Häutung (Reifehäutung).

*Diastylis rathkei (Diastylidae), 20 mm (Abb. 797). In Schlammböden der deutschen Küste sehr häufig (bis 1 200 Ind. m^{-2}). Einzige Cumaceen-Art in der Ostsee. Weibchen können 4 Jahre alt werden und sich einmal jährlich fortpflanzen, Männchen sterben schon im 1. Lebensjahr nach der Begattung.

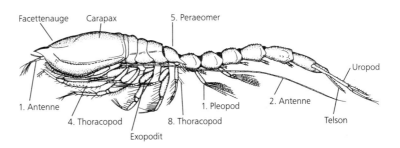

Abb. 797: Lateralansicht des Männchens von *Diastylis rathkei* (Cumacea). Nach Sars (1900) aus Jones (1976).

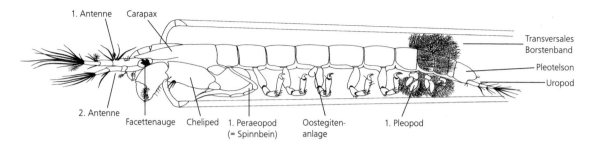

1. Antenne Carapax

Transversales
Borstenband

Pleotelson

Uropod

2. Antenne

Facettenauge Cheliped 1. Peraeopod   Oostegiten-   1. Pleopod
                        (= Spinnbein)   anlage

Abb. 798: Lateralansicht eines weiblichen Vorbereitungsstadiums von *Tanais dulongii* (Tanaidacea). Tier in Glaskapillare als künstlicher Röhre. Die 2.–6. Peraeopoden stemmen sich gegen die Röhrenwand. Nach Johnson und Attramadal (1982).

4.5.6.4 Mictacea

Dieses Taxon ist erst 1985 durch die Beschreibung zweier Arten bekannt geworden: *Hirsutia bathyalis,* 2,7 mm; aus 1000 m Tiefe aus dem Atlantik nordöstlich von Südamerika und *Mictocaris halope,* 3,0–3,5 mm; in vier anchialinen Höhlen auf Bermuda. – *Hirsutia sandersetalia* aus 1500 m Tiefe vor der Küste SO-Australiens kam später hinzu.

4.5.6.5 Spelaeogriphacea

Diese Gruppe wird von 2 höhlenbewohnenden Arten repräsentiert. *Spelaeogriphus lepidops,* 1957 aus einer Höhle bei Kapstadt beschrieben, 7,5 mm. *Potiicoara brasiliensis,* 7 mm, 1987 schwimmend in einem unterirdischen See in Brasilien entdeckt.

4.5.6.6 Tanaidacea, Scherenasseln

Mit rund 600 Arten sind die Scherenasseln weltweit von der Gezeitenzone bis in die Tiefsee als Benthosorganismen verbreitet. Die meisten von ihnen leben in Gängen oder selbstgebauten Röhren. Vertreter einer Gattung leben wie Einsiedlerkrebse in leeren Schneckenschalen. Tanaidaceen sind in der Regel 2–5 mm lang, die größte mißt 3,1 cm und lebt in der Tiefsee.

Bau

Der Körper ist langgestreckt und zylindrisch, manchmal auch etwas abgeflacht (Abb. 798). Die beiden ersten Thoracomeren sind mit dem Kopf verwachsen und außerdem auch mit dem Carapax, der um beide außen herunterreicht und eine Atemkammer bildet. Es folgen je 6 freie Peraeomeren und Pleomeren. Das 6. Pleomer bildet mit dem Telson ein Pleotelson. Die Segmente des Pleons sind gegenüber denen des Peraeons auffällig verkürzt.

Die 1. Antennen haben 1 oder 2 Geißeln. Die **Mundwerkzeuge** wirken bei der Nahrungsaufnahme zusammen mit den Maxillipeden und den für die Tanaidacea so charakteristischen Scherenbeinen (Chelipeden). Dies sind die Extremitäten der mit dem Kopf verwachsenen Thoraxsegmente. Größere Detritusklumpen oder kleine Organismen werden mit den Chelipeden ergriffen und von die-

sen in Zusammenarbeit mit den Maxillipeden zerkleinert, bevor die Teile an die übrigen Mundwerkzeuge weitergereicht werden. Die **Peraeopoden** sind Laufbeine. Nur Chelipeden und 1. Peraeopoden können einen Exopoditen aufweisen. Auf dem Dactylus der 1.–3. Peraeopoden münden Spinndrüsen, deren Sekret beim Röhrenbau verwendet wird. Die Pleopoden dienen, soweit vorhanden, dem Schwimmen und tragen besonders bei den Männchen lange Borsten. Die Uropoden sind griffelförmig und entweder zwei- oder einästig.

Die Atmung findet an den Wänden der Kiemenhöhle statt, die vom Carapax und den Seiten der beiden ersten mit dem Kopf verschmolzenen Thoracomeren gebildet werden. Von den 1. Maxillen bzw. den Maxillipeden ragen „Palpen" bzw. Epipodite in die Atemhöhle und erregen durch Schaukelbewegungen den Atemwasserstrom.

Fortpflanzung und Entwicklung

Die Geschlechtsverhältnisse bei den Tanaidacea sind sehr vielfältig und teils komplex. Es gibt getrenntgeschlechtliche Arten, simultane und protogyne Zwitter. Parthenogenese wird vermutet.

Es gibt bis zu 4 verschiedene Männchentypen innerhalb einer Art, die sich nicht nur untereinander, sondern auch von den Weibchen morphologisch unterscheiden. Männchen können größere Augen, mehr Glieder an der 1. Antenne, mehr Aesthetasken, stärker ausgebildete Pleopoden und kräftigere Chelipeden als die Weibchen haben, und die Mundwerkzeuge können bei ihnen reduziert sein.

Die Eier werden ins Marsupium abgelegt, das von den Oostegiten der Peraeopoden 1–4 und manchmal zusätzlich der Chelipeden oder nur vom Oostegitenpaar der 4. Peraeopoden gebildet wird. Bei den Tanaidae befinden sich die Eier in den Oostegiten selbst, die zu einem Brutbeutel werden.

Aus dem Ei schlüpft das Manca-I-Stadium, auf das nach Verlassen des Brutraums Manca II und III folgen. Bei den Apseudoidea folgen dann ein Jungtier (Neutrum 1), das sich noch keinem Geschlecht zuordnen läßt, und eines (Neutrum 2), bei dem die Gonaden schon differenziert sind. Die Weibchen durchlaufen 2 Vorbereitungsstadien, bevor sie geschlechtsreif werden. In dieser Zeit entwickeln sich Oostegite und Eier. Wenn die erste Brut ausgeschlüpft ist, häutet sich das Weibchen wieder zum ersten Vorbereitungsstadium. Dieser Zyklus kann sich wenigstens einmal wiederholen, ob noch öfter, ist nicht bekannt. Das Männchen, das aus dem Neutrum 2 hervorgeht, ist sofort geschlechtsreif, macht aber noch bis zu 14 Häutungen durch, in deren Verlauf sich die Sexualdimorphismen ausprägen. Bei den Neotanaiden wird das Neutrum-2-Stadium unterdrückt. Da bei ihnen die Männchen wegen der Reduktion der Mundwerkzeuge keine Nahrung mehr aufnehmen können, leben sie kürzer, wodurch es zu Problemen bei der Befruchtung der Weibchen kommt, die eine zweite Brutperiode beginnen. Die Lösung besteht im Auftreten von Protogynie, indem unbefruchtete Weibchen zu Männchen werden. Folglich gibt es bei den Neotanaiden Primär- und Sekundärmännchen.

Apseudomorpha – *Apseudes latreillei*. Auf Schlammböden im Mittelmeer in Tiefen zwischen 10–40 m häufig. – *A. spectabilis*. Antarktis, simultaner Zwitter.

Neotanaidomorpha – *Neotanais americanus*, 7 mm. Im westlichen Atlantik von Grönland bis in die Antarktis, steigt dort auf dem Schelf bis zu 500 m Tiefe auf; auch Biscaya.

Tanaidomorpha – *Heterotanais oerstedi*, 2 mm. Spinnt mit den 1.–3. Peraeopoden Röhren, in die Detritus bzw. Sandkörner eingelagert werden. 4.–6. Peraeopoden zur Fortbewegung. Mit den Pleopoden wird ein Wasserstrom durch die Röhre getrieben. Kopula in der Röhre des Weibchens, zu der sich das Männchen mit dem Chelipeden Zutritt verschafft. Geschlechtsbestimmung phänotypisch. An den Küsten von Nord- und Ostsee verbreitet. – *Tanais dulongii*, bis 5 mm (Abb. 798). In Röhren; am Hinterrand der 1. und 2. Pleomeren transversale Bänder gefiederter Borsten, die zusammen mit den Borsten der Pleopoden einen geschlossenen Ring um den Körper bilden (Abb. 799). Wird dieser Ring gegen die Röhrenwand gedrückt, ist ein Zurückfließen des Wassers zum Röhreneingang unmöglich. Das Wasser muß durch die hintere Röhrenwand entweichen, die dabei als Filter wirkt. Die Partikeln und Organismen (Diatomeen), die sie zurückhält, dienen den freigesetzten Manca-Stadien als erste Nahrung.

4.5.6.7 Isopoda, Asseln

Die Asseln zeigen große ökologische Vielfalt. Im aquatischen Bereich kommen sie überwiegend als Benthosbewohner vor: im Meer vom Flachwasser bis in die Tiefsee, im Süßwasser in Seen, Flüssen, Grundwasser, heißen Quellen, Salzseen etc.. Einige von ihnen sind die am besten an das Landleben angepaßten Crustaceen. Anders als Landeinsiedler (Coenobitidae) und Landkrabben (Gecarcinidae, Ocypodidae) sind sie in allen Entwicklungsstadien von offenem Wasser völlig unabhängig. Nur deshalb ist es möglich, daß einige sich sogar in lebensfeindlichen Trockengebieten behaupten können. Außerdem haben sie wie die Copepoda und Cirripedia eine Fülle parasitischer Formen hervorgebracht, die im Körperbau so extrem abgewandelt sein können, daß sie als Isopoda nur über ihre spezifischen Larven identifiziert werden können.

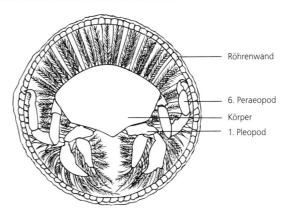

Abb. 799: Querschnitt durch eine Röhre von *Tanais dulongii* (Tanaidacea) in Caudalansicht. Das transversale Borstenband der Dorsalseite ergibt mit den Borsten der Pleopoden fast einen geschlossenen Ring, der nur einen ventralen Wasserstrom erlaubt. Nach Johnson und Attramadal (1982).

Der ökologischen Vielfalt entspricht eine große Artendiversität (mehr als 10 000). Die Gruppe ist weltweit verbreitet. Die Körpergröße reicht von 1–45 cm, doch sind die meisten 1–5 cm lang.

Bau

Isopoden sind in der Regel dorsoventral abgeflacht, haben in Dorsalansicht einen ovalen Körperumriß und sind relativ breiter als andere Peracarida (Abb. 800, 801). Bei der Fortbewegung am Boden bieten sie deshalb wenig Widerstand und können sich bei Bedarf flach an den Untergrund anschmie-

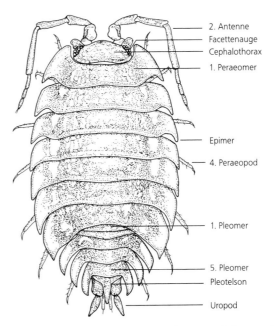

Abb. 800: Dorsalansicht eines Männchens von *Oniscus asellus* (Isopoda). Nach Sutton (1972).

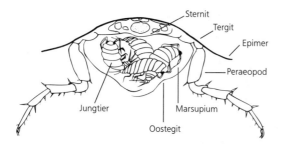

Abb. 801: Schematischer Querschnitt durch ein Weibchen von *Ligia oceanica* (Isopoda) mit Jungtieren im Brutbeutel (Marsupium). Nach Sutton (1972).

gen. Abwandlungen dieser ursprünglichen Körperform lassen sich mit besonderen Lebensweisen in Zusammenhang bringen. Das 1. Thoracomer ist mit dem Kopf verschmolzen, so daß 7 Peraeomeren freibleiben. An sie schließen sich 5 Pleomeren an, die stets viel kürzer sind. Diese Verkürzung des Pleons steht im Zusammenhang mit dem Übergang von einer schwimmenden zu einer mehr laufenden Fortbewegung unter gleichzeitiger Aufgabe des Schwanzfächerschlages. Das 6. Pleomer ist stets mit dem Telson zu einem PLEOTELSON (Abb. 800) verschmolzen. Weitere bis alle Pleomeren können in die Verschmelzung einbezogen werden und so ein starres Pleon bilden, vor allem bei Ausbildung einer ventralen Atemhöhle für die Pleopoden oder bei deren Reduktion.

Die 1. Antennen sind gewöhnlich kürzer als die 2. Antennen. Die Mundwerkzeuge sind je nach Art der Nahrung und ihrer Aufnahme in spezifischer Weise abgewandelt. Unter den Asseln gibt es Pflanzen- und Detritusfresser, Gemischtköstler, Aasfresser und Räuber. Bei den Parasiten sind die Mundwerkzeuge besonders hoch spezialisiert, einige oder sogar alle können manchmal fehlen. Spezifische Verwendung finden sie bei in Holz oder weichem Gestein bohrenden Arten. Die Maxillipeden sind in der Regel mit 1 großen Enditen und 1 großen Epipoditen versehen, die die übrigen Mundwerkzeuge unten und seitlich abdecken.

Alle **Peraeopoden** sind gleichartig (Name!), ohne Exo- und Epipoditen und dienen als Laufbeine – in Ausnahmefällen durch Verbreiterung der Segmente als Schwimmbeine und bei Parasiten durch Hakenbildungen als Klammerbeine. Als Besonderheit bilden bei vielen Isopoda die Coxen epimerenartige, laterale Platten, die an die lateralen Tergitränder anschließen (Abb. 801). Die 5 Paar Pleopoden sind zweiästig, ihre Endo- und Exopoditen in der Regel gleichlang und blattförmig abgeflacht. Randständig tragen sie Schwimmborsten. Die beiden Äste sind aus Platzgründen so eingelenkt, daß sie dachziegelartig übereinander liegen, wobei der Exo- den Endopoditen überdeckt. Neben dem Schwimmen dienen die Pleopoden dem Ionen- und dem Gasaus-

tausch. Der Endopodit ist osmoregulatorisch tätig, während der Exopodit vor allem der Atmung dient (Kieme!). Die Pleopoden können durch Opercula geschützt sein, wofür mit Ausnahme der fünften alle Pleopoden und die Uropoden umgewandelt sein können. Die Uropoden bilden zusammen mit dem Pleotelson bei gut schwimmenden Formen einen Schwanzfächer und dienen als Steuer. Bei den meisten benthischen Arten verlieren sie diese Funktion und werden zu stabförmigen Tastorganen (Asellota, Oniscidea), zu Deckeln der Atemkammer (Valvifera) oder zu Schutzschild und Grabwerkzeug (Anthuridea).

Eine Besonderheit der Asseln ist ihre Doppelhäutung, die sich in 2 Etappen vollzieht. Die alte Cuticula reißt am Vorderrand des 5. Peraeomers ein, und der dahinter liegende Körperabschnitt wird zuerst gehäutet. In der Häutungspause danach ist dieser Abschnitt größer als der vordere, der zum Schluß gehäutet wird. Die alte Cuticula wird häufig aufgefressen.

Beim **Nervensystem** sind die Ganglien der Segmente mit Mundwerkzeugen und des Maxillipedensegments zu einem Unterschlundganglion verschmolzen. Im Peraeon liegt ein typisches Strickleitersystem, im Pleon schieben sich die Ganglien der einzelnen Segmente zusammen. Sitzende Facettenaugen sind vorhanden. Im Pleotelson ist es zweimal zur Ausbildung von Statocysten gekommen (innerhalb der Anthuridea und bei Macrostylidae). Der **Darmtrakt** der Isopoden enthält außer Mitteldarmdrüsen und ihrem gemeinsamen Vorraum am Magenende keine entodermalen Abschnitte; ektodermaler Vorder- und Enddarm gehen vielmehr ineinander über. Als Erweiterung des Vorderdarms ist ein kompliziert gebauter Magen vorhanden. Der vordere Enddarm dient als Nahrungsspeicher und ist vom kurzen Rektum durch einen Sphinkter abgeteilt. Am Rektum können Blindsäcke vorkommen. Bei Gnathiidae sind darin symbiontische Bakterien nachgewiesen worden. Es kommen maximal 4 Paar Mitteldarmdrüsenschläuche vor.

Der Exkretion dienen Maxillardrüsen. Das **Kreislaufsystem** fällt durch die hintere Lage des Herzens auf, das sich vom hinteren Peraeon bis ins vordere Pleon erstreckt und 1–2 Paar Ostien besitzt. Vorne geht es in eine vordere Aorta über, eine hintere fehlt. Seitenarterien leiten die Hämolymphe in die Beine. Die Atmung findet an den Pleopodenexopoditen statt. Bei den Landasseln ist es dort zur Bildung von Lungen („weiße Körperchen") gekommen (Abb. 802). Ausgang dieser Entwicklung sind respiratorische Felder mit aufgefalteter Oberfläche auf der Dorsalseite der Exopoditen. Der nächste Schritt war eine Versenkung der Atemfelder in eine Integumenttasche, wobei die Felder in einen Lungenvorhof münden. Bei Wüstenasseln sind die Atemöffnungen durch einen Turgormechanismus verschließbar, und die Lungen sind sehr fein verästelt (Abb. 803).

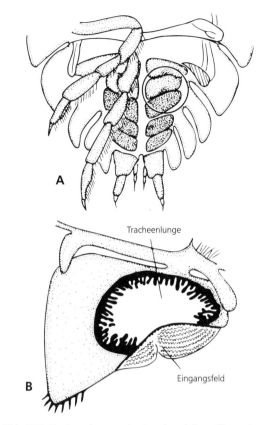

Abb. 802: Tracheenlungen der Landassel *Porcellio scaber.* A. Pleopoden in Ventralansicht. Im Kreis die Exopoditen der 1.–3. linken Pleopoden. Luftfüllung der 1. und 2. Exopoditen läßt sie im Leben weiß erscheinen („weiße Körperchen"). B. Exopodit mit Tracheenlunge und Eingangsfeld. Nach Kaestner (1959) aus Eisenbeis und Wichard (1985).

Die Männchen haben meist 3 Paar Hodenvesikel, die jederseits in ein Vas deferens übergehen. Diese münden auf paarigen Geschlechtspapillen, die auch miteinander auf der Ventralseite des 7. Peraeomers verschmelzen können. Das Sperma wird dort von Gonopoden aufgenommen, zu denen meist die Innenäste der 2. Pleopoden ausgestaltet sind. Die paarigen Ovarien sind schlauchförmig. Die Ovidukte münden neben den 5. Peraeopoden.

Fortpflanzung und Entwicklung

Die meisten Asseln sind getrenntgeschlechtlich; protandrische und protogyne Zwitter kommen vor. Bei Landasseln gibt es Fälle von Parthenogenese.

Eine Begattung der Weibchen ist meist nur während der Häutungspause nach der 1. Etappe der sog. Reifehäutung (Parturialhäutung) möglich, weil nur dann die weiblichen Geschlechtsöffnungen zugänglich sind. Um diesen Zeitpunkt nicht zu verpassen, ergreift sich ein Männchen schon länger vorher ein Weibchen und reitet auf ihm (Praecopula). Bei der 2. Etappe der Parturialhäutung treten erstmals die Oostegite auf oder erreichen ihre volle Größe. Das

von ihnen gebildete Marsupium (Abb. 801, 804) setzt sich maximal aus den Oostegiten aller Thoracopoden zusammen. Die Oostegite der Maxillipeden sind stets kleiner und dienen der Ventilation des Marsupiums. Bei höher entwickelten Landasseln wird das Milieu des Brutraums vermutlich von zapfenförmigen Fortsätzen der Bauchwand, den Kotyledonen, reguliert. Meist wird das Marsupium aber nur von den Oostegiten der Peraeopoden 1–5 oder 1–4 gebildet. Bei Sphaeromatidae treten im Zusammenhang mit Einrollverhalten innere Bruttaschen durch Einstülpungen des ventralen Integuments auf. Die Eier werden im Marsupium abgelegt und entwickeln sich dort bis zum Manca-Stadium, dem noch die 7. Peraeopoden fehlen. Drei Manca-Stadien werden durchlaufen. Dies geschieht teils noch im Marsupium, teils nach dessen Verlassen im Freien. Es schließt sich eine Jugendphase an, die mit der Erwachsenenhäutung endet. Dieser einfache Entwicklungsablauf wird bei den Parasiten vielfältig abgewandelt, wobei spezifische Stadien auftreten, die als Larven bezeichnet werden (Abb. 804, *Ione thoracica*).

Von den 8 Subtaxa werden hier 6 vorgestellt:

Asellota

Pleotelson mit den Pleomeren 3–5 dorsal zu einer großen Platte verwachsen. Bei den Weibchen fehlt

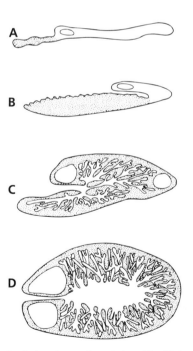

Abb. 803: Evolution der respiratorischen Oberfläche der Pleopodenexopoditen verschiedener Landasseln. Die Querschnitte zeigen punktiert die respiratorischen Felder bzw. die eingesenkten Lungen. A *Oniscus asellus*, B *Trachelipus ratzeburgi*, C *Porcellio scaber*, D *Hemilepistus reaumuri*. Nach Hoese (1982) aus Eisenbeis und Wichard (1985).

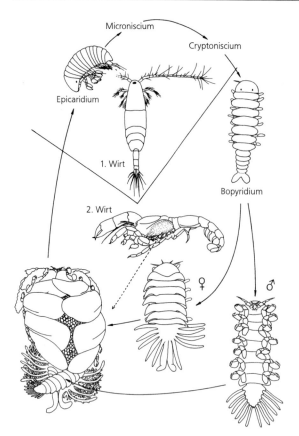

Abb. 804: Lebenszyklus von *Ione thoracica* (Isopoda). Geschlechtsreife Stadien in Ventralansicht. Aus Ei schlüpft Epicaridium, das sich an *Acartia clausi* (Copepoda) als Zwischenwirt festsetzt. Dort Häutung zum Microniscium und schließlich zum Cryptoniscium; dieses verläßt Zwischenwirt auf der Suche nach *Callianassa laticauda* (Decapoda), dem Endwirt. Auf ihm Verwandlung zum Bopyridium, das zum Weibchen wird, wenn der Endwirt noch nicht infiziert ist, oder zum Männchen, wenn schon ein Weibchen zugegen ist. Das reife Zwergmännchen hält sich zeit Lebens am Pleon des Weibchens auf. Nach Reverberi und Pitotti (1942) aus Wägele (1989).

das 1. Pleopodenpaar. Mehr als 2000 Arten, die meisten im küstennahen Bereich und in der Tiefsee. Im Süßwasser Asellidae, im Grundwasser Stenasellidae und Microcerberidae.

Jaera albifrons, 5 mm. Im flachen Küstenwasser der Nord- und Ostsee versteckt unter Steinen oder zwischen Wasserpflanzen, von denen sie sich ernährt. – *Macrostylis galatheae.* Assel mit dem größten Tiefenvorkommen, 10 000 m im Philippinen-Graben. – *Munnopsis typica,* 18 mm. Schlammbewohner, fällt durch überlange 2. Antennen sowie 3. und 4. Peraeopoden auf. 5.–7. Peraeopoden flache Schwimmbeine, mit denen die Tiere rückwärts schwimmen können. – *Asellus aquaticus,* 12 mm.. In stehenden und langsam fließenden Binnengewässern weit verbreitet, ernährt sich von zerfallenden Pflanzenteilen. Schlüpft im März/April; wächst bis zum Herbst heran. Überwintert am Boden der Gewässer. Im Februar/März des folgenden Jahres Beginn der Fortpflanzungsaktivität. Lebensdauer etwas über 1 Jahr.

Oniscidea

Landasseln mit winzigen 1. Antennen, Mandibeln ohne Palpus. 1. und 2. Pleopodenpaar der Männchen sexualdimorph. Schuppenreihen auf den Tergiten bilden ein einzigartiges Wasserleitungssystem (Abb. 805), spielt nicht nur beim Gasaustausch eine Rolle, sondern kühlt auch durch Verdunstung und unterstützt die Exkretion insofern, als die Nephridien Harn in das Leitungssystem abgeben, von wo Ammoniak in die Luft diffundiert. Es gibt etwa 3 500 Arten von Landasseln.

Ligia oceanica, 3 cm. Marin-amphibisch, unter Steinen und in Felsspalten, geht nach Sonnenuntergang auf Nahrungssuche, frißt angeschwemmte Algen und kann bei Störung mit großer Geschwindigkeit davonlaufen. Unter Wasser kann sie mehrere Wochen überleben und läuft dort genauso wie an Land. – *Oniscus asellus,* 1,8 cm (Abb. 800). Im Laubwald und Gebüsch, aber auch in Kellern, Gärten, Ställen und Komposthaufen. – *Porcellio scaber,* 1,8 cm. Häufigste und verbreitetste Landassel in Mitteleuropa, hält sich in der gleichen Umgebung wie die vorige Art auf. – *Hemilepistus reaumuri,* 2 cm. Wüstenassel, lebt in gegrabenen Gängen, die sie selbst anlegt, wenn keine geeigneten Höhlen zur Verfügung stehen. Monogam, das Männchen beteiligt sich an der Aufzucht der Jungen, Mitglieder des Familienverbandes erkennen sich individuell. – *Armadillidium vulgare,* 7 mm. In relativ trockenen Biotopen, fast ausschließlich Luftatmer, kann sich zu einer Kugel zusammenrollen („Rollassel").

Valvifera

Pleotelson bildet langgestreckte Atemkammer, die durch die klappenartigen Uropoden geschützt wird. Etwa 500 Arten.

Saduria entomon, 8 cm. Ostsee, größte einheimische Assel.. Auf Sand und Schlammböden, in denen sie U-förmige Röhren gräbt; erbeutet Polychaeten, Chironomidenlarven, Amphipoden. – *Idotea balthica,* 3 cm. Im Phytal, frißt Fucus, auch carnivor, in großen Individuenzahlen an unseren Küsten.

Anthuridea

Langgestreckt, der Exopodit der Uropoden inseriert auf der Dorsalseite des Sympoditen. 110 Arten.

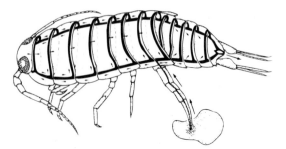

Abb. 805: Wasserleitungssystem der Landasseln am Beispiel des *Ligia*-Typs: offenes System, in das Wasser durch Zusammenlegen der 6. und 7. Peraeopoden kapillar angesogen wird. Nach Hoese (1982) aus Eisenbeis und Wichard (1985).

Cyathura carinata, 2,7 cm. In Ästuaren in den oberen Sedimentschichten der Uferzone, in Röhren. Statocystenpaar im Pleotelson; frißt vorwiegend *Nereis diversicolor*. Protogyner Zwitter, 2-jähriger Lebenszyklus.

Sphaeromatidea

Scheibenförmiger Körper, 1. Peraeomer umfaßt seitlich den Cephalothorax.

Sphaeroma hookeri, 1 cm. Norddeutsche Küsten, im flachen Wasser zwischen Steinen, kann sich auch eingraben. Einrollvermögen, beim Schwimmen wird die Bauchseite nach oben gekehrt; omnivor. – *Limnoria lignorum*, 5 mm. Bohrt Gänge in Holz und richtet große Schäden an ufernahen Holzkonstruktionen an. Mit symbiontischen Mikroorganismen im Darm, allerdings wohl auch Zellulase in den Mitteldarmdrüsen. Lebt vergesellschaftet mit *Chelura terebrans* (S. 574).

Cymothoida

Uropodensympoditen medial mit einer unter das Pleotelson verlängerten Spitze. Gruppe umfaßt neben den „Cirolanidae" alle parasitischen Asseln: „Aegiden", Cymothoiden, Gnathiiden, Bopyriden. Die ersten drei sind Ektoparasiten an Fischen, während letztere an Crustaceen parasitieren.

Bathynomus giganteus, 27 cm. In der Tiefsee, größte Assel. – *Aega psora*, 5 cm. Saugt an verschiedenen Wirten (u.a. Dorsch, Heilbutt, Haie). – *Ione thoracica*. Wirtswechsel, Zwergmännchen. Entwicklungszyklus (s. Abb. 804).

Ergänzungen: S. 863.

ANTENNATA (TRACHEATA, MONANTENNATA, ATELOCERATA)

Die Insekten sowie diejenigen Gruppen, die traditionell als „Myriapoda" zusammengefaßt werden (Chilopoda, Symphyla, Pauropoda und Diplopoda), bilden mit hoher Wahrscheinlichkeit zusammen eine monophyletische Gruppe. Für dieses Taxon sind verschiedene Namen in Gebrauch: Antennata, Tracheata oder Atelocerata (*a – telo – cerata =* „ohne hintere Fühler"), neuerdings auch Monantennata.

Die Artenzahl dieses Taxon ist ungeheuer groß. Allein die Insekten werden auf viele Millionen Arten geschätzt (S. 601). Demgegenüber sind die Chilopoden mit 3000 Arten und die Diplopoden mit 10000 Arten relativ kleine Taxa. Die Antennata haben alle Lebensräume des Landes erobert. Sie besiedeln den Boden, die Strauchschicht und die Baumkronen, die geflügelten Insekten beherrschen auch den Luftraum. In das Süßwasser sind nur einige Insekten und deren Larven vorgedrungen. Es gibt wenige salztolerante Arten, die im Küstenbereich vorkommen. Im offenen Meer fehlen sie völlig bis auf die Halobatidae, Wanzen, von denen sich einige Arten auf der Oberfläche der Ozeane aufhalten.

Bau

Der Kopf der Antennaten bildet unter Einschluß der Segmente der Mandibeln und der 1. und 2. Maxillen eine einheitliche Kapsel. Er ist stets deutlich von den Rumpfsegmenten abgesetzt und kann gegenüber diesen bewegt werden. Es ist nur 1 Paar Fühler vorhanden (Abb. 808, 826). Am Segment der 2. Antennen werden keine Extremitäten ausgebildet, es wird zum Interkalarsegment. Dies ist gegenüber der Stammart der Mandibulata ein mit hoher Wahrscheinlichkeit abgeleiteter Zustand. Die Facettenaugen haben Ommatidien, die in ihrer Feinstruktur besonders bei den Insekten weitgehend den Ommatidien der Krebse und damit der gemeinsamen Mandibulaten-Stammart gleichen (Abb. 600). Auch Medianaugen (Ocellen) sind ursprünglich vorhanden. Wir finden eine verwirrende Vielzahl von cuticularen Sensillen.

Die Rumpfsegmente sind ursprünglich weitgehend homonom und mit je 1 Paar gleichartiger Laufextremitäten versehen. Es kann bei den „Myriapoden" zu Zusammenfassungen von je 2 Segmenten zu Diplosegmenten kommen; eine Tagma-Bildung und eine Trennung in einen dreisegmentigen, lokomotorischen Thorax und ein Abdomen mit umgewandelten oder total reduzierten Extremitäten

Wolfgang Dohle, Berlin

wird aber nur bei den Insekten erreicht (Abb. 840, 846).

Als Exkretionsorgane dienen Malpighische Schläuche, ursprünglich 1 Paar, die als Ausstülpungen des Proctodaeums entstehen; sie sind allerdings nicht von Chitin ausgekleidet. Sie scheiden hauptsächlich Harnsäure aus, Wasser und verschiedene Ionen werden über den Enddarm rückresorbiert. Bei den meisten „Myriapoden" und den primär ungeflügelten Insekten sind zusätzlich noch Segmentalorgane in Form von Maxillarnephridien am 1. und/oder 2. Maxillensegment ausgebildet.

Systematik

Die nahe Verwandtschaft der Antennaten-Taxa ist von morphologischer Seite bisher kaum in Zweifel gezogen worden. Stammbäume, die in neuerer Zeit auf der Grundlage der Nucleotidsequenzen der Untereinheiten ribosomaler RNA aufgestellt worden sind, weisen allerdings in einem Fall die Chilopoden, in einem anderen Fall die Diplopoden als Schwestergruppe aller übrigen Arthropoden aus. Diese Ergebnisse bieten Anlaß zu erneuter Diskussion, genügen aber zur Zeit nicht für eine Revision bisheriger Vorstellungen.

Wenn die Antennaten, wie hier angenommen wird, monophyletisch sind, dann ist die Frage zu stellen, ob ihre gemeinsame Stammart noch im Wasser lebte – so wie die Stammart der Mandibulata – oder ob sie bereits landlebend und luftatmend war.

Paläontologisch läßt sich diese Frage nicht lösen, da die ersten gut interpretierbaren Reste schon zu abgewandelten Gruppen gehören: †*Devonobius delta* aus dem Devon von Gilboa ist möglicherweise das Schwestertaxon der epimorphen Chilopoden. Eindeutige Diplopoden gibt es erst seit dem Oberen Karbon. Die Zuordnung zweier weiterer Gruppen, der nur fossil bekannten †Kampecarida und †Arthropleurida, zu den rezenten Gruppen bleibt unklar, besonders die †Kampecarida müssen nicht terrestrisch gewesen sein.

Die Frage ließe sich entscheiden, wenn bei allen Antennaten-Gruppen in homologer Ausprägung ein oder mehrere Organe zu finden sind, die ihre Funktion nur in Zusammenhang mit einer terrestrischen Lebensweise erfüllen können. Es wäre dann zu folgern, daß die Stammart diese Organe besessen haben und landlebend gewesen sein muß. Zu diskutieren sind hier Trichobothrien, Postantennalorgane, Tracheen, Malpighische Schläuche und die Bildung von Spermatophoren.

Trichobothrien (s. auch Arachnida, Abb. 624) sind Fernsinnesorgane, die die Richtung von Luftströmungen wahrnehmen können; sie finden sich bei den Progoneata und – in etwas anderer Form – auch bei den Insekten. Sie fehlen aber den Chilopoden und kamen daher möglicherweise bei der Stammart der Antennaten nicht vor.

Postantennalorgane (Tömösvárysche Organe, Schläfenorgane) werden als Chemorezeptoren angesehen, vielleicht sind sie auch Feuchtigkeitsrezeptoren. Sie kommen zwar bei allen Antennaten-Gruppen vor, ihre Homologie ist jedoch umstritten.

Die Entstehung von Tracheen muß immer mit der Eroberung des Landes in Zusammenhang gebracht werden. Ihr Vorhandensein auch bei wasserlebenden Tieren, z.B. als Tracheenkiemen bei Eintagsfliegen- und Kleinlibellenlarven (S. 632, 633), kann stets als Hinweis auf sekundär aquatische Lebensweise gedeutet werden. Stigmen und Tracheen kommen bei Chilopoden, Progoneaten und Insekten vor, könnten also einen Hinweis auf die terrestrische Lebensweise der Stammart geben. Die Lage der Stigmen und die Ausbildung der Tracheen in den verschiedenen Gruppen ist aber so unterschiedlich, daß eine konvergente Entstehung in mehreren verschiedenen Stammlinien anzunehmen ist (Abb. 812). Nach neueren Untersuchungen muß mit einer sechsmaligen konvergenten Entstehung von Tracheen bei den Antennaten gerechnet werden.

Als gemeinsames Merkmal, das in Zusammenhang mit der Eroberung des Landes entwickelt wurde, kommen weiterhin die Malphigischen Schläuche in Betracht. Auch diese Bildungen sind konvergenzverdächtig, da entsprechende Darmanhänge mit exkretorischer Funktion auch bei den Arachnida ausgebildet worden sind. Die Malpighischen Schläuche der Arachnida werden aber entodermal gebildet, während sie bei Antennaten meistens als ektodermale Bildungen angesehen werden. Eine genauere Kenntnis der Genese und Funktion dieser Organe bei allen Antennaten-Gruppen wäre in diesem Zusammenhang von großer Bedeutung.

In allen Antennaten-Taxa wurden ursprünglich Spermatophoren gebildet. Dies trifft – soweit bekannt – auf alle Chilopoden, Symphylen und Pauropoden zu; unter den Diplopoden haben die Penicillata indirekte Spermatophorenübertragung, unter den Insekten die primär flügellosen Gruppen. Auch noch einige geflügelte Insekten, z.B. innerhalb der Orthopteroida, bilden Spermatophoren, die allerdings direkt dem Weibchen angeheftet werden. Indirekte Spermatophorenübertragung ist bei den landlebenden Arachnida weit verbreitet; es ist daher möglich, daß sie auch bei den verschiedenen Antennaten-Gruppen konvergent erworben wurde. Auffällig ist aber, daß eine bei den Arachniden unbekannte Form der Spermatophorenbildung und -aufnahme bei den Chilopoden (außer Geophilomorpha) und bei ursprünglichen ektognathen Insekten

(Zygentoma) vorkommt: Zuerst wird vom Männchen ein Hüllsekret abgeschieden, in das hinein die Spermien gepreßt werden, und das danach erhärtet; die Spermien werden dann vom Weibchen aufgenommen, während die Hülle erhalten bleibt und häufig vom Weibchen aufgefressen wird. Eine derartige sackartige Spermatophore könnte für die Stammart der Antennaten typisch gewesen sein und diese damit als landlebendes Tier charakterisieren. Aus dieser „Sackspermatophore" haben sich dann eventuell die „Tröpfchenspermatophoren", bei denen ein Spermium ohne feste Hülle auf ein Gespinst oder einen Sekretstiel abgesetzt wird, in mehreren unabhängigen Linien gebildet (Geophilomorpha, Symphyla, Pauropoda, Penicillata, Collembola, Diplura). Obwohl es also eine Vielzahl von Hinweisen gibt, daß die Stammart der rezenten Antennaten landlebend war, ist diese Annahme nicht endgültig gesichert.

Die vier Antennatengruppen Chilopoda, Symphyla, Pauropoda und Diplopoda werden traditionell als „Myriapoda" zusammengefaßt. Durch ihre weitgehend homonome Gliederung des Rumpfes, besonders auf der Ventralseite, und durch ihre vielen Laufbeinpaare entsprechen sie dem Bild eines ursprünglichen Antennaten habituell besser als die Insekten.

Ihre Verwandtschaftsbeziehungen untereinander und mit den Insecta lassen sich mit unterschiedlicher Sicherheit klären (Abb. 806). Am besten begründet ist die Annahme, daß Diplopoda und Pauropoda Schwestergruppen sind und ein Taxon **Dignatha** bilden. Sie sind durch eine große Zahl eindeutiger Synapomorphien verbunden:

(1) Das plattenartige Sternum des 1. Maxillensegmentes bildet mit den 1. Maxillen eine Unterlippe (bei Diplopoden Gnathochilarium genannt). (2) Die 2. Maxillen fehlen und werden in der Embryonalentwicklung auch nicht als Rudimente angelegt. (3) Die Genitalöffnungen liegen im 2. Rumpfsegment. Die Männchen haben ursprünglich bewegliche, konische Penes. (4) Stigmen finden sich ventral nahe den Beinbasen, sie führen in einen als Apodema dienenden Vorraum, von dem die Tracheen ausgehen (Abb. 812). Bei den Pauropoden sind Stigmen und Tracheen nur am 1. Beinpaar der Hexamerocerata erhalten geblieben. (5) Nach dem Aufreißen des Chorions wird ein unbewegliches Pupoidstadium freigelegt, aus dem ein Jungtier mit 3 Beinpaaren schlüpft.

Symphyla und Dignatha können durch folgende Synapomorphien als **Progoneata** zusammengestellt werden ([4] in Abb. 806):

(1) Geschlechtsöffnungen im Vorderrumpf (bei Dignatha im 2., bei Symphyla im 4. Rumpfsegment); die Endabschnitte der Gonodukte sind ektodermal. (2) Der Darm bildet sich innerhalb des Dotters, sein Lumen ist dotterfrei. (3) Der Fettkörper differenziert sich aus Dotterzellen, nicht aus Mesoderm wie bei

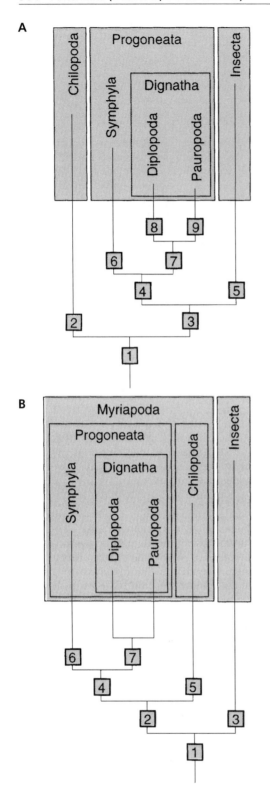

Chilopoden und Insekten. (4) Trichobothrien haben eine bulbusartige basale Erweiterung (Abb. 821), allerdings finden sie sich in sehr unterschiedlicher Lage (bei Symphylen am Hinterende, bei Pauropoden an den Tergiträndern, bei Penicillata am Kopf).

Ungeklärt ist die Frage, ob die Progoneata (A) näher mit den Insecta oder (B) näher mit den Chilopoda verwandt sind (Abb. 806). Für eine Monophylie von Progoneata und Insecta könnten sprechen ([3] in A): Das Vorhandensein von Coxalsäckchen, Styli, Spinndrüsen sowie einem Dorsalorgan in der Embryonalentwicklung. Als Argumente für eine nähere Verwandtschaft mit den Chilopoda – und ein Taxon Myriapoda – werden ins Feld geführt ([2] in B): Fehlen der Medianaugen, Fehlen von Spaltsinnesorganen, Fehlen primärer Facettenaugen.

Eine dritte mögliche Alternative, nämlich eine nähere Verwandtschaft von Chilopoden und Insekten („Opisthogoneata"), wird heute kaum mehr diskutiert.

Die Strukturen, die für (A) sprechen könnten, sind nicht einheitlich, merkmalsarm oder treten nur sporadisch in verschiedenen Gruppen auf. Die Argumente für (B) sind nur Negativmerkmale; eine konvergente Reduktion ist wahrscheinlich. Da es für keine der beiden Alternativen überzeugende Argumente gibt, ist es wissenschaftlich redlicher, die Frage nach der Monophylie eines Taxon „Myriapoda" offen zu lassen und die drei monophyletischen Antennaten-Taxa Chilopoda, Progoneata und Insecta gleichrangig nebeneinander zu stellen.

Ergänzungen: S. 863.

Abb. 806: Verwandtschaftsverhältnisse innerhalb der Antennata. Apomorphien in A: [1] Fehlen der 2. Antennen; ektodermale Malpighische Schläuche. [2] 1. Rumpfextremitäten zu Giftklauen (Maxillipeden) umgewandelt; Embryonen mit Eizahn an den 2. Maxillen; spezifischer Bau der Spermien. [3] Coxalsäckchen; Styli; Dorsalorgan. [4] Geschlechtsöffnungen im Vorderrumpf; Darm bildet sich innerhalb des Dotters. [5] Gliederung in Kopf, Thorax und Abdomen; Thorax mit 3 Segmenten und 3 Beinpaaren. [6] 12 Beinpaare; 1 Paar Stigmen im Kopf. [7] 2. Maxillen fehlen; Geschlechtsöffnungen im 2. Rumpfsegment; Stigmen nahe den Beinbasen. [8] Diplosegmente. [9] Pseudoculus; Nebengeißeln.
Apomorphien in B: [1] = [1] in A. [2] Verlust der Medianaugen; Verlust der Spaltsinnesorgane. [3] = [5] in A. [4] = [4] in A. [5] = [2] in A. [6] = [6] in A. [7] = [7] in A.

5 Chilopoda, Hundertfüßer

Die Chilopoda sind in Lebensweise, Fortpflanzung und Entwicklung sehr vielgestaltige Bodenarthropoden, die sich in 5 gut gegeneinander abgesetzte Gruppen aufteilen lassen. Es gibt unter ihnen schnelle Oberflächenläufer wie *Scutigera coleoptrata* und sich langsam bewegende, wurmförmige, in Bodenspalten lebende Tiere wie die Geophilomorpha. In der postembryonalen Entwicklung finden wir eine Evolution von Anamorphose zu Epimorphose. Man kennt schätzungsweise 3000 Arten; die meisten sind 1–10 cm lang, tropische Skolopender können jedoch über 25 cm Länge erreichen. Scutigeromorpha und Lithobiomorpha haben nur 15 Laufbeinpaare; die größte Zahl von Beinpaaren findet sich mit 191 bei den Geophilomorpha.

Chilopoden sind Räuber, die sich – je nach Größe – von Oligochaeten, Insekten, Spinnen bis hin zu kleineren Echsen ernähren. Sie ergreifen die Beute mit den zu mächtigen Giftklauen (Maxillipeden) umgewandelten 1. Rumpfextremitäten und betäuben oder töten sie durch ihr Gift. Außer durch die Giftklauen sind sie noch durch 2 weitere Merkmale als monophyletische Gruppe charakterisiert: Die Embryonen bilden einen Eizahn an der 2. Maxille aus. Die Spermien haben einen spezifischen Bau mit einem das Axonema umgebenden Streifenzylinder und darum einem Mantel mit spiralig gedrehten Membrankörpern (Abb. 815).

Bau

Der **Kopf** der Scutigeromorpha ist gewölbt (Abb. 808 B), der Kopf aller anderen Chilopoden dagegen flachgedrückt (Abb. 808 C). Dabei wird die Vorderkante durch die Verbindungslinie zwischen den Antennenbasen gebildet, während der Clypeusteil ventrad nach hinten geklappt ist (Abb. 809). Die Öffnung des Mundvorraums wird dadurch auf die Ventralseite verschoben. Die Antennen der Scutigeromorpha haben 2 Grundglieder und eine geringelte Geißel. Die anderen Chilopoden haben Gliederantennen, von denen jedes Glied mit eigener Muskulatur versehen ist.

Die **Augen** sind bei *Scutigera* Facettenaugen. Die einzelnen Ommatidien sind jedoch anders aufgebaut als bei Insekten und Krebsen (Abb. 810): Die Retinazellen liegen in 2 Schichten übereinander. Es ist daher diskutiert worden, ob es sich um konvergent gebildete „Pseudofacettenaugen" handelt. Alle Geophilomorpha sind augenlos, was als sekundärer Verlust zu werten ist. In den übrigen Taxa kommen Gruppen seitlicher Punktaugen in unterschiedlicher Zahl vor, manchmal nur 1 Paar. Es gibt aber auch dort eine größere Anzahl blinder Arten. Medianaugen fehlen immer. Neuerdings

sind Organe mit Rhabdomstruktur im Protocerebrum von *Lithobius forficatus* gefunden worden. Postantennalorgane (Tömösvárysche Organe) finden sich bei Scutigeromorpha (Abb. 808 B) und Lithobiomorpha (Abb. 809). Bei *Lithobius* sollen sie Feuchtigkeitsrezeptoren sein, sie dienen vielleicht auch der Schallperzeption. Bei den anderen Gruppen fehlt das Organ, bei *Scolopendra* ist noch ein entsprechender Gehirnnerv gefunden worden.

Die Mandibeln sind bei den Scutigeromorpha besonders kräftig, sie können Chitinteile zerbeißen. Die 1. Maxillen halten und manipulieren bei der Nahrungsaufnahme die Beute. Die 2. Maxillen bestehen nur aus dem Taster und einer querliegenden ventralen Spange (Abb. 809). Außer bei den Scutigeromorpha haben die Taster eine Klaue und halten Beutestücke fest. Die Giftklauen (Maxillipeden) haben ein Endglied, vor dessen Spitze eine große Giftdrüse ausmündet (Abb. 811).

Der Biß einer europäischen *Scolopendra cingulata* kann zu mehrtägigen Lähmungserscheinungen führen. Der Biß tropischer Skolopender ist ähnlich unangenehm, seine Wirkung ist aber meistens stark übertrieben worden, Todesfolgen beim Menschen sind nicht belegt.

Bei Scutigeromorpha sind die großen plattenartigen Coxen der Giftklauen voneinander unabhängig, die

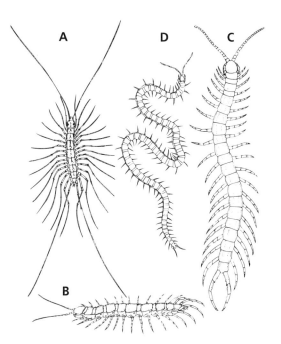

Abb. 807: Chilopoda. A *Scutigera coleoptrata* (Notostigmophora). Länge des Rumpfes ca. 2,5 cm. B *Lithobius forficatus* (Lithobiomorpha). Länge ca. 3 cm. C *Scolopendra morsitans* (Scolopendromorpha). Länge ca. 10 cm. D *Necrophloeophagus flavus* (Geophilomorpha). Länge: ca. 4 cm. A Nach Snodgrass (1952); B nach Rilling (1960); C, D nach Brolemann (1930).

Wolfgang Dohle, Berlin

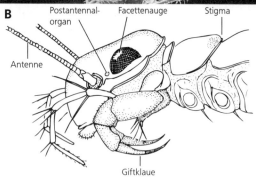

Abb. 808: Chilopoda. Vorderende. A *Lithobius* sp. Ventralseite. B *Scutigera coleoptrata.* Kopf und erste Rumpfsegmente, Seitenansicht. C *Necrophloeophagus flavus* (Geophilomorpha). Kopf und erste Rumpfsegmente, Seitenansicht. A Original: G. Eisenbeis, Mainz; B, C nach Snodgrass (1952).

Giftklauen können in alle Richtungen bewegt werden. Bei den übrigen Gruppen sind die Coxen mit dem Sternit zu einer großen Coxosternitplatte verwachsen, so daß die Klauen nur in der Ebene der Platte artikulieren können (Abb. 811).

Das Giftklauensegment und die Segmente der Laufbeinpaare werden bei den Lithobiomorpha von Tergiten überdeckt, die in charakteristischer Weise in ihrer Länge alternieren. Das 2., 4., 6., 8., 9., 11., 13. und 15. Tergit sind erheblich länger als die anderen. Diese Heteronomie bzw. Heterotergie und ihr Wechsel zwischen 8. und 9. Rumpfsegment bildet sich auch bei den pleuralen Stigmen ab, sie finden sich am 4., 6., 9., 11., 13. und 15. Segment (Abb. 807B). Die Verteilung der Stigmen ist auch

noch bei den meisten Scolopendromorpha heteronom, obwohl die Tergite hier fast gleichgroß sind. Bei den Geophilomorpha sind Stigmen an jedem Rumpfsegment außer dem 1. und dem letzten zu finden, bei diesen Formen gehören zu jedem Segment 2 Tergite und 2 Sternite (Abb. 807D). Andererseits haben die Scutigeromorpha nur 7 große Tergite, wobei ein besonders großes Tergit die Rumpfsegmente 7–9 überdeckt (Abb. 807A). Stigmen liegen bei ihnen unpaar am Hinterrand eines Tergits (Abb. 812A). Diese dorsalen Stigmen führen in einen Atemvorhof, von dem kurze, nicht mit einer Spiralversteifung versehene Tracheen nur bis in das Perikard hereinragen, so daß die Sauerstoffversorgung der Organe über das Blutgefäßsystem vermittelt werden muß. Demgegenüber haben alle anderen Chilopoden mit seitlichen Stigmen lange, meistens verzweigte Tracheen, die unmittelbar bis an die zu versorgenden Organe heranreichen (Abb. 812B).

Das letzte Laufbeinpaar wird stets erhoben getragen und ist meistens anders geformt als die davor liegenden; bei *Scutigera* ist es antennenartig, bei manchen Skolopendern bildet es eine Zange. Nach dem letzten Laufbeinsegment folgen noch 2 Segmente, die embryonal bei Epimorphen deutliche Extremitätenstummel haben (Abb. 814F). Bei den Adulten tragen sie 1 oder 2 Paar Gonopoden. Die Männchen von *Scutigera* haben 2 Paar griffelartige Gonopoden (Abb. 814C). Die Weibchen von Scutigeromorpha und Lithobiomorpha haben eine Gonopodenzange, mit der das abgelegte Ei gehalten wird (Abb. 814B,D). Bei den anderen Gruppen finden sich höchstens stummelförmige Gonopodenrudimente. Die unpaare Geschlechtsöffnung liegt an der Ventralseite vor dem terminalen After.

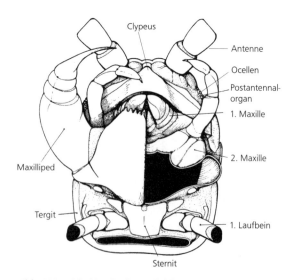

Abb. 809: *Lithobius forficatus* (Chilopoda). Vorderkörper, Ventralansicht; linker Maxilliped abgelöst, 1. Beinpaar abgeschnitten. Aus Rilling (1968).

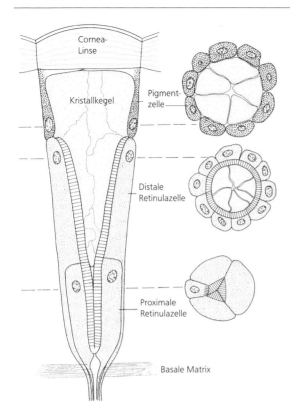

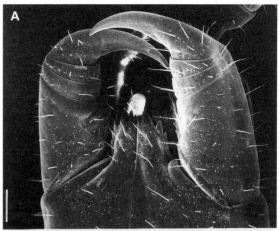

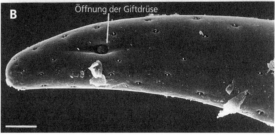

Abb. 810: Ommatidium von *Scutigera coleoptrata*. Die 3 Querschnitte sind auf der Höhe der gestrichelten Linien geführt. Nach Adensamer (1894) und Paulus (1979).

Abb. 811: *Craterostigmus tasmanianus* (Chilopoda). A Maxillipeden mit Coxosternitplatte. Maßstab: 300 μm. B Spitze der Giftklaue eines Maxillipeden mit Öffnung der Giftdrüse. Maßstab: 30 μm. Originale: W. Dohle, Berlin.

Bei Lithobiomorpha finden wir große Poren an den Coxen der Laufbeine 12–15, bei den Epimorpha nur an den Coxen der jeweils letzten Laufbeine. Sie führen in einen Hohlraum, dessen Boden durch ein Epithel ausgekleidet ist, das durch tiefe Einfaltungen und zahlreiche Mitochondrien als Transportepithel ausgewiesen ist. Durch dieses Epithel kann Wasserdampf absorbiert werden; wahrscheinlich sezernieren diese Coxalorgane auch Pheromone. Entsprechende Organe sind die Analorgane junger Lithiobiomorpha und einiger Geophilomorpha und wahrscheinlich auch die Porenkomplexe bei den Craterostigmomorpha.

Bei vielen Geophilomorpha münden Drüsen auf den Sterniten. Die Sekrete spielen eine Rolle bei der Feindabwehr; *Henia vesuviana* sondert einen schnell erhärtenden Leim ab, welcher die Mundwerkzeuge angreifender Raubkäfer verklebt. Die Sekrete einiger Arten können leuchten.

Der **Darmtrakt** ist langgestreckt, mit nur 1 Paar von Malpighischen Schläuchen versehen.

Maxillarnephridien sind nur bei Scutigeromorpha und Lithobiomorpha gefunden worden. Sie haben 2 Ausführgänge und werden daher als das Verwachsungsprodukt der Nephridien des 1. und 2. Maxillensegments gedeutet. Im Kopf finden sich weiterhin Speicheldrüsen und endokrine Drüsen.

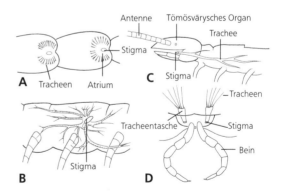

Abb. 812: Tracheensysteme. A *Scutigera coleoptrata* (Chilopoda, Notostigmophora). Zwei Tergite von oben gesehen und durchsichtig gedacht. Stigma führt in den Atemvorhof; von diesem gehen wenig verzweigte Tracheen in den Pericardialraum. B *Lithobius forficatus* (Chilopoda, Lithobiomorpha). Die vom 5. Stigma (am 11. Rumpfsegment) ausgehenden Tracheenäste von der linken Körperseite gesehen. C *Scutigerella immaculata* (Progoneata, Symphyla). Kopf von der linken Seite. Es ist nur 1 Paar Stigmen oberhalb der Mandibeln vorhanden; von hier aus ziehen verzweigte Tracheen bis ins 4. Rumpfsegment. D *Ommatoiulus sabulosus* (Progoneata, Diplopoda). Ventralseite des 4. Körperrings. Die Stigmen liegen nahe den Beinbasen; sie führen in je eine Tracheentasche, von der die Tracheen ausgehen. A, C, D nach verschiedenen Autoren; B nach Rilling (1968).

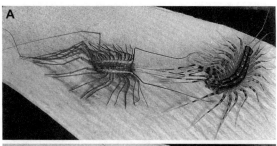

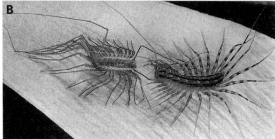

Abb. 813: *Scutigera coleoptrata.* Weibchen am Ende der Häutung. A Das letzte (15.) Beinpaar wird aus der Exuvie (links) herausgezogen. B Das Tier hat sich vollständig gehäutet. Original: W. Dohle, Berlin.

Das **Blutgefäßsystem** der Chilopoden ist komplexer ausgebildet als bei jeder anderen Gruppe der Antennaten. Das dorsale Herz hat segmentale Ostien und laterodorsale Arterien. Vom Vorderrand des Herzens geht eine reichverzweigte Aorta ab. Zwei laterale Arterien bilden einen „Aortenbogen" und münden ventral in eine Supraneuralarterie, von der Arterien in die Beine, die Giftklauen und die beiden Maxillen abgehen. Am Hinterende kann ein Rektalbogen ausgebildet sein.

Eigenartigerweise haben die Scutigeromorpha mit ihren dorsal gelegenen lokalen Tracheen und die übrigen Gruppen, die Pleurostigmophora, bei denen die Tracheen bis zu den Erfolgsorganen führen, ein fast identisches Gefäßsystem. Es wäre zu erwarten gewesen, daß die Pleurostigmophora das Gefäßsystem zurückgebildet hätten. Daraus, daß dieses nicht erfolgt ist, kann der Schluß gezogen werden, daß die Bildung der dorsalen, unpaaren Stigmen ursprünglich ist und die seitlichen Stigmen und lange und verzweigte Tracheenstämme sekundär erst innerhalb der Chilopoden ausgebildet wurden.

Die **Gonaden** liegen dorsal des Darms. Das Ovar ist unpaar. Der Ovidukt teilt sich, die 2 Arme umgreifen den Enddarm und ziehen zu einem Genitalatrium, in das auch die Receptacula seminis und akzessorische Drüsen münden. Männchen von *Scutigera* haben paarige Hoden, in denen in verschiedenen Abschnitten Mikro- und Makrospermien gebildet werden. Bei Lithobiomorphen ist der Hoden unpaar, bei den Epimorpha findet man 1 oder mehrere Paare spindelförmiger Hoden, von deren zugespitzten Enden Vasa efferentia abgehen (Abb. 816).

Fortpflanzung und Entwicklung

Bei allen untersuchten Chilopoden kommt Spermatophorenübertragung vor.

Bei Scutigeromorpha geschieht dies in engem Kontakt zwischen den Partnern. Das Männchen setzt eine Spermatophore ab und schiebt das Weibchen so darüber, daß es die Spermatophore mit der Genitalöffnung aufnehmen kann (Abb. 817). Bei der tropischen Art *Thereuopoda*

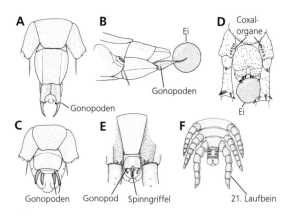

Abb. 814: Chilopoda. Gonopoden. A-C *Scutigera coleoptrata* (Notostigmophora). A Hinterende eines Weibchens von ventral. B Hinterende eines Weibchens von der Seite. Gonopodenzangen halten ein frisch abgelegtes Ei; 15. Laufbein ist autotomiert. C Hinterende eines Männchens von ventral. D *Lithobius forficatus* (Lithobiomorpha). Hinterende eines Weibchens von ventral. Gonopodenzangen halten Ei. E, F *Scolopendra cingulata* (Scolopendromorpha). E Hinterende eines Männchens von ventral. F Hinterende eines Tieres im Stadium I (= Peripatoidstadium) von ventral. Hinter dem 21. Laufbeinpaar (das sind die Extremitäten des 22. Rumpfsegmentes) erscheinen 2 Paar weiterer Extremitätenanlagen. A, C Nach verschiedenen Autoren; B nach Dohle (1970); D nach Demange (1945); E nach Latzel (1880) in der Interpretation von Klingel (1960); F nach Heymons (1901).

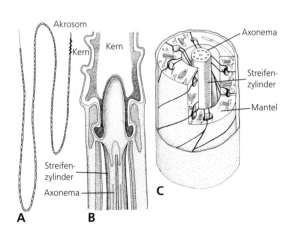

Abb. 815: Chilopoda. Spermien. A Totalansicht (*Himantarium gabrielis*). B, C *Geophilus linearis*. B Längsschnitt aus der Region zwischen Kern und Schwanzstück. C Teil des Schwanzstücks, teilweise aufgeschnitten. A Nach Tuzet und Manier (1958); B, C nach Horstmann (1968).

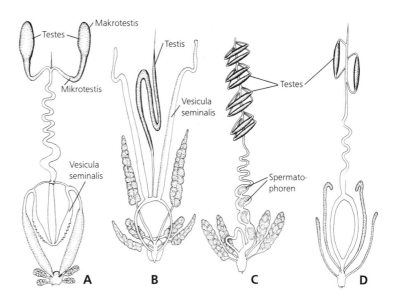

Abb. 816: Chilopoda. Männliche Gonaden. A *Scutigera coleoptrata* (Notostigmophora). B *Lithobius forficatus* (Lithobiomorpha). C *Scolopendra cingulata* (Scolopendromorpha). Von den 12 Paar Hoden nur 4 Paar gezeichnet. D *Dicellophilus carniolensis* (Geophilomorpha). Nach verschiedenen Autoren.

decipiens ist beobachtet worden, daß das Männchen die Spermatophore mit den Giftklauen aufnimmt und dem Weibchen an die Genitalöffnung heftet. Auch bei Lithobiomorpha und Scolopendromorpha ist während der ganzen Zeit der Kontakt zwischen den Partnern vorhanden. Das Männchen fertigt ein Gespinst, auf dem die Spermatophore abgesetzt wird. Bei Geophilomorpha reißt der anfänglich hergestellte Kontakt ab, das Weibchen kriecht erst später in den Gang, in dem das Männchen einen Spermatropfen auf einem Gespinst abgesetzt hat.

Die Eiablage erfolgt bei *Scutigera* und *Lithobius* einzeln. Jedes Ei wird zuerst von der Gonopodenzange gehalten. Es wird dann mit Erdkrümeln maskiert und abgelegt. Bei den übrigen Gruppen gibt es Brutpflege (Abb. 818).

Weibchen von *Scolopendra* und *Craterostigmus* rollen sich mit der Ventralseite um den Eiballen, die Geophilomorpha dagegen mit der Dorsalseite, so daß die drüsige Ventralseite nach außen zeigt. Die Eier werden intensiv beleckt und so von Pilzen freigehalten.

Eigenartigerweise schlüpfen gerade die vielsegmentigen Scolopendromorpha und Geophilomorpha mit der vollen Segmentzahl (Epimorphose). Die beiden ersten postembryonalen Stadien sind noch weitgehend unbeweglich und können sich nicht selbst ernähren, erst das 3. Stadium kriecht aus dem Schutz der Mutter. Jungtiere von *Craterostigmus* schlüpfen mit 12 Beinpaaren und erreichen die volle Zahl von 15 Beinpaaren schon bei der nächsten Häutung. *Lithobius* schlüpft mit 7, *Scutigera* mit 4 Beinpaaren. Nachdem in mehreren Häutungen die volle Zahl von 15 Laufbeinpaaren erreicht ist, häuten sich die Tiere bis zur Reife noch mehrmals und auch danach noch, ohne daß die Segmentzahl weiter zunimmt (Hemianamorphose).

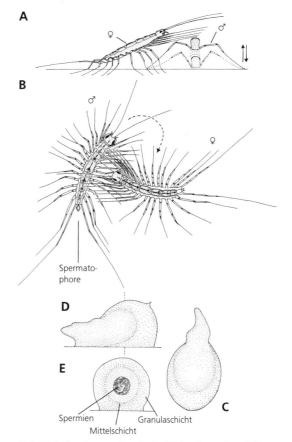

Abb. 817: *Scutigera coleoptrata* (Notostigmophora). Paarung und Bildung der Spermatophore. A Weibchen hat Vorderkörper starr erhoben; Männchen steht quer dazu und schnellt mehrfach nach oben. B Weibchen bleibt weiterhin starr; Männchen setzt Spermatophore ab. Männchen geht danach in Richtung des gestrichelten Pfeils und schiebt Weibchen über die Spermatophore. C–E Spermatophore. C Von oben gesehen, D von der Seite. E Schnitt durch Spermatophore in Höhe der in D angedeuteten Linie. Nach Klingel (1960).

Abb. 818: Brutpflege bei *Scolopendra cingulata*. Weibchen mit Jungtieren im Stadium III. Original: M. Boulard, Paris.

Systematik

Die Chilopoda bilden eindeutig eine monophyletische Gruppe. Auch ihre Untergruppen (Scutigeromorpha, Lithobiomorpha, Craterostigmomorpha, Scolopendromorpha, Geophilomorpha) sind klar voneinander abgegrenzt und gut charakterisierbar. Die phylogenetischen Beziehungen dieser Gruppen untereinander werden aber sehr unterschiedlich beurteilt und im Zusammenhang damit auch die Frage, wie die Evolution innerhalb der Chilopoden verlief. Manche Autoren gehen davon aus, daß die Stammart der rezenten Chilopoden eine vielsegmentige, homonom gegliederte Form war ähnlich den Geophilomorphen und daß die Evolution zu wenigsegmentigen, heteronom gebauten langbeinigen Läufern führte. Andere Autoren nehmen genau die umgekehrte Evolutionsrichtung an.

Eine phylogenetisch-systematische Analyse führt zu dem Schluß, daß die Stammart der Chilopoden weitgehend einer *Scutigera* geähnelt haben muß: gewölbter Kopf, Geißelantennen, Postantennalorgane und Maxillarnephridien vorhanden, Giftklauen unabhängig voneinander beweglich, Heterotergie, 15 Laufbeinpaare, dorsale mediane Stigmen, kurze wenig verzweigte Tracheen, komplex gebautes Blutgefäßsystem, Weibchen mit Gonopodenzange, Ablage einzelner Eier, keine Brutpflege, Schlüpfen mit wenigen (4) Laufbeinpaaren, Hemianamorphose.

Die alternative Annahme, daß am Ursprung der Chilopoden eine *Geophilus*-artige Stammart stand, führt zu der Konsequenz, daß die Heterotergie, die Zahl von 15 Laufbeinpaaren und die Hemianamorphose mehrfach konvergent erworben wurden. Außerdem muß sich dann die gewölbte Kopfkapsel der Scutigeromorpha aus einer abgeflachten entwickelt haben, die freien Coxen der Giftklauen müssen aus dem verschmolzenen Coxosternit entstanden sein, und die dorsalen Stigmen und lokalisierten Tracheen müssen gegenüber einem weit-

verzweigten Tracheensystem abgeleitet sein. Diese Annahmen sind in hohem Maße unwahrscheinlich.

5.1 Notostigmophora (Scutigeromorpha)

Die Scutigeromorpha sind wärmeliebende Tiere. Die 15 Laufbeinpaarsegmente werden von 7 großen Tergiten überdeckt. Mit ihren langen Beinen, deren Tarsen sekundär geringelt sind, vermögen sie außerordentlich schnell zu laufen. Ihre Kopfkapsel ist gewölbt; die Antennen sind ebenfalls sekundär geringelt. Die Augen bestehen aus Hunderten von Ommatidien. Die Tracheen sind kurz; die unpaaren Stigmen liegen dorsal am Hinterrand der Tergite (daher „Noto"stigmophora!).

Scutigera coleoptrata Spinnenläufer; im Mittelmeerraum, kommt in Süddeutschland am Kaiserstuhl vor. Rumpf bis 2,5 cm, Antennen und Endbeine nochmals ebenso lang. Kann Fliegen aus der Luft fangen, wenn sie die langen Tarsen oder Antennen berühren.

5.2 Pleurostigmophora

Diese Chilopoden besitzen paarige Stigmen seitlich in den Pleuren (Name!). Die Tracheen sind – außer bei den Craterostigmomorpha – weit verzweigt. Der Kopf ist abgeflacht. Die Coxosternite der Giftklauen sind verwachsen.

5.2.1 Lithobiomorpha

Mit 15 Laufbeinpaaren; zu jedem Segment gehört 1 Tergit, sie sind unterschiedlich lang (Heterotergie); Männchen mit unpaarer dorsaler Gonade.

Lithobius forficatus (Lithobiidae, Steinläufer), mit 3 cm Länge eine der größten einheimischen Arten, unter Rinde und in Mulm häufig, oft syntopisch mit anderen *Lithobius*-Arten vorkommend. – *Lamyctes fulvicornis* in Flußauen, die Eier können längere Überschwemmung überstehen.

5.2.2 Craterostigmomorpha

Mit 15 Laufbeinpaaren. Nur 1 Art (*Craterostigmus tasmanianus*) aus Tasmanien beschrieben; Tiere aus Neuseeland gehören möglicherweise zu einer anderen Art, Länge 4,5 cm. Ernährt sich hauptsächlich von Termiten. Sehr ähnliche Formen schon im Devon (†*Devonobius delta*).

5.2.3 Epimorpha

Hoden spindelförmig, mit je 1 Vas deferens von jeder Seite ausgehend; Tracheen mit Anastomosen; Brutpflege, die Jungtiere schlüpfen mit voller Segmentzahl.

5.2.3.1 Scolopendromorpha

Größte Chilopoden, besonders in den Tropen. 21 oder (selten) 23 Laufbeinpaare.

Scolopendra cingulata, 15 cm; im Mittelmeerraum unter flach liegenden Steinen. – *Scolopendra gigantea,* über 25 cm lang, Brasilien. – **Cryptops hortensis* (Cryptopsidae), 3 cm, heimisch in Laub und Kompost.

5.2.3.2 Geophilomorpha

Hohe (max. 191) und bei manchen Arten variable Laufbeinpaarzahlen, aber stets ungerade; sämtlich augenlos. Meistens tief im Boden. Die Weibchen ringeln sich mit dem Rücken um die Eier, so daß die Bauchseite nach außen zeigt. Ventral münden vielfach Drüsen, die ein klebriges Sekret absondern.

*Necrophloeophagus flavus (Geophilidae, Erdläufer), 4 cm, häufig in Gartenerde. – **Strigamia maritima* (Dignathodontidae), 3,5 cm, unter Steinen am Meeresufer bis in die Gezeitenzone.

6 Progoneata

Als Progoneata werden Symphylen, Pauropoden und Diplopoden zusammengefaßt. Namengebend ist die Lage der Gonoporen im Vorderkörper, bei den Symphylen im 4., bei Pauropoden und Diplopoden im 2. Rumpfsegment. Im Gegensatz zu den Chilopoden ernähren sich die meisten Progoneaten vegetabilisch; unter den Diplopoden finden sich viele Streuzersetzer, die eine wichtige Rolle für die Humusbildung spielen. Nur wenigen Diplopoden wird eine räuberische Ernährung nachgesagt.

6.1 Symphyla, Zwergfüßer

Die Symphyla bilden eine kleine Gruppe (150 Arten) von blinden, pigmentlosen Bodenarthropoden. Sie leben im Mulm, unter Dung und Steinen und ernähren sich von lebender und verrottender pflanzlicher Substanz. Durch massenhaftes Auftreten können sie in Gärtnereikulturen schädlich werden.

Bau

Die Tiere sind nicht länger als 8 mm. Der **Kopf** ist flach, wobei die Öffnung zur Praeoralhöhle am Vorderende liegt. Die Antennen sind typische Gliederantennen; sie sind in dauernder zitternder Bewegung. Die Tömösvárychen Organe liegen dicht hinter den Antennenbasen. Die Mandibeln sind zweigliedrig. Die 1. Maxillen haben keinen Taster. Die 2. Maxillen sind flach, in der Medianen aneinandergelagert und bilden eine Unterlippe, die mit dem Labium der Insekten vergleichbar, aber wahrscheinlich konvergent entstanden ist. Stigmen finden sich nur in 1 Paar am Kopf oberhalb der Mandibelbasen (Abb. 812) – für Arthropoden völlig ungewöhnlich! Die verzweigten Tracheen, die keine Spiralversteifung haben, strahlen bis zum 4. Rumpfsegment aus.

Der **Rumpf** hat stets 12 Laufbeinpaare, die in ihrer Gliederung weitgehend identisch sind; nur das 1. Beinpaar kann weniger Glieder haben oder ganz reduziert sein. Es findet sich stets eine gegenüber den Beinpaarsegmenten erhöhte Anzahl von Tergiten. Bei *Scutigerella* bilden sich am 4., 6. und 8. Rumpfsegment 2 Tergite aus, so daß bei adulten Tieren 15 Tergite vorhanden sind (Abb. 819 A). Es gibt jedoch Arten mit bis zu 24 Tergiten. Auf der Ventralseite sind ausstülpbare Coxalsäckchen mit den Beinen 2–12 und griffelartige Styli mit den Beinen 3–12 assoziiert. Die unpaare Genitalöffnung findet sich am 4. Rumpfsegment (Abb. 819 B).

Das Hinterende besitzt 2 Paar charakteristische Organe: 1 Paar Spinngriffel (Cerci), auf denen große Spinndrüsen ausmünden und die als Extremitäten-

rudimente gedeutet werden, sowie 1 Paar Trichobothrien.

Der **Darmtrakt** verläuft gerade durch den Körper und hat 1 Paar Malpighische Schläuche.

Das dorsale **Herz** hat je 1 Paar Ostien im 6.–12. Rumpfsegment. Nach vorn verlängert es sich zur Aorta, von der 2 Paar Arterien sowie 1 unpaare Sternalarterie abzweigen.

Es gibt 2 Paar **Maxillarnephridien**, von denen sich aber nur 1 Paar im Kopf befindet und typische Sacculi besitzt. Das andere Nephridienpaar ist weit in den Rumpf verlagert und hat das histologische Aussehen acinöser Drüsen. Im Rumpf finden sich auch sackförmige paracardiale Nephrocyten ohne Ausmündung und eine Drüse, die an den Mandibeln ausmündet. Im Kopf ist ein embryonales prae-

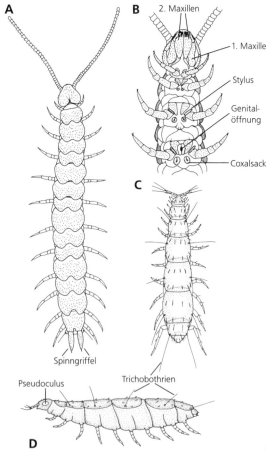

Abb. 819: Progoneata. A, B *Scutigerella immaculata* (Symphyla). Dorsalansicht (A) und Kopf mit den ersten 4 Rumpfsegmenten eines Männchens von ventral (B). C *Pauropus huxleyi* (Pauropoda). Dorsalansicht. D *Decapauropus cuenoti* (Pauropoda) Lateralansicht. A, B Nach Michelbacher (1938); C nach Latzel (1884); D nach Remy (1931).

Wolfgang Dohle, Berlin

mandibulares Exkretionsorgan eventuell der Antennendrüse der Krebse homolog.

Die Ovarien sind paarig, ebenfalls die Hoden. Die Ausführgänge vereinigen sich erst knapp vor der unpaaren Geschlechtsöffnung.

Fortpflanzung und Entwicklung

Die Symphylen haben eine einzigartige Form der Spermaübertragung entwickelt. Die Männchen von *Scutigerella*-Arten ziehen einen Sekretstiel aus, auf den sie einen Spermatropfen absetzen (Abb. 820 D–E).

Die Stiele weisen in Länge und Kopfteil artspezifische Unterschiede auf (Abb. 820 A–C). Es gibt Mikro- und Makrospermien, die sich im Moment des Absetzens voneinander trennen. Die Mikrospermien wandern zur Peripherie und lösen sich auf, wobei ein Sekret des Akrosoms eine Schutzhülle bildet. Die Makrospermien sind die funktionellen Spermien.

Das Weibchen nimmt den Spermatropfen mit den Mundwerkzeugen auf und bewahrt ihn in Taschen des Mundvorraums. Die Eier werden einzeln an Moospflänzchen abgelegt, dabei mit Flüssigkeit aus dem Mundvorraum benetzt und dadurch besamt (Abb. 820 F,G). Sie haben – im Gegensatz zu den übrigen Progoneaten – ein stark skulpturiertes Chorion.

Die Embryonalentwicklung ist bei einer Art (*Hanseniella agilis*) sehr genau untersucht. Die **Furchung** ist total. Durch tangentiale Teilungen entsteht ein Blastoderm, die Zellwände im Inneren verschwinden. Der Darm bildet sich innerhalb des Dotters. Der Fettkörper entsteht aus Dotterzellen wie bei Diplopoden und Pauropoden, nicht aus Mesodermzellen wie bei Chilopoden und Insekten. Es wird ein Dorsalorgan gebildet, das dünne Filamente abscheidet und das dem Dorsalorgan einiger Collembolen weitgehend gleicht.

Jungtiere schlüpfen bei *Symphylella* mit 6, bei *Scutigerella* mit 7 Beinpaaren. Pro Häutung kommt 1 Beinpaar hinzu. Nach Erreichen der vollen Segmentzahl und der Reife häuten sich die Tiere weiter (Hemianamorphose).

Scutigerella immaculata, 5 mm, häufig sowohl im Freien wie in Gewächshäusern, wo sie schädlich werden können; adult mit 15 Tergiten (die Tergite der 4., 6. und 8. Rumpfsegmente sind geteilt). – *Symphylella vulgaris* mit 17 Tergiten; 1. Beinpaar verkümmert.

Pauropoda und Diplopoda werden als **Dignatha** zusammengefaßt. Hierfür sprechen zahlreiche synapomorphe Merkmale (S. 583).

6.2 Pauropoda, Wenigfüßer

Pauropoden sind winzige, höchstens 2 mm lange Bodentiere mit weiter Verbreitung, aber geringer

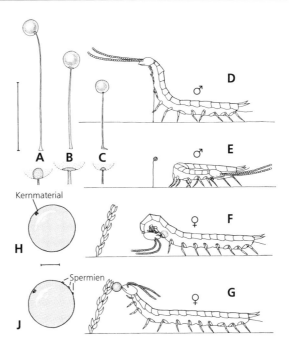

Abb. 820: Symphyla. Fortpflanzung. A-C Spermatophoren und, jeweils darunter vergrößert, der Kopfteil des Spermatophorenstiels von *Scutigerella tusca* (A), *S. pagesi* (B), *S. remyi* (C). D-J Absetzen der Spermatophore, Eiablage und Besamung bei *Scutigerella silvatica*. Herausziehen des Spermatophorenstiels aus der männlichen Geschlechtsöffnung (D). Das Männchen verläßt die abgesetzte Spermatophore (E). Das Ei tritt aus der Geschlechtsöffnung des Weibchens, wird mit den Mundwerkzeugen ergriffen (F) und an eine Moospflanze geheftet und die Oberfläche mit Schleim und Spermien aus dem Mundvorraum bestrichen (G). Ei beim Austritt aus der Geschlechtsöffnung (H); dicht unter dem Chorion liegt färbbares Kernmaterial. J Ei noch ohne die arttypischen Chorionskulpturen nach dem Bestreichen mit Schleim; darauf Spermien. Maßstab: 0.5 mm. Nach Juberthie-Jupeau (1963).

Abundanz. 540 Arten sind beschrieben. Meistens können sie nur mit speziellen Methoden aus dem Boden extrahiert werden. In ihrer Ernährung sind sie spezialisiert: Sie beißen mit den Mandibeln Schimmelpilzhyphen auf und saugen den Inhalt aus.

Bau

Der **Kopf** ist sehr klein (Abb. 819 C,D). Er bietet nicht genug Platz für das Gehirn, welches daher bis in das 1. Rumpfsegment ragt. Die Tiere sind blind. An den Kopfseiten befindet sich je ein ovaler bis nierenförmiger „Pseudoculus", der einem Postantennalorgan entspricht. Die Antennen haben an ihren Endgliedern geringelte Nebengeißeln mit stark skulpturierten Haaren. Die Mandibeln sind eingliedrig, zugespitzt. Die 1. Maxillen sind schmal und lagern sich seitlich an eine dreieckige Platte an, welche aus dem Sternum der 1. Maxillen entstanden ist und nach hinten den Mundvorraum ab-

A

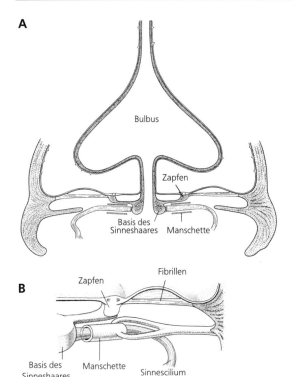

B

Abb. 821: Trichobothrien von *Allopauropus* sp. A Längsschnitt durch den proximalen Teil. B Räumliche Darstellung der cuticularen Manschette um den Endabschnitt eines Sinnesciliums. Nach Haupt (1976).

schließt. Diese Bildung ist dem Gnathochilarium der Diplopoden homolog. Die 2. Maxillen fehlen. Das entsprechende Segment ist aus dem Kopf ausgegliedert; ventral finden sich Coxalblasen, die sich an der Stelle, wo das Ganglienpaar eingewandert ist, gebildet haben. Daneben sitzen, wie an den Beinbasen, gegabelte Haare.

Der **Rumpf** hat bei den adulten Tieren einheimischer Arten 9 oder 10 Segmente mit Laufbeinen. Die 3., 5., 7. und 9. Segmente bilden aber keine Tergite aus, so daß nur 6 Tergitplatten den Rücken überdecken (Abb. 819 C,D). An der 2.–6. Platte sitzt jederseits ein sehr langes und dünnes Trichobothrienhaar (Abb. 821). Am Ende liegt eine Analplatte.

Es gibt eine tropische Gruppe, die Hexamerocerata, deren Arten 11 Beinpaare und 12 Tergite besitzen; dies ist wahrscheinlich der ursprüngliche Zustand.

Am ektodermalen Vorderdarm setzen starke Muskeln an, die eine Saugfunktion möglich machen. Die Mitteldarmzellen speichern Exkretprodukte und geben sie in das Lumen ab. Die beiden Malpighischen Schläuche sind bei adulten Tieren zum Darm hin geschlossen. Ein Blutgefäßsystem fehlt. Die Peristaltik des Darms hält die Hämolymphe in Bewegung.

Den meisten Arten fehlen **Tracheen.** Nur bei den Hexamerocerata sind sie am 1. Beinpaar vorhanden. Bei ihnen liegen die Stigmen nahe der Laufbeinbasis und führen in einen Atemvorhof, der auch als Muskelansatzstelle (Apodema) dient und von dem die je 2 unverzweigten Tracheen ausgehen.

Die Gonaden bilden sich embryonal als unpaarer Strang mit nur 1 Urkeimzelle ventral vom Darm. Das Ovar behält diese Lage bei, es setzt sich in einen Drüsengang fort. Vom Sternum des 2. Rumpfsegments gehen 2 ektodermale Ovidukte aus, von denen aber einer verkümmert, so daß nur ein unpaarer Gang mit Receptaculum seminis übrigbleibt. Die Hoden wandern zur Dorsalseite, dort teilen sie sich in insgesamt 4 Säcke, von denen jeder ein Vas deferens mit Samenblase aussendet. Die Gänge vereinigen sich und gabeln sich dann wieder zu den rein ektodermalen Ductus ejaculatorii. Diese münden auf paarigen Penes.

Fortpflanzung und Entwicklung

Die Pauropoden setzen Spermatröpfchen auf ein Gespinst ab, das aus einem Auflagennetz und aus Trägersträngen knotiger Fäden besteht (Abb. 822 A,B). Die Spermien sind lang fadenförmig; es fehlt ihnen ein Akrosom.

Die Embryologie ist nur von einer Art, *Pauropus silvaticus*, bekannt. Die Eier furchen sich total und bilden ein Blastocoel. Hierhinein wandern 2 Zellen, die zu Entoderm werden. Der Fettkörper bildet sich, wie bei Symphylen und Diplopoden, aus Dotterzellen. Wenn das Chorion gesprengt wird, erscheint das von einer Cuticula umgebene Pupoidstadium, welches nur stummelartige Antennen und 2 Beinpaaranlagen zeigt (Abb. 823 B). Erst hieraus

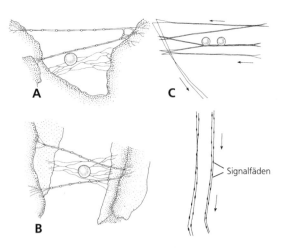

Abb. 822: Progoneata. Spermatophoren. A-B *Stylopauropus pedunculatus.* Spermatophore, Gespinst und Signalfäden von der Seite (A) und von oben gesehen (B). C *Polyxenus lagurus.* Spermatophoren, Gespinst und Signalfäden. Die Pfeile geben an, in welcher Richtung die Fäden gesponnen wurden. A, B Nach Laviale (1964); C nach Schömann (1956).

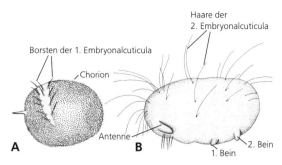

Abb. 823: Ei und Pupoidstadium von *Pauropus silvaticus* (Pauropoda). A Ei mit durch Borsten der 1. Embryonalcuticula aufgerissenem Chorion. B Pupoidstadium. Reste des Chorions, der Blastodermcuticula und der 1. Embryonalcuticula sind entfernt worden. Nach Tiegs (1947).

schlüpft ein bewegliches Stadium mit 3 Beinpaaren (Abb. 824 A). Es folgen Stadien mit 5, 6, 8 und 9 Beinpaaren, danach häuten sich die meisten Arten nicht mehr. Bei *Decapauropus*-Arten kann ein weiteres Stadium mit 10 Beinpaaren gebildet werden.

6.2.1 Hexamerocerata

Tropische Gruppe ursprünglicher Pauropoden. Fühler mit 6 Gliedern, 1 Nebengeißel am vorletzten und 3 Nebengeißeln am letzten Glied. Sternale Stigmen an der Basis des ersten Beinpaares. 11 oder 10 Beinpaare, 12 Tergite und Telson (Pygidium).

Millotauropus latiramosus, 1,8 mm, Madagaskar.

6.2.2 Tetramerocerata

Weltweit. Ohne Tracheen. Fühler mit 4 Gliedern, 1 einfache und 1 geteilte Nebengeißel am letzten Glied. Meist 9, selten 10 (*Decapauropus*) Beinpaare, 6 Tergite und Telson (Pygidium).

Pauropus spp., 0,5–0,7 mm, auch zahlreiche einheimische Arten.

6.3 Diplopoda, Doppelfüßer

Die Diplopoden sind dadurch charakterisiert, daß im Rumpf – mit Ausnahme der vordersten Segmente – zu je 2 Beinpaaren und 2 Sterniten nur 1 Paar Pleurite und ein Tergit gehören (Diplosegmente). Von allen „Myriapoda" werden sie vor allem als „Tausendfüßer" angesprochen, es gibt aber nur Arten mit maximal etwa 350 Beinpaaren. Fast alle Diplopoden sind Zersetzer von Laubstreu, verrottendem Holz und Mulm und haben daher bei uns, aber noch mehr in den Tropen, eine große ökologische Bedeutung. Es gibt nur wenige Arten, denen räuberisches Verhalten nachgesagt wird. Während in Europa die Formen recht gut erforscht sind, kann man dies von anderen Ländern nicht sagen. Schätzungsweise sind 10 000 Arten beschrieben worden, aber ein Vielfaches an Arten ist noch unentdeckt.

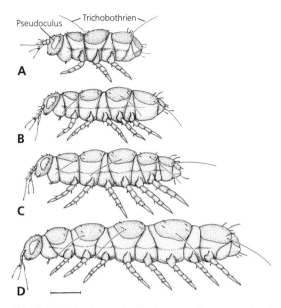

Abb. 824: Postembryonale Stadien von *Pauropus silvaticus* (Pauropoda). A Stadium I mit 3 Beinpaaren. B Stadium II mit 5 Beinpaaren. C Stadium III mit 6 Beinpaaren. D Stadium IV mit 8 Beinpaaren. Maßstab: 0,1 mm. Nach Tiegs (1947).

Unser Bild von Diplopoden orientiert sich sehr stark an den häufigen Schnur- und Bandfüßern (Juliformia und Polydesmida), welche feste geschlossene Körperringe haben. Dies sind aber die Gruppen mit den am stärksten abgeleiteten Merkmalen. Als sehr viel ursprünglicher müssen die Penicillata

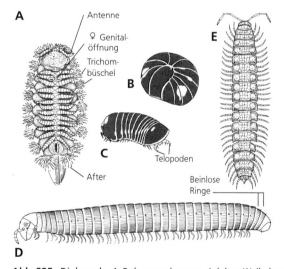

Abb. 825: Diplopoda. A *Polyxenus lagurus*. Adultes Weibchen von der Ventralseite. Länge 2,5 mm. B, C *Glomeris marginata*. Eingerolltes Weibchen (B), Durchmesser 6 mm; balzendes Männchen mit vorgestreckten Telopoden (C). D *Brachyiulus pusillus*. Weibchen im Stadium VIII; 25 Ringe mit Wehrdrüsen. Länge: 10 mm. E *Polydesmus angustus*. Adultes Weibchen mit 31 Beinpaaren. Länge: 18 mm. A Nach Reinecke (1910); B, C nach Photos von Haacker (1964); D nach Biernaux (1972); E nach Humbert (1893) und Brolemann (1935).

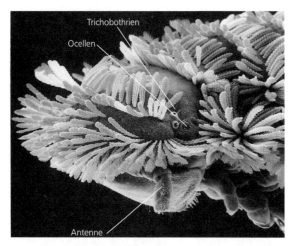

Abb. 826: *Polyxenus lagurus* (Diplopoda). Kopf mit Antennen, Trichobothrien und Punktaugen sowie die ersten 2 Rumpfsegmente. Original: G. Eisenbeis, Mainz.

angesehen werden mit der heimischen Art *Polyxenus lagurus*, die unter Baumrinde zu finden ist (Abb. 825 A). Es sind kleine Formen mit nur 13 oder 17 Beinpaaren, Büscheln von gezähnten Keulenhaaren und noch weicher Cuticula. Alle übrigen Diplopoden, die Chilognatha, haben Kalksalze in ihre Cuticula eingelagert.

Bau

Der **Kopf** der Diplopoden ist stark gewölbt, die geknickten Antennen tasten mit ihrer Spitze, an der 4 besonders auffällige konische Sinneszapfen sitzen, den Boden ab. Wir finden je ein Ocellenfeld und ein Schläfenorgan (Postantennalorgan, Tömösvárysches Organ) auf jeder Seite des Kopfes. Letzteres ist bei manchen Arten groß und auffällig, kann aber

auch fehlen. Auch die Ocellen können reduziert sein. Trichobothrien am Kopf sind nur bei den Penicillata gefunden worden. Die Mandibeln sind in 3 Teile gegliedert: Cardo, Stipes und Kauplatte. Sie sind imstande, auch harte Blattreste und Holzstückchen zu zermahlen. Der Mundvorraum wird hinten durch eine klappenartige Unterlippe abgeschlossen, das Gnathochilarium. Dieses ist von einigen Autoren als das Verwachsungsprodukt der beiden Maxillen angesehen worden. Embryologisch werden aber nur die 1. Maxillen angelegt (Abb. 834). Das 2. Maxillensegment ist exremitätenlos, und nur sein Sternit beteiligt sich an der Bildung des Hinterrandes des Gnathochilariums; es bildet sie sog. Gula (Abb. 827). Diese Ergebnisse werden durch die Innervierung und durch die Muskulatur des Gnathochilariums bestätigt.

Die Zugehörigkeit der Beine zu den Tergiten ist bei den Adulten nicht eindeutig und konnte nur über die Embryologie geklärt werden. Das 1. Beinpaar gehört zum Halsschild (Collum), es folgen noch 3 einfache Beinpaarsegmente mit je 1 Tergit. Erst das 5. und 6. Beinpaarsegment wird von einem Diplotergiten überdeckt. Im ursprünglichen Fall sind Sternite, Pleurite und Tergite unabhängig und voneinander durch Gelenkhäute getrennt. Bei Juliformia und Polydesmida sind die verschiedenen Skleritelemente miteinander verschmolzen und bilden feste Ringe. In diesen Verschmelzungsprozeß zwischen Diplotergit, 2 lateralen Diplopleuriten und je 2 ventralen, hintereinander liegenden Sterniten werden aber nicht diejenigen beiden Sternite einbezogen, welche ursprünglich zu einem Diplosegment gehören, sondern es wird jeweils ein Sternit nach hinten verschoben. Dadurch kommt es, daß sich bei den ringbildenden Formen das 3. Beinpaar am 4. Ring befindet, das 4. und 5. Beinpaar am 5. Ring, das 6. und 7. Beinpaar am 6. Ring usw. Diese Verteilung hat für viel Verwirrung gesorgt, und es wird heute meistens noch immer von dem abgeleiteten Zustand bei den adulten Tieren ausgegangen und danach die Rumpfarchitektur beurteilt.

Neben der Basis des 2. Beinpaares befinden sich bei den Weibchen die kompliziert gebauten Vulven und bei den Männchen die ursprünglich paarigen, beweglichen Penes. Die Spermiodukte sind aber in manchen Fällen in die Beincoxen verlagert und durchbohren diese distal. Ab dem 3. Beinpaar liegen nahe der Beinbasis die Stigmen (Abb. 812, 829); diese Lage findet sich sonst nur noch bei einigen Pauropoda. Jedes Stigma führt in einen als Apodema dienenden Atemvorhof; von diesem gehen die zahlreichen Tracheen aus. Am Hinterende des Körpers findet sich eine wechselnde Anzahl beinloser Tergite oder Ringe, die nach der nächsten Häutung Beine ausbilden. Die Proliferationszone mit undeutlich abgesetzten Ringen ist in das Telson geschachtelt, welches aus Praeanalring, Afterklappen und Subanalschuppe bestehen kann.

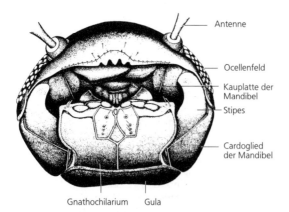

Abb. 827: Diplopoda. Kopf von *Cylindroiulus teutonicus* (Julidae). Ventralansicht mit Gnathochilarium. Nach Fechter aus Kaestner (1963).

In vielen Chilognathengruppen kommen Wehrdrüsen vor, deren Sekrete ziemlich umfassend untersucht worden sind.

Bei Glomeriden mit unpaaren dorsalen Wehrdrüsenporen
(„Saftlöcher") enthält das Sekret Glomerin und Homoglomerin, zwei Alkaloide aus der Gruppe der Quinazoli-
none, die sonst nur bei Pflanzen zu finden sind. Bei Ju-
liden, deren Poren paarig an den Ringseiten liegen, werden Benzoquinone gebildet. Bei Polydesmida ist freie
Blausäure nachgewiesen, außerdem Benzaldehyd. Manche Diplopoden können ihr Wehrsekret mehrere Zentimeter weit verspritzen.

Der **Darmtrakt** ist meistens gerade und in einen
ektodermalen Vorderdarm, einen entodermalen
Mitteldarm und einen ektodermalen Enddarm gegliedert. Die Malpighischen Schläuche, die
vom Enddarm an der Grenze zum Mitteldarm entspringen, ziehen weit nach vorne, biegen dann um
und verlaufen mit einem histologisch anders ausgebildeten Teil wieder nach hinten.

Da unter jedem Diplotergiten alle segmentalen
Strukturen zweimal vorhanden sind, hat auch das
Herz pro Diplosegment 2 Paar Ostien und 2 Paar
Flügelmuskeln.

Der Sacculus der **Maxillarnephridien** entsteht aus
Coelom des 1. Maxillensegments. Der Ausführgang zieht weit nach hinten, biegt um und mündet
in einer Rinne am Gnathochilarium aus. Die Sekrete
einer großen Zahl von Speicheldrüsen erleichtern

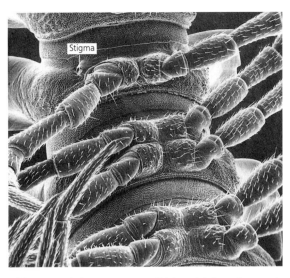

Abb. 829: *Polydesmus angustus* (Diplopoda). Rumpfsegmente
ventral, mit Ansätzen der 3.–7. Beinpaare und Stigmen (st).
Original: G. Eisenbeis, Mainz.

das Zerkauen der Nahrung, enthalten aber wenig
Enzyme.

Die **Gonaden** liegen zwischen Darm und Bauch-
nervenstrang. Die paarig angelegten Ovarien sind
von einem unpaaren Ovisac umgeben. Die paarigen
Hoden sind leiterartig miteinander verbunden
(Abb. 830).

Die Spermien haben im Gegensatz zu den anderen „Myriapoden" keine Geißelstrukturen. Bei *Polyxenus* wandelt
sich das im männlichen Genitaltrakt bohnenförmige Spermium im Receptaculum seminis des Weibchens in ein
langes, bandförmiges Gebilde um. Bei Julidae wird Akro-
sommaterial ausgestoßen und bildet einen langen Faden,
der früher für eine Geißel gehalten wurde.

Fortpflanzung und Entwicklung

Innerhalb der Diplopoden hat sich eine Entwicklung von indirekter zur direkter Spermaübertragung
vollzogen. Penicillata haben als einzige Gruppe indirekte Spermaübertragung, welche derjenigen der
Pauropoden sehr ähnelt. Männchen von *Polyxenus
lagurus* spinnen ein Fadensystem, auf das 2 Sperma-

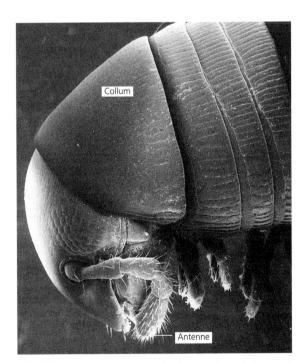

Abb. 828: Diplopoda. Vertreter der Julidae. Kopf, Collum und
erste Rumpfsegmente; von der Seite. Original: G. Eisenbeis,
Mainz.

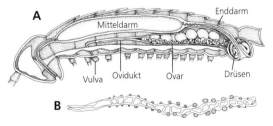

Abb. 830: Diplopoda. Gonaden. A Adultes Weibchen von *Polyxenus lagurus*. Schematischer Längsschnitt. B Männliche Gonaden von *Polydesmus angustus*. A Nach Seifert (1960); B nach
Petit (1974).

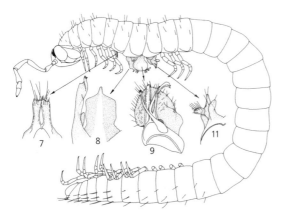

Abb. 831: *Melogona gallica* (Diplopoda). Männchen mit zu Gonopoden und Hilfsorganen umgewandelten Extremitäten. Die umgewandelten 7., 8., 9. und 11. Rumpfextremitäten vergrößert; 10. Extremitäten reduziert. Beinpaare in der Rumpfmitte weggelassen. Nach Blower (1985).

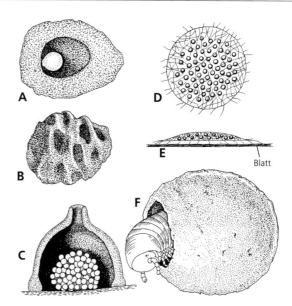

Abb. 833: Diplopoda. Eikammern und Eigespinste. A Eikämmerchen von *Glomeris marginata*, geöffnet, um die Position des Eies zu zeigen. B Eikämmerchen mit skulpturierter Oberfläche von *Glomeris intermedia*. C *Brachydesmus superus*. Kuppelförmige Eikammer, geöffnet. D, E *Craspedosoma alemannicum*. Eigespinst, von oben (D) und von der Seite gesehen (E), auf einem Blatt. F *Pachybolus ligulatus*. Stadium II arbeitet sich aus der Erdkammer heraus. A, B Nach Photos von Juberthie-Jupeau (1967); C nach Stephenson (1960); D, E nach Verhoeff (1928); F nach Demange und Gasc (1972).

tröpfchen abgesetzt werden (Abb. 822 C). Zu diesem Gespinst führen lange Signalfäden, auf die die Weibchen reagieren. Die Gespinste werden auch ohne die Gegenwart von Weibchen gefertigt.

Alle übrigen Diplopoden haben Extremitäten zu Kopulationswerkzeugen ausgebildet, allerdings in sehr verschiedener Weise. Die Männchen der Pentazonia (Opisthandria) besitzen umgebildete Endbeine (Telopoden), mit denen Weibchen ergriffen werden und mit deren Hilfe der Samen übertragen wird. Bei *Glomeris* wird ein Spermatropfen an ein Substratteilchen geheftet und dieses mit den Laufbeinen zu den Telopoden befördert. Im Gegensatz dazu haben die Männchen der Helminthomorpha (Proterandria) ein oder mehrere vordere Rumpfbeine zu Gonopoden umgewandelt. Es können das 8., 8.+9. oder 9.+10. Beinpaar umgeformt sein,

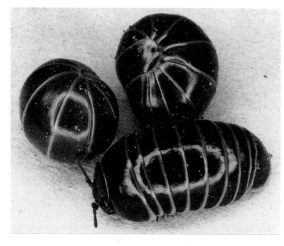

Abb. 832: *Glomeris marginata* (Diplopoda) („Saftkugler"), 3 Tiere, davon 2 eingerollt. Original: P. Lederer, Berlin.

im Extremfall sind die Beinpaare 7–11 modifiziert (Abb. 831).

Vor der Kopulation krümmt sich das Männchen ein, so daß Sperma in das Rinnensystem der Gonopoden aufgenommen werden kann. Meistens kriecht das Männchen von hinten über das Weibchen, packt es von der Ventralseite und immobilisiert das Vorderende.

Parthenogenese ist bei Diplopoden mehrfach nachgewiesen und hat sich in mehreren Gruppen konvergent ausgebildet. Bei *Polyxenus lagurus* gibt es in verschiedenen geographischen Regionen bisexuelle oder parthenogenetische Populationen. Ebenso verhält es sich bei der zu den Julida gehörenden *Nemasoma varicorne*; in deren parthenogenetischen Populationen können jedoch gelegentlich funktionslose Männchen auftreten.

Die **Eier** werden in Erdritzen abgelegt, oder es werden Gelege oder einzelne Eier mit Kämmerchen aus Erde, welche den Darmkanal passiert hat, umgeben. Die Nematophoren fabrizieren ein Gespinst (Abb. 833). Bei Colobognathen findet man Brutpflege. Die Weibchen, bei manchen Arten sogar die Männchen, rollen sich schützend um den Eiballen. Die dotterreichen Eier **furchen** sich zuerst total. Die Kerne wandern zur Peripherie, die inneren Zellwände lösen sich auf, so daß ein Blastoderm entsteht. Der Keimstreif läßt deutlich die Architektur

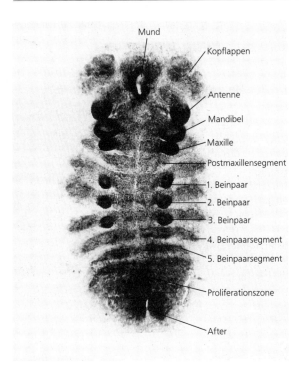

Abb. 834: *Glomeris marginata* (Diplopoda). Keimstreif mit Extremitätenknospen. 2. Maxillensegment (=Postmaxillensegment) extremitätenlos. Die ersten 3 Beinpaare angelegt. Original: W. Dohle, Berlin.

des Körpers erkennen (Abb. 834). Das Segment der 2. Maxillen ist extremitätenlos, die vorderen 4 Rumpfsegmente sind einfache Segmente. Erst die Seitenplatten des 5.+6. Rumpfsegments vereinigen sich, um später ein gemeinsames Tergit zu bilden. Die Ganglienpaare werden durch Invagination gebildet. Der Darmkanal bildet sich innerhalb des Dotters, sein Lumen ist dotterfrei. Der Fettkörper entsteht aus Dotterzellen.

Nach dem Aufreißen des Chorions liegt ein madenartiges Gebilde, das Pupoid, zwischen den Chorionhälften (Abb. 835). Erst hieraus schlüpft das 1. Jugendstadium mit 3 Beinpaaren. Der für die Diplopoden ursprüngliche Modus der Postembryonalentwicklung ist eine Hemianamorphose, d.h. nach einer Reihe von Stadien mit Segmentzuwachs gibt es noch Häutungen ohne Vermehrung der Segmentzahl (Abb. 836).

Als abgeleitet sind zu betrachten: Euanamorphose (Häutung mit Segmentzuwachs weit über eine festgelegte Zahl oder die Reife hinaus) oder Teloanamorphose (Segmentzuwachs und Häutungen hören mit der Reife auf). Eine Spezialform ist die Periodomorphose: Ein Männchen mit funktionsfähigen Gonopoden häutet sich zu einem sog. Schaltmännchen, welches rudimentäre Gonopoden hat und nicht kopulationsfähig ist; hieraus entwickelt sich wieder ein Kopulationsmännchen. Dies kann sich wiederholen, es können aber auch mehrfach Schaltmännchen aufeinanderfolgen. Periodomorphose ist von mehreren Arten der Juliformia nachgewiesen.

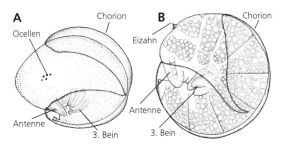

Abb. 835: Pupoidstadien von Diplopoda. A *Polyxenus lagurus*. Pigmentierung der Ocellen und der Anlagen der ersten 3 Beinpaare scheinen durch die Embryonalcuticula hindurch. B *Oxidus gracilis*. Chorion aufgerissen; Embryonalcuticula mit unpaarem Eizahn. A Verändert nach Schömann (1956) und Seifert (1960, 1961). B Original: W. Dohle, Berlin.

Systematik

Die traditionelle Einteilung der Diplopoden hat sich durch eine phylogenetisch-systematische Analyse weitgehend bestätigen lassen. Der Stammart müssen mehrere Merkmale zugewiesen werden, wie sie die heutigen Penicillata (Pselaphognatha) noch aufweisen: unverkalkte Cuticula, Trichobothrien, indirekte Spermaübertragung, Hemianamorphose mit geringem Segmentzuwachs bei jeder Häutung und einer geringen Segmentzahl der Adulten (13 oder 17 Beinpaare). Bei den Chilognathen werden Kalksalze in die Cuticula eingelagert, es entstehen

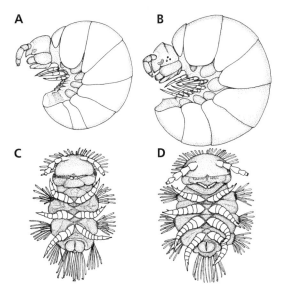

Abb. 836: Frühe Anamorphosestadien von Diplopoden. A, B *Glomeris marginata*. A Stadium I mit 3 gegliederten Beinpaaren und 5 Paar ungegliederten Beinanlagen. B Stadium II mit 8 gegliederten Beinpaaren. C, D *Polyxenus lagurus*. C Stadium I mit 3 Beinpaaren. D Stadium II mit 4 Beinpaaren. A, B Nach Enghoff, Dohle und Blower (1993); C, D nach Reinecke (1910).

paarige Wehrdrüsen, das Sperma wird mit Hilfe von umgewandelten Extremitäten übertragen. Es läßt sich allerdings nicht sagen, welches die ursprüngliche Form der Spermaübertragung war, da die Pentazonia hintere Beinpaare als Telopoden und die Helminthomorpha vordere Beinpaare als Gonopoden umgewandelt haben. Die Entwicklung bei den Helminthomorpha geht zu einem größeren und variablen Segmentzuwachs und zur Verwachsung der Skleritstücke, die bei Juliformia und Polydesmida feste Ringe bilden. In zwei Linien (Polydesmida und einige Nematophora) kommt es wieder konvergent zu einer Normierung der Segmentzahl pro Stadium und einer relativ geringen Segmentzahl der Adultstadien (50 Beinpaare bei *Chordeuma*, 31 Beinpaare bei *Polydesmus*).

6.3.1 Penicillata (Pselaphognatha)

Mit Reihen beweglicher Keulenhaare (Trichome) auf den Tergiten (Abb. 825 A, 826), indirekte Spermaübertragung.

*Polyxenus lagurus (Polyxenidae, Pinselfüßer), 3 mm, mit bisexuellen und parthenogenetischen „Rassen", lebt in Mull und unter Borke.

6.3.2 Chilognatha

Chitinpanzer mit Kalkeinlagerungen; ursprünglich Wehrdrüsen vorhanden.

6.3.2.1 Pentazonia (Opisthandria)

Männchen mit Telopoden (letztes Beinpaar zu Greifzangen umgebildet).

*Glomeris marginata (Saftkugler), 7–20 mm, Kugelungsvermögen (Konvergenz zu Rollasseln!), Wehrdrüsen münden dorsal, sezernieren zwei Sorten von Quinazolinonen (Glomerin und Homoglomerin).

6.3.2.2 Helminthomorpha (Proterandria)

Männchen mit vorderen Gonopoden: das 8., 9. oder 10. Beinpaar sind für die Spermaübertragung umgewandelt, es können aber auch Extremitäten davor und dahinter zusätzlich modifiziert sein.

Colobognatha. – Kopf und Mundwerkzeuge verkleinert, saugend, ohne Palpen am Gnathochilarium.

*Polyzonium germanicum, 5–15 mm, bandförmig, gelb, in Erlenbrüchen, Weibchen rollt sich um den Eiballen, bei anderen Arten übernimmt das Männchen die Brutpflege.

Nematophora. – Mit Spinndrüsen am Telson.

*Chordeuma proximum, 11 mm, spinnt Kämmerchen für die Häutung und für das Eigelege.

Juliformia. – Meistens drehrund; Tergite, Pleurite und Sternite zu festen Ringen verschmolzen, rollen sich spiralig auf, viele einheimische Arten. Wehrdrüsen seitlich, sezernieren Benzoquinone. Bei manchen Arten Periodomorphose.

*Tachypodoiulus niger (Julidae, Schnurfüßer), 20–50 mm, in Laubwäldern. – **Unciger foetidus* (Julidae), 28 mm, Wälder, freies Gelände, z. T. synanthrop.

Polydesmida. – Tergite mit Seitenflügeln (Abb. 829); Wehrdrüsen können freie Blausäure abscheiden. Manche Arten umgeben die Eihaufen mit einem Erdkämmerchen, das einen Entlüftungskanal besitzt.

*Polydesmus angustus (Polydesmidae, Bandfüßer), 24 mm, in Wäldern und Gebüschen.

7 Insecta (Hexapoda), Insekten

Die Insekten sind die individuen- und artenreichste Tiergruppe. Die Zahl der durch die Literatur belegbaren Arten dürfte bei etwa 1 Million liegen. Berücksichtigt man jedoch den z. T. sehr unbefriedigenden Erforschungsstand und die ständige Flut an Neubeschreibungen, so kann man auf mehrere Millionen hochrechnen.

So gibt es in tropischen Wäldern etwa 50 000 Baumarten, von denen jede mit ca. 600 Insektenarten assoziiert ist, was allein schon die erstaunliche Zahl von 30 Millionen Arten erwarten läßt.

Die Körperlänge der meisten Insekten liegt zwischen 1–20 mm. Die größe Art ist eine 330 mm lange Stabheuschrecke (Phasmatodea), die kleinsten Insekten sind Federflügler (Coleoptera) mit 0,25 mm und Erzwespen (Chalcidoidea) mit 0,2 mm Länge (Abb. 843). Das größte Volumen erreicht der Bockkäfer *Titanus giganteus* (Cerambycidae) aus Südamerika mit 160 mm Länge und 60 mm Breite.

Bernhard Klausnitzer, Dresden

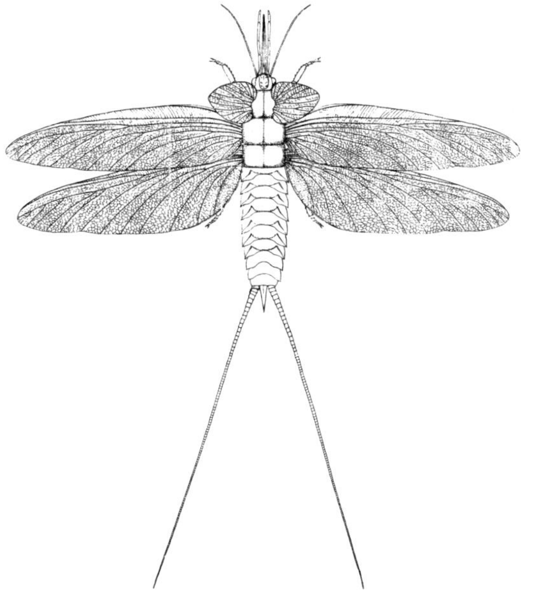

Abb. 837: †*Stenodictya* sp. (Palaeodictyoptera). Mittleres Oberkarbon. Rekonstruktion. Körperlänge ca. 80 mm. Nach Kukalova (1970).

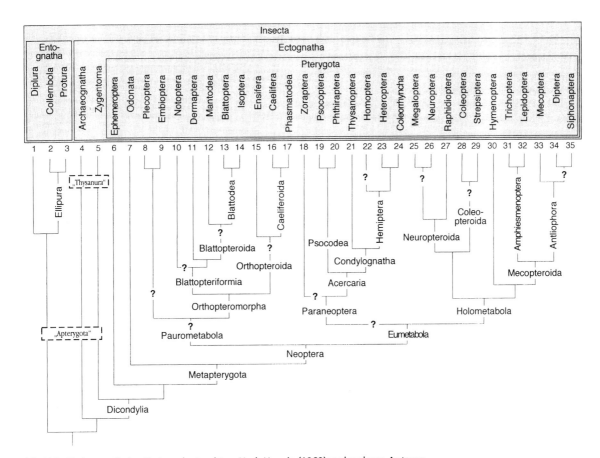

Abb. 838: Phylogenetisches System der Insekten. Nach Hennig (1969) und anderen Autoren.

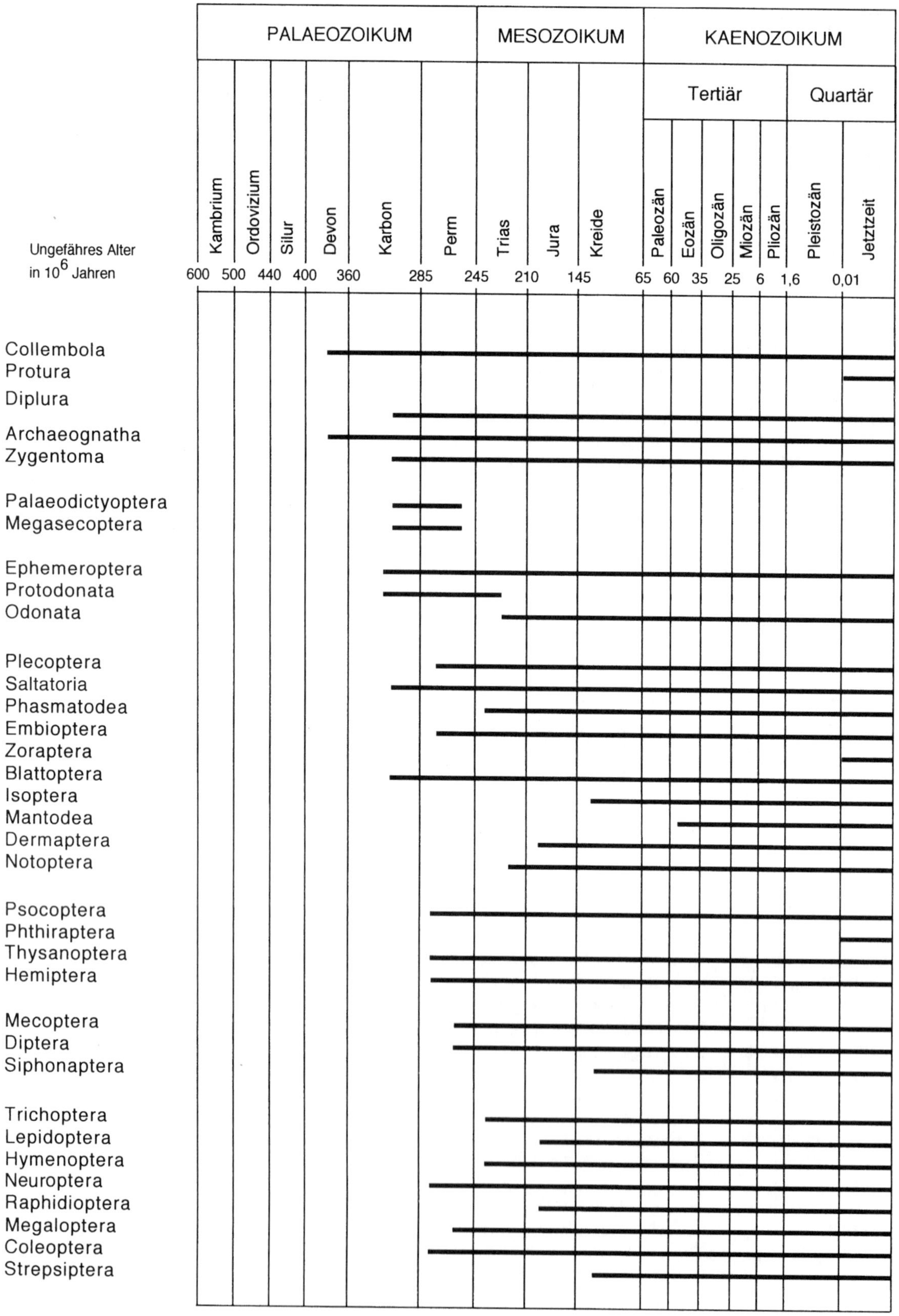

Abb. 839: Fossilfunde der Insekten-Taxa. Nach Naumann et al. (1991).

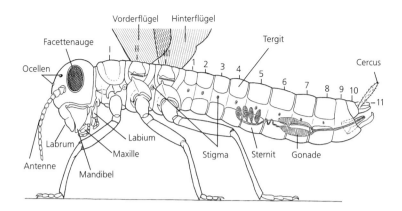

Vorderflügel   Hinterflügel

Facettenauge

Ocellen

Tergit

Cercus

1 2 3 4 5 6 7 8 9 10
11

Labrum

Labium

Maxille

Antenne

Mandibel

Stigma   Sternit   Gonade

Abb. 840: Pterygota. Schema. Nach verschiedenen Autoren. Die römischen Zahlen numerieren die Thoraxsegmente, die arabischen die Abdominalsegmente.

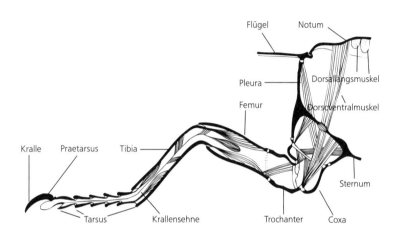

Flügel   Notum

Pleura

Dorsallängsmuskel

Femur

Dorsoventralmuskel

Kralle   Praetarsus   Tibia

Sternum

Tarsus   Krallensehne   Trochanter   Coxa

Abb. 841: Pterygota. Thoraxquerschnitt und Bein im Längsschnitt mit den wichtigsten Muskeln. Verändert nach Snodgrass (1935) und Weber (1949).

Insekten besiedeln nahezu alle Lebensräume, die es auf der Erde gibt. Lediglich das Meer und die Eiswüsten der Polargebiete und Gletscher sind nur von wenigen Arten erschlossen worden. Allerdings sind synanthrope Arten im Gefolge des Menschen überall dorthin gekommen, wo sich dieser zeitweilig oder permanent angesiedelt hat. Die Beziehungen des Menschen zu den Insekten sind außerordentlich vielseitig. Honigbiene und Seidenspinner wurden schon frühzeitig als Haustiere gehalten, verschiedene Schildläuse dienten zur Gewinnung von Farbstoffen, Lacken und Wachsen. Obwohl Insekteneiweiß eine für den Menschen geeignete Nahrung ist, wurde es in Europa kaum genutzt. Vor Tausenden von Jahren spielten jedoch Insekten als Nahrungsmittel auch hier eine große Rolle. In anderen Gegenden der Welt sind sie auch heute noch wichtige Bestandteile der menschlichen Ernährung (ca. 500 Arten). Manche Arten wurden und werden pharmazeutisch verwendet, z. B. die Meloidae wegen des darin enthaltenen Cantharidins. Zahlreiche Insektenarten spielen als Versuchstiere eine große Rolle; unter ihnen hat die Dipterengattung *Drosophila* in der genetischen Forschung eine besondere Bedeutung erlangt. Eine Fülle von Insektenarten

sind an der Remineralisierung toter organischer Substanz (z. B. Abbau von Laubstreu, Holz, Dung und Aas) beteiligt und haben dadurch erhebliche bodenbiologische Bedeutung. Aus der Koevolution zwischen den Blütenpflanzen und vielen Insektengruppen, die vor etwa 125 Millionen Jahren begann, resultieren gegenseitige Anpassungen bei der

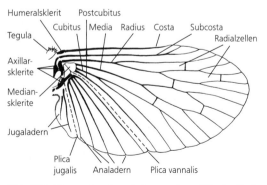

Humeralsklerit   Postcubitus

Tegula

Cubitus   Media   Radius   Costa   Subcosta

Radialzellen

Axillarsklerite

Mediansklerite

Jugaladern

Plica jugalis   Analadern   Plica vannalis

Abb. 842: Pterygota. Grundschema eines Flügels. Nach verschiedenen Autoren.

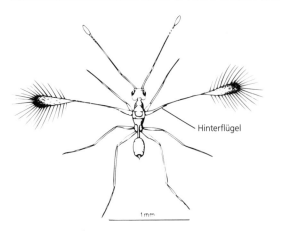

Abb. 843: Verkleinerung der Flügel bei *Mymar pulchellus* (Hymenoptera, Mymaridae), Weibchen. Parasitoid in Insekteneiern. Körperlänge 1 mm. Aus Askew (1971).

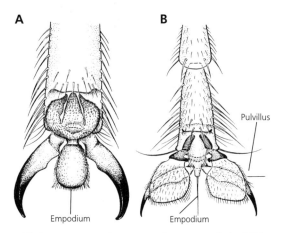

Abb. 844: Tarsenstrukturen. A *Clytocosmus helmsi* (Diptera, Tipulidae). B *Musca domestica* (Diptera, Muscidae). Aus Naumann et al. (1991).

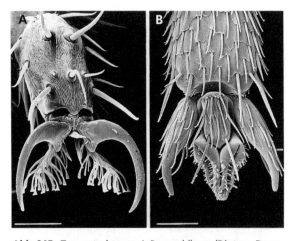

Abb. 845: Tarsenstrukturen. A *Drosophila* sp. (Diptera, Drosophilidae). B *Spilomena troglodytes* (Hymenoptera, Sphecidae). Maßstab: 20 µm. Originale: W. Arens, Bayreuth.

Blütenbestäubung und die Erhaltung von Pflanzengemeinschaften durch Phytophagie. Viele Insektenarten leben räuberisch oder als Parasitoide von anderen Insekten bzw. sind Nahrung für zahllose Tierarten.

Insekten bewirken aber auch riesige Ernteausfälle, so daß die Feststellung nicht unberechtigt erscheint, wir würden nur das ernten, was die Insekten uns übrig lassen. Verschiedene Arten übertragen Pflanzenkrankheiten, vor allem Virosen, schädigen organische Materialien und Vorräte des Menschen oder haben weltweite Bedeutung als Krankheitserreger, vor allem aber als Überträger (Vektoren) verschiedener Leiden des Menschen und seiner Haustiere, z.B. Malaria, Schlafkrankheit, Nagana-Seuche (S. 29, 47).

Andererseits sind Lebensäußerungen, Form und Farben der Insekten seit uralten Zeiten in das menschliche Leben einbezogen worden. Sie dienten als Vorbilder für die bildende Kunst, insbesondere bei Malereien, Kunsthandwerk, Schmuck und Hausrat. Selbst Musik und Dichtkunst haben sich ihrer bedient.

Bau

Die Monophylie der Insecta wird kaum angezweifelt. Die wichtigste Autapomorphie besteht in der **Gliederung** des Rumpfes in zwei sehr unterschiedliche Segmentkomplexe, so daß 3 Regionen (Tagmata) unterschieden werden können: Caput (6 Segmente), Thorax (3 Segmente), Abdomen (11 Segmente) (Abb. 840). Insgesamt besteht der Körper also primär aus 20 mehr oder weniger miteinander verschmolzenen, heteronomen Segmenten, hinzu kommen Acron und Telson. Zur Grundausstattung jedes Segmentes gehören ein dorsales Tergit, ein ventrales Sternit, zwei laterale Pleurite, jeweils 1 Paar Stigmen, Ganglien und Extremitäten. Sie werden durch dehnbare Intersegmentalhäute verbunden, die eine Volumenveränderung durch Eiproduktion, Nahrungsaufnahme und Atmung gestatten. Die Gestalt des Körpers kann durch Verschiebung der Proportionen in Anpassung an die Lebensweise stabförmig, halbkugelig, abgeplattet, walzenförmig oder anders sein.

Das **Integument** ist Sitz von Sinnesorganen und kann Sekrete abgeben. Es besteht aus 3 Schichten, der Protein-Chitin-Cuticula, der Epidermis und der basalen Matrix, die die Innenseite der Epidermis überzieht. Das Integument formt unter unterschiedlicher Beteiligung der einzelnen Schichten Skulpturen (Dornen, Höcker, Warzen), Haare, Borsten und Schuppen. Die Färbung wird entweder durch Einlagerung von Farbstoffen (Pigmentfarben) oder durch physikalische Effekte hervorrufende Strukturen (Interferenzfarben) bedingt.

Der **Kopf** (Caput) trägt die Mundöffnung mit den Organen der Nahrungsaufnahme sowie die wichtigsten Sinnesorgane. Er besteht aus dem Acron

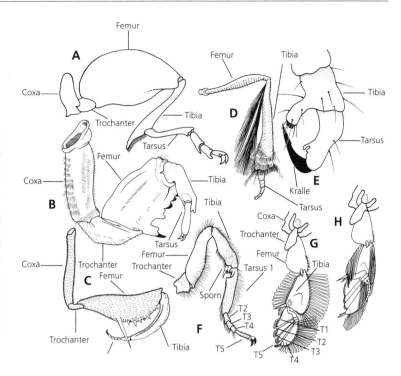

Abb. 846: Extremitäten-Spezialisierungen. A Sprungbein: Hinterbein des Erdflohs *Psylliodes affinis* (Coleoptera, Chrysomelidae). B Grabbein: Vorderbein einer Zikadenlarve (*Megacicada septendecim*) (Auchenorrhyncha). C Fangbein: Vorderbein von *Mantispa styriaca* (Neuroptera, Mantispidae). D Duftbein: *Hepialus hecta*, Weibchen (Lepidoptera, Hepialidae). E Klammerbein: Vorderbein einer weiblichen Laus (*Pediculus* sp.) (Anoplura). F Putzbein: Vorderbein der Honigbiene (*Apis mellifera*) (Hymenoptera, Apidae). G, H Schwimmbeine: Hinterbeine von *Gyrinus natator* (Coleoptera, Gyrinidae), mit abgespreiztem (G), mit angelegten Ruderplättchen (H). A, B Nach Weber und Weidner (1974); C nach Aspöck (1969); D nach Hering (1926); E nach Jacobs und Seidel (1975); F-H nach Eidmann (1941).

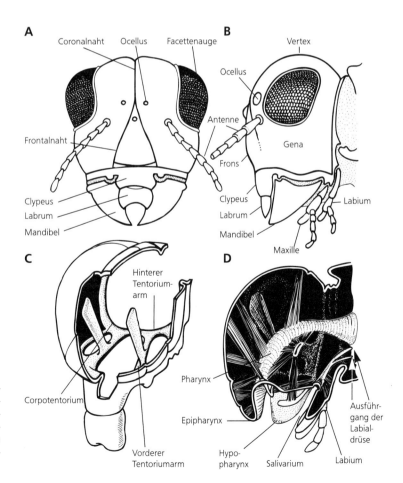

Abb. 847: Pterygota. Kopf. A Frontalansicht. B Lateralansicht, Membranen punktiert. C Kopfkapsel von links vorn, Vorder- und Seitenwand teilweise entfernt. D Innenansicht mit Vorderdarm und dessen Dilatoren. Nach Snodgrass (1935) und Weber und Weidner (1974).

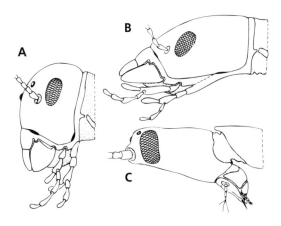

Abb. 848: Kopfform-Typen. A Orthognath (Grille). B Prognath (Käfer). C Hypognath (Fransenflügler). Aus Seifert (1970).

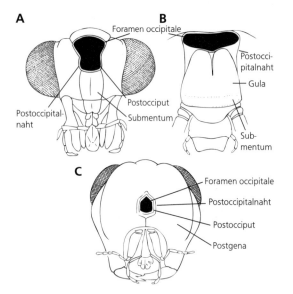

Abb. 849: Foramina der Kopfkapsel. A *Chrysopa perla* (Neuroptera). B *Melolontha melolontha* (Coleoptera, Scarabaeidae). C *Vespa crabro* (Hymenoptera, Vespidae). Nach Seifert (1970).

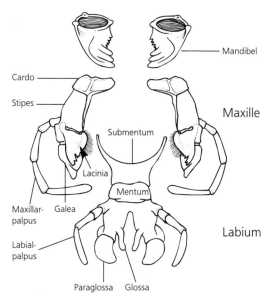

Abb. 850: Ectognatha. Kauende Mundwerkzeuge. Schema. Nach Hennig (1986).

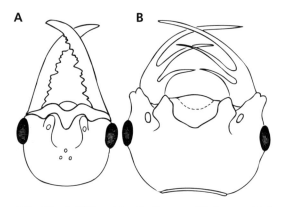

Abb. 851: Auffällige Mandibelformen; Köpfe verschiedener Ameisen-Arbeiterinnen. A *Myrmecia gulosa*. B *Thaumatomyrmex ferox*. Nach Wheeler (1928) aus Eidmann (1941).

und wahrscheinlich 6 Segmenten, die zu einer das Gehirn umhüllenden Kapsel von unterschiedlicher Form verschmolzen sind (Abb. 848, 849). Auf dem acronalen Abschnitt befinden sich die Facettenaugen. Als 1. Segment gilt das Praeantennalsegment. Das zweite trägt die Antennen, auf dem dritten (Intercalarsegment) befinden sich keine Extremitäten, auf dem vierten bis sechsten entspringen jeweils 1 Paar Mundwerkzeuge (Mandibeln, 1. Maxillen, 2. Maxillen = Labium). Die Kopfkapsel weist verschiedene Nähte auf (Abb. 847 A), die einzelne Regionen begrenzen, jedoch mit den Segmentgrenzen fast niemals etwas zu tun haben. Nur die Postoccipitalnaht (Abb. 849) wird als Grenze zwischen Maxillen und Labialsegment aufgefaßt.

Eine auffällige Bildung ist das unpaare Labrum, das die Mundwerkzeuge von oben bedeckt (Abb. 847 A, B). Im Inneren der Kopfkapsel befindet sich ein aus der Cuticula entstandenes Endoskelett, das Tentorium (Abb. 847 C).

Bei den **Antennen** – homolog dem 1. Antennenpaar der Crustacea – sind zwei grundsätzlich verschiedene Bautypen zu unterscheiden, die Gliederantenne (Abb. 853 B) und die Geißelantenne (Abb. 853 A). Die letztere zeigt eine außerordentliche strukturelle Vielfalt ihres Baus (Abb. 854, 864 A, 916, 922, 935 A, 953, 954 B). Das Schaftglied (Scapus) verbindet die Geißelantenne gelenkig mit der Kopfkapsel. Bei den Ectognatha ist es das einzige Antennenglied, das Muskulatur enthält

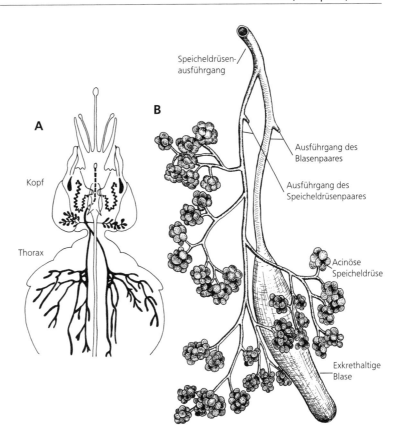

Abb. 852: Drüsen. A Speicheldrüsen, schematisch (*Apis mellifera*) (Hymenoptera, Apidae). B Labialdrüse, reicht bis in den Prothorax, besteht aus acinöser Speicheldrüse und exkrethaltiger Blase (*Periplaneta americana*, Blattoptera). A Nach Jacobs und Seidel (1975); B nach Seifert (1970).

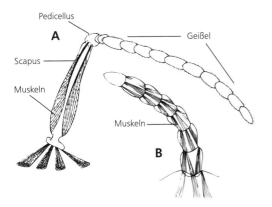

Abb. 853: Antennen-Typen. A Geißelantenne (*Apis mellifera*) (Hymenoptera, Apidae). B Gliederantenne, Schema. A Nach Deißenberger (1971); B nach Weber (1949).

und die Eigenbewegung des Fühlers ermöglicht. Das 2. Glied wird als Wendeglied (Pedicellus) bezeichnet, es enthält das Johnstonsche Organ (Abb. 864 B, C). Während dieses der Wahrnehmung von Luftbewegungen und Erschütterungen sowie als Schallrezeptor dient, ist die anschließende Geißel mit zahlreichen Sinneszellen besetzt, die vorwiegend der Geruchswahrnehmung dienen.

Mundwerkzeuge sind die Mandibeln (S. 606), die nur aus einem Glied bestehen (Abb. 850, 851), und die beiden Maxillenpaare. Die 1. Maxillen, deren Extremitätencharakter besonders deutlich ist, bestehen aus einem Coxopoditen (Protopodit), der in einen Cardo und einen Stipes unterteilt ist und der 2 Kauladen trägt, innen die Lacinia und außen die Galea. Seitlich entspringt auf dem Stipes ein meist mehrgliedriger Palpus maxillaris. Die 2. Maxillen sind an der Basis verschmolzen und werden Labium genannt. Der gemeinsame Coxopodit wird in Submentum und Mentum untergliedert, auf dem paarige Anhänge, innen die Glossae und die Paraglossae sowie außen die beiden z.T. mehrgliedrigen Palpi labiales entspringen. Diese Palpen sind mit vielen Geschmackssinneszellen bedeckt und dienen vor allem der Prüfung der Nahrung. Dieses beißend-kauende Grundmuster der pterygoten Insekten (Abb. 850) wurde bei den einzelnen Teilgruppen in Anpassung an die Nahrung in unterschiedlichster Weise abgewandelt, z.B. zu leckend-saugenden (Abb. 938 B, 944, 952) und stechend-saugenden Mundwerkzeugen (Abb. 914, 915, 950). Weiterhin gibt es im Mundbereich den Hypopharynx, eine weichhäutige zungenförmige Bildung des Präoralraumdaches zwischen Cibarium (führt zur Mundöffnung) und Salivarium (Mündung

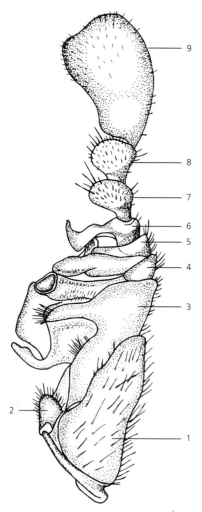

der Labialdrüsen) sowie den Epipharynx als Innenseite von Labrum und Clypeus.

Der **Thorax** besteht aus 3 Segmenten, dem Pro-, Meso- und Metathorax. Sie sind das Zentrum der Lokomotion und im wesentlichen mit quergestreifter Muskulatur und Sehnen ausgefüllt (Abb. 841). An jedem dieser Segmente entspringt 1 Paar Thorakalbeine (und, wenn vorhanden, am Meso- und Metathorax die Flügel) (S. 628). Der Besitz von nur 6 Beinen ist eine weitere wichtige Autapomorphie der Insecta, auf sie bezieht sich auch der heute weniger gebräuchliche Name „Hexapoda". Diese in den einzelnen Subtaxa sehr unterschiedlich ausgebildeten Thorax-Extremitäten sind durch ihre Funktionen stark geprägt (Abb. 846), zeigen aber dennoch die gleiche typische Gliederung in Coxa, Trochanter, Femur, Tibia und Tarsus (Abb. 841). Der Tarsus hat 1–5 Glieder und einen Praetarsus,

der meist 2 Krallen und vielfach weitere, dem Festhalten dienende Bildungen trägt (Abb. 844, 845).

Das **Abdomen** besteht aus 11 echten Segmenten und dem Telson. Hier liegt der größte Teil der inneren Organe, einschließlich der Geschlechtsorgane. Die Abdominalsegmente sind oft teilweise miteinander verschmolzen, und ihre Zahl ist gewöhnlich reduziert. Bei einigen Gruppen – z. T. nur bei den Larven – befinden sich Derivate der Extremitäten auf einzelnen Abdominalsegmenten, von denen die Styli, die Cerci (11. Segment) und die Gonopoden der Männchen bzw. der Legeapparat der Weibchen (8./9. Segment) besonders auffällig sind (Abb. 865).

Das **Nervensystem** der Insekten entspricht generell dem Grundmuster der Mandibulata (S. 414). Der Kopf enthält das Oberschlund- (Cerebral-)ganglion (Gehirn) und – mit den Schlundkonnektiven verbunden – auf der Ventralseite die Ganglienmasse des Unterschlundganglions. Das Protocerebrum, der vorderste Bereich des Gehirns und sein Assoziationszentrum, ist besonders mächtig; seitlich erstreckt es sich in die Zentren der Komplexaugen (Lobi optici); von seinem vorderen Bereich werden auch die Ocellen innerviert. Vom kleineren Deutocerebrum gehen die Antennennerven aus. Das Tritocerebrum besitzt eine unterhalb des Darms verlaufende sog. Tritocerebralkommissur (Abb. 569). Von den Mandibel-, Maxillen- und Labialganglien des Unterschlundganglions werden die Mundwerkzeuge versorgt. Das weitere Bauchmark hat noch typische Strickleiterstruktur und besteht aus den 3 relativ großen Thoraxganglienpaaren (Innervierung der Beine und Flugmuskeln) und primär 7 Abdominalganglien. Die im 8. Abdominalsegment liegende Ganglienmasse entsteht aus der Verschmelzung aller weiteren Ganglien und entsendet Nerven in das Hinterende des Insektenkörpers. Bei einigen Insektentaxa werden die hinteren Ganglien noch wesentlich enger konzentriert (Weitere Einzelheiten des Nervensystem: Abb. 863).

Das viscerale (sympathische, vegetative) Nervensystem besteht aus 3 Bereichen: (1) dem stomatogastrischen Teil, der Mund und Vorderdarm versorgt, mit Frontal-, Hypocerebral- und Ventrikularganglion, den Corpora cardiaca und den Corpora allata; (2) dem unpaaren Nerv der Bauchganglienkette, der die Stigmen innerviert, und (3) dem caudalen Teil, der zum hinteren Darm und den Gonaden gehört.

Das hochentwickelte endokrine System der Insekten enthält u. a. neurosekretorische Zellen (besonders im Gehirn), Neurohämalorgane (z. B. die Corpora cardiaca) und endokrine Drüsen (Corpora allata zur Ausschüttung der Juvenilhormone, Prothoraxdrüsen, die die Häutungshormone (Ecdysteroide, z. B. Ecdyson) produzieren) (Abb. 877).

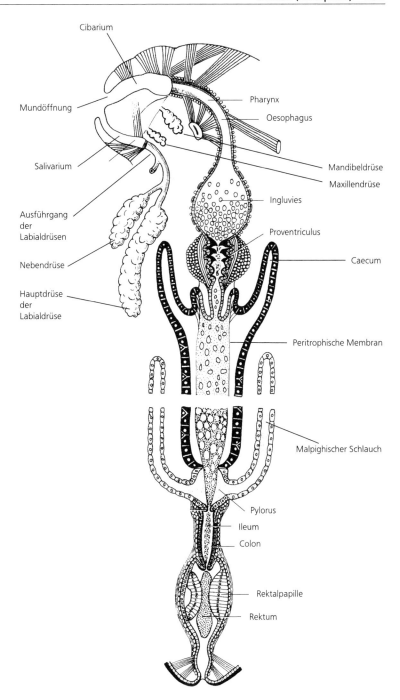

Cibarium

Mundöffnung

Pharynx

Oesophagus

Salivarium

Mandibeldrüse

Maxillendrüse

Ingluvies

Ausführgang der Labialdrüsen

Proventriculus

Nebendrüse

Caecum

Hauptdrüse der Labialdrüse

Peritrophische Membran

Malpighischer Schlauch

Pylorus

Ileum

Colon

Rektalpapille

Rektum

Abb. 855: Bau des Insektendarms. Schema eines medianen Längsschnitts. Kopfdrüsen der rechten Seite mit dargestellt. Aus Weber und Weidner (1974).

Insekten besitzen eine Vielzahl einfacher **Sinnesorgane** in Form von Haarsensillen (cuticuläre Haare und 1 bis zahlreiche Sinneszellen), die z.B. auf Berührungen, Erschütterungen, Geschmacks- und Geruchsstoffe, Feuchtigkeit und Temperatur ansprechen. Hinzu kommen die Propriorezeptoren, die die Lage des Körpers bzw. einzelner Körperteile anzeigen. Weiterhin sind die Skolopalorgane zu nennen: komplexe Organe des mechanischen Sinns

sind die Chordotonalorgane, z.B. das Johnstonsche Organ im 2. Antennenglied und die vorwiegend als Gehörorgane arbeitenden Tympanalorgane (Abb. 864, 908). Wahrnehmung von Schwingungen zwischen 1 bis 100.000 Hz ist möglich. (Auf die zahlreichen Typen der Lauterzeugung wird im speziellen Teil hingewiesen). Optische Sinnesorgane sind die 3 medianen Einzelaugen (Ocellen) bei geflügelten Formen, die Einzelaugen vieler Larven

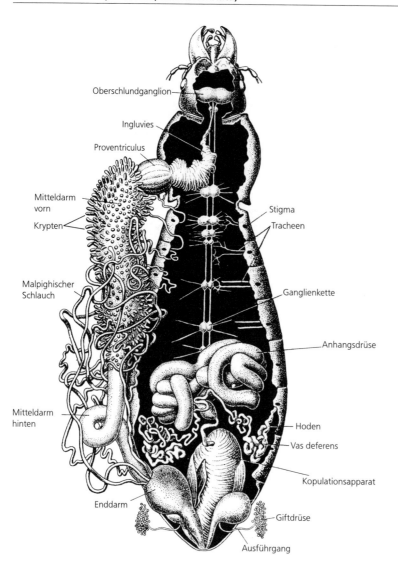

Oberschlundganglion

Ingluvies

Proventriculus

Mitteldarm vorn

Krypten

Malpighischer Schlauch

Mitteldarm hinten

Enddarm

Ausführgang

Giftdrüse

Stigma

Tracheen

Ganglienkette

Anhangsdrüse

Hoden

Vas deferens

Kopulationsapparat

Abb. 856: Anatomie eines Insekts. *Carabus* sp. (Coleoptera, Carabidae), Männchen. Nach Pawlowski (1960) aus Kaestner (1972).

(Stemmata) und die beiden zum Grundmuster der Euarthropoden gehörenden seitlichen Facettenaugen (Bau und Funktion, S. 439), die hier besonders hoch entwickelt sein können. Insekten produzieren eine große Zahl von Pheromonen (Sexual-, Aggregations-, Antiaggregations-, Orientierungs- und Alarmpheromone) für deren Wahrnehmung jeweils spezifische Sinneszellen bzw. -organe ausgebildet sind.

Als **Atmungsorgane** besitzen die Insekten ein System aus Röhrentracheen (Abb. 858). Sie entstehen aus segmentalen Einstülpungen der Epidermis und werden daher auch von einer sehr dünnen Cuticula ausgekleidet, die mitgehäutet wird. Spiralförmige Versteifungen dieser Cuticula (Taenidien) verhindern das Kollabieren der Röhren (Abb. 859). Nach außen öffnen sich die Tracheen

durch paarige, laterale Stigmen, die mit Verschlußapparaten und häufig mit davorliegenden Reusen versehen sind (Abb. 859 A, 860). Im Körperinneren verzweigen sie sich in immer feinere Röhren und enden in den von Tracheenendzellen gebildeten Tracheolen. Diese dringen in die Organe und einzelne Zellen ein, wo dann der Gasaustausch stattfindet (Abb. 859 B, C).

Ursprünglich befinden sich die Stigmen am Meso- und Metathorax und am 1.–8. Abdominalsegment, jedoch sind im Laufe der Evolution mannigfaltige Abwandlungen erfolgt. Es entstanden Längs- und Querverbindungen (Anastomosen) (Abb. 858) und größere Luftsäcke; mit der Verbesserung des Gasaustausches konnte die Zahl der Stigmen reduziert werden.

Kontrolliert wird der passive Gasaustausch durch

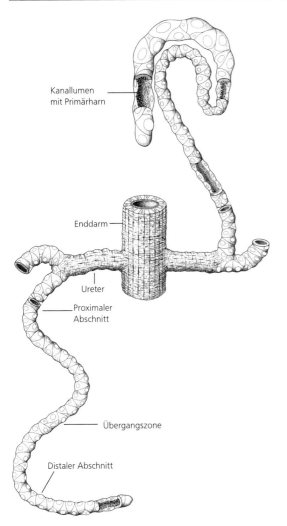

Abb. 857: Malpighische Schläuche. Larve von *Drosophila* sp. (Diptera, Drosophilidae). Vordere und hintere Tubuli und ihre Einmündung über gemeinsame Ureter in den Darmkanal; teilweise bis zum Lumen aufgeschnitten. Distaler Bereich sezerniert Primärharn; in der Übergangszone Rückresorption von Wasser; im proximalen Abschnitt (Hauptstück) erfolgt die Zubereitung des Sekundärharns durch Rückresorption noch verwertbarer Stoffe. Original: A. Wessing, Gießen.

nicht in das Wasser diffundieren kann. Viele aquatisch lebende Larven weisen Hautatmung (semipermeable Körperoberfläche) auf, die auf Tracheenkiemen konzentriert sein kann (Abb. 895, 899 B, 929 B).

Der **Darmtrakt** ist in 3 Abschnitte gegliedert: Vorder-, Mittel- und Enddarm, von denen die beiden äußeren Teile ektodermalen Ursprungs und mit einer Chitinintima ausgekleidet sind und demzufolge mit gehäutet werden (Abb. 855, 856). In den Vorderdarm münden 1 oder 2 Paar Speicheldrüsen (Abb. 852) primär zwischen Hypopharynx und Labium. Der Pharynx ist muskulös und fördert das Einsaugen flüssiger Nahrung (Abb. 847 D). Der Oesophagus, die Verbindung zum Mitteldarm, weist oft Sonderbildungen auf, z. B. einen nahrungsspeichernden Kropf (Ingluvies) oder einen Vormagen (Proventriculus), der als Kaumagen mit Chitinleisten und Zähnen ausgebildet sein kann. Der Mitteldarm ist mit Drüsenepithel ausgekleidet, das der Bildung der peritrophischen Membran, der Sekretion der Verdauungsenzyme und der Resorption der Nährstoffe dient, und mit Längs- und Ringmuskulatur versehen ist. Oft sind Blindschläuche (Caeca) zur Resorption oder Ausbuchtungen vorhanden, in denen symbiontische Mikroorganismen leben (Mycetome).

neuromuskuläre Steuerung der Stigmenbewegungen; er kann durch aktive Ventilation der Tracheen und Luftsäcke unterstützt werden.

Wasserinsekten (Evolution mehrfach unabhängig) zeigen unterschiedliche respiratorische Anpassungen an das Leben im Wasser. Manche Taxa mit offenem Tracheensystem führen den Gasaustausch an der Wasseroberfläche durch, wobei verschiedene Strukturen für das Halten eines Luftvorrates entwickelt wurden. Häufig wird auf der Körperoberfläche eine dünne Luftschicht (physikalische Kieme = volumenvariable Gaskieme) festgehalten, aus der sie den Sauerstoff über die Stigmen entnehmen können. Andere Taxa können mit Hilfe von Haaren oder Feinstrukturen der Cuticula einen Luftfilm festhalten (Plastron = volumenkonstante Gaskieme), der das Aufsuchen der Wasseroberfläche überflüssig macht, da der Stickstoff

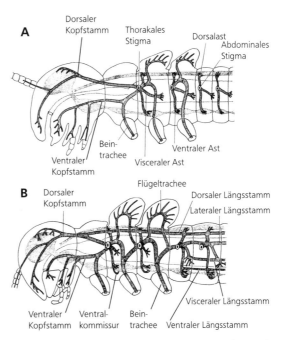

Abb. 858: Tracheensysteme, Seitenansichten. A Schema eines primär einfachen, segmental isolierten Tracheensystems (Grundplan). B Schema eines sekundär durchlaufenden Systems mit Anastomosen. Alle Strukturen der Tracheen paarig vorhanden; Nervensystem, Rückengefäß und Darmtrakt punktiert. Aus Weber und Weidner (1974).

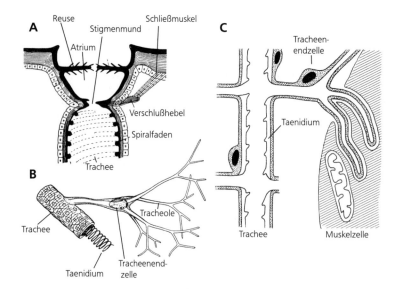

Abb. 859: Stigmen- und Tracheenbau. A Stigma mit Verschlußvorrichtung. B Feiner Tracheenzweig mit Tracheenendzelle und Tracheolen; ein Stück Spiralfaden (Taenidium) freiliegend. C Ausläufer einer Tracheenendzelle dringen bis in eine Muskelzelle ein. A, B Aus Weber und Weidner (1974); C verändert aus Mordue et al. (1980).

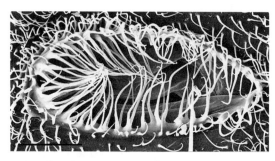

Abb. 860: Stigma mit Reuse. *Drosophila* sp. (Diptera, Drosophilidae). Original: W. Arens, Bayreuth.

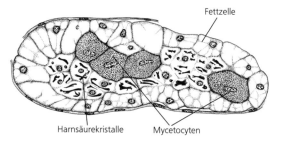

Abb. 861: Schnitt durch Fettkörperlappen mit Zellen, die symbiontische Bakterien enthalten (Mycetocyten) und Zellen mit Harnsäurekristallen (*Blaberus fuscus*, Blattodea). Nach Seifert (1970).

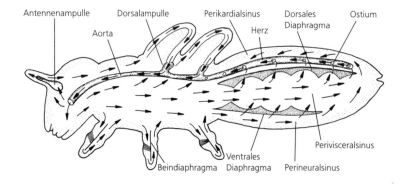

Abb. 862: Hämolymphkreislauf der Insekten mit vollständig entwickelten pulsierenden Organen, die eine gerichtete Zirkulation bewirken. Schema. Verlauf des Hämolymphstroms durch Pfeile dargestellt. Nach Weber (1949).

Am Übergang zum Enddarm münden 2 bis über 200 lange, blind endende, meist unverzweigte Schläuche, die Malpighischen Schläuche (Abb. 857). Sie sind von ektodermaler Herkunft (Unterschied zu Arachnida, S. 457), weisen aber keine cuticulare Auskleidung auf. Es sind die Organe der **Exkretion** und der Osmo- und Ionenregulation bei den Insekten. Der Enddarm besitzt besondere Rektalpapillen, die der Wasserresorption dienen.

Der Fettkörper (Abb. 861) mit seinen meist mächtigen Lappen in der Leibeshöhle des Abdomens ist das zentrale Stoffwechselorgan („Leber"); seine Zel-

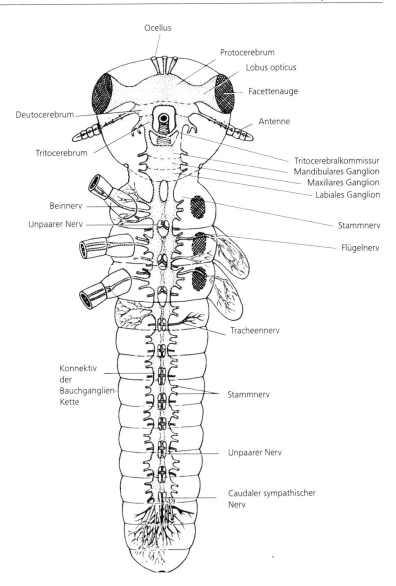

Ocellus

Protocerebrum

Lobus opticus

Facettenauge

Deutocerebrum

Antenne

Tritocerebrum

Tritocerebralkommissur
Mandibulares Ganglion
Maxillares Ganglion
Labiales Ganglion

Beinnerv

Stammnerv

Unpaarer Nerv

Flügelnerv

Tracheennerv

Konnektiv
der
Bauchganglien-
Kette

Stammnerv

Unpaarer Nerv

Caudaler sympathischer
Nerv

Abb. 863: Grundplan des Insekten-Nervensystems. Periphere Nerven nur teilweise mit ihren Verzweigungen eingetragen; Mund und Vorderdarm angedeutet. Aus Seifert (1970).

len (Trophocyten, Urocyten, Mycetocyten) dienen u.a. der Synthese und Speicherung von Fett und Glykogen sowie dem Abbau von Aminosäuren und der Speicherung von Exkreten.

Die wirkungsvolle Sauerstoffversorgung aller Organe durch die Tracheen hat bei den Insekten vom ursprünglich reich strukturierten **Blutgefäßsystem** der Mandibulaten nur ein fast immer einfaches, hinten geschlossenes Rückengefäß übriggelassen. Sein im Abdomen liegender Teil wird Herz, sein vorderer, bis in den Kopf reichender und vorn offener Abschnitt A o r t a genannt. Das Herz zieht durch den P e r i k a r d i a l s i n u s. Dieser dorsale Leibeshöhlenraum entsteht durch ein dorsales D i a p h r a g m a aus Bindegewebe und Muskulatur (Flügelmuskeln). Darunter liegt der mittlere, große Perivisceralsinus

mit Darm und Geschlechtsorganen; ein ventrales Diaphragma trennt davon den Perineuralsinus mit dem Bauchmark. Durch Peristaltik der Herzwand und Kontraktionen des Diaphragmas wird die Hämolymphe über 1–12 Paar seitlicher Öffnungen mit Ventilklappen (O s t i e n) in den Herzschlauch gesaugt und von dort nach vorn über die Aorta in den Kopf transportiert (Abb. 862). Herzperistaltik und Bewegungen des ventralen Diaphragmas bringen die Hämolymphe wieder in das Abdomen. Besondere akzessorische Pumpsysteme sorgen für den Transport in die Antennen, Beine und Flügel. Die H ä m o l y m p h e (20–40% des Körpergewichts) besteht aus Zellen (Hämocyten) und Plasma. Sie transportiert Nährstoffe, Exkrete, CO_2 und Hormone. Zu ihren Funktionen zählen weiterhin die Phagocytose, die Gerinnung (Wundverschluß), Os-

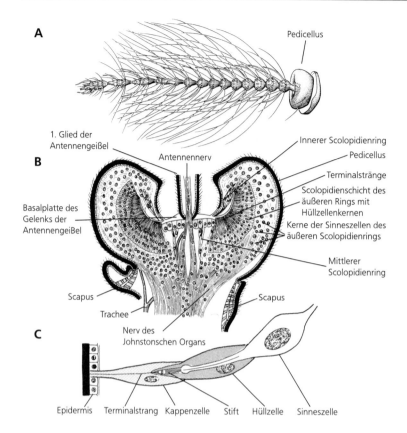

Abb. 864: Skolopalorgane. A Antenne von *Dasyhelea* sp., Männchen (Diptera, Ceratopogonidae). B Pedicellus (2. Antennenglied) mit Johnstonschem Organ (*Aedes aegypti*, Diptera, Culicidae). C Schema eines Skolopidiums. A Aus Downes und Wirth (1981), B nach Risler (1953) aus Seifert (1970); C nach Seifert (1970).

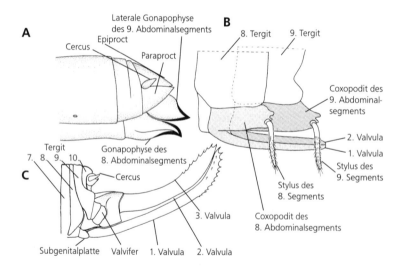

Abb. 865: Äußere weibliche Geschlechtsorgane, Seitenansichten. A *Locusta migratoria* (Saltatoria). B Schema des Ovipositors von *Machilis* sp. (Archaeognatha). C Ovipositor von *Tettigonia viridissima* (Saltatoria). A Original: B. Darnhofer-Demar, Regensburg; B nach Seifert (1970); C verändert nach Weber (1949).

moregulation und die Aufrechterhaltung und Übertragung des Binnendrucks.

Fast alle Insekten sind getrenntgeschlechtlich, Zwitter kommen nur selten vor. Verbreitet sind verschiedene Formen der Parthenogenese, gewöhnlich mit Heterogonie verknüpft. Zu den **Geschlechtsorganen** der Männchen gehören paarige Hoden und Vasa deferentia (Abb. 867). Der daran anschließende Ductus ejaculatorius kann paarig oder unpaar sein. Er mündet meist auf dem 9. Abdominalsegment. Zusätzlich sind vielfach noch Anhangsdrüsen vorhanden, die Samenflüssigkeit und gegebenenfalls die Spermatophore produzieren. Fast immer ist ein Penis (Aedoeagus) vor-

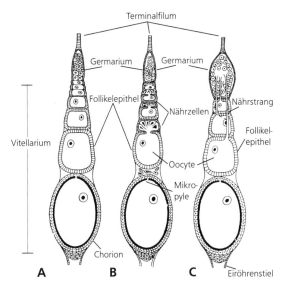

Abb. 866: Weibliche Geschlechtsorgane, Ovariolentypen. Die Eizellen werden im Germarium gebildet und wachsen im Vitellarium heran, wo sie bei den einzelnen Typen in unterschiedlicher Weise ernährt werden. A Panoistisch. B Meroistisch polytroph. C Meroistisch telotroph. Aus Eidmann (1941).

handen, der nur selten völlig fehlt (Plecoptera, Embioptera).

Die paarigen Ovarien der Weibchen bestehen meist aus einem Büschel einzelner Ovariolen, die jeweils in ein Germarium und ein Vitellarium untergliedert sind. Man unterscheidet zwischen (1) panoistischen, (2) meroistisch polytrophen und (3) meroistisch telotrophen Ovariolen (Abb. 866). Die heranwachsenden Eizellen werden von einem Follikelepithel aus mesodermalen Zellen umgeben. Die einzelnen Ovariolen vereinigen sich, manchmal enden die beiderseitigen Stränge in einer Vagina. Diese mündet am Hinterrand des 7., 8. oder 9. Sternits entweder direkt nach außen oder in eine innen liegende Bursa copulatrix (Begattungstasche). Fast immer ist an der Vagina ein Receptaculum seminis vorhanden, das der Aufbewahrung der Spermien dient. Außerdem gibt es Anhangsdrüsen, die z. B. Kittsubstanzen für die Anheftung der Eier liefern.

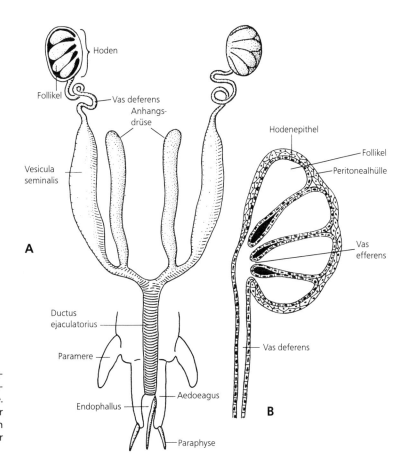

Abb. 867: Schema der männlichen Geschlechtsorgane. A Dorsalansicht. Hodenfollikel mit gemeinsamer Peritonealhülle. B Längsschnitt durch einen Hoden; nur die Wandschichten dargestellt. Nach Snodgrass (1935) aus Weber und Weidner (1974).

Fortpflanzung und Entwicklung

Bei verschiedenen ursprünglichen, bodenlebenden Taxa (Diplura, Collembola, Archaeognatha, Zygentoma) erfolgt die Übertragung der Spermien, die häufig in Spermatophoren zusammengefaßt werden, auf indirektem Wege (Abb. 883). In den meisten Fällen findet jedoch eine Begattung statt, bei der das Sperma direkt (frei oder in einer von den Anhangsdrüsen gebildeten Spermatophore) entweder in die Vagina bzw. in die Bursa copulatrix oder in das Receptaculum seminis gebracht wird (Abb. 868).

Nur in wenigen Fällen (z.B. Collembola, Archaeognatha) kommt eine totale **Furchung** vor. Typisch für die Insecta sind dotterreiche, centrolecithale Eier, die sich partiell – superfiziell – furchen. Die befruchtete Eizelle bildet ein Furchungszentrum, von dem zahlreiche Tochterkerne mit Hofplasma (Furchungsenergiden) gebildet werden, die die Oberfläche des Eies erreichen. Dort bilden sie ein zunächst einschichtiges Blastoderm. Dieses entwickelt sich zu zwei Anteilen, dem Hüllepithel (Serosa) und der ventralen Keimanlage (Abb. 870, 871). Letztere versinkt z.B. im Dotter oder wird von ihm umwachsen, so daß sie in einer Höhlung zu liegen kommt. Die dem Keim zugekehrte Wand heißt Amnion und umgrenzt die Amnionhöhle. Diese bleibt nach außen offen bei ursprünglichen Insekten, bei allen anderen wird sie geschlossen (Abb. 888).

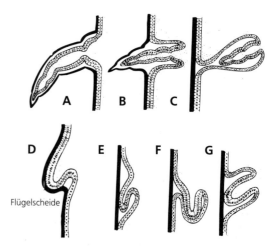

Abb. 869: Hauptformen der Imaginalanlagen, schematisierte Schnittbilder. A-C Beinanlagen, D-G Flügelanlagen, jeweils verschiedene Entwicklungsphasen dargestellt. Die Anlage des imaginalen Beines unter der Cuticula der Larve ist entweder von außen sichtbar (A, B) oder versenkt (C). Die Flügel werden bei den Paurometabola und Paraneoptera als äußerlich sichtbare Flügelanlage angelegt (D), bei den Holometabola selten als freie Flügelanlage (E), meist revers (F) oder versenkt (G). Nach verschiedenen Autoren aus Seifert (1970).

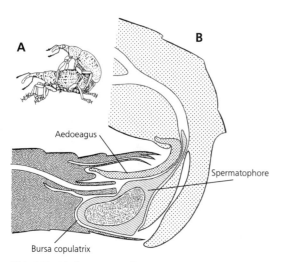

Abb. 868: Direkte Spermaübertragung, Coleoptera. Die Spermien werden entweder ohne Umhüllung oder in einer Spermatophore übertragen. A Paarungsstellung bei *Apion* sp. (Apionidae). B Hinterenden zweier kopulierender Schwimmkäfer (*Dytiscus marginalis,* Dytiscidae), schematisierter Sagittalschnitt. A Nach Meisenheimer (1921); B verändert nach Blunck (1912) aus Meisenheimer (1921).

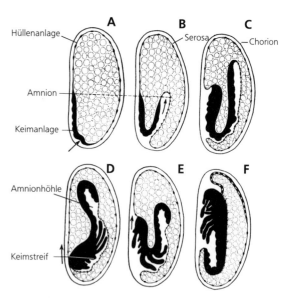

Abb. 870: Entwicklung; verschiedene Pterygota mit halblangem Kurzkeim. Bildung der Keimhüllen und Blastokinese beim eingestülpten (invaginierten) Keimstreif. Längsschnitte. Keimanlage und Keimstreifen schwarz. Ventralseite links. Bei der Einrollung des Keimstreifens (A-C) wird ein Teil der Serosa mit in den Dotter gezogen; dieser wird zum Amnion. Serosa und Amnion verschmelzen nach dem Verschluß der Amnionhöhle (D). In D-F kontrahiert sich der Keimstreif; dann Umrollung, bei der er wieder in die normale Lage zum Dotter gelangt; die Amnionhöhle wird wieder eröffnet (E, F) und der Rückenschluß ermöglicht. Nach Weber aus Kaestner (1972).

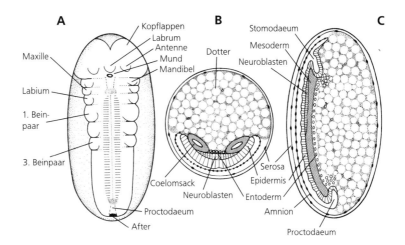

Abb. 871: Stadium aus der Entwicklung pterygoter Insekten; schematisiert. A Ventralansicht des Keims. Anlage der Extremitäten und des Bauchmarks. B Querschnitt. Keimblätterbildung. C Sagittalschnitt. Keimblätter und Keimhüllen. Nach Weber und Weidner (1974).

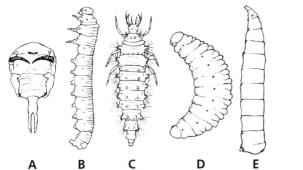

Abb. 872: Larventypen der Holometabola, Auswahl. A Junglarve einer Platygasteridae (*Inostemma* sp., Hymenoptera). B Typische Larve der Diprionidae (*Neodiprion* sp., Hymenoptera). C Campodeoide Larve eines Netzflüglers (*Chrysopa* sp., Neuroptera). D Rüsselkäferlarve (*Anthonomus* sp., Coleoptera). E Cyclorrhaphenlarve (*Musca* sp., Diptera). Die repräsentierten Typen sind: A oligomer, protopod, cyclopoid; B eumer, polypod, eucephal; C eumer, oligopod, eucephal; D eumer, apod, eucephal; E eumer, apod, acephal. A, B Nach Weber (1949); C-E nach Peterson (1957) aus Weber und Weidner (1974).

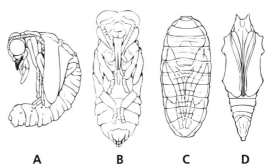

Abb. 873: Puppentypen der Holometabola, Auswahl. A Pupa dectica, lateral (Neuroptera). B-D Pupa adectica. B-C Pupa exarata. B Pupa libera (*Apis mellifera*, Hymenoptera, Apidae). C Pupa dipharata coarctata (*Lucilia* sp., Diptera, Cyclorrhapha). D Pupa obtecta (Lepidoptera, Nymphalidae). Nach Weber und Weidner (1974).

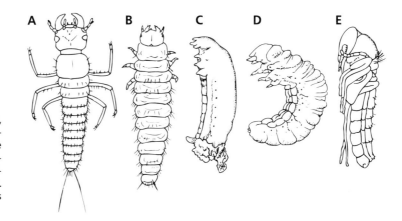

Abb. 874: Hypermetabolie. Coleoptera, Meloidae. A Triungulinus (1. Larvenstadium), auf Blüten, gelangt durch Phoresie in Hymenopterennest. B 2. Larvenstadium, lebt im Hymenopterennest von Pollen-Nektar-Gemisch. C Scheinpuppe. D 4. Larvenstadium. E Puppe. Nach Riley aus Weber (1933).

Die meisten Insekten sind ovipar, nur selten kommen Ovoviviparie, Larviparie oder Pupiparie vor. Ausnahmsweise existieren auch Pädogenese und Neotenie. Polyembryonie kommt z.B. bei einigen Hymenopteren vor. Viele Arten zeigen Brutfürsorge oder Brutpflege.

Die **postembryonale Entwicklung** verläuft in sehr unterschiedlichen Formen (auf Einzelheiten wird bei den verschiedenen Subtaxa eingegangen, ebenso auf die unterschiedlichen Larven- und Pup-

pentypen sowie die wechselnde Zahl der Larvenstadien, Erscheinungen des Sexualdimorphismus und verschiedene andere Formen des Polymorphismus). In wenigen Fällen (z.B. Collembola) erfolgt die Entwicklung d i r e k t, meist ist jedoch eine M e - t a m o r p h o s e vorhanden, in deren Verlauf mehrere Larvenstadien aufeinander folgen, die stets durch Häutungen voneinander getrennt sind (Abb. 872, 874, 875, 876). Manche Merkmale der Entwicklungsstadien sind nur diesen eigen, andere sind Anlagen für die spätere Imago. Man kann eine H e m i - m e t a b o l i e von einer H o l o m e t a b o l i e (zwischen dem letzten Larvenstadium (Abb. 872) und der Imago ist eine P u p p e eingeschaltet, Abb. 873) unterscheiden. Unter der Bezeichnung Hemimetabolie faßt man sehr unterschiedliche Metamorphose-Typen zusammen. Es wird zwischen Palaeometabolie (larvale Organe kommen kaum vor – Entognatha, Archaeognatha, Zygentoma, Ephemeroptera), Heterometabolie (schrittweise Entwicklung der Flügel, larvale Merkmale häufig – Odonata, Plecoptera, Orthopteromorpha, Psocodea, meiste Hemiptera) (Abb. 875 A) und Neometabolie (Flügelanlagen erst bei den beiden letzten Larvenstadien – Thysanoptera, einige Homoptera) unterschieden (Abb. 875 B). Bei der Metamorphose zeigen sich äußere Veränderungen durch meist allometrisches Wachstum imaginaler Merkmale und ein innerer Umbau, der durch Histolyse und das Vorhandensein von I m a g i n a l a n l a g e n gekennzeichnet ist:

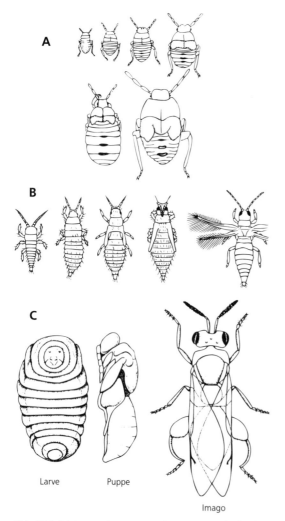

Abb. 875: Metamorphosetypen. A Heterometabolie (Paurometabolie): *Cydnus aterrimus* (Heteroptera, Cydnidae); sukzessive Ausbildung der Flügelanlagen in den Entwicklungsstadien. B Neometabolie (Remetabolie): Terebrantia (Thysanoptera), Junglarve-Altlarve-Pronymphe-Nymphe-Imago. Die Nymphe ist unbeweglich und nimmt keine Nahrung auf. C Holometabolie: Erzwespe (Hymenoptera, Chalcidoidea); Larve-Puppe-Imago. A Verändert nach Schorr (1957) aus Eisenbeis und Wichard (1985); B nach Russel aus Seifert (1970); C aus Askew (1971).

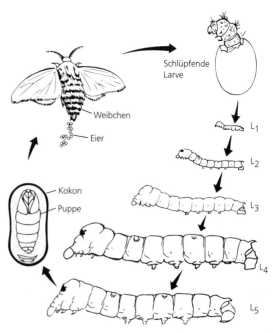

Abb. 876: Holometabole Metamorphose von *Bombyx mori*, Maulbeerseidenspinner (Lepidoptera, Bombycidae). L_1-L_5: 1.–5. Larvenstadien. Verändert nach einem Original von W. Truckenbrodt, Osnabrück.

unter der larvalen Cuticula, zwischen der alten und der neuen Cuticula oder in Einstülpungen der Epidermis (Abb. 869). Eine besondere Rolle spielen von den Larven angelegte einschichtige Epithelien (Imaginalscheiben), von denen aus imaginale Organe gebildet werden.

Systematik

Insekten gibt es seit mindestens 395 Millionen Jahren. Die Zahl der Fossilnachweise ist sehr hoch (Abb. 839). Allerdings sind Fossilien auf die einzelnen Gruppen wegen der unterschiedlichen Erhaltungswahrscheinlichkeit sehr ungleich verteilt. Das älteste fossile Insekt ist †*Rhyniella praecursor,* ein Collembole, aus dem Unteren Devon (380 Mill. Jahre). Man erkennt an dem Abdruck entognathe Mandibeln, viergliedrige Antennen und einen Ventraltubus. Dieser Fund macht auch die zeitgleiche Existenz der Protura, Diplura und Ectognatha wahrscheinlich.

Der älteste Vertreter der Pterygota stammt aus dem Mittleren Karbon.

Die traditionelle Großgliederung der Insecta in **Apterygota** und **Pterygota** bzw. **Hemimetabola** und **Holometabola** wurde aufgegeben, da die Gruppierungen Apterygota und Hemimetabola als paraphyletisch erkannt wurden. Recht gut begründet ist die Untergliederung (HENNIG) in **Entognatha** und **Ectognatha**, die sich beide durch Autapomorphien belegen lassen. Die Aufteilung der Ectognatha in **Archaeognatha** und **Dicondylia** gilt ebenfalls als sicher. Dagegen bildet die stammesgeschichtliche Gliederung der pterygoten Insekten noch immer ein weites Feld für Diskussionen. Die apomorphen Merkmale, die das hier vorgestellte System (Abb. 838) begründen, werden jeweils in der Besprechung der einzelnen Taxa genannt.

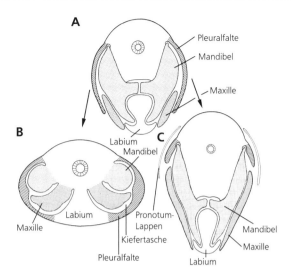

Abb. 878: Kopfquerschnitte schematisiert. A Hypothetisches Grundmuster des Insektenkopfes mit großen freien Pleuralfalten und orthognathen Mundwerkzeugen. B Entognatha. Pleuralfalten mit Labium (2. Maxillen) verwachsen und geschlossene Kiefertasche bildend. C Ectognatha, Archaeognatha. Pleuralfalten stark verkürzt, Mundwerkzeuge frei. Verändert nach Lauterbach (1974).

†Palaeodictyoptera

Viele Funde dieser am Ende des Perm ausgestorbenen Insekten (ca. 200 Arten) liegen aus dem Oberen Karbon und Perm vor (Europa, Sibirien, Nordamerika). Gleichzeitig mit ihnen lebten Vorfahren der heutigen Entognatha, Archaeognatha, Zygentoma, Ephemeroptera, Odonata und Neoptera. Die Palaeodictyoptera (Abb. 837) sind deshalb wohl nicht die Schwestergruppe aller rezenten Pterygota, sondern nur Stammlinienvertreter eines Subtaxon. Wichtige Merkmale dieser Gruppe sind das Vorhandensein saugender Mundwerkzeuge bei einigen Arten und die Starrflügligkeit. Eine weitere wichtige fossile Gruppe sind die †Megasecoptera (etwa 55 Arten). Unter ihnen gab es Arten, die ihre Flügel wahrscheinlich schon nach hinten zurückführen konnten und damit den heutigen Neoptera ähnelten. Allerdings geschah dies nach einigen Autoren mit Hilfe eines anderen, konvergent entstandenen Mechanismus. Eine sehr große Art war beispielsweise †*Homoeophlebia gigantea* aus dem Oberen Karbon (Flügelspannweite 41 cm). Auch Arten mit bunten Flügeln kamen vor. Gegen Ende des Paläozoikums starb dieses offenbar weit verbreitete, große Taxon aus.

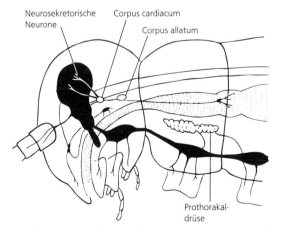

Abb. 877: Schema der endokrinen Organe einer Schmetterlingslarve (Lepidoptera). Nach Seifert (1970).

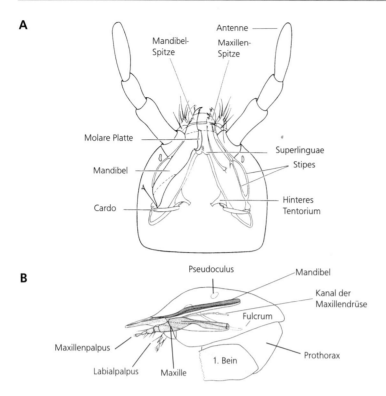

A

Mandibel-Spitze

Antenne

Maxillen-Spitze

Molare Platte

Mandibel

Cardo

Superlinguae

Stipes

Hinteres Tentorium

B

Pseudoculus

Mandibel

Kanal der Maxillendrüse

Fulcrum

Maxillenpalpus

Labialpalpus   Maxille

1. Bein

Prothorax

Abb. 879: Entognathe Mundwerkzeuge. A *Folsomia candida* (Collembola); Kopf dorsal. B *Acerentomon* sp. (Protura); Kopf lateral. Aus Naumann et al. (1991).

Entognatha, Sackkiefler

Die wichtigste Synapomorphie der Taxa dieser Gruppe ist die Verwachsung des proximalen Labiumabschnitts mit lateralen Duplikaturen (Wangen) der Kopfkapsel, wodurch eine ventrale Tasche entsteht. Darin liegen tief eingesenkt die Mandibeln und die Maxillen (Abb. 878, 879). Diese Struktur ermöglicht eine Kombination von Saugen (die enge Öffnung der Tasche wird an die Nahrung gedrückt) und Anstechen bzw. Zerkleinern der Nahrung durch die Mandibeln und 1. Maxillen. Weitere Synapomorphien sind die Reduktion der Komplexaugen auf 6–8 Ommata und der Malpighischen Schläuche, die höchstens als kurze Papillen erhalten bleiben.

Ursprünglich sind dagegen die Gliederantennen, bei denen alle Abschnitte – außer dem letzten – eigene Muskulatur besitzen (Abb. 853 B), und rudimentäre Gliedmaßenpaare am Abdomen (Abb. 881, 882, 884, 886).

7.1 Diplura, Doppelschwänze

Von den 800 Arten leben 18 in Mitteleuropa. Die meisten Arten findet man in subtropischen und tropischen Gebieten. Sie haben eine Körperlänge von 4–12 mm, maximal 58 mm (*Atlasjapyx atlas* aus China).

Die Diplura leben im Erdlückensystem der oberen Bodenschichten, unter Steinen, Fallaub und Borke, auch im Moos. Manche Arten sind Höhlenbewohner. Sie sind feuchtigkeitsliebend und gelten als Dunkeltiere. Soweit bekannt halten sie sich in Gangsystemen auf, die mit Kammern ausgestattet sind.

Die Japygidae sind räuberisch und ernähren sich vor allem von Collembolen, die mit den Cerci ergriffen werden. Andere Arten leben von Detritus, Pilzmycelien, kleinen Insekten, deren Larven und Nematoden.

Bau

Der fast homonom segmentierte Körper ist (Abb. 880) mehr oder weniger pigmentlos, Augen fehlen (Autapomorphie). Die Labialdrüsen dienen vermutlich als Exkretionsorgane. Die Antennen sind vielgliedrig. Die Mandibeln arbeiten schabend oder stechend und besitzen gezähnte Spitzen. Die Maxillen haben ein- oder zweigliedrige Taster, die Labialtaster sind eingliedrig.

Tarsus und Tibia sind immer getrennt, der eingliedrige Tarsus hat 2 Klauen.

Bei *Japyx* besteht das Tracheensystem aus 2 Längsstämmen und wenigstens 1 Kommissur, es ist mit 4 (5) Thoraxstigmen (Hyperpneustie) und 7 Paar Abdominalstigmen ausgerüstet; *Campodea* hat weder Stigmen noch Tracheenlängsstämme im Abdomen.

Das Abdomen besteht aus 10 Segmenten, von denen das 1.–7. je 1 Paar Styli auf den Coxosterniten trägt (*Campodea* mit deutlichen Extremitätenrudimenten auf dem 1. Segment) (Abb. 881). Die Styli sind als Verschmelzung von Protopoditen („Coxa") mit Sterniten aufzufassen. Fast immer befinden sich vor den Styli ausstülpbare Coxalbläschen, die ebenfalls als Reste von abdominalen Extremitäten gedeutet werden und der Wasseraufnahme sowie dem Ionentransport dienen. Die Malpighischen Schläuche (6–16) sind papillenförmig oder fehlen (*Japyx*). Die Geschlechtsöffnung befindet sich bei beiden Geschlechtern am Hinterende der Ventralplatte des 8. Segments. Auf dem 8. und 9. Abdominalsegment sind keine Gonopoden vorhanden (apomorph). Am 11. Abdominalsegment befinden sich Cerci, die lang, fadenförmig und vielgliedrig (Campodeidae u.a.) (Abb. 880A), eingliedrig, zangenförmig (z.B. Japygidae) (Abb. 880B) oder kurz, tasterförmig und an der Spitze von der Cercaldrüse durchbohrt sind (Projapygidae u.a.). Bei den Japygidae ist das pigmentierte 10. Abdominalsegment vergrößert und enthält kräftige Muskulatur zur Bewegung der ebenfalls pigmentierten Cerci. Das 12. Segment des Abdomens trägt keine Anhänge.

Fortpflanzung und Entwicklung

Die Samenübertragung erfolgt indirekt. Das Männchen setzt eine kurzgestielte Spermatophore ab (0,1 mm Höhe). Auf dem Sekretfaden befindet sich ein Spermatropfen. Das in der Nähe befindliche Weibchen streift das Sperma ab und nimmt es in seine Geschlechtsöffnung auf. *Campodea* hat 1, *Japyx* 7 Ovariolenpaare. Die Eiablage erfolgt in der warmen Jahreszeit in kleinen Erdkammern, wobei mehrere Eier zu einem Ballen vereinigt werden, der wie eine Traube an einem Faden an der Decke der Kammer aufgehängt werden kann. Bei manchen Arten, z.B. bei *Japyx*, bewacht das Weibchen die Eiballen und auch die Larven (Brutpflege). Die Eier furchen sich superfiziell; es werden keine Keimhüllen gebildet.

Die Entwicklung der Diplura erfolgt als Palaeometabolie, wobei die Zahl der Häutungen nicht genau bekannt ist. Die volle Segmentzahl wird bereits embryonal angelegt.

Campodea staphylinus (Campodeidae), 3 mm; weiß. Im Boden, unter Steinen, Laub und Holz. – *Metajapyx leruthi* (Japygidae), 3 mm; weiß; in der Bodenstreu, unter Steinen.

Die Collembola und Protura werden wegen des gemeinsamen Besitzes mehrerer abgeleiteter Merkmale als **Ellipura** (Schwestergruppe der Diplura) zusammengefaßt: Beide Gruppen zeigen eine Tendenz zur Reduktion verschiedener Organe, z.B. der Antennen (maximal 4 Glieder) (Abb. 882), des Tracheensystems (alle Abdominalstigmen fehlen), der

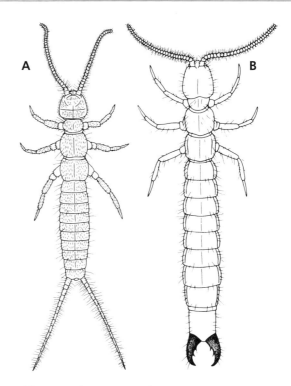

Abb. 880: Diplura. A *Campodea* sp., Länge 3 mm. B *Japyx* sp., Länge 4 mm. Aus Eisenbeis und Wichard (1985).

Zahl der Abdominalsegmente, der Cerci, der Malpighischen Schläuche. Ferner sind Tibia und Tarsus bei den Mittel- und Hinterbeinen miteinander verschmolzen. Tibiotarsalgelenk vorhanden (+) oder fehlend (-):

	Diplura	Protura	Collembola
Vorderbein	+	+	-
Mittelbein	+	-	-
Hinterbein	+	-	-

7.2 Collembola, Springschwänze

Mit 6500 Arten – Mitteleuropa 500 – und außerordentlich hohen Individuenzahlen (in 1 m² Bodenoberfläche bis zu einer Tiefe von 30 cm bis zu 400 000 Individuen) gelten die Collembola als die häufigsten Insekten. Ihre Körperlänge liegt zwischen 0,25–10 mm, die meisten Arten sind 1–2 mm lang.

Collembola leben am und im Boden (viele Arten bis 10 cm Tiefe), auf der Wasseroberfläche, an Meeresküsten, auf Gletschereis und Schnee sowie in Nestern von Ameisen und Termiten. Stets werden Bereiche hoher Luftfeuchtigkeit bevorzugt. Die meisten Arten sind Detritusfresser und tragen durch den Abbau der Bodenstreu zur Humusbildung bei. Manche von ihnen werden durch CO_2 angelockt.

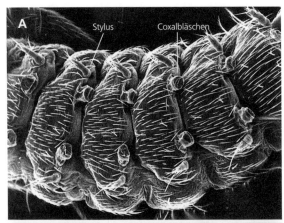

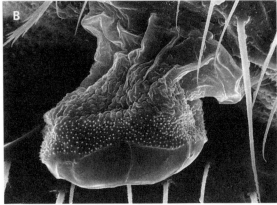

Abb. 881: Diplura, *Campodea* sp. A Abdomen, Ventralseite, mit ausgestülpten Coxalbläschen und Styli. B Coxalbläschen. Originale: G. Eisenbeis, Mainz.

Neben Allesfressern gibt es Spezialisten für Algen, Pilze und Pollen.

Bau

Der helle, z. T. aber dunkel pigmentierte Körper ist schwach sklerotisiert. Die Oberfläche (Epicuticula) ist mit zahlreichen, ca. 0,3 μm großen unbenetzbaren Mikrotuberkeln bedeckt. Die Onychiuridae besitzen sog. Pseudocellen, die als Wehrdrüsen ge-

deutet werden (Abb. 885). Die Komplexaugen bestehen aus maximal 8 Ommatidien, außerdem sind Ocellen vorhanden. An der Basis der Anntenen befindet sich je ein Postantennalorgan (Abb. 885). Die Antennen sind viergliedrig, manchmal sekundär gegliedert und bei den Männchen mancher Arten als Greifantennen ausgebildet (Abb. 883 B). Die länglichen Mandibeln und Maxillen sind kauend (schabend) oder stechend-saugend (Abb. 879 A). Die Labialdrüsen arbeiten noch als Exkretionsorgane.

Das Zentralnervensystem ist stark konzentriert (Abb. 882). Im Thorax befinden sich 3 Paar Thoracalganglien, das Metathoracalganglion enthält auch die Abdominalganglien (Autapomorphie). Allen Beinen fehlen Tibiotarsalgelenke (Autapomorphie), und sie besitzen eine Kralle.

Das Abdomen (Abb. 882) besteht nur aus 6 Segmenten (Autapomorphie), diese Zahl wird jedoch erst während der postembryonalen Entwicklung erreicht. Nur bei den Symphypleona kommt ein einfach gebautes Tracheensystem vor (vielleicht Neubildung) mit 1 Stigmenpaar zwischen Kopf und Thorax; bei den anderen wird nur über die Haut geatmet (in Bodenlücken auch Plastronatmung). Der Fettkörper dient als Exkretspeicher. Malpighische Schläuche fehlen völlig, auch sind keine Gonopoden (Autapomorphie), keine Ovariolen, Hodenfollikel und äußeren Geschlechtsorgane vorhanden. Die Geschlechtsöffnung befindet sich am 5. Abdominalsegment.

Aus den Abdominalextremitäten sind verschiedene Organe hervorgegangen (Autapomorphie): Auf dem 1. Abdominalsegment liegt der Ventraltubus (Collophor), der durch Hämolymphdruck ausstülpbar ist (Abb. 884 A). Zum Festhalten wird von zwei vorstülpbaren Bläschen ein Leimsekret ausgeschieden, auf das sich der Name des Taxon bezieht. Der Ventraltubus dient als Haft-, Putz- und Atemorgan, zur Wasseraufnahme und zur Osmoregulation. Aus den Extremitäten des 3. Abdominalsegments ist das Retinaculum hervorgegangen (Abb. 884 B). Es dient zum Festhalten der Sprunggabel. Die Furca (Sprunggabel) ist eine Extremitätenbildung des 4. Abdominalsegments (Abb. 882, 884 C). Sie besteht

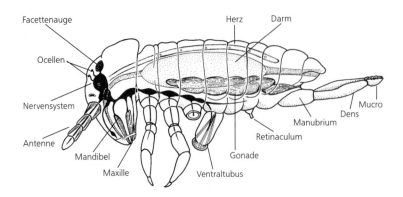

Abb. 882: Collembola. Bauplan von *Podura aquatica*, 3. Bein weggelassen. Verändert nach Weber und Weidner (1974).

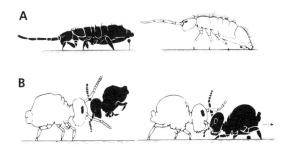

Abb. 883: Collembola. Indirekte Spermaübertragung. A *Orchesella* sp. (Entomobryomorpha). Männchen (schwarz) setzt gestielte Spermatophore ab, die vom Weibchen mit der Geschlechtsöffnung abgestreift wird. B *Sminthurides aquaticus* (Symphypleona). Männchen (schwarz) packt mit Klammerantennen die Antennen des Weibchens, läßt sich vom Weibchen tragen, setzt später Spermatophore ab und zieht das Weibchen darüber. Nach Schaller (1954, 1958) aus Jacobs und Renner (1988).

aus dem Manubrium (unpaar), dem Dens und dem Mucro (paarig). Bei einigen Arten, besonders aus tieferen Bodenschichten, kann die Sprunggabel fehlen, ansonsten zählt das enorme Sprungvermögen (maximal werden 25 cm Weite erreicht) zu den Charakteristika des Taxon. Vor dem Sprung wird die Sprunggabel nach vorn unter dem Abdomen getragen. Zur Auslösung des Sprungs wird die Gabel z. T. durch Muskelkontraktion nach hinten geschlagen. Der Körper vollführt dabei einen Salto nach hinten – oder es wird nach vorn gesprungen.

Fortpflanzung und Entwicklung

Die Männchen der Entomobryomorpha setzen ihr Sperma als Tröpfchen auf einen Stiel von 0,5 mm Höhe (es werden zahlreiche derartige Spermatophoren gebildet). Die Weibchen tupfen das Sperma mit ihrer Geschlechtsöffnung auf (Abb. 883 A). Danach werden die Eier abgelegt, eine Paarbildung findet nicht statt. Bei *Sminthurides aquaticus* (Symphypleona) packt dagegen das Männchen das Weibchen mit den Klammerantennen und läßt sich tagelang tragen; schließlich zieht es das Weibchen über einen Spermatropfen (Abb. 883 B). Das Männchen von *Dicyrtomina minuta* umgibt das Weibchen mit einem „Zaun" von Spermatophoren. Die Eier sind kugelig, jeweils einige werden zu Ballen an das Substrat geklebt. Nach einer totalen Furchung schlüpfen Larven, die sich 5–7 mal häuten, ehe die Geschlechtsreife eintritt. Häutungen ohne deutlichen Gestaltwandel (Epimetabolie) finden auch nach Eintritt der Geschlechtsreife statt (Autapomorphie). Insgesamt kann es zu bis zu 40 Häutungen kommen.

7.2.1 Poduromorpha

Körper gestreckt, meist klein, mit kurzen Extremitäten und gut entwickeltem Prothorax.

Protaphorura armatas (Onychiuridae), 2,3–3 mm; augen- und pigmentlos; wird durch CO_2- Wahrnehmung zu Nahrungsquellen geführt; im Boden, unter Steinen, in Blumentöpfen. – *Hypogastrura assimilis* (Hypogastruridae), 0,9–1,2 mm; Sprunggabel kurz; lebt in rasch zerfallender organischer Substanz (Stallmist). – *Isotoma saltans*, Gletscherfloh (Isotomidae), 3–4 mm; alpin auf Schnee und Gletschereis, dort Pollen fressend. – *Podura aquatica*, (Poduridae), 1,0–1,5 mm; Körper blauschwarz; Sprunggabel lang; in Ufernähe auf Wasseroberfläche; Liebesspiel der Geschlechter.

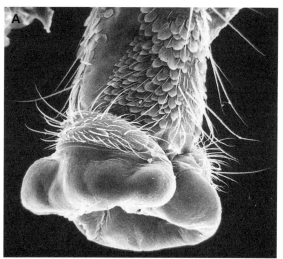

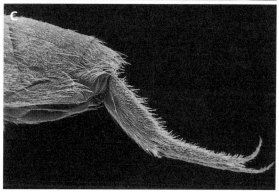

Abb. 884: Collembola. A *Tomocerus flavescens*. Ventraltubus; Tubusblasen teilweise vorgestreckt. B *Tomocerus flavescens*. Retinaculum, mit basalem Corpus tenaculi und den beiden Rami als Halteapparat für die Furca. C *Orchesella villosa*. Hinterende mit Sprungapparat (Furca) von der Seite. Originale: G. Eisenbeis, Mainz.

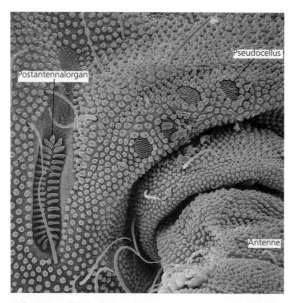

Abb. 885: Collembola. *Onychiurus* sp. Antennenbasis am Kopf mit Pseudocellen (Stellen, an denen Hämolymphe austreten kann) und Postantennalorgan (Bedeutung nicht sicher bekannt). Original: G. Eisenbeis, Mainz.

nen, Borke und in Moospolstern, sind feuchtigkeitsliebend und saugen Pilzfäden aus.

Bau

Der Körper ist pigmentlos und wenig sklerotisiert. Dem kleinen Kopf fehlen Augen und – als einzigen Insekten – die Antennen (Autapomorphie) (Abb. 886). Es ist ein vorderes Tentorium vorhanden. Sog. Pseudoculi am Kopf sind Sinnesorgane für die Chemo-, Hygro- und Thermorezeption. Die Mundwerkzeuge sind stechend-saugend (Abb. 879 B). Es existieren 2 Paar Maxillardrüsen und 1 Paar Labialdrüsen. Das Unterschlundganglion und das Prothoraxganglion sind miteinander verschmolzen.

Das 1. Beinpaar ist relativ lang, besitzt nur 1 Klaue und wird beim Laufen erhoben getragen und über-

7.2.2 Entomobryomorpha

Körper gestreckt, Extremitäten lang, Prothorax reduziert.

Tomocerus flavescens (Tomoceridae), 4,0–6,5 mm; Antennen länger als der Körper, Endglieder geringelt; Waldböden, Streu, Moos. – *Orchesella flavescens* (Entomobryidae), 2,5–5,0 mm; Körper mit dunklen Mustern auf gelbem Grund; häufig in feuchten Waldböden.

7.2.3 Symphypleona

Körper mehr oder weniger kugelig, Segmentgrenzen durch Verschmelzung z.T. verschwunden; Schläuche des Ventraltubus sehr lang; oberirdisch, selten im Boden. Mit Tracheensystem.

Megalothorax minimus (Neelidae), 0,3 mm. Unter moderndem Holz, in feuchten, humusreichen Böden. – *Dicyrtomina minuta* (Dicyrtomidae), 2,0–2,8 mm; Beine relativ lang; auf Vegetation lebend; in Wäldern. – *Sminthurus viridis*, Luzernefloh (Sminthuridae), 3 mm; Körper ± kugelförmig, gelb bis grünblau; Pflanzenfresser, auf Wiesen, gelegentlich an Kulturpflanzen schädlich; Liebesspiel der Geschlechter.

7.3 Protura, Beintaster

Von den vermutlich 680 Arten sind etwa 50 aus Mitteleuropa bekannt. Die nur 0,8–2,5 mm langen Proturen wurden erst 1907 entdeckt. Sie leben vor allem im Boden bis 10 cm Tiefe sowie unter Stei-

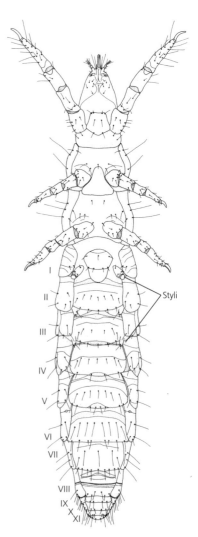

Abb. 886: Protura. *Acerentomon giganteum*, Länge 1,8 mm; in Böden von Laubwäldern. Ventralansicht. Original: B. Balkenhol, Osnabrück.

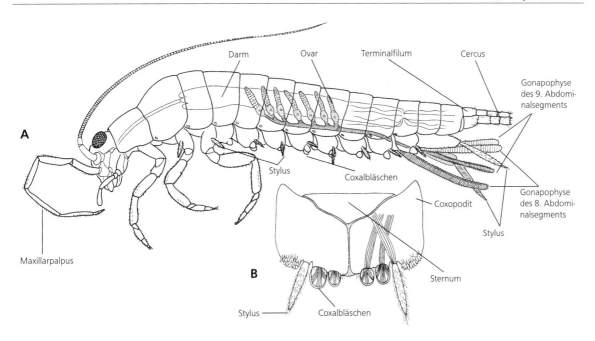

Abb. 887: Archaeognatha. A Grundbauplan, Weibchen. B Sternalregion des 3. Abdominalsegments von *Machilis* sp. A Nach Weber (1949); B nach Seifert (1970).

nimmt die Funktion der Antennen (Autapomorphie). An diesem Beinpaar bleibt das Tibiotarsalgelenk erhalten. Die Tiere laufen nur mit den hinteren beiden Beinpaaren.

Das Abdomen besteht aus 12 Abschnitten (11 Segmente und Telson). Beim Schlüpfen sind zunächst nur 9 Abdominalsegmente vorhanden (Segment 1–8 und Telson), die volle Zahl wird erst postembryonal im letzten praeimaginalen Stadium erreicht (Anamerie). Auf dem 1.–3. Segment befinden sich Reste der Abdominalextremitäten mit terminalen Coxalbläschen. Cerci fehlen. Die Geschlechtsöffnung liegt bei beiden Geschlechtern auf dem 11. Segment (Autapomorphie). Bei einigen Arten fehlt das Tracheensystem, bei anderen ist es vorhanden (2 thoracale Stigmenpaare, der linke Teil des Tracheensystems ist vom rechten getrennt). Malpighische Schläuche (6) sind als Papillenkranz ausgebildet. Die Weibchen haben jederseits eine einzige panoistische Ovariole.

Fortpflanzung und Entwicklung

Die Männchen besitzen einen doppelten Penis (vielleicht von den Cerci abzuleiten?) und 1 Paar zangenförmiger Anhänge. Die unbeweglichen Spermien zeigen eine abweichende Struktur (12+0, 13+0 oder 14+0 Tubuli im Axonema). Nach Erreichen der Geschlechtsreife findet noch eine Häutung statt.

Sinentomoidea – Tracheensystem und Stigmen vorhanden, Styli des 1. Abdominalsegments zweigliedrig, die der

anderen eingliedrig. *Sinentomon erythranum* (Sinentomidae), nur aus China bekannt.

Eosentomoidea – Tracheensystem vorhanden, mit Stigmenpaaren am Meso- und Metathorax, Styli des 1. und 3. Abdominalsegments zweigliedrig.

*Eosentomon transitorium (Eosentomidae), 0,7–1,5 mm; in modernden Kiefernstümpfen.

Acerentomoidea – Ohne Stigmen und Tracheen, Styli des 1. Abdominalsegments zweigliedrig, die der anderen eingliedrig.

*Acerentomon gallicum (Acerentomidae), 1,5–1,8 mm; in verschiedenen Böden.

Ectognatha, Freikiefler

Die Ectognatha als Schwestergruppe der Entognatha sind durch mehrere Autapomorphien als monophyletische Gruppe kenntlich: G e i ß e l a n t e n n e n (Abb. 853 A), nur der Scapus (1. Glied) ist mit Muskulatur versehen, der Pedicellus (2. Glied) enthält das Johnstonsche Organ (Abb. 864 B), und die übrigen Glieder bilden die Geißel, die vermutlich aus dem 3. Glied hervorgegangen ist, das sekundär aufgeteilt wurde und deshalb keine Muskulatur enthalten kann. Im Inneren des Kopfes befindet sich das T e n t o r i u m (Abb. 847 C) mit vorderen und hinteren Armen, von denen die hinteren eine Neuerwerbung sind. Der Praetarsus hat paarige Krallen, die gelenkig mit dem letzten Tarsenglied verbunden sind. Es kann ein Rudiment der unpaaren Kralle erhalten bleiben (Empodium). Mitunter entspringt an der Ventralseite des Praetarsus ein unpaares Arolium, oder es sind paarige Pulvillen vorhanden

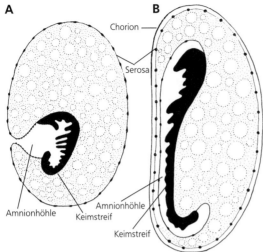

Abb. 888: Keimhüllen. A Zygentoma. Versenkung des Keimstreifens in den Dotter, Amnionhöhle bleibt offen. B Pterygota. Amnionhöhle geschlossen. A Nach Kaestner (1973); B nach verschiedenen Autoren.

(Abb. 844, 845). Der Tarsus ist gegliedert. Die Extremitäten des 8. und 9. Abdominalsegments sind bei den Weibchen als Gonopoden am Bau des Ovipositors (Legerohr) beteiligt (Abb. 865). Einige Gruppen besitzen neben den Cerci ein Terminalfilum (Abb. 887A, 890, 895).

Neben den abgeleiteten Merkmalen finden sich auch ursprüngliche, vor allem die freie Artikulation der Mundwerkzeuge an der Kopfkapsel (Abb. 850, 878 C), die der Gruppe den Namen gegeben hat – sie werden nur dorsal und ventral vom Labrum bzw. Labium bedeckt, die Seiten bleiben offen. Die Tergite des Thorax sind in seitliche Lappen ausgezogen (Paranota), aus denen sich bei den Pterygota die Flügel entwickelt haben.

7.4 Archaeognatha, Felsenspringer

Von den 450 Arten leben 8 in Mitteleuropa. Ohne Anhänge mißt *Machilis ingens* 23 mm, die meisten Arten sind 9–18 mm lang. Sie leben an Meeresküsten (Spritzwasserzone, feuchtes Gestein), aber auch montan unter Baumrinde und in Moospolstern. Felsenspringer ernähren sich von Algen, Flechten, Pilzen und Detritus. Auffällig ist das Sprungvermögen, wobei unter Buckelbildung der Körper mit den Beinen und dem Hinterende (Terminalfilum und Cerci) unter Mitwirkung des letzten Styli-Paares abgestoßen wird.

Bau

Der Körper ist mit Schuppen bedeckt, die meist farbige Muster bilden. Die relativ großen Facettenaugen stoßen dorsal in der Mitte des Kopfes zusammen (Autapomorphie), außerdem sind Ocellen vorhanden. Die langen, vielgliedrigen Antennen (maximal 250 Glieder) sind einander an der Basis stark genähert (Autapomorphie). Die Mandibeln (Abb. 889 A) sind nur durch einen einzigen Gelenkhöcker mit der Kopfkapsel verbunden (monocondyl). Es existieren lange, siebengliedrige Maxillartaster (Abb. 887 A) (höchste Gliederzahl innerhalb der Insecta). Labialdrüsen wirken als Exkretionsorgane.

Die Coxen der 2. und 3. Beinpaare tragen je einen beweglichen Stylus. Das Gelenk zwischen Femur und Tibia hat nur einen Höcker, die Tarsen sind dreigliedrig und haben 2 Klauen.

Von den 11 Abdominalsegmenten besitzen die 2.–9. ventral flache Coxopodite und Styli (Abb. 865B), das 1.–7. außerdem ausstülpbare, paarige Coxalbläschen (Abb. 887B). Es sind lange, gegliederte Cerci und ein noch längeres, vielgliedriges Terminalfilum vorhanden. Der Darm hat bei einigen Arten Divertikel und 12–20 Malpighische Schläuche. Am Thorax befinden sich 2, am Abdomen 7 Paar Stigmen. Das 1. Abdominalsegment hat kein Stigma (Autapomorphie). Das Tracheensystem ist ohne Längs- und Querverbindungen (sekundär?) (Abb. 858 A).

Fortpflanzung und Entwicklung

Die Befruchtung erfolgt durch indirekte Samenübertragung. Hierzu trommelt das Männchen mit den Maxillarpalpen auf den Boden, später auf den Körper des Weibchens, um Paarungswilligkeit zu erreichen. Anschließend stellt das Männchen einen Spinnfaden her, der mit 1–5 Spermatropfen besetzt wird. Das Weibchen wird nach weiteren Balzhandlungen mit den Maxillarpalpen zu den Spermatropfen geleitet und nimmt diese mit der hinter dem 8. Abdominalsegment mündenden Geschlechtsöffnung auf. Es besitzt jederseits ein kammförmiges Ovarium mit 7 panoistischen Ovariolen (Abb. 887A). Die Eier werden mit dem gut entwickelten Ovipositor (Abb. 865B) einzeln an das Substrat (Boden, Pflanzen) geklebt. Die ersten Furchungen sind total. Während der Embryonalentwicklung tritt keine echte Amnionhöhle auf. Es finden zahlreiche Häutungen statt, auch die geschlechtsreifen Adulten häuten sich. Die Lebensdauer beträgt 2–3 Jahre.

Dilta hibernica (Machilidae), 12 mm; unter Geröll; in Mittel- und Süddeutschland. – *Petrobius brevistylis*, Küstenspringer (Machilidae), 12–15 mm; in Spritzwasserzone der Ost- und Nordseeküste (Helgoland).

Dicondylia

Die Dicondylia sind die Schwestergruppe der Archaeognatha und umfassen alle übrigen Insecta. Die wichtigste Autapomorphie dieser Gruppe ist ein zweiter, vorderer Gelenkhöcker an den Mandibeln (Abb. 889B), der eine völlige Umkonstruktion der Muskelanordnung und eine andere Bewegung der Mandibeln zur Folge hat. Weitere Synapomorphien sind die durchgehende Occipitalleiste (Abb. 849), ein zweiter Gelenkhöcker zwischen Femur und Tibia, die Fünfgliedrigkeit der Tarsen im Grundplan, ein zusätzlicher Sklerit (Gonangulum) jederseits an der Basis des Ovipositors, der die koordinierte Bewegung zwischen den beiden Gonapophysenpaaren regelt, und die geschlossene Amnionhöhle, wodurch zwei vollständige Embryonalhüllen entstehen, Amnion und Serosa (Abb. 870, 871, 888). Styli sind höchstens auf dem 7.–9. Abdominalsegment vorhanden.

7.5 Zygentoma, Fischchen

Von den 425 Arten leben in Mitteleuropa 5, ihre Körperlänge beträgt 7–15 mm, maximal 20 mm, einschließlich der Körperanhänge 76 mm (*Stylifera galapagoensis*).

Viele Arten sind thermophil und dunkelheitsliebend. Einige synanthrope Arten können gelegentlich Schäden an Vorräten hervorrufen. Die im Freien lebenden Arten findet man unter Steinen oder in der Erde; sie ernähren sich von Algen, Pilzen und Detritus, manche leben in Nestern von Ameisen und Termiten. Die Zygentoma können mit einem Abschnitt des Enddarms der Luft elektroosmotisch Wasser entziehen.

Bau

Der Körper ist mehr oder weniger abgeplattet und meist mit silbrig glänzenden Schuppen (100–150 µm lang) bedeckt, die bei *Lepisma saccharina* erst nach der 3. Häutung auftreten (Abb. 891). Sie dienen als mechanorezeptorische Sensillen. Die Antennen sind lang und vielgliedrig, die Komplexaugen meist reduziert (klein) oder fehlend. Ocellen kommen nur bei den Lepidothrichidae vor. Die Mundwerkzeuge sind kauend, die Maxillarpalpen fünfgliedrig. Die Beine tragen keine Styli. Die Tarsen sind zwei- bis viergliedrig, mit 2 Klauen.

Das Abdomen ist in 11 Segmente untergliedert (Abb. 890). Die Coxopodite sind mit den Sterna zu Coxosterniten verschmolzen. Styli sind meist nur auf dem 7.–9. Abdominalsegment vorhanden. Der Darm besitzt einen Proventriculus und 4–8 Malpighische Schläuche. Der Thorax hat 2, das Abdomen 8 Paar Stigmen, das Tracheensystem besteht aus Längs- und Querstämmen. Cerci und Terminalfilum sind etwa gleich lang und vielgliedrig.

Fortpflanzung und Entwicklung

Bei der indirekten Spermaübertragung spinnen die Männchen von *Lepisma saccharina* an einer rechtwinkligen Stelle ihres Habitats mehrere schräge Fäden und setzen am Boden ein Samenpaket ab. Das Weibchen schlüpft unter die Fäden und nimmt die

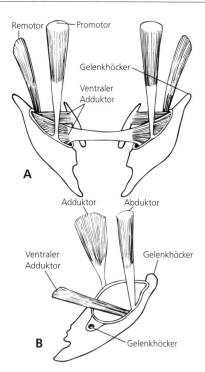

Abb. 889: Mandibeln. A Monocondyl. B Dicondyl. Die Mandibeln lagern in der Kopfkapsel auf einem (A, mehrere Bewegungsebenen) bzw. zwei (B, eine Bewegungsebene) Gelenkhöckern und werden von verschiedenen Muskeln gegeneinander bewegt. Nach Snodgrass (1935).

Spermatophore als Reaktion auf den dorsalen Berührungsreiz durch den Faden auf. Bei anderen Arten gibt es eine indirekte Spermatophorenübertragung ohne Signalfäden. Das Ovarium hat 5 kammförmig angeordnete, panoistische Ovariolen. Die Eier werden mit dem Legebohrer einzeln in Ritzen geschoben. Häutungen finden auch noch nach dem Einsetzen der Geschlechtsreife (etwa bei der 10. Häutung) statt. Die Lebensdauer beträgt einige Jahre.

Lepisma saccharina, Silberfischchen (Lepismatidae), 9–11 mm; silbrig glänzend; Kosmopolit, thermophil, synanthrop (Abb. 890). – *Thermobia domestica*, Ofenfischchen (Lepismatidae), 9–10 mm; Körper schwarz – gelb gezeichnet; thermophil, synanthrop; in Bäckereien. – *Atelura formicaria* (Nicoletiidae), 4–6 mm; Körper gelb, Schuppen metallisch glänzend; Augen fehlend; in Nestern verschiedener Ameisen lebend, dort geduldeter Gast, ernährt sich hauptsächlich von Nahrungsabfällen der Wirte.

Pterygota, Fluginsekten

Die weitaus größte Zahl der Insekten besitzt Flügel. Die Entwicklung des Flugvermögens ist sehr wahrscheinlich nur einmal erfolgt, alle damit in Zusammenhang stehenden morphologischen und physiologischen Besonderheiten müssen daher als autapomorph angesehen werden. Außerdem gelten fol-

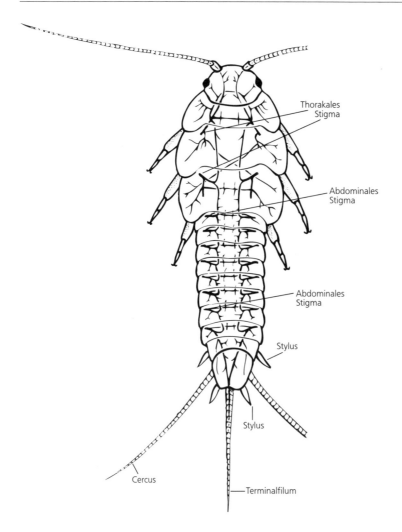

Abb. 890: Zygentoma. *Lepisma saccharina*, Silberfischchen. Länge 10 mm; mit Tracheensystem. Nach Weber und Weidner (1974).

Abb. 891: Zygentoma. *Lepisma saccharina*, Silberfischchen. Blick von vorn. Körper mit cuticularen Schuppen bedeckt (100-150 µm lang), fungieren als mechanorezeptive Sensillen. Original: G. Eisenbeis, Mainz.

gende Merkmale als abgeleitet: antennale Blutgefäße mit Ampullen, die rhythmisch kontrahiert werden können (Antennenherzen); völliger Verschluß der Amnionhöhle; Verbindung von Kopf und Prothorax durch freie Kehlplatten (Cervicalia).

Bau

Die Flügel werden als eine Weiterbildung der Paranota angesehen, da die Tracheenversorgung wie bei den Archaeognatha und Zygentoma durch Äste der Beintracheen erfolgt. Sie sind eine Duplikatur der Körperwand und bestehen deshalb aus zwei Lamellen. Die Flügelfläche ist nicht eben, sondern mit Längsfalten versehen, die sowohl im hochliegenden (+) als auch im tiefliegenden (-) Teil Längsadern besitzen: Costa (+) und Subcosta (-), Radius (+) und Radialsektor (-), Media anterior (+) und

Media posterior (-), Cubitus anterior (+) und Cubitus posterior (-) und mehrere Analadern (abwechselnd + und -) (Abb. 842). Zwischen diesen Längsadern befindet sich ursprünglich ein Adernetz (Archaedictyon), von dem jedoch nur wenige Queradern erhalten bleiben. Andere Queradern entstehen aus Abschnitten ursprünglicher Längsadern.

Ein komplexes Gelenk verbindet die Flügel mit dem Thorax. Ihre Bewegung erfolgt bei den Odonata durch d i r e k t e n Ansatz der Muskulatur (Abb. 892 C,D). Bei allen anderen Pterygota liegt eine i n d i r e k t e Flügelbewegung vor (Abb. 892 A,B). Sie wird durch das Wechselspiel von Aufwölbung (Kontraktion der dorsalen Längsmuskeln) und Abflachung (Kontraktion der Dorsoventralmuskeln) des Thorax erreicht. Die Zeiten zwischen Kontraktion und Erschlaffung der Flugmuskeln sind die kürzesten Zuckungszeiten, die überhaupt im Tierreich vorkommen: *Musca domestica*

Tabelle 5: Flügelschlagfrequenz **A** ($1s^{-1}$) und maximale Fluggeschwindigkeit **B** (km h^{-1}) von Insekten.

Taxon	A	B
Cloeon sp.	41–44	?
Odonata	20–28	30
Locusta migratoria	20	16
Cicindela sp.	?	8
Melolontha sp.	46	11
Coccinellidae	75–91	?
Vespa crabro	100	22
Apis mellifera	107–285	29
Bombus sp.	130–250	18
Pieris brassicae	9–12	14
Sphingidae	79–85	54
Culicidae	278–307	1,4
Forcipomyia sp.	1046	?
Musca domestica	180–330	8,2
Calliphora sp.	155	11
Tabanidae	96	50

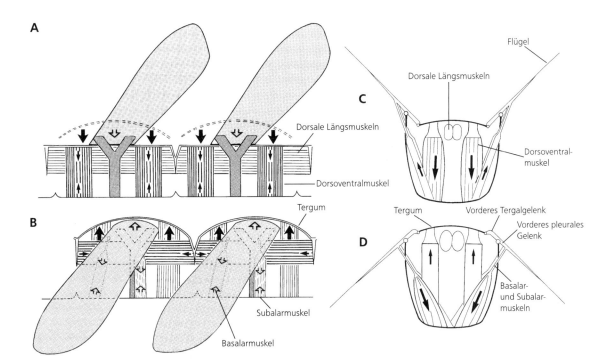

Abb. 892: Flügelantriebsmechanismen („Flugmotor") bei den Pterygota, schematisiert. A, B Indirekter Flügelantrieb (Tergalwölbungsmechanismus) bei Ephemeroptera und Neoptera. Flügelsegmente (2. und 3. Thoraxsegment) von der Seite. Aufwölbung (B) und Abflachung (A) des Tergums führen zum Ab- und Aufschlag, wobei die Flügel nur durch einen Teil des Tergalrandes gehebelt werden. Dorsoventralmuskeln fungieren bei Kontraktion (kleine Pfeile in A) als indirekte Heber, dorsale, rein tergale Längsmuskeln als indirekte Senker (kleine, schwarze Pfeile in B). Abschlag wird durch kleinere, direkte Senker (Basalar- und Subalarmuskeln) unterstützt (offene Pfeile). C, D Schema des indirekt-direkten Flügelantriebs (Tergalplattenmechanismus) bei Libellen (Odonata). Querschnitt eines Flügelgelenks. Der Flügel wird beim Aufschlag (C) und Abschlag (D) um die Scharnierachse (gebildet durch die pleuralen Gelenke) bewegt. Der dorsoventrale indirekte Hebermuskel hebelt den Flügel durch Senkung des Tergums nach oben; Tergum bleibt dabei starr und wird als Ganzes auf- und abbewegt. Die direkten Senker (Basalarmuskeln und Subalarmuskeln) ziehen ihn nach unten. Dicke Pfeile deuten auf Muskelkontraktion. Stellmuskeln weggelassen. A, B nach Pfau (1991); C, D nach einem Original von H.K. Pfau, Hünstetten-Wallbach.

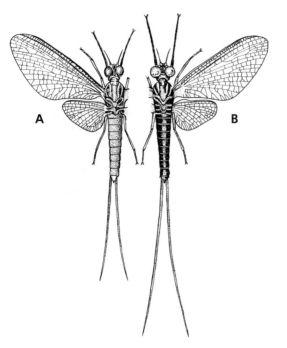

Abb. 893: Ephemeroptera. *Isonychia ignota*, in Flüssen, Länge ca. 15 mm. A Subimago. B Imago, Weibchen. Nach Weber (1933).

0,003 s, *Bombus* sp. 0,004 s, *Apis mellifera* 0,005 s, Odonata 0,039 s. Das Fliegen wird weiterhin durch ein thoracales, aus der Cuticula hervorgehendes Endoskelett ermöglicht, das dem Muskelansatz und der Versteifung des Thorax dient. Tabelle 5 vergleicht die Flügelschlagfrequenz von Insekten mit der maximalen Fluggeschwindigkeit.

Im Grundplan sind 2 thoracale (Meso- und Metathorax) und 8 abdominale Stigmenpaare vorhanden. Die Flügeltracheen bilden mit einer zweiten hinteren Wurzel den Flügeltracheenbogen.

Das männliche Kopulationsorgan (Penis und Parameren) der Pterygota liegt gewöhnlich in einer Genitalkammer. Es wird funktionell durch Hilfsorgane unterstützt, die auf die Extremitätenanlagen des 8. und 9. Abdominalsegments zurückgeführt werden.

Die Ovarien bestehen aus einzelnen Ovariolen, die nach unterschiedlichem Plan gebaut sein können (Abb. 866): panoistisch (es sind nur Eizellen mit Follikelzellen zum Dottertransport vorhanden), meroistisch (neben Eizellen existieren Nährzellen, die den eigentlichen Eizellen mRNA liefern), meroistisch polytroph (Eifächer und Nährfächer wechseln einander ab), meroistisch telotroph (alle Nährzellen bleiben im Germarium, von dem Nährstränge zu den einzelnen Eifächern ziehen).

Die Pterygota sind durch eine deutliche Metamorphose ausgezeichnet (Abb. 875, 876).

Systematik

Die Ansichten über die stammesgeschichtlichen Beziehungen der drei offenbar früh voneinander getrennten Entwicklungslinien der rezenten Pterygota – repräsentiert durch die **Ephemeroptera**, **Odonata** und **Neoptera** – gehen weit auseinander, und es werden alle drei denkbaren Varianten vertreten:

1. Ephemeroptera und Odonata (Palaeoptera) sind Schwestergruppen. Synapomorphien: Fühlergeißel kurz und borstenförmig; Ausbildung von sekundären Längsadern in den Flügeln; Galea und Lacinia verschmelzen bei den Larven zu einem einheitlichen Lappen; Larven aquatisch. Eine auffällige Plesiomorphie der Palaeoptera ist die Starrflügeligkeit: sie können als einzige heute lebende Insekten ihre Flügel nicht über dem Abdomen zusammenlegen.
2. Ephemeroptera und Neoptera sind Schwestergruppen. Synapomorphien: Die larvalen Flügelscheiden liegen mit dem Costalrand seitlich über dem Abdomen, wie die Imaginalflügel in gefalteter Position; Kopulation mit direkter Spermaübertragung; Übereinstimmungen in der Bewegung der Flügel.
3. Odonata und Neoptera (Metapterygota) sind Schwestergruppen. Synapomorphien: Ähnlichkeiten in der ontogenetischen Entwicklung des Flügelgeäders, der Tracheenversorgung der Flügel und der Beine von Meso- und Metathorax (die Flügeltracheen enthalten eine zweite, hintere Wurzel, die von der Längsverbindung zwischen den Beintracheen und dem hinteren Stigmenstamm ausgeht); zwischen Corpora allata und Corpora cardiaca besteht eine Nervenverbindung; die Stigmen werden durch Muskeln verschlossen, die direkt an der Stigmenöffnung inserieren; es ist nie mehr als ein Tentoriomandibularmuskel vorhanden; der Radiussektor ist mit der ersten Radiusader an der Basis verbunden; im geflügelten Zustand gibt es keine Häutungen mehr.

Diese 3. Vorstellung wird hier als am wahrscheinlichsten betrachtet.

7.6 Ephemeroptera, Eintagsfliegen

Von den ca. 2 500 Arten leben 115 in Mitteleuropa. Die Körperlänge (ohne Anhänge) beträgt 3–38 mm, max. 50 mm, die Flügelspannweite max. 80 mm (*Proboscidoplocia* sp.).

Bau

Die Facettenaugen sind groß und bei den Männchen mancher Arten als Doppelaugen (Turbanaugen) ausgebildet (Abb. 894 A). Es sind 3 Ocellen vorhanden. Die Antennengeißeln sind kurz und borstenförmig. Die Mundwerkzeuge der Imagines sind reduziert und ohne Funktion (Autapomorphie), es wird keine Nahrung aufgenommen. Die Kopftracheen-Queranastomose der Larven und Imagines ist blasig erweitert und enthält eine kugelige Masse von Tracheenintima (Palménsches Organ) (Autapomorphie), das vermutlich kein statisches Sinnesorgan, sondern ein Häutungsrest ist (Abb. 894 B).

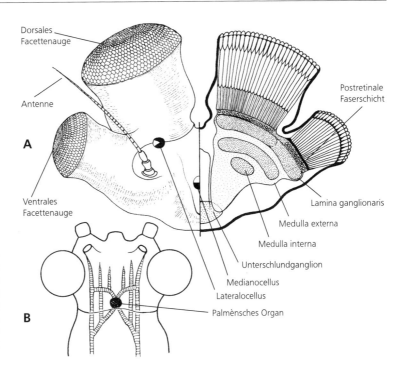

Abb. 894: Ephemeroptera. A Doppelaugen (geteilte Facettenaugen) von *Cloeon dipterum*, Männchen. Frontalansicht des Kopfes, rechts Frontalschnitt durch die Augen und den Lobus opticus. B Lage des Palmènschen Organs (statisches Organ, Häutungsrest?), schematisch. A Nach Weber (1949); B nach Berlese aus Eidmann (1941).

Bei den Männchen sind die Vorderbeine meist verlängert und dienen als Greiforgane bei der Kopulation. Vorder- und Hinterflügel sind reich geädert; die Vorderflügel sind die Hauptflugorgane, entsprechend ist der Mesothorax besonders stark entwickelt. Die Hinterflügel sind deutlich kleiner als die Vorderflügel (Autapomorphie) oder fehlen teilweise (Autapomorphie). Die Flügel können in Ruhehaltung nicht nach hinten auf das Abdomen gelegt werden, sie werden über dem Rücken hochgeklappt. Durch Veränderungen im Archaedictyon entstehen sekundäre Längsadern (Interkalaradern). Die proximalen Enden der Flügeladern gehen in eine einheitliche Basalplatte über. Radius und Radialsektor sind noch getrennte Adern. Der Thorax besitzt 2, das Abdomen 8 Stigmenpaare. Die hintere Wurzel des Flügeltracheenbogens ist rudimentär (Autapomorphie).

Der Mitteldarm der Imagines wirkt durch die reichliche Füllung mit Luft als Turgorskelett (Autapomorphie). Gegenüber dem Vorder- und Enddarm ist der Mitteldarm verschlossen. Es sind 40–100 Malpighische Schläuche vorhanden. Die Weibchen haben zahlreiche panoistische Ovariolen, die Geschlechtsöffnung ist paarig und besitzt keine Legeröhre (Autapomorphie). Die schlauchförmigen Hoden und der Penis sind paarig (Autapomorphie), das 9. Abdominalsegment besitzt gegliederte Gonopoden (Klammerorgan). Das Abdomenende ist durch lange gegliederte Cerci und ein langes Terminalfilum charakterisiert (bei manchen Arten verkürzt oder völlig reduziert).

Fortpflanzung und Entwicklung

Die Lebensdauer der Imagines ist kurz, sie beträgt nur wenige Stunden bis Tage (Name !), die für Paarung und Eiablage verwendet werden. Die Tiere schlüpfen meist synchron, es können riesige Schwärme aus männlichen Individuen entstehen. Die Weibchen fliegen in die Männchenschwärme ein, werden mit den Vorderbeinen und den Gonopoden ergriffen, und die Kopula erfolgt meist im Flug. Anschließend werden die Eier im Flug in paarigen Ballen frei auf das Wasser oder unter Wasser an Substrat abgelegt.

Die **Larven** (Abb. 895) leben aquatisch (Autapomorphie) in stehenden und fließenden Gewässern. Sie haben große Facettenaugen, Ocellen sind manchmal vorhanden. Die Antennen sind fadenförmig, die Mundwerkzeuge kauend, charakteristisch ist ein dreilappiger Hypopharynx; die Beine sind kräftig entwickelt mit einem Tarsalglied und einer Klaue und bei manchen Arten zum Graben geeignet. Es sind 10 Abdominalsegmente vorhanden. Auf den 1.–7. Abdominalsegmenten (manchmal nicht auf allen) befinden sich (meist außer der L_1, bei der Hautatmung vorliegt) zweiästige, ganzrandige oder gefiederte bewegliche T r a c h e e n k i e m e n (Autapomorphie), die aus den Anlagen der abdominalen Extremitäten hervorgegangen sein sollen; sie können einen Atemwasserstrom erzeugen. Es sind zahlreiche Malpighische Schläuche vorhanden. Am Abdomenende entspringen 2 Cerci und ein Terminalfilum, das der L_1 und bei manchen

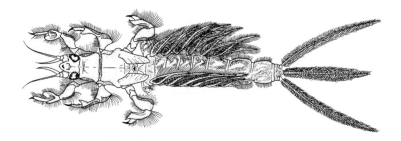

Abb. 895: Ephemeroptera. *Isonychia ignota*, Larve, in Flüssen, Länge 20 mm. Nach Needham aus Weber (1933).

Arten auch den weiteren Larvenstadien fehlt. Die Körperoberfläche, vor allem im Bereich der Tracheenkiemen, ist mit osmoregulatorisch wirkenden Chloridzellen bedeckt. Die Larvalzeit beträgt 1–3 Jahre, in denen 12–20 Häutungen stattfinden. Als Nahrung dient Detritus, Aufwuchs, Pflanzenteile, oder die Arten sind Filtrierer. Räuberische Lebensweise ist äußerst selten. Es werden 4 Lebensformtypen unterschieden: kriechende, strömungsliebende, schwimmende und grabende Larven.

Aus dem letzten Larvenstadium schlüpft in wenigen Sekunden bis Minuten an der Wasseroberfläche oder an Land eine flugfähige, noch nicht geschlechtsreife Subimago (Abb. 893 A), die sich nach einigen Minuten oder Stunden bis zu einem Tag zur eigentlichen Imago häutet (Abb. 893 B). Die Flügel der Subimago sind meist trüb, Cerci und Terminalfilum relativ kurz. Diese Häutung eines flugfähigen Stadiums ist nur bei den Ephemeroptera erhalten geblieben.

7.6.1 Schistonota

Siphlonurus aestivalis (Siphlonuridae, Stachelhafte), Körper ohne Abdominalanhänge 11–14 mm; Terminalfilum sehr klein; Larven in kleinen Fließgewässern, letzte Abdominalsegmente hinten mit Stacheln; Vorderbeine bilden Filterapparat, Ernährung von Kleinstorganismen. – *Cloeon dipterum* (Baetidae, Glashafte), Körper ohne Abdominalanhänge 8–10 mm; Hinterflügel völlig fehlend; Männchen mit Turbanaugen (Abb. 894 A); oft in großen Schwärmen; Weibchen ovovivipar; Larven in stehenden Gewässern, schwimmen unter Verwendung der Tracheenkiemen gut, fressen Detritus und Algen. – *Oligoneuriella rhenana*, Rheinmücke (Oligoneuriidae, Büschelhafte), Körper ohne Abdominalanhänge 9–15 mm; Flügel milchig, Aderung reduziert; Larven bewohnen Fließgewässer, mit Filterapparat, Maxillen mit Tracheenkiemen, Kopf schildförmig abgeflacht; Art neigte zu Massenflügen. – *Rhithrogena picteti* (Heptageniidae, Aderhafte), Körper ohne Abdominalanhänge 9,0–12,5 mm; Larven in Bergbächen; Körper in Anpassung an die Strömung stark abgeflacht, Tracheenkiemen zu Haftscheiben umgewandelt. – *Palingenia longicauda*, Theißblüte (Palingeniidae), größte europäische Art, ohne Abdominalanhänge 25–38 mm; Abdominalanhänge des Männchens 80 mm; Massenflüge früher aus allen großen Flüssen bekannt, heute fast ausgestorben; Larven mit Grabbeinen, leben in horizontalen Gängen; Larvalzeit 3 Jahre. – *Ephemera vulgata* (Ephemeridae), ohne Abdominalanhänge 14–22 mm; Flügel dunkelbraun gefleckt; fliegen oft in großen Schwärmen; Larven graben mit nach vorn gerichteten Mandibelfortsätzen U-förmige Röhren im Uferbereich und Gewässerboden; Beine abgeflacht, stark behaart; Ernährung von Detritus; Larvalzeit 2 Jahre.

7.6.2 Pannota

Serratella ignita (Ephemerellidae), Körper ohne Abdominalanhänge 6–10 mm; Larven in verschiedenen Gewässertypen. – *Caenis* sp. (Caenidae, Wimperhafte), Körper ohne Abdominalanhänge 3,0–5,5 mm; ohne Hinterflügel, Vorderflügel hinten bewimpert. – *Prosopistoma pennigerum* (Prosopistomatidae, Schildhafte), ohne Abdominalanhänge 4–5 mm; Beine reduziert; Weibchen bleibt Subimago; Larve in schnellfließenden Gewässern, schildförmiger Thorax („Carapax"), geringer Strömungswiderstand, die Tracheenkiemen sind im Kiemenraum unter Thorax verdeckt.

Die ganz überwiegende Zahl der Pterygoten (99,8%) sind **Metapterygota**: bei ihnen wird kein geflügeltes Stadium mehr gehäutet. Das Terminalfilum ist nicht mehr vorhanden (Autapomorphie). Die bei den Eintagsfliegen noch einheitliche Basalplatte der Flügel ist in 3 Einzelplatten zerlegt (Subcostal-, Radiomedial- und Analplatte). Radius und Radialsektor sind basal miteinander verschmolzen (3. Verwandtschaftshypothese, S. 630).

7.7 Odonata, Libellen

Von den 5 600 Arten sind 80 in Mitteleuropa heimisch, davon allerdings viele in ihrer Existenz gefährdet. Diese großen Insekten haben eine Flügelspannweite von 20–110 mm, max. 200 mm und eine maximale Körperlänge von 150 mm (*Megaloprepus coerulatus*).

Bau

Der Kopf ist gegen den Prothorax deutlich abgesetzt und gut beweglich (Abb. 897 A). Die Facettenaugen sind bei einem Teil der Arten stark entwickelt (bis 30 000 Ommatidien pro Auge) und wesentlich für die Beutewahrnehmung, die Paarfindung und das Revierverhalten. Ocellen sind vorhanden. Die Antennen sind sehr klein. Zu den kauenden Mundwerkzeugen gehören Mandibeln mit kräftigen Zähnen (Name!) und ein Labium mit Außen- und Innenlappen (Autapomorphie).

Meso- und Metathorax sind stark entwickelt und stehen schräg zum relativ kleinen Prothorax, wodurch die Beine nach vorn gerichtet werden und damit eine günstige Position zum Ergreifen der Beute erhalten („Fangkorb") (Autapomorphie). Es sind nur 3 Tarsenglieder vorhanden (Autapomorphie). Die annähernd gleich großen Flügel sind lang, schmal und nicht faltbar, ihre netzartige Aderung ist stark spezialisiert, z.B. sind ein Pterostigma und ein Nodus vorhanden (Autapomorphie). In Ruhe werden sie nicht nach hinten auf das Abdomen gelegt, sondern seitlich oder hochgeklappt gehalten. Erklärung des indirekt-direkten Flügelantriebs (Abb. 892 C, D).

Das farbige, aus 11 Segmenten bestehende Abdomen ist auffallend langgestreckt (Autapomorphie) (stabilisierende Wirkung beim Flug!). Das Tracheensystem besteht aus 3 Längsstammpaaren und Stigmen am Meso- und Metathorax sowie am 1.–8. Abdominalsegment. Es sind 50–200 Malpighische Schläuche vorhanden.

Die Hoden und die panoistischen Ovariolen sind langgestreckt. Die weibliche Geschlechtsöffnung befindet sich zwischen dem 8. und 9., die männliche am 9. Abdominalsegment. Der Penis ist reduziert, die Männchen haben einen sekundären Kopulationsapparat (Samenbehälter, penisartige Bildung) am 2. und 3. Abdominalsegment (Autapomorphie), die Gonopoden sind bis auf 2 kleine Valven reduziert (Autapomorphie).

Fortpflanzung und Entwicklung

Die Kopulation erfolgt nach Füllung des männlichen Kopulationsorgans und einem Vorspiel über eine Paarungskette („Tandem") im Paarungsrad.

Die Eier werden mit dem Legeapparat in kleinen Gruppen in Pflanzengewebe, den Gewässerboden oder frei in das Wasser abgegeben. Die Weibchen sind dabei einzeln oder in einer Kette mit dem Männchen verbunden (Abb. 896). Die Eischale wird mit einem auf dem Kopf der Vorlarve sitzenden Eisprenger geöffnet. Diese Vorlarve häutet sich bald zum 1. Larvenstadium.

Die stets räuberischen Larven leben in stehenden und fließenden Gewässern (Autapomorphie), in Ausnahmefällen terrestrisch in feuchtem Waldboden. Ihre Komplexaugen sind groß, die Antennen sehr klein. Die Mundwerkzeuge sind beißend. Das Labium bildet eine artspezifische, im ganzen aber charakteristische vorschnellbare **Fangmaske** (Autapomorphie) (Abb. 897 B). Postmentum und Praementum sind stark verlängert und gegeneinander beweglich und am Ende mit einer Greifzange aus den Labialpalpen versehen. Das Abdomen besteht aus 10 Segmenten und Anhängen. Terminal befinden sich Tracheenkiemen (Autapomorphie). Die

Abb. 896: Odonata. *Coenagrion puella*. Pärchen (rechts Männchen) bei der Eiablage. Foto: W. Fiedler, Leipzig.

Larvenzeit beträgt ein bis mehrere Jahre mit 10 oder mehr Häutungen. Die Imago schlüpft außerhalb des Wassers, nachdem die Larve an einem Pflanzenstengel aus dem Wasser gestiegen ist, zurück bleibt die Exuvie.

7.7.1 Zygoptera, Kleinlibellen

Vorder- und Hinterflügel annähernd gleich gebaut; Männchen am Abdomenende mit 2 Zangen, deren obere aus den Lappen des 10. Tergits, die untere aus den Cerci besteht. Larven mit 3 blattförmigen äußeren Tracheenkiemen am Abdomenende und Chloridepithelien im Rektum.

Calopteryx virgo, Blauflügel-Prachtlibelle (Calopterygidae), 39 mm; Flügel der Männchen auffällig blau gefärbt; spezielles Flugverhalten zur Revierabgrenzung und Balz; Larven in Fließgewässern, hoher O_2-Bedarf. – *Sympecma fusca*, Gemeine Winterlibelle (Lestidae, Teichjungfern), 29 mm; Larven in stehenden Gewässern; Arten dieser Gattung überwintern als einzige in Mitteleuropa als Imago. – *Platycnemis pennipes*, Federlibelle (Platycnemididae, Federlibellen), 31 mm; Mittel- und Hinterschienen verbreitert. Larven in stehenden Gewässern. – *Nehalennia speciosa*, Zwerglibelle (Coenagrionidae, Schlanklibellen), kleinste mitteleuropäische Art, 22 mm, 25 mm Flügelspannweite. Larven in stehenden Gewässern, besonders Sümpfen; Eiablage in Wasserpflanzen.

7.7.2 Anisoptera, Großlibellen

Hinterflügel basal deutlich breiter als Vorderflügel; sehr gute Flieger; Abdomenende des Männchens mit dreiteiliger Zange, die aus den paarigen Lappen des 10. Tergits und einem unpaaren Fortsatz des 11.

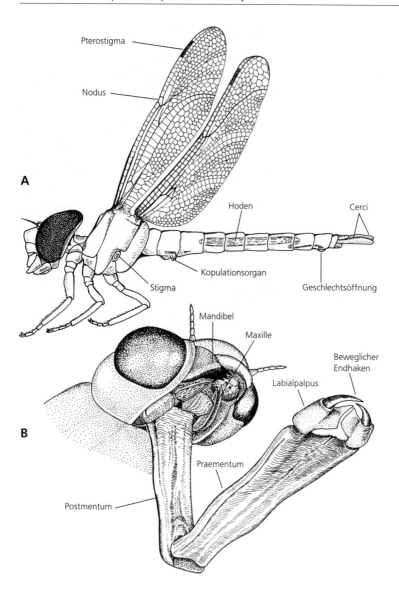

Abb. 897: Odonata. A *Aeshna* sp. (Anisoptera), Männchen, Länge 70 mm. B Halb ausgeklapptes Labium einer *Aeshna*-Larve. Submentum und Mentum werden vorgestoßen und mit den Labialpalpen die Beute ergriffen. A Verändert nach Weber und Weidner (1974); B nach Weber (1949).

Tergits besteht, Cerci fehlen. Larven mit zahlreichen (bis 240) Tracheenkiemen und Chloridepithelien an der Innenwand des großen Rektums; auch Funktion zur Fortbewegung durch Rückstoß; am Abdomenende Caudalstacheln (Analpyramide).

Anax imperator, Große Königslibelle (Aeshnidae, Edellibellen), 61 mm; größte mitteleuropäische Art mit ca. 11 cm Flügelspannweite und ausgezeichnetem Flugvermögen; Jagdflüge mitunter weit entfernt von Gewässern; Eiablage in Pflanzen. Larven in stehenden Gewässern. – *Gomphus vulgatissimus*, Gemeine Keiljungfer (Gomphidae, Flußlibellen), 37 mm; Eiablage an der Wasseroberfläche. Larven im Grund von Bächen und Flüssen, nachtaktiv, ernähren sich von Mückenlarven und Oligochaeten. – *Cordulegaster boltonii*, Zweigestreifte Quelljungfer (Cordulegasteridae), 64 mm; Eiablage in den Schlamm. Larven im Bodengrund von Gebirgsbächen. – *Somatochlora metallica*, Glänzende Smaragdlibelle (Corduliidae,

Falkenlibellen), 44 mm; Eiablage auf Wasseroberfläche. Larven in stehenden oder langsam fließenden Gewässern. – *Libellula quadrimaculata*, Vierfleck (Libellulidae, Segellibellen), 27–32 mm; kann große Wanderschwärme bilden; überträgt *Prosthogonimus* sp. (Digenea), der Eileiterentzündung beim Haushuhn hervorruft („Windeier"); Eiablage auf Wasseroberfläche. Larven in stehenden Gewässern, auch in Mooren.

7.7.3 Anisozygoptera (= Epiophlebiidae)

Schwestergruppe der Anisoptera. Flügelbau ähnlich wie bei den Zygoptera, auch Erhalt der larvalen Paraprocte; übriger Körperbau der Imagines und Larven erinnert an die Anisoptera; nur 2 *Epiophlebia*-Arten in Japan und Nordindien. Leben in kalten Bächen, Entwicklung 8 Jahre! Letzte Monate an Land, Atmung durch Stigmen am Mesothorax; besitzen Stridulationsorgan!

Alle folgenden Pterygota werden als **Neoptera** zusammengefaßt. Sie können die Flügel durch einen Muskel, der am 3. Axillare angreift, nach hinten führen und in der Ruhe über dem Abdomen zusammenlegen (Abb. 898). Dies erlaubt den Imagines, sich zu verkriechen und damit viele Lebensräume überhaupt erst zu besiedeln. Ermöglicht wird dies durch eine erhebliche Umkonstruktion im Bau des Flügelgelenks (die Flügelgelenkteile sind frei gegen die Adern beweglich, und es sind 3 Axillaria vorhanden) und wohl auch der Flugmuskulatur. Das Analfeld des Flügels (Vannus) wird durch die Analfurche vom vorderen Teil (Remigium) abgegrenzt. Eine zweite Furche, die Jugalfurche, teilt von diesem einen weiteren Bezirk (Neala) ab. Analfeld und Neala sind vor allem im Hinterflügel entwickelt, wodurch dieser im Grundplan deutlich vom Vorderflügel unterschieden wird.

Die Untergliederung der Neoptera nach phylogenetischen Gesichtspunkten ist problematisch. Meist werden die einzelnen, als Ordnungen bezeichneten Subtaxa zu 3 Teilgruppen zusammengestellt: **Paurometabola**, **Paraneoptera** und **Holometabola**. Die beiden zuletzt genannten werden vielfach als **Eumetabola** zusammengefaßt. Nur die Monophylie der Holometabola ist sehr wahrscheinlich.

Autapomorphien der **Paurometabola** sind möglicherweise die dominierende Funktion der Hinterflügel beim Flug, die Reduktion des 1. Abdominalsternits und das Vorhandensein einer Traube akzessorischer Drüsen am männlichen Geschlechtsapparat (fehlt bei den Plecoptera).

Die Taxa Plecoptera und Embioptera werden als **Plecopteroida** zusammengefaßt. Synapomorphien dieser Gruppe sind das Fehlen der Gonopoden, die Reduktion des Ovipositors, das Vorhandensein akzessorischer männlicher Klammerorgane, Reduktionserscheinungen im Aderbereich des Radiussektors und dreigliedrige Tarsen. Daneben gibt es auffällige Plesiomorphien, wie das Erhaltenbleiben der langen vielgliedrigen Cerci, vor allem aber die ventrale Einkrümmung des Embryos und seine Versenkung im Dotter. Bei allen (!) anderen Neoptera sind die beiden zuletzt genannten Merkmale nicht mehr vorhanden, so daß die Plecoptera sogar als Schwestergruppe aller anderen Neoptera diskutiert worden sind. HENNIG war der Meinung, daß eine hypothetische Ausgangsform aller bekannten Neoptera sehr ursprünglichen Plecoptera ähneln würde.

7.8 Plecoptera, Steinfliegen

Von den ca. 2 200 Arten kommen 125 in Mitteleuropa vor. Ihre Körperlänge beträgt 3,5–40 mm, max. 40 mm, die Flügelspannweite max. 110 mm (*Diamphipnoa helgae*).

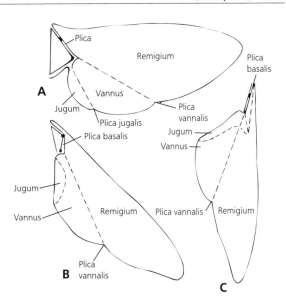

Abb. 898: Neoptera. Schema der Flügelfaltung. A Ausgebreiteter Flügel. B Flügel während der Einfaltung. C Vollständig eingefalteter Flügel. Die Plicae markieren die hauptsächlichen Faltstellen. Nach Seifert (1970).

Bau

Der Kopf trägt Facettenaugen und 3 Ocellen. Die Antennen sind lang, die Mundwerkzeuge kauend, jedoch meist mehr oder weniger reduziert. Vielfach nehmen die Imagines keine Nahrung auf.

Die Thoraxsegmente sind etwa gleich groß, der Prothorax trägt einen Halsschild (Abb. 899 A). Die

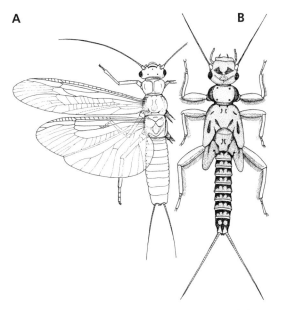

Abb. 899: Plecoptera. A *Perla* sp. (Perlidae), Weibchen, an Fließgewässern, Länge 20–25 mm. B *Isoperla grammatica* (Perlodidae), Larve, in Fließgewässern, Länge 20 mm. Nach Schoenemund (1930).

Flügel werden in Ruhe flach über dem Abdomen zusammen gelegt oder um das Abdomen gewickelt, mitunter sind sie verkürzt. Es existiert kein Kopplungsmechanismus zwischen Vorder- und Hinterflügel, und die Tiere fliegen nicht besonders gut. Die Beine haben dreigliedrige Tarsen, 2 Klauen und ein Arolium.

Es sind 50–80 Malpighische Schläuche vorhanden. Die Hoden sind an ihrem Vorderende schlaufenförmig verbunden (Autapomorphie). Die männliche Geschlechtsöffnung liegt am 9. Abdominalsegment, und es sind kein spezieller Kopulationsapparat bzw. Gonopoden vorhanden. Die Weibchen besitzen zahlreiche panoistische Ovariolen, ihre Geschlechtsöffnung mündet am 8. Abdominalsegment, einen Legeapparat gibt es nicht. Die Cerci sind meist lang und vielgliedrig und bei manchen Arten als Klammerorgane für die Kopulation umgestaltet.

Fortpflanzung und Entwicklung

Vor der Kopulation trommeln die Männchen nach einem bestimmten Rhythmus mit dem Abdomen auf den Boden, die Weibchen können den Substratschall mit den Beinen wahrnehmen. Die Kopula findet im Sitzen statt. Die Eier werden in Klumpen in das Wasser abgelegt.

Die Larven (Abb. 899 B) leben meist in Fließgewässern (Autapomorphie) am Bodengrund und unter Steinen. Vielfach haben sie einen hohen Sauerstoffbedarf, weshalb sie als Bioindikatoren für die Gewässergüte verwendet werden. Ihr Körper ist mehr oder weniger abgeflacht und ähnelt dem der Imagines stark. Facettenaugen und Ocellen (meist) sind vorhanden. Die Mundwerkzeuge sind kauend. Die kräftigen Beine tragen dreigliedrige Tarsen und 2 Klauen. Das Abdomen besteht aus 10 Segmenten. Neben Hautatmung (das Tracheensystem ist geschlossen) kommen vielfach schlauchförmige Tracheenkiemen vor (Autapomorphie), die meist ventral am Thorax, mitunter aber auch am Abdomen und an anderen Stellen entspringen. Die Tracheenkiemen gehen nicht aus Extremitätenanlagen hervor und sind mehrfach unabhängig voneinander entstanden. Auf den Tracheenkiemen und einigen anderen Stellen der Körperoberfläche befinden sich osmoregulatorisch wirksame Chloridzellen. Neben den ventralen Längsmuskeln jederseits des zentralen Nervensystems existiert im Thorax und Abdomen ein Band segmentüberspringender Muskelzüge (Autapomorphie). Es sind vielgliedrige Cerci vorhanden, während ein Terminalfilum fehlt. Die Larven ernähren sich von Fallaub, Detritus, Algenaufwuchs oder sind räuberisch und leben bei manchen Arten 3 Jahre, in denen über 20 Häutungen stattfinden.

7.8.1 Setipalpia

Maxillarpalpen borstenförmig verjüngt.

Perlodes dispar (Perlodidae), 20 mm; Männchen mit kurzen Flügeln; Larven 30 mm, ohne Tracheenkiemen, räuberisch. – *Perla marginata* (Perlidae), 25 mm; Larven in Bergbächen, räuberisch; Larvalentwicklung 3 Jahre; männliche Larven mit zwittrigen Gonaden, weiblicher Anteil funktionslos.

7.8.2 Filipalpia

Maxillarpalpen fadenförmig.

Brachyptera trifasciata (Taenopterygidae), 5–8 mm; mit Flügeldimorphismus; Larven in Flüssen, Larvalentwicklung 1 Jahr. – *Protonemura lateralis* (Nemouridae), 5–7 mm; Imagines mit Resten der Tracheenkiemen; Cerci auffällig verkürzt; Larven in Quellen und Gebirgsbächen, montan. – *Leuctra major* (Leuctridae), 8–10 mm; Larven in Gletscherbächen, sehr schlank, bis in 90 cm Tiefe im Bachboden.

7.8.3 Antarctoperlaria

Eustheniidae u. a. Familien leben nur auf der südlichen Hemisphäre (Australien, Neuseeland, Chile). Flügel mit auffällig vielen Queradern (Archaedictyon).

7.9 Embioptera, Tarsenspinner

Die ca. 220 Arten sind ausschließlich in subtropischen und tropischen Gebieten verbreitet. Ihre Körperlänge beträgt 8–15 mm, max. 20 mm (*Clothoda* sp.). Die Tarsenspinner leben am Boden in Gespinströhren, die oft zu flächendeckenden Wohngespinsten verbunden sind und meist unter Steinen angelegt werden. Die Weibchen und die Larven verlassen die Gespinste nachts zur Nahrungsaufnahme auf kurze Entfernungen. Sie ernähren sich von pflanzlichem Detritus.

Bau

Der Kopf ist groß, prognath und mit einer Gula (Kehle, eine mit der Kopfkapsel fest verwachsene Platte zwischen Submentum und der Occipitalöffnung) versehen. Die Facettenaugen sind klein, Ocellen sind nicht vorhanden (Autapomorphie). Die Antennen sind vielgliedrig und fadenförmig. Die Mundwerkzeuge arbeiten kauend, und die Mandibeln sind durch einen deutlichen Sexualdimorphismus ausgezeichnet (das Männchen benutzt sie als Klammerorgan bei der Kopula).

Der Thorax ist homonom segmentiert. Während die Weibchen flügellos sind (Autapomorphie), tragen die Männchen meist Flügel, deren Geäder stark vereinfacht ist (Autapomorphie) (Abb. 900 A). Es gibt nur wenige Queradern und der Analfächer der Hinterflügel ist sekundär zurückgebildet (Autapomorphie). Ein Kopplungsmechanismus zwischen Vorder- und Hinterflügel ist nicht vorhanden. Die

A

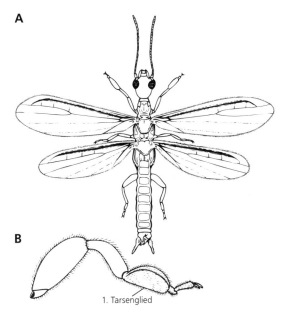

B

1. Tarsenglied

Abb. 900: Embioptera. A *Oligotoma saundersi*, Bodenbewohner in den Subtropen, Männchen, Länge 7 mm. B Vorderbein. A Nach Weber und Weidner (1974); B nach Beier (1959).

Beine sind kräftig, die Tarsen dreigliedrig mit 2 Klauen. Das 1. Glied der Vordertarsen ist verdickt (Abb. 900 B) und bei beiden Geschlechtern und den Larven mit zahlreichen Spinndrüsen ausgestattet (Autapomorphie). Diese münden ventral auf dem 1. und 2. Tarsenglied an den Spitzen hohler Härchen. Beim Spinnen werden die Vorderbeine schnell nach verschiedenen Richtungen bewegt und die Fäden durch Auftupfen am Substrat befestigt.

Das Abdomen ist schlank und zylindrisch, es können 10 Segmente unterschieden werden. Die weibliche Geschlechtsöffnung mündet auf dem 8. Sternit, ein Legeapparat ist nicht vorhanden, jederseits liegen 5 panoistische Ovariolen. Die männliche Geschlechtsöffnung befindet sich zwischen dem 8. und 9. Sternit. Die Cerci sind zweigliedrig, asymmetrisch (auch das 10. Tergit) und dienen als Kopulationsorgan.

Das Männchen wirbt mit Fühlertrillern um das Weibchen. Die Eier (etwa 200 Stück) werden im Wohngespinst abgelegt. Bei manchen Arten kommt Brutpflege vor, die Larven bleiben im Gespinstnest. Im Laufe einer 10monatigen Entwicklung finden 4 Häutungen statt.

Die folgenden Taxa Notoptera, Dermaptera, Mantodea, Blattariae, Isoptera, Ensifera, Caelifera und Phasmatodea werden als **Orthopteromorpha** den **Plecopteroida** gegenübergestellt (Abb. 838). Die Monophylie wird vor allem durch die Sklerotisierung der Vorderflügel (Tegmina) wahrscheinlich, die die dünnhäutigen und faltbaren Hinterflügel schüt-

zen und als Anpassung an die bodengebundene Lebensweise gesehen werden (darauf bezieht sich auch die alte Bezeichnung „Geradflügler"). Gelegentlich werden noch weitere Merkmale als Synapomorphien herangezogen, z. B. Faltenbildungen im Hinterflügel, die durch die Weiterentwicklung bestimmter Aderfelder entstehen, die Modifizierung des männlichen Kopulationsapparats und die Anlage von 2 zusätzlichen Skleriten an den Seiten des Nackens, die dem Praesternum des Prothorax entstammen.

Innerhalb der Orthopteromorpha werden 2 große Gruppen unterschieden: die **Blattopteriformia** und die **Orthopteroida** (Abb. 838); ihr Schwestergruppenverhältnis ist vorläufig nicht zu sichern. Die Zugehörigkeit der Notoptera zu den Blattopteriformia bleibt unsicher, weil bei ihnen die Genitalkammer nicht entwickelt und der Legebohrer nicht reduziert ist.

7.10 Notoptera (Grylloblattodea), Grillenschaben

Die Notoptera (Abb. 901) leben am Boden unter Steinen und im Moos, sie sind pflanzenfressend und räuberisch. Von den 26 bekannten Arten kommt keine in Mitteleuropa vor. Die 20–30 mm langen Tiere leben im paläarktischen Asien, Japan und

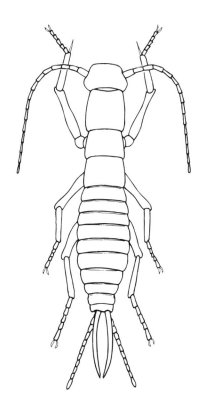

Abb. 901: Notoptera. *Grylloblatta campodeiformis*, im Norden der Holarktis, kälteliebend, Weibchen, Länge 30 mm. Nach Eidmann (1941).

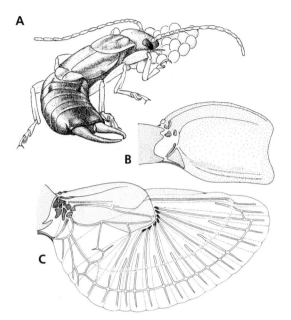

Abb. 902: Dermaptera. A *Forficula auricularia*, Gemeiner Ohrwurm, Weibchen mit Gelege. B Vorderflügel. C Hinterflügel, Faltung durch punktierte Linien angedeutet. A Aus Schaller (1962); B, C nach Beier (1959).

Nordamerika in alpinen Gebieten. An diesen Lebensraum existieren verschiedene Anpassungen:

Sie besitzen eine niedrige Präferenztemperatur, sind bereits bei 0°C aktiv, die Larven schlüpfen erst ein Jahr nach der Eiablage und ihre Entwicklungszeit beträgt 5 Jahre, in denen nur 8 Häutungen stattfinden.

Die Facettenaugen sind wenig entwickelt oder fehlen völlig, Ocellen sind nicht vorhanden (Autapomorphie). Die fadenförmigen Antennen bestehen aus vielen Gliedern, die Mundwerkzeuge arbeiten kauend. Flügel fehlen (Autapomorphie). Die Tarsen bestehen aus 5 Gliedern. Das Abdomen ist in 10 Segmente untergliedert. Das Sternit des 1. Abdominalsegments trägt einen ausstülpbaren, unpaaren Drüsensack (Autapomorphie). Das Kopulationsorgan des Männchens ist asymmetrisch (Autapomorphie). Die Weibchen besitzen ein orthopteroides Legerohr. Die relativ langen Cerci bestehen aus 8–9 Gliedern.

Die Imagines leben 1–2 Jahre. Die Männchen werden nach der Kopula von den Weibchen gefressen.

Bei den übrigen **Blattopteriformia** (Dermaptera, Blattoptera, Isoptera und Mantodea) ist bei den Weibchen eine Genitalkammer ausgebildet, in der die weibliche Geschlechtsöffnung und der stark zurückgebildete Legebohrer liegen (Autapomorphie).

Ventral wird sie durch das vorspringende 7. Sternit (Subgenitalplatte) begrenzt.

7.11 Dermaptera, Ohrwürmer

Von den vorwiegend in den warmen Gebieten der Erde lebenden 2000 Arten kommen in Mitteleuropa nur 8 vor. Die Körperlänge beträgt 5–20 mm, max. 85 mm (*Labidura herculeana*). Ohrwürmer ernähren sich von pflanzlichem Detritus, sind z. T. aber auch räuberisch. Die Tiere sind fast ausschließlich dämmerungs- und nachtaktiv und halten sich tagsüber in engen Schlupfwinkeln auf.

Bau

Die Facettenaugen können entweder gut entwickelt sein oder fehlen, Ocellen sind nicht vorhanden (Autapomorphie). Die Antennen sind fadenförmig. Die kauenden Mundwerkzeuge sind durch eine Verschmelzung der Glossae und Paraglossae des Labiums ausgezeichnet (Autapomorphie).

Die Vorderflügel (Elytren) besitzen kein Geäder, sind stark verkürzt (der größte Teil des Abdomens bleibt unbedeckt) und kräftig sklerotisiert (Autapomorphie) (Abb. 902 B). Bei manchen Arten sind die Flügel völlig reduziert. Die Hinterflügel vieler Arten haben einen faltbaren Analfächer (Vannus) (Autapomorphie) (Abb. 902 C), der in Ruhe ein Zusammenlegen der großen Hinterflügel nach einem komplizierten Faltungsmechanismus unter die kurzen Vorderflügel gestattet. Nur einige Arten fliegen; vielfach sind die Hinterflügel reduziert, oder die Flugmuskulatur ist nicht funktionsfähig. Es sind 3 Tarsenglieder vorhanden (Autapomorphie).

Das Abdomen besteht aus 10 Segmenten. Die Geschlechtsöffnung liegt bei beiden Geschlechtern hinter dem 9. Sternit. Die Männchen mancher Arten besitzen einen doppelten Penis. Die Ovariolen sind meroistisch polytroph, ein Legeapparat fehlt meist. Die eingliedrigen Cerci sind meist kräftig entwickelt und zangenförmig gebogen (Autapomorphie), wobei oft ein deutlicher Sexualdimorphismus zu beobachten ist. Sie dienen der Abwehr, dem Angriff, der Beförderung der Beute zum Mund, dem Entfalten der Hinterflügel und helfen bei der Kopulation. Bei den Larven weniger Arten bestehen die Cerci aus mehreren Gliedern. Die Männchen tragen keine Gonopoden (Autapomorphie).

Fortpflanzung und Entwicklung

Viele Arten zeigen ein Balzverhalten. Weit verbreitet ist eine Brutfürsorge, bei der das Gelege in einer selbstgefertigten Höhlung betreut wird (Abb. 902 A). Mitunter wird sogar Nahrung für die Larven bereitgestellt (*Anechura bipunctata*). Die Entwicklung verläuft über 5, bei manchen Arten über 4 Larvenstadien. Einzelne Individuen können 7 Jahre alt werden.

Abb. 903: Mantodea. A *Mantis religiosa*. Älteres Larvenstadium. Körperlänge: 60 mm. B Oothek von *Mantis octospilota*. A Original: W. Fiedler, Leipzig; B nach Naumann et al. (1991).

7.11.1 Forficulina

Komplexaugen gut entwickelt, Flügel vielfach vorhanden.

Labidura riparia, Sandohrwurm (Labiduridae), 10–26 mm; an Küsten und sandigen Ufern, auf Braunkohlenkippen, Wohnröhren in feuchtem Sand, Brutpflege, räuberisch. – *Forficula auricularia*, Gemeiner Ohrwurm (Forficulidae), 16 mm; häufige Art, Kulturfolger, Brutpflege vorhanden, vorwiegend phytophag. – *Labia minor*, Kleiner Ohrwurm (Labiidae), 6 mm; flugfreudig, auch tagaktiv, oft an Komposthaufen.

7.11.2 Arixenina

Komplexaugen klein, Flügel fehlend, Beine lang, Ceri kurz.

Arixenia esau (Arixenidae), 20 mm; Ektoparasit auf Fledermäusen (Malaysia); vivipar.

7.11.3 Hemimerina

Komplexaugen und Flügel fehlen, Cerci zart und dünn.

Hemimerus talpoides (Hemimeridae), 12 mm; Ektoparasit auf der Hamsterratte (*Cricetomys gambianus*) im tropischen Afrika; vivipar.

Die Mantodea, Blattoptera und Isoptera werden als **Blattopteroida** zusammengefaßt und gelten als Schwestergruppe der Dermaptera. Als wichtige Synapomorphien werden die Vereinigung der Eier in Paketen (Ootheken) (Abb. 903 B), die in der Bursa gebildet werden, und der Durchgang der Schlundkonnektive durch die Brücke des Tentoriums angesehen.

7.12 Mantodea, Fangheuschrecken

Der Schwerpunkt des Vorkommens der ca. 2300 Arten liegt in den Tropen und Subtropen, in Mitteleuropa gibt es nur 1 Art. Die Körperlänge beträgt 25–70 mm, max. 170 mm (*Ischnomantis gigas*).

Bau

Der Kopf ist frei beweglich (Autapomorphie), eine Erscheinung, die nur bei sehr wenigen Insekten vorkommt. Die großen Komplexaugen stehen weit getrennt und ermöglichen stereoskopisches Sehen. Es sind 3 Ocellen vorhanden. Die Antennen variieren artspezifisch zwischen borstenförmig und körperlang. Die Mundwerkzeuge sind kauend, die Mandibeln vergrößert.

Der Prothorax ist meist stark verlängert (Autapomorphie). Die Flügel werden in Ruhe flach über dem Abdomen zusammengelegt, mitunter sind sie verkürzt oder völlig reduziert. Die Subcosta ist nicht verkürzt. Die Vorderbeine sind zu Fangbeinen umgebildet (Autapomorphie), die mit einer Endklaue versehene bedornte Tibia kann gegen den mit 2 Dornenreihen ausgestatteten Femur wie eine Taschenmesserklinge eingeschlagen werden, und die frei beweglichen Coxen sind stark verlängert (Abb. 903 A). Dieses Merkmalssyndrom bedingt bestimmte Verhaltensweisen, Veränderungen im Muskelapparat und weitere morphologische Anpassungen, wie die seitliche Einlenkung der fünfgliedrigen Tarsen an den Tibien. Die Vorderbeine werden in Lauerstellung erhoben gehalten (deutscher Name: „Gottesanbeterin"), die Mittel- und Hinterbeine sind Schreitbeine.

Alle Mantodea sind tagaktive Lauerjäger und ernähren sich vorwiegend von Insekten, es werden aber auch kleine Wirbeltiere aufgenommen. Die Beute wird optisch wahrgenommen. Das Zuschlagen der Fangbeine erfolgt innerhalb von 0,1 s.

Das Abdomen besteht aus 11 Segmenten. In den Darm münden ca. 100 Malpighische Schläuche. Zwischen den Hinterhüften befindet sich bei manchen Arten ein unpaares Gehörorgan, das Ultraschall zwischen 25–45 kHz wahrnehmen kann. Die Weibchen besitzen zahlreiche panoistische Ovariolen und Anhangsdrüsen für die Bildung der Oothek. Der Legeapparat ist nur schwach ausgebildet. Die Männchen tragen einen asymmetrischen Kopulationsapparat und 1 Paar Styli auf dem 9. Sternit. Beide Geschlechter sind mit gegliederten Cerci versehen.

Fortpflanzung und Entwicklung

Trotz Balzverhalten kann es vorkommen, daß das Männchen nach oder sogar während der Kopula vom Weibchen verzehrt wird (fraglich, ob auch im Freiland). Die 100–300 Eier werden in schwammigen Kokons (Ootheken) abgelegt (Abb. 903 B).

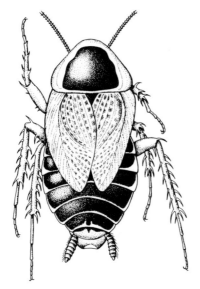

Abb. 904: Blattoptera. *Ectobius sylvestris*, Waldschabe, auf Bäumen und Gebüsch lebend, Weibchen, Länge 10–14 mm. Aus Eisenbeis und Wichard (1985).

Manche Arten vermehren sich parthenogenetisch. Es gibt 5 oder mehr Larvenstadien. Einzelne Individuen können 8 Jahre alt werden.

*Mantis religiosa, Gottesanbeterin (Mantidae), 40–75 mm; einzige mitteleuropäische Art, an wärmebegünstigten Standorten. – *Idolomantis diabolica*, Teufelsblume (Empusidae), 80–100 mm; Ostafrika; auffällige Fangstellung durch Präsentation der farbigen Unterseiten von Prothorax und Vordercoxen (Anlockung der Beute?).

Blattariae und Isoptera besitzen Synapomorphien, die auf eine nahe Verwandtschaft dieser beiden Taxa (**Blattodea**, Schwestergruppe der Mantodea) hinweisen: vorderer Ocellus fehlt; Subcosta im Vorderflügel verkürzt; Besonderheiten im Verlauf der Analadern; Ähnlichkeiten im Bau des Kaumagens. Manche Autoren vertreten dagegen die Ansicht, daß die Blattariae und die Mantodea Schwestergruppen sind und gemeinsam die Schwestergruppe der Isoptera bilden. Dafür werden vor allem folgende Merkmale angeführt: die Sklerotisierung der Vorderflügel, Ähnlichkeiten im Aderverlauf der Vorderflügel, der verhältnismäßig bewegliche Kopf auf schmalem Nacken, die seitliche Erweiterung des Pronotums, die Asymmetrie der männlichen Genitalien, die schwache Entwicklung des Flugvermögens und die Oothéken, die aber auf verschiedene Weise gebildet werden. Die Ablage von einzelnen Eiern bei den meisten Termiten muß als sekundär angesehen werden. Die anderen genannten Merkmale gehören entweder zum Grundmuster der Blattopteroida, oder sie sind wahrscheinlich konvergent entstanden. In dieser Diskussion spielen eine besonders „ursprüngliche" Termitengattung

(*Mastotermes*) und eine sehr „abgeleitete" Schabengattung (*Cryptocercus*) eine besondere Rolle.

7.13 Blattoptera, Schaben

Die Schaben sind nicht durch Autapomorphien deutlich als monophyletische Gruppe charakterisierbar. In diesem Taxon werden alle jene Arten zusammengefaßt, bei denen die apomorphen Merkmale der Isoptera in ursprünglicher Ausprägungsform vorhanden sind. Von den 4 000 Arten kommen etwa 15 in Mitteleuropa vor. Ihre Körperlänge beträgt 5–32 mm, max. 100 mm, die Flügelspannweite max. 170 mm (*Megaloblatta longipennis*).

Schaben leben von unterschiedlichen Stoffen pflanzlicher und tierischer Herkunft; auch Ameisengäste kommen vor. Die meisten Arten sind lichtscheu und verbergen sich in engen Schlupfwinkeln. Sie neigen zu „Herdenbildung", bei der Aggregationspheromone eine Rolle spielen.

Bau

Der Körper ist mehr oder weniger stark abgeplattet. Die Facettenaugen sind groß, und es sind 2–3 Ocellen vorhanden. Die vielgliedrigen Antennen sind körperlang und die Mundwerkzeuge kauend. Das scheibenförmige Pronotum bedeckt den Kopf ganz oder teilweise (Abb. 904). Die Vorderflügel sind schmaler und stärker sklerotisiert als die Hinterflügel. Die Flügel werden in Ruhe flach über den Körper gelegt, bei vielen Arten oder wenigstens bei einem Geschlecht sind sie stark verkürzt oder fehlen. Die gut entwickelten Laufbeine haben fünfgliedrige Tarsen und können bei den Larven nach Verlust wieder regeneriert werden.

Das Abdomen besteht aus 10 Segmenten. Der Proventriculus ist mit starken Cuticularzähnen ausgestattet, und es gibt 80–100 Malpighische Schläuche. Im Fettkörper (Abb. 861) sind Bakterien als Symbionten vorhanden. Beide Geschlechter besitzen abdominale Stinkdrüsen. Die Männchen tragen Styli am 9. Sternit, ihr Kopulationsapparat ist asymmetrisch. Die Weibchen haben panoistische Ovariolen und Anhangsdrüsen für die Bildung der Oothek sowie einen rudimentärem Legeapparat. Bei beiden Geschlechtern sind gegliederte Cerci vorhanden, die Haarsensillen für die Wahrnehmung von Schall (Erschütterungen) tragen.

Fortpflanzung und Entwicklung

Die Weibchen sondern Sexuallockstoffe aus. Bei den Männchen liegen auf dem 7. oder 7. und 8. Abdominaltergit Drüsengruben. Die ausgeschiedenen Stoffe wirken stimulierend auf die Paarungsbereitschaft der Weibchen und werden von diesen beim Begattungsspiel aufgenommen. Die Eier werden in 2 Zeilen in artspezifisch verschiedene Ootheken abgelegt, die im Laufe eines Tages in der Genitaltasche gebildet und von den Weibchen her-

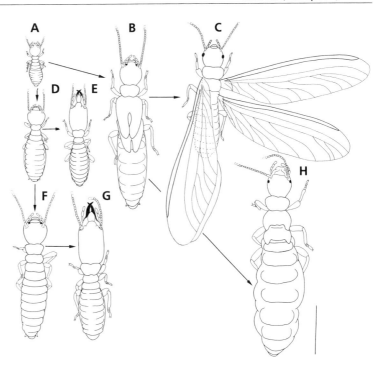

Abb. 905: Isoptera. *Reticulitermes santonensis,* in Südeuropa. Kasten. A Larve. B Nymphe mit Flügelanlagen. C Imago = primäres Geschlechtstier. D, F Pseudergat = „Arbeiter". E Kleiner Soldat. G Großer Soldat. H Älteres, etwas physogastrisch gewordenes weibliches Ersatzgeschlechtstier. Maßstab: 2,5 mm. Verändert nach Buchli (1958) aus Lüscher (1974).

umgetragen werden. Oviparie, Ovoviviparie und Viviparie (Ootheken werden in Uterus oder Brutsack deponiert) kommen vor. Die Entwicklung verläuft über 9–13 Larvenstadien und dauert ca. 1 Jahr.

*Blatta orientalis, Küchenschabe (Blattidae, Hausschaben), 30 mm; Weibchen mit verkürzen Flügeln; aus subtropischen Gebieten eingeschleppt, synanthrop, vorwiegend in Bäckereien und Küchen. – **Blattella germanica,* Deutsche Schabe (Blattellidae), 13 mm; Flügel bei beiden Geschlechtern voll entwickelt; Balzverhalten vorhanden; Oothek wird bis kurz vor dem Schlüpfen getragen; Kosmopolit, synanthrop, Massenauftreten möglich, Hygieneschädling in Großküchen, Gaststätten, Krankenhäusern, Schiffen. – **Periplaneta americana* (Blattidae), Amerikanische Großschabe, 5 cm, in dauerbeheizten Gebäuden; im 17. Jh. aus Amerika eingeschleppt. – **Ectobius lapponicus* (Ectobiidae, Waldschaben), 6,5–12 mm; Männchen mit Rückendrüsen; Weibchen mit verkürzten Flügeln; auf Bäumen und Sträuchern im Freiland (Abb. 904).

7.14 Isoptera, Termiten

Von den ca. 3 000 Arten sind viele charakteristisch für tropische und subtropische Gebiete. In Mitteleuropa wurde nur eine eingeschleppte Art für längere Zeit ansässig. Die Körperlänge beträgt 2–20 mm, die Flügelspannweite max. 88 mm (*Macrotermes goliath*). Die Königinnen von *Macrotermes natalensis* können durch die Dehnung ihres prall mit Eiern gefüllten Abdomens 140 mm lang werden. Die Isoptera bilden polymorphe **Kasten** (Arbeitsteilung), die in **Staaten** zusammenleben

und für deren Organisation Pheromone eine große Rolle spielen.

Termiten ernähren sich von pflanzlichem Material, vor allem von Holz, für dessen Verdauung sich im Enddarm (Gärkammer) symbiontische Einzeller (S. 24) und Bakterien befinden. Andere Arten züchten Pilze auf Pflanzenresten (Pilzgärten) (Abb. 906). Die Nahrung wird von den Arbeitern beschafft und z. T. vorverdaut an die anderen Kasten weiter gegeben. Außerdem obliegt den Arbeitern die Pflege der Geschlechtstiere, der Eier und Larven sowie Pflege und Anlage der Bauten. Die Nester werden unterirdisch, in totem Holz oder mit auffallenden, festen Hügelbauten in artspezifischer Form angelegt.

Bau

Der Körper der Isoptera ist braun oder weiß. Bei den Geschlechtstieren sind die Facettenaugen gut entwickelt und meist 2 Ocellen vorhanden. Die Arbeiter und Soldaten haben mehr oder weniger reduzierte Augen. Die Antennen sind fadenförmig, die Mundwerkzeuge kauend und vielfach funktionell modifiziert, z.B. bei den Soldaten.

Die Sklerotisierung des Thorax ist stark reduziert (Autapomorphie), zwischen den Skleriten befinden sich ausgedehnte membranöse Bezirke. Das Pronotum überragt nicht den Kopf (Autapomorphie). Die flach über dem Körper liegenden Vorder- und Hinterflügel sind einander ähnlich (Name !). Die Ähnlichkeit kommt vor allem durch die Reduktion des Analfächers im Hinterflügel zustande (Autapomor-

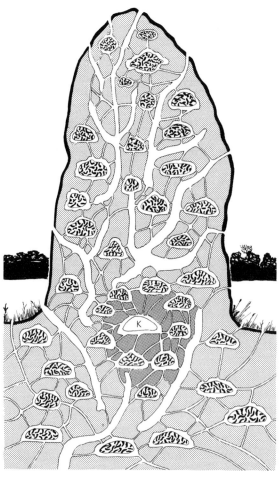

Abb. 906: Isoptera. *Macrotermes natalensis*, Afrika. Schematischer Schnitt durch den Bau. In der Mitte die Kammer der Königin (K). Nach Obenberger (1955).

phie). An der Basis der Flügel befinden sich vorgebildete Bruchstellen, an denen sie nach dem Hochzeitsfluge abbrechen (Autapomorphie). Die Tarsen sind meist viergliedrig (Autapomorphie) und tragen paarige Krallen.

Das Abdomen besteht aus 10 Segmenten, es sind kurze Cerci vorhanden, die äußeren Geschlechtsorgane fehlen oder sind rudimentär. Es sind 2–8 Malpighische Schläuche und zahlreiche panoistische Ovariolen vorhanden. Die Genitalkammer (Bursa) ist reduziert (Autapomorphie), und es erfolgt keine Bildung von Ootheken (Autapomorphie). Die Spermien sind unbeweglich (Autapomorphie).

Fortpflanzung und Entwicklung

Nach einem sog. Liebesspaziergang bei dem das Männchen durch einen Lockstoff des Weibchens geleitet wird, erfolgt die Kopulation, der Bau einer Hochzeitskammer und die Gründung eines neuen Staates.

Termitenstaaten erreichen unter allen staatenbildenden Insekten die größte Individuenzahl, z.B. 3 Millionen bei *Macrotermes natalensis*. Es gibt geflügelte Geschlechtstiere („König" und „Königin"). Nach dem Hochzeitsflug brechen die Flügel an vorgebildeten Stellen ab. Außerdem gibt es Altlarven, die sich nicht zur Imago häuten können (Scheinarbeiter), flügellose Arbeiter (Hauptmenge der Individuen) und Soldaten (Abb. 905). Bei den letztgenannten Kasten sind die Gonaden nicht funktionsfähig, sie entstammen beiden Geschlechtern. Unter den Geschlechtstieren werden primäre (Nestgründer) von sekundären, nach Bedarf auftretenden Ersatzgeschlechtstieren unterschieden, die keine oder nur unvollständig ausgebildete Flügel besitzen. Bei den Soldaten gibt es Formen mit großen Köpfen und stark entwickelten, teils asymmetrischen Mandibeln und andere mit riesigen Frontaldrüsen, die in einem Stirnfortsatz enden, aus dem ein Sekret gespritzt werden kann (Nasuti). Es werden 4–10 Larvenstadien durchlaufen. Die primären Geschlechtstiere können bis zu 50 Jahre alt werden.

Reticulitermes flavipes (Rhinotermitidae), 4–5 mm. Aus Nordamerika, in Hamburg erfolgreich eingeschleppt, zerstört verbautes Holz. – *Mastotermes darwiniensis* (Mastotermitidae), 10–15 mm; Australien; mit vielen plesiomorphen Merkmalen; kleiner Analfächer im Hinterflügel, Tarsen mit 5 Gliedern, 16–24 Eier werden durch eine Gelatinemasse miteinander verkittet.

Die folgenden 3 Taxa **Ensifera**, **Caelifera** und **Phasmatodea** werden als **Orthopteroida** zusammengefaßt. Wichtige Synapomorphien sind: die Reduktion der Cerci bis auf ein Glied, die Verschmelzung der Stipes im Labium zu einer ungeteilten Platte, das Abrücken der Costa vom Flügelrand (es entsteht ein Praecostalfeld), Besonderheiten im Bau des Legeapparates der Weibchen und im Flügelgeäder. Über die stammesgeschichtlichen Beziehungen der 3 genannten Ordnungen gibt es unterschiedliche Ansichten:

(1) Ensifera und Caelifera werden als Schwestergruppen angesehen und als **Saltatoria** zusammengefaßt. Als Synapomorphien deutet man die Umwandlung der Hinterbeine zu Sprungbeinen (Verdickung der Schenkel, Verlängerung von Tibia und Tarsus), das Verschmelzen des 1. und 2. Tarsengliedes (die Tarsen sind viergliedrig), die Vergrößerung der 1. Stigmen, die zwischen Pro- und Mesothorax liegen (Doppelstigmen), von denen 2 Tracheen ausgehen, die Bedeckung der Propleuren durch die Seitenlappen des Pronotums (Cryptopleurie). Die grundsätzlich verschiedenen Lauterzeugungs- und Gehörorgane werden als Parallelentwicklung angesehen.

(2) Caelifera und Phasmatodea werden als Schwestergruppen aufgefaßt und als **Caeliferoida** vereinigt. Synapomorphe Merkmale wären dann die Reduktion des Proventriculus, das Fehlen von Styli am 9. Abdominalsegment der Männchen, die Verkürzung des Ovipositors und die Ausbildung eines Aroliums zwischen den Krallen. Hier wird der 2. Hypothese gefolgt (Abb. 838).

Abb. 907: Ensifera. *Pholidoptera griseoaptera*. Weibchen. Körperlänge: 15 mm. Original: W. Fiedler, Leipzig.

7.15 Ensifera, Langfühlerschrecken

Von den ca. 9 500 Arten kommen 40 in Mitteleuropa vor. Die Körperlänge schwankt zwischen 2–50 mm, max. beträgt sie 110 mm (*Saga ephippigera*), die Flügelspannweite max. 200 mm (*Macrolyristes imperator*). Die meisten Arten der Ensifera sind räuberisch, andere phytophag, viele ernähren sich gemischt.

Bau

Es existieren kleine Facettenaugen und 2–3 Ocellen. Die Antennen sind meist so lang wie der Körper oder länger und können in max. 550 Glieder unterteilt sein. Die Mundwerkzeuge sind beißend.

Der Thorax ist heteronom segmentiert mit einem besonders kräftig entwickelten Prothorax und Pronotum. An den Tibien der Vorderbeine befinden sich bei sehr vielen Arten Gehörorgane (Tympanalorgane) mit meist 2 Trommelfellen (Autapomorphie), die frei liegen oder verdeckt sind (Abb. 908). Die Hinterbeine sind als Sprungbeine ausgebildet und durch verdickte Schenkel ausgezeichnet (Abb. 907). Die Vorderflügel der Männchen (manchmal auch der Weibchen) sind an ihrer Basis mit einem Stridulationsorgan ausgestattet (Autapomorphie). Als Schrillader wirkt der Cubitus posterior. Die vor dem Cubitus anterior liegende Flügelfläche ist als Resonanzfläche (Spiegel) wirksam. Der Gesang der Männchen dient dem Anlocken der Weibchen und bei manchen Arten auch der Revierabgrenzung. Die Vorderflügel sind schmaler und stärker sklerotisiert als die Hinterflügel, bei denen eine Vergrößerung des Analfächers auffällt, der die vordere und hintere Cubitusregion mit einschließt (Autapomorphie). Die Flügel können mehr oder weniger reduziert sein oder sogar völlig fehlen.

Das Abdomen besteht aus 11 Segmenten. Es sind bis zu 300 Malpighische Schläuche vorhanden. Die Ovarien sind mit zahlreichen panoistischen Ovariolen versehen. Die Weibchen tragen ein langes, frei hervorragendes, mitunter säbelförmig gekrümmtes Legerohr (Abb. 865 C), bei dem die Valven auf der gesamten Länge gelenkig miteinander verbunden sind.

Fortpflanzung und Entwicklung

Es gibt komplizierte Balzverhaltensweisen, bei denen Lautäußerungen und Drüsensekrete eine große Rolle spielen. Bei der Kopula werden Spermatophoren übertragen. Die Eiablage erfolgt in den Boden oder in Pflanzenteile. Es existieren 6–9 Larvenstadien.

7.15.1 Tettigonioidea, Laubheuschrecken

Linker Vorderflügel mit Schrillader, stets über dem rechten liegend.

Conocephalus dorsalis, Kurzflüglige Schwertschrecke (Conocephalidae), 18 mm; vor allem in Feuchtgebieten; Legebohrer der Weibchen lang und gerade; Eiablage in pflanzliches Gewebe; ernähren sich von Insekten und Pflanzen. – *Meconema thalassinum*, Gemeine Eichenschrecke (Meconemidae), 15 mm; Laubbaumbewohner, vor allem Eichen; Eiablage in Rindenritzen, gesamter Zyklus auf Baum; Männchen ohne Lauterzeugung mit den Flügeln, trommelt mit Hinterbeinen, Gehörorgan vorhanden; räuberisch. – *Leptophyes albovittata*, Gestreifte Zartschrecke (Phaneropteridae, Sichelschrecken), 16 mm; Legebohrer kurz, breit und sichelförmig gebogen; Flügel stark verkürzt; Eiablage in Pflanzengewebe, phytophag. – *Tettigonia viridissima*, Großes Grünes Heupferd (Tettigoniidae, Singschrecken), 28–42 mm; Männchen mit sehr lautem und ausdauerndem Gesang; vorwiegend Bewohner der Baum- und Strauchschicht; Eiablage in den Boden; Körperoberfläche der Imagines und Larven mit fei-

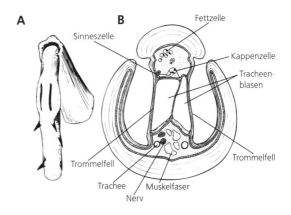

Abb. 908: Ensifera. A Vorderschiene von *Tettigonia viridissima*, mit den beiden Öffnungen der Gehörorgane. B Vorderschiene von *Decticus* sp., Querschnitt mit Chordotonalorgan. Die Trommelfelle nehmen Schallwellen auf, Registrierung über Sinneszelle und Ableitung durch Nerv. A Nach Weber (1949); B nach Seifert (1970) aus Jacobs und Seidel (1975).

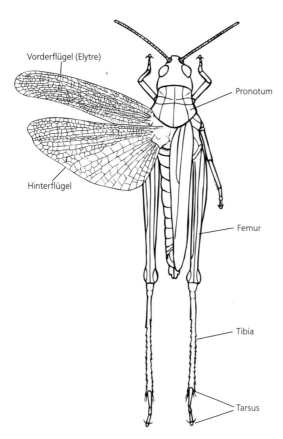

Abb. 909: Caelifera. *Omocestus viridulus*, Bunter Grashüpfer, Weibchen, Länge bis 24 mm. Nach Ingrisch (1981).

nen Tröpfchen besetzt; hauptsächlich räuberisch, auch phytophag. – *Ephippiger ephippiger*, Steppen-Sattelschrecke (Ephippigeridae), 30 mm; Pronotum sattelförmig, Flügel stark verkürzt; beide Geschlechter mit Stridulation und Lautäußerung; in Steppengebieten, thermophil; räuberisch und phytophag.

7.15.2 Grylloidea, Grillen

Beide Vorderflügel mit Schrillader, funktionell auswechselbar. Hinterflügel in Ruhe so gefaltet, daß sie wie Spieße unter den Vorderflügeln hervorragen. Tarsen dreigliedrig.

Oecanthus pellucens, Weinhähnchen (Gryllidae, Blütengrillen), 15 mm; Männchen mit auffallendem Gesang; in Weinbaugebieten in der Strauchschicht und auf Blüten, thermophil; Eiablage in Pflanzengewebe; ernähren sich von Blütenblättern, auch räuberisch. – *Gryllotalpa gryllotalpa*, Maulwurfsgrille (Gryllotalpidae), 50 mm; Vorderbeine zum Graben; Tiere können nicht springen; Vorderflügel etwas verkürzt, dennoch flugfähig; auch die Weibchen mit Lauterzeugung; vor allem räuberisch, gelegentlich Wurzelfraß; in unterirdischen Gängen und Höhlungen, die angefertigt und mit Speichel verfestigt werden, dort auch Eiablage. – *Myrmecophila acervorum*, Ameisengrille (Myrmecophilidae), Männchen 2 mm, Weibchen 2,8–3,5 mm; keine Flügel und Gehörorgane; in Nestern von Ameisen (*Myrmica, Lasius*), wo sie von deren

Nahrung, aber auch von Eiern und Larven leben; fast ausschließlich parthenogenetisch. – *Gryllus campestris*, Feldgrille (Gryllidae), 26 mm; lebt in selbstgegrabenen Erdröhren; kompliziertes Gesangsverhalten; thermophil; phytophag und räuberisch; 10 Larvenstadien. – *Acheta domesticus*, Heimchen (Gryllidae), 20 mm; aus dem Mittelmeergebiet stammend, thermophil; synanthrop und frei auf Müllplätzen; 12–16 Larvenstadien.

7.15.3 Gryllacridoidea

Ohne Stridulations- und Gehörorgane.

Tachycines asynamorus, Gewächshausschrecke (Rhaphidophoridae, Höhlenschrecken), 13–19 mm; Antennen, Beine, Maxillarpalpen und Cerci stark verlängert; gutes Sprungvermögen; aus China stammend, in Gewächshäusern (Gewächshauskosmopolit); Eiablage in den Boden; räuberisch und phytophag.

7.16 Caelifera, Kurzfühlerschrecken

Weltweit sind 11 000 Arten aus diesem Taxon nachgewiesen, in Mitteleuropa 45. Die Körperlänge beträgt 7–65 mm, max. 200 mm, die Flügelspannweite max. 250 mm (*Tropidacris cristata*). Die Caelifera sind fast ausschließlich phytophag und ernähren sich vor allem von Gräsern.

Bau

Die Facettenaugen sind verhältnismäßig klein, und es sind 3 Ocellen vorhanden. Die kurzen Antennen bestehen aus max. 30 Gliedern (Autapomorphie) und sind zu ihrem Ende hin nicht verjüngt, manchmal sogar keulenförmig verdickt. Die Caelifera besitzen beißende Mundwerkzeuge.

Der Thorax ist heteronom segmentiert mit einem besonders stark entwickelten Prothorax und Pronotum (Abb. 909). Die Hinterbeine sind als Sprungbeine ausgebildet und durch verdickte Schenkel ausgezeichnet. Die Tarsen bestehen nur aus 1–3 Gliedern (Autapomorphie). Die Vorderflügel sind schmaler und stärker sklerotisiert als die Hinterflügel. Die Flügel können mehr oder weniger reduziert sein oder völlig fehlen, auch kommt Flügeldimorphismus vor. Bei manchen Arten sind die Hinterflügel auffällig rot oder blau gefärbt.

Das Abdomen besteht aus 11 Segmenten. Im Darm ist kein Proventriculus ausgebildet (Autapomorphie). Die Männchen besitzen keine Gonopoden (Autapomorphie), die Spermien werden bei der Kopula in einer Spermatophore abgegeben. Die Ovarien sind mit zahlreichen panoistischen Ovariolen versehen. Die zweiten Valvulae der Weibchen sind rudimentär (Autapomorphie). Das Abdomen ist teleskopartig ausziehbar, oben und unten mit je 1 Paar kräftiger Gonapophysen versehen, die zum Graben geeignet sind (Abb. 865 A).

Fortpflanzung und Entwicklung

Die Eiablage erfolgt in Paketen meist tief im Boden, selten in oder an Pflanzenteilen. Meist erfolgt die

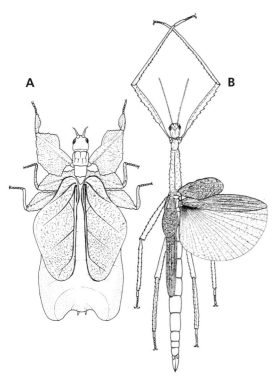

Abb. 910: Phasmatodea. A *Phyllium frondosum*, Weibchen, Länge 65 mm, Neu-Guinea. B *Vetilia wuelfingi*. Weibchen, Länge 90 mm, Nordaustralien. Nach Weber und Weidner (1974).

Überwinterung im Eistadium. Es existieren meist 5 (bis 6) Larvenstadien, die sich an eine von einer Hülle umgebene Vorlarve anschließen. Bei der ersten Larve sind noch keine Sprungbeine vorhanden, und die Vorderflügel liegen bis zur 3. oder 4. Häutung unter den Hinterflügeln verborgen.

7.16.1 Tridactyloidea

Tridactyla variegata (Tridactylidae, Zwerggrabschrecken), 6,5 mm; grillenähnlich; im Mittelmeergebiet; in Uferzone in selbst gebauten Tunneln; Vorderschienen zum Graben verbreitert und mit Dornen besetzt; Mittelschienen vergrößert, mit einer Drüse; Hinterbeine als Sprungbeine ausgebildet; Hinterschienen mit 2 Fortsätzen und eingliedrigem Tarsus (Name !); Vorderflügel verkürzt; Gehörorgane fehlen; ernährt sich von Algenbelag. – *Cylindroryctes spegazzinii* (Cylindrachetidae), Wurmschrecken, 50 mm; in Südamerika und Australien; Körper zylindrisch; Augen reduziert; Antennen sehr kurz; Flügel fehlen; Vorderbeine zum Graben ausgebildet, Hintertarsen ohne Krallen; in unterirdischen Gängen.

7.16.2 Acridoidea

Männchen meist mit Stridulationsorganen (Autapomorphie), Hinterschenkel werden an den Vorderflügeln gerieben: 2 Varianten: Zähnchen auf Innenseite der Hinterschenkel – harte Ader an den Vorderflügeln (*Stenobothrus*-Typ) oder Zähnchen auf Vorderflügeln – scharfe Kante auf Hinterschenkel (*Oedipoda*-Typ); es werden Lock-, Werbe- und Rivalengesänge erzeugt; daneben wei-

tere Formen der Lautäußerung vorhanden (Flugschnarren, Schienenschleudern, Mandibellaute, Trommeln); Gehörorgane (Autapomorphie) an den Seiten des 1. Abdominalsegments; Hauptnahrung sind Gräser. – *Calliptamus italicus*, Schönschrecke (Catantopidae, Knarrschrecken), 25 mm; Vorderbrust unten mit zapfenförmigem Höcker; Laute werden nur mit Mandibeln erzeugt; thermophil. Jetzt vom Aussterben bedroht, früher Massenvorkommen. – *Psophus stridulus*, Schnarrschrecke (Acrididae, Feldheuschrecken), 23–40 mm; auffälliges Flugschnarren; Hinterflügel rot mit braunem Rand; auf Ödländern, thermophil. – *Locusta migratoria*, Europäische Wanderheuschrecke (Acrididae), 30–60 mm; in Asien, Afrika, dort in stationärer, solitärer sowie gregärer Phase vorkommend, bis ins vorige Jahrhundert kamen Schwärme bis nach Mitteleuropa; wird vielfach als Terrarien- und Futtertier gezüchtet; auch mehrere andere Arten (z. B. *Schistocerca gregaria*) als Wanderheuschrecken bekannt, Bildung riesiger Schwärme möglich (max. 100 Milliarden Individuen, 210 km lang, 20 km breit, 80 000 t schwer). – *Chorthippus* spp., Grashüpfer (Acrididae, Feldheuschrecken), 10–18 mm; einige sehr nahe verwandte Arten, Bastarde kommen vor, werden aber durch Verhaltensmuster und ökologische Sonderung (enge Biotopansprüche) weitgehend vermieden; im Spätsommer und Herbst massenhaft auf Wiesen vorhanden, ernähren sich vorwiegend von Gräsern. – *Tetrix subulata*, Säbeldornschrecke (Tetrigidae, Dornschrecken), 17 mm; Pronotum nach hinten in einen spitzen Fortsatz verlängert. Vorderflügel stark verkürzt, dennoch flugfähig; ohne Lauterzeugung und Gehörorgane; Partnerfindung optisch; an Gewässerufern, phytophag; Überwinterung als Imago oder Altlarve.

7.17 Phasmatodea, Gespenstheuschrecken

Die 3 000 Arten sind vor allem aus der orientalischen Region bekannt, in Mitteleuropa fehlen sie. Die Körperlänge schwankt zwischen 10–180 mm, max. werden 330 mm (*Phobaeticus kirbyi*, ♀) erreicht (längstes rezentes Insekt). Die Phasmatodea ernähren sich von sehr verschiedenen Pflanzenarten.

Bau

Der Körper ist extrem lang und dünn oder massig und zigarrenförmig bzw. blattartig verbreitert (Abb. 910). Kopf und Facettenaugen sind klein, es sind 2–3 Ocellen vorhanden. Die Antennen variieren stark und bestehen aus 8–100 Gliedern.

Der Thorax ist heteronom segmentiert. Im Prothorax befindet sich 1 Paar schlauchförmiger Wehrdrüsen, die an den Vorderecken des Pronotums münden (Autapomorphie). Die Vorderflügel sind kleiner als die Hinterflügel, meist verkürzt, ihr Geäder ist reduziert (Autapomorphie). Die Flügel können auch völlig fehlen. Die Beine sind nicht als Sprungbeine ausgebildet, tragen fünfgliedrige Tarsen, 2 Krallen und ein Arolium.

Das Abdomen besteht aus 11 Segmenten, das 1. Abdominalsegment ist mit dem Metathorax ver-

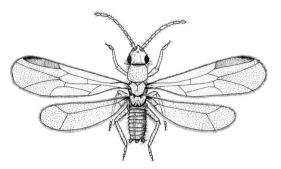

Abb. 911: Zoraptera. *Brasilozoros brasiliensis*, Südamerika, Weibchen, Länge 2 mm. Nach Silvestri (1913).

schmolzen (Autapomorphie). Im hinteren Bereich des Mitteldarms befinden sich birnenförmige Anhangsdrüsen, die sich jeweils in einem dünnen Faden fortsetzen. Die Männchen besitzen keine Styli (Autapomorphie), die Cerci sind eingliedrig. Die Weibchen haben zahlreiche panoistische Ovariolen.

Fortpflanzung und Entwicklung

Die Eier werden einzeln abgelegt, ihre Hülle ist meist dick, sie tragen vielfach einen auffallenden Deckel. Obligatorische und fakultative Parthenogenese sind weit verbreitet. Die Metamorphose erfolgt über 5–8 Larvenstadien. Viele Arten besitzen ein großes Regenerationsvermögen vor allem für den Ersatz von Extremitäten.

Bacillus rossii, Mittelmeerstabheuschrecke (Phasmatidae), 80–100 mm; in der Mediterraneis. – *Carausius morosus*, Gemeine Stabheuschrecke (Phasmatidae), 85–110 mm; Indien; physiologischer Farbwechsel; häufig als Versuchstier. – *Phyllium frondosum*, Wandelndes Blatt (Phylliidae), 60–80 mm; Körper blattähnlich, Beine abgeflacht (Abb. 910 A); Indien.

Die Monophylie aller weiteren Taxa der **Eumetabola** ist nicht sicher. Mögliche Autapomorphien dieser Gruppe sind nur das Fehlen der Ocellen bei den Larven und die Verringerung der Zahl der Malpighischen Schläuche. Man unterscheidet 2 große Gruppen: **Paraneoptera** und **Holometabola**.

Zu den **Paraneoptera** gehören die „läuse- und wanzenartigen" Insektengruppen deren Mundwerkzeuge fast immer stechend-saugend sind (Ausnahme: Zoraptera). Weitere Synapomorphien: Von der Bauchganglienkette sind hinter dem Unterschlundganglion nur noch Prothoracal- und Mesothoracalganglion deutlich, alle weiteren verschmelzen miteinander. Die Zahl der Malpighischen Schläuche ist auf 4 verringert (Zoraptera: 6). Es sind max. 3 Tarsenglieder vorhanden. Die Cerci fehlen (Ausnahme: Zoraptera).

7.18 Zoraptera, Bodenläuse

Die 30 Arten kommen in den Tropen und Subtropen vor. Die Körperlänge beträgt 1,5–3 mm. Sie leben in kleinen Kolonien (Polymorphismus der Imagines) an der Bodenoberfläche, in vermodernden Baumstämmen, unter Rinde und faulenden Pflanzenteilen, auch in Termitennestern. Sie sind feuchtigkeitsliebend und ernähren sich von Pilzmycelien und Milben.

Bau

Der Körper ist farblos. Der Kopf trägt Facettenaugen und Ocellen, die aber auch fehlen können. Die neungliedrigen Antennen sind fadenförmig; die Mundwerkzeuge arbeiten kauend (Abb. 911).

Flügel sind entweder vorhanden oder fehlen. Das Flügelgeäder ist stark reduziert (Autapomorphie), der Vorderflügel enthält nur 2 Längsadern. Die Hinterschenkel sind verdickt, die Tarsen zweigliedrig (Autapomorphie) mit 2 Krallen.

Das Abdomen besteht aus 11 Segmenten, das 1. Abdominalsternit ist vollständig ausgebildet. Es sind nur 2 Ganglienknoten und 6 Malpighische Schläuche vorhanden. Bei beiden Geschlechtern sind die Cerci eingliedrig. Die Weibchen haben kein Legerohr (Autapomorphie).

Die vermutliche Schwestergruppe der Zoraptera wird **Acercaria** genannt und umfaßt die übrigen Paraneoptera. Synapomorphien dieser Gruppen sind die fehlenden Cerci, die Entwicklung der Mundwerkzeuge in Richtung einer stechend-saugenden Funktion (mindestens die Laciniae sind verlängert und wenigstens meißel- oder borstenförmig), das Fehlen des 1. Abdominalsegments, die Reduktion der Malpighischen Schläuche auf 4 oder weniger. Außerdem hat die Bauchganglienkette im Abdomen nur einen Knoten.

Über die Entstehungsweise der stechend-saugenden Mundwerkzeuge der Paraneoptera äußerte sich HENNIG: „Die Lebensweise der ursprünglichen Gruppen, bei denen nur erst die Lacinia der Maxillen borsten- oder meißelartig geworden ist (Psocoptera) gibt wahrscheinlich Hinweise auf die Bedingungen, unter denen die ersten Schritte zur Ausbildung des Rüssels der Hemiptera erfolgt sind. Alle diese ursprünglichen Gruppen sind kleine, versteckt lebende Tiere, ebenso wie die Zoraptera. Während aber diese mit ihren noch ursprünglichen Mundwerkzeugen als Räuber gelten, die vor allem Milben zu verfolgen scheinen, leben die Psocoptera von Algen, Schimmelpilzen, Pilzsporen, Flechten und organischem Abfall. Die borsten- oder meißelartigen Laciniae unterstützen die Mandibeln offenbar beim Abschaben und Abschneiden der Nahrungsteile. Daß schon bei diesen Formen ein Aussaugen der (vorerst zerkleinerten) Nahrung stattfindet, beweisen die mächtig entwickelten Dilatator-Muskeln des Pharynx und äußerlich der große, stark gewölbte Postclypeus, an dem sie ansetzen. Die Entwicklung des Stechrüssels hat also bei den Paraneoptera mit Formen begonnen, bei denen die Umbildung der Teile, die später zu Stechborsten geworden sind, zur Entstehung von meißelartigen Werkzeugen führte, von denen die Mandibeln bei ihrer Schneide- und Kautätigkeit unterstützt wurden."

Innerhalb der Acercaria werden 2 große Entwicklungslinien unterschieden, die **Psocodea** und die **Condylognatha**. – Die Monophylie der Psocodea (Psocoptera und Phthiraptera) wird durch folgende Synapomorphien begründet: Antennen mit einer Abreißvorrichtung an der Basis des 3. Gliedes; tief in die Kopfkapsel versenkte Lacinia; Hypopharynx mit einem Paar ovaler Sklerite, Epipharynx und Cibarium bilden eine Pumpe mit der Flüssigkeit von der Körperoberfläche aufgenommen und dem Darm zugeführt werden kann; meroistisch polytrophe Ovariolen.

7.19 Psocoptera, Staubläuse

Von den ca. 4000 Arten kommen etwa 100 in Mitteleuropa vor. Ihre Körperlänge schwankt zwischen 0,6–7 mm, max. werden 10 mm erreicht (*Thyrsophorus metallicus*). Die Psocoptera leben an Baumstämmen, unter Borke, auf Sträuchern und Bäumen (vielfach Eichen), an welkendem Laub, Reisig, an Flechten, am Boden unter Steinen und im Fallaub, in Höhlen, an Felsen, in Tiernestern (Vögel, Insekten) und synanthrop in Gebäuden. Sie ernähren sich von Grünalgen, Pilzmycel (Schimmelpilzrasen), Pilzsporen und Flechten. Manche Arten können Wasserdampf absorbieren.

Bau

Der Körper ist braun bis grau gefärbt. Der Kopf ist durch einen relativ großen Clypeus ausgezeichnet. Die Komplexaugen sind mehr oder weniger reduziert, makroptere Individuen besitzen 3 Ocellen. Die fadenförmigen Antennen erreichen etwa die Länge des Körpers, die Mandibeln sind asymmetrisch. Obwohl die Mundwerkzeuge dem beißenden Typ angehören, ist die Lacinia borsten- oder meißelförmig gebaut, hat eine gezähnte Spitze und ist tief in die Kopfkapsel eingesenkt, von wo sie vorgestoßen werden kann. Weit verbreitet sind Spinndrüsen, die am Labium münden, die Labialpalpen sind reduziert.

Die durch ein charakteristisches Geäder ausgezeichneten Vorderflügel sind größer als die Hinterflügel und oft artspezifisch gezeichnet. Sie werden in Ruhe dachförmig über dem Abdomen zusammengelegt. Der Hinterrand des Vorderflügels ist hakenförmig umgebogen und umgreift im Flug den verdickten Vorderrand des Hinterflügels (Autapomorphie). Bei manchen Arten, besonders den Weibchen sind die Flügel brachypter, mikropter oder fehlen völlig. Die Beine sind meist lang und dünn, die Tarsen zwei- oder dreigliedrig.

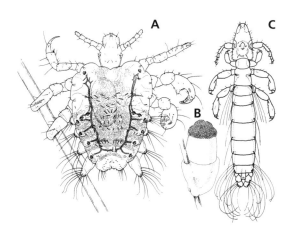

Abb. 912: Phthiraptera. A *Pthirus pubis* (Anoplura), Schamlaus, Weibchen, Länge 1,7 mm. B An Haar festgeklebtes Ei („Nisse") von *Haematopinus eurysternus* (Anoplura), auf Rindern. C *Columbicola columbae* (Jschnocera), Länge 2 mm, im Federkleid von Tauben. A Aus Martini (1952); B nach Złotorczyka et al. (1974); C nach Kaestner (1974).

Fortpflanzung und Entwicklung

Zahlreiche Arten zeigen ein typisches Balzverhalten. Den mit einem sehr dünnem Chorion (Autapomorphie) versehenen Eiern fehlen Mikropylen und Aeropylen (Autapomorphie) sowie praeformierte Deckel. Sie werden einzeln oder in locker übersponnenen Gelegen am Substrat festgekittet. Die Lage des Embryos im Ei ist spezifisch, die Beine der Embryonen sind mediocraniad geknickt (Autapomorphie). Die erste Larve öffnet die Eihülle mit einem auf dem Kopf gelegenen Eizahn. Obligatorische und fakultative Parthenogenese, selten auch Ovoviviparie sind bekannt. Die Entwicklung verläuft über 3 (meist) 6 Larvenstadien. Manche Arten leben dauernd unter einem Gespinst.

7.19.1 Trogiomorpha

Antennen 22–50gliedrig, Tarsen dreigliedrig.

*Trogium pulsatorium, Totenuhr (Trogiidae), 2 mm; Flügel reduziert; synanthrop, in Lagerräumen, Bienenstöcken; Weibchen können durch Aufschlagen des Hinterleibs klopfen. – *Psyllipsocus ramburii* (Psyllipsocidae), 2,2 mm; langbeinig; synanthrop, in Wohnungen an Tapeten, Polstermöbeln, in Kellern; parthenogenetisch; Flügelpolymorphismus.

7.19.2 Troctomorpha

Antennen 11–17gliedrig, Tarsen dreigliedrig, Hinterschenkel verdickt.

Liposcelis sp., Bücherlaus (Liposcelidae), 1,5 mm; flügellos; synanthrop, Bücher, Herbarien, Kräutertee.

7.19.3 Psocomorpha

Antennen 13gliedrig, Tarsen zwei- bis dreigliedrig.

Caecilius fuscopterus (Caeciliusidae), 3,5 mm; makropter;

auf Laubbäumen, besonders Eichen. – *Lachesilla pedicularia* (Lachesillidae), 1,2 mm; makropter bis brachypter; auf dürren Zweigen von Laubbäumen in Bodennähe, auch an Heu. – *Psococerastis gibbosa* (Psocidae), Männchen 5,5 mm, Weibchen 7 mm, größte mitteleuropäische Art; makropter, Flügel gezeichnet; auf Laubbäumen, vor allem der Borke.

7.20 Phthiraptera, Tierläuse

Von den 5 000 Arten leben in Mitteleuropa ca. 650. Ihre Körperlänge beträgt 0,4–6 mm, max. 11 mm (*Laemobothrion maximum*). Alle Phthiraptera sind obligatorische, permanente Ektoparasiten bei Vögeln (Federlinge) oder Säugetieren (Haarlinge, Läuse). Fast alle Arten sind mehr oder weniger wirtsspezifisch, manchmal kommen mehrere Arten auf dem gleichen Wirt vor. Ohne den Wirt sind sie nur wenige Tage lebensfähig. Die Übertragung erfolgt im Nest, bei der Kopula, in der Herde, selten durch Phoresie. Die Anoplura saugen Blut, die Mallophaga fressen keratinhaltige Substanzen (Haare, Federn, Haut). Manche Arten spielen eine wichtige Rolle als Krankheitsüberträger (Fleckfieber, Virosen, Hautpilze).

Bau

Der Körper (Abb. 912 A, C) ist mehr oder weniger abgeflacht und bräunlich; mitunter ist die Färbung der des Wirtes angepaßt. Der Kopf ist prognath und besitzt eine Gula (Autapomorphie). Facettenaugen fehlen, bei einigen Arten sind 1–2 Ommatidien vorhanden (Autapomorphie), Ocellen fehlen (Autapomorphie). Die Antennen sind verkürzt und bestehen aus 3–5 Gliedern (Autapomorphie). Die Mundwerkzeuge sind beißend oder stechend-saugend. Das Oberschlundganglion ist nach hinten geklappt.

Die Thoraxsegmente sind weitgehend miteinander verschmolzen. Flügel fehlen (Autapomorphie). Die relativ kurzen Beine sind mit Klammereinrichtungen versehen (Autapomorphie), die dem Festhalten auf dem Wirt bzw. bei der Kopula dienen (Abb. 846 E). Die Säugetierparasiten haben 1, die Vogelparasiten 2 Krallen. Es sind nur ein thoracales und 6 abdominale Stigmenpaare vorhanden (Autapomorphie). Das Abdomen besteht aus 9–10 Segmenten, die z. T. miteinander verschmolzen sind.

Fortpflanzung und Entwicklung

Die relativ großen Eier (¼ der Körperlänge) werden mit einer Kittsubstanz meist einzeln an Federn bzw. Haaren oft in bestimmten Körperregionen befestigt (Autapomorphie) (Abb. 912 B). Jedes Weibchen legt 30 bis max. 200 Eier. Ein Eistigma und ein mit vorgeformten Rändern absprengbarer Eideckel von artspezifischer Form sind ausgebildet. Die Entwicklungszeit im Ei beträgt 1–2 Wochen. Die Metamorphose erfolgt über 3 Larvenstadien. Die gesamte Entwicklung verläuft auf dem Wirt. Es werden mehrere Generationen pro Jahr gebildet.

Systematik

Die Amblycera und die Ischnocera werden vielfach zu einem paraphyletischen Taxon „**Mallophaga**" (Haarlinge, Federlinge) vereinigt. Wichtige gemeinsame Merkmale: Mandibeln als Beißmandibeln entwickelt, oft asymmetrisch. Kopf breiter als Prothorax. Parasiten bei Vögeln und Säugetieren (Abb. 912 C).

7.20.1 Amblycera, Haftfußläuslinge

Maxillarpalpen vorhanden, viergliedrig, Antennen kurz, 2 Augenpaare.

Gliricola porcelli (Gliricolidae), 1,5 mm; aus Südamerika eingeschleppt, auf Meerschweinchen. – *Menopon gallinae* (Menoponidae), 2 mm; häufig beim Haushuhn. – *Ricinus dolichocephalus* (Ricinidae), 3 mm; Körper gelbgrün, auf dem Pirol. – *Eulaemobothrion atrum* (Laemobothriidae), 8 mm; Körper schwarz, auf der Bläßralle.

7.20.2 Ischnocera, Kletterfußläuslinge

Maxillarpalpen fehlen; Antennen länger, bei den Männchen manchmal als Klammerorgane für die Kopulation ausgebildet; 1 Augenpaar; mit hochspezialisierten, intrazellulären Symbionten im Fettkörper.

Philopterus turdi merulae (Philopteridae), 2 mm; bei der Amsel. – *Trichodectes canis*, Hundehaarling (Trichodectidae), 2,5 mm; auf dem Haushund; Überträger des Gurkenkernbandwurms *Dipylidium caninum* (S. 256).

7.20.3 Rhynchophthirina, Rüsselläuse

Vorderkopf rüsselartig nach vorn gezogen.

Haematomyzus elephantis, Elefantenlaus (Haematomyzidae), 3 mm; auf Elefanten.

7.20.4 Anoplura, Läuse

Mundwerkzeuge stechend – saugend, Praementum und Hypopharynx bilden lange Stechborsten. Diese liegen in einer Stechborstenscheide tief in der Kopfkapsel. Die rinnenförmig gestalteten Distalteile der Mandibeln bilden zusammengelegt ein Rohr, das zum Blutsaugen dient. Saugen 8–15 Minuten. Kopfspitze mit Zähnchen zum Anraspeln der Haut. Die 3 Thoraxsegmente sind vollständig miteinander verschmolzen. Intrazelluläre symbiontische Bakterien, meist in speziellen Organen. Nur auf Säugetieren.

Echinophthirius horridus (Echinophthiriidae), 3,3 mm; auf dem Seehund, Körper mit Schuppenhaaren dicht bedeckt, halten während des Tauchens des Wirtes einen Luftmantel fest. – *Haematopinus suis*, Schweinelaus (Haematopinidae), 3 mm; auf dem Hausschwein. – *Pthirus pubis*, Filzlaus (Pthiridae), 1,5 mm; Mensch, Schamhaare, Achselhaare, Augenbrauen; legt 25–30 Eier (Abb. 912 A). – *Pediculus capitis*, Kopflaus (Pediculidae), Männchen 2,6 mm, Weibchen 3,1 mm; Mensch, Kopfhaar, legt ca. 300 Eier. – *Pediculus humanus*, Kleiderlaus (Pediculidae), Männchen 3,0 mm, Weibchen 3,5 mm;

Mensch, Körperhaare, Kleidung; legt ca. 300 Eier; Überträger mehrerer Krankheitserreger (*Rickettsia*-Arten, *Spirochaeta recurrentis*).

Die Thysanoptera, Homoptera, Heteroptera und Coleorrhyncha werden als **Condylognatha** (Schwestergruppe der Psocodea) zusammengefaßt. Die wichtigste Synapomorphie besteht darin, daß außer den Laciniae immer auch die Mandibeln zu Stechborsten umgewandelt sind. Außerdem existieren spezifische Skleritringe und Zylinder zwischen den Antennensegmenten. Innerhalb der Condylognatha ist ein Schwestergruppenverhältnis zwischen den Thysanoptera und den Hemiptera wahrscheinlich.

7.21 Thysanoptera, Fransenflügler, Blasenfüße

Von den 5350 Arten leben etwa 220 in Mitteleuropa. Die Körperlänge schwankt zwischen 0,5–2 mm; *Idolothrips spectrum* wird 14 mm lang. Die Thysanoptera leben vor allem in Blüten, Blattscheiden von Gräsern und unter Borke. Viele Arten saugen Pflanzensäfte aus Blättern und Stengeln, andere sind zoophag (Aphidina, Coccina, Acari, andere Thysanoptera). Eine wichtige Nahrung sind Pollen, auch Nektar und Pilzsporen. Eine auffällige Erscheinung ist das gelegentliche Massenschwärmen („Gewitterfliegen"). Manche Arten sind als Pflanzenschädlinge (Saugschäden, Vektoren von Viren und Bakterien) im Freiland und in Gewächshäusern bekannt.

Bau

Der Körper ist schlank und mehr oder weniger abgeflacht (Abb. 913 A). Meist sind die Tiere braun, schwarz, auch gelb. Es sind Facettenaugen und oft auch 3 Ocellen vorhanden. Die Mundwerkzeuge (Abb. 914) sind stark asymmetrisch, die rechte Mandibel ist reduziert (Autapomorphie). Obwohl noch kein echter Stechrüssel ausgebildet ist, kann von stechend-saugenden Mundwerkzeugen gesprochen werden. Das Labrum und das Labium bilden einen Kegel, der die 3 Stechborsten (linke Mandibel, Maxillen) umhüllt, die zusammen ein Saugrohr bilden. Die Mundwerkzeuge münden unten und hinten am Kopf (hypognath) (Abb. 848 C). Die Antennen bestehen aus 6–9 Gliedern.

Die Flügelfläche ist zu schmalen Bändern reduziert, die ein sehr vereinfachtes Geäder haben (Autapomorphie). Am Hinterrande sind sie mit langen, beweglichen Haaren fransenartig besetzt, am Vorderrand mit kurzen Haaren (Autapomorphie) (Abb. 913 A). Die Flügel können auch rückgebildet sein. Die kurzen und kräftigen Beine tragen zweigliedrige Tarsen (Autapomorphie). Krallen sind nur bei den Larven ausgebildet, bei den Imagines sind sie rudimentär oder fehlen völlig (Autapomorphie). Die Tarsen tragen ein blasenförmiges Arolium

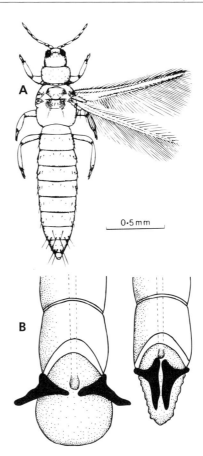

Abb. 913: Thysanoptera. A *Thrips australis*, Australien, Weibchen. B Tarsen mit Haftblase (Arolium), angeschwollen und zusammengefallen. A Aus Naumann et al. (1991); B nach Weber (1949).

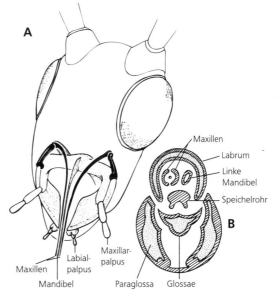

Abb. 914: Thysanoptera. A Kopf, Frontalansicht, leicht schräg. B Mundwerkzeuge, Querschnitt. Nach Weber (1933) aus Eidmann (1941).

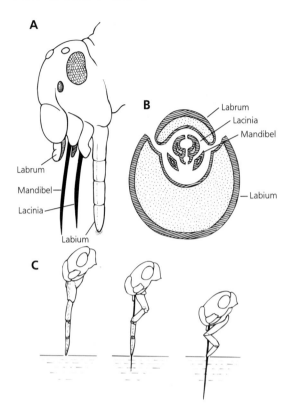

Abb. 915: Hemiptera. Mundwerkzeuge. A Lateralansicht. B Querschnitt. C Eindringen des Stechborstenbündels von einer Miride (Heteroptera) in die Wirtspflanze. Das umhüllende Labium bleibt außerhalb, nur die Stechborsten (Mandibeln, Laciniae) dringen ein. Nach Hennig (1986).

(Abb. 913 B), das aus- und eingestülpt werden kann (Name!) (Autapomorphie). Das Abdomen besteht aus 11 Segmenten. Nur das 1. und 8. Abdominalsegment tragen Stigmen (Autapomorphie). Manche Arten können mit dem Hinterleib springen.

Fortpflanzung und Entwicklung

Bei einigen Arten findet sich Parthenogenese, auch Ovoviviparie. Die Metamorphose ist eine fast nur bei den Thysanopteren vorkommende Neometabolie (Autapomorphie), bei der es nur 2 Larvenstadien, die keinerlei Flügenanlagen zeigen, ein Pronymphenstadium und 1 oder 2 Nymphenstadien mit äußeren Flügelanlagen gibt (Abb. 875 B). Es werden eine oder mehrere Generationen pro Jahr gebildet.

7.21.1 Terebrantia, Bohr-Fransenflügler

Weibchen mit vierteiligem Legebohrer; Hinterleibsende abgerundet (Männchen) oder zugespitzt (Weibchen); Eier werden in Pflanzengewebe eingesenkt; Vorderflügel mit Adern; Pronymphe mit Flügelanlagen, 1 Nymphenstadium (Abb. 875 B).

Aeolothrips intermedius (Aeolothripidae), 1,5 mm; in Blüten; räuberisch von Homoptera und Acari. – *Chirothrips manicatus*, Wiesenthrips (Thripidae), 1,2 mm; saugen an Gräsern; Weibchen geflügelt, Männchen ungeflügelt.

7.21.2 Tubulifera, Röhren-Fransenflügler

Weibchen ohne Legebohrer; Hinterleibsende in ein Rohr ausgezogen; Eier werden frei abgelegt; Vorderflügel ohne Adern; Pronymphe ohne Flügelanlagen, 2 Nymphenstadien.

Liothrips setinodis, Großer Eschenthrips (Phlaeothripidae), 4 mm; saugt an der Gemeinen Esche.

Die Homoptera, die Heteroptera und Coleorrhyncha weisen verschiedene Synapomorphien auf, so daß sie als eine monophyletische Gruppe **Hemiptera** (Rhynchota, Schnabelkerfe) aufgefaßt werden: Genannt sei die Ausbildung eines Stechrüssels (Labium) zusammen mit den zu Stechborsten umgebildeten Mandibeln und Maxillen (Abb. 915 A, B). Saugkanal und Speichelrohr liegen zwischen den Laciniae der Maxillen. Die miteinander verfalzten Laciniae bilden ein Doppelrohr, das als Nahrungs- und Speichelkanal dient. Das viergliedrige Labium ist als Schutz- und Führungsorgan für die Stechborsten ausgebildet und wird nicht mit in die Stichwunde eingeführt (Abb. 915 C). Die Maxillar- und Labialpalpen fehlen völlig. Teile des Pharynx und der Mundhöhle bilden eine Saugpumpe. Im Vorderflügel ist das Analfeld als Clavus deutlich vom übrigen Flügel abgesetzt, der Radialsektor ist einästig.

7.22 „Homoptera", Gleichflügler

Über die Phylogenie der Homoptera bestehen unterschiedliche Auffassungen. Vermutlich ist diese Ordnung keine monophyletische Gruppe. Alle gemeinsamen Merkmale sind wahrscheinlich Plesiomorphien, die apomorphe Ausbildung findet sich bei den Heteroptera. Da die Diskussion noch nicht abgeschlossen ist, wird das Taxon vorläufig beibehalten.

Bau

Die Kopfkapsel der Homoptera zeigt Auflösungserscheinungen. Es treten membranöse Zonen auf, die Ventralseite ist nie geschlossen, eine Gula fehlt. Deshalb ist bei manchen Gruppen die Rüsselbasis nach hinten verlegt. Die Vorderflügel sind nicht als Hemielytren ausgebildet (Abb. 916, 919, 920 B, 922, 924) und den Hinterflügeln verhältnismäßig ähnlich. Beide Flügelpaare werden in Ruhestellung dachförmig gehalten (Abb. 916, 924 A).

Alle Homoptera sind Pflanzensaftsauger. Im Darm existiert eine Filterkammer, die eine direkte Verbindung zwischen der Übergangsregion von Vorder-

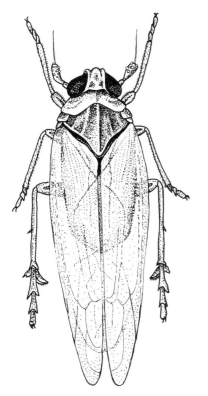

Abb. 916: Auchenorrhyncha. *Javesella pellucida,* eine häufige Spornzikade (Delphacidae), Länge 5 mm. Nach Fritzsche et al. (1972).

handen. Manche Zikaden gelten durch die Übertragung von Pflanzenviren als Schädlinge.

Bau

Die Basis des dreigliedrigen Saugrüssels ist nicht nach hinten zwischen die Vorderhüften verlagert. Die Antennengeißel (Abb. 916) ist meist kurz und borstenförmig (Autapomorphie). Der Vorderrand des Mesonotums ist völlig vom Pronotum bedeckt (Autapomorphie). Die Vorderflügel sind größer als die Hinterflügel und mehr oder weniger kräftig sklerotisiert. Im Flug werden die Flügel meist durch Häkchen am Vorderrand des Hinterflügels miteinander verbunden. Bei manchen Arten sind die Flügel verkürzt, und es kommt zu einem Polymorphismus. Die Hinterbeine sind als Sprungbeine ausgebildet, die Sprungmuskulatur liegt im Metathorax. Die Tarsen sind dreigliedrig.

Die Männchen aller Arten, mitunter auch die Weibchen, erzeugen charakteristische, verschiedenartige, rhythmische Gesänge, die nur bei den Cicadidae direkt vom Menschen gehört werden können. Beide Geschlechter haben Gehörorgane (Autapomorphie). Die der Lauterzeugung dienenden **Trommelorgane** (Autapomorphie) liegen an den Seiten des 1. Abdominalsegments dorsal von den Gehörorganen. Durch Muskelzug (Singmuskel) werden nach außen gewölbte, durch Rippen verstärkte Schallplatten in Schwingungen versetzt. Diese liegen frei oder sind durch einen Schalldeckel,

und Mitteldarm mit dem Hinterdarm herstellt (Abb. 917). Dadurch wird die Ableitung überschüssigen Wassers in den Enddarm ermöglicht und der Nahrungssaft vor dem Eintritt in den Mitteldarm verdickt. Die Ausbildung der Filterkammer wird als Anpassung an diese Form der Ernährung angesehen. Die im einzelnen recht unterschiedliche Konstruktionsweise läßt die Vermutung zu, daß Filterkammern mehrfach konvergent entstanden sind.

Innerhalb der Homoptera werden zwei Gruppen unterschieden, deren Monophylie jeweils mehr oder weniger stichhaltig begründet werden kann: die Auchenorrhyncha (Zikaden) und die Sternorrhyncha (Pflanzenläuse).

7.22.1 Auchenorrhyncha, Zikaden

Es gibt etwa 42 550 Arten, in Mitteleuropa ca. 630. Die Körperlänge beträgt 1,8–38 mm, max. 95 mm, die Flügelspannweite max. 130 mm (*Fulgora laternaria*). Die Auchenorrhyncha saugen Phloemsaft, nur die Typhlocybinae ernähren sich von Mesophyllzellen. Vielfach liegt eine Wirtspflanzenbindung vor. Bei den meisten Arten sind intrazelluläre Symbionten in Zellen des Fettkörpers oder in spezifischen Mycetomen (Teile des Fettkörpers mit intrazellulären, symbiontischen Mikroorganismen) vor-

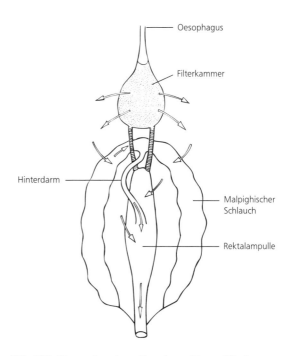

Abb. 917: Sternorrhyncha. Pseudococcidae, Filterkammer. Flüssigkeitsausscheidung unter Umgehung des Mitteldarms direkt in die Rektalampulle bzw. die Malpighischen Schläuche. Nach Jacobs und Seidel (1975).

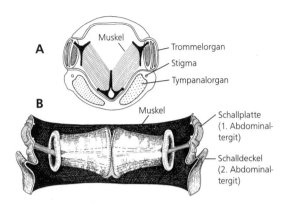

Abb. 918: Auchenorrhyncha. A Abdomenbasis von vorn, quer. B Trommelorgan, nach Abhebung der Dorsalwand mit Aufsicht auf die Schallmuskeln, die die Schallplatten in rasche Bewegung versetzen. Nach Weber (1949).

der vom 2. Tergit ausgeht, bedeckt (Abb. 918). Das gesamte Organ wird von einem Operculum aus dem 3. Thoraxsegment überlagert. Über den Singmuskeln liegt ein großer Luftsack, der als Resonanzkörper wirkt. Das Geräusch wird durch Eindellen (Muskelzug) und Zurückspringen (Eigenelastizität) erzeugt; 50–480 Muskelkontraktionen s^{-1} erzeugen Schnell-Frequenzen von 1,5–8 kHz. Einige Arten besitzen Wachsdrüsen auf dem Abdomen und den Flügeln.

Fortpflanzung und Entwicklung

Bei der Kopulation sitzen die Partner schräg nebeneinander. Die Weibchen legen mit ihrem säbelartigen Legebohrer die Eier meist in lebendes Pflanzengewebe, manche Arten auch in den Boden. Die Entwicklung läuft über 5 Larvenstadien. Bei einigen Arten wurde ein Saisondimorphismus nachgewiesen, der auch den männlichen Kopulationsapparat einschließt.

7.22.1.1 Fulgoromorpha, Laternenträgerartige

Die Ocellen liegen unterhalb der Komplexaugen (Autapomorphie), dort entspringen ebenfalls die Antennen (Autapomorphie). Pedicellus stark modifiziert (Autapomorphie) (Abb. 916). Hinterhüften unbeweglich, z. T. mit dem 3. Thoraxsegment verschmolzen (Autapomorphie). Kein Sprungvermögen.

Euides speciosa (Delphacidae, Spornzikaden), 5 mm; Hinterschienen mit beweglichem Dorn; 3 erste Fühlerglieder auffallend stark; lebt auf Schilf. – *Mitricephalus macrocephalus* (Tettigometridae, Käferzikaden), 6 mm; Eier werden frei abgelegt; unterirdisch an Pflanzenwurzeln saugend; in Gesellschaft von Ameisen. – *Cixius nervosus* (Cixiidae), 8 mm; Flügel fast flach über dem Hinterleib zusammengelegt; Wachsausscheidungen am Abdomenende; Eier mit Wachsfäden; lebt auf Laubbäumen. – *Laternaria phosphorea*, Surinamesischer Laternen-

träger (Fulgoridae, Laternenträger), 60 mm; mit auffälliger Verlängerung der Stirn; Südamerika.

7.22.1.2 Cicadomorpha, Zikadenartige

Antennen auf der Stirn zwischen den Augen entspringend; Randader um den gesamten Flügel herumlaufend (Autapomorphie); Darm mit Filterkammer.

Cicadoidea, Singzikaden – Vorderbeine der Larven sind Grabbeine (Autapomorphie) (Abb. 846 B); kein Sprungvermögen; nur Männchen erzeugen Töne. – *Cicadetta montana*, Bergzikade (Tibicinidae), 8–20 mm; thermophil; auffälliger Gesang; Larven saugen an Pflanzenwurzeln. – *Magicicada septendecim*, Siebzehnjährige Zikade (Tibicinidae), 40 mm; in Nordamerika; braucht 17 Jahre zu ihrer Entwicklung.

Cercopoidea und Membracoidea – Vorderer Ocellus fehlt (Autapomorphie); mit Sprungvermögen, Sprungmuskulatur in den Hinterhüften. – *Cercopis vulnerata*, Blutströpfchenzikade (Cercopidae, Schaumzikaden), 11 mm; Vorderflügel schwarz mit roten Flecken; Larven erzeugen durch Einpumpen von Luftbläschen aus der ventralen Atemhöhle Schaum in einer Flüssigkeit, die aus dem After ausgeschieden wird und mit verschiedenen Substanzen u. a. Mucopolysacchariden angereichert ist; Atmung mit der Hinterleibsspitze außerhalb der Schaumoberfläche; leben im Wurzelbereich; bevorzugt in feuchten Biotopen. – *Philaenus spumarius*, Wiesenschaumzikade (Cercopidae), 6 mm; polyphag an verschiedenen Krautpflanzen; Schaum auffällig an oberirdischen Pflanzenteilen. – *Ledra aurita*, Ohrzikade (Cicadellidae, Zwergzikaden), 13–17 mm; graubraun, auf Rinde. – *Cicadella viridis* (Cicadellidae, Zwergzikaden), 9 mm; grün; an *Juncus* und *Scirpus*. – *Gigantorhabdus enderleini* (Membracidae, Buckelzikaden), 6 mm; Prothorax mit sehr bizarrem Fortsatz; Südamerika.

7.22.2 Sternorrhyncha, Pflanzenläuse

Von den 16 400 Arten leben etwa 1 000 in Mitteleuropa. Die Körperlänge beträgt 0,5–6 mm, max. 8 mm (Lachnidae) bzw. 35 mm (*Aspidoproxus maximus*, Südafrika). Die Sternorrhyncha saugen sowohl an Siebröhren wie auch an Parenchym.

Bau

Die Basis des Saugrüssels ist nach hinten zwischen oder hinter die Vorderhüften verlagert (Autapomorphie). Die Antennengeißeln sind nicht borstenförmig (Abb. 919, 920). Radius, Media und Cubitus sind an der Basis zu einem einheitlichen Stamm verschmolzen (Autapomorphie). Die Subcosta ist fast in ganzer Länge mit dem Radius verbunden. Der Vorderflügel besitzt keinen Clavus (Autapomorphie) (Abb. 919, 920 B). Viele Morphen (Abb. 920 A, 923) und einige Arten sind flügellos. Die Tarsen sind ein- oder zweigliedrig (Autapomorphie).

Die Embryonen haben auf der Stirn einen sägeförmigen Eisprenger (Autapomorphie).

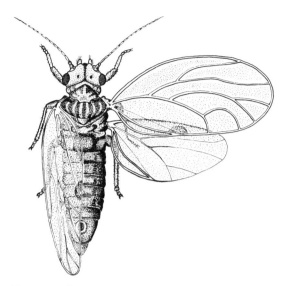

Abb. 919: Psylloidea. *Cacopsylla pyricola*, Birnblattsauger, Länge 3 mm. Nach Haupt (1925).

Systematik

Es werden 4 Subtaxa unterschieden, von denen jeweils 2 eine monophyletische Gruppe bilden: **Aphidomorpha** (Radius, Media und Cubitus sind basal soweit miteinander verschmolzen, daß ihre Gabelungen scheinbar direkt aus dem Radius entspringen) mit Aphidina und Coccina sowie **Psyllomorpha** (Hinterhüften verbreitert und eng beieinanderstehend, Anfangsteil des Ductus ejaculatorius zu einer Spermapumpe umgebildet) mit Psylloidea und Aleyrodoidea.

7.22.2.1 Aphidina, Blattläuse

4400 Arten, in Mitteleuropa 740, 0,5–8 mm. Körper rundlich bis oval, mitunter mit Wachsausscheidungen, große Unterschiede zwischen den Morphen; Antennen vier- bis sechsgliedrig; Flügel mit Pterostigma zwischen Costa und Radius. Beine lang und dünn, ohne Sprungvermögen, Tarsen zweigliedrig; Abdomen meist mit Siphonen (Abb. 920); Malpighische Schläuche fehlen (Autapomorphie).

Meist kommen 5 recht unterschiedliche Morphen vor; obligate, häufig zyklische Parthenogenese, daher Generationswechsel bei den meisten Arten. Häufig auch Wirtswechsel (Abb. 921).

Pflanzensaftsauger an ober- und unterirdischen Pflanzenteilen, auch an Rinde; manche erzeugen Gallen; monophag bis polyphag; viele Arten schädlich durch Saugen und Übertragung von Viren.

Cinara piceae (Lachnidae, Baumläuse), 6 mm; lebt auf *Picea*, an Zweigen und Stämmen, im Sommer an Wurzeln; ohne Wirtswechsel; erzeugt Honigtau („Waldhonig"). – *Periphyllus testudinaceus* (Chaitophoridae, Borstenläuse),

3 mm; Körper mit langen Borsten; auf Ahorn; ohne Wirtswechsel. – *Phyllaphis fagi*, Wollige Buchenlaus (Calaphididae, Zierläuse), 3 mm; an Blattunterseite und Triebspitzen von Buchen, ohne Wirtswechsel; mit wolligen, weißen Wachsausscheidungen. – *Aphis fabae*, Schwarze Bohnenlaus (Aphididae, Röhrenläuse), 2 mm; nur die Sexuales-Weibchen legen Eier, alle anderen Weibchen sind lebendgebärend; mit Wirtswechsel und holozyklisch, Winterwirt *Euonymus europaeus*, Sommerwirte sind zahlreiche Krautpflanzen; durch Virusübertragung und wegen des Saugens als Pflanzenschädling bedeutsam. – *Hormaphis betulae* (Thelaxidae, Maskenläuse), 1,2 mm; Siphonen mehr oder weniger reduziert; außer bei geflügelten Individuen ist der Kopf mit dem Thorax verwachsen; an der Blattunterseite von Birken; nur Parthenogenese; ohne Ameisenbesuch. – *Adelges laricis*, Rote Fichtengallenlaus (Adelgidae), 1 mm; Siphonen fehlen; alle Weibchenformen legen Eier; mit Wirtswechsel zu Lärchen, Hauptwirt stets Fichten; erzeugt charakteristische Gallen. – *Viteus vitifolii*, Reblaus (Phylloxeridae, Zwergläuse), 1,4 mm; Siphonen fehlen; Sexuales ohne

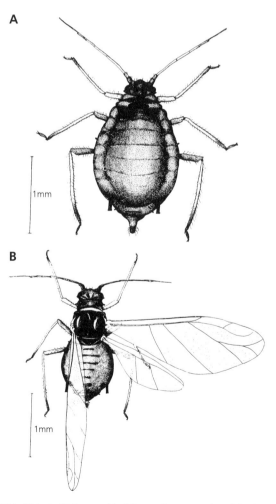

Abb. 920: Aphidina. *Aphis fabae*. Schwarze Bohnenblattlaus. A Ungeflügelte Virgo. B Geflügelte Virgo. Aus Fritzsche et al. (1972).

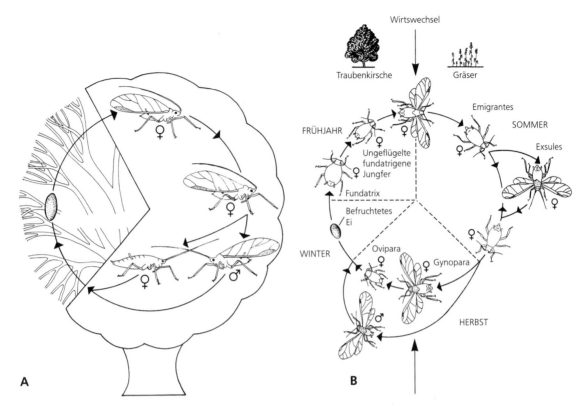

Abb. 921: Aphidina. Entwicklungszyklen und Generationswechsel (Heterogonie). A *Drepanosiphum platanoidis*, Ahornzierlaus, monophag: nur auf Berg-Ahorn. Überdauerung im Winter im Ei; im Frühjahr schlüpft daraus eine geflügelter Fundatrix (1. Generation), die sich parthenogenetisch vermehrt; diese Virginoparae pflanzen sich ebenfalls parthenogenetisch fort; darauf folgen weitere parthenogenetische Generationen. Im Herbst treten die Sexuales auf, ungeflügelte Weibchen und geflügelte Männchen; nach der Paarung legen die weiblichen Sexuales die befruchteten Dauereier ab. B *Rhopalosiphum padi*, Traubenkirschenlaus, polyphag; auf der Traubenkirsche und Gräsern. Dauereier im Winter auf *Padus avium*, aus denen im Frühjahr die ungeflügelten Fundatrices schlüpfen; diese und nachfolgende Generationen entstehen rein parthenogenetisch. Die 3. Generation ist geflügelt (Emigranten) und übersiedelt auf Gräser; hier mehrere Generationen flügelloser Weibchen (Exsules). Bei hoher Siedlungsdichte Auftreten geflügelter Tiere (Alatae), die andere Gräser aufsuchen. Im Herbst erscheinen die Gynoparae (geflügelte Weibchen) und geflügelte Männchen, die auf die Traubenkirschen zurückfliegen; hier gebären diese Weibchen eine letzte Generation aus immer ungeflügelten Weibchen (Oviparae), deren Eier von den Männchen befruchtet werden und als Dauereier den Winter überstehen. Nach Dixon (1976).

Rüssel und ohne After; alle Weibchenformen legen Eier; ohne Wirtswechsel; gallbildend an Blättern des Weinstocks, Schäden durch Saugen an den Wurzeln; vor ca. 100 Jahren eingeschleppt.

7.22.2.2 Coccina, Schildläuse

7 800 Arten, in Mitteleuropa 145; 0,8–7 mm, max. 35 mm (*Aspidoproxus maximus*, Südafrika); ohne Sprungvermögen; Tarsen eingliedrig, nur mit einer Kralle (Autapomorphie); extremer Sexualdimorphismus (Autapomorphie) (Abb. 922, 923).

Saugen ober- oder unterirdisch an verholzten Pflanzenteilen, Blättern oder Früchten, meist polyphag; Arten an Nadelholz erzeugen Honigtau; manche bedeutsam als Schädlinge, vor allem eingeschleppte Arten an Zimmerpflanzen und in Gewächshäusern;

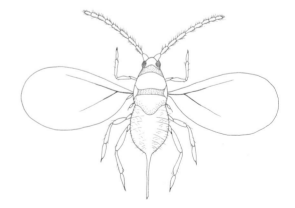

Abb. 922: Coccina. *Pericerya purchasi*, Orangenschildlaus, Heimat Australien, heute Kosmopolit. Männchen. Nach Naumann et al. (1991).

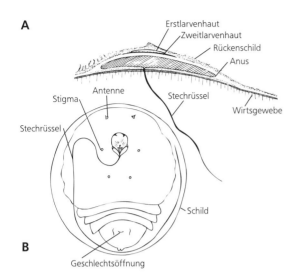

Abb. 923: Coccina. A Bauplan einer Diaspidide im Längsschnitt, Weibchen, B Weibchen, Ventralansicht, der Schild ist nur angedeutet, in Wirklichkeit ist sein Umfang im Verhältnis zum Körper größer, wie auch aus dem Längsschnitt hervorgeht. Aus Weber und Weidner (1974).

fast immer mit Symbionten; leben meist in Kolonien; Ameisenbesuch (Trophobiose) häufig; uralte Rohstofflieferanten: Cochenille, Kermes, Schellack.

Meist ovipar, aber auch ovovivipar und vivipar; Eier werden mit Wachs oder Bruttasche bzw. Schild bedeckt; Parthenogenese kommt vor; die erste Larve beweglich, setzt sich fest (Weibchen).

Orthezia urticae, Brennesselröhrenlaus (Ortheziidae, Röhrenschildläuse), 10 mm; Weibchen und Larven mit gut ausgebildeten Beinen und Antennen, beweglich; das Weibchen wird nach 4, das Männchen nach 5 Larvenstadien erreicht; Körper mit auffälligen Wachsausscheidungen; Weibchen am Abdomenende mit einem Eisack aus Wachsplatten; polyphag an *Urtica, Melampyrum, Achillea, Galium, Lathyrus, Impatiens* u. a. – *Matsucoccus pini* (Matsucoccidae), 3–4 mm; unter Rinde von *Pinus*. – *Kermes quercus*, Eichenschildlaus (Kermesidae), 3 mm lang, 4 mm breit, Saugrüssel 30 mm lang; Beine und Antennen der Weibchen weitgehend reduziert; Eiablage unter der harten Rückenhaut in zweikammrigem Brutraum; an Borke von Eichen; Ameisenbesuch. – *Physokermes piceae*, Große Fichtenquirlschildlaus (Coccidae, Napfschildläuse), 5–8 mm; beerenförmiger Körper des Weibchens bedeckt eingetrocknet die Eier, Weibchen unter einer lackartigen Hülle; Weibchen mit 3, Männchen mit 5 Entwicklungsstadien; in den Zweigwinkeln von *Picea*. – *Pseudococcus maritimus* (Pseudococcidae, Wollläuse), 5 mm; Weibchen beweglich mit gut entwickelten Beinen; Wachsausscheidungen bzw. Sekretbelag; Männchen mit 5, Weibchen mit 3 oder 4 Entwicklungsstadien; eingeschleppt, in Gewächshäusern und an Zimmerpflanzen, z. B. *Clivia*, Kakteen. – *Asterodiaspis variolosa*, Eichenpockenlaus (Asterolecaniidae, Pockenschildläuse), 2 mm; an Eichen; Weibchen unter einem mehr oder weniger durchsichtigen Schild aus Drüsensekret und Kot, darunter Eiablage; Männchen unbekannt, Vermehrung parthenogenetisch.

7.22.2.3 Psylloidea, Blattflöhe

3000 Arten, in Mitteleuropa 120; 1–10 mm; Facettenaugen groß, 3 Ocellen; Hinterbeine als Sprungbeine ausgebildet, Schenkel verdickt, Hinterhüften fest mit dem Thorax verwachsen (Autapomorphie); Tarsen zweigliedrig; Flügel stets vorhanden, Vorderflügel größer als Hinterflügel, mit gegabelten Längsadern (Abb. 919), Vorder- und Hinterflügel werden während des Flugs durch Häkchen am Vorderrand des Hinterflügels gekoppelt (Autapomorphie); Lautäußerungen kommen bei beiden Geschlechtern vor.

Pflanzensaftsauger mit z. T. hoher Wirtsspezifität; gelegentlich werden Schäden an Kulturpflanzen verursacht; manche Arten erzeugen Gallen; intrazelluläre symbiontische Mikroorganismen sind vorhanden, die meist in Mycetomen lokalisiert sind. Die Eier werden frei auf Pflanzen abgelegt oder mit einem Eistiel im Gewebe befestigt; 5 Larvenstadien, das 1. frei beweglich, die anderen festsitzend, z. T. mit Wachsausscheidungen.

Livia junci, Binsenblattfloh (Psyllidae), 2,5 mm; an *Juncus*-Arten. – *Psylla alni*, Erlenblattfloh (Psyllidae), 4 mm; an *Alnus*.

7.22.2.4 Aleyrodoidea, Mottenschildläuse

1200 Arten, in Mitteleuropa 14; 1–2 mm; Körper und Flügel mit mehlartigem Wachsstaub bedeckt, der von Drüsen ausgeschieden wird, die ventral an der Abdomenbasis liegen (Autapomorphie); kein vorderer Ocellus (Autapomorphie). Flügel immer vorhanden (Abb. 924 A), im Flug nicht miteinander verbunden, Flügelgeäder stark reduziert; Hinterbeine als Sprungbeine ausgebildet, die Trochantermuskeln dienen als Sprungmuskeln; Tracheensystem reduziert, am Abdomen nur die Stigmen des

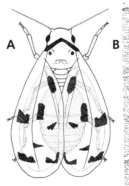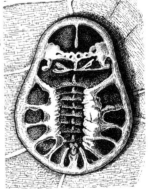

Abb. 924: Aleyrodoidea. A *Aleyrodes olivinus*, Südeuropa, Länge 2 mm. B *Aleurochiton aceris*, an Spitz-Ahorn, 4. Larvenstadium, Winterform (Latenzstadium) mit starker, pigmentierter Cuticula und dicken Wachsablagerungen, Länge 2 mm. A Nach Silvestri (1914) aus Obenberger (1957); B nach Weber und Weidner (1974).

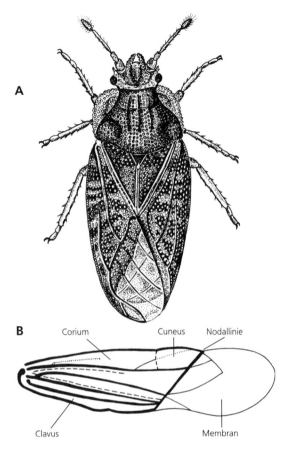

A

B

Corium Cuneus Nodallinie

Clavus Membran

Abb. 925: Heteroptera. A *Piesma quadratum*, Rübenwanze, Männchen, Länge 3 mm. B Vorderflügel einer Miride. A Aus Fritzsche et al. (1972); B nach Hennig (1986).

2. und 8. Segments (Autapomorphie); nur 2 Malpighische Schläuche; 1. Abdominalsegment stielartig verschmälert (Autapomorphie), Hinterleib dadurch sehr beweglich.

Vor der Paarung Balz; Eier werden mit Stiel in Pflanzengewebe befestigt; Metamorphose als Allometabolie (Form der Neometabolie) ausgebildet; 4 Larvenstadien, L_1 frei beweglich, abgeplattet; L_2-L_4 stummelfüßig, auf Blattunterseite festsitzend, mit Wachsausscheidungen (Abb. 924B), letztes Larvenstadium als Puparium, hier die Ausbildung der Imaginalorgane, es nimmt Nahrung auf (Autapomorphie); vielfach werden 2 Generationen ausgebildet, Saisondimorphismus der Puparien kommt vor; mitunter Parthenogenese; Spezialisierung auf bestimmte Wirtspflanzen weit verbreitet; Schadauftreten möglich; Mycetome vorhanden.

Aleyrodes proletella (Aleyrodidae), 2 mm; an *Chelidonium majus*.

7.23 Heteroptera, Wanzen

Von den 40 500 Arten leben 865 in Mitteleuropa. Ihre Körperlänge schwankt zwischen 1,5–40 mm,

max. erreicht sie 110 mm (*Lethocerus grandis*). Wanzen sind Pflanzensaftsauger (z. T. schädlich), Räuber oder Blutsauger (Ektoparasiten). Einige Arten übertragen Krankheiten, z. B. *Rhodnius* die Chagas-Krankheit (S. 29). Vielfach sind Symbionten in Blindsäcken des Mitteldarms nachgewiesen, ein Filtersystem fehlt. Heteroptera besiedeln das Land, leben im Süßwasser oder auf der Wasseroberfläche. *Halobates*-Arten kommen sogar auf der Oberfläche der Hochsee vor.

Bau

Der Kopf ist prognath, wodurch die Rüsselbasis nach vorn verschoben wird. Die Mandibeln sind am Ende mit feinen Zähnen versehen und fungieren als Stechborsten. Die Maxillen bilden ein Doppelrohr, das oben den Nahrungskanal und unten den Speichelkanal enthält. Die Stechborsten sind oft länger als das Rostrum, liegen dann eingerollt in einer Tasche (Crumena) im Kopf oder Thorax. Im Kopf befindet sich eine Speichelpumpe. Die Kopfkapsel ist ventral geschlossen, und es ist eine Gula vorhanden (Autapomorphie). Die Facettenaugen sind meist groß, es sind nur 2 Ocellen vorhanden (Autapomorphie). Die Antennen sind im Grundplan nur viergliedrig (Autapomorphie), vielfach jedoch fünfgliedrig. Das Tentorium ist reduziert.

Der Thorax trägt dorsal einen Halsschild (Prothorax) und ein Schildchen (Mesothorax) (Abb. 925 A). Am Metathorax münden oberhalb der Hinterhüften Stinkdrüsen („Wanzengeruch") (Autapomorphie), die Wehrsekrete und bakterizide Stoffe zum Freihalten der Körperoberfläche von Mikroorganismen produzieren. Die Vorderflügel sind als Hemielytren ausgebildet (Abb. 925 B). Ein stärker sklerotisiertes Corium und ein Clavus sind von einer häutigen Membran abgesetzt (Autapomorphie). Die Hinterflügel sind häutig. Beide Flügel sind während des Fluges miteinander verbunden (Abb. 945 D). Oft findet man Reduktionen der Flügel, auch innerhalb einer Art. In Anpassung an die Lebensweise findet man Schreit-, Grab-, Fang-, Sprung- und Schwimmbeine. Relativ oft sind Schrillorgane ausgebildet; ihr unterschiedlicher Bau zeigt, daß sie mehrfach entstanden sind.

Fortpflanzung und Entwicklung

Die Eier der Heteroptera zeigen oft eine auffällige Oberflächenskulptur. Einige Arten haben Brutpflege. Ausnahmsweise kommt Viviparie vor (Polyctenidae, Ektoparasiten an Fledermäusen in Afrika, Amerika, Indien). Fast immer sind 5 Larvenstadien vorhanden (Abb. 875 A).

7.23.1 Enicocephalomorpha

Artenarme, basale Gruppe der Südhalbkugel mit auffälligen Seitenlappen am Kopf.

7.23.2 Dipsocoromorpha

Durch fadenförmige und lang bewimperte 3. und 4. Antennenglieder ausgezeichnet.

Ceratocombus coleoptratus (Dipsocoridae), 2 mm; in Moosen.

7.23.3 Gerromorpha (Amphibiocorisa), Wasserläufer

Antennen länger als Kopf, vier- bis fünfgliedrig; leben auf der Wasseroberfläche (Anpassungen im Bau der Tarsen), auch am Ufer; autapomorphe Besonderheiten im Bau der Stechborsten (Reusenstrukturen); Körperunterseite fein weiß behaart.

Aquarius paludum (Gerridae, Wasserläufer), 14–16 mm; Vorderbeine kurz (Ergreifen und Halten der Beute), Mittel- und Hinterbeine sehr dünn und lang; Flügelausbildung polymorph; Körper ventral und Beine wasserabstoßend behaart (Unbenetzbarkeit); auf der Oberfläche (getragen von der Oberflächenspannung) stehender Gewässer. Ernährt sich vor allem von Insekten, die auf die Wasseroberfläche fallen; mit Vibrationssinnesorganen (Chordotonalorgan) distal der Tibiotarsalgelenke werden Oberflächenwellen registriert; diese Organe dienen auch dem Erkennen und der Kommunikation mit dem Geschlechtspartner sowie der Territorialität. Eier an Wasserpflanzen oder anderen Substraten. – *Halobates* spp. (Halobatidae, Meereswasserläufer), 5 mm; ohne Flügel; gesamter Zyklus auf der Meeresoberfläche; 5 Arten ständig auf der Hochsee; Eiablage an schwimmenden Substraten (Tang, Federn). – *Velia caprai* (Veliidae, Bachläufer), 8 mm; Beine mittellang; meist ohne Flügel, auf Fließgewässern; kann tauchen; räuberisch, Beute wird vielfach vom Wasserstrom herangetrieben. – *Hydrometra stagnorum*, Gemeiner Teichläufer (Hydrometridae), 9–12 mm; Körper sehr lang und dünn, Beine ebenfalls lang, meist kurzflüglig, Beine und Ventralseite des Körpers wasserabstoßend behaart; läuft auf Wasseroberfläche und am Ufer stehender Gewässer; räuberisch; Eiablage an Pflanzen in Ufernähe.

7.23.4 Leptopodomorpha

Dreigliedrige Tarsen, Stinkdrüsenmündungen fehlen; seitliche Kopulationsstellung.

Salda littoralis (Saldidae, Uferwanzen), 7 mm; an Ufern, räuberisch.

7.23.5 Nepomorpha (Hydrocorisa, Cryptocerata), Wasserwanzen

Antennen kürzer als Kopf, ein- bis viergliedrig, häufig in Gruben verborgen (Autapomorphie). Ovipositor der Weibchen durch eine Subgenitalplatte bedeckt, die vom 7. Abdominalsternit gebildet wird; aquatisch, meist gutes Flugvermögen, deshalb auch an Land zu finden. Larven mit Chloridzellen.

Corixoidea – Atemluft wird vom Nacken her aufgenommen; Ventilation durch Kopfnicken und Streichen der Hinterbeine an den Körperseiten; L$_1$ und L$_2$ mit Hautatmung; Eiablage außen an Wasserpflanzen; Rostrum ungegliedert, unbeweglich.

Corixa punctata (Corixidae, Ruderwanzen), 14 mm; Hinterbeine als Schwimmbeine, Mittelbeine sind Haltebeine, Vorderbeine mit schaufelförmigem Tarsenglied (Pala), das die Nahrung (Algen, Detritus) heranführt; können vom Schwimmen direkt in den Flug übergehen; leben oft gemeinschaftlich; Lautäußerungen (Vorderbeine der Männchen mit Schrillfeldern, werden an Kopfkante gestrichen) und Gehörorgane (im Mesothorax) vorhanden, verschiedene Gesänge bekannt; Abdominalsegmente der Männchen asymmetrisch.

Notonectoidea – Atemluft wird mit dem Hinterende des Abdomens aufgenommen; Eiablage in Pflanzengewebe; Rostrum gegliedert, frei beweglich.

Nepa cinerea, Wasserskorpion (Nepidae, Skorpionswanzen), 22 mm; Körper stark abgeplattet, länglich oval; Vorderbeine als Fangbeine, Lauerräuber; Flugmuskulatur zurückgebildet; Abdomenende auch bei den Larven mit Atemrohr; Eier mit 6–9 fadenförmigen Atemanhängen. – *Ranatra linearis*, Stabwanze (Nepidae, Skorpionswanzen), 30–40 mm; Körper langgestreckt, zylindrisch; Vorderbeine als Fangbeine ausgebildet, Lauerräuber; fliegt oft; Abdomenende auch bei den Larven mit Atemrohr; Eier mit 2 fadenförmigen Atemanhängen. – *Ilyocoris cimicoides*, Schwimmwanze (Naucoridae, Schwimmwanzen), 16 mm; Hinter- und Mittelbeine mit Schwimmhaaren besetzt; Gasaustausch über das Abdomenende (Konvergenz auch im Schwimmen zu den Dytisciden, S. 663); Vorderbeine als Raubbeine; Männchen mit Lautäußerungen (Organ zwischen 6. und 7. Abdominalsegment). – *Aphelocheirus aestivalis* (Aphelocheiridae, Grundwanzen), 10 mm; Vorderbeine nicht als Fangbeine ausgebildet; Larven mit Hautatmung; Imagines mit Plastronatmung (4 Mill. hakenförmig abgebogene Haare pro mm^2 zum Festhalten der Luftschicht und Einfangen von Luftbläschen); am Grunde von Fließgewässern und in der Brandungszone von Seen; ernährt sich von Erbsenmuscheln (*Pisidium* sp.) und Insekten; Eiablage an Holz, Steinen oder Muschelschalen. – *Plea leachi* (Pleidae, Zwergrückenschwimmer), 2,5 mm; schwimmt mit Rücken nach unten; Hinterflügel verkürzt, Elytren umschließen Luftvorratsraum; beide Geschlechter mit Lautäußerungen (Reiben der Vorderbrust gegen Mittelbrust) und Gehörorganen (Mesothorax); fressen Kleinkrebse; Metathoracaldrüse mit Sekret, das die Ansiedlung von Mikroorganismen auf der Körperoberfläche verhindert. – *Notonecta glauca*, Gemeiner Rückenschwimmer (Notonectidae), 16 mm; schwimmt auf dem Rücken; Tibia und Tarsus der Hinterbeine mit Schwimmhaaren (3 700 Haare pro Bein); Luftvorrat als Hülle um den gesamten Körper, vor allem aber ventral am Abdomen (Luftrinnen mit Haarzeilen), außerdem Luftvorrat unter den Flügeln; gut entwickeltes Flugvermögen; räuberisch, Beute wird von Wasseroberfläche und aus dem Wasserkörper aufgenommen, Lauerjäger (besondere Anpassung der Augen); Vorder- und Mittelbeine dienen zum Ergreifen und Halten der Beute.

7.23.6 Cimicomorpha

Eier mit Operculum und abgeleitete Flügelmerkmale.

Stenodema calcarata (Miridae, Blindwanzen), 7 mm; Körper schwach sklerotisiert, langgestreckt; keine Ocellen; phytosug. – *Cimex lectularius*, Bettwanze (Cimicidae, Plattwanzen), 6 mm; Hinterflügel fehlen, Vorderflügel re-

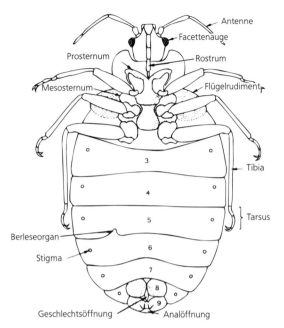

Abb. 926: Heteroptera. *Cimex lectularius,* Bettwanze. Schematisiert, Ventralansicht, Weibchen. Flügelrudimente scheinen durch. Ziffern bezeichnen Abdominalsegmente. Aus Mehlhorn und Piekarski (1981).

duziert; Männchen mit penisartigem Organ, das nicht in die Vagina eingeführt wird, sondern in das Ribagasche Organ im 4. Abdominalsegment (Abb. 926, 927); Spermien wandern durch die Leibeshöhle zum Receptaculum seminis; synanthrop, Blutsauger an Mensch und Fledermäusen; intrazelluläre Symbionten. – *Nabis ericetorum* (Nabidae, Sichelwanzen), 6–6,8 mm; Rüssel sichelartig gekrümmt; räuberisch auf *Calluna,* Beute sind vor allem Zikaden. – *Reduvius personatus,* Große Raub-

wanze (Reduviidae), 18 mm; dunkelbraun bis schwarz, stark behaart; beide Geschlechter mit Lauterzeugung (Schnabelspitze wird in quer griefter Längsfurche der Vorderbrust gerieben); räuberisch von anderen Insekten; in Kellern, Wohnungen und auf Müllplätzen.

7.23.7 Pentatomorpha

Eier ohne Operculum, L_1 mit Eizähnen, im Vergleich zu den Cimicomorpha andere, abgeleitete Flügelmerkmale.

Pyrrhocoris apterus, Feuerwanze (Pyrrhocoridae, Feuerwanzen), 11 mm; oft in Massen am Fuß von Linden (Aggregationspheromone); phytosug (saftsaugend) und räuberisch; Partnerfindung durch Pheromone. – *Dolycoris baccarum,* Beerenwanze (Pentatomidae, Baumwanzen), 12 mm; Körper behaart; Schildchen auffällig groß; gut entwickelte Stinkdrüsen; Lauterzeugungsorgane bei beiden Geschlechtern (Hinterschienen werden über ein griefes Feld der Abdominalsegmente gerieben); phytosug an verschiedenen Krautpflanzen; mit Symbionten.

7.24 Coleorrhyncha

Die 25 Arten, von denen keine in Mitteleuropa vorkommt, sind alpine Relikte der antarktischen Fauna; 2–5 mm. Sie leben zwischen 55° und 44° südlicher Breite (Australien, Neuseeland, Tasmanien, Argentinien und Südchile) in Moosen und Flechten von *Nothofagus*-Wäldern.

Die Facettenaugen treten kugelig hervor, Ocellen fehlen (Autapomorphie). Als plesiomorph ist das Fehlen der Gula anzusehen.

Die Vorderflügel sind durch ein von allen anderen Hemiptera stark abweichendes Geäder ausgezeichnet (Abb. 928), die Hinterflügel fehlen, außer bei *Peloridium hammoniorum* (Autapomorphie). Die

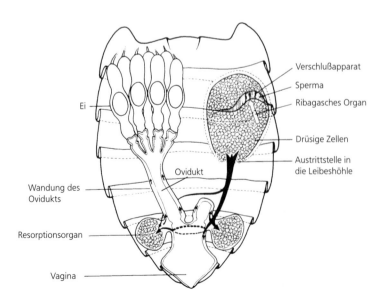

Abb. 927: Heteroptera. *Cimex lectularius.* Wanderung und Resorption des Spermas im Hinterleib. Das Männchen führt mit seinem Kopulationsapparat das Sperma (weißer Pfeil) durch den Verschlußapparat in das Ribagasche Organ ein, durch dessen drüsige Zellen die Spermatozoen aktiviert werden. Sie gelangen durch seine Wandung in die Leibeshöhle und werden chemotaktisch vom Ovidukt und seinen seitlichen Aussakkungen, den Resorptions- oder kolbenförmigen Organen, angelockt (schwarzer Pfeil). Daraus wandern sie in der Wandung der paarigen Eileiter zu den Eiröhren, um das Ei noch vor der Chorionbildung zu befruchten (kleine schwarze Pfeile). Aus Askew (1971).

Tarsen sind zweigliedrig (Autapomorphie). Auffällig sind ausgeprägte, mit Tracheen ausgestattete Seitenlappen des Pronotums (Autapomorphie), die durch eine ventrale Naht vom übrigen Körper abgetrennt sind (wie die Flügelanlagen der Larven). Manche Autoren sehen in diesen Seitenlappen eine Homologie zu den Paranota der Palaeodictyoptera und nehmen an, daß die Coleorrhyncha die einzige rezente Insektengruppe sind, bei der diese Bildungen erhalten geblieben sind, andere halten sie für Neuerwerbungen. Auch wird diskutiert, dieses Taxon zu den Homoptera zu stellen, wofür sich jedoch kaum stichhaltige Hinweise erbringen lassen.

Peloridium hammoniorum (Peloridiidae), bis 5,2 mm; Hinterflügel vorhanden.

Alle weiteren Insekten-Taxa werden als **Holometabola** zusammengefaßt. Sie umfassen fast 90% aller rezenten Insekten. Die Monophylie dieser Gruppe wird insbesondere mit der vollständigen Verwandlung (Holometabolie) begründet (Abb. 874, 875 C, 876). Charakteristisches Merkmal ist neben dem stark abweichenden Bau (und meist auch der Lebensweise) der Larven (Abb. 872) die Einschaltung eines Puppenstadiums (Abb. 873) zwischen das letzte Larvenstadium und die Imago. Die Puppe nimmt keine Nahrung auf, an ihr sind im Vergleich zur Larve erstmals Flügelanlagen äußerlich erkennbar. Bei vorangehenden Stadien befinden sich diese als Einstülpungen unter der larvalen Cuticula (Abb. 869 D–G), weshalb man die Gruppe auch als Endopterygota bezeichnet.

Nach HENNIG muß die Entstehung der Holometabola spätestens für das Obere Karbon angenommen werden. Der Verlauf der Aufspaltung der Holometabola ist nicht völlig geklärt. Sie werden im allgemeinen in zwei große monophyletische Gruppen untergliedert, einerseits die **Coleopteroida** und **Neuropteroida** und andererseits die **Hymenoptera** und **Mecopteroida**. Als Synapomorphien der ersten Gruppe können folgende Merkmale herangezogen werden: Die Form der Vaginalpalpen; die Ausbildung einer Gula (Kehle) bei den Imagines, die den Hinterhauptsring verschließt, indem sie den Raum zwischen dem Hinterrand des Submentums und dem Hinterhauptsloch fest ausfüllt (Abb. 849 A,B); die dachartige Ruhestellung der Flügel und die Bildung von Kokons (wenn vorhanden) aus dem Sekret der Malpighischen Schläuche.

Die Raphidioptera, Neuroptera und die Megaloptera bilden das Taxon **Neuropteroida**. Diese Verwandtschaftsgruppe zeichnet sich durch die folgenden Autapomorphien aus: Die Kopfkapsel der Larven und Imagines ist ventral zwischen dem Hinterhauptsloch und den Mundwerkzeugen geschlossen (Abb. 849 A, 931); das Labium der Imagines hat keine Paraglossae; im männlichen Kopulationsapparat ist ein sog. Gonarcus vorhanden; beim Weibchen ist ein Ersatzlegerohr mit eigener Muskulatur entwickelt (Abb. 932 A); der Legeapparat ist aus den miteinander verschmolzenen 3. Valven hervorgegangen. Die Neuropteroida besitzen auffällige Plesiomorphien: viele Antennenglieder, große einander ähnliche Flügel mit vielen Längs- und Queradern („Netzflügler") und einem breiten Costalfeld zwischen Costa und Subcosta, 5 Tarsenglieder.

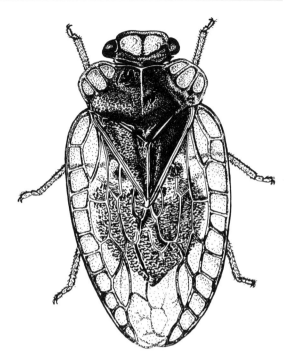

Abb. 928: Coleorrhyncha. *Peloridium hammoniorum*, makropteres (voll geflügeltes) Männchen, Länge 4,7 mm, Feuerland. Nach China (1962) aus Weber und Weidner (1974).

7.25 Megaloptera, Schlammfliegen

Von den ca. 270 Arten leben in Mitteleuropa nur vier. Die Vorderflügellänge beträgt 8–50 mm, max. 85 mm, Körperlänge 70 mm (*Acanthocorydalus kolbei*). Die Flügel sind breit und dunkelbraun, sie werden in Ruhe dachförmig über dem Hinterleib zusammengelegt (Abb. 929 A). Der Ovipositor ist rudimentär, die Ovariolen meroistisch telotroph. Die Imagines nehmen kaum Nahrung auf, höchstens Nektar. Man findet sie auf der Ufervegetation. Bei der Paarfindung und der Balz spielen akustische (Vibration) und chemische Signale (Duftstoffe) eine große Rolle. Die Männchen geben bei der Kopulation eine Spermatophore ab.

Insgesamt werden bis 2000 Eier pro Weibchen in großen Gelegen an Pflanzen (häufig *Phragmites*), die über die Wasseroberfläche ragen, abgelegt. Die erste Larve läßt sich in das Wasser fallen und kann frei

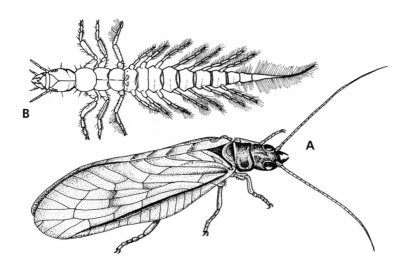

Abb. 929: Megaloptera. *Sialis* sp., Mitteleuropa. A Imago, Länge 20 mm. B Larve, Länge 30 mm. A Nach Klausnitzer (1976); B nach Peterson (1975).

schwimmen. Die Larven leben aquatisch und besitzen einen großen Prothorax, gegliederte Tracheenkiemen an den ersten 7 (oder 8) Abdominalsegmenten (Autapomorphie) (Abb. 929 B). Das Abdomenende trägt ein Terminalfilum. Die L_2 und spätere Stadien leben räuberisch (Oligochaeten, Insektenlarven, *Pisidium*) im Bodengrund. Dementsprechend sind die Mundwerkzeuge beißend. Insgesamt läuft die Entwicklung über 10 Larvenstadien und dauert 2 Jahre. Die Überwinterung erfolgt als L_7 und im 2. Jahr als L_{10}. Zur Verpuppung begibt sich die Larve an Land, wo sie sich in einer Erdhöhle in Wassernähe zu einer Pupa dectica umwandelt.

Sialis lutaria (Sialidae), Flügelspannweite 23–35 mm; an stehenden Gewässern.

7.26 Neuroptera (Planipennia), Netzflügler

Von den 6 000 Arten leben in Mitteleuropa nur ca. 100. Die Vorderflügellänge beträgt 2–25 mm, max. 80 mm (*Palpares voeltzkowi*). Der Kopf ist orthognath, die Antennen sind vielgliedrig und die Mundwerkzeuge beißend. Facettenaugen vorhanden, Ocellen fehlen gewöhnlich. Die reich mit Queradern und charakteristischen Endverzweigungen versehenen Flügel werden in Ruhe dachförmig über dem Hinterleib zusammengelegt. Die räuberischen Imagines ernähren sich vor allem von Blattläusen, einige Arten haben Fangbeine (Mantispidae) (Abb. 846 C, 930).

Die Mundöffnung der Larven ist zu einer schmalen Spalte reduziert (Autapomorphie). Mandibeln und Laciniae sind verlängert, sie werden aneinander gelegt und bilden ein Nahrungsrohr mit einem Saugkanal (Autapomorphie), wodurch die Tiere zur extraintestinalen Verdauung befähigt werden. Die Larven haben keine Maxillarpalpen (Autapomorphie), ihre Tarsen sind eingliedrig (Autapomorphie).

Der Mittel- und der Hinterdarm der Larven stehen nicht durch ihr Lumen miteinander in Verbindung (Autapomorphie), der Verdauungskanal ist also unterbrochen. Die Enden der Malpighischen Schläuche liegen unter der Peritonealmembran des Darms (Cryptonephridium), nur 2 Malpighische Schläuche sind frei (Autapomorphie). Die Exkrete werden gespeichert und erst von der Imago ausgeschieden. Bei den aquatischen Arten (z. B. *Sisyra*) liegen die Malpighischen Schläuche frei (Osmoregulation).

Die Larven (Abb. 872 C, 931) sind räuberisch und leben meist an Land. Fast immer sind 3 Larvenstadien vorhanden. Die Verpuppung zur Pupa dectica (Abb. 873 A) erfolgt in einem Kokon, dessen

Abb. 930: Neuroptera. *Mantispa styriaca*. Vorderbeine in Fanghaltung. Flügelspannweite: 30 mm. Original: J. Gepp, Graz.

Material von den Malpighischen Schläuchen erzeugt und vom Enddarm ausgeschieden wird.

Osmylus fulvicephalus, Bachhaft (Osmylidae), Flügelspannweite 50 mm; Vorderflügel dunkel gefleckt; auffälliges Paarungsspiel; Larve lebt am Rand von fließenden Gewässern; räuberisch, vor allem von Mückenlarven; hydrophobe Cuticula ermöglicht Eintauchen. – *Chrysoperla carnea* (Chrysopidae, Florfliegen), Flügelspannweite 30 mm; Augen goldglänzend, Körper, auch Flügel grün; mit einem Tympanalorgan an der Basis des Vorderflügels, das die Ortungslaute von Fledermäusen wahrnehmen kann; Nahrung der Imagines Blattläuse, auch Pollen, Nektar und Honigtau; können Schall erzeugen, der der Kommunikation der Geschlechter dient (Lautäußerungen u. a. Merkmale lassen ein Artengemisch, „sound species", erkennen); auf Laub- und Nadelbäumen, überwintert oft massenhaft in Gebäuden; Eiablage auf Pflanzenteile, Eier an der Spitze von Sekretfäden; Larven fressen vor allem Blattläuse; bedecken sich mit Blattlaushäuten oder Pflanzenteilen. – *Euroleon nostras*, Ameisenlöwe (Myrmeleontidae, Ameisenjungfern), Flügelspannweite 55–70 mm; Antennen am Ende keulig verdickt, Flügel schlank, mit dunklen Flecken, Tiere wirken libellenähnlich; Ernährung räuberisch; Eiablage in den Boden; die Larven bauen Trichter in Sandboden, um damit Beute (vorwiegend Ameisen) zu fangen; Verpuppung in einem Kokon im Sand; Entwicklung 2–3 Jahre. – *Libelloides* (= *Ascalaphus*) *coccajus* (Ascalaphidae, Schmetterlingshafte), Flügelspannweite 45–60 mm; Antennen am Ende verdickt; Flügel mit gelb-schwarzer Zeichnung; tagaktiv, jagen Beute im Flug; Auge anatomisch und funktionell geteilt; xerothermophil; stiellose Eier werden in Doppelreihen an Pflanzen angeklebt; Larven ähneln den Myrmeleontidae (Abb. 931); räuberisch am Boden.

7.27 Raphidioptera, Kamelhalsfliegen

Insgesamt sind 206 Arten nachgewiesen, davon 10 in Mitteleuropa. Die Vorderflügellänge beträgt 5–21 mm. Sie fehlen in der Neotropis und Australis.

Der breite und abgeplattete Kopf ist sehr beweglich, Facettenaugen groß, mit 3 Ocellen oder ohne (Inocelliidae). Die Mundwerkzeuge sind beißend, die Antennen vielgliedrig. Der Prothorax ist halsartig verlängert (Abb. 932 A) und ebenfalls frei beweglich

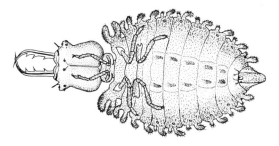

Abb. 931: Neuroptera. Larve eines Schmetterlingshaftes (Ascalaphidae), ventral. Nach Peterson (1957).

(Autapomorphie). Seine Rückenplatte ist bis zum Prosternum herabgezogen, so daß von diesem nur ein schmaler Spalt sichtbar bleibt (zylindrisches Erscheinungsbild). Der Prothorax wird schräg aufwärts getragen (Name!). Die Flügel sind durchsichtig und haben ein deutliches Pterostigma. In Ruhe werden sie dachförmig über dem Hinterleib zusammengelegt. Im Flügelgeäder mündet die Subcosta frei in die Costa, der vordere Cubitus ist mit der Media teilweise verschmolzen.

Die Weibchen haben eine lange Legeröhre, die fast die Länge des Abdomens erreicht. Meist findet man die Tiere auf Bäumen und Sträuchern, wo sie sich räuberisch vor allem von Blattläusen ernähren. Die Eiablage erfolgt in Borkenritzen oder in den Boden. Die Larven (Abb. 932 B) leben ebenfalls räuberisch, entweder unter der Borke oder am Boden, und sind als Prädatoren der Scolytidae bekannt. Die Entwicklung dauert 1–3 Jahre, und es werden 10 (9–13) Larvenstadien durchlaufen. Die Verpuppung erfolgt in einer selbstgenagten Puppenwiege (Pupa dectica). Kurz vor dem Schlüpfen ist die Puppe beweglich und kann sogar laufen.

Inocellia crassicornis (Inocelliidae), Flügelspannweite 20–28 mm; ohne Ocellen; Flügelmal ohne Queradern; an Nadelhölzern.

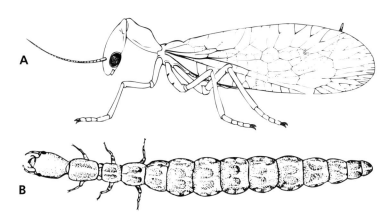

Abb. 932: Raphidioptera. A *Raphidia* sp., Mitteleuropa, Länge 15 mm. B *R. ratzeburgi*, Larve, Mitteleuropa, Länge 20 mm. A Nach Eidmann (1941); B nach Aspöck et al. (1980).

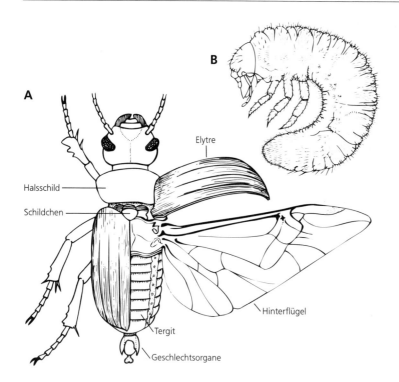

Abb. 933: Coleoptera. A Habitus eines Vertreters der Adephaga (Carabidae), Männchen; mit Grabvorderbeinen, rechte Flügel ausgebreitet; äußere Geschlechtsorgane maximal vorgestreckt. B Larve (*Mezium americanum*, Ptinidae), Länge 3 mm. A Nach Weber und Weidner (1974); B nach Peterson (1957).

Die Coleoptera und Strepsiptera werden als **Coleopteroida** zusammengefaßt. Für die Monophylie dieser Gruppe werden folgende Autapomorphien angeführt: Organe des Fluganiriebs sind ausschließlich die Hinterflügel (Abb. 933 A, 935 A), entsprechend ist der Metathorax vergrößert; die Hinterflügel zeigen eine vereinfachte Aderung; die Aderung der Vorderflügel ist stark reduziert; die Dorsalseite des Abdomens ist gewöhnlich weniger sklerotisiert als die Ventralseite; es sind höchstens noch 2 Ocellen vorhanden; der Ovipositor ist weitgehend reduziert.

Man hat die Strepsiptera auch an anderen Stellen innerhalb der Holometabola einzuordnen versucht, vor allem als Schwestergruppe der Diptera und Hymenoptera. Die vielen Reduktionen durch die parasitische Lebensweise erschweren die Beurteilung der Merkmale jedoch erheblich.

7.28 Coleoptera, Käfer

Mit mindestens 360 000 Arten sind die Coleoptera die artenreichste Insektengruppe. In Mitteleuropa leben ca. 7 500 Arten. Die Körperlänge schwankt zwischen 0,25 und 75 mm, max. erreicht sie 160 mm (*Titanus giganteus*).

Der Körper ist mehr oder weniger stark sklerotisiert. Der gut bewegliche Kopf ist meist prognath (Abb. 848 B), mitunter orthognath oder hypognath. Die Kopfkapsel ist bei den Imagines und den meisten Larven ventral durch eine Gula geschlossen (Autapomorphie) (Abb. 849 B), bei mehreren Familien ist sie rüsselartig verlängert. Die Facettenaugen sind groß und bei manchen Arten geteilt, selten kommen 1 oder 2 Ocellen vor. Die Mundwerkzeuge sind beißend (selten saugend), die Antennen sehr verschieden gebaut (fadenförmig, perlschnurförmig, gesägt, gekämmt, gekeult, geknöpft, geblättert, gekniet) (Abb. 854).

Die Paranota des stark entwickelten Prothorax, der mit dem Kopf einen „Vorderkörper" formt, sind mit dem Sternum verbunden und überdecken die Pleuren (Cryptopleurie) (Autapomorphie). Das Prosternum und das Mesosternum sind miteinander verschmolzen, das Protergum wird zum Pronotum umgebildet (Autapomorphie) und das Metasternum ist mit dem Abdomen vereinigt (Autapomorphie). Das Mesotergum bildet das Schildchen (Scutellum) (Autapomorphie) (Abb. 933 A).

Die Vorderflügel (Abb. 933 A) sind zu mehr oder weniger stark sklerotisierten Elytren umgebildet (worauf sich der Name des Taxon bezieht) (Autapomorphie), an denen Reste der Aderung nur selten nachweisbar sind; ihre Ränder sind zu Epipleuren erweitert (Autapomorphie). Bei flugfähigen Arten bilden die Elytren einen Humeralcallus (Autapomorphie), der dem Schutz des Gelenkes der Hinterflügel dient. Die Festigkeit der Elytren bedingt die Weichhäutigkeit der von ihnen bedeckten Tergite (Autapomorphie). Die Hinterflügel (wenn vorhanden) haben ein stark abgeleitetes Geäder (Autapo-

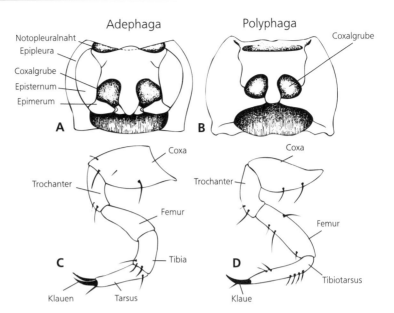

Abb. 934: Coleoptera. A Adephaga. Ventralansicht des Prothorax (*Amara convexiuscula*, Carabidae). B Polyphaga. Ventralansicht des Prothorax (*Tenebrio molitor*, Tenebrionidae). C Adephaga. Larve, Bein. D Polyphaga. Larve, Bein. A, B Nach Hennig (1986); C, D nach Klausnitzer (1991).

morphie) und sind meist unter den Elytren zusammengefaltet. Der Faltungsmodus wird durch die Struktur des Geäders beeinflußt (Autapomorphie). Die Hinterflügel sind die einzigen Organe des Flugantriebes („funktionelle Zweiflügligkeit").

Das 1. (und 2.) Abdominalsternit ist reduziert (Autapomorphie). Die nicht von den Elytren bedeckten Tergite des 7. und 8. Abdominalsegments (Propygidium bzw. Pygidium) sind kräftig sklerotisiert (Autapomorphie). Das 9. und 10. Abdominalsegment liegen innerhalb des Abdomens (Autapomorphie). Es sind keine Cerci vorhanden (Autapomorphie).

Die Coleoptera haben nahezu alle Lebensräume besiedelt, ihre Biologie und Morphologie ist ungewöhnlich vielfältig.

7.28.1 Archostemata

Elytren unvollständig sklerotisiert, mit verdickten Rippen entlang den ursprünglichen Längsadern, dazwischen kurze Queradern und nicht sklerotisierte Löcher; Elytren mit spezifisch gestalteten Schuppen (Autapomorphie); Hinterflügel mit relativ vielen Queradern und Zellen, in Ruhe unter den Elytren eingerollt.

Cupes clathratus (Cupedidae), 11 mm; Antennen lang; Afrika; Larven leben im Holz.

7.28.2 Adephaga

Notopleuralnähte des Prothorax noch äußerlich sichtbar (Abb. 934 A), Cryptopleurie unvollständig; Hinterhüften unbeweglich (Autapomorphie); 2. Abdominalsternit in der Mitte von den Hinterhüf-

ten vollständig durchsetzt (Autapomorphie), die bis auf das 3. Sternit übergreifen; Tarsen fünfgliedrig; 2.–4. Abdominalsternit miteinander verschmolzen (Autapomorphie); auch das 8. Abdominalsternit ist invaginiert (Autapomorphie); nur 4 Malpighische Schläuche vorhanden (Autapomorphie). Larvenbeine mit getrennter Tibia und Tarsus sowie meist 2 Krallen.

Carabus auratus, Goldlaufkäfer (Carabidae, Laufkäfer), 20–27 mm; Bewohner der Bodenoberfläche der Agrarlandschaft, im Rückgang begriffen; räuberisch; kann 5 Jahre alt werden. – *Peltodytes caesus* (Haliplidae, Wassertreter), 4 mm; in stehenden Gewässern; Hinterhüften plattenförmig, darunter Luftvorrat, aber auch unter den Elytren; ernährt sich von Algen, auch Kleinkrebsen; Männchen mit Lautäußerung; Larven mit Tracheenkiemen, atmen jedoch hauptsächlich mit Mikroschlauchkiemen (25–55 μm), die die gesamte Körperoberfläche bedecken. – *Dytiscus marginalis*, Gelbrandkäfer (Dytiscidae, Schwimmkäfer), 27–35 mm; aquatisch; Hinter- und Mittelbeine sind Schwimmbeine, Vordertarsen der Männchen mit Haftorganen (Kopula); Luftvorrat unter den Elytren, atmet auch über Luftblase am Abdomenende; zahlreiche Abwehrstoffe, die aus Drüsen des Prothorax und des Pygidiums ausgeschieden werden; Eiablage in Wasserpflanzen; Larven führen Gasaustausch über das Abdomenende durch; Imagines und Larven räuberisch, extraintastinale Verdauung (Schlundpumpe); Verpuppung an Land. – *Gyrinus marinus* (Gyrinidae, Taumelkäfer), 7 mm; bewohnt Wasseroberfläche; Augen geteilt, funktionell auf Beute auf Wasseroberfläche bzw. im Wasserkörper eingestellt; Mittel- und Hinterbeine sind Ruderbeine mit gelenkig verbundenen Ruderplättchen (Abb. 846 G,H) (Hinterbeine schlagen 50–60 mal pro Sekunde, Geschwindigkeit max. 50 cm s^{-1}); Vorderbeine zum Ergreifen der Beute; das Johnstonsche Organ gestattet die Wahrnehmung von Reflexionswellen (Ortung von Hindernissen, Beute und Artgenossen); Ausscheidung zahlreicher Wehrstoffe aus den Pygidialdrüsen; Larve mit Tracheenkiemen; Verpuppung an Land.

7.28.3 Myxophaga

Mandibeln neben der Spitze mit 1 beweglichen Zahn (Autapomorphie); Notopleuralnaht vorhanden; Hinterflügel basal gefaltet, distal eingerollt; bei den Larven sind Tibia und Tarsus zu einem Tibiotarsus verschmolzen; Larven mit Spirakularkiemen (Autapomorphie), aquatisch.

Microsporus acaroides, Ufer-Kugelkäfer (Microsporidae, Kugelkäfer), 0,7 mm; Larven und Imagines in Böden von Gewässerufern.

7.28.4 Polyphaga

Notopleuralnähte des Thorax von außen nicht sichtbar (Abb. 934 B), Cryptopleurie vollständig (Autapomorphie); 2. Abdominalsternit in der Mitte von den Hinterhüften nicht oder nicht vollständig durchsetzt (Autapomorphie); 2.–4. Abdominalsegment nicht miteinander verwachsen; Tarsen mit 5 oder weniger Gliedern; Ovariolen meroistisch telotroph (Autapomorphie). Bei den Larven sind Tibia und Tarsus zu einem Tibiotarsus verschmolzen (oder Tibia reduziert) (Autapomorphie), es ist nur eine Kralle vorhanden (Abb. 933 B, 934 D), Beine können auch völlig fehlen.

Hydrophiloidea – *Hydrophilus piceus*, Großer Kolbenwasserkäfer (Hydrophilidae, Wasserkäfer), 34–50 mm; in stehenden Gewässern, mit geringem Schwimmvermögen; Luftvorrat hauptsächlich auf Körperunterseite, Ergänzung über die Kopfseite durch einen Kanal, den die Antennen bilden; die Maxillarpalpen haben weitgehend die ursprüngliche Antennenfunktion übernommen; Weibchen mit Spinnapparat, legt Behälter für Eier an (Eischiffchen mit „Schornstein", der der O₂ – Zufuhr dient) und treibt z. T. Brutpflege; Imagines phytophag, Larven räuberisch (Wasserschnecken), mit Hautatmung und Tracheenkiemen. – *Plegaderus vulneratus* (Histeridae, Stutzkäfer), 1–2 mm; Körper relativ kompakt; unter Borke, räuberisch von Entwicklungsstadien der Scolytidae.

Staphylinoidea – *Nanosella fungi* (Ptiliidae, Federflügler), 0,25 mm, kleinster Käfer der Welt; Nordamerika; Fläche des Hinterflügels zu schmalem Steg reduziert, der mit Haarfransen besetzt ist; Hinterflügel unter den verkürzten Elytren hervorschauend; lebt in zerfallender pflanzlicher Substanz von Pilzsporen. – *Nicrophorus vespilloides* (Silphidae, Aaskäfer), 12–18 mm; necrophag; mit hochentwickelter Brutpflege, Eltern verarbeiten Aas zu einer unterirdischen Kugel (Krypta), dort Eiablage, später Fütterung der Larven durch das Weibchen; großes Inventar an Lautäußerungen. – *Staphylinus erythropterus* (Staphylinidae, Kurzflügler), 14–22 mm; Körper lang und schmal; Flügeldecken stark verkürzt, lassen größeren Teil des Abdomens unbedeckt, Tergite dieses Teils stark sklerotisiert, mit goldgelben Haarflecken; meist flugfähig, Hinterflügel nach kompliziertem Muster unter den Elytren gefaltet; in der Nähe des Afters befinden sich verschiedene Arten von Wehrdrüsen; lebt an Bodenoberfläche; Ernährung räuberisch.

Scarabaeoidea – *Lucanus cervus*, Hirschkäfer (Lucanidae, Schröter), 25–75 mm; größte und wohl bekannteste mitteleuropäische Käferart; auffälliger Sexualdimorphismus: Männchen mit stark vergrößerten Mandibeln, die vor allem bei den Kommentkämpfen Bedeutung erlangen; Entwicklung im morschem Holz von Eichenstümpfen; Larvenzeit 5–8 Jahre; Verpuppung in Kokon außerhalb des Nährsubstrats im Boden. – *Melolontha melolontha*, Feldmaikäfer (Scarabaeidae, Blatthornkäfer), 24–30 mm; letzte Antennenglieder blattartig verbreitet, Geschlechtsdimorphismus in Zahl und Größe der Fühlerblätter; mit Grabbeinen; Larven als Engerlinge bekannt, 3 Stadien; leben im Boden von Wurzeln. – *Oryctes nasicornis*, Nashornkäfer (Scarabaeidae, Blatthornkäfer), 20–40 mm; Körper braun, Männchen mit Horn auf dem Kopfschild; Larve lebt von sich zersetzender Pflanzensubstanz (Kompost, Sägemehl, Gerberlohe). – *Trypocopris vernalis*, Frühlingsmistkäfer (Geotrupidae), 12–20 mm; Körper blau glänzend; lebt von Dung; mit Brutpflege: Anlage von Gangsystemen im Boden, in Kammern werden Dungbrote eingelagert, an denen sich jeweils eine Larve entwickeln kann. – *Protaecia lugubris*, Marmorierter Rosenkäfer (Scarabaeidae), 19–25 mm; Körper dunkel erzfarben, auf den Flügeldecken weiße, strichartige Zeichnung; Imagines auf Blüten; Rosenkäfer fliegen ohne Öffnen der Flügeldecken, Hinterflügel werden durch seitliche Schlitze nach außen geschoben; Larve in morschem Holz.

Scirtoidea – *Cyphon palustris* (Scirtidae, Sumpfkäfer), 2,8–3,8 mm; Imagines auf Ufervegetation; Larve aquatisch, lebt in stehenden Gewässern und im Grundwasser; filtert mit kompliziert gebautem Hypopharynx organische Partikel aus dem Wasser; Antennen der Larven durch sekundäre Ringelung mit hoher Gliederzahl (bis 150), ähnliches kommt bei Käferlarven sonst nicht vor.

Byrrhoidea – *Byrrhus pilula* (Byrrhidae, Pillenkäfer), 10 mm; Körper stark gerundet, in Thanatose können Antennen und Beine in vorgebildete Vertiefungen eingelegt werden; Larve lebt von Moosen. – *Elmis maugetii* (Elmidae, Hakenkäfer), 1,4 mm; lebt in Bächen; Imagines mit stark entwickelten Krallen, die dem Festhalten gegen die Strömung dienen; Larven abgeflacht, wie die Imagines weiden sie Aufwuchs vom Gewässergrund und Steinen ab.

Buprestoidea – *Chalcophora mariana*, Kiefernprachtkäfer (Buprestidae, Prachtkäfer), 24–30 mm; mit metallischglänzenden Strukturfarben; Larve in morschem Kiefernholz; Prothorax auffällig vergrößert.

Elateroidea – *Ampedus balteatus* (Elateridae, Schnellkäfer), 10–14 mm; Schnellapparat (Grube, Widerlager und Dorn) zwischen Pro- und Mesothorax, es existiert ein Schnellmuskel, ein Prothoraxhebemuskel und ein Auslösemuskel. Larve räuberisch, in zerfallendem Holz.

Cantharoidea – *Phosphaenus hemipterus*, Kurzflügel – Leuchtkäfer (Lampyridae, Leuchtkäfer), Männchen 5,5–7,5 mm, Weibchen 7–10 mm; auffälliger Sexualdimorphismus: Flügel beim Männchen stark verkürzt, beim Weibchen fehlend; mit Leuchtvermögen, z.T. auch die Entwicklungsstadien, Leuchtorgane auf dem Abdomen; Leuchten dient der Partnerfindung (auch dem Beuteerwerb); das d-Luciferin erzeugt in Zusammenwirken mit Luciferase, ATP und O₂ das Licht; Ernährung vor allem von Schnecken. – *Cantharis fusca* (Cantharidae, Weichkäfer), 11–15 mm; Körper wenig chitinisiert; Imagines häufig auf Blüten; Larven im Winter vielfach auf Bodenoberfläche, räuberisch.

Bostrichoidea – *Anobium punctatum*, Klopfkäfer (Anobiidae, Pochkäfer), 3,5–6,5 mm; lebt in Bohrgängen in Holz, auch verarbeitetem Holz; ernährt sich von Holz und Pilzhyphen; besitzt Symbionten; durch Schlagen mit dem Kopf werden Laute erzeugt, die mit dem Fortpflanzungsgeschehen in Zusammenhang stehen. – *Anthrenus pimpinellae* (Dermestidae, Speckkäfer), 2,5–4 mm; Körper beschuppt; Imagines auf Blüten, gemeinsam mit den Larven von trockenen, tierischen Produkten (Felle, Tiersammlungen) lebend, können Keratin abbauen. Larve mit sog. Pfeilhaaren.

Cleroidea – *Thanasimus formicarius*, Ameisenbuntkäfer (Cleridae, Buntkäfer), 7–10 mm; auffällig bunt gefärbt; lebt räuberisch unter Rinde von Scolytidae.

Lymexyloidea – *Hylecoetus dermestoides*, Buchenwerftkäfer (Lymexylidae, Werftkäfer), 6–18 mm; Männchen mit auffällig gegliederten Kiefertastern, die zahlreiche Riechsensillen tragen; Larven fressen Gänge in Holz, ernähren sich von Pilzen auf der Oberfläche der Gangwand (Ambrosiapilze); Übertragung der Sporen der geeigneten Pilze durch akzessorische Taschen des Legeapparates.

Cucujoidea – *Meligethes aeneus*, Rapsglanzkäfer (Nitidulidae, Glanzkäfer), 3 mm; Larven und Imagines ernähren sich von Blütenteilen, vor allem Raps und anderen gelben Blüten. – *Adalia bipunctata*, Zweipunkt (Coccinellidae, Marienkäfer), 5,5 mm; Körper halbkugelig; Färbung der Flügeldecken sehr variabel, hauptsächlich rot mit 2 schwarzen Punkten und schwarz mit 4 roten Flecken, genetisch festgelegt; räuberisch von Aphidina, mehr oder weniger starke Spezialisierung auf bestimmte Beutetierarten; vor allem auf Holzgewächsen.

Tenebrionoidea – *Tenebrio molitor*, Mehlkäfer (Tenebrionidae, Schwarzkäfer), 12–18 mm; Körper braun, schlank; in Vorräten (vor allem Getreideprodukte) lebend und dadurch Schäden hervorrufend; Larven als „Mehlwürmer" bekannt und zu Futterzwecken und als Versuchstiere verwendet. Körper innerhalb dieser Familie sehr vielgestaltig, Konvergenzen im Bau zu zahlreichen anderen Käferfamilien („Beuteltiere unter den Coleoptera"); bewohnen vielfach Wüsten, können Wasser aus Luft gewinnen, indem sie durch Kondensation an Sandbauten oder am eigenen Körper hervorrufen; Schädigungen an Vorräten parallel zu deren Anlage entstanden (bis zu 7 000 Jahre alte Belege aus Phönizien und Ägypten), manche Arten sind aus dem Freiland nicht mehr bekannt (z.B. *Sitophilus*), Ausbildung von ökologischen Rassen (Arten?), die nur noch in Körnern von Kulturpflanzen ihre Entwicklung vollziehen können. – *Meloe proscarabaeus* (Meloidae, Ölkäfer), 11–35 mm; Körper schwarzblau bis schwarz; Flügeldecken verkürzt, Hinterflügel fehlen; kann aus Beingelenken Hämolymphe austreten lassen, die Cantharidin enthält, dessen biologische Funktion noch völlig geklärt ist (die dosis letalis minima beträgt für den Menschen 0,5 mg); Weibchen legen 2 000–10 000 Eier; L$_1$ mit 2 zusätzlich zur Klaue wirkenden Bildungen an den Tarsen (Triangulinuslarve), damit klammert sie sich an bestimmte Wildbienen an und läßt sich in das Nest tragen (Phoresie); weitere Entwicklung im Nest des Wirtes, zunächst vom Ei, nach Häutung und Gestaltwandel von Pollennektarbrei lebend; Verpuppung in der Erde (Abb. 874).

Chrysomeloidea - *Ergates faber*, Mulmbock (Cerambycidae, Bockkäfer), 30–60 mm; rotbraun; nehmen als Imagines wahrscheinlich keine Nahrung auf; in der Dämmerung aktiv; Larven leben unter Rinde und in morschem Holz, vor allem in Kiefernstubben; mit Symbionten. – *Gastrophysa viridula*, Ampferblattkäfer (Chrysomelidae, Blattkäfer), 4–6 mm; Larven und Imagines ausschließlich phytophag an *Rumex*; erzeugen charakteristische Fraßbilder; Larven scheiden aus Wehrdrüsen Sekrete ab; bei den befruchteten Weibchen schwillt das Abdomen stark an (Physogastrie); die gelben Eier werden in Gelegen auf die Blätter abgelegt; Larven schwarz; Verpuppung im Boden.

Curculionoidea - *Curculio nucum*, Haselnußbohrer (Curculionidae, Rüsselkäfer), 8,5 mm; Kopf stark rüsselartig verlängert, geeignet einen Kanal zur Eiablage in die Haselnuß zu erzeugen, Länge des Rüssels der Legeröhre entsprechend; Entwicklung der Larve innerhalb der Haselnuß. – Die meisten Arten der Curculionidae phytophag, außen und innen (Minen, Gallen) an Pflanzen sowie von Wurzeln im Boden lebend; vielfach Nahrungsspezialisten; wenige Arten räuberisch (z.B. *Ludovix* sp.) an Eiern einer Ensifera-Art; auch coprophage Arten kommen vor (*Tenthegia* sp. schafft in Australien Beuteltierkot in Erdhöhlen, von dem sich die Larven entwickeln). Parthenogenese und Polyploidie (*Otiorhynchus* sp.); Symbiose weit verbreitet; manche Arten mit auffälliger Brutfürsorge (Erzeugung von Blattrollen und Trichterwickeln); mehrere Arten sind Pflanzen- und Vorratsschädlinge. – *Ips typographus*, Buchdrucker (Curculionidae, Scolytinae), 4,5 mm; lebt in Gangsystemen unter Rinde von Fichten; Ernährung von Rindengewebe und Außenschichten des Splintholzes (Rindenbrüter); Aggregationspheromone; Fraßbild artcharakteristisch, bekannter Forstschädling.

7.29 Strepsiptera, Fächerflügler

Bisher sind etwa 600 Arten bekannt, aus Mitteleuropa ca. 15. Die Körperlänge der Männchen beträgt 1,0–7,5 mm, die der Weibchen 1,5–30 mm.

Bau

Die Ocellen fehlen (Autapomorphie). Die Mundwerkzeuge sind stark reduziert (Autapomorphie), auch das Tentorium (Autapomorphie). Es ist kein Prothoracalstigma vorhanden (Autapomorphie), die Abdominalstigmen sind mehr oder weniger reduziert (Autapomorphie). Der Darmkanal ist hinten blind geschlossen (Autapomorphie) und rudimentär, Malpighische Schläuche fehlen (Autapomorphie). Das Nervensystem ist stark konzentriert.

Sexualdimorphismus (Autapomorphie) ist auffällig: Nur die Männchen sind geflügelt, ihre Vorderflügel sind reduziert (Pseudohalteren) (Abb. 935 A). Die großen häutigen Hinterflügel sind durch ein reduziertes Geäder gekennzeichnet und fächerartig ausfaltbar. Der Metathorax ist im Vergleich zu den anderen beiden Thoraxsegmenten stark entwickelt, die Tiere können schnell fliegen. Die vier- bis siebengliedrigen Antennen sind kammförmig. Es sind große Facettenaugen vorhanden; die Beine sind als Klammerorgane ausgebildet. Die Männchen leben nur wenige Stunden, die für das Aufsuchen der Weibchen (olfaktorisch!) verwendet werden.

Die Weibchen sind immer ungeflügelt und haben etwa gleichartige Thoraxsegmente (Abb. 935 B). Der Hinterleib ist sackförmig. Wenn Antennen vor-

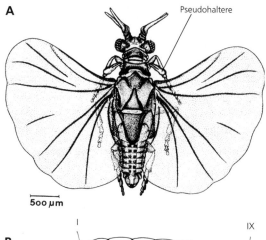

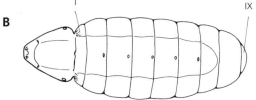

Abb. 935: Strepsiptera. A *Xenos vesparum*, Männchen, Mitteleuropa, Länge 3 mm. B *Stylops melittae*, endoparasitisches Weibchen, Mitteleuropa, Ventralseite, römische Ziffern bezeichnen die Abdominalsegmente. Länge 3 mm. Aus Kinzelbach (1990).

handen sind, ist ihre Gestalt keulenförmig. Es sind keine Facettenaugen vorhanden. Die Beine sind reduziert oder fehlen sogar völlig. Die Tiere sind frei beweglich oder bleiben ständig innerhalb des Wirts. Die Reduktionserscheinungen können so weit gehen, daß im Abdomen nur noch Geschlechtsorgane vorhanden sind. Diese bestehen aus einem Brutraum, in den 1–5 Kanäle aus der Leibeshöhle münden. Die Ovarien sind zu frei flottierenden Eizellen aufgelöst, die über diese Kanäle in den Brutraum befördert werden.

Fortpflanzung und Entwicklung

Die Befruchtung erfolgt durch eine hypodermale Injektion der Spermien in die Leibeshöhle des Weibchens. Es ist nur eine Embryonalhülle vorhanden (Amnion), die Serosa fehlt (Autapomorphie). Die Weibchen sind vivipar und erzeugen 1 000–2 000 triungulinusähnliche Larven (L_1). Es kommt auch Polyembryonie vor. Die Entwicklung ist eine Polymetabolie (Autapomorphie). Die 0,2 mm lange L_1 lebt frei, sie hat Augen, Beine und Sprungborsten am Abdomenende. Sie dringt in die Larve eines Wirts ein (Zygentoma, Blattodea, Mantodea, Ensifera, Caelifera, Hymenoptera, Diptera, Hemiptera, Homoptera). In deren Abdomen entwickelt sich die L_2, die sich von Körpersäften ernährt und hier bis zum Abschluß der Metamorphose des Wirtes verbleibt (Hypermetabolie). Sie durchbricht dann eine der Intersegmenthäute des Abdomens der Wirts-

larve; Kopf; Thorax und das vordere Abdomen ragen nach außen. Die Verpuppung erfolgt teilweise innerhalb der Larvenhaut der Wirtslarve; das Männchen verläßt den Wirt. Von Strepsipteren befallene Insekten werden als stylopisiert bezeichnet.

7.29.1 Mengenillidia

Weibchen frei lebend; Beine und Antennen vorhanden.

Eoxenos laboulbenei (Mengenillidae) 3,5–7,0 mm, als Larven Parasiten von *Lepisma* und anderen Zygentoma; mediterran.

7.29.2 Stylopidia

Weibchen nur innerhalb des Wirts; ohne Beine und Antennen.

*Xenos vesparum (Stylopidae), 4,5–7,0 mm, Parasitoid bei *Polistes* (Abb. 935 A). – **Elenchus tenuicornis* (Elenchidae), 0,8–1,8 mm, Parasitoide bei Auchenorrhyncha (Delphacidae).

Schwestergruppe der Coleopteroida sind die **Hymenoptera** und **Mecopteroida**. Die Monophylie dieser Gruppe wird durch die eruciform-polypode Larve, deren Beine je eine Kralle tragen, und die Kokonbildung (wenn vorhanden) aus Labialseide wahrscheinlich gemacht. Die Hymenoptera werden als Schwestergruppe der Mecopteroida angesehen.

7.30 Hymenoptera, Hautflügler

Von den etwa 132 000 Arten leben in Mitteleuropa ca. 9 300 – sie sind das artenreichste heimische Taxon der Insekten. Die Körperlänge (ohne Legebohrer) beträgt 0,20–44 mm, max. 80 mm, die Flügelspannweite erreicht max. 110 mm (*Pepsis marginata*).

Die Mundwerkzeuge sind sehr variabel gebaut, das Spektrum reicht von beißend bis leckend-saugend (Abb. 938 B). Cardo und Stipes sind mit dem Postmentum durch eine Membran verbunden und bilden den Labiomaxillarkomplex (Autapomorphie).

Das Pronotum ist fest mit dem Mesothorax verbunden (Autapomorphie). Das Geäder der häutigen Flügel ist stark modifiziert (Autapomorphie) und kann fast völlig reduziert sein (Abb. 843). Bemerkenswert ist das Vorhandensein einer lanzettförmigen Zelle im Vorderflügel und die Unmöglichkeit einer klaren Unterscheidung von Längs- und Queradern (Abb. 936). Die Vorderflügel werden mit den kleineren Hinterflügeln in den meisten Fällen durch Hamuli während des Fluges gekoppelt (Autapomorphie) (Abb. 945 C). Flügellosigkeit ist weit verbreitet.

Das 1. Abdominalsegment ohne Sternum, es ist fest mit dem Metathorax verschmolzen (Autapomorphie). Die Tergite und Sternite des Abdomens liegen schuppenartig übereinander (Autapomorphie). Als einzige Holometabola haben die Hymenoptera ein orthopteroides Legerohr, das als Legestachel bzw. Wehrstachel (Abb. 938 A, 940) modifiziert sein kann.

Die Männchen entwickeln sich parthenogenetisch aus unbefruchteten, haploiden Eiern (Autapomorphie); die Weibchen gehen aus befruchteten, diploiden Eiern hervor. Biologie und Körpergestalt, auch der Larven (Abb. 872 A, B, 875 C, 937), sind in diesem Taxon sehr vielfältig. Bekannt sind vor allem die sozialen Arten.

7.30.1 Symphyta, Pflanzenwespen

Zwischen dem 1. und 2. Abdominalsegment befindet sich keine Einschnürung. Larven mit Augen und Thorakalbeinen (Abb. 872 B, 937 A). Darm durchgehend. Paraphyletische Gruppe.

Uroceras gigas, Riesenholzwespe (Siricidae, Holzwespen), 25–40 mm; Körper mit schwarz-gelber Zeichnung; Eiablage in Holz, Gang wird mit Legebohrer hergestellt; Larven leben in Gängen; Symbiose mit Pilzen, die bei der Eiablage übertragen werden; in Nadelbäumen. – *Cimbex femorata*, Große Birkenblattwespe (Cimbicidae, Knopfhornblattwespen), 15–20 mm; Antennen der Imagines mit auffälliger Keule; Larven mit 8 Paar Abdominalfüßen, leben frei, vor allem auf Birken. – *Diprion pini*, Gemeine Kiefernbuschhornblattwespe (Diprionidae, Buschhornblattwespen), Männchen 6 mm, Weibchen 10 mm; auffälliger Geschlechtsdimorphismus der Antennen, beim Männchen stark ein- oder zweizeilig gekämmt, Weibchen produzieren Sexuallockstoff; Larven auf *Pinus*, z.T. als Forstschädlinge bekannt und nach Nordamerika verschleppt; Verpuppung in einem Kokon im Boden. – *Eriocampa ovata*, Rotfleckige Erlenblattwespe (Tenthredinidae, Blattwespen), 7 mm; Parthenogenese kommt vermutlich vor; Eiablage auf Blattoberseite in Mittelrippe; Larven mit weißen Wachsflocken; Larven der Blattwespen mit 7 oder 8 Paar Abdominalfüßen, das 2. Abdominalsegment trägt immer 1 Paar Bauchfüße (Unterschied zu den Larven der Lepidoptera); phytophag an *Alnus*.

7.30.2 Apocrita, Taillenwespen

Einschnürung („Wespentaille") zwischen dem 1. und 2. Abdominalsegment (Autapomorphie), es ist ein Petiolus vorhanden (Abb. 936); Vorderbeine mit Putzkamm bzw. Sporn (Autapomorphie) (Abb. 846 F); Larven ohne Augen und Thoracalbeine (Autapomorphie) (Abb. 872 A, 875 C, 937 B), meist besteht keine Verbindung zwischen dem Mittel- und Enddarm (Autapomorphie). Die Unterteilung in die beiden folgenden Gruppen ist umstritten.

7.30.2.1 „Terebrantes", Legewespen

Legerohr dient als Legeapparat (Abb. 940); Arten leben meist als Parasitoide (Endo- und Ektoparasitoide, Solitär- und Gregärparasitoide, Primär- und Sekundärparasitoide) von anderen Insekten (alle

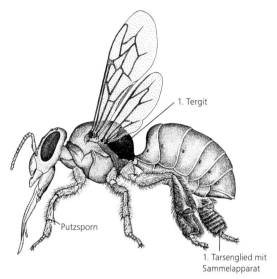

Abb. 936: Hymenoptera. *Apis mellifera,* Honigbiene. Arbeiterin, Rüssel ausgestreckt. Verändert nach Weber und Weidner (1974) und Deißenberger (1971).

Stadien); Wirtsspezifität ist weit verbreitet; Polyembryonie kommt vor.

Rhyssa persuasoria (Ichneumonidae, Echte Schlupfwespen), 30 mm; Legebohrer länger als Körper; Imagines Blütenbesucher, sammeln auch Honigtau; Parasitoide von Siricidae (Abb. 940), sie können von außen die Wirtslarven im Inneren des Holzes olfaktorisch orten, lähmen Wirtslarve durch Stich. – *Mymar* spp. und *Trichogramma* spp. (Chalcidoidea, Erzwespen), 0,2 bzw. 0,3 mm; befallen Libelleneier bzw. Eier vor allem von Lepidoptera; mit schmaler, stabförmiger Flügelfläche und fransenartigen Randborsten am Vorderflügel (Abb. 843). – *Cynips quercusfolii* (Cynipidae, Gallwespen), 3 mm; erzeugt auffällige, kugelförmige Gallen mit einem Durchmesser von ca. 20 mm auf den Blättern von *Quercus*; die Larven leben in einer zentralen Kammer von Nährgewebe. Über 80% der Cynipiden-Arten leben an Eichen (Gallen an Blättern, männlichen Blütenständen, Fruchtbechern, Knospen,

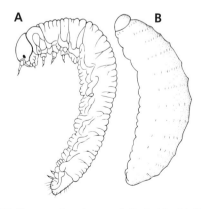

Abb. 937: Hymenoptera. Larven. A *Cephalcia abietis*, Fichtengespinstblattwespe (Pamphiliidae). B *Leucospis gigas* (Leucospidae), L₃-Stadium. Nach Jacobs und Renner (1989).

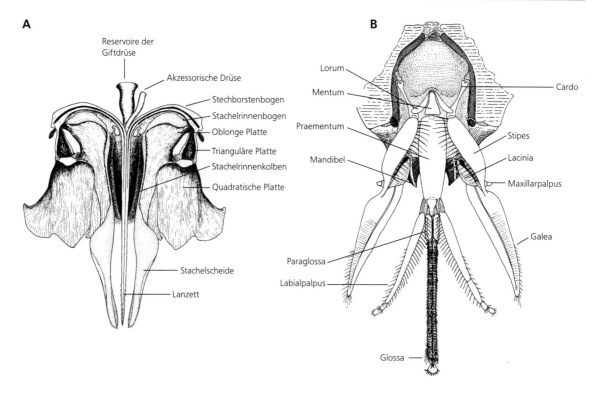

A

Reservoire der Giftdrüse

Akzessorische Drüse

Stechborstenbogen

Stachelrinnenbogen

Oblonge Platte

Trianguläre Platte

Stachelrinnenkolben

Quadratische Platte

Stachelscheide

Lanzett

B

Lorum

Mentum

Praementum

Mandibel

Paraglossa

Labialpalpus

Cardo

Stipes

Lacinia

Maxillarpalpus

Galea

Glossa

Abb. 938: Hymenoptera. *Apis mellifera*, Honigbiene. A Stachelapparat. B Mundwerkzeuge. Nach Seifert (1970).

Triebspitzen, Sproßachsen, Wurzeln); bei anderen Arten Fortpflanzung parthenogenetisch und bisexuell, Heterogonie kommt oft vor.

7.30.2.2 Aculeata, Stechwespen

Legerohr zu einem Wehrstachel mit Giftdrüse umgewandelt (Abb. 938 A); das Ei tritt an der Basis des Stachelapparates aus; Staatenbildung mehrfach unabhängig voneinander entstanden.

Chrysis sp. (Chrysididae, Goldwespen), 8 mm; Cuticula auffällig rot und grün gefärbt (Interferenz); Larven entwickeln sich als Ektoparasitoide an den Larven des Wirts (*Osmia*, Apidae). – *Scolia hirta* (Scoliidae, Dolchwespen), 10–20 mm; Parasitoide bei bodenbewohnenden Scarabaeidae, z.B. *Oryctes nasicornis, Cetonia*, Melolonthinae. – *Formica rufa*-Gruppe, Rote Waldameisen (Formicidae, Ameisen): staatenbildend, mit ausgeprägtem Polymorphismus; mindestens drei Morphen (Abb. 939) vorhanden: Männchen (Facettenaugen und Ocellen gut ausgebildet, fast immer geflügelt), Weibchen (Facettenaugen und Ocellen mehr oder weniger gut ausgebildet, fast immer geflügelt, Flügel werden nach Hochzeitsflug und Begattung abgeworfen und die Flugmuskeln abgebaut, Gonaden voll funktionsfähig); Arbeiterinnen (Weibchen mit nicht funktionsfähigen Gonaden, flügellos, kleiner als Königinnen); mitunter kommen mehrere Morphen dieser Kaste vor, vor allem können sog. Soldaten vorhanden sein; manche Staaten mit einer Königin (Monogynie), andere mit mehreren (Polygynie); Erzeugung verschiedener Pheromone, die dem Zusammenhang des Staates die-

nen; beißen Wunde mit Mandibeln und geben Ameisensäure und andere Sekrete (Dufoursche Drüse) hinein; bauen sehr verschiedene Arten von Nestern; legen Straßen an, die duftmarkiert sind; kompliziertes Verhaltensinventar (Bewegungsweisen, Botenstoffe, Lauterzeugung), das u.a. der gegenseitigen Erkennung, der Übertragung von Nachrichten dient; Größe der Völker sehr unterschiedlich: *Formica rufa* 500000–800000 (andere Arten: *Atta* sp. 600000, *Anomma* sp. 100000, *Lasius flavus* 20000, *Promyrmecia* sp. 10–15); Lebensdauer eines Volkes etwa 15 Jahre; Ernährung von Honigtau (pro Volk können bis zu 500 kg eingetragen werden, oft Trophobiose mit Aphidina), Nektar, Pflanzensamen, räuberisch (Insekten); zahlreiche Insektenarten leben als geduldete oder nicht erkannte Gäste räuberisch oder als Kommensalen bei den Ameisen; manche dieser Arten scheiden Stoffe aus, die von den Ameisen aufgenommen werden (können wie Rauschgifte wirken); weit verbreitet sind „Kuckucksameisen" und „Sklavenhalter", mithin Ameisenarten, die ihren eigenen Staat auf einem anderen Ameisenstaat aufbauen. – *Vespa crabro*, Hornisse (Vespidae, Soziale Faltenwespen), 19–35 mm; mit Wehrstachel; Nester werden jedes Jahr neu gegründet; max. Volkgröße im Spätsommer 700 –1500 Individuen (andere Arten: *Vespula germanica* 5500, *Dolichovespula* sp. 200); Baumaterial für die Nester wird aus Pflanzenfasern und Holz mit einem Sekret der Labialdrüsen hergestellt; Standort des Nestes meist in Holzhöhlen, Waben werden horizontal übereinander mit der Öffnung nach unten angelegt, meist ist das gesamte Nest durch eine mehrschichtige Umhüllung nach außen abgeschlossen (Abb. 941), Zellen vielfach sechseckig; drei Kasten vorhanden (Königin, Arbeiterin-

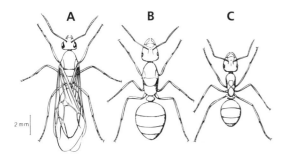

Abb. 939: Formicidae. *Formica polyctena*. Morphen. A Männchen, geflügelt. B Weibchen nach Abwurf der Flügel. C Arbeiterin. Nach Dumpert (1978) aus Eisenbeis und Wichard (1985).

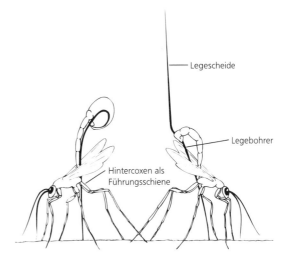

Abb. 940: Hymenoptera. *Rhyssa persuasoria* (Ichneumonidae), Parasitoid von Holzwespenlarven (Siricidae); beim Einführen des über körperlangen Legebohrers in Holz mit Wirtslarven. Länge 30 mm. Aus Askew (1971).

nen, Männchen); nestgründende Königin verrichtet zunächst alle Arbeiten allein, wird zunehmend von den zuerst schlüpfenden Arbeiterinnen unterstützt und beschränkt sich schließlich auf das Legen der Eier; Ernährung der Larven mit Insekten, die bereits zerkaut gereicht werden und mit einem Speicheldrüsensekret; Larven „füttern" die Imagines mit einem Sekret der Labialdrüse (Trophalaxis), Imagines ernähren sich außerdem von verschiedensten zuckerreichen Stoffen; Mechanismen der Temperaturregulation vorhanden, auch Pheromone. Einige Arten leben als Schmarotzer, töten oder vertreiben Wirtskönigin, lassen ihre Eier im Staat des Wirts aufziehen, diese Arten haben keine Arbeiterinnen. – *Agenioideus cinctellus* (Pompilidae, Wegwespen), 10 mm; Larven entwickeln sich in Springspinnen (Salticidae), die von den Weibchen vorher durch einen Stich betäubt und in einer Erdhöhle vergraben wurden; an jede Spinne wird ein Ei gelegt. – *Ammophila sabulosa* (Sphecidae, Grabwespen), 14–24 mm; Weibchen betäuben durch Giftstich Lepidopterenlarven (andere Arten: Araneae, Ensifera, Caelifera, Blattariae, Mantodea, Auchenorrhyncha, Aphidina, Heteroptera, Thysanoptera, Coleoptera, Hymenoptera, Diptera), graben diese in den Boden ein; mitunter werden einem Ei mehrere bis viele betäubte Beutetiere zugeteilt; artspezifisches Verhaltensinventar bei Beutefang, Nestanlage und Wiederfinden des Brutplatzes. – *Bombus terrestris*, Erdhummel, und *Apis mellifera*, Honigbiene und „Wildbienen" (Apidae, Bienen): Larven und Imagines ernähren sich von Pollen und Nektar, soziale Arten zusätzlich noch von Speicheldrüsensekreten; leckend-saugende Mundwerkzeuge zur Nektargewinnung in Anpassung an Blütentyp von unterschiedlicher Länge; Nektar wird als „Honig" zubereitet (Larvennahrung), bei sozialen Arten aufbewahrt; auch Pollen wird gelagert; der Konservierung der Nahrung dienen fungizide und bakterizide Substanzen, die von verschiedenen Drüsen ausgeschieden werden; Pollen wird zum Sammeln entweder verschluckt (Kropfsammler), auf der Unterseite des Abdomens transportiert (Bauchsammler) oder durch spezielle Behaarung (Körbchen) unterstützt an den Hinterbeinen transportiert (Beinsammler); die meisten Arten solitär: ein einziges Weibchen besorgt Nestbau, beschafft Nahrung und pflegt die Nachkommen. Über kommunale Kolonien (Weibchen derselben Generation nisten nebeneinander) und semisoziale Kolonien (nur einige der gleichaltrigen Weibchen können Eier legen, die anderen sind unverpaart, so daß es zu einer gewissen Arbeitsteilung kommt), bei der jeweils alle Imagines der gleichen Generation angehören, kommt es zur Herausbildung eusozialer Gemeinschaften (es sind mehrere Generationen gleichzeitig vorhanden); eusoziales Zusammenleben ist mehrfach entstanden (Halictidae, Anthophoridae, Apidae). Außerdem gehören zu den Apoidea zahlreiche brutschmarotzende Kuckucksbienen, die niemals einen Sammelapparat haben und ihre Eier meist bei verwandten Arten ablegen; die Halictidae sind Bodenbrüter, meist solitär, nur wenige primitiv eusozial; bei den

Abb. 941: Hymenoptera. Nest einer Faltenwespe (Vespidae). Original: W. Fiedler, Leipzig.

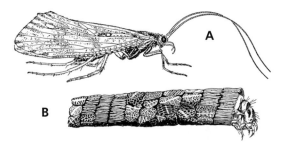

Abb. 942: Trichoptera. *Phryganea* sp., Mitteleuropa. A Imago, Länge 20 mm. B Larve im Gehäuse („Köcher") aus Pflanzenteilen, in stehenden Gewässern, Länge 45 mm. Aus Engelhardt (1959).

Anthophoridae gibt es neben solitären und primitiv eusozialen Arten relativ viele Kuckucksbienen, sie brüten in Holz, Mörtel und im Boden. Echte Staaten finden sich bei den Apidae, (1) die Arten der Unterfamilie Bombinae (der Staat bricht jedes Jahr zusammen, befruchtete Weibchen überwintern und gründen im Frühjahr neue Gemeinschaften, ein Hummelstaat kann 500–2000 Exemplare umfassen) und die zu ihnen gehörenden brutparasitischen *Psithyrus*-Arten, (2) die Vertreter der Gattung *Apis*. Honigbiene (*Apis mellifera*), seit mindestens 5000 Jahren domestiziert, umfangreiches soziales Inventar, u. a. Tanzsprache, Kastenbildung durch unterschiedliche Ernährung und Wabenstruktur, Duftorgane und Pheromone, eine Arbeitsteilung, die sich durch die Aufeinanderfolge unterschiedlicher Funktionen im Laufe der Individualentwicklung ergibt; Honig, Bienengift, Wachs, Propolis und Weiselfuttersaft werden vom Menschen genutzt; Lebensdauer der Königin max. 5 Jahre, der Arbeiterin 6 Wochen, Größe eines Volkes 40 000–80 000 Individuen.

Die folgenden Taxa werden aufgrund sehr spezifischer Merkmale als **Mecopteroida** zusammengefaßt, eine wahrscheinlich monophyletische Gruppe. Synapomorphien: völlige Trennung der Paramerenlappen vom Aedoeagus; Teilung des Stipes in einen Basistipes und Dististipes bei den Larven. Innerhalb der Mecopteroida unterscheidet man die Amphiesmenoptera und die Antliophora. Zu den **Amphiesmenoptera** gehören die Trichoptera und die Lepidoptera, die Schwestergruppen sind. Synapomorphien sind die Verschmelzung von Hypopharynx und Labium, die gemeinsame Mündung der 3 Analadern in den Vorderflügelhinterrand (Schleifenbildung, sie münden ineinander und erreichen gemeinsam den Flügelrand), die Heterogametie der Weibchen, der besondere Bau des dioptrischen Apparates der 7 larvalen Stemmata. Beiden Gruppen fehlt die Spermapumpe (Symplesiomorphie).

7.31 Trichoptera, Köcherfliegen

Insgesamt sind 10 500 Arten bekannt, in Mitteleuropa 320. Die Körperlänge beträgt 1,5–40 mm, die Flügelspannweite 3,5–68 mm. Der Körper ist meist gelblich, braun bis grau. Die Antennen sind fadenförmig. Große Facettenaugen sind ausgebildet und z. T. 3 Ocellen. Die Mundwerkzeuge sind leckend-saugend, die Mandibeln reduziert (Autapomorphie), oft sind große fünfgliedrige Maxillarpalpen vorhanden. Das Labium ist ein ausstülpbares Haustellum (Autapomorphie), auf dem Hypopharynx und Labrum liegen, die ein kurzes Saugrohr bilden (Autapomorphie), das zum Einsaugen der vom Haustellum aufgeleckten Flüssigkeit (Nektar, Wasser) dient. Viele Arten nehmen als Imagines keine Nahrung auf.

Die Flügel (und der Körper) sind mehr oder weniger dicht behaart, sie werden in Ruhe dachförmig, selten flach über dem Hinterleib zusammengelegt (Abb. 942 A); gelegentlich kommen Gruppen von Schuppen vor. Meist existiert im Flug eine Verbindung zwischen Vorderflügel und Hinterflügel. Mitunter sind die Flügel verkürzt oder fehlen völlig. Die Mittel- und Hinterbeine der Weibchen mancher Arten sind als Schwimmbeine ausgebildet. Die Eiablage erfolgt bei diesen Arten unter Wasser.

Die Imagines der meisten Arten sind nachtaktiv, manche bilden auffällig große Schwärme. Die Eier werden als Kittlaich oder Gallertlaich unter Wasser abgelegt, bei anderen Arten an überhängende Pflanzen oder an Land. Von dort aus wandert die erste Larve zum Wasser oder wird eingespült.

Die Larven (Abb. 942 B) leben fast ausschließlich aquatisch in fließenden und stehenden Gewässern, auch im Brackwasser. Sie haben keine Stigmen (Autapomorphie), ihr Tracheensystem ist geschlossen. Meist sind Tracheenkiemen vorhanden (Autapomorphie). Die Antennen sind zu kurzen Papillen reduziert (Autapomorphie). Jederseits sind max. 6 Punktaugen ausgebildet. Die Mundwerkzeuge sind beißend, eine Gula ist vorhanden. Die Maxillen und das Labium sind an der Basis miteinander verschmolzen und bilden einen Maxillo-Labial-Komplex (Autapomorphie); hier münden auf einem meist langen Rohr die Labialdrüsen (Spinndrüsen), deren Sekrete zum Bau der Köcher sowie der Wohn- und Fanggewebe dienen. Die Entwicklung erfolgt über 5–7 Larvenstadien. Diese besitzen am 10. Abdominalsegment 1 Paar Nachschieber; sie sind campodeid (freilebend oder netzbauend) oder eruciform (in Köchern) und ernähren sich meist phytophag, z. T. zoophag (Kleintiere) und als Filtrierer und Aufwuchsfresser. Die Verpuppung erfolgt unter Wasser in speziellen Gehäusen oder im Köcher. Die Puppe besitzt große Mandibeln; sie schwimmt oder kriecht zur Wasseroberfläche, dort schlüpft die Imago.

Rhyacophila nubila (Rhyacophilidae), 19–29 mm; in schnellfließenden, kalten Gebirgsbächen, Larven campodeid, ohne Köcher, frei umherlaufend, räuberisch. – *Hydropsyche pellucidula* (Hydropsychidae), 25–31 mm Flügelspannweite; in Fließgewässern; Larve in Wohnröhre,

am Ende eines Netzes, das die Nahrung (meist Insekten-larven) abfängt; mit Stridulationsorgan (Femur des Vor-derbeins wird gegen gerieftes Feld an der Kopfseite ge-rieben), dient dem Revierverhalten. – *Enoicyla pusilla* (Limnephilidae), Männchen 11–15 mm Flügelspannweite, Weibchen mit Flügelstummeln oder flügellos; Larven ter-restrisch, am Boden von Laubwäldern, in Streuschicht, feuchtem Moos und Felsspalten; bauen dort Köcher, Ge-häuse konisch, aus Sand mit Pflanzenteilen; haben keine Tracheenkiemen, sondern offenes Tracheensystem, zu-sätzlich Hautatmung. – *Silo pallipes* (Goeridae), 15–20 mm Flügelspannweite; in rasch fließenden Gewäs-sern; Larven bauen Köcher aus Sandkörnchen, die oft seitlich mit Beschwersteinchen verbunden sind.

7.32 Lepidoptera, Schmetterlinge

Von den etwa 150 000 Arten leben 3 600 in Mittel-europa. Die Flügelspannweite schwankt zwischen 4–120 mm, max. werden 320 mm (*Thysania agrip-pina*) erreicht, die max. Flügelfläche beträgt 300 cm^2 (*Coscinocera hercules*), die längste Raupe mißt 150 mm (*Zelotypia stacyi*).

Bau

Die Antennen sind sehr verschieden gebaut, vielfach verzweigt. Dadurch wird die Oberfläche vergrößert und die Sexuallockstoffe können besser wahrge-nommen werden. Die Facettenaugen sind nackt oder behaart; der vordere, unpaare Ocellus fehlt (Autapomorphie). Die Mundwerkzeuge bilden bei vielen Arten einen Saugrüssel (Abb. 944 A, D), sel-ten sind funktionsfähige Mandibeln vorhanden.

Die Flügel sind mit S c h u p p e n (Abb. 943) von oft komplexer Struktur (Schillerschuppen, Duftschup-pen) bedeckt (Name!) (Autapomorphie), die als Weiterentwicklung der Haare der Trichoptera auf-gefaßt werden. Schuppen befinden sich auch auf dem übrigen Körper. Die Flügel werden in unter-schiedlicher Weise während des Fluges miteinander gekoppelt (Abb. 945 A, B). Bei den Weibchen man-cher Arten sind sie weitgehend zurückgebildet. Die Mittel- und Hinterbeine sind meist dicht beschuppt und dienen vor allem als Klammerbeine. Die Tibia der Vorderbeine trägt einen Fortsatz zum Reinigen der Antennen (Autapomorphie). Manche Arten be-sitzen am Ende des 3. Thoraxsegments oder am 1. Abdominalsegment Hörorgane (T y m p a n a l o r -g a n e), mit denen sie Ultraschallortungslaute von Fledermäusen wahrnehmen können. Manche Arten können selbst Ultraschall erzeugen und damit das Peilsystem ihrer Gegenspieler stören. Die Imagines sind tag- oder nachtaktiv, ein großer Teil wird durch

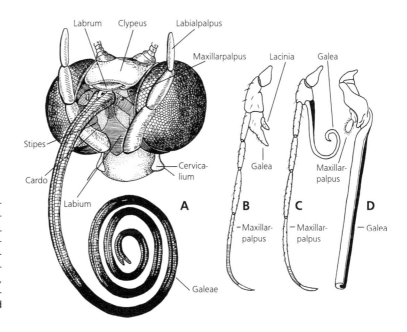

Abb. 944: Lepidoptera. Mundwerk-zeuge. A *Pieris brassicae,* Großer Kohl-weißling, Kopf mit Mundwerkzeugen. B-D Herausbildung des Rüssels durch Ver-längerung der Galea der Maxille. B *Mi-cropterix calthella,* Urmotte (Micropteri-gidae). C *Mnemonica auricyanea,* Trugmotte (Eriocraniidae). D *Aegeria exi-tiosa* (Sesiidae). A Nach Weber (1949) und Seifert (1970); B-D nach Eidmann (1941).

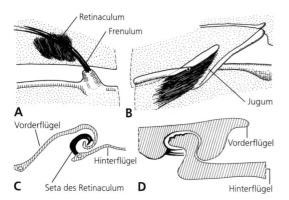

Abb. 945: Kopplungseinrichtungen der Flügel. A *Hippotion celerio,* Großer Weinschwärmer (Lepidoptera, Sphingidae), Weibchen, Kopplung frenat. B *Hepialus* sp., Wurzelbohrer (Lepidoptera, Hepialidae), Kopplung jugat. C *Apis mellifera,* Honigbiene (Hymenoptera, Apidae), Querschnitt. D Baumwanze (Heteroptera, Pentatomidae), Querschnitt. Nach Seifert (1970).

Nachtlicht angelockt. Einige Arten führen weite Wanderungen durch (Wanderfalter).

Die Eier sind oft mit einer auffälligen Chorionskulptur und einer Mikropyle versehen. Sie werden einzeln oder in charakteristischen Gelegen auf oder in die Nähe der Larvennahrung gelegt.

Der Körper der Larven (Raupen) ist sehr unterschiedlich gestaltet, oft sind sie bunt gefärbt, manche tragen auffällige Borsten und Körperfortsätze (Warzen, Höcker). Bei einigen Arten scheiden sie Sekrete unterschiedlicher Funktion aus. Die Antennen sind kurz, die Mundwerkzeuge beißend. Häufig sind 2 Labialspeicheldrüsen vorhanden, die den gesamten Körper durchziehen können und als Spinndrüsen wirken (Raupengespinst, Kokon, Orientierungsfaden, Larvensack). Die Zahl der Stemmata ist auf 6 reduziert (Autapomorphie). Sie tragen 3 Paar

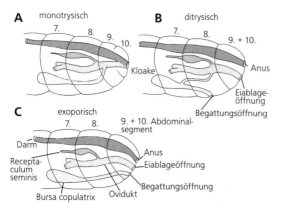

Abb. 946: Lepidoptera. Typen der weiblichen Geschlechtsausführwege. A Monotrysisch (Micropterigidae, Eriocraniidae, Nepticulidae u.a.). B Ditrysisch (meiste Lepidoptera). C Exoporisch (Hepialoidea). Nach Imms (1964) aus Hennig (1986).

Thoracalbeine; auf den 1.–9. Abdominalsegmenten (meist am 3.–6.) können Stummelfüße (Kranz- oder Klammerfüße) vorhanden sein, die Zahl der Beine ist z. T. reduziert. Das 10. Abdominalsegment ist mit 1 Paar Nachschiebern versehen. Es sind meist 4–5 Larvenstadien vorhanden (Abb. 876).

Die meisten Larven sind phytophag, manche erzeugen Minen oder Gallen, wenige sind zoophag oder leben von Pilzen, Keratin und verschiedenen Vorräten. Die Verpuppung erfolgt mitunter in einem Kokon in einer Mumienpuppe (Pupa obtecta) (Abb. 873 D) oder als frei gegliederte Puppe (Pupa dectica). Sie tragen am Hinterende einen artspezifischen Cremaster. Wichtige Teilgruppen:

7.32.1 Zeugloptera

Vorderseite des Hypopharynx mit einem Zerkleinerungsorgan (Autapomorphie); Labialpalpen verkürzt; Mandibeln und Mandibelgelenke vorhanden; Laciniae und Galeae nicht modifiziert, kein Rüssel ausgebildet (Abb. 944 B); bei den Larven befinden sich meist an allen Abdominalsegmenten (1.–9.) Stummelfüße.

Micropterix calthella (Micropterigidae, Urmotten), Flügelspannweite 9 mm; Flügel mit Bindevorrichtung (Frenulum und kleines Jugum); kein Saugrüssel, Mandibeln gut entwickelt, ernähren sich von Pollen, vor allem von Hahnenfußgewächsen; Larve mit verhältnismäßig langen Antennen, Abdominalbeine am 1.–9. Segment, diese sind gegliedert und haben eine Kralle. Ernähren sich von Detritus und Moosen; Pupa dectica mit beweglichen Mandibeln.

7.32.2 Aglossata

Ohne Ocellen (Autapomorphie); Mandibeln und Mandibelgelenke vorhanden; Laciniae und Galeae nicht modifiziert, Rüssel fehlt; im Flügel ist der sonst bei den Lepidoptera fehlende 4. Medianast noch vorhanden; Larven ohne Füße (Autapomorphie).

Agathiphaga queenslandensis (Agathiphagidae), Flügelspannweite 15 mm, Australien, lebt an *Agathis*.

7.32.3 Glossata

Galeae verlängert, bilden einen in Ruhe aufgerollten Saugrüssel unterschiedlicher Länge (Autapomorphie) (Abb. 944 A, D), der mehr oder weniger rückgebildet sein kann; Laciniae rudimentär (Autapomorphie) (Abb. 944 C); Mandibeln reduziert und funktionslos, ohne Gelenke (Autapomorphie); Labialpalpen meist 3gliedrig; Larven ohne Stummelfüße mindestens auf dem 1. und 2. Abdominalsegment.

7.32.3.1 Exoporia

Geäder im Vorder- und Hinterflügel gleich; Vorderflügel hinten mit einem Lappen (Jugum), der die Verbindung zum Hinterflügel herstellt (Abb. 945 B).

Eriocrania sparmanella (Eriocraniidae, Trugmotten), Flügelspannweite 10–14 mm; Mandibel noch vorhanden, Saugrüssel kurz; Larven sind Blattminierer in Birken; Puppe (Pupa dectica) mit beweglichen Mandibeln. – *Hepialus humuli*, Hopfenmotte (Hepialidae, Wurzelbohrer), Flügelspannweite 70 mm; kein Frenulum; Mundwerkzeuge reduziert; bei den Männchen Hinterbeine zu Duftbeinen (Abb. 846 D) umgebildet (Tibien keulenförmig verdickt, mit Drüsenzellen und langen, haarförmigen Duftschuppen, die büschelweise angeordnet sind). Weibchen mit exoporischen Geschlechtsausführwegen (Abb. 946 C). Bei manchen tropischen Arten 30 000 Eier; Larven mit Kranzfüßen. In den Wurzeln krautiger Pflanzen.

7.32.3.2 Heteroneura

Jugum reduziert; am Vorderflügel ist ein Retinaculum vorhanden, das mit einem Frenulum am Hinterflügel korrespondiert (Abb. 945 A); viele Arten (Bombycoidea, Rhopalocera) besitzen jedoch keinerlei Koppelungseinrichtungen an den Flügeln; Geäder der Hinterflügel reduziert.

Monotrysia – Nur eine weibliche Geschlechtsöffnung (Abb. 946 A).

Ectoedemia sericopeza (Nepticulidae, Zwergmotten), Flügelspannweite 3 mm; Rüssel reduziert; Larve in den Samenflügeln von *Acer platanoides* minierend, ernährt sich von den Samen; 2–3 Generationen pro Jahr. – *Incurvaria oehlmanniella* (Incurvariidae, Miniersackmotten), Flügelspannweite 16 mm; Saugrüssel gut entwickelt; L₁ in *Vaccinium*-Blättern minierend, spätere Stadien frei in Säkken im Boden lebend.

Ditrysia – Weibchen mit 2 Geschlechtsöffnungen (Abb. 946 B).

Tineola bisselliella, Kleidermotte (Tineidae, Echte Motten), Flügelspannweite 12 mm; Saugrüssel reduziert; Larve mit Kranzfüßen; Larven und Puppen in Gespinströhren; als Materialschädling (Baumwolle u. a. Naturfasern) weltweit verbreitet, aus Afrika stammend; andere Arten freilebend in Pilzen, Eulengewöllen oder faulendem Holz. – *Tortrix viridana*, Eichenwickler (Tortricidae, Wickler), Flügelspannweite 22 mm; Vorderflügel hellgrün, Hinterflügel grau; Saugrüssel gut ausgebildet; Sexuallockstoffe vorhanden; Larve mit 5 Paar Kranzfüßen am Abdomen; in eingerollten und zusammengesponnenen Eichenblättern; Verpuppung in Gespinstkokon; z. T. Massenvorkommen. – *Zygaena filipendulae* (Zygaenidae, Widderchen), Flügelspannweite 35 mm; Antennen keulenförmig verdickt; Vorderflügel mit roten Flecken auf dunklem Grund, große Variationsbreite; Saugrüssel gut entwickelt; enthalten Cyan-Verbindungen (wirksam gegen Freßfeinde?); Larve mit 5 Paar Abdominalbeinen, besitzt Wehrsekrete; leben von Fabaceen; Puppe in einem spindelförmigen Kokon, der häufig an Gräsern befestigt wird, Kokonwand durch eingelagerte Mineralien verfestigt. – *Schoenobius gigantellus* (Pyralidae, Zünsler), Flügelspannweite 24–35 mm; Labialpalpen auffällig lang und rüsselartig vorstehend; 1. Abdominalsegment jederseits mit einem Tympanalorgan; Lauterzeugung und Sexuallockstoffe; Larve mit 5 Paar Kranzfüßen am Abdomen; Nahrungsspezialist, lebt in Trieben von *Phragmites*; Verpuppung in Gespinstkokon. – *Operophtera fagata*, Waldfrostspanner (Geometridae, Spanner), Flügelspannweite Männchen 38 mm, Weibchen mit Flügelstummeln; Saugrüssel reduziert; Flügel mit charakteristischem Muster; Larve mit nur 2 Paar Abdominalfüßen an den beiden

hinteren Segmenten, „spannerartige" Fortbewegung; an Knospen und Blättern von *Fagus* und *Betula*. – Vielfach sind die Geometridae polyphag, jedoch kommen auch Spezialisten vor (z.B. solche, die von Blüten, Samen, Früchten, an Flechten, Farnen oder im Inneren von Fichtenzapfen oder Weidenkätzchen leben). – *Autographa gamma*, Gammaeule (Noctuidae, Eulenfalter), Flügelspannweite 34–40 mm; Saugrüssel gut ausgebildet, Labialpalpen verlängert; Frenulum und Retinaculum als Bindevorrichtung deutlich; Zeichnungsmuster des Vorderflügels mit charakteristischer Grundstruktur („Eulenschema"); Flügel werden in Ruhe dachförmig über dem Körper zusammengelegt. Wandernde Tiere legen große Strecken zurück. Am Thoraxende liegt jederseits ein Tympanalorgan mit Trommelfell, kann Ultraschall von Fledermäusen wahrnehmen; Falter reagieren mit Sichfallenlassen, Kursänderung oder Flucht; Lautäußerung und Sexuallockstoffe; Larve ohne auffällige Behaarung, lebt polyphag von verschiedenen Pflanzenarten. – Nahrung der meisten Arten der Noctuidae sind Laubhölzer und Gräser; auch Spezialisten, z.B. Flechteneulen; manche Arten sind carnivor („Mordraupen"); einzelne südostasiatische Arten saugen als Imagines Blut unter den Augenlidern von Rindern. – *Talaeporia tubulosa* (Psychidae, Sackträger), Flügelspannweite 16–20 mm; Männchen geflügelt, Weibchen flügellos; Mundwerkzeuge, auch Augen, Antennen und Beine reduziert; Weibchen mit Sexuallockstoff; Legeröhre kann bis doppelte Körperlänge erreichen; Abdomen des Männchens kann zur Kopulation sehr weit teleskopartig ausgestreckt werden, bis in den Sack des Weibchens hinein; Larve lebt in einem sackartigen Gehäuse, das aus Sand oder Pflanzenteilen gebaut wird, 17 mm lang, Durchmesser 2 mm; Ernährung von Flechten; Parthenogenese häufig. – *Bombyx mori*, Maulbeer-Seidenspinner (Bombycidae, Seidenspinner) (Abb. 876), Flügelspannweite 30 mm; vor ca. 4000 Jahren domestiziert, liefert Naturseide (Spinnfadenlänge pro Kokon 1000 m, bei der Wildform 150–200 m); stammt aus Ost- und Südasien; zahlreiche Rassen; Sexuallockstoff (Bombycol) löst Balz („Schwirrtanz") bereits bei überaus geringen Konzentrationen aus (10^{-10} ml⁻¹ Petroläther); auf jeder Antenne befinden sich 25 000 Bombycolsinneszellen. Würde man 100 l Bombycol im Wasser aller Weltmeere auflösen, würde die entstehende Duftkonzentration noch ausreichen, alle Männchen zu einem Schwirrtanz zu veranlassen.

Saturnia pavonia, Kleines Nachtpfauenauge (Saturniidae), Flügelspannweite 56–80 mm; Flügel mit deutlich ausgeprägten Augenflecken, Saugrüssel stark reduziert; Sexualdimorphismus im Bau der Antennen und im Flugverhalten; Sexuallockstoffe; Larve grün, mit roten, warzenartigen Fortsätzen; Verpuppung in einem aus Seide gesponnenen, birnenförmigen Kokon. – *Arctia caja*, Brauner Bär (Arctiidae, Bärenspinner), Flügelspannweite 50–70 mm; Vorderflügel braun und weiß gezeichnet, Hinterflügel rot mit blauschwarzen Flecken; Saugrüssel reduziert; Metathorax mit Tympanalorgan, kann Ultraschall der Fledermäuse wahrnehmen; einige andere Arten erzeugen selbst Ultraschall (Cuticularplatte im Metathorax), der die Fledermäuse irritiert; Sexuallockstoffe, auch vom Männchen ausgeschiedene Pheromone, die bei manchen südostasiatischen Arten (*Creatonotos* spp.) von auffälligen, ausstülpbaren Organen (Coremata) ausgeschieden werden; diese Stoffe werden nicht selbst produziert, sondern von der Larve mit der Nahrung aufgenommen; Larve stark behaart, mit weißen Warzen, Rückenhaare

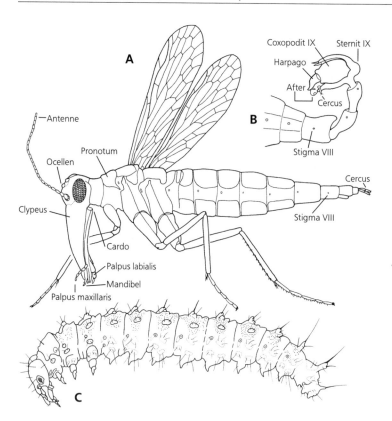

Abb. 947: Mecoptera. A *Panorpa communis*, Skorpionsfliege, Weibchen, Mitteleuropa. B *P. communis*, Hinterende Männchen. C *Panorpa* sp., Larve. A Nach verschiedenen Autoren; B nach Seifert (1970); C nach Peterson (1957).

schwarz, Seitenhaare rostrot, Abdomen mit 5 Bauchfuß-paaren; polyphag an Krautpflanzen; Verpuppung in Gespinst. – *Acherontia atropos*, Totenkopfschwärmer (Sphingidae, Schwärmer), Flügelspannweite 90–120 mm; Oberseite des Thorax mit totenkopfähnlicher Zeichnung; hervorragendes Flugvermögen, kann lange Strecken zurücklegen (Wanderfalter, aus dem Süden kommend) und vor den Blüten bei der Nahrungsaufnahme im Schwirrflug stehen; Hinterflügel viel kleiner als Vorderflügel; Saugrüssel lang, kann Nektar aus tiefen Blütenröhren aufnehmen; Sexuallockstoffe vorhanden; Lauterzeugung mit Luftstrom über Saugrüssel und Pharynx (für Insekten sehr seltener Mechanismus); Larve mit hornartigem Fortsatz auf dem 11. Abdominalsegment, mit 5 Bauchfußpaaren; an Kartoffelkraut; Puppe frei im Boden. – *Papilio machaon*, Schwalbenschwanz (Papilionidae, Ritter), Flügelspannweite 68–90 mm; Flügel bunt, mit großem Zipfel am Hinterflügel; Larve grün, mit schwarzen Querstreifen und roten Punkten; besitzt ausstülpbare Nackengabel (Osmaterium) zwischen Kopf und Prothorax, diese ist drüsenreich und sondert Sekrete ab; ernährt sich von Apiaceen; Gürtelpuppe. – *Anthocharis cardamines*, Aurorafalter (Pieridae, Weißlinge), Flügelspannweite 22–30 mm; Grundfarbe der Flügel weiß durch Pterine, die in den Schuppen abgelagert werden, Spitze des Vorderflügels beim Männchen orangerot; kann rot als Farbe sehen (kommt bei Insekten sonst kaum vor); Larve mit 5 Paar Abdominalbeinen, lebt an *Cardamine pratensis* und anderen Brassicaceen; Gürtelpuppe. – *Hipparchia semele*, Rostbinde (Satyridae, Augenfalter), Flügelspannweite 60 mm; dunkle Flügel mit Augenflecken; Männchen mit Duftschuppen; Vorderbeine verkürzt, Putzbeine; Tympa-

nalorgan unklarer Funktion vorhanden; auffälliges Balzverhalten; Larve nach hinten verschmälert, letztes Paar der Abdominalbeine (Nachschieber) modifiziert, so daß das Abdomenende zweispitzig erscheint; ernährt sich von Gräsern; Stürzpuppe. – *Aglais urticae*, Kleiner Fuchs (Nymphalidae, Edelfalter), Flügelspannweite 45–55 mm; tagaktiv, auffällig gefärbt, Färbung auf Grundmuster zurückführbar („Nymphalidenschema"); Saugrüssel gut ausgebildet; Vorderbeine zu Putzbeinen verkürzt, tragen auch Sinnesorgane; Larve schwarz, mit gelben Längsstreifen, stark mit Haaren und Warzen bedeckt; an *Urtica*; Stürzpuppe. – *Polyommatus icarus*, Wiesenbläuling (Lycaenidae, Bläulinge), Flügelspannweite 35 mm; Flügeloberseite der Männchen mit blauem Metallglanz (Schillerschuppen); Geschlechtsdimorphismus in der Flügelfärbung; Farbe der Ober- und Unterseite der Flügel stark differierend; Duftschuppen vorhanden; Larve asselförmig, Kopf auffallend klein; ernährt sich von Fabaceen; erste Stadien (bei manchen Arten alle) innerhalb der Wirtspflanze; dorsale Hautdrüsen sondern von den Ameisen bevorzugtes Sekret ab; Larven können durch die Ameisen gefüttert werden, fressen z. T. Ameisenbrut; Larven bleiben entweder auf der Futterpflanze, werden dort von Ameisen aufgesucht oder Larven beginnen Entwicklung auf Pflanze und vollenden diese im Ameisennest, wo sie sich von der Brut ernähren; Gürtelpuppe.

Die Taxa Mecoptera und Diptera sind sehr vielleicht Schwestergruppen und werden mit den Siphonaptera als **Antliophora** zusammengefaßt. Die verwandtschaftlichen Beziehungen der 3 Taxa sind nicht geklärt. Synapomorphien der Antliophora sind: vordere Gelenkstelle der Mandibel reduziert, Labialpalpen max. zweigliedrig, es ist ein 4. Axillare abgetrennt und mit einem Tergopleuralmuskel ausgestattet, das Sperma wird mit einer Spermapumpe übertragen (erfolgt bei fast allen anderen Insekten durch Spermatophoren), der Hypopharynx hat keine Retraktormuskeln, die Thoraxbeine der Larven sind stark reduziert; der gemeinsame Ausführgang der Labialdrüsen der Larven besitzt keine Ventralmuskeln, Praetarsus ohne Muskeln, Galea reduziert.

7.33 Mecoptera, Schnabelfliegen

Insgesamt sind 600 Arten bekannt, in Mitteleuropa 10. Die Körperlänge schwankt zwischen 3,5–20 mm, die Flügelspannweite zwischen 20–40 mm.

Der Kopf ist nach unten gerichtet. Sein vorderer Teil ist mehr oder weniger stark schnabelartig verlängert (Name!) (Abb. 947 A). Die Mundwerkzeuge sind beißend, im Gegensatz zu den Mandibeln sind die Basalteile der Maxillen und des Labiums ebenfalls verlängert. Der Clypeus und das Labrum sind miteinander verschmolzen (Autapomorphie), der Hypopharynx fehlt (Autapomorphie). Die Muskeln des Labrums und des Hypopharynx sind reduziert (Autapomorphie). Die annähernd gleichförmigen Flügel sind bei manchen Arten rückgebildet. Das 1. Abdominaltergit ist geteilt und mit dem Metanotum verschmolzen; das 1. Abdominalsternit ist reduziert. Die weibliche Geschlechtsöffnung liegt hinter dem 9. Sternit und führt in eine von der Intersegmentalhaut gebildete Genitalkammer (Bursa copulatrix).

Der Körper der eruciformen, scarabaeiformen oder campodeiformen Larven ist mit kräftigen Borsten besetzt. Die Larven besitzen Thoracalbeine und Stummelfüße am 1. bis 8. Abdominalsegment (Abb. 947 C). Das metathoracale Stigma ist verschlossen (Autapomorphie). Das letzte Abdominalsegment ist meist mit einer Haftgabel versehen, die eine spannerraupenartige Fortbewegung ermöglicht. Sie leben im oder am Boden.

Boreus hyemalis (Boreidae, Winterhafte), 3,5 mm; Körper dunkelbraun; Flügel stark rückgebildet (Sexualdimorphismus); winteraktiv zwischen 5°-10°C, auch auf Schnee, in dieser Zeit auch Kopulation und Eiablage; Imagines und Larven ernähren sich von Moos oder toter pflanzlicher und tierischer Substanz; Larven im Boden, Entwicklung zweijährig. – *Bittacus italicus* (Bittacidae, Mückenhafte), Flügelspannweite 40 mm; Körper schnakenähnlich; Beine lang und dünn; räuberisch, fangen kleine Insekten im Flug oder sitzend; Hinterbeine als Fangbeine ausgebildet; Männchen mit Lockstoffdrüsen auf dem Abdomen; während Kopula in hängender Stellung wird gemeinsam ein Beutetier verzehrt, das das Männchen beigesteuert hat. – *Panorpa communis* (Panorpidae, Skorpionsfliegen), Flügelspannweite 25–32 mm (Abb. 947 A); Männchen mit auffälligem Ko-

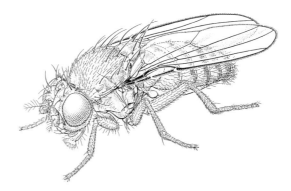

Abb. 948: Diptera, Brachycera. *Drosophila melanogaster* (Drosophilidae), Weibchen, Länge 2 mm. Aus Wheeler (1987).

pulationsor-gan am 9. Abdominalsegment (Abb. 947 B), dort auch eine Drüse, die ein Sexualpheromon liefert, Notal- und Postnotalorgan am 3. bzw. 4. Segment; Hinterleib des Weibchens zugespitzt; Ernährung von toten oder geschädigten Insekten und pflanzlichen Stoffen, auch Nektar und Honigtau; Balz nach Anlockung des Weibchens mit Sexualpheromon, Flügelwinken, Abdomenbewegungen, Verzehr mehrerer, den männlichen Speicheldrüsen entstammender Sekrettropfen durch das Weibchen (auch während der Kopula); 40–140 Eier werden in die Erde abgelegt; Larven leben im Boden, mit 8 Paar Abdominalextremitäten, dorsal mit warzigen Erhebungen (Abb. 947 C); können aus dem After 4 lappenartige Gebilde ausstülpen, mit denen sie sich anheften und senkrecht aufrichten; 4 Stadien; Verpuppung im Boden (Pupa dectica).

7.34 Diptera, Zweiflügler

Von den 134 000 Arten leben in Mitteleuropa ca. 9 200. Die Körperlänge beträgt 0,5–23 mm, max. 60 mm, die Flügelspannweite max. 100 mm (*Mydas heros*).

Die Facettenaugen (Abb. 952) sind fast immer gut entwickelt; die 3 Ocellen können teilweise oder völlig fehlen. Die Mundwerkzeuge sind leckend-saugend (Abb. 951), stechend-saugend (Abb. 950) oder sekundär stechend-saugend. Die Maxillen besitzen nur eine Kaulade (Lacinia) (Autapomorphie). Das Labium ist als Saugrüssel ausgebildet, die Endglieder der Labialpalpen bilden die polsterartigen Labellen, die von dünnen Kanälen (Pseudotracheen) durchzogen werden (Autapomorphie). Die Glossae und Paraglossae sind stark reduziert (Autapomorphie). Mandibeln und Maxillen sind bei manchen Gruppen als Stechborsten ausgebildet, häufig jedoch reduziert (Autapomorphie) (Abb. 950).

Die Vorderflügel sind meist voll entwickelt, die Hinterflügel dagegen zu Halteren reduziert (Autapomorphie) (Abb. 951 B). Im Vorderflügel sind die 3. Analader und der hintere Cubitusast reduziert (Autapomorphie). An den Tarsen befinden sich oft Pulvillen und Empodium (Abb. 844, 845 A). Auf den Pulvillen von *Calliphora* entspringen ca. 5 000

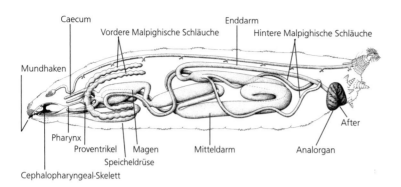

Abb. 949: Diptera, Brachycera. Larve (L₃) von *Drosophila hydei* (Drosophilidae), Länge 3 mm, mit Darmtrakt und Malpighischen Schläuchen. Original: A. Wessing, Gießen.

Haare (10–15 µm lang, 1 µm dick), die zusammen mit Sekreten das Festhalten auf glatten Oberflächen ermöglichen. Die Männchen haben meist kein 8. Abdominalstigma (Autapomorphie).

Die Larven (Abb. 872 E, 949, 954) besitzen keine Thoracalbeine (Autapomorphie), meist fehlen ihnen auch Abdominalbeine und ein regulatorischer Apparat für die Stigmen (Autapomorphie).

Dipteren leben in nahezu allen aquatischen und terrestrischen Biotopen. Die Larven ernähren sich von organischen Substanzen, auch extreme Habitate werden besiedelt, in denen andere Insekten nicht leben können, z.B. *Helaeomyia petrolei* in Erdöllachen. Die Imagines sind Räuber, Parasiten, Blütenbesucher, Blutsauger, Pflanzensaftsauger oder nehmen keine Nahrung auf. Die meisten Arten legen Eier, es kommen aber auch Ovoviviparie, Larviparie und Pupiparie vor. Manche Arten rufen Schäden an Kulturpflanzen hervor, oder sie übertragen bzw. erregen Krankheiten. Andere gelten als nützlich durch Beseitigung von Aas, Kot und anderen Abfällen (Detritusnahrungsketten), als Blütenbestäuber, Parasitoide und Räuber.

Die Untergliederung der Diptera ist noch umstritten; wahrscheinlich sind die Nematocera und die Aschiza paraphyletisch.

7.34.1 „Nematocera", Mücken

Geißel der Antennen meist lang, mit gleichartigen Gliedern (Abb. 864 A, 951 A); Maxillarpalpen vier- bis fünfgliedrig; Mandibeln und Maxillen der Larven gegeneinander beweglich; Larven mit vollständiger (eucephal) oder teilweise vollständiger (hemicephal) Kopfkapsel; Puppen frei beweglich (Pupa obtecta). Vielleicht paraphyletisch.

7.34.1.1 Tipulomorpha

Trichocera hiemalis (Trichoceridae, Wintermücken), 5 mm; Mundwerkzeuge stark reduziert; Beine lang; relativ kälteunempfindlich, Tanzschwärme der Männchen auch im Winter; Larven im Boden, ernähren sich von Detritus, leben auch in Fledermauskot. – *Tipula maxima* (Tipulidae, Schnaken), 30–40 mm; Flügelspannweite

50 mm; Mundwerkzeuge leckend-saugend; lange Beine mit vorgebildeten Bruchstellen. Spiel der Beine löst Kopulation aus; Eiablage in den Boden; Larve am Abdomenende mit auffälligen Stigmen und Fortsätzen („Teufelsmaske"), ernährt sich von toter Pflanzensubstanz (Humusbildung); Puppe mit Prothoracalhörnchen (Atemorgane), Körper mit Dornen besetzt, die Bewegung im Verpuppungsgang ermöglichen.

7.34.1.2 Blephariceromorpha

Liponeura cinerascens (Blephariceridae, Lidmücken), 6–8 mm; Larven in schnellfließenden Gewässern; mit 6 Bauchsaugnäpfen, die von der Cuticula gebildet werden (Abb. 954 B); Fortbewegung durch wechselndes Lösen und Haften; 4 Stadien; ernähren sich von Aufwuchs (Kieselalgen); Puppe wird fest angeheftet, atmet mit 2 Atemhörnchen und Plastron; Imago schlüpft unter Wasser, erreicht Oberfläche mit umgebendem Luftmantel, fliegt sofort ab.

7.34.1.3 Bibionomorpha

Bibio marci (Bibionidae, Haarmücken), 11 mm; Männchen mit großen, behaarten Augen (Sexualdimorphismus), optisch zweigeteilt; Weibchen mit Grabdornen an den Vorderschienen; ernähren sich von Nektar und Honigtau; Eiablage im Boden (bis 3 000 Eier pro Weibchen); Larven leben von toter pflanzlicher Substanz (Humusbildner). – *Keroplatus testaceus* (Keroplatidae, Pilzmücken), 14 mm; Mundwerkzeuge reduziert; Larven ernähren sich von Pilzen; ähneln Nacktschnecken und hinterlassen beim Kriechen eine Schleimspur; können leuchten. – *Sciara militaris*, Heerwurm (Sciaridae, Trauermücken), 7 mm; Facettenaugen dorsal miteinander verbunden. – Flügel bei vielen Arten ± reduziert oder fehlend; Larven im Boden unter Rinde, auch in Pilzen, leben von zerfallender Pflanzensubstanz; der „Heerwurm" sammelt sich zu Wandergesellschaften; diese Züge können 4, max. 10 m Länge bei 15 cm Breite erreichen und wandern mit einer Geschwindigkeit von ca. 1 m h⁻¹. – *Mikiola fagi* (Cecidomyiidae, Gallmücken), 1,5–2 mm; Komplexaugen dorsal miteinander verbunden; Antennen wirtelig behaart, mit ösenförmigen Gebilden; Weibchen mit langer, teleskopartig ausstülpbarer Legeröhre; Larven gelb bis rot gefärbt, mit reduzierter Kopfkapsel, aber mit Brustgräte; Larven können springen, nachdem der Körper ringförmig gebogen wurde; gallerzeugend auf den Blättern von *Fagus*. Die einzelnen Arten dieser Familie leben wirtsspezifisch

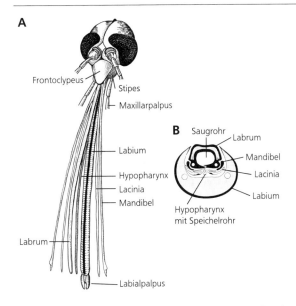

A

Frontoclypeus

Stipes

Maxillarpalpus

Labium

Hypopharynx

Lacinia

Mandibel

Labrum

Labialpalpus

B Saugrohr

Labrum

Mandibel

Lacinia

Labium

Hypopharynx
mit Speichelrohr

Abb. 950: Diptera. Kopf und stechend-saugende Mundwerkzeuge. *Anopheles* sp. (Culicidae), Weibchen. A Kopf von vorn. B Mundwerkzeuge, Querschnitt. Nach Weber (1933) aus Seifert (1970).

sowohl an Gräsern und Krautpflanzen wie an Laub- und Nadelbäumen; Gallen von artspezifischer Gestalt; andere Arten sind Räuber und Parasitoide (Aphidina, Acari) oder leben in modernden Pflanzenteilen, wo sie sich vermutlich von Pilzhyphen ernähren.

7.34.1.4 Psychodomorpha

– *Psychoda phalaenoides* (Psychodidae, Schmetterlingsmücken), 1,5–2,5 mm; Flügel stark behaart, werden dachförmig gehalten; Larven ernähren sich von zerfallenden organischen Substanzen; können in Kläranlagen eine wichtige Rolle als Destruenten spielen. Andere Arten übertragen Viren und *Leishmania* (*Phlebotomus*, Papataci-Fieber sowie Orientbeule bzw. Kala Azar, S. 29). – *Sylvicola fenestralis* (Anisopodidae, Pfriemenmücken), 6–8 mm; Larven in faulenden Kartoffeln, Rüben oder anderen zerfallenden pflanzlichen Substraten; Puppen mit Dornen und kurzen Atemhörnchen.

7.34.1.5 Culicomorpha

Culex pipiens (Culicidae, Stechmücken), 9 mm; Weibchen mit Stechrüssel aus Labrum, Mandibeln, Maxillen und Hypopharynx (die beiden letzteren sind gezähnt), diese Stechborsten in das Labium eingebettet (Abb. 950); beim Stechen wird Speichel abgegeben, der die Gerinnungsfähigkeit des Blutes herabsetzt sowie die Serumdurchlässigkeit der Kapillarwände erhöht; außer im Bau der Mundwerkzeuge findet sich Geschlechtsdimorphismus vor allem im Bau der Antennen (bei Männchen Johnstonsches Organ mit ca. 30000 Scolopidien, Hörorgan, mit dem sie den weiblichen Flugton wahrnehmen können) (Abb. 864B,C); Saugverhalten der einzelnen Arten dieser Familie sehr unterschiedlich (Tageszeit, Körperteile), Wirtsspezifität vorhanden; Anlockungsmechanismen: optisch, Wärmeabstrahlung, CO$_2$-Abgabe, Wahrnehmung von verschiedenen Bestandteilen des Schweißes; Eier von sehr charakteristischer Form; Entwicklung der Larven im Wasser, Gasaustausch über Atemrohr am Abdomenende, Hautatmung kommt vor; Osmoregulation über Analpapillen; Ernährung von Detritus und Kleinplankton; Verpuppung im Wasser, Puppen atmen über Thoracalhörnchen an der Wasseroberfläche, bei anderen Arten werden sie in Pflanzen eingebohrt (interzelluläre Lufträume); außer ihrer Bedeutung als Lästlinge sind verschiedene Culicidae als Krankheitsüberträger und Vektoren bedeutsam (Gelbfieber, Malaria, Elephantiasis, S. 47, 704). – *Chironomus thummi* (Chironomidae, Zuckmücken), 10 mm; Männchen bilden riesige Schwärme, locken Weibchen an; Geschlechtsdimorphismus im Bau der Antennen (Abb. 951 A); Speicheldrüsen mit Riesenchromosomen, die in der genetischen Forschung eine Rolle spielten; Parthenogenese vorhanden; Eigelege von gallertiger Hülle umgeben; Prothorax mit Stummelfüßen, letztes Abdominalsegment mit 1 Paar Nachschiebern, die mit Häkchen besetzt sind, gelegentlich mit einem medianen Saugnapf; Hautatmung, osmoregulatorische Organe. Die meisten Arten dieser Familie sind Wasserbewohner: Süßwasser, Salzwasser (bis 28,5% Salzgehalt), Thermen bis 51 °C, Mineralquellen, stets substratgebunden, leben meist in Gespinströhren aus dem Sekret der Speicheldrüsen; mit Kalk inkrustierte Röhren können „Chironomiden-Tuff" bilden; ernähren sich von Detritus, Algen (Fangnetz oder Abweiden), Fadenalgen, höheren Wasserpflanzen (z.T. minierend), Süßwasserschwämmen, Gastropoden; Parasitismus kommt vor (zapfen unter den Flügelscheiden von Ephemeropterenlarven Hämolymphe ab); terrestrische Arten in Moospolstern, Uferwiesen, in Pflasterzwischenräumen, Dung und humusreichen Böden; Puppen mit unterschiedlich gestalteten Prothoracalhörnern (Atemorgane) sowohl frei beweglich als auch in Gehäusen. – *Culicoides pulicaris* (Ceratopogonidae, Gnitzen), 2 mm; Mundwerkzeuge stechend-saugend, Aufnahme von Blut, Hämolymphe von Insekten und Pflanzensäften; Larven aquatisch, Thorax mit Beinresten, Abdomen mit Nachschiebern; terrestrische Arten ernähren sich von zerfallender pflanzlicher Substanz. Aquatische Arten meist räuberisch oder als Ektoparasitoide auf Insektenlarven oder anderen wirbellosen Tieren; Verpuppung am Freßort der Larven; Puppen mit kurzen Prothoracalhörnchen. – *Simulium variegatum* (Si-

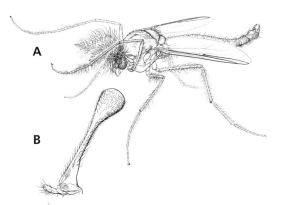

A

B

Abb. 951: Diptera, Nematocera. A *Chironomus plumosus* (Chironomidae), Männchen, Habitus. B *Ptychoptera quadrifasciata* (Ptychopteridae), Männchen, Haltere. A Aus Oliver (1979); B aus McAlpine (1981).

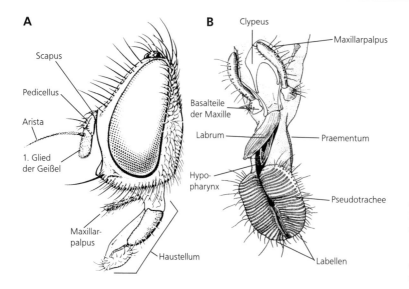

Abb. 952: Diptera. Kopf und leckend-saugende Mundwerkzeuge. Muscidae. A *Fannia subpellucens,* Kopf, von der Seite. B *Musca domestica,* Proboscis, schräg von unten. A Aus Huckett und Vockeroth (1987); B nach Weber (1933) aus Seifert (1970).

muliidae, Kriebelmücken), 4 mm; Komplexaugen funktionell geteilt; Mundwerkzeuge stechend-saugend; saugen Blut von Vögeln oder Säugetieren, nehmen auch Nektar und andere Pflanzensäfte auf. Saugen kann vor allem Weidetiere stark beeinträchtigen oder töten, auch Übertragung von parasitischen Nematoden (S. 704); beide Geschlechter bilden Schwärme; Parthenogenese möglich; Eiablage in Fließgewässer; Larven mit unpaarem kontraktilen Füßchen hinter dem Kopf und einer Haftscheibe am Abdomenende, diese mit mehreren hundert Reihen kleiner Häkchen (10–20 μm) besetzt für das Festhalten im strömenden Wasser; filtrieren mit paarigen Haarfächern auf dem Labrum Detritusteilchen und Algen; Fächer sind einklappbar und werden von den Mandibeln ausgekämmt; Hautatmung; 6 Stadien; Verpuppung im tütenförmigen Gehäuse; Atmung über Plastron mit Röhrenkiemen; Imago schlüpft unter Wasser, ist von Lufthülle umgeben, erreicht in dieser die Wasseroberfläche und fliegt sofort ab.

7.34.2 Brachycera, Fliegen

Antennen meist mit einer zu einer Borste (Arista) reduzierten Geißel, die am 3. Fühlerglied (1. Geißelglied) beginnt (Abb. 952 A, 953). Larven (Abb. 872 E, 949, 954 A, C) ohne (acephal) oder mit teilweise vollständiger Kopfkapsel (hemicephal); Mandibeln der Larven vertikal gestellt, parallel zueinander beweglich; Verpuppung zum Teil in der letzten Larvenhaut: Tönnchenpuppe (Puparium, Pupa dipharata coarctata) (Abb. 873 C); Imagines verlassen das Puparium durch T-förmigen Spalt.

7.34.2.1 Xylophagomorpha

Xylophagus ater (Xylophagidae, Holzfliegen), 6 mm; Larven unter Rinde und in morschem Holz, räuberisch (Insektenlarven).

7.34.2.2 Stratiomyomorpha

Stratiomys chamaeleon (Stratiomyidae, Waffenfliegen), 16 mm; Hinterleib abgeflacht; dorsal am Ende des Thorax mit 2 spitzen Dornen (Name!); Larven im Wasser; besitzen am Abdomenende eine Atemröhre, die dort mündenden beiden Stigmen sind von einem unbenetzbaren Härchenkranz umgeben; weiden Aufwuchs von Steinen und Wasserpflanzen ab.

7.34.2.3 Tabanomorpha

Tabanus sudeticus (Tabanidae, Bremsen), 25 mm; größte mitteleuropäische Fliegenart; Weibchen blutsaugend, am Saugrüssel ist auch das Labium beteiligt; beim Stich wird ein gerinnungshemmender Stoff abgegeben. Tabaniden stechen artverschieden in unterschiedliche Körperteile; Larven wasserbewohnend oder terrestrisch; ernähren sich von toter organischer Substanz, aber auch räuberisch;

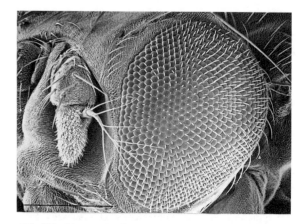

Abb. 953: Diptera, Brachycera. *Drosophila* sp. (Drosophilidae), Facettenauge und Antenne. Maßstab: 200 μm. Original: W. Arens, Bayreuth.

Mandibel der Larven von einem Giftkanal durchzogen; lästig für Weidevieh, Übertragung von Krankheitserregern.

7.34.2.4 Asilomorpha

Asilus crabroniformis (Asilidae, Raubfliegen), 16–26 mm; zwischen den Komplexaugen mit Stirnfurche und einem Höcker mit den 3 Ocellen; Mundwerkzeuge stechend-saugend, Stechborste hart; räuberisch, fangen Insekten während des Fluges; Larve im Boden oder unter Rinde, Ernährung von zerfallender pflanzlicher Substanz; Puppen beweglich, mit Haken und Dornenkränzen. – *Bombylius discolor* (Bombyliidae, Wollschweber), 14 mm; Körper hummelartig behaart, mit langem Saugrüssel, saugen Nektar im Rüttelflug. Andere Arten von anderer Gestalt mit verkümmerten Mundwerkzeugen; Larven sind Parasitoide bei solitären Wespen und Bienen oder bei Caelifera, Lepidopteren- und Coleopterenlarven; Eiablage durch gezieltes Abschießen aus dem Flug neben die Nesteingänge der Wirte oder direkt neben die zukünftige Nahrung; manche Arten sind Sekundärparasitoide bei Ichneumoniden.

7.34.2.5 Eremoneura

Empidoidea

Empis opaca (Empididae, Tanzfliegen), 7 mm; Männchen mit großen Komplexaugen; räuberisch und blütenbesuchend; Beute wird im Flug gefangen. Bei *Hilara* werden vor der Kopulation von den Männchen eingesponnene Beutetiere (Spinndrüsen im 1. Vordertarsenglied) dem Weibchen überreicht; vor der Kopula bilden sich „Tanzgruppen", die die Partner vermutlich optisch anlocken; *Hilara sartor* webt einen glänzenden Schleier (3 × 5 mm), der ebenfalls als optisches Signal wirkt; Larven im Wasser oder in nassen Böden, räuberisch. – *Medetera* spp. (Dolichopodidae, Langbeinfliegen), 4 mm; Körper bunt, metallisch glänzend; Beine sehr lang; räuberisch; Sexualdimorphismus: Männchen mit auffallendem Klammerapparat am Abdomenende sowie spezifischer Behaarung und Form einzelner Beinpaare, die bei der Balz eine Rolle spielen; Larven von *Medetera* leben unter Rinde von Entwicklungsstadien der Scolytidae.

Cyclorrhapha, Deckelschlüpfer

Antennen meist mit einer zu einer Borste (Arista) reduzierten Geißel am 3. Glied; Larven ohne Kopfkapsel (acephal, „Maden") (Abb. 872E); Mandibeln („Mundhaken") bilden mit dem Innenskelett des Kopfes ein Cephalopharyngealskelett (Abb. 949); maximal 2 Stigmenpaare vorhanden; Verpuppung in der letzten Larvenhaut, es wird eine Tönnchenpuppe (Puparium, Pupa dipharata coarctata) (Abb. 873C) gebildet; Imagines verlassen das Puparium durch kreisförmigen Schlitz.

„Aschiza" – Puparium wird nicht durch eine Stirnblase geöffnet; Kopf ohne oder mit schwach entwickelter Ptilinalnaht.

Phalacrotophora fasciata (Phoridae, Buckelfliegen), 2,5 mm; Thorax hoch, buckelig; Parasitoide in den Puppen von Coccinellidae. Bei anderen Arten oftmals Flügelreduktion bis zum Fehlen der Flügel. Larven dieser Familie leben von zerfallenden pflanzlichen und tierischen Sub-

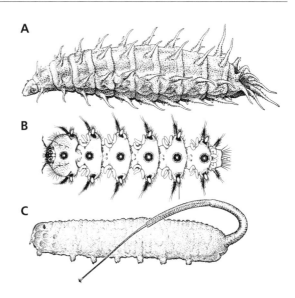

Abb. 954: Diptera, Larven. A *Fannia canicularis* (Muscidae); B *Philorus californicus* (Blephariceridae), Ventralseite. C *Eristalis tenax* (Syrphidae), „Rattenschwanzlarve". A Aus Huckett und Vockeroth (1987); B aus Teskey (1981); C aus Hogue (1981).

stanzen (auch Leichen), andere in Nestern von Hummeln, Wespen, Ameisen und Termiten, weitere Arten von Pilzen, oder sie sind Parasitoide bei Myriapoden, Coleopteren oder anderen Dipteren. – *Episyrphus balteatus* (Syrphidae, Schwebfliegen), 9–13 mm; beide Geschlechter sind zu Schwirrflug befähigt (Frequenz ca. 300 Hz); Luftkämpfe und Balzflüge möglich. Hinterbeine können bei anderen Arten zu Klammerbeinen (Festhalten des Weibchens) umgebildet sein; Larven leben von zerfallender pflanzlicher Substanz, Pflanzensäften, Detritus; im Schlamm (vielfach mit langem abdominalen Atemrohr („Rattenschwanzlarven") (Abb. 954C); andere ernähren sich von frischem pflanzlichen Gewebe bzw. dem ausfließenden Saft; viele Arten leben räuberisch (Blattläuse, aber auch Chrysomeliden- und Lepidopterenlarven, einige in Hummelnestern.

Schizophora – Puparium wird beim Schlüpfen durch eine Stirnblase gesprengt, die später wieder zurückgezogen wird; eine Bogennaht (Ptilinalnaht) bleibt bei den Imagines erhalten. Es werden 2 Gruppen unterschieden:

Acalyptratae – 2. Fühlerglied meist ohne Längsspalt; Flügelschüppchen nur schwach ausgebildet.

Drosophila melanogaster (Drosophilidae, Taufliegen) (Abb. 948, 949, 953), 1,5–2,5 mm; werden durch zerfallendes Obst und Gärung angelockt; hier auch die Entwicklung der Larven; Speicheldrüsen mit Riesenchromosomen; klassisches Objekt der Genetik; komplizierte Balz in mehreren Phasen. Andere Arten leben im Kot, als Parasitoide anderer Insekten oder minieren in Pilzen und Pflanzen; Nahrung der saprophagen Arten sind Bakterien und Hefen, die sich in den Substraten entwickeln. – *Hydrellia griseola*, Graue Gerstenminierfliege (Ephydridae, Weitmaulfliegen), 1,5–2 mm. Larven minieren in Gräsern und Getreide; andere Arten der Familie saprophag, mikrophag oder räuberisch. – *Oscinella frit*, Fritfliege (Chloropidae,

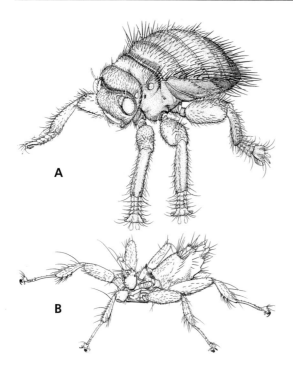

Abb. 955: Diptera. Habitus flügelloser Arten. A *Braula coeca* (Braulidae), „Bienenlaus", Länge 1,0–1,5 mm. B *Basilia forcipata* (Nycteribiidae), Fledermausfliege. A Aus Peterson (1987); B aus Peterson und Wenzel (1987).

Halmfliegen), 2–3 mm; Mundwerkzeuge ± verkümmert; Larven im Inneren von Gräsern (Getreide), gallbildend. Andere Arten leben in Blüten, Früchten und Pilzen oder von zerfallender organischer Substanz; einige Arten räuberisch (Eigelege von Araneae oder Caelifera). – *Liriomyza virgo* (Agromyzidae, Minierfliegen), 2 mm; Weibchen mit Legebohrer; Eiablage in Wirtspflanze; mit Lauterzeugung (Schrillplatte am 2. Abdominaltergit gegen Schrillkante am Hinterschenkel); Larven minieren in Stengelrinde von *Equisetum*; Minen artcharakteristisch; Nahrungsspezialist. – *Braula coeca*, Bienenlaus (Braulidae), 1,5 mm; vor allem durch Tarsenbau (Borstenkamm und 2 behaarte Pulvillen) an Aufenthalt auf dem Körper von *Apis mellifera* angepaßt; Komplexaugen rudimentär, Ocellen fehlen; Mundwerkzeuge zum Aufnehmen der flüssigen Bienennahrung geeignet; ohne Vorderflügel und Halteren; Kommensalen der Honigbiene; sitzen vor allem auf Königin und jungen Arbeiterinnen; Larven minieren in Zelldeckeln, ernähren sich von den beigemischten und anhaftenden Pollen bzw. Honig (Abb. 955 A).

Calyptratae – 2. Fühlerglied mit Längsspalt; Flügelschüppchen relativ groß.

Musca domestica, Stubenfliege (Muscidae, Echte Fliegen), 8 mm; kosmopolitisch, eng an den Menschen angeschlossen; liebt hauptsächlich süße Speisen, zeigt Putzverhalten, Neugierverhalten und Herdentrieb, können mit dem Rücken nach unten sogar auf Glas laufen (10 µm lange und 1 µm dicke, am Ende verbreiterte Hafthaare, je 5000 auf den Pulvilli, lipophiles Sekret) (Abb. 844 B); mehrere Pheromone, legen 2000 Eier pro Weibchen, Entwicklungsdauer 1 Woche; in Ställen 10–15 Generationen

pro Jahr möglich; 1 kg Pferdemist kann 8000 Individuen ergeben, 1 kg Schweinemist max. 15000; Übertragung verschiedenster Krankheitserreger. – *Lucilia sericata*, Fleischfliege (Calliphoridae, Schmeißfliegen), 7–10 mm; Körper leuchtend grün; Imagines häufig auf Doldenblüten; Larven leben von Fleisch, auch in Wunden, früher sogar medizinisch zur Wundheilung verwendet; andere Arten setzen lebend geborene Larven ab; Entwicklung in verschiedenen zerfallenden organischen Substanzen, auch an Exkrementen; manche Arten Parasiten von Wirbeltieren, andere parasitisch bei Wirbellosen, z.B. Lumbricidae und Gastropoda. – *Gasterophilus intestinalis* (Gasterophilidae, Magenfliegen), 15 mm; Flugton kann Fluchtreaktion bei Einhufern (Pferde) auslösen; Weibchen legen im Flug Eier an die Haare der Wirte (bis zu 5000 pro Weibchen); Larve dringt über Mundschleimhaut in Wirt ein und wandert zum Darmkanal; L₃ setzt sich mit Dornenkränzen vor allem im Magen oft in großen Mengen fest; Wirte: Pferd, Esel, Maultier, Nashörner. – *Hypoderma bovis* (Oestridae, Biesfliegen), 12–15 mm; Anflug der Weibchen löst panische Flucht bei Wirtstieren (Rinder) aus; Larven im Unterhautbindegewebe erzeugen Dasselbeulen; das Volumen der Larve erreicht im Laufe der Entwicklung das 8000fache. Andere Arten im Nasenraum (Schafe, Ziegen, Pferd, Esel), Rachenraum (Rentier, Reh, Elch, Rothirsch). – *Lipoptena cervi*, Hirschlausfliege (Hippoboscidae, Lausfliegen), 4–6 mm; kräftige Krallen und spezifische Beborstung erleichtert das Haften im Haarkleid (bei anderen Arten Federkleid) des Wirtes (Reh, Hirsch, Elch); Flügel werden nach Anflug an Wirt autotomiert. Bei anderen Taxa verkürzt oder sogar fehlend, z.B. *Melophagus ovinus*, Schaflausfliege. Symbionten vorhanden; saugen Blut; Ectoparasiten; im Uterus gelangt jeweils nur ein Ei zur Entwicklung; 2 Larvenstadien; die Larven werden mit dem Sekret der Milchdrüsen ernährt und mit den Symbionten infiziert; unmittelbar vor der Verpuppung werden sie abgesetzt und verpuppen sich sofort (Pupiparie); Fruchtbarkeit gering, 5–12 Nachkommen. – *Nycteribia* sp. (Nycteribiidae, Fledermausfliegen), 3 mm; Ektoparasiten von Fledermäusen; ohne Vorderflügel, Halteren vorhanden; Beine spinnenartig lang; ebenfalls Pupiparie (Abb. 955 B).

7.35 Siphonaptera, Flöhe

Es sind etwa 2200 Arten bekannt, von denen 72 in Mitteleuropa nachgewiesen wurden. Ihre Körperlänge beträgt 0,5–4,5 mm, max. 6 mm (*Hystrichopsylla talpae*). Die Imagines sind blutsaugende, temporäre Ektoparasiten von Säugetieren (94% der Arten) und Vögeln (6%). Sie halten sich im allgemeinen nur zur Nahrungsaufnahme auf dem Wirt auf, sonst im Nest. Die Bindung an Nesttypen ist offenbar viel enger als an den Wirt und damit vordringlich für eine Spezifität verantwortlich.

Der Körper hat eine feste, glatte Cuticula, ist seitlich stark zusammengedrückt (Autapomorphie) und hellbraun bis schwarzbraun gefärbt. Die Tergite und Sternite liegen schuppenartig übereinander (Autapomorphie). Alle Haare und Borsten sind nach hinten gerichtet (Abb. 956 A), wodurch eine rasche Fortbewegung im Haar- bzw. Federkleid des Wirts ermöglicht wird.

Der Kopf trägt jederseits einen nach hinten gerichteten Zahnkamm (Ctenidium) (Autapomorphie) von artspezifischer Gestalt (Abb. 956A), auch der Prothorax und das Abdomen können Ctenidien tragen. Es ist 1 Paar atypischer einliniger Einzelaugen anstelle der Facettenaugen vorhanden (Autapomorphie), sie können aber ebenso wie die Ocellen fehlen. Die Antennen haben eine gegliederte Keule und liegen in Antennengruben, die durch eine Furche miteinander verbunden sind (Autapomorphie). Bei den Männchen haben sie eine Haltefunktion bei der Kopula. Die Mundwerkzeuge (Abb. 956B) sind stechend-saugend mit viergliedrigen Maxillarpalpen. Als Stechborsten wirken das Labrum sowie der Epipharynx und die Laciniae (Autapomorphie). Die viergliedrigen Labialpalpen dienen als Rüsselscheide (Autapomorphie), Mandibeln fehlen (Autapomorphie).

Immer fehlen die Flügel (Autapomorphie). Die hinteren Beinpaare sind als Sprungbeine ausgebildet (Autapomorphie), die Hüften und Schenkel sind stark vergrößert. Am Sprung sind auch Muskeln beteiligt, die ehemals für den Flug verantwortlich waren. Das Sprungvermögen ist in Anpassung an die Wirte unterschiedlich ausgeprägt. Maximal wird eine Sprungweite von 60 cm erreicht (ca. 200fache Körperlänge). Die Absprungbeschleunigung entspricht dem 140fachen der Erdbeschleunigung. Der Praetarsus besitzt außer den beiden Krallen keine Anhänge. Das 10. Abdominalsegment bildet eine Pygidialplatte, die in Gruben stehende Haare (Trichobothrien) trägt (Autapomorphie).

Die Gonopoden (9. Tergit) der Männchen sind Klammerorgane für die Kopulation. Von den relativ großen (0,5 mm) Eiern werden jeweils 8–10 Stück abgelegt. Anschließend ist eine neue Blutmahlzeit erforderlich, insgesamt produziert ein Weibchen während seines Lebens ca. 400 Eier. Die gelb-weißen, 4–7 mm langen Larven haben keine Augen und Beine (Abb. 956C). Sie sind mit Borsten und Haaren besetzt, eine Kopfkapsel ist vorhanden. Das letzte Abdominalsegment trägt 1 Paar Nachschieber und einen charakteristischen Borstenkamm. Es werden 3 Larvenstadien durchlaufen. Die Entwick-

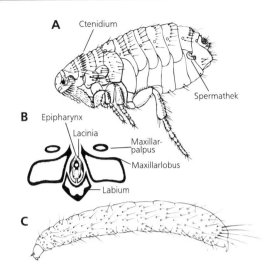

Abb. 956: Siphonaptera. A *Ctenocephalides canis*, Hundefloh, Weibchen, Länge 2 mm. B Schnitt durch die Mundwerkzeuge nahe Kopfkapsel. C *Xenopsylla cheopis*, Pestfloh, Larve. A Nach Martini (1952); B nach Wenk (1953) aus Jacobs und Renner (1989); C nach Stehr (1991).

lung erfolgt im Nest des Wirts und dauert 2–4 Wochen. Die Larven ernähren sich von organischen Nestbestandteilen, auch vom bluthaltigen Kot der Imagines, die viel Blut ihrer Wirte saugen. Die Puppe ist frei gegliedert und liegt innerhalb eines selbstgesponnenen Kokons.

Pulex irritans, Menschenfloh (Pulicidae), 3 mm; Wirte: Mensch, Dachs, Fuchs. Zur gleichen Familie gehört *Xenopsylla cheopis*, der Pestfloh (Überträger der Pest), der bei Ratten lebt. – *Hystrichopsylla talpae*, Maulwurfsfloh (Hystrichopsyllidae), 4–6 mm; Wirte: Maulwurf, auch Spitzmäuse, Gelbhalsmaus, Waldmaus, Rötelmaus, Feldmaus, Erdmaus, Wühlmäuse; im Flohzirkus wegen seiner Größe und geringen Sprungfähigkeit vorzugsweise verwendet. – *Ceratophyllus styx*, Uferschwalbenfloh (Ceratophyllidae), 2 mm.

Ergänzungen: S. 863.

NEMATHELMINTHES (ASCHELMINTHES)

Jahrhundertelang kannte man von den „niederen Würmern" nur die sog. Eingeweidewürmer („Helminthes"). Deren freilebende Verwandten sind meist mikroskopisch klein und wurden daher erst nach der Erfindung des Mikroskops bekannt. Im wesentlichen werden diese „niederen Würmer" unterteilt in die Plat-helminthes (Platy-helminthes) und die Nemat-helminthes (Asc-helminthes) (so die jeweiligen Wortstämme und Aussprachen; griech. *platys, nema, ascos* = platt, Faden, Sack). Durch die folgenden Merkmale sind die Nemathelminthes scharf von den Plathelminthes (S. 210) getrennt:

1. Sofern ein Darm vorkommt, besitzt er primär einen After, der nur in einigen Fällen wieder zurückgebildet worden ist. Ähnlich wie bei den Plathelminthes ist auch bei vielen Nemathelminthes der gesamte Darmtrakt im Zuge einer endoparasitischen Lebensweise verlorengegangen (Mermithoidea unter den Nematoden (S. 692), Nematomorpha (S. 711), Acanthocephala (S. 723).

2. Omnipotente Zellen, die sich zeitlebens vermehren und deren Abkömmlinge sich je nach innerkörperlichen Umständen zu sehr verschiedenen vegetativen oder zu generativen Zellen differenzieren können, sind u.a. von den Plathelminthes bekannt, nicht aber von den Nemathelminthes. Dieser Unterschied hat wichtige Folgen (Punkte 3–5):

3. Vegetative Vermehrung konnte für Nemathelminthes niemals nachgewiesen werden, weder für freilebende noch für parasitische Arten. Sie alle pflanzen sich bisexuell fort, in besonderen Fällen auch parthenogenetisch; bei vielen Rotatorien und einigen zooparasitischen Nematoden kommt Generationswechsel vor, bei der die beiden Fortpflanzungsweisen in zyklischer Weise aufeinander folgen (Heterogonie).

4. Verbreitet innerhalb mikroskopisch kleiner Nemathelminthes ist deren auffällige Neigung zur Zellkonstanz (Eutelie), bei der nicht nur die Zahl der Zellen, sondern auch deren relative Lage zueinander konstant sind.

5. Das Regenerationsvermögen ist nach bisheriger Kenntnis nur schwach entwickelt; im Fall von Eutelie ist nicht einmal die Ausbildung von Wundgeweben möglich, sondern nur ein Wundverschluß von verletzten Zellen.

6. Die Leibeshöhle enthält nur selten ein umfangreiches Parenchym, so bei den Gordioida unter den Nematomorpha (S. 712). Meistens fehlt es jedoch, so daß die Leibeshöhle peripher von Muskeln des Hautmuskelschlauchs und zentral von Muskeln, die dem Darm aufliegen, begrenzt wird. Beide Muskellagen können zu Strängen oder Netzen differenziert sein, so daß dann auch die basalen Matrices von Epidermis und Darmepithel an der Begrenzung der Leibeshöhle teilnehmen. Die Leibeshöhle der Nemathelminthes wird gewöhnlich als Pseudocoel (s. S. 197) bezeichnet, unabhängig davon, ob die Muskulatur an der Körperwand bzw. am Darm wohlentwickelt ist oder ob sie am Darm schwach entwickelt ist oder gar fehlt. Bei Gastrotrichen, Kinorhynchen und kleinen Nematoden ist die Leibeshöhle fast vollständig von inneren Organen angefüllt.

7. Wegen des Fehlens eines Parenchyms ist der Darmtrakt gegenüber der Körperwand freibeweglich. Diese Eigenschaft ist unverzichtbar für die Funktionsfähigkeit eines Introverts, also eines vorderen Körperteils, der frontal den Mund trägt, nach frontal aus- und eingestülpt werden kann und hierbei den Darmtrakt nach vorn und hinten zieht. Unter den heutigen Nemathelminthes kommt ein Introvert vor bei den Priapulida, Kinorhyncha, Loricifera und Larven der Nematomorpha, in schwächerer Form auch bei den Rotatoria (Räderorgan mit Mund im Zentrum aus- und einstülpbar), und es gibt Anzeichen, daß selbst die Nematoda und Gastrotricha von Vorfahren mit Introvert abstammen.

Systematik

Wegen der bilateralen Körpersymmetrie, der Ausbildung eines eindeutig ausgezeichneten Vorderendes und des Besitzes von drei Keimblättern gehören die Nemathelminthes zweifelsfrei zu den Bilateria. Schwierig ist dagegen ihre Einordnung innerhalb der Bilateria, weil sie zu keiner rezent vorkommenden Gruppe gut belegte Übereinstimmungen aufweisen. Als gut begründet gilt lediglich die Hypothese, daß die Nemathelminthes durch Verzwergung aus größeren Arten früherer Tiergruppen entstanden seien. Die Argumente hierfür sind folgende: Bis auf wenige, einige Zentimeter große Arten der Priapuliden haben alle Nemathelminthes innere Besamung. Äußere Besamung setzt eine gewisse Mindestgröße des Körpers (in Zentimetern gemessen) voraus, weil viele Geschlechtszellen im Körper gespeichert werden müssen, bevor sie simultan abgegeben werden. Mehrfach im Tierreich ist äußere durch innere Besamung abgelöst worden, u.a. im Zuge der Verzwergung. Es ist daher wahrscheinlich, daß auch die mikroskopisch kleinen Nemathelminthes von Vorfahren abstammen, deren Körpergröße sich in Zentimetern maß, und bei denen ein umfangreiches Coelom vorkam. Gemäß der Verzwergungshypothese werden die übrigen Nemathelminthen also als verzwergte Coelomaten

Sievert Lorenzen, Kiel

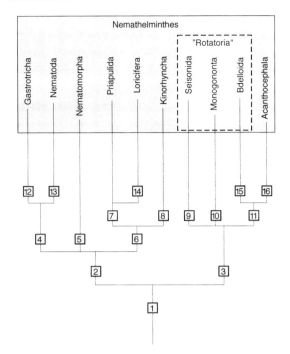

Abb. 957: Hypothese über den verwandtschaftlichen Zusammenhang innerhalb der Nemathelminthes. Es gibt vertretbare Alternativen zur dargestellten Hypothese, doch hat die vorliegende den Vorteil, besonders gut mit bestehenden Erkenntnissen verträglich zu sein. Außer in Kästchen [1] sind nur Merkmale aufgeführt, die an der Basis der jeweiligen Gruppierungen von Taxa neu erschienen sind. Nur in [1] wurden außerdem Merkmale aufgeführt, die von Vorfahren übernommen wurden. [1] Omnipotente Zellen bei Adulti nicht mehr vorhanden, daher keine vegetative Vermehrung mehr möglich, sondern nur noch geschlechtliche Fortpflanzung. Von Vorfahren übernommen: Körpergröße in cm; Coelom vorhanden, meist zu Pseudocoel reduziert; kein Blutgefäßsystem; Hautmuskelschlauch mit äußeren Ring- und inneren Längsmuskeln; keine Kopulation, also Befruchtung äußerlich; getrenntgeschlechtlich; 2 Gonaden pro Geschlecht; freilebend; Mundöffnung ventral; kein Introvert ausgebildet. [2] Introvert mit terminal gelegener Mundöffnung; Cuticula, die beim Wachstum mehrfach gehäutet wird. [3] Verzwergung; Kopulation, Befruchtung innerlich; Eutelie; Epidermis intrasyncytial verdichtet und von äußeren Einstülpungen des Plasmalemmas perforiert; Räderorgan. [4] Verzwergung; Kopulation, Befruchtung innerlich; Eutelie; Muskeln der Körperwand entsenden Ausläufer hin zu den Nervenzellen; Seitensinnesorgane (bei Nematoden als Seitenorgane bezeichnet); Pharynx mit einschichtigem Myoepithel. [5] Kopulation, Befruchtung innerlich; Sekundärlarve; nur Längsmuskeln im Hautmuskelschlauch; Cuticula ähnlich wie bei Mermithidae (Nematoden). [6] Sensorische Skaliden. [7] Sekundäre Larve, diese mit Lorica. [8] Verzwergung; Kopulation, Befruchtung innerlich; Körper in 13 Somite gegliedert. [9] Epibiotisch auf Krebsen; bei Kopulation werden Spermatophoren übertragen. [10] Nur noch 1 Gonade pro Geschlecht; Heterogonie verbreitet. [11] Ausbildung eines Rüssels, der keinen Mund trägt und daher nicht einem Introvert homolog ist. [12] Äußere Cuticula lamellär, bedeckt auch Cilien; trotz Cuticula keine Häutungen; Zwittrigkeit; Eiablage durch Ruptur der Körperwand; Introvert (bis auf Mund) völlig reduziert. [13] Nur Längsmuskeln im Hautmuskelschlauch; 6+6+4-Kopfsensillen in drei Kreisen; Ovarien opponiert zueinander; cuticularisierter Spicularapparat als Kopulationsorgan ausgebildet; genau

4 Häutungen beim Wachstum (obwohl Wachstum auch ohne Häutung möglich ist); dorsaler Nervenstrang ein Abkömmling des ventralen Markstrangs; Introvert (bis auf Mund) fast immer völlig reduziert. [14] Verzwergung; Kopulation, Befruchtung innerlich; durch Neotenie entstanden. [15] Nur Weibchen vorhanden. [16] Epidermis mit umfangreichem Lakunensystem; Weibchen mit Uterusglocke; Rüssel mit Haken; Acanthella als sekundäre Larve; Körpergröße sekundär im cm-Bereich.

aufgefaßt, bei denen das Coelom im Laufe der Verzwergung zu einem Pseudocoel reduziert worden ist, das nach außen von Muskeln der Körperwand und nach innen vom Darmepithel begrenzt wird.

Vor allem durch endoparasitische Lebensweise konnten sekundär wieder große Arten entstehen. Veranschaulicht wird diese sekundäre Größenzunahme u.a. von den fakultativ parasitisch lebenden Nematodenarten der Gattung *Deladenus* (S. 705), deren freilebende Weibchen nur 1,6 mm lang werden, die zooparasitisch lebenden Weibchen dagegen 25 mm.

Verzwergung ist einer von mehreren Gründen, warum eine indirekte Entwicklung mit Wimpernlarve durch eine direkte Entwicklung ersetzt wird, bei der ein Jungtier mit Adultorganisation aus dem Ei schlüpft. Häufig wird mit dem Verlust der Wimpernlarve auch der jeweils ursprüngliche Furchungstyp der Frühentwicklung durch einen neuen Furchungstyp ersetzt. Der Unterschied vom neuen zum ursprünglichen Typ ist in einigen Fällen derart groß, daß die Herleitung der verwandtschaftlichen Beziehungen nicht mehr durch das Studium der Furchungstypen möglich ist, sondern allein durch das Studium der Körperorganisationen. Sollten die größeren Vorfahren der Nemathelminthes eine Wimpernlarve aufgewiesen haben, fehlt diese nach der Verzwergungshypothese bei den heutigen Nemathelminthes sekundär. Nach der gleichen Hypothese könnte vermutlich auch die Zahl der Furchungsteilungen verringert worden sein; nur so ist jedenfalls zu verstehen, warum die Ursprungszelle des Mesoderms schon im zweiten Teilungsschritt gebildet wird, bei den typischen Spiraliern dagegen erst im sechsten. Da die Furchung der Nemathelminthes determiniert verläuft, ist sie möglicherweise von der ebenfalls determiniert verlaufenden Spiralfurchung oder einem ihrer Vorläufer herzuleiten, nicht dagegen von der Radiärfurchung, die mehr regulativ verläuft. Nach dieser Auffassung könnten die Nemathelminthes mit den Spiraliern näher verwandt sein als mit den Deuterostomiern.

Die Furchung der Priapulideneier ist nur lückenhaft bekannt – sie ist total; Wimpernlarven schlüpfen in keinem Fall, auch nicht bei großen Arten, deren Eier weniger als 100 µm messen. Besser bekannt ist die Furchung von Gastrotrichen, Nematoden, Rotatorien und Acanthocephalen. Bei ihnen ist sie ebenfalls total, die spätere bilaterale Symmetrie des Körpers läßt sich schon ab dem 8-Zellen-Stadium erkennen (bilateralsymmetrischer Furchungstyp). Die Furchungen von Gastrotrichen und Nematoden sind einander zum Verwechseln ähnlich, sie unterscheiden sich deutlich von denen der Rotatorien und Acanthocephalen, die einander ebenfalls sehr ähnlich sind. Für die beiden letztgenannten Gruppen wird neuerdings eine engere Verwandtschaft mit den Gnathostomuliden diskutiert (S. 263).

Die Monophylie der Nemathelminthes läßt sich höchstens begründen durch das Fehlen omnipotenter Zellen bei den adulten Tieren, so daß letztere sich nicht vegetativ vermehren, sondern nur geschlechtlich fortpflanzen können. Weitere Argumente für die Monophylie der Nemathelminthes gibt es nicht, auch nicht aus den Bereichen der Ultrastrukturforschung oder Molekularbiologie.

Zu dieser heterogenen Gruppe werden traditionell die Gastrotricha, Nematoda, Nematomorpha, Rotatoria, Acanthocephala, Priapulida, Loricifera und Kinorhyncha gestellt. Wegen Übereinstimmungen im Bau des Pharynx und des Fehlens vegetativer Vermehrung wird diskutiert, auch die Gnathostomuliden (S. 263) und Tardigraden (S. 429) zu oder in die Nähe der Nemathelminthes zu stellen.

Innerhalb der Nemathelminthes lassen sich die Gastrotricha, Nematoda, Nematomorpha, Kinorhyncha, Priapulida, Loricifera und Acanthocephala je für sich als monophyletisch begründen, nicht aber die Rotatoria. Einen Überblick über die gegenwärtige Vorstellung, wie die genannten Taxa miteinander zusammenhängen, vermittelt Abb. 957. Ein begründetes Verwandtschaftsverhältnis besteht zwischen den Rotatoria und Acanthocephala. In mehreren Fällen mußte zugunsten einer widerspruchsfreien Beurteilung der Merkmale und der daraus resultierenden Anordnung der Taxa angenommen werden, daß Übereinstimmungen in einem Merkmal als Analogie statt als Homologie beurteilt werden müssen (z.B. Verzwergung, Eutelie, Fehlen von Ringmuskeln im Hautmuskelschlauch) und daß andere, als homolog zu beurteilende Merkmale sekundär bei vielen Arten fehlen (z.B. das Introvert bei den meisten Nematoden und allen Gastrotrichen). Das dargestellte Verwandtschaftsdiagramm (wie jedes andere eine Hypothese) steht in Übereinstimmung mit den wesentlichen Vorstellungen über den verwandtschaftlichen Zusammenhang zwischen allen Taxa der Bilateria.

Ergänzungen: S. 863.

Gastrotricha, Bauchhärlinge

Jahrzehntelang galten die Gastrotrichen als einförmige Süßwasserbewohner, die sich – ähnlich wie die Bdelloida unter den Rotatorien – ausschließlich parthenogenetisch fortpflanzen. Erst als der Kieler Zoologe REMANE in den zwanziger Jahren dieses Jahrhunderts das marine Sandlückensystem als artenreichen Lebensraum entdeckte, stieß er auch auf zahlreiche neue Gastrotrichenarten, die eine vielgestaltige Formenfülle repräsentieren und sich als Zwitter bisexuell fortpflanzen. Von den ca. 430 Arten gehören die meisten zu den Macrodasyida, die übrigen zu den Chaetonotida. Erstere sind rein marin, letztere schließen auch alle limnischen, meist zwischen Pflanzen lebenden Gastrotrichen ein, für die erst im vergangenen Jahrzehnt erkannt wurde, daß auch sie zwittrig sein können. Gastrotrichen besitzen keine Larvenstadien. Die Hauptnahrung sind Bakterien und andere Kleinstorganismen, marine Arten können jedoch auch Diatomeen und andere größere Nahrungsbrocken verschlingen.

Bau

Mit 0,1–1 mm Körperlänge gehören die Gastrotrichen zu den kleinsten Metazoen. Sie sind schlank, dorsoventral abgeplattet, gleiten mit ihrer ventralen Wimpernsohle auf Substrat entlang, setzen z.T. auch Muskeln zur Fortbewegung ein und können sich mit Haftröhrchen blitzschnell und reversibel am Substrat festheften. Die Wimpernsohle stand Pate für den deutschen und wissenschaftlichen Namen (griech. *gaster*, *trichos* = Bauch, Haar); auch der Wortstamm – *dasys* in vielen Gattungsnamen spielt auf die Wimpernsohle an (griech. *dasys* = dichtbehaart).

Sofern zusätzliche, verlängerte Cilien lateral am Vorderende vorkommen, sind die Gastrotrichen auch zum Schwimmen fähig, ähnlich wie Rotatorien mit sohlenförmigem Räderorgan und Wimpernohren (S. 718). Bei Arten der Chaetonotida wurde beobachtet, daß die Wimpernsohle auch dem Herbeistrudeln und Auffegen von Nahrungspartikeln dient. Die Wimpern kommen einzeln (monociliär) oder zu mehreren (multiciliär) auf den Epidermiszellen vor.

Wimpern können im Kopfbereich zu Membranellen (z.B. *Xenotrichula*, *Pleurodasys*) und am Bauch zu Cirren vereinigt sein (z.B. *Xenotrichula*). Letztere werden ähnlich wie die der hypotrichen Ciliaten zur ruckartig laufenden Fortbewegung eingesetzt.

Die mcist wohl entwickelte **Cuticula** bedeckt den gesamten Körper einschließlich der lokomotorischen und sensorischen Cilien; das ist einzigartig im Tierreich. Wie bei Nematoden enthält sie kein Chitin und kann ohne Häutung, allein durch Auf- und Abbauvorgänge, der jeweiligen Körperform während des Wachstums angepaßt und dabei auch verdickt werden. Während sich Nematoden dennoch häuten, unterbleibt dies bei den Gastrotrichen.

Obwohl lichtmikroskopisch sehr vielfältig, ist der ultrastrukturelle Aufbau der Cuticula recht einheitlich. Sie ist in eine sehr dünne Exo- und eine viel dickere Endocuticula gegliedert. Die Exocuticula besteht aus 1–25 lamellenartigen, 7–12 nm dicken Schichten, die in ihrem ultrastrukturellen Bau Zellmembranen überraschend ähnlich sind (Abb. 960); nur sie sind es, die auch die Cilien umhüllen. Die 0,1–4 µm dicke Endocuticula enthält mehrere Schichten, die z.T von vielen Fasern durchzogen werden; nur sie ist verantwortlich für die Gestaltung der vielen, z.T. grotesk aussehenden Cuticulargebilde, die den Körper bei vielen marinen und allen limnischen Arten bedecken können. Diese Gebilde sind Höcker, Schuppen, Schuppenstacheln, Stacheln (ohne schuppenartiger Sockel) sowie – nur bei den Thaumastodermatidae – Vier- und Fünfhaker. Die meisten dieser Gebilde sitzen starr am Körper; die langen Stacheln planktischer Arten können jedoch durch eigene Muskeln bewegt werden. Je dicker und skulpturierter die Cuticula, desto weniger sind die betreffenden Arten zu Körperkontraktionen fähig. Umgekehrt geht hohe Kontraktionsfähigkeit, wie sie bei vielen Gastrotrichenarten des Sandlückensystems zu beobachten ist, mit relativ dünner und weicher Cuticula einher.

Die einschichtige **Epidermis** ist zellig bei den Macrodasyida und – bis auf die ciliären Zellen – syncytial bei den meisten Chaetonotida. Eine basale Matrix ist höchstens schwach ausgebildet oder fehlt. Bei den Chaetonotida ist die Epidermis rund um den Körper recht einförmig gebaut, bei vielen Macrodasyida dagegen ist sie lateral und im Bereich der ventralen Wimpernsohle z.T. viel dicker als in anderen Körperregionen. Bei einigen Arten des Sandlückensystems sind die Epidermiszellen außerhalb der Kriechsohle durch Vakuolen turgeszent aufgetrieben.

Besondere Differenzierungen der Epidermis sind Schleim- und Klebdrüsen. Die einzelligen, getrennt mündenden Schleimdrüsen kommen dorsal und lateral bei vielen Arten der Macrodasyida vor; sie fehlen bei den Chaetonotida. Die meist zweizelligen Klebdrüsen treten bei den Chaetonotida nur hinten in den beiden Zehen auf, bei den Macrodasyida dagegen lateral und hinten am Körper. Sie sind nach dem Zweikomponenten-Prinzip („duo gland adhesive system") gebaut, d.h. eine Zelle produziert wahrscheinlich ein Klebsekret, das der Anheftung am Substrat dient, die andere Zelle ein Lösungssekret, das die Haftung wieder löst. Beide Drüsen münden jeweils gemeinsam durch ein cuticulares Röhrchen aus. Dieses kann mit einer monociliären Sinnesnervenzelle assoziiert sein (Abb. 314).

Sievert Lorenzen, Kiel

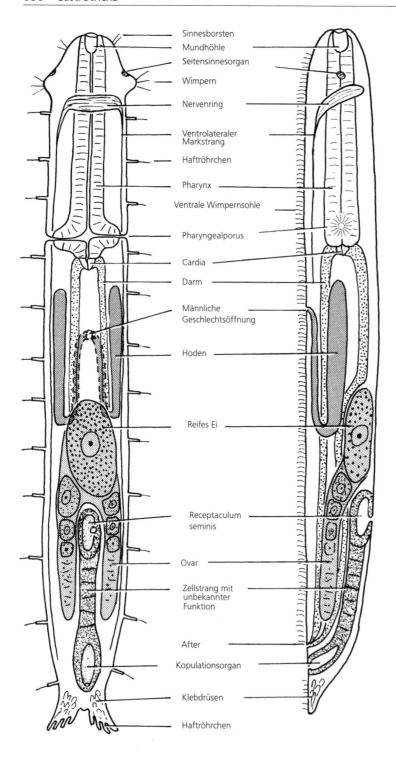

Sinnesborsten
Mundhöhle
Seitensinnesorgan
Wimpern
Nervenring
Ventrolateraler Markstrang
Haftröhrchen
Pharynx
Ventrale Wimpernsohle
Pharyngealporus
Cardia
Darm
Männliche Geschlechtsöffnung
Hoden
Reifes Ei
Receptaculum seminis
Ovar
Zellstrang mit unbekannter Funktion
After
Kopulationsorgan
Klebdrüsen
Haftröhrchen

Abb. 958: Gastrotricha (*Turbanella*, Macrodasyida). Dorsal- und Lateralansicht (Schema). Beim Nervenring und den ventrolateralen Marksträngen sind die zugehörigen Perikaryen nicht eingezeichnet worden. Das Ovar hat keine permanente Öffnung nach außen. Bei der Kopulation nimmt der Partner, der sich in der männlichen Phase befindet, sein eigenes Sperma zunächst ins Kopulationsorgan auf und überträgt es von dort ins Receptaculum seminis des Partners, der sich in der weiblichen Phase befindet. Aktiv wandern die Spermien weiter zu den Eizellen; diese werden nach abgeschlossener Dotterbildung durch Bruch der dorsalen Körperwand abgelegt. Irrtümlich wurde früher das Kopulationsorgan als Receptaculum seminis gedeutet und der Zellstrang unbekannter Funktion als Ovidukt. Original: S. Lorenzen, Kiel. Nach Remane, Ruppert, Teuchert.

Im Querschnitt zeigt der Gastrotrichenkörper eine Dreiteilung (Abb. 961) mit einer mittleren Region, in der der Darm liegt, und zwei lateralen Abschnitten, die je eine Gonade enthalten. Wie bei weichhäutigen Tieren üblich, liegt die **Ringmuskulatur** außen und die **Längsmuskulatur** innen im Haut-

muskelschlauch; in der Pharynxregion ist die Lagebeziehung jedoch umgekehrt. Die Muskeln bilden keine zusammenhängenden Schichten, wie dies sonst für einen Hautmuskelschlauch üblich ist, sondern sind in Strängen angeordnet. Unter ihnen sind die beiden ventrolateralen Längsmuskelstränge am

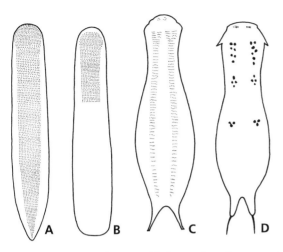

Abb. 959: Gastrotricha: Verschiedenen Ausprägungen der ventralen Wimpernsohle bei Macrodasyida (A-B) und Chaetonotida (C-D). A *Macrodasys* sp.; B *Hemidasys* sp.; C *Chaetonotus* sp.; D *Xenotrichula* sp. (Wimpern zu Cirren verklebt, die ruckartiges Laufen ermöglichen). Nach Remane (1936).

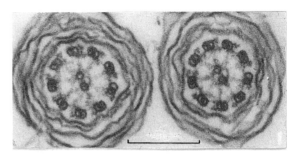

Abb. 960: *Turbanella ocellata* (Macrodasyida). Querschnitt durch Kinocilien, mit Exocuticula umgeben. Maßstab: 200 nm. Aus Rieger und Rieger (1977).

mächtigsten entwickelt. Die Ringmuskelstränge bilden zusätzlich schmale Dorsoventralmuskeln aus, die dem Darm seitlich eng anliegen.

Die Muskeln sind meist schräggestreift, seltener (z. B. *Dactylopodola*, *Xenodasys*) auch quergestreift und dann zu ruckartigen Kontraktionen fähig. Intermediäre Filamente in der Epidermis verbinden die Muskeln sehnenartig mit der Cuticula.

Sofern die Cuticula weich ist und die Gewebe keine längsverlaufenden turgeszenten Stützzonen aufweisen, kann

der Körper der Gastrotrichen durch Kontraktion der Längsmuskeln verkürzt und durch Kontraktion der Ringmuskeln verlängert werden. Ist jedoch die Cuticula dick oder gibt es längsverlaufende turgeszente Stützzonen in den Geweben (z. B. turgeszente Ausbildung von dorsalen Epidermiszellen bei *Macrodasys*; ein Y-Organ, d. h. je ein Stab hintereinander liegender Zellen mit dreieckigem bis leicht Y-förmigem Querschnitt beiderseits des Darmes bei *Turbanella*), kann die Kontraktion von Längsmuskeln zu kraftvollen Krümmungen des Körpers führen. Dies geschieht hauptsächlich in der Dorsoventral-Ebene, so daß die ventralen und dorsalen Längsmuskelzüge Antagonisten zueinander werden. Auf diese Weise verlieren Ringmuskeln als Antagonisten der Längsmuskeln an Bedeutung, so daß sie mehrfach innerhalb der Gastrotrichen nur schwach entwickelt sind und innerhalb der Chaetonotida sogar ganz fehlen bei solchen Arten, deren Cuticula besonders dick ist. Bei *Xenodasys* kommt am Hinterende ein axialer Stützstab aus spezialisierten Muskelzellen vor.

Abb. 961: Gastrotricha, Macrodasyida. Querschnittsschema. Das reife Ei liegt der dorsalen Darmwand direkt auf und wird so mit Nährstoffen für die Dotterbildung versorgt. Ringmuskeln und Dorsoventralmuskeln bilden ein Zellsystem, das das Körperinnere in drei längsverlaufende Abteilungen gliedert. Original: S. Lorenzen, Kiel. Nach Remane, Rieger, Ruppert, Teuchert.

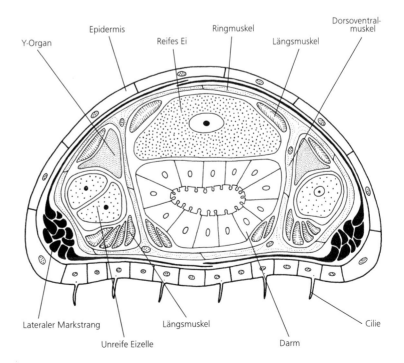

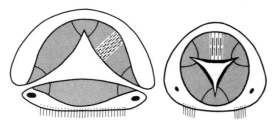

Abb. 962: Gastrotricha. Querschnitte durch die Pharynxregion. A Macrodasyida. B Chaetonotida. Pharyngeallumen stets umgekehrt Y-förmig bei den Macrodasyida und Y-förmig bei den Chaetonotida; nur bei ersteren kommen Pharyngealporen vor. Bei größeren Arten, die in den Macrodasyida vorherrschen, ist die Zahl der Sarkomere pro radiärem Muskelfilament größer als bei den meist sehr kleinen Arten der Chaetonotida. Zellgrenzen nur für die Apikalzellen eingezeichnet. Original: S. Lorenzen, Kiel. Nach Remane, Ruppert.

Alle **Sinnesorgane** sind einfache Sensillen, die mechanische, chemische oder optische Reize aufnehmen. Gehäuft treten sie am Vorderende auf. Sie enthalten eine oder mehrere monociliäre Sinnesnervenzellen: Nur je eine kommt in den Mechanorezeptoren wie etwa den Sinneshaaren vor; je 1–2 sind es in den paarigen Ocellen, die nur bei einigen Arten existieren; mehrere (bis über 20) sind es in dem Paar Seitensinnesorgane seitlich am Vorderende, die sehr vielgestaltig sind und bei einigen Arten auffallend mit den Seitenorganen der Nematoden übereinstimmen.

Das zentrale **Nervensystem** ist insgesamt basiepithelial und besteht aus einem Cerebralganglion, das mit einem Nervenfaserring den Pharynx umgreift, und 1 Paar ventrolateraler Markstränge. Ähnlich wie bei Nematoden nehmen Längsmuskelzellen über Zellfortsätze Kontakt mit den Neuronen der Markstränge auf.

Der **Darmtrakt** beginnt mit dem frontal gelegenen, z.T. nach subventral gerichteten Mund, führt durch die Mundhöhle und den muskulösen Pharynx in den Darm und mündet durch den terminal gelegenen After aus.

Die Mundhöhle weist meist Längsfalten auf und ist auf diese Weise erweiterungsfähig. An den Firsten der Falten entspringen bei vielen Arten schlanke Mundstacheln, die nach vorne weisen. Wird die Mundhöhle bei der Nahrungsaufnahme etwas nach vorne geschoben, erweitert sich ihr Umfang. Hierdurch glätten sich die Falten, und die Mundstacheln legen sich der Wand an, so daß die Nahrung passieren kann. Nach alten Beobachtungen soll die Mundhöhle sogar etwas ausgestülpt werden können, so daß die Mundstacheln dann nach außen weisen. Zusätzlich besitzen einige Arten zahnartige Bildungen an der Basis der Mundhöhle.

Der Pharynx hat ein dreistrahliges Lumen (Abb. 962). Die Strahlen sind nach dorsal und subventral gerichtet bei den Macrodasyida und nach ventral und subdorsal bei den Chaetonotida, die in dieser Hinsicht den Nematoden, Loricifera, Tardigraden und Bryozoen gleichen.

Die Dreistrahligkeit erlaubt eine Lumenerweiterung bei der Nahrungsaufnahme. Der Pharynx wird von Epithelmuskelzellen aufgebaut, die zum Lumen hin Cuticula abscheiden und zur Leibeshöhle hin eine basale Matrix. Die Muskelfilamente sind radiär angeordnet und bestehen bei größeren Arten aus 2–12 Sarcomeren, bei kleinen Arten aus nur einem. Interzellulär liegen Sinnesnervenzellen und Nerven. Die Arbeitsweise des Pharynx ist trotz angelagerter Ring- und Längsmuskelstränge ähnlich wie bei Nematoden (S. 698). Elektronenmikroskopische Befunde nähren den Verdacht, daß der Pharynx nicht nur Nahrung in den Darm schafft, sondern einen Teil von ihr durch Endocytose selbst aufnimmt und verdaut.

Eine Besonderheit der Macrodasyida sind 1 Paar Pharyngealporen, die das Pharynxlumen seitlich durch die Körperwand mit der Außenwelt verbinden. Solche Verbindungen kommen im Tierreich sonst nur als Kiemenspalten bei Hemichordaten und Chordaten vor. Beim Schluckvorgang entfernen die Tiere Wasser durch diese Poren, das mit der Nahrung in den Pharynx gelangte.

Der Mitteldarm ist ein schlauchförmiges, einschichtiges Epithel, in dem u.a. drüsige Sekrete produziert werden. Besondere Anhänge fehlen. Nach den vorliegenden Beobachtungen wird die Nahrung extra- und intrazellulär verdaut. Ein mit Cuticula ausgekleideter Enddarm ist entweder sehr kurz (Chaetonotida) oder fehlt ganz (Macrodasyida).

Außer Interzellularräumen gibt es keine flüssigkeitserfüllte Leibeshöhle; auch Blutgefäße fehlen.

Als **Exkretionsorgane** kommen Protonephridien vor. Die Macrodasyida besitzen 1–6 Paare, die Chaetonotida nur 1 Paar, die alle getrennt ausmünden. Jedes Nephridium besteht aus einer oder mehreren Terminalzellen (Cyrtocyten), je mit einer einzelnen Geißel, und einer gemeinsamen Ausleitungszelle, die gleichzeitig der Rückresorption dient.

Die Gastrotrichen sind Zwitter, im abgeleiteten Fall (viele Chaetonotida) nur weiblich. Die **Gonaden** sind meist paarig. Die Hoden sind nach vorn gerichtet (Keimzone weiter vorn als die Zone der reifen Spermien) und liegen im Körper vor den nach hinten gerichteten Ovarien. Sofern Hoden bei Süßwassergastrotrichen (Arten der Chaetonotida) vorkommen, sind sie winzig. Bei den Macrodasyida können zusätzlich ein Receptaculum seminis und ein ausstülpbares Kopulationsorgan vorkommen. Reifende und reife Eizellen befinden sich stets in der mittleren Körperregion. Sie haben dort engen Kontakt zum Darm, erhalten von den Darmzellen Nährstoffe, die sie zu Dotter umwandeln, und werden im Fall der zweigeschlechtlichen Fortpflanzung auch dort befruchtet.

Fortpflanzung und Entwicklung

Die strukturelle und funktionelle Deutung der Fortpflanzungsorgane ist schwierig und gab immer wieder Anlaß zu Revisionen. Als gesichert gilt, daß reife

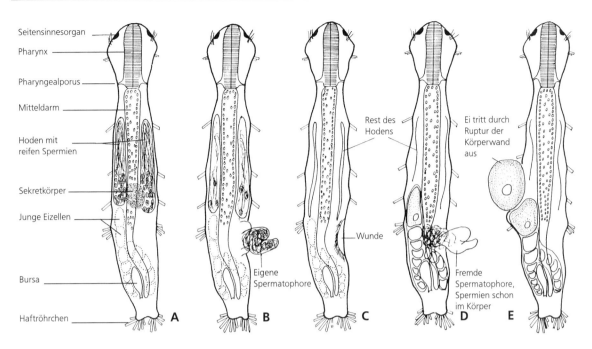

Seitensinnesorgan
Pharynx
Pharyngealporus
Mitteldarm
Hoden mit
reifen Spermien
Sekretkörper
Junge Eizellen
Bursa
Haftröhrchen

Rest des
Hodens

Wunde

Eigene
Spermatophore

Ei tritt durch
Ruptur der
Körperwand
aus

Fremde
Spermatophore,
Spermien schon
im Körper

A   B   C   D   E

Abb. 963: Geschlechtsumwandlung und Fortpflanzung beim protandrischen Zwitter *Dactylopodola baltica* (Gastrotricha, Macrodasyida) aus dem marinen Sandlückensystem des Litorals. A Bei erwachsenen Tieren reifen zuerst die Spermien; Eizellen zunächst unreif. B Vermutlich aus Material des Sekretkörpers wird auf der rechten Körperseite eine Spermatophorenhülle gebildet, in die die eigenen Spermien hineinwandern. C, D Durch Kopulation wird die Spermatophore an die rechte Körperseite eines Partners geheftet, der bereits in der weiblichen Phase ist; normalerweise wird die fremde Spermatophore dort empfangen, wo vorher die eigene war; die Spermien der fremden Spermatophore wandern hin zu den Eizellen. E Ablage befruchteter Eier durch Ruptur der linken Körperwand. Funktion der Bursa unbekannt. (Bei vielen anderen marinen Gastrotrichen, z.B. *Turbanella*, wird das Sperma ohne Spermatophore übertragen). Aus Teuchert (1968).

Eier bei fast allen Arten nicht durch Geschlechtsöffnungen, sondern durch Bruch der dorsalen (Macrodasyida) oder ventralen Körperwand (limnische Chaetonotida) abgelegt werden. Wenn überhaupt, findet eine Eiablage durch Geschlechtsöffnungen höchstens bei Süßwassergastrotrichen mit stark skulpturierter Cuticula statt.

Die Art und Weise, wie bei Macrodasyida Spermien auf Kopulationspartner übertragen werden, ist sehr vielfältig und wird erst für wenige Arten verstanden. Je nach Art münden die männlichen Geschlechtsorgane auf dem Kopulationsorgan oder getrennt davon; im zweiten Fall muß das Kopulationsorgan während einer Kopulation erst das eigene Sperma aufnehmen und es dann auf den Partner übertragen. Die Spermien werden je nach Art in den Körper des Partners injiziert und wandern dort zu einer Art Receptaculum seminis, oder die Spermien werden zu Spermatophoren gebündelt und dem Partner außen auf die Haut geheftet, von wo sie in den Körper des Partners eindringen.

Bei den Chaetonotida (außer *Neodasys*) ist noch keine Kopulation beobachtet worden, auch nicht bei Arten, für die Spermien bekannt sind. Bevor überhaupt die ersten Spermien sichtbar werden, geben die Tiere zunächst mehrere dünnschalige, diploide Subitaneier ab, aus denen durch ameiotische Parthenogenese Nachkommen hervorgehen. Die letzten 1–2 Eier, die abgelegt werden, sind

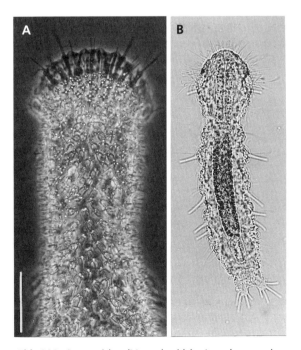

Abb. 964: Gastrotricha (Macrodasyida). Aus dem marinen Sandlückensystem. A *Tetranchyroderma* sp., Vorderende. Maßstab: 25 μm. B *Dactylopodola baltica,* Jungtier. Länge: ca. 200 μm. Originale: W. Westheide, Osnabrück.

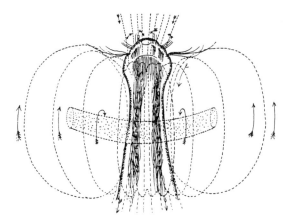

Abb. 965: Vorderende von *Chaetonotus maximus* (Gastrotricha, Chaetonotida). Am Grunde vieler Süßgewässer. Ventrale Wimpernsohle nicht nur zur Fortbewegung, sondern auch zum Herbeistrudeln und Auffegen von Nahrung; Richtung der erzeugten Wasserströme durch Pfeile angezeigt. Zentrum der Wirbel nicht in Mundnähe (wie bei Rotatorien), sondern weiter hinten (gepunkteter Bereich). Ansicht des Vorderkörpers von ventral. Nach Zelinka aus Remane (1936).

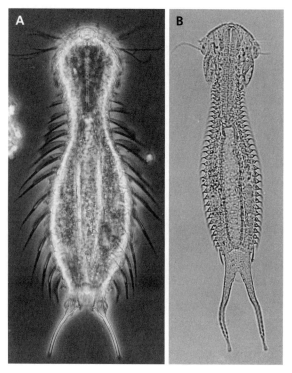

Abb. 966: Gastrotricha (Chaetonotida), aus dem marinen Sandlückensystem. A *Halichaetonotus* sp. Länge: ca. 200 μm. B *Draculiciteria* sp. Länge: ca. 250 μm. Originale: W. Westheide, Osnabrück.

dickschalige Dauereier; ob sie befruchtet sein können, ist unbekannt.

Die **Entwicklung** ist direkt. Die Furchung ist total und bilateral. Bei Süßwassergastrotrichen finden wahrscheinlich sämtliche Mitosen des Lebens während der Embryonalentwicklung statt; bei den Macrodasyida gibt es Mitosen auch noch nach dem Schlüpfen aus dem Ei. Die Embryonalentwicklung dauert unter günstigen Umständen 1–2 Tage bei den limnischen Chaetonotida und 1–2 Wochen bei den Macrodasyida.

Experimentell wurde jüngst ermittelt, daß Regenerationen nach schwerer Verletzung möglich sind: Bei *Turbanella* sp. (Macrodasyida) wurde das amputierte Hinterende einschließlich seiner Haftröhrchen durch Zellteilungen und anschließende Zelldifferenzierungen weitgehend regeneriert.

Systematik

Als Autapomorphie der Gastrotrichen wird angesehen, daß der gesamte Körper einschließlich seiner Cilien von Cuticula bedeckt ist. Als nächste Verwandte der Gastrotrichen gelten die Nematoden, vor allem wegen Übereinstimmungen im Bau der Seitensinnesorgane (bei Gastrotrichen) und Seitenorgane (bei Nematoden), wegen Übereinstimmungen in der frühen Embryonalentwicklung. Innerhalb der Gastrotricha stimmen nur die Chaetonotida mit den Nematoden im Besitz eines Y-förmigen (statt „umgekehrt Y-förmigen") Pharynxlumens überein, so daß die Chaetonotida als ähnlicher mit den Nematoden beurteilt werden als die Macrodasyida.

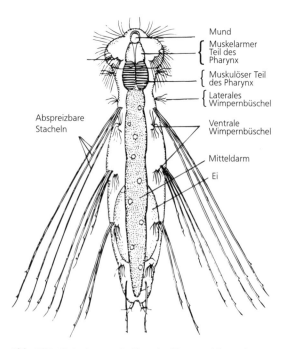

Mund
Muskelarmer Teil des Pharynx
Muskulöser Teil des Pharynx
Laterales Wimpernbüschel
Ventrale Wimpernbüschel
Mitteldarm
Ei
Abspreizbare Stacheln

Abb. 967: *Stylochaeta fusiformis* (Gastrotricha, Chaetonotida). In kleinen, fauligen Süßwassertümpeln, kann schwimmen und durch Muskeln die langen Stacheln abspreizen und anlegen. Ansicht von ventral. Aus Remane (1936).

1 Macrodasyida

Pharynx mit umgekehrt Y-förmigem Lumen und 1 Paar Pharyngealporen (fehlt bei *Lepidodasys*), zahlreiche Klebröhrchen lateral am Körper. Fortpflanzung zweigeschlechtlich, marin.

Dactylopodola baltica (Dactylopodolidae), 300 µm; marines Sandlückensystem (Abb. 963, 964B). – *Turbanella hyalina* (Turbanellidae), 750 µm, im Lückensystem litoraler Feinsande. – *Urodasys mirabilis* (Macrodasyidae), Rumpf 500 µm; mit 2 mm langem Schwanzfaden, marines Sandlückensystem. – Besonders artenreich sind die Thaumastodermatidae, oft mit skulpturierter Cuticula, z.B. *Tetranchyroderma*-Arten (Abb. 964A).

2 Chaetonotida

Pharynx mit Y-förmigem Lumen und ohne Pharyngealporen, nur 1 Paar Klebröhrchen hinten am Körper, Körper flaschenförmig (außer *Neodasys*). Fortpflanzung parthenogenetisch (außer *Neodasys* und Xenotrichulidae), vorwiegend limnisch.

Neodasys chaetonotoides (Neodasyidae). 600 µm, im Habitus wie Macrodasyida, marin, in O_2-armen Sanden. – *Xenotrichula velox* (Xenotrichulidae), 250 µm, mit verklebten Cilien (Cirren), die ruckartiges Laufen auf Sandkörnern ermöglichen, marin. – Besonders artenreich sind die limnisch und in Meeresstränden vorkommenden Chaetonotidae: *Chaetonotus maximus*, 220 µm, limnisch, zwischen Pflanzen am Gewässergrund, in Ufersanden und in Mooren (Abb. 965). – *Lepidodermella squamata*, 200 µm, limnisch, zwischen Wasserpflanzen und Torfmoosen. – *Aspidiophorus mediterraneus*, 180 µm, marin, in Sandstränden. – *Stylochaeta fusiformis* (Dasydytidae), 150 µm, planktisch im Süßwasser, mit langen, aktiv beweglichen Stacheln (Abb. 967).

Nematoda, Fadenwürmer

Rund 90% aller Menschen werden im Laufe ihres Lebens mindestens einmal von parasitischen Nematoden befallen. Es nimmt daher nicht wunder, daß einige dieser Arten schon seit über 3000 Jahren wohlbekannt sind. Die Nematoden sind eine der erfolgreichsten Tiergruppen überhaupt. Mit vielen Arten und hohen Individuendichten leben sie im Sediment des Meeresbodens von der Tiefsee bis zu den Küsten, am Grunde von großen bis kleinsten Süßgewässern, in Moospolstern und in der Erde. Wiesen fruchtbarer Böden können bis zu 20 Mill. Nematoden pro m² beherbergen, also bis zu 500000 pro Fußtritt. Es ist kaum möglich, Proben aus den genannten Lebensräumen zu entnehmen, die wohl Metazoen, aber keine Nematoden enthalten. Sogar in nahezu anoxischen Lebensräumen können Nematoden recht zahlreich leben. Viele andere Arten sind Endoparasiten von Menschen und Tieren, und sogar als Ekto- und Endoparasiten von Pflanzen sind sie erfolgreich. Nur im Plankton fehlen sie. Insgesamt sind sie die individuenreichste, nicht aber die artenreichste Metazoengruppe. Die 15000 beschriebenen Arten sind nur ein Bruchteil der tatsächlich vorhandenen.

Bau

Die freilebenden Nematoden sind 0,2–50 mm, meist jedoch nur 1–3 mm lang. Ähnlich klein sind auch die meisten phyto- und zooparasitischen Arten. Allein unter letzteren gibt es auch ansehnlich große Vertreter: Der Spulwurm *Ascaris lumbricoides* wird bis 40 cm lang, und die größte Art, *Placentonema gigantissimum* aus der Plazenta trächtiger Pottwale, erreicht als Weibchen 8,4 m Länge und 2,5 cm Durchmesser (Männchen 4 m lang, 0,9 cm Durchmesser).

Bei kleinen Nematoden ist **Zellkonstanz** (Eutelie) nachgewiesen, also Konstanz in Zahl und Anordnung von Körperzellen.

Erwachsene Nematoden haben in diesen Fällen rund 1000 somatische Zellen. Im Gegensatz zu den ebenfalls zellkonstanten Rotatorien, die alle Mitosen ihres Lebens in der frühen Embryonalentwicklung abschließen, weisen Nematoden auch nach dem Schlüpfen aus dem Ei noch Mitosen auf, auch im Nervensystem. Selbst Zelltod erfolgt in konstanter Weise. So sterben bei zwittrigen Individuen von *Caenorhabditis elegans*, einer der bestuntersuchten Tierarten der Welt, 131 (=12%) aller im Leben gebildeten 1090 somatischen Zellen noch vor Erreichen des Adultstadiums ab. Bei adulten Nematoden großer Arten, z.B. *Ascaris*, gilt die Eutelie nur für das Nervensystem, den Pharynx und die Ventraldrüse, nicht aber für die Epidermis, die Muskulatur der Körperwand und die Darmzellen, deren Zellzahl zeitlebens in Abhängigkeit

Sievert Lorenzen, Kiel

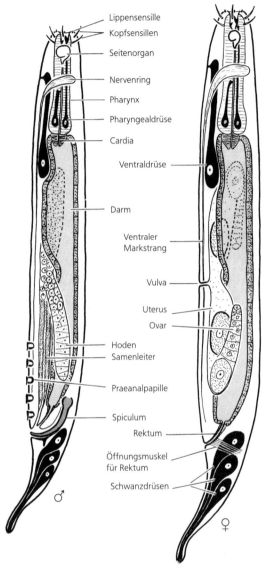

Abb. 968: Nematoda, Adenophorea. Organisationsschema. Unterschiede zu den Secernentea durch das Vorhandensein von Schwanzdrüsen, die borstenförmige Ausprägung der 6+4 Kopfsensillen, die relativ großen Seitenorgane, das Vorhandensein von oft zwei statt nur einem Hoden und das Vorkommen von Präanalpapillen. Keines der genannten Merkmale gilt für jeweils alle Arten der Adenophorea. Nicht eingezeichnet: Drüsenzellen der lateralen Epidermisleisten und Muskelzellen des Hautmuskelschlauches. Original: S. Lorenzen, Kiel.

Bildbeschriftung:
Lippensensille
Kopfsensillen
Seitenorgan
Nervenring
Pharynx
Pharyngealdrüse
Cardia
Ventraldrüse
Darm
Ventraler Markstrang
Vulva
Uterus
Ovar
Hoden
Samenleiter
Praeanalpapille
Spiculum
Rektum
Öffnungsmuskel für Rektum
Schwanzdrüsen

vom Körperwachstum zunimmt und viele Zehntausend erreichen kann.

Unabhängig von der Vielfalt der bewohnten Lebensräume ist der Körperbau sehr einheitlich. Der Grund hierfür liegt in der außerordentlichen Leistungsfähigkeit des Hydroskeletts, das hohe

Körperbinnendrucke erreichen kann, und des **Hautmuskelschlauchs**. Nematoden sind daher unabhängig vom bewohnten Lebensraum langgestreckt, drehrund (griech. *nema*, der Faden) und besitzen außer Borsten und Papillen keine Körperanhänge. Sie b e w e g e n sich schlängelnd fort, wobei der Körper nach dorsal und ventral gebogen wird (nicht nach rechts und links wie bei Schlangen). Auf einer Unterlage bewegen sich Nematoden also auf der Seite liegend fort, wobei keine der beiden Seiten bevorzugt als Unterseite benutzt wird. Rechte und linke Körperseite sind spiegelsymmetrisch zueinander. Die meisten Nematoden können sich vorwärts wie rückwärts gleich gut und gleich kräftig schlängelnd fortbewegen. Sobald die Fortbewegung anders als schlängelnd ist, etwa egelartig kriechend wie bei den Epsilonematidae (Abb. 972B) und Draconematidae, auf subdorsalen Körperborsten stelzend wie bei den Desmoscolecidae (Abb. 972C) oder springend wie bei vielen Arten des Sandlückensystems, findet die Fortbewegung nur nach vorne statt. Für das Verständnis der schlängelnden Fortbewegungsweise ist eine genauere Kenntnis des Hautmuskelschlauchs wichtig. An seinem Aufbau sind Cuticula, Epidermis und Längsmukulatur beteiligt.

Die **Cuticula** – sie nimmt etwa 5–10% des Körperdurchmessers und 10–20% des Körpervolumens ein – wird von allen ektodermalen Epithelien gebildet, sie bedeckt also den gesamten Körper einschließlich der Sinnesborsten sowie die Innenfläche des Pharynx, des Rektums, der Kloake (nur bei Männchen vorhanden) und der Vagina; bei Männchen ist sie außerdem ein wesentliches Bauelement des Spicularapparats (Kopulationsapparat) und der Praeanalpapillen. Alle Cuticularstrukturen, die mit der Fortpflanzung zu tun haben, werden erst bei der letzten Häutung gebildet.

Je nach Funktion ist die Cuticula chemisch und strukturell verschieden aufgebaut. Sie ist biegsam auf der Körperwand, elastisch wie ein starkes Gummiband im Pharynx und hart und starr in den Zähnen der Mundhöhle und im Spicularapparat. Sie enthält k e i n C h i t i n (bis auf den Pharynx) und ist kein totes Gebilde, sondern ein Ort lebhafter biochemischer Aktivität und kann daher bei allen Arten auch ohne Häutung vergrößert werden. Besonders auffällig ist diese Fähigkeit bei großen, parasitischen Arten. So wachsen der Spulwurm *Ascaris lumbricoides* und der Medinawurm *Dracunculus medinensis* nach ihrer letzten Häutung von einigen Millimetern bzw. 4–5 cm auf 25–40 cm bzw. 100–120 cm heran, wobei die Cuticula der Körperwand größerflächig und dicker wird. Angesichts dieser Fähigkeit wundert es, daß sich alle Nematoden unabhängig von ihrer Lebensweise und ihrer endgültigen Körpergröße im Laufe ihres Lebens genau v i e r m a l h ä u t e n. Warum dies überhaupt nötig ist, ist noch immer unklar. Auf alle Fälle können sich von Häutung zu Häutung auch Stoffwechselmuster des Körpers irreversibel ändern.

Die oberflächlich glatte, geringelte oder stark skulp-

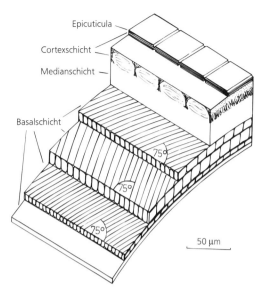

Abb. 969: Cuticula beim Spulwurm *Ascaris*. Der Winkel von 75° zwischen den spiraligen Fasern der Cuticula und der Längsachse des Körpers erlaubt einen effektiven Antagonismus zwischen den ventralen und dorsalen Längsmuskeln des Hautmuskelschlauchs und macht Ringmuskeln überflüssig. Maßstab: 50 μm. Nach Crofton (1966) und Bird (1971).

turierte und im Bereich der lateralen Epidermisleisten oft zu Seitenfeldern differenzierte Cuticula ist aus mehreren Schichten aufgebaut, die von Art zu Art und von Lebensstadium zu Lebensstadium variieren können. Grob lassen sich von außen nach innen 4 Schichten unterscheiden: E p i c u t i c u l a, C o r t e x -, M e d i a n - und B a s a l s c h i c h t.

Die Epicuticula ist nur 40–60 nm dick, sie spielt wahrscheinlich für die Selektivität von Austauschvorgängen zwischen Außenmedium und Körperinnerem eine wichtige Rolle. Cortex- und Medianschicht zeigen große Variationen sowohl innerhalb verschiedener Arten und auch innerhalb verschiedener Lebensstadien einer einzelnen Art. Allgemein sind diese Schichten aus elastisch verformbarem Material aufgebaut, das keine tangentialen, sondern höchstens r a d i ä r e F a s e r n aufweist. Die Basalschicht schließlich enthält bei den meisten Arten zwei oder mehr Schichten tangentialer, schraubig verlaufender, nicht dehnbarer, jedoch biegsamer Fasern, die innerhalb jeder Schicht parallel, von Schicht zu Schicht jedoch spiegelbildlich zueinander verlaufen. Wichtig für die schlängelnde Fortbewegungsweise ist, daß der Winkel zwischen der Längsrichtung des Körpers und den schraubig verlaufenden Fasern größer als 55° ist; meistens liegt er bei 70–75° (Abb. 969, Bedeutung s. u.).

Die **Epidermis**, wegen ihrer Lage unterhalb der Cuticula auch Hypodermis genannt, ist z e l l u l ä r bei juvenilen und vielen adulten, kleinen Nematoden, teilweise s y n c y t i a l bei vielen kleinen bis mittelgroßen und vollständig syncytial bei großen Nema-

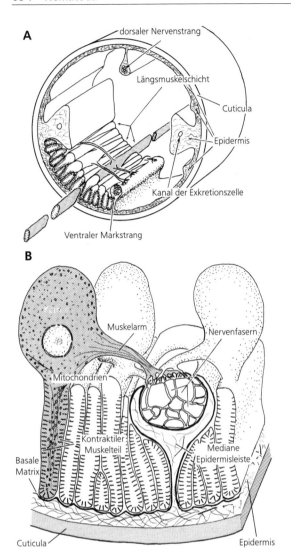

A

dorsaler Nervenstrang

Längsmuskelschicht

Cuticula

Epidermis

Kanal der Exkretionszelle

Ventraler Markstrang

B

Muskelarm

Nervenfasern

Mitochondrien

Kontraktiler Muskelteil

Basale Matrix

Mediane Epidermisleiste

Cuticula

Epidermis

Abb. 970: Hautmuskelschlauch. Spulwurm *Ascaris*. A Teilstück aus dem mittleren Körperbereich. Darm entfernt. B Region um den ventralen Nervenstrang. Die Zahl der Muskelzellen wächst postembryonal von 83 auf rund 40.000 an. Nur ein kleiner Teil von ihnen tritt durch Muskelzellfortsätze in Kontakt mit Neuronen, die übrigen sind untereinander durch elektrische Synapsen verbunden. Basale Matrix des Muskelepithels zur Epidermis hin gewandt. Trotz Vermehrung der Muskelzellen steigt die Zahl der Nervenzellen zeitlebens nicht über 300 an. Pro Muskelzelle entspringen 1–5 Fortsätze, meist vom cytoplasmatischen, seltener vom kontraktilen Zellbereich. A Nach Stretton (1976); B nach Rosenbluth (1965).

toden. Gemäß unterschiedlicher funktioneller Anforderungen ist sie in längsverlaufende Zonen gegliedert: Lateral, wo bei den Schlängelbewegungen die geringsten Streckungen und Stauchungen auftreten und wo Längsmuskeln fehlen, ist die Epidermis zu breiten und relativ hohen E p i d e r m i s l e i s t e n differenziert; in ihnen liegen die meisten Zellkerne der Epidermis, von ihnen wird die Cuticula gebildet und unterhalten, zwischen ihnen liegen bei den meisten Arten der Adenophorea einzellige Drüsen, die jede für sich ein schleimiges Sekret nach außen absondern können, und bei den Secernentea erstreckt sich je ein lateraler Schenkel der Ventraldrüse in die lateralen Epidermisleisten. Dorsal und ventral, wo bei den Schlängelbewegungen die größten Stauchungen und Streckungen auftreten, ist die Epidermis zu sehr schmalen, aber dennoch hohen Epidermisleisten differenziert, die ebenfalls Zellkerne enthalten können und in ihrem apikalen Teil rinnenartig vertieft sind und auf diese Weise längsverlaufende Nervenfasern umfassen. In den Feldern zwischen den Leisten ist die Epidermis hauchdünn (bei freilebenden Arten nur 1–3 µm), faserförmig, stellt eine sehnenartige Verbindung zwischen Längsmuskelzellen und Cuticula her und läßt die Mitochondrien der Muskelzellen möglichst nahe am Außenmedium liegen, was ihren Gasaustausch begünstigt.

Unabhängig von der Körpergröße ist die **Muskulatur** der Körperwand immer einschichtig und auf die Felder zwischen den Epidermisleisten beschränkt. Der kontraktile, mitochondrienreiche Teil der Muskelzellen ist zur Epidermis hin gerichtet und enthält ausschließlich längsverlaufende Mus-kelfilamente; zwischen Epidermis und Längsmuskeln fehlen also Ringmuskeln. Der nicht-kon-traktile, mitochondrienarme Teil ragt ins Körperinnere. Bei kleinen Nematoden sind die Muskelzellen rhombisch, und alle Muskelfilamente liegen der Epidermis an; bei großen Nematoden sind die Muskelzellen spindelförmig, und die Schicht der Muskelfilamente ist zu einem engen U längsgefaltet (Abb. 970). In jedem Fall sind die Muskeln s c h r ä g -g e s t r e i f t (wie bei vielen Taxa mit Hydroskelett, s. Annelida, S. 357), d.h. die Z-Strukturen schließen mit den Myofilamenten einen spitzen Winkel ein (keinen rechten wie bei der quergestreiften Muskulatur). Der Winkel beträgt 4–6° in der entspannten und 10–12° in der kontrahierten Muskulatur. Der nichtkontraktile Teil jeder Muskelzelle entsendet einen oder mehrere Ausläufer zum Nervensystem, spaltet sich in Nervennähe büschelartig auf und läßt sich auf diese Weise von verschiedenen Nervenzellen innervieren; benachbarte Fortsätze verschiedener Muskelzellen sind durch „gap junctions" miteinander elektrisch gekoppelt. Längsmuskelzellen der ventralen Körperhälfte werden vom ventralen Markstrang innerviert, die der dorsalen Körperhälfte vom dorsalen Nervenstrang, während die Längsmuskelzellen der Kopfregion zusätzlich oder ausschließlich von Nervenzellen des Gehirns innerviert werden. Die Folge: Der Körper kann nur in der Kopfregion kreisende Bewegungen ausführen und überall sonst nur Schlängelbewegungen in der dorsoventralen Körperebene. Spezialisierte Muskeln ziehen von der Körperwand zu einzelnen Organen, etwa zum Rektum, zum Spicularapparat der Männchen und zur Vulva der Weibchen.

In folgender Weise lassen sich aus dem Bau der Körperwand die Einheitlichkeit von Körperform und Fortbewegungsweise der Nematoden ableiten:

Von entscheidender Bedeutung ist der Winkel von über 55°, den die schraubig verlaufenden, biegsamen und nicht dehnbaren Fasern der Cuticula mit der Längsrichtung des Körpers bilden (Erklärung in Abb. 971).

Bei vielen Nematoden beträgt der genannte Winkel 70–75°. Fressen sie, verringert er sich, und der Körper wird etwas länger und schlanker. Kontrahieren sich Längsmuskeln, wird der Winkel etwas vergrößert, so daß der Körperbinnendruck ansteigt; das **Hydroskelett** wird also fest, so daß weitergehende Muskelkontraktionen der dorsalen oder der ventralen Körperseite zu Körperkrümmungen selbst gegen den Widerstand der Umgebung führen. Bei jeder Krümmung verkürzt sich die kontrahierende Körperseite, während die gegenüberliegende Seite einschließlich ihrer Längsmuskulatur gestreckt wird. Die ventralen Längsmuskeln sind also die Antagonisten der dorsalen und umgekehrt, so daß die typische Schlängelbewegung der Nematoden entsteht und Ringmuskeln überflüssig sind, die bei weichhäutigen Würmern als unverzichtbare Antagonisten der Längsmuskeln arbeiten. Die Schlängelbewegung wird durch die extrem periphere Lage der Längsmuskulatur begünstigt und durch ein Zusammenspiel von erregenden und hemmenden Nervenfasern des ventralen Markstrangs und des dorsalen Nervenstrangs koordiniert. Es sei der verbreiteten, doch irrigen Ansicht widersprochen, nach der die Längsmuskeln im antagonistischen Verhältnis zum Körperbinnendruck stehen; letzterer ist ein Kennzeichen des Hydroskeletts, das wie jedes andere Skelett erst die Voraussetzung für einen Antagonismus von Muskeln schafft. Auch die Elastizität der Cuticula spielt keine Rolle als Antagonist der Längsmuskeln.

Die Drucke im Nematodenkörper können sehr hoch werden. Sie erreichen beim Spulwurm während der Fortbewegung zwischen 10–20 kNm^{-2} = ca. 75–150 mm Hg. Nach theoretischen Überlegungen beträgt der Körperbinnendruck bei mikroskopisch kleinen Nematoden (1–3 mm lang) nur rund 1% der beim Spulwurm gemessenen Werte.

Bedingt durch die hohen Körperbinnendrucke sind Darm und Geschlechtstrakt durch Klappenventile vor unkontrollierten Entleerungen geschützt. Bei gewollten Entleerungen werden die Klappenventile durch spezielle Muskeln geöffnet. Das völlige Fehlen von beweglichen Cilien und Flagellen in allen Geweben und in allen Lebensstadien wird ebenfalls auf die hohen Körperbinnendrucke zurückgeführt.

Die **Leibeshöhle** ist peripher vom Hautmuskelschlauch und zentral vom Darm begrenzt, sie ist also ein Pseudocoel (S. 197). Groß und flüssigkeitserfüllt ist sie nur beim Spulwurm und anderen voluminösen Nematoden. Bei kleinen Arten ist die Leibeshöhle fast vollständig vom Darmtrakt, Gonaden, Drüsen und Coelomocyten ausgefüllt. Da der Körper nur gebogen und nicht peristaltisch formverändert werden kann, ist Flüssigkeit in der Leibeshöhle auch weitgehend überflüssig.

Sinnesorgane sind einfache Sensillen. Am Vorderende befinden sich in 3 dicht hintereinander stehenden Kreisen 6+6+4 borsten- oder papillenförmige

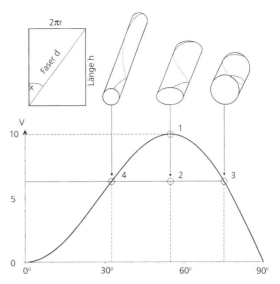

Abb. 971: Cuticula. Verbreitet bei niederen und höheren Würmern sind schraubig verlaufende, nicht dehnbare Fasern. Sie liegen von Schicht zu Schicht kreuzweise zueinander. Der Winkel, den sie mit der Längsachse des Körpers einschließen, ist funktionell wichtig, wie folgende Überlegung zeigt: Gegeben sei eine nicht dehnbare Faser der Länge d, die einen Zylinderabschnitt mit Radius r und Höhe h genau einmal schraubig umwindet und mit der Längsachse des Zylinders den Winkel x einschließt. Wie groß ist das Volumen des Zylinderabschnitts bei verschiedenen Winkeln x (0°<x<90°)? Bei welchem x umwindet die Faser einen Zylinderabschnitt maximalen Inhalts? Zur Lösung sei zunächst der Mantel des Zylinderabschnitts ausgerollt, so daß die Faser eine Diagonale im entstandenen Rechteck bildet. Die Seiten haben die Länge h bzw. 2πr, wobei gilt:

(1) h = d cos x,
(2) 2πr = d sin x, also r = (d/2π) sin x.

Nun zurück zum Zylinderabschnitt: Er hat folgendes Volumen:

(3) V = π r² h = π [(d/2π) sin x]² d cos x = (d³/4π) sin² x cos x

Diese Funktion ist für 0 ≤ x ≤ 90° im Bild dargestellt. Für x = 0° und x = 90° ist V = 0; wie die Extremalwertberechnung ergibt, ist V maximal bei x = 55° (genau: wenn tan x = √2). Hieraus folgt: Runder Querschnitt und x = 55° (Volumen auf Niveau von Punkt 1) sind ideal für einen Wasserschlauch, der trotz nachdrückenden Wassers weder an Volumen noch an Dicke oder Länge zunehmen soll, jedoch fatal für Würmer, deren Hautmuskelschlauch Änderung des Körpervolumens erlauben muß, wie sie bei der Nahrungsaufnahme und der Abgabe von Kot und Geschlechtsprodukten üblich sind. Bei Würmern muß das Volumen also unterhalb des Niveaus von Punkt 1 liegen, etwa auf dem Niveau der Punkte 2 bis 4. Bei Punkt 2 (x = 55°, typisch für größere Plathelminthes und Nemertini) muß der entspannte Wurm abgeplattet sein, sind im Hautmuskelschlauch Längs- und Ringmuskeln nötig, um die in Punkten 3 und 4 dargestellten Zustände zu erreichen, und das Volumen muß durch Abrundung des Körperquerschnitts vergrößert werden. Bei Punkt 3 (x > 55°, typisch für Nematoda und Nematomorpha) muß der Körperquerschnitt rund sein, sind nur Längsmuskeln im Hautmuskelschlauch nötig, und das Körpervolumen kann nur durch Körperstreckung vergrößert werden, also durch Annäherung von x an 55°; bei Nematoden mit x = 75° kann das Körpervolumen um rund 60% zunehmen, ehe x = 55° wird. Würmer mit x <55° im Ruhezustand (Punkt 4) gibt es nicht; bei ihnen genügten allein Ringmuskeln im Hautmuskelschlauch, doch sie könnten sich kaum krümmen. Verändert nach Clark (1967).

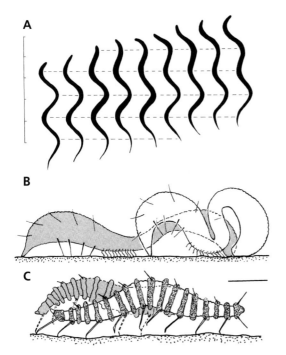

Abb. 972: Fortbewegung. Alle Nematoden bewegen sich durch Körperkrümmungen in der Dorsoventralebene fort. A Am häufigsten ist das Stemmschlängeln bei freilebenden und parasitischen Nematoden: *Haemonchus contortus* (Zooparasit) beim Kriechen auf Agar. Nachzeichnung von Serienphotos, die 1/3 sec. auseinander liegen. Maßstab: 0,5 mm. B *Metepsilonema* sp. (Epsilonematidae, Chromadorida), marine Art; kriecht spannerraupenartig über das Hartsubstrat und heftet sich abwechseln mit dem Vorder- und Hinterende fest, die abgespreizten Stelzborsten der Ventralseite verhindern ein Umkippen zur Seite. C *Desmoscolex* sp. (Desmoscolecida) meist marin, stelzt auf ihren 9 Paar Rückenborsten, an deren Spitze je eine Klebdrüse ausmündet; der Rumpf der Adulti ist meist mit 17 Ringen aus selbst produziertem Schleim mit eingelagerten Fremdkörpern bedeckt; die Ringe, deren Funktion unbekannt sind, fehlen in allen Jugendstadien. Maßstab in B und C: 50 µm. A Nach Gray und Lissmann (1963); B, C nach Lorenzen (1986).

Kopfsensillen, die teils als Mechano- und teils als Chemorezeptoren wirken. Dahinter liegen 1 Paar Seitenorgane (Amphiden, Chemorezeptoren) in je einer seitlichen, taschenförmigen Einsenkung der Körperwand und – nur bei einigen, vorwiegend terrestrischen Taxa – 1 Paar papillenförmiger Deiriden lateral hinter den Seitenorganen. Einige Nematoden aus flachen Meeres- und Süßwasserzonen besitzen hinter den Seitenorganen 1 Paar Ocellen, die bei wenigen Arten sogar mit je 1 Linse ausgestattet sind. Entlang des Körpers besitzen die meisten Arten der Adenophorea 8 Reihen borsten- bis papillenförmige Sensillen (Mechanorezeptoren). Viele Erdnematoden und viele parasitische Arten der Unterklasse Secernentea weisen am Schwanz 1 Paar Phasmiden auf, die ähnlich wie die Seitenorgane seitlich taschenförmig in den Körper eingesenkt sind. Bei den vorwiegend marinen und lim-

nischen Arten der Ordnung Enoplida kommen an den Rändern der lateralen Epidermisleisten Metaneme vor, die fadenförmig gebaut und serial angeordnet sind und keinen Kontakt zur Außenwelt haben, also Propriorezeptoren sind und als Strecksinnesorgane gedeutet werden. Die Männchen aller Nematoden besitzen am Hinterkörper zusätzliche Sinnesnervenzellen, die beim Erkennen der Weibchen, dem Auffinden der Vulva und der Kopulation eine Rolle spielen.

In allen genannten Sensillen (außer den meisten Ocellen) kommen Sinnesnervenzellen mit unbeweglichen Sinnescilien vor. Diesen fehlen die zentralen Tubuli. In den Seitenorganen kommen 3–30 Sinnescilien vor, in den übrigen Sensillen 1–5. In jeder Sensille wird die Gesamtheit aller Sinnescilien von zwei spezialisierten Epidermiszellen umfaßt, einer distalen Hüll- und einer proximalen Taschenzelle (Abb. 973); letztere scheidet eine Gallerte ab, in die die Sinnescilien hineinragen. Bei den Seitenorganen hat diese Gallerte Kontakt mit der Außenwelt.

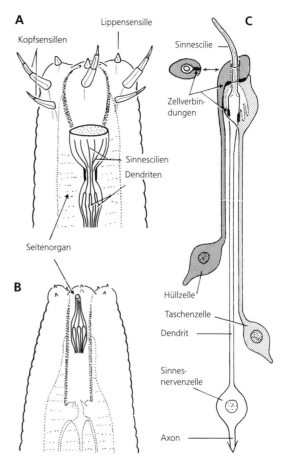

Abb. 973: Sensillen am Vorderende. 6 Lippensensillen, 6+4 Kopfsensillen und 1 Paar Seitenorgane gehören zum Grundmuster aller Nematoden. A Vertreter der Adenophorea. B Vertreter der Secernentea. C Schema einer Sensille, die nur ein Neuron enthält; jede Sensille ist mit einer Hüll- und einer Taschenzelle assoziiert. A, B Originale: S. Lorenzen, Kiel; C nach Ward et al. (1975).

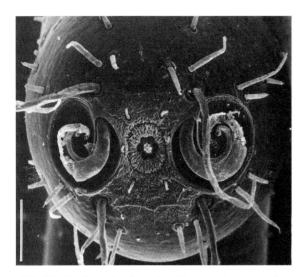

Abb. 974: Vorderende, Frontalansicht von *Laxus oneistus* (Desmodoridae). Neben der Mundöffnung im Zentrum liegen die beiden Seitenorgane, die spiegelbildlich zueinander gebaut sind und sich je am mundnahen Ende der Spirale ins Körperinnere fortsetzen. Sinnesborsten sind zahlreich. Diese Nematoden leben auf dem Meeresboden in Symbiose mit anhaftenden, chemoautotrophen Bakterien. Maßstab: 10 µm. Original: W. Urbancik, Wien.

Das **Zentralnervensystem** besteht aus dem G e h i r n, dessen Nervenfasern als Nervenring den Pharynx umfassen, und dem v e n t r a l e n M a r k s t r a n g, der vom Gehirn aus in der ventralen Epidermisleiste nach hinten zieht (Abb. 975). Der d o r s a l e N e r - v e n s t r a n g entspringt nicht dem Gehirn, wie früher angenommen wurde, sondern wird von Ner-

venzellen des ventralen Markstrangs gebildet. Jede dorsale Nervenfaser ist halbkreisfömig entlang der Körperwand mit einer ventral liegenden Nervenzelle verbunden (Abb. 975).

Die N e u r o n e des ventralen Markstrangs sind bei *Ascaris* und *Rhabditis* serial in 5 gleichartigen Gruppen von je 11 Neuronen angeordnet, die teils erregend und teils hemmend wirken. Nur in den ventralen Markstrang hinein ziehen auch Nervenfasern von Interneuronen, die ihren Sitz im Gehirn haben. Kontraktion und Entspannung der dorsalen und ventralen Längsmuskelzellen während der schlängelnden Fortbewegung werden also von Interneuronen des Gehirns und Motoneuronen der ventralen Epidermisleiste koordiniert. Insgesamt haben Nematoden unabhängig von ihrer Körpergröße nur wenige 100 Nervenzellen; bei Männchen sind es einige mehr als bei Weibchen. *Ascaris* (bis 40 cm) und *Caenorhabditis elegans* (ca. 2 mm) haben trotz ihrer gewaltigen Größenunterschiede beide rund 300 Nervenzellen, die in streng festgelegter Weise in der Embryonal- und Postembryonalentwicklung entstehen und z. T. programmiert sterben.

Drüsen sind besonders zahlreich bei den Adenophorea (griech. *aden*, *phoreo* = Drüse, tragen), denn nur bei ihnen gibt es einzellige Drüsen in den lateralen Epidermisleisten, die getrennt nach außen münden, und 3 meist große, einzellige, terminal mündende S c h w a n z d r ü s e n, mit denen sich die Adenophorea blitzschnell ans Substrat anheften und sich genau so schnell wieder ablösen können (Abb. 972). Die Schwanzdrüsen erlauben es den Adenophorea, selbst Gewässer mit recht starker Strömung zu besiedeln. Bei den meisten Nematoden kommt eine ein- oder mehrzellige V e n t r a l - d r ü s e vor, die ventral in der Region des Pharynx ausmündet. Bei vielen Arten der Secernentea ent-

Abb. 975: Nervensystem. A Nerven im Vorderkörper von *Rhabditis*. B Anordnung der Motoneurone von *Ascaris* in fünf gleichartigen, hintereinander liegenden Gruppen von je 11 Neuronen im ventralen Markstrang und dem von ihm gebildeten dorsalen Nervenstrang; waagerechte Linien zeigen die Verbindungen von ventralen Neuronen zu ihren dorsal verlaufenden Nervenfasern. C Schema eines Motoneurons mit seiner ventralen und dorsalen Nervenfaser. Nach Ward et al. (1975) und Johnson und Stretton (1980).

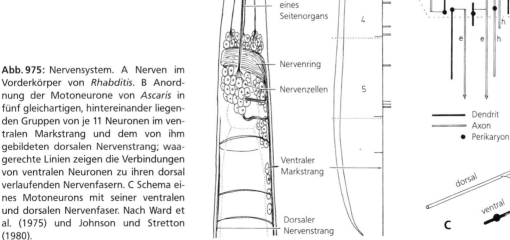

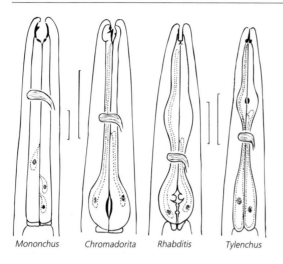

Mononchus Chromadorita Rhabditis Tylenchus

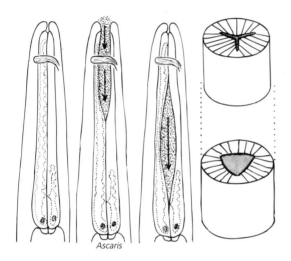

Ascaris

Abb. 976: Bau und Funktion des Pharynx. Arten der Adenophorea (*Mononchus, Chromadorita*) und Secernentea (*Rhabditis, Tylenchus, Ascaris*). Durch Kontraktion der radiären Muskelfasern wird die Innenwand des Pharnyx nach außen gezogen, nicht die Außenwand nach innen (Erklärung hierfür im Text). Dorsalseite in allen Fällen links; von den beiden subventralen Pharyngealdrüsen ist jeweils nur die rechte eingezeichnet. Maßstäbe: jeweils 50 µm. Original: S. Lorenzen, Kiel.

sendet eine dieser Zellen je einen Kanal in die lateralen Epidermisleisten, wodurch eine solche Zelle H-förmig aussieht; bei *Ascaris* ist sie als einzige Zelle der Ventraldrüse die größte Zelle des ganzen Körpers. Die Ventraldrüse kann bei vielen Nematoden fehlen, z.B. bei den Xyalidae, einer Familie freilebender Meeresnematoden.

Die Ventraldrüse liefert bei mehreren freilebenden, marinen Nematoden (z.B. *Ptycholaimellus*) ein Sekret für den Wohnröhrenbau, bei einigen zooparasitischen Arten (z.B. *Nippostrongylus*) Enzyme, die bei der extraintestinalen Verdauung eine Rolle spielen, und bei einigen phytoparasitischen Nematoden (z.B. *Tylenchulus*) eine gelatinöse Schutzhülle für abgelegte Eier.

Spezielle Drüsen kommen im Pharynx und an der weiblichen Geschlechtsöffnung vor. Letztere erzeugen ein Sekret, von dem arteigene Männchen angelockt und zur Kopulation stimuliert werden.

Der **Darmkanal** ist sehr einfach gebaut. Er beginnt mit einem terminal gelegenen Mund, führt durch die Mundhöhle in den langgestreckten, muskulösen Pharynx und mündet durch ein Klappenventil in den gleichförmigen Darm, in den keine speziellen Drüsen einmünden. Durch ein weiteres Klappenventil geht er ventral in das Rektum der Weibchen bzw. in die Kloake der Männchen über.

Die Mundhöhle der Nematoden ist vielgestaltig und spiegelt grob die Vielfalt der Ernährung wider. So besitzen Bakterienfresser eine sehr enge Mundhöhle. Arten, die Diatomeen, Beutetiere oder andere größere Brocken als Ganzes verschlingen, haben eine geräumige, trichterförmige Mundhöhle. Nematoden, die Diatomeen knacken, Aufwuchs abschaben oder Beutetiere verletzen und aussaugen, benutzen hierzu ihre mehr oder weniger kräftigen Zähne der Mundhöhle. Mehrfach unabhängig wurden 1 oder 3 Zähne der Mundhöhle zu einem hohlen Stachel umgebildet, der zum Anstechen von Pflanzenzellen oder Tieren, der Injektion von Speichel in die Opfer und zum Aufsaugen der verflüssigten Nahrung dient.

Der leistungsfähige Pharynx ist ein einschichtiges Rohr aus Epithelmuskelzellen, die zum Pharynxlumen hin Cuticula und zur Körperhöhle hin eine basale Matrix besitzen. Die Muskelfilamente verlaufen radiär und sind quergestreift, sie bestehen jedoch aus nur einem einzigen Sarcomer, d.h. die Z-Schichten sind gleichzeitig die Anheftungsstellen der Muskelfilamente an der basalen Matrix und der Cuticula. Zwischen den Epithelmuskelzellen liegen mehrere Nervenzellen, die die Aktivität des Pharynx steuern, und 3–5 (selten mehr) Drüsenzellen, die ihr Sekret in die Mundhöhle oder in das Pharynxlumen abgeben. Letzteres ist im Querschnitt dreistrahlig, wobei ein Strahl nach ventral und zwei Strahlen nach subdorsal gerichtet sind.

Der Pharynx ist mit der umgebenden Körperwand weder durch Bänder noch durch Muskeln verbunden. Es war daher lange Zeit unklar, wie er Nahrung aufsaugen und gegen hohen Körperbinnendruck in den Darm drücken könne. Zur Antwort stelle man sich den Pharynx als eine hohle Säule vor, deren Außenwand die basale Matrix und deren Innenwand die stark elastische Cuticula ist; der zentrale, Y-förmige Hohlraum, der von der Cuticula eingeschlossen wird, sei nicht Bestandteil der Säule. Durch eine Kontraktion der radiären Muskelfibrillen nähern sich beide Wände der Säule einander. Würde hierbei die Außenwand nach innen gezogen werden, würde sich die Querschnittsfläche der Säule verringern, so daß diese wegen ihrer Volumenkonstanz länger werden müßte. Die Cuticula der Innenwand verhindert diese Längenzunahme jedoch weitgehend, aber nicht vollständig; bei großen Nematoden (z.B. *Ascaris*) wird die Längenzunahme zusätzlich durch längsverlaufende elastische Fasern im Pharynxgewebe gehemmt. Durch eine Kontraktion der radiären Muskelfasern muß also die Innenwand der hohlen Säule nach außen gezogen und der Umfang der Säule vergrößert werden, weil nur so die Querschnittsfläche der Säule weitgehend, aber nicht vollständig konstant bleiben kann. Durch das Auseinanderweichen der Innenwände vergrößert sich der Y-förmige Hohlraum, so daß aus dem umgebenden Medium Nahrung in ihn eingesogen wird. Darminhalt kann nicht angesogen werden, weil ein Klappenventil am Darmeingang dies verhindert. Erschlafft die Muskulatur von vorn nach hinten, wird die gespeicherte Elastizitätsenergie der gestreckten Pharynxpartien freigesetzt, so daß die Nahrung in den Darm gedrückt wird. Ist ein Pharynx durch einen muskulösen Bulbus ausgezeichnet, wird das geschilderte Arbeitsprinzip modifiziert. Obwohl der Pharynx bei *Ascaris* nur 8–11 mm lang ist bei einem Durchmesser von 1,2–1,8 mm, kann er dennoch den Darm gegen hohen Körperbinnendruck in etwa 3 min füllen; hierbei werden ca. 4 Pumpzyklen s^{-1} ausgeführt.

Der schlauchförmige **Darm** besteht aus einem einschichtigen Epithel, dessen basale Matrix in direktem Kontakt mit der Leibeshöhle steht. Bei kleinen Nematoden umfassen je 2 Darmzellen das Darmlumen, bei großen sind es mehrere bis viele. Das Darmepithel übt mehrere Funktionen aus: Es se zerniert Enzyme ins Darmlumen, resorbiert Nahrungsmoleküle oder phagocytiert kleine Partikeln, speichert Reservestoffe, verarbeitet sie und gibt Exkrete ins Darmlumen ab. Es vereinigt in sich also Funktionen eines Darmes, einer Leber und einer Niere.

Der Darminhalt wird entleert, indem spezielle Muskeln das Klappenventil des Enddarms öffnen und die dorsalen und ventralen Längsmuskeln der Körperwand sich simultan kontrahieren. Auf diese Weise kann *Ascaris* seinen Darminhalt 50 cm hoch spritzen.

Die Geschlechter sind bei den meisten Nematoden getrennt. Bei saprobiotischen (z.B. *Rhabditis*-Arten) und zooparasitischen Nematoden gibt es jedoch auch Zwitter, die äußerlich wie Weibchen aussehen und sich selbst besamen. Arten mit rein parthenogenetischer Fortpflanzung sind aus dem Süßwasser und dem Boden bekannt.

Die meisten Nematoden haben in wenigstens einem Geschlecht paarige **Gonaden**. Für beide Geschlechter wird Paarigkeit als ursprünglich angesehen. Fast immer ist eine Gonade nach vorn und die andere nach hinten gerichtet. Bei riesigen Nematoden (z.B. *Placentonema*) wird die Zahl der Gonadenäste sekundär vermehrt. Die Ovarien münden durch eine gemeinsame Vulva aus, die bis auf seltene Ausnahmen getrennt vom After ist, während die Hoden durch einen gemeinsamen Samenleiter stets gemeinsam mit dem After in eine Kloake ausmünden.

Fortpflanzung und Entwicklung

Die Besamung der Eizellen (außer bei Selbstbesamung) findet stets durch Kopulation statt. Die Vulvadrüsen der Weibchen scheiden artspezifische Lockstoffe aus und locken so die Männchen an. Diese nehmen die Lockstoffe mit den Seitenorganen (S. 696) wahr, bewegen sich zu den Weibchen hin und nehmen zu ihnen Kontakt mit ihrem Hinterkörper auf. Ist dies gelungen, gleitet das Männchen an der Bauchseite des Weibchens entlang (z.B.

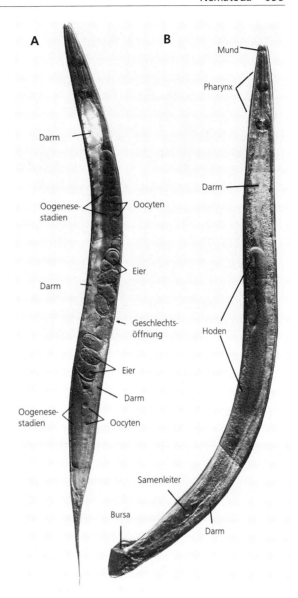

Abb. 977: *Caenorhabditis elegans* (Rhabditida). A Zwittrige Form. Länge 1,3 mm. B Männchen. Länge 0,9 mm. Die Art ist eine der bestuntersuchten Tierarten. Sie kann in großen Mengen auf Agar mit dem Bakterium *Escherichia coli* als Nahrung gezüchtet werden. Der gesamte Lebenszyklus ist bis zur zellulären Ebene bestens bekannt. Selbstbefruchtende Hermaphroditen herrschen vor; es sind eigentlich Weibchen, die als Erwachsene während einer kurzen Phase Spermien statt Eier bilden. Männchen treten selten auf; sie können mit Hermaphroditen kopulieren und deren Eier befruchten; aus etwa der Hälfte der fremdbefruchteten Eier entstehen wieder Männchen. Bei vielen anderen Arten der Rhabditida sind die Geschlechter getrennt. Orignale: E. Schierenberg, Köln.

Rhabditis-Arten) oder windet sich um das Weibchen herum (fast alle freilebenden Meeresnematoden), bis seine Kloake die Vulva gefunden hat. Mit den beiden stachelförmigen Spicula (Abb. 968, 978) verankert sich das Männchen an der Vulva, öffnet diese und preßt durch simultane Kontrak-

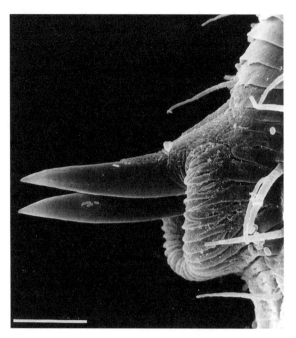

Abb. 978: Spicula von *Laxus oneistus* (Desmodoridae). Maßstab: 10 μm. Orignal: W. Urbancik, Wien.

tionen der ventralen und dorsalen Körperlängsmuskeln die g e i ß e l l o s e n S p e r m i e n in den weiblichen Geschlechtrakt hinein. Dort wandern sie mit amöboiden Bewegungen zu den Eizellen hin.

Bei vielen freilebenden Nematoden werden pro Kopulation nur 10–30 Spermien übertragen, die meist nur einige Tage lebensfähig sind und nicht zur Befruchtung aller Eizellen ausreichen. Die Weibchen müssen also mehrfach kopulieren, wenn alle Eier befruchtet werden sollen. Weibchen mancher großer, zooparasitischer Nematoden können die Spermien eines Kopulationspartners jahrelang im Geschlechtrakt am Leben erhalten.

Bei freilebenden Nematoden erzeugen die Weibchen wenige bis zu einigen Dutzend E i e r, bei saprobiotischen und hochentwickelten phytoparasitischen Arten einige Hundert, bei zooparasitischen Arten je nach Körpergröße einige Hundert bis zu vielen Millionen oder – bei der 8 m langen Art *Placentonema gigantissimum* – gar Milliarden von Eiern. Unabhängig von der Körpergröße sind die Eier fast immer 50–100 μm lang und 20–50 μm breit. Die vom Ei erzeugte Hülle enthält Chitin (das sonst bei den Nematoden fehlt); in vielen Fällen bildet die Uteruswand eine zusätzliche Eihülle. Meistens entwickeln sich die Eier außerhalb des mütterlichen Körpers. Mehrfach ist Viviparie entstanden innerhalb der freilebenden (z.B. *Anoplostoma viviparum*) und parasitischen Nematoden (z.B. *Trichinella, Dracunculus*).

Embryonal- und Postembryonalentwicklung sind determiniert. Die **Furchung** ist wie bei den Gastrotrichen bilateral. Bei der sehr gut untersuchten

saprobiotischen *Caenorhabditis elegans* (Abb. 977) beginnt die Gastrulation im 102-Zellstadium mit der Einwanderung der prospektiven Entoderm-, Mesoderm- und den beiden Urkeimzellen ins Innere des Keims.

Insgesamt entstehen im Embryo von zwittrigen *C. elegans* 671 Zellen, von denen jedoch 113 noch vor der Geburt den sog. programmierten Zelltod sterben. Dieses Schicksal ereilt vor allem nahe Angehörige von Nervenzellen. Der schlüpfende Wurm enthält also nur 558 Zellen, von denen die meisten, aber nicht alle, keimblattabhängig differenziert sind. So stammen nicht alle Nervenzellen vom Ektoderm ab, sondern einige vom Mesoderm, und umgekehrt gehen nicht alle Muskelzellen aus dem Mesoderm hervor, sondern einige aus dem Ektoderm. Der Darm ist jedoch rein entodermal.

Die Entwicklung ist bei allen Nematoden direkt, so daß die jungen Würmer ähnlich wie die Erwachsenen aussehen und leben. In den 4 Juvenilstadien (sog. L a r v e n) entstehen bei *C. elegans* weitere 419 somatische Zellen, von denen 18 programmiert absterben. Nach der letzten Häutung entstehen bei *C. elegans* keine somatischen Zellen mehr, sondern nur noch Geschlechtszellen. Bei großen Nematoden wie *Ascaris* findet eine intensive mitotische Vermehrung von Epidermis-, Muskel- und Darmzellen auch noch nach der letzten Häutung statt.

Schon um die Jahrhundertwende hat BOVERI die sog. Chromatindiminution beim Pferdespulwurm *Parascaris equorum* entdeckt. Bei diesem Vorgang verlieren die somatischen Zellen, nicht aber die Urgeschlechtszellen, im 3. Furchungsschritt rund 85% ihrer DNA. Da auch *Ascaris lumbricoides* dieses Phänomen zeigt, wurde es als typisch für alle Nematoden vermutet. Diese Vermutung mußte inzwischen verworfen werden. Zwar gibt es eine Chromatindiminution auch im männlichen Geschlecht der kleinen, zooparasitischen *Strongyloides*-Arten, doch fehlt sie nachweislich bei *C. elegans* und wurde auch niemals bei freilebenden, phytoparasitischen und den meisten zooparasitischen Nematoden beobachtet.

Innerhalb der zooparasitischen Nematoden *Strongyloides* (Rhabditida) und *Deladenus* (Tylenchida) sind in der Ontogenese je 2 Entwicklungswege möglich, wobei der eine mit freilebender und der andere mit zooparasitischer Lebensweise gekoppelt ist (Abb. 979) (die Lebenszyklen werden auf S. 703 und 705 genauer dargestellt). In beiden Fällen sehen die verschiedenen Generationen aus wie Angehörige verschiedener Familien. Die Entscheidung für je einen der beiden Entwicklungswege wird nach den vorliegenden Beobachtungen allein durch Umweltfaktoren gefällt. Diese Beispiele zeigen eindringlich, daß der Übergang von einem Organisationstyp zum anderen nicht über viele phänotypische Zwischenstufen führen muß, sondern sich auch abrupt vollziehen kann. Für Diskussionen über Makroevolution sind Beispiele wie die angeführten wichtig.

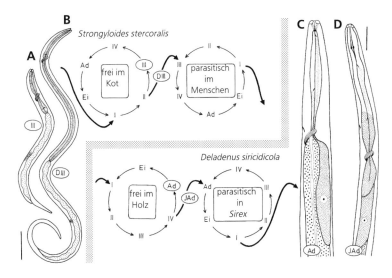

Abb. 979: A, B *Strongyloides stercoralis* (Rhabditida). C, D *Deladenus siricidicola* (Tylenchida). Allein Umweltbedingungen entscheiden in einer sensiblen Lebensphase, welche der beiden alternativen Körperorganisationen bei diesen Arten alternativ verwirklicht werden können. Alle dargestellten Individuen werden im Freien gefunden, doch nur die in A und C dargestellten können ihren Lebenszyklus auch dort beenden, während die in B und D dargestellten Individuen dies nur als Parasiten können: *S. stercoralis* im Menschen und *D. siricidicola* in Larven von *Sirex*-Arten (Holzwespen). Bei *S. stercoralis* sieht der Pharynx in A aus wie bei Arten der Rhabditidae (Rhabditida) und in B wie bei Arten der Filariidae (Spirurida). Bei *D. siricidicola* sehen Mundhöhlenstachel und Pharynx in C wie bei Arten der Neotylenchidae aus und in D wie bei Arten der Allantonematidae (jeweils Tylenchida). In C ist die dorsale Pharyngealdrüse dominant, in D die subventralen Drüsen. Darm gegen den Pharynx (hell) und seine Drüsen (fein punktiert) durch grobe Punktierung hervorgehoben. Beispiele wie die dargestellten stützen die Theorie, daß in der Evolution neue Organisationstypen aus bestehenden sprunghaft und übergangslos entstehen können. I-IV: Juvenilstadien. D III = Dauerlarve. I Ad = Infektiöser Adultus. In allen Fällen weist die Ventralseite nach links; die gezeichneten Stadien sind in den Zyklen hervorgehoben. Maßstab für A, B: 50 μm, für C, D: 20 μm. A, B Nach Looss aus Belding (1952); C, D nach Bedding (1968).

Entwicklung von Zoo- und Phytoparasitismus bei Nematoden

Konvergent sind Nematoden in mehreren Stammeslinien von freier zur zoo- oder phytoparasitischen Lebensweise übergegangen. Dies geschah vor allem bei den Secernentea, deren freilebende Arten heutzutage fast alle im Boden oder im Süßwasser leben. Hieraus wird geschlossen, daß auch die parasitischen Vertreter der Secernentea limnisch/terrestrischen Ursprungs sind, auch dann, wenn sie in Meeresfischen vorkommen, die nach den vorliegenden Indizien ebenfalls von limnischen Vorfahren abstammen und sich beim Übergang zum Leben im Meer offensichtlich nicht von ihren Parasiten befreien konnten. Zoo- und Phytoparasitismus kommen selten auch bei Adenophorea vor.

Zooparasitische Nematoden leben sowohl in Wirbeltieren aller höheren Taxa als auch in verschiedenen marinen, limnischen und terrestrischen Wirbellosen. Arten der Gattungen *Deladenus* (Tylenchida) sowie *Steinernema* (syn. *Neoaplectana*) und *Heterorhabditis* (Rhabditida) werden mit Erfolg zur biologischen Bekämpfung von Schadinsekten eingesetzt.

Stammesgeschichtlich vollziehen sich Übergänge von freilebender zu verschiedenen Formen zoo- und phytoparasitischer Lebensweise oft nicht abrupt, sondern in mehreren Etappen. Diese Erkenntnis läßt sich an keiner Tiergruppe besser und vielfältiger demonstrieren als an den Nematoden, denn bei ihnen gibt es eine Fülle rezenter funktioneller Beispiele für derartige Etappen. Einige von ihnen sind im folgenden dargestellt.

Etappen von saprobiotischer Lebensweise hin zu Darm- und Gewebeparasitismus in Säugetieren
(Abb. 980)

1. Viele Arten der Rhabditida (wichtigste Gattung: *Rhabditis*) leben saprobiotisch in Zersetzungsherden wie Kot, Tierleichen und Pflanzenresten und ernähren sich dort von Bakterien oder deren Produkten. Auf dem Höhepunkt der Zersetzung besteht zwar ein reiches Nahrungsangebot, doch gleichzeitig prägen O_2-Armut, Verdauungsenzyme, erhöhte Temperaturen und erhöhte osmotische Werte das Milieu, also Bedingungen, die denen im Darmtrakt größerer Tiere ähnlich sind. Zersetzungsherde sind kleinräumige Lebensräume, die nicht nur zeitlich und örtlich unregelmäßig auftreten, sondern auch einer raschen Folge von Verwesungsetappen unterliegen. Es muß also das Problem gelöst werden,

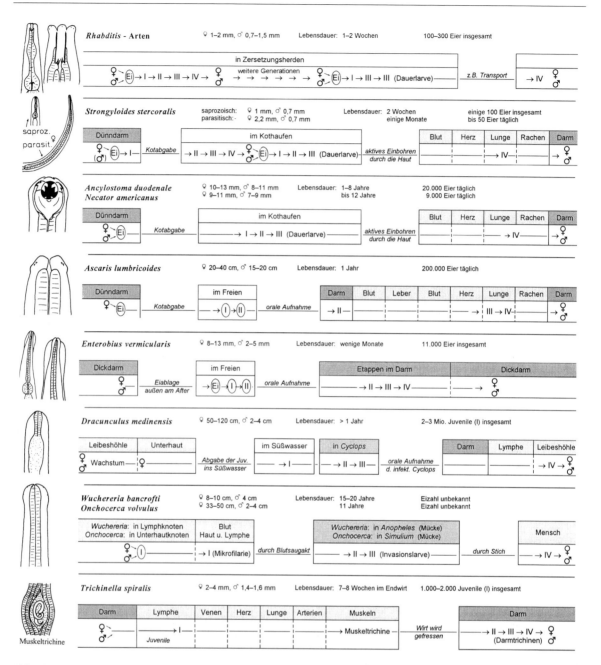

Abb. 980: Etappen von saprobiotischer zu darmparasitischer und weiter zu gewebeparasitischer Lebensweise bei Nematoden. Beispiele 1–7: Secernentea. Die ersten 5 Beispiele sind nach abnehmender Bedeutung der saprobiotischen und zunehmender Bedeutung der darmparasitischen Lebensweise geordnet, die Beispiele 6 und 7 nach abnehmender Bedeutung des Lebens im Darm und zunehmender Bedeutung des Lebens im Gewebe. Bei *Trichinella* (8. Beispiel) wird jeder Endwirt zum Zwischenwirt der neuen Trichinengeneration. Original: S. Lorenzen, Kiel, nach Angaben verschiedener Autoren.

wie die Nachkommen zu neuen Zersetzungsherden gelangen. Nur einem kleinen Teil gelingt dies. Die hohen Verlustraten werden auf zweierlei Weise ausgeglichen: (1) Die Weibchen erzeugen mehr Nachkommen (einige 100), als dies für freilebende Nematoden typisch ist. (2) Sobald sich die Lebensbedingungen im Zersetzungs-

herd verschlechtern, führt die Ontogenese zu einem andersartigen 3. Juvenilstadium („Dauerlarve"), das beweglich bleibt, lange hungern und ungünstige abiotische Faktoren ertragen kann und der aktiven oder passiven Übertragung auf neue Zersetzungsherde dient. Diese Eigenschaften werden von den zooparasitischen Arten der

Secernentea beibehalten. Bei manchen kotbewohnenden *Rhabditis*-Arten erheben sich die Dauerlarven so weit wie möglich vom Substrat, führen winkende Bewegungen aus, kriechen bei Kontakt auf kotbewohnende Insekten und lassen sich von diesen auf neue Kothaufen tragen (Phoresie!).

2. Bei Zwergfadenwürmern der Gattung *Strongyloides* (Rhabditida) wechseln saprobiotische und darmparasitische Generationen einander ab. Beide Generationen unterscheiden sich in Aussehen (Abb. 979), Verhalten, Stoffwechsel und Entwicklung. *S. stercoralis* ist ein bedeutender Humanparasit tropischer Regionen. Die parasitischen, filariformen (wie Filariidae aussehende) Weibchen leben eingebohrt in der Mucosa des Dünndarms und erzeugen durch mitotische Parthenogenese einige 100 diploide Eier, die sie in die Mucosa legen. Die geschlüpften, rhabditiformen (wie *Rhabditis* aussehenden) Larven des Juvenilstadiums I bilden, wenn sie von einem Weibchen stammen, einen Klon und haben dennoch die Potenz, sich je nach Umweltbedingungen zu freilebenden Weibchen, freilebenden Männchen oder parasitischen Weibchen zu entwickeln. Im Normalfall werden sie mit dem Kot ausgeschieden und entwickeln sich zu freilebenden, rhabditiformen Weibchen und Männchen. Trotz Paarung kommt es nur gelegentlich zur Zygotenbildung. Oft oder womöglich meistens dringen Spermienkerne zwar in Eizellen ein, regen dadurch aber nur die Furchung an und degenerieren dann, während der haploide Polzellkern der 2. Reifeteilung mit dem ebenfalls haploiden Eizellkern zu einer Zygote verschmilzt, wie eingehende Beobachtungen an *S. ransomi* und *S. papillosus* zeigten. Unter günstigen Umweltbedingungen (Wärme, Feuchtigkeit, pH, Nahrung, Populationsdichte) kann die freilebende Phase über einige Generationen anhalten. Verschlechtern sich die Umweltbedingungen, entwickeln sich die frischgeschlüpften rhabditiformen Larven zu filariformen Dauerlarven, die ihren Lebenszyklus nur als Parasiten, nicht dagegen als Kotbewohner vollenden können. An der Oberfläche des alten Kothaufens führen sie winkende Bewegungen aus und bohren sich bei Kontakt mit einem Wirt aktiv in ihn ein, vor allem über die Haarwurzeln. Über die Blutbahnen und die rechte Herzkammer gelangen sie zur Lunge und häuten sich dort zum Juvenilstadium IV und z.T. ein weiteres Mal zum Adultus. Gelangen sie in die Alveolen, werden sie vom Flimmerepithel der Bronchien zum Rachen geflimmert, von wo sie verschluckt werden. Spätestens im Darmlumen findet die letzte Häutung statt. Alle parasitischen Adulti sind filariforme Weibchen; sofern Männchen im Wirt gefunden wurden, sind sie rhabditiform und nach vorliegenden Indizien durch voreilige Fortpflanzung parasitischer

Weibchen in der Lunge entstanden. Folgende Modifikationen des Zyklus sind möglich: (1) Ist es zu kalt, entwickeln sich im frischen Kot nur oder fast nur filariforme Dauerlarven, so daß dann kein Generationswechsel vorliegt. (2) Leidet ein Mensch an Verstopfung, entstehen filariforme Dauerlarven schon im Darm, bohren sich in den Körper hinein und vollenden den normalen parasitischen Zyklus (Hyperinfektion).

3. Bei den Hakenwürmern der Gattungen *Ancylostoma* und *Necator* (Strongylida) ist der Lebenszyklus ähnlich wie bei *Strongyloides*, nur daß statt junger Nematoden Eier mit dem Kot ausgeschieden werden und im Kothaufen die Entwicklung direkt von den rhabditiformen Juvenilstadien I und II zu den filariformen, infektionsfähigen Dauerlarven (III) führt. Diese leben oft in Gruppen und führen synchrone Winkbewegungen aus. Auf den gleichen Stationen wie *Strongyloides* gelangen sie in den Dünndarm, wo sich die Weibchen in die Schleimhaut bohren und ununterbrochen Blut saugen, auch bei der Kopulation und der Eiablage. Wie bei Blutsaugern üblich, wird das Blut durch Antigerinnungsmittel am Gerinnen gehindert. Schwere innere Blutungen des Wirts sind die Folge.

4. Beim Spulwurm *Ascaris lumbricoides* (Ascaridida) findet im Freien nur noch die Entwicklung des Eies zum schlüpffähigen Juvenilstadium II statt, das passiv – etwa durch Verzehr verunreinigten Gemüses – in den Darm des Wirts gelangt. Dort schlüpft der junge Nematode und bohrt sich unverzüglich durch die Darmwand, gelangt in die Blutbahn und durchläuft im Wirt die gleichen Stationen wie *Strongyloides*. Nach dem Verschlucken wächst er im Dünndarm ohne Häutung von einigen Millimetern auf 25–40 cm Körperlänge.

5. Bei *Draschia megastoma* (Spirurida) findet im Freien keine Entwicklung statt; die Nachkommen gelangen vielmehr durch einen Zwischenwirt auf neue Wirte. Die adulten Tiere leben in der Magenschleimhaut von Pferden und erzeugen dort Geschwüre. Die Weibchen legen Eier, die sich bereits im Darm entwickeln und mit dem Kot ausgeschieden werden. Die Eier werden von Maden der Stubenfliege (*Musca domestica*) gefressen. In deren Darm schlüpfen die Jungen (Juvenilstadium I), die sich durch die Leibeshöhle hin zu den Malpighischen Schläuchen begeben und sich in diesen zum Juvenilstadium II entwickeln; die Malpighische Schläuche werden bis auf die äußere Hülle zerstört. Sobald die fertige Stubenfliege aus dem Puparium schlüpft, häuten sich die jungen Nematoden zur infektiösen Dauerlarve (Juvenilstadium III), wandern zum Labium der Fliege und verlassen diese, wenn sie auf warmem, feuchtem Substrat sitzt, z.B. auf den Nüstern, Lippen oder Wunden von Pferden. Nur diejenigen Dauerlarven, die vom

Pferd verschluckt werden, können den Lebenszyklus vollenden. Die übrigen können sich in die Lunge oder in das Unterhautbindegewebe einbohren und dort monatelang am Leben bleiben. Der Gedanke liegt nahe, daß sich aus solchen Irrläufern im Laufe der Stammesgeschichte Gewebeparasiten entwickelt haben, wie sie unter den übrigen Spirurida häufig sind.

6. Beim Medinawurm *Dracunculus medinensis* (Camallanida), einem Humanparasiten warmer Erdregionen, spielt der Darm des Menschen nur noch als Eingangspforte in die Leibeshöhle eine Rolle. Die erwachsenen, 50–120 cm langen Weibchen leben im Unterhautgewebe jener Körperpartien, die häufig mit Wasser in Berührung kommen. Dort induziert jedes von ihnen im reifen Alter die Bildung eines blasigen, stark juckenden Geschwürs, das durch häufige Berührung mit Wasser oder durch Kratzen aufreißt. Bei Berührung mit Wasser streckt das Weibchen sein Vorderende ins Freie und entläßt durch seine weit vorn liegende Geschlechtsöffnung Tausende von winzigen (600 μm) Individuen des Juvenilstadiums I ins Wasser. Werden sie beim Herabsinken von Cyclopiden (Copepoda, S. 542) gefressen, entwickeln sie sich in deren Leibeshöhle zur infektiösen Dauerlarve (Juvenilstadium III). Wird der Cyclopide mit Trinkwasser verschluckt, bohren sich die Jungnematoden durch die Darmwand des Menschen in die Lymphbahnen, gelangen in die Brust- und Leibeshöhle, häuten sich dort zweimal und kopulieren als nur wenige Zentimeter große Adulte. Die Männchen sterben nach der Kopulation, während die Weibchen ohne weitere Häutung bis zu ihrer endgültigen Körpergröße heranwachsen und ins Unterhautbindegewebe wandern.

7. Bei den Arten der Filarioidea (Spirurida) schließlich muß kein einziges Lebensstadium mehr ins Freie oder in den Darm des Endwirts gelangen zur Vollendung seines Zyklus. Die Übertragung von Nachkommen auf neue Wirte erfolgt allein durch blutsaugende Insekten. Humanparasitische Arten der Filarioida kommen in warmen Erdregionen vor. Dort sind der Haarwurm *Wuchereria bancrofti* und der Knotenwurm *Onchocerca volvulus* Geißeln der dort lebenden Menschen. Sie verursachen die Elephantiasis bzw. Flußblindheit. Die adulten Würmer von *W. bancrofti* leben in Lymphknoten. Nach Kopulation legen die Weibchen Eier, aus denen sofort die Juvenilstadien I schlüpfen. Sie werden als Mikrofilarien bezeichnet und wandern in Abhängigkeit von der Tagesrhythmik von Stechmücken (vor allem *Culex*) täglich in die Hautkapillaren. Nur wenn sie von Mücken beim Saugakt aufgenommen werden, kann sich ihr Lebenszyklus fortsetzen. In der Muskulatur der Mücke findet die Entwicklung zum infektiösen Juvenilstadium III statt, das bei einem erneuten Saugakt der Mücke durch den Stichkanal in den Menschen eindringt. Viele Menschen zeigen keine Krankheitssymptome bei Befall mit *W. bancrofti*, bei anderen können die befallenen Lymphgefäße verstopfen, was zu unförmigen Anschwellungen der betreffenden Körperpartien führt.

Der Lebenszyklus von *Onchocerca volvulus* verläuft ähnlich. Die adulten Würmer leben im Unterhautbindegewebe. Mikrofilarien, die ins Auge gelangen, bewirken Erblindung. Zwischenwirte sind Kriebelmücken (*Simulium*), deren Larven in schnellfließendem, sauberem Wasser leben. Folglich kommen auch die erwachsenen Mücken und mit ihnen die Gefahr, sich mit *Onchocerca* zu infizieren, nur in der Nähe von Flüssen vor.

Außer den Filarioidea werden keine weiteren parasitischen Metazoen durch blutsaugende Wirbellose übertragen. Nur bei Viren, Bakterien und Protozoen ist dies ebenfalls möglich. Hygienische Maßnahmen können vor Befall mit *Strongyloides*, *Ancylostoma*, *Necator*, *Ascaris* und *Dracunculus* schützen, nicht aber vor Befall mit Filarioidea.

Es sei betont, daß die Beispiele 1–7 keine phylogenetische, sondern nur eine funktionelle Reihe darstellen, daß aber dennoch vermutet wird, daß die phylogenetischen Etappen ähnlich waren. Für die Entstehung von Parasitismus an Insekten haben Nematoden mindestens zwei Wege eingeschlagen. Der eine startet von saprobiotischer, der andere von mycetophager (pilzfressender) Lebensweise:

Von saprobiotischer Lebensweise hin zum Insektenparasitismus

Die verschiedenen Arten von Regenwurmnematoden (*Rhabditis pellio,* andere *Rhabditis*-Arten) gelangen aktiv oder passiv als Dauerlarven (modifiziertes Juvenilstadium III) in den Regenwurm und harren dort aus, bis der Wirt stirbt und von Bakterien zersetzt wird; letztere und deren Produkte dienen dann als Nahrung, die für wenige Fortpflanzungszyklen der Regenwurmnematoden ausreicht. Sobald sich die Lebensbedingungen verschlechtern, findet die Entwicklung nur noch bis zur Dauerlarve statt.

Eine weitergehende Etappe ist von insektenparasitischen Nematoden der Gattungen *Steinernema* (syn. *Neoaplectana*) und *Heterorhabditis* (Rhabditida) erreicht worden. Auch sie gelangen aktiv oder passiv in einen Wirt (eine Insektenlarve), warten aber nicht auf dessen Tod, sondern würgen aus einer Darmtasche Bakterien der Gattung *Xenorhabdus* aus, die die Insektenlarve töten und versuppen. Von dieser Suppe leben die Nematoden und vermehren sich über einige Generationen. Werden die Lebensbedingungen schlechter, findet die Bildung von Dauerlarven und die Einlagerung von *Xenorhabdus* in Darmtaschen statt.

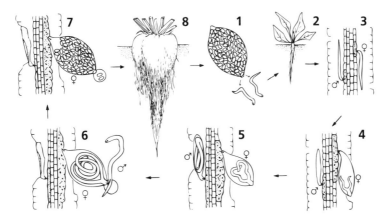

Abb. 981: *Heterodera schachtii* (Heteroderidae, Tylenchida), Rüben-Nematode. Lebenszyklus. (1) Wurzelexsudate junger Rüben regen die Juvenilstadien II an, aus den Eiern zu schlüpfen (noch in der Cyste = Hülle der toten Mutter) und zur Streckungszone junger Rübenwurzeln zu kriechen (2). Dort bohren sie sich mit ihrem Mundhöhlenstachel ein, dringen bis in den Bereich des Zentralzylinders vor und bewirken durch Stachelstöße und Speichelabgabe die Bildung eines nährstoffreichen Syncytiums (3), von dem sie fortan leben: sie werden sessil und plump (4). Männchen entwickeln sich schneller als Weibchen. Nach der Häutung zum Juvenilstadium 4 löst das Männchen den Kopf von der Wurzel, verbleibt in der Exuvie des Juvenilstadiums III und entwickelt sich dort zu einem schlanken, adulten Wurm (5), der die Exuvie verläßt, von Sexuallockstoffen des immer noch sessilen und plumpen Weibchens angelockt wird und mit diesem kopuliert (6). Nach der Begattung stirbt das Männchen. Das Weibchen frißt weiter und bildet bis zu 500 Eier (7). Nur wenige von ihnen werden in eine Gallerte abgegeben und entwickeln sich dort zu Jungwürmern, die sofort schlüpfen und eine neue Generation erzeugen; die weitaus meisten Eier bleiben im Körper der Mutter, die nach ihrem Tod zur schützenden Cystenhülle für die Eier wird. In der Cyste entwickeln sich die Eier bis zum schlupfreifen J2 (1), das jahrelang in latentem Leben ausharren kann. Die Cysten können durch Wind und Wasser weit umhergetragen werden. Befallene Rübenpflanzen kümmern dahin und bilden einen Überschuß an Wurzeln aus (8). Die Entwicklung des Männchens ist links, die des Weibchens rechts vom Zentralzylinder dargestellt worden. In den weiblichen Stadien ist die Entwicklung des Ovars schematisiert. Verändert nach einer Vorlage von Grundler (1984).

Von Mycetophagie hin zum Insektenparasitismus

Bei den Tylenchida führt das Anstechen und Aussaugen von Pilzzellen zum Endoparasitismus an Insektenlarven: *Deladenus siricidicola* kann über beliebig viele Generationen Pilze der Kiefern tötenden Art *Amylostereum areolatum* anstechen und aussaugen und sich bisexuell vermehren; die Weibchen werden bis 2,7 mm lang. Hat der Pilz die Kiefer getötet und somit seine Lebensbedingungen verschlechtert, schlägt die Ontogenese von *D. siricidicola* einen anderen Weg ein, bei dem Weibchen und Männchen ein andersartiges Aussehen erhalten: Die Weibchen werden im Freien höchstens 1,5 mm lang, ihr Mundhöhlenstachel wird größer, und statt der dorsalen Pharyngealdrüse dominieren die subventralen. Sie können sich nur mit den ebenfalls andersgestalteten Männchen paaren, deren Spermien im Gegensatz zu denen der vorher genannten Generationen nur noch 1–2 μm statt 10–12 μm Durchmesser haben. Nach der Begattung müssen sich die Weibchen mit ihrem Stachel in Holzwespenlarven (*Sirex*) einbohren, die ihrerseits in Symbiose mit dem Pilz *A. areolatum* leben. Im Inneren des Wirts verlieren die Weibchen ihre Cuticula, bilden Mikrovilli auf der Epidermis aus und ernähren sich vorwiegend parenteral, doch auch noch durch Nahrungsaufnahme in den Darm. Sie erreichen bis

zu 25 mm Körperlänge und werden erst in der *Sirex*-Puppe geschlechtsreif. Die Eizellen verschmelzen dann mit den lange gespeicherten Spermien. Die komplette Embryonalentwicklung bis zur Geburt der Jungen findet im Wirt statt, der sich inzwischen zur Imago weiterentwickelt hat. Je nach Befall kann dieser dann bis zu 50 000 Jungnematoden enthalten. Diese streben vor allem zu den Gonaden des Wirts. Ist er männlich, kommen sie alle um und können auch bei der Kopulation nicht auf weibliche Holzwespen übertragen werden. Ist die Holzwespe weiblich, dringen die Jungnematoden in deren Eier ein, zerstören diese und werden mit ihnen in Nadelbäume hinein abgelegt. Dort beginnt dann wieder das mycetophage Leben. Ähnlich wie der freilebende kann auch der parasitische Zyklus beliebig oft wiederholt werden.

Reiner Insektenparasitismus ohne freilebende Generation ist beim Hummelnematoden *Sphaerularia bombi* (Tylenchida) erreicht worden, einer seit 1742 bekannten Art, deren Weibchen endoparasitisch in Hummelköniginnen leben, diese sterilisieren und vorzeitig töten. Die 1,5 mm langen Weibchen stülpen im Wirt ihren Uterus zu einem 2 cm langen und 1,3 mm dicken Schlauch aus, der der parenteralen Ernährung dient und in den das Ovar hineinwuchert; das Weibchen stellt nur noch ein kleines An-

Abb. 982: Freilebende Nematoden aus dem marinen Sandlückensystem. A *Tricoma* sp. (Desmoscolecida), Körper mit Ringen aus selbsterzeugtem Sekret, in das Fremdkörperchen eingelagert sind. B *Enoplolaimus* sp. (Enoplida). C *Metepsilonema hagmeieri* (Chromadorida). Originale: W. Westheide, Osnabrück.

hängsel am Geschlechtsapparat dar. Die Nachkommen des Nematoden entwickeln sich in der Hummel bis zur Dauerlarve (Juvenilstadium III). Die befallene Hummel sucht oft den Boden auf und gräbt kleine Löcher. Jedes Mal verlassen dann einige 100 Dauerlarven die Hummel, so daß die Nachkommenschaft auf mehrere Stellen verteilt wird. Die Nematoden entwickeln sich im Freien zu adulten Weibchen und Männchen und kopulieren. Suchen junge Hummelköniginnen im Herbst ein Winterquartier, werden sie von begatteten Nematodenweibchen befallen und verbringen mit ihnen den Winter.

Phytoparasitismus bei Nematoden

Auch die phytoparasitische Lebensweise ist mehrfach unabhängig innerhalb der Nematoden entstanden, und zwar mehrfach innerhalb der Tylenchida und Dorylaimina, die zeitlebens mit einem kräftigen Mundhöhlenstachel bewehrt sind. Mit diesem stechen sie Pflanzenzellen oder Tiere an und saugen sie aus. Da die Übertragung von Nachkommen auf neue Wirtspflanzen ein weniger gravierendes Problem ist als bei den Zooparasiten, werden auch niemals Dauerlarven des Juvenilstadiums III

ausgebildet. Dennoch kann es auch bei phytoparasitischen Nematoden sehr resistente Überdauerungsstadien geben. Arten mit dieser Fähigkeit sind in der Landwirtschaft sehr gefürchtet; sie gehören innerhalb der Tylenchida zu den Heteroderoidea *(Heterodera, Globodera, Meloidogyne)*.

Die Juvenilstadien II der Heteroderoidea dringen in Pflanzenwurzeln ein, induzieren dort im Wirt die Bildung von Riesenzellen und leben für den Rest ihres Lebens von deren Inhalt. Sie werden hierbei erwachsen und erzeugen bisexuell *(Heterodera, Globodera)* oder parthenogenetisch *(Meloidogyne)* Eier. Diese bleiben innerhalb der beiden erstgenannten Taxa im weiblichen Körper, der zitronenförmig anschwillt und nach dem Tod des Weibchens eine Cystenhülle für die Eier bildet. Bei *Meloidogyne* werden die Eier in eine Schleimhülle abgelegt, die erhärtet und ebenfalls wie eine Cystenhülle wirkt. In beiden Fällen werden pro Weibchen einige 100 Eier erzeugt, die sich bis zum schlupffähigen Juvenilstadium II entwickeln und dann über Jahre hinweg latent am Leben bleiben können (Abb. 981).

Da fast alle phytoparasitischen Nematoden im Boden leben, sind sie mit chemischen Mitteln kaum zu bekämpfen. Beim Rübennematoden *Heterodera schachtii* (Abb. 981) ist dies biologisch durch Aussaat von Ölrettich *(Raphanus sativus)* möglich, dessen Keimlinge die jungen Rübennematoden zum Schlüpfen aus dem Ei anregen. Da Ölrettich als Ersatzwirt für die Nematoden ungeeignet ist, kümmern diese dahin und sterben. Alle Versuche, Kartoffelnematoden *(Globodera*-Arten) in ähnlicher Weise zu bekämpfen, sind bisher gescheitert. Nur vierjähriger Fruchtwechsel oder der Anbau resistenter Kartoffelsorten können sie vertreiben. *Meloidogyne*-Arten leben als Phytoparasiten in gemäßigten bis tropischen Regionen, richten aber vor allem in den Tropen große Schäden an.

Systematik

Die Nematoden sind als monophyletisches Taxon durch die folgenden Autapomorphien sehr gut begründet: (1) 6+6+4 papillen- oder borstenförmigen Sensillen am Vorderende, (2) wenn 2 Ovarien vorhanden sind, sind sie entgegengesetzt zueinander orientiert, (3) cuticuläre Spicula als Kopulationsapparat ausgebildet, (4) Postembryonalentwicklung mit genau 4 Häutungen. Die verwandtschaftlichen Beziehungen innerhalb der Nematoden sind keineswegs geklärt. Einigkeit besteht nicht einmal darin, ob Nematoden von marinen oder limnisch/terrestrischen Vorfahren abstammen, denn Nematoden mit besonders ursprünglichen Merkmalen leben in beiden Lebensräumen. Innerhalb der freilebenden Nematoden besteht die größte Artenvielfalt in marinen Sedimenten.

Das folgende System ist provisorisch. Auch die Unterteilung in **Adenophorea** und **Secernentea** ist nicht gut begründet. Es werden nur die wichtigsten Subtaxa aufgeführt.

1 „Adenophorea" („Aphasmidia")

Nicht-monophyletisch, da gegenüber den Secernentea vor allem durch die Beibehaltung der folgenden, ursprünglichen Merkmale gekennzeichnet: (1) Schwanz- und Epidermaldrüsen bei den meisten Arten vorhanden, (2) Seitenorgane deutlich erkennbar, (3) meist Sinnesborsten statt winziger Sinnespapillen vorhanden, (4) Männchen oft mit 2 statt nur mit 1 Hoden.

Die meisten Arten leben frei in marinen Sedimenten, die übrigen frei in limmischen oder terrestrischen Bereichen oder zoo- oder phytoparasitisch. Viele der freilebenden Arten ernähren sich von Bakterien oder deren Produkten und beschleunigen auf diese Weise die Zersetzung jener toten organischen Substanz, die nur von Bakterien, nicht aber von Einzellern und Metazoen als Nahrungsquelle genutzt werden kann. Es findet eine regelrechte Kooperation statt: Die Nematoden geben Schleim, Exkrete und Kot ab, die die Bakterien als wichtige zusätzliche Ressourcen für den Abbau der organischen Substanz brauchen. Umgekehrt liefern die Bakterien den Nematoden Nahrung. Diese Kooperation ist mehrfach zur engen Symbiose verfeinert worden. Am auffälligsten ist sie bei den Stilbonematinen (Chromadorida) (Abb. 976), die in sauerstoffarmen Böden des Meeres leben und deren Körperoberfläche in allen Lebensstadien fast lückenlos von symbiotischen Bakterien bedeckt ist.

Wenn Fische und Vertreter der benthischen Makrofauna noch sehr klein sind, fressen viele von ihnen Nematoden und andere Meiofauna-Organismen (mikroskopisch kleine Ein- und Vielzeller im Meeresboden) und erreichen auf diese Weise eine Körpergröße, die nötig ist für die Bewältigung größerer Nahrungsbrocken. Die Meiofauna erleichtert diesen Makrofauna-Arten also das Überleben in einer kritischen Lebensphase.

1.1 „Trefusiida"

Nicht-monophyletisch, früher zu Enoplida, später wegen primären Fehlens von Metanemen als eigenes, provisorisches Taxon ausgegliedert. Freilebend, marin und limnisch.

Bei Onchulidae (limnisch, z.B. *Onchulus, Kinonchulus*) liegt der 3. Kreis von Kopfsensillen viel weiter hinter dem 2. Kreis als bei fast allen übrigen Nematoden; dies sowie die Ausstülpbarkeit des Vorderendes bei *Kinonchulus sattleri* (Abb. 984) aus dem Amazonasgebiet gelten als sehr ursprünglich innerhalb der Nematoden.

1.2 Enoplida

Monophyletisch wegen Besitzes von Metanemen (fadenförmigen, serial angeordneten Propriorezeptoren in den lateralen Epidermisleisten).

Abb. 983: *Pontonema vulgare* (Oncholaimidae, Enoplida). Tausende von Individuen dieses aasfressenden Nematoden (1,5 cm Länge) auf einem toten Seestern. Original: C. Valentin, Kiel, aus Lorenzen et al. (1986).

Freilebend, überwiegend marin, seltener (z.B. Tripylidae, Tobrilidae, *Ironus*) limnisch. Häufig mit zahnartigen Strukturen in der Mundhöhle. Räuberisch, fressen auch andere Nematoden. Einige Arten spielen als Aasfresser eine wichtige Rolle (Abb. 983).

1.3 Dorylaimida

Monophyletisch wegen der Mündung aller Pharyngealdrüsen nur ins hintere Pharynxlumen. Freilebend und phytoparasitisch, limnisch und terrestrisch, selten an Meeresküsten.

Mononchina – Mundhöhle geräumig und zahnbewehrt, Schwanzdrüsen vorhanden. Räuberisch, Beute sind Nematoden oder ähnlich kleine Wirbellose.

Dorylaimina – Mundhöhle meist mit speerartigem Zahn, mit dem Pflanzenzellen oder Tiere angestochen und ausgesogen werden können (Abb. 985). Schwanzdrüsen fehlen. Arten von *Trichodorus* (Trichodoridae) und *Xiphi-*

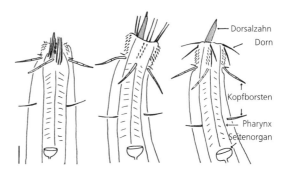

Abb. 984: *Kinonchulus* sp. aus dem limnischen Sandlückensystem des Amazonas. Vermutlich ursprünglich sind die Fähigkeit, die Mundhöhle rüsselartig auszustülpen, und der weite Abstand der hinteren 4 von den weiter vorn liegenden 6 Kopfborsten. Maßstab: 10 μm. Nach Riemann (1972) und Lorenzen (1985).

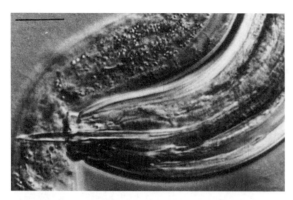

Abb. 985: *Labronema* sp. (Dorylaimida). Lebt räuberisch von anderen Nematoden, indem er den speerartigen Mundhöhlenzahn an beliebiger Stelle in den Körper der Beute stößt. Hierdurch wird Speichel in das Opfer injiziert, wodurch sich dessen Gewebe verflüssigt. Diese Flüssigkeit wird durch die rohrartige Höhlung des Zahns vom Pharynx aufgesogen und in den Darm gedrückt. Maßstab: 20 μm. Original: U. Wyss, Kiel.

nema (Longidoridae) phytoparasitisch, weniger wegen direkter Fraßschäden gefürchtet, sondern wegen der Übertragung pflanzenschädlicher Viren, die im Nematoden an Pharynxwand zwischen Mündung der Pharynxdrüsen und Zahn angeheftet sind und durch den Speichelfluß in die Pflanze gespült werden. *Labronema*-Arten (Qudsianematidae) (Abb. 985) stechen kleine Tiere an und saugen sie aus.

1.4 Trichosyringida (Trichocephalida)

Monophyletisch wegen einer Serie von sekundären Pharyngealdrüsen (Stichocyten), die in die Leibeshöhle ragen und ins Pharynxlumen münden. Mundhöhlenstachel, sofern vorhanden, nur im Juvenilstadium I, wird zum Durchbohren von Wirtsgewebe benutzt und geht bei der ersten Häutung verloren. Alle Arten zooparasitisch. Im Lebenszyklus spielt das Juvenilstadium III keine Rolle als Dauer- oder Übertragungsstadium (Gegensatz zu zooparasitischen Arten der Secernentea), selbst dann nicht, wenn Lebenszyklus über Zwischenwirt verläuft. Übertragung auf neue Wirt entweder direkt oder über Zwischenwirt. Im ersten Fall dringt das Juvenilstadium I aktiv in den Wirt ein (viele Mermithoidea), oder der Wirt nimmt embryonierte Eier auf (viele Trichuroidea); gelangen Juvenilstadium I oder embryonierte Eier in Warte- oder Zwischenwirte, findet in diesen keine weitere Entwicklung statt.

Mermithoidea – Einige Arten mit Phasmiden, die sonst nur innerhalb der Secernentea vorkommen. Juvenile stets endoparasitisch, meist in Insekten, seltener in terrestrischen und marinen Wirbellosen. Ernährung parenteral. Adulti lassen Wirt zum Wasser streben, verlassen ihn dort, leben frei, fressen nichts und pflanzen sich fort. Die Juvenilstadien I bohren sich mit ihrem Stachel in ihre Wirte ein.

Trichuroidea – Darmparasiten von Wirbeltieren, vor allem Vögel und Säugetiere, einschließlich Mensch. Bei vielen, aber nicht allen Arten Lebenszyklus über Zwischenwirt.

Ungewöhnlich ist der Lebenszyklus der Trichine (**Trichinella spiralis*, Trichinellidae, Abb. 980), weil jeder Endwirt zwangsläufig zum Zwischenwirt für die neue Trichinengeneration wird. Natürlicherweise also nur Carnivore infizierbar, experimentell auch Herbivore. Adulti (Darmtrichinen) im Dünndarm carnivorer Säugetiere und Menschen. Nach der Kopulation bohren sich die 2–4 mm langen Weibchen mit ihrem Vorderende tief in die Darmzotten ein und gebären durch ihre weit vorne liegende Geschlechtsöffnung 1 000–2 000 lebende Junge des Juvenilstadiums I, die über die Lymph- und Blutströmung im Körper verteilt werden. Nur Jungtiere, die in gut durchblutete, quergestreifte Muskulatur gelangen (z.B. ins Zwerchfell oder in die Kaumuskulatur), entwickeln sich weiter. Mit ihrem Mundhöhlenstachel bohren sie sich in das Muskelgewebe, zersetzen es in ihrem näheren Umkreis, induzieren die Bildung einer zitronenförmigen Kapsel und sind damit zur gefürchteten Muskeltrichine geworden. Die Kapsel verkalkt nach einigen Monaten, gestattet aber weiterhin einen Stoffaustausch zwischen Wurm und Wirt. Die Muskeltrichine kann viele Jahre alt werden und gelangt durch Verzehr trichinösen Fleisches in neue Wirte. In deren Schleimhaut des Dünndarms finden innerhalb weniger Tage alle 4 Häutungen statt, im Darmlumen erfolgt die Kopulation. Masseninfektion führt beim Menschen zum Tod. Durch Fleischbeschau in Mitteleuropa selten im Menschen geworden. – *Trichuris trichiura*, Peitschenwurm (Trichuridae), Humanparasit vor allem in feuchtwarmen Gebieten. Die 5–8 cm langen Adulti sind mit dem schlanken Vorderkörper in die Schleimhaut des Blind-, seltener des Dickdarms eingebohrt, ernähren sich von enzymatisch gelösten Zellen des umgebenden Gewebes. Weibchen legen nach der Kopulation täglich 3 000–4 000 Eier ab, die mit dem Stuhl nach außen gelangen und sich auffällig langsam (je nach Temperatur in einigen Wochen bis Monaten) zur Schlupfreife entwickeln. Infektion durch Verzehr von Nahrung, die mit schlupfreifen Eiern verschmutzt ist. Im Dünndarm schlüpft das Juvenilstadium I, das ca. 10 Tage zwischen den Zotten lebt und dann zum Dickdarm wandert. Dort die weitere Entwicklung in der Schleimhaut · Keine Organwanderung wie bei *Ascaris*. Bei starkem Befall Beschwerden, die einer Blinddarmentzündung ähneln.

1.5 „Chromadorida"

Nicht-monophyletisch, da gegenüber dem Monhysterida hauptsächlich durch Beibehaltung ursprünglicher Merkmale gekennzeichnet: Seitenorgane meist gewunden, Ovarien meist umgeklappt.

Freilebend, vor allem im Meer, seltener limnisch/terrestrisch. Meist Bakterien- oder Diatomeenfresser. Chromadoridae (z.B. *Chromadora*, *Chromadorita*) im Flachwasser der Meere und des Süßwassers, stellenweise sehr häufig. Einige knacken mit ihren Zähnen ein Loch in Diatomeen und saugen sie aus. – Epsilonematidae (z.B. *Epsilonema*) vor allem im Sandlückensystem (Abb. 982C). – Desmodoridae (z.B. *Desmodora*, *Stilbonema*) artenreich im Meer; Arten der Stilbonematinae in Symbiose mit chemoautotrophen Bakterien (s.o.) (Abb. 974).

1.6 Monhysterida

Monophyletisch, da Ovarien ausgestreckt.

Freilebend, vor allem im Meer, seltener limnisch/terrestrisch. Arten der Comesomatidae (z.B. *Sabatieria*) als Bakterienfresser besonders häufig in der bakterienreichen Grenzschicht zwischen oxischer und anoxischer Schicht von sinkstoffreichen Meeresböden, können wochenlang ohne O$_2$ leben. – Xyalidae (z.B. *Theristus*) artenreich in Meeresböden, weniger im Süßwasser. Mundhöhle trichterförmig, Diatomeen und Bakterien als Nahrung bevorzugt. – Monhysteridae (z.B. *Monhystera*) vor allem in der Tiefsee und im Süßwasser, kaum dagegen in flachen Meeresgebieten. Wenige Arten terrestrisch; eine von ihnen zur Massenvermehrung innerhalb lebender, geschwächter Nadelbäume fähig. Innerhalb der Monhysteridae leben die Arten von *Gammarinema, Monhystrium* und *Tripylium* epibiotisch auf marinen Krebsen (Peracarida und Decapoda), *Odontobius ceti* dagegen auf den Barten von Bartenwalen; da die 4 Gattungen nächstverwandt miteinander sind, wurde geschlossen, daß *O. ceti* von krebsbewohnenden Monhysteriden abstammt.

1.7 Desmoscolecida

Erwachsene, nicht aber junge Tiere bei den meisten Arten von reifenartigen Ringen aus Sekret und Fremdkörpern umgeben, deren Funktion unbekannt ist.

Freilebend, vor allem im Meer. *Desmoscolex*-Arten (Abb. 972C) weit verbreitet, Tiefsee bis zum Süßwasser und zum Land.

2 Secernentea (Phasmidia)

Monophyletisch wegen folgender Autapomorphie: Phasmiden (Schwanzsensillen) bei vielen Arten vorhanden, bei anderen vermutlich reduziert. Außerdem abgeleitet gegenüber den meisten Adenophorea: Schwanz- und Epidermaldrüsen fehlen stets; eine der Ventraldrüsenzellen entsendet bei vielen Arten laterale Schenkel in die lateralen Epidermisleisten; Männchen mit nur 1 Hoden. Secernentea leben frei (saprobiotisch, diatomeenfressend oder räuberisch), phyto- oder zooparasitisch. Freilebende Arten limnisch/ terrestrisch, selten eingewandert an Meeresküsten.

Aufgrund des Pharynxbaus können 2 Verwandtschaftsgruppen unterschieden werden: Rhabditia (2.1–2.5) und Diplogasteria (2.6–2.7).

Bei den **Rhabditia** wird das Juvenilstadium III bei saprobiotischen und zooparasitischen Arten unter besonderen Lebensumständen zur Dauerlarve, deren Stoffwechsel weitgehend reduziert ist und die erst bei Eintritt geeigneter Lebensbedingungen die Entwicklung fortsetzen kann. Bei zooparasitischen Arten tritt die Dauerlarve immer dann auf, wenn der Schlupf von Jungnematoden aus dem Ei im Freien oder im Zwischenwirt stattfindet. Findet er dagegen im definitiven Wirt statt, tritt keine Dauerlarve auf; dann ist das Ei besonders derbschalig (z.B.

Ascaris). Der Pharynx ist bei den Rhaditida, Strongylida und Ascaridida zumindest in der frühen Jugend rhabditiform (Endbulbus vorhanden, dieser mit Klappenapparat versehen). Bei den Camallanida und Spirurida findet man zeitlebens einen filariformen Pharynx (zylindrisch, ohne Klappenapparat), der wahrscheinlich aus einem rhaditiformen hervorgegangen ist.

2.1 Rhabditida

Vorwiegend freilebend, seltener fakultativ oder obligatorisch zooparasitisch.

Rhabditis (Rhabditidae), *Strongyloides* (Strongyloididae), *Heterorhabditis* (Heterorhabditidae), *Steinernema* (syn. *Neoaplectana*, Steinernematidae), S. 701 und 703.

2.2 Strongylida

Adulte Tiere parasitisch im Darm von Wirbeltieren, Juvenilstadium I-III saprobiotisch oder parasitisch in Mollusken oder Anneliden.

Ancylostoma duodenale, Necator americanus (Ancylostomatidae, Hakenwürmer), S. 703. – *Nippostrongylus brasiliensis* (Heligmosomatidae) Darmparasit von Mäusen und Ratten, raspelt mit den scharfen Längskanten seines Körpers Schleimhaut von den Darmzotten ab, verdaut sie extracorporal und saugt die so verflüssigte Nahrung auf.

2.3 Ascaridida

Adulte Tiere parasitisch im Darm von Wirbeltieren, Landarthropoden oder Landschnecken. Keine saprobiotischen Stadien. Eier gelangen mit dem Kot nach außen, entwickeln sich dort bei vielen Arten bis zur Schlupfreife; bei vielen Arten schlüpfen die Jungnematoden in einem Zwischenwirt und entwickeln sich dort bis zur Dauerlarve, während bei anderen Taxa (z.B. *Ascaris*) kein Zwischenwirt vorkommt und sich der Lebenszyklus im Endwirt vollendet.

Ascaris lumbricoides und *A. suum* (Spulwurm, Ascarididae), S. 703; in Mensch bzw. Schwein. Selbst die moderne Schweinehaltung vermochte diesen Parasiten nicht zu vertreiben. Standardobjekt zoologischer Forschung, hat in dieser Hinsicht den Pferdespulwurm *Parascaris equorum* abgelöst. – *Enterobius vermicularis*, Madenwurm (Oxyuridae), im Blind- und Enddarm des Menschen. Die begatteten Weibchen kriechen zur Eiablage aus dem After heraus, was Jucken erzeugt. Beim Kratzen geraten die Eier leicht unter die Fingernägel. Nach kurzer Entwicklungszeit im Freien sind sie infektiös. Werden sie durch den Mund aufgenommen, schlüpfen die Jungnematoden im Dünndarm und wandern zum Blind- oder Dickdarm. Die Jungen können auch im Freien schlüpfen und durch den After in den Darm ihres Wirts kriechen. – Nahe verwandt mit *Enterobius* ist *Leidynema* (Thelastomatidae), häufiger Parasit im Enddarm von Schaben. Es ist unklar, ob er sich dort von verdauter Nahrung oder von Darmbakterien ernährt. Die Infektion erfolgt durch den Fraß embryonierter Eier.

2.4 Camallanida

Adulte Tiere parasitieren in aquatischen und terrestrischen Wirbeltieren. Die Entwicklung zum infektiösen Juvenilstadium III findet stets in einem Copepoden statt.

Dracunculus medinensis, Medinawurm (Dracunculidae), S. 704. *Anguillicola crassus* (Anguillicalidae), Weibchen bis 7 cm, Parasit in der Schwimmblase von Aalen, in den 1980er Jahren aus dem Fernen Osten nach Europa eingeschleppt. Zwischenwirte sind Copepoden und Cladoceren (Abb. 980).

2.5 Spirurida

Adulte parasitisch in verschiedenen Organen von Wirbellosen und Wirbeltieren. Im zweiten Fall können sich die Juvenilen nur in einem Zwischenwirt (meist Arthropoden) entwickeln, in dem sie das infektiöse Juvenilstadium III erreichen. Bei den Filariidae geschieht dies in blutsaugenden Insekten, die die Dauerlarven beim Saugakt auf neue Wirte übertragen. Parasitenbefall kann in diesen Fällen nicht durch Hygiene vermieden werden.

*Draschia megastoma (Habronematidae), *Wuchereria bancrofti, Onchocerca volvulus* (Filariidae), S. 703, 704, (Abb. 980).

Bei den **Diplogasteria** (2.6–2.7) ist der Pharynx stets in einen vorderen, muskulösen, mit Endbulbus versehenen und einen hinteren, drüsigen Teil gegliedert. Das Juvenilstadium III bildet keine Dauerlarve, spielt also selbst bei zooparasitischen Arten keine Rolle für die Übertragung auf Endwirte.

2.6 Diplogasterida

Lange Zeit zu Unrecht mit den Rhabditida vereinigt. Meiste Arten saprobiotisch, andere verzehren Diatomeen oder sind gar carnivor.

2.7 Tylenchida

Monophyletisch, hohler Stachel in der Mundhöhle, der von allen 3 Mundhöhlenwänden gebildet wird und nicht von einem Subventralzahn wie bei anderen stacheltragenden Nematoden; dient zum Anstechen von Pilz- und Pflanzenzellen oder Tieren, zum Injizieren von Speichel und Aufsaugen der verflüssigten Nahrung. Im Gegensatz zu phytoparasitischen Dorylaimina als Überträger von Viren bedeutungslos, weil Pharyngealdrüsen unmittelbar hinter dem Stachel münden. Phytoparasitische Arten fast ausschließlich im Wurzelbereich von Pflanzen, meist frei beweglich, in einigen Fällen stationär an Pflanzenwurzeln.

Rübennematode (**Heterodera schachtii*) (Abb. 981) und Kartoffelnematode (**Globodera rostochiensis*) (Heteroderidae). – *Meloidogyne*-Arten (Meloidogynidae) (Lebensweisen, S. 706). *Deladenus*- und *Sphaerularia*-Arten (Sphaerulariidae) insektenparasitisch (S. 705).

Nematomorpha, Saitenwürmer

Saitenwürmer sind wie die Saiten eines Musikinstruments – lang, dünn und biegsam. Zur Fortpflanzung im Freien können viele von ihnen derart ineinander verknäuelt sein, daß sie zusammen einem „gordischen Knoten" gleichen; die häufigste Gattung heißt aus diesem Grund *Gordius*. Saitenwürmer sind 10–50 cm, im Extrem 150 cm lang und nur 1–3 mm dick, also rund 1 000 mal so lang wie dick. Trotz ihrer Größe und der Kenntnis von rund 320 Arten werden sie aus folgendem Grunde nur selten gesehen: Sie verbringen ihre Jugend e n doparasitisch in der Leibeshöhle von aquatischen und terrestrischen Arthropoden (Juvenilparasitismus!) und verlassen ihre Wirte nur zur Fortpflanzung im Sommerhalbjahr; anschließend sterben sie. Das Millionenheer der winzigen Larven (0,1–0,2 mm), das aus den Eischnüren schlüpft, kommt nur kurzfristig vor und ist für das bloße Auge unsichtbar. Aktiv oder passiv gelangen diese in neue Wirte. Sie bohren sich aktiv in deren Leibes-

Sievert Lorenzen, Kiel

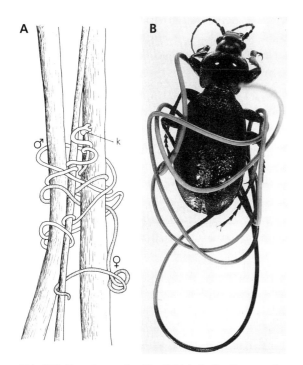

Abb. 986: Nematomorpha (Gordioida). A *Gordius aquaticus,* Weibchen (dunkel) und Männchen (hell) bei der Kopulation (k). Befruchtete Eier werden später in körperdicken Laichschnüren um Wasserpflanzen geschlungen. B *Gordonius* sp. beim Verlassen seines Wirts, eines Laufkäfers (Carabidae). A Kombiniert nach Wesenberg-Lund (1910) und Dorier (1930); B Original: J. Bresciani, Kopenhagen.

höhle, in der sie sich p a r e n t e r a l (durch die Körperwand hindurch) ernähren. Generations- und Wirtswechsel kommen nicht vor, allenfalls sind Wartewirte möglich. Lebensweise und Lebenszyklen entsprechen völlig denen der Mermithoidea (Nematoda) (S. 708).

Die meisten Arten gehören zu den Gordioida und leben in Süßwasser- und Landinsekten; nur 5 Arten (Nectonematoida) kommen in decapoden Krebsen des Meeres vor. Adulte Gordioida leben benthisch an Seeufern, in Bächen oder im Feuchten, können aber auch schwimmen; adulte Nectonematoida findet man im marinen Pelagial.

Bau

Wie bei Nematoden ist der Körper langgestreckt und drehrund, und der Hautmuskelschlauch besteht aus Cuticula, Epidermis und einer Längsmuskelschicht.

Die **Cuticula** ist dünn bei den endoparasitischen Juvenilen und dick bei den freilebenden Adulten; der Umbau geschieht im Zuge einer Häutung. Das Fehlen von Ringmuskeln ist wie bei Nematoden mit kreuzweise schraubig verlaufende Fasern in der Cuticula gekoppelt; nach theoretischen Überlegungen (Abb. 971) muß deren Laufrichtung mit der Längsachse des Körpers einen Winkel von mindestens 55° bilden. Diese Vermutung wurde mehrfach bestätigt: Der fragliche Winkel beträgt 55–65°, ist also geringer als bei Nematoden (rund 75°).

Dieser Unterschied ist verständlich angesichts der Tatsache, daß adulte Saitenwürmer nichts fressen und ihre Cuticula daher nicht an kurzfristige Zunahmen des Körpervolumens angepaßt zu sein braucht. Bei adulten Gordioida kommen rund 35 Schichten schraubig verlaufender Fasern vor, also ähnlich viele wie bei Anneliden (S. 142) und Sipunculiden (S. 331) und weniger als bei den Nematoden. Die Fasern verlaufen innerhalb jeder Schicht parallel, von Schicht zu Schicht kreuzweise zueinander. Zusätzliche Fasern ziehen radiär durch alle Faserschichten hindurch. Adulte Nectonematoida sind entlang der Dorsal- und Ventrallinie des Körpers mit Schwimm„borsten" besetzt.

Die einschichtige **Epidermis** ragt mit vielen Mikrovilli in die Cuticula hinein. Die Zellkerne liegen rundherum im Körperquerschnitt. Anders als bei Nematoden fehlen laterale Epidermisleisten; statt dessen ist bei den Nectonematoida d o r s a l und v e n t r a l (im Bereich der Schwimmborstenreihen) je eine breite E p i d e r m i s l e i s t e ausgebildet, bei den Gordioida nur eine schmale ventrale.

Die einschichtige, nur längs verlaufende **Muskulatur** besteht aus schmalen Zellen, deren kontraktiler Teil der Cuticula und deren kernhaltiger, cytoplasmatischer Teil dem Körperinneren zugewandt ist. Sie werden vom ventralen Markstrang innerviert,

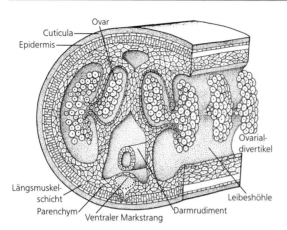

Abb. 987: Nematomorpha. Innere Organisation; hintere Körperregion eines Weibchens von *Parachordodes* sp. Nach Kaestner (1969).

der Nervenfasern zwischen Epidermis und Muskeln entsendet.

Widersprüchlich sind die Angaben, ob die Nematomorpha ihre Schwimmbewegungen in der dorsoventralen (wie bei Nematoden) oder lateralen Körperebene ausführen.

Das **Nervensystem** besteht aus einem G e h i r n nahe am Vorderende, einem v e n t r a l e n M a r k s t r a n g in der ventralen Epidermisleiste (bei *Nectonema* auch dorsal), und einem K l o a k a l g a n g l i o n. In allen drei Teilen fallen Riesenneurone auf. Einfache Sensillen kommen vor allem am Vorder- und Hinterende vor.

Pharynx und **Darm** sind in allen Lebensstadien

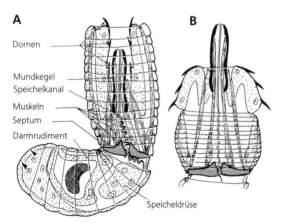

Abb. 988: Larve von *Chordodes* sp. (Gordioida, Nematomorpha). Arbeitsweise des Vorderendes: Muskulatur des Hautmuskelschlauchs erzeugt hydrostatischen Druck, der das eingestülpte Vorderende ausstülpt und den Mundkegel nach vorne schiebt (B); die Dornen dringen bei diesem Vorgang ins Wirtsgewebe ein, werden ruderartig nach hinten geklappt und schaffen somit ein Widerlager für weiteres Vordringen. Vorderende und Mundkegel werden durch Retraktoren wieder zurückgezogen (A). Das Septum unterstützt den Bewegungsablauf. Kombiniert nach Inoue (1958) und Zapotosky (1974).

weitgehend zurückgebildet und dienen nie der Nahrungsaufnahme, auch dann nicht, wenn noch ein enges Lumen vorhanden ist. Die Jungtiere ernähren sich in ihrem Wirt vielmehr p a r e n t e r a l, während die Adulten nur von ihren Reserven leben. **Exkretionsorgane** wurden nicht gefunden; möglicherweise übernimmt das Darmrudiment exkretorische Funktion.

Die **Leibeshöhle** ist peripher begrenzt von der Längsmuskelschicht und zentral von der basalen Matrix des Darmrudiments; sie ist also ein P s e u d o c o e l. Bei den Gordioida ist sie lateral durch M e s e n c h y m g e w e b e pseudosegmentiert in viele hintereinander liegende Taschen, in die die Gonaden hineinreichen und die in offener Verbindung miteinander stehen (Abb. 987). Das Mesenchym hat Stütz- und Speicherfunktion; gespeichert werden Fette, Glykogen und andere Reservestoffe. Den Nectonematoida fehlt das Mesenchym; ihre Körperhöhle ist mit Flüssigkeit erfüllt. Reservestoffe speichern sie im cytoplasmatischen Teil ihrer Muskelzellen.

Die Geschlechter sind getrennt. Die **Gonaden** sind paarig bei den Gordioida und unpaar bei den Nectonematoida; in beiden Geschlechtern münden sie in die endständige Kloake.

Fortpflanzung und Entwicklung

Spermien werden wahrscheinlich durch Pseudokopulation übertragen. Spicula, die typischen Kopulationsorgane der Nematoden, fehlen. Die Weibchen der Gordioida legen Zehntausende bis Millionen kleiner Eier (Durchmesser 40–50 µm) in L a i c h s c h n ü r e n an Pflanzen oder Gegenständen im Wasser ab (Abb. 986) und behüten den Laich, indem sie ihren Körper um ihn herumwinden und diese Körperstellung durch tonische Muskelkontraktion beibehalten. Die marinen Nectonematoida legen ihre Eier einzeln ins freie Wasser ab.

Aus den Eiern schlüpfen 50–150 µm lange L a r v e n, die ihr Vorderende aus- und einstülpen können und hierbei ihren Mundkegel vorstoßen und zurückziehen (Abb. 988). Ein langgezogener, enger cuticularisierter Pharynx durchzieht den Vorderkörper und dient als Ausführgang der Speicheldrüse. Die Leibeshöhle ist durch ein Septum in zwei hintereinander liegende Abteilungen gegliedert (Abb. 988), was für die Hydraulik des Vorderendes wichtig ist.

Die Larven bohren sich aktiv durch die Gelenkhäute oder gelangen passiv zusammen mit Nahrung in ihre Wirte und bohren sich dort durch die Darmwand in die Leibeshöhle. Versagen beide Mechanismen, encystieren sich die Larven der Gordioida auf Pflanzen und anderen Gegenständen im Wasser und können über einen Monat lang Austrocknung und andere widrige Bedingungen ertragen; nur passiv mit Nahrung können sie dann in einen Wirt gelangen. Ist der Wirt geeignet, reduziert die Larve ihren Vorderkörper, wirft (im Zuge einer Häutung?) die cuticularisierten Teile ab und wächst heran. Hierbei wird vor allem der Fettkörper des Wirts aufgebraucht. War der Wirt ungeeignet, encystiert sich die Larve in dessen Leibeshöhle und schlüpft erst dann, wenn der Wirt von einem Raubinsekt (z.B. Gottesanbeterin) gefressen wurde. Auf diese Weise können selbst solche Insekten von Saitenwürmern befallen werden, die normalerweise nie Wasser aufsuchen. In einem geeigneten Wirt setzt sich die Entwicklung in der beschriebenen Weise fort. Am Ende der parasitischen Phase suchen die Wirte in zwanghafter Weise Wasser auf und werden dort von ihrem Parasiten über die Gelenkhäute oder das Rektum verlassen (Abb. 986). Der Wirt kann anschließend weiterleben, oft jedoch geht er zugrunde.

Systematik

Nematomorpha und Nematoda stimmen überein in der Körperform, einer mehrschichtigen Cuticula, dem Fehlen von Ringmuskeln und dem Fehlen von Kinocilien in allen Organen und Lebensstadien. Von den Nematoden stimmen die Mermithoidea auffällig gut mit den Nematomorpha überein: In beiden Taxa ist der gesamte Lebenszyklus identisch, d.h. die aus dem Ei schlüpfenden Jugendstadien und die Adulti leben frei, die übrigen Stadien dagegen parasitisch in der Leibeshöhle von Arthropoden; Wartewirte sind möglich; landlebende Arthropoden streben zum Wasser, wenn die Parasiten reif für die Auswanderung aus ihrem Wirt sind; die Cuticula ist dünn in der parasitischen und dick mit vielen spira-

lig verlaufenden Faserschichten im adulten Stadium; schließlich führt ein langgestreckter, cuticularisierter Speichelkanal bei den Larven der Nematomorpha weit in den Körper wie bei den Mermithoidea. Ein Cirrus als männliches Begattungsorgan ist innerhalb der Nematoden bei der Schwestergruppe der Mermithoidea, den Trichuroidea, verbreitet; bei letzteren dient er der Führung des einzigen Spiculums. Es wird vermutet, daß viele der genannten Übereinstimmungen auf Homologien beruhen. Da sich die Nematomorpha von den Nematoden (einschließlich Mermithoidea und Trichuroidea) durch die Innervierung der Muskulatur, das Fehlen lateraler Epidermisleisten, die Kloake im weiblichen Geschlecht und das Vorkommen einer Larve unterscheiden, können sie als früher Seitenast einer Evolutionslinie angesehen werden, die von freilebenden Arten zu den Nematoden führte. Nach dieser Auffassung müßten sich die Trichosyringida (hierher die Mermithoidea und Trichuroidea) sehr früh von den übrigen Nematoden abgespalten haben.

Seit der dorsale Nervenstrang der Nematoden als Abkömmling des ventralen Markstranges erkannt worden ist, stellt sein Fehlen bei den Nematomorpha keinen wichtigen Unterschied mehr zu den Nematoden dar, zumal bei *Nectonema* ein dorsaler Strang vorkommt.

Gordioida – *Gordius aquaticus*, 50 cm, als Juvenile endoparasitisch in der Leibeshöhle aquatischer und terrestrischer Insekten, selten auch Spinnen; Adulte frei, fressen nicht, pflanzen sich nur fort. Geschlüpfte Jungtiere gelangen aktiv oder passiv in neue Wirte.

Nectonematoida – *Nectonema*-Arten, 4–100 cm, als Juvenile endoparasitisch in der Leibeshöhle decapoder Krebse (z.B. *Palaemon*, *Pandalus*, *Munida*, verschiedene Arten von Einsiedlerkrebsen).

„Rotatoria" („Rotifera"), Rädertiere

Bei den Rädertieren herrschen die Weibchen. Männchen fehlen stets bei den Bdelloida und treten als Zwergmännchen nur gelegentlich bei den Monogononta auf. Einzig bei den seltenen Seisonida sind sie etwa gleich häufig und gleich groß wie die Weibchen. Die zahlenmäßig vorherrschenden Weibchen deuten auf die Fähigkeit zu schneller Massenvermehrung durch Parthenogenese unter günstigen Lebensbedingungen hin. Genutzt wird diese Fähigkeit vor allem in kleinen Süßgewässern und in Wasserfilmen feuchter Böden und Moose. Relativ wenige Arten leben im marinen Pelagial und im Sandlückensystem. Die Rädertiere – ca. 2 000 Arten – übertreffen an Formenreichtum alle übrigen Gruppen der Nemathelminthes. Sie sind mikroskopisch klein, meist weniger als 1 mm lang und somit ungefähr so groß wie größere Ciliaten. Die größten Arten werden bis zu 3 mm lang (z.B. *Seison*, Riesenweibchen von *Asplanchna*, Abb. 995, 989); Zwergmännchen mancher Arten zählen mit 40 µm zu den kleinsten Metazoen. Rotatorien leben frei, nur wenige Arten epibiotisch oder parasitisch auf anderen Tieren, z.B. *Seison* auf dem Krebs *Nebalia* (S. 552); *Proales parasitica* und *Ascomorphella volvocicola* parasitieren in *Volvox*-Kugeln (Grünalgen).

Trotz ihrer Kleinheit sind Weibchen aus rund 1 000 Zellen aufgebaut, deren Zahl und Lage innerartlich weitgehend konstant sind (Zellkonstanz = Eutelie); kleine Variationen können lediglich in den Magendrüsen und im Vitellar (Nährteil des Ovars) auftreten. Anders als bei den übrigen zellkonstanten Nemathelminthes finden nach der Gastrulation lebenslang keine Mitosen mehr statt, auch nicht im Ovar. Jede weitere DNA-Vermehrung im Leben führt vielmehr zur Polyploidisierung von Zellkernen in den Magendrüsen und im Vitellar bei Bdelloida und Monogononta. Die Zellen der meisten Gewebe verschmelzen zu Syncytien.

Sievert Lorenzen, Kiel

Bau

Der Körper gliedert sich in Vorderende, Rumpf und Fuß (Abb. 990). Am Vorderende befinden sich das Räderorgan, das von zentraler Bedeutung für den Nahrungserwerb und für die gleitende und schwimmende Fortbewegung ist, und – nur bei den Bdelloida – der Rüssel (Rostrum), der einer egelartigen Fortbewegung auf dem Untergrund dient. Der Rumpf enthält in einer geräumigen, flüssigkeitserfüllten Leibeshöhle die inneren Organe. Der Fuß ist beweglich und endet meist in 2 Zehen, an deren Ende Klebdrüsen münden; er dient beim Schwimmen als Steuer, auf festem Substrat als Organ zur vorübergehenden oder ständigen Festheftung, bei einigen Arten sogar als Springorgan.

Die **Epidermis** ist syncytial. Peripher ist sie zu einem dicken, intracytoplasmatischen Panzer verdichtet, der weich und biegsam oder hart und starr sein kann und beim Wachstum nie gehäutet, sondern durch Umbauprozesse der jeweiligen Körpergröße angepaßt wird. Er ist von schlauchförmigen Einstülpungen des äußeren Plasmalemms durchzogen (Abb. 991). Außen ist die Epidermis von einer Glykokalyx bedeckt, die meist faserig oder gallertig, in den peripheren Teilen des Kauapparats aber zu einer echten Cuticula verhärtet ist. Im Bereich des Räderorgans ist die Epidermis wulstartig verdickt und kann im Extremfall zu 2 oder mehreren zapfenartigen Auswüchsen verlängert sein, die in die Leibeshöhle hineinragen (Abb. 991, 992). Sie werden als Lemnisci bezeichnet, weil sie nach allen vorliegenden Indizien homolog mit denen der Acanthocephalen sind (S. 724).

Das **Räderorgan**, namengebend für die Tiergruppe, ist ein genusspezifisches, vielgestaltiges Wimpernfeld am Vorderende des Körpers. Seine Bezeichnung geht auf einen optischen Effekt zurück, den seine randständigen langen Wimpern durch metachrone Schlagfolge bei vielen Arten erzeugen.

Abb. 989: Rotatoria, Monogononta, aus dem Süßwasser. A1 *Brachionus* sp., Weibchen, planktisch; die Bedornung am Rumpfende ▷ wird im Embryonalstadium vom kurzlebigen, wasserlöslichen *Asplanchna*-Stoff induziert, den der Freßfeind *Asplanchna* (B) ausscheidet; andernfalls fehlen die Dornen (A2). B *Asplanchna* sp., Weibchen, räuberisch; der After ist bei allen *Asplanchna*-Arten vollständig rückgebildet. C *Filinia longiseta*, Weibchen (C1) und Zwergmännchen (C2), planktisch. D *Trochosphaera aequatorialis*, Weibchen. Dieses planktische, räuberische Rädertier aus Süßgewässern warmer Regionen gab Anlaß zur nicht mehr akzeptierten Hypothese, Rädertiere wären aus geschlechtsreif gewordenen Polychaetenlarven (Trochophoren) entstanden. E *Cupelopagis vorax*, Weibchen, aus Süßgewässern warmer Regionen, verliert im Lauf des Lebens vollständig das Räderorgan und erbeutet mit seiner Fangglocke Protozoen, Rotatorien (wie im Bild dargestellt), Fadenwürmer und Muschelkrebse; auffällig sind die ventrale Lage des Afters und das Vorkommen einer Haftscheibe. F *Lindia truncata*, Weibchen, mit dem sohlenförmigen Räderorgan auf dem Untergrund gleitend. G *Collotheca coronetta*, Weibchen, benthisch; die Tiere können sich ruckartig in ihre selbstgebauten, gallertartigen Gehäuse zurückziehen (G1), sie entfalten sich anschließend nur langsam (G2); in der Wohnröhre befinden sich zwei abgelegte Eier. H *Floscularia ringens*, Weibchen, benthisch; die Wohnröhre wird aus herbeigestrudeltem Detritus gebildet, der zu Pillen geformt wurde. J *Stephanoceros fimbriatus*, benthisch, postembryonale Stadien eines Weibchen (J1-J4) und geschlechtsreifes Zwergmännchen (J5); Weibchen leben in selbstgebauten gallertigen Gehäusen. Maßstäbe: 100 µm. Originale: W. Koste, Quakenbrück.

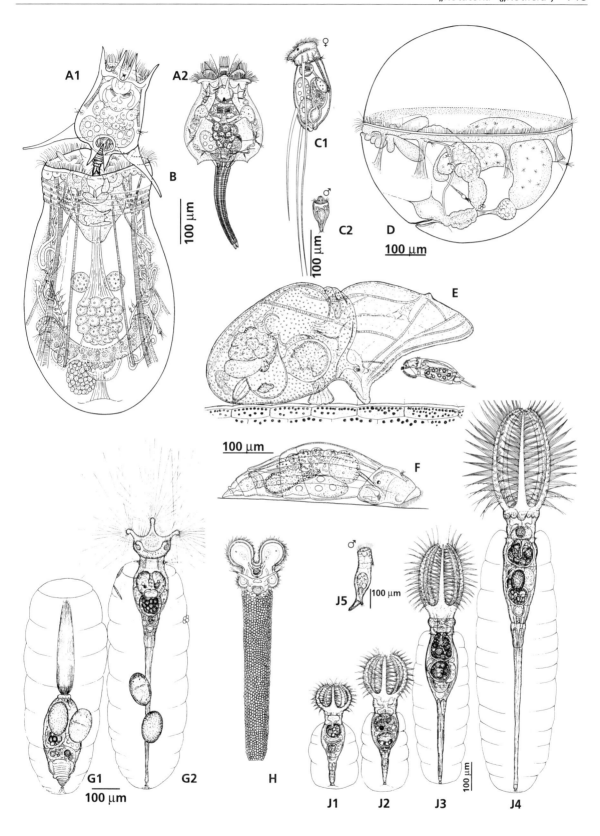

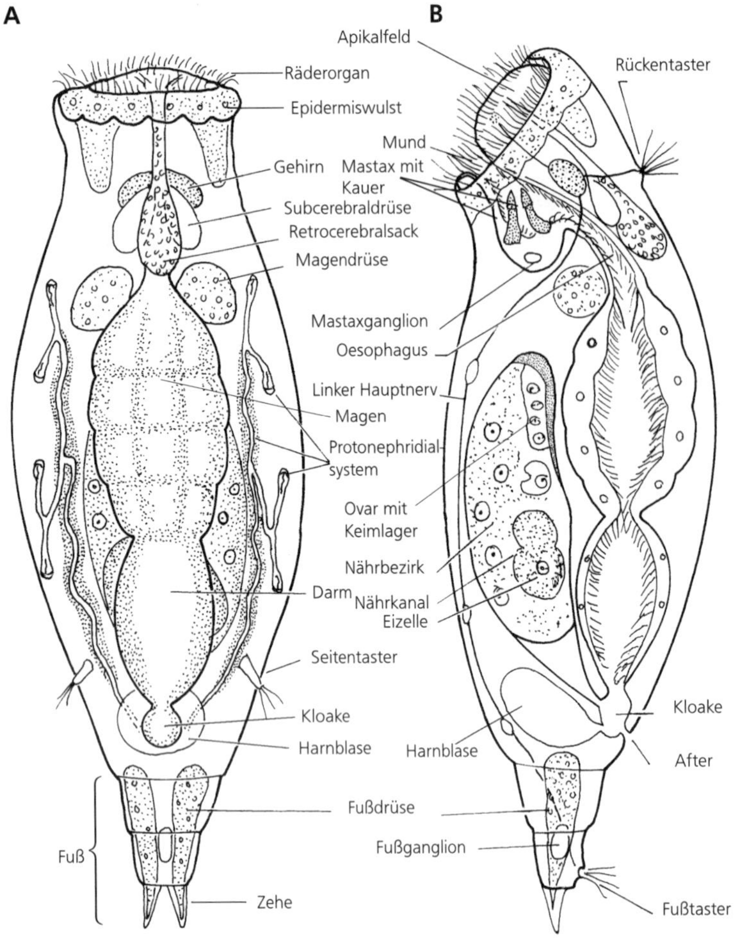

Abb. 990: Rotatoria, Monogononta. Organisationsschema der Weibchen: nur 1 Gonade vorhanden, 2 mehrkernige Fußdrüsen. Links: Dorsalansicht; rechts: linke Lateralansicht. Nach Remane (1932).

In seiner vermutlich ursprünglichen Form ist das Räderorgan ein homogenes Wimpernfeld (Buccalfeld) der ventralen vorderen Körperhälfte (Abb. 992), das den Mund umgibt, ein langsames Gleiten auf dem Untergrund und das Auffegen von Nahrungspartikeln ermöglicht, aber zum Schwimmen nicht geeignet ist (z.B. *Proales*, S.722). Zum Schwimmen geeignet ist es erst, wenn die vorderen, randständigen Cilien verlängert sind (Abb. 992). Diese liegen z.T. auf einziehbaren Ausstülpungen des Vorderendes, den Wimpernohren (z.B. *Notommata*, Abb. 992); mit ausgestreckten Ohren schwimmen diese Tiere, mit eingezogenen gleiten sie auf dem Untergrund.

In einer weiteren funktionellen Etappe ist das Räderorgan nach vorn gerückt und hat sich so weit zur Dorsalseite hin ausgedehnt, daß es ringförmig wurde (Abb. 992) und ein terminales, wimpernfreies Apikalfeld umgibt. Die beiden Ränder werden von verlängerten Cilien eingefaßt; die des vorderen, praeoralen Kranzes bilden den Trochus, die des hinteren, postoralen das Cingulum. Diese neue Form des Räderorgans führte zu einer Funktionserweiterung: Mit den langen Randcilien werden Wasser und Nahrungspartikeln herbeigestrudelt (vorwiegend Bakterien und einzellige Algen) und auf das Feld mit den kurzen Cilien geschlagen; letztere transportieren die Nahrung zum Mund (Abb. 992D–E). Diese Arbeitsweise ist besonders gut geeignet für Rädertiere, die vorübergehend (viele Bdelloida) oder dauerhaft (z.B. *Floscularia*, Abb. 989H) am Grunde festsitzen und sich strudelnd ernähren. Bei planktischen Rädertieren (z.B. *Brachionus*) sind die Cilien des Feldes zwischen Trochus und Cingulum oft zu Cirren oder Membranellen verklebt, die in Gruppen angeordnet sind und zusammenfassend als Pseudotrochus bezeichnet werden. Bei planktischen Gattungen (z.B. *Asplanchna*, *Trochosphaera*, Abb. 989D) besteht das Räderorgan fast nur noch aus dem Cingulum, das nur dem Schwimmen dient; einige Ciliengruppen in Mundnähe erinnern an den Rest des Räderorgans. Bei einigen sessilen, räuberischen Arten sind die Cilien des Trochus zu starren Borsten verklebt, die auf Körperfortsätzen stehen und einen Fangkorb für kleine Beutetiere bilden, z.B. *Collotheca*, *Stephanoceros*, Abb. 989G,I. Nur selten fehlt das Räderorgan völlig, so bei adulten Weibchen, nicht aber bei Männchen und jungen Weibchen der räuberischen Art *Cupelopagis vorax* (Abb. 989E).

Bedeutende **Drüsen**, die auf der Körperoberfläche münden, sind die Fußdrüsen und das Retrocerebralorgan. Die Seisonida und Bdelloida besitzen bis zu 30 einkernige, die Monogononta meist zwei mehrkernige Fußdrüsen. Sie liegen im Hinterkörper und münden durch die Z e h e n aus. Ihr Sekret dient der vorübergehenden oder dauernden Festheftung am Untergrund. Das Retrocerebralorgan (Abb. 990) ist eine mehrkernige Drüse, die hinter dem Cerebralganglion liegt (Name!) und im Apikalfeld ausmündet. Es ist besonders gut bei jenen Rotatorien ausgebildet, die mit ihrem Räderorgan Nahrungspartikeln einfangen und zum Mund führen. Bei ihnen gibt das Retrocerebralorgan einen Schleim ab, der von den kurzen Cilien des Räderorgans teppichartig ausgebreitet und mit eingefangenen Nahrungspartikeln zum Mund geflimmert wird; diese werden verzehrt oder aber abgelehnt und nach hinten abgegeben. Die Zusammenarbeit von Retrocerebral- und Räderorgan wird bei vielen Arten der Monogononta auch zum Gleiten auf dem Untergrund genutzt. Das Retrocerebralorgan der Monogononta ist untergliedert in den Retrocerebralsack mit den beschriebenen Funktionen und in 1 Paar seitlicher Subcerebraldrüsen, die vermutlich Neurosekrete erzeugen.

Sinnesorgane sind einfach gebaute Sensillen. In den meisten von ihnen dienen Cilien als Rezeptoren, so in den Sensillen des Räderorgans, des Mastax, am unpaaren R ü c k e n - und F u ß t a s t e r und in den beiden S e i t e n t a s t e r n. Diese Sensillen dienen wahrscheinlich der Mechano- und Chemorezeption. P i g m e n t b e c h e r o c e l l e n kommen bei vielen Arten vor, sie liegen dem Gehirn direkt auf und gehören zum ciliären oder zum rhabdomeren Augentyp.

Das **Zentralnervensystem** besteht aus einem dorsal vom Pharynx gelegenen C e r e b r a l g a n g l i o n (Abb. 990), das je nach Art aus 150–200 Nervenzellen besteht, aus 2 ventrolateralen H a u p t m a r k - s t r ä n g e n, die vom Cerebralganglion nach hinten ziehen, sowie aus kleineren G a n g l i e n, zu denen das Fuß- und das Mastaxganglion gehören. Rund ein Viertel aller Körperzellen sind Nervenzellen.

Der reich bewimperte **Darmtrakt** ist stärker als bei den Nematoden und Gastrotrichen gegliedert, nämlich in den subterminal ventral gelegenen M u n d, den muskulösen P h a r y n x, den schlanken O e s o p h a g u s, den M a g e n mit zwei oder mehreren anliegenden Magendrüsen und den Darm, der gemeinsam mit den Protonephridien und Gonaden in die dorsal gelegene K l o a k e mündet. Bei manchen Arten endet der Darm blind (z.B. *Asplanchna*, Abb. 989B); in diesen Fällen werden unverdaute Nahrungsreste durch den Mund ausgeschieden.

Der hintere, ventrale Abschnitt des Pharynx ist zum K a u m a g e n (M a s t a x) differenziert (Abb. 993).

Er ist aus einem Pharynxabschnitt mit dreistrahligem Lumen entstanden und weist charakteristische H a r t t e i l e (T r o p h i) auf (Abb. 993), die zumindest peripher aus Cuticula mit Chitin bestehen und von spezialisierten, antagonistischen Systemen quergestreifter Pharynxmuskeln

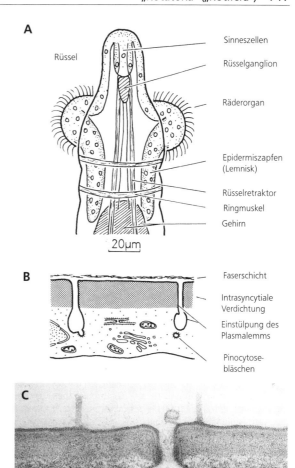

Abb. 991: Rotatoria. Syncytiale Epidermis. A Rüssel und Räderorgan von *Mniobia symbiotica* (Bdelloidea), von dorsal; im Leben ist entweder der Rüssel ausgestreckt und das Räderorgan eingezogen oder umgekehrt, im Tod können beide Organe ausgestreckt sein. B, C Ultrastruktur der Epidermis. A Nach Zelinka (1886); B Nach Remane, Storch und Welsch (1972); C Original: W. Westheide, Osnabrück.

bewegt werden. Die hohe Bedeutung des Mastax für die Rädertiere wird durch seine vielen Umgestaltungen verdeutlicht, die ihn zum Pump-, Quetsch- oder sogar zangenartigen Greiforgan werden ließen (Abb. 993, 989A). Bei den Zwergmännchen ist er zusammen mit dem Darmtrakt reduziert.

Rotatorien verfolgen niemals Beutetiere oder Nahrungspartikeln; gefressen wird vielmehr das, was zufällig an die Fangeinrichtung stößt. Die Nahrung wird im Darm teils extrazellulär mit dem Sekret der Magendrüsen verdaut, teils intrazellulär von den Darmzellen. Die Darmpassage kann unter günstigen Bedingungen in 20 min beendet sein.

Die **Leibeshöhle** stellt kein Coelom dar, denn sie ist nicht von Coelothel ausgekleidet, sondern wird au-

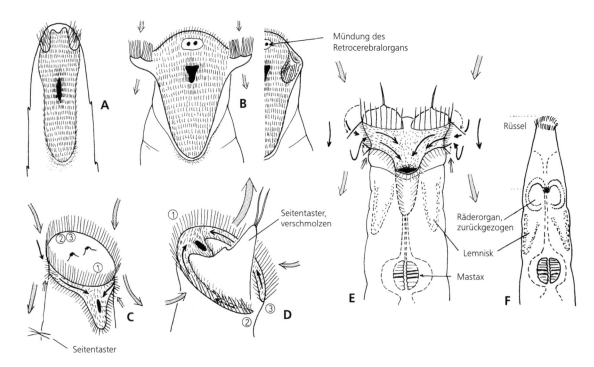

Abb. 992: Rotatoria. Räderorgane, Weibchen. Das Feld der kurzen Wimpern dient bei *Dicranophorus forcipatus* (A) und *Notommata pseudocerberus* (B) zum Gleiten auf dem Untergrund und zum Auffegen von Nahrungspartikeln, bei vielen anderen Rotatorien zum Transport herbeigestrudelter Nahrungspartikeln zum Mund. Die langen Cilien dienen nur zum Schwimmen (B) und zum Herbeistrudeln von Nahrung (C-E). Bei *Conochilus* (D), meist in kugeligen Kolonien lebend, verläuft der Wasserstrom anders als bei den übrigen Rotatorien, was durch Verlagerung des Mundes nach vorn ermöglicht wurde. Bei *Macrotrachela ehrenbergi* und anderen Bdelloida ist im Leben entweder das Räderorgan (E) oder der Rüssel austreckt (F). Dicke graue Pfeile geben Wasserströme an, dünne schwarze Pfeile Partikelströme. Nach verschiedenen Autoren.

ßen von der basalen Matrix der Epidermis und innen von der der inneren Organe begrenzt. Sie erfüllt also die Kennzeichen einer primären Leibeshöhle. Ob dies ein stammesgeschichtlich primärer Zustand ist oder ob die Leibeshöhle durch Rückbildung von Coelomwänden entstand, wird bis heute kontrovers diskutiert.

Exkretionsorgane sind paarige Protonephridien. Ihre Kanäle vereinigen sich beiderseits im Körper zu Sammelkanälen, die in eine Harnblase münden; diese öffnet sich in die Kloake (Abb. 990).

Die **Rumpfmuskulatur** zeichnet sich durch eine seltene Reichhaltigkeit an Muskeltypen aus: Es gibt glatte, schräg- und quergestreifte Muskeln, die alle ein- oder zweizellig sind. Viele von ihnen ziehen quer durch die Leibeshöhle, andere liegen der Epidermis an. Quergestreifte Kopf- und Fußretraktoren können das Vorderende bzw. den Fuß in den Rumpf hineinziehen, ihre Antagonisten sind glatte Ring- und von ihnen abgeleitete Transversalmuskeln. Die vordersten Ringmuskeln des Rumpfes dienen als Sphinkter, der den Rumpf bei eingezogenem Vorderende nach außen verschließt.

Muskeln spielen bei den Monogononta kaum eine Rolle bei der Fortbewegung. Bei den Bdelloida und Seisonida dagegen ermöglichen sie die „egelartige" Fortbewegung: Abwechselnd werden Vorder- und Hinterende des Körpers vorübergehend am Substrat festgeheftet. Hierbei spielen Ausscheidungen des Retrocerebralorgans und der Fußdrüsen eine wichtige Rolle.

Rotatorien sind stets getrenntgeschlechtlich. Die Seisonida und Bdelloida haben paarige **Gonaden**, die Monogononta immer eine unpaare, die vermutlich ein Verschmelzungsprodukt von ursprünglich 2 Gonaden darstellt. Bei den Bdelloida und Monogononta ist jedes Ovar differenziert in ein großes syncytiales Vitellar mit polyploiden Zellkernen, in dessen Rand das kleine syncytiale Germar mit wenigen kleinen Eizellen eingebettet ist (Abb. 990). Es wird daher auch als Vitellogermar bezeichnet. Umhüllt wird das Ovar bei vielen Arten von einer dünnen syncytialen Follikelschicht, die sich in den Eileiter fortsetzt. Über cytoplasmatische Brücken versorgt das Vitellar eine Eizelle nach der anderen mit RNA, Dotter, Mitochondrien, Ribosomen, ER und anderen Produkten, wodurch eine Eizelle erheblich an Volumen zunimmt und in der anschließenden Furchung sehr schnell sämtliche Mitosen des Lebens durchführen kann. Bei den Seisonida ist kein Vitellar ausgebildet. Die Eier werden durch die Kloake ausgeleitet. Viviparie kommt vor (z. B. *Asplanchna*).

Fortpflanzung und Entwicklung

Männchen, sofern sie überhaupt auftreten, übertragen ihre Spermien durch Kopulation in die Weibchen. Bei den Seisonida werden die Spermien zu Spermatophoren gebündelt, bei den Monogononta nicht; bei den Bdelloida fehlen Männchen.

Die 3 Subtaxa haben lebensraumabhängig sehr verschiedene Fortpflanzungsweisen:

(1) Bei den Seisonida sind Weibchen und Männchen etwa gleich groß, und gleich häufig; die Fortpflanzung ist stets bisexuell.

(2) Die Bdelloida, nur als Weibchen bekannt, pflanzen sich rein parthenogenetisch fort.

Ihre Eizellen führen keine vollständige Meiose durch, denn homologe Chromosomen paaren sich nicht; stattdessen entstehen bei zwei inäqualen mitotischen Teilungen eine diploide, entwicklungsfähige Eizelle und zwei Polkörperchen. Alle Nachkommen einer Mutter bilden also einen Klon. Dauereier werden nicht gebildet. Unter widrigen Lebensbedingungen, schrumpfen die Weibchen unter Abgabe von Wasser zu Dauerstadien (Anabiose, ähnlich bei Tardigraden, S. 432), die robust gegenüber Trockenheit sind (Abb. 996B). Bei Befeuchtung erwachen die Tiere zu neuem Leben.

(3) Bei vielen Monogononta kommt Heterogonie vor, also ein Wechsel von ein- und zweigeschlechtlicher Fortpflanzung.

Bei günstigen Lebensbedingungen besteht die Population allein aus amiktischen Weibchen, die sich über mehrere Generationen rein parthenogenetisch vermehren. Hierbei entstehen pro Generation doppelt so viele Weibchen wie bei zweigeschlechtlicher Fortpflanzung, sofern in letzterer Männchen und Weibchen zu gleichen Anteilen entstehen; im ersten Fall also kann die Population nach 10 Generationen 2^{10} mal mehr Weibchen enthalten als im zweiten. In den Eizellen der amiktischen Weibchen findet keine Meiose statt, denn die homologen Chromosomen paaren sich nicht. Stattdessen entstehen in einer inäqualen, mitotischen Teilung eine diploide Eizelle, die zum Subitanei heranreift, und ein diploides Polkörperchen. Amiktische Weibchen sind also der Ursprung von Klonen. Neigen sich die günstigen Lebensbedingungen dem Ende zu, entstehen Umweltreize, z. B. hohe Individuendichte und Anreicherung von Vitamin E, die zusammenfassend als Mixisstimulus bezeichnet werden. Unter seinem Einfluß nimmt die Embryonalentwicklung einen anderen Verlauf als sonst: Aus den Subitaneiern schlüpfen miktische Weibchen, die sich genetisch nicht und äußerlich kaum von ihren Müttern unterscheiden, bei denen jedoch durch vollständige Meiose haploide Eizellen entstehen. Werden diese nicht befruchtet, entwickeln sie sich parthenogenetisch zu haploiden Männchen. Nur bei wenigen Taxa sind diese etwa gleich groß wie die Weibchen und dann mit einem funktionstüchtigen Darm ausgestattet (z. B. *Rhinoglena*). Meistens sind sie kurzlebig, besitzen keinen funktionstüchtigen Darm und sind von Geburt an geschlechtsreif. Sie werden von chemischen Reizen junger miktischer Weibchen angelockt und

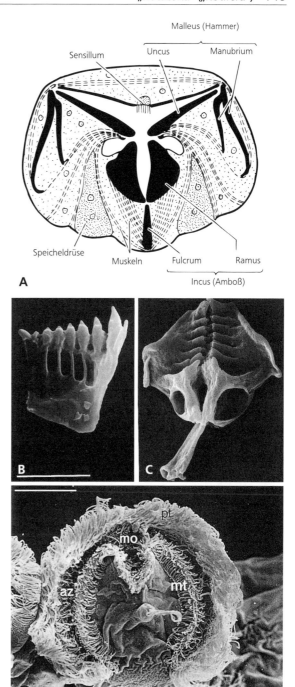

Abb. 993: Rotatoria (Monogononta). A Schema eines einfachen Mastax. B, C Mastax-Elemente von *Keratella cochlearis typica*: Uncus (B), Rami mit Fulcrum (C). Maßstab: 5 µm. D Blick auf das Räderorgan von *Conochilus unicornis*. A Nach De Beauchamp (1965); B, C Originale: M. Spang, Osnabrück; D Original: C. Nielsen, Kopenhagen.

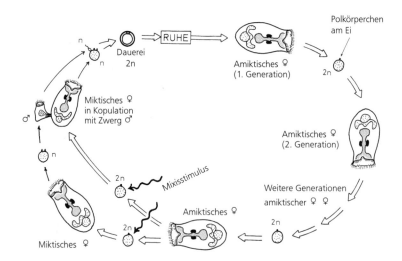

Abb. 994: Heterogonie (Wechsel von ein- und zweigeschlechtlicher Fortpflanzung) bei *Asplanchna*. Bei guten Lebensbedingungen kommen nur amiktische Weibchen vor, die durch ameiotische Parthenogenese ausschließlich diploide Töchter erzeugen, die wieder amiktisch sind. Erst wenn sich die guten Lebensbedingungen dem Ende zuneigen, entsteht ein unspezifischer Mixisstimulus, der aus den Eiern amiktischer Weibchen miktische Töchter entstehen läßt. Nur bei ihnen findet eine vollständige Meiose in den Einzellen statt. Werden diese nicht befruchtet, entstehen aus ihnen haploide Zwergmännchen, die gleich nach dem Schlüpfen geschlechtsreif sind, von Ausscheidungen junger miktischer Weibchen angelockt werden und mit diesen kopulieren. Die befruchteten Eier wachsen zu diploiden Dauereiern heran, die ungünstige Lebensbedingungen überstehen, wichtig für die Verbreitung sind und aus denen später amiktische Weibchen schlüpfen. Nach Birky und Gilbert (1971).

heften sich an dünne Hautpartien von ihnen fest, durchlöchern diese mit den Stiften, die an degenerierten Geschlechtszellen entstanden sind, und ergießen ihr Sperma in die weibliche Leibeshöhle. Die Spermien wandern aktiv zum Ovar und verschmelzen dort mit den haploiden Eizellen. Die befruchteten, jetzt diploiden Eier werden vom Vitellar reichlicher mit Dotter und anderen Syntheseprodukten versorgt als die unbefruchteten Männcheneier und erhalten eine doppelte Schale. Sie sind dann D a u e r e i e r, die ungünstige Lebensbedingungen wie Trockenheit, Kälte und Wärme überstehen und leicht durch Winde oder andere Ereignisse verbreitet werden können. Werden die Lebensbedingungen wieder günstig, schlüpfen aus ihnen amiktische Weibchen, mit denen ein neuer Generationenzyklus beginnt.

Gelegentlich können auch amiktische Weibchen nach einer Phase der parthenogenetischen Fortpflanzung miktisch werden. Sie werden dann als a m p h o t e r i s c h e W e i b c h e n bezeichnet.

Die **Embryonalentwicklung** verläuft schnell, z.B. dauert sie bei *Asplanchna brightwelli* (Monogononta) bei 23°C nur rund 30 Stunden, wobei alle Mitosen des Lebens in den ersten 5 Stunden stattfinden. Da der Körper aus rund 1 000 Zellen aufgebaut ist, müssen in nur 5 Stunden 10 Mitosezyklen ablaufen ($2^{10} = 1024$), also rund alle 30 Minuten einer. Dies ist nur dadurch möglich, daß die Zellkerne in der gesamten mitotischen Phase nur DNA und keine RNA produzieren (Nachweis mit H^3-Thymidin und H^3-Uridin). Gleichzeitig findet mit Hilfe von RNA, die noch vom mütterlichen Vitellar stammt, bereits eine intensive Proteinsynthese statt (Nachweise mit H^3-Leucin). Auf die fünfstündige mitotische folgt die rund 20-stündige postmitotische Phase, in der die Gastrulation vollendet wird, körpereigene RNA-Produktion beginnt, Zellen zu Syncytien verschmelzen und die Organe differenziert werden.

Systematik

Als nächstverwandt mit den Rotatoria werden die Acanthocephala angesehen (Argumente S. 728). Als monophyletisch lassen sich wohl die Acanthocephala und die Vereinigung von Rotatorien und Acanthocephala begründen, nicht aber die Rotatoria, die daher ein Paraphylum darstellen.

Früher wurde u.a. die Ansicht vertreten, Rotatorien seien durch Neotenie (Progenesis) aus polychaetenartigen Vorfahren durch vorzeitige Geschlechtsreife der Trochophora-Larven entstanden. Diese Vorstellung, die sich auf die flüchtige Ähnlichkeit von Trochophoren (Abb. 521, 522 A) mit dem planktischen Rotator *Trochosphaera* stützte (Abb. 989 D), spielt heute in der stammesgeschichtlichen Diskussion keine Rolle mehr.

Innerhalb der Rotatorien lassen sich 3 Taxa unterscheiden, deren verwandtschaftliche Beziehungen untereinander umstritten sind. Entweder bilden **Seisonida** und **Bdelloida** die Gruppe der „Digononta" (2 Ovarien, Mastax vorwiegend Quetschorgan) oder **Bdelloida** und **Monogononta** die Gruppe der „Eurotatoria" (Ovar mit Vitellar, primär limnisch, Fehlen bzw. Verzwergung von Männchen).

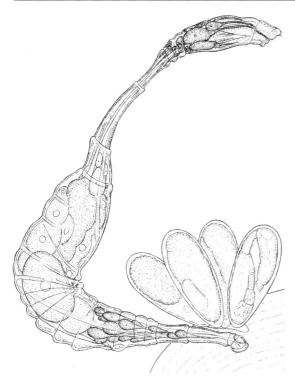

Abb. 995: *Seison annulatus*, Weibchen, mit Eiern, marin, epibiotisch auf leptostraken Krebsen (S. 552) der Gattung *Nebalia*. Weibchen und Männchen etwa gleich groß. Bewegung durch abwechselndes Festheften mit dem Kopf und Fuß spannerraupenartig auf dem Wirt; kein Schwimmvermögen. Der Wirt lebt im Schlamm von Tang- und Seegraswiesen und kann z.B. an der bretonischen Küste gefunden werden. Original: W. Koste, Quakenbrück.

1 Seisonida

Nur 2 Arten. *Seison annulatus*, 2–3 mm, epibiotisch auf marinen Krebsen der Gattung *Nebalia* (Leptostraca, S. 552). Männchen etwa gleich groß und gleich häufig wie Weibchen, 2 Gonaden, Ovar nicht in Keimlager und Vitellar gegliedert, Fortpflanzung rein bisexuell; Spermatophoren (Abb. 995).

2 Bdelloida

Mit egelartiger Fortbewegungsweise (Name!), bei der abwechselnd die Spitze des Rüssels und die Zehen am Untergrund festgeheftet werden. Bei entfaltetem Rüssel ist das Räderorgan eingezogen, bei entfaltetem Räderorgan der Rüssel (Abb. 992E, F). Bis zu 30 einkernige Fußdrüsen. Nur Weibchen bekannt; 2 syncytiale Ovarien, beide mit Vitellar. Bei unvollständiger Meiose entstehen 2 Polkörperchen

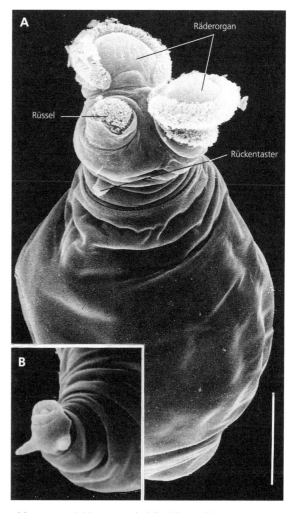

Abb. 997: *Mniobia magna* (Bdelloida). A Blick von vorn und dorsal; Räderorgan ist ausgestreckt, Rüssel fast zurückgezogen. B Kriechfuß mit Haftplatte und 2 dorsalen Sporen. Maßstab: 50 μm. Originale: A. Hirschfelder, Osnabrück.

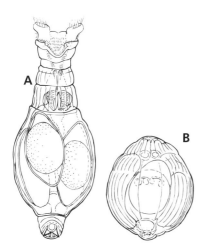

Abb. 996: *Macrotrachela quadricornifera* (Bdelloida). A Weibchen mit Eiern; Räderorgan beim Fressen entfaltet. Ventralansicht. B Tier in Anabiose bei Trockenheit, zum Überdauern extremer Umweltbedingungen. Originale: W. Koste, Quakenbrück.

pro diploider Eizelle. Verbreitet in Süßgewässern, massenhaft in überdüngten Kleingewässern und Kläranlagen, in feuchter Erde und feuchten Moosen. Fähigkeit zur Anabiose.

Rotaria neptunia (Philodinidae), 700–1600 µm, Charakterart stark verunreinigter Süßgewässer. – *R. mento*, 700 µm, lebt in selbstgebauten Wohnröhren. – *Mniobia symbiotica* (Philodinidae), 300 µm, einzeln in den Wassersäcken des Lebermooses *Frullania dilatata*. – *Habrotrocha angusticollis* (Habrotrochidae), 270 µm, in selbstgefertigten Gehäusen aus Gallerte und Fremdpartikeln, moosbewohnend.

3 Monogononta

Nur 1 Gonade (Name!); syncytiales Ovar mit Vitellar. Bei amiktischen Weibchen 1 Polkörperchen pro Eizelle, 2 bei miktischen Weibchen. Zwei vielkernige Fußdrüsen. Männchen von vielen Arten bekannt, stets kleiner als Weibchen, sporadisch in großen Mengen anwesend, meist ohne funktionierenden Darm (Abb. 994).

3.1 Ploimida

Hierher gehören die meisten Monogononta. Alle Arten frei beweglich; viele im Plankton, die meisten auf Wasserpflanzen. Bei Formen, die auf dem Untergrund gleiten, ist das Räderorgan noch weitgehend sohlenförmig, z.B. *Proales fallaciosa*, Weibchen 300 µm, Kosmopolit. – Bei planktischen Arten Räderorgan zum Schwimmen und Heranstrudeln von Nahrung differenziert: *Brachionus calyciflorus*, Weibchen bis 600 µm; Bedornung am Rumpfende wird von einem kurzlebigen, wasserlöslichen Stoff des Freßfeindes *Asplanchna brightwelli* induziert (Abb. 989 A), andernfalls fehlen die Dornen. Brachionidae z.T. massenhaft im Plankton von stehenden Gewässern. – *Keratella cochlearis*, Weibchen 80–320 µm, Süßwasser. – *Synchaeta baltica*, Weibchen 200–500 µm, im marinen Plankton. – *Asplanchna brightwelli*, Weibchen 500–1500 µm; Räderorgan, nur zum Schwimmen; ergreift Beute mit zangenartigem Mastax (Abb. 989 B). – *Rhinoglena frontalis*, Weibchen und Männchen 160–360 µm, vivipar, Männchen noch mit funktionstüchtigem Darm, kaltstenotherm.

3.2 Gnesiotrocha

Viele Arten sessil mit Wohnröhre, andere planktisch. *Floscularia ringens* (Flosculariidae), Weibchen bis 1,9 mm, lebt in festen Röhren, die aus herbeigestrudelten und zu Pillen geformten Detritusteilchen und Faeces gebaut werden. – *Trochosphaera aequatorialis* (Trochosphaeridae) (Abb. 989D), Weibchen 320–1100 µm, kugelförmig, lebt im Plankton tropischer Süßgewässer von Bakterien. – *Collotheca coronetta*, Weibchen 180–1200 µm und *Stephanoceros fimbriatus* (Collothecidae) (Abb. 989J), Weibchen bis 2,5 mm, leben in selbstgefertigten, gallertigen Gehäusen und fressen Beutetiere, die sich im reusenartig differenzierten Räderorgan verfangen. In der Familie Atrochidae (z.B. *Cupelopagis vorax*) Weibchen 600–1100 µm (Abb. 989E), ist das Räderorgan der adulten, räuberischen Weibchen völlig reduziert.

Ergänzungen: S. 863.

Acanthocephala, Kratzer

Kratzer sind ausschließlich Darmparasiten mit obligatorischem Wirtswechsel. Als Endwirte dienen wasser- und landlebende Wirbeltiere, als Zwischenwirte Krebse und Insekten. In vielen Fällen ist ein Wartewirt zwischengeschaltet, in dem keine Weiterentwicklung stattfindet. Der Wirtswechsel ist niemals mit Generationswechsel verbunden. Die Kratzer – man kennt etwa 1100 Arten – werden als Adulti 2 mm bis 70 cm lang, die meisten nur wenige Zentimeter; Weibchen sind stets größer als Männchen. Generell sind die Endwirte der kleineren Arten Fische, die der größeren Arten Vögel oder Säugetiere. Neuerdings gewinnen Acanthocephalen Bedeutung als Anzeiger für Blei im Wasser: Fischparasitische Arten akkumulieren Blei in ihren Geweben viel intensiver als ihre Wirte.

Bau

Der Körper (Abb. 1000) ist gegliedert in Rüssel (Rostrum), Hals und Rumpf. Der Rüssel ist ein- und ausstülpbar und dem gleichnamigen Abschnitt der bdelloiden Rotatorien (S. 721) homolog und nicht dem Introvert anderer Nemathelminthen. Mit seinen nach hinten gerichteten Haken dient er der Anheftung der Tiere in der oder an die Darmwand ihrer Wirte (Name: Acanthocephala = „Dornenköpfe"). Die Haken entstehen aus der basalen Matrix der Epidermis.

Sievert Lorenzen, Kiel

Abb. 999: Massenbefall einer Regenbogenforelle mit *Acanthocephalus anguillae*. Aufgeschnittener Darmtrakt. Original: H. Taraschewski, Karlsruhe.

Der langgestreckte Rumpf ist bei vielen Arten der Palae- und Eoacanthocephala mit Dornen besetzt, die – anders als die Rüsseldornen – sklerotisierte Auswüchse der Epidermis sind. Er ist selten pseudosegmentiert, z.B bei *Mediorhynchus taeniatus*. Ein Darmtrakt fehlt zeitlebens, so daß die Tiere stets auf parenterale Ernährung im Wirt angewiesen sind. Zahl und Anordnung der Körperzellen sind weitgehend konstant (Eutelie), während die Zahl der Geschlechtszellen zeitlebens zunimmt. Die Zellen der meisten Gewebe sind zu Syncytien verschmolzen. Kinocilien kommen nur in den Protonephridien vor (vorhanden nur bei den Oligacanthorhynchidae); auch die Spermien sind begeißelt. Auffällig sind die vielen Hohlraumsysteme der Acanthocephalen: Außer der zweigeteilten Leibeshöhle gibt es ursprünglich 2 Ligamentsäcke sowie ein umfangreiches Lakunensystem in der Epidermis.

Die Bestimmung von Bauch- und Rückenseite, sonst bei Bilateria kein Problem, war bei den Acanthocephalen immer wieder umstritten. Da mit dem Darmtrakt auch Mund und After fehlen und da die Gonaden terminal münden, fallen die wichtigsten Indizien für diese Bestimmung fort. Die Beobachtungen, daß eine der beiden Körperseiten stärker bedornt sein kann als die andere, daß der Körper vorzugsweise in einer bestimmten Ebene gekrümmt ist und daß auch die inneren Organe eine deutliche Unterscheidung von zwei Körperseiten zulassen, halfen bei der Lösung des Problems zunächst nicht weiter. Gelöst wurde es durch die Hypothese, daß die Acanthocephalen nächstverwandt mit den bdelloiden Rotatorien sind. Bei letzteren liegen die Gonaden stets ventral im Körper und das Gehirn stets dorsal vom eingestülpten Rüssel. Diese Lagebeziehung ist typisch für alle Nemathelminthes und wird entgegen sonst üblicher, doch un-

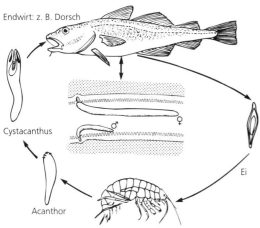

Endwirt: z. B. Dorsch

Cystacanthus

Acanthor

Ei

Zwischenwirt: Amphipoden, z. B. *Gammarus*

Abb. 998: *Echinorhynchus gadi* (Palaeacanthocephala). Lebenszyklus. Endwirte sind vor allem Dorsche (Gadidae), aber auch andere Bodenfische wie z.B. Schollen; Zwischenwirte sind benthische marine Amphipoden. Nach verschiedenen Autoren.

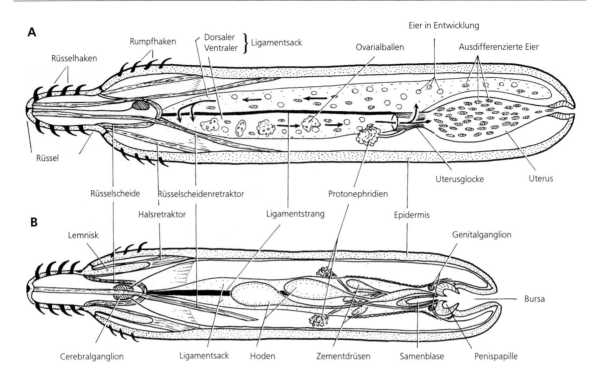

Abb. 1000: Acanthocephala, speziell Archiacanthocephala (Organisationsschema). Protonephridien und beide Ligamentsäcke ausgebildet. A Weibchen; von links gesehen. B Männchen, kleiner; von ventral gesehen. Die Uterusglocke läßt durch ihre Pumptätigkeit Flüssigkeit und embryonierte Eier in den Ligamentsäcken zirkulieren (siehe Pfeile) und schafft embryonierte Eier in den Uterus. Original: S. Lorenzen, Kiel, nach Angaben verschiedener Autoren.

zureichend begründeter Tradition hier auf die Acanthocephalen übertragen und dient u.a. der Orientierung von Abb. 1000.

Die **Epidermis** (Abb. 1001) ist ein syncytiales Epithel, das bei jungen Tieren je nach Art 6–20 konstant angeordnete Zellkerne enthält. Diese werden im Laufe des Lebens hochgradig polyploid; bei kleinen Arten verästeln sie sich und erreichen bis 2 mm Durchmesser; bei vielen großen Arten zerfallen sie im Lauf des Lebens amitotisch in kleine Fragmente.

Die Epidermis ist außen von einer rund 1 μm dicken Glykokalyx umgeben, die für die Selektivität von Austauschvorgängen zwischen Körper und Umwelt zuständig ist. Ähnlich wie bei den Rotatorien ist der periphere Teil der Epidermis intrasyncytial verdichtet, ohne jedoch einen Panzer zu bilden, und wird von zahlreichen Einstülpungen des äußeren Plasmalemms durchzogen (Abb. 1001). Ähnliche Einstülpungen bilden von der basalen Matrix her ein basales Labyrinth. Die eigentliche Besonderheit der Epidermis ist jedoch ihr reich entwickeltes, intrasyncytiales Lakunensystem mit längs- und ringförmig verlaufenden Haupt- und vielen anastomisierenden Nebenkanälen. Durch die äußeren Einstülpungen des Plasmalemms werden Nährstoffe aufgenommen.

Das Lakunensystem des Vorderkörpers (Rüssel und Hals) und das des Rumpfes sind voneinander getrennt. (Die Notwendigkeit für diese Trennung wird in der Legende zu Abb. 1003) erläutert. Die Epidermis enthält viele Fasern; peripher verlaufen sie vorwiegend parallel zur Körperoberfläche und bilden eine filzartige Schicht, basal sind sie zu radiär verlaufenden Bündeln angeordnet, zwischen denen viele dickere Kanäle des Lakunensystems liegen.

Von der Halsepidermis entspringen 2 (selten 6) zapfenartige Auswüchse (Lemnisci), die in den Rumpf hineinragen. Sie sind von Halsretraktoren eingefaßt und spielen eine wichtige Rolle für die Hydraulik des Rüssels und seine Verankerung an der Darmwand des Wirts (Abb. 1003).

Körpereinwärts liegt der Epidermis eine äußere **Ring**- und eine innere **Längsmuskelschicht** an. Beide sind dünn, syncytial und bestehen aus röhrenförmigen Muskeln. Die Rüsselscheide enthält kreuzweise verlaufende Muskelfasern, deren Antagonisten jedoch außerhalb der Rüsselscheide liegen; es sind dies die beiden Halsretraktoren, die beiderseits am Hautmuskelschlauch inserieren, sowie die Rüsselscheiden- und Rüsselretraktoren, die mit einem Ende am Hautmuskelschlauch und dem anderen Ende an der Rüsselscheide befestigt sind.

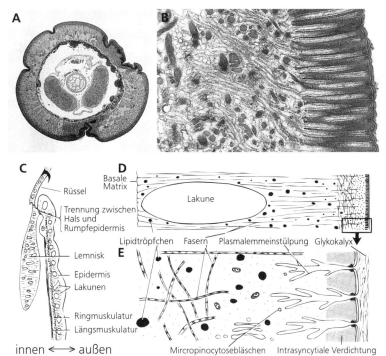

Abb. 1001: Syncytiale Epidermis von Acanthocephala. A Querschnitt durch den Rumpf von *Acanthocephalus anguillae*; auffällig ist die Mächtigkeit der Epidermis und ihres Lakunensystems. B Peripherer Bereich der Rumpfepidermis von *Acanthocephalus lucii*. Intrasyncytiale Verdichtung und viele Plasmalemmeinstülpungen deutlich. C An der Basis des Rüssels ist die Epidermis zu 2, selten 6 Lemnisken differenziert, deren Lakunensystem mit dem der Rüsselepidermis kommuniziert, aber von dem der Rumpfepidermis getrennt ist. D Aufbau der Rumpfepidermis. E Ausschnitt des peripheren Bereichs der Epidermis. A-B Originale: H. Taraschewski, Karlsruhe; C-E nach verschiedenen Autoren.

Der Antagonismus aller genannten Muskelsysteme ist nur möglich durch das Hydroskelett der Leibeshöhle, das bei Muskelkontraktionen unter Druck gerät und somit jene Körperpartien erweitert und streckt, die dem Druck den geringsten Widerstand entgegensetzen.

Sinnesorgane sind entsprechend der endoparasitischen Lebensweise kaum ausgebildet. Sensillen kommen terminal an der Rüsselspitze, lateral am Hals und in der Genitalregion vor.

Die geräumige **Leibeshöhle** ist peripher von den Muskelschichten des Hautmuskelschlauchs und zentral von der Wand des Ligamentsacks begrenzt, also von Strukturen mesodermaler Herkunft, sie entspricht aber nur einem Pseudocoel. Durch die Rüsselscheide ist die Leibeshöhle unterteilt in (1) das „Rüsselcoelom" und (2) das „Rumpfcoelom". Innerhalb des letzteren umfassen der dorsale und ventrale Ligamentsack je eine geräumige Höhle, die durch den sagittalen Ligamentstrang weitgehend, aber nicht vollständig getrennt sind. Die Ligamentsäcke erstrecken sich von der Rüsselscheide bis zum Ausführgang der Gonaden. Bei den Palaeacanthocephala lösen sie sich weitgehend auf, so daß die beiden Ligamenthöhlen und die Leibeshöhle miteinander verschmelzen. Der Ligamentstrang wird als Darmrudiment gedeutet – er entspricht in Verlauf und Struktur dem Darmrudiment männlicher monogononter Rotatorien.

Das Cerebralganglion liegt dorsal innerhalb der Rüsselscheide. Es enthält außerordentlich wenige Nervenzellen (73–86 bei vielen Arten). Von ihm entspringen u.a. 1 Paar lateraler Hauptnerven, die in den Rumpf ziehen; dort besitzen die Männchen 1 Paar Ganglien mit insgesamt ca. 30 Nervenzellen in

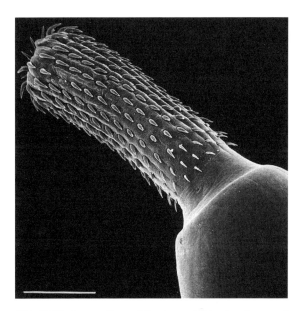

Abb. 1002: Ausgestülpter Rüssel von *Echinorhynchus gadi*. Maßstab: 100 μm. Original: W. Böckeler und P. Dreyer, Kiel.

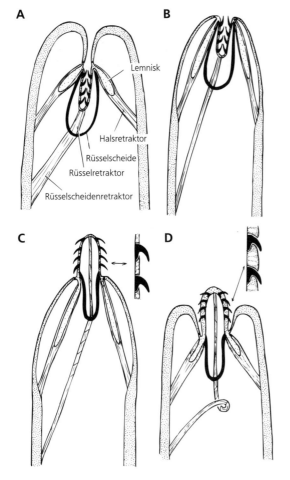

Abb. 1003: Arbeitsweise des Rüssels und assoziierter Strukturen bei Acanthocephalen. A Rüssel vom Rüsselretraktor in die Rüsselscheide und diese vom Rüsselscheidenretraktor in den Körper eingezogen. In drei Phasen (B-D) gelangt der Rüssel wieder zum vollen Einsatz: B Muskeln des Hautmuskelschlauchs kontrahieren sich und erzeugen so einen Körperbinnendruck, der die Rüsselscheide nach vorne drängt. C Durch zusätzliche Kontraktion der gekreuzten Muskelfasern der Rüsselscheidenwand entsteht in der Rüsselscheide ein Druck, der zum Ausstülpen des Rüssels führt; hierbei erscheinen zuerst die basalen und zum Schluß die distalen Rüsseldornen. D Halsretraktoren kontrahieren sich, drücken Flüssigkeit aus dem Lakunensystem in die Lakunen des Rüssels und ziehen den Rüssel etwas zurück; auf diese Weise wird Darmgewebe des Wirtes fest am Rüssel eingeklemmt. Nach Hammond (1966).

der Penispapille; den Weibchen fehlt ein entsprechendes Ganglion.

Besondere **Exkretionsorgane** fehlen bei jenen Acanthocephalen, deren Endwirte Fische oder wasserbewohnende Tetrapoden sind. Innerhalb der übrigen Acanthocephala kommen Protonephridien nur vor bei den Oligacanthorhynchidae, deren Endwirte Landwirbeltiere sind; sie sitzen in 2 Büscheln am distalen Teil des Reproduktionssystems und münden über dessen Ausführgang in die Kloake.

Die Geschlechter sind getrennt. Die **Gonaden** liegen in beiden Fällen im ventralen Ligamentsack dem Ligamentstrang an. Die Männchen besitzen 2 Hoden, die gemeinsam mit sog. Zementdrüsen durch die Penispapille in die Bursa münden (Abb. 1000).

Der weibliche Genitalapparat ist einzigartig. Die 1 oder 2 **Ovarien** lösen sich frühzeitig in Ovarialballen auf, die dann frei im ventralen Ligamentsack (Archi- und Eoacanthocephala) bzw. in der Leibeshöhle (Palaeacanthocephala) flottieren. Ein Ovarialballen besteht aus zwei Syncytien (Abb. 1004); das äußere ist vegetativ und schafft aus der Flüssigkeit des Ligamentsacks über zahlreiche Mikrovilli Nährstoffe für die Eizellen heran; das innere Syncytium ist generativ und enthält die zunächst diploiden Eizellkerne. Nur wenn diese einzeln in einer Nische des äußeren Syncytiums liegen, werden sie mit Dotter und anderen Produkten vom inneren Syncytium versorgt und schließlich als Eier ins äußere Syncytium abgeschnürt.

Fortpflanzung und Entwicklung

Zur Kopulation ergreift das Männchen mit der ausgestülpten Bursa das weibliche Hinterende, zieht es durch Einstülpen der Bursa in diese hinein, preßt die Genitalpapille in die Vagina und ergießt in sie Sperma, das aktiv zu den Ovarialballen wandert. Männchen und Weibchen können mehrfach kopulieren.

Nach Eintritt der Spermien in die Eier finden Meiose und Kernverschmelzung statt. In den rundlichen Zygoten beginnt sofort die **Entwicklung**, die Anklänge an die Spiralfurchung zeigt. Da die Fur-

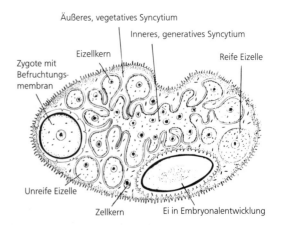

Abb. 1004: Ovarialballen der Acanthocephalen. Mit äußerem, vegetativen und innerem, generativen Syncytium. Äußere Syncytium umschließt an vielen Stellen je einen Eizellkern und umgebendes Plasma, versorgt die so entstandenen Blasen mit Dotter und anderen Produkten, läßt Fremdsperma eindringen, was zur Befruchtung, zur Bildung einer Befruchtungsmembran und zum Beginn der Embryonalentwicklung führt, und schnürt die Eier dieses Stadiums ab. Aus Crompton (1983).

chungszellen jedoch schon früh zu Syncytien verschmelzen, ist ihr weiteres Schicksal nicht mehr verfolgbar. Die Embryonalentwicklung führt im mütterlichen Körper bis zur schlüpffähigen **Larve**; in dieser Zeitspanne wird das Ei spindelförmig bei den Palaecanthocephala und die Eihülle vielschichtig und hart (Abb. 1005). Noch vor Beendigung der Entwicklung löst sich das Ei aus dem Ovarialballen.

Einzigartig ist der Sortiermechanismus, mit dem die Uterusglocke fertig entwickelte Eier zur Ablage heraussortiert.

Die Glocke liegt im ventralen Ligamentsack am Eingang zum Uterus, saugt rhythmisch Eier aller Entwicklungsstadien an und drückt sie in eine Sortierabteilung, die ablegereife, schlanke Eier in den Uterus befördert und nicht ablegereife, plumpere Eier in den dorsalen Ligamentsack (Abb. 1000). Dort gelangen sie durch die fortgesetzte Tätigkeit der Uterusglocke in den frontalen Teil des dorsalen Ligamentsacks, dann zurück in den ventralen Ligamentsack und erneut in die Uterusglocke. Dieses Organ ist also auch für die Zirkulation des Inhalts der Ligamentsäcke (ohne Ovarialballen) und damit für den Stoffaustausch mit anderen Körperpartien außerordentlich wichtig. Bei den Palaeacanthocephala, deren Ligamentsackwände weitgehend aufgelöst sind, erstreckt sich die Zirkulation auf die gesamte Leibeshöhle des Rumpfes. Eier aus dem Uterus gelangen mit dem Kot des Wirts ins Freie. Sie sind sehr resistent gegen widrige Umweltbedingungen.

Entsprechend der parasitischen Lebensweise ist die Eiproduktion sehr hoch. So können Weibchen des Riesenkratzers (*Macracanthorhynchus hirudinaceus*, bis 70 cm lang) in ihren beiden Ligamentsäcken Millionen von Eiern enthalten, von denen täglich rund 80 000 abgelegt werden.

Bei einigen Arten der Eo- und Palaeacanthocephalen enthält die Eischale u. a. Zucker, so daß die Eier als Nahrung für Zwischenwirte attraktiv werden. Im Zwischenwirt (stets ein Arthropode) schlüpft die Larve (Acanthor) aus, dringt aktiv in dessen Darmwand ein (Abb. 1006) und nach wenigen Wochen weiter in die Leibeshöhle. Als Abwehr gegen den Eindringling bilden die Hämocyten des Arthropoden eine dünne Cystenhülle um ihn, in der sich der Acanthor weiter zur Acanthella mit ein- und ausstülpbarem Rüssel entwickelt. Nach Abschluß dieser Entwicklung wird die Acanthella als Cystacanthus bezeichnet, der nach wie vor im Stoffaustausch mit seinem Zwischenwirt steht, seine Entwicklung jedoch nur im Endwirt fortsetzen kann. Hierzu muß der Zwischenwirt vom Endwirt gefressen werden. In dessen Darm schlüpft der Cystacanthus aus seiner Cyste und heftet sich mit dem Rüssel an die Darmwand. Wird der Zwischenwirt dagegen von einem Wartewirt gefressen, schlüpft der Cystacanthus ebenfalls, bohrt sich jedoch durch die Darmwand und encystiert sich aufs neue.

Bei durchschnittlicher Befallsdichte sind Schädigungen durch Acanthocephalen gering. Als Humanpa-

Abb. 1005: Embryoniertes Ei von *Acanthocephalus anguillae*, wegen seiner Schlankheit von der Uterusglocke in den Uterus befördert und dann abgegeben. Original: H. Taraschewski, Karlsruhe.

rasiten spielen sie selten eine Rolle; theoretisch könnte der Verzehr ungekochter Maikäferlarven zum Befall mit dem Riesenkratzer führen.

Systematik

Die Monophylie der Acanthocephala ist gut begründet durch die folgenden, einzigartigen Merkmale: (1) Epidermis mit umfangreichem Lakunensystem, (2) ausstülpbarer Rüssel mit dornenförmigen Haken, die von der basalen Matrix entspringen, (3) Ligamentsäcke, (4) Uterusglocke der Weibchen. Aus der somatischen Eutelie wird geschlossen, daß die Acanthocephala von mikroskopisch kleinen Vorfahren mit strenger Eutelie abstammen. Diese Schlußfolgerung wird durch den Befund gestützt, daß bei großen Arten der Acanthocephala die Kerne der Epidermis durch Kernzerfall statt durch Mitosen vermehrt werden. Da nach allen Erkenntnissen Parasiten von freilebenden Vorfahren abstammen und nicht umgekehrt, ergibt sich, daß die mikroskopisch kleinen Vorfahren der Acanthocephalen freilebend gewesen sein müssen. Analog stammen auch große zooparasitische Arten der Nematoden von kleinen parasitischen Vorfahren ab und diese von mikroskopisch kleinen, freilebenden Vorfahren.

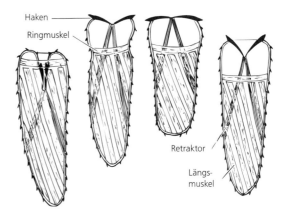

Abb. 1006: Acanthor im Zwischenwirt. Juvenilstadium, das sich durch Aus- und Einstülpen des hakenbewehrten Vorderendes in die Leibeshöhle seines Zwischenwirts vorarbeitet. Längsmuskeln des Hautmuskelschlauchs und Retraktoren des Vorderendes arbeiten antagonistisch. Nach Whitfield (1971).

Als nächste Verwandte der Acanthocephalen werden die Rotatorien angesehen, speziell die Bdelloida. Die Gründe: (1) Die Epidermis der Acanthocephalen und Rotatorien ist in einmaliger Weise intrasyncytial verdichtet und von Einstülpungen des äußeren Plasmalemms perforiert. (2) Lemnisci und zugehörige Halsepidermis kommen nur bei Acanthocephalen und Rotatorien (vor allem bei Bdelloida) vor. (3) Den ein- und ausstülpbaren Rüssel gibt es in übereinstimmender Weise nur noch bei den Bdelloida; er ist nicht einem Introvert der Priapuliden, Loricifera und Kinorhynchen gleichzusetzen, weil er wie bei den Bdelloida nicht Träger des Mundes ist. (4) Die Rüsselretraktoren der Acanthocephalen und Bdelloida stimmen im ultrastrukturellen Bau überein. (5) Der Ligamenstrang der Acanthocephalen entspricht in Bau und Verlauf dem Darmrudiment männlicher monogononter Rotatorien. Angesichts dieser vielen Übereinstimmungen muß die gelegentlich geäußerte Ansicht verworfen werden, Priapuliden (S. 733) seien die nächsten Verwandten der Acanthocephalen. Sie beruht auf einer irrtümlichen Interpretation des Rüssels der Acanthocephalen als Introvert. Wie die Namengebung der drei Subtaxa der Acanthocephala andeutet ist jedes von ihnen bereits als ursprünglichste Gruppe angesehen worden (griech. *palaios, eos, archaios* = alt, Morgenröte, ursprünglich). Aus der nahen Verwandtschaft mit den Rotatorien wird geschlossen, daß innerhalb der Acanthocephala ein kleiner Körper und das Vorkommen in aquatischen End- und Zwischenwirten ursprünglicher sind als ein großer Körper und Vorkommen in terrestrischen End- und Zwischenwirten. Dieser Gesichtspunkt liegt der folgenden Reihung zugrunde.

1 Eoacanthocephala

Kleine Arten. Endwirte fast nur Fische. Weibchen mit ventralem und dorsalem Ligamentsack, die nicht zerfallen. Keine Protonephridien.

Neoechinorhynchus rutili, Weibchen 5–10 mm im Darm von Süßwasserfischen; Zwischenwirte: Ostracoden (Crustacea) und Larven der Schlammfliege *Sialis* (S. 660).

2 Palaeacanthocephala

Kleine bis mittelgroße Arten. Endwirte sind Fische, Amphibien, Wasservögel und andere Wirbeltiere, die ans Wasser gebunden sind. Hauptstämme des epidermalen Lakunensystems lateral. Weibchen mit nur 1 Ligamentsack, der als Verschmelzungsprodukt eines dorsalen und ventralen Ligamentsacks angesehen wird. Wände des Ligamentsacks lösen sich auf, so daß die Eier frei im Rumpf zirkulieren. Keine Protonephridien.

Echinorhynchus gadi (Abb. 998), Weibchen 4–8 cm, häufig im Darm von Dorschen; Zwischenwirte: Amphipoden. – *E. truttae*, Weibchen 2 cm, häufig im Darm von Forellen; Zwischenwirte: *Gammarus*-Arten (Amphipoda) (S. 573). – *Acanthocephalus anguillae* (Abb. 999), Weibchen 1–3,5 cm, im Darm verschiedener Süßwasserfische, Zwischenwirt: Wasserassel (*Asellus aquaticus*).

3 Archiacanthocephala

Mittelgroße bis große Arten. Endwirte sind Landwirbeltiere. Hauptstämme des epidermalen Lakunensystems dorsal und ventral. Weibchen mit dorsalem und ventralen Ligamentsack, die nicht zerfallen. Protonephridien nur innerhalb der Oligacanthorhynchidae vorhanden, deren Arten besonders groß werden.

Macracanthorhynchus hirudinaceus, Riesenkratzer, Weibchen bis 70 cm, im Darm von Schweinen; Zwischenwirte: Larven von Lamellicornia wie Mai-, Juni- und Rosenkäfer.

Kinorhyncha

Unverkennbar in der marinen Meiofauna sind die Kinorhynchen. Ihr Körper erscheint arthropodenartig gegliedert, doch fehlen Gliederextremitäten, so daß sie sich anders als Arthropoden fortbewegen müssen. Sie tun dies ähnlich wie Priapuliden (S. 734) mit dem aus- und einstülpbaren Introvert, dem sie auch ihren wissenschaftlichen Namen verdanken (griech. *kineo, rhynchos* = bewegen, Rüssel). Die Kinorhynchen sind nur 0,2–0,8 mm lang, kommen von der Tiefsee bis zur Küste vor und bewohnen Schlickböden und das Lückensystem im

Sand und Aufwuchs. Sie fehlen völlig im limnischen und terrestrischen Milieu. Die ersten Kinorhynchen wurden 1841 beschrieben, mittlerweile sind über 150 Arten bekannt. Die meisten sind Kleinstpartikelfresser, einige verschlingen Diatomeen. Räuberische Kinorhynchen sind unbekannt. Nahrung kann nur bei ausgestülptem Introvert aufgenommen werden.

Sievert Lorenzen, Kiel

Bau

Der Körper ist in 13 segmentartige Z o n i t e gegliedert, zu denen auch die Kopf- und die Halsregion gezählt werden (Abb. 1007). Die Gliederung erfaßt nur die Cuticula, die Epidermis, die Markstränge und die Längs- und Dorsoventralmuskulatur, nicht aber – wie bei den Articulaten (S. 350) –

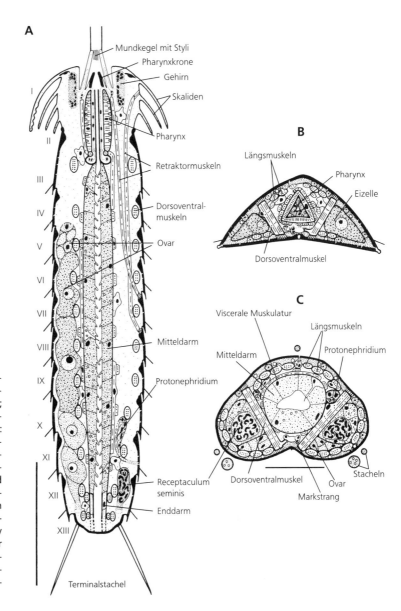

Abb. 1007: Kinorhyncha. A Transversalschnitt durch *Pycnophyes dentatus* (Homalorhagida). Mit ausgestülptem 1. Zonit; die Zonite sind durch dünne Cuticula gelenkig miteinander verbunden. Maßstab: 100 µm. B Querschnitt durch den Vorderkörper von *Pycnophyes dentatus*. Cuticula dick, daher durch dünne, längsverlaufende Zonen in eine große Dorsal- und zwei nebeneinander liegende Ventralplatten gegliedert. C Querschnitt durch den Hinterkörper von *Zelinkaderes floridensis* (Cyclorhagida). Cuticula relativ dünn, daher rundherum von einheitlicher Dicke; Tonofibrillen der Epidermis verbinden die Dorsoventralmuskeln mit der Cuticula. Maßstab: 25 µm. Originale: B. Neuhaus, Berlin.

Labels in figure A: Mundkegel mit Styli, Pharynxkrone, Gehirn, Skaliden, Pharynx, Retraktormuskeln, Dorsoventralmuskeln, Ovar, Mitteldarm, Protonephridium, Receptaculum seminis, Enddarm, Terminalstachel; I, II, III, IV, V, VI, VII, VIII, IX, X, XI, XII, XIII

Labels in figure B: Längsmuskeln, Pharynx, Eizelle, Dorsoventralmuskel

Labels in figure C: Viscerale Muskulatur, Längsmuskeln, Protonephridium, Mitteldarm, Dorsoventralmuskel, Ovar, Markstrang, Stacheln

die Leibeshöhle, die Gonaden und das Exkretionssystem. Während bei ursprünglichen Arten, z.B. *Zelinkaderes floridensis* (Abb. 1007 C), die Cuticula noch in gleichmäßiger Dicke um den Körper herumläuft, ist sie bei anderen Arten zu Platten differenziert (Abb. 1007 B). Die Gliederung in Zonite hat zu den folgenden Analogien zwischen Kinorhynchen und Euarthropoden geführt: Die Platten benachbarter Zonite sind durch dünne, weiche Cuticularhäute gelenkig verbunden. Da die Cuticularringe sich überlappen, kann der Körper gestreckt, gestaucht und gebogen werden. Auch ist jeder Cuticularring am Vorderrand zum Körperinneren hin verdickt, so daß die Längsmuskeln dort ansetzen und zum Vorderrand des folgenden Zonits ziehen können. Die lokomotorisch wirksame Muskulatur ist quergestreift.

Die Kopfregion (1. Zonit) ist aus- und einstülpbar und wird daher auch als Introvert bezeichnet. Es ist mit weicher Cuticula bedeckt und trägt 5–7 Ringe schlanker Körperauswüchse, die Skaliden. Sie zeigen beim ausgestülpten Introvert nach hinten, dienen als Ruder und Anker bei der Fortbewegung und sind gleichzeitig Sensillen. Die vordersten Skaliden sind länger und dünnwandiger als die folgenden. Frontal trägt das Introvert den Mundkegel, der vor- und zurückgeschoben, nicht dagegen – wie bei den Priapulida – aus- und eingestülpt werden kann; er ist mit mehreren Kreisen nach vorn gerichteter, sensorischer Mundstyli besetzt. An das Introvert schließt sich der Hals (2. Zonit) an, dessen Cuticula in bis zu 16 Platten aufgeteilt ist und den Körper bei eingestülptem Introvert sphinkterartig vorn verschließt. Bei den Homalorhagida ist auch das 3. Zonit an dieser Aufgabe beteiligt. Die Zonite 3–13 bilden den Rumpf; sie sind oft mit passiv beweglichen Stacheln besetzt, von denen die lateralen und dorsalen zumeist Drüsenzellen besitzen. Die seitlichen Endstacheln des 13. Zonit sind durch eigene Muskeln aktiv bewegbar.

Die **Cuticula** bedeckt nicht nur den Körper und seine lokomotorischen und sensorischen Anhänge, sondern kleidet auch den Pharynx und das Rektum aus. Sie enthält Chitin, kann also nicht beim Wachstum vergrößert werden, sondern wird mindestens sechsmal gehäutet. Auf den Zoniten 4–12 (nur auf 5–12 bei *Echinoderes*) besteht die Cuticula aus einer hoch gewölbten Dorsalplatte und zwei ebenen Ventralplatten; sie sind untereinander und mit denen der Nachbarzonite gelenkig verbunden.

Bei vielen Arten ist die Cuticula stark hydrophob. Werden Proben mit solchen Arten kräftig geschüttelt, bleiben diese an den Luftblasen hängen und können nach dem Schütteln von der Wasseroberfläche abgesammelt werden.

Die **Epidermis** ist zellig; ihre zahlreichen Drüsen münden durch Poren der Cuticula nach außen, z. T. sind sie mit Sensillen assoziiert. In ihren Interzellularräumen beherbergt die Epidermis das intraepi-

dermale **Nervensystem**, das lichtmikroskopisch nur schwer zu erkennen ist. Das ringförmige Cerebralganglion innerviert den Mundkonus, Pharynx, Oesophagus und die vorderen Sensillen des Introverts und entsendet in den Rumpf 8–12 intraepidermale Markstränge, von denen die beiden ventralen am größten sind und auch miteinander verschmelzen können.

Zahlreiche Sensillen kommen am ganzen Körper vor. Zu ihnen gehören die Skaliden am Introvert, die Mundstacheln, Sinnesborsten und Sinnesflecken auf den Rumpfzoniten und in einigen Fällen auch einfache Ocellen im Vorderkörper. Alle Sensillen enthalten eine oder mehrere Sinnescilien.

Der **Darmtrakt** beginnt mit dem frontal gelegenen Mund, führt durch den muskulösen Pharynx und den kurzen Oesophagus in den Mitteldarm und mündet durch das Rektum in den terminal gelegenen After. Der Pharynx ist zweischichtig, er besteht aus einem einschichtigen Epithel, das zum Lumen hin Cuticula bildet, und einer Muskelschicht mit ringförmig und radiär verlaufenden Muskelfilamenten. Im Pharynxepithel liegen Drüsenzellen, die ins Pharynxlumen münden und mit je 1–2 monociliären Sinneszellen assoziiert sind. Das Hinterende des Pharynx wird als Oesophagus bezeichnet, ihm fehlt die Muskelschicht. Der stets gerade Mitteldarm ist zellig und von einem Netz von Längs- und Ringmuskelzellen umgeben. Er ist von vorn bis hinten gleichförmig gebaut und enthält Drüsenzellen und einige vermutlich sensomotorische Zellen. Zur Leibeshöhle hin ist er von einer basalen Matrix umgeben.

Die **Rumpfmuskulatur** ist quergestreift, benötigt also zur vollen Funktionstüchtigkeit nur kurze Kontraktionswege. Zu ihr gehören serial angeordnete Dorsoventralmuskeln, serial angeordnete dorsale und ventrale (bei *Zelinkaderes* auch laterale) Längsmuskeln, die von Zonit zu Zonit ziehen, Retraktoren des Introverts und des Mundkegels, die z.T. bis zum 9. Zonit laufen, Protraktoren des Pharynx und Ringmuskeln in den beiden ersten, weichhäutigen Zoniten.

Die Fortbewegung geschieht ähnlich wie bei Priapuliden. Durch Kontraktion verengen die Dorsoventralmuskeln den Körperquerschnitt und erzeugen so einen Binnendruck, der das Introvert ausstülpt. Seine Skaliden wirken hierbei wie Ruder. Durch Kontraktion der Längsmuskeln und der Retraktoren wird der Rumpf nachgezogen und schließlich das Introvert wieder eingezogen.

Die Leibeshöhle besteht aus einem schwach entwickelten Interzellularsystem ohne ausgedehnte Hohlräume, in denen zahlreiche Amöbocyten vorkommen.

Die **Exkretion** wird von einem Paar Protonephridien besorgt, die im 10./11. Zonit liegen, terminal je 3–22 Endzellen mit je 2 Cilien enthalten und lateral am 11. Zonit in cuticularen Siebplatten ausmünden.

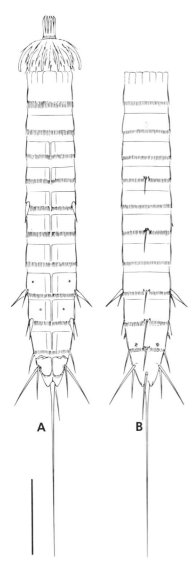

Abb. 1008: *Zelinkaderes floridensis* (Cyclorhagida). Weibchen. A Introvert ausgestülpt. Ventralansicht. B Introvert eingezogen. 2. Zonit bildet Verschlußapparat. Dorsalansicht. Maßstab: 100 μm. Aus Higgins (1990).

Die Endzellen bilden gemeinsam einen zusammengesetzten Filter.

Die Geschlechter sind getrennt. Die paarigen **Gonaden** liegen seitlich vom Darm und münden lateral zwischen dem 12. und 13. Zonit aus. In den Ovarien versorgen Dotterzellen jeweils eine Eizelle mit Nährstoffen. Die wurstförmigen Spermien messen rund 1/5 der Körperlänge der Männchen.

Fortpflanzung und Entwicklung

Bei Kopulationen hängen die Partner mit den Hinterenden aneinander. Bei einigen Arten sind Spermatophoren beobachtet worden.

Die Entwicklung verläuft direkt über 6 Jugendstadien. Die jüngsten Tiere sind bereits in 11 Zonite gegliedert. Die Anzahl der Rumpfsinnesorgane und der Kopfskaliden erhöht sich mit jeder Häutung; neue Skaliden entstehen zunächst als Anlagen (Protoskaliden).

Systematik

Durch den gegliederten Rumpf, der einzigartig außerhalb der Arthropoden ist, wird die Monophylie der Kinorhynchen begründet.

1 Cyclorhagida

Nur 1. Zonit einstülpbar. 2. Segment longitudinal in 14–16 Plättchen unterteilt, die nach Retraktion des Introverts einen Verschluß bilden. Rumpfsomite dorsal und lateral rund; Dorsalplatte schließt ventral an die Ventralplatten an.

Zelinkaderes submersus, 720 μm, Nordsee, sandige Sedimente des Sublitorals. Halsregion mit 14–16 Platten verschließt Vorderende bei eingezogenem Introvert. Meist zahlreiche laterale und dorsale Stacheln am Rumpf; Zonit 13 in der Regel mit 2 Paar Lateralstacheln und unpaarem

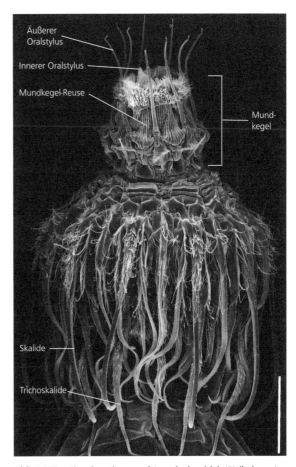

Abb. 1009: *Kinorhynchus* sp. (Homalorhagida), Weibchen. Introvert von ventral. Maßstab: 40 μm. Original: B. Neuhaus, Berlin.

Endstachel. Cuticula dünn und kaum in Dorsal- und Ventralplatten differenziert. - *Cateria styx,* 450 μm, Brasilien, Feuchtzone in Sandstränden. - **Echinoderes dujardinii,* 370 μm, Nordsee, Mittelmeer. Cuticula stark verdickt, auf den Zoniten 5–12 deutlich in 1 dorsale und 2 subventrale Platten gegliedert; in Schlick oder auf Algen des Sublitorals.

2 Homalorhagida

1. und 2. Zonit einstülpbar. 2. Zonit longitudinal in höchstens 8 Plättchen unterteilt. 3. Zonit bildet Verschluß nach Retraktion des Introverts. Rumpf-somite dorsal und lateral eckig; Dorsalplatte schließt lateral an Ventralplatten an. (Abb. 1008, 1009)

Paracentrophyes praedictus, 400 μm, Karibik. In sublitoralem Schlick. Cuticula dünn und nur undeutlich in Platten differenziert. - **Kinorhynchus giganteus,* bis 800 μm, Ostsee. Cuticula stark verdickt, mit Platten. – **Pycnophyes dentatus,* bis 700 μm, und **P. kielensis,* bis 500 μm, in sublitoralem Schlick der Ostsee.

Priapulida, Priapswürmer

Die nur 16 bekannten rezenten Arten der Priapuliden zeigen eine bemerkenswerte Formenmannigfaltigkeit. Sie sind zwischen 0,2 und 38 cm lang und bewohnen so unterschiedliche Lebensräume wie das Lückensystem tropischer Korallensande und Schlickböden gemäßigter und kalter Meere. Hierfür gibt es wohl nur eine Erklärung – sie repräsentieren die letzten Arten eines einstmals viel artenreicheren Taxon. Fossile Funde (Burgess Shale, British Columbia, Kanada) belegen diese Vorstellung: Im Mittelkambrium gehörten die Priapuliden wahrscheinlich zu den dominanten weichhäutigen Wirbellosen der Meeresböden.

Als alte Restgruppe lassen sich die Priapuliden nur schwer und mit Vorbehalten in ein umfassendes System einordnen. Nachdem LINNÉ sie zuerst zu den Seeanemonen (Actiniaria) und später zu den Seegurken (Holothuroida) gestellt hatte, vereinigte man sie im letzten Jahrhundert mit den Sipunculiden (S. 331) und Echiuriden (S. 345) zu den „Gephyrea", denn man hielt sie für Brückentiere zwischen „Würmern" und Stachelhäutern (Echinodermata) (griech. *gephyra* = Brücke). Heute werden sie als nahe verwandt mit den Loricifera und Kinorhynchen angesehen wegen Übereinstimmungen im Bau des Introverts und seiner Anhänge. Als erste Priapulidenart wurde *Priapulus caudatus* (Abb. 1011) bereits im Jahre 1754 (als *Priapus humanus*) beschrieben und wegen seiner Körpergestalt nach dem Fruchtbarkeitsgott Priapus benannt, der im klassischen Altertum mit übergroßem Phallus dargestellt wurde.

Bau

Der walzenförmige **Körper** besteht aus dem kürzeren, ein- und ausstülpbaren Vorderkörper (Introvert) und dem längeren Rumpf. In beiden Körperteilen ist die Körperwand ein kräftiger Hautmuskelschlauch, der von außen nach innen aus Cuticula, Epidermis, Ring- und Längsmuskeln besteht. Bei manchen Arten schließt sich ein zylindrischer oder büschelförmiger Schwanz an.

Körperwand, Pharynx und Rektum sind von einer Cuticula bedeckt, die von einer einschichtigen, zelligen **Epidermis** gebildet wird und außen Chitin und innen Protein enthält. Am Introvert überzieht sie die lokomotorischen und sensorischen Skaliden, im Pharynx ist sie zu Zähnchen differenziert. Schraubig verlaufende Fasern fehlen in der Cuticula. Wegen des Gehalts an Chitin muß der äußere Teil der Cuticula während des Wachstums mehrfach gehäutet werden; die vorher innere Schicht wird dann

zur äußeren und erhält Chitin, während die innere neu gebildet wird. Auch die Larven häuten sich mehrfach. Bei *Halicryptus spinulosus*, der sauerstoffarme Meeresböden u.a. in der Kieler Bucht bewohnt, ist die Cuticula von einer lückenlosen Schicht verschiedener epibiotischer Bakterienarten besetzt.

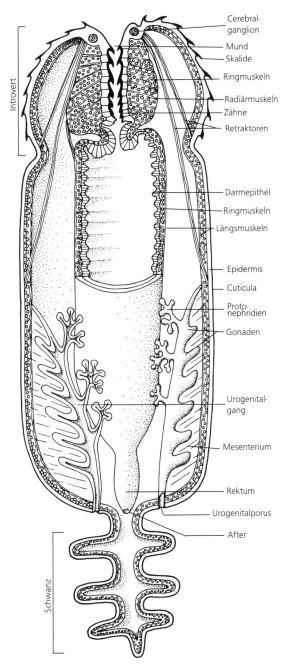

Abb. 1010: Priapulida. Organisationsschema. Ansicht von dorsal. Kombiniert nach verschiedenen Autoren.

Sievert Lorenzen, Kiel

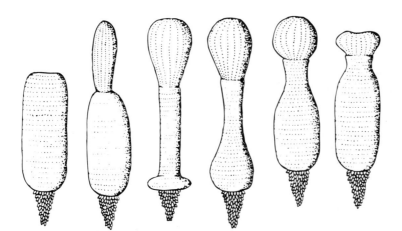

Abb. 1011: Fortbewegung von *Priapulus caudatus* durch das Substrat. Nach Clark (1967).

Die Längs- und Ringmuskeln des **Hautmuskelschlauchs** leisten gemeinsam mit den Retraktoren des Introverts die Fortbewegung im Sediment (Abb. 1011).

Der Hautmuskelschlauch erzeugt durch Kontraktion einen Überdruck im Körper, der das Introvert ausstülpt und ins Substrat preßt; eine Krümmung des Rumpfes oder eine Verdickung des Hinterkörpers geben den nötigen Rückhalt. Durch Anschwellen verankert sich das Introvert im Sediment und ermöglicht dem Rumpf, sich durch Kontraktion der Längsmuskeln nach vorne zu ziehen. Schon während dieses Vorganges ziehen die Retraktoren das Introvert zurück, wobei der vordere Rumpfabschnitt anschwillt und die Verankerung übernimmt. Durch das Zurückziehen des Introverts entsteht ein Sog, der das frontal liegende Sediment lockert. Dies erleichtert dem Introvert das Vorwärtsdringen beim nächsten Bewegungszyklus. Die Aufgabe des Introverts wird bei grabenden Polychaeten (z.B. *Arenicola marina* S. 370) vom aus- und einstülpbaren Pharynx übernommen, bei Enteropneusten von der Eichel (S. 764).

Dieser Bewegungsablauf wäre so nicht möglich, wenn nicht die Leibeshöhle geräumig wäre und viel Flüssigkeit enthielte. Letztere ist nährstoffreich und enthält zahlreiche Coelomocyten; einige enthalten den roten Blutfarbstoff Hämerythrin, andere haben exkretorische Funktion. Die Leibeshöhle wird oft als Coelom bezeichnet, obwohl ihre Auskleidung aus Muskelzellen und extrazellulärer Matrix selten epithelialen Bau (s. S. 682) aufweist.

Der **Darmtrakt** beginnt mit dem terminal am Introvert gelegenen Mund, führt durch den zähnebewehrten, mehrschichtigen und mit Ring- und Radiärmuskeln ausgestatteten Pharynx in den Darm. Dieser wird bei eingezogenem Introvert in ringförmige Falten gelegt und mündet durch das mit Cuticula ausgekleidete Rektum in den hinten liegenden After. In den Darmtrakt münden keine eigene Drüsen. Das Darmepithel ist auf ganzer Länge etwa gleichartig und wird von einem dünnen Schlauch aus Ring- und Längsmuskeln umgeben.

Die makrobenthischen Arten leben räuberisch. *Priapulus caudatus* stößt bei starker Reizung einen braunen, basischen Verdauungssaft durch den weit geöffneten Mund aus; so werden Beutetiere betäubt, mit dem ausgestülpten Pharynx erfaßt und durch Einziehen von Pharynx und Introvert in den Darm befördert; die darmwärts gerichteten Pharynxzähne verhindern ein Entweichen der Beute. Die meiobenthischen Arten sind Kleinpartikelfresser.

Das zentrale **Nervensystem** liegt intraepidermal und besteht aus einem ringförmigen Cerebralganglion an der Grenze zwischen Introvert und Pharynx, einem ventralen Markstrang und einem Caudalganglion. Einfache **Sinnesorgane** kommen als Sensillen am ganzen Körper vor. Besonders häufig sind sie am Introvert, an dem neben den lokomotorischen die sensorischen Skaliden auffallen. Die Sensillen sind mit je einer Sinnescilie ausgestattet und dienen der Mechano- und Chemorezeption.

Das paarige **Urogenitalsystem** liegt innerhalb der basalem Matrix der beiden doppelschichtigen Mesenterien der hinteren Rumpfregion. Es besteht aus Büscheln von Protonephridien und aus vielen Gonadendivertikeln, die mit ihrer Ummantelung durch das Mesenterium büschelförmig ins Coelom hineinragen und so mit Nährstoffen versorgt werden. In jedem Mesenterium führt ein bewimperter Urogenitaldukt die Produkte getrennt vom After aus.

Fortpflanzung und Entwicklung

Die Geschlechter sind getrennt. Bei den makrobenthischen Arten findet äußere Besamung statt, bei den meiobenthischen Arten vielleicht innere. Die **Furchung** ist total und bilateral. Das Mesoderm leitet sich von zwei Zellstreifen ab. Die Entwicklung ist meist indirekt, selten (*Meiopriapulus*) direkt. Im ersten Fall tritt eine charakteristische, bodenlebende **Larve** auf, die in ein Introvert und einen plattenbedeckten Rumpf gegliedert ist

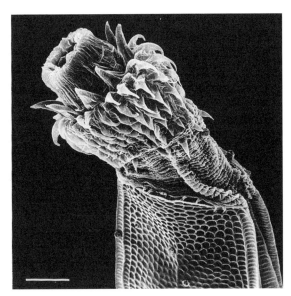

Abb. 1012: Larve von *Halicryptus spinulosus,* aus Schlamm der Kieler Bucht. Vorderende. Maßstab: 100 μm. Original: S. Lorenzen, Kiel.

(Abb. 1012), sich beim Wachstum mehrfach häutet und sich ähnlich wie die Erwachsenen durch das Sediment wühlt.

Die Platten des Rumpfes bilden gemeinsam die L o r i c a (lat. *lorica* = Brustpanzer). Seitliche Falten ermöglichen, daß das von der Lorica umfaßte Volumen nicht starr, sondern veränderlich ist; insbesondere kann durch dorsoventrales Zusammenziehen der Lorica ein Binnendruck erzeugt werden, der das Introvert ausstülpt. Die Cuticula der Lorica hat eine völlig andere Struktur als die der

adulten Tiere; u.a. ist eine der Cuticulaschichten von Millionen feinster Poren durchzogen, die senkrecht zur Oberfläche laufen und blind in den benachbarten Cuticulaschichten enden. Terminal liegt der After. Nach den bisherigen Erkenntnissen können die Larven 1–2 oder noch mehr Jahre alt werden, bevor sie sich im Zuge einer Häutung zu Tieren mit adulter Organisation umwandeln.

Systematik

Anders als große Nematoden und große Acanthocephalen stammen die makrobenthischen Priapuliden wahrscheinlich nicht von meiobenthischen, sondern von makrobenthischen Vorfahren ab, denn sie haben keine Zellkonstanz, ihre Spermien sind von ursprünglichem Bau, und die ursprüngliche, äußere Besamung erfordert eine makrobenthische Körpergröße. Wegen des gemeinsamen Besitzes von Skaliden werden die Priapulida, Loricifera und Kinorhyncha als monophyletische Gruppe aufgefaßt.

Priapulidae. – Nur makrobenthische Arten, überwiegend in kälteren Meeren. Äußere Besamung.

Priapulus caudatus, ca. 18 cm, u.a. im Gullmarfjord an der schwedischen Westküste – **Halicryptus spinulosus,* 15–50 mm, u.a. in sauerstoffarmen Weichböden der Kieler Bucht. – *H. higginsi,* bis 38 cm. Alaska.

Tubiluchidae. – *Tubiluchus corallicola,* ca. 3 mm, Korallensande der Karibik, mit langem Schwanz. – *Meiopriapulus fijiensis,* 1,7mm, Fidschi-Inseln und Andamanen, Korallensande (Abb. 1014).

Chaetostephanidae. – *Maccabeus tentaculatus,* ca 3 mm, in 60–55 m Tiefe des Mittelmeers, sandig-schlickige Sedimente.

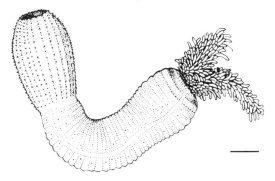

Abb. 1013: *Priapulopsis bicaudatus.* Maßstab: 1 cm. Nach verschiedenen Autoren.

Abb. 1014: *Meiopriapulus fijiensis,* im marinen Sandlückensystem der Fiji-Inseln und Andamanen. Original: W. Westheide und W. Mangerich, Osnabrück.

Loricifera

Erst die Schockbehandlung von sublitoralen Grobsandproben mit Süßwasser führte 1983 zur Entdeckung dieser Tiergruppe, die ausschließlich aus marinen, winzig kleinen Tieren besteht. (Betäubt können sie sich nicht mehr an Sandkörnern festheften und werden so einer Beobachtung zugänglich.) Mit 80–400 µm Länge gehören sie zu den kleinsten Metazoen, dennoch sollen sie aus über 10 000 winzigen Zellen aufgebaut sein. Sie bewohnen Sand und Schlick vom flachen Sublitoral bis in die Tiefsee. Die 80 bisher bekannten Arten kommen aus den verschiedensten Meeren. Die Siedlungsdichte ist stets gering. Die Nahrung ist unbekannt. Da ein Tier festgeheftet an einem benthischen Copepoden gefunden wurde, erscheint ektoparasitische Lebensweise nicht ausgeschlossen.

Bau

Der Körper ist in Introvert und Rumpf gegliedert. Das Introvert ist aus- und einstülpbar. Es trägt frontal den nicht einziehbaren, radiärsymmetrischen Mundkegel und caudal komplex geformte Skaliden, die ringförmig angeordnet sind und sensorische Funktion haben; bei *Nanaloricus mysticus* sind es 9 Ringe mit bis zu 235 Skaliden. Das Nervensystem besteht aus Gehirn, 3 Ganglien und 10 Längsnerven.

Der sackförmige Rumpf ist von der Lorica umgeben, einem Panzer aus längsverlaufenden Platten

Sievert Lorenzen, Kiel

und Furchen, deren frontale Spitzen den Körper bei eingezogenem Introvert nach außen abschirmen. Der Pharynx ist einschichtig, er besteht – wie bei Nematoden und Gastrotrichen – aus Epithelmuskelzellen. Der Mitteldarm mündet über das Rektum in den terminal gelegenen After. Die Tiere sind getrenntgeschlechtlich. Die paarigen Gonaden umschließen je ein Protonephridium.

Fortpflanzung und Entwicklung

Befruchtung ist innerlich und die Entwicklung indirekt. Aus einem Ei schlüpft eine Larve, die ähnlich wie die Adulten gebaut ist, am Ende der Lorica aber ein Paar Anhänge trägt, die zum Schwimmen benutzt werden (Abb. 1015 B). Nach mehreren Häutungen findet die Umwandlung zu Tieren mit Adultorganisation statt, die sich nur noch einmal häuten.

Systematik

Das Introvert mit Skaliden deutet auf eine enge Verwandtschaft zu den Priapuliden und Kinorhynchen hin, auch wenn seine Einzelstrukturen anders als bei diesen beiden Taxa angeordnet sind. Die Körpergliederung ist wie bei den Larven der Priapuliden, so daß vermutet wurde, die Loricifera hätten sich durch Progenesis (Artbildung durch Geschlechtsreifwerden im Juvenilstadium) aus Priapulidenlarven entwickelt.

Nanaloricus mysticus (Nanaloricidae), 230 µm lang, 70 µm breit, erstentdeckte Loricifera-Art, aus sublitoralem Schill, Bretagne. – *Pliciloricus hadalis* (Pliciloricidae), 220 µm, aus 8 260 m Tiefe, Pazifik.

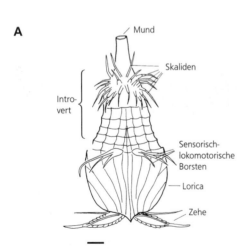

A
Mund
Skaliden
Introvert
Sensorisch-lokomotorische Borsten
Lorica
Zehe

Abb. 1015: *Nanaloricus mysticus* (Loricifera). A Larve. Maßstab: 10 µm. B Adultus. Maßstab: 20 µm. A nach Kristensen (1983); B Original R.M. Kristensen, Kopenhagen.

TENTACULATA
(LOPHOPHORATA)

Tentaculaten sind sessile, ausschließlich aquatische Tiere mit bewimperten Tentakeln (Name!) und strudelnder Ernährungsweise. Die Tentakel stehen kranzartig auf einem Träger (Lophophor) um die Mundöffnung. Rezent sind etwa 5000 Arten bekannt, in der Mehrzahl stockbildende Bryozoen (etwa 4500 Arten), die alle Bereiche des marinen Benthals besiedeln; Phoroniden (nur etwa 10 Arten) und Brachiopoden (etwa 380 Arten), die ausschließlich als Einzeltiere leben, mitunter in größerer Individuendichte. Schalen der Brachiopoda sind ab Unterem Kambrium bekannt; die etwa 30000 fossilen Arten haben große stratigraphische Bedeutung; auch die Zahl der fossilen Bryozoen ist groß. Nur unter den Bryozoen gibt es auch Süßwasserformen. In allen drei Subtaxa treten charakteristische Larven auf: ein biphasischer Lebenszyklus kann grundsätzlich als ursprünglich für die Tentaculaten angesehen werden.

Bau

Wie zahlreiche andere sessile Organismen besitzen auch die Tentaculaten als Schutz ein Außenskelett – im einfachsten Fall in Form einer Mucopolysaccrid-Sand-Röhre bei den Phoroniden, ein mehr oder weniger festes cuticuläres Gehäuse bei den Bryozoen oder eine mit zwei dorsoventral angeordneten Kalkschalen verstärkte Cuticula bei den Brachiopoden.

Die Phoroniden können sich mit einem gut ausgebildeten Hautmuskelschlauch peristaltisch in ihrer Röhre bewegen und ihren terminalen Tentakelapparat dabei aus der Röhrenöffnung herausstrecken oder hineinziehen. Bei den Bryozoen beschränken sich die Bewegungen fast immer auf ein Ein- und Ausstülpen des Vorderkörpers (mit Tentakelapparat). Bei den Brachiopoden wird nur der durch die Schalen geschützte Mantelraum geöffnet und geschlossen.

Die äußere **Körpergliederung** läßt sich – noch angedeutet bei den Phoroniden und den Phylactolaemata innerhalb der Bryozoen – auf eine Dreigliedrigkeit (Trimerie, Archimerie) in Prosoma, Mesosoma und Metasoma zurückführen. Das kleine Prosoma (Epistom) funktioniert bei den Phoro-

Karl Herrmann, Erlangen

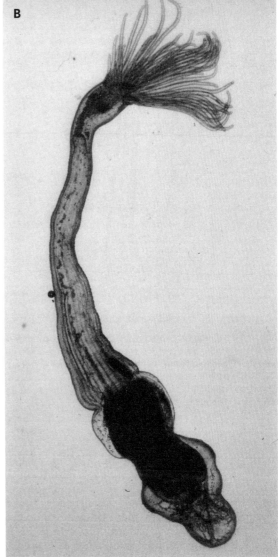

Abb. 1016: Phoronida. *Phoronis muelleri*, lebend. A Vorderende mit hufeisenförmigem Lophophor ragt aus der Chitinröhre, die weiter unten mit Steinchen verstärkt ist. B Habitus in Seitenansicht, ohne Röhre, etwa 3 Wochen nach der Metamorphose. Gliederung: Tentakelregion mit paarigem Lophophor, Schlundregion, mittlerer Körperabschnitt mit Längsmuskulatur, peristaltisch bewegliche Ampulle. Länge: 4 mm. Originale: K. Herrmann, Erlangen.

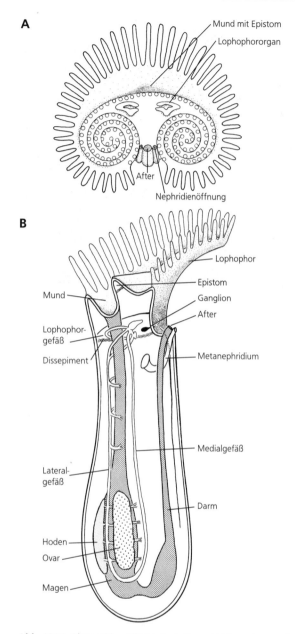

A

Mund mit Epistom

Lophophororgan

After

Nephridienöffnung

B

Lophophor

Epistom

Mund

Ganglion

After

Lophophor-
gefäß

Dissepiment

Metanephridium

Medialgefäß

Lateral-
gefäß

Darm

Hoden

Ovar

Magen

Abb. 1017: Phoronida. Allgemeines Organisationsschema. A Dorsalansicht des Vorderendes mit den Körperöffnungen; innere Reihe des spiralig angelegten Lophophors nur angedeutet. B Schematischer Längsschnitt einer *Phoronis* mit hufeisenförmigem Lophophor. Verändert nach verschiedenen Autoren aus Pearse und Buchsbaum (1987).

Das Metasoma ist am größten und bildet den eigentlichen Körper der Tentaculaten.

Bei den Phoroniden entspricht der äußeren Körpergliederung noch die des Coeloms: ein unpaares Protocoel und zumindest in der Anlage paarige Meso- und Metacoelräume bilden in Larve und Adultus deutlich getrennte Leibeshöhlen; bei den beiden anderen Gruppen ist das Protocoel mit dem Mesocoel mehr oder weniger verschmolzen.

Der **Lophophor** (Tentakelträger) hat primär Hufeisenform (Abb. 1016, 1017, 1022). Bei Phoroniden und Brachiopoden sind die Enden der beiden Trägerarme spiralartig aufgerollt und ermöglichen damit die Ausbildung einer wesentlich größeren Zahl von Tentakeln (Effektivitätssteigerung im Zusammenhang mit der Körpergröße?, Abb. 1033, 1035). Lophophor und Tentakel werden durch ein extrazelluläres Matrixskelett zwischen Epidermis und Coelothel und den Turgor der Coelomflüssigkeit (hydrostatisches Skelett) gestützt.

Durch die Tentakelbewimperung wird ein Wasserstrom erzeugt, der das Wasser von oben durch reusenartige Spalten zwischen den Tentakeln hindurchtreibt. Suspendierte Partikeln (meist einzellige Algen) werden zurückgehalten, eingeschleimt und dem Mund zugeführt (filtrierende Suspensionsfresser). Neben dem Nahrungserwerb dient der Wasserstrom dem Gasaustausch.

Wie bei einer Reihe anderer sessiler strudelnder und filtrierender Taxa bildet der **Darmkanal** bei allen adulten Tentaculaten eine charakteristische U-förmige Schleife. Mund und After befinden sich auf dem zum freien Wasser gerichteten Vorderende – der Mund innerhalb der Lophophore, der After außerhalb derselben (Bryozoa = Ectoprocta im Gegensatz zu den Kamptozoa = Entoprocta, S. 337).

Ein geschlossenes, reichverzweigtes **Blutgefäßsystem** tritt nur bei Phoronida und Brachiopoda auf; die Gefäße liegen innerhalb der Mesenterien. Die geringe Körpergröße dürfte bei Bryozoen zur Reduktion des Gefäßsystems (Rest auf dem Funiculus) geführt haben.

In Zusammenhag mit der sessilen Lebensweise ist das **Nervensystem** sehr einfach und überwiegend als intra- oder basiepidermaler Plexus organisiert. Im morphologisch dorsalen, mesosomal-lophophoralen Bereich kommt es zu Konzentrationen des Plexus. Auch mehrzellige Sinnesorgane sind bekannt.

Fortpflanzung und Entwicklung

Geschlechtliche Fortpflanzung ist allgemein verbreitet; die Keimzellen reifen in Coelomdivertikeln des Metacoels, in enger räumlicher Beziehung zu Blutgefäßen (Abb. 1019). Es werden keine spezifische Gonaden ausgebildet, sondern die Geschlechtszellen entwickeln sich am Coelothel. Ihre Ausleitung erfolgt teilweise über Metanephridien in der Nähe des Afters. Nur der überwiegende Teil der

niden noch als Oberlippe und Schluckorgan (Abb. 1017); bei den Bryozoen ist es entweder schon stark reduziert oder völlig im Mesosoma aufgegangen. Bei den Brachiopoden läßt sich kein Prosoma feststellen. Das Mesosoma mit dem für die Ernährung entscheidenden Lophophor-Komplex, mit der Mundöffnung und einer Nervenkonzentration rückt so unmittelbar an das Vorderende.

Brachiopoden ist getrenntgeschlechtlich; die beiden anderen Gruppen haben meist zwittrige Arten.

Ungeschlechtliche Fortpflanzung durch Knospung existiert vor allem bei Bryozoen und führt hier zur Bildung von Tierstöcken und zum Teil zur Arbeitsteilung unter den Zooiden.

In der **Ontogenese** entsteht nach der Radiärfurchung der relativ dotterarmen Eier die Gastrula durch Invagination; das Mesoderm bildet sich durch Enterocoelie. Der Blastoporus liefert den definitiven Mund direkt oder – bei sagittaler Längsstreckung – nach teilweiser Schließung von hinten nach vorn (Protostomie).

Es treten bewimperte Larven auf, bei Phoroniden die Actinotrocha (Abb. 1020) und bei Meeresbryozoen die Cyphonautes (Abb. 1027A). Es sind Primärlarven, die sich z.T. in tiefgreifender, „katastrophaler" Metamorphose zum Adultus umwandeln. Bei Süßwasserbryozoen und Brachiopoden existieren Sekundärlarven (Abb. 1036). Brutpflege kommt zwischen den Lophophorarmen (Phoronida), in der Mantelhöhle (Brachiopoda) oder in spezialisierten Zooiden (Bryozoa) vor.

Systematik

Die Phoroniden wurden als ursprüngliche Tentaculata auch als Bindeglied zwischen den Spiralia (Protostomie, trochophoraähnliche Larve) und den Hemichordata (Körper- und Coelomgliederung) aufgefaßt. Alle Tentaculata besitzen primär – ebenso wie die Hemichordata (S. 763) und Echinodermata (S. 785) – ein dreigliedriges (trimeres) Coelom. Diese coelomatische Gliederung ist immer wieder als besonders ursprünglich angesehen und deshalb auch als „archimer" bezeichnet worden; die entsprechenden Taxa faßte man als Archicoelomata zusammen (Tentaculata, Echinodermata, Hemichorda). Die trimere Organisation wurde Grundlage mehrerer Archicoelomaten-Theorien, mit der der Ursprung der Bilateria, die Differenzierung des Coeloms und die Entstehung der Metamerie in einem Konzept zusammengefaßt werden. Danach war die hypothetische Stammart der Bilateria ein bewimperter, bilateraler Organismus mit paarigem Protocoel am Vorderende, paarigem Mesocoel und ebenfalls paarigem Metacoel; ein Darmkanal mit Mund und After war bereits vorhanden.

Diese Coelomräume sollen durch Abfaltungen aus Gastraltaschen bilateralsymmetrischer Cnidaria, also durch Enterocoelie, entstanden sein. Aus den hinteren Coelomräumen (Metacoel) wird das Coelom der Anneliden durch Metamerie abgeleitet – eine Vorstellung also, die das Coelom als homologe Struktur im gesamten Tierreich betrachtet. Neuere Vorstellungen diskutieren die Entstehung der Drei-

gliedrigkeit des Coeloms bei frühen kolonialen Metazoen als funktionelle Anpassung an das Zurückziehen und Vorstoßen eines Tentakelapparats. Die Gliederung dieses Buches folgt keinem dieser Archicoelomaten-Konzepte; eine basale Stellung der Tentaculata innerhalb der Bilateria wird dennoch nicht ausgeschlossen.

Tentaculaten sind seit dem Kambrium bekannt. Während die Brachiopoden im Silur und Devon ihre größte Blüte hatten und seit dem Jura an Formenmannigfaltigkeit stark abgenommen haben, hat die Zahl der Bryozoen-Arten seit dem Ordovizium stetig zugenommen. Phoroniden sind wahrscheinlich aufgrund ihrer schlechten Fossilisationsmöglichkeit erst ab der Kreide bekannt. Als gemeinsamer Vorfahre kann ein Organismus mit mehreren Coelomräumen vermutet werden, der in einer Röhre im Substrat lebte und mit dem Lophophor filtrierte. Allerdings wird immer wieder diskutiert, ob es sich bei den Tentaculata tatsächlich um eine monophyletische Gruppe handelt: Nur die Ausbildung des Prosomas als oberlippenartiges Epistom wird als mögliche Autapomorphie angesehen.

Die verwandtschaftlichen Beziehungen der drei Subtaxa sind ungeklärt. Die Phoronida sind vielleicht mit den Bryozoa durch die trochophoraähnlichen Primärlarven mit ventralem Anheftungsorgan (Metasomadivertikel bzw. Ventraltubus Abb. 1021D–F, S. 742) näher verwandt. Die Brachiopoda stehen ferner; ihre stark abgeänderten Sekundärlarven können als hochabgeleitet angesehen werden. Auch in ihrer Adultorganisation erscheinen die Brachiopoda durch zweiklappige Schalen mit Öffnungs- und Schließmuskulatur, Armskelett und Lophophorapparat als hochentwickelt. Diskussionen um eine enge Verwandschaft dieses Taxon zu den Annelida (z.B. aufgrund des Borstenfeinbaus, S. 356) sind bisher wenig überzeugend, haben aber neuerdings durch molekulare Analysen Unterstützung erhalten. Bryozoa sind durch ihren Polymorphismus (S. 748) und durch ihren Weg ins Süßwasser stärker abgeleitet als die Phoronida. Der Verlust verschiedener Organe u.a. Blutgefäße, Nephridien, Teile des Prosomas ist der Verzwergung der Einzeltiere (Millimeter-Größe) zuzuschreiben. Innerhalb der Bryozoa besitzen die Süßwasserbryozoen (Phylactolaemata) die ursprünglichsten Merkmale. Eine immer wieder in das Gespräch gebrachte nahe Verwandtschaft der Bryozoa mit den äußerlich so sehr ähnlichen Kamptozoa muß als unwahrscheinlich angesehen werden: Übereinstimmungen sind analoge Strukturen, die sich aus der identischen Ernährungs- und Lebensweise ergeben; überzeugende Synapomorphien gibt es nicht.

Ergänzungen: S. 863.

Phoronida, Hufeisenwürmer

Die wurmförmig gestreckten Tiere (−25 cm lang) scheiden durch die Epidermis Mucopolysaccharide aus, an denen Sandkörnchen und andere Partikeln hängenbleiben (Abb. 1016 A). Die so gebildete Röhre ist steif, am hinteren Ende geschlossen und vorn konisch verengt. Sie steckt entweder senkrecht in sandig-schlickigen Böden oder klebt an Hartsubstraten (Steine und Muschelschalen); *Phoronis australis* lebt in der Röhrenwandung von *Cerianthus* (S. 160). Der Adultus, die „Phoronis", ist in der Röhre frei beweglich, verläßt sie aber nie. Zur Nahrungsaufnahme und Respiration werden Lophophor und „Vorderende" aus der Röhre herausgestreckt. Das schwellbare „Hinterende" (Ampulle) dient der Verankerung.

Die morphologische Orientierung des Adultus ergibt sich aus der Metamorphose (Abb. 1018, S. 742) und kann bei *Phoronis* so erklärt werden: Der Bereich zwischen Mund und After (mit der Nervenkonzentration) entspricht dem Oralbereich der Larve in Höhe des Tentakelkranzes; der übrige Körper ist eine Ausstülpung der Ventralseite der Larve. Restliche Bereiche des Larvenkörpers werden in den Enddarm einbezogen oder gehen verloren (Larventakel, praeoraler Bereich).

Bau

Der Körper ist − wie das Coelom − trimer gegliedert (Abb. 1017 B). Das kleine Prosoma liegt als Epistom (Oberlippe) über dem Mund. Das dazugehörige Protocoel ermöglicht zusammen mit Muskelzellen in der Coelomwand differenzierte Bewegungen; bei großen Lophophoren wird es auch als weiteres Stützelement verwendet.

Das kurze scheibenförmige Mesosoma trägt die beiden Lophophorarme. Ihre Form und die Anordnung der Tentakel kann oval (*Phoronis ovalis*), hufeisenförmig (*P. muelleri*) bis spiralig (*P. australis*), ja sogar heliocoidal (*P. california*) sein; die Tentakel stehen in 2 parallelen Reihen, die die Nahrungsrinne und den Mund einschließen; ihre Zahl liegt zwischen 15–1500. Das ebenfalls unpaare Mesocoel ist weitgehend vom Protocoel getrennt. Es dringt in Form blind endender Schläuche bis in jeden Tentakel vor und wird hier von einem Gefäß begleitet.

Das schlauchförmige Metasoma bildet mit etwa 90% der Gesamtlänge den eigentlichen Körper der *Phoronis*. Das zunächst paarig angelegte Metacoel wird durch ein medianes und zwei transversal-lateral verlaufende Mesenterien in vier Längs-Kompartimente unterteilt, in deren Mitte die beiden Darmschenkel und zwei Hauptblutgefäße verlaufen (Abb. 1017, 1019). Phoroniden besitzen einen vollständigen Hautmuskelschlauch mit schwacher Ring- und ausgeprägter Längsmuskulatur. Anzahl und Verteilung der Längsmuskelfahnen innerhalb der Mesenterien werden zur Artbestimmung verwendet (Abb. 1019).

In allen drei Körperteilen ist das Coelom an der Bildung des hydrostatischen Skeletts beteiligt. Die peristaltischen

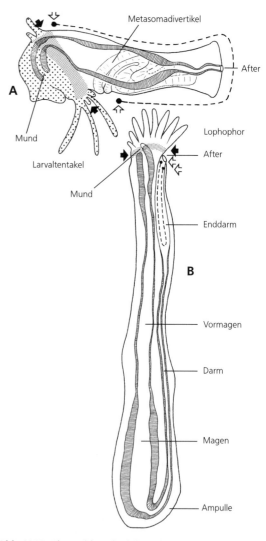

Abb. 1018: Phoronida. Physiologische und morphologische Orientierung von Actinotrocha-Larve (A) und Adultus (B). Dunkle Pfeile begrenzen die Körperregion der Larventakel, bzw. die Grenze zu den Adulttentakeln (feine Punktierung). Der gesamte davorliegende Bereich (grobe Punktierung: Episphäre, Teile des Mesosomas, Larventakel) wird während der Metamorphose abgelöst, von der *Phoronis* verschluckt und im Magen verdaut. Der restliche Larvenkörper (helle Pfeile) schrumpft nach Ausstülpen des Metasomadivertikels und dem U-förmigen Hineinziehen des Darmtrakts. Der ektodermale Bereich (gestrichelte Linie) wird teilweise als Enddarm in den Darmtrakt der *Phoronis* einbezogen. Original: K. Herrmann, Erlangen.

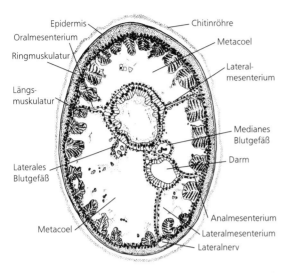

Abb. 1019: Phoronida. Körperquerschnitt im metasomalen Bereich einer noch nicht geschlechtsreifen *Phoronis muelleri*. Auffallend sind die Längsmuskelfahnen, die eine schnelles Zurückziehen in die schützende Röhre ermöglichen. Original: K. Herrmann, Erlangen.

Körperkontraktionen des Metasomas dienen vor allem der Bewegung in der Röhre. Beim blitzschnellen Zurückziehen des Vorderkörpers mit den Lophophoren bei Gefahr wird der hintere Teil des Metasomas, die Ampulle, in der Röhre verankert und der restliche Körper durch die Längsmuskeln kontrahiert.

Der in vier Abschnitte gegliederte **Darmtrakt** durchzieht den Körper U-förmig. Die im Wasser suspendierten Nahrungspartikeln werden nach Filtration durch die Tentakelcilien eingeschleimt, über die Nahrungsrinne im Lophophor zum querovalen Mund gewimpert und geschluckt; sie gelangen über einen kurzen Oesophagus und einen langen Vormagen in den in Höhe der Ampulle liegenden Magen. Die Verdauung ist teilweise intrazellulär. Faeces werden durch den langgestreckten Enddarm zum Vorderende des Metasomas transportiert. Der After liegt auf einer Papille außerhalb des Lophophors in einem durch die Tentakelcilien erzeugten und vom Körper wegführenden Wasserstrom.

Das gut ausgebildete **Blutgefäßsystem** (Abb. 1017) verbindet vor allem die Organe in der Ampulle des Metasomas mit den Tentakeln.

Am Dissepiment Mesosoma-Prosoma folgen 2 Lophophoralgefäße der Basis des Lophophors und senden je 1 Ast in die Tentakel; sie vereinigen sich hier Y-förmig zu je einem blind endenden Tentakelgefäß. In dem einen Ast wird Blut (mit hämoglobinhaltigen, napfförmigen Blutkörperchen) schubweise – durch Ventile gesteuert – in die Tentakel hineingepumpt, aus dem anderen Ast sauerstoffreiches Blut herausgepumpt. Es gelangt in das untere Lophophorgefäß und von hier in ein gerades absteigendes – afferentes – Gefäß, das mit einem gewundenen aufsteigenden – efferenten – Gefäß eine U-förmige Schlinge in den Mesenterien bildet. Vom afferenten Gefäß ziehen in Höhe der Ampulle viele kurze, blind endende, kontraktile

Gefäße (Coeca) zu den Gonaden. Von hier geht auch ein umfangreiches Lakunengefäß aus, das den Magen umhüllt und dann in das efferente Gefäß mündet. Letzteres transportiert das sauerstoffarme Blut zurück in den Lophophorbereich.

Exkretionsorgane sind 2 große Metanephridien, die auf je einer Papille neben dem After münden. Sie bestehen aus einem V-förmig abgeknickten ektodermalen Gang, der aus den larvalen Protonephridien hervorgeht, und einem sekundär gebildeten Wimperntrichter aus Coelothelzellen.

Der relativ einfache **Nervenplexus** besitzt eine Konzentration zwischen Mund und After, der morphologischen Dorsalseite (Abb. 1017 B). Von hier aus wird der Lophophor innerviert, außerdem entspringen hier (1) paarige oder nur eine linksseitige Kolossalfaser zum Körperende und (2) ein Ringnerv um den Oesophagus. Zusammengesetzte Sinnesorgane fehlen; an der Körperoberfläche besonders in den Tentakeln liegen einzellige monociliäre Rezeptoren.

Fortpflanzung und Entwicklung

Große Regenerationsfähigkeit, vor allem in der vorderen Region ist bei allen Phoroniden vorhanden. Ungeschlechtliche Fortpflanzung durch Querteilung oder eine Art Knospung wird bei einigen Arten beschrieben. Phoroniden sind Zwitter, z.T.

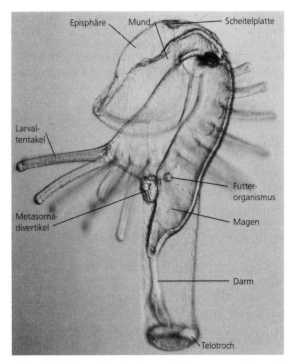

Abb. 1020: Phoronida. Actinotrocha-Larve von *Phoronis muelleri*. 22-Tentakel-Stadium mit Beginn der Anlage des Metasomadivertikels. Länge: 1,2 mm. Im Magen: *Scrippsiella faerorense* (Dinoflagellata). Original: K. Herrmann, Erlangen.

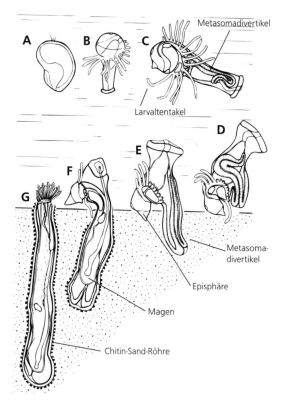

Abb. 1021: Phoronida. Entwicklungszyklus. A-C Freischwimmende Larvenstadien. A Junge Larve, noch ohne Tentakel, aber mit Scheitelplatte und Darmtrakt. B Larve im mittleren Entwicklungsstadium. C Metamorphosereife Larve mit Metasomadivertikel. D-F Festsetzen der Larve im weichen Sediment. D,E Ausstülpen des Metasomadivertikels, der den Darm U-förmig nachzieht (F). Vordere Bereiche der Larve (Episphäre mit den 2 Nervenzentren, Larvaltentakel) werden von der jungen *Phoronis* (G) gefressen. Original: K. Herrmann, Erlangen.

mit starker Protandrie. Die Keimlager befinden sich an den Kapillaren des afferenten Gefäßes im hinteren Bereich des Metasomas. Die männlichen „Gonaden" sind durch Mesenterien von den weiblichen getrennt. Die Gameten gelangen in die Leibeshöhle; ihre Ausleitung erfolgt durch die Metanephridien. Es liegt äußere Besamung und Befruchtung vor. Einige Arten betreiben Brutpflege in den Lophophoren. Dazu dienen Nidamentaldrüsen, mit deren Sekret Embryonen befestigt werden, die aus dotterreichen Eiern hervorgegangen sind. Die meisten Arten bilden Spermatophoren mit Hilfe besonderer Lophophororgane.

Die **Furchung** von *Phoronis muelleri* ist holoblastisch und radiär. Die Gastrulation erfolgt durch Embolie. Durch Dehnung der prospektiven Dorsalseite der Larve wird der Urmund seitlich und nach vorne verlagert. Er schließt sich von hinten nach vorn bis auf die Anlage des definitiven Mundes (Protostomie); der After entsteht im hinteren Winkel des Blastoporus neu. Mesodermale Zellen treten aus dem lateralen Bereich des Urdarms, organisieren sich als Epithel unterhalb des Ektoderms und bilden die unpaaren Räume von Protocoel und Mesocoel. Das paarige Metacoel entsteht später ebenfalls aus Zellen des Urdarms (Abb. 1021 A).

Die planktotrophe **Larve** (Abb. 1020, 1021), zunächst als eigene Art „*Actinotrocha branchiata*" verkannt, gehört zu den auffallendsten Formen des Nordseeplanktons (Länge 1–2 mm!). Der Name nimmt Bezug auf die bis zu 40 strahlenförmig angeordneten Tentakeln hinter dem Mund. Davor liegt die schirmartige Episphäre mit der Scheitelplatte, dahinter der langgestreckte Körper mit einem terminalen Wimpernkranz (Telotroch). Das für die einzigartige Metamorphose entscheidende Larvalorgan ist eine zunehmend größer werdende Einbuchtung am Übergang Mesosoma-Metasoma, der Metasomadivertikel. Innerhalb weniger Sekunden tritt dieser Schlauch aus und wird handschuhfingerförmig umgestülpt. Hierbei wird der Darm der Larve, der durch das Ventralmesenterium mit dem Divertikel verbunden ist, in ihn hineingezogen – er wird zum U-förmigen Darm des adulten Tieres. Aus dem Divertikel differenziert sich der Hautmuskelschlauch; Episphäre und Larvaltentakel werden einfach „verschluckt". Nach 10–15 min ist die Metamorphose beendet; ausgelöst wird sie durch Kontakt der Actinotrocha mit spezifischen Bakterien sandig-schlickiger Sedimente.

***Phoronis muelleri* (Abb. 1016), 120 mm. Mit bis zu 100 Tentakeln; ohne Brutpflege. Fleckenhaft, dann aber in sehr dichter Besiedlung (bis zu 2 Ind. cm^{-2}), in weichen Sedimenten, bis 50 m Tiefe, häufigste Phoronide der Nordsee. Kosmopolit. – ***P. ovalis*, 6 mm; kleinste Art. Gut abgesetzte Ampulle; durchsichtig; bis 28 Tentakel zu einem ovalen (Name!) Lophophor angeordnet. Eier bleiben in der Röhre; Larve eiförmig, ohne Tentakel; Röhren hyalin; kolonieartig an und in Muschelschalen, an Felsen, bis 50 m Tiefe, durch Architomie dichte rasenartige Besiedlung der Hartsubstrate. Nordsee (nicht mehr bei Helgoland).

Bryozoa (Ectoprocta), Moostierchen

Bryozoen sind sessile, in Tierstöcken organisierte Strudler von meist unter 1 mm Größe. Es sind etwa 5 000 rezente und etwa 15 000 fossile Arten bekannt. Die Phylactolaemata mit etwa 50 Arten (Abb. 1022, 1027 D) leben im Süß- und Brackwasser, alle übrigen sind weltweit verbreitete, marine Organismen vor allem im Litoral. Die einzelnen Individuen (Zooide) in einem Stock bilden jedes für sich ein gelatinöses oder festes Gehäuse (Zooecium) aus Chitin, z. T. zusätzlich mit Kalk. Erst als Stöcke werden Bryozoen zu auffallenden Organismen (Abb. 1023 C). Bei den meisten Arten sind sie fest mit dem Substrat verbunden und bilden einen dichten Überzug auf Steinen, Molluskenschalen, Seegras, Algen, Krebspanzern und anderen festen Substraten; es gibt Stöcke von über 1 m Ausdehnung, in der Regel begrenzt die Unterlage ihre Größe. Daneben kommen algen- oder korallenartige Wuchsformen vor, die sich vom Substrat erheben; einzelne erreichen eine beträchtliche Größe, z. B. wird das wie eine typische Alge aussehende *Alcyonidium gelatinosum* 90 cm hoch. Eine antarktische Art bildet einen gelatinösen Stock an Eisschollen. Einige wenige Stöcke können langsame Ortsbewegungen durchführen, wobei kontraktile Filamente am Hinterende der Einzeltiere den Tierstock auf einem Schleimfilm gleiten lassen (z. B. *Cristatella mucedo* 1 cm/Tag). Polymorphismus der Zooide ist häufig. Bei *Monobryozoon*-Arten im Sandlückensystem ist nur ein Zooid voll ausdifferenziert.

Bau

Der Bryozoenkörper ist funktionell in 2 Abschnitte gegliedert: (1) Polypid (vorderer Körperteil, der aus dem Gehäuse herausgestreckt werden kann) und (2) Cystid (hinterer Körperteil, der durch ein Gehäuse geschützt wird und der Fortpflanzung dient). Diese Abschnitte stimmen nicht mit der inneren trimeren Aufteilung in Prosoma, Mesosoma

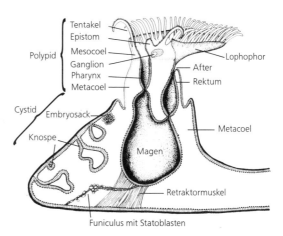

Abb. 1022: Bryozoa. Phylactolaemata, Organisationsschema eines Einzeltiers (Zooid). Das Polypid (äußerer, vorderer Körperteil) trägt einen hufeisenförmigen Lophophor und kann sehr schnell in das Cystid (hinterer Körperteil) eingezogen werden (starker Retraktormuskel!). Das Ausstülpen erfolgt langsam durch den Flüssigkeitsdruck des Metacoels. Vermehrung geschlechtlich oder ungeschlechtlich durch Knospen. Nach Kaestner (1963) und anderen Autoren.

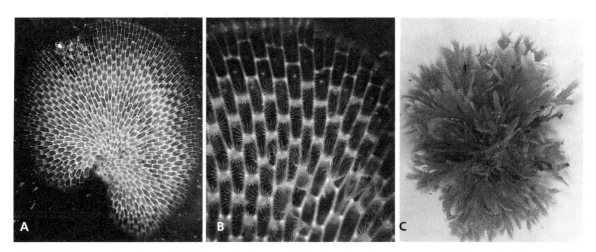

Abb. 1023: Bryozoa. Gymnolaemata (Cheilostomata, Anasca). A *Membranipora membranacea*, flächige, scheibenförmige Wuchsform. Aufwuchs auf *Laminaria saccharina*. B *Membranipora membranacea*, Ausschnitt. Die ausgestreckten Polypide (Vorderkörper) ergeben eine gemeinsame Filtrierfläche, die den Wasserstrom von oben anzieht und nach unten seitlich abführt. C *Flustra securifrons*, flächige, buschartige Wuchsform. Wird häufig vom Untergrund abgerissen und am Strand angeschwemmt. Originale: K. Herrmann, Erlangen.

A ANASCA

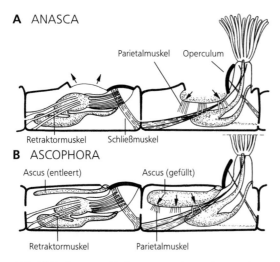

B ASCOPHORA

Abb. 1024: Bryozoa. Cheilostomata, Ein- und Ausstülpen des Polypids durch Druckänderungen in der Coelomflüssigkeit (Metacoel). A Anasca: Durch ein unverkalktes Areal auf der Oberseite (Ventralseite) des Gehäuses (Zooecium) kann das Volumen im Zooecium verändert werden. Der Retraktormuskel bewirkt ein sehr schnelles Zurückziehen des Polypids, das unverkalkte Areal wölbt sich nach außen. Als Antagonist wirken die Parietalmuskeln. Sie ziehen das weichhäutige Areal nach innen, erhöhen den Flüssigkeitsdruck im Metacoel, der wiederum das Polypid hinausgedrückt. B Ascophora: Das Zooecium ist weitgehend verkalkt. Die Funktion des häutigen Areals wird durch einen nach innen geführten Kompensationssack (Ascus) wahrgenommen. Als Antagonisten dienen wieder Retraktor- und Parietalmuskeln. Verändert nach verschiedenen Autoren.

und Metasoma überein (Abb. 1022). Das Prosoma existiert nur noch bei einigen Phylactolaemata (z. B. *Plumatella*) als Epistom (Oberlippe). Sein Protocoel ist vom Mesocoel nicht getrennt. Das Mesosoma ist gekennzeichnet durch den Nervenplexus und den Lophophor, der nur noch bei den Phylactolaemata hufeisenförmig ausgebildet ist. Bei den anderen Bryozoa sind die beiden Lophophorarme reduziert, so daß die Tentakel kreisförmig um die Mundöffnung angeordnet sind (Abb. 1025). Das Mesocoel ist entsprechend hufeisenförmig oder bildet einen Ring.

Das Metasoma umfaßt zwei Bereiche: (1) der vordere halsartige Abschnitt, der als Teil des Polypids aus dem Gehäuse herausgestreckt wird und (2) der umfangreiche hintere Teil, der ein cuticuläres Exoskelett abscheidet. Das Septum zwischen Mesocoel und Metacoel ist unvollständig.

Das Exoskelett ist gelatinös oder ein **Gehäuse** (Zooecium). Letzteres besteht zumeist aus Chitin, ist entweder dünn, z. T. elastisch (z. B. *Bowerbankia*) oder durch Calciumcarbonat-Einlagerungen (Calcit oder Aragonit) z. T. panzerartig verfestigt (Stenolaemata, Cheilostomata). Manche Gehäuse können zusätzlich mit Strontium- oder Magnesiumverbindungen verdickt (Abb. 1029) und durch artspezifi-

sche, äußere Stachelbildungen, auch durch Kalksepten (Cryptocysten) verstärkt werden.

Das Polypid – also Lophophor und vorderer Metasomabereich – wird immer von Retraktormuskeln in das Cystid hineingezogen und so geschützt (Abb. 1022); diese Muskeln sind an der Tentakelkrone bzw. am Darm befestigt. Hierbei legt sich der halsartige Teil des Polypids als Scheide um die Tentakel und bildet ein Atrium.

Die Einstülpöffnung (Orificium) wird unterschiedlich verschlossen – bei den Cyclostomata (S. 747; *Crisia* u. a.) durch Sphinktermuskeln, bei den Ctenostomata (S. 748) durch einen membranösen Kragen und bei den Cheilostomata (S. 748) durch einen Deckel (Operculum) auf der Ventralwand. Das Ausstülpen des Polypids erfolgt durch Erhöhung des hydrostatischen Drucks im Coelom. Dies geschieht sehr unterschiedlich: Bei den Phylactolaemata, die kein starres Gehäuse besitzen, wirken Ring- und Längsmuskeln des Hautmuskelschlauchs so zusammen, daß sich der Raum des Cystids verkleinert und das Polypid heraustreibt (Abb. 1022). Bei den mit festem Gehäuse ausgerüsteten Cheilostomata ohne Ascus wird der Flüssigkeitsdruck im Metacoel dadurch erhöht, daß die unverkalkt gebliebene Ventralwand durch Muskeln nach innen eingezogen wird und das Polypid austreibt (Abb. 1024A). Völlig verkalkte Cheilostomata besitzen eine nach außen sich öffnende schlauchartige Einbuchtung (Ascus, Kompensationssack). Bei dieser höchstentwickelten Bryozoengruppe bewirken Transversalmuskeln eine Vergrößerung der schlauchartigen Ascus-Einstülpung und Einströmen von Wasser – dadurch vermindert der Ascus das Gehäusevolumen, der Flüssigkeitsdruck im Metacoel wird erhöht und das Polypid nach außen vorgestülpt (Abb. 1024B). Es gibt noch weitere Konstruktionsprinzipien, die ein Ausstülpen des Polypids ermöglichen (Abb. 1026).

Abb. 1025: *Flustrellidra hispida* (Gymnolaemata, Ctenostomata). Ausschnitt einer flächigen Kolonie (etwa 1 cm), auf *Fucus serratus* aus der unteren Gezeitenzone vor Helgoland. Jeweils einige Individuen bilden gemeinsame Filtrierkörper, indem sie die Tentakelkränze enger zusammenhalten, das Wasser gemeinsam von oben ansaugen und dann seitlich gegen die andere Filtrationsgruppe abgeben. Original: K. Herrmann, Erlangen.

Die auffallendste Struktur ist der **Lophophor**. Die Cilien an seinen Tentakeln erzeugen einen Sog in den Trichter der Tentakelkrone. Nahrungspartikeln werden dabei von lateralen Cilienbändern an den Tentakeln herausgefiltert, ping-pong-artig zwischen Lateral- und Frontalcilien zur Basis der Tentakel gestoßen und durch Cilien zum zentral gelegenen Mund geführt. Die abgefangenen Partikeln können relativ groß sein – bis hin zu Zooplanktonorganismen.

Die dichte Anordnung der Einzelindividuen in einem Tierstock würde ein Abfließen des filtrierten Wassers behindern. Mehrere Einzelindividuen wenden deshalb die Methode der Gruppenfiltration an. Hierbei wird das Wasser zentral innerhalb der Gruppe angesogen und am gemeinsamen Rand der Gruppe abgegeben. Es kommt so zu keiner gegenseitigen Behinderung, und der Wasserstrom wird kräftiger (Abb. 1025).

Im geräumigen einheitlichen Metacoel liegt der auffällige U-förmige **Darmtrakt**. Er beginnt mit einem Pharynx aus epithelialen Muskelzellen. Der mittlere Abschnitt (Magen) bildet einen Blindsack. Bei einigen Arten (z.B. *Bowerbankia*) ist ein Kaumagen mit Cuticularplatten vorhanden, die im Feinbau Anneliden-Borsten ähneln (S. 356). Der Enddarm bildet den aufsteigenden Teil der Darmtraktschlinge, die den Körper parallel zum Pharynx durchzieht. Der After liegt außerhalb des Lophophors (daher „Ectoprocta") (Abb. 1022).

Die Verdauung verläuft im Magen bei pH 6,5–7,0 und ist extrazellulär. Der Transport der Nahrung erfolgt im vorderen Darmtrakt durch Cilien, die am Magenausgang den Nahrungsbrei in eine rotierende Bewegung bringen und ihn als länglich geformte Ballen in den Darm transportieren. Dort werden sie durch Kontraktionen weitergeleitet und in Schüben defäkiert.

Der Gasaustausch erfolgt über das Körperepithel, vor allem der Tentakel; bei Formen mit festem Gehäuse wird die Funktion durch Pseudoporen, nicht cuticularisierte Körperpartien (Cyclostomata, Cheilostomata) oder durch den Wassersack (Ascus einiger Cheilostomata, Abb. 1024) übernommen. Als Rest eines Blutgefäßsystems gilt der aus Coelothelien bestehende, strangförmige Funiculus (Abb. 1022) im Metacoel. Transportfunktion übernimmt allgemein die Coelomflüssigkeit; sonst fehlen Gefäße.

Auch Nephridien fehlen; die **Exkretion** erfolgt vermutlich durch Epithelien, vor allem des Magen-Darms. Ein Exkretspeichergewebe, das sich mit dem Altern braun färbt (Brauner Körper), kann zusammen mit dem Polypid abgestoßen werden. Das Cystid regeneriert dann Darmtrakt und Polypid, ein Vorgang, der sich im Leben eines Individuums mehrfach wiederholen kann.

Fortpflanzung und Entwicklung

Alle Süßwasserbryozoen und die Meeresbryozoen-Kolonien sind zwittrig (Ausnahme: z.B. *Crisia*);

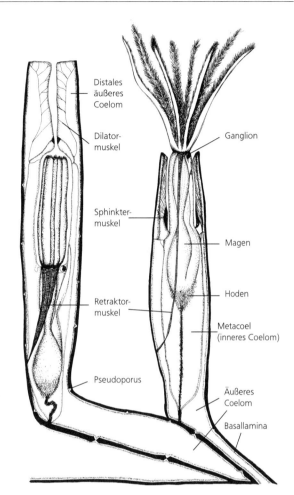

Abb. 1026: Bryozoa. Stenolaemata (Cyclostomata). Organisationsschema mit Ein- und Ausstülpvorgang. Einstülpen des Polypids erfolgt durch den Retraktormuskel. Durch die Kontraktion der Dilatormuskeln wird die Flüssigkeit im äußeren Coelom nach hinten verlagert. Auf die Coelomflüssigkeit des Metacoels wird Druck ausgeübt und der Körper (Zooid) nach außen gedrückt. Verändert nach Ryland (1970).

Labels in figure: Distales äußeres Coelom; Dilatormuskel; Sphinktermuskel; Retraktormuskel; Pseudoporus; Ganglion; Magen; Hoden; Metacoel (inneres Coelom); Äußeres Coelom; Basallamina

innerhalb einer Kolonie können einzelne Zooide nur einem Geschlecht angehören. Die weiblichen Keimzellen liegen am Coelothel der inneren Körperwand des Metasomas, die männlichen am basalen, metasomalen Coelothel oder am Funiculus (Abb. 1022). Gleichzeitige Entwicklung von Eiern und Spermien kommt vor, doch besteht Tendenz zur Protandrie. Es sind keine spezifischen Gonodukte vorhanden. Die Eier verlassen den Körper durch einen Coelomporus (Nephridien homolog?), der auf einem röhrenförmigen Fortsatz an der Lophophorbasis liegt (Intertentacularorgan). Spermatozoen, die durch Poren an den Tentakeln nach außen und mit dem Wasserstrom zu benachbarten Tieren gelangt sind, werden dann durch die Tentakelcilien zu diesem Intertentacularorgan geleitet.

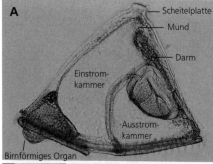

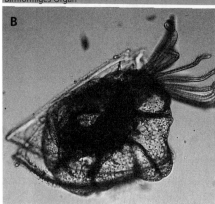

Abb. 1027: Bryozoa. Entwicklungsstadien. A,B *Electra pilosa* (Cheilostomata). A Cyphonautes-Larve mit schmalem dreieckigen Chitingehäuse; bewegt sich mit Hilfe von Randcilien durch das Wasser, mit der Scheitelplatte voran. Cilien auf den Rippen zwischen Ein- und Ausstromkammer filtrieren das Wasser. Vor der Metamorphose wird das birnförmige Organ herausgestreckt (Substratkontrolle!). B Metamorphose. Ancestrula (Primärzooid) ist aus den Zellen der Larve (mit Ausnahme der Epidermis) entstanden, die zu einer Zellmasse zusammengeflossen sind. Die Reste der beiden larvalen Chitinschalen werden erst nach 2 Tagen abgebaut. C,D *Cristatella mucedo* (Phylactolaemata). C Statoblast (Dauerknospe) mit typischem Schwimm- und Hakenkranz, noch umgeben von Zellresten des Muttertieres. D Ancestrula (Primärzooid) nach Verlassen der Statoblastenhülle. Originale: K. Herrmann, Erlangen.

Die kleinen, dotterarmen Eier von z. B. *Electra* und *Membranipora* werden direkt ins freie Wasser abgegeben. Die meisten Bryozoen treiben Brutpflege, die in verschiedener Weise erfolgen kann, z. B.: (1) Bei einigen Cyclostomata entwickeln sich die Eier im Metacoel weniger Zooide, die Verdauungstrakt und Tentakel reduzieren und so zu Gonozooiden werden. Dabei zerfällt der Embryo auf einem frühen Entwicklungsstadium in sekundäre und diese wiederum in tertiäre Embryonen (Polyembryonie, z. B. *Crisia*). (2) Viele Cheilostomata besitzen eine besondere helmförmige äußere Brutkammer (Ooecium, Ovicelle) (Abb. 1028 A), oder (3) der Embryo wird durch spezielle, placentaähnliche Verbindungen vom Muttertier versorgt (z. B. bei *Bugula, Plumatella*).

Entsprechend unterschiedlich ist die **Ontogenese.** Sie beginnt immer mit totaler, meist äqualer Furchung und führt über eine zweischichtige Coeloblastula bei den marinen Arten zu einer Wimperlarve. Eine planktotrophe **Larve** ist die Cyphonautes, deren flacher Körper zwischen zwei dreieckigen Schalen zusammengedrückt ist. Sie kann Monate im freien Wasser leben (Abb. 1027 A). Die brutpflegenden Arten bilden halbkugelige bis walzenförmige, lecithotrophe Larven aus, deren Darm zurückgebildet ist und deren Larvalzeit oft nur Stunden dauert. Alle Larven besitzen einen Wimperring (Corona), der die Episphäre mit apikaler Scheitelplatte von der hinteren unscheinbaren Hyposphäre mit Haftorgan trennt.

Die Larven sind zuerst positiv, später negativ phototaktisch. Substrate werden z. B. mit dem birnförmigen Organ geprüft; für die Festsetzung spielen Oberflächenstrukturen, chemische Bestandteile bzw. ein Bakterienfilm eine Rolle. Am Beginn der tiefgreifenden Metamorphose (Abb. 1027 A) wird das eingesenkte Haftorgan (Ventraltubus) vorgestülpt; dann werden alle anderen larvalen Strukturen histolysiert und in Adultstrukturen umgewandelt. Darmtrakt und Polypid entstehen später durch Proliferation vom Cystid.

Das erste Zooid, die Ancestrula (Abb. 1027 B), bildet durch Knospung, an der nur Ektoderm und Mesoderm teilnehmen, weitere Zooide; sie lösen sich nicht voneinander, sondern bilden eine immer größer werdende Kolonie. Die individuelle Darmanlage wird jeweils von der Körperwand neu gebildet; in Bryozoen-Kolonien gibt es kein gemeinsames Darmsystem (Unterschied zu den Kolonien der Cnidaria). Die Zooide sind durch meso- und ektodermale Gewebsstränge verbunden, die durch Porenöffnungen (Rosettenplatten) in der Gehäusewand zwischen den Zooiden verlaufen und eine Art Transportsystem bilden. Bei den Phylactolaemata werden die Körperwände zwischen den Individuen oft soweit reduziert, daß auch die Coelomhöhlen kommunizieren.

Neben den normalen Autozooiden entstehen vor allem bei den Cheilostomata verschiedene, polymorphe **Heterozooide** (Abb. 1028), die auf bestimmte Funktionen spezialisiert sind: (1) Vibracularien haben die Form eines langen Taststabes (entspricht dem Operculum), der mit rythmischen Bewegungen Nahrungszufuhr und Reinigung der Kolonie unterstützt. (2) Avicularien (Abb. 1028 B, C) haben die Form eines Vogelschnabels und führen schnappende Bewegungen durch;

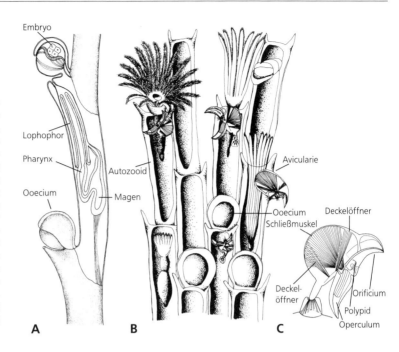

Abb. 1028: Bryozoa. Cheilostomata, Polymorphismus. A Zweigstück einer Kolonie von *Bugula sabatieri*. Seitenansicht, z.T. im optischen Längsschnitt; mit Brutkammern (Ooecien), in denen die Embryonen heranwachsen. B Teilausschnitt einer Kolonie von *Bugula turbinata* mit Autozooiden (normale Tiere), Avicularien und Ooecien (Brutkammern). C Avicularie in Seitenansicht. Die Schnabelstruktur entsteht durch Verlängerung des Operculums und Verstärkung des Orificiums. Das Operculum schnappt gegen den Orificiumrand, hervorgerufen durch die starke Muskulatur im Cystid (Öffner und Schließer). Polypid ist fast vollständig reduziert. A Nach Calvet aus Meisenheimer (1921); B nach Harmer (1910) aus Krumbach; C nach Marcus aus Kaestner (1963).

Bildbeschriftungen: Embryo, Lophophor, Pharynx, Ooecium, Autozooid, Magen, Avicularie, Ooecium, Schließmuskel, Deckelöffner, Deckelöffner, Orificium, Polypid, Operculum, A, B, C

auch hier ist der Darmtrakt rudimentär. Sie verhindern wie die Vibracularien, daß sich Larven anderer Hartsubstratbewohner festsetzen oder Partikeln auf der Kolonie ablagern. (3) Kenozooide sind stark reduzierte Individuen, die z.B. zur Anheftung der Kolonie an das Substrat dienen.

Außer der sexuellen Reproduktion und der durch Knospung bilden die Süßwasser-Bryozoen im Spätsommer asexuelle Dauerstadien (Statoblasten) (Abb. 1027 C), die der Überwinterung und der Verbreitung dienen (bis $800\,000$ m^{-2} bei *Plumatella repens*). Sie entstehen im Funiculus aus dotterhaltigen Mesoderm- und eingewanderten Ektodermzellen. Diese werden von einer dosenartigen Chitinschale umgeben und können mit Hakenfortsätzen sowie ringförmigen Auftriebskörpern versehen sein. Die Form der Statoblasten ist taxonomisch wichtig. Bei ungünstigen Bedingungen werden auch bei marinen Ctenostomata äußere Dauerknospen (Hibernacula) gebildet.

1 Phylactolaemata (Lophopoda), Süßwasserbryozoen

Seit dem Tertiär bekannte, ursprüngliche Bryozoen. Mit Epistom und hufeisenförmigem Lophophor (Ausnahme: *Fredericella*); Körperwände zwischen den Zooiden unvollständig oder fehlend. Ohne Polymorphismus. Wachstumszone des Tierstocks oralwärts. In stehenden oder langsam fließenden Süßgewässern.

Fredericella sultana; hirschgeweihartig verzweigte, dunkelbraune Kolonien bis 15 cm, Zooid 0,3 mm, Lophophor mit 16–24 Tentakeln, fast kreisförmig; Statoblasten

nierenförmig. – *Plumatella repens*; geweihartig verzweigte Kolonien, bis 20 cm; Zooide in massigen Klumpen, teilweise Wasserpflanzen umhüllend; Statoblasten eiförmig, ohne Hakenkränze; sehr häufig. – *Cristatella mucedo* (Abb. 1027 D); etwa 1 cm breite, bis 20 cm lange, wurmförmige Kolonien mit halbrundem Querschnitt, Knospen lateral; in der Mitte ältere Zooide bzw. Statoblasten mit 2 Hakenkränzen (Abb. 1027 C); verbreitet.

2 Stenolaemata (Cyclostomata)

Nur marin. Seit Ordovizium; mit langen zylinderförmigen Zooiden, ohne Verschlußapparat, Tentakel kreisförmig angeordnet, ohne Epistom; Körperwände verkalkt. Individuen getrennt, aber durch Poren (Rosettenplatten) verbunden. Wachstum der Kolonien analwärts. Ohne Polymorphismus.

Röhrenförmige, verkalkte Zooecien mit enger Öffnung (Name!), Vorhof lang und bei eingezogenem Polypid am Grund durch Sphinkter verschließbar, nur 8–16 Tentakel (Abb. 1026).

Crisia eburnea; Tierstock strauchartig, bis 3 cm; auffallend elfenbeinfarbig; Zooecien röhrenförmig, vorn abstehend; häufig auf Austern- und Wellhornschneckenschalen; Kosmopolit. – *Hornera lichenoides*; Kolonie korallenartig (Abb. 1029 C), bis 20 cm; mit großer Basalplatte; Zooecien nur innen stark verkalkt; Zooide in Kalk eingebettet; Nordsee. – *Lichenopora radiata*; Kolonie scheibenförmig, krustenartig, bis 1 cm; Zooide radiär angeordnet; männliche, weibliche und zwittrige Zooide. Nordsee.

3 Gymnolaemata

Überwiegend marin, mit kreisförmiger Anordnung der Tentakeln; ohne Epistom. Ausgeprägter Poly-

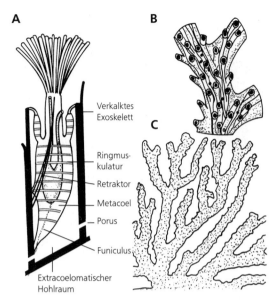

Abb. 1029: Bryozoa. Stenolaemata (Cyclostomata), Organisationsschemata. A Zooecium (Gehäuse) der Stenolaemata, stark verkalkt; von Poren (Rosettenplatten) durchbrochen; Verschluß der engen Gehäuseöffnung nur durch Sphinktermuskeln; Ausstülpen des Polypids allein durch die Ringmuskeln. Cystid durch einen extracoelomatischen Hohlraum vom Kalkgehäuse getrennt. B Stark verkalktes Skelett eines Stenolaemata-Stocks in starker Vergrößerung. C Kalkskelett eines Stockes von *Hornera lichenoides*, der sich flechtengleich auf festem Untergrund ausbreitet. A Nach Ryland (1970); B nach Hincks (1980); C nach Barg aus Grassé (1960).

morphismus; Zooecien kastenförmig bis zylindrisch, teilweise verkalkt; Coelomräume der einzelnen Zooide getrennt, Poren sind mit Gewebe ausgefüllt. Polypid wird durch Verformung der Körperwand ausgestülpt. Wachstum der Kolonie analwärts. Auch fossil bedeutend seit Ordovizium, rezent 650 Gattungen, in zwei Gruppen unterteilt.

3.1 Ctenostomata

Zooecien zylindrisch, durch Stolonen verbunden, Wände nicht verkalkt. Zooide nur mit Ringmuskeln, ohne Verschlußdeckel. Keine Ooecien, keine Avicularien. Unterscheidung auf Grund der Wuchsform: massig bis gelatinös (Typ a), verzweigt (Typ b), röhren- bis keulenförmig (Typ c).

Alcyonidium gelatinosum; Stock bis 90 cm, (Typ a) braungelb, baumförmig verzweigt. Stöcke auf Steinen bzw. als Überzug häufig auf anderen Tieren (z.B. Gorgonien). Häufig im Atlantik, Nord- und Ostsee, selten im Mittelmeer. – *Flustrellidra hispida* (Abb. 1025), Stock bis 5 cm, (Typ a) rotbraun, mit chitinigen Borsten, erscheint als rauhhaarige Kruste; häufig auf *Fucus serratus*; Larve eine modifizierte Cyphonautes ohne Darm; Nordsee. – *Paludicella articulata*; Stock (Typ b) rankenförmig, Zooide mit 16–18 Tentakeln, Winterknospen. Süß- und Brackwasser, Kosmopolit, kann Wasserröhren verschließen. – *Victorella pavida*; Stock (Typ b) unregelmäßig

verzweigt, Zooide mit weniger als 10 Tentakeln, lang und dünn, Winterknospen (Hibernacula). Brackwasser, Kosmopolit, manchmal Rasenbildungen. – *Bowerbankia imbricata*; Stock (Typ c) strauchartig verzweigt, mit Nestern von zylindrischen Zooiden; aufrecht bis 8 cm; Brackwasser, häufig. – *Zoobotryon verticillum*; Stock (Typ c) fadenalgenähnlich; bis 75 cm, milchig weiß. Zooide in 2 gegenständigen Reihen; auf Steinen oder Holz, häufig bis massenhaft; Mittelmeer. – *Hypophorella expansa*; Stock (Typ c) netzförmig zwischen den Wohnröhren von Polychaeten (*Lanice, Chaetopterus*); Zooide mit Raspelorgan an der Öffnung; ragen in die Polychaeten-Röhre und partizipieren am Wasserstrom; Cyphonautes-Larve, Nordsee. – *Monobryozoon ambulans*; sackförmiges Einzeltier (1,5 mm), mit Knospen, langsame Fortbewegung. Mit 10–15 röhrenförmigen, beweglichen Fortsätzen (Stolonen), kleben mit Drüsensekret an Sandkörnern. Im Lückensystem mariner Sedimente, auch bei Helgoland.

3.2 Cheilostomata

Zooecien schachtelförmig, auch oberer Teil weitgehend geschlossen, Wände mehr oder weniger stark verkalkt, Cystidöffnung mit Deckel verschließbar (Ausnahme: *Bugula*) (Abb. 1024). Polymorphismus: Avicularien (Abb. 1028, 1030 A), seltener Vibracularien; Cuticula häufig mit Fortsätzen. Brutpflege: Eier im Coelom oder in den Ooecien. Meist flächig verkalkte Kolonien, häufig auf Steinen und Laminarien. Seit Malm bekannt.

Anasca (Formen ohne Ascus) – *Aetea anguina*; Stock fadenförmig; Zooecien glänzend weiß, einzeln zylindrisch abgehoben; Zooide mit 12 Tentakeln; auf Rot- und Braunalgen verbreitet; Nordsee, Mittelmeer. – *Membranipora membranacea*; (Abb. 1023 A,B); Stock flächig krustenförmig, aber elastisch, transparent weiß; bis 20 cm; Zooecien rechteckig (0,4 × 0,1 mm), einige turmartig,

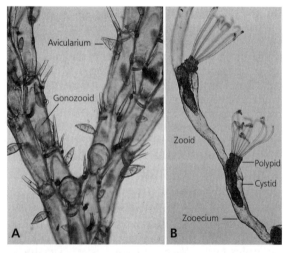

Abb. 1030: Bryozoa. Gymnolaemata (Cheilostomata, Anasca). Bäumchenartige Wuchsformen. A *Bugula* sp., Ausschnitt aus einem Stock mit ausgeprägtem Polymorphismus (Avicularien, Ooecien). Präparat. B *Bugula flabellata*, lebend. Ausschnitt aus einem weitverzweigten Stock. Originale: K. Herrmann, Erlangen.

ohne Ooecien, mit langen Kalkborsten an Distalecken, Zooide ohne Avicularien; Überzüge auf Algen (*Laminaria*); Cyphonautes 600 µm; Norwegen bis Adria, eine der häufigsten Bryozoen. – *Electra pilosa*; Stock je nach Untergrund fleckenhaft bis streifenförmig verzweigt, bis 20 cm, Zooecien 0,5 × 0,3 mm, alle Seiten gerundet, „fischförmig" mit etwa neun Chitinborsten, Zooide mit 11–15 Tentakeln; eine der häufigsten Bryozoen, Kosmopolit. Stöcke bilden weißgraue Überzüge auf Algen, manchmal abgerollt-kugelförmig am Strand; Cyphonautes 400 µm; ganzjährig. – *Flustra foliacea* (Abb. 1023 C); Stock graubraun, algenartig, blatt- oder fächerförmig, bis 10 cm, mit flächig abgerundeten Zweigen, riecht nach Zitrone; durch Wachstumsstop von Oktober bis Februar werden Jahresringe sichtbar. Zooecien zungenförmig (0,4 × 0,2 mm) mit fünf kurzen dicken Borsten, Zooide mit 13–14 Tentakeln; auf Steinen mit einer basalen Scheibe festgeheftet; in kälteren Gewässern häufig. – *Callopora lineata*; Zooecien 0,5 × 0,2 mm, mit je 1 Avicularium, umgeben von 11 dicken zylindrischen Stacheln; Autozooide mit 13–14 Tentakeln, durch tiefe Einkerbungen einzeln abgesetzt; typisch für Felsenküsten, circumpolar, häufig. – *Bugula plumosa* (Abb. 1030); Stock mit spiralig angeordneten Zweigen bis 8 cm, braunorange, Zooecien 0.4 × 0.2 mm, mit unpaarer Borste, Avicularien sehr schmal, Autozooide mit 14 Tentakeln; unter Felsen, Hafenanlagen, Nordsee bis Mittelmeer.

Ascophora (Formen mit Ascus) – *Schizoporella sanguinea*; Stock rötlich, krustenförmig, bis 20 cm, Zooecien oval bis rechteckig in Reihen, ohne Borsten; umhüllt Hartböden-Substrate; stellenweise massenhaft, auch an Schiffen; Mittelmeer. – *Sertella beaniana*; Stock lachsfarben, bis 10 cm, trichterförmig, netzartig durchbrochen (Abb. 1031),

Abb. 1031: Bryozoa. Gymnolaemata (Cheilostomata, Ascophora). *Sertella beaniana*, lebend lachsfarben, flächenförmige Ausbildung der Zooecien in Trichterform, mit netzartigen, kleinen Lücken für den Wasserdurchstrom. Mittelmeer. Original: W. Westheide, Osnabrück.

Zooecien zylindrisch mit 4–6 Stacheln, mit kleinen Avicularien; in extremen Schattengebieten des Felslitorals, vereinzelt, Mittelmeer. – *Hippodiplosia foliacea*; Stock bis 20 cm Höhe, flachblättrig, elchgeweihförmig verzweigt, orange bis lachsfarben; Zooecium oval bis rhombisch; Mittelmeer. – *Myriapora truncata*; aufrecht dichotom verzweigter Stock (etwa 10 cm), auffallend rot, Oberfläche mit vielen kleinen Löchern; Zooidgrenzen nicht sichtbar, zu verwechseln mit Edelkoralle; Mittelmeer.

Brachiopoda, Armfüßer

Die muschelähnlichen Brachiopoden sind sessile, ausschließlich marine Organismen mit weltweiter Verbreitung. Den nur etwa 380 rezenten stehen ca. 30 000 fossile Arten gegenüber; sie sind seit dem Unteren Kambrium (570 Mill. Jahre) bekannt. Das Taxon enthält ausschließlich solitäre Formen.

Der Habitus der Tiere wird durch zwei gegeneinander bewegliche Schalen bestimmt, die – anders als bei den Muscheln – dorsal und ventral angeordnet sind (Abb. 1033). Die Dorsalschale (Armklappe) ist oft kleiner als die Ventralschale (Stielklappe), deren Hinterende oft schnabelartig ausgeweitet ist. Hier befindet sich auch die Öffnung für den Stiel (Abb. 1034). Die größte rezente Art ist 7 cm, die größte fossile 30 cm breit.

Bau

Die Konvergenz zu den Muscheln (S. 319) wird durch den Bau der **Schalen** verstärkt. Sie sind bei den meisten Brachiopoden massiv verkalkt. Außen wird die Schale von einem Periostracum aus organischem Material bedeckt, darunter liegen Schichten aus feingranulärem , dann faserartigem Calciumcarbonat (Calcit), die mit Proteinlamellen abwechseln. Manche Gruppen (z. B. †Spiriferida) besaßen noch eine dritte, sog. Prismenschicht, wiederum aus Calcit. Zum Teil werden die Schalen von Porenkanälen für säulenförmige Mantelausstülpungen mit Sekretzellen (Caeca) durchzogen („punctate" Schalen), die mehrfach konvergent entstanden sind (Abb. 1033).

Eine andere Gruppe der Brachiopoden (z. B. *Lingula)* hat zarte und biegsame Schalen aus wechselnden Schichten von Chitinlamellen und Calciumphosphat; bei *Discinisca* ist das Chitin ungeordnet.

Abb. 1032: Brachiopoda (Testicardines). *Macandrevia* sp. in natürlicher Lage festgeheftet, mit der kleineren Dorsalschale unten und der größeren Ventralschale (mit Ausbuchtung für den Stiel) oben. Fundort: Pazifikküste British Columbia. Original: W. Westheide, Osnabrück.

Das Flächen- und Dickenwachstum der Schalen erfolgt an der Außenseite bzw. am Rand des Mantels (s. u.).

Der bewegliche **Stiel** mit chitiniger Cuticula ist wahrscheinlich ein Teil des Metasomas; bei den Inarticulaten enthält er einen großen Coelomraum. Er dient zur Verankerung oder Festheftung. Seine Länge ergibt sich aus der Position der Tiere im oder auf dem Substrat (Abb. 1037, 1038).

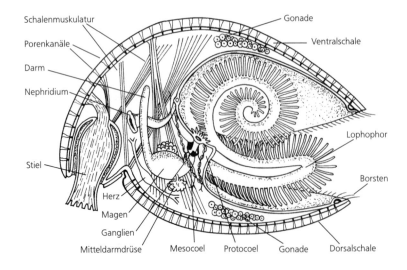

Abb. 1033: Brachiopoda (Testicardines). Organisationsschema, physiologisch orientiert. Die zweiklappige Schale umfaßt den Körper dorso-ventral (Gegensatz zur Muschelschalen!). Der Stiel inseriert an der Stielklappe (Ventralschale). Die kleinere Dorsalschale (Armklappe) ist dem Boden zugewandt. Sie wird durch Muskeln auf- und zugeklappt (Abb. 1034), so daß die Brachiopoden eigentlich verkehrt – mit der Ventralschale oben – auf dem Substrat festsitzen. Verändert, nach verschiedenen Autoren.

Nur bei wenigen Arten (z.B. *Novocrania*) fehlt ein Stiel; sie sind mit der ventralen Schale an Hartsubstraten festgeklebt. Der sehr lange, retraktile Stiel der Linguloidea (z.B. *Lingula*) wird nicht festgeheftet; die Tiere verankern sich mit ihm senkrecht in weichen Sedimenten, in die sie auch den schalentragenden Teil des Körpers weit hineinziehen können (Abb. 1037). Die meisten Arten sitzen auf einem kurzen, an harten Substraten festgehefteten Stiel (z.B. *Terebratulina*) (Abb. 1032).

Die Schalen der Inarticulata werden nur durch Muskeln zusammengehalten, die der Testicardines (deshalb auch Articulata!) zusätzlich durch ein Scharnier. Öffnen und Schließen der Schalen erfolgt nur über antagonistische Muskeln (Gegensatz zu Bivalvia!) (Abb. 1034), die an besonderen Schalenstrukturen inserieren. Die Schalen können außen und innen reich skulpturiert sein (Abb. 1035, 1032); am Schalenrand treten mannigfache Verzahnungen zur Führung der beiden Schalen gegeneinander auf. Sie spielen in der Systematik – zusammen mit den Porenkanälen – vor allem bei den fossilen Formen eine wichtige Rolle.

Wiederum außerordentlich ähnlich zu den Bivalvia findet man unter den Schalen je eine ausgedehnte – allerdings dorsal und ventral – abgegliederte Körperfalte, den **Mantel**. Er umschließt die Mantelhöhle mit dem großen Lophophor als Filtrations- und Respirationsorgan. Am Mantelrand stehen oft Borsten, die größere Partikeln von der Mantelhöhle fernhalten können. Sie stimmen in der Feinstruktur mit den Annelidenborsten vollständig überein (S. 356).

Im Laufe der Evolution wurde die Effektivität des **Lophophors** mehrfach durch Vergrößerung bzw. durch Verlängerung erhöht (Abb. 1033): (1) Ursprünglich ist der Lophophor klein und liegt ringförmig um den Mund: Trocholophus (*Dyscolia*). Er wird dann (2) zum Schizolophus eingerollt (*Pelagodiscus*). (3) Zwei Paar aus einem Zentrum hervorgehende Tentakelträger bilden den ptycholophen Lophophor (*Lacazella*). (4) Oft ontogenetisch angelegt, aber selten adult vorhanden, ist der hufeisenförmige Tentakelträger (Zygolophophor) (*Magadina*). (5) Später werden die Lophophorarme stark verlängert und dabei gewunden (plectolopher Lophophor) (*Magellania*). (6) Am Ende dieser morphologischen Reihe steht der spiralig eingerollte, sog. spirolophe Lophophor (verbreitet bei Inarticulata und Rhynchonellida innerhalb der Testicardines) (Abb. 1035 C).

Die Vergrößerung der Filtrationsstruktur erfordert eine stationäre Befestigung. Bei den Testicardines werden die Lophophore durch ein auffälliges, kalkiges Lophophorskelett (Brachidium) gestützt, das fest mit der Armklappe (Dorsalschale) verbunden ist (Abb. 1035 B).

Die Lophophorarme führen an ihrer Oberseite Rinnen mit einseitig angeordneten Tentakeln (Cirren), die mit ihrer reusenartigen Bewimperung Nahrung herbeistrudeln. Die Partikeln – meist kleine Phytoplankton-Organismen – gelangen mit dem Wasserstrom seitlich durch die geöffneten Schalenklappen an die Lophophore, werden von den Cilien herausfiltriert und in der Nahrungsrinne zum breit

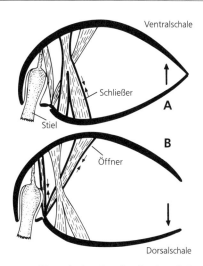

Abb. 1034: Brachiopoda (Testicardines). Die Schalen werden antagonistisch über zwei Muskelsysteme bewegt (Gegensatz zur Muschelschale: Schließmuskel(n) – elastisches Ligament). A Das Schließen der zum Boden weisenden Dorsalschale erfolgt allein durch den Schließmuskel (Pfeile). B Das Öffnen der Dorsalschale wird durch zwei Muskelsysteme gewährleistet, wobei der Schließmuskel als Widerlager und die Schwerkraft Hilfestellung leisten. Verändert nach verschiedenen Autoren.

gestreckten Mund geführt. Der gefilterte Wasserstrom fließt zentral nach vorn durch die Schalenöffnung wieder hinaus; dabei wird er durch Schalenskulpturen oder Borsten geleitet.

Das **Nervensystem** bildet einen umfangreichen basiepidermalen Plexus; es besitzt im Mesosoma dorsale und ventrale Ganglienkonzentrationen, die besonders den Lophophor und die Schalenmuskulatur innervieren. Sinnesorgane sind bei den Adulttieren kaum bekannt (bei *Lingula* 1 Paar Statocysten). Larven besitzen vielfach einfache Photorezeptoren.

Der **Darmkanal** zeigt in seinem Verlauf hinter einer magenartigen Erweiterung Unterschiede in den einzelnen Taxa. Bei *Novocrania* hat er einen annähernd U-förmigen Verlauf mit Schleife und terminalem After. Bei allen anderen Inarticulata mündet der After an der rechten Seite nahe dem Nephridioporus. Die Testicardines besitzen einen blind endenden Darm ohne After (Abb. 1033). Vom Magen gehen 1 Paar, z.T. umfangreich verzweigte Mitteldarmdrüsen aus. Die Verdauung ist extrazellulär.

Das **Coelom** ist noch deutlich dreigliedrig (trimer). Das röhrenförmige Protocoel läuft als „großer Armsinus“ (Labialkanal) am Innenrand des Tentakelträgers entlang und bildet um den Vorderdarm die perioesophagealen Kammern. Das Mesocoel als „kleiner Armsinus“ (Tentakelkanal) bildet an seiner Außenseite einen Hauptkanal und entsendet in jeden Tentakel einen Seitenzweig.

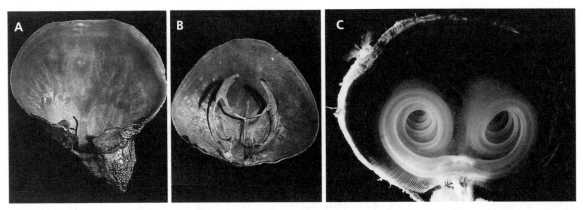

Abb. 1035: Brachiopoda (Testicardines). Schalen. A *Terebratella* sp. Innenseite der Ventralschale (Stielklappe) mit der Stielöffnung (unten) und mit Abdrücken der verschiedenen Muskelansätze. Unten rechts Aufwuchs (Balanide). B Dorsalschale (Armklappe), Innenseite mit Armskelett (Brachidium), in das der paarige, spiralig angeordnete Lophpophor eingehängt wird. Durchmesser: 3 cm. C *Hemithyris psittacea*. Stielklappe entfernt, Blick auf den spirolophen Lophophor als Filterorgan. Durchmesser: 2,5 cm. Originale: W. Heimler, Erlangen.

Entgegen älteren Angaben sind Proto- und Mesocoel vollständig voneinander getrennt. Das gilt auch für das paarige Metacoel. Es bildet mediane Mesenterien mit Gefäßen und 2 Paar laterale muskulöse Bänder, das vordere Gastroparietal- und das hintere Ilioparietalband. Vom Metacoel führen Kanäle in den Mantel und verzweigen sich hier teilweise stark. Die Coelomflüssigkeit zirkuliert und transportiert dabei. Daneben gibt es ein ausgedehntes, in Kanälen und Sinus verlaufendes **Blutgefäßsystem**; ein kontraktiles Herz liegt über dem Magen. Vor allem der Lophophor und die Mantelflächen als Organe des Gasaustausches werden gut versorgt. Bau und Zirkulation sind noch ungenügend untersucht. Als Atmungspigment dient Hämerythrin. Gewöhnlich erfolgt die **Exkretion** durch 1 Paar Metanephridien im Ilioparietalband, die auch der Ausleitung der Keimzellen in die Mantelhöhle dienen. Bei Rhynchonellidae liegt ein 2. Paar Nephridien im Gastroparietalband.

Fortpflanzung und Entwicklung

Asexuelle Vermehrung gibt es nicht. Die Geschlechter sind gewöhnlich getrennt (Ausnahme: *Argyrotheca*). Keimzellen entwickeln sich am Peritoneum des Metacoels – bei Testicardines in den Mantelkanälen, bei Linguliden an den Mesenterien. Die Ausleitung erfolgt durch die Nephridien – zumeist frei nach außen. Manche Arten betreiben Brutpflege, z.B. in den Lophophoren.

Die holoblastische **Ontogenese** verläuft über eine Radiärfurchung zur Coeloblastula und Invaginationsgastrula, dabei kann sich der Urmund teilweise völlig schließen. Die Mesodermablösung erfolgt durch Enterocoelie (ähnlich den Echinodermata) oder durch abweichende Ablösungsformen (z.B. laterale Zellproliferation), über die nur wenige Einzelheiten bekannt sind.

Das Juvenilstadium der inarticulaten Brachiopoden (Abb. 1036B) entspricht im Bau den Adulten und kann sich ohne große Umbildungen festsetzen. Die Testicardines-Larve hat einen zweiteiligen Körper (Abb. 1036A): ein vorderer Abschnitt mit vielen Cilien dient als Antriebsorgan und entspricht dem eigentlichen Körper des Adulttieres mit Lophophor; der relativ große hintere Abschnitt bildet Stiel und Mantel. Am Vorderkörper können Augen und Statocysten vorhanden sein, am Hinterkörper Borstenbündel. Nach einer kurzen Periode im freien Wasser (1–2 Tage) erfolgt die Anheftung an das Substrat und die Metamorphose durch Umstülpen des Mantels über den Vorderkörper und Bildung der Primärschalen.

Systematik

Für die Systematik und die Stammesgeschichte hat die chemische Zusammensetzung bzw. Struktur der Schale eine besondere Bedeutung. Als ursprünglich gelten Formen, die wie *Lingula* (Abb. 1037A,B) Schalen aus organischem Material mit Calciumphosphat- oder Calciumcarbonat-Einlagerungen besitzen; sie lassen sich nahezu unverändert auf Formen aus dem Ordovizium zurückführen. Auch *Novocrania* gehört zu den „Dauergattungen"; ähnliche Arten lebten bereits vor 440 Millionen Jahren. Die **Testicardines** (Schalen mit Scharnier) gehen aus den **Inarticulata** (ohne Scharnier) hervor.

Das vorliegende System der Brachiopoden hat, mit Ausnahme der Aufteilung in die beiden Großgruppen, provisorischen Charakter. Dennoch wird es von den meisten Autoren verwendet.

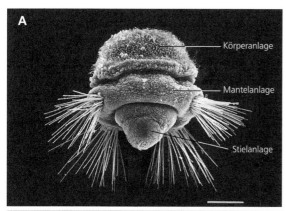

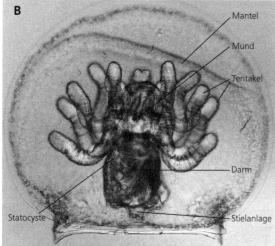

Abb. 1036: Brachiopoda. Entwicklungsstadien. A *Laqueus californianus* (Testicardines). Larve kurz vor der Metamorphose. Sie setzt sich mit der Stielanlage auf hartem Substrat fest; die Mantelanlage umwächst dabei das Vorderende, das sich zur Körperanlage umbildet. Maßstab: 50 μm. B *Glottidia albida* (Inarticulata). Das noch frei schwimmende, larvenähnliche Entwicklungsstadium, bereits mit Schale und Tentakeln, setzt sich durch ein weiteres, verstärktes Wachstum des Stiels im weichen Substrat fest. Originale: W. Heimler, Erlangen.

1 Inarticulata (Ecardines)

Schalen ohne Scharnier (Schloß), durch Muskelantagonisten und Mantel zusammengehalten. After vorhanden, meist links (Ausnahme: *Novocrania*). Kambrium bis rezent.

1.1 Atremata

Schale chitinig, phosphatisch, oval bis zungenförmig; langer beweglicher Stiel, der durch eine rinnenförmige Vertiefung zwischen den Schalen hinaustritt. – *Lingula anatina* (Abb. 1037); dünne flache Schale (3–5 cm) aus parallel zur Oberfläche geschichteten Chitin- und Phosphatlamellen; muskulöser Stiel bis 30 cm, wird in Japan als Delikatesse verspeist, dient zum Graben und Festhalten, stark kontrahierbar. Senkrecht im Sand und Schlick, in der Gezeitenzone und tiefer; Indo-Pazifik; Ordovizium bis

rezent: sog. „Dauergattung" (Abb. 1037 C,D). Vor der Atlantikküste Nordamerikas die nahe verwandte Art *Glottidia pyramidata*.

1.2 Neotremata

Stielklappe unten liegend, konisch; Armklappe (oben) flach, Umriß kreisförmig. Schale chitinig, phosphatisch, gelegentlich kalkig. Kreisförmige Stielöffnung im Wirbel der Stielklappe oder schlitzförmig modifiziert. – *Discinisca lamellosa,* Klappen rund mit exzentrischen Ringen, bis 2 cm, mit kurzem Stiel am Substrat festgewachsen; weltweit. – *Novocrania anomala,* weitgehend runde Schale bis 1,5 cm, überwiegend aus Calcit, Periostracum nicht chitinös; Stielklappe am Substrat angewachsen, Innenseite erinnert an einen Totenkopf (Name!); After am Körperende; Ordovizium bis rezent; weltweit, auch Mittelmeer und nordeuropäische Küste (Norwegen).

2 Testicardines (Articulata)

Kalkige Schale mit Scharnier (Schloß) (Name!). Stiel kurz, tritt durch ein Loch im Nabel der Stielklappe (Ventralschale); Armklappe (Dorsalschale) mit Armskelett (Brachidium) liegt meist dem Substrat

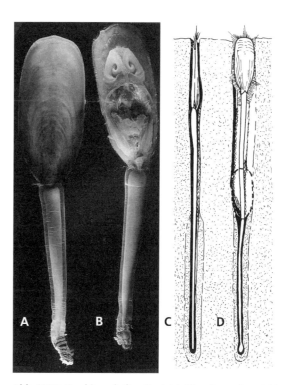

Abb. 1037: Brachiopoda (Inarticulata). *Lingula anatina.* A Habitus mit chitiniger Schale und langem, hier kontrahiertem Stiel. B Stielklappe (Ventralschale) entfernt, um die Lage der beiden spiraligen Lophophorarme zeigen zu können. C,D Natürliche Lage im Sediment, in Seitenansicht (C), in Dorsalansicht (D). Gestrichelter Kreis gibt die Position des Körpers bei kontrahiertem Stiel an. A,B Originale: W. Schäfer, Sindelfingen; C,D nach François aus Grassé (1960).

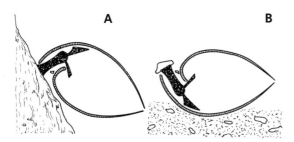

Abb. 1038: Brachiopoda (Testicardines). *Terebratella sanguinea.* A Normale Festheftung auf Hartsubstraten mit Stielklappe (Ventralschale) oben und Armklappe unten. Maßstab: 6 mm. B Auf Weichböden wird der Stiel an eine größere Struktur angeheftet.

näher (wegen Gewicht des Lophophors?) (Abb. 1032, 1038). After fehlt. Bedeutung als Leitfossilien; Kambrium bis rezent.

2.1 Rhynchonellida

Schale faserig, von kugeliger Gestalt, mit kurzem Scharnierrand; Mittel-Ordovizium bis rezent, vor allem im Mesozoikum. – *Hemithyris (Rhynchonella) psittacea,* 2,5 cm, Klappen dunkelbraun bis schwarzviolett, Stielklappe größer, mit Schnabel. Armspiralen schraubenförmig, von der Basis an frei. Circumpolar.

2.2 Terebratulida

Schalen glatt, mit kurzem Schloßrand und Schleifenarmgerüst; ab Ober-Silur bis rezent, häufig in der Kreide: – *Terebratulina retusa;* 3,5 cm, Klappen oval, weißlich bis gelblich, N-Atlantik. – *Macandrevia cranium,* 1,5 cm, Klappen blaßgelb, oval, Stiel kurz. Europäische Atlantikküste bis 2900 m. – *Lacazella mediterranea,* 8 mm, mit ungleichen Schalen. Brutpflege: Larven haften an zwei medianen Tentakeln; Mittelmeer.

DEUTEROSTOMIA

Die Chaetognatha (Pfeilwürmer), Hemichordata, Echinodermata (Stachelhäuter) und Chordata mit den 3 Untergruppen Acrania, Tunicata und Vertebrata werden als Deuterostomia zusammengefaßt. Der Name bezieht sich auf die ontogenetische Entstehung des Mundes. Ursprünglich entsteht bei diesen Organismen der After aus dem caudal liegenden Blastoporus, während der Mund an der Ventralseite im vorderen Bereich des Embryos sekundär durchbricht – im Gegensatz zu den sog. Protostomiern, bei denen auf unterschiedliche Art und Weise der Urmund oder Teile der Urmundes zum definitiven Mund werden (Abb. 1039).

Für die meisten Deuterostomier ist weiterhin die Versenkung des ursprünglich basiepithelialen Nervensystems während der Embryonalentwicklung charakteristisch: Seine Verlagerung in die Tiefe erfolgt in Form von Einfaltungen größerer Epithelabschnitte. So entsteht ein rohrförmiges Zentralnervensystem, das wegen seiner dorsalen Lage bei den Chordaten den Deuterostomia die Bezeichnung Notoneuralia eingebracht hat. Besonders deutlich ist die rohrförmige Absenkung bei den Chordata; bei den Enteropneusten (Hemichordata) erfolgt sie nur im zweiten Körperabschnitt, dem Kragen (Abb. 1059); aber auch bei Echinodermen (Schlangensternen, Seeigeln und Seegurken) kommt es zu rohrförmigen Absenkungen aus der Epidermis (Abb. 1087, 1112).

Zumindest bei Hemichordata und Chordata ist ein Kiemendarm ausgebildet, der ursprünglich zum Fil-

Reinhard Rieger, Innsbruck und Wilfried Westheide, Osnabrück

trieren von Nahrungspartikeln und zur Respiration dient (Abb. 1055–1057, 1136, 1158). Es ist jedoch ungeklärt, ob es sich hierbei tatsächlich um homologe Strukturen handelt. Übereinstimmung gibt es auch in der Tendenz zur Entwicklung von Binnenskeletten: Verdichtung der basalen Matrix mit Kollageneinlagerungen zeigen die Enteropneusta (Hemichordata) im Eichel- und Kiemenskelett und die Acrania ebenfalls im Kiemenskelett. Echinodermen bilden ein prominentes mesodermales Kalkskelett unterhalb der Epidermis, und die Wirbeltiere differenzieren im mesodermalen Bindegewebe Knorpel und Knochen, allerdings durch extrazelluläre Abscheidungen.

Außerdem fällt bei den Deuterostomia auf, daß in der Mehrzahl der Gruppen (Hemichordaten, Echinodermen, Chordaten) sessile oder wenig bewegliche Tiere vorkommen. Eine Ausnahme bilden auch hier die Chaetognatha als primäre Holoplankton-Organismen. Wichtig erscheint noch das Auftreten von Wimpernlarven und – damit verbunden – eines ursprünglich biphasischen Lebenszyklus bei Hemichordaten und Echinodermen. Diese Larven vom Dipleurula-Typ sind mit monociliären Wimpernbändern oder Wimpernfeldern ausgestattet (Ausnahme: Telotroch der Tornaria-Larve). Ungewiß ist, ob die Larven der Tunicaten innerhalb der Chordata ursprünglich oder abgeleitet sind.

Die phylogenetische Stellung der Chaetognathen ist ein ungelöstes Problem, da außer einigen ursprünglichen Merkmalen (z.B. Enterocoelie, Coelomgliederung) keine Hinweise zu anderen Gruppen der Bilateria vorhanden sind. Neue Untersuchungen zur Feinstruktur und Entwicklung der somatischen Muskulatur weisen zwar erneut auf die Deutero-

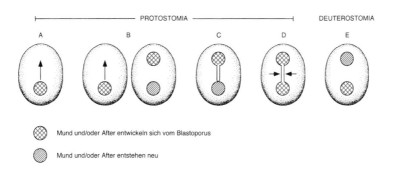

Abb. 1039: Schemata einiger Beziehungen von Mund- und Afterbildung zum Blastoporus bei Protostomia und Deuterostomia. A Verlagerung des Blastoporus entlang der ventralen Mittellinie, keine Afterbildung (Protostomia). B Verlagerung des Blastoporus entlang der ventralen Mittellinie mit sekundärer Afterbildung (Protostomia). C Schlitzförmiger Blastoporus in ventraler Lage. Definitiver Mund entsteht aus seinem Vorderende, After bricht sekundär durch (Protostomia). D Schlitzförmiger Blastoporus. Mund und After entstehen aus seinem Vorder- und Hinterende (Protostomia). E Blastoporus nahe dem Hinterende wird zum After. Der Mund bricht sekundär am ventralen Vorderende des Embryos durch (Deuterostomia). Nach Fioroni (1988) und Salvini-Plawen (1980).

stomia-Verwandtschaft der Chaetognathen hin, ermöglichen aber immer noch nicht, ihre phylogenetische Position genauer zu bestimmen.

Was die systematische Stellung der Deuterostomia zu den übrigen Bilateria betrifft, so ist seit langem, vor allem aufgrund der ursprünglich basiepithelialen Organisation des Nervensystems und wegen des trimeren Körperbaus, eine engere Beziehung zu den Tentaculata belegt. Einige Autoren fassen daher Deuterostomia und Tentaculata als Taxon Radialia zusammen. Es wird aber auch heute noch ein getrennter Ursprung von Deuterostomia und Tentaculata aus dem diploblastischen Organisationsniveau diskutiert.

Ergänzungen: S. 863.

Chaetognatha, Pfeilwürmer

Die meisten der rein marinen Chaetognathen leben pelagisch, nur wenige benthisch (*Spadella*). Sie sind in allen Meeresgebieten der Erde zu finden. Welche Faktoren die geographischen und vertikalen Verbreitungsgrenzen der verschiedenen Arten bestimmen, ist im einzelnen ungeklärt.

Obwohl ihrer Artenzahl nach – über 120 – nur eine kleine Tiergruppe, sind sie als räuberische Konsumenten und aufgrund ihrer hohen Individuenzahlen ein wichtiger Faktor im marinen Nahrungsnetz. Durchschnittlich 5–10% der Biomasse des marinen Planktons bestehen aus Chaetognathen. Sie ernähren sich von Crustaceen, besonders Copepoden, sowie von anderen Planktonorganismen dieser Größenklasse. Sie selbst werden von größeren Räubern, z.B. Fischen, gefressen. – Larven treten in der Entwicklung der Chaetognathen nicht auf.

Bau

Chaetognathen sind langgestreckte, bilateral-symmetrische Tiere mit rundlichem bis ovalem Querschnitt. Ihre Länge reicht von 2–120 mm. Ihr Körper ist deutlich in K o p f und R u m p f unterteilt (Abb. 1040, 1041). Ein Querseptum scheidet den vorderen Rumpfteil mit Darm und weiblichen Geschlechtsorganen vom hinteren, sog. S c h w a n z mit den männlichen Organen. Die äußeren Konturen werden von 1 oder 2 Paar S e i t e n f l o s s e n und der S c h w a n z f l o s s e bestimmt. Folgende Bewegungsweisen sind typisch für die pelagischen Arten: rasches Vorwärtsschnellen; langsames Absinken in Schräglage mit anschließender oszillierender Aufwärtsbewegung; Verharren auf einer Position in beliebiger Lage, im Extremfall steht der Körper dabei senkrecht im Wasser. Der Name „Pfeilwürmer" bezeichnet sowohl ihre pfeilförmige Gestalt als auch das charakteristische abrupte Vorwärtsschnellen. C h a e t o g n a t h a heißen sie nach den Greifhaken am Kopf (*chaete* = Borste, *gnathos* = Kiefer).

Die **Epidermis** ist mehrschichtig (!) (Abb. 1043), nur auf der Ventralseite des Kopfes, auf den Flossen, den Augen und der Innenseite der Kopfkappe ist sie einschichtig.

Die oberste Schicht sezerniert Sekrete, die als dünner Schutz- und Gleitfilm auf der Körperoberfläche haften. Darunter liegen mehrere Schichten von Zellen, die viele Tonofilamente enthalten. Lückenlos ineinander greifende Zellfortsätze fördern den festen, aber flexiblen Zusammenhalt der Epidermiszellen.

Helga Kapp, Hamburg

Abb. 1040: *Sagitta elegans* (Chaetognatha). Habitus. Maßstab: 2 mm. Original: H. Kapp, Hamburg. ▷

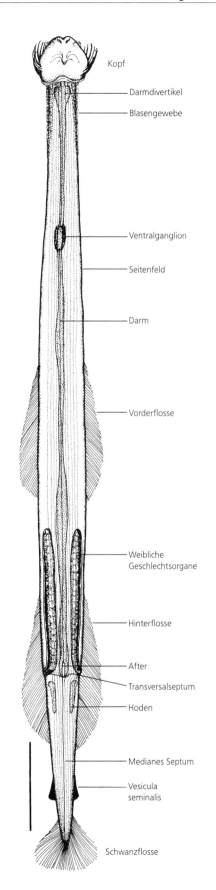

- Kopf
- Darmdivertikel
- Blasengewebe
- Ventralganglion
- Seitenfeld
- Darm
- Vorderflosse
- Weibliche Geschlechtsorgane
- Hinterflosse
- After
- Transversalseptum
- Hoden
- Medianes Septum
- Vesicula seminalis
- Schwanzflosse

Zwischen der Epidermis und dem darunter liegenden Gewebe liegt eine 0,2–0,3 µm dicke basale Matrix, die aus einer Grundsubstanz mit in mehreren Lagen angeordneten Kollagenfasern besteht.

Nur die einschichtige Epidermis der Kopfunterseite ist mit einer 1–2,5 µm dicken Cuticula bedeckt, die diesen Bereich vor Verletzungen durch hartschalige Beutetiere schützt.

Ein epidermales Blasengewebe bedeckt häufig den Halsbereich, ist aber auch in anderen Regionen zu finden oder umgibt mehr oder weniger voluminös den gesamten Körper (z.B. bei *Pterosagitta* und juvenilen *Eukrohnia*-Individuen in den Brutsäcken). Seine Zellen enthalten je eine große Flüssigkeitsvakuole. Das Blasengewebe ist vermutlich eine Schwebeanpassung oder dient als mechanischer Schutz.

Beiderseits des Kopfes setzt eine Serie von sehr beweglichen Greifhaken an. Sie packen die Beutetiere und befördern sie in den Mund. Zur Kopfspitze hin begrenzen 1 oder 2 Paar Zahnreihen das Mundfeld. Ihre Funktion ist nicht völlig geklärt, möglicherweise durchdringen sie das Exoskelett von Nahrungsorganismen, um das lähmende Gift eintreten zu lassen (s.u.).

Zähne und Haken haben ähnliche Grundstruktur. Sie sind aus zwei konzentrischen, sich verjüngenden Chitinröhren aufgebaut, die durch schräge Lamellen verbunden sind, nach dem Prinzip „große Stabilität bei Leichtigkeit und geringem Materialaufwand". Fortsätze basaler Zellen füllen die „Pulpa"-Höhle. Zähne und Haken liegen in Cuticulartaschen, die über Bindesgewebszellen mit der Muskulatur verbunden sind. Anzahl und Form der Haken und Zähne variieren artspezifisch erheblich. Ihre Zahl nimmt bis zur Geschlechtsreife zu und verringert sich bei alten Tieren wieder. Mit rasterelektronmikroskopischen Aufnahmen wurden, besonders auf den Vorderzähnen, sehr unterschiedliche Oberflächenstrukturen (Leisten, Zähnchen, Lamellen) sowie Zahnenden mit mehreren Spitzen entdeckt. Die Haken juveniler *Eukrohnia*- und *Heterokrohnia*-Arten sind gefiedert.

Rund um das Mundfeld (Vestibulum) befinden sich mehrere, z.T. winzige paarige Drüsen und Sinnesorgane: Das Vestibularorgan unterhalb der Zähne besteht entweder aus einer Reihe Papillen mit Poren oder aus einem Wulst mit oder ohne Papillen, aber immer mit Poren. Das Vestibularorgan produziert Sekrete; es wird ihm aber auch eine sensorische Funktion zugeschrieben. Unterhalb des Vestibularorgans liegt die Öffnung eines kleinen sekretorischen Organs, der Vestibulargrube. Noch weiter darunter befindet sich das Feld der Transvestibularporen, mit oder ohne Cilien (Chemorezeptoren?).

Die Analyse der Sekrete der einzelnen Organe fehlt noch. Oesophagus- und Kopf-Sekrete lähmen durch das starke Nervengift Tetrodotoxin Beutetiere in kurzer Zeit.

Die Lateral- und Ventralspangen sind Skelettelemente der Epidermis.

Einzigartig im Tierreich ist die aus einer Hautfalte gebildete Kopfkappe (Praeputium) der Chaetognathen. Sie ist mit Protraktor- und Retraktor-Muskeln versehen und kann so weit über den Kopf gezogen werden, daß nur noch eine Öffnung über dem Mund verbleibt. Ihre glatte Oberfläche bietet wenig Widerstand, wenn sich das Tier rasch durch das Wasser bewegt. Sie kann sehr schnell zurückgezogen werden und legt dann die Greifhaken zum Beutefang frei.

Die Seitenflossen geben dem Körper den für Bewegungen im Wasser notwendigen Widerstand. Sie sind, wie die Schwanzflosse, unbeweglich, bestehen aus Epidermis und extrazellulärem Material und werden durch eine obere und untere Reihe von „Flossenstrahlen" verstärkt.

Am Körperansatz ist das extrazelluläre Material der Flossen etwas dichter und z.T. dicker. Bei manchen Arten entwickelt sich hier mit zunehmender Geschlechtsreife eine mehr oder weniger voluminöse Gallerte, die als Schwebeanpassung zur Kompensation des zunehmenden Gonadengewichts gedeutet wird.

Sechs Ganglien in einem geschlossenen **Nervenring** um den Vorderdarm und das große Ventralganglion im Rumpf sind die zentralen Elemente des gut ausgebildeten Nervensystems (Abb. 1044). Das Cerebralganglion ist durch die optischen Nerven mit den Augen, durch die Coronalnerven mit der Corona ciliata (s.u.) und über lange Konnektive mit dem Ventralganglion verbunden. Im hinteren Teil des Cerebralganglions ist das paarige Retrocerebralorgan mit großen Zellen und unpaarem

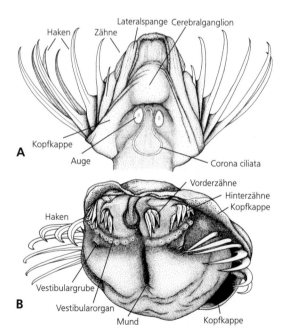

Abb. 1041: Chaetognatha. Kopf. A *Eukrohnia fowleri*. Dorsalansicht. Breite: ca. 2 mm. B *Sagitta setosa*. Ventralansicht, schräg von oben. Breite: 0,8 mm. Originale: H. Kapp, Hamburg.

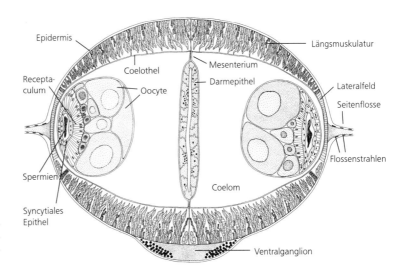

Abb. 1042: Chaetognatha. Rumpfquerschnitt mit weiblichen Geschlechtsorganen; schematisiert. Breite: wenige Millimeter. Original: H. Kapp, Hamburg.

Ausführgang eingeschlossen; seine Funktion ist unbekannt. Die paarigen Vestibular– und Oesophagealganglien innervieren Kopfmuskeln, während das Suboesophagealganglion den Darmnerv entsendet. Vom Ventralganglion gehen 12 (?) Paar Lateralnerven und 1 Paar Caudalnerven aus, die sich zu einem feinen Nervennetz an der Basis der Epidermis aufteilen, das sich über den ganzen Körper erstreckt.

Bemerkenswert ist, daß die Nerven keinen direkten Kontakt zur Muskulatur haben, sondern mit ihren Endigungen der basalen Matrix aufliegen und durch diese von den Muskelzellen getrennt sind.

Sinnesorgane sind vor allem ciliäre Rezeptoren (Mechanorezeptoren?); sie bestehen aus Zellgruppen, die entweder der Epidermis aufgelagert oder in sie eingesenkt sind. In ihrer Mitte befindet sich eine Reihe nebeneinander liegender, sekundärer Sinneszellen mit ca. 100 µm langen, steifen Cilien. Zahlreiche derartige Cilien-Rezeptoren (einige 100 bei *Sagitta*) sind in Längs- und Querreihen auf dem gesamten Körper angeordnet; sie zeigen funktionelle Ähnlichkeit zu den Neuromasten primär wasserlebender Wirbeltiere.

Chaetognathen orten nur sich bewegende Beutetiere auf geringe Entfernung (einige Millimeter). Sie reagieren auf Schwingungen im Wasser; es sind die ciliären Rezeptoren, die diese Vibrationsreize aufnehmen.

Eine ähnliche Funktion wird für die Corona ciliata vermutet, ein mehr oder weniger langgestrecktes Organ mit einer Doppelreihe modifizierter Epidermiszellen, das dorsal auf dem Kopf, teilweise auch auf dem Vorderrumpf liegt. Die äußere Reihe bildet zahlreiche lange Cilien aus. Bei *Spadella*-Arten, wo sich die ovale Corona ciliata quer auf der Halsregion befindet, besteht die innere Reihe aus sekretorischen Zellen.

Die Sekrete übernehmen wahrscheinlich eine Funktion im Zusammenhang mit der Fortpflanzung, denn sie verteilen

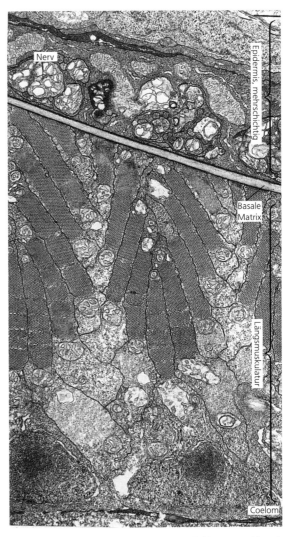

Abb. 1043: Chaetognatha. Ultrastrukturbild von Epidermis und Längsmuskulatur; Körperquerschnitt. Maßstab: 2 µm. Original: M. Duvert, Bordeaux.

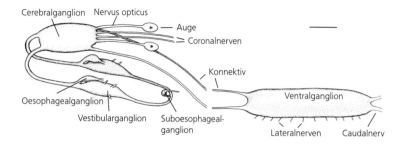

Abb. 1044: Chaetognatha. Nervensystem. Seitenansicht; Konnektive zum Ventralganglion unterbrochen. Maßstab: 100 µm. Nach verschiedenen Autoren.

sich dorsal entlang der Mitte der Körperoberfläche und dann seitlich zu den Gonoporen. Genau diesen Weg nehmen die Spermien nach der Kopulation. Außerdem hat man die Corona ciliata auch mit exkretorischen Funktionen in Verbindung gebracht.

In den paarigen Augen der *Sagitta*- und *Spadella*-Arten liegen je 1 große Pigmentzelle und z.T. einige 100 darin eingebettete Sinneszellen; ihr ciliärer, stäbchenförmiger Photorezeptorbereich enthält zahlreiche geschichtete lamelläre Membranen. Den Tiefseearten fehlen Augen.

Der **Verdauungstrakt** ist ein durchgehender Schlauch, der histologisch und funktionell in unterschiedliche Abschnitte gegliedert ist. Er hat – außer kurzen Darmdivertikeln bei einigen Arten – keine Anhänge. Der bulbusförmige Oesophagus ist von feiner Ring- und Längsmuskulatur umgeben und weist verschiedene Zelltypen auf, die verschiedene Sekrete produzieren. Der Darm wird dorsal und ventral von Mesenterien gehalten und ist von einem dünnen Myoepithel umschlossen. Im vorderen Teil liegen sekretproduzierende, im hinteren absorbierende Zellen.

Bei manchen *Sagitta*-Arten vergrößern sich die lateralen Darmepithelzellen durch Vakuolenbildung. Anzahl und Größe der vakuolisierten Darmzellen variieren; sie verdrängen z.B. bei *Sagitta elegans* die Körperhöhle fast vollständig und besitzen keine Verdauungsfunktion mehr. Die Vakuolenflüssigkeit enthält leichte NH_4^+-Ionen, was zur Verringerung des spezifischen Gewichts der Sagitten beiträgt (Schwebeanpassung).

Im Rumpf- und Schwanzabschnitt sind – durch das Querseptum getrennt – jeweils weitlumige **Leibeshöhlen** vorhanden. Sie sind von einem Epithel umgeben und vermutlich echte Coelomräume. In Längsrichtung des Körpers werden sie durch die Darmmesenterien und – in einigen Gattungen – durch die Transversalmuskulatur (s.u.) unterteilt. Die **Längsmuskulatur** (Abb. 1042) erstreckt sich in je 2 mehr oder weniger kräftig ausgebildeten Bändern dorsal und ventral vom Hals bis zur Schwanzspitze. An jeder Körperseite liegt zwischen ihnen ein sog. Lateralfeld – eine Schicht sekretorischer Zellen, von denen einige Cilien tragen (Abb. 1042). In *Heterokrohnia*-, *Eukrohnia*- und *Spadella*-Arten spannen sich außerdem transversale Muskeln

von der Ventralseite zu den Körperflanken. Der in sich sehr bewegliche Chaetognathenkopf erscheint wie ein einziges Muskelpaket, das ventral durch einen großen Quermuskel zusammengehalten wird und sonst aus diversen großen, feinen oder flächigen Muskeln zusammengesetzt ist. Alle Muskelzellen haben eine für Chaetognathen spezifische Feinstruktur (Abb. 1043).

Chaetognathen sind protandrische **Zwitter**. Die **Hoden** liegen im Schwanz und geben Gruppen von Spermatogonien ab, die in der Leibeshöhle des Schwanzabschnittes flottieren und sich hier zu Spermien entwickeln. Bei manchen *Sagitta*-Arten läßt sich eine Strömung an der Körperwand aufwärts und am Mesenterium abwärts beobachten. Diese Strömung wird durch Cilien der Schwanzinnenwand erzeugt. Die reifen, fadenförmigen Spermien vom filiformen Typ werden durch Vasa deferentia (Samengänge) in die Vesiculae seminales (Samenblasen) transportiert. Bei manchen Spezies ist die Stelle, an der die Samenblasen außen aufreißen, präformiert. Ein dünnes Drüsenepithel innerhalb der Vesiculae produziert ein Sekret, das die freigesetzten Spermien eine zeitlang zusammenhält.

Die paarigen **weiblichen Geschlechtsorgane** liegen im hinteren Teil des Rumpfes (Abb. 1045); sie können bis in die Halsregion reichen. Auf der dem Darm zugewandten Seite enthalten sie Geschlechtszellen verschiedener Entwicklungsstadien, auf der zur Körperwand gerichteten Seite ein Receptaculum seminis, das die Spermien aufnimmt und speichert und später als Ovidukt dient. Vor dem Rumpf – Schwanz – Septum münden diese Ovidukte in einer dorsolateralen Papille nach außen.

Die Receptacula sind doppelwandige Organe mit einem inneren syncytialen Epithel. Die äußere Zellschicht ist im Querschnitt unterschiedlich geformt, bei manchen Arten halbmondförmig.

Fortpflanzung und Entwicklung

Spadella-Arten übertragen Spermienballen in einem Paarungsritual direkt auf den Partner (s.u.). Für planktische Arten ist bisher nicht genau bekannt, wie die Fortpflanzung abläuft. In jedem Fall bewegen sich Spermien als zusammenhängende

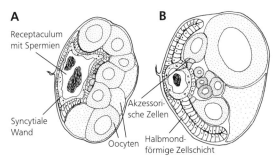

Abb. 1045: Chaetognatha. Weibliche Geschlechtsorgane. Querschnitte. A *Sagitta planctonis*. B *S. bipunctata*. Originale: H. Kapp, Hamburg, nach Photos von A. Pierrot-Bults und E. Ghirardelli.

Masse auf der Körperoberfläche zu den Gonoporen und in die Receptacula. Sie müssen dann das Syncytium und zwei akzessorische Zellen passieren, um zu den Eiern zu gelangen. Die Eier werden dann wahrscheinlich durch die Receptacula, die nun als Ovidukte fungieren, ins freie Wasser entlassen. Einzelheiten dieser Vorgänge sind noch zu klären.

Manche Chaetognathen können mehrmals laichen. Die Eier vieler pelagischen Arten haben eine Dichte, die sie schweben und nicht in die Tiefe absinken läßt. *Eukrohnia*-Arten tragen Brutsäckchen, aus denen relativ große Jungtiere (2–2,5 mm) entlassen werden. Jungtiere von Arten, die Eier frei ablegen, sind kleiner (*Sagitta*-Arten 0,5–1,3 mm).

In der **Frühentwicklung** entsteht zunächst durch eine totale, äquale und radiäre Furchung eine Blastula mit kleinem Blastocoel. Die Gastrulation beginnt etwa beim 60-Zellen-Stadium (Abb. 1046). Danach lösen sich die beiden Urgeschlechtszellen aus dem Entoderm, und anschließend bilden sich zwei Falten gegenüber dem Blastoporus, die sich in das Lumen des Urdarms vorschieben. Dabei nehmen sie die Urgeschlechtszellen mit. Der Blastoporus schließt sich am Hinterende des Embryos. Noch bevor sich die Falten mit der Urdarmwand vereinigen, schnürt sich vorn 1 Paar Kopfcoelomsäckchen ab. Eine Vertiefung senkt sich am vorde-

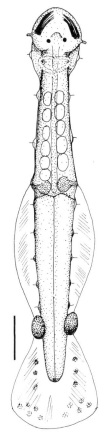

Abb. 1047: *Spadella cephaloptera*. Habitus. Maßstab: 1 mm; benthisch lebend. Original: H. Kapp, Hamburg, nach verschiedenen Autoren.

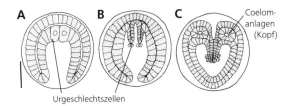

Abb. 1046: Chaetognatha. Stadien der Embryogenese. A Durch Invagination entstandene Gastrula. B Faltenbildung im Urdarmdach, aus der sich der definitive Mitteldarm, das Schwanzlängsseptum und 2 seitliche Höhlen entwickeln; aus den Höhlen geht das paarige Kopf- und Rumpfcoelom hervor (C). Maßstab: 100 μm. Nach Hertwig und anderen Autoren.

ren Pol ein, wo später Mund und Oesophagus aus ektodermalem Gewebe entstehen. Die Urgeschlechtszellen teilen sich, und beiderseits der Falten bleibt jeweils die Hälfte der daraus hervorgehenden Zellen liegen.

Der spätere Darm und das spätere mediane Schwanzmesenterium entwickeln sich aus den Innenwänden dieser Falten. Die äußeren Faltenwände bilden zusammen mit den Wänden des Urdarms das Rumpfcoelom. Diese Bildung der Darmanlage und des embryonalen Coeloms ist im Tierreich einzigartig. Während sich der Embryo nun streckt, verschwinden alle Hohlräume; erst später erscheinen die Lumina des Darms und der Coelomhöhlen.

Die Geschlechtszellen erreichen ihre „Warteposition" spät in der Embryonalentwicklung. Am 3. oder 4. Tag nach dem Schlüpfen beginnen sie, umgeben von Mesodermzellen, von der Darmwand nach außen an die Körperwand zu wandern. Dabei differenzieren sich Mesodermzellen zum Rumpf-Schwanz-Septum, das die weiblichen von den männlichen Zellen trennt und den hinteren Rumpf

(Schwanz) abgrenzt. Damit hat das Rumpf-Schwanz-Septum eine andere Bildung und Bedeutung als das Kopf-Rumpf-Septum.

Die Embryonen entwickeln sich direkt; besondere Larvenstadien treten nicht auf.

Systematik

Bisher gibt es keine überzeugenden Hinweise, an welcher Stelle Chaetognathen in das Tierreich einzuordnen sind. Im Laufe ihrer Erforschung wurde ihnen die Verwandtschaft mit vielen Tiergruppen zugeschrieben, z.B. Nematoda, Annelida, verschiedene Deuterostomia-Taxa. Auch elektronenmikroskopische Untersuchungen konnten den Ursprung der Chaetognathen nicht aufklären helfen, sondern bestätigen zum Teil nur ihre isolierte Stellung im Tierreich. Die in den letzten Jahrzehnten aufgrund ihrer Embryonalentwicklung favorisierte

Zuordnung zu den Deuterostomiern kann durch Gen-Sequenz-Analysen nicht gestützt werden; Hinweise auf die nähere Verwandtschaft konnten diese molekularen Untersuchungen bisher aber auch nicht geben.

Sagitta setosa, 15 mm, pelagisch in allen europäischen Küstengewässern. – *S. elegans,* 25–45 mm, verbreitet in allen borealen und arktischen Gewässern; 2 Paar Seitenflossen und 2 Paar Zahnreihen. – *Eukrohnia hamata*, 45 mm, kosmopolitisch, pelagisch in größeren Tiefen; 1 Paar Seitenflossen, 1 Paar Zahnreihen; Brutsäckchen. – *Spadella cephaloptera*, 10 mm, europäische Küsten, auf Steinen und Algen, an denen sich die Tiere mit Haftzellen festhalten; 1 Paar kurze Seitenflossen, Schwanz nimmt etwa die Hälfte der Gesamtlänge ein (Abb. 1047). Zur Kopulation legen sich 2 Tiere in entgegengesetzter Richtung aneinander und übertragen sich wechselseitig Spermienballen. – *Heterokrohnia mirabilis*, 35 mm, pelagisch in der Tiefsee, weit verbreitet; 1 Paar Seitenflossen, 2 Paar Zahnreihen.

Hemichordata (Branchiotremata)

Hemichordaten sind ausschließlich Bewohner des marinen Benthals. Von den etwa 85 bekannten Arten sind 70 wurmförmige, meist im Sediment lebende **Enteropneusta** (Eichelwürmer), die von wenigen Zentimetern bis über 2 m lang werden können. Sie haben entweder eine lang dauernde, indirekte Entwicklung mit einer planktotrophen Larve, der Tornaria, oder entwickeln sich über eine nur kurzfristig auftretende Schwimmlarve. Die zweite Gruppe, die **Pterobranchia** (Flügelkiemer) besitzen einen gefiederten Tentakelapparat, bilden Kolonien und Gehäuse, in und auf denen die nur Millimeter großen Einzeltiere als mikrophage Filtrierer leben. Ihre Entwicklung ist indirekt mit einer nur für kurze Zeit freien, bewimperten Schwimmlarve.

Bau

Pterobranchier und Enteropneusten zeigen eine morphologische und funktionelle Dreigliedrigkeit des Körpers, der im Inneren eine dreigliedrige Anordnung der Coelomräume entspricht. Das Prosoma der Enteropneusten ist als kurzer, eichelförmiger muskulöser Bohrapparat differenziert, jenes der Pterobranchia als scheibenförmiges Kopfschild (Rostralschild), das bei der Fortbewegung der Einzeltiere eingesetzt wird und dessen drüsige Epidermis das Gehäuse bildet. Das Mesosoma (Kragenregion), bildet bei den Enteropneusten einen kurzen drüsenreichen, muskulösen Ringwulst; bei den Pterobranchiern ist es keilförmig und trägt auf der breiteren Dorsalseite den Tentakelapparat (Abb. 1048, 1066 A).

Das langgestreckte, wurmförmige Metasoma der Enteropneusten bildet den Großteil des Körpers. An seinem Ende liegt die Afteröffnung. Bei den Pterobranchiern gliedert es sich in einen sackförmigen Rumpf, auf dem dorsal unmittelbar hinter den Tentakeln der After mündet, und in einen dünnen muskulösen Schwanzfortsatz. Bei einer Gruppe, den Rhabdopleuriden, setzt sich der Schwanz in einen Stolo fort, über den alle Zooide einer Kolonie in Verbindung stehen. Das Protocoel des Vorderkörpers ist unpaar, die Coelomräume des Meso- und Metasomas sind paarig. Proto- und Mesocoel öffnen sich über Poren nach außen.

Bei beiden Gruppen zieht vom Munddach ein Darmdivertikel (Stomochord) rostrad in das Prosoma. Unmittelbar über seiner Spitze liegt ein einfaches Herz in enger Beziehung zu einem Glomerulus. Der Blutstrom wird dorsal nach vorn und ventral nach hinten gelenkt. Bei den Enteropneusten („Darmatmer") ist im vorderen Rumpfbereich

hinter dem Kragen ein **Kiemendarm** entwickelt; bei den zwerghaften Pterobrachiern tritt nur bei der Gruppe der Cephalodisciden ein Paar **Kiemenporen** auf.

Systematik

Eine Beziehung zu den Chordaten hat erstmals BATESON (1885) angenommen und den Begriff „Hemichordata" eingeführt. Damit wurde eine bis heute nicht abgeschlossene Diskussion über die verwandtschaftlichen Beziehungen ausgelöst. Diese Bezeichnung beruht auf der Vorstellung, daß der Kiemendarm jenem der Chordaten entspräche, daß

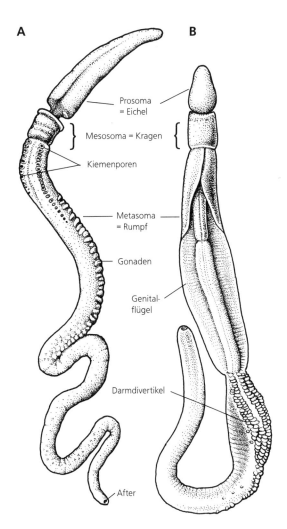

Abb. 1048: Enteropneusta. Habitusbilder. A *Saccoglossus mereschkowskii* (Harrimaniidae), 4 cm. Kosmopolit, auch im Mittelmeer, 15–40 cm tief im Schlammboden. Eichel fleischfarben, Kragen rötlich. B *Balanoglossus clavigerus* (Ptychoderidae), 25 cm. Im Mittelmeer in Sandböden des Gezeitenbereichs und darunter. Gelblich blaßbraun. Nach verschiedenen Autoren.

Alfred Goldschmid, Salzburg

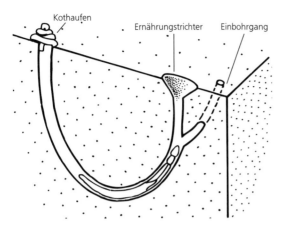

Abb. 1049: Gangsystem von *Balanoglossus* sp.. Nach Duncan (1987).

das Stomochord ein Vorläufer der Chorda sei und daß das im Kragen röhrenförmig abgesenkte Nervensystem (nur bei den Enteropneusten) eine Vorstufe des Neuralrohres bildet. Jedoch sind bis auf den Kiemendarm diese Homologisierungsversuche fragwürdig. Frühentwicklung, Coelomdifferenzierung, die Tornarialarve, die Porusbildung des Protocoels und das basiepitheliale Nervensystem lassen die Echinodermen als näher verwandten Stamm erscheinen. In jüngster Zeit haben aber molekular-

biologische Untersuchungen an rRNA das Taxon wieder den Chordaten näher gerückt.

1 Enteropneusta, Eichelwürmer

Bau

Die drei **Körperregionen** haben unterschiedliche Färbung: Eichel und Kragen sind oft gelblich bis orange, die Farbe des Rumpfes wird bestimmt durch durchschimmernde Genitalprodukte oder die grünlichen Darmblindsäcke.

Der Körper ist von einer dichtbewimperten, äußerst drüsenreichen **Epidermis** bedeckt. Sie ist als mehrstufiges Epithel differenziert und enthält auch das Nervensystem. Wie bei den Echinodermen handelt es sich dabei um einen basiepithelialen Nervenplexus.

Die Epidermis trägt je nach Körpergröße bis 100 µm hohe multiciliäre Flimmerzellen mit Mikrovilli. Ihre Cilien werden bis 10 µm lang und besitzen einen doppelläufigen quergestreiften Wurzelapparat. Drüsenzellen sind auf der Eichel und besonders in der Kragenregion sehr dicht und vielgestaltig. Oft enthalten die Drüsensekrete Jod (Schutzfunktion?).

Eine kräftige basale Matrix schließt die Epidermis gegen die darunter liegende mesodermale **Muskulatur** ab. Letztere ist in eine umfangreiche extrazelluläre Matrix eingebettet. Das Muskelgewebe ent-

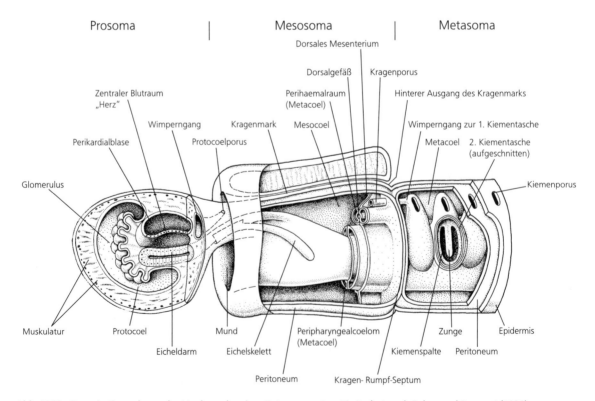

Abb. 1050: Organisationsschema des Vorderendes eines Enteropneusten. Verändert nach Balser und Ruppert (1990).

wickelt sich aus den mesodermalen Epithelien der Coloemräume, die dadurch meist stark eingeengt werden. Es besteht aus glatten Muskelfasern, ist von vorwiegend kollagenartigen Bindegewebsfasern durchsetzt und inseriert an der basalen Matrix unterhalb der Epidermis. Besonders reich ist es in der Eichel entwickelt. Unter der basalen Matrix liegt eine Ringmuskulatur; gegen das Innere des Prosomas wechseln gebündelte Längs- und Diagonalfasern ab. Dadurch kann die Eichel unter Anschwellen und Strecken als Bohr- und Graborgan fungieren.

Fast alle Arten graben röhrenförmige Gänge, wobei zunächst durch Kontraktion der Ringmuskulatur der vordere Bereich gestreckt und vorgeschoben wird. Die vorderste Spitze zieht sich darauf ein kurzes Stück zurück, und ein erweiterter Ringwulst läuft peristaltisch bis zum Eichelstiel. Solche Wellen laufen bei *Saccoglassus ruber* ca. 12 mal pro Minute nach hinten, wobei sich die Eichel auch in ihrer Gesamtlänge verkürzt und erweitert und so das Tier als ganzes nachgezogen wird. In gleicher Weise bewegen sich die Tiere – unterstützt durch Wimpernströme – in den mit Schleim verfestigten Wohngängen.

Zur Ausscheidung schieben sich die Tiere mit gegenläufigen Peristaltikwellen durch den aufsteigenden Ausfuhrgang an die Oberfläche, wo sie die spiraligen Faeces abgeben. Diese bestehen aus feinkörnigem Sediment, das zusammen mit den verdauten organischen Anteilen aufgenommen wurde. Im Sandwatt sind solche Faeces – ähnlich wie jene des Polychaeten *Arenicola marina* (Abb. 510) – sehr charakteristische Strukturen (Abb. 1049).

Die Siedlungsdichte steht in Beziehung zur Wasserbedeckung und zur Korngröße des Sediments. Mehrere Tiere pro m² sind nicht selten. Ein Schlickanteil im Sediment von mehr als 1,5% scheint für manche Arten limitierend zu sein. Wahrscheinlich ergeben sich dann Probleme für die Cilienfiltrierung im Kiemendarm.

Die Form der U-förmigen Wohngänge (Abb. 1049) ist unterschiedlich. Manchmal sind sie spiralig. Die Lage des Vorderendes ist an der Sedimentoberfläche durch eine trichterförmige Einsenkung erkennbar. Auf die glattrandige Einbohröffnung auf der Sedimentoberfläche folgt ein kurzes Stück der Grabröhre mit einer deutlichen Verengung. Diese steigt in einem Winkel von etwa 60° in die Tiefe, und etwa im selben Winkel erreicht der Ausfuhrgang wieder die Oberfläche. Der eigentliche Filtergang mit dem Einströmtrichter zweigt nahe der Oberfläche von der absteigenden Grabröre ab. Der Trichter liegt nahe der Einbohröffnung und etwas seitlich zur Ebene, die die Einbohr- und Ausfuhröffnung verbindet. Die Gänge werden ständig umgebaut. Etwa jeden zweiten Tag wird ein neuer Trichter angelegt, oder die Tiere wenden sich in der Röhre um. Die Einbohröffnung zum Ausstoßen von Wasser mit größeren oder unerwünschten Partikeln dient aber auch zum alleinigen Einpumpen von Atemwasser.

Im Kragen ziehen diagonale Muskelfasern, die am ventralen Vorderrand hinter der Mundöffnung inserieren. Dorsale Längs- und Diagonalfasern setzen an den Schenkeln des Eichelskeletts an und durchziehen den Eichelstiel bis an das Septum, das Eichel und Kragencoelom trennt. An dasselbe Septum ziehen auch zwei dorsomedian über dem Kragendarm

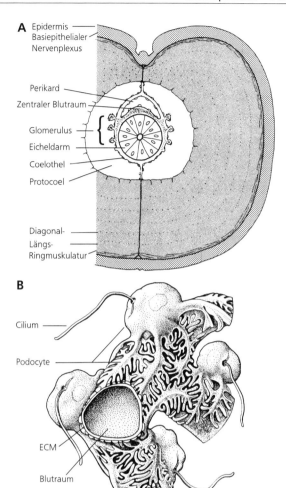

Abb. 1051: Prosoma der Enteropneusten. A Querschnitt durch den hinteren Bereich von Eichel, Herz und Glomerulus. B Detail aus dem Glomerulus. Coelothelzellen als Podocyten differenziert. A Original: A. Goldschmid, Salzburg; B verändert nach Wilke (1971).

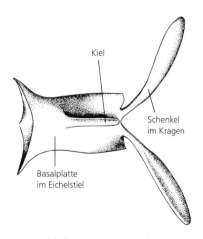

Abb. 1052: Eichelskelett von *Balanoglossus* sp.. Ventralansicht. Nach Spengel (1893).

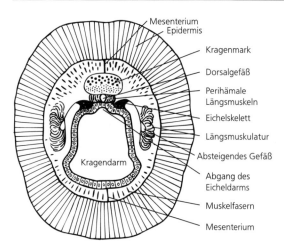

Abb. 1053: Querschnitt durch den Kragen (Mesosoma) von *Saccoglossus* sp.. Original: A. Goldschmid, Salzburg.

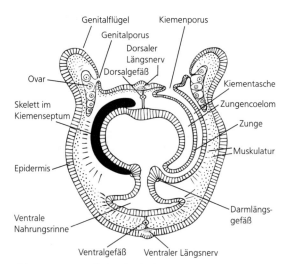

Abb. 1055: Querschnitt durch die Kiemenregion von *Balanoglossus* sp.. Original: A. Goldschmid, Salzburg.

und unter dem Kragenmark liegende Längsmuskelbündel. Entstanden sind sie aus der Wand zweier Metacoelschläuche, die sich während der Embryonalentwicklung bis in den Eichelstiel vorgeschoben haben und das Dorsalgefäß zwischen sich einschließen („Perihämalräume"). Schmale „Peripharyngealräume" entstammen ebenfalls dem Metacoel. Sie können den Kragendarm in sich einschließen und eine dünne Ringmuskelschicht tragen.

Zum Bewegungsapparat kann auch das Stomochord hinzugerechnet werden, da es eine wichtige Stützfunktion besonders im dünnen Eichenstiel zwischen Prosoma und Kragen hat. Es zieht vom Dach der Buccalhöhle nach vorn in den hinteren Raum der Eichel. An seinem Vorderende bilden sich oft kurze, ventrale Divertikel. Sein Epithel besteht aus großen Zellen, die zum Lumen hin Cilien und Mikrovilli bilden. Die Funktion als verbindendes Stützorgan wird noch verstärkt durch die Entwicklung eines Eichelskeletts (Abb. 1050, 1052). Es bildet rostral eine Auflageplatte für das Stomochord

im Übergangsbereich Eichel-Eichelstiel zwischen Epidermis und Eicheldarm. Caudal besitzt es einen linken und rechten Schenkelfortsatz, die weit in den Kragenbereich ziehen und an denen Längsmuskulatur ansetzt. Es handelt sich um eine einfache Endoskelettbildung, die durch Verdichtung der extrazellulären Matrix entsteht. Im langgestreckten Rumpf liegen fast nur mehr Längsmuskeln, die ventral deutlich kräftiger sind.

Die Epidermis der Kragen- und Eichelregion spielt bei diesen Tieren eine wichtige Rolle beim **Nahrungserwerb**. Durch den Cilienschlag der Eichel- und Kragenepidermis wird ein Wasserstrom besonders auf das Vorderende der Tiere gelenkt. Darin enthaltene Nahrungspartikeln werden in Drüsensekrete verpackt und in die Mundöffnung geflimmert, die unter dem Eichelstiel liegt.

Am ventralen Hinterrand der Eichel, unmittelbar vor der Mundöffnung, liegt ein praeorales Wimperorgan, ein ventraler Halbring mit einem doppelten Wulst besonders langer Cilien (Abb. 1054). Seine Funktion ist wahrscheinlich die Bündelung eingeschleimter Nahrungspartikeln, die dann in die unmittelbar dahinter liegende Mundöffnung gelangen. Untersuchungen zur Feinstruktur und zur Funktion dieses Organs fehlen. Regional ist die Dichte einfacher Rezeptoren (z. T. monociliäre Collarrezeptoren) in der Epidermis sehr hoch. Einige davon sind in ihrem cytologischen Aufbau sehr ursprünglich, da die Anzahl der das Cilium umgebenen Mikrovilli (15–25) relativ hoch ist. Im Prosoma von *Saccoglossus pusillus* liegen bis zu 370 000 Rezeptoren mm^{-2}.

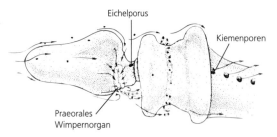

Abb. 1054: Nahrungsaufnahme von *Protoglossus koehleri*. Ausgewählte Partikeln werden vor dem Mund vom praeoralen Wimpernorgan konzentriert und in den Mund geflimmert; abgewiesene Partikeln werden am Kragen zu einem Schleimring gesammelt und nach hinten transportiert; ausgefiltertes Wasser tritt aus den Kiemenporen aus. Aus Burdon-Jones (1956).

Das gesamte **Darmrohr** ist von einem einschichtigen bewimperten Epithel ausgekleidet, in das je nach Region verschiedene Drüsenzellen und im eigentlichen Mitteldarmbereich resorbierende Zellen eingeschaltet sind. Der Nahrungstransport erfolgt mittels Wimperströmen; nur im Kragendarm kann die Ringmuskulatur der „Peripharyngealräume" den Transport unterstützen.

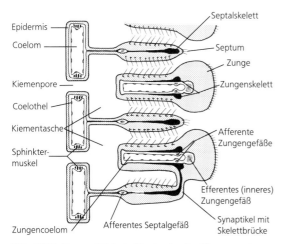

Abb. 1056: Parasagittalschnitt durch die Kiemenregion von *Glossobalanus* sp. Links: Körperoberfläche; rechts: Innenseite des Kiemendarms. Verändert nach Pardos und Benito (1982).

Schon im Kragendarm können Seitenfalten – gestützt durch die nach hinten ziehenden Äste des Eichelskeletts – den Darm in eine dorsale und eine ventrale Hälfte unterteilen. Unmittelbar auf die Kragenregion folgt im vorderen Rumpfbereich der Kiemendarm. U-förmige Kiemenspalten führen hier über eine Kiementasche zu 2 Reihen von Kiemenporen, die links und rechts dorsolateral nach außen münden (Abb. 1050). Vor allem bei den Ptychoderiden wird die Kiemendarmregion außen von den Genitalflügeln teilweise überdacht. Es handelt sich um paarige Falten der Körperwand, in denen sich die Gonaden befinden (Abb. 1055, 1048B).

Die Zahl der Kiemenspalten ist art- und altersabhängig; zusätzliche Kiemenspalten wachsen stets hinten nach. Bei kleinen Arten findet man höchstens 10 Paar, beim Großteil der Enteropneusten zwischen 40–80, aber bei großen Formen (*Balanoglossus*) sind 500–700 innere Kiemenspalten möglich. Hier münden außerdem mehrere innere Kiemenspalten über eine gemeinsame Kiementasche mit nur 1 Porus nach außen.

Kiemenspalten entstehen früh, noch in der späten Larve, am Beginn der Metamorphose. Der Darm bildet unmittelbar hinter dem Kragencoelom paarige Taschen, und sobald diese die Epidermis erreichen, bricht der Porus durch. Zwischen den Taschen bildet sich ein Septum. Die innere Kiemenöffnung wird groß, aber der Porus nach außen bleibt klein. Gleichzeitig wächst von dorsal ein zungenförmiger Fortsatz ventrad in die innere Kiemenöffnung (Abb. 1057A). Dieser Zungenbogen („Nebenbogen") nimmt einen Metacoelschlauch mit und teilt die innere Kiemenöffnung in eine schmale U-förmige Spalte, was letztlich in einer enormen Oberflächenvergrößerung des Kiemendarms resultiert. In den zusammentreffenden Schichten der basalen Matrix des Zungen- und Septenepithels entsteht das Kiemenskelett. Das aus paarigen Anlagen verschmolzene Septalskelett steht dorsal mit dem Skelettstab der vorhergehenden und der dahinterliegen-

den Zunge in Verbindung. Die beiden Skelettstäbe der Zunge sind durch den Coelomschlauch getrennt. Oft entsteht ein Kiemenkorb durch epitheliale Brücken zwischen Zungen und Septen, in denen sich dann Skelettbrücken, die Synaptikel, bilden (Abb. 1057B).

Das Epithel der Zungen gegen das Darmlumen enthält verschiedene Drüsenzellen und ist dicht bewimpert. Von bemerkenswert hoher struktureller Differenzierung sind die Epithelien, die die Kiemenspalten auf den gegenüberliegenden Flächen von Septen und Zungen auskleiden. Lange Lateralcilien (Abb. 1056), etwa 30 pro Zelle, sichern einen kräftigen Wasserstrom nach außen.

Oft ist der dorsale, kiementragende Teil des Pharynx durch eine seitliche Längsfalte (Parabranchialleiste), die meist schon im Kragendarm beginnt, gegen eine ventrale Nahrungsrinne abgeteilt (Abb. 1055).

Daß der Kiemendarm auch Ort des Gasaustausches ist, kann nur vermutet werden, da experimentelle Untersuchungen über Ort und Ausmaß der Sauerstoffaufnahme fehlen. Auch fehlen cytologische Strukturen, wie sie sonst für respiratorische Aufgaben bekannt sind. Lediglich die etwas reichere Entwicklung von Blutlakunen mit einem Zu- und Abstromsystem stützen die Auffassung der Kiemenfunktion.

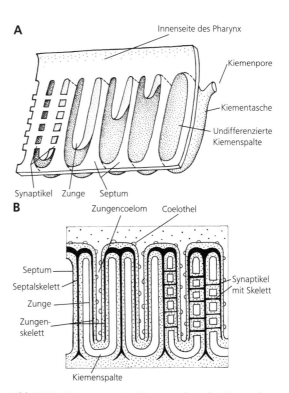

Abb. 1057: Enteropneusta. Kiemenspalten des Kiemendarms. A Schema zur Zungenbildung und Ausgestaltung der Kiemenspalten. A Die Zunge wächst (von rechts nach links) vom dorsalen Rand der Kiemenspalte nach unten. Synaptikel vor allem bei Ptychoderidae. B Kiemenskelett. Blick auf die Innenseite des Kiemendarms (durchsichtig dargestellt), die Septalskelette sind dorsal mit den Zungenskeletten verbunden. A Nach Dawydoff (1948); B Original: A. Goldschmid, Salzburg.

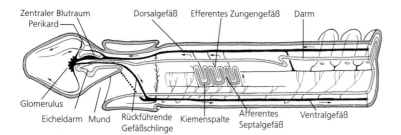

Abb. 1058: Enteropneusta. Kreislauf- und Gefäßsystem. Pfeile geben die Strömungsrichtung an. Nach Van der Horst (1936).

Der anschließende Oesophagus ist oft durch Drüsenzonen und Querfalten eingeengt. Die Nahrung wird weiter eingeschleimt, portioniert und rasch nach hinten befördert. Es können auch nach außen führende Oesophagialporen auftreten (1–60 Paar), über die nochmals Wasser abgeleitet wird. Zwar gibt es keinen bewimperten Ausleitungskanal, aber Sphinktermuskeln und manchmal Skelettelemente. Der Oesophagus führt in den resorbierenden Darmtrakt mit auch äußerlich erkennbaren, querliegenden Divertikeln („Leberregion"). Diese dorsolateralen Aussackungen sind besonders reich an enzymliefernden Drüsen.

Aus der ventromedianen Wand des Enddarmes der Ptychoderiden schiebt sich eine Leiste großer vakuolenreicher Zellen zwischen das ventrale Mesenterium. Dieses Pygochord könnte analog dem Eicheldarm als Stützelement fungieren.

Da das zartwandige Metasoma fast zur Gänze vom meist prall gefüllten Darm eingenommen ist, reißen große Tiere selbst bei vorsichtigem Hantieren oft hinter dem Kiemendarm durch.

Bei adulten Enteropneusten sind die **Coelomräume** durch Muskeln und Bindegewebe auf kleine Resträume eingeengt. Vom unpaaren Eichelcoelom bleibt nur ein caudaler Rest um den Glomerulus erhalten, der am Eichelstiel links dorsal nach außen mündet. Das paarige Kragencoelom öffnet sich mit lippenartigen, kräftig bewimperten Poren in die beiden ersten Kiementaschen und damit indirekt nach außen. Das paarig angelegte Rumpfcoelom ist nur in der Branchialregion und dort besonders in den Kiemenzungen noch gut abgrenzbar (Abb. 1050).

Auf der paarigen Ausbildung von Meso- und Metacoel beruht das stets gut entwickelte dorsale und das ventrale Mesenterium, welche in sich die Hauptblutbahnen einschließen. Die aus dem Metacoel nach vorn auswachsenden Perihämal- und Peripharyngealräume wurden schon bei der Muskulatur genannt.

Zum **Blutgefäßsystem** gehört ein Dorsalgefäß; es leitet das zellfreie Blut aus dem gesamten Rumpf nach vorne; im Ventralgefäß strömt es nach hinten (Abb. 1058). Ein kapillares Lakunennetz um den Darm verbindet beide Gefäßhauptstämme. Lateral-

gefäße versorgen die Kiemen. Von ihnen steigen in den Kiemensepten zuführende Kapillaren auf, die in die vorhergehende und nachfolgende Zunge eintreten. Der Rückstrom aus den Kiemen zum Dorsalgefäß erfolgt in einer inneren Zungenkapillare.

Der Motor des Kreislaufs liegt im hinteren Raum der Eichel. Aus dem Kragen kommend mündet das Dorsalgefäß in einer sinusartigen Erweiterung („Herz", Zentraler Blutraum), die ventral vom Eicheldarm und dorsal von einer Perikardialblase begrenzt wird (Abb. 1050, 1058). Diese ist wahrscheinlich ein Derivat des Protocoels und entwickelt in ihrer ventralen Wand unmittelbar über den Zentralsinus querziehende Muskelfasern, die in der basalen Matrix an der Kontaktzone Eicheldarm-Perikard inserieren. Durch rostrad ablaufende Kontraktionswellen wird das Blut nach vorne in den Glomerulus (siehe unten) gepumpt und gelangt zum Teil in zwei durch den Eichelstiel rückführende Gefäße; sie umspannen in einem weiten Bogen den Mundbereich und vereinigen sich etwa in der Mitte des Kragens zum Ventralgefäß. Ein anderer Teil des Blutes gelangt über ein dorsales und ventrales Gefäß unter der Epidermis in die Eichel.

Unmittelbar vor und seitlich von der Perikardialblase bildet die epitheliale Rückwand des Eichelcoeloms an der Vorderseite des Zentralsinus eine Unzahl von engen Falten, die wie ein Knäuel erscheinen, weshalb diese Bildung Glomerulus genannt wird (Abb. 1051). Da außerdem das Eichelcoelom mit einem Porus nach außen mündet, wurde diese Struktur ebenfalls schon früh mit **Exkretion** und Osmoregulation in Zusammenhang gebracht. Elektronenmikroskopische Untersuchungen haben wahrscheinlich gemacht, daß im Glomerulus auf der Basis von Druckfiltration Exkretion möglich ist. Die Zellen des Eichelcoelothels sind hier als Podocyten (Abb. 1051) differenziert. Durch den Ultrafilter zwischen den Podocyten können Moleküle und Ionen in das Eichelcoelom übertreten und von dort über den Eichelporus nach außen geflimmert werden. Das Exkretionssystem ist schon bei der Larve nach diesem Prinzip aufgebaut.

Auch die dorsalen Wände der Kiementaschen greifen wahrscheinlich in die Exkretion und Osmoregulation ein.

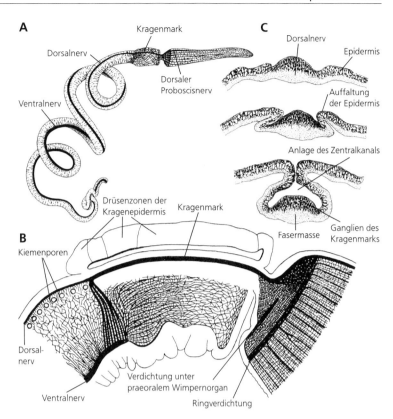

Abb. 1059: Enteropneusta, Nervensystem. *Saccoglossus cambrensis.* A Netz und Hauptbahnen des basiepithelialen Nervenplexus. B Detail aus der hinteren Eichel-, der Kragen- und der vorderen Rumpfregion. Im Kragenbereich als Sagittalschnitt dargestellt zur Verdeutlichung des abgesenkten, durchziehenden Kragenmarks. C Stadien der Versenkung des Kragenmarks bei metamorphisierenden Tornarien. A, B Nach Knight-Jones (1952); C nach Dawydoff (1948).

Das auskleidende Epithel ist dicht mit Mikrovilli besetzt und reich an Mitochondrien. Das begleitende Coelothel enthält neben Myoepithelzellen auch Podocyten, zumeist mit Myofilamenten. Zwischen beiden Epithelien verzweigen sich Blutlakunen, so daß eine Ultrafiltration in den Coelomraum hinein denkbar ist. Der Mitochondrienreichtum der Zellen des Kiementaschenepithels könnte aber auch eine Ionenregulation gegen den hyperosmotischen Gradienten des Seewassers innerhalb der Kiementasche ermöglichen.

Das **Nervensystem** der Enteropneusten ist basiepidermal (s.o.). Während die Perikaryen vorwiegend im unteren Drittel der Epidermis liegen, konzentriert sich die kernfreie Faserschicht dicht oberhalb der basalen Matrix. Diese Lage und Organisation erinnert an die Verhältnisse bei den Echinodermen (S. 781). An bestimmten Stellen des Körpers bilden sich deutlichere Verdichtungen der Fasermasse, die gewöhnlich als „Nerven" bezeichnet werden. So ist das Nervensystem im gesamten Rumpfbereich in der Dorsomedianen und in der Ventromedianen als Dorsal- und Ventralnerv (Abb. 1059) verdichtet. Hinter dem Kragen liegt eine Verbindung dieser beiden Nerven.

Im Kragen ist der epidermale Plexus nur am wulstförmigen Vorder- und Hinterende gut entwickelt (Abb. 1053). Dafür aber durchzieht ein epidermales Rohr (Kragenmark) den Kragen dorsal von den Perihämalräumen. In der Ventralwand ist besonders viel Fasermasse vorhanden. Gegen das Krageninnere ist dieses Rohr von der basalen Matrix umgeben, die sich ohne Unterbrechung in die Matrix der Epidermis fortsetzt (Abb. 1050).

Seitdem diese Bildung bekannt ist, wurde stets der Versuch unternommen, sie mit dem Neuralrohr der Chordaten zu homologisieren, daher auch die Bezeichnungen „Kragenmark", „Neurochord", „Zentralkanal" und „Neuroporus" (Abb. 1059 C). Dieses kurze Stück eines versenkten Nervenplexus hat jedoch keine zentrale nervöse Funktion, es gehen keinerlei Nerven von dort aus oder treten dort ein; es entsteht ontogenetisch spät, und auch die Lageübereinstimmung fehlt. Außerdem gibt es keine derartige Bildung bei den nächstverwandten tentakeltragenden Pterobranchiern.

Bedenkt man hingegen die besondere Dicke und Funktion der Kragenepidermis, so sind vielleicht dort die evolutiven Zwänge zu finden, den nervösen Anteil der Epidermis im Kragen in die Tiefe zu verlagern.

Ein Gehirn als Ort zentralen Informationseinganges, assoziativer Vernetzung und zentraler Steuerung fehlt den Enteropneusten.

Bemerkenswert sind unipolare Riesenneurone mit Perikaryen von etwa 10–40 µm und Axonquerschnitten von 3–6 µm. Ihre Zahl korreliert mit der Körpergröße der Tiere und schwankt zwischen 10 bis über 150. Sie liegen

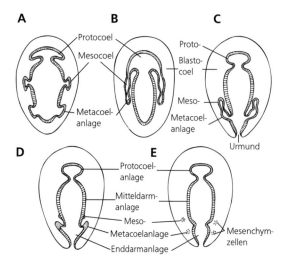

Abb. 1060: Verschiedene Wege der Coelombildung bei Enteropneusten. Entoderm zellig, Coelomanlagen punktiert. A, B Direkte Entwicklungsstadien: *Saccoglossus kowalevskii* (A) und *Saccoglossus pusillus* (B). C-E Verschiedene Tornarien. Nach verschiedenen Autoren.

in der hinteren Hälfte des Kragenmarks und im anschließenden Dorsalstrang des Rumpfplexus.

Die motorische Innervation der Körpermuskulatur wird offenbar von individuellen Axonen durchgeführt, die einzeln die basale Matrix durchtreten, doch fehlen detaillierte Untersuchungen.

Komplexe **Sinnesorgane** sind nicht bekannt.

In Pigmentbecher-Ocellen der Larven stehen ciliäre Rezeptorzellen und Pigmentzellen abwechselnd nebeneinander. Die adulten Würmer besitzen keine pigmentierten Ocellen, reagieren aber an ihrem Vorderende negativ phototaktisch. Der Rumpf kann übrigens ohne Eichel nicht gerichtet reagieren.

Nachts steigen Eichelwürmer auch häufig etwas aus ihrer Röhre. Bewegungen der Eichel auf der Sedimentoberfläche erzeugen dort sternförmige Spuren. Ähnliches machen Bewohner der Gezeitenregion auch bei Niedrigwasser. Eine dorsomediane Verdichtung im Eichelplexus steuert offenbar auch Bewegungskoordinationen; nach Durchtrennung können peristaltische Wellen nur mehr dahinter ablaufen. Koordinierte Reaktionen scheinen über den „Dorsal-" und „Ventralnerv" gesteuert zu werden; vielfach wird auch nur über kurze Strecken reagiert. Der epidermale Cilienschlag in der Kiemenregion wird wahrscheinlich nervös gesteuert; Cilien können dort abrupt stehen bleiben und kurz darauf die Schlagrichtung von wenigen Graden bis zu 180° verändern. Vor- oder rückwärts gerichtete Peristaltikwellen im Rumpf werden auch stets von gleichgerichteten Flimmerbewegungen begleitet.

Enteropneusten sind getrenntgeschlechtlich. Männchen und Weibchen unterscheiden sich durch die Färbung der reifen **Gonaden**. Diese reifen häufig in den Genitalflügeln heran, in denen sich bei großen Arten ein Lateralmesenterium (Lateralseptum) entwickelt hat. Die Gonaden sind bei diesen Formen in mehrere Säckchen zerlegt.

Die frühen Keimzellen wölben das Coelothel nach innen vor. Die Gonaden liegen daher außerhalb (retroperitoneal) des Coeloms. Bei der Reifung verbindet sich die metacoele basale Matrix mit jener der Epidermis und es entstehen G o n o p o r e n. In den Ovarien werden die Eizellen von Follikelzellen eingehüllt; hinzu kommen bei einigen Arten noch Dotterzellen. Im Zusammenhang mit äußerer Befruchtung sind die Spermien von ursprünglichem Bau.

Fortpflanzung und Entwicklung

Das Ablaichen ist bei Gezeitenbewohnern gemäßigter Breiten an bestimmte Temperaturen und an Niedrigwasser gebunden. *Saccoglossus horsti* laicht zumeist bei ca. 16°C und kurz nach Ebbetiefstand bei Springtide. Offenbar produzieren die Tiere unmittelbar unter dem Eingang zur Wohnröhre von der Eichel und besonders vom Kragen her einen kräftigen Schleimstrom, der zuerst austritt und in dem kurz darauf ein Strang von 2 500–3 000 Eiern folgt. Die schleimgebundenen Eistränge zerfließen auf der Sedimentoberfläche und bedecken ca. 7–8 cm² mit Eiern. Nach 20 min. beginnen die Männchen mit der Samenabgabe. Der Laichvorgang dauert ca. 90 min.

Die **Frühentwicklung** ist bei allen untersuchten Formen eine holoblastische, nahezu äquale R a d i ä r f u r c h u n g. Ähnlich wie bei Echinodermen treten im 3. und 4. Furchungsschritt Größenunterschiede in den Blastomeren auf, so daß relativ früh die Andeutung einer Bilateralsymmetrie entsteht. In der Folge differenziert sich eine Coeloblastula und dann eine Invaginationsgastrula, bei der der Urdarm das Blastocoel weitgehend verdrängt. Vom Dach des Urdarms gliedert die Protocoelblase das spätere Eichelcoelom ab.

Diese e n t e r o c o e l entstandene Blase bekommt eine strangförmige Verbindung aus mesoblastischen Muskelfasern mit der ektodermalen Scheitelplatte. Sie bildet einen Kanal zur Dorsalseite. Aus dem larvalen Vorderdarm entstehen der Kragen- und Kiemendarm; der blasige Larvenmagen wird zum gesamten restlichen Mitteldarm, und aus dem larvalen Enddarm wird der definitive Enddarm.

Bis zu 5 Wege der Bildung von Meso- und Metacoel können unterschieden werden (Abb. 1060):

(1) Bei *Saccoglossus pusillus* wachsen vom Protocoel links und rechts vom Larvaldarm Taschen nach hinten, die durch Einschnürung und nachfolgende Abtrennung zu Kragen und Rumpfcoelom werden. (2) Bei *Saccoglossus kowalewskii* wird jeder Coelomraum getrennt angelegt durch Evagination vom Larvaldarm. (3) Bei manchen Larven treten diese getrennten Anlagen zunächst als kompakte Zellknospen an der Darmaußenwand auf. (4) Bei *Balanoglossus* entsteht an der Grenze von larvalem Mittel- und Enddarm zunächst eine einfache paarige Aussackung, die sich bald in Meso- und Metacoel auftrennt. (5) Bei großen Tornarien wurden mesenchymale Zellhaufen beschrieben, die sich an die Epidermis anlagern, worauf sich in ihnen das Kragen- und Rumpfcoelom bildet.

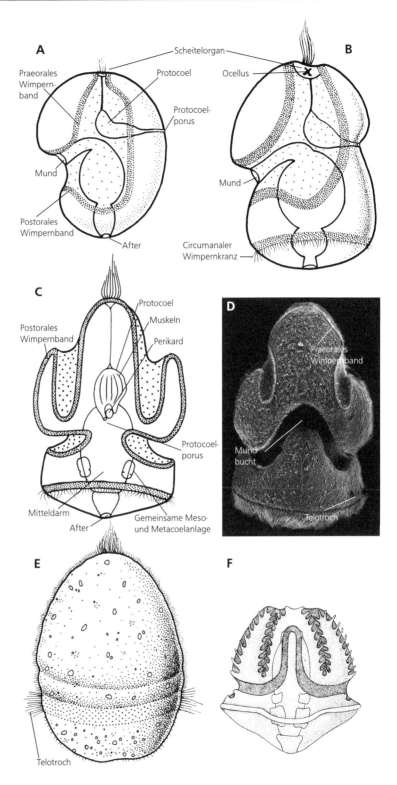

Abb. 1061: Enteropneusta. Larventypen. A-D Tornarien. A Müller-Stadium. Länge ca. 400 μm. B Heider-Stadium mit Telotroch (= circumanaler Wimpernkranz). Cilien in den Nahrung herbeistrudelnden, prae- und postoralen Wimpernbändern weggelassen. Länge 1 mm. C Spätes Metschnikoff-Stadium, Dorsalansicht. D Spätes Metschnikoff-Stadium, Ventralansicht. REM. E Lecithotrophe Schwimmlarve von *Saccoglossus horsti*, ohne Mund und After. F „Tornaria sunieri", Ventralansicht. A, B von der linken Seite gesehen. A-C, F Nach Stiasny (1931); D Original: T.H.J. Gilmour, Saskatoon; E nach Burdon-Jones (1952).

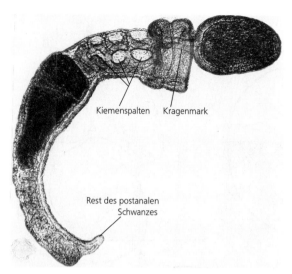

Abb. 1062: Junger Enteropneust, aus Sandboden. Kiemenspalten noch ohne Zungen. Länge: 3 mm. Original: R. Rieger, Innsbruck.

Die Harrimaniiden mit ihren großen dotterreichen Eiern haben eine Entwicklung mit einem kurze Zeit freischwimmenden Jugendstadium. Es besitzt ein Scheitelorgan und am Hinterende, nahe der Verschlußstelle des Blastoporus, einen kräftigen Wimpernkranz (Telotroch) zur Fortbewegung (Abb. 1061 E). Beim Übergang zum benthischen Leben streckt sich diese „Larve" rasch; es entstehen Eichel, Kragen, Mundöffnung und erste Kiemenporen. Am Hinterende ventral der Afteröffnung wächst ein langer Fortsatz aus, auf dem sich die Cilien des Telotrochs fortsetzen und zum Kriechen dienen. Dieses benthische, beschwänzte Stadium erinnert sehr an adulte Pterobranchier (Abb. 1062).

Bei indirekter Entwicklung gibt es keine wesentlichen Abweichungen in der Embryonalentwicklung und der Organogenese. Der Name der planktotrophen Larve – Tornaria (Abb. 1061) – bezieht sich auf die rotierende Bewegung durch den Telotroch.

Sechs nach ihren Erstbeschreibern benannte Stadien werden nach Größe, Anordnung und Differenzierung der Wimpernbänder, Anlage innerer Organe, der Coelomräume, Einschnürungen – besonders um die Mundbucht – und Verbreiterungen in der Ebene des Telotrochs unterschieden. Das Müllersche Stadium hat Mund, After und Protocoelporus, ein prae- und postorales Wimpernband zum Herbeistrudeln von Nahrung, aber keinen Telotroch. Dieser kennzeichnet das Heider-Stadium mit langem apikalem Wimperschopf und Ocellen am Scheitelorgan. Im Metschnikoff-Stadium entsteht eine tiefe Mundbucht. Die prae- und postoralen Wimpernbänder bilden einfache Schleifen, die Epidermis zwischen beiden sinkt ein, so daß der Larvenkörper ventral sowie links und rechts vom Mund deutlich eingebuchtet erscheint. Im folgenden Krohn-Stadium erreichen die Tornarien – bis 5 mm Länge – ihr größtes Körpervolumen. Die zur Ernährung dienenden Wimpernbänder wer-

den bedeutend verlängert, und es können sogar kurze bewimperte Tentakel daran entstehen. In dieser Phase verweilen einige Larven sehr lange im Pelagial (bei *Ptychodera flava* 3–9 Monate). Die ersten 4 Stadien stellen progressive Wachstumsphasen dar. Vor der Metamorphose setzt im Spengel-Stadium und zuletzt im Agassiz-Stadium eine rasch ablaufende regressive Phase ein. Dabei werden die Larven unter Abbau der Wimpernbänder und rascher innerer Differenzierung in nur 24 h kleiner.

Seltene Fälle von **vegetativer Vermehrung** wurden bei Ptychoderiden bekannt. Hier schnüren sich wenige Millimeter große vordere Rumpfteile ab, aus denen dann wieder vollständige Tiere entstehen.

Balanoglossus proliferans, der bisher nur im Sommer gefunden wurde, ist möglicherweise eine sich nur vegetativ vermehrende Generation, die mit der nur im Winter gefundenen sexuellen „Art" *B. capensis* im Wechsel steht.

Systematik

Ein phylogenetisches System der Enteropneusten liegt nicht vor. Zur Zeit werden 4 Familien unterschieden. Unter anderem spielen die Struktur und Gestalt des Eicheldarms, des Eichelskeletts, das Fehlen bzw. Vorhandensein von Synaptikeln oder Leberblindsäcken, wie auch zoogeographische Charakteristika für die systematische Gliederung eine Rolle.

Saccoglossus otagoensis (Harrimaniidae), Bewohner von Fluttümpeln Neuseelands, soll Schleimkokkons bilden, in denen die Genitalleisten abgestreift werden; die Spermien schwärmen dann aus dieser „Spermatophore" aus. – *Saccoglossus pygmaeus*, 3 cm, im Grobsand vor Helgoland. – *Harrimania kupfferi* (Harrimaniidae), mit paarigen Eichelporen, häufig in der Nordsee bis Grönland. – *Stereobalanus canadensis* (Harrimaniidae), Nova Scotia, mit dorsalen und ventralen Genitalflügeln, ohne Eichel- und Kragenporen, mit einem gemeinsamen dorsalen Kiemenschlitz. – *Protoglossus koehleri* (Harrimaniidae), 5–7 cm, mit ca. 50 Kiemenspalten und weitgehend vollständigen, epithelial ausgekleideten Coelomräumen, weder Perihämal- noch Peripharyngealräume, schwach entwickeltes Kiemenskelett; wird manchmal einer eigenen Familie zugeordnet; Atlantikküsten Englands und Frankreichs. – *Glandiceps talaboti* (Spengeliidae) zwischen 500–1000 m im westlichen Mittelmeer; etwa 20 cm lang. – *Balanoglossus clavigerus* (Spengeliidae), 20–50 cm, mediterran und atlantisch. – *Balanoglossus gigas*, mit 180–250 cm (!) größte Enteropneustenart, Küsten Brasiliens. – *Glossobalanus minutus* (Spengeliidae), mediterran in *Posidonia*-Wiesen. – *Ptychodera flava* (Spengeliidae), mit besonders weiten Genitalflügeln und durchgehendem Kragenmark, weit verbreitet im Indopazifik, mit mehreren lokalen Varietäten und extrem langlebigen Larven (9 Monate). – *Saxipendium coronatum* (Saxipendiidae), 1977 in der Nähe hydrothermaler Quellen des Galapagosgrabens (2478 m) (S. 387); bis 220 cm lang; mit dem Hinterende offenbar in Felsspalten verankert, das Vorderende driftet frei im Wasser.

Auf der norwegischen Tiefsee-Expedition der „Michael Sars" wurden 1910 im Golf von Biskaya 2 transparente kugelige Organismen aus 270 m Tiefe gefischt, die erst 1932 von Spengel als *Planctosphaera pelagica* beschrieben wurden. 1936 hat Van der Horst für diese das Taxon **Planctosphaeroidea** aufgestellt, das bis heute in vielen Lehr- und Handbüchern beibehalten wurde. Nach seltenen Wiederfunden im Atlantik wurden diese Riesenlarven (10–28 mm) in den 70er Jahren und zuletzt 1982 auch aus dem Pazifik um Hawaii bekannt. Die reich verzweigten Wimpernbänder ähneln grundsätzlich denen einer Tornaria, nur hat sich das Praeoralfeld zwischen Mundbucht und Apikalorgan über 3/4 der Oberfläche ausgedehnt. Dadurch ist der Darm V-förmig abgewinkelt und das Scheitelorgan zusammen mit dem Protocoel zum After hin verschoben. Die innere Organisation gleicht weitgehend einem Krohn-Stadium der Tornaria. Als Adultform nimmt man heute allgemein eine unbekannte abyssale Enteropneustenart an. Analoge Differenzierungen etwa der Wimpernbänder der Hydrocoelanlage mit unregelmäßigen Verzweigungen sind auch von Riesenlarven (15 mm) bisher unbekannter Seewalzen bekannt. Eine taxonomische Einordnung vom *Planctosphaera pelagica* kann erst nach der Entdeckung ihres vollständigen Lebenszyklus erfolgen.

2 Pterobranchia, Flügelkiemer

Pterobranchia sind marine, benthische Hemichordaten, die sessil bis hemisessil als tentakeltragende Mikrofiltrierer in und auf selbstgebauten Gehäusen leben; sie bilden Kolonien oder Tierstöcke. Lange Zeit waren sie nur aus Dredgeproben größerer Tiefen bekannt. Erst in den letzten Jahren sind diese zwerghaften Tiere (Einzelzooide nur ca. 1 mm) auch im Gezeitenbereich warmer Meere gefunden worden. Wahrscheinlich sind sie gar nicht selten und wurden nur übersehen.

Bau

Der Körper ist in Rostralschild, Tentakelregion (Kragen) und sackförmigen Rumpf mit Schwanzfortsatz gegliedert. Abgegrenzte Coelomräume sind noch schwieriger erkennbar als bei den Enteropneusten und auf Rostralschild und Tentakelapparat beschränkt. Sie besitzen Coelomporen, die im Protocoel und Mesocoel paarig sind. Die Mesocoelporen münden direkt nach außen an der Basis der Tentakel (Abb. 1065). Die paarige Entwicklung von Meso- und Metacoel ist nur mehr an den Mesenterien erkennbar.

Der Rumpf der Tiere ist meist dunkel gefärbt, die Tentakel oft rötlich. Auffällig ist ein rotes Pigmentband in der unteren Hälfte der Vorderwand des Rostralschildes.

Die rohrförmigen **Gehäuse** werden von einem Drüsenfeld in der Epidermis vor dem Pigmentstreif des Rostralschilds abgesondert und bestehen aus Kollagen. Die besonders kleinen Rhabdopleuriden bilden

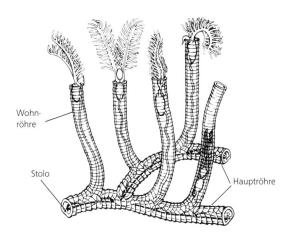

Abb. 1063: Pterobranchia. Teil eines Tierstockes von *Rhabdopleura* sp. Hauptröhren auf Substrat aufgekittet. Länge eines Zooids (ohne Stiel) ca. 600 µm. Nach Pearse und Buchsbaum (1987).

auf der Innenseite von Muschelschalen, zwischen den Septen von Korallenbruchstücken und auf anderen festen Substraten ein System von Röhren, von dem kurze Wohnröhren der Einzeltiere (130–270 µm Durchmesser) aufragen (Abb. 1063).

Von einer blasigen Anfangskammer, die von der festgesetzten Larve gebildet wird, breiten sich die Tierstöcke je nach Stabilität des Untergrundes auf einer Fläche von wenigen Millimetern bis zu 10 cm aus. In der fest mit dem Substrat verwachsenen, abgeflachten unteren Wand der horizontalen, „kriechenden Hauptröhre" ist ein pigmentierter Gewebsstrang eingebettet („schwarzer Stolo"), über den der gesamte Stock verbunden ist und von dem auch neue Knospen gebildet werden. Die Außenwand der kriechenden Röhren zeigt ein Zick-Zackmuster, jene der aufragenden Wohnröhren eine Ringelung, die durch Abscheidungsfolgen des Rostralschildes entstanden sind. Jede Wohnröhre ist durch ein Quersptum gegen die sich fortsetzende Hauptröhre getrennt.

Die Gehäuse der Cephalodisciden-Kolonien (Coenoecien) sind einzigartig für marine Organismen. Ausgehend von einer generativ entstandenen und sich festsetzenden Larve werden sie in der Folge von vielen Einzeltieren weitergebaut, die aus Knospen entstanden sind, sich aber voneinander getrennt haben.

Sie erreichen Größen von wenigen Millimetern bis zu Blöcken von 30 cm Durchmesser bei 10 cm Höhe (Abb. 1067). Sie zeigen sehr unterschiedlichen Aufbau, auch wenn die Tiere sich äußerlich kaum unterscheiden. Die größten Gehäuse bestehen aus dicht gepackten Einzelröhren verbunden durch lockere gallertige Zwischensubstanz mit eingelagerten Fremdkörpern. In verzweigten strauchförmigen Kolonien sind die Wohnröhren miteinander verbunden und tragen Stacheln an den Öffnungen. In bizarr verzweigten Gehäusen entstehen große, gemeinsame innere Wohnräume, in denen sich dann viele Tiere zurückziehen, oder die Gehäuse bestehen nur mehr aus

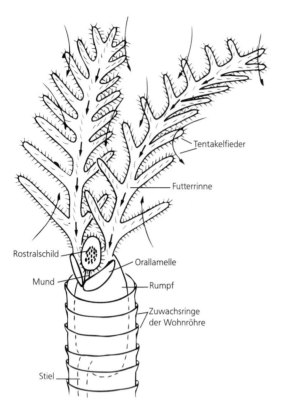

Tentakelfieder

Futterrinne

Rostralschild

Orallamelle

Mund

Rumpf

Zuwachsringe
der Wohnröhre

Stiel

Abb. 1064: *Rhabdopleura* sp.. In Filterstellung. Geschwungene Pfeile: Wasserstrom; gerade Pfeile: Partikeltransport. Nach Gilmour (1979).

einem Geflecht von Balken und Stacheln, auf denen die Tiere frei herumklettern.

Die **Epidermis** ist in weiten Bereichen des Körpers ein sehr flaches monociliäres, einschichtiges Epithel mit dünner Cuticula, unter der oft Bakterien leben. Zellen mit dunklen Pigmentgranula sind ziemlich dicht über den ganzen Körper verteilt. Schleimdrüsenzellen finden sich in den Rändern des Rostralschildes und auf der Dorsalseite der Tentakel und Arme. In der Ventralfläche des Rostralschildes liegt das gehäusebauende Drüsenfeld mit langen hochprismatischen Zellen (bei *Cephalodiscus* über 150 μm hoch, aber nur 6–8 μm breit). Hochprismatische Wimperzellen stehen an den Tentakeln, in der Rinne der Orallamelle, die von der Basis des Tentakelapparates zum Mund führt, und an den Rändern des Rostralschildes.

Unter der basalen Matrix liegt eine vorwiegend ventrale Längsmuskulatur. Entsprechend der paarigen Anordnung des Metacoels sind im Stiel der Tiere zwei kräftige ventrale Längsmuskelzüge entwickelt, die teils in die Seitenwände des sackförmigen Rumpfes einstrahlen, aber hauptsächlich am Septum zwischen Meso- und Metasoma inserieren. Bei den Rhabdopleuriden ziehen diese Muskeln das Zooid in die Wohnröhre zurück, bei

den Cephalodisciden sichern Wickelbewegungen zusätzlich den schwanzförmigen Körperteil beim Klettern. Längsmuskeln durchziehen auch beiderseits des Vorderdarms das Mesosoma und umgreifen so die längsgerichtete ventrale Mundspalte. Anders als im Rumpf ist auch die dorsale Mesosoma-Muskulatur kräftig entwickelt. Sie zieht als Längsmuskeln in Arme und Tentakel hinein.

Soweit bekannt, handelt es sich bei allen erwähnten Muskelzügen um myoepitheliale Elemente und deren Derivate mit glatten Muskelfasern. Nur die Epithelzellen des Mesosomakanals, der in die Tentakel hineinzieht, besitzt quergestreifte, rasch kontrahierende Fasern. Polster von Myoepithelzellen mit quergestreiften Fasern liegen auch in der Wand der Kragenporen. Sie regulieren möglicherweise den raschen Austausch von Wasser und Coelomflüssigkeit beim Einziehen und Ausstrecken der Tentakel. Radiale Muskelzüge im Rostralschild ermöglichen das Ansaugen und Bewegungen beim Ausstrecken und Klettern.

Wie bei den Enteropneusten liegt das **Nervensystem** basiepithelial in der Epidermis. Verdichtungen finden sich im Rostralschild und auf den Tentakeln. Zwischen den Basen der Tentakel ist die Nervenentwicklung besonders mächtig, also dort wo sich bei den Enteropneusten das Kragenmark befindet – eine Plexusverdichtung, die auch als Ganglion bezeichnet wird. Von hier ziehen hinter der Mundregion „Ringnerven" nach ventral und setzen sich als medianer „Ventralnerv" bis in den Stiel fort. Ein kurzer „Dorsalnerv" geht am After in den allgemeinen epidermalen Plexus über. Eigentliche Sinnesorgane, ja selbst Rezeptorzellen sind bisher nicht beschrieben worden. Auch die motorische Steuerung ist ungeklärt.

Soweit bekannt, reagieren die Tiere nicht auf Licht; auf mechanische Beeinflussung kontrahieren sie rasch den Stiel und ziehen sich in die Wohnröhre zurück.

Im **Darmtrakt** unterscheidet man einen Vorderdarmbereich mit Mund, Mundhöhle, Pharynx – Oesophagus und einem hinteren Darm mit Magen, dorsad aufsteigendem Dünndarm und kurzem Enddarm, der dorsal am Rumpf in einer querstehenden Afteröffnung endet. Der Mund wird von lippenartigen Bildungen umgeben. Die Mundhöhle ist kräftig bewimpert und reichlich mit Schleimdrüsen ausgestattet. Wie bei den Enteropneusten zieht vom Dach der Mundhöhle ein Stomochord nach vorn, das eingebettet in der Basis des dorsalen Mesosoma-Mesenteriums liegt. Ein stützendes Skelett wie bei den Enteropneusten tritt nicht auf. Nur bei den Cephalodisciden führt unmittelbar hinter den Mesocoelporen 1 Paar Kiemenporen nach außen (Gefiltert wird ja mit dem Tentakelapparat!). Der größte Teil des Vorderdarms wird vom kräftig bewimperten Oesophagus gebildet, der in den sackförmigen, resorbierenden Magen übergeht.

Der **Tentakelapparat** der Rhabdopleuriden besitzt nur 1 Paar Arme (Abb. 1064), der der Cephalodisciden hingegen 4–9 (Abb. 1066). Größenabhängig

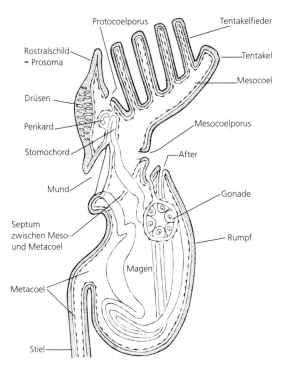

Abb. 1065: *Rhabdopleura* sp.. Organisationsschema. Nach Schepotieff (1907).

ist auch die Anzahl der Tentakel, die bei den Rhabdopleuriden zwischen 15–30 zu beiden Seiten eines Arms und bei den Cephalodisciden bis 50 beträgt.

Die Rhabdopleuriden schwenken ihre Arme langsam im Kreise. Lateralcilien an den Tentakeln sichern einen Wasserstrom. Verwertbare Partikeln werden in der Mitte der Tentakelaußenseite von Frontalcilien auf den Arm gelenkt, weiter zur Armbasis und über die beiden bewimperten Orallamellen zum Mund transportiert(Abb. 1064). *Cephalodiscus* hält sich mit dem Rostralschild am Gehäuse fest und streckt die Arme beider Seiten nach oben. So entsteht ein fast kugeliger Filterkorb, bei dem die Armspitzen nach innen gerichtet sind und die V-förmig seitlich abstehenden Tentakel einander berühren. Ein Wasserstrom wird in das Innere dieses Filterkorbs von den Lateralcilien der Tentakel gelenkt. Die Cilien des Stiels und des Rumpfes schlagen kräftig rostrad und lenken einen Wasserstrom nach vorne, der dann dorsal von hinten her in den Filterkorb eintritt. Dadurch gelangen auch die Faeces in das abströmende Wasser, und die Wohnröhre bleibt sauber. Die Cilien auf der Dorsalseite der Arme schlagen zu den Spitzen hin und erzeugen den Abstrom. Frontalcilien auf der Außenseite der Tentakel transportieren eingeschleimte Partikeln in die Futterrinne der Arme, von wo sie an der Armbasis auf die Orallamelle und von dort zum Mund gelangen. Unterstützend führt die Orallamelle undulierende Bewegungen durch. Größere, erwünschte Partikeln werden durch schnelles Zuken der Tentakel sofort auf die Futterrrinne gebracht (Abb. 1066A).

Wahrscheinlich fungieren die Tentakel auch als Kiemen.

Größere **Blutbahnen** liegen innerhalb der Mesenterien als Dorsal- und Ventralgefäß. Ein zentraler Blutraum liegt unmittelbar vor der Spitze des Stomochords und ist von einem muskulösen Perikard umgeben. Der Glomerulus liegt ventrolateral vom Stomochord im hinteren Bereich des Protocoels innerhalb des Rostralschildes; er besitzt Podocyten. Der Tentakelapparat hat ein gut entwickeltes

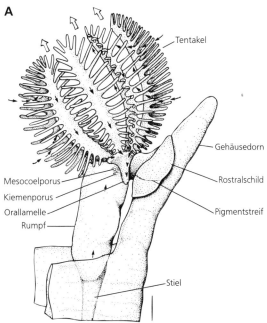

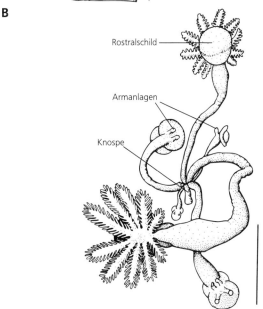

Abb. 1066: *Cephalodiscus* sp.. A In Filterstellung. Geschwungene Pfeilreihe: Wasserzustrom; leere Pfeile: Abstrom aus Zentrum der Filterkrone. Maßstab: 0,2 mm. B Gruppe verschieden weit entwickelter Zooide, Knospungszone am Stielende. Unreifes Zooid (oben) in Ventralansicht; reifes Zooid (unten) von dorsal. Maßstab: 1 mm. Nach Lester (1985).

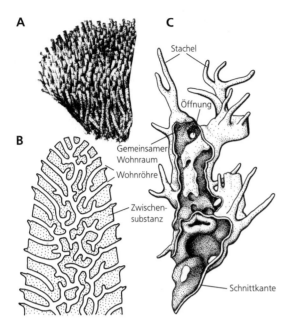

Abb. 1067: Gehäuseformen von *Cephalodiscus*-Arten. A Orthoecus-Form. Einzelröhren getrennt, nur lose verkittet. B Idiothecia-Form. Schnitt durch Koloniezweig. Mächtig entwickelte Zwischensubstanz; die sich einzeln öffnenden Wohnröhren kommunizieren miteinander. C Demithecia-Form. Der nur von Zwischensubstanz gebildete, große gemeinsame Wohnraum ist aufgeschnitten. Tiere klettern zum Filtern aus mehreren Öffnungen auf die Stacheln. A Nach Andersen (1907); B nach Harmer und Ridewood (1913); C nach Schepotieff (1907).

Lakunensystem. Strömungsrichtungen des Blutes sind nicht bekannt, doch dürften sie sich nicht von jenen der Enteropneusten unterscheiden.

Fortpflanzung und Entwicklung

Geschlechtlichkeit und Fortpflanzung sind noch unzureichend beschrieben. Bei den Cephalodisciden gibt es wahrscheinlich echte Zwitter; bei manchen Arten treten neben nicht fertilen Tieren Männchen und Weibchen gemeinsam in einer Kolonie auf. Auch in den Tierstöcken der Rhabdopleuriden sind neben vielen geschlechtslosen Zooiden wenige Männchen und Weibchen zu finden.

Die retroperitoneal differenzierten **Gonaden** sind bei den Rhabdopleuriden unpaar, bei den Cephalodisciden paarig. Bei diesen liegen sie auch in einem Lateralseptum umgeben von einem Blutraum. Über Befruchtungsvorgänge ist nichts bekannt.

Die **Entwicklung** kennt man bisher nur für *Rhabdopleura normani*. Coenoeciumröhren weiblicher Zooide besitzen in ihrem festsitzenden Teil eine Schlinge, in der bis zu 7 Embryonen verschiedenen Alters liegen können. Die Frühentwicklung ist holoblastisch und radiär. Im dritten Furchungsschritt

werden unterschiedlich große Blastomeren gebildet. Der Embryo besteht zunächst nur aus einem ektodermalen Epithel über einer dotterreichen Zellmasse, von der sich eine Protocoelblase und Meso- und Metacoel durch Spaltbildung absondern. Nach 4–7 Tagen schlüpft eine gleichmäßig bewimperte Schwimmlarve (400–450 µm) mit einem Scheitelorgan, das bei den rotierenden Schwimmbewegungen nach vorne gerichtet ist.

Nach 1–5 h setzt sich diese Larve fest. Am Hinterende, wo später der Rumpfstiel entsteht, hat sich ein larvales Haftorgan mit Drüsen in der Epidermis gebildet. Ein etwas eingesunkenes pigmentfreies Drüsenfeld auf der vorderen Ventralseite der Larve wölbt sich nach außen und beginnt eine Sekrethülle zu bauen. Es wird später zum gehäusebauenden Drüsenfeld des Rostralschildes. Nach ca. 4 Tagen öffnet sich der Larvenkokon, an dessen einem Ende das metamorphosierte Jungtier mit dem Stiel angeheftet ist.

Die Entwicklung der Cephalodisciden ist nur lückenhaft bekannt. Nach totaler Radiärfurchung mit inäqualen Schritten entsteht eine planulaartige, allseits bewimperte Larve. Spätere Larven besitzen ein Scheitelorgan, ein Drüsenfeld in der ventralen Epidermis und am Hinterende eine von Cilien umstandene Einsenkung.

Vegetative Fortpflanzung durch Knospung ist verbreitet. Bei den Rhabdopleuriden bleiben die Zooide nach der Ausdifferenzierung über den schwarzen Stolo in Kontakt. Bei den Cephalodisciden entstehen bis zu 14 Knospen am Stielende einer Haftscheibe (Abb. 1066B). Die Knospen enthalten nur Ekto- und Mesodermmaterial, bringen aber trotzdem ein vollständiges Tier hervor. Bei den Cephalodisciden bildet sich der Darm zur Gänze aus einer ektodermalen Einsenkung, die sich vom Mund her innerhalb des Mesenteriums bis zum After hin schiebt. Früh wird die Dreigliedrigkeit der Coelomräume durch Dissepimentbildungen erreicht.

Systematik Als taxonomische Kriterien werden der Gehäusebau, der Tentakelapparat und anatomische Merkmale herangezogen.

Cephalodiscidae – Die Mehrzahl der *Cephalodiscus*-Arten ist aus Tiefen von 50–650 m antarktischer und subantarktischer Meere bekannt. Andere leben in südlich gemäßigten Zonen, in tropischen Seichtwassergebieten (*C. indicus*, Ceylon, Borneo, Celebes oder Bermuda), selbst in nördlichen gemäßigten Meeren (Straße von Korea). *Cephalodiscus gracilis* mit 8 Armen, 1 Paar Kiemenöffnungen; in 275 m Tiefe; Straße von Florida, Gezeitenzone auf Bermuda. – *Atubaria heterolopha*, nur einmal in 200–300 m Tiefe vor Japan gefunden; wahrscheinlich ohne Gehäuse. Einzeltiere kletterten auf *Dicoryne conferata* (athecater Hydroidenstock). Von den 4 Paar Armen hat das 2. Paar ein langes tentakelloses, aber drüsenreiches Ende.

Rhabdopleuridae – *Rhabdopleura normani*. Einzeltier 1 mm, Tierstock 40 mm. Azoren, Grönland, Lofoten, vor Skandinavien; in den Corallinaceenbeständen des westlichen Mittelmeeres, aber auch antarktische Meere.

Abb. 1068: †Graptolithina. †*Monograptus pulcherimus.* Aus Siewing (1985).

† Graptolithina

Auf Grund des Gehäusebaues und der Koloniegliederung (Abb. 1068) wird diese fossile, artenreiche paläozoische Gruppe zu den Hemichordaten gestellt, innerhalb der sie sicher mit den Pterobranchiern näher verwandt ist. Graptolithen waren weltweit verbreitet vom Mittleren Kambrium bis ins Untere Karbon. Für das Ordovizium und das Silur sind sie Leitfossilien. Bis zu 10 000 Zooide konnten in einer Kolonie auftreten. Neben vielen sessilen Benthosformen sind auch pelagische Formen mit Schwimmkörpern bekannt.

Xenoturbellida

Ein weiterer Organismus, dessen sichere taxonomische Zuordnung bisher nicht einmal auf dem Niveau der höheren Taxa gelang, ist *Xenoturbella bocki.* Die Art wurde aus dem Skagerrak zuerst als Turbellar beschrieben; später entdeckte man engere Beziehungen zu den Enteropneusta.

Die bis 3 cm langen Tiere leben auf Schlammböden und sind äußerlich durch eine Wimpernfurche im Mittelkörper und die medioventrale Mundöffnung gekennzeichnet (Abb. 1069C). Die multiciliäre Epidermis mit dem basiepithelialen Nervensystem erinnert in ihrem Drüsenreichtum und ihrer relativen

Dicke an jene von Enteropneusten. Interessanterweise zeigen die Basen und Spitzen der Cilien Merkmale, die bisher nur bei den acoelomorphen Plathelminthen bekannt wurden (Abb. 1069D, E). Einmalig ist der Aufbau einer unpaaren am Vorderende in der Epidermis gelegenen Statocyste (Abb. 1069C). Die in Vielzahl vorhandenen Statolithen sind mit Geißeln versehen und bewegen sich mit diesen in der Statocyste.

Der Aufbau der Muskulatur und des Bindegewebes zeigt einerseits Ähnlichkeiten mit dem coelomaten Bauplan (Anordnung der extrazellulären Matrix zwischen Epidermis und Hautmuskelschlauch in Form von zwei basalen Matrices), andererseits konnte keine sekundäre Leibeshöhle gefunden werden. Vielmehr bildet der sackförmige Darm die zentrale Höhlung des Körpers (Abb. 1069B, C). Ein Anus fehlt, die Spermien sind vom ursprünglichen Typ, eigene Nephridialorgane sind nicht bekannt.

Wegen dieser Beziehungen zu so weit auseinanderliegenden Taxa wie Plathelminthes und Hemichordata ist *Xenoturbella bocki* seit ihrer Entdeckung für die Diskussion der Evolution der Bilateria von besonderem Interesse.

Ergänzungen: S. 863.

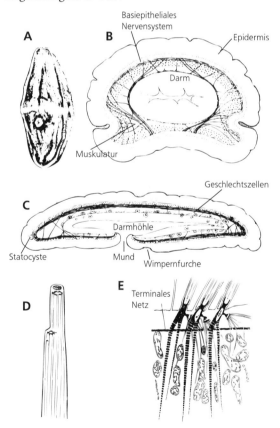

Abb. 1069: *Xenoturbella bocki.* A Habitus; B Querschnitt. C Längsschnitt. D Cilienspitze. E Cilienbasis. A-C Nach Westblad (1949); D-E aus Franzén und Afzelius (1990).

Echinodermata, Stachelhäuter

Die Echinodermata sind mit etwa 6300 rezenten Arten nach den Chordata die größte Gruppe innerhalb der Deuterostomia. Sie leben ausschließlich marin und sind bis auf wenige bathypelagische Seegurkenarten typische Formen des Benthos in allen Bereichen der Schelfmeere und besonders in bathyalen und hadalen Meeresböden, wo sie bis zu 90% der Biomasse stellen. Einige höhere Taxa der Seesterne und der Seegurken kommen ausschließlich unter 2000 m Tiefe vor!

Echinodermen sind seit dem frühen Kambrium bekannt; im späten Paläozoikum hatten sie eine besonders reiche Entwicklung mit vielen Gruppen, die zwar fossil belegt, aber mit den rezenten Formen nicht näher verwandt sind. Bedingt durch die gute Erhaltbarkeit des calcifizierten Skeletts sind etwa 10000 fossile Arten bekannt. Von den 20 höheren Taxa haben nur sechs überlebt: die **Crinoida** (Seelilien und Haarsterne) mit ca. 620 Arten, die **Asteroida** (Seesterne) mit ca. 1500 Arten, die **Ophiuroida** (Schlangensterne und Medusenhäupter) mit ca. 2000 Arten, die **Holothuroida** (Seegurken) mit rund 1200 Arten und die **Echinoida** (Seeigel) mit etwa 950 Arten. Ein sechstes Taxon, die **Concentricycloida** (Seegänseblümchen), das erst 1986 entdeckt wurde und bisher nur mit 2 Arten aus ca. 1000 m Tiefe vor Neuseeland bzw. aus 2000 m Tiefe in der Karibik bekannt ist, gehört möglicherweise zu den Seesternen.

Die Körpergröße der meist bunt und prächtig gefärbten Echinodermen reicht von 5 mm (bei den Fibulariidae, Verwandten der Sanddollars) bis zu 320 mm (der indopazifischen Lederseeigel *Sperosoma giganteum*). Bei dem Schlangenstern *Nannophiura lagani* beträgt der Scheibendurchmesser nur 0,5 mm (!), die Arme sind 3 mm lang. *Leptosynapta minuta*, eine füßchenlose Seegurke aus dem Sandlückensystem der Nordsee mißt 5 mm, tropische Verwandte wie *Synapta maculata* aus dem Indopazifik werden über 2 m lang bei 5 cm Durchmesser. *Stichopus variegatus* von den Philippinen hat eine Länge von 1 m, aber einen Querschnitt von 23 cm und wiegt 9 kg. Auch Seesterne erreichen beachtliche Größen: 1,40 m Durchmesser bei der Tiefseeart *Midgardia xandaras*, 1 m und 10 kg Gewicht bei *Pycnopodia helianthoides* aus dem Nordpazifik mit 25 Armen.

Gegenüber allen anderen Tiergruppen sind adulte Echinodermen durch eine fünfstrahlige (pentamere) Symmetrie gekennzeichnet. Die Hauptachse verläuft durch den Mund im Mittelpunkt der sog. Oralseite bzw. durch den After auf der gegenüberliegenden Aboralfläche (Abb. 1070). Bei

Alfred Goldschmid, Salzburg

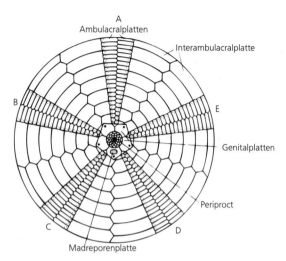

Abb. 1070: Echinodermata. Pentamere Symmetrie. Blick auf die Aboralseite eines Seeigels. Stacheln weggelassen. Aus Hennig (1963).

den sich frei bewegenden Eleutherozoa ist die Oralseite dem Substrat zugekehrt, also die Unterseite; die Aboralseite ist die Oberseite. Bei den Holothurien ist allerdings die Oralseite das Vorderende, die Aboralseite der hintere Körperpol (Abb. 1071E).

Im Grundbauplan können daher 5 sog. Radien mit Kanalsystem und Radiärnerven von sog. Interradien unterschieden werden. In den Radien entwickelt sich vom Hydrocoel aus ein Tentakelapparat. Da diese Tentakel bei Seesternen, Seeigeln und Seegurken zu einem der Fortbewegung dienenden Füßchenapparat umgebaut sind, werden die Radien auch als Ambulacren und die Interradien als Interambulacren bezeichnet. Die primäre Fünfstrahligkeit wird bei Crinoiden und Asteriden häufig vervielfacht: Crinoiden besitzen maximal 200 (*Comanthina schlegeli*), Seesterne 50 Arme (*Heliaster* sp.). Fast die Hälfte aller Seeigel zeigen äußerlich eine sekundäre Bilateralsymmetrie. Diese als „Irregularia" zusammengefaßten Formen sind Bewohner von Sedimentböden und leben entweder an der Substratoberfläche oder eingegraben. Auch Seegurken entwickelten in mehreren Taxa eine ausgeprägte sekundäre Bilateralsymmetrie.

Der pentamer radiäre Bau der Echinodermen kann durch die Position der interradial gelegenen Madreporenplatte (Siebplatte) exakt orientiert werden: Aboral wird der Radius gegenüber der Madreporenplatte mit A bezeichnet, die weiteren Radien gegen den Uhrzeigersinn mit B, C, D und E (Abb. 1070). Die Madreporenplatte liegt demnach im Interradius CD. Bei den Crinoiden orientiert man sich an der im Interradius CD gelegenen Afteröffnung.

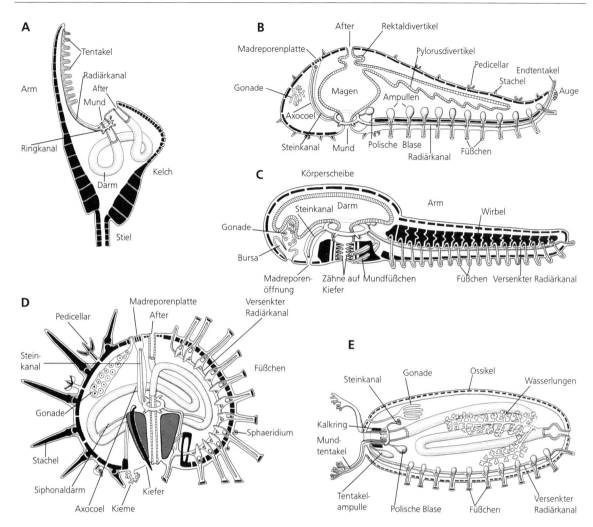

Abb. 1071: Organisationsschema der Echinodermen-Taxa in radialen und interradialen Ansichten. A Crinoida. B Asteroida. C Ophiuroida. D Echinoida. E Holothuroida. Skelettelemente schwarz, Ring- und Radiärkanäle des Ambulacralgefäßsystems eingezeichnet. Originale: A. Goldschmid, Salzburg, nach verschiedenen Autoren.

Die pentamere Radiärsymmetrie entsteht durch eine völlig umgestaltende Metamorphose aus einer bilateralsymmetrischen Larve (mit dreiteiligen linken und rechten Coelomräumen, Abb. 1072), die den Larvenformen der Hemichordaten, besonders den Enteropneusten-Larven, ähnelt. Die spätere Oralseite differenziert sich bei Seesternen und Seeigeln auf der linken Seite des Larvenkörpers, die Aboralseite auf der rechten. Bei Seegurken und Schlangensternen entsteht die Oralseite hingegen im Mundfeld der Larve; bei den primär festsitzenden Crinoida beginnt die Metamorphose meist auf der Ventralseite der mundlosen Larve.

Die außen deutliche Pentamerie wird von der Differenzierung des sog. Hydro- oder Mesocoels induziert, das schon am Beginn der Metamorphose einen Ring um den Vorderdarm bildet, von dem dann 5 Radiärkanäle auswachsen (Abb. 1072, 1073). Das Somatocoel (Metacoel) folgt diesen Vorgängen ebenfalls mit Ringbildungen und radiär verlaufenden Kanälen, desgleichen die Hauptbahnen des Nervensystems. Alle Kanalsysteme sind von monociliären Epithelien ausgekleidet; die Coelomflüssigkeit wird mit Hilfe dieser Cilien bewegt.

Einzigartig – und wohl besonders wichtig für Evolution und Lebensweise der Stachelhäuter – ist eine erst jüngst erkannte Differenzierung im kollagenen Bindegewebe. Durch nervöse Steuerung kann das Bindegewebe rasch versteifen oder extrem erschlaffen, was durch Verlagerung von Ca^{2+}- und Na^+-Ionen in der Bindegewebsmatrix und an den Glykoproteinmolekülen erreicht wird, welche die Kollagenfasern miteinander vernetzen. Wichtig sind dabei sog. juxtaligamentale Zellen zwischen Kollagenfasern und steuernden Nerven. Dieses v e r - änderliche Bindegewebe (mutabel connective

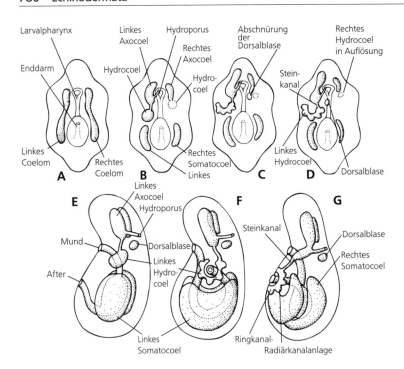

Abb. 1072: Schema der Coelomdifferenzierung und -verlagerung bei der Metamorphose. A-D Dorsalansichten. E, F Linke Seitenansicht. G Linke Schrägansicht. Nach verschiedenen Autoren.

tissue = MCT) kann als Halteapparat mit geringstem Energieaufwand eine vorhergehende Muskeltätigkeit unterstützen und Stacheln, ganzen Armen, Füßchen usw. über lange Zeit durch Versteifen der kollagenen Sehnen, Bänder und Bindegewebsstrukturen Festigkeit verleihen. Das Aufrechterhalten von Filterstellungen des gesamten Körpers, die Stellung von Festhalteorganen oder das Halten gegen Wasserbewegung wird dadurch gewährleistet.

Für alle Gruppen (außer den Seeigeln) ist Autotomie charakteristisch. In der Regel werden bei verschiedensten Störungen Arme und Körperteile abgeworfen oder (bei Seegurken) der größte Teil der inneren Organe ausgestoßen.

Ursprünglich haben Echinodermen einen biphasischen Lebenszyklus. Bis auf wenige Ausnahmen

sind sie getrenntgeschlechtlich ohne deutlichen Sexualdimorphismus. Zwitter sind nur von Asteriden, Ophiuriden und Holothurien bekannt. Echinodermen zeigen eine typische Radiärfurchung mit deutlicher Invaginationsgastrula – außer bei dotterreichen Eiern. Aus dotterarmen Eiern geht meist eine planktotrophe Larve hervor, die eine Metamorphose durchläuft. Brutpflege tritt in allen Gruppen vereinzelt auf, gehäuft bei polaren Arten, bei Tiefseeformen und bei Arten des Gezeitenbereichs. Bei einigen Asteriden und Ophiuriden ist eine vegetative Vermehrung durch Teilung des ganzen Tieres, die Fissiparie, wahrscheinlich obligat.

Echinodermen sind lokal von einiger wirtschaftlicher Bedeutung. In den letzten Jahren bewegte sich die weltweite Anlandung um etwa 70000 t/Jahr, wovon nicht ganz 50000 t auf Seeigel entfallen, von denen die Gonaden gegessen werden. Seegurken werden als Trepang oder „bêche-de-mer" nach Entfernen der Eingeweide verwertet. Bis zu 4000 t Seesterne gelangen in Tierfutter und Düngemittel.

Bau

Die **Epidermis** ist ein einschichtiges Epithel, ihr häufigster Zelltyp sind wenig differenzierte Stützzellen meist mit Cilium. Typisch ist ein dichter Mikrovillibesatz und darüber eine faserige Glykokalyx. Zwischen den Mikrovilli liegt faseriges und granuläres Material (Cuticula) meist in 2 Lagen, wobei die untere Kollagenfasern enthält. Zwischen Cuticula und Zelloberfläche finden sich oft Bakterien (Abb. 1074).

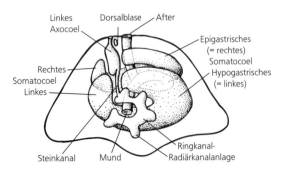

Abb. 1073: Schema zur Anordnung der Coelomräume und des Darmtrakts der Eleutherozoa vor der Endphase der Metamorphose. Nach verschiedenen Autoren.

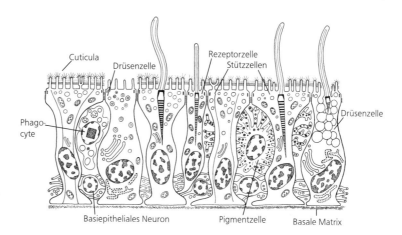

Abb. 1074: Bau der Epidermis adulter Echinodermen. Original: A. Goldschmid, Salzburg, nach verschiedenen Autoren.

Schleimdrüsen und Drüsenzellen mit Klebsekreten können stellenweise dicht auftreten, z.B. in den Endplatten der Saugfüßchen von Echiniden, Holothurien und Asteriden oder in den Mundtentakeln der Holothurien. Drüsensäcke auf der Außenseite der Pedicellarienzangen der Seeigel und manchmal auch am Stiel der Pedicellarien können beachtliche toxische Wirkung haben, besonders bei tropischen Vertretern der Familie Toxopneustidae. Es handelt sich um Neurotoxine, die auch für den Menschen gefährlich sein können.

Alle Epidermiszellen besitzen nur 1 Cilium. Die Bewimperung ist besonders dort kräftig entwickelt, wo sie zum Transport von Nahrungspartikeln dient, wie in den Futterrinnen der Pinnulae, den Armen und der Kelchoberseite der Crinoiden, aber auch bei vielen Seesternen und bei den bilateral gebauten Seeigeln (Sanddollar-Arten, Herzigel). Häufig sind cilientragende primäre Sinneszellen, deren experimentelle Zuordnung zu bestimmten Sinnesqualitäten bisher kaum erfolgt ist. In der Basis der Epidermis liegen Ganglienzellen und deren Dendrite und Axone (s.u.).

Zwischen den Epithelzellen treten oft reichverzweigte Pigmentzellen auf, meist Melanophoren. Wanderungen der Pigmentgranula als Reaktion auf Veränderungen der Lichtverhältnisse bewirken unterschiedliche Tag- und Nachtzeichnungen.

Beim Seeigel *Centrostephanus longispinus* expandieren die Pigmentgranula bei Lichtexposition innerhalb von 50 min, bis der Seeigel tief schwarz ist. Die volle Dunkeladaptation wird in nur 25 min erreicht; das Tier wirkt dann graubraun, die Stacheln hell gebändert. Diademseeigel tragen sog. Iridophoren in der Epidermis, die in dichten Gruppen blau leuchtende Flecken in den Interradien hervorrufen.

Häufig wandern Coelomocyten, meist Phagocyten, amöboid in den Interzellularräumen der Epidermis (Abb. 1074).

Färbungen können auch innerhalb einer Art extrem variieren. *Antedon mediterranea* kann in derselben Population schwefelgelb, graubraun und leuchtend dunkelrot bis violett sein. Die Buntheit beruht auf der Mischung verschiedener Pigmente. Melanine sind allgemein verbreitet und bei Seeigeln und Seegurken häufig. Carotinoide und Carotinoproteine dominieren bei Seesternen und Schlangensternen und bringen alle Abstufungen von rot hervor. Carotinoproteine können aber auch blau, grün und purpur erscheinen. Naphtochinone treten besonders bei Echiniden auf und sind als Echinochrome in Körperflüssigkeiten, Geweben – oft in den Gonaden – zu finden, und als Spinochrome vor allem in den Skelettstrukturen. Auch Crinoiden und Holothurien enthalten Chinone. Das leuchtende Dunkelblau verschiedener Diademseeigel ist ein physikalischer Effekt, die Rayleigh-Streuung, und wird durch die Unterlagerung von Melaninen durch reflektierende Iridophoren erzeugt.

Das **Nervensystem** erinnert im Aufbau an jenes der Cnidaria (S. 151) und der Hemichordata (S. 769). Auffällig ist das Fehlen von Gliazellen und der sehr einfache Bau der Synapsen ohne prä- und postsynaptische Differenzierungen. Wahrscheinlich hat die sekundäre Radiärsymmetrie eine höhere Entwicklung des Nervensystems verhindert. In den Ambulakren sind die Nerven radiär angeordnet und um die Mundöffnung durch einen Faserring verbunden. Dieser orale Ring wurde vielfach als integrierendes Zentrum angesehen, doch werden hier lediglich die Radien miteinander verschaltet. Bei entsprechendem Erregungseingang kann jeder Radius kurzfristig zum „Zentrum" werden und das Gesamtverhalten des Tieres bestimmen.

Die Ganglienzellen sind sehr klein, nur bei Ophiuriden treten „Riesenneurone" auf (Zellkörper ca. 40 μm, Axonquerschnitte 10–20 μm).

Je nach Lage im Körper kann (1) ein ektoneurales (epineurales), (2) ein hyponeurales und (3) ein aborales System unterschieden werden (Abb. 1082). Diese 3 Systeme stehen erstaunlicherweise nicht in direkter Verbindung.

Bei den Eleutherozoen ist das basiepitheliale, ektoneurale System der Epidermis das mächtigere Nervensystem. Es bildet Stränge in den Radien und einen Ring um den Mund. Ganglien liegen in Höhe der Füßchen. Im ektoneuralen Plexus ziehen vor allem die Axone der epidermalen Sinneszellen. In seiner Gesamtheit ist das ektoneurale System vorwiegend sensorisch und arbeitet aminerg. In den „Radiärnerven" liegen bi- und multipolare Neurone und sammeln die peripheren Informationen. Größere Fasern überbrücken mehrere der erwähnten Ganglienzellgruppen. Interneurone treten mit ihren Axonen an die basale Matrix heran, wo über chemische und möglicherweise auch über elektrische Synapsen das hyponeurale motorische Nervensystem angeregt oder gehemmt wird.

Bei den Asteriden liegt der ektoneurale „Radiärnerv" in der Epidermis entlang den Ambulacralfurchen (Abb. 1085). Bei den übrigen Eleutherozoa schließt sich in der Metamorphose über dem epidermalen Radiärnerv die Körperdecke, es entsteht ein sog. Epineuralkanal (Abb. 1086, 1087, 1112). Das Nervenmaterial liegt dann in der proximalen Wand des Epineuralkanals.

Das hyponeurale Nervensystem arbeitet im wesentlichen cholinerg und steuert die Motorik der Skelettmuskeln sowie die Aktivität der juxtaligamentalen Zellen des Bindegewebes (s.o.). Dieser motorische Teil des Nervensystems liegt intraepithelial in den Wänden der somatocoelen Hyponeuralkanäle unter dem ektoneuralen Nervensystem (Abb. 1082, 1085, 1112). Es ist deutlich schwächer als das ektoneurale System. Gangliengruppen finden sich auch hier in der Nähe der Erfolgsorgane, so daß entlang der Radiärbahnen – ähnlich wie beim sensorischen System – der Eindruck einer Segmentierung entsteht. Bei der Mehrzahl der Seeigel fehlt das radiäre hyponeurale Nervensystem, weil die Skelettplatten ohne Muskeln nur mit Bindegewebsfasern fest verbunden sind. Die ontogenetische Herkunft dieses motorischen Systems ist unbekannt, es könnte direkt aus Mesodermzellen (möglicherweise modifizierten Myoblasten) entstehen, was für das gesamte Tierreich einzigartig wäre.

Wie schon beim ektoneuralen Nervensystem (s.o.) erwähnt, bestehen keine Verbindungen zwischen den beiden Systemen über die trennenden basalen Matrices hinweg. Alle Darstellungen in der älteren Literatur, die derartige Verschaltungen behaupten, haben sich nach genauen feinstrukturellen Untersuchungen als unrichtig erwiesen. Mit diesen getrennten Nervensystemen ohne direkte Verbindungen zwischen Sensorik und Motorik wird die hohe stammesgeschichtliche Eigenständigkeit der Echinodermen unterstrichen.

Ektoneurales und hyponeurales System liegen intraepithelial, d.h. in der Epidermis bzw. in der Wand der Hyponeuralkanäle auf der Oralseite. Auch hier unterscheiden sich die Crinoiden wieder deutlich von den übrigen Echinodermen. Das sensorische Ektoneuralsystem ist bei diesen schwach entwickelt, liegt zwischen den Epidermiszellen der bewimperten Futterrinnen und bildet einen Ring um die Mundöffnung (Abb. 1096). Etwas tiefer im Bindegewebe liegt der motorische hyponeurale Ring, von dem je 2 laterale Äste in die Arme hinausziehen. Insgesamt ist das Nervensystem der Crinoiden allerdings wenig untersucht.

Das aborale System ist besonders bei Crinoiden mächtig entwickelt, mit einer zentralen Nervenmasse in der Kelchbasis (Abb. 1097), von der bei gestielten Formen auch der Stiel und dessen Cirren versorgt werden. Außerdem durchzieht es, eingebettet im Zentrum der Skeletteile, die Arme bis in die Pinnulae und steuert deren Bewegung. Bei den anderen Gruppen ist das aborale System hingegen schwach entwickelt, es begleitet den aboralen Somatocoelring und versorgt die Gonaden; bei Holothurien fehlt es anscheinend völlig.

Komplexere **Sinnesorgane** sind bei Echinodermen wenig entwickelt. Es können aber mehrere tausend – meist monociliäre – Rezeptorzellen pro mm^2 der Epidermis auftreten und für verschiedenste Reize adäquat sein. Besonders an Füßchen von Ophiuriden und Tentakeln von Holothurien sind auch Rezeptoren ohne Cilium bekannt, offenbar spezialisierte Chemorezeptoren. Chemorezeption ist über gewisse Distanzen nachgewiesen und auch bei direktem Kontakt mit Objekten. Viele Seeigel seichter Gewässer reagieren auf unterschiedliche Lichtintensitäten.

Bekannt ist, daß sich *Paracentrotus*-Arten mit Algen, Steinen oder Muschelstücken gegen intensives Sonnenlicht bedecken. Die langstacheligen Diademseeigel der Korallenriffe reagieren auf Beschattung mit schnellen Bewegungen und Aufrichten der Stacheln (Schutzreaktion gegen bestimmte Fische, die mit einem Wasserstrahl den Seeigel umwerfen und vom Mundfeld her aufbeißen).

Einfach gebaute Augen besitzen vor allem die Seesterne in einem epidermalen Polster des Endtentakels an den Armspitzen, in dem der Radiärkanal endet. Sie bestehen je nach Größe der Tiere aus einigen bis mehreren hundert Pigmentbecherocellen (Abb. 1071 B).

Die Rezeptoren tragen ein Cilium und einen rhabdomerartigen Mikrovillisaum. Die Ocellengruppen sind mit freiem Auge als leuchtend rote bis violette Flecken erkennbar. Auch flächige Anordnung der Rezeptoren (*Astropecten irregularis*) oder etwas stärker lichtbrechende Epidermiszonen über den Einzelocellen als „Linse" oder „Cornea" (*Marthasterias glacialis*) sind bekannt. Bei *Nepanthia belcheri* ist die Anordnung der Mikrovilli derart regelmäßig, daß der Eindruck eines Arthropodenrhabdomers entsteht. Die Armspitzen der Seesterne sind häufig aufgebogen, so daß die Augen nach oben gerichtet sind. Besonders deutlich ist dies beim „Führungsarm", also jenem Arm, der in die Richtung der Fortbewegung weist (S. 806, Abb. 1103 B).

Paarige Augenflecken liegen auch an der Basis der 15 Tentakelnerven am Vorderende von synaptiden Holothurien (z.B. *Opheodesoma spectabilis*). Lichtsammelnde Stereomkegel in den aboralen Armplatten von Ophiuriden (*Ophiocoma wendti*), umgeben

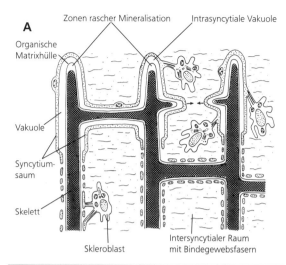

A

Zonen rascher Mineralisation   Intrasyncytiale Vakuole

Organische
Matrixhülle

Vakuole

Syncytium-
saum

Skelett

Skleroblast

Intersyncytialer Raum
mit Bindegewebsfasern

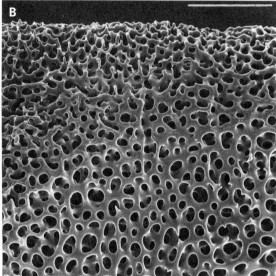

B

Abb. 1075: Stereombildung. A Schema der syncytialen Stereombildung. B Stereom vom Peristomialrand des Seeigels *Diadema setosum*, Bindegewebe wegmazeriert. REM. Maßstab: 100 µm. A Nach Märkel (1990); B Original: K. Märkel, Bochum.

Anders als bei vielen Cnidariern, den Mollusken, Tentaculaten und Crustaceen, bei denen die Epidermis als kalkabscheidendes Epithel fungiert, entsteht das Skelett der Echinodermen in einem Raum, der von einem Syncytium umgeben ist (intrasyncytiale Vakuolen). Dieses Syncytium entsteht durch Vereinigung von Skelettbildungszellen (Sklerocyten). Solange Mineralisation stattfindet, sind die Vakuolen von der extrazellulären Matrix des Bindegewebes (intersyncytialer Raum) getrennt. In den Vakuolen wird in einer organischen Hülle vorwiegend monokristalliner Calcit abgelagert. Es entstehen dreidimensionale Sklerite, die später auf unterschiedliche Weise zu einem dreidimensionalen Netzwerk (Stereom, Abb. 1075 B) zusammengeschlossen werden. Gegen Ende der Mineralisationsphase treten die Vakuolen und der intersyncytiale Raum vielfach in Verbindung (Abb. 1075 A), wodurch die Mineralteile nun direkt von Bindegewebe umgeben sind. Dank dieser Bildungsweise können die Skelettelemente nach allen Richtungen wachsen und nach Autotomievorgängen oder Verletzungen erneuert oder durch Phagocyten resorbiert werden.

In den Platten oder Stacheln des Skeletts nimmt das kalkige Stereom nur etwa die Hälfte des Raumes ein, wodurch feste, doch leichte Konstruktionen entstehen. Der restliche Raum wird vom skelettbildenden Syncytium und zu einem kleinen Teil von flüssigkeitsreicher Matrix ausgefüllt. Je nach funktioneller Belastung kann das Stereom auch faszikulär, laminar verdichtet mit Mikroperforationen oder sogar massiv differenziert sein. Größere Skelettelemente, z.B. in Armen der Schlangen- und Haarsterne, entwickeln gelenkige Verbindungen, die, zusammen mit Muskelzügen und besonderen Kollagenfaserzügen zur Feststellung, eine hohe Beweglichkeit ermöglichen. In gleicher Weise werden über den Körper hinausragende Stacheln bei Seesternen

von Pigmentzellen und mit reicher Nervenversorgung, gelten ebenfalls als Photorezeptoren.

Statocysten sind von verschiedenen Seegurken bekannt, z.B. den wurmförmigen Apodida. Sie liegen an der Basis der Mundtentakel nahe den Radiärnerven als meist paarige epidermale Blasen, in denen bis zu 20 Zellen mit skleritgefüllten Vakuolen flottieren. Kleine kugelige Skelettbildungen (Sphaeridien) in den Radien der Seeigel, die z.T. ständig kurze Schwenkbewegungen machen, werden ebenfalls als Schweresinnesorgane gedeutet (Abb. 1071D, 1089).

Echinodermen besitzen ein vielteiliges **mesodermales Kalkskelett**. Es besteht aus $CaCO_3$ und ist durch seine periphere Lage von besonderer Bedeutung für Form und Aufrechterhaltung der Körpergestalt.

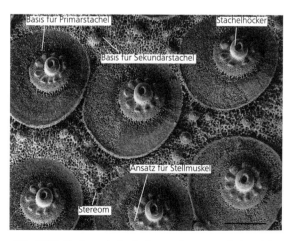

Basis für Primärstachel   Stachelhöcker

Basis für Sekundärstachel

Ansatz für Stellmuskel

Stereom

Abb. 1076: Skelett mit Stachelbasen der Interambulacralplatten von *Schizaster canaliferus* (Echinoida, Spatangoida). REM. Maßstab: 500 µm. Original: G.O. Schinner, Wien.

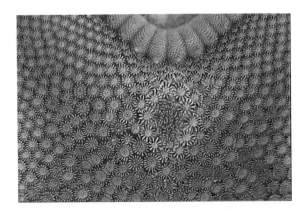

Abb. 1077: Paxillen und Madreporenplatte von *Astropecten aranciacus* (Asteroida, Paxillosida). Aufsicht auf Interradius. Original: R. Patzner, Salzburg.

und Seeigeln gegen darunter liegende Skelettplatten bewegt. Das Skelett der Echinodermen ist daher nicht nur ein Stützapparat, sondern ein wesentlicher Teil des Bewegungsapparats. Bis auf die Primärstacheln der Cidariden (S. 825) sind alle Stachelbildungen von Epidermis überzogen.

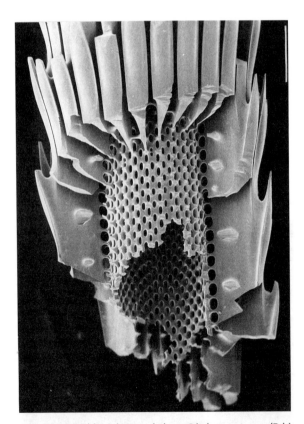

Abb. 1078: Hohler Primärstachel von *Diadema setosum* (Echinoida). Querbruch, REM. Peripher: lamellierte Septen mit äußeren Dornen. Innen: maschiger Zentralzylinder um Hohlraum, der im lebenden Tier mit Bindegewebe gefüllt ist. Maßstab: 200 µm. Aus Burkhardt et al. (1983).

Der Anteil an $MgCO_3$ im Skelett ist art- und strukturspezifisch und schwankt zwischen 2,5–39%, in der Regel liegt er unter 10%. Besonders harte Elemente enthalten mehr $MgCO_3$.

Spezielle Skelettelemente der Echinodermata sind die **Stacheln** (Name!). Sie bestehen aus nur einem Stereom. Meist sind sie beweglich und grundsätzlich von Epidermis überzogen. Sie treten bei den Asteriden, Ophiuriden und in besonderer Vielfalt bei den Echiniden auf (Abb. 1076, 1078).

Auch die skelettgestützten Randlappen ursprünglicher Crinoiden sind mit Stacheln vergleichbar. Diese „Saumplättchen" können die Futterrinnen abdecken und schützen. Bei Seesternen sind Stacheln mit ganz ähnlicher Funktion entlang der Ambulacralfurchen entwickelt.

Eine weitere nur den Echinodermen eigene Skelettstruktur sind die **Pedicellarien** bei Seesternen und Seeigeln, die als modifizierte Stacheln angesehen werden. Sie bestehen aus mehreren Teilen, die wie Pinzetten arbeiten. Primär dienen sie als Abwehrorgane gegen sich festsetzende Larven, können in einigen Taxa aber auch beim Beutefang eingesetzt werden. Besonders reich entwickelt sind die meist dreiklappigen Pedicellarien der Seeigel (S. 821, Abb. 1079, 1080, 1089, 1115).

Der **Kieferapparat** der Seeigel (pentamere „Regularia" und bilaterale Clypeasteriden), die „Laterne des Aristoteles", ist ein inneres Kalkskelett. Er liegt im oralen Somatocoelring, in seinem Zentrum steigt der Darmtrakt hoch. Seine funktionell wichtigsten und auch größten Elemente sind die 5 interradialen Pyramiden, die Ansatzflächen für die bewegenden Muskeln bieten und jeweils einen Zahn führen. Dieser bewegliche Kiefer-Zahnapparat dient zum Abschaben und Zerkleinern der Nahrung (Abb. 1089, 1091).

Ähnlich dem Kieferapparat der Seeigel ist der **Kalkring** der Holothurien eine innere Skelettstruktur; er besteht aus 5 radialen und interradialen Platten, die den Pharynx von außen stützen (Abb. 1071E, 1081E).

Mikroskopisch kleine **Spicula** im Bindegewebe nahe der Epidermis sind typisch für Seegurken. Die große Vielfalt dieser Sklerite wird taxonomisch verwendet. Bespiele dafür sind „Stäbchen" und „fenestrierte Plättchen" in den Aspidochirotida und den Dendrochirotida (Abb. 1127).

Kleine Kalkspikeln finden sich auch sonst in vielen Organen aller Echinodermen. Häufig sind C-förmige Ossikeln in den Füßchenwänden und Kiemen der Seeigel. Dichte Kalkeinlagerungen haben dem Steinkanal seinen Namen gegeben (Abb. 1082, 1083). Zu einer Rosette angeordnete Platten und Ringe stützen die Saugscheibe der Füßchen der Seeigel und Seegurken. Auch die pinselförmigen Enden der Kittfüßchen der Spatangiden sind von zarten Kalkstäbchen gestützt.

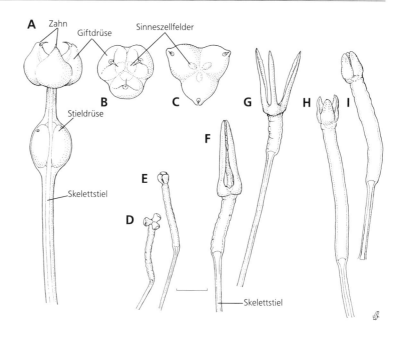

Abb. 1079: Pedicellarien von *Sphaerechinus granularis* (Echinoida). A Globiferes Pedicellar. B, C Aufsicht auf verschieden weit geöffnete Zangenköpfchen. D, E Trifoliate Pedicellarien. F, G. Tridactyle Pedicellarien. H, I Ophiocephale Pedicellarien. Maßstab: 1 mm. Original: M. Mizzaro-Wimmer, Wien.

Abgesehen von den Seesternlarven bauen alle Echinodermenlarven schon in einem frühen Stadium ein primäres Skelett auf. Bei den Pluteus-Larven der Echiniden und Ophiuriden besteht dieses aus langen, bedornten Calcitstäben, welche die Schwebarme versteifen (Abb. 1121). Einige Auricularien der Seegurken haben kleine rundliche oder radförmige Sklerite. Die Sklerite der Crinoidenlarven (Abb. 1098) sind nicht auf das Larvenleben beschränkt, sondern erste Anlagen des späteren Adultskeletts.

Echinodermen besitzen im wesentlichen eine glatte **Muskulatur**. In den kräftigen Beugemuskeln der Crinoidenarme treten dickere Paramyosinfilamente auf, deren schraubige Anordnung den Eindruck schräggestreifter Fasern hervorruft. Quergestreifte Fasern sind nur von Seeigeln aus den Muskeln der Pedicellarien bekannt und aus der Muskulatur von Stacheln bei *Centrostephanus longispinus* (Diade-matida), die ständig Rotationsbewegungen durchführen. Die Muskulatur des Ambulacralsystems in den Wänden der Füßchen und Ampullen und die Muskeln des Kieferapparats der Seeigel differenzieren sich aus Epithelmuskelzellen der Coelothelien.

Das **Coelom** der Echinodermen entsteht aus einer enterocoelen Anlage. Nach der Gastrulation schnürt sich dabei vom Urdarmdach ein epitheliales Bläschen ab. Dieses teilt sich in ein rechtes und linkes Bläschen, die caudad in der bilateralen Larve auswachsen und sich in 3 Abschnitte (Protocoel, Mesocoel und Metacoel) zu gliedern beginnen: Seitlich vom larvalen Mitteldarm trennen sich die caudalen Teile als linkes und rechtes S o m a t o c o e l (Metacoel) ab. Auf der linken Seite des larvalen Pharynx differenziert sich rostral das linke A x o - c o e l (Protocoel), das bald über einen Kanal an der Dorsalseite nach außen mündet (H y d r o p o r u s mit M a d r e p o r e n p l a t t e). Das linke H y d r o c o e l (Me-

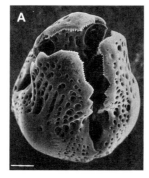
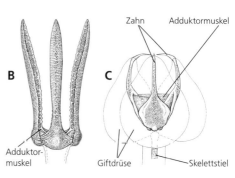

Abb. 1080: Pedicellarientypen von *Sphaerechinus granularis* (Echinoida). A Ophiocephal. Ansicht von schräg oben, Zangen leicht geöffnet. REM. B Tridactyl. C Globifer. A Original: H. Splechtna, Wien; B, C aus Strenger (1973).

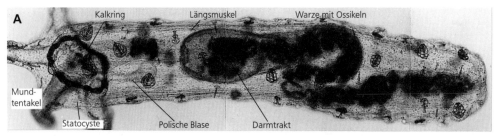

Abb. 1081: *Labidoplax* sp. (Holothuroida, Apodida). Sandlückensystem, Mittelmeer; ca. 4 mm. A Lebendphoto. Warzen in der Oberfläche mit Ossikeln (Platte und Anker). Spitzen der Anker ragen nach außen vor und unterstützen die Fortbewegung (dringen bei großen Formen bei Berührung in die Haut). B Platte und Anker, durch Quetschen gegeneinander verschoben. Originale: W. Westheide, Osnabrück.

socoel) dahinter wird rasch größer und bleibt über einen Kanal mit dem vor ihm gelegenen Axocoel in Verbindung. Dieser Kanal zieht später in einem Interradius von aboral nach oral und wird wegen seiner Skleriteinlagerungen dann Steinkanal genannt. Das linke Hydrocoel wächst halbmondförmig aus und schließt sich zu einem Ringkanal, von dem je ein Radiärkanal in die späteren Radien auszuwachsen beginnt (Abb. 1072). Damit sind alle Voraussetzungen für die pentamere Radiärsymmetrie gegeben (Abb. 1073).

Diese Vorgänge gehen also im wesentlichen in der linken Körperhälfte der bilateralen Larve vor sich. Auch auf der rechten Seite tritt ein Axo-Hydrocoelbläschen kurze Zeit auf und teilt sich. Das rechte Hydrocoelbläschen wird jedoch reduziert, vom caudalen Ende des rechten Axocoels gliedert sich ein Bläschen ab (Dorsalblase, Dorsalsack), das sich an den Kanal des Hydroporus anlagert. Dies gilt für die Seesterne, die Schlangensterne und die Seeigel. Bei den Crinoiden und den Holothurien wird rechts nur ein Somatocoel angelegt, die linken Coelomanlagen dieser beiden Gruppen differenzieren sich wie bei den anderen Echinodermen (s. o.). Das rechte Somatocoel bleibt stets kleiner.

Die grundsätzliche Dreiteilung der Coelomanlagen, die Ausbildung eines Porus nach außen aus dem Protocoel (Axocoel) und die Fähigkeit, vom zweiten Coelomraum, dem Mesocoel (Hydrocoel), Kanäle und Tentakel zu bilden, erinnert stark an die Verhältnisse bei den Hemichordaten – einerseits an die Tornarialarve der Enteropneusten, andererseits an die Pterobranchier mit ihrem mesocoelen Tentakelapparat (S. 771, S. 775). Die Vorgänge in der Coelomdifferenzierung geben Hinweise auf pterobranchierartige Vorfahren der Echinodermen. Pterobranchier kriechen mit Hilfe des Rostralschildes. Durch die Festheftung am Vorderende könnte die Mundöffnung nach links ausgewandert und in der Folge der vordere Teil der rechten Körperseite insgesamt stärker zur Anheftung differenziert worden sein. Dies würde die Reduktion der rechten vorderen Coelomanlagen erklären und den ringförmigen Ausbau des linken Hydrocoels, das in der Folge einen pentameren Tentakelapparat bildete. Die Dorsalblase einiger Echinodermen beginnt noch in der Larve zu

pulsieren und kann wegen dieser Funktion und ihrer Lage am Hydroporuskanal mit dem Perikardialbläschen der Hemichordaten homologisiert werden.

Die Coelothelien der adulten Echinodermen sind durch monociliäre Zellen charakterisiert. In allen können Myofilamente auftreten. Die coelomatischen Räume sind von Flüssigkeit erfüllt, die von den Cilien in Bewegung gehalten wird und als Transportsystem dient. In der Coelomflüssigkeit flottieren freie Coelomocyten, von denen bis zu 18 Formen bekannt geworden sind.

Viele davon sind amöboid beweglich und phagocytär. Sie treten daher auch in allen anderen Geweben auf, besonders im Bindegewebe. Bei zellulären Abwehrreaktionen und bei Wundverschlüssen und Regenerations-, aber auch Resorptionsvorgängen sind sie von Bedeutung. Sie können Pigmente enthalten und dadurch bei Anhäufungen makroskopisch als rötliche und braune Flecken sichtbar sein. Bei einigen Holothurien tritt auch Hämoglobin in Coelomocyten auf, eine Bedeutung als Atemfarbstoff ist aber nicht bekannt. Potentiell kommen alle dünnwandigen Kontaktzonen zwischen Coelothelien und Epidermis als Orte des Gasaustausches, der Exkretion und der Osmoregulation in Frage.

Das **Somatocoel** schließt zwischen seinen beiden Hälften den Darmtrakt ein und bildet dadurch Mesenterien, die besonders bei den Asteriden, den Echiniden und Holothurien gut entwickelt sind. Stets ist das orale (hypogastrische) System, das in der Regel aus der linken Somatocoelanlage stammt, voluminöser (Abb. 1073).

Von diesem Schema weichen die Crinoiden merklich ab. Nur im gestielten Pentacrinus-Stadium (S. 803) sind noch weite Coelomräume und deren Grenzen erkennbar. Das orale (linke) Somatocoel schließt sich später unter der Kelchdecke zu einem Ring und bleibt kleiner. Das aborale (rechte) füllt den größten Teil des Kelchs aus und gliedert in dessen Basis interradial fünf Coelomschläuche ab, die sich in die Kelchbasis fortsetzen und auch in den Stiel eindringen. Dieses sog. „gekammerte Organ" wird außen vom mächtigen aboralen Nervensystem umhüllt. Vom gekammerten Organ wächst je ein oraler und ein aboraler Coelomschlauch in die

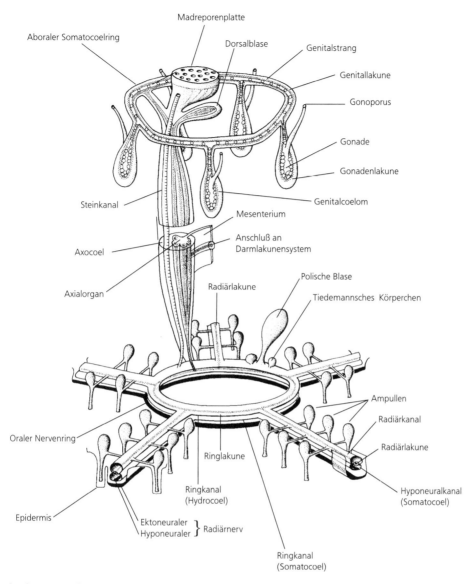

Abb. 1082: Eleutherozoa. Schema von Hydro- und Axocoel, aboralen und oralen Somatocoel-Ringen mit radiären Hyponeural-kanälen und begleitenden Nervensträngen. Original: A. Goldschmid, Salzburg, nach verschiedenen Autoren.

Cirren der Kelchbasis oder des Stiels ein. In der Folge löst sich das horizontale zur Kelchachse gelegene Mesenterium zwischen den beiden Somato-coelen in einzelne Trabekel auf. Durch Bindege-webszüge wird der einheitliche periviscerale Coe-lomraum stark eingeengt. Nur im Zentrum des Kelches bleibt die „Axialhöhle" durch Auflösen des ursprünglich vertikalen Mesenteriums erhalten, das durch Vereinigung der hufeisenförmigen Somato-coele auf der ehemaligen Ventralseite der Larve ent-standen ist. Die Arme der Crinoiden besitzen oral zu den Skelettgliedern geräumige Somatocoelka-näle, und zwar einen großen medianen aboralen und paarige orale (subtentakuläre) Kanäle. Zentral zwischen den drei Kanälen liegt der dünne Genital-

kanal, der sich erst in den Pinnulae erweitert (Abb. 1084).

Bei den anderen Echinodermen-Taxa (Eleuthero-zoa) gliedert sich vom hypogastrischen Somatocoel das radiär verlaufende, sog. hyponeurale Kanal-system ab. Es liegt unmittelbar innerhalb der ekto-neuralen Radiärnerven, in seinen Wänden differen-ziert sich das motorische hyponeurale Nervensy-stem (S. 782). Bei Echiniden, Ophiuriden und Aste-riden sind die radiär verlaufenden Kanäle über einen hyponeuralen Ringkanal um den Mund verbun-den (Abb. 1082). Bei Echiniden ist der Mundring zum „Laternen-Coelom" erweitert, in dem der Kie-ferapparat liegt (S. 784).

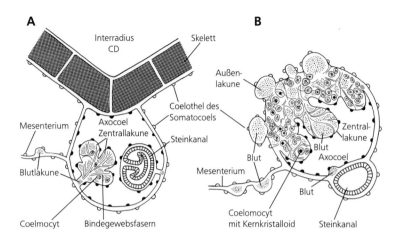

Abb. 1083: Querschnittschema des Axialorgans eines Seesterns (A) und eines Seeigels (B). Coelothel am Axialorgan entweder als Myoepithel oder Podocytenepithel differenziert. Die oral-aboral ziehenden Zentrallakunen sind oft unterbrochen und stehen nur seitlich miteinander in Verbindung. Coelomocyten im Axialorgan der Seeigel enthalten oft intranucleäre Proteinkristalle. Originale: A. Goldschmid, Salzburg.

Bei Asteriden sind die radiären Hyponeuralkanäle paarig und schließen zwischen sich die radiäre Blutlakune ein. Sie werden daher auch P e r i h ä m a l k a n ä l e genannt. Von diesen gehen in den Armen zwischen den Füßchen seitliche Kanäle ab, die vom „lateralen Hyponeuralkanal" auf jeder Seite verbunden werden. Auch in dessen Wand liegen motorische Ganglien; sie steuern die Muskelzüge in der Körperwand zwischen den Skelettplatten und den Stacheln. Diese in die Körperwand verlagerten Somatocoelkanäle stehen mit einem Kanalsystem in der Basis der Körperwand und mit Coelomräumen um die Papulae in Verbindung (Abb. 1085, 1101).

Bei Asteriden, Ophiuriden und Echiniden wächst auch vom aboralen Ende des linken Somatocoels ein a b o r a l e r R i n g k a n a l aus, in den der Genitalstrang (Rhachis) hinein wächst.

Das **Hydrocoel** bildet stets einen o r a l e n R i n g k a n a l etwas proximal zum somatocoelen Hyponeuralsystem. Zumindest während der Metamorphose verbindet der S t e i n k a n a l diesen Ringkanal bei allen Formen über den aboralen H y d r o p o r u s des Axocoels mit der Außenwelt. Nur bei den Asteriden und den Echiniden bleibt diese Situation auch im Adulttier erhalten. Bei den Ophiuriden verschiebt sich der Hydroporus auf die Oralseite. Bei allen Echinodermen verzweigt sich der dicht bewimperte Hydroporuskanal distal. Die Ausmündungen werden vom begleitenden Bindegewebe in einer Skelettplatte im Interradius CD, der M a d r e p o r e n p l a t t e (Siebplatte), eingeschlossen (Abb. 1082, 1101). Bei den Holothurien geht diese Verbindung zur Außenwelt verloren (Ausnahme: z. B. Elasipodida). Der Steinkanal steht hier über ein Madreporenköpfchen mit vielen dicht bewimperten kurzen Kanälchen, die oft in einen zentralen Hohlraum unmittelbar vor der Steinkanalöffnung münden, mit dem umgebenden Somatocoel in offener Verbindung (Abb. 1071E).

Auch bei den Crinoiden verliert der Hydroporus durch Auflösung der Axocoelwände seine Verbindung mit dem Steinkanal. Dadurch münden sowohl Hydroporus als auch Steinkanal in das Somatocoel (Abb. 1096). In der Folge entstehen zahlreiche Poren (bis 1500) in der Körperdecke, die alle mit einem kurzen bewimperten Kanal in das darunterliegende Coelom münden. Auch der Steinkanal (hier ohne Spikeln) wird vervielfacht; bei Seelilien-Arten bildet sich in den Interradien je einer, bei Comatuliden bis zu 30.

Typische Anhänge des hydrocoelen, oralen Ringkanals sind die T i e d e m a n n s c h e n K ö r p e r c h e n und die P o l i s c h e n B l a s e n (Abb. 1071, 1082). Letztere treten bei Asteriden, Ophiuriden und Holothurien auf, sind durch einen Kanal mit dem Ringkanal verbunden und ragen in das Somatocoel.

Durch ihre muskulöse Wand können sie offenbar den Flüssigkeitsdruck der meist großen mundnahen Füßchen der Asteriden und Ophiuriden beeinflussen, bei den Holothurien wahrscheinlich auch den Druck in den Mundtentakeln. Sie dienen auch als Auffangreservoir von Hydrocoelflüssigkeit bei Kontraktionen vieler Füßchen.

Die T i e d e m a n n s c h e n K ö r p e r c h e n der Asteriden und Echiniden sind kurze verzweigte Kanäle des Hydrocoels. Bei den Seesternen liegen sie interradial paarig direkt auf dem Ringkanal, bei den Seeigeln sind sie unpaar und kurz gestielt. Möglicherweise sind sie ein Sammel- und Umsetzort für wandernde Coelomocyten.

Von den Radiärkanälen des Hydrocoels geht der **Tentakel-** oder **Füßchenapparat** des **Ambulacralsystems** aus (Abb. 1071). Viele Funktionen der Echinodermen werden durch dieses System gesichert: Nahrungserwerb, Fortbewegung, Gasaustausch, Exkretion und Osmoregulation, Informationsaufnahme aus der Umwelt. Ermöglicht wird dies durch den dünnwandigen Bau und die hohe Beweglichkeit. Die Tentakel oder Füßchen stehen alternierend oder paarig rechts und links vom Ra-

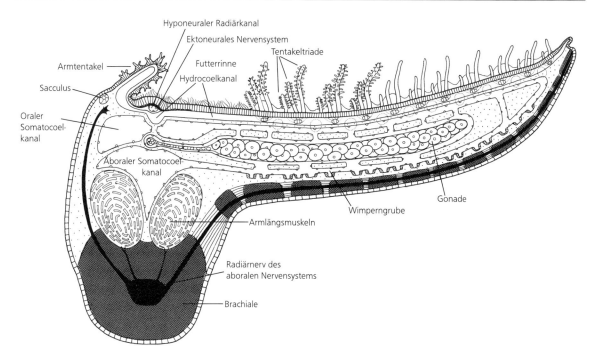

Abb. 1084: Crinoida. Armquerschnitt mit längsgeschnittener Pinnula. Skelett dunkel gerastert; Nervensystem schwarz. Original: A. Goldschmid, Salzburg.

diärkanal des Hydrocoels, mit dem sie durch einen Zuleitungskanal Verbindung haben. Ihre Außenwand besteht nur aus der Epidermis und einer Bindegewebsschicht mit vorwiegend zirkulären Kollagenfaserbündeln und der Längsmuskelschicht der Hydrocoelwand.

Bei den Crinoiden dient das Tentakelsystem dem Nahrungserwerb und begleitet die dicht bewimperte Futterrinne. Pinnulae, seitliche Verzweigungen der Arme, sind die eigentlichen Filterorgane (S. 800, Abb. 1084).

Bei den Asteriden, Echiniden und Holothurien wird die Beweglichkeit des Ambulacralsystems durch innere muskulöse Ampullen, die mit den Füßchen verbunden sind, erhöht. Ihre Kontraktion preßt Coelomflüssigkeit in das Füßchen, wodurch dieses ausgestreckt und steif wird (Abb. 1085). Bei den Ophiuriden fehlt eine Ampulle, der erweiterte und kontraktile basale Teil der Füßchen ersetzt sie funktionell.

Ein Rückschlagventil im Zuleitungskanal verhindert das Rückströmen von Flüssigkeit in den Radiärkanal. Dieses Grundmuster ist in den drei Gruppen in vielfältigen Füßchen- und Tentakeltypen abgewandelt. Zusätzlich zu den Rückschlagventilen kann der Radiärkanal durch Sphinkterbildungen zwischen den einzelnen Füßchenpaaren gesperrt werden, wodurch ein ausgedehnter Rückstrom der Hydrocoelflüssigkeit verhindert wird.

Das **Axocoel** (Protocoel) existiert nur bei Asteriden, Ophiuriden und Echiniden als eigener Raum. Es entsteht aus der linken larvalen Anlage und ist über den Hydroporus nach außen verbunden. Unter dem Hydroporus, der bei den Seeigeln und Seesternen in eine vielporige Madreporenplatte (Abb. 1071, 1082) umgebaut wird, liegt eine Erweiterung (Ampulle), in die der Steinkanal mündet. Seitlich unter der Ampulle liegt als abgegrenzter Raum die Dorsalblase, in deren Boden sich ein Fortsatz des Axialorgans einsenkt und die aus dem caudalen Teil der rechten Axocoelanlage (möglicherweise auch der Hydrocoelanlage) entstanden ist (Abb. 1072, 1082).

Bei Asteriden, Ophiuriden und Echiniden setzt sich das linke Axocoel von der Ampulle im Interradius CD entlang des sog. dorsalen Mesenteriums bis zum Ringkanal fort, begleitet vom anliegenden Steinkanal. Im Inneren des Axocoels entwickelt sich das Axialorgan, das im Anschluß an die Ampulle mächtig entwickelt ist und auch einen Fortsatz in die Dorsalblase abgibt (Abb. 1082, 1083).

Vom Axocoel der Asteriden gliedert sich ein oraler Ringkanal ab, der innerhalb des somatocoelen hyponeuralen Ringkanals liegt (Abb. 1101). Da zwischen beiden die orale Ringlakune eingeschlossen ist, wird er auch innerer Perihämalkanal oder innerer Ringsinus genannt.

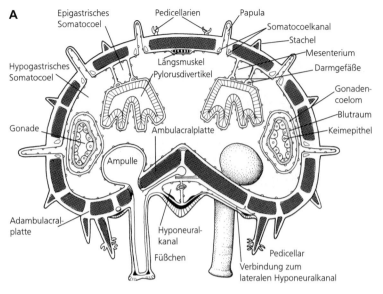

A

Epigastrisches Somatocoel

Pedicellarien

Papula

Somatocoelkanal

Stachel

Mesenterium

Längsmuskel

Darmgefäße

Pylorusdivertikel

Hypogastrisches Somatocoel

Gonadencoelom

Blutraum

Keimepithel

Gonade

Ambulacralplatte

Ampulle

Adambulacralplatte

Hyponeuralkanal

Füßchen

Pedicellar

Verbindung zum lateralen Hyponeuralkanal

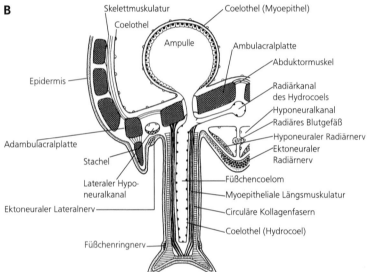

B

Skelettmuskulatur

Coelothel (Myoepithel)

Coelothel

Ampulle

Ambulacralplatte

Abduktormuskel

Radiärkanal des Hydrocoels

Epidermis

Hyponeuralkanal

Radiäres Blutgefäß

Hyponeuraler Radiärnerv

Ektoneuraler Radiärnerv

Adambulacralplatte

Füßchencoelom

Stachel

Myoepitheliale Längsmuskulatur

Lateraler Hyponeuralkanal

Circuläre Kollagenfasern

Ektoneuraler Lateralnerv

Coelothel (Hydrocoel)

Füßchenringnerv

Abb. 1085: Armquerschnitte eines Seesterns mit Darmtrakt, Coelom-, Blutgefäß- und Nervensystem. A Gesamtquerschnitt. B Detail des offenen Ambulacralsystems mit Füßchen und Ampulle. Verändert nach verschiedenen Autoren.

Da bei den Ophiuriden der Hydroporus auf die Oralseite verschoben ist, steigt der Axialkomplex zusammen mit dem Steinkanal aborad zum Ringkanal auf, der wegen der Kieferbildung zusammen mit der Mundöffnung nicht direkt auf der Oralfläche liegt. Diese Verlagerung hat auch den aboralen Genitalkanal betroffen, der in den Interradien jeweils oral verläuft und nur in den Radien etwas aborad wie eine Brücke über den Armbasen liegt.

Das Hydrocoelsystem wird zwar als Wassergefäßsystem bezeichnet, es enthält jedoch nicht einfach Seewasser, das über die Madreporenplatte einströmt. Bei Bipinnaria-Larven von *Asterias forbesi* wurde vor kurzem ein Flüssigkeitsaustritt über den Hydroporus gezeigt. Angetrieben durch den Cilienstrom des Hydroporus werden durch

Podocyten der Axocoelampulle 14% h^{-1} der Körperflüssigkeit aus dem Blastocoel gefiltert. Durch Wassereintritt über die Epidermis wird dieser ständige Verlust ausgeglichen. Der Hydroporus ist in diesem Falle also ein Exkretionsporus. Ähnliches konnte auch an Auricularia-Larven von Seegurken gezeigt werden.

Über die Öffnungen der Madreporenplatte der adulten Seesterne dringt wahrscheinlich Wasser ein. Bei kleinen Individuen von *Echinaster graminicola* ist ein Wassereintritt von 2 ml h^{-1} g^{-1} nachgewiesen. Diese geringe Menge reicht aus, um den Wasserverlust durch Druckwirkung bei Bewegung der Füßchen wettzumachen. Außerdem sind ständige osmotische Verluste des Perivisceralcoeloms über die Füßchenampullen auszugleichen.

Der Übertritt von Wasser in das Körpercoelom (Somatocoel) geschieht über die Tiedemannschen Körperchen. Coelomocyten im Bindegewebe um die Tiedemannschen

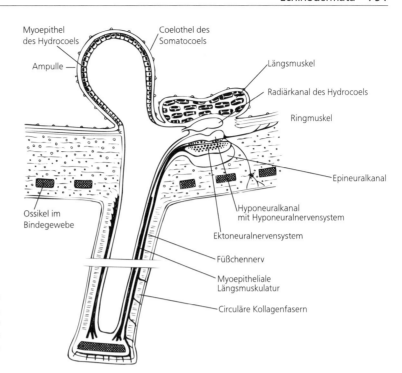

Abb. 1086: Versenktes Ambulacralsystem einer Seegurke (Aspidochirotida). Schnittführung senkrecht zur Körperlängsachse. Skelett dunkel gerastert. Original: A. Goldschmid, Salzburg; nach verschiedenen Autoren.

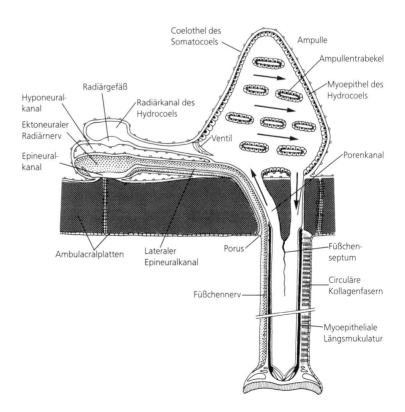

Abb. 1087: Versenktes Ambulacralsystem eines Seeigels (Echinacea). Schnitt quer durch die Radialsysteme in einem Ambulacrum. Flache Ampulle mit zwei Zuleitungskanälen zum Saugfüßchen. Pfeile geben Strömungsrichtung der Coelomflüssigkeit an. Skelett dunkel gerastert. Nach Märkel und Rösner (1992).

Körper reinigen das übertretende Wasser, so daß nur Ionen und Moleküle in die Somatocoelflüssigkeit gelangen. Durch den Cilienstrom im Steinkanal wird auch Axocoelflüssigkeit angesaugt und orad abtransportiert. Auf diesem Weg können Exkrete in die dünnwandigen Füßchen gelangen oder andere Stoffe aus dem Hämalsystem.

Über das System Madreporenplatte – Steinkanal – Ringkanal und Tiedemannsche Körperchen wird daher ein ständiges langsames Auffüllen, aber auch ein Zirkulieren von Coelomflüssigkeiten gesichert. Die kräftige Bewimperung, der überaus kräftige Cilienstrom im Steinkanal und die ständigen kleinen Flüssigkeitsverluste durch Ampullendruck und Osmose sind der Motor dieses Systems, an welches das Hämalsystem unter Einschalten der Podocyten des Axialorgans gekoppelt ist.

Ähnlich den Hemichordaten haben die Echinodermen ein lakunäres Blutgefäßsystem (meist als **Hämalsystem** bezeichnet) entwickelt, das zwischen der basalen Matrix aneinandergrenzender Coelothelien liegt (Abb. 1082, 1085, 1101). Diese Spalträume sind sehr eng und von Fasern der extrazellulären Matrix durchzogen.

Zentrales Organ des Hämalsystems ist bei den Asteriden, Ophiuriden und Echiniden das oral-aboral verlaufende **Axialorgan** (Abb. 1083). Es besteht aus einem Gefäßflechtwerk in dessen Coelothelien Podocyten eingeschaltet sind. Seine Gefäße sind mit dem Darmgefäßsystem, mit dem Gefäßnetz des aboralen Genitalcoeloms und mit dem oralen Hämalring verbunden. Letzterer versorgt mit Radiärgefäßen wiederum das Ambulacralsystem.

Die oral-aboral ziehenden Gefäße entlang der Innenseite des Axialorgans setzen sich in der Dorsalblase unter der Madreporenampulle fort („Fortsatzsinus", Abb. 1082). Da diese endothellosen Gefäße zwischen Coelothelien liegen, sind vielfach Epithelmuskelzellen vorhanden, die sich rhythmisch kontrahieren können. Besonders der Gefäßfortsatz in die Dorsalblase und die zentralen Gefäßstämme des Axialorgans pulsieren bei Seeigeln und Seesternen langsam in wechselnder Richtung. Sie können damit einen langsamen Transport zu den Gonaden bewirken oder den Inhalt der Madreporenampulle bewegen.

Der Fortsatz des Axialorgans in der Dorsalblase der Echiniden und Asteriden wird daher auch als Herz bezeichnet, wohl auch unter Einbeziehung der embryonalen Vorgänge, nach denen versucht wird, die Dorsalblase der Echinodermen mit dem Perikardialbläschen der Hemichordaten zu homologisieren. Gegen eine Bezeichnung als Herz spricht, daß der Fortsatz zur Gesamtgröße der Tiere relativ winzig ist und daß orale und aborale Gefäße des Hämalsystems blind enden. Eine Zirkulation ist daher unmöglich.

Auch die größeren Darmgefäße der Echiniden pulsieren, genauso wie die zum Axialorgan sammelnden Darmgefäße der Asteriden.

Die Lagebeziehungen der wichtigeren oralen Gefäße variieren bei den verschiedenen Echinodermen-Taxa. Bei Asteriden liegt das orale Ringgefäß zwischen dem oralen, axocoelen und dem hyponeuralen Ringkanal (Abb. 1101), von wo es zwischen den paarigen hyponeuralen Radiärkanälen (Perihämalkanäle) in die Arme zieht. Das Ringgefäß der Seeigel befindet sich zwischen dem hydrocoelen und dem hyponeuralen Ringkanal und setzt sich in den Radien zwischen den dazugehörigen Radiärkanälen fort (Abb. 1119). Gleiche Lagebeziehungen in den Radien gelten auch für die Seegurken, deren Ringgefäß aber zwischen dem Ringkanal des Hydrocoels und dem perivisceralen Somatocoel liegt. Bei den Ophiuriden sind Ring- und Radiärgefäß zwischen den ektoneuralen Ring- und Radiärnerven und den begleitenden Hyponeuralkanälen gelagert.

Holothurien besitzen kein Axialorgan im bisher beschriebenen Sinne. Im dorsalen Mesenterium des Interradius CD findet sich der „problematische Gang" (Axocoelraum?). Er wird vom dorso-axialen Hämalstrang begleitet, der histologisch und mikroanatomisch durchaus dem Axialorgan der Echiniden gleicht und den oralen Hämalring mit dem Gefäßsystem der einzigen Gonade verbindet. Das Darmgefäßsystem der Holothurien ist jedoch gut ausgebildet, besonders bei Gruppen mit dicker Körperwand und gut entwickelten Wasserlungen (Dendrochirotida, Aspidochirotida). In den Familien Stichopodidae und Holothuriidae gibt es eine Art Gefäßnetz zwischen Darmrohr und begleitenden Längsgefäßen.

Das Axialorgan der Asteriden, Ophiuriden und Echiniden wurde vielfach als Axialdrüse oder braune Drüse bezeichnet und galt als Bildungsort der freien Coelomocyten. Tatsächlich ist weder Drüsentätigkeit noch mitotische Aktivität feststellbar. Die Braunfärbung stammt vielmehr von Ansammlungen phagocytärer Coelomocyten mit Pigmenten. Seesterne und Seeigel können auch längere Zeit ohne dieses Organ weiterleben. (*Asterias rubens* 6 Monate, wobei sich die Tiedemannschen Körper deutlich vergrößerten). Für Echiniden und Holothurien könnte das differenzierte Darmgefäßsystem vor allem bei großen Tieren für die Verteilung der im Mitteldarm resorbierten Nährstoffe wichtig sein.

Bei den Crinoiden zieht das Axialorgan im Zentralraum des Kelches in der Darmschlinge von der Höhe des Oesophagus nach aboral bis in das gekammerte Organ an der Kelchbasis. Es besteht aus einem gewundenen, epithelialen Schlauch monociliärer Zellen, die wahrscheinlich in den Proteinmetabolismus eingeschaltet sind.

Das Hämalsystem der Echinodermen ist also nicht mit dem Blutgefäßsystem von Wirbeltieren vergleichbar. Alle radiären Abschnitte enden blind (Abb. 1082), es gibt keinen geschlossenen Kreislauf. In pulsierenden Bereichen (z.B. Axialorgan) kann die Fließrichtung wechseln. Nährstoffe können im Hämalsystem gespeichert werden; ihre rasche Verteilung erfolgt jedoch nicht im Hämalsystem, sondern über die coelomatischen Kanalsysteme (hyponeurale, perihämale Radiärkanäle). Im Perivisceral-

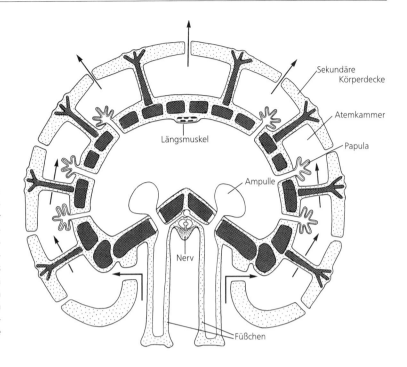

Abb. 1088: Armquerschnitt von *Pteraster tesselatus* (Asteroida). Schlammbewohnende Tiefenseeform mit sekundärer Körperoberfläche, die durch Paxillen gestützt wird; dadurch Bildung einer Atemkammer (2-3 mm tief) mit büscheligen Papulae. Pfeile zeigen die Richtung des Wasserstroms an. Wassereinstrom seitlich von den Füßchen. Bei arktisch-borealen Formen Entwicklung der Larven in den Atemkammern, z.B. bei *Hymenaster pellucidus*. Nach Nance und Braithwaite (1981).

coelom und im oralen hyponeuralen Kanalsystems wird die Coelomflüssigkeit kräftig bewegt und gelangt über den aboralen Coelomring auch an die dort angeschlossenen Gonaden. Der Transport der Atemgase und der Abtransport von Exkretstoffen erfolgt ebenfalls über die Coelomflüssigkeit.

Die Echinodermen besitzen **kein** eigentliches **Exkretionsorgan**. Das Axialorgan wird zwar oft als Glomerulus betrachtet, da es häufig Podocyten besitzt (bei Asteriden und Echiniden, Abb. 1083, 1101). Derartige Zellen treten bei Seesternen jedoch auch an den beiden Mesenterialgefäßen zwischen Darm und Axialorgan auf, möglicherweise ebenso an den größeren pulsierenden Gefäßen der Echiniden und Holothurien.

Stoffwechselendprodukte werden ganz allgemein im Coelom gesammelt und offenbar an vielen dünnwandigen Organen (Füßchen, Kiemen, Wasserlungen, dünne Körperwand, Enddarm) ausgeschieden.

Die phagocytären Coelomocyten gelten als Exkretionsstrukturen auf zellulärer Basis (Abb. 1083). Sie können enorme Mengen von Zellkompartimenten aufnehmen und in verschiedensten Regionen (Enddarm, Papulae, Kiemen, Füßchen), oft in größeren Agglomerationen, aus dem Körper austreten lassen. Bei einigen wenigen Holothurien und bei dem Seestern *Archaster typicus* sind sog. Wimperurnen und vibratile Organe in der Wand des Perivisceralcoeloms entwickelt. Diese können in Zusammenarbeit mit phagocytären Coelomocyten Partikeln (z.B. Bakterien) aus der Coelomflüssigkeit

entfernen und binden. Die „braunen Körper" in vielen Geweben der Seeigel und Holothurien sind ebenfalls Ansammlungen beladener Coelomocyten. Ein entscheidender Beitrag der Coelomocyten bei der Stickstoffausscheidung ist unwahrscheinlich, vielmehr haben sie die Funktion eines einfachen Immunsystems.

Der **Gasaustausch** erfolgt bei allen Echinodermen an der gesamten Körperoberfläche. Tieferliegende Organsysteme werden über die Coelomflüssigkeit mit Sauerstoff versorgt. Die Füßchen und Tentakel des Wassergefäßsystems sind dabei wesentlich beteiligt, wie Experimente mit Leuchtbakterien gezeigt haben.

Spezifische Atmungsorgane sind: (1) Papulae der Seesterne, dünnwandige, ausstülpbare, z.T. büschelige Schläuche der Epidermis, in die das Somatocoel hineinreicht (Abb. 1085, 1101). Bei den Paxillosida (*Astropecten*) werden die Papulae von Paxillen geschützt (Abb. 1077, 1102); bei *Pteraster* stehen sie in besonderen Atemkammern, durch die ein Wasserstrom hindurchzieht (Abb. 1088). (2) Bursen der Schlangensterne, taschenförmige Einsenkungen auf der Oralseite beiderseits der Arme, durch die Cilienbänder und Ventilationsbewegungen Wasser pumpen; sie fehlen bei Arten unter 2 mm Größe. (3) Büschelförmige Kiemen der regulären Seeigel, weichhäutige Organe am Rand des Peristomealfeldes (Abb. 1089, 1091); sie können durch Einpressen von Coelomflüssigkeit ausgestreckt werden und erschlaffen durch Erweiterung des Kieferraumes. (4) Respiratorische Füßchen bei Seeigeln;

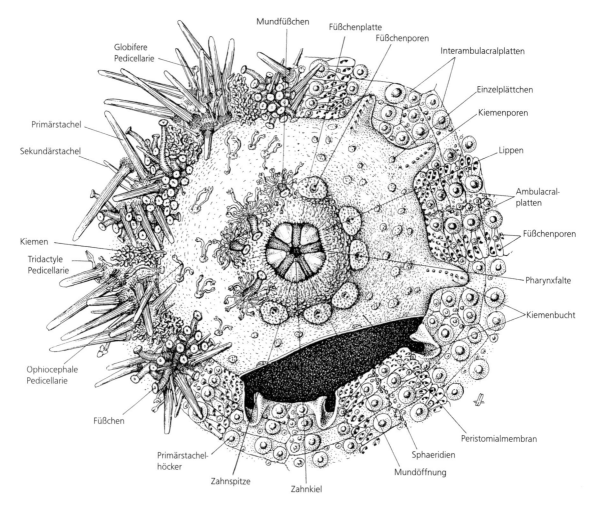

Globifere
Pedicellarie

Mundfüßchen

Füßchenplatte

Füßchenporen

Interambulacralplatten

Einzelplättchen

Kiemenporen

Lippen

Primärstachel

Sekundärstachel

Ambulacral-
platten

Füßchenporen

Kiemen

Tridactyle
Pedicellarie

Pharynxfalte

Kiemenbucht

Ophiocephale
Pedicellarie

Füßchen

Primärstachel-
höcker

Zahnspitze

Zahnkiel

Mundöffnung

Sphaeridien

Peristomialmembran

Abb. 1089: Mundfeld von *Sphaerechinus granularis* (Echinoida). Kiemen. Auf der rechten Seite Stacheln und teilweise Peristomialmembran entfernt. Original: M. Mizzaro-Wimmer, Wien.

bei den regulär gebauten Arten ist ihre Wand extrem dünn, Saugscheibe und Skelettplatte am Ende fehlen. Bei irregulären Seeigeln gibt es Füßchen, die zu lamellären Kiemen umgebaut sind. (5) Wasserlungen der Seegurken, bäumchenartige Verzweigungen des Enddarms, die durch rhythmische Kontraktion von Muskelzügen zwischen Enddarm und Körperwand mit Wasser gefüllt und durch den Druck der Somatocoelflüssigkeit entleert werden. Wasserlungen fehlen bei Apodida und Elasipodida.

Abgesehen von den Concentricycloida ist der **Darmtrakt** bei den Echinodermen ein auffälliges Organsystem. Er wird vom Somatocoel vollständig umgeben und über Mesenterien fixiert. Crinoiden, Echiniden und Holothurien haben einen oft langen, gewundenen, röhrenförmigen Darm (Abb. 1071). Bei den Asteriden und Ophiuriden ist er sackförmig und pentamer gebaut. Bei den beiden Concentricycloiden-Arten ist er nur eine resorbierende Fläche

auf der Oralseite bzw. ein flacher, wenig eingesenkter Sack.

Die aus dem Coelothel stammende D a r m m u s k u -
l a t u r ist gering entwickelt, nur bei einigen Holothurien treten muskulöse Pharynxbildungen (Dendrochirotida) und Kloakalabschnitte (Aspidochirotida) auf. Die übliche Darmgliederung in Pharynx, Oesophagus, Magen, Mitteldarm und Enddarm ist in den einzelnen Gruppen nicht klar zu treffen und meist sind die derart bezeichneten Abschnitte nicht gleichwertig.

Die Gliederung des Darms ist bei den einzelnen Gruppen unterschiedlich. Bei der Mehrzahl der Crinoiden liegt die M u n d ö f f n u n g zentral in der Kelchdecke, bei Comasteriden am Kelchrand. Am Ende des Oesophagus kann ein Blindsack liegen; kleine Taschen buchten sich aus der anschließenden Darmhälfte vor, an deren Ende meist ein oraler und aboraler verästelter Divertikel liegt. Mit der Körperdecke bildet der Enddarm den aufragenden After-kegel, so daß die Faeces in einen Strömungsraum weit über den zum Mund führenden Nahrungs-rinnen gelangen.

Bei den Echiniden steigt der Oesophagus aus dem Kieferapparat aborad auf und führt in die deutlich abgesetzte orale („untere") erste Darmschlinge (Ma-gen), die gegen den Uhrzeigersinn läuft. Die zweite („obere") Schlinge dreht im Uhrzeigersinn zurück, parallel zur ersten Schlinge, bis sie im Interradius CD in den aborad aufsteigenden Enddarm übergeht (Abb. 1071, 1090). Bei den meisten Seeigeln ver-läuft parallel zur ersten Darmschlinge ein muskulö-ser Nebendarm (Siphonaldarm), selten auch eine Siphonalrinne. Dieser Teil dient vermutlich zum raschen Weiterleiten aufgenommenen Was-sers.

Bei Holothurien kann ein muskulöser Pharynx un-terschieden werden, der vom Mund bis unter den Kalkring auf die Höhe des Ringkanals des Wasser-gefäßsystems zieht. Der meist lange Mitteldarm bil-det einen bis in die Kloakalregion absteigenden Abschnitt, wendet sich wieder nach vorn bis knapp hinter den Ringkanal und führt in einem dritten Abschnitt in den kurzen Enddarm zurück (Abb. 1071).

Bei Ophiuriden entstehen Kiefer interradial und las-sen zwischen sich eine sternförmige Öffnung frei, an die sich der Mund anschließt. Ein kurzer Oeso-phagus führt in den sackförmigen Magen, der die zentrale Körperscheibe ausfüllt und oft interradiale Taschen über und zwischen die Gonaden schiebt. Der Darmtrakt ist blindgeschlossen ohne einen Af-ter.

Auch bei einigen urtümlichen Asteriden besitzt der Darm keinen After (z.B. die meisten Astropectini-dae). Der Mund führt sofort in einen weiten, oft mit seitlichen Taschen versehenen Magen. Er kann auch in eine orale, ausstülpbare Cardia und einen dar-überliegenden Pylorus gegliedert sein. Von der Py-lorusregion ziehen paarige, reich gefaltete Divertikel in die Arme (Abb. 1085, 1101). Am kurzen End-darm befinden sich meist noch zwei Rektaldiverti-kel.

Unter den Echinodermen haben nur die Crinoiden die wahrscheinlich ursprüngliche Technik des passiven Filtrie-rens beibehalten. Die Asteriden sind in mehreren Linien von benthischen mikrophagen Carnivoren zu benthischen makrophagen Carnivoren geworden. Für den Nahrungs-erwerb der Ophiuriden sind hochbewegliche Arme mit Füßchen und Stacheln, ein Kieferapparat und besondere Mundfüßchen bedeutend. Neben mikrocarnivoren, ak-tiven Suspensionsfressern gibt es passive Suspensionsfres-ser und Carnivore, die sogar größere Beute nehmen. Viele Schlangensterne (Ophiodermatidae, Ophiocephalidae) können auch opportunistisch mit verschiedenen Tech-niken das jeweilige Nahrungsangebot nutzen.

Die regulären Seeigel sind durch ihren Kieferapparat als einzige Gruppe herbivor, z.T. auch fakultativ carnivor. Mit dem Besiedeln von mobilen Substraten und dem Ein-

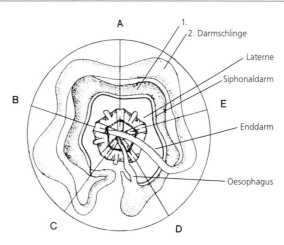

Abb. 1090: Verlauf des Darmtrakts bei einem „regulären" Seeigel. Aborale Ansicht. Radien bezeichnet. Nach Cuenot (1900).

graben im Sediment war bei Seeigeln die Reduktion des Kieferapparates verbunden. Diese Formen sind Suspen-sionsfresser und Substratfresser (Spatangiden). Innerhalb der Holothurien sind einerseits hemisessile Suspensions-fresser (Dendrochirotida) entstanden, andererseits Sedi-mentsortierer und Sedimentfresser (Aspidochirotida) und im Sediment grabende Räuber (Apodida). Darüberhinaus haben sich innerhalb der bathybenthischen Elasipodida freischwimmende Suspensionfresser (Pelagothuriidae) entwickelt, die kein Skelett mehr besitzen und äußerlich an Quallen erinnern.

Echinodermen sind vornehmlich getrenntge-schlechtlich. Einige Arten zeigen Parthenogenese (*Asterias rubens*) Nur bei Schlangensternen, See-sternen und Seegurken sind Zwitter bekannt – we-niger als 1% der Arten und weit streuend in den Taxa.

Zwittrig sind meist kleine Arten, z.B. Seesterne des Gat-tungen *Asterina* oder *Patiria*, die wenig mehr als 1 cm groß werden, oder Seegurken des Genus *Leptosynapta* (bis 1 cm). Zwittrigkeit ist oft mit Brutpflege oder Vivipa-rie kombiniert.

Die **Gonaden** der Eleutherozoa liegen grundsätzlich interradial und münden bei Asteriden und Echi-niden aboral aus (Abb. 1071, 1082). Bei den Echi-niden tragen die unpaaren letzten Interambulacral-platten und damit auch die Madreporenplatte einen Genitalporus. Bei brutpflegenden oder benthischen, Gelege bildenden Seesternen münden die Gonaden oral. Bei Seesternen teilt sich die Gonadenanlage und schiebt je einen Ast in den angrenzenden Arm lateral zum Darmdivertikel (Abb. 1085). Ophiuri-den haben die Gonaden wie den Darmtrakt in der Körperscheibe konzentriert, ihre Mündungen füh-ren in die Atemkammern (Bursen) an den Armba-sen. Seegurken besitzen nur 1 Gonade im Inter-radius CD, und der Ausführungsgang zieht im dor-salen Mesenterium nach vorne bis knapp hinter die Tentakel (Abb. 1071C, E, 1128). Die Gonaden der

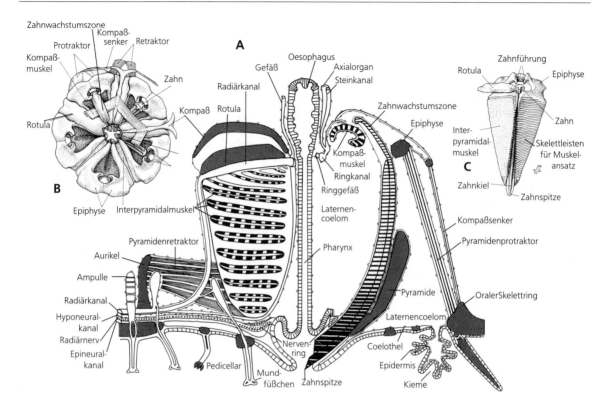

Abb. 1091: Kieferapparat (Laterne des Aristoteles) (Echinacea). A Radial- (links) bzw. interradial-(rechts) Schnitt durch Vorderdarm und Kieferapparat. Skelett dunkel gerastert. B Aborale Aufsicht auf die Laterne, z.T. mit Muskeln und Muskelansatzstellen. C Innenansicht einer Pyramide (aufgeschnitten) mit Zahn. A Nach Stauber (1994); B, C aus Strenger (1973).

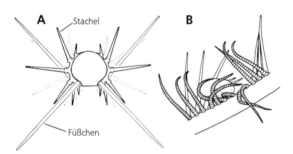

Abb. 1092: Filtration und Nahrungstransport bei *Ophiothrix fragilis* (Ophiuroida). A Filterstellung der Stacheln und Füßchen an einem Armquerschnitt. Füßchen dreimal so lang wie Stacheln, vorderstes Paar orad gestreckt, nachfolgende Füßchen aborad. B Seitenansicht eines Armabschnitts; durch Schleim zusammengehaltene Partikeln werden durch die Füßchen zum Mund transportiert. Nach Warner und Woodley (1975), aus Barnes (1985).

Crinoiden liegen radial, außerhalb des kelchförmigen Körpers in den Pinnulae (Abb. 1084, 1100 C).

Die Differenzierung der Gonaden bei den Asteriden, Echiniden und Ophiuriden ist grundsätzlich gleich: Während der Entwicklung wächst ein Coelomschlauch vom linken Somatocoel im Interradius CD aboral aus und bildet einen Ring um den Enddarm. In diesen Schlauch schiebt sich ein von Coelothel bedeckter Strang von Geschlechtszellen (Genitalrhachis) hinein (Abb. 1082). Die eigentlichen Gonaden wachsen als interradiale Aussackungen des Genitalstrangs aus. In ihnen entstehen Aussackungen mit einer zentralen Gonadenhöhle, in die hinein die reifen Geschlechtszellen gelangen. Zwischen Keimepithel und umhüllendem Coelothel differenziert sich ein Blutraum, der Verbindung zu jenem im Axialorgan hat (Abb. 1082, 1085A). Genitalrhachis und Gonadenhöhlen liegen also in einem Coelomraum, dem aboralen Somatocoelring oder Genitalcoelom. Nur die Einzelgonade der Holothurien liegt frei im Somatocoel, nur vom Coelothel bedeckt.

Fortpflanzung und Entwicklung

Die meisten Echinodermen werden wahrscheinlich erst nach 2–3 Jahren geschlechtsreif. Generell findet die Befruchtung im freien Wasser statt. In dicht lebenden Populationen wird das Ablaichen synchronisiert. Paarung ist nur von drei Schlangensternen und Seesternen sowie von einer Tiefsee-Holothurie bekannt.

Brutpflege tritt vereinzelt in allen Echinodermengruppen auf, meist bei Arten des Seichtwassers kalter Meere oder bei Eulitoralformen.

Bei wenigen Haarsternen entwickeln sich die Embryonen in Pinnulae mit Bruttaschen (Marsupien). Einige Lanzenseeigel tragen die Jungtiere zwischen den Stacheln der Oralseite (Abb. 1122), einige Herzigel in Brutkammern der Aboralseite. Eine breite Vielfalt der Brutpflege zeigen Seesterne: zwischen den Paxillen der Aboralfläche, im Schutz der Atemkammer der Aboralfläche (*Hymenaster, Peltaster*), unter der Oralseite sogar in Magentaschen. Bei Ophiuriden kann die Entwicklung in den Bursen ablaufen. Seegurken zeigen ebenfalls viele Möglichkeiten: zwischen den Tentakeln (Dendrochirotida), unter der Kriechsohle (*Psolus*), in verschiedenen Brutkammern der Körperdecke und im Coelom (Synaptidae). Entwicklung im Ovar tritt nur in wenigen Seegurken, Schlangensternen und Seesternen auf.

Die **Frühentwicklung** verläuft immer über eine Radiärfurchung. Oft ist diese nahezu äqual, bei dotterarmen Eiern planktotropher Seeigel ist der 4. Teilungsschritt jedoch inäqual, so daß am vegetativen Pol ein Mikromerenquartett ensteht. Auf die Coeleoblastula folgt eine Gastrula durch Invagination. Larvales Mesodermmaterial, das bei Pluteus-Larven Skelett bildet, dringt meist in zwei Schüben in das Blastocoel vor: zuerst von der Stelle des späteren Blastoporus (es sind die Nachfolgezellen der Mikromeren des 4. Teilungsschritts) und ein zweites Mal am Ende oder während der Gastrulation von der Wand des Archenterons. Echinodermen zeigen eine typische Enterocoelie, d.h. Abschnürungen der Coelomblasen vom Archenteron (S. 190).

Echinodermen haben primär eine indirekte Entwicklung. Von den Crinoiden sind bisher nur die sich direkt entwickelnden lecithotrophen **Larven** der Haarsterne bekannt (Vitellaria, Doliolaria) (Abb. 1093G, 1098A). Sie sind anfangs einheitlich bewimpert und bilden später 4–5 Wimperringe und ein Apikalorgan aus. Doliolarien setzen sich nach wenigen Tagen fest und metamorphisieren zum freßfähigen Pentacrinusstadium (Abb. 1098D). Es gleicht einer Seelilie und lebt oft viele Monate, bis an der Kelchbasis Cirren entstehen und der junge Haarstern sich ablöst.

Die grundlegende Larvenform der Eleutherozoa ist die Dipleurula (Abb. 1093A). Sie ist bilateralsymmetrisch, um die ventrale Mundbucht verläuft ein zunächst geschlossenes Wimpernband. Die Afteröffnung, hervorgegangen aus dem Blastoporus, liegt ventral außerhalb des Wimpernbandes. Entwicklungsgenetische Studien konnten zeigen, daß auch die Doliolaria der Comatuliden auf das gleiche Grundmuster zurückgeführt werden kann, obwohl sie keinen Mund hat.

Bei planktotrophen Asteriden tritt als Larve die Bipinnaria auf (Abb. 1093). Nur die Bipinnaria einiger Paxillosiden (*Luidia*, *Astropecten*) tritt direkt in die Metamorphose ein. In der Mehrzahl entwickelt sich vor der Metamorphose eine Brachiolaria

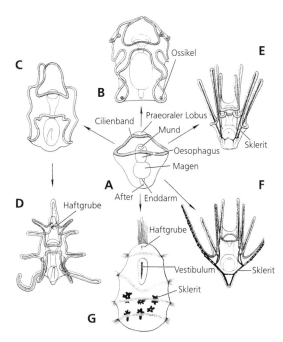

Abb. 1093: Larvenformen der Echinodermata in Ventralansicht. A Hypothetische Dipleurula. B Auricularia (Holothuroida). C Bipinnaria. D Brachiolaria (Asteroida). E Echinopluteus. F Ophiopluteus. G Doliolaria = Vitellaria (Crinoida). Aus Barnes (1985).

(Abb. 1093, 1106H,I), die apikal einen Haftapparat mit einer Haftscheibe und 3 Haftarmen besitzt, womit sie sich zur Metamorphose festsetzt. Seesternlarven besitzen außerdem ein eigenes praeorales Wimpernband. Es gibt verschiedenste lecithotrophe Schwimmlarven oder benthische Larven, wobei meist typische Larvalstrukturen wie Brachiolararme in irgendeiner Form noch zu erkennen sind. Direkte Entwicklung mit pentamerer Differenzierung ohne bilaterale Stadien zeigt *Pteraster tesselatus*. Hier wird die Larvalachse sofort zur Oral-Aboral-Achse. Bei allen anderen Seesternen entwickelt sich die orale Seite im linken Larvenkörper.

Seegurken entwickeln sich über die Auricularia, bei der das Wimpernband einheitlich bleibt, aber oft über viele Lappen hinwegläuft (Abb. 1093B, 1132). Mit Einsetzen der Metamorphose zerfällt das Wimpernband, und es bildet sich eine Seegurken-Doliolaria mit 3–5 Wimperringen. Am Ende der Metamorphose ensteht das Pentactula– Stadium mit 5 Mundtentakeln und oft einem Füßchenpaar.

Seeigel und Schlangensterne haben, obwohl sie keine Schwesterngruppen bilden, äußerlich sehr ähnliche Larven: Die mit langen, von Skelettstäben gestützten Schwebefortsätzen ausgestatteten Plutei-Larven sind Parallelentwicklungen als Anpassung an die pelagische Lebensweise. Beim Echinopluteus stehen die nach oben aufragenden Schwebefortsätze meist enger zueinander als jene des

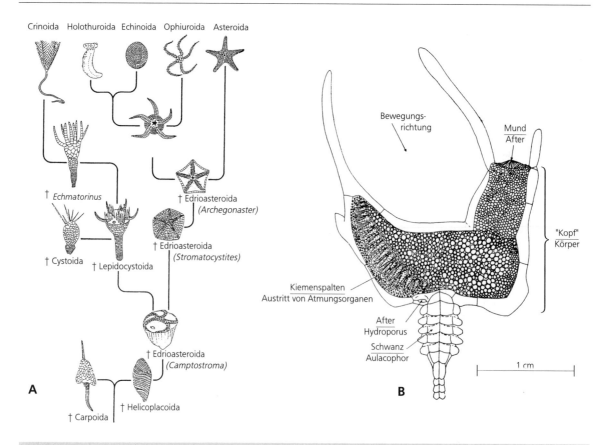

Crinoida Holothuroida Echinoida Ophiuroida Asteroida

† *Echmatorinus*

† *Edrioasteroida*
(*Archegonaster*)

† Cystoida   † Lepidocystoida

† *Edrioasteroida*
(*Stromatocystites*)

A

† *Edrioasteroida*
(*Camptostroma*)

† Carpoida   † Helicoplacoida

Bewegungs-richtung

Mund
After

"Kopf"
Körper

Kiemenspalten
Austritt von Atmungsorganen

After
Hydroporus

Schwanz
Aulacophor

B

1 cm

Abb. 1094: A Evolution der Echinodermen mit fossilen Formen. B †*Cothurnocystis elizae* (Ordovizium, Schottland). Rekonstruktion der Oberseite. In der Beschriftung über dem Strich die Deutung nach der Calcichordata-Hypothese. Strukturen im Inneren des gegliederten Aulacophors werden als Neuralrohr und Chorda angesehen. Unter dem Strich Deutung nach traditioneller paläontologischer Sicht und Einstufung als Carpoida (Homalozoa), siehe A; Aulacophor wird danach als Arm zur Fortbewegung und Nahrungsaufnahme mit ähnlichem Bau wie ein Ophiuridenarm gedeutet (mit zentralem Kanalsystem, von dem Tentakel nach außen treten). Nach Paul und Smith (1984) verändert aus Brusca und Brusca (1990).

Ophiopluteus (Abb. 1093E, F, 1120). Die Metamorphose des Seeigelpluteus geht (außer bei den Cidaroiden) im Schutz eines Vestibulums, einer epidermalen Einsenkung, vor sich. Die Oralseite des späteren Seeigels entwickelt sich auf der linken Körperseite der Larve (Abb. 1121). Die Metamorphose des Ophiopluteus verläuft unter dem Mundfeld um den larvalen Oesophagus.

Alle Echinodermen besitzen ein gutes Regenerationsvermögen (Abb. 1107). Seesterne, Seegurken, aber ganz besonders Schlangensterne autotomieren aktiv. Die entscheidenden Veränderungen gehen im Bindegewebe vor sich, das nervös gesteuert seine Festigkeit verliert, so daß Arme abgestoßen werden können. Seegurken stoßen Teile der inneren Organe aus. Bei Seeigeln beschränkt sich die Regeneration auf eine ständige und schnelle Abstoßung von Pedicellarien und Stacheln.

Aus dieser Fähigkeit hat sich in einigen Arten dieser 3 Taxa in meist frühen Lebensphasen die **asexuelle Vermehrung** durch Fissiparie entwickelt. Fissipare

Arten gehen im späteren Leben oft zu normaler sexueller Fortpflanzung über. Die Schlangensterne *Ophiactis virens* und *O. savigny* vermehren sich wahrscheinlich in manchen Populationen sehr lange nur fissipar. Bei Seesternen kommt es durch Fissiparie stets zur Vermehrung der Arme (*Coscinasterias*-Arten) und Vervielfachung der Madreporenplatten und Steinkanäle. Besonders häufig ist Regeneration nach Verletzungen bei Seesternen: hier genügt schon ein Arm oder das Stück eines Armes (*Linckia*) zur Neubildung eines vollständigen Tieres.

Systematik

Echinodermenartige Fossilien mit Calcitstereom und Körperporen in verschiedener Anordnung sind seit dem frühen Kambrium bekannt. Zu den pentameren Echinodermen führten die †Helicoplacoida, relativ kleine Formen (3–7 cm) mit einem trimeren Ambulacrum (Unteres Kambrium; Californien, Alberta/Canada) (Abb. 1094A). Parallel zu ihnen entwickelten sich die bilateralen bis asymmetrischen †Carpoida (Homalozoa oder Calcichordata), in denen einige Autoren die Stammart der Chordata vermuten (siehe Calcichordaten-Hypothese, S. 837, Abb. 1094B). Aus den †Helicoplacoida gingen vor etwa 550 Mill. Jahren die deutlich pentameren †Edrioasteroida hervor. Aus einer †*Camptostroma*-Art sind dann wohl die beiden Stammlinien entstanden, die zu den rezenten Crinoida bzw. zu den Eleutherozoa führten. In der Crinoiden-Stammlinie haben sich bereits früh gestielte Formen (z.B. †Lepidocystoida) entwickelt, die man früher mit den rezenten Crinoida als Pelmatozoa zusammenfaßte. Stammart der rezenten Eleutherozoa könnte z.B. eine flache, sternförmige †*Archenogaster*-Art (Abb. 1094A) gewesen sein.

Autapomorphien des Taxon Echinodermata sind u.a. die pentamere Symmetrie der adulten Tiere, das im mesodermalen Bindegewebe gebildete Kalkskelett unterhalb der Epidermis, die Verbindung zwischen Protocoel und Mesocoel über den Steinkanal, die Einschränkung der Coelomdifferenzierung der rechten Körperseite (Abb. 1095). Für die 6 heute unterschiedenen Subtaxa gibt es meist zahlreiche Autapomorphien; nur die Eigenständigkeit der Concentricycloida außerhalb der Asteroida wird noch diskutiert. Ihre phylogenetischen Beziehungen sind jedoch umstritten. Traditionell werden die festsitzenden, primär gestielten **Crinoida** mit ihren offenen Futterrinnen und mikrophager Ernährung als Schwestergruppe der **Eleutherozoa** mit freibeweglichen Arten und oral-aboraler Achse, in der sich primär Mund und After gegenüberliegen, angesehen. In anderen Systemen werden die Crinoida jedoch aufgrund des Besitzes von Armen und Skelettplatten auf der aboralen Seite mit den Asteroida, Ophiuroida und Concentricycloida zusammengefaßt. Das lange Zeit befürwortete Schwestergruppenverhältnis von Asteroida und Ophiuroida (Asterozoa) ist heute zumeist aufgegeben worden, da die Versenkung des Ambulacralsystems bei den Ophiuroida hoch bewertet wird und damit eine enge Beziehung zu den Seesternen ausschließt. Echinoida und Holothuroida können dagegen aufgrund des Kalkrings (bzw. des Kieferapparats) um die Mundöffnung und der fehlenden aboralen Körperfläche Schwestergruppen sein (Echinozoa) (Abb. 1095).

1 Crinoida, Seelilien und Haarsterne

Mit ca. 620 Arten sind die Crinoiden die kleinste Gruppe der Echinodermen. Ihre Blütezeit war das Paläozoikum aus dem ca. 6000 Arten bekannt sind. Crinoiden sind stenohaline Suspensionsfresser, die ihre Nahrung ausschließlich aus dem Wasser filtern und daher auf gut durchströmte Meeresbereiche angewiesen sind. Wahrscheinlich ist diese Nahrungsnische ein Grund für ihre geringe Artenfülle

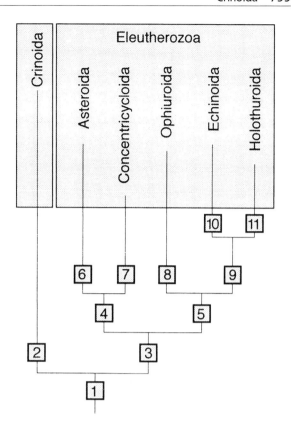

Abb. 1095: Verwandtschaftsverhältnisse der Echinodermata. [1] Pentamerie; Rückbildung des Coeloms der rechten Körperseite bis zur Reduktion des rechten Hydrocoels; Skelett aus Calcit im mesodermalen Bindegewebe der Körperwand. Verbindung Protocoel und Mesocoel durch Steinkanal. [2] Mund und After auf der gleichen Seite eines kelchförmigen Körpers. Zumindest in der Jugendphase mit aboralem Stiel am Substrat festgewachsen. Gonaden auf seitlichen Verzweigungen der Arme (Pinnulae). Vereinigung der Coelomräume. Keine Madreporenplatte, aber viele Poren auf der Kelchdecke. [3] Differenzierung einer oral-aboralen Achse und Verlagerung des Afters in das Zentrum der Aboralfläche. Ambulacralsystem dient der Fortbewegung (Saugfüßchen mit Ampullen im Körperinneren). Madreporenplatten im Interradius CD auf der Aboralseite. [4] Arme mit breiter Basis. [5] Versenkung des Ambulacralsystems. [6] Gonaden und Darmdivertikel in die Arme verlagert; Ocellen in der Basis der Endtentakel. [7] Körper scheibenförmig. Ambulacralfüßchen ohne Saugscheiben am oralen Scheibenrand gehen nicht von Radiarkanälen, sondern von einem ringförmigen Kanal aus. [8] Arme deutlich von Zentralscheibe abgesetzt; Ampullen reduziert; Ambulacralplatten im Inneren der Arme zu „Wirbeln" verwachsen. [9] Extreme Verkleinerung der Aboralfläche; Kalkring um Mundöffnung. [10] Skelettplatten der Ambulakren und Interambulakren grenzen aneinander und bilden starre globuläre „Corona" (Testa); beweglicher Kieferapparat im oralen Somatocoelring; Ampullen über zwei Kanäle mit Füßchen verbunden. [11] Skelett in Form von Mikroskleriten. Streckung in der oral-aboralen Achse. Madreporit meist ins Körperinnere verlagert. Oraler Tentakelapparat zur Nahrungsaufnahme.

und die relative Uniformität ihrer Körpergestalt. Am häufigsten (ca. 550 Arten) sind die freibeweglichen, nur als Jungtiere mit einem Stiel festgewachsenen Comatulida (Haarsterne), die in unvergleichlicher Farbenpracht vorwiegend im Seichtwasser, aber nie in der Gezeitenzone leben (Abb. 1099 B). Die zeitlebens gestielten Formen (Seelilien) sind mit ca. 70 Arten auf tiefere Meeresböden beschränkt, aber nur in Ausnahmen wirklich abyssal. Durch ihren kelchförmigen Körper (Kalyx), der die Eingeweide enthält, mit Mund und After auf der Kelchdecke (Tegmen) und den von der Kelchbasis abgehenden Armen mit nadelförmigen Verzweigungen, den Pinnulae, sind die Crinoiden leicht von allen anderen Echinodermen zu unterscheiden. Nur die wenigen rezenten Vertreter der Cyrtocrinida sind stark abweichend gestaltet. Sie sind mit einem asymmetrischen Skelettelement, das nicht einem Stiel entspricht, breit auf dem Substrat aufgewachsen und erinnern mit ihren 10 dicken krallenförmigen Armen im geschlossenen Zustand an Seepocken oder an eine winzige geschlossene Faust.

Stiele der Seelilien können bis zu 1 m lang werden. Durch komplexe Aufzweigung der primär 5 Arme können sie Kronen mit 50 Armen und einem Durchmesser von 30 cm entwickeln (*Metacrinus*, *Chladocrinus* Abb. 1099 A, *Neocrinus*). Bei den ungestielten Haarsternen sind die Arme bei kleineren Arten kaum 3 cm lang (*Comatilia iridometriformis*). Die tropische *Comanthina schlegeli* hat jedoch bis zu 200 Arme und einen Kronendurchmesser von 60 cm.

Seelilien haben im tropischen W-Atlantik und im W-Pazifik ein erstes Verbreitungszentrum zwischen 200 und 600 m Tiefe. Dort herrschen robuste Arten der Isocriniden mit vielarmigen Kronen vor und erreichen Dichten bis zu 20 m^{-2}. Im W-Pazifik werden Seelilien in Tiefen von 1500–3000 m nochmals häufig. Im nordöstlichen Atlantik liegt ihre Hauptverbreitung bei 2500 m.

Die ungestielten Comatuliden haben zwei ausgedehnte geographische Verbreitungsgebiete. In großer Arten- und Individuendichte besiedeln zahlreiche Comasteridae das tropische indo-westpazifische Seichtwasser. Aus Riffen dieser Region sind an die 100 Arten bis 20 m Tiefe bekannt; im australischen Barriere-Riff kommen in den obersten 12 m allein 26 Arten vor.

Die Antedoniden mit meist 10 Armen sind typisch in gemäßigten und kalten Meeren und haben eine Tiefenverbreitung bis 6000 m. Im antarktischen Schelfmeer sind *Promachocrinus kerguelensis* und *Anthometra adriani* bis 150 m so häufig, daß die dortige Benthosgemeinschaft z.T. nach ihnen benannt wird.

Bau

In der Außenwand des Kalyx (Kelch) ist das aborale S k e l e t t besonders stark entwickelt. Bei den gestielten Seelilien schließen 2 Kreise (Infrabasalia, Basalia) oder nur 1 Kreis (Basalia) aus je 5 Skelettplatten an das oberste Stielglied an. Darauf folgen 5 Skelettteile (Radialia), die die Arme tragen. Bei den ungestielten Haarsternen entsteht aus den verschmolzenen Radialia und den obersten Stielgliedern ein einheitliches Skelettelement (Centrodorsale); an ihm setzen die Cirren und die Armbasen direkt an.

Die Crinoiden unterscheiden sich von allen anderen Echinodermen durch den Besitz von P i n n u l a e. Diese fingerförmigen Anhänge stehen alternierend auf beiden Seiten der Arme; seitlich sitzen ihnen Tentakel in Dreiergruppen auf (Triaden, Abb. 1084). Sie werden durch eine Reihe muskulös verbundener Skelettelemente im Inneren gestützt. Auf den Pinnulae wird die Nahrung geprüft und gelangt von hier sortiert in die bewimperte Futterrinne der Arme und zum Mund (Abb. 1100 A, B). Die distalen Pinnulae dienen ausschließlich dem Nahrungserwerb; ein Teil der proximalen enthält auch die Gonaden.

Die Pinnulae stehen in Abständen von 1–1,5 mm rechtwinkelig von den Armen ab. Die filtrierenden Tentakel an den Pinnulae sind sehr klein (0,5–1 mm) und stehen sehr dicht. Zwei der unterschiedlichen Tentakeln einer Triade bringen jeweils Nahrungspartikeln zur Futterrinne, der dritte bewirkt eine Zusammenballung der verschleimten Partikeln. In der Wimpernrinne der Pinnulae wird die Nahrung mit einer Geschwindigkeit von ca. 1 cm min^{-1} transportiert, in der Futterrinne der Arme mit ca. 4 cm min^{-1} (*Oligometra serripina*).

Die Filterleistung der Crinoiden ist zunächst von der Zahl der Arme und Pinnulae abhängig, variiert aber, abhängig vom Verbreitungsgebiet, auch innerartlich. Die Gesamtlänge der bewimperten Futterrinne kann über 100 m betragen. Die Größe der aufgenommenen Partikeln kann bis einige hundert Mikrometer betragen. Der größte Teil der Nahrung besteht aus Detritus, dazu kommen Bakterien und kleinere Organismen.

Pinnulae nahe der Körperscheibe haben weder Tentakel noch eine Futterrinne. Diese oralen Anhänge besitzen oft bedornte Skelettstücke und stehen aufgerichtet palisadenartig über der Kelchdecke. Bei den Comasteridae sind ihre Endglieder auf der Oralseite kammartig und arbeiten ähnlich wie Pedicellarien mit raschen Bewegungen als Putz- und Schutzorgane. Endglieder vieler Pinnulae besitzen aboral Haken und Dornen und werden bei der kriechenden Fortbewegung eingesetzt (Comasteridae).

Entlang der Futterrinnen der Crinoiden bis in die Pinnulae liegen dicht auffällige Strukturen, die S a c c u l i (Abb. 1084). Es sind stark lichtbrechende, aus Zellen hervorgegangene proteinreiche Konkremente, deren Herkunft und Funktion unbekannt sind. Sie fehlen mit einer Ausnahme allen Comasteriden.

Der Mund der Comasteridae ist an den Rand des Kelches verschoben, der After liegt zentral und es entsteht eine Bilateralsymmetrie. Durch eine weitere Verlagerung des Mundes in den Interradius AB und die Verkürzung der Armaufzweigungen verlagert sich die Symmetrieebene im Uhrzeigersinn. Arme näher der Mundöffnung („vordere Arme") werden lang und dienen der Ernährung, jene näher zur Afteröffnung werden kurz, verlieren sogar ihre

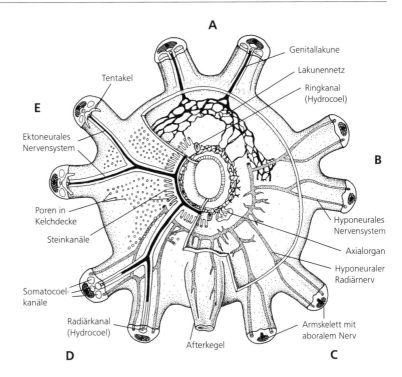

Abb. 1096: Organisation des Hydrocoels, des oralen Nervensystems und des Blutgefäßsystems bei *Antedon* (Comatulida). Kelchdecke ab Interradius AB bis rechts vom Afterkegel im Interradius CD abgetragen, sonst durchsichtig dargestellt. Arme abgeschnitten. Verändert nach Cuenot in Grassé (1966).

Futterrinne und tragen nur Genitalpinnulae (*Comatula pectinata*).

Die innere Organisation mit Verlauf des Darmtrakts, Ausbildung des Axialorgans und der Coelomräume wurde im Detail bereits dargestellt (S. 788–792). Der Kelch ist von vielen Mesenterialbändern und Bindegewebe gefüllt; bemerkenswert ist die Auflösung vieler Coelothelien, so daß die Coelomräume nicht mehr abgrenzbar sind. Geräumige Somatocoelkanäle finden sich nur in den Armen (Abb. 1084); auch hier kommunizieren sie an vielen Stellen miteinander. Der primäre Steinkanal hat seine Verbindung zum Hydroporus verloren, und vom hydrocoelen Ringkanal gehen viele sekundäre Steinkanäle aus, die sich in das zirkumorale Coelom öffnen. Der primäre Hydroporus wird vervielfacht, so daß bis zu 1500 dicht bewimperte Poren den Coelomraum mit der Außenwelt verbinden (Abb. 1096).

Das **Nervensystem** unterscheidet sich stark von dem anderer Echinodermen. Das bei Eleutherozoen mächtig entwickelte Ektoneuralsystem der Epidermis ist bei den Crinoiden nur ein zarter Markstrang an der Basis der Futterrinne. Tieferliegende Nervenstränge ziehen paarig im Bindegewebe der Arme und werden als hyponeurale Nerven betrachtet (Abb. 1096), obwohl sie in keinem Bezug zu Somatocoelkanälen stehen, in deren Wänden sie üblicherweise entwickelt sind. Besonders abweichend aber ist die mächtige Ausbildung des aboralen Nervensystems, mit einem Zentrum in der Kelchbasis

und kräftigen Armnerven (Abb. 1097), welche die Armglieder durchbohren und sich in die Skelettelemente der Pinnulae fortsetzen. Dieses System steuert die Muskeln zwischen den Gliedern der Arme und Pinnulae und den Zustand des kollagenen Bänderapparats.

Eingegliedert in das aborale Nervensystem ist ein Coelomraum, das „gekammerte" Organ, welcher fünfteilig angelegt wird und sich bei Seelilien im Stiel fortsetzt.

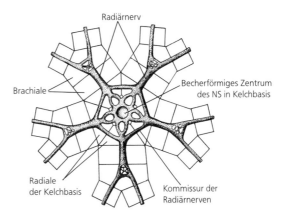

Abb. 1097: Aborales Nervensystem eines Crinoiden (*Antedon bifida*). Horizontalprojektion, Nervenmasse liegt eingebettet in die Skelettelemente der Kelchbasis und der Armglieder. Nach Hamann (1889) aus Grassé (1966).

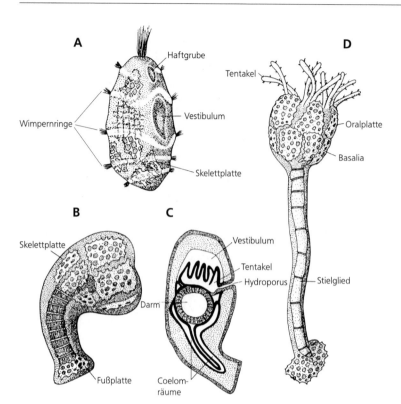

Abb. 1098: Larve der Crinoiden und Metamorphose. A Freischwimmende Doliolaria (Tönnchenlarve). B, C Cystid-Stadien. D Festsitzendes junges Pentacrinus-Stadium. Aus Marinelli (1962), nach verschiedenen Autoren.

Normalerweise verharren Comatuliden in Filterstellung mit den Cirren der Kelchbasis festgekrallt am Untergrund (Abb. 1099B, 1135). Lange Cirren können dabei so eng stehen, daß sie funktionell einen „Stiel" bilden, oder die Tiere sitzen auf Erhebungen des Untergrundes, z.B. auf Schwämmen und Korallenstöcken, wodurch sie in strömungsgünstigere Wasserschichten gelangen und auch weniger mit bewegtem Sediment beschüttet werden.

Ein offenes Problem sind die langsamen Bewegungen der Cirren, die keine Muskelfasern enthalten. Beim „Bewegen" wird die aborale Krümmung verstärkt oder gelockert. Die Cirrenglieder sind gelenkig durch Bänder verbunden und von einem zentralen Kanal durchzogen. In diesen Kanal setzen sich je ein oraler und aboraler Coelomschlauch fort, die vom gekammerten Organ ausgehen, vom aboralen Nervensystem umgeben sind und zwischen sich eine Hämallakune einschließen. Die Zellen der Außenwand der Coelomschläuche enthalten Bündel von 5 nm dicken Filamenten, die parallel zur Längsachse der Cirren stehen. Vermutlich werden diese Filamentbündel ebenso wie der Bandapparat zwischen den Cirrengliedern nervös gesteuert und sichern die langsamen Haltebewegungen.

Form und Stellung des Filterfächers der Arme sind abhängig von Richtung und Stärke der Strömung. Immer werden die Arme aber so gehalten, daß die Strömung auf die aborale Seite der Arme und Pinnulae auftrifft, nicht auf die Futterrinne. Flottierende Partikeln werden gebremst und gelangen durch Turbulenzen zwischen die Tentakeln und auf die Futterrinne.

Bei der häufigen „Bogenfächerstellung" werden die Arme senkrecht hochgehalten und bilden parallel zueinander einen halbkreisförmigen Fächer. Auf den ersten Armfächer trifft die Strömung in der oben geschilderten Weise auf, im parallel dazu stehenden zweiten Fächer sind die Arme verdreht, wodurch die Futterrinne abermals strömungsabgewendet liegt.

In gleicher Weise werden auch die Arme der Seelilien zur Strömung gehalten. Die Spitzen der Arme sind weit zurückgebogen und dem Stiel genähert, die Oralseite ist strömungsabgewendet.

Da die Stiele der Seelilien ähnlich wie die Cirren der Haarsterne keine Muskeln besitzen, gehen Veränderungen der Stellung extrem langsam vor sich. Beim Drehen der Strömung kann die Armkrone nicht einfach mitgeschwenkt werden. Unter ständigem Beibehalten des Aufstroms auf die aborale Kronenseite wird der Stiel in sich gewunden, bis die Krone wieder optimal zur Strömungsrichtung steht. Arten mit wirtelig stehenden Cirren am Stiel können mit diesen den Stiel langsam aufrichten, was etwa 24 Stunden (!) dauert (*Cenocrinus asterius*). Dabei greifen die Cirren auf das jeweils davorliegende Internodium (cirrenfreier Stielabschnitt) und richten dieses ganz langsam auf. Dieser Vorgang setzt sich über alle Cirrenwirtel und Internodien bis zum Kelch fort.

Mit Hilfe der Cirren und der Armkrone können einige Seelilien sich auch sehr langsam fortbewegen ($30 \, \text{cm} \, \text{h}^{-1}$) (Abb. 1099 A). Die meisten Arten sind aber fest an ihren Standort gebunden und haben je nach Bodenart wurzelartige Verankerungen (Schlamm) oder Anheftungsscheiben (Fels).

Comatuliden sind dagegen in der Lage, durch rasche alternierende Bewegungen ihrer Arme bei Störungen etwa durch Fische oder räuberische Seesterne rasch wegzuschwimmen. Die großen vielarmigen Comasteriden kriechen auf dem Substrat und benutzen dazu die Pinnulae.

Crinoiden sind getrenntgeschlechtlich. Abgesehen von Bruttaschen einiger brutpflegender Arten besteht keinerlei Sexualdimorphismus. Die **Gonaden** liegen in den Pinnulae (Abb. 1084) in einem Genitalcoelom und zeigen den üblichen Aufbau (S. 796). Das Genitalcoelom mit dem zentralen Genitalstrang beginnt im Kelchcoelom und setzt sich in die Arme zwischen die 3 Somatocoelkanäle bis in die Genitalpinnulae fort; hier reifen die Geschlechtszellen aus. Häufig sind Gonoporen vorhanden.

Fortpflanzung und Entwicklung

Trotz guter Regenerationsfähigkeit pflanzen sich Crinoiden nur sexuell fort. Eier und Spermien werden in der Regel in das freie Wasser entlassen. Die Weibchen laichen mehrmals im Jahr.

Isometra vivipara und *Comatilia iridometriformis* haben intraovarielle Befruchtung. Brutpflege tritt bei antarktischen Taxa auf: bei *Isometra* und *Phrixometra* in den Pinnulae, bei *Notocrinus* in Brutkammern an den Armen am Abgang der Pinnulae. *Notocrinus mortensi* hat bis zu 92 Embryonen pro Marsupium und entwickelt in größeren Tieren ca. 2000 Jungtiere.

Nach der für Echinodermen typischen **Frühentwicklung** in der Eihülle, mit Mesenchymbildung und Gastrulation, schließt sich der Blastoporus. Es schlüpft eine zunächst allseits bewimperte, länglich ovale **Larve**, die einige Tage frei schwimmt. In der Folge entwickelt sie neben einem apikalen Wimperschopf 4–5 Wimpernringe und wird so zur Doliolaria (Abb. 1098A). Später entsteht am ventralen Vorderende eine Anheftungsgrube, und in der Mitte der Ventralseite beginnt sich zwischen zwei Wimpernringen ein langgestrecktes Vestibulum einzusenken.

Die Larve setzt sich mit der Anheftungsgrube fest; sie wird dann Cystid genannt (Abb. 1098 B, C). Ihre Epidermis verliert alle Cilien; ihr Stiel wächst rasch in die Länge, im Mesenchym um die Coelomräume entstehen erste Skelettplatten, im Dach des Vestibulums fünf große „Oralplatten". In den Vestibularraum wachsen erste Tentakeln und bilden tentakelartige Papillen. Im Boden des Vestibulums öffnen sich Mund und After. Zuletzt weichen die fünf Oralplatten auseinander, und das Stadium beginnt zu filtern. Dieser seelilienartige Pentacrinus lebt mehrere Monate festgeheftet (Abb. 1098D). Der Stiel ist nur passiv beweglich, er enthält keine Muskeln. Nachdem Arme, erste Pinnulae und ei-

Abb. 1099: Crinoida. A Seelilien *Chladocrinus decorus* (Isocrinida), 50 cm hoch; aus 420 m Tiefe vor der Ostküste Floridas. Nicht festsitzend, sondern sich langsam mit Stielcirren fortbewegend. Strömung kommt im Bild von links hinten. B Haarsterne *Heliometra glacialis* (Comatulida), bis 70 cm; verbreitet in kalten Meeren. Mit 10 Armen; mit Cirren auf festen Substraten festgekrallt. A Original: C.G. Messing, Dania; B Original: J. Gutt, Bremerhaven.

nige 100 relativ lange (1 mm) Tentakel gebildet sind, entstehen Cirren und ein junger Haarstern löst sich vom Stiel.

Systematik

Die Diskussion um die verwandtschaftlichen Beziehungen der rezenten Subtaxa ist nicht abgeschlossen. Form und Anordnung der Skelettelemente des Kelchs, des Stiels und der Arme sowie der Besitz von Cirren sind wichtige taxonomische Merkmale auf höherem Niveau; Verzweigung der Gelenke der Arme, Form und Anordnung der Pinnulae und Ausbildung der Kelchdecke sind Merkmalskomplexe der Familien und Gattungen. Von den heute unterschiedenen 5 Subtaxa sind 4 gestielt und werden zu den sog. Seelilien gezählt; nur die Comatulida sind Haarsterne im engeren Sinne.

1.1 Isocrinida

Stiel mit Gruppen von 5 Cirren in regelmäßigen Abständen am Stiel, Columnalia (Stielglieder) rund bis pentagonal, große Kronen, bis 50 Arme, semi-

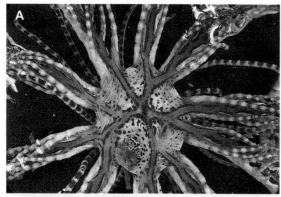

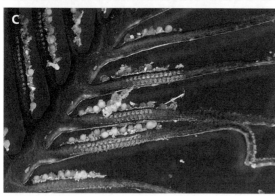

Abb. 1100: *Antedon* sp. (Crinoida, Comatulida). A Blick auf die Oralseite des Kelchs mit den Armbasen; Verlauf der bewimperten Futterrinnen zum zentral liegenden Mund. B Oralseite mit Mund, Futterrinnen und Afterkegel. Eine *Myzostoma cirriferum* (Myzostomida, S. 383) entnimmt mit ausgestülptem Saugpharynx Nahrung aus einer Futterrinne. C Ausschnitt aus dem Arm eines Weibchens; Eier z.T. aus den Gonaden in den Pinnulae ausgetreten und festgeklebt. A, B Originale: W. Westheide, Osnabrück; C Original: R. Patzner, Salzburg.

mobil, kriechen mit Cirren und Krone. Alle in 200–2500 m Tiefe.

Metacrinus rotundus (Isocrinidae), 50 cm; Westpazifik. – *Chladocrinus decorus* (Isocrinidae), 50 cm; Karibik, 420 m (Abb. 1099 A). – *Diplocrinus wyvillethomsoni* (Isocrinidae), 40 cm; Biskaya, 1300 m.

1.2 Millericrinida

Kelch lang konisch, Columnalia rund, keine Stielcirren, Stereomstruktur sehr einfach, kalkige Stielendscheibe, meist nur fünfarmig.

Hyocrinus kethellianus (Hyocrinidae), 15 cm; in 3000–5000 m.

1.3 Cyrtocrinida

Klein (1,5–3 cm), Stiel breit unregelmäßig, abhängig vom Untergrund, an Seepocken erinnernd, 10 kurze Arme mit dreieckigen Pinnulae.

Holopus rangi (Holopidae, nur 3 rezente Arten), bis 3 cm; Karibik, 200–680 m.

1.4 Bourgueticrinida

Schlanker Stiel mit Endscheibe oder Verankerungswurzeln, ohne Cirren.

Conocrinus (Rhizocrinus) lofotensis (Bathycrinidae), Stiel 8 cm, kurze Arme; erstentdeckte rezente Seelilie (SARS 1868, vor Norwegischer Küste).

1.5 Comatulida, Haarsterne

Nur als Pentacrinus-Stadium gestielt, Kelch verkürzt. Hauptmasse der rezenten Crinoiden (ca. 550 Arten).

Comanthina schlegeli (Comasteridae), 60 cm; bis 200 Arme, ohne Cirren und Sacculi, Philippinen. – *Comatula pectinata* (Mariametridae), 20 cm; 10-armig, stark unterschiedliche Armlänge (S. 800), Indo-Westpazifik, 0–250 m. – *Antedon bifida* (Antedonidae), Kelch bis 1 cm, Arme 10 cm; 10-armig, europäische Atlantikküste. – *A. mediterranea,* unterschiedlich gefärbte Populationen (schwefelgelb, rotviolett, grau), Mittelmeer (Abb. 1100 C). – *Heliometra glacialis* (Antedonidae), bis 70 cm; sehr unterschiedliche Größen, arktische Küsten (Abb. 1099 B).

2 Asteroida, Seesterne

Mit etwa 1600 Arten sind die Seesterne die zweitgrößte Gruppe der Echinodermen. Sie kommen in allen Bereichen des marinen Benthals von der Gezeitenzone (der kalifornische Ockerseestern *Pisaster ochraceus,* Abb. 1108 C) bis in die Tiefsee vor (*Hymenaster* sp. aus dem Philippinengraben in 10 000 m Tiefe).

Die größte Artendichte erreichen die Asteroida im Schelfmeer der nordostpazifischen Küste Amerikas von San Franscisco über Alaska bis zu den Aleuten, Kurilen und der Halbinsel Sachalin; dort kommen mehr Arten vor als in allen restlichen Verbreitungsgebieten. Ein zweites Artenzentrum liegt im Indonesisch-Phillipinisch-Australischen Raum. Australien und Neeseeland sind durch viele Endemiten gekennzeichnet. In den polaren Meeren, besonders in der Antarktis, sind Seesterne die bedeutendste Gruppe der Makrofauna im Seichtwasser.

In seichten Schelfmeeren erreichen sie häufig große Dichten; auf Muschelbänken berührt oft ein Tier

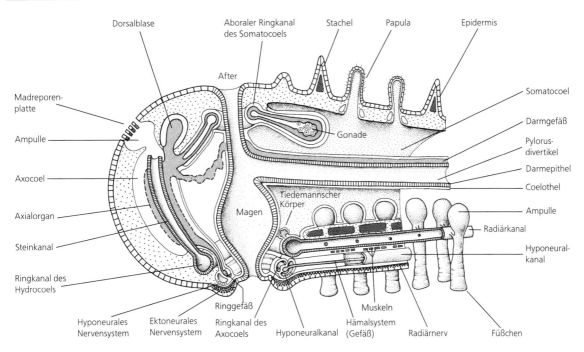

Abb. 1101: Organisationsschema eines Seesterns mit Darmtrakt, Coelom-, Blutgefäß- und Nervensystem. Schnitt durch Zentrum im Interradius C D, durch die Basis eines Arms (rechts) im Radius A. Unterbrochene Linie um das Axialorgan: Podocyten, epithelial angeordnet (Ultrafiltration!). Hämalsystem dicht fein gepunktet. Nach verschiedenen Autoren.

das andere. Ihre Körpergröße reicht von ca. 1 cm (*Asterina gibbosa*) bis über 1 m (*Freyella remex*), liegt jedoch bei der Mehrzahl um 20 cm.

Die Körpergrundgestalt ist ein fünfarmiger Stern, dessen Arme zu den Spitzen hin gleichmäßig schlanker werden (Abb. 1108, 1109). In vielen Arten können die Interradien derartig breit werden, daß ein Fünfeck entsteht. Dieses kann hochgewölbt und kissenartig (*Culcita,* Abb. 1109 D) oder extrem flach (*Anseropoda placenta,* Abb. 1109 C) sein. Arten der vielarmigen Genera *Labidiaster*, *Brisinga* und *Freyella* (Abb. 1108 B) erinnern mit ihren drehrunden, gleichmäßig dünnen langen Armen und einer abgesetzten zentralen Körperscheibe an Schlangensterne. Der fast kugelige *Podosphaeraster* aus dem Pazifik und Atlantik sieht mit seinem geschlossenen, polygonalen Plattenskelett fast wie ein stacheloser Seeigel aus.

Mehrere Arten besitzen mehr als 5 Arme. Ihre Zahl kann selbst innerhalb einer Art variieren, wie bei dem karibischen Kissenstern *Oreaster reticulatus*, bei dem vier-, sechs- und siebenarmige Exemplare auftreten. Bei den Sonnensternen ist die Zahl der Arme altersabhängig; neue Arme entstehen interradial (*Crossaster papposus*: 8–15 Arme, Abb. 1108 D); *Heliaster*: über 40; *Labidiaster*: 25–50 Arme; der von Korallenpolypen lebende *Acanthaster planci* entwickelt bis zu 18 Arme (Abb. 1109 A).

Bau

Die oral-aborale Symmetrieachse der Seesterne ist kurz, der Mund öffnet sich zentral zwischen den Armen zum Substrat hin. Auf der Aboralseite befindet sich im Interradius CD die Madreporenplatte mit deutlichen Furchen, in denen die Poren liegen (oft mehrere Hundert). Einige Arten haben mehrere Madreporenplatten. Auch die Afteröffnung liegt aboral, aber nicht völlig zentral. Sie fehlt vielen Paxillosida.

Seesterne sind gegenüber allen anderen Eleutherozoen durch eine offene Ambulacralrinne charakterisiert. Zwischen der oralen Füßchenreihe liegt der ektoneurale Radiärnerv in einer deutlichen Falte in der Epidermis. Unmittelbar nach innen folgen die paarigen Hyponeuralkanäle (Perihämalkanäle) mit der dazwischen liegenden Radiärlakune (Abb. 1085). Das motorische hyponeurale Nervensystem verläuft in der oralen Wand der Hyponeuralkanäle. Noch weiter innen, aber immer noch außerhalb des oralen Plattenskeletts, befindet sich der Radiärkanal des Hydrocoels. Nur die Ampullen der Füßchen liegen im Inneren der Arme, ihre Verbindungskanäle zu den Füßchen liegen zwischen den Ambulacralplatten.

Das **Skelett** hat sich in Form von gelenkig verbundenen Plattenreihen vor allem auf der Oralseite der Arme konzentriert. Die großen, kräftigen Ambulacralplatten bilden in der Mittellinie der Arme

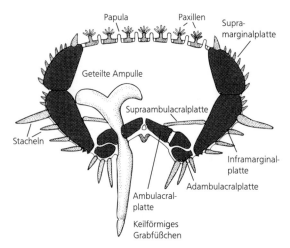

Abb. 1102: Armquerschnitt mit keilförmigem Grabfüßchen und Skelettelementen bei *Astropecten* sp. (Paxillosida). Füßchendurchtritt zwischen 2 Ambulacralplatten. Armplatten dunkel gerastert, Stacheln und Paxillen punktiert; Füßchen räumlich dargestellt. Nach verschiedenen Autoren.

ein in Platten gegliedertes Dach, das sich über den radiären Kanälen und dem Nervensystem schließt (Abb. 1085, 1102). Durch Muskeln kann der Winkel im Giebel dieses Daches verändert werden. Bei Aktivität der Füßchen weichen die Platten auseinander, und der Kontakt der gesamten Oralseite der Arme und auch der Füßchen mit dem Substrat wird intensiver. Bei Störungen werden die Füßchen kontrahiert und die Ambulacralplatten zueinander geschwenkt. Das Dach ruht gelenkig auf den Adambulacralplatten. Diese tragen bewegliche Stacheln, die sich schützend über die Füßchen legen und meist mit Pedicellarien besetzt sind (Abb. 1085). Die empfindliche, offene Ambulacralfurche kann dadurch verschlossen und geschützt werden.

Bei Paxillosida und Valvatida wird die Armseitenwand jederseits von zwei kräftigen übereinander liegenden Plattenreihen, den Marginalplatten gestützt. Erst in der aboralen Armwand liegen kleinere Skelettelemente in Form von Paxillen (Abb. 1102). In höher entwickelten Gruppen, den Spinulosida und Forcipulata, ist das seitliche Armskelett weniger massiv und das aborale oft netzartig. Vergrößerte Ambulacral- und Adambulacralplatten bilden bei den Forcipulata einen festen peristomialen Skelettring.

Die Stacheln der Seesterne sind in der Regel relativ klein. Es gibt allerdings mehrere Ausnahmen.

Große Stacheln an den Seiten der Arme sind typisch für die Astropectinidae (Kammseesterne, Abb. 1103). Besonders große Stacheln hat der Dornkronenseestern *Acanthaster planci* (Acanthasteridae, Abb. 1109 A). Bei den Pterasteridae sind lange, randliche Armstacheln eingebettet in eine verbindende Membran der Körperdecke, wodurch eine pentagonale Kissenform entsteht.

Tiefseeformen, z.B. *Styracaster horridus*, haben an den Armen massive Randplatten mit langen Seitenstacheln und keulenförmige Armspitzen mit 3–5 langen Stacheln. Bei den Brisingida aus der Tiefsee ist die Epidermis an den Enden der langen seitlichen Armstacheln knopfartig verbreitert und abgewinkelt. Wahrscheinlich werden diese Stacheln wie bei einigen Schlangensternen beim Filtern eingesetzt.

Bei Paxillosida, die auf Sedimentböden leben, wird die Aboralfläche von sog. Schirmchenstacheln (Paxillen) bedeckt. Der Schirm besteht aus Kalkstäbchen, die flächig ausgebreitet werden können. Dadurch entsteht eine veränderbare, zusätzliche Decke über der Oberseite der Tiere (Abb. 1102). In den Raum dazwischen sind die dünnwandigen Papulae (Kiemen, s.u.) vorgestülpt.

Bei den Pterasteridae entsteht eine „zweite" Körperdecke, die von großen, häutig verbundenen Paxillen gestützt wird und über der eigentlichen Aboralfläche eine Atem- und häufig auch Brutkammer abdeckt (Abb. 1088). Im

Abb. 1103: *Astropecten aranciacus* (Paxillosida), 40 cm, auf Sandböden im Mittelmeer. A Typische Wendebewegung bei Seesternen, bei der Füßchen und Körpermuskulatur eingesetzt werden. B Führungsarm beim „Gehen". Auf der aboralen Armseite liegt ein kräftiges Längsmuskelband, das den Arm aufwärts biegt. Durch die Anhebung der Armspitze wird auch der Ocellus in der Basis des Endtentakels nach oben gebogen. Große Randstacheln an den Marginalplatten. Originale: R. Patzner, Salzburg.

aboralen Zentrum dieser sekundären Decke liegt ein „Osculum" umgeben von größeren beweglichen Platten.

Ähnlich wie Seeigel besitzen auch Seesterne P e d i - c e l l a r i e n, meist sind sie hier zweiklappig. Sie können direkt (sessil) auf Skelettelementen sitzen (bei Paxillosida) oder sind in Gruben (Alveolen) eingesenkt (bei Valvatida). Besonders viele und differenzierte Pedicellarien auf muskulösen Polstern finden sich bei den Forcipulata, wo große gerade und scherenartige Formen vorkommen. Pedicellarien können sogar zum Beuteerwerb dienen und Crustaceen und kleine Fische ergreifen und festhalten. Sie fehlen nur bei Spinulosida und Velatida.

Viele Seesterne sind Suchräuber und wandern kontinuierlich auf oder in der Substratoberfläche dahin. Ein Arm übernimmt dabei die Führung. Sie bewegen sich dabei mit Hilfe ihrer Ambulacralfüßchen, die an diesem Führungsarm koordiniert alle parallel in eine Richtung arbeiten. Durch ihre dünne Wand dienen die Füßchen auch dem Gasaustausch, der Exkretion und der Osmoregulation.

Große Seesterne können bis über 40000 Füßchen besitzen. Die Geschwindigkeit der Bewegung ist abhängig von der Füßchenlänge und damit von der Körpergröße. Folgende Maximalgeschwindigkeiten pro Minute etwa bei Flucht sind bekannt: *Luidia sarsi* – 75 cm min^{-1}; *Asterias rubens* (12 cm Armlänge) – 2–8 cm min^{-1}; *Pycnopodia helianthoides* – 75–115 cm min^{-1}.

Die typischen Saugfüßchen ermöglichten den Seesternen das Vordringen auf Hartböden und den intensiven Einsatz der Saugfüßchen beim Hantieren mit der Beute (Abb. 1104). Zusammen mit der Fähigkeit, den Magen vorzustülpen und die Nahrung extraoral vorzuverdauen, haben sich besonders die Asteriidae zu Muschelräubern entwickelt, deren Beutegröße nicht mehr an die Mundgröße gebunden ist wie bei den Paxillosida. Überhaupt gestattete die Kombination von extraoraler Verdauung und Saugfüßchen eine breite Palette verschiedenster Ernährungstechniken, z.B. auch das Festhalten an den Armspitzen anderer Seesterne und deren Abverdauen.

Die auf Sedimenten lebenden Paxillosida (*Astropecten, Luidia*) besitzen spitz zulaufende Grabfüßchen ohne Saugscheibe (Abb. 1102).

Die **Epidermis** der Seesterne ist im Unterschied zu jener der Ophiuriden und der Seegurken gut bewimpert. Wimperströme erzeugen z.B. bei den Paxillosida einen Atemwasserstrom von der Aboralseite auf die Oralseite.

Seesterne haben in Form von P a p u l a e ein **Kiemensystem** entwickelt (Abb. 1085, 1101). Dies sind einfache, nach außen vorgestülpte und nahezu nur aus Epidermis und Coelothel gebildete dünnwandige Schläuche. Bei den Paxillosida sind die zarten Papulae von den Paxillen auf der Aboralfläche der Arme geschützt. Bei den Forcipulata und Spinulosida stehen Papulae auch an den Seiten der Arme, und unter Wasser erwecken sie den Eindruck eines weichen Fellkleids.

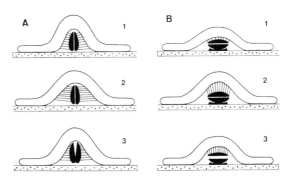

Abb. 1104: Öffnen einer Muschel durch einen Seestern. A Bei nicht festgewachsenen Muscheln. B Bei festgewachsenen Muscheln. (1) Anheftungsphase; (2) Ziehen bis zum Strecken der Saugfüßchen; (3) Ziehen und Öffnen. Nach Christensen (1957) aus Jangoux (1982).

Seesterne haben eine geräumige **Leibeshöhle**, die vom hypogastrischen (oralen) S o m a t o c o e l gebildet wird und bis in die Armspitzen reicht. Das ehemals rechte epigastrische (aborale) Somatocoel ist gering entwickelt; es sendet dünne Schläuche in die Mesenterien der Pylorusblindsäcke, so daß diese mit einem doppelten Mesenterium auf der Innenseite der Armdecke aufgehängt sind (Abb. 1085).

Typisch für Seesterne ist ein somatocoeles Kanalsytem in der Körperdecke. Es geht von den beiden Hyponeuralkanälen (Perihämalkanälen) aus, die zwischen den Füßchen mit den beiden lateralen Hyponeuralkanälen verbunden sind. Von diesem System werden auch die epithelial ausgekleideten Räume gebildet, welche an der Basis der Körperwand die Papulae umgeben. Die oralen und aboralen Ringkanalsysteme des Somatocoels, der orale Ring des Axocoels und der Ringkanal des Wassergefäßssystems wurden bereits dargestellt (S.787).

Paarige interradiale T i e d e m a n n s c h e K ö r p e r direkt auf dem hydrocoelen Ringkanal sind stets vorhanden, als wichtige Passagestelle zwischen Hydrocoel und Somatocoel unter Beteiligung des Hämalsystems (Abb. 1101). In jedem Interradius können mehrere P o l i s c h e B l a s e n vorhanden sein.

Der **Darmtrakt** ist entsprechend der Körpergestalt radiär gebaut, mit einer sehr kurzen oral-aboralen Mund-After-Achse. Meist ist ein weiter sackförmiger Magenabschnitt, die C a r d i a, gegen den drüsigen P y l o r u s abgesetzt, von dem paarige D i v e r - t i k e l in die Arme ziehen. In den Taschen dieser Divertikel werden Lipide und Glykogen gespeichert. Der Magen ist mit paarigen langen Bändern (Gastralligamenten) an den Ambulacralplattenreihen der Arme fixiert. In den Falten des kurzen Oesophagus und besonders in der Cardia befördern kräftige Cilienstraßen die extraoral aufgeschlossene Nahrung in orale Wimpernrinnen der Darmblindsäcke, von wo sie ebenfalls oral in die vielen seitli-

Abb. 1105: Laichstellung des Seesterns *Echinaster sepositus* (Spinulosida). Leuchtend rot, im Mittelmeer. Helle Flächen zwischen den Armen sind austretende Spermienmassen. Original: H. Moosleitner, Salzburg.

chen Divertikel geflimmert wird. Im aboralen Dach dieser Divertikel gelangt Material zurück in das Zentrum. Ein kurzer, als Mitteldarm (Intestinum) bezeichneter Darmteil führt abermals über Divertikel und das Rektum nach außen. Asteriden sind bis auf wenige Ausnahmen carnivor. Die urtümlichen, in Weichböden lebenden Paxillosida (Luidiidae, Astropectinidae) ernähren sich von der dort vorhandenen Epi- und Endofauna. Hierbei suchen sie mit den Ambulacralfüßchen das Substrat nach Beute ab und holen diese auch damit heraus. Sie wird über die z. T. stark erweiterungsfähige Mundöffnung in den Darm geschoben und dort – also intraoral – verdaut.

Luidia clathra mit einer Armlänge von 14 cm kann einen Sanddollar von 5 cm Durchmesser aufnehmen, *Astropecten*-Arten große Schnecken und Herzigel.

Die Mehrzahl der Seesterne gehört dem extraoralen Ernährungstyp an. Hierzu wird der Magen vorgestülpt und die Beute bereits außerhalb des Tieres vorverdaut. So sind auch Beuteorganismen verwertbar, die als ganzes in das Tier nicht aufgenommen werden könnten.

Große Seesterne haben vielfach keine Feinde, außer andere Seesternarten. Ihre Gefräßigkeit löst bei möglichen Beutetieren charakteristische Flucht- und Panikreaktionen aus. Seeigel und Schlangensterne bewegen sich rasch weg in Verstecke, Herzmuscheln springen mit ihrem Fuß, und freilebende Pectiniden schwimmen rasant davon.

Innerhalb der höchstentwickelten Gruppe, Forcipulata (Zangenseesterne), ermöglichte die Vermehrung der Saugfüßchen auf 4–6 Reihen und die Entwicklung eines Skelettrahmens um den Mund eine extreme Spezialisierung auf Muscheln (Abb. 1104).

Durch die Zugwirkung der Füßchen (je nach Größe oft mehrere Tausend) wird die Muschel gerade so weit geöffnet, daß durch einen nur 0,1 mm feinen Spalt Magenwände eindringen. Sobald die Schließmuskeln durch Ver-

dauungssekrete genügend angegriffen sind, kann die Muschel vollständig geöffnet werden. Die Zugkraft kann 4–5 kg erreichen und über Stunden aufrecht erhalten werden. Abhängig von der Größe der Beute kann die Verdauung mehrere Tage dauern.

Kalifornische *Pisaster*-Arten sitzen im Sand in Vertiefungen über eingegrabenen Muscheln. Die mundnahen Füßchen werden bis 17 cm tief in das Sediment gesenkt. Große schlageisenartige, gekreuzte Pedicellarien auf der Aboralseite der Forcipulata können sogar Krebse und kleine Fische erbeuten. Bei dem vielarmigen antarktischen *Labidiaster annulatus* stehen sie auf ringförmigen Wülsten der schlanken hochbeweglichen Arme; die Beute wird von Saugfüßchen benachbarter Arme zum Mund gebracht.

Nur ganz wenige Arten können mit Hilfe kräftiger oraler Cilienströme in den Ambulakren auch fakultativ als Suspensionsfresser leben. So schließen *Linckia*- und *Ophidiaster*-Arten mit den Wimpern des vorgestülpten Magens obere Substratschichten auf. Der auf Sandböden und Seegraswiesen lebende *Oreaster reticulatus* schiebt die an Mikroorganismen reiche oberste Substratschicht zu einem Wall und stülpt den Magen darüber.

Seesterne sind in der Mehrzahl getrenntgeschlechtlich; sie zeigen keinen Sexualdimorphismus. Mehrere Arten sind Hermaphroditen, z.B. *Asterina gibbosa*: protandrisch; *A. minor* und *A. phylactina*: simultane Zwitter. In Populationen von *Echinaster sepositus* an der italienischen Küste treten bis zu 23% Zwitter auf.

Die **Gonaden** entwickeln sich interradial in paarigen, reich verästelten Säcken des aboralen Somatocoelrings. Reife Gonaden reichen bis in die Armspitzen. Bei den Luidiidae, in vielen Genera der Astropectinidae, Gonasteridae, Brisingidae und bei *Acanthaster planci* differenzieren sich die Gonaden serial mit vielen Ausfuhrgängen entlang der aboralen Ränder der Arme. Bei den meisten Seesternen jedoch münden die 10 Gonaden mit nur einem Porus aboral zwischen den Armbasen.

Orale Ausleitungen sind typisch für brutpflegende Arten (viele arktische und antarktische Asteriidae) und Arten mit benthischen Gelegen (*Asterina gibbosa*). Der kleine indowestpazifische Riffbewohner *Ophidiaster granifer* ist parthenogenetisch.

Fortpflanzung und Entwicklung

Von den etwa 170 Seestern-Arten, von denen die Entwicklung bekannt ist, laichen 95 ins freie Wasser ab (Abb. 1105). Bei 52 dieser Arten ist die Entwicklung planktotroph.

Die Zahl der abgegebenen Eier (100–230 µm Durchmesser) ist groß: *Luidia ciliaris* ca. 200 Millionen, *Asterias rubens* 2,5 Mill., mehrmals in Abständen von 2 Stunden.

Von 43 Arten kennt man eine pelagisch lecithotrophe Entwicklung; ca. 70 Arten treiben Brutpflege. Brutpflegende Arten sind häufig in den polaren Meeren. In wärmeren Meeren sind es vor allem die sehr kleinen Asteriniden der Gezeitenzone.

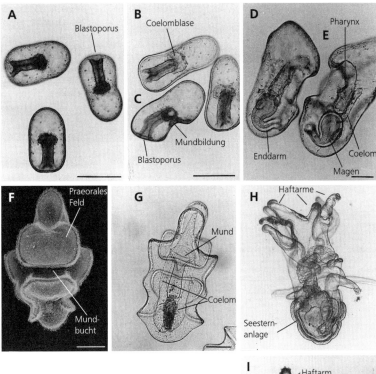

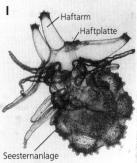

Abb. 1106: Seestern-Entwicklung. A-G *Patiriella regularis*. A Gastrulae. B Gastrulae mit einheitlicher Coelomblase über dem Dach des Archenterons. C Seitenansicht einer späten Gastrula unmittelbar vor Durchbruch des Mundes. D Rechte und E linke Seitenansicht einer jungen Bipinnaria. F Bipinnaria ventral, REM. G Bipinnaria etwa gleich groß wie in F, von dorsal, linke und rechte vordere Coelomschläuche apikal unter dem späteren Haftorgan vereinigt. H Seitenansicht einer Brachiolaria mit drei großen apikalen Haftarmen und einer weit entwickelten Seesternanlage links im Larvenkörper. I Brachiolaria mit Seesternanlage. Maßstab: 100 μm. A-G Originale: M. Byrne, Sydney, H, I Originale: W. Westheide, Osnabrück.

Die meisten brutpflegenden Seesterne sitzen hochgewölbt über dem Gelege. Bei *Granaster nutrix* und *Leptasterias grönlandica* liegen die Jungtiere in Taschen der Cardia. Bei einigen Arten der Paxillosida (*Leptychaster* spp.) entwickeln sich die Jungen im Raum zwischen den Paxillen auf der Aboralseite des Körpers. Intraovarielles Brüten ist nur von zwei Asteriniden bekannt, *Asterina pseudoexigua* und *Patiriella vivipara*.

In der indirekten planktotrophen Entwicklung der Seesterne entsteht als erste Larvenform die Bipinnaria (Abb. 1093C, 1106F, G). Sie besitzt keine Skelettelemente. Vom primär geschlossenen Wimpernband grenzt sich von der Mundbucht ein ventrales Praeoralfeld ab. Ein zweites, sehr viel längeres Wimpernband begrenzt ventral die Mundbucht und zieht an den ventralen Seiten an das Hinterende der Larve und an den dorsalen Seiten wieder nach vorne. Bei den Luidiidae und Astropectinidae folgt auf die Bipinnaria direkt die Metamorphose, bei fast allen anderen Asteriden wird die Bipinnaria von

einer Brachiolaria abgelöst, die drei Haftarme und eine Anheftungsscheibe im apikalen Feld zwischen dem Praeorallappen und den dorsalen Wimpernschleifen besitzt (Abb. 1093D, 1106H, I). Erst dieses Stadium setzt sich zur Metamorphose fest.

In der Bipinnaria wachsen die linke und rechte Axohydrocoelanlage zu mächtigen Schläuchen beiderseits des larvalen Oesophagus in den Vorderkörper der Larve unter das Apikalfeld, wo sie sich vereinigen. Die kleine rechte Dorsalblase gelangt früh in die Nähe des Hydroporus. Das linke Somatocoel bildet ein ventrales Horn; dieses umwächst ventral vom Magen den Darm und verbindet sich mit dem rechten Axohydrocoel. Vielfach wird auch ein dorsales Horn gebildet, das sich sekundär mit dem schon früh abgetrennten linken Axohydrocoel verbinden kann. Der lange, U-förmige vordere Coelomschlauch stützt den larvalen Vorderkörper. Von seiner apikalen Verbindung wachsen auch Schläuche in die Haftarme der Brachiolaria hinein. Die Ebene des primären Mesenteriums zwischen den beiden Somatocoelen liegt anfangs fast parallel zur Medianebene der Larve, verschiebt sich in

Abb. 1107: Regenerationsformen des Seesterns *Asterias rubens* (Forcipulatida). Originale: W. Westheide, Osnabrück.

der Metamorphose aber allmählich in eine horizontale Lage parallel zur Oralfläche des jungen Sterns. Das linke Axohydrocoel bildet auf der linken Seite über dem blasigen Magen am Beginn der Metamorphose die fünf Anlagen der Radiärkanäle aus. Der Steinkanal entsteht durch Verschluß einer länglichen Rinne des Axohydrocoels zwischen Hydroporus und späterem Ringkanal.

In der Regel setzt die Metamorphose bei indirekter Entwicklung nach 2–3 Monaten ein und dauert meist nur einen Tag. Die eigentliche Festheftung der Brachiolaria geschieht mit der Haftscheibe zwischen den Armen, die ein Klebsekret absondert.

Lecithotrophe Larven sind einfacher gebaut. Strukturen, die zur Ernährung der planktotrophen Larve notwendig sind, fehlen. So besitzen sie keine Mundöffnung und keine Cilienbänder, sondern nur eine allgemeine Bewimperung. Die Entwicklungszeit ist fast immer kürzer. Vielfach wird die lecithotrophe Entwicklung vereinfacht als direkte Entwicklung bezeichnet. Dennoch werden stets larvale Strukturen angelegt. So wird bei vielen Arten das Bipinnaria-Stadium übersprungen, aber Brachiolararme noch entwickelt (*Solaster endeca, Crossaster papposus*). Unterschieden werden muß auch zwischen pelagischer und demerser lecithotropher Entwicklung. Besonders bei demersen Larven aus der Gruppe der Asterinidae (*Asterina gibbosa, Patiriella exigua*) sind die Haftarme mächtig entwickelt und werden als Füßchen eingesetzt. Auch brutpflegende Asteriiden (*Leptasterias hexactis*) bilden vor der Metamorphose drei kräftige Brachiolararme aus. Die innere Entwicklung läuft bei all diesen Larven sehr ähnlich wie bei planktotrophen Larven ab. In keinem Fall ist ein bestimmter Entwicklungstyp an eine taxonomische Gruppe gebunden.

Die einzige bisher bekannte, vollständig direkte Entwicklung zeigt *Pteraster tesselatus*. Hier ist eine Metamorphose nicht mehr erkennbar.

Asexuelle Vermehrung durch Fissiparie beruht auf dem hohen Regenerationsvermögen der See-

sterne (Abb. 1107) und ist in mehreren Genera der Asteriidae eine wichtige Vermehrungsweise. Dabei wird der Zentralkörper spontan geteilt, ohne daß Skelettplatten oder Arme verletzt werden. Entscheidend ist dabei die Veränderlichkeit des kollagenen Bindegewebes, das an den Bruchstellen extrem gelockert wird (S. 779). Die Füßchen beider Häften wandern entgegengesetzt und helfen dadurch beim Auftrennen, das zwischen wenigen Minuten und einer Stunde dauert.

Fissiparie wird in älteren Tieren seltener, diese gehen dann ausschließlich zur sexuellen Fortpflanzung über. Fissiparie ist wahrscheinlich auch an die Jahreszeit gebunden und geht meist mit dem Sommerbeginn vor sich, während sexuelle Fortpflanzung fissiparer Arten mit dem Winterende einsetzt. Korrelationen bestehen auch zur Verbreitung und zum Nahrungsangebot: *Coscinasterias calamaria* vermehrt sich in der Gezeitenzone Neuseelands und bei schlechtem Nahrungsangebot fissipar, während bei sublitoralen Populationen in guter Ernährungssituation Gonadenbildung und sexuelle Reproduktion überwiegen.

Linckia-Arten können allein aus einem Armstück einen ganzen Seestern regenerieren. Das Abtrennen eines Armes dauert ca. 3–4 Stunden und erfolgt ca. 2 cm radial vom Zentrum. Nach einer Woche ist die Wunde bis auf einen Spalt zur verbliebenen Ambulacralfurche verschlossen, aus dem später der Mund entsteht. Die neu gebildeten Tiere sind noch nach einem Jahr an ihren ungleich großen Armen erkennbar. Diese Vermehrungsweise ist so häufig, daß weniger als 10% symmetrische Exemplare in einer Population vorkommen.

Seesterne werden im allgemeinen im 2. Lebensjahr geschlechtsreif. Die größeren Arten leben meist länger: *Asterias rubens* wird ca. 6 Jahre alt, *Pisaster ochraceus* soll bis zu 20 Jahre erreichen.

Systematik

Seesterne sind seit dem unteren Ordovizium bekannt. Die paläozoischen Formen werden vielfach als †Somasteroida zusammengefaßt. Verschiedene Versuche, rezente Seesterntaxa direkt aus paläozoischen Gruppen abzuleiten, sind wieder aufgegeben worden. So wurde der extrem flache, breitarmige, zunächst „*Platasterias*" *latiradiata* genannte Seestern aus der Karibik als überlebender Somasteroide betrachtet, was bis in jüngste Zeit in englischsprachigen Lehrbüchern beibehalten wurde. Heute wird diese Art unter dem Genus *Luidia* (Paxillosida) geführt.

Wichtigste taxonomische Kriterien sind Art, Zahl und Anordnung der Skelettelemente zusammen mit der Ausbildung von Pedicellarien und Füßchen. In älteren Systemen wurden 3 Subtaxa unterschieden: Phaenerozonia, Spinulosa und Forcipulata. Das hier verwendete System der Asteroida von BLAKE, CLARK und DOWNEY (1992) sieht 7 gleichberechtigte Subtaxa vor.

Abb. 1108: Seesterne, Habitusformen. A *Henricia leviscula* (Spinulosida), 12 cm, tief zinnoberrot, Pazifikküste Nordamerikas. B *Fromia monilis* (Valvatida) 12 cm, leuchtend rot, mit großen weißen aboralen Skelettplatten, Rotes Meer. C *Pisaster ochraceus* (Forcipulata), 25 cm, sehr unterschiedlich gefärbt von braun bis violett, häufigster Seestern in der Gezeitenzone der nordamerikanischen Pazifikküste. D *Crossaster papposus*, Sonnenseestern (Velatida), 20 cm, gelb-orange, mit 10–13 Armen, auch bei Helgoland. A, C, D, Originale: W. Westheide, Osnabrück; B Original: I. Illich, Salzburg.

2.1 Paxillosida

Typische Weichbodenbewohner mit Füßchen ohne Saugscheibe und meist geteilten Ampullen; meist ohne Afteröffnung, Magen nicht vorstülpbar, kräftige Armrandplatten, Aboralfläche mit Paxillen.

Luidia mit ca. 60 Arten (Luidiidae). Häufig im tropischen Seichtwasser; *L. ciliaris* und *L. sarsi*, 25 cm; atlantisch, mediterran. – *Astropecten aranciacus* (Astropectinidae, Kammseesterne), bis 40 cm; mediterran (Abb. 1103), *A. irregularis*, 10 cm; atlantisch, mediterran, oberes Sublitoral bis 1 000 m. Mit geraden Armlinien durch kräftige Randplatten mit großen seitlichen Stacheln. Einige der ca. 250 Arten auch abyssal.

2.2 Notomyotida

Tiefseeformen, biegsame lange Arme mit zwei kräftigen aboralen Längsmuskeln und auffälligen Stacheln.

Benthopecten simplex (Benthopectinidae), 10 cm.

2.3 Valvatida

Wenige große Randplatten, oft sitzende Pedicellarien, Füßchen mit Saugscheiben, häufig steife pentagonartige Formen.

Oreaster reticulatus (Oreasteridae), bis 50 cm; einer der schwersten Seesterne, Schwammfresser, Karibik. – *Culcita novaeguineae*, Kissenseestern (Oreasteridae), 20 cm (Abb. 1109 D). – *Linckia laevigata* (Ophidiasteridae), 25 cm; blau, in tropisch-subtropischem Seichtwasser, in Korallenriffen. – *Archaster typicus* (Archasteridae), 30 cm; häufige Seichtwasserform auf Sandböden im tropischen Indowestpazifik. Ähnelt oberflächlich *Astropecten*. – *Po-*

dosphaeraster polyplax (Sphaerasteridae), 5 cm; atlantisch, kugelig, an Seeigel erinnernd. – *Asterina gibbosa* (Asterinidae), 2 cm, pentagonal; atlantisch, mediterran, protandrische Zwitter, brutpflegend; Eulitoral. – *Anseropoda placenta* (Asterinidae), 10 cm; extrem flach, auf Sedimentböden in 10–500 m Tiefe, atlantisch, mediterran (Abb. 1109 C). – *Porania pulvillus* (Poraniidae), 20 cm, kurzarmig, kissenartig; Schlammbewohner, Norwegen bis Biscaya. – *Acanthaster planci* (Acanthasteridae), Dornkronenseestern, 40 cm, bis zu 18 Arme, mit großen Stacheln; weidet Korallenpolypen ab, gefürchteter Zerstörer von Korallenriffen; Indo-Westpazifik.

2.4 Velatida

Ambulacralstacheln oft von der Körperdecke membranös verbunden.

Crossaster papposus (Solasteridae), Sonnenstern, 30 cm; breites Zentrum, bis 15 Arme, keine Pedicellarien, zirkumboreal, auch Helgoland (Abb. 1108 D). – *Pteraster tesselatus* (Pterastidae), 15 cm, Supradorsalmembran von Paxillen getragen und meist mit Muskelfasern, Raum darunter dient als Atemkammer und Brutraum (Abb. 1088), mit stark abgewandelter direkter Entwicklung; Tiefsee. – *Caymanostella spinimarginata* (Caymanostellidae), 5 mm, kleine Tiefseeform aus dem Kaimangraben und vor Jamaica, zwischen 1 500 m und 7 000 m auf abgesunkenem Holz. Möglicherweise sind die Concentricycloida eng mit ihnen verwandt.

2.5 Spinulosida

Viele der früher hier zusammengefaßten Taxa werden heute teils den Valvatida, teils den Velatida zugeordnet. Arme etwa vom Zentrum weg gleich dick. Keine Pedicellarien.

Abb. 1109: Seesterne, Habitusformen. A *Acanthaster planci*, Dornkronenseestern (Valvatida), vielarmig, auf Korallenstock, dessen Polypen er abweidet. B *Freyella elegans* (Brisingida). Schlangensternartiger Seestern mit scheibenartigem Zentralkörper (24 mm) und 11 über 200 mm langen Armen; die seitlichen Stacheln dienen zum Filtrieren. NO-Atlantik, 4 000 m Tiefe. C *Anseropoda placenta* (Valvatida), 10 cm, extrem flach (ca. 5 mm), lachsfarben, Mittelmeer und Atlantik, bis 600 m Tiefe. D *Culcita* sp., Kissenseestern (Valvatida), ca. 20 cm breit, 10 cm hoch. Großes Barriere-Riff, Australien. Blick auf die Oralseite. A Original: A. Antonius, Wien; B Original: A. L. Rice, Wormley. C Original: R. Patzner, Salzburg; D Original: W. Westheide, Osnabrück.

Echinaster sepositus (Echinasteridae), 15 cm, drüsenreiche Epidermis, leuchtend rot; atlantisch, mediterran. – *Henricia sanguinolenta* (Echinasteridae), 20 cm, zirkumboreal, arktisch.

2.6 Forcipulatida

Gestielte gerade und gekreuzte Pedicellarien am ganzen Körper, netzförmiges Skelett, keine Randplatten, keine Paxillen, kleines Zentrum, Arme oft rundlich im Querschnitt, meist vier Füßchenreihen. Artenreichste Gruppe der Seesterne, weltweit, aber dominierend in der Nordhemisphäre, hauptsächlich im Seichtwasser.

Asterias rubens (Asteriidae), 15 cm; an allen Küsten des Nordatlantiks, Carolina-Labrador-Grönland-Island-Europa bis Senegal, häufigste Art der deutschen Fauna, auch in der Ostsee (Abb. 1107). – *Marthasterias glacialis* (Asteriidae), Eisseestern, bis 50 cm; mediterran, atlantisch. – *Pisaster ochraceus* (Asteriidae) (Abb. 1108 C), Armradius über 30 cm; amerikanische Pazifikküste. – *Leptasterias mülleri* (Asteriidae), 20 cm, nördliche Nordsee, brutpfle-

gend, Weibchen sitzt über Gelege. – *L. groenlandica* (Asteriidae), 20 cm, Embryonen in Magentaschen.

2.7 Brisingida

Scheibenförmiger Zentralkörper, 9–15 bestachelte Arme, oft sehr lang, meist nur zwei Reihen von Füßchen, viele gekreuzte Pedicellarien. Ausschließlich in der Tiefsee.

Midgardia xandaros (Brisingidae), Zentralscheibe 30 mm, Gesamtdurchmesser bis 138 cm! – *Freyella elegans* (Freyellidae), Scheibe 2–3 cm, Arme 20 cm, schlangensternartig, kein After; Atlantik 1 600–4 500 m (Abb. 1109 B).

3 Concentricycloida

Dieses Taxon wurde erst 1986 für die damals entdeckte Art *Xyloplax medusiformis* aufgestellt. Die kleinen (2,5–9 mm Durchmesser) scheibenförmigen Tiere fanden sich in etwa 1 200 m Tiefe vor Neuseeland in Bohrgängen von Mollusken in abgesunke-

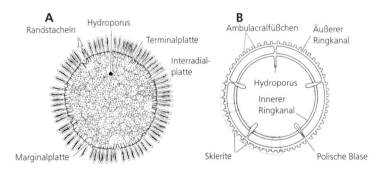

Abb. 1110: Concentricycloida. *Xyloplax* sp., A Aboralansicht. B Ambulacralgefäßsystem. Aus Storch und Welsch (1991).

nem Holz. Die zweite Art, X. *turnerae* (5–12 mm), stammt aus 2000 m Tiefe vor der Insel Andros in der Karibik von versenkten Holzplatten, die nach 12–40 Monaten wieder aufgesammelt wurden.

Die Tiere besitzen ein Skelett aus sich überlappenden Platten, randliche Stacheln und einen oralen Skelettring, der auf Ambulacral- und Adambulacralplatten der Asteriden zurückgeführt werden kann. Die stumpfen Füßchen ohne Saugscheibe treten oral zwischen Skelettplatten aus. Sie sind mit dem Ringkanal unmittelbar verbunden und besitzen einfache Ampullen. Der äußere Ringkanal wird von einem (ektoneuralen?) Ringnerv in der Epidermis begleitet. Parallel dazu verläuft in den Skelettplatten ein innerer Ringkanal des Hydroceols, der mit dem äußeren in den Interradien verbunden ist. Ein kurzer interradialer Steinkanal führt vom aboralen einfachen Hydroporus zum inneren oralen Hydrocoelring, an dem auch 4 interradiale Polische Blasen liegen (Abb. 1110).

Nur die karibische Art besitzt einen weit offenen, leicht eingesenkten Magen. *Xyloplax medusiformis* hat nur ein orales Velum (ohne Darmepithel), das vom Coelothel gebildet wird. Wahrscheinlich ernährt sie sich von Bakterienfilmen der Holzoberfläche.

Die Tiere sind getrenntgeschlechtlich. Die paarigen Gonaden vereinigen sich interradial zu einem unpaaren Ausfuhrgang. Bei den Männchen ist dieser zu einer Papille verlängert und von einem gebogenen Stachel begleitet. Da in allen Ovarien auch Spermien gefunden worden sind, wird eine Kopula und innere Befruchtung angenommen. *Xyloplax medusiformis* ist vivipar, die Entwicklung geht im Ovar vor sich.

Systematik

Die Concentricycloida werden näher zu den Seesternen gestellt. Die Diskussion um die Errichtung dieses Taxon ist nicht abgeschlossen. Nach phylogenetisch-systematischen Gesichtspunkten könnten sie sogar als Schwestergruppe der kleinen (5–19 mm), extrem flachen pentagonalen Caimanostellidae - Tiefseebewohner aus der Gruppe der Velatida – gesehen werden.

4 Ophiuroida, Schlangensterne

Mit 2000 Arten erreichen die Ophiuriden die größte Artenzahl unter den rezenten Echinodermen. Sie besiedeln von der Gezeitenzone bis in 7000 m Tiefe alle Bereiche des Meeresbodens. Ihre größte Artdichte haben sie im Raum zwischen Indonesien und den Philippinen. Auf Weichböden sind Ophiuriden häufig die dominierende Makrobenthosgruppe: *Amphiura filiformis* in 40 m Tiefe 400–500 Ind. m^{-2}, *Ophiura ophiura* 700 Ind. m^{-2} und *Ophiotrix fragilis* 2000 Ind. m^{-2}. Derartige Abundanzen können über viele km^2 auftreten,

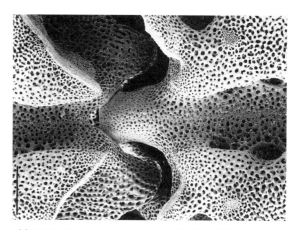

Abb. 1111: *Ophioderma longicauda* (Ophiuroida). Detail der Gelenkverbindung zweier Armwirbel in Oralansicht. Gewebe wegmazeriert, REM. Maßstab: 100 μm. Original: S. Dominik, Bochum.

wenn die ökologischen Faktoren gleichbleiben. Trotz des Artenreichtums ist die Körpergrundgestalt recht einheitlich (Abb. 1114).

Bau

Eine zentrale **Körperscheibe** ist deutlich gegen die 5 langen, schlanken Arme abgesetzt (Abb. 1071). Die Armlänge kann das 20-fache des Scheibendurchmessers übertreffen. In wenigen fissiparen Arten kommt es nach der Regeneration regelmäßig zur Vermehrung der Arme (*Ophiactis virens*, *O. savigny*: 6; *Ophiacantha vivipara*: 6–8). Verzweigungen der Armenden treten bei den Trichasteridae auf. Bei den Gorgonocephaliden verzweigen sich die Arme schon von der Körperscheibe aus zunächst dichotom, dann alternierend in Fangarme, die extrem dünn (120 μm!) enden.

Anders als bei Seesternen sind der sackförmige, afterlose Darmtrakt und die Gonaden auf der Körperscheibe konzentriert und die Arme hochbeweglich. Die Ambulacralplatten stehen nämlich nicht dachförmig zueinander auf der Oralfläche der Arme, sondern sind zu massiven „Wirbeln" verwachsen (Abb. 1111, 1112), die in das Innere der Arme verlagert sind (inneres Armskelett). Paarige, kräftige, orale und aborale Längsmuskeln verbinden die Wirbel. Auf ihrer proximalen und distalen Fläche liegen je eine Gelenkgrube und ein Gelenkhöcker (Scharniergelenk). Diese Differenzierungen erlauben seitlich schlängelnde Bewegungen der Arme parallel zum Untergrund (zygospondyl, wie bei den Ophiurida) oder vertikale Einroll- und Wickelbewegungen (streptospondyl, bei den Gorgonocephalidae) (Abb. 1114 E,F,G).

Seitlich von den Wirbeln liegen die lateralen Armplatten, die den Adambulacralplatten der Asteriden homolog sind. Sie tragen eine vertikale Reihe von 2–15 (meist 5) Stacheln, die ähnlich wie

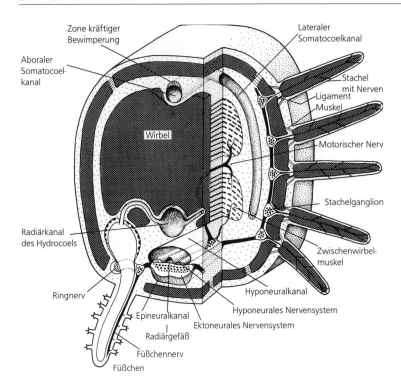

Zone kräftiger Bewimperung

Aboraler Somatocoel-kanal

Wirbel

Lateraler Somatocoelkanal

Stachel mit Nerven

Ligament

Muskel

Motorischer Nerv

Stachelganglion

Zwischenwirbel-muskel

Radiärkanal des Hydrocoels

Ringnerv

Epineuralkanal

Radiärgefäß

Füßchennerv

Füßchen

Hyponeuralkanal

Hyponeurales Nervensystem

Ektoneurales Nervensystem

Abb. 1112: Ophiuroida. Armquerschnitt, schematisch. Linke Seite durch einen Wirbel und ein Füßchen, rechte Seite durch die Zwischenwirbelmuskeln (Armlängsmuskeln) und Stachelreihe geschnitten. Skelett dunkel gerastert. Original: A. Goldschmid, Salzburg, nach verschiedenen Autoren.

bei Seeigeln auf einem Stachelhöcker sitzen (Abb. 1112).

Länge, Form und Anordnung der Stacheln sind eng korreliert mit der Lebensweise der Tiere. Kurzstachelige Formen sind meist räuberisch. Ihre wenigen (2 bei *Ophiura*) oder auch vielen (10 bei *Ophioderma*) Stacheln einer Reihe werden orad an den Arm angelegt (Abb. 1114 A,B). Bei langstacheligen Formen der Ophiotrichiden und Ophiocomiden stehen die Stacheln rechtwinkelig zur Längsachse des Arms. Sie sind von drüsiger Epidermis überzogen und werden beim Filtern miteingesetzt. *Ophiophelis* und *Ophiotholia* besitzen pilzförmige Stacheln. Bei den Gorgonenhäuptern sind die Stachelreihen der basalen Arme und Verzweigungen zu Gruppen von Klammerhaken modifiziert, sie stehen oral und lateral mit den Hakenspitzen in gleicher Richtung und dienen zum Festhalten beim Klettern. Auf den Verzweigungen der Fangarme liegt pro Wirbel ein aboraler, nach lateral übergreifender Fanghakenwulst. Die winzigen Haken stehen alternierend mit gegeneinander gerichteten Spitzen, die bei Berührung durch Muskeln gegeneinander geklappt werden und die Planktonbeute festhalten. Funktionell kann man die Fanghaken mit gekreuzten Pedicellarien der Asteriden vergleichen (S. 806).

Auch die Oralfläche der Arme ist von Platten bedeckt (O r a l s c h i l d e r, Epineuralplatten). Seitlich von ihnen, zwischen den Randplatten, treten die Tentakel (Füßchen) aus. Zu diesen oralen und lateralen Armplatten um die Wirbel kommen bei den Ophiurida noch a b o r a l e A r m p l a t t e n hinzu, welche die Wirbel über dem aboralen Somatocoelkanal abdecken.

Die oralen und aboralen Armplatten fehlen bei den urtümlichen Oigophiurida. Auch bei Gruppen mit vertikalen Armbewegungen (z.B. Gorgonocephalidae) sind aborale Armplatten kaum entwickelt oder fehlen. Viele Arten aus diesen Gruppen leben epizoisch auf Seefedern, Leder- und Hornkorallen, die sie mit ihren Armen umwickeln.

Das innere Armskelett hat mehrere Konsequenzen für die Anatomie: Die Radiärkanäle des H y d r o - c o e l s sind in den Armen in eine tiefe Rinne des Wirbelskeletts, manchmal in einen Kanal verlagert. Die tentakelartigen Füßchen des Hydrocoelsystems besitzen keine Ampulle, sondern nur eine erweiterte muskulöse Basis. Auch der dünne Zuleitungskanal zum Radiärkanal ist oft im Wirbelskelett eingeschlossen (Abb. 1112).

Wie der hydrocoele Radiärkanal sind auch der somatocoele H y p o n e u r a l k a n a l mit dem hyponeuralen Nervensystem und der ektoneurale Radiärnerv in die Oralseite der Arme verlagert. Ophiuriden haben also distal des Radiärnervs ein „versenktes Ambulacralsystem" mit einem Epineuralkanal, der durch Verschluß einer Epineuralfalte entstanden ist.

Ein aboraler S o m a t o c o e l k a n a l zieht in der Mitte der Arme und verbindet diese mit dem Somatocoel der Körperscheibe. Ebenso wie das orale Kanalsystem liegt er in einer aboralen Rinne der Wirbel und bildet über den Armmuskeln seitliche Blindtaschen (Abb. 1112).

Bei den Ophiuriden dient das Hydrocoelsystem mit den tentakelartigen Füßchen nicht der Fortbewegung, sie sind vielfach klein und kaum vorstreckbar. *Ophiomusium* besitzt überhaupt nur 2–4 Paar Füßchen an den Armbasen. Nur bei Suspensionsfressern wie den Ophiotrichiden und Ophiacanthiden sind sie lang, mit Papillen besetzt und filtern Partikeln (Abb. 1092), die sie zum Mund transportieren (S. 796).

Die meisten Schlangensterne bewegen sich nur schlängelnd mit Hilfe ihrer Arme und unter Nachziehen des Körpers. Meist werden nur ein oder zwei Arme in die Bewegungsrichtung gewendet, die Armspitzen verankert, die Körperscheibe angehoben und durch starkes Verkrümmen der Arme ruckartig nach vorne geschoben (Abb. 1114B). Dadurch werden rasche Fluchtbewegungen der sonst wehrlosen Tiere möglich. *Ophiura texturata* mit 10 cm Armlänge bewegt sich dabei ca. 1,8 m min^{-1}, wobei pro Sprung ca. 5,5 cm überwunden werden.

Viele Amphiuriden leben eingegraben in Schlammböden oder detritusreichen Feinsandböden (Abb. 1113). Sie graben mit alternierenden Schwenkbewegungen der Tentakeln die proximalen Armbereiche ein. Hierauf wird die Körperscheibe unter die Substratoberfläche gezogen. Die Enden der Arme bleiben auf der Sedimentoberfläche und suchen diese mit Schlängelbewegungen ab.

Echtes Schwimmen wurde bei Tiefseearten (z.B. *Bathypectinura heros*) beobachtet. Bei derartigen Formen ist das Armskelett deutlich leichter und weniger massiv als bei rein benthischen Arten.

Die Arme der Schlangensterne setzen sich bis ins Zentrum der Zentralscheibe fort. Hier bilden sie mit ihren zugehörigen Seitenplatten dreieckige interradiale K i e f e r, die eine fünfeckige, sternförmige Kieferöffnung freilassen. Auf der Innenseite der Kiefer, in der Kieferspalte, stehen je 2 kräftige M u n d füßchen, die direkt vom Ringkanal versorgt werden (Abb. 1071). Die eigentliche M u n d ö f f n u n g ist nach innen verlagert. Entlang der Seitenkanten der Kieferöffnung stehen kleine Stacheln (Oralpapillen). Die zentral gerichteten Kieferspitzen werden von vertikalen Platten abgeschlossen (Maxillarplatten), an denen eine bis zum Mund reichende Reihe von Stacheln (sog. Zähne) steht. Zahl und Anordnung sind mit der Ernährungsweise korreliert: Die räuberische *Ophiura albida* hat eine kräftige Zahnreihe, filtrierende Arten wie *Ophiothrix fragilis* winzige Bürstenzähne. Kräftige äußere und schwache innere Muskeln bewegen die Kiefer.

Die veränderten ersten Wirbelhälften (Ambulacralplatten) und die zweiten Lateralplatten (Adambulacralplatten) bedecken als „Peristomialschilder" und „Adoralschilder" von außen die Kiefer. Die Abdeckung wird von den anschließenden großen interradialen O r a l p l a t t e n (Buccalplatten) fortgesetzt.

Eine der Oralplatten trägt den H y d r o p o r u s. Bei großen Gorgonenhäuptern tritt eine echte M a d r e p o r e n p l a t t e mit maximal 250 Poren auf.

Im wesentlichen treten drei Formen von **Nahrungserwerb** auf.

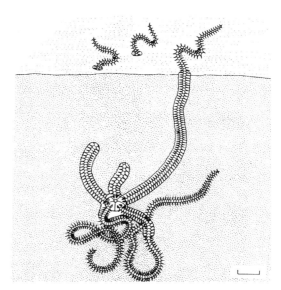

Abb. 1113: *Amphiura* sp., im Substrat eingegraben. 3 Armspitzen suchen die Sedimentoberfläche ab. Maßstab: 1 cm. Aus Warner (1982).

(1) Spezialisierte carnivore Suspensionsfresser sind die etwa 100 Arten der Gorgonocephalidae. Ihre Arme sind korbartig verzweigt und durch die Armwirbel sehr beweglich; kleine Hakenstacheln liegen in der aboralen Körperdecke und halten die Beute fest (Abb. 1114G). So kann großes Zooplankton (bis über 1 cm) gefangen und eine beachtliche Filterkapazität (bis 85 m^3 Wasser/Nacht) erreicht werden. (2) Andere Gruppen sind carnivor wie die Ophiomyxidae, Ophiodermatidae und Ophiuridae. Sie fangen ihre Beute in lateralen Armschlingen von der Substratoberfläche. Diese drei Gruppen können auch aus dem Sediment fressen, indem sie dieses mit den klebrigen Füßchen abtupfen. Viele Ophiuriden fressen auch tote Tiere. (3) Die mikrophagen Suspensionsfresser (vor allem Ophiotrichidae und Ophiactidae) setzen zum Filtrieren Füßchen mit Klebwarzen und klebrige Stacheln ein. Ausgefilterte Partikeln werden von den Stacheln mit den Füßchen abgestreift und von Füßchen zu Füßchen zum Mund weitergegeben (Abb. 1092B).

Wimpernstraßen wie etwa bei den Crinoiden oder einigen Seesternen sind nicht vorhanden. *Ophicoma nigra* hebt die Arme vom Substrat und produziert Schleimfäden zwischen den Armstacheln. Alle vorwiegend filtrierenden Arten können fakultativ auch größere Nahrung aufnehmen.

Diese Plastizität im Nahrungserwerb hat sicher dazu beigetragen, daß die Ophiuriden die artenreichste rezente Echinodermengruppe bilden. In günstigen Ernährungssituationen können manche Arten über viele km^2 in enormen Dichten verbreitet sein (z.B. *Ophiothrix fragilis*).

Die Entstehung von Bursen als Atemkammern in Form von Einsenkungen in der Zentralscheibe beiderseits der Armbasen ist wahrscheinlich eine Konsequenz der Konzentration von Darmtrakt und Gonaden in der Zentralscheibe und des Funktionswandels der Ambulacralfüßchen zu einem Tentakelapparat.

Die Beweglichkeit der Arme spiegelt sich auch im **Nervensystem** wieder. Gemessen an Armquerschnitt und Gesamtgröße der Tiere sind die Armnerven der Ophiuriden innerhalb der Echinodermen weitaus am größten. Ophiuriden haben auch die größten Neuronen innerhalb der Echinodermen. (Ganglienzellen: 40–50 µm; Axone: 20–25 µm Querschnitt).

Auf jedem Wirbel besitzt der ektoneurale **Radiärnerv** ganglienartige Anschwellungen (Abb. 1112). Das begleitende motorische System in der Wand des Hyponeuralkanals hat pro Wirbel paarige Anschwellungen, von denen je 3 motorische Nerven abgehen (1 zu den juxtaligamentalen Zellen der Bänder zwischen den Wirbeln, 2 zu den oralen und aboralen Längsmuskeln).

Diese intensive nervöse Versorgung des veränderbaren Bindegewebes (S. 779) erklärt die Neigung vieler Schlangensterne zur Autotomie (S. 780). Extremes Erschlaffen und Lockern des Kollagengewebes führt zum Abreißen des Armes distal der Bindegewebszone (englisch: „brittle star" = zerbrechlicher Stern).

Die Stacheln an den Lateralplatten werden von einem gemischten Nerven versorgt, mit sensorischen ektoneuralen und motorischen hyponeuralen Anteilen (Abb. 1112). Insgesamt entsteht der Eindruck einer Segmentierung der Radiärnerven. Der nervöse **Mundring** ist wie bei den anderen Eleutherozoen kein Zentrum, sondern eine Relaisstation zwischen hochdifferenzierten Armnerven.

Ophiuriden reagieren auf chemische Gradienten intensiv mit Armschwenken und Armschlängeln und bewegen sich rasch in eine bestimmte Richtung zu gewünschten Objekten. Auch Lichtveränderungen werden schnell wahrgenommen: Viele Seichtwasserformen sind nachtaktiv und tagsüber oft in dichten Ansammlungen unter Steinen zu finden. Riffbewohner sitzen am Tage dichtgedrängt in dunklen, abgeschatteten Spalten. Gorgonenhäupter kommen im Korallenriff nur nachts aus Verstecken und stellen ihren Fangschirm in die Strömung.

Die **Gonaden** der Ophiuriden liegen interradial und öffnen sich in die Bursen. Wenige Arten sind sexualdimorph: Zwergmännchen werden Mund an Mund mitgetragen. Nur bei *Ophiocanops fungiens* liegen paarige, seriale Gonaden aboral in den Armen.

Fortpflanzung und Entwicklung

Die typische Entwicklung der Ophiuriden führt über eine planktotrophe Pluteus-Larve. Im Unterschied zu Asteriden und Echiniden lassen sich Schlangensterne im Labor kaum aufziehen. Ihre

Embryonal- und **Larvalentwicklung** ebenso wie die Metamorphosevorgänge sind daher weniger gut untersucht als bei Seeigeln und Seesternen. Nach 2–3 Tagen entstehen noch in der Gastrula die ersten dreieckigen Larvalskelette in den Posterolateralarmen. Am 4. Tag entsteht das anterolaterale Armpaar, am 10. Tage die postoralen Arme und am 18. Tage die posterodorsalen Arme der Ophiopluteus-Larve (Abb. 1093F, 1120A). Die Skelettstäbe der einzelnen Armpaare wachsen immer von dem schon vorhandenen aus, sie sind daher alle miteinander verbunden und bilden einen symmetrischen Skelettkorb. Über die Schwebearme läuft ein geschlossenes Wimpernband. Die erstgebildeten Posterolateralarme werden am längsten und bleiben auch bis ans Ende der Metamorphose erhalten. Gegenüber Echinoplutei ist der von ihnen eingeschlossene Winkel stets größer und öffnet sich mit dem Älterwerden.

Die **Metamorphose** setzt mit dem Auftreten erster Adultsklerite nach 3–5 Wochen ein. Der hydrocoele Ringkanal bildet sich um den larvalen Oesophagus etwa parallel zur Epidermis des Mundfeldes. Dieses sinkt etwas ein, schließt sich aber nie zu einem Vestibulum wie bei nichtcidaroiden Seeigeln und Seegurken, sondern die Primärtentakel und ersten Füßchen wachsen in diesen „Vestibularboden" ein, der nur von einem Ringwulst umgeben ist. Larvalskelett und larvale Epidermis werden abgebaut und der junge Schlangenstern entsteht auf dem ehemaligen Mundfeld zwischen den Schwebestacheln des Ophiopluteus, von denen die Posterolateralarme lange erhalten bleiben.

Neben der planktotrophen Larvalentwicklung treten auch lecithotrophe Schwimmlarven, „Vitellaria" und „Doliolaria", auf, die entweder ganz bewimpert sind oder 4–5 Wimpernringe besitzen.

Bei brutpflegenden Arten entwickeln sich die Embryonen direkt in den Bursen. Brutpflege ist oft gekoppelt mit Zwittrigkeit (*Amphipholis squamata*). Etwa 40 zwittrige Arten sind bekannt, vorwiegend in antarktischen Meeren, ca. ein Viertel davon ist protandrisch. Antarktische Formen zeigen eine Tendenz zu intraovarieller Entwicklung.

Fissiparie ist von über 30 Arten bekannt; besonders häufig ist sie bei Jungtieren von *Ophiactis*-Arten mit etwa 3 mm Scheibendurchmesser. Durch wiederholte Fissiparie können Steinkanal und Axialorgan vervielfacht werden. Fissipare Arten gehen, wenn sie größer geworden sind, oft zur sexuellen Fortpflanzung über.

Die meisten Ophiuriden werden nach 2–3 Jahren geschlechtsreif. Bis zu einem Alter von 8 Jahren nimmt die Körpergröße mit immer langsamerem Wachstum zu. Für Arten mit 1–3 cm Scheibendurchmesser kann ein Lebensalter von 15 Jahren angenommen werden; große Gorgonocephaliden werden wahrscheinlich 20–30 Jahre alt.

Systematik

Taxonomische Differenzierungsmerkmale in den Ophiuriden sind Ausbildung und Anordnung der Platten der Körperscheibe und der Arme, sowie

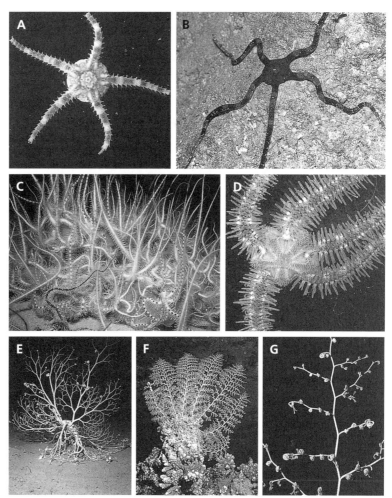

Abb. 1114: Schlangensterne, Habitusformen. A *Ophiura albida* (Ophiurida), Scheibe 10 mm, Mittelmeer, Atlantik. Aboralseite. B *Ophioderma longicauda* (Ophiurida), 29 cm; Mittelmeer, kurze Stacheln, räuberisch. Tier in schneller Bewegung (nach links). C *Ophiothrix fragilis* (Ophiurida), Arme bis 10 cm; Ansammlung filtrierender Tiere mit hochgestellten Armen. D *O. fragilis*, kriechendes Tier. E *Gorgonocephalus* sp., Gorgonenhaupt (Phrynophiurida), bis 70 cm, reichverzweigte Arme fangen Plankton; in kalten Meeren. F *Astroboa nuda* (Phrynophiurida), Rotes Meer. G *A. nuda*, Seitenarm, einige Endverzweigungen über Beuteorganismen eingerollt. A, B Originale: H. Moosleitner, Salzburg; C Original: K. Fedra, Wien, D Original: W. Westheide, Osnabrück; E Original: J. Gutt, Bremerhaven; F Original: A. Svoboda, Bochum; G Original: I. Illich, Salzburg

Anzahl und Form der Armstacheln. In vielen Systemen wurden die **Ophiurae** mit der Hauptmasse aller rezenten Arten den **Euryalae** – mit der Tendenz zur Armverzweigung – gegenübergestellt. Diese Gliederung wird neuerdings zugunsten einer Einteilung in 3 Subtaxa aufgegeben.

4.1 Oigophiurida

Vorwiegend fossil, nur mit einer rezenten Art: *Ophiocanops fugiens* (Armlänge 8 cm), bisher nur von der Insel Jolo vor Indonesien aus 50 m Tiefe bekannt. Die schwarzen Tiere waren festgewickelt auf Ästen von Antipathariern (schwarze Korallen). Sie bestehen fast nur aus Armen, haben keine oralen Interradien und keine Bursen. Auf den Armen fehlen die oralen und aboralen Skelettplatten. Von den fünf Lateralstacheln tragen die oralen Haken, und die aboralen sind ca. dreimal so lang wie die restlichen. Die Wirbelgelenkung ist streptospondyl. Ein großer Madreporit liegt vertikal am Scheibenrand. Die Tentakel sind kurz.

4.2 Phrynophiurida, Krötenschlangensterne

Hier werden die vier Familien der früheren Euryalae mit den Ophiomyxidae zusammengefaßt. Die Körperdecke ist dick bindegewebig mit einer drüsenreichen, schleimproduzierenden Epidermis. Aborale Armplatten fehlen oft, orale sind meist klein. Streptospondyle Wirbel sind zu vertikalen Bewegungen, Einrollen und Wickeln geeignet.

Ophiomyxa pentagona (Ophiomyxidae), Scheibe 3 cm, Arme bis 15 cm; Armplatten von außen nicht erkennbar; mediterran endemisch. – *Astrophytum muricatum* (Gorgonocephalidae), Scheibe 10 cm, Arme bis 60 cm; tropischer und subtropischer Westatlantik, in Korallenriffen bis 10 m. – *Astrochlamys bruneus* (Gorgonocephalidae), Scheibe 5 cm; antarktisch, mit Zwergmännchen. – **Gorgonocephalus caput medusae* (Gorgonocephalidae), Gorgonenhaupt, Scheibe 10 cm, Arme bis 70 cm; in nordeuropäischen Meeren. – *Astroboa nuda* (Gorgonocephalidae), Scheibe 7 cm; Rotes Meer, bis Japan, 0–120 m (Abb. 1114 F, G).

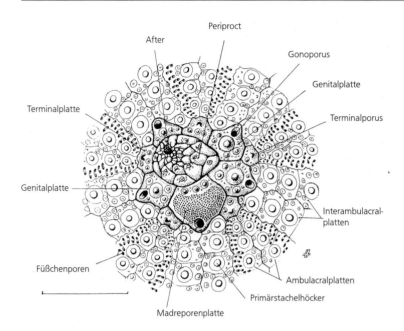

Abb. 1115: Apikalfeld eines „regulären" Seeigels (*Sphaerechinus granularis*). Maßstab: 1 cm. Original: M. Mizzaro-Wimmer, Wien.

4.3 Ophiurida

Umfaßt die Hauptmasse der Ophiuriden. Aborale und orale Armplatten gut entwickelt, Epidermis sehr dünn, deutliche Platten auf der Körperscheibe, zygospondyle Wirbel, Arme horizontal beweglich.

*Ophiura ophiura (= texturata) (Ophiuridae), Scheibe 35 mm, rötlich; atlantisch, mediterran. – *O. albida (Ophiuridae), Scheibe 12 mm, weißlich-graubraun, euryhalin; atlantisch, mediterran, bis in die Ostsee (Abb. 1114 A). – *Amphipholis squamata (Amphiuridae), Scheibe 20 mm, zwittrig und vivipar; weltweit häufigster Ophiuride in gemäßigten seichten Küstenwässern. – *Amphiura filiformis (Amphiuridae), Scheibe 1 cm, Arme 10 cm; atlantisch, mediterran; auf Schlammböden. – *Ophiothrix fragilis (Ophiotrichidae), 20 mm; atlantisch, mediterran; auf verschlammten Feinsanden massenhaft im Gezeitenstrom (Abb. 1114 C,D). – Ophiactis savigny (Ophiactidae), 1 cm; tropischer Kosmopolit. – *Ophiocoma nigra (Ophiocomidae), Scheibe 25 mm, Arme bis 15 cm; atlantisch, mediterran, in riesigen Mengen auf großen Tangen als Epizoen. – Ophioderma longicauda (Ophiodermatidae), Scheibe 40 mm, Arme bis 20 cm; Platten der Scheibe meist von granulären Skleriten bedeckt wie in der vorhergehenden Familie, Armstacheln meist klein und angelegt, räuberisch, nachtaktiv, mediterran (Abb. 1114 B).

5 Echinoida, Seeigel

Die ca. 950 Seeigel-Arten leben vorwiegend in den oberen Bereichen der Schelfmeere. Man unterscheidet traditionell zwischen den äußerlich streng pentamer gebauten „regulären" Formen („Regularia") und den in unterschiedlichem Ausmaß wieder bilateralsymmetrisch gewordenen „irregulären" Seeigeln („Irregularia"). „Regularia" sind vor allem auf Hartböden, in Korallenriffen und in Seegraswiesen verbreitet; auch Braunalgenwälder sind ein charakteristischer Lebensraum dieser Arten. An tropischen Felsküsten findet man die dickstacheligen *Colobocentrus*- und *Podophora*-Arten in der Spritzwasserzone des Supralitorals. Verschiedene „reguläre" Arten wirken maßgeblich an der Bioerosion von Korallenriffen mit, die sie abweiden oder in die sie sich einbohren: *Echinometra mathaei* produziert an der Küste Kuwaits bis zu 13 kg Sediment m^{-2} innerhalb eines Jahres. In karibischen Riffen erreichen Diademseeigel Dichten von über 70 Ind. m^{-2}.

Die „Irregularia" siedeln auf oder in Weichböden. Die sich dicht unter der Oberfläche sandiger Gezeiten- und Flachwasserbereiche aufhaltenden Sanddollar-Seeigel können in Dichten von 2 000 Ind. m^{-2} auftreten (z.B. *Dendraster excentricus*). Die größte Artendichte erreichen Seeigel im Indo- und Westpazifik. Alle Arten gehören zur benthischen Makrofauna: die kleinste Art, *Echinocyamus pusillus*, hat 7 mm, *Sperosoma gigantea* als größte Art 32 cm Durchmesser. *Pourtalesia hepneri*, ein amphorenförmiger „Irregularia" mit papierdünnem, durchscheinenden Skelett wurde in 7 300 m Tiefe gefunden.

Von Seeigeln leben zahlreiche litorale Fischarten, decapode Krebse, große Seesterne und einige im Meer lebende Säugetiere; an der nordamerikanischen Pazifikküste ist nach der Wiedereinbürgerung des Seeotters die Abundanz der Seeigel stark zurückgegangen, und in Folge davon haben sich lokal wieder große Tangwälder im Litoral bilden können. Fische, einige Garnelen und andere Crustaceen suchen aber auch im Raum zwischen den Stacheln Schutz und leben mit einzelnen Seeigeln eng vergesellschaftet. Nicht nur in Südostasien, auch in einigen europäischen Ländern gelten die Gonaden grö-

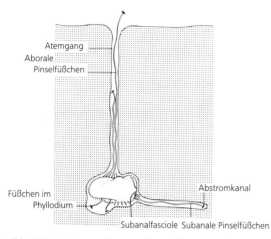

Abb. 1116: *Echinocardium cordatum* (Spatangoida), im Substrat eingegraben, Länge ca. 5 cm. Atemkanal wird nur für kurze Zeiträume benutzt. Bewegungsrichtung des Tieres nach links. Kanäle werden immer wieder neu angelegt. Aus Nichols (1959).

ßerer Seeigel als Delikatesse, z.B. von *Echinus esculentus* und *Paracentrotus lividus*.

Bau

Bei den „regulären" Seeigeln bilden 5 Doppelreihen von Ambulacralplatten mit den Füßchenporen und 5 Doppelreihen von Interambulacralplatten, die nur Stachelbasen besitzen, ein kugeliges Skelett, die Corona (Abb. 1071, 1123). Die Platten sind annähernd hexagonal und alternierend in starren Suturen fest miteinander verbunden. Ihre Grenzen sind am Skelett meist gut erkennbar, und ihre Form und Anordnung sind wichtige taxonomische Merkmale. Nur bei den Echinothuroida (Lederseeigel) sind die Platten lose verbunden, die Körperform kann mittels 10 Längsmuskelbändern verändert werden.

Die Doppelreihen enden aboral mit jeweils einer Schlußplatte am Periproct (Analfeld), in dem der After ausmündet. Zumindest die 5 unpaaren Endplatten der Interradien bilden einen festen Ring um das Analfeld, in das auch die 5 Terminalplatten („Ocellarplatten") der Ambulakren einbezogen sein können. In den 5 unpaaren Endtentakeln, die auf die Primärfüßchen des Metamorphosestadiums zurückgehen, treten die Radiärkanäle nach außen. Durch die unpaaren Endplatten der Interradien münden die Gonaden nach außen (Genitalplatten). Die Genitalplatte im Interradius CD ist größer und als Madreporenplatte differenziert (Abb. 1115).

Auch auf der Oralseite bilden die Platten einen festen Ring und lassen ein Peristom (Mundfeld) frei, in dessen Zentrum die Zähne aus der Mundöffnung herausragen (Abb. 1089). Zumeist ist das Peristom bindegewebig und hat einen Ring kleiner isolierter Ambulacralplatten, durch welche die Mundfüßchen austreten.

Bei den „irregulären" Seeigeln liegt das Ambulacrum des Radius D in der Symmetrieebene der bilateral-symmetrischen Tiere und zeigt nach vorn in die Bewegungsrichtung (Abb. 1116, 1125). Es ist so ein Vorder- und Hinterende entstanden; Oral- und Aboralseite sind als Ober- und Unterseite morphologisch und funktionell sehr unterschiedlich differenziert. Das Analfeld mit After der „Irregularia" ist im Interradius AB an den Hinterrand oder sogar auf die Unterseite verschoben. Die Madreporenplatte liegt bei ihnen meist zentral zwischen den restlichen 4 Genitalplatten und ist nicht mehr von einem Gonoporus durchbrochen.

Die sog. Sanddollars (z.B. Clypeasteroida), die in der Sedimentoberfläche leben, sind extrem flach; ihre Ober- und Unterseite sind durch eine scharfe Kante getrennt. Dabei entstehen im Inneren kräftige Skelettpfeiler und -streben zwischen Ober- und Unterseite, die zusammen mit dem breit ausladenden Kieferapparat den verfügbaren Innenraum für den Darmtrakt und die Gonaden stark einengen.

In einigen Sanddollars, z.B. *Melitta*-Arten, entstehen während des Wachstums schlitzförmige Durchbrechungen (Lunulae) des Skeletts im hinteren In-

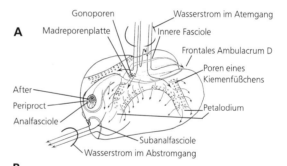

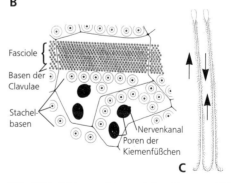

Abb. 1117: *Echinocardium cordatum* (Spatangoida). A Schrägansicht von rechts hinten. Die allgemeine Bewimperung der Epidermis und besonders jene der Clavulae in der inneren Fasciole fördert einen Wasserstrom durch den Atemgang in die Tiefe, der über die Ambulakren und zwischen den lamellären Kiemenfüßchen des Petalodiums nach hinten und seitlich unten verteilt wird; von den Clavulae der subanalen und der analen Fasciole wird abströmendes Wasser in einen hinteren Abstromgang gelenkt. B Detail aus der inneren Fasciole. C Clavulae mit zweizeiliger Bewimperung. Aus Nichols (1959).

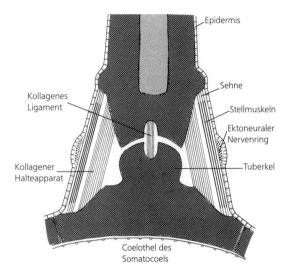

Abb. 1118: Vertikalschnitt durch Stachelbasis und -verankerung (Echinoida). Skelett dunkel gerastert. Verändert nach Stauber und Märkel (1988).

terradius AB und in den äußeren Ambulakren (Abb. 1125).

Auffällig verändert sind die aboralen Ambulacralplatten der „Irregularia". Sie werden vom Zentrum ausgehend seitlich rasch breiter und zur Kante hin wieder schmal. Dadurch wandern die Porenreihen jedes Ambulacrums auseinander und vor der Kante wieder zusammen. Auf dem stachelfreien Skelett entsteht der Eindruck von blütenblattartigen Strukturen, den Petalodien.

Die Clypeasteridae zeigen 5 solcher Petalodien. Die Spatangoida (Herzigel) haben nur 4 Petalodien in den Radien A,E und C,B (Abb. 1117, 1126A). Das vordere Ambulacrum im Radius D dient nicht der Atmung, sondern trägt verschiedene Formen von Füßchen zum Bau und Aufrechterhalten eines Zustromkanals im Sediment und zur Nahrungsaufnahme. Häufig ist es rinnenförmig (*Echinocardium, Spatangus*) oder sogar tief eingesenkt (*Schizaster, Moira*), wodurch der Vorderrand des Ambitus geteilt wird und so eine Herzform entsteht. Die halbmondförmige Mundöffnung auf der flachen Unterseite liegt nahe dem Vorderrand und steht quer zur Symmetrieebene. Kieferapparat und Peristom fehlen, und die Plattenreihen enden an der Mundöffnung.

Die reich entwickelten **Stacheln** sind neben der festen Corona ein weiteres Charakteristikum der Seeigel. Bei Cidaroida und Echinacea sind sie massiv, bei allen anderen Taxa hohl (Abb. 1078). Ihre Größe und Form ist nicht nur in den einzelnen Taxa verschieden, sondern auch an den verschiedenen Positionen des einzelnen Tieres. Auch bei Seeigeln ist das Stachelskelett in der Regel von Epidermis überzogen. Die großen Primärstacheln der Cidariden sind als einzige der peripheren Skelettbildungen ohne epidermalen Überzug (Abb. 1123D). Man unterscheidet auffällig große Primärstacheln und kleinere Sekundärstacheln; extrem kleine Stacheln wer-

den auch als Tertiär- oder Miliarstacheln bezeichnet. Sie sind durch Muskeln beweglich und durch einen bindegewebigen Sperrapparat („mutable connective tissue", S. 779) fixierbar (Abb. 1118); zusätzlich können sie mit einem zentralen Band auf einem Gelenkhöcker befestigt sein (nicht bei den Echinacea). Stacheln werden besonders bei der Fortbewegung eingesetzt. Unter den „irregulären" Arten bewegen sich die Spatangoida nur mit Hilfe der Stacheln, die mit ihren verbreiterten, gebogenen Enden im Sediment graben.

Stacheln sind vor allem auch Schutzstrukturen gegen Seesterne, große Schnecken oder Fische. Einige Regularia setzen die Stacheln auch beim Einbohren in Hartsubstrate ein (*Paracentrotus, Echinometra*). In seltenen Fällen (*Echinostrephus, Echinometra*) dienen lange aborale Stacheln auch zum Abfangen von angedrifteter Nahrung.

Die Stacheln der „irregulären" Formen sind immer klein, zart und biegsam. Wegen ihrer vielfältigen Funktionen zeigen sie aber die breiteste Vielfalt: 10–12 verschiedene Typen können am einzelnen Tier vorhanden sein.

Bei den Clypeasteriden tragen die Primärstacheln, die zur Fortbewegung und zum Sandtransport dienen, in ihrem basalen Teil je ein Cilienband. Dazwischen stehen meist dicht gepackt die Miliarstacheln (0,5 mm lang) mit einer Verbreiterung an der Spitze. Die Miliarstacheln bilden zusammen während der Bewegung der Primärstacheln einen verformbaren Baldachin, der verhindert, daß feine Partikel auf die Körperoberfläche gelangen. Die Cilien sichern einen kräftigen Wasserstrom zur Atmung und zum Antransport gelöster organischer Nährstoffe.

Noch kleiner sind die Clavulae der Herzigel (Spatangoida), von denen 100–170 mm^{-2} in drei Bändern (Fasciolen) angeordnet sind (Abb. 1117, 1125). Lage und Form der Fasciolen werden auch taxonomisch verwertet. Sie umgeben stets die aboralen Kiemenfelder und liegen auch am Vorderende und um die Analregion. Die Clavulae tragen ein Cilienband, und ihre an der Spitze keulenförmig verbreiterte Epidermis ist drüsenreich. Der Cilienschlag ventiliert die Kiemen, und die Drüsen verfestigen mit Schleim das Sediment.

Typisch für Seeigel ist ihre reiche Ausstattung mit Pedicellarien (Abb. 1079, 1080, 1119, 1124). Nach ihrer Größe, aber auch nach Position und Aktivität, können 4 Typen unterschieden werden.

Die winzigen, blattartigen trifoliaten Pedicellarien arbeiten gegen die Körperoberfläche als Putzorgane zum Aufnehmen kleinster Partikeln. Doppelt so große, breite, gezähnte Zangen tragen die ophiocephalen Pedicellarien. Bei vielen „regulären" Seeigeln stehen sie besonders dicht auf dem Mundfeld. Weiter nach außen ragen die großen tridactylen Pedicellarien mit langen, schlanken Zangen und meist einem längeren Kalkstiel. Scharfe Einstichzähne, auf die ein bis mehrere Paare kürzerer Zahnspitzen folgen, kennzeichnen die globiferen Pedicellarien, die an der Zangenaußenseite eine Drüsentasche tragen. Der Drüsenkanal liegt in einer Rinne unmittelbar hinter und über der abgeschrägten Einstichspitze. Der Stiel reicht bis an die Basis der Zangen und trägt oft etwas unterhalb des Köpfchens weitere blasige Giftdrüsen. Durch einen Sperrmechanismus reißt das gesamte Köpfchen nach dem Zu-

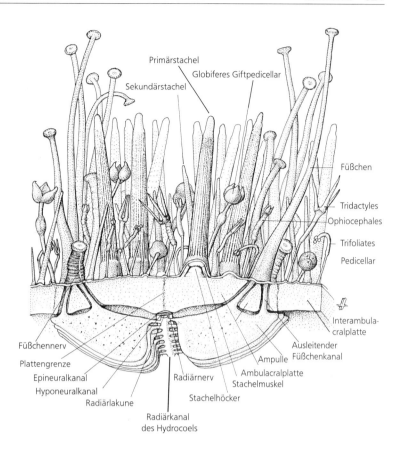

Abb. 1119: *Sphaerechinus granularis* (Echinacea). Schalenstück aus dem Ambulacrum mit Stacheln, Pedicellarien, Füßchen und radiären Kanalsystemen. Original: M. Mizzaro-Wimmer, Wien.

beißen ab. Bei den Sanddollars treten Pedicellarien mit unterschiedlichen Zangenzahlen auf; zwei-, vier- und fünfklappige sind zu finden.

Daneben sind die Seeigel noch durch Sphaeridien charakterisiert, sehr kleine, keulenförmige, stachelartige Anhänge, die auf Gelenkhöckern inserieren. Bei den meisten „Regularia" stehen sie zwischen den Ambulacralplattenpaaren auf der Oralseite. Ihre Basis ist reich innerviert, und sie vollführen ständig pendelnde Bewegungen. Seit langem werden sie als Lagesinnesorgane gedeutet, doch fehlen experimentelle Beweise.

Das **Coelomsystem** der Seeigel soll hier am Beispiel einer „regulären" Form dargestellt werden. Besonders geräumig ist das orale (periviscerale) Somatocoel, das ca. 75% des Innenraums der Corona ausfüllt. Der orale Somatocoelring ist weit und in mehrere Teilräume gegliedert, in denen der Kieferapparat liegt (Abb. 1071D, 1091). Je 5 Hyponeuralkanäle liegen zwischen den Radiärnerven und den Radiärkanälen des Hydrocoels. Ein aboraler somatocoeler Ringkanal liegt um den Enddarm. Von diesem wachsen die 5 Gonadensäcke aus; ein begleitender, zentraler Hämalring steht in Verbindung mit dem Hämalsystem des Axialorgans.

Das Axocoel begleitet als Schlauch den Steinkanal bis zum Ringkanal des Hydrocoels (S. 787). Das Axialorgan differenziert sich in der Wand dieses Schlauches gegenüber dem Steinkanal und ist außen begrenzt von der Somatocoelwand (Abb. 1083B).

Das Hämalsystem (Blutgefäßsystem) ist im Axialorgan, in den Darmmesenterien, um den Darm und im aboralen Ringsystem (mit den Gonaden) gut entwickelt. Radiärlakunen liegen zwischen den Hyponeuralkanälen und den Radiärkanälen des Hydrocoels. Das innere Lakunennetz des A x i a l o r g a n s entsendet einen Fortsatz in die Dorsalblase unmittelbar unter der Madreporenblase.

Die großen Mesenteriallakunen entlang des Darms, die zentralen Lakunen des Axialorgans und der aborale Fortsatz pulsieren regelmäßig. Damit wird aber kein Kreislauf aufrechterhalten, sondern nur die Blutflüssigkeit im angeschlossenen aboralen Hämalring zu den Gonaden bewegt.

Das Hämalsystem des Axialorgans und die großen Darmlakunen sind mit der Ringlakune verbunden, die den hydrocoelen Ringkanal begleitet. Von der Ringlakune gehen Radiärlakunen aus.

Das Hydrocoelsystem entspricht grundsätzlich dem Eleutherozoen-Plan. Der Steinkanal beginnt aboral im Axocoel der Madreporenblase und steigt (begleitet vom Axialorgan) bis zum Ringkanal ab. Polische Blasen fehlen, aber interradial liegen 5 dreieckig lappenförmige Tiedemannsche Körper („Schwammige Organe"), die mit dem Ringkanal verbunden sind.

Vom Ringkanal gehen die Radiärkanäle ab. Sie verlaufen bis zum Peristom und ziehen auf der Innenseite der Corona unter den Ambulacralplatten bis an das Periprokt, wo sie als Endtentakeln durch die Terminalplatten nach außen treten (Abb. 1071).

Seeigel haben – ähnlich wie Schlangensterne und Seegurken – ein versenktes Ambulacralsystem. Während der Entwicklung schließt sich die Epineuralfalte über dem epidermalen Radiärnerv und schließt einen Epineuralkanal ein (Abb. 1087). Auf der Innenseite der Corona liegen daher in den Radien von außen nach innen 3 Kanalsysteme übereinander: (1) der Epineuralkanal, in dessen Innenwand der ektoneurale Radiärnerv verläuft, (2) der somatocoele Hyponeuralkanal und (3) der hydrocoele Radiärkanal; dazwischen liegt die Radiärlakune. Zu beiden Seiten dieser Kanalsysteme liegen die Reihen der Ampullen. Sie sind über einen kurzen Kanal mit dem hydrocoelen Radiärkanal verbunden. Die Ampullen sind dreieckig und stark abgeplattet (Abb. 1087, 1119).

Von den Füßchen gehen im Unterschied zu allen anderen Eleutherozoen 2 Kanälchen zur Ampulle. Zu einem Füßchen gehören daher jeweils 2 Poren auf der Außenseite der Ambulacralplatten.

Die Cilien des hydrocoelen Epithels an der Ampulleninnenwand treiben die Hydrocoelflüssigkeit durch den äußeren abradialen Kanal in das Füßchen. Der Innenraum des Füßchens ist durch ein Längsseptum geteilt, das zur Füßchenspitze hin offen ist. Nach Durchströmen des Füßchens gelangt die Hydrocoelflüssigkeit über den inneren radialen Kanal wieder zurück in die Ampulle. Die Cilien des somatocoelen Epithels der Ampullenaußenwand schlagen entgegengesetzt zur Richtung jener der Innenwand und treiben die Somatocoelflüssigkeit im Gegenstrom zur Hydrocoelflüssigkeit zwischen den schmalen Ampullen zum Radiärkanal (Abb. 1087).

Über die Füßchen findet daher auch ein Gasaustausch statt, und sie haben Kiemenfunktion. Mit ihrer Saugscheibe dienen sie aber vor allem zur Fortbewegung und zur Festheftung am Substrat. Durch Rezeptoren in ihrer Epidermis können Seeigelfüßchen auch als Sinnestentakel fungieren.

In keiner anderen Echinodermengruppe hat sich eine derartige Vielfalt des hydrocoelen Tentakelapparats in Form unterschiedlicher Füßchen entwickelt. Während die urtümlichen Cidariden sich vor allem mit ihren großen Stacheln bewegen (Abb. 1123) und nur Füßchen mit kleinen Saugscheiben besitzen, sind die Füßchen der meisten „Regularia" stark muskulös und hervorragend zum Festhalten und zur Fortbewegung ausgebildet. Ihre Saugkraft (und das Klebvermögen ihrer Drüsen) ist

groß, so daß schon wenige Füßchen ein Tier in Position halten können. Erst hiermit ist es diesen Seeigeln gelungen, in den durch Wasserbewegungen stark exponierten Bereich der Felsküsten vorzudringen und ihren dichten Algenbewuchs als Nahrung zu nutzen.

Bei den „Irregularia" sind die Füßchen der Oberseite in den Petalodien lamelläre Kiemen. Nichtrespiratorische Füßchen stehen z. B. bei den Clypeasteriden in der Nähe des Mundes; sie sind besonders groß, reich mit Sinneszellen besetzt, produzieren Schleim und schieben die Nahrung aus den oralen Futterrinnen in den Mund. Besonders häufig sind die winzigen akzessorischen Füßchen, die auf Ober- und Unterseite stehen. Sie transportieren Nahrungspartikeln, indem sie diese an andere Füßchen weiterreichen. Bei den Clypeasteriden sind sie extrem klein und zu zehntausenden auf Ober- und Unterseite vorhanden.

Bei den Spatangiden gibt es nur wenige, aber extrem große Füßchen. Auf den oralen, als Phyllodien differenzierten Ambulakren haben sie viele bewegliche Skelettstäbchen anstelle einer Endplatte (Abb. 1116). Sie werden beim Strecken ausgespreizt und in das Sediment gestoßen. Unterstützt durch Klebdrüsen halten sie bei Retraktion Sedimentklumpen fest, die zum Mund transportiert werden. Füßchen des vorderen Ambulacrums (D) halten zur Sedimentoberfläche einen Atemwasser-Kanal offen und die subanalen Füßchen zu beiden Seiten des Afters einen Abstromkanal hinter dem Tier (Abb. 1116, 1117). In beiden Fällen wird Schleim zur Verfestigung des Sediments verwendet, der von den Clavulae der dazugehörigen Fasciolen produziert wird. Diese Füßchen fungieren daher als Grab-, Kitt- und Nahrungsaufnahmeorgane. Im gestreckten Zustand können sie eine Länge von 20–30 cm (bei 5–7 cm Körperlänge) erreichen. Außerdem besitzen Spatangiden Sinnesfüßchen mit runden, knopfartigen Spitzen, die das Sediment rund um das Tier prüfen; sie sind nicht ausstreckbar und unbeweglich.

Das **Nervensystem** besteht aus den versenkten, ektoneuralen Radiärnerven, die rein sensorisch sind, und einem motorischen System im Bereich des Kieferapparats.

Der **Darmtrakt** der Seeigel unterscheidet sich durch den Besitz eines inneren Kieferapparats („Laterne des Aristoteles") von allen anderen Echinodermen. Er fehlt nur bei den meisten im Sediment lebenden „irregulären" Formen. Mit der Evolution des Kieferapparats konnte eine von anderen Echinodermen konkurrenzfreie Nahrungsnische erobert werden: Seeigel weiden damit Algen auf Hartböden, auch Rotalgen-Krusten, endolithische Cyanobakterien und tierische Sedentarier wie Schwämme, Hydrozoen und Bryozoen ab.

Anders als die „Kiefer" der Schlangensterne, die durch Umbildungen des mundnahen Armskeletts entstanden sind, differenziert sich die „Laterne" im oralen Somatocoelring. Sie besteht aus 5 interradial gelegenen sog. Pyramidenstücken, die durch Verschmelzung aus paarigen Halbpyramiden entstehen und an ihrer medialen, dem Oesophagus zugekehrten Kante getrennt bleiben. Ihre aboralen Basen sind in den Radien durch die 5 Rotulae gelenkig verbunden. An den Pyramiden setzen die Muskeln an und entlang der Innenseite ihrer lateralen Flächen wird der Zahn geführt. Die Zahnspitzen treten rund um die Mundöffnung aus den Pyramiden aus (S. 794)(Abb. 1089 und 1091).

Die Zähne wachsen kontinuierlich nach. Ihre Bildungszone befindet sich in einer abgegrenzten aboralen Zahntasche des Kiefercoeloms (Plumula), welche sich in das Somatocoel vorwölbt. Mit einer Mohrschen Ritzhärte von ca. 4 (Fluorit) sind sie der härteste Teil des Echinodermenskeletts.

Die Bewegung der Kiefer und Zähne erfolgt über 3 Muskelgruppen. Vom aboralen Rand der Pyramidenaußenfläche ziehen die Protraktoren (Senker) an den interradialen Skelettrand, von den Pyramidenspitzen die Retraktoren (Heber) an die Aurikel oder die radiale Apophysenkante (Cidariden). Die mit feinen Skelettleisten versehenen Innenflächen der Pyramiden werden durch kurze, querverlaufende Interpyramidalmuskeln verbunden (Abb. 1091). Diesen Bewegungsablauf kann man mit der Arbeitsweise eines fünfbackigen Greifers vergleichen: Bei erschlafften Interpyramidalmuskeln werden die Pyramiden vorgezogen, die Zahnspitzen weichen auseinander. Durch Kontraktion der Interpyramidalmuskeln wird vom Untergrund abgeschabt oder abgebissen und anschließend der Kieferapparat von den Retraktoren hochgehoben. Voraussetzung dafür ist die feste Verankerung des gesamten Tieres mit den Saugfüßchen.

In exponierten Habitaten bohren sich manche Arten mit dem Kieferapparat in Felsen ein (*Paracentrotus*, *Echinometra*). Die indopazifische Art *Echinostrephus molaris* bohrt tiefe Löcher, an deren Eingang die Seeigel mittels Stacheln und Pedicellarien andriftendes Pflanzenmaterial abfängt. Vor der Kalifornischen Küste haben sich *Strongylocentrotus*-Arten sogar in die vom Seewasser korrodierten, mehrere Zentimeter dicken Stahlpfeiler von Hafenanlagen eingebohrt.

Die bilateralen, „irregulären" Clypeasteriden zermahlen auf Sandoberflächen Kleinpartikeln und schaben Sandkörner ab. Die Partikeln werden in Schleimsträngen zum Mund geführt. Besonders wichtig sind dabei zahlreiche akzessorische Füßchen, deren Spitzen als Tupfer fungieren und die Nahrung in die Futterrinne bringen. Durch Ablenken der Wasserströmung auf die Unterseite, unterstützt von epidermalen Wimpernstraßen, können sie so zu Suspensionsfressern werden.

Bei den meisten „Irregularia" ist der Kieferapparat jedoch verlorengegangen, sie ernähren sich mikrophag durch Sedimentauftupfen mit langen, pinselförmigen Füßchen, die durch den Wassereinstromkanal bis auf die Sedimentoberfläche reichen

(Abb. 1116, 1117); Wimpernströme der Fasciolen gelangen über die orale Vorderseite des Tieres zu dem in Bewegungsrichtung nach vorne offenen Mund.

„Regularia" haben einen relativ langen Darm, der in einer zweifach gegenläufigen Windung vom Oesophagus zum Enddarm führt (Abb. 1090). Die kieferlosen Spatangiden besitzen am Beginn der unteren Schlinge einen großen Blinddarm, am Ende der zweiten einen kleinen.

Fortpflanzung und Entwicklung

Seeigel sind getrenntgeschlechtlich. Sexualdimorphismus beschränkt sich auf Längenunterschiede der Genitalpapillen.

Der Bau der **Gonaden** entspricht dem Grundplan der Eleutherozoa: von einem aboralen Somatocoelring wachsen interradial 5 Gonadensäcke aus und münden über die unpaaren interradialen Genitalplatten nach außen (Abb. 1115). Die reich verzweigten Einzelschläuche jeder Gonade werden vom Gefäßsystem begleitet und sind vom Genitalcoelom umgeben.

Durch die Verlagerung des Periprocts mit dem After im Interradius AB fehlt bei Irregulariern in der Regel die entsprechende Gonade und es sind nur 4 entwickelt. Manche Spatangiden besitzen nur 3 (*Abatus*, *Brissaster*) oder 2 Gonaden und Gonoporen (*Schizaster*). In einigen Fällen, z.B. Clypeasterida, wird aber sekundär eine fünfte Gonade wieder aufgebaut.

Echiniden sind seit über 100 Jahren klassische Objekte der Entwicklungsbiologie. Mit Seeigeleiern wurden die ersten künstlichen Befruchtungsexperimente ausgeführt (O. HERTWIG 1887).

Geschlechtsreife Tiere können durch KCl-Injektion zum Ablaichen gebracht werden. Durch problemlose Aufzucht der Larven sind sie so zu Modellorganismen in der experimentellen Entwicklungsbiologie geworden (z.B. *Strongylocentrotus*-, *Arbacia*-, *Paracentrotus*-, *Psammechinus*-Arten).

Die meist oligolecithalen Eier zeigen eine typische Radiärfurchung, die nur bei Dotterreichtum abgewandelt wird. Die Furchungsachse ist die spätere Larvalachse. Der animale Pol wird bereits durch die Polkörper erkennbar. Meist teilen sich die 4 vegetativen Blastomeren im 4. Furchungsschritt inäqual zu 4 vegetativen Makromeren und 4 Mikromeren, auf denen 8 animale Blastomeren („Mesomeren") lagern. Im 5. Schritt teilen sich die Mikromeren inäqual zu großen und kleinen Mikromeren. Die weiteren Makromeren und die beiden Mikromerengenerationen ordnen sich in einer vegetativen Platte an, gegenüber dem apikalen, animalen Pol der Blastula, an dem bereits ein Scheitelorgan entstanden ist. Aus den Mesomeren der animalen Hälfte entstehen ca. 200 orale und aborale Ektodermzellen, aus denen auch die Neuronen und Neuroblasten der Pluteus-Larve stammen. Aus den

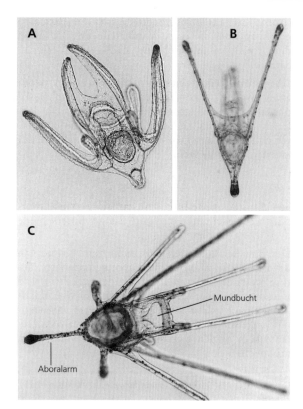

Abb. 1120: Pluteus-Larven. A Ophiopluteus. B Junger Echinopluteus mit erst 4 Schwebearmen. C Spatangiden-Pluteus. Originale: W. Westheide, Osnabrück.

Makromeren (60 Zellen) differenziert sich der Larvendarm und das sekundäre Mesenchym am Ende der Gastrulation. Die 32 großen Mikromeren wandern vor der Gastrulation als primäres Mesenchym in das Blastocoel. Die kleinen Mikromeren teilen sich sehr langsam, aus den 8 beim Einsetzen der Gastrulation vorhandenen Zellen werden die Anlagen der Coelomsäcke.

Noch bevor die Mundöffnung durchbricht, bilden sich im primären Mesenchym ein Paar dreiachsige Spikeln in den ventrolateralen Winkeln der etwa pyramidenförmigen, frühen Pluteus-Larve. Neben inneren Querbrücken wachsen von diesen ersten Spikeln Skelettstäbe aus und nehmen dabei die Epidermis mit.

Zwischen Mund und apikalem Scheitelorgan entstehen so die Anterolateralarme und an den Seiten des Zirkumoralfeldes hinter dem Mund und vor dem After die Postoralarme (Abb. 1120B). Das Wimpernband des Zirkumoralfeldes begleitet diese 4 Arme. Später entstehen 2 weitere Armpaare, ebenfalls von Skelettstäben gestützt. Die bewimperten Arme sind beim Schwimmen nach vorne gerichtet. Der larvale Darm ist dreiteilig: der kräftig bewimperte und muskulöse Oesophagus ist durch einen Sphinkter gegen den blasigen Magen ge-

trennt, der in den kurzen schlauchförmigen Enddarm übergeht.

Das Grundmuster der 8 Arme des fertigen Pluteus ist in verschiedenen Gruppen charakteristisch abgewandelt. Spatangiden-Plutei, z.B., entwickeln 2 zusätzliche Armpaare (anterodorsal und posterodorsal) und 1 langen caudalen, unpaaren (aboral) Stachel am Hinterende; sie haben somit 13 Schwebefortsätze (Abb. 1120C).

Die Coelombildung beginnt am Ende der Gastrulation durch Abschnürung der kleinen Mikromerenzellen links und rechts vom Darm, während der Larvalmund durchbricht. Beide Anlagen teilen sich, und die hinteren Hälften wachsen entlang des Magens als Somatocoel-Anlagen nach hinten.

Das linke vordere Coelombläschen (Axohydrocoel) weitet sich vorne zur dünnwandigen Ampulle des Axocoels aus und bildet einen Kanal zur Dorsalseite. Dieser verbindet sich nahe der Medianen mit der Epidermis und öffnet sich als Hydroporus nach außen. Auch nach hinten wächst ein Kanal entlang der linken Magenwand, der spätere Steinkanal. Eine Aussackung der Ampulle schnürt sich als linkes Axocoel ab. Das rechte vordere Coelomsäckchen ist klein und differenziert sich später als jenes der linken Seite. Von seinem Hinterende schnürt sich die Dorsalblase ab und wandert in die Dorsomediane nahe zur linken Ampulle. Sie bleibt als einzige Struktur des rechten vorderen Coeloms erhalten. Ihre Zuordnung zu Axo- oder Hydrocoel bleibt unklar. Die beiden Somatocoelblasen wachsen um den Larvenmagen aufeinander zu und bilden ein Mesenterium, das nach Umorientierung zur oral-aboralen Achse horizontal liegt. Aus dem linken Somatocoel wird das größere orale („hypogastrische"), aus dem rechten das kleinere aborale („epigastrische") Coelom.

Außer bei den Cidaroida und Echinothuroida senkt sich die Larvenepidermis über dem Hydrocoel tief ein und bildet das sog. Vestibulum. Die Hydrocoelanlage wird rasch größer und bildet schon während sie sich zu einem Ring schließt seitlich 5 Knospen aus, die späteren Radiärkanäle. Mit der Ausdehnung des Hydrocoels wächst auch das Vestibulum und schließt sich zuletzt zur „Vestibularhöhle". In diese wachsen die Enden der Radiärkanalanlagen als „Primärfüßchen" ein.

Nach 4–6 Wochen endet die planktotrophe Phase. Die Metamorphose zum benthischen juvenilen Seeigel dauert höchstens eine Stunde. Das Vestibulum öffnet sich, und die orale Seeigelanlage wölbt sich nach außen, die fünf Primärfüßchen fixieren sich mit ihren Saugscheiben am Substrat (Abb. 1121). Die Pluteusarme werden auf die Dorsalseite, die künftige Aboralfläche gebogen, die Epidermis mit dem Cilienband zieht sich zurück, die freigegebenen Skelettstäbe der Arme werden abgeworfen und teilweise resorbiert. Insgesamt kollabiert die larvale Epidermis und das larvale Blastocoel verschwindet. Die Epidermis des juvenilen Seeigels wird neu aufgebaut.

Die typische planktotrophe Entwicklung über eine Pluteus-Larve zeigen Arten, deren Eier zwischen 60 und 200 µm groß sind. Aus größeren Eiern (bis 500 µm) gehen kurzlebige (3–5 Tage), lecithotrophe

Plutei ohne funktionellen Darm, aber noch mit Resten des larvalen Armskeletts hervor. Arten mit noch größeren Eiern entwickeln sich direkt, ohne äußerlich erkennbare Reste larvaler Strukturen, wobei eine lecithotrophe Vitellaria entsteht oder Brutpflege auftritt. Echinothuriiden mit Eiern zwischen 1200 und 2000 µm Durchmesser entwickeln sich ausschließlich direkt. Brutpflege ist bei Seeigel selten und tritt wie bei anderen Echinodermen bei Arten der Tiefsee und besonders der antarktischen Meere auf; hierzu gehören mehrere Cidariden- (Abb. 1122) und Spatangiden-Arten.

Systematik

Die traditionelle Systematik teilte die Seeigel in 2 Subtaxa auf: die streng pentameren „Regularia" und die sekundär mehr oder weniger bilateralsymmetrischen „Irregularia". Die Monophylie dieser sich auch in vielen anderen Merkmalen unterscheidenden Gruppen ist aber wenig wahrscheinlich. In modernen Systemen werden die Seeigel in die **Cidaroida** und die **Euechinoida** aufgeteilt. Während die erste Gruppe relativ einheitlich ist und weniger als 150 Arten enthält, bestehen die Euechiniden aus zahlreichen, sehr formenreichen „regulären" und „irregulären" Subtaxa. Von ihnen werden hier nur die größeren genannt.

5.1 Cidaroida

Corona nahezu kugelig, weites Periproct. Im Peristom setzen sich Ambulacral- und Interambulacralplatten fort; interambulacrale Apophysen als Ansatz für Kiefermuskeln, keine Epiphysen, rinnenförmige Zähne, viele kleine einzelne Ambulacralplatten mit nur 1 Porenpaar, ohne Primärstacheln; dünne, wenig saugfähige Ambulacralfüßchen; große Interambulacralplatten mit riesigen Stacheln, keine Sphaeridien. Omnivor, z.T. carnivor, einige Arten Detritus- und Sedimentfresser.

Cidaris cidaris (Cidaridae), 5 cm; Mittelmeer, in 50–700 m Tiefe. – *Eucidaris thouarsi* (Cidaridae), 8 cm; häufige Litoralform im tropischen Ostpazifik (Abb. 1123D).

5.2 Euechinoida

Regulär pentamer. Tendenz zur Verschmelzung von Ambulacralplatten, radiale Apophysen als Ansatz für Kiefermuskeln; in Gruppen mit einfachen Ambulacralplatten bilaterale Symmetrie mit Verlagerung der Afteröffnung im „hinteren" Interambulacrum AB.

5.2.1 Echinothuroida

Astenosoma varium (Echinothuroidae), Lederseeigel, 15 cm; Rotes Meer, in 1–100 m Tiefe, Stacheln mit Giftblase unter der Spitze, sehr schmerzhaft. – *Calvariosoma hystrix* (Echinothuroidae), bis 25 cm; Nordatlatik.

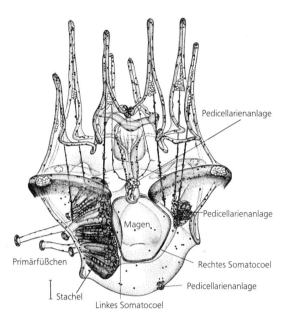

Abb. 1121: Metamorphose von *Psammechinus miliaris*. Maßstab: 100 µm. Aus Czihak (1960).

5.2.2 Diadematoida

Diadema setosum (Diadematidae), 5 cm; schwarz, mit langen hohlen Stacheln (Abb. 1078) und großer ausgestülpter Analblase, im Flachwasser häufig (Abb. 1123B). – *Centrostephanus longispinus* (Diadematidae), 5 cm; Mittelmeer.

5.2.3 Echinacea

Hauptmasse der regulär pentameren Formen mit dem typischen Erscheinungsbild der Seeigel; zahlreiche Familien.

Arbacia lixula (Arbaciidae), 5 cm; tiefschwarz, Mittelmeer, Felslitoral, nie „getarnt". – *Sphaerechinus granularis* (Toxopneustidae), 12 cm, Mittelmeer bis Kapverdische Inseln

Abb. 1122: Brutpflegender antarktischer Lanzenseeigel (Cidaroida). Original: P. Emschermann, Freiburg.

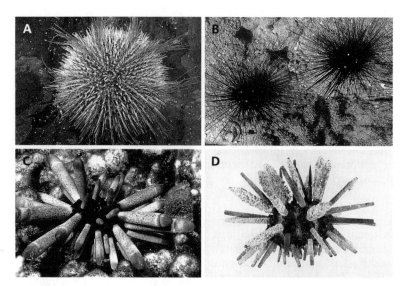

Abb. 1123: „Reguläre" Seeigel, Habitusformen., A *Echinus esculentus* (Echinoida), mit 15 cm Durchmesser größter Seeigel der heimischen Nordseefauna. B *Diadema setosum* (Diadematoida), schwarz. Häufig auf tropischen Korallenriffen; mit sehr langen Hohlstacheln, die tief in die Haut eindringen und abbrechen können. Analkegel weit ausgestülpt. C *Heterocentrotus mamillatus* (Echinoida), Rotes Meer. Mit extrem großen dreikantigen Primärstacheln, die als Schreibgriffel verwendet wurden. D *Eucidaris thouarsi* (Cidaroida), 10 cm; Litoral des subtropischen Ost-Pazifiks. Alte Primärstacheln dicht überwachsen, weil Epidermis fehlt; spatelförmige, kurze Sekundärstacheln schützen Ambulakren und Muskeln an der Basis der Primärstacheln. Letztere können dicht über der Gelenkbasis abgeworfen werden. A, B Originale: W. Westheide, Osnabrück; C Original: R. Patzner, Salzburg; D Original: A. Goldschmid, Salzburg.

und Azoren, in Seegraswiesen, auf groben Sedimenten, violett mit weißen Stachelspitzen. – *Tripneustes gratilla* (Toxopneustidae), 12 cm; kurze Primärstacheln, große Giftpedicellarien (Abb. 1124). – *Echinus esculentus* (Echinidae), 16 cm, Nordsee, Atlantik, häufig zwischen 10–40 m. Nahrung Algen, auch carnivor, z.B. Seepocken (Abb. 1123 A). – *Paracentrotus lividus* (Echinidae), 7 cm; häufigster Seeigel des Felslitorals im Mittelmeer. – *Psammechinus miliaris* (Echinidae), 3,5 cm, grünlich. Skandinavien bis Azoren, häufigste heimische Art; Gezeitenzone bis 100 m, omnivor. – *Colobocentrotus pedifer* (Echinometridae), 7 cm; Westpazifik, Brandungszone; verbreiterte Enden der Stachen schließen pflastersteinartig aneinander. – *Heterocentrotus mammilatus*, Griffelseeigel (Echinometridae), 12 cm; Indo-Pazifik, dicke, dreikantige Stacheln (Abb. 1123 C). – *Strongylocentrotus droebachiensis* (Strongylocentridae), 10 cm, grün; weit verbreitet im Nordatlantik und -pazifik.

Alle folgenden Taxa wurden in älteren Systemen als „Irregularia" zusammengefaßt. Von den kiefertragenden (**Gnathostomacea**) und den sekundär kieferlosen Gruppen (**Atelostomata**) dieser sekundär bilateralsymmetrischen Formen wird hier nur jeweils das artenreichste und bekannteste Taxon genannt.

5.2.4 Clypeasteroida

Flach, bis extrem scheibenförmig („Sanddollars"). 5 aborale Ambulacra (Petaloide) mit lamellären Kiemen, zentral auf der Unterseite liegender Mund mit Kieferapparat; orale Ambulakren mit Futterrinnen. Meist auf und in der Sedimentoberfläche, vor allem in tropischen Flachgewässern.

Clypeaster reticulatus (Clypeasteridae), 8 cm, häufigster der über 40 Sanddollars dieser Gattung, Indo-Westpazifik. – *Echinocyamus pusillus*, Zwergseeigel (Fibulariidae), 10 mm, grünlich-grau; ohne Fasciolen. Nahrung kleine Bodentiere und Pflanzenreste; Ostsee bis Mittelmeer, bis 800 m Tiefe; häufig in der Deutschen Bucht. – *Melitta sexiesperforata* (Melittidae), 9 cm, mit 6 Lunulae; Karibik. – *Rotula angusti* (Rotulidae), 7 cm, Westafrikanische Küste (Abb. 1125).

5.2.5 Spatangoida

Kiefer fehlen, auch in Juvenilstadien. Mund nach vorn verlagert, vorderes Ambulacrum zur Ernährung oft eingesenkt („Herzigel"), aboral nur 4 Ambulacren (Petaloide). Meist dünnwandige Formen, die im Sediment leben. Artenreichste rezente Seeigelgruppe (über 240 Arten).

Brissaster latifrons (Schizasteridae), 8 cm; gemäßigt subpolar (Abb. 1126 A). – *Schizaster canaliferus* (Schizasteridae), 7 cm; häufig im Mittelmeer. – *Brissopsis lyrifera* (Brissidae), 6 cm; tief in Weichböden eingegraben. Fasciolen bilden eine lyraförmige Figur auf der Oberseite. Lofoten bis Mittelmeer, auch in der südlichen Nordsee. – *Spatangus purpureus*, Violetter Herzigel (Spatangidae), 10 cm, Schale purpurrot. Nordnorwegen bis Mittelmeer. – *Echinocardium cordatum* (Loveniidae), 5 cm, Schale hellviolett. In einer 15–20 cm tiefen Sandröhre, deren Wände mit Schleim verhärtet sind. Nordnorwegen bis

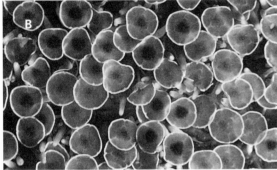

Abb. 1124: Giftpedicellarien des Seeigels *Tripneustes gratilla* (Temnopleuroida), Rotes Meer. A Habitus von aboral, die kurzen Stacheln werden von den Pedicellarien verdeckt. B Blick auf die weit geöffneten Giftpedicellarien, die bei mechanischer und chemischer Reizung heftig zuschnappen; dazwischen einige Stachelspitzen. Originale: R. Patzner, Salzburg.

Mittelmeer, auch südliche Nordsee (Abb. 1116, 1117, 1126B).

6 Holothuroida, Seegurken

Die etwa 1200 Arten der Holothurien zeigen die größte Formenvielfalt unter den Echinodermen. Allein in der Körpergröße variieren sie von über 2 m

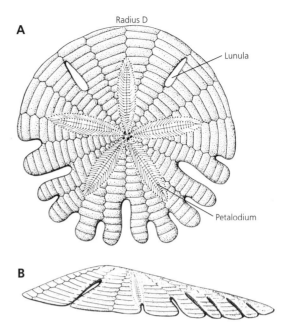

Abb. 1125: *Rotula angusti*, „Sanddollar" (Clypeasteroida); Skelett ohne Stacheln dargestellt. A Aboralseite. B Seitenansicht. Aus Kaestner (1963).

(*Synapta maculata*) bis zu den Meiofauna-Arten der Myriotrichiden von 1–3 mm (*Parvotrochus belyaevi*). Holothurien besiedeln alle Bereiche des Meeresbodens bis in die Tiefseegräben. Etwa ein Drittel aller Arten kommt in bathyalen bis abyssalen Tiefen vor. Bis 4000 m stellen sie bereits 50% der benthischen Biomasse, bis 8500 m Tiefe sogar 90%.

Seegurken sind auch häufige und auffällige Arten der benthischen Makrofauna der Schelfmeere. Ähnlich wie manche Seesterne leben einige Arten in der Gezeitenzone und können ein Trockenfallen lange aushalten. Große Aspidochirotida mit ihrer breiten Kriechsohle und den schildförmigen Tentakeln siedeln bevorzugt auf Sandflächen subtropischer und tropischer Flachwasserbereiche.

Bei einer Dichte von 5–35 Ind. m^{-2} werden sie ökologisch bedeutsam in der Sedimentumsetzung. Immerhin passiert Sediment in einer Menge von 80 kg Trockengewicht den Darm 20 cm großer Tiere pro Jahr. Stets kann man hinter

Abb. 1126: „Irreguläre" Seeigel (Spatangoida). Lebendaufnahmen. A *Brissaster latifrons*, 8 cm, nordamerikanische Pazifikküste, Oberseite, Vorderende linke Seite. B *Echinocardium* sp., 5 cm, Unterseite. Originale: W. Westheide, Osnabrück.

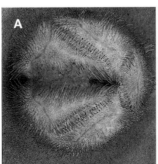

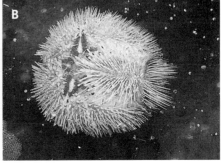

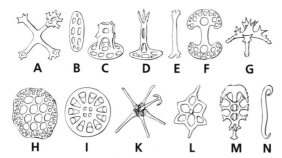

Abb. 1127: Mikrosklerite von Seegurken. A-D Aspidochirotida. E-I Elasipodida. K-L Molpadiida, M, N Apodida. Nach Marinelli (1962).

solchen Sedimentfressern ca. 1 cm dicke portionierte Faeceswürste finden. Auch in kälteren Meeren und z.T. größeren Tiefen sind Seegurken in z.T. großer Dichte vorhanden (die *Cucumaria*- und *Psolus*-Arten, *Pachythone rubra*: 3 000 Ind. m^{-2}).

Filtrierende Arten leben nahezu sessil und bewegen sich viele Tage (bis 2 Jahre !) nicht von ihrem gewählten Platz. Tropische Synaptiden hingegen kriechen und klettern (Seegraswiesen) lebhaft über das Substrat. Aktives Schwimmen ist von mehreren Arten bekannt, ebenso eine pelagische Lebensweise: diese zu den Elasipodida gehörenden Schwimmformen haben ihre Sklerite verloren, besitzen eine gallertig weiche Körperdecke und bewegliche Randsäume aus verwachsenen Dorsalpapillen.

Bau

Die Seegurken sind besonders durch eine lange Oral-aboral-Achse ausgezeichnet (Abb. 1071). Charakteristisch ist eine dicke, ledrige Körperdecke mit einem massiven Hautmuskelschlauch. Das **Kalkskelett** ist meist nur auf mikroskopisch kleine Sklerite, die peripher unter der Epidermis liegen, beschränkt (Abb. 1127).

Meist finden sich mehrere Sklerittypen in einer Art, doch gibt es gruppenspezifische Kombinationen und Einzelformen. „Ankerförmige Ossikeln" (Abb. 1081), bei denen der Stiel des Ankers in einem Winkel von 45° von einer Basalplatte gegen die Oberfläche aufsteigt, sind typisch für die fußlosen Synaptiden, aber auch für *Molpadia* (Molpadiida) (Abb. 1127 K, L). Die Stiele der Anker stehen senkrecht zur Längsachse der wurmförmigen Tiere und unterstützen die Kriechbewegung. In den ebenfalls apoden Chiridotidae sind „Rädchen" mit 6–24 Speichen besonders in Warzen der aboralen Interradien konzentriert. Rädchen und „C-förmige Spikeln" besitzen auch die Elasipodida. Nur bei den Psolidae treten große rundliche Platten auf.

Mund und After liegen grundsätzlich an den Körperenden. Der Mundpol ist stets auch das Vorderende. Um die Mundöffnung liegt ein Kranz von Tentakeln, deren Form und Funktion eng mit der Ernährungsweise korreliert ist (Abb. 1130). Die Morphologie der Tentakeln wird zur Trennung höherer Taxa herangezogen. Die morphologische Aboralseite ist eigentlich nur auf die unmittelbare Umgebung der Afteröffnung beschränkt, bis zu der sich die langen Radien und Interradien fortsetzen. Die Mund-After-Achse der Seegurken geht auf die Hauptachse der bilateralen Larve zurück. Pentamer radiärsymmetrisch mit Mund und After terminal in der Radiärachse sind nur die fußlosen Apodida und Molpadiida.

Die Mehrzahl aller Seegurken liegt mit den Radien A, B und E dem Substrat auf, der Interradius CD liegt auf der Oberseite, und in ihm mündet weit vorne die einzige Gonade aus. Aus dieser physiologischen Orientierung hat sich bei vielen Holothurien sekundär eine deutliche Bilateralsymmetrie ent-

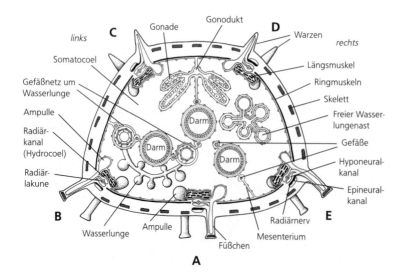

Abb. 1128: Organisation einer aspidochiroten Holothurie im Querschnitt. Original: A. Goldschmid, Salzburg, nach verschiedenen Autoren.

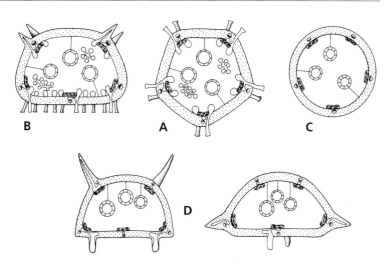

Abb. 1129: Querschnitte durch Holothurien verschiedener Organisationstypen. A Dendrochirotida, pentamer-symmetrisch. B Aspidochirotida, bilateral-symmetrisch mit Kriechsohle (Trivium), gebildet von den Radien B, A und E. C Apodida, wurmförmig fußlos. D Elasipodida, bilateral-symmetrisch. Ampullen im Bindegewebe der Körperdecke. Große Stelzfüße in Radius B und E (D). Große mediane Füßchen in Radius A, in Radius B und E ein Randwulst gestützt vom Hydrocoelsystem. Ambulacrum A immer unten in der Mitte. Originale: A. Goldschmid, Salzburg.

wickelt, bei der die Symmetriebene durch den Radius A und den Interradius CD verläuft (Abb. 1129). Die dem Substrat zugekehrte Unterseite mit drei Füßchenreihen im medianen Radius A und den beiden seitlichen Radien B und E wird dann Trivium, die Oberseite mit den Radien C und D Bivium genannt. Das Bivium besitzt nur noch selten Füßchen, oft hingegen nur kurze Tentakeln, die in äußeren Fortsätzen oder Warzen enden (Abb. 1129 B). Da bei diesen Formen auch die Mundöffnung meist subterminal auf der Unterseite liegt, werden bei ausgeprägter Bilateralsymmetrie für die Unter- und Oberseite (nicht ganz korrekt) die Begriffe ventral und dorsal verwendet.

Seegurken haben ausnahmslos ein versenktes Ambulacralsystem mit einem deutlichen Epineuralkanal. Dieses radiäre System liegt tief im Inneren der Körperdecke und ist von Längsmuskelbändern bedeckt (Abb. 1086, 1128). Von außen nach innen ziehen im Radiärsystem folgende Strukturen: Epineuralkanal mit ektoneuralem Radiärnerv, Hyponeuralkanal (Perihämalkanal) mit hyponeuralem Radiärnerv, die Radiärlakune und der Radiärkanal des Hydrocoels (Abb. 1086).

Eine für Seegurken typische innere Skelettstruktur ist der Kalkring in der Wand des somatocoelen Peripharyngealraums mit ähnlicher Lagebeziehung wie der Kieferapparat der Seeigel. Er besteht aus je 5 großen, festgefügten radialen und interradialen Platten. An ihnen setzen die 5 kräftigen Längsmuskelbänder an, die in erster Linie Retraktoren des Vorderendes mit den Tentakeln sind (Abb. 1071E, 1081). Der vom Kalkring gestützte Pharyngealbereich kann mit dem Mund und den kontraktilen Tentakeln in den Vorderkörper zurückgezogen und die verbleibende Öffnung durch kräftige Sphinkterbildungen der Ringmuskulatur verschlossen werden. Da auch die Analregion einen Sphinkter besitzt, sind Vorder- und Hinterende an einer gestör-

ten und voll verschlossenen Seegurke oft schwer zu unterscheiden.

Bei den Dendrochirotida mit ihrer umfangreichen Tentakelkrone wird der an sie anschließende Vorderkörper zu einem Fünftel der Gesamtlänge als „Introvert" miteingezogen. Dieses Introvert ist dünnwandig, ohne Füßchen und bei gepanzerten Formen (*Psolus*) ohne Skelettplatten; der Sphinkter liegt erst am Hinterende des Introverts. Die Rückzieher eines solchen Introverts sind Abspaltungen der fünf Längsmuskelbänder.

Neben der Längsmuskulatur und den Sphinktermuskeln am Vorder- und Hinterende ist Ringmuskulatur vorhanden, die in dünnen Faserbündeln entlang der Innenseite der Körperwand zieht (Abb. 1128).

Der Ringkanal des Hydrocoels liegt am proximalen Ende des Peripharyngealcoeloms. Verglichen mit anderen Echinodermen ist er außerordentlich weit und immer deutlich erkennbar, ebenso wie die abgehenden Radiärkanäle. Auch die vervielfachten Polischen Blasen (3–12 bei Dendrochirotida und Aspidochirotida) sind groß. Ursache für diese weite Dimensionierung der Hydrocoelstrukturen sind die vielen (meist zehn) Mundtentakel (Abb. 1071), deren Hohlraumsystem viel Flüssigkeit erfordert, besonders wenn Tentakelampullen fehlen wie bei den Elasipodida, Apodida und vielen Dendrochirotida.

Das Axocoel mit Axialorgan und Steinkanal ist reduziert. Nur vereinzelt, häufig bei den Elasipodida, behält der Steinkanal eine Verbindung zu einem Hydroporus. Bei der Mehrzahl der Seegurken ist er kurz, oft vervielfacht und öffnet sich mit einem „Madreporenköpfchen" in das Somatocoel (Abb. 1071). Besonders bei Synaptiden, Dendrochirotiden und Aspidochirotiden sind die Steinkanäle vermehrt: *Holothuria tubulosa* bis 20, *H. chilensis* 60–80.

Die Füßchen des Triviums sind bei Aspidochirotida auf die gesamte Fläche zwischen den drei Ra-

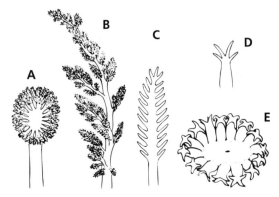

Abb. 1130: Holothuroida. Mundtentakel-Typen. A *Actinopyga* sp. (Aspidochirotida). B *Cucumaria* sp. (Dendrochirotida). C *Gynaptula* sp. (Apodida). D *Labidoplax* sp. (Apodida). E. *Caudina* sp. (Molpadiida). Aus Clark (1968).

dien verteilt (Abb. 1129 B). Bei einigen Dendrochirotida (*Phyllophorus*, *Thyone*) stehen die Füßchen ausgehend von den gleich gebauten Radien regellos auf der gesamten Körperoberfläche. Apodida haben weder Radiärkanäle noch Füßchen, sondern nur einen Ringkanal und Mundtentakeln; auch den Molpadiida fehlen die Füßchen, die Radiärkanäle enden in Analpapillen. Die Füßchen der Dendrochirotida und Aspidochirotida haben kleine Ampullen und einen langen Kanal, der durch die dicke Körperwand führt. In der Endscheibe liegt meist eine Skleritplatte und bei einigen Arten ein Zweidrüsen-Haftsystem. Nie wird ein hochentwickelter Ansaugapparat wie in vielen Seesternen und Seeigeln differenziert.

Der **Darmtrakt** ist ein durchgehendes Rohr mit einem charakteristischen, langen, absteigenden Schenkel, der wieder nach vorne führt, um abermals zur Kloake hinabzusteigen. Er ist am unvollständigen dorsalen Mesenterium in der geräumigen Somatocoelhöhle aufgehängt. Der Darm besitzt ein für Echinodermen hoch entwickeltes Gefäßsystem, das sich durch Auflösung weiter Bereiche der Mesenterien entwickelt (Abb. 1128). Bei den Aspidochirotida (*Holothuria*, *Stichopus*) ist es hoch differenziert und in verschiedenen Abschnitten kontraktil.

Zahlreiche Holothurien besitzen ein inneres **Atmungssystem** in Form der Wasserlungen, bäumchenartigen Verzweigungen des Enddarms (Abb. 1071E, 1128). Sie werden durch Pumpbewegungen der Kloake ventiliert. Bei den Apodida und Elasipodida mit zarter wasserreicher, gallertiger Körperdecke fehlen sie. Wasserlungen sind offenbar notwendig wegen der Ausbildung der dicken Körperdecke und der Reduktion und Spezialisierung der Füßchen.

In einigen *Holothuria*-, *Bohadschia*- und *Actinopyga*-Arten haben sich sehr effiziente Verteidigungs-

organe entwickelt, die Cuvierschen Schläuche. Bis 150 dieser Organe liegen bei *Holothuria forskali* an der Basis des freien Wasserlungenastes. Sie können durch eine Ruptur der Kloakalwand ausgestossen werden und sich dabei extrem strecken. Sie kleben unter Wasser und sind für viele Organismen toxisch (z. B. Fische).

In manchen Arten (*Actinopyga agassizi*) sind die Cuvierschen Schläuche weder klebrig, noch dehnen sie sich lang aus, sondern sind nur durch ihr Gift wirksam.

Auf vielen Inseln des indopazifischen Raumes werden von Eingeborenen zerkleinerte *Holothuria atra* zum Betäuben von Fischen in Gezeitentümpeln und abgeschlossenen Buchten verwendet. Die toxisch wirksamen Substanzen sind Saponine und stammen aus Drüsen der Epidermis.

Die **Mundtentakel** sind stark abgewandelte Füßchen, die ausschließlich dem **Nahrungserwerb** dienen. Auf ihren Endknöpfchen finden sich Zellen mit pinsel- oder papillenartigen Mikrovilli, die proteinreiche Mucopolysaccharide in den dichten filzartigen Überzug der Cuticula abgeben und für das Festheften von Partikeln verantwortlich sind. Die Haftfähigkeit ist eher gering, weshalb vorwiegend tote organische Partikeln oder einzellige Algen festkleben, nicht aber hochbewegliche Zooplankter.

Nach der Technik der Nahrungsaufnahme lassen sich mehrere Tentakeltypen unterscheiden und zur Charakterisierung von Subtaxa heranziehen (Abb. 1130). (1) Suspensionsfresser sind die hemisessilen Dendrochirotida mit 10 bäumchenförmigen Tentakeln. Sind sie mit Partikeln beladen, werden sie in die Mundöffnung gesteckt und abgestreift. Zwei kleine gabelförmige Tentakel (z. B. bei *Cucumaria* Abb. 1133 C)) können dabei den eingeführten Tentakel in Position halten.

(2) Die Aspidochirotida schaufeln mit ihren fein ausgefransten, scheibenförmigen Tentakeln Sediment in die Mundöffnung, die subterminal dem Substrat zugewendet ist.

(3) Die fußlosen Apodida zeigen unterschiedliche Techniken. Große Arten wischen mit kammartig verzweigten Tentakeln rasch über die Substratoberfläche und führen sie ebenfalls in den Mund ein. Kleine Apodida wühlen sich wurmartig peristaltisch durch das Sediment und ergreifen Beute mit kurzen fingerförmigen Mundtentakeln (Abb. 1133D). Daneben bauen sie auch U-förmige Röhren und suchen am Eingang das Sediment ab. Soweit bekannt nehmen Molpadiida feines Sediment auf, das förderbandartig den Körper passiert.

(4) Die tiefseebewohnenden Elasipodida tupfen mit scheibenförmigen Tentakeln den organisch angereicherten Oberflächenfilm des Sediments auf. Auch bei ihnen liegt die Mundöffnung subterminal vor der Kriechsohle. Die vollkommen durchsichtige *Peniagone diaphana* schwimmt mit dem Mund nach unten über dem Sediment und nimmt Material aus dem Wasser auf.

Das orale, ringförmige **Nervensystem** der Seegurken ist geringer entwickelt als bei Asteriden und Ophiuriden. Das hyponeurale System steuert die Muskulatur der Körperwand und liegt in den Wänden der Hyponeuralkanäle. Ein aborales Nervensystem fehlt. Wie bei allen Echinodermen sind nur wenige **Sinnesorgane** vorhanden: z.B. Statocysten und Ocellen an den Tentakelbasen verschiedener Apodida.

Deutlich erkennbare **Exkretionsorgane** fehlen bis auf die Wimperurnen der Synaptiden (s.a. Sipuncula, S. 333). Nach neuesten Untersuchungen bilden sie mit Ansammlungen von Coelomocyten auf ihrer unteren Lippe eine funktionelle Einheit. Die ca. 300 µm hohen Organe stehen in Reihen an der Coelomwand (*Leptosynapta inhaerens* mit 10 cm Länge besitzt davon ca. 4 500) und fördern Coelomflüssigkeit heran, aus der die Coelomocyten mit Pseudopodien Partikeln und Substanzen aufnehmen.

Die Evisceration, das Ausstoßen der inneren Organe einschließlich Gonaden, ist ein bekanntes Phänomen bei Seegurken. Dies geschieht zumeist durch den After. Schleppnetze der Fischer sind oft völlig verklebt von den ausgestossenen Eingeweiden. Bei manchen Arten scheint Evisceration regelmäßig vor Eintreten des Winters vor sich zu gehen. In gemäßigten Breiten dauert die Regeneration ca. 2–6 Wochen, in den Tropen oft nur 9 Tage.

Seegurken sind bis auf wenige Ausnahmen getrenntgeschlechtlich ohne Sexualdimorphismus. Die wenigen Zwitter sind kleine, meist brutpflegende Arten.

Holothurien besitzen nur eine **Gonade** im Interradius CD. Meist bildet diese lange Schläuche zu beiden Seiten des dorsalen Mesenteriums (Abb. 1128). Ein Gonodukt zieht in diesem Mesenterium weit nach vorn und mündet unmittelbar hinter dem Tentakelkranz. Seegurken haben keinen aboralen Somatocoelring, in den bei anderen Eleutherozoen der Genitalstrang hineinwächst. Ein Genitalcoelom fehlt ihnen daher. Die Wand der Gonade besteht nur aus dem Coelothel, außen mit Muskelzellen und Nervenplexus, innen mit Keimepithel. Zwischen beiden Epithelien liegt ein Hämalraum.

Fortpflanzung und Entwicklung

Seegurken geben ihre Geschlechtszellen in das freie Wasser ab. Von vielen Aspidochirotida sind Synchronisationen des Ablaichens und typische Laichstellungen bekannt (Abb. 1131).

Die typische planktotrophe **Larve** der Seegurken, die Auricularia (Abb. 1093B, 1132), ist bisher nur von den Familien der Holothuriidae, Stichopodidae und Synaptidae bekannt. Diese bilaterale Larvenform gleicht einem Quader, an dessen Seitenkanten ein Wimpernband zieht. Auf der Ventralseite senkt

Abb. 1131: Laichstellung der Seegurke *Holothuria tubulosa* (Aspidochirotida). Sperma tritt aus der einzigen Geschlechtsöffnung aus. Original: H. Moosleitner, Salzburg.

sich das tiefe Mundfeld ein, das oben und unten vom durchgängigen Wimpernband begrenzt wird. In älteren Larven bilden sich Einbuchtungen und Vorwölbungen der Körperkanten, denen das Wimpernband folgt.

Aus den offenen Ozeanen sind Riesen-Auricularien bekannt, von denen man die Adulttiere bisher nicht kennt. Sie werden bis 15 mm lang und entwickeln – ähnlich wie die Planctosphaera-Larve (S. 773) – ein reich gelapptes Wimpernband.

Die Coelomdifferenzierung erinnert an die Vorgänge bei den Crinoiden. Vom Archenteron schnürt sich eine einfache Enterocoelblase nach dorsal ab. Diese verlagert sich nach links und teilt sich in eine vordere Axohydrocoelblase und eine hintere Somatocoelblase. Die Somatocoelblase teilt sich weiter und die beiden Hälften orientieren sich links und rechts vom Darm. Das Axohydrocoel wird auf der linken Seite rasch größer und bildet nach dorsal einen Kanal mit dem Hydroporus. Umstritten ist die Differenzierung eines Axocoels. Die Hydrocoelanlage links vom Oesophagus bildet 5 Knospen, die späteren Mundtentakel, und beginnt sich ringförmig über dem Magen zu schließen.

In dieser Phase wandelt sich die Auricularia zur Doliolaria. Das durchgehende Wimpernband teilt

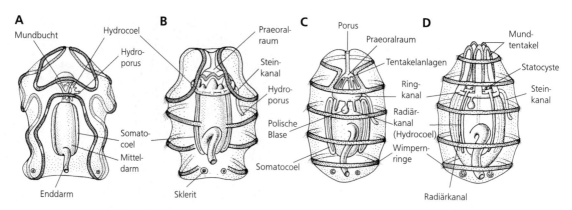

Abb. 1132: Metamorphose einer apoden Holothurie in Ventralansicht. Hydroporus öffnet sich rechts in der Rückwand der Larve. A Auricularia. Geschlossenes Wimpernband beginnt an den hellen Stellen aufzubrechen. B Umbau zur Doliolaria. Mundbucht nach apikal geschwenkt und Praeoralraum tief eingesenkt. C Doliolaria (Tönnchenlarve) mit Wimpernringen. Praeoralraum nur über dünnen Kanal und Porus nach außen geöffnet. Tentakelanlagen im Praeoralraum. D Späte Doliolaria. Praeoralraum erweitert, Mundtentakel treten nach außen durch. Originale: A. Goldschmid, Salzburg, nach Semon (1880) und Reimer (1912).

sich in mehrere Stücke, die sich bald zu 5 Wimpernringen schließen. Das eingebuchtete Mundfeld sinkt tief ein und nimmt dabei einige Teilstücke des Wimpernbandes mit (Abb. 1132).

Die Öffnung des erweiterten Mundvorraums verengt sich zu einem Porus und der gesamte Komplex kippt um etwa 90° nach oben, so daß Mund und Vorhoföffnung in der Hauptachse liegen. Damit ist auch der Hydrocoelring in eine horizontale Ebene geschwenkt: Während die 5 Mundtentakel in breiter Verbindung zum großen Ringkanal stehen und rasch größer werden, wachsen unter der Körperdecke 5 dünne Radiärkanäle nach hinten. Die Somatocoele weiten sich aus, bis sie dorsal und ventral aneinanderstoßen. Ventral vereinigen sich beide Somatocoele, und nur dorsal bleibt das Mesenterium erhalten. Es liegt von Anfang an in der späteren Medianebene parallel zur Mund-After-Achse, also genau senkrecht zu vergleichbaren Mesenterien anderer Echinodermen.

Schon vier Stunden nach Einsetzen der Metamorphosevorgänge treten die Mundtentakel aus dem Vorhof hervor und das Pentactula-Stadium ist erreicht. Währenddessen ist die Larve kontinuierlich kleiner geworden. Die histologische und organogenetische Differenzierung bis zum Festsetzen dauert noch etwa 24 Stunden. Dabei verschwinden zuletzt die Wimpernringe der Epidermis und auf der Ventralseite entsteht am Hinterende im Radius A das erste Füßchenpaar.

Wie bei anderen Echinodermen läuft die lecithotrophe Entwicklung der Seegurken verkürzt ab. Stets wird das Auricularia-Stadium übersprungen. Eine Doliolaria („Pseudo-Doliolaria") mit wechselnder Zahl von Wimpernringen (1–5), einem apikalen Scheitelorgan und der Anlage eines Stomodaeums ist häufig (z.B. *Cucumaria echinata, Leptosynapta inhaerens*). Eine tonnenförmige, gleichmäßig bewimperte Schwimmlarve bildet *Cucumaria frondosa*. *Holothuria floridana* schlüpft nach 5 Tagen als Pentactula aus großen Eiern.

Brutpflege ist von ca. 40 Arten bekannt, vorwiegend bei Dendrochirotida und Apodida. Die Brut entwickelt sich unter der Kriechsohle, zwischen den Mundtentakeln, in Bruttaschen der Körperdecke, innerhalb der Gonaden oder des Coeloms. Brutpflegende Arten sind in der Mehrzahl klein und auf kältere Meere beschränkt. Nur die inneren Brüter stammen aus gemäßigten bis subtropischen Bereichen.

Asexuelle Fortpflanzung durch Fissiparie ist nur von zwei Arten der Dendrochirotida (*Cucumaria planci, C. lactea*) und sieben Arten der Aspidochirotida bekannt (*Holothuria atra*). Bei dieser tropischen Art tritt Fissiparie regelmäßig bei sehr hohen Wassertemperaturen auf. Bei den Mehrfachteilungen vieler Synaptiden kann nur das Vorderende wieder regenerieren.

Systematik

Die verwandtschaftlichen Beziehungen der Holothurien zu den anderen Echinodermen-Taxa sind unklar. Weil ähnlich wie bei Seeigeln eine aborale Körperfläche fehlt und der Kalkring mit dem Kieferapparat der Echiniden homologisiert wird, werden sie mit diesen oft als **Echinozoa** zusammengefaßt (Abb. 1095). Nach neuesten embryologischen Untersuchungen und wegen der einzigartigen Achsen- und Mesenterialverhältnisse müssen sie als eine Gruppe mit langer eigenständiger Stammesgeschichte betrachtet werden. Die 5 Subtaxa der Holothurien werden nach der Ausbildung der Tentakeln unterschieden. Weitere taxonomische Kriterien sind Form und Anordnung der Mikrosklerite, Form des Kalkrings, Besitz von Wasserlungen und Ausbildung des Füßchenapparats.

6.1 Dendrochirotida

Bäumchenförmig verzweigte, meist 10 (bis 30) Tentakel ohne Ampullen. Vorderkörper kann als Intro-

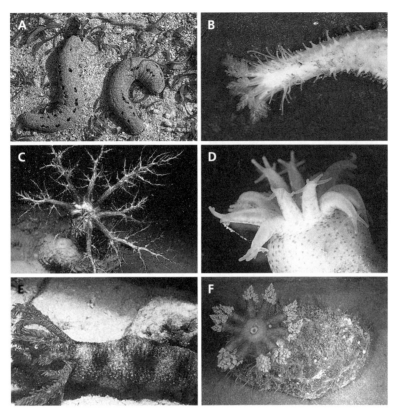

Abb. 1133: Seegurken Habitus- und Mundtentakelformen. A *Bohadschia* sp., (Aspidochirotida), 40 cm, im Flachwasser indo-pazifischer Korallenriffe; Körperoberfläche mit Sand paniert. B *Cucumaria lubrica* (Dendrochirotida), Küste British Columbia, 5 cm, Tentakel kontrahiert, vordere Füßchen lang ausgestreckt. C *Cucumaria* sp. (Dendrochirotida). Blick auf die reichverzweigten Mundtentakel, die zum Filtrieren ausgebreitet sind; ein Tentakel steckt gerade im Mund, um seine anhaftende Nahrung ab-zustreifen; zwei sehr kleine Tentakel dienen nur zum Führen bei diesem Vorgang. D *Labidoplax digitata* (Apodida). Kurze Mundtentakel mit fingerförmigen Verzweigungen, mit denen im Substrat nach Nahrung gesucht wird. E *Synapta maculata* (Apodida). Tropische Litoralform, bis 2 m lang. Vorderende mit gefiederten Mundtentakeln. F *Psolus* sp. (Dendrochirotida). Sitzt mit breiter Haftfläche auf Hartsubstraten; Oberseite mit schuppig überlappenden Skelettplatten, decken im kontrahierten Zustand auch Mund- und Afteröffnung ab. Blick auf Mundöffnung mit tiefroten Mundtentakeln (leicht kontrahiert). In kalten Meeren. A, B, F, Originale: W. Westheide, Osnabrück; C Original: K. Fedra, Wien; D Original: R. Patzner, Salzburg; E Original: I. Illich, Salzburg.

vert mit Retraktoren eingezogen werden. Meist 2 Wasserlungen vorhanden. Geteilte Gonaden. Über 400 Arten; häufig im Schelfbereich kalter Meere; bisher keine planktotrophen Larven bekannt.

Cucumaria frondosa (Cucumariidae), bis 20 cm; Nord-atlantik bis arktisch, bis 60 m, Introvert mit roten Tupfen, Tentakel fleischfarben. – *Thyone fusus* (Phyllophoridae), 20 cm; U-förmig, Füßchen über den ganzen Körper ver-teilt; atlantisch, mediterran. – *Psolus phantapus* (Psolidae), 20 cm; Oberseite ohne Füßchen, mit äußerlich erkennba-ren schuppigen Skelettplatten; Unterseite ist eine breite Haftfläche mit 3 Füßchenreihen. Bäumchenartig ver-zweigte Tentakel, so lang wie der Körper, können in den oberseitig liegenden Mund zurückgezogen werden, je 5 größere Platten verschließen Mund und After. Auf Hart-substrat, Nordatlantik (Abb. 1133 F).

6.2 Dactylochirotida

Fingerförmige Tentakel, oft nur zweiästig; U-förmi-ger Körper.

Echinocucumis hispida (Ypsilothuriidae), Stachelgurke, 3 cm; kugeliger Körper mit starken polygonalen Skelett-platten mit Stacheln. Mund und After hoch aufgebogen; ohne Kriechsohle. Eingegraben im Sediment. Im Bathyal weit verbreitet.

6.3 Aspidochirotida

Schildförmige Tentakel. Deutliche Ausbildung von Ober- und Unterseite, bilateralsymmetrisch. Dorsa-les Mesenterium zieht mit hinterer Darmschlinge bis in den rechten ventralen Interradius. Wasser-lungen, große Formen, Füßchen auf der gesamten Kriechsohle, Oberseite nur Warzen. Wegen dicker Körperwand und Längsmuskelbändern als Delika-tesse („Trepang") im südostasiatischen Raum.

Holothuria mit ca. 100 Arten, z.B. *Holothuria forskali* (Holothuriidae), 25 cm; mit ausstoßbaren Cuvierschen Schläuchen; atlantisch, mediterran. – *Stichopus regalis* (Stichopodidae), bis 50 cm, deutlich breiter als hoch,

Abb. 1134: Tiefsee-Holothurien. A *Paelopatides grisea* (Elasipoda). Epibenthische Art, die auch streckenweise schwimmen kann. B *Benthogone rosea* (Elasipoda). Weitverbreitete epibenthische Art. Oberseite nur mit Warzen in Längsreihen; große Füßchen in 2 Reihen an den Rändern der Unterseite, mit denen das Tier wie mit Beinchen laufen kann. Originale: A.L. Rice, Wormley.

große spitze Warzen, lachsfarben-ocker; atlantisch, mediterran.

6.4 Elasipodida

Tiefseeformen, ohne Wasserlungen, weiche oft gallertig durchscheinende Haut, Sklerite häufig reduziert oder fehlend. Vermutlich die Hälfte aller Arten schwimmfähig durch muskulöse Randsäume und Segel aus verwachsenen Dorsalpapillen (Abb. 1134 A). Streng und auffällig bilateralsymmetrisch (Abb. 1129 D). Mit scheibenförmigen Tentakeln, mit deren breitlappigen Endschildern die oberste Sedimentschicht aufgetupft wird. Oft wenige säulenförmige Füßchen nur mehr an den Rändern der Sohle, im Radius B und E (Abb. 1134 B). Hydroporus meist vorhanden. Durch Tiefseetauchboote und automatische TV-Rekorder-Systeme ist die Kenntnis über diese Gruppe heute sehr gut. Viele Kosmopoliten, ca. 110 Arten. Einige Arten oft in riesigen Ansammlungen auf großen Flächen.

Elpidia glacialis (Elpidiidae), 6 cm, mit 4 großen Säulenfüßen, in Karasee vor Novaja Semlja bis auf 70 m, im Neubritannien Graben unter 9000 m!, vor der Norwegischen Küste in 3600 m bis 5–6 Ind. m^{-2}. – *Peniagone willemoesi* (Elpidiidae), 15 cm; schwimmt in vertikaler Haltung mit wellenartigen Schlägen der Tentakelkrone und eines hinteren Papillenfächers; im W-Atlantik auf 2060 m 34 Ind.

m^{-2} (!). – *Kolga hyalina* (Elpidiidae), 10 cm; mit langen Füßchen. Auf Unterwasserphotos scheinen sie mit diesen vielbeinig dahinstelzen zu können; in 4000 m im NO-Atlantik bis 50 Ind. m^{-2} (!). – *Pelagothuria natatrix* (Pelagothuriidae), 20 cm. Ohne Sklerite und Kalkring, durchsichtig gallertig, quallenartig, fast radiärsymmetrisch. Pelagisch; mit einem langzipfeligen Velarsaum um Mund und Tentakeln, der wie ein Fallschirm die Tiere mit dem Mund nach oben in Schwebe hält.

6.5 Apodida

Einfache fiederförmige (pinnate) oder fingerförmige (digitate) Tentakel (Abb. 1130 C,D). Extrem langgestreckter Körper bei kleinem drehrunden Querschnitt. Keine hydrocoelen Radiärkanäle und keine Füßchen, keine Wasserlungen (Abb. 1129 C). Körperdecke dünn, charakteristische Anker- oder Rädchensklerite. Über 200 Arten. Kleine Arten oft im Sediment wühlend.

Labidoplax buski (Abb. 1081), *Leptosynapta minuta* und *Rhabdomolgus ruber* (Synaptidae), Meiofauna-Formen im Sediment, unter oder bis 1 cm; atlantisch, mediterran.

6.6 Molpadiida

Mit 15 kurzen, klauenförmigen Tentakeln mit Ampullen; Radiärkanäle ohne Füßchen enden in Analpapillen. Wasserlungen vorhanden. Graben im Weichboden mit dem Mund voraus, langer dünner Analschlot, Substratfresser mit charakteristischen Auswürfen.

Molpadia roretzi (Molpadiidae), 15 cm; purpurrot. – *Paracaudina chilensis* (Molpadiidae), bis 16 cm; Haut unpigmentiert, durchscheinende rote Coelomflüssigkeit.

Abb. 1135: Echinodermen-Gemeinschaft im nordost-grönländischen Schelf, 10 m Tiefe. Filtrierer: Haarsterne (*Heliometra glacialis*) und dendrochirote Seegurken (*Psolus* sp.); Substratweider: Schlangensterne (*Ophiocten sericeum*). Original: J. Gutt, Bremerhaven.

Chordata, Chordatiere

Die Chordaten bilden ein sehr heterogenes Taxon; deutliche Gemeinsamkeiten ihrer Subtaxa sind jedoch – wenn auch vielfach nur für kurze Zeit – in ihrer Entwicklungsgeschichte erkennbar. Primär sind sie marine Organismen – ausschließlich die **Tunicata** (2120 Arten) und die aus nur etwa 24 Arten bestehenden **Acrania**. Beide Taxa sind Mikrofiltrierer, die Mehrzahl von ihnen „innere Filtrierer", wie die hemisessilen Lanzettfischchen, die sessilen Seescheiden und die im Pelagial lebenden Salpen. Nur die **Vertebrata** (**Craniota**) haben auch außerhalb des marinen Lebensraumes in großer Formenvielfalt und mit vielen Arten das Süßwasser und das Land besiedelt. Von ihren ungefähr 52 000 rezenten Arten leben allerdings über 30 000 noch aquatisch – vor allem die Teleostei (Knochenfische im engeren Sinne) und weitere primär wasserlebende Wirbeltiere, die als „Fische" im weitesten Sinne bezeichnet werden. Der evolutive Erfolg der Wirbeltiere, zu denen ja auch der Mensch gehört, beruht u.a. auf der teilweisen Neubildung eines Kopfes mit hochdifferenzierten Sinnesorganen und einem Kieferapparat, der eine vollständig andere Ernährungsweise erlaubte.

Bau

Es sind folgende Strukturen, die alle Chordaten kennzeichnen:

1. Die **Chorda dorsalis** (Notochord) ist ein elastischer Stützstab und liegt zumindest bei den Acraniern und Vertebraten unmittelbar dorsal vom Darm. In der Ontogenese entsteht sie stets aus dem Dach des Archenterons (Urdarm) unter dem sich differenzierenden Neuralrohr. Aus der zunächst flächigen Anlage bildet sich durch Streckung des Embryos ein Stab geldrollenartig aneinandergereihter Zellen. Je nach Funktion ist die Chorda cytologisch und histologisch sehr verschieden. Gehört sie in den Funktionskreis des Bewegungsapparates, entwickelt sie eine kräftige Kollagenfaserhülle. Bei freischwimmenden Ascidienlarven (Abb. 1146 A) bilden die Chordazellen innerhalb der Faserhülle einen Zellschlauch mit gallertiger Matrix, ähnlich auch bei Appendicularien, wo im Ruderschwanz innerhalb der Chordascheide ein Rohr aus Plattenepithel einen flüssigkeitsreichen Zentralraum umgibt. Bei den Acraniern wandeln sich die Chordazellen zu Muskelplatten (Abb. 1162) mit direktem Kontakt zum darüberliegenden Neuralrohr um.
Bei Vertebraten bleibt die Chorda zeitlebens nur bei Cyclostomen und einigen Fischen erhalten

Alfred Goldschmid, Salzburg

(z.B. Stören, *Latimeria*), wird aber immer in Form großer, vakuolenreicher Zellen angelegt. Auch bei Fisch- und Amphibienlarven funktioniert sie lange als Zentrum des Bewegungsapparates. In der Regel wird sie jedoch bei den Wirbeltieren durch den Ausbau der Wirbelkörper eingeengt oder geht vollständig verloren.

2. Das **Neuralrohr** bildet sich stets durch die charakteristische **Neurulation** (Abb. 1145 B). In der Dorsalfläche des Embryos differenziert sich das Neuroektoderm zunächst als Neuralplatte, deren seitliche Ränder sich als Neuralwülste aufwölben; diese Neuralrinne schließt sich dorsal und umgibt den **Zentralkanal**. Der Verschluß der Neuralrinne beginnt in der Blastoporusregion und setzt sich nach vorne fort. Oft bleibt lange Zeit ein vorderer **Neuroporus** offen (Abb. 1145 C). Bei Acraniern und bei sich holoblastisch furchenden Vertebraten (Amphibien) kann zeitweise eine Verbindung zwischen Zentralkanal und Lumen des Archenterons entstehen (**Canalis neurentericus**). Die Zellen um das Lumen des Zentralkanals entwickeln Cilien und werden zu Ependymzellen, die bei Vertebraten auch die Innenwände der Hirnräume der Ventrikel auskleiden, die Cerebrospinalflüssigkeit abscheiden und mittels Cilien diese in Bewegung halten.

Bei allen Chordaten bilden Drüsenzellen (meist in der Ventralwand am Vorderende des Neuralrohres oder am unmittelbaren Beginn des Zentralkanals) einen Sekretfaden (Abb. 1162), der den Zentralkanal manchmal bis zum Hinterende durchzieht. Die Funktion dieses **Reissnerschen Fadens** ist bis heute unklar.

3. Der **Kiemendarm** (Pharynx), der Vorderdarm der Tunicaten und Acranier, ist von vielen engen Spalten durchbrochen, deren Ränder dicht mit Cilien besetzt sind. Er ist sehr groß im Verhältnis zum gesamten Körper und hat vor allem die Funktion eines inneren Filterkorbs. Eine ventromediane Rinne mit Cilien und Drüsenstreifen (**Endostyl, Hypobranchialrinne**) produziert in ihm ein Schleimnetz oder einen Schleimfilm, in dem eingestrudelte Nahrungspartikeln abgefangen und in den Oesophagus transportiert werden.
Bei Vertebraten entstehen im Pharynx zunächst Kiementaschen, die nach außen durchbrechen. Zumindest die Ammocoetes-Larve der Neunaugen hält sich im Sediment auf und ernährt sich ähnlich wie die marinen, filtrierenden Chordaten; auch für die fossilen, frühpaläozoischen Vorfahren der Cyclostomata, †Ostracodermata, kann man die Technik des „inneren Strudelns" annehmen.
Erst die kiefertragenden Vertebrata verwenden

den Kiemendarm vorwiegend zur Atmung, nachdem sie mit Hilfe der neu entwickelten Kiefer zu räuberischer Ernährung übergehen konnten.

Große Veränderungen erfährt der Kiemendarm beim Übergang zum Landleben, da die Atmung jetzt in den Lungen erfolgt, die als Aussackungen des Darms unmittelbar hinter dem Kiemendarm entstanden sind. Trotzdem werden bei den Landvertebraten in der Embryonalentwicklung alle wesentlichen Strukturen des Kiemendarms wie Darmtaschen, Gefäße, Nerven, Skelettelemente und Muskulatur angelegt und im weiteren Verlauf gemäß ihrer späteren Funktion umkonstruiert. Die Analyse der Pharyngealregion der Vertebrata ist ein klassisches Feld der Homologienforschung. So kann der Endostyl der Acranier und Tunicaten (Abb. 1139) in bestimmten Zellen bereits Jod binden und Thyroxin synthetisieren. Diese Fähigkeit wird bei Vertebraten in der inkretorischen Schilddrüse ausgebaut, die das Homologon des Endostyls ist.

4. Das **Herz** oder eine vergleichbare Region im Gefäßsystem liegt bei Chordaten stets **ventral** im Anschluß an den Kiemendarm. Grundsätzlich strömt Blut vom Herzen ventral nach vorne und wird nach Passieren des Kiemendarms oxygeniert und dorsal im Körper verteilt; bei Acraniern (Abb. 1164) und Vertebraten geschieht dies in Gefäßen unmittelbar unterhalb der Chorda, bzw. der Wirbelsäule.

5. Chordaten entwickeln einen **Ruderschwanz** hinter der Afteröffnung bzw. hinter der Kopf-Rumpfregion (bei Ascidienlarven, deren Afteröffnung erst in der Metamorphose entsteht) (Abb. 1145 D).

Hier sei festgehalten, daß bei primär wasserlebenden Wirbeltieren wie Haie oder Knochenfische der Kopf ohne Grenze in den Rumpf übergeht und dadurch die wichtige Funktion eines Bugapparates beim Schwimmen erfüllt. Die uns so vertraute Gliederung in Kopf, Hals und erst dahinter die Extremitäten tragende Rumpfregion ist nur für die Amniota (Sauropsida, Mammalia) zutreffend und eigentlich auch bei den Amphibia noch nicht realisiert.

Dieser postanale Ruderschwanz enthält neben quergestreifter Muskulatur, die parallel zur Körperlängsachse verläuft, die Chorda sowie Gefäße und das Neuralrohr. In der Embryonalentwicklung einiger Vertebrata, aber auch der Ascidien, gibt es Hinweise, daß der Darm oder zumindest Entodermmaterial ventral zur Chorda ursprünglich vorhanden war. Dafür sprechen auch die „Subchordalzellen" (s.u.) der Appendicularien. Daraus könnte geschlossen werden, daß der Darm sich aus dem Ruderschwanz nach vorne verlagert hat und damit auch der After nach vorne verschoben wurde.

6. Die Mesodermbildung geht stets rechts und links vom prospektiven Chordamaterial aus. Zumindest bei Acraniern und Vertebraten tritt eine deutliche **enterocoele Mesodermbildung** auf, bei der segmentale Coelomsäckchen links und rechts vom Darm angeordnet werden. Bei Tunicaten kommt es zu einer massiven Mesoder-

mauswanderung aus den dorsolateralen Winkeln des Urdarms ohne erkennbare Coelombildung – möglicherweise bedingt durch die geringe Größe der Tunicaten-Embryonen.

7. Bei sich holoblastisch furchenden Chordaten steht am Beginn der Entwicklung stets eine **Radiärfurchung**, die allerdings sehr rasch zu einem bilateralsymmetrischen Keim führt. Stark abgewandelt sind die frühen Entwicklungsvorgänge bei sich mehrheitlich diskoidal furchenden „Fischen" und bei den Amnioten, bei denen die Dottermasse nicht mehr mitgefurcht wird und so eine Keimscheibe entsteht.

Systematik

Wegen der deutlichen Segmentierung bei den Acraniern und – anlagemäßig – auch bei den Vertebraten wurde wiederholt versucht, die Chordaten von Anneliden herzuleiten. Trotz der sehr unterschiedlichen inneren Strukturen und deren Bildung (Nervensystem, Gefäßsystem, Coelom) wurde hierzu ein Annelide, vereinfacht gesagt, „umgedreht". Aus der ventralen Bauchganglienkette wäre danach das Rückenmark, aus dem dorsalen Hauptgefäß das ventrale Herz geworden. Als besondere, „ursprüngliche" Gemeinsamkeit wurden dabei die Metanephridien angesehen, die als solche innerhalb der Chordaten aber nur bei Wirbeltieren auftreten. Entscheidende Merkmale der Anneliden wie Spiralfurchung oder telomesoblastische Coelombildung wurden nicht berücksichtigt.

Heute werden Hemichordata, Echinodermata und Chordata als eine monophyletische Gruppe betrachtet, auch wenn ihre Schwestergruppenverhältnisse noch umstritten sind. Zwei der vielen Hypothesen dazu sollen hier erwähnt werden – die eine, da sie weit akzeptiert ist, die andere, da sie viel Widerspruch hervorgerufen hat. Nach der im Grundkonzept fast 100 Jahre alten Auricularia-Hypothese von GARSTANG sind die Kiemenspalten in einem gemeinsamen Vorfahren von Hemichordaten und Echinodermen entstanden. Das Neuralrohr aber entwickelte sich in der zugehörigen Dipleurula oder in einer auriculariaartigen Larve (s. Larve der Holothuroida, S. 832). Durch Längsstreckung der Larve und Annäherung der beiden dorsalen Schleifen des circumoralen Wimpernbandes hätten sich diese beiden bewimperten Epidermalwülste (vgl. Neuralwülste) zu einem Rohr am Rücken der Larve abgesenkt. Der Verlust der Cilien zur Fortbewegung wurde kompensiert durch die Bildung eines Muskelapparates zum Schlängelschwimmen und einer elastischen Chorda zur Stützung des Neuralrohrs. Ein adorales Wimpernband setzte sich als Wimper-Drüsenrinne, also als Endostyl, im Vorderdarm fort, der noch in der Larve Kiemenspalten bildete. Diese hypothetische Schwimmlarve sollte der kaulquappenartigen Schwimmlarve der Ascidien ähneln. Nimmt man für diese Protochordatenlarve noch Progenesis (Ausbildung von Geschlechtszellen auf larvaler

Stufe) an, ist der Weg zu den übrigen Chordaten offen.

In der Calcichordaten-Hypothese von JEFFE-RIES soll die Evolution zu den Chordaten nicht über ein geschlechtsreif gewordenes Larvenstadium gelaufen sein, sondern über benthische Weichbodenbewohner der Meere des Kambriums und des Ordoviziums. Die Überlegungen stützen sich auf verschiedene Formen der fossilen Echinodermengruppe †Heterostelea, die eigenartig asymmetrisch gebaut sind und keinerlei Pentamerie zeigen (S. 798, Abb. 1094B). In klassischer paläontologischer Auffassung werden diese Gruppen in die Vorfahren der Crinoiden (S. 799) eingereiht und völlig anders rekonstruiert und funktionell gedeutet als in der Calcichordaten-Hypothese. So etwa wird ein nach vorne und oben gerichteter Fortsatz als Aulacophor oder Futterarm gedeutet, der nach der Calcichordatenvorstellung aber ein gegliederter, beweglicher Schwanzfortsatz sein soll, mit Chorda und Neuralrohr. Als Basisgruppe der †Calcichordata werden die †Cornuta betrachtet (†Cothurnocystis) (Abb. 1094B). Die †Mitrata stünden an der Basis von Tunicaten und Vertebraten, während die Acranier aus einer schon früher abgespalteten Linie entstanden wären.

Gegenargumente gegen die Calcichordata-Hypothese sind: Das Echinodermenskelett ist eine intrazelluläre Bildung von Calciumkristallen in Vakuolen, das Wirbeltierskelett eine extrazelluläre Abscheidung der Bindegewebszellen vorwiegend von Calciumphosphat. Nach Vorstellung der Calcichordata-Hypothese, nach der die drei großen Subtaxa der Chordaten in getrennten Linien entstanden wären, müßte jedesmal das Kalkskelett unabhängig voneinander verloren gegangen sein. Nach neuesten Funden wären die „Calcichordata" Zeitgenossen der ersten Wirbeltiere.

Spezifische Rezeptoren in den Wimpernbändern von Echinodermenlarven und im Neuralrohr von *Amphioxus* lassen die Garstangsche Hypothese in neuem Licht erscheinen. Von gegenwärtigen Echinodermen-Forschern werden die asymmetrischen bis bilateralen „Calcichordata" als Schwestergruppe (Carpoida) den übrigen Echinodermen gegenübergestellt.

Nach DNA-Sequenzanalysen stehen die Chordaten den Hemichordaten näher als den Echinodermen.

1 Tunicata (Urochordata), Manteltiere

Die Zugehörigkeit zu den Chordaten ist bei den drei ausschließlich marinen Gruppen der Manteltiere vielfach nur in der Larval- und Embryonalentwicklung erkennbar: es sind dies die sessilen **Ascidiacea** (Seescheiden, 2000 Arten), die pelagischen **Thaliacea** (50 Arten) mit den Feuerwalzen (Pyrosomida), Salpen und Doliolen, sowie die pelagischen **Appendicularia** (70 Arten). Nur die letzteren besitzen auch als Adulttiere einen Schwanz mit Chorda und Neuralrohr. Alle Tunicaten sind mikrophage Filtrierer.

Namengebend ist die Tunica (Mantel), die besonders bei den Ascidien eine äußere Stütz- und Schutzhülle um das Tier bildet und die ein Leben als benthisch sessile Filtrierer mit einem ausgedehnten

Alfred Goldschmid, Salzburg

sackförmigen Kiemendarm erst möglich macht. Einzigartig im Tierreich ist, daß dieser vorwiegend von der Epidermis gebildete Mantel neben Wasser und Proteinen besonders Zellulosefasern („Tunicin") enhält. Daneben treten im Mantel – wie in einer Art Bindegewebe – einzelne Zellen auf, z.B. Blut- und Pigmentzellen und oft ein mächtig entwickeltes Gefäßsystem.

Bei den pelagischen Formen ist der Mantel meist gering entwickelt, oft ohne Zellen und mit geringerem oder ohne Zelluloseanteil. So scheiden Appendicularien nur gallertige, schleimige Mucopolysaccharide ab, entweder als Fangblase vor dem Mund (Fritillariidae) oder als komplexes Filtergehäuse (Abb. 1154, 1155), in dessen Zentrum das Tier selbst lebt (Oikopleuridae).

Salpen, Doliolen und Appendicularien werden wegen der Tunica und des Filtergehäuses in der ökologischen Lite-

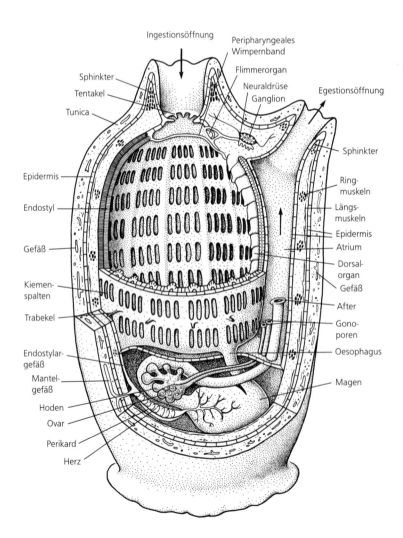

Abb. 1136: Tunicata. Organisationsschema einer Ascidie. Eine Hälfte der Tunica und ein Teil des Kiemendarms entfernt. Original: A. Goldschmid, Salzburg, nach verschiedenen Autoren.

ratur oft als „gelatinous plankton" zusammengefaßt. Sie kommen in warmen Meeren gemeinsam vor und tragen nach dem Absterben und Zerfall entscheidend zu einem als „marine snow" beschriebenem Trübephänomen bei, das aber auch durch Diatomeen und Cyanobacterien entstehen kann.

Der zweite für das Taxon verwendete Name, „Urochordata", drückt aus, daß eine Chorda bestenfalls im Schwanz und meist nur während der Entwicklung auftritt.

Bau

Das Körpergewebe ist wegen der vielfach sehr großen inneren Hohlräume (Kiemendarm, Peribranchialräume) auf dünne Schichten beschränkt. Dementsprechend ist Bindegewebe unter der einschichtigen **Epidermis** kaum entwickelt, vielmehr finden sich in einer flüssigkeitsreichen Grundsubstanz viele Formen freier Zellen und offene Blutbahnen (oft nicht ganz korrekt als „Hämocoel" bezeichnet). Allgemein ist die Epidermis ein sehr dünnes Plattenepithel aus polygonalen Zellen, häufig weniger als 1 μm (!) dick. Sie zeigt hohe sekretorische Leistung und bildet den Mantel oder den äußeren Filterapparat. Die Mantelbildung bedingt wohl auch die geringe Ausstattung der Epidermis mit Rezeptoren. Hingegen ist die Fähigkeit zur Erregungsleitung einzigartig hoch entwickelt (gap junctions!).

Eine geschlossene **Körpermuskulatur** fehlt. Einzelne Faserbündel sind unmittelbar unter der Epidermis meist nur dort vorhanden, wo Bewegung bedeutend ist, etwa die glatte Muskulatur in den Sphinkterbildungen um die Ein- und Ausstromöffnungen der Ascidien und Feuerwalzen. Quergestreifte Körpermuskulatur besitzen die freien Larvenstadien und nicht sessile, sich frei bewegende Formen.

Bei den pelagischen, zu kleinräumigen Schwimmbewegungen fähigen Thaliaceen liegen unter der Epidermis einige **Muskelbänder** (Abb. 1151, 1153), die den tonnenförmigen Körper entweder ganz (Doliolen) oder bis auf die Ventralseite (Salpen) umgreifen.Die Muskelbänder der Salpen bestehen aus vielkernigen, quergestreiften Fasern, jene der Doliolen sind schräg gestreift, ohne sarkoplasmatisches Reticulum oder T-System. Solitäre Salpen erreichen bei 1–2 Kontraktionen pro Sekunde Geschwindigkeiten von 6 cm s^{-1} (*Salpa maxima,* 4–10 cm lang); Ketten von *Salpa cylindrica* (Einzeltiere ca. 1 cm lang) schwimmen sogar, bedingt durch Anordnung und koordinierte Aktion, bis zu 9 cm s^{-1}. Die Schwimmrichtung kann rasch gewechselt werden, der Rücken mit den dorsal am Ganglion liegenden Augen bleibt nach oben gerichtet. Langsamere Muskelkontraktionen pumpen nur Wasser durch den Körper zum Filtrieren. Selbst die nur wenige Millimeter großen Doliolen erreichen mit gleicher Technik Geschwindigkeiten von 10–22 cm s^{-1} (etwa die 50-fache Körperlänge in der Sekunde).

Eine besondere Form kontraktiler Zellen außerhalb des eigentlichen Körpers treten im gemeinsamen Mantel von Synascidienkolonien (z.B. Didemniden)

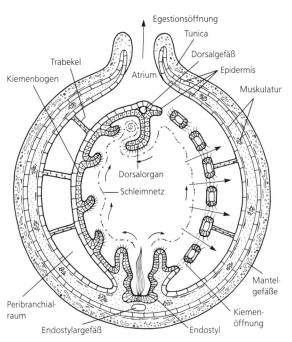

Abb. 1137: Querschnitt durch eine Ascidie auf der Höhe der Egestionsöffnung. Gerade Pfeile: Wasserstrom; geschwungene Pfeile: Transportweg des Schleimnetzes. Original: A. Goldschmid, Salzburg.

und Pyrosomiden auf. Bei den ersteren bilden reichverzweigte „Myocyten" ein Netzwerk (um die gemeinsame Kloake ringförmig) von Zellfortsätzen mit Actin-Filamenten. Bei Berührung der Tunica kontrahieren sie sich langsam, und Wasser tritt aus den Kloakenräumen aus. Bei den Pyrosomiden bilden ähnlich gebaute „Spindelzellen" ein Längsband, das die Sphinktermuskeln der Egestionssiphonen verbindet. Die Erregung wird offenbar in den Myocyten und Spindelzellen selber weitergeleitet, eine Innervation fehlt.

Obwohl das **Nervensystem** in der Embryonalentwicklung immer als Neuralrohr (Abb. 1145 B,C) angelegt wird – auch bei Bildung vegetativer Individuen aus Knospen – ist das Gehirn der Adulten stets ein kompaktes, oft kugeliges und meist sehr kleines Ganglion mit peripheren Neuronen und zentraler Fasermasse. Das Ganglion liegt auf der morphologischen Dorsalseite nahe der Einstromöffnung. Wenige, aber meist deutliche Nerven verbinden Rezeptor- und Erfolgsgebiete mit dem Ganglion; bei Ascidien und Thaliaceen ziehen Nerven von und zu den Ein- und Ausstromöffnungen.

Eng am Ganglion liegt die Neuraldrüse (Abb. 1138), von der ein epithelial ausgekleideter Gang dorsal zum Eingang des Kiemendarms führt. Der Gang geht aus dem vorderen Neuroporus hervor; die Öffnung in den Kiemendarm ist kräftig bewimpert und kann (bei großen Einzelascidien und Thaliaceen) ein polsterartiges Flimmerorgan

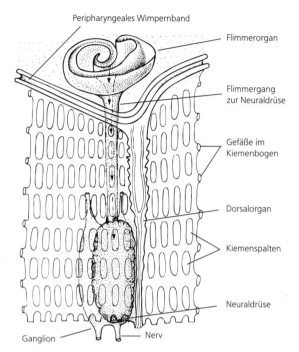

Peripharyngeales Wimpernband

Flimmerorgan

Flimmergang zur Neuraldrüse

Gefäße im Kiemenbogen

Dorsalorgan

Kiemenspalten

Neuraldrüse

Ganglion — Nerv

Abb. 1138: Flimmerorgan (Ascidiacea). Ganglion-Neuraldrüsen-Komplex dorsal am Eingang des Kiemendarms. Pfeile geben den Wasserstrom an. Nach Ruppert und Balser (1990).

oder eine Flimmergrube mit oft komplex in Schleifen liegendem Eingangsspalt bilden. Die Neuraldrüse wird wegen ihrer Verbindung zu Vorderdarm und Gehirn, aber auch wegen der hormonellen Wirkung auf Gonadenreifung und -ausschüttung und dem Kontakt zu neurosekretorischen Zellen des Ganglions, als Homologon der Wirbeltier-Hypophyse betrachtet, trotz teils widersprüchlicher experimenteller und struktureller Befunde.

Auch ein viscerales System geht vom Ganglion aus, besonders bei großen Salpen ist es gut entwickelt und steuert Aktivitäten des Darmtrakts. Erstaunlicherweise kann der gesamte Ganglion- und Neuraldrüsenkomplex – zumindest bei Ascidien – regeneriert werden.

Epidermale Rezeptoren, mit Cilien oder Ciliengruppen, treten gehäuft an Stellen mit intensiverem Umweltkontakt auf, z.B. an den Ein- und Ausstromsiphonen sessiler Ascidien. Es sind primäre Sinneszellen; die eingesenkten Cilien haben einen Mikrovilli-Kragen und ragen in die Tunica.

Ascidienlarven besitzen solche Rezeptoren am Vorderende in den Haftpapillen und im Schwanz; ähnliche Sinneszellen finden sich, meist begleitet von einer Stützzelle, in der Epidermis von Doliolen, gehäuft an der Basis des Tragstolos der Ammentiere. Je nach Position sollen diese monociliären Zellen Mechano- oder Chemorezeptoren sein. Die Kuppelorgane z.B. im Atrialraum von Ascidien sind Gruppen ähnlich gebauter Rezeptoren, bei denen

lange, starre Cilien in einem Sekretpfropfen stecken.

Sekundäre Sinneszellen (monociliär oder mit Ciliengruppen) sind bisher nur von Appendicularien bekannt, z.B. die „Langerhans-Rezeptoren", die lateral am Rumpf von *Oikopleura* stehen und an der Steuerung des Schwanzschlages beteiligt sind.

Im Gehirnbläschen von Ascidienlarven liegen Ocellen mit Linse und Pigmentbecher (Abb. 1146). Ihre Rezeptorzellen besitzen modifizierte Cilien. Der äußere Teil des Ciliums bildet – ähnlich wie bei Wirbeltieren – einen dichten Membranstapel; die Lamellen liegen jedoch parallel zur Rezeptorlängsachse. Salpen und Pyrosomiden haben gut entwickelte Lichtsinnesorgane direkt am Gehirn. Der hufeisenförmige Ocellus der solitären Salpen liegt z.B. dorsal am Ganglion, mit äußerer Pigmentschicht und gegen den Pigmentbecher gerichteten Rezeptoren (inverser Augentyp). Kettensalpen (Kolonien der Geschlechtstiere) tragen einen in mehrere Teile getrennten Ocellus (Abb. 1152). Aus dieser räumlichen Anordnung kann auf ein minimales Richtungssehen geschlossen werden.

Ein- und Ausstromsiphonen der Ascidien reagieren oft deutlich auf Lichtveränderungen, Photorezeptoren sind hier jedoch nicht eindeutig nachgewiesen. Bei den sog. „Ocellen" von *Ciona* liegen rote Pigmentflecken unter bewimperten Epidermiszellen, doch fehlen Innervation und eindeutige Reaktionen.

Eine aus der Epidermis abgesenkte Statocyste in der linken vorderen Körperwand besitzt die Amme (Oozooid) der Doliolen (Abb. 1151). Statocysten mit intrazellulären Statolithen (Melaninkugel, ? Auftriebskörper) liegen bei vielen Ascidienlarven im Boden des Gehirnbläschens (Abb. 1146). Bei Larven der Styelidae sind eine melaninhaltige Statocyste und Photorezeptoren zu einem „Photolithen" vereint. Der kalkige Statolith im Ganglion der Appendicularien liegt ebenfalls intrazellulär (Abb. 1156).

Primäre, cilientragende Rezeptoren sind von besonderer Bedeutung bei der Erregungsleitung in Salpenketten, deren Individuen an wenigen Kontaktpunkten mit sehr dünner Tunica zusammenhängen. Diese Stellen sind von einem Tier her innerviert, vom anderen liegt dort ein Cilienrezeptor. So können unter Einbeziehung des Gehirns definierte Richtungen der Erregungsleitung aufrechterhalten werden.

Der **Darmtrakt** beginnt mit einer großen Mundöffnung unmittelbar vor dem Kiemendarm (Abb. 1136). Bei Ascidien ist sie meist rund und wird von einfachen bis reich gefiederten, durch Blutdruck steifen Tentakeln umstanden. Der Mantel über der Mundöffnung ist häufig zu einem Einstromsipho verlängert. Tentakel und Siphonalinnenseite reagieren auf verschiedenste Reize mit rascher Kontraktion der Sphinktermuskeln. „Lippen" oder schnabelförmige Fortsätze können an der Mundöffnung von Doliolen und Appendicularien ausgebildet sein. Bei Salpen ist sie quergestellt und durch Muskelbänder so beweglich, daß der Wasserstrom beim Schwimmen damit gesteuert wird.

Um den Eingang zum Kiemendarm liegt ein peripharyngeales Wimpernband, das vom Endostyl ausgeht und bis hinter die Flimmergrube am Beginn des Dorsalorgans zieht. Bei Ascidien und Pyrosomen ist der Kiemendarm ein großer Sack. Seitlich wird er von einem Peribranchialraum umgeben, ein in den Körper eingesenkter Außenraum (Abb. 1136, 1137). Er bildet sich bei Ascidienlarven durch paarige Einsenkungen der Epidermis hinter dem Gehirnbläschen. Die Kiemenspalten brechen dann durch die innere Epidermisschicht nach „außen" in den Peribranchialraum durch.

Die winzigen (unter 1 mm), festgehefteten Jungtiere ursprünglicher Ascidien (*Ciona, Corella, Diazona*) besitzen zunächst nur jederseits 2 Kiemenspalten; die Peribranchialräume münden noch weit getrennt auf der morphologischen Dorsalseite aus (Abb. 1146C). Erst später verwachsen die Ausstromöffnungen zu einem unpaaren Atrialraum (Abb. 1136), an dem sich der Mantel zu einem Ausstromsiphon verlängert. In den Atrialraum münden dann auch Enddarm und Gonodukte. Nicht ganz korrekt wird der Atrialraum oft als „Kloake" bezeichnet.

Nur bei hoch evoluierten Ascidien bildet sich der Peribranchialraum aus einer unpaaren Einsenkung. Hier entsteht der Atrialraum also gleichzeitig mit dem Peribranchialraum.

Im Vergleich zum geräumigen Kiemendarm ist der Peribranchialraum eng, und die Geschwindigkeit des abströmenden Wassers ist hier bedeutend höher. Er wird daher besonders bei großen Formen von vielen „Trabekeln", kräftigen Gewebssträngen mit Gefäßen, überbrückt, die Kiemendarm und Körperwand verbinden. Dadurch wird ein Kollabieren des Kiemendarms verhindert.

Der Gasaustausch geht im Kiemendarm vor sich, der besonders bei den Ascidien ein entsprechend hoch entwickeltes Gefäßsystem zeigt. Die Zahl der Kiemenspalten (Stigmata) ist abhängig von der Körpergröße: einige wenige bei millimetergroßen Einzeltieren von Synascidien (*Didemnum, Diplosoma*), viele Tausend bei großen Solitärascidien. Die Weite der Spalten in einem Kiemendarm ist hingegen weitgehend gleich (Abb. 1141) und wird von der Länge der an den Spalträndern sitzenden Cilien (Abb. 1140) bestimmt. Deren Schlag treibt Wasser in den Peribranchialraum, wodurch Wasser mit Nahrungspartikeln durch die Mundöffnung angesaugt wird. Der Cilienschlag ist zentralnervös steuerbar und kann plötzlich angehalten werden.

Die Technik des Nahrungserwerbs der Tunicaten begünstigt die Aufnahme von Mikro- und Nanoplanktonorganismen. Tunicaten sind somit wichtige Phytoplanktonverwerter. Auch Bakterien und winzige organische Partikeln werden aufgenommen.

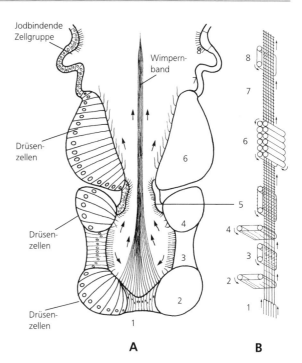

Abb. 1139: Bau des Endostyls (A) und Bildung des Filternetzes (B) einer Ascidie. In den Zonen 1, 2 und 4 werden Längs- und Querfilamente des Netzes gebaut, Cilien der Zonen 3 und 5 treiben das Netz zur Zone 6, wo klebriges Sekret zugefügt wird, weitere Sekretzufuhr in Zone 7, von Zone 8 gelangt das fertige Netz in den Kiemendarm. Nach Holley (1986).

Die eigentliche **Filterung** geschieht in einem zarten Schleimnetz aus Mucoproteinen und Mucopolysacchariden (Abb. 1137). Die rechteckigen Maschen dieses Netzes sind verschieden groß (600 × 410 nm im einfach gebauten Kiemenkorb von *Ciona intestinalis*, 1 800 × 500 nm bei *Styela plicata*), die längere Kante steht parallel zum vertikal orientierten Endostyl. Die Vertikalfäden sind mit ca. 25 nm etwa doppelt so dick wie die horizontalen Fäden.

Gebildet wird dieses Filternetz permanent vom Endostyl, einer tiefen epithelialen Rinne entlang der morphologischen Ventralseite des Kiemendarms (Abb. 1139). Drüsen- und Cilienzellen liegen in charakteristischer Abfolge in den Seiten dieser Rinne; median befindet sich ein Zellstreifen mit sehr langen Cilien, die offenbar das Schleimnetz heraustreiben. Die räumliche Anordnung der Drüsenzellen im Endostyl und die Sekretionsabfolge bestimmen die Maschenweite und die Faserstärke des Filternetzes. Auf der Innenseite des Kiemendarms befördern Transportcilien das Schleimnetz zum Dorsalorgan, einem bewimperten Wulst oder einer eingerollten Falte auf der morphologischen Dorsalseite des Kiemendarms. Dort wird das Filternetz samt Nahrungspartikeln verdrillt und in den engen Oesophaguseingang geflimmert. Bei den sessilen Ascidien stehen der morphologisch ventrale Endostyl und das Dorsalorgan vertikal parallel zur Wuchsachse des Tieres.

Abb. 1140: Phlebobranchiata. Innenansicht des Kiemendarms von *Ciona intestinalis*. Cilien der Papillen transportieren das Schleimnetz zum Dorsalorgan. REM. Maßstab: 1 mm. Original: A. Fiala, Banyuls-sur-Mer.

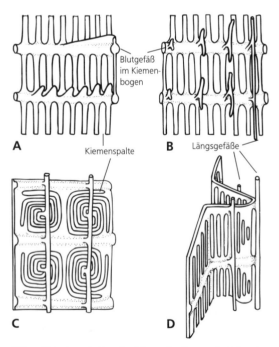

Abb. 1141: Ausschnitte des Kiemenkorbs von Ascidien. Innenansichten. A Einfache Kiemenöffnungen, nur innere Papillen und Leisten an den Kiemenbögen (Aplousobranchiata). B Einfache Kiemenöffnungen, unterschiedlich differenzierte innere Längsgefäße (Phlebobranchiata). C Spiralige Kiemenöffnungen mit regelmäßigen inneren Längsgefäßen. D Einfache Kiemenöffnungen unterschiedlicher Größe. Kiemendarmwand nach innen gefaltet, mit inneren Längsgefäßen (Stolidobranchiata). Nach Monniot und Monniot (1978).

Die Pump- und Filterleistungen sind enorm und mit der Komplexität des Kiemendarms korreliert. So pumpt die ca. 12 cm hohe Solitärascidie *Phallusia mammilata* bis zu 8,4 l Wasser pro Stunde durch ihren Körper, für *Styela plicata* sind 260 l g^{-1} d^{-1} errechnet worden. Die Filtereffizienz liegt zwischen 70–100%, d.h. es wird fast das gesamte Partikelmaterial des eingestrudelten Wassers genutzt. Beim Eindringen unerwünschten Materials oder größerer Organismen kontrahieren sich Ascidien heftig und stoßen den Pharynxinhalt durch den Einstromsiphon wieder aus. Durch Bündelung des abströmenden Wassers im Atrialraum wird dieses vom Tier weit abgeleitet, während der Einstrom langsam aus unmittelbarer Nähe erfolgt.

In ganz ähnlicher Weise funktioniert der gleich gebaute Kiemendarm der Feuerwalzen. Bei den Doliolen und Salpen hingegen gibt es keinen Peribranchialraum mehr. Die Aus- und Einströmöffnungen liegen einander gegenüber. Bei den Doliolen liegt in der Hinterwand des Kiemendarms eine Doppelreihe von bis zu 200 ovalen, quergestellten Spalten, die direkt in den Egestionsraum führen (Abb. 1150). Bei den Salpen bleibt vom Kiemendarm überhaupt nur der Endostyl und das rostrale, peripharyngeale Wimpernband erhalten, von dem das Dorsalorgan, hier manchmal „Kiemenbalken" genannt (Abb. 1152), schräg caudad zum ventral gelegenen Oesophaguseingang absteigt. Zwei große Öffnungen beiderseits des Dorsalorgans führen in den Atrialraum.

Ähnlich wie bei Ascidien bilden auch Salpen ein Filternetz vom Endostyl aus, das allgemein etwas kräftiger und weitmaschiger gebaut ist. Die Filterleistung der Salpen ist ebenfalls erstaunlich hoch, zwischen 0,5 (*Cyclosalpa affinis*, Kettenform) und 5 l pro Stunde (*Salpa cylindrica*, Solitärform). Salpen erzeugen den Filterstrom durch langsame Muskelbewegungen. Der Filternetztrichter (Abb. 1152) wird in Abständen von 10–30 min aufgebaut und rasch aufgenommen, sobald er gefüllt ist.

Bei den Appendicularien ist ein einfacher pharyngealer Filter mit etwas weiteren Maschen (6,3 x 3,3 μm) bisher nur von Oikopleuriden bekannt. Der Oesophaguseingang liegt hier dorsal am Ende des Kiemendarmdachs, und nur 2 große kreisförmige bis ovale Kiemenöffnungen im Boden des Kiemendarms leiten das Wasser ab (Abb. 1156). Der pharyngeale Filter ist klein und bündelt nur mehr die schon ausgefilterte Nahrung. Auch der Endostyl ist entweder klein und einfach (Oikopleuriden) oder taschenförmig mit nur einer medianen Öffnung zum Pharynx (Fritillariiden). Die Kowalevskaiden besitzen überhaupt keinen Endostyl, dafür aber 4 Zellreihen mit dicht bewimperten, fingerförmigen Reusenfortsätzen.

Die eigentliche Filtration erfolgt bei *Oikopleura* in einem komplex gebauten, gallertigen **Gehäuse** um den Organismus, das von spezialisierten Epidermiszellen (Oikoblasten, Gehäusebildner) abgeschieden wird (Abb. 1155). Jeweils ein einzelnes Tier befindet sich im Zentrum des Gehäuses und erzeugt mit dem muskulösen Schwanz den Wasserstrom. Er ist um 90° gedreht und nach vorn gerichtet, so daß das dorsale Nervensystem links liegt. Ein gröberes Einstromgitter hält größere Partikeln ab. Das paarige Filtergitter hat rechteckige Poren (ca. $1 \times 0,2\,\mu m$) mit Fäden von zweierlei Dicke (40 nm bzw. 10–12 nm). Das ausgefilterte Wasser strömt an der Spitze der Gehäuse durch Klappen reguliert ab und treibt das Gehäuse rückwärts.

Der Filterapparat (Abb. 1155) formt zwei nach unten offene Halbtrichter seitlich an der Außenwand des Gehäuses; die Trichterspitzen weisen zur Mundöffnung. Die Wand wird von einem konvexen oberen und einem konkaven unteren Filtergitter gebildet. In der Medianen stoßen die beiden Trichterhälften aneinander, und der untere Filter ist zu einer Sammelrinne verwachsen, die zum Mund führt. Diese beiden feinen Filter werden durch ein gröberes Zwischenfilter unterteilt. In den Außenflächen laufen kräftigere Längsleisten, die durch kurze Vertikalfäden miteinander und mit dem groben Zwischenfilter verbunden sind. Bedingt durch die Anheftung des Filters an die Außenwand tritt Wasser mit Partikeln zunächst in das untere Stockwerk ein, durchströmt den gewölbten Filter und tritt dorsal an der Innenseite des Gehäuses wieder aus. Nahrungspartikeln werden ventral konzentriert. Bei *Oikopleura labradoriensis* und *O. vanhöffeni* kommt es dabei zu einer etwa 1000-fachen Konzentration von Partikeln bei einer Stromgeschwindigkeit durch den Filter von ca. 0,15 mm min^{-1}.

Der kurze U-förmige, postpharyngeale **Darm** ist in Oesophagus, Magen (besser: erweiterter Mitteldarmabschnitt) und Enddarm gegliedert; der Enddarm mündet im Atrialraum. Drüsenanhänge besitzen viele Ascidien, z.T. auch Salpen, in der Magenregion. Die als schwimmfähige Filterkörper gebauten Thaliaceen haben einen klumpenförmigen, oft leuchtenden postpharyngealen Darm („Eingeweidenucleus"). Das Darmrohr wird von einem einschichtigen Flimmerepithel mit Drüsenzellen gebildet; Darmmuskulatur fehlt.

Vom **Gefäßsystem** liegt das Herz am ventralen Ende des Kiemendarms. Bei Ascidien (Abb. 1136) und Pyrosomen ist es schlauchförmig, zwischen dem Endostylargefäß und dem Eingeweidegefäß, umgeben von einem geräumigen Perikard. Der Herzschlauch entsteht in der Ontogenese durch Verschluß einer Längsfalte, der Perikardialfalte. Die Epithelzellen der gegen das Lumen vorgewölbten, inneren Wand entwickeln quergestreifte Muskelfasern. Über Erregungszentren an beiden Herzenden gesteuerte Kontraktionswellen pumpen das Blut entweder über das Endostylargefäß „abvisceral" in den Kiemendarm oder nach Schlagumkehr „advisceral" zum postpharyngealen Darm. Die Gefäße sind in den Endaufzweigungen offen und besitzen kein Endothel.

Das Grundmuster des Chordatenkreislaufs ist im abvisceralen Pumprhythmus deutlich erkennbar: vom Herzen über das ventrale Endostylargefäß in den Kiemendarm, über dorsad ziehende Kiemengefäße zum Gefäß unter dem Dorsalorgan und von dort nach vorn in Richtung Gehirn und Mundregion und in die Körperwand. Vom Dorsalgefäß strömt das Blut auch ventrad zum postpharyngealen Darm und wird von dort zum Herzen rückgeführt.

Trabekulargefäße verbinden Kiemengefäße direkt mit der Körperwand. Besonders gebaut sind die Mantelgefäße der Solitärascidien und mancher Synascidien (Botryllidae). Sie dringen von beiden Herzenden in den Mantel vor und enden bei Synascidien in blasigen, kontraktilen Ampullen, die am Kolonierand konzentriert sind. Alle Individuen in der Kolonie sind über die Mantelgefäße (Abb. 1136) verbunden, in denen auch die epitheliale Erregungsleitung zu koordinierten Reaktionen führt. Die beiden Mantelgefäße bleiben im epidermalen Schlauch durch ein mesodermales Septum, das am Ende offen ist, getrennt, so daß in den äußerlich einheitlichen Gefäßen ein Zu- und Abstrom erfolgen kann mit einer terminalen Verbindung beider Bahnen.

Bei den Pyrosomiden zweigt das Mantelgefäß vom Hinterende des Dorsalgefäßes ab, da unmittelbar am ventralen Herzen die Knospungszone liegt. In das Dorsalgefäß ist hier auch eine Bildungszone von Blutzellen eingeschaltet.

Diese Anordnung und dieser Bau des Herzens gelten auch für Salpen und Doliolen; das periphere Gefäßsystem ist geringer entwickelt, je kleiner die Tiere sind. Dies gilt besonders für die noch kleineren Appendicularien, bei denen nur mehr die Oikopleuriden und Fritillariiden eine Muskelplatte in der Perikardialwand bilden, die Kowalevskaiden aber kein Herz besitzen.

Vor allem Ascidien zeigen vielerlei Blutzellen (Lymphocyten, Pigmentzellen, Morulazellen, Phagocyten, Nephrocyten und Vanadocyten). Letztere können Vanadium zwischen 10^5-10^6 mal höher als im umgebenden Seewasser als unlöslichen Vd-Protein-Sulfat Komplex konzentrieren.

Die oft berichtete hohe Acidität (pH 2,4) des Ascidienplasmas ist offenbar das Ergebnis rascher Hydrolyse der Vanadium-Schwefelkomplexe nach Zerstörung der V-Zellen und nach Sauerstoffeinwirkung. Auch Eisen, Chrom, Niobium, Tantal, Titan und Mangan können gebunden an Blutzellen in beachtlichen Konzentrationen auftreten. Durch Oxydation der Metallionen verfärben sich Ascidien schon beim Anschneiden des Mantels oft dunkel bis schwarz.

Tunicaten besitzen keine eigentlichen **Exkretionsorgane.** Exkrete werden z.T. in Form von Ammoniak abgegeben oder in Nephrocyten gebunden, die z.B. in den Mantel wandern oder sich entlang des Endostyls und des Dorsalorgans gruppieren. Bei Moguliden entsteht am Perikard ein Nierensack mit Harnsäure- und Oxalatkristallen; Opalkonkremente treten in Testazellen der Eihüllen bei vielen Ascidienarten auf, die Gründe dafür sind ungeklärt.

Ein **Coelomraum** ist nur das Perikard, wahrscheinlich jedoch nicht die eigenartigen Epicardialräume, paarige epitheliale Aussackungen des Kiemendarmbodens, die sich nach Differenzierung von Perikard und Herz bilden. Daraus können paarige Perivisceralhöhlen um Eingeweide und Herz

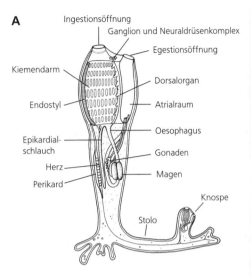

Abb. 1142: Stoloniale Ascidien. A Organisation mit Stolo und Knospen. B *Clavelina* sp., 3 cm; stolonialer Tierstock. In- und Egestionsöffnung als enge, weiße Ringe durch Exkretspeicherzellen erkennbar, ebenso der größere Ring des Peripharyngealbandes und das langgestreckte Endostyl. A Original: A. Goldschmid, Salzburg; B Original: R. Patzner, Salzburg.

mit nur spaltförmiger Verbindung zum Pharynx sowie ein Darmgefäßsystem entstehen.

Bei Diazonidea und der Mehrzahl der Clavellinidae und Polyclinidae verschmelzen die Epicardialräume, verlagern sich oft auf eine Seite des Darms und verlieren die Verbindung zum Pharynx. Die bei diesen Formen oft lange Darmschlinge im gestielten Hinterkörper wird durch den flüssigkeitsgefüllten Schlauch gestützt („Hydroskelett"). Bei den sehr kleinen koloniebildenden Didemniden bildet das Epicard abgesonderte Räume neben dem Herzen, die bei der Knospenbildung wichtig werden. Auch der Nierensack der Moguliden soll auf einen der beiden Perikardialsäcke zurückgehen.

Fortpflanzung und Entwicklung

Tunicaten sind Zwitter, nur bei den Appendicularien ist bisher eine getrenntgeschlechtliche Art, *Oikopleura dioica*, bekannt. Nur die Arten dieser Gruppe pflanzen sich ausschließlich sexuell fort. Ascidien und Thaliaceen zeigen dagegen eine Vielfalt **ungeschlechtlicher** Vermehrungswege. Thaliaceen haben sogar einen ausgeprägten Generationswechsel, bei dem die geschlechtlich entstandene Oozooid-Generation steril bleibt und nur die vegetativ durch Knospung entstandenen Blastozooide Gonaden bilden können. Ein solcher Generationswechsel ist meist mit einem deutlichen (Salpen) (S. 852) bis extremen Polymorphismus (Doliolen) (S. 850) verbunden. Die verschiedenen Lebenszyklen werden bei den Taxa getrennt dargestellt (s. u.).

1.1 Ascidiacea, Seescheiden

Die Fähigkeit, einen Mantel zu bilden und als innere Mikrofiltrierer die Produktivität des freien Wasserkörpers auszuschöpfen, hat die Ascidien zu einer der erfolgreichsten sessilen Tiergruppen sowohl der Schelfmeere als auch der Tiefsee werden lassen. Entsprechend vielgestaltig ist auch ihre äußere Erscheinung: Arten in Millimeter-Größe, die sogar in das Sandlückensystem (Mesopsammal) vordringen konnten (*Psammostyela delamarei, Diplosoma migrans*), Solitärascidien von über 30 cm (*Molgula gigantea*, subantarktisch) oder 80 cm lange gestielte Tiefseeformen (*Culeolus murrayi*), bei denen der eigentliche Körper nur ca. 8 cm mißt, massige, schwere Kolonien (*Aplidium conicum*, 50 cm hoch) (s. a. Abb. 1149) oder dünne bandförmige Kolonien von 4–43 m Länge (!).

Auch die Möglichkeit, über eine sensorisch gut ausgestattete Schwimmlarve selektiv zu siedeln, bei günstigen Verhältnissen vegetativ sehr rasch zu wachsen und außerdem sexuell zu reproduzieren, machte die Ascidien erfolgreich gegenüber anderen Sedentariern. Massenentwicklungen in definierten Tiefen und Zonen sind keine Seltenheit: *Ciona intestinalis* erreicht in geschützten Habitaten Biomassen von mehreren kg m^{-2} und Individuendichten von 1 500–5 000 m^{-2}.

Berühmt sind die Siedlungen verschiedener *Pyura*-Arten in der Gezeitenzone des Felslittorals, die sich in bis zu 1 m breiten Streifen über Hunderte bis Tausende von Kilometern erstrecken können (*Pyura praeputialis* in Australien, *P. stolonifera* in Südafrika, *P. chilensis* an der Südamerikanischen Pazifikküste). Auf den Corallinaceenböden des Mittelmeeres stellen Ascidien oft mehr als die Hälfte aller sessilen Arten, vor allem die *Microcosmos*-Arten.

Ascidien sind neben Schwämmen und Echinodermen ein wichtiger Teil des Makrobenthos der Tiefseeböden: 16 Arten kennt man bei 2 000 m Tiefe, bis 4 500 m 71 Arten, die tiefste bekannte Art ist *Situla pelliculosa* aus dem Kurilen-Kamtschatka-Graben. Die Arten sind in diesen nahrungsarmen Tiefen sehr klein (*Minipera pedunculata*, mit Stiel ca. 1 mm) oder haben einen weit gegen die Strömung gespannten, modifizierten Kiemendarm (*Culeolus*-Arten). Andere fangen offenbar aktiv benthische Crustaceen und Polychaeten.

Der Mantel ist oft leuchtend rot pigmentiert (*Halocynthia papillosa*), durchscheinend (*Ciona intestinalis*) (Abb. 1148) oder knorpelig glatt (*Phallusia mammilata*), filzig (*Boltenia*-Arten) oder bei zarten flächigen Synascidienkolonien dicht bepackt mit morgensternartigen Kalkspikeln (Didemnidae) (Abb. 1144). Der Mantel ermöglichte das Siedeln auf Hartböden und mit Verankerungsfäden auch auf Weichböden (Molgulidae).

Gut 100 Ascidienarten treten im Aufwuchs von Schiffsrümpfen auf. *Ciona intestinalis* und die Synascidie *Diplosoma listerianum* kommen heute weltweit in allen Häfen vor.

Nach der Wuchsform – nicht taxonomisch – unterscheidet man (1) Solitärascidien, die immer ein Oozooid repräsentieren (Abb. 1148), (2) soziale Ascidien, meist mit Stolonen verbunden (Abb. 1142) und (3) koloniale, sog. Synascidien (Abb. 1143, 1149) mit gemeinsamem Mantel, Gefäßsystem, oft zu Gruppen zusammengefaßten Ausstromsiphonen in einem Kloakalraum des Mantels und mit vielfältigster Anordnung der meist sehr kleinen Einzeltiere.

Viele koloniale Arten leben epizoisch auf Algen, Seegräsern oder sessilen größeren Tieren, auch Solitärascidien. Einige Tiergruppen nutzen als Kommensalen oder auch Parasiten den Kiemendarm und den Peribranchialraum (Copepoda, Brachyura, Nemertini).

Ascidien sind simultane Hermaphroditen. Die Lage und Organisation der **Gonaden** ist sehr unterschiedlich und wird auch taxonomisch verwertet. Hoden und Ovarien liegen bei den „Enterogona" innerhalb der Darmschlinge und münden neben dem Enddarm in den Atrialraum. Bei den „Pleurogona" bilden sich die Gonaden in der Außenwand des Peribranchialraumes, also in der vorderen Körperwand, und münden auch in diesen. Anzahl und Anordnung der pleurogonen Gonadeneinheiten ist sehr vielfältig. Im Ovar differenzieren sich die Eier in Follikeln.

Der Primärfollikel wird zweischichtig, und das äußere Follikelepithel bleibt im Ovar zurück. Die inneren Follikelzellen (Abb. 1145) differenzieren sich bei oviparen Arten meist sehr charakteristisch zu Schwebeeinrichtungen des Eies (z.B. langzipfelig mit Öltropfen bei *Ciona*, mit großen ammoniumhaltigen Vakuolen bei *Corella*). Wahrscheinlich bilden Follikelzellen das Chorion (Vitellinhülle) aus, eine feste faserige zellfreie Eihülle.

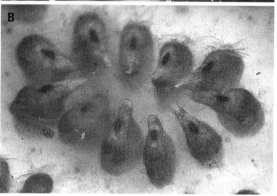

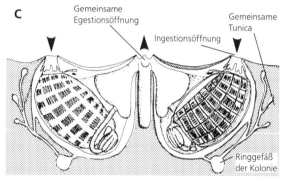

Gemeinsame Egestionsöffnung
Gemeinsame Tunica
Ingestionsöffnung
Ringgefäß der Kolonie

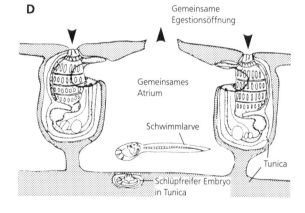

Gemeinsame Egestionsöffnung
Gemeinsames Atrium
Schwimmlarve
Tunica
Schlüpfreifer Embryo in Tunica

Abb. 1143: Synascidien. Gemeinsamer Mantel und gemeinsamer zentraler Egestionsraum innerhalb der kranzförmig angeordneten Einzeltiere. A-C *Botryllus schlosseri*. A Flächige Kolonie auf Algenthallus, mit randlichen Knospen. B Einzelgruppe. C Vertikalschnitt durch Kolonie. Pfeile geben Wasserstrom an. D Vertikalschnitt durch *Didemnum*-Kolonie. A, B Originale: W. Westheide, Osnabrück; C, D aus Hayward und Ryland (1990), nach Délage und Hérouard (1898).

Abb. 1144: Kalksklerite im Mantel eines krustenförmigen Didemniden (Synascidia). REM. Maßstab: 10 μm. Original: H. Lowenstam, Pasadena.

Fortpflanzung und Entwicklung

Die **Furchung** läuft holoblastisch und nur in den ersten Schritten einfach radiär ab. Sehr früh, bei Solitärascidien schon im 16-Zell-Stadium, ist der Embryo bilateralsymmetrisch; ein cell lineage ist klar nachweisbar. Die Gastrulation setzt im 7. Furchungsschritt ein und ist im 10. bereits beendet. Im 32-Zell-Stadium (5. Furchungsschritt) ist die praesumptive Zuordnung der Blastomeren weitgehend abgeschlossen.

Bei kolonialen Synascidien setzt früh eine inaequale Differenzierung ein, die oft schon im ersten Furchungsschritt eine kleinere rechte Blastomere ergibt.Später dreht sich der Großteil des dorsalen Embryonalkörpers um 90° nach links und bewirkt den horizontal stehenden Ruderschwanz bei der Mehrzahl der Larven kolonialer Ascidien und Synascidien.

Die Embryonalentwicklung bis zum Schlüpfen der Larve geht im Chorion (Eihülle) vor sich. Allgemein wird das Freisetzen fertiger Schwimmlarven als Viviparie bezeichnet. Meist ist es nur eine Ovoviviparie, d.h. das Ei wird in Brutäumen bis zum Schlüpfen der Larve zurückgehalten. Bei größeren Arten fungiert der Peribranchialraum als Brutraum, bei Synascidien mit winzigen Einzeltieren liegen Brutäume oft im gemeinsamen Mantel. Echte Viviparie, bei welcher der Embryo durch mütterliche Organe ernährt wird, ist selten. Brutäume entstehen dann in den Endabschnitten des Ovidukts, die in den Mantel verlagert sind (*Botrylloides, Hypsistozoa*).

Die Larve der Ascidien ist eine Schwimmlarve mit Sinnesorganen und einem Ruderschwanz mit Chorda (Abb. 1145, 1146 A). Die larvale Primärtunica bildet einen breiten Flossensaum, der bei Larven von Solitärascidien vertikal, bei jenen der Synascidien horizontal steht.

Die etwa 1,2 mm langen Larven der großen oviparen Solitärascidien schlüpfen mit geringer innerer Differenzierung und einfachen rostralen Haftorganen. Mit 20–35 Ruderschlägen pro Sekunde schwimmt eine solche Larve 8–24 Stunden, selten einige Tage. Die 2–4 mm langen Larven von viviparen kolonialen Sozial- und Synascidien schlüpfen aus den Brutäumen mit fortgeschrittener innerer Differenzierung: ein Peribranchialraum und mehrere Reihen von Kiemenspalten sind schon vorhanden, ebenso wie ein komplizierter rostraler Haftapparat mit drei sensorischen, vorstülpbaren, becherförmigen Papillen und durch Blut ausgesteiften epidermalen Ampullen. Der horizontale Schwanz besitzt oft sehr viele Muskelzellen (180–1 600), schlägt aber nur 8–20 mal pro Sekunde, die Tiere schwimmen wenige Minuten bis 4 Stunden.

Zwei Vorgänge kennzeichnen die Metamorphose der Ascidienlarve, einmal der koordinierte Ab- und Umbau der transitorischen Organe (Schwanzkomplex, larvale Cuticula, Gehirnblä-

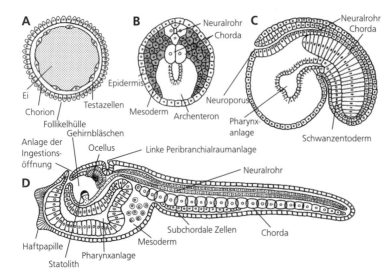

Abb. 1145: Entwicklung von Ascidiacea. A Eizelle von *Styela plicata* in Follikelhülle. B Querschnitt einer Neurula von *Clavelina lepadiformis*. C Sagittalschnitt durch späten Embryo von *Clavelina lepadiformis*. D Schwimmlarve von *Ascidia mentula*. A Nach Tucker (1942); B, C nach Van Beneden und Julin (1884); D nach Kowalovski (1867).

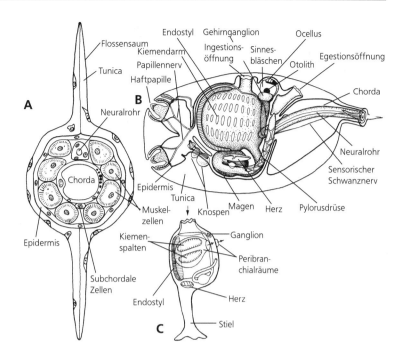

Abb. 1146: Entwicklung der Ascidiacea. A Querschnitt durch den Schwanz von *Amaroncium constellatum*, im Leben um 90° nach links verdreht. B Larve von *Distaplia occidentalis* (Synascidie) mit weitgehender innerer Differenzierung und ersten Knospen. C *Ciona intestinalis*, linke Seitenansicht einer funktionsfähigen postmetamorphen Ascidie mit noch getrennten Peribranchialsäcken. A nach Grave (1921); B nach Cloney (1982); C nach Berill (1950).

schen mit Sinnesorganen, larvales Visceralganglion zur Schwimmkoordinierung), zum anderen der rasche Ausbau der Organanlagen des prospektiven Jungtieres. Nach dem Festheften dreht sich der Vorderkörper um 90° in der Sagittalebene nach oben, wodurch Mund- und Einstromöffnung senkrecht orientiert werden und die ursprünglich dorsalen Peribranchialraumöffnungen oder der unpaare Atrialporus seitlich ausmünden (Abb. 1147). Der Schwanzkomplex wird durch Kontraktion der Epidermis und der Chorda in den Körper verlagert und phagocytiert. Die Chorda wird entweder unter Ver-

drillung als ganzes eingezogen oder platzt an ihrem Vorderende, und die Zellen „ergießen" sich in den Juvenilkörper.

Einige Arten der Molguliden-Solitärascidien auf Weichböden zeigen eine direkte, „anurale" Entwicklung ohne Schwimmlarve, ein weiterer Hinweis, wie sehr die Ontogenie der Ascidien auf die Lebensweise des Adultus hin ausgerichtet ist. Alle reproduktiven Vorgänge, gleich ob sexuell oder vegetativ, sind eng an die jeweilige ökologische Situation einer Art angepaßt und nicht an taxonomische Gruppen gebunden. Sie stehen in engem Bezug zum Lebenszyklus und zur Lebensdauer.

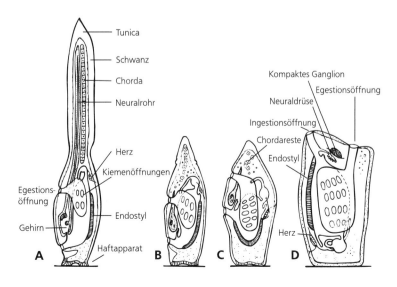

Abb. 1147: Festsetzen der Ascidienlarve und Metamorphose zum Adultus. A Larve, soeben festgesetzt. B Abbau des larvalen Schwanzes. C Beginnende Drehung der In- und Egestionsöffnung nach oben. D Junge Ascidie. Originale: A. Goldschmid, Salzburg, nach verschiedenen Autoren.

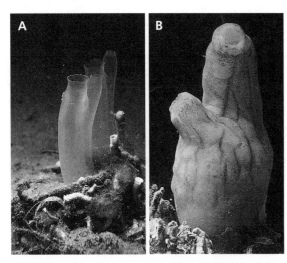

Abb. 1148: Habitusformen von Ascidien (Phlebobranchiata). A *Ciona intestinalis*. An europäischen Küsten weit verbreitet, weiche durchsichtige Tunica, zwei Tiere hintereinander. In- und Egestionsöffnungen weit offen, 10 cm. B *Phallusia mamillata*. An europäischen Küsten weit verbreitet, weißlicher Mantel von knorpeliger Konsistenz. Höhe: 15 cm. Originale: A H. Moosleitner, Salzburg; B A. Goldschmid, Salzburg.

Bei Ascidien ist **ungeschlechtliche Vermehrung** durch Knospenbildung weit verbreitet und sehr vielfältig. Sie dient vor allem der Ausbreitung und dem Überdauern (Überwinterung oder Übersommerung). Meist setzt sie nach einer sexuellen Reproduktionsphase ein und ist kombiniert mit Auflösungsvorgängen der Ausgangsindividuen und dem Auftreten von phagocytären Trophocyten, die zusammen mit den gebildeten Knospen den Tierstock wieder aufbauen. Ort der Knospenbildung sind vor allem das Epicard, die Wand des Peribranchialraums, undifferenzierte Mesodermzellen und Lymphocyten, auch Gefäße und Stolonen.

Schließlich sind auch Bildungstyp und Zeitpunkt der Knospung sehr unterschiedlich: so bilden viele Synascidien noch in der Larve die ersten Knospen aus, entweder nach Teilung der Darmanlage (Didemniden) oder auch durch Vorknospen an Epicardanlagen (bei *Distaplia* und *Hypsistozoa* sind bei der Festheftung der Larve 9–13 hochentwickelte Blastozooide neben dem Oozooid vorhanden und bilden sofort eine junge Kolonie).

Bei Ascidien mit einer lang vom Pharynx abgesetzten Darmschlinge wächst das Epicard entlang der Darmschlinge aus und teilt sich mehrfach quer. Dieser als „Strobilation" bezeichnete Vorgang ist mit einigen Modifikationen bei sozialen Ascidien und Synascidien weit verbreitet und auch für die Bildung von Rückzugsknospen typisch.

Die Synascidie *Botryllus schlosseri* (Abb. 1139 A–C) zeigt eine erstaunliche Abstimmung der verschiedenen reproduktiven Vorgänge. Knospen werden in der Peribranchialraumwand synchron in Generationen gebildet und bleiben über Gefäße in Verbindung. Die Knospengröße bestimmt für die gesamte Kolonie, ob und wann Ovarien

bzw. Hoden reifen. Wenn die Larven einer Elterngeneration gerade schlüpfen, werden die Knospen der gleichen Eltern innerhalb eines Tages funktionsfähig; diese werden dabei allerdings resorbiert. Schließlich können sogar aus der Körperwand abgeschnürte Knospen verdriftet (*Polyzoa*) und so zu mobilen Verbreitungseinheiten werden.

Systematik

Ascidien waren als „Thethyen" schon in der Antike bekannt. Lange Zeit wurden sie zu den Mollusken gestellt, bis KOWALEVSKY (1866) mit seiner klassischen Untersuchung der Embryonal- und Larvalentwicklung von *Ciona intestinalis* und *Phallusia mammilata* die Gemeinsamkeiten mit Acraniern und Vertebraten erkannte.

Man unterscheidet 3 Subtaxa nach dem Bau des Kiemendarms (Abb. 1141). Weitere Kriterien sind Lage und Bau der Gonade, der Neuraldrüse, Entwicklungsvorgänge. Trotz des reicher strukturierten Kiemendarms werden die **Phlebobranchiata** und hier wieder die Cionidae wegen Oviparie, der freien Entwicklung und der sehr einfachen, sessilen Postlarve als Basisgruppe angesehen. Höher evolviert wegen ihres Reproduktionsmodus sind wahrscheinlich die **Aplousobranchiata** und die **Stolidobranchiata** mit kompliziertem Kiemendarmbau und hoch differenzierter Entwicklung.

1.1.1 Phlebobranchiata

Kiemendarm mit inneren Längsgefäßen. Meist freie Entwicklung und einfache Larven, enterogon. Viele häufige Seichtwasserarten. Ungeschlechtliche Fortpflanzung und Tierstockbildung nur bei den Diazonidae und Perophoridae. Meist große Solitärascidien. Kiemendarm wächst rechts an der Darmschlinge vorbei, bis in den Boden des Mantels, so daß diese mit den Gonaden seitlich links zu liegen kommt; Corellidae mit rechtsseitigem Darm. Hierher auch die carnivoren Tiefseebewohner der Octacnemiden.

Ciona intestinalis (Cionidae), bis 10 cm (Abb. 1148A). Mantel fast durchsichtig; Eingeweidenucleus zinnoberrot. Arktisch-circumpolar; Nordsee und westliche Ostsee; weltweit in vielen Häfen. – *Ascidiella aspersa*, *A. scabra* (Ascidiidae), 7 cm. Atlantik, Nordsee, Mittelmeer. – *Phallusia mammilata* (Ascidiidae), bis 15 cm (Abb. 1148B), weißliche, knorpelig harte Tunica; Mittelmeer, europäische Atlantikküste.

1.1.2 Aplousobranchiata

Einfacher Kiemendarm ohne innere Differenzierungen, enterogon, stockbildend. Durch komplexe Knospung und Brutpflege hochentwickelte Larven.

Didemnum helgolandicum (Didemnidae). Krustenförmige und lederartige Tierstöcke (2 mm dick) auf festen Substraten, mit Kalkspikeln (Abb. 1144); Einzeltiere 1,3 mm (Abb. 1143). Nordsee (Helgoland). – *Clavelina lepadiformis* (Polycitoridae), solitär (14 mm) oder in sozialen Tierstöcken, mit Stolonen verbunden; völlig durch-

Abb. 1149: *Aplidium conicum* (Aplousobranchiata). Große Synascidienkolonie. Mittelmeer. Original: A. Goldschmid, Salzburg.

sichtig (Abb. 1142); Atlantik, Nordsee (Helgoland), Mittelmeer.

1.1.3 Stolidobranchiata

Pleurogone Ascidien, Kiemendarm mit inneren Längsgefäßen und durchlaufenden Längsfalten. Meist solitär und relativ groß; Tierstöcke bei den Styelidae.

Dendrodoa grossularia (Styelidae), 13 mm Durchmesser, meist intensiv rot; mit breiter Grundfläche angewachsen; solitär, aber häufig in Aggregaten. Arktis-circumpolar, Nordsee, westliche Ostsee. – *Botryllus schlosseri* und *Botrylloides leachi* (Styelidae). Zentimetergroße, gallertige, farbige Stöcke mit gemeinsamem Atrium (Synascidien); Einzeltiere ca. 2 mm; bilden Überzüge auf festen Substraten (Abb. 1143). Atlantik, Nordsee (Helgoland), Mittelmeer, Schwarzes Meer. – *Molgula citrina* (Molgulidae), 10 mm Durchmesser, kugelig, grünlich. Weißes Meer, Atlantik, Nordsee, westliche Ostsee. – Häufig: *Pyura*- und *Microcosmos*-Arten (Pyuridae) (s.o.).

1.2 Thaliacea, Salpen

Salpen sind freilebende, pelagische Tunicaten mit Generationswechsel, Blastozooiden in Tierstöcken und charakteristischer Knospenbildung von einem ventralen „Stolo prolifer" aus. Sie sind wahrscheinlich aus stockbildenden Ascidien entstanden.

1.2.1 Pyrosomida, Feuerwalzen

Die Blastozooide der wenigen (8?) Arten bilden röhrenförmige, von einem gemeinsamen Mantel umhüllte Kolonien. Die Einstromöffnungen der Einzelindividuen liegen auf der Außenseite, die Ausströmöffnungen führen in einen Zentralraum, der nur an einem Ende der Kolonie geöffnet ist (Abb. 1150). Die Größe der Kolonien reicht von wenigen Zentimetern bis zu 9 m (!) (*Pyrosoma spinosum*, um Neuseeland). Diese Bewohner warmer Meere haben ein ausgeprägtes Leuchtvermögen durch paarige Leuchtorgane (mit Leuchtbakterien) am Kiemendarmeingang. Die Mantelaußenfläche mit Warzen und Fortsätzen leuchtet gelbgrün und beim Absterben rötlich mit großer Intensität. In alten Expeditionsberichten des 18. Jahrhunderts wird berichtet, daß die Segel der Schiffe hell erleuchtet waren durch Massenansammlungen dieser Tiere an der Meeresoberfläche. Die Einzeltiere (Ascidioide) sind den Ascidien sehr ähnlich, nur der Kiemendarm ist einfacher.

Fortpflanzung und Entwicklung

Kleine Arten mit rasch wachsenden Kolonien sind meist protogyn, Arten mit großen Kolonien protandrisch. Jedes Blastozooid bildet zeitlebens nur 1 dotterreiches Ei. Die Furchung ist diskoidal.

Nach dem 8-Zellstadium sondern sich von den Embryonalzellen die Merocyten ab, die den Dotter abbauen. Die Testazellen (Kalymmocyten) übertragen die Leuchtbakterien für die Zellen der paarigen Leuchtorgane. Im weiteren liefern die Organanlagen nur Material für eine rasch wachsende Knospungszone. Das embryonale Oozooid (Cyathoid)

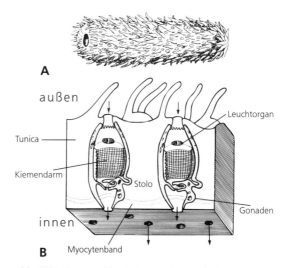

Abb. 1150: Pyrosomida. A Feuerwalzen-Kolonie *Pyrosoma giganteum*. B Ausschnitt aus der Wand einer Kolonie. Pfeile geben Richtung des Wasserstroms an. A Nach Martin aus Hesse und Doflein (1935); B nach Délage und Hérouard (1898).

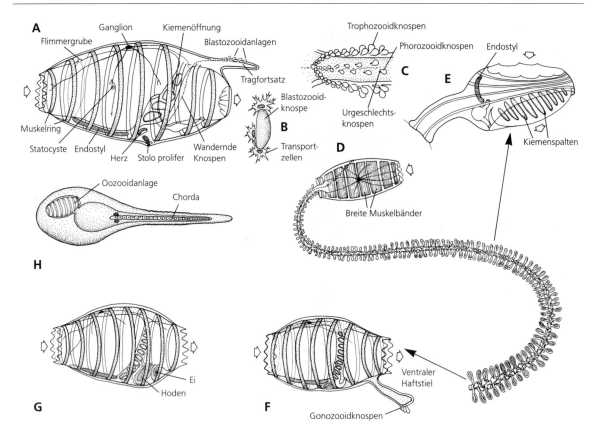

Abb. 1151: Generationswechsel bei Thaliacea (Cyclomyaria). A Junges Oozooid („Amme"). Blastozooidknospen werden vom ventralen Stolo prolifer abgeschnürt und von amöboiden Transportzellen auf den dorsalen Tragfortsatz gebracht. B Blastozooidknospe mit drei amöboiden Transportzellen. C Aufsicht auf den dorsalen Tragfortsatz des Oozooids: lateral ordnen sich die Knospen der Trophozooide an, median die Knospen der Phorozooide mit den Urgeschlechtsknospen. D Polymorphe Kolonie, das Oozooid mit breiten Muskelringen fungiert nur mehr als Schwimmkörper. E Trophozooid (= Blastozooid als Nährtier). F Phorozooid (= Blastozooid als Tragtier) löst sich spät von Kolonie ab und trägt am ventralen Haftstiel die Knospen der Gonozooide. G Gonozooid (= Blastozooid als Geschlechtstier), hat sich vom Haftstiel des Phorozooids abgelöst und entwickelt als einzige Generation (= 3. Generation) Geschlechtszellen. H Sexuell enstandene Larve. Nach Grobben (1882), Neumann (1906) und Aldredge und Madin (1982).

wächst in 4 ringförmig angeordnete, ascidienartige Blastozooide aus. Sie sind der Anfang der Pyrosomidenkolonie, ihre Ingestionsöffnungen durchbrechen schließlich die Tunica. Die gegenüberliegenden Egestionsöffnungen münden in den Atrialraum des Cyathoids. Die Atrialöffnung des Cyathoids wird zur Öffnung der Kolonie. In der Folge differenzieren die Blastozooide in der Herzgegend eine Knospungszone mit Zellmaterial für alle wesentlichen Organsysteme.

Die Knospen werden entweder vom Bildungsort ventral weitergeschoben und bleiben mit einem Zellstrang („Stolo") miteinander verbunden, so daß viele unterschiedlich alte Knospen in einer Kette liegen, die älteste (größte) Knospe an der Spitze. Knospen können aber auch abgeschnürt und durch mesodermale Wanderzellen des Mantels an ihren funktionellen Ort gebracht werden. Dann ordnen sie sich immer näher dem Kolonieende an,

die ältesten Tiere stehen entlang der Kolonieöffnung.

Pyrosoma atlanticum, Kolonie 20 cm lang, u.a. im Mittelmeer; in größeren Tiefen, nur nach Stürmen an der Oberfläche.

1.2.2 Doliolida (Cyclomyaria)

Die kleinen (1–2 mm) einzeln im Pelagial der Ozeane lebenden Tiere sind weltweit verbreitet. Die etwa 12 Arten sind vorwiegend Warmwasserformen, nur *Doliolum gegenbauri* ist gemäßigt bis kalt tolerant. Der völlig durchsichtige, tonnenförmige Körper ist vorn und hinten offen und wird von 8–9 ringförmigen Muskelbändern umgeben. Charakteristisch ist der mehrteilige Generationswechsel.

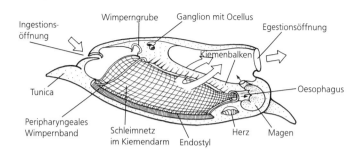

Abb. 1152: Organisationsschema einer Salpe. Pfeile geben Wasserströmung an. Original: A. Goldschmid, Salzburg.

Fortpflanzung und Entwicklung

Keimzellen und Frühentwicklung ähneln denen der Ascidien. Meist entsteht eine aktiv schwimmende Schwanzlarve (Abb. 1151 H) ohne Neuralrohr im Schwanz in einer durchsichtigen lanzettförmigen und kompressen Gallerthülle.

Sie differenziert sich zum Oozooid („Amme"), das bei *Doliolum gengenbauri* 15–30 mm groß wird. Es ernährt sich nur kurze Zeit selbst, reduziert dann seinen Darmtrakt und wird unter mächtiger Verbreiterung der Muskelbänder zu einem Schwimmkörper. In der **asexuellen Vermehrung** des Oozooids werden von einem ventralen Stolo prolifer in der Nähe des Herzens und am caudalen Ende des Endostyls Knospen nach außen abgeschnürt (Abb. 1151 A). Dorsal am Hinterende entwickelt das Oozooid einen dorsalen Tragfortsatz (bis 20 cm lang), auf den amöboid bewegliche Epidermiszellen (Phorocyten) (Abb. 1151 B) die vom ventralen Stolo prolifer abgeschnürten Knospen transportieren. Für die weitere Differenzierung der Knospen sind Zeitpunkt und Ort des Eintreffens auf dem Dorsalfortsatz entscheidend: (1) Die ersten Knospen werden an den Seitenrändern des dorsalen Tragfortsatzes in je einer Reihe angeordnet. Sie bleiben zeitlebens auf der Amme als 1–2 mm große, löffelförmige Filtertiere (Trophozooide, Nährtiere) zur Versorgung der Amme und anderer Knospen (Abb. 1151 E). (2) In der Mittellinie kommen Knospen mit einem Haftstiel zu liegen, die sich nach Heranwachsen ablösen und frei leben. Diese Tiere der 2. Blastozooidgeneration tragen auf ihrem Haftstiel die sich differenzierenden Knospen der 3. Blastozooidgeneration, die Gonozooide und werden deshalb Tragtiere (Phorozooide) genannt (Abb. 1151 F). (3) Nur diese Gonozooide entwickeln Gonaden – aber erst nachdem sie sich abgelöst haben und allein schwimmen. Bei diesem mehrteiligen Generationswechsel haben die verschiedenen Generationen unterschiedliche Funktionen und sind entsprechend auch morphologisch verschieden.

Doliolum muelleri, D. denticulatum, 4 mm, Mittelmeer.

1.2.3 Salpida (Desmomyaria)

Die etwa 30 Salpen-Arten sind ausgesprochen stenohaline, pelagische Hochseeformen warmer Meere, die meist an die 15°-Isotherme gebunden sind; *Salpa thompsoni* ist eine kalt adaptierte Art der Antarktis.

Bei günstigen Ernährungsverhältnissen können sie in riesigen Schwärmen auftreten; Dichten von 7000 Tieren m^{-3} in Schwärmen von über 100 km Länge sind nicht selten. Wegen ihrer Größe (bis 10 cm) und der Transparenz sind sie relativ sicher vor Freßfeinden.

Salpen filtern Partikeln zwischen 1–1000 µm mit viel geringerem Energieaufwand als andere Planktonorganismen, z.B. filtert eine große Salpe etwa so viel wie 450 calanoide Copepoden.

Salpen haben die schnellsten Wachstumsraten aller Metazoen. In einer Stunde kann der Körper um 10% länger werden, in 24 h kann sich das Gewicht verdoppeln. Die Generationslänge reicht bei *Salpa democratica* je nach Energiegewinn von 50 Stunden bis 14 Tage.

Durch die vegetative Knospenbildung von Geschlechtstieren (s.u.) können sie explosionsartig und mit exponentiellem Populationswachstum auf die für warme Meere typische Patchiness (Fleckenverteilung) des Phytoplanktons reagieren. Die direkte Entwicklung verkürzt die Generationszeit. Über den Generationswechsel und die Knospenbildung können sie flexibel und rasch auf Nahrungsangebote reagieren, die schnell genutzt werden müssen, da sie keinerlei Speicherorgane wie viele andere Plankter besitzen.

Ihr tonnenförmiger Körper wird von Muskelbändern umfaßt, die – anders als bei den Doliolida (s.o.) – auf der Ventralseite offen sind (Abb. 1153). Die völlig durchsichtige Tunica besitzt einen Kiel und leistenartige Strukturen mit z.T. bizarren Fortsätzen. Der Eingeweidenucleus leuchtet intensiv; *Cyclosalpa*-Arten besitzen an jeder Seite 5 Leuchtorgane.

Salpen bieten mit Kiemendarm und Atrialraum Möglichkeiten für den Aufenthalt von Crustaceen; z.B. weibliche Sapphirinen (Copepoden) und hyperiide Amphipoden (*Phronima sedentaria*) leben regelmäßig in Salpen. *Phronima* frißt allerdings den Salpenkörper aus und nutzt die Tunica als Schutzraum für sich und ihr Gelege.

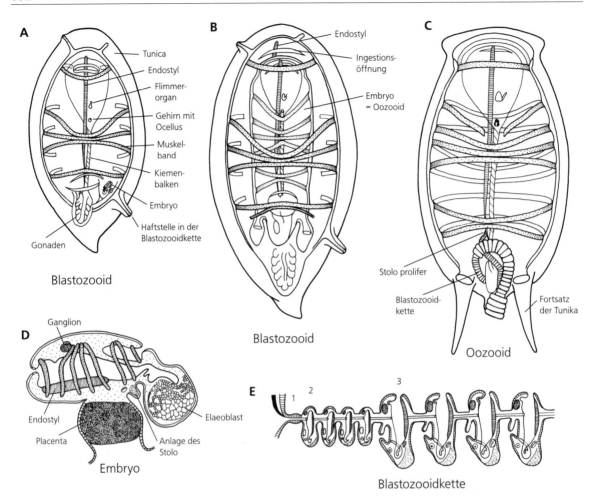

Abb. 1153: Generationswechsel bei Thaliacea (Desmomyaria). A Blastozooid. B Blastozooid mit Embryo, der den Innenraum fast ausfüllt. C Freies Oozooid („Amme") mit Stolo prolifer und Blastozooid-Kette. D Embryo auf Plazenta. E Blastozooidenkette. Längsschnitt mit 3 Knospengenerationen (1–3). Verändert nach verschiedenen Autoren.

Fortpflanzung und Entwicklung

In dem aus 2 Generationen bestehenden, metagenetischen Generationswechsel treten solitäre, symmetrisch gebaute Oozooide und Tierstöcke aus asymmetrisch organisierten, oft kettenförmigen Blastozooiden auf (Abb. 1153).

Der Generationswechsel wurde weitgehend bereits 1819 vom Dichter und Naturforscher Adalbert von Chamisso beschrieben.

Nur die protogynen, kettenbildenden Blastozooide bilden Gonaden. Im Ovar reift zeitlebens nur 1 einziges Ei heran, das auch hier befruchtet wird. Die **Embryonalentwicklung** ist aberrant: Testazellen (Kalymmocyten) dringen zwischen die ersten Blastomeren und separieren sie entsprechend ihrer prospektiven Lage und Funktion. In der Folge bildet das aufgetrennte Blastomerenmaterial die Organe des Salpenkörpers in einem „Embryosack" unter Bildung einer Placenta, die in den mütterli-

chen Blutraum hineinragt. Während die Amme selbst ihre Größe verdoppelt, wird in ihr der Embryo so groß, daß er allen verfügbaren Innenraum ausfüllt, bevor er schlüpft. Er besitzt dann einen langen, ventralen Stolo prolifer, der schon sehr früh angelegt worden ist und sich in Knospen aufzutrennen beginnt (Abb. 1153).

Der Stolo des Oozooids enthält wie bei den Dolioliden Gewebestränge vom Endostyl, Nervengewebe, Muskeln, Peribranchialraumwand und Mesodermstränge, in denen die Geschlechtszellen eingebettet sind. Er wächst entweder gestreckt ventral aus dem Oozooid oder in einer Windung um den Eingeweidetrakt weiter nach hinten heraus. Das Wachstum erfolgt in Schüben, so daß immer eine ganz bestimmte Strecke von Knospenmaterial gleich alt ist. Im Inneren liegen Blutgefäße zur Ernährung der sich differenzierenden Knospen. Auf diese Weise können Ketten von mehreren hundert

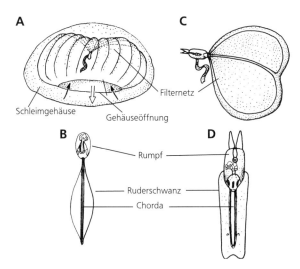

Abb. 1154: Appendicularia. Gehäusetypen. Fallschirmartiges Gehäuse, Tier im Zentrum (Kowalevskiidae) (A) und Einzeltier (B). Filternetz vor dem Mund aufgespannt (Fritillariidae) (C) und Einzeltier (D). Nach Aldredge (1976).

Geschlechtstieren der Blastozooidgeneration entstehen.

Thalia (= *Salpa*) *democratica*, Amme, 1,5 cm. Häufig in großen Schwärmen im Mittelmeer. – *Salpa maxima*, Amme, 10 cm. Ketten der Blastozooide über 25 m (!) lang. Häufig im Mittelmeer.

1.3 Appendicularia (Larvacea)

Diese kleinen pelagischen Einzeltiere bauen den wohl komplexesten äußeren Filterapparat im Tierreich. Er wird von der Epidermis gebildet (S. 842). Den Filterstrom erzeugt ein Ruderschwanz mit Chorda. Es gibt etwa 70, z.T. kosmopolitische Arten.

Der Name „Larvacea" nimmt Bezug auf larvale Merkmale, die teilweise bei den Adulten beibehalten werden. Eine oft angenommene Ableitung von Larven der Ascidien (S. 846) ist nicht mehr haltbar; vermutlich sind sie jedoch durch Progenesis aus

Doliolida entstanden. Dafür sprechen große Gemeinsamkeiten mit deren Larven und die Fähigkeit vieler Dolioliden-Arten, den zellfreien Mantel periodisch abzustoßen.

Die alten Bezeichnungen „Copelata" oder „Perennichordata" weisen darauf hin, daß diese Tunicaten auch als Adulttiere ihren Ruderschwanz bzw. die Chorda im Ruderschwanz beibehalten.

Fortpflanzung und Entwicklung

Bei *Oikopleura dioica* (getrenntgeschlechtlich, s.o.) (Abb. 1156) liegen die Gonaden im hinteren Rumpfbereich in wechselnder Anordnung. Die kleinen Eier (80–130 µm) werden durch Platzen der Körperwand freigesetzt; die Hoden bilden kurze Ausfuhrgänge. Befruchtung und Entwicklung erfolgen im freien Wasser, letztere ist stark temperaturabhängig und läuft ungemein schnell ab. Nach ersten radiären Schritten wird die **Furchung** bilateral. Es kommt früh zu einer determinierten Mosaikentwicklung mit einer Placula am Beginn der epibolischen Gastrulation.

Bei 22°C schlüpft bereits nach 3 Stunden (!) eine nur 250 µm kleine Larve, gegliedert in Vorderkörper und mit um 90° gekipptem Schwanz. Nach 7 Stunden beginnt der kräftig rudernde Schwanz sich nach vorne zu drehen. Nach 8 Stunden ist die Metamorphose beendet, das erste Filtrationsgehäuse gebildet und der Ruderschwanz in typischer Lage.

Systematik

Unterschiede in der relativen Lage der Tiere zum Filtergehäuse sowie die Art seines Auf- und Abbaus lassen drei Subtaxa unterscheiden.

Oikopleuridae – Die gallertigen Filtergehäuse von 2–5 cm Größe werden regelmäßig abgeworfen. Größere, tiefer lebende Arten (*Bathychordeus, Mesochordeus*) mit 25–50 mm Rumpf und 7 cm Schwanzlänge produzieren Gehäuse bis 100 cm Größe.

Oikopleuriden als typische Phytoplanktonkonsumenten leben in der Mehrzahl in oberen Wasser-

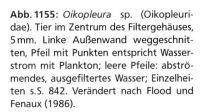

Abb. 1155: *Oikopleura* sp. (Oikopleuridae). Tier im Zentrum des Filtergehäuses, 5 mm. Linke Außenwand weggeschnitten, Pfeil mit Punkten entspricht Wasserstrom mit Plankton; leere Pfeile: abströmendes, ausgefiltertes Wasser; Einzelheiten s.S. 842. Verändert nach Flood und Fenaux (1986).

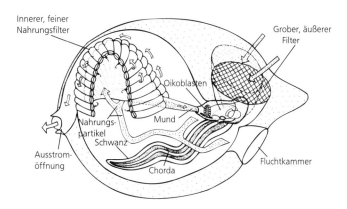

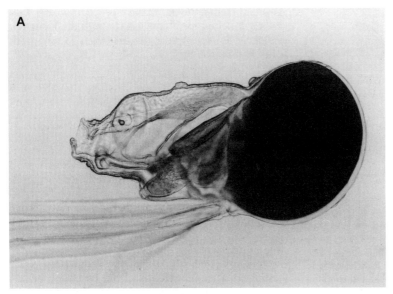

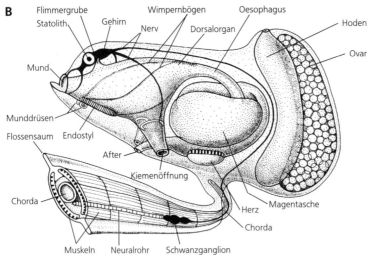

B Flimmergrube · Statolith · Gehirn · Nerv · Wimpernbögen · Dorsalorgan · Oesophagus · Hoden · Ovar · Mund · Munddrüsen · Flossensaum · Endostyl · After · Kiemenöffnung · Chorda · Muskeln · Neuralrohr · Schwanzganglion · Herz · Magentasche · Chorda

Abb. 1156: A *Oikopleura dioica.* Männchen, ca. 2 mm lang, linke Seitenansicht. B Organisation einer zwittrigen Oikopleuride. A Original: W. Westheide, Osnabrück; B verändert nach Strenger (1962) und Holmberg (1982).

schichten, wo sie – wie die Salpen – riesige Schwärme bilden können, was durch ihre extrem kurzen Lebenszyklen möglich wird. Dichten von über 25 000 Tieren m⁻³ werden bei guten Ernährungsverhältnissen regelmäßig erreicht.

**Oikopleura dioica*, 3 mm. Getrenntgeschlechtlich. Kosmopolitisch, oft küstennah verbreitet, häufig auch in der Nordsee. Können mit raschen Schwanzschlägen durch eine dünne hinter Wandstelle das Gehäuse verlassen, etwa wenn dieses durch Nahrungspartikeln oder Faeces verstopft ist. Vorgebildetes, neues Filtergehäuse entfaltet sich in wenigen Sekunden. Bei einer Lebensdauer von nur 89 Stunden (bei 20 °C) werden ca. 44 Gehäuse gebaut. Mit Gonadenreife erlischt diese Fähigkeit, Oikoblasten und Teile des Darmes werden aufgelöst und offenbar zum Aufbau der Gonaden mit verwendet. Manche Arten leuchten kräftig beim Abstoßen des Gehäuses (Gehäuse-

bau, S. 843). Es enthält dann noch durchschnittlich 50 000 lebende Nanoplanktonzellen im Filternetz.

Fritillariidae – Entfalten ein Filternetz (Abb. 1154 C,D) vor dem Mund, das dem paarigen inneren Nahrungsfilter der Oikopleuriden entspricht und durch langsame Schwanzschläge entfaltet wird; es kann unter eine nach vorne offene Kapuze der dorsalen Körperdecke geborgen werden, wo die Hauptmasse der Oikoblasten liegt und von wo es gebildet wird.

Fritillaria borealis, 3 mm. Im Mittelmeer häufig.

Kowalevskiidae – Wenigen Arten; ohne Endostyl und Herz, mit schirmartigem Filterapparat (Abb. 1154 A,B).

Kowalevskia tenuis, 9 mm. Mittelmeer.

2 Acrania (Leptocardia, Cephalochordata), Lanzettfischchen

Acranier sind kompress gebaute, lanzettliche, etwa 6 cm lange marine Chordaten (Abb. 1157). Die 29 Arten leben bevorzugt in gut durchströmten Grobsanden („*Amphioxus*-Sande") wärmerer bis gemäßigt warmer Meere, in 3–8 m Tiefe. Einige Populationen dringen bis in den unteren Gezeitenbereich vor, andere in Tiefen bis 80 m. In dichteren Sedimenten liegen die Tiere oft nur seitlich auf der Oberfläche; je höher der Grobkornanteil, desto tiefer graben sich die Tiere schräg in das Sediment ein, stets mit der Mundöffnung nach oben (Abb. 1160). Die größten Dichten werden in Sanden mit hoher kapillarer Permeabilität erreicht, wo 5 000–8 000 Individuen m^{-2} auftreten können. Die Bezeichnung Acrania („Schädellose") stellt sie den Craniota („Schädeltiere", Wirbeltiere) gegenüber, mit denen sie in Muskulatur, Gefäßsystem und Lage eines Darmblindsacks (Leber) enge Gemeinsamkeiten zeigen. Ihre Chorda durchzieht den gesamten Körper von der Rostral- bis zur Schwanzflosse (daher auch „Cephalochordata" oder „Kopfchordatiere"). Der Kiemendarm dieser mikrophagen Filtrierer nimmt mehr als ein Drittel des Vorderkörpers ein. Er ist umgeben von einem Peribranchialraum, der am Beginn des letzten Körperdrittels über den Atrioporus nach außen mündet (nicht homolog dem Peribranchialraum der Tunicaten). Der After liegt links vom Vorderrand der Schwanzflosse. Ein echtes Herz fehlt, aber verschiedene Gefäßabschnitte sind kontraktil (daher „Leptocardia" oder „Röhrenherzen"). Acrania sind getrenntgeschlechtlich, nach einer freien Larvenentwicklung folgt eine komplexe Metamorphose.

Bau

Im Gegensatz zu den Vertebraten ist die **Epidermis** noch ein einschichtiges Epithel aus kubischen Zellen mit Mikrovilli, die mit einer Schicht saurer Mucopolysaccharide bedeckt sind. Dies gibt den fast durchsichtigen Tieren einen irisierenden Glanz. Unter der basalen Matrix der Epidermis folgen 16–45 Lagen rechtwinklig gekreuzter Kollagenfasern in

Alfred Goldschmid, Salzburg

etwa 45° Neigung zur Körperlängsachse. Darunter liegt schließlich gallertige Bindegewebsmatrix mit Nerven, epithelialen Coelomschläuchen und Gefäßen ohne Endothelauskleidung.

Die **Rumpfmuskulatur** ist in ca. 60 Muskelsegmente (Myomere) gegliedert, getrennt durch bindegewebige Myosepten (Myocomata), die etwa in ihrer Mitte V-förmig nach vorne geknickt sind (Abb. 1158).

Die quergestreiften Myofibrillen liegen in Platten parallel zur Körperlängsachse; lateral sind es schmälere, sarkoplasmareiche Platten, die Masse bilden sarkoplasmaarme Platten, die den rasch arbeitenden weißen Muskelfasern der Wirbeltiere gleichen. Diese Muskelplatten differenzieren sich aus der medialen Wand der Somite; die laterale Wand bleibt als dünnes, bewimpertes Mesothel erhalten und begrenzt von außen das extrem schmale Myocoel.

Die Myosepten stehen mit dem Bindegewebe der Körperdecke und mit dem um Chorda und Neuralrohr in Verbindung. Diese Anordnung ermöglicht den Tieren rasches Schlängelschwimmen vor- und rückwärts und Graben im Sediment. Ein unpaarer medianer Flossensaum zieht von der Chordaspitze dorsal über die Schwanzspitze bis zum ventralen Atrioporus. Außer in der Rostral- und postanalen Schwanzflosse ist er in 3–5 Flossenkammern pro Segment gegliedert. Diese Flossenkammern sind von einem Mesothel mit glatten Muskelfasern ausgekleidet und von einem oben offenen „Flossenstrahl" aus Mucopolysacchariden gestützt. Flossenstrahlen scheinen auch als Reserveorgane zu dienen, sie verändern sich mit der Gonadenreifung. Oft werden die Ränder der Metapleuralfalten, die den Peribranchialraum seitlich begleiten, als paarige „Flossen" bezeichnet.

Die **Chorda** ist drehrund und endet in der vorderen und hinteren Körperspitze (*Amphioxus* = „beide Enden spitz"). In ihr liegen innerhalb einer elastischen Chordascheide hintereinander pro Segment 20–40 scheibenförmige Chordaplatten aus quergestreiften Muskeln mit vertikal gestellten Paramyosinfibrillen. Diese einzigartige Differenzierung ermöglicht ein Versteifen der Chorda, was vor allem beim Graben im Substrat bedeutsam ist.

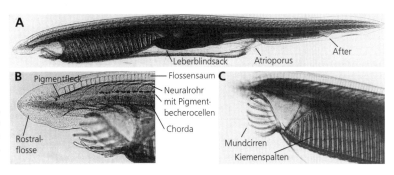

Abb. 1157: *Branchiostoma lanceolatum.* A Junges Tier. B Vorderende. Fokussierung auf Neuralrohr und Chorda. C Vorderende. Fokussierung auf Kiemendarm. Originale: W. Westheide, Osnabrück.

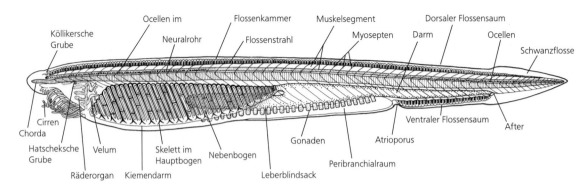

Ocellen im
Neuralrohr
Flossenkammer
Flossenstrahl
Muskelsegment
Myosepten
Darm
Dorsaler Flossensaum
Ocellen
Schwanzflosse
Köllikersche Grube
Cirren
Chorda
Hatscheksche Grube
Velum
Räderorgan
Kiemendarm
Skelett im Hauptbogen
Nebenbogen
Leberblindsack
Gonaden
Peribranchialraum
Atrioporus
Ventraler Flossensaum
After

Abb. 1158: *Branchiostoma lanceolatum.* Schema der Seitenansicht zur Demonstration der Muskelsegmente (Myomere). Nach verschiedenen Autoren.

Zur visceralen **Muskulatur** (aus Coelothelien ventrolateraler Coelomräume hervorgegangen) gehören vor allem ein ventraler Muskelgurt unter dem Peribranchialraum (mit Fasern quer zur Längsachse) (Abb. 1159), der sphinkterartige Velarmuskel am Kiemendarmeingang und die Muskeln in den Mundrändern zur Bewegung der Mundcirren. Diese Muskeln werden über die Spinalnerven innerviert, anders als die Muskelsegmente, wo Fortsätze der Muskelplatten in direktem Kontakt mit dem Neuralrohr stehen.

Das **Nervensystem** wird durch das den gesamten Körper durchziehende dorsale Neuralrohr bestimmt. Unmittelbar am Hinterende der Rostralflosse liegt links eine bewimperte Grube in der Epidermis (Kölliker sche Grube), der epidermale Rest des Neuroporus. Darunter hat das einschichtige Stirnbläschen (Ependymbläschen) (Abb. 1161) des Neuralrohres eine kleine Blindtasche, möglicherweise sind beide Strukturen durch einen ciliierten Kanal verbunden. Bis heute ist nicht entscheidbar, ob das Stirnbläschen der Rest eines Ge-

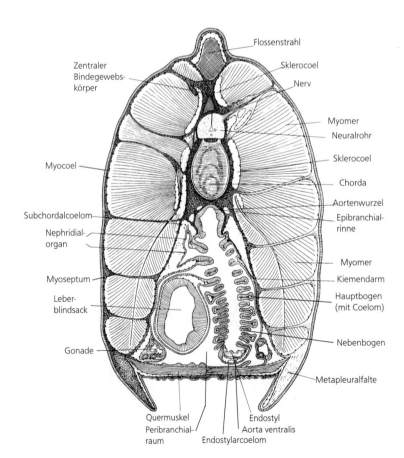

Flossenstrahl
Zentraler Bindegewebskörper
Sklerocoel
Nerv
Myomer
Neuralrohr
Myocoel
Sklerocoel
Chorda
Aortenwurzel
Subchordalcoelom
Epibranchialrinne
Nephridialorgan
Myomer
Kiemendarm
Myoseptum
Hauptbogen (mit Coelom)
Leberblindsack
Nebenbogen
Gonade
Metapleuralfalte
Quermuskel
Peribranchialraum
Endostyl
Aorta ventralis
Endostylarcoelom

Abb. 1159: *Branchiostoma lanceolatum.* Querschnitt durch die Region des Kiemendarms und des Leberblindsacks. Nach Franz (1927) aus Starck (1978).

hirns ist, oder ob ein solches auch bei den Vorfahren nie existiert hat. Leider hat sich die Bezeichnung „Hirnbläschen" eingebürgert, obwohl Strukturen oder Funktionen eines Gehirns dort nicht lokalisiert sind. Dieser vorderste Abschnitt des Rückenmarks enthält keine steuernden oder assoziativen Neurone. Alle Versuche, diesen Bereich mit Teilen des Vertebratengehirns zu homologisieren, sind fragwürdig.

Hingegen ist das Neuralrohr dem Rückenmark der Wirbeltiere homolog. Charakteristisch sind segmental angeordnete dorsale Nervenwurzeln zwischen den Myomeren, die den dorsalen Wurzeln der Spinalnerven bei den Vertebraten entsprechen (Abb. 1159). Sie enthalten afferente Fasern der Körperdecke und propriozeptive der Muskulatur. Äußere sensorische segmentale Spinalganglien wie bei den Wirbeltieren sind jedoch nicht ausgebildet. Im vorderen Körperbereich verlaufen außerdem einige viscero-efferente Fasern in diesen sonst sensorischen Nerven. Entsprechend der asymmetrischen Lage der Myomere beider Körperseiten (s.o.), liegen sich die dorsalen Nervenwurzeln nicht gegenüber: die der rechten Seite sind gegen die der linken etwas nach hinten versetzt (Abb. 1163). Die früher als „ventrale Nervenwurzeln" angesehenen Strukturen sind Bündel von Muskelzellfortsätzen, die die Erregung direkt vom Rückenmark übernehmen (s. Nematoda, S. 694).

Im Neuralrohr sind hoch differenzierte Neurone und Bereiche erkennbar (Abb. 1162). Vom Dach des Neuralrohres bis zum Zentralkanal zieht ein Streifen von gegeneinandergestellten Ependymzellen („Raphe"), die den Verschluß der Neuralrinne anzeigen. Ihre langen Zellausläufer ziehen wie bei den Tanycyten der Vertebraten bis an die Außenwand des Rohres, das sie mitbilden. Kleine bipolare Ganglienzellen sind häufig, sie erhalten sensorische Informationen der Peripherie; größere multipolare Kommissurzellen verbinden beide Seiten. Dorsal in der Nähe der abgehenden Segmentalnerven liegen sehr große multipolare Zwischenneurone (Kolossalzellen, Rhode-Zellen), deren dicke Axone ventrad absteigen und unter dem Zentralkanal auf die Gegenseite kreuzen. Ihre Axone

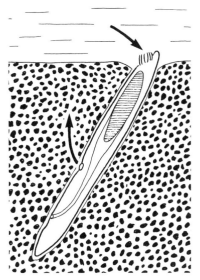

Abb. 1160: *Branchiostoma lanceolatum*. Natürliche Lage im Substrat (Sand mittlerer Korngröße) beim Filtern. Pfeile geben Richtung der Wasserströmung an, die über den Mund in den Kiemendarm hineinzieht und den Körper über den Atrioporus verläßt. Nach Webb und Hill (1958).

bilden laterale und eine große ventromediane Riesenfaser. Bisherige Angaben über Verschaltungen und Funktionen der einzelnen Neuronentypen sind in vielem widersprüchlich.

Als **Sinneszellen** finden sich epidermale, cilientragende Rezeptoren (primäre Sinneszellen) mit unbekannter Sinnesqualität am gesamten Körper. Mögliche Mechanorezeptoren sind die „Quatrefagesschen Körperchen" an Nervenaufzweigungen im rostralen Bindegewebe. Hier ragen von einer oder wenigen Hauptzellen 2 Cilien in einen Interzellularraum, der von einer Kapsel dünner Hüllzellen umgeben ist. Rezeptorzellen sind vermutlich auch einige der Ependymzellen des Stirnbläschens und die Josephschen Zellen dorsal am Übergang zum Neuralrohr (Abb. 1161). Das früher als Sinnesorgan gedeutete Geißelorgan ist eine Gruppe sekretori-

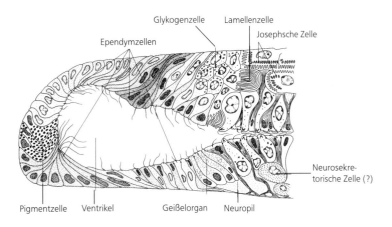

Abb. 1161: *Branchiostoma lanceolatum*. Längsschnitt durch das Stirnbläschen. Nach Meves (1973) aus Starck (1978).

Glykogenzelle Lamellenzelle Josephsche Zelle

Ependymzellen

Neurosekretorische Zelle (?)

Pigmentzelle Ventrikel Geißelorgan Neuropil

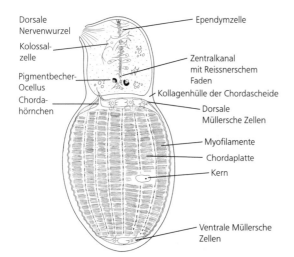

Dorsale Nervenwurzel
Kolossalzelle
Pigmentbecher-Ocellus
Chordahörnchen

Ependymzelle
Zentralkanal mit Reissnerschem Faden
Kollagenhülle der Chordascheide
Dorsale Müllersche Zellen
Myofilamente
Chordaplatte
Kern
Ventrale Müllersche Zellen

Abb. 1162: *Branchiostoma lanceolatum.* Neuralrohr (Rückenmark) und Chorda. Neuralrohr in Höhe einer dorsalen Nervenwurzel. Kombiniert nach Franz (1927), Flood (1970) und Skizzen von U. Welsch, München und A. Goldschmid, Salzburg.

scher Zellen, die den Reissnerschen Faden abscheiden – ein Sekretionsprodukt im Zentralkanal von unbekannter Bedeutung.

Etwa 1500 Pigmentbecherocellen liegen im Neuralrohr der Kiemendarm- und Schwanzregion, seitlich und ventral des Zentralkanals (Abb. 1158, 1162). Sie bestehen nur aus 1 Pigmentbecherzelle und 1 primären Sinneszelle mit Mikrovillisaum in inverser Lage („Hessesche Zelle").

Die „Blickrichtung" dieser Ocellen ist verschieden: im Vorderkörper, z.B., die der rechtsseitigen nach ventral, die der linksseitigen nach dorsal und im Schwanz umgekehrt. Die Tiere zeigen auch einen Lichtrückenreflex, stets versuchen sie, die Bauchseite nach oben zu halten, beim Vorwärtsschwimmen rotieren sie meist nach rechts. Beim Filtern ist die Mundöffnung schräg nach oben gerichtet und ragt über die Sedimentoberfläche hinaus (Abb. 1160).

Am Beginn des **Darmtrakts** wird der weite Mundraum seitlich von der Körperwand begrenzt („Wan-

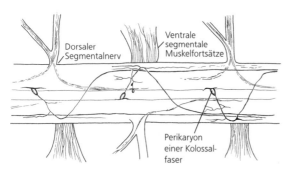

Dorsaler Segmentalnerv
Ventrale segmentale Muskelfortsätze
Perikaryon einer Kolossalfaser

Abb. 1163: *Branchiostoma lanceolatum.* Neuralrohr, Ausschnitt. Dorsalansicht. Nach Retzius (1891).

gen"), wo bewegliche Mundcirren korbartig nach innen gebogen stehen und beim Schließen fingerförmig ineinander greifen (Abb. 1157B). Hochprismatische, bewimperte Epidermiszellen formen auf der Innenseite der Wangen die Schleifen des Räderorgans. Im Dach des Mundraums bildet es eine tiefe Grube (Hatscheksche Grube, Geißelorgan), die das angesaugte Wasser mit einem Wirbel durch das Velum in den Kiemendarm befördert. Da im Epithel der Hatschekschen Grube auch gonadotrope Hormone nachgewiesen wurden, versucht man trotz der strukturellen Unterschiede, hier die Adenohypophyse der Vertebraten zu lokalisieren. Das verschließbare Velum mit sensorischen Velartentakeln schirmt nochmals den Eingang in den Kiemendarm ab.

Der lange, kompresse Kiemendarm wird von ca. 180 engstehenden primären und sekundären Kiemenbögen gebildet, deren Zahl linear mit der Körpergröße zunimmt. Sie beginnen ventral am Endostyl und ziehen schräg rostrad zur dorsalen Epibranchialrinne unmittelbar unter der Chorda.

Die primären oder Hauptbögen (auch Septalbögen) gehen aus der Körperwand im Raum zwischen den Kiemenspalten hervor und enthalten daher einen schmalen Coelomschlauch, der das Coelom unter dem Endostyl (Rest der ventralen Leibeshöhle) mit dem Subchordalcoelom verbindet (Abb. 1159). Die Sekundär- oder Nebenbögen (auch Zungenbögen) wachsen später vom Dorsalrand der zunächst weiten Kiemenspalten ventrad und teilen diese (Abb. 1167). Sie enthalten kein Coelom, hier grenzen daher Darmepithel und Epidermis aneinander (Unterschied zu Enteropneusten (Abb. 1057), bei denen die Zungenbögen, die sich ähnlich wie jene der Acrania entwickeln, ein Coelom besitzen).

Zwischen den Epithelien der Bögen entstehen Skelettstäbe aus Mucopolysacchariden mit Kollagenauflagen (vgl. Enteropneusten, S. 767). In den Hauptbögen liegt jeweils ein Paar, in den Zungenbögen ein einzelner Stab mit einem eingeschlossenen Gefäß. Die epithelialen Gewebsstränge (Synaptikel), die die schmalen Kiemenspalten überbrücken, enthalten ebenfalls Skelettmaterial, so daß ein skelettgestützter Kiemenkorb entsteht. Dorsal sind alle Bögen miteinander verbunden (Abb. 1158).

Blutbahnen liegen zuinnerst unter der Kiemendarmoberfläche, in den Skelettstäben und bei den Hauptbögen zwischen der Epidermis des Peribranchialraumes und dem Coelothel. Abgesehen von der epidermalen Außenfläche der Kiemenbögen sind alle entodermalen Epithelien monociliäre Wimperepithelien. In den nur 41–45 µm breiten Kiemenspalten treiben die 22–27 µm langen Cilien der lateralen Cilienzellen das Wasser durch die Spalten. Die kürzeren Cilien (11 µm) der Pharyngealzellen auf der Innenseite der Bögen transportieren die eingeschleimten Nahrungspartikeln vom Endostyl zur Epibranchialrinne und produzieren wohl zusätzlich noch Schleim. Alle Cilien der verschiedenen Zelltypen sind basal von einem Kranz von Mikrovilli umgeben.

In der tiefen Epibranchialrinne im Dach des Kiemendarms wird die ausgefilterte Nahrung mit Cilien nach hinten in den Oesophagus befördert. Zellen der Epibranchialrinne produzieren Enzyme.

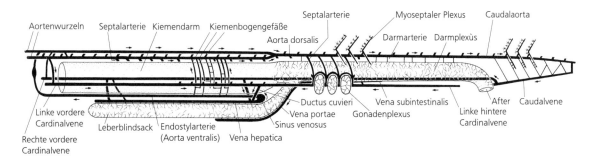

Aortenwurzeln   Septalarterie   Kiemendarm   Kiemenbogengefäße   Septalarterie   Myoseptaler Plexus   Caudalaorta

Aorta dorsalis   Darmarterie   Darmplexùs

Linke vordere Cardinalvene   Leberblindsack   Endostylarterie (Aorta ventralis)   Vena hepatica   Ductus cuvieri   Vena portae   Sinus venosus   Gonadenplexus   Vena subintestinalis   After   Caudalvene   Linke hintere Cardinalvene

Rechte vordere Cardinalvene

Abb. 1164: Acrania. Schema des Blutgefäßsystems. Blick auf die linke Körperseite; Gefäße der rechten Seite nur teilweise gezeichnet. Pfeile geben Richtung des Blutstroms an. Verändert nach Rähr (1979).

Das Wasser gelangt durch die Kiemenspalten in den Peribranchialraum, der den Kiemendarm seitlich und ventral umgibt. Wie bei den Tunicaten stellt er eine „eingeschlossene" Außenwelt dar, doch entwickelt er sich bei den Acraniern anders und ist wahrscheinlich unabhängig entstanden.

In der Metamorphose bildet sich hinter den jüngsten Kiemenspalten – diese differenzieren sich von vorne nach hinten – in der ventrolateralen Körperwand die „Metapleuralfalte" (Abb. 1166). Sie schließt sich und wächst nach vorne zum Mund hin, wo sich ihr freier Vorderrand mit den Mundrändern verbindet. Nur caudal ist der so entstandene Peribranchialraum offen.

Wasser, das über die Mundöffnung mit Nahrungspartikeln herbeigeflimmert wird, kann nach dem Ausfiltern nur durch die Kiemenspalten in den Peribranchialraum übertreten und gelangt über die caudale Atrialöffnung wieder nach außen. Der Peribranchialraum wird fast doppelt so lang wie der Kiemendarm; in seiner Wand differenzieren sich auch die Gonaden. Durch Kontraktion des Quer-(Transversal-)muskels kann er entleert werden. Im Boden des hinteren Peribranchialraumes liegen Leisten hochprismatischer Drüsenzellen, die aus dem sonst flachen Epithel aufragen; ohne strukturellen oder funktionellen Nachweis wurden sie als „Nierenwülste" beschrieben.

Hinter dem Kiemendarm führt ein kurzer dorsaler Oesophagus in den resorbierenden Mitteldarm, der sich geradlinig in den Enddarm bis zum linksseitigen After fortsetzt. Am Beginn des Mitteldarms zweigt ein Blinddarm (Leberblindsack) ab und zieht weit nach vorne rechts neben dem Kiemendarm in den Peribranchialraum. In seinem Epithel wurden Fette nachgewiesen. Der gesamte Darmtrakt ist ein hochprismatisches, sezernierendes und resorbierendes Wimpernepithel. Der Transport des Darminhalts erfolgt ausschließlich durch Cilienschlag.

Die **Blutgefäße** haben keine Endothelialauskleidung. Das Blut ist farblos und enthält auffällig wenig freie Zellen. Ein echtes Herz in einem Perikard fehlt, dafür werden in verschiedenen Abschnitten von umhüllenden Mesothelien Muskelzellen differenziert, so daß diese Bereiche langsam pulsieren können. Der Verlauf der Blutbahnen (Abb. 1164) gleicht in großen Zügen dem Grundmuster der Wirbeltiere, daher kann man auch die Bezeichnungen Venen und Arterien verwenden, wenn damit Lagebeziehungen und Strömungsrichtungen verstanden werden.

Aus dem Schwanz gelangt das Blut in der Subintestinalvene, die auch das rückführende Darmnetz aufnimmt, nach vorne. An der Innenseite der Muskelsegmente ziehen eine linke und rechte hintere Cardinalvene nach vorne. Sie vereinigen sich mit den vorderen Cardinalvenen (beide führen auch das Blut aus den Gonaden ab) beiderseits zum Ductus Cuvieri, der in den Sinus venosus mündet.

Der Sinus venosus, in den alles rückgeführte Blut zusammenströmt, liegt etwa an der Stelle, wo sich bei Vertebraten das Herz befindet. Von vorne mündet hier noch das rückführende Lebergefäß (Vena hepatica) vom Leberblindsack. Versorgt wird der Darmblindsack aus einem vom Darm her sammelnden Gefäß (Vena portae), das auf dem Blindsack kapillar aufspaltet. *Branchiostoma* hat also wie die Vertebraten ein Leberpfortadersystem.

Aus dem Sinus venosus gelangt das Blut über eine Endostylarterie (Ventralaorta) in den Kiemendarm, von wo es über die Kiemenbogengefäße nach dorsal in die paarigen Aortenwurzeln gelangt. Der vorderste Teil des Subintestinalgefäßes im Übergang zur Leberpfortader und die Ventralaorta sind kontraktil, ebenso die gemeinsame Basis der drei Hauptbogengefäße am Abgang von der Endostylarterie. In den Nebenbögen steigen nur zwei Gefäße hoch; das Coelomgefäß an der Außenseite des Hauptbogens vereinigt sich mit den caudal folgenden Nebenbogengefäß unter Einschaltung einer als Glomus (Glomerulus) bezeichneten Erweiterung, die mit dem Exkretionssystem in Beziehung steht (s. u.).

Die paarigen Aortenwurzeln ventrolateral der Chorda und seitlich des Kiemendarmdachs verei-

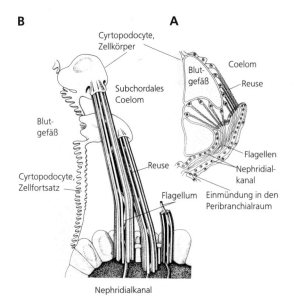

Abb. 1165: *Branchiostoma lanceolatum*. Nephridialorgan mit Cyrtopodocyten. A Schema. B Rekonstruktion der Cyrtopodocyten; ihr Zellkörper und ihre flachen fingerförmigen Zellfortsätze liegen dem Glomus auf, einer Ausbuchtung des Blutgefäßes in der Wand des Subchordalcoeloms. Die Matrix zwischen den Cyrtopodocyten ist die Filtrationsbarriere, über die der Primärharn in den Raum des subchordalen Coeloms gelangt und durch die Bewegung der Flagellen über die Reusen in den Nephridialkanal transportiert wird. A Nach Goodrich (1945) und Starck (1978); B nach Brandenburg und Kümmel (1961) aus Welsch und Storch (1973) und Starck (1978).

nigen sich an seinem Ende zu einer unpaaren D o r - s a l a o r t a, die bis in den Schwanz zieht. Von den Aortenwurzeln und der unpaaren Dorsalaorta zweigen S e g m e n t a l g e f ä ß e ab, die in den Myosepten aufspalten und als M y o s e p t a l p l e x u s zu den Cardinalvenen rückgesammelt werden.

Lange Zeit wurden die **Exkretionsorgane** der Acranier als „Protonephridien" angesehen, bis elektro-

nenoptisch geklärt wurde, daß hier modifizierte Coelothelzellen des Subchordalcoeloms besondere Reusengeißelzellen, sog. C y r t o p o d o c y t e n, bilden (Abb. 1165). Mit einem viele Zellausläufer tragenden Fußteil liegen sie auf der basalen Matrix des G l o m u s ; letzterer ist eine dorsale Erweiterung des Coelomblutgefäßes des Hauptbogens in der Wand des Subchordalcoeloms. Der Reusenteil der Cyrtopodocyte mit einem zentralen Cilium zieht frei durch das Subchordalcoelom in eine ausleitende, sammelnde Epithelröhre. Die Cilien reichen meist noch weit in den Ausleitungskanal, der dorsal in den Peribranchialraum mündet.

Im Dach des Peribranchialraumes liegen also jederseits so viele E x k r e t i o n s p o r e n als entsprechend der Körpergröße Hauptbögen vorhanden sind. Die Cyrtopodocyte stellt eigentlich eine Kombination von Wirbeltier-Podocyten und einem protonephridialen Reusenteil (Cyrtocyte) (S. 202) dar. Funktionell ist ein zweifacher Ultrafiltrationsvorgang zu vermuten: vom Glomerulus über den Fußteil der Cyrtopodocyten in das Subchordalcoelom und von dort durch den Reusenteil in das Sammelkanälchen.

Außerdem gibt es im Rostralbereich noch das H a - t s c h e k s c h e Nephridium. Es bildet sich nur auf der linken Seite aus einem abgetrennten Coelomschlauch vorderster Segmente und begleitet die linke vordere Aortenwurzel, an deren basaler Matrix die Cyrtopodocyten angelagert sind. Es öffnet eigenartigerweise mit nur einem Porus im Dach des Kiemendarmes unmittelbar hinter dem Velum.

Folgende **Coelomräume** treten bei den Acraniern auf: Das Mesoderm differenziert sich enterocoel und segmental aus dem dorsolateralen Bereich des Urdarms. Nur die dorsalen Teile der Mesodermsäckchen bleiben segmental. Sobald die Innenwand der dorsalen Myocoele sich zu Muskulatur zu differenzieren beginnt, verschmelzen die ventrad ausgewachsenen Coelomanteile und bilden rechts und links vom Darm die einheitliche Höhle des S e i t e n p l a t t e n c o e l o m s. Die Myocoele verlieren

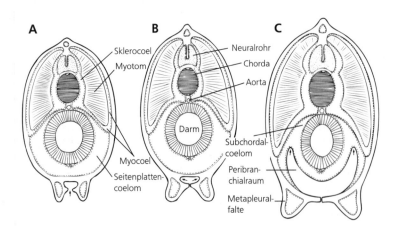

Abb. 1166: Acrania. Entwicklung des Peribranchialraumes in den larvalen Stadien durch Auswachsen (Pfeile! in B und C) zweier lateraler epidermaler Falten; er umgibt die Kiemendarmregion mantelartig von lateral und ventral und verdrängt hier weitgehend das Seitenplattencoelom. Verändert nach Lankester und Willey (1890) und anderen Autoren.

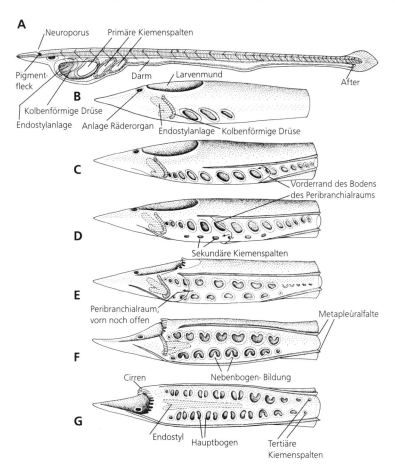

Abb. 1167: *Branchiostoma lanceolatum.* Larvalentwicklung. A Stadium am Beginn der larvalen Wachstumsperiode (Seitenansicht), entspricht B; schwimmt mit epidermalem Wimpernkleid. Länge: etwa 1 mm. B-G Vordere Körperhälfte. Blick von unten. Anlage der ersten Kiemenspalten auf der rechten Seite nahe der ventralen Mittellinie; links der Larvenmund. Ausbildung der Endostylarplatte und der kolbenförmigen Drüse am vorderen Darmabschnitt, ein Larvalorgan, das funktionell den Endostyl ersetzt. C Kiemenspalten vermehren sich auf 13–15; Vergrößerung der Mundspalte. Entstehung der beiden Metapleuralfalten auf der rechten Seite, dazwischen bildet sich der Boden der Peribranchialraums, so daß die Kiemenspalten zunehmend nicht mehr nach außen münden. D Peribranchialraum vergrößert sich und schließt sich zunehmend von hinten nach vorn; Metapleuralfalten weichen auseinander. Dorsal davon, also rechts, Ausbildung einer zweiten Reihe von Kiemenspalten. E-G Sog. Metamorphose. Mund verkleinert sich und gelangt aus seiner primären Lage auf der linken Seite in eine symmetrische mittlere Lage. Primäre Kiemenspaltenreihe rückt auf die linke Seite; ihre vordersten und hintersten Öffnungen veröden; schließlich liegen sich 8 Kiemenspalten auf beiden Seiten gegenüber (F). Vom dorsalen Rand der Kiemenspalten wachsen die Nebenbögen (= Zungenbögen) aus. Peribranchialraum vorne geschlossen. Rückbildung der kolbenförmigen Drüse (G). Kielförmiges Rostrum liegt etwas zur rechten Seite hin verschoben. Enstehung der Mundhöhle des Adultus. Kiemenspalten 2–6 durch Nebenbögen geteilt. Nach Délage und Hérouard (1898).

ihre Verbindung zum Seitenplattencoelom und werden bis auf einen Spalt eingeengt.

Diese Vorgänge sind jenen in der Vertebratenentwicklung vergleichbar. Die Ausbildung des Kiemendarms und besonders des Peribranchialraums bei Acraniern verändert jedoch die Peritonealhöhle. Das Coelom wird dort auf einen ventralen Schlauch unter dem Endostyl und auf paarige kleine Räume (Subchordalcoelom) seitlich des Kiemendarmdachs eingeengt, die über die Coelomschläuche der Hauptbögen verbunden sind (Abb. 1159). Durch die Peribranchialraumbildung werden ventrolaterale

Coelomräume in die Metapleuralfalten abgedrängt („Metapleuralhöhlen"). Auch hinter dem Kiemendarm ist das Coelom auf einen Spaltraum um den von den Splanchnopleuren umhüllten Darm eingeengt.

Acranier sind getrenntgeschlechtlich. Die **Gonaden** differenzieren sich in ventral abgetrennten Räumen der Myocoele und sind daher segmental entlang der Außenwand des Peribranchialraums angeordnet. Auf jeder Seite differenzieren sich zwischen 27 und 38 Säckchen schon in der metamorphosierenden Larve. Reife Gonaden grenzen dicht aneinander und wölben sich weit in den Peribranchialraum vor. Die Geschlechtszellen werden dann durch Platzen der Wände über den Gonaden frei und über den Atrioporus ausgeschwemmt.

Die Spermien gehören zum ursprünglichen Typ. Die dotterarmen Eizellen sind im Ovar von einem einfachen Follikelepithel umgeben.

Fortpflanzung und Entwicklung

Je nach Umgebungstemperatur reifen die Gonaden von *Branchiostoma* in einem Zeitraum von 3 Wochen bis 4 Monaten. Das Ablaichen geht oft abends oder in der Nacht vor sich. Manche Arten haben zwei Fortpflanzungsphasen im Jahr (*Branchiostoma belcheri*) oder lange dauernde Laichzeiten (*B. caribaeum:* August – Dezember).

Die **Entwicklung** beginnt mit einer typischen Radiärfurchung, die leicht inäqual etwas kleinere animale Mikromeren und vegetative Makromeren bildet. Mit dem 8. Furchungsschritt ist eine Coeloblastula vollendet. In der Folge differenziert sich eine typische Invaginationsgastrula, die rasch von einer Neurula abgelöst wird, bei der auch ein Canalis neurentericus entsteht und die sich in der späteren Hauptachse streckt. Die Epidermis schließt sich über der Neuralplatte noch vor der Neuralrinnenbildung. Im Archenteron differenzieren sich Chorda und Mesoderm, das in die Somiten (Ursegmente) aufgeteilt wird. Etwa 8 Stunden nach der Befruchtung schlüpft die Neurula.

Diese winzigen bewimperten **Larven** schwimmen rotierend meist rechtsherum. Sobald auf der linken Seite der Mund durchbricht, wird die Cilienbewegung durch Muskelkontraktionen abgelöst.

Die freßfähige Larve wird nach 40 Stunden bei nur 2 mm Länge zunächst benthisch, mit etwa 5 mm Länge, einer weiten ovalen linksseitigen Mundöffnung und 6 großen rechtsseitigen Kiemenspalten dann wieder pelagisch. Sie schwimmt dabei mit dem Mund nach unten, also mit der rechten Seite nach oben und frißt neben Phytoplankton auch relativ große tierische Plankter (Copepodenlarven).

Während der bemerkenswert asymmetrisch ablaufenden Metamorphose (Abb. 1167) verlagert der Mund sich rostrad und mediad und damit auch die vorher linksseitige Räderorgananlage in das Mundraumdach. Dorsal der großen funktionellen primären Kiemenspalten bilden sich auf der rechten Körperseite eine Reihe sekundärer Spalten. Tertiäre Kiemenspalten werden hierauf von vorne nach hinten bereits beiderseits angelegt unter der nach vorne wachsenden Falte des Peribranchialraumes. Anders als die Mundöffnung verschieben sich die primären Kiemenspalten auf die linke Körperseite, die dorsal zu ihnen entstandenen sekundären Kiemenspalten

bleiben rechts und differenzieren sich aus. Früh bildet sich auf der Innenseite des larvalen Vorderdarms hinter der noch linksseitigen Mundöffnung eine vertikale Falte, die sich zu einem Rohr schließt, das links am „Lippenrand" außen und rechts oben im Dach des Mundraumes öffnet. Bewimperte Drüsenzellen kleiden das Lumen dieser „kolbenförmigen Drüse" aus, deren Sekret in das Dach des Vorderdarmes gelangt.

Die Anlage des Endostyls liegt zuerst in der rechten vorderen „Mundhöhlenwand". Später gelangt der Endostyl zusammen mit den Verschiebungen des Mundes in die Ventromediane und nach hinten in den Kiemendarm. Auch die bis zur späten Neurula noch symmetrisch angelegten Mesodermsäckchen (Ursegmente) beginnen rasch asymmetrisch zu verlagern, die rechte Reihe verschiebt sich etwas nach vorne. Aus dem kleiner bleibenden, vordersten, linken Säckchen wird die Anlage des Räderorganes, die sogar einige Zeit einen Porus nach außen bildet. Das rechte Säckchen wird größer, entwickelt früh ein dünnes Coelothel und verlagert sich rostroventral. Es bildet die Rostralhöhle, die vor allem in der Rostralflosse gut entwickelt ist und diese durch Coelothelschläuche aussteift.

Trotz der am Ende erreichten äußerlichen Symmetrie bleiben die Muskelsegmente aber etwa um eine halbe Segmentbreite links-rechts gegeneinander versetzt. Dementsprechend asymmetrisch liegen auch die Gonaden, die bei *Asymmetron* nur auf der rechten Seite differenziert sind.

Auffällig ist das äußerst geringe Regenerationsvermögen der Acrania im Unterschied etwa zur extremen Regenerationsfähigkeit der Tunicaten.

Systematik

Die stammesgeschichtliche Position der Acrania wird in Band 2 dieses Lehrbuches zusammen mit den **Craniota** (Vertebrata) ausführlich diskutiert.

*Branchiostoma (= *Amphioxus*) *lanceolatum* (Branchiostomidae), 6 cm; mit geringer äußerer Asymmetrie, Gonaden beiderseits im Peribranchialraum. Weit verbreitet von Bergen über Nordsee, Mittelmeer bis O.Afrika; die Art mit der weitesten Temperatur- (von 10–25°C) und der größten Salinitätstoleranz. Alter 6–8 Jahre. Kaltadaptierte Populationen bringen größere Individuen hervor. – *B. caribaeum* aus der Karibik zwischen 40° Nord und 40° Süd mit ähnlichem Temperaturlimit wie vorhergehende Art. – *B. belcheri*, von China, Japan bis Ostafrika und N.Australien; wird in der Straße von Formosa auch fischereilich genutzt. – *Asymmetron lucayanum* (Asymmetronidae), 7 cm, Indischer Ozean, 14 mm große Amphioxides-Larve, mit langer planktischer Phase, in der 25–34 Kiemenspalten entwickelt und sogar Gonaden anlegt werden. Gonaden nur rechts, direkte Fortsetzung der rechten Metalpleuralfalte in die unpaare gekammerte Ventralflosse.

Ergänzungen

Seit Erscheinen des Lehrbuches 1996 gab es einige spektakuläre Entdeckungen neuer Organismen, und es wurden ungewöhnlich viele Arbeiten publiziert, die sich mit der stammesgeschichtlichen Gliederung der einzelligen Eukaryota und der wirbellosen Metazoa befassen. Wir halten es für angemessen, in diesem korrigierten Neudruck wenigstens einige dieser das zukünftige System mit Sicherheit einschneidend beeinflussenden Taxa und Analysen vorzustellen. Ihre ausführliche Würdigung zusammen mit der Darstellung weiterer neuer morphologischer und systematischer Daten wird aber erst die geplante 2. Auflage dieses Bandes enthalten.

Fünf phylogenetische Schwerpunkte sind besonders hervorzuheben:
• Die Auflösung der „Archezoa"-Metakaryota-Zweigliederung der Eukaryota;
• ein verkleinertes Konzept für die Nemathelminthes in Zusammenhang mit der Einrichtung eines Taxon Gnathifera in den Spiralia;
• die Ecdysozoa-Hypothese als mögliche Alternative zum Articulaten-Paradigma;
• die eventuelle Zusammenfassung der Tentaculata mit Teiltaxa der Spiralia zu einem Großtaxon Lophotrochozoa;
• die Frage, ob die Insecta ein terrestrisches Subtaxon der Crustacea sind.

Unsere im Vorwort geäußerte Hoffnung, dass das in diesem Band vorgestellte neue System der einzelligen Eukaryota zwar Änderungen erfahren, grundsätzlich aber Bestand haben sollte, hat sich nur zum Teil erfüllt. DNA-Sequenzanalysen, verbesserte Daten-Aufbereitung und -Bewertung und die Zahl der mittlerweile mit diesen Methoden erfassten Taxa haben das System in wenigen Jahren zum Teil wieder verändert (Tabelle E1).

Wesentlich ist die Erkenntnis, dass keine „ursprünglichen" eukaryoten Einzeller bis in die Gegenwart überlebt haben. Organismen, in denen primär Dictyosomen, Mitochondrien und Flagellen fehlen, hinterließen offensichtlich keine ihnen morphologisch und physiologisch entsprechenden rezenten Nachfahren. Das Fehlen bestimmter Zellorganellen, etwa der Mitochondrien in Microspora, Archamoeba und Parabasalea oder der Flagellen in den klassischen Amöben-Gruppen, wird dementsprechend heute als sekundär gedeutet. Die Einteilung in ursprüngliche „Archezoa" und moderne Metakaryota kann somit nicht aufrecht erhalten werden. Alle bekannten rezenten Taxa lassen sich auf Formen zurückführen, deren Ausstattungsmerkmale einer typischen tierischen oder pflanzlichen Zelle entsprachen. Damit sollten auch Begriffe wie „Mastigota" oder „Dimastigota" aufgegeben werden, da zum Grundmuster dieser Eukaryota bereits zwei Geißeln gehören, die in der Folge in ihrer Zahl reduziert oder vervielfacht wurden.

Innerhalb des Systems wurden auch neue große Taxa gebildet. So enthält das Monophylum Opisthokonta die stark vereinfachten parasitischen Microsporea und die Metazoa. Grundlage für die Benennung ist eine am Hinterende der Zelle inserierende und nach hinten schlagende Geißel, wie man sie – sofern überhaupt noch vorhanden – bei einzelligen Vertretern innerhalb der Chytridiomycota, aber auch bei Gameten von Vielzellern finden kann. Schwestergruppe der Opisthokonta sollen die Amoebozoa sein, die nackte und beschalte Amöben, nackte Filosea, Archamoebaea und verschiedene höhere Schleimpilze umfassen, die weitestgehend ihre ursprüngliche Begeißelung verloren haben. Diesen beiden großen Taxa stehen (mit Ausnahme der Tetramastigota, die weitgehend als ursprüngliche Gruppe erhalten bleiben) alle anderen Taxa gegenüber: die Viridiplantae, Biliphyta, Foraminifera, Cercozoa, Alveolata, Chromista, Pseudociliata, Hemimastigophora und Discicristata.

Die Discicristata sind ebenfalls ein neues Taxon. Benannt nach der vorherrschenden Ausformung der mitochondrialen Cristae enthalten sie die Euglenozoa, Schizopyrenidea und Acrasea. Das ebenfalls neue Taxon Cercozoa besteht aus den Phytomyxa (= Plasmodiophora), aus einer Gruppe weitgehend unbekannter rhizopodialer Formen mit endosymbiontischen Grünalgen (Reticulofilosa, mit *Chlorarachnion* als typischem Vertreter) und den Monadofilosa, ein Taxon mit filopodialen Schalenamöben, z.B. *Euglypha*, und kleinen Amöboflagellaten, wie *Cercomonas*.
Weiterhin ungeklärt bleibt die systematische Position der Heliozoen, „Radiolarien" und Paramyxen. Sie müssen wie bisher als „incertae sedis" geführt werden.

Die Myxozoa gehören nicht zu den einzelligen Eukaryota. Neueste molekulare und ultrastrukturelle Untersuchungen bestätigen nicht nur die bereits in diesem Band ausgesprochene Vermutung, dass sie Eumetazoa sind (S. 72), sie legen sogar nahe, dass die Myxozoa von wurmförmigen, bilateralsymmetrischen Vorfahren abstammen könnten: Der enigmatische, wenig bekannte Parasit *Buddenbrockia plumatellae*, der in Süßwasserbryozoen lebt und Nematoden bzw. Nematomorphen nicht unähnlich ist, gehört offensichtlich in die Myxozoa-Verwandtschaft. Für den letzten gemeinsamen Vorfahren von *B. plumatellae* und den Myxozoa wird ein Lebenszyklus mit einem beweglichen, wurmförmigen und einem nicht beweglichen Stadium angenommen, dass der Produktion der charakteristischen, infektiösen Sporen (Abb. 114) diente.

Tabelle E1: System einzelliger Eukaryota (nach Hausmann, Radek und Hülsmann 2003)

1 Tetramastigota
    Retortamonadea
    Diplomonadea
        Enteromonadida
        Diplomonadida
    Oxymonadea
    Parabasalea
        Trichomonadida
        Hypermastigida
2 Discicristata
Euglenozoa
        Euglenida
        Kinetoplasta
            Bodonea
            Trypanosomatidea
        Diplonemida
Heterolobosa
        Schizopyrenidea
        Acrasea
3 Hemimastigophora
4 Pseudociliata
5 Chromista
Prymnesiomonada
Cryptomonada
Heterokonta
        Proteromonadea
        Opalinea
        Chrysomonadea
            Chrysomonadida
            Pedinellida
            Silicoflagellida
        Bacillariophycea
        Heteromonadea
        Eustigmatophyceae
        Labyrinthulea
        Raphidomonadea
        Bicosoecidea
        Hypochytriomycetes
        Oomycetes
6 Alveolata
Dinoflagellata
Perkinsozoa
Apicomplexa
        Gregarinea
        Coccidea
        Haematozoea
Ciliophora
        Postciliodesmatophora
            Karyorelictea

        Heterotrichea
        Intramacronucleata
            Spirotrichea
            Litostomatea
            Phyllopharyngea
            Nassophorea
            Colpodea
            Prostomatea
            Plagiophylea
            Oligohymenophorea
Haplospora
7 Cercozoa
Phytomyxa
Reticulofilosa
Monadofilosa
8 Foraminifera
9 Biliphyta
Rhodophyta
Glaucophyta
10 Viridiplantae
Chlorophyta
Streptophyta
11 Amoebozoa
Lobosa
        Gymnamoebea
        Acarpomyxea
        Testacealobosea
Conosa
12 Opisthokonta
Fungi
    Chytridiomycota
    Zygomycota
    Eumycota
        Microspora
        Microsporea
        Ascomycota
        Basidiomycota
Choanozoa
        Mesomycetozoa
        Choanoflagellata
Metazoa
    Myxozoa (s.S. 863)
13 Eukaryota incertae sedis
    Acantharea
    Polycystinea
    Phaeodarea
    Heliozoea
Paramyxa

Neue molekulare Daten (u. a. 18S rDNA, myosin heavy chain II) für die **Plathelminthes** (S. 210) stützen die auf Grund morphologischer Merkmale entwickelte Vorstellung einer basalen Stellung der Nemertodermatida und Acoela (S. 223). Gleichzeitig legen die molekularen Ergebnisse aber nahe, dass diese beiden Taxa (Acoelomorpha) die Schwestergruppen aller übrigen Bilateria-Taxa darstellen und mit den beiden anderen Teiltaxa (Catenulida und Rhabditophora) kein monophyletisches Taxon Plathelminthes bilden. Vielmehr erscheinen danach

Catenulida und Rhabditophora als eine Gruppierung im neuen Taxon Lophotrochozoa (s. u). Obwohl die Monophylie der Plathelminthes bereits auf Grund einiger morphologischer Analysen in Frage gestellt wurde, spricht dennoch zurzeit die Gesamtheit aller strukturellen und entwicklungsbiologischen Daten für jenes Konzept eines Taxon Plathelminthes, das in diesem Buch vorgeschlagen wurde: Aus der Sicht der Morphologie ist es nicht wahrscheinlich zu machen, dass eines der drei hier unterschiedenen Teiltaxa – Acoelomorpha, Catenulida und Rhabditophora – mit einem anderen Bilateria-Taxa näher verwandt sein könnte als diese untereinander.

Das Teiltaxon **Seriata** (Proseriata und Tricladida) der Rhabditophora ist nach neuen molekularen Daten und morphologischen Überlegungen nicht monophyletisch, wie in diesem Buch vertreten: die Apomorphien „Faltenpharynx (Pharynx plicatus)" und „follikulärer Bau der Gonaden" könnten Konvergenzen sein. Die Bothrioplanida (Proseriata) bleiben höchstwahrscheinlich die Schwestergruppe der Tricladida, 18S rDNA-Daten unterstützen jedoch die Annahme eines Schwestergruppenverhältnisses von Prolecithophora und Tricladida.

Die **Temnocephalia** (etwa 100 Arten), die als Ektokommensalen auf Flusskrebsen weltweit verbreitet sind, wurden in diesem Buch nicht berücksichtigt. Auf der Dorsalseite dieser Tiere befinden sich Strukturen, die Hinweise auf die Phylogenie von Borstenbildungen bei Spiraliern und Tentaculaten geben könnten (s. Borstenstruktur der Polychaeten, Abb. 494, und der Brachiopoda).

Das seit jeher problematische Großtaxon **Nemathelminthes** hat in nur wenigen Jahren Verkleinerungen bis hin zur völligen Auflösung erfahren, die allerdings in ihren Ausmaßen unterschiedlich stark akzeptiert werden. Weitgehend unbestritten und vermutlich gesichert ist die Ausgliederung von „Rotatoria" (S. 714) und Acanthocephala (S. 723), die auf Grund ihres spezifischen Integuments (Abb. 991, 1001) als **Syndermata** zusammengefasst werden, und ihre Vereinigung mit den Gnathostomulida auf Grund der Kieferfeinstruktur. Diese homologe Struktur der Cuticula aus einzigartigen Tubuli bei „Rotatoria" und Gnathostomulida konnte durch REM-Untersuchungen mit einer Homologisierung auch einzelner Kieferelemente bekräftigt werden. Ganz entscheidend hierfür war die Entdeckung (R.M. KRISTENSEN, P. FUNCH) einer Zwischenform, *Limnognathia maerski* (**Micrognathozoa**). Diese etwa 150 µm kleine Art aus einer kalten Quelle auf Grönland hat einen dreigliederigen Körper mit Kopf, Thorax und Abdomen (Abb. E 1); steife sensorische und lokomotorische Cilien sind vorhanden; epidermale Syncytien fehlen. Im Abdomen befinden sich 2 Paar Protonephridien mit monociliären Terminalzellen. Da nur Weibchen gefunden wurden, wird parthenogenetische Fortpflanzung vermutet. Die cuticularen Elemente des hoch komplexen Kieferapparates haben ebenfalls die tubuläre Feinstruktur; die Zusammensetzung ähnelt einerseits dem Kieferapparat der Skleroperalia (Gnathostomulida) (Abb. 361), andererseits dem Mastax von Rotatorien (Abb. 993 A). Morphologische und molekulare Daten sprechen für ein Schwestergruppenverhältnis von Gnathostomulida und *L. maerski*; deren Schwestergruppe sind dann die Syndermata (s. o.). Zusammen bilden sie das Taxon **Gnathifera** (Abb. E 2). Die für Gnathostomuliden

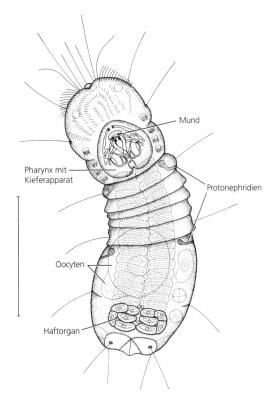

Abb. E 1: *Limnognathia maerski* (Micrognathozoa). Ventralansicht. Maßstab: 50 µm. Aus Kristensen und Funch (2000).

beobachtete Spiralfurchung erfordert eine Einordnung dieses Taxon in die Spiralia.

Die Frage nach dem Schwestertaxon der Acanthocephala unter den Rädertieren – Seisonida, Bdelloida oder Monogonata (die Rotatorien wären dann ein Paraphylum, s. S. 720) – bzw. nach den Autapomorphien eines eventuellen Monophylum Rotatoria ist zurzeit nicht entschieden.

Als Nemathelminthes verbleiben dann nur noch die anderen traditionell in diesem Taxon zusammengefassten Gruppen, die neben den Gastrotricha die **Scalidophora** (Kinorhyncha, Loricifera, Priapulida) (S. 729–736) und **Nematoida** (Nematoda, Nematomorpha) (S. 692–713) umfassen. Scalidophora und Nematoida werden auch unter dem Namen **Cycloneuralia** vereint (Synapomorphien: Vollständige Reduktion epidermaler lokomotorischer Cilien und circumpharyngealer Nervenring).

Die erst 1995 von P. FUNCH und R.M. KRISTENSEN beschriebene *Symbion pandora* war die erste Art eines neuen höheren Taxon wirbelloser Tiere, der **Cycliophora**. Ihr sessiles Stadium mit azellulärem Stiel und Scheibe ist oft zu tausenden auf den äußeren Bereichen des Mundes decapoder Krebse befestigt (s. Einband-Vorderseite und Abb. E 3). Ein distal abgegliederter radiärsymmetrischer Teil (Buccaltrichter) trägt den terminalen Mund; er wird

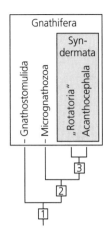

Abb. E 2: Verwandtschaftsschema der Gnathifera. Synapomorphien: [1] Cuticularer Kieferapparat mit einer Feinstruktur aus elektronenhellen, tubulären Strukturen mit dunklem Zentrum in einem zangenförmigen Element mit unpaarem caudalen Stiel (Symphyse) = Articularium der Gnathostomulida, Hauptkiefer der Micrognathozoa, Incus der „Rotatoria". [2] Differenzierung und Struktur spezifischer Kieferelemente. [3] Syncytiale Epidermis mit peripherer Verdichtung und Einstülpungen der äußeren Plasmamembran. Nach Ahlrichs (1995) und Sørensen (2001).

kreisförmig von gleichartigen Ciliengruppen umstanden, die Bakterien und andere kleine Partikeln filtrieren. Der Darm ist U-förmig; der After liegt außerhalb des Wimpernkranzes auf dem sackförmigen bilateral-symmetrischen Rumpf; insgesamt haben diese Nährstadien eine Länge von ca. 350 µm. Die Tiere sind acoelomat.

Einzigartig ist der komplexe metagenetische Lebenszyklus mit asexuellen und sexuellen Generationen (Abb. E 3), der hier nur verkürzt dargestellt werden kann. Durch innere Knospung entsteht aus einem sessilen Nährstadium eine freischwimmende, sog. Pandora-Larve, aus der wieder sessile Stadien hervorgehen. Diese entwickeln sich eventuell zu sexuell differenzierten Nährstadien – entweder mit Weibchen oder zu Stadien, die ein Primärmännchen (ohne Hoden und Penis) bilden. Setzen sich letztere auf Weibchen mit innen knospenden jungen Weibchen fest, so entstehen aus ihnen Sekundärmännchen, die dann die freiwerdenden, schwimmenden „jungen" Weibchen befruchten. Diese setzen sich fest und bilden einen zweiten Larventyp, die C h o r d o i d - L a r v e, die als Verbreitungsstadium fungiert und sich auf einem neuen Wirt ansiedelt.

Während die alleinige morphologische Analyse Ähnlichkeiten der Cyclophora mit Kamptozoa (S. 337) und Bryozoa (S. 743) feststellt, sprechen molekulare Analysen für eine Einbeziehung in die Gnathifera.

Auf Grund molekularer Untersuchungen (18S rDNA, Elongationsfaktor-1α, Hox-Gene, β-Thymosin) wird nun die Existenz eines monophyleti-

schen Taxon **Ecdysozoa** für Gastrotricha (S. 692) + Cycloneuralia (s.o.) und dem größten rezenten Bilateria-Taxon Arthropoda (S. 411) diskutiert. Auch die rätselhaften, hier zu den Arthropoda gestellten Tardigrada (S. 433) wurden von einzelnen Autoren seit längerem als mögliche Verwandte der Cycloneuralia angesehen.

Obwohl bereits am Ende des 19. Jhdts eine detaillierte Vorstellung über eine engere Verwandtschaft von Nematoden und Arthropoden entwickelt wurde, brachten erst die molekularen Sequenzanalysen die entscheidenden Anstöße, die Verwandtschaft der Arthropoden eher bei den Nemathelminthes als bei den Anneliden zu suchen. Mit Ausnahme der Gastrotricha ist diese Verwandtschaftsgruppe durch Häutungen der Cuticula (Name!) gekennzeichnet. Allerdings unterscheiden sich Struktur, Häutungsmodus und chemische Zusammensetzung der Cuticula beider Gruppen deutlich: So konnte bei den Cycloneuralia Chitin bisher nur bei Priapuliden, Kinorhynchen und bei Nematoden in der Pharynx-Cuticula nachgewiesen werden. Für die Vorstellung eines derartigen monophyletischen Taxon sprechen allerdings auch neurologische Übereinstimmungen (HRP-Immunoreaktivität), die bisher nur bei Arthropoda, Nematoda und je einem Vertreter der Nematomorpha und Priapulida nachgewiesen wurden. Vergleiche ergaben ferner erstaunliche Ähnlichkeiten in den ersten beiden Furchungen zwischen Gastrotricha und Cirripedia (Crustacea) (S. 545), deren weitere Analyse für das Ecdysozoenkonzept von Interesse sein mag.

Das Ecdysozoenkonzept widerspricht allerdings der in diesem Buch vertretenen Articulatenhypothese. Die nach wie vor wichtigste Synapomorphie, die die Monophylie der **Articulata** begründet, ist das Grundmuster des Articulaten-Segments (S. 350) mit der äußerlich sichtbaren Segmentgrenze, einer segmentalen Muskulatur insbesondere für die paarigen lateralen Körperanhänge, paarigen Coelomräumen, deren Epithelien das Blutgefäßsystem begrenzen, paarigen metanephridialen Exkretionsorganen und paarigen Ganglien mit Konnektiven und Kommissuren eines ventralen Nervensystems. So viele aufeinander bezogene Teilmerkmale, die zwar stark variieren können, aber in ihrer Gesamtheit immer einen einheitlichen Merkmalskomplex erkennen lassen, sprechen sehr für eine Homologie der Segmente von Annelida und Arthropoda. Hinzu kommt, dass die ontogenetische Entstehung dieser Segmente aus Mesodermstreifen durch schizocoele Coelombildung ausgehend von einer praeanalen Wachstumszone bei ursprünglichen Vertretern beider Taxa besonders ähnlich abläuft.

Aus der Sicht der Morphologie sprechen noch andere Tatsachen deutlich für ein enges Verwandtschaftsverhältnis zwischen Arthropoden und Anneliden wie z.B. das Grundmuster des zentralen Nervensystems und die subterminale Mundöff-

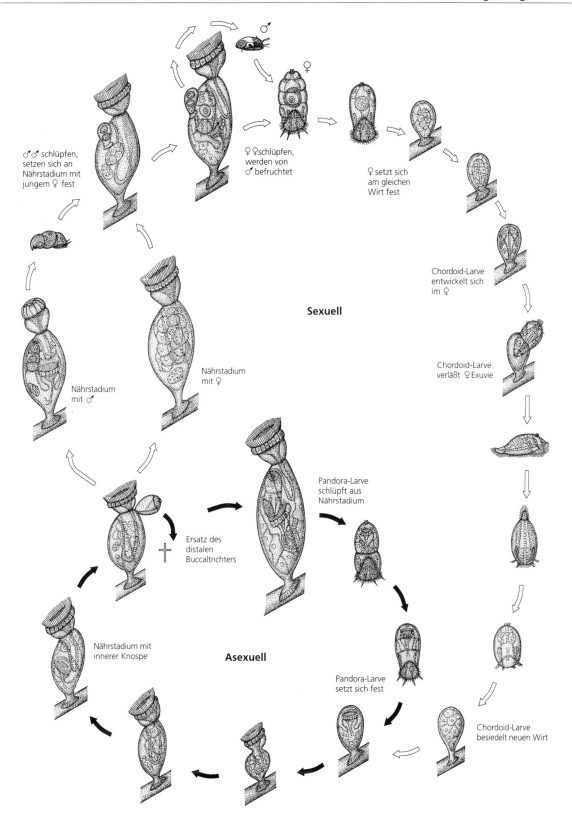

Abb. E 3: Lebenszyklus von *Symbion pandora* (Cycliophora). Aus Funch und Kristensen (1995).

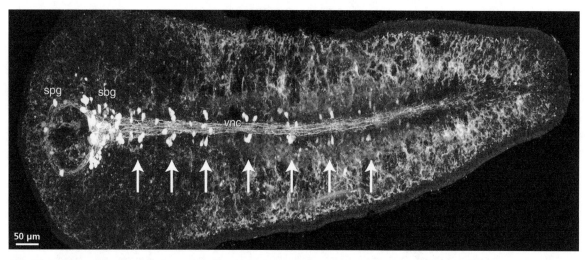

Abb. E 4: Echiura. Männchen-Larve von *Bonellia viridis*, festgesetzt am Prostomium eines adulten Weibchens. Ventralansicht. Darstellung des Nervensystems mit Anti-Serotonin-Immunfluoreszenzreaktion: Gehirn mit paarigen Perikarya, Schlundkommissur, zahlreiche Perikarya im Unterschlundganglion, ventrales Bauchmark mit einem repetitiven Muster serotoninerger Perikarya (Pfeile). Original: R. Hessling, Osnabrück.

nung. Darüber hinaus wird bei Arthropoden und Hirudineen das Segmentpolaritätsgen *engrailed* im Ektoderm in Querreihen im hinteren Bereich der sich entwickelnden Segmente exprimiert. Eine weitere Expression dieses Gens folgt in beiden Taxa in den Anlagen der Ganglien.

Ferner unterstützen Ähnlichkeiten in den vorderen Expressionsgrenzen spezieller Hox-Gene die Articulaten-Hypothese auf dem Niveau der Genexpression (in den meisten Cycloneuraliern allerdings erst sehr unvollkommen bekannt).

Entwicklungsstadien der **Echiura**-Arten (S. 345) *Bonellia viridis* und *Urechis caupo* zeigen mit immunohistochemischen Methoden eindeutig ein annelidenartiges Nervensystem (Abb. E 4). Der nicht-segmentierte Körper ist danach wahrscheinlich aus der Verschmelzung von Segmenten entstanden. Molekulare Analysen stützen die Einordnung in die Annelida. Es gibt Hinweise auf eine enge Verwandtschaft zu den Capitellida (S. 381).

Für die **Annelida** (S. 366) wurde die Vorstellung, dass die Clitellata (S. 396) ein hochabgeleitetes Taxon innerhalb der paraphyletischen Gruppierung „Polychaeta" bilden, durch verschiedene morphologische und jetzt auch durch zahlreiche molekulare Analysen weiter gesichert. Ihre Schwestergruppe unter den Polychaeten-Subtaxa ist jedoch weiterhin unbekannt.

Aus den Polychaeten-Subtaxa mit bisher eher unsicherer Zuordnung konnten Aeolosomatida und Potamodrilida (S. 383) als Nicht-Clitellata („Polychaeta") bestätigt werden; ihre engere Verwandtschaft ließ sich wahrscheinlich machen. Für die durch weitere morphologische Merkmale (u.a. Bau des Nervensystems) gut begründete Einordnung der Myzostomida in die Annelida gibt es dagegen

von molekularer Seite keine Unterstützung: Sequenzanalysen ordnen dieses Taxon in die Nähe der Plathelminthes.

Zahlreiche Analysen morphologischer und molekularer Daten bestätigen übereinstimmend, dass die **Pogonophora** (S. 383) eine Teilgruppe der Annelida darstellen. Konsequenterweise werden sie in neueren Arbeiten als Familien-Taxon **Siboglinidae** innerhalb der Polychaeten geführt. Während molekulare Daten bisher keine eindeutigen Hinweise auf ihre Schwestergruppe erlauben, sprechen morphologische Daten für eine Einordnung in die Sabellida (S. 382). Molekulare Analysen unterstützen auch die Monophylie der beiden Teilgruppen, außer dass *Sclerolinum* danach nicht zu den Perviata (Frenulata) gehört, sondern ganz basal in die Obturata (Vestimentifera) zu stellen ist.

Die Monophylie der **Hirudinea** wird durch molekulare Analysen bestätigt (S. 404); sie beziehen aber auch die in Lebensweise und Habitus ähnlichen Branchiobdellida in dieses Taxon mit ein, die nun als Schwestergruppe aller übrigen borstenlosen Egel (= Hirudinida) erscheinen. Die Lumbriculida (S. 403) bilden in diesen Analysen das Schwestertaxon aus den „Oligochaeta" – wie dies bereits in älteren Arbeiten vermutet wurde (S. 399).

Es gibt deutliche entwicklungsgenetische Hinweise, dass ein Praeantennalsegment in den **Euarthropoda** nicht existiert und das Labrum nicht seinen verschmolzenen Anhängen entspricht; letzteres ist vielleicht die nach ventral verlagerte Spitze des Acrons.

Expressionsmuster von Hox-Genen, aber auch morphologisch-entwicklungsgeschichtliche Untersuchungen des Nervensystems legen nahe, dass das Cheliceren-Segment der **Chelicerata** dem 1. Antennensegment der Mandibulaten entspricht und nicht dem 2. Antennen- bzw. Interkalarsegment, wie bisher angenommen wurde.

Einige Analysen rücken die Chelicerata (S. 449) in die Nähe der **Myriapoda**. Außer molekularen Daten sprechen hierfür auch Übereinstimmungen im Nervensystem. Spezifische Baumerkmale der Mandibeln stützen jedoch weiterhin die Monophylie der Mandibulata. Eine Arbeit über die Facettenaugen von *Scutigera* (Chilopoda) (S. 590) hat ergeben, dass der Kristallkegel ihrer Ommatidien wie bei den Tetraconata (s. u.) aus 4 Zellen gebildet wird, was ebenfalls für das traditionelle Mandibulatenkonzept spricht.

Die Monophylie der Crustacea und die Beziehungen ihrer einzelnen Untergruppen zueinander werden intensiv bearbeitet. Sicher erscheint die Monophylie der Cladocera (Wasserflöhe) – entgegen der in diesem Band vertretenen Auffassung. Die Schwestergruppe der Cladocera ist das Conchostracen-Taxon *Cyclestheria* (Spinicaudata) (S. 519). Für das Taxon aus Cladocera und den paraphyletischen „Conchostraca" ist der Name **Diplostraca** gebräuchlich.

Durch molekulargenetische, morphologische (Ommatidien-Ultrastruktur, Neurogenese) und kombinierte Analysen wurde die Monophylie der **Antennata** ernsthaft in Frage gestellt und stattdessen eine nahe Verwandtschaft von Insekten und Krebsen postuliert. Für diese monophyletische Einheit Insecta + Crustacea wurden die Namen Pancrustacea oder **Tetraconata** (4 Kristallkegelzellen!) vorgeschlagen.

Die traditionell auf HENNING zurückgehende Gliederung der **Insecta** in Ectognatha und Entognatha wird nachhaltig in Frage gestellt. Da die Basen der Mandibeln und Maxillen bei den Diplura im Gegensatz zu den Ellipura in nur einer Kieferntasche liegen, ist die wesentliche Synapomorphie der bisherigen Entognatha viel weniger wahrscheinlich geworden. Die Diplura werden deshalb als mögliches Adelphotaxon der Ectognatha aufgefasst: Diplura + Ectognatha = **Cercophora** (Euentomata), das durch mehrere Synapomorphien wahrscheinlich gemacht werden kann: Spermien mit 9 + 9 + 2 – Muster im Axonema, Epimorphose, abgewandelter Häutungsmodus, superfizielle Furchung, Fehlen der Tömösváryschen Organe, filamentöse Cerci u. a.. Die Cercophora sind die Schwestergruppe der Ellipura. Entognathe Mundwerkzeuge sind daher wohl zweimal entstanden.

In den wenigen Jahren seit Erscheinen des Buches sind auch die Kenntnisse über die Phylogenie der Neoptera (S. 635) wesentlich erweitert worden, sodass sich für das hier vorgestellte Verwandtschaftssystem (Abb. 838) an einigen Stellen Veränderungen ergeben: Sie sollen in einer neuen Auflage realisiert werden.

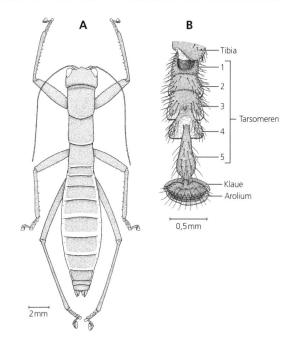

Abb. E5: *Mantophasma zephyra* (Mantophasmatodea). A Weibchen, Habitus, Dorsalansicht. B Rechter Metatarsus. Nach Klass aus Dathe (2003).

KLASS, ZOMPRO, KRISTENSEN und ADIS haben 2002 ein neues höheres Subtaxon der Insekten beschrieben, die **Mantophasmatodea**: 12 rezente Arten aus Südafrika, Namibia, Tansania. Körperlänge 9–24 mm. Körper flügellos, lang gestreckt (Abb. E5A). Antennen lang und vielgliedrig, Flagellum differenziert in zahlreiche schmälere, nur grob beborstete Basiflagellomeren, deren distale eine sekundäre Unterteilung aufweisen, und 7 breitere, grob und fein beborstete Distiflagellomeren, die stabile Längenrelationen zueinander zeigen (Autapomorphie). Ocellen fehlen. Mundwerkzeuge orthognath. Subgenalnaht nach vorn schräg zur weit dorsal liegenden vorderen Tentorialwurzel aufsteigend (Autapomorphie). Cerci eingliedrig, bei den Männchen als Greiforgane zur Kopulation lang und gekrümmt. Tarsen fünfgliedrig, aber 1.–3. Glied weitgehend verschmolzen, 3. Glied dorsal mit dreieckigem Fortsatz (Autapomorphie), Praetarsus mit großem Arolium (Abb. E5B). Männchen mit einfachen symmetrischen oder komplexen asymmetrischen Genitalorganen. Weibchen mit kurzem Ovipositor und Genitalöffnung auf dem 8. Abdominalsegment.

Lebensraum mäßig feucht bis fast arid, baumlos. Bevorzugt in Poaceen- und Restionaceenbüscheln zwischen den Halmen. Insektivor; Vorder- und Mittelbeine sind Fangbeine mit kräftigen Femora und innenseitig bedornten Tibiae. Larvalentwicklung hemimetabol, während der feuchten Jahreszeit verlaufend, Adultphase ca. 2 Monate. Kopulation:

Männchen (meist etwas kleiner) auf Weibchen sitzend, bis zu 3 Tagen. Weibchen bauen aus Sand und Drüsensekreten Pakete mit 10–20 Eiern.

Die phylogenetische Stellung innerhalb der Neoptera ist noch unbekannt: Synapomorphien existieren mit den Notoptera (Bau des Kaumagens; in diese Richtung deuten auch DNA-Studien), Dictyoptera (Bau des rechten Teils der männlichen Genitalorgane) und Phasmatodea (in einen Fortsatz verlängertes Quersklerit hinter männlichen Genitalorganen).

Die Monophylie der **Tentaculata** (S. 737) ist nach wie vor unzureichend begründet. Von molekularer Seite gibt es nur für ein Schwestergruppenverhältnis Phoronida + Brachiopoda deutliche Unterstützung; für die Stellung der Bryozoa fehlen noch hinreichende Daten.

Die Diskussion um die Einordnung in das System der Bilateria wird besonders von molekularer, aber auch von morphologischer Seite durch neue Gesichtspunkte und Argumente bestimmt. Dreiteiligkeit des Coeloms und Enterocoelie sind die entscheidenden Merkmale, die die vorherrschende traditionelle Gruppierung der Tentaculaten mit den Deuterostomia begründeten (S. 739). Während E n - t e r o c o e l i e (= Bildung des Coeloms aus Zellen des Urdarms) auch weiterhin – trotz unzureichender Dokumentation bei den Bryozoa – als synapomorphes Merkmal gedeutet werden kann, konnten neuere ultrastrukturelle Untersuchungen eine dreigliederige Kompartimentierung des Coeloms bei keiner der drei Tentaculaten-Monophyla bestätigen: Ein Protocoel im Epistom ließ sich für Phoronida und Brachiopoda nicht nachweisen; der Coelomraum im Epistom der Phylactolaemata (Bryozoa) zeigt keine Trennung zu Tentakel- und Rumpfcoelom. Die Auftrennung in die letzten beiden Abschnitte erfolgt bei Brachiopoden erst nach der Larvalphase im sich differenzierenden Adultus: Auch hier besitzt der Tentakelapparat seine eigene sekundäre Leibeshöhle.

Molekulare Analysen stellen die Nähe der Tentaculata zu den Deuterostomia jedoch ernsthaft in Frage und zeigen enge Beziehungen zu Spiralia, z. B. zu Annelida und Mollusca. Hierauf gründet sich ein neues Taxon, die **Lophotrochozoa** – also Tentaculata (= Lophophorata) und Spiralia mit Trochophora-ähnlichen Larven (= Trochozoa). Von paläontologischer Seite wird versucht, diese neue Gruppierung dadurch zu stützen, dass man die †Halkieriida (S. 284, 351, Abb. 487C) als Stammlinienvertreter der Brachiopoda deutet. Die Annahme, dass die Sklerite dieser fossilen Formen und die Chitinborsten der Annelida und Brachiopoda homolog sind, könnte die systematische Zuordnung der Tentaculata zu protostomialen Spiraliern wahrscheinlicher machen.

Ein zentraler Punkt in der aktuellen Diskussion zur Entstehungsgeschichte der Deuterostomia ist die

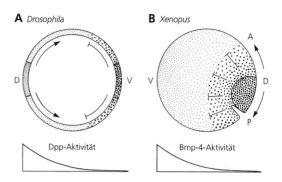

Abb. E 6: Determinantenverteilung und Gradientenmuster von Dpp/Sog in *Drosophila* (**A**) und Bmp-4/Chordin in *Xenopus* (**B**), die die Dorsalseite bzw. die Ventralseite des Adulttieres im Embryo festlegen. Chordin = chordin protein, Sog = short gastrulation protein, Bmp-4 = bone morphogenetic protein, Dpp = decapentaplegic protein. Grob gepunktet: Verteilung von Chordin (*Xenopus*) und Sog (*Drosophila*). Feingepunktet: Verteilung von Bmp-4 (*Xenopus*) und Dpp (*Drosophila*). D = dorsal, V = ventral, A = anterior, P = posterior. Original: B. Hobmayer, Innsbruck, nach verschiedenen Autoren.

Vermutung, dass sie durch die Umkehr der Dorsoventralachse der Protostomia entstanden sein könnten. ARENDT und NÜBLER-JUNG machten auf einen möglichen Zusammenhang zwischen den Expressionsdomänen des dorsalisierenden Gens *decapentaplegic* (*dpp*) bei *Drosophila* (Insecta) bzw. des dazu homologen ventralisierenden Gens *bmp-4* bei *Xenopus* (Lissamphibia) und der Position des zentralen Nervensystems bei Protostomiern und Deuterostomiern aufmerksam (Abb. E 6). In der Folge fand man, dass nicht nur *dpp / bmp-4*, sondern auch die zu ihnen antagonistisch wirkenden Gene *short gastrulation* (*sog*) / *chordin* zueinander homolog sind. Sie spielen in der Bildung der Dorsoventralachse der Bilateria eine wichtige Rolle und werden in Embryonen von *Drosophila* und *Xenopus* umgekehrt exprimiert: *sog* spielt in Insekten bei der Spezifikation der Ventralseite eine Rolle, *chordin* determiniert in Wirbeltieren die Dorsalseite. Die Proteine Dpp und Bmp-4 sind sekretierte Signalproteine (Morphogene), die an Zellmembranrezeptoren binden und so konzentrationsabhängig die entsprechenden dorsalisierend oder ventralisierend wirkenden Signalkaskaden in der Zelle auslösen können. Die Proteine Sog und Chordin stellen sekretierte Faktoren dar, die direkt an Dpp und Bmp-4 binden und dadurch deren Bindung an ihren Rezeptor inhibieren können. Dadurch tragen sie maßgeblich zur Ausbildung der Aktivitätsgradienten von Dpp und Bmp-4 entlang der entstehenden Dorsoventralachsen bei.

Diese Entdeckung hat Vorstellungen zur Phylogenie der Bilateria wiederbelebt, in denen eine Homologie des segmentierten Bauplanes von Arthropoden und Chordaten angenommen wird. Auch auf

Grund anderer Genexpressionsmuster im Gehirn von Insekten und Wirbeltieren wird eine derartige Auffassung vertreten. Sie bleibt dennoch unwahrscheinlich, da angenommen werden müsste, dass alle unsegmentierten Baupläne der Bilateria durch zahlreiche, voneinander unabhängige Reduktionen aus einer komplexen, segmentierten Stammart hervorgegangen seien. Allerdings wird neuerdings eine Reduktion der Segmentierung bei den Echiura auf Grund segmentaler Muster im Nervenensystem der Jungtiere vermutet (S. 858).

Die systematische Stellung von **Xenoturbella bocki** (S. 777) ist nach wie vor ungeklärt. Ultrastrukturelle Untersuchungen an der Verankerung der Cilien in den multiciliären Epidermiszellen haben den Verdacht einer engen phylogenetischen Beziehung zu den Acoelomorpha (Plathelminthes) weiter erhärtet. Eine solche Stellung als Schwestergruppe aller übrigen Bilateria (siehe neue Befunde S. 864), wurde neuerdings auch unabhängig davon auf Grund von Ultrastrukturuntersuchungen der Muskulatur festgestellt. Erste molekulare (18S-DNA) und ontogenetische Befunde ließen dagegen auf eine Verwandtschaft mit den Mollusken schließen – Ergebnisse allerdings, die auf Grund aller anderen vorliegenden morphologischen und mikroanatomischen Fakten (insbesondere wegen der eindeutig basiepithelialen Struktur des gesamten Nervensystems) mit großer Skepsis aufgenommen werden müssen. Auch die Beschreibung einer zweiten, mit nur 1 cm Länge deutlich kleineren Art, muss überprüft werden. Die in diesem Buch vertretene Auffassung einer Stellung von X. bocki zwischen acoelomorphen Plathelminthen und coelomaten Enteropneusten beschreibt deren enigmatische Stellung im System der Bilateria immer noch am besten.

Für die Abfassung dieser Ergänzungen haben uns die folgenden Kollegen mit Material und Ideen unterstützt, denen wir dafür herzlich danken: Prof. Dr. K. Hausmann und Dr. N. Hülsmann, Berlin; Prof. Dr. U. Ehlers, Göttingen; Prof. Dr. S. Lorenzen, Kiel; Dr. A. Schmidt-Rhaesa, Bielefeld; Prof. Dr. G. Purschke, Osnabrück; Prof. Dr. W. Dohle, Berlin; Prof. Dr. Klausnitzer, Dresden; Dr. C. Lüter, Berlin; Dr. E. Hobmayer, Innsbruck.

Wilfried Westheide und Reinhard M. Rieger
Osnabrück und Innsbruck, August 2003

Literatur

Einzellige Eukaryota

Allgemeine Lehr- und Handbücher

Anderson, O.R. (1987): Comparative protozoology. Ecology, physiology, life history. Springer, Heidelberg, New York

Bütschli, O. (1880–1889): Protozoa. In: Bronn, H.G. (Hrsg.): Klassen und Ordnungen des Tierreichs. Winter, Heidelberg

Doflein, F., Reichenow, E. (1949–1953): Lehrbuch der Protozoenkunde. 6. Aufl. Gustav Fischer, Jena

Grassé, P.-P. (1952/53, 1984, 1994): Protozoaires. In: Traité de Zoologie. Vol. I, 1+2, II, 1+2. Masson, Paris

Grell, K.G. (1973): Protozoology. 3. ed. Springer, New York

Harrison, F.W., Corliss, J.O. (eds.) (1991): Protozoa. In: Harrison, F.W.(ed.): Microscopic anatomy of invertebrates. Vol. 1. Wiley-Liss, New York

Hausmann, K., Hülsmann, N. (1995): Protozoology. Thieme, Stuttgart

Kudo, P.R. (1971): Protozoology. 6. ed. Thomas, Springfield

Lee, J.J., Hutner, S.H., Bovee, E.C. (eds.) (1985): Illustrated guide to the Protozoa. Allen Press, Lawrence

Levandowsky, M., Hutner, S.H. (1979–1981): Biochemistry and physiology of Protozoa. Vol. I-IV. Academic Press, London

Margulis, L., Corliss, J.O., Melkonian, M., Chapman, D.J. (eds.) (1990): Handbook of Protoctista. Jones and Bartlett, Boston

Margulis, L., McKhann, H.I., Oldendzenski, L. (eds.) (1993): Illustrated glossary of Protoctista. Jones and Bartlett, Boston

Mehlhorn, H., Ruthmann, A. (1992): Allgemeine Protozoologie. Gustav Fischer, Jena

Puytorac, P. de, Grain, J., Mignot, J.-P. (1987): Précis de protistologie. Boubée, Paris

Röttger, R. (Hrsg.) (1995): Praktikum der Protozoologie. Gustav Fischer, Stuttgart

Sleigh, M. (1989): Protozoa and other protists. 2. ed. Arnold, London

Monographien über einzelne Taxa, Organisations- und Lebensformtypen

Aikawa, M., Sterling, C.R. (1974): Intracellular parasitic Protozoa. Academic Press, London

Anderson, O.R. (1983): Radiolaria. Springer, Berlin

Buetow, D.E. (1968–1989): The biology of Euglena. Vol. I-IV. Academic Press, London

Canning, E.U., Lom, J. (1986): The microsporidia of vertebrates. Academic Press, London

Capriulo, G.M. (ed.) (1990): Ecology of marine protozoa. Oxford University Press, New York

Corliss, J.O. (1979): The ciliated protozoa. Characterization, classification and guide to the literature. 2. ed. Pergamon, Oxford

Curds, C.R. (1992): Protozoa in water industry. Cambridge University Press, Cambridge

Dubey, J.P., Beattie, C.P. (1988): Toxoplasmosis of animals and man. CRC Press, Boca Raton

Elliott, A. (1973): The biology of Tetrahymena. Dowden, Hutchinson and Ross, Stroudsburg

Englund, P.T., Haijuk, S.L., Marini, J.C. (1982): The molecular biology of trypanosomes. Ann. Rev. Biochem. 51: 695

Ettl, H., Gerloff, J., Heynig, H., Mollenhauer, D. (Hrsg.) (1978): Süßwasserflora von Mitteleuropa. 20 Bände. Gustav Fischer, Stuttgart

Fenchel, T. (1987): Ecology of protozoa: the biology of free-living phagotrophic protists. Springer, Berlin

Fenchel, T, Finlay, B.J. (1991): The biology of free-living anaerobic ciliates. Europ. J. Protistol. 26: 201–215

Fenchel, T. Finlay, B.J. (1995): Ecology and evolution in anoxic worlds. In: May, R.M., Harvey, P. (eds.): Oxford series in ecology and evolution. Oxford University Press, Oxford

Foissner, W. (1993): Class Colpodea (Ciliophora). In: Matthes, D. (Hrsg.): Protozoenfauna. Bd. 4/1. Gustav Fischer, Stuttgart

Foissner, W., Blatterer, H., Berger, H., Kohmann, F. (1991–1995): Taxonomische und ökologische Revision der Ciliaten des Saprobiensystems. Bd 1: Cyrtophorida, Oligotrichida, Hypotrichida, Colpodea. Bd 2: Peritrichia, Heterotrichida, Odontostomatida. Bd 3: Hymenostomata, Prostomatida, Nassulida. Bd 4: Gymnostomatea, Loxodes, Suctoria. Informationsberichte des Bayerischen Landesamtes für Wasserwirtschaft, München

Goertz, H.-D. (1988): Paramecium. Springer, Berlin

Hammond, D.M., Long, P.L. (1973): The Coccidia. University Park, Baltimore

Hausmann, K., Bradbury, P.C. (eds.) (1996): Ciliates: Cells as organisms. Gustav Fischer, Stuttgart

Hemleben, C.H., Spindler, M., Anderson, O.R. (1989): Modern planktonic Foraminifera. Springer, Berlin

Hoek, C. van den, Mann, D.G., Jahns, H.M. (1995): Algae. Cambridge University Press, Cambridge

Jeon, K.W. (1973): The biology of Amoeba. Academic Press, London

Kahl, A. (1930–1935): Urtiere, oder Protozoa. I. Wimpertiere oder Ciliata (Infusoria). In: Dahl, F. (Hrsg.): Die Tierwelt Deutschlands. Gustav Fischer, Jena

Kreier, J.P. (1980): Malaria. Vol. I-III. Academic Press, London

Kreier, J.P. (ed.) (1991–1994): Parasitic protozoa. 8 vol., 2. ed. Academic Press, London

Lee, J.J., Anderson, O.R. (1991): Biology of Foraminifera. Academic Press, London

Lom, J., Dykova, I. (1992): Protozoan parasites of fishes. Elsevier Science Publ., Amsterdam

Long, P.L. (1982): The biology of Coccidia. Arnold, London

Lumsden, W.H.R., Evans, D.A. (1976, 1979): Biology of the Kinetoplastida. Vol. I, II. Academic Press, London

Matthes, D., Guhl, W., Haider, G. (1988): Suctoria und Urceolariidae (Peritricha). In: Matthes, D. (Hrsg.): Protozoenfauna. Bd. 7, 1. Gustav Fischer, Stuttgart

Mehlhorn, H. (1988): Parasitology in focus. Springer, Berlin

Olive, L.S. (1975): The mycetozoans. Academic Press, London

Page, F. (1988): A new key to freshwater and soil Gymnamoebae with instructions for culture. Freshwater Biological Association, Ambleside

Page, F.C., Siemensma, F.J. (1991): Nackte Rhizopoden und Heliozoea. In: Matthes, D. (Hrsg.): Protozoenfauna. Bd. 2. Gustav Fischer, Stuttgart

Patterson, D.J., Larsen, J. (1991): The biology of free-living heterotrophic flagellates. Clarendon Press, Oxford

Raper, K.B. (1984): The dictyostelids. Princeton University Press, Princeton

Rondanelli, E.G., Scaglia, M. (1993: Atlas of human Protozoa. Masson, Milano

Spector, D.L. (1984): Dinoflagellates. Academic Press, New York

Streble, H., Krauter, D. (1988): Das Leben im Wassertropfen. Mikroflora und Mikrofauna des Süßwassers. 8. Aufl. Franckh'sche Verlagsbuchhandlung, Stuttgart

Taylor, F.J.R. (ed.) (1987): The biology of dinoflagellates. Blackwell Scientific Publications, Oxford

Thompson, R.C.A., Reynoldson, J.A., Lymbery, A.J. (eds.) (1994): *Giardia*: from molecules to diseases. CAB International, Oxon

Wichterman, R. (1986): The biology of *Paramecium*. 2. ed. Plenum, New York

Williams, A.G., Coleman, G.S. (1992): The rumen protozoa. Springer, Berlin

Systematik und Evolution

Cavalier-Smith, T. (1993): Kingdom Protozoa and its 18 phyla. Microbiol. Rev. 953

Corliss, J.O. (1994): An interim utilitarian („user-friendly") hierarchical classification and characterization of the protists. Acta Protozool. 33: 1–51

Grell, K.G. (1993): Unterreich Protozoa, Einzeller oder Urtiere. In: Lehrbuch der Speziellen Zoologie. Begr. von Kaestner, A. Hrsg. von Gruner, H.E. 5. Aufl. Gustav Fischer, Jena, Stuttgart

Hülsmann, N., Hausmann, K. (1994): Towards a new perspective in protozoan evolution. Europ. J. Protistol., 30: 365–371

Levine, N.D., Corliss, J.O., Cox, F.E.G., Deroux, G., Grain, J., Honigberg, B.M., Leedale, GG.F., Loeblich III, A.R., Lom, J., Lynn, D., Merinfeld, E.G., Page, F.C., Poljanski, G., Sprague, V., Vavra, J., Wallace, F.G. (1980): A newly revised classification of the protozoa. J. Protozool. 27: 37–58

Schlegel, M. (1991): Protist evolution and phylogeny as discerned from small subunit ribosomal RNA sequence comparisons. Europ. J. Protistol. 27: 207–219

Sitte, P. (1993): Symbiogenetic evolution of complex cells and complex plastids. Europ. J. Protistol. 29: 131–143

Sogin, M.L., Elwood, H.J., Gunderson, J.H. (1986): Evolutionary diversity of eukaroytic small-subunit rRNA genes. Proc. Natl. Acad. Sci USA 83: 1383–1387

Morphologie, Physiologie und Fortpflanzung

Bell, G. (1989): Sex and death in Protozoa. The history of an obsession. Cambridge University Press, Cambridge

Carlile, M.J. (1975): Primitive sensory and communication systems. The taxes and tropisms of micro-organisms and cells. Academic Press, London

Chapman-Andresen, C. (1962): Studies on pinocytosis in Amoebae. C.R. Lab. Carlsberg 33: 73–264

Fukui, Y. (1993): Toward a new concept of cell motility: cytoskeletal dynamics in amoeboid movement and cell division. Int. Rev. Cytol. 144: 85–127

Grain, J. (1986): The cytoskeleton in protists: nature, structure, and functions. Int. Rev. Cytol. 104: 153–250

Grebecki, A. (1994): Cortical flow in free-living Amoebae. Int. Rev. Cytol. 148: 37–80

Hannert, V., Michels, P.A.M. (1994): Structure, function and biogenesis of glycosomes in Kinetoplastida. J. Bioenerg. Biomembr. 268: 205–212

Hausmann, K. (1978): Extrusive organelles in protists. Int. Rev. Cytol. 52: 197–276

Jurand, A, Selman, G.G. (1969): The anatomy of *Paramecium aurelia*. Macmillan St. Marin's Press, New York

Machemer, H. (1989): Cellular behaviour modulated by ions: electrophysical implications. J. Protozool. 36: 463- 487

Melkonian, M. (ed.) (1992): Algal cell motility. Current Phycology. Vol. III. Chapman and Hall, New York

Miyake, A. (1978): Cell communication, cell union, and initiation of meiosis in ciliate conjugation. Curr. Top. Dev. Biol. 12: 37–82

Müller, M. (1993): The hydrogenosome. J. Gen. Microbiol. 139: 2879–2889

Mulisch, M. (1993): Chitin in protistan organisms. Distribution, synthesis, and deposition. Europ. J. Protistol. 29: 1–18

Patterson, D.J. (1980): Contractile vacuoles and associated structures: their organisation and function. Biol. Rev. 55: 1–46

Plattner, H. (ed.) (1993): Membrane traffic in protozoa. JAI Press, Greenwich

Radek, R., Hausmann, K. (1994): Endocytosis, digestion, and defecation in flagellates. Acta Protozool. 33: 127–147

Raikov, I.B. (1982): The protozoan nucleus. Morphology and evolution. Springer, Wien

Schnepf, E., Elbrächter, M. (1992): Nutritional strategies in dinoflagellates. A review with emphasis on cell biological aspects. Europ. J. Protistol. 28: 3–24

Scholtyseck, E. (1979): Fine structure of parasitic protozoa. Springer, Berlin

Sleigh, M.A. (1974): Cilia and flagella. Academic Press, London

Metazoa

Ax, P. (1984): Das Phylogenetische System. Gustav Fischer, Stuttgart

Ax, P. (1989): Basic phylogenetic systematization of the Metazoa. In: Fernholm B., Jörnwall, H. (eds.): Hierarchy of life. Elsevier, Amsterdam. 229–245

Ax, P. (1995): Das System der Metazoa I. Gustav Fischer, Stuttgart, Jena, New York

Barnes, R.S.K., Calow, P., Olive, P.J.W. (1988): The invertebrates. A new synthesis. Blackwell Scientific Publ., Oxford

Bengtson, S. (ed.) (1994): Early life on earth. Columbia Univ. Press, New York

Bonner, J-T. (1993): Life cycles. Princeton Univ. Press, Princeton, N.J.

Beklemischev, V.N. (1969): Principles of comparative anatomy of invertebrates. 2 vol. Univ. Chicago Press, Chicago

Brusca, C., Brusca, A. (1990): Invertebrates. Sinauer, Sunderland, MA

Buss, L. (1987): Evolution of individuality. Princeton Univ. Press, Princeton, N. J.

Clark, R.B. (1964): Dynamics in metazoan evolution. The origin of the coelom and segments. Clarendon Press, Oxford

Conway Morris, S., George, J.D., Gibson, R., Platt, H.M. (eds.) (1985): The origins and relationships of lower invertebrates. Clarendon Press, Oxford

Edelman, G.M. (1988): Topology. An introduction to molecular embryology. Basic Books, New York

Fioroni, P. (1992): Allgemeine und vergleichende Embryologie der Tiere. Springer, Berlin

Flindt, R. (1988): Biologie in Zahlen. Gustav Fischer, Stuttgart

Gilbert, S.F. (1994): Developmental biology. 4. ed. Sinauer, Sunderland, MA

Gould, S.J. (1977): Ontogeny and phylogeny. Harvard Univ. Press, Cambridge

Gruner, H.-E., (1993): Einführung, Protozoa, Placozoa, Porifera. In: Lehrbuch der Speziellen Zoologie. Begr. von Kaestner, A. Hrsg. von Gruner, H.-E. 5. Aufl. Bd. I. Teil 1. Gustav Fischer, Jena, Stuttgart

Gutmann, W.F. (1995): Die Evolution hydraulischer Konstruktionen. Kramer, Frankfurt

Hertwig, O., Hertwig, R. (1882): Die Coelomtheorie. Jenaische Z. Naturwiss. 15, Neue Folge 8: 1–150

Hoppe, W., Lohmann, W., Markl, H., Ziegler, H. (Hrsg) (1977): Biophysik. Springer, Berlin

Jägersten, G. (1972): Evolution of the metazoan life cycle. Academic Press, London

Kämpfe, L. (Hrsg.) (1992): Evolution und Stammesgeschichte der Organismen. 3. Aufl. Gustav Fischer, Jena, Stuttgart

Kuhn-Schnyder, E., Rieber, H (1984): Paläozoologie, Morphologie und Systematik ausgestorbener Tiere. Thieme, Stuttgart

Jackson, J.B.C., Buss, L.W., Cook, R.E. (1985): Population biology and evolution of clonal organisms. Yale Univ. Press, London

Lipps, J.H., Singor, P.W. (eds.) (1992): Origin and early evolution of the Metazoa. Plenum Press, New York

Mayr, E. (1974): Grundlagen der zoologischen Systematik. Paul Parey, Hamburg

Morris, P.J. (1993): The developmental role of the extracellular matrix suggests a monophyletic origin of the kingdom Animalia. Evolution 47: 152–165

Nielsen, C. (1995): Animal evolution interrelationships of the living phyla. Oxford Univ. Press, Oxford

Pearse, V., Pearse, J., Buchsbaum, M., Buchsbaum, R. (1987): Living invertebrates. Blackwell, Oxford

Pedersen, K.J. (1991): Structure and composition of basement membranes and other basal matrix systems in selected invertebrates. Act. Zool. 72: 181–201

Rieger, R.M. (1994): The biphasic life cycle – a central theme in metazoan evolution. Am. Zool. 34 (4): 484–491

Ruppert, E.E., Barnes R.D. (1994): Invertebrate zoology. Saunders College Publishing, Philadelphia

Siewing, R. (Hrsg.) (1985): Lehrbuch der Zoologie Bd. 2. Systematik. Gustav Fischer, Stuttgart

Simonetta, A.M., Conway Morris, S. (eds.) (1991): The early evolution of metazoa and the significance of problematic taxa. Cambridge Univ Press, Cambridge

Stachowitsch, M. (1992): The invertebrates, an illustrated glossary. Wiley-Liss, New York

Stearns, S.C. (1992): The evolution of life histories. Oxford Univ. Press, Oxford

Storch, V., Welsch, U. (1991): Systematische Zoologie. 4. Aufl. Gustav Fischer, Stuttgart

Sudhaus, W., Rehfeld, K. (1992): Einführung in die Phylogenetik und Systematik. Gustav Fischer, Stuttgart

Valentine, J.W. (1973): Evolutionary paleoecology of the marine biosphere. Prentice Hall Inc., Englewood Cliffs, N.J.

Vogel, S. (1988): Life's devices. Princeton Univ. Press, Princeton, N.J.

Wainwright, S.A. (1988): Axis and circumference. Harvard Univ. Press, Cambridge

Welsch, U., Storch, V. (1976): Comparative animal cytology and histology. Univ. Washington Press, Seattle

Willmer, P. (1990): Invertebrate relationships. Cambridge Univ. Press, Cambridge

Wilson, E.O. (1992): The diversity of life. Norton & Company, New York, London

Parazoa und Porifera

Bergquist, P.R. (1978): Sponges. Hutchinson University Library, London

De Vos, L., Rützler, K., Boury-Esnault, N., Donadey, C., Vacelet, J. (1991): Atlas of sponge morphology. Smithsonian Institution Press, Washington, London

Harrison, F.W., Westfall, J.A. (eds.) (1991): Placozoa, Porifera, Cnidaria, and Ctenophora. Microscopic anatomy of invertebrates. Vol.2. Wiley-Liss, New York

Hartman, W.D. (1982): Porifera. In: Parker, S.P. (ed.). Synopsis and classification of living organisms 1. McGraw Hill, New York

Imsiecke, G. (1993): Ingestion, digestion, and egestion in „Spongilla lacustris" (Porifera, Spongillidae) after puls feeding with Chlamydomonas reinhartii (Volvocales). Zoomorphology 113: 233–244

Jones, W.C. (ed.) (1987): European contributions to the taxonomy of sponges. Publ. Sherkin Island Marine Station

Lévi, C., Boury-Esnault, N. (eds.) (1979): Biologie des spongiaires. Sponge biology. Editions du CNRS Paris 291

Mackie, G.O. (1990): The elementary nervous system revisited. Am. Zool. 30: 907–920

Reiswig, H.M, Mackie, G.O. (1983): Studies on hexactinellid sponges. III. The taxonomic status of Hexactinellida within the Porifera. Phil. Trans. Roy. Soc. London. Biol. Sci. 301: 419–429

Reitner, J., Keupp, H. (eds.) (1991): Fossil and recent sponges. Springer, Berlin

Rützler, K. (ed.) (1991): New perspectives in sponge biology. Smithsonian Institution Press, Washington, London

Simpson, T.L. (1991): The cell biology of sponges. Springer, New York

Soest, R.W.M. van, Kempen, Th.M.G. van, Braekman, J.C. (eds.) (1994): Sponges in time and space. Balkema, Rotterdam

Vacelet, J., Boury-Esnault, N. (1995): Carnivorous sponges. Nature 373:333–335

Weissenfels, N. (1989): Biologie und Mikroskopische Anatomie der Süßwasserschwämme (Spongillidae). Gustav Fischer, Stuttgart, New York

Wiedenmayer, F. (1994): Contributions to the knowledge of post-palaeozoic neritic and archibenthal sponges (Porifera). Schweiz. Paläont. Abh. 116: 1–147

Placozoa

Grell, K.G. (1971): *Trichoplax adhaerens* F.E. Schulze und die Entstehung der Metazoen. Naturw. Rundschau 42: 160–161

Grell, K.G. (1974): Elektronenmikroskopische Beobachtungen über das Wachstum der Eizelle und die Bildung der „Befruchtungsmembran" von *Trichoplax adhaerens* F.E. Schulze (Placozoa). Z. Morph. Tiere 79: 295–310

Grell, K.G., Ruthmann, A. (1991): Placozoa. In: Harrison, F.W. (ed.): Microscopic anatomy of invertebrates. Vol. 2. Wiley-Liss, New York. 13–27

Ruthmann, A. (1977): Cell differentiation, DNA content and chromosomes of *Trichoplax adhaerens* F.E. Schulze. Cytobiologie 15: 58–64

Thiemann, M., Ruthmann, A. (1991): Alternative modes of asexual reproduction in *Trichoplax adhaerens* (Placozoa). Zoomorphology 110: 165–174

Wenderoth, H. (1986): Transepithelial cytophagy by *Trichoplax adhaerens* F.E. Schulze (Placozoa) feeding on yeast. Z. Naturforsch. 41c: 343–347

Mesozoa

Fenchel, J. (1892): Untersuchungen über die mikroskopische Fauna Argentiniens. Arch. Naturgesch. 58: 66–96

Furuya, H., Tsuneki, K., Koshida, Y. (1994): The development of the vermiform embryos of 2 mesozoans, *Dicyema acuticephalum* and *Dicyema japonicum*. Zool. Sci. 11: 235–246

Kozloff, E.N. (1969): Morphology of the orthonectid *Rhopalura ophiocomae*. J. Parasitol. 55: 171–195

Kozloff, E.N. (1992): The genera of the phylum Orthonectida. Cah. Biol. Mar. 33: 377–406

Lapan, E.A., Morowitz, H. (1972): The Mesozoa. Sci. Amer. 227: 94–101

Matsubara, J.A., Dudley, P.L. (1976): Fine structure studies of the dicyemid mesozoan, *Dicyemmenea californica* McConnaughey. II. The young vermiform stage and the infusiform larva. J. Parasitol. 62: 390–409

Ohama, T., Kumazaki, T., Hori, H., Osawa, S. (1984): Evolution of multicellular animals as deduced from 5S rRNA sequences: a possible early emergence of the Mesozoa. Nucl. Acid Res. 12: 5101–5108

Ridley, R.K. (1968): Electron microscopic studies of dicyemid Mesozoa. 2. Infusorigen and infusoriform stages. J. Parasitol. 55: 779–793

Slyusarev, G.S. (1994): Fine structure of the female *Intoshia variabili* (Alexandrov & Slyusarev) (Mesozoa: Orthonectida). Acta Zool. 75: 311–321

Eumetazoa

Bereiter-Hahn, J., Matoltsy, A.G., Richards, K.S. (1984): Biology of the integument Vol 1, Invertebrates. Springer, Berlin

Bloom, W., Fawcett, D.W. (1994): A textbook of histology. Chapman and Hall, London

Breidbach, O., Kutsch, W. (1995): The nervous systems of invertebrates: an evolutionary and comparative approach. Birkhäuser, Basel

Fawcett, D.W. (1981): The cell. W.B. Saunders Comp., Philadelphia

Harrison, F.W., Westfall, J.A. (eds.) (1991): Placozoa, Porifera, Cnidaria, and Ctenophora. Microscopic anatomy of invertebrates. Vol. 2. Wiley-Liss, New York

Mackie, G.O. (1990): The elementary nervous system revisited. Am. Zool. 30: 907–920

McMahon, T.A. (1984): Muscles, reflexes, and locomotion. Princeton Univ. Press, Princeton, N.J.

Neville, A.C. (1993): Biology of fibrous composites. Cambridge Univ. Press, Cambridge

Rieger, R.M., (1984): Evolution of the cuticle in the lower Eumetazoa. In: Bereiter-Hahn, J., Matoltsy, A.G., Richards, K.S., (eds.): Biology of the integument. Vol. 1, Invertebrates. Springer, Berlin. 389–399

Umbriaco, D., Anctil, M., Descarries, L. (1990): Serotonine-immunoreactive neurons in *Renilla koellikeri*. J. Comp. Neurology 291: 167–178

Werner, B. (1993): Cnidaria, Ctenophora. In: Lehrbuch der speziellen Zoologie. Begr. von Kaestner, A. Hrsg. von Gruner, H.-E. 5. Aufl. Bd. I. Teil 2. Gustav Fischer, Jena, Stuttgart

Coelenterata und Cnidaria

Bayer, F.M., Owre, H.B. (1968): The free-living lower invertebrates. Macmillan, New York

Campbell, R.D. (1974): Cnidaria. In: Giese, A.C., Pearse, J.S. (ed.): Reproduction of marine invertebrates. Vol. 1. Academic Press, New York. 133–200

Fautin, D.G., Mariscal, R.N. (1991): Cnidaria: Anthozoa. In: Harrison, F.W. (ed.): Microscopic anatomy of invertebrates. Vol. 2. Wiley-Liss, New York

Grimmelikhujizen, C.J.P., Schaller, H.C. (1979): *Hydra* as a model organism for the study of morphogenesis. Trends Biochem. Sci. 4: 265–276

Holstein, T. (1981): The morphogenesis of nematocysts in *Hydra* and *Forskalia*: an ultrastructural study. J. Ultrastruct. Res. 75: 276–290

Hyman, L.H. (1940): The invertebrates. Vol. I: Protozoa through Ctenophora. McGraw-Hill, New York

Leloup, E. (1952): Faune de Belgique Coelentérés. Inst. r. Sci. nat. Belg., Bruxelles

Lenhoff, H.M., Loomis, W.F. (eds.) (1961): The Biology of *Hydra* and some other coelenterates. Univ. of Miami Press, Coral Gables, Fla.

Lesh-Laurie, G.E., Suchy, P.E. (1991): Cnidaria: Scyphozoa and Cubozoa. In: Harrison, F.W. (ed.): Microscopic anatomy of invertebrates. Vol. 2. Wiley-Liss, New York

Mackie, G.O. (ed.) (1976): Coelenterate ecology and behaviour. Plenum Press, New York

Mackie, G.O. (1990): The elementary nervous system. Amer. Zool. 30: 907–920

Mergner, H. (1971): Cnidaria. In: Reverberi, G. (ed.): Experimental embryology of marine and fresh-water invertebrates. North Holland Publ., Amsterdam. 1–84

Muscatine, L., Lenhoff, H.M. (eds.) (1974): Coelenterate biology: Reviews and new perspectives. Academic Press, New York

Rees, W.J. (ed.) (1966): The Cnidaria and their evolution. Academic Press, London

Reisinger, E. (1961): Allgemeine Morphologie der Metazoen. V. Cnidaria. In: Fortschritte der Zoologie. 16: 18–40

Russell, F.S. (1953): The medusae of the British Isles I: Anthomedusae, Leptomedusae, Limnomedusae, Trachymedusae and Narcomedusae. Cambridge University Press, Cambridge

Russell, F. S. (1970): The medusae of the British Isles II: Pelagic Scyphozoa with a supplement of the first volume on Hydromedusae. Cambridge University Press, Cambridge

Satterlie, R. A., Spencer, A. N. (1987): Organization of conducting systems in „simple" invertebrates: Porifera, Cnidaria and Ctenophora. In: Ali, M. A. (ed.): Nervous systems in invertebrates. Clarendon Press, Oxford. 203–242

Schäfer, W. (1981): Fortpflanzung und Sexualität von *Cereus pedunculatus* und *Actinia equina* (Anthozoa, Actiniaria). Helgol. Meeresunters. 34: 451–461

Schäfer, W. (1985): Fortpflanzung und Entwicklung von *Anemonia sulcata* (Anthozoa, Actiniaria). II. Frühentwicklung, Blastula und Gastrula. Helgol. Meeresunters. 39: 341–356

Schmidt, H. (1972): Prodromus zu einer Monographie der mediterranen Aktinien. Zoologica 121: 1–146

Schmidt, H. (1974): On evolution in the Anthozoa. Proc. sec. Intern. Coral Reef Symp. Brisbane 1: 533–560

Schumacher, H. (1982): Korallenriffe: ihre Verbreitung, Tierwelt und Ökologie. BLV Verlagsgesellschaft, München

Tardent, P. (1978): Coelenterata, Cnidaria. In.: Seidel, F. (Hrsg.): Morphogenese der Tiere 1/A-1: 69–415. Gustav Fischer, Jena

Tardent, P., Tardent, R. (eds.) (1980): Developmental and cellular biology of coelenterates. Elsevier/North Holland Biomedical Press, Amsterdam

Thomas, M. B., Edwards, N. C. (1991): Cnidaria: Hydrozoa. In: Harrison, F. W. (ed.): Microscopic anatomy of invertebrates. Vol. 2. Wiley-Liss, New York

Werner, B. (1971): Neue Beiträge zur Evolution der Scyphozoa und Cnidaria. In: 1. Intern. Symp. on Zoophylogeny, Salamanca. 223–244

Werner, B. (1984): 4. Stamm Cnidaria. In: Lehrbuch der Speziellen Zoologie. Begr. v. Kaestner, A. Hrsg. v. Gruner, H.-E. Bd. 1, Teil 2. Gustav Fischer, Jena, Stuttgart

Ctenophora

Hernandez-Nicaise, M. L. (1991): Ctenophora. In: Harrison, F. W. (ed.): Microscopic anatomy of invertebrates. Vol. 2. Wiley-Liss, New York

Pianka, H. D. (1974): Ctenophora. In: Giese, A. C., Pearse, J. S. (eds.): Reproduction of marine invertebrates. Acad. Press, New York

Siewing, R. (1977): Mesoderm bei Ctenophoren. Z. Zool. Syst. Evol. Forsch. 15

Werner, B. (1985): 5. Stamm Ctenophora. In: Lehrbuch der Speziellen Zoologie. Begr. v. Kaestner, A. Hrsg. v. Gruner, H.-E. Bd. 1, Teil 2. Gustav Fischer, Jena, Stuttgart

Bilateria

Alexander, R.McN. (1983): Animal mechanics. Blackwell Scientific Publ., Oxford

Bartolomaeus, T., Ax, P. (1992): Protonephridia and metanephridia – their radiation within the Bilateria. Z.Zool. Syst. Evolut.forsch. 30: 21–45

Calder, W. A. (1984): Size, function, and life history. Harvard Univ. Press, Cambridge, MA

Clark, R. B. (1964): Dynamics in metazoan evolution. Clarendon Press, Oxford

Fischer, A., Pfannenstiel, H.-D. (eds.) (1984): Polychaete reproduction. Gustav Fischer, Stuttgart

Giere, O. (1993): Meiobenthology. Springer, Berlin

Gould, S.J. (1989): Wonderful life. The Burgess Shale and the nature of history. W. W. Norton Company, New York

Higgins, R.P., Thiel H. (1988): Introduction to the study of meiofauna. Smithsonian Institution Press, Washington

Hyman, L.H. (1951): The invertebrates – Platyhelminthes and Rhynchocoela. McGraw-Hill Book Comp., New York

Hyman, L.H. (1959): The invertebrates – smaller coelomate groups. Vol. 5. McGraw-Hill Book Comp., New York

Jamieson, B.G.M. (1981): The ultrastructure of the Oligochaeta. Academic Press, New York

Maggenti, A. (1981): General nematology. Springer, New York

McKinney, F.K., Jackson, J.B.C. (1989): Bryozoan evolution. Univ. Chicago Press, Chicago

Nielsen, C. (1987): Structure and function of metazoan ciliary bands and their phylogenetic significance. Acta Zool. 68: 205–262

Rieger, R.M. (1986): Über den Ursprung der Bilateria: die Bedeutung der Ultrastrukturforschung für ein neues Verstehen der Metazoenevolution. Verh. Dtsch. Zool. Ges. 79: 31–50

Ruppert, E.E. (1992): Introduction to the aschelminth phyla: a consideration of mesoderm, body cavities and cuticles. In: Harrison F.W., Ruppert, E.E. (eds.): Microscopic anatomy of invertebrates. Vol 4. Wiley-Liss, New York. 1–17

Ruppert, E.E., Smith, P.R. (1988): The functional organization of filtration nephridia. Biol. Bull. 63: 231–328

Strathmann, M.F. (1987): Reproduction and development of marine invertebrates of the northern Pacific coast. Univ. Washington Press, Seattle

Westheide, W., Hermans, C.O. (eds.) (1988): The ultrastructure of Polychaeta. Microfauna Marina 4. Gustav Fischer, Stuttgart

Westheide, W. (1987): Progenesis as a principle in meiofauna evolution. J. Nat. Hist. 21: 843–854

Xylander, W.E.R., Bartolomaeus, T. (1995): Protonephridien – neue Erkenntnisse über Funktion und Evolution. BIUZ 25: 107–114

Spiralia

Costello, D.P., Henley, C. (1976): Spiralian development: a perspective. Amer. Zool. 16: 277–291

Damen, P., Dictus, W.J.A.G. (1994): Cell lineage of the prototroch of *Patella vulgata* (Gastropoda, Mollusca). Dev. Biol. 162: 364–383

Dorresteijn, A.W.C. (1990): Quantitative analysis of cellular differentiation during early embryogenesis of *Platynereis dumerilii*. Roux's Arch. Dev. Biol. 199: 14–30

Dorresteijn, A.W.C., Fischer, A. (1988): XVIII. The process of early development. In: Westheide, W., Hermans, C.O. (eds.): The ultrastructure of Polychaeta. Microfauna Marina 4. Gustav Fischer, Stuttgart: 335–352

Verdonk, N.H., van den Biggelaar, J.A.M. (1983): Early development and the formation of germ layers. In: Verdonk, N.H., van den Biggelaar, J.A.M., Tompa, A.S. (eds.): The Mollusca. Vol. 3: Development. Academic Press, New York: 91–122

Wilson, E.B. (1892): The cell-lineage of *Nereis*. A contribution to the cytogeny of the annelid body. J. Morphol. 6: 361–481

Plathelminthes

Ax, P., Ehlers, U., Sopott-Ehlers, B. (1988): Free-living and symbiotic Plathelminthes. Fortschritte der Zoologie 36

Ball, I.R., Reynoldson, T.B. (1981): British planarians. Cambridge University Press

Cannon, L.R.G. (1986): Turbellaria of the world. A guide to families and genera. Queensland Museum, Queensland Cultural Center

Coil, W.H. (1991): Platyhelminthes: Cestoidea. In: Harrison, F.W., Bogitsh, B.J. (eds.): Microscopic anatomy of invertebrates. Vol. 3. Wiley-Liss, New York

Dönges, J. (1988): Parasitologie. Mit besonderer Berücksichtigung humanpathogener Formen. Thieme, Stuttgart

Ehlers, U. (1985): Das Phylogenetische System der Plathelminthes. Gustav Fischer, Stuttgart

Göltenboth, F., Heitkamp, U. (1977): *Mesostoma ehrenbergi* (Focke, 1836), Plattwürmer (Strudelwürmer). Biologie, mikroskopische Anatomie und Cytogenetik. In: Siewing, R. (Hrsg.): Großes Zoologisches Praktikum. 6a. Gustav Fischer, Stuttgart

Hyman, L.H. (1951): The Invertebrates: Plathelminthes and Rhynchocoela. The acoelomate Bilateria. Vol. 2. Mc Graw-Hill,

Jennings, J.B. (1989): Epidermal uptake of nutrients in an unusual turbellarian parasite in the starfish *Coscinasterias calamaria* in Tasmanian waters. Biol. Bull. 176: 327–336

Justine, J.-L. (1991): Review: Phylogeny of parasitic Plathelminthes: a critical study of synapomorphies proposed on the basis of the ultrastructure of spermiogenesis and spermatozoa. Can. J. Zool. 69: 1421–1440

Karling, T.G. (1974): The turbellarian fauna of the Baltic proper. Fauna fennica 27: 1–117

Lumsden, R.D., Hildreth, M.B. (1983): The fine structure of adult tapeworms. In: Arme, C., Pappas, P.W. (eds.): Biology of the Eucestoda. Vol. 1. Academic Press, London, New York. 177–233

Mehlhorn, H., Piekarski, G. (1994): Grundriß der Parasitenkunde. Parasiten des Menschen und der Nutztiere. 4. Aufl. Gustav Fischer, Stuttgart

Odening, K. (1984): 7. Stamm Plathelminthes. In: Lehrbuch der Speziellen Zoologie. Begr. v. Kaestner, A. Hrsg. v. Gruner, H.-E. Bd. 1, Teil 2. Gustav Fischer, Jena, Stuttgart

Rieger, R.M., Tyler, S., Smith III, J.P.S., Rieger, G.E. (1991): Plathelminthes: Turbellaria. In: Harrison, F.W., Bogitsh, B.J. (eds.): Microscopic anatomy of invertebrates. Vol 3. Wiley-Liss, New York.

Rohde, K. (1990): Phylogeny of Platyhelminthes, with special reference to parasitic groups. Int. J. Parasitol. 20: 979–1007

Rohde, K. (1994): The minor groups of parasitic Platyhelminthes. Adv. Parasitol. 33: 145–234

Smith, J.D., Halton, D.W. (1983): The physiology of trematodes. 2. ed. Cambridge University Press, Cambridge

Tyler, S. (ed.) (1991): Turbellarian biology. Kluwer Academic Publ., Dordrecht, Boston, London

Xylander, W.E.R. (1987): Ultrastructure of the lycophora larva of *Gyrocotyle urna* (Cestoda, Gyrocotylidea). I. Epidermis neodermis anlage and body musculature. Zoomorphology 106: 352–360

Xylander, W.E.R. (1990): Ultrastructure of the lycophora larva of *Gyrocotyle urna* (Cestoda, Gyrocotylidea). IV. The glandular system. Zoomorphology 109: 319–328

Xylander, W.E.R. (1992): Investigations on the protonephridial system of postlarval *Gyrocotyle urna* and *Amphilina foliacea* (Cestoda). Int. J. Parasitol. 22: 287–300

Xylander, W.E.R., Bartolomaeus, T. (1995): Protonephridien – neue Erkenntnisse über Funktion und Evolution. BIUZ 25: 107–114

Gnathostomulida

Ax, P. (1985): The position of the Gnathostomulida and Platyhelminthes in the phylogenetic system of the Bilateria. In: Conway-Morris, S., George, J.D., Gibson, R., Platt, H.M. (eds.): The origins and relationships of lower invertebrates. The Systematics Association Special Volume No. 28: 168–180

Lammert, V. (1991): Gnathostomulida. In: Harrison, F.W., Ruppert, E.E. (eds.): Microscopic anatomy. of invertebrates. Vol. 4. Wiley-Liss, New York

Sterrer, W. (1972): Systematics and evolution within the Gnathostomulida. Systematic Zoology 21: 151–173

Sterrer, W., Mainitz, M., Rieger, R. (1985): Gnathostomulida: Enigmatic as ever. In: Conway-Morris, S., George, J.D, Gibson, R., Platt, H.M: (eds.): The origins and relationships of lower invertebrates. The Systematics Association Special Volume No. 28: 181–199

Nemertini

Bürger, O. (1897–1907): Nemertini (Schnurwürmer). In: Bronn, H G: Dr. H. G. Bronns Klassen und Ordnungen des Tierreichs. Bd. 4 (Suppl.). Akademische Verlagsgesellschaft, Leipzig

Friedrich, H. (1979): Nemertini. In: Seidel, F. (Hrsg.): Morphogenese der Tiere. Lieferung 3. Gustav Fischer, Jena

Gibson, R. (1982): Nemertea. In: Parker, S.P. (ed.): Synopsis and classification of living organisms 1. McGraw-Hill, New York

Gibson, R. (1995): Nemertean genera and species of the world: an annotated checklist of original names and descriptions, synonyms, current taxonomic status, habitats and recorded zoogeographic distribution. J. Nat. Hist. 29: 271–562

Gibson, R, Berg, G., Sundberg, P. (eds.) (1988): Advances in nemertine biology. Hydrobiologia 156: 1–207

Turbeville, J.M. (1991): Nemertinea. In: Harrison, F.W., Bogitsh, B.J. (eds.): Microscopic anatomy of invertebrates. Vol. 3: Plathelminthes and Nemertines. Wiley-Liss, New York

Turbeville, J.M., Field, K.G., Raff, R.A. (1992): Phylogenetic relationships of phylum Nemertini inferred from 18S rRNA sequences: molecular data as a test of morphological character homology. Mol. Biol. Evol. 9: 235–249

Mollusca

Allgemeine Hand- und Bestimmungsbücher

Barnes, R.D. (1986): Invertebrate zoology. 5. ed. Saunders, Philadelphia. 342–471

Boss, K.J. (1971): Critical estimate of the number of recent Mollusca. Occ. Pap. Molluscs, Mus. comp. Zool. Harvard Univ. 3: 81–135

Boss, K. (1982): Classification of Mollusca. In: Parker, S.P.: Synopsis and classification of living organisms. Vol. 2. McGraw-Hill, New York. 1092–1166

Emerson, K., Jacobson, M.K. (1976): The American Museum of Natural History Guide to Shells. Knopf, New York

Fechter, R., Falkner, G. (1990): Weichtiere. Meeres- und Binnenmollusken Europas. (Steinbachs Naturführer). Mosaik Verl., München

Glöer, P., Meier-Brook, C., Ostermann, O. (1992): Süßwassermollusken. Deutscher Jugendbund f. Naturbeob., Hamburg

Götting, K.J. (1974): Malakozoologie. Gustav Fischer, Stuttgart

Grassé, P.P. (ab 1960): Traité de Zoologie. Masson Paris

Hyman, L.H. (1967): The invertebrates. Vol. 6: Mollusca I. McGraw-Hill, New York

Kilias, R. (1982): Mollusca. In: Lehrbuch der Speziellen Zoologie. Begr. v. Kaestner, A. Hrsg. v. Gruner, H.E. Bd. I, 3. Gustav Fischer, Stuttgart. 9–245

Kilias, R. (1993): Stamm Mollusca Weichtiere. In: Urania-Tierreich. Wirbellose I.H. Deutsch, Frankfurt. 390–631

Purchon, R.D. (1977): The biology of the Mollusca. Pergamon, New York

Salvini-Plawen, L. v. (1979): Die Weichtiere. In: Grzimeks Tierleben 3. dtv, München. 19–225

Salvini-Plawen, L. v. (1990): Origin, phylogeny and classification of the phylum Mollusca. Iberus 9: 1–33

Shirai, S. (1970): The story of pearls. Japan Publ., Tokyo

Solem, A. (1974):The shell makers. J. Wiley, New York

Wilbur, K.M. (ed.) (ab 1983): The Mollusca. Acad. Press, New York

Wilbur, K.M., Yonge, C.M. (eds.) (1964, 1966): Physiology of Mollusca. 2 Vol.Acad. Press, New York

Yonge, C.M., Thompson, T.E. (1976): Living marine Mollusca. Collins, London

Klassifikation, Bestimmungsbücher und Monographien einzelner Gruppen

Abbott, R.T. (1974): American seashells. Nostrand Reinhold, New York

Bogon, K. (1990): Landschnecken. Biologie Ökologie Biotopschutz. Natur-Verl., Augsburg

Dance, P., Cosel, P. v. (1977): Das große Buch der Meeresmuscheln. Ulmer, Stuttgart

Kerney, M.P., Cameron, R.A.D., Jungbluth, J.H. (1983): Die Landschnecken Nord- und Mitteleuropas. Parey, Hamburg

Lindner, G., (1975): Muscheln und Schnecken der Weltmeere. BLV, München

McMillan, N.F. (1973): British shells. F. Warne, London

Poppe, G.T., Goto, Y. (1991, 1993): European seashells. 2 Vol. Hemmen, Wiesbaden

Thiele, J. (1931/35): Handbuch der Systematischen Weichtierkunde. 2 Bde. Gustav Fischer, Jena

Vaught, K.C. (1989): A classification of the living Mollusca. Amer. Malacologists, Melbourne, Florida

Wilson, B.R., Gillet; K. (1971): Australian shells. Reed, Sydney

Aplacophora

Haszprunar, G. (1987): The fine morphology of the osphradial sense organs of the Mollusca. IV. Caudofoveata and Solenogastres. Phil. Trans. R. Soc. London B 315: 63–73

Jones, A.M., Baxter, J.M. (1987): Molluscs: Caudofoveata, Solenogastres, Polyplacophora and Scaphopoda. Synopses Brit. Fauna (London), N.S. 37

Salvini-Plawen, L. v. (1969): Solenogastres und Caudofoveata (Mollusca, Aculifera): Organisation und phylogenetische Bedeutung. Malacologia 9: 191–216

Scheltema, A.H. (1981): Comparative morphology of the radulae and the alimentary tracts in the Aplacophora. Malacologia 20: 361–383

Polyplacophora

Beedham, G.E., Trueman, E.R. (1967): The relationship of the mantle and shell of the Polyplacophora in comparison with that of other Mollusca. J. Zool. (London) 151: 215–231

Boyle, P.R. (1977): The physiology and behavior of chitons. Ann. Rev. Oceanogr. Mar. Biol. 15: 461–509

Kaas, P., van Belle, R.A. (ab 1985): Monograph of living chitons. 5 Vol. Brill & Backhuys, Leiden

Smith, A.G. (1966): The larval development of chitons. Proc. Calif. Acad. Sci. 32: 433–436

Monoplacophora

Lemche, H., Wingstrand, K.G. (1959): The anatomy of Neopilina galatheae Lemche, 1957. Galathea Rep. 3: 9–71

Wingstrand, K.G. (1985): On the anatomy and relationships of recent Monoplacophora. Galathea Rep. 16: 7–94

Gastropoda

Abbott, R.T. (1989): Compendium of landshells: a color guide to more than 2000 of the world s terrestrial snails. Amer. Malacologists, Melbourne, Florida

Cameron, R.A.D., Redfern, M. (1976): British land snails. Synopses Brit. Fauna (London), N.S. 6

Fretter, V., Graham, A. (1994): British prosobranch molluscs. Their functional anatomy and ecology. 2. ed. Ray Soc., London

Fretter, V., Graham, A. (ab 1976): The prosobranch molluscs of Britain and Denmark. Suppl. J. Moll. Stud., London

Fretter, V., Peake, J. (1975, 1978): Pulmonates. 2 Vol. Acad. Press, London

Graham, A. (1988): Molluscs: Prosobranch and pyramidellid gastropods. Synopses Brit. Fauna (London), N.S. 2

Haszprunar, G. (1989): Die Torsion der Gastropoda -ein biomechanischer Prozeß. Z. Zool. Syst. Evolutionsforsch. 27: 1–7

Kerth, K. (1983): Radula-Apparat und Radula-Bildung der Mollusken. I. Zool. Jb. Anat. 110: 205–237

Marcus, E., Marcus, E. (1967): American opisthobranch

molluscs. Stud. trop. Oceanogr. Ser. 6. Coral Gables, Florida

Mischor, B., Märkel, K. (1984): Histology and regeneration of the radula of *Pomacea bridgesi* (Gastropoda, Prosobranchia). Zoomorphology 104: 42–66

Nordsieck, F. (1982): Die europäischen Meeres-Gehäuseschnecken. 2. Aufl. Gustav Fischer, Stuttgart

Parkinson, B., Hemmen, J., Groh, K. (1987): Tropical landshells of the world. Hemmen, Wiesbaden

Ponder, W.F. (ed.) (1988): Prosobranch phylogeny. Malacol. Rev., Suppl. 4

Salvini-Plawen, L. v., Haszprunar, G. (1986): The Vetigastropoda and the systematics of streptoneurous Gastropoda. J. Zool. 211: 747–770

Schmekel, L., Portmann, A. (1982): Opisthobranchia des Mittelmeeres. Springer, Berlin

South, A. (1992): Terrestrial slugs. Biology, ecology and control. Chapman and Hall, London

Stanley, S.M. (1982): Gastropod torsion: Predation and the opercular imperative. Neues Jb. Geol. Paläontol. Abh. 164: 95–107

Thompson, T.E. (1988): Molluscs: Benthic Opisthobranchs. Synopses Brit. Fauna (London), N.S., 8

Wenz, W. (1938): Gastropoda. In: Schindewolf, O.H. (Hrsg.): .Hdb. d. Paläozool. 6. 2 Bde. Bornträger, Berlin

Wiesel, R., Peters, W. (1978): Licht- und elektronenmikroskopische Untersuchungen am Radula-Komplex und zur Radula-Bildung von *Biomphalaria glabrata* (Pulmonata). Zoomorphologie 89: 73–92

Ziegelmeier, E. (1966): Die Schnecken (Gastropoda Prosobranchia) der deutschen Meeresgebiete und brackigen Küstengewässer. Helgoländer wiss. Meeresunters. 13: 1–61

Zilch, A. (1959/60): Gastropoda II. In: Schindewolf, O.H. (Hrsg.): Hdb. d. Paläozool. 6. Borntraeger, Berlin

Cephalopoda

Berthold, T., Engeser, T. (1987): Phylogenetic analysis and systematization of the Cephalopoda (Mollusca). Verh. naturwiss. Ver. Hamburg (NF) 29: 187–220

Boycott, B.B. (1965): Learning in the *Octopus*. Sci. Amer. 212: 42–50

Clarke, M.A. (1966): A review of the systematics and ecology of oceanic squids. Adv. Mar. Biol. 4: 91–300

Fioroni, P. (1977): Die Entwicklungstypen der Tintenfische. Zool. Jb. Anat. 98: 441–475

Lane, F.W. (1960): The kingdom of *Octopus*. Jarrolds, New York

Nesis, K.N. (1987): Cephalopods of the world. T.F.H. Publ., Neptune City, NJ

Nixon, M., Messenger, J.B. (eds.) (1977): The biology of Cephalopods. Symp. zool. Soc. London 38

Roper, C.F.E., Boss, K.J. (1982): The giant squid. Sci. Amer. 246: 96–104

Roper, C.F.E., Young, R.E., Voss, G.L. (1969): An illustrated key to the families of the order Teuthoidea. Smithson. Contr. Zool. 13: 1–32

Stenzel, H.B. (1964): Living *Nautilus*. In: Moore, R.C.: Treatise in invertebrate paleontology. K 3: 59–93

Bivalvia

Vogel, K., Gutmann, W.F. (1980): The derivation of pelecypods: Role of biomechanics, physiology, and environment. Lethaia 13: 269–275

Vokes, H.E. (1980): Genera of the Bivalvia. Paleontol. Res. Inst., Ithaca, N. Y.

Ziegelmeier, E. (1962): Die Muscheln (Bivalvia) der deutschen Meeresgebiete. Helgoländer wiss. Meeresunters. 6: 1–56

Scaphopoda

Edlinger, K. (1991): Zur Evolution der Scaphopoden-Konstruktion. Nat. Mus. 121: 116–122

Palmer, C.P. (1974): A supraspecific classification of the scaphopod Mollusca. Veliger 17: 115–123

Steiner, G. (1992): Phylogeny and classification of Scaphopoda. J. Moll. Stud. 58: 385–400

Sipuncula

Cutler, E.B. (1994): The Sipuncula. Cornell Univ. Press, Ithaca, N. Y.

Hylleberg, J. (1994): Phylum Sipuncula. Part 1. A detailed catalogue of valid genera, species, synonyms and erroneous interpretations of sipunculans from the world, with special reference to the Indian Ocean and Thailand. Phuket Marine Biological Research Bulletin 58: 1–88

Hyman, L. (1959): The invertebrates. V. Smaller coelomate groups. McGraw-Hill, New York, London

Rice, M.E. (1975): Sipuncula. In: Giese, A.C., Pearse, J.S. (eds.): Reproduction of marine invertebrates. Vol. II. Academic Press, New York

Rice, M.E. (1989): Comparative observations of gametes, fertilization and maturation in sipunculans. In: Ryland, J.S., Tyler, P.A. (eds.): Reproduction, genetics and distribution of marine organisms. Olsen & Olsen, Fredensborg

Stephen, A.C., Edmonds, S.J. (1972): The phyla Sipuncula and Echiura. British Museum (Natural History), London

Storch, V. (1984): Echiura and Sipuncula. In: Bereiter-Hahn, J., Matoltsy, A.G., Richards, K.S. (eds.): Biology of the integument. I. Invertebrates. Springer, Berlin, Heidelberg

Tetry, A. (1959): Classe des Sipunculiens. In: Grassé, P.-P. (ed.): Traité de Zoologie. Vol. V. Masson et Cie, Paris

Kamptozoa

Brien, P., Papyn, L. (1954): Les Endoproctes et la classe des Bryozoaires. Ann. Soc. Roy. Zool. Belg. 85: 59–87

Emschermann, P. (1982): Les Kamptozoaires, état actuel des nos connaissances sur leur anatomie, leur développement, leur biologie et leur position phylogénétique. Bull. Soc. Zool. France 107: 317–344

Emschermann, P. (1995): Kamptozoa. In: Holstein, T., Emschermann, P.: Cnidaria: Hydrozoa. Kamptozoa. Süßwasserfauna von Mitteleuropa. Begr. von Brauer. A. Hrsg. von Schwoerbel, J., Zwick, P. Bd. 1/2+3. Gustav Fischer, Stuttgart

Hyman, L.H. (1951): The invertebrates. Vol. 3. Acanthocephala, Aschelminthes and Entoprocta: the pseudocoelomate bilateria. McGraw-Hill, New York

Mackey, L.Y., Winnepennickx, B., de Wachter, R., Backeljau, T., Emschermann, P. and Garey, J. (1995): 18S rRNA suggests that Entoprocta are protostomes, unrelated to Ectoprocta. J. Molec. Evol. 41

Nielsen, C. (1979): Larval ciliary bands and metazoan phylogeny. Fortschr. Zool. Syst. Evolutionsforsch. 1: 178–184

Nielsen, C. (1989): Entoprocts. Keys and notes for the identification of the species. Synopses of the British Fauna. U.B.S./Dr. W. Backhuys, Oegstgeest

Todd, A., Taylor, P.D. (1992): The first fossil Entoproct. Naturwiss. 79: 311–314

Echiura

Baltzer, F. 1931: Echiurida. In: Kükenthal, W., Krumbach, T. (Hrsg.): Handbuch der Zoologie. Bd. II., 2. De Gruyter, Berlin

Dawydoff, C. (1959): Classes des Echiuriens et Priapuliens. In: Grassé, P. (ed.): Traité de Zoologie V,1. Masson, Paris

Gould-Somero, M.C. (1975): Echiura. In: Giese, A.C., Pearse, J.S. (ed.): Reproduction of marine invertebrates. Bd. 3. Academic Press, New York, London

Jaccarini, V., Agius, L., Schembri, P.J., Rizzo, M. (1983): Sex determination and larval sexual interaction in *Bonellia viridis* (Echiura, Bonelliidae). J. exp. mar. Biol. Ecol. 66: 25–40

Stephen, A.C., Edmonds, S.J. (1972): The phyla Sipuncula and Echiura. British Museum (Natural History), London

Storch, V. (1984): Echiura and Sipuncula. In: Bereiter-Hahn, J., Matoltsy, A.G., Richards, K.S. (eds.): Biology of the integument. I. Invertebrates. Springer, Berlin, Heidelberg

Articulata und Annelida (ohne Pogonophora)

Anderson, D.T. (1973): Embryology and phylogeny in annelids and arthropods. Pergamon Press, Oxford

Brinkhurst, R.O., Jamieson, G.B.M. (1971): Aquatic oligochaeta of the world. – Oliver & Boyd, Edinburgh

Bunke, D. (1967): Zur Morphologie und Systematik der Aeolosomatidae Beddard 1895 und Potamodrilidae nov. fam. (Oligochaeta). Zool. Jb. Syst. 94: 187–368

Edwards, C.A., Lofty, J.R. (1977): Biology of earthworms. 2. ed. Chapman and Hall, London

Fauchald, K. (1977): The polychaete worms. Definitions and keys to the orders, families and genera. Natural History Museum of Los Angeles County, Science Series 28: 1–190

Fauchald, K., Jumars, P.A. (1979): The diet of worms: A study of polychaete feeding guilds. Oceanogr. Mar. Biol. Ann. Rev. 17: 193–284

Fischer, A., Pfannenstiel, H.D. (eds.) (1984): Polychaete reproduction. Fortschritte der Zoologie 29

Fretter, V., Graham, A. (1976): A functional anatomy of invertebrates. Academic Press, London, New York, San Francisco

Grassé, P.-P. (ed.) (1959): Annélides, Myzostomides, Sipunciliens, Echiuriens, Priapuliens, Endoproctes, Phoronidiens. Traité de Zoologie V, 1, Masson, Paris

Harrison, F. W., Gardiner, S.C. (1992): Annelida. In: Harrison, F.W. (ed.): Microscopic anatomy of invertebrates. Vol. 7. Wiley-Liss, New York

Hartman, O. (1959): Catalogue of the polychaetous annelids of the world I, II. University of Southern California Press, Los Angeles

Hartman, O. (1965): Catalogue of the polychaetous annelids of the world. Supplement 1960–1965 and index. University of Southern California Press, Los Angeles

Hartmann-Schröder, G. (1996): Annelida, Borstenwürmer, Polychaeta. In: Dahl, M., Peus, F. (Hrsg.): Tierwelt Deutschlands 58. Gustav Fischer, Jena

Hauenschild, C., Fischer, A. (1969): *Platynereis dumerilii*. In: Siewing, R. (Hrsg.): Gr. Zool. Prakt. 10b: 1–55

Jägersten, G. (1940): Zur Kenntnis der Morphologie, Entwicklung und Taxonomie der Myzostomida. Nova Acta R. Soc. Scient. upsal. 11: 1–84

Jamieson, B.G.M. (1981): The ultrastructure of the Oligochaeta. – Academic Press, London, New York

Korn, H. (1982): Annelida. In: Seidel, F. (Hrsg.): Morphogenese der Tiere 5. Gustav Fischer, Stuttgart

Kükenthal, W., Krumbach, T. (Hrsg.) (1928–1934): Vermes Polymera. Handbuch der Zoologie. Vol. II. De Gruyter, Berlin

Laverack, M.S. (1963): The physiology of earthworms. MacMillan, New York. Pergamon Press, London

Mann, K.H. (1962): Leeches (Hirudinea). Their structure, physiology, ecology and embryology. Pergamon Press, New York

Mill, P.D. (ed.) (1978): Physiology of annelids. – Academic Press, London, New York

Peters, W., Walldorf, V. (1986): Der Regenwurm *Lumbricus terrestris* L. Quelle und Meyer, Heidelberg, Wiesbaden

Satchell, J.E. (ed.) (1983): Earthworm ecology. From Darwin to vermiculture. Chapman and Hall, London, New York

Sawyer, R.T. (1986): Leech biology and behaviour. 3 Vol. Clarendon Press, Oxford

Schroeder, P.C., Hermans, C.O. (1975): Annelida: Polychaeta. In: Giese, A.C., Pearse, J.S. (eds.): Reproduction of marine invertebrates III, Annelids and Echiurids. Academic Press, New York

Sims, R.W., Gerard, B.M. (1985): Earthworms. Synopses of the British fauna (N.S.) 31, E.J. Brill/Dr. W. Backhuys, London, Leiden

Westheide, W. (1991): Polychaeta: Interstitial families. Synopses of the British fauna (N.S.) 44, Universal Book Services/Dr. W. Backhuys, Oegstgeest

Westheide, W., Hermans, C.O. (eds.) (1988): The ultrastructure of Polychaeta. Microfauna Marina 4, Gustav Fischer, Stuttgart

Pogonophora

Bakke, T. (1980): Embryonic and post-embryonic development in the Pogonophora. J. Zool. Jb. Anat. 103: 276–284

Fisher, C.R. (1990): Chemoautotrophic and methanotrophic symbioses in marine invertebrates. Rev. Aquat. Sci 2: 399–436

Fisher, C.R., Childress, J.J., Minnich, E. (1989): Autotrophic carbon fixation by the chemoautotrophic symbionts of *Riftia pachyptila*. Biol. Bull. (Woods Hole) 177: 372–385

Flügel, H.J. (1990): A new species of *Siboglinum* (Pogonophora) from the North Atlantic and notes on *Nereilinum murmanicum* Ivanov. Sarsia 75: 233–241

Grassle, J.F. (1987): The ecology of deep-sea hydrothermal vent communities. Adv. Mar. Biol. 23: 301–362

Ivanov, A.V. (1963): Pogonophora. Academic Press, London

Ivanov, A.V. (1988): Analysis of the embryonic development of Pogonophora in connection with the problems of phylogenetics. Z. Zool. Syst. Evolutionsforsch. 26: 161–185

Jannasch, H.W. (1985): Leben in der Tiefsee auf chemosynthetischer Basis. Naturwissenschaften 72: 285–290

Johansson, K.K. (1968): Pogonophora. In: Helmcke, J.-G., Starck, D., Wermuth, H. (Hrsg.): Handbuch der Zoologie. Bd. III. De Gruyter, Berlin

Jones, M.L. (1985) (ed.): Hydrothermal vents of the Eastern Pacific: An overview. Bull. Biol. Soc. Wash. 6

Jones, M.L. (1988): The Vestimentifera, their biology, systematic and evolutionary patterns. Oceanol. Acta Spec. Vol. 8: 69–82

Nørrevang, A. (1975) (ed.): The phylogeny and systematic position of Pogonophora. Z. zool. Syst. Evolutionsforsch. Sonderheft 1

Southward, A.J., Southward, E.C. (1987): Pogonophora. In: Pandian, T.J., Vernberg, F.J. (eds.): Animal energetics. 2. Protozoan through Insecta. Academic Press, London, New York

Southward, E.C. (1982): Bacterial symbionts in Pogonophora. J. Mar. biol. Ass. U.K. 62: 889–906

Southward, E.C. (1988): Development of the gut and segmentation of newly settled stages of *Ridgeia* (Vestimentifera): Implications for relationship between Vestimentifera and Pogonophora. J. mar. biol. Ass. U.K. 68: 465–487

Van der Land, J., Nørrevang, A. (1977): Structure and relationships of *Lamellibrachia* (Annelida, Vestimentifera). Biol. Skr. Dan. Vid. Selesk. 213: 1–102

Arthropoda und Euarthropoda

Anderson, D.T. (1973): Embryology and evolution in annelids and arthropods. Pergamon Press, Oxford

Ballard, J.W., Olsen, G.J., Faith, D.P., Odgers, W.A., Rowell, D.M., Atkinson, P.W. (1992): Evidence from 12S rRNA sequences that onychophorans are modified arthropods. Science 258: 1345–1348

Boudreaux, H.B. (1979): Arthropod phylogeny with special reference to insects. John Wiley, New York

Briggs, D.E.G., Fortey, R.A. (1992): The early cambrian radiation of Arthropoda. In: Lipps, J.H., Signor, P.W. (eds.): Origin and early evolution of the Metazoa. Plenum Press, New York. 335–373

Dohle, W., Scholtz, G. (1995): Segmentbildung im Keimstreif der Krebse. BIUZ 25: 80–100

Edney, E.B. (1977): Water balance in land arthropods. Springer, New York

Emerson, M.J, Schram, F.R. (1990): The origin of crustacean biramous appendages and the evolution of Arthropoda. Science 250: 667–669

Gupta, A.P. (ed.) (1979): Arthropod phylogeny. Van Nostrand Reinhold Comp., New York

Hansen, H.-J. (1925): Studies on Arthropoda II: On the comparative morphology of the appendages in the Arthropoda. XXX Kopenhagen, London, Berlin

Kraus, O. (Hrsg.) (1980): Arthropodenphylogenie. Abh. des Naturwiss. Vereins in Hamburg

Lauterbach, K.E. (1973): Schlüsselereignisse in der Evolution der Stammgruppe der Euarthropoda. Zool. Beitr. N.F. 19: 251–299

Manton, S.M. (1973): Arthropod phylogeny – a modern synthesis. J. Zool. London 171: 111–130

Manton, S.M. (1973): The evolution of arthropodan locomotory mechanisms. J. Linn. Soc. (Zool.) 53: 257–375

Manton, S.M. (1974): Mandibular mechanisms and the evolution of arthropods. Phil. Trans. Roy. Soc. B247: 1–183

Manton, S.M. (1977): The Arthropoda. Clarendon Press, Oxford

Manton, S.M., Anderson, D.T. (1979): Polyphyly and the evolution of arthropods. In: House, M.R. (ed.): The origin of major invertebrate groups. Academic Press, London. 269–321

Paulus, H.F. (1979): Eye structure and the monophyly of the Arthropoda. In: Gupta, A.P. (ed.): Arthropod phylogeny. Van Nostrand Reinhold Comp., New York. 299–383

Siewing, A.M. (1975): Zum Problem der Arthropoden-Kopfsegmentierung. Zool. Anz. 170: 429–468

Siewing, R. (1960): Zum Problem der Polyphylie der Arthropoda. Z. wiss. Zool. 164: 238–270

Simonetta, A.M. (1975): Remarks on the origin of the Arthropoda. Atti. Soc. Tosc. Sci. Nat., Mem., Ser. B82: 112–134

Snodgrass, R.E. (1938): Evolution of the Annelida, Onychophora and Arthropoda. Smith misc. Coll. 97: 1–159

Stormer, L. (1944): On the relationship of fossil and recent Arachnomorpha. Skrift. Norske Videnk. Akad. Oslo I. Mash Naturvidensk. VI. 5: 1–158

Tiegs, O.W., Manton, S.M. (1958): The evolution of the Arthropoda. Biol. Rev. 33: 255–337

Turbeville, McClintock, J., Pfeifer, D.M., Field, K.G., Raff, R.A. (1991): The phylogenetic status of Arthropoda, as inferred from 18S rRNA sequences. Mol. Biol. Evol. 8(5): 669–686

Wägele, J.W. (1993): Rejection of the „Uniramia"-hypothesis and implications of the Mandibulata concept. Zool. Jahrb. Syst. 120: 253–288

Weber, H. (1952): Morphologie, Histologie und Entwicklungsgeschichte der Articulaten. II. Die Kopfsegmentierung und die Morphologie des Kopfes überhaupt. Fortsch. Zool. 9: 18–231

Weygoldt, P. (1986): Arthropod interrelationships the phylogenetic systematic approach. Z. Zool. Syst. Evolutionsforsch. 24: 19–35

Wittington, H.B. (1957): The ontogeny of trilobites. Biol. rev. 32: 421–469

Zeh, D.W., Zeh, J.A. (1989): Ovipositors, amnions and eggshell architecture in the diversification of terrestrial arthropods. The Quarterly Review of Biology 64(2): 147–168

Onychophora

Balfour, F.M. (1883): The anatomy and development of *Peripatus capensis*. Q. Jl. Micr. Sci. 23: 213–259

Gaffron, E. (1883): Beiträge zur Anatomie und Histologie von *Peripatus*. Schneider Zool. Beitr., I: 33–60

Hou, X., Ramsköld, L., Bergström, J. (1991): Composition and preservation of the Chengjiang fauna a lower Cambrian soft-bodied fauna. Zool. Scr. 20: 395–411

Manton, S.M. (1977): The Arthropoda. Clarendon Press, Oxford

Manton, S.M., Heatley, N.G. (1937): Studies on the Onychophora. II. The feeding, digestion, excretion, and food storage of *Peripatopsis* with biochemical estimations and analyses. Phil. Trans. Roy. Soc., London (B) 227: 411–464

Pflugfelder, O. (1968): Onychophora. Gustav Fischer, Stuttgart

Ruhberg, H. (1985): Die Peripatopsidae (Onychophora). Systematik, Ökologie, Chorologie und phylogenetische Aspekte. Zoologica, Heft 137. E. Schweizerbart'sche Verlagsbuchhandlung, Stuttgart

Snodgrass, R.E. (1938): Evolution of the Annelida, Onychophora, and Arthropoda. Smith. Misc. Coll. 97: 50–149

Storch, V., Ruhberg, H. (1993): Onychophora. In: Harrison, F.W. (ed.). Microsc. Anat. Inv. Vol. 12. Wiley-Liss, New York

Tardigrada

Bertolani, R. (ed.) (1987): Biology of Tardigrades. Proc. 4th Int. Symp. Tardigrada, Modena, 1985. Mucchi, Modena

Dewel, R.A., Nelson, D.R., Dewel, W.C. (1993): Tardigrada. In: Harrison, F.W., Rice, M.E. (eds): Microscopic anatomy of invertebrates, vol. 12: Onychophora, Chilopoda, and Lesser Protostomata. Wiley-Liss, New York

Greven, H. (1980): Die Bärtierchen. Die neue Brehm-Bücherei 537. Ziemsen, Wittenberg Lutherstadt

Higgins, R. (ed.) (1975): International Symposium on Tardigrades. Pallanza, 1974. Mem. Ist. ital. Idrobiol. 32 Suppl. 1–469

Kinchin, J.M. (1994): The biology of tardigrades. Portland Press, London

Marcus, E. (1929): Tardigrada. In: Bronn, H.G. (Hrsg.): Klassen und Ordnungen des Tierreichs. Bd. 5, IV, 3. Akademische Verlagsgesellschaft, Leipzig

Nelson, D.R. (ed.) (1982): 3rd International Symposium on the Tardigrada. East Tennessee State University, 1980

Nelson, D.R., Higgins, R.P. (1990): Tardigrada. In: Dindal, D.L. (ed.): Soil biology guide. Wiley, New York

Ramazzotti, G., Maucci, W. (1983): II Phylum Tardigrada. Mem. Ist. ital. Idrobiol. 41: 1–1012

Weglarska, B. (ed.) (1979): 2nd International Symposium on Tardigrades, Krakow, 1977. Zesz. nauk. UJ Pr. Zool. 25: 1–196

Trilobita

Bergström, J. (1973): Organization, life, and systematics of trilobites. Fossils and Strata 2: 1–69

Cisne, J.L. (1981): *Triarthrus eatoni* (Trilobita): anatomy of its exoskeletal, skeletomuscular, and digestive systems. Paleontographica Americana 9(53): 99–142

Clarkson, E.N.K. (1993): Invertebrate palaeontology and evolution. 3. ed. Chapman & Hall, London. 1–434

Fortey, R.A., Whittington, H.B. (1989): The Trilobita as a natural group. Historical Biology 2: 125–138

Lauterbach, K.-E. (1980): Schlüsselereignisse in der Evolution des Grundplans der Arachnata (Arthropoda). Abh. naturw. Ver. Hamburg 23 (N.S.): 163

Müller, K., Walossek, D. (1987): Morphology, ontogeny and life habit of *Agnostus pisiformis* from the Upper Cambrian of Sweden. Fossils and Strata 19: 1–124

Whittington, H.B. (1980): Exoskeleton, moult stage, appendage morphology, and habits of the Middle Cambrian trilobite *Olenoides serratus*. Palaeontology 23(1): 171–204

Whittington, H.B. (1989): Olenelloid trilobites: type species, functional morphology and higher classification. Philosophical Transactions of the Royal Society of London, B. Biological Sciences 324(1221): 111–147, pls. 1–8

Chelicerata

Barth, F.G. (ed.) (1985): Neurobiology of Arachnids. Springer, Berlin, New York

Coddington, J.A., Levi, H.W. (1991): Systematics and evolution of spiders (Araneae). Ann. Rev. Ecol. Syst. 22: 565–592

Firstman, B. (1973): The relationship of the chelicerate arterial system to the evolution of the endosternite. J. Arachnol. 1: 1–54

Foelix, R.F. (1992): Biologie der Spinnen. 2. Aufl. Thieme, Stuttgart

Grassé, P.-P. (Hrsg.) (1949): Traité de Zoologie. – Masson et Cie, Paris, Vol. 6

Hedgepeth, J.W. (1955): Pycnogonida In: Moore, R.C. (ed): Treatise on invertebrate paleontology. Part 2, Arthropoda 2. Univ. Kansas Press, Lawrence. 163–173

Heimer, S. (1988): Wunderbare Welt der Spinnen. Urania, Leipzig

Lauterbach, K.-E. (1980): Schlüsselereignisse in der Evolution des Grundplans der Arachnata (Arthropoda). Abh. naturwiss. Verl. Hamburg, N.F. 23, 163–327

Martens, J. (1986): Die Großgliederung der Opiliones und die Evolution der Ordnung (Arachnida). Actas X Congr. Int. Arachnol. Jaca/Espana 1986. I: 289–310

Moritz, M. (1993): Unterstamm Arachnata. In: Lehrbuch der Speziellen Zoologie. Begr. v. Kaestner, A. Hrsg. v. Gruner, H.-E., Starck D. Bd. 1, Teil 4. Gustav Fischer, Jena

Oliver, J.H.Jr. (1989): Biology and systematics of ticks (Acari: Ixodida). Ann. Rev. Ecol. Syst. 20: 397–430

Parker, S.P. (ed.) (1982): Synopsis and classification of living organisms 2. McGraw-Hill, New York

Platnik, H.I., Gertsch, W.J. (1976): The suborders of spiders: A cladistic analysis (Arachnida, Araneae). Amer. Mus. Novitatis No. 2607: 1–15

Polis, G.A. (ed.) (1990): The biology of scorpions. Stanford Univ. Press, Stanford, California

Schatz, H. (1994): Lohmanniidae (Acari: Oribatida) from the Galapagos Islands, the Cocos Islands, and Central America. Acarologia 35: 267–287

Schuster, R., Murphy, P.W. (1991): Acari – Reproduction, development and life history strategies. Chapman and Hall, London

Sekiguchi, E. (ed.) (1988): Biology of horseshoe crabs. Science House Co., Tokyo

Shultz, J.W. (1989): Morphology of locomotor appendages in Arachnida: evolutionary trends and phylogenetic implications. Zool. J. Linn. Soc. 97: 1–56

Shultz, J.W. (1990): Evolutionary morphology and phylogeny of Arachnida. Cladistics 6: 1–38

Vachon, M. (1953): Die Biologie der Skorpione. Endeavour 12: 890–89

Weygoldt, P. (1969): The biology of pseudoscorpions. Harvard Univ. Press, Cambridge

Weygoldt, P. (1972): Geißelskorpione und Geißelspinnen. Z. Kölner Zoo 15:. 95–107

Weygoldt, P. (1990): Chelicerata: Sperm transfer. In: Adiyodi, K.G., Adiyodi, R.G. (eds.): Reproductive biology of invertebrates. Vol. IV, Part B.5. Arthropoda. 77–119. Oxford Publ. Co, New Delhi

Weygoldt, P., Paulus, H.F. (1979): Untersuchungen zur Morphologie, Taxonomie und Phylogenie der Chelicerata. I. und II. Z. zool. Syst. Evolut.-Forsch. 17: 85–116, 117–200

Witt, P.N., Rovner, J.S. (eds.) (1982): Spider communication mechanisms and ecological significance. Princeton Univ. Press., Princeton

Crustacea

Bliss, D.E. (ed.) (1982–1985): The biology of Crustacea. Vols. 1–10. Academic Press, New York

Boxshall, G.A., Lincoln, R.J. (1987): The life cycle of the Tantulocarida (Crustacea). Phil. Trans. R. Soc. London (B) 315: 267–303

Boxshall, G.A., Strömberg, J.-O., Dahl, E. (eds.) (1992): The Crustacea: origin and evolution. Acta Zool. 73: 271–392

Calman, W.T. (1909): Crustacea. In: Lankester, R. (ed.): A treatise on zoology. Teil 7(3): 1–346. Adam & Charles Black, London

Dahl, E. (1977): The amphipod functional model and its bearing upon systematics and phylogeny. Zool. Scr. 6: 221–228

Flössner, D. (1972): Branchiopoda und Branchiura. In: Dahl, F. (Hrsg.): Tierwelt Deutschlands 60: 1–501

Fretter, V., Graham, A. (1976): A functional anatomy of invertebrates. Academic Press, London

Fryer, G. (1983): Functional ontogenetic changes in *Branchinecta ferox* (Milne-Edwards) (Crustacea: Anostraca). Phil. Trans. R. Soc. London (B) 303: 229–343

Fryer, G. (1988): Studies on the functional morphology and biology of the Notostraca (Crustacea: Branchiopoda). Phil. Trans. R. Soc. London (B) 321: 27–124

Fryer, G. (1991): Functional morphology and the adaptive radiation of the Daphniidae (Branchiopoda: Anomopoda). Phil. Trans. R. Soc. London (B) 331: 1–99

Gruner, H.-E. (1993): Crustacea. In: Lehrbuch der Speziellen Zoologie. Begr. v. Kaestner, A. Hrsg. v. Gruner, H.-E., Starck D. Bd. 1, Teil 4. Gustav Fischer, Jena. 448–1030

Harrison, F.W., Humes, A.G. (eds.) (1992): Crustacea. In: Harrison, F.W. (ed.): Microscopic anatomy of invertebrates. Vol. 9. Wiley-Liss, New York. 1–652

Harrison, F.W., Humes, A.G. (eds.) (1992): Decapod Crustacea. In: Harrison, F.W. (ed.): Microscopic anatomy of invertebrates. Vol. 10. Wiley-Liss, New York. 1–459

Hartmann, G. (1966–1989): In: Bronn, H G: Dr. H.G. Bronns Klassen und Ordnungen des Tierreichs 5(I), 2(4). Gustav Fischer, Jena. 1–1067

Høeg, J.T. (1991): Functional and evolutionary aspects of the sexual system in the Rhizocephala (Thecostraca: Cirripedia). In: Bauer, R.T., Martin, J.M. (eds.): Crustacean sexual biology. Columbia University Press, New York. 208–227

Huys, R., Boxshall, G.A. (1991): Copepod evolution. The Ray Society London, Vol. 159: 1–468

Kabata, Z. (1979): Parasitic Copepoda of British fishes., The Ray Society London, Vol. 152: 1–2017

Kils, U. (1982): Swimming behaviour, swimming performance and energy balance of the Antarctic Krill, *Euphausia superba*. BIOMASS Scientific Series 3: 1–98

Lauterbach, K.-E. (1983): Zum Problem der Monophylie der Crustacea. Verh. naturwiss. Ver. Hamburg (NF) 26: 293–320

Lauterbach, K.-E. (1986): Zum Grundplan der Crustacea. Verh. naturwiss. Ver. Hamburg (NF) 28: 27–63

Lincoln, R.J. (1979): British marine Amphipoda: Gammaridea. British Museum (Nat. Hist.): 1–658

Manton, S.M. (1977): The Arthropoda. Clarendon Press, Oxford. 1–527

McLaughlin, P.A. (1980): Comparative morphology of recent Crustacea. Freeman & Co, San Francisco. 1–177

Müller, K.J., Walossek, D. (1991): Ein Blick durch das „Orsten" Fenster in die Arthropodenwelt vor 500 Millionen Jahren. Verh. Dtsch. Zool. Ges. 84: 281–294

Parker, S.P. (ed.) (1982): Synopsis and classification of living organisms. Vol. 2, Crustacea. McGraw-Hill Inc., New York. 173–326

Raibaut, A. (1985): Les cycles évolutifs des copépodes parasites et les modalités de l'infestation. Ann. Biol. 24: 233–274

Riley, J. (1986): The biology of pentastomids. Adv. Parasitol. 25: 45–128

Sanders, H.L. (1963): The Cephalocarida. Functional morphology, larval development, comparative external anatomy. Mem. Connecticut Acad. Arts & Sciences 15: 1–80

Schminke, H.K. (1981): Adaptation of Bathynellacea (Crustacea, Syncarida) to life in the interstitial (Zoëa theory). Int. Rev. ges. Hydrobiol. 66: 575–637

Schram, F.R. (1986): Crustacea. Oxford University Press, New York. 1–606

Sieg, J. (1984): Neuere Erkenntnisse zum natürlichen System der Tanaidacea. Zoologica 136: 1–132

Southward, A.J. (ed.) (1987): Barnacle biology. Crustacean Issues 5: 1–443

Storch, V. (1993): Pentastomida. In: Harrison, F.W. (ed.): Microscopic anatomy of invertebrates, Vol. 12. Wiley-Liss, New York. 115–142

Strickler, J.R. (1984): Sticky water: a selective force in copepod evolution. In: Meyers, D.G., Strickler, J.R. (eds.), Trophic interactions within aquatic ecosystems. AAS Selected Symposium, Vol. 85. Westview Press. 187–239

Trager, G.C., Hwang, J.-S., Strickler, J.R. (1990): Barnacle suspension-feeding in variable flow. Mar. Biol. 105: 117–127

Wägele, J.-W. (1989): Evolution und phylogenetisches System der Isopoda. Zoologica 140: 1–262

Walossek, D. (1993): The upper cambrian *Rehbachiella* and the phylogeny of Branchiopoda and Crustacea. Fossils & Strata 32: 1–202

Yager, J. (1991): The Remipedia (Crustacea): Recent investigations of their biology and phylogeny. Verh. Dtsch. Zool. Ges. 84: 261–269

Chilopoda und Progoneata

Blower, J.G. (1985): Millipedes. Keys and notes for the identification of the species. Synopses of the British fauna 35. E.J. Brill, Dr. W. Backhuys, London

Blower, J.G. (ed.) (1974): Myriapoda. Symp. zool. Soc. London 32. Academic Press, London

Dohle, W. (1988): Myriapoda and the ancestry of insects. The Manchester Polytechnic, Manchester

Dunger, W. (1993): Überklasse Antennata (syn. Tracheata, Atelocerata). In: Lehrbuch der Speziellen Zoologie. Begr. v. Kaestner, A. Hrsg. v. Gruner, H.-E. Bd. 1, Teil 4. Gustav Fischer, Jena, Stuttgart. 1031–1160

Enghoff, H., Dohle, W., Blower, J.G. (1993): Anamorphosis in millipedes (Diplopoda) - the present state of knowledge with some developmental and phylogenetic considerations. Zool. J. Linn. Soc. 109: 103–234

Hopkin, S.P., Read, H.J. (1992): The biology of millipedes. Oxford University Press, Oxford

Kraus, O., Kraus, M. (1994): Phylogenetic system of the Tracheata (Mandibulata): on „Myriapoda"-Insecta interrelationships, phylogenetic age and primary ecological niches. Verh. naturwiss. Ver. Hamburg (NF) 34: 5–31

Lewis, J.G.E. (1981): The biology of centipedes. Cambridge University Press, Cambridge

Minelli, A. (ed.) (1990): Proceedings of the 7th International Congress of Myriapodology. E.J. Brill, Leiden

Schömann, K. (1956): Zur Biologie von Polyxenus lagurus (L.) 1758. Zool. Jb. Syst. 84: 195–256

Tiegs, O.W. (1947): The development and affinities of the Pauropoda, based on a study of Pauropus silvaticus. Quart. J. micr. Sci. 88: 165–267, 275–336

Insecta

Allgemeine Lehr-, Hand- und Bestimmungsbücher

Abraham, R. (1991): Fang und Präparation wirbelloser Tiere. Gustav Fischer, Stuttgart

Askew, R.R. (1971): Parasitic insects. Heinemann, London

Birch, M.C., Haynes, K.F. (1982): Insect pheromones. Edward Arnold, London

Brauns, A. (1991): Taschenbuch der Waldinsekten. Gustav Fischer, Stuttgart

Brohmer, P., Ehrmann, P., Ulmer, G. (1935–1978): Die Tierwelt Mitteleuropas. Quelle & Meyer, Leipzig (zahlreiche Bände über verschiedene Insektenordnungen)

Buhr, H. (1964/65): Bestimmungstabellen der Gallen (Zoo- und Phytocecidien) an Pflanzen Mittel- und Nordeuropas. 2 Bände. Gustav Fischer, Jena

Chapman, R.F. (1978): The insects, structure and function. Hodder and Stoughton, London

Dahl, F. (seit 1925). Die Tierwelt Deutschlands und der angrenzenden Meeresteile. Gustav Fischer, Jena (zahlreiche Bände über verschiedene Insektengruppen)

Eidmann, H., Kühlhorn, F. (1970): Lehrbuch der Entomologie. 2. Aufl. Paul Parey, Hamburg, Berlin

Eisenbeis, G., Wichard, W. (1985): Atlas zur Biologie der Bodenarthropoden. Gustav Fischer, Stuttgart

Engels, W. (1990): Social insects. Springer, Berlin

Escherich, K. (1914–1942): Die Forstinsekten Mitteleuropas. 4 Bände. Paul Parey, Berlin

Fritzsche, R., Geiler, H., Sedlag, U. (1968): An-gewandte Entomologie. Gustav Fischer, Jena

Gewecke, M. (Hrsg.) (1995): Physiologie der Insekten. Gustav Fischer, Stuttgart

Grassé, P.P. (1948–1951): Traité de Zoologie. Vol. 9, 10. Masson & Cie, Paris

Gruner, H.-E. (Hrsg.) (1972): Lehrbuch der Speziellen Zoologie. Begr. v. Kaestner, A. Band I, Teil 3, A (Allgemeiner Teil). Gustav Fischer, Jena

Gullan, P.J., Cranston, P.S. (1994): The insects: an outline of entomology. Chapman and Hall, London

Hennig, W. (1969): Die Stammesgeschichte der Insekten. Kramer, Frankfurt/Main

Hering, E.M. (1951): Biology of the leaf miners. W. Junk, Den Haag

Hering, E.M. (1957): Bestimmungstabellen der Blattminen von Europa. W. Junk, s'Gravenhage

Hoffmann, K.H. (ed.) (1985): Environmental physiology and biochemistry of insects. Springer, Berlin

Illies, J. (1978): Limnofauna Europaea. Gustav Fischer, Stuttgart

Imms, A.D., Richards, O.W., Davies, R.G. (1964): A general textbook of entomology. 9. ed. London, New York

Jacobs, W., Renner, M. (1988): Biologie und Ökologie der Insekten. 2. Aufl. Gustav Fischer, Stuttgart

Keilbach, R. (1966): Die tierischen Schädlinge Mitteleuropas. Gustav Fischer, Jena

Kéler, S.V. (1963): Entomologisches Wörterbuch. 3. Aufl. Akademie Verlag, Berlin

Kerkert, G.D., Gilbert, L.J. (eds.) (1985): Comparative insect physiology, biochemistry and pharmacology. Vol. 1–87. Pergamon Press, Oxford

Martini, E. (1952): Lehrbuch der medizinischen Entomologie. Gustav Fischer, Jena

Naumann, I.D. (ed.) (1991): The insects of Australia. 2. ed. Melbourne University Press, Carlton

Paulian, R. (1988): Biologie des Coléoptères. Editions Lechevalier, Paris

Peterson, A. (1971): Larvae of insects. Vol. 1, 2. Columbus, Ohio

Rockstein, M. (ed.) (1974): The physiology of Insecta. Vol. I-IV. Academic Press, New York, London

Schwenke, W. (1972–1986): Die Forstschädlinge Mitteleuropas. Paul Parey, Hamburg

Seifert, G. (1994): Entomologisches Praktikum. 3. Aufl. Thieme, Stuttgart

Snodgrass, R.E. (1935): Principles of insect morphology. McGraw-Hill, New York, London

Snodgrass, R.E. (1954): Insect metamorphosis. Smith. Misc. Coll. 122

Stehr, F.W. (1987/1991): Immature insects. Vol. 1, 2. Kendall, Iowa

Stresemann, E., Hannemann, H.-J., Klausnitzer, B., Senglaub, K. (1994): Exkursionsfauna. Band 2/2. 7. Aufl. Gustav Fischer, Jena, Stuttgart

Süßwasserfauna von Mitteleuropa. Begr. von A. Brauer. Hrsg. von Schwoerbel, J. und Zwick, P. (Zahlreiche Insektenbände) Gustav Fischer, Stuttgart

Weber, H. (1933): Lehrbuch der Entomologie. Gustav Fischer, Jena

Weber, H., Weidner, H. (1974): Grundriß der Insektenkunde. 5. Aufl. Gustav Fischer, Stuttgart

Wesenberg-Lund, C. (1943): Biologie der Süßwasserinsekten. Springer, Berlin

Wichard, W., Arens, W., Eisenbeis, G. (1995): Atlas zur Biologie der Wasserinsekten. Gustav Fischer, Stuttgart

Wigglesworth, V.B. (1972): The principles of insect physiology. 7. ed. Chapman and Hall, London

Diplura

Palissa, A. (1964): Apterygota-Urinsekten. In: Brohmer, P., Ehrmann, P., Ulmer, G.: Die Tierwelt Mitteleuropas. IV, 1a. Quelle & Meyer, Leipzig

Collembola

Dunger, W. (Hrsg.) (1994): Synopses on Palaearctic Collembola. vol. 1. Abh. Ber. Naturkundemus. Görlitz 68

Gisin, H. (1960): Collembolenfauna Europas. Mus. d'Hist. nat., Genf

Paclt, J. (1956): Biologie der primär flügellosen Insekten. Gustav Fischer, Jena

Schaller, F. (1970): Collembola (Springschwänze). In: Helmcke, J.-G., Starke, D., Wermuth, H. (Hrsg.): Handbuch der Zoologie. 4(2): 2/1. de Gruyter, Berlin

Protura

Janetschek, H. (1970): Protura (Beintastler). In: Helmcke, J.-G., Starke, D., Wermuth, H. (Hrsg.): Handbuch der Zoologie, 4(2): 2/3. de Gruyter, Berlin

Nosek, J. (1973): The European Protura. Mus. d'Hist. nat., Genf

Tuxen, S.L. (1964): The Protura. Hermann, Paris

Archaeognatha

Janetschek, H. (1954): Über mitteleuropäische Felsenspringer. Österr. Zool. Z. 78: 281–328

Sturm, H. (1978): Zum Paarungsverhalten von *Petrobius maritimus* Leach (Archaeognatha, Machilidae). Zool. Anz. Jena 201: 5–20

Zygentoma

Palissa A. (1964): Apterygota-Urinsekten. In: Brohmer, P., Ehrmann, P., Ulmer, G. (Hrsg.): Die Tierwelt Mitteleuropas. IV, 1a. Quelle & Meyer, Leipzig

Ephemeroptera

Flannagan, J.F., Marshall, K.E. (1980): Advances in Ephemeroptera biology. Plenum Publ. Corp., New York

Illies, J. (1968): Ephemeroptera. In: Kükenthal (Hrsg.): Handbuch der Zoologie 4(2): 2/7. Berlin

Landa, V., Soldán, T. (1985): Phylogeny and higher classification of the order Ephemeroptera. Studie #SAV, Praha

Odonata

Askew, R.R. (1988): The dragonflies of europe. Harley Books, Essex

Bellmann, H. (1987): Libellen beobachten, bestimmen. Neumann-Neudamm

Schiemenz, H. (1953): Die Libellen unserer Heimat. Gustav Fischer Verlag, Jena

Plecoptera

Illies, J. (1963): Plecoptera, Steinfliegen (Neubearbeitung). In: Brohmer, P., Ehrmann, P., Ulmer, G. (Hrsg.): Die Tierwelt Mitteleuropas. IV. Quelle & Meyer, Leipzig

Zwick, P. (1973): Plecoptera. Phylogenetisches System und Katalog. Das Tierreich 94: 1–465

Embioptera

Beier, M. (1955): Embioptera. In: Bronn, H.G. (Hrsg.): Klassen und Ordnungen des Tierreichs. Bd. 5, Abt. III, 6. Buch. Geest und Portig, Leipzig. 1–30

Notoptera

Ando, H. (1982): Biology of the Notoptera. Nagano, Kashiyo-Insatsu

Dermaptera

Beier, M. (1933): Dermaptera. In: Schulze, P. (Hrsg.): Biologie der Tiere Deutschlands 26. Borntraeger, Berlin. 169–231

Mantodea

Preston-Mafham, K. (1990): Grasshoppers and mantids of the world. Blandford, London

Blattariae

Beier, M. (1961): Blattopteroidea. In: Bronn, H.G. (Hrsg.): Klassen und Ordnungen des Tierreichs. Bd. 5, Abt. III, 6. Buch. Winter, Heidelberg. 587–848

Bell, W.J., Adiyodi, K.G. (1982): The American cockroach. Chapman & Hall, London, New York

Cornwell, P.B. (1968): The cockroach. Hutchinson & Co Ltd., London

Guthrie, D.M., Tindall, A.R. (1968): The biology of the cockroach. E. Arnold, London

Princis, K. (1965): Ordnung Blattariae (Schaben). Bestimmungsbücher zur Bodenfauna Europas. Lieferung 3. Akademie Verlag, Berlin

Isoptera

Krishna, K., Weesner, F.M. (1969/70): Biology of termites. 2 Vol. Academic Press, New York, London

Weidner, H. (1955): Körperbau, Systematik und Verbreitung der Termiten. In: Schmidt, H. (Hrsg.). Die Termiten. Geest und Portig, Leipzig

Ensifera, Caelifera (z. T. auch Dermaptera, Mantodea, Blattariae)

Bellmann, H. (1993): Heuschrecken beobachten, bestimmen. Naturbuch Verl., Augsburg

Götz, W. (1965): Orthoptera, Geradflügler. In: Brohmer, P., Ehrmann, P., Ulmer, G. (Hrsg.): Die Tierwelt Mitteleuropas. IV. Quelle & Meyer, Leipzig

Harz, K. (1957): Die Geradflügler Mitteleuropas. Gustav Fischer Verlag, Jena

Harz, K.(1969/75): Die Orthopteren Europas. Band I und II. W. Junk, The Hague

Harz, K., Kaltenbach, A. (1976): Die Orthopteren Europas. Band III. W. Junk, Den Haag

Phasmatodea

Beier, M. (1968): Phasmida (Stab- und Gespenstheuschrecken). In: Kükenthal, W. (Hrsg.): Handbuch der Zoologie 4 (6). W. de Gruyter, Berlin

Günther, K.K. (1953): Über die taxonomische Gliederung und die geographische Verbreitung der Phasmatodea. Beitr. Ent. 3: 541–563

Zoraptera

Delamare-Deboutteville, C. (1948): Sur la morphologie des adultes, aptères et ailés de Zoraptères. Ann. Sci. nat. zool. et biol. anim., Ser. 11: 9

Weidner, H. (1970): 15. Ordnung Zoraptera (Bodenläuse). In: Melmcke, J.-G., Starke, D., Wermuth, H. (Hrsg.): Handbuch der Zoologie. 4 (2): 2/15: 1–12

Psocoptera

Günther, K.K. (1974): Staubläuse, Psocoptera. In: Dahl, F. (Hrsg.): Die Tierwelt Deutschlands 61. Gustav Fischer, Jena

Smithers, C.N. (1972): The classification and phylogeny of the Psocoptera. Australian Mus. Mem. 14: 1–349

Phthiraptera

Eichler, WD. (1963): Mallophaga. In: Bronn, H.G. (Hrsg.): Klassen und Ordnungen des Tierreichs. Bd. 5, Abt. III, 7. Buch. Geest und Portig, Leipzig

Jancke, O. (1938): Die Anopluren Deutschlands. In: Dahl, F. (Hrsg.): Die Tierwelt Deutschlands 35. Gustav Fischer, Jena

Kéler, ST. v. (1963): Mallophaga, Anoplura. In: Brohmer, P., Ehrmann, P., Ulmer, G. (Hrsg.): Die Tierwelt Mitteleuropas. IV, 2. Quelle & Meyer, Leipzig

Thysanoptera

Lewis, T. (1973): Thrips: Their biology, ecology and economic importance. Academic Press, London, New York

Priesner, H. (1966). Fransenflügler, Thripse. In: Brohmer, P., Ehrmann, P., Ulmer, G. (Hrsg.): Die Tierwelt Mitteleuropas. IV, 2/9. Quelle & Meyer, Leipzig

Schliephake, G., Klimt, K. (1979): Thysanoptera, Fransenflügler. In: Dahl, F. (Hrsg.): Die Tierwelt Deutschlands 66. Gustav Fischer, Jena

Homoptera

Dixon, A.F.G. (1976): Biologie der Blattläuse. Gustav Fischer, Stuttgart

Klimaszewski, S.M. (1975): Psyllodea, Koliszki (Ins., Homoptera). Paustwowe Wydawnictwo Naukowe, Warszawa

Ossiannielsson, F. (1978–1983): The Auchenorrhyncha (Homoptera) of Fennoscandia and Denmark. Fauna ent. scand. 7, Teile 1–3. Kopenhagen

Schmutterer, H. (1959): Schildläuse oder Coccoidea. I. Deckelschildläuse oder Diaspididae. In: Dahl, F. (Hrsg.): Die Tierwelt Deutschlands. 45. Gustav Fischer, Jena

Strümpel, H. (1983): Homoptera (Pflanzensauger). Handb. Zool. IV 828: 1–222. W. de Gruyter, Berlin

Zahradnik, J. (1963): Aleyrodina (Mottenläuse). In: Brohmer, P., Ehrmann, P., Ulmer, G. (Hrsg.): Die Tierwelt Mitteleuropas. IV, 3. Quelle & Meyer, Leipzig

Heteroptera

Jordan, K.H.C. (1972): Heteroptera (Wanzen). Handb. Zool. IV 2/20: 1–133. W. de Gruyter, Berlin

Miller, N.C.E. (1971): The biology of Heteroptera. E.W. Classey, Hampton

Wagner, E. (1961): Ungleichflügler, Wanzen, Heteroptera (Hemiptera). In: Brohmer, P., Ehrmann, P., Ulmer G. (Hrsg.): Die Tierwelt Mitteleuropas. IV,3. Quelle & Meyer, Leipzig

Wagner, E. (1966/1967): Wanzen oder Heteropteren. I. Pentatomorpha. II. Cimicomorpha. In: Dahl, F. (Hrsg.): Die Tierwelt Deutschlands 54, 55. Gustav Fischer, Jena

Wagner, E. (1967): Wanzen oder Heteropteren. II. Cimi-

comorpha. In: Dahl, F. (Hrsg.): Die Tierwelt Deutschlands 54. Gustav Fischer, Jena

Weber, H. (1930): Biologie der Hemipteren. Springer, Berlin

Coleorrhyncha

Myers, J.G., China, E.W. (1930): The systematic position of the Peloridiidae. Ann. Mag. nat. Hist. London 3: 282–294

Megaloptera

Berland, L., Grassé, P. (1951): Ordre des Megaloptères. In: Grassé, P. (ed.): Traité de Zoologie. Bd. 10: 5–17. Masson & Cie, Paris

Planipennia

Aspöck, H., Aspöck, U., Hölzel, H. (1980): Die Neuropteren Europas. 2 Bände. Goecke & Evers, Krefeld

Aspöck, H., Aspöck, U., Rausch, H. (1991): Die Raphidopteren der Welt. 2 Bände. Goecke & Evers, Krefeld

Coleoptera

Crowson, R.A. (1967): The natural classification of the families of Coleoptera. Hampton, Middlesex

Crowson, R.A. (1981): The biology of the Coleoptera. Academic Press, London

Freude, H., Harde, K.W., Lohse, G.A. (1964–1989): Die Käfer Mitteleuropas. Bände 1–11. Goecke & Evers, Krefeld

Klausnitzer, B. (1994): Die Larven der Käfer Mitteleuropas. 1. Band Adephaga. 2. Band Myxophaga, Polyphaga Teil I:Goecke & Evers, Krefeld

Lohse, G.A., Lucht, W. (1989–1994): Die Käfer Mitteleuropas. 3 Supplementbände. Goecke & Evers, Krefeld

Strepsiptera

Kinzelbach, R. (1978): Fächerflügler (Strepsiptera). In: Dahl, F. (Hrsg): Die Tierwelt Deutschlands 65. Gustav Fischer, Jena

Hymenoptera

Bischoff, H. (1927): Biologie der Hymenopteren. Springer, Berlin

Dumpert, K. (1994): Das Sozialleben der Ameisen. Paul Parey, Hamburg

Frisch, K.v. (1965): Tanzsprache und Orientierung der Bienen. Springer, Berlin

Gösswald, K. (1985): Organisation und Leben der Ameisen. Wiss. Verlagsges., Stuttgart

Hölldobler, B., Wilson, E.O. (1990): The ants. Springer, Berlin

Schmiedeknecht, O. (1930): Die Hymenopteren Nord- und Mitteleuropas. Gustav Fischer, Jena

Trichoptera

Malicky, H. (1983): Atlas of European Trichoptera. Series entomologica 24. The Hague

Sedlag, E. (1985): Bestimmungsschlüssel für mitteleuropäische Köcherfliegenlarven. Wasser und Abwasser 15: 1–146

Lepidoptera

Amsel, H.G., Gregor, F., Reisser, H. (1965 ff): Microlepidoptera Palaearctica. Wien

Forster, W., Wohlfahrt, T.A. (1954–1981): Die Schmetterlinge Mitteleuropas. Franksche Verlagsanstalt, Stuttgart

Hering, M. (1926): Biologie der Schmetterlinge. Springer, Berlin

Koch, M. (1984): Wir bestimmen Schmetterlinge. Neumann Verlag, Radebeul

Spuler, A. (1910): Die Raupen der Schmetterlinge Europas. E. Schweizerbart, Stuttgart

Mecoptera

Fraser, F.C. (1959): Mecoptera, Megaloptera, Neuroptera. Handbooks for the identification of British insects. Vol. 1, part 12, 13. Royal Ent. Soc., London

Diptera

Colyer, C.N., Hammond, C.O. (1968): Flies of the British Isles. Academic Press, London, New York

Hennig, W. (1948/1952): Die Larvenformen der Dipteren. Teil 1–3. Akademie Verlag, Berlin

Hennig, W. (1973): Diptera (Zweiflügler). In: Kükenthal (Hrsg.): Handbuch der Zoologie 4. W. de Gruyter, Berlin

Lindner, E. (1923 ff): Die Fliegen der paläarktischen Region. E. Schweizerbart, Stuttgart

Siphonaptera

Peus, F. (1938): Die Flöhe, Bau, Kennzeichen und Lebensweise. P. Schöps, Leipzig

Smit, F.G.A.M. (1957): Siphonaptera. Handbooks for the identification of British insects. Vol. 1, part 16. Royal Ent. Soc., London

Nemathelminthes einschließlich Gastrotricha, Nematoda, Nematomorpha, Rotatoria, Acanthocephala, Kinorhyncha, Priapulida, Loricifera

Anderson, R.C. (1994): Nematode parasites of vertebrates: their development and transmissions. CAB International, Wallingford

Bird, A.F. (1991): The structure of nematodes. Academic Press, New York

Birky, C.W., Gilbert, J.J. (1971): Parthenogenesis in rotifers: The control of sexual and asexual reproduction. Am. Zool. 11: 245–266

Buchner, H. (1971): Die Sexualität der heterogenen Rädertiere. Naturwiss. Rdsch. 24: 191–199

Chitwood, B.G., Chitwood, M.B. (1950): Introduction to Nematology. Univ. Park Press, Baltimore. Nachdruck 1974

Crofton, H.D. (1966): Nematodes. Hutchinson, London

Crompton, D.W.T., Nickol, B.B. (1985): Biology of the Acanthocephala. Cambridge Univ. Press, Cambridge

Decker, H. (1969): Phytonematologie. Biologie und Bekämpfung pflanzenparasitischer Nematoden. VEB Deutscher Landwirtschaftsverlag, Berlin

Donner, H. (1965): Ordnung Bdelloidea (Rotatoria, Rädertiere). In: Bestimmungsbücher zur Bodenfauna Europas 6. Akademie-Verlag, Berlin

Enigk, K. (1986): Geschichte der Helminthologie im deutschsprachigen Raum. Gustav Fischer, Stuttgart

Gaugler, R., Kaya, H.K. (eds.) (1990): Entomopathogenic nematodes in biological control. CRC Press, Boca Raton, Ann Arbor, Boston

Gerlach, S.A. (1953): Die biozönotische Gliederung der Nematodenfauna an den deutschen Küsten. Z. Morph. Ökol. Tiere 41, 411–512

Gerlach, S.A., Riemann, F. (1973/74): The Bremerhaven checklist of aquatic nematodes. A catalogue of Nematoda Adenophorea excluding the Dorylaimida. Veröfftl. Inst. Meeresforsch. Bremerhaven, Suppl. 4: 1–736

Gilbert, J.J., Lubzens, E., Miracle, M.R. (eds.) (1993): Proceedings of the Sixth International Rotifer Symposium, held in Banyoles, Spain, June 3–8, 1991. Hydrobiologia 255/256: 1–572

Haffner, K. von (1950): Organisation und systematische Stellung der Acanthocephalen. Zool. Anz., Suppl. zu 145 (Klatt-Festschr.): 243–274

Harrison, F.W., Ruppert, E.E. (eds.) (1991): Aschelminthes. In: F.W. Harrison (ed.): Microscopic anatomy of invertebrates. Vol. 4. Wiley-Liss, New York

Koste, W. (1978): Rotatoria. Die Rädertiere Mitteleuropas. Ein Bestimmungswerk, begründet von M. Voigt. Überordnung Monogononta. Gebr. Bornträger, Berlin, Stuttgart

Kristensen, R.M. (1991): Loricifera – A general biological and phylogenetic overview. Verh. Dtsch. Zool. Ges. 84: 231–246

Land, J. van der (1970): Systematics, zoogeography, and ecology of Priapulida. Zool. Verhandelingen 112: 1–118

Lee, D.L., Atkinson, H.J. (1976): Physiology of nematodes. Mac Millan Press, London

Lorenzen, S. (1981): Entwurf eines phylogenetischen Systems der freilebenden Nematoden. Veröff. Inst. Meeresforsch. Bremerh., Suppl. 7: 1–472 (Eine englische, überarbeitete Fassung erschien 1994 unter dem Titel „The phylogenetic systematics of freeliving nematodes". The Ray Society, London)

Lorenzen, S. (1985): Phylogenetic aspects of pseudocoelomate evolution. In: Conway-Morris, S., George, J.D., Gibson, R., Platt, H.M. (eds.): The origins and relationships of lower invertebrates. The Systematics Association, Spec. Vol. 28, Clarendon Press, Oxford

Maggenti, A. (1981): General Nematology. Springer, New York, Heidelberg

Nogrady, T. (ed.) (1993): Rotifera. Vol. 1: Biology, ecology and systematics. Guides to the identification of the microinvertebrates of the continental waters of the world 4. SPB Academic Publishing, Den Haag

Osche, G. (1962): Das Praeadaptationsphänomen und seine Bedeutung für die Evolution. Zool. Anz. 169: 14–49

Osche, G. (1966): Ursprung, Alter, Form und Verbreitung des Parasitismus bei Nematoden. Mitt. biol. Bundesanst. Land-Forstwirtsch. Berlin-Dahlem, 118: 6–24

Poinar, G. (1978): Entomogenous nematodes. A manual and host list of insect-nematode association. Brill, Leiden

Remane, A. (1932): Rotatoria. In: Bronns Klassen und Ordnungen des Tierreichs 4. Akademische Verlagsgesellschaft, Leipzig

Remane, A. (1936): Gastrotricha und Kinorhyncha. Ibid 4

Rieger, R.M. (1978): Monociliated epidermal cells in Gastrotricha: Significance for concepts of early metazoan evolution. Z. zool. Syst. Evolut.-forsch. 14: 198–226

Ruppert, E.E. (1978): The reproductive system of gastrotrichs. Insemination in *Macrodasys*: A unique mode of sperm transfer in metazoa. Zoomorph. 89: 207–228

Schierenberg, E. (1987): Vom Ei zum Organismus. Die Embryonalentwicklung des Nematoden *Caenorhabditis elegans*. Biologie in unserer Zeit 17: 97–106

Teuchert, G. (1968): Zur Fortpflanzung und Entwicklung der Macrodasyoidea (Gastrotricha). Z. Morph. Tiere 63: 343–418

Teuchert, G. (1977): The ultrastructure of the marine gastrotrich *Turbanella cornuta* Remane and its functional and phylogenetical importance. Zoomorph. 88: 189–246

Triantaphyllou, A.C., Moncol, D.J. (1977): Cytology, reproduction, and sex determination of *Strongyloides ransomi* and *S. papillosus*. J. Parasitol. 63: 961–973

Ward, S., Thomson, N., White, J., Brenner, S. (1975): Electron microscopical reconstruction of the anterior sensory anatomy of the nematode *Caenorhabditis elegans*. J. comp. Neur. 160: 313–338

Whitfield, P.J. (1971): Phylogenetic affinities of Acanthocephala: an assessment of ultrastructural evidence. Parasitol. 62: 35–47; 63: 49–58

Wood, W.B. (ed.) (1988): The nematode *Caenorhabditis elegans*. Cold Spring Harbor Lab.

Tentaculata

Boardman, R.S., Cheetham, A.H., Rowell, A.J. (1987): Fossil invertebrates. Blackwell Sci. Publ., Oxford

Emig, C.C. (1979): British and other phoronids. Synopses of the British Fauna 13. Acad. Press, London

Herrmann, K. (1976): Untersuchungen über Morphologie, Physiologie und Ökologie der Metamorphose von *Phoronis mülleri* (Phoronida). Zool. Jb. Anat. 95: 354–425

D'Hondt, J.L. (1983): Tabular keys for identification of the recent ctenostomatous Bryozoa. Mem. Inst. Oceanogr. Monaco 14: 1–134

Larwood, G.P., Nielsen, C. (eds.) (1981): Recent and fossil Bryozoa. Olsen and Olsen, Fredensborg

Long, J.A., Stricker, S.A. (1991): Echinodermata and Lophophorata. In: Giese, A.C., Pearse, V.B. (eds.): Reproduction in marine invertebrates. Vol. IV. Boxwood Press, Pacific Grove CA. 47–88

Nielsen, C. (1971): Entoproct life cycles and the entoproct/ectoproct relationships. Ophelia 9: 209–341

Richardson, J.R. (1986): Brachiopoden. Spektrum der Wissenschaften 11: 110–116

Rudwick, M.J.S. (1970): Living and fossil brachiopods. Hutchinson University Library, London

Ryland, J.S. (1970): Bryozoans. Hutchinson University Library, London

Ryland, J.S., Hayward, P.J. (1977): Brisith anascan bryozoans. Synopses of the British Fauna 10. Acad. Press, London

Siewing, R. (1975): Gliederung des Phoronidenkörpers. Verh. Dt. Zool. Ges. 1974: 116–121

Silén, L. (1942): Origin and development of the cheiloctenostomatous stem of Bryozoa. Zool. Bidr. Uppsala 22: 1–59

Woollacott, R.M., Zimmer, R.L. (1977): Biology of bryozoans. Academic Press, New York

Deuterostomia und Chordata

Bateson, W. (1886): The ancestry of the Chordata. Quart. J. micr. Sci. 26: 535–572

Berrill, N.J. (1955): The origin of vertebrates. Clarendon, Oxford

Berrill, N.J. (1987a): Early chordate evolution 1. *Amphioxus*, the riddle of the sands. Int. J. Inv. Repr. Dev. 11: 1–14

Berrill, N.J. (1987b): Early chordata evolution 2. *Amphioxus* and ascidians to settle or not to settle. Int. J. Inv. Repr. Dev. 11: 15–28

Garcia-Fernandez, J., Holland, P.W.H. (1994): Archetypal organization of the *Amphioxus Hox* gene cluster. Nature 370: 563–566

Garstang, W. (1928): The morphology of the Tunicata, and its bearings on the phylogeny of the Chordata. Quart. J. micr. Sci. 72: 51–187

Gislèn, T. (1930): Affinities between the Echinodermata, Enteropneusta, and Chordonia. Zool. Bidr. Uppsala 12: 199–304

Grobben, K. (1923): Theoretische Erörterungen betreffend die phylogenetische Ableitung der Echinodermen. Sitzber. österr. Akad. Wiss. math.-natw. Kl. Abt. 1, 132: 263–290

Jefferies, R.P.S. (1980): Zur Fossilgeschichte des Ursprungs der Chordaten und der Echinodermen. Zool. Jb. Anat. 103: 285–353

Jefferies, R.P.S. (1986): The ancestry of the vertebrates. Bristish Museum (Natural History), London

Jollie, M. (1973): The origin of the chordates. Acta Zool. 54: 81–100

Jollie, M. (1982): What are the „Calcichordata"? and the larger question of the origin of chordates. Zool. J. Linn. Soc. 75: 167–188

Lacalli, T.C., West, J.E. (1993): A distinctive nerve cell type common to divers deuterostome larvae: comparative data from echinoderms, hemichordates and *Amphioxus*. Acta Zool. 74: 1–8

Maisey, J.G. (1986): Heads and tails: A chordate phylogeny. Clad. 2: 201–256

Newell, G.E. (1952): The homology of the stomochord of the Enteropneusta. Proc. Zool. Soc. Lond. B 121: 741–746

Philip, G.M. (1979): Carpoids – echinoderms or chordates? Biol. Rev. 54: 439–471

Schaeffer, B. (1987): Deuterostome monophyly and phylogeny. Evol. Bio. 21: 179–235

Siewing, R. (1972): Zur Deszendenz der Chordaten – Erwiderung und Versuch einer Geschichte der Archicoelomaten. Z. zool. Syst. Evol. Forsch. 10: 267–291

Willey, A.(1894): *Amphioxus* and the ancestry of the vertebrates. Macmillan, New York, London

Chaetognatha

Alvariño, A. (1969): Los Quetognatos del Atlantico. Distribucion y notas esenciales de sistematica. Trabajos del Instituto Español de Oceanografia. 37: 1–290

Bone, Q., Kapp, H., Pierrot-Bults, A.C. (eds.) (1991): The biology of chaetognaths. Oxford University Press, Oxford

Hyman, L.H. (1959): The enterocoelus coelomates, phylum Chaetognatha. In: The invertebrates: smaller coelomate groups. Vol. 5. McGraw-Hill, New York. 1–71

Kuhl, W. (1938): Chaetognatha. In: Bronn, H.G. (Hrsg.): Klassen und Ordnungen des Tierreichs. Band 4, Abt. 4, Buch 2, Teil 1. Winter, Heidelberg. 1–226

Hemichordata

Hadfield, M.G. (1975): Hemichordata. In: Giese, A.C., Pearse, J.S. (eds.): Reproduction of marine invertebrates. 2. Academic, New York, London. 185–240

Hyman, L.H. (1959): The enterocoelous coelomatesphylum Hemichordata. In: The invertebrates: smaller coelomate groups. Vol. 5. McGraw Hill, London, New York, Toronto: 72–207

Rickards, R.B. (1975): Palaeobiology of the Graptolithina, an extinct class of the phylum Hemichordata. Biol. Rev. 50: 397–436

Riedl, R. (1965): Kladus: Hemichordata. In: Bertalanffy, L.v., Gessner, F. (Hrsg.): Handbuch der Biologie. Bd. 6/2, Das Tier. Athenaion, Konstanz. 409–438

Welsch, U. (1984): Hemichordata. In: Bereiter-Hahn, J., Matolsky, A.G., Richards, K.S. (eds.): Biology of the integument. 1. Invertebrates. Springer, Berlin, Heidelberg. 790–799

Echinodermata

Boolootian, R.A. (ed.) (1966): Physiology of Echinodermata. Wiley & Sons, New York, London, Sydney

Burke, R.D., Mladenov, P.V., Lambert, P., Parsley, R.L. (eds.) (1988): Echinoderm biology. Balkema, Rotterdam, Brookfield

Byrne, M. (1994): Ophiuroidea. In: Harrison, F.W., Chia, F.S. (eds.): Microscopic anatomy of invertebrates. Vol. 14. Wiley-Liss, New York. 247–343

Cavey, M.J., Märkel, K. (1994): Echinoidea. In: Harrison, F.W., Chia, F.S. (eds.): Microscopic anatomy of invertebrates. Vol. 14. Wiley-Liss, New York. 345–400

Chia, F.S., Walker, C.W. (1991): Echinodermata: Asteroidea. In: Giese, A.C., Pearse, J.S., Pearse, V.B. (eds.): Reproduction of marine invertebrates. 4. Echinoderms and lophophorates. Boxwood Press, Pacific Grove. 301–353

Chia, F.S., Koss, R. (1994): Asteroidea. In: Harrison, F.W., Chia, F.S. (eds.): Microscopic anatomy of invertebrates. Vol. 14. Wiley, New York. 169–245

Czihak, G. (ed.) (1975): The sea urchin embryo. Springer, Berlin, Heidelberg, New York

Dubois, P., Chen, C.-P. (1989): Calcification in echinoderms. Ech. Stud. 3: 109–178

Heinzeller, T., Welsch, U. (1994): Crinoidea. In: Harrison, F.W., Chia, F.S. (eds.): Microscopic anatomy of invertebrates. Vol. 14. Wiley, New York. 9–148

Hendler, G. (1991): Echinodermata: Ophiuroidea. In: Giese, A.C., Pearse, J.S., Pearse, V.B. (eds.): Reproduction of marine invertebrates. 4. Echinoderms and lophophorates. Boxwood Press, Pacific Grove. 356–511

Holland, N.D. (1991): Echinodermata: Crinoidea. In: Giese, A.C., Pearse, J.S., Pearse, V.B. (eds.): Reproduction of marine invertebrates. 4. Echinoderms and lophophorates. Boxwood Press, Pacific Grove. 247–299

Hyman, L.H. (1955): The invertebrates: 5. Echinodermata. Vol. 4. McGraw-Hill, New York

Jangoux, M. (1980): Echinoderms: present and past. Balkema, Rotterdam

Jangoux, M., Lawrence, J.M. (eds.) (1982): Echinoderm nutrition. Balkema, Rotterdam

Keegan, B.F., O'Connor, B.D.S. (eds.) (1986): Echinodermata. Balkema, Rotterdam

Lawrence, J. (1987): A functional biology of echinoderms. Croom Helm, London, Sydney

Nichols, D. (1969): Echinoderms. Hutchinson, London

Paul, C.R.C., Smith, A.B. (1984): The early radiation and phylogeny of echinoderms. Biol. Rev. 59: 443–481

Paul, C.R.C., Smith, A.B. (eds.) (1988): Echinoderm phylogeny and evolutionary biology. Clarendon, Oxford

Pearse, J.S., Cameron, R.A. (1991): Echinodermata: Echinoidea. In: Giese, A.C., Pearse, J.S., Pearse, V.B. (eds.): Reproduction of marine invertebrates. 4. Echinoderms and lophophorates. Boxwood Press, Pacific Grove: 513–662

Rowe, F.W.E., Anderson, D.T., Helay, J.M. (1991): Echinodermata: Crinoidea. In: Giese, A.C., Pearse, J.S., Pearse, V.B. (eds.): Reproduction of marine invertebrates. 4. Echinoderms and lophophorates. Boxwood Press, Pacific Grove. 247–299

Rowe, F.W.E., Healy, J.M., Anderson, D.T. (1994): Concentricycloidea. In: Harrison, F.W., Chia, F.S. (eds.): Microscopic anatomy of invertebrates. Vol. 14. Wiley, New York:. 149–167

Smiley, S. (1994): Holothuroidea. In: Harrison, F.W., Chia, F.S. (eds.): Microscopic anatomy of invertebrates. Vol. 14. Wiley, New York: 401–471

Smiley, S., McEuen, F.S., Chaffee, C., Krishnan, S. (1991): Echinodermata: Holothuroidea. In: Giese, A.C., Pearse, J.S., Pearse, V.B. (eds.): Reproduction of marine invertebrates. 4. Echinoderms and lophophorates. Boxwood Press, Pacific Grove:. 664–750

Strenger, A. (1973): *Sphaerechinus granularis*. Violetter Seeigel. In: Siewing, R. (Hrsg.): Großes Zoologisches Praktikum, Bd. 18e. Gustav Fischer, Stuttgart

Smith, A.B. (1984): Classification of the Echinodermata. Palaeontol. 27: 431–459

Yanagisawa, T., Yasumasu, I., Oguro, C., Suzuki, N., Motokawa, T. (eds.) (1991): Biology of Echinodermata. Balkema, Rotterdam

Tunicata

Alldredge, A.L. (1976): Appendicularians. Sci. Amer. 235: 94–102

Alldredge, A.L., Madin, P.M. (1982): Pelagic tunicates: Unique herbivores in the marine plankton. BioScience 32: 655–663

Berill, N.J. (1950c): The Tunicata with an account of the British species. Quaritch, London

Berill, N.J. (1975): Chordata: Tunicata. In: Giese, A.C., Pearse, J.S. (eds.): Reproduction of marine invertebrates. 2. Entoprocts and lesser coelomates. Acad. Press, New York. pp. 241–282

Cloney, R.A. (1990): Urochordata – Ascidiacea. In: Adiyodi, K.G., Adiyodi, R.G. (eds.): Reproductive biology of invertebrates. 4,B: Fertilization, development and parental care. Wiley New York. 391–451

Galt, C.P., Fenaux, R. (1990): Urochordata – Larvacea. In: Adiyodi, K.G., Adiyodi, R.G. (eds.): Reproductive biology of invertebrates. Vol. 4/B: Fertilization, development and parental care. Wiley New York. pp. 471–500

Godeaux, J.E.A. (1990): Urochordata – Thaliacea. In:

Adiyodi, K.G., Adiyodi, R.G. (eds.): Reproductive biology of invertebrates. Vol. 4/B: Fertilization, development and parental care. Wiley, New York. 453–469

Goodbody, I. (1974): The physiology of ascidians. Adv. Mar. Biol. 12: 1–149

Millar, R.H. (1971): The biology of ascidians. Adv. mar. Biol. 9: 1–100

Monniot, C., Monniot, F. (1972): Clé mondiale des genres d'ascidies. Arch. Zool. exp. gen. 113: 311–367

Strenger, A. (1965): Tunicata – Manteltiere. In: Handbuch der Biologie, hrsg. von Bertalanffy, L.v., Gessner, F. Band 6/2, Das Tier. Athenaion, Konstanz. 439–477

Welsch, U. (1984): Urochordata. In: Bereiter-Hahn, J., Matoltsy, A.G., Richards, K.S. (eds.): Biology of the integument. Vol. 1, Invertebrates. Springer, Heidelberg. 800–816.

Acrania

Bereiter-Hahn, J. (1984): Cephalochordata. In: Bereiter-Hahn, J., Matoltsy, A.G., Richards, K.S. (eds.): Biology of the integument. Vol. 1, Invertebrates. Springer, Heidelberg. 817–825

Conklin, E.C. (1932): The embryology of *Amphioxus*. J. Morph. 54: 69–119

Flood, P.R. (1975): Fine structure of the notochord of *Amphioxus*. Symp. Zool. Soc. Lond. 36: 81–104

Franz, V. (1927): Morphologie der Akranier. Erg. Anat. Entwicklungsgesch. 27: 396–692

Rähr, H. (1981): The ultrastructure of the blood vessels of *Branchiostoma lanceolatum* (Pallas) (Cephalochordata). I. Relations between blood vessels, epithelia, basal laminae, and „connective tissue". Zoomorph. 97: 53–74

Strenger, A. (1965): Acrania (Leptocardia). In: Handbuch der Biologie, hrsg. von Bertalanffy, L.v., Gessner, F. (Hrsg.), Band 6/2, Das Tier. Athenaion, Konstanz. 478–494

Welsch, U. (1975): The fine structure of the pharynx, cyrtopodocytes and digestive caecum of Amphioxus (*Branchiostoma lanceolatum*). Symp. Zool. Soc. Lond. 36: 17–41

Willey, A. (1891): The later larval development of *Amphioxus*. Quart. J. Micr. Sci. 32: 183–234

Register

Kursive Seitenzahlen verweisen auf Fachwörter oder Taxa, die in Abbildungen oder Tabellen stehen. Fette Seitenzahlen verweisen auf ausführlichere Beschreibungen der Fachwörter oder Taxa.

Abdomen 435
–, Crustacea 502
–, Insecta 604, 608
Acalyptratae 679
Acanthamoeba 62
Acantharea 67
Acanthaster 805, 812
Acanthella 727
Acanthobdella 397, 405, 406
Acanthobdellida 362, 396, 399, **408**
Acanthobonellia 348
Acanthocardia 320
Acanthocephala 683, 723
Acanthocephalus 728
Acanthochitonida 289
Acanthocolla 67
Acanthocorydalus 659
Acanthocystis 69
Acantholeberis 522, 525
Acantholithium 67
Acanthor 727
Acarapis 494
Acari 450, 457, **489**
Acaridida 495
Acariformes 493
Acarina 489
Acarpomyxea 63
Acartia 536
Acarus 495
Acaste 446, 447
Acephala 319
Acercaria 601, 646
Acerentomon 625
Acetabula 251
Achaeta 396, 400, 401
Achatina 306
Acherontia 443, 674
Acheta 644
Achipteria 493
Acholades 230
Acicula 356
Acineta 56
Acipenser 250
Acochlidiacea 307
Acoela 210, 215, 221, **224**
acoelomater Bau 197, 199, 214
Acoelomorpha 217, *221*
Aconchulinida 64
Acontien 162
Acrania 855
Acrasea 31, 76
Acrasis 31, 32
Acridoida 645
Acritarch 77
Acroloxus 305
Acron 413, 436
Acropora 161
Acrorhagen 162

Acrothoracica 549
Acteon 307
Actin 5, 133
Actinedida 493
Actinia 147, 152, 162
Actiniaria 156, *157*, 162
Actinoceratoida 316
Actinophryida 69
Actinophrys 15, 69
Actinopodea 66
Actinosphaerium 3, 15, 69
Actinotrichida 493
Actinotrocha 739, *741*
Actinula 153
Aculeata 668
Aculifera 283, 284
Adalia 665
Adamsia 162
Adeleida 44
Adelges 653
Adenophorea 707
Adephaga 663
adipokinetic hormone (AKH) 500
Aedes 46, 614
Aedoeagus 614, *616*
Aega 581
Aegidae 581
Aeolidia 309
Aeolosoma 364, 383
Aeolosomatida 362, 383
Aeolosomatidae 364
Aeolothrips 650
Aequorea 174
Aeshna 634
Aeshnidae 634
Aesthetasken 442, 505, 515
Aetea 748
Africatenula 220
Agamogonie 13
Agathiphaga 672
Agelas 98, 106, 118
Agelasida 117
Agelena 480
Agenioideus 669
Aggregata 46
Aggregationskolonien 76
Aglais 674
Aglantha 179
Aglaura 179
Aglossata 672
Agnathiella 264
Agnathobathynella 498
Agnostus 448
Agriolimacidae 306
Agromyzidae 680
Aiptasia 147, 152, *153*
Akera 296
AKH, adipokinetic hormone 500

Akrosom 88, 142, 218
Aktedrilus 356
Alatae *654*
Alaurina 223
Alciopidae 378
Alcyonaria 158
Alcyonidium 748
Alcyonium 158
Aleyrodes 655, 656
Aleyrodoidea 653, 655
Allogastropoda 304
Allogromia 4, 66
Allolobophora 403
Allometabolie 656
Allopauropus 594
Allostoma 228
Alveolata 39
Alveolen 5, 40, 48, 49, 233
Alvinella 381, *387*
Amaurobius 460, 480
Amblycera 648
Amblypygi 450, *456*, 468
Ambulacralplatte *806*, 819
Ambulacralsystem 788, 790, 822, 829
Ameisen 668
amiktische Weibchen 719
Amme *850*
Ammonicera 79
Ammonoida 316, *317*
Ammophila 669
Amnion 616
Amnionhöhle 626, 627
Amöben 18, 30
Amöbenruhr 62
Amöboidkeim 72
Amoeba 4, 12, 62
Amoebocyten 104
Amoebophrya 125
Amoebozoa 62
Amoebula 19
Ampedus 664
Amphibiocorisa 657
Amphiblastula 97, *111*, 112
Amphicoryna 66
Amphiden 696
Amphidisk *112*
Amphiesmata 39
Amphiesmenoptera 601, 670
Amphilina 232, 248, 250
Amphilinidea 247, 250
Amphinomida 378
Amphionidacea 560
Amphionides 560
Amphioxus 837, 855
Amphipholis 818
Amphipoda 572
Amphipoden 728

Amphiporus 274
Amphisbaena 533
Amphiura 815, 818
amphoterische Weibchen 720
Amylostereum 705
Anabiose 719
Anactinotrichida 492
Anaitides 363, 378
Analadern 603, 629
Analfächer 638
Analschläuche 346
Anamerie 509
Anamorphose 90
Anasca 748
Anaspidacea 502, 556
Anaspidea 308
Anaspides 504, 556
Anastomosen, Tracheen 611, 858
Anax 634
Ancestrula 746
Ancylostoma 702, 709
Ancylus 305
Androctonus 463
androgene Drüse 508, 566
Anechura 638
Anemonia 152, 162
Anguillicola 710
Anhydrobiose 432
Anisogametie 15
Anisonema 27
Anisopodidae 677
Anisoptera 633
Anisozygoptera 634
Annelida 87, 141, 192, 199, 207, 350, **353**, 365
Annulonemertes 265
Anobium 665
Anodonta 280, 320, 325, **327**, 494
Anodontites 325, 327
Anomalocaris 419
Anomalodesmata 328
Anomma 668
Anomopoda 521
Anomura 568
Anopheles 46, 677, 702
Anopla 273
Anoplura 648
Anostraca 351, 504, 509, **516**
Anseropoda 805, 812
Antarctomysis 571
Antarctoperlaria 636
Antedon 383, 781
Antennata 418, 582
Antennen
–, Arthropoda 413, 503, 582
–, Polychaeta 366
Antennendrüse 417, 507
Antennenherz 416
Antennennephridien 417, 564
Anthocharis 674
Anthomedusae 176
Anthonomus 617
Anthophoridae 669
Anthozoa 135, 146, 154, **155**
Anthrenus 665
Anthuridea 580
Antipatharia 156, 163

Antipathes 163
Antizoëa 555
Antliophora 601, 674
Antrobathynella 556
Aorta dorsalis 859
Aorta ventralis 859
Aortenwurzel 859
Apendopinacocyten 96, 100
Aphasmidia 707
Aphelocheirus 657
Aphidina 653
Aphidomorpha 653
Aphis 653
Aphodus 101
Aphrodita 344, 378
Apicomplexa 42
Apidae 668, 669
apikaler Zell-Zell-Verbindungskomplex 84
Apikalkomplex 42
Apion 616
Apis 605, 607, 617, 630, **669**, 672, 680
Aplacophora 283, 285
Aplidium 844
Aplousobranchiata 848
Aplysia 280, 282, 308
Aplysilla 106
Aplysina 119
Apochela 434
Apocrita 667
Apodem 596, 412
Apodida 834
Apolyse 412
Apopyl 100
Aporrectodea 403
Aporrhais 303, 303
Apostomatia 59
Appendicularia 853
Appositionsaugen 441
Apseudes 577
Apseudomorpha 577
Apterygota 601, 619
Apulmonata 450, 462
Apygophora 549
Aquarius 657
Arachnactis 153, 154
Arachnida 437, 450, **455**
Arachnosphaera 69
Araneae 450, 456, **469**, 481
Araneomorphae 479, 481
Araneus 474, 478, 481
Arbacia 825
Arca 323, 326
Arcella 63, 64
Archaedictyon 629, 631
Archaeoconularia 168
Archaeocyatha 114, 115
Archaeocyten 96, 102, 104, 105, 112
Archaeogastropoda 281, 298, 302
Archaeognatha 601, 626
Archaeopulmonata 305
Archamoebaea 18, 20
Archaphanostoma 219
Archaster 793, 811
Archezoa 3, 18
Archiacanthocephala 728

Archiannelida 377
Archicerebrum 414, 436
Archicoelomata 739
Archidoris 309
Archimerie 737
Archiperlaria 636
Architectonica 304
Architeuthis 79, 276, 318
Architomie 220, 364, 403
Archoophora 218
Archostemata 663
Arctia 673
Area copulatrix 409
Arenicola 208, 350, 359, 360, 369, 381
Arenicolidae 367
Argas 493
Argiope 481
Argonauta 318
Argulus 531
Argyroneta 455, 480
Arion 306
Arista 678, 679
Arixenia 639
Arixenina 639
Armadillidium 580
Armfüßer 750
Armklappe 750
Armplatte 813
Arolium 436, 649
Arrenurus 494
Artemia 518
Artenzahlen 75
Arthrobranchie 565
Arthropleurida 582
Arthropoda 207, 350, 352, **411**, 713
Arthropodin 411
Arthropodisation 435
Arthrotardigrada 433
Articulamentum 288
Articulata 205, 207, **350**, 352
–, Brachiopoda 753
–, Sprossungszone 350, 353
–, Wachstumszone 350, 353
Artioposthia 228
Ascalaphus 661
Ascaridida 709
Ascaris 692, 697, 702, 709
Ascetospora 70
Aschelminthes 682
Aschiza 679
Ascidiacea 844
Ascidiella 848
Ascon-Typ 101
Ascophora 749
Ascorhynchus 496
Ascothoracida 544
Ascothorax 545
Ascus 744, 745
Asellota 579
Asellus 580, 728
asexuelle Stammzellen 77
Asilomorpha 679
Asilus 679
Aspidiophorus 691
Aspidisca 53
Aspidobothrii 221, 233, 233

Aspidochirotida 833
Aspidogaster 233, 234
Aspidoproxus 654
Aspidosiphon 336
Asplanchna 714, 720, 722
Asseln 577
Asselspinnen 495
Astacopsis 568
Astacura 568
Astacus 568
Astenosoma 825
Asterias 790, 808, 810, 812
Asterina 809, 811
Asteroida 799, 804
Asterodiapsis 655
Ästheten 280, 288
Astomatia 59
Astomocniden 148, 149
Astroboa 817
Astrochlamys 817
Astroides 161
Astropecten 793, 811
Astrophorida 116
Astrophytum 817
Astropyle 69
Asymmetron 862
Atelocerata 582
Atelura 627
Atemkammer 793
Atentaculata 186
Athalamea 64
Athecanephria 395
Athecata 152, 154, 174, **176**
Atlasjapyx 620
Atinophrys 4
Atlanta 303
Atrax 479
Atremata 753
Atrioposthia 230
Atrium 101, *102*
Attacidae 673
Atubaria 776
Atypus 479
Auchenorrhyncha 651, 652
Augenhügel 486, 496
Augenstiel *506*
Aulacantha 69
Aulonia 480
Aulophora 377, 381
Aurelia 152, 169, 170
Auricularia 797, 831
Auricularia-Hypothese 836
Aurikeln 280, 299
Ausstromsipho 841
Austern 326
Austramphilina 250
Austrochiloidea *481*
Austrognatharia 261
Austrognathia 264
Austroperipatus 425
Autogamie 15, 69, 72
Autographa 673
Autolytus 375
Autotomie 486, 780, 816
Autozooide 180, 746
Avicularien 746
Avitellina 252

Ax, Peter 263
Axialfilament 106
Axialorgan 792
Axialzelle 125
Axinella 163
Axoblast 125, *126*
Axocoel 785, 789, 821
Axonem *5, 6*
Axonobranchia 395
Axoplast 66
Axopodien 4, 67, 69
Axostyl 4, 7, *24*
Axostylata 23
Aysheaia 428

Babesia 48
Bacillus 646
Bacteriospongien 103
Badeschwamm 119
Baetidae 632
Baicalobathynella 556
Bakteriocyte *389, 390*
Balanoglossus 763, 772
Balanophyllia 161
Balantidium 55
Balanus 302, 546, 549
Banddesmosom 83, 84, *122*, 125
Bandwürmer 247, 248, 255
Barbulanympha 15, 25
Barentsia 343
Barnea 327
Bärtierchen 429
Basalarmuskeln 629
basale Matrix 80, 81, **83**, 86, 131,
    139, 140, *210*
Basalia 802
Basalkörper *6, 7*, 86
Basallamina 80, 81, **83**, 140
Basalmembran 140
Basalplatte 262
Basalskelett 106, 109
Basalzellsystem 265
Baseodiscus 265
Basibranchia 395
Basilia 680
Basommatophora 305
Basopinacocyten 100
Bateson, William 763
Bathymodiolus 387
Bathynellacea 502, 555
Bathynomus 581
Bathypectinura 815
Bathyporeia 574
Batillipes 433
Bauchmark *192*, 421
Bdellasimilis 229
Bdelloida 721
Bdellonemertini 269, 275
Bdellura 215, 223, 229
Becherquallen 168
Befruchtung 91, 203
Belemnitida *312*, 316
Benthogone 834
Beorn 434
Beroë 187
Beroida 186
Berthelinia 294, 308

Besamung 203
Bettwanze 657
Bibio 676
Bibionomorpha 676
Bicosoeca 39
Bicosoecidea 39
Bienenruhr 20
Bilateria 75, *132*, 189
Bilharzia 235
Bilharziose 242
Biliphyta 17, 26
Bindegewebe 83
Biolumineszenz 41, 159, 175, 186,
    311, 530
Biomphalaria 242, 305
Bipalium 210, 228
Bipinnaria 797, 809
Bivalvia *281*, *283*, **319**
Bivium 829
Blasenauge 297, 421
Blasengewebe *757*
Blastocoel 91, 92, 195
Blastomeren-Anarchie 92, 229
Blastoporus 92, 189, **755**, *809*
Blastostyl 174
Blastozooid 850
Blastula 91
Blatta 641
Blattbeine 504, **517**, 520, *523*
Blattella 641
Blattflöhe 655
Blattläuse 653
Blattoptera *601*, 640
Blattodea *601*, 640
Blattopteriformia *601*, 637, 638
Blattopteroida *601*, 639
Blaue Korallen 158
Blephariceromorpha 676
Blumentiere 155
Blutgefäßsystem 200
Bodo 27, 28
Bodonea 28
Bohadschia 833
Bohrmuscheln *321*
Bohrschwamm 117
Bojanussches Organ 324
Bolinopsis 186
Bombus 630, 669
Bombycoidea 673
Bombycol 673
Bombylius 679
Bombyx 618, 673
Bonellia 203, 347, 348
Bonellin 346
Bopyridae 581
Boreocelis 228
Boreus 675
Borsten 345, 355, 386, 405, *408*
Borstenwürmer 366
Bosmina 526
Bostrychoidea 665
Bothridien 251
Bothrien 251
Bothriomolus 213
Bothrosom 38

Botrylloides 849
Botryllus 845, 848, 849
Botryoidgewebe 359, *405*
Bougainvillia 174, 176
Bourgueticrinida 804
Boveri, Theodor 700
Bowerbankia 748
Brachialganglien 313
Brachidium 751, 752
Brachiella 542
Brachiolaria *87*, 797, 809
Brachionus 714, 722
Brachiopoda 750
Brachycera 678
Brachydesmus 598
Brachyiulus 595
Brachyptera 636
Brachyura *510*, 568
Bradyzoiten 46
Branchellion 406, 409
Branchinecta 509
Branchiobdella 403
Branchiobdellida 396, 400, 403
Branchiopoda *512*, 513
Branchiostegit *508*, 566
Branchiostoma 855, 857, 862
Branchiotremata 763
Branchipus 518
Branchiura 531
Brania 379
Braula 680
Brasilozoros 646
Braunalgen 34
Bredocaris 501, 513
Brevetoxin 41
Brisingida 812
Brissaster 827
Brissopsis 826
Bryozoa 743
Buccalganglion *281*, 296
Buccalregion 353
Buccinum 296, 304, 568
Buchkiemen 449, *453*, 454, *460*
Bugula 749
Bulimus 241
Bulinus 242
Buliphyta 9
Bullomorpha 307
Buprestoidea 664
Burgess-Shale *78, 351, 353, 419, 428, 448*
Bursa 263
Bursa copulatrix 218, 300, 615
Bursalorgan *212*
Bursaria 59
Bursovaginoida 264
Büscheltracheen *422*
Busycon 227, *304*
Buthus 466
Bütschli, Otto 18, 51, 124
Byrrhoidea 664
Byrrhus 664
Byssus 326
Byssusdrüsen 320

Cacopsylla 653
Cadulus 329

Caecilius 647
Caeca, Insecta 611
Caelifera *601*, 644
Caeliferoida *601*, 642
Caenis 632
Caenorhabditis 79, 80, 692, 697, 699
Calamistrum 473
Calanoida *536*, 540
Calanus 540
Calcarea *114*, 115
Calcichordaten-Hypothese 837
Calcit 750
Calciumphosphat 750
Calliactis 162, 568
Callianassa 580
Callinectes 562, 568
Calliphoridae 680
Calliptamus 645
Callopora 749
Callyspongia 118
Calonympha 25
Calopteryx 633
Calvariosoma 825
Calyconula 181
Calycophorida 181
Calyptogena 387
Calyptratae 680
Camallanida 704, 710
Camarostom 466, 490
Campanulariidae 174
Campanulina 174
Campodea 621
Canadia 353
Canalis gynaecophorus *242*
Canalis neurentericus 835, 862
Cancer 563, 568
cancroide Decapoden 562
Candona 530
Cantharidin 603
Cantharis 664
Cantharoidea 664
Canthocamptidae 536
Canthocamptus 540
Capitella 381
Capitellida 381
Capitellidae 363
Capitulum 490
Caprella 574
Captacula 329
Caput 604
Carabus 610, 663
Carapax *503, 510*, 520, 522, *523*
Carapaxhöhle 417
Carausius 646
Carchesium 58
Carcinonemertes 274
Carcinoscorpius 455
Carcinus 506, 549, 569
Cardia, Crustacea 506
Cardinalvene *859*
Cardo 606, 607
Caridea 567
Caridoiden 562
Carina 546
Carinoma 274
Carpus 437
Carychium 305

Caryophyllia 161
Caryophyllida 255, *256*
Cassiopeia 171
Catenula 225
Catenulida *216, 221*
Cateria 732
Caudalaorta *859*
Caudalschild 331
Caudalvene *859*
Caudofoveata *279, 283*, 285
Cavolinidae 308
Cavostelium 32
Caymanostella 811
CCAP, crustacean cardioactive peptide 500
Cecidomyiidae 676
cell web 89
Cellularia *114*, 115
Cellulose 141, 838
Celluloseplatten 40
Cenocrinus 802
Centriol 6, 86, 87
Centrohelida 69
Centroplast *70*
Centrostephanus 781, 825
Centruroides 463
Cepaea 306
Cepedea 36
Cephalaspidea 307
Cephalcia 667
Cephalisation 189, 354, 413
Cephalobaenida 533
Cephalocarida 437, *512*, 513
Cephalochordata 855
Cephalodiscus 776
Cephalofovea 423
Cephalon 413, 435
–, Crustacea 502
–, Trilobita 445
Cephalopharyngealskelett 679
Cephalopoda 279, *281*, 310
Cephalopodium 276, 310
Cephalothorax 435, 502, 562
Cephalothrix 274
Cerambycidae 665
Cerastoderma 320, 327
Cerata 307
Ceratium 41
Ceratocombus 657
Ceratodictyon 119
Ceratopogonidae 677
Ceratoporella 98, 118
Ceratophyllus 681
Ceraurus 447
Cercarie 235, 238
Cerci 592, 608, *634, 628*
Cercomer 243, 254
Cercomeromorpha *219, 221*, 243
Cercopidae 652
Cercopis 652
Cercopoidea 653
Cerebralorgan 271, 333
Cerebropleuralganglion 281, 323
Cereus 152
Ceriantharia 153, *154, 156*, 160
Cerianthus 160
Cerocoma 608

Cervicalia 628
Cestida 186
Cestoda *210, 221, 247*
Cestoida *233, 247, 251*
Cestus 186
Chactidae 466
Chaetoblast 355
Chaetoderma 286
Chaetogaster 400, *403*
Chaetognatha 757
Chaetonotida 691
Chaetonotus 687, 691
Chaetopterus 363, 380, 748
Chagas-Krankheit 656
Chaitophoridae 653
Chalcidoidea 601, *618*, 667
Chalcophora 664
Chalimus-Larve *539*, 540
Challengeron 69
Chamelea 321
Chamisso, Adalbert von 852
Chaos 62
Charinus 469
Charybdea 164, 166
Charybdeida 166
Cheilostomata *747*, 748
Cheiracanthium 471, 480
Cheiridium 484
Chelicerata *414*, *418*, 449
Cheliceren 449, *463*, 471, 479
Chelifer 484
Cheliforen 496
Chelipeden 576
Chelonethi 482
Cheloniellon 448
Chelophyes 181
Chelura 574, 581
Chernes 484
Cheyletidae 491
Cheyletus 494
Chiastoneurie 293
Chilaria 453
Chilodonella 55
Chilognatha 600
Chilomastix 22
Chilomonas 34
Chilopoda 437, *584, 585*
Chirocephalidae 518
Chirocephalus 504
Chirodropida 166
Chironex 166
Chironomus 416, 677
Chiropsalmus 166
Chiroteuthis 310
Chirothrips 650
Chitin 39, 82, 89, *140*, 141, *170*,
   279, 355, 386, **411**, 730, 737, 744,
   750
Chitobiose *411*
Chiton 289
Chladocrinus 800
Chlamydomonas 60
Chlamys 326
Chloragocyten 280, 332
Chloragog 389
Chloragoggewebe 359
Chlorocruorin 360

Chlorogonium 60
Chloromeson 38
Chlorophyll 33, 37, 60
Chlorophyta 9, 17, 60
Chloropidae 679
Chloroplasten 9
Choanocyten 61, *87*, 96, *103*
Choanoderm 98, **101**, *102, 105*
Choanoflagellata 61, 76, 93
Choanosom 115
Choanosomalskelett 108
Chondracanthus 540
Chonopeltis 531
Chonotrichia 55
Chorda dorsalis *137, 835*
Chordata 835, 836
Chordazellen 835
Chordeuma 600
Chordotonalorgan 442, *643*, 657
Chorion *595, 616, 626*
Choristida 116
Chorthippus 645
Chromadora 708
Chromadorida 708
Chromadorita 698, 708
Chromatindiminution 700
Chromatophoren 34, 564
Chromatophororgan 310
Chromista 33
Chrysamoeba 37
Chrysaora 152, 170
Chrysarachnion 37
Chrysis 668
Chrysochromulina 34
Chrysolaminarin 37
Chrysomelidae 665
Chrysomeloidea 665
Chrysomonadea 7, 9, 36
Chrysomonadida 37
Chrysopa 617
Chrysoperla 661
Chrysophyta 78
Chrysopidae 661
Chthamalus 549
Chthonius 484
Chydorus 521, 525
Cibarium *609*
Cicadetta 652
Cicadella 652
Cicadoidea 652
Cicadomorpha 652
Cidaris 825
Cidaroida 825
Ciliaten 54
Cilien *5, 8,* **86**
–, Ruderschlag 86
–, Spermien 88
Cilienschlag, metachroner 7
Ciliocincta 128
Ciliophora *14,* 49
Ciliophryida 69
Ciliophrys 69
Cimbex 667
Cimex 658
Cimicomorpha 657
Cinara 653

Cincliden 162
Cingulum 40, 716
Ciocalypta 118
Ciona 844, 845, 848
Cirolanidae 581
Cirratulida 380
Cirripedia 207, 505, 545
Cirrodrilus 403
Cixius 652
Cladocera 207, 501, 505, **511**, 516
Cladocora 161
Cladonema 177
Clark, Robert B. 350
Clathria 100
Clathrina 101, 115
Clathrulina 69
Clausilia 306
Clausilium 306
Clausognathia 264
Clava 176
Clava *491*
Clavagellidae 328
Clavelina 848
Clavellinidae 844
Clavulae 820
Clavularia 158
Clavus 650
Cleridae 665
Cleroidea 665
Cliona 117
Clione 308
Clitellata 358, 364, *365,* **396,** 399
Clitellum 396, **397,** 399, *402,* 404
Cloëon 631, 632
Clonorchis 238, 241
Clothoda 636
Clubionidae 480
Clymenella 363
Clypeaster 826
Clypeasteroida 826
Clypeus *586, 605*
Clytia 174
Cnidaria *132, 141,* 145
Cniden 148
Cnidocil 148, *149*
Cnidocysten 148
Cnidocyten 148
Cnidom 148
Cnidospora 71
Coccidea 44
Coccidiose 46
Coccina 654
Coccinellidae 665
Coccolithen 33
Cochliopodium 63
Codonocladium 61
Codosiga 62
Coelenterata 75, *132,* 143
Coeloblastula 91, 112, 153
Coelom *133,* **195, 197,** 200
–, Taxa 268, *279,* 332, *346, 362, 390,*
   416, 682, 734, *739, 760, 770, 780,*
   824, 831, 836
–, oligomeres 197
–, polymeres 198
coelomater Bau 197, *199*
Coelomodukt *204*

Coelomsäcke 359, 390
Coeloplana 184, 186
Coeloplana-Theorie 185
Coelotes 478, 480
Coelothel 133, 197, 351, 359
Coelotrophiida 44
Coenagrion 633
Coenenchym 147
Coenoecien 773
Coenosark 147, 177
Coenosteum 177
Cognettia 401
Colacium 27
Coleoida 314, 317
Coleoptera 601, 662
Coleopteroida 601, 662
Coleorrhyncha 601, 658
Coleps 49, 54
collar bodies 101
Collarrezeptoren 86, 139, 213
Collembola 601, 621
Collencyten 105
Colloblasten 183
Collossendeis 497
Collotheca 714, 716, 722
Collum 596
Colobocentrotus 826
Colobognatha 600
Coloniales 343
Colpoda 60
Colpodea 59
Colulus 473
Columbicola 647
Columellarmuskel 295
Comanthina 778, 800
Comatilia 800, 803
Comatulida 804
Comesomatidae 709
Concentricycloida 799, 811, 812
Conchifera 283, 289
Conchin 289
Conchostraca 501, 511, 516
Condylognatha 601, 647, 649
Conocephalus 643
Conochilus 719
Conocyema 126
Conoid 42
Conophoralia 264
Conoteuthis 312
Conularia 168
Conulata 154, 168
Conuli 262
Conus 296, 299, 304
Convoluta 224
Convoluta roscoffensis 61
Convolutriloba 220, 224
Copepoda 505, 535, 704
Copepodid 509, 539, 540
Coracidium 248, 254
Corallimorpharia 160
Corallium 147, 158, 161
Corallomyxa 64
Cordulegaster 634
Cordylophora 176
Coremata 673
Corixa 657
Corixoidea 657

Cormidien 181
Cornea 439
Corneagenzellen 439
Cornularia 158
Cornuta 837
Corona 168
Corona ciliata 758
Coronata 168
Coronula 549
Coronympha 25
Corophium 574
Corpora allata 413, 414, 608, 619
Corpora cardiaca 414, 500, 608, 619
Corpora pedunculata 415, 458
Cortex 31, 42, 48, 49, 67
Corticalplasma 10, 49
Corvospongilla 99
Corymorpha 176
Corynactis 160
Coryne 176
Corynexochida 447
Coscinocera 671
Cossura 380
Cossurida 380
Costa
–, Einzeller 25, 61
–, Insecta 603, 628
Cothurnia 58
Cothurnocystis 837
Cotylocidium 234
Coxa 437, 503, 603
Coxalbläschen 621, 625
Coxaldrüsen 417, 449, 454, 457
Coxalendite 456
Coxalorgan 587
Coxalsäckchen 592
Crangon 568
Craspedacusta 152, 177
Craspedosoma 598
Crassostrea 323, 326
Craterolophus 147, 169
Craterostigmomorpha 590
Craterostigmus 587, 590
Creatonotos 673
Cremaster 672
Crenobia 229
Crepidula 303, 326
Creseis 308
Cribellata 472
Cribellum 469, 473, 479
Crinoida 789, 799, 799, 802
Crisia 745, 747
Cristatella 746, 747
Crithidia 28
Crossaster 805, 811
Crustacea 414, 418, 437, 501
crustacean cardioactive peptide
    (CCAP) 500
Crustecdyson 413
Cryobiose 432
Cryptobia 28
Cryptocellus 489
Cryptocerata 657
Cryptocercus 640
Cryptochiton 289
Cryptocysten 744
Cryptomedusoid 172

Cryptomonada 6, 7, 9, 34
Cryptomonas 34
Cryptonephridium 660
Cryptopleurie 642, 662
Cryptops 591
Ctenidae 480
Ctenidien 278, 299, 312, 322, 323
–, Siphonaptera 681
Cteniza 479
Ctenocephalides 681
Ctenodrilidae 364
Ctenodrilus 380
Ctenophora 132, 182
Ctenoplana 184, 186
Ctenopoda 520
Ctenostomata 748
Cubitus 603, 629
Cubozoa 146, 154, 163
Cucujoidea 665
Cucullus 488
Cucumaria 833
Culcita 805, 812
Culeolus 844
Culex 46, 677, 704
Culicoides 677
Culicomorpha 677
Cultellidae 327
Cumacea 575
Cunina 179
Cupelopagis 714, 722
Cupes 663
Cupiennius 460
Curculio 665
Curculionoidea 665
Cuspidaria 328
Cuticula 81, 89, 139, 140, 140, 141,
    142, 354, 386, 411, 429, 685, 693,
    711, 730, 733, 780
Cuticulinschicht 411
Cutis 265
Cuviersche Schläuche 830
Cyamus 574
Cyanea 169
Cyathoid 849
Cyathura 581
Cyclestheria 519
Cycloclypeus 3
Cyclomyaria 850
Cyclophyllidea 256, 256
Cyclopidae 536
Cyclopoida 537, 542
Cyclops 542
Cyclorhagida 731
Cyclorrhapha 679
Cyclosalpa 842
Cyclostomata 747
Cydippe 184, 185
Cydippida 185
Cydnus 618
Cylindroiulus 596
Cylindroryctes 645
Cymothoida 581
Cymothoidae 581
Cynipidae 667
Cynips 667
Cyphoderia 4
Cyphon 664

Cyphonautes 739, 746
Cyphopalpatores 487
Cyphophthalmi 487
Cypraea 303
Cypridina 530
Cypridopsis 530
Cypris-Larve 545, *550*
Cypris-Stadium 548
Cyrtocrinida 804
Cyrtocyte 88, 202, *216*
Cyrtophora 55
Cyrtopodocyte *860*
Cyrtos 55
Cyrtosoma *283*, 290
Cystacanthus 727
Cysten 62, 64, 68, 241, 255, 432
Cysticercoid 254
Cysticercus 254, 257
Cystid 743
Cystonectida 180
Cytophor *43*, 371, 392
Cytoproct 11, *48*
Cytopyge 11, 50, *57*
Cytoskelett 89
Cytostom 10, *48*, 57

Dactylochelifer 484
Dactylochirotida 833
Dactylogyrus 243, 246
Dactylopodola 689, 691
Dactylozooide 177, 180
Dactylus 436, *437*, 554
Daesiidae 485
Dahlella 552
Dalyellia 230
Dalyellioida *217*, 230
Dalyellioidea *233*
Daphnia 416, 523, **524**, 525
Darmblutlakune *360*
Darmparasit 723
Darmtrichine 708
Darwin, Charles 161, 402, 545
Dasydytidae 691
Dasyhelea 614
Dasyhormus 225
Dauereier 229, 521, 690, 720
Dauerknospen 112, 747
Dauerlarve 702, 709
Decabrachia 317
Decapauropus 595
Decapoda *505*, *508*, **561**, 709
Deinopis 472, 481
Deiriden 696
Dekrement 134
Deladenus 683, *701*, 710
Delphacidae *651*, 652
Demodex 490, 494
Demospongiae 98, *114*, 116
Dendrobranchiata 567
Dendrobranchie 565
Dendrocephalus 517
Dendrochirotida 832
Dendrocoelum 228, 229
Dendrocometes 56
Dendrodoa 849
Dendronotus 309
Dentalium 118

Deoterthron 544
Dermacentor 493
Dermanyssus 493
Dermaptera *601*, 638
Dermatophagoides 495
Dermestoidea 665
Dermonephridien 201
Deroceras 306
Derocheilocaris 535
Desmodora 708
Desmomyaria 851
Desmonemen 149
Desmoscolecida 709
Desmoscolex 696, 709
Desmothoracida 69
Desorsche Larve 273
Determination 91
Deuterostomia *75*, 190, *194*, 204, 394, **755**
Deuterostomie 189, *755*
Deutocerebrum **413**, *414*, 436, 608
Deutomerit 44
Deutometameren 350
Deutonymphe 492
Devonia 320
Devonobius 590
Diadema 825, 826
Diadematoida 825
Diademseeigel 818
Diaphragma 485
–, Arachnida 456, *464*
–, Insecta *417*, 613
Diaptomidae 536
Diasoma *283*, 319
Diastylis 575
Diatomeen 34
Diatoxanthin 33
Dichogaster 401
Dicondylia *601*, 626
Dicoryne 776
Dicrocheles 493
Dicrocoelium 236, 239, *240*
Dicrostichus 474
Dictyocha 37
Dictyosomen 17, 25
Dictyostela 31
Dictyostelium 32
Dicyema 126
Dicyemidae 125
Dicyrtoma 624
Dicyrtomina 623
Didemnidae 845, *846*
Didemnum 848
Didinium 10, 54
Didymium 32
Didymocentrus 465
Dientamoeba 25
Difflugia 63
Digenea *210*, *221*, *233*, **234**
Dignatha *584*, 593
Dignathodontidae 591
Digononta 720
Dikinetide *48*, 49, 51
Dileptus 54
Dilta 626
Dimastigota *18*, 21
Dinobryon 36, 37

Dinoflagellata 7, 40, 324
Dinokaryon 41
Dinophilus 79, 353, 356, *377*, 380
Dionycha 480
Diotocardia 292
Diphyllobothrium 247, 248, **255**, 536
Dipleurula 194, 797
diploblastische Eumetazoa 131
Diplogasteria 709
Diplogasterida 710
Diplomonadea *18*, 22
Diplomonadida 23
Diplopoda *584*, 595
Diploria 161
Diplosegment 595
Diplosom 21
Diplosoma 844, 845
Diplotergite 596
Diplozoon 244, 245, 247
Diplura *601*, 620
Dipluridae 479
Diporpa 247
Diprioidea 617
Diprion 667
Dipsocoridae 657
Dipsocoromorpha 657
Diptera *601*, 675
Dipteropeltis 531
Dipylidium 251, 253, 254
Discinisca 753
Discocyrtus 488
Discomedusae 169
Diskoblastula 91
Dissepimente *354*, 359, *391*
Dissogonie 184
Distephanus 37
Disymmetrie 182
Ditrysia 673
Diurodrilida 380
Diurodrilus 3, 353, 380
Dodecaceria 364, 364, 380
Dodecolopoda 495
Dolichovespula 668
Doliolaria 797, 803, 831
Doliolida 850
Doliolum 851
Dolomedes 480
Dolops 531
Dolycoris 658
Donax 321
Doppelaugen 630
Doppelhäutung 578
Dörnchenkorallen 163
Dorsalaorta *860*
Dorsalblase 786
dorsale Nervenwurzeln 857
Dorsalorgan 593, *839*, 841
Dorsalschale *750*
Dorvilleidae 380
Dorylaimida 707
Dorylaimina 707
Dotter 89
Dotterstock 217
Draculiceria 690
Dracunculus 536, *702*, 704, 710
Draschia 703, 710
Dreissena 327

Drepanosiphum 654
Drosophila 604, 675, 679
Dryopoidea 664
Ductus Cuvieri 859
Duett-Spiralfurchung 220
Duftbein 605
Dugesia 214, 226, 229
Dysdera 476, 479
Dytiscus 663

Ecardines 753
Ecdysis 412
Ecdyson 413, 608
Ecdysteroide 510
Echinacea 825
Echinaster 808
Echiniscoides 433
Echiniscus 433
Echinocardium 819, 827
Echinococcus 251, 254, 255, **257**, 258
Echinocucumis 833
Echinocyamus 826
Echinoderes 732
Echinodermata 136, 383, 778
Echinoida 799, 818
Echinophthirius 648
Echinopluteus 797, 824
Echinorhynchus 725, 728
Echinostomatida 239
Echinostomatidae 238
Echinothuroida 825
Echinus 826
Echiura 207, 345
Echiurida 345
Echiuroinea 348
Echiurus 348
ECM, extrazelluläre Matrix 80, 82, 196
Ecribellata 472
Ectobius 641
Ectoedemia 673
Ectognatha 601, 619, 625
Ectoprocta 338, 342, 738, **743**
Ectotropha 625
Edelkoralle 158
Ediacara-Fauna 78
Edwardsia 147, 162
Edwardsiidae 156
Egel 404
Egestionsöffnung 321
Ehrenberg, Christian 3
Eichelskelett 766
Eichelwürmer 764
Eier, ekto-, endolecithale 89
Eimeria 45
Eimeriida 45
Eingeweidesack 276, 279
Eingeweidesack-Mantel-Komplex 292
Einsiedlerkrebse 563, 713
Einstromsipho 840
Eintagsfliegen 630
Einzeller, monadiale 35
Eisenia 403
Ejectisomen 34
Ektoderm 92, 132, *208*

ektolecithal 218
Ektomesenchym 132, 191, *208*
Ektoplasma 21, 67
Ektosomalskelett 108
Ektoteloblasten 399
Elasipodida 834
Elateroidea 664
Electra 746, 749
Eledone 319
Elenchus 666
Elephantiasis 704
Eleutherozoa 799
Ellesmerocerida 316
Ellipura 601, 621
Elminius 549
Elmis 664
Elpidia 834
Elysia 279
Elytren 638, 662
Embioptera 601, 636
Embolie 92
Embolus 477, *477*
Embryonalpharynx *484*
Empidoidea 679
Empis 679
Empodium 604, 625, 675
Empusidae 640
Emys 45
Encephalitozoon 20
Enchytraeida 401
Enchytraeidae *362*, 400
Enchytraeus 364, 401
Endite 504, *515*, 528
Endoceratoida 316
Endocuticula 412
Endocytose 10, 102, *103*
Endodyogenie 45
endogastrisches Gehäuse 311
Endopinacocyte 95, 100, *105*
Endoplasma 21, 67
Endopodit 437, 447, 503, *528*
Endoskelett, mesodermales 449, 452
Endosternit 470
Endostyl 835, 847, 862
Endosymbiontentheorie 17, 93
Endothel *199*
Enicocephalomorpha 656
Enoicyla 671
Enopla 274
Enoplida 707
Enoplolaimus 706
Ensifera 601, 643
Ensis 321, 327
Entamoeba 62
Entapophysen 412
Entelegynae 480, *481*
entelegyne Genitalien 476
Entenmuscheln 548
Enterobius 702, 709
Enterocoelie 190, **192**, 393, 739, 752
Enteromonadida 23
Enteromonas 23
Enteropneusta 764, 858
Entobdella 244
Entoconcha 303
Entoderm 92, 132, *208*
Entodinium 55

Entognatha 601, 619, 620
entolecithal 217
Entomesoderm 190
Entomobryomorpha 624
Entomostraca *512*
Entoprocta 337, 338, 342, 738
Entotropha 620
Eoacanthocephala 728
Eophacops 447
Eopterum 619
Eosentomon 625
Eoxenos 666
Epactophanes 540
Ephelota 56
Ephemerella 632
Ephemeroptera 601, 630
Ephippiger 644
Ephippium 525
Ephydatia 112, 119
Ephyra 167, *169*
Epibolie 92
Epibranchialrinne 858
Epicaridea 544
Epicuticula 411, 429, 693
Epidermis *133*, 143
Epigamie 372, *375*
Epigyne 477, 480
Epimeralplatten 572
Epimeren 572
Epimeria 573
Epimerie 510
Epimerit 44
Epimorpha 590
Epimorphose 90, 589
Epineuralkanal 822, 829
Epiophlebia 634
Epiperipatus 425, 426
Epipharynx 443, *605*
Epiphragma 306
Epiplasma 49
Epipodit 437, 438, 504, 507
Epiproct 614
Epistom 737, 740
Epistylis 58
Episyrphus 679
Epitheca 40
Epithel 83, 131
Epithelmuskelzellen 131, 148, 688, 698
Epitokie 372, 374
Epsilonema 708
Eremobates 485
Eremoneura 679
Eresus 480
Ergasilus 540, 541
Ergates 665
Eriocampa 667
Eriocheir 569
Eriocrania 673
Eriophyes 494
Eriophyoidea 494
Eristalis 679
Ernährung, lecitho-, planktotrophe 89
Erpobdella 397, 398, 406, 407, 410
Errantia 377
Ersatzgeschlechtstier 641

Erylus 116
Euanamorphose 599
Euarthropoda *193, 418*, 435
Eubilateria 222
Eucalanus 538
Eucarida 557
Euchaetomera 571
Eucchelicerata 450, 451
Eucidaris 825, 826
Eucopia 571
Eucyte 3
Eudendrium 176
Eudiaptomus 540
Eudorina 60
Eudoxie 181
Euechinoida 825
Euglena 27
Euglenata 26
Euglenidea 9, 26
Euglenozoa *7, 14, 26*
Euglypha 64
Euhirudinea *399, 408*
Euides 652
Eukalyptorhynchia 230
Eukaryota *16, 18*
-, einzellige 3
Eukoenenia 482
Eukrohnia 758, 762
Eulaemobothrion 648
Eulamellibranchien *322, 323*
Eumalacostraca *511, 553*
Eumedusoid 172
Eumetabola *601, 635, 646*
Eumetazoa 94, 131
-, diploblastische 143
-, triploblastische 189
Eumycetozoa 31
Eunice 353, 354, 358, **374**, *375,* 380
Eunicella 158
Eunicida 380
Eunicidae 362
Eupagurus 162, 379, 568
Euphausia 558
Euphausiacea *207, 557*
Euplectella 115
Euplotes 15, 49, 53
Euroleon 661
Euryalae 817
Eurylepta 228
Eurypterida 455
Eurythoë 378
Euscorpius 462, 466
Eutardigrada 433
Eutelie *682, 692, 714*
Euthyneurie 293
Evadne 526
Evisceration 831
Exite 503
Exkretionsorgane 201
Exocuticula 412
Exocytose 11
Exogone 378
Exopinacocyten *95,* 100, *105*
Exopinacoderm *131*
Exopodit *437, 438, 447, 503, 528*
Exoporia 672
Exoskelett 89, 140

Exsules *654*
Externa 551
extraintestinale Verdauung 423, 456
extrazelluläre Matrix (ECM) 80, 82, *196*
Extrusom *6,* 11, *36, 41, 50, 51, 66*
Exumbrella 146
Exuvie 413

Fabricia 382
Facelina 309
Facetotecta 501
Facettenauge *414,* **439,** *445, 452, 504*
Fächelantenne *608*
Fächerflügler 665
Fächerlunge *417, 460, 464, 466*
Fadenkieme 323
Fadenwürmer 692
Fahnenquallen 169
Fangbein *605,* 639
Fangmaske 633
Fannia 679
Fasciola 231, 236, **239,** *240*
Fasciolopsis 239
Fasermuskelzelle 135, *136*
Faserzelle 122
Favella 53
Favia 161
Fecampia 230
Fecampiida 230
Federlinge 648
Fehlwirt 46
Feldheuschrecken 645
Femur *437,* 603
Fettkörper *471,* 612
Feuerschwamm 118
Feuerwalzen 849
Fibronectin 80
Filamente, Cnidaria 144
Filarioidea 704
Filibranchien *322,* 323
Filinia 714
Filipalpia 636
Filistata 474
Filopodien 68
Filosea 64
Filospermoida 264
Filterapparat 800
-, Pterobranchia 775
-, Tunicata 843
Filtermagen 506, 552
Filtrationsapparat 741
Filtrationsnieren 201
Finne 254, 257
Fischbandwurm 255
Fischegel 409
Fissidentalium 329
Fissiparie *798,* 810
Flabelligera 380
Flabelligerida 380
Flabellum *454,* 507
Flagellata 18
-, heteromorphe 40
Flagellophora 224
Flagellum, Arachnida *466, 482*

Fleckfieber 493
Fliegen 678
Flimmerorgan 839
Flöhe 680
Flohkrebse 572
Floscularia 714, 716, 722
Flossenkammer 855
Flossenstrahl 758, 855
Flügel *603,* 628
-, Antriebsmechanismen 629
-, Faltung 635
-, Schlagfrequenz 629
Flügelmuskel 416, 613
Flügelschnecken 308
Flügelschuppen *671*
Flustra 749
Flustrellidra 748
Flußblindheit 704
Flußmuschel 327
Foettingeria 59
Folliculina 52
Folsomia 620
Foramen occipitale *606*
Foraminiferea 65
Forcipulatida 812
Forficula 639
Forficulina 639
Formica 241, 668
Fossaria 239
Fragmentierung 112
Fransenflügler 649
Fredericella 747
Frenkelia 45
Frenulata 394
Frenulum 386
-, Insecta 672
Freyella 805, 812
Fridericia 401
Fritillaria 854
Fromia 811
Frons 605
Frontalebene *189*
Frontalorgan 223, 271
-, Euarthropoda 442
Frontonia 57
Frustulation 152
Fuchsbandwurm 258
Fucoxanthin 33
Fulcrum *719*
Fulgomorpha 652
Fulgora 651
Fundatrix *654*
Fungia 161
Funiculina 159
Funiculus 745
Furca, Collembola 622
Furchenfüßer 286
Furchung 91
-, äquale 91
-, bilaterale 690, 700
-, bilateralsymmetrische 91
-, determinierte 683
-, diskoidale 282, 316,
-, disymmetrische 91, 185
-, partielle 91
-, radiäre 91, 770, 797, 836
-, Spiral- 206

–, superfizielle 418, 462, 616
–, totale 91, 616
Furka, Crustacea 503
Furkalast *528*
Fusulina 66
Fuß, Mollusca 277, 295
Füßchen, Echinodermata 778, **788**, 793, 807, 822, 829
Fußschild 285
Futterrinne 800

Gadilida 330
GAG, Glykosaminglykan 81
Galathea 562
Galba 231, 239, 305
Galea 499, *606*, 607, *671*
Galeodes 485
Galeomma 320
Gallmilben 494
Gamasida 493
Gamasus 493
Gameten 88
Gametogamie 15
Gammaridea 573
Gammarinema 709
Gamonten 15
Gamontogamie 16
Ganzbein-Mandibel 419, 499
gap junction 85, 134
Garnelen *562*, 566
Garypus 484
Gasterophilus 680
Gastraea-Hypothese 153
Gastralfilament *133*, 146, 156, 166, *166*
Gastraltasche 146, 156
Gastrodermis 132, *133*, 143, *147*
Gastrodiscoides 236
Gastrophysa 665
Gastropoda 208, 279, 283, **292**
Gastrotricha 87, *203*, 683, **685**
Gastrovaskularsystem 133, 143, 146
Gastrozooid 176, 179
Gastrulation 92
Gecarcinidae *566*
Gehäuse
–, Bryozoa 744
–, Einzeller 64
–, exogastrisches 311
–, Tunicata 842
Gehäusestruktur, Foraminiferea 66
Gehirn 192
Geißelantenne 606, 625
Geißelkammer 98
Geißeln 5, 17
Geißelorgan, Acrania 857
Geißelsäckchen 26
Geißelskorpione 466
Geißelspinnen 468
Gekrümmtschaler 290
Gemmulae 113
Gena *605*
Generationswechsel 42, 719
–, homophasischer 16
–, Heterogonie 233
–, heterophasischer 16, 32, 66
–, Metagenese 233

–, Thaliacea 851
Genitalflügel 767
Genitaloperculum 449, 455
Genitalrhachis 796
Geodia 106, 116
Geometridae 673
Geonemertes 274
Geophilomorpha 591
Geophilus 588
Geotrupidae 493, 664
Gephyrea 733
GERL, Golgi-ER-Lysosomen-Komplex 18
Germarium 218, *615*
Germocyten 217
Gerris 657
Gerromorpha 657
Geschlechtsbestimmung, phänotypische 347
Geschlechtsdimorphismus 475, 477, 508
Getrenntgeschlechtlichkeit 91
Gewebetypen 82
Giardia 23
Gibbula 302
Giftdrüse 585
–, Arachnida 470
–, Chilopoda 585
–, Pseudoscorpiones 483
Giftklauen 585
Giftpedicellarien *827*
Giftstachel 463
Gigantocypris 530
Gigantorhabdus 652
Gigantostraca 455
Glabella 445
Gladius 311
Glandiceps talboti 772
Glanzkugeln 122
Glasschwämme 115
Glaucocystophyta 26
Glaucus 309
Gliazellen 134
Gliederantenne 606
Gliederextremitäten 436
Gliederfüßer 411
Gliedertiere 350
Gliricola 648
Globigerina 65, 66
Globodera 706, 710
Glochidien 325
Glomeris 595, *598*, 600
Glomerulus 768, 859
Glossa 499, *606*, 607
Glossata 672
Glossiphonia 398, *406*, 408
Glossobalanus 772
Glossoscolex 402
Glottidia 753
Glugea 20
Glutinanten 148
Gluvia 485
Glykokalyx *4*, 29, 80, 86, **141**
Glykoproteine 81
Glykosaminglykan (GAG) 81
Glyoxisomen 17
Gnathiidae 581

Gnathobasis 504, *528*
Gnathobdelliformes 362, *404*, 405, **409**
Gnathochilarium 594, 596
Gnathocoxa 456, 469
Gnathophausia 571
Gnathopoden 572
Gnathosoma 489
Gnathostomaria 264
Gnathostomula 264
Gnathostomulida 87, 209, **259**, 684
Gnesiotrocha 722
Gnosonesima 228
Goeridae 671
Goettesche Larve 221
Golfingia 335
Golgi-Apparat 17
Golgi-ER-Lysosomen-Komplex (GERL) 18
Gomphus 634
Gonaden 203
Gonangulum 627
Gonapophyse *614*, *625*
Gonium 60
Gonocoel 198
Gonodukt 203
Gonoperikardialgang 279, 300
Gonophoren 146, 172, *175*
Gonopoden
–, Chilopoda 586, *588*
–, Diplopoda 598
–, Insecta 608, 626, 631
Gonothek 174
Gonozooid 180, 851
Gonyleptidae 488
Goodrich, Edwin 361
Gordioida 711
Gordius 711, 713
Gordonius 711
Goreauiella 98
Gorgonaria 158
Gorgonenhaupt 817
Gorgonocephalus 817
Grabbein *605*
Graffizoon 227
Granaria 306
Granaster 809
Grantia 101
Granuloreticulosea 64
Grapsidae 569
Graptolithina 777
Gregarina 44
Gregarinea 43
Grellia 44
Grillen 644
Grobben, Karl 189
Gromia 64
Gromiida 64
Grubenauge 297
Gryllacridoida 644
Gryllo 637
Grylloblattodea 637
Grylloidea 644
Gryllotalpa 644
Gryllus 644
Gula 659
Gürteldesmosom 84

Gürtelwürmer 396
Guttulina 31
Gymnamoebea *14, 62*
Gymnodinium 41
Gymnolaemata 747
Gymnomorpha 307
Gyratrix *138*, 230
Gyrinus 605, 663
Gyrocotyle *231, 248, 249*
Gyrocotylidea *233, 247, 249*
Gyrodactylus 243, 245, 246

Haarbalgmilbe 494
Haarlinge 648
Haarsensillum *443*
Haarsterne 799, 803, 804
Habrotrocha 722
Hadogenes 449, 462
Hadromerida 117
Haeckel, Ernst 68, 102, 153
Haeckelia 144, 183, 185
Haemadipsa 409
Haematomyzus 648
Haematopinus 648
Haematozoea 46
Haementeria *404*, 409
Haemogregarina 45
Haemonchus 696
Haemopis *358*, 404, 409
Haemosporida 46
Halacarellus 494
Halammohydra 177
Halammohydrina 177
Halarachne 493
Halechiniscidae 433
Halichaetonotus 690
Halichondria 118
Halichondrida 118
Haliclona 118, 119
Haliclystus 169, *170*
Halicryptus 735
Halictidae 669
Haliotis 297, 299, *301*, **302**
Haliplidae 663
Halkiera 351
Halkieriida 284
Hallersches Organ *491*
Hallucigenia 428
Halobates 657
Halobatidae 582
Halobiotus 433
Halocynthia 845
Halosbaena 570
Halothyrida 492
Halteren 675
Halteria 53
Hämalsystem 792
Hämatodochae 476
Hämerythrin 332, 360, 734, 752
Hämocoel 197, 200, 416
Hämocyanin 280, 314, 416, 475, 508
Hämocyten 613
Hämoglobin 280, 360, 392, 416, 508, 741
Hämolymphe 280, 324, 416, *508*, **613**

Hämolymphkreislauf *612*
Hamuli 246
Hancocksches Organ 307
Hanseniella 593
Hapalochlaena 318
Haplognathia 79, *86*, 264
Haplogonaria 224
Haplogynae 479, *481*
haplogyne Genitalien 476
Haplonemen 149
Haplopharynx 227
Haplopoda 526
Haplosclerida 118
Haplosporea 70
Haplosporidium 70
Haplosporosomen 70
Haplotaxida 401
Haplotaxis 401
Haplovejdovskya 217
Haplozoon 125
Haptocysten 12, 56
Haptonema 7, *7*, 33
Haptophrya 59
Haptoria 54
Harmothoë 372, 378
Harpacticoida *537*, 540
Harpiosquilla 555
Harrimania 772
Hatscheksche Grube 858
Hauptaugen 441, 459, *475*
Hauptpigmentzellen 439
Hausmanniella 60
Haustorien 325
Hautflügler 666
Häutung
–, Arthropoda 412, 510
–, Nematoda 700
Häutungsdrüse 500
Häutungsspalt 412
Hectocotylus 310, *315, 319*
Heider, Karl 191
Helaeomyia 676
Helenodora 428
Heliaster 778, 805
Helicella 239, *240*, 306
Heliometra 834
Heliopora 157, 158
Helioporidae 158
Heliozoa 66, 67
Heliozoea 69
Helix 297, *297*, 299, 300, **306**
Helminthomorpha 600
Helobdella 398
Hemianamorphose 589, 593
Hemichordata *192*, 739, **763**, 837
Hemidasys 687
Hemidesmosom 85
Hemielytren 656
Hemilepistus 580
Hemimastigophorea 27
Hemimastix 27
Hemimerina 639
Hemimerus 639
Hemimetabolie 618
Hemimysis 498
Hemiptera *601*, 650
Henia 587

Hennig, Willi 619, 646
Henricia 811
Hepialus 605, 672, 673
Heptathela 479
Hermaphroditismus 91
Hermodice 378
Hertwig, Oskar, Richard 83, 823
Herz, Chordata 836
Herzigel 826
Herzkörper 359
Herzmuschel 327
Hesionidae *191, 356, 362*
Hesionides 377, 378
Heterocentrotus 826
Heterochelie 563
Heterochronie 90
Heterocyemidae 126
Heterodera 705, 706, 710
Heterodonta 327
Heterogonie **90**, 235, 521, 525, 653, *654*, **719**
Heterokonta 34
Heterokontie 21
Heterokrohnia 762
Heterolaophonte 537
Heterolobosa 30
Heteromastus 381
Heteromedusoid 172
Heterometabolie *618*
Heteromonadea 38
Heteromyota 349
Heteronemen 149
Heteronemertini 267, 269, 274
Heteronereis 372
Heteroneura 673
Heteronomie 350, 586
Heterophrynus 469
Heterophrys 70
Heteroptera 601, 656
Heterorhabditis 701, 704
Heterostegina 65
Heterostelea 837
Heterostigmata 493
Heterotanais 577
Heterotardigrada 433
Heterotergie 586
Heteroteuthis 310
Heterotrichia 52
Heterotrichida 52
heterotroph 16
Heteroxenia 158
Heterozooide 746
Hexabathynella 556
Hexacorallia 159
Hexactinellida *114*, 115
Hexamerocerata 595
Hexamita 23
Hexapoda 601
Hexapodius 429
Hexisopodidae 485
Hibernacula 747
Hilara 679
Himantarium 588
Hinterkiemer 307
Hipparchia 674
Hippoboscidae 680
Hippodiplosia 749

Hippotion 672
Hirnwurm 241
Hirsutia 576
Hirudin 409
Hirudinea *399*, 404
Hirudo 405, *407*, 409
Histomonas 25
Histozoa 83
Histricostoma 443
Histriobdella 356, *380*, *382*
Hochseeplankton 67
Hohltiere 143
Holocephali 249
holochroaler Augentyp 445
Holometabola *601*, *635*, 646, **659**
Holometabolie 618, *618*
Holopedium 521
Holopeltidia 467
Holothuria 831, *833*
Holothuroida *799*, 827
Holothyrus 492
Holzbock 493
Homalorhagida 732
Homalozoon 54
Homarus 234, 568
Homoeophlebia 619
Homonomie 436
Homoptera *601*, *650*
Hoplocarida 553
Hoplonemertini *269*
Hoploplana 227
Hormaphis 653
Hornera 747, *748*
Hornkorallen 158
Hoylesches Organ 316
Hufeisenwürmer 740
Hughmilleria 455
Hüllglockenlarve *277*, *284*, 287
Humeralcallus 662
Hummeln 705
Hundebandwurm 257
Hundertfüßer 585
Hutchinsoniella 514
Hyalinoecia 369, *380*
Hyalogonium 60
Hyalonema 115
Hyaluronsäure *80*
Hydatide 254, 257
Hydatina 307
Hydra 79, 134, 147, *151*, **177**
Hydrachna 494
Hydrachnellae 494
Hydractinia *153*, 176, 569
Hydranth 171
Hydrellia 679
Hydrina 177
Hydrobia 303
Hydrocaulus 147, 171, *172*
Hydrocoel 785, **788**, *801*, 814, 821, 829
Hydrocorallina 177
Hydrocorisa 657
Hydrogenosomen *9*, *17*, *55*
Hydroida 174
Hydroides 356, *372*, *382*
Hydrometra 657
Hydrophiloidea 664

Hydroporus 785, 788, 801, 829
Hydropsyche 670
Hydrorhiza 147, 172, *174*
hydrostatisches Skelett 89, **141**, *216*, 357, 692, 725, 844
Hydrothermalquellen *381*, *387*
Hydrozoa 135, *146*, *154*, **171**
Hygrolycosa 478
Hylecoetus 665
Hymenolepis 252, 254, 258
Hymenoptera *601*, 666
Hymenostomatia 57
Hymenostomatida 58
Hyperia 574
Hyperiidea 574
Hypermastigida *14*, 25
Hypermetabolie *617*, 666
Hypobranchialdrüse *293*, 304
Hypobranchialrinne 835
Hypochilus 479
Hypochthonius 495
Hypoderma 680
Hypogastrura 623
hypognather Kopf 606
Hyponeuralkanal 787, 814, 822
Hypopharynx *499*, *605*, **607**, 611
Hypophorella 748
Hypophyse 840
Hypostom *445*, *490*
Hypostracum 288
Hypotheca 40
Hypotrichia 53
Hypsibiidae 433
Hyptiotes 473
Hysterosoma 489
Hystrichopsylla 680, *681*

Ichneumonidae 667
Ichthyobodo 28
Ichthyophthirius 58
Idolomantis 640
Idolothrips 649
Idotea 580
Ikeda 349
Illex 313, *314*
Ilyocoris 657
Ilyocryptus 525
Imaginalanlagen *616*, 618
Imaginalscheiben *273*, 619
Imago *90*, *618*
Immigrationsgastrula 92
Immunsystem 793
Inanidrilus 404
Inarticulata 753
Incurvania 673
Incurvariidae 673
Incus 719
Infusoria 18
Infusoriform 126
Ingluvies *609*, 611
Ingolfiella 574
Ingolfiellidea 574
Inocellia 661
Inostemma 617
Insecta *414*, *437*, *584*, **601**
Interambulacralplatte 819
Intercalarsegment 606

Interkalarader 631
Interkalarsegment 582
Interna 551
Interradien 778
interstitielle Zellen *147*
Intertentacularorgan 745
Intoshia 128
Intracuticula 429
Introvert 331, **682**, *683*, 730, 733, 736
Invaginationsgastrula 92
Ione 580, *581*
Ips 665
Iridocyten 310
Iridophoren 781
Irregularia 818, 823, 825
Ischium 437
Ischnocera 648
Ischnochitonida 289
Ischnomantis 639
Ischnurus 466
Ischyropsalis 487
Isocrinida 803
Isogametie 15
Isohypsibius 431
Isometra 803
Isonychia 632
Isoperla 635
Isopoda *351*, 577
Isoptera *601*, 641
Isorhizen 149
Isospora 45
Isotoma 623
Ivanov, A.V. 393
Ixodes 491, 493
Ixodidae 48
Ixodides 493

Jaera 580
Jägersten, Gòsta 342
Janthina 179, *296*
Japyx 621
Jasus 561
Javesella 651
Jefferies, R.P.S. 837
Joanthina 303
Joenia 25
Johnstonsches Organ 607, *614*, 625, 677
Jugaladern *603*
Jugum 262, *635*, *672*
Julidae *597*, 600
Juliformia 600
Juvenilhormon 413, 608
Juvenilparasitismus 711
juxtaligamentale Zellen 779

Käfer 662
Käferschnecken 287
Kahl, Alfred 51
Kahnfüßer 328
Kala Azar 29, 30
Kalkdrüsen 402
Kalkring 829
Kalkschwämme 115
Kalmar 317
Kalyptorhynchia *127*, *217*

Kalyx 337, 800
Kamelhalsfliegen 661
Kammuscheln *321*
Kampecarida 582
Kamptozoa 209, 337
Kanker 485
Kantharella 126
Kartoffelnematode 710
Karyolysus 45
karyomastigot 20, 23
Karyorelictea 52
Kauladen 504
Kaumagen
–, Insecta 611
–, Malacostraca 443, 506, 552
–, Rotatoria 717
Kebersche Organe 325
Kegelschnecken 304
Keimbahn 77
Keimblätter 92
Keimstreif *599, 616, 626*
Kelch, Kamptozoa 337
Kenozooide 747
Kentrogon 551
Kentron 551
Keratella 719, 722
Keratomorpha 35
Keratosa 119
Kermesidae 655
Kerndualismus 13, 49
Keroplatidae 676
Keroplatus 676
Ketten, Thaliacea 852
Kiefer, Gnathostomulida *260, 262*
Kieferapparat, Seeigel 784, 796, 822
Kiemen, Seeigel *794*
Kiemenbalken 842
Kiemenbogengefäße 859
Kiemendarm 755
–, Acrania 858
–, Chordata 835
–, Enteropneusta 767
–, Tunicata 841
Kiemenherzen 314
Kiemenhöhle, Decapoda 562, *566*
Kieselalgen 35
Kieselspicula 106, 108
Kinet *48, 50*
Kinetide *5*, 49
Kinetoplast 9, 27, *28*
Kinetosom *5*, 6, 20, 49
Kinonchulus 707
Kinorhyncha *683*, 729
Kinorhynchus 732
Kiricephalus 534
Klammerbein *605*
Klebkapseln 339
Kleptocniden 183, 185, 227, 307
Klossia 45
Knemidocoptes 495
Knorpel 312
Knospung
–, Bryozoa 739, 741, 747
–, Einzeller 15, 56
–, Cnidaria 152, 160, *165*, 176
–, Kamptozoa 341
–, Pterobranchia 776

–, Tunicata 848
Köcherfliegen 670
Kokon
–, Araneae 478
–, Clitellata 397
–, Lepidoptera 672
Kolga 834
Kollagen **80**, 89, 105, *140*, 141, *142*, 320, 355, 779, 855
Köllikersche Grube 856
Köllikersche Organe 356
Kolossalzelle 857
Kommissuren *368*
Komplexauge 439
Komplexgehirn 413
Königin 642, 668
Konjugation 16, 50, *54*
kontraktile Vakuole 6, 12, *12*, 96
Kopffuß 276
Kopffüßer 310
Kopfkappe *758*
Kopflappen 386
Kopfschild 503, 527
Korallenriffe 160
Körperhöhle **195**, 682, 695, 712, 717
Körpersymmetrien 79
Korschelt, Eugen 191
Kowalevskia 854
Kowalevsky, Alexander 848
Krabben 563
Kragengeißelkammer 100
Kragengeißelzellen 98, 100
Kragenmark 769
Krake 318
Kranzquallen 168
Kratzer 723
Krebse 501
Krill 557
Kristallkegel 439, *587*
Kristallstiel 291, 324, *324*
Kronborgia 230
Kropf 443
–, Insecta 611
Kroyeria 536
Krustenanemonen 163
Kythorhynchus 213

Labellata *450*
Labellen 675
Labia 639
Labialdrüse *607, 609*
Labialpalpen 323, 606
Labidocera 538
Labidoplax 833
Labidostoma 493
Labidura 638, 639
Labiomaxillarkomplex 666
Labium 498, 592, *605*, **606**
Labronema 708
Labrum **413**, *414*, 423, 436, 498, *509*, 605
Labyrinthula 39
Labyrinthulea 7, 38
Lacazella 754
Laceration 152
Lachesilla 648
Lachnidae 653

Lacinia 499, *606*
Lacinia mobilis 498, 515
Laelaptidae 493
Laemodipodea 574
Laevicaudata 519
Lagena 66
Lamblia 23
Lamellibrachia 395
Lamellicornia 728
Lamellipodien 64
Lamellisabella 395
Lamina fibroreticularis 83
Lamina ganglionaris 440
Laminaria 749
Laminin 80
Lampyridae 664
Lamyctes 590
Lanice 356, 370, *378*, 381, 748
Lanzettfischchen 855
Laomedea 174
Laqueus 753
Larvacea 853
Larvalparasitismus 497
Larvalsegment 350, *377*
Larve 90
–, Holometabola *617*
–, lecithotrophe 377
–, planktotrophe 377
–, Typen 194
Larviparie 618
Lasidien 325
Lasiochernes 484
Lasius 668
Lateralaugen 459, 464
Lateralfeld 760
Lateralherzen 360
Laternaria 652
Laterne des Aristoteles 784, 796
Latonopsis 521
Latrodectus 471, 477, 481
Laubheuschrecken 643
Laurerscher Kanal 217
Läuse 648
Laxus 697, 700
Lebenszyklus
–, bentho-pelagischer 90
–, biphasischer 79, 90, 142, *194*
–, holopelagischer 90
Leberblindsack, Acrania 859
Leberegel 239
Leberpfortadersystem 859
Lecithoepitheliata 215, 221, 228
Lederkorallen 158
Lederseeigel 825
Ledra 652
Legewespen 667
Leibeshöhle 91, 195, 682
Leidynema 709
Leiricephalus 534
Leishmania 29, 677
Leiurus 463
Lembus 10
Lemnisci 724
Lepadomorpha 548
Lepas 548
Lepeophtheirus 541
Lepidochitona 289

Lepidodermella 691
Lepidonotus 378
Lepidopleurida 289
Lepidoptera *601*, 671
Lepidurus 529
Lepisma 627
Leptasterias 812
Leptodora 526
Leptomedusae *151*, 174
Leptomonas 28
Leptomyxa 64
Leptonemertes 274
Leptophyes 643
Leptopleurus 289
Leptopodomorpha 657
Leptopsammia 161
Leptostraca 552
Leptosynapta 778, 834
Lernaea 543
Lernaeenicus *539*, 540
Lernaeocera 541, *542*
Lernanthropus 542
Lestidae 633
Lethocerus 656
Leuchtbakterien 310
Leuchtkrebse 557
Leuchtorgan 310, *559*, 849
Leucochloridium 306
Leucon-Typ *99*, *100*, 102
Leucosolenia 101, 116
Leucospis 667
Leuctra 636
Levine, A.R. 18
Libellen 632
Libelloides 661
Libellula 634
Lichenopora 747
Lieberkühnia 65
Liebespfeil 300
Ligament 322
Ligamentsack *724*, 725
Lightiella 514
Ligia 580, *580*
Ligula 255
Limax 306
Limnadia 519
Limnephilidae 671
Limnodrilus 403
Limnohalacaridae 494
Limnohydrina 177
Limnoria 574, 581
Limulus 229, *452*, 454, **455**, 459
Linckia 811
Lindia 714
Lineus 265, 274, 733
Linguatula 534
Lingula 753
Linsenauge *164*, 297, 313
Linyphia 481
Liocarcinus 569
Liocola 664
Liothrips 650
Liphistiomorpha *472*
Liphistius 474, *478*
Lipoctena 450, *459*, 462
Liponeura 676
Lipoptena 680

Liposcelis 647
Liriomyza 680
Lithobiomorpha 590
Lithobius *585*, *587*, 590
Lithophaga 326
Litobothridea *256*
Litostomatea 54
Littorina 295, 298, 299, **302**
Livia 655
Lobata 186
Lobatocerebrida 396
Lobatocerebrum 396
Lobohalacarus 494
Lobopodien 62
Lobosea 62
Lobosterni 466
Lobus opticus 415, 440, *608*, *613*
Lochkamera-Augen 313
Lochsensillum *443*
Locusta 614, 645
Loligo 312, 314, *316*, **317**
Lophelia 161
Lophocyt 104, *105*
Lophogastrida 571
Lophophor 738, 751
Lophophorata 737
Lophophorskelett 751
Lophopoda 747
Lorica 53, 61, 735, 736
Loricata 287
Loricifera 79, *683*, 736
Loveniidae 826
Loxodes 52
Loxomespilon 337
Loxophyllum 3, 54
Loxosceles 471, 479
Loxosomella 343
Lucanus 664
Lucernaria 169
Lucernariida 168
Lucilia 617, 680
Ludovix 665
Luidia 810, 811
Lumbricida *356*, 401
Lumbricidae *361*, *401*, 402
Lumbricillus 401
Lumbriculida 403
Lumbriculus *199*, 403
Lumbricus 192, 357, 359, *358*, 360, 399, 400, **402**
Lunarperiodizität 374
Lunatia 303
Lungenegel 241
Lungenschnecken 305
Luolishania 428
Lycaenidae 674
Lycophora 248
Lycosa 480
Lycoteuthis 311, 318
Lymexylidae 665
Lymexyloidea 665
Lymnaea 282, 305
Lymphsystem 235
Lynceus 520
lyraförmiges Organ 458, 459, 474

Macandrevia 750, 754

Machilidae 626
Machilis 440, 614, 626
Macoma 324, 327
Macracanthorhynchus 727, 728
Macrobiotus 433
Macrobrachium 568
Macrocheira 411, 561
Macrocyclops 537, 542
Macrodasyida 691
Macrodasys 687
Macrolyristes 643
Macroperipatus 428
Macrostomida *215*, *220*
Macrostomorpha *221*, 226
Macrostomum 79, 80, *211*, *213*, 227
Macrostylis 580
Macrotermes 642
Macrothricidae 525
Macrotrachela 721
Macrotrichia 412
Maden 679
Madenwurm 709
Madreporaria *156*, 160
Madreporenplatte 785, 788
Magellania 751, 754
Magelona 378, 380
Magicicada 652
Maja 569
Makrogameten 43
Makrogamont 43
Makromeren 91, 206
Makromerenquartett 206
Makronucleus 13, 50
Makroplankton 557
Makrospermien 588, 593
Makrotestis *589*
Makroturbellarien 211
Malacobdella 265, 268, 275
Malacostraca *505*, 506, *512*, 552
Malaria 47
Maldane 353, 381
Malleoli 485
Malleus 719
Mallomonas 36, 37
Mallophaga 648
Malpighische Schläuche *202*, 417, 430, 449, 457, 582, *609*, *611*, 612
Manca-Stadium 575, 579
Mandibeln 498, 606
–, dicondyle 627
–, monocondyle 627
–, Onychophora 423
Mandibelpalpus 511
Mandibulata *418*, 498
Mantel
–, Brachiopoda 751
–, Mollusca 276, *278*, 310, 320
–, Tunicata 838
Mantellinie 323
Manteltiere 838
Mantis 640
Mantispa 605, 660
Mantodea *601*, 639
Manton, Sidnie M. 418, 427, 499
Manubrium 146, *172*, 719
Marenzelleria 380
Margaritifera 325, 326

Margarodidae 655
Margelopsidae 179
Margelopsis 152, 177
Markstränge 192, 280, *687, 694*
Marrella 448
Marsupium 570, *578*
Marteilia 71
Marthasterias 812
Martinssonia 438
Mastax 717, 719
Mastigamoeba 21
Mastigella 21
Mastigina 21
Mastigoneme 6, *6*, 7, 33, 35
Mastigophora 18
Mastigoproctus 468
Mastigota *18*, 20
Mastophora 474
Mastotermes 640, 642
Matsucoccus 655
Mattesia 44
Mauerblatt 146
Maxillardrüsen 507
Maxillarnephridien 592
Maxillarpalpus *671*
Maxillen 498, 503
Maxillendrüsen 417
Maxillennephridien 417
Maxillipeden 503, 585, *586*
Maxillopoda *512*, 529
Mayorella 4, 63
Meara 224
Meconema 643
Mecoptera *601*, 675
Mecopteroida *601, 666*, 670
Medetera 679
Media anterior, posterior *603, 628*, 629
Medianaugen **441**, 449, 453, 459, 464, 475, 504
Mediansagittalebene *189*
Medinawurm 704
Medulla *506*
Meduse 143, 145, 151
Medusoide 146, 172
Meeresleuchten 41
Megacicada 605
Megaloblatta 640
Megaloprepus 632
Megaloptera *601*, 659
Megalothorax 624
Meganyctiphanes 560
Megascolides 402
Megaskleren 108
Megoperculata *450, 461*, 462
Mehlissche Drüsen 218
Meiopriapulus 734
Meligethes 665
Melitta 826
Meloe 665
Melogona 598
Meloidogyne 706, 710
Melolontha 664
Melophagus 680
Melophlus 117
Membracidae 652
Membraciodea 652

Membranellen 7, *8*, 50, *57*
–, Ctenophora 183
Membranellenband, adorales 52
Membranipora 748
Mengenillidia 666
Menopon 648
Mentum *606*
Meraspis 446
Mercierella 382
Mermithidae *683*
Mermithoidea 708
Merocyten 849
Merogonie, Microspora 19
Merostomata 450
Merozoiten 42, 43
Merus *437*
Mesenchym 83
Mesenterium *133, 354*, 740
Mesocestoides 256
Mesocoel 744, 751
Mesoderm 93, 190, 836
Mesodermstreifen *191*
Mesodinium 54
Mesogastropoda 298, 302
Mesogloea *133*, 143, **146**, 147, 184
Mesohyl *95*, 98, *101*, **104**, *105, 131*
Mesonerilla 382
Mesopeltidium *485*
Mesorchis 238
Mesosoma
–, Arthropoda 455, 463
–, Tentaculata 737, 740, 763
Mesostigmata 493
Mesostoma 210, 219, 229, 230
Mesotardigrada 433
Mesoteloblasten 376, 399
Mesothel 359
Mesothelae *456*, 479, 481
Mesothorax 608
Mesozoa 79, 93, 125
Metacercarie 235, 241, 326
Metacestoden 254
Metacoel 740, 744, 752
Metacrinus 800
Metagenese *90*, 146, 152, *169, 173*, 850
Metajapyx 621
Metakaryota *18*, 25
Metamere 352
–, Annelida 353
–, Articulata 350, 365
Metamorphose 90
Metanauplius 527
Metaneme 696
Metanephridien 202, 346, 361, 396, 406, 417
Metapeltidium *482, 485*
Metapleuralfalten 855
Metapleuralhöhlen 861
Metapterygota *601*, 632
Metasoma
–, Arthropoda 452, 455, 463
–, Tentaculata 737, 740, 763
Metasomadivertikel *742*
Metastigmata 493
Metathorax 608
Metatroch 194, *377*

Metatrochophora 377
Metazoa 61, 73, 93
Metchnikovella 20
Metepsilonema 696, 706
Metridium 147, 152, 162
Metrozoiten 46
Metschnikoff, Ilja 124
Mezium 662
Microcyema 126
Microdajus 544
Microhedyle 307
Microhydra 179
Microphthalmus 371, 378
Micropilina 292
Microplana 229
Micropterix 672
Microspora *18*, 19, 20
Microsporea 20
Microsporus 664
Microstomum 227
Microthorax 57
Micrura 274
Micryphantinae 481
Mictacea 576
Mictocaris 576
Midgardia 778, 812
Midorigai 308
Miesmuschel 326
Migrationskern 50
MIH, moult inhibiting hormone 510
Mikadotrochus 302, *302*
Mikiola 676
Mikrogameten 43
Mikrogamont 43
Mikromeren 91, 206
Mikromerenquartett 206
Mikronemen 42
Mikronucleus 13, 50
Mikroporen 10, 43
Mikroskleren 108
Mikrospermien 588, 593
Mikrotestis *589*
Mikrotrichen *247, 251*, 252
Mikrotubuli 3
Mikrotubulibänder 54, 55
mikrotubuliorganisierendes Zentrum (MTOC) 20, 42, 69
Mikroturbellarien 211
Mikrovillikragen *61*
miktische Weibchen 719
Milacidae 306
Milben 489
Miliarstacheln 820
Miliolina 66
Millepora 177
Millericrinida 804
Millotauropus 595
Milnesium 434
Mimetaster 448
Minipera 845
Miracidium *231, 235, 236*, **237**
Miridae 657
Misumena 480
Mitobates 486
Mitochondrien 8, 17, 25, 26
Mitochondrienkomplex 122
Mitochondrientypen 9

Mitose-Typen *13*
Mitraria *378*, 381
Mitrata 837
Mitricephalus 652
Mittelaugen *476*
Mixisstimulus 719
Mixocoel 197, 200, 416
Mixonephridien 363
Mixopterus 455
Mixotricha 25
Mniobia 721
Mobilida 59
Modiolus 275
Mola 498
Molgula 844, 849
Molgulidae 845
Mollusca *193, 205,* 207, **276**, 280
Molpadia 834
Molpadiida 834
Monantennata 582
Monhystera 709
Monhysterida 709
Monhystrium 709
Moniezia 251
Monobryozoon 743, 748
Monocelis 216, 228
Monocercomonas 24, 25
monociliäre Zelle *85,* 88
Monocystis 43, 44
Monodella 569
Monogenea *215, 221, 233,* **243**
Monognatha 420
Monogononta 722
Monograptus 777
Monokinetide *48,* 49
Mononchina 707
Mononchus 698
Monopisthocotylea 246
Monoplacophora *279, 283,* 291
Monorhaphis 115, *116*
Monosiga 61
Monostylifera 268
Monothalamea 65
Monotocardia *292*
Monotrysia 673
Moostierchen 743
Mosaik-Entwicklung 91
Mossamedessa 485
moult inhibiting hormone (MIH) 510
MTOC, mikrotubuliorganisierendes Zentrum 20, 42, 69
Mücken 676
Mucocyste *11, 12, 39, 49,* 51
Muggiaea 181
Müllersche Larve 221, *226,* 227
Multiceps 256
multiciliäre Zelle 88
Mundhaken 423
Mundstyli 730
Mundwerkzeuge, entognathe *620*
Munida 713
Munnopsis 580
Murex 304
Musca 617, 629, 680, 703
Muschelkrebse 529
Muscheln 319, 750

Muskeltrichine *702,* 708
Muskelzellen *131,* 133, **135,** 694
Muskulatur 135, 198
–, schräggestreifte 331, **357,** 694, *718*
Muttersporocysten 239
Mya 321, *321,* 327
Mycetocyten *612*
Mycetom 611, 651
Mycetophagie 705
Mycetophilidae 676
Mygalomorpha 472
Mygalomorphae *479,* 481
Mymar 604, 667
Mynapoda *584*
Myocoel 860
Myocyten 95, *105, 131,* **133**
Myodocopida 530
Myoepithel *197, 198*
Myoepithelzelle *135, 136*
Myomacrostomum 220
Myomere 855
Myoneme 8, *50,* 67
Myophrisken 67
Myosepten 855
Myosin 5, *133*
Myozonaria 216
Myrianida 375
Myriapoda *414,* 582
Myriapora 749
Myriocladus 545
Myrmarachne 480
Myrmecophila 644
Myrmeleontidae 661
Mysidacea 570
Mysis *567,* 572
Mystacocarida 534
Mytilicola 326
Mytilus 321, 323, 326
Myxamöben 31
Myxicola 369
Myxilla 118
Myxobolus 72
Myxogastra 32
Myxophaga 664
Myxozoa 71
Myzostoma 383
Myzostomida *358,* 383

N-Acetylglucosamin 411
Nackenorgan *516, 526, 527*
Nacktamöben 62
Nacktschnecken 305
Naegleria 31
Nähreier 300
Nährmuskelzellen 150
Nahrungsvakuole 6, *10,* 50
Naididae 364, 400, 403
Nais 403
Nanaloricus 736
Nannophiura 778
Nannorhynchus 217
Nanomia 181
Nanosella 664
Nanoplankton *37, 39,* 98
Naraoia 446
Narcomedusae 72, 179
Nassarius 301, 304

Nassophorea 56
Nassula 10, *57*
Nasuti 642
Naticidae 303
Naucoridae 657
Nauplius 509, *545*
Naupliusauge 441, **505,** *509, 522, 537*
Nausithoë 168, *170*
Nautiloida 317
Nautilus 310, 317
Nebalia 553, 721
Nebaliopsis 552
Nebela 4
Necator 702, 709
Necrophloeophagus 585, 591
Necrophorus 664
Nectochaeta 377
Nectonema 713
Nectonematoida 711
Nectonemertes 275
Nectophor 181
Nectosoma 377
Needhams Sack 315
Nehalennia 633
Nemastoma 487
Nemathelminthes 75, *141,* **682,** *683*
Nematocera 676
Nematocyste *147,* 148
Nematocyt 148
Nematoda *683,* **692,** *693*
Nematodesmata *54,* 56
Nematogen 125
Nematomorpha *683,* 711
Nematophora 600
Nematoplana 228
Nematoscelis 558
Nemertini 87, *205, 208,* **265**
Nemertoderma 224
Nemertodermatida *221,* 224
Neoaplectana 701
Neobisium 484
Neoblasten 212
Neocephalopoda 316
Neocribellatae *479, 481*
Neodasys 691
Neodermata *215, 218, 221,* **230**
Neodermis *230, 237, 244, 247*
Neodiprion 617
Neoechinorhynchus 728
Neofibularia 110, *111,* 118
Neogastropoda *281, 298,* 303
Neomenia 287
Neometabolie *618, 618,* 656
Neomysis 572
Neoophora 218, 221
Neopilina 284, *290,* 292
Neoptera *601, 630,* 635
Neotanaidomorpha 577
Neotanais 577
Neotenie *91,* 618
Neotenin 413
Neotremata 753
Nepa 657
Nephasoma 334, *335*
Nephila 482
Nephridioporus 202

Nephrocyten *422, 449,* **457,** *475,* 592
Nephromixie 363
Nephroposticophora 249
Nephrops 234, 568
Nephrostom *202,* 361
Nephtys 379
Nepomorpha 657
Nepticulidae 673
Nereididae *356,* 366
Nereidin 371
Nereilinum 395
Nereis 354, 366, *375, 378,* **379**
Neresheimeria 125
Nerilla 353, 380
Nerillida 380
Neritidae 302
Nervennetz *134,* 150, *192*
Nervensystem 133
–, aborales 781
–, basiepitheliales 134, **193,** 769, 774, 777
–, ektoneurales 781
–, hyponeurales 781
–, Insecta *415*
–, stomatogastrisches 416, *458*
–, Strickleiter 352, 357
–, subepitheliales 135, 193
–, tetraneures 358
–, viscerales 608
Nervenzellen 133
Nesolecithus 249, 250
Nesselgifte 149
Nesselkapsel *149*
Nesselkapseltypen *150*
Nesseltiere 145
Nesselzellen 148
Nesticus 477
Netz 471
Netzflügler 660
Neuraldrüse 839
Neuralrohr 835, 856, 857
Neurohämalorgan 458
Neuromasten 759
Neuronen 133
Neuropil 193
Neuropodium *356, 369*
Neuroporus 835
Neuroptera 660
Neuropteroida *601,* 659
Neurotoxine 463, 471
Neurotroch 194
Neurulation 835
Nexus 85, 134
Nicoletiidae 627
Nidamentaldrüsen 315
Nielsen, Claus 342
Nierensäcke 315
Niphargus 573
Nippostrongylus 698, 709
Nisse 647
Nitidulidae 665
Noctiluca 15, 41
Noctuidae 673
Nodus 633, *634*
Nops 476
Nørrevang, Arne 393

Nosema 19, 20
Notobathynella 502
Notochord 835
Notocrinus 803
Notodactylus 230
Notodromas 530
Notomyotida 811
Notonecta 657
Notonectoidea 657
Notoneuralia 755
Notoplana 213, 214
Notopodium *356, 369*
Notoptera *601,* 637
Notostigmata 492
Notostigmophora 590
Notostraca 527
Novaquesta 381
Novocrania 751, 753
Nucella 304
Nuchalorgan 333, 358, 378
Nuclearia 4, 64
Nucula 326
Nuculanidae 326
Nudibranchia 309
Nummulites 3
Nuttallochiton 289
Nycteribia 680
Nymphalidae 674
Nymphe *618,* 650
Nymphenstadien 462
Nymphon 497

Obelia 174, *174, 547*
Oberschlundganglion 357, 457, 608
Obturaculum *386,* 390
Obturata *390,* 395
Ochromonas 6, 37
Octobrachia 318
Octocorallia *88,* 156, 157
Octomitus 23
Octopodiformes 318
Octopus 313, *314, 315,* **318**
Ocypode 563
Odonata *601,* 630, 632
Odontobius 709
Odontophor 299
Odontostomatida 52
Odontosyllis 379
Odostomia 304
Oecanthus 644
Oedipoda 645
Oegopsida 318
Oerstedia 265, 274
Oestridae 680
Ohrwürmer 638
Oigophiurida 817
Oikoblasten 842, *853*
Oikopleura 854
Oithona 543
Olenellida 447
Olenellus 447
Olenoides 447
Oligacanthorhynchidae 726
Oligobrachia 387
Oligochaeta *362,* 399, 400
Oligohymenophorea 57
Oligolophus 487

Oligoneuriella 632
Oligotoma 637
Oligotrichia 52
Oligotrichida 53
Ommatidium 439, 500, *587*
Ommatoiulus 587
Onchidella 307
Onchnesoma 331
Onchocerca 702, 704
Onchulus 707
Oncomiracidium *243,* 245
Oncopoda 427
Oncosphaera 248, 254
Oniscus 577, 580
Onuphidae 380
Onychodictyon 428
Onychophora 412, *418,* **420,** *437*
Onychopoda 526
Onychoteuthis 311
Onychura 516
Oocyste 42, 46
Ooecium 746
Oogametie 15
Ookinet 46
Oomycet 34
Ooperipatellus 425
Ooperipatus 427
Oostegit 570, 578
Oothek
–, Cnidaria 177
–, Insecta 639, 641, 642
Ootyp 218, 232
Oozooid *850,* 852
Opalina 36
Opalinea 35
Operculum
–, Acari *490*
–, Bryozoa 744
–, Gastropoda 295, 301
–, genitales 449
Operophtera 673
Ophelia 381
Opheliida 381
Ophidiasteridae 811
Ophiocoma 818
Ophiocten 834
Ophioderma 817, 818
Ophiodromus 378
Ophiomusium 815
Ophiomyxa 817
Ophionyssus 490
Ophiopluteus 798, 816, *824*
Ophiothrix 796, *817,* 818
Ophiotrix 813
Ophiura 817
Ophiurae 817
Ophiurida 818
Ophiuroida 799, 813
Ophrydium 58
Ophryoglena 58
Ophryoscolex 55
Ophryotrocha 91, 371, 380, *382*
Opilio 487
Opilioacarida 489, 492
Opilioacarus 492
Opiliones *450,* 457, 485
Opisthandria 600

Opisthaptor 243
Opisthobranchia 292, 307
Opisthopatus 423, 426
Opisthophthalmus 463
opisthopore Geschlechtsorgane 397
Opisthorchiida 241
Opisthorchiidae *238*
Opisthosoma
–, Chelicerata 449, 456, 489
–, Pogonophora 385, 386, 390
Opisthothelae *456*, 479, 481
Oralapparat 53
Oralpapille *423*, 424
Oralschild 814
Orbiculariae 481
Orbiniida 380
Orchesella 624
Orconectes 561, 568
Oreaster 811
Organisationsstufen 75
Orgelkorallen 158
Oribatei 495
Orificium 744
Ornithodorus 493
Orsten 501, 513
Orstenocarida 501, 513
Orthezia 655
Orthognatha 479
orthognather Kopf *606*
Orthogon 193, 213
Orthonectida 128
Orthopteroida *601,* 637, 642
Orthopteroides 667
Orthopteromorpha *601,* 637
Oryctes 664
Oscarella 110
Oscinella 679
Osculum 96, 98, *100, 102*
Osmylus 661
Osphradien 282, 297, 312, 323
Ostien
–, Arthropoda 416, *508,* 613
–, Porifera 98, *100*
Ostracoda 529
Ostrea 319, 321, 326
Othoes 485
Otiorhynchus 665
Otoplanidae 228
Ototyphlonemertes 271, 274
Ovariolen *615,* 630
Ovatella 305
Ovigera 496
Ovipositor
–, Insecta *614,* 626
–, Opiliones 487
Ovotestis 300
Ovoviviparie 618
Owenia 86, *378,* 381
Oweniida 381
Oxidus 599
Oxymonadea *18,* 23
Oxymonas 24

Paarungstyp *51*
Pachastrella 116
Pachybolus 598
Pädogamie 69

Pädogenese 618
Paelopatides 834
Paguridae 568
Paguristes 162
Palaeacanthocephala 728
Palaemon 567, 568, 713
Palaeocopida 531
Palaeocribellatae 479
Palaeodictyoptera *601,* 619
Palaeoheterodonta 326
Palaeoisopus 497
Palaeometabolie 618
Palaeonemertini *267, 269,* 274
Palcephalopoda 316
Paleen 370, *373*
Paleocribellatae *481*
Palingenia 632
Palinura 568
Palinurus 568
Pallium 278
Palmènsches Organ *631*
Palolo 374, *376*
Palpares 660
Palpatores 487
Palpen, Polychaeta 366, *373*
Palpi labiales 607
Palpigradi *450, 457,* 482
Palpus maxillaris 607
Palpusanhang 476
Paludicella 748
PAME, primäre Amöben-Meningo-
    Encephalitis 31
Pamphiliidae 667
Pancarida 569
Pandalus 567, 713
Pandinus 462, 465, 466
Pannota 632
Panorpa 675
Pansen 55
Pantopoda *450,* 495
Panulirus 568
Papilio 674
Papulae 793
Parabasalapparat 24
Parabasalea *9, 18, 23,* 24
Parabathynellidae 556
Parabuthus 463
Paracarus 490, 492
Paracaudina 834
Paracentrophyes 732
Paracentrotus 782, 826
Parachela 433
Paradoxides 445
Paraflagellarkörper 26
Paraglossa *499,* 606, 607
Paragnath *498,* 499
Paragonimus 236, 238, **241,** 568
Paragorgia 158, 161
Parahughmilleria 454
Paralithodes 568
Paramarteilia 71
Paramecium 8, **12,** 15, *51, 57,* 133
Paramere *615,* 630
Paramylon 27, 33
Paramyxa 71
Paramyxea 71
Paranaspides 556

Paranemastoma 487
Paraneoptera *601, 635,* 646
Paranota 626, 628
Paraperipatus 428
Paraphysomonas 36
Parapodien
–, Gastropoda 296
–, Polychaeta 351, 353, **356,** 437
Paraproct *614*
Pararthropoda 427
Parasitiformes 492
Parasitoide *666, 667, 669,* 676
Parasitus 493
parasomaler Sack *5*
Parastacidae 568
Parastygocaris 556
Paratomella 224
Paratomie 220, 224, 364, 403
Paravespula 668
Paraxialorgane 465
Paraxialstäbe 26
Parazoa 75, 85, **95,** *131*
Parazoanthus 163
Parazoëa 556
Pärchenegel 242
Pardosa 478, 480
Parenchym *210, 212,* 215
Parenchymula 95, *97, 99, 110,* 112
Parergodrilus 380
Parerythropodium 158
Parietalganglion 296
Paromalostomum 199, 223, 227
Parotoplanina 228
Pars incisiva 498
Pars molaris 498
Parturialhäutung *570,* 579
Paruroctonus 464, 466
Parvotrochus 827
Patella 206, 278, **301,** **302**
Patella 437, 449, 469
Paurometabola *601,* 635
Paurometabolie *618*
Pauropoda 584, 593
Pauropus 595
Paxillen 806
Paxillosida 811
Pecten 280, 320, 321, 323, **326**
Pectinaria 369, 381
Pectinariidae 370
Pectines 463
Pedalganglion 296
Pedalia 163
Pedicellarien 784, 807, *821*
Pedicellina 343
Pedicellinopsis 338
Pedicellus *607, 614,* 625
Pediculus 605, 648
Pedinella 37
Pedinellidida 37
Pedipalpen 449
Pediveliger 300, 325
Peitschenwurm 708
Pelagia 169
Pelagohalteria 53
Pelagohydra 177
Pelagosphaera *331,* 334
Pelagothuria 834

Pelecypoda 319
Pellicula 4, 28, *44*, *48*, *49*
Pelomyxa 20, *21*
Peloridium 658, *659*
Peltodytes 663
Peltogaster 552
Penaeus 562, *567*
Penetranten 148
Peniagone 834
Penicillata 600
Penicillus 328
Penilia 521
Pennatula 159
Pennatularia *134*, 158, *186*
Pentacrinus 803
Pentactula 797, 832
Pentastomida 501, 512, 531
Pentatomidae 658, 672
Pentatomorpha 658
Pentazonia 600
Peracantha 521
Peracarida 570, 709
Peraeon 503
Peraeopoden 503
Peranema 27
Pereion 503
Pereiopoden 503
Perennichordata 853
Pergamasus 490
Peribranchialraum *839*, 841, 856,
    859, *860*
Pericerya 654
Pericyte 72
Periderm 140, 147, *170*, *174*
Peridinin 41
Perihämalkanal 788, 805
Perikard 198, **279**, 280, 314, **843**
Perikardialblase 768
Perikardialorgane 508
Perikardialseptum 416
Perikardialsinus 416
Perinereis 375
Perineuralsinus 417
Perinotum 287, *288*
Periodomorphose 599
Periostracum 289, 750
Peripatoides 428
Peripatopsis 428
Peripatus 428
Peripharyngealraum 766
Periphyllus 653
Periplaneta 412, *607*, 641
Peristaltik *401*
Peristom 146
Peristomium 353, *402*, *413*
Peritoneum *136*, **197**, *198*, 359
Peritrichia 58
Peritrophische Membran *202*, 443,
    609, *855*
Perivisceralsinus 417
Perla 636
Perlbildung 290
Perlen 326
Perlmutterschicht 290
Perlodes 636
Peroxisomen 17
Perviata *390*, *394*

Petalodium *827*
Petasma 503, *566*
Petiolus 456, 468, 470, *667*
Petricola 327
Petrobius 626
Pfeilwürmer 757
Pflanzenläuse 652
Pflanzenwespen 667
Phacopida 447
Phacops 445
Phacus 26, *27*
Phaeocystis 34
Phaeodarea 69
Phaeodium 69
Phagocytella 124
Phagocytose 10
Phalacrotophora 679
Phalangium 487
Phallusia 845, 848
Phaosom 387, **396**, *404*, *406*
Pharyngealporen 688
Pharyngobdelliformes 405, 410
Pharynx
–, Annelida 362
–, Arachnida 456
–, Cnidaria 156
–, Gnathostomulida 262
–, Insecta 611
–, Nemathelminthes 688, 698, 717,
    730, 734
–, Plathelminthes 214
Phascolion 335
Phascolosoma 336
Phascolosomida 336
Phasmatodea 601, *601*, 645
Phasmiden 696
Phasmidia 709
Pheretima 402
Pheromone 375, 641, 668
Phialidium 174
Philaenus 652
Philinoglossa 307
Philodinidae 722
Philopterus 648
Philorus 679
Philosyrtis 226
Phlaeothripidae 650
Phlebobranchiata 848
Phobaeticus 645
Pholas 321, 327
Pholcus 476, *478*, *479*
Phoneutria 471, 480
Phoresie 665, 703
Phoridae 679
Phorocyten 851
Phoronida 740
Phoronis *140*, 742
Phorozooid 851
Phosphaenus 664
photoautotroph 16
Photorezeptor
–, ciliärer 137, *139*
–, rhabdomerer 137, *139*
Phoxichilidium 497
Phragmatopoma 382
Phragmoconus 316
Phreatamoeba 21

Phronima 851
Phryganea 670
Phrynophiurida 817
Phthiraptera *601*, 648
Phycocyanin 34
Phycoerythrin 34
Phylactolaemata 747
Phyllaphis 653
Phylliroe 309
Phyllium 646
Phyllobranchie 566
Phyllocarida 552
Phyllodien 822
Phyllodocida *362*, *378*
Phyllodocidae 378
Phyllopharyngea 55
Phyllopharyngia 55
Phyllophoridae 833
Phyllopoda 516
Phyllopodium 504
Phylloxeridae 653
Phyllozooide 180
Physalia 180
Physarum 32
Physogastrie *641*
Physokermes 655
Physophora 181
Physophorida 181
Phytomastigophora 18
Phytomonadea 60
Phytomonas 30
Phytoparasitismus 706
Picoplankton 98
Pieridae 674
Piesma 656
Pigmentbecher-Ocellen 139
Pilidium 273, 274
Pilzkörper *414*
Pinacocyten 98
Pinacoderm 98, 100, *105*, 131
Pinctada 326
Pinna 326
Pinnoteres 563
Pinnulae 789, 800
Pinocytose 10
Pirata 480
Piroplasmida 48
Pisaster 810, *811*
Pisaura 480
Piscicola 399, 406, *407*, 409
Pisidium 276, 327
Pisione 378
Pisionidae *356*
Placenta 427, 465
Placentonema 692, 699, 700
Placobdella 45
Placoide 430
Placojoenia 23
Placopecten 280
Placophora 287
Placozoa 79, 85, 93, **121**, *132*
Plagiorchiida 239
Plagiostomum 228
Planaria 219, 229
Planarien 214, 220
Planctosphaera 773
Planipennia *601*, 660

Planorbarius 305
Planorbis 239
Planula *87, 97, 153*
Planuloide 152
Plasmodesmen 60
Plasmodiophora 39
Plasmodiophorea 39
Plasmodium 32, 46, 72, **95**
Plasmotomie 38, 72
Plastiden 9, 17
Plastiden-ER 34
Plastron 611
Platasterias 810
Plathelminthes 87, *138*, 208, **210**, 682, 777
Plattenskelett 435
Plattwürmer 210
Platycnemis 633
Platyctenida 186
Platygasteridae 617
Platygyra 161
Platynereis 361, *374, 375*, 379
Plea 657
Plecoptera *601*, 635
Plecopteroida 635, 637
Plectronoceras 316
Plegaderus 664
Pleidae 657
Pleocyemata 567
Pleodorina 60
Pleon 502
Pleopoden 503
Pleopodenlungen 417
Pleotelson 503, 578
Plerocercoid 254
plesiopore Geschlechtsorgane 397
Pleuralganglion 296
Pleurite 435, 595
Pleurobrachia 182, 185
Pleurobranchie 565
Pleurobranchomorpha 309
Pleurobranchus 309
Pleuronema 58
Pleurostigmophora 590
Pleurotergite 445
Pleurotomariidae 302
Pleuston 179
Plica basalis *635*
Plica jugalis *603, 635*
Plica vannalis *603, 635*
Pliciloricus 736
Ploimida 722
Plumatella 747
Plumularia 174
Pluteus-Larve 797
Pneumatophor 180
Pneumodermopsis 308
Pocheina 31
Podapolipidae 491
Podialganglion 358, *368*
Podobranchie 565
Podocopida 530
Podocysten 152
Podocyten *199, 201, 289, 765, 793*
Podomer 447
Podon 526
Podosoma *489*

Podura 624
poduromorpha 623
Poeciloslerida 118
Poecilostomatoida *540, 541*
Poeobiida 380
Poeobius 380
Pogonophora 384
Polfaden 19, 71
Polische Blase *787, 788, 807*
Polplatte *182*
Polringkomplex 42
Polybostrichus 379
Polybrachia 389
Polycelis 220, 228, 229
Polychaeta *191*, 208, 356, *365*, **366**, 378
Polychoerus 219, 224
Polycladida *205, 215, 221, 226*, **227**
Polyclinidae 844
Polycystinea 68
Polydesmida 600
Polydesmus 595, 597, 600
Polydora 356, 380
Polyembryonie 417, 666, 667, 746
Polygordiida 380
Polygordius 377, 380
Polygynie 668
Polykinetiden 49, 52
Polymastia 117
Polymetabolie 666
Polymonadida 25
Polymorphismus
–, Bryozoa 746
–, Cnidaria 147
–, Hydrozoa 179
–, Insecta 641, 646
–, Tunicata 851
Polynoidae 378
Polyommatus 674
Polyopisthocotylea 246
Polyp 143, 145
Polyphaga 664
Polyphemus 526
Polypid 743
Polyplacophora *279, 281, 283*, 287
Polypodie 527
Polypodium 179
Polysphondylium 32
Polystoma 215, 243, 244, **246**
Polystylifera 268
Polytoma 60
Polyxenus 595, 596, 600
Polyzonium 600
Polzelle 125
Pomatoceros 370, 382
Pompilidae 669
Pontomyxa 64
Pontonema 707
Porania 811
Porcellio 579, 580
Porifera 93, 98, *132*
Porobelba 494
Porocephalida 534
Porocyten 100, *102*
Porpita 179, 309

Portlandia 320, 326
Portunidae 568
Postantennalorgan 583, 585, 596
Postciliodesmata 51
Postciliodesmatophora 51
Postcubitus *603*
Postgena *606*
Posthornschnecke 305
Postmaxillensegment *599*
Postmentum *634*
Postocciput *606*
Potamodrilida 383
Potamodrilus 383
Potiicoara 576
Prae-Epipodit 438
Praeantennalsegment 413, 436
Praecopula 579
Praecoxa *503*
Praefemur *437*
Praementum *634*
Praenymphe 465, 478
Praeoralorgan 342
Praepharynx 235
Praetarsus 436, *437, 603, 625*
Praeveliger-Larve 277, 284, 300
Prasinomonadea 61
Praunus 572
Priapulida *683*, 733
Priapulus 735
primäre Amöben-Meningo-Encephalitis (PAME) 31
Primärharn 202
Prismenschicht 290, *750*
Proales 722
Probosadoplocia 630
Procephalotrix 272
Procercoid 254
Procerodes 229
Proctodaeum 443, 505, *617*
Procuticula 413, 429
Proetus 445
Progenesis 90, 194, *555*
Proglottiden 248, 251, 251
prognather Kopf *606*
Progoneata 584, 592
Prolecithophora *221, 228*
Promacrostomum 227
Promyrmecia 668
Pronotum 662
Propeltidium *482, 485*
Propodus *437*, 554
Propriorezeptoren 459
Prorhynchus 228
Prorodon 54
Prosendopinacocyten *96, 100*
Proseriata 228
Prosobranchia 301
Prosocerebrum *414*, 436
Prosodus *96, 100*
Prosoma
–, Chelicerata 435, 449
–, Hemichordata 763, 764
–, Tentaculata 737, 740
Prosopistoma 632
prosopore Geschlechtsorgane 397
Prosopyle *96, 100*
Prosorhochmus 274

Prostigmata 494
Prostoma 265, 275
Prostomatea 54
Prostomium 345, 353, 402, 413
Protandrie 91
Protaphorura 623
Protaspis 447
Protein-Chitin-Cuticula 411
Proteoglykane 81
Proterandria 600
Proteromonadea 35
Proteromonas 35
Proterosoma 489
Proterospongia 61, 62, 79
Prothoracalhörnchen 676
Prothorax 608
Prothoraxdrüse 500, 608, 619
Protista 16
Protobranchia 326
Protobranchien 322, 323
Protocerebrum 414, 436, 608
Protociliata 30
Protocoel 751
Protoconch 289
Protocruzia 52
Protodrilida 362, 380
Protodrilus 356, 359, 380
Protoglossus 772
Protogonyaulax 41
Protogynie 91
Protohydra 177
Protomerit 44
Protonemura 636
Protonephridien 201
Protonymphe 492
Protonymphon 497
Protoopalina 36
Protophyta 16
Protopodit 503
Protoscolices 255, 257
Protostela 32
Protostelium 32
Protostomie 189, 755
Prototroch 191, 194, 207, 375
Protozoa 3, 16
Protozoëa 567
Protrochophora 375
Protura 601, 624
Proventriculus
–, Insecta 609
–, Malacostraca 554
–, Polychaeta 379
–, Syllidae 371
Proximalendit 438
Prymnesiomonada 7, 33, 78
Psammechinus 826
Psammodrilida 381
Psammodrilus 381
Psammostyela 844
Pselaphognatha 600
Pseudaphanostoma 223
Pseudergat 641
Pseudobiotus 431, 433
Pseudoceros 226
Pseudociliata 30
Pseudocniden 268
Pseudococcus 655

Pseudocoel 195, 200, 216, 338, 682,
   695, 712, 717, 725
pseudocoelomater Bau 197
Pseudoculus 593, 595, 620, 624
Pseudofacettenauge 439, 585
Pseudohaltere 666
Pseudohaplogonaria 223
Pseudokopulation 272
Pseudolamellibranchien 323
Pseudomicrothorax 10, 57
Pseudophyllidea 252, 255, 256
Pseudoplasmodium 31
Pseudopodien 4, 5, 37, 62
Pseudoscorpiones 450, 457, 482
Pseudostom 63
Pseudotracheen 417, 675
Pseudotrochus 716
Pseudozoëa 555
Psithyrus 670
Psocodea 601, 647
Psocoerastis 648
Psocomorpha 647
Psocoptera 601, 647
Psolus 833, 834
Psophus 645
Psychidae 673
Psychoda 677
Psychodomorpha 677
Psylla 655
Psyllidae 655
Psylliodes 605
Psyllipsocus 647
Psylloidea 655
Psyllomorpha 653
Pteraster 793, 811
Pteriidae 326
Pteriomorpha 326
Pterobranchia 773
Pteroëides 159
Pterognathia 264
Pteropoda 308
Pterosagitta 758
Pterostigma 633, 634
Pterotrachea 303, 304
Pterygota 601, 603, 627
Pterygotus 449
Pthirus 648
Ptiliidae 664
Ptilinalnaht 679
Ptychodera 772
Ptycholaimellus 698
Ptychopariida 447
Ptychoptera 677
Ptychopteridae 677
Pulex 681
Pulmonata 292, 298, 305
pulsierende Vakuole 12, 52
Pulvillus 436, 604, 675
Punktdesmosom 80, 85
Pupa dectica 617, 672
Pupa dipharata coarctata 617, 679
Pupa libera 617
Pupa obtecta 617, 672, 676
Puparium 656, 678
Pupiparie 618, 680
Pupoidstadium 583, 595, 599

Puppe 618, 659
Puppentypen, Holometabola 617
Purpurschnecke 276, 304
Pusulen 13, 41
Putzbein 605
Pycnogonida 495
Pycnogonum 497
Pycnophyes 732
Pycnopodia 778
Pyemotes 493
Pyemotidae 491
Pygidium
–, Annelida 354
–, Coleoptera 663
–, Trilobita 445
Pygochord 768
Pygospio 380
Pylorus, Crustacea 506
Pyralidae 673
Pyrenoide 60
Pyroglyphidae 495
Pyrosomida 849
Pyrrhocoris 412, 658
Pyrsonympha 24
Pyura 844

Quallen 145, 166
Questida 381

Räderorgan 714, 858
Rädertiere 714
Radialia 204, 756
Radialsektor 628
Radialzellen 603
Radiärkanal 786
Radiärnerv 791, 816, 821
Radien
–, Echinodermata 778
–, Insecta 603, 628
Radiolaria 66
Radnetz 473
Radula 279
–, Typen 298
Raillietella 533
Ramazzottius 433
Ramus 719
Ranatra 657
Randanker 168
Rankenfüße 547
Rankenfüßer 545
Raphanus 706
Raphidia 661
Raphidiophrys 69
Raphidioptera 601, 661
Raphidomonadea 39
Rastrognathia 264
Rathkea 152, 152
Raubbein, Stomatopoda 554
Raupen 672
red pigment concentrating hormone
   (RPCH) 500
Redie 235, 237
Redlichiida 447
Reduvius 658
Regeneration 228, 341, 358, 363,
   682, 741, 798
Regenwürmer 363, 401

Regularia 818, 825
Rehbachiella 501, 513
Reighardia 533
Reissnerscher Faden 835, 858
Rektalblase 475
Rektalpapille *609*
Remane, Adolf 263, 685
Remetabolie *618*
Remigium *635*
Remipedia 514
Renilla 134
Renoperikardialgänge 279, 299, 315
Reptantia 568
Resilium 323
Respirationsorgane 201
Reticulitermes 642
Reticulomyxa 65
Reticulopodien 64
Reticulosphaera 38
Retinaculum 622
–, Insecta *672*
Retinulazellen 439
Retortamonada 21
Retortamonadea *18*, 21
Retortamonas 21, 22
Retraktormuskel, Bryozoa *745*
Retrocerebralorgan 716, *758*
Retronectes 86, *225*
Retusa 307
Reuse
–, Choanoflagellata 61
–, Protonephridien 203
Reusenapparat 10, 54, *55*
Rhabditen *210, 222*
Rhabditia 709
Rhabditida 709
Rhabditis 697, 698, *702*
Rhabditophora 199, *216, 217, 221*
Rhabdocalyptus 101
Rhabdocoela *215, 221,* 230
Rhabdocysten 51
Rhabdoide 268
Rhabdom *439,* 440
Rhabdomolgus 834
Rhabdophora 53
Rhabdopleura 776
Rhabdos 54
Rhachis 158
Rheomorpha 383
Rhinoglena 719, 722
Rhinophoren 281, 307
Rhipidogorgia 158
Rhithrogena 632
Rhizocephala 551
Rhizoplast 36
Rhizostoma 171
Rhizostomea 170
Rhodophycea 33
Rhodophyta 26
Rhombogen 126
Rhombozoa 125
Rhopalien 147, 166
Rhopalocera 673
Rhopaloide 168
Rhopalonemen 149
Rhopalosiphum 654
Rhopalura 128

Rhopilema 171
Rhoptrie 42
Rhyacophila 670
Rhynchobdelliformes *362, 404,* 408
Rhynchocoel 268
Rhynchodaeum 268
Rhynchodesmus 228
Rhynchomonas 28
Rhynchonellida 754
Rhynchophthirina 648
Rhynchoscolex 217
Rhynchota 650
Rhyniella 619
Rhyssa 667, 669
Ribagasches Organ 658
Ribosomen 19, *18*
Ricinoides 489
Ricinulei *450, 457,* 488
Ricinus 648
Ridgeia 396
Riesenfasern 280, *313,* 369
Riftia 384, *387,* 395
Rinderbandwurm 257
Ringelwürmer 353
Ringkanal 786, *788*
Ripistes 400
Rippenquallen 182
Rivulogammarus 573
Röhrentracheen 610
Rolandia 158
Rosettenzellen, Ctenophora 184
Rosettenorgan *250*
Rosettenzellen, Spiralia *208*
Rostellum 251
Rostralschild 773
Rostrum 260
–, Cirripedia *546*
–, Decapoda *562*
–, Gnathostomulida *260*
–, Rotatoria 714
Rotalia 66
Rotaliella 15, *66*
Rotaria 722
Rotatoria *683,* 714
rote Tiden 41, 54
Rotifera 714
Rotula 827
RPCH, red pigment concentrating
    hormone 500
Rübennematode 710
Ruderfußkrebse 535
Rudimicrosporea 20
Rüsselkäfer 665
Rüsselscheide 724

Sabatieria 709
Sabella 363, *372,* 382
Sabellaria 373, *381*
Sabellida 382, 394
Sabellidae 370
Saccamoeba 4
Saccocirrus 359
Saccoglossa 308
Saccoglossus 192, *763, 769,* 772
Sacconereis 379
Sacculina 549, 551, *552*
Sacculus 202, **417,** *422,* 425, 507

Sackgonaden *204*
Saga 643
Sagartiogeton 162
Sagenogenetosom 38
Sagitta 759, *760,* 762
Saitenwürmer 711
Saites 475
Salinella 129
Salivarium *605*
Salmincola 541
Salpa 842
Salpen 849
Salpida 851
Salpingoeca 61, 62
Saltatoria 642
Salticidae *475*
Salticus 475, 480
Sanddollar 819, 826
Sandlückenfauna 90, 210, 259, 382,
    429, 534, 685, 692, 729, 736
Sao 446
Saprodinium 52
Sarcocystis 45, 46
Sarcodina *18,* 30, 62
Sarcomastigophora 18
Sarcoptes 495
Sarcoptiformes 495
Sarduria 580
Sarkosepten 156
Sarsia 152, *152*
Saturnia 673
Satyridae 674
Saugkammer *517, 519*
Saugmagen 443, 471
Saugrüssel 671
Saugwürmer 233
Saxipendium 772
Saxitoxin 41
Scaphocerit 553
Scaphognathit *562, 566*
Scapholeberis 526
Scaphopoda *283,* 328
Scapus 146, *607, 625*
Scarabaeoidea 664
Schaben 25, 640, 709
Schaltmännchen 599
Scheinpuppe *617*
Scheitelplatte *191,* 341, *353, 377*
Schiffsbohrer *321*
Schiffsbohrmuscheln 328
Schildfüßer 285
Schildläuse 654
Schistocerca 645
Schistonota 632
Schistosoma 235, 237, 238, 241, **242,**
    243
Schistosomatida 241
Schizaster 826
schizochroale Augen 445
Schizocoelie *190, 192*
Schizogamie 372, *375*
Schizogonie 19, 43
Schizomida 468
Schizomus 468
Schizopeltidia 468
Schizophora 679
Schizoporella 749

Schizopyrenidea 30
Schizorhynchia 230
Schläfenorgan 583
Schlammfliegen 659
Schlangensterne 813
Schleim 82, 211, 296, 743, 838
Schleimnetz 839, 841, 851
Schleimpilze 30, 31
Schließknorpel 323
Schlundkonnektiv 368
Schlundrohr 156
Schmetterlinge 671
Schnabelfliegen 675
Schnabelkerfe 650
Schnecken 292
Schneidersches Organ 458
Schnurwürmer 265
Schoenobius 673
Schulp 311
Schuppenwurm 378
Schwämme 98
Schwanzfächer 553
Schwanzstachel 449, 452, 455
Schwarze Korallen 817
Schwertschwänze 452
Schwimmbein 605
Sciara 676
Scirtoidea 664
Scleractinia 160
Sclerolinum 395
Scleroperalia 264
Sclerospongia 98
Sclerospongiae 110
Scolecodonta 377
Scolex 251, 256
Scolia 668
Scolopendra 585, 591
Scolopendromorpha 590
Scolopidien 442
Scoloplos 380
Scolymastra 115
Scolytidae 665
Scopula 58
Scorpiones 450, 456, 462
Scrobicularia 324, 327
Scutacaridae 494
Scutellum 662
Scuticociliatida 58
Scutigera 585, 587, 590
Scutigerella 587, 593
Scutigeromorpha 590
Scutum 486
–, Cirripedia 546
Scypha 101, 116
Scyphozoa 135, 154, 166, 574
Scytodes 479
Secernentea 701, 709
Sedentaria 377
Seeanemonen 162
Seefedern 158
Seegurken 827
Seehasen 308
Seeigel 818
Seelilien 799, 803
Seepocken 545
Seescheiden 844
Seeskorpione 455

Seesterne 804
Seewespen 166
Segelquallen 179
Segestria 474
Segmentierung
–, Acrania 855
–, Annelida 353
–, Articulata 350
–, Arthropoda 413
–, Chordata 836
Seidenraupen-Krankheit 20
Seison 721
Seisonida 721
Seitenaugen 459, 476
Seitenorgan 696
Seitenplattencoelom 860
Sekretionsnieren 201
Sekundärparasitoide 679
Selbstbefruchtung 220
Semaeostomea 169
Semelidae 327
Semibalanus 547, 549
Semperzellen 439
Sensillen 412, 442
Sepia 312, 313, 314, 317
Septaltrichter 166
Septen 133, 156, 323, 359
Septibranchien 322
septiertes Desmosom 84, 86, 138
Seriata 221, 228
Serosa 616, 626, 627
Serpula 378
Serpulidae 191, 370, 382
Serratella 632
Sertella 749
Sertularia 174, 309
Sessilida 58
Setipalpia 636
Sexualdimorphismus 347, 377, 563, 654
Sialis 660, 728
Siboglinum 386, 389, 395
Sicarius 479
Sida 521
Silberlinien-System 50
Silicoflagellida 37
Silo 671
Silphidae 664
Simocephalus 526
Simulium 677, 702, 704
Sinentomon 625
Sinneszellen
–, primäre 131, 137
–, sekundäre 137
Sinus venosus 859
Sinusdrüse 499, 506, 510
Siphlonurus 632
Siphonaldarm 795
Siphonaptera 601, 680
Sipho 293, 321
Siphonodentalium 330
Siphonoglyphe 146, 156
Siphonophanes 518
Siphonophora 179
Siphonopoda 283
Siphonostomatoida 539, 541
Siphonozooide 148, 150

Siphuncularmembran 311
Sipuncula 205, 208, 331
Sipunculida 331, 335
Sipunculus 335
Sirex 701
Siricidae 667
Siro 487
Sisyra 660
Sitophilus 665
Situla 845
Skaliden 730, 733, 736
Skara 513
Skaracarida 501
Skleren 99
Skleroblasten 104, 105
Sklerocyten 783
Sklerosepten 156, 160
Sklerotin 411
Skolopalorgan 614
Skolopidium 614
Skorpione 462
Sminthurides 623
Sminthurus 624
Solasteridae 811
Solemya 324, 326
Solenocyten 202
Solenogastres 279, 283, 286
Solenophilomorpha 140
Soleolifera 307
Solifugae 450, 457, 484
Solitärascidien 845
Solitaria 343
Solpugida 484
Somatoblast 208
Somatochlora 634
Somatocoel 786, 814
Somatonemata 35
Somiten 137, 862
Sorokarp 31
Spadella 762
Spadix 315
Spaltbeine 438, 499, 503
Spaltsinnesorgan 442, 443, 458
Spasmoneme 8
Spatangoida 826
Spatangus 826
Speichelpumpe 656
Speisekrebse 567
Spelaeogriphacea 576
Spelaeogriphus 576
Speleonectes 516
Speleoperipatus 421
Spengeliidae 772
Spengelsches Organ 297
Spermanetz 478
Spermapumpe 653, 675
Spermatheca 397, 402
Spermatophoren 315, 300, 397, 465, 468, 589, 593, 689
Spermien 88
Sperosoma 778
Sphaerechinus 825
Sphaeridien 783
Sphaeroeca 61
Sphaeroma 581
Sphaeromatidea 581
Sphaeronectes 181

Sphaerularia 705, 710
Sphecidae 669
Sphingidae 674
Sphyrion 542
Spilomena 604
Spindelmuskel 295
Spindelzellen 839
Spinicaudata 518
Spinndrüsen 471, 483, 491
Spinnentiere 449
Spinngriffel *588*, 592
Spinnmilbe 494
Spinnspulen 471
Spinnwarzen *469*, 471
Spinther 378
Spintherida 378
Spinulosida 808, 811
Spionida 380
Spiralfaden *612*
Spiralfurchung **206**, 283, 334, 393, 394
Spiralia *75*, 191, *193*, *194*, 204, **205**, 739
Spiralzooide 175
Spiratella 296
Spirobrachia 395
Spirochona 55
Spirocysten 148
Spirographis 382
Spironema 27
Spirorbis 382
Spirostomum 12, 52
Spirotrichea 52
Spirula 310, 311, *312*, 317
Spirurida 710
Spongia 119
Spongilla 119
Spongin 105, *107*, 112
Spongioblasten 104, 105, *105*
Spongiom 12
Spongospora 39
Sporangien 32
Sporoblasten 70
Sporocyste
–, Apicomplexa 42
–, Digenea *231*, 235, 237
Sporogonie 19, 43
Sporonten 70
Sporoplasma 70, 72
Sporozoa 18, 42, 71
Sporozoit 42
Springschwänze 621
Springspinnen *475*, 480
Spulwurm 709
Squilla 555
Staatsquallen 179
Stabbein 504
Stachelhäuter 778
Stapelwirt 256
Staphylinoidea 664
Staphylinus 664
Stationärkern 50
Statoblast 747
Statocysten 140, 214, 223
–, Euarthropoda 443
Stauromedusida 168
Stechrüssel 650

Stechwespen 668
Steckmuschel 326
Steganacarus 495
Stegodyphus 478, 480
Steinernema 701
Steinfliegen 635
Steinkanal 786, 788, 789
Steinkorallen 160
Stellarganglion 313
Stelletta 116
Stemmata 440, 610
Stenhelia 540
Stenobothrus 645
Stenodema 657
Stenodictya 601
Stenolaemata 747
Stenopodium 504
Stenostomum 216, 225
Stenotele *148*, 149
Stentor 8, 52
Stephanoceros 714, 716, 722
Stephanopogon 30
Stephanoscyphus 154, 168
Stereobalanus 772
Stereom 783
Stereomyxa 4, 64
Sternaspida 381
Sternaspis 381
Sternit 435, 586, 595
Sternorrhyncha 652
Sternum 435
Sterroblastula 91, 112, 185
Stichocotyle 234
Sticholonche 69
Stichopus 778, 833
Stichotrichia 53
Stielklappe 750
Stigmen
–, einzellige Eukaryota 6, 9, *10*, 60
–, Arthropoda 443, 586, 596, 610
Stilbonema 708
Stilbonematinen 707
Stilesia 252
Stilett 429
Stilettapparat 268
Stinkdrüsen 656
Stipes *606*, 607
Stirnfortsatz *517*
Stirnocellen 441
Stoichactis 162
Stolidobranchiata 849
Stolo prolifer 851
Stolonen 341, 364, *372*, *376*
Stolonifera 158
Stomatogenese 14
Stomatopoda 553
Stomoblastula 92, *111*
Stomochord 763, 766, 774
Stomocniden 149
Stomodaealbrücke 458
Stomodaeum 443, 505, *617*
Stomphia 147, 162
Stramenopilata 34
Stramenopili 35
Strandkrabbe 569
Stratiomyomorpha 678
Stratiomys 678

Strepsiptera *601*, 665
Streptoneurie 293
Strickleiternervensystem 352, 357
Stridulationsorgane 443, 643
Strigamia 591
Strobila 251
Strobilation 167, *169*
Strobilocercus 254
Stromatolithen 16, *78*
Stromatospongia 98
Strombus 303
Strongylida 709
Strongylocentrotus 826
Strongyloides 700, 701, 702
Strontiumsulfat 4, 67
Strudelwürmer 222
Stützlamelle 146
Stygarctus 433
Stygocarella 502
Stygocarididae 556
Stylaria 403
Stylaster 177
Styli 592, 621, *625*, *628*
Stylifera 627
Stylochaeta 690, 691
Stylocheiron 558
Stylochoplana 228
Stylodrilus 403
Styloid 172
Stylommatophora 299, 305
Stylonychia 53, 54
Stylopauropus 594
Stylopidia 666
Stylops 666
Styraconyx 433
Subalarmuskeln 629
Subchela 504
Subchordalcoelom 858, 861
subchordale Zellen 847
Subcosta *603*, 628
Subdermalraum 100, *104*
Subgenitalhöhlen 166
Subimago 632
Subintestinalvene 859
Subitaneier *229*, 689, 719
Submentum *606*
Subradularganglion 296
Subradularorgan 282, 329
Subumbrella 146
Succinea 306
Suctoria *14*, 56
Sulcus 40
Superpositionsauge 441
Suprarektalkommissur 280, 285
Süßwasserbryozoen 747
Süßwasserschwamm *113*, 118
Suturen 445
Sycon 111, 116
Sycon-Typ 101
Syllidae 364, 378
Syllis 375
Sylvicola 677
Symbiodinium 41, 160
Symbionten 388
Symbiose **93**, 103, *105*, 280, 324, 390, 655
Sympecma 633

Symphyla *584*, 592
Symphylella 593
Symphypleona 624
Symphyta 667
Symplasma 115
Synagoga 545
Synapsen 133, *135*
Synapta 778, 827, *833*
Synascidien 845
Syncarida *504*, 555
Syncerebrum 413, 436
Synchaeta 722
Syncytium 85, **95**, 100, 101, 230
Syngen 51
Synkaryon 15, 50
Synura 36
Synxiphosura 455
Syphozoa 146
Syrphidae 679
Systellommatophora 307
Syzygie 44

Tabanomorpha 678
Tabanus 678
Tachidius 541
Tachycines 644
Tachypleus 455
Tachypodoiulus 600
Taenia 252, 253, *254*, *254*, **257**
Taenidien 610, *612*
Taeniolen 166
Tagmata 367, 435, 502, 604
Talaeporia 673
Talitrus 573
Tanaidacea 576
Tanaidomorpha 577
Tanais 577
Tanarctus 430
Tandonia 306
Tantulocarida 543
Tantulus-Larve *543*
Tapetum 474
Tarantulidae 469
Tardigrada 429, 684
Tarsonemini 491, 493
Tarsus *437*, *474*, *603*, 608
Tasmanipatus 421
Tatjanellia 347
Tausendfüßer 595
Taxopodida 69
Tealia 162
Tectum 490
Tedania 118
Tegenaria 460, 478, 480
Tegmentum 288
Tegmina 637
Tegula *603*
Tellinidae 327
Teloanamorphose 599
Telopoden 598
Telotroch 194
Telson 435, 503, *505*
Temnocephalida *210*, 230
Tenebrio *412*, 665
Tenebrionidae 412
Tenebrionoidea 665
Tentaculata 75, *141*, 204, **737**

Tentaculifera 185
Tentaculozooid 179
Tentakalebene 182
Tentakelcirren 367
Tentakelcoelom 332
Tenthegia 665
Tenthredinidae 667
Tentillen 180, 183
Tentorium 412, *605*, *620*, 625
Tenuignathia 264
Terebella 382
Terebellida 381
Terebellidae 370
Terebrantes 667
Terebrantia 650
Terebratella 754
Terebratulida 754
Terebratulina 754
Teredinidae 280
Teredo 321, 324, 328
Tergaldorn 450
Tergit 435, 586, 595
Tergum 435
–, Cirripedia 546
Terminalfilum 626, *628*
Termiten 24, 25, 641
Testacealobosea *14*, 63
Testicardines *750*, 753
Tethya 117
Tetrabranchiata 317
Tetragnatha 482
Tetragnathidae 474
Tetrahymena 15, 58
Tetrakentron 433
Tetramastigota *18*, 21
Tetramerocerata 595
Tetramitus 30
Tetranchyroderma 691
Tetranychus 494
Tetraphyllidea *256*
Tetrapodili 494
Tetraselmis 61
Tetrastemma 266, 274
Tetrastigmata 492
Tetrix 645
Tettigometridae 652
Tettigonia *614*, 643
Tettigonioidea 643
Texas-Fieber 48, 493
Textularia 66
Thalassocalyce 144, 186
Thalassocalycida 185
Thalassolampe 69
Thaliacea 849
Thanasimus 665
Tharyx 380
Thecanephria 395
Thecata 174
Thecoscyphus 152, 168, *170*
Thecosomata 308
Theileria 49
Thelaxidae 653
Thelycum 566
Thelyphonida 467
Themiste 334, *335*
Theodoxus 302
Theraphosa 469, 479

Thereuopoda 588
Theridion 481
Theristus 709
Thermobathynella 556
Thermobia 627
Thermosbaena 569
Thermosbaenacea 569
Thermozodium 433
Theromyzon 409
Thesocyten *105*, 113
Thomisidae 480
Thoracica 545
Thoracomeren 503
Thoracopoden 503
Thorax 435
–, Crustacea 502
–, Insecta 604
–, Trilobita 445
Thraustochytrium 39
Thrips 649
Thylakoide 9, 37, 60
Thyone 833
Thyrsophorus 647
Thysania 671
Thysanopoda 560
Thysanoptera *601*, 618, 649
Thysanozoon 220, 228
Thysanura *601*
Tibia *437*, *603*
Tibiotarsalgelenk 621
Tiedemannsche Körper 788, 807
Tierläuse 648
Tierstock 146, 157, 338, 739, 743,
   848
Tineola 673
Tintendrüse 314
Tintenfische 310
Tintinnidium 53
Tipula 676
Tipulomorpha 676
Titanus 601
Tityus 463
Tjalfiella 186
Tjalfiellida 186
Tochtersporocysten 237
Tomocerus 624
Tomopteris 379
Tömösvárysches Organ **583**, 585,
   592, 596
Tonna 303
Tönnchen 432
Tönnchenpumpe 678
Tornaria 194, 772
Torsion 292
Tortrix 673
Toxicysten 12, 54
Toxoplasma *42*, 45
Toxopneustidae 825
Tracheata 582
Tracheen 416, **417**, 424, 461, 475,
   583, 587, 596
Tracheenendzellen 610
Tracheenkiemen 611, 631, 636
Tracheenlunge 579
Tracheentasche 587
Trachelomonas 27
Tracheloraphis 3, 52

Tracheolen 610, *612*
Tracheostigmata 493
Trachylida 179
Trachymedusae 179
Trefusiida 707
Trematoda 233
Trepaxonemata *221*
Treptoplax 121
Triactinomyxon 72
Triade 800
Triarthrus 447
Tribonema 38
Trichinella 702, 708
Trichobothrien *442*, 458, 464, 474, 582, *594*
Trichobranchie 565
Trichocera 676
Trichocyste *11*
Trichocysten 11
Trichodamon 469
Trichodectes 648
Trichodina 59
Trichodorus 707
Trichogon 552
Trichogramma 667
Trichome 412, 600
Trichomonadida 25
Trichomonas 25
Trichoplax 76, 80, 87, 90, **121**
Trichoptera *601*, 670
Trichostomatia 55
Trichosyringida 708
Trichuris 708
Trichuroidea 708
Tricladida *210, 215, 220*, 228
Tricoma 706
Tridacna 324, 327
Tridactyla 645
Tridactyloida 645
Trigonostomum 226
Trilobita *414, 437, 438*, 445
Trimerie 737
Triops 529
Tripedalia 137, *165*, 166
triploblastische Eumetazoa 189
Tripneustes 826, 827
Tripylium 709
Trithyreus 468
Tritocerebrum *414, 436, 449, 518*, 608
Tritometameren 350
Tritonymphe 492
Tritrichomonas 25
Triungulinus 617
Triungulinus-Larve 665
Trivium 829
Trochanter *437, 603*
Trochoblast 207, *208*
Trochophora **194**, 205, 301, 347, *353, 375, 377, 378*
Trochosphaera 714, 722
Trochus 208, 716
Troctomorpha 647
Trogiomorpha 647
Trogium 647
Troglochaetus 380
Trogulus 486, 487, *488*

Trombicula 494
Trombidiformes 493
Trombidium 494
Trommelorgan 651, *652*
Tropfenkomplex 458
Trophalaxis 669
Trophobiose 655, 668
Trophocyten *105*, 111, 848
Trophonten 43, 57
Trophosom 387, *389*
Trophozooid 851
Tropidacris 644
Tryblidia *283, 284*
Trypanosoma 15, 28, 29, *30*
Trypanosomatidea 28
Trypetesa 549
Tubicinidae 652
Tubifex 398, *403*
Tubificida 403
Tubificidae *397, 403*
Tubificoides 403
Tubipora 158
Tubulanus 265, *265*, 274
Tubularia 153, *154, 176*, 309
Tubulifera 650
Tunica 838
Tunicata 838
Tunicin 89, 838
Turbanaugen 630
Turbanella 141, *203*, 687
Turbellaria *221*, 222
Turmschnecke 303
Turritella 303
Tylenchida 710
Tylenchulus 698
Tylenchus 698
Tympanalorgan *442*, 609, 643, 671
Typhlochactas 462
Typhloperipatus 421, 428
Typhloplanoida 230
Typosyllis 374, *376*
Tyroglyphidae 495
Tyrophages 495

Uca 563
Udonella 245
Uloboridae 474
Uloborus 481
Ultrarhabditen 211
Umbellula 159
Umbraculomorpha 309
Umbraculum 309
Unciger 600
Uncini 355, 369, 386, 394
Uncus *719*
undulierende Membran 27, *57*
Uniductia 317
Unio 325, 327, 494
Unionicola 494
Unionidae 234
Uniramia 418, 427, 499
Unterschlundganglion *414*, 608
Urceolaria 59
Urechis 349
Urgeschlechtszellen 761
Urmesoblast 191, 207, *208*
Urmesodermzellen 191, 207

Urmund 189, *755*
Urnatella 340, 343
Uroceras 667
Urochordata 838, 839
Urodasys 691
Uropoda 493
Uropoden 503, 578
Uropygi *450, 456*, 466
Urostyla 53
Uterus externus 476
Uterusglocke 727

Vacuolaria 39
Vaejovidae 466
Vaginicola 58
Vahlkampfia 31
Vairimorpha 20
Valvatida 811
Valvifera 580
Valvula 614
Valvula cardiaca 443
Vampirolepis 257, *258*
Vampyrella 64
Vampyromorphoida 318
Vampyroteuthis 318
Van der Hoevensches Organ 315
Vanadis 378
Vanes 96
Vannella 4, *62*
Vannus 635
Varroa 493
Vaucheria 38
Velarium 147, *163*
Velatida 811, *813*
Velella 179, 303, 309
Velellina 179
Velia 657
Veliconcha 300, 325
Veliger 277, 300, 325
Velum
–, Branchiostoma 858
–, Cnidaria 147, 172
Vema 292
Vena hepatica 859
Vena portae 859
Vena subintestinalis *859*
Vendobionta 77, 78
Ventilation 611
Ventralaorta 859
Ventraldrüse 697
Ventralschale *750*
Ventraltubus 622
Ventrikel 280, 299
Venus 321
Venusfächer 158
Venusgürtel 186
Veretillum 159
Verongia 119
Veronicella 307
Verruca 548
Vertex *605*
Vespa 668
Vestibularorgan 758
Vestibulum 34, 758, *802*, 824
Vestimentifera 395
Vestimentum *390*
Vibracularien 746

Victorella 748
Vielteilung 15, 15
Vielzelligkeit 76
Virginoparae 654
Visceralganglion 296
Visceropallium 276
Vitellaria 797
Vitellarium 212, 218, 615
Vitellocyten 89, 217
Vitellogermar 718
Viteus 653
Viviparie 462, 465
Viviparus 302
Vogelspinne 479
Volventen 148
Volvocida 60, 76
Volvox 60, 79, 92, 97
Vorticella 58
Vulva 699

Wachsschicht 411
Wanderheuschrecken 645
Wanderkern 50
Wanzen 656
Wasserläufer 657
Wasserleitungssystem 580
Wasserlungen 794, 830
Weber, Hermann 436
Weberknechte 485
Webspinnen 469
Wehrdrüsen 425, 486, 600
Wehrdrüsenporen 597
Wehrstachel 667
Weichtiere 276
Weismann, August 77
Wellhornschnecke 304
Weltneria 549
Whalaat 276, 308
Wimpern 5
Wimpernsohle, Gastrotricha 685
Wimperorgan, praeorales 766
Wimpertiere 49
Wimperurnen 332, 793, 831

Winkerkrabbe 563
Wirtswechsel 723
Wiwaxia 351, 356
Wohngänge, Enteropneusta 765
Wuchereria 702, 704, 710
Würfelquallen 163
Wurmmollusken 285
Wurzelfasersystem 5
Wurzelmundquallen 170
Wurzelstrukturen 6, 6, 49, 49

X-Organ 506, 510
Xenodasys 687
Xenophyophoria 66
Xenopneusta 349
Xenoprorhynchus 216
Xenopsylla 681
Xenorhabdus 704
Xenos 666
Xenotrichula 687, 691
Xenoturbella 139, 192, 224, 777
Xenoturbellida 777
Xenusia 428
Xenusion 428
Xerobdella 409
Xestospongia 105, 118
Xiphinema 707, 708
Xiphosura 440, 450, 452, 459
Xyalidae 698, 709
Xylophagomorpha 678
Xylophagus 678
Xyloplax 812, 813

Y-Organ 413, 500, 510, 687
Yoldia 326
Yoldiella 319

Zebrina 239, 240
Zecken 493
Zelinkaderes 731
Zell-Zell-Verbindungen 84, 131
Zellen
–, generative 85

–, monociliäre 261
–, somatische 85
–, Typen 79, 85
Zelleria 36
Zellklone 76
Zellkonstanz 682, 692, 714
Zellteilungskolonien 76
Zelotypia 671
Zementschicht 411
Zentralkapsel 68
Zentralkörper 458
Zeugloptera 672
Zikaden 651
Zirfaea 328
Zoantharia 156, 163
Zoëa 510, 567
Zonula adhaerens/occludens 83, 84, 86
Zoobotryon 748
Zoochlorellen 66, 177
Zooecium 743
Zooide 743, 776, 777
Zoomastigophora 18
Zoosporen 38
Zoothamnium 8, 59
Zooxanthellen 41, 66, 67, 160
Zoraptera 601, 646
Zuckerdrüsen 288
Zungenwürmer 531
Zwei-Drüsen-Kleborgan 222, 227, 685
Zweiflügler 675
Zwerg-Männchen 318, 347, 548, 552, 580, 714
Zwitterdrüse 300
Zygaena 673
Zygentoma 601, 627
Zygiella 460
Zygonemertes 265
Zygoptera 633
Zygote 91
Zygotocyste 44
Zylinderrosen 160